Bautabellen für Architekten

mit Entwurfshinweisen und Beispielen

Herausgegeben von Andrej Albert

bis zur 16. Auflage: Klaus-Jürgen Schneider †
17. und 18. Auflage: Alfons Goris
19. und 20. Auflage: Alfons Goris und Joachim P. Heisel
21. bis 25. Auflage: Andrej Albert und Joachim P. Heisel

Mit Beiträgen von
Jan Akkermann · Andrej Albert · Andreas Appelt
Matthias Baitsch · Ralph Bartsch · Michél Bender
Harald Bergner · Rudolf Bertig · Dirk Bohne · Heinrich Bruckner
Lisa Bucher · Siegfried H. Bucher · Denis Busch
Manuel Calanni Billa · Francois Colling · Karl Deix
Michael Denzer · Philipp Dietsch · Ulrich Drechsel
Stephanie Eberding · Jens Engel · Nabil A. Fouad
Andreas Garg · Oliver Geibig · Alexander Glock
Arndt Goldack · Alfons Goris · Carl-Alexander Graubner
Henning Günther · Shervin Haghsheno · Robert Hartung
Christof Hausser · Jan Hofmann · Bernhard Hort
Wolfgang Huß · Katharina Klemt-Albert · Stefan Krause
M.-Maximilian Lederer · Peter Lieblang · Rudolf Lückmann
Martin Mertens · Michael Mikoschek-Muggendorfer
Bernd Naujoks · Kirsten Pieplow · Thilo Pregartner
Michael Raupach · Knud Sauermann · Detlef Schermer
Hendrik Schilder · Peter Schmidt
Hildegard Schröteler-von Brandt · Christoph Seeßelberg
Alice Strohm · Karsten Tichelmann · Heinz Volz
Joachim Vorbrüggen · Wolfgang Willems

27. Auflage 2026

Reguvis

Bibliografische Information der Deutschen Nationalbibliothek
Die Deutsche Nationalbibliothek verzeichnet diese Publikation in der Deutschen Nationalbibliografie; detaillierte bibliografische Daten sind im Internet über http://dnb.d-nb.de abrufbar.

Reguvis Fachmedien GmbH
Amsterdamer Straße 192
50735 Köln

www.reguvis.de

Beratung und Bestellung:
Tel.: +49 221 97668 8500
E-Mail: service@reguvis.de

ISBN (Print): 978-3-8462-1634-7

Druck und buchbinderische Verarbeitung: Druckerei C.H. Beck, Nördlingen
Printed in Germany

Vorwort zur 27. Auflage

Die 27. Auflage des Standardwerkes „Bautabellen für Architekten“ liegt nun vor. Sie stellt Studierenden und Praktikern den aktuellen Stand aller wesentlichen Themen der Architektur in kompakter und aktueller Form zur Verfügung. „Aktuelle Form“ bedeutet hierbei selbstverständlich nicht nur, dass in allen Beiträgen der aktuelle Stand der Normung wiedergegeben wird. Vielmehr waren auch verschiedene Themen in einzelnen Beiträgen neu aufzunehmen.

Grundlegende Überarbeitungen und Änderungen gab es in folgenden Beiträgen:

– Das Kapitel *Befestigungstechnik* wurde von dem Autorenteam Prof. Dr.-Ing. J. Hofmann, Dr.-Ing. T. Pregartner, Dr.-Ing. O. Geibig übernommen und vollständig neu bearbeitet.

– Herr Prof. Dr.-Ing. N. Fouad hat die Änderungen der neuen DIN 18531 Teile 1 bis 5 in seinen Beitrag *Bauwerksabdichtung* eingearbeitet.

– Herr Prof. Dr.-Ing. M. Mertens hat den Beitrag *Bauwerksüberwachung, Bauwerksprüfung* unter Berücksichtigung der Neufassung der DIN 1076 und der VDI 6200 überarbeitet.

– Herr Prof. Dr.-Ing. A. Glock und Herr Prof. Dr.-Ing. M. Denzer bearbeiten ab dieser Auflage den Beitrag *Sicherheits- und Gesundheitsschutz gemäß Baustellenverordnung* als Autorenteam. Für die vorliegende Auflage haben sie den Beitrag aktualisiert.

– Das Kapitel *Windlasten* wurde von Herrn Prof. Dr.-Ing. P. Schmidt unter Berücksichtigung des neuen nationalen Anhangs DIN EN 1991-1-4/NA vom August 2024 aktualisiert.

– Frau Dipl.-Ing. A. Strohm ist neu hinzugestoßen zum Autorenteam des Beitrags *Tragwerksentwurf und Vorbemessung*. Herr Prof. Dr.-Ing. A. Goldack und sie haben den Beitrag vollständig überarbeitet.

– Herr M. Mikoschek-Muggendorfer ist neuer Co-Autor des Kapitels *Holzbau (mehrgeschossig)*. Er wird den Beitrag künftig gemeinsam mit Herrn Prof. W. Huß verantworten.

– Herr Prof. Dr.-Ing. P. Lieblang hat den Abschnitt *Beton und Mörtel* vollständig neu bearbeitet. Neben den neuen Themen Betonbauqualitätsklassen, Infraleichtbeton, R-Beton und Stampfbeton werden nun auch Putz- und Mauermörtel sowie Estrichmörtel behandelt.

– Frau Prof. Dr.-Ing. K. Pieplow verantwortet ab dieser Auflage den Beitrag *Glasbau* allein. Sie hat eine weitgehende Überarbeitung vorgenommen und dabei unter anderem die neuen Regelungen gemäß DIN 18008-3, DIN 18008-4 und DIN 18008-5 vom Dezember 2024 berücksichtigt.

– Herr Prof. Dr.-Ing. M. Baitsch und Herr Dr.-Ing. D. Busch haben den Beitrag *Mathematik* als Autoren übernommen und ihn in diesem Zuge grundlegend überarbeitet.

Auf unserer Internetseite **www.schneider-bautabellen.de** stehen wieder die bekannten und bewährten EDV-Tools für den Konstruktiven Ingenieurbau zur Verfügung. Abschnitte, zu denen EDV-Anwendungen bereitstehen, sind im Buch mit dem Symbol @ am Seitenrand gekennzeichnet. Aktuelle Entwicklungen sowie Druckfehlerkorrekturen werden wir ebenfalls wie gewohnt auf der Internetseite veröffentlichen.

Die „Bautabellen-digital“ erfreuen sich immer größerer Beliebtheit. Sie können wie üblich über den „Shop“ auf der Internetseite von Reguvis Fachmedien bezogen werden.

Ich bedanke mich bei allen Autorinnen und Autoren, die es mit hoher Fachkompetenz und großem Einsatz möglich machen, dass die *Bautabellen für Architekten* stets den neuesten Stand der Technik und Normung abbilden. Zudem danke ich allen Leserinnen und Lesern, die durch ihre Zuschriften einen wichtigen Beitrag zur Verbesserung dieses Buches leisten. Schließlich danke ich der Firma Reguvis Fachmedien auch im Namen aller Autorinnen und Autoren für die jederzeit angenehme Zusammenarbeit.

Bochum, im Januar 2026 *Andrej Albert*

1 Objektentwurf

2 A Stadtplanung
2 B Freiraumplanung
2 C Straßen- und Verkehrswesen

3 A Baukonstruktion
3 B Befestigungen
3 C Bauwerksabdichtung

4 A Bauphysik
4 B Brandsicherheit in Gebäuden

5 A Technische Gebäudeausrüstung
5 B Wasserversorgung / Abwasserableitung

6 A Baudenkmalpflege
6 B Bauwerksüberwachung, Bauwerksprüfung
6 C Schutz und Instandsetzung
6 D Baustoffe und ihre Eigenschaften

7 A Öffentliches Baurecht
7 B Werkvertrag und HOAI
7 C Sicherheits- und Gesundheitsschutz gemäß Baustellenverordnung

8 A Baubetrieb – Bauprozessmanagement
8 B Building Information Modeling (BIM)
8 C Kostenplanung; Wertermittlung; Honorarordnung
8 D Facility Management; Wertermittlung

9 Einwirkungen auf Tragwerke
• Grundlagen der Tragwerksplanung
• Lastannahmen

10 A Tragwerksentwurf und Vorbemessung
10 B Baustatik

11 A Geotechnik
11 B Mauerwerksbau (DIN EN 1996)
11 C Holzbau (mehrgeschossig)

12 A Beton und Mörtel
12 B Betonstahl
12 C Stahlbetonbau nach Eurocode 2

13 A Stahlbau nach Eurocode 3
13 B Trapezprofile und Sandwichbauteile
13 C Glasbau
13 D Stahlbauprofile

14 A Mathematik
14 B Bauvermessung
14 C Bauzeichnungen
14 D Darstellende Geometrie und Planlayout
14 E Allgemeine Tafeln

15 Verzeichnisse

1 Objektentwurf

Prof. Dipl.-Ing. Stefanie Eberding M.A.

Vorbemerkungen 1.2
1 **Allgemeine Planungsgrundlagen** 1.2
1.1 Mensch und Maße 1.2
1.2 Besonnung 1.3
1.3 Belichtung 1.3
1.4 Baurechtliche Grundlagen 1.4
2 **Bauelemente** 1.7
2.1 Öffnungen 1.7
2.1.1 Fenster 1.7
2.1.2 Türen 1.7
2.2 Erschließungselemente 1.8
2.2.1 Rettungswege 1.8
2.2.2 Treppen 1.8
2.2.3 Treppenräume 1.10
2.2.4 Rampen 1.11
2.2.5 Umwehrungen 1.11
2.2.6 Flure 1.11
2.2.7 Fahrtreppen und Fahrsteige 1.12
2.2.8 Aufzüge 1.13
3 **Wohnungsbau** 1.15
3.1 Wohnhaustypen 1.15
3.1.1 Raumkonzepte 1.16
3.1.2 Einfamilienhäuser 1.17
3.1.3 Geschosswohnungsbauten 1.20
3.2 Wohnungen 1.24
3.2.1 Eingangsbereiche, Flure 1.24
3.2.2 Wohnräume 1.24
3.2.3 Loggien, Balkone und Glaserker 1.25
3.2.4 Speiseplätze und -räume 1.25
3.2.5 Individualräume 1.26
3.2.6 Lager- und Wirtschaftsräume 1.27
3.2.7 Bäder und Toilettenräume 1.28
3.2.8 Küchen 1.30
3.3 Technikräume 1.32
3.3.1 Hausanschlussbereiche 1.32
3.3.2 Heiz- und Brennstofflagerräume 1.32
3.4 Wohnen im Alter 1.33
3.4.1 Altengerechte Wohnungen 1.33
3.4.2 Heime für Senioren 1.34
4 **Barrierefreies Bauen** 1.36
4.1 Verkehrs- und Freiflächen 1.36
4.2 Öffentlich zugängliche Bereiche von Gebäuden 1.38
4.3 Barrierefreie Wohnungen – Grundsätze . 1.41
4.4 Barrierefreie, nicht rollstuhlgerechte Wohnungen 1.42
4.5 Barrierefreie, rollstuhlgerechte Wohnungen 1.43
5 **Gaststätten und Hotels** 1.45
5.1 Schank- und Speisegaststätten 1.45
5.1.1 Gästebereich 1.45
5.1.2 Servicebereiche 1.45
5.2 Hotels 1.49
5.2.1 Organisation 1.49
5.2.2 Hoteltypen 1.49
5.2.3 Kategorien 1.50
5.2.4 Hotelzimmer 1.50
5.2.5 Beherbergungsstättenverordnung (BeVO) 1.50
6 **Verwaltungsbau** 1.51
6.1 Büroraumtypen 1.51
6.2 Gebäudetypen 1.54
6.2.1 Grundrisstypen 1.54
6.2.2 Baukörpertypen 1.55
6.3 Konstruktion und Technik 1.55
7 **Gewerbebauten** 1.57
7.1 Produktions- und Werkstätten 1.57
7.1.1 Geschossbauten 1.57
7.1.2 Hallen 1.57
7.1.3 Flachbauten 1.58
7.1.4 Kombinationen 1.58
7.1.5 Brandschutz 1.58
7.2 Lager 1.58
7.2.1 Schüttgutlager 1.59
7.2.2 Lagerung von Flüssigkeit 1.59
7.2.3 Stückgutlager 1.59
7.2.4 Umweltschutz in Lagern 1.59
7.2.5 Brandschutz in Lagern 1.59
7.3 Arbeitsstätten, Grundsätze 1.60
7.4 Sozialräume 1.61
8 **Sportbauten** 1.63
8.1 Sportfelder 1.63
8.2 Sporthallen 1.63
8.3 Sporträume 1.66
8.4 Ausstattung von Sportstätten 1.66
9 **Bauten für Erziehung und Bildung** 1.67
9.1 Spielplätze 1.67
9.2 Kindertagesstätten 1.68
9.2.1 Definitionen 1.68
9.2.2 Planungsanforderungen 1.68
9.2.3 Sicherheit und Ausstattung 1.69
9.3 Schulen 1.71

Vorbemerkungen

In diesem Kapitel sind Informationen für den Entwurf zusammengestellt: Gebäudetypen, Maßempfehlungen, Mindestmaße sowie baurechtliche Vorschriften u.a.m. Die kritische Auseinandersetzung mit gebauten und/oder veröffentlichten Planungen oder den eigenen Entwurf kann es nicht ersetzen.
Für die Genehmigungs- und Ausführungsplanung ist ein Blick in die aktuellen Regelwerke und die landesspezifischen Bestimmungen unerlässlich.

1 Allgemeine Planungsgrundlagen

1.1 Mensch und Maße

Der Entwurf von Gebäuden muss sich maßlich, funktional und gestalterisch an den Benutzern, den Menschen, orientieren. Grundmaße, die sich aus den Körperabmessungen des Menschen ergeben, sind bei der Planung und Dimensionierung der Räume, Bauteile und Einrichtungen zu beachten.

Maßverhältnisse
Bestimmte Maßverhältnisse, Proportionen, wirken auf den Menschen besonders angenehm. Es sind in der Regel Maßverhältnisse, die sich durch Eindeutigkeit und Unterscheidbarkeit der Teile auszeichnen und deren Teile in einem klaren, intuitiv spürbaren inneren Verhältnis zueinander stehen, z. B. 1:2; 2:3; 3:5.

Der sog. Goldene Schnitt gilt als ästhetisch besonders befriedigend. Er definiert das Verhältnis zweier Streckenteile (a, b) und des größeren Streckenteils (b) zur Gesamtstrecke nach der Formel:

$$a : b = b : (a+b)$$

Seit der Antike werden die Maße und Maßverhältnisse des menschlichen Körpers als ästhetisch besonders befriedigend und harmonisch empfunden. Le Corbusier entwickelte aus dem menschlichen Körper, insbesondere aus der Höhe des Solarplexus und seiner Verdopplung, Maßsysteme (Modulor), die sich jeweils im Goldenen Schnitt verkürzen bzw. verlängern.

Module
Modulsysteme gehen von einer Grundeinheit (Modul) aus. Alle weiteren Teile werden als ganzzahlige Vielfache dieses Moduls fortentwickelt.

Menschen und Maße (cm)

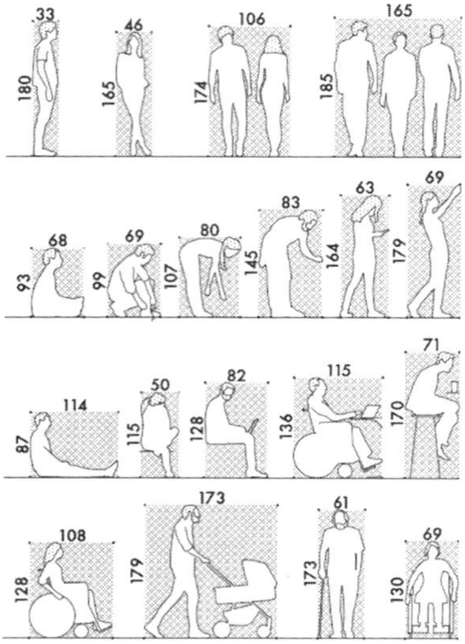

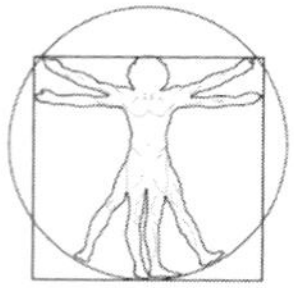

Modulor-Maße (cm). Le Corbusier

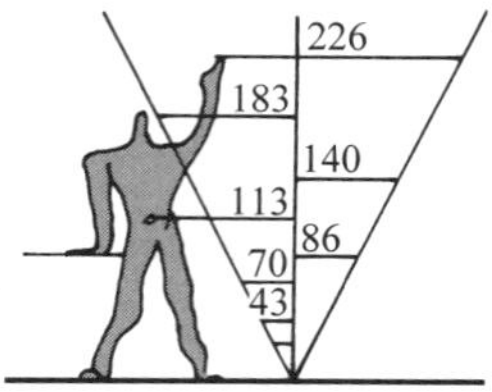

Rote Reihe	Blaue Reihe
3281	6563
2028	4056
1253	2507
774	1549
479	957
296	592
183	366
113	226
70	140
43	86
26	53
16	33
10	20
6	12
4	8
2	4
1	3

Besonnungstabelle für MEZ
(Horizontal- und Vertikalwinkel (HW, VW))

Uhr-zeit	21.6.		21.3./ 23.9.		21.12.	
	HW	VW	HW	VW	HW	VW
4.00	127°	2°				
5.00	116°	9°				
6.00	105°	18°	90°	0°		
7.00	94°	27°	78°	9°		
8.00	82°	37°	66°	18°		
9.00	68°	46°	52°	26°	41°	5°
10.00	51°	54°	37°	33°	28°	11°
11.00	28°	59°	19°	37°	14°	14°
12.00	0°	62°	0°	39°	0°	15°
13.00	28°	59°	19°	37°	14°	14°
14.00	51°	54°	37°	33°	28°	11°
15.00	68°	46°	52°	26°	41°	5°
16.00	82°	37°	66°	18°		
17.00	94°	27°	78°	9°		
18.00	105°	18°	90°	0°		
19.00	116°	9°				
20.00	127°	2°				

Beispiel für die Anwendung der Besonnungstabelle: Schattenwurf am 21.3., 11.00 Uhr

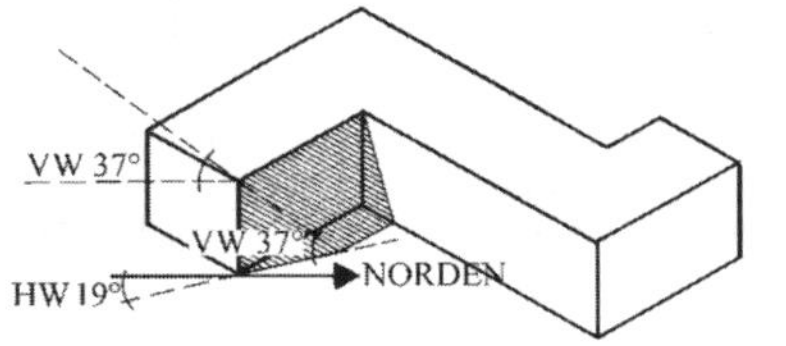

Tageslichtverteilung bei unterschiedlicher Anordnung gleich großer Fensterflächen

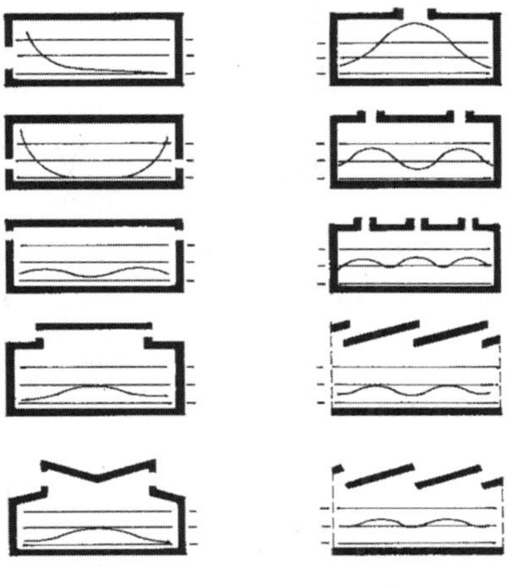

1.2 Besonnung

DIN EN 17037

Sonnenstände im Jahreslauf

Die Dauer und die Intensität der Besonnung eines Bauwerkes hängen, neben dem Grad der Bewölkung und der Verschattung durch Nachbarobjekte, von der Jahres- und der Tageszeit ab. Für Deutschland gilt etwa: Am 21. 12. (Wintersonnenwende; 7,5 h/Tag) beginnt die Sonne von ihrem tiefsten Mittagsstand (15°) immer höher zu steigen, bis sie am 21. 6. (Sommersonnenwende; 16 h/Tag) ihre größte Höhe (62°) erreicht. Gleichzeitig wandern die Auf- und Untergangspunkte immer weiter nach Osten bzw. nach Westen. Zu den Tag- und Nachtgleichen (21. 3. und 23. 9.; 12 h/Tag) steht die Sonne 39° über dem Horizont.
Statistische Werte über die monatliche Sonnenscheindauer liefern die regionalen Wetterämter.

Ermittlung des Sonnenstandes

In der Regel ermittelt man 3 Besonnungsfälle: Winter- und Sommersonnenwende sowie Tag- und Nachtgleiche. Die Horizontal- und Vertikalwinkel der Sonne zu einer bestimmten Uhrzeit werden Tabellen entnommen und in Grundriss, Aufriss oder Isometrie eingetragen.

1.3 Belichtung

DIN EN 17037

Tageslichtquotient

Der Tageslichtquotient (D) beschreibt das Verhältnis der *Belichtungsstärke* in einem Raum (E_p) zu der im Freien (E_a):

$$D = E_p / E_a \times 100\ \%$$

Für Wohnräume gilt: In 85 cm über Fußboden in halber Raumtiefe und in 1 m Distanz zu den Wänden: D = mind. 0,9 % im Mittel; am ungünstigsten Punkt dieser Linie: D = mind. 0,75 %. Bei Fenstern in 2 aneinander grenzenden Wänden D = mind. 1 % am ungünstigsten Punkt.
Fenster bedingen mit zunehmender Raumtiefe eine deutliche Abnahme des Tageslichts. Hohe Fenster belichten weiter in die Tiefe.
Als Orientierungswert für eine ausreichend belichtete Raumtiefe (Rt) gilt:

$$Rt = 1{,}5 \times \text{Fenstersturzhöhe}$$

Blendung von Personen und ein Aufheizen von Räumen sind ggf. durch Sonnen- und Blendschutzvorrichtungen zu verhindern. Eine blendfreie, gleichmäßige Lichtverteilung kann u. a. durch Nordorientierung der Öffnungen und/oder Lichtstreuung erreicht werden.

1.4 Baurechtliche Grundlagen

MBO, HHR, VStättVO

Gebäudeklassen (GK)

Die MBO unterscheidet nach der größten Höhe des Fußbodens eines Aufenthaltsraums über Gelände (HF), der Größe der oberirdischen Geschossfläche (GF) sowie der Zahl bzw. der Größe der Nutzungseinheiten (NE) 5 Gebäudeklassen:

GK 1: Frei stehend, HF max. 7 m, Summe GF max. 400 m²; max. 2 NE
GK 2: wie vor jedoch, nicht frei stehend,
GK 3: sonstige Gebäude mit HF max. 7 m,
GK 4: HF max. 13 m, je NE max. 400 m² GF,
GK 5: sonstige Gebäude.

Ab HF über 22 m handelt es sich um ein Hochhaus (GK 5). Die GK bestimmt u. a. die Anforderungen an Bauteile und an die Rettungswege.

Nutzungseinheit (NE)

Nutzungseinheiten sind baulich abgeschlossene Bereiche einheitlicher Nutzung, z. B. Wohnungen, Büros, Gaststätten, Schulen.

Aufenthaltsräume

Sie dienen dem nicht nur vorübergehenden Aufenthalt von Menschen, z. B.: Wohn- und Individualräume, Wohnküchen, Büros, Werkstätten. Keine Aufenthaltsräume sind Kleinküchen, Toiletten, Bäder, Umkleideräume und Abstellräume.

Gebäudeklassen

Bauweise (BW) und Rettungswege

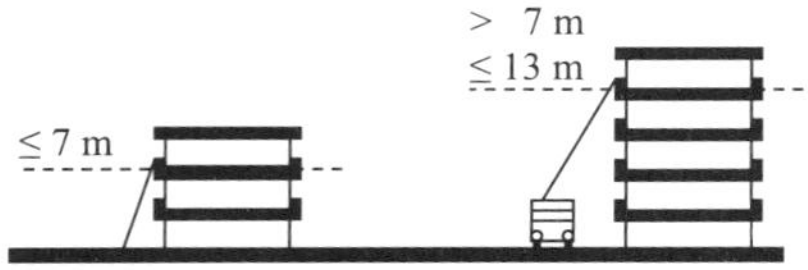

GK 1–3
1 notw. Treppenraum + Handleiter

GK 4 ≤ 13 m
1 notw. Treppenraum + Drehleiter

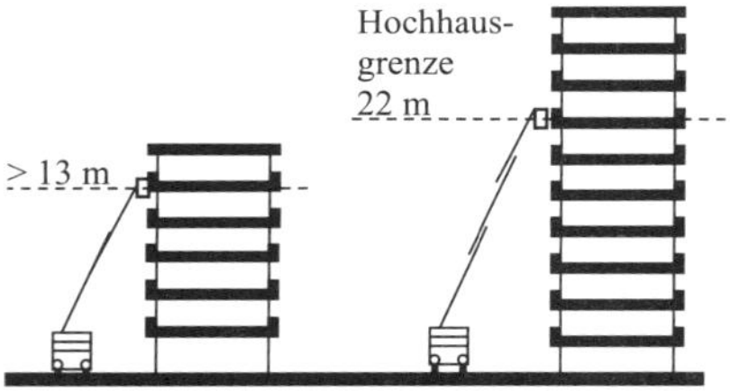

GK 5 < 13 m
1 notw. Treppenraum + Drehleiter

Hochhaus (GK 5)
2 notw. Treppenräume + Feuerwehraufzug

Gebäudeklassen und Mindest-Brandschutzeigenschaften von Bauteilen (MBO, vereinfacht)

	GK 1	GK 2	GK 3	GK 4	GK 5
Tragende Teile und Decken in Kellern	fh	fh	fb	fb	fb
Sonstige tragende Teile und Decken	-	fh	fh	hf	fb
Tragende Teile und Decken in Geschossen ohne mögliche Aufenthaltsräume darüber	-	-	-	-	-
Trennwände zwischen Nutzungseinheiten	fh	fh	fh	hf	fb
Trennwände von Nutzungseinheiten im Dach ohne mögliche Aufenthaltsräume darüber	fh	fh	fh	fh	fh
Trennwände und Decken von Räumen mit Explosions- oder erhöhter Brandgefahr	fb	fb	fb	fb	fb
Trennwände zwischen Aufenthaltsräumen und anders genutzen Räumen im Keller	fh	fh	fb	fb	fb
Innere Brandwände	hf			hf + M	fb nb + M
Brandwand als Gebäudeabschlusswand	Innen fh / Außen fb				
Nicht tragende Außenwände bzw. nicht tragende Teile tragender Außenwände	-	-	-	nb / fh	nb / fh
Oberflächen von Außenwänden, Verkleidungen incl. Dämmstoffe u. Unterkonstruktion	-	-	-	se UK: ne	se UK: ne

fh: feuerhemmend; hf: hochfeuerhemmend; fb: feuerbeständig; nb: nicht brennbar; se: schwer entflammbar; ne: normal entflammbar; M: mechanische Beanspruchung; /: oder; UK: Unterkonstruktion

Mindestmaße für lichte Raumhöhen von Aufenthaltsräumen
(Beispiel, da unterschiedlich je nach LBO)

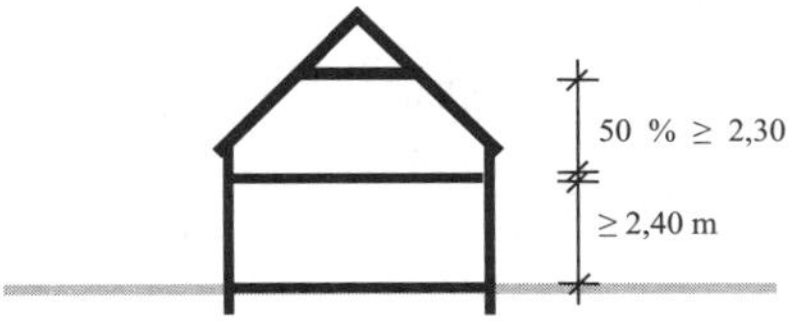

Lichte Raumhöhe von Aufenthaltsräumen gem. MBO mind. 2,40 m; Verschiedene LBO bestimmen zudem: in Dachräumen mind. 50 % der Fläche 2,30 m hoch, Bauteile unter 1,50 m Höhe bleiben dabei unberücksichtigt.
Aufenthaltsräume benötigen zudem zur Beleuchtung und Belüftung Fenster, die unmittelbar ins Freie führen.

Mindestmaße für Vollgeschosse
(Beispiel, da unterschiedlich je nach LBO)

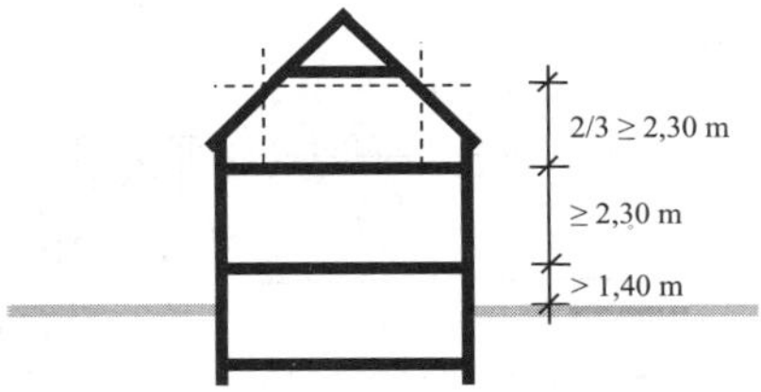

Vollgeschosse
In B-Plänen ist meist die max. zulässige Zahl an Vollgeschossen festgesetzt.
Gemäß MBO sind Vollgeschosse oberirdische Geschosse, die über mind. 2/3 (einige Bundesländer 3/4) ihrer Grundfläche eine lichte Raumhöhe von mind. 2,30 m haben. Die LBO weichen z. T. ab und beziehen sich auf die Geschosshöhe (OK Fußboden – OK Fußboden bei Regelgeschossen bzw. OK Fußboden – OK Dachfläche bei Dachräumen).
Nicht oberirdische Geschosse (Kellergeschosse) können keine Vollgeschosse sein.

Oberirdische Geschosse
Gemäß MBO sind Geschosse oberirdisch, wenn deren *Deckenoberkante* im Mittel mehr als 1,40 m über die Geländeoberfläche hinausragt und die über mind. 2/3 (einige Bundesländer 3/4) ihrer Grundfläche eine lichte Höhe von mind. 2,30 m haben. Die LBO weichen z. T. ab.

Grundrissbeispiel mit 7 Nutzungseinheiten
(Getrennt durch Trennwände)

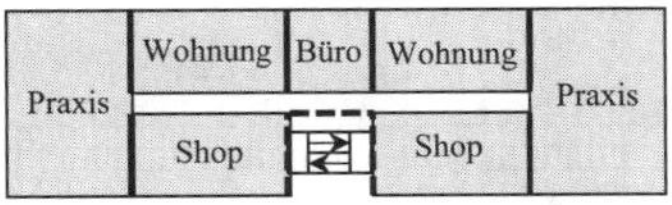

Trennwände
Trennwände trennen Nutzungseinheiten. Sie besitzen die gleiche Brandschutzklassifikation wie die Decken und bilden mit diesen eine Zelle.
Gebäude, die auf demselben Grundstück aneinander gebaut sind, werden ebenfalls durch Trennwände getrennt, da sie Nutzungseinheiten darstellen.

Brandwände
Links: 2 Gebäudeabschlusswände an Grundstücksgrenzen, rechts: Innere Brandwand

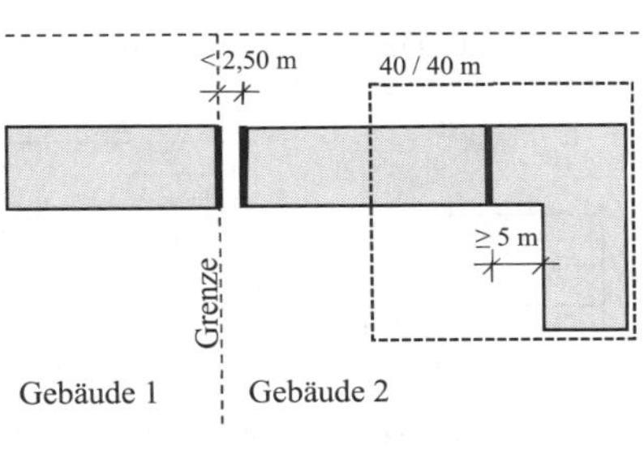

Brandwände
Gebäudeabschlusswände sind zum Schutz des Nachbarn als Brandwände herzustellen, wenn ein Bauwerk 2,50 m oder näher zur Grundstücksgrenze steht.

Innere Brandwände sind in Gebäuden oder Gebäudegruppen auf einem Grundstück nach max. 40 m anzuordnen. Winkelförmige Gebäude, die in ein Quadrat von 40 x 40 m passen, benötigen keine inneren Brandwände.
Sind Brandwände weniger als 5 m zu Gebäudeinnenecken mit Winkeln unter 120° angeordnet, so ist die Fassade auf 5 m feuerbeständig und nicht brennbar zu schließen.

Notwendige Flure

Notwendige Flure (NwFl) sind Flure, die nach LBO gefordert sind. Es gibt 2 Arten:

Interne NwFl: Sie führen innerhalb von Nutzungseinheiten mit Aufenthaltsräumen zum Ausgang; Innere NwFl sind erforderlich in Nutzungseinheiten > 200 m^2 Grundfläche, in Nutzungseinheiten mit Bürofunktionen > 400 m^2, jedoch nie in Wohnungen.

Externe NwFl: Sie führen von den Ausgängen der Nutzungseinheiten zu einem notwendigen Treppenraum.

NwFl sind nach max. 30 m durch Rauchschutztüren ($S_{200}C5$) zu unterteilen. Für Bauteile und Installationen in NwFl gelten besondere Brandschutzregeln (LBO, LAR, LüAR).

Notwendige Treppen und Treppenräume

Dies sind Treppen und Treppenräume, die nach LBO gefordert sind. An Bauteile und Installationen sind Anforderungen nach LBO, LAR und LüAR gestellt (s. Abschnitt 2.2.3).

Rettungswege

Rettungswege sind Wege zur Eigenrettung und zur Fremdrettung durch die Feuerwehr. Für Nutzungseinheiten mit Aufenthaltsräumen muss es stets 2 Rettungswege geben.

Der 1. Rettungsweg darf max. 35 m Lauflinie vom entferntesten Punkt der Nutzungseinheit bis ins Freie oder zu einem Treppenraum messen.

Der 2. Rettungsweg ist in der Länge nicht limitiert und darf auch über Geräte der Feuerwehr, z. B. Handleitern (GK 1-3) oder Drehleiterwagen (GK 4-5) führen. Dabei muss jede NE anleiterbar sein. Besitzt die Ortsfeuerwehr keinen Drehleiterwagen, ist bei GK 4-5 ein 2. baulicher Rettungsweg (notw. Treppenraum) erforderlich.

Bei Hochhäusern, Nutzungseinheiten mit über 10 – 15 Personen sowie Bereichen mit überwiegend Kindern, Kranken, Senioren und ähnlichen Gruppen sind stets 2 bauliche Rettungswege (notw. Treppenräume) anzuordnen.

Flächen für die Feuerwehr

Damit die Feuerwehr mit Handleitern oder Drehleitern jede Nutzungseinheit erreicht, müssen Zugänge bzw. Zufahrten für die Feuerwehr vorhanden sein. Zudem müssen entsprechende Aufstellflächen geplant werden. Die Planung erfolgt nach LBO und DIN 14090. Die Erschließung von Gebäuden über nichtbefahrbare Wohnwege ist auf 50 m begrenzt.

Detailliertere Informationen finden sich in Heisel: Planungsatlas.

Notwendige Flure (NwFl) innerhalb und außerhalb von Nutzungseinheiten (NE)

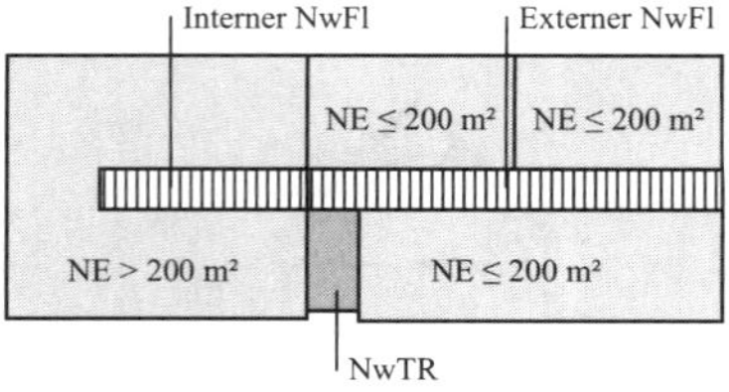

Gebäude mit 1 baulichen Rettungsweg (= 1 notwendiger Treppenraum (NwTR))

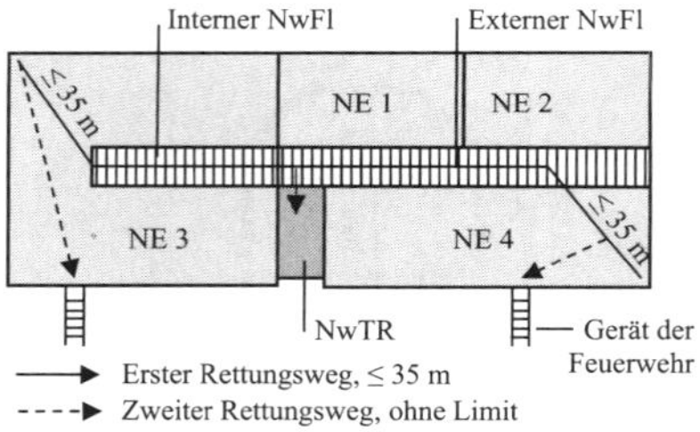

Gebäude mit 2 baulichen Rettungswegen (= 2 notwendige Treppenräume (NwTR))

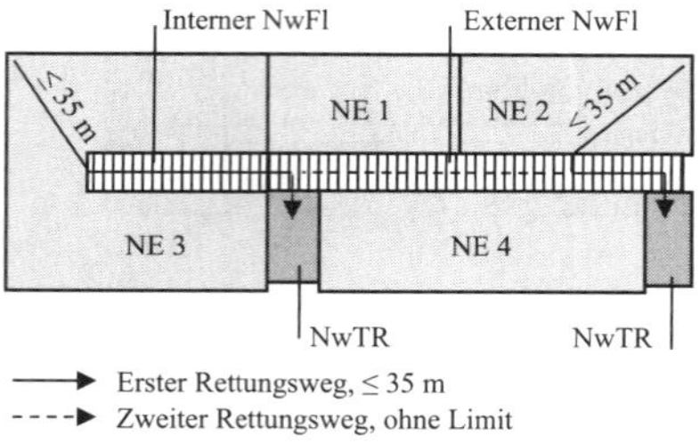

Mindestmaße für Durchfahrten und Durchgänge für die Feuerwehr

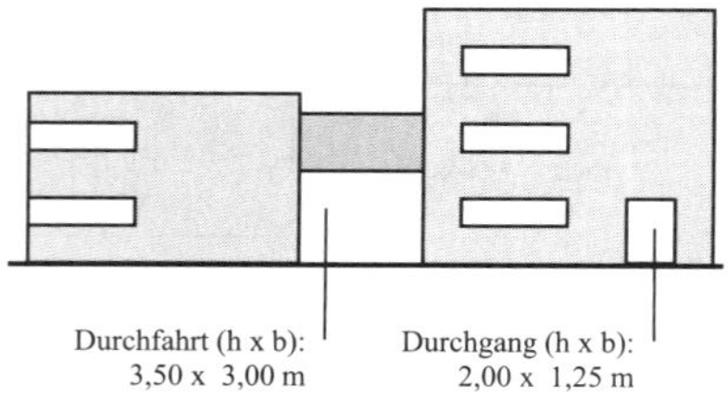

Maße von Fensterflächen

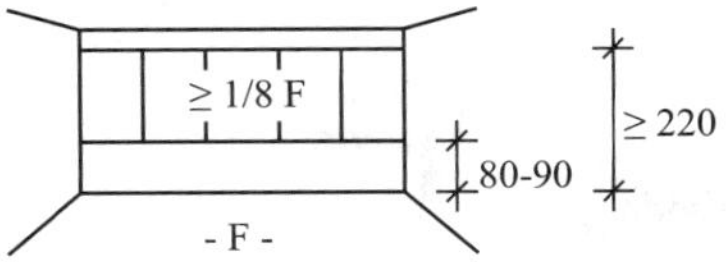

Fensterbrüstungshöhen (BRH) (cm)

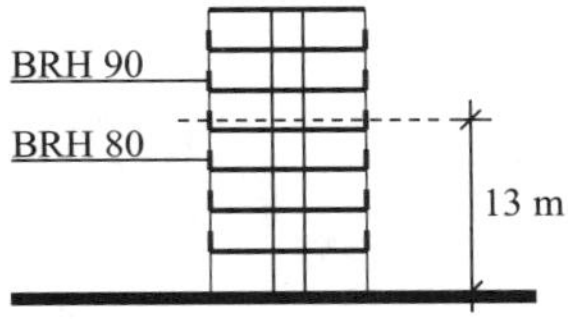

Maße für Fenster als Rettungswege (cm)

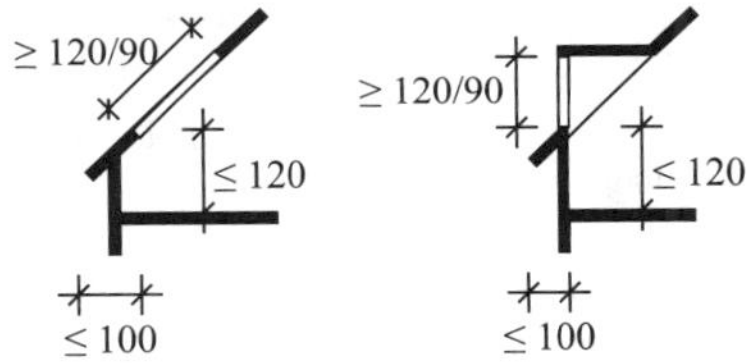

Anforderungen an Türen (LBO) nach DIN 4102 und DIN EN 16034

	DIN 4102	DIN EN 16034
Von Wohnungen und NE ≤ 200 m² zu NwFl	T-D	S_a
Nichtwohn-NE > 200 m² zu NwFl	T 30-DS	EI_2 30-S_aC5
Nach max. 30 m in NwFl	T-DS	S_aC5
Von Lagern im KG zu NwFl	T 30-DS	EI_2 30-S_aC5
Von NwFl zu NwTR	T-RS	S_{200}C5
Von Wohnungen bzw. NE ≤ 200 m² zu NwTR	T-D	S_a
Türen von Nicht-wohn-NE > 200 m² zu NwTR	T30-RS	EI_2 30-S_{200}C5
Von DG und KG zu NwTR	T30-RS	EI_2 30-S_{200}C5
In Trennwänden	T30-DS	EI_2 30-S_aC5
In Brandwänden	T90-DS	EI_2 90-S_aC5
In Brandwänden in NwFl	T90-RS	EI_2 90-S_{200}C5
NwFl: notwendiger Flur; NE: Nutzungseinheit; NwTR: notwendiger Treppenraum		

2 Bauelemente

2.1 Öffnungen

2.1.1 Fenster

ASR A3.4, ASR A3.6, DIN EN 17037, DIN 18 040

Aufenthaltsräume müssen über Fenster (notwendige Fenster) belichtet und belüftet sein. Rohbaumaße der notwendigen Fenster mind. 1/8 der Netto-Grundfläche der Räume, in Kindertagesstätten und Schulen mind. 1/5. Ausnahmen sind möglich, wenn Raumfunktionen dies verlangen und Belichtung sowie Belüftung gesichert sind.

Bei Wohnräumen und Arbeitsstätten bis etwa 50 m² Fläche gilt: Unterkante Fenster möglichst max. 90 cm, Oberkante mind. 2,20 m über Fußboden. Barrierefreie Wohnungen: Unterkante Glas mind. eines Fensters max. 60 cm über Fußboden, Höhe Fenstergriff: 85–105 cm.

Bei Absturzhöhen ≤ 12 m Fensterbrüstungshöhen mind. 80 cm, bei größeren Höhen mind. 90 cm über Fußboden (vgl. Umwehrungen, Abschn. 2.2.5). Besondere Bestimmungen gelten bei Arbeitsstätten (s. Abschn. 7.5).

Fenster, die als Rettungswege fungieren, müssen mind. 90 cm × 120 cm im Lichten messen. Die Unterkante darf max. 120 cm über Fußboden liegen. In Dachschrägen oder in Dachaufbauten (z. B. Gauben) dürfen Rettungsfenster max. 1 m horizontal gemessen von der Traufe entfernt sein.

2.1.2 Türen

LBO, ASR A2.3, DIN 4109, DIN EN 16034

Die schallschutz-, brandschutz- und sicherheitstechnischen Anforderungen an Türen sind bei der Wahl der Bauart zu beachten. Für die Maße sind der Transport von Gegenständen u. Ä. sowie in Rettungswegen die Zahl der darauf angewiesenen Personen relevant. Zu barrierefreien Türen s. Abschn. 4.

Türen in Wohnungen

Eingangstüren: Breite mind. 90 cm im Lichten. Rohbau-Türbreiten innerhalb von Wohnungen: 88,5 cm; zu untergeordneten Räumen: 76 cm.

Türen im Brandschutz

LBO und DIN EN 16034 unterscheiden:

- S_aC5: Dicht- und selbstschließende Tür
- S_{200}C5: Rauchdichte und selbstschließende Tür.

Hinzu kommen ggf. noch Anforderungen an den Feuerwiderstand: EI 30, EI 60, EI 90.

In Rettungswegen sind die lichten Türbreiten gemäß LBO, ASR A2.3 und Sonderbauvorschriften zu beachten.

Zu Klassifikationen s. Kap. 4B, Abschn. 2.3 f.

2.2 Erschließungselemente

2.2.1 Rettungswege

LBO, SonderbauVO, ASR A2.3

Nutzungseinheiten mit Aufenthaltsräumen müssen mind. 2 unabhängige Rettungswege ins Freie oder in notwendige Treppenräume besitzen. Als Rettungswege erforderliche Flure und Treppen werden als „notwendig" bezeichnet.
Ins Freie oder zu notwendigen Treppenräumen darf der 1. Rettungsweg max. 35 m betragen. Der 2. Rettungsweg ist in der Länge nicht begrenzt und kann über eine Leiter der Feuerwehr führen. Ab 8 m Brüstungshöhe jedoch nur, wenn diese ein Drehleiterfahrzeug besitzt und entsprechende Zufahrten vorhanden sind. Ein 2. Rettungsweg ist nicht erforderlich, wenn ein Sicherheitstreppenraum mit Schleusen und Druckbelüftung vorhanden ist.
In Versammlungsstätten (> 200 Besucher) darf der 1. Rettungsweg aus dem Zuschauerraum max. 30 m und von außerhalb des Zuschauerraums bis zum notwendigen Treppenraum bzw. ins Freie wieder max. 30 m messen.
In Sonderbauten (Schulen, Versammlungsstätten, Verkaufsstätten, Gaststätten etc.) sind in der Regel 2 bauliche Rettungswege (notwendige Treppen) erforderlich. Breite der Rettungswege in Sonderbauten: 1,20 m je 200 Nutzer; Verbreiterungen um 60 cm je weitere 100 Nutzer dürfen gemittelt werden.

2.2.2 Treppen

LBO, Sonderbauverordnungen, DIN 18 065, DIN 18 040

DIN 18 065 ist neben den bauordnungsrechtlichen Vorschriften die zentrale Planungsgrundlage für Treppen. Sie unterscheidet Treppen in Wohnungen und Wohngebäuden mit max. 2 Wohnungen (Kleinwohngebäuden) von sonstigen Treppen (Gebäude im Allgemeinen).

Notwendige Treppen
Jedes Geschoss, das nicht zu ebener Erde liegt, muss mind. über 1 Treppe (= notwendige Treppe) erschlossen sein. Leitern, Fahrtreppen und Einschubtreppen sind als notwendige Treppen unzulässig. Über notwendige Treppen allgemeiner Gebäude muss der Krankentransport mit Tragen möglich sein.

Treppen in Versammlungsstätten
Treppen in Versammlungsstätten max. 2,40 m breit, sonst Mittengeländer erforderlich. An beiden Seiten Handläufe ohne offene Enden anordnen und über Treppenabsätze fortführen.

Stufen, Begriffe

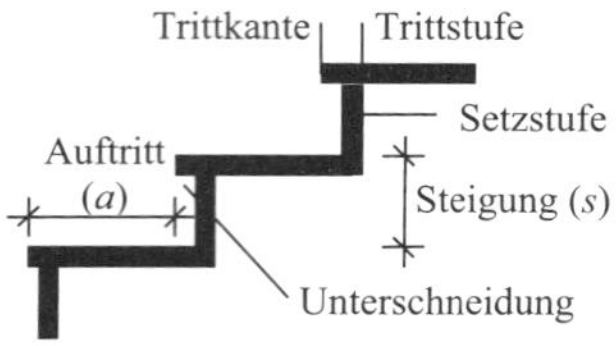

Stufenformen

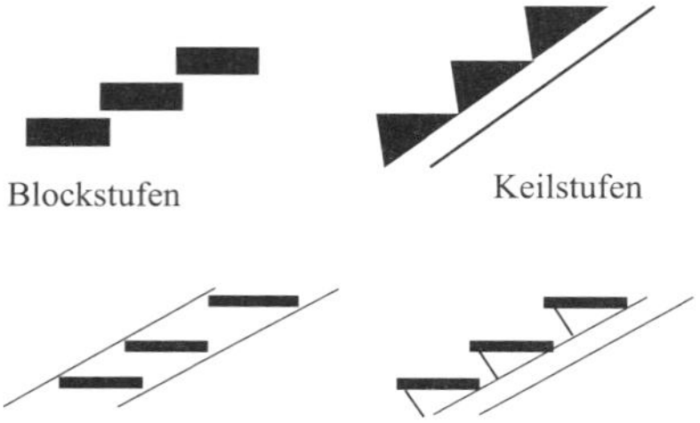

Blockstufen

Keilstufen

Offene Stufen - Eingestemmt

Offene Stufen - Aufgesattelt

Günstige Treppensteigungen

Freitreppen	14–16 cm
Versammlungsstätten	15–17 cm
Schulen	14–16 cm
öffentliche Gebäude	16–17 cm
Gewerbebauten	17–19 cm
Verwaltungsbauten	16–17 cm
Wohnhäuser	16–19 cm
Bodentreppen	18–20 cm
Kellertreppen	18–19 cm
nicht notwendige Treppen	bis 21 cm

Treppen, Begriffe

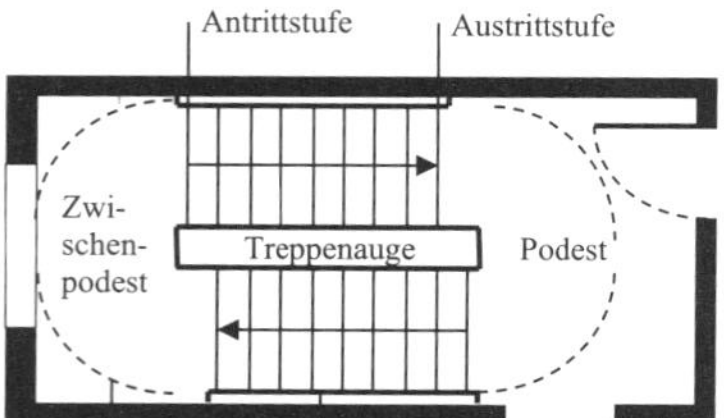

Treppen, wichtige Maße (cm)

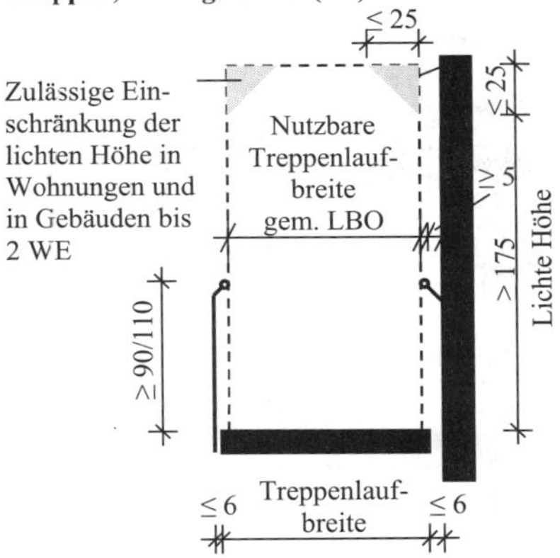

Treppenformen

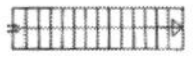 Einläufige gerade Treppe

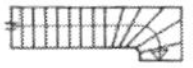 Einläufige im Austritt viertelgewendelte Treppe

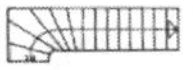 Einläufige im Antritt viertelgewendelte Treppe

 Einläufige zweimal viertelgewendelte Treppe

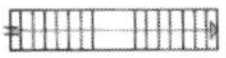 Zweiläufige gerade Treppe mit Zwischenpodest

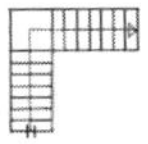 Zweiläufige gewinkelte Treppe mit Zwischenpodest

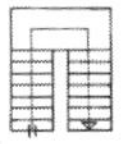 Zweiläufige gegenläufige Treppe mit Zwischenpodest

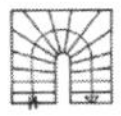 Einläufig halbgewendelte Treppe

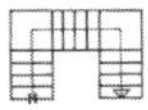 Dreiläufige zweimal abgewinkelte Treppe mit 2 Zwischenpodesten

 Spindeltreppe

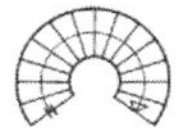 Wendeltreppe

Breiten von Rettungswegen in Sonderbauten (ab ≥ 200 Pers. interpolierbar)

Darauf angewiesene Personen	Breite notwendiger Flure und Treppen
≤ 200	≥ 120 cm
≤ 300	≥ 180 cm
≤ 400	≥ 240 cm

Maße von Treppen DIN 18 065 (cm)

Treppe	Laufbreite	Steigung	Auftritt
Gebäude im Allgemeinen			
Notwendig	≥ 100	14-19	26-37
Nicht notwendig	≥ 50	14-21	21-37
Wohnhäuser bis 2 WE und in Wohnungen			
Notwendig	≥ 80	14-20	23-37
Nicht notwendig	≥ 50	14-21	21-37

Geschosse mit ≥ 800 Besuchern benötigen jeweils eigene Treppenanlagen.

Steigungsverhältnis

Unter dem Steigungsverhältnis einer Treppe wird die Relation zwischen der Auftrittsbreite (a) und der Steigungshöhe (s) der Stufen verstanden. Das Steigungsverhältnis soll sich in der Lauflinie einer Treppe nicht ändern.

Günstige Steigungsverhältnisse ergeben sich aus der Schrittlänge des Menschen. Formel:

$$2 \times s + a = 59 \text{ bis } 65 \text{ cm}$$

Freitreppen und repräsentative Treppen in Gebäuden mit größeren Auftrittsbreiten und geringeren Steigungshöhen planen.

Stufen

Bei Treppen, die von Kindern benutzt werden könnten, darf das lichte Maß der Öffnung zwischen den Trittstufen 12 cm nicht übersteigen.

Bei notwendigen Treppen in Wohnungen und Wohngebäuden mit max. 2 Wohnungen mit Auftritten unter 26 cm muss die Unterschneidung so groß sein, dass mit ihr mind. 26 cm Stufentiefe erreicht werden. Bei nicht notwendigen Treppen mit Auftritten unter 24 cm muss die Unterschneidung so groß sein, dass mind. 24 cm Stufentiefe erreicht werden. Offene Treppen sind um mind. 30 mm zu unterschneiden.

Podeste

Außer in Wohnungen und Wohngebäuden bis max. 2 Wohnungen ist nach 18 Stufen ein Podest vorzusehen. Die nutzbare Podestbreite muss mind. der nutzbaren Treppenlaufbreite entsprechen. Der Auftritt des Podestes beträgt im Allgemeinen mind. 3 Stufenauftritte, in Wohnungen und Wohngebäuden mit max. 2 Wohnungen mind. 2,5 Stufenauftritte.

Schlägt eine Tür in Richtung der Treppe auf, so muss vor der Treppe ein Absatz sein, dessen Tiefe mind. der Türbreite entspricht.

Nutzbare Treppenlaufbreiten

Als nutzbare Laufbreite einer Treppe bezeichnet man den freien Raum zwischen begrenzenden Bauteilen, wie Wänden, Handläufen u. Ä. Bei notwendigen Treppen ist sicherzustellen, dass der Transport von Personen auf einer Krankentrage (nach DIN EN 1865-1) durch die Rettungsdienste möglich ist.

Wendel- und Spindeltreppen
Wendel- und Spindeltreppen müssen an der schmalsten Stelle der nutzbaren Laufbreite mind. 10 cm Auftritt besitzen, in Wohnungen und Wohngebäuden bis 2 Wohnungen mind. 5 cm. Spindeltreppen benötigen nach DIN 18 065 in Wohnungen und Kleinwohngebäuden keinen Mindestauftritt.

Handläufe und Treppengeländer
Geländer sind erforderlich, wenn die Absturzhöhe 1 m überschreitet. Geländer müssen über der Vorderkante der Stufen bzw. der Oberkante des Fußbodens eine Höhe von mind. 90 cm aufweisen. Bei mehr als 12 m Absturzhöhe muss die Geländerhöhe mind. 110 cm betragen. Treppen müssen mind. einen Handlauf (*b* = 2,5–6 cm) besitzen. Höhe 90–115 cm. Handläufe müssen fest sein, z. B. keine Seile. Ab 1,50 m Breite sind beidseitige Handläufe sinnvoll, bei barrierefreien Bauten sind sie stets erforderlich. Ab 2,40 m Breite kann ein mittiger Handlauf erforderlich sein (VStättVO).
In Gebäuden, in denen mit unbeaufsichtigten Kleinkindern zu rechnen ist, dürfen Öffnungen in Geländern 12 cm nicht übersteigen. Ein Aufklettern muss unmöglich sein, z.B. durch senkrechte Stäbe oder Scheiben mind. in den unteren 70 cm oder durch einen um mind. 15 cm nach innen vorkragenden Handlauf. Zwischen Geländerunterkante und Treppe darf kein Würfel von 15 cm Seitenlänge durchpassen.

Treppenformen
Treppen sollten möglichst homogen verlaufen. Kombinationen von geradläufigen und gewendelten Teilen sollten sich auf Treppen innerhalb von Wohnungen beschränken.

2.2.3 Treppenräume

LBO, Sonderbauverordnungen

Für Gebäude der GK 3–5 gilt: Notwendige Treppen müssen in einem eigenen, an der Außenwand liegenden Treppenraum angeordnet sein. Innenliegende Treppenräume können gestattet werden, wenn wegen der Rauchgefährdung und des Brandschutzes keine Bedenken bestehen. Jeder Treppenraum muss einen sicheren, kurzen Ausgang ins Freie besitzen.
Bei GK 4 und 5 muss die notwendige Treppe in einem Zug zu allen Geschossen und zum Dachraum führen. Zu den Anforderungen an Türen in notw. Treppenräumen s. Abschn. 2.1.2.
In jedem Geschoss ist ein Außenfenster von

Gehbereiche bei Wendelteppen (cm)

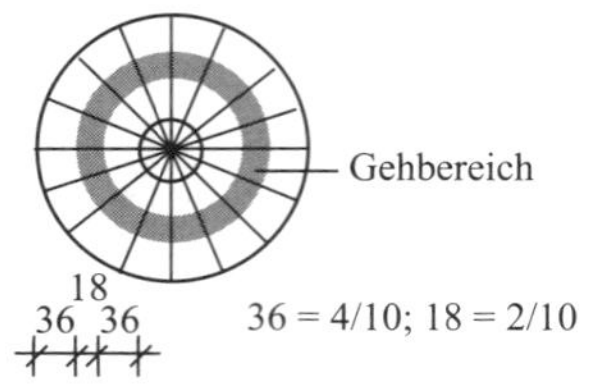

Gehbereiche bei gewendelten Treppen (cm)

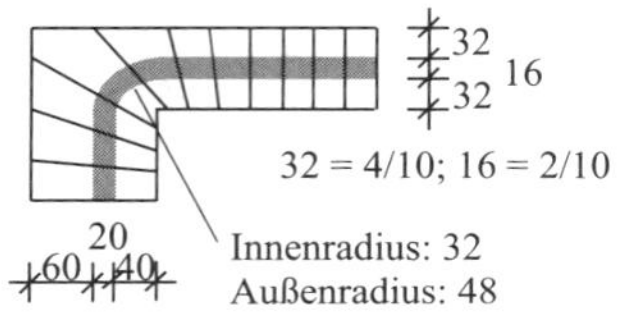

Treppenformen, Flächenbedarf

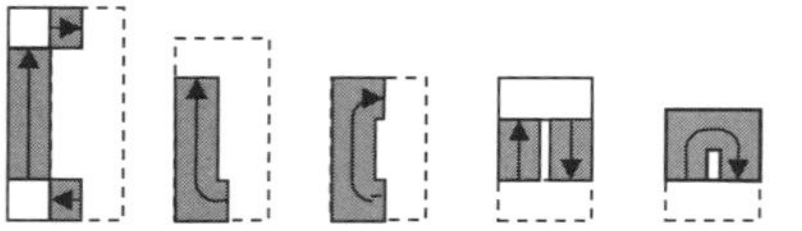

Bauarten von notwendiger Treppen und Treppenraumwänden (MBO)

Geb.-klasse	Treppen	Treppenraum-innenwände	Außen-wände
GK 1 – 2	Keine Anforderungen		
GK 3	nb / fh	fh	nb
GK 4	nb	hf + M	
GK 5	fh + nb	fb + nb + M	
fh: feuerhemmend; hf: hochfeuerhemmend; M: mechanisch belastbar; nb: nicht brennbar; /: oder			

mind. 0,5 m² freiem Lüftungsquerschnitt, bei innenliegenden Treppenhäusern und solchen von Höhen über 13 m ist eine Öffnung an der höchsten Stelle von mind. 1 m² freiem Querschnitt erforderlich. Sie muss mind. im EG und im obersten Geschoss zu bedienen sein.
Installationen mit Brandschutz nach Leitungsanlagenrichtlinie (LAR).

Treppenräume in Hochhäusern
Hochhäuser bis Fußboden eines Aufenthaltsraums bis 60 m über Gelände benötigen mind. 2 notwendige Treppenräume oder 1 Sicherheitstreppenraum. Der 1. Rettungsweg misst max. 35 m, bei Stichfluren max. 15 m. Innenliegende

Bodentreppe, Begriffe

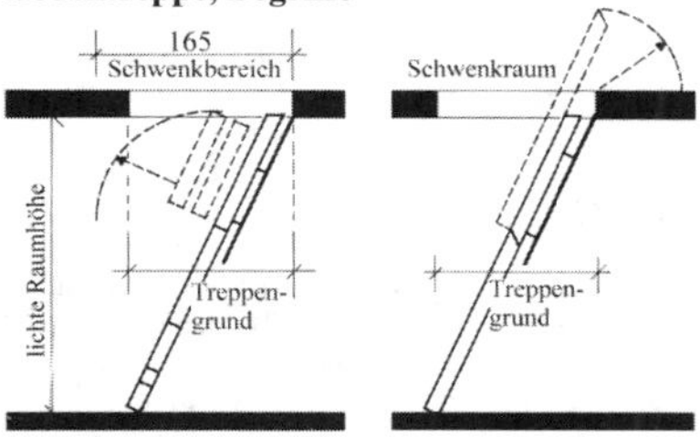

Einbaumaße für 3-teilige Bodentreppen (cm)

Lichte Raumhöhe	Lukenbreite	Lukenlänge
230–270	60	120

Barrierefreie Rampe

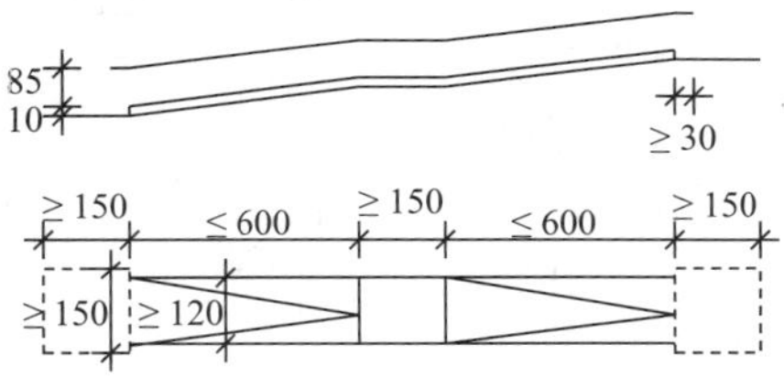

Treppenrampe (≤ 25°)

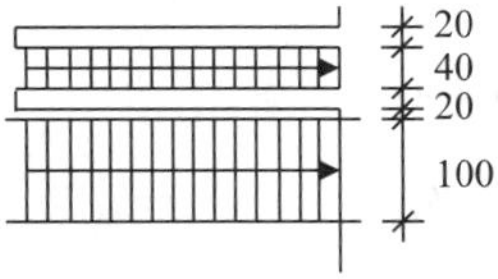

Wände, Decken und Böden notwendiger Flure (MBO) (Türen s. Tab. Seite 1.7)

Geb.-Klasse und Lage		Bauart der Wände
GK 1–2	Wände KG	fh + Bk nb
GK 3–5	Wände KG	fb + Bk nb
GK 1–5	Wände EG–DG	fh + Bk nb
GK 1–5	Bekleidungen, Putze	nb
GK 1–5	Unterdecken	nb
GK 1–5	Böden	kA
Bk nb: Bekleidungen nicht brennbar; fh: feuerhemmend; fb: feuerbeständig; kA: keine Anforderungen		

Nutzbare Mindest- bzw. Maximaltreppenbreiten

nicht notw. Treppe	≥ 50 cm
Treppe in Wohnungen	≥ 80 cm
Wohnhaus bis 2 Wohneinheiten	≥ 90 cm
Garagen	≥ 100 cm
übrige Gebäude	≥ 100 cm
Sonderbauten (VStättVO u. a.)	≥ 120 cm

Treppenräume, Treppenräume in Hochhäusern über 60 m Höhe sowie zu KG mit Aufenthaltsräumen müssen Sicherheitstreppenräume sein. Sicherheitstreppenräume besitzen mind. 3 m tiefe Vorräume mit Überdruck. Aufzüge und Sicherheitstreppenräume dürfen nicht denselben Vorraum besitzen.

2.2.4 Rampen

Rampen für Rollstuhlfahrer und Fußgänger sollen gemäß DIN 18 040 max. 6 % Steigung und nach 6 m ein Podest von 150 cm Länge besitzen. Lichte Breite mind. 120 cm. Seitliche Radabweiser mind. 10 cm hoch. Geländer auf 85 cm Höhe. Davor jeweils eine waagerechte Fläche von mind. 150 cm × 150 cm vorhalten. Für Kinderwagen und Fahrradfahrer sind Rampen mit mittiger Treppenanlage bis max. 25° Steigung nutzbar.

2.2.5 Umwehrungen

Bereiche mit Absturzhöhen über 1 m sind mit Umwehrungen (z. B. Balkonbrüstungen, Geländer) zu sichern, sofern dies nicht der Zweckbestimmung widerspricht (z. B. Laderampen).
Die Umwehrungen müssen bis zu einer Absturzhöhe von 12 m eine Höhe von mind. 90 cm besitzen, bei größeren Höhen mind. 1,1 m. Abweichende Regeln gelten für Arbeitsstätten und Schulen (s. Abschn. 7 und 9).

2.2.6 Flure

LBO, SonderbauVO

Flure, Notwendige Flure

Flurfächen im Grundriss möglichst gering halten. Längere Flure gliedern und Aufenthalts- und Kommunikationszonen schaffen. Möglichst natürlich belichten. Notwendige Flure verbinden Nutzungseinheiten (NE) sowie Aufenthaltsräume außerhalb von NE mit den notwendigen Treppenräumen. Sie sind zudem innerhalb von Büronutzungseinheiten über 400 m² und allen anderen Nutzungseinheiten über 200 m² erforderlich. Notwendige Flure sind nach max. 30 m Länge durch Rauchschutztüren ($S_{200}C5$) zu unterteilen. Bauart der Wände und Türen notwendiger Flure: siehe Tabelle. Installationen in notw. Fluren nur mit Brandschutz nach Leitungsanlagenrichtlinie (LAR, LüAR).

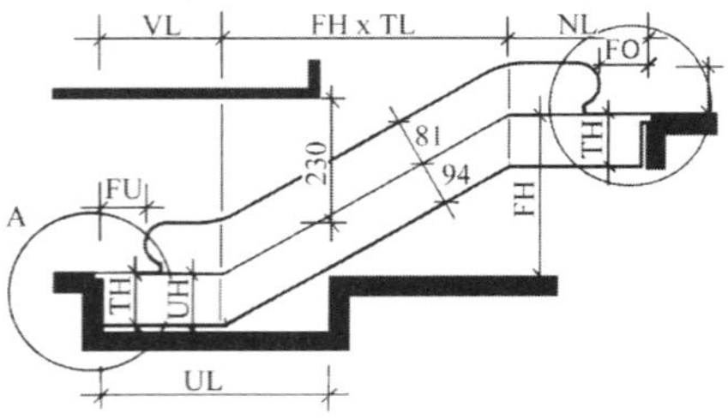

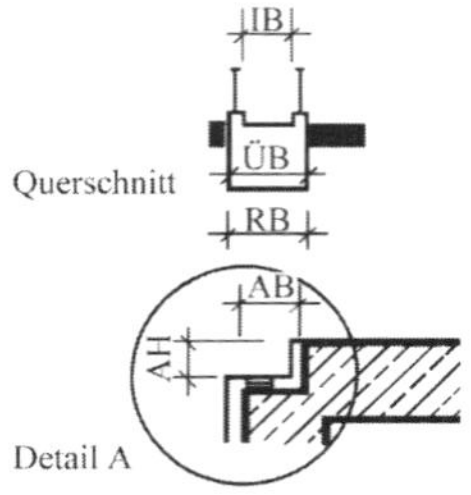

Legende:
AB: Auflagerbreite
AH: Auflagerhöhe
FH: Förderhöhe
FO: Freiraum oben
FU: Freiraum unten
IB: Innere Breite
NL: Nachlauf
RB: Rohbaubreite
TH: Treppenhöhe
TL: Treppenlängen-Faktor
ÜB: Breite über alles
UH: Unterfahrthöhe
UL: Unterfahrtlänge
VL: Vorlauf

Dimensionierung
In Wohnungen mind. 1,20 m. Notwendige Flure mind. 1,20 cm für max. 200 Personen und je weitere 100 Personen 60 cm breiter. Barrierefreie Flure mind. 1,50 m (s. Abschnitt 4).

2.2.7 Fahrtreppen und Fahrsteige

DIN EN 115, LBO, DIN 18 040

Zur kontinuierlichen Beförderung größerer Menschenmengen ist der Einsatz von Fahrtreppen und Fahrsteigen sinnvoll. Fahrtreppen gelten nicht als notwendige Treppen.

Fahrtreppen
Steigungen in Kaufhäusern und Verwaltungsbauten max. 30°. Steigungen in Verkehrsanlagen (z. B.: U-Bahnhof): auch 27,3°, ähnlich den gängigen Treppensteigungen. Lichte Breite 80 bzw. 100 cm. 60 cm Breite lässt die DIN EN 115 nicht mehr zu. Vor Fahrtreppen ist ein Stauraum von mind. 2,50 m Tiefe vom Ende der Fahrtreppenbalustrade vorzusehen. Die lichte Kopfhöhe muss mind. 2,30 m betragen. Neben der Länge der eigentlichen Treppen muss die Planung die oberen und unteren Umlenk- und Motorräume berücksichtigen. Auf die Auflager wirken hohe Lasten.
Die Förderleistung einer Fahrtreppe hängt von deren Breite und Fahrgeschwindigkeit ab. In öffentlich zugänglichen Gebäuden beträgt die Geschwindigkeit max. 0,5 m/s.
Bei Kaufhäusern wird etwa je 1000 m² Verkaufsfläche eine Fahrtreppe eingebaut.

Fahrsteige
Fahrsteige sind horizontale oder leicht geneigte Fördermittel (max. 12°) für größere Menschenmengen. Sie sind sinnvoll, wenn die Menschen Gepäck über weite Strecken transportieren müssen (z. B. Flughafen). Baulängen bis 250 m sind möglich. Eine Aufteilung in kürzere Teilstücke bietet mehr Zusteigemöglichkeiten, zwingt aber auch zu häufigem Umsteigen auf weiterführende Fahrsteige. In öffentlich zugängigen Bereichen dürfen die Neigung max. 7° und die Fördergeschwindigkeit max. 0,5 m/s betragen (DIN 18 040-1).

Maße von Fahrtreppen (cm)

VL	TL	NL	FU	FO	TH	UH	UL
Fahrtreppe 27,3° (Gr. 1)							
226	1,9375	244	71	58	112	120	450
Fahrtreppe 27,3° (Gr. 2)							
266	1,9375	284	71	58	112	120	490
Fahrtreppe 30° (Gr. 1)							
226	1,7321	244	71	58	112	120	430
Fahrtreppe 30° (Gr. 2)							
266	1,7321	284	71	58	112	120	470
Fahrtreppe 30° mit Glasbalustrade (Gr. 1)							
221	1,7321	249	79	79	105	115	430
Fahrtreppe 35° mit Glasbalustrade (Gr. 1)							
221	1,4281	249	79	79	105	115	400
Fahrtreppe 30° mit Ganzglasbalustrade (Gr. 1)							
221	1,7321	249	24	24	105	115	430
Fahrtreppe 35° mit Ganzglasbalustrade (Gr. 1)							
221	1,4281	249	24	24	105	115	400

Breiten- und Auflagermaße von Fahrtreppen (cm)

IB	ÜB	RB	AH	AB
Verkehrsfahrtreppe mit geschlossener Balustrade				
80	142	148	14	20
100	162	168	14	20
Fahrtreppen mit Glasbalustrade				
80	137	143	14	18
100	157	163	14	18
Fahrtreppe mit Ganzglasbalustrade				
80	130	136	14	18
100	150	156	14	18

Fahrtreppen. Fördermenge (Pers./h)

Stufenbreite	80 cm	100 cm
bei $v = 0{,}5$ m/s	6750	9000
bei $v = 0{,}65$ m/s	8775	11700

Systemmaße von Aufzugsanlagen, Grundriss (oben) und Schnitte (unten)

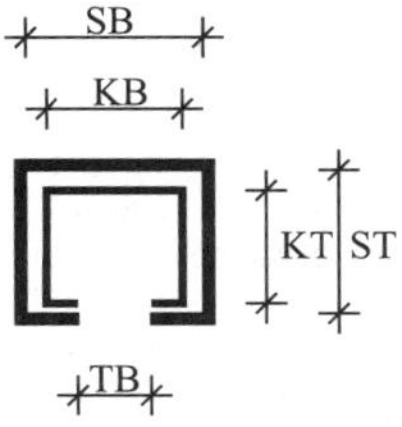

Legende:
TK: Tragfähigkeit
KB: Korbbreite
KT: Korbtiefe
TH: Türhöhe
TB: Türbreite
SB: Schachtbreite
ST: Schachttiefe
SK: Schachtkopfhöhe
SG: Schachtgrubentiefe
TW: Triebwerksraum

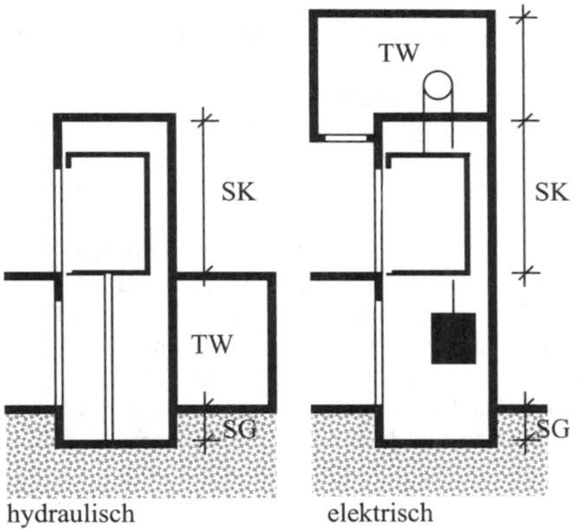

Maße von Personenaufzügen in Wohngebäuden (cm)

Fahrkorb-, Tür- und Schachtmaße						
TK	KB	KT	TH	TB	SB	ST
320 kg	90	100	200	70	150	150
450 kg	100	120	210	80	160	170
630 kg	110	140	210	90	170	190
1000 kg	110	210	210	90	170	260
Schachtgrubentiefe nach Nenngeschwindigkeit						
m/s	0,40	0,63	1,00	1,60	2,00	2,50
320 kg	140	140	140	-	-	-
450 kg	140	140	140	160	-	-
630 kg	140	140	140	160	175	220
1000 kg	140	140	140	160	175	220
Schachtkopfhöhe nach Nenngeschwindigkeit						
m/s	0,40	0,63	1,00	1,60	2,00	2,50
320 kg	360	360	370	-	-	-
450 kg	360	360	370	380	-	-
630 kg	360	360	370	380	430	500
1000 kg	360	360	370	380	430	500
Maße Triebwerksraum für elektrische und hydraulische Aufzüge gemäß DIN ISO 8100-30						

2.2.8 Aufzüge

LBO, DIN ISO 8100-30, DIN 18 040, DIN 18 090 ff.

Notwendige Aufzüge

Gebäude mit Aufenthaltsräumen von mehr als 13 m über Gelände (GK 5) erfordern Aufzüge: Mind. 1 Aufzugkorb muss für Krankentragen und Rollstühle geeignet (2,10 m × 1,10 m) und barrierefrei erreichbar sein. Er muss alle Geschosse mit Ausnahme des obersten Geschosses und der Kellergeschosse anfahren.

In Gebäuden mit Publikumsverkehr ist mind. 1 rollstuhlgerechter Aufzug (KB: 1,10 m, KT: 1,40 m, TB: 0,90 m) vorzusehen. Notw. Aufzüge müssen eine lichte Türbreite von mind. 90 cm besitzen. Staufl. vor Aufzügen beachten!

Stauflächen

Vor jedem Aufzug ist eine Staufläche zu planen. Ihre Tiefe soll mind. der des Fahrkorbes entsprechen, bei Aufzugsgruppen der des tiefsten Korbes. Stauflächen vor rollstuhlgerechten Aufzügen messen mind. 150 cm × 150 cm.

Lage im Grundriss

Aufzüge in der Nähe von Treppenanlagen zentral und leicht auffindbar anordnen. Mehrere Aufzüge zu Gruppen zusammenfassen. Bei großflächigen Gebäuden mehrere Aufzugsgruppen im Grundriss verteilen. Die Zugänge zu Aufzügen sollten ggf. zu kontrollieren sein.

Aufzugsschächte

Aufzüge im Gebäudeinneren benötigen eigene Schächte. Max. 3 Aufzüge je Schacht.

Aufzüge ohne Schacht sind erlaubt:

- in einem notwendigen Treppenraum mit Ausnahme von Hochhäusern,
- zwischen offenen Geschossen und in Räumen, die Geschosse verbinden, und
- in Gebäuden der GK 1 und 2.

Aufzugsschächte, die nur Ebenen eines offenen Raums verbinden (z. B. Hallen, Treppenräume), sind ohne Brandschutzanforderungen. Sonst gilt: In Gebäuden der GK 3 muss die Schachtwand mind. feuerhemmend (REI 30), bei GK 4 mind. hochfeuerhemmend (REI 60) und bei GK 5 feuerbeständig und nichtbrennbar (REI 90+A) sein. Türen dieser Aufzugsschächte müssen mind. den Feuerwiderstand der Schächte besitzen.Aufzugsschächte müssen zum Entrauchen an oberster Stelle eine Öffnung von mind. 2,5 % der Grundfläche, jedoch mind. 0,1 m² besitzen.Zur Aufnahme des Korbaufbaus und anderer Einbauten benötigen Aufzugsschächte Gruben und Köpfe, deren Maße von der Nenngeschwindigkeit der Anlage abhängen.

Triebwerksraum (falls erforderlich)
Die Maschinen für seilgezogene Aufzüge befinden sich am günstigsten über dem Schacht. Bei größeren Aufzügen ist dazu ein Triebwerksraum erforderlich, dessen Höhe sich nach der Größe des Triebwerks richtet. Bei kleineren Aufzügen kann der Antrieb noch im Schacht angeordnet werden. Eine Anordnung im Keller neben dem Schacht ist wegen der Seilumlenkung aufwendiger. Maschinenräume für Hydraulikaufzüge liegen am unteren Ende des Schachtes, möglichst max. 5 m von Hubzylindern entfernt, andernfalls treten Energieverluste auf. Mittlerweile werde heute in vielen Fällen Aufzüge ohne Triebwerksraum erstellt. Besonders im Wohnungsbau ist der triebwerksraumlose Aufzug Standard.

Antriebsarten
Seilgezogene Aufzüge sind in ihrer Hubhöhe und ihrer Geschwindigkeit hydraulischen Aufzügen überlegen. Hydraulische Aufzüge können max. 15–20 m hoch heben. Sie eignen sich besonders zum Transport großer Lasten. Aus ästhetischen Gründen werden sie häufiger bei verglasten Aufzugsanlagen eingesetzt.

Aufzüge in Hochhäusern (HHR)
Jedes Geschoss muss von mind. 2 Aufzügen angefahren werden. Die Haltestellen dürfen nur in eigenen Vorräumen liegen. Die Vorräume von Aufzügen und notwendigen Treppenräumen sind zu trennen. Jedes Hochhaus muss mind. 1 Feuerwehraufzug mit sicherer Notstromversorgung besitzen, der in der Nähe eines notw. Treppenraums liegt. Jeder Punkt eines Geschosses darf max. 50 m vom Feuerwehraufzug entfernt liegen. Feuerwehraufzüge besitzen einen eigenen Schacht und einen Vorraum – auch gemeinsam mit anderen Aufzügen – in feuerbeständiger und nichtbrennbarer Ausführung (REI 90+A). Der Abstand zwischen Fahrschachttür und Tür zu notwendigem Flur muss mind. 3 m betragen. Der Vorraum (mind. 6 m^2) und der Fahrkorb müssen das Einbringen einer Trage (0,60 m × 2,40 m) ermöglichen. Türen vom Vorraum zum notwendigen Flur feuerhemmend und rauchdicht (EI_2 30-S_{200}C5). Fahrschacht und Vorraum müssen eine Druckbelüftung mit Notstromversorgung aufweisen.
Bei Gebäuden mit mehr als 20 Geschossen ist die Anordnung von kleineren Nah- und großen Fernverkehrsaufzügen mit Umsteigegeschossen (Sky-Lobbys) sinnvoll.

Maße von Personenaufzügen in Nicht-Wohngebäuden (cm)

TK	KB	KT	TH	TB	SB	ST
630 kg	110	140	210	90	200	210
800 kg	135	140	210	90	200	220
1000 kg	160	140	210	90	220	220
1000 kg	110	210	210	80	160	260
1000 kg	160	140	210	110	240	220
1275 kg	200	140	210	110	250	220
1275 kg	200	140	210	110	260	230
1600 kg	210	160	210	110	270	250
1600 kg	235	160	210	120	300	250
2000 kg	235	170	210	120	300	260

Schachtgrubentiefe und Nenngeschwindigkeit											
	m/s	0,63	1,00	1,60	2,00	2,50	3,00	3,50	4,00	5,00	6,00
1	630 kg	140	140	160	-	-	-	-	-	-	-
	800 kg	140	140	160	175	220	-	-	-	-	-
	1000 kg	140	140	160	175	220	-	-	-	-	-
	1275 kg	140	140	160	175	220	-	-	-	-	-
2	1275 kg	-	-	-	-	-	320	340	380	380	400
	1600 kg	-	-	-	-	-	320	340	380	380	400
	1800 kg	-	-	-	-	-	320	340	380	380	400
	2000 kg	-	-	-	-	-	320	340	380	380	400
Schachtkopfhöhe und Nenngeschwindigkeit											
	m/s	0,63	1,00	1,60	2,00	2,50	3,00	3,50	4,00	5,00	6,00
1	630 kg	380	380	380	-	-	-	-	-	-	-
	800 kg	380	380	400	440	500	-	-	-	-	-
	1000 kg	420	420	420	440	500	520	-	-	-	-
	1275 kg	420	420	420	440	500	520	-	-	-	-
2	1275 kg	-	-	-	-	550	550	570	570	570	620
	1600 kg	-	-	-	-	550	550	570	570	570	620
	1800 kg	-	-	-	-	550	550	570	570	570	620
	2000 kg	-	-	-	-	550	550	570	570	570	620
1 Aufzüge normale Nutzung / 2 Aufzüge intensive Nutzung											

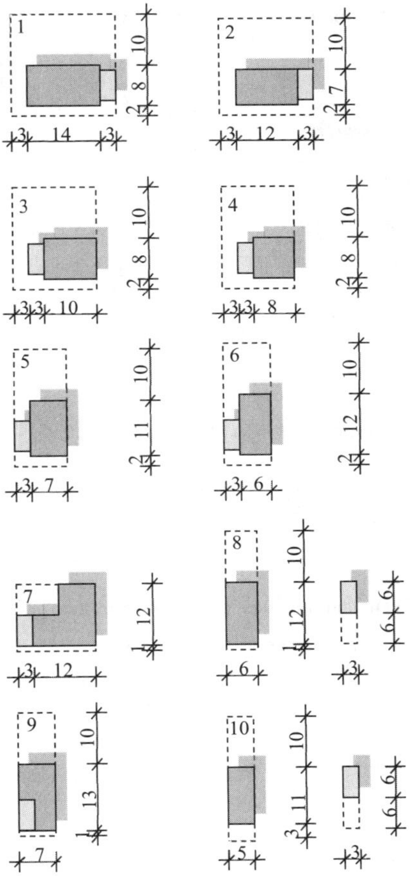

3 Wohnungsbau

3.1 Wohnhaustypen

Von der Wahl des Haustyps hängt wesentlich die mögliche Dichte einer Wohnbebauung ab. Art und Maß der baulichen Nutzung sind in der Regel in Bebauungsplänen der Gemeinden festgesetzt. Das Maß der baulichen Nutzung wird u.a. durch die Grundflächenzahl (GRZ) und die Geschossflächenzahl (GFZ) beschrieben.

Die Dichte nimmt von vielgeschossigen Mehrfamilienhäusern über Ketten- und Reihenhäuser bis zu frei stehenden Einfamilienhäusern hin ab. Neben der Grundstücksgröße ist auch der Erschließungsaufwand je Wohneinheit ein wichtiger Kostenfaktor. Er lässt sich u.a. an der Straßenbreite der Grundstücke ablesen.

Von innerörtlichen Lagen abgesehen, ist es meist sinnvoll, den Bauten eine Vorzone zu geben, die 2 m Breite nicht unterschreiten sollte. Bei der Tiefe von Privatgärten sind 10 m als das Minimum anzusehen, um einen Schutz der Privatsphäre zu gewährleisten. Die in der Tabelle aufgeführten Grundstückstiefen sind daher als absolute Mindestmaße zu verstehen. Die Grundrissflächen bewegen sich im Rahmen des Üblichen. Neben der Wahl des Bautyps beeinflussen dessen Anordnung, die Art der Erschließung, die Größe von öffentlichen Freiräumen und die Anordnung des ruhenden Verkehrs ganz wesentlich die Dichte und Qualität einer Wohnsiedlung.

Links:
Mindestmaße für Grundstücke bei verschiedenen Einfamilienhäusern (m)

Städtebauliche Kennwerte von Einfamilienhaustypen (vgl. Abb. oben)

Haustyp		Zahl der Geschosse	Grundstücksmaße in m u. m² (mind.)	GRZ	GFZ	durchschnittliche Wohndichte in Einwohner/ha
1	Frei stehendes EFH	1	20 × 20 = 400	0,33	0,33	< 80
2	Frei stehendes EFH	2	18 × 19 = 342	0,30	0,54	< 90
3	Frei steh. Doppelhaus	1,5	16 × 20 = 320	0,31	0,48	< 110
4	Frei steh. Doppelhaus	2	14 × 20 = 280	0,29	0,52	< 130
5	Kettenhaus	1,5	10 × 23 = 230	0,41	0,65	< 150
6	Kettenhaus	2	9 × 24 = 216	0,42	0,75	< 180
7	Gartenhofhaus	1	15 × 13 = 195	0,65	0,65	< 185
8	Reihenhaus + Stellplatz	2	6 × 23 = 138	0,52	0,93	< 210
9	Garage im Reihenhaus	2	7 × 24 = 168	0,54	1,08	< 250
10	Reihenhaus + Stellplatz	3	5 × 24 = 120	0,47	1,17	< 220

3.1.1 Raumkonzepte

Offene und geschlossene Grundrisse

Geschlossene Räume bieten hohe Privatheit durch Sicht- und Schallschutz. Wohnungen mit ausschließlich geschlossenen Räumen sind jedoch meist unflexibel zu nutzen und schlechter zu belichten. Sie erfordern zudem in der Regel abgetrennte, räumlich nicht wirksame Erschließungsflächen (Flure).

Offene Grundrisse lassen sich insbesondere im Gemeinschaftsbereich einer Wohnung (Wohnen, Essen, Küche) realisieren. Individualräume (Schlafzimmer) sind in der Regel sinnvoller geschlossen.

Offene, mit transparenten, transluzenten oder halbhohen Teilern gegliederte Räumlichkeiten wirken großzügiger und heller. Offene kleinere Wohnungen wirken größer. Wohnungen mit offenen Grundrissen oder Grundrissteilen sind zudem flexibler in der Nutzung. Es gilt, für jede Wohnung und ihre Teilbereiche das richtige Maß an Offenheit bzw. Geschlossenheit zu finden.

Räumliche Entwicklung

Sowohl im Einfamilienhausbau wie im Geschosswohnungsbau lassen sich durch Verteilung der Wohnungen auf verschiedene Ebenen interessante Raum- und Sichtbeziehungen erreichen. Absenken des Wohnraums, zweigeschossige Ausführung (Maisonette), halbversetzte Geschosse (Split-Level) und die Ausbildung von Galerien sind gängige Ansätze zur innenräumlichen Gestaltung.

Sichtbezüge

Von ähnlich großer Bedeutung sind die Sicht- und Blickbeziehungen innerhalb einer Wohnung und aus dem Gebäude heraus. Offene Grundrisse erlauben z. B. Außensichtbezüge nach mehreren Richtungen.

Veränderbarkeit der Grundrisse

Wohnhäuser sollten möglichst so entworfen und konstruiert sein, dass sie den sich verändernden Vorstellungen und Bedürfnissen der Bewohner angepasst werden können. Möglichkeiten bieten u. a.:

- leichte Trennwände (Schallschutz!)
- versetzbare Trennwände
- verschiebbare Trennwände
- neutrale, vielseitig verwendbare Räume
- offene Grundrisse.

Orientierungswerte für Raumgrößen in Einfamilienhäusern (m²)

	Kleines Haus	Mittleres Haus	Großes Haus
Wohn- u. Essraum	30	40	60
Küche	8	11	13
WC + HWB	2		
Duschbad		4	5
Diele + Garderobe	6	10	10
Treppe	4	10	10
Elternzimmer	12	16	10
Ankleide + Vollbad			20
Kind 1	10	12	12
Kind 2	10	12	12
Vollbad	8	10	
Duschbad für Kinder			6
Flur	4	10	10
Abstellraum	6	6	6
Hauswirtschaftsraum		9	9
Gästezimmer			12
Summe	100	150	200

Wohnhaus mit abgesenktem Wohnraum

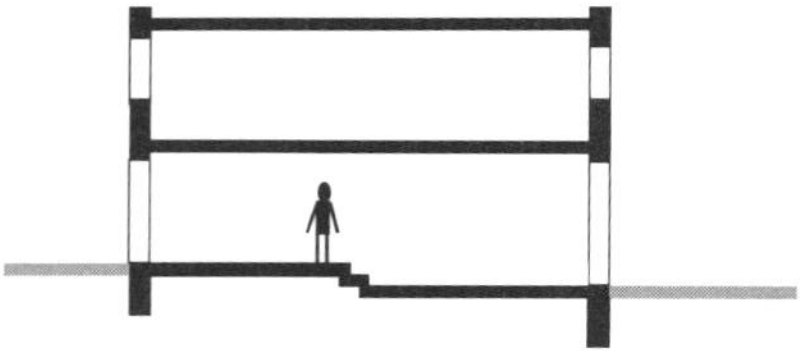

Wohnhaus mit Galerie

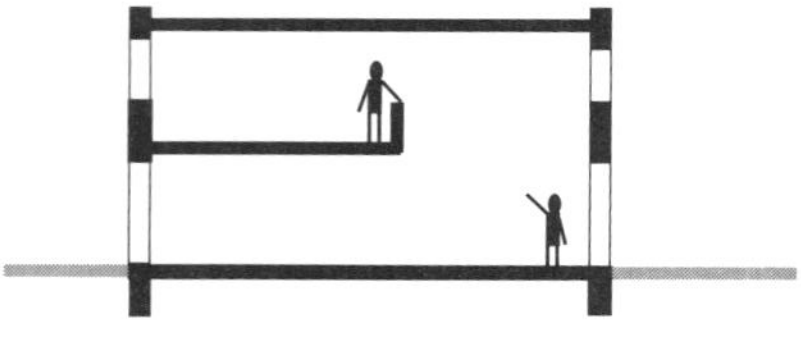

Wohnhaus mit Split-Level

Einfamilienhaus mit einseitig orientierten Aufenthaltsräumen (2 Vollgeschosse)

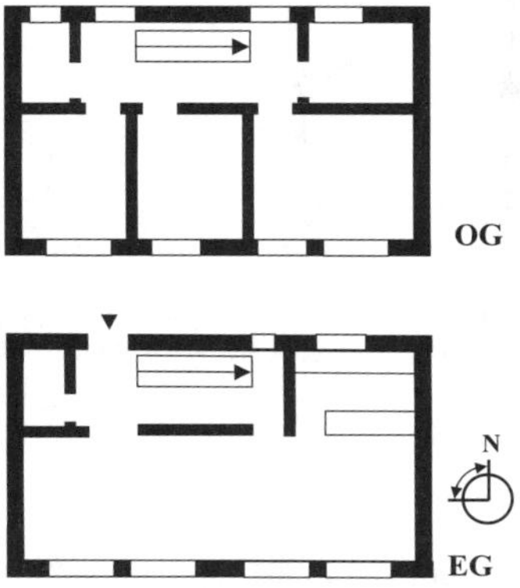

Einfamilienhaus mit zweiseitig orientierten Aufenthaltsräumen (2 Vollgeschosse)

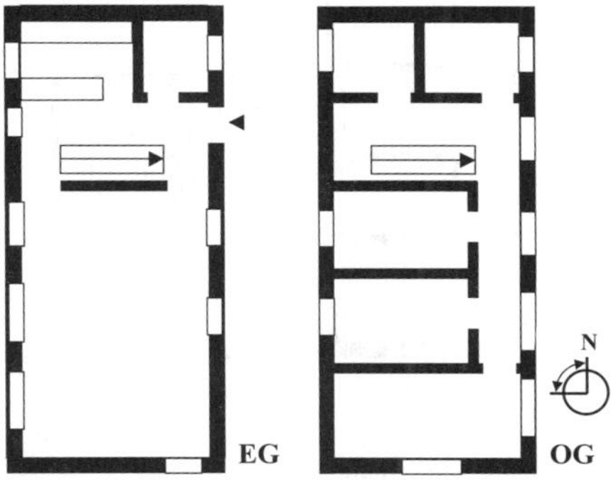

Einfamilienhaus mit 1 Vollgeschoss und ausgebautem Dachgeschoss

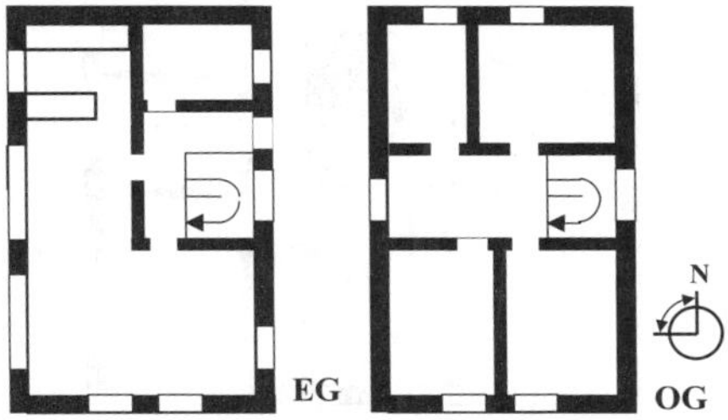

3.1.2 Einfamilienhäuser

Unter Einfamilienhäusern sind frei stehende oder gereihte Häuser mit 1 Wohneinheit und mit max. 1 kleinen Einliegerwohnung zu verstehen. Wegen des Zwangs zur Reduzierung des Flächenverbrauchs, der Kosten und des Energieverbrauchs erlangen flächensparende Bautypen wie Reihenhäuser und Gartenhofhäuser eine immer größere Bedeutung.

Ausbau und Erweiterung
Da Bauvorhaben häufig die momentanen Finanzmittel der Bauherren erschöpfen, sind nach Möglichkeit spätere Ausbauten und Erweiterungen mit zu bedenken.

Brandschutz und Schallschutz
Zwischen Einfamilienhäusern, die aneinander stoßen, wie Gartenhof-, Ketten-, Doppel-, Reihen- und Stadthäusern, sind Schalltrennfugen anzuordnen. Diese sind durch die Kellerwände, bei Fehlen eines Kellers durch die Fundamente zu führen.
Zwischen Einfamilienhäusern auf gemeinsamem Grundstück ist der Brandschutz durch Trennwände und auf getrennten Grundstücken als Brandwände auszuführen.

Frei stehende Einfamilienhäuser
In der Regel die individuellste Form des Wohnhauses. Großer Flächenverbrauch. Ungünstiges Verhältnis zwischen Außenflächen und umschlossenen Volumen (*A*/*V*-Verhältnis) bedeutet höhere Herstellungs- und Energiekosten. Häufigste Höhentypen: 1 Vollgeschoss, 1 Vollgeschoss mit ausgebautem Dachgeschoss als Nicht-Vollgeschoss (1 ½ Geschosse), 2 Vollgeschosse.

Eingeschossiges Einfamilienhaus

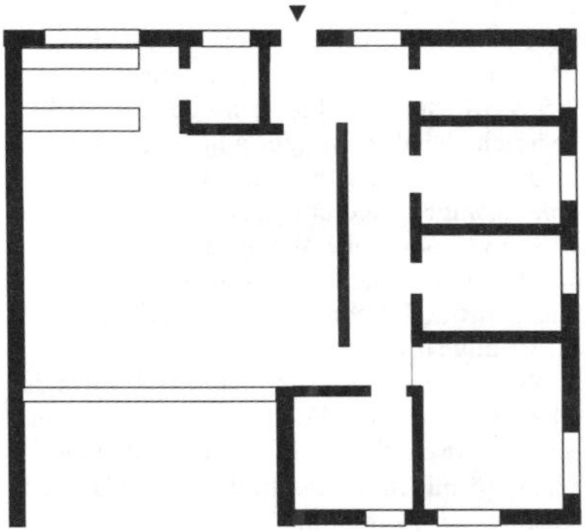

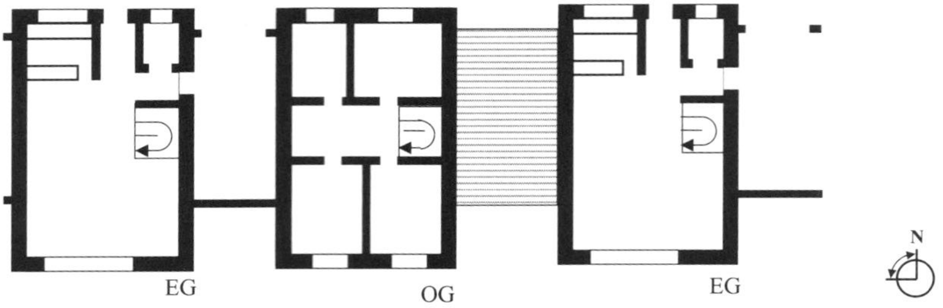

Kettenhäuser mit reihenhausähnlichen Grundrissen – Garagen als Zwischenglieder (Oben)

Kettenhäuser

Kettenhäuser sind Reihungen deutlich ablesbarer 1 1/2- bis 2-geschossiger Wohnhäuser mit kleineren Zwischenteilen (Nebenräumen, Garagen) oder deutlichen Versätzen. Sie werden von Bauträgern oder mit Gestaltungsauflagen privat errichtet. Gewisse Individualität ist durch die Zwischenelemente möglich. Räumlich interessante Ausformungen der Eingangs- und der Rückseite bieten Wetter- und Sichtschutz. Die Garagen können am Haus als Kettenverbindungsglied oder als Sammelgaragen ausgeführt werden. Garagen als Verbindungsglieder erlauben den Durchgang von der Straße zum Garten. Vorteile der Kettenhäuser: Individualität, geringer Flächenverbrauch, geringere Hüllflächen.

Gartenhofhaus (1-geschossig)

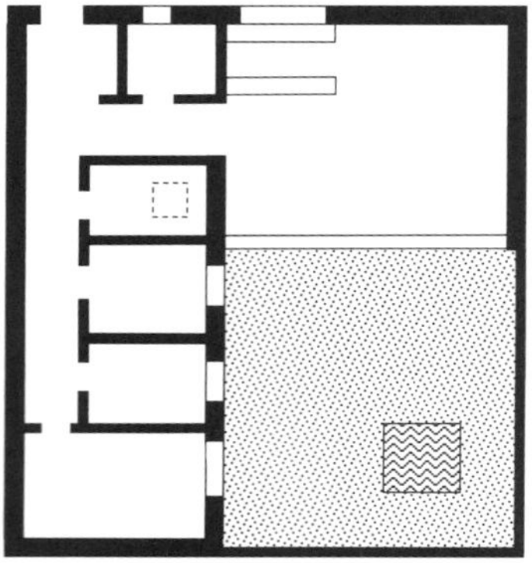

Gartenhofhäuser

Gartenhofhäuser werden in der Regel als Reihungen L- oder U-förmiger eingeschossiger Grundrisse um Wohnhöfe in flächiger, dichter Bauweise von Bauträgern oder mit Gestaltungsauflagen privat errichtet. Gewisse Individualität ist möglich.

Die Flügel der Häuser nehmen jeweils bestimmte Wohnbereiche auf, z. B. Wohn- und Essbereich oder die Individualräume. Die Bereiche können so optimal orientiert werden. Um die Besonnung der Höfe zu gewährleisten, sind in der Regel eingeschossige Bauweisen mit flach geneigten Dächern erforderlich.

Dieser Bautypus bietet einen guten Wetter-, Sicht- und Schallschutz der Freibereiche. Trotz hoher Verdichtung verbleibt ein gesicherter Privatbereich. Schalltrennfugen zum Nachbarn sind erforderlich. Garagen werden im Haus oder als Sammelgarage ausgeführt; evtl. Durchgang von der Straße oder vom Wohnweg zum Garten. Vorteile: Individualität, geringer Flächenverbrauch. Nachteil: Schlechtes *A*/*V*-Verhältnis.

Bei Atriumhäusern ist der Innenhof vierseitig von Wohnräumen umbaut. Diese Bauform ist nur bei großflächigen Wohnhäusern sinnvoll und weniger wirtschaftlich als die kompakteren L- bzw. U-förmigen Gartenhofhäuser. Nachteil: Schlechtes *A*/*V*-Verhältnis.

Haus mit Atrium (eingeschossig)

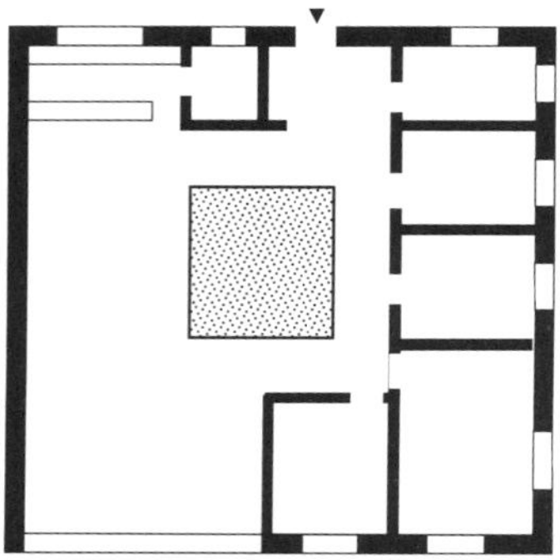

1 Zimmer breites Reihenhaus, EG, 1. OG, 2. OG

2 Zimmer breites Reihenhaus, EG + OG

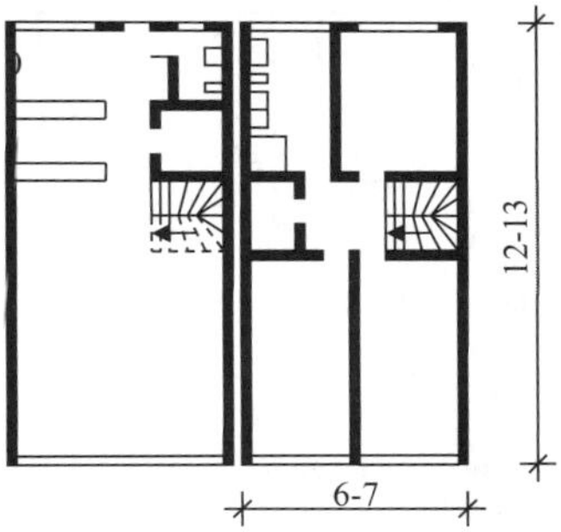

2 Zimmer breites Reihenhaus, EG + OG

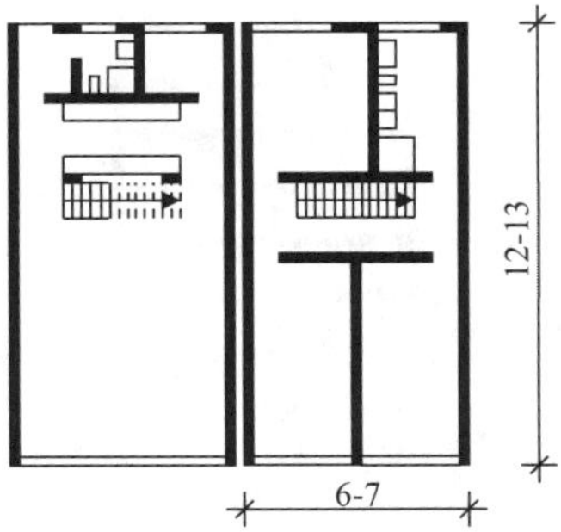

3 Zimmer breites Reihenhaus, EG + OG

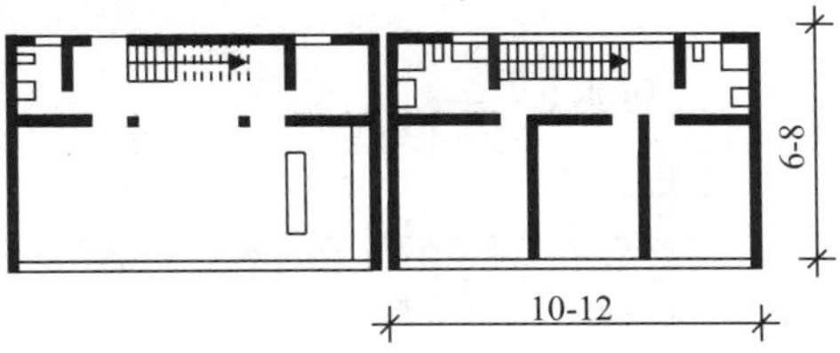

Reihenhäuser

Reihung 2- bis 3-geschossiger meist schmaler, tiefer Bauten, durch Schalltrennfugen getrennt. Sie werden von Bauträgern errichtet. In der Regel befinden sich im Erdgeschoss die Wohnräume mit Küche, in den Obergeschossen die Individualräume. Abstellräume werden entweder im Keller oder in Kellerersatzräumen angeordnet. Letzterer kann auch außerhalb des geheizten Bereiches als einfacher Anbau ausgeführt sein. Im Haus selbst sollte ein Hauswirtschaftsraum als Wäsche- und Lagerraum vorhanden sein. Die Garagen sind in der Regel in Sammelgaragen, bisweilen auch im Haus, z. B. im Keller, angeordnet.
Durch plastische Gestaltung der einzelnen Häuser und Versprünge in der Reihung werden interessante Gestaltungen möglich. Die Privatheit der Freisitze kann u.a. durch bauliche Maßnahmen erhöht werden. Die Vorzonen zu den Erschließungswegen bieten sich als halbprivate Kommunikations- und Pufferzonen an. Kellerersatzräume und Garagen/Carports lassen sich als Gliederungselemente verwenden.
Vorteile: geringer Flächenverbrauch, günstiges *A*/*V*-Verhältnis, Nachteile: Belichtung nur von 2 Seiten, Privatheit der Freisitze und Gärten.

Reihenhaus mit Split-Level

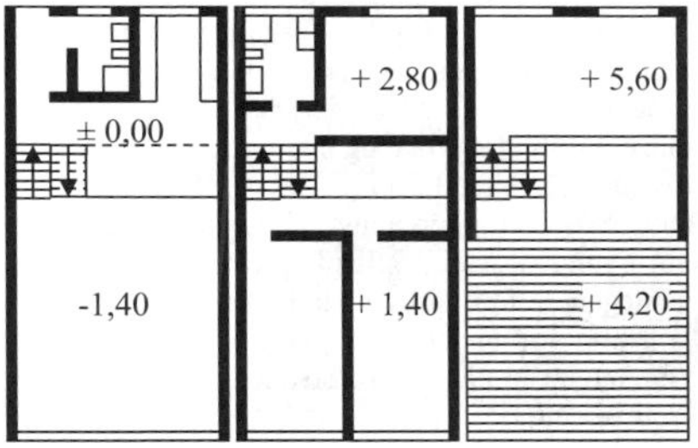

2 Zimmer breites Reihenhaus; EG + OG

3.1.3 Geschosswohnungsbauten

Grundsätze

Miet- oder Eigentumswohnungen in mehrgeschossigen Bauten sind insbesondere im städtischen Umfeld zu finden. Je nach Lage und städtebaulichem Umfeld können Blocks, Zeilenbauten, Scheibenhäuser oder Punkthäuser sinnvoll sein (s. Kap. 2).

Die Wohnungen werden vertikal über Treppenhäuser und spätestens bei Aufenthaltungsräumen über 13 m über Gelände (GK 5) auch mit Fahrstühlen erschlossen. Horizontal sind sie entweder unmittelbar von einem Treppenhaus (Spännertypen) oder über einen Gang (Gangtypen) erschlossen. Je geringer der Anteil der Erschließungselemente am Bauvolumen, desto günstiger die Baukosten. Je mehr Wohnungen über ein Treppenhaus oder einen Flur erschlossen werden, desto größer wird jedoch die Anonymität.

Eine Wohnung kann sich über 1 Geschoss oder über mehrere Geschosse erstrecken, als Split-Level-Typ oder als Maisonette. Mehrgeschossige Wohnungen besitzen einen schmaleren Zuschnitt, ähnlich einem Reihenhaus.

Der ruhende Verkehr wird in Sammelanlagen untergebracht: je nach Güte des Objektes, Baulandpreis und Verfügbarkeit des Bodens in offenen oder überdachten Stellplätzen, Garagen oder Tiefgaragen. Üblich ist auch die Nutzung des Erdgeschosses durch eine offene oder geschlossene Garagenanlage.

Die Abstellflächen für Müllbehälter, Fahrräder und Kinderwagen sowie Hausanschluss-, Wasch- und Trocken- sowie Abstellräume sind frühzeitig in die Planung zu integrieren (vgl. Abschn. 3.2.6 und 3.3.1).

Bei Gebäuden mit mehr als 3 Wohnungen ist auf dem Grundstück ein Spielplatz für Kleinkinder anzulegen, sofern kein geeigneter Spielplatz in der Nähe vorhanden oder geplant ist oder die Wohnungen kinderlosen Personengruppen vorbehalten sind.

Räume und Raummaße in Geschosswohnungen (m)

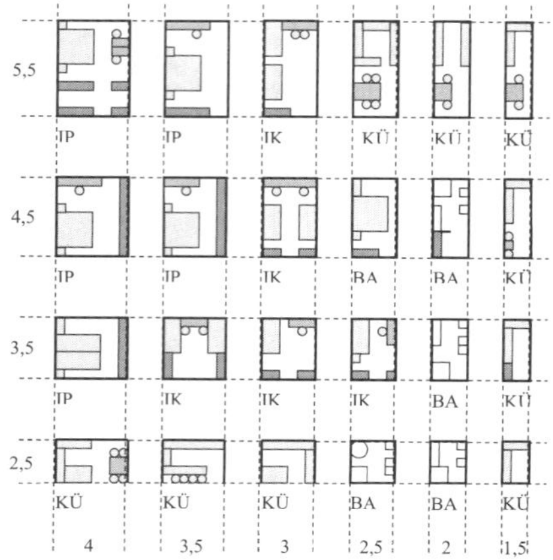

Legende:
BA: Bad
IK: Individualraum Kinder
IP: Individualraum Paar
KÜ: Küche

Parkplätze in Tiefgarage (2-reihig)
Untere Geschosse: Innflurerschließung
Obere Geschosse: Spännererschließung

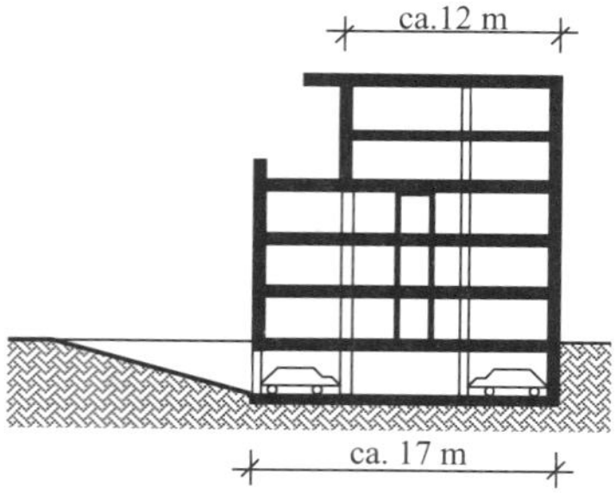

Städtebauliche Kennwerte von Geschosswohnungsbauten

Haustyp		Zahl der Geschosse	Grundstücksmaße in m²/WE	Zweckmäßige Grundstücksbreite (m)	empfohlene GFZ	durchschnittliche Nettowohndichte in Einwohner/ha
1	Einspänner	2	120–220	> 20	0,6–0,8	< 300
2	Zweispänner	3	-	> 30	0,8–1,0	< 350
3	Zwei- und Mehrspänner	4	= Wohnfläche	> 40	0,8–1,1	< 400
4	Drei- u. Mehrspänner	5	= Wohnfläche	> 50	0,8–1,1	< 400
5	Vier- u. Mehrspänner	> 5	= Wohnfläche	> 60	0,8–1,2	< 450

Geschosswohnungsbau in Skelettbauweise (Ausschnitt), Hochhaus in Newark, Architekt: L. M. van der Rohe

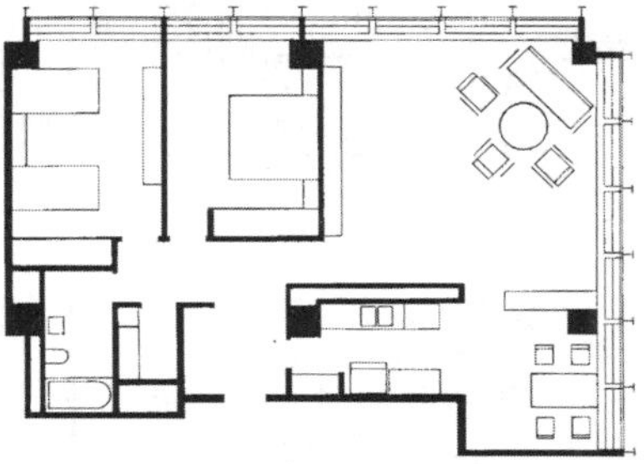

Geschosswohnungsbau in Helsinki, mit Flurerschließung und Schottenbauweise, Architekt: A. Aalto

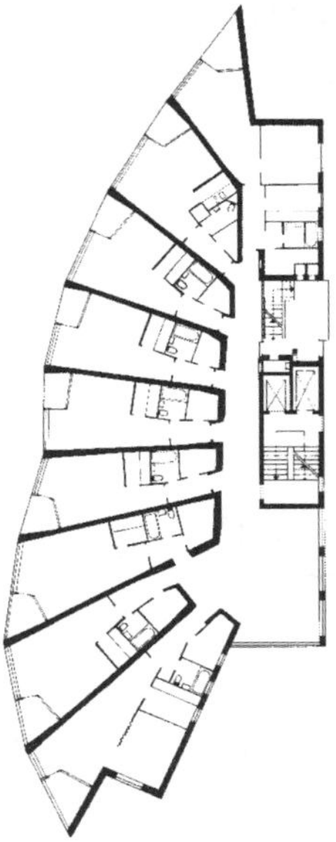

Konstruktion und Technik

DIN 4109, VDI 4100

Auf den Schallschutz der Decken, Wohnungstrennwände und Installationen ist besonders zu achten. Die wegen des Schallschutzes schweren Wohnungstrennwände (Mauerwerk, Beton) werden meist gleichzeitig zur vertikalen Lastabtragung herangezogen (Massivbauweise).

Schottenbauweise

Die Decken spannen zwischen in regelmäßigen Abständen angeordneten Innenwänden (Schotten). Abstand der Schotten 3 m bis 6 m (Zimmerbreiten). Zwischen den Schotten erlauben leichte Trennwände freie Grundrissgestaltung.

Skelettbauweise

In der Regel teurere Lösung, erlaubt aber freiere Grundrissgestaltungen. Wohnungstrennwände müssen oft aus Schallschutzgründen massiv ausgeführt werden und sind dann nur an konstruktiv verstärkten Deckenbereichen (Unterzüge) zu realisieren.

Tiefgaragen

Bei Bauten mit Tiefgaragen sind Schotten- oder Stützenabstände, Wohnungs- und Parkplatzbreiten frühzeitig aufeinander abzustimmen.

Technischer Ausbau

Räume mit Installationsanteilen (Bäder, Küchen) werden möglichst an durchgehende vertikale Trassen gelegt. Bei Installationen und Deckendurchführungen auf den Schall- und den Brandschutz achten. Innen liegende Bäder benötigen mechanische Abluftanlagen.

Brandschutz

Das Treppenhaus ist ein notwendiger Treppenraum (s. Abschn. 2.2.3). Flure, die vom Treppenraum zu den Wohnungen führen, sind als notwendige Flure und Wände zwischen den Wohnungen als Trennwände auszubilden. Sofern kein 2. notwendiger Treppenraum erreichbar ist, muss jede Wohnung angeleitert werden können.

Geschosswohnungsbau mit 2-Spänner-Erschließung und Schottenbauweise in München, Architekten: Auer + Weber

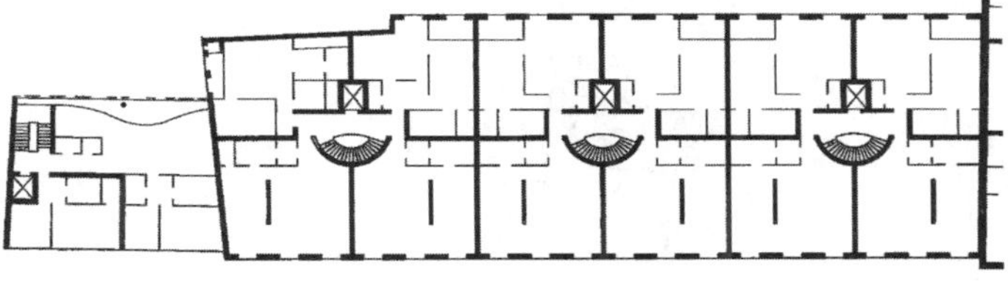

Geschosswohnungsbau ohne Flurerschließung (Spännertypen)

Die Wohnungen werden unmittelbar von Treppenhauskernen erschlossen. Je nach Anzahl der je Treppenhaus auf einem Geschoss erschlossenen Wohnungen unterscheidet man ein-, zwei-, drei- oder vierspännige Wohnbauten. Wirtschaftlich günstig sind mehrspännige Lösungen. Liegen die Treppenhäuser an der Nord- oder Ostseite des Gebäudes, so wird die Orientierung nach den übrigen Seiten nicht behindert. Nebenräume und Bäder liegen meist dem Kern zugewandt, Wohn- und Schlafräume nach SW bzw. SO.

Bei 3- bzw. 4-Spännern sind die äußeren Wohnungen meist größer und besitzen mind. 2 Belichtungsseiten. Die inneren Wohnungen vor den Treppenhäusern sind kleiner und können nur von 1 Seite belichtet werden.

Spännertypen gelten als individueller, da die Anzahl der erschlossenen Wohnungen je Geschoss in der Regel auf vier begrenzt ist.

Der große Vorteil der Spännertypen gegenüber den Innenflurtypen besteht darin, dass viele Wohnungen zwei- oder gar dreiseitig natürlich belichtet werden können und dass durchgehende Wohnräume (Durchwohnen), z. B. von Ost nach West möglich sind.

Grundtypen und Grundmaße, Zwei-, Drei- und Vierspänner (m) (Bäder und Küchen dunkel markiert)

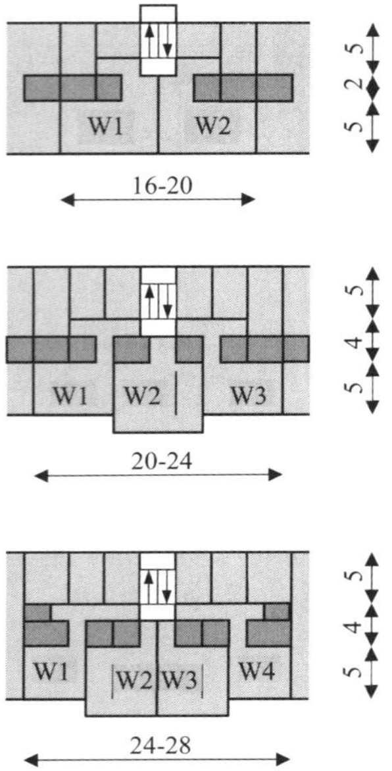

Wohnhäuser in Zürich
Architekten: Gigon/Guyer, Zürich

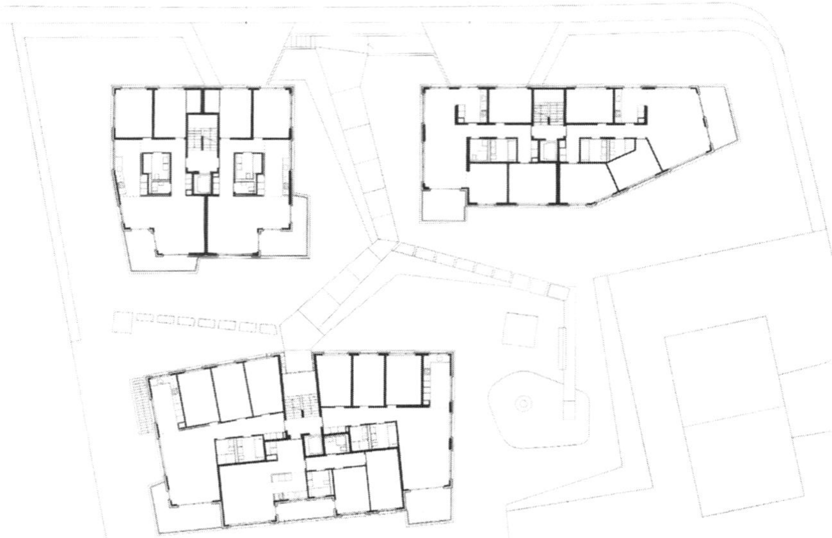

Außenganghäuser – Eingeschossige und Maisonettewohnungen (Küchen und Bäder im Grundriss dunkel markiert)

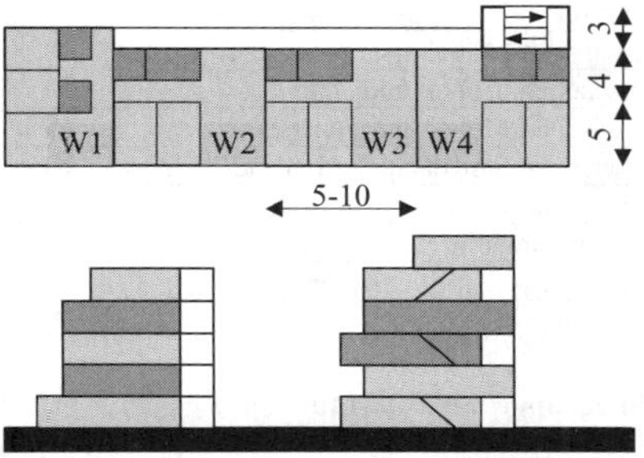

Innenflurhäuser – Eingeschossige und Maisonettewohnungen (Küchen und Bäder im Grundriss dunkel markiert)

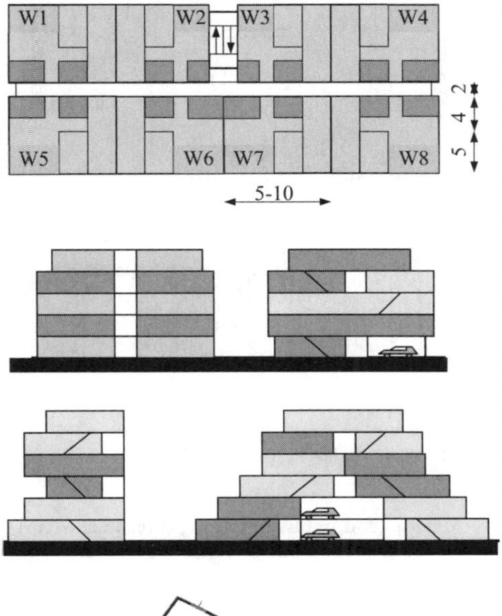

Geschosswohnungsbau mit Flurerschließung
Erschließung für kleinere Wohnungen und Heime.

Außengänge (Laubengänge)
Außengänge bieten den Vorteil der Belichtung und Belüftung beider Wohnungsseiten. Offene Gänge sind wegen der Witterung problematisch. Verbesserung durch ganz oder teilweise transparenten Witterungsschutz. Am Gang liegen bevorzugt Nebenräume, Bad und Küche. Die Anlagerung von Schlafräumen ist wegen des Schallschutzes problematisch. Zweigeschossige Wohnungen als Split-Level oder Maisonetten erlauben gangfreie Geschosse.
Vorteile: Belichtung und Belüftung der Wohnungen von 2 Seiten. Nachteile: Störungen durch den Gang, Witterungsexposition, *A*/*V*-Verhältnis.
Laubengänge sind als notwendige Flure gemäß LBO herzustellen (s. Abschn. 2). Bei nur einer Fluchtrichtung sind Fenster nur ab 90 cm Brüstungshöhe zulässig.

Innenflure
Möglichst natürliche Belichtung und Außenbezüge des Flurs ermöglichen. Die Wohnungen können nur von einer Seite belichtet werden. Daher meist kleinere Wohnungen mit Nebenräumen (Küche, Bad) in Innenlage. Eine Nord-Süd-Erstreckung des Flures ermöglicht Wohnungen mit Ost- bzw. Westorientierung. Bei Maisonettewohnungen ist die Belichtung zu beiden Gebäudeseiten möglich. Die Länge der Rettungswege von max. 35 m ist zu beachten.
Vorteile: Wirtschaftlichkeit, Witterungsschutz des Flurs, *A*/*V*-Verhältnis. Nachteile: Einsichtige Belichtung und Belüftung der Wohnungen, wenig individuell.
Der Flur vom Treppenraum zu den Wohnungen ist als notwendiger Flur gemäß LBO auszubilden und nach 30 m durch Rauchschutztüren ($S_{200}C5$) zu unterteilen (s. Abschn. 2).

Innenflur-Wohngebäude in Wien, Architekten: Herrmann & Valentiny u. P.

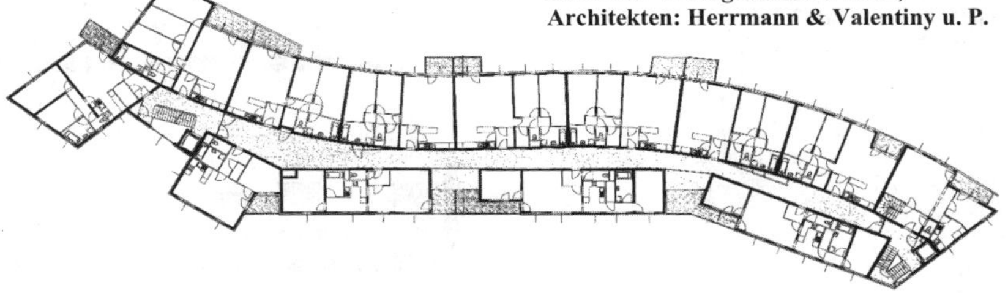

3.2 Wohnungen

LBO, WoFG

Wohnungen in Wohngebäuden mit mehr als 2 Wohnungen müssen abgeschlossen sein und einen eigenen abschließbaren Zugang ins Freie oder zu einer notwendigen Treppe besitzen.
Jede Wohnung muss mit einem Bad mit Badewanne oder Dusche, mit einer Toilette, einer Küche oder einer Kochnische ausgestattet sein. Zu jeder Wohnung muss ein Abstellraum gehören.

3.2.1 Eingangsbereiche, Flure

Eingangsbereiche dienen als Windfang, dem Schallschutz und der Erschließung anderer Wohnungsteile: Gästetoilette, Küche, Wohnzimmer, Schlafbereich. Mindestbreite des Windfangs: 137,5 cm. Der Eingangsbereich sollte eine mind. 80 cm breite Kleiderablage besitzen. Auf ausreichende Belichtung und ansprechende räumliche Gestaltung achten. Dielen lassen sich auch als Essplätze nutzen. Flure sollten mind. 1,20 m breit sein.

3.2.2 Wohnräume

Lage und Anbindung von Wohnräumen
In der Regel gilt: Möglichst kurzer Zugang vom Eingangsbereich und Trennung von den Individualräumen (Schlafzimmern) wegen des Schallschutzes. Küche und Essplatz in der Nähe anordnen. Vom Wohnraum Zugang zu Garten, Balkon o. Ä. Gute Belichtung und Sichtbezug ins Freie wichtig. Orientierung: SO bis SW.

Größe und Einrichtung
Größe und Einrichtung ergeben sich aus der Art der Nutzung und der Zahl der Nutzer. Orientierungswert: ca. 30 % der Wohnfläche. Mindesteinrichtung: Sitzgruppe, Schrank oder Regal, halbhoher Schrank. Bewegungsbereiche (Zugänge) und Aufenthaltsbereiche (Sitzgruppe u. Ä.) planen. Auf ausreichende Stellmöglichkeiten achten.
Breite von Wohnräumen mind. 3,50 m. Wohnraum für 1–2 Personen: mind. 14 m², für jede weitere Person: 2 m² zusätzlich.

Räumliche Differenzierungen
Essplatz und Küche können integriert sein. Größere Wohnräume durch Trennelemente und Niveauversätze differenzieren. Weitere Möglichkeiten, Wohnbereiche räumlich zu differenzieren, sind fließende Übergänge zwischen Raumteilen und die Ausbildung von Galerien oder Split-Level.

Abstände und Bewegungsflächen in Wohnungen (cm)

zwischen Möbel und Wand	5
zwischen Hinterkante Stuhl u. Wand	30
zwischen Möbel u. Tür (Schalterseite)	20
zwischen Möbel und Tür	10
zwischen Möbel und Fenster	15
zwischen Stellfläche und Wand	70
zwischen verschied. Stellflächen	70
in Eingangsfluren	130
in Neben- und Stichfluren	90

Sitzgruppe im Wohnraum (cm)

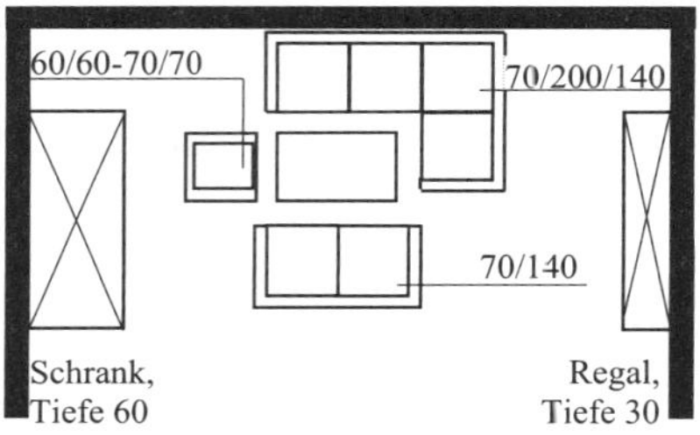

Speise- und Imbiss-Essplätze, Grundriss-Mindestmaße (cm)

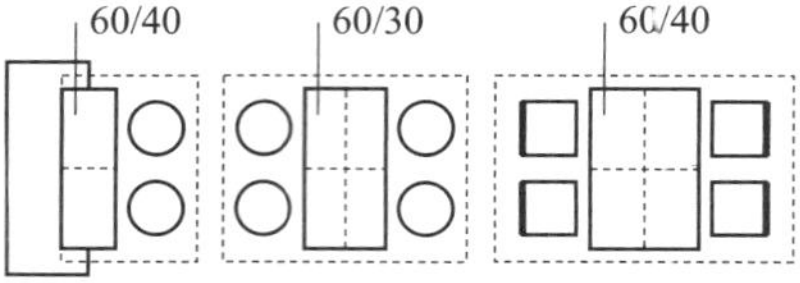

Imbissplatz, einseitig 100/140 | Imbissplatz, zweiseitig 180/140 | Essplatz, zweiseitig 200/140

Speise- und Imbiss-Essplätze, Höhenmaße (cm)
Differenz OK Stuhl – OK Tisch 31-34 cm

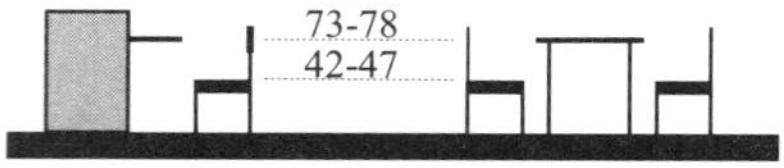

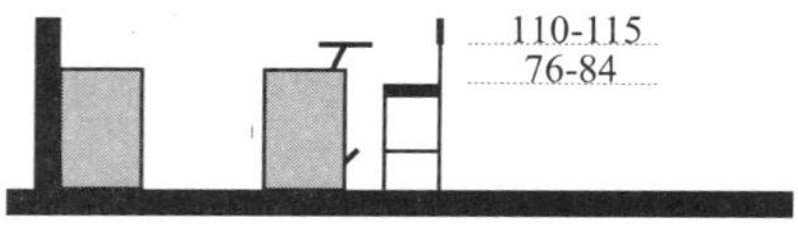

Essplätze bzw. -räume und deren Möblierung (cm)

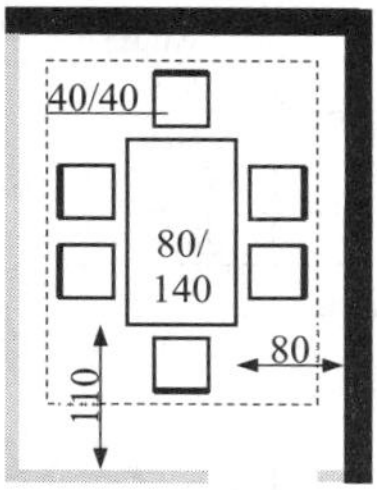

Essgruppe für 6 Pers.,
Möblierung 200/260
Raum 240/330

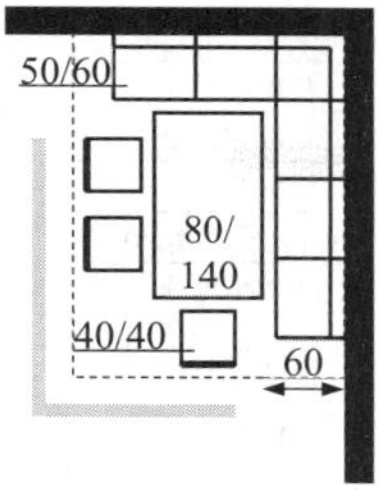

Eckbanksitzgruppe,
Möbilierung 200/260
Raum 220/280

Orientierungsmaße für Balkone (links) und Loggien (rechts) (cm)

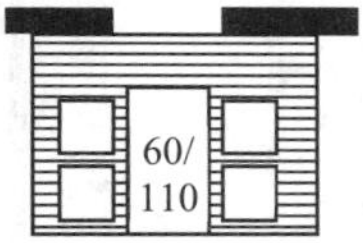

150/200

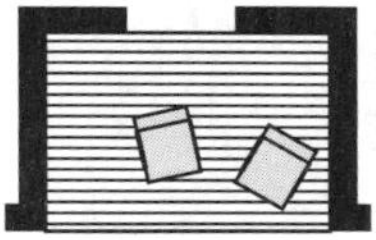

150/200

Orientierungswerte für Raumgrößen

Raum	Größe
Eingangsbereich, Diele	4 % WF
Wohnbereich ohne Essbereich	25 % WF
Essbereich	10 % WF
Individualraum Paar	≥ 12 m^2
Küche	8-10 % WF
Abstellraum	≥ 6 m^2
Individualraum 1 Kind	≥ 10 m^2
Induvidualraum 2 Kinder	≥ 14 m^2
Gäste-WC	≥ 2 m^2
Duschbad	3-4 m^2
Wannenbad	≥ 6 m^2
Vollbad	≥ 7 m^2
Erschließungsflächen	Mögl. klein
WF: Wohnfläche	

Mindest-Flächenbedarf von Speiseplätzen (cm) (Tischbreite 80 cm)

Personen	Breite	Länge
Mit Kopfplätzen		
4 Personen	240	270
6 Personen	240	330
8 Personen	240	400
Ohne Kopfplätze		
4 Personen	240	260
6 Personen	240	330
8 Personen	240	400

3.2.3 Loggien, Balkone und Glaserker

Freisitze steigern den Wohnwert erheblich, insbesondere für alte und behinderte Menschen. Sie sind möglichst über den Wohnraum zu erschließen. Auf Sicht- und Windschutz achten und diesen aus der baulichen Gestaltung heraus entwickeln. Ein möglichst hohes Maß an Privatbereichen ausbilden. Eventuell feste Vorrichtungen für Begrünung. Glaserker können als Klimapuffer und Lärmschutz wirken, an sonnigen Tagen den Wohnraum erweitern und ähnlich Balkonen genutzt werden.
Größe der Balkone auf die Größe der Wohnung abstimmen. Bei Nutzung als Sitzplatz: Fläche von mind. 3 m^2 bei nutzbarer Tiefe von mind. 150 cm planen.
Orientierung nach Besonnung und Aussicht. Bevorzugt: S bis SW.

3.2.4 Speiseplätze und -räume

Lage von Speiseplätzen
Kleinere Essgelegenheiten in Küchen anbieten, größere in der Nähe der Küche, im oder beim Wohnraum. Insbesondere bei kleineren Wohnungen Essplatz in den Wohnraum integrieren. Erweiterung des Tisches zur Bewirtung von Gästen räumlich ermöglichen. Frühstücksplatz im Osten, Speiseplatz im Westen. Auf Aussicht und Belichtung achten.

Imbissplätze
Zur Einnahme kurzer Mahlzeiten, z. B. Frühstück. Oft im Bereich von Küchen als Auszieh-, Klapp- oder kleiner Einzeltisch angeordnet. Bei offenen Küchen auch als Bartresen mit Hockern oder als Ansetztische an übliche Küchenmöbel.

Speiseplätze
Zur Einnahme auch größerer Mahlzeiten und zur Bewirtung von Gästen (erweiterungsfähig).

Wichtige Maße
Ansitzbreite an Tischen: 60 cm. Tischtiefe bei einseitiger Nutzung (z. B. Ansetztisch): mind. 40 cm. Tiefe bei beidseitiger Nutzung für Imbiss: mind. 60 cm, für Essplatz: mind. 80 cm. Je Person für Imbiss: mind. 60 cm × 30 cm; für Essplatz: mind. 60 cm × 40 cm. Tischhöhe: 70–75 cm.
Freier Raum für einen Stuhlplatz zwischen Vorderkante Tisch und Wand: mind. 80 cm, für einen Banksitz: mind. 60 cm.
Durchmesser runder Imbisstische: mind. 90 cm
Formel: $D = 70\ \text{cm} \times \text{Pers.} / 3{,}14$
Für 4 Speiseplätze: mind. 110 cm
Formel: $D = 85\ \text{cm} \times \text{Pers.} / 3{,}14$

3.2.5 Individualräume

Individualräume, umgangssprachlich auch Schlafräume bzw. Kinderzimmer genannt, sind so zu orientieren, dass sie von außen, von der eigenen und von benachbarten Wohnungen möglichst wenige Schallimmissionen erhalten. Der Weg zum Bad ist möglichst kurz und vom Wohnraum nicht einsehbar zu gestalten. Die Erschließung eines Schlafraumes über den Wohnraum ist lediglich in Wohnungen für max. zwei Personen sinnvoll. In Wohnungen gehobenen Standards evtl. Kombination von Schlafräumen mit Ankleidezimmern und die unmittelbare Zuordnung eines Bades planen.

Größen

Für 1 Person mind. 8 m² besser 10 m² Fläche und mind. 2,50 m breit. Für 2 Personen mind. 13 m² und mind. 2,75 m breit.

Individualräume für Paare

Oft in traditioneller Form des Schlafzimmers für Paare (Elternzimmer) mit der Möblierung: 2 Betten, 2 Nachtschränke, Wäscheschrank, Kommode und Sitz. In Miet- und Eigentumswohnungen muss die klassische Stellung mit Doppelbett und seitlichen Nachttischen möglich sein. Besser freie Anordnung, auch getrennte Bettstellung ermöglichen und Bewegungsraum zum Aus- und Ankleiden lassen; evtl. Platz für weitere Funktionen (Schreiben, Hobbys etc.). Im gehobenen Wohnungsbau ist die Anordnung eines eigenes Bades und eines Ankleideraums mit unmittelbaren Zugängen empfehlenswert. Optimale Orientierung reiner Schlafzimmer: O bis SO.

Individualräume für Kinder

Aufenthalts-, Arbeits- und Spiel- und Schlafräume für Kinder und Jugendliche. Gibt es keine Kinder (mehr) in der Wohnung, so werden sie von den Erwachsenen genutzt. Die Räume müssen daher in Größe und Zuschnitt so gestaltet sein, dass sie vielseitig nutzbar und wandlungsfähig sind.

Kinderzimmer so legen, dass sie von gemeinschaftlichen Wohnräumen nicht zu sehr abgetrennt, aber abends auch keiner Lärmbelästigung von den Wohnräumen ausgesetzt sind. Nähe zum Bad. Orientierung: S bis W.

Je Kind mind. Bett, Kleiderschrank, Arbeitstisch, Stuhl, Kommode oder Regal. Spielfläche mind. 120 cm × 180 cm. Hoch- und Etagenbetten können den Bewegungs- und Spielraum deutlich vergrößern. Im gehobenen Wohnungsbau wird den Kinderzimmern ein eigenes Bad zugeordnet.

Für weitere Details siehe: Heisel, Planungsatlas.

Flächen in Individualräumen
Orientierungswert für Mindestmaße (cm)

Objekt	Maße
1 Bett je Person	90 × 210
Nachtschränke	60 × 40
Schrank je Person	125 × 65
Schrank für Paar	245 × 65
Bücherregal	120 × 40
Arbeitstisch für 1 Kind	120 × 60
Arbeitstisch für 2 Kinder	160 × 60
Stuhl	45 × 50
Spielbereich	120 × 180

Bewegungsräume in Schlaf- und Ankleideräumen - Mindestmaßempfehlungen (cm)

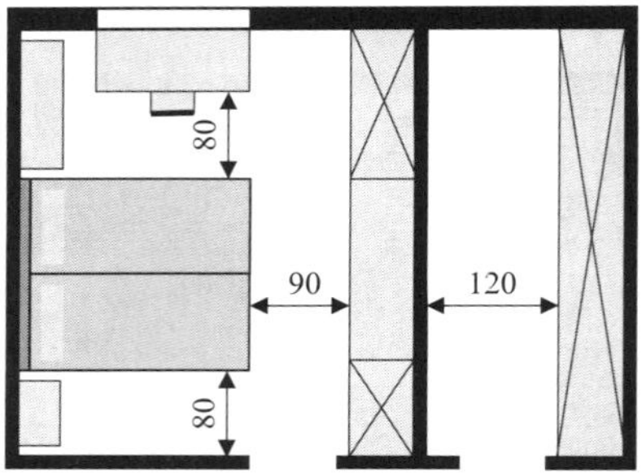

Individualräume für Kinder, Varianten (cm)

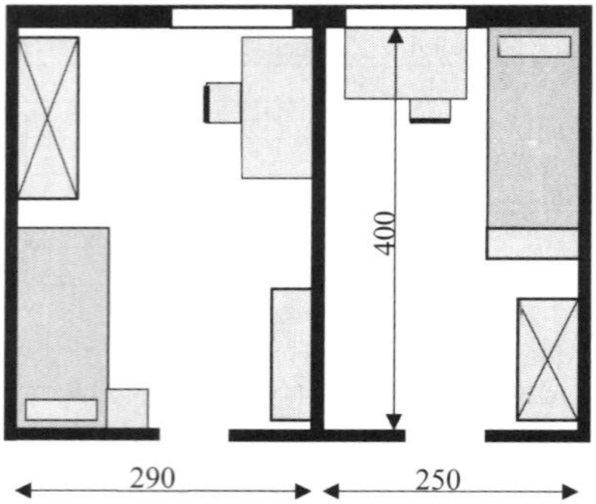

Orientierungsmaße für Abstellräume (cm)

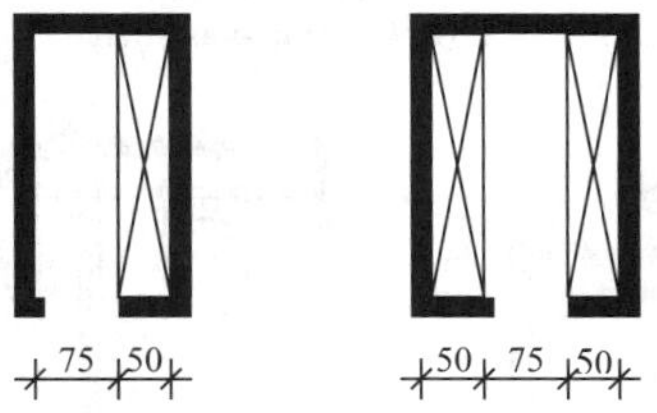

Orientierungsmaße für Grundriss und Höhen von Hauswirtschaftsräumen (cm)

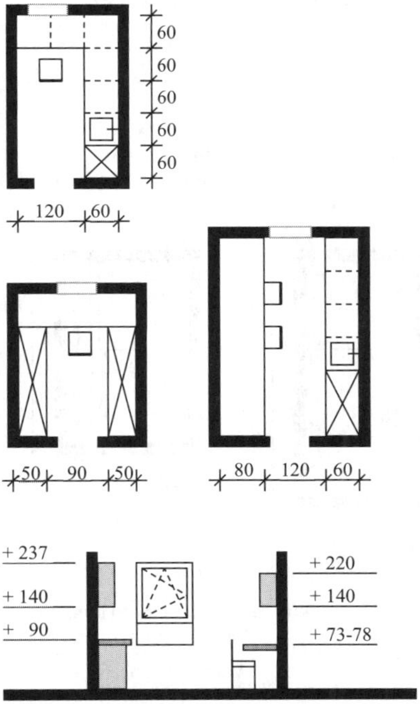

Maße für frei stehende (links) und Einbauwaschmaschinen (rechts) und -trockner (cm)

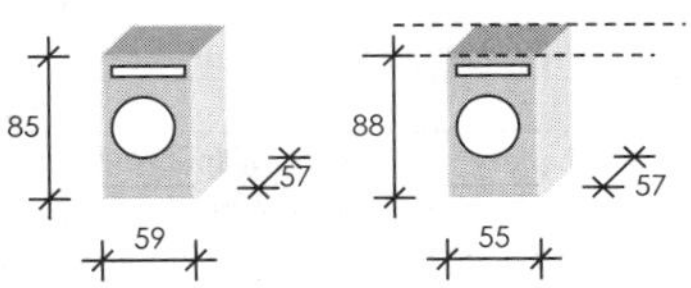

3.2.6 Lager- und Wirtschaftsräume

LBO

Abstellflächen und -räume

Zu jeder Wohnung muss nach LBO ein Abstellraum von mind. 6 m^2 gehören. Mind. 1 m^2 davon muss in der Wohnung liegen und sollte möglichst eine lichte Breite von 75 cm besitzen. Er dient dem Abstellen sperriger Gegenstände, wie Besen, Staubsauger, Bügelbrett. In einfachen Wohnungen wird dieser Raum ähnlich einem Schrank ausgeformt und in Fluren oder anderen allgemein zugänglichen Räumen angeordnet. Günstig ist, wenn mind. 2 % einer Wohnung als Abstellfläche dienen. Diese Fläche kann in verschiedene Einzelflächen aufgeteilt sein oder mit dem Hauswirtschaftsraum kombiniert werden.

Hauswirtschaftsräume

Hauswirtschaftsräume dienen in der Regel zum Waschen, Bügeln und Lagern von Wäsche, zum Nähen und anderen Haushaltsarbeiten (6 m^2 bis 10 m^2). Sie sind entweder der Küche oder den Schlafräumen zugeordnet. Ggf. Waschmaschine, Wäschetrockner und Waschbecken vorsehen. Bei Einfamilienhäusern ohne Keller – etwa Reihenhäusern – sind Hauswirtschaftsräume dringend zu empfehlen.

Wasch- und Trockenräume

Wenn in Geschosswohnungsbauten keine Aufstellmöglichkeiten in den Wohnungen gegeben sind, sind Anschlüsse für Waschmaschinen und Wäschetrockner in ausreichender Zahl in einem Gemeinschaftsraum vorzusehen.

Vorratsräume, Speisekammern

Vorratsräume werden heute wegen des Flächenverbrauchs und der guten Versorgungssituation nur noch in gehobenen Wohnungsbauten ausgeführt. Diese Räume sind in der Regel den Küchen unmittelbar zugeordnet. Die Größe der Räume schwankt von begehbaren Schränken bis zu größeren Räumen mit Kühlschränken und Gefriertruhen.

Abstellräume für Kinderwagen und Fahrräder

Wohngebäude der Gebäudeklassen 3 bis 5 (s. Abschn. 1.4) müssen gut erreichbare Abstellräume für Kinderwagen und Fahrräder besitzen, aber auch bei den übrigen Wohnbauten ist an entsprechende Abstellmöglichkeiten zu denken. Räume im Gebäude oder überdachte Plätze im Außenbereich. Treppen sind hier hinderlich. Gegebenenfalls Treppenrampen einplanen.

3.2.7 Bäder und Toilettenräume

LBO, VDI 6000-1

Lage und Aufteilung

Bäder möglichst in der Nähe der Individualräume anordnen. Orientierung gut: Osten, möglich: Norden. Bad und WC vom Flur zugänglich.

In Wohnungen für mehr als 3 Personen: 1 zusätzliches WC über Flur erschließen (Gäste-WC). In Wohnungen für mehr als 3 Personen möglichst 2 Bäder, z.B. Gästetoilette als Duschbad. Optimal: Bad und WC in räumlicher Nähe, aber getrennt nutzbar.

Installationsräume möglichst mit anderen Bereichen, etwa Küchen, derselben Wohnung gemeinsam nutzen. Bei mehrgeschossigen Bauten Bäder und Küchen an durchgehenden vertikalen Installationssträngen anordnen.

Belichtung/Belüftung

Möglichst natürlich belichten und belüften. Innen liegende Bäder und Toiletten mechanisch entlüften (DIN 18 017).

Schallschutz

Bei Bädern und Toiletten auf den Schallschutz achten. Installationswände möglichst nicht an Wohn- und Schlafräume legen, sondern z. B. an Küche oder Außenwände. Vorwandinstallationen und Armaturen hoher Schallschutzklassen verwenden. Bäder und Toiletten benachbarter Wohnungen nicht an einen Installationsstrang anschließen. Die Lage der Stränge in einem Schacht ist möglich.

Empfohlene Freiräume und Abstände

Als Abstand zwischen Sanitärobjekten oder zwischen Objekt und gegenüberliegender Wand empfehlen sich mind. 75 cm, bei Waschmaschinen und Trocknern mind. 90 cm, zwischen Sanitärobjekt und angrenzender Querwand oder Nachbarobjekt mind. 20 cm, bei Bidets und bei WC, die seitlich von zwei Wänden eingefasst sind, mind. jeweils 25 cm, zwischen Badewanne und Nachbarobjekt 15–20 cm.

Sanitärobjekte/Maschinen

Die Mindestmaße für Bäder und Toiletten ergeben sich aus den Größen der Sanitärobjekte und der zugehörigen Bewegungs- und Standflächen. Diese können sich überlappen.

WCs

Hänge-WC erlauben eine bessere Reinigung des Bodens. Nachteil: aufwendigere Wandbefestigung. Sitzhöhe: 42 cm über Fußboden.

Mindestmaße für Toilettenräume mit Handwaschbecken (links) und Waschtisch (rechts) (cm)

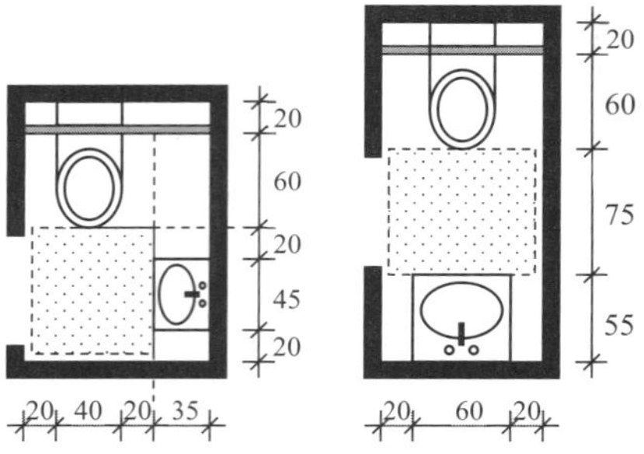

Mindestmaße für Duschbäder ohne Toiletten mit Handwaschbecken (rechts) und Waschtisch (links) (cm)

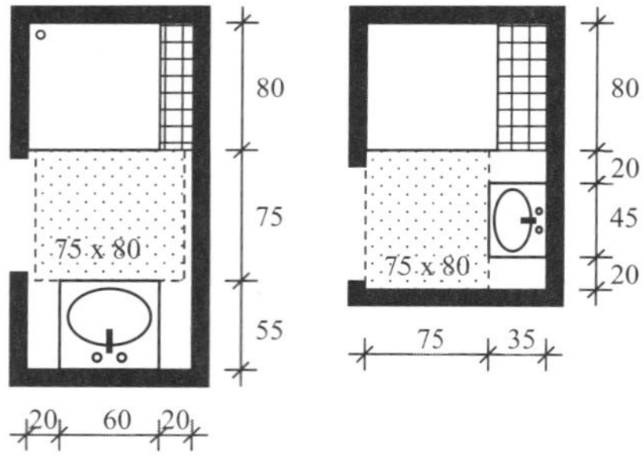

Sanitärobjekte. Empfohlene Freiräume (cm)

Objekt / Freiraum	Zur Wand	Zum Nachbarobjekt	Vor dem Objekt
Waschbecken	20	20	75
Einbauwaschb.	0	20[2)]	75
WC	20[1)]	20	75
Urinal	20[1)]	20	75
Bidet	25	25	75
Duschtasse	0	20[2)]	75 / 90
Badewanne	0	20[2)]	75 / 90

1) Unmittelbar zwischen zwei Wänden: 25 cm.
2) Abstand Einbauwaschbecken zur Dusche bzw. Badewanne: 15 cm.

Duschbäder mit Toilette, Mindestmaße

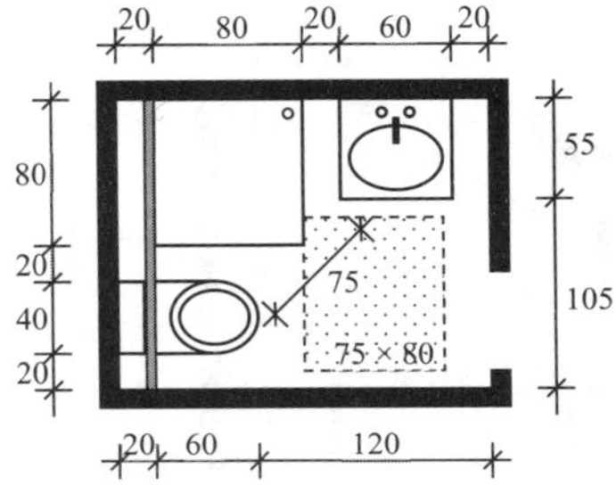

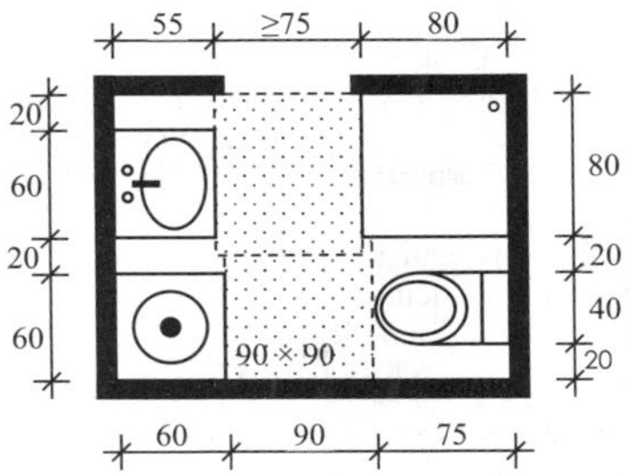

Vollbad, Mindestmaße (cm)

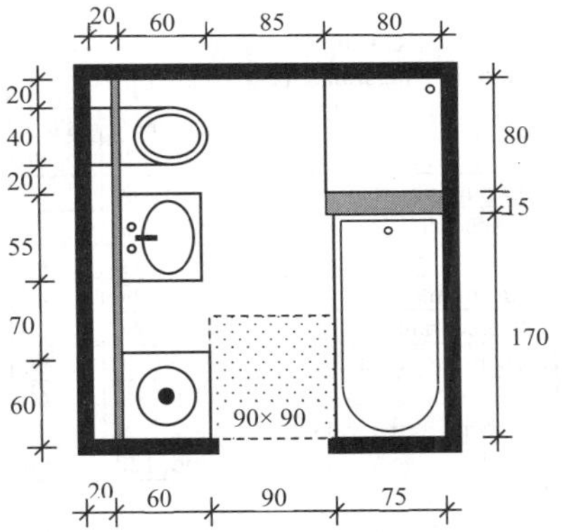

Mindestflächen für Sanitärobjekte (cm)

Objekt	Tiefe	Breite
Handwaschbecken	35	45
Einzelwaschbecken	55	60
Doppelwaschbecken	55	120
Einbauwaschtisch	60	70
Doppeleinbauwascht.	60	140
WC mit Spülkasten	75	40
WC ohne Spülkasten	60	40
Urinal	40	40
Bidet	60	40
Duschtasse	80	80
Badewanne	75	170
Ausgussbecken	40	50
Waschmaschine	60	60

Waschbecken
Kleine Handwaschbecken in Toiletten. Größere Waschtische in Bädern. In Haushalten mit mehreren Personen: 2 Waschbecken oder Doppelwaschbecken einplanen. Höhe: 82 cm.

Duschwannen
Ideal für kleine Bäder und für Senioren. Bewegungsraum ggf. seitlich erweitern. In größeren Bädern als Ergänzung der Badewanne. Freier Durchstieg mind. 75 cm breit.

Badewannen
Zur Körperpflege und zur Entspannung in größeren Bädern, evtl. mit Duscheinrichtung in der Wanne. Besser: zusätzliche Duschwanne.

Urinal
In Wohnungen unüblich. Höhe Beckenöffnung: 70 cm über Fußboden

Bidet
Zur Reinigung des Intimbereichs.

Waschmaschinen/Wäschetrockner
Wasser-, Abwasser-, Elektro- und ggf. Abluftanschlüsse vorsehen. Lichte Türbreite mind. 65 cm. Eventuell Platz für Regalschrank und Wäschekorb.

Bädertypen

Duschbad
Raum mit Waschbecken und Dusche.

Wannenbad
Raum mit WC, Waschbecken und Badewanne.

Vollbad mit Toilette
Raum mit WC, Waschbecken, Dusche und Badewanne.

Bäder mit getrennter Toilette
Die Toilette wird mit einem Waschbecken außerhalb des Bades angeordnet, um die gleichzeitige Nutzung durch unterschiedliche Personen zu erlauben.

3.2.8 Küchen

DIN EN 1116

Lage in der Wohnung
Von Wohnungs- bzw. Hauseingängen möglichst unmittelbar zu erreichen. Kurzer Weg zum Essplatz und zu Vorratsräumen. Vorteilhaft: Zugang zum Garten, Sicht auf Spielplatz der Kinder und Haustür. Orientierung nach Lebensgewohnheiten; vorteilhaft Osten (Morgensonne); Nordorientierung möglich.

Küchentypen
Die Wahl des Typus wird – neben wirtschaftlichen Gründen – von den Lebensgewohnheiten der Benutzer abhängen.

Arbeitsküchen (mind. 6–10 m²)
Diese sind ausschließlich für das Bereiten von Speisen und Getränken konzipiert. Auf vergleichsweise kleiner Fläche werden die notwendigen Möbel und Maschinen angeordnet. Vorteil: geringer Raumbedarf; Nachteil: wenig kommunikativ, keine Aufenthaltsqualität.

Wohnküchen (mind. 12–14 m²)
Wohnküchen enthalten neben den eigentlichen Küchenmöbeln auch Wohnelemente, etwa Esstische, Bänke, Stühle usw., die das Speisen und Arbeiten über das eigentliche Kochen hinaus in der Küche ermöglichen. Vorteile: kommunikativ, hohe Aufenthaltsqualität; Nachteil: hoher Raumbedarf.

Offene Küchen (mind. 6–10 m²)
Offene Küchen sind in der Regel Arbeitsküchen, die eine mehr oder weniger gute Sichtverbindung zu Wohnräumen besitzen. Vorteile: geringer Raumbedarf, kommunikativ; Nachteile: Geruchs- und optische Belästigung der Wohnräume. Abhilfen: starke Abluftanlage; geschickte Anordnung von Raumteilern.

Schrankküchen (0,5–1 m²)
Breiten von 60, 90 oder 120 cm; mit Türen verschließbar für kleine Wohnungen und Büros.

Küchenelemente

Unterschränke (Breiten: 40, 60, 120, 150 cm)
Für schweres und/oder sperriges Geschirr (Pfannen, Töpfe), Geräte, auch Einbaugeräte.

Herde (60 cm × 60 cm)
In der Regel 4-flammiger Herd und Backofen. Kleinküchen: 2-flammig (30 cm × 60 cm). Abzugshaube. Neben dem Herd Arbeits- und Abstellflächen (mind. 30 cm × 60 cm).

Küchen, Richt- und Mindestmaße

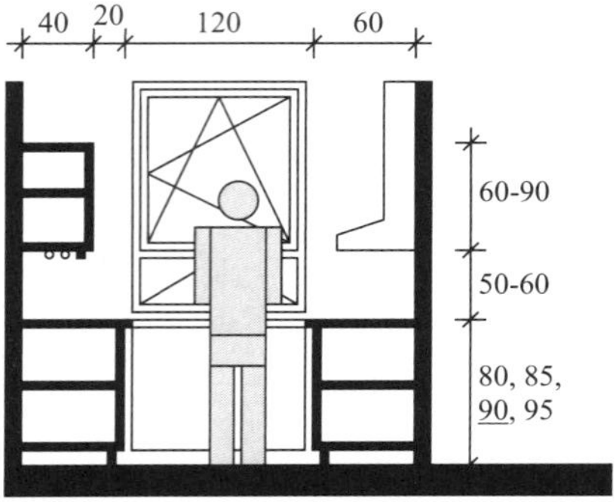

Kücheneinrichtung – Koordinierungsmaße (cm)

Objekt	Breite	Tiefe
Unterschrank	30–120	60
Hochschrank	60	60
Oberschrank	30–120	40
Speisenschrank	60	60
Kühlschrank	60	60
Gefrierschrank	60	60
Küchenmaschinenfläche	mind. 60	60
Kleine Arbeitsfläche zwischen Herd u. Spüle	mind. 60	60
Gr. Arbeitsfläche	mind. 120	60
Herd / Backofen	60	60
Abstellplatte zum Herd	20	60
Spülmaschine	45 o. 60	60
Spüle mit Abtropffläche	mind. 90	60
Doppelspüle mit Abtropffläche	mind. 120	60
Abstell- und Abtropffläche neben der Spüle	60	60

Küchenmöbel – Koordinierungsmaße (cm)

Vorzugsmaße für Frontbreiten der Möbel	30, 40, 45, 60, 90, 120
Tiefe der Arbeitsplatte	≥ 60
Höhe der OK Arbeitsplatte	80; 85; 90; 95
Überstand der Arbeitsplatte	≤ 3
Höhe der Unterschränke	77; 82; 87; 92
Tiefe der Unterschränke	60
Unterkante der Oberschränke	135–140
Tiefe der Oberschränke	≤ 40
Höhe der Oberschränke	60–90
Gangbreite zwischen Möbeln	120

Kleinküche (cm)

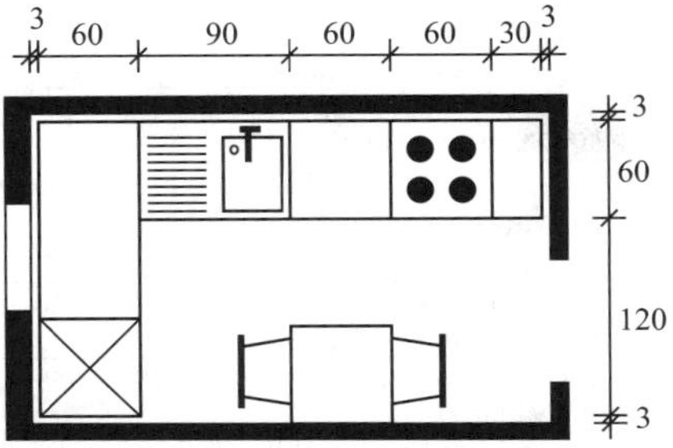

3,06 × 1,86 = 5,69 m²

Zweizeilige Arbeitsküche (cm)

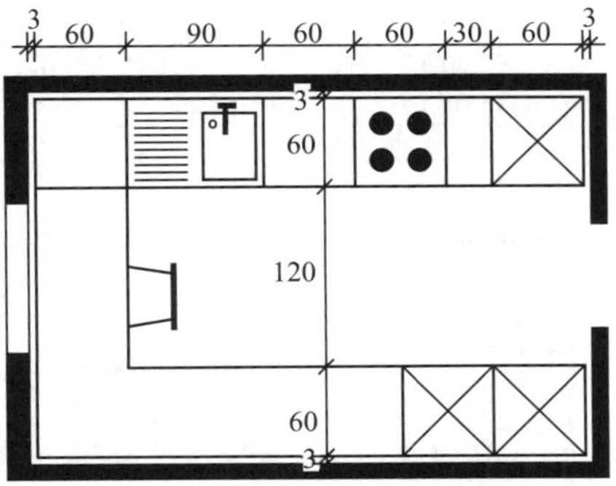

2,46 × 3,66 = 9,00 m²

Offene Küche mit Kochblock (cm)

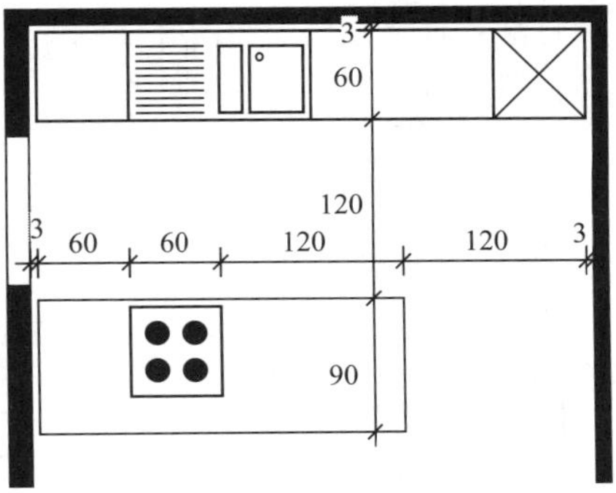

2,73 × 3,66 = 9,99 m²

Spüle (Breiten: 60, 90, 120, 150 cm)

Möglichst mit 2 Becken mit Abtropfplatz links (150 cm × 60 cm). Darunter Abfalleimer. Rechts der Spüle Abstellfläche für schmutziges Geschirr.

Geschirrspülmaschine (Breiten: 45, 60 cm)
In der Nähe der Spüle anordnen.

Kühl- und Gefrierschränke (Breite: 60 cm)
In der Nähe der Arbeitsfläche und des Herdes einplanen.

Waschmaschine, Trockner (Breite 60 cm)
Wegen Hygiene besser im Bad oder anderswo.

Arbeitsfläche (Breiten: 60, 90, 120 cm)
Arbeitshöhen nach Bedarf: 80, 85, 90 oder 95 cm. Meist 85 cm.

Vorbereitungsfläche (mind. 120 cm × 60 cm)
Fläche mit Sitzgelegenheit in 70–75 cm Höhe.

Hochschränke (40–60 cm × 60 cm, h = 2 m)
Als Vorrats- und Besenschränke sowie für Einbaugeräte, z. B. Kühlschränke, Backofen, Mikrowellenherd.

Oberschränke (max. 40 cm tief)
Zur Aufnahme von Geschirr und Vorräten sowie von Geräten: Mikrowellenherd.

Dunsthauben (50 cm × 60 cm)
Abluftgeräte bringen die belastete Luft über Kanäle nach außen: Hohe Wärmeverluste. Austritt möglichst über Dach, nicht in der Nähe von Fenstern. Umlufthauben filtern die Luft.

Anordnung der Küchenelemente
Ideal ist folgende Reihung von rechts nach links: Abstellfläche (*b* mind. 30 cm), Herd, Arbeitsfläche (*b* mind. 60 cm), Spüle, Breite der Abtropffläche mind. 30 cm.

Belichtung
Möglichst natürliche Belichtung über Fenster, insbesondere der Vorbereitungsflächen. Arbeitsflächenbeleuchtung mittels Lampen unter den Oberschränken.

Fenster, Belüftung
Bei Arbeitsplatten vor den Fenstern muss wegen der dort abgestellten Gegenstände die Fensterbrüstung höher sein und/oder das Fenster ein unteres Festteil besitzen.
Ablufthauben: Aus Kaminöfen u. Ä. können Abgase angesaugt werden. Zuluft von außen sichern. Gut: Umlufthauben mit Filtern oder Herdebereiche mit seperater Außenzuluft zur Reduzierung der Wärmeverluste.

Für weitere Details siehe Heisel: Planungsatlas.

3.3 Technikräume

3.3.1 Hausanschlussbereiche

DIN 18 012

Sie dienen der Einführung von Leitungen in das Gebäude und zur Aufnahme der Anschlusseinrichtungen: Zähler, Sicherungen, Verteiler, Übergabestationen.

Hausanschlussnischen und -wände
In nicht unterkellerten Einfamilienhäusern sind Nischen von 2 m Höhe, 0,875 m Breite (mit Fernwärme 1,01 m) und 0,25 m Tiefe ausreichend. Entfernung zur Außenwand max. 3 m. Türen vor den Nischen mit Lüftungsöffnungen. In Gebäuden mit max. 5 Nutzungseinheiten genügt eine nicht brennbare Hausanschlusswand in Verbindung mit der Außenwand. Wandhöhe mind. 2 m. Freie Gehhöhe mind. 1,80 m.

Hausanschlussräume
Von außen Flur oder Treppenraum zugänglich machen. Lage an der Außenwand. Raummaße mind.: 2 m Höhe, 2 m Länge; Installation einseitig: 1,50 m Breite, Installationen gegenüberliegend: 2 m Breite. Gehhöhe mind. 1,80 m. Tür mind. 0,875 m × 2 m.

3.3.2 Heiz- und Brennstofflagerräume

FeuVO, EltBauVO, VDI 2050, TRGS

Heizräume
Bei Feuerstätten fester Brennstoffe mit Gesamtnennwärmeleistungen über 50 kW wird ein eigener Heizraum erforderlich: Rauminhalt mind. 8 m³; lichte Raumhöhe mind. 2 m. Wände, Decken, Stützen: feuerbeständig. Türen: feuerhemmend und selbstschließend, wenn sie nicht unmittelbar ins Freie führen. Türen müssen unmittelbar auf einen Rettungsweg führen, zum Rettungsweg aufschlagen und vom Raum stets zu öffnen sein. Solche Heizräume dürfen keine Öffnungen direkt zu Aufenthaltsräumen oder notwendigen Treppenräumen besitzen.

Brennstofflagerräume
Öltanks müssen doppelwandig sein, oder der Raum muss eine Auffangwanne besitzen. Lagerung von max. 5000 l Öl in Tanks in Räumen mit Feuerstätten ist möglich, wenn diese außerhalb der Auffangwanne und mind. 1 m entfernt steht. Besondere Brennstofflagerräume sind bei mehr als 150 kW Gesamtnennwärmeleistung und/oder mehr als 5000 l Öl erforderlich. Wände, Decken und Stützen: feuerbeständig; Türen: feuerhemmend und selbstschließend, soweit nicht ins Freie führend. Alle Baustoffe: nichtbrennbar.

Orientierungsgrößen für Hausanschlussräume ($b \times l$) (cm)

bis ca. 30 Wohneinheiten ohne Fernwärmeanschluss	180 × 200
bis ca. 10 Wohneinheiten mit Fernwärmeanschluss	180 × 200
Wasserzähler bis q_n = 10 m³/h Starkstrom bis 165 kVA Fernwärme bis 80 kW	180 × 200
bis ca. 60 Wohneinheiten ohne Fernwärmeanschluss	180 × 350
bis ca. 30 Wohneinheiten mit Fernwärmeanschluss	180 × 350
Wasserzähler über q_n = 10 m³/h Starkstrom bis 270 kVA Fernwärme bis 200 kW	180 × 350

Abmessungen von Öltanks (cm)

Inhalt	Breite	Höhe	Länge
1000 l	72	150	110
1500 l	72	150	165
2000 l	72	150	215

Heizöltankbatterien, Grundriss (l.) und Schnitt

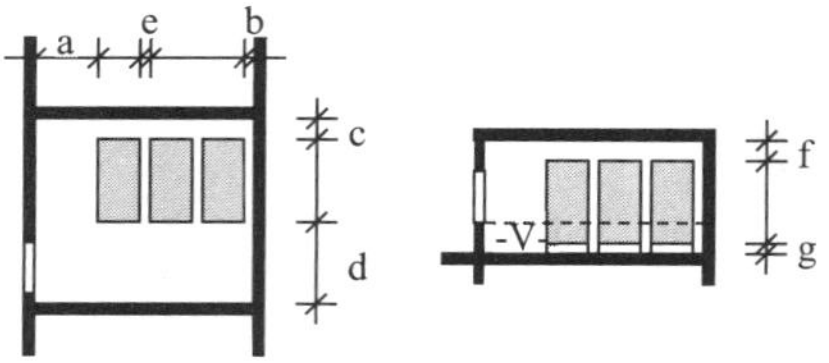

Abstandsmaße für Heizöltankbatterien (cm)

Art / Maße	*a*	*b*	*c*	*d*	*e*	*f*	*g*
Stahl	40	25	25	40	4	25	5
PA, PE	40	5	-	40	-	-	-
GFK	40	5	5	40	5	-	-

Orientierungswerte. Jahresbedarf an Heizöl

Lagermenge (l)	Objekt
$Q_N \times 210$	Wohnhäuser
$Q_N \times 190$	Bürobauten
$Q_N \times 150$	Schulen
Q_N = Heizlast (W); l = Liter	

Altengerechte Wohnung mit Bewegungsflächen nach DIN 18 040-2

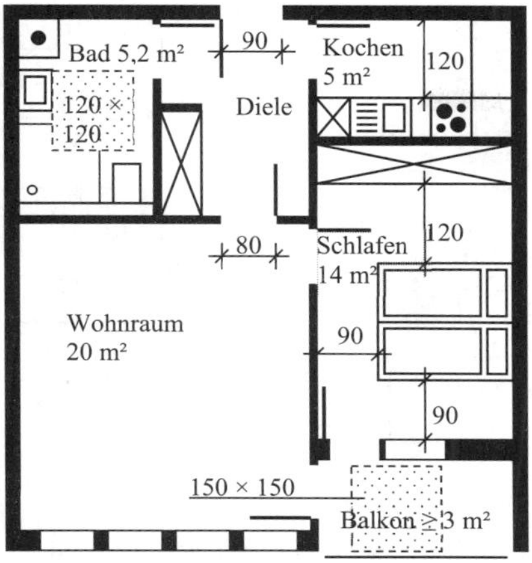

Altengerechte Wohngruppe

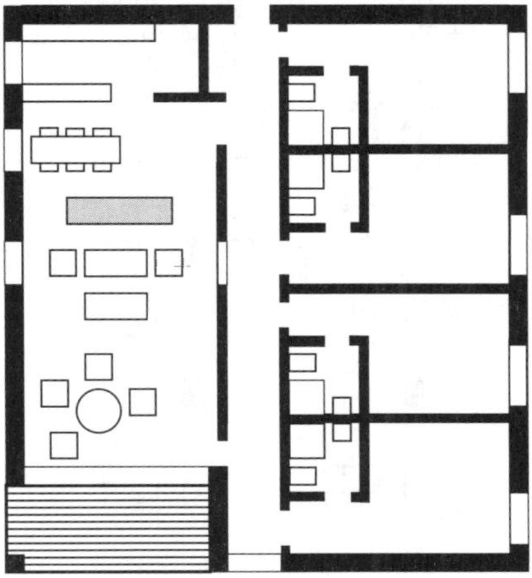

Mindestausstattung von Kleinküchen in Altenwohnungen und -wohnplätzen

Objekte	Breite
Spüle mit Abtropffläche	90 cm
Unterschrank mit Arbeitsplatte und herausziehbarer Platte für Arbeiten im Sitzen, OK 72 cm über Fußboden	60 cm
Herd mit Backofen, ansitzbar, OK 75 cm über Fußboden	60 cm
Kühlschrank	60 cm
Arbeitshöhe 85 cm über Fußboden	

3.4 Wohnen im Alter

DIN 18 040; VDI 6000-5, HeimMindBauV

Gebäude sind gemäß LBO so zu errichten, dass sie auch von älteren Menschen genutzt werden können. DIN 18 040-2 gibt hier wichtige Hilfestellungen für Planer (s. Abschn. 4). Für behinderte Senioren wird das Umfeld der Anlage bedeutsam. Geschützte Ausblicke, Freisitze im Gebäude und Fußwege mit Sitzgelegenheiten im Freien machen das Umfeld erlebbar.

3.4.1 Altengerechte Wohnungen

Altengerechte Wohnungen

1- und 2-Personen-Wohnungen, die den Bedürfnissen älterer Menschen Rechnung tragen. Die Begriffe „altengerecht" bzw. „seniorengerecht" sind nicht normiert. Möglichst Ausführung nach DIN 18 040-2, jedoch nicht zwangsläufig rollstuhlgerecht. Wohneinheiten in ein normales Wohnumfeld integrieren, z. B. im EG von Geschosswohnungsbauten.

Wichtig ist die Beachtung des 2-Sinnen-Prinzips, die Bereitstellung ausreichender Bewegungsflächen sowie die leichte Erreichbarkeit und bequeme Nutzung der Einrichtungen und Bedienelemente (Schalter, Steckdosen, Fenstergriffe, Schränke, Küchengeräte u. a.) (s. Abschn. 4).

Mindest-Raumprogramm:

1-Personen-Wohnung (35–45 m²): Vorraum (freie Fläche mind. 150 cm × 150 cm, 60 cm Garderobe); mind. 1 m² Abstellfläche; Wohnschlafzimmer (12–18 m²); evtl. Schlafzimmer; Duschbad, Kochnische (1,5–4 m²). Balkon oder Terrasse.

2-Personen-Wohnung: wie vor, jedoch Wohnraum (mind. 18 m², besser 20 m²). Schlafzimmer (ca. 12 m²), Kleinküche (ca. 5 m²).

Wohngruppen

Wohngruppen von bis zu 5 Personen ermöglichen soziale Einbindung und gegenseitige Unterstützung. Individualräume möglichst in gleicher Größe (mind. 12 m²) und Ausstattung mit Duschbädern. Gemeinschaftlich sind Küche sowie Ess- und Wohnbereich.

Betreutes Wohnen

Nicht normierter Begriff. Meist Gruppe von Wohnungen mit eigenen Küchen und Bädern. Zudem verbindliche oder optionale Serviceangebote (Essen, Reinigung, Dienstleistungen). Räume für die Betreuung und ggf. Gemeinschaftsbereich mit Tagesraum und Küche.

3.4.2 Heime für Senioren

Grundsätzliches

Die HeimMindBauV von 1978 legt absolute Mindeststandards fest, die nicht mehr zeitgemäß sind. Das Kuratorium Deutsche Altershilfe bietet aktuelle Planungshilfen an. Die typische Flurerschließung sollte zur Schaffung von Bewegungs- und Kommunikationsräumen genutzt werden. Die Schaffung überschaubarer Wohngruppen schützt vor Anonymität.

Altenwohnheime/Altenwohnanlagen

Eigenständiges Wohnen in altengerechten Kleinwohnungen steht im Vordergrund. Betreuung durch Sozialstationen in der Anlage oder ambulant. Rollstuhlgerechte Erschließung und Gemeinschaftseinrichtungen für Essen, Freizeit, usw. (mind. 0,75 m² je Bewohner). Raumprogramm s. Altengerechte Wohnungen.

Altenheime

Größere Einheiten (120 WE und mehr). Der Heim- und Versorgungscharakter steht mehr im Vordergrund. Mind. 1 Aufzug für Liegendkranke. Aufzüge mit Klappsitz. Umfangreichere Nebeneinrichtungen zur Versorgung und Freizeitgestaltung: Speiseräume, Wandelgänge, Teeküchen, Freizeiträume, Sport- und Gymnastikräume, Wasch- und Trockenräume, Aufbahrungsraum. Therapie- und Betreuungsräume. Wirtschafts-, Personal- und Verwaltungsräume. Gemeinschaftsflächen: mind. 20 m² oder 1 m² je Bewohner.

Organisation in Wohngruppen zu ca. 30 Personen mit Untergruppen zu 3 × 10 oder 2 ×15 Personen mit Gemeinschaftsräumen.

Wohnplätze: 1-Personen-Wohnschlafzimmer ca. 12 m² mit Duschbad und Kochnische, Balkon; 2-Personen-Wohnplätze wie vor, jedoch ca. 18 m² Wohnraum, 12 m² Schlafraum.

Altenpflegeheime

Für pflegebedürftige und chronisch kranke Senioren. Eigenversorgung gering. 1- oder 2-Bett-Pflegeplätze von 12 bzw. 18 m² mit Duschbad. Ca. 10 Bewohner werden zu einer Wohngruppe mit Gemeinschaftsraum und Teeküche zusammengefasst. Für 3 Wohngruppen zentral angeordnet: Betreuer- und Pflegeräume, Pflegebad, Bettpfannenräume, getrennte Räume für frische und schmutzige Wäsche, Geräteräume in der Nähe.

Medizinischer Bereich mit Arzträumen und Therapieeinrichtungen. Zentrale Versorgungs- und Freizeiträume. Verwaltung. Flur- und Türbreiten für fahrbare Betten.

Hospize

Sterbebegleitung unheilbar Kranker. Anforderungen ähnlich einem Altenpflegeheim.

Altenwohnanlage mit zentralen Einrichtungen und Rundgang

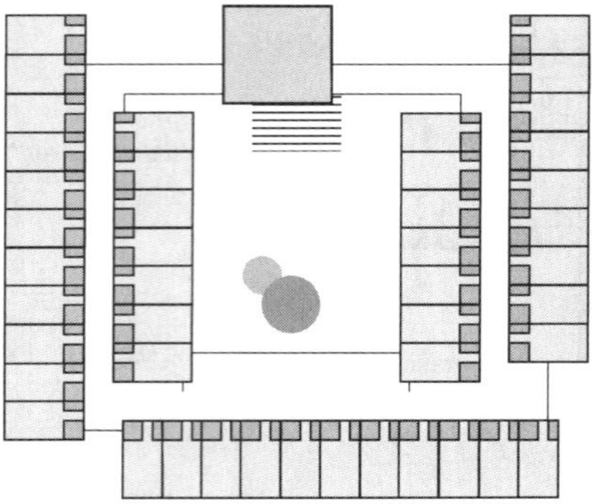

Pflegeheim mit 2 Pflegestationen, zentralen Dienst- und Pflegeräumen

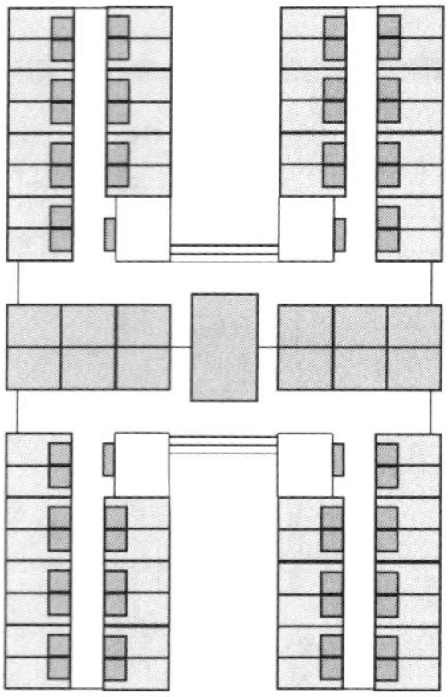

Altengerechte Küche nach DIN 18 040-2
AF: Arbeitsfläche stehend
SF: Arbeitsfläche sitzend

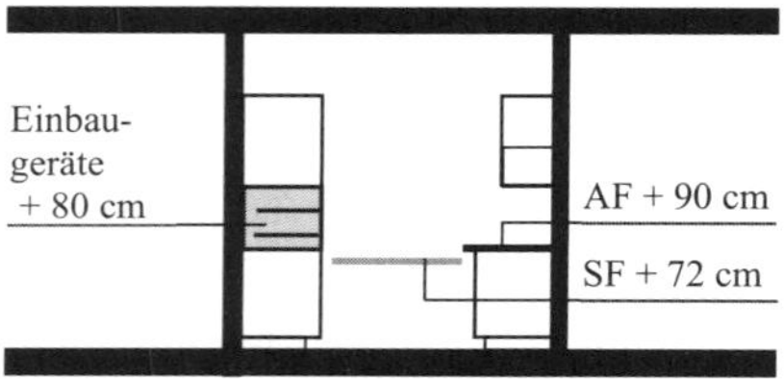

Altengerechte Küche für Nicht-Rollstuhlnutzer. Mindestmaße (cm) (DIN 18 040-2)

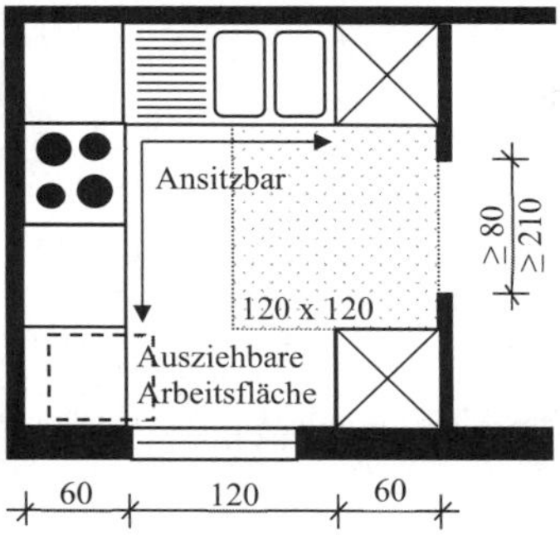

Altengerechte Bäder für Nicht-Rollstuhlnutzer. Mindestmaße (cm) (DIN 18 040-2)

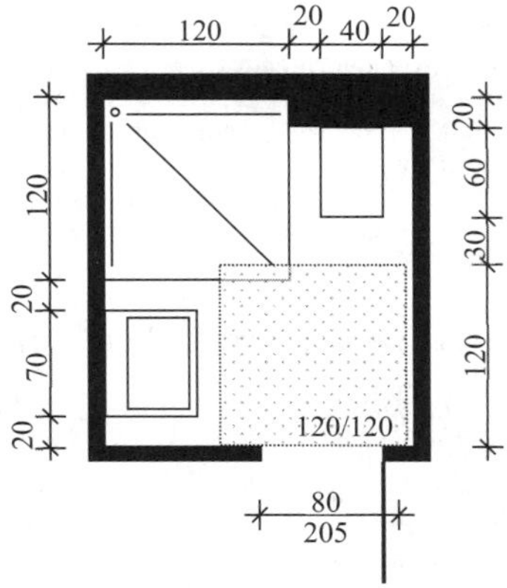

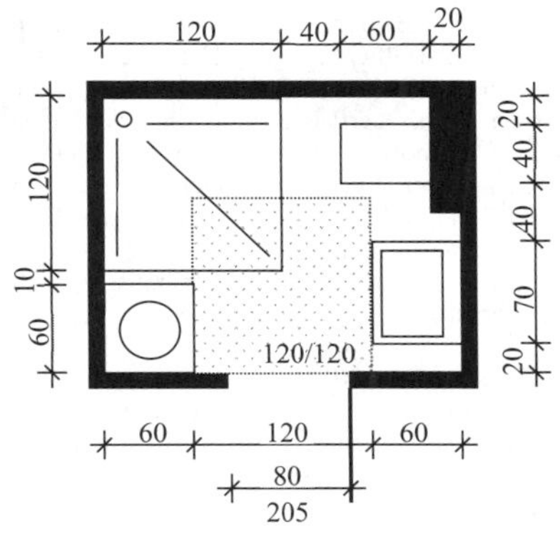

Mindest-Bewegungsflächen in altengerechten Wohnungen für Nicht-Rollstuhlnutzer (cm) (DIN 18040-2)

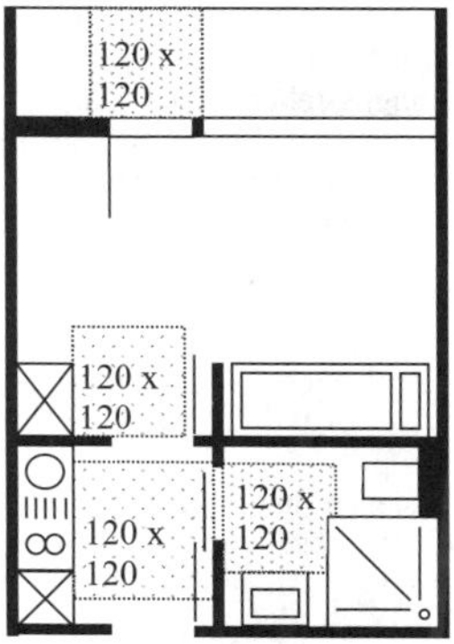

Elemente altengerechten Bauens
Altengerechte Wohnungen und Wohnplätze nach DIN 18 040-2 planen (s. Abschn. 4). Eingang direkt anfahrbar. Zuwege rollstuhlgerecht, mind. 150 cm breit. Rollstuhlabstellplätze im Eingangsbereich (mind. 180 cm × 150 cm). Bei Altenwohnstätten, die höher als im 1. Obergeschoss liegen: mind. 1 Fahrstuhl barrierefrei (s. Abschn. 2.2.8). Wohnstätten in Gebäudeklassen 5 sind gem. einigen LBO mit einem Aufzug für liegenden Personentransport zu erschließen. Treppen möglichst geradläufig ausführen. Treppenstufen 16/30 cm mit markierten Kanten. Treppen und Flure beidseitig mit Handläufen versehen. Handläufe im Treppenauge nicht unterbrechen. Trittstufen nicht überstehend. In Küchen keine Möbel vor Fenstern anordnen und Arbeitsbereiche ansitzbar machen. Bäder nach DIN 18 040-2. Rutschfester Boden, Türen nach außen aufschlagend, schwellenfreie Duschen mit Haltegriffen. Alle Türen mit mind. 90 cm lichter Breite und mind. 205 cm lichter Höhe (s. Abschnitt 4). Rollbettengerecht: mind. 120 cm. Innerhalb von Wohnungen: mind. 80 cm.
Jede Wohnung mit Freisitz nach DIN 18 040-2 schwellenfrei erreichbar (s. Abschnitt 4).
Für weitere Details siehe Planungsatlas.

Brandschutz
Je Geschoss mind. 2 Brandabschnitte, die das schnelle Evakuieren auf gleicher Ebene ermöglichen. Stets 2 bauliche Rettungswege: 2 Ausgänge ins Freie bzw. 2 notwendige Treppenräume. Brandmeldeanlagen mit stiller Alarmierung.
Für weitere Details siehe: Heisel, Planungsatlas

4 Barrierefreies Bauen

LBO, DIN 18 040, DIN 32 975, DIN 32 984

Das barrierefreie Bauen muss für Menschen mit körperlichen Einschränkungen die notwendigen bauseitigen Hilfsmittel und Bewegungsräume zur Verfügung stellen und auf bauliche Elemente, die zu einer Minderung der Lebens- und Bewegungsfreiheit führen, verzichten. Das barrierefreie Bauen beschäftigt sich nicht nur mit Erleichterungen für Personen mit Bewegungseinschränkungen, wie z. B. Rollstuhlfahrer, sondern auch für Menschen mit Seh- und Hör- und geistigen Einschränkungen.

2-Sinne-Prinzip
Drei Sinne dienen hauptsächlich der Orientierung und der sicheren Benutzung eines Gebäudes und der Freiräume:

- Sehen (Visuell)
- Hören (Akustisch)
- Fühlen (Taktil).

Da mit unterschiedlichen Einschränkungen der Benutzenden gerechnet werden muss, gilt es möglichst immer mind. 2 Sinne anzusprechen. Z. B. sind Bodenindikatoren nach DIN 32 984 an Bahnsteigen reliefartig als diagonal angeordnete Noppenstruktur ausgebildet, um sie taktil mit einem Stock erfassen zu können (Blinde) und setzen sich zusätzlich durch größere Helligkeit vom übrigen Boden ab. Um einen Scheinstufeneffekt zu verhindern, sind Noppenfelder unterhalb von Treppen nur erforderlich, wenn dort ein Leitsystem endet. Vor dem obersten Auftritt ist ein Aufmerksamkeitsfeld zwingend erforderlich. Hell-Dunkel-Kontraste sind wichtiger als Farbigkeit, da auch mit Farbenblindheit gerechnet werden muss. DIN 32 975 beschreibt visuelle Orientierungshilfen.

Gesetzliche Forderungen
Die LBO fordern, dass **öffentlich zugängliche Bereiche** von Gebäuden (z.B. Kundenbereiche) barrierefrei sein müssen. Bauten, die von Menschen mit Einschränkungen, älteren Menschen und Müttern mit Kleinkindern häufiger aufgesucht werden, müssen von diesen ohne fremde Hilfe genutzt werden können. Bei Geschäftshäusern, Versammlungsstätten, Bürogebäuden, bei Bauten, die der Öffentlichkeit zugänglich sind (z. B. Banken, Sportstätten, Museen), sowie bei deren Stellplätzen und Garagen gilt dies für die Bereiche mit Publikumsverkehr.
Einige LBO fordern für besondere Bautypen eine **grundsätzliche Barrierefreiheit**. Bei Wohnheimen, Tagesstätten, Werkstätten und

Üblicher Selbstfahrer-Rollstuhl

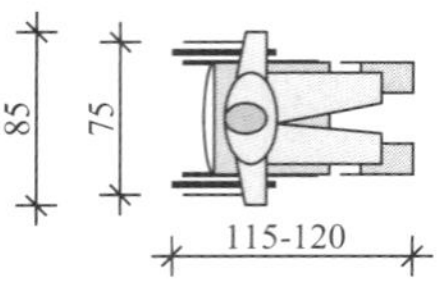

Stuhlart	Länge	Breite
Zimmerrollstuhl	115 cm	75 cm
Selbstfahrer	174 cm	75 cm
Elektro-Rollstuhl	90–117 cm	75 cm
Dreirad-Rollstuhl	210 cm	75 cm

Heimen für Menschen mit Einschränkungen, Altenwohnheimen, Altenheimen, Altenpflegeheimen und Altenbegegnungsstätten, Kindertagesstätten und Kinderheimen muss die gesamte bauliche Anlage von den genannten Gruppen genutzt werden können.
In Gebäuden mit mehr als 2 Wohneinheiten müssen die Wohnungen eines Geschosses oder in einem vertikalen Erschließungsstrang barrierefrei erreichbar sein. In diesen Wohnungen müssen Wohn- und Schlafräume, eine Toilette, ein Bad sowie die Küche oder die Kochnische barrierefrei sein.

4.1 Verkehrs- und Freiflächen

DIN 18 040-3, DIN 32 984

Grundsätze
Öffentliche Verkehrsflächen und Freiräume sollten barrierefrei von Rollstuhlfahrern und mit Rollatoren benutzt werden können. Wichtigste Voraussetzung ist die Stufenfreiheit. Wege benötigen sichere, taktil und visuell gut erkennbare Begrenzungen. Die Oberflächen sollten erschütterungsfrei überrollt werden können und auch bei feuchter Witterung eine rutschsichere Oberfläche aufweisen. Dies bieten z.B. bituminöse oder wassergebundene Oberflächen. Auch Beläge mit einem *R*-Wert von mind. R11 oder R10/V4 gelten nach DIN 18 040-3 als geeignet.
Hindernisse und Gefahrenstellen müssen nach dem 2-Sinne-Prinzip kenntlich gemacht sein.

Anforderungen an Wege
Wege müssen für die Begegnung von Rollstuhlfahrern mind. 1,80 m breit sein. Für das Drehen von Rollstühlen muss mind. eine Fläche von 1,50 m × 1,50 m zur Verfügung

stehen. Durchfahrten und Türen müssen mind. 90 cm lichte Breite besitzen. Die lichte Höhe über den Bewegungsflächen sollte mind. 2,25 m betragen, über Türen mind. 2,10 m.
Längsgefälle von Gehwegen ohne Verweilplätze max. 3 %; mit Verweilplätzen von mind. 1,50 m Länge in max. 10 m Abstand max. 6 %.
Quergefälle von Gehwegen max. 2 %, in Grundstückszufahrten max. 6 %.

Straßenübergänge
Gemeinsame Übergänge für Menschen mit visuellen Einschränkungen und Rollstuhlfahrer erhalten Borde von 3 cm Höhe. Die Bordkante ist mit einem Radius von 2 cm abgerundet. Für blinde Menschen sind Bodenindikatoren als Auffindstreifen- und Richtungsfelder einzusetzen und das Bord kontrastreich abzusetzen.
Bei getrennten Übergängen für Menschen mit visuellen Einschränkungen und Rollstuhlfahrer werden die Borde für die Rollstuhlfahrer auf das Straßenniveau abgesenkt. Für Menschen mit visuellen Einschränkungen sind Bodenindikatoren als Auffindstreifen- und Richtungsfelder zum Auffinden des zweiten Übergangs einzusetzen. Das Bord ist hier 6 cm hoch und kontrastreich abzusetzen. Die Bordkante ist mit einem Radius von 2 cm abgerundet.
Keine Muldenrinnen mit Tiefe-Breite-Verhältnis größer 1:30.

Zugang zu anderen Ebenen
Ebenen sind mit barrierefreien Treppen und zusätzlich mit Rampen und/oder Aufzügen zu verbinden (s. Abschnitt 2).

Pkw-Stellplätze
Mind. 3 % der Stellplätze, mind. jedoch 1 Stellplatz muss eine 150 cm tiefe Bewegungsfläche an der Längsseite eines geparkten Pkw aufweisen. Empfohlene Breite des Stellplatzes bei offener Stellfläche: 350 cm; bei seitlicher Begrenzung durch eine Wand o. Ä.: 390 cm. Auf mind. 1 Stellplatz soll ein Heckausstieg möglich sein, z. B. durch 1,50 m zusätzliche Tiefe oder einen angrenzenden Weg.

Haltestellen
Haltestellen für Busse und Bahnen sind so zu gestalten, dass der Höhenunterschied und der Abstand zwischen Fahrgastraum des Fahrzeugs und der Vorderkante der Zusteigfläche max. 5 cm beträgt. Die Bahn- bzw. Bussteigtiefe soll mind. 2,50 m betragen. Die Einstiegsstelle muss taktil und optisch kontrastreich sein. Wenn der Auffindestreifen min. 90 cm tief ist, ist ein Einstiegsfeld nicht unbedingt nötig, da der Abzweig des Leitstreifens parallel zur Bussteigkante besser wahrnehmbar ist. Es sind

Barrierefreier Straßenübergang für sehbehinderte und Blinde (cm)

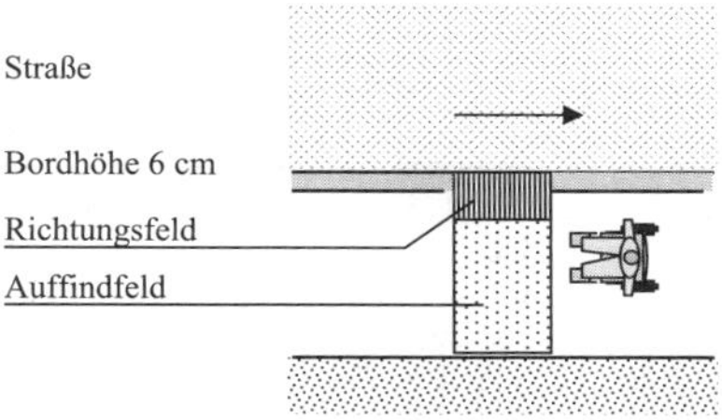

Barrierefreier Straßenübergang für Rollstuhlfahrer und Blinde (cm)

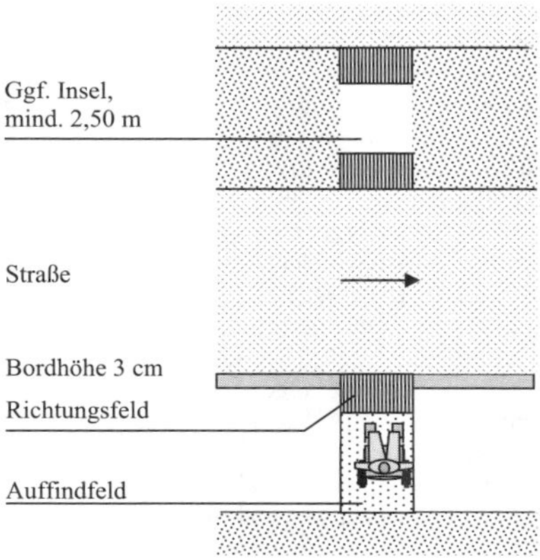

Barrierefreie Stellplätze und Garagen (DIN 18 040) (m)

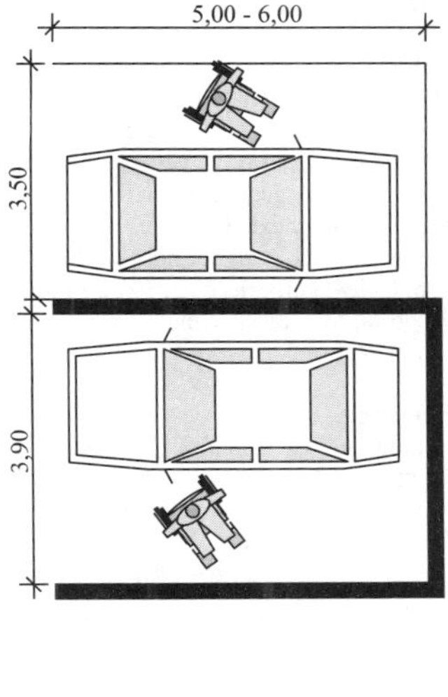

Sitzgelegenheiten und ein Witterungsschutz für Rollstuhlfahrer vorzusehen.

Baustellensicherung
Baustellen sind mit einer Absperrung mit zwei mind. 10 cm hohen Schranken zu sichern. Die Oberkante der ersten Schranke liegt auf 1 m Höhe. Die Unterkante der zweiten Schranke darf max. 15 cm über dem Weg liegen. Das Lichtraumprofil muss mind. 120 cm Breite und 230 cm Höhe besitzen. Spätestens nach 18 m ist eine Begegnungsfläche von 1,80 m × 1,80 m anzuordnen.

4.2 Öffentlich zugängliche Bereiche von Gebäuden

DIN 18 040-1

Bewegungsflächen
Diese dienen der unbehinderten Bewegung. Ist mit dauernder Begegnung von Rollstuhlfahrern zu rechnen, so sind Erschließungsflächen, etwa Flure, mind. 1,80 m breit auszulegen. Sind nur gelegentliche Begegnungen zu erwarten, so genügen Ausweichflächen von 1,80 m × 1,80 m nach max. 15 m Weg- bzw. Flurlänge. Wege und Flure mit geringem Rollstuhlverkehr müssen mind. 1,50 breit sein. Flure, in denen die Begegnung Fußgänger/Rollstuhl ausgeschlossen ist (z.B. Rampen), können 1,20 m breit sein. Durchgänge und Türen sind mind. 90 cm breit und 205 cm hoch herzustellen.
Bewegungsflächen vor und hinter Türen sind in öffentlich zugänglichen Bauten zu planen (s. Abbildungen).

Stellplätze
Stellplätze von 3,50 m × 5,00 m in der Nähe des barrierefreien Eingangs.

Gehwege
Für Außenanlagen gilt: Breite der Wege mind. 1,50 m, nach 15 m Begegnungsfläche von 1,80 m × 1,80 m. Gehweg ohne Verweilplätze: max. 3 % Längsgefälle. Gehweg mit Verweilplätzen von max. 3 % Gefälle in max. 10 m Abstand: max. 6 % Längsgefälle. Quergefälle von Gehwegen: max. 2,5 %. Begrenzung der Wege taktil erfassbar machen, z. B. 3 cm hohe Kantensteine.

Eingänge
Haupteingänge öffentlich zugänglicher Gebäude müssen barrierefrei sein. Fläche davor mit max. 3 % Neigung, Überdachung, Rost und Abdichtung nach DIN.

Bewegungsflächen. Mindestmaße (DIN 18 040-1 und -2)

Fall des Erfordernisses	Breite in cm	Tiefe in cm
Begegnung Rollstuhlfahrer/ Rollstuhlfahrer	180	180
Begegnung Rollstuhlfahrer/Fußgänger	150	150
Drehen des Rollstuhlfahrers	150	150
Kurze Flure und Rampen für Rollstuhlfahrer	120	
Türen und kurze Durchgänge	90	

Bewegungsflächen vor und hinter Drehtüren. Flur in öffentlich zugänglichen Gebäuden Mindestmaße (cm) (DIN 18 040-1 und -2)

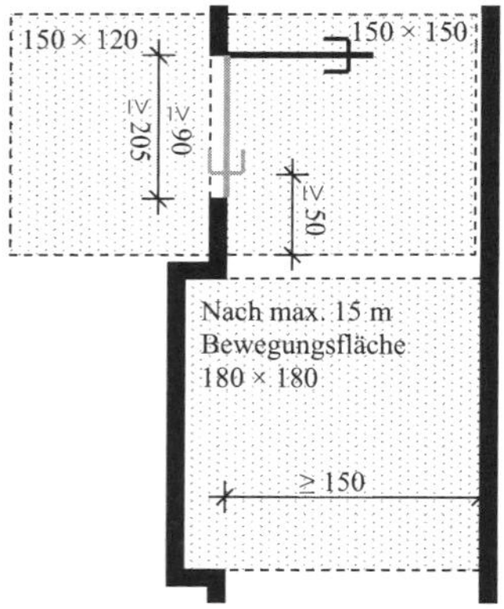

Bewegungsflächen vor und hinter Schiebetüren. Mindestmaße (DIN 18 040-1 und -2)

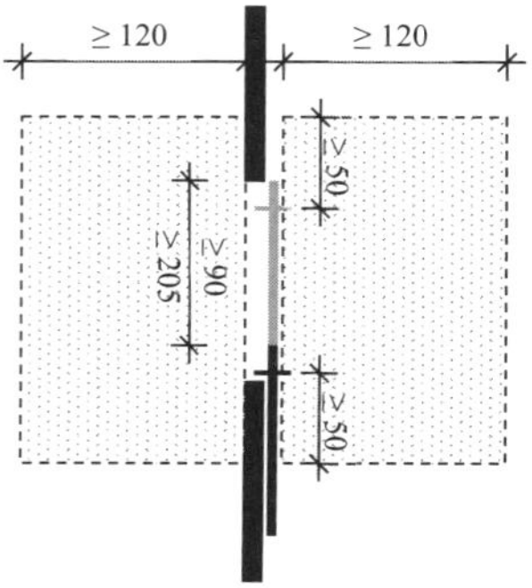

Abstellplatz für Rollstühle (DIN 18 040-1) (cm)

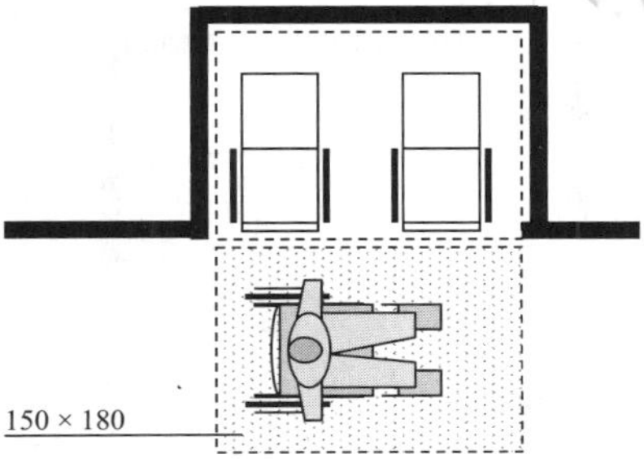

Barrierefreie Fahrstuhlanlage (LBO) (cm)

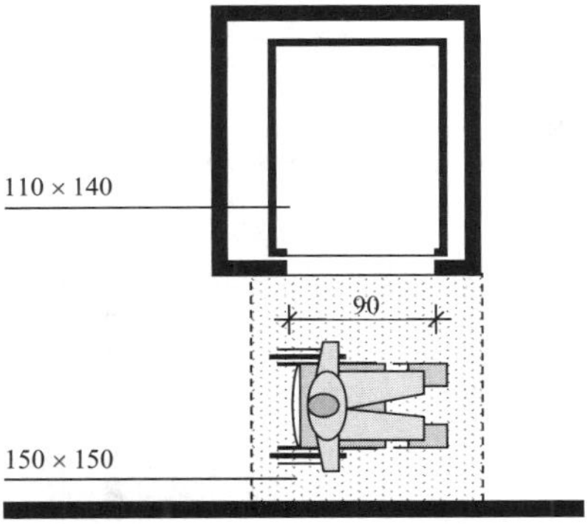

Barrierefreie Treppe (DIN 18 040-1 und -2)

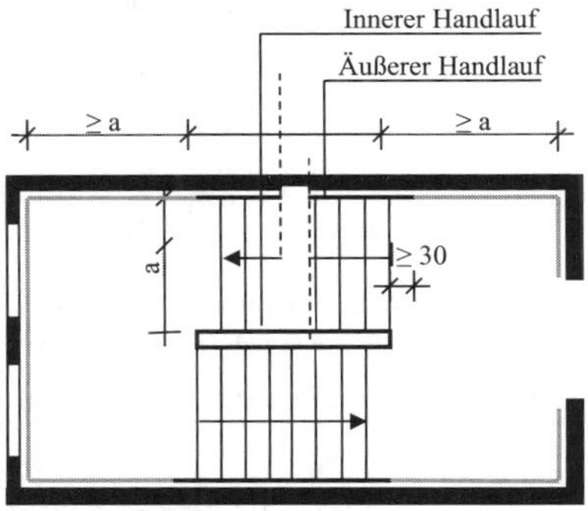

Stufenformen für barrierefreie Treppen (DIN 18 040-1 und -2)

Bewegungsflächen vor und hinter Automatiktüren. Mindestmaße (DIN 18 040-1) (cm)

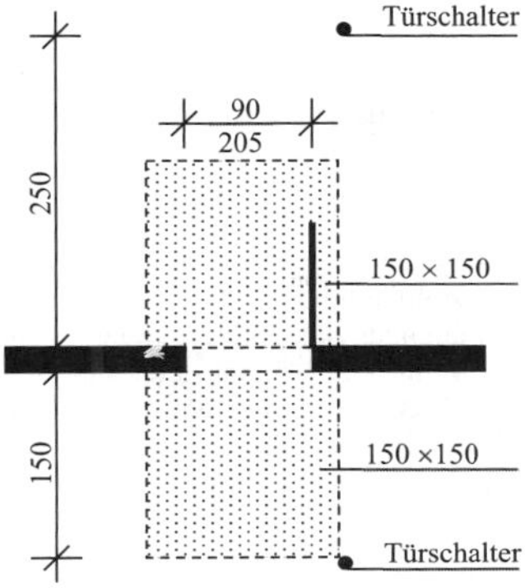

Türen

Türen sind mindestens mit einer lichten Breite von 90 cm und wegen Verletzungsgefahr hochgewachsener behinderter Personen mit einer lichten Höhe von mind. 2,05 m auszuführen. Zum Erreichen der Türgriffe Leibung max. 25 cm tief. Untere Türanschläge und -schwellen, wenn nicht vermeidbar, max. 2 cm hoch.

Türen von Toilettenzellen, Dusch- und Umkleidekabinen dürfen nicht nach innen schlagen. Gebäudeeingangstüren sollten, schwer zu öffnende Türen (Türschließer!) müssen motorisch öffnen und schließen.

Vor und hinter Türen sind Bewegungsflächen anzuordnen (s. Tabelle u. Abb. S. 1.38). Zum Drehen der Rollstuhlfahrer muss stets ein Freiraum von 1,50 m × 1,50 m vorhanden sein. Türgriffe von Drehtüren müssen in geschlossenem Zustand und von Schiebetüren auch in geöffnetem Zustand mind. 50 cm in diesen Flächen liegen. Schalter vor kraftbetätigten Türen sind mind. 250 cm vor der aufschlagenden Tür und auf der Gegenseite mind. 150 cm davor anzubringen.

Türen müssen durch Kontraste und taktile Erkennungszeichnen für sehbehinderte und Blinde identifizierbar sein. Glastüren!

Aufzüge

Aufzüge sind mit lichten Fahrkorbmaßen von 1,10 m × 1,40 m und mit einem Bewegungsraum davor von 1,50 m × 1,50 m zu planen (s. Abschn. 2.2.8). Gegenüber der Aufzugstür darf keine absteigende Treppe angeordnet werden; sofern nicht vermeidbar, mind. 3 m Abstand.

Notwendige Treppen und Rampen

Treppen müssen geradläufig sein. Wendelungen mit innerem Treppenaugenradius von mind. 2 m zulässig. Setzstufen erforderlich. Unterschneidungen von max. 2 cm sind nur bei schrägen Setzstufen zulässig. Treppen mit beidseitigem Handlauf in 85–90 cm Höhe versehen. Durchmesser des Handlaufs 3 bis 4,5 cm. Der Handlauf darf nicht unterbrochen sein und muss 30 cm über Anfang und Ende der Treppe hinausragen. In Heimen u. ä. Anlagen möglichst ganz umlaufend.

Kontrastmarkierungen der Stufenkanten: Von Vorderkante Trittstufe 4–5 cm und von der Oberkante der Setzstufe 1 cm breit; bei allen Stufen offener Treppen und mind. bei der Antritts- und der Austrittsstufe in Treppenräumen.

Rampen gem. Abschn. 2.2.4 ausführen.

Sanitärräume

In jedem Sanitärraum bzw. in jeder Sanitäranlage muss mind. 1 rollstuhlgerechte Toilettenkabine vorhanden sein. Links und rechts neben dem WC sind Bewegungsflächen von 90 cm × 70 cm zu planen; vor dem Klosett, vor dem Waschtisch und dem Handtrockner eine Bewegungsfläche von 150 cm × 150 cm. Die Höhe der Oberkante des Toilettensitzes soll 46–48 cm betragen. 55 cm hinter der Vorderkante des Sitzes muss der Sitzende sich anlehnen können. Links und rechts der Toilettenschüssel sind klappbare Griffe für mind. 1 kN Belastung zu installieren. Lichter Raum zwischen den Griffen: 65–70 cm. Die Griffe müssen den Toilettensitz nach vorne um 15 cm und in der Höhe um 28 cm überragen.

Barrierefreie, rollstuhlgerechte WC- und Waschbecken (cm) (DIN 18 040-1 und -2) (Schnitt)

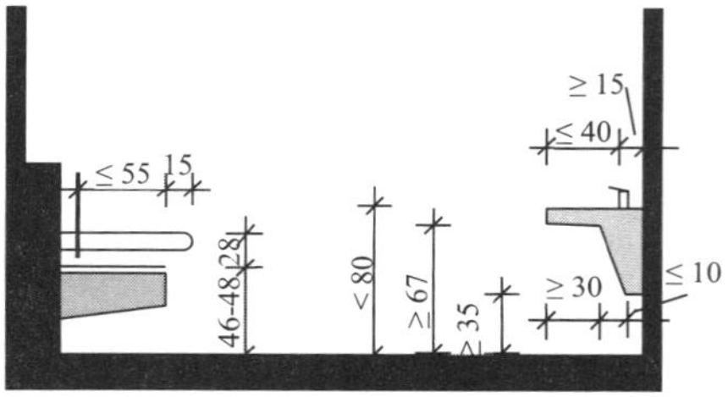

Barrierefreie Toilette mit Duschbereich (cm) (DIN 18 040-1)

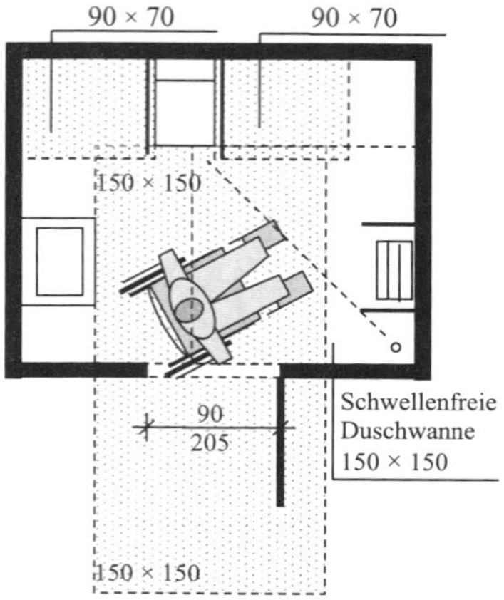

Rollstuhlgerechter Toilettenraum. Mindestmaße (cm) (DIN 18 040-1)

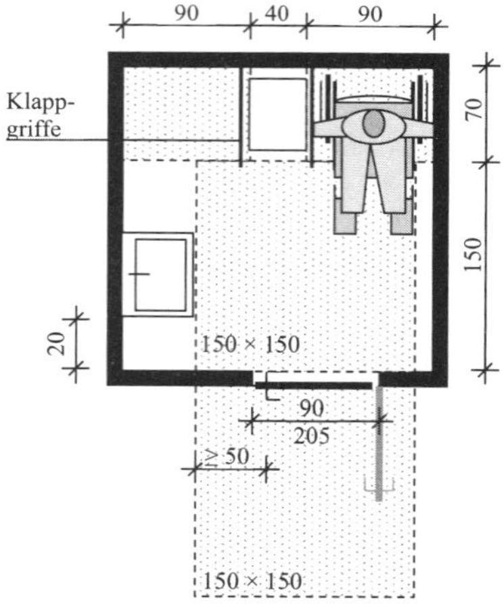

Bewegungsflächen neben (links) bzw. vor Bedienungselementen (rechts). (Grundriss)

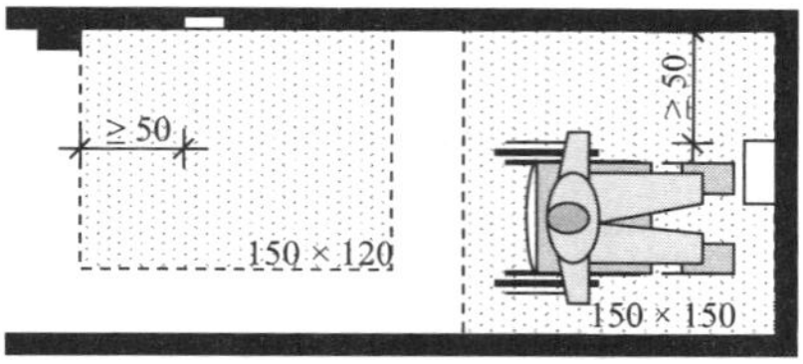

Flur geringer Länge ohne Begegnungsgefahr mit Bewegungsfläche für Richtungswechsel (cm)

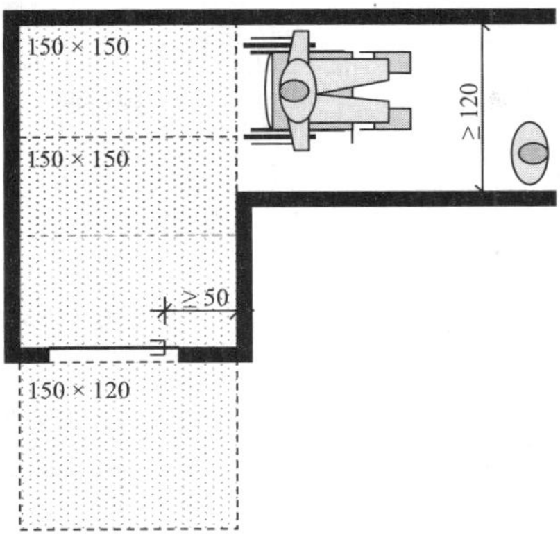

Flur für Begegnung von Fußgängern und Rollstuhlfahrern mit Ausweichstelle für gelegentliche Begegnung von Rollstuhlfahrern

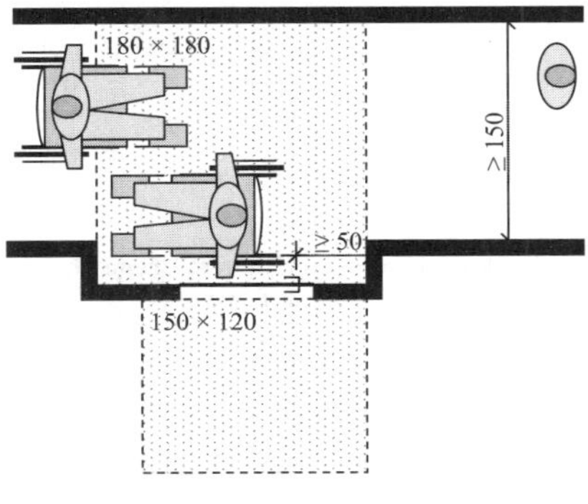

Altenwohnheim Lindenhof in Basel, 1. und 2. Obergeschoss (Architekten: Brogli & Müller)

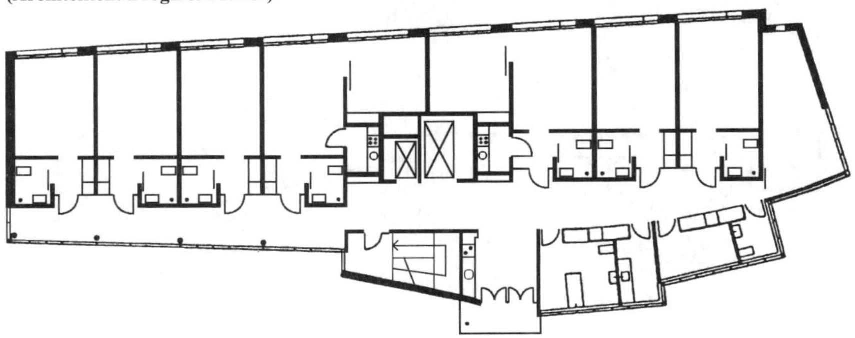

4.3 Barrierefreie Wohnungen – Grundsätze

DIN 18 040-2

Es ist zwischen barrierefreien sowie barrierefreien und rollstuhlgerechten Wohnungen zu unterscheiden. Gemäß den techn. Baubestimmungen der Länder (VV TB) sind von der LBO geforderte barrierefreie Wohnungen nicht rollstuhlgerecht nach DIN auszuführen. Folgende Ausführungen gelten für beide Typen:

Erschließung von Wohnanlagen
Pkw-Stellplätze für Behinderte sind mind. 3,50 m breit auszuführen (s. Abb. S. 1.37). Der Hauseingang und eine Wohnebene müssen stufenlos erreichbar sein. Alle zu einer Ebene gehörenden Räume und die Gemeinschaftseinrichtungen mehrerer Wohnungen müssen stufenlos, ggf. auch über nachrüstbare Rampen oder Aufzüge, zugänglich sein. Wege zwischen Wänden außerhalb von Wohnungen (z. B. Flure) sollten mind. 150 cm breit sein (s. Abschnitt 4.2).

Treppen
Möglichst wenige Treppen bauen. Vor Treppen möglichst waagerechte Flächen von mind. 150 cm Tiefe anordnen. Treppen in Bauten mit gehbehinderten Personen sollten Steigungen von etwa 16 cm / 30 cm besitzen. Sie sollten möglichst geradläufig sein. Der Handlauf (Durchmesser 3–4,5 cm) sollte am Treppenauge nicht unterbrochen sein. Treppen müssen beidseitig Handläufe in 85–90 cm Höhe besitzen, die über Anfang und Ende 30 cm hinausführen. Geländerhöhen gemäß LBO (s. Abschnitt 2.2.2). Stufenunterschneidungen sind nur bei schrägen Setzstufen und mit max. 2 cm zulässig (s. Abschnitt 4.2).
Innerhalb der Wohnungen sind dies nur Empfehlungen.

Rampen und Aufzüge
Rampen oder Aufzüge zur Überwindung von Höhenunterschieden. Rampen gem. Abschn. 2.2.4 planen.
Mindestmaße für Fahrkörbe von Aufzügen: Breite: 110 cm; Tiefe: 140 cm; Fahrstuhltüren 90 cm breit. Davor Bewegungsfläche von 150 cm × 150 cm (s. auch S. 1.39).

Türen und deren Bewegungsflächen
Die Zahl der Türen ist auf das Notwendigste zu beschränken. Sie müssen eine Breite von mind. 90 cm besitzen. Lichte Höhe mind. 205 cm. In nicht rollstuhlgerechten Wohnungen genügen 80 cm Breite. Schwellen sofern nicht vermeidbar sind bis 2 cm Höhe zulässig.
Bewegungsflächen sind in den Erschließungsanlagen von Wohnanlagen, bei allen Wohnungseingangstüren und bei allen Türen in rollstuhlgerechten Wohnungen zu planen.

Fenster
Fenstergriffe auf 85–105 cm Höhe. Zugänglichkeit nicht durch Möbel behindern. In jeder Wohnung ist mind. 1 Fenster als tiefes Fenster auszuführen: Undurchsichtige Fensterbrüstungen max. 60 cm hoch.

Zu weiteren Informationen siehe: Heisel, Planungsatlas.

4.4 Barrierefreie, nicht rollstuhlgerechte Wohnungen

DIN 18 040-2

In Wohnungen muss der Abstand zwischen Wänden (z. B. Flure) mind. 120 cm betragen. Wohnungseingangstüren mind. 90 cm breit und 205 cm hoch mit Bewegungsflächen. Türen in Wohnungen mind. 80 cm breit und 205 cm hoch. Bewegungsflächen nicht erforderlich.

Bewegungsflächen
Im Bereich der Wohnungseingänge sind Bewegungsflächen für Türen vorzusehen (s. Abb. S. 1.38). In jedem Raum ist eine Bewegungsfläche von 90 cm × 90 cm zu planen. Vor Möbeln und Sanitärobjekten sollte ein Freiraum von mind. 90 cm und vor Kücheneinrichtungen von 120 cm Tiefe vorhanden sein.

Schlafbereich
Auf einer Längsseite eines Bettes ist ein Bewegungsraum von mind. 120 cm Breite vorzusehen, auf einer zweiten Seite sollen mind. 90 cm Gangbreite zur Pflege vorhanden sein. Jedes Bett sollte bei Bedarf von 3 Seiten her zugänglich gemacht werden können.

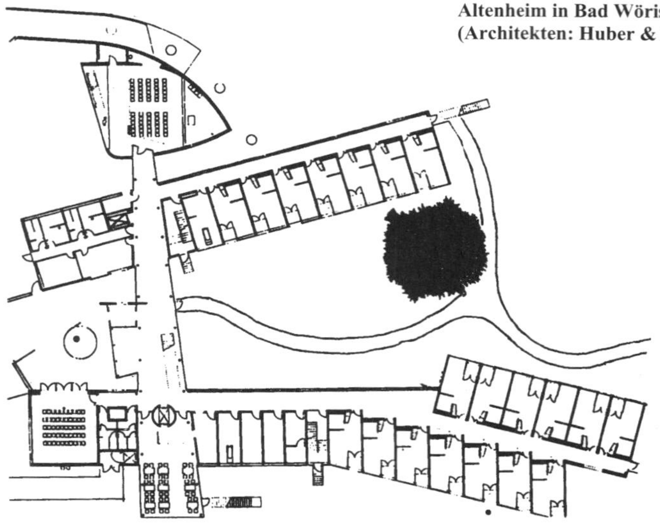

Altenheim in Bad Wörishofen, Erdgeschoss (Architekten: Huber & Partner)

Barrierefreie, nicht rollstuhlgerechte Küche. Grundriss (cm)

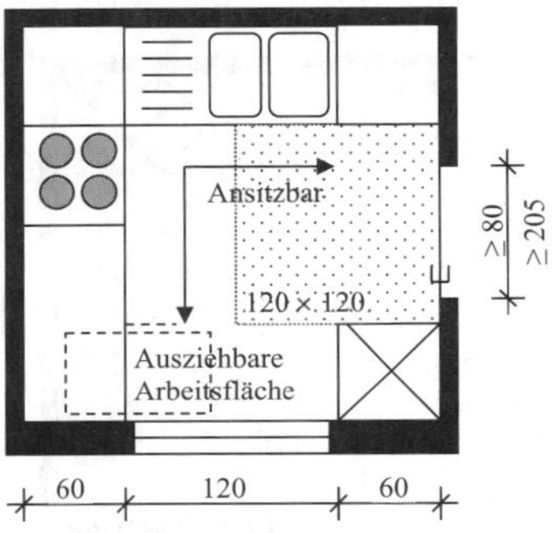

Barrierefreie, nicht rollstuhlgerechte Küche. Schnitt (cm)

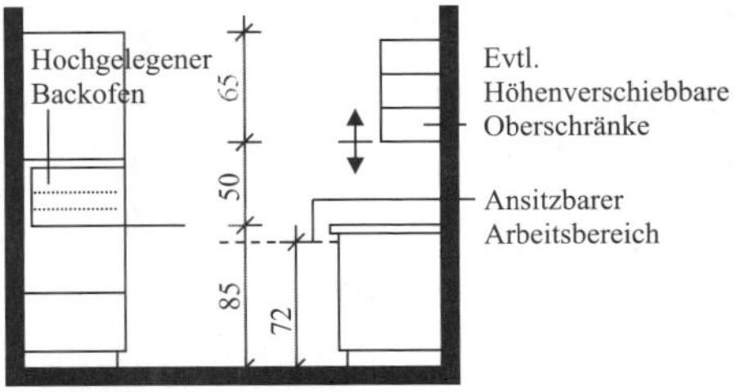

Barrierefreies, nicht rollstuhlgerechtes Bad (cm) DIN 18 040-2

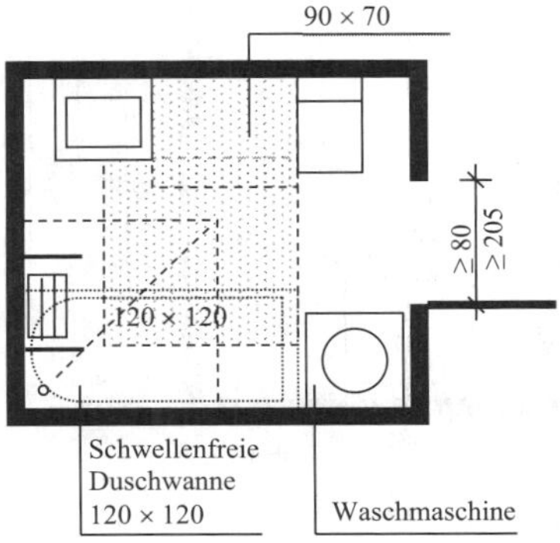

Küchen
Die Mindestbreite vor Kücheneinrichtungen beträgt 120 cm, vor Möbeln 90 cm. Alle Schalter, Armaturen, Steckdosen und Beschläge (Fenster!) im Griffbereich: h = etwa 85 cm; in Sonderfällen: h = max. 140, mind. 40 cm über Fußboden. Möglichst keine Möbel vor Fenster planen. Ggf. Teile der Küche mit einem Stuhl ansetzbar gestalten und Teile der Arbeitsflächen niedriger anordnen. Anordnung wichtiger Einrichtungen über Eck führt zu kurzen Wegen.

Bäder
Vor Sanitärobjekten mind. 90 cm tiefer Freiraum. Bewegungsflächen mind. 120 cm × 120 cm. Schwellenlose Duschwanne 120 cm × 120 cm. Haltegriffe, evtl. klappbarer Duschsitz. Eine Badewanne sollte nachrüstbar sein. Die Tür darf nicht in den Sanitärraum schlagen und sollte von außen zu entriegeln sein. Rutschfester Boden. Haltegriffe vorsehen.

Freisitze
Jede Wohnung sollte einen Freisitz mit mind. einer Bewegungsfläche von 120 cm × 120 cm aufweisen.

4.5 Barrierefreie, rollstuhlgerechte Wohnungen

DIN 18 040-2

Zusätzlich bzw. abweichend von den bisherigen Ausführungen ist beim rollstuhlgerechten Bauen nach DIN 18040-2 Folgendes zu beachten:

Erschließung
Hauseingänge: Keine Karusselltüren. Gut: automatische Türen. Eventuell Abstellplatz für den Straßenrollstuhl im Eingangsbereich mit Umstiegsmöglichkeit auf den Hausrollstuhl (s. S. 1.39).
Zu Flurbreiten außerhalb von Wohnungen s. Abschnitt 4.2. Innerhalb der Wohnungen mind. 1,20 m breit mit mind. einer Bewegungsfläche von mind. 1,50 m × 1,50 m. Lichte Türbreiten, auch in den Wohnungen: mind. 90 cm. Höhe mind. 205 cm.

Räumlichkeiten
In jedem Raum, vor und hinter handbetätigten Drehflügeltüren, vor WC und Waschbecken ist eine Wendefläche von mind. 150 cm × 150 cm zu planen.

Bäder
Auf einer Seite des WC muss ein Freiraum von mind. 90 cm × 70 cm liegen. Auf der anderen Seite muss ein Abstand zur Wand oder zum

nächsten Objekt von mind. 30 cm garantiert sein. Duschplätze sind stufenfrei mit 150 cm × 150 cm Größe auszuführen. Waschtisch mind. 60 cm breit und 50 cm tief, unterfahrbar. WC-Sitzhöhe 46–48 cm. Haltegriffe und Rückenlehne gem. Abschnitt 4.2. Sanitärräume stets mit mechanischer Lüftung.
Türen nicht zum Sanitärraum aufschlagen lassen. Notöffnung von außen ermöglichen. Wohnungen mit mehr als 3 Wohn- bzw. Individualräumen brauchen einen zweiten, nicht barrierefreien Sanitärraum mit mind. 1 Waschbecken und 1 WC. Das nachträgliche Aufstellen einer Badwanne mit Lifter muss nach DIN 18 040-2 möglich sein.

Bewegungsflächen
Vor einer Längsseite des Bettes, vor Schränken, Kücheneinrichtungen, Badewannen, Rollstuhlabstellplätzen sowie neben Pkw-Längsseiten muss die Bewegungsfläche mind. 150 cm breit sein. Vor Möbeln, die seitlich angefahren werden, entlang der Einstiegseite des Bettes, zwischen Wänden in der Wohnung und neben Bedienungseinrichtungen muss die Bewegungsfläche mind. 120 cm breit sein.

Arbeitsflächen, Tische
Arbeitsflächen (Tische, Waschbecken, Küchenmöbel usw.) müssen unterfahrbar sein: Unterkante mind. 67 cm über Fußboden; Oberkante max: 80 cm über Fußboden. Ansitzbreite für Rollstühle an Tischen: 80 cm zwischen Tischbeinen.

Küchen
Handelsübliche Küchenmöbel werden mit entsprechenden unterfahrbaren Arbeitsflächen versehen, die Höhen der Oberschränke reduziert. Herd, Arbeitsplatte und Spüle unterfahrbar, möglichst über Eck anordnen.
Oberschränke motorisch absenkbar.
Kühlschränke, Herde u. Ä. in gut erreichbaren Höhen (ca. 85 cm).

Fenster, Schalter etc.
Bedienelemente, Steckdosen, Schalter anfahrbar und möglichst in 85 cm Höhe anordnen. Die Erreichbarkeit von Fenstern nicht durch Einbaumöbel (Küche, Bad) behindern. Tiefe Fenster gem. Abschnitt 4.3

Freisitze
Wie Abschn. 4.4, jedoch mit Bewegungsfläche von mind. 150 cm × 150 cm.

Weiterführende Informationen finden sich in Heisel: Planungsatlas.

Rollstuhlgerechte Küche (cm)
Grundriss (oben), Schnitt (unten)

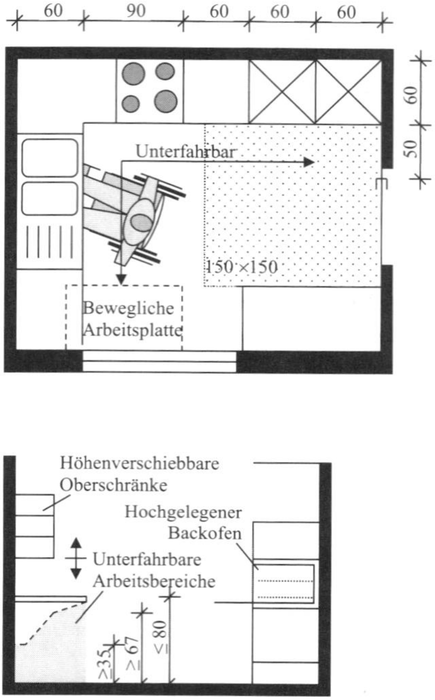

Rollstuhlgerechtes Duschbad (cm)

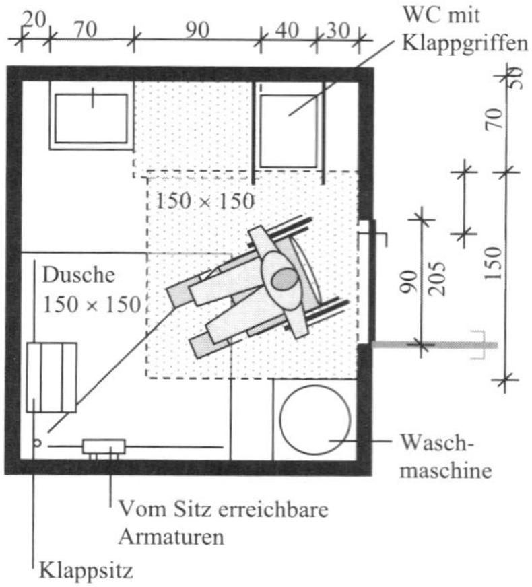

5 Gaststätten und Hotels

VStättVO; BeVO; ASR A; DIN 10 506; DIN 18 040-1; VDI 6000-3 und 4

5.1 Schank- und Speisegaststätten

Ab mehr als 200 Besuchern je Rettungsweg (1 m² / je Tischsitzplatz) gilt die VStättVO. Schank- und Speisegaststätten müssen barrierefrei nach DIN 18 040-1 sein. 1 % der Stellplätze, mind. jedoch 2 sind barrierefrei auszubilden.

5.1.1 Gästebereich

Schankräume
Schankräume und Wohnungen müssen getrennt zugänglich sein. Empfehlungen: Lichte Höhe bis 50 m² mind. 2,50 m, bis 100 m² mind. 2,75 m, darüber mind. 3 m. Rettungswege gem. LBO bzw. VStättVO. Garderoben mit Hutablage und Schirmständer (1 m / 25 Plätze).
Übliche Bestuhlung: 4er-Tische, zu anderen Aufstellungen kombinierbar. Evtl. Barplätze zum Essen und Trinken. Größere Räume gliedern. Eventuell unterschiedliche Platzangebote anbieten. Flexible Raumteiler ermöglichen unterschiedliche Nutzungen und Raumgrößen. 1 % der Sitzplätze, mind. jedoch 2 müssen für Rollstühle geeignet sein (mind. 95 cm × 150 cm).
Tischfläche je Gast: mind. 60 cm breit, 40 cm tief. Breite eines Esstisches: mind. 80 cm.

WC-Anlagen
Toilettenanlagen gem. VDI 6000-3 planen.
Bei mehr als 5 Beschäftigten getrennte Anlagen für Personal und Gäste. Personal-WC mit Vorraum nach ArbStättV, nicht über den Schankraum oder das Freie erschließen.

5.1.2 Servicebereiche

Küchen
Bei der Planung von Küchen sind die Hygienebestimmungen der DIN 10 506 zu beachten. Mindestausrüstung: 1 Wasserzapfstelle, 1 eigene Handwaschgelegenheit, 1 Schmutzwasserausguss.

Küchen besitzen folgende Hauptteile:

Anlieferung und Abfuhrbereich (11 % Flächenanteil) mit Annahme, Registratur und Vorsortieren der Waren. Vorsortieren des Mülls und des Leergutes. Büro des Lagerleiters und/oder des Küchenleiters. Anlieferung gut mit Lkw erreichbar, nicht einsehbar.

Warenlager (40 % Flächenanteil) mit Kühllager für Molkereiprodukte, Fleischwaren, Obst und Gemüse sowie Getränke jeweils getrennt. Dazu: Vorkühlung und Tiefkühlung. In kleineren Gaststätten in Kühlschränken, in größeren Gaststätten in Kühlräumen. Lager vor Sonne schützen.

Küche (25 % Flächenanteil) mit Vorbereitung von Gemüse und Salaten (Waschen, Putzen, Schneiden) sowie von Fleisch (Entbeinen, Portionieren). Vorbereitung entfällt bei weitgehend vorbereiteter Anlieferung der Waren.

Möblierung von Bistros (cm)

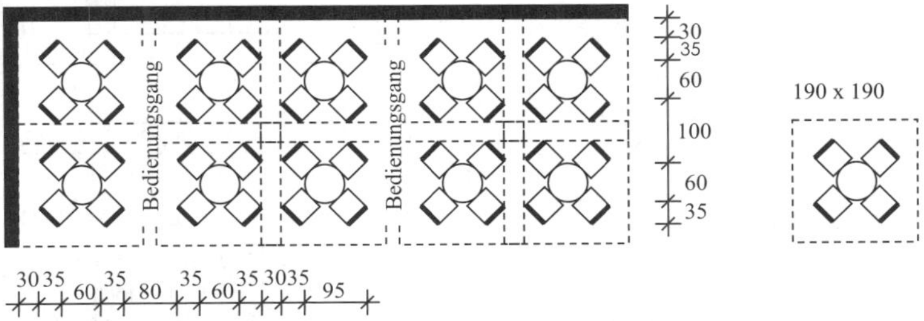

Maßempfehlung für hochwertige Essplätze (cm)

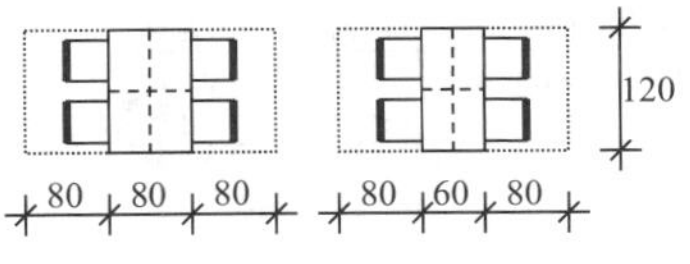

Mindestmaße für Ess- und Imbisstische (cm)

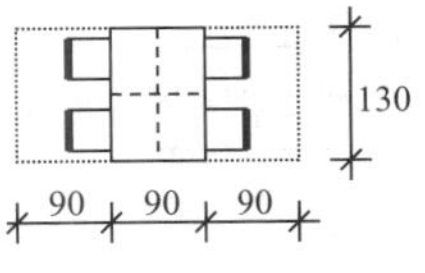

Warme Küche zum Kochen, Backen und Braten. Kalte Küche für Salate, Brote u. Ä. Grundmodul für Kücheneinrichtungen 53 cm × 32,5 cm (DIN 66 075). Be- und Entlüftung von größter Wichtigkeit (VDI 2052). Boden rutschfest.

Spülküche (12 % Flächenanteil) für Geschirr und Töpfe mit Automaten und Doppelspülbecken mit Abtropffläche; bei Kantinen o. Ä. mit Zuführung des Geschirrs über Bandanlagen.

Sozialbereich (12 % Flächenanteil) mit Umkleide-, Wasch-, Toiletten-, Pausen- und Ruheraum nach ArbStättV.

Speisenausgabe
Bei Ausgabe über Kellner: Warm- und Kühlhaltevorrichtungen zur Pufferung der Auslieferung. Kelleroffice mit Kasse in der Nähe der Speisenausgabe. Besteck- und Geschirrlager sowie Warmhalteplattenspender für den Kellner.

Bei Selbstbedienung: Tablettausgabe in der Nähe des Eingangs – Speiseausgabe über Tresen mit rückseitiger Beschickung, Bedienung am Tresen oder Automaten – Kasse – Besteckausgabe – Sitzplätze – Geschirrrückgabe in der Nähe der Spülküche und des Ausgangs. Evtl. automatische Rückführung des Geschirrs zur Spülmaschine.

Organisation von Küchen

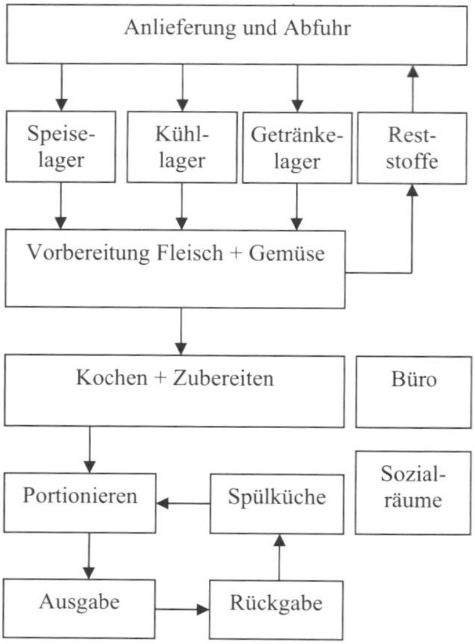

Orientierungswerte für Küchen und Küchennebenräume (m²/Platz)

Bereich	≤ 100 Gäste	≤ 250 Gäste	> 250 Gäste
Anlieferung und Abfuhr	**0,2**	**0,2**	**0,2**
- Warenanlieferung	0,07	0,06	0,05
- Lagerverwaltung	0,03	0,02	0,04
- Büro-Küchenchef	0,05	0,04	0,03
- Abfall	0,10	0,12	0,11
Warenlager	**0,35**	**0,45**	**0,38**
- Vorkühlraum		0,03	0,03
- Fleischkühlraum		0,05	0,04
- Milchprod.kühlraum		0,04	0,03
- Gemüsekühlraum		0,04	0,05
- Tiefkühlraum		0,04	0,04
- Kalte Küche	0,02	0,02	
- Speiseabfall-kühlraum	0,02	0,02	
- Lebensmittellager	0,02	0,02	0,02
- Gemüselager	0,09	0,07	0,04
- Getränkelager		0,03	0,02
- Weinkeller		0,04	0,03
- Geschirrlager	0,04	0,03	0,03
Küche			
- Fleischvorbereitung	0,1	0,08	0,05
- Gemüsevorbereitung	0,1	0,08	0,06
- Warme Küche	0,3	0,2	0,2
- Kalte Küche	0,2	0,15	0,1
- Speisenausgabe	0,08	0,08	0,07
- Spülküche	0,1	0,12	0,1

Flächenbedarf von Gasträumen

Art der Gaststätte	Platz-belegung	Küche/ Gedeck	Fläche/ Sitzplatz
Gutes Restaurant	1	0,8 m²	1,9 m²
Pension	1–1,5	0,4 m²	1,5 m²
Einfache Gaststätte	1,5–2	0,5 m²	1,7 m²
Pizzeria	2–3	0,5 m²	1,5 m²

Bemessung von Besucherzahlen (VStättVO)

Einrichtung	Nutzbare Laufbreite
Sitzplätze an Tischen	1 Besucher je m² Grundfläche des Raums
Sitzplätze in Reihen und Stehplätze	2 Besucher je m Stufenreihe
Stehplätze auf Stufenreihen	2 Besucher je m² Grundfläche des Raums
Ausstellungsräume	1 Besucher je m² Grundfläche des Raums

Autobahn-Tank- und Rastanlage bei Ellwangen (Architekten: Arge Arat / Haisch / Volz)

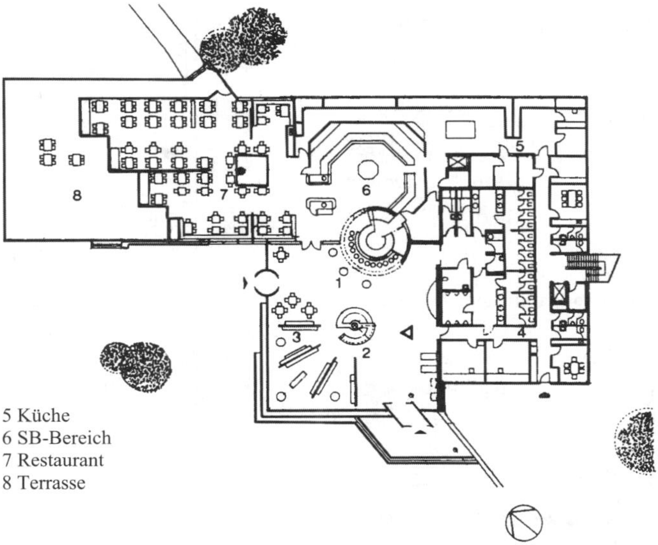

1 Eingangspavillon
2 Kasse
3 Verkaufsbereich
4 Verwaltung
5 Küche
6 SB-Bereich
7 Restaurant
8 Terrasse

Spülküche, Organisationsprinzip

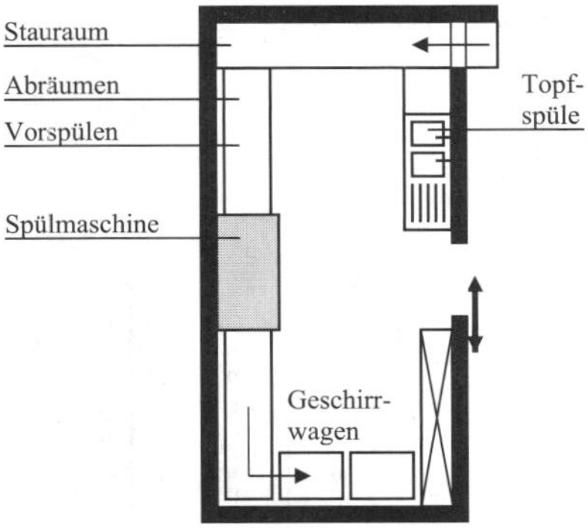

Theke mit Hockersitzplätzen, Schnitt (cm)

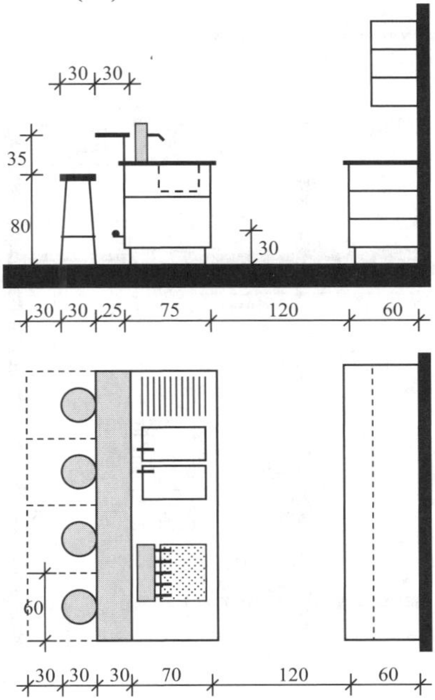

Gemüsevorbereitungsraum (cm)

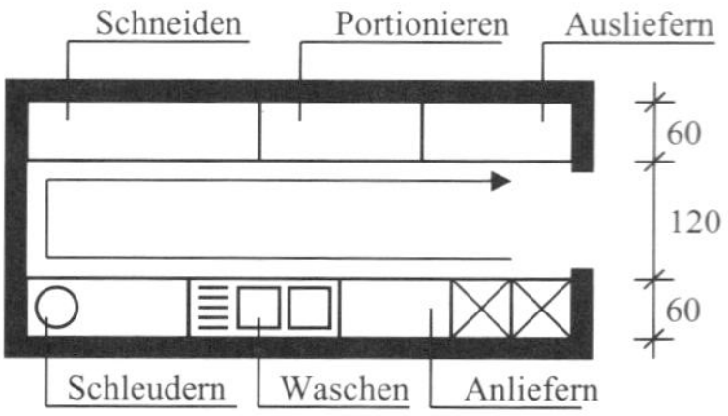

Fleischvorbereitungsraum (cm)

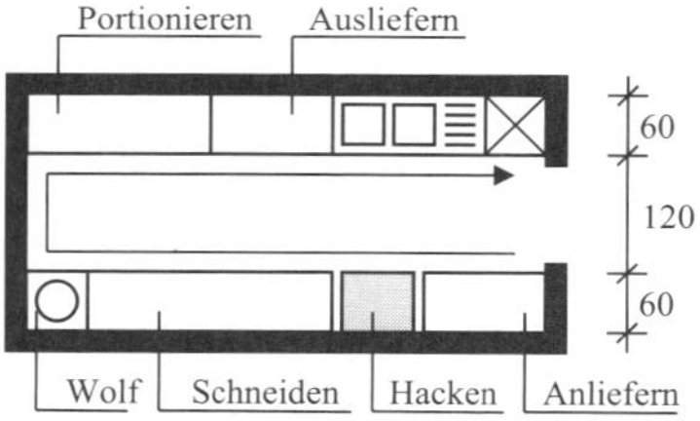

Warmküche für Restaurant (ca. 60 Plätze)

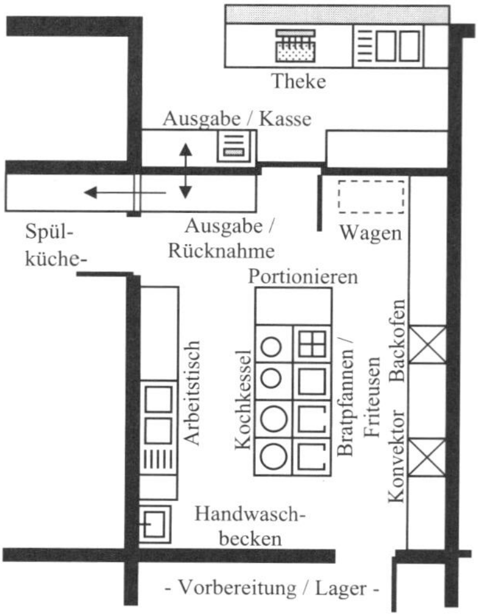

Platzbedarf bei Gasträumen

Bei Selbstbedienung		
Art des Tisches	Pers. / Tisch	Fläche / Platz
Quadratischer Tisch	4	1,25 m²
Rechteckiger Tisch	4	1,25 m²
Rechteckiger Tisch	6	1,05 m²
Rechteckiger Tisch	8	1,10 m²
Bei Bedienung		
Art des Tisches	Pers. / Tisch	Fläche/Platz
Quadratischer Tisch	4	1,25 m²
Rechteckiger Tisch	4	1,10 m²
Rechteckiger Tisch	6	1,00 m²
Rechteckiger Tisch	8	1,10 m²

Toilettenanlagen in Versammlungsstätten (VDI 6000-3) (Auszug)

Personen	Damen		Herren		
	WC	WB	UR	WC	WB
50	2/2/3	2/2/3	2/2/3	1/1/2	1/1/2
100	2/3/5	2/3/5	2/3/5	1/1/2	2/2/3
300	4/5/8	2/3/5	4/5/8	2/2/3	2/3/5
500	4/6/9	3/4/6	4/6/9	2/3/5	3/4/6
700	5/7/11	4/5/8	5/7/11	3/4/6	4/5/8
1000	6/9/14	4/6/9	6/9/14	4/5/8	5/7/11
Niedrige/mittlere/hohe Gleichzeitigkeit					

Selbstbedienung (cm)

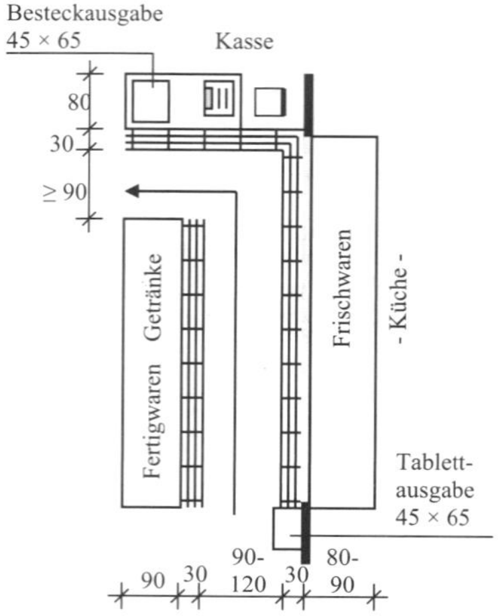

Hotel Q! in Berlin
(Architekt: Graft Architekten)

Hotel Castell in Zuoch
(Interior-Design: UN-Studio)

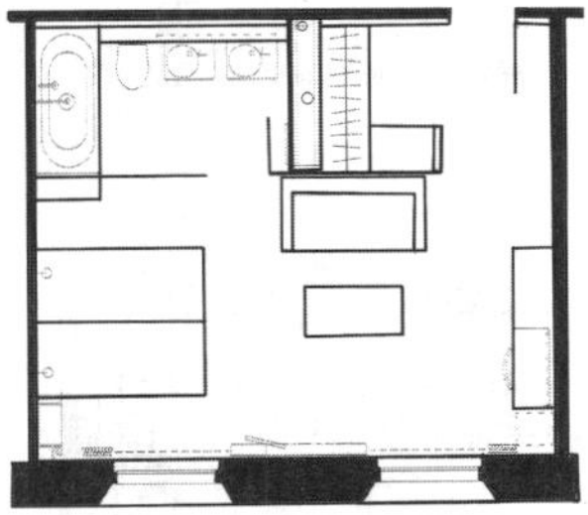

Hotel Bielerhöhe an der Silvrettastraße (A), 1. Obergeschoss
(Architekten: Untertrifaller / Hörburger)

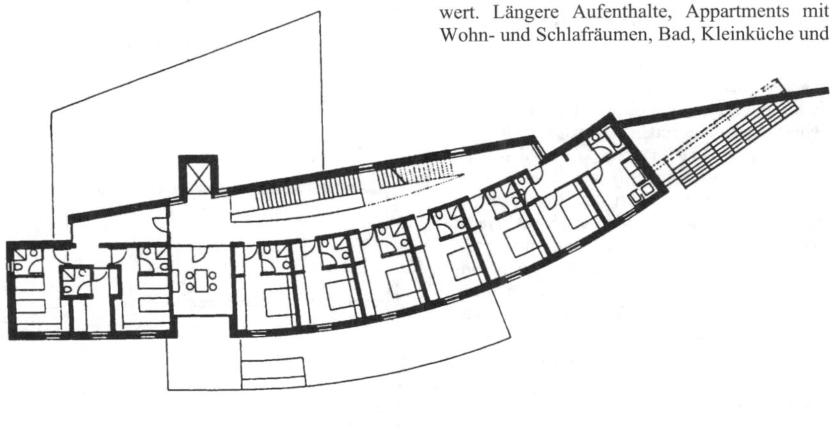

5.2 Hotels

BeVO, Eurostars, VDI 6000-4, DIN 18 040

5.2.1 Organisation

Vorfahrt der Gäste möglichst getrennt von der Materiallieferung und -abfuhr planen. Leichte Erreichbarkeit des Kfz-Stellplatzes für den Gast. Rezeption, Wartezone, Kofferraum und Verwaltungsräume beim Eingang.
Speise- und Aufenthaltsräume in guter Lage im EG bzw. DG. Restaurant, Bar, Wellness etc. möglichst auch für externe Gäste nutzbar. Frühstücksraum kann auch als Fest- oder Tagungsraum dienen. In einfachen Hotels wird das Frühstück in der Lobby serviert. Tagungs- und Festräume möglichst in der Größe variabel und nahe der Küche. Mögliche weitere Einrichtungen: Boutiquen, Fitness- und Wellnessräume, Schwimmbad, Sauna, Friseur etc.
In höherwertigen Häusern Erschließung für Gäste und Personal/Material trennen. Flure wegen Servicewagen möglichst 150 cm breit. 1 Etagenservice (mind. 20 m²) in der Nähe des Serviceaufzuges.
Barrierefreiheit in öffentlich zugänglichen Bereichen; Mind. 2 Zimmer bzw. 2 % der Zimmer rollstuhlgerecht.

5.2.2 Hoteltypen

Businesshotels
Innerstädtische Lage, an Flughäfen oder Bahnhöfen: Kurze Aufenthalte, Seminar- und Sitzungräume, 1-Zimmer-Räume mit Bad ohne Freisitz, Gastronomie, Angebote zur Entspannung und Sport. Am Wochenende Städtetouristen.

Freizeithotels
Gut erreichbare Standorte mit hohem Freizeitwert. Längere Aufenthalte, Appartments mit Wohn- und Schlafräumen, Bad, Kleinküche und

Freisitz. Gastronomie, Angebote für Indoor- und Outdoor-Aktivitäten. Seminareinrichtungen für die Nebensaison.

5.2.3 Kategorien

Die Hotelkategorien (1–5 Sterne) richten sich u. a. in Deutschland, der Schweiz und Österreich nach dem Eurostars-System. In diese Punkte-Wertung gehen u. a. der Service, Dienstzeiten der Rezeption, die Ausstattung und Größe der Zimmer, die Gastronomie und die sonstigen Angebote des Hotels ein.

5.2.4 Hotelzimmer

Vorwiegend Doppelzimmer (etwa 25 m²), auch als Einzelzimmer vermietbar. Ausstattung in Abhängigkeit von den Eurostars-Kategorien: *: Zimmer mit Duschbad, 1 Stuhl und Tisch, Frühstücksangebot; **: zusätzlich: Leselicht, Badetücher, Frühstücksbuffet; ***: zusätzlich: 1 Sitz je Bett, Nachttisch, Getränkeangebot und Internetzugang; ****: zusätzlich: Couch und Beistelltisch; *****: zusätzlich: bessere Ausstattung der Zimmer.

Neben eher neutral gestalteten großen Kettenhotels mit ihren Standardzimmertypen erfreuen sich zunehmend individuell gestaltete Design-Hotels wachsender Beliebtheit.

5.2.5 Beherbergungsstättenverordnung (BeVO)

Bei mehr als 12 Gastbetten gilt: Mind. 2 bauliche Rettungswege (notwendige Treppenräume) erforderlich. Ausnahmen: Hotels bis 60 Betten mit max. 30 Betten je Geschoss. Stichflure max. 15 m lang. Tragende Bauteile: oberstes Geschoss im Dach mit Gästezimmern und Hotels bis 2 Geschosse: feuerhemmend (REI 30), sonst feuerbeständig (REI 90); Trennwände zwischen Gästezimmern und Gästezimmern und Flur: feuerhemmend (EI 30). Trennwände in Bauart der Tragenden Bauteile zwischen Hotelbereich und anderen Gebäudeteilen, zwischen Gästezimmern und Gasträumen oder Küchen. Feuerhemmende Rauchschutztüren (EI_2 30-S_{200}C5) zwischen notw. Treppenräumen und anderen Räumen und notw. Fluren zu Räumen im KG, die nicht von Gästen benutzt werden. Rauchschutztüren (S_{200}C5) zwischen notw. Treppenräumen und notwendigen Fluren sowie von notwendigen Fluren zu Gästezimmern und zu Gasträumen, wenn am Flur Gästezimmer liegen.

Für weitere Details siehe Heisel: Planungsatlas.

Standard-Hotel-Doppelzimmer (cm)
2–3-Sterne-Kategorie (Schmal bzw. Breit)

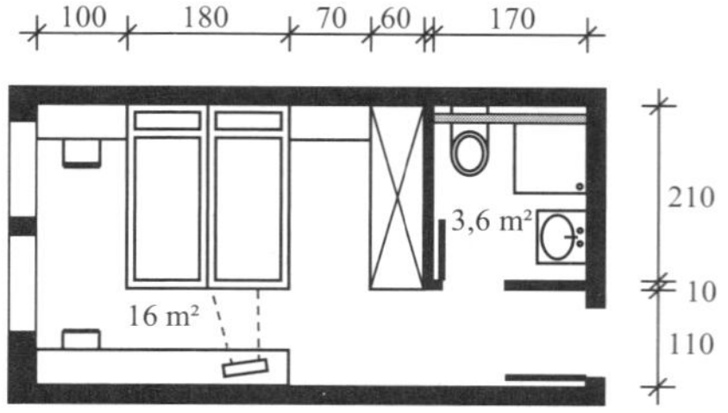

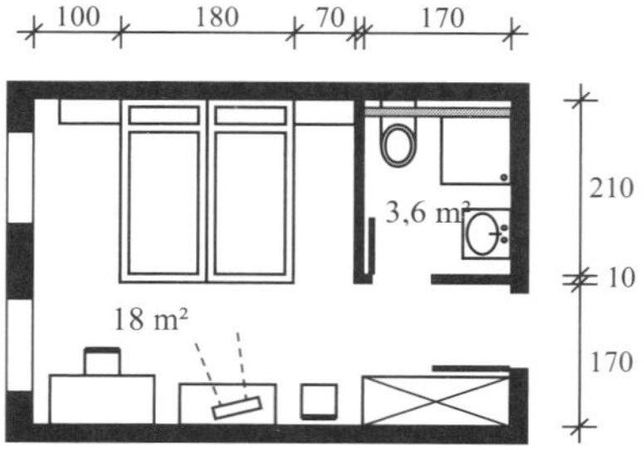

3–4-Sterne-Kategorie

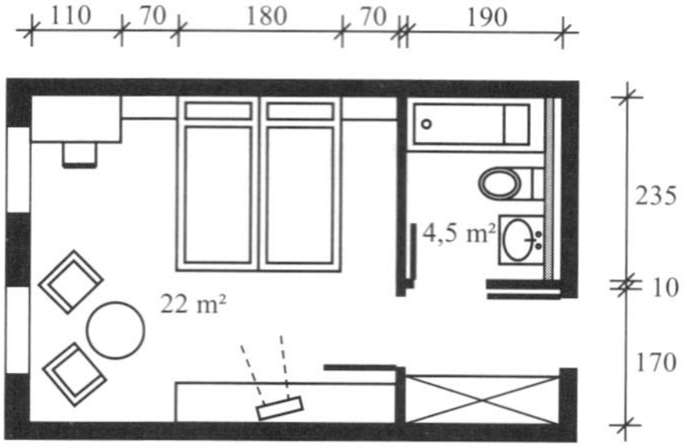

4–5-Sterne-Kategorie

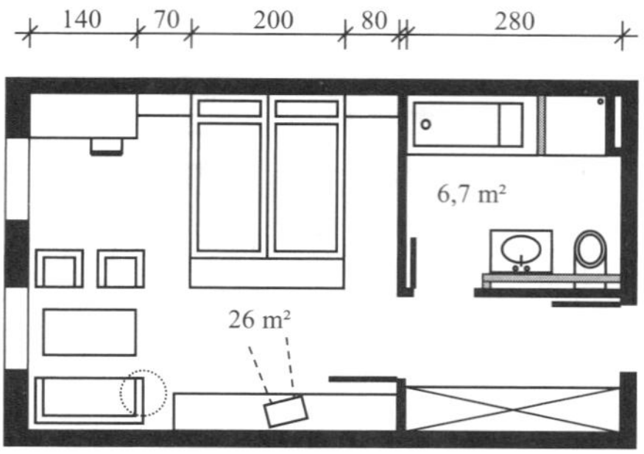

Maße für Schreibtische als Bildschirmarbeitsplatz geeignet (cm)

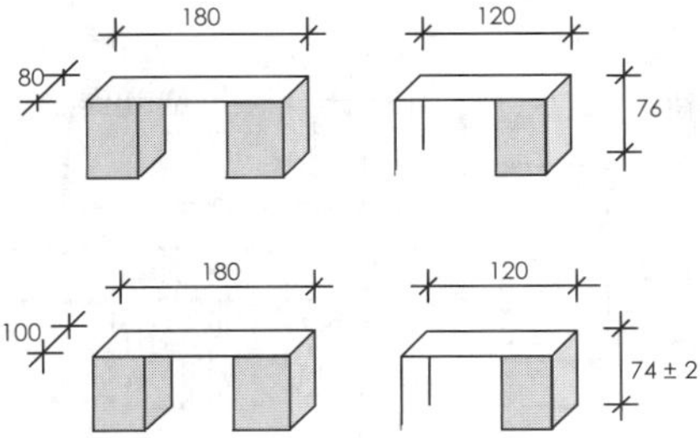

Flächenbedarf von Arbeitsplätzen

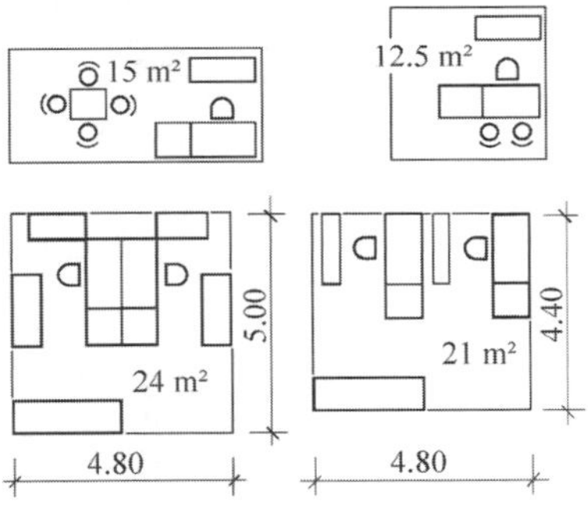

Orientierungswerte für Arbeitsflächenbedarf in Büros

Einfacher Sachbearbeiter in Bürozelle	8 m²
Sachbearbeiter mit 2 Besucherstühlen in Bürozelle	12 m²
Sachbearbeiter mit besonderem Besuchertisch in Bürozelle	16 m²
Einfacher Sachbearbeiter im Großraum	12 m²
Besprechungsräume je Sitz	2,50 m²

6 Verwaltungsbau

LBO; ASR A; DIN 4549; DGUV I 215-410

Raumprogramme im Verwaltungsbau

Neben den eigentlichen Büroarbeitsplätzen sind häufig folgende Elemente erforderlich: Empfang/Pförtner, Besprechungsräume oder -zonen, Kopierräume, Archive, Lager, Ruheräume, Teeküchen, Kantinen. Pausenräume sind bei Büroarbeitsplätzen nicht erforderlich, jedoch insbesondere bei Büros mit Publikumsverkehr sinnvoll. Die Dimensionierung der WC-Anlage erfolgt nach ASR A. Unerlässlich: Technik-, Müll- und Putzräume.

6.1 Büroraumtypen

Grundsätze

Die Wahl des Büroraumtyps hängt sehr stark von den Tätigkeiten, der Organisationsstruktur und der Philosophie eines Unternehmens ab. Ähnliches gilt für Größe und Ausstattung der einzelnen Arbeitsplätze.

Büroarbeitsplätze

Die LBO fordert für Arbeitsräume als Aufenthaltsräume mind. 8 m² Grundfläche. ASR A1.2 fordert mind. 1,5 m² Bewegungsfläche mit mind. 1 m Breite je Arbeitnehmer; je Arbeitnehmer mit sitzender Tätigkeit mind. 12 m³ Raum.

Mindestmaße für lichte Raumhöhen gem. ASR A1.2 in Abhängigkeit von der Raumgröße beachten. Eine Raumtiefe bis zum 1,5fachen der Fenstersturzhöhe ist in der Regel ausreichend natürlich belichtet.

Bildschirmarbeitsplätze

Bildschirmarbeitsplätze benötigen Möblierungen nach DGUV I 215-410 und müssen reflexionsarm sein. Sie sind möglichst quer zu Fenstern und Leuchtenbändern anzuordnen. Nur reflexionsarme Leuchten einbauen und vor Fenstern Blendschutz vorsehen.

Zellenbüro

Bis max. 4 Arbeitsplätze in einem abgeschlossenen Raum. Zellenbreite nach Anzahl und Art der Arbeitsplätze: 3,60–4,80 m; Tiefe: etwa 4,80–6,00 m. Vorteile: Weniger Störung durch andere Mitarbeiter, vertrauliches Arbeiten möglich, natürliche Belichtung und

Maße für Bildschirmarbeitsplätze (cm) (DGUV I 215-410)

	Arbeitsfläche		Arbeitsflächenhöhe			
	Breite	Tiefe	höhenverstellbar		fest	
			Sitzend	Stehend	Sitzend	Stehend
Mindestanforderung	120, 160	80	65–85	95–125	74 ± 20	105 ± 20
Empfehlung	180	90, 100	< 62–85	95–125	-	-

Verwaltungsgebäude in Sarnen (CH)
Erdgeschoss und 1.–3. Obergeschoss
(Architektin: A. Roost)

Zürich-Haus in Hamburg, Erdgeschoss
(Architekten: von Gerkan, Marg & Partner)

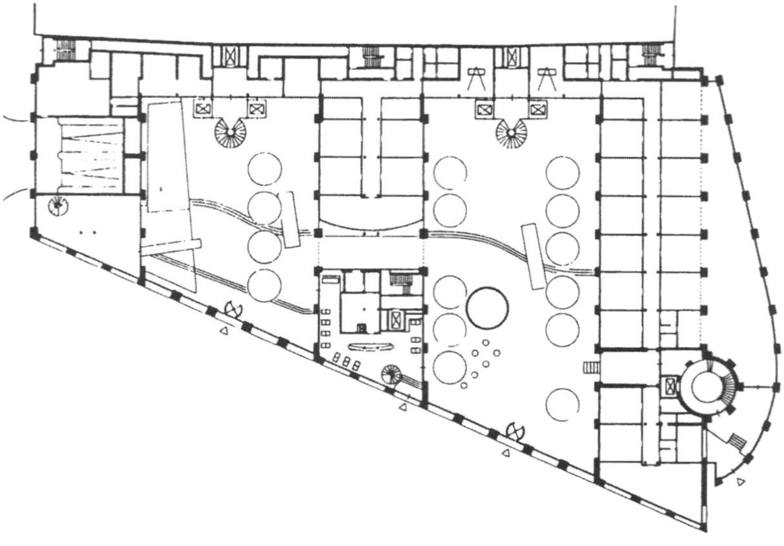

Verwaltungsgebäude der Neuen Messe in Leipzig, Ebene +2 (Ausschnitt) (Architekten: von Gerkan, Marg & Partner)

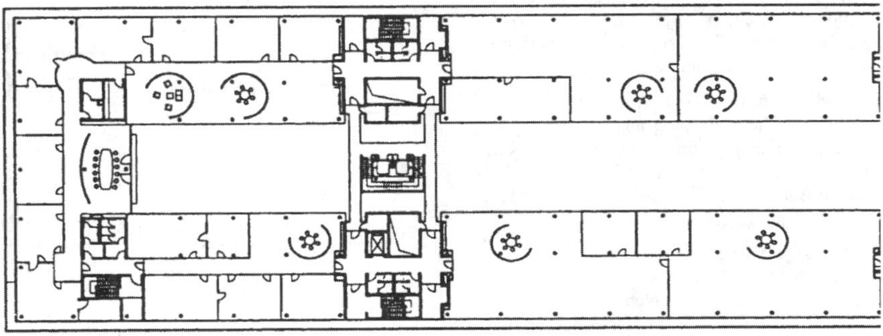

Übliche Breitenmaße von Bürobauten

Typ	1-Bund	2-Bund	3-Bund
Zellenbüro	8–11 m	12–15 m	19–24 m
Gruppenbüro	10–13 m	17–19 m	24–27 m

Typ	Flurlose Erschließung	Flur-erschließung
Großraum	25–30 m	25–30 m

Mindestraumhöhen für Büros (ASR A1.2)

Grundfläche	Lichte Raumhöhe (mind.)
bis 50 m²	2,50 m
51–100 m²	2,75 m
101–250 m²	3,00 m
251–2000 m²	3,25 m

Orientierungswerte für Bürogrößen

Sachbearbeitung 1 Person	8 m²
Sachbearbeitung mit 2 Besucherplätzen	10 m²
Sachbearbeitung mit 4-Personen-Besprechungstisch	16 m²
Abteilungsleitung mit 6-Personen-Besprechungstisch	26 m²
Sekretariat für Abteilungsleitung mit 2 Besucherplätzen	12 m²
Vorstand/Geschäftsführung mit 6-Personen-Besprechungstisch und 6-Personen-Sitzgruppe	64 m²
Vorzimmer Vorstand/Geschäftsführung mit Besucherplätzen	16 m²

Belüftung möglich. Nachteile: Wenig kommunikativ, unübersichtlich. Einsatzgebiete: Bereiche für konzentriertes Arbeiten (Denkzellen), sensible Bereiche (Personalwesen; leitende Angestellte), störende Tätigkeiten (Telefonate).

Gruppenbüro
Bis etwa 20 Arbeitsplätze in einem Raum. Arbeitsgruppen über 12 Personen sind selten. Arbeitsplätze max. 7,50 m von Fensterflächen entfernt; evtl. Gliederung durch halbhohe Elemente (Möbel/Stellwände) und Pflanzen. Sichtbezug nach außen wahren. Vorteile: Kommunikatives Arbeiten, Übersichtlichkeit, Flexibilität, natürliche Belichtung und Belüftung möglich. Nachteile: gegenseitige Störung möglich, häufig tagsüber künstliche Beleuchtung der innenliegenden Bereiche notwendig. Orientierungswert: 12 m² je Angestellten.

Großraumbüro
Anordnung von mehr als 20 Arbeitsplätzen auf einer Fläche. Entfernung zu Fenstern bis zu 20 m. Lichte Raumhöhe mind. 3 m. Gliederung durch halbhohe Stellwände, Möbel und Pflanzen. Rettungswege freihalten und erkennbar machen, ggf. ausschildern. Vorteile: Kommunikatives Arbeiten, Flexibilität. Nachteile: evtl. gegenseitige Störung, dauernde künstliche Beleuchtung und Belüftung erforderlich. Bauten mit Büroräumen einzeln über 400 m² sind Sonderbauten.

Kombinationen der Bürotypen
Häufig werden die vorgenannten Büroarten in einem Gebäude entsprechend den unterschiedlichen Anforderungen kombiniert. Planungen sollten spätere Wechsel zwischen Bürotypen, z. B. Gruppenbüros zu Zellen, ermöglichen.

6.2 Gebäudetypen

6.2.1 Grundrisstypen

Bei mehrgeschossigen Verwaltungsbauten werden die vertikalen Erschließungs- und Versorgungselemente mit den Feuchträumen zu Gruppen (Kerne) zusammengefasst.

Einbündige Anlage
Ein Flur erschließt einseitig angeordnete Büroräume. Erschließungs- und Nebenräume in Kernen oder parallel zum Flur. Wirtschaftlich bei größeren Büroraumtiefen. Sinnvoll in besonders schallbelasteten Lagen u. Ä.

Zweibündige Anlage
Ein Flur erschließt beidseitig angeordnete Büroräume. Erschließungs- und Nebenräume in Kernen als Teil eines Bundes. Orientierung der Büroseiten möglichst nach Osten bzw. Westen.

Dreibündige Anlage
Zwei Flure erschließen an den Außenseiten liegende Büroräume. Erschließungs- und Nebenräume (z. B. Besprechungsräume) sind in Kernen bzw. offen (Kombibüro) zwischen den Fluren angeordnet. Orientierung der Büroseiten nach Osten bzw. Westen.

Flurlose Anlage
Nicht unterteilte, freie Bürofläche mit integriertem oder angelagertem Kern. Gemäß LBO machen Büroräume über 400 m² Grundfläche ein Gebäude zum Sonderbau.

Weitereführende Informationen finden sich in Heisel: Planungsatlas.

Boden- und Deckenaufbau in Büros (cm)
(LRH: Lichte Raumhöhe gem. ArbStättV)

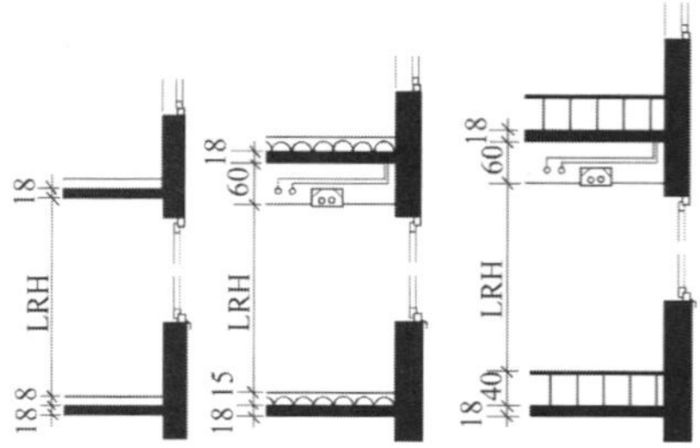

Orientierungswerte für Geschosshöhen in Bürobauten

Bautyp	Geschosshöhe
Zellenbüro ohne Unterdecke	2,75–3,10 m
Zellenbüro Elektro, Heizung, Sanitär in der Unterdecke	3,00–3,20 m
Zellenbüro mit Klimakanälen in der Unterdecke	3,20–3,40 m
Gruppen- und Großraumbüro mit Klimakanälen in der Unterdecke	3,45–4,20 m
Gruppen- und Großraumbüro mit Klimakanälen in der Unterdecke und im Fußboden	3,85–4,60 m

Verwaltungsgebäude in Lünen
Obergeschoss und Schnitt
(Architekten: A. Hillebrandt & G. Schulz)

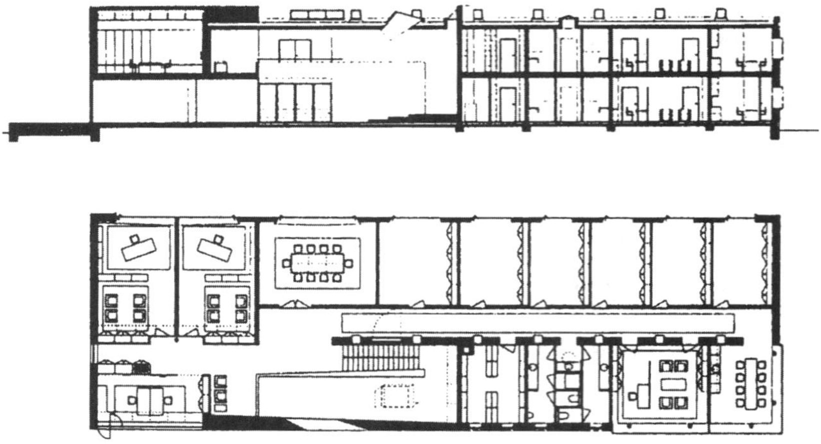

Anordnung der Kerne in Abhängigkeit von Rettungswegen und Brandabschnitten

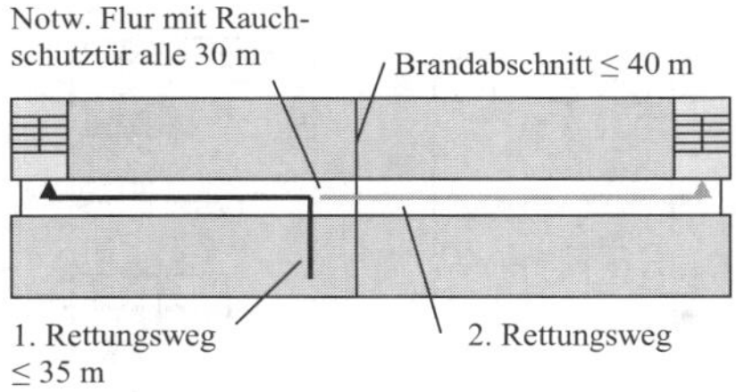

Lage von Kernen bei Großraumbüros (oben) und bei Zellenbüros (unten)

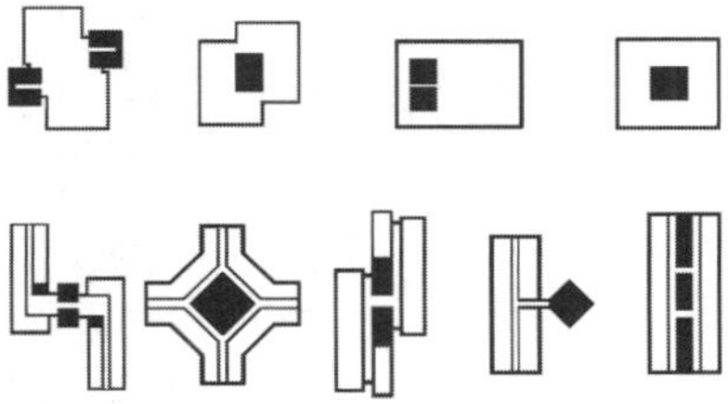

Tragwerke für Bürobauten
Systemgrundrisse mit eingezeichneten Schnitten
li.: mit Unterzügen, re.: unterzugfreie Decken

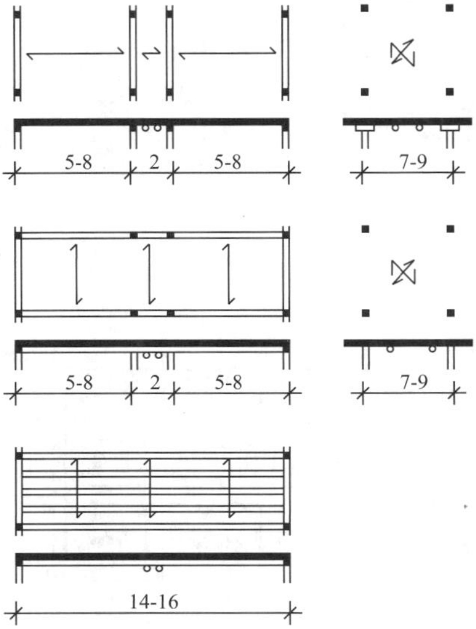

6.2.2 Baukörpertypen

Bürobauten mit Zellen- und Gruppenbüros sind in ihrer Tiefe durch die Forderung nach natürlicher Belichtung beschränkt. Als Folge entstehen lange, schmale Bauten, an die Querarme z. T. angesetzt werden. Großraumbüros erlauben wegen der großen nutzbaren Tiefe besonders kompakte Baukörper.

Kerne und Treppenräume
Kerne dienen der Stabilisierung des Bauwerks und nehmen in der Regel die vertikale Erschließung (Treppen, Aufzüge, Installationsschächte) und die Sanitärräume auf.
Nach LBO muss von jedem Punkt eines Aufenthaltsraumes nach 35 m ein notwendiger Treppenraum erreichbar sein, bei Hochhäusern 2 notwendige Treppenräume oder 1 Sicherheitstreppenraum (s. Abschn. 2). Sind mehr als 10 bis 15 Personen darauf angewiesen, ist eine Feuerwehrleiter als 2. Rettungsweg unzulässig. Folge: 2 notwendige Treppenräume, davon einer in 35 m Entfernung. Kerne können in die Bünde integriert oder an den Hauptbaukörper angesetzt werden. Bei abgewinkelten Baukörpern liegen Kerne vorzugsweise in den nicht belichtbaren Innenecken. Brandabschnitte nach max. 40 m planen.

Flure
Flure lassen sich durch plastische Ausbildung der Wände, etwa Rücksprünge bei Eingängen, gliedern. Belichtung und Belüftung durch kopfseitige Fenster oder verglaste Bürowände ermöglichen. In Fluren und Treppenräumen kommunikative Zonen ausgestalten. Flurbreiten: 1,50 bis 2,50 m. In Nutzungseinheiten über 400 m^2 ist ein notwendiger Flur mit Rauchschutztür ($S_{200}C5$) nach 30 m erforderlich.

6.3 Konstruktion und Technik

Konstruktionsraster
Skelettkonstruktionen erlauben freie Grundriss- und Fassadendispositionen. Stützen im Fassadenbereich, in den Fluren oder in den Flurwänden anordnen. Übliche Spannweiten bei Zellenbüros bis etwa 6,5 m, bei Gruppen- und Großraumbüros bis etwa 9 m. Besser: etwa 5 m bzw. 7,5 m. Unterzüge quer zur Hauptachse des Gebäudes erlauben günstigere Durchlaufdeckenplatten. Unterzüge parallel zur Hauptachse des Baus erlauben Hauptinstallationstrassen ohne Kollision mit den Unterzügen.
Bei Tiefgaragen ist die Parkplatzanordnung für das Tragwerkraster des Gebäudes maßgebend. Das Tragwerkraster sollte ein ganzzahliges Vielfaches des Ausbaurasters sein.

Ausbauraster
Das Ausbauraster gibt die Grundmaße für die Ausbauelemente Fassade, leichte Innenwände, Unterdecken und demontierbare Fußböden vor. Insbesondere bei der Verwendung umsetzbarer Trennwände sind die genannten Ausbauelemente mit Hilfe des Ausbaurasters maßlich zu koordinieren. Übliche Raster: 12 M (120 cm), 18 M (180 cm). 12 M wird bei Bauten mit vielen kleinen Räumen bevorzugt. 18 M gilt als wirtschaftlicher, u. a., weil die Zahl der Elemente (Fassadenteilung) geringer sein kann.

Technischer Ausbau
Möglichst natürlich belichten und belüften. Das bedeutet: Raumtiefen von max. 7,50 m, Raumgrößen max. 150 m².
Sonnen- und Blendschutz sind im Sommer bei intensiver Einstrahlung und im Winter bei tiefstehender Sonne unerlässlich.
Variabilität und Flexibilität der Büronutzung erfordern planerische Vorbereitung beim technischen Ausbau.

(unten)
Haus der Wirtschaftsförderung in Duisburg
Regelgeschoss
(Architekten: Sir N. Foster & Partners)

(ganz unten)
Verwaltungsgebäude in Langenthal (CH)
Erdgeschoss
(Architekt: F. Geiser)

Ausbauraster und Büroteilungen

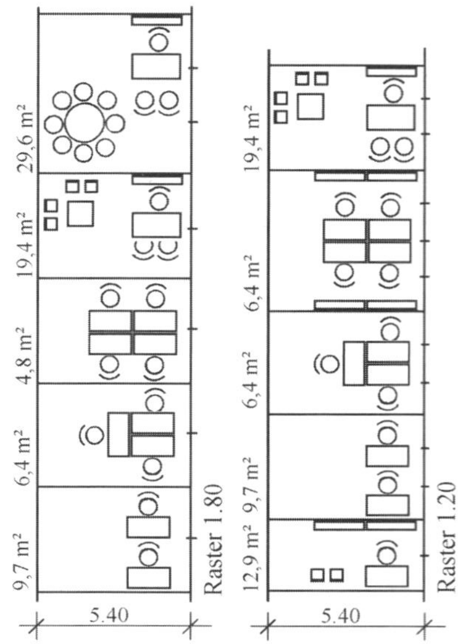

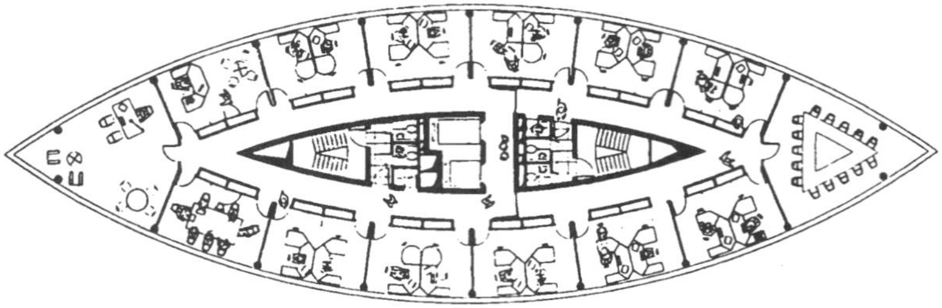

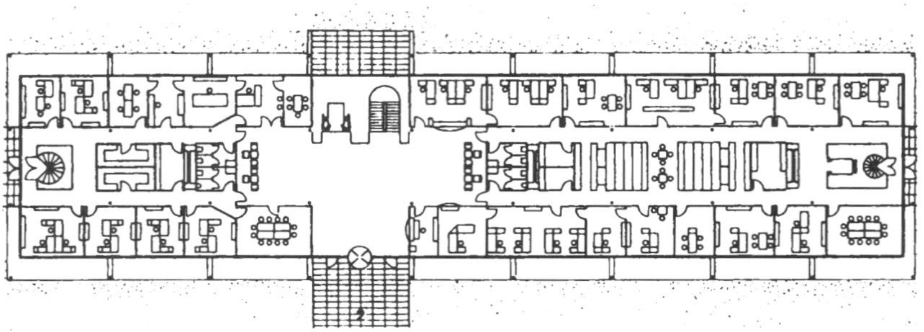

Tragwerke von Geschossbauten

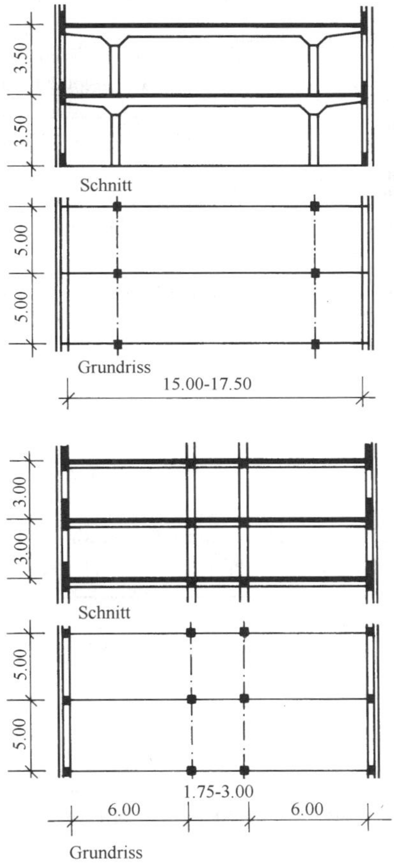

Typologie von Hallen
Grundtyp – Staffelung – Addition

7 Gewerbebauten

ArbStättV, ASR A, IndBauR, VDI 6000-2,

DIN 18 225, DIN 18 230, DIN 18 232

7.1 Produktions- und Werkstätten

7.1.1 Geschossbauten

Die Produktionsstätten sind in mehreren Geschossen übereinander angeordnet. Flächensparende Bauweise. Sinnvoll und wirtschaftlich in Bereichen hoher Grundstückskosten und bei max. 15 kN/m² Deckenlast: Werkstätten und Produktion leichter Produkte mit leichten Maschinen (Elektro-, Lebensmittel-, Textilindustrie). Wenige Innenstützen erlauben freie Raumnutzung. Wegen der seitlichen Belichtung max. 20 m Gebäudetiefe. Bei großflächigen Bauten Höfe anordnen. Kompakte Installationsführung, natürliche Be- und Entlüftung möglich. Raumhöhe mind. 3 m. Arbeitsplätze bis max. 2-fache lichte Fensterhöhe von der Außenwand entfernt anordnen. Verhältnis Fenster/Bodenfläche bei groben Arbeiten: mind. 1/10; bei feinen Arbeiten mind. 1/5. Sonnen- und Blendschutz berücksichtigen.
Vertikaler Verkehr erfolgt über Aufzüge, Bänder oder Rutschen. Vertikale Erschließung und Toiletten zu Kernen zusammenfassen. Haustechnik im Keller oder auf dem Dach. Wegen des Brandschutzes werden meist Stahlbetonkonstruktionen ausgeführt. Unterzugs- bzw. Binderabstände: etwa 5 m. Bei hohen Flächenlasten und/oder großen Spannweiten Plattenbalkendecken einsetzen.

7.1.2 Hallen

Eingeschossige Bauten mit weitgespannten Konstruktionen und größeren Raumhöhen. Spannweiten und Höhen richten sich nach der Funktion des Bauwerkes. Wirtschaftlich: Spannweiten von 15–20 m, Höhen von 4–6 m. Großflächige Hallen in Schiffe untergliedern. Evtl. Ausrüstung mit Brückenkrananlagen. Belichtung in der Tiefe über Lichtbänder, Sheds, Lichtkuppeln oder Fensterbänder in der Fassade oder in Höhenversätzen zwischen den Schiffen. Öffnungen im Dach für Lüftung sowie Rauch- und Wärmeabzug (RWA) nach DIN 18 232 vorsehen. Bei Arbeitsstätten Sichtbeziehung nach außen sicherstellen. Einsatzbereiche: Großproduktion, Werkstätten, Lager. Vorteile: alle Funktionen auf einer Ebene. Einfacher Materialfluss. Nachteile: hoher Flächenverbrauch, hohe Wärmeverluste, sommerlicher Wärmeschutz bei Leichtbauten.

Zulässige Größe der Brandabschnittsflächen in m² (Abs. 6 IndBauR)

Sicherheitskategorie	Anzahl der Geschosse des Gebäudes								
	1 (EG)		2			3		4	5
	Feuerwiderstandsdauer der tragenden und aussteifenden Bauteile								
	ohne	F 30	F 30	F 60	F 90	F 60	F 90	F 90	F 90
K 1	1.800[1]	3.000	800[2,3]	1.600[2]	2.400	1.200[2,3]	1.800	1.500	1.200
K 2	2.700[1]	4.500	1.200[2,3]	2.400[2]	3.600	1.800[2]	2.700	2.300	1.800
K 3.1	3.200[1]	5.400	1.400[2,3]	2.900[2]	4.300	2.100[2]	3.200	2.700	2.200
K 3.2	3.600[1]	6.000	1.600[2]	3.200[2]	4.800	2.400[2]	3.600	3.000	2.400
K 3.3	4.200[1]	7.000	1.800[2]	3.600[2]	5.500	2.800[2]	4.100	3.500	2.800
K 3.4	4.500[1]	7.500	2.000[2]	4.000[2]	6.000	3.000[2]	4.500	3.800	3.000
K 4	10.000	10.000	8.500	8.500	8.500	6.500	6.500	5.000	4.000

1 Breite des Industriebaus ≤ 40 m, Wärmeabzugsfläche nach DIN 18 230-1 ≥ 5 %.
2 Wärmeabzugsfläche nach DIN 18 230 ≥ 5 %.
3 Für Gebäude geringer Höhe nach LBO (s. Abschn. 1.4) beträgt die zulässige Größe 1.600 m².
K1: ohne Zusätze; K2: Brandmelde- und Alarmanlage; K3: Werksfeuerwehr; K4: autom. Löschanlage

7.1.3 Flachbauten

Eingeschossige Bauten mit mittlerer Spannweite (6–10 m) und Höhe (3–5 m) für großflächige gewerbliche Nutzungen, z. B. Einzelhandel, Werkstätten. Vor- und Nachteile ähnlich den Hallen. Geringere Aufwendungen für das Tragwerk wegen kürzerer Spannweiten.

7.1.4 Kombinationen

Geschoss-, Hallen- und Flachbauten werden häufig mit Sozial- und Verwaltungseinrichtungen ergänzt. Die unterschiedlichen Höhen können zum Stapeln bestimmter Funktionen oder zur Belichtung genutzt werden.

7.1.5 Brandschutz

Bei Produktions- und Lagerbauten bis 9 m Lagerhöhe ermöglicht die IndBauR je nach Sicherheitskategorie (mit/ohne Brandmeldeanlage, Sprinklerung, Werksfeuerwehr) größere Brandabschnitte (s. Tabelle S. 1.58).
Räume über 200 m² benötigen 2 Ausgänge, Bauten über 1600 m² zwei notw. Treppenräume. In max. 15 m Lauflänge muss ein mind. 2 m breiter Gang erreichbar sein. Rettungswege dürfen bei 5 m Hallenhöhe 35 m Luftlinie, bei 10 m Höhe 50 m betragen; bei Hallen mit Löschanlagen: bei 5 m Höhe 50 m bzw. bei 10 m Höhe 70 m Rettungsweg. Die reale Lauflänge darf max. das 1,5-Fache betragen. Zwischenwerte interpolieren.

Produktionsgebäude mit zweigeschossigem Büro- und Sozialtrakt

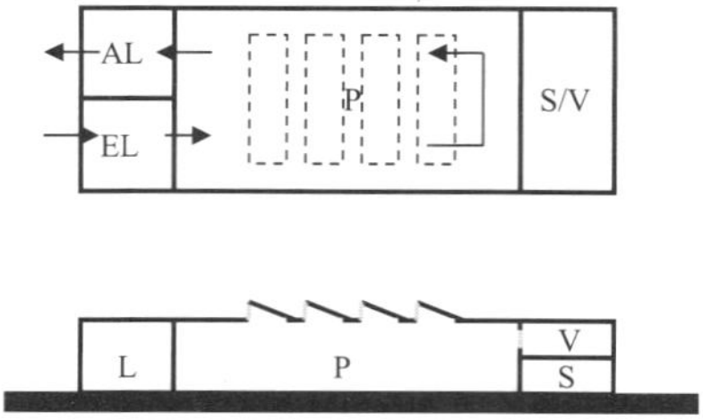

Produktionsgebäude mit eingeschossigem Büro- und Sozialtrakt

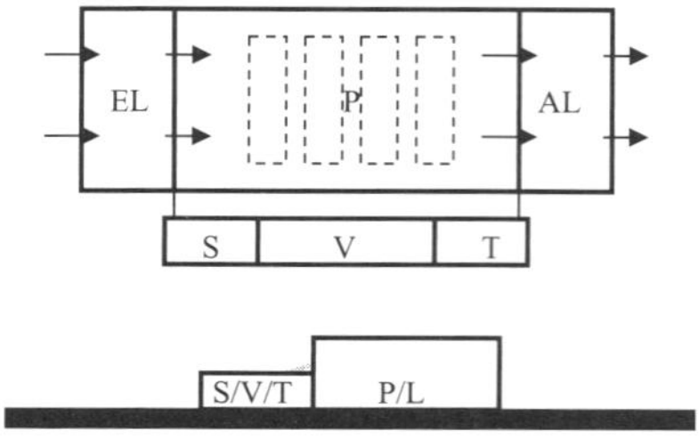

7.2 Lager

IndBauR, TRGS, WHG
Bei Lagerung von wasser- sowie umweltgefährdenden Materialien sind Lager gemäß WHG je nach Menge und Art des Stoffes (z. B. Wassergefährdungsklasse) mit besonderen Einrichtun-

Handregallager, Systemmaße (cm)

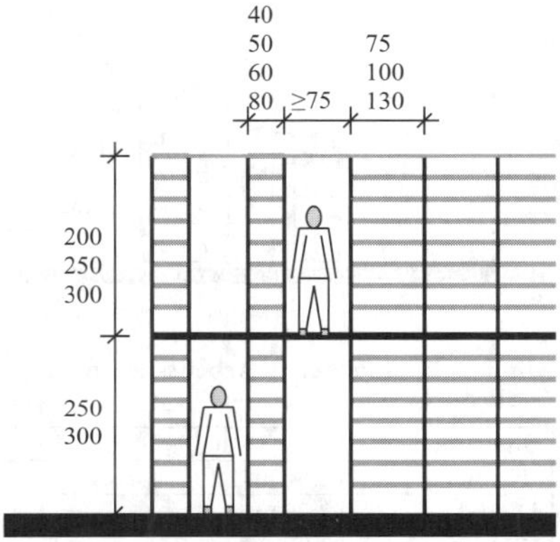

Palettenregallager, Systemmaße (cm)

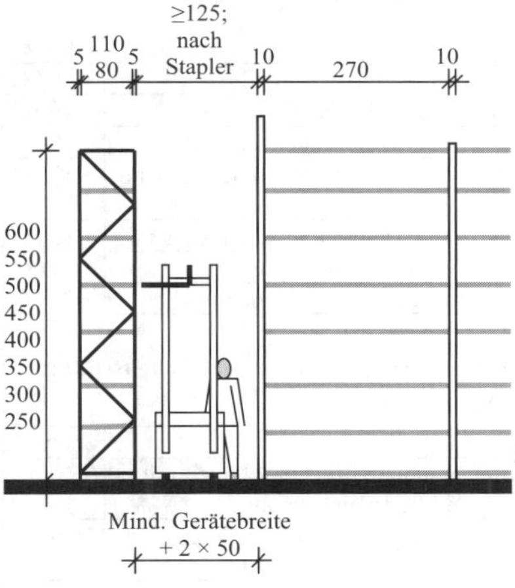

Varianten für Tragwerke von Flachbauten (m)

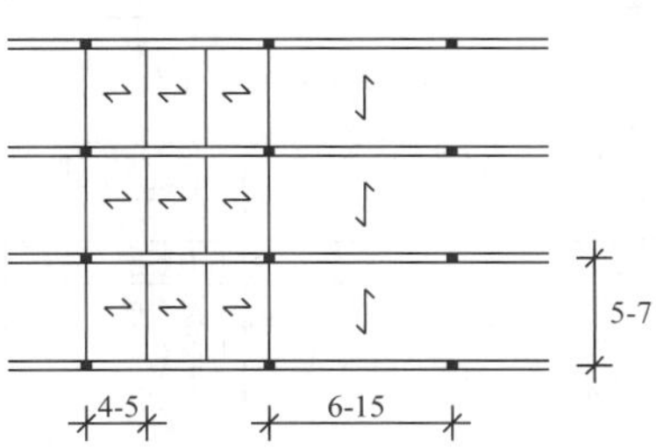

gen zu versehen: überdachte Lagerung und Umfüllung, Leckwarnanlagen, Auffangvorrichtungen bei Leckagen, Löschwasserrückhaltebecken, Sperren der Kanalisation.
Für brennbare Flüssigkeiten sind nach TRGS je nach Art und Menge des Stoffes besondere Brandschutzmaßnahmen erforderlich.

7.2.1 Schüttgutlager

Lagerung je nach Witterungsempfindlichkeit und verfügbarer Fläche in offenen oder überdachten Schüttkegeln, in Schüttgutboxen oder Silos. Auf gute Be- und Entlademöglichkeiten und Rangierflächen achten.

7.2.2 Lagerung von Flüssigkeit

Nur bei kleineren Mengen sind Fass- und Kanisterlager sinnvoll und erlaubt. Für größere Mengen sind ober- oder unterirdische Tanklager erforderlich. Gewässerschutz beachten.

7.2.3 Stückgutlager

Als Flächenlager (z. B. für Betonfertigteile), als Regallager (z. B. für Kleinteile, Paletten) oder Ständerlager (z. B. für Rohre).
Kleinere Lager mit handlichen Teilen werden von Hand bedient. Schwerere Güter werden mit Gabelstaplern sowie mit Kranen (Brücken- oder Portalkranen) bewegt. Für den Transport werden die Güter auf Paletten (Europalette 80 cm × 80 cm ×120 cm) oder in Körbe gelegt. Gabelstapler mit starrer Gabel benötigen je nach Größe und Lenkung zum Drehen breite Gänge (bis 3,50 m). Schwenkbare Gabeln ermöglichen schmale Gänge. Höhere Lager werden mit speziellen Stapelkranen bedient. Hochregallager erreichen bis zu 25 m Höhe. Sie werden in der Regel vollautomatisch bedient.
Auf die hohen Lasten achten: Fußlasten der Regale, Radlasten bei Staplerbetrieb.

7.2.4 Umweltschutz in Lagern

Je nach Art und Menge der gelagerten Stoffe sind die verschiedenen Regelungen des Gefahrstoffrechts (TRGS) einschlägig. Dies betrifft u. a. die Lagerart, die Lagermenge, die Bauart, das Auffangen von Leckagen, den Brandschutz und die Löschwasserrückhaltung.

7.2.5 Brandschutz in Lagern

Lager mit OK Lagergut über 7,50 m sind Sonderbauten. Lager über 1200 m² durch Gänge unterteilen: Lagerguthöhe bis 4,50 m Gangbreite 3,50 m; Höhe bis 7,50 m Gangbreite 5,00 m; dazwischen interpolieren.

7.3 Arbeitsstätten, Grundsätze

ArbStättV; ASR A, VDI 6000-2

Arbeitsstätten sind Orte regelmäßiger Tätigkeit in Industrie, Handel, Handwerk, Baugewerbe, Verwaltungen, Schulen, Hochschulen etc. Die ASR A konkretisieren die Bestimmungen der ArbStättV und ihres Anhangs. Abweichungen sind auf Grundlage einer Gefährdungsbeurteilung möglich.

Arbeitsraumflächen- und höhen (ASR A1.2)
Räume müssen der Funktion, der Größe und der Zahl der darin sich aufhaltenden Personen entsprechen. ASR A1.2 macht hier konkrete Vorgaben (s. Tabelle).

Belichtung und Beleuchtung (ASR A3.4)
Soweit betriebliche Belange nicht entgegenstehen, sollten Arbeits-, Pausen-, Bereitschafts-, Liege- und Sanitätsräume Sichtverbindungen nach außen haben. Tageslichtquotient (s. Abschn. 1.3) mind. 2 % bei Fenstern und 4 % bei Oberlichtern. Belichtungsfläche mind. 1/10 der Raumgrundfläche. Brüstungshöhe bei sitzenden Tätigkeiten max. 85 cm, bei Tätigkeiten im Stehen max. 125 cm. Mindestbeleuchtungsstärke gem. Anhang 1 der ASR A3.4.

Wege, Türen, Tore, Rettungswege

ASR A2.3, ASR A1.7

Wege mit Fahrverkehr müssen zu Türen, Toren, Austritten u. Ä. mind. 100 cm Abstand aufweisen. Bei Geschwindigkeiten bis 20 km/h beträgt die Fahrbahnbreite mind. Fahrzeugbreite + 2fachen Randzuschlag (50 cm). Bei Gegenverkehr mind. 2fache Fahrzeugbreite + 2fachen Randzuschlag + Begegnungszuschlag (40 cm). Bei Gehverkehr auf dem Weg erhöht sich der Randzuschlag auf 75 cm. Die Breite reiner Gehwege ergibt sich aus der Zahl der Personen im Einzugsbereich. Bei Toren, die vorwiegend dem Fahrverkehr dienen, ist in unmittelbarer Nähe eine Tür für Fußgänger anzuordnen.
Bei der Bestimmung der Breite und Länge von Rettungswegen in Gebäuden sind die ASR A2.3 und ggf. die IndBauR zu beachten.

Umwehrungen (ASR A2.1)
Höhe mind. 100 cm. Bei Absturzhöhen über 12 m mind. 110 cm. Bei Brüstungen von mind. 20 cm Tiefe darf die Höhe auf 80 cm reduziert werden. Geländer mit flächigen Füllungen, senkrechten Stäben in max. 18 cm Abstand oder mind. Hand-, Knie- und Fußstäbe ausführen. Max. Öffnung zwischen OK Fußboden und UK Geländer: 18 cm, sonst 5 cm hohe Fußleiste. Seitlicher Spalt zw. Geländer und Boden max. 6 cm.

Aufbewahrungsschränke (cm)

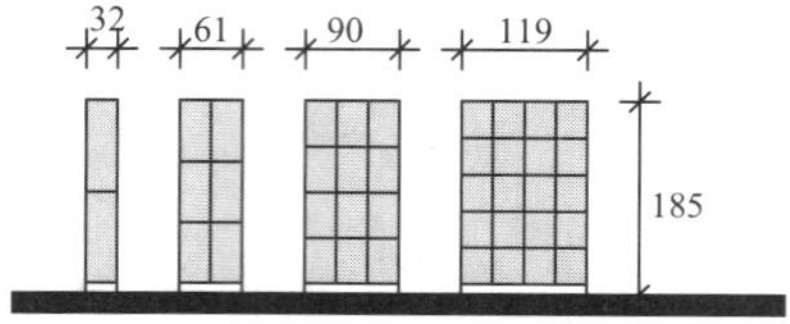

Mindest-Raumhöhen in Arbeitsstätten (ASR A1.2)

Grundfläche	Lichte Raumhöhe (mind.)
bis 50 m²	2,50 m
51–100 m²	2,75 m
101–250 m²	3,00 m
251–2000 m²	3,25 m

Mindest-Raumtemperaturen (ASR A3.5)

Leichte Tätigkeit sitzend	+ 20 °C
Mittelschwere Tätigkeit sitzend	+ 19 °C
Leichte Tätigkeit, gehend, stehend	+ 19 °C
Mittelschwere Tätigkeit, gehend, stehend	+ 17 °C
Schwere Tätigkeit, gehend, stehend	+ 12 °C
Pausen- und Sanitärräume	+ 21 °C
Waschräume mit Duschen	+ 24 °C

Max. Rettungswegelänge in Arbeitsstätten (ASR A2.3)

aus regulären Räumen	35 m
aus brandgefährdeten Räumen mit autom. Löscheinrichtung	35 m
aus brandgefährdeten Räumen ohne autom. Löscheinrichtung	25 m
aus giftstoffgefährdeten Räumen	20 m
aus explosionsgefährdeten Räumen	20 m
aus explosivstoffgefährdeten Räumen	10 m

Mindestbreite von Rettungswegen in Arbeitsstätten (ASR A2.3)

Personen im Einzugsbereich	Lichte Breite
bis 5	87,5 cm
bis 20	100 cm
bis 200	120 cm
bis 300	180 cm
bis 400	240 cm

7.4 Sozialräume

ArbStättV, ASR A, DGUV I 207-006

Pausenräume (ASR A4.2)
Bei mehr als 10 Arbeitnehmern ist ein Pausenraum anzubieten, nicht jedoch bei Büroarbeit und vergleichbaren Tätigkeiten. Bei Arbeitsplätzen mit schwerer körperlicher Arbeit, Staub, Hitze, Lärm, gefährlichen Stoffen oder ohne Sichtverbindung nach außen sind Pausenräume vorzuhalten. Gasträume von Kantinen gelten als Pausenräume. Fällt Arbeitsbereitschaft an, so sind, soweit keine geeigneten Pausenräume vorhanden sind, Bereitschaftsräume anzubieten.
Orientierungswert für Pausen- und Bereitschaftsräume: 1 m² je Arbeitnehmer, mind. jedoch 6 m². Ausstattung mit Stühlen, Tischen, Kleiderhaken, Trinkwasser oder kalten Getränken, evtl. Küche mit Spüle, Kühlschrank und Herd. Sichtverbindung nach außen sichern.

Geschlechtertrennung (ASR A4.1)
Grundsätzlich gilt für Toiletten-, Wasch- und Umkleideräume Geschlechtertrennung. Nur in Betrieben mit max. 5 Beschäftigten ist eine zeitlich nach Geschlecht getrennte Nutzung der Räume möglich, sofern eine wirksame Lüftung gewährleistet ist.

Toilettenräume (ASR A4.1)
Toilettenräume dürfen von ständigen Arbeitsplätzen nicht mehr als 100 m und ein Geschoss entfernt sein. Sie dürfen nicht nur durch das Freie erreichbar sein. Sie bestehen aus einem Raum mit Toilettenzellen und ggf. Urinalen sowie einem Vorraum mit Waschgelegenheiten. In der Nähe von Pausen-, Bereitschafts-, Umkleide- und Waschräumen müssen Toilettenräume angeordnet sein. Toilettenanlagen sollten nicht mehr als 10 WC bzw. 10 Urinale aufweisen.

Mindestbedarf an Toilettenanlagen (ASR A4.1) (Auszug)

	Niedrige Gleichzeitigkeit		Hohe Gleichzeitigkeit	
Damen o. Herren	WC/Ur	HWB	WC/Ur	HWB
bis 5	1*	1	2	1
6–10	1*	1	3	1
11–25	2	1	4	2
26–50	3	1	6	2
51–75	5	2	7	3
76–100	6	2	9	3
101–130	7	3	11	4
131–160	8	3	13	4
161–190	9	3	15	5

* Für Herrentoiletten zuzüglich 1 Urinal

Liegeräume (ASR A4.2)
Werdenden, stillenden Müttern und Frauen, die während der Arbeit keine Möglichkeit zum zeitweisen Sitzen haben, sind Liegen (mind. 70 cm × 190 cm) in Liegeräumen anzubieten. Diese dürfen nicht von außen einsehbar sein.

Umkleideräume (ASR A4.1)
Wenn Arbeitnehmer Arbeitskleidung tragen und es gesundheitlich oder sittlich nicht zumutbar ist, dass sie sich anderswo umkleiden, müssen Umkleideräume zur Verfügung stehen. Aufbewahrung der Kleidung in Schränken oder an Haken oder Bügeln. Vor jeder Kleiderablage eine freie Bodenfläche (inkl. Verkehrsfläche) von mind. 0,5 m² sichern. Wenn Arbeitnehmer mit gesundheitsgefährdenden oder übelriechenden Stoffen arbeiten oder starker Verschmutzung ausgesetzt sind, müssen Arbeitskleidung (schwarz) und Straßenkleidung (weiß) getrennt aufbewahrt werden. Sind Umkleideräume nicht erforderlich, so erhält jeder Arbeitnehmer eine Kleiderablage und ein abschließbares Fach.

Sanitätsräume (ASR A4.3)
Sind erforderlich bei mehr als 1000 Arbeitnehmern oder mehr als 100 Arbeitnehmern in Betrieben mit besonderen Unfallgefahren. Raumgröße: mind. 20 m². Lichte Raumhöhe: mind. 250 cm. Türen: mind. 120 cm breit. Vor Schnee und Regen geschützter Transport zum Krankenwagen muss möglich sein. Ausstattung: Waschbecken, Schreibtisch, Stuhl, Liege.

Lichte Raummaße für einbündige Toilettenanlagen (ASR A4.1) (cm)

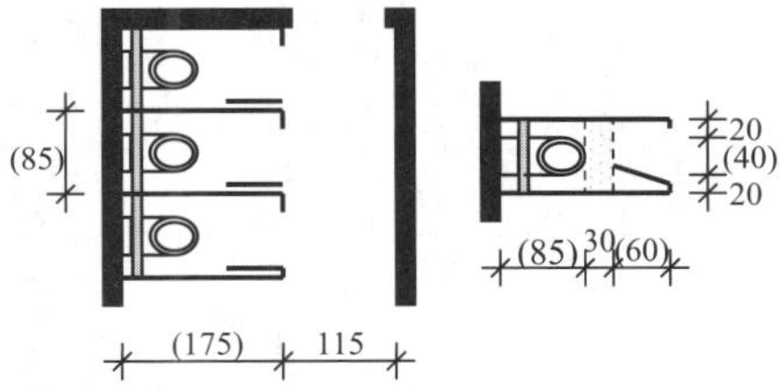

Lichte Raummaße für einbündige Toilettenanlagen (ASR A4.1) (cm)

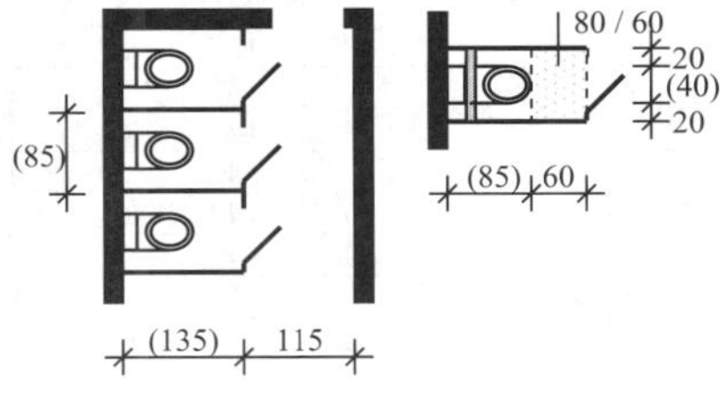

Orientierungsmaße für Waschbecken und -rinnen (cm) (ASR A4.1)

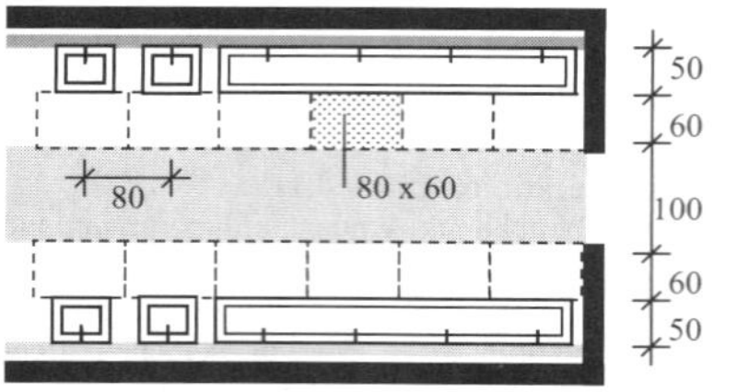

Mindestmaße für halboffene Brauseanlagen (Trennwände) (cm) (ASR A4.1)

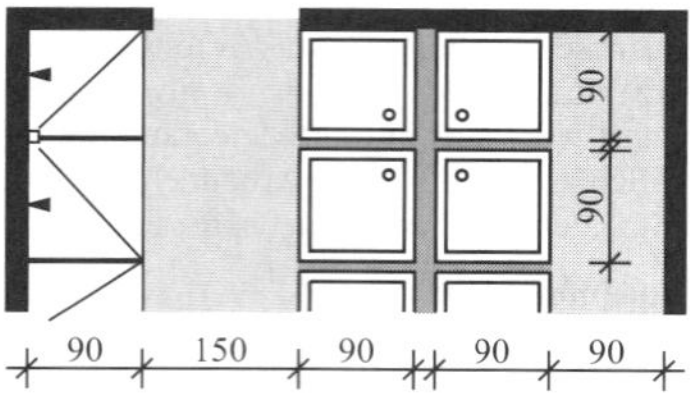

Waschräume (ASR A4.1)

Waschräume sind bei schmutzenden Arbeiten anzubieten. ASR A4.1 unterscheidet 3 Kategorien von Tätigkeiten:

- Kategorie A: mäßig schmutzend
- Kategorie B: stark schmutzend
- Kategorie C: sehr stark schmutzend oder mit gesundheitsgefährdenden, geruchsbelästigenden Stoffen, mit Belastung durch Hitze, Kälte oder Nässe, mit Ganzkörperschutz.

Aus der Kategorie ergibt sich die Anzahl und Art der Waschplätze gemäß Tabelle. Abstände von Waschbecken, mind. 80 cm; davor Bewegungsflächen von 80 cm × 60 cm. Duschplätze mind. 1 m², Mindestbreite 90 cm.

Waschräume sollten unmittelbar mit Umkleide- und Toilettenräumen verbunden sein.

Die Lüftung erfolgt nach ASR A4.1 und muss möglichst ohne Zugerscheinungen funktionieren. Auf die Rutschsicherheit des Bodens gemäß DGUV R 108-003 ist zu achten.

Weitere Details siehe Heisel, Planungsatlas.

Mindestbedarf an Waschplätzen (ASR A4.1)

	Kategorie A		Kategorie B				Kategorie C			
Höchste Anzahl der AN, die Plätze benötigen	Waschplätze		Waschplätze		Duschplätze		Waschplätze		Duschplätze	
	Niedrig	Hoch	Niedrig	Hoch	Niedrig	Hoch	Niedrig	Hoch	Niedrig	Hoch
≤ 5 AN	1	2	1	2	1	1	1	2	1	2
6–10 AN	2	3	1	2	1	2	2	3	1	3
11–15 AN	3	4	2	3	1	2	3	4	2	4
16–20 AN	3	5	2	4	2	3	3	5	2	5
21–25 AN	4	6	3	5	2	3	4	6	3	6
26–30 AN	4	6	3	5	2	3	4	7	3	7
31–35 AN	5	7	3	6	2	3	5	9	4	9
36–40 AN	5	8	4	7	2	4	5	10	4	10
41–45 AN	6	9	4	8	2	4	5	12	4	12
46–50 AN	6	10	4	9	2	4	6	13	5	13
51–55 AN	7	11	4	9	3	5	6	14	5	14
56–60 AN	8	12	5	11	3	5	6	15	5	15
61–65 AN	8	12	5	11	3	5	7	16	6	16
66–70 AN	8	12	5	11	3	5	7	16	6	16
71–75 AN	9	13	5	12	3	5	8	17	7	17
76–80 AN	10	14	6	12	4	6	8	18	7	18
81–85 AN	10	14	6	12	4	6	9	18	8	18
86–90 AN	10	14	6	13	4	6	10	19	9	19
91–95 AN	10	14	6	13	4	7	11	20	10	20
96–100 AN	11	15	6	14	4	7	11	20	10	20
Je weitere 30	+2	+3	+1	+3	+1	+2	+2	+3	+2	+3

AN: Arbeitnehmer bzw. Arbeitnehmerinnen

Leichtathletik-Wettkampfbahnen Typen A–C

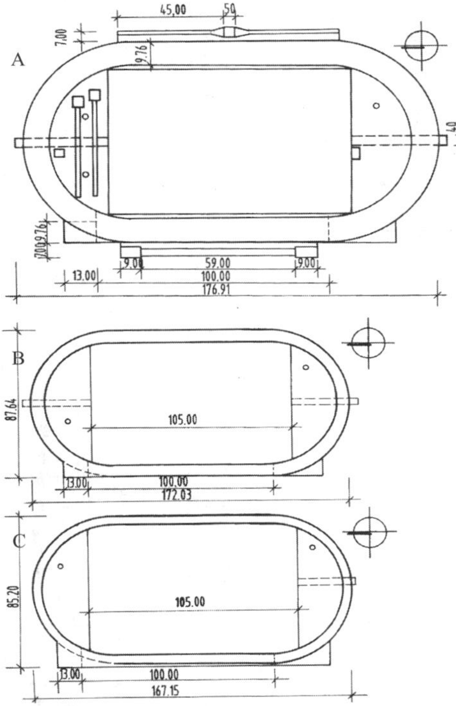

8 Sportbauten

8.1 Sportfelder

DIN 18 035, DIN 18 036, 18. BImSchV

Der Flächenbedarf ergibt sich aus dem Spielfeld und den jeweils notwendigen Bewegungs- und Sicherheitsstreifen um das Feld. Für die meisten Sportarten gibt es Max.- und Mind.-Größen für Sportfelder sowie Richtwerte für Wettkampffelder (s. Tabelle). Für die Leichtathletik gibt es drei Wettkampfanlagentypen (A–C).

8.2 Sporthallen

DIN 18 032, DIN 18 036, DIN 18 038

Konzeption

Größere Sporthallen können durch Trennwände, die von der Decke abgesenkt werden, unterteilt werden (Einzel-, Doppel- und Dreifachhallen). Die Hallenteile müssen getrennt zugänglich sein und eine Öffnung von mind. 1,5 m Breite und 2,2 m Höhe für den Gerätetransport besitzen. Wände müssen bis 2 m Höhe ebenflächig, geschlossen, splitterfrei und glatt sein: Keine Pfeiler, Türklinken usw. Türen nur an den Längsseiten. Wände, Decken, Verglasungen, Lampen etc. ballwurfsicher ausführen.

Die Nebenräume liegen in der Regel in flacheren Anbauten. Jede Hallenanlage erhält einen Eingangsraum (Foyer) von mind. 15 m² je Teilungsoption mit mind. je 1 Damen-, Herren- und Behindertentoilette.

Sportfeldmaße (m)

Sportart	Spielfeld		Sicherheitsabstand		Hindernisfreie Abstände	
	Breite	Länge	Längsseite	Stirnseite	Länge	Stirnseite
Großspielfelder						
Americ. Football	48,5	109,8	2	4	2	1
Baseball	95	95	10	10	10	10
Feldhockey	55	91,4	1	2	1	1
Fußball	68	105	1	2	1	2
Rugby	68	120	2	2	1	0
Kleinspielfelder						
Basketball	15	28	2	2		
Beachvolleyball	8	16	3	3		
Beachhandball	12	27	3	3		
Boccia	3	24				
Fußball	20	40	1	2		
Handball	20	40	1	2		
Kleinfeldhockey	40	55	1	2	1	1
Prellball	8	16	2	2		
Tennis	10,97	23,77	3,66	6,4		
Volleyball	9	18	3	3		

Umkleiden und Sanitäranlagen in Sporthallen (DIN 18032-1)

Hallentyp	Foyer (NF)	Umkleiden + Waschräume	Trainer- und Schiedsrichter umkleiden	Geräteraum (L x B x H)	Putzmittel-raum
Einzelhalle (15 x 27)	15 m²	2 KE	2	4,50 x 15 x 2,50	1
Zweifachhalle (22 x 45)	30 m²	2 GE oder 4 KE	2	4,50 x 21 x 2,50	1
Dreifachhalle (27 x 45)	30 m²	3 GE oder 6 KE	2	4,50 x 27 x 2,50	1
Eineinhalbfachalle (18 x 36)	15 m²	2 GE oder 1 GE + 2 KE	1	4,50 x 21 x 2,50	1

GE: Großeinheit; KE: Kleineinheit

Sportgeräteraum

Mindesttiefe: 4,5 m. Länge bei Einzelhalle mind. 15 m, bei Doppelhalle mind. 21 m, bei Dreifachhalle mind. 27 m. Länge je Hallenteil mind. 6 m. Lichte Höhe mind. 2,50 m. Lichte Torhöhe mind. 2,20 m. Bei Sporthallen nur für Spiele: Tiefe mind. 3 m, Länge mind. 6 m.

Umkleiden, Sanitärräume

Zur Schonung des hochwertigen Hallenbodens sollte in der Umkleide der Straßenschuhbereich („Stiefelbereich“) enden und der Turnschuhbereich beginnen.

Die Anzahl der Umkleideräume richtet sich nach der obenstehenden Tabelle. Je Sporthalle sind mind. 2 getrennte Spielerumkleiden mit getrennten WC-Anlagen vorzusehen. Sie werden entweder von 2 Mannschaften oder von Männern bzw. Frauen belegt.

Großeinheiten besitzen 12 m Banklänge, 2 Waschbecken, 6 Duschen und 1 WC. Kleineinheiten sind mit 6 m Banklänge, 2 Waschbecken, 3 Duschen und 1 WC ausgestattet.

Die Geschlechtertrennung ist bei Kleineinheiten einfacher zu gewährleisten. Je Hallenbereich ist zudem 1 barrierefreies WC bereitzustellen.

Umkleiden für Mannschaftssportarten und Schulsport werden mit Hakenumkleiden und Wertfächern oder mit Spinden ausgestattet. Individualsportler und Sportclubs bevorzugen Spindumkleiden.

Für jeden Umkleideplatz sind 2 Haken und 1 Sitzbankfläche von mind. 40 cm Breite und 30 cm Tiefe vorzusehen. Für Spindplätze statt der Haken ist eine Breite von 25–30 cm und eine Tiefe von 50 cm anzusetzen. Die Flächen zwischen den Bänken müssen mind. 150 cm breit sein, als einziger Durchgang zwischen den Bänken sogar mind. 180 cm.

Für weitere Orientierungswerte für die Größen von Umkleideanlagen siehe ASR-A (vgl. auch Abschn. 7).

Maße von Haken- und Spind-umkleideanlagen (cm)
Grundriss (oben), Schnitt (unten)

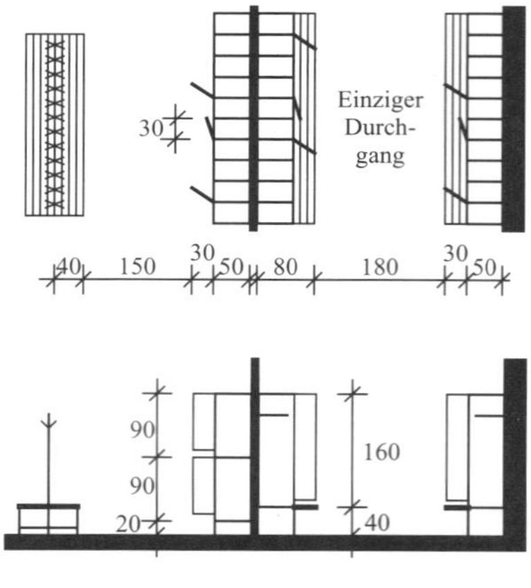

Sanitäranlage für Umkleide mit 6 m Banklänge (cm)

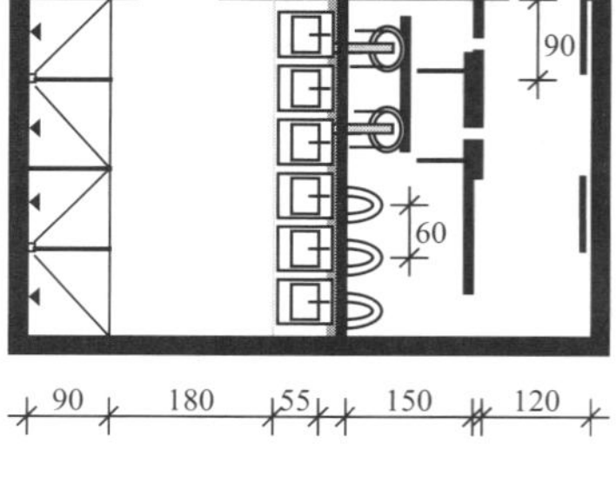

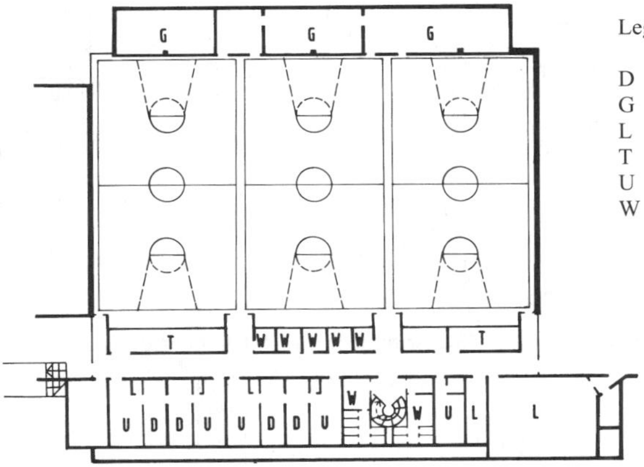

Sporthalle in Wernau, Hallenebene
Arch.: Prof. Gerber + Gabeler

Legende

D	Duschraum
G	Geräteraum
L	Lagerraum
T	Technikraum
U	Umkleideraum
W	WC

Fußballplatz mit Sicherheitsstreifen(m)

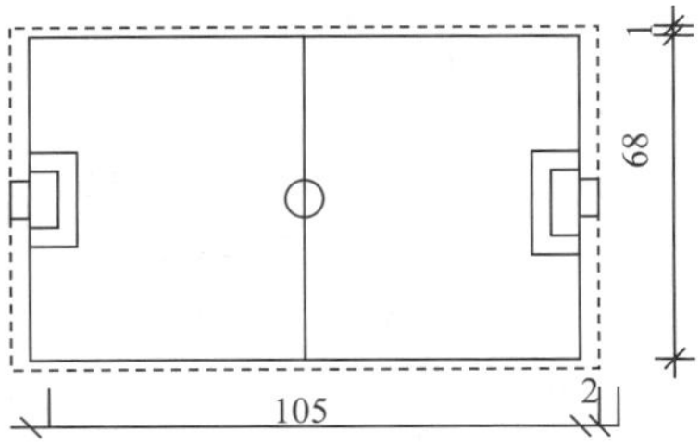

Basketballfeld mit Sicherheitsstreifen (m)

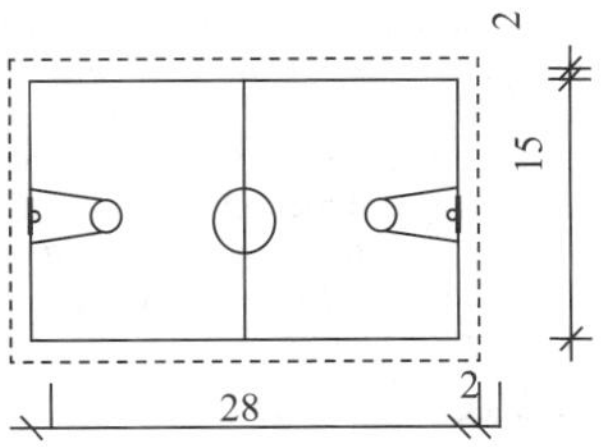

Sporthallen-Grundtypen (siehe auch DIN 18 032) (m)

Hallentyp	Größe	Anmerkungen
Sport- und Mehrzweckhallen		
Einzelhalle	15 × 27 × 5,5	keine
Zweifachhalle	22 × 45 × 7	22 × 22 + 22 × 22; 22 × 26 + 22 × 18; 22 × 14 + 22 × 34
Dreifachhalle	27 × 45 × 7	
Eineinhalbfache Halle	18 × 36 × 7	
Sonstige Sporträume		
Turnhalle	8 × 10 × 3,5	
Geräteturnraum	Lichte Höhe: 5,5	
Konditions- und Kampftrainingsraum	Lichte Höhe: 3,5	
Kampfsportraum	16 × 16 × 4	Boxen, Ringen, Judo
Fechtsportraum	1,5 × 30 × 4	Je Fechtbahn
Sportmehrzweckraum	Mind. 180 m²; lichte Höhe 4; bei Rock n Roll: 6	Seitenlänge mind. 12 m

Sportlehrerraum, Hallenwart
Für jedes Hallenteil bzw. jedes Sportfeld muss ein Lehrer- und Schiedsrichterraum geplant werden. Die Ausstattung beinhaltet: Arbeitstisch, Stuhl, Umkleide, 3 Garderobenschränke, Waschgelegenheit, Dusche und Sanitätsbereich. Die Größe beträgt mind. 10 m².
Bei entsprechender Lage und Sicht auf das Sportfeld kann der Lehrerraum auch als Regieraum dienen.

8.3 Sporträume

Fitnessräume: 20–50 m². Gymnastikräume mit Ballettstangen, Spiegel- und Sprossenwand:
10 m × 10 m bis 14 m × 14 m, 4 m Höhe.

8.4 Ausstattung von Sportstätten

VStättVO

Erschließung, Rettungswege
Getrennte Zugänge für Sportler und Zuschauer. Kassen und Eingangskontrollen mit Stauraum davor und ausreichenden Verteiler- und Warteflächen dahinter.
Die VStättVO gilt für Bauten mit über 200 Besuchern je Rettungsweg sowie für Freilichtbühnen mit über 1000 und offene Stadien mit über 5000 Besuchern. Dann sind mind. 2 bauliche Rettungswege erforderlich. Breite der Rettungswege bei offenen Anlagen: 1,20 m/600 Besucher, in Hallen 1,20 m/200 Besucher. Treppenbreite: max. 2,40 m (s. S. 1.7).

Zuschaueranlagen *(DIN EN 13 200)*
Steigungsverhältnisse von Tribünen zwischen 1:2 und 1:3. In Gruppen von max. bis 4 m Höhe getrennt zu erschließen.
Stehstufen: Stufentiefe mind. 40 cm, besser 60 cm, Stufenhöhe 20 cm, Stehplatzbreite mind. 50 cm. Vor der ersten Stehstufe und in versetzter Anordnung alle weiteren 10 Stehstufen mind. 1,10 m hohe und mind. 3 m lange Panikgeländer nach VStättVO anordnen.
Sitzstufen mit Bänken oder Einzelsitzen: Stufentiefe mind. 70 cm, besser: 80 cm; Stufenhöhe 40 cm, max. 45 cm; Sitzplatzbreite mind. 50 cm, besser 60 cm; Sitztiefe mind. 35 cm, freie Durchgangsbreite mind. 40 cm, besser 45 cm. Sitze versetzt anordnen. Zahl der Plätze an einer Gangseite nach VStättVO in Hallen: max. 10, in Freilichtstadien: max. 20.
1 % der Plätze, jedoch mind. 2 für Rollstühle (95 cm × 150 cm).

Zu weiteren Einzelheiten siehe Heisel: Planungsatlas

Ausstattung von Sporthallen

Hallen-typ	Ein-gangs-raum	WC je Ein-gangs-raum	Geräte-raum, Spiel-halle	Geräte-raum, Multif.-halle
Einzel-halle	15 m²	1 H,1 D	60 m²	20 m²
Doppel-halle	30 m²	1 H,1 D	90 m²	40 m²
3fach-Halle	45 m²	1 H,1 D	120 m²	60 m²
4fach-Halle	60 m²	1 H,1 D	150 m²	80 m²

Stehtribüne (oben), Sitztribüne (unten)

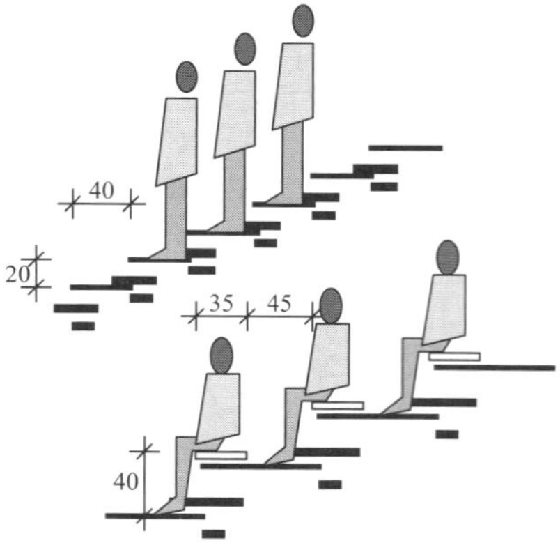

Schulsporthallen gem. SchBauRL (Breite × Länge × lichte Höhe)

Art der Halle	Übungs-einheiten	Maße (m)
Regelhalle	1	15 × 27 × 5,5
Regelhalle	2	22 × 44 × 5,5
Regelhalle	3	22 × 44 × 5,5
Ausnahmehalle	2	22 × 26 × 7
Ausnahmehalle	3	22 × 18 × 7

Toilettenanlagen in Versammlungsstätten
(VDI 6000-3) (Auszug)

Perso-nen	Damen		Herren		
	WC	WB	UR	WC	WB
50	2/2/3	2/2/3	2/2/3	1/1/2	1/1/2
100	2/3/5	2/3/5	2/3/5	1/1/2	2/2/3
300	4/5/8	2/3/5	4/5/8	2/2/3	2/3/5
500	4/6/9	3/4/6	4/6/9	2/3/5	3/4/6
700	5/7/11	4/5/8	5/7/11	3/4/6	4/5/8
1000	6/9/14	4/6/9	6/9/14	4/5/8	5/7/11
Niedrige/mittlere/hohe Gleichzeitigkeit					

Wippe

Schaukel bis 2,6 m Höhe

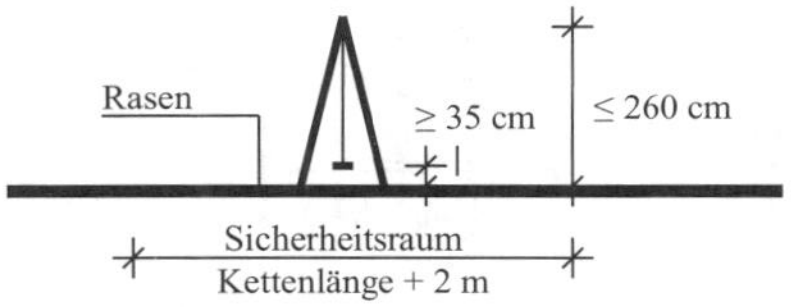

Beispiel einer Spielkombination

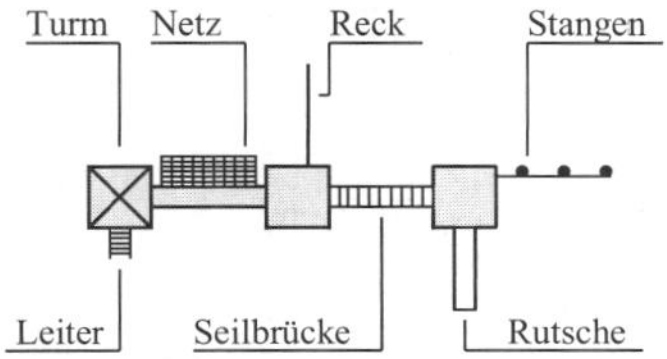

Anforderungen an Sicherheitsraum von Spielgeräten (cm) (DGUV I 202-022)

Situation bzw. Gerät	Forderung
Freie Fallhöhe ≤ 60	keine
Freie Fallhöhe > 60 ≤ 150	150
Freie Fallhöhe > 150	2/3 FH + 50
Schaukeln	KL + 200

Böden im Sicherheitsraum von Spielgeräten in Abhängigkeit von der Fallhöhe (cm) (DGUV I 202-022)

Boden	
Beton/Stein	≤ 60
Bitumengebunden	≤ 60
Oberboden	≤ 100
Rasen (dauerhaft vorh.)	≤ 150
Fallschutzplatten (DIN EN 1177)	≥ 150
Sand, Feinkies, Mulch (Korn u. Dicke gem. DGUV)	≥ 150

9 Bauten für Erziehung und Bildung

9.1 Spielplätze

DIN EN 1176, DIN 18 034, DIN 33 942, DGUV V 81, DGUV R 102-602, DGUV I 202-019, DGUV I 202-022

Erfordernis und Größe
Verschiedene LBO fordern bei Errichtung von Gebäuden mit mehr als 3 Wohnungen Kleinkinderspielplätze, sofern in der Nähe keine öffentliche Anlage vorhanden ist. Je Wohnung mind. 3 m² nutzbare Spielfläche, mind. jedoch 30 m². Mind. 1/3 als Sandspielfläche.

Lage, Gliederung und Ausstattung
Spielplätze für Kleinkinder möglichst in Sicht- und Rufweite der elterlichen Wohnungen bauen. Von verkehrsreichen Zonen weglegen bzw. abschirmen, in Grünanlagen und Wegesysteme integrieren. Übersichtlich und abwechslungsreich gestalten. Zonierung nach Altersgruppen: Krabbelzonen, Spielgeräte und Sandkasten für Kleinkinder, Abenteuerzone für ältere Kinder. Spielplätze und ihre Zugänge barrierefrei gestalten (s. Abschn. 4). Teils sonnig, teils schattig sowie windgeschützt planen. Unterschiedliche Bedürfnisse der Altersstufen beachten. Materialien und Konstruktionen mit positiven Tast- und Erfahrungseigenschaften wählen. Beliebt bei älteren Kindern: Abenteuerspielplätze mit Klettergeräten, Häusern, Türmen und Anlagen für kreatives Handeln (z. B. Bauen). Bei größeren Anlagen verschiedene Szenen mit Spielgeräten schaffen. Rückzugsmöglichkeiten (Spielhäuser), Erlebnisspiele und Freiflächen für eigene Spiele anbieten.

Sicherheitsrichtlinien
Absätze von mehr als 20 cm Höhe im Gelände sichern, z. B. mit Pflanzstreifen. Vertiefungen sichern. Oberflächen und Einfassungen nicht scharfkantig. Nur schwer splitternde Rundhölzer verwenden. Keine giftigen Pflanzen. Gewässer nur bis max. 40 cm Tiefe, sie benötigen eine 1 m breite, flachgeneigte, trittsichere Uferzone. Gegenüber Verkehrsflächen mind. 1 m hohe Einfriedungen (z. B. Hecke) vorsehen.
Nur Spielgeräte gemäß DIN EN 1176, DGUV I 202-022 und mit TÜV- oder GS-Prüfung verwenden, ohne scharfe Kanten, Scher- und Quetschstellen. Unter und um die Geräte einen Sicherheitsraum mit weichen Böden nach DGUV I 202-022 und DIN EN 1176 schaffen. Fundamente mind. 40 cm tief vergraben oder mind. 20 cm tief und unter 45° abschrägen.

Vorstehende Konstruktionsteile abpolstern.

9.2 Kindertagesstätten

LBO, DGUV R 102-002, VDI 6000-6

9.2.1 Definitionen

Kindertagesstätte
Oberbegriff für Einrichtungen zur Betreuung und pädagogischen Förderung von Kindern während des Tages. Dazu zählen u.a.:

Kinderkrippe
Einrichtung zur ganztägigen Betreuung und pädagogischen Förderung von 8-Monatigen bis 3-Jährigen.

Kindergarten
Einrichtung zur Betreuung und pädagogischen Förderung von 3- bis 6-Jährigen.

Kinderhort
Einrichtung zur Betreuung und pädagogischen Förderung von Kindern bis 15 Jahren.

9.2.2 Planungsanforderungen

Grundsätzliches
Kindertagesstätten müssen in ihrer baulichen Ausgestaltung auf die jeweiligen Altersstufen und die Gruppenzusammensetzung abgestimmt sein. Die Atmosphäre soll licht, offen, anregend sein, aber auch Geborgenheit vermitteln. Kommunikative Bereiche wie auch Rückzugsmöglichkeiten anbieten. Eine barrierefreie Ausführung gemäß DIN 18 040-1 ermöglicht die Bildung integrativer Gruppen (s. Abschn. 4).
Auf brandlastfreie notwendige Flure kann verzichtet werden, wenn das Brandschutzkonzept entsprechende Kompensationen schafft.

Bauprogramme
Für Einrichtungen mit mind. 3 Kindergruppen ist folgendes Raumprogramm üblich, bei kleineren Einrichtungen können die Anforderungen reduziert sein.

Eingangsbereich
Sicher, funktionell und freundlich gestaltet um klare Übergaberituale zu ermöglichen. Eine leichte Orientierung sowie eine überdachte Abstellmöglichkeit für Kinderwägen sollte berücksichtigt werden.

Gruppenräume
Die Größe der Gruppenräume ist abhängig von der Zahl und dem Alter der Kinder. Gruppenräume dürfen keine Durchgangsräume sein, sie sollen günstig zur Sonne liegen und möglichst natürlich belüftbar sein. Lichte Raumhöhe möglichst 2,70 m. Die Fensterfläche muss 20 % der Grundfläche betragen.

Kindergarten Susi Weidel, Bludenz
Bernado Bader Architekten, 2013

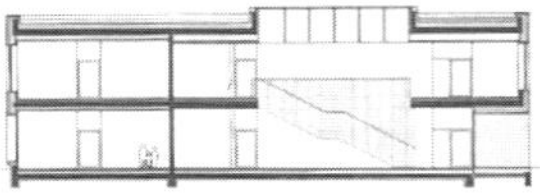
Schnitt

Erdgeschoss

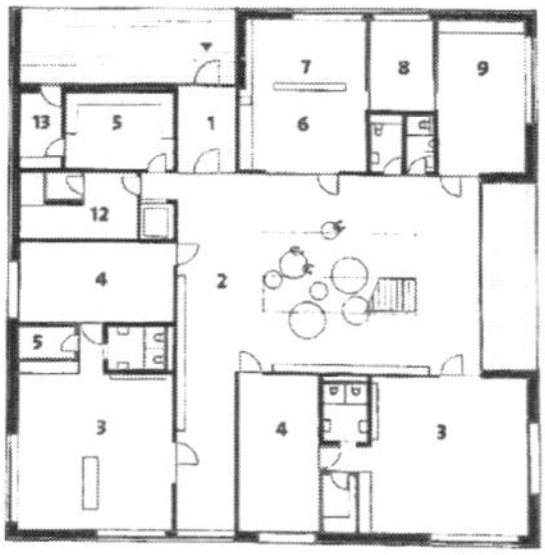
Obergeschoss

1 Eingang/ Windfang
2 Foyer mit Garderoben und Elterncafé
3 Gruppenraum
4 Nebenraum
5 Lager
6 Personalraum
7 Leitungsbüro
8 Besprechungsraum
9 Kinderküche und Speisesaal
10 Mehrzweckraum/ Turnen
11 Galerie mit Gardeoben
12 Haustechnik
13 Müllraum
14 Terrasse

Größe von Gruppenräumen

Einrichtung	Fläche/Kind
Kindertagesstätten	2,5 m²
Kinder unter 3 Jahren	3,5 m²
Behinderte Kinder	3,5 m²

Ausstattung von Sanitärräumen für Gruppen in Kindertagesstätten (VDI 6000-6)

Art	Bezugsgröße
1 Waschbecken	je 2–6 Kinder
1 Toilette	je 6–10 Kinder
1 Fußwaschbecken mit Handbrause oder Dusche	je Gruppe
1 Dusche	je 10 Kinder
1 Personal-Waschbecken	je Gruppe
1 Ausgussbecken	je Gruppe

Familienzentrum Wittekindshof-Spatzennest Bad Oyenhausen
BKS Architekten, 2014

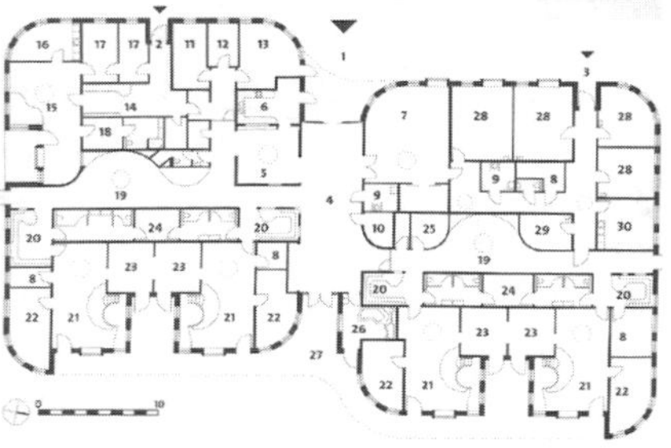

Erdgeschoss

1 Eingang Kita
2 Eingang Krippe
3 Eingang Therapiepraxis
4 Foyer
5 Kinderrestaurant
6 Aufwärmküche
7 Mehrzweckraum
8 Lager
9 Gäste-WC
10 Hauswirtschaft
11 Leitungsbüro
12 Elternsprechzimmer
13 Personalraum

Krippe
14 Garderobe
15 Gruppenraum
16 Esszimmer
17 Schlafen
18 Sanitärraum

Kindergarten
19 Spielflur
20 Garderobe
21 Gruppenraum
22 Nebenraum
23 Schlafraum
24 Sanitärraum
25 Kinder-Bibliothek
26 Wassererlebnisraum
27 Terrasse

Therapiepraxis
28 Therapieraum
29 Haustechnik
30 Büro

Sonnenschutz ist erforderlich. Möglichst unmittelbaren Zugang zum Freien anbieten. Evtl. räumlich gefasste Freiräume für die Gruppen. Gruppenräume für Kinder unter 3 Jahren und behinderte Kinder ebenerdig anordnen. Für jeweils 2 Gruppen ein Raum für Kleingruppenarbeit. Zu jedem Gruppenraum Schränke, Spielzeugregale, Tische, Stühle u.a.m. Vor den Gruppenräumen Garderoben anordnen.
Den Gruppenräumen räumlich zugeordnet: eine sanitäre Anlage. 2 benachbarte Gruppen können eine gemeinsame Anlage nutzen. Sanitär- und Wirtschaftsräume mit rutschfesten Böden. WC-Trennwände 1,20–1,50 m hoch. Waschbecken 55 cm hoch einbauen, für Kinder unter 2 Jahren 45 cm hoch. Stiefelwaschbecken. Sanitäre Anlagen für Kinder und Personal trennen.

Bei mehr als 2 Gruppen ist ein Mehrzweck- und Bewegungsraum sinnvoll (mind. 60 m²). Dazu Nebenraum als Geräte- und Stuhllager. Bei Ganztagsbetreuung und für Kinder unter 3 Jahren sind Schlaf- und Ruheräume vorzusehen (mind. 2,5 m²/Kind). Bei Kleinkindern (bis 6 Jahre) ist ein Pflegeraum oder -bereich erforderlich. In Ganztagseinrichtungen müssen Räume für Schularbeiten und andere Beschäftigungen vorhanden sein. Je Kind mind. 10 m² Außenspielfläche, mind. jedoch 300 m². Natur-, Spiel- und Bewegungsbereiche anbieten.

Funktionsräume
Zimmer für Leitung, Personalraum, Personal-WC, Mehrzweck-, Therapie- und Bewegungsraum, Küche, Vorratsraum und wenn nicht in den Gruppenräumen gegessen wird: ein Speiseraum. Abstellraum für Außenspielgeräte. Pkw- und Fahrradstellplätze. Kurzzeitparkplätze für Eltern. Technik-, Lager- und Müllräume.

9.2.3 Sicherheit und Ausstattung

Gebäudeeingänge und Bodenbeläge
Vermeiden, dass Kinder vom Gebäude unmittelbar in den Straßenverkehr laufen, ggf. Geländer o. Ä. anordnen. Unerlaubtes Verlassen verhindern. Podeste vor Gebäudeeingängen müssen in der Tiefe die nach außen aufgeschlagene Tür um 40 cm überragen. Jeder Eingang ist mit einer oberflächenbündigen Abstreifmatte über die volle Breite zu versehen. Beim Haupteingang muss deren Tiefe mind. 1,30 m betragen. Bodenbeläge rutschhemmend gemäß DGUV I 207-006, nicht scharfkantig und möglichst sturzweich. Böden, Wandbelag bis 1,5 m Höhe abwaschbar.

Treppen und Flure
Einzelne Stufen und Stolperstellen (z. B. Türpuffer) nicht zulässig. Stufenvorderkanten leicht abrunden. Treppen mit beidseitigen Handläufen (Höhe 85cm, bei Kindern unter 3 einen zusätzl. Handlauf auf 60cm Höhe). Spalt zwischen Geländer bzw. Wand und Treppe max. 4 cm. Stufenhöhe max. 17 cm, Auftrittsbreite 29-31cm. Freie Treppenbreite mind. 1,30 m. Flurbreiten möglichst mind. 1,70 m. Bei Leitern zu Spielebenen ist die Einstiegsöffnung mit einem Querriegel in Höhe der Umwehrung zu sichern. Ab 1 m Fallhöhe ist ein falldämpfender Boden anzuordnen.

Gefahrenstellen
Alle Ecken und Kanten von Bauteilen und Einrichtungsgegenständen sind mit einem Radius von mind. 2 mm, besser 10 mm, abzurunden und dürfen keine Spitzen haben. Wände dürfen bis 1,50 m Höhe nicht spitzig-rau sein. Vergla-

Kita der Hilti AG in Schaan, Liechtenstein
ArchitekturAtelier, 2013

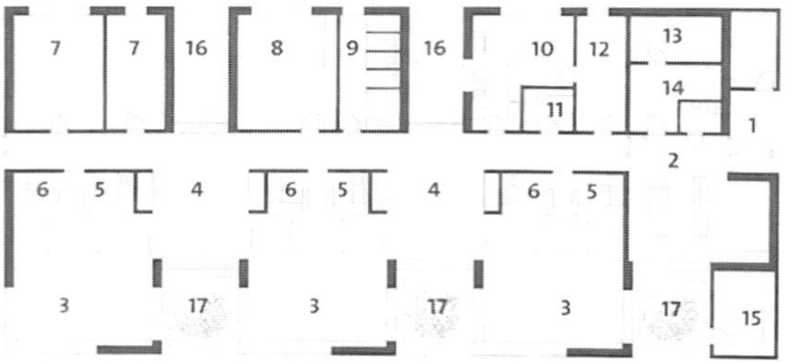

1 Eingang
2 Garderoben
3 Gruppenraum
4 Essbereich/ Kreativraum
5 Arbeitsplatz/
6 Wickeln
7 Schlafen
8 Bewegungsraum
9 Sanitärraum
10 Küche
11 Waschküche
12 Leitungsbüro
13 Haustechnik
14 Lager
15 Lager Gartengeräte und Kinderwagen
16 Bepflanzter Außenraum
17 Lichthof

Erdgeschoss

sungen müssen bis in 1,50 m Höhe aus Einscheiben- oder Verbund-Sicherheitsglas sein, kein Drahtglas. Glasflächen in der Nähe des Fußbodens kennzeichnen.

Fenster und Türen
Türen nicht in Verkehrsflächen schlagen lassen. Leichtgängige Türen, keine Pendeltüren. Keine scharfkantigen Beschläge. Kanten im Berührungsbereich runden. Griffe, Hebel und Schlösser mind. 25 mm von der Schließkante. Quetschschutz im Türinnenanschlag. Kinder sollen im Sitzen raussehen können, daher geschlossene Brüstungen max. 60 cm hoch ausführen. Offene Fenster und Hebel von Oberlichtöffnern dürfen nicht in den Aufenthaltsbereich ragen. Dreh-Kipp-Fenster nur mit Sicherung gegen Fehlbedienung (Herausfallen).

Umwehrungen
Bei Spielebenen bis 1,50 m Höhe über Fußböden genügen 70 cm hohe Umwehrungen. Aufklettern und Rutschen darf nicht möglich sein.

Bewegungsräume
Fußböden mit elastischen Belägen oder elastischem Untergrund (Schwingboden) ausführen. Wände bis in 2m Höhe besonders ebenflächig. Ausgenommen: Türnischen und Fensterwände. Vorstehende Teile außer Sprossenwände unzulässig. Türen dürfen nicht nach innen schlagen. Eigener Raum für Geräte erforderlich.

Toiletten- und Waschräume
Boden rutschhemmend gemäß DGUV R 108-003. Bodenabläufe. Ausstattung nach VDI 6000-6. Wassertemperatur max. 45 °C.

Kindersicherungen
Müllsammelstellen, Reinigungs- und Desinfektionsmittel, Medikamente gegen Zugriff von Kindern sichern. Steckdosen kindersicher.

Einfriedungen
Aufenthalts- und Spielbereiche im Freien sind einzufrieden. Die Einfriedung muss ein Aufklettern erschweren.

Brandschutz
Verzicht auf notw. Flure durch kleinere Nutzungseinheiten möglich. 2 bauliche Rettungswege. Optimal: max. 2 Geschosse, 1 Rettungsweg auf allen Geschossen ins Freie über Terrassen, außen liegende Treppen etc.

Oberstufenzentrum in Berlin
Architekten: Quick, Bäckmann, Quick

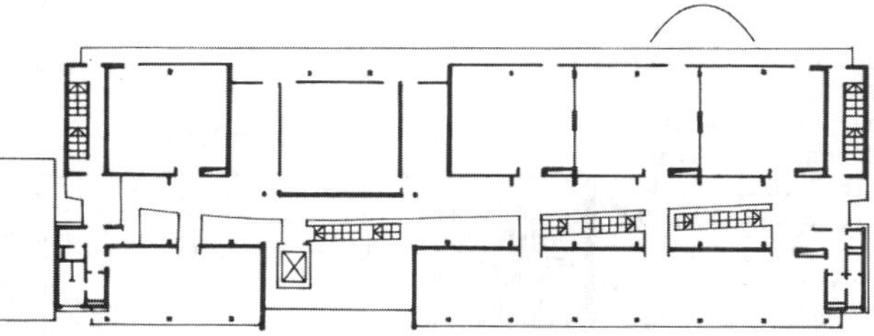

Obergeschoss

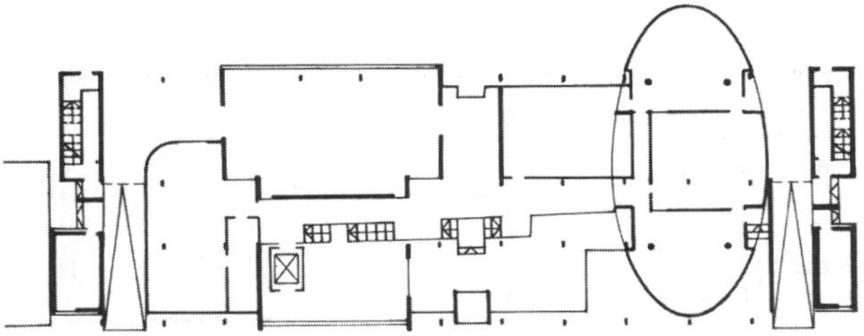

Erdgeschoss

9.3 Schulen

SchulBauRl, DIN 58 125, DGUV V 81, VDI 6000-6

Grundsätzliches
In Abhängigkeit von Größe, Alter der Schüler und Bildungsauftrag liegen Schulen unterschiedliche Bauprogramme zugrunde. Die Planungen sollten max. 4 Geschosse vorsehen und Erweiterungen ermöglichen.
Ziel aller Planungen sollte eine freundliche, anregende, aber auch Geborgenheit vermittelnde Atmosphäre sein. Bei großen Schulanlagen ist der Anonymität durch Ausbildung identifizierbarer Teilbereiche entgegenzuwirken und gleichzeitig eine Übersichtlichkeit und Orientierbarkeit zu gewährleisten. Auf eine barrierefreie Ausgestaltung gemäß DIN 18 040-1 ist zu achten (s. Abschn. 4).
Neue Schulbaukonzepte basieren auf Anordnung der Unterrichtsbereiche im „Cluster". Diese Typologie bietet die Möglichkeit einer dezentralen Anordnung von eigenständigen Unterrichts- und Aufenthaltsbereichen für mehrere Klassen einer Jahrgangsstufe oder für Jahrgangsübergreifende Lerngruppen.

Unterrichtsräume. Allgemeines
Für alle Unterrichtsräume mit Sitzbestuhlung empfohlen: lichte Raumhöhe ca. 3 m, unter Unterzügen u. Ä. mind. 2,50 m. Mindesthöhen gem. ASR A1.2, Beleuchtung gem. ASR A3.4, Belüftung gem. ASR A3.6 (s. Abschn. 7). Bei einseitiger Belichtung max. Raumtiefe 7,20 m. Faustformel: Glasflächen mind. 1/5 der Grundfläche. Max. Tafelabstand möglichst unter 9 m. Ausstattung mit Verdunklungs- und Sonnenschutz. Tageslichteinfall auf die Schultische von links.

Räume für Allgemeinunterricht
Die Größe der Klassenzimmer richtet sich nach der Gruppengröße. Individuelle Ausformung und Gestaltung der einzelnen Räume erleichtern die Identifikation der Schüler mit ihrem Klassenraum. Möglichst interessante, vielfältig möblierbare Raumformen. Ausstattung mit Tafel, Leinwand, Handwaschbecken, Schrank für Lehrmittel. Garderobe in der Nähe auf dem Flur, mit Ablagen für Helme. Insbesondere für jüngere Schüler möglichst direkter Zugang ins Freie. Freiraumklassen anbieten.

EDV-Unterrichtsräume
EDV-Räume aus Sicherheitsgründen nicht im EG anordnen. Für die Ausgestaltung der Unterrichtsplätze sind die Regelwerke für Bildschirm-Arbeitsplätze anzuwenden.

Naturwissenschaftliche Unterrichtsbereiche
Bereiche für Biologie-, Physik- und Chemieunterricht mit Lehr-, Übungs- und Vorbereitungs- und Sammlungsräumen. Ggf. Lehrräume mit ansteigendem Gestühl. Übungs-, Vorbereitungs- und Sammlungsräume unmittelbar zugeordnet. Zwischen Arbeitstischen mind. 85 cm; wenn Schüler Rücken an Rücken arbeiten: mind. 1,50 m Abstand. Zentrale Notsperrung für Elektrik, Gase und andere Medien. In Chemieräumen: Abstand Experimentiertisch zu Schülertischen mind. 1,20 m, Abzüge für Gas und Dämpfe notwendig. Räume mit erhöhter Brandgefahr wie Chemieunterrichtsräume: mind. 2 Ausgänge, Türen in Fluchtrichtung öffnend. Bei Unterrichtsräumen mit ansteigender Bestuhlung sind Rampen zulässig und über 6 % Steigung Stufen planen. Stufengänge mind. 90 cm breit. Bei Höhenunterschieden über 3 m ist ein 2. Ausgang in Höhe der obersten Reihe sinnvoll. Ein Schulgarten von ca. 300–400 m² dient dem Biologie- bzw. dem Umweltunterricht.

Einrichtungen zur Sporterziehung
Für die Sporterziehung sind je nach Größe der Schule Sport- und Gymnastikhallen (15 m × 27 m) und Sportplätze im Freien mit entsprechenden Umkleiden vorzusehen. Ausführung gem. DIN 18 032 und DIN 18 035 (s. Abschn. 8). Die inneren Stirnseiten der Sporthallen sind zur Minderung der Ballreflexion mit nachgiebigem Material abzudecken, ggf. auch mit mobilen Matten. Sportstätten sollten so konzipiert sein, dass sie auch für den Breitensport genutzt werden können: Zugang von außen, Nähe zu Kfz-Stellplätzen. Sind über 200 Zuschauerplätze geplant, so gilt die VStättVO.

Einrichtungen für musischen Unterricht
Bei Unterrichtsräumen für Kunst ist insbesondere auf eine möglichst gleichmäßige, natürliche Belichtung zu achten (Nordlicht). Nebenräume: Materiallager, Lehrmittelräume, Werkräume. Räume für Musikunterricht stellen besondere Anforderungen an Akustik, Schalldämpfung und Schalldämmung. Raum für größere Instrumente, unterschiedliche Bestuhlungen ermöglichen. Mögliche Nebenräume: Lehrmittelraum, Übungsräume.

Einrichtungen für praktischen Unterricht
Insbesondere an Berufsschulen sind fachpraktische Übungsräume zu planen. Je nach Art der durchgeführten Übungen ist auf eine ausreichende Belichtung und auf die Schallemissionen zu achten. Zwischen Werktischen mind. 85 cm, wenn Schüler Rücken an Rücken arbeiten:

Maße und Platzbedarf für Schülerplätze

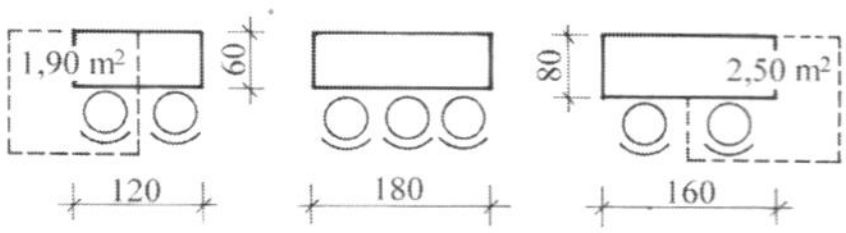

Naturwissenschaftlicher Bereich

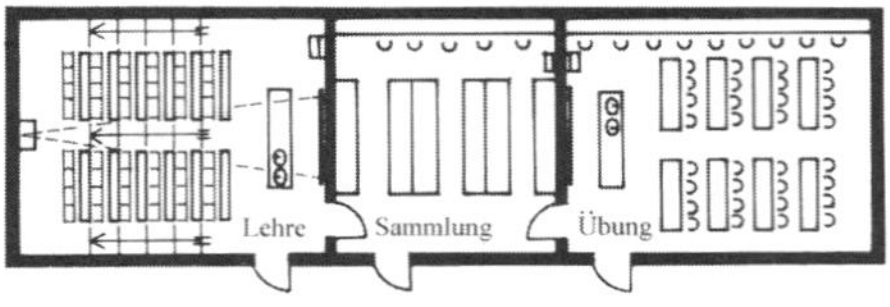

Sprachlabor mit Geräteraum und Studio

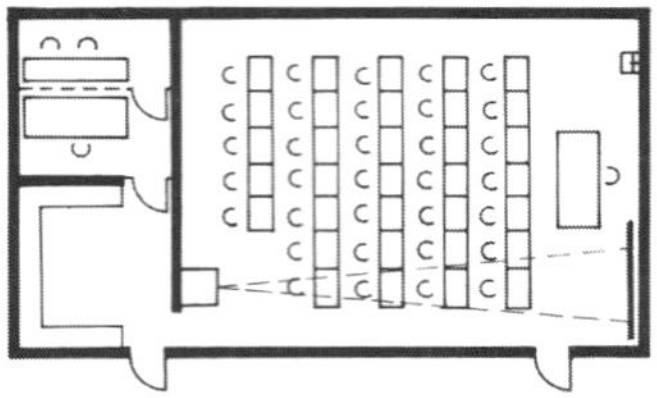

Ansteigende Bestuhlungen

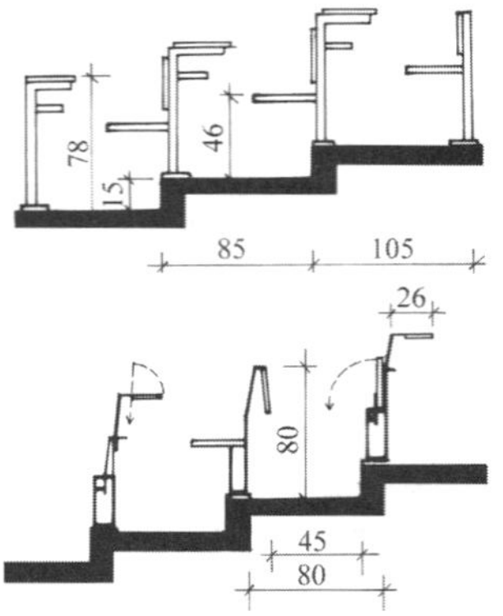

Orientierungswerte. Gruppengrößen

Schulform	Alter	Klasse	Anzahl
Grundschule	6	1	18–22
Grundschule	7–10	2–4	20–30
Gesamtschule	10–16	5–10	20–30
Hauptschule	10–16	5–10	20–30
Sonderschule	6–15	5–10	10–18
Sekundarstufe I	10–16	5–10	20–30
Sekundarstufe II	16–19	11–13	15–25

Hauptschule in Wien, Erdgeschoss
Architekt: R. Lainer

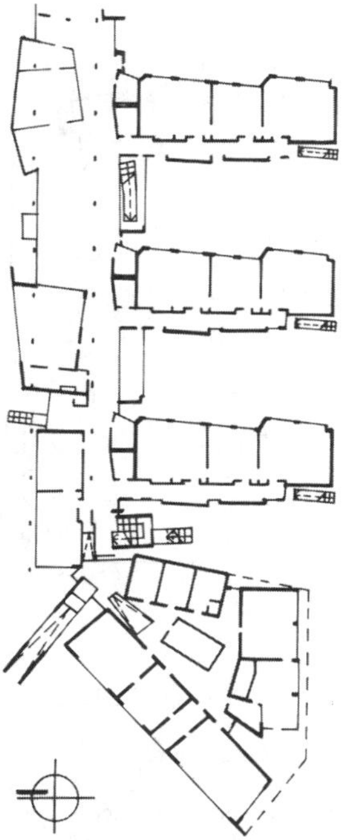

1,50 m Abstand. Zentrale Notsperrung für Elektrik, Gase und andere Medien; evtl. Absauganlagen erforderlich. Bei brennbaren Flüssigkeiten sind die TRGS zu beachten. Brandgefährdete Räume benötigen 2 Ausgänge.

Bibliotheken und Mediatheken
Ausgabebereich mit Handlager und EDV-Arbeitsplätzen (6 m²). Katalogschrank (6 m²). EDV-Arbeitsplätze für Katalog und Online-Dienste (s. Abschn. 6). Bücherregale (h = 2 m) mit ca. 125 Bänden/m. Regaltiefe: 30 cm. Gangbreite: mind. 60 cm. Leseplätze im Fensterbereich anbieten. Sitzgruppe mit Zeitschriftenständer. Biblio- und Mediatheken sollten möglichst zentral liegen und auch nach Schulschluss zugänglich sein.

Küchen und Speiseräume
Soweit erforderlich, sind Küchen und Speiseräume in der Nähe der Pausenhöfe und -räume vorzusehen. Küchenplanung und Möblierung der Speiseräume gem. Abschn. 5. Faustformel für Platzzahl (P): Zahl der teilnehmenden Schüler (S) und Mehrfachbelegung eines Essplatzes (B). Formel: $P = S / B$

Räume in Schulen - Orientierungswerte

Unterrichtsräume	
Standard-Klassenraum	2 m²/Sch.
Großraum-Klassenraum	3–5 m² Sch.
Naturwissenschaftl. Lehrraum	2,5 m²/Sch.
Sammlungsraum	40–60 m²
Vorbereitungsraum	30–35 m²
Übungsraum	2,5 m²/Sch.
Praktischer Unterricht	
Hauswirtschaftsunterricht	2 m²/Sch.
Küche	30–40 m²
Lehrraum	20–25 m²
Werkstatt (16 Plätze)	112 m²
Wasch- und Umkleideraum	0,55 m²/Platz
Musik- und Zeichenräume	je 80–85 m²
je 1 Nebenraum	15–20 m²
Werkraum	80–85 m²
Nebenraum	20 m²
Sportunterricht	
Wasch- und Umkleideräume	10–20 m²
Leibesübungsraum	20–25 m²
Turnhalle. 1 Übungseinheit	15 m × 27 m
2 Waschräume u. Umkleiden	50–60 m²
Lehrerumkleide	8–10 m²
Geräteraum	20–30 m²
Zentrale Einrichtungen	
Pausenhof	4–6 m²/Sch.
Pausenhalle	0,4 m²/Sch.
Speiseraum	1,4 m²/Platz
Lehrmittelraum	15–20 m²
Bücherei, Mediathek	0,5 m²/Sch.
Schülermitverwaltung	20–25 m²
Aula	0,4 m²/Sch.
Verwaltung	20–25 m²
Schulleiterbüro	12–16 m²
Büro des Vertreters	12–16 m²
Sekretariat	12–26 m²
Elternsprechzimmer	12 m²
Hausmeisterzimmer	12 m²
Lehrer- und Konferenzraum	1,5 m²/Lehrer

WC-Anlagen im Schulbau – Objekte je Zahl der Schüler bzw. Lehrer (VDI 6000-6)

Objekt/Pers.	Schüler		Lehrer	
Benutzer	J	M	H	D
WC	40-50	20-30	20	20
Urinale	20-30	-	20	-
Waschbecken	60	60	20	20
J: Jungen; M: Mädchen; H: Herren, D: Damen				

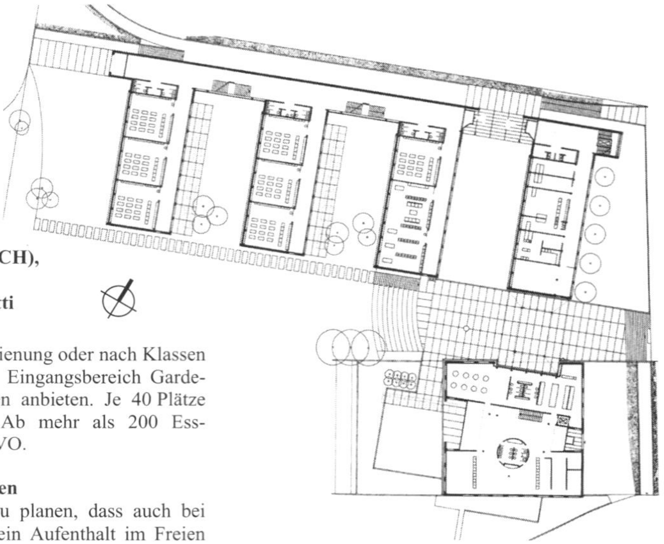

Schule in Lausanne (CH), Erdgeschoss
Architekt: F. Boschetti

Ausgabe als Selbstbedienung oder nach Klassen auf Servierwagen. Im Eingangsbereich Garderobe und WC-Anlagen anbieten. Je 40 Plätze 1 Handwaschbecken. Ab mehr als 200 Essplätzen gilt die VStättVO.

Pausenhöfe und -hallen
Pausenhöfe sind so zu planen, dass auch bei schlechter Witterung ein Aufenthalt im Freien möglich ist (Teilüberdachung). Sonnig und windgeschützt ausbilden. Störung von Unterrichtsräumen möglichst vermeiden. Die Freilauffläche ist mit 4–6 m²/Schüler anzusetzen. Als gedeckte Pausenbereiche können auch Eingangshalle, Speise- oder Mehrzweckräume dienen. Unterschiedl. Zonierungen der Pausenhöfe (Spiel-, Sitz-, Naturbereiche) mit unterschiedl. Angeboten für die verschiedenen Altersgruppen sind oft sinnvoll und sollen zur Bewegung anregen, dürfen aber die Aufsicht nicht erschweren. Pausenhöfe sollten Spielgeräte enthalten, die von vielen Kindern in kurzer Zeit benutzt werden können, z. B. Rutschen (vgl. Abschn. 9.1). Gefährdung durch Kfz ausschließen.

Gemeinschaftsbereich, Aula
Raum für Veranstaltungen und Feierstunden. In kleineren Anlagen auch als Pausenraum oder durch Unterteilung als Unterrichtsraum nutzbar. Eine Aula mit Bühne ist bei größeren Gymnasien, insbesondere bei zusätzlicher außerschulischer Nutzung, sinnvoll. Fasst der Raum mehr als 200 Besucher, so gilt die VStättVO.

WC-Anlagen (VDI 6000-6)
Stets getrennte Anlagen für Jungen und Mädchen. Stunden-WC: zur Benutzung während des Unterrichts je 1 WC-D und 1 WC-H mit Waschbecken je Geschoss. Pausen-WC: größere Anlagen, ebenerdig und von Pausenhof oder -halle zugänglich. Eigene WC für Lehrpersonal. Auf jedem Geschoss und im Bereich der Sportstätten eine barrierefreie Toilette (s. Abschn. 4).

Lehrer- und Verwaltungsräume
Diese Räume sollten für Besucher leicht auffindbar sein. Zum Verwaltungsbereich gehören meist: Lehrerzimmer mit Konferenztisch, Postfächern und kleiner Handbibliothek, Zimmer für Schulleitung, Sekretariat, Elternsprech- und Arztzimmer, Raum für Schülervertretung, Hausmeisterraum im Eingangsbereich.

Fahrrad- und Kfz-Stellplätze
Fahrrad- und Mopedständer außerhalb des Pausenhofes. Fahrradrampen über 10 % Neigung nur mit Gehstufen, max. 25 % (s. Abschn. 2.2.4). Stellplatzzufahrt und Fußwege trennen.

Allgemeine Sicherheitsanforderungen
Sicherheitsanforderungen an Schulen sind vor allem in DIN 58 125 und in den DGUV-Richtlinien, insbesondere in DGUV V 81 geregelt.
Pausenhöfe, Spielanlagen, Verkehrswege und Werkräume mit rutschhemmenden Böden gem. DGUV I 207-006. In Wasch- und Duschräumen Beläge der Gruppe B und in daran angrenzenden Gruppenumkleideräumen Beläge der Gruppe A gem. DGUV R 108-003. Keine Stolperstellen in Verkehrsflächen. Im Eingangsbereich mind. 1,50 m tiefe Matte in ganzer Durchgangsbreite.

Grundschule in Leonberg, Erdgeschoss
Architekt: R. Scholl

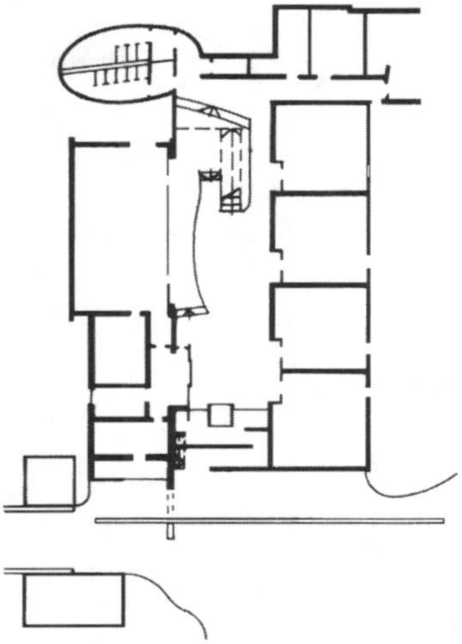

Bauaufsichtliche Bestimmungen

Ergänzend zu den Bestimmungen der LBO haben die Länder eigene Richtlinien mit Kostenrichtwerten und Planungshinweisen (TR Schulbau bzw. SchBauTR) und bauaufsichtliche Richtlinien (SchulbauR) erlassen. Hier die für den Entwurf wichtigsten Bestimmungen der MSchulBauR:

Innere Brandwände sind in Abständen von höchstens 60 m anzuordnen. In diesen Brandwänden sind im Zuge notwendiger Flure feuerhemmende Rauchschutztüren (EI_2 30-$S_{200}C5$) statt feuerbeständiger Türen (EI_2 90-S_aC5) zulässig, wenn die Flurwände in einem Bereich von 2,5 m beiderseits der Tür keine Öffnungen haben.

Über mehrere Geschosse reichende Hallen sind mit Rauchabzug zulässig. Türen zwischen Hallen und notwendigen Treppenräumen, notwendigen Fluren und Aufenthaltsräumen müssen feuerhemmend und rauchdicht (EI_2 30-$S_{200}C5$) sein, die Hallenwände in Bauart der Decken.

Für jeden Unterrichtsraum müssen in demselben Geschoss mind. 2 voneinander unabhängige Rettungswege zu Ausgängen ins Freie oder zu notwendigen Treppenräumen vorhanden sein. Anstelle eines dieser Rettungswege darf ein Rettungsweg über Außentreppen ohne Treppenräume, Rettungsbalkone, Terrassen und begehbare Dächer auf das Grundstück führen, wenn dieser Rettungsweg im Brandfall nicht gefährdet ist.

Einer der beiden Rettungswege darf durch eine Halle führen, wenn die Halle eine Rauchabzugsanlage hat. Diese Halle darf nicht als Raum zwischen einem notwendigen Treppenraum und dem Ausgang ins Freie dienen.

Notwendige Flure mit nur einer Fluchtrichtung (Stichflure) dürfen nicht länger als 10 m sein. Die nutzbare Breite der Rettungswege muss mind. 1,20 m je 200 darauf angewiesener Benutzer betragen. Verbreiterungen in 60 cm-Schritten für jeweils weitere 100 Personen. Es müssen jedoch mind. folgende nutzbare Breiten vorhanden sein:

- Ausgänge von Unterrichtsräumen und sonstigen Aufenthaltsräumen 0,90 m,
- notwendige Flure 1,50 m und
- notwendige Treppen 1,20 m.

Die erforderliche nutzbare Breite der notwendigen Flure und notwendigen Treppen darf durch offenstehende Türen, Einbauten oder Einrichtungen nicht eingeengt werden. Türen von Unterichtsräumen müssen daher in den Raum schlagen oder in Nischen nach außen öffnen.

Ausgänge zu notwendigen Fluren dürfen nicht breiter sein als der notwendige Flur. Ausgänge zu notwendigen Treppenräumen dürfen nicht breiter sein als die notwendige Treppe. Ausgänge aus notwendigen Treppenräumen müssen mind. so breit sein als die notwendige Treppe.

Die nutzbare Breite notwendiger Treppen darf 2,40 m nicht überschreiten. Bei breiteren Treppen sind mittige Geländer anzuordnen. Treppen müssen Tritt- und Setzstufen haben. Offene und gewendelte Treppen sind als notwendige Treppen unzulässig.

Geländer und Umwehrungen mind. 1,1 m hoch. Türen, die selbstschließend sein müssen, dürfen nur offengehalten werden, wenn sie Feststellanlagen haben, die bei Raucheinwirkung ein selbsttätiges Schließen der Türen bewirken; sie müssen auch von Hand geschlossen werden können. Türen von Klassenräumen dürfen nach innen schlagen. Alle anderen Türen im Zuge von Rettungswegen müssen in Fluchtrichtung des ersten Rettungsweges aufschlagen. Sie müssen von innen leicht in voller Breite zu öffnen sein.

Größere Gemeinschaftsräume (Aulen, Mensen etc.) mit mehr als 200 Plätzen fallen unter die VStättVO. DIN 18 040-1 für das barrierefreie Bauen beachten (s. Abschn. 4).

Weiterführende Informationen finden sich in Heisel: Planungsatlas.

2 A Stadtplanung
2 B Freiraumplanung
2 C Straßen- und Verkehrswesen

A STADTPLANUNG ... 2.2

1 Allgemeine Grundsätze der städtebaulichen Planung ... 2.2

1.1 Aufgabenbereiche der städtebaulichen Planung ... 2.2

1.2 Planungssystem in Deutschland ... 2.2

1.3 System der örtlichen Planung ... 2.4

1.3.1 Formelle Planung ... 2.5

1.3.2 Informelle Planung ... 2.6

1.3.3 Stadterneuerung ... 2.8

2 Methoden des städtebaulichen Entwerfens ... 2.10

2.1 Abklären der Aufgabenstellung und Planungsgrundlagen ... 2.10

2.2 Bestandsaufnahmen, Analyse und Bewertung ... 2.10

2.3 Zielfindung – Bindungen – Leitziele ... 2.13

2.4 Entwurfsphase mit der Herausarbeitung von Varianten und Alternativen bzw. versch. Entwicklungsszenarien ... 2.13

2.5 Durchführungsplanung – Handlungskonzept ... 2.13

2.6 Darstellung – Vermittlung – Kommunikation ... 2.13

2.7 Erfolgskontrolle ... 2.13

3 Sozialräumliche Zonierung des Raumes ... 2.14

4 Bausteine des städtebaulichen Entwerfens ... 2.17

4.1 Baublock ... 2.17

4.2 Reihe ... 2.19

4.3 Zeile ... 2.21

4.4 Hof ... 2.22

4.5 Solitär ... 2.23

5 Beispielhafte Anordnungen von Gebäudetypologien im städtebaulichen Zusammenhang ... 2.24

6 Kennwerte und Begriffe ... 2.30

6.1 Bauweise ... 2.30

6.2 Art und Maß der baulichen Nutzung ... 2.30

6.3 Abstandsflächen ... 2.32

6.4 Begriffe der städtebaulichen Planung ... 2.34

7 Ruhender Verkehr im Stadtquartier ... 2.35

7.1 Stellplatzbedarf ... 2.35

B FREIRAUMPLANUNG ... 2.36

1 Freiraumplanung ... 2.36

2 Planung und Freiraumversorgung ... 2.37

3 Grüne Infrastruktur ... 2.39

4 Freiraumgestaltung ... 2.43

C STRASSEN- UND VERKEHRSWESEN ... 2.46

1 Grundsätze für innerstädtische Straßen (nach RASt) ... 2.46

1.1 Kategoriengruppen und Verbindungsfunktionsstufen (nach RIN) ... 2.46

1.2 Differenzierung von Stadtstraßen ... 2.47

1.3 Raumbedarf für den fließenden Verkehr 2.48

2 Querschnitte für typische Entwurfssituationen ... 2.50

2.1 Wohnweg ... 2.50

2.2 Wohnstraße ... 2.51

2.3 Sammelstraße ... 2.52

2.4 Dörfliche Hauptstraße ... 2.53

2.5 Örtliche Geschäftsstraße ... 2.54

2.6 Hauptgeschäftsstraße ... 2.55

2.7 Gewerbestraße ... 2.56

2.8 Industriestraße ... 2.57

2.9 Verbindungsstraße ... 2.58

3 Sonstige Verkehrsanlagen ... 2.59

3.1 Wendeanlagen (nach RASt 06) ... 2.59

3.2 Versätze in Erschließungsstraßen (nach RASt 06) ... 2.60

3.3 Park- und Ladeflächen im Straßenraum . 2.60

3.4 Parkbauten ... 2.62

3.5 Bushaltestellen ... 2.62

3.6 Nichtmotorisierter Verkehr ... 2.63

4 Schichtenaufbau von Verkehrsflächen 2.64

4.1 Dicke des Oberbaues ... 2.64

4.2 Festlegung des Schichtenaufbaues ... 2.65

5 Oberflächenentwässerung von Verkehrsflächen (nach REwS) ... 2.67

5.1 Planungsgrundsätze ... 2.67

5.2 Ermittlung des Regenabflusses ... 2.67

5.3 Bemessung der Entwässerungseinrichtungen ... 2.67

5.4 Elemente der Wasserableitung ... 2.68

5.4.1 Flächenhafte Entwässerung ... 2.68

5.4.2 Linienförmige Entwässerung ... 2.68

5.4.3 Punktförmige Entwässerungselemente .. 2.69

2 A Stadtplanung

Prof. Dr.-Ing. Hildegard Schröteler-von Brandt

1 Allgemeine Grundsätze der städtebaulichen Planung

1.1 Aufgabenbereiche der städtebaulichen Planung

Aufgaben und Vorgehensweise der städtebaulichen Planung waren in den letzten Jahrzehnten starken Veränderungen unterworfen. Mit der Kritik am funktionalen Städtebau der „Moderne" und der Trennung der städtischen Funktionen nach Wohnen, Arbeiten, Freizeit und Verkehr vollzog sich in den 1980er-Jahren eine Trendwende hinsichtlich der städtebaulichen Leitbilder: Rückkehr zur Struktur der historisch-europäischen Stadt, Renaissance des öffentlichen Raumes und damit verbunden die Wiederbelebung der Innenstädte, dichtere Baublockbebauung statt aufgelockerter Zeilenbau, behutsame Stadterneuerung und Stadtreparatur statt Abriss. Trotz der erneuten Hinwendung zu urbanen Stadtstrukturen hielt die Suburbanisierung mit dem Bau von Einfamilienhäusern am Stadtrand an.

Im Zuge der Re-Industrialisierung ergaben sich gravierende Veränderungen der Raumnutzung: die brachfallenden Industrie- und Gewerbeflächen sowie die Konversion der Militär-, Bahn- und Hafenflächen schufen neue Potenziale für die Stadtentwicklung.

Mit dem Leitbild der nachhaltigen Stadtentwicklung der 1990er-Jahre verbanden sich weitere übergeordnete Zielsetzungen wie

- Schaffung einer dichten und kompakten Stadt
- Reduzierung neuer Bauflächen („Innenentwicklung vor Außenentwicklung")
- Nutzungsmischung („Stadt der kurzen Wege") und soziale Mischung
- Stärkung der Stadtteilzentren (Polyzentralität)
- Ausbau der Bürgerbeteiligung am Planungsprozess („Von der Beteiligung zur Kooperation")
- Berücksichtigung der differenzierten Lebensstile und unterschiedlichen Nachfragergruppen im Wohnungsbau und bei der Quartiersentwicklung
- Wertschätzung der Identität räumlicher Strukturen und der individuellen Ortsgeschichte
- Inwert-Setzung und Gestaltung der öffentlichen Räume etc.

Neue Anforderungen an die Planung werden sich in Zukunft durch die demografische Entwicklung mit dem Rückgang der Bevölkerung aufgrund der rückläufigen Geburtenrate (1,4 Geburten je Frau in Deutschland), der veränderten Altersstrukturzusammensetzung mit einem wachsenden Anteil an älteren Menschen und der Zunahme von Menschen mit Migrationshintergrund – insbesondere in den Mittel- und Großstädten – ergeben. Diese Entwicklung wird in Deutschland unterschiedliche räumliche Ausprägungen haben: wachsende, schrumpfende und stagnierende Regionen werden nebeneinander treten und Auswirkungen auf die Infrastrukturversorgung (von der sozialen bis zur stadttechnischen Infrastruktur sowie von der Bildungsinfrastruktur bis hin zu Mobilitätsangeboten) haben. Veränderungen bei der Wohnungsnachfrage und der Angebotsstruktur beim Bau- und Immobilienmarkt deuten sich an.

1.2 Planungssystem in Deutschland

Das System der räumlichen Planung in Deutschland folgt dem föderalistischen Staatsaufbau und ist hierarchisch gegliedert. Die Bundesregierung ist für die Bundesraumordnung zuständig, die Landesregierungen für die Landesentwicklungsplanungen, die Planungsregionen und Regierungsbezirke für die Regionalplanung und die Kommunen für die Flächennutzungs- und Bebauungsplanung in ihrem Gebiet.

Gegenstromprinzip: Jede Planungsebene muss die Vorgaben der jeweils übergeordneten Planungsebene berücksichtigen und ist damit an bestimmte Zielsetzungen oder konkrete Flächenaussagen gebunden. Allerdings ist auch die jeweils übergeordnete Planungsinstitution verpflichtet, die nachgelagerte Planungsebene bei der räumlichen Planung einzubeziehen: die Regionalplanung muss z. B. ihre Flächenfestlegungen mit den Gemeinden und Städten abstimmen sowie die übergeordneten Ziele der Landesplanung berücksichtigen. Mit diesem sog. „Gegenstromprinzip" ergibt sich eine Abstimmung der Planungsinhalte von oben nach unten und von unten nach oben.

Bundesraumordnung: Die Bundesraumordnung legt die generellen Leitziele und Grundsätze der räumlichen Planung in Deutschland fest. Im Bundesraumordnungsgesetz (Neufassung 2008) werden die Grundsätze und Ziele der Raumordnung festgelegt. Die Leitbilder und Handlungsstrategien der räumlichen Entwicklung werden von der Ministerkonferenz für Raumordnung (MKRO) festgelegt. Diese hat 2016 folgende strategische Leitbilder für die Raumentwicklung in Deutschland verabschiedet: Wettbewerbsfähigkeit stärken, Daseinsvorsorge sichern, Raumnutzungen steuern und nachhaltig entwickeln sowie Klimawandel und Energiewende gestalten. Damit will die MKRO das Nachhaltigkeitsprinzip und den räumlichen Zusammenhalt stärken. Vor allem das neue Leitbild „Klimawandel und Energiewende gestalten“ stärkt die Raumordnung als fachübergreifende Politik in Bund und Ländern.

Landesplanung: Die Landesplanungen bewegen sich wie die Bundesraumordnung noch in einem großen räumlichen Maßstab und legen nur die zentralen programmatischen Ziele fest. Im Wesentlichen werden die zentralörtliche Gliederung nach Unter-, Mittel- und Oberzentren sowie die Entwicklungsachsen festgelegt. Weitere Aussagen befassen sich mit der Festlegung der bedeutsamen Freiräume, Naturschutzgebiete oder Biosphärenreservate sowie speziellen Fragen der Landesplanung (z. B. die Braunkohlenplanung in NRW).

Zentralörtliche Gliederung: Die zentralörtliche Gliederung stellt eines der wichtigsten Instrumente der Raumordnung dar. Das Raumordnungsmodell nach Walter Christaller (1933) legt eine idealtypische Struktur von Räumen nach hierarchischen Stufen mit Ober-, Mittel- und Unter- bzw. Grundzentren fest. Die zentralörtliche Gliederung wurde zentraler Baustein der Raumordnungskonzepte; insbesondere stand die Anpassung der ländlichen Räume mit Infrastrukturausstattung und Verkehrsstraßenausbau im Mittelpunkt. Alle Landesentwicklungsplanungen legen diese zentralörtliche Gliederung fest. Die Förderung der Infrastruktur und der investiven Maßnahmen des Landes orientiert sich am System der zentralen Orte und soll einen „gleichwertigen“ Ausstattungs- und Versorgungsstandard in allen Teilräumen gewährleisten. Im Zuge des demografischen Wandels und der rückläufigen Bevölkerungsentwicklung werden z. B. derzeit die Standards der Daseinsvorsorge thematisiert. Ein zentraler Ort oberer oder mittlerer Zentralität verfügt über einen Bedeutungsüberschuss gegenüber den anderen Kategorien, im Besonderen hinsichtlich der Ausstattung von Infrastruktureinrichtungen und Dienstleistungen.

Struktur der Raumplanung

Europäisches Raumentwicklungskonzept (EUREK)

Raumordnung Bundesrepublik Deutschland
Grundlage: Raumordnungsgesetz (GeROG, 2008) und „Leitlinien und Handlungsstrategien für die Raumentwicklung in Deutschland“ (2006) sowie Fachpläne (z. B. Bundesverkehrswegeplan)
Bearbeiter: Bundesministerium und Ministerkonferenz der Länder
Verabschiedet: Bundestag

Landesplanung in 16 Bundesländern
Grundlage: jeweilige Landesplanungsgesetze
Planart: Landesentwicklungspläne – Landesentwicklungsprogramme
Bearbeiter: Landesplanungsbehörden
Verabschiedet: Landesregierungen – Landesparlamente

Regionalplanung in den jeweiligen Bundesländern
z. B. auf der Ebene der Regierungsbezirke oder separater Gebietseinheiten, auch bundeslandübergreifend
Grundlage: Landesplanungsgesetze
Planart: Regionalpläne
Bearbeiter: Landes- und Bezirksplanungsbehörden
Verabschiedet: Regionale Parlamente (z. B. Regionalrat in NRW)

Vorbereitende Bauleitplanung (Flächennutzungsplan) und **Verbindliche Bauleitplanung** (Bebauungsplan und vorhabenbezogener Bebauungsplan)
Grundlage: Baugesetzbuch (BauGB 2004)
Bearbeiter: Kreisbehörden, Planungsämter, Stadträte
Verabschiedet: Kreistag, Gemeinderäte, Stadträte

überörtliche Planung (Raumordnung bis Regionalplanung)

örtliche Planung (Bauleitplanung)

⇧ **Gegenstromprinzip** ⇩

Oberzentrum (über 100 000 Einwohner [2.1]): zentraler Ort der höchsten Stufe. Deckt neben dem Grund- und periodischen Bedarf auch den spezialisierten Bedarf ab (z. B. Theater, Museen, Hochschulen, Spezialkliniken, Spezialgeschäfte, regional bedeutsame Behörden wie Landeszentralbanken) sowie Sitz von berufsständischen Organisationen wie Handwerkskammern. Oberzentren sollen mit öffentlichen Verkehrsmitteln in maximal 90 Minuten erreichbar sein.

Mittelzentrum (mindestens 30 000 bis 35 000 Einwohner): zentraler Ort mittlerer Stufe. Es verfügt gegenüber dem Umland über eine größere Ausstattung an Dienstleistungen, Infrastruktur und Warenangeboten, die nicht von den Unterzentren bereitgestellt werden, und deckt in der Regel den periodisch auftretenden Bedarf ab (z. B. Fachärzte, Krankenhäuser, Kinos, Rechtsanwälte, Berufsschulen, weiterführende Schulen, Sportstätten, Schwimmbäder). Mittelzentren sollen mit öffentlichen Verkehrsmitteln in maximal 45 Minuten erreichbar sein.

Unter- oder Grundzentren (7 000 bis 10 000 Einwohner): zentraler Ort auf der unteren Stufe. Die Unter- bzw. Grundzentren sichern die Grundversorgung. Hierzu gehören die Einrichtungen des täglichen Bedarfs wie Arzt, Apotheke, Handwerks- und Dienstleistungsbetriebe, Gemeindeverwaltung, Grund- und Hauptschule, Kindergärten, Geschäfte zur Grundversorgung (z. B. Bäcker, Metzger, Supermarkt, Tankstelle).

System der zentralörtlichen Gliederung

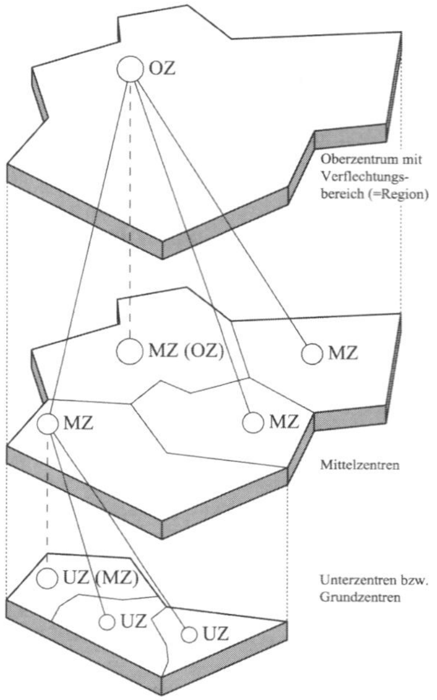

Entwicklungsachsen: Sie verbinden die zentralen Orte miteinander (Verkehrsinfrastruktur). Entlang der leistungsfähigen Verkehrsbänder sollen sich vermehrt die Wirtschafts-, Verkehrs- und Siedlungsflächen konzentrieren.

Regionalplanung: Auf der Ebene der Regionalplanung verfeinern sich die Aussagen über die räumliche Entwicklung. Bei Festlegung von allgemeinen Siedlungsbereichen/Wohnbauflächen sowie Gewerbe- und Industrieflächen sollen Gesamtbelange der regionalen Entwicklung beachtet und das Angebot an Wohn- und Gewerbeflächen gesteuert werden. Die Sicherung von Ausgleichsflächen für Natur- und Landschaftsschutz sowie regional bedeutsamer Grünzüge oder die Flächenausweisungen für regenerative Energien stellen weitere zentrale Aufgaben dar. Die Regionalpläne sind räumlich konkreter als die Landesplanung und decken flächenmäßig das Gebiet der Region ab (Überarbeitungszeitraum etwa alle 10 bis 15 Jahre).

1.3 System der örtlichen Planung

Eine zentrale Ebene der räumlichen Planung stellen die Städte und Gemeinden dar. Nach Art. 28 Abs. 2 Satz 1 GG haben sie das Recht zur Selbstverwaltung und üben damit auch die „Planungshoheit“ über ihr Gemeindegebiet aus. Die örtliche Planung umfasst die formelle und informelle Planung sowie die Stadterneuerungsplanung.

Abwägungsgebot: Neben der im Grundgesetz verankerten Selbstverwaltungsgarantie der Gemeinden legt Art. 14 GG die Eigentumsgarantie fest, nach der das private Eigentum besonders geschützt wird. Jegliche öffentliche Planung muss im Rahmen einer Abwägung die öffentlichen und privaten Belange untereinander und gegeneinander gerecht abwägen.

Im konkreten Planungsfall kann das private Interesse den Interessen des „Allgemeinwohls“ nachgeordnet sein. In den Bauleitplanverfahren müssen die jeweiligen Planungsfolgen, die negativen Auswirkungen der Planung auf einzelne Grundstücke usw. sehr detailliert und nachvollziehbar dargestellt werden. Der Abwägungsvorgang und das Abwägungsgebot sind zentrale Bestandteile des Planungsprozesses.

Bürgerbeteiligung: Die Beteiligung der Bürger sowie der übergeordneten Fachplanungen und gesellschaftlichen Institutionen nimmt eine zentrale Stelle im deutschen Planungsrecht ein. Nach den §§ 3 und 4 BauGB wird die Öffentlichkeit möglichst frühzeitig über die allgemeinen Ziele und Zwecke der Planung informiert und im weiteren Verfahren der Erstellung der Bauleitpläne im Rahmen der so genannten „Offenlage" erneut beteiligt. Hier können jeweils Anregungen und Bedenken geäußert werden, die im Rahmen der Abwägung behandelt werden müssen.

Die Beteiligung der Behörden und sonstigen Träger der öffentlichen Belange ist entsprechend der Öffentlichkeitsbeteiligung geregelt. Träger öffentlicher Belange sind z. B. Straßenbau- und Versorgungsträger, Feuerwehr, Industrie- und Handelskammern, staatliche Umweltämter, Bund für Umwelt und Naturschutz.

1.3.1 Formelle Planung

Die örtliche Planung umfasst ein im Baugesetzbuch (BauGB) festgelegtes zweistufiges Planungsverfahren mit dem vorbereitenden Bauleitplan (Flächennutzungsplan) und dem verbindlichen Bauleitplan (Bebauungsplan) auf der Grundlage des Stadtrats- oder Gemeinderatsbeschlusses [2.2]. Die Bauleitplanung muss die förmlich festgelegten detaillierten Verfahrensabläufe und -vorschriften des BauGB beachten (formelle Planung) (zum Bauplanungsrecht s. Kap. 7 A).

Flächennutzungsplan: Der vorbereitende Bauleitplan (Flächennutzungsplan) legt auf der Ebene der Gesamtgemeinde die städtebauliche Entwicklung und gewünschte Flächennutzung fest. Er besitzt keine Rechtsverbindlichkeit für den Einzelnen (keine Bindungswirkung), sondern nur für die Gemeinde, da der Bebauungsplan aus dem Flächennutzungsplan zu entwickeln ist (Maßstabsebene: M 1:10 000, M 1:5 000).

Der Flächennutzungsplan soll alle 10 bis 15 Jahre neu aufgestellt werden. In der Praxis wird dieser Zeitraum nicht eingehalten (hohe finanzielle Anforderungen an die Neuaufstellung, stark statischer Charakter der Festlegungen etc.). Viele Flächennutzungspläne stammen aus den 1980er-Jahren, sind veraltet und enthalten zahlreiche Änderungen und Ergänzungen. Als Steuerungsinstrument hat der Flächennutzungsplan oft seine Wirkung eingebüßt, wenngleich ihm eine neue Aktualität zukommt durch die notwendigen Festlegungen von Konzentrationsflächen für Windenergieanlagen oder die Festlegung von Gebieten für Ausgleichsmaßnahmen.

Bebauungsplan: Der verbindliche Bauleitplan (Bebauungsplan) ist aus dem Flächennutzungsplan zu entwickeln. Der Bebauungsplan wird von der Gemeinde als Satzung beschlossen und damit Ortsgesetz (Norm). Er hat keine zeitliche Begrenzung; kann aber durch Beschluss aufgehoben oder geändert werden (Maßstabsebene: M 1:1 000, M 1:500).

System der städtebaulichen Planung auf örtlicher Ebene		
Formelle Pläne		**Informelle Pläne**
Bauleitpläne BauGB • Vorbereitender Bauleitplan: Flächennutzungsplan §§ 1–7 BauGB • Verbindliche Bauleitpläne: §§ 1–4a; §§ 8–10 BauGB Bebauungspläne * sowie • Vorhabenbezogene Bebauungspläne § 12 BauGB *	**Sonstige Pläne** • Städtebauliche Satzungen: §§ 34 und 35 BauGB Klarstellungssatzung Entwicklungssatzung Ergänzungssatzung Außenbereichssatzung • Sanierungssatzung • Entwicklungssatzung im Rahmen von städtebaulichen Maßnahmen • Gestaltungssatzung • Erhaltungssatzung • Denkmalbereichssatzung	• Städtebauliche Leitbilder • Stadtentwicklungspläne • Stadtteilentwicklungspläne • Masterpläne • Rahmenpläne • Dorfentwicklungspläne • Gestaltungsfibel • Stadtmarketingkonzepte
*Gesetz zur Umweltverträglichkeitsprüfung: Regelung der UVP-pflichtigen Bebauungspläne		

Der Bebauungsplan wird meistens nur für kleinere Teilgebiete der Gemeinde, oft nur für wenige Grundstücke aufgestellt. Er enthält eine Vielzahl detaillierter Festlegungen (z. B. Art und Maß der Nutzung, Bauweise, überbaubare und freizuhaltende Flächen, Verkehrsflächen, Grün- oder Sportflächen, weitere Flächen für Einrichtungen des „Gemeinbedarfs").

Er besteht aus zeichnerischen und ergänzenden textlichen Festsetzungen. Das BauGB unterscheidet nach § 30 drei Arten von Bebauungsplänen: den qualifizierten, den einfachen und den vorhabenbezogenen Bebauungsplan.

Qualifizierter Bebauungsplan: Ein qualifizierter Bebauungsplan muss vier Mindestfestsetzungen treffen: die Art der Nutzung (unterschiedliche Nutzungstypen), das Maß der Nutzung (Grund- und Geschossflächenzahl bzw. Baumassenzahl, Gebäudehöhen bzw. Zahl der Vollgeschosse), die überbaubare Grundstücksfläche und die örtlichen Verkehrsflächen. Darüber hinaus kann der Bebauungsplan Aussagen zu Bauweise, Dachform, Pflanzgeboten, Geh-, Fahr- und Leitungsrechten, Lage der Stellplatzanlagen etc. treffen.

Einfacher Bebauungsplan: Der einfache Bebauungsplan enthält nur eine oder bis zu drei dieser Festsetzungen (z. B. nur die Festsetzung zur Art der Nutzung, um in einem Gebiet eine bestimmte Nutzung – wie Spielhallen – auszuschließen oder um in einer städtebaulich prägenden Situation eine durchgängige Bauflucht vorzusehen). Neben den Festsetzungen sind im Weiteren die Vorschriften nach § 34 BauGB zu beachten.

Vorhabenbezogener Bebauungsplan: Ein vorhabenbezogener Bebauungsplan nach § 30 BauGB wird in Verbindung mit einem Vorhaben- und Erschließungsplan nach § 12 BauGB aufgestellt. Die hier geregelte Zusammenarbeit mit Privaten und die Schaffung von Planungsrecht für konkrete Vorhaben haben ihren Ursprung in der „Bauplanungs- und Zulassungsverordnung der DDR" von 1990 und wurden 1998 ins BauGB integriert [2.3]. Die Erfahrungen der Schaffung von Planungsrecht für konkrete Projekte in Zusammenarbeit mit privaten Investoren wurde als positiv angesehen, da Projekte zügig entwickelt werden konnten und statt der Angebotsplanung durch Bebauungspläne ein vorhabenbezogener Bebauungsplan auf eine zügige Realisierung angelegt ist (maßgeschneiderte städtebauliche Planung). Voraussetzung für einen vorhabenbezogenen Bebauungsplan sind ein konkretes Projekt und der Nachweis der finanziellen Bonität des Vorhabenträgers.

Die Gemeinde bleibt Trägerin der Planungshoheit. Die im Rahmen des Verfahrens eingebrachten Anregungen und Bedenken können auch zur Abänderung der ursprünglichen Planung führen. Der vorhabenbezogene Bebauungsplan enthält drei Elemente: den Vorhaben- und Erschließungsplan des Investors, der mit der Gemeinde abgestimmt werden muss, den vorhabenbezogenen Bebauungsplan und den Durchführungsvertrag zwischen der Gemeinde und dem Vorhabenträger. Im Durchführungsvertrag werden insbesondere die Verteilung der Kosten (z. B. Planungskosten, Kosten von Fachgutachten, anteilige Kosten für Infrastrukturleistungen), die Kostenübernahme durch den Vorhabenträger und die zeitlichen Fristen zur Realisierung des Vorhabens festgelegt.

1.3.2 Informelle Planung

Informelle Pläne unterliegen keinem förmlichen Verfahren nach Umfang, Inhalt, Darstellung, Maßstäblichkeit und Verfahrensablauf. Von diesen geht keine unmittelbare Bindungswirkung aus, sondern ihre Zielsetzungen werden oft als so genannte „Selbstbindungspläne" vom Gemeinderat beschlossen. Oft bereiten sie weitere formelle Planungen (z. B. Bebauungsplan) oder Satzungen vor.

In der Praxis haben sich zwei Typen von informellen Plänen entwickelt, die nicht durch eine „Rechtsform" abgedeckt sind: Stadtentwicklungsplan (bzw. Stadtteilentwicklungspläne) und städtebaulicher Rahmenplan.

Stadtentwicklungsplanung: Der städtebauliche Entwicklungsplan ist Teil einer umfassenden Entwicklungsplanung einer Gemeinde, die als übergeordnete Planung für alle Bereiche Zielvorstellungen entwickelt und aufeinander abstimmt, wie z. B. den sozialen, wirtschaftlichen und kulturellen Erfordernissen, und geht über die rein raumbezogenen Aussagen hinaus. Zudem enthält der Stadtentwicklungsplan Zeit- und Rangfolgen für die notwendigen Investitionen der Stadt. Umfassende Stadtentwicklungspläne wurden insbesondere in den 1960er und 1970er Jahren und im Schwerpunkt in Großstädten aufgestellt. Er steht in seinen Aussagen zwischen dem Regionalplan und dem Flächennutzungsplan.

Mit der Kritik an den umfassenden Stadtentwicklungsplänen (z. B. zu aufwendiges und wenig flexibles Verfahren, zu großer Abstimmungsbedarf, kaum Reaktion auf kurzfristige Änderungen, Konflikte zwischen der Kurzfristigkeit der Kommunalpolitik und den langfristigen Zielen und Investitionsplanungen) wurde u. a. das Instrument des Stadtteilentwicklungsplans auf der Ebene der Stadtteile und -quartiere eingeführt.

Im Zuge der nachlassenden Wachstums- und Steuerungseuphorie ab den 1980er Jahren stand die gesamtstädtische Planung eher unter dem Motto „Deregulierung statt Steuerung". Planung fand vor allem durch die Bearbeitung von kleinteiligen, überschaubaren Aufgaben statt und war auf die Realisierung von Einzelprojekten und stark umsetzungsorientiert ausgerichtet (sogenannte „Planung durch kleine Schritte: Inkrementalismus"). Ab Ende der 1980er Jahre wurde diese Herangehensweise weiterentwickelt. Mit dem „Perspektivischen Inkrementalismus" (aufbauend auf den Erfahrungen bei der Planung der Internationalen Bauausstellung Emscherpark) sollte die Umsetzung von einzelnen Projekten unter einer übergeordneten perspektivischen Zielsetzung und nach Qualitätsstandards erfolgen. Die übergeordneten Ziele und Leitideen (z. B. Brachflächenaktivierung, ökologische Neuorientierung einer Region) wurden als Beurteilungsmaßstab für konkrete Projekte zugrunde gelegt.

In den 1990er Jahren wurde die Strategie „Planung durch Projekte" (Zielsetzung: Bindung von Investitionen vor allem in Großprojekten) fortgeführt und zudem marktorientierte strategische Planungen – insbesondere für die Innenstädte – entwickelt (z. B. Stadtmarketingkonzepte, Urban Management). Heute wirken viele Akteure aus Märkten, Staat und ziviler Gesellschaft an der räumlichen Entwicklung mit und die Aufgaben der staatlichen oder örtlichen Planung werden in diesem Zusammenspiel ständig neu justiert.

Rahmenplan: Ein städtebaulicher Rahmenplan stellt die Entwicklungspotenziale und zukünftigen Nutzungsperspektiven für einen Stadtteil / ein Stadtquartier dar. In ihm sind raumbezogene, gestalterische sowie handlungsbezogene und rechtliche Aussagen enthalten.

Er ist nicht rechtsverbindlich und es gibt kein standardisiertes Verfahren; Planungsinhalte und Darstellung sind nicht vorgegeben. Die inhaltlichen Freiräume können genutzt werden, um die unterschiedlichen Ziele und Problemdarstellungen prägnant zu formulieren. Der Rahmenplan ist in seinen Aussagen zwischen dem Flächennutzungs- und dem Bebauungsplan einzuordnen; er wird auch zur Vorbereitung von städtebaulichen Wettbewerben oder als Grundlage für die Unterschutzstellung von Gebieten genutzt (Maßstabsebene: M 1:5 000, M 1:2 000; M 1:1 000).

Der Rahmenplan umfasst in der Regel eine Bestandsanalyse, eine Bewertung nach Mängeln und Chancen, die Formulierung von Leitzielen und die Erstellung von Konzepten. Hier werden verschiedene Teilaspekte in unterschiedlichen Planaussagen dargestellt: Nutzungs-, Verkehrs-, Gestaltungs-, Grün- und Freiraumkonzept, ein Maßnahmen- und Handlungskonzept sowie Aussagen zur Durchführbarkeit, zum zeitlichen Ablauf und zur Finanzierung.

Rahmenpläne dienen vor allem der Diskussion der Entwicklungsziele und der Meinungsbildung in der Öffentlichkeit. Die Anschaulichkeit eines Rahmenplanes ist somit von besonderer Bedeutung.

Neben der Vorbereitung der Bebauungspläne werden Rahmenpläne auch für die Vorbereitung der Sanierung nach dem besonderen Städtebaurecht (§§ 136 ff. BauGB) eingesetzt.

Ein Rahmenplan wird für stadtpolitisch bedeutsame Gebiete oft unter dem Begriff des „Masterplanes" erstellt. So legt der Masterplan von Albert Speer für die Innenstadt von Köln 2008 auf der Grundlage der stadtentwicklungspolitischen Leitlinien die Chancen und Möglichkeiten für die Innenstadtentwicklung fest und formuliert bedeutsame Projekte. Er definiert „Interventionsbereiche", in denen sich schrittweise eine Erneuerung und Infrastrukturmaßnahmen vollziehen sollen. Die Erstellung des Masterplanes wurde von einer breit angelegten öffentlichen Diskussion begleitet und die Innenstadtentwicklung somit in das öffentliche Bewusstsein gerückt (weitere Masterpläne: Masterplan für die Hafen-City in Hamburg, das Tempelhofer Feld in Berlin oder den Westhafen in Frankfurt).

1.3.3 Stadterneuerung

Neben den städtebaulichen Planungen im Bereich der Stadterweiterung finden Planungen auf der Ebene der Stadterneuerung statt. Stadterneuerung umfasst zwei große Handlungsebenen: Stadtsanierung (Hygiene/Verbesserung der Wohn- und Arbeitsverhältnisse) und Stadtumbau (funktionale Anpassung des Stadtgefüges und der Verkehrsverhältnisse). Stadterneuerung ist ein Prozess, der sich als kontinuierliche, alltägliche Aufgabe in der Stadt vollzieht: Städte werden z. B. nach Bränden und Kriegen wiederaufgebaut, umgebaut und weiterentwickelt. Zumeist finden diese Prozesse auf den privaten Baugrundstücken und auf der Grundlage der Initiativen der Eigentümer statt. Die geplante und gesteuerte Stadterneuerung im Rahmen der öffentlichen städtebaulichen Planung stellt somit nur einen Ausschnitt der tatsächlichen Stadterneuerungs- und Stadtumbauprozesse dar. Stadterneuerung steht im Kontext zur Stadtentwicklung und reagiert auf gesellschaftliche Entwicklungen und ökonomisch initiierte Prozesse [2.4].
Soziale und ordnungspolitische Interventionen bilden die Hauptstrategien und sind gezielte räumlich und zeitlich begrenzte Interventionen des Staates. Den staatlichen Erneuerungsmotiven liegen wirtschaftliche Motive zugrunde (z. B. Nutzungsdruck/Handlungsdruck aufgrund von ökonomischen Interessen, Strukturwandel, soziale Probleme, soziale Ungleichheit). Als Folgen der Stadterneuerung sind in der Stadt die Prozesse von Aufwertung und Verdrängung als immanente Folgen feststellbar. Auch wenn Stadterneuerung als zeitlich begrenzte Maßnahme gedacht ist, stellt sie sich in bestimmten Quartieren zunehmend als Daueraufgabe heraus. Geplante und gesteuerte Eingriffe fanden im modernen Städtebau ab dem 19. Jh. auf vielfältige Art und Weise statt (bekanntestes Beispiel: Sanierung von Paris unter Haussmann um 1860).

Phasen der Stadterneuerung

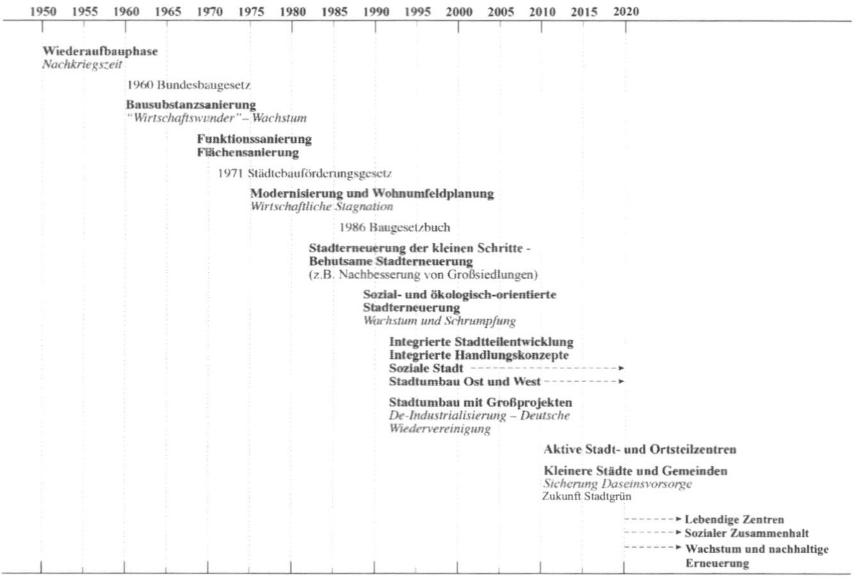

Handlungsfelder der Stadterneuerung:

- Quartiersentwicklung: Soziale Stadt und Stadtumbau West und Ost (westdeutsche Großsiedlungen und ostdeutsche Plattenbausiedlungen sowie Arbeiterquartiere, Gründerzeit-klassische Mischgebiete) umfasst integrierte Handlungskonzepte mit den Handlungsfeldern: Bauliche Entwicklung sozialer Infrastruktur, Arbeitsplätze/Beschäftigungsmaßnahmen, Kultur etc.
- Innenentwicklung: Entwicklung von Brachen und Konversionsflächen (Bahngelände, militärische Konversionsflächen, Häfen, Industrie- und Gewerbeflächen)
- Stadtumbau und öffentlicher Raum: Verkehr (Rückbau, Förderung vielfältiger Mobilitätsangebote etc.) und Stadtgestaltung (Plätze, Fußgängerzonen, Altstadtverschönerung, Denkmalschutz etc.)
- Stadtstrukturelle Konzepte: Betrachtung der Stadterneuerung im Rahmen übergreifender Konzepte wie regionaler Konzepte und Stadtentwicklungskonzepte
- Dorferneuerung
- Stadtmarketing und Innenstadtentwicklung.

Städtebauliche Sanierungsmaßnahmen werden nach den §§ 136 bis 164 BauGB durchgeführt, wenn deren einheitliche Vorbereitung und zügige Durchführung im öffentlichen Interesse liegen und wenn die städtebaulichen Missstände in einem Gebiet hierdurch behoben werden können. Die gesetzlichen Regelungen zu den städtebaulichen Sanierungsmaßnahmen betreffen Sanierungsgründe wie Wohl der Allgemeinheit, Abwägung, Sanierungstatbestände wie Funktions- und Hygienesanierung, Beteiligung der Betroffenen, Verfahrensschritte, Sanierungssatzung, Ordnungs- und Baumaßnahmen, Kosten, Finanzierung incl. Härteausgleich und Ausgleichszahlungen, umfassendes und vereinfachtes Verfahren sowie dessen Auswirkungen und Folgen, Sanierungsträger und beteiligte Akteure.

Städtebauliche Missstände liegen vor, wenn die Gebiete nach ihrer vorhandenen Bebauung den allgemeinen Anforderungen an gesunde Wohn- und Arbeitsverhältnisse oder an die Sicherheit der hier wohnenden und arbeitenden Menschen nicht entsprechen (Substanzschwächesanierung) oder wenn das Gebiet in der Erfüllung der Aufgaben erheblich beeinträchtigt ist, die ihm nach seiner Lage und Funktion obliegen (Funktionssanierung). Die Förderung städtebaulicher Sanierungsmaßnahmen lief 2012 aus.

Stadtumbau: Maßnahmen in Gebieten, mit erheblichen städtebaulichen Funktionsverlusten; Anpassungen zur Herstellung nachhaltiger städtebaulicher Strukturen, insbesondere, wenn ein dauerhaftes Überangebot an baulichen Anlagen für Wohnzwecke besteht (§ 171a BauGB).

Soziale Stadt: Städtebauliche Maßnahmen zur Stabilisierung und Aufwertung von benachteiligten Ortsteilen, die von sozialen Missständen betroffen sind und in denen ein besonderer Entwicklungsbedarf besteht; insbesondere in benachteiligten Gebieten, die innerstädtisch oder innenstadtnah gelegen sind, oder in verdichteten Wohn- und Mischgebieten (§ 171e BauGB).

Städtebauförderung: Die Städtebauförderung stellt die wesentliche finanzielle Basis für die Umsetzung von Stadterneuerungsprojekten dar. Die klassische Städtebauförderung unterliegt einer Drittelfinanzierung von Bund, Ländern und Kommunen. Die jährliche Festlegung der Fördermittel erfolgt in der Bund-Länder-Vereinbarung (Verwaltungsvereinbarung Städtebauförderung). Seit 2020 unterliegt die Städtebauförderung des Bundes folgenden Programmschwerpunkten: Lebendige Zentren, Sozialer Zusammenhalt sowie Wachstum und nachhaltige Erneuerung. In diese Programme gehen die Inhalte der sozialen Stadt und des Stadtumbaus ein. Die allgemeine Problematik der Funktionsverluste der Innenstädte und der wachsenden Leerstände im Einzelhandel führen zu vermehrten Städtebaufördermitteln für die Entwicklung und Erhaltung der Zentren.

Planungsverfahren der Stadterneuerung: Planungsverfahren unterliegen dem Wandel der Aufgaben und dem Wandel des Staatsverständnisses bei der Planung. Hier bildeten sich in der Vergangenheit harte und weiche Verfahren heraus: von der Intervention mit den harten Eingriffen einer umfassenden Kahlschlagsanierung bis hin zur Kooperation verschiedener Akteure (New Government, integrierte Handlungskonzepte). Ein verändertes Rollenverständnis bei der Stadterneuerung ist seit Mitte der 1970er Jahre (Bürgerbeteiligung, Aktivierung bürgerschaftlichen Engagements, Zusammenarbeit mit Privaten, Integrierte Handlungskonzepte etc.) feststellbar.

2 Methoden des städtebaulichen Entwerfens

Entwerfen ist kein linearer Prozess. Sowohl durch den Prozess des Entwerfens als auch durch die Rückkoppelung mit anderen Planungsbeteiligten kommt es immer wieder zu Anpassungen und Veränderungen des Entwurfs und zu Vor- und Zurücksprüngen im Planungsprozess.

Der Entwurfsprozess bewegt sich zwischen rationellen, systematisch erfassbaren und bewertbaren Vorgaben und Bestandsaufnahmen, der Integration dieser Erkenntnisse in den Entwurfsprozess und dem intuitiven, kreativen Prozess.

Der städtebauliche Entwurfsprozess gliedert sich in der Regel in folgende Stufen:

1. Klären der Aufgabenstellung (Abklären der Planungsgrundlagen und Rahmenfaktoren der Planung, Ziele und Handlungsbedarfe)
2. Bestandsaufnahmen, Analyse und Bewertung mit Positiv- und Negativplan
3. Zielfindung – Bindungen – Leitziele
4. Entwurfsphase mit der Herausarbeitung von Varianten und Alternativen bzw. verschiedenen Entwicklungsszenarien
5. Durchführungsplanung – Handlungskonzepte
6. Darstellung, Vermittlung – Kommunikation
7. Erfolgskontrolle

2.1 Abklären der Aufgabenstellung und Planungsgrundlagen

Feststellung aller formellen Planungen der Landes- und Regionalplanung, Flächennutzungsplan, Bebauungspläne, Landschaftsplan, Verkehrsplanung, relevante Satzungen (z. B. Gestaltungssatzung oder Denkmalsatzungen), informelle Pläne (z. B. Rahmenpläne, Stadtmarketingkonzepte, Einzelhandelsgutachten, ökologische Fachbeiträge), Angaben zur technischen Infrastruktur wie Ver- und Entsorgungsleitungen, statistische Daten (z. B. Angaben zur Bevölkerungs- und Altersstrukturentwicklung, Sozialstruktur, Erwerbs- und Einkommensstruktur, Nationalität, Wanderungsbewegung) sowie Prognosen (z. B. zur Einwohner- und Alterstrukturentwicklung, zur wirtschaftlichen Entwicklung, zum Flächenbedarf).

2.2 Bestandsaufnahmen, Analyse und Bewertung

Problemorientierte Bestandsaufnahme: Grundvoraussetzung zu Beginn der städtebaulichen Bestandsaufnahme sind zum einen die Klarheit über die Aufgabenstellung und die Formulierung von konkreten Fragestellungen und zum anderen das Festhalten von Untersuchungspunkten, die zur Lösung der Aufgabe sinnvoll erscheinen.

Weitere Grundvoraussetzungen sind ein Problembewusstsein über die Komplexität der zu lösenden Aufgabe, Erfahrung im Umgang mit den Aufgabenstellungen sowie eine fachliche Position bzw. ein städtebauliches Leitbild.

Neben den fachlichen Kenntnissen spielen auch die persönliche Motivation und die planungspolitischen Faktoren eine Rolle und beeinflussen die Analyseergebnisse. Auch die Ebene der stadträumlichen Wahrnehmung spielt eine bedeutende Rolle. Wahrnehmungsbezogene Kategorien nach Kevin Lynch (1960) [2.5]: Weg, Knotenpunkt, Merkzeichen, Grenzen, Bezirk.

Der Satz „Man sieht nur, was man weiß“ (Johann Wolfgang von Goethe) trifft auch auf die städtebauliche Analyse zu. Analyse, Bewertung und Planungsergebnisse stehen in einem engen Zusammenhang bzw. Wechselspiel zueinander.

Systematischer und emotionaler Einstieg: Beim systematischen Einstieg in den Entwurf werden die entsprechenden Planungsgrundlagen durchgearbeitet und die Analysen durchgeführt. Hier besteht ein eher rationaler Zugang zu der zu lösenden Aufgabe.

Beim Entwurfsprozess stellt auch der emotionale Zugang eine wichtige Voraussetzung zur Lösung der Aufgabe dar. Hier werden die Besonderheiten und Gegebenheiten des Planungsgebietes rein subjektiv wahrgenommen und dienen der Klärung der eigenen Position und Haltung zum Entwurfsgebiet. Diese können auch in einer sogenannten Mind Map (Gedächtniskarte) festgehalten und dokumentiert werden und sollten immer wieder im Entwurfsprozess beachtet werden.

Oft bietet diese intensive Auseinandersetzung mit dem Ort die Voraussetzung für die Entwicklung von Entwurfsideen. Zudem können der Genius Loci (lateinisch: Geist des Ortes) und der Umgang mit der

Besonderheit des Ortes erfasst werden, welcher die Planungsidee eng mit dem räumlichen Kontext verknüpft. Dieser emotionale, subjektive Einstieg stellt eine enge Verbindung zur Entwurfslösung her. Die Atmosphäre, das Image, die prägenden Elemente des Planungsgebietes, die Brüche in der Siedlungsstruktur oder seine Homogenität bilden sich erst mit einer intensiven Ortserkundung heraus.

Ein weiteres häufiges Mittel, um die atmosphärischen Eigenschaften von Stadt und Quartier zu erfassen, ist die semantische Differenzierung mit der Bildung von Gegensatzpaaren, z. B. belebt/öde, Ordnung/Chaos, übersichtlich/verwirrend, traditionell/fortschrittlich.

Arten von Bestandsaufnahmen:

Phänomenologische Bestandsaufnahme: orientiert sich an der Aufnahme der äußeren Erscheinung der Dinge, Gegenstände und Entwicklungen, die für eine unmittelbare Anschauung zugänglich sind. Diese Art der Bestandsaufnahme ist stark an Daten sowie mess- und zählbaren Elementen orientiert und stellt die gebräuchlichste Form der Bestandsaufnahme dar.

Zu den klassischen Untersuchungskriterien gehören:

- Natürliche Gegebenheiten
- Nutzungsstruktur: Realnutzung im Gebiet wie Wohnen, Gewerbe, Dienstleistungen, öffentliche Einrichtungen in allgemeiner und in differenzierter Form (z. B. Wohnen im Mietwohnungsbau, Einfamilienhäuser, Betreutes Wohnen), Leerstände sowie Beziehungen der Nutzungen zueinander
- Verkehrsstruktur: Erschließungsstruktur für den fließenden und ruhenden KFZ-Verkehr, Straßentypen, Verkehrsbauten, Straßenraumaufteilung, öffentlicher Personennahverkehr, Fuß- und Radwege etc.
- Freiraumstruktur: Grün- und Freiraumstruktur als Realnutzungskarte sowie differenzierte Betrachtung nach öffentlichen Freiflächen (z. B. Parkanlagen, Plätze, Sportanlagen) bis hin zu privaten Freiflächen der Gärten, übergeordnete Freiraumstrukturen (z. B. Grünzüge, Wasserflächen, Schutzzonen), Beziehung der Freiräume untereinander und der Vernetzung mit der Siedlungsstruktur
- Bau- und Siedlungsstruktur: Gebäudetypologie (z. B. Baublock, Zeile, Bauweise, Dachformen, Geschossigkeit/Gebäudehöhen, Baualter/Bauepoche)
- Stadtgestaltungsaspekte: Raumkanten, Blick- und Wegebeziehungen
- Bevölkerungs- und Sozialstruktur (z. B. Einwohnerentwicklung, Altersstrukturentwicklung, Haushaltsgrößen, Wechselwirkung zwischen der Bevölkerungs- und der Raumstruktur

Historisch-morphologische Bestandsaufnahme: orientiert sich an der Entwicklungsgeschichte der Stadt und beschreibt zudem die räumliche Besonderheit einer Stadt und deren Entstehungsmuster. Form und Gestaltung werden im Kontext der Geschichte analysiert.

Die heute vorfindbare Form und Gestalt von Gebäuden und Stadträumen sind historische Ergebnisse und Ausdruck der jeweiligen sozialen, ökonomischen und politischen Kräfte. Bei der Planung im städtebaulichen Kontext müssen Kenntnisse über das Gefüge einer Stadt, die inneren Zusammenhänge der Netze und der verbindenden Einzelelemente und Ordnungsmuster vorhanden sein. Auch die besonderen topografischen Strukturen mit Höhenentwicklung sowie der Lage im Tal, auf dem Berg oder am Fluss gehören zur morphologischen Analyse.

Als bekanntestes Beispiel ist der Schwarzplan zu nennen (Herausarbeitung der Gebäudestruktur oder Herausarbeitung der Straßen- und Platznetze/ positiver und negativer Raum). Die Gebäudestruktur, Aussagen zum Straßen- und Platzsystem, zur Gebäudedichte, der Freiraumstruktur sowie der Größenverhältnisse und Proportionen der Gebäude sind hier deutlich ablesbar. Bei der historischen Analyse werden z. B. die Entwicklungsstufen der Stadt in Schichten übereinander gelegt sowie alte Stadtkarten, Luftbilder, Fotos, Stadtchroniken oder Dokumentationen ausgewertet.

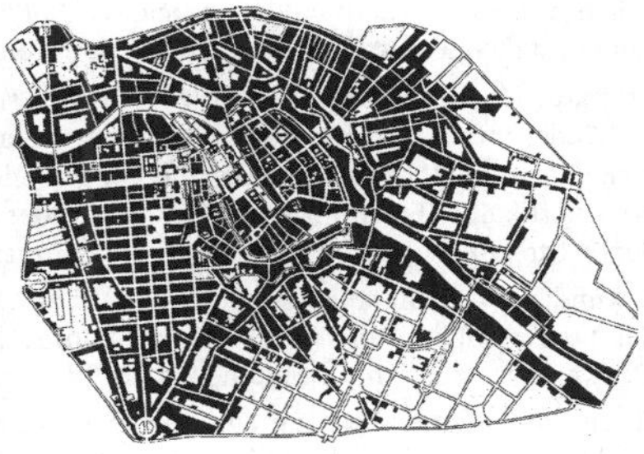

Stadtmitte Berlin:
Deutlich erkennbare morphologische Struktur des mittelalterlichen Stadtgrundrisses (Mitte), der orthogonalen Friedrichstadt des 18. Jh.s (links) sowie der ungeplanten Stadterweiterung des 19. Jh.s (oben rechts) [2.6]

Politisch-konfliktuelle Bestandsaufnahme:
orientiert sich an den beim Planungsprozess auftretenden Konfliktpunkten zwischen den verschiedenen Beteiligten, klärt die Bindungen für die Durchsetzung der Planung und setzt sich mit diesen auseinander. Insbesondere für die Entwicklung von Durchsetzungsstrategien sind die Kenntnisse über die Umsetzungsbedingungen und die Akteure von Bedeutung. Strategisch orientierte Planungsansätze und Planungen in Konfliktgebieten benötigen eine frühzeitige Auseinandersetzung mit den Umsetzungsbedingungen und den agierenden Gruppen. Von zentraler Bedeutung sind diese Kenntnisse bei prozess-orientierten Planungen, bei denen die weiteren Planungsschritte und -aussagen im Verlauf des Bearbeitungsprozesses entstehen, sowie bei kooperativen Planungsverfahren.

Analyse und Bewertung öffentlicher Räume:
Plätze sind die „öffentlichen Wohnräume" der Stadt. Sie sind Treff- und Verkehrspunkte, Erholungs- und Kommunikationsräume und vieles mehr. Sie stellen die Bereiche einer Stadt dar, in denen städtische Gemeinschaft am intensivsten wahrgenommen wird. Vor allem die zentral gelegenen innerstädtischen Plätze rücken seit Jahren verstärkt ins öffentliche Bewusstsein und wurden neu gestaltet. Zunahme von Außengastronomie und Stadtfesten sowie kulturelle Events zeugen von einer neuen In-Wertsetzung der Stadtplätze; Plätze werden auch Teil von Stadtmarketing- und Imagekampagnen.

Beim Entwurf von Plätzen müssen die funktionalen und architektonisch-formalen Ausdrucksformen mit den Anforderungen aus Sicht der Nutzer übereinander gebracht werden. Bei der Analyse und Bewertung als Grundlage der Planung kann zwischen primären, raumbildenden und sekundären, raumgestaltenden Strukturen unterschieden werden.

Rothenburg o.d.T.
Schwarzplan Bebauungsstruktur (oben) [2.7]
Schwarzplan Straßen/Netze (unten) [2.8]

Primäre, strukturbestimmende Elemente der städtebaulichen Raumbildung sind in erster Linie die Gebäude: ihre Anordnung und Gruppierung entlang der Straße oder des Platzes, die Proportion der Gebäude, ihre Höhe und ihr Abstand voneinander, die Dachform, die Fassadengliederung (horizontale oder vertikale Gliederung), die Offenheit oder Geschlossenheit der Bebauung (Baulücken, einmündende Straßen) sowie Bäume, wenn sie von ihrer Größe und Struktur her raumbestimmend sind.

Sekundäre, gestaltende Elemente sind Bäume, Bepflanzung, Grünflächen, Hecken, jegliche Form der Straßenmöblierung (z. B. Bänke, Lampen, Schilder, Einbauten wie Kiosk oder Telefonzellen, Denkmäler, Brunnen), Mauern, Art der Pflasterung, Flächenstrukturierung und Bodengestaltung.

Auch Phänomene wie Klarheit, Ablesbarkeit, Einprägsamkeit, Übersichtlichkeit, Identität, Zugänglichkeit, Anonymität, Auffälligkeiten, Chaos, Trostlosigkeit, Harmonie, Hektik, Ruhe, Aggression, Kontrolle, Licht, Schatten, Klima und Zugigkeit stellen Beurteilungskriterien dar.

Beobachtung und systematische Analyse und Bewertung bilden die Grundlage des Entwurfs: dazu gehören auch die Untersuchung des Nutzerverhaltens zu bestimmten Tageszeiten sowie die Beschäftigung mit den Nutzergruppen (Wer hält sich wann und wo auf den Plätzen auf?).

Positiv- und Negativplan: In der zusammenfassenden Darstellung in einem Positiv-Negativplan oder einem Chancen- und Mängelplan können die wesentlichen Ergebnisse der Bestandsanalyse festgehalten werden [2.9]. Die Bewertung kann auch in einer SWOT-Analyse erfolgen, die ihren Ursprung im strategischen Management von Unternehmen hat und auch bei komplexeren Planungsaufgaben und zur Beurteilung von städtebaulichen Situationen angewendet werden kann. Hier werden die Stärken, Schwächen, Risiken und Chancen von bestimmten Entwicklungen aufgezeigt und miteinander in Verbindung gebracht.

SWOT-Analyse	Stärken	Schwächen
Chancen	Verwendung der Stärken zur Nutzung der Chancen	Nutzung der Chancen zur Überwindung der Schwächen
Risiken	Verwendung der Stärken zur Abwehr der Risiken	Überwindung der Schwächen und Gefahren

2.3 Zielfindung – Bindungen – Leitziele

Die Zielfindung und die Formulierung der Leitziele bzw. Leitidee sind Voraussetzungen für den weiteren Arbeitsschritt und dienen der Orientierung für den Entwurf. Die Leitidee kann auch unterschiedliche Umsetzungsschritte und zeitliche Phasen beschreiben.

2.4 Entwurfsphase mit der Herausarbeitung von Varianten und Alternativen bzw. verschiedenen Entwicklungsszenarien

Die Ausarbeitung von Varianten und Alternativen ist ein wichtiger Schritt im Entwurfsprozess. Sie dient dazu, sich mit der Breite an Entwicklungsszenarien und Entwurfsmöglichkeiten auseinanderzusetzen, erleichtert die eigene Entscheidung für ein Entwurfskonzept und erhöht die Transparenz im Planungsverfahren.

In diesem Arbeitsschritt werden vielfältige Lösungsmöglichkeiten entwickelt, diese durchlaufen einen „Bewertungsfilter", bis sich die „beste" Lösung für die gestellte Aufgabe herauskristallisiert.

2.5 Durchführungsplanung – Handlungskonzept

Zur Durchführungsplanung gehören die Benennung der Maßnahmen (Handlungskonzept) und weiteren Schritte für die Durchführung, die Festlegung der notwendigen planungsrechtlichen Voraussetzungen, die Abfrage von Fördermöglichkeiten, die Festlegung von Prioritäten und notwendigen „Starterprojekten" etc.

2.6 Darstellung – Vermittlung – Kommunikation

Die Darstellung des städtebaulichen Entwurfs und die Vermittlung der Ergebnisse in Plan und Text stehen in enger Beziehung zu dem Adressatenkreis der Planung. Bei der Orientierung an ein reines Fachgremium können sowohl in der Darstellungsart als auch in der Wahl der Fachbegriffe andere Mittel gewählt werden als bei einer Planungsvermittlung in der Öffentlichkeit. Viele Planungen werden zudem heute auf der Homepage der Auftraggeber veröffentlicht und müssen entsprechende Anforderungen bereits bei der Fertigstellung des Projektes berücksichtigen. Das Segment der Architektur- und Planungsvermittlung gewinnt zunehmend an Bedeutung.

2.7 Erfolgskontrolle

Nach Projektabschluss werden Evaluierungen durchgeführt nach den Beurteilungskriterien Kosten, Nachhaltigkeit, Akzeptanz durch die Nutzer etc.

3 Sozialräumliche Zonierung des Raumes

Bei der städtebaulichen Planung sollte auch die „soziale" Organisation des Raumes als Strukturelement Beachtung finden. Der gebaute Raum begrenzt und erweitert, fördert oder behindert Aktivitäten der Menschen. Raum ist immer auch sozialer Raum, der durch spezifische Formen des Eigentums, der Aneignungs- und Gebrauchsmöglichkeiten, durch Konventions- und Verhaltensmuster geprägt ist. Auch der soziale Status und die jeweiligen Lebensphasen beeinflussen die Raumnutzung durch den Menschen.

Die Ausbildung und Begrenzung des Raumes sowie seine klar geregelte Zugänglichkeit ermöglicht erst die Aneignung und erhöht die Gebrauchsfähigkeit. Menschen bilden in unterschiedlichen Räumen auch differenzierte Verhaltensweisen aus.

Während die Menschen in der Wohnung räumlich eine intime oder engere Nähe zueinander aufbauen, ist außerhalb der Wohnung eher eine „soziale" Distanz von 1,5 m bis 3,0 m ausgebildet, bei der die anderen Menschen „auf Armlänge" entfernt gehalten werden, sowie eine „öffentliche" Distanz von mehr als 3,0 m. Auch die optische Wahrnehmung bzw. der Gesichtswinkel oder der Geruchssinn spielen eine große Rolle bei der Ausbildung von Nähe und Distanz im menschlichen Raumverhalten [2.10].

Die Wohnung, die unmittelbar an die Wohnung angrenzenden Freiräume des Wohnumfeldes und das Stadtquartier werden von unterschiedlicher Distanzwahrnehmung der Menschen bestimmt. Bedürfnisgerechte Planung erkennt die Erfahrungsbasis des sozialräumlichen Verhaltens an und bildet einen differenzierten „Raumcharakter" aus.

Grenzziehungen des Raumes stellen die privaten, gemeinschaftlichen bzw. halböffentlichen und öffentlichen Freiräume dar.

Der öffentliche Raum ist für jedermann zugänglich. Der gemeinschaftliche/halböffentliche Raum ist nur für einen überschaubaren Kreis von Anwohnern und der private Freiraum nur für Haushaltsmitglieder und Gäste zugänglich.

Wenn diese Räume in einem gestuften System von Öffentlichkeit und Privatheit zueinander stehen spricht man von einer sozialräumlichen Zonierung. Die sozialräumliche Zonierung regelt Zugang, Zuordnungen, Grenzen und Vermitt-

„Schutzzonen" von 1,5 m bis 3 m werden durch die unterschiedlichen Nutzergruppen eingehalten

Baublock:
Klare Zonierung zwischen öffentlichem Straßenraum und privat nutzbaren Freiflächen im Blockinnenbereich

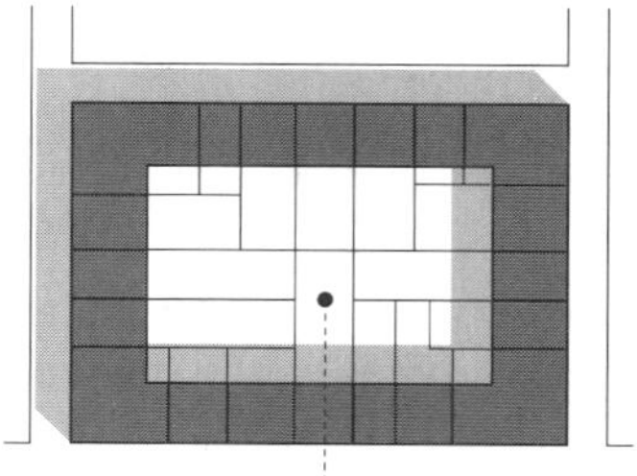

private, abgetrennte Freiflächen

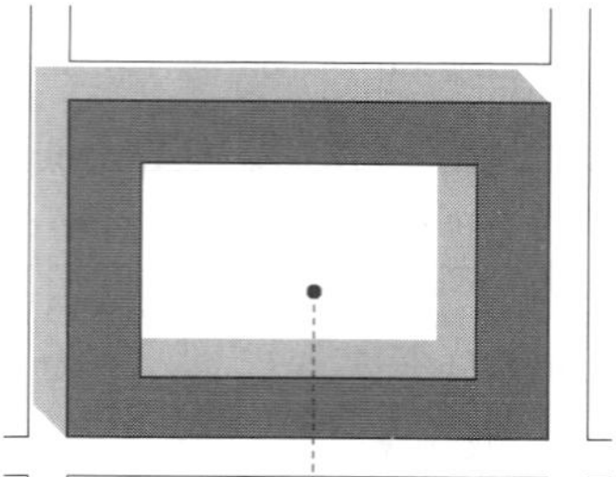

gemeinschaftliche Freiflächen

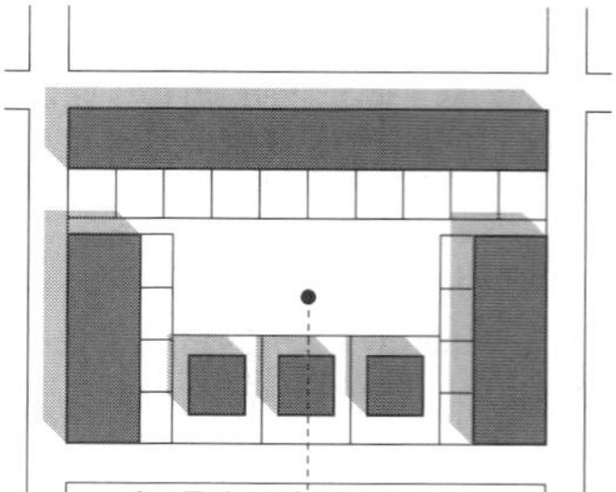

den Erdgeschossnutzungen zugeordnete, private Freiflächen sowie gemeinschaftliche Freiflächen

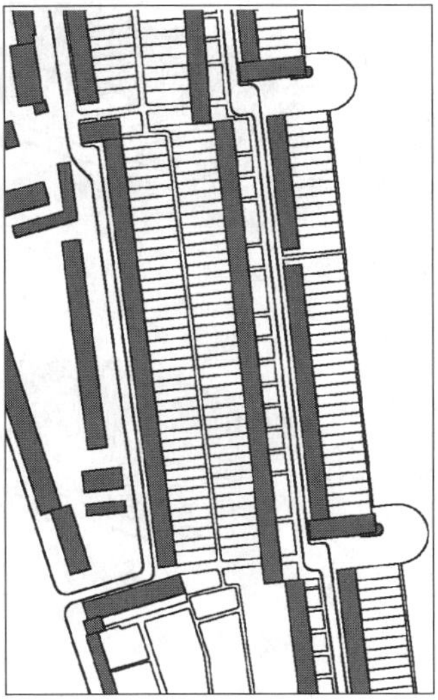

Klare Zonierung der öffentlichen und privaten Bereiche:
Ausschnitt Frankfurt-Römerstadt
Arch. Ernst May, 1927 [2.11]

Zeilenbauweise:
„vordere" und „hintere" Bereiche der Grundstücke grenzen aneinander

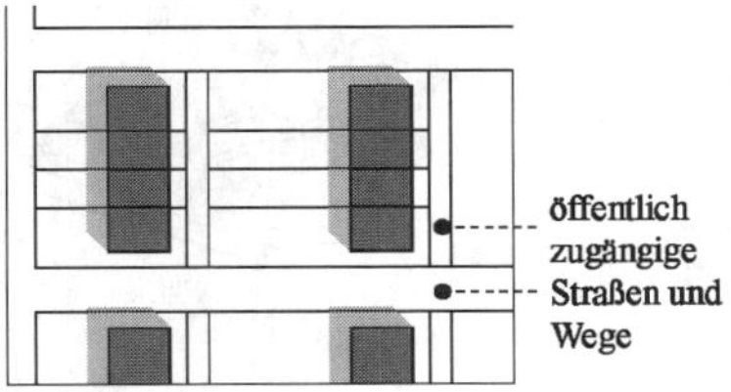

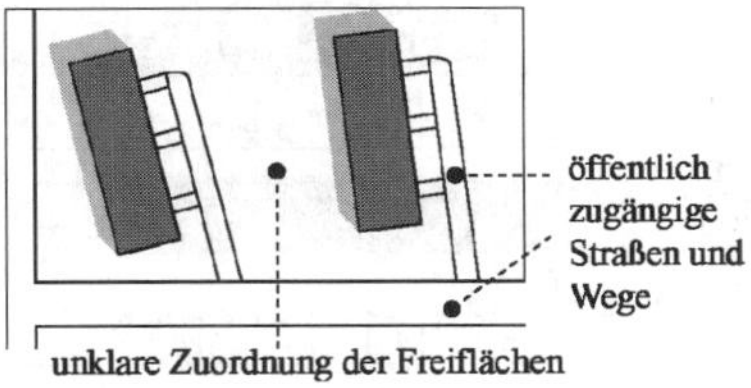

lungsglieder sowie die faktische Verfügung und Kontrolle über die Raumnutzung.

Wenn die räumliche Zonierung unklar und die Zuordnungen diffus bleiben oder wenn Menschen aus anderen Kulturräumen den sozialen Raumcharakter und den Verhaltenskodex im Raum nicht kennen, bildet sich zumeist eine Verhaltensunsicherheit heraus.

Für eine klare Zuordnung ist vor allem der Übergang zwischen den privaten bzw. gemeinschaftlichen und öffentlichen Nutzungszonen von Bedeutung.

Die Grenze zu den zwei Grundtypen des städtischen Raumes, dem „vorderen" und dem „hinteren" Bereich, bilden in der Regel die Gebäude.

Bei der Anordnung des Baublocks bilden die Gebäude eine eindeutige Grenze zwischen dem „vorderen" öffentlichen Bereich der Straße und dem rückwärtig angrenzenden „hinteren" Bereich. Der Blockinnenbereich ist kleinteilig mit privaten Grundstücksgrenzen und privat nutzbaren Freiflächen abgetrennt und die privaten Gärten und Freiräume stoßen aneinander. Er kann auch als gemeinschaftlicher Raum ohne weitere Grenzziehung eingeteilt und nur von den Anwohnern genutzt werden.

Bei dieser Anordnung sind öffentliche und private Freiräume klar begrenzt; die Erschließung erfolgt von der Straße aus. Die eindeutige Zuordnung kann nicht nur bei geschlossenen Baublöcken, sondern auch bei einer Reihenhausbebauung erfolgen (siehe Abb. Römerstadt [2.11]).

Eine weniger klare Zuordnung erfolgt z. B. bei einer Zeilenbebauung. Die vordere Erschließung der einen Zeile stößt gleichzeitig an den rückwärtigen Bereich der anderen Zeile.

Die privaten Gärten, Höfe oder Terrassen können von hier aus von jedermann eingesehen werden. Die Nutzung und „Intimität" der privaten Freiräume ist nicht gewährleistet. Der rückwärtige private Bereich wird so zum Vorgarten.

Möglichkeiten einer sozialräumlichen Zonierung beim Entwurf bestehen durch die Abschirmung des rückwärtigen Bereiches und der privaten Freiräume vom öffentlichen Erschließungsweg durch Schuppen, Garagen, Kellerersatzräume, Ausbauräume und vieles mehr. Auch die Absenkung des Erschließungsweges oder die Bildung von Sichtschutz mit vorgegebenen Elementen, wie Hecken oder Stützmauern als Entwurfselemente, verhindern oft nachträglich von den Nutzern individuell eingefügte und wenig ansprechende Abschirmungen.

Bei einer Hanglage kann eine eindeutige Differenzierung z. B. durch den tiefer gelegenen Erschließungsweg erfolgen.

Der „vordere" Bereich zum öffentlichen Raum kann ebenfalls „zoniert" werden. Bei einer direkten Anordnung der Bebauung an der Straße bzw. zum Bürgersteig kann das Erdgeschoss als gewerbliche Fläche oder Geschäftsfläche genutzt und das Wohnen in die vor Einblicken geschützte Lage des 1. Obergeschosses gelegt werden. Bei einer Wohnnutzung im Erdgeschoss kann durch die Einfügung eines Sockelgeschosses oder durch vorgelagerte kleine Zwischenräume (Vorgärten oder Höfe) die direkte Einsicht in die Wohnungen verhindert werden.

ungünstig: ungestörte Einsichtnahme vom Wohnweg aus möglich

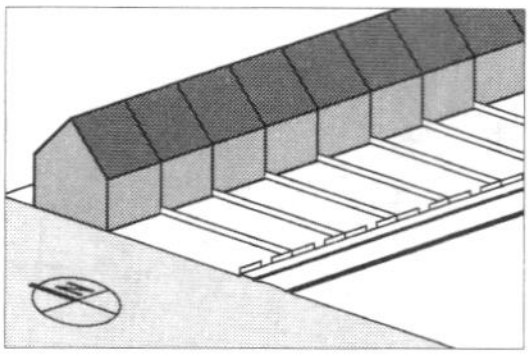

Abschirmung des Gartens durch Absenkung des Wohnwegs und Stützmauern/Hecken

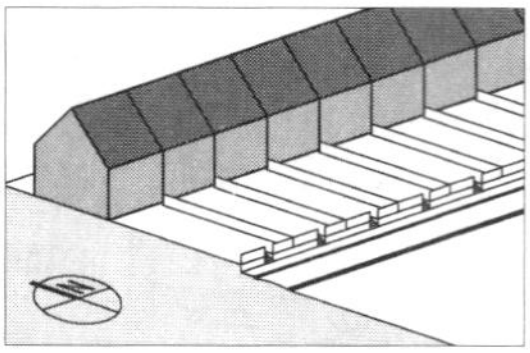

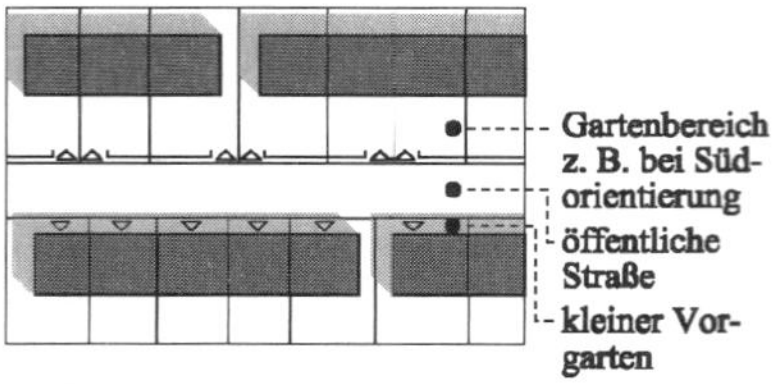

Abschirmung des Gartens durch Schuppen/ Kellerersatzräume o.Ä.

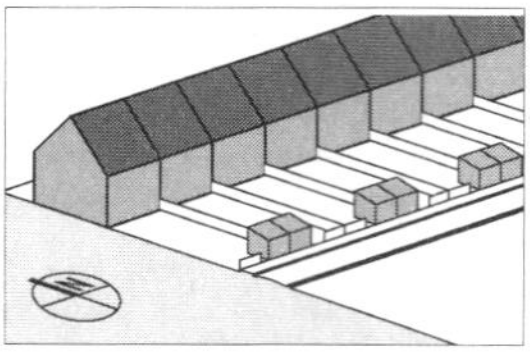

Von außen einsehbare Fenster (oben)
Abhilfe: Sockelzone (unten)

Abschirmung des Gartens durch Ausnutzung von natürlichem Gefälle

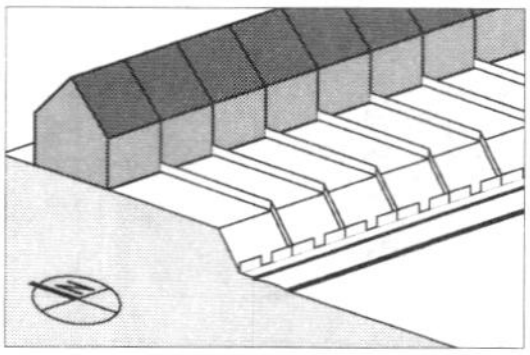

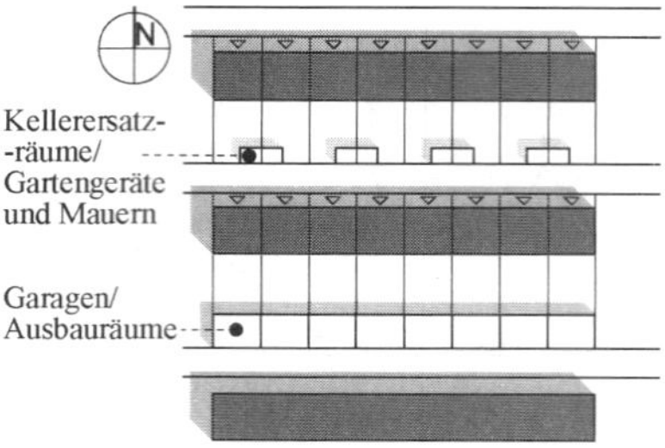

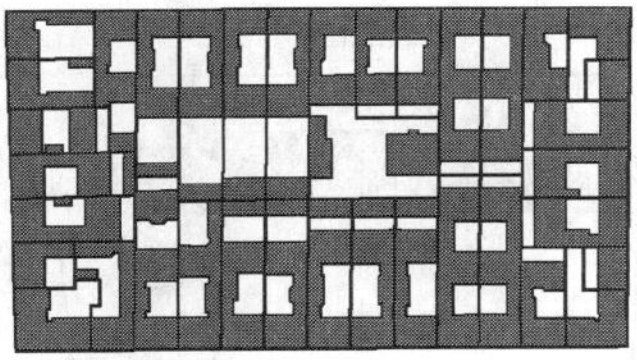

Baublock
Berliner Mietshäuser, 19. Jh.

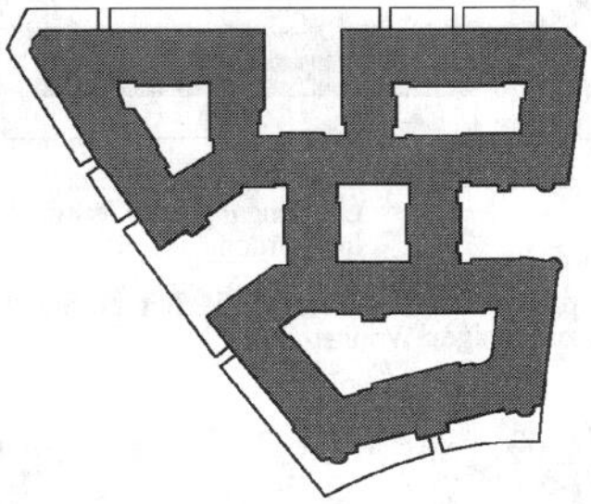

Baublock
Prinzip des reformierten Baublocks, Anfang 20. Jh.

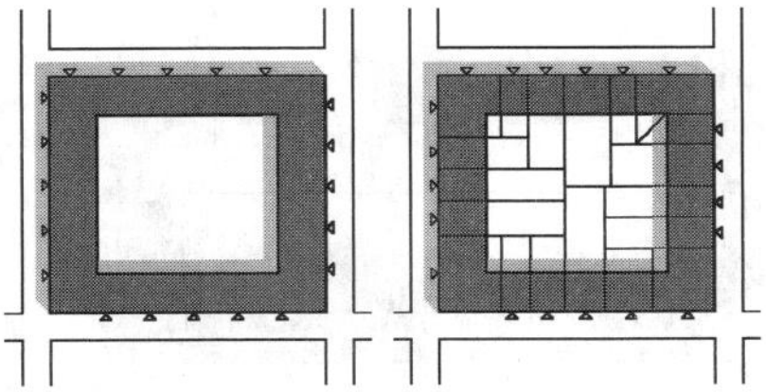

Erschließungsformen
von Baublöcken

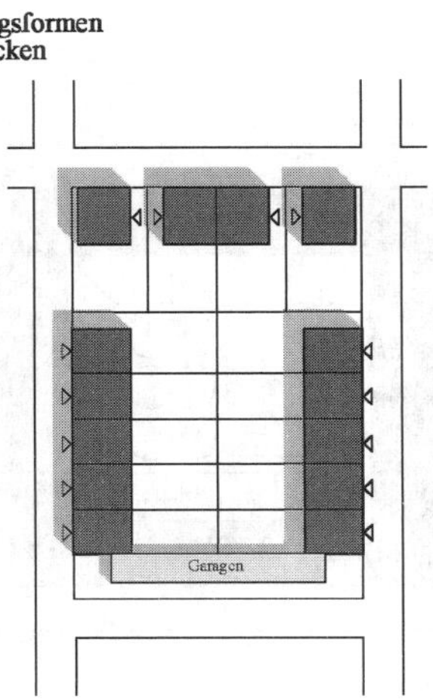

4 Bausteine des städtebaulichen Entwerfens

4.1 Baublock

Der Baublock stellt das klassische Erschließungsmuster städtischer Räume (z. B. Antike, Mittelalter, Stadterweiterung des 19. Jh.s) dar. Die Kritik an der dichten Baublockstruktur zu Ende des 19. Jh.s führte zur Ablehnung dieser Baustruktur und zur Propagierung der Reihen- und Zeilenbauweise bzw. zur Entwicklung des reformierten Baublocks ohne hintere Anbauten und mit Begrünung. Erst ab den 1980er-Jahren wird dieser städtebauliche Grundtypus wieder stärker angewandt [2.12].

Der Baublock oder auch Block bezeichnet eine allseitig von Straßen umschlossene Gebäudegruppe, in der Regel bestehend aus mehreren Parzellen. Der Baublock ist zumeist vierseitig bebaut; er kann auch durch eine nur drei- oder zweiseitige Bebauung gebildet werden. Die Form des Baublockes kann quadratisch, rechteckig, dreieckig, rund, oval, geschwungen oder auch unregelmäßig sein.

Die Erschließung der Gebäude erfolgt von der Straßenseite aus, bei einer offenen Bauweise auch seitlich.

Als Sonderfall kann die Erschließung auch von innen erfolgen, allerdings unter Aufgabe der klaren sozialräumlichen Zonierung (s. Abschn. 3).

Der vordere Bereich der Baublöcke grenzt vor allem in Altstadtgebieten und innenstadtnahen Wohngebieten des 19. Jh.s direkt an die Straße bzw. an den Bürgersteig an. In den Erdgeschossen befinden sich zumeist keine Wohnungen; die Erdgeschosszone mit Geschäften, Gastronomie oder Dienstleistungen bildet eine belebte Zone. Auch öffentliche Nutzungen wie Kindergärten lassen sich gut in die Baublöcke integrieren.

In neueren Wohngebieten mit Baublockform wird bei der Lage von Wohnungen im Erdgeschoss zumeist eine Vorgartennutzung oder ein privater Wohnhof als Zwischenzone zwischen Wohnung und öffentlichem Bereich angeordnet. Ein gutes Mittel zur Verhinderung der direkten Einsicht bei der Lage einer Erdgeschosswohnung zur Straße hin ist auch die Einführung einer Sockelzone (Kellerräume oder Unterbringung von Stellplätzen in Halbtiefgaragen).

Der Baublock führt durch seine Grundstruktur der eindeutigen Grenze zwischen dem öffentlichen und dem privaten Raum zu klar definierten Räumen. Der hintere private Bereich kann sehr vielfältig genutzt werden und erfüllt verschiedene Anforderungen.

Eine allseitige Umbauung führt zu dem Problem der Grundrisslösungen in den Baublockecken (Belichtungsprobleme, Zuschnitt der Grundrisse, Einsicht „über Eck" in die Nachbarwohnungen, keine oder nur gering nutzbare Freiflächen im Erdgeschoss etc.). Durch verschiedene Anordnungen von Ecklösungen können Konflikte verhindert oder minimiert werden.

Eine allseitige Umbauung führt zudem zu unterschiedlichen Ausrichtungen der Gebäude zu den Himmelsrichtungen: Neben der unproblematischen Ost-West-Orientierung ist eine reine Nord-Süd-Orientierung schwieriger zu organisieren. Während die Orientierung des Freiraums im Süden zum Baublockinnern günstig ist, kann bei einer Südlage zur Straße hin unter Berücksichtigung der Verkehrsbelastung ein privater Freiraum in Form von kleinen Vorzonen angeordnet werden.

Eine weitere Möglichkeit zur Verminderung der Belichtungsprobleme bei einer Nord-Süd-ausrichtung der Wohnbebauung ist die Ausbildung von „Durchwohngrundrissen", die z. B. bei einem durchgehenden Wohn-Essbereich eine zweiseitige Belichtung ermöglichen. Ebenso können die Baublocktiefen reduziert und im Norden lediglich die Nebenräume (Küchen/Bäder) angeordnet werden. In den schlechter belichteten Baublockseiten können auch Dienstleistungen oder öffentliche Nutzungen eingefügt werden.

Die durchschnittliche Gebäudetiefe im Wohnungsbau bei einer Ost-West-Orientierung beträgt 11 bis 13 m und bei einer Nord-Süd-Orientierung z. B. 9 bis 11 m bei größeren Wohnungsbreiten.

Sehr große Baublocktiefen führen zu einer unrationellen Bodeneinteilung und zur Gefahr der Verdichtung der Grundstücke im Innern der Baublöcke, wie z. B. bei der Berliner Mietskaserne im 19. Jh. Eine zu geringe Baublocktiefe kann zur Beeinträchtigung der Freiraumnutzung im Blockinnern sowie zur Verschattung führen und erhöht den Straßenlandanteil im gesamten Baugebiet.

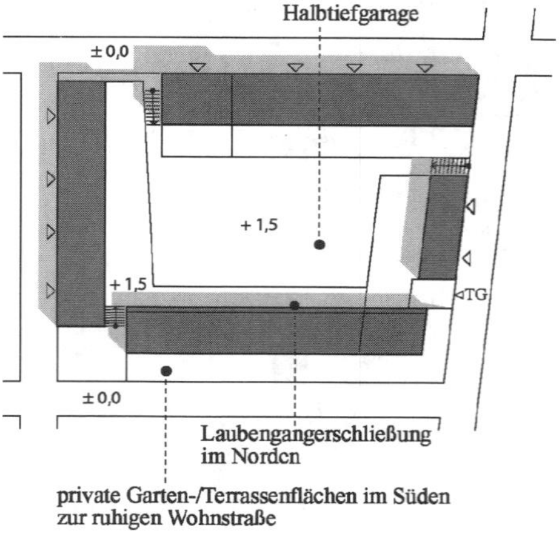

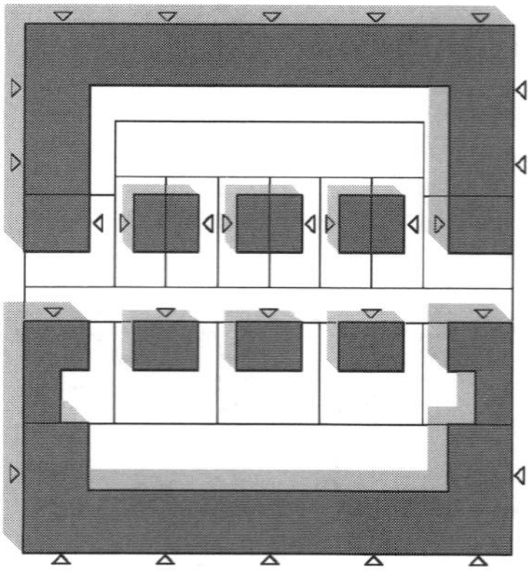

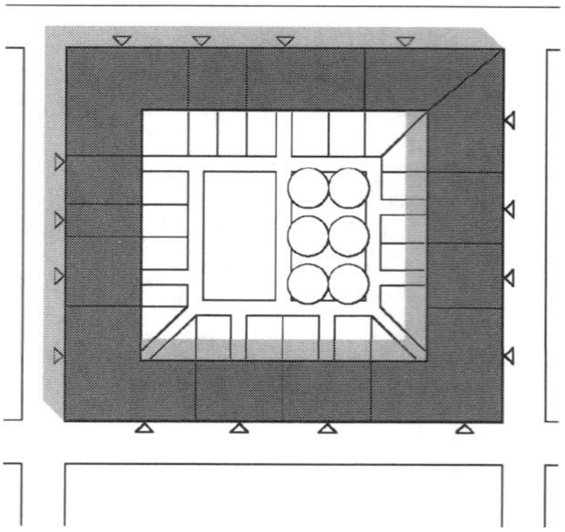

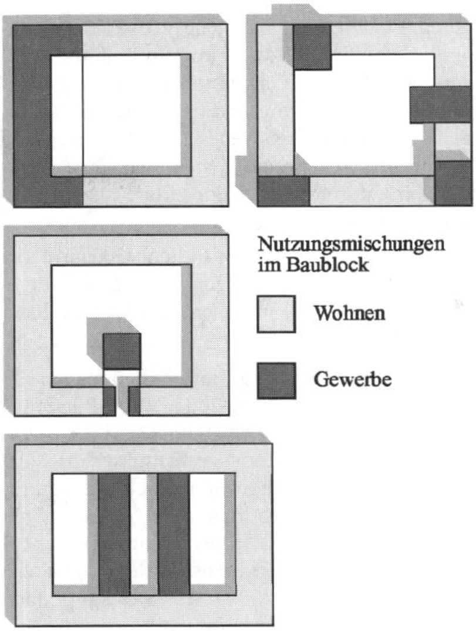

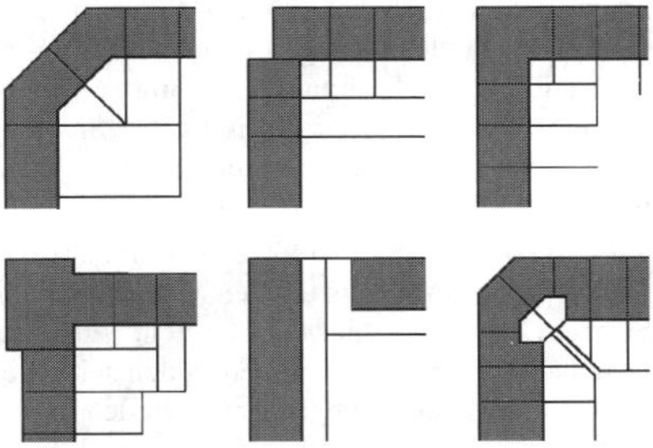

Ecklösungen bei Baublöcken

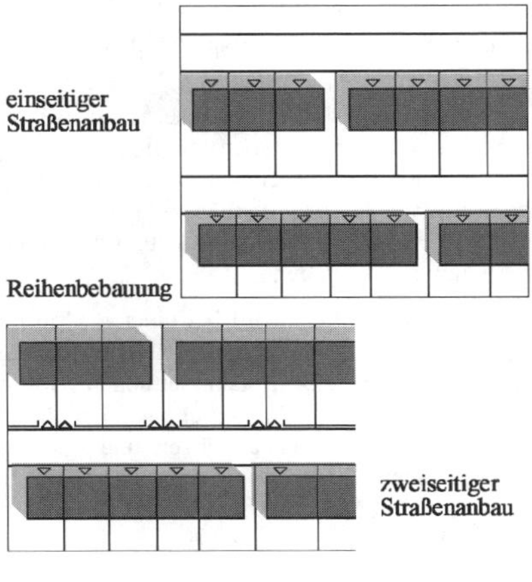

Die Baublocktiefe steht zudem in einer Abhängigkeit zu den Gebäudehöhen (z. B. Baublocktiefe bei einer 2- bis 3-geschossigen Bauweise: 30 bis 40 m; Baublocktiefe bei 4- bis 5-geschossiger Bauweise: 50 bis 60 m).

Mit dem Prinzip des Baublocks verbunden ist die Nutzungsmischung von Wohnen, Gewerbe, Läden oder öffentlichen Einrichtungen (historische Herausbildung im Mittelalter oder in den Stadterweiterungen des 19. Jh.s). Als städtebauliches Leitbild wird heutzutage die Nutzungsmischung wieder akzeptiert und das Prinzip der Funktionstrennung (städtebauliches Leitbild 1920 bis 1970) eher kritisch angesehen. Die Nutzungsmischung gilt als Garant für die Schaffung urbaner städtischer Qualität. Das Prinzip des Baublocks und der Nutzungsmischung erlebte eine Renaissance bei den Stadterweiterungsplanungen seit den 1990er-Jahre (z. B. Freiburg: Rieselfeld und Vauban-Gelände, Tübingen: Französisches Viertel, Wien: Seestadt Aspern).

Die Wohnnutzungen befinden sich in der Regel ab dem 1. oder 2. Obergeschoss. Es gibt die Möglichkeit, die Nutzungen innerhalb eines Gebäudes zu mischen oder eine Nutzungsmischung innerhalb des Baublocks oder eines Quartiers anzuordnen.

Baublockformen modernen Typs erlauben insbesondere bei einer dichteren städtischen Bauweise die Unterbringung des erhöhten Stellplatzbedarfes unterhalb der Gebäude und der Freiflächen in Form von Tiefgaragen oder Halbtiefgaragen. Die Stellplätze können einen direkten Zugang von den einzelnen Treppenhäusern oder von einigen zentral gelegenen Aufgängen aus erhalten.

4.2 Reihe

Die Reihenbebauung ist wie der Baublock ein altes städtebauliches Entwurfselement. Reihenbebauungen sind im antiken Griechenland ebenso zu finden wie im Mittelalter.

Bei der Reihenbebauung werden die Gebäude und Parzellen in offener oder geschlossener Bauweise entlang einer Straße addiert. Dieser Anbau an die Straße kann zweiseitig (bessere Ausnutzung der Erschließung) oder einseitig erfolgen. Die Reihenbebauung kann über lange oder kurze Abschnitte verfügen und entlang der Straße einen geradlinigen oder gekrümmten Verlauf haben, bevor sie wieder von einem öffentlichen Straßenraum durchbrochen wird [2.13].

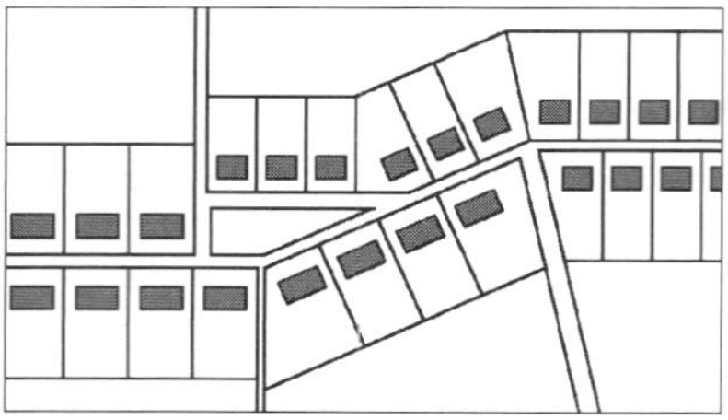

Reihenbebauung entlang einer geschwungenen Straße

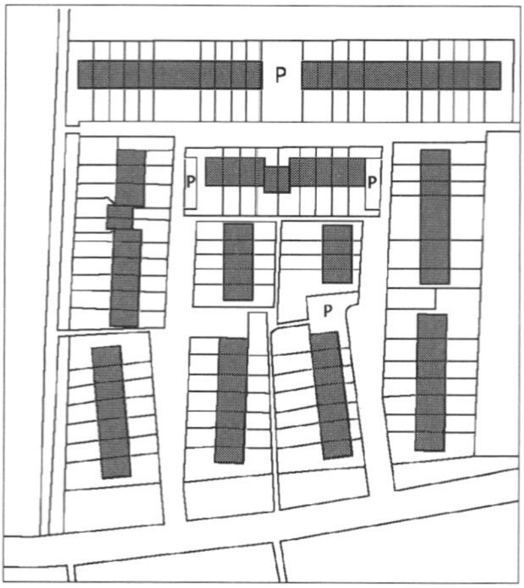

Reihenbebauung im Siedlungszusammenhang

Durch die Länge der addierten Parzellen und deren Stellung zum Straßenraum sowie der Drehung der Baukörper kann die städtebauliche Wirkung und die Stadtgestaltung beeinflusst werden. Durch Vor- und Zurücksprünge kann der Straßenraum in sich verengende oder sich erweiternde Räume geteilt und in einzelne Sequenzen unterteilt werden. Die Reihe passt sich beliebig der topografischen Situation an, z. B. durch einen gekrümmten Straßenverlauf und Drehung der Gebäude.

Im Prinzip ist auch bei einer Reihe eine Nutzungsmischung möglich.

Die Reihenbebauung kann direkt zur Straße orientiert sein oder Vorbereiche in Form von Vorzonen, Vorgärten oder Vorhöfen erhalten. Oft werden auch Stellplätze, Garagen oder Carports hier angeordnet.

Die Reihenbebauung kann als zweiseitige Bebauung entlang der Straße angeordnet werden. Damit erhält sie eine klare Zuordnung der vorderen Erschließungsbereiche zueinander, während die hinteren Garten- und Freiraumbereiche der Parzellen aneinanderstoßen. Bei einer einseitigen Erschließung und der Lage des öffentlichen Erschließungsweges direkt angrenzend an die privaten Freiflächen können Nutzungsprobleme durch die weniger klare sozialräumliche Zonierung entstehen.

Die zur Straße hin gewandten Gebäude der Reihe sind mit ihren Nutzungen in das Stadtgefüge integriert und erlauben eine soziale Kontrolle des Straßenraums.

Bei einer Reihe treten keine Belichtungsprobleme aufgrund der fehlenden Ecksituationen auf. Eine Ost-West-Ausrichtung der Reihe führt zu günstigen Belichtungsverhältnissen. Bei der Nord-Süd-Ausrichtung kann durch die Anordnung von privaten Gärten oder Vorhöfen mit einem entsprechenden Rückversatz der Bebauung die günstige Süd-Ausrichtung auch bei einem zweiseitigen Anbau der Straßen genutzt werden. Insbesondere bei der Anordnung einer reinen Nord-Südlage aus energetischen Gesichtspunkten („Bauen mit der Sonne“) muss eine Auseinandersetzung mit der Grundrissorganisation und Freiraumgestaltung erfolgen. Oft führt die reine Ausrichtung einer Siedlung zur Sonne zu schematischen und starren städtebaulichen Lösungen.

An den Straßenecken stößt eine Reihenbebauung oft mit einer fensterlosen Giebelseite zur Straße. Damit auch hier ein „Gesicht“ zur Straße entsteht, können Nutzungen in den seitlichen Grundstücksflächen angeordnet werden (z. B. Wintergärten, Erker oder Balkone). Ebenso können Nebenräume, Schuppen, Garagen oder Sammelstellplätze hier festgelegt werden.

Reihenhausparzelle bei Ein- und Zweifamilienhäuser: 5,5 bis 6,5 m; in Einzelfällen auch bis 4,5 m.

Reihenbebauung mit Stadthäusern: hier handelt es sich um Wohnungstypen mit einer Mischung aus Wohnen und Arbeiten bzw. aus großzügig geschnittenen Stadtwohnhäusern mit hohem Wohnflächenanteil und Ausdehnung über mehrere, zumeist 3, Etagen.

Der ruhende Verkehr wird bei einer niedrig geschossigen, gering verdichteten Reihenbebauung vor den Gebäuden, in den seitlichen Grundstücksgrenzen (bei Unterbrechung der Reihe) oder auch in Sammelstellplätzen und -garagen untergebracht. Bei einer dichteren Bauweise sind Tief- und Halbtiefgaragen unter den Reihenhäusern und Freiräumen unterzubringen.

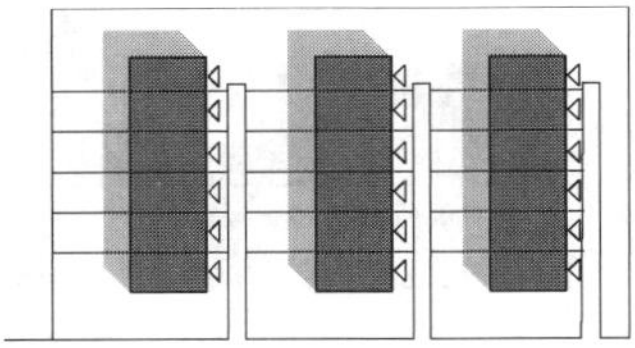
Zeilenbebauung

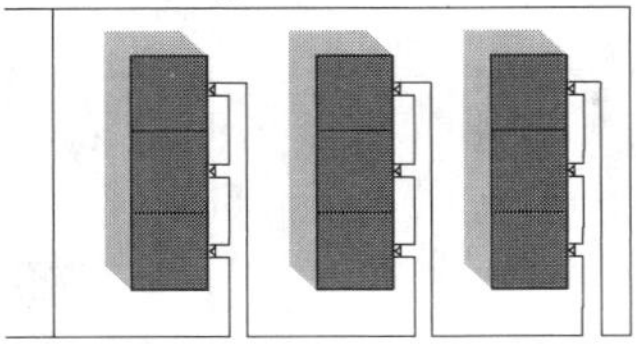

4.3 Zeile

Die Zeilenbebauung entsteht ebenfalls durch eine Addition von Gebäuden und Parzellen. Sie orientiert sich jedoch mit ihren Kopfbauten zur Erschließungsstraße. Von der Straße aus werden die Zeilenbauten über einen Erschließungsweg bzw. eine Stichstraße erschlossen. Die Zeilenbauung entwickelte sich seit den 1920er-Jahren im Zuge der Wohnungsbaureformen (Ausrichtung zur Sonne, Rationalisierung und Typisierung von Bauform und Grundrissen, Kostensenkung etc.). Neben den Zeilenbauten im Geschosswohnungsbau wurden auch Ein- und Zweifamilienhäuser in dieser Grundstruktur errichtet. Insbesondere bei den Stadterweiterungsplanungen der 1950/1960er-Jahre bildete der Zeilenbau den zentralen Grundtypus.

Die sozialräumliche Zonierung bei einer Zeile ist durch die einseitige Erschließung oft mit der Schwierigkeit verbunden, eine klare Zuordnung und Abgrenzung zwischen den öffentlichen, gemeinschaftlichen und privaten Räumen zu schaffen. Hierdurch entstehen oftmals diffuse Räume, die nicht genutzt werden und als reine „Pflegeanlagen“ und Abstandsgrün fungieren.

Verstärkt wird diese geringe Nutzungsmöglichkeit der Freiräume durch die fehlende Zuordnung von Freiflächen zur Erdgeschosszone (z. B. durch die weit verbreitete Ausbildung von Sockelgeschossen mit „schwebenden“ Balkons oder Loggien).

Ein weiteres Problem ergibt sich aus dem fehlenden Kontakt der Gebäude zur Straße. Die Haupterschließungsstraße erfüllt eine reine Erschließungsfunktion und es entstehen anonyme Straßenräume ohne soziale Kontrolle.

Bei einer größeren Anzahl von additiven Zeilenelementen entsteht eine monotone Struktur.

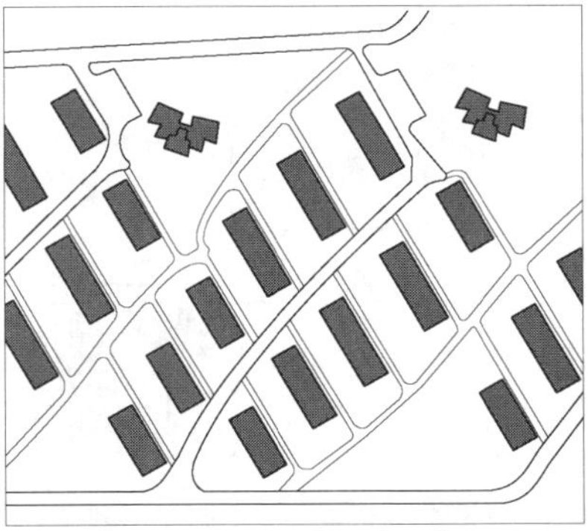
Ausschnitt Siedlung Hohnerkamp/Hamburg
Arch. Hans Bernhard Reichow, 1954 [2.14]

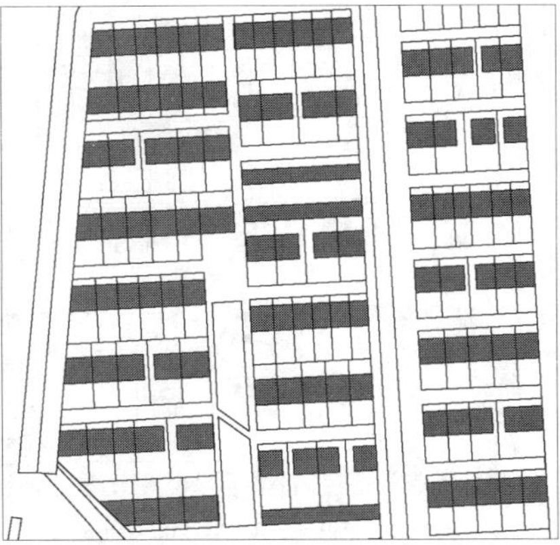
Ausschnitt Siedlung Grauenhofer Weg, Aachen-Forst
Baufrösche Architekten, 1999 [2.15]

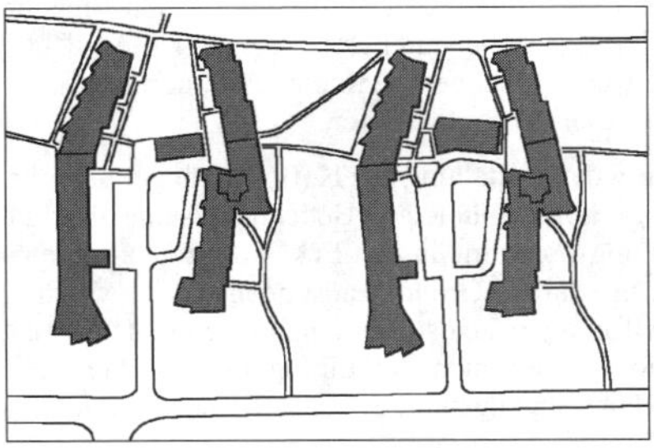
Ausschnitt Siedlung Charlottenburg-Nord/Berlin
Arch. Hans Scharoun, 1956-1960 [2.16]
Klare Erschließungsstruktur von zentraler Mitte

4.4 Hof

Beim Bautyp Hof und Hofanlage (Herkunft: Bauernhof; Klosterhof) erfolgt die Erschließung vom Hof aus. Der öffentliche Zugang zur Hoffläche erfolgt von der Straße aus. Der Hof bietet sich als additives Strukturelement bei der städtebaulichen Planung an. Beim Ein- und Zweifamilienhausbau werden z. B. über einen Hof kleinere Gebäudegruppen erschlossen. Der Hof wird von der Straße aus über einen kleinen Zugangsweg in Form einer Sackgasse mit oder ohne Wendemöglichkeit erschlossen. Über diese Straße ist der Hof zwar an das öffentliche Straßennetz angebunden, erhält aber die Funktion einer halböffentlichen bzw. gemeinschaftlichen Fläche. Zum Teil werden diese Zugangswege und Hofflächen auch als Privatflächen ausgebaut.

Die Hoffläche kann neben der Erschließung der Gebäude auch als gemeinschaftliche Fläche, als Spielfläche oder für gemeinsame Aktivitäten genutzt werden. Die Nutzung als Stellplatzfläche ist möglich, mindert aber die Qualität des Hofes. Die Einführung von Sammelstellplätzen an der Zugangsseite entlastet die Hoffläche von störendem Verkehr. Höfe können vielfältige Ausprägungen, z. B. als rechteckiger, runder oder geschwungener Hof, haben.

Die aufkommende Gartenstadtbebauung zu Ende des 19. bzw. frühen 20 Jh.s. hat insbesondere den Hoftyp als neue Form der Erschließung von Kleinhäusern mit Garten genutzt. Das gemeinschaftliche und genossenschaftliche Prinzip, welches mit den frühen Gartenstädten verbunden war, fand ihre Entsprechung in der Baustruktur des Hofes (Protagonist z. B. Raimond Unwin um 1908).

Auch in verdichteten städtischen Strukturen kann die Hofform eingesetzt werden; er ist hier eher als umgekehrter Baublock zu sehen mit einer im Inneren des Hofes liegenden Erschließung. Als bedeutendstes Beispiel dieses Typs ist der Wiener Gemeindewohnungsbau der 1920er-Jahre zu nennen.

Bei der Gestaltung der Hofform können - ähnlich wie beim Baublock - Belichtungs- und Erschließungsprobleme in den Ecken auftreten und müssen durch Grundrisslösungen oder Versätze/ Öffnungen gelöst werden. In verdichteten Bauformen ist auch die Einfügung von Tief- oder Halbtiefgaragen unter der Hoffläche möglich.

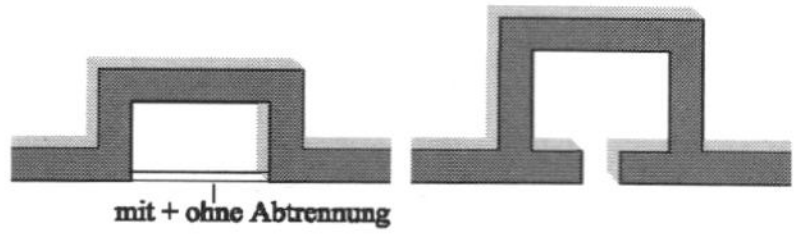

Erschließungstypen „Hof“

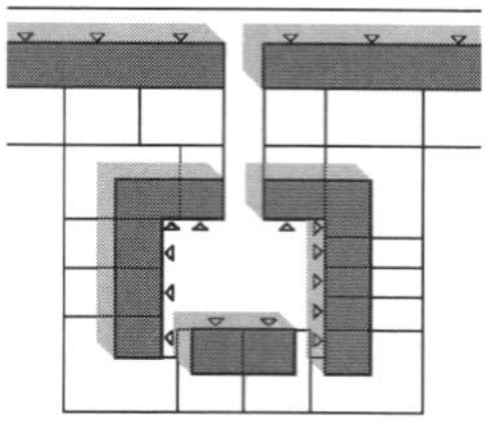

Erschließungstypen „Hof“

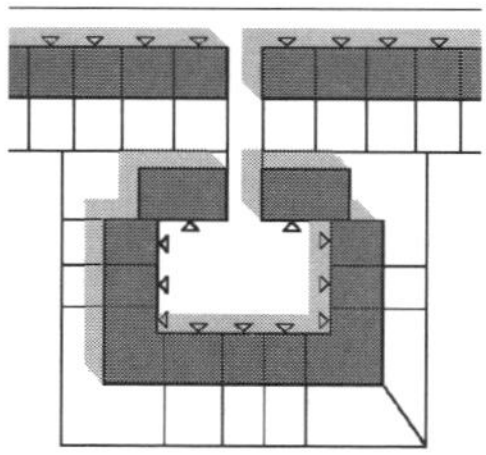

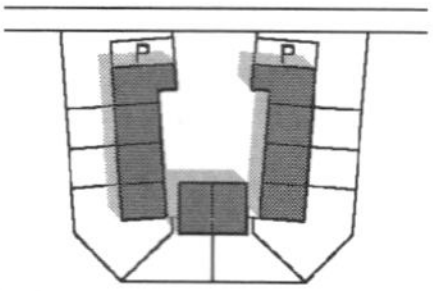

Wohnhöfe in Einfamilienhausgebieten [2.17]

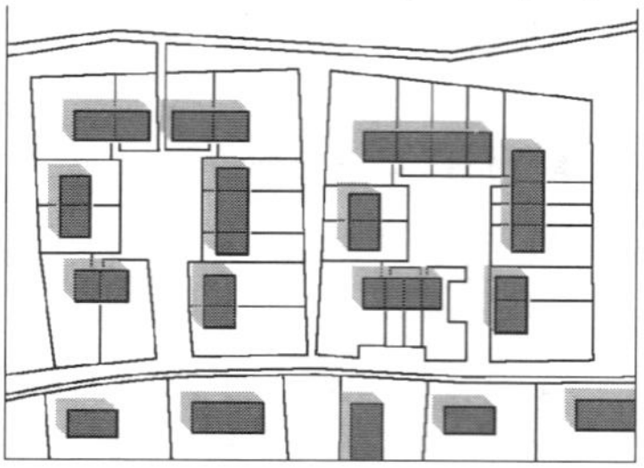

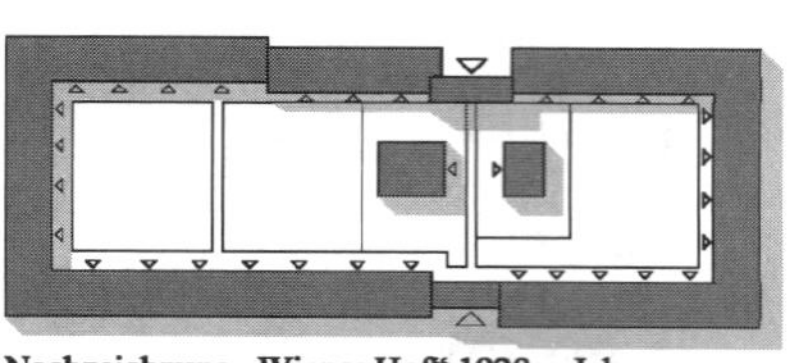

Nachzeichnung „Wiener Hof“ 1920er-Jahre Erschließung vom Innenbereich mit zentral gelegenen Gemeinschaftseinrichtungen

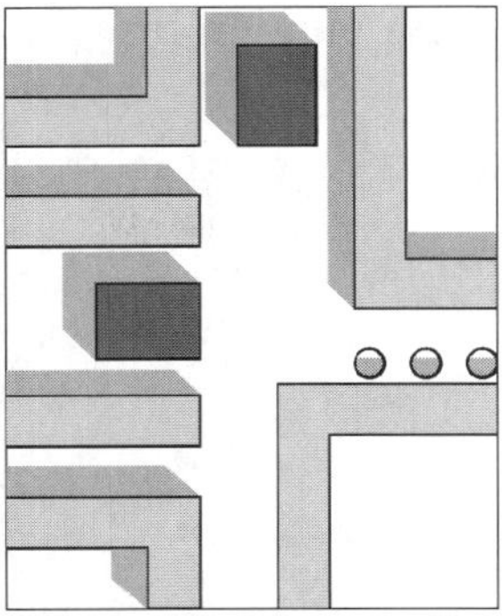

Solitärbauten als kompositorische Stadtbausteine

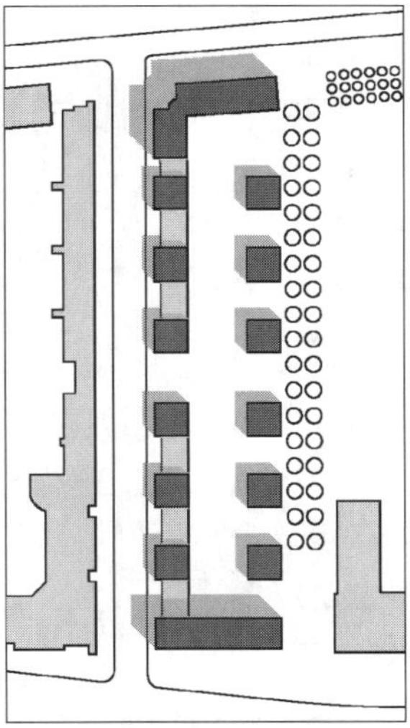

„Stadtvillen" im Blockinnenbereich/Berlin [2.18]
Arch. Hans Kollhoff und Arthur Ovaska, 1984

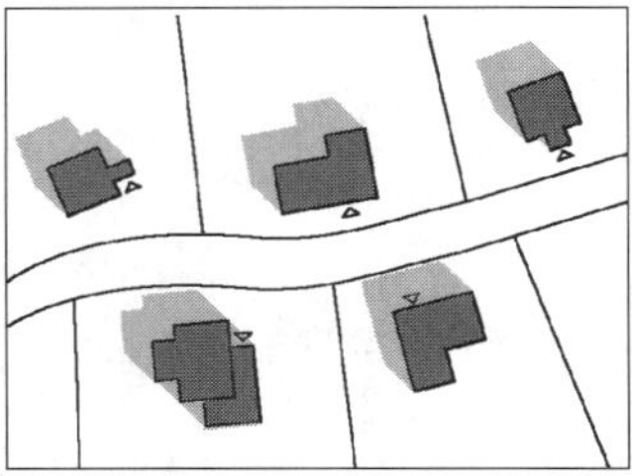

Solitär als Villa

Durch die Anordnung des Hofes erfolgt eine klare Trennung zwischen dem öffentlichen vorderen und dem hinteren privaten Bereich. Die Verknüpfungspunkte zwischen dem Hof und der vorderen Bebauung an der Straße sind beim Entwurf besonders zu beachten.

4.5 Solitär

Der Solitär ist ein alleinstehendes, aus einer Gebäudegruppe und einem städtebaulichen oder landschaftlichen Umfeld herausragendes Gebäude.

In der Geschichte sind Solitärbauten vor allem Bauten mit besonders hervorgehobenen Nutzungen, wie Kirchen, Tempel, Rathäuser, Schlösser, Theater, Villen etc. Sie unterscheiden sich in Größe, Materialität und zumeist architektonischer Gestaltung von der Umgebung und stehen in Distanz zur benachbarten Bebauung.

Die „Moderne" des 20. Jh.s brachte Solitärbauten auch im Wohnungsbau in der Form der Wohnhochhäuser hervor. Solitärbauten erlangen auch eine Bedeutung als Bürohauskomplexe oder als Bauten mit besonderer Ausstrahlung (z. B. das Guggenheimmuseum in Bilbao von Frank Gehry).

Solitäre können durch die Zuordnung der Grundstücke zur Straße einen eindeutig definierten „vorderen" Bereich erhalten. Bei sehr hohen Solitärbauten sind die Freiräume (bis auf die Erdgeschosszonen) durch eine starke Einsicht aus den oberen Geschossen oft weniger nutzbar. Aufgrund des hohen Bewohneranteils besteht die Gefahr einer Übernutzung der Freiflächen (insbesondere der Spielflächen).

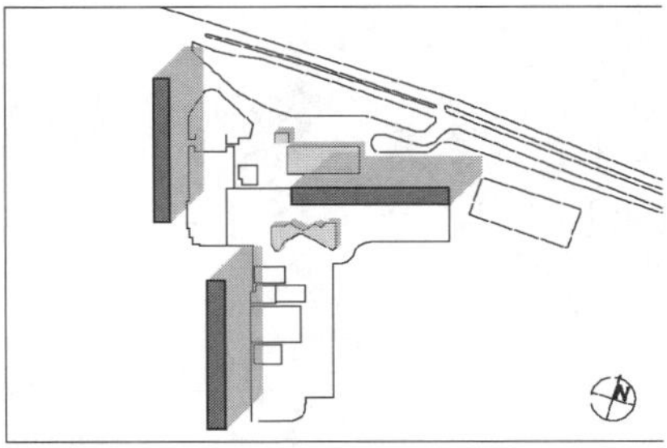

Solitär als Hochhaus [2.19]
Wohnstadt Asemwald Stuttgart

5 Beispielhafte Anordnungen von Gebäudetypologien im städtebaulichen Zusammenhang

Ausschnitt nord-westliches Baugebiet „Ackermannbogen" in München, ab 1998 [2.20]
Arch. Christian Vogel und L. Arch. Rita Lex-Kerfers

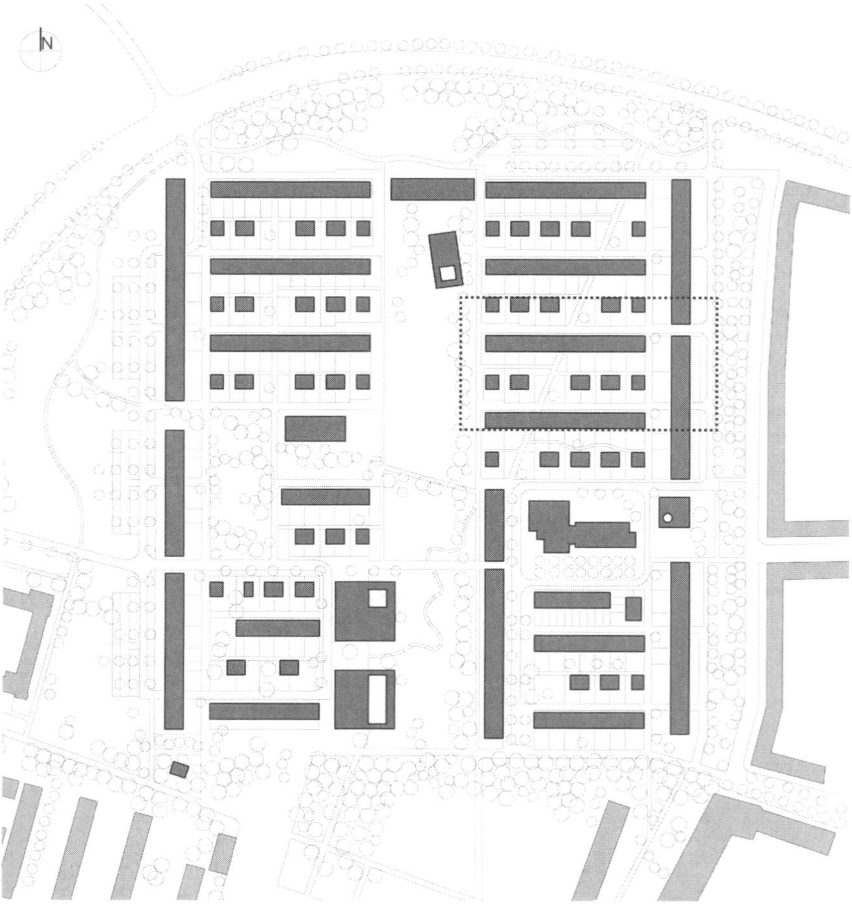

Das ca. 40 ha große Quartier „Ackermannbogen" in München südlich des Olympiaberges stellt ein Beispiel für eine Flächenkonversion dar. Die Stadt München konnte das Gebiet einer ehemaligen Kaserne vom Bundesvermögensamt erwerben und damit ihre Vorstellungen zur Nutzungs- und Baustruktur weitgehend realisieren. Die Baustruktur wird durch eine Randbebauung aus Geschosswohnungsbau mit der Abmessung von 360 m x 390 m sowie Doppel- und Reihenhäuser in der Mitte des Gebietes gekennzeichnet. Zentraler Bestandteil des Entwurfs ist die Schaffung unterschiedlicher Wohnformen für Familien bis hin zu Altenwohnungen. Die Nahversorgungsbereiche befinden sich südlich in dem nicht dargestellten Teilbereich des Stadtquartiers. In einem Bepflanzungskonzept wurden wenige Leitarten an Bäumen vorgeben; so sollten die Nachbarschaftsplätze jeweils mit einem Baumpaar versehen werden (Obstbaum und Säulenform).

Weitere Merkmale: kompakte energie- und ressourcenschonende Bauweise, Regenwassermanagement, wohnungsnahe Spiel- und Erholungsflächen

Die im Detail im dargestellte vier –bis fünfgeschossige Randbebauung wird von Osten aus erschlossen und die Wohnungen erhalten eine vorgelagerte Freifläche nach Westen entlang einer Grünfläche, die von einem durch das gesamte Quartier verlaufenden Fußweg begrenzt wird.
Die gereihten Häuser werden von der Erschließungsstraße aus sowohl von Norden als auch von Süden aus erschlossen und sind mit ihren Freiflächen zur Südseite ausgerichtet. Im Entwurf sind schräg durch die Nord-Süd-Bebauung verlaufende Fußwege mit kleinen Nachbarschaftsplätzen und Kleinkinderspielplätzen vorgesehen, die nicht realisiert wurden. In der kompakten Bauweise sind Tiefgaragen die Regel.

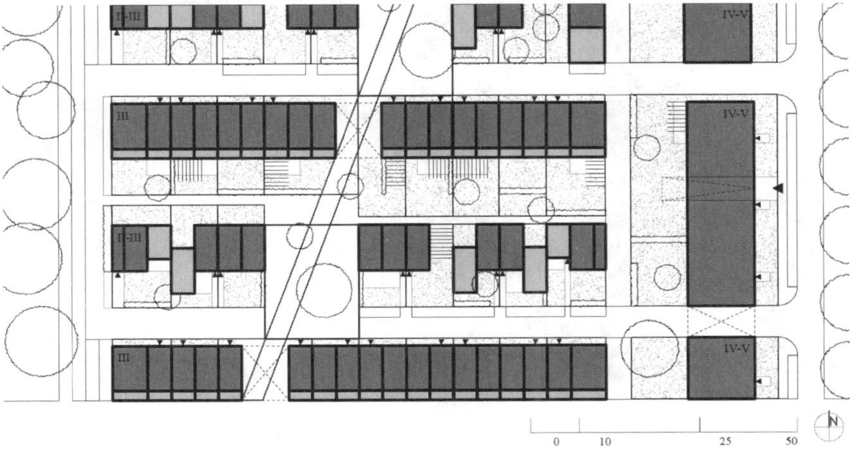

Detail, Entwurf: Arch. Christian Vogel und L. Arch. Rita Lex-Kerfers [2.21]

Stadtteil Kronsberg in Hannover (2000 - 2006) [2.22]
Entwurf: Aktueller Planungsstand der Stadt Hannover auf der Basis des städtebaulichen Ideenwettbewerbes der Preisträger Welp / Welp und Sawadda von 1993

Die Neubausiedlung Hannover-Kronsberg wurde im Rahmen der EXPO 2000 in Hannover als exemplarische Siedlung für ökologisch vorbildliche Neubebauung erstellt. Bis 2006 wurden ca. 3300 Wohneinheiten fertiggestellt; ebenso mehrere Kindertagesstätten und Schulen sowie ein Stadtteil- und Kirchenzentrum. Mit dem Angebot an Versorgungseinrichtungen im Quartier und neuen Arbeitsplätzen in unmittelbarer Nähe sollte ein Stadtteil der „kurzen Wege" geschaffen werden.

Das Baugebiet ist mit seiner rasterförmigen Grundstruktur und der beiden kilometerlagen, das Gebiet begrenzenden Haupterschließungsstraßen streng geordnet. Am westlichen Rand wird das neue Quartier mit einer Stadtbahntrasse erschlossen und ist dadurch direkt an die Innenstadt angebunden. Die Dichte der Bebauung nimmt vom Westen mit vier bis fünf Geschossen und einer höheren Geschossflächenzahl nach Osten hin ab. 90 % der Gebietes sind im Geschosswohnungsbau errichtet und 10 % als Reiheneinfamilienhäuser. Innerhalb der strengen Rasterform ist das Gebiet in Baublockstrukturen eingeteilt mit jeweils einem Angebot an unterschiedlichen Bebauungstypen und Architekturformen.

Maßnahmen im Rahmen der ökologischen Optimierung des Gebietes: flächendeckende Niedrigenergiebauweise, Anschluss an das Fernwärmenetz oder an eine dezentrale Kraft-Wärme-Koppelung mit einem Blockheizkraftwerk, naturnahe Regenwasserversickerungssystem, Festlegung auf umweltverträgliche Baumaterialien, ökologisches Bodenmanagement mit der direkten Verarbeitung des Bodenaushubs in eine Landschaftsgestaltung etc.

Das Baublockkonzept des Details besteht aus einer vier- bis fünfgeschossigen Randbebauung, die vom öffentlichen Straßenraum und von den Stellplatzanlagen im Innenbereich erschlossen werden. Alle Erdgeschosswohnung verfügen über eine kleine vorgelagerte Gartenfläche. Die grüne Mitte ist als Gemeinschaftsfläche ausgebildet.

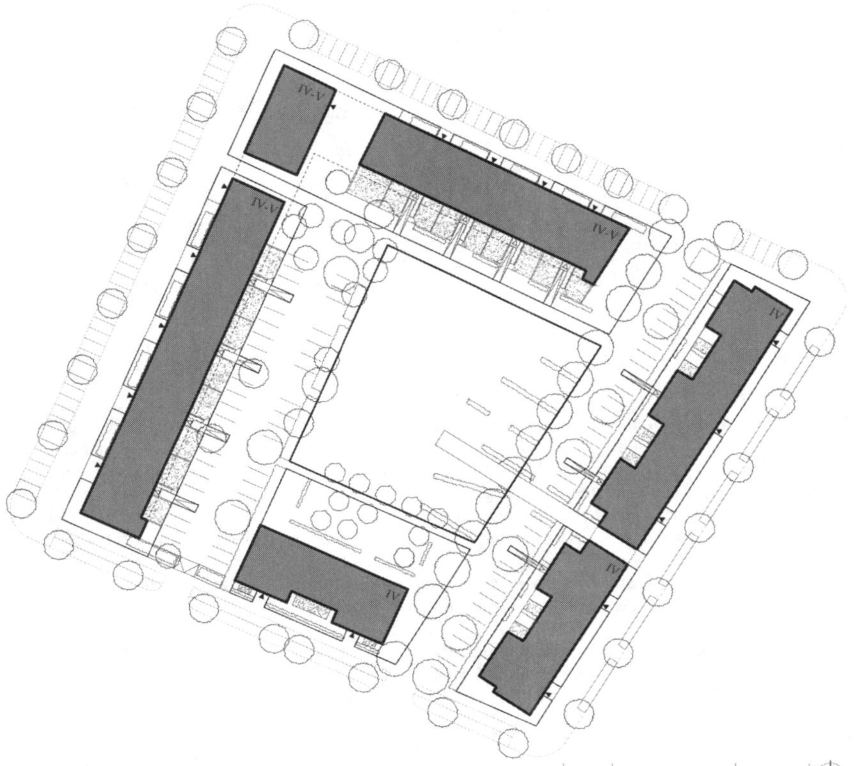

Detail, Entwurf: Fink + Jocher [2.23]

Funkkaserne in München (Planung Stand 2012) [2.24]
Entwurf: Ortner und Ortner Baukunst mit TOPOTEK 1 Gesellschaft von Landschaftsarchitekten mbH

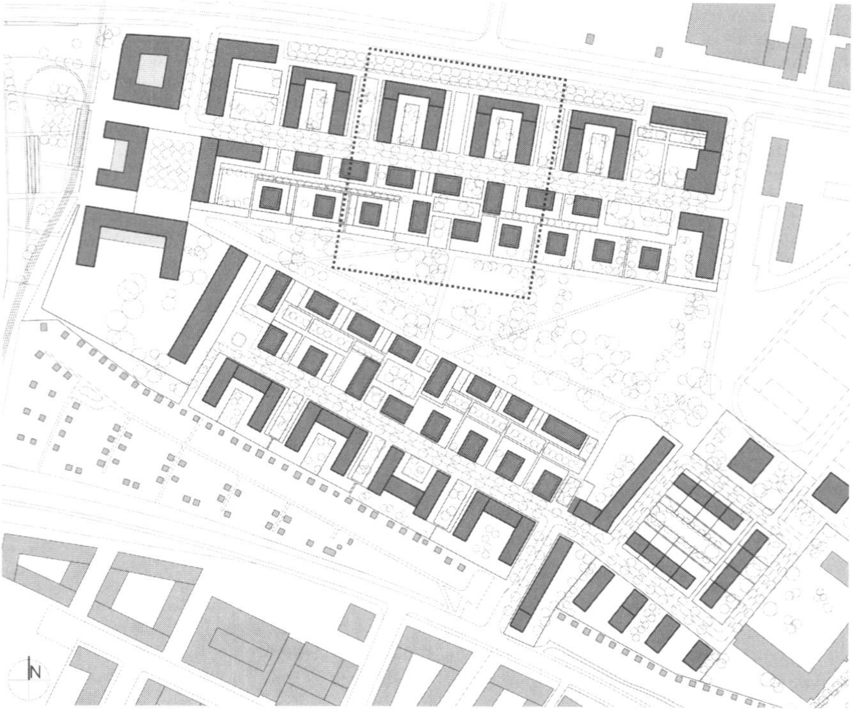

Bereits 1992 wurde die Planung für das ehemalige Kasernengelände in München eingeleitet: 2001 wurde ein Wettbewerb ausgelobt und seit 2010 ist der Bebauungsplan rechtsverbindlich. Nach einer langen Planungsphase mit einer kulturellen Zwischennutzung soll ab 2013 ein neues Quartier entstehen. Kernstück des neuen Stadtteils ist eine zentrale grüne Mitte: alle Teilbereiche des Quartiers mit der Grundschule, den Kindergärten und den Läden sollen direkt über den Park miteinander vernetzt und von allen Seiten der Wohnbebauung aus gut erreichbar sein. Das neue Stadtquartier wird im Wesentlichen durch zwei Bautypen geprägt: eine U-förmige (vier- bis fünfgeschossige) nach Süden hin geöffnete Baublockstruktur mit Geschosswohnungsbauten und eine in Reihenform angeordnete Solitärstruktur (vier- bis fünfgeschossig). Teile der Baufelder liegen auf einem Sockel von 0,90 m.

Für die Umsetzung der zahlreichen Gestaltungsideen, von der Grünstruktur, der Gebäudekubatur bis hin zur Fassadengestaltung und Farbkonzeption, wurde ein Gestaltungsleitfaden erstellt, welcher Grundlage bei den Grundstücksausschreibungen bilden soll. Es wurden vielfältige Bebauungskonzepte vorgeschlagen, die eine Vermarktung sowohl für Bauträger, Baugruppen oder Baugenossenschaften vorsieht. Eine kleinteilige Parzellierung mit der Möglichkeit der Zusammenlegung von Grundstücken erlaubt individuelle Zuschnitte. Für das Bepflanzungskonzept wurden differenzierte Vorgaben für die Baumarten im Park, und in den einzelnen Baufeldern und Straßenräumen sowie zu den Abgrenzungen durch Hecken aufgestellt.

In der in dem Detail dargestellten U-förmigen Randbebauung erfolgt die Erschließung der Wohnungen von außen, die privaten, den Wohnungen zugeordnete Freibereiche und die Gemeinschaftsflächen orientieren sich nach innen.
Durch die offene Baustruktur mit ihren Vor- und Rücksprüngen entsteht zum Park hin eine Durchlässigkeit und im Weiteren ermöglicht diese die Sichtbeziehung von allen Wohnbereichen aus zur zentralen grünen Mitte. Die Freiflächen der Solitäre sind entweder als private Freiflächen denkbar oder auch als gemeinschaftlich genutzte Fläche einer Baugruppe.
Die Parzellierung und Zusammenlegung der Baufelder soll unterschiedliche Nachfragergruppen ansprechen und ist entsprechend variabel einteilbar. Diese Variabilität der Parzellierung bei Wahrung der vorgegebenen Baustruktur setzt sich bis hin zu unterschiedlichen Tiefgarageneinteilungen fort.

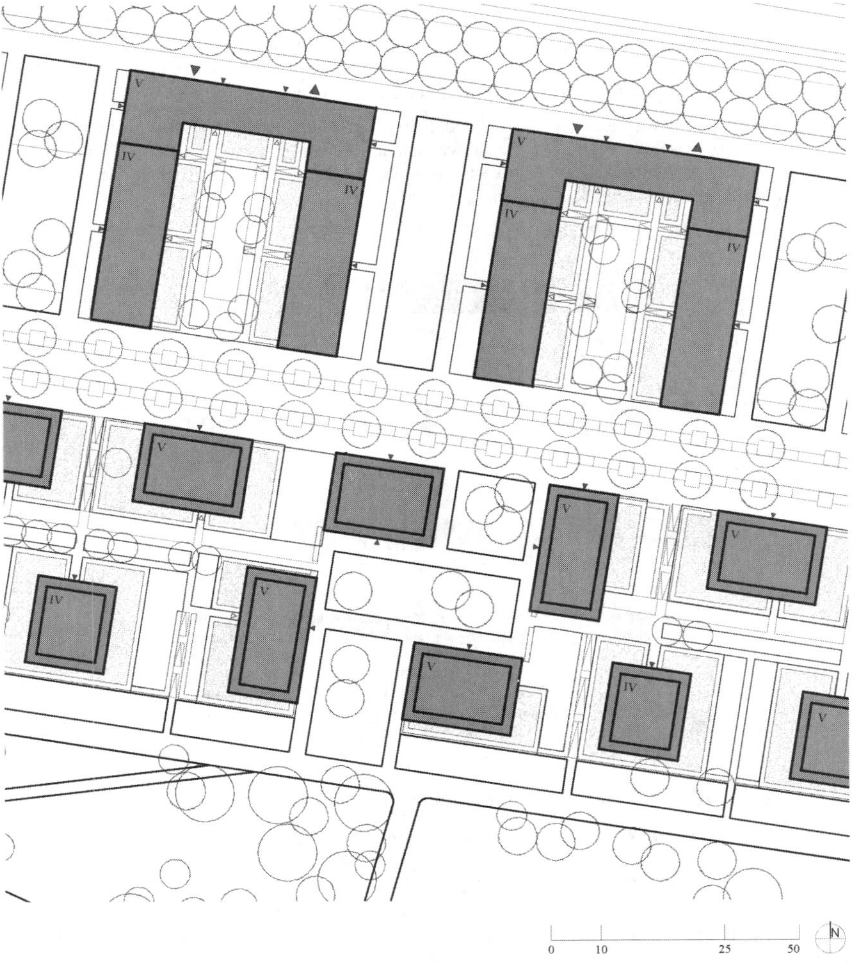

Detail, Entwurf: Ortner und Ortner Baukunst mit TOPOTEK 1 Gesellschaft von Landschaftsarchitekten mbH [2.25]

6 Kennwerte und Begriffe

6.1 Bauweise

Die Baunutzungsverordnung (BauNVO) unterscheidet in offene, geschlossene und abweichende Bauweise (§ 22) [2.26].

Offene Bauweise: Bei der offenen Bauweise werden die Gebäude mit einem seitlichen Grenzabstand als Einzel- und Doppelhäuser oder Hausgruppen errichtet. Die Größe des Grenzabstandes ist in der jeweiligen Landesbauordnung geregelt. Die Länge dieser Hausform darf bis zu 50 m betragen, d. h. auch Einzelgebäude mit einer Länge bis zu 50 m sind bei der Festlegung einer offenen Bauweise zulässig. Um die mit der Zielsetzung einer offenen Bauweise verbundene Kleinteiligkeit der Bebauung zu erreichen, ist es möglich im Bebauungsplan auch Flächen festzusetzen, auf denen nur Einzelhäuser, Doppelhäuser oder Hausgruppen bzw. nur zwei dieser Hausformen zulässig sind.

Geschlossene Bauweise: Bei der geschlossenen Bauweise werden die Gebäude ohne seitlichen Grenzabstand errichtet; eine Längenbeschränkung oder ein Mindestmaß gibt es nicht. Die geschlossene Bauweise ist typisch für Innenstädte oder Baublockbebauung.

Abweichende Bauweise: Bei der abweichenden Bauweise handelt es sich um eine sonstige, von der offenen oder geschlossenen Bauweise abweichende Bauweise. Hierbei handelt es sich z. B. um Gartenhof- oder Atriumhäuser oder um Festsetzungen, dass an vorderen, seitlichen oder rückwärtigen Grundstücksgrenzen angebaut werden darf.

Bauweise (§ 22 BauNVO)

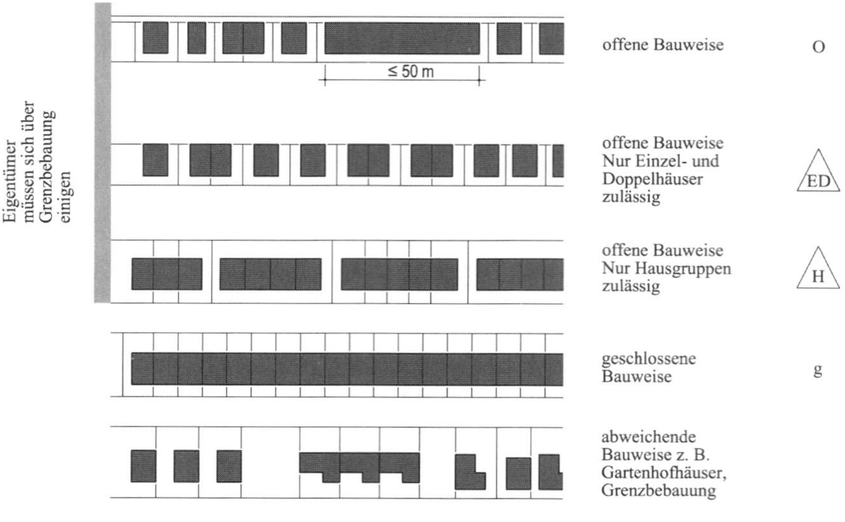

6.2 Art und Maß der baulichen Nutzung

Art der baulichen Nutzung: Als Art der baulichen Nutzung (§§ 1–15 BauNVO) werden die Nutzungstypen verstanden, die sich nach Bauflächen (beim Flächennutzungsplan) und nach Baugebieten (beim Bebauungsplan) unterscheiden.

Im Flächennutzungsplan können die für die Bebauung vorgesehenen Flächen nach der allgemeinen Art ihrer baulichen Nutzung (Bauflächen) dargestellt werden als Wohnbauflächen (W), gemischte Bauflächen (M), gewerbliche Bauflächen (G) und Sonderbauflächen (S).

Im Bebauungsplan können die für die Bebauung vorgesehenen Flächen nach der besonderen Art ihrer baulichen Nutzung (Baugebiete) dargestellt werden als Kleinsiedlungsgebiete (WS), reine Wohngebie-

Grundflächenzahl (GRZ)

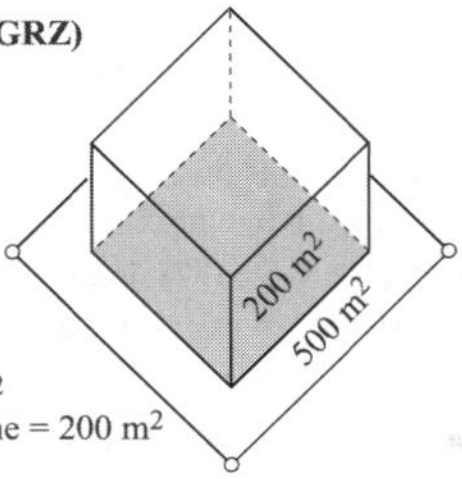

Beispiel:
GRZ = 0,4
Grundstück = 500 m²
Zulässige Grundfläche = 200 m²

$$\text{Grundflächenzahl (GRZ)} = \frac{\text{zulässige Grundfläche der Gebäude in } m^2}{\text{Fläche des Baulandes in } m^2}$$

Geschossflächenzahl (GFZ)

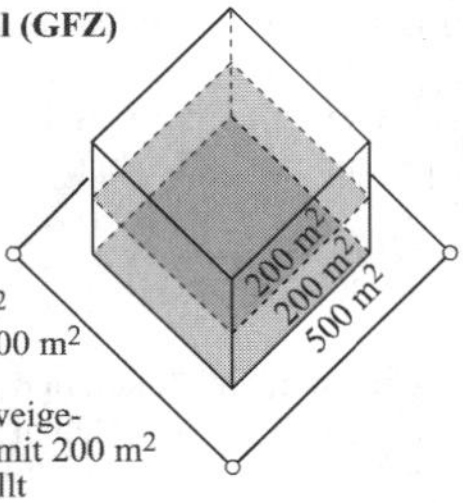

Beispiel:
GFZ = 0,8
Grundstück = 500 m²
Geschossflächen = 400 m²

Im Beispiel ist ein zweigeschossiges Gebäude mit 200 m² je Geschoss dargestellt

$$\text{Geschossflächenzahl (GFZ)} = \frac{\text{Geschossflächen in } m^2}{\text{Fläche des Baulandes in } m^2}$$

Baumassenzahl (BMZ)

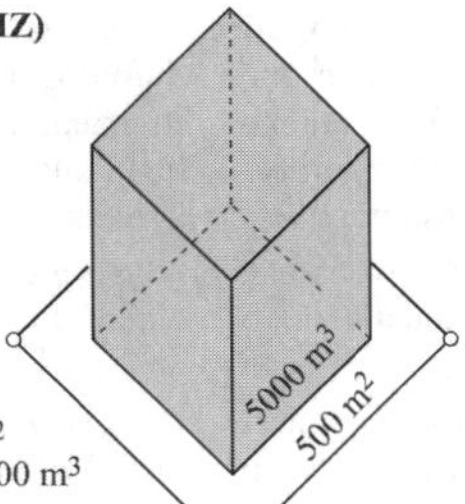

Beispiel:
BMZ = 10,0
Grundstück = 500 m²
max. Baumasse = 5000 m³

$$\text{Baumassenzahl (BMZ)} = \frac{\text{Baumasse in } m^3}{\text{Fläche des Baulandes in } m^2}$$

te (WR), allgemeine Wohngebiete (WA), besondere Wohngebiete (WB), Dorfgebiete (MD), Mischgebiete (MI), Kerngebiete (MK), Gewerbegebiete (GE), Industriegebiete (GI) und Sondergebiete (SO).

Maß der baulichen Nutzung: Das Maß der baulichen Nutzung kann bestimmt werden durch die Festsetzung von Grundflächenzahl, Geschossflächenzahl, Baumassenzahl, Anzahl der Vollgeschosse und Gebäudehöhe der baulichen Anlagen. Die Angaben zum Maß der baulichen Nutzung gehören zu den wichtigsten städtebaulichen Kennzahlen. Sie werden in §§ 16–21a BauNVO für die unterschiedlichen Baugebiete festgesetzt [2.27].

Die Angaben zur Grund- und Geschossflächenzahl in der BauNVO (§§ 19 und 20) sind Höchstwerte. Eine Unterschreitung als auch eine Überschreitung ist im Rahmen des Bebauungsplanverfahrens auf der Grundlage einer städtebaulichen Begründung zulässig.

Grundflächenzahl (GRZ): Die Grundflächenzahl gibt die zulässige Grundfläche eines durch bauliche Anlagen überdeckten Teils des Baugrundstückes im Verhältnis zu der gesamten Fläche des Baugrundstücks an. Sie gibt an, wie viel Quadratmeter Grundfläche je Quadratmeter Grundstücksfläche zulässig sind.

Bei der Ermittlung der Grundfläche sind die Grundflächen von Garagen und Stellplätzen mit ihren Zufahrten, Nebenanlagen sowie baulichen Anlagen unterhalb der Geländeoberfläche, durch die das Baugrundstück lediglich unterbaut wird, mit zu rechnen. Die zulässige Grundfläche darf durch die Mitberechnung dieser Grundflächen bis zu 50 % überschritten werden (höchstens jedoch bis zu einer Grundflächenzahl von 0,8).

Obergrenzen für die Grundflächenzahl sind in der BauNVO (§ 17) angegeben und liegen z. B. bei WR- und WA-Gebieten bei 0,4; bei MI-Gebieten bei 0,6; GE- und GI-Gebieten bei 0,8 und MK-Gebieten bei 1,0.

Geschossflächenzahl (GFZ): Die Geschossflächenzahl ergibt sich aus der Summe der Geschossflächen (Außenmaße) in Quadratmeter aller Vollgeschosse im Verhältnis zu der gesamten Fläche des Baugrundstücks.

Sie gibt an, wie viel Quadratmeter Geschossfläche je Quadratmeter Grundstücksfläche zulässig sind. Die Geschossfläche ist nach den Außenmaßen der Gebäude in allen Vollgeschossen zu ermitteln. Bei der Ermittlung der Geschossfläche bleiben Nebenanlagen, Balkone, Loggien, Terrassen sowie bauliche Anlagen, soweit sie nach

Landesrecht in den Abstandsflächen (seitlicher Grenzabstand und sonstige Abstandsflächen) zulässig sind oder zugelassen werden können, unberücksichtigt.

Garagengeschosse oder ihre Baumasse sind in sonst anders genutzten Gebäuden auf die Zahl der zulässigen Vollgeschosse oder auf die zulässige Baumasse nicht anzurechnen, wenn der Bebauungsplan dies festsetzt oder als Ausnahme vorsieht (§ 21a BauNVO). Auch Überschreitungen der Grundfläche durch überdachte Stellplätze und Garagen sind ausnahmsweise möglich.

Obergrenzen für die Geschossflächenzahl sind in der BauNVO (§ 17) angegeben und liegen z. B. bei WR-, WA-, MI- und MD-Gebieten bei 1,2 und bei WB-Gebieten bei 1,6, bei GE- und GI-Gebieten bei 2,4 und MK-Gebieten bei 3,0.

Baumassenzahl (BMZ): Die Baumassenzahl gibt das Verhältnis der Baumasse (Außenmaße des Gebäudes von Fußbodenoberkante des unteren Vollgeschosses bis zur Decke des obersten Vollgeschosses) eines Gebäudes in Kubikmeter zur Gesamtfläche in Quadratmeter des Baugrundstücks an. Die Baumassenzahl wird insbesondere bei Gebäuden mit nicht durchschnittlichen Geschosshöhen, wie z. B. gewerbliche Bauten, angegeben.

Vollgeschosse: Die Definition der Vollgeschosse wird im Bauordnungsrecht der einzelnen Bundesländer geregelt. Die Definition „Vollgeschoss“ nach der BauO NRW in der Fassung vom 1.3.2000 lautet: „Vollgeschosse sind Geschosse, deren Deckenoberkante im Mittel mehr als 1,60 m über die Geländeoberfläche hinausragt und die eine Höhe von mindestens 2,30 m haben. Ein gegenüber den Außenwänden des Gebäudes zurückgesetztes oberstes Geschoss (Staffelgeschoss) ist nur dann ein Vollgeschoss, wenn es diese Höhe über mehr als zwei Drittel der Grundfläche des darunter liegenden Geschosses hat. Ein Geschoss mit geneigten Dachflächen ist ein Vollgeschoss, wenn es diese Höhe über mehr als drei Viertel seiner Grundfläche hat. Die Höhe der Geschosse wird von Oberkante Fußboden bis Oberkante Fußboden der darüber liegenden Decke, bei Geschossen mit Dachflächen bis Oberkante Dachhaut gemessen.“

6.3 Abstandsflächen

Abstandsflächen regeln die notwendigen Abstände zwischen den Gebäuden und sind ein strukturierendes Element bei der städtebaulichen Planung. Durch die Abstandsflächen sollen die Belichtungsverhältnisse, die gesunden Wohn- und Arbeitsverhältnisse sowie der Brand- und Nachbarschaftsschutz gewährleistet werden.

Die Abstandsflächen sind in den jeweiligen Landesbauordnungen der Bundesländer festgelegt und werden im Rahmen des Baugenehmigungsverfahrens geprüft.

Bei der städtebaulichen Planung sind diese Kriterien zu berücksichtigen. Ein rechtskräftiger Bebauungsplan kann allerdings aus städtebaulichen Gründen von den geltenden Abstandsflächenregelungen abweichen.

Beispiel: Abstandsflächen nach der Landesbauordnung von NRW (Neufassung der Regelungen über die Abstandsflächen nach § 6; in Kraft getreten am 21.7.2018 [2.28].

Grundregeln: Die Abstandsflächen müssen auf dem eigenen Grundstück liegen. Auf öffentlichen Verkehrs-, Grün- und Wasserflächen dürfen Abstandsflächen bis zu deren Mitte liegen. Abstandsflächen dürfen sich ganz oder teilweise auf andere Grundstücke erstrecken, wenn durch Baulast gesichert ist, dass sie nur mit in der Abstandsfläche zulässigen baulichen Anlagen überbaut werden und auf die auf diesen Grundstücken erforderlichen Abstandsflächen nicht angerechnet werden.

Zum seitlichen Nachbarn entsteht keine Abstandsfläche, wenn es sich um ein beidseitig angebautes Reihenhaus handelt bzw. nur eine einseitige Abstandsfläche bei einem Doppelhaus mit einer Grenzbebauung.

Die Abstandsfläche ist für jeden einzelnen Gebäudeteil separat zu ermitteln. Abstandsflächen dürfen sich nicht überdecken. Dies gilt nicht für Außenwände, die in einem Winkel von mehr als 75 Grad zueinander stehen.

Innerhalb der Abstandsflächen sind zulässig: überdachte Stellplätze und Garagen bis zu einer Länge von 9 m, Gebäude ohne Aufenthaltsräume bis zu 30 cbm Brutto-Rauminhalt und einer mittleren Wandhöhe bis zu 3 m sowie Stützmauern mit einer Höhe bis zu 2 m. Die Grenzbebauung darf entlang einer Nachbargrenze 9 m und insgesamt 15 m nicht überschreiten.

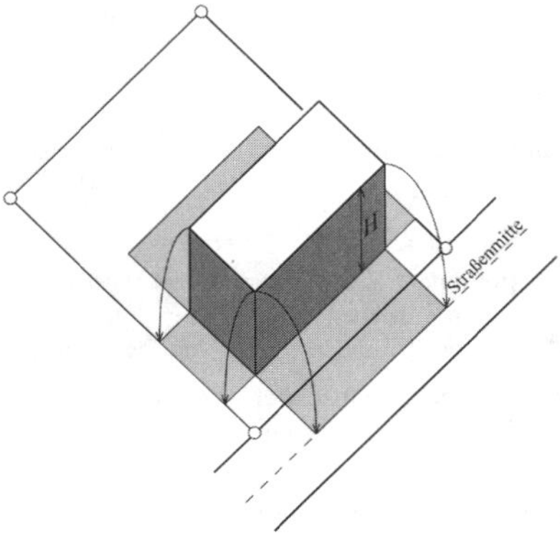

Adstandsflächen im Wohngebiet

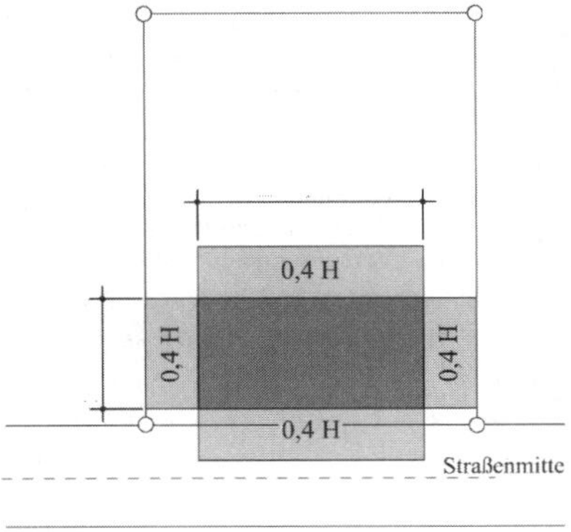

Berechnung der Abstandsfläche: Die Abstandsfläche errechnet sich aus der Wandhöhe *H*, die senkrecht zur Wand gemessen wird. Zur Wandhöhe hinzugerechnet wird:

- voll die Höhe von Dächern und Dachteilen mit einer Dachneigung von mehr als 70 Grad und Giebelflächen im Bereich dieser Dächer und Dachteile, wenn beide Seiten eine Dachneigung von mehr als 70 Grad haben,
- zu einem Drittel die Höhe von Dächern und Dachteilen mit einer Dachneigung von mehr als 45 Grad und Dächern mit Dachgauben oder Dachaufbauten, deren Gesamtbreite je Dachfläche mehr als die Hälfte der darunter liegenden Gebäudewand beträgt sowie Giebelflächen im Bereich von Dächern und Dachteilen, wenn nicht beide Seiten eine Dachneigung von mehr als 70 Grad haben.

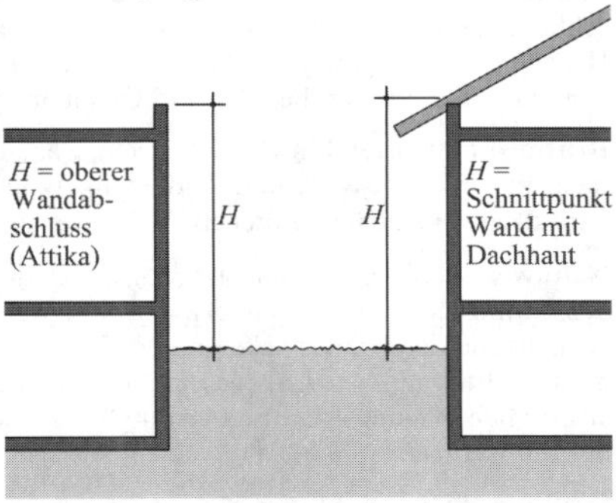

Die Tiefe der einzuhaltenden Abstandsflächen beträgt 0,4 H, mindestens 3 m. In Gewerbe- und Industriegebieten genügt eine Tiefe von 0,2 H, mindestens 3 m. Zu öffentlichen Verkehrs-, Grün- und Wasserflächen beträgt die Tiefe der Abstandsfläche in Kerngebieten und urbanen Gebieten 0,2 H, mindestens 3 m. Zu angrenzenden anderen Baugebieten gilt die jeweils größere Tiefe der Abstandsflächen.

Vor den Außenwänden von Wohngebäuden bis zu einer Höhe von 7 m und nicht mehr als zwei Nutzungseinheiten von insgesamt nicht mehr als 400 qm genügt als Tiefe der Abstandsfläche 3 m. Bei städtebaulichen Satzungen oder Satzungen nach § 89 BauO NRW können Abstandsflächen größerer oder geringerer Tiefe Anwendung finden.

Bei der Bemessung der Abstandsfläche bleiben außer Betracht: Gesimse und Dachüberstände bis zu 1,50 m sowie Vorbauten bis 1,60 m vor der Außenwand, die nicht mehr als ein Drittel der Breite der Außenwand in Anspruch nehmen und mindestens 2 m von der gegenüberliegenden liegen Nachbargrenze entfernt.

In überwiegend bebauten Gebieten können geringere Tiefen der Abstandsflächen gestattet oder verlangt werden, wenn die Gestaltung des Straßenbildes dies erfordert.

6.4 Begriffe der städtebaulichen Planung

Bauland: bebaubare, erschlossene Flächen, die innerhalb des Zusammenhangs bestehender Ortsteile liegen und/oder durch Bebauungspläne abgedeckt sind [2.29].

Bevölkerungsdichte: wird in der Regel bemessen in Einwohner/Quadratkilometer.

Bruttobauland: Bauland einschließlich der Flächen für die innere Erschließung (Verkehrsflächen, Stellplätze etc.), Gemeinbedarfsflächen, gebietsbezogenen öffentlichen Grünflächen oder Ähnliches. Der Durchschnittswert für die innere Erschließung liegt bei 15 bis 20 % des Nettobaulandes.

Nettobauland: überbaute und nicht überbaute Grundstücksflächen einschließlich der Flächen für Nebenanlagen, Stellplätze, Zufahrten, Spielplätze, Terrassen etc.; Durchschnittswert 135 Quadratmeter/EW.

Nettowohnbauland: Teil des Nettobaulandes, der für Wohnungen bestimmt ist bzw. mit Wohngebäuden bebaut ist.

Bruttobaudichte: ergibt sich aus dem Verhältnis des Bruttobaulandes zu den Einwohnern. Erschließungsaufwand, die Quantität der öffentlichen und privaten Einrichtungen und die durch die Haustypen hervorgerufenen Wohndichten wirken sich entscheidend auf die Bruttobaudichte aus. Der Durchschnittswert liegt bei 175 Quadratmeter/EW.

Bruttowohndichte: Einwohner bezogen auf das Bruttobaugebiet in EW/ha. Als Vergleichswert muss hier bedacht werden, dass die zum Wohngebiet gerechneten Flächen für Gemeinbedarf oder Grünflächen keine überörtlichen Funktionen erfüllen.

Nettowohndichte: Einwohner bezogen auf die zur Wohnbebauung vorgesehenen bzw. vorhandenen Grundstücke (Nettowohnbauland) in EW/ha. Die Nettowohndichte gibt gute Richtwerte für die Ausnutzung der Grundstücke und der Dichtewerte an: bei einer Einzelhausbebauung beträgt sie in der Regel etwa 80 EW/ha, bei Einfamilienreihenhäuser um die 180 EW/ha, bei einem viergeschossigen Mietwohnungsbau bis etwa 400 EW/ha und in intensiv bebauten Altstadtquartieren bis zu 600 bis 700 EW/ha.

Siedlungsdichte: wird gemessen in Einwohner je ha besiedelter Fläche.

Gemeinbedarfseinrichtungen: sind Einrichtungen für kulturelle, soziale, schulische und kirchliche Zwecke, öffentliche Verwaltungen sowie Versorgungseinrichtungen (z. B. Schulen, Kindergärten, Kraftwerke, Wasserwerke, Kläranlagen, Schwimmbäder, Jugendheime, Feuerwehrhäuser, Rathäuser, Bauhöfe).

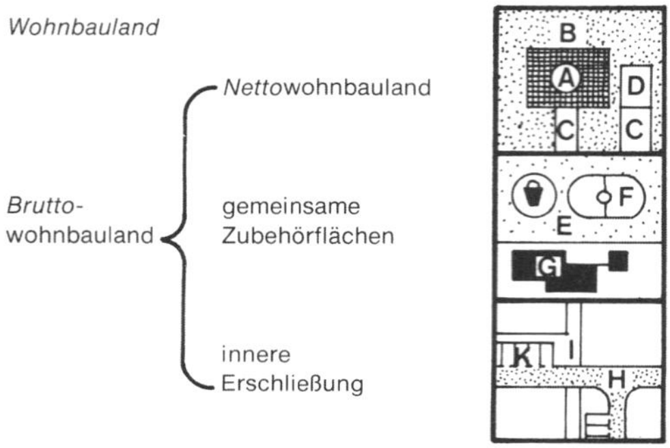

A – überbaute Grundstücksfläche
B – nicht überbaute Grundstücksfläche
C – grundstückseigene Zuwege
D – grundstückseigene Einstellplätze

Überwiegend den Bedürfnissen des Bezugsgebietes dienende
E – Grünflächen
F – Spiel- und Sportplätze
G – Versorgungseinrichtungen

Flächen für
H – fließenden (Fahr-)Verkehr
I – Fußgängerverkehr
K – ruhenden Verkehr

[2.30]

7 Ruhender Verkehr im Stadtquartier

7.1 Stellplatzbedarf

Beim Bauantrag muss nachgewiesen werden, dass die erforderlichen Stellplätze auf dem eigenen Grundstück oder an anderer Stelle (z. B. durch die Eintragung einer Baulast) sichergestellt werden. Ist dies nicht der Fall, kann die Stadt eine Ablösesumme verlangen, um die Stellplätze an anderer Stelle zu realisieren. Der Stellplatzbedarf wird in der Regel in den einzelnen Bundesländern durch Stellplatzverordnungen oder -richtlinien vorgeben. Die Städte und Gemeinden können diese Verordnungen durch eigene Stellplatzsatzungen für ihr Gemeindegebiet präzisieren oder verändern.

Der Stellplatzbedarf wird bei Wohngebäuden z. B. mit 1 bis 2 Stellplätzen je Wohnung / Einfamilienhaus festgelegt. Je dichter das Stadtgebiet mit öffentlichen Verkehrsanlagen versorgt wird und die Gebäude über einen günstigen Verkehrsanschluss verfügen, kann die Zahl der geforderten Stellplätze verringert werden. Auch die Mobilität bestimmter Personengruppen wirkt sich auf die Festsetzung des Stellplatzschlüssels aus: für Altenwohnungen 0,5 je Wohnung oder bei Studentenwohnheimen 1 Stellplatz je 2 Betten.

Bei Büro-, Verwaltungs- und Praxisräumen werden die Stellplätze entsprechend der Nutzfläche festgelegt: z. B. ein Stellplatz je 30 bis 40 Quadratmeter Nutzfläche oder bei stark frequentierten Bereichen entsprechend höher.

Bei Sportstätten besteht eine Abhängigkeit der geforderten Stellplatzzahl zu den Sport- und Hallenflächen bzw. bei Versammlungsstätten oder Kirchen zur Anzahl der Sitzplätze (z. B. bei Theater und Mehrzweckhallen 1 Stellplatz je 5 Sitzplätze). Bei Gaststätten von örtlicher Bedeutung wird z. B. 1 Stellplatz je 8 bis 12 Sitzplätze gefordert; bei Schulen gelten die Schülerzahlen als Bemessungsgrenze und bei Krankenhäusern die Anzahl der Betten.

Bei der Planung spielt die Anzahl von Stellplätzen bei Verkaufsstätten und Verbrauchermärkten eine große Rolle: hier wird oft eine größere Anzahl an Stellplätzen gefordert als nach der Berechnung gebaut werden müssten.

Die in den Länderverordnungen oder städtischen Stellplatzsatzungen festgelegten Werte können im Baugenehmigungsverfahren zwischen den unteren und oberen Werten angesetzt werden.

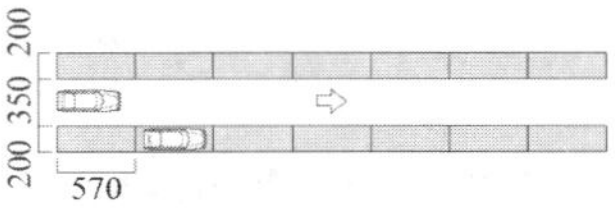

Längsaufstellung

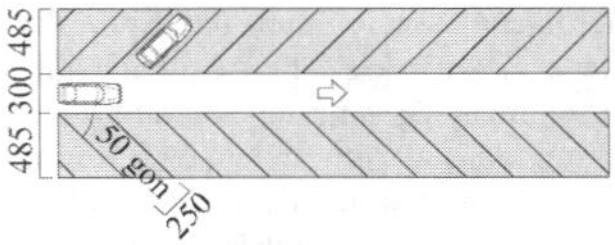

Schrägaufstellung 50 gon (45°)

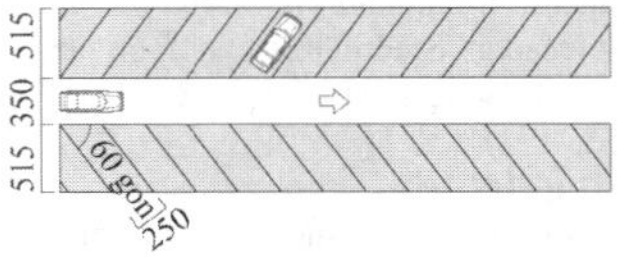

Schrägaufstellung 60 -gon (54°)

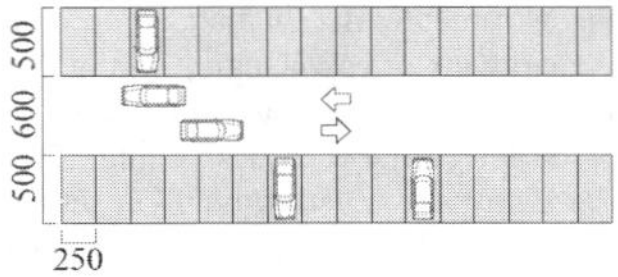

Senkrechtaufstellung

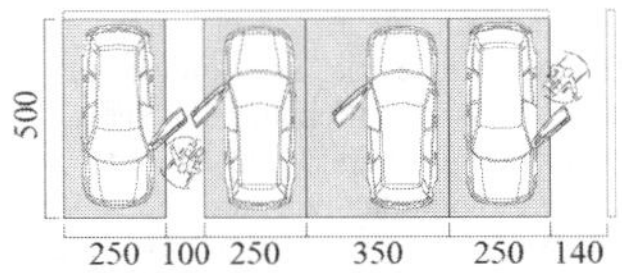

Parkstände für Rollstuhlbenutzer

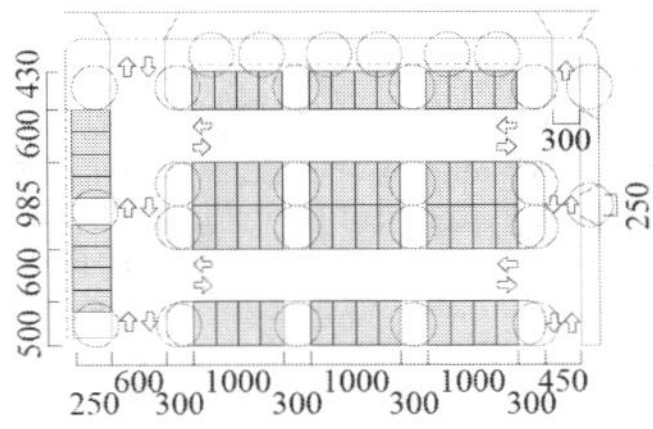

Beispiel Parkstandeinteilung

Abmessungen von Parkständen und Fahrgasen für PKW [2.31] (s. a. Kap. 2C Abschnitt 3.3)

2 B Freiraumplanung

Prof. Dr. Henning Günther

1 Freiraumplanung

Freiraumplanung bezeichnet den planerischen Umgang mit unbebauten Flächen im Innenbereich von Siedlungen, wie Gärten, Siedlungsgrün, Straßen und Plätzen, Grünzügen, Parks, Friedhöfen, unbebauten Brachflächen sowie Spiel- und Sportplätzen. Diese Freiräume werden nach ästhetischen und funktionalen Kriterien als ökologische Ausgleichsräume, kommunikative Erholungsflächen und städtebauliche Gliederungselemente geschaffen, erhalten und weiterentwickelt. Freiraumplanung ist somit ein Teil der Stadtplanung, der zwar im unbebauten Raum (Freiraum) stattfindet, dabei jedoch stets in Bezug zur Bebauung und den damit verbundenen Infrastrukturen steht.
Freiräume lassen sich nach Nutzung in private, halböffentliche und öffentliche Freiräume unterscheiden. Private Räume reichen vom kleinen Innenhof über bürgerliche Hausgärten bis hin zu großen Parkanlagen. Halböffentliche Freiräume sind z.B. Schulhöfe, Außengelände von Betrieben und Instituten oder Wohnanlagen. Öffentliche Freiräume umfassen für jedermann zugängliche Flächen in Städten wie Stadtparks, Promenaden, Stadtplätze und auch den einfachen Straßenraum. Aus diesen Nutzungsunterschieden ergeben sich unterschiedliche planerische Anforderungen.

Instrumente

Als formelle Instrumente der Freiraumplanung stehen Landschaftspläne, Grünordnungspläne, landschaftspflegerische Begleitpläne sowie Freiflächenpläne mit Rechtscharakter zur Verfügung (Bauleitplanung, vgl. 2A). In diesen Planungen werden Ziele und Maßnahmen formuliert, die auf nachfolgende Planungsebenen übernommen, weiterentwickelt und konkretisiert werden. Ergänzend gibt es informelle Planungsinstrumente, die thematisch und räumlich flexibel sind, z.B. Stadt(teil)entwicklungskonzepte, Grünflächenentwicklungskonzepte, Straßenbaumkonzepte, Friedhofsentwicklungskonzepte sowie Klima- und Klimaanpassungskonzepte. Die Verfahrensschritte dieser informellen Instrumente legt die aufstellende Behörde fest. Per Beschlussfassung können sie eine Selbstbindung für die Verwaltung bewirken und zur Vorbereitung sowie effektiven Umsetzung formeller Verfahren beitragen. Die planerischen und funktionalen Vorgaben formeller und informeller Instrumente prägen den Raum maßgeblich, indem sie bestimmte Nutzungen fördern oder ausschließen.

Nutzende

Freiräume unterliegen vielfältigen Nutzungen. Die Gestaltung muss daher zukünftige Nutzungen berücksichtigen und flexibel auf Änderungen reagieren oder diese zulassen können. Freiräume bestehen somit nicht nur aus räumlichen Elementen, sondern auch aus den Aktivitäten der Nutzenden. Die frühzeitige Berücksichtigung und Integration der zukünftigen Nutzenden in der Planungsphase schafft ein hohes Maß an Freiraumqualität und ein neues Verantwortungsbewusstsein für den eigenen Stadtteil. Aufgabe des Freiraumplaners ist es, einen dem jeweiligen Ort angemessenen Entwurf aus verschiedenen Elementen und deren Eigenschaften zu entwickeln und diese im Rahmen von Bürgerbeteiligung (Partizipation) mit den zukünftigen Nutzungen abzustimmen. Nur durch diese rechtzeitige und ganzheitliche Betrachtung können die vielfältigen Anforderungen an Freiräume in Städten erfüllt werden.

Elemente

Zu den Elementen der Freiraumplanung zählen landschaftliche Elemente wie Vegetation und Topographie sowie architektonische Elemente wie Flächen, Wege, Einfriedungen und Kleinarchitekturen. Diese Elemente begrenzen den Freiraum auf der Grundfläche und an den Seiten, während er nach oben meist durch bauliche Elemente wie Dächer oder Pergolen, Baumkronen oder den Himmel abgeschlossen wird. Daher spielen Klima, Wetter und Witterung eine wichtige Rolle. Im Unterschied zu bebauten oder umbauten Räumen erhalten Freiräume im Jahresverlauf unterschiedliche Eigenschaften und entwickeln sich oft erst nach der Fertigstellung über Jahre bis Jahrzehnte weiter, etwa wenn Bäume von der Jungbaum- zur Altbaumphase heranwachsen. Solche dynamischen Entwicklungsprozesse zu integrieren gehört ebenfalls zu den Aufgaben der Freiraumplanung.

Freiraum und/oder Planung

Freiraumplanung bedeutet nicht, dass im Raum völlig frei geplant wird oder der Raum uneingeschränkt für jegliche Art von Planung zur Verfügung steht. Im städtebaulichen Vergleich zum bebauten Umfeld sind Freiräume zwar tatsächlich frei von Bebauung, jedoch nicht frei von Ansprüchen und Anforderungen

der Nutzenden, Akteure oder Bewohnenden. Die Freiräume werden direkt von den bebauten Räumen beeinflusst und wirken gleichzeitig auf diese zurück. Aufgrund dieses wechselseitigen Einflusses können Freiräume und bebauter Raum nicht isoliert voneinander betrachtet werden.
Besonders im Kontext von Klimawandel und Stadtklima ist die Bedeutung von Freiräumen für die Stadtentwicklung zunehmend ins Bewusstsein gerückt. Das Weißbuch Stadtgrün formuliert aus diesem Bewusstsein heraus für zehn Handlungsfelder über 40 Maßnahmen zur Sicherung und Qualifizierung von Grün- und Freiflächen in städtischen Freiräumen. Grüne Freiräume gelten als essenziell für ein nachhaltiges urbanes Leben, da ihre vitale Pflanzenwelt zentrale ökologische und gesellschaftliche Funktionen übernimmt und so die Lebensqualität in Städten erhält und verbessert.
Trotz des hohen Nutzungsdrucks auf Freiflächen durch Bebauungsinfrastruktur darf die Freiraumplanung – insbesondere die Grünplanung – nicht vernachlässigt werden. „Das eine tun und das andere nicht lassen" lautet hier das Prinzip. Der Deutsche Rat für Landespflege beschreibt und fordert dieses Prinzip als doppelte Innenentwicklung.

2 Planung und Freiraumversorgung

Kennzahlen der Freiraumversorgung

Das Angebot an öffentlichen Frei- und Erholungsflächen sowie deren Ausstattung – etwa durch Vegetation oder Gewässer – ist ein zentraler Faktor für die Lebensqualität in Städten. Es leistet insbesondere einen Beitrag zur psychischen und physischen Regeneration der Stadtbewohner.
Zur Bewertung der Versorgung mit Grün- bzw. Erholungsflächen werden quantitative Kennzahlen herangezogen, etwa:

- Flächenanteil im Verhältnis zur städtischen Gesamtfläche
- Fläche pro Einwohner

Diese Berechnungen allein reichen jedoch nicht aus. Sie müssen durch qualitative Kriterien ergänzt werden, darunter:

- Zugänglichkeit und Erreichbarkeit
- Verteilung im Stadtgebiet
- Größe und Ausstattung

Die Mobilität der Nutzenden ist hierbei besonders relevant: Je geringer der Aufwand an Zeit, Hilfsmitteln oder Mühe zur Erreichung eines Freiraums vom Wohn- oder Arbeitsort aus ist, desto höher ist die Wahrscheinlichkeit seiner Nutzung. Wird eine bestimmte maximale Distanz überschritten, sinkt die Nutzung deutlich.

Freiraumtypen und Nutzungsaspekte

Bei der Planung von Freiräumen ist die Berücksichtigung unterschiedlicher Nutzergruppen und Erholungsformen (z.B. Feierabend- oder Naherholung) zentral. Daraus leiten sich räumliche und zeitliche Indikatoren ab, die zur Bewertung und bedarfsgerechten Gestaltung herangezogen werden können.
Ein zentrales Planungsprinzip ist die abgestufte Zentralität: Freiräume werden entsprechend ihrer Lage im urbanen Gefüge in Stufen von Wohnumfeld über Quartier, Stadtteil und Stadt bis hin zur Stadtregion eingeordnet. Höherstufige Freiräume sollen dabei auch Funktionen der jeweils darunterliegenden Ebenen übernehmen – etwa ein Stadtteilpark, der gleichzeitig Aufgaben eines Quartiersparks erfüllt. In den Tabellen 2.37 und 2.38 sind die quantitativen und qualitativen Angaben als Orientierungswerte zu verstehen, deren Handhabung flexibel entsprechend den örtlichen Gegebenheiten erfolgen muss.

Tabelle 2.37: Freiraumtypenmodell und deren Funktionen

Flächige Freiräume	Lineare Freiräume	Stadtstrukturtypen	Freiraumfunktionen
Parks, Gärten Sportplätze Feuchtgebiete Spielplätze Schulhöfe Brachflächen	Flüsse/Bäche Kanäle Gemeinschaftsgärten Friedhöfe Straßen Leitungstrassen	Wohngebiete Industriegebiete Gewerbeflächen Mischgebiete	1. Alltags- und Erholungsfunktionen 2. Stadtgliedernde Funktionen 3. Stadtökologische Funktionen 4. Naturräumliche Funktionen

Tabelle 2.38: Orientierungswerte zur quantitativen und qualitativen Bedarfsermittlung

Freiraum	Richtwert	Mindestgrößen/Ergänzung/Erläuterung
Allgemeine Freiräume		
Grünflächen, Parkanlagen, Spielstraßen, Straßenbegleitgrün (wohnungsbezogen)	3,5 bis 4 m^2/E [1,7] 6 bis 7 m^2/E [3] 8,0 m^2/E bei 0,2 GFZ [2] 15,0 m^2/E bei 1 GFZ [2] 15,0 m^2/E [4]	min. 2.000 m^2 innerhalb der Wohnbebauung[1] 250 m Einzugsbereich [4] ca. 5 Min. Fußweg (150 bis 200 m Entfernung) [2]
Wohngebietsbezogen	3 bis 5 m^2/E [1] 6 m^2/E [2,7]	min 10.000 m^2 [1] 500 m Einzugsbereich [4,7] ca. 10 Min. Fußweg (300 bis 500 m Entfernung) [2]
Stadtteilbezogen	7 m^2/E [2,7] 8 m^2/E [1]	min 5 ha [1] 1.000 m Einzugsbereich bei 3 bis 10 ha [4] 1.500 m Einzugsbereich bei 10 bis 50 ha [4] ca. 20 Min. Fußweg (750 m) [2]
Region	13 m^2/E [4]	6.000 m Einzugsbereich bei > 50 ha [4]
Zweckgebundene öffentliche Freiräume		
Kommunale Parkanlagen und Grünflächen	8 bis 16 m^2/E	ca. 40 Min Fußweg (max. 2.000 m Entfernung) [2]
Spielflächen allgemein	2,5 m^2/E [4]	erreichbar durch gesicherte Geh- und Radwege [2] 1 Spielplatz < 90 Kinder = sehr gut [2] 1 Spielplatz > 200 Kinder = sehr schlecht [2]
Spielfläche unter 5 bis 6 Jahre	0,75 m^2/E 0,5 m^2/E	min 500 m^2 [4] max. 100 m Entfernung [2, 4] 1 Spielplatz ab 2 bis 3 WE [4] ab 50 WE mit Belag bedeckte Spielfläche
Spielfläche 6 bis 12 Jahre	0,75 m^2/E 0,5 m^2/E	min 5.000 m^2 [4] max. 400 m Entfernung [2,4] ab 250 WE mit Belag bedeckte Spielfläche Mittelwert: 1m ^{2}/E [6]
Spielfläche ab 12 Jahre	0,75 m^2/E 0,5 m^2/E	min 10.000 m^2 [4] max. 800 m Entfernung [2,4] Mittelwert: 1,5 m^2/E [6]
Naturnahe Bereiche, großflächig		min 10.000 m^2 [4]
Spielfläche für Erwachsene	1 m^2/E [4]	max. 1.000 m Entfernung [2,4] max. 200 m Entfernung Senioren [2,4]
Sportflächen/ Schulsport	2,5-3,5 m^2/E [2] 4,0 m^2/E [2] 5,5 m^2/E [2] 5 bis 6 m^2/E [6]	ca. 10 Min. Fußweg (500 m) [2]
Freibäder	0,05-1,15 m^2/E Wasserfläche [2]	Mittelwert: 2 m^2/E einschl. Nebenfläche [6]
Friedhofsflächen	5,0 m^2/E [2]	3,5-5 m^2/E [6]
Dauerkleingartenflächen	1 Kleingarten (300 – 400 m^2)/ 7 bis 10 WE bei Geschosswohnungsbauten	10 bis 12 m^2/ E 2) 2,8 m^2/E bei 0,2 GFZ bis 15,0 m^2/E bei 1,0 GFZ 10,0 bis 17,0 m^2/ E 6) 18 m^2/E 2)
Parkplätze	1 Parkplatz auf 1,1 bis 1,2 WE	„Parkplätze sind zu zentralisieren und unter die Häuser zu verlegen. Bevor eine Fläche versiegelt beplant wird, muss über ihre derzeitigen soziokulturellen und ökologischen Funktionen, vor allem über mögliche Freiraumdefizite im Stadtgefüge, Klarheit bestehen.“ [2]

Quellen: [1] (GÄLZER 2001); [2] (Deutscher Rat für Landespflege (DRL) 2006); [3] (RICHTER 1981); [4] (Deutsches Institut für Normung (DIN) 2012); [5] (MA18 2014), [6] (BORCHARD 1968), [7] (Blum 2023)

3 Grüne Infrastruktur

Die Gesamtheit und das System aller natürlichen und künstlichen Elemente in Städten – wie Parks, Gärten, Wälder, Gewässerkorridore, Brachflächen, Baumreihen bis hin zu einzelnen Bäumen sowie künstliche Elemente wie Dach- und Fassadenbegrünungen – werden unter dem Begriff Grüne Infrastruktur zusammengefasst. Die Anerkennung dieser Strukturen als gleichwertige Infrastruktur – vergleichbar mit Bebauung, technischen Medien oder Verkehr – bildet die Grundlage für ihre Wertschätzung. Daraus folgt die Notwendigkeit, Ressourcen für deren Erhalt und Weiterentwicklung bereitzustellen.

Ein zentrales Konzept in diesem Zusammenhang sind naturbasierte Lösungen (Nature-based Solutions, NbS). Darunter versteht man Maßnahmen, die auf der nachhaltigen Nutzung natürlicher Prozesse beruhen, um gesellschaftliche Herausforderungen wie Klimawandel, Umweltzerstörung, Biodiversitätsverlust oder Gesundheitsrisiken zu bewältigen. Naturbasierte Lösungen zielen darauf ab, gleichzeitig ökologische, soziale und ökonomische Vorteile zu schaffen – etwa durch renaturierte Flüsse, begrünte Dächer, urbane Wälder oder multifunktionale Grünräume. Sie gelten als besonders wirkungsvoll, weil sie technische, soziale und ökologische Funktionen miteinander verbinden und langfristig zur Resilienz und Lebensqualität von Städten beitragen.

Grüne Infrastrukturen – und damit viele naturbasierte Lösungen – bieten zahlreiche wichtige Wirkungen und Funktionen zum Erhalt und zur Verbesserung der Lebensqualität in Städten und zur Anpassung an den Klimawandel und das Stadtklima. Neben der Regulierung des Kleinklimas, der Staubfilterung, dem Lärmschutz und der Überflutungsvorsorge dienen sie auch als wichtige Erholungs- und Bildungsangebote. Zudem leisten sie durch ihre Vielfalt und Multifunktionalität einen bedeutenden Beitrag zur Biodiversität und zur ökologischen Durchgängigkeit von Städten.

Ökosystemleistungen

Die direkten und indirekten Beiträge grüner Elemente zum menschlichen Wohlergehen werden – unabhängig von ihrer Größe oder Maßstabsebene, also vom Einzelbaum bis zum großflächigen Wald – als Ökosystemleistungen bezeichnet. Diese bringen den Menschen wirtschaftlichen, materiellen, gesundheitlichen oder psychischen Nutzen. Neben den sogenannten Basisleistungen (z.B. Bodenbildung) werden Ökosystemleistungen in drei Kategorien unterschieden:

- Regulierungsleistungen: z.B. Verminderung stadtklimatischer Belastungen, Verbesserung von Luft- und Wasserqualität
- Kulturelle Leistungen: z.B. Erholung, Naturerfahrung, Umweltbildung
- Versorgungsleistungen: z.B. Bereitstellung von Lebensmitteln, Trinkwasser oder Holz aus Stadtwäldern

Grünes Netzwerk

Die vielfältigen Wirkungen der grünen Infrastruktur können nur erreicht werden, wenn die grünen Strukturen als zusammenhängendes, mit dem Umland vernetztes System verstanden und umgesetzt werden. In diesem Sinne ist der Aufbau eines urbanen grünen Netzwerks eine zentrale naturbasierte Lösung, da er funktionale ökologische Prozesse unterstützt und gleichzeitig Räume für soziale Interaktion, Erholung und Gesundheit bereitstellt. Freiräume in Städten sind daher nicht als isolierte Zonen, sondern als verknüpfte Bestandteile eines größeren Netzwerks zu begreifen. Besonders in dicht bebauten Innenstädten spielen vernetzte grüne Plätze und Räume als „kühle Oasen“ eine wichtige Rolle, wenn sie fußläufig erreichbar sind. Die Stadt Dresden verfolgt mit ihrer Leitidee einer „kompakten Stadt im ökologischen Netz“ genau diesen Ansatz. Wien wiederum hat ein stadtweites Freiraumnetz entwickelt, in dem jeder Bewohner innerhalb von maximal 250 Metern Zugang zu einem öffentlichen Freiraumtyp hat – jeder mit mindestens einer von vier zentralen Freiraumfunktionen. Diese Planungen greifen naturbasierte Lösungsansätze direkt auf, um nicht nur exklusive Quartiere, sondern auch leistbares Wohnen und Arbeitsumfelder gleichermaßen zu stärken. Die Wirkungen von städtischen Grünflächen sind oft nur schwer mit objektiven und handlungsrelevanten Maßzahlen zu belegen, weil diese aufgrund zahlreicher Wechselbeziehungen mit dem städtischen Umfeld fortlaufend beeinflusst werden und sich im Verlauf der Zeit auch verändern können.

Stadtklima

Das beste Beispiel sind die Wechselwirkungen zwischen Grünflächen/Vegetation und dem Stadtklima: Auf der einen Seite werden Grünflächen direkt vom globalen Klimawandel und dem Stadtklima wie z.B. Hitze, Trockenheit, Schattenwurf, verlängerte Vegetationsperioden u.v.m. negativ beeinflusst. Auf der anderen Seite beeinflussen die Grünflächen selbst auch das Stadtklima durch Beschattung, Verdunstungskühlung, Staub- und Lärmfilterung oder Wasserrückhalt (Abbildung 2.40).

Diese Wechselwirkungen können mit Hilfe von stadtklimatischen Modellen wie z.B. ENVI-Met (https://www.envi-met.com/de/) modelliert und angestrebte positiven Wirkungen von Planungen räumlich und zeitlich dargestellt werden.

Eine einfache Überprüfung und Bewertung von Hitzeanpassungsmaßnahmen im städtischen Raum kann z.B. mit dem HRC-Hitzetool durchgeführt werden (HRC = Heat Resilient City; http://heatresilientcity.de/). Dazu wird die thermische Belastung des Menschen in Abhängigkeit von der aktuellen und angepassten Umgebung durch einen human-bioklimatischen Index bewertet und eine Einschätzung der Ökosystemdienstleistungen „Erholung", „Naturerfahrung", „langfristige Kohlenstoffspeicherung" und „Biodiversität" ausgegeben.

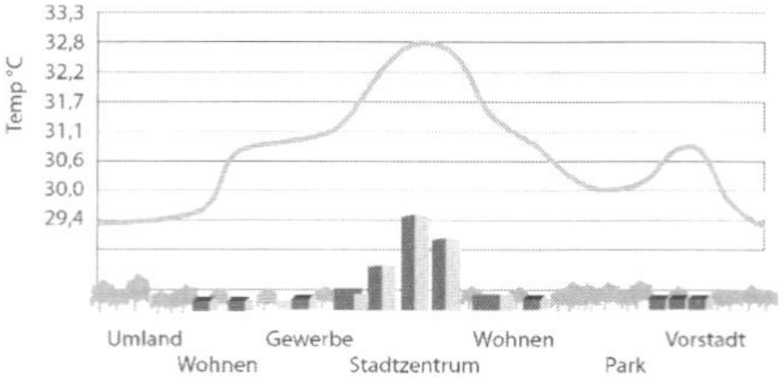

Abbildung 2.40: Schematische Darstellung der Oberflächentemperaturen in urbanen Räumen mit unterschiedlicher Bebauungsdichte und Grünflächenanteil (in Anlehnung an Pauleit et al. 2013)

Vegetationsmodelle

Für stadtklimatische Modelle ist neben den Standortbedingungen an sich insbesondere der Parameter der Vegetationsentwicklung von Bedeutung. Dieser Parameter wurde ebenfalls mit Hilfe von Modellen auf Grundlage von Messungen sowie der Dynamik des Pflanzenwachstums dargestellt, z.B. von Stadtbäumen und der sich verändernden Umwelt zur Quantifizierung ihrer Ökosystemleistungen wie der Kohlenstoffbindung, der Verringerung des städtischen Wärmeinseleffekts, der Regenwasserbewirtschaftung, der Verbesserung der Luftqualität, der kulturellen Werte und der Ästhetik. Es ist jedoch eine Herausforderung, diese Ökosystemleistungen in den sehr variablen städtischen Umgebungen zu quantifizieren. Daher liefern die Modelle teilweise auch statische Werte der Ökosystemleistungen und stellen diese nicht im Zusammenhang mit der zeitlichen Vegetationsentwicklung dar. Da sich die Pflanzen in ihren Eigenschaften mitunter stark voneinander unterscheiden, können die Ergebnisse der einen Art nicht auf eine andere Art übertragen werden. Daher beziehen sich manche Modelle nur auf wenige ausgewählte Baumarten. Grundsätzlich muss bei der Auswahl des Modells auf die benötigten sowie auf die zur Verfügung stehenden Ausgangs- bzw. Eingabedaten für das Modell sowie die gewünschten Ergebnisse geachtet werden.
Im Ergebnis der Modellierungen kann z.B. das Kühlpotenzial der Vegetation bei der Planung von Grünflächen gezielt genutzt werden, um Prognosen zur Verbesserung des Mikroklimas zu treffen. Beim Vergleich der Kühlungsleistung von Bäumen, Großsträuchern, Kleinsträuchern oder Hecken zeigt sich, dass Bäume gefolgt von Großsträuchern das höchste Kühlungspotenzial aufweisen. Rasen und Kleinsträucher erreichen eine ähnliche Kühlleistung, Hecken haben das niedrigste Potenzial zur Temperaturreduzierung (Abbildung 2.41).
Die Eignung von Bäumen, signifikante kühlende Effekte zu erzielen, resultiert aus ihren hohen Verdunstungsraten, aber auch aus Beschattung, welche von der Baumgröße, der Blattdichte und der Biomasse beeinflusst wird. Diese variieren je nach Baumart. Während bei einer Versiegelung von 40 % bei einer 60-jährigen Winter-Linde ein Biomassezuwachs von 20 kg pro Jahr festgestellt wurde, erreicht dagegen eine ca. 70 Jahre alte Scheinakazie 58 kg pro Jahr. Der Biomassezuwachs ist mit 0,51 kg je m^3 Wasser eng mit der Transpiration verknüpft. Gleichzeitig verringert sich der Abfluss um 0,17 mm je m^3 Transpiration. Die Ökosystemleistungen städtischer Plätze hängen somit stark von der Anzahl der Bäume, ihrer Altersstruktur sowie der Vitalität der unterschiedlichen Baumarten ab.
Bei der Gestaltung von Grünräumen in Städten sollte zukünftig die Versiegelung so gering wie möglich gehalten werden. Die Standort-, Boden- und Substratbedingungen sollten im Hinblick auf das Pflanzenwachstum optimiert sowie eine gezielte Bewässerung in Kombination mit dem örtlichen Regenwassermanagement eingesetzt werden, um den Wasserhaushalt und damit das Wachstum und die Vitalität der Vegetation insbesondere unter den prognostizierten wärmeren und trockeneren Bedingungen zu verbessern.
Aus Untersuchungen und Messungen wurden planerische Mindestanforderungen an Grünflächen abgeleitet, von denen grundsätzlich eine größtmögliche Verbesserung des städtischen Mikroklimas und auch eine langfristige Entwicklung der Pflanzen zu erwarten sind. Die nachfolgende Tabelle zeigt Orientierungswerte einzelner Elemente und wird zukünftig weiter fortgeschrieben.

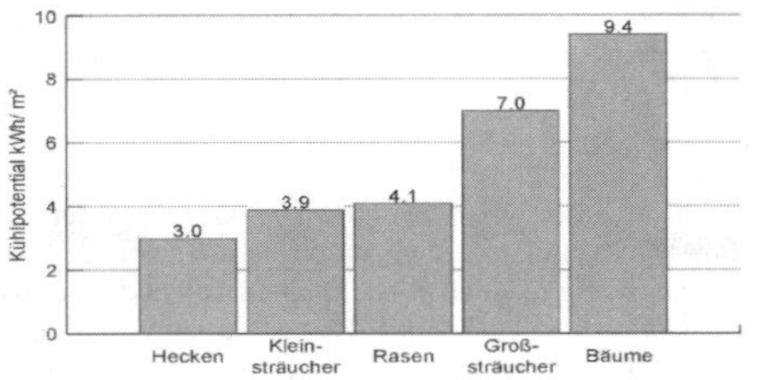

Abbildung 2.41: Kühlpotenziale unterschiedlicher Vegetationstypen an einem Sommertag durch Verdunstung in kWh/m² (verändert nach Rötzer et al. 2023)

Tabelle 2.41: Orientierungswerte zur Verbesserung des Stadtklimas

Grünflächen	Pflanzen
Die Wirkung für die gesamte Stadt kann durch eine vernetzte Anordnung von Grünflächen gesteigert werden, weil Randeffekte von vielen kleinen Flächen im Vergleich zu einigen großen Flächen zunehmen. Die Wirkung von Grünflächen in angrenzende Bebauungsstrukturen (Randeffekt) ist abhängig von der Topographie und der Durchlässigkeit dieser für einen Luftaustausch. Grünflächen mit einer Mindestgröße von 1 ha Grundfläche wirken sich günstig auf die angrenzenden Bebauungsstrukturen aus. Für ein eigenständiges Klima benötigen Parkanlagen eine Mindestgröße von ca. 3,5 ha. Die Wirkung von großen Parkanlagen reicht zwischen 200 m (Luv) bis 1.300 m (Lee) in die angrenzenden Bebauungsstrukturen. Unter einem Grünanteil von 40 % steigen die Oberflächentemperaturen innerhalb städtischer Bebauungsstrukturen signifikant an. Eine Steigerung des Grünflächenanteils von 10 % kann die Oberflächentemperaturen trotz Klimaänderungen auf dem heutigen Niveau halten. Eine Beschreibung des Vegetationsinventars nach Vegetationsstrukturtypen ermöglicht eine differenzierte Betrachtung zur gezielten Anhebung des Vegetationsanteils	Das Laub der Pflanzen hält auf der Blattoberfläche Niederschläge zurück (Interzeption): Laubbäume erreichen dabei Werte von 15 bis 25 %, Nadelbäume Werte von 20 bis 40 %. Die Infiltration in bewachsene Böden ist um bis zu 90 bis 153 % erhöht. Die Wasseraufnahme von Pflanzen steigt mit zunehmender Pflanzengröße, je nach Artenzusammensetzung erreichen Wälder Werte zwischen 300 und 410 mm. Die Bewässerung einer Rasenfläche erhält ihre stadtklimatisch ausgleichende Funktion und trägt zu einer Verringerung der Lufttemperatur um 1 bis 2 °C bei. Der Blattflächenindex (Maß für das Vegetationsvolumen) trägt bei einer Erhöhung um eine Einheit zu einer Verringerung der Lufttemperatur um 1 bis 1,3 °C bei. Die Beschattung von Gebäuden durch Vegetation/Bäume und Gebäudebegrünungen trägt zur Energieeinsparung durch geringeren Kühl- bzw. Heizungsbedarf der Gebäude bei. Parkanlagen mit einer Kombination aus breitkronigen Bäumen, Sträuchern und Rasenflächen besitzen eine besonders günstige klimatische Wirkung.
Wasserflächen und Fließgewässer	
Wasserflächen mit einem ständigen Wasserstand von 200 bis 300 m² oder 20 bis 50 m Länge und Breite tragen zu einer Steigerung der Verdunstung in Städten bei. Folgende bauliche Ausformungen unterstützen deren Verdunstung: Röhrichtarten in flachen Randbereichen bis 1 m Wassertiefe, temporär eingestaute Bereiche mit Gras, Stauden oder Sträuchern begrünen, eine	offene Zuführung und Zwischenspeicherung von abfließendem Regenwasser, eine Offenlegung, naturnahe Gestaltung und Bepflanzung verrohrter Fließgewässer einschließlich der Anlage von Auenbereichen entlang der Gewässer.
Dachbegrünung	
Wasserrückhalt des Jahresniederschlags entsprechend der Aufbauhöhe (FLL): extensiv bis 10 cm – 50 %	extensiv bis 20 cm – 60 % intensiv bis 50 cm – 70 % intensiv > 50 cm - > 90 %

Neben diesen gestalterischen und funktionalen Betrachtungen urbaner Freiräume kann mit Hilfe des Tools „Stadtgrün Wertschätzen“ auch deren ökonomische Betrachtung erfolgen. Gerade in Städten werden die Grünanlagen von den Bewohnern intensiv genutzt und als wichtiges Kriterium für ein lebenswertes Wohnumfeld angesehen. Mit Hilfe des Tools können die Auswirkungen von Veränderungen der Freiraumausstattung mit Grünflächen, Straßenbäumen, begrünten Wegen, Gründächern oder der naturnahen Pflege

von der ökonomischen Seite, d.h. des monetären Wertes der Ökosystemleistungen Wasserretention, Luftreinhaltung, Kohlenstoffregulation, Temperaturregulation sowie kulturelle Ökosystemleistungen her betrachtet werden.

Wasser

Grüne Infrastrukturen, insbesondere die Pflanzen in diesen Räumen, benötigen Wasser. Von der Pflanzung und Pflege von Straßenbäumen ist bekannt, dass gerade in der Jungbaumphase ausreichende Wässerungsgänge wichtig sind, ohne die sich die Bäume langfristig nicht entwickeln und damit auch ihre wichtigen Ökosystemdienstleistungen und Wirkungen nicht erbringen können. Rasenflächen, deren Grasbestand während Trockenperioden vertrocknet und abstirbt, verlieren ihre kühlende Funktion. Sie werden sogar selbst zu einer Wärmequelle, weil die eintreffende Sonnenenergie ähnlich einer versiegelten Fläche größtenteils in fühlbare Wärme umgewandelt wird. Der Wasserverlust von Grasflächen wird von der Beschattung beeinflusst. Im Baumschatten liegt der Wasserverlust bei 0,8 mm, während bei voller Sonne der Verlust bei 2,7 mm liegt.

Zur Einschätzung des Wasserbedarfs von Vegetationsflächen kann eine durch die Forschungsgesellschaft Landschaftsentwicklung Landschaftsbau e. V. (FLL) entwickelte, überschlägige Ermittlungsmethode herangezogen werden. Die erforderliche Wassermenge ist z.B. durch Bewässerung zu realisieren (vgl. Niederschlagswassermanagement 5B 2.5). Bei deren Berechnung werden auf Grundlage der Referenzverdunstung einer 10 cm hohen Rasenfläche (ET_0) die Eigenschaften der Vegetation, des Bodens sowie die Exposition berücksichtigt. Die Referenzverdunstung ist z.B. beim Deutschen Wetterdienst erhältlich. Ein Baum an einem frischen Standort hat bei einer Referenzverdunstung (ET_0) von 5 mm einen Bedarf von 8,5 mm pro Tag. Bei Einzelbäumen an stark versiegelten Standorten kann sich die Verdunstungsleistung um den Faktor 2 erhöhen, wenn das dafür notwendige Wasser im Boden pflanzenverfügbar ist. Wenn nicht ausreichend Wasser vorhanden ist, kann sich der Wert auf 40 bis 60% reduzieren.

Tabelle 2.42: Berechnung des Wasserbedarfs von Vegetationsbeständen anhand der tatsächlichen Verdunstung (ET_t)

$ET_t = ET_0 \times L \times G \times B \times S$	
Faktor für Lebensbereiche der Pflanzen (L) $L1$ = 0,6 (trockener Standort; nFk > 30 % < 50 %) $L2$ = 1,0 (frischer Standort; nFk > 50 % < 80 %) $L3$ = 1,6 (feuchter Standort; nFk > 80 %)	Faktor für die Vegetation (G) $G1$ = 0,8 (Bodendecker, Rasen) $G2$ = 1,0 (Stauden, Kleinstauden) $G3$ = 1,3 (Großsträucher, Bäume)
Faktor für die Bodenart (B) $L1$ = 1,5 (Sand) $L2$ = 1,0 (sandiger Lehm) $L3$ = 0,8 (Lehm/Schluff/Ton)	Faktor für die Sonnenexposition (S) $S1$ = 0,7 (Schatten) $S2$ = 1,0 (Halbschatten) $S3$ = 1,3 (volle Sonne)

Retention von Regenwasser

Die notwendige Wasserversorgung der Pflanzen kann durch Kombination mit einem örtlichen Regenwassermanagement gewährleistet werden. Aufgrund des hohen Versiegelungsgrades sind Städte als Orte mit erhöhten Abflüssen bekannt. Durch die Versiegelung kann Wasser nicht in den Untergrund versickern, sondern wird von den Oberflächen und über das Entwässerungssystem direkt abgeleitet. Damit steht es der Vegetation oder der Grundwasserneubildung nicht mehr zur Verfügung. Gleichzeitig wird das örtliche Kanalnetz durch das rasch abfließende Wasser überlastet, insbesondere nach Starkregenereignissen. In der Folge einer Überlastung der Kanalnetze kann es dazu kommen, dass über sogenannte Notüberläufe mit dem Regenwasser verdünnte, ungeklärte Abwässer direkt in Oberflächengewässer eingeleitet werden. Diese hydraulische und stoffliche Belastung städtischer Oberflächengewässer führt sowohl zu einer ökologischen Degradierung der Gewässer als auch zu einer erheblichen Einschränkung ihrer Erholungs- und Freizeitnutzung. Aktuelle Stadtentwicklungskonzepte legen aus diesen Gründen maximale Abflüsse von Grundstücken oder ein Niederschlagswasserentgelt für die abflussrelevanten Flächen eines Grundstücks fest, um die negativen Folgen der Versiegelung und des abfließenden Wassers zu reduzieren bzw. ganz zu vermeiden.

Lösungen zum dezentralen Rückhalt von Regenwasser können dazu beitragen, den Abfluss zu reduzieren, z.B. durch Anlegen von wasserdurchlässigen Belägen und Rückhalt und ggf. zeitverzögerte Weiterleitung von Wasser in dem Porenraum des bewachsenen Bodens. Die dafür eingesetzten Systeme wie z.B. bewachsene Retentionsmulden sind Stand der Technik (vgl. auch Kap. 5B in diesem Buch). Innovative Systeme wie z.B. Baumrigolen oder auch Gebäudebegrünungssysteme zur Speicherung und verzögerten Wiederabgabe des Wassers sind derzeit in der Entwicklung und Erprobung. Ein wesentliches Element in diesen Systemen ist die Pflanze, weil sie das im Bodenraum / Substrat gespeicherte Wasser wiederaufnimmt und verdunstet. Weiterhin wird durch die Vegetation das Auftreffen des Wassers auf den Boden verzögert (Interzeption) sowie durch die Durchwurzelung das Eindringen in den Boden verbessert und langfristig erhalten. Mit diesen Systemen kann die Wasserverfügbarkeit für die Vegetation optimiert werden. Gleichzeitig leistet die Vegetation einen wichtigen Beitrag zu einer ausgeglichenen Wasserbilanz urbaner Gebiete aus Niederschlag, Abfluss, Verdunstung und Speicheränderung. Sie sind damit sowohl in der Lage, die Folgen des Stadtklimas (Hitze und Überflutungsgefahr) abzumildern als auch die positiven Wirkungen von Grünstrukturen zu stärken.

4 Freiraumgestaltung

Freiraumgestaltung ist eine schöpferische Tätigkeit, um Zusammenhänge zwischen bestehenden sowie neuen Raumelementen und deren einzelnen Komponenten zu schaffen und zu entwickeln. Im Gegensatz zu architektonischen Räumen ist der landschaftsarchitektonische Raum durch das Fehlen eines Daches gekennzeichnet. Freiräume wie Gärten, Parks, Höfe, Straßen etc. sind somit immer durch die Präsenz des Himmels geprägt. Der landschaftsarchitektonische Raum besteht aus der Flächeneinheit mit ihrer dreidimensionalen Grenze. Die Flächenwirkung geht mit steigender Präsenz der Grenze zurück und umgekehrt. Das Raumerlebnis wird weniger anhand der Raummaße als vielmehr anhand seiner Proportionen wahrgenommen und durch Vorerfahrungen des Betrachters bestimmt. Die dafür relevante Proportion ist das Verhältnis zwischen der Entfernung des Betrachters zur Raumgrenze (D) und der Höhe der Raumgrenze (h), wobei die Raumgrenze noch einmal nach dem Anteil des sichtbaren Himmels über der Raumgrenze differenziert werden kann (LOIDL & BERNARD 2014).

Der Raum und seine Größe werden auch durch die Nähe der Nutzer zueinander wahrgenommen und charakterisiert. Dabei wird nach vier Kategorien von sozialer Distanz unterschieden, welche für die Gliederung des Raumes eingesetzt werden:
Intime Distanz: zwischenmenschlicher Abstand von 0,5 m, Tast- und Geruchssinn überwiegen den Sehsinn, sodass nur vertraute Personen ertragen werden.
Personale Distanz: zwischenmenschlicher Abstand von 0,5 bis 1 Meter, instinktiver Schutz-Umkreis eines Menschen, Tast- und Geruchssinn treten gegenüber dem Sehsinn zurück, Personen werden über peripheres Sehen (150° Sehwinkel) wahrgenommen, z.B. Fahren in öffentlichen Verkehrsmitteln, Fremde an kleinem Restauranttisch oder auf einer Parkbank.
Soziale Distanz: 1 bis 2,5 Meter (engere Sozialdistanz), 2,5 bis 5 Meter (weitere Sozialdistanz), fast ausschließlich visuelle und akustische Wahrnehmung von Personen in ihrer ganzen Motorik. Bei Räumen, in denen fremde Menschen miteinander in Kontakt treten, sollten Elemente wie Bänke, Tische oder Spielgeräte nach der sozialen Distanz angeordnet werden. Eine Unterschreitung kann zu Spannungen, Aggressionen und Unruhe führen, eine Überschreitung zu einem Verlust der Kommunikation.
Öffentliche Distanz: 5 bis 7 (10) Meter, die Obergrenze kann je nach kultureller, sozialer und persönlicher Vorerfahrung variieren, die Einhaltung der öffentlichen Distanz ist ein Zeichen gegen eine spontane Kommunikation, Kontaktaufnahme ist entweder durch Verringerung des Abstandes oder durch entsprechende Zeichen (Rufen, Winken) möglich.

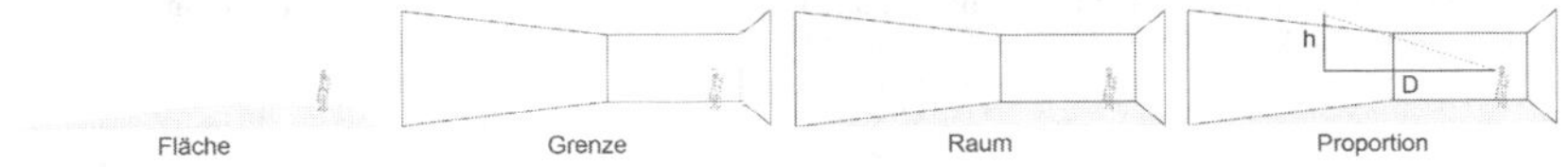

Abbildung 2.43: Raum und Proportionen (verändert nach LOIDL & BERNARD 2014)

Tabelle 2.44a: Proportionen und räumliche Wirkung von Distanz und Höhe

Proportion D:h	Bemerkung
1:1	Raum wirkt geschützt, sicher und abgeschlossen, weil die Grenze nicht überblickt werden kann, kein Himmel ist zu sehen, kann auch als beengend empfunden werden, um Beengung zu mindern, kann die Raumgrenze geschwächt oder verdeckt werden oder aber die Fläche gestärkt und Blickfänge im unteren Drittel der Raumgrenze angeordnet werden.
2:1	Vermittelt Geborgenheit und Geschütztheit ohne Beengung, für Geborgenheit müssen die Grenzen bis zum Boden dicht sein.
3:1	Maß für Wiesenräume im englischen Landschaftsgarten, Wiesen von 100 bis 200 m werden durch Bäume mit einer Wuchshöhe von 35 bis 40 m eingegrenzt, Himmel wird Teil des Sehfeldes.
4:1 bis 6:1	Es werden weite und offene Räume mit hohem Himmelanteil geschaffen, Grenze rückt in die Ferne.
> 6:1	Die Raumgrenze wird nicht mehr wahrgenommen und Öffnungen wie z.B. Tore besitzen keine Leitfunktion mehr, der Himmel nimmt große Teile des Sichtfeldes ein, es entsteht entweder ein Gefühl von Verlorenheit oder Freiheit und Leichtigkeit, eine Leitfunktion kann durch das Erschließungssystem wie Wege erfolgen.

Raumwirkung und Pflanzen

Die Raumwirkung kann durch Geländemodellierung und Vegetation erzeugt werden. Angehobene Bereiche werden gegenüber dem Umfeld betont, Absenkungen erzeugen vom Umfeld abgeschiedene Bereiche. Je nach Höhenunterschied wirken die erhöhten bzw. abgesenkten Bereiche zur Umgebung gehörend oder von dieser getrennt wahrgenommen.

Tabelle 2.44b: Wirkungen von Geländemodellierungen

Anhebung	
30 bis 50 cm	Der Bereich erhält eine räumliche Eigenständigkeit, gehört aber noch zur Umgebung.
70 bis 150 cm	Der Bereich erhält stärkere Eigenständigkeit, wirkt aber noch zur Umgebung gehörend, für Erwachsene einsehbar, für Kinder und sitzende Menschen ggf. schon als Trennung wahrnehmbar.
>150 cm	Die Wirkung kehrt sich in Abgeschlossenheit um.
Absenkung	
Bis 100 cm	Der Bereich vermittelt Geborgenheit und Verbundenheit mit dem Umfeld.
>150 cm	Die Verbindung zwischen dem oberen und unteren Bereich nimmt stark ab, das Gefühl von Unbehaglichkeit kann entstehen, der Bereich ist frei von oben einsehbar.

Geländemodellierungen können durch Bepflanzung und den Habitus der Pflanzen beeinflusst und gestaltet werden. Pflanzen verändern sich im Verlauf der Jahreszeiten und mit zunehmendem Alter. Beim Einsatz von Pflanzen sind daher die artspezifische Wuchshöhe an dem jeweiligen Standort sowie ihr Habitus bei der Planung zu berücksichtigen. Je nach Wuchsform (z.B. Baum, Strauch oder Staude) lassen sich unterschiedliche räumliche Situationen und Bezüge erzielen. Farbe und das Spiel aus Licht und Schatten bieten weitere Gestaltungsmöglichkeiten.

Abbildung 2.44: Optische Reliefänderung und Raumwirkung durch Pflanzen (verändert nach LOIDL & BERNARD 2014)

Die Entwicklung dieser Eigenschaften setzt vitale Pflanzen voraus, deren Standort vor der Pflanzung vorbereitet werden muss. Im Gegensatz zu baulichen Freiraumelementen und den übrigen Infrastrukturen der Städte kann das zu berücksichtigende Lebensalter insbesondere von Bäumen mehrere Jahrzehnte betragen. Oft stellen sich die mit den Pflanzen verbundenen Wirkungen wie z.B. Habitus, räumliche Wirkung, Beschattung, Frucht- oder Blütenschmuck erst nach mehreren Jahren ein. Daher ist auf einen ausreichend großen Wurzelraum zu achten, welcher die Entwicklung während der gesamten Lebenserwartung der Pflanzen unterstützt. Für Straßenbäume ist ein Wurzelraum mit einem Mindestvolumen von 12 m^3 mit geeignetem Pflanzsubstrat zu gewährleisten. Nach der Pflanzung sollte im Rahmen der Fertigstellungs-, Entwicklungs- und Unterhaltungspflege eine ausreichende Wasserversorgung, eine Belüftung des Wurzelraumes und ein fachgerechter Kronenschnitt eine gesunde Pflanzenentwicklung sicherstellen. Bei Pflanzungen sind Abstände zu Rohrleitungen und Kabeltrassen einzuhalten. Um Konflikte mit weiteren Nutzungen im Bereich der Pflanzstandorte (Parken, Befahren) und die Gefahr von Bodenverdichtungen im Wurzelbereich zu vermeiden, können Baumgruben auch in überbaubarer Bauweise hergestellt werden. Empfehlungen und Hinweise zur Vorbereitung und Durchführung von Pflanzung und Pflege werden von der Forschungsgesellschaft Landschaftsentwicklung Landschaftsbau e. V. (FLL) formuliert.

Straßenbäume

Besonders Straßenbäume sind von zahlreichen Nutzungskonflikten betroffen. Neben den gestalterischen Absichten einer Straßenraumbepflanzung / Allee muss neben den Standortbedingungen und den Eigenschaften der Pflanzen auch deren Verkehrssicherheit berücksichtigt werden. Dazu wird von der Gartenamtsleiterkonferenz (GALK) eine Liste mit Arten und Sorten aufgestellt und fortgeschrieben, in der diese mit „gut geeignet", „geeignet", „geeignet mit Einschränkungen" und „nicht geeignet" bewertet sind. In diese Bewertung fließen Erkenntnisse, Erfahrungen und wissenschaftliche Daten zu Wachstum, Resistenz, Größe und Verwendbarkeit in Städten und Siedlungsräumen ein. Dabei werden sich ändernde Rahmenbedingungen wie Klimaänderungen berücksichtigt. In einem abschließenden Bemerkungsfeld der Tabelle werden dazu die wichtigsten Daten der Straßenbaumtests aufgeführt. Die Liste umfasst neben den heimischen Arten auch fremdländische Arten, welche insbesondere unter den prognostizierten Folgen des Klimawandels getestet werden. Die Liste wird entsprechend den Sichtungsergebnissen fortlaufend aktualisiert und veröffentlicht (www.galk.de).

Pflanzenauswahl

Die Pflanze als lebendiger Werkstoff bildet das zentrale Gestaltungselement in der Planung grüner Freiräume. Neben den Boden- und Standortbedingungen sind fundierte Kenntnisse der verschiedenen Pflanzenarten und -sorten unerlässlich – insbesondere hinsichtlich ihrer Wuchs- und Verwendungseigenschaften sowie Blüten- und Blattfarben. Sie sind die Grundlage für eine gezielte und standortgerechte Pflanzverwendung.

Die Vielfalt der gestalterischen und funktionalen Einsatzmöglichkeiten von Pflanzen im urbanen Raum kann an dieser Stelle nicht abschließend dargestellt werden. Als erste Orientierungshilfe sei daher auf die Lebensbereichskennziffern von Gehölzen nach Kiermeier sowie auf die Lebensbereiche der Stauden nach Hansen/Stahl verwiesen. Die Einteilung in Lebensbereiche ermöglicht eine fundierte Auswahl geeigneter Pflanzen in Abhängigkeit von den jeweiligen Standortbedingungen. Die so entstehenden Pflanzengemeinschaften zeichnen sich durch eine langfristige Stabilität und eine vergleichsweise geringe Pflegeintensität aus.

Angesichts der prognostizierten Klimaveränderungen bietet die „KlimaArtenMatrix" nach Roloff eine wertvolle Entscheidungshilfe: Sie enthält ein Sortiment von Gehölzarten und -sorten, die insbesondere im Hinblick auf Trockenheitstoleranz und Frostresistenz für den Einsatz in urbanen Räumen geeignet sind.

Zur einfachen Planung und Umsetzung vielseitiger, über das Jahr hinweg attraktiver Staudenpflanzungen werden zunehmend sogenannte Mischpflanzungen verwendet. Diese basieren auf einer standortgerecht zusammengestellten Auswahl an Staudenarten, deren jeweilige Pflanzdichte pro Flächeneinheit festgelegt ist. Die Auswahl und Kombination der Arten erfolgt auf Basis gestalterischer Kriterien wie Blüten- und Blattfarben, Farbkompositionen sowie Blühzeitabfolgen.

Darüber hinaus berücksichtigen die Mischungen auch die Ausbreitungsstrategien, Wuchsformen, Höhenstaffelung und Vergesellschaftung der Pflanzen. So entsteht ein dynamischer und weitgehend selbstregulierender Pflanzenbestand, der sich über den Großteil des Jahres hinweg stabil entfaltet. Nach der Fertigstellungspflege genügt häufig eine einmalige Mahd am Ende des Winters vor dem Neuaustrieb.

Mischpflanzungen wurden für eine Vielzahl unterschiedlicher Standorte entwickelt und erprobt. Sie gelten daher als besonders geeignete, pflegeleichte und zugleich gestalterisch hochwertige Methode für eine naturnahe und nachhaltige Bepflanzung urbaner Freiräume.

2 C Straßen- und Verkehrswesen

Prof. Dipl.-Ing. Andreas Appelt

1 Grundsätze für innerstädtische Straßen (nach RASt)

1.1 Kategoriengruppen und Verbindungsfunktionsstufen (nach RIN)

Tafel 2.46 Einstufung der Straßen in Kategoriengruppen und Verbindungsfunktionsstufen

Kategoriengruppe / Verbindungsfunktionsstufe		Autobahnen	Landstraßen	anbaufreie Hauptverkehrsstraßen	angebaute Hauptverkehrsstraßen	Erschließungsstraßen
		AS	**LS**	**VS**	**HS**	**ES**
kontinental	**0**	**AS 0**		–	–	–
großräumig	**I**	**AS I**	**LS I**		–	–
überregional	**II**	**AS II**	**LS II**	**VS II**		–
regional	**III**	–	**LS III**	**VS III**	**HS III**	
nahräumig	**IV**	–	**LS IV**	–	**HS IV**	**ES IV**
kleinräumig	**V**	–	**LS V**	–	–	**ES V**

AS I vorkommend, Bezeichnung der Kategorie

(grau) problematisch aufgrund von Konflikten aus Funktionsüberlagerungen

– nicht vorkommend oder nicht vertretbar

(Rahmen) Geltungsbereich der RASt

Die **Kategoriengruppe VS** umfasst anbaufreie Straßen im Vorfeld und innerhalb bebauter Gebiete. Bei der ersten Gruppe handelt es sich um die Fortsetzung von Landstraßen bei der Annäherung an größere zusammenhängend bebaute Gebiete. Die Straßenseitenräume sind häufig geprägt von einer lockeren Bebauung. Deshalb bleiben die Erschließungsansprüche noch gering. Nur ein geringer Teil der Bebauung wird unmittelbar von der Straße erschlossen. Mit der Randbebauung verbunden sind im Allgemeinen fahrbahnseitige Verkehrsflächen für den nicht motorisierten Verkehr. Die Straßen der Gruppe VS sind einbahnig oder zweibahnig ausgebildet. Die Verknüpfung mit dem nachgeordneten Straßennetz erfolgt überwiegend durch plangleiche Knotenpunkte mit Lichtsignalanlagen (LSA) oder Kreisverkehre.

Die **Kategoriengruppe HS** umfasst angebaute Straßen innerhalb bebauter Gebiete. Sie bilden das System des innerörtlichen Hauptverkehrsstraßennetzes und übernehmen in der Regel auch die Linien des öffentlichen Nahverkehrs. Sie können auch Bestandteile zwischengemeindlicher Verbindungen sein (Ortsdurchfahrten). Hinsichtlich der straßenrechtlichen Widmung kann es sich um Bundes-, Landes-, Kreis- oder Gemeindestraßen handeln. Die Straßen der Gruppe HS sind einbahnig oder zweibahnig ausgebildet. Die Verknüpfung mit Straßen der gleichen Kategoriengruppe erfolgt im Allgemeinen durch plangleiche Knotenpunkte mit LSA oder Kreisverkehre.

Die **Kategoriengruppe ES** umfasst angebaute Straßen innerhalb bebauter Gebiete, die im Wesentlichen der unmittelbaren Erschließung der angrenzenden bebauten Grundstücke oder dem Aufenthalt dienen. Darüber hinaus übernehmen diese Straßen die flächenhafte Erschließung der durch Wohnen, Arbeiten und Versorgung geprägten Ortsteile. Sie sind grundsätzlich einbahnig und werden untereinander mit plangleichen Knotenpunkten ohne Lichtsignalanlage verknüpft. Die Verknüpfung mit Straßen der Kategoriengruppe HS erfolgt durch plangleiche Knotenpunkte mit und ohne LSA bzw. Kreisverkehre.

Bei der Planung und beim Entwurf von Stadtstraßen sind die verschiedenen Nutzungsansprüche untereinander und mit den Umfeldnutzungen abzustimmen. Soweit erforderlich, ist die Verkehrssicherheit zu verbessern. Für die verträgliche Nutzung unter Wahrung der städtebaulichen, gestalterischen und ökologischen Zusammenhänge stehen häufig nur vorgegebene Flächen zur Verfügung.

1.2 Differenzierung von Stadtstraßen

Zur Charakterisierung von Stadtstraßen werden verkehrliche und städtebauliche Merkmale herangezogen. Da die Kombination aller möglichen Merkmale zu einer nicht überschaubaren Vielfalt führt, werden typische Entwurfssituationen definiert, mit denen die meisten praktisch vorkommenden Entwurfsaufgaben bearbeitet werden können.

Abb. 2.47a Merkmale zur Differenzierung von Stadtstraßen

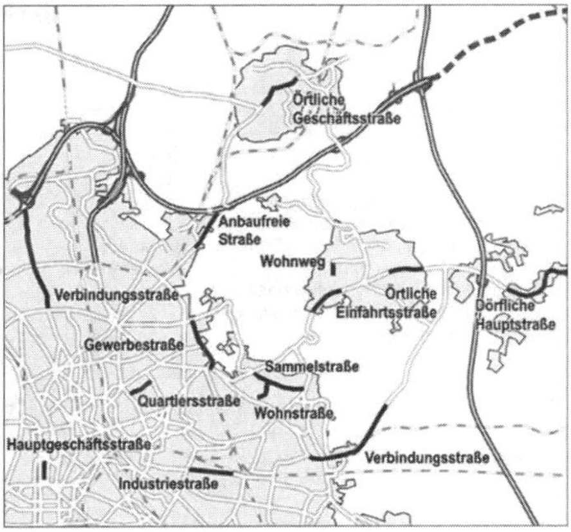

Abb. 2.47b Typische Entwurfssituationen

Tafel 2.47 Zuordnung der Straßenkategorien zu den typischen Entwurfssituationen

Typische Entwurfssituation	Straßenkategorie
Wohnweg	ES V
Wohnstraße	ES V
Sammelstraße	ES IV
Quartierstraße	ES IV, HS IV
Dörfliche Hauptstraße	HS IV, ES IV
Örtliche Einfahrtstraße	HS III, HS IV
Örtliche Geschäftsstr.	HS IV, ES IV
Hauptgeschäftsstraße	HS IV, ES IV
Gewerbestraße	ES IV, ES V, (HS IV)
Industriestraße	ES IV, ES V, (HS IV)
Verbindungsstraße	HS III, HS IV
Anbaufreie Straße	VS II, VS III

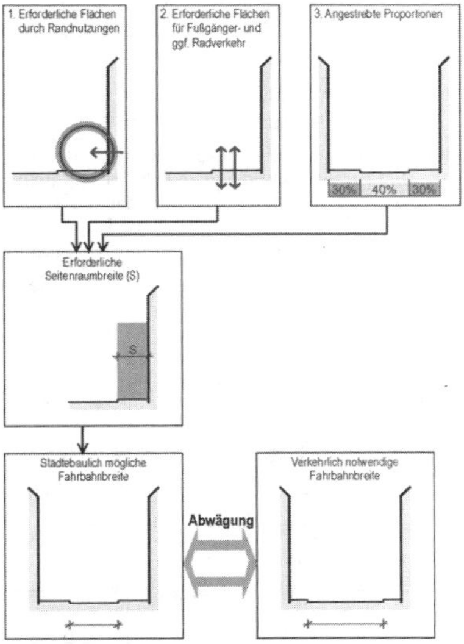

Abb. 2.47c Städtebauliche Bemessung

Für den Entwurfsvorgang kann zwischen zwei verschiedenen Arbeitsweisen gewählt werden:

1. Geführter Entwurfsvorgang mit Zuordnung zu einer typischen Entwurfssituation und Auswahl des Querschnitts gem. Abschn. 2.
2. Individueller Entwurf durch Auswahl der Entwurfselemente mit Hilfe der städtebaulichen Bemessung (vgl. Abb. 2.47c).

1.3 Raumbedarf für den fließenden Verkehr

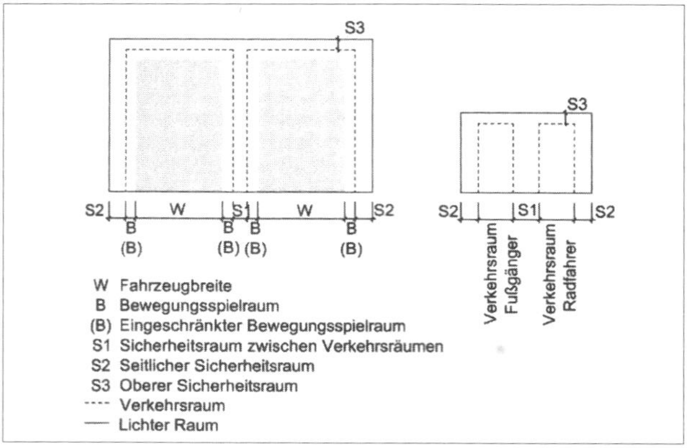

Abb. 2.48a Zusammensetzung des Raumbedarfs für Fahrzeuge (einschl. ÖV), Fußgänger und Radfahrer

Tafel 2.48a Bestandteile des Raumbedarfs für Kraftfahrzeuge

Fahrzeugart	*W* in m	*H* in m	*B* in m	*S1* in m	*S2* in m
Pkw	1,75	1,70	0,25 (0,15)	0,25 (0,00)[1]	0,50 (0,25)
Lieferfahrzeug	2,10	2,40	0,25 (0,20)	0,25 (0,00)[1]	0,50 (0,25)
Lkw	2,55	4,20	0,25 (0,20)	0,25 (0,00)[1]	0,50 (0,25)
Linienbus	2,55	4,20	0,25 (0,20)	0,40 (0,00)[1]	0,50 (0,25)

H Verkehrsraumhöhe (Fahrzeughöhe plus oberer Bewegungsspielraum)
Klammerwerte gelten für eingeschränkte Bewegungsspielräume.

[1] Gegen den Verkehrsraum für Radfahrer sind die Sicherheitsräume der untenstehenden Tafel 2.48b einzuhalten. *S1* darf nur im Begegnungsverkehr mit Kfz auf 0,00 m verringert werden. Beim Nebeneinanderfahren und Vorbeifahren an stehenden Fahrzeugen ist *S1* ≥ 0,25 m.

Die Fahrzeugbreite *W* und die Bewegungsspielräume *B* ergeben zusammen den Verkehrsraum. Der lichte Raum umfasst die Verkehrsräume und die Sicherheitsräume (oberer Sicherheitsraum für Kfz = 0,30 m, für Radfahrer = 0,25 m).

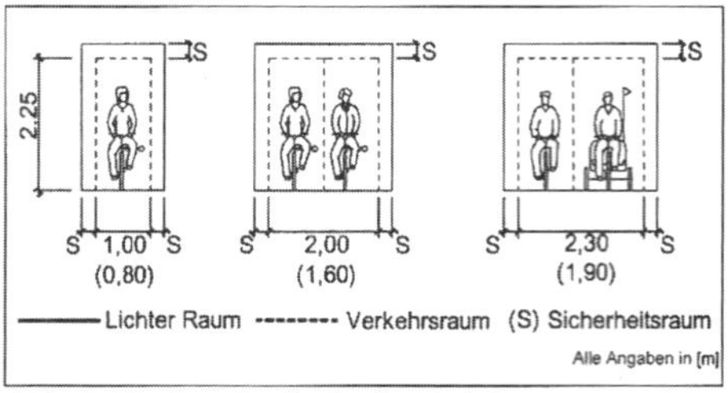

Abb. 2.48b Grundmaße für die Verkehrsräume und lichten Räume des Radverkehrs (Klammerwerte bei beengten Verhältnissen)

Tafel 2.48b Sicherheitsräume bei Radverkehrsanlagen

Abstand	Sicherheitsraum *S* in m
vom Fahrbahnrand	0,50
von parkenden Fahrzeugen in Längsaufstellung	0,75
von parkenden Fahrzeugen in Schräg- oder Senkrechtaufstellung	0,25
von Verkehrsräumen des Fußgängerverkehrs	0,25
von Gebäuden, Einfriedungen, Baumscheiben, Verkehrseinrichtungen und sonstigen Einbauten	0,25

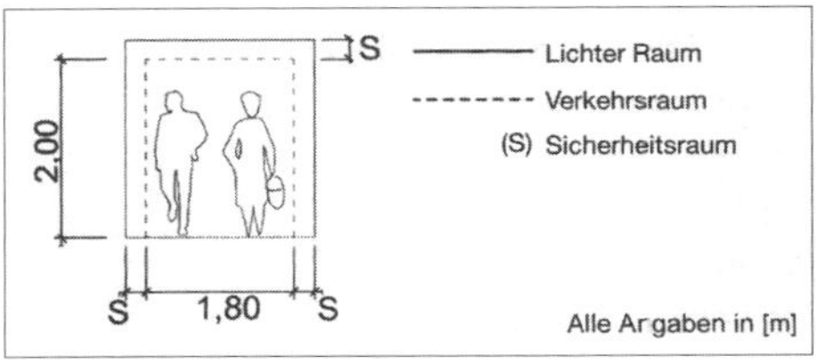

Abb. 2.49a Grundmaße für Verkehrsräume und lichte Räume des Fußgängerverkehrs

Für **Fußgänger** gelten ähnliche Abmessungen der Verkehrsräume wie für Radfahrer. Als Sicherheitsräume können die Sicherheitsräume von Radfahrern verwendet werden. Bei örtlichen Besonderheiten, die eine größere Breite erfordern, können die Richtwerte der Abb. 2.49b herangezogen werden. Die Sicherheitsräume von Fußgängern und Radfahrern dürfen sich überlagern.

Regelbreite eines Seitenraums	Anforderungen im Seitenraum	Raumbedarf
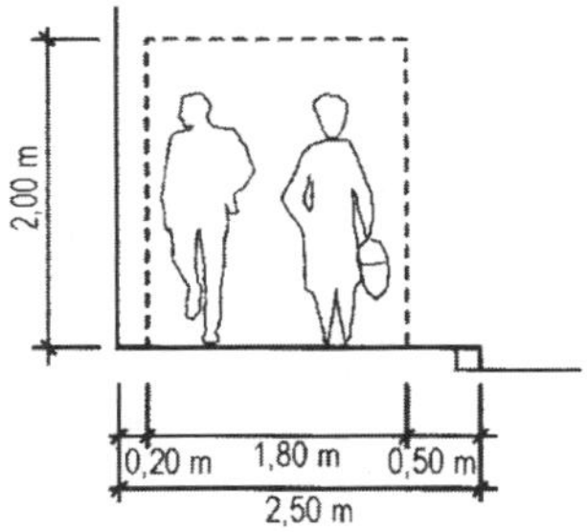	Flächen für Kinderspiel	≥ 2,00 m
	Verweilflächen vor Schaufenstern	≥ 1,00 m
	Grünstreifen ohne Bäume	≥ 1,00 m
	Grünstreifen mit Bäumen	≥ 2,00 – 2,50 m
	Ruhebänke	≥ 1,00 m
	Warteflächen an Haltestellen	≥ 2,50 m
	Auslagen und Vitrinen	1,50 m
	Stellflächen für Zweiräder Aufstellwinkel 100 gon Aufstellwinkel 50 gon	 2,00 m 1,50 m
	Fahrzeugüberhang bei Senkrecht- oder Schrägparkstreifen	0,70 m

Abb. 2.49b Richtwerte für zusätzlichen Raumbedarf im Seitenraum bei besonderen Anforderungen

Zweistreifige Fahrbahnen decken ein breites Spektrum möglicher Kraftfahrzeugverkehrsstärken ab. Anhaltswerte für die Kapazität von zweistreifigen Streckenabschnitten von Hauptverkehrsstraßen liegen zwischen 1400 Kfz/h und 2200 Kfz/h im Querschnitt. Genauere Angaben zur Verkehrsqualität von Straßen und Knotenpunkten sind dem Handbuch für die Bemessung von Straßenverkehrsanlagen (HBS) zu entnehmen.

Tafel 2.49 Orientierungswerte für die Fahrbahnbreite zweistreifiger Fahrbahnen

Anwendungsbereich	Fahrbahnbreite	
	Hauptverkehrsstraßen	Erschließungsstraßen
Regelfall	6,50 m*)	4,50 m – 5,50 m
mit Linienbusverkehr	6,50 m*)	6,50 m
geringer Linienbusverkehr mit geringem Nutzungsanspruch**)	6,00 m	6,00 m
geringe Begegnungshäufigkeit Lkw-Verkehr	5,50 m (bei verminderter Geschwindigkeit)	–
große Begegnungshäufigkeit Bus- oder Lkw-Verkehr	7,00 m	–
Schutzstreifen für Radfahrer	7,50 m mit beidseitig 1,50 m Schutzstreifen 7,50 m mit beidseitig 1,25 m Schutzstreifen***) bei beengten Verhältnissen	

*) Bei diesem Maß sind i. d. R. benutzungspflichtige Radverkehrsanlagen vorzusehen.
**) Zum Beispiel ausschließlich Erschließungsfunktion.
***) Nicht neben Parkstreifen mit häufigen Parkwechseln.

2 Querschnitte für typische Entwurfssituationen

Die folgenden Querschnitte stellen nur eine Auswahl aus den RASt 06 dar.

2.1 Wohnweg

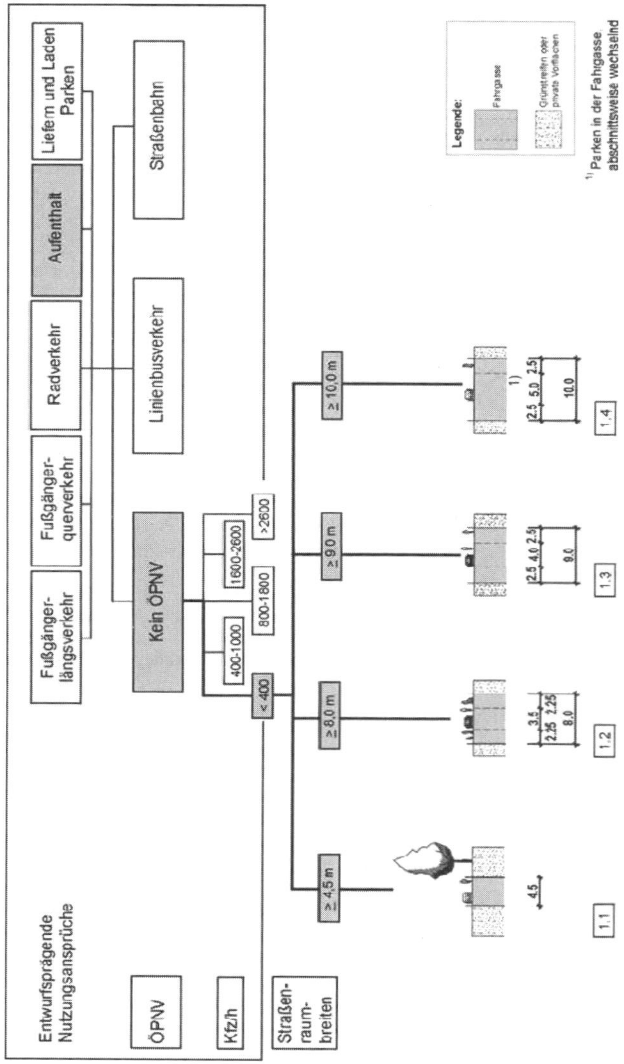

2.2 Wohnstraße

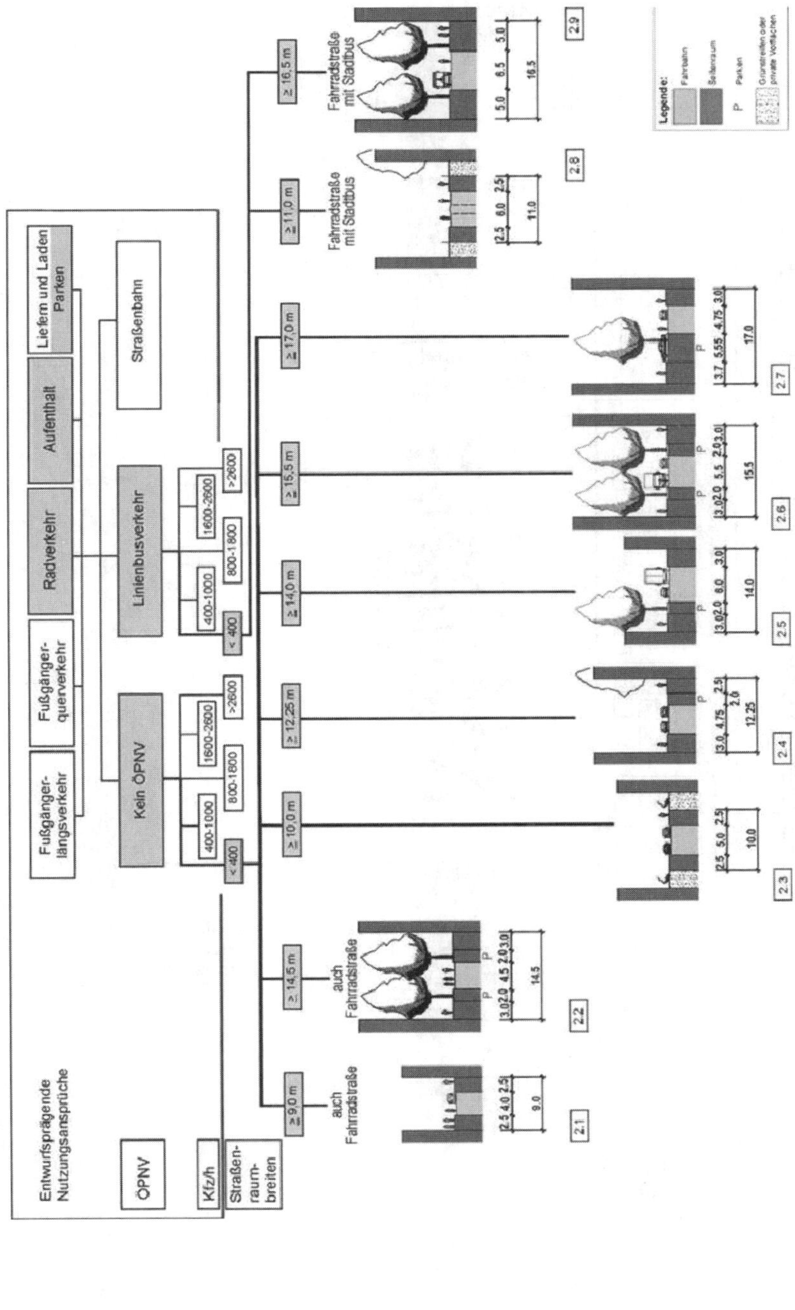

2.3 Sammelstraße

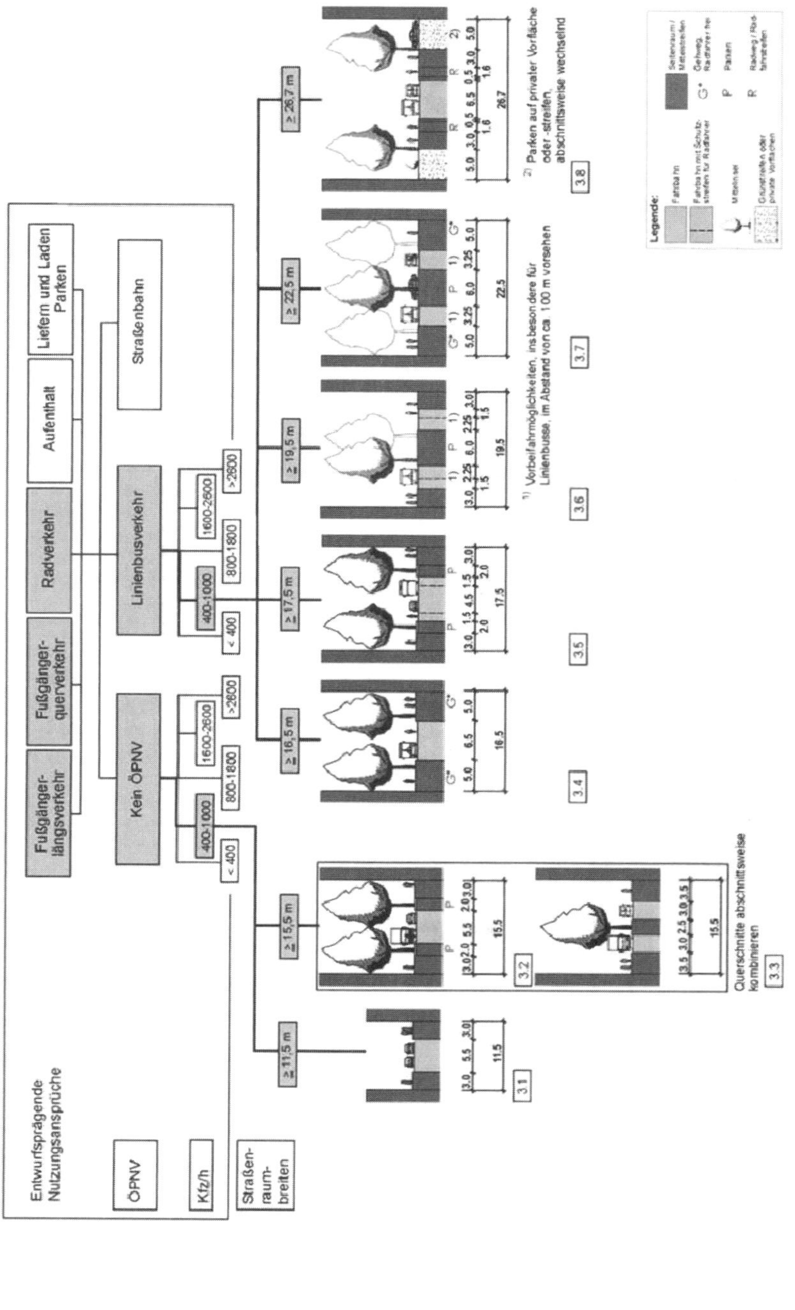

2.4 Dörfliche Hauptstraße

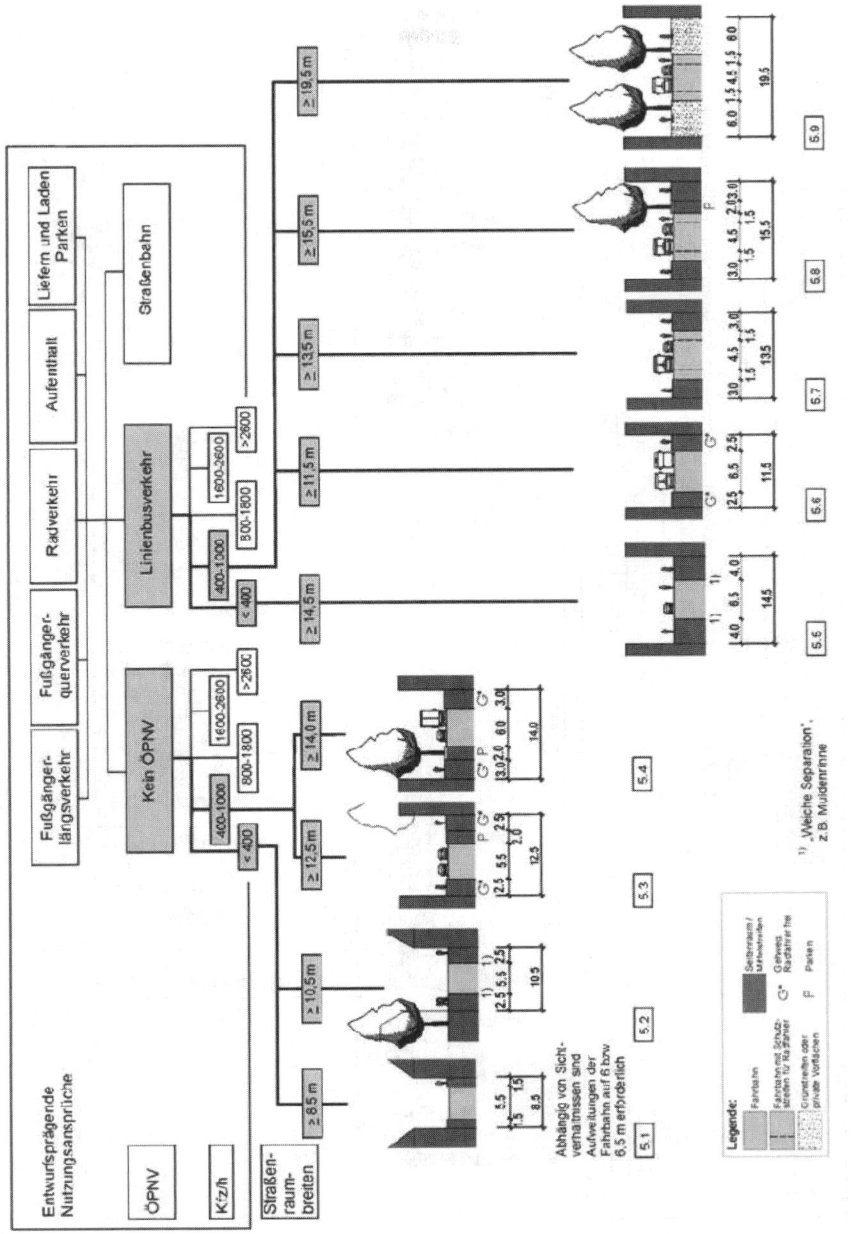

2.5 Örtliche Geschäftsstraße

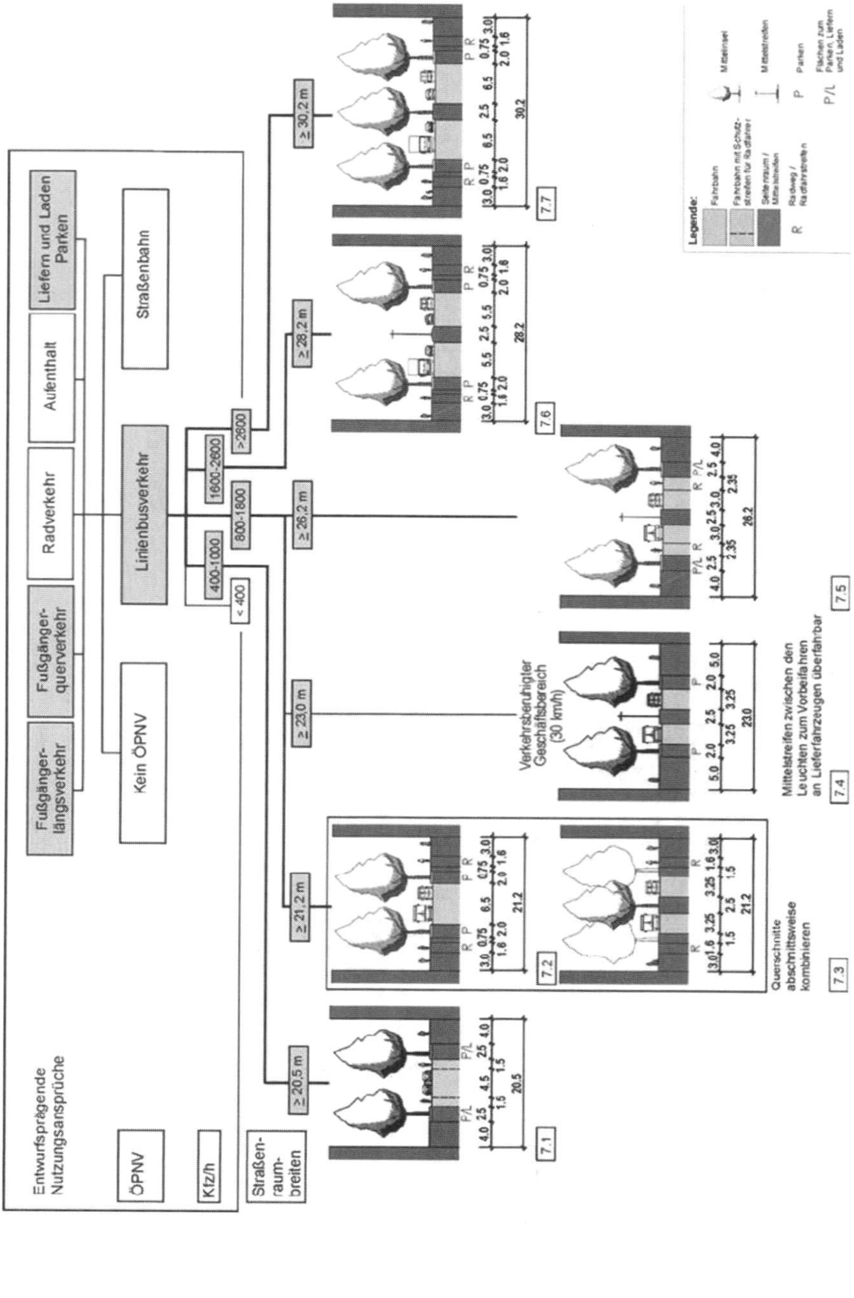

2.6 Hauptgeschäftsstraße

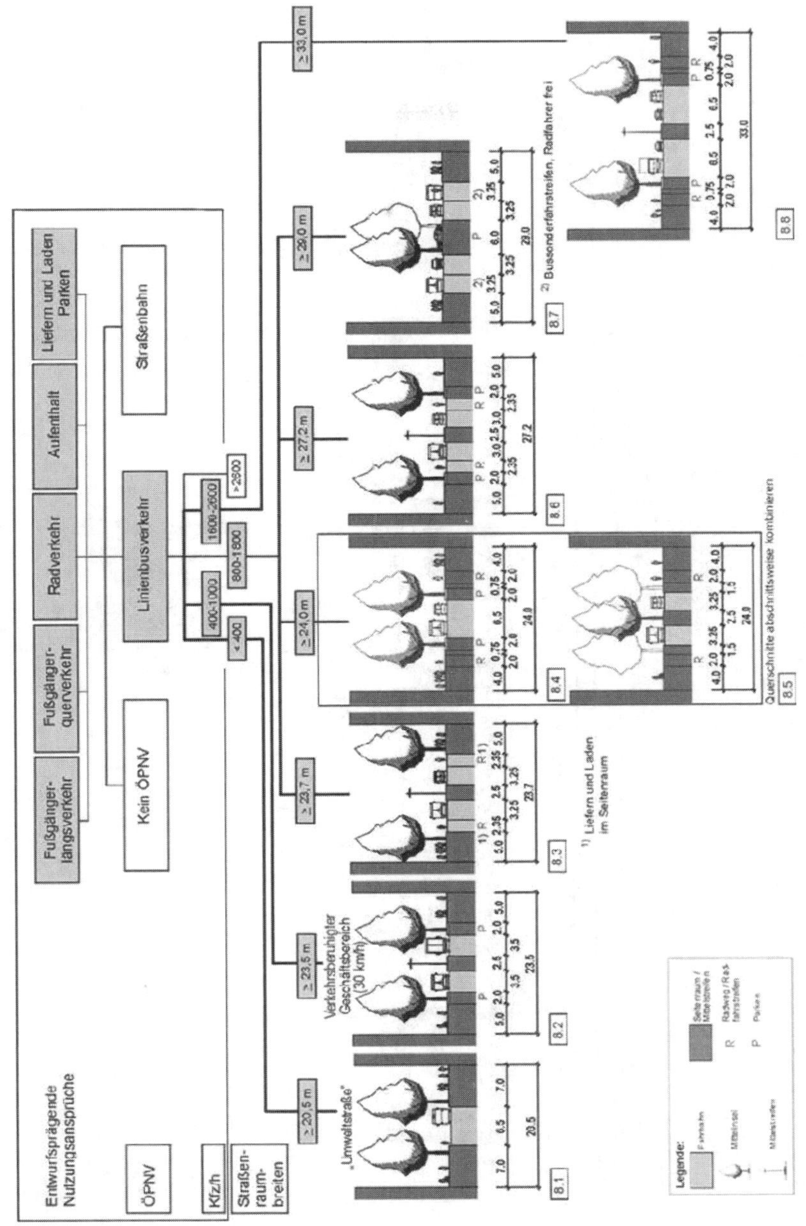

2.7 Gewerbestraße

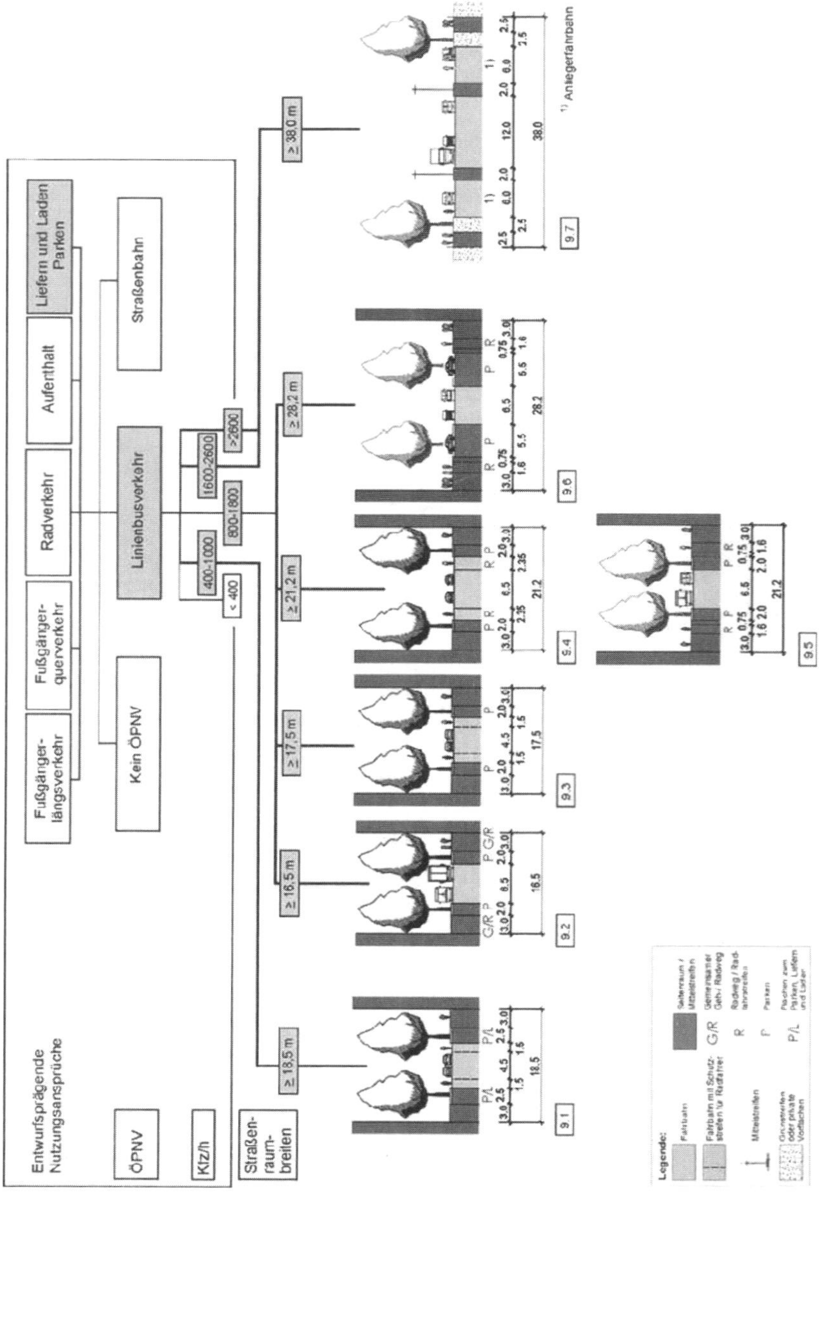

2.8 Industriestraße

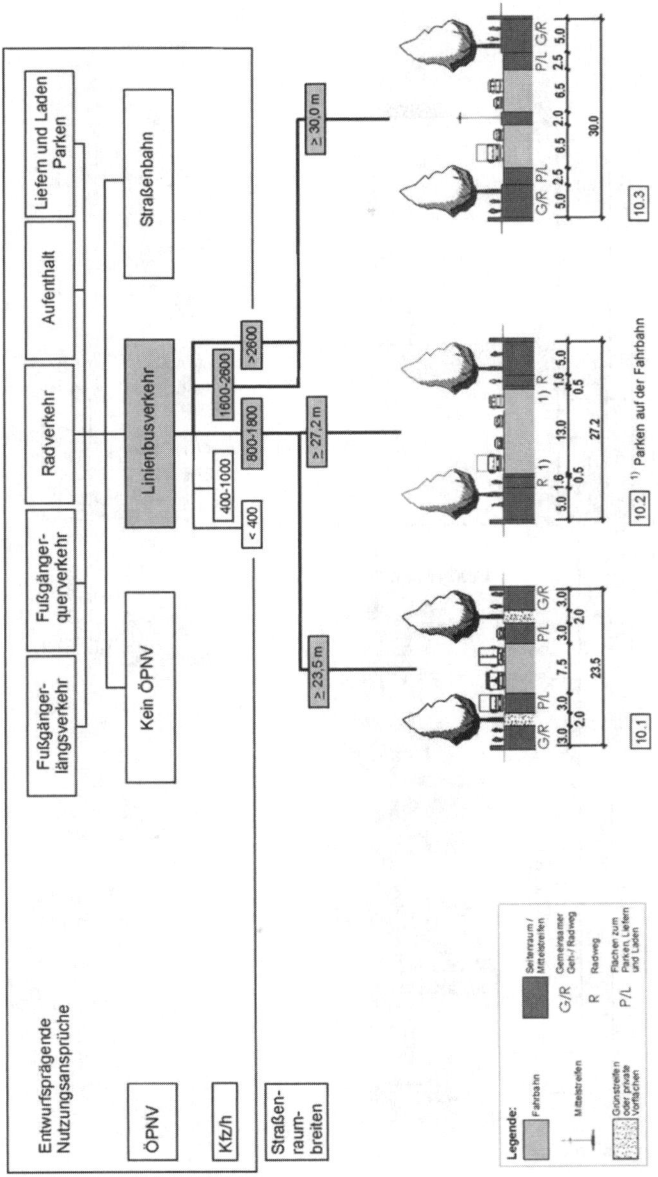

2.9 Verbindungsstraße

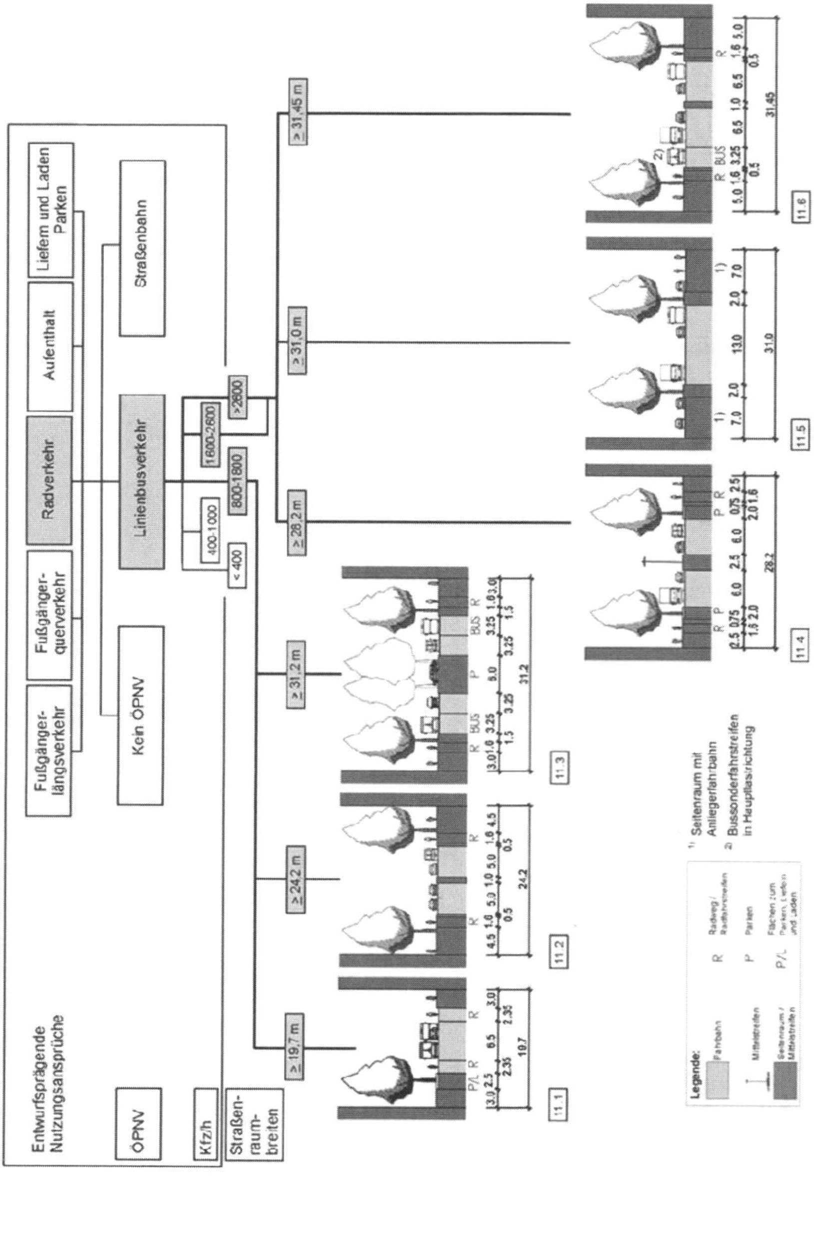

3 Sonstige Verkehrsanlagen

3.1 Wendeanlagen (nach RASt 06)

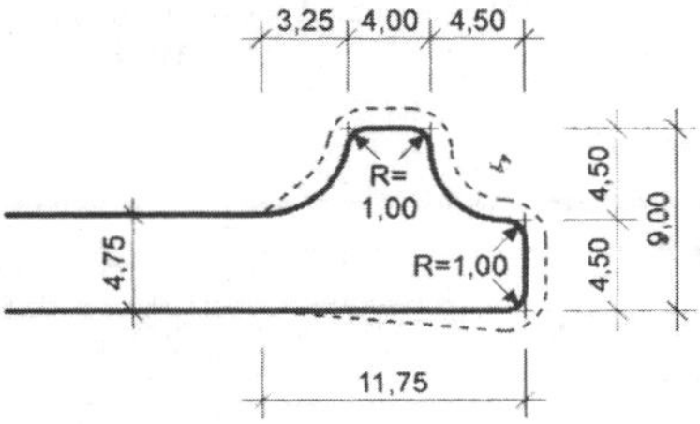

Wendehammer für Pkw

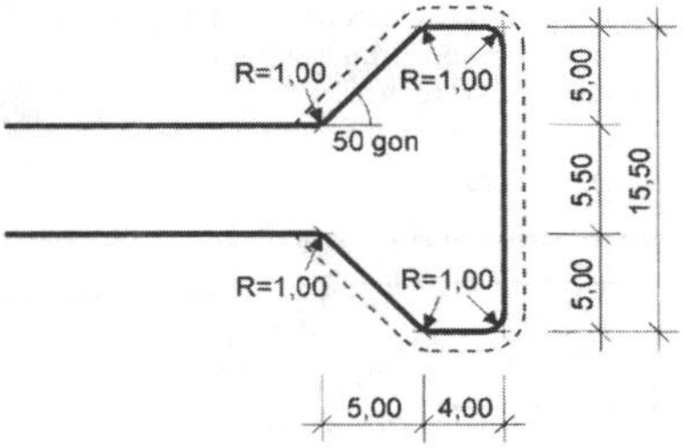

Wendehammer für Fahrzeuge bis 9,00 m Länge (2-achsiges Müllfahrzeug)

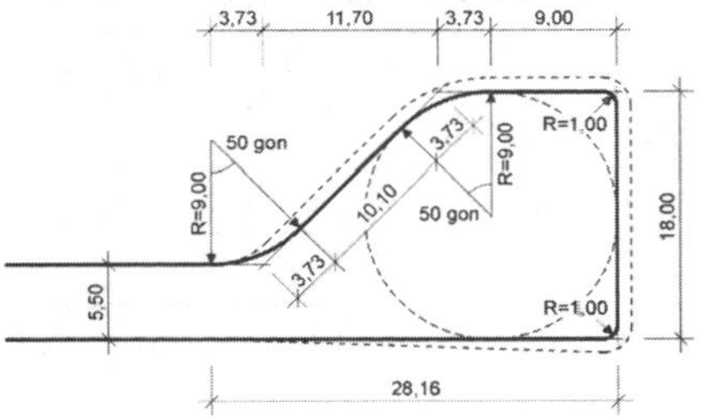

Wendekreis für ein 2-achsiges Müllfahrzeug

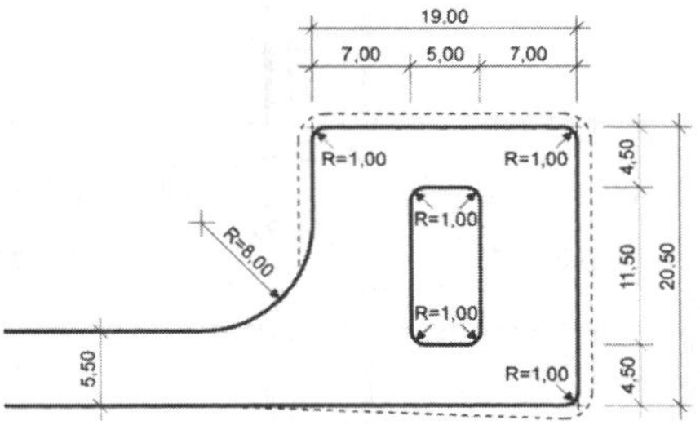

Wendekreis für ein 3-achsiges Müllfahrzeug

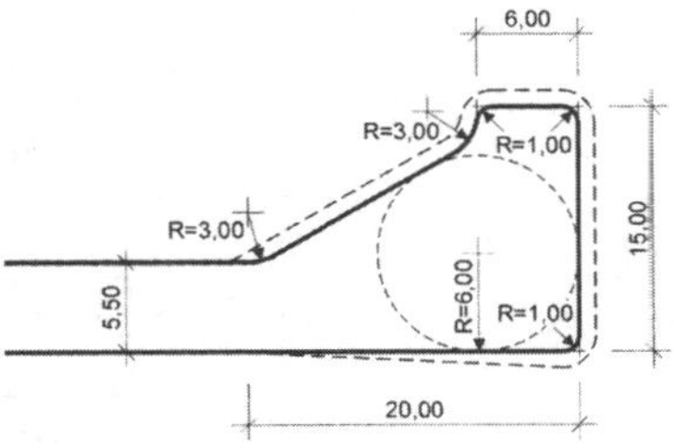

Einseitiger Wendehammer für Fahrzeuge bis 10,00 m Länge (3-achsiges Müllfahrzeug)

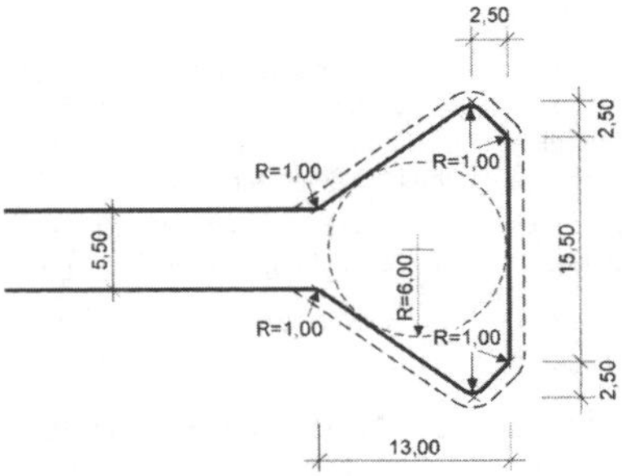

Zweiseitiger Wendehammer für Fahrzeuge bis 10,00 m Länge (3-achsiges Müllfahrzeug)

(Alle Angaben in m)

Gehwege sind in den Wendeanlagen nicht dargestellt; die Freihaltezone beträgt 1,00 m.

Den Flächenbedarf für Wendeschleifen von Lastzügen und Gelenkbussen enthält die RASt 06.

3.2 Versätze in Erschließungsstraßen (nach RASt 06)

Versätze sind fahrdynamisch wirksam, wenn ihre Tiefe der Fahrgassenbreite entspricht oder sie übertrifft. In Erschließungsstraßen kommen i. d. R. kurze Versätze ohne Inseln zum Einsatz.

Um Fußgängern das Überqueren an Versätzen zu erleichtern, sollen Gehbereiche am Beginn und Ende des Versatzes in einer Mindestbreite von 1,50 m an den Fahrbahn-/Fahrgassenrand vorgezogen und die Borde abgesenkt werden.

Einfacher Versatz

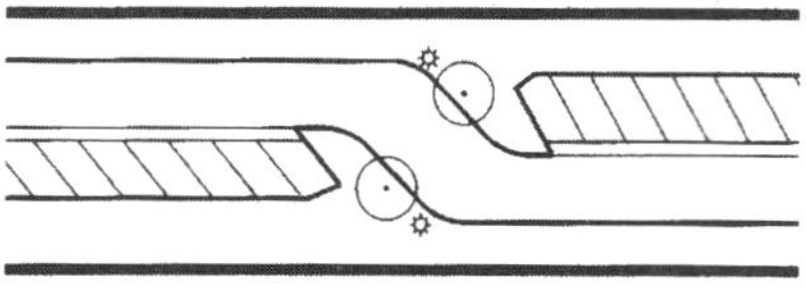

Inselversatz

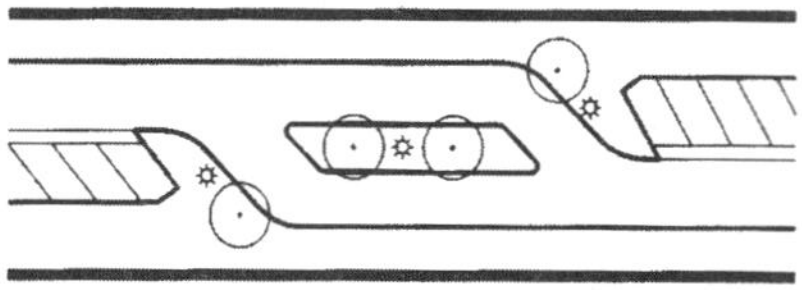

Doppelversatz

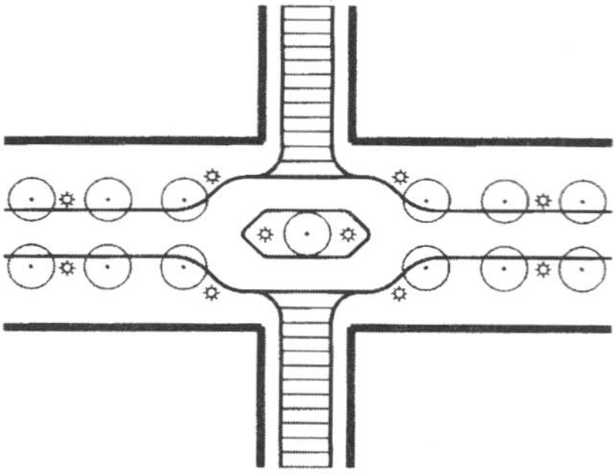

Abmessungen von fahrdynamisch wirksamen Versätzen

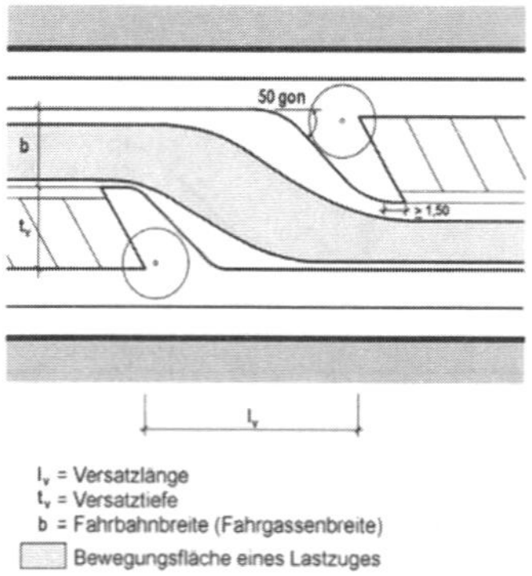

Die Befahrbarkeit von Versätzen durch Pkw und Lkw ist gewährleistet, wenn die Versatzlänge l_v in Abhängigkeit von der Versatztiefe t_v und der Fahrbahn-/Fahrgassenbreite b bemessen wird.

Für eine bessere Befahrbarkeit durch Lastzüge und Sattelzüge kann die Versatzlänge um 50 % vergrößert werden.

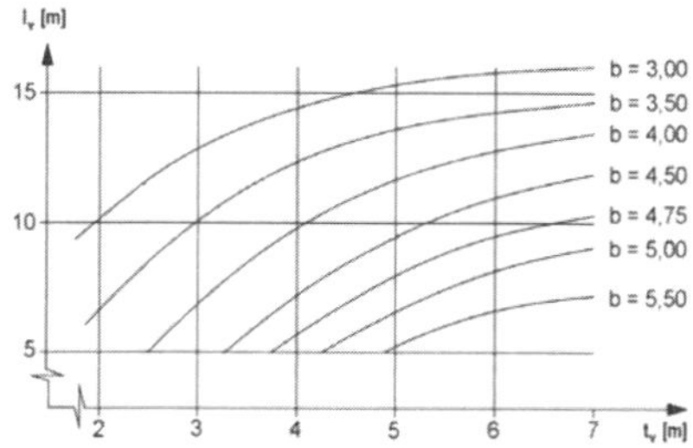

Abb. 2.60 Arten und Abmessungen von Versätzen

3.3 Park- und Ladeflächen im Straßenraum

Die EAR 23 und die RASt 06 der FGSV enthalten umfangreiche Angaben über die Nachfrage nach Parkraum, den Entwurf, die bauliche Gestaltung, Ausstattung sowie Nutzung und Betrieb von Anlagen des ruhenden Verkehrs. Zwischenzeitlich sind Angaben zur Gestaltung der öffentlichen Ladeinfrastruktur enthalten. Daneben sind die Vorschriften der Länderbauordnungen bzw. der Garagenverordnungen zu beachten, die von den folgenden Angaben u. U. geringfügig abweichen können. Bei den Aufstellarten unterscheidet man Längs-, Schräg- und Senkrechtaufstellung sowie Vorwärts- bzw. Rückwärtseinparken.

Längsaufstellung

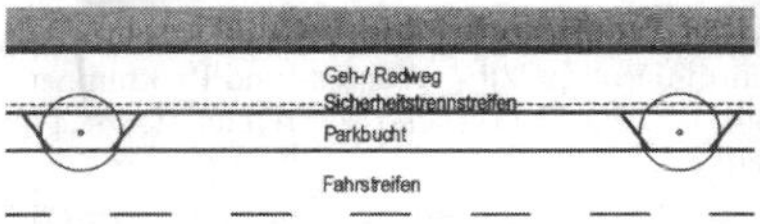

Schrägaufstellung

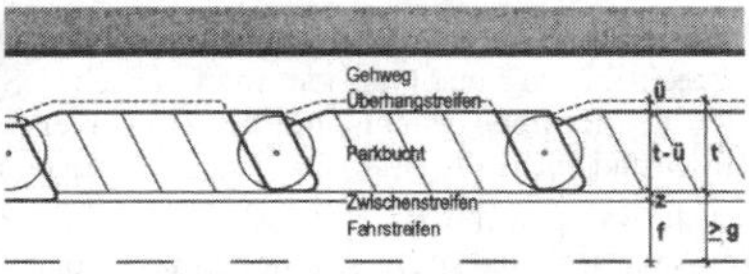

Ladesäulen bei Senkrechtaufstellung

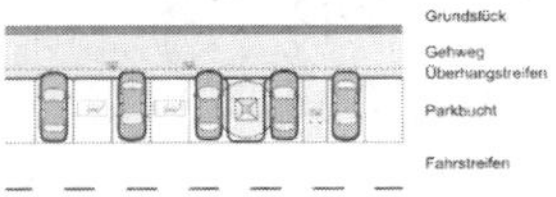

Abmessungen bei Mobilitätseinschränkung

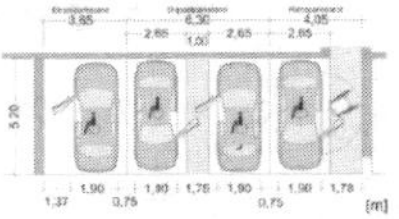

Bei **Längsaufstellung** sollen markierte Parkstände mindestens 5,80 m lang sein. Mit Rückwärtseinparken lassen sich 17 Pkw auf 100 m Länge unterbringen. Für die unmarkierte Längsaufstellung kann mit 5,50 m/Pkw gerechnet werden, entsprechend 18 Pkw/100 m. Pkw benötigen 2,00 m Breite, Lieferfahrzeuge 2,30 m bis 2,50 m und Lkw bzw. Busse 3,00 m. Für mobilitätseingeschränkte Verkehrsteilnehmer sind Einzelparkstände mit einer Breite von 3,65m vorzusehen. Die Anordnung von Längsparkbuchten anstelle von Parkstreifen am Fahrbahnrand ist wegen der höheren Sicherheit für die überquerenden Fußgänger und der Bepflanzungsmöglichkeiten vorzuziehen.

Schrägaufstellung mit $\alpha = 50$ gon bis 90 gon erlaubt störungsfreies Einparken und unterstützt eine eindeutige Verkehrsführung. Die Parkstandbreite B beträgt allgemein 2,50 m, für Lkw und Busse liegt sie bei 3,50 m. Die Zahl der unterzubringenden Parkstände hängt vom Winkel α ab, es ergeben sich rd. 36 Pkw/100 m.

Senkrechtaufstellung erfordert den geringsten Flächenbedarf, das Ein- und Ausparken erfolgt aber nicht so zügig. Bei $b = 2,50$ m lassen sich 40 Pkw auf 100 m Länge unterbringen.

	Aufstell-winkel α (gon)/[°]	Tiefe ab Fahrgas-senrand $t - ü$ (m)	Breite des Überhang-streifens $ü$ (m)	Breite des Park-stands b (m)	Straßenfrontlänge l beim Einparken vorwärts (m)	Straßenfrontlänge l beim Einparken rückwärts (m)	Fahrgassenbreite g beim Einparken vorwärts (m)	Fahrgassenbreite g beim Einparken rückwärts (m)
Längsaufstellung 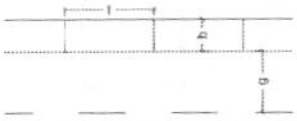	0/0			≥2,00[2)]		5,80 5,50[3)]	3,25	3,80
Schrägaufstellung 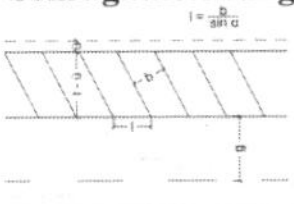	50/45	4,35	0,70	2,65	3,54		3,50	
	60/54	4,65	0,70	2,65	3,09		3,50	
	70/63	4,80	0,70	2,65	2,81		4,00	
	80/72	4,85	0,70	2,65	2,63		5,00	
	90/81	4,75	0,70	2,65	2,53		5,50	
Senkrechtaufstellung 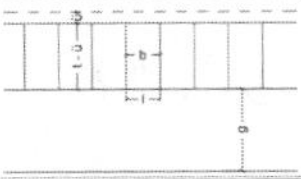	100/90	4,50	0,70	2,65	2,65	2,65	6,00	5,60

[1)] Die Breite des Überhangstreifens wird unabhängig vom Aufstellwinkel einheitlich auf ü = 0,70m festgelegt. Der Schutzabstand von mindestens 0,20m ist enthalten.
[2)] Bei ausreichender Flächenverfügbarkeit kann die Breite des Parkstands auf 2,15m erhöht werden.
[3)] Durchschnittswerte ohne Markierung.

Abb. 2.61 Abmessungen von und Flächenbedarf für Pkw im Straßenraum

An Sammel- und Anliegerstraßen mit benachbarten Parkständen kann die Fahrgassenbreite auf 5,50 m verringert werden, wenn Rangiermanöver auf der Fahrbahn in Kauf genommen werden. Die Mindestfahrgassenbreite für Einrichtungsverkehr ohne Ein- und Ausparken beträgt 3,25 m, für Zweirichtungsverkehr 4,50 m. Zwischen den Schräg- bzw. Senkrechtparkständen und dem angrenzenden Fahrstreifen kann ein Zwischenstreifen der Breite $z = g - f$ zur Erleichterung des Ladeverkehrs markiert werden, wobei f die Fahrstreifenbreite bedeutet.

3.4 Parkbauten

Umfassende Hinweise zur Planung und zum Entwurf von Parkbauten finden sich in den EAR 23. Nach der Verkehrsführung unterscheidet man zwischen Systemen mit Voll-, Halb-, Wendel- und Parkrampen. Die Wahl des Rampensystems und des Höhenversatzes zwischen den Parkgeschossen richtet sich stark nach dem Grundstückszuschnitt und den Geländeverhältnissen.

Gerade Rampen mit Richtungsverkehr sollten mindestens 2,75 m, mit Gegenverkehr mindestens 5,75 m breit sein. Bei gekrümmten Rampen und Bogenfahrten muss der Innenradius mindestens 5,00 m betragen. Die Fahrbahnbreite *f* gekrümmter Rampen ist abhängig vom Innenradius R_i:

R_i (m)	5,00	6,00	7,00	8,00	9,00	10,0	12,0	14,0	16,0	18,0	20,0
f (m)	3,70	3,60	3,50	3,45	3,40	3,35	3,25	3,15	3,10	3,05	3,00

Die Rampenneigung soll 15 %, im Freien 10 % nicht überschreiten. Parkrampen, an denen direkt geparkt wird, sollen höchstens 6 % geneigt sein. Bei Neigungswechseln sollen Neigungsdifferenzen über 8% an den Übergängen in die Rampen an Kuppen mit $H_k \geq 15$ m und an Wannen mit $H_w \geq 20$ m ausgerundet werden.

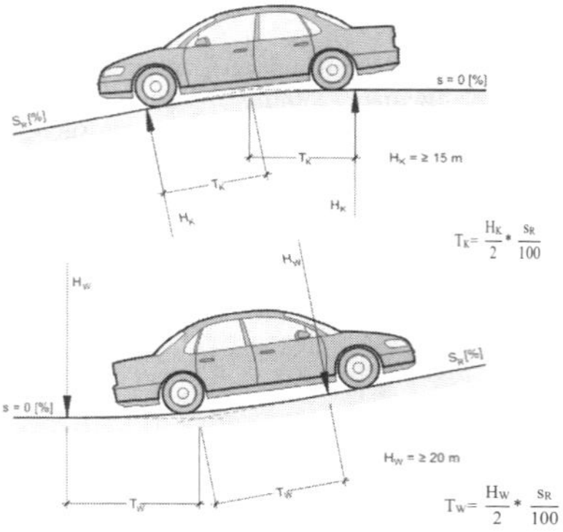

Abb. 2.62a Kuppen- und Wannenausrundungen

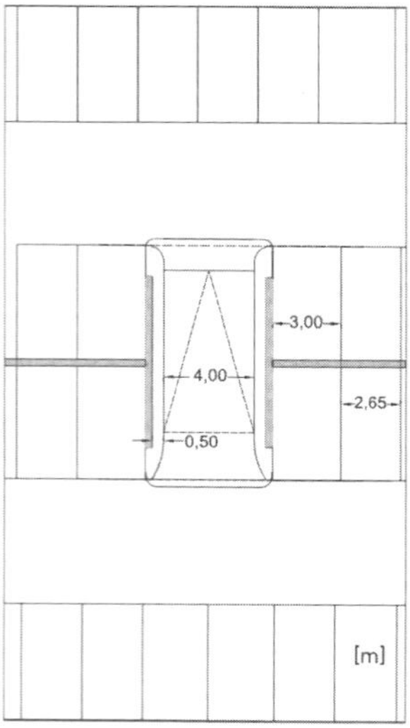

Abb. 2.62b Geometrie der Halbrampe

3.5 Bushaltestellen

Bushaltebuchten werden nur dort angelegt, wo beim Anhalten der Busse nicht akzeptable Bedingungen für den Individualverkehr entstehen würden, z. B. an Außerortsstraßen oder an nicht angebauten Hauptverkehrsstraßen. Sonst werden Haltestellenkaps (nebenstehendes Beispiel für Gelenkbusse) gebaut; im einfachsten Fall hält der Bus nur mit den entsprechenden Markierungen auf der Fahrbahn.

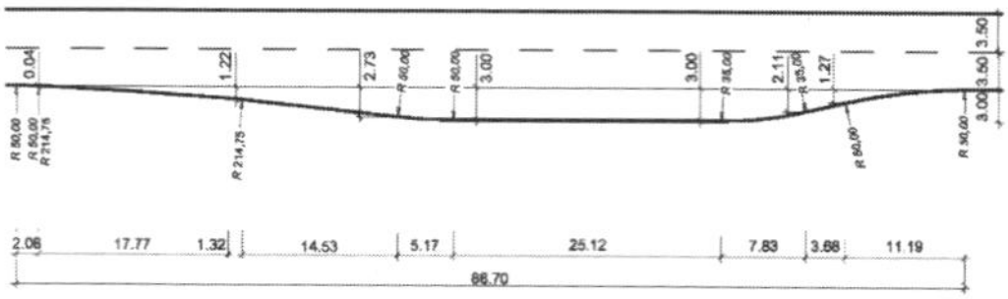

Abb. 2.62c Busbucht

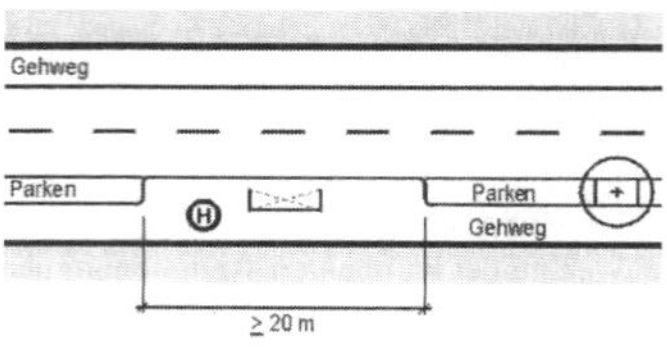

Abb. 2.62d Haltestellenkap

3.6 Nichtmotorisierter Verkehr

Die für Geh- und Radwege erforderlichen Breiten sind S. 2.48 und S. 2.49 zu entnehmen. Der **Radverkehr** kann geführt werden

- **auf der Fahrbahn zusammen mit dem Kfz-Verkehr** bei geringen bis höchstens mittleren Verkehrsstärken und Geschwindigkeiten,
- **auf der Fahrbahn mit Schutzstreifen**, die von den Kfz ggf. mitbenutzt werden können. Die Breite der Schutzstreifen soll mindestens 1,50 m betragen.
- **auf Radfahrstreifen** in gleicher Höhe wie die Fahrbahn, die von dieser durch 0,25 m breite, nicht unterbrochene Fahrbahnmarkierungen abgegrenzt werden. Radfahrstreifen sollen mindestens 1,60 m breit sein.
- **auf straßenbegleitenden Radwegen** (s. S. 2.48). Breite im Einrichtungsverkehr 2,00 m, mindestens aber 1,60 m, im Zweirichtungsverkehr 2,50 m, mindestens aber 2,00 m.

Gemeinsame Geh- und Radwege können angelegt werden

- nur bei schwachen Fußgänger- und Radverkehrsbelastungen,
- wenn getrennte Führungen in Form von Radwegen oder Radfahrstreifen nicht realisierbar sind,
- wenn die Fahrbahnführung des Radverkehrs im Mischverkehr mit dem Kraftfahrzeugverkehr auch bei Anlage eines Schutzstreifens aus Sicherheitserwägungen nicht für vertretbar gehalten wird.

Der Radverkehr muss auf solchen Wegen auf Fußgänger Rücksicht nehmen.

Maximale Belastung durch Fußgänger und Radfahrer in der Spitzenstunde*)	Erforderliche Breite zuzügl. Sicherheitstrennstreifen
70 (Fg+R)/h	≥ 2,50 m - 3,00 m
100 (Fg+R)/h	≥ 3,00 m - 4,00 m
150 (Fg+R)/h	≥ 4,00 m

*) Der Anteil der Radfahrer an der Gesamtbelastung soll dabei ein Drittel nicht übersteigen.

Fahrradabstellanlagen sollten an allen für den Radverkehr wichtigen Zielen geschaffen werden. Sie sollen so gelegen sein, dass die verbleibenden Fußwege möglichst kurz sind.

Abstellanlagen können offen, überdacht oder als abschließbare Fahrradboxen ausgeführt werden. Sie sollen geeignete Vorrichtungen zum Anlehnen und Abschließen besitzen.

Abstellanlagen im Straßenraum sind gegen Missbrauch (Zuparken durch Kraftfahrzeuge) zu schützen. Abstellanlagen im Seitenraum dürfen den Fußgängerverkehr nicht behindern.

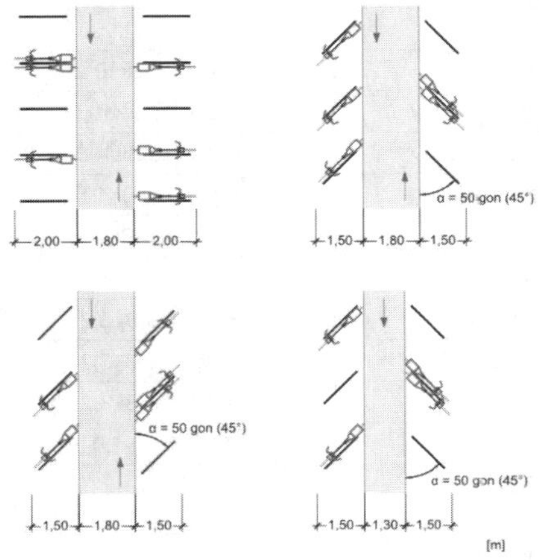

Abb. 2.63a Mindestabmessung von Fahrgassenbreiten in Fahrradabstellanlagen

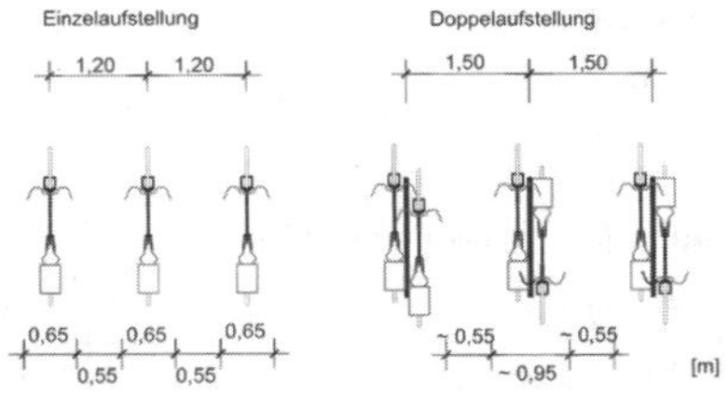

Abb. 2.63b Achsabstände von Fahrradhaltern bei Einzel- und Doppelaufstellung

4 Schichtenaufbau von Verkehrsflächen

4.1 Dicke des Oberbaues

Die Dimensionierung des Oberbaues von Verkehrsflächen, d. h. die Festlegung der Art und Dicken der Schichten zwischen der Oberkante und dem Erdplanum, erfolgt nach den Richtlinien für die Standardisierung des Oberbaues von Verkehrsflächen (RStO 12). Da i. d. R. eine Vielzahl von Einflussfaktoren u. a. der Verkehrsbelastung, der Untergrundverhältnisse, des herrschenden Groß- und Kleinklimas sowie der Grund- und Sickerwasserverhältnisse zu beachten ist, sollte stets ein erfahrener Fachmann beigezogen werden. Zur ungefähren Abschätzung des erforderlichen Schichtenaufbaus werden im Folgenden die wichtigsten Grundlagen und ein vereinfachtes Verfahren angegeben.

Nach der sog. 4.-Potenz-Regel beansprucht eine einzige 10-t-Achse den Oberbau so stark wie 10 000 1-t-Achsen. Daher werden bei der regelgerechten Dickenbemessung ausschließlich die Fahrzeugarten des Schwerverkehrs – Lastfahrzeuge mit mehr als 3,5 t zulässigem Gesamtgewicht und Busse mit mehr als 9 Sitzplätzen – berücksichtigt. Dabei wird die für die betreffende Straße prognostizierte Verkehrsbelastung in sog. äquivalenten 10-t-Achsübergängen ausgedrückt, die den Querschnitt im Berechnungszeitraum – i. d. R. 30 Jahre – durchfahren. Abhängig von der Anzahl B der äquivalenten 10-t-Achsübergänge (Aü.) erfolgt die Einteilung in die Belastungsklassen:

B in Mio. Aü.	> 32	> 10 – 32	> 3,2 – 10	> 1,8 – 3,2	> 1,0 – 1,8	> 0,3 – 1,0	≤ 0,3
Belastungsklasse	Bk100	Bk32	Bk10	Bk3,2	Bk1,8	Bk1,0	Bk0,3

Die verschiedenen Methoden zur Ermittlung der dimensionierungsrelevanten Beanspruchung B sollen hier nicht wiedergegeben werden, zumal für Neubaugebiete regelmäßig noch keine künftige Verkehrsbelastung angegeben werden kann. Es genügt folgende Zuordnung der typischen Entwurfssituation bzw. Straßenkategorie zu den Belastungsklassen:

Tafel 2.64a Mögliche Belastungsklassen für die typischen Entwurfssituationen nach den RASt

Typische Entwurfssituation	Straßenkategorie	Belastungsklasse
Anbaufreie Straße	VS II, VS III	Bk10 bis Bk100
Verbindungsstraße	HS III, HS IV	Bk3,2 / Bk10
Industriestraße	HS IV, ES IV, ES V	Bk3,2 bis Bk100
Gewerbestraße	HS IV, ES IV, ES V	Bk1,8 bis Bk100
Hauptgeschäftsstraße	HS IV, ES IV	Bk1,8 bis Bk10
Örtliche Geschäftsstraße	HS IV, ES IV	Bk1,8 bis Bk10
Örtliche Einfahrtstraße	HS III, HS IV	Bk3,2 / Bk10
Dörfliche Geschäftsstraße	HS IV, ES IV	Bk1,0 bis Bk3,2
Quartierstraße	HS IV, ES IV	Bk1,0 bis Bk3,2
Sammelstraße	ES IV	Bk1,0 bis Bk3,2
Wohnstraße	ES V	Bk0,3 / Bk1,0
Wohnweg	ES V	Bk0,3

Tafel 2.64b Belastung von Busverkehrsflächen und zugeordnete Belastungsklasse

Belastungsklasse	Bk100	Bk32	Bk10	Bk3,2	Bk1,8[1)]
Verkehrsbelastung in Bussen pro Tag	über 1400	über 425 bis 1400	über 130 bis 425	über 65 bis 130	bis 65

1) Bei Verkehrsbelastung von weniger als 15 Bussen/Tag kann eine niedrigere Belastungsklasse gewählt werden.

Ein weiterer Eingangswert für die Oberbaudimensionierung ist die Frostempfindlichkeit des anstehenden Untergrundes bzw. Unterbaues, d. h. des Bodens unter dem Planum. Sie wird nach Kap. 11A beurteilt. Für gering, mittel und sehr frostempfindliche Böden der Klassen F2 und F3 ergibt sich daraus und aus der Belastungsklasse der Ausgangswert für die erforderliche Gesamtdicke des frostsicheren Oberbaues gemäß Tafel 2.65.

Tafel 2.65 Ausgangswerte zur Bestimmung der Mindestdicke des frostsicheren Oberbaues

Frost-empfindlichkeits-klasse	Dicke in cm bei Belastungsklasse		
	Bk10 / Bk32 / Bk100	Bk1,0 / Bk1,8 / Bk3,2	Bk0,3
F2	55	50	40
F3	65	60	50

Auf frostunempfindlichen Böden der Klasse F1 ist keine derartige Mindestdicke anzusetzen, weil in diesem Fall der anstehende Unterbau bzw. Untergrund die Funktion der Frostschutzschicht mit übernimmt.

Der Ausgangswert nach Tafel 2.65 muss noch um die Zu- und Abschläge A bis D für die vor Ort herrschenden Gegebenheiten korrigiert werden:

$$D_{ges} = Ausgangswert + A + B + C + D + E$$

Die folgenden Angaben für die Größen A bis E beschränken sich auf **geschlossene Ortslagen**; Näheres ist den RStO 12 zu entnehmen.

a) Frosteinwirkung
   $A =$ 0 cm für Zone I
   $A = +$ 5 cm für Zone II
   $A = +$ 15 cm für Zone III
   entsprechend nebenstehender Karte

b) Kleinräumige Klimaunterschiede
   günstige Klimaeinflüsse bei geschlossener seitlicher Bebauung: $B = -5$ cm

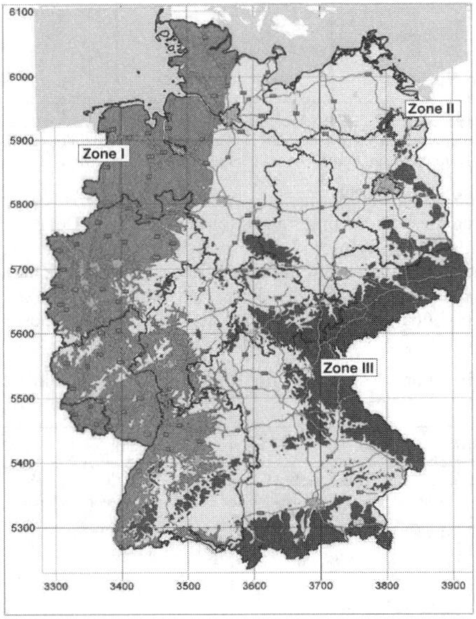

Abb. 2.65 Frosteinwirkungszonen

c) Wasserverhältnisse
   Kein Grund- und Schichtenwasser bis in eine Tiefe von 1,5 m unter Planum: $C = \pm 0$ cm
   Grund- oder Schichtenwasser dauernd oder zeitweise höher als 1,5 m unter Planum: $C = +5$ cm

d) Lage der Gradiente
   Geländehöhe bis Damm $\leq 2{,}0$ m: $D = \pm 0$ cm

e) Entwässerung der Fahrbahn (F.) / Ausführung der Randbereiche
   Entwässerung der F. über Mulden, Gräben bzw. Böschungen: $E = \pm 0$ cm
   Entwässerung der F. und Randbereiche über Rinnen bzw. Abläufe und Rohrleitungen: $E = -5$ cm

4.2 Festlegung des Schichtenaufbaues

Der Schichtenaufbau einer Verkehrsfläche wird ebenfalls in Abhängigkeit von deren Belastungsklasse festgelegt. Hierfür enthalten die RStO 12 eine Anzahl von Regelbauweisen, von denen auszugsweise in Tafel 2.66a nur je eine in Asphalt- und eine in Pflasterbauweise wiedergegeben ist.

Tafel 2.66a Beispiele für den Schichtenaufbau in Asphalt- bzw. in Pflasterbauweise

(Dickenangaben in cm; ▼ E_{v2}-Mindestwerte in MPa)

Bauweisen mit Asphaltdecke							
Belastungsklasse	**Bk100**	**Bk32**	**Bk10**	**Bk3,2**	**Bk1,8**	**Bk1,0**	**Bk0,3**
B [Mio.]	> 32	> 10 - 32	> 3,2 - 10	> 1,8 - 3,2	> 1,0 - 1,8	> 0,3 - 1,0	≤ 0,3
Dicke des frostsich. Oberbaus [1]	55 | 65 | 75 | 85	55 | 65 | 75 | 85	55 | 65 | 75 | 85	45 | 55 | 65 | 75	45 | 55 | 65 | 75	45 | 55 | 65 | 75	35 | 45 | 55 | 65
Asphalttragschicht auf Frostschutzschicht							
Asphaltdecke	12	12	12	10	4	4	4 }[6]
Asphalttragschicht	22	18	14	12	16	14	10 }[6]
	▼120; Σ34	▼120; Σ30	▼120; Σ26	▼120; Σ22	▼120; Σ20	▼120; Σ18	▼100; Σ14
Frostschutzschicht	▼45	▼45	▼45	▼45	▼45	▼45	▼45
Dicke der Frostschutzschicht	- | 31[2] | 41 | 51	25[3] | 35 | 45 | 55	29[3] | 39 | 49 | 59	- | 33[2] | 43 | 53	25[3] | 35 | 45 | 55	27 | 37 | 47 | 57	21 | 31 | 41 | 51
Bauweisen mit Pflasterdecke							
Schottertragschicht auf Frostschutzschicht [13]							
Pflasterdecke [9]				▼180[15]; 10; 4	▼150; 10; 4	▼150; 8; 4	▼120; 8; 4
Schottertragschicht				25; ▼120; Σ39	25; ▼120; Σ39	20; ▼120; Σ32	15; ▼100; Σ27
Frostschutzschicht				▼45	▼45	▼45	▼45
Dicke der Frostschutzschicht	| | |	| | |	| | |	- | - | 26[3] | 36	- | - | 26[3] | 36	- | - | 33[2] | 43	- | 18[3] | 28 | 38

[1] Bei abweichenden Werten sind Dicken durch Differenzbildung zu bestimmen.
Erläuterungen zu den übrigen Fußnoten sind aus den RStO 12 zu entnehmen.

Die Schichtstärken sind mit Ausnahme der Frostschutzschicht je nach Bauweise und Belastungsklasse durch die Dimensionierungstafeln vorgegeben. Der Ausgleich bis zur nach Abschn. 4.1 ermittelten Oberbaudicke D_{ges} erfolgt in der Frostschutzschicht, d. h., deren Dicke berechnet sich aus der Differenz zwischen D_{ges} und der Summe der anderen Oberbauschichten. In diesem Zusammenhang sind sehr dünne Frostschutzschichten allerdings zu vermeiden, weil sie den erforderlichen Verformungsmodul E_{v2} – in Tafel 2.66a jeweils links neben den Säulen angegeben – nicht gewährleisten. Die notwendigen Mindest-Schichtdicken sind den RStO 12 zu entnehmen.

Tafel 2.66b Bauweisen für Rad- und Gehwege auf F2- und F3-Untergrund bzw. Unterbau

(Dickenangaben in cm; ▼ E_{v2}-Mindestwerte in MPa)

Zeile	Bauweisen	Asphalt	Beton	Pflaster (Plattenbelag)	ohne Bindemittel
	Dicke des frostsich. Oberbaus	30 | 40	30 | 40	30 | 40	30 | 40
1	**Schotter- oder Kiestragschicht auf Schicht aus frostunempfindlichem Material**				
	Decke	▼80[20]; 10[6]	▼80[20]; 12[17]	▼80[20]; 8[14]; 4	▼120; 4
	Schotter- oder Kiestragschicht	15; Σ25	15; Σ27	15; Σ27	25; Σ29
	Schicht aus frostunempfindlichem Material	▼45	▼45	▼45	▼45
	Dicke der Schicht aus frostunempfindlichem Material[16]	- | 15	- | 13	- | 13	- | 11
2	**ToB auf Planum**				
	Decke	▼80[20]; 10[6]; Σ10	▼80[20]; 12[17]; Σ12	▼80[20]; 8[14]; 4; Σ12	▼120; 4; Σ4
	Schotter-, Kiestragschicht oder Frostschutzschicht	▼45	▼45	▼45	▼45
	Dicke der Schotter-, Kiestragschicht oder Frostschutzschicht	20 | 30	18 | 28	18 | 28	26 | 36

[6] Asphalttragdeckschicht oder Asphalttrag- und Asphaltbinderschicht; übrige Fußnoten siehe RStO 12.

Für Rad- und Gehwege auf Böden der Klassen F2 und F3 genügt i. Allg. eine Mindestdicke des frostsicheren Oberbaues von 30 cm, in geschlossener Ortslage von 20 cm. Ungünstige Wasserverhältnisse und klimatische Bedingungen sind zu berücksichtigen. Im Bereich von Überfahrten für Kraftfahrzeuge ist die Befestigung auf die Verkehrsbelastung abzustimmen.

Deckschichten ohne Bindemittel: siehe „Arbeitsblatt DWA-A 904-1, Richtlinien für den ländlichen Wegebau, 2016“ der Deutschen Vereinigung für Wasserwirtschaft, Abwasser und Abfall e. V.

5 Oberflächenentwässerung von Verkehrsflächen (nach REwS)

5.1 Planungsgrundsätze

Es ist zwischen der Ableitung des Niederschlagswassers – i. d. R. Regenwasser – und derjenigen des im Boden befindlichen Grund- bzw. Sickerwassers zu unterscheiden. Das auf die Straßenoberfläche gelangende Niederschlagswasser stellt stets eine Beeinträchtigung der Sicherheit des Verkehrs dar. Deswegen darf grundsätzlich kein Oberflächenwasser von außerhalb auf die Fahrbahn gelangen, z. B. von Böschungen und anderen Verkehrsflächen. Bei einer gründlichen Planung muss sich der Abflussweg von jeder Teilfläche bis zum Vorfluter verfolgen lassen, sofern das Wasser nicht vorher versickert. Da Oberflächenwasser der Straße stets mehr oder weniger stark verschmutzt ist, Wasser aber andererseits ein Schutzgut darstellt, kommt der Straßenentwässerung unter dem Aspekt des Umweltschutzes erhebliche Bedeutung zu. Neben den Wassergesetzen sind im Rahmen der Planung die Umwelt- und die Bodenschutzgesetze zu beachten. Deshalb ist auch die Ableitung und Versickerung des Oberflächenwassers über die Bankette, Böschungen und Rasenmulden eine fachgerechte Methode der Straßenentwässerung. Eine fachgerechte Planung der Entwässerungseinrichtungen hat die Sicherheit der Verkehrsteilnehmer, den Schutz der Anlieger, den Gewässerschutz sowie den Boden- und Naturschutz als Ziele. Der Grundsatz der umweltgerechten Straßenentwässerung sieht vor, dass bei geeigneten Randbedingungen der Versickerung immer der Vorzug vor der Ableitung in Vorfluter zu geben ist. Wegen der einfacheren Unterhaltung sind offene, oberirdische Entwässerungsanlagen den geschlossenen, unterirdischen Anlagen vorzuziehen.

5.2 Ermittlung des Regenabflusses

Der für die Bemessung der Entwässerungsanlagen maßgebende Regenabfluss Q ist gemäß Kap. 5B, Abschn. 2 „Abwasserableitung" zu ermitteln.

5.3 Bemessung der Entwässerungseinrichtungen

- **Offene Gerinne allgemein**

Die Abflussleistung von offenen Gerinnen wird nach der Formel von *Manning/Strickler* beurteilt:

$$Q = A \cdot k_{\mathrm{St}} \cdot r_{\mathrm{hy}}^{2/3} \cdot I_{\mathrm{E}}^{1/2}$$ mit

Q (l/s)	Durchfluss
A (m²)	durchflossener Querschnitt
k_{St} ($\mathrm{m^{1/3}/s}$)	Rauheitsbeiwert
r_{hy} (m)	hydraulischer Radius (= A/l_u)
I_{E} (m/m)	Energiegefälle (bei gleichförmigem Abfluss = Sohlgefälle)

- **Bord- und Spitzrinnen**

Für Bord- und Spitzrinnen vereinfacht sich die o. g. Formel zu

$$Q = k_{\mathrm{St}} \cdot h^{8/3} \cdot \sqrt{I} \cdot \frac{0{,}315}{q}$$ mit

Q (l/s)	Durchfluss
k_{St} ($\mathrm{m^{1/3}/s}$)	Rauheitsbeiwert
h (m)	Wassertiefe
I (m/m)	Rinnenlängsneigung
q (m/m)	Gerinnequerneigung

Der Rauheitsbeiwert k_{St} kann für saubere, glatte Betonplatten mit 60 $\mathrm{m^{1/3}/s}$ und für Bruchsteinpflaster mit 40 bis 50 $\mathrm{m^{1/3}/s}$ angenommen werden.

- **Mulden**

Vereinfachter Ansatz für Mulden:

$$Q = k_{\mathrm{St}} \cdot h^{8/3} \cdot \sqrt{I} \cdot \frac{b}{2h}$$ mit

Q (l/s)	Durchfluss
k_{St} ($\mathrm{m^{1/3}/s}$)	Rauheitsbeiwert
I (m/m)	Rinnenlängsneigung
b (m)	Muldenbreite
h (m)	Wassertiefe in Muldenmitte

- **Rohrleitungen**

Die Leistungsfähigkeit von Rohrleitungen ist nach *Prandtl/Colebrook* für Voll- bzw. Teilfüllung zu beurteilen (s. a. Kap. 5B). Für die praktische Arbeit stehen im Anhang zu den REwS Bemessungstabellen zur Verfügung, die über einen FGSV-Link erreichbar sind.

- **Rückhaltebecken** (s. a. ATV-DVWK-A 117)

In einem vereinfachten Verfahren kann man aus dem Ergebnis der Ermittlung der Abflussmenge mit $n = 1$ eine „reduzierte Einzugsfläche" A_{red} berechnen.

$$A_{red} = \frac{Q}{r_{D,n}} \quad \text{mit}$$

A_{red} (ha)	reduzierte Einzugsfläche
Q (l/s)	Durchfluss für die Regendauer D und die Häufigkeit n
$r_{D,n}$ (l/s · ha)	Regenspende für die Regendauer D und die Häufigkeit n

Die Größe A_{red} wird mit veränderten Regenspenden einer Häufigkeit $n \leq 0{,}5$ und verschiedenen (längeren) Dauerstufen des Niederschlags D multipliziert. Das Maximum dieser Proberechnungen ergibt das erforderliche Volumen des Rückhaltebeckens. Das Fassungsvermögen innerörtlicher Regenrückhaltebecken sollte noch um einen Risikofaktor $f_z = 1{,}1$ bis $1{,}2$ vergrößert werden. Das vereinfachte Verfahren gilt bis zu Einzugsgebieten von 200 ha Größe und führt zu keiner Unterdimensionierung. Die Rückhaltung muss auch zunehmend die Einleitung der Abtragsfracht von schadstoffbeladenen Feinpartikeln reduzieren.

- **Pumpwerke, Hebeanlagen**

Pumpwerke und Hebeanlagen etwa in Trogstrecken sind auf besonders intensive Niederschläge von 5 Minuten Dauer und 10- bis 20-jähriger Wiederkehr auszulegen. Berechnung nach DIN EN 752-6 bzw. ATV-DVWK-A 134 „Planung und Bau von Abwasserpumpanlagen".

- **Absetzbecken**

Absetzbecken ohne anschließende Versickeranlagen sollen eine Größe aufweisen von mindestens

$$\boxed{A = 0{,}4 \cdot Q} \quad \text{mit}$$

A (m²)	erforderliche Oberfläche des Absetzbeckens
Q (l/s)	Bemessungszufluss für $n = 1$

Zur Abscheidung von Schwimmstoffen und Leichtflüssigkeiten ist eine Tauchwand o. Ä. vorzusehen.

5.4 Elemente der Wasserableitung

5.4.1 Flächenhafte Entwässerung

Die Oberfläche von Verkehrsflächen (Fahrbahnen oder Parkplätze) soll zur Wasserableitung stets mindestens 2,5 % geneigt sein, Pflasterdecken mindestens 3,0 %. Die resultierende Schrägneigung p setzt sich vektoriell aus der Längsneigung s und der Querneigung q zusammen. Die Schrägneigung darf zur Gewährleistung des Wasserabflusses in den Bereichen der Querneigungswechsel nicht kleiner als 0,5 % sein, in Ausnahmefällen nicht kleiner als 0,2 %.

$$\boxed{p = \sqrt{s^2 + q^2}}$$

An Kreuzungen und Einmündungen ist der Oberflächenentwässerung besondere Beachtung zu schenken. Wasser aus den Nebenästen darf nicht über die Hauptfahrbahn abfließen. Bei rechtwinkligen Kreuzungen bzw. Einmündungen wird die Längsneigung der Hauptfahrbahn zur Querneigung der Nebenfahrbahn und umgekehrt. Um eine einwandfreie Entwässerung zu gewährleisten, empfiehlt sich die Erstellung eines Höhenschichtlinienplans, der dann als Deckenhöhenplan der Bauausführung zugrunde gelegt wird. Ähnliches gilt für große Flächen, wie etwa Parkplätze und Fußgängerzonen.

5.4.2 Linienförmige Entwässerung

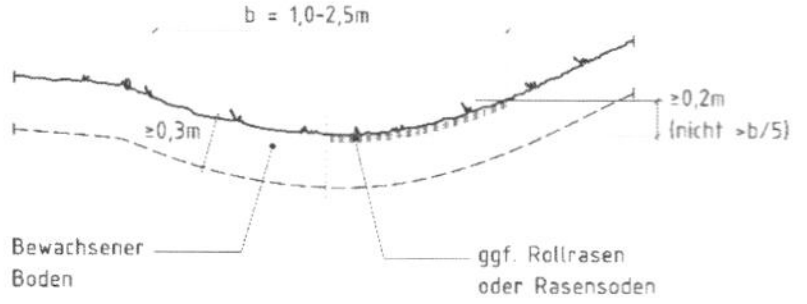

Die **Rasenmulde** stellt die Regelform der Längsentwässerung entlang der nicht angebauten Straßen dar. Rasenmulden sind nicht für ständige Wasserführung geeignet.
Breite $b = 1{,}0$ m bis 2,5 m; Tiefe 0,2 m bis $b/5$.

Abb. 2.68 Rasenmulde

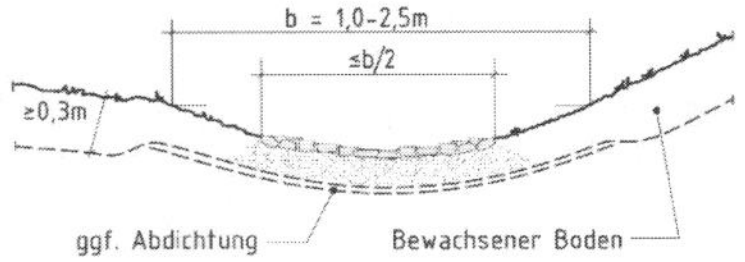

I = 4-10%,

Natursteinbruch, Pflaster oder Betonrasensteine in 10cm Kiessand oder Splitt

Die Sohle ist wie folgt auszubilden:

$I \leq 1\,\%$	Rasen, u. U. Sohlschalen
$1\,\% < I \leq 4\,\%$	Rasen
$4\,\% < I \leq 10\,\%$	raue Sohlbefestigung
$I > 10\,\%$	Raubettmulde (s. REwS)

Abb. 2.69a Mulde mit rauer Sohlbefestigung

Straßenrinnen liegen unmittelbar neben oder zwischen den Verkehrsflächen.

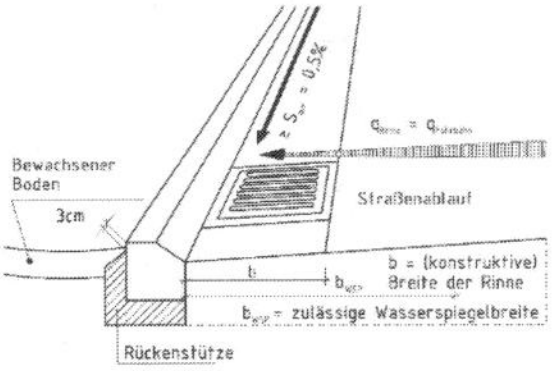

Abb. 2.69b Bordrinne aus Asphalt

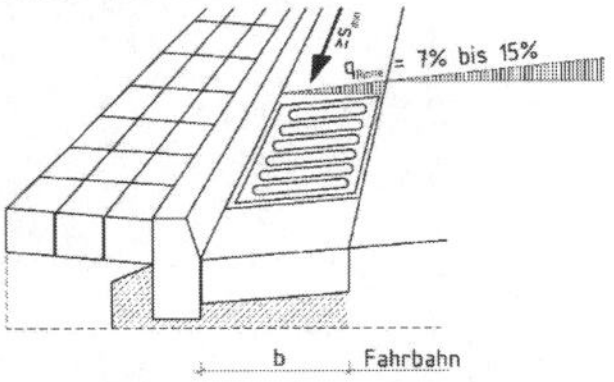

Abb. 2.69c Spitzrinne aus Betonteilen/Pflaster

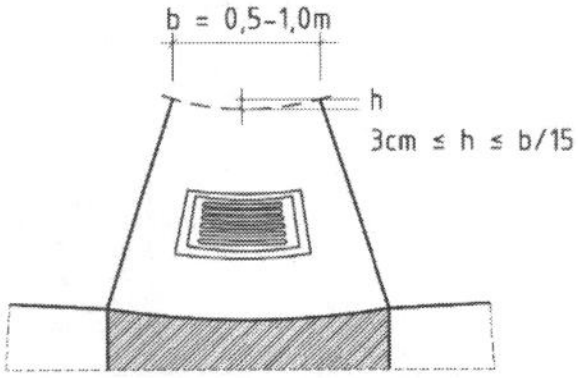

Abb. 2.69d Muldenrinne

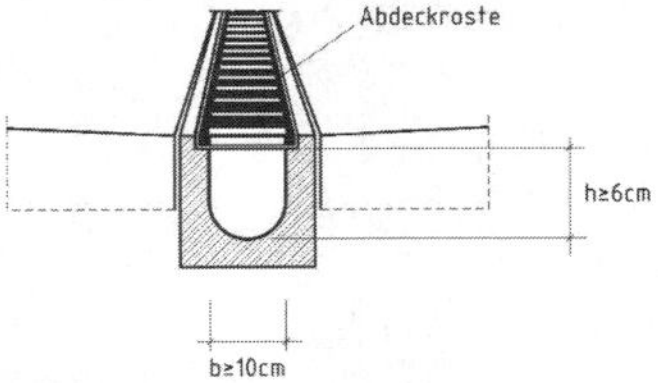

Abb. 2.69e Kastenrinne (Sohlgefälle angeformt)

5.4.3 Punktförmige Entwässerungselemente

Bei den **Straßenabläufen** wird zwischen Trocken- und Nassschlammsystemen unterschieden. Die meist verwendeten Pultaufsätze gibt es in quadratischer und rechteckiger Form (für schmale Rinnen). Ablaufunterteile für Trockenschlamm werden in normaler oder niedriger Bauform ausgeführt.

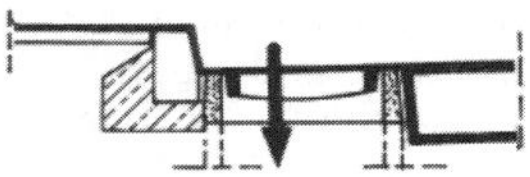

Abb. 2.69f Pultaufsatz

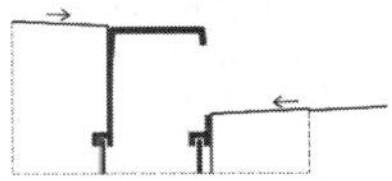

Abb. 2.69g Seiteneinlauf

Abb. 2.69h Rinnenaufsatz

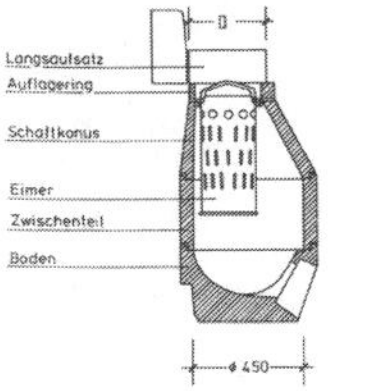

Abb. 2.69i Ablaufunterteil (Trockenschlamm, rechteckiger Aufsatz, normale Bauform)

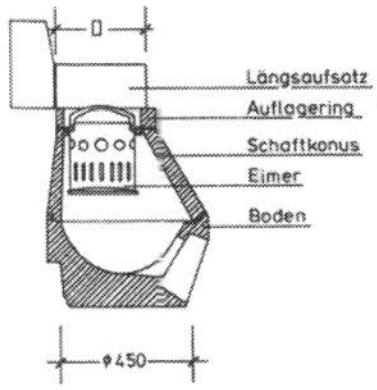

Abb. 2.69j Ablaufunterteil (Trockenschlamm, rechteckiger Aufsatz, niedrige Bauform)

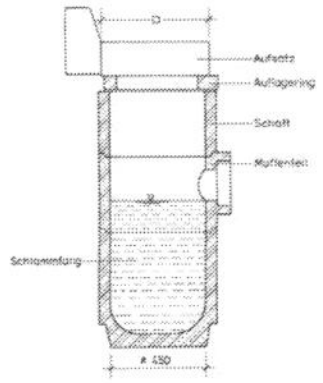

Abb. 2.69k Ablaufunterteil (Nassschlamm, quadratischer Aufsatz)

3 A Baukonstruktion
3 B Befestigungen
3 C Bauwerksabdichtung

A **BAUKONSTRUKTION** 3.2

1 **Grundlagen** 3.2
1.1 Allgemeines 3.2
1.2 Konstruktion 3.2
1.3 Fundamente 3.3
1.4 Fundamenttypen 3.3
1.5 Flachgründung 3.4
1.6 Tiefgründung 3.6
1.7 Frostschürze 3.7
1.8 Keller 3.7

2 **Wände** 3.8
2.1 Wände aus Mauerwerk 3.8
2.2 Außenwände aus Beton 3.9
2.3 Außenwände im Stahlbau 3.11
2.4 Außenwandkonstruktionen in Holzbauweise 3.11
2.5 Außenwandbekleidungen 3.15
2.6 Sturz, Ringanker und Ringbalken 3.20
2.7 Innenwände 3.21

3 **Decken** 3.23
3.1 Massivdecken 3.24
3.2 Holzdecken 3.25
3.3 Balkone und Loggien 3.27
3.4 Estriche und Bodenbeläge 3.28

4 **Dächer** 3.31
4.1 Statische Systeme 3.31
4.2 Geneigte Dächer 3.32
4.3 Solardach 3.34
4.4 Flachdächer 3.34
4.5 Gründächer 3.36

5 **Fassaden** 3.38
5.1 Allgemeines 3.38
5.2 Statische Anforderungen 3.38
5.3 Anordnung und Befestigung von Fassaden 3.40
5.4 Arten von Vorhangfassaden 3.40
5.5 Tafelbauweise 3.42

6 **Fenster, Türen** 3.43
6.1 Fenster 3.43
6.2 Türen 3.45
6.3 Anforderungen an Türen und Fenster 3.46
6.4 Altbausanierung, Besonderheiten im Altbau 3.51

7 **Gebäudetreppen, Geländer** 3.52
7.1 Treppen 3.52
7.2 Geländer und Umwehrungen 3.57

8 **Schornsteine, Schächte** 3.59
8.1 Schornsteine, Abgasleitungen 3.59
8.2 Schachtlüftung 3.62

9 **Passivhäuser** 3.63
9.1 Definition 3.63
9.2 Gesetzliche Rahmenbedingungen 3.63
9.3 Passivhauskriterien 3.63
9.4 Berechnungsverfahren 3.64
9.5 Grundprinzipien der Gebäudeplanung und Konstruktion 3.64
9.6 Grundprinzipien der Gebäudetechnik 3.69

B **BEFESTIGUNGEN** 3.72

1 **Einführung** 3.72
2 **Wirkungsprinzipien und Versagen** 3.73
3 **Befestigungen in Beton** 3.74
3.1 Typen, Verankerungstiefe, Festigkeit des Ankergrundes 3.74
3.2 Bemessung von Befestigungen in Beton 3.75
4 **Befestigungen im Mauerwerk** 3.75
5 **Korrosion** 3.76
6 **Brandschutz** 3.76

C **BAUWERKSABDICHTUNG** 3.77

1 **Aufgabe von Abdichtungen** 3.77
2 **Werkstoffe zur Bauwerksabdichtung** 3.77
2.1 Vorbemerkung 3.77
2.2 Geregelte Abdichtungsstoffe 3.79
2.3 Hilfsstoffe 3.83

3 **Beanspruchung von Bauwerken durch Wasser** 3.84
3.1 Erscheinungsformen des Wassers 3.84
3.2 Bemessungswasserstand 3.85
3.3 Reduzierung der Wasserbeanspruchung durch Dränagen 3.85

4 **Abdichtung von erdberührten Bauteilen** 3.85
4.1 Einleitung 3.85
4.2 Einwirkungen auf Abdichtungen erdberührter Bauteile und Nutzungsklassen 3.86
4.3 Ausbildung und Ausführung 3.87
4.4 Abdichtungen von Bodenplatten und Außenwänden 3.88
4.5 Abdichtungsbauart von erdüberschütteten Decken 3.94
4.6 Abdichtung von Wandsockeln sowie in und unter Wänden 3.95
4.7 Konstruktionen aus wasserundurchlässigem Beton (WU-Beton) 3.97

5 **Dränagen** 3.100
5.1 Aufgabe und Wirkungsweise einer Dränage 3.100
5.2 Planung von Dränanlagen 3.100
5.3 Ausführung von Dränanlagen 3.101

6 **Abdichtung von nicht genutzten und genutzten Dachflächen** 3.103
6.1 Vorbemerkung 3.103
6.2 Einwirkungen auf der Abdichtung von Dächern 3.103
6.3 Bauliche Erfordernisse 3.104
6.4 Abdichtungsstoffe 3.105
6.5 Dachabdichtungen nach DIN 18531-3 .... 3.106
6.6 Abdichtungen im Bereich von Tür- und Fensteranschlüssen 3.108
6.7 Solaranlagen 3.109

3 A Baukonstruktion

Prof. Dr.-Ing. Rudolf Lückmann

1 Grundlagen

1.1 Allgemeines

Die Baukonstruktion setzt das Verständnis der Methoden zum Zusammenbauen verschiedener Materialien, Elemente und Komponenten voraus. In diesem Kapitel werden die Bauteile des Bauwerkes vom Fundament bis zum Dach in ihren wesentlichen Konstruktionen beschrieben. Die Konstruktionselemente müssen verschiedenen Anforderungen aus Statik und Bauphysik (wie Wärme-, Schall-, Brand- oder Feuchteschutz) gerecht werden. Alle Bauteile am Gebäude sind aufeinander abgestimmt und entsprechend den spezifischen Anforderungen konstruiert und bemessen. So müssen z.B. die Fundamente alle statischen und dynamischen Lasten aus dem gesamten Bauwerk sicher aufnehmen.

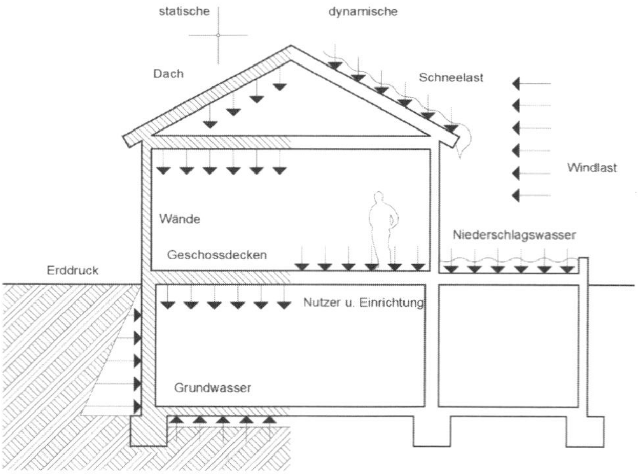

Abb. 3.2 Statische und dynamische Lasten am Bauwerk

1.2 Konstruktion

Alle Eigenlasten aus der Konstruktion des Bauwerks (die statischen Lasten) sowie die auf das Gebäude einwirkenden dynamischen Lasten aus Wind, Wetter und Nutzung müssen von den Bauteilen aufgenommen und sicher in den Baugrund abgetragen werden. Verformungen der Bauteile durch Eigenlasten (z.B. Deckendurchbiegungen), Temperaturänderungen oder durch äußere Einwirkungen müssen beachtet werden und in der Konstruktion Berücksichtigung finden.
Aber auch die Ökobilanz eines Gebäudes wird besonders von der Materialwahl (also den eingesetzten Baustoffen und Konstruktionen) und der Energiebilanz der gewählten Konstruktion in der Nutzungsphase (u.a. Transmissionswärmeverlusten) geprägt.
Die Außenbauteile geben durch Transmission (Wärmeleitung) Energie aus dem Gebäudeinneren in die Umwelt ab. Je größer die Hüllfläche des Gebäudes, also die Fläche, die das beheizte Gebäudevolumen von der Außenwelt trennt, im Verhältnis zum umschlossenen Volumen ist, desto größer ist auch der benötigte Heizenergiebedarf für das Gebäude.
Diese Transmissionswärmeverluste sollten für eine energieeffiziente Bilanz möglichst niedrig gehalten werden. Dafür entscheidend ist zum einen die Geometrie des Gebäudes. Das Verhältnis der Hüllfläche zum Gebäudevolumen kennzeichnet diesen Sachverhalt. Zum anderen sind diejenigen Bauteile relevant, die das beheizte Gebäudevolumen vom Außenraum, von unbeheizten Gebäudeteilen oder vom Erdreich trennen. Darunter fallen Wände, Dächer, Bodenplatten oder verglaste Flächen. Für alle Bauteile lässt sich der Wärmedurchgang berechnen und angeben.

Anforderungen an den Wärmeschutz und die Energieeinsparung der Bauwerke werden u.a. in DIN 4108-2 (Mindestanforderungen an den Wärmeschutz) und dem Gebäudeenergiegesetz (GEG) geregelt.
In Bezug auf die Wärmedämmung der Bauteile oder zu den Wärmebrücken gibt die DIN 4108-2 die Mindestanforderungen für schadensfreie Konstruktionen sowie ein gesundes und hygienisches Raumklima vor. Auch energetische Mindeststandards und Hinweise zum energiesparenden Bauen und sommerlichen Wärmeschutz werden durch die DIN geregelt. (siehe auch Kapitel 4A)
Das GEG trifft Aussagen, welche energetischen Anforderungen beheizte und klimatisierte Gebäude erfüllen müssen. Das Gesetz setzte die Vorgaben zur Heizungs- und Klimatechnik sowie zum Wärmedämmstandard und Hitzeschutz. Eigentümer von Bestandsgebäuden werden Nachrüst- und Austauschpflichten auferlegt. Bei einem Neubau sind Anteile an regenerativen Energien vorgegeben, die das Gebäude zum Heizen oder auch Kühlen verwenden muss.
Angerechnet werden kann selbst erzeugter Solarstrom auf die Nutzungspflicht für erneuerbare Energien. Primärenergiefaktoren sind künftig direkt im Gebäudeenergiegesetz definiert. Beim Verkauf oder bei der Sanierung von Gebäuden wird eine Energieberatung Pflicht. Eine Innovationsklausel erlaubt den Nachweis von Gebäuden auf der Basis von Treibhausgasemissionen.
Die Einhaltung des zugelassenen Energieverbrauchs muss durch rechnerischen Nachweis belegt werden. Dabei werden alle am Gebäude auftretenden Energieverluste (z.B. Transmissionswärmeverluste), der Energiebedarf aus Heizung und Kühlung und die Energiegewinne bilanziert.
Die Transmissionswärmeverluste am Gebäude werden mit dem Wärmedurchgangswert (U-Wert) der Bauteile und Konstruktionen ermittelt. Der U-Wert bezeichnet den Wärmedurchgang durch ein Bauteil.
Der U-Wert eines Außenbauteils, multipliziert mit der Fläche des Bauteils und der Temperaturdifferenz zwischen innen und außen, ergibt den Wärmestrom nach außen. Je niedriger der U-Wert ist, desto geringer ist der Wärmestrom durch das Bauteil und umso besser seine wärmedämmende Wirkung.
Weitere Festlegungen zu Wärmeschutz und Energieeinsparung der Gebäudehülle treffen u.a. DIN 4108-3 (Klimabedingter Feuchteschutz) und DIN 4108-7 (Luftdichtheit der Gebäudehülle).
Für die Energiebilanz ist es in der Planungsphase unerlässlich, nachhaltige Konstruktionen und Materialien für die Bauaufgabe zu wählen. Auf den Lebenszyklus des Gebäudes gesehen soll in den verwendeten Konstruktionen wenig graue Energie aus der Gewinnung und Herstellung der Materialen stecken, die Rohstoffe müssen möglichst schonend gewonnen werden. Am Ende der Nutzungsphase des Bauwerks sollen die verbauten Materialien recycelt und im Stoffkreislauf wieder als Rohstoffe eingesetzt werden. Dieser Aspekt sollte in der Planungsphase Berücksichtigung finden.
Das Gebäude soll einen niedrigen, besser gar keinen Energiebedarf für Heizung und Kühlung aufweisen oder sogar energiegewinnend sein.

1.3 Fundamente

Unter den tragenden Bauteilen des Bauwerks werden lastverteilende Bauteile angeordnet. Diese Fundamente haben die Aufgabe, die Lasten des Bauwerks in den Baugrund abzutragen. Dabei muss die Last so verteilt werden, dass der Baugrund nicht überlastet werden kann. Es darf auch nicht zu ungewollten oder unterschiedlichen Setzungen und Verschiebungen im Untergrund kommen.
Um die Beschaffenheit des Bodens zu erkunden, wird die Festigkeit des Baugrunds durch ein Bodengutachten (Baugrundgutachten) im Vorfeld der Baumaßnahme ermittelt. Der Baugrund sollte zu einem recht frühen Zeitpunkt im Planungsprozess untersucht werden. Erfolgen die Untersuchungen bereits in der Vorplanungsphase, besteht hinsichtlich der zu erwartenden Gründungsmaßnahmen Planungssicherheit von Beginn an.

1.4 Fundamenttypen

Gründungsarten von Bauwerken werden eingeteilt in die

a) Flachgründung bzw. Flächengründung

- Streifenfundament,
- Einzel- oder Punktfundament,
- Fundamentplatte,

b) Tiefgründung

- Pfahlgründung mit Bohr- oder Rammpfahl,
- Pfeilergründung,
- Brunnengründung (Senkkasten).

1.5 Flachgründung

Streifenfundamente

Unter linienartiger Belastung (wie zum Beispiel bei Wänden) stellen Streifenfundamente eine einfache und kostengünstige Lösung dar. Aus statischer Sicht wird unter einem Lastverteilungswinkel von 60° die Breite der zu gründenden Wände in den Fundamenten so weit verbreitert, dass die zulässige Bodenpressung nicht überschritten wird.

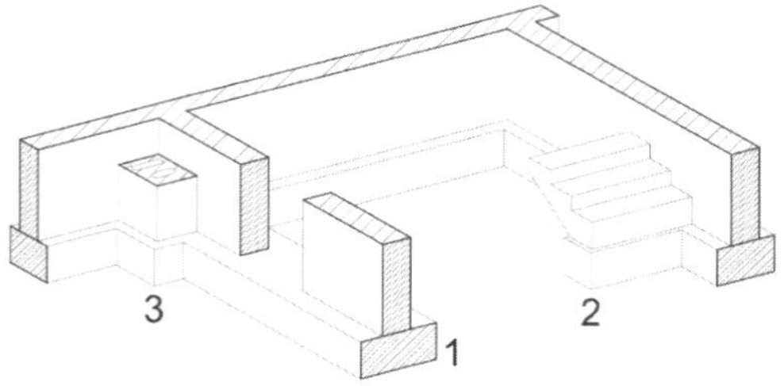

1 Streifenfundament
2 Treppenfundament
3 Schornsteinfundament

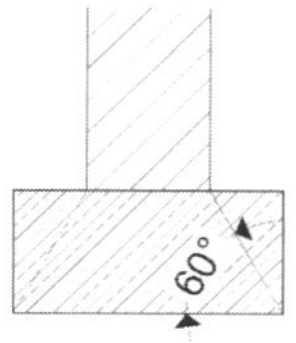

Verbreiterung der Wand im Fundament auf die erforderliche Breite unter einem Lastverteilungswinkel von 60°

Abb. 3.4a Lastverteilende Streifenfundamente unter den Bauteilen eines Gebäude

Um eine Querbewehrung zu sparen, versucht man bei Streifenfundamenten den Druckverteilungswinkel von 60° nicht zu unterschreiten. Tritt diese Linie an der Fundamentunterseite aus, so muss entweder die Fundamenthöhe vergrößert oder eine Querbewehrung eingelegt werden. Streifenfundamente werden an Unterbrechungen in den Wänden wie Türöffnungen nicht unterbrochen, sie wirken ähnlich einem Ringanker oberhalb von Mauerwerk.
Gängige Fundamenthöhen sind zum Beispiel 40 oder 50 cm.

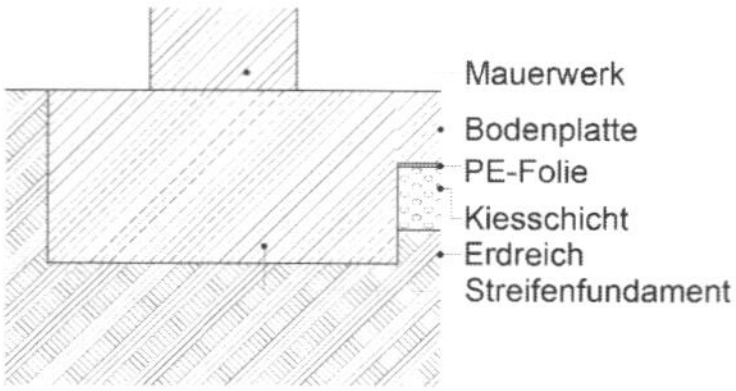

Lastverteilende Wirkung der Streifenfundamente.

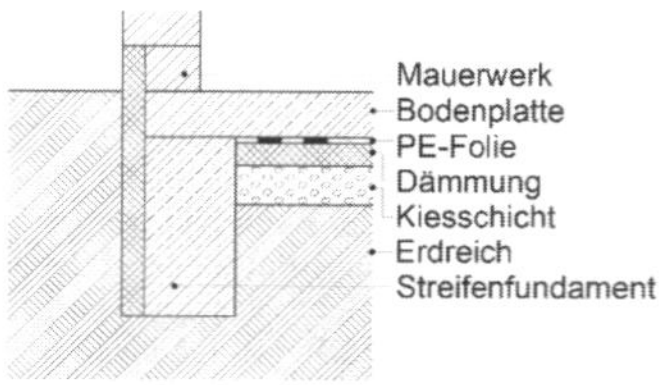

Streifenfundament, unsymmetrische Anordnung an einer Außenwand

Abb. 3.4b Symmetrische und unsymmetrische Anordnung von Streifenfundamenten

Fundamente sollten symmetrisch zum aufgehenden Mauerwerk angeordnet werden. Damit werden einseitig auf das Fundament wirkende Kräfte vermieden. Die statische Bemessung und die Bauausführung sind dann einfach und wirtschaftlich umsetzbar. Jedoch lassen sich nicht immer Momente aus einer asymmetrischen Geometrie vermeiden. Hier sind vor allem Außenwände an einer Grundstücksgrenze zu nennen (Abb. 3.4b). Um die Kräfte auszugleichen, sind zusätzliche konstruktive Maßnahmen erforderlich.

Einzel- oder Punktfundamente

Einzelfundamente werden bei punktartiger Belastung, z.B. unter Stützen, ausgeführt. In der Regel haben sie einen quadratischen Grundriss. (Abb. 3.5a)
Sehr häufig kommen Einzelfundamente bei hallenartigen Bauwerken vor. Die Fundamente werden im Stützenraster angeordnet. Vorgefertigte und auf der Baustelle verlegte Betonelemente sind wirtschaftlich und tragen zu einem schnellen Baufortschritt bei.
Im Skelettbau werden oft Fertigteilstützen eingesetzt. Die dafür benutzten Köcherfundamente bestehen aus einer Fundamentplatte und einem aufgesetzten Stahlbetonköcher zur Aufnahme der Stütze.

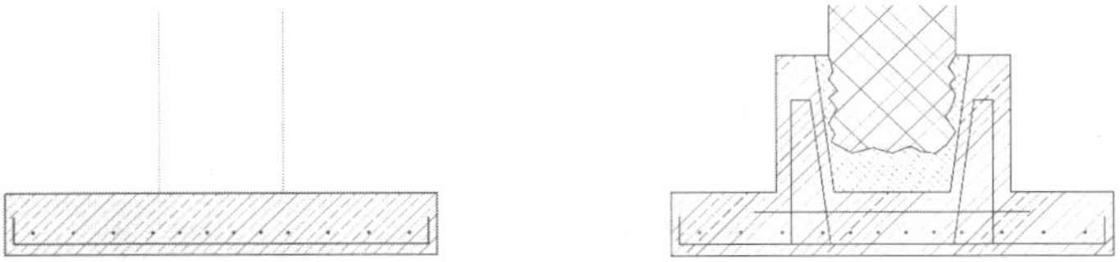

Einzelfundament

Köcherfundament

Abb. 3.5a Einzelfundamente

Fundamentplatte, Bodenplatte

Bodenplatten werden in Form von tragendenden Fundamentplatten oder nichttragenden Betonböden ausgeführt. Tragendende Fundamentplatten mit Bewehrung sind die häufigste Form der Gründung von Gebäuden. Sie verteilen die Gebäudelasten auf die gesamte Fläche und führen so zu geringeren Bodenpressungen. Fallweise sind die Fundamentplatten auch gegen Druckwasserbeanspruchung zu bewehren. (Abb. 3.5b, c)

Der Aushub ist gegenüber Streifenfundamenten einfacher und unter Einsatz von Maschinen wirtschaftlich realisierbar, da eine ebene Baugrubensohle herzustellen ist. Nach dem Betonieren ist eine ebene Arbeitsfläche zum Anlegen der Wände erstellt. Bodenplatten erfordern jedoch einen größeren Materialeinsatz bei Bewehrung und Beton und benötigen oft eine höhere Betongüte im Vergleich zu Streifenfundamenten.

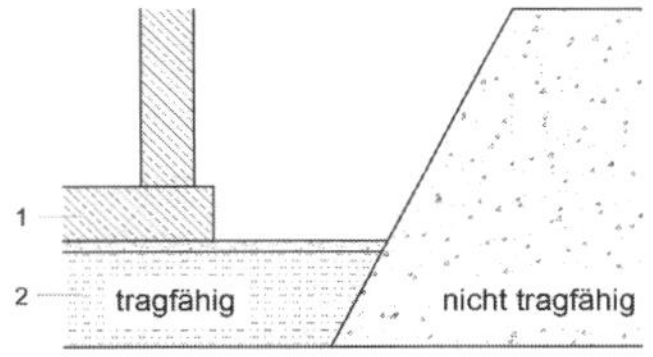

1 Flachgründung

2 Bodenaustausch

Abb. 3.5b Bodenplatte

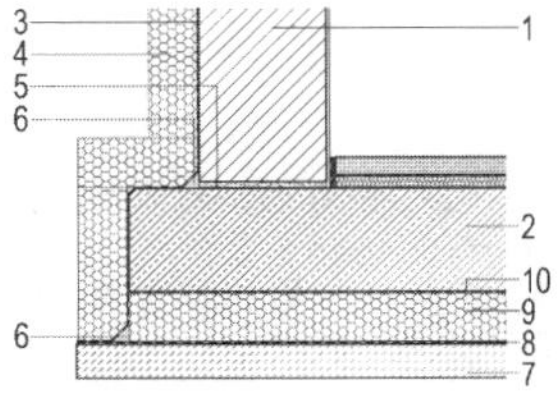

1 Mauerwerk der Außenwand
2 Bodenplatte aus Stahlbeton
3 Bauwerksabdichtung
4 Perimeterdämmung
5 Horizontalabdichtung der Wand
6 Hohlkehle
7 Sauberkeitsschicht aus Beton mit Voranstrich
8 bituminöse Abdichtung
9 Schaumglasdämmung, verlegt in Heißbitumen, mit Deckabstrich aus Heißbitumen
10 Trennlage

Abb. 3.5c Bodenplatte, Wärmedämmung außenliegend

Bewehrung von Bodenplatten

Bodenplatten wirken ähnlich wie umgekehrte Deckenplatten und besitzen eine obere und eine untere Bewehrung. Linienlasten der Wände und große Einzellasten aus Stützen werden in die Fläche der Bodenplatte verteilt. Je nach Steifigkeit des Bodens (Bettungsmodul) wird bei festerem Untergrund fast nur der Bereich unter den Stützen und Wänden beansprucht. Bei weicherem Boden verteilen sich die Lasten gleichmäßiger auch in die Feldbereiche. Unter besonders hoch belasteten Stellen können Bodenplatten auch lokal verstärkt und dicker ausgeführt werden. Die stärkere Bewehrung liegt im Bereich der Wände und Stützen unten und im Feldbereich (zwischen den Wänden und Stützen) oben.

Auch der Druck von Grund- und Schichtenwasser von unten gegen die Bodenplatte muss je nach Einzelfall bei der statischen Berechnung berücksichtigt werden. (Abb. 3.6a)

Im Bereich der Außenwände stehen die Fundamentplatten vor. Diese Vorsprünge dienen auch als Aufsatzfläche für die Wandschalung und bieten statische Vorteile für eine gleichmäßige Lastverteilung.

Fußböden von Aufenthaltsräumen müssen gegen Einwirkung von Feuchte und Wasser geschützt werden. Dies gilt insbesondere bei erdreichberührenden Bodenplatten. Bodenplatten werden häufig nach der WU-Richtlinie „Wasserundurchlässige Bauwerke aus Beton“ des Deutschen Ausschusses für Stahlbeton (DAfStb) mit wasserundurchlässigem Beton (WU-Beton) ausgeführt. Wird die Bodenplatte als wasserundurchlässiges Bauteil nach der WU-Richtlinie konzipiert und ausgeführt, so sind grundsätzlich keine weiteren Abdichtungsmaßnahmen auf der Bodenfläche erforderlich, das Bauteil ist gegen von außen eindringendes Wasser geschützt. (siehe Kap. 3C, Bauwerksabdichtung)

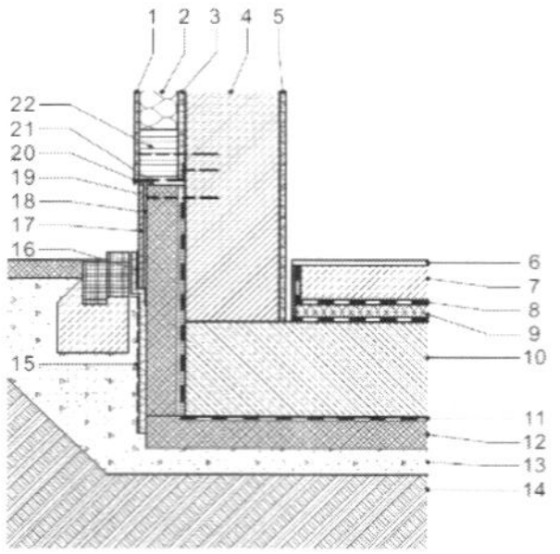

1	armiertes Putzsystem	13	Kiespolster
2	Wärmedämmung	14	Boden
3	Klebemörtel	15	Noppenbahn, vlieskaschiert
4	KS-Mauerwerk	16	flexible Dichtungsschlämme
5	Innenputz	17	Sockelbekleidung
6	Bodenbelag	18	Klebemörtel Fugenband
7	Estrich	19	Dübel
8	Trennlage	20	Sockelabschlussprofil
9	Dämmung	21	Fugendichtband
10	Bodenplatte		
11	Trennlage		
12	Perimeterdämmung		

Abb. 3.6a Sockel, Fundamentplatte

Bei erdberührten Bauteilen ist immer mit Dampfdiffusion, in der Regel von unten nach oben, zu rechnen. Eine Abdichtungslage mit dampfsperrender Funktion auf der Bodenplatte schützt den darüber liegenden Fußbodenaufbau auch gegen herstellungsbedingte Feuchtigkeit, die im Beton aus der Bauphase enthalten ist (z.B. die Restfeuchte des Betons). Unter Umständen wird die Austrocknungszeit der Bodenplatte bis zum Erreichen der Ausgleichsfeuchte Jahre dauern. Besonders wichtig wird die Dampfsperre bei hochwertiger Raumnutzung mit hoher Anforderung an die Trockenheit der Raumluft nach DIN 18533 sowie bei nahezu dampfdichter Nutzschicht (z.B. verklebte elastische Bodenbeläge) oder bei feuchteempfindlichen Belägen (z.B. versiegelte Holzböden). (siehe Kap. 4A, Bauphysik)

1.6 Tiefgründung

Anwendung:

- bei wenig tragfähigem oder inhomogenem Boden, weiche Bodenschichten unter der Bodenplatte werden durchdrungen
- zur Vermeidung von Schäden durch ungleichmäßige Setzungen
- bei voraussichtlich großen Setzungen
- wenn eine Baugrube mit Erdaushub nicht ausführbar ist

Arten:

- Pfahlgründung mit Bohr- oder Rammpfählen
- Kombinierte Pfahl-Plattengründung
- Brunnen- oder Senkkastengründung
- Schlitzwandgründung

Die Lasten aus dem Bauwerk werden über Gründungspfähle im Baugrund abgeleitet. Anwendung finden Bohrpfähle nach DIN 4014, Rammpfähle nach DIN 4026 oder Presspfähle nach DIN 4128.
Die Lastübertragung wird über die Mantelreibung der Pfähle im Boden und/oder durch Gründung in tieferliegende tragfähige Schichten (z.B. anstehender Fels) realisiert. Pfahlgründungen aus Spitzendruckpfählen werden „stehende Pfahlgründungen" genannt und Pfahlgründungen aus Mantelreibungspfählen werden „schwimmende Pfahlgründungen" genannt. (Abb. 3.6b)
Die Belastung der Pfähle soll immer axiale Kräfte bewirken.

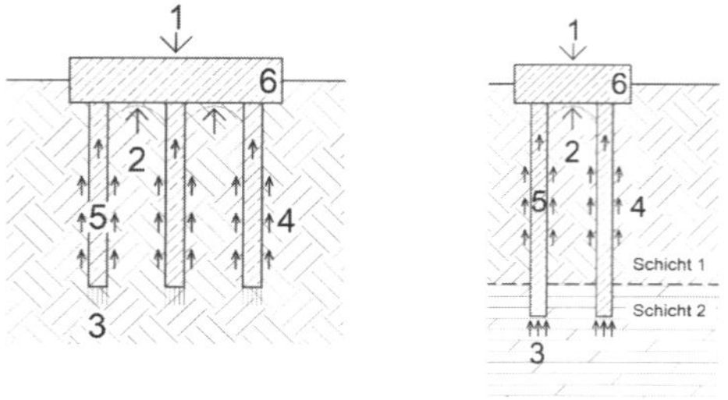

1 Bauwerkslast
2 Sohlspannung
3 Spitzendruck
4 Mantelreibung
5 Bohrpfahl
6 Tragrost, Grundplatte

Abb. 3.6b Bohrpfahlgründung, Pfahlgründung, schwimmend (links), stehend (rechts)

Die Lasten sollen gleichmäßig auf alle Pfähle verteilt werden. Zugkräfte in den Pfählen sind zu vermeiden.

1.7 Frostschürze

Jede Art von Gründung muss vor Frostschäden geschützt werden. Bei Fundamentplatten kann dafür gegebenenfalls eine Frostschürze notwendig werden. Eine Frostschürze ist ein Streifenfundament ohne tragende Funktion und benötigt keine Stahlbewehrung. Sie verhindert Frostschäden durch das Auffrieren von Wasser unter der Fundamentplatte. Die Frostschürze wird außen entlang der Fundamentplatte gebaut. Ob bei einer Fundamentplatte eine Frostschürze notwendig ist, hängt von den geologischen Verhältnissen im Baugrund ab. Notwendig wird sie beispielsweise bei leichter Hanglage und lehmigem Baugrund. Alternativ werden auch Schotterpackungen eingesetzt. Frostschürzen werden bis in frostfreie Tiefe gegründet.

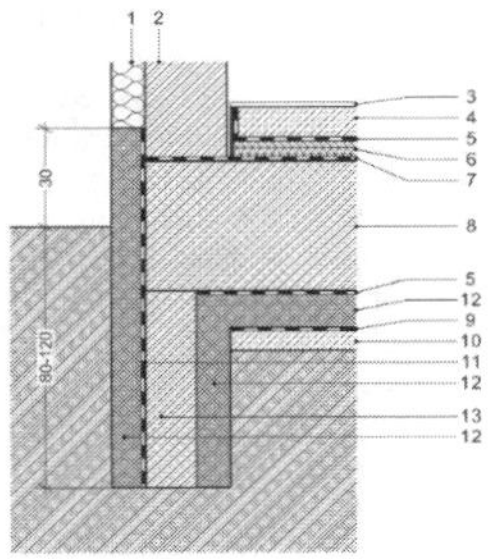

1 Dämmung
2 Außenwand
3 Bodenbelag
4 Estrich
5 Trennlage
6 Wärmedämmung
7 Horizontalabdichtung
8 Fundamentplatte
9 Feuchtigkeitssperre
10 Sauberkeitsschicht, Magerbeton
11 Abdichtung
12 Perimeterdämmung (6-12cm)
13 Frostschürze (min 4cm)

Frostsicher gilt in Deutschland je nach Region und Boden eine Gründungstiefe von mindestens 80 bis 120 cm (DIN EN ISO 13793:2001-06). Die Streifenfundamente der tragenden Außenwände bei nichtunterkellerten Bauwerken übernehmen oftmals die Funktion als Frostschürze mit und werden entsprechend tief gegründet.

Abb. 3.7a Frostschürze

1.8 Keller (siehe Kap. 3C, Bauwerksabdichtung)

Kellerwandkonstruktionen werden in der Regel auf einer Fundamentplatte aus Stahlbeton oder Streifenfundamenten in Kombination mit konstruktiv bewehrter Bodenplatte errichtet.
Der Kellerbau wird zunehmend als „Weiße Wanne“ ausgeführt. Bei der „Weißen Wanne“ handelt es sich um einen Keller dessen Außenwände und Bodenplatte mit wasserundurchlässigen Beton (WU-Beton) hergestellt sind. Die Bauteilfugen werden mit speziellen Einbauteilen wasserdicht abgedichtet. Weiße Wannen sind ohne zusätzliche Abdichtung gegen von außen drückendes Wasser geschützt. Sie können für die Wassereinwirkungsklasse W2-E nach DIN 18533-1 Anwendung finden.

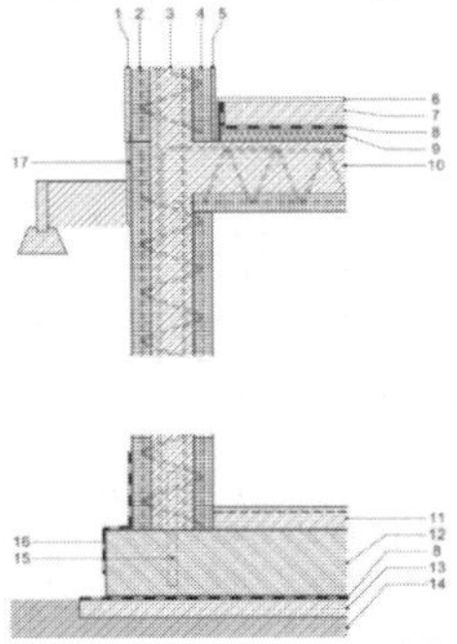

Systemkeller als „weiße Wanne“ mit vorgefertigten Betonelementen und fugenlosem Ortbetonverguss. Aussparungen, Elektrorohre und -dosen können bereits ab Werk integriert werden.

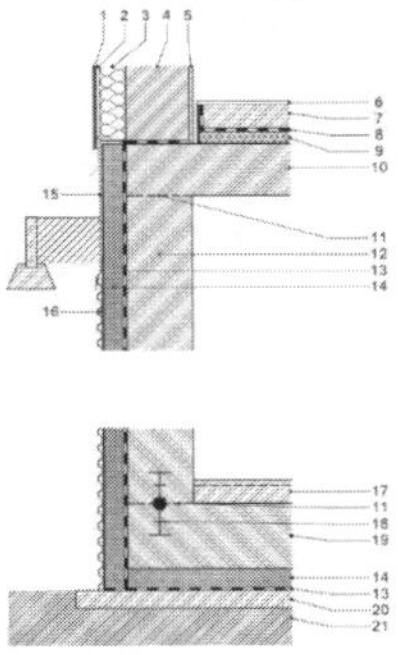

Keller, Ortbeton auf Fundamentplatte

1 Außenputz
2 Außenschale
3 Ortbeton
4 Innenschale
5 Innenputz
6 Bodenbelag
7 Estrich
8 Trennlage
9 Dämmung
10 Geschossdecke
11 Verbundestrich mit Beschichtung
12 Bodenplatte
13 Sauberkeitsschicht
14 Boden, verdichtet
15 Bewehrungsanschluss
16 Abdichtung
17 Sockelputz

Abb. 3.7b Keller, WU-Beton

1 Fassadenbekleidung
2 Lattung
3 Wärmedämmung
4 Außenwand KS
5 Innenputz
6 Bodenbelag
7 Estrich
8 Trennlage
9 Dämmung
10 Geschossdecke
11 Arbeitsfuge
12 Kellerwand, WU-Beton
13 Abdichtung
14 Perimeterdämmung
15 Sockelputz
16 Noppenbahn
17 Estrich mit Beschichtung
18 Fugenband
19 Bodenplatte, WU-Beton
20 Sauberkeitsschicht
21 Feinplanum

Bei einer zusätzlich aufgebrachten Abdichtungsschicht auf die Kelleraußenwand und Bodenplatte spricht man von einer „Schwarzen Wanne“. Für die Abdichtung können Dichtungsbahnen (z.B. Bitumenbahnen) oder Dichtungsanstriche (z.B. Bitumendickbeschichtungen (PMBC)) angewandt werden.

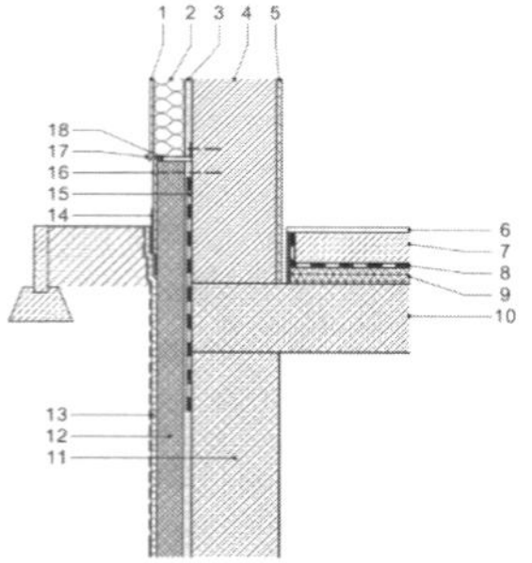

1	armiertes Putzsystem	11	Kellerwand
		12	Perimeterdämmung
2	Wärmedämmung	13	Noppenbahn, vlieskaschiert
3	Klebemörtel		
4	KS-Mauerwerk	14	flexible Dichtungsschlämme
5	Innenputz		
6	Bodenbelag	15	Abdichtung
7	Estrich	16	Dübel
8	Trennlage	17	Sockelabschlussprofil
9	Dämmung		
10	Geschossdecke	18	Fugenband

Abb. 3.8a Sockel, Keller WU-Beton

2 Wände

Wände sind die vertikalen Konstruktionselemente eines Gebäudes, sie umschließen, trennen und schützen die Innenräume.

Statisch können Wände in tragend, aussteifend oder nichttragend eingeteilt werden.

Außenwände dienen als Wetterschutz für die Innenräume, dem sommerlichen wie winterlichen Wärmeschutz eines Gebäudes oder auch dem Schutz von Personen und Dingen im Gebäudeinneren. Die Außenwände müssen den Anforderungen der Bauphysik aus Wärmeschutz, Schallschutz, Brandschutz und Feuchteschutz (siehe Kapitel 4) gerecht werden. Ihre Konstruktion soll den Durchgang von Wärme, Luft, Schall, Feuchtigkeit und Wasserdampf regeln. Die direkt bewetterte äußere Schicht einer Außenwand soll langlebig und beständig gegen die Witterungseinflüsse von Sonne, Wind und Niederschlägen sein. Diese Schicht kann der Wandbildner selbst (z.B. Sichtbeton), ein Putz, eine Farbbeschichtung oder eine Vorsatzschale (z.B. Holz, Faserzementtafeln o.Ä.) sein. (siehe Kapitel 7)

2.1 Wände aus Mauerwerk

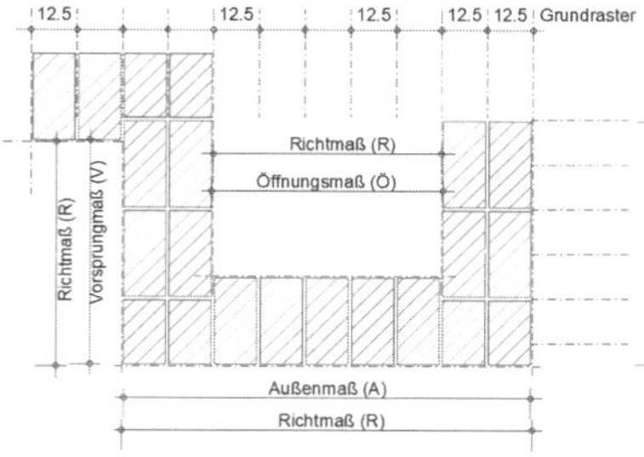

Mauerwerkswände fußen auf einem Modul. Aus dem Grundformat des Moduls wird das Steinformat abgeleitet. Die Grundlage bildet das oktametrische Maßsystem nach DIN 4172 mit einem Grundmodul von 12,5 cm (Steinbreite plus 1 cm Fuge) (siehe auch Abschn. 11B). Aus den ganzen Vielfachen des Grundmaßes ergeben sich die Öffnungs-, Außen- und Innenmaße. Die Vorzugsgrößen von Öffnungen (Türen, Fenster, Durchgänge) sind auf die Maßordnung abgestimmt. Öffnungen in Mauerwerkswänden müssen jeweils von einem Sturz überdeckt werden.

Abb. 3.8b Maßordnung Mauerwerk

	Nennmaß	**Baurichtmaß (R)**
Außenmaß (A)	n · 12,5 - 1	n · 12,5
Öffnungsmaß (Ö)	n · 12,5 + 1	n · 12,5
Vorsprungsmaß (V)	n · 12,5	n · 12,5

n = Anzahl der Steinköpfe

Tafel 3.9 System der Steinformate

Format	Länge	Breite	Höhe
Dünnformat (DF)	240 mm	115 mm	52 mm
Normalformat (NF)	240 mm	115 mm	71 mm
1,5 NF = 2 DF	240 mm	115 mm	113 mm

Die gebräuchlichsten Formate sind Normalformat (NF) und Dünnformat (DF) sowie Vielfache daraus, z.B. 2 DF.

Baumaterialien für Mauerwerk sind hauptsächlich gebrannte Ziegel, Kalksandstein (KS) und Porenbeton. Außerdem werden ungebrannte Lehmsteine (Grünlinge), Betonsteine (auch Leichtbeton) oder Naturstein je nach Anwendungsfall eingesetzt.

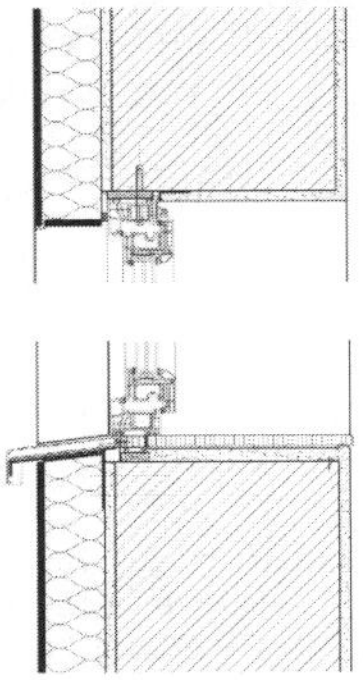

Schnitt, vertikal

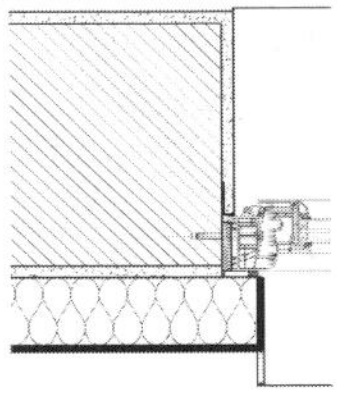

Schnitt, horizontal
Leibungsanschluss

Ziegelaußenwand mit WDVS, Mauerwerk ohne Anschlag, Öffnung mit Fenster

Außenwände für beheizte Gebäude lassen sich nach den aktuellen Anforderungen an den Wärmeschutz in homogener Bauweise oder mit zusätzlicher Wärmedämmschicht realisieren.
Die gemauerte Außenwand mit zusätzlicher Dämmschale ist eine weit verbreitete günstig zu errichtende Wand. In Verbindung mit einem Wärmedämmverbundsystem wird vor allem die Kalksandsteinwand (KS-Wand) angewandt. Für homogene Außenwände ohne zusätzliche Dämmschicht sind Ziegel am Markt, die auch die Anforderungen des GEG erfüllen.

Abb. 3.9a Außenwand in Mauerwerk

2.2 Außenwände aus Beton

Wände in Stahlbetonbauweise werden hergestellt als:

- Stahlbetonfertigteile
- Elementwand, Hohlwandelement mit Stahlbetonschalen als verlorene Schalung und vor Ort vergossen
- vor Ort geschalte und betonierte Wand, Ortbeton

Auf Grund der hohen Wärmeleitfähigkeit des Wandbildners Beton lassen sich Stahlbetonaußenwände für beheizte Innenräume nicht ohne eine zusätzliche Wärmedämmung realisieren. Im Gegensatz dazu sind jedoch entsprechend dimensionierte Leichtbetonwände ohne zusätzliche Dämmschicht auch nach den Anforderungen an den Wärmeschutz nach GEG realisierbar.

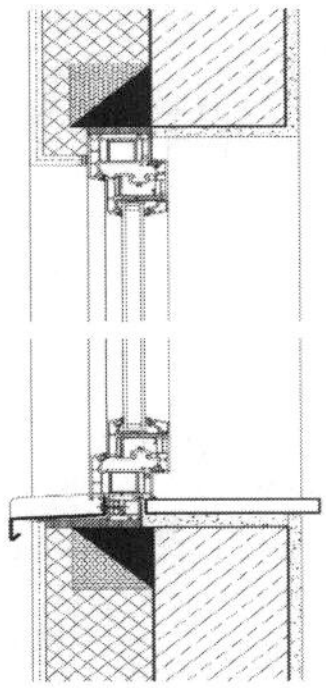

Fenstermontage vor der Wand in Dämmebene
Die Fenster werden zur Vermeidung einer geometrischen Wärmebrücke in der Dämmebene montiert. Vorteil: hier verlaufen die Isothermen in einer geraden Linie durch Dämmschicht und Fenster. Die Fenstermontagezarge (Dämmkeil) vereinfacht die Fenstermontage

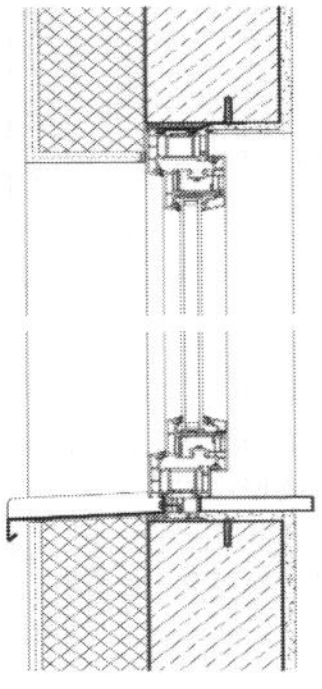

Fenstermontage in der Leibung
Hier entsteht insbesondere bei hohen Dämmstoffstärken eine geometrische Wärmebrücke am Übergang der Fassadendämmung zum Fensterrahmen, als Folge kann der Taupunkt in der Leibung unterschritten werden, durch Feuchte kommt es dann zu Schimmelwachstum

Abb. 3.9b Aussenwand in Ortbeton mit Wärmedämmverbundsystem (WDVS)

Monolithische Stahlbetonfertigteile

Fertigteile aus Sichtbeton bieten durch spezielle Zuschlagstoffe und Oberflächenbehandlungen eine Vielfalt an Gestaltungsmöglichkeiten. Unterschieden werden kann in:

- mit Schalhaut gestaltete Betonoberflächen (DIN 18217, Abschn. 2.3.2.)
  Gebräuchliche Schalungsoberflächen sind:
  - glatte Schalung
  - Matrizenschalung
  - Brettschalung
  - Vliesschalung
  - Holzspanplatten (OSB-Platten)

  Die Fugen der Schalung müssen in der Planung Berücksichtigung finden und definiert werden.
- nachträglich bearbeitete Betonoberflächen (DIN 18217, Abschn. 2.3.3.)
  - natursteinartige Bearbeitung wie Scharrieren oder Abspitzen
  - Waschbeton
  - gesäuerte und sandgestrahlte Oberfläche
  - Fotobeton
- nachträglich behandelte Betonoberflächen (DIN 18217, Abschn. 2.3.4.)
  - Beschichtungen und Lasuren
  - Imprägnierungen

Sandwichfassade

Mit Sandwichfassaden entstehen Betonwandelemente mit Tragschale und Vorsatzschale aus Beton. Zwischen den Schalen wird die Wärmedämmschicht eingelegt. Mit Fassadenelementen in Fertigteilbauweise können ab Werk individuelle Oberflächen für die Innen- und Außenschale in hoher Qualität erzeugt werden. In der Wand lassen sich ab Werk die Installationen mit einbauen. Das können unter anderem sein: Leerrohre, Steckdosen und Schalter für Elektroinstallation, Lüftungsrohre oder auch Fenster und Türen.

Elementwände

Die Elementwand ist ein teilvorgefertigtes Bauteil zur Herstellung von Betonwänden. Vorgefertigte Hohlwandelemente werden in der statisch geforderten Wanddicke hergestellt. Sie bestehen aus zwei bewehrten Stahlbetonschalen, die durch Gitterträger miteinander verbunden sind. Die Stahlbetonschalen sind eine verlorene Schalung. Sie werden auf der Baustelle aufgestellt und anschließend mit Beton vergossen. Die Oberflächen der vorgefertigten Elemente haben malerfertige Oberflächen. Nur die Elementfugen müssen noch geschlossen und gespachtelt werden. Installationen (u.a. Leerrohre, Steckdosen) sowie Öffnungen und Einbauteile wie Stahltürzargen oder Kellerfenster lassen sich ab Werk einbauen.

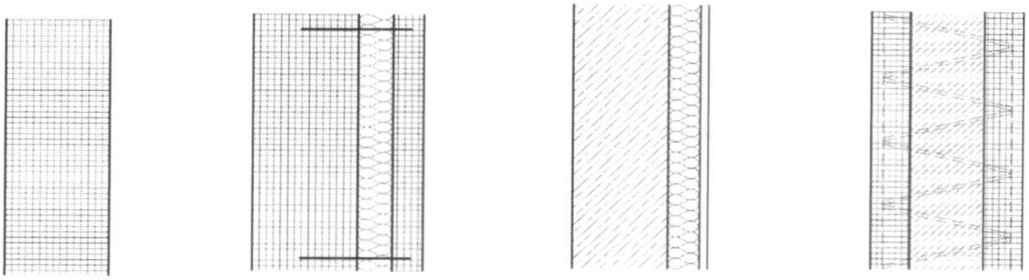

Stahlbetonfertigteil, Sichtbetonoberfläche	Stahlbetonfertigteil, Sandwichfassade	Außenwand Ortbeton, Wärmedämmung außenseitig	Elementwand mit Ortbetonverguss

Abb. 3.10 Varianten Stahlbetonwand

2.3 Außenwände im Stahlbau

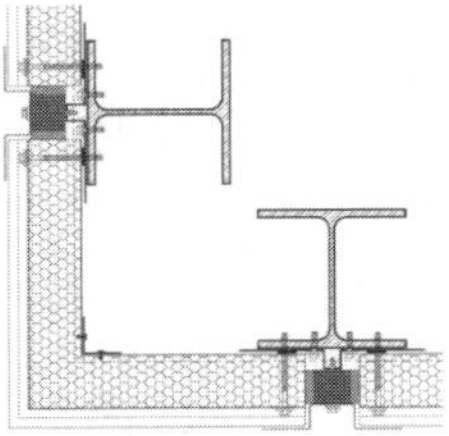

Außenecke mit Sandwich-Eckelement

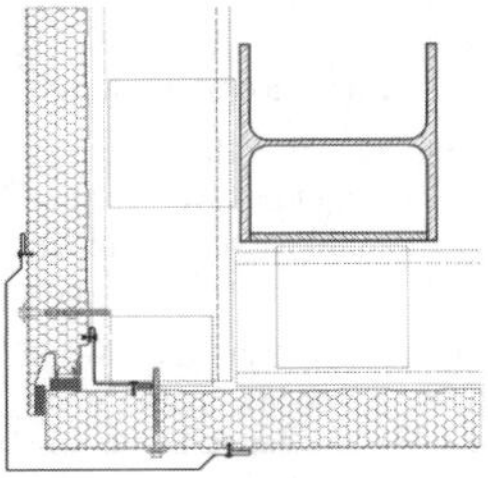

Außenecke mit Eckprofil

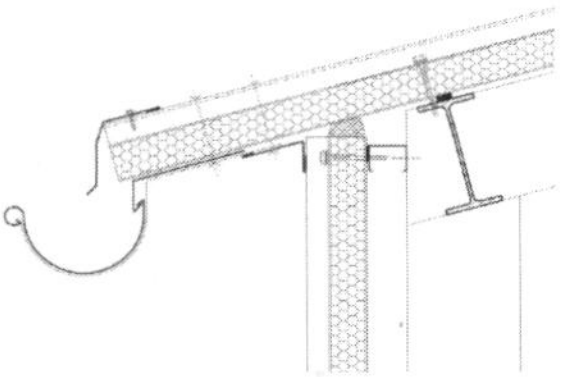

Traufe Stahlbau, Sandwichelemente an Fassade und Dach

Abb. 3.11a Stahlbau, nichttragende Außenwand, Außenschale Sandwichelemente

Stahltragwerke kommen vor allem im Hallen- und Industriebau zum Einsatz. Auf die tragende Stahlkonstruktion wird oft ein Fassadensystem aus vorgefertigten Sandwichelementen appliziert. Die Sandwichelemente bestehen aus einer mit Dämmstoff gefüllten Blechschale. Die Oberfläche lässt sich durch die Auswahl der Bleche (Wellbleche, Nuten u.a.) und der Farbe sehr vielfältig gestalten. Im Fassadensystem lassen sich auch alle Anschlüsse, Fugen und Öffnungen realisieren.

2.4 Außenwandkonstruktionen in Holzbauweise

Holz ist einer der ältesten Baustoffe der Menschheit. Es ist ein nachwachsendes und ökologisches Baumaterial. Die Schadstoffemission bei der Herstellung der Bauteile aus Holz ist vergleichsweise gering, auch der Energieaufwand beim Bauen mit Holz ist gering. Holz lässt sich recyceln und in den Stoffkreislauf wieder einbringen.

Massivholzbau

Der Blockbau mit der Massivholz-Blockwand ist die älteste Bauweise im Holzbau. Horizontal liegende und gestapelte Baumstämme bilden die Wände. Heute wird der Blockbau als Massivholzwand mit Blockbalken realisiert. Die Balken werden mit Nut und Feder gefügt und an den Ecken mit dem Gegenbalken überblattet. So entsteht eine stabile, wind- und wetterdichte Konstruktion. Die Wandkonstruktion wird im Allgemeinen sichtbar belassen.

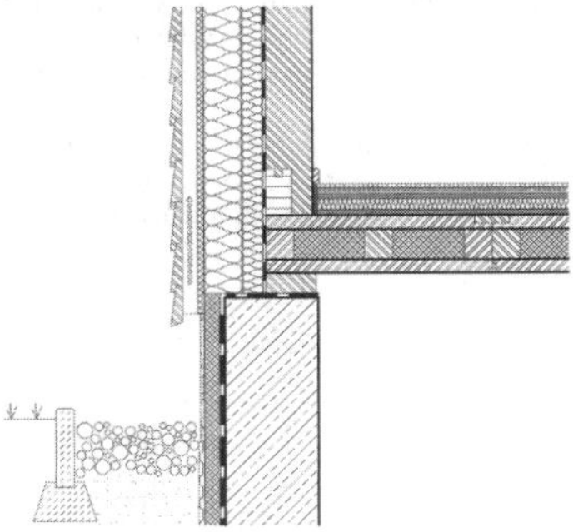

Abb. 3.11b Massivsockel deckt Spritzwasserzone ab Fußpunkt, Sockel

Brettschichtholzwand und Brettstapelwand sind weitere Formen einer Massivholzkonstruktion.
Bei Holzkonstruktionen können Nässeschäden zur Zerstörung der Konstruktion führen. Ständige Feuchtebelastung des Holzes bietet holzzersetzenden Pflanzen, Tieren und Pilzen die Lebensgrundlage. Das Pilzwachstum im Holz führt durch den Ligninabbau in den Zellen zum Verlust der tragenden Eigenschaften des Holzes. Daher muss eine Wasserbelastung der tragenden Konstruktion verhindert werden.

Konstruktiver Holzschutz muss in die Planung einbezogen werden. Anfallendes Niederschlagswasser muss auf kurzem Wege außen abgeführt werden. Die Bauteile sind immer nach dem Prinzip der fallenden Fuge zu planen, so kann sich kein Wasser ansammeln, es wird immer abgeleitet und Nässe trocknet wieder ab. Besonders belastete Bauteile lassen sich mit einer Abdeckung aus Blech oder anderen Materialien schützen.

Große Dachüberstände schützen die Wände vor direktem Wassereintrag. Am Sockel ist der Spritzwasserbereich zu schützen, dafür kann die ganze Konstruktion aus dem Gefährdungsbereich herausgehoben und z.B. auf einen Steinsockel aufgestellt werden. Holz als Fassadenbekleidung oder Dachdeckung dient der Konstruktion als Wetterschutz, diese Hölzer können je nach Zustand einfach ausgetauscht werden und die tragende Konstruktion bleibt geschützt.

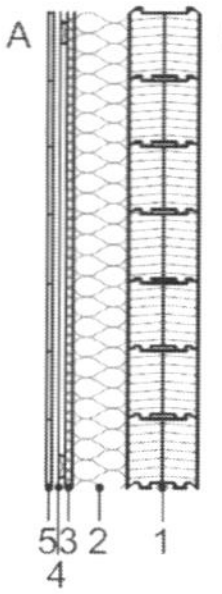

Blockbalken, innen sichtbar

1 verleimter Blockbalken mit Dichtungsband
2 Dämmung
3 Windsperre
4 Luftschicht und Lattung
5 Holzschalung

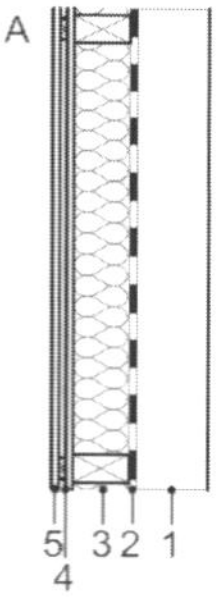

Brettschichtholz

1 Brettschichtholzwand
2 diffusionsoffene Folie
3 Dämmung mit wasserabweidender Schicht
4 Luftschicht und Lattung
5 Holzschalung

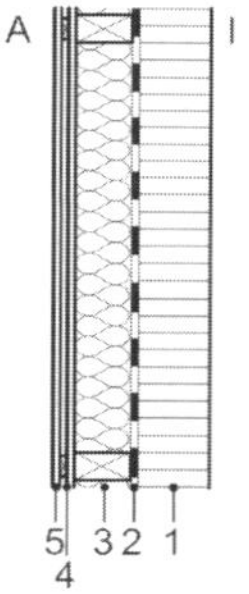

Brettstapelwand

1 Brettstapelwand
2 diffusionsoffene Folie
3 Dämmung mit wasserabweidender Schicht
4 Luftschicht und Lattung
5 Holzschalung

Abb. 3.12 Massivholzbauweisen

Fachwerkwand

Die Fachwerkwand und das Fachwerkhaus sind eine traditionelle und in denkmalgeschützten Gebäuden häufig anzutreffende Bauweise. Prinzipiell ist es ein Skelettbau aus Holz. Ein tragendes und ausgesteiftes Holzskelett wird errichtet und ausgefacht. Die ursprüngliche Technik zur Ausfachung besteht aus einem Holzflechtwerk, das mit Strohlehm bündig zum Fachwerk verputzt wird. Ein abschließender Kalkanstrich dient als wasserabweisende Schutzschicht. Andere Techniken der Ausfachung sind Ausmauerungen als Sichtmauerwerk oder verputzt.
In exponierten Lagen wird eine hinterlüftete Wetterschutzschale zum Schutz der Konstruktion vor die Fachwerkwand gebaut. Als Bekleidung können hier Holzschindeln, Stülpschalungen, Dachziegel oder auch Schieferschindeln verwendet werden. Hier haben sich regional typische Konstruktionen herausgebildet.

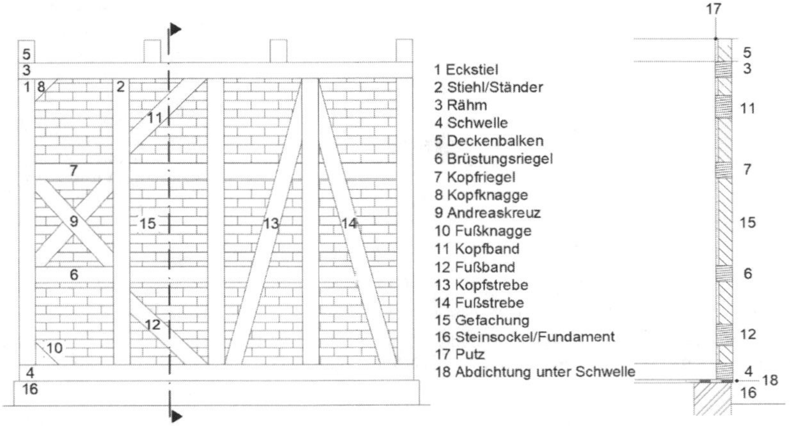

Abb. 3.13a Fachwerkkonstruktion

Holzrahmenkonstruktion, Holztafelbau

Der Holzrahmenbau ist eine zeitgemäße Weiterentwicklung der Fachwerkkonstruktion. Die Konstruktionshölzer im Holzrahmen- und Holztafelbau werden sowohl als Leimbinder als auch in Vollholz ausgeführt.

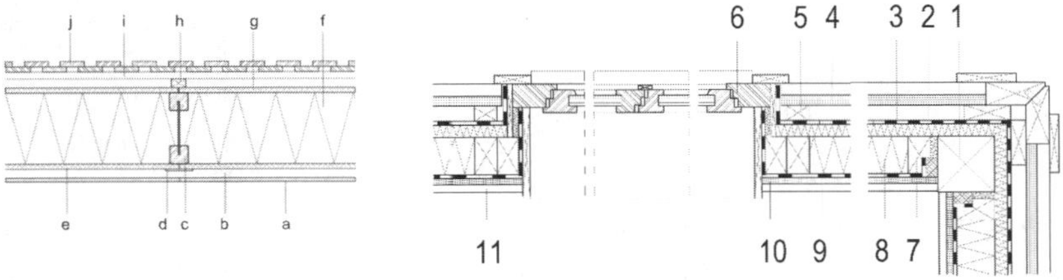

a Innenwandbekleidung Holzschalung
b Installationsebene
c Rahmenträger
d luftdichte Abklebung Fuge
e, g Sperrholzplatte
f Wärmedämmung (z.B. Zellulose, Holzfaser, Mineralwolle)
h Lattung
i Konterlattung
j Außenbekleidung Boden-Deckel-Schalung

1 Holzstützen (KVH)
2 Wärmedämmung
3 Windsperre
4 Stulpschalung
5 senkrechte Lattung
6 Holzfenster
7 Holzstützen (KVH)
8 Dämmung
9 Dampfbremse
10 Flachpressplatte
11 Gipskartonplatte

Abb. 3.13b Holzrahmenbau, Horizontalschnitt Außenwand

Im Holzbau lassen sich hohe Vorfertigungsgrade erzielen. Ganze Wand-, Decken- und Dachelemente werden unter Werkstattbedingungen inklusive Installationen und Einbauten vorfabriziert. Auf der Baustelle wird ein Gebäude aus vorgefertigten Elementen innerhalb weniger Tage aufgerichtet. Auf diese Weise kann witterungsunabhängig in hoher Qualität produziert werden.

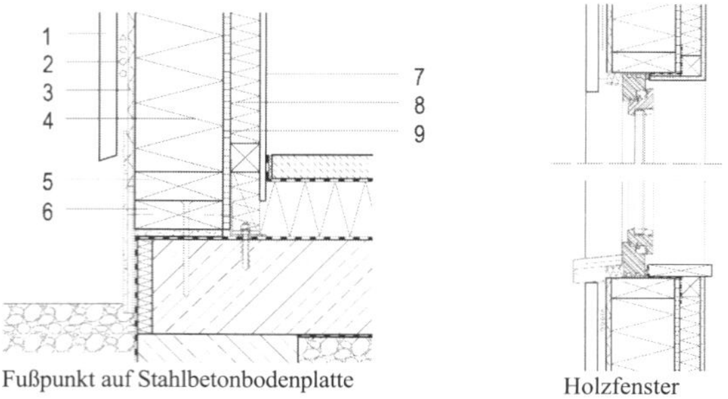

Fußpunkt auf Stahlbetonbodenplatte

Holzfenster

1 Fassade, hinterlüftet
2 Lattung, Hinterlüftungsebene
3 Holzfaserplatte, hydrophobiert
4 Dämmung
5 Schwelle
6 Nivellierschwelle auf Quellmörtel
7 Gipsfaserplatte
8 Dämmung Installationsebene
9 Holzwerkstoffplatte

Abb. 3.14a Holzrahmenbau, hinterlüftete Fassade

Ab Werk produzierte Fertigteilelemente (Fassadentafeln im Holzrahmenbau) müssen in einer angepassten Planungsphase Berücksichtigung finden, auch der Bauablauf muss darauf hin abgestimmt werden.

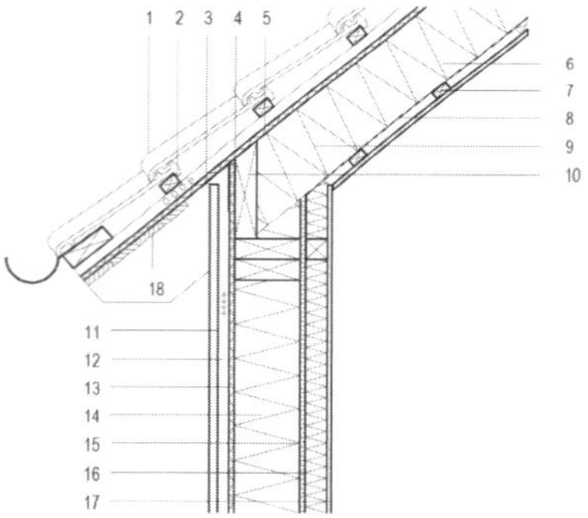

1 Dachdeckung
2 Lattung
3 Unterspannbahn
4 Konterlattung
5 Holzfaserplatte hydrophobiert
6 Gipskartonplatte
7 Lattung
8 Luftdichtungsbahn
9 Zwischensparrendämmung
10 Stellbrett
11 Holzschalung
12 Lattung, Hinterlüftungsebene
13 Holzfaserplatte, hydrophobiert
14 Ständer, Dämmung
15 Holzwerkstoffplatte
16 Installationsebene
17 Gipswerkstoffplatte
18 Traufschalung

Abb. 3.14b Holzrahmenbau, Traufe hinterlüftete Fassade

Der Wandaufbau muss zur Vermeidung von Tauwasserschäden innen mit einer dampfsperrenden Schicht ausgeführt werden. Die warme und feuchte Innenraumluft darf nicht in die Konstruktion einströmen. Der Taupunkt würde in der Wärmedämmung erreicht und das ausfallende Wasser den Dämmstoff durchfeuchten. Dies kann zu massiven Schäden an der Wärmedämmschicht und der Holzkonstruktion führen. Außenseitig können die Holzbauten mit einer hinterlüfteten Fassade und Holzbekleidung (Holzschalung, Holzschindeln, Holzwerkstoffplatten o.Ä.) materialgerecht ausgeführt werden. Aber auch geputzte Oberflächen sind denkbar.

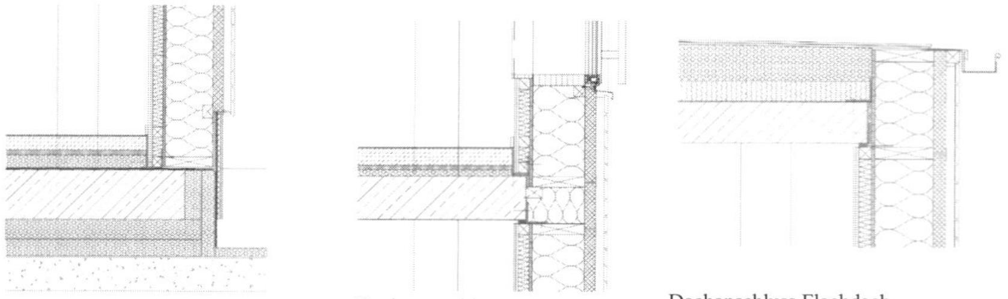

Fußpunkt, Sockel mit Fundamentplatte

Deckenanschluss an Geschossdecke Stahlbeton

Dachanschluss Flachdach Dachdecke Stahlbeton

Abb. 3.14c Vorgefertigte Fassadenelemente in Holzbauweise, nichttragend. Tragende Konstruktion in massiver Bauweise als Stahlbetonskelettbau. Hinter der Fassade stehende Stützen

2.5 Außenwandbekleidungen

Die Außenwandbekleidung ist die äußere sichtbare Schicht der Fassade. Sie ist der gestalterisch prägende und Gesicht gebende Teil der Fassade. Die hier eingesetzten Oberflächen und Materialien müssen sowohl den optischen und haptischen Vorstellungen an die Gestaltung der Fassade genügen als auch die Funktionen aus den bauphysikalischen Anforderungen und den Umwelteinwirkungen wie Regen, Sonnenlicht, Winddruck, Windsog und Temperatur erfüllen. Im Bodenbereich kommen die Bodenfeuchte und Wassereinwirkung hinzu. Nach dem konstruktiven Aufbau der Außenwand wird in die nicht hinterlüfteten Außenwandbekleidungen (Warmfassaden) wie:

- *Außenputz*
- *Wärmedämmverbundsysteme*
- *Vorgemörtelte Außenwandbekleidungen*
- *Vorgemauerte Außenwandbekleidungen*

und die hinterlüfteten Außenwandbekleidungen (Kaltfassaden) unterschieden:

- *Vorsatzschalen*
- *Vorhangfassaden*

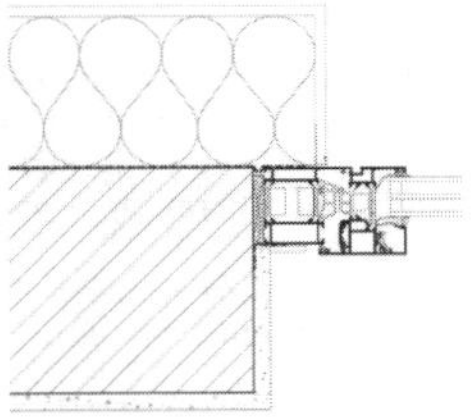

nicht hinterlüftete Außenwandbekleidung WDVS

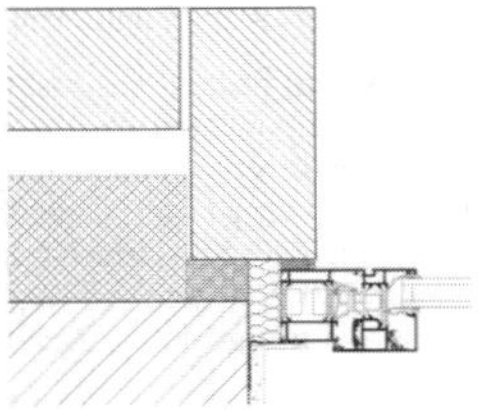

hinterlüftete Außenwandbekleidung mit Klinker-Vormauerschale

Abb. 3.15a Arten Außenwandbekleidungen

Nicht hinterlüftete Außenwandbekleidungen

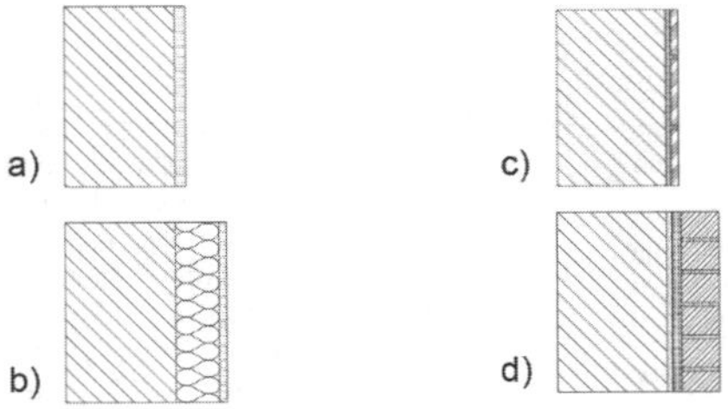

a) Außenputz
   - mineralisch
   - kunstharzgebunden
   - Wärmedämmputz

b) Wärmedämmverbundsystem (WDVS)

c) Wandbekleidung im Mörtelbett

d) Wandbekleidung vorgemauert

Abb. 3.15b Arten von Außenwandbekleidungen der nicht hinterlüfteten Außenwand

Baustoffe und Materialien:

Als Außenputzte werden verwendet:

- Mineralisch gebundene Außenputze
- Wärmedämmputzsysteme
- Leichtputze auf Wärmedämmung
- Kunstharzgebundene Außenputze in Verbindung mit einem WDVS

Dämmstoffe in Wärmedämmverbundsystemen (WDVS):

- Mineralwolle, Steinwolle als Platten und Riegel
- Holzfaserdämmplatten
- Kork, Hanf, Schilf, Gras
- Perlite
- Mineralschaum
- Polystyrol (Hartschaum, Polystyrolpartikel-Schaum, Polystyrolextruder-Schaum)
- Polyurethan-Hartschaum
- Vakuumdämmplatten

Der Dämmstoff wird meist als Platte mithilfe von Kleber und Dämmstoffdübeln auf der tragenden Wand angebracht. Auf der Dämmstoffplatte wird eine Armierungsschicht mit einem Armierungsgewebe aufgebracht, den Abschluss des WDVS bildet ein Außenputz.

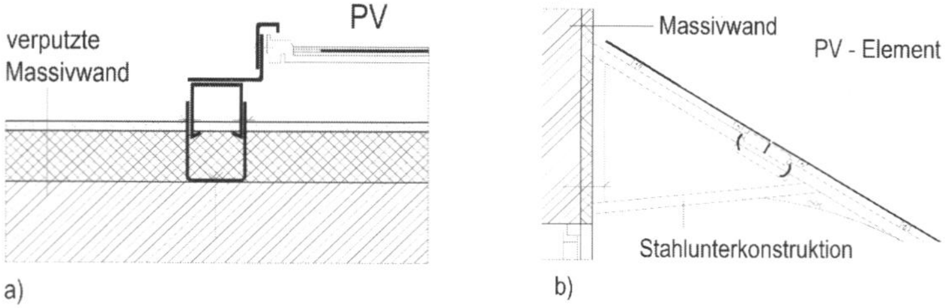

PV-Panel vor der Fassade, Montage auf Abstandshalter

PV-Panel auf Stahlunterkonstrution (Vordach, Verschattung)

Abb. 3.16a Außenwand mit WDVS und Photovoltaik

Ein Wärmedämmverbundsystem besteht aus mehreren fest miteinander verbundenen und bauphysikalisch aufeinander abgestimmten Komponenten, WDV-Systeme zählen zu den nicht geregelten Produkten, da für sie keine technischen Regelwerke existieren. Durch die Hersteller ist für das System der Verwendbarkeitsnachweis in Form einer bauaufsichtlichen Zulassung zu führen. Hierin ist zwingend vorgeschrieben, dass nur in sich geschlossene Systeme verarbeitet werden dürfen.
Dämmstoffe, die in einem WDVS zum Einsatz kommen, müssen hohen Ansprüchen genügen. Viele Materialien kommen schon aufgrund ihres Brandverhaltens oder ihres Wasseraufnahmevermögens nicht infrage.
Die Dämmstoffe sind in den DIN-Normen umfänglich geregelt, auf eine Auflistung für die einzelnen Dämmmaterialien wird hier verzichtet, hingewiesen wird aber auf die übergreifend gültigen Normen und Verordnungen: DIN 4102 (Brandverhalten von Baustoffen und Bauteilen, Gebäudeenergiegesetz (GEG) auch mit Hinweis zum Nachweis des sommerlichen Wärmeschutz, DIN 4108-02 (Wärmeschutz und Energie-Einsparung in Gebäuden - Teil 2: Mindestanforderungen an den Wärmeschutz).

Brandriegel

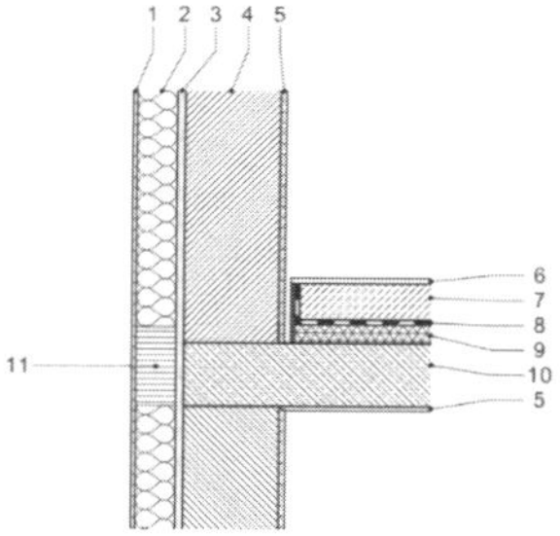

1 armiertes Putzsystem
2 Wärmedämmung
3 Klebemörtel
4 Außenwand aus Mauerwerk
5 Innenputz
6 Bodenbelag
7 Estrich
8 Trennlage
9 Dämmung
10 Geschossdecke
11 Brandriegel (min 20cm)

Abb. 3.16b WDVS mit Brandriegel in Deckenebene

Als schwerentflammbar eingestufte WDVS (Baustoffklasse B1), wie WDVS aus Polystyrol-Hartschaum, dürfen im Geschossbau zur Eindämmung von Fassadenbränden nicht ununterbrochen über mehr als zwei Geschosse geführt werden. Der Brandüberschlag wird durch die Anordnung von Brandriegeln verhindert. Brandriegel sind unterbrechungsfrei horizontal um die Fassade geführte Dämmstreifen aus nicht brennbarem Dämmmaterial (Mineralwollstreifen, Brandverhalten der Klasse A1 oder A2-s1, d0 nach DIN EN 13501-1, Schmelzpunkt > 1000 °C nach DIN 4102-17) in einer Mindestbreite von 20 cm. Zwischen zwei Brandriegeln dürfen nicht mehr als zwei Geschosse liegen.
Materialien für Wandbekleidungen im Mörtelbett:
- Keramische Fliesen und Spaltplatten
- Klinkerplatten
- Natursteinplatten
- Werksteinplatten

Fassadenbegrünung

Begrünte Fassaden, auch als vertikale Gärten, Pflanzenwände oder Green Walls bezeichnet, verbessern die Luftqualität, erzeugen Sauerstoff, filtern Staub, Schadstoffe und Lärm und schützen gegen Hitze und Kälte. Sie haben daher einen positiven Einfluss auf das Mikroklima des Umfeldes und bieten einen Lebensraum für kleinere Tiere. Sie schaffen einen vertikalen Grünraum in der Stadt. Die Begrünung wertet die ästhetischen Qualitäten einer Fassade auf. Selbstklimmende Pflanzen können mit ihren Wurzeln die Fassaden schädigen, Verschiedene Begrünungssysteme erlauben den schadensfreien Bewuchs von Wänden und bieten darüber hinaus unterschiedliche Gestaltungsmöglichkeiten. Sie lassen sich mit Hilfe von Rankgerüsten oder Modulsystemen kostengünstig und wartungsarm realisieren.
Vereinfacht lassen sich Fassadenbegrünungen in zwei Gruppen einteilen:

- Bodengebundene Begrünung
- Fassadengebundene Begrünung

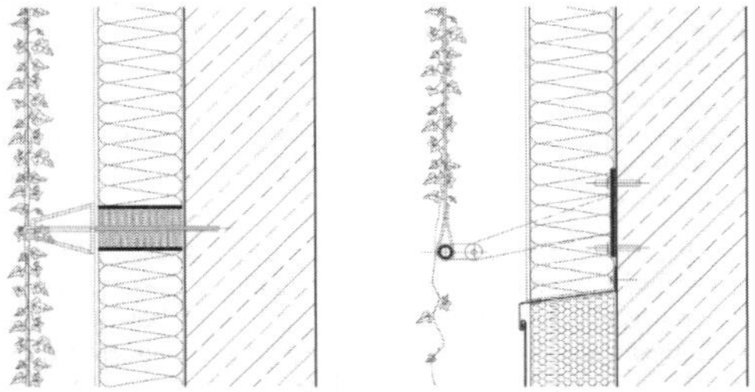

a) Befestigungspunkt Rankhilfe mit Distanzhalter
b) Spannkonsole für Rankhilfe am Sockel

a) b)

Abb. 3.17a Begrünte Außenwand mit WDVS, Rankhilfe aus Edelstahlseil, Metallgewebe oder Gitter

Eine flächige Fassadenbegrünung lässt sich mithilfe des direkten Fassadenbewuchses als hinterlüftete Fassade realisieren. An einer Unterkonstruktion werden Pflanzsysteme ähnlich einer Plattenbekleidung angebracht. Die Pflanzen werden mit einem Versorgungssystem für Wasser und Nährstoffe vollautomatisch versorgt.
Als Bepflanzung werden trockenresistente Sedumarten für ein flächiges Erscheinungsbild oder Stauden und kleine Gehölze eingesetzt.

Hinterlüftete Außenwandbekleidung, Kaltfassade

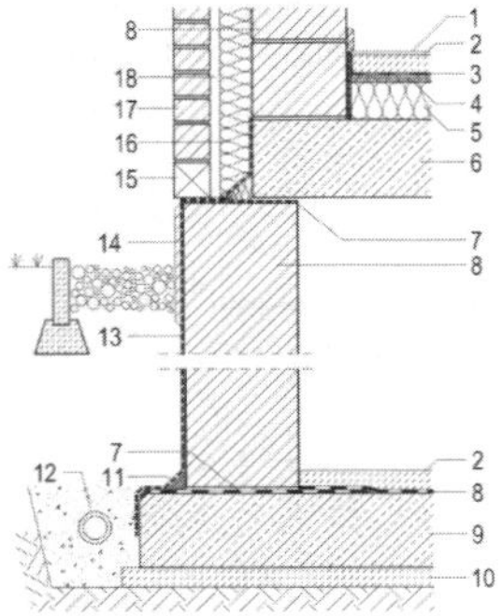

1) Bodenbelag
2) Estrich
3) Trennlage
4) Trittschalldämmung
5) Wärmedämmung
6) Geschossdecke
7) Trennlage
8) Mauerwerk
9) Fundamentplatte
10) Sauberkeitsschicht
11) Hohlkehle
12) Drainagerohr
13) Abdichtung mit Schutzlage
14) Sockel
15) Lüftungsöffnung Fußpunkt
16) Wärmedämmung
17) Vormauerschale
18) Lüftungsebene

Abb. 3.17b Vormauerschale Klinker, hinterlüftet

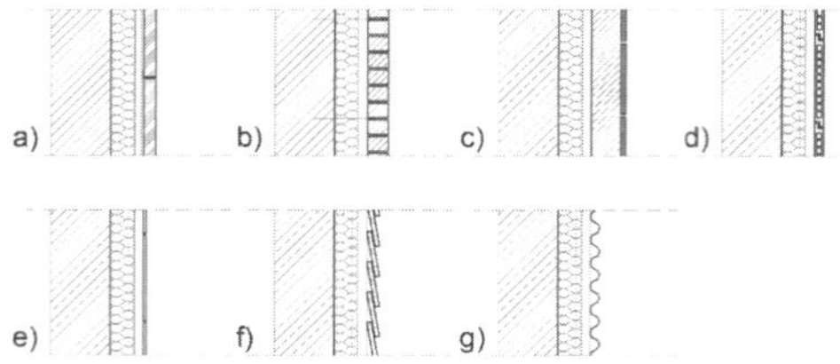

Je nach Art der Bekleidung und deren konstruktiver Ausbildung sind Unterkonstruktionen erforderlich. Schwere Vorsatzschalen wie z.B. Klinkervormauerschalen oder Betonfertigteile (Abb. 3.19b a) und c)) sind selbstragend. Sie stehen direkt auf den Fundamenten oder werden über Konsolen gehalten. In der Tragstruktur werden die Vormauerschalen nur gegen Kippen verankert.
Außenwandschalen aus 11,5 cm starkem Klinkermauerwerk müssen in Höhenabständen von 12 m abgefangen werden. Am Fußpunkt steht die Vormauerschale auf dem Sockelvorsprung auf (Abb. 3.19a). Für die Zwischenabfangungen werden Konsolen eingesetzt, die an den Geschossdeckenrändern mittels Ankerschienen befestigt werden. Vormauerschalen mit einer Stärke von 11,5 cm weisen bereits eine eigene Standfestigkeit auf.

Brandschutzanforderungen an die Außenwandbekleidung werden grundsätzlich durch die Landesbauordnungen vorgegeben. Bei den hinterlüfteten Außenwandbekleidungen besteht die Gefahr, dass sich Feuer ungehindert und nicht bekämpfbar im Fassadenzwischenraum ausbreitet. Deshalb sind bei geschossübergreifenden Hohlräumen, wie der Hinterlüftungsebene, besondere Vorkehrungen gegen Brandausbreitung zu treffen. Dafür müssen horizontal um die Fassade umlaufende Brandriegel vorgesehen werden.

Vorgehängte hinterlüftete Fassaden (VHF)

VHF sind eine oft gewählte Außenwandbekleidung für Büro- und Industriebauten, aber auch im Wohnungsbau. Der Aufbau besteht von innen nach außen aus Tragstruktur, Dämmebene, Luftschicht (ständige Hinterlüftung) und Außenhaut. Die konstruktive Trennung der Dämmebene und der Wetterschale durch eine zirkulierende Luftschicht ermöglicht es, eine geschlossene Dämmebene an der Außenseite des Gebäudes anzubringen. Die wetterberührte und somit wasserführende Schicht ist davon abgekoppelt. Vorteil ist ein verbesserter sommerlicher Wärmeschutz und Schutz vor Durchfeuchtung in der Tragstruktur.
Vorgehängte hinterlüftete Fassaden (VHF) sind in der DIN 18516 (Außenwandbekleidungen, hinterlüftet) geregelt. Begriffe zur VHF als Kaltfassade finden sich in EN 13119:2016 (Vorhangfassaden). Der zwischen Dämmung und Bekleidung angeordnete Hinterlüftungsraum (>= 2cm) regelt den Feuchtehaushalt im Baukörper, deshalb muss in der Lüftungsebene die ständige Luftzirkulation gewährleistet sein. Es sind entsprechende Zuluftöffnungen am Fußpunkt der Fassade und Abluftöffnungen im Traufbereich vorzusehen.

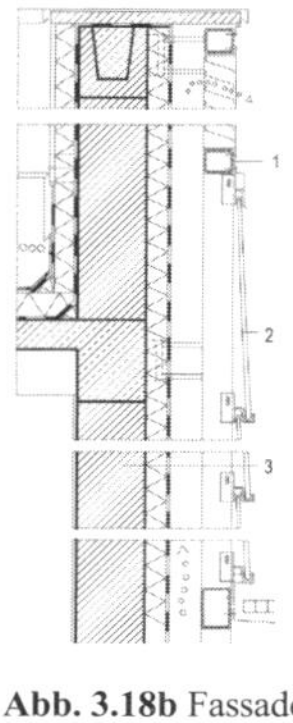

1 Tragprofil
2 Photovoltaikmodul, Schuppendeckung
3 Tragende Wand

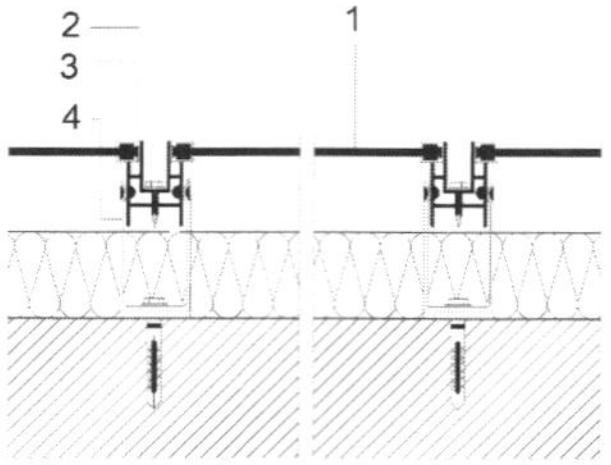

1 Photovoltaikmodul
2 Deckleiste
3 Pfostenprofil
4 U-Halteprofil, Montage mit Thermostopp

Abb. 3.18b Fassadenbekleidung mit Photovoltaikmodulen (VHF)

Unterbrechungen in der Fassade (Fensteröffnungen o.Ä.) dürfen die Luftzirkulation nicht behindern und müssen ebenfalls mit Zu- und Abluftführungen ausgestattet werden. Lochblechstreifen verhindern das

Einwandern von Kleintieren in den Fassadenzwischenraum. Die Lasten der VHF werden über die Tragprofile und Wandhalter in die tragende Struktur abgeleitet. Die Materialien dafür sind Metalle wie Aluminium, feuerverzinkte oder nicht rostende Stähle oder auch Holz. Verschiedene Dämmstoffstärken sind über die Wahl der Tragprofile einfach zu realisieren. Bei den hinterlüfteten Außenwandbekleidungen besteht die Gefahr, dass sich Feuer ungehindert und nicht bekämpfbar im Fassadenzwischenraum ausbreitet. Deshalb sind bei geschossübergreifenden Hohlräumen, wie der Hinterlüftungsebene, besondere Vorkehrungen gegen Brandausbreitung zu treffen. (§ 28 Abs. 4 MBO).

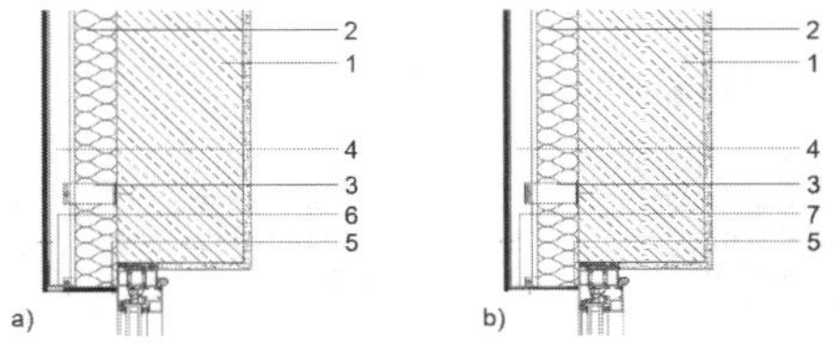

1 Tragende Wand
2 Wärmedämmung
3 Wandhalter aus Aluminium mit Thermostop
4 vertikales Tragprofil aus Aluminium
5 U-Anschlussprofil
6 Winkel, gelocht
7 Lochblech aus beschichtetem Aluminium

Faserzementbekleidung auf Unterkonstruktion aus Aluminiumprofilen
a) obere Leibung mit Faserzementtafeln, b) Leibung mit Aluminiumblech

Abb. 3.19a Vorgehängte hinterlüftete Faserzementbekleidung, Leibungsabschluss oben

Mögliche Vorkehrungen sind horizontal um die Fassade umlaufende Brandriegel oder Brandsperren. Brandsperren behindern eine Brandausbreitung im Hinterlüftungsraum durch Unterbrechung oder partielle Reduzierung des freien Querschnitts auf ≤ 100 cm²/m Wandlänge. Das System der vorgehängten hinterlüfteten Fassade erlaubt die Wahl unterschiedlichster Fassadenbekleidungen auch in Kombination verschiedener Materialien. Die Fassadenbekleidung kann über sichtbare (Niete oder Schrauben) oder verdeckte Befestigungselemente (Agraffen) mit der Unterkonstruktion verbunden werden. Für die Gestaltung der Bauteilanschlüsse, Materialübergänge oder Eckausbildungen stehen auch entsprechende Formteile der Systemanbieter zur Verfügung (siehe Abb. 3.19b).

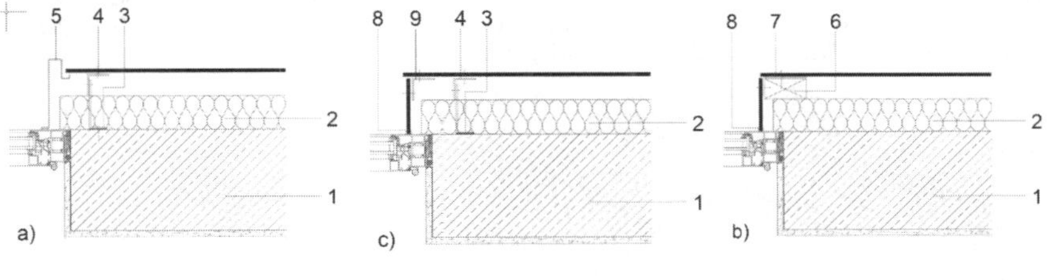

Faserzementbekleidung auf Unterkonstruktion aus Aluminiumprofilen | Faserzementbekleidung auf Lattung

Leibungsabschluss mit Blech | Leibungsabschluss im Fassadenmaterial | Leibungsabschluss im Fassadenmaterial

1 Tragende Außenwand
2 Wärmedämmung
3 Wandhalter (Aluminiumprofile, Montage mit Thermostop zur Vermeidung von Wärmebrücken)
4 Vertikales Tragprofil
5 Leibungsblech als Systemzarge
6 Traglattung, vertikal
7 Fugenband zur Eckabdeckung, Aluminium
8 U-Anschlussprofil auf Rahmen
9 Aluminiumwinkel

Abb. 3.19b Vorgehängte hinterlüftete Faserzementbekleidung, Leibungsabschluss seitlich

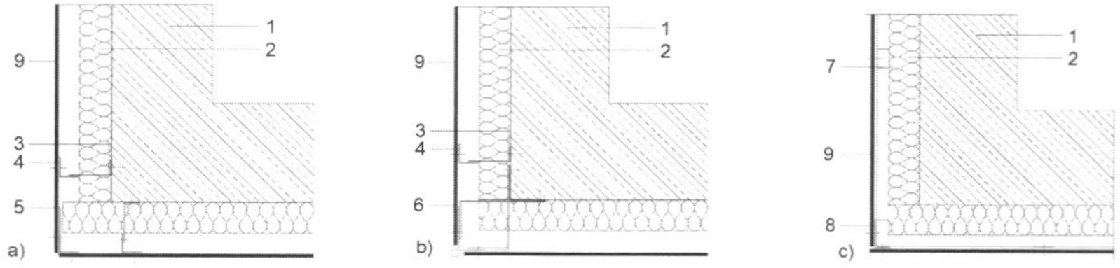

Faserzementbekleidung auf Unterkonstruktion aus Aluminiumprofilen

a) Ecke mit verdecktem Winkel
1 Tragende Außenwand
2 Wärmedämmung
3 Wandhalter (Aluminiumprofile, Montage mit Thermostop zur Vermeidung von Wärmebrücken)

b) Ecke mit geschlossenem Profil
4 Vertikales Tragprofil
5 Winkel AL-Blech
6 Eckprofil, beschichtet

c) Ecke mit verdecktem Holzprofil
7 vertikales Tragprofil aus Holz
8 Aluminium Fugenband
9 Faserzementtafel, d=10 mm

Abb. 3.20a Vorgehängte hinterlüftete Faserzementbekleidung, Eckausbildung

Traganker für hinterlüftete Plattenbekleidungen mit offenen Fugen
- Ankerdorne, stirnseitig in die Bekleidungsplatten eingelassen
- Schraubanker
- Verankerung der Platten über Profilstege
- Befestigung über Hinterschnittdübel

2.6 Sturz, Ringanker und Ringbalken

Öffnungen im Mauerwerksbau werden zur Lastabtragung mit Stürzen überdeckt. Zur Überspannung von kleinen Öffnungen wie in Fenster- und Türbereichen werden bevorzugt Fertigteilstürze eingesetzt. Die Anwendung erfolgt in tragenden oder nicht tragenden Innenwänden, Innenschalen von zweischaligem Außenmauerwerk wie auch bei Außenwänden. Die Mauerwerksstürze in U-Form bestehen aus einem Zuggurt und einer Druckzone aus Mauerwerk, Beton oder beidem. Die Druckzone der Stürze aus U-Schalen wird auf der Baustelle durch das Einlegen der Bewehrungseisen mit anschließendem Betonverguss hergestellt. Der Sturz kann gleichzeitig Teil des Ringankers sein.

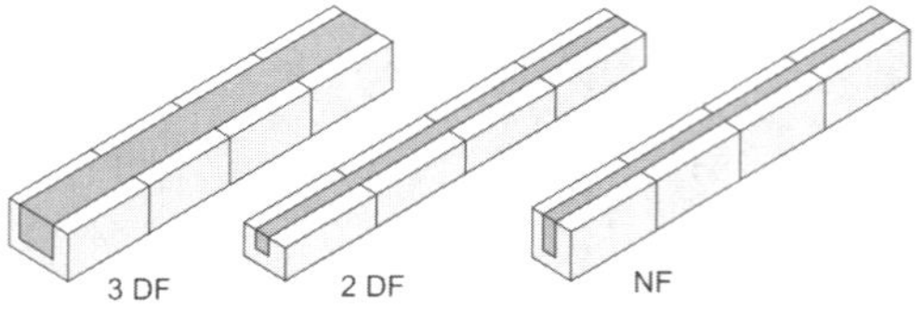

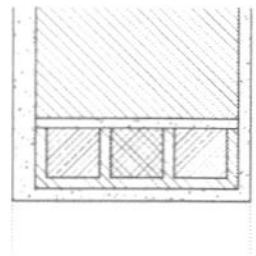

Abb. 3.20b KS-Flachstürze, Fertigteile

Flachsturz mit Dämmung

Ringanker und Ringbalken werden auf den Mauerwerkskronen zur statischen Sicherung der Wandscheiben benutzt, sie verbinden die Wände ringförmig. So wird dem Verdrehen und Kippen der Wandscheiben entgegengewirkt. Realisiert werden diese Bauteile als Betonelemente (z.B. vorgefertigte U-Schalen im Material der Wand mit eingelegten Bewehrungseisen und vor Ort mit Beton vergossen), in bewehrtem Mauerwerk, als Holzbalken oder auch als Stahlträger. Auch eine auf der Wand aufliegende Betondecke kann gleichzeitig durch entsprechend eingelegte Bewehrung die Funktion von Ringanker und Sturz übernehmen. Bei einem Flachdach in Stahlbeton, welches über Gleitlager auf den tragenden Wänden aufliegt, ist die Scheibenwirkung der Dachdecke auf das Mauerwerk nicht gegeben.

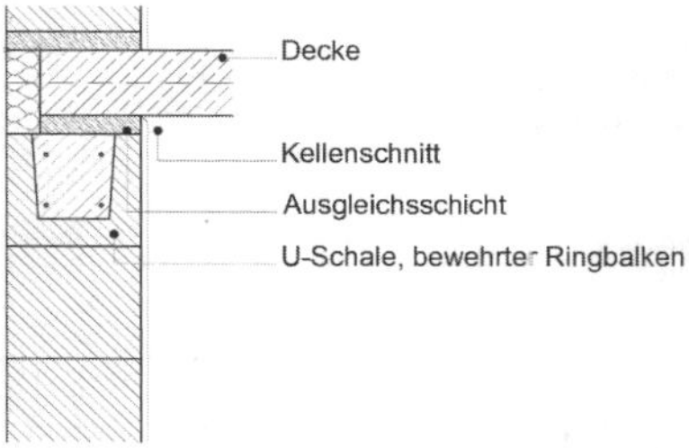

Ringanker, U-Schale mit Betonverguss, bewehrt

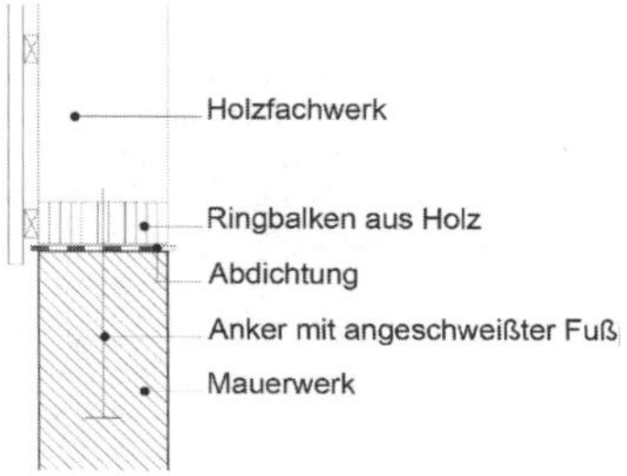

Ringbalken, Holzbalken auf Mauerwerkskrone

Abb. 3.21a Ringanker und Ringbalken

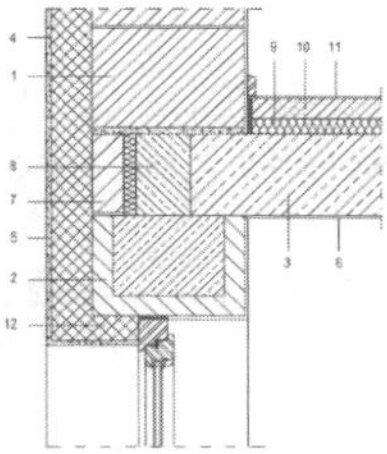

Ringbalken als Stahlbetonbalken in Deckenebene (8) und Sturzausbildung für Fensteröffnung als ausbetonierte U-Schale im Material des Wandbildners (Ziegel)

Hier wird der Ringanker unterhalb des Gleitlagers auf der Mauerwerkskrone angeordnet. Als Ringanker ist auch der Einsatz von bewehrtem Mauerwerk möglich. Dazu werden in die oberen Lagerfugen Bewehrungseisen in das Mörtelbett eingelegt.

Abb. 3.21b Sturz und Ringbalken

2.7 Innenwände

Innenwände sind Bauteile, die die Geschossfläche in einzelne Räume trennen. Sie können tragend und nichttragend sein.

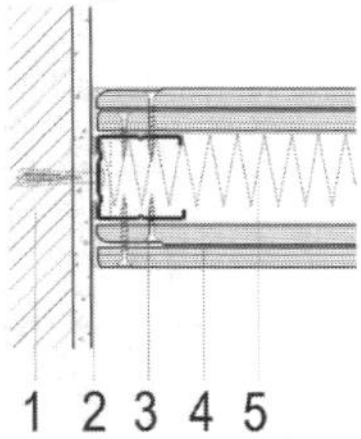

Metallständerwand an Massivwand

1 Massivwand
2 Anschlussfuge, Fugenband
3 Ständerprofil
4 Bekleidung, Gipskarton
5 Dämmeinlage

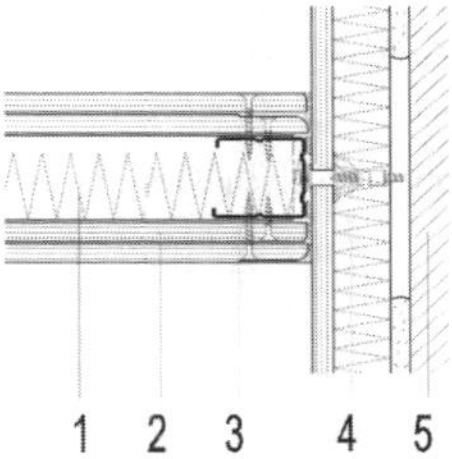

Metallständerwand an Vorsatzschale

1 Dämmeinlage
2 Bekleidung, Gipskarton
3 Ständerprofil
4 Vorsatzschale, Trockenbau
5 Massivwand

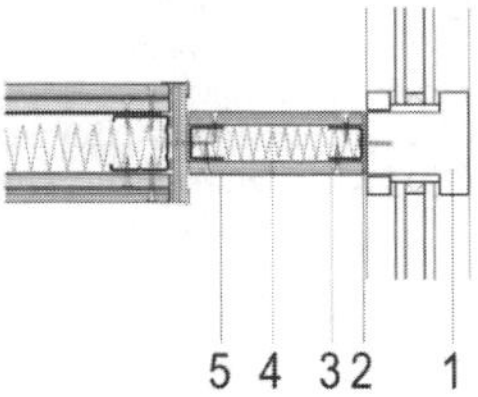

Metallständerwand an Fassadenpfosten

1 Pfosten
2 Anschlussfuge
3 Ständerprofil
4 Dämmeinlage
5 Bekleidung, Gipskarton

Abb. 3.21c Leichte Trennwand (Metallständerwand), Bauteilanschlüsse

Für Innenwände können vielfältige Konstruktionen zum Einsatz kommen. Der Schallschutz ist eine besonders zu berücksichtigende bauphysikalische Kenngröße bei der Planung der Innenwände. Hier müssen der Luftschallschutz und der Schallübergang über die Flanken Beachtung finden.

Bauweisen der Innenwände:

- Massive Ziegel-, Kalksandstein- oder Stahlbetonwände
  - o Aufgrund des hohen Flächengewichts haben massive Wände den Vorteil einer guten Luftschalldämmmung
- Gips- oder Kalksandsteindielenwände
- Porenbetonwände

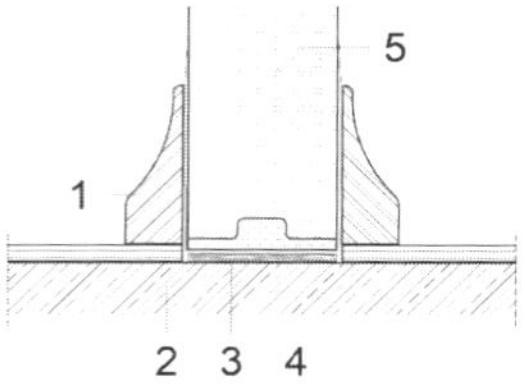

Gipsdielenwand auf Rohboden

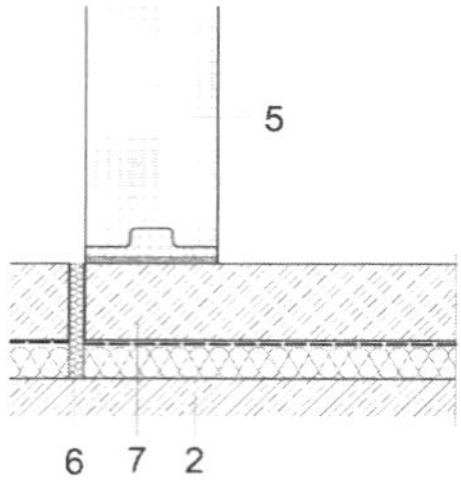

Gipsdielenwand auf Estrich mit Estrichtrennfuge

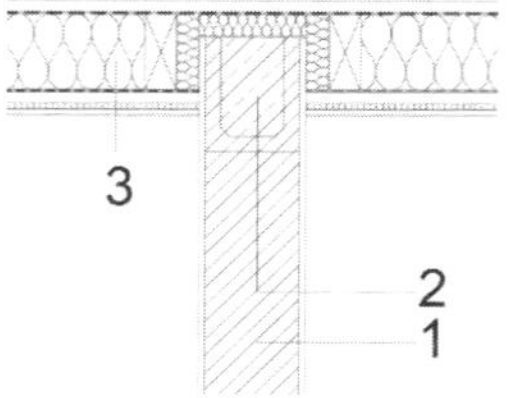

Anschluss Innenwand (Massivbauweise) an Holzbalkendecke

1 Sockelschiene
2 Rohdecke
3 Dämmstreifen
4 Mörtelbett
5 Wandbauplatte
6 Dämmstreifen
7 Estrich auf Dämmung, schwimmend verlegt

1 Innenwand KS
2 Ringanker
3 Deckenkonstruktion Holzbalkendecke

Abb. 3.22a Innenwand (massiv), Bauteilanschlüsse

- Metall- oder Holzständerwände mit plattenförmiger Bekleidung
  - Am häufigsten wird die Trockenbauwand mit Gipskartonbekleidung als leichte Trennwand eingesetzt. Sie ist aufgrund des geringen Flächengewichts universell einsetzbar, in der Wand lassen sich Installationen führen. Anforderungen an den Brandschutz und Schallschutz lassen sich mit geprüften Aufbauten leicht realisieren. Die Wand sollte für einen optimalen Schallschutz auf der Massivdecke aufstehen und der Estrich zwischen benachbarten Räumen getrennt sein.
- transparente oder transluzente Trennwände
  - Glastrennwände als Pfosten-Riegel-Konstruktion
  - Glasbausteinwände
- mobile Trennwände
  - Zur temporären Aufteilung von Räumen in verschiedene Einheiten
  - Flexible Raumnutzungskonzepte

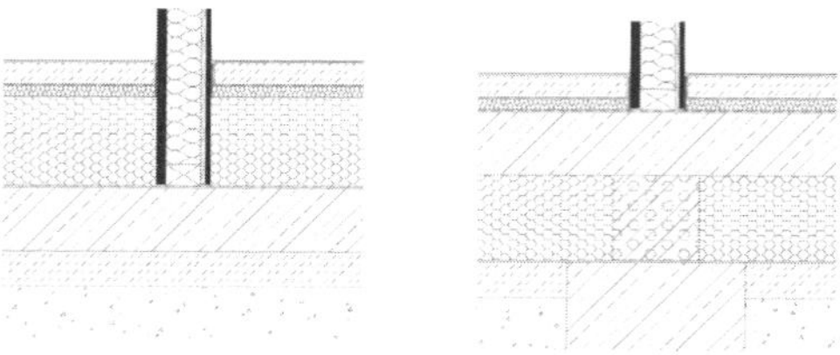

Leichte Trennwand (Holzständerwand) auf der Bodenplatte, der Fußbodenaufbau ist getrennt und schalltechnisch entkoppelt.

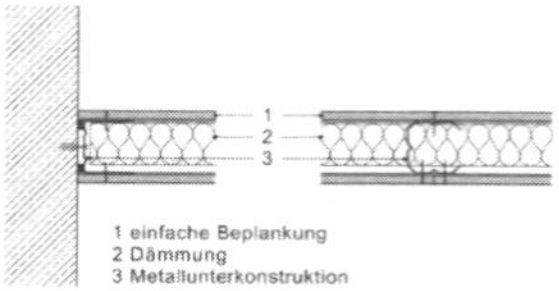

Anschluss Metallständerwand an Massivbauteil

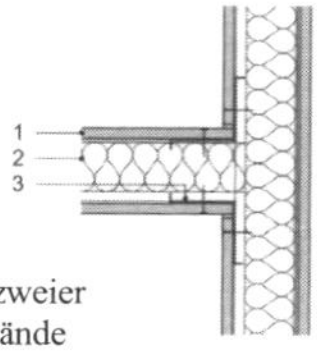

T-Verbindung zweier Metallständerwände

Abb. 3.22b Innenwände, Bauteilanschlüsse

3 Decken

Decken gliedern ein Gebäude in horizontale Abschnitte, die Geschosse oder Etagen. Decken begrenzen den Raum nach unten und oben. Der Deckenaufbau von der Unterdecke bis zum Fußboden (Bodenbelag) des darüber liegenden Geschosses bildet eine Konstruktionseinheit. Decken müssen standsicher sein und die Anforderungen aus Schallschutz, Brandschutz und Wärmeschutz erfüllen.

Der Wärmeschutz kommt bei Decken zu nicht ausgebauten Dachgeschossen, bei Tordurchfahrten oder auch bei Balkonauskragungen zum Tragen. Auch Deckenauflager in der Außenwand müssen hinsichtlich Wärme- und Feuchteschutz untersucht und konstruiert werden.

Die Anforderungen an Decken hinsichtlich Brandschutz und Feuerwiderstandsdauer nach Bauordnung (siehe Kapitel 4b) haben großen Einfluss auf die Bemessung der Decke. Die Anforderungen des Brandschutzes können durch die Konstruktion und Brandschutzbekleidungen (Unterdecken) erfüllt werden.

Schallschutzanforderungen zum Schutz vor Schallübertragung aus einem fremden oder dem eigenen Wohn- oder Arbeitsbereich sind zu beachten. Für die Luftschalldämmung entscheidend ist die flächenbezogene Masse der Konstruktion. Der Trittschallschutz kann durch den konstruktiven Aufbau der Fußbodenschichten gesteuert werden. Schwimmende Fußbodenaufbauten sind aus Sicht der Trittschalldämmung hervorragend geeignet. Hinsichtlich der Raumakustik sind die Gestaltung der Deckenuntersicht und der Unterdecken sowie die Auswahl der Bodenbeläge wesentlich.

Durchdringungen der Decken sind auch immer Schwachpunkte im Schallschutz und Brandschutz und müssen gesondert betrachtet werden.

Deckenkonstruktionen werden nach dem Tragverhalten unterschieden in einachsig gespannte Decken, zweiachsig gespannte Decken oder Raumtragwerke (siehe Abb. 3.23).

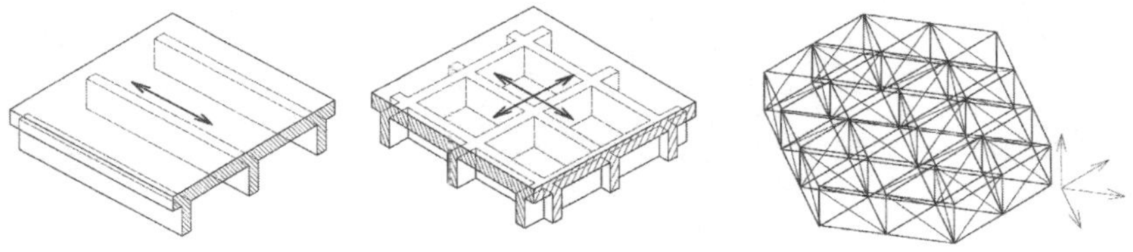

einachsig gespannt zweiachsig gespannt Raumtragwerk

Abb. 3.23 Statisches System von Decken

Deckenlasten aus der Eigenlast und den Nutzlasten werden in die die Decke tragenden Bauteile wie Wände und Stützen abgeleitet. Die Bemessung richtet sich nach den Lasten aus Konstruktion und Nutzung und der Spannweite der Decke.

Typische Konstruktionprinzipien von Decken:
- Plattendecke (Ortbetondecke, vorgefertigte Elementdecke mit Aufbeton, Massivholzdecke)
- Balkendecke (Holzbalkendecke)
- Rippendecke (Ziegeleinhangdecke, Fertigteilrippendecke)
- Elementdecke (Betonfertigteile, Spannbetonhohldielen)
- Holz-Beton-Verbunddecke

Materialien für Deckenkonstruktionen
- Stahlbeton (Flachdecke, Elementdecke, Rippendecke, Spannbetonfertigteile, Stahlbetonhohldielen)
- Holz (Holzbalkendecke, Hohlkastendecke, Brettstapeldecke, Holz-Beton-Verbunddecke)
- Stahl (Stahlträger im Industriebau, Trapezblechdecke, Stahlträger mit Ziegelkappen (Kappendecke))
- Mauerwerk und Naturstein in Gewölbedecken

3.1 Massivdecken

Massivdecken werden als Stahlbetonplatten, Stahlbetonrippendecken, Stahlbalkendecken, , Stahlbetondecken mit Füllkörpern oder aus Trapezblechen mit Aufbeton gefertigt. Massivdecken sind die übliche Geschossdecke für den weitaus größten Teil aller Bauvorhaben. Ihr Vorteil liegt in den einfach zu erfüllenden Anforderungen aus Brand- und Schallschutz. Sie sind außerdem unempfindlich gegen Feuchtigkeit und Schädlinge und sehr dauerhaft.

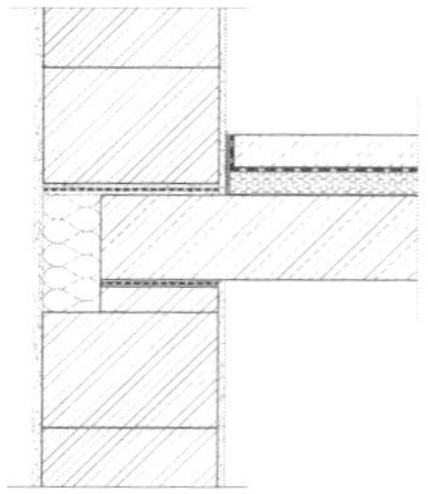

Stahlbetondecke, Ortbeton

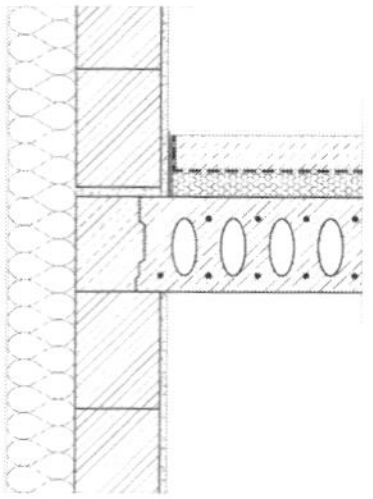

Stahlbetonhohldecke, Spannbetonfertigteile

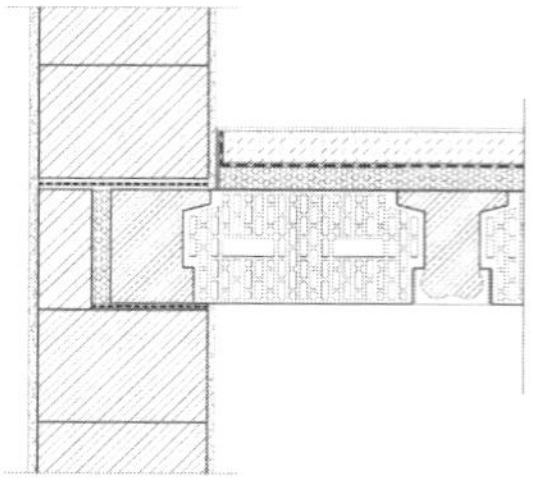

Ziegeleinhangedecke aus Fertigbetonrippen, Einhängeziegeln (Füllkörper) und Verguss

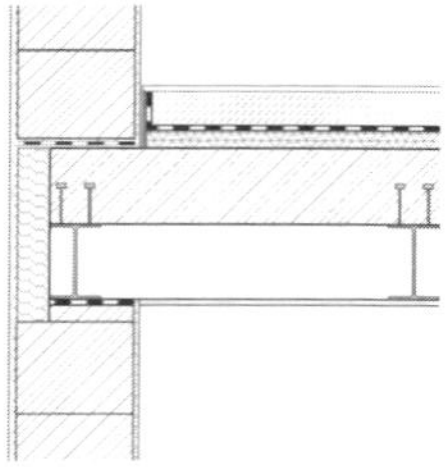

Stahlträgerverbunddecke

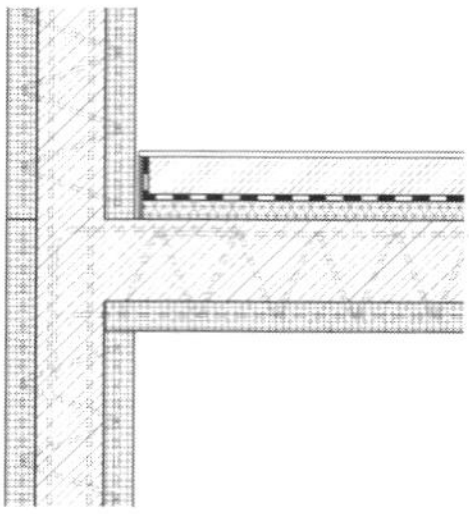

Vorgefertigte Elementdecke mit Ortbetonauflage

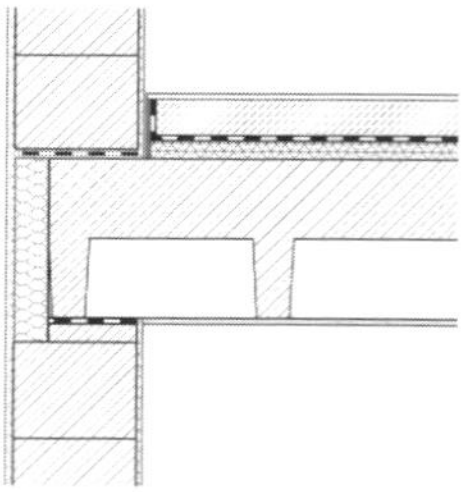

Plattenbalkendecke

Abb. 3.24 Massivdecken

Fertigteildecken mit Gitterträgern werden auch als Elementdecken bezeichnet. Die Elementdecke ist eine Halbfertigteildecke. Ihre Bemessung erfolgt analog den Ortbetondecken.
Die Elemente bestehen aus einer ca. 5 cm dicken Betonplatte, die die statisch notwendige Bewehrung enthält. In die Platte eingelassene Gitterträger erhöhen die Montagesteifheit. Die Deckenuntersicht wird ab Werk in Sichtbetonqualität hergestellt, sodass eine streich- oder tapezierfertige Oberfläche vorliegt.
Vor Ort auf der Baustelle werden die Platten auf die Wände gehoben. Anschließend werden die Plattenstoßbewehrung, Installationsleitungen und die obere Bewehrung verlegt. Zum Schluss wird mit Ortbeton bis zur endgültigen Plattenstärke betoniert.

Massivbalkendecken bestehen aus z.B. vorgefertigten Stahlbetonbalken, in die Zwischenbauteile wie großformatige Hohlziegelelemente eingelegt werden. Diese Decken können in Situationen zum Einsatz kommen, wo eine Plattenverlegung mit Kran nicht möglich ist wie z.B. in der Altbausanierung.

Plattenbalkendecken beruhen auf einer tragenden Kombination aus einem Unterzug mit darüber angeordneter Platte. Unterzug und Platte müssen kraftschlüssig verbunden sein. Sie ergänzen sich zu einem T-Querschnitt. Eine Sonderform dieser Deckenart ist die Stahlbetonrippendecke.
Stahlträgerverbunddecken haben als Balken in der Zugzone den Stahlträger und die Druckzone liegt in der Betonplatte. Diese werkstoffgerechte Konstruktion aus Stahl und Beton ermöglicht große Spannweiten mit relativ geringen Querschnittsabmessungen. Für die Stahlträger werden vorwiegend IPE-Profile eingesetzt.

3.2 Holzdecken

Holzbalkendecken und Massivholzdecken

Massivholzdecken werden in Vollholzdecken und plattenförmig verleimte Decken unterschieden.

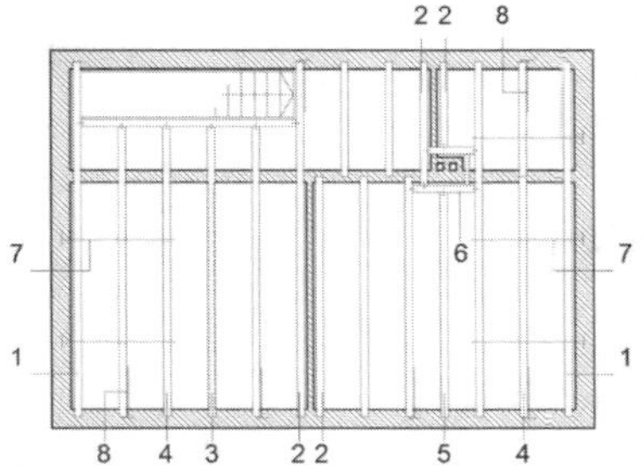

1 Ort- oder Giebelbalken
2 Streichbalken
3 Wandbalken
4 Zwischenbalken
5 Stichbalken
6 Wechsel
7 Giebelanker
8 Balkenanker

Abb. 3.25a Holzbalkendecke auf Massivwand, Bauteile

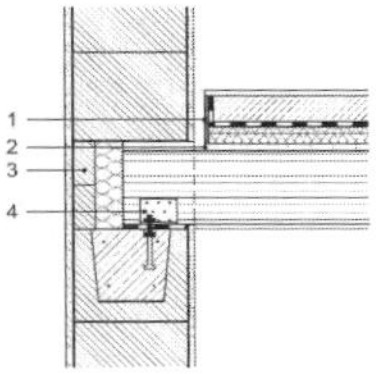

Holzbalken sichtbar

1 Fußbodenaufbau, schwimmend verlegt
2 Schalung
3 Abmauerung
4 Lagesicherung Holzbalken

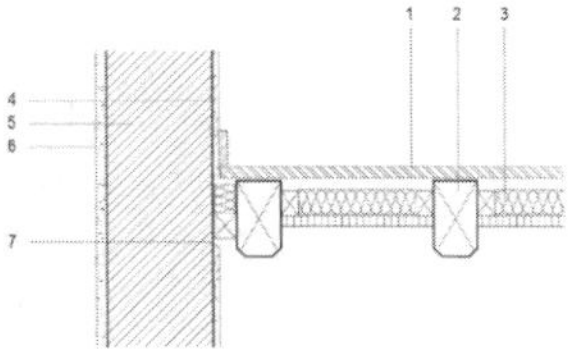

Holzbalken teilsichtbar

1 Dielung auf Filzstreifen
2 Balkenlage teilsichtbar, Raumkanten mit Fase
3 Unterbekleidung Gipswerkstoffplatte, darüber Dämmlage
4 Innenputz
5 Ziegelmauerwerk
6 Außenputz
7 Kellenschnitt
8 Ringbalken
9 Dämmung, Putzträger

Abb. 3.25b Holzbalkendecken

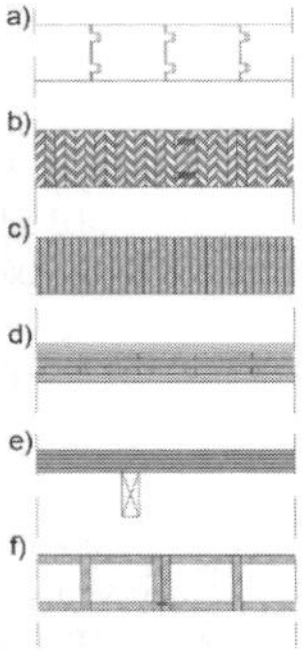

a) Vollholzdecke, Vollholzbalken mit Nut und Feder
b) Vollholzdecke, Brettschichtholzdielen, Lamellen stehend angeordnet
c) Vollholzdecke, Brettstapeldecke
d) Brettsperrholzdecke, plattenförmig verleimte Decke
e) Furnierschichtholzdecke, plattenförmig verleimte Decke
f) Systemdecke aus Holzkastenelementen

Abb. 3.25c Übersicht der Massivholzdecken

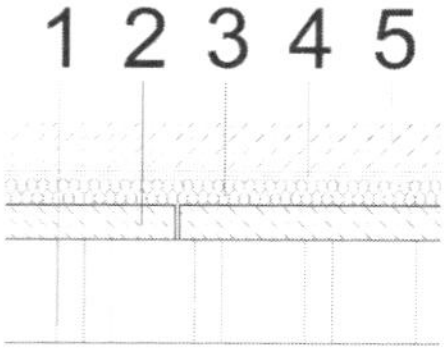

Brettstapeldecke mit Betonplattenauflage

1 Brettstapeldecke, d = 120 mm
2 Betonplatten, geklebt auf Massivholzdecke
3 Trittschalldämmung, Mineralfaser
4 Trennlage
5 Zementestrich, d = 55 mm

Konstruktionshöhe ca. 260 mm
Luftschalldämmwert R´w = 61 db
Trittschalldämmwert L´n,w = 57 db

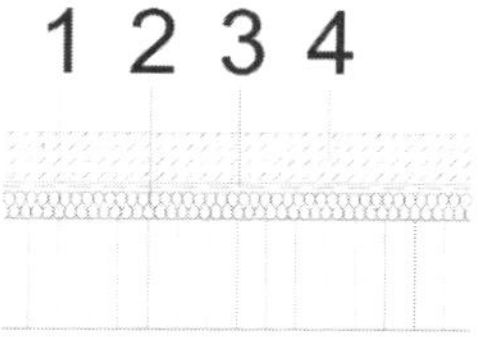

Brettstapeldecke, schwimmender Estrich

1 Brettstapeldecke, d = 120 mm
2 Trittschalldämmung, Mineralfaser
3 Trennlage
4 Zementestrich, d = 55 mm

Konstruktionshöhe ca. 200 mm
Luftschalldämmwert R´w = 53 db
Trittschalldämmwert $L'_{n,w}$ = 57 db

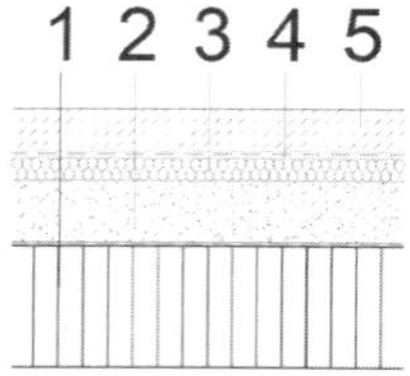

Brettstapeldecke mit Betonplattenauflage

1 Brettstapeldecke, d = 120 mm
2 getrockneter Sand, d = 80 mm
3 Trittschalldämmung, Mineralfaser
4 Trennlage
5 Zementestrich, d = 55 mm

Konstruktionshöhe ca. 300 mm
Luftschalldämmwert R´w = 63 db
Trittschalldämmwert L´n,w = 44 db

Abb. 3.26a Aufbauvarianten Brettstapeldecken

1 Brettschichtholz oder Vollholz, Dielen mit Nut und Feder d = 120 mm
2 Trittschalldämmung, Mineralfaser
3 Spanplatte, d = 25 mm
Konstruktionshöhe ca. 155 mm
Luftschalldämmwert R'_{w} = 49 db
Trittschalldämmwert $L'_{n,w}$ = 67 db

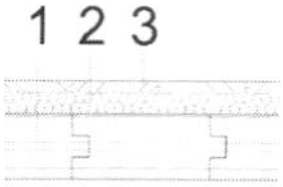

1 Brettschichtholz oder Vollholz, Dielen mit Nut und Feder d = 120 mm
2 Trittschalldämmung, Mineralfaser
3 Trockenestrich, Gipsfaser, d = 22 mm
Konstruktionshöhe ca. 155 mm
Luftschalldämmwert R'_{w} = 49 db
Trittschalldämmwert $L'_{n,w}$ = 65 db

Abb. 3.26b Aufbauvarianten Brettschichtholzdecken

Vollholzdecken bestehen aus massiven Vollholzbalken, Brettlamellen oder aus Brettschichtholzbalken, die zu einem flächigen Bauteil gefügt werden. Die Teile werden einzeln geliefert und auf der Baustelle zu einer Decke gefügt.
Die Brettstapeldecke wird in ihrer vollen Größe vorgefertigt und als Deckenelement auf die Baustelle geliefert.

Holz-Beton-Verbunddecke
Eine Holz-Beton-Verbunddecke ist im Prinzip eine Holzbalkendecke, auf deren Oberseite eine dünne Schicht aus Stahlbeton gegossen wird. Für die Verbindung zwischen Holz und Beton gibt es unterschiedliche Techniken mit speziellen Verbundschrauben oder -ankern. Diese Verbindungselemente werden von oben in die Holzbalken der Decke hineingetrieben. Sie ragen aus diesen heraus und werden zusammen mit der Stahlbewehrung einbetoniert. So entsteht ein kraftschlüssiger Verbund.

3.3 Balkone und Loggien

Je nach Art der Konstruktion teilt man Balkcne in drei Hauptkategorien ein:

a) Anbaubalkone
separate, frontseitig durch Stützen getragene Konstruktionen, die an der Fassade verankert werden. Die Lastabtragung erfolgt über die Stützen und die Außenwand.

b) Vorstellbalkone
sind frei vor der Fassade auf Stützen stehende Balkone mit horizontaler Verankerung in der Außenwand.

c) Kragarm- und Anhängebalkone
über auskragende Bewehrung an der Geschossdecke verankert (ISO-Korb) oder von der Fassade abgehangen, auch in Kombination.

Für die Konstruktion können verschiedene Materialien eingesetzt werden. Stahlbeton, Holz oder Stahl sind die am häufigsten verwendeten Baustoffe. Für den Belag eigenen sich Holzdielen, Betonoberflächen oder Plattenwerkstoffe wie Werkstein oder Naturstein. Zu beachten ist bei den Balkonen die Wasserführung, bei geschlossener Brüstung wird eine Haupt- und Notentwässerung erforderlich. Zur Vermeidung von Überflutungen durch Rückstau soll die Entwässerung in diesem Fall nicht auf die Fallleitung der Dachentwässerung aufgebunden werden.

Balkone wie Terrassen unterliegen der Flachdachrichtline und DIN 18531-5 (Abdichtung von Dächern sowie Balkonen Loggien und Laubengängen), (siehe auch Kapitel 3.C6).

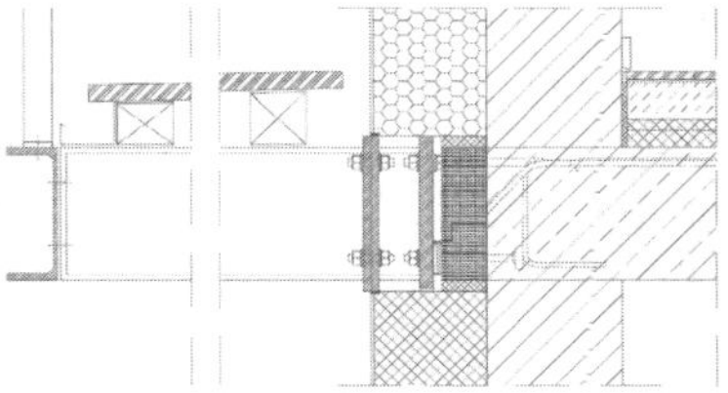

Verankerung über Isokorb (Typ Stahl/Stahlbeton) in der Geschossdecke, Lagerhölzer, Holzdielenbelag.

Entwässerung in eine Rinne an der Balkon-stirnseite.

Stahlbalkon, auskragend

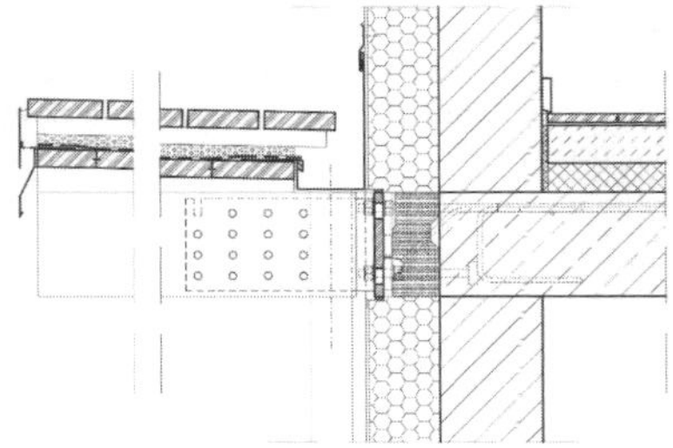

Verankerung über Isokorb (Typ Holz- Stahl-beton) in der Geschossdecke, Balkonbelag: Holzdielen mit offenen Fugen, darunter Abdichtung auf Holzschalung.

Die Entwässerung übernimmt eine vor der Fassade angeordnete Rinne.

Holzbalkon, auskragend

Abb. 3.27 Konstruktionsbeispiele Balkon, auskragend Stahl- und Holzträgen

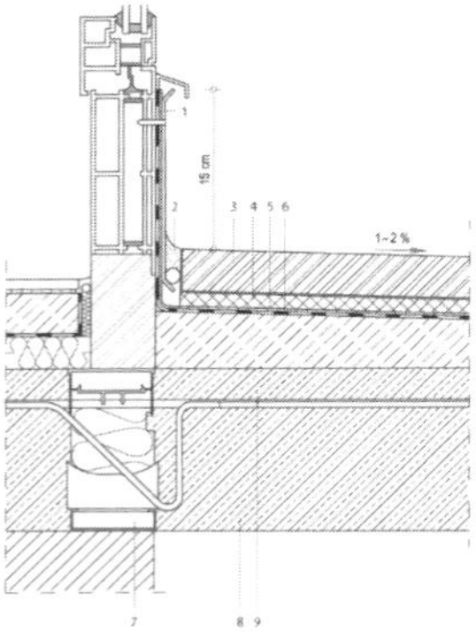

Verankerung über Isokorb (Typ Stahlbeton - Stahlbeton) in der Geschossdecke, Balkonbelag: Estrich mit Beschichtung auf Drainmatte im Gefälle, darunter Abdichtung auf Gefälleestrich.

Randaufkantung, hohe Schwelle zum Innenraum

Balkon als Ortbetonbauteil

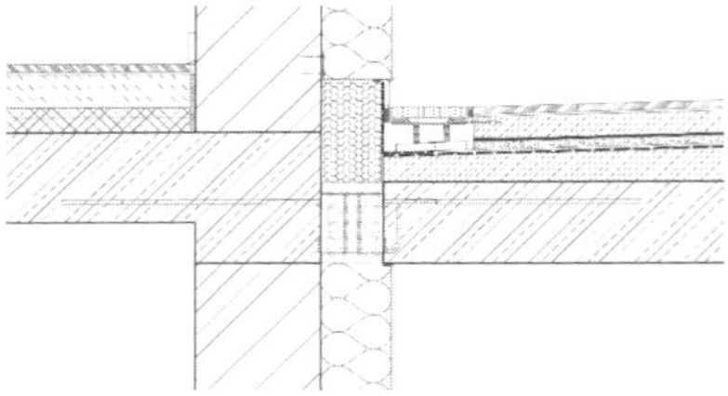

Verankerung über Isokorb (Typ Stahlbeton - Stahlbeton) in der Geschossdecke, Balkonbelag: Plattenbelag auf Estrich auf Drainmatte im Gefälle, darunter Abdichtung auf Gefälleestrich.

Die Entwässerung übernimmt eine vor der Fassade angeordnete Rinne mit Gitterrostabdeckung.

Balkon als Stahlbetonfertigteil

Abb. 3.28 Konstruktionsbeispiele Balkon, auskragend Stahlbeton

3.4 Estriche und Bodenbeläge

Estriche kommen im Bauwesen fast überall zum Einsatz: im Wohnungs- und Objektbereich, in Industrie und Gewerbe, in Tiefgaragen sowie auf Balkonen und Dachterrassen.

Nach DIN 18560 (Estriche im Bauwesen) ist der Estrich ein auf einem tragenden Untergrund oder auf einer zwischenliegenden Trenn- oder Dämmschicht hergestelltes Bauteil, das unmittelbar als Boden nutzfähig ist oder mit einem Belag versehen werden kann. Für die Estriche ergeben sich je nach Einsatzzweck verschiedenste Anforderungen. Der Estrich hat viele Funktionen, er soll:

- Verkehrslasten aufnehmen und verteilen,
- den Untergrund ausgleichen,
- einen Bodenbelag tragen,
- Installationen aufnehmen,
- die Trittschallübertragung vermindern.

Einteilung der Estriche nach Konstruktionsart und Funktion
- Aufbau und Ausführung des Estrichs richten sich nach der Nutzung,
- Anwendung im Innen- oder Außenbereich,
- Belastung, für die der Estrich ausgelegt werden muss.

Der schwimmende Estrich ist die im Wohn- und Objektbereich am häufigsten anzutreffende Einbauart. Der Estrich kann als sogenannter Heizestrich (im Estrichaufbau verlegte Heizschlangen) auch der Raumtemperierung dienen.

Unterscheidung der Estriche nach Einbautechnologie:
- Fließestriche
- Fertigteilestrich / Trockenestrich, aus vorgefertigten, kraftübertragenden Bauplatten nach DIN 18560 Teil 1
- Baustellenestrich, der auf der Baustelle angemischt wird.

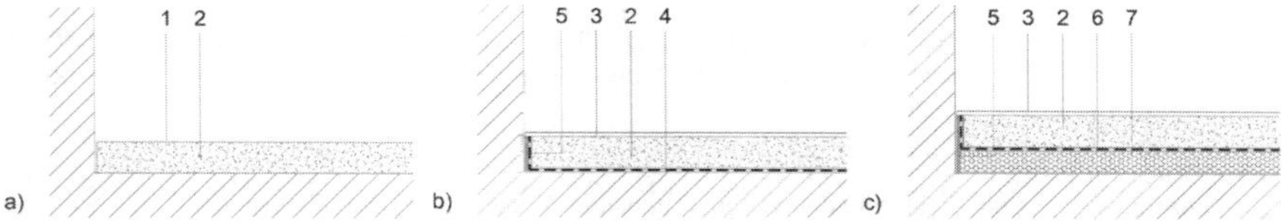

a) Verbundestrich nach DIN 18560-3

b) Estrich auf Trennschicht nach DIN 18560-4

c) Estrich auf Dämmschicht / schwimmender Estrich nach DIN 18560-2

1 Nutzschicht, Beschichtung
2 Estrichschicht
3 Fußbodenbelag
4 Trennschicht
5 Randdämmstreifen
6 Abdeckung der Dämmung
7 Dämmschicht (Trittschall- und/oder Wärmedämmung, ein- oder zweilagig)

Abb. 3.29 Einteilung Estrich nach Konstruktionsart

Unterscheidung der Estriche nach eingesetztem Bindemittel:
Hauptbestandteil eines Estrichs ist das Bindemittel. Hinzu kommen Zuschläge, Wasser sowie Zusatzstoffe und -mittel. (Siehe Kapitel 6D3) Basierend auf dem Bindemittel unterscheiden sich die Estriche in:
- Zementestrich (CT)
- Calciumsulfatestrich / Anhydritestrich (CE oder CA)
- Gussasphaltestrich (AS)
- Magnesiaestrich (MA)
- Kunstharzestrich (SR).

Als Nutzschicht kann auf dem Estrich ein Bodenbelag verlegt werden. Die Estrichoberfläche selbst kann auch Nutzschicht sein. Dafür wird der Estrich abgeschliffen, poliert und versiegelt. Durch den Schliff lässt sich die geforderte Rutschhemmung der Oberfläche erreichen.

Bodenbeläge
Die Klassifizierung der Belagsarten ist in der DIN EN ISO 10874 (Elastische, textile und Laminat-Bodenbeläge) geregelt.

Elastische Bodenbeläge
Materialien
- Linoleum
- PVC-Beläge (Polyvinylchlorid-Beläge)
- CV-Beläge (CV = Cushioned Vinyl)
- Gummi- oder Kautschukbeläge (Elastomer-Beläge)
- Bodenbeläge aus Polyolefin (PO)
- Kork-Bodenbeläge
- Laminate (Sondergruppe innerhalb der elastischen Bodenbeläge)

Elastische Bodenbeläge werden oft als Bahnenware (außer Laminat) verlegt. Sie sind aber auch als Fliesen- bzw. Plattenware erhältlich und werden dann ähnlich wie Laminat mit Nut und Feder ausgerüstet, um mit Klicksystemen verlegt zu werden.

Textile Bodenbeläge
Textile Bodenbeläge sind durch eine Nutzschicht aus textilen Faserstoffen definiert (DIN ISO 2424).

Teppichboden wird in Bahnen als Auslegeware flächig verlegt oder in Form von Teppichfliesen aus einzelnen Teilen zusammengesetzt.

Teilbereiche von Räumen werden mit Teppichen und Läufern bedeckt.

Steinbeläge und keramische Bodenbeläge
Keramische Bodenbeläge bestehen aus gebrannten anorganischen Rohstoffen (Tone, Kaolin). Sie werden in Fliesen und Platten gehandelt.

a) Steingutfliese
Steingutfliesen werden aufgrund des hohen Wasseraufnahmevermögens im Innenbereich eingesetzt. Sie sind nicht für hohe Belastungen geeignet und kommen fast immer in glasierter Form vor (Ausnahme Terrakottafliese).

b) Steinzeugfliese
Steinzeugfliesen sind dichter und nehmen nur wenig Wasser auf. Die Fliesen können glasiert und unglasiert verwendet werden und eigenen sich gleichermaßen für die Innen- und Außenanwendung. Feinsteinzeug wird noch dichter gesintert und ist damit noch strapazierfähiger.

c) Bodenklinker
Bodenklinker sind als grobkeramische Produkte sehr strapazierfähig und weisen eine hohe Witterungsbeständigkeit auf.
Bodenklinkerplatten verfügen im Vergleich zu Steinzeugfliesen über eine höhere Dicke und werden häufig in mechanisch hochbelasteten Bereichen eingesetzt. Die Platten sind in der Lage hohe Punktlasten aufzunehmen, die Dicke der Platten beträgt in der Regel zwischen 15 und 30 Millimeter.
Bei der Herstellung der Rohlinge durch Pressen können mittels entsprechender Matrizen rutschhemmende Muster oder Randaufkantungen aufgebracht werden. Anforderungen an Bodenklinkerplatten sind in DIN 18158 geregelt.

Natursteinbeläge
Naturstein als Bodenbelag wird als Plattenware verlegt. Naturstein benötigt weder Imprägnierungen noch Beschichtungen oder Schutzanstriche und ist ein langlebiger ökologischer Rohstoff. Er ist innen wie außen einsetzbar.

Holzbeläge
Holzböden werden in Parkett, Dielen und Holzpflaster unterschieden.

Parkett und Dielenböden aus Massivholz sind robust und pflegeleicht. Holz als Naturbaustoff besitzt eine angenehme Haptik und wirkt ausgleichend auf das Raumklima. Um diese Eigenschaften zu erhalten, sollten die Böden nicht versiegelt werden. Besser sind geölte oder gewachste Oberflächen. Bei Bedarf kann ein verschlissener Massivholzboden mehrfach abgeschliffen werden.

Beachtet werden müssen die hygroskopischen Eigenschaften von Holz. Formveränderungen aus Quellen und Schwinden der einzelnen Elemente sind möglich: In Abhängigkeit vom Feuchtegehalt der Umgebung nehmen sie Feuchtigkeit auf oder geben sie ab; sie passen sich der relativen Luftfeuchte des Raumes an. Die daraus resultieren Fugen sollten in die Planung einbezogen werden.

Holzpflaster ist besonders robust und strapazierfähig und eignet sich daher für gewerbliche und industrielle Bereiche.

Rutschhemmung von Bodenbelägen
Für Bodenbeläge werden sich je nach Verwendungszweck des Raumes unterschiedliche Anforderungen an die Rutschsicherheit gestellt. Vorgaben für Fußböden in Arbeitsräumen und Arbeitsbereichen mit Rutschgefahr enthält die:

GUV-R 181 der Deutschen Gesetzlichen Unfallversicherung (DGUV).

Die Prüfverfahren sind in DIN 51130 geregelt.

Entsprechend geprüfte rutschhemmende Bodenbeläge werden dabei in die Bewertungsgruppen R9 (geringste Anforderung) bis R13 (höchste Anforderung) eingeteilt. Im Anhang 1 der GUV-R 181 sind verschiedenen Arbeitsräume und Verkehrsbereiche innerhalb und außerhalb des Gebäudes den jeweiligen Bewertungsgruppen der Rutschgefahr zugeordnet. Diese Zuordnung wird in den Technischen Regeln für Arbeitsstätten (ASR) übernommen.

Hohlraumboden
Die Hohlraumböden sind durch einen Installationshohlraum zwischen Rohdecke und Estrich / Bodenbelag gekennzeichnete Systemböden. Auf der Rohdecke aufstellte Stützelemente bilden den Installationshohlraum und werden mit Bauplatten des Systemaufbaus abgedeckt. Darauf kann dann ein Fließ- oder Trockenestrich und der Bodenbelag aufgebracht werden. Mit Revisionsöffnungen bleibt der Hohlraum für Installationen erreichbar.

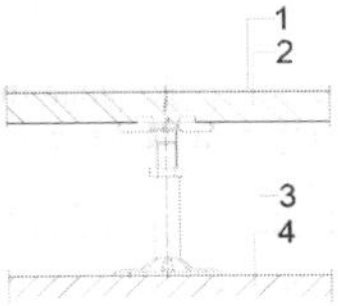

1 Nutzschicht, Bodenbelag
2 Systemboden, mineralische Platten
3 Hohlraum, Installationsebne
4. Rohdecke

Abb. 3.31 System Hohlraumboden

Damit sind die Hohlraumböden für alle Arten von flexiblen Arbeitsplatzinstallationen (Netzwerkanschlüsse zu kommunikations- und elektrotechnischen Geräten, Stromversorgung u.a.) besonders geeignet. Auf geänderte Anforderungen bei den Installationen oder Möblierungsänderungen infolge Umnutzung kann jederzeit reagiert werden. Daher werden die Hohlraumböden besonders im Büro- und Verwaltungsbau eingesetzt. Die Spezifikation der Hohlböden ist in DIN EN 13213 (Hohlböden) geregelt.

4 Dächer

Das Dach ist der oberste Abschluss eines jeden Gebäudes. Aufgrund seiner exponierten Lage ist das Dach und besonders die Dachhaut dem Wetter unmittelbar ausgesetzt. Das Dach muss das Gebäude vor allem vor Wassereintritt aus Regen, Schnee und Eis schützen, es muss den Wärmeschutz erfüllen sowie den Anforderungen aus Brandschutz und Schallschutz gerecht werden. Am Übergang vom beheizten Gebäudevolumen zum Außenklima kommt dem Feuchteschutz der Konstruktion besondere Bedeutung zu. Die oberste unmittelbar dem Wetter ausgesetzte Schicht, die Dachhaut, ist Wind, Sonneneinstrahlung und Niederschlag direkt ausgesetzt und muss die Schutzfunktion über den Lebenszyklus stets erfüllen.

Das Dach ist eine der schadenanfälligsten Konstruktionen am Gebäude. Dauerhaft dichte und langlebige Konstruktionen müssen sorgfältig geplant werden. Vor allem Niederschlagswasser muss schnell und sicher abgeführt werden. Es sei denn, das Wasser wird geplant im Dachaufbau gespeichert und verzögert abgegeben (Gründach). Regelmäßige Inspektionen und Wartungsarbeiten am Dach sind dafür vorgeschrieben und unerlässlich.

Wichtige Normen, Richtlinien und Regeln für das Bauteil Dach:
- Flachdachrichtlinien, Fachregeln des ZVDH
- Dachbegrünungsrichtlinien, Forschungsgesellschaft Landschaftsentwicklung Landschaftsbau (FLL)
- DIN 68800 Holzschutz
- DIN 13829 Bestimmung der Luftdurchlässigkeit von Gebäuden
- DIN 4108 Wärmeschutz im Hochbau
- DIN 18531 Abdichtung von Dächern
- DIN 4109 Schallschutz im Hochbau
- VOB Vergabe- und Vertragsordnung für Bauleistungen - Teil C
- DIN 4102 Brandverhalten von Baustoffen und Bauteilen

4.1 Statische Systeme

Aufgrund der Neigung des Dachaufbaus werden die Dächer grob in die beiden Hauptgruppen Flachdach und geneigtes Dach unterteilt.

Flachdächer sind Dachflächen mit einer Neigung unter 5°. Sie haben anstelle einer Dachdeckung eine Dachabdichtung.
Geneigte Dächer, auch als Steildächer bezeichnet, sind mit einer Dachdeckung bekleidet.

Bei der Wahl des passenden Baustoffs stehen Holz, aus zusammengesetzten Holzteilen gefertigtes Leimholz, Beton und Stahl zur Verfügung. In jüngster Zeit kommen auch textile Gewebe in Verbindung mit Stahlseilen zum Einsatz. Stahl und Beton weisen größere Festigkeiten und ein steiferes Verformungsverhalten als einfache Holzbauteile auf. Die Konstruktion kann in auf das Objekt abgestimmten Varianten erfolgen

Durch optimale Ausformung der Querschnitte der einzelnen Bauteile, entsprechend den Belastungsanforderungen und in Abstimmung mit dem gewählten Trägersystem, können mit Hilfe von Dachtragwerken große Dachspannweiten erreicht werden. Zur Ausführung gelangen dabei Fachwerksysteme, unterspannte Träger, Rahmenkonstruktionen, Bogentragwerke sowie flächige und abgespannte Systeme.

4.2 Geneigte Dächer

Geneigte Dächer sind Dächer mit einer Dachneigung von ca. 7° bis 60°. Sie werden im Allgemeinen mit Dachziegeln, kleinformatigen Platten oder Schindeln gedeckt. Bei Dachbegrünung tritt anstelle der Deckung eine Dachabdichtung.
Deckungsmaterialien sind Dachziegel, Betondachsteine, Dachschindeln aus Schiefer, Bitumenschindeln, Metallschindeln, Metallbahnen oder Holzschindeln (in der Denkmalpflege).

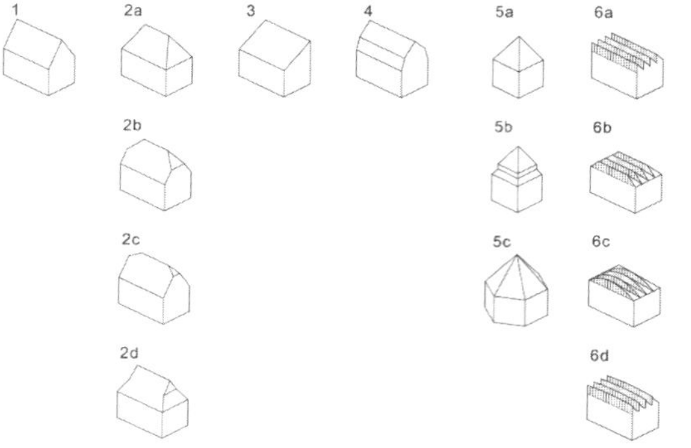

1 Satteldach
2 Walmdach
   a Vollwalm
   b Halbwalm
   c Krüppelwalm
   d Fußwalm
3 Pultdach
4 Mansarddach
5 Zeltdach
   a quadratischer Grundriss
   b gestuft
   c sechseckiger Grundriss
6 Sheddach
   a Pultdachshed
   b Walmdachshed
   c Konoidschalenshed
   d HP-Schalenshed

Abb. 3.32a Steildacharten – Überblick

Die Dachtragwerke der geneigten Dächer werden nach den statischen Grundsystemen unterteilt in:
- Pfettendach
- Sparrendach
- Massivdach
- Membrankonstruktion
- Seiltragwerk
- Luftgestützte Überdachungen

Diese Konstruktionsprinzipien existieren auch in vielfältigen Kombinationen und Abwandlungen.

Bei geneigten Dächern mit genutzten und beheizten Dachräumen muss die Dampfsperre besonders sorgfältig verlegt und auf Dichtigkeit geprüft werden. Bei Leckagen in der Dampfbremse kommt es sonst zu ausströmender warmer und feuchter Luft in die Dämmschicht, der Wasserdampf würde beim Abkühlen der Luft mit Erreichen des Taupunkts kondensieren und die Dämmung durchfeuchten. Auch die konstruktiven Holzbauteile werden durchfeuchtet und Fäulnisprozesse setzen ein.

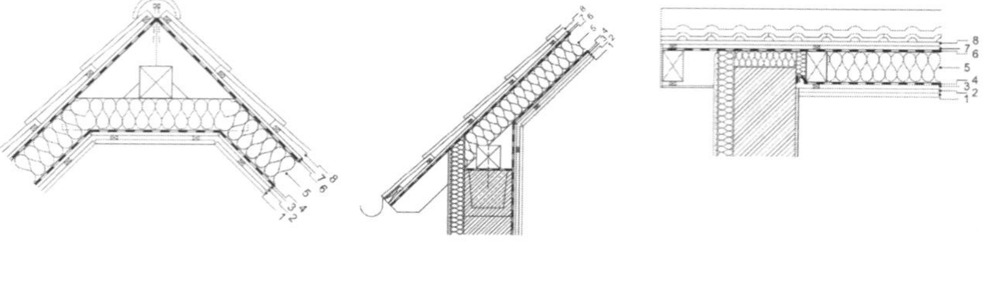

First am Steildach (Pfettendach), Dachabschluss Firstziegel

Traufe am Steildach, Fußpfette im Ringbalken verankert

Ortgang, Dach kragt über die Giebelwand aus.

1 Innenwand, Bekleidung Holzwerkstoffplatte
2 Installationsebene
3 Konterlattung
4 Dampfsperre
5 Sparren mit dazwischenliegender Wärmedämmung, unbelüftet
6 Unterspannbahn, diffusionsoffen
7 Lattung und Konterlattung
8 Dacheindeckung Ziegel

Abb. 3.32b Geneigtes Dach, Ziegeldeckung

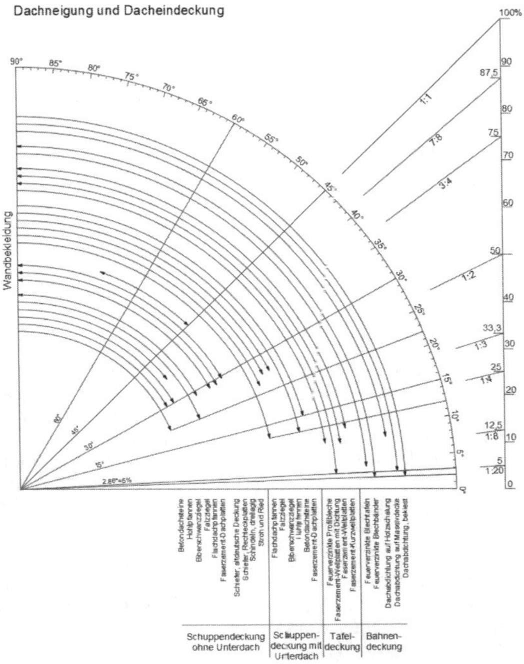

Für die Deckung am Ortgang werden spezielle Ortgang-ziegel angeboten. Sie überdecken das Ortgangbrett und sorgen für eine sichere Wasserableitung.

Als Variante kann auch eine dem Ortgang folgende Verblechung verlegt werden.

Abb. 3.33a Dacheindeckung / Dachneigung

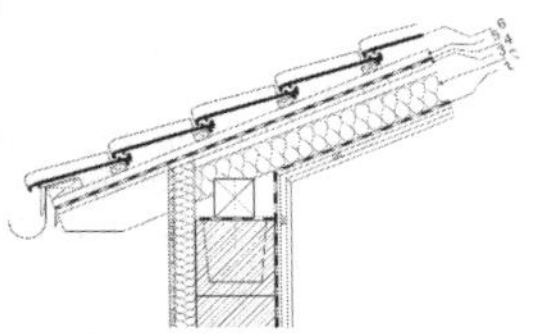

Traufe

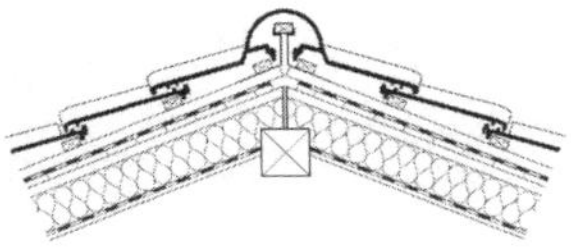

First

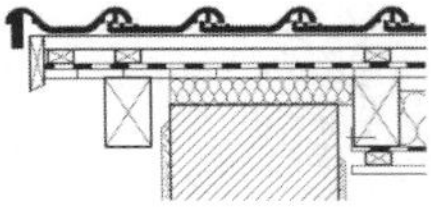

Ortgang

1 Dampfbremse
2 Dämmung
3 Unterdach
4 Unterspannbahn
5 Konterlattung
6 Lattung und Deckung

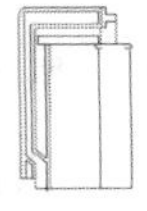

Ziegel Flachdachpfanne

Abb. 3.33b Geneigtes Dach, Ziegeldeckung Flachdachpfanne

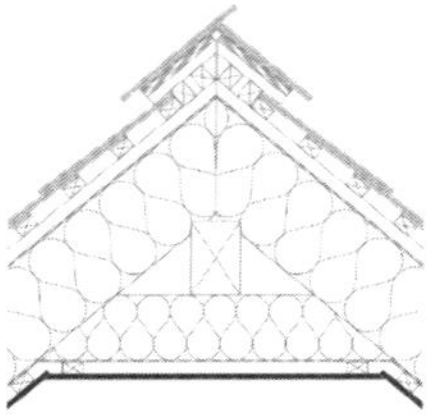

First, Schindeldeckung auf Lattung, Firstgebinde und Entlüftung

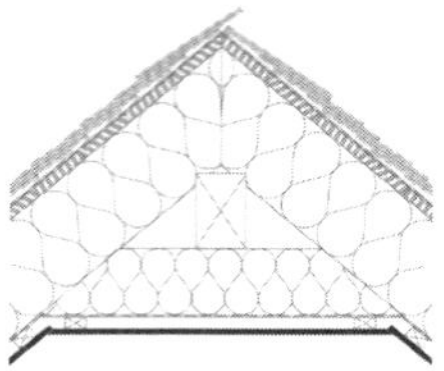

Schindeln auf Unterdeckung verlegt, First mit Gebinde

Abb. 3.34a Geneigtes Dach, Schindeldeckung

4.3 Solardach

Solarziegel

Mit den Dachflächen lässt sich bei günstiger Lage nachhaltig und kosteneffizient eigener Strom aus Sonnenenergie produzieren. Dachflächen mit freier Sicht in südliche Richtung sind prinzipiell geeignet. Beim Schrägdach gibt es die Möglichkeit, Solarziegel einzusetzen. Die Solarziegel, auch Sonnenschindeln oder Photovoltaikschindeln genannt, sind kleinteilige Sonnenkollektoren, die wie herkömmliche Dachdeckmaterialien (Dachziegel, Schiefer) aussehen und gleichzeitig Strom produzieren. Solarziegel sind eine Art Solarenergielösung, die als gebäudeintegrierte Photovoltaik bezeichnet wird. Die Solarzellen der einzelnen Ziegel müssen verdrahtet und auf die Elektroinstallation aufgeschaltet werden.

Solarmodule

Solarmodule sind nicht so kleinteilig wie Dachziegel, sie bedecken größere Flächen des Dachs und können am geneigten Dach anstelle der Dachziegel in die Dachkonstruktion integriert werden. Die Module liegen in der gleichen Ebene mit den Dachziegeln und sind so harmonisch in das Gesamtbild des Dachs zu integrieren. Der Aufwand zur Verdrahtung ist hier geringer als bei der kleinteiligen Lösung über Photovoltaikziegel.
Die Module werden wie die Ziegel in die Dachlattung eingehangen.

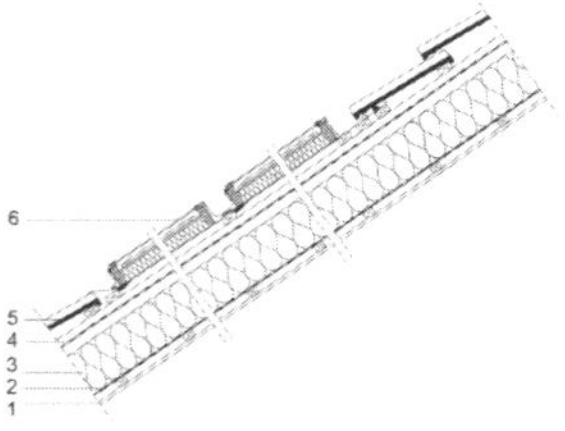

1. Innenbekleidung Dach, GK auf Unterkonstruktion (Installationsebene)
2. Dampfsperre
3. Sparrenlage mit Wärmedämmung
4. Lattung, Konterlattung, belüftet
5. Dachziegel
6. Solarpanel

Damit ist auch eine einfache Möglichkeit gegeben, bestehende Dächer mit Photovoltaikpaneelen nachzurüsten. Die Ziegel werden im Bereich der Paneele aufgenommen und der Einbaurahmen mit Modul in die Dachdeckung integriert.

Abb. 3.34b Geneigtes Dach, integrierter Solarkollektor in Ziegelebene

4.4 Flachdächer

Sie sollen mit einem Mindestgefälle von 2 % (gem. Flachdachrichtline) gebaut werden. Andernfalls liegt eine Sonderkonstruktion vor.

Flachdächer können als begrünte Variante einen Teil der durch die Baumaßnahme verursachten Versiegelung der Erdoberfläche ausgleichen.

Auch werden Flachdächer heutzutage immer vielfältiger genutzt: Als Parkplatz, als Dachterrasse, als Sport- oder Spielplatz oder sogar als Park. Als begrünte Anlage dienen sie oftmals als Ausgleich für die versiegelte und verbaute Fläche. Durch die sehr verschiedenen Nutzungsarten ergeben sich entsprechend unterschiedliche Anforderungen und Regeln. Deshalb gibt es auch nicht die eine Norm, die bei der Nutzung von Dachflächen zu berücksichtigen ist, sondern verschiedene Richtlinien und Regelwerke. Für eine fachgerechte Ausführung der Abdichtung von Flachdächern sollten stets die Flachdachrichtlinie des ZVDH und die DIN 18531 Beachtung finden. Flachdächer lassen sich vielseitig nutzen, sei es als erweiterte

Wohnfläche oder Dachterrasse, als Standort für Gebäudetechnik (z.B. Klimageräte), zur Energieerzeugung, als Parkdeck oder sogar als Sportanlage. Trotz der sehr unterschiedlichen und vielfältigen Funktionen, die Flachdächer bieten können, werden sie in lediglich drei Nutzungsarten unterschieden:

- ungenutzte Dachfläche
- genutzte Dachfläche
- begrünte Dächer.

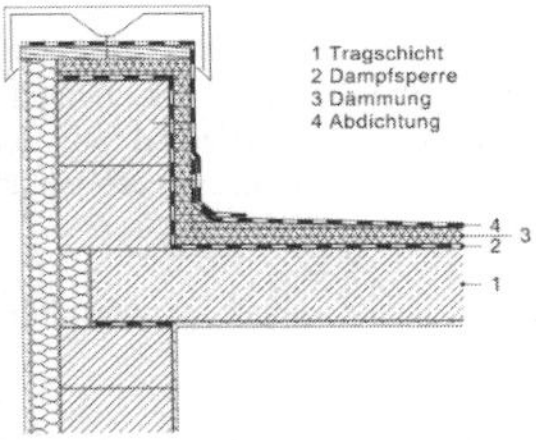

Flachdach, Stahlbeton, Attika

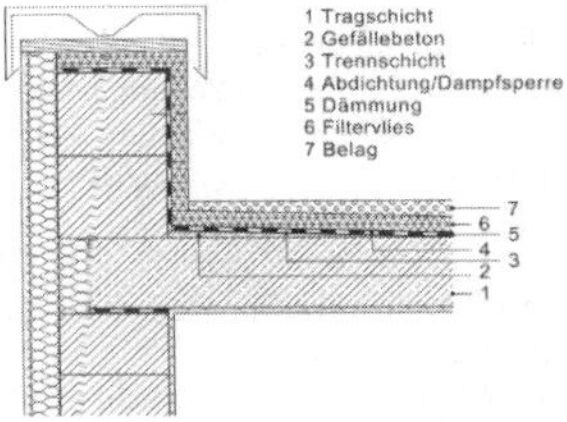

Flachdach, Attika, Umkehrdach

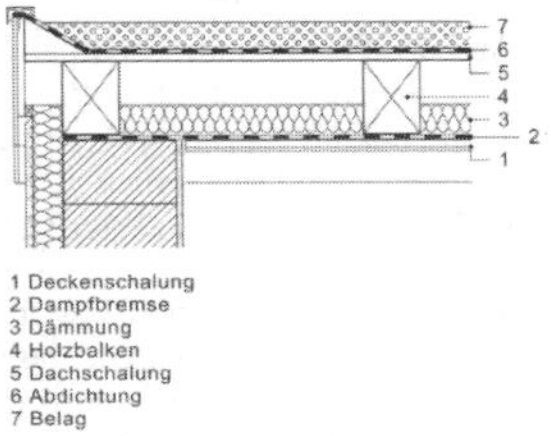

Flachdach, Holzbalken, belüftet

Abb. 3.35a Flachdachkonstruktionen

An die Entwässerung der Flachdächer werden nach der Flachdachrichtlinie besondere Anforderungen gestellt. Die Dachentwässerung hat die Aufgabe, anfallendes Niederschlagswasser schnell und sicher vom Dach abzuführen. Damit soll die Dachabdichtung und Dachkonstruktion vor Schäden durch stauendes Wasser geschützt werden. Die Dachentwässerung kann beim Flachdach in den Varianten der innen oder außen liegenden Entwässerung erfolgen.

Generell gibt es zwei Möglichkeiten der Entwässerung von Flachdächern:

a) Freispiegelentwässerung
b) Druckströmungsentwässerung

Die Dachgullys der innen liegenden Entwässerung werden an den Tiefpunkten der Dachkonstruktion eingebaut. Je Dachfläche sind mindestens ein regulärer und ein Notablauf erforderlich. Notüberläufe werden nach DIN EN 12056-3 (Schwerkraftentwässerungsanlagen innerhalb von Gebäuden - Teil 3: Dachentwässerung, Planung und Bemessung) und DIN 1986 (Entwässerungsanlagen für Gebäude und Grundstücke) ausgelegt. Die Notentwässerung setzt ab einem bestimmten Aufstaupegel selbstständig ein, soll aber bis zu diesem Wasserstand keine Entwässerung übernehmen.

In den meisten Fällen wird der Notablauf bei den Steildächern durch einfaches Überlaufenlassen der Dachrinnen realisiert. Zu beachten ist dabei, dass das überlaufende Wasser nicht in Fassaden- oder Dachkonstruktionen eindringen kann.

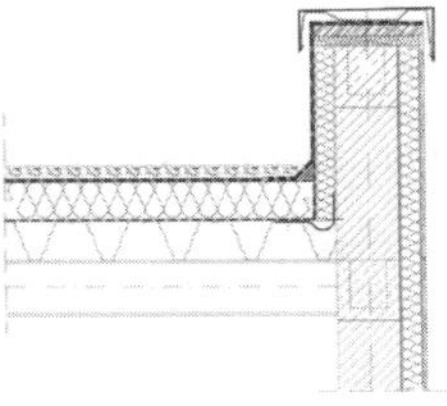

Flachdach, Randanschluss Attika

Dachkonstruktion:
Stahlträger auf Massivwand, Trapezblechdeckung mit aufliegender Wärmedämmung, Abdichtung 2-lagig, Oberfläche bekiest

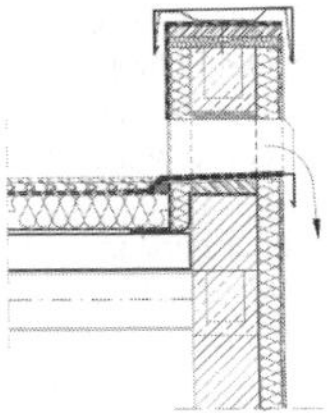

Flachdach, Randanschluss Attika
Notentwässerung durch Öffnung in der Attika

Abb. 3.35b Flachdach Trapezblechdeckung mit Attika

Der Notablauf beim Flachdach ist einfach und sicher über Aussparungen in der Attika herstellbar. Es können Wasserspeier oder Überlaufbleche eingesetzt werden. Diese Öffnungen müssen in der Dachabdichtung eingearbeitet werden. Kombinierte Attikagullys mit der Funktion Haupt- und Notablauf sind ebenfalls erhältlich. Für innenliegende Entwässerungen werden spezielle Dachgullys mit variabler Anstauhöhe angeboten. Der notwendige Querschnitt der Öffnungen berechnet sich aus der zu entwässernden Dachfläche und der Bemessungsregenspende des Gebäudestandortes. Die

Bemessungsregenspende dient als Grundlage für die Bemessung von Regenentwässerungsanlagen und Notentwässerungen sowie zur Erstellung von Überlastungs- und Überflutungsnachweisen.
Die typischen Schadensfälle bei Flachdächern sind Undichtigkeiten in der Abdichtung und damit in die Konstruktion eindringendes Regenwasser. Oftmals sind die Leckagen eine Folge nach mangelnder Wartung. Besonders die Flachdächer benötigen regelmäßige (mindestens jährliche) Begehungen.

4.5 Gründächer

Ein Gründach ist ein Dach, auf welches planmäßig ein Pflanzsubstrat aufgebracht und welches mit einer Begrünung bepflanzt ist. Für die Bepflanzung kommen Sedum, Moose, Gräser, Stauden bis zu Büschen und Bäumen zum Einsatz. Die Pflanzung muss in der Planung schon berücksichtigt werden, damit der entsprechende Dachaufbau gewählt werden kann. Zu berücksichtigen sind die erhöhten Anforderungen an Statik, Konstruktion und Abdichtung.

Den erhöhten Investitionskosten aus Mehraufwand für Konstruktion und Pflanzung stehen mannigfaltige Vorteile für die Umwelt und das Gebäude gegenüber:
Aufnahme, Speicherung und verzögerte Abgabe von Niederschlagswasser:
Im Dachaufbau können Niederschläge bis zur Sättigung des Pflanzsubstrats eingespeichert werden. Bei Starkregenereignissen wirken die Gründächer als Pufferspeicher, die Kanalisation wird durch die verzögerte Wasserabgabe entlastet, Pegelspitzen werden abgemindert.

Der Gründachaufbau wirkt ausgleichend auf die Dachkonstruktion. Er schützt die Dachabdichtung vor starken Temperaturschwankungen, Frost-Tauwechselschäden, Hagelschäden oder UV-Strahlung.

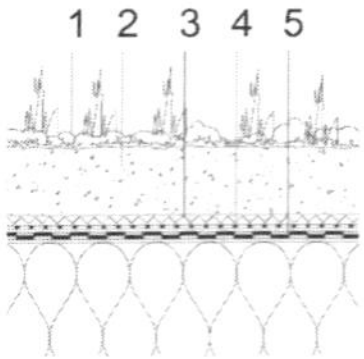

1 Bepflanzung
2 Substrat, extensiv, d = 8-10 cm
3 Filtervlies
4 Dränageebene, d = 6-10 cm
5 Schutzlage
6 Durchwurzlungsschutz
7 Dachabdichtung

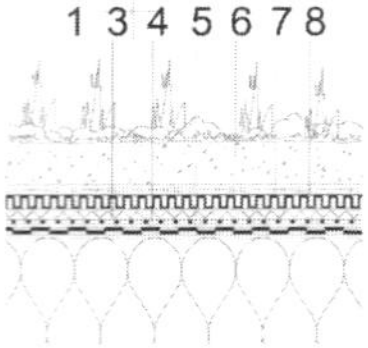

1 Vegetation
3 Schutzlage zum Schutz vor mechanischen Beschädigungen
4 Wurzelschutzschicht
5 Dachabdichtung
6 Extensivsubstrat, d = 5-10 cm
7 Filtervlies
8 Dränagematte d = 2-6 cm

Gründachaufbau, extensive Begrünung
a) einschichtige Bauweise

b) mehrschichtige Bauweise

Abb. 3.36a Flachdach, Gründachaufbauten

Begrünte Dächer wirken positiv auf das Microklima der Umgebung. Besonders Flachdächer können zur Energiegewinnung als Aufenthalts- oder Anbaufläche dienen. Diese Nutzungen müssen bei der statischen Bemessung frühzeitig eingeplant werden.

Positive Wirkung auf das Microklima im Umfeld:
- Pflanzen speichern einen großen Teil des Regenwassers und lassen es anschließend verdunsten.
- Regulierung der Luftfeuchte, durch die kontinuierliche Verdunstung der Pflanzen.
- Gleichzeitig filtern sie Staub und Schadstoffe und verbessern die Luftqualität.
- Natürliche Klimaregulation: Gründächer funktionieren im Winter als Wärmedämmung und schützen die Räumlichkeiten im Sommer vor hohen Temperaturen. Das Ergebnis sind wohltemperierte Zimmer und reduzierte Energiekosten.
- Lebensraum Gründach: Dachbepflanzungen schaffen neuen Lebensraum für Tierarten.
- Erhöhter Schallschutz des Daches: Gründächer vermindern Schallreflexionen um bis zu 3 dB. Die Schalldämmung innen wird bis zu 8 dB verbessert.

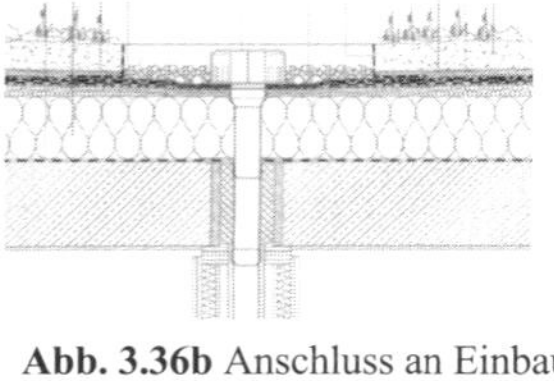

1 Dampfsperre
2 Flachdachdämmung im Gefälle, d mind. 200 mm, WLG 0353
3 Flachdachabdichtung, zweilagig mit Durchwurzelungsschutzschicht
4 Schutzlage
5 Dränagematte
6 Filtervlies
7 Extensivsubstrat mit Vegetation
8 Filterkiesstreifen
9 Kiesleiste
10 Flachdachablauf

Abb. 3.36b Anschluss an Einbauteile

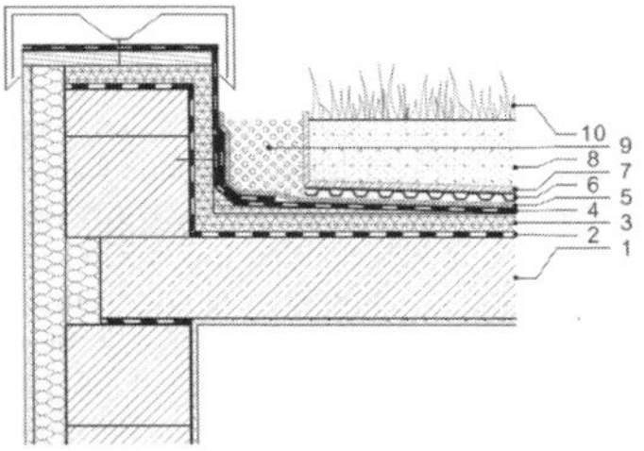

1 Dachdecke, Stahlbeton
2 Dampfsperre
3 Dämmung
4 Abdichtung
5 mechanische Schutzlage
6 Dränschicht
7 Filtervlies
8 Vegetationstragschicht
9 Kiesrandstreifen
10 Bepflanzung

Abb. 3.37a Attikaanschluss

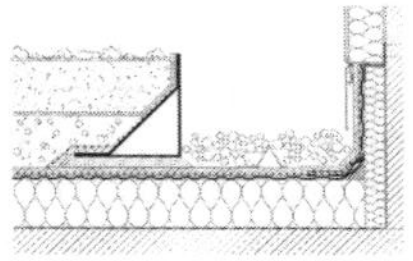

Abb. 3.37b
Bauteilanschlüsse mit Kiesstreifen

Es gibt zwei Formen von Dachbegrünungen: intensiv und extensiv. Ausschlaggebend für die Unterscheidung ist die Art der Bepflanzung. Auf extensiv begrünten Flachdächern kommen vor allem Gräser, Kräuter, Moose und Sukkulenten zum Einsatz. Sie bilden schnell einen geschlossenen Pflanzenteppich. Extensive Dachbegrünungen sind naturnah angelegte Vegetationsformen mit niedriger Wuchsform. Die zumeist geschlossene Vegetationsschicht besteht aus Pflanzen, die nicht zusätzlich bewässert werden müssen und auch hohen Temperaturen standhalten. Die extensive Dachbegrünung wird bei nicht genutzten Dachflächen eingesetzt und bedarf lediglich einer jährlichen Begehung.

Intensive Dachbegrünungen werden oftmals als Dachgarten bezeichnet. Wie in einem Garten, sind hier sämtliche Bepflanzungen denkbar: Sträucher, Bäume und sogar ganze Rasenflächen. Terrassenflächen und Sitzgelegenheiten können integriert werden. Mit der großen Vielfalt der Möglichkeiten geht ein erhöhter Pflegeaufwand einher: Intensive Dachbegrünungen sollten regelmäßig bewässert, geschnitten und gepflegt werden.

Steildach, begrünt

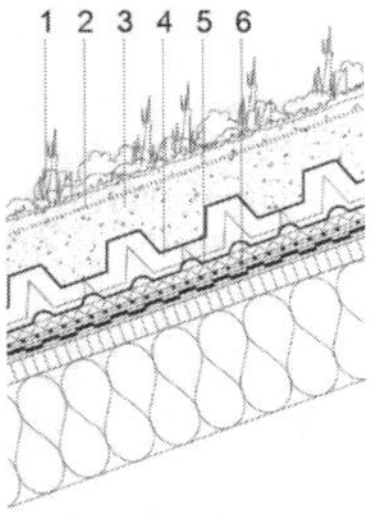

Schrägdach, Begrünung bis 20° Dachneigung

1 Pflanzebene
2 Juteerosionsschutzgewebe
3 Systemerde
4 Dränelement, h = 75 mm

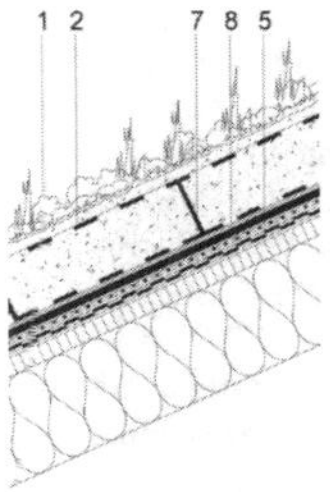

Schrägdach, Begrünung ab 25° Dachneigung mit Abrutschsicherung

5 Bewässerungs- und Schutzmatte, d = 7 mm
6 Wurzelfeste Dachabdichtung
7 Systemelemente, h = 100 mm
8 Wasserspeicherschutz-matte, d = 15-20 mm

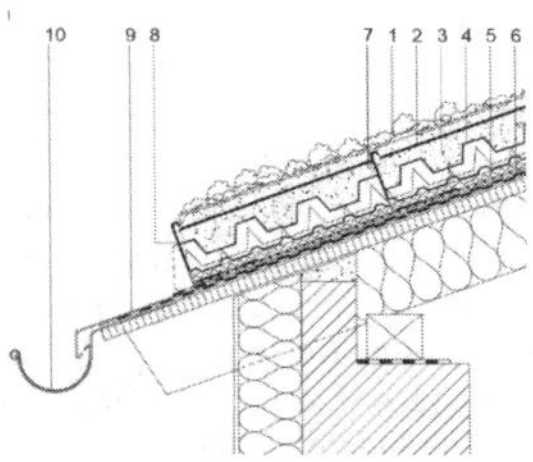

extensive Dachbegrünung, Traufe

1 Bepflanzung
2 Juteerosionsschutzgewebe
3 Substrat
4 Dränelement
5 Bewässerungs- und Schutzmatte
6 Wurzelfeste Dachabdichtung
7 zusätzliche Schubschwelle nach statischer Erfordernis
8 Traufprofil mit Traufschubhalter
9 Rinneneinhangblech
10 Hängerinne

Abb. 3.37c Steildach, extensive Dachbegrünung

Steildächer, die begrünt werden, benötigen analog den Flachdächern eine Dachabdichtung und eine Sperre gegen Durchwurzelung zu Schutz der unter der Abdichtung liegenden Schichten. Abhängig von der Dachneigung sind weitere Maßnahmen gegen Abrutschen der Substratschicht erforderlich. Dafür werden auch Systemlösungen angeboten.

5 Fassaden

5.1 Allgemeines

Mit dem Begriff Fassade werden im Bauwesen im Allgemeinen die Bekleidung von Außenwänden oder nicht tragende Außenwände als Bestandteile der Gebäudehülle bezeichnet. Nicht tragende Außenwände sind scheibenartige Bauteile, die vorwiegend durch ihr Eigengewicht belastet werden. Je nach Art des Gebäudetragwerks kommen sie als Ausfachung von Fachwerk-, Skelett- oder Schottenkonstruktionen vor. Bevorzugt kommen leichte Elemente unterschiedlicher Dimensionen aus Baustoffen, wie Glas, Holz, Leichtmetall oder Kunststoffe, zum Einsatz. Funktionsteile, wie Fenster, Türen, Sonnen- und Blendschutz, sind in die Fassadenkonstruktion integriert. Die Fassadenelemente sind meist mehrschichtige oder mehrschalige Konstruktionen, um allen bauphysikalischen, optischen und ökonomischen Anforderungen zu genügen.

Es lassen sich prinzipiell unterscheiden (Auswahl):

- **nicht hinterlüftete Fassaden** (sog. Warmfassaden), bei denen die Fassade direkt mit der Wand verbunden ist, z. B. als Wärmedämmverbundfassade, bei der Dämmmaterial direkt auf der Außenwand befestigt und anschließend verputzt wird;
- **hinterlüftete Fassade** (sog. Kaltfassaden), bei denen die äußere Schale durch eine Luftschicht von der dahinterliegenden Konstruktion getrennt ist;
- **Doppelfassaden**, die zwei Fassadenebenen mit einem belüfteten Zwischenraum aufweisen.

Insbesondere in der Skelettbauweise wird im Allgemeinen die sog. Vorhangfassade (VHF) eingesetzt; sie wird nur durch Wind und Konstruktionseigenlast beansprucht und leitet die Lasten in die tragende Konstruktion ab, aus der Gebäudekonstruktion selbst werden keine Lasten hierüber abgetragen. Dieser Fassadentyp wird nachfolgend schwerpunktmäßig behandelt.

5.2 Statische Anforderungen

Die Fassadenkonstruktion muss so ausgebildet sein, dass alle einwirkenden Kräfte auf das Tragwerk des Baukörpers abgeleitet werden können. Die Konstruktion der nicht tragenden Außenwände wird durch ständige und nicht ständige Lasten beansprucht.

Ständige Lasten

Ständige Lasten werden durch die Konstruktionseigenlast verursacht. Abhängig von der baulichen Gestaltung und der Aufhängeposition der Wand wird die Tragkonstruktion durch die Eigenlast der Wand auf Druck oder Zug beansprucht. Zugbeanspruchung entsteht bei Vorhangwänden, die am oberen Rand aufgehängt sind, Druckbeanspruchung findet sich bei Vorhangwänden, die unten (z. B. auf der Deckenkonstruktion) aufgelagert sind. Zwischen die Tragkonstruktion gestellte Fassaden werden i. d. R am unteren Rand gelagert und sind daher ebenfalls auf Druck beansprucht.

Nicht ständige Lasten

Nicht ständige Lasten entstehen durch eine kurzzeitige Belastung durch Winddruck oder -sog, durch Temperaturänderungen, durch Transport- oder Montagezustände, Anpralllasten und nutzungsbedingte Belastungen.

Windlasten wirken in horizontaler Ebene auf das Wandelement. Zusammen mit den Lasten aus dem Eigengewicht (vertikal gerichtete Einwirkung) werden diese über die Verankerungsstelle in die tragende Konstruktion übertragen. Die Windlast setzt sich aus dem auf das Gebäude wirkenden Staudruck je Flächeneinheit in Form von Außen- und Innendruck und des Parameters c zusammen. Der Beiwert c dient zur Ermittlung der Windlast. Er ist abhängig von der Baukörperform, der Größe der Lasteinzugsfläche und der Neigung zu ihren Begrenzungsflächen. Der Staudruck q ist abhängig von der Bauwerkshöhe über Gelände und den dabei auftretenden Windgeschwindigkeiten. Gem. DIN EN 1991-1-4 ist Deutschland in vier Windzonen eingeteilt, welche die regionalen Windgeschwindigkeiten und die daraus resultierenden Windbelastungen berücksichtigen.

$w_e = q_{ref}\, c_e(z_e)\, c_{pe}$ [kN/m²] Dabei sind:	$w_i = q_{ref}\, c_e(z_i)\, c_{pi}$[kN/m²] Dabei sind:
w_e ... Außendruck	w_e ... Außendruck
q_{ref} ... Bezugsstaudruck	q_{ref} ... Bezugsstaudruck
$c_e(z_e)$ ... Standortbeiwert	$c_e(z_i)$ ... Standortbeiwert
c_{pe} ... Druckbeiwert für den Außendruck	c_{pe} ... Druckbeiwert für den Innendruck

Eine nicht tragende Außenwand wird durch Wind auf Biegung beansprucht. Die Durchbiegung sollte auf $l/300$, bei Fassadenelementen mit einer Stützweite von bis zu 3 m auf $l/200$ begrenzt werden.
Infolge **Temperatureinwirkungen** kommt es zu Längenänderungen der Bauteile. Dies ist insb. für Fassaden bedeutsam, die nach Süden, Südosten und Westen orientiert sind. Die Konstruktion muss so ausgeführt werden, dass durch diese Verformungen keine unzulässigen Spannungen auftreten können.

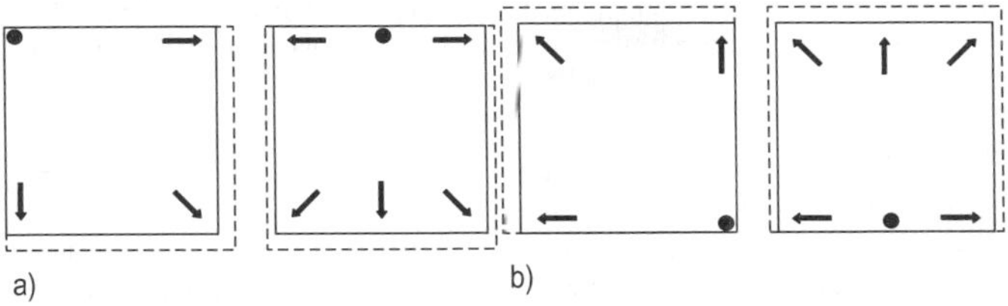

Abb. 3.39
Ausdehnungsrichtungen
a) Element an der Oberseite befestigt, Element aufgestellt
b) Element an der Unterseite befestigt, Aufhängung

Formänderungen durch die Temperatur sind nicht zu verhindern. Materialien mit großer Wärmedehnzahl benötigen einen großen Ausdehnungsspielraum. Dies ist bei Fassaden aus bestimmten Metallen, wie z. B. Aluminium, das im Fassadenbau aufgrund seiner geringen Masse oft verwendet wird, besonders zu beachten (s. Tafel 3.39).
Die Länge l eines Bauteils unter Temperatureinfluss kann wie folgt ermittelt werden:

$$l = l_0 + \Delta l = l_0\,(1 + \alpha_T \times \Delta T)$$

Die Verlängerungsgröße des Bauteils wird bestimmt:

$\Delta l = \alpha_T \cdot \Delta T \times l_0$ [m] als Längenänderung des Bauteils

Dabei sind:

l Länge des Elements bei der Temperatur T [m]
l_0 Länge bei der Temperatur $T_0 = 20$ °C
ΔT Temperaturdifferenz in °C
α_T Wärmedehnzahl in K^{-1}

Die ermittelten Werte sind theoretisch und gelten nur für geschweißte Verbindungen. Bei allen anderen Verbindungsarten werden die Längenänderungen an den Verbindungsstellen teilweise ausgeglichen. Beim festen Einspannen darf die berechnete Materialspannung vom Gesichtspunkt des ersten Grenzzustandes aus nicht überschritten werden. Die für die Berechnung der Längenausdehnung und Spannungen infolge der Temperaturänderung erforderlichen Werte sind in der folgenden Tafel 3.39 zusammengefasst.

Tafel 3.39 Spezifische Masse, lineare Wärmedehnzahlen ausgesuchter Stoffe

Stoff	Spezifische Dichte [kg/m³]	Lineare Wärmedehnzahl α_T [1/K]	Elastizitätsmodul bei Druck: $E \cdot 10^3$ [N/mm²]	Spannung σ_T [N/mm²] bei $\Delta T = 1$ °C (unver-schiebliche Lagerung)
Kupfer	8930	$1{,}7 \times 10^{-5}$	120	2,04
Stahl	7850	$1{,}2 \times 10^{-5}$	210	2,52
nichtrostender Stahl	7850	$1{,}6 \times 10^{-5}$	210	3,36
Zink	7130	$2{,}9 \times 10^{-5}$	100	2,90
Aluminium	2700	$2{,}4 \times 10^{-5}$	70	1,61
Glas	2400–2600	$0{,}8 \times 10^{-5}$	60–80	0,64
Holz	600–800	$0{,}5 \times 10^{-5}$	10	0,05

Schäden können durch die Anordnung von Dehnfugen vermieden werden.
Durch **Transport und Montage** sind vorgefertigte Fassadenelemente hohen Belastungen ausgesetzt. Die statischen Systeme der eingebauten Elemente (Endzustand) unterscheiden sich von denen im

Transport- und Montagezustand. Der Transport- und Montagefall muss bei der statischen Berechnung der Elemente gesondert berücksichtigt werden.

Anpralllasten sind durch die Gebäudenutzung zufällig verursachte Stöße weicher und harter Art. Bei allen Stockwerken muss gewährleistet sein, dass Stöße durch weiche Körper (Aufprall von Menschen oder Tieren) vom Gebäudeinneren nach außen abgefangen werden können (Aufnahme einer Mindestenergie von 1000 J/m²). Im Erdgeschoss und im ersten Obergeschoss gilt dies auch von außen nach innen. Weiterhin müssen die Füllelemente nicht tragender Außenwände Seitenkräfte („Menschengedränge") von 0,5 bis 1,0 kN/m (Einwirkhöhe 1 m) aufnehmen können.
Nutzungsbedingte Lasten (z. B. eine sich aus dem Fenster lehnende Person) verursachen zusätzliche Lasten, die bei der Dimensionierung des Tragwerks entsprechend zu berücksichtigen sind.

5.3 Anordnung und Befestigung von Fassaden

Bezüglich ihrer Lage lassen sich Fassadenelemente in drei Grundtypen unterscheiden, die ggf. auch in Kombination zur Anwendung kommen und das Erscheinungsbild der Fassade maßgeblich prägen:

- vor das Tragwerk gehängte oder gestellte Fassade (Abb. 3.40a, Bild a),
- hinter das Tragwerk gehängte oder gestellte Fassade (Abb. 3.40a, Bild b),
- zwischen die Tragkonstruktion gestellte Fassade (Abb. 3.40a, Bild c) und d).

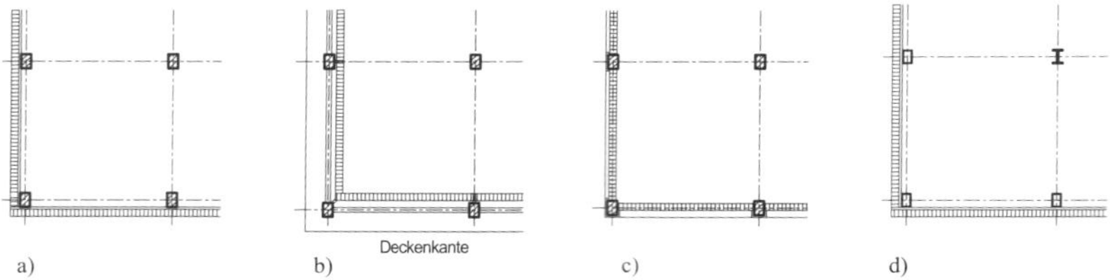

Abb. 3.40 Stützenanordnung
a) Fassade vor die Stützen (Stahlbeton) gestellt oder gehängt, Tragwerk liegt im Innenbereich
b) Fassade hinter die Stützen (Stahlbeton) gestellt, Tragwerk liegt im Außenbereich
c) Fassade zwischen die Stützen (Stahlbeton) gestellt
d) wie a), jedoch Stützen aus Stahl (Varianten b) und c) analog)

5.4 Arten von Vorhangfassaden

Sogenannte Vorhangfassaden oder auch Curtain Wall genannte Fassaden werden mit ihrer Unterkonstruktion an den Geschossdecken oder an tragenden Wänden oder Stützen befestigt. Vorhangfassaden lassen sich unterteilen in:

- Stabsysteme in Pfosten-Riegel-Bauweise (Sprossenkonstruktionen)
- Elementsysteme als Elementfassade

Bei **Stabsystemen** übernehmen die Profile statische, konstruktive, wärme- und feuchteschutztechnische sowie architektonische Funktionen. Die Pfosten und Riegel (Sprossen) nehmen alle anfallenden Lasten auf. Das Sprossenwerk dient zur Aufnahme der Füllungen. Eine sichere Aufnahme der Füllungselemente mit ihren unterschiedlichen Stärken muss gewährleistet sein. Die Ausbildung der Sprossen und der Füllungen prägt maßgeblich das Erscheinungsbild der Fassade. Die Konstruktion erlaubt eine hohe Variationsmöglichkeit. Die Sprossen werden aus Stahl (Kohlenstoffstahl), Aluminium(-legierungen), Kunststoff, Holz und in Materialkombinationen hergestellt. Die Füllelemente werden aus Glas, Blech, Stein oder Holz in Kombination mit Wärmedämmstoffen ausgeführt.

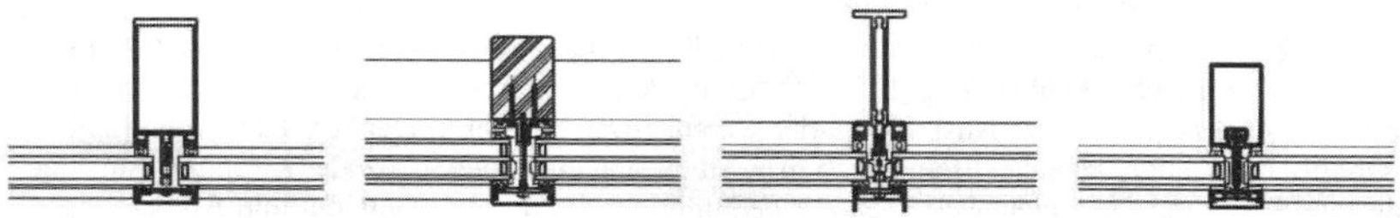

a) b) c) d)

Abb. 3.41a Verschiedene Pfosten-Riegel-Konstruktionen

a) Fassadensystem aus Aluminiumhohlprofilen mit MIG (2-fach)
b) Fassadensystem aus Holz/Aluminium mit Pfosten und Riegeln aus Holz und Aufsatzsystem aus Aluminium, mit MIG (3fach)
c) Fassadensystem aus Aluminiumprofilen, mit MIG (2-fach)
d) Fassadensystem aus Stahl/Aluminium mit Pfosten und Riegeln aus Stahl und Aufsatzkonstruktion aus Aluminium, mit MIG (2-fach)

Sprossenkonstruktionen sind als Pfosten-Riegel-Konstruktionen oder als Rahmen ausführbar; erste bestehen aus einem System senkrechter und waagerechter Sprossen, die an der Tragkonstruktion des Gebäudes befestigt werden. Rahmen werden als umlaufende Sprossenrahmen mit Füllelement – i. d. R. komplett vorgefertigt – angeliefert und an die tragende Konstruktion des Gebäudes angebracht.

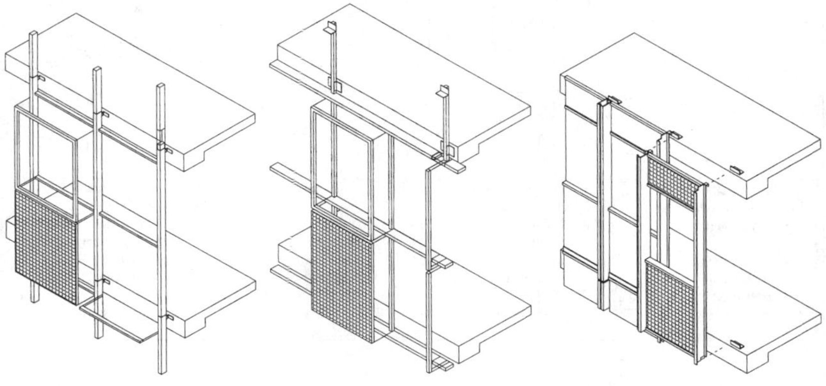

Vertikal orientiertes Skelett in Pfosten-Riegel-Konstruktion | Horizontal orientiertes Skelett in Pfosten-Riegel-Konstruktion | „Vorhangwand" als Rahmenkonstruktion

Abb. 3.41b Sprossenkonstruktionen

Elementfassaden bestehen aus vollständig vorgefertigten Fassadenelementen. Sie bestehen aus einem tragenden umlaufenden Rahmen, in den dann die Füllungen eingebracht werden. Die Elemente werden an der tragenden Konstruktion des Gebäudes (Decken) befestigt. Der umlaufende Sprossenrahmen trägt das Füllelement. Die meist geschosshohen Wandelemente mit Breiten von 1.200 bis 1.500 mm bis maximal 3.000 mm (Transport) werden komplett vorgefertigt. Die Befestigung der Fassadenelemente muss eine Dilatation gewährleisten. Die Verbindung der Elemente erfolgt analog zu den Verbindungen von Fassadentafeln. Diese kann durch die Randausbildung der Elemente selbst oder mittels Zusatzteilen erfolgen. Die einzelnen Elemente der Fassade bauen aufeinander auf, was Auswirkungen auf die Montage hat, die entweder in Reihe oder von unten nach oben erfolgt. Rahmenkonstruktionen sind mit großer Genauigkeit herstellbar.

5.5 Tafelbauweise

Bei der **Tafelbauweise** bestehen die Bauteile aus meist geschosshohen Tafeln bis zu einer Höhe von ca. 3 m. Die Wirtschaftlichkeit dieser Bauart ist abhängig vom verwendeten Material, von der benötigten Stückzahl und der Ausbildung der Verankerung an der tragenden Konstruktion. Um wirtschaftlich günstige, gleiche Elemente hoher Stückzahl zu erzielen, ist der Grundriss an eine bestimmte Rasterung gebunden. Die Transportbedingungen bestimmen Gewicht und Abmessungen der Elemente. Aufgrund der Elementgröße haben Tafelelemente eine geringere Fugenanzahl als Sprossenkonstruktionen. Die Elemente sind Plattentragwerke, die kein zusätzliches Traggerüst benötigen. Die Befestigung erfolgt direkt an der tragenden Gebäudekonstruktion. Die Verankerung erfolgt durch Einsetzprofile, die entfallen können, wenn die Bekleidung der umliegenden Bauteile in der Lage ist, die Befestigungsfunktion zu übernehmen. Meist haben die Wandtafeln eine integrierte Wärmedämmung und ggf. notwendige Dampfsperrschichten.

Tafel 3.42: Fassadenbefestigung von Sandwichelementen

<table>
<tr><td>a) Grundriss: Anschluss an tragende Konstruktion</td><td>b) Vertikalschnitt: Anschluss an Querträger</td><td>c) Fußpunkt</td><td>d) Eckausbildung</td></tr>
<tr><td>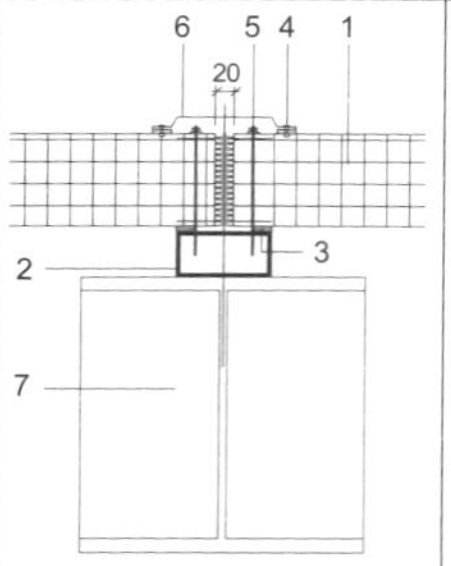
</td><td>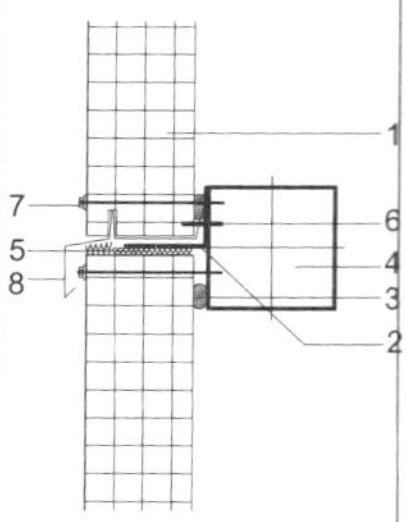
</td><td>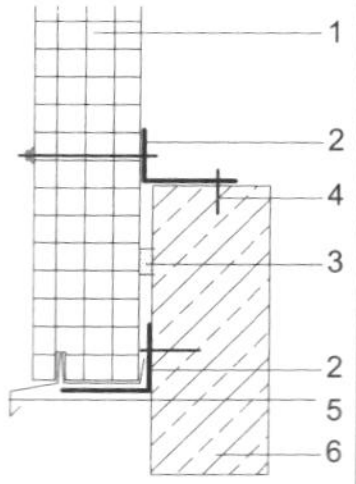
</td><td>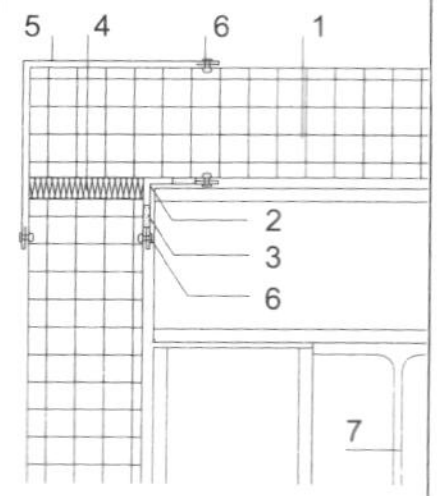
</td></tr>
<tr><td>1 Sandwichelement
2 Kastenprofil 100 x 50 x 4
3 Dichtungsband
4 Blindniet
5 Blechschraube
6 Querstoßblende
7 Tragkonstruktion</td><td>1 Sandwichelement
2 Paneelträger
3 Dichtungsband
4 Querträger aus Metall
5 Wärmedämmung zw. den Elementen
6 Blindniet
7 Blechschraube
8 Tropfprofil</td><td>1 Sandwichelement
2 Paneelträger
3 Dichtungsband
4 Ankerschraube
5 Tropfprofil
6 Tragkonstruktion</td><td>1 Sandwichelement
2 Inneneckblende
3 Dichtungsband
4 Wärmedämmung zwi. den Elementen
5 Außeneckblende
6 Blindniet
7 Tragkonstruktion</td></tr>
</table>

6 Fenster, Türen

6.1 Fenster

Bauarten von Fenstern

Prinzipiell lassen sich die in Tafel 3.43 dargestellten Fensterarten unterscheiden, die je nach Bauaufgabe zum Einsatz kommen.

Tafel 3.43 Fensterarten

Fenster-arten	Einfach-fenster 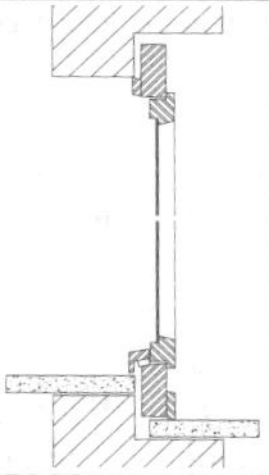	Verbund-fenster 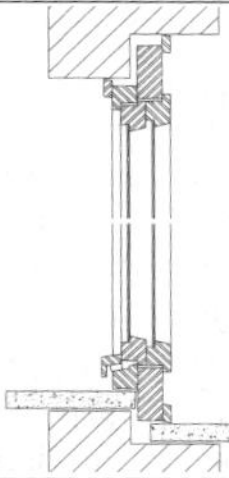	Kasten-fenster 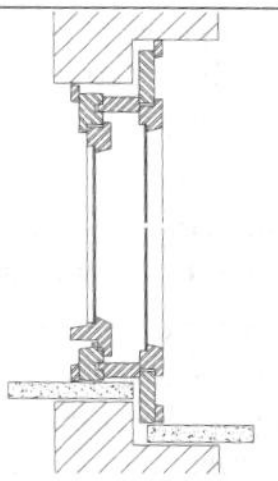
Eigen-schaften	Das Einfachfenster ist die gebräuchlichste Fensterbauweise, die aus einem einteiligen Flügel besteht.	Der Flügelrahmen besteht aus je einem miteinander verbundenen Außen- und Innenflügel, die in der Regel mit Einfachverglasung ausgestattet sind. Durch einen Scheibenabstand von 40 bis 70 mm wird ein gegenüber herkömmlicher Isolierverglasung leicht verbesserter Dämmwert erzielt.	Sie bestehen aus zwei getrennten Flügeln mit mind. 10 bis 15 cm Abstand, die durch das umlaufende Futter verbunden und i.d.R. mit Einscheibenverglasung ausgestattet sind. Die Flügel müssen nacheinander geöffnet werden. Es können gute Wärmedämmwerte erreicht werden.
Ver-glasung	Zweischeiben- oder Dreischeiben- Wärmeschutz-Isolierverglasung	Fensterglas innen, Wärmeschutz-Isolierglas außen (oder umgekehrt bei denkmalgeschützten Gebäuden)	Fensterglas innen, Wärmeschutz-Isolierglas außen Eignung im Denkmalschutz

Unterscheidungsmerkmale bei Fenstern

nach Materialien:

- Holz; Kunststoff; Aluminium, Stahl; Materialmix Holz/Aluminium und Kunststoff/Aluminium;

nach Öffnungsart:

- Drehflügel; Kippflügel; Drehkippflügel; Klappflügel; Wendefenster; Schwingfenster;
- Vertikalschiebefenster; Horizontalschiebefenster; Festverglasung.
- Einbauart im Rohbau:
- Fensterleibungen ohne Anschlag, Leibungen mit innerem Anschlag, Leibungen mit äußerem Anschlag

Einbau von Fenstern

Der Einbau der Fenster erfolgt in Wandöffnungen, deren Laibungsausbildung bestimmte Rahmenkonstruktionen erfordert. Die Laibung kann stumpf oder mit Anschlag ausgeführt werden.

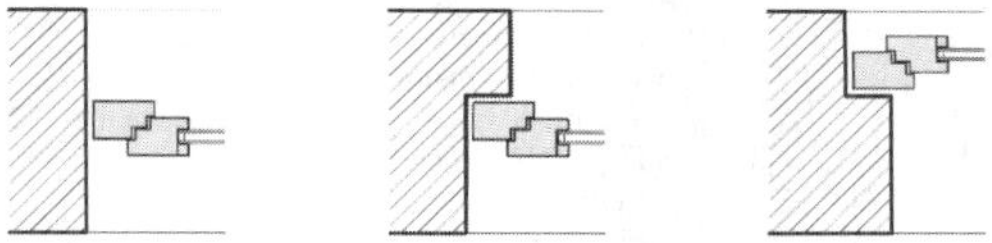

a) b) c)

a) Fensterleibung ohne Anschlag
b) Fensterleibung Anschlag innen
c) Fensterleibung mit Anschlag außen

Abb. 3.43 Schematische Darstellung der Einbauart bei Fenstern

Folgende Bedingungen müssen beim Fenstereinbau zwingend erfüllt sein:

Trennung von Raum- und Außenklima

Die Trennebene von Raum- und Außenklima muss über die gesamte Fläche der Außenwand erkennbar sein und darf nicht unterbrochen werden. Ihre Temperatur muss über der Taupunkttemperatur des Raumes liegen. Die Konstruktion muss raumseitig luftdicht sein.

Funktionsbereich

In diesem Bereich müssen insbesondere die Anforderungen des Wärme- und Schallschutzes über einen angemessenen Zeitraum sichergestellt werden. Der Funktionsbereich muss „trocken bleiben" und vom Raumklima getrennt sein.

Wetterschutz

Die Ebene des Wetterschutzes muss von der Außenseite den Eintritt von Regenwasser weitgehend verhindern und eingedrungenes Regenwasser kontrolliert nach außen abführen. Zugleich muss die Feuchte aus dem Funktionsbereich nach außen entweichen können.

Die oberste Anforderung lautet: innen dichter als außen!

Für den Normalfall bedeutet dies, dass die Abdichtungsmaßnahmen der Raumseite einen höheren Wider-stand gegen das Eindringen von Wasserdampf aufweisen müssen als die Abdichtung der Witterungsseite, damit ein Wasserdampfgefälle nach außen entsteht und evtl. doch eingedrungene Feuchtigkeit nach außen „abdampfen" kann. Zu erreichen ist dies z. B. durch Einsatz alukaschierter, selbstklebender Bänder auf der Innenseite und den witterungsseitigen Einsatz von vorkomprimierten Dichtbändern. Andere Lösungen sind möglich, aber das Prinzip muss gewahrt bleiben.

Die Abdichtung zwischen Baukörper und Fenster muss dauerhaft schlagregendicht und luftundurchlässig sein. Aus dieser Forderung ergeben sich maximale Toleranzen sowohl für die Rohbauöffnung als auch für die Einbauelemente (s. Abschn. 6.4).

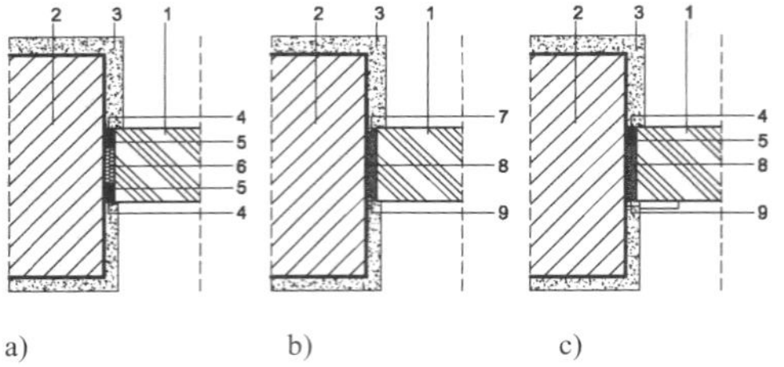

Abb. 3.44a Ausbildung von Fensteranschlüsse mit stumpfem Anschlag

a) außen und innen mit spritzbarem Dichtstoff
b) außen und innen mit Dichtungsband
c) außen mit spritzbarem Dichtstoff, innen mit Dichtungsband
1 Fensterprofil
2 Außenwand
3 Laibungsputz
4 spritzbarer Dichtstoff
5 Hinterfüllmaterial, PU-Rundschnur
6 Wärmedämmstoff
7 Dichtfolie außen, dampfoffen
8 Wärmedämmstoff, PU-Montageschaum
9 Dichtfolie innen, dampfdicht

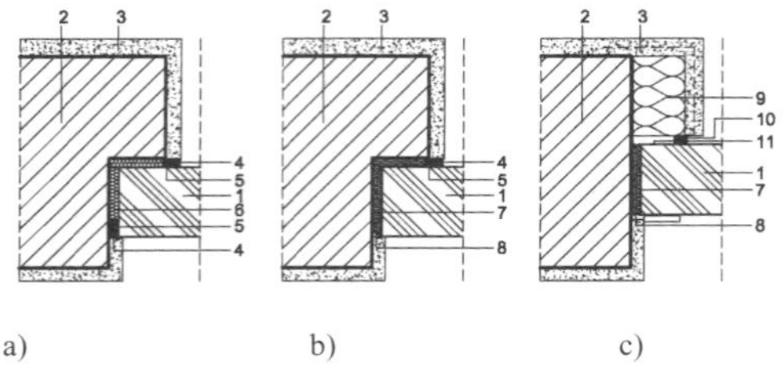

Abb.3.44b Ausbildung Fensteranschlüsse bei Innenanschlag

a) außen und innen mit spritzbarem Dichtstoff
b) außen mit spritzbarem Dichtstoff und innen mit Dichtungsband
c) wärmetechnisch verbesserter Anschluss eines Fensters mit ursprünglich stumpfem Anschlag
1 Fensterprofil
2 Außenwand
3 Putz
4 spritzbarer Dichtstoff
5 Hinterfüllmaterial, PU-Rundschnur
6 Wärmedämmstoff
7 Wärmedämmstoff, PU-Montageschaum
8 Dichtfolie innen, dampfdicht
9 Leibungsdämmung, 6 cm
10Anputzleiste, WDVS
11Dichtfolie außen, dampfoffen

6.2 Türen

Die Türen werden unterschieden nach:

- Verwendungszweck: Außentüren, Innentüren, Repräsentationstüren, Objekttüren, Schutz- und Sondertüren
- Bewegungsrichtung: Drehflügeltüren, Schiebetüren, Pendeltüren, Drehkreuztür, Harmonikatür, Falttür, Bewegliche Trennwände, Teleskopwand, Rollwand, Hub- und Versenkwand
- Türrahmenausbildung: Blendrahmentür, Blockrahmentür, Zargenrahmentür, Türen mit Umfassungszargen
- Türblattausbildung: Latten- oder Brettertüren, Rahmentüren mit Glasfüllungen, Holzfüllungen, Sprossentüren mit Glasfüllungen, aufgedoppelte Türen, Metallrahmentüren mit Füllungen, Ganzglastüren, Falztüren, Stumpftüren

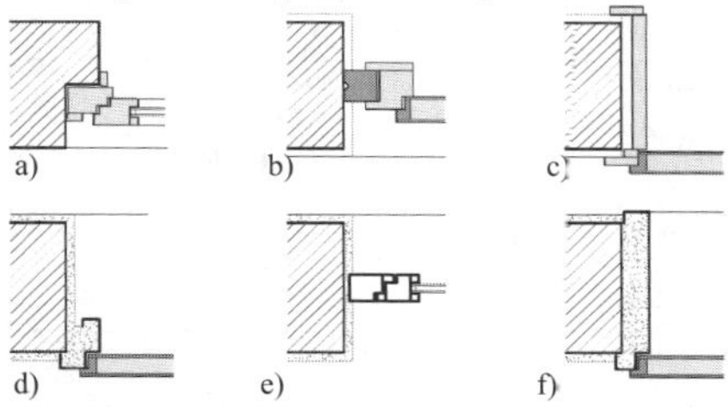

a) Blendrahmen
b) Blockrahmen
c) Umfassungszarge, Futterzarge
d) Eckzarge aus Stahl
e) Metallrahmentür
f) Umfassungszarge aus Stahl

Abb. 3.45 Türrahmenausbildung

Zargen, Türblätter, Türrahmen und -füllungen werden aus verschiedenen Materialien hergestellt, hauptsächlich aus Holz. Weitere Materialien: Glas, Kunststoff, Aluminium, Stahlblech und bei Haustüren auch Bronze bzw. Metalllegierungen.

Tafel 3.45a Übersicht Türarten, Rahmen und Material

Türen / Material	Innentüren		Wohnungseingangstüren		Außentüren	
	Blendrahmen	Zarge	Blendrahmen	Zarge	Blendrahmen	Zarge
Holz	■	■	■	■	■	
Holzwerkstoff	■	■	■	■		
Kunststoff					■	
Stahl		■		■	■	
Aluminium					■	
mit Glasausschnitt	■	■	■	■	■	
Ganzglastür		■			■	
■ mögliche Ausführungsvariante						

Anforderungen an Rohbaumaße (Richtmaße) von Türöffnungen sind in Tafel 3.50b zusammengefasst.

Tafel 3.45b Rohbaurichtmaße für Türöffnungen

Maßart	Breite Rohbauöffnung							Höhe Rohbauöffnung			
	Einflüglige Tür				Zweiflüglige Tür						
Rohbau-Richtmaß	625	750	875	1000	1250	1500	1750	1875	2000	2125	2250
Zul. Kleinstmaß	625	750	875	1000	1250	1500	1750	1875	2000	2125	2250
Nennmaß d. Öffnung	635	760	885	1010	1260	1510	1760	1880	2005	2130	2255
Zul. Größtmaß	645	790	895	1020	1270	1520	1770	1890	2015	2140	2265

6.3 Anforderungen an Fenster und Türen

Allgemeine funktionale, technische und bauphysikalische Anforderungen an Fenster und Türen:
- Wärmedämmung; Schalldämmung; Schlagregensicherheit; Winddichtigkeit
- Einbruchschutz;
- Bedienungskomfort; geringe Wartung.

Tafel 3.46a Beanspruchung von Fenstern und Türen (Übersicht) mit Hinweisen zu geltenden Normen

Beanspruchung		Normen
von der Außenseite	Regen, Wind, UV-Beanspruchung, Schall	DIN EN 12207, EN 12208, EN 12210, DIN 18 055 DIN 18 542, 18 540 DIN 4109
von der Raumseite	Raumlufttemperatur, Raumluftfeuchte, Luftbewegung, Luftdichtheit	DIN 4108, GEG
aus dem Bauwerk	Bauwerksbewegungen, Toleranzen	DIN 18 201, DIN 18 202
aus dem Bauteil	Längenänderungen, Formänderungen, Kräfte aus Eigenlasten	DIN EN 107
aus der Nutzung	Kräfte aus der Benutzung	DIN 18 055

Statik, Lasten

Fenster und Türen haben in der Regel nur sich selbst zu tragen, sie leiten keine Lasten aus der Konstruktion ab. Jedoch unterliegen sie mechanischen Belastungen, die sich aus der Nutzung ergeben. Diese Beanspruchung ist maßgebend für die Bemessung von Glas, Rahmen und Befestigung. Windlasten ergeben sich aus der DIN EN 1991-1-4.

Bauphysik

Die Fenster und Außentüren haben einen wesentlichen Einfluss auf die Bauphysik eines Gebäudes. Bei der Planung der technischen Gebäudeausrüstung sind diese mit einzubeziehen. Ebenso erfolgt eine Berücksichtigung bei der Ermittlung des Wärmebedarfs nach der GEG.

Wärmeschutz

Die Anforderungen hinsichtlich des **Wärmeschutzes** sind in DIN 4108 und im GEG (hier werden Höchstwerte für den Wärmedurchgangskoeffizienten, Wärmebrückenzuschläge etc. gemacht.

Differenzklimaverhalten von Außentüren

Außentüren werden auf beiden Seiten unterschiedlichen Klimata ausgesetzt. Die DIN EN 1121 legt Prüfverfahren zur Prüfung von Türblättern und Türelementen zwischen zwei unterschiedlichen Klimata fest. Bisher wurden die Anforderungen an das Stehvermögen von Türblättern zwischen zwei unterschiedlichen Klimata anhand von Klimaklassen beschrieben. Da diese derzeit noch gebräuchlich sind, erfolgt eine kurze Erläuterung in nachstehender Tafel.

Tafel 3.46b: Klimaklassen für Türblätter

Klimaklasse	I		II		III		IV	
Prüfklima	kalt	warm	kalt	warm	kalt	warm	kalt	warm
Temperatur	18 °C	23 °C	13 °C	23 °C	3 °C	23 °C	–20 °C	23 °C
relative Luftfeuchte	50 %	30 %	65 %	30 %	80 %	30 %	–	80 %
Differenztemperatur	5 °C		10 °C		20 °C		43 °C	
Differenzluftfeuchte	20 %		35 %		50 %		80 %	

In der DIN EN 12219 werden die Klimaeinflüsse auf Türen beschrieben und damit die Anforderungen und die Klassifizierungen formuliert. Die neue Prüfnorm nach DIN EN 1121 unterscheidet fünf Prüfklimata (a–e). Dabei entsprechen die Prüfklimata a, b und c den Klimaklassen I, II und III.

Tafel 3.47a: Prüfklimata [nach DIN EN 1121]

Prüfklima	Prüfdauer	Tür innen		Tür außen	
		Temperatur	Relative Luftfeuchte	Temperatur	Relative Luftfeuchte
a	28 Tage	23 °C	30 %	18 °C	50 %
b	28 Tage	23 °C	30 %	13 °C	65 %
c	28 Tage	23 °C	30 %	3 °C	85 %
d	7 Tage	23 °C	30 %	–15 °C	–
e	24 Stunden	20–30 °C	–	80 °C	–

Die Qualität des Türblatts wird nach den im jeweiligen Prüfklima erzielten Toleranzwerten in drei Toleranzklassen eingeteilt.

Tafel 3.47b: Toleranzklassen [nach DIN EN 1530]

Klasse	Verdrehung	Durchbiegung		Planheit
		längs	quer	
1	8 mm	8 mm	4 mm	0,4 mm
2	4 mm	4 mm	2 mm	0,3 mm
3	2 mm	2 mm	1 mm	0,2 mm

Schallschutz

Schallschutzmaßnahmen an Fenstern und Türen gehören zu den passiven Schallschutzmaßnahmen. Fenster und Türen verringern den Schallschutz einer Wandkonstruktion. Problematisch sind sämtliche Fugenbereiche, insbes. die Bodenfuge bei Türen, bei der die Herstellung einer dauerhaften Abdichtung schwierig zu realisieren ist. Ein abgestimmter Anpressdruck des Türblatts auf die Abdichtungsprofile, die Vermeidung von Schallbrücken zwischen Wand, Rahmen und Türblatt und ein sinnvoller Schichten-aufbau sowie das Gewicht des Türblatts tragen wesentlich dazu bei, die schallschutztechnischen Anforderungen an Türkonstruktionen zu verbessern. Maßgeblich für die Ermittlung des erforderlichen Schallschutzes ist der vorhandene Außenlärmpegel. Verursacher des Lärmpegels ist in der Regel der Fahrzeugverkehr.

Brandschutz

Fenster- und Türelemente sind meist Teil des ganzheitlichen Brandschutzkonzepts eines Gebäudes, das bei Veränderungen von Einzelelementen berücksichtigt werden muss. Grundsätzlich sind Fenster und Türen Bauelemente. Fenster mit Brandschutzanforderungen werden meist als Brandschutzverglasungen bezeichnet. Brand- und Rauchschutztüren sind hohen Anforderungen unterworfen, da sie wesentliche Bestandteile im vorbeugenden Brandschutz darstellen.

Bauprodukte müssen einen Verwendbarkeitsnachweis führen, der bestätigt, dass das Produkt den technischen Regeln entspricht. Dazu muss ein Übereinstimmungszertifikat vorgelegt werden. Bei Feuerschutzelementen wird dieser Nachweis über eine allgemeine bauaufsichtliche Zulassung (abZ) geführt, bei Rauchschutzelementen ist es ein allgemeines bauaufsichtliches Prüfzeugnis (abP).

Feuerschutzabschlüsse sind national gemäß DIN 4102-5 in die Feuerwiderstandsklassen T30, T60, T90, T120 eingestuft. Jedoch sind diese Begrifflichkeiten nicht europaweit verständlich. Die Klassifizierung nach europäischer Normung legt DIN EN 13501-2 fest.

Nach europäischer Normung (DIN EN 13501-2) bestehen an Feuerschutzabschlüsse folgende Leistungs- und Klassifizierungskriterien:

- Raumabschluss E
- Raumabschluss und Wärmedämmung unter Brandeinwirkung EI_1
- Raumabschluss und Wärmedämmung unter Brandeinwirkung EI_2
- Raumabschluss und Strahlung E_W
- Selbstschließende Eigenschaft mit Dauerfunktionstüchtigkeit C
- Rauchdichtigkeit S_m

Windwiderstandsfähigkeit

Die Prüfung erfolgt nach DIN EN 12211. Ermittelt wird das Verhalten bei Windeinfluss bei den drei verschiedenen Prüfdrücken P1, P2 und P3, sowohl bei positivem Druck als auch bei negativem Prüfdruck (Sog). Anhand dessen erfolgt die Einordnung in die Klassen 1 bis 5.

Tafel 3.48a: Prüfdruck

Klasse	P1[b)]	P2[a)]	P3
1	400	200	600
2	800	400	1.200
3	1.200	600	1.800
4	1.600	800	2.400
5	2.000	1.000	3.000

[a)] Dieser Druck wird 50-mal wiederholt.
[b)] Unter diesen Beanspruchungen dürfen an Rahmen, an der Verglasung/Ausfachung und an den Beschlägen keine Funktionsbeeinträchtigungen, bleibenden Verformungen oder Beschädigungen auftreten.

Es werden Vorgaben bezüglich der maximalen Rahmendurchbiegung gemacht. Dabei soll die frontale Durchbiegung der einzelnen Rahmen den Grenzwert von l/200, maximal 15 mm nicht überschreiten.

Tafel 3.48b: Vorgaben für die maximale Rahmendurchbiegung

Klasse	Relative frontale Durchbiegung
A	< 1/150
B	< 1/200
C	< 1/300

Diese beiden Klassifizierungen werden zu einer gemeinsamen Klassifizierung zusammengefasst.

Schlagregendichtigkeit

Als Schlagregendichtigkeit ist die Widerstandsfähigkeit eines Elements (geschlossen und verriegelt) bei einer angegebenen Windstärke, Regenmenge und Beanspruchungsdauer gegen das Eindringen von Wasser. Die Klassifizierung erfolgt anhand des Prüfdrucks. Es werden zwei Prüfverfahren unterschieden. Das Prüfverfahren A ist für ein Produkt geeignet, das nicht geschützt ist. Prüfverfahren B ist für ein Produkt geeignet, das teilweise, z.B. durch tiefe Laibungen oder Vordach, geschützt ist.

Tafel 3.48c: Klassifizierung in Abhängigkeit vom Prüfdruck [nach DIN EN 12208]

Prüfdruck [Pa]	Klassifizierung	
	Prüfverfahren A	Prüfverfahren B
0	1A	1B
50	2A	2B
100	3A	3B
150	4A	4B
200	5A	5B
250	6A	6B
300	7A	7B
450	8A	–
600	9A	–
> 600	Exxx	–

Luftdurchlässigkeit

Die Luftdurchlässigkeit definiert den Luftaustausch, der durch ein geschlossenes und verriegeltes Fenster oder eine Außentür, über die Fugen zwischen Flügel, Blendrahmen und Glasfalz, erfolgt. Dieser Luftaustausch ist die Folge der Luftdruckdifferenz zwischen innen und außen, die am Fenster stattfindet. Die Klassifizierung erfolgt bezogen auf die Gesamtfläche oder auf die Fugenlänge.

Tafel 3.49a Flächendurchlasskoeffizient aF und Referenzdurchlässigkeit bezogen auf die Fläche

Klasse nach DIN EN 12207	a_F [m³/h m² daPa] bei 10 Pa	Referenzdurchlässigkeit [m³/h m²] bei 100 Pa	Maximaler Prüfdruck [Pa]
1	10,8	50	150
2	5,82	27	300
3	1,94	9	600
4	0,64	3	600

Schutz vor mechanischen Beschädigungen (Einbruchschutz)

Einbruchhemmende Einbauteile dienen der Verzögerung eines Einbruchs. Die Gütesicherung von einbruchhemmenden Türen und Fenstern erfolgt durch die europäischen Normen DIN EN 1627, DIN EN 1628 und DIN EN 1630. Die Tür- und Fensterelemente bilden eine Konstruktionseinheit, die mit bestimmten Sicherheitseinrichtungen versehen ist. Entsprechend der einbruchhemmenden Wirkung erfolgt nach DIN EN 1627 eine Einteilung in Widerstandsklassen RC (Resistance Class), die auf Tätertypen und Vorgehensweise abgestimmt ist.

Tafel 3.49b Widerstandsklassen [nach DIN EN 1627]

RC nach DIN EN 1627 (2011)	Widerstandsklasse nach DIN ENV 1627 (1999)	Mutmaßliche Vorgehensweise, Tätertyp und Täterverhalten	Empfohlene Einsatzart des einbruchhemmenden Bauteils		
			Wohngebäude	Gewerbeobjekte, öffentliche Objekte	Gewerbeobjekte, öffentliche Objekte (hohe Gefährdung)
RC 1 N	–	Widerstandszeit 3 min begrenzter bis geringer Grundschutz gegen Aufbruchversuche mit körperlicher Gewalt, vorwiegend Vandalismus	Einsatz in Obergeschossen, wenn mangels Standfläche eine Aufstieghilfe erforderlich ist		
RC 2 N	–	Widerstandszeit 3 min zusätzlicher Einsatz von einfachen Werkzeugen (Schraubendreher, Zange und Keil)	kein direkter Zugang (Ebenerdigkeit) möglich		
RC 2	WK2	Widerstandszeit 3 min körperliche Gewalt, zusätzlich einfache Werkzeuge (Schraubendreher, Zange, Keil) zum Aufbruch verschlossener und verriegelter Bauteile	geringes Risiko	geringes Risiko	–
RC 3	WK3	Widerstandszeit 5 min zusätzlich zweiter Schraubendreher, einfache Hebelwerkzeuge (Kuhfuß) zum Aufbruch verschlossener und verriegelter Bauteile	durchschnittliches Risiko	durchschnittliches Risiko	–
RC 4	WK4	Widerstandszeit 10 min erfahrener Täter setzt zusätzlich Säge- und Schlagwerkzeuge (Schlagaxt, Stemmeisen, Hammer, Meißel, Akkubohrer) ein	–	–	geringes Risiko
RC 5	WK5	Widerstandszeit 15 min erfahrener Täter setzt zusätzlich Elektrowerkzeuge (Bohrmaschine, Stich- oder Säbelsäge, Winkelschleifer) ein	–	–	durchschnittliches Risiko
RC 6	WK6	Widerstandszeit 20 min erfahrener Täter setzt zusätzlich leistungsfähige Elektrowerkzeuge (Bohrmaschine, Stich- oder Säbelsäge, Winkelschleifer) ein	–	–	hohes Risiko

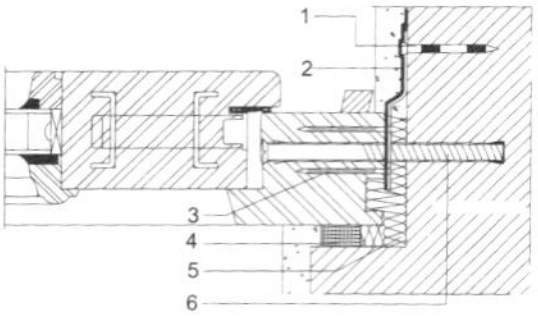

1 Befestigungsmittel, Dübel und Schraube
2 überputzbares Fugendichtungsband
3 Ankernagel
4 vorkomprimiertes Dichtungsband
5 geschlossenzelliges Hinterfüllmaterial
6 Montageanker

Abb. 3.50a Außentüren aus Holz, mit Anschlag

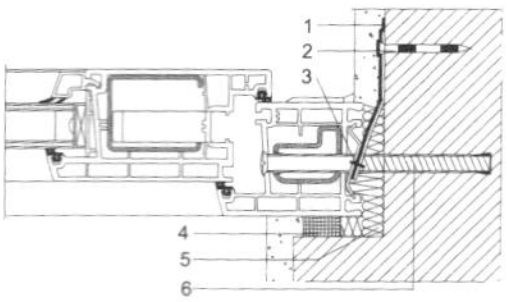

1 überputzbares Fugendichtungsband
2 Befestigungsmittel, Dübel und Schraube
3 Befestigungsmittel Türrahmen
4 vorkomprimiertes Dichtungsband
5 geschlossenzelliges Hinterfüllmaterial
6 Montageanker

Abb. 3.50b Außentüren aus Kunststoff, mit Anschlag

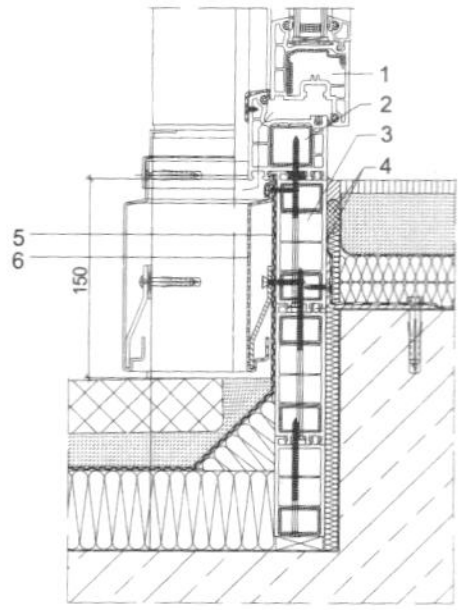

1 Flügel Terrassentür
2 Rahmen, Anschlag, Terrassentür
3 Kunststoffprofil zur Unterfütterung
4 Dichtung als raumseitiger luftdichter Abschluss mit vorkomprimiertem Dichtungsband
5 Abdichtung
6 Metallabdeckung

Abb. 3.50c Terrassentür, Austritt auf begehbares Dach

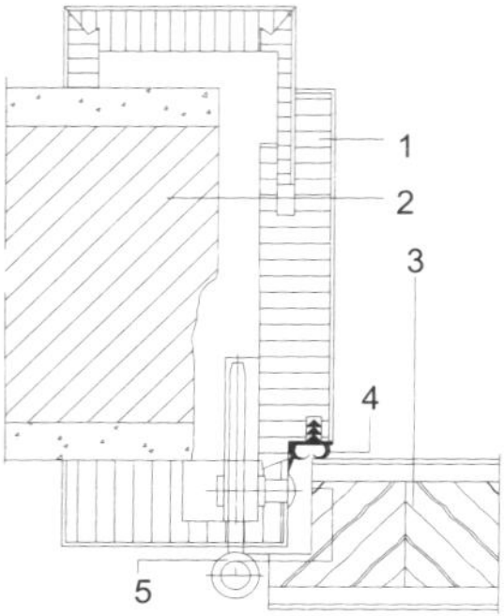

1 Umfassungszarge
2 Wand – Mauerwerk oder Beton mit beidseitigem Putz
3 Türblatt
4 durchgehende Dichtungsebene
5 Einbohrband

Abb. 3.50d Innentüren mit Umfassungszarge aus Holz

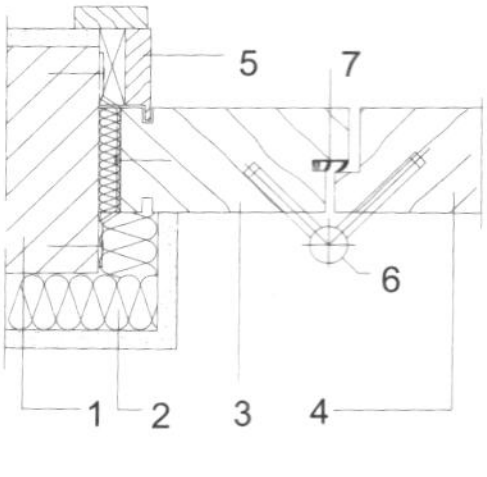

1 Trennwand
2 Dämmung, an kalte Luft grenzend
3 Zarge
4 Türblatt
5 Blindfutter
6 Einbohrband
7 durchgehende Dichtungsebene

Abb. 3.50e Innentüren, Zarge mit Blindfutter

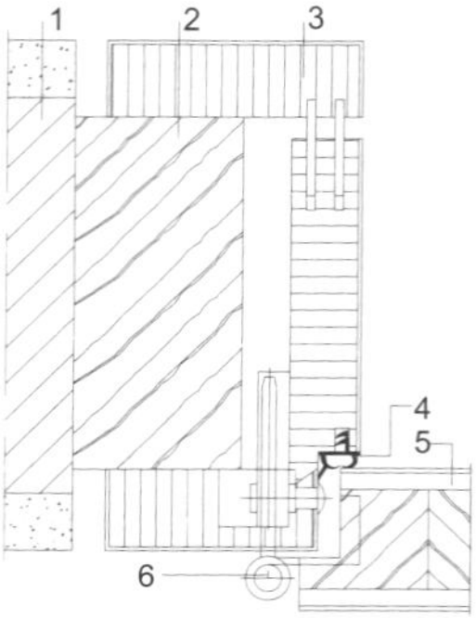

1 Wand – Mauerwerk oder Beton mit beidseitigem Putz
2 Blindfutter aus Holz
3 Türzarge aus Holz
4 durchgehende Dichtungsebene
5 Türblatt aus Holz
6 Einbohrband

Abb. 3.50f Innentüren, Blockrahmen mit Laibungsfutter

6.4 Altbausanierung, Besonderheiten im Altbau

Die Grundsätze der Anschlussausbildung gelten für die Instandsetzung und Modernisierung der Fenster oder Außentüren im Gebäudebestand ebenso. Die fachgerechte Umsetzung gestaltet sich oft durch die bauliche Situation und die vorgegebenen Verhältnisse schwieriger und umfangreicher als im Neubau.

Folgende Faktoren sind im Altbau zu beachten:

- Die baulichen Gegebenheiten sollen nach Möglichkeit erhalten bzw. nicht verändert werden.
- Der Wärmeschutzstandard der Umfassungskonstruktion entspricht oft nicht heutigen Anforderungen.
- Die Erneuerung der Fenster im Gebäudebestand ist ein Eingriff in das vorh. Gleichgewicht des Objekts.

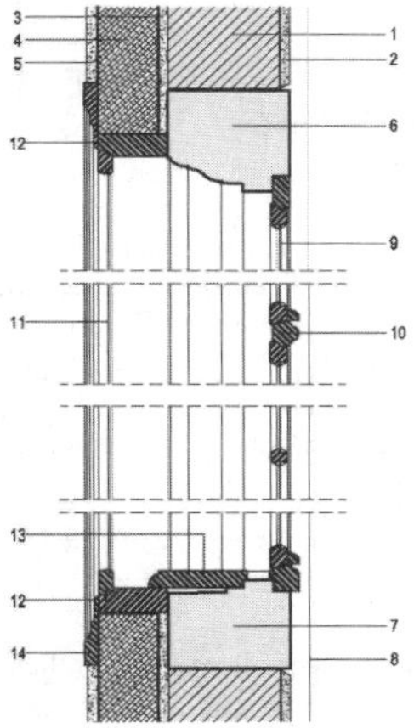

1 Ausmauerung des Fachwerks, d = 240 mm
2 Außenputz, d= 20 mm
3 Ausgleich
4 Leichtlehmsteine, d= 120 mm
5 Innenputz
6 Fachwerkriegel
7 Fachwerkbrüstungsriegel
8 Fachwerkstiel
9 äußere Verglasungsebene, Einfachverglasung
10 Kämpferprofil
11 innere Verglasungsebene, Einfachverglasung
12 Wandfutter
13 innere Fensterbank mit Wasserrinne

Abb. 3.51a Einbau einer zweiten Verglasung in Fachwerkwand mit innenseitiger Vorsatzschale

Gerade im Altbau ist eine umfassende und genaue Aufnahme der Situation und Planung der sinnvollen und notwendigen Maßnahmen unverzichtbare Voraussetzung für eine erfolgreiche Fenstererneuerung. In der Verantwortung des Planers und des Ausführenden liegt es, dem Auftraggeber aufzuzeigen, welche Anforderungen erfüllt werden können und welche Konsequenzen daraus erwachsen. Insbesondere wenn sich die Instandsetzungs- und Modernisierungsarbeiten im Bereich der Gebäudehülle nur auf die Fenster beziehen. Den Möglichkeiten der Umsetzung sind oftmals Grenzen gesetzt und es müssen Kompromisslösungen gesucht werden.

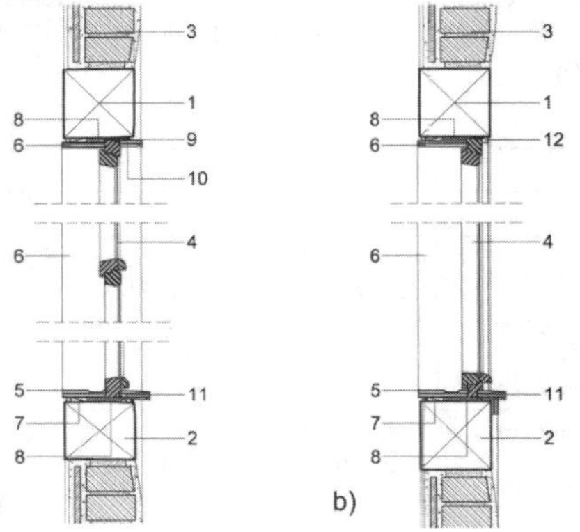

a) b)

1	Fachwerkriegel
2	Fachwerkbrüstungsriegel
3	Ausfachung des Fachwerkes mit Mauerwerk, verputzt
4	einfachverglastes Fenster, in historischer Ausführung
5	Innenfensterbank mit Wassernut
6	Leibungsfutterbrett, innen
7	Verklotzung
8	Ausstopfung mit Hanfwolle
9	Fugenversiegelung mit Korkmasse
10	Leibungsfutterbrett, außen, leichtes Gefälle, mit Tropfkante
11	Außenfensterbank mit Gefälle und Tropfkante
12	Verleistung

Abb. 3.51b Einbaudetail eines einfach verglasten Fensters in eine Fachwerkaußenwand

7 Gebäudetreppen, Geländer

7.1 Treppen

Treppen dienen der fußläufigen Verbindung von verschiedenen Bauwerksebenen. Die Gebäudetreppe wird als fest mit dem Gebäude verbundenes, unbewegliches Bauteil definiert.
Man unterscheidet unabhängig vom verwendeten Material die Grundtypen:

- a) Wangentreppe
- b) Aufgesattelte Treppe
- c) Holmtreppe
- d) Kragtreppe
- e) Spindeltreppe
- f) Bolzentreppe
- g) Massivtreppe
- h) Wangenfreie Treppe

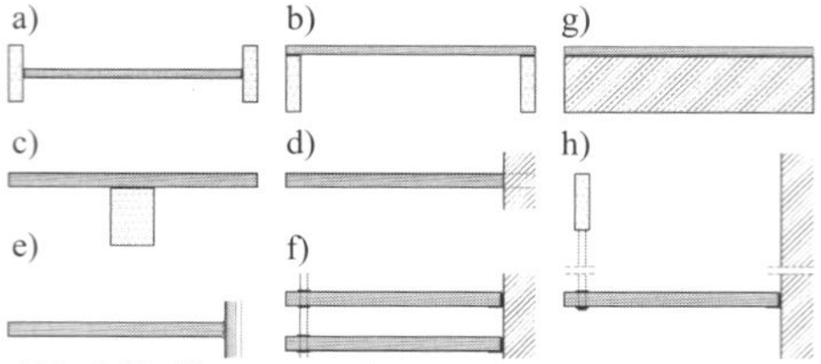

Abb. 3.52a Treppengrundtypen

7.1.1 Allgemeines und Anforderungen

Ein Treppenlauf wird von mind. drei Stufen (drei Steigungen) gebildet und muss nach höchstens 18 Stufen ein Zwischenpodest erhalten. Der Auftritt bei Podesten muss bei Gebäuden im Allgemeinen drei Auftritte (3*a) und innerhalb von Wohnungen das 2,5-fache (2,5*a) des Auftritts betragen. Die nutzbare Treppenpodesttiefe muss mindestens der nutzbaren Treppenlaufbreite entsprechen.

Die Treppenaustrittsstufe ist bezüglich ihrer Steigung Teil des Treppenlaufs. Häufig ist sie außerdem Teil des Treppenpodests, sie kann aber auch vor dem Treppenpodest, also auf gleicher Höhe liegen, wenn Tritt- und Setzstufe dem Material der Treppenlaufkonstruktion entsprechen sollen.

Abb. 3.52b Lage Austrittsstufen zum Podest:
a) als Teil des Podestes
b) als Teil der Treppenkonstruktion

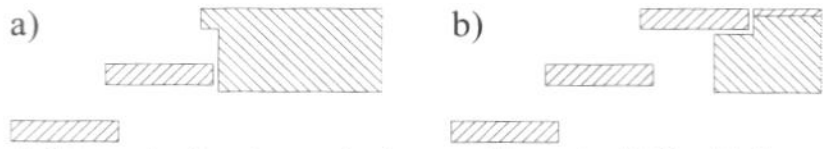

Treppen sind nach DIN 18065 zu planen und zu errichten. Außerdem sind vor allem in öffentlichen Gebäuden Treppen barrierefrei nach DIN 18040-1 zu gestalten. DIN 18065 unterscheidet hinsichtlich der Hauptmaße Treppen in Gebäuden im Allgemeinen und in Gebäuden mit bis zu zwei Wohnungen und innerhalb von Wohnungen.

Brandschutz

Jede selbstständige Nutzungseinheit in jedem Geschoss muss über mindestens zwei voneinander unabhängige Rettungswege erreichbar sein. Der erste Rettungsweg führt in nicht zu ebener Erde liegenden Geschossen über notwendige Treppen, die i.d.R. an einer Außenwand liegen. Der zweite Rettungsweg ist entweder eine weitere notwendige Treppe in einem Treppenraum oder eine von der Feuerwehr anleiterbare Stelle wie etwa ein Rettungsfenster oder ein Notausstieg. Die Anforderungen werden in den Bauordnungen der Länder definiert.

Tafel 3.52: Mindestbauteilanforderung nach MBO

Bauteil	§ MBO	Gebäudeklassen				
		1	2	3	4	5
Notwendige Treppen						
tragende Teile notwendiger Treppen (Innentreppen)	34	keine	keine	feuerhemmend oder nichtbrennbare Baustoffe F 30 oder A	nichtbrennbare Baustoffe A	feuerhemmend und nichtbrennbare Baustoffe F 30-A
tragende Teile notwendiger Treppen (Außentreppen)	34	keine	keine	nichtbrennbare Baustoffe A	nichtbrennbare Baustoffe A	nichtbrennbare Baustoffe A

Schallschutz

In DIN 4109 „Schallschutz im Hochbau" werden Anforderungen an den Schallschutz gestellt, um Menschen in Aufenthaltsräumen vor unzumutbaren Belästigungen durch Schallübertragung aus fremden Wohn- und Arbeitsbereichen zu schützen. Im Normenteil 5 werden erhöhte Anforderungen formuliert. Es empfiehlt sich, einen erhöhten Schallschutz privatrechtlich ausdrücklich zwischen Bauherr und Entwurfsverfasser vertraglich zu vereinbaren. Eine weitere Orientierungshilfe ist die VDI 4100, mit der Bauherren privatrechtliche Vereinbarungen zum Schallschutz treffen können. Die VDI unterscheidet drei Schallschutzstufen (SSt).

Tafel 3.53 Anforderungen an die Schalldämmung bei Treppen nach DIN 4109

Geltungsbereich	Mindestanforderungen nach DIN 4109-1		Erhöhte Anforderungen nach DIN 4109-5	
	R'_w	$L'_{n,w}$	R'_w	$L'_{n,w}$
Einfamilien-Doppelhäuser u. Einfamilien-Reihenhäuser	-	≤ 46 dB	-	≤ 41 dB
Mehrfamilienhäuser	-	≤ 53 dB	-	≤ 47 dB
Beherbergungsstätten	-	≤ 58 dB		≤ 48 dB
Krankenhäuser/Sanatorien	-	≤ 58 dB		≤ 48 dB

Schalltechnisch ideal ist die vollständige Abkopplung der Treppe von der Trennwand. Aus Gründen der Statik oder Nutzungssicherheit ist dies jedoch vielfach nicht möglich. Abhilfe können hier Elastomerlager schaffen. Diese entkoppeln das statisch notwendige Auflager von der Treppe.

Die Trittschallübertragung kann generell durch folgende Maßnahmen vermindert werden:

- Ausführung schalldämmender Fußbodenaufbauten auf Läufen und Podesten
- punkt- oder streifenförmige elastische Auflagerung von Läufen oder Podesten
- Ausführung der Treppenkonstruktion unabhängig von den Treppenhauswänden (selbsttragende Konstruktionen)
- Ausführung der Treppenhauswand als zweischalige Wand

Bei der Planung und Ausführung sind deshalb alle Anschlüsse des Treppenlaufs und der Podeste zu berücksichtigen:

- unterer Fußpunkt (Treppenantritt) auf der Bodenplatte
- oberer Anschlusspunkt an einem Podest oder der Geschossdecke
- unterer Fußpunkt (Treppenantritt) auf einem Podest oder der Geschossdecke
- tragende Anschlüsse
- seitliche Anschlüsse und Entkopplung des Treppenlaufs und der Podeste von angrenzenden Bauteilen

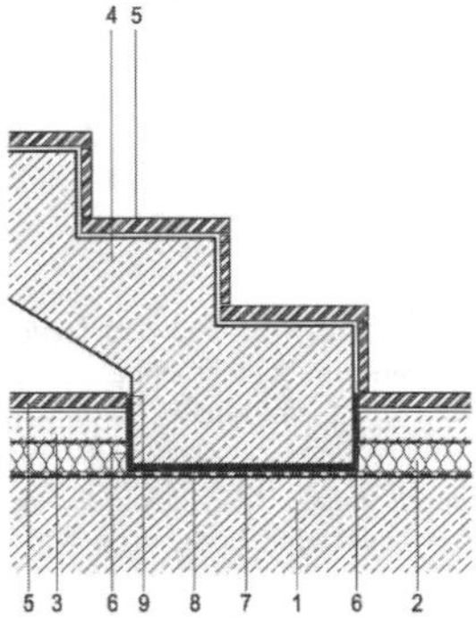

1 Bodenplatte aus Stahlbeton
2 Fußbodenaufbau mit Abdichtung und Wärmedämmung
3 schwimmender Zementestrich auf Trennlage
4 Feinsteinzeugbelag im Dünnbett
5 Treppenlauf-Rohkonstruktion aus Stahlbeton (Fertigteil)
6 Randdämmstreifen
7 Elastomerlager
8 Schalllager
9 elastische Fuge

Abb. 3.53 Anschluss des Treppenantritts auf der Bodenplatte

Barrierefreiheit

Eine Treppe, vor allem in öffentlichen Gebäuden, muss barrierefrei gestaltet sein, um das Unfallrisiko zu minimieren. Der Entwurf zur DIN 18040-1 macht für öffentliche Gebäude folgende Vorgaben.

Tafel 3.54 Vorgaben nach DIN 18040-1 zur barrierefreien Gestaltung

Treppengestaltung	Handläufe	Orientierungshilfen
– Gerade Treppenläufe, Treppenlauflinie rechtwinklig zu den Treppenstufenkanten – Gebogene Treppenläufe an Treppenaugeninnendurchmesser von 200 mm möglich – Setzstufen sind erforderlich, keine Überkragung der Trittstufen, Unterschneidung von 2 cm nur bei schrägen Setzstufen erlaubt – Einzelstufen sind zu vermeiden – Seitliche Aufkantung an Stufenenden sind vorteilhaft, sie verhindern ein Abrutschen von Gehhilfen	– Beidseitige Anordnung – Höhe zwischen 85 und 95 cm – Keine Unterbrechung der Handläufe an Treppenaugen und Podesten – Handlaufenden mind. 30 cm waagerecht weiterführen – Griffsicher und gut umgreifbar, Durchmesser von 3 bis 4,5 cm – Halterungen an den Unterseiten anbringen – Handlaufenden nach unten oder zur Wandseite führen, um Hängenbleiben zu verhindern – Gestaltung visuell kontrastierend zum Hintergrund – Einbindung von taktilen Informationen am Anfang und am Ende von Treppenläufen empfehlenswert	– Elemente der Treppe müssen für sehbehinderte Menschen leicht erkennbar sein: z.B: Markierung aller Stufen, mindestens jedoch erst und letzte – Anordnung von visuell kontrastierende Stufenmarkierungen aus durchgehenden Streifen auf der Trittstufe 4 bis 5 cm breit und auf Setzstufe 1 bis 2 cm breit – Anordnung von taktil erfassbaren Feldern am Austritt hinter der obersten Trittstufe, an der untersten Treppenstufe etwa 60 cm abgerückt.

7.1.2 Steigungsverhältnis

Ein Treppenlauf setzt sich aus den waagerechten Auftritten a und den senkrechten Steigungen s zusammen. Das Steigungsverhältnis als Angabe der Neigung der Treppe wird nach dem Verhältnis s/a in der Lauflinie bestimmt. Das Steigungsverhältnis von Treppen liegt im Bereich von 1:6 (ca. 9,5°) bis 1:1 (45°). Größere Steigungsverhältnisse werden als Leitertreppen (45° bis 75°), Leitern (75° bis 90°) oder Steigeisen (90°), kleinere ($\leq$ 1:6) als Rampen bezeichnet. Die Planung des Steigungsverhältnisses erfolgt mithilfe der *Schrittmaßregel:*

- $2\,s + a = 59$ cm bis 65 cm (ideal: 63 cm).

Weiterhin sind zu beachten die

- *Bequemlichkeitsregel:* $a - s = 12$ cm,
- *Sicherheitsregel:* $a + s = 46$ cm.

Als optimales Steigungsverhältnis, das alle drei Regeln erfüllt, gilt 17/29.

7.1.3 Mindestmaße

Die lichte Treppendurchgangshöhe wird senkrecht von den Vorderkanten der Stufen bis zur Unterseite darüberliegender Bauteile gemessen. Sie beträgt mindestens 2 m. Bei Wohngebäuden mit nicht mehr als zwei Wohnungen und innerhalb von Wohnungen darf das lichte Durchgangsmaß auf einem ein- oder beidseitigen Randstreifen eingeschränkt sein.

Die nutzbare Treppenlaufbreite ist das lichte Fertigmaß zwischen den begrenzenden Bauteilen und den Handlaufinnenkanten. Die in Tafel 3.55a angegebenen Mindestmaße dürfen auch durch Fertigungs- oder Einbautoleranzen nicht unterschritten werden.

Treppen und Treppenpodeste müssen verkehrssicher und gut begehbar ausgebildet sein. Sie müssen von den Zugängen günstig erschlossen sein und ausreichend Platz für An- und Austritt bieten. Treppen und Podeste müssen den Anforderungen des Brand- und Schallschutzes, von Bauvorschriften, der Standsicherheit und der Beleuchtung gerecht werden.

Tafel 3.55a Grenzmaße der Treppenlaufbreite, Treppensteigung und des Treppenauftritts für Gebäudetreppen – Fertigmaße im Endzustand (nach DIN 18065)

Treppenart	Nutzbare Treppen-laufbreite [cm]	Steigung s		Auftritt a	
		Mindestmaß [mm]	Maximalmaß [mm]	Mindestmaß [mm]	Maximalmaß [mm]
Gebäude im Allgemeinen					
Baurechtlich notwendige Treppen	100	140	190	260	370
Baurechtlich nicht notwendige Treppen	50	140	210	210	370
Wohnungsgebäude mit nicht mehr als zwei Wohnungen und innerhalb von Wohnungen					
Baurechtlich notwendige Treppen	80	140	200	230	270
Baurechtlich nicht notwendige Treppen	50	140	210	210	370

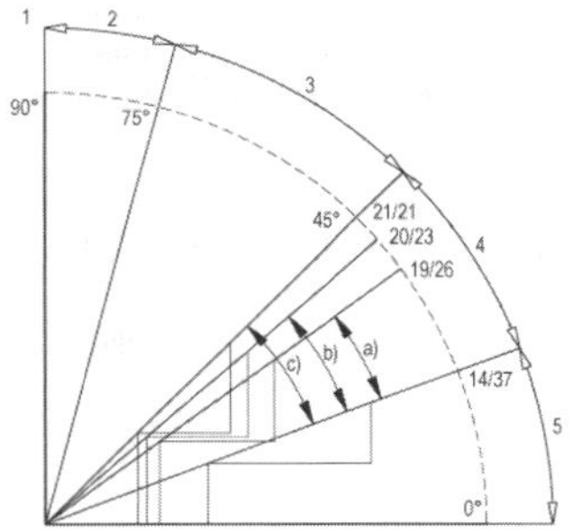

a) Keller- und Bodentreppen, die nicht zu Aufenthaltsräumen führen, baurechtlich nicht notwendige Treppen
b) baurechtlich notwendige Treppen zu Aufenthaltsräumen für Wohngebäude mit nicht mehr als zwei Wohnungen
c) baurechtlich notwendige Treppen in sonstigen Gebäuden

1 Steigeisen
2 Leitern
3 Leitertreppen
4 Treppen
5 Rampen

Abb. 3.55a Abgrenzung von Treppen nach dem Steigungsverhältnis

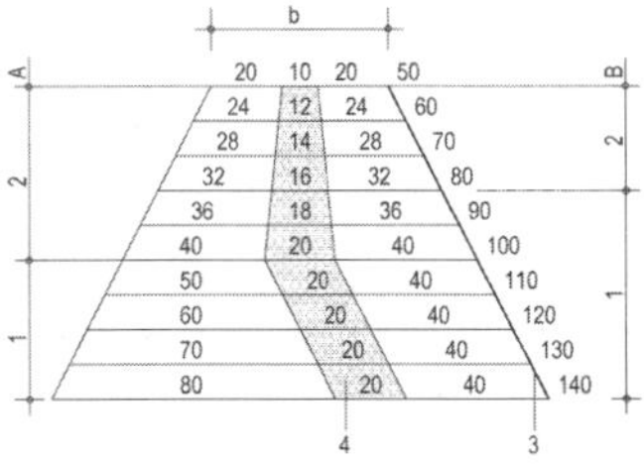

a) Gebäude im Allgemeinen
b) Wohngebäude mit bis zu zwei Wohnungen und innerhalb von Wohnungen

Abb. 3.55b Gehbereiche für gewendelte Treppen

7.1.4 Toleranzen

Tafel 3.55b Abweichung/Toleranzen der Istmaße gegenüber dem Nennmaß (Sollmaß) der Steigungen

Gebäude im Allgemeinen	Wohngebäude mit bis zu zwei Wohnungen und innerhalb von Wohnungen
Abweichung vom Nennmaß innerhalb eines Treppenlaufs	
≤ 5 mm	≤ 5 mm gilt nicht für die Steigung der Antrittsstufe
Abweichung der Antrittsstufe	
≤ 5 mm	≤ 15 mm

Gebäude im Allgemeinen	**Wohngebäude mit bis zu zwei Wohnungen und innerhalb von Wohnungen**
Abweichungen von der Nennlage	
• in der Treppenlaufbreite ± 0,5 % • in der Auftritttiefe ± 1 %	• in der Treppenlaufbreite ± 0,5 % • in der Auftritttiefe ± 1 %
Steigung und Auftritt einzelner Geschosstreppen dürfen voneinander abweichen, müssen aber innerhalb der jeweiligen Geschosstreppe gleich sein.	

7.1.5 Holztreppen

Holztreppen kommen heute meist nur noch in Ein- oder Zweifamilienhäusern zur Ausführung. Als Geschosstreppen für mehrgeschossige Gebäude werden aus Brandschutzgründen meist Stahlbetontreppen eingesetzt.

Man unterscheidet drei ***Hauptkonstruktionsarten***:

- aufgesattelte Holztreppen
  können ausgeführt werden, indem die Wangen stufenförmig ausgeschnitten werden oder den Wangen Zwischenstücke aufgesetzt werden, welche als Stufenauflager dienen.
- eingeschobene (eingeschnittene) Holztreppe
  Bei dieser Konstruktion werden die Trittstufen von vorn in die Wangen eingeschoben. Die Wangen sind ca. 6 cm breit, die Trittstufen sitzen 20 bis 25 mm tief in den Wangen. Diese werden über mindestens zwei Treppenschrauben, welche sich i.d.R. direkt unter Trittstufen befinden, miteinander verbunden.
- eingestemmte Holztreppe
  Bei gestemmten Treppen werden die Tritt- und Setzstufen ca. 15 bis 25 mm in die Wangen eingestemmt. Durch diese Verbindung und Verspannung der Wangen bilden die einzelnen Bauteile ein zusammenwirkendes Tragsystem.

Als Material wird vorwiegend Massivholz verwendet: Eiche, Buche, Ahorn, Esche, Lärche oder ausländische Harthölzer.

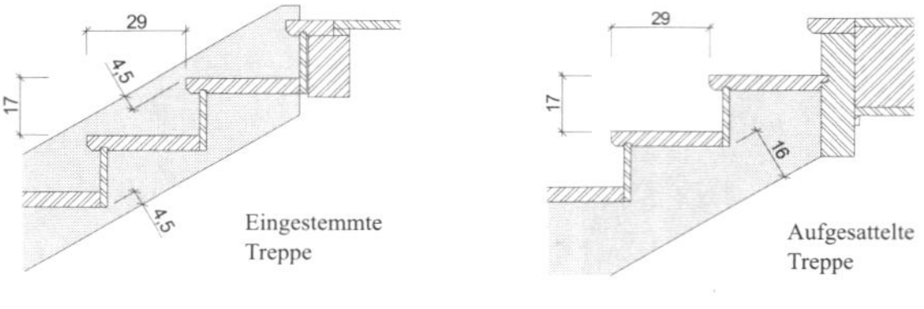

Abb. 3.56 Holztreppen

7.1.6 Stahlbetontreppen

In der heutigen Zeit wird die überwiegende Anzahl notwendiger Gebäudetreppen u.a. auf Grund des Brandschutzes in Stahlbeton aus Fertigteilen oder Ortbeton hergestellt. Die häufigste Form ist dabei die ein- oder zweiläufige Treppe mit Podest, auch hier wiederum mit zwei Standardvarianten:

- Einlegen der Laufplatten zwischen den tragenden Podesten
- Ausbildung der Laufplatten und Podeste als zusammenhängendes Bauteil, also als geknickter Träger

Um störende Geräuschübertragung zu minimieren, müssen geeignete Maßnahmen ergriffen werden (z.B.Abkopplung von der Wand, Trittschalldämmung etc.).

Fertigtreppen bestehen aus einzelnen, industriell vorgefertigten Teilen, die zu einer individuellen Treppe zusammengesetzt werden können. Stahlbetontreppen als Fertigtreppen sind äußerst präzise gefertigt und sauber gearbeitet, sie sind meistens sofort belastbar und können direkt mit Belag versehen werden.

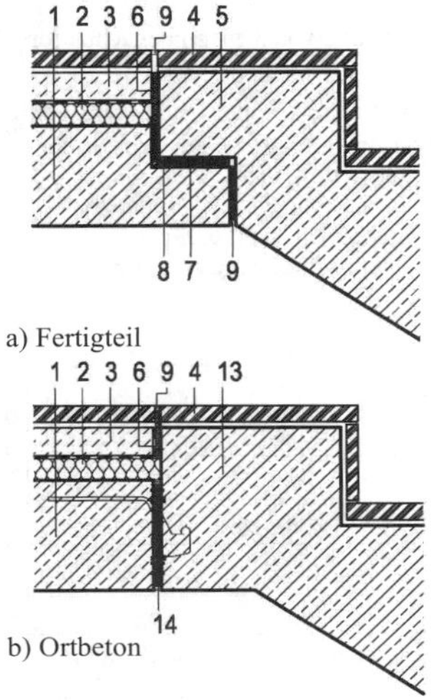

1 Geschossdecke aus Stahlbeton
2 Trittschalldämmung der Geschossdecke
3 schwimmender Zementestrich auf Trennlage
4 Feinsteinzeugbelag im Dünnbett
5 Treppenlauf- Rohkonstruktion aus Stahlbeton (Fertigteil)
6 Randdämmstreifen
7 Elastomerlager
8 Schalllager
9 elastische Fuge
10 Bodenplatte aus Stahlbeton
11 Abdichtung gegen Bodenfeuchte
12 Wärmedämmung der Bodenplatte
13 Treppenlauf-Rohkonstruktion aus Stahlbeton (Ortbeton)
14 Tronsole

Abb. 3.57a Ausbildung des Treppenaustritts

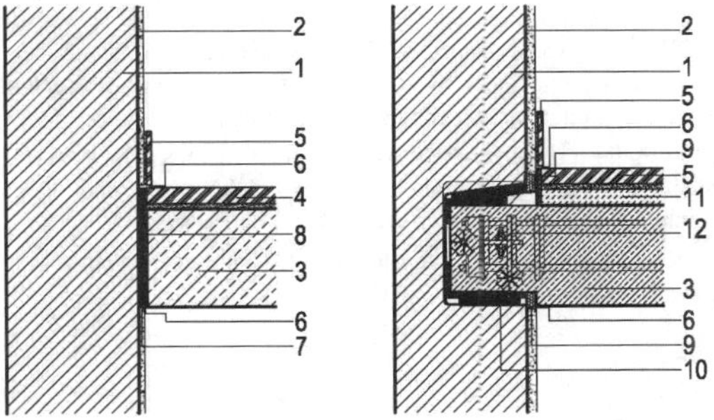

1 Treppenhauswand
2 Innenwandputz
3 Treppenlauf- Rohkonstruktion aus Stahlbeton (Ortbeton)
4 Feinsteinzeugbelag im Dünnbett
5 Sockelfliese
6 elastische Fuge
7 Anputzprofil
8 PE-Schaumplatte
9 Randdämmstreifen
10 Elastomerlager
11 Verbundestrich, Ausgleich
12 Tronsole Typ Z

Abb. 3.57b seitlicher Anschluss des Treppenlaufs

7.1.7 Stahltreppen

Stahltreppen bestechen durch ihre extrem schlanken Konstruktionen. Stahl ist ein relativ flexibles Material und verfügt über gute statische und gestalterische Fähigkeiten. Oftmals sind die Trittstufen der reinen Stahltreppen aus Gitterrosten gefertigt und verfügen ebenfalls über ein stählernes Geländer. Brandschutztechnisch gesehen, müssen besondere Vorkehrungen getroffen werden, wenn sie als notwendige Treppen fungieren sollen. Ähnlich wie bei den Stahlbetontreppen muss auch bei Stahltreppen die Schallübertragung auf andere Bauteile unterbunden werden.

7.1.8 Treppenbeläge

Treppenbeläge wie Keramik, Natursteine, Werksteine, Kunststoffe, Holz und textile Beläge sind bei allen Treppenarten, Bauweisen und Materialien einsetzbar, Einschränkungen bzgl. der Materialwahl können sich jedoch z. B. aus Brandschutzgründen ergeben.

7.2 Geländer und Umwehrungen

An Öffnungen, freien Seiten der Treppe und Podesten muss in der Regel ein Treppengeländer angebracht werden. Treppen müssen mindestens auf einer Seite einen festen und sicheren Handlauf haben, der auf einer

Höhe von 80–115 cm anzubringen ist. Der Handlauf muss einen Mindestabstand von 5 cm zu benachbarten Bauteilen, z.B. einer Wand, haben.

Die Geländer der Treppenanlagen dienen der Sicherungsfunktion von freien Treppenseiten. Die verschiedenen Bauordnungen der Länder schreiben Geländerhöhen von 90 cm, gemessen ab Stufenvorderkante, bzw. Geländerhöhen von 1,10 m bei Absturzhöhen von mehr als 12 m vor.

Tafel 3.58 Treppengeländerhöhen nach DIN 18065

Absturzhöhe [m]	Gebäudeart	Mindestgeländerhöhe
Gebäude im Allgemeinen		
≤12	Gebäude, die nicht der Arbeitsstättenverordnung unterliegen	90 cm
≤12	Arbeitsstätten	100 cm
> 12 [a)]	Für alle Gebäudearten	110 cm
Wohnungsgebäude mit nicht mehr als zwei Wohnungen und innerhalb von Wohnungen		
≤12		90
> 12 [a)]		110

[a)] Bei Treppenaugenbreiten von max. 20 cm gelten die Anforderungen wie für eine Absturzhöhe ≤12 m.

Geländer sind bei Treppen mit mehr als 5 Steigungen vorzusehen. In Kindertagesstätte und Schulen gelten höhere Anfordeurngen.

In speziellen Vorschriften, wie z. B. Kindergartenrichtlinien wird die Notwendigkeit zusätzlicher Handläufe in geringeren Höhen (60–80 cm) geregelt. DIN 18065 weist darauf hin, dass in Gebäuden, in denen mit der Anwesenheit von Kleinkindern zu rechnen ist, Treppengeländer so zu gestalten sind, dass ein Überklettern erschwert wird und der lichte Abstand von Geländerteilen nicht mehr als 12 cm beträgt.

Die erforderliche Stabilität der Geländer bzw. die anzusetzenden Lasten werden in DIN EN 1991-1-1 Üblicherweise ist in privat genutzten Gebäuden eine horizontale Last von 0,5 kN/m Geländerlänge anzunehmen. Bei gewerblicher und öffentlicher Nutzung erhöht sich die Last auf 1,0 kN/ m.

Für die Geländergestaltung stehen sehr viele Möglichkeiten und Materialien (Stahlbleche, Holz oder Stahlstäbe, -gitter, Glas u.v.a.) zur Verfügung.

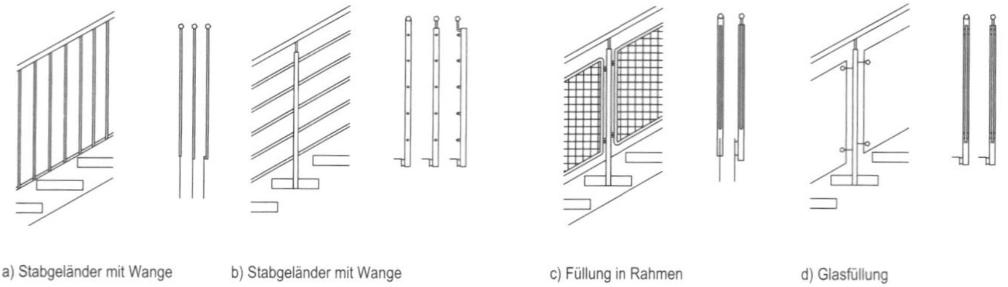

Abb. 3.58a Geländerarten

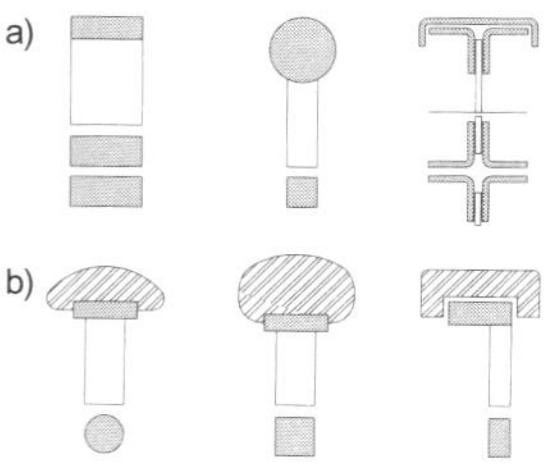

Abb. 3.58b Handläufe
a) aus Stahl (Geländerstäbe aus Stahl)
b) aus Holz (Stäbe aus Stahl oder Holz)

8 Schornsteine, Schächte

8.1 Schornsteine, Abgasleitungen[1)]

8.1.1 Allgemeines; Begriffe

Durch Abgasanlagen müssen Rauch- und Abgase von Heizungsanlagen und Feuerstätten sicher ins Freie transportiert werden; Feuer und Rauch dürfen nicht in andere Geschosse übertragen werden; die Baukonstruktion muss vor der Wärmebelastung geschützt werden.

Bei den Abgasanlagen wird unterschieden in:

- *Schornsteine*, die rußbrandbeständig sind (für feste Brennstoffe, wie Kohle, Holz, Pellets);
- *Abgasleitungen*, die nicht rußbrandbeständig sein müssen und bei flüssigen bzw. gasförmigen Brennstoffen (Öl, Gas) eingesetzt werden können.

Zur Abgasanlage gehören je nach Gasgerät und Brennerart die Strömungssicherung mit der Abgasüberwachungseinrichtung, die Abgasklappe, das Abgasrohr oder Verbindungsstück, der Schornstein oder die Abgasleitung und die Mündung des Schornsteins oder der Abgasleitung.

Bei der Planung einer Abgasanlage sollte berücksichtigt werden, dass ggf. strengere Kriterien berücksichtigt werden, sodass ein späterer Wechsel des Brennstoffs und der Betriebsweise möglich ist.

Grundsätzlich kann man unterscheiden nach (Auswahl)

- Schornsteintyp — einschalig, zweischalig, dreischalig
- Bauart
  - Schornsteine aus Mauerwerk — auf der Baustelle im Verband gemauert;
  - Montageabgasanlagen — auf der Baustelle aus Montagebauteilen von kompatiblen Bauprodukten zusammengesetzt, die von einem oder mehreren Herstellern kommen dürfen;
  - Systemabgasanlagen — komplette Abgasanlage als Bausatz oder Fertigelemente, die von einem Hersteller kommt, der die Produkthaftung für die ganze Anlage übernimmt.
- Klassifizierung und Verwendung
  - Temperaturklasse T — zulässige Nennbetriebstemperatur des Bauprodukts, T080 bis T600 (Zahlenwert = Nennbetriebstemperatur in °C);
  - Gasdichtheitsklasse N, P o. H — zul. Leckrate, Klassen N1 bis H2, und zul. Betriebsweise (Unter-/Überdruck) und Verwendung (im Gebäude/im Freien);
  - Kondensatbeständigkeitsklasse — Betrieb unter Feucht- (W) oder Trockenbedingungen (D);
  - Korrosionswiderstandsklasse — Widerstandsklassen 1–3 in Abhängigkeit von der Brennstoffart
  - Rußbrandbeständigkeitsklasse — ohne (Oxx) / mit Rußbrandbeständigkeit (Gxx); (xx ist der Außenabstand der Abgasanlage zu brennbaren Stoffen in mm);
  - Feuerwiderstandsklassen — Zeitspanne, der die Anlage einem Feuer widersteht (L00 bis L120; Zahlenwert = Dauer in Minuten)
  - Wärmedurchgangswiderstand — TR zzgl. Angabe des Wärmedurchlasswiderstandes
  - Abstandsklasse C — zzgl. Angabe des Abstandes in mm zu brennbaren Baustoffen
  - Baustoffklasse — A (nicht brennbar), B (brennbar), gem. DIN 4102-1

  Beispiel für eine Kennzeichnung:

  Abgasanlage DIN V 18160-1 T400 N1 D 3 G50 L90
- Betriebsart
  - Raumluftabhängigkeit — Feuerstätte, die die Verbrennungsluft dem Aufstellraum entnimmt;
  - Raumluftunabhängigkeit — Feuerstätte, der die Verbrennungsluft über Leitungen direkt aus dem Freien zugeführt wird.

  Raumluftunabhängige Feuerstätten werden an sog. LAS-Schornsteine (Luft-Abgas-Systeme, d. h. Abgasanlagen mit getrennten Luft- und Abgasschächten) angeschlossen und eröffnen die Möglichkeit, luftdichte Gebäudehüllen zu erstellen, wie es das GEG fordert.

---

1) Regelungen für die Planung und Ausführung von Abgasanlagen sind in DIN V 18 160-1 (01.2006) und in den Landesbauordnungen bzw. den Feuerungsverordnungen enthalten. Nachfolgend sind nur die Angaben nach DIN V 18 160-1 wiedergegeben, die Ordnungen der Länder sind zusätzlich zu beachten.

8.1.2 Planungshinweise

Grundsätzlich sind die Bestimmungen der Länder (Landesbauordnungen), das Bundesimmissionsschutzgesetz und die Technischen Anleitungen zur Reinhaltung der Luft (TA-Luft) für die Planung von Abgaseinrichtungen Grundlage. Die Planung und Ausführung der Abgasleitungen und Schornsteine erfolgen nach DIN 18160-1, DIN EN 12446, DIN EN 13063 und DIN EN 1443.

Der Schornstein bzw. die Abgasleitung muss

- auf die Feuerstätte bzw. die Nennwärmeleistung abgestimmt sein,
- nach den entsprechenden technischen Regeln bemessen werden,
- von dem zuständigen Bezirksschornsteinfeger (untere Baubehörde) abgenommen werden.

Bei der baulichen Ausführung ist zu beachten, dass die Wärmeverluste (charakterisiert durch den Wärmedurchgangskoeffizienten *U*) so klein wie möglich gehalten werden sollen, um eine geringe Abkühlung und einen guten thermischen Auftrieb zu gewährleisten.

Ausgangsdaten für die Berechnung des Schornsteinquerschnittes sind:

- Art des Brennstoffs,
- Nennwärmeleistung,
- Abgastemperatur am Abgasstutzen,
- die Wärmedämmgruppe des Schornsteins,
- die wirksame Schornsteinhöhe.

Tafel 3.60a Forderungen an einen Schornstein

Wirksame Schornsteinhöhe	groß
Abgastemperatur	hoch
Außenlufttemperatur θ_e	niedrig
Luftdruck p_B	hoch
Wärmedurchgangskoeffizient *U*	niedrig
Rauigkeit der Innenfläche	niedrig

Je nach Feuerstätte und den Brennstoffen können Schornsteine einfach oder mehrfach belegt werden. Grundsätzlich gilt, dass die Abgasanlagen nach Querschnitt, Höhe und Wärmedurchlasswiderstand so bemessen sein müssen, dass die Abgase in allen Betriebszuständen ins Freie abgeleitet werden und kein gefährlicher Überdruck entsteht.

8.1.3 Schornsteine und Abgasleitungen für Niedertemperatur- und Brennwertkessel

Herkömmliche Feuerungsanlagen werden mit Abgastemperaturen von ca. 80 bis 160 °C, moderne Niedertemperatur- und Brennwertgeräte dagegen von nur 30 bis 50 °C betrieben. Bei Schornsteinen ist bei Abgastemperaturen ≥ 40 °C der thermische Auftrieb noch knapp ausreichend; bei Brennwertkesseln werden jedoch i.d.R. Gebläse angeordnet, im Schornsteininneren darf dabei kein Überdruck auftreten. Die Taupunkttemperatur an der Mündung wird allerdings unterschritten und somit fällt planmäßig Kondenswasser an. Der Schornstein muss daher für den Feuchtbetrieb zulässig sein.

In Abgasleitungen ist bei Brennwertgeräten ein thermischer Auftrieb nicht gesichert, sodass Gebläse angeordnet werden. Die Abgasleitung muss für Überdruckbetrieb geeignet sein. Wegen des anfallenden Kondensats muss das Leitungsmaterial säurebeständig sein, am unteren Ende ist ein Kondensatablauf vorzusehen. Für den Anschluss von Brennwertgeräten in Altbauten ist i.d.R. der vorhandene Schornstein zu groß und für den Feuchtigkeitsanfall nicht geeignet. Bei ausreichendem Querschnitt kann eine säurefeste, diffusionsdichte Abgasleitung, die für Überdruck geeignet ist, nachträglich eingezogen werden.

8.1.4 Wirksame Schornsteinhöhe

Für den thermischen Auftrieb ist neben der Dichte- bzw. Temperaturdifferenz der Höhenunterschied Δh zwischen Zu- und Abströmöffnung entscheidend. Die wirksame Schornsteinhöhe ist die Höhendifferenz zwischen Abgaseinführung der obersten Feuerstätte und der Schornsteinmündung.

Tafel 3.60b Mindestwerte für die wirksame Schornsteinhöhe

Belegung	Brennstoff	Mindesthöhe in m
einfach	alle	4,00
mehrfach	fest, flüssig	5,00
	gasförmig	4,00

8.1.5 Nebenluftvorrichtung

Die Abgase, die bei der Verbrennung entstehen, müssen ins Freie abgeführt werden. Dies kann durch thermischen Auftrieb (Dichteunterschiede; auch als Zug bezeichnet) oder durch mechanische Lüftung mittels Ventilatoren erfolgen. Da sich Außenlufttemperatur und Luftdruck ständig ändern und die Abgastemperaturen bei modernen Feuerungsanlagen relativ niedrig liegen, werden Nebenluftvorrichtungen vorgesehen. Sie gewährleisten einen konstanten Schornsteinzug unabhängig von der Witterung. Es gibt unterschiedliche Ausführungen: selbsttätige (Zugregler), zwangsgesteuerte mit Motor und kombinierte Nebenluftvorrichtungen.

8.1.6 Schornsteinanordnung

Der Schornstein sollte unter Berücksichtigung der Dachkonstruktion in der Nähe des Firstes angeordnet werden, sodass nur ein relativ kurzer Teil des Schornsteins den Windkräften und der Witterung ausgesetzt und damit der Aufwand an Witterungsschutz für den Schornsteinkopf sowie für die Gewährleistung der Standsicherheit gering ist. Auf gleichmäßige Zugwirkung ist zu achten. Die Abgase aus der Feuerstätte sind auf kürzestem Weg in den Schornstein zu leiten. Im Einzelnen gilt:

- Schornsteinhöhe über Dach

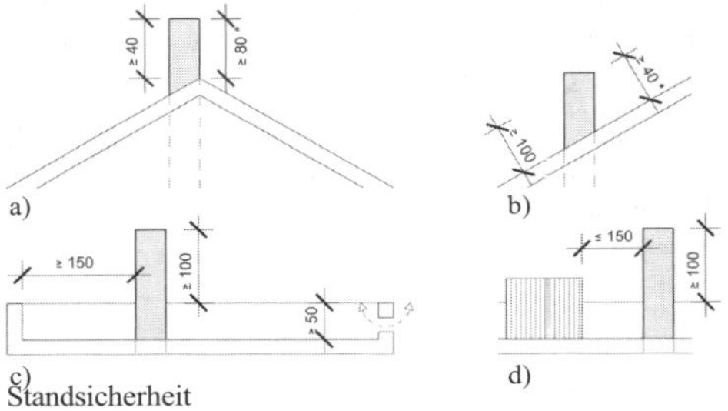

Abb. 3.61a Abstände von Mündungen von Abgasanlagen

a) Dachneigungen > 20° : über First ≥ 40 bei harter, ≥ 80 bei weicher Bedachung
b) Dachneigungen < 20° : über Dachhaut ≥ 100, ≥ 40 bei Gasfeuerstätten ≤ 50 kW
c) Flachdächer mit Brüstung : ist die Brüstung allseitig und höher als 50, so sind Öffnungen in der Brüstung vorzusehen (Ableitung von Abgasansammlungen
d) Abstände zu Dachaufbauten und/oder zu Bauteilen aus brennbaren Baustoffen : ≥ 150 oder ist der Abstand ≤ 150, Überragung von ≥ 100

- Standsicherheit
  - Nachweis nach DIN V 18 160-1, Anordnung nähe First;
  - Windkräfte am Schornsteinkopf müssen in angrenzende Bauteile abgeleitet werden.
  - Abstützende Bauteile müssen nach DIN 18 160-1 nahezu unverschieblich sein.
  - Bei größeren Höhen über First sind bauliche Maßnahmen, wie Winkeleiseneinfassung oder Ummauerung mit einer Wandstärke 11,5 cm, erforderlich.
- Brandschutz
  - Schornsteinanlagen müssen widerstandsfähig gegen Wärme, Abgas und Rußbrände im Inneren des Schornsteins sein.
  - Bei Abgastemperaturen von 400 °C im Schornstein dürfen sich die angrenzenden Oberflächen von Bauteilen aus oder mit brennbaren Baustoffen auf nicht mehr als 85 °C erwärmen.
  - Beim Rußbrand im Inneren des Schornsteins darf die Oberflächentemperatur an den angrenzenden Bauteilen aus oder mit brennbaren Baustoffen 100 °C nicht überschreiten.
  - Bei Brandbeanspruchung von außen muss der Schornstein mindestens 90 Minuten lang stand-sicher bleiben, um die Brandausbreitung in andere Etagen zu verhindern. Dabei darf durch Wärmeleitung über die Außenschale des Schornsteins keine unzulässig hohe Temperatur an der Schornsteinoberfläche in anderen Geschossen auftreten.

Tafel 3.61 Abstände von Schornsteinanlagen und Reinigungsöffnungen zu brennbaren Materialien

Brennbare Materialien	Abstand Schornstein	Abstand Rauchrohrdurchführung	Abstand Reinigungsöffnung	
			seitlich	nach vorn
Wände	mind. 5 cm, Zwischenraum belüftet	mind. 20 cm rechts und links		
Decken, Dachkonstruktionen aus Holz	mind. 2 cm			
Fußböden			mind. 40 cm, bei Schutz gegen Wärmestrahlung mind. 20 cm	mind. 50 cm
Einbaumöbel	mind. 5 cm		mind. 40 cm	

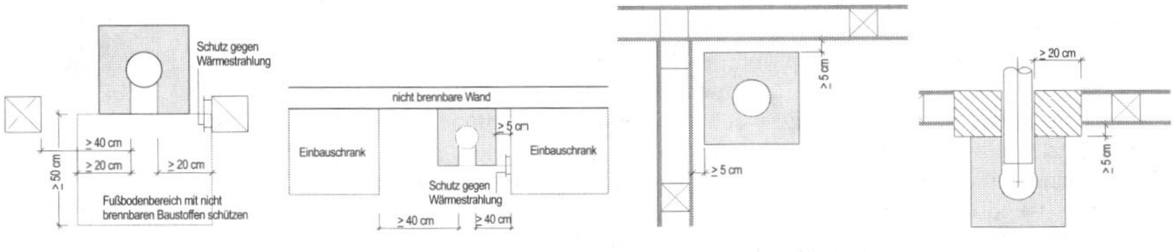

Abb. 3.61b Anordnung der Feuerstätten und Abstände von Schornsteinanlagen/Reinigungsöffnungen zu brennbaren Materialien

8.2 Schachtlüftung

Bei der Schachtlüftung wird die Abluft über einen Schacht geführt, der mit den zu lüftenden Räumen bauseitig verbunden ist, in die Räume selbst muss ausreichend Luft (z.B. über Fenster oder Fugen) nachströmen können. In modifizierter Form kommt die Schachtlüftung in Kombination mit mecha-nischen Lüftungssystemen zum Einsatz. Bei mehr als zwei Vollgeschossen sind u.a. brandschutz- technische Regelungen der jeweiligen Landesbauordnungen (s.u.) und akustische Belange zu beachten. Die Anbindung der Räume an den Schacht sollte indirekt erfolgen, um eine schallschutztechnische Entkopplung zu ermöglichen.

Tafel 3.62 enthält einige allgemeine bauliche Forderungen für die Ausbildung des Schachts, die Anordnung der Schachtmündung und den Einfluss von benachbarten Gebäuden (s.a. Abb. 3.62a). Durch die Einhaltung der Randbedingungen nach Tafel 3.62 und Abb. 3.62a wird erreicht:

- dass die Mündung des Schachts in der freien Strömung liegt und somit durch die Windströmung die Sogwirkung bzw. die Auftriebsströmung erhöht wird und
- die Abluft infolge Verwirbelung hinter den Strömungshindernissen weitgehend verdünnt in die bodennahen Strömungen gelangt und damit kaum die Außenluftqualität beeinflusst.

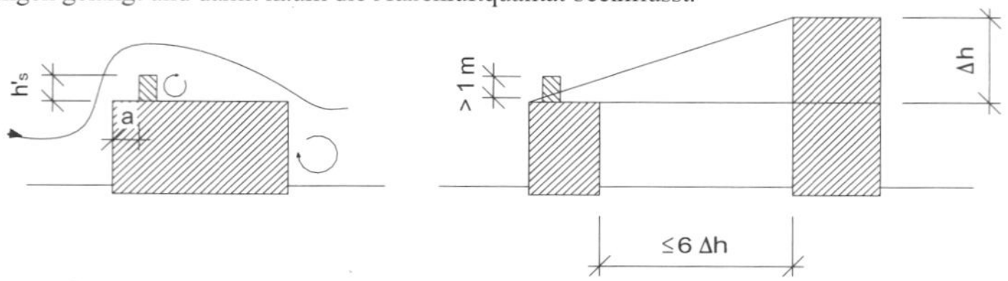

Abb. 3.62a Maßskizze für die Anordnung von Lüftungsschächten bzw. Schornsteinen
a) erforderliche Mindesthöhe h_s' von Lüftungsschächten bei Flachdächern
b) erf. Höhe von Lüftungsschächten bei niedrigeren Gebäuden in der Nähe von höheren Gebäuden

Tafel 3.62 Bauliche Hinweise für die Schachtlüftung bzw. von Schornsteinen unter lüftungstechnischen Gesichtspunkten

Schacht	lotrecht
	gleicher Querschnitt
	über Dach geführt
Schachtmündung	in der freien Windströmung
	nahe an der Traufkante, Abstand $a \leq 10$ m (Abb. 2.60); bei Gebäudebreite $= 2 \cdot a \geq 20$ m ist a der Abstand zu der am weitesten entfernten Traufkante
	Die Höhe der Mündung über OK Dach muss sein: $h_s' \geq a$ (Abb. 2.64)
Einfluss von benachbarten Gebäuden	Ist der Abstand zwischen den Gebäuden $\leq 6 \cdot \Delta h$, so sind die Bedingungen nach Abb. 2.64a einzuhalten.

Die Schachtlüftung ist wirkungslos, wenn die Bauwerkstemperatur bzw. Raumlufttemperatur kleiner ist als die Außenlufttemperatur und wenn Windstille herrscht. Eine Anwendung ist nur dann empfehlenswert, wenn kurzzeitige Unterbrechungen der Lüftung zulässig sind.

Die Unterdruckwirkung an der Schachtmündung kann durch Lüftungsaufsätze verstärkt werden. Bei der „Meidinger Scheibe" (Abb. 3.62b) wird durch die Unterströmung der Scheibe ein höherer Unterdruck als bei der freien Umströmung im Abluftschacht bewirkt. Diese Zugverstärkung kann auch durch andere bautechnische Lösungen erreicht werden.

Für den Brandschutz gilt die Muster-Richtlinie über brandschutztechnische Anforderungen an Lüftungsanlagen (Muster-Lüftungsanlagen-Richtlinie M-LüAR1), an die Anforderungen nach § 41 MBO gestellt werden. Gemäß § 41 Abs. 2 der Musterbauordnung müssen Lüftungsleitungen sowie deren Bekleidungen und Dämmstoffe aus nichtbrennbaren Baustoffen bestehen. Brennbare Baustoffe sind zulässig, wenn ein Beitrag der Lüftungsleitung zur Brandentstehung und Brandweiterleitung nicht zu befürchten ist. Bei der Kombination von Baustoffen ist auf die Verbundwirkung gemäß den Hinweisen in den Verwendbarkeitsnachweisen zu achten.

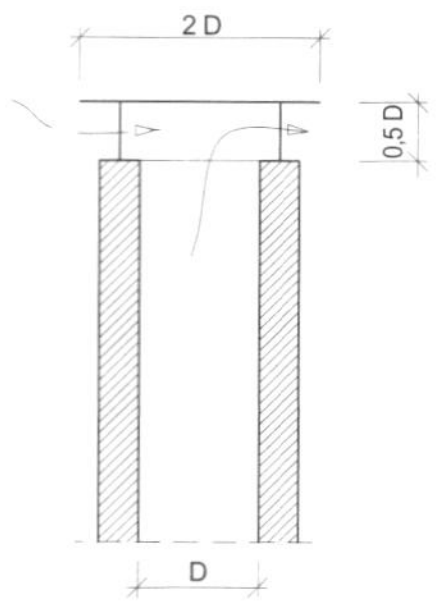

Abb. 3.62b Lüftungsaufsatz – Prinzip: „Meidinger Scheibe"

9 Passivhäuser

Passivhäuser vereinen modernste bauphysikalische Erkenntnisse mit höchster Energieeffizienz und Wohnqualität. Energieeinsparung im Gebäudebereich ist ökologisch sinnvoll, wirtschaftlich vernünftig, politisch geboten und technisch machbar. Die Bewohner und Nutzer profitieren von niedrigeren Energiekosten und behaglicherem Wohnklima. Nicht zuletzt profitiert auch die Umwelt. Passivhäuser sind Gebäude, in denen hohe Behaglichkeit im Winter und im Sommer ohne herkömmliches erdöl- oder erdgasbetriebenes Heizsystem erreicht werden kann. Weitere Vorteile durch ein Gebäude im Passivhausstandard:

- Energie- und Nebenkosteneinsparung
- geringe Temperaturschwankungen im Sommer und auch im Winter
- Überhitzungsreduzierung im Sommer
- keine „Zuglufterscheinungen“
- Erhöhung der Behaglichkeit

9.1 Definition

Ein Passivhaus ist laut Definition des Passivhausinstitutes Darmstadt ein Gebäude, in dem fast ohne ein aktives Heizsystem im Winter und ohne Klimaanlage im Sommer eine hohe Behaglichkeit erreicht werden kann – Das Haus heizt und kühlt sich passiv.

Die Definition lautet : *"Ein Passivhaus ist ein Gebäude, in welchem die thermische Behaglichkeit (ISO 7730) allein durch Nachheizen oder Nachkühlen des Frischluftvolumenstroms, der für ausreichende Luftqualität (DIN 1946) erforderlich ist, gewährleistet werden kann - ohne dazu zusätzlich Umluft zu verwenden." [1]*

Es handelt sich hierbei nicht um einen Energie-Standard im eigentlichen Sinne, sondern um ein Gesamtkonzept für die höchste Behaglichkeit. Die Definition enthält keine Zahlenwerte und gilt für jedes Klima. Dieses Gesamtkonzept setzt sich aus den verschiedenen Einzelkomponenten zusammen, die zueinander in einer Wechselwirkung stehen.

9.2 Gesetzliche Rahmenbedingungen

Mit dem Energieeinspargesetz (EnEG) vom Juli 1976 und in den folgenden Jahren wurden auf nationaler Ebene technische Vorschriften erlassen, die den Energieverbrauch reduzieren sollten. Mit der Einführung des GEG – Gebäuedeeinergiegesetz werden die EnEV – Energieeinsparverordnung, das EnEG – Energieeinsparungsgesetz in das EEWärmeG- Erneuerbare-Energien-Wärme-Gesetz zusammengeführt.

9.3 Passivhauskriterien

Für eine Bewertung der Wohngebäude wurden entsprechende Kriterien festgelegt, welche für eine Zertifizierung als Passivhaus zu erfüllen sind.

Tafel 3.63: Grenzwerte und Passivhauskriterien

Grenzwerte	
Energiekennwert Heizwärme (Heizwärmebedarf)	≦ 15,00 kWh(m²a)
Primärenergie-Kennwert (Warmwasser, Heizung, Hilfs- und Haushaltsstrom)	≦ 120,00 kWh(m²a)
Infiltrationsluftwechsel bei 50 Pa	≦ $0{,}60 h^{-1}$
Weitere Passivhauskriterien	
Guter Wärmeschutz und Kompaktheit	– U-Werte der Bauteile der Außenhülle U ≦ 0,15 W/(m²K) – Vermeidung von Wärmebrücken – Kompakter Baukörper
Südorientierung und Verschattungsfreiheit	– Passive Solarenergienutzung

Verglasung und Fensterrahmen	– U- Wert der Fenster (Rahmen * Verglasung) – U ≦ 0,80 W/(m²K) – g-Wert ca. 50 %
Luftdichtheit der Gebäudehülle	– Die Leckage durch unkontrollierte Fugen muss kleiner als 0,6 x Hausvolumen pro Stunde sein ($n_{50} < 0{,}6h^{-1}$)
Passive Vorerwärmung der Frischluft	– Erdwärmetauscher
Hoch wirksame Rückgewinnung der Wärme	– z.B. Gegenstromwärmetauscher mit Wärmerücktauschgrad von 80 %
Erwärmung des Brauchwassers mit teilweise regenerativen Energien	– z.B. Solarkollektoren – z.B. Wärmepumpe
Passive Kühlung im Sommer	– Die Übertemperaturhäufigkeit im Sommer sollte unter 10 % liegen

9.4 Berechnungsverfahren

Die Kennwerte, die als mindestens einzuhaltende Grenzwerte für die anerkannte Bezeichnung Passivhaus festgesetzt sind, werden nach dem Berechnungsverfahren PHPP (Passivhaus Projektierungs Paket) des Passivhaus-Instituts Darmstadt ermittelt. Das PHPP ist ein Planungsinstrument, mit dem ein Passivhaus ausgelegt und die Planung unterstützt werden kann. Das PHPP beinhaltet u.a. folgende Punkte:

- Energiebilanzberechnungen
- Projektierung der Komfortlüftung
- Auslegung der Heizlast
- Nachweis für die Förderung von Passivhäusern

Das PHPP stützt sich bezüglich der Rechenverfahren und Vorgehensweise, aber auch bezüglich der ausgegebenen Kennwerte und Bezugsgrößen auf Festlegungen der DIN-Normen. Wesentlicher Unterschied zwischen dem Berechnungsverfahren nach PHPP und denen nach GEG und damit ursächlich für Abweichungen in den Berechnungsergebnissen sind die Annahmen der Randbezugsgrößen: Während das GEG vornehmlich darauf abzielt, vergleichbare Werte für Gebäude untereinander zu erhalten und Standardwerte nach dem derzeitigen Stand der Technik verwendet, greift das PHPP auf Randbezugsgrößen zurück, die aus validierten Daten bereits gebauter Passivhäuser stammen sowie die Spitze im Stand der Technik berücksichtigen.

9.5 Grundprinzipien der Gebäudeplanung und Konstruktion

Der Passivhausstandard bedeutet zum einen eine Energieeinsparung, die für Nutzer und Umwelt positiv ist. Zum anderen sorgt er für eine Erhöhung des Komforts. Der wesentliche Index für den Nutzungskomfort ist die Behaglichkeit. Für die ***Behaglichkeit*** des Menschen sind die Raumlufttemperatur der umgebenden Bauteile (Wand, Decke, Fußboden), die relative Luftfeuchtigkeit, die Art und Dauer der Lüftung und das Wärmespeichervermögen der Bauteile von wesentlicher Bedeutung.

Bei der Gebäudeplanung kommt folgend aufgeführten Themen besondere Aufmerksamkeit zu:

- Passivhausbaukörper
  - Kompakte Gebäudeform
  - Orientierung, Ausrichtung
- Gebäudehülle
  - Wärmeschutz der Gebäudehülle, Wärmedämmung
  - Wärmebrückenfreiheit
  - Luftdichtheit der Gebäudehülle
  - Weitere Bauelemente, z.B. Passivhausfenster

Passivhauskörper

Eine Verringerung der Transmissionswärmeverluste wird durch ein kleines A/V-Verhältnis, also durch eine möglichst ***kompakte Gebäudeform*** begünstigt. Je geringer die wärmeaustauschende Fläche im Verhältnis zum von ihr umschlossenen Volumen ist, desto kleiner ist der volumenspezifische Wärmebedarf. Vor- und Rücksprünge in der Fassade sollen vermieden bzw. minimiert werden. Dies unterstützt außerdem einen vollumfänglichen und konsequent auszuführenden Wärmeschutz.
Das Gebäude sollte so ausgerichtet und zoniert sein, dass sich die Wohnräume nach ***Süden*** orientieren. Ein großer Süd-Fensterflächenanteil sorgt insbesondere in den Wintermonaten dafür, dass passive solare Energiegewinne erzielt werden können. Diese sollten möglichst verschattungsfrei gehalten werden, damit eine Nutzung der passiven solaren Energiegewinne möglichst effizient möglich ist.

Gebäudehülle

Wärmeschutz

Ein hervorragender Wärmeschutz der Außenbauteile (Wand, Dach, Boden, Fenster etc.) ist unerlässlich. Der Wärmedurchgangskoeffizient U [W/m²K] ist die Kenngröße für die Wärmeleitungsverluste der Außenbauteile. Alle Außenbauteile der beheizten Räume wie Dächer, Wände, Kellerdecken oder unterste Geschossdecken sollen einen Wärmedurchgangskoeffizienten von 0,15 W/(m²K) nicht überschreiten. Je nach Qualität der Dämmung und auch der gewählten Tragkonstruktion muss somit eine Wärmedämmung von ca. 25 bis 40 cm angeordnet werden.
Bei der Auswahl der geeigneten Wärmedämmung spielen die Wärmeleitfähigkeit, Druchfestigkeit, Brandverhalten, Temperaturbeanspruchung, Altersbeständigkeit und Umweltverträglichkeit eine Rolle:

Tafel 3.65 Beispielhafte Außenwandkonstruktionen

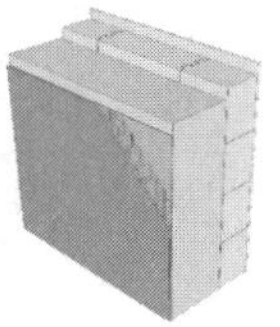 Mauerwerk mit WDVS	Innenputz, d= 10 mm Mauerwerkswand nach statischen Erfordernissen, z.B. aus Hochlochziegeln, d= 240 mm WDVS, z.B. Styropor, WLG 035, geklebt, d= 300 mm WDVS-Schlussbeschichtung, Armierungmörtel, Armierungsgewebe und Oberputz, d= 10 mm	U = 0,11 W/m²K
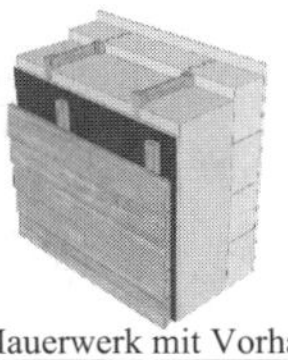 Mauerwerk mit Vorhangfassade	Innenputz, d= 10 mm Mauerwerkswand nach statischen Erfordernissen, z.B. aus Kalksandstein, d= 175 mm Einblasdämmung zwischen Holzstegträgern e= 625 mm, WLG 040, d= 300 mm Wasserfeste Holzweichfaserplatte, d= 18 mm Hinterlüftungsebene, vertikale Unterkonstruktion aus Holz, d= 30 mm Holzverkleidung, z.B. Stulpschalung	U = 0,13 W/m²K
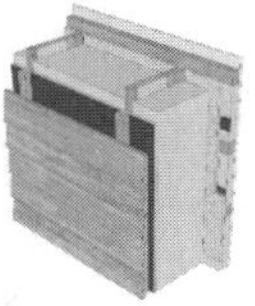 Holzleichtbauwand, mit thermisch getrennten Holz-Systemträgern	Innenwandbekleidung aus Gipskarton, d= 12,5 mm Wärmedämmung zwischen horizontaler Unterkonstruktion als Installationsebene, WLG 040, d= 60 mm Dampfdichtheitsebene aus OSB-Platte (auch aussteifend) mit verklebten Stößen, d= 15 mm Einblasdämmung zwischen thermisch getrennten Holzsystemträgern, e= 625 mm, WLG 040, d= 300 mm Wasserfeste Holzweichfaserplatte, d= 18 mm Hinterlüftungsebene, vertikale Unterkonstruktion aus Holz, d= 30 mm Holzverkleidung, z.B. Stulpschalung	U = 0,11 W/m²K

Tafel 3.66a Beispielhafte Fußbodenkonstruktion

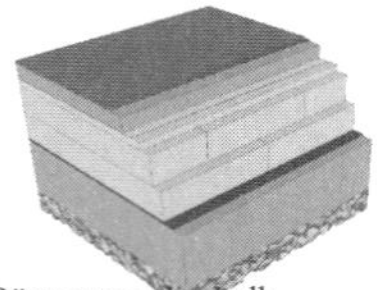 Dämmung oberhalb	Bodenbelag, Feinsteinzeug, d= 15 mm Zementestrich, d= 60 mm PE-Folie Trittschalldämmung, d= 30 mm Wärmedämmung, z.B. EPS, WLG 035, d= 240 mm Abdichtung Bodenplatte aus Stahlbeton, C25/30, d=240mm Schottertragschicht	U = 0,13 W/m²K
 Dämmung unterhalb	Bodenbelag, Feinsteinzeug, d= 15 mm Zementestrich, d= 60 mm PE-Folie Trittschalldämmung, d= 30 mm Abdichtung Bodenplatte aus Stahlbeton, C25/30, d=240mm Wärmedämmung, druckfest, z.B. XPS, WLG 035, d= 240 mm Schottertragschicht	U = 0,13 W/m²K

Tafel 3.66b Beispielhafte Dachkonstruktionen

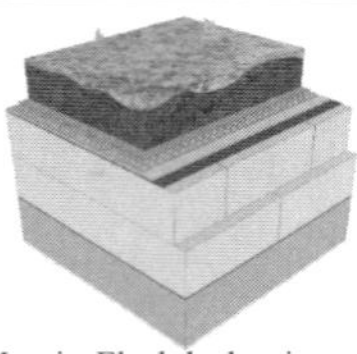 Massiv-Flachdach mit Extensivbegrünung	Innenputz, d= 10 mm Stahlbetondecke nach statischen Erfordernissen Dampfdruckausgleichsschicht und Dampfsperre Flachdachdämmung als Gefälledämmung, druckfest, z.B. PU, XPS, WLG 035, d i.M. 400 mm Flachdachabdichtung Wurzelschutzschicht Dränageplatten Vegetationssubstrat der Dachbegrünung	U = 0,08 W/m²K
 Geneigtes Dach, Dämmung zwischen, über und unter den Sparren	Innenbekleidung aus Gipskarton, d= 12,5 mm Wärmedämmung zwischen Unterkonstruktion, WLG 040, d= 60 mm Dampfsperre Mineralfaserdämmung zwischen den Sparren, WLG 040, d= 220 mm Mineralfaserdämmung auf den Sparren zwischen Unterkonstruktion, WLG 040, d= 140 mm Unterspannbahn Dachhaut mit Konterlattung, Lattung und Dachziegeln	U = 0,10 W/m²K
 Geneigtes Dach mit Holzstegträgern	Innenbekleidung aus Gipskarton, d= 12,5 mm Wärmedämmung zwischen Unterkonstruktion, WLG 040, d= 60 mm Dampfdichtheitsebene aus OSB-Platte (auch aussteifend) mit verklebten Stößen, d= 18 mm Mineralfaserdämmung zwischen den Stegträgern, WLG 040, d= 400 mm Wasserfeste Holzweichfaserplatte, d= 24 mm Dachhaut mit Konterlattung, Lattung und Dachziegeln	U = 0,09 W/m²K
 Geneigtes Dach mit Massivdachelementen	Innenputz, d= 10 mm Massivdeckenelemente aus Porenbeton, d= 150 mm Einblasdämmung zwischen Holzstegträgern, e= 625 mm, WLG 040, d= 400 mm Wasserfeste Holzweichfaserplatte, d= 24 mm Dachhaut mit Konterlattung, Lattung und Dachziegeln	U = 0,095 W/m²K

Wärmebrücken

Zusätzliche Wärmeverluste entstehen über ***Wärmebrücken***. Man unterscheidet geometrische Wärmebrücken, z.B. Gebäudeecken, und konstruktive Wärmebrücken, z.B. durch Unterbrechungen in Dämmstoffen. Grundsätzlich ist deshalb wärmebrückenfrei oder zumindest wärmebrückenminimiert zu planen, denn der Einfluss der Wärmebrücken steigt auch bei zunehmendem Dämmniveau. Die Wärmeverluste von Wärmebrücken werden mithilfe von Wärmebrückenverlustkoeffizienten (ψ-Werte) beschrieben, welche als Korrekturfaktoren bezogen auf die zugrunde liegende Konstruktion zu sehen sind. Wärmebrückeneffekte werden erst bei einer hoch wärmegedämmten Gebäudehülle wirklich relevant. Passivhäuser sollten nach Möglichkeit bilanziell wärmebrückenfrei konstruiert werden, was durch die Begrenzung des ψ-Werts auf maximal 0,010 W/(m^{2}K) erreicht werden kann.

Da eine wärmebrückenfreie Konstruktion die Wärmeverluste verhindert und ebenso Bauschäden durch Tauwasseranfall vermindert, sollte bei einem Passivhaus die gesamte beheizte Gebäudehülle lückenlos von einer Wärmedämmung umfasst werden. Beispiele für typische Wärmebrücken sind:

- Durchdringungen der Außenwand
- auskragende Bauteile
- Rollladenkästen
- Fensterlaibungen etc.

Luftdichtheit

Mit zunehmender Qualität der Gebäudehülle und dem Einsatz von lüftungstechnischen Anlagen mit Wärmerückgewinnung kommt der luftdichten Ausführung der Gebäudehülle besondere Bedeutung zu. Bei der Luftdichte geht es ausschließlich um den Austausch der Raumluft mit der kalten Außenluft. Die Dichtheit der wärmeübertragenden Umfassungsfläche wird durch die Anordnung einer dauerhaft luftundurchlässigen Schicht oder Bauteil erreicht, die meist auf der warmen Seite der Konstruktion liegt. Die luftdichte Schicht übernimmt oft die Funktion der Dampfbremse oder -sperre.

Es ist darauf zu achten, dass die Luftdichte nicht mit der Winddichtigkeit gleichgestellt wird. Die Winddichtheit ersetzt nicht die Luftdichtheitsebene nach GEG.

Winddichtheit bedeutet, dass die Luftströmung von außen in die Konstruktion bzw. den Dämmstoff hinein und wieder nach außen unterbunden wird. Sie liegt im äußeren Bereich der Konstruktion und dient dem Erhalt der Dämmeigenschaften der Wärmedämmung. Eine nicht ordnungsgemäß ausgeführte Winddichtung führt z.B. dazu, dass die Wärmedämmstoffe durch- bzw. unterströmt werden und das Gebäude, trotz nachgewiesener Luftdichtheit (Blower-Door-Test), enorme Wärmeverluste aufweist. Schwachstellen hinsichtlich der Winddichtheit sind vor allem in gedämmten Dachausbauten zu finden:

- Zwischensparrendämmung
  Mineralwolleplatten oder –matten knicken in der Feldmitte aus
- Installationsleitungen in der Dachschräge oder Kehlbalkenlage, die nicht ordnungsgemäß mit Dämmung umhüllt sind
- Nicht sorgfältig angepasste Dämmstoffe im Bereich von Zangen und Laschen
- Hohlräume zwischen Oberkanten von Dachgeschosswänden und Unterkante Sparren
- Mit geringem Anstand angeordneter Giebelsparren, sodass der Hohlraum nicht sorgfältig ausgedämmt werden kann

Die Lüftungswärmeverluste sind bei einem Passivhaus gegenüber den Transmissionswärmeverlusten verhältnismäßig hoch. Zur Minimierung der Lüftungswärmeverluste ist die Gebäudehülle möglichst ***wind- und luftdicht*** zu erstellen. Eventuelle Leckagen minimieren die Effizienz der Lüftungsanlage und bewirken eine Erhöhung der Transmissionswärmeverluste, was wiederum die Tauwasserbildung in der Dämmebene und dementsprechende Bauschäden zur Folge hat.

Durch die sehr gute ***Luftdichtheit*** der Gebäudehülle erfolgt nur ein sehr geringer Teil des Luftwechsels unkontrollierbar über die Fugen in der Gebäudeaußenhülle.

Zur Qualitätssicherung für die Luftdichtheit der Gebäudehülle wird nach DIN EN 13829 das Differenzdruckverfahren vorgeschrieben. Damit wird nicht die Luftinfiltrationsrate eines Gebäudes direkt gemessen, dazu stehen andere Verfahren zur Verfügung. Die Luftinfiltration kann jedoch rechnerisch abgeschätzt werden. Die Luftinfiltrationsrate kann z.B. mit dem Indikatorgasverfahren gemessen werden, während das Differenzdruckverfahren eher ein Diagnoseverfahren ist. Es dient daher zur Leckageortung und Qualitätssicherung.

DIN EN 13829 unterscheidet 2 Arten der Messung:

- Verfahren A – Prüfung des Gebäudes im Nutzungszustand
- Verfahren B – Prüfung der Gebäudehülle

Das Verfahren B ist nach GEG das zu verwendende Verfahren, um die Luftdichtheit der Gebäudehülle zu prüfen – der sogenannte Blower-Door-Test. Alle einstellbaren und absichtlich vorhandenen Öffnungen des Gebäudes werden geschlossen oder abgedichtet. Ein Ventilator wird luftdicht in die Öffnung eines Fensters oder einer Tür eingesetzt. Durch den drehzahlgeregelten Ventilator wird im Gebäude eine Druckdifferenz von 10 bis 60 Pa erzeugt. Im Gebäude wird zunächst ein konstanter Unterdruck von 50 Pa erzeugt und die Gebäudehülle wird nach Leckagen abgesucht. Diese (z.B. Ecken, Laibungen, Steckdosen etc.) sind bereits mit der Hand gut fühlbar, es können aber auch Luftgeschwindigkeitsmesser oder Infrarotkameras eingesetzt werden. Im zweiten Schritt wird ein Unterdruck aufgebaut und schrittweise erhöht, bis ein Enddruck von 60 bis 100 Pa erreicht ist. Bei jedem Schritt werden die jeweiligen Luftvolumenströme gemessen und protokolliert. Im dritten Schritt wird das Prozedere mit einem Überdruck durchgeführt. Anhand der Messergebnisse aus den Unter- und Überdruckmessungen wird die mittlere Luftwechselrate (n_{50}-Wert) des Gebäudes ermittelt.

Folgende Punkte sind bei der Planung und Ausführung einer luftdichten Gebäudehülle besonders sorgfältig zu betrachten:

- Abdichtung von Anschlussfugen unterschiedlicher Bauteilflächen
- Einbausituation der Fenster und Türen
- Installationsebene der Elektro-, Sanitär-, Heizungs- und Lüftungsgewerke (Führung innerhalb der luftdichten Ebene
- Nicht vermeidbare Durchführungen mit geeigneten Dichtmitteln oder –manschetten abdichten.

Passivhausfenster

Fenster sind für die Behaglichkeit im Raum sehr wichtig. Fenster mit schlechten Wärmedämmeigenschaften sind auf der Raumseite vergleichsweise kalte Flächen im Gegensatz zu eine gedämmten Außenwand. Ein gut gedämmtes Fenster kann die Behaglichkeit in einem Raum also positiv beeinflussen. In einem Passivhaus sind die energieeffizienten Fenster ein wesentlicher Bestandteil der Gebäudehülle. Für Passivhausfenster gelten folgende Merkmale:

- Dreischeiben-Wärmeschutzverglasung oder eine vergleichbar gute Glaskombination
- Wärmegedämmter Randverbund
- Speziell gedämmter Fensterrahmen
- Optimierte Einbau in die Wandkonstruktion

Die Verglasungen von Passivhausfenstern sind i.d.R. Dreischeiben-Wärmeschutzverglasungen. Die zwei Scheibenzwischenräume sind mit low-e-Schicht und Edelgasfüllung hintereinander geschaltet. Dadurch werden U-Werte von 0,5 bis 0,8 W/(m²K) erreicht. Die hohe Qualität muss allerdings für das gesamte Fenster erreicht werden. Deshalb gehören ein gedämmter Fensterrahmen und ein thermisch getrennter Randverbund ebenso zu diesem Bauelement.

An die Verglasung werden noch weitere Anforderungen gestellt. Der Gesamtenergiedurchlassgrad g gibt an, welcher Anteil der eingestrahlten Sonnenenergie bei senkrechtem Einfall von der Verglasung durchgelassen wird. Er wirkt sich also auf die solaren Energiegewinne aus, die vor allem im Winter notwendig sind. Für die Verglasung wird gefordert: $U_g - 1{,}6 W/(m^2K) * g \leq 0$

Damit ist sichergestellt, dass das Fenster mehr solare Energie gewinnt, als es nach außen Wärme abgibt. Der effektive U-Wert U_W darf nicht größer sein als 0,80 W/(m²K). In diesen Kennwert fließen bei der Berechnung folgende weitere Kenngrößen ein:

- U_g-Wert der Verglasung und die Fläche der Verglasung A_g
- U_f– Wert des Rahmens und die Projektionsfläche des Rahmens A_f
- Ψ_g Wärmebrückenverlustkoeffizient am Glasrand
- Ψ_{Ein} Wärmebrückenverlustkoeffizient durch den Einbau und die Länge des Einbaurandes l_{Ein}

Die Berechnung des U-Wertes des Fensters U_W erfolgt nach DIN EN 10077 nach folgender Formel.

$$U_w = \frac{A_g * U_g + A_f * U_f + l_g * \psi_g}{A_g + A_f}$$

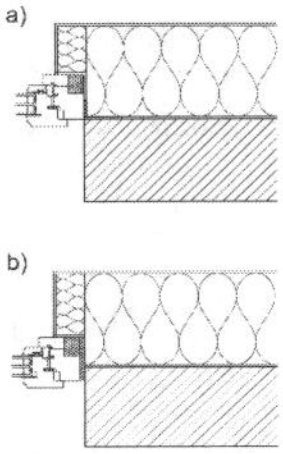

Fenster vor dem Mauerwerk, 60 mm Rahmenüberdämmung, ohne Einbaufuge, Befestigung mit Stahlwinkeln Ψ = 0,005 W/(mK)

a) Fenster 30 mm in Mauerwerksebene, 60 mm Rahmenüberdämmung, Einbaufuge 10 mm Ψ = 0,002 W/(mK)

b)

Abb. 3.69a Einbausituationen, oberer und seitlicher Anschluss

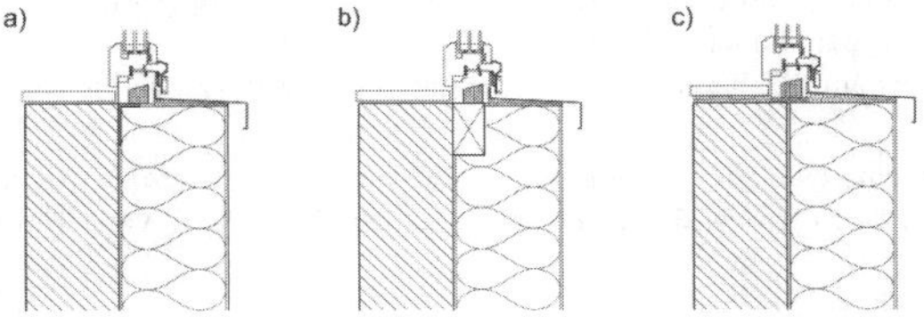

a) Fenster vor dem Mauerwerk, ohne Einbaufuge, Befestigung mit Stahlwinkeln Ψ = 0,028 W/(mK)

b) Fenster vor dem Mauerwerk, ohne Einbaufuge, Befestigung mit Kantholz Ψ = 0,035 W/(mK)

c) Fenster 30 mm in Mauerwerksebene, Einbaufuge 10 mm Ψ = 0,017 W/(mK)

Abb. 3.69b Einbausituationen, unterer Anschluss

Die Einbausituation des Passivhausfensters beeinflusst wesentlich den U-Wert der Fensterkonstruktion. Die Rahmen sind mindestens 60 mm zu überdämmen. Die Lage des Fensters in der Wandkonstruktion spielt zusätzlich eine Rolle.

Der untere Anschluss des Fensters ist wegen der Anbindung der inneren und äußeren Fensterbank ebenfalls eine Schwachstelle. Die Profilierungen und vorgesehenen Nuten und Fräsungen zur Aufnahme der Fensterbänke wird die Rahmenkonstruktion i.d.R. geschwächt. Um auf der Außenseite einen optimalen Wasserablauf zu gewährleisten, kann der untere Rahmen meist nicht ausreichend überdämmt werden.

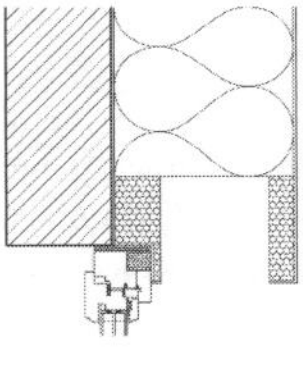

Der Einbau eines Rollladens in die Fassade ist eine ernstzunehmende Schwachstelle, die besonderen Planungsaufwand erfordert.

Fenster 30 mm in Mauerwerksebene, Einbaufuge 10 mm, WDVS WLG 040, d = 300 mm, PU-Dämmung d = 75 mm Ψ = 0,035 W/(mK)

Abb. 3.69c Einbausituationen, oberer Anschluss mit Rollladen

9.6 Grundprinzipien der Gebäudetechnik

Der in einem Passivhaus angestrebte Primärenergiebedarf beträgt etwa ein Viertel des Primärenergiebedarfes von Gebäuden, die gemäß GEG geplant und errichtet werden. Dies wird durch die starke Reduzierung der Transmissions- und Lüftungswärmeverluste erreicht. Umso wichtiger ist es, dass auch die Komponenten der Haustechnik unter dem Gesichtspunkt des niedrigen Energiebedarfs ausgewählt werden. Wesentlicher Bestandteil im haustechnischen Konzept ist die mechanische Be- und Entlüftung mit einem möglichst hohen Wärmerückgewinnungsgrad. Der Anteil des Wärmebedarfs für die Trinkwassererwärmung am Gesamtwärmebedarf ist ebenfalls deutlich höher als bei einem Gebäude nach GEG und spielt deshalb gegenüber der Restheizung eine größere Rolle.

Gebäudelüftung

Eine mechanische Be- und Entlüftungsanlage wird in einem Passivhaus erforderlich, um den hygienisch erforderlichen Luftaustausch zu gewährleisten. Die Voraussetzungen für eine effizient funktionierende Lüftungsanlage sind die luftdichte Gebäudehülle mit $n_{50} < 0{,}60\ h^{-1}$ und die Gewährleistung der Luftdurchströmung innerhalb der gesamten Nutzungseinheit. Für eine gute Behaglichkeit und

Wohnkomfort sind Luftwechselraten von ca. 0,3 bis 0,5 erforderlich. Die Verteilung der Frischluft erfolgt von einem Zentralgerät aus über ein Kanalnetz in die Hauptnutzräume, wie z.B. Wohn- und Schlafräume. Die Zulufträume müssen dabei so gleichmäßig mit der frischen Luft durchspült werden, dass keine Zugerscheinungen entstehen. Die Sammlung der Abluft erfolgt in den Räumen mit hoher Feuchte- und Geruchsbildung, wie z.B. Küchen, Bäder und WC`s. Feinfilter sorgen dafür, dass die Lüftungskanäle sauber und staubfrei bleiben.
Die in den Ablufträumen gesammelte Luft wird zum Zentralgerät zurücktransportiert. In einem Wärmetauscher können mindestens 75 % der Wärme der Abluft an die Frischluft übertragen werden.
Bei der Planung der Lüftungsanlage sind folgende Randbedingungen zu beachten:

- ***Minimale Zulufttemperatur*** 16,5 °C bei Außenlufttemperatur von -10 °C
- ***Wirkungsgrad*** der Wärmerückgewinnung mind. 75 %
- Möglichst geringe Leistungsaufnahme der Ventilatoren durch Antrieb mit hocheffizienten Elektromotoren
- Kanalnetz mit möglichst kurzen Wegen
- Dichtheit und Wärmedämmung des Gerätes
- Guter Abgleich und Regelbarkeit, um die geförderten Luftmengen dem Bedarf anzupassen
- Schallschutz – Schalldruckpegel in Wohnräumen < 25 dB
- Frostschutzschaltung, um Eisbildung am WT bei tieferen Temperaturen (< -15 °C) zu verhindern

Erdreichwärmetauscher

Eine Frostschutzschaltung kann durch eine Defrosterheizung im Zuluftstrom realisiert werden. Sie ist verzichtbar, wenn die Frischluft durch einen ***Erdreichwärmetauscher*** auf 0 °C bis 5 °C vorerwärmt wird. Man unterscheidet:

- Direkte Vorerwärmung der Frischluft
  Der EWT besteht aus Kunststoff- oder Betonrohren mit einem Durchmesser von 15 bis 20 cm. Die Rohrleitungen werden in einer Tiefe von ca. 1,50 m verlegt, nach Möglichkeit in der vorhandenen Baugrube. Die Ansaugung der Luft erfolgt direkt über dieses Rohr. Die Luft wird dabei so vorgewärmt, dass auch bei extremen Wintertemperaturen die Eintrittstemperatur am Zentralgerät 0° bis 5 °C beträgt. Die Leitungen sollten eine Länge von ca. 30 m nicht übersteigen. Es können auch mehrere Rohre nebeneinander verlegt werden. Die Erdreichtemperatur in ca. 1 m Tiefe unterschreitet die Frostgrenze nicht und im Sommer bleiben die Temperaturen zwischen 10° und 20° C, sodass sich durch die Temperaturdifferenz auch ein Kühleffekt einstellt.
- Indirekte Vorerwärmung der Frischluft
  Ein mit Sole gefüllter Wärmetauscher befindet sich im Erdreich. Die Leitungen bestehen, ähnlich wie Trinkwasserleitungen aus PE. Die mit Sole gefüllte Leitung ist weiter mit einer Umwälzpumpe, einer Reglereinheit und einem Ausdehnungsgefäß verbunden. Die Sole wird über einen Wärmetauscher geleitet, welcher im Frischluftstrom vor dem Zentralgerät der Lüftungsanlage positioniert ist.

Raumheizung und Warmwasserbereitung

Bei ungünstigen Wettersituationen und an strahlungsarmen Wintertagen entsteht trotz hoher Wärmedämmung und Südausrichtung des Gebäudes ein Wärmebedarf für die Raumheizung.
Der im Passivhaus benötigte sehr geringe Heizwärmebedarf von unter 15 kWh/(m^{2}a) und die ohnehin hohen Innenoberflächentemperaturen aller Außenbauteile erlauben die ***Restwärmeerzeugung*** und -übertragung durch unterschiedliche Konzepte:

- Eine ***Zuluftheizung***, welche über die sowieso vorhandene Lüftungsanlage mit Nachheizregister betrieben wird, stellt in der Regel die Grundheizung dar und kann aufgrund von Begrenzungen im energetisch wirtschaftlichen Luftwechsel und der Einströmtemperatur eine maximale Raumheizlast von ca. 10 W/m^2 Nutzfläche abdecken. Alle darüber hinausgehenden Raumheizlasten sowie besondere Steuerungsmöglichkeiten können am besten durch die Kombination mit einem weiteren Wärmeübertragungskonzept erzielt werden.
- Klassische ***Radiatorenheizung***, welche allerdings nicht vor den Fenstern angeordnet werden muss.
- ***Konvektoren***, welche ebenfalls nicht vor den Fenstern angeordnet werden müssen.

- ***Ofenheizung (Kaminofen)***, welche zentral im Erdgeschoss aufgestellt die gesamte Versorgung des Hauses übernehmen kann. Beim Einsatz einer Ofenheizung in Verbindung mit einer Lüftungsanlage muss gewährleistet sein, dass der Ofen raumluftunabhängig arbeitet.

Die Anforderungen an die ***Warmwasserbereitung*** sind im Passivhaus nicht anders als bei gewöhnlichen Gebäuden. Der durchschnittliche Warmwasserbedarf liegt laut Untersuchungen im Wohnbereich bei ungefähr 25 l Trinkwarmwasser, das auf 60 °C erwärmt wird, was aber sehr stark von dem Nutzerverhalten und den Komforterwartungen der Bewohner abhängt. Im Passivhaus ist der Energiebedarf für die Bereitstellung von Trinkwarmwasser im Wohnbereich die höchste verbliebene Energieanforderung, für die eine ganzjährige Wärmebereitstellung erforderlich ist.

In den letzten Jahren hat sich die Nutzung der Sonnenenergie, auch unterstützt durch verschiedene Förderprogramme, weit verbreitet. Für die Warmwasserbereitung eines 4-Personenhaushaltes ergibt sich ein i.d.R. eine Kollektorfläche von ca. 10 m². Soll die Solarenergie auch für die Raumheizung herangezogen werden, so ist die Kollektorfläche entsprechend zu vergrößern. Trotzdem kann auch dann nicht auf einen weiteren Wärmeerzeuger für die Raumheizung verzichtet werden, da an strahlungsarmen Wintertagen die eingestrahlte Sonnenenergie dafür nicht ausreicht. Bei Einfamilienhäusern ist es sinnvoll, als Wärmezentrale einen Pufferspeicher mit integrierter Warmwasserbereitung vorzusehen. Man erhält damit die Möglichkeit, über weitere Wärmetauscher zusätzliche Wärmequellen an den Pufferspeicher anzuschließen.

Energieträger und Wärmeerzeuger

Energieträger	**Wärmeerzeuger**
– Gas: Erdgas, Flüssiggas, Biogas – Heizöl EL – Holz in Form von Pellets, Hackschnitzeln, Stückholz – Elektrischer Strom – Pflanzenöl: Rapsöl	– Heizkessel (Öl, Gas, Holz) – Wärmepumpe – Blockheizkraftwerk (BHKW) – Elektrischer Strom für Direktheizung – Elektrischer Strom für Betrieb der Wärmepumpe – Einzelöfen (Holzpellets oder Stückholz)

Öl eignet sich wegen den bei der Verbrennung entstehenden schädlichen Abgase weniger. Auch elektrischer Strom für den Betrieb von Widerstandsheizgeräten sollte nach Möglichkeit vermieden werden, da der Primärenergieaufwand für die Stromerzeugung zu hoch ist.

Be- und Entlüftung im Sommer

Eine aktive Kühlung von Passivwohnhäusern im Sommer ist aufgrund der hoch gedämmten Gebäudehülle nicht notwendig. Die äußeren Einflüsse werden so weit abgestimmt, dass im Innenraum stets ein behagliches Klima erhalten bleibt.

Möglichkeiten für die Regulierung der Innenraumtemperaturen im Sommer:

Verringerung des Wärmeeintrages	**Lüftungsanlage**	**Aktive Maßnahmen der Gebäudekühlung**
– Verschattung der Fensterflächen – Zwischenspeicherung von Wärmelasten in speicherfähigen Bauteilen – Adiabatische Kühlung durch kühlende Bauteile (Gründächer, Wasserflächen)	– Ermöglichen von intensivem manuellen Lüften über die Fenster, Abschalten der mechanischen Be- und Entlüftungsanlage – Lüftung über die mechanische Be- und Entlüftungsanlage jedoch ohne Wärmerückgewinnung (Sommerbypass) – Lüften über mechanische Be- und Entlüftungsanlage Erdreichwärmetauscher, der zur Kühlung der Frischluft eingesetzt wird, und ohne Wärmerückgewinnung	– Bauteilaktivierung zur Klimaregulierung – Nachtspülung bei Lüftungsanlagen – Nachtspülung bei Fensterlüftung

Stromerzeugung

Die Verwendung von Photovoltaik zur Erzeugung von Strom kann zur wesentlichen Verbesserung der Primärenergiebilanz beitragen. Er kann jedoch nicht bei den Berechnungen nach PHPP in Ansatz gebracht werden. I.d.R. wird der somit erzeugte Strom in das öffentliche Netz eingespeist.

3 B Befestigungen

Prof. Dr.-Ing. Jan Hofmann, Dr.-Ing. Thilo Pregartner, Dr.-Ing. Oliver Geibig

1 Einführung

Die Vielzahl unterschiedlicher Befestigungselemente für die nachträgliche Montage stellt Planer vor die Entscheidung, für einen speziellen Anwendungsfall ein passendes Befestigungssystem auszuwählen. Dafür sind Angaben über die Leistungsfähigkeit der Dübel erforderlich, und es müssen zudem verschiedene Randbedingungen bekannt sein, die das Tragverhalten beeinflussen und somit die Auswahl des Dübelsystems (Abb. 3.72a) bestimmen.

Sicherheitsrelevanz	Verankerungsgrund/ Geometrie	Einwirkungen
In MBO §3: Gefahr für Leib und Leben Öffentliche Sicherheit Natürliche Lebensgrundlage	Beton (gerissen und ungerissen) Mauerwerk Naturstein Plattenwerkstoffe Bauteildicke, Rand- und Achsabstände	Belastungshöhe Belastungsrichtung (Zug, Querzug, Schrägzug) Belastungsart (statisch, veränderlich, Ermüdung, Schock, seismisch)
Umgebungsbedingungen	**Montage**	**Weitere Aspekte**
Temperatur Feuchtigkeit Innen- oder Außenbauteil Frost-Tau-Belastung Korrosion	Einzel- oder Mehrfachbefestigung Vorsteck- oder Durchsteckmontage Abstandsmontage	Brandschutz Wirtschaftlichkeit Verfügbarkeit

Abb. 3.72a Aspekte bei der Dübelauswahl

Zusätzlich sind in Deutschland die gesetzlichen Regelungen für Baukonstruktionen zu beachten. Diese sind entsprechend bauaufsichtlicher Relevanz in Abb. 3.72b dargestellt.

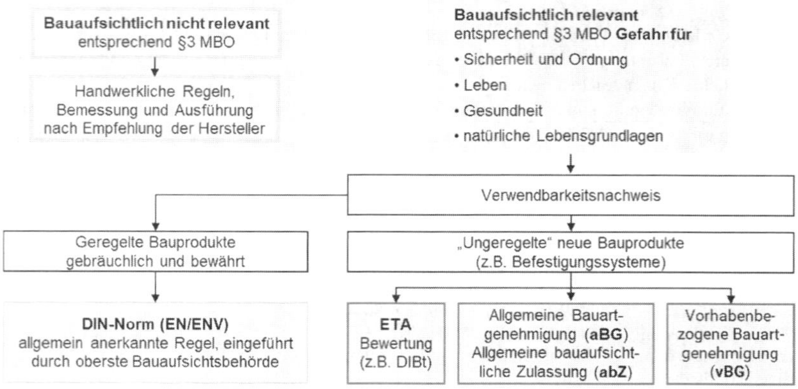

Abb. 3.72b Regelung von Baukonstruktionen nach deutschem Recht [3.37]

Als sicherheitsrelevant gelten Befestigungen, bei deren Versagen Gefahr für Leib und Leben besteht oder erheblicher wirtschaftlicher Schaden eintreten kann. Sie erfordern eine ingenieurmäßige Planung und Bemessung [3.37] sowie eine fachgerechte Montage. Als nicht sicherheitsrelevant werden untergeordnete Befestigungen eingestuft, oder wenn beim Versagen der Befestigung mit geringer Wahrscheinlichkeit die Gefährdung von Menschen [3.37] auftritt. Neben der Auswahl eines geeigneten Befestigungssystems ist eine fachgerechte Montage entscheidend für die sichere Einleitung der Lasten in den Verankerungsgrund.

Die Ausführung dieser Befestigungen erfolgt prinzipiell nach handwerklichen Regeln, wobei die Herstellerangaben zu berücksichtigen sind. Für sicherheitsrelevante Befestigungen hat das DIBt bereits 2010 mit dem Leitfaden „Hinweise für die Montage von Dübelverankerungen“ eine Art Leitfaden herausgegeben. Darin sind neben Erläuterungen für Planer und Monteure auch die Kompetenzanforderungen der Monteure definiert [3.38].
Für sicherheitsrelevante Befestigungen sind Befestigungsmittel mit CE-Markierung erforderlich. Im Bereich der Befestigungen basieren CE-Markierungen auf Europäischen Bewertungsdokumenten (EAD) der EOTA. In Zulassungs- bzw. Bewertungsverfahren werden die technischen Leistungsparameter des jeweiligen Produkts für eine Anwendung bestimmt und in ETA's (Europäische Technische Bewertung) dokumentiert. Eine ETA und eine Leistungserklärung bilden die Grundlage für eine CE-Markierung.

2 Wirkungsprinzipien und Versagen

Befestigungsmittel können die zu befestigende Last auf verschiedene Arten in den Ankergrund einleiten. Man unterscheidet die Wirkungsprinzipien Formschluss, Reibschluss und Stoffschluss.

- Beim **Formschluss** werden die Lasten über mechanische Verzahnung zwischen Befestigung und Ankergrund übertragen (z.B. Hinterschnittanker, Ankerschienen, Kopfbolzen).
- Beim **Reibschluss** werden beim Setzen kraft- oder wegkontrolliert Spreizkräfte hervorgerufen, die eine Reibkraft zwischen Dübel und Bohrlochwand erzeugen (z.B. Spreizanker und Kunststoffdübel).
- Beim **Stoffschluss** wird die Last über einen Verbund in den Ankergrund eingeleitet. Typische Vertreter sind die Verbundanker, bei denen der Verbund zwischen Ankerstange und Bohrlochwand durch Kunstharzmörtel erzeugt wird.

Befestigungen können auf verschiedene Arten versagen. Dabei ist nach den unterschiedlichen Belastungsrichtungen (z.B. Zuglast, Querlast bzw. Kombination von Zug- und Querlast) zu unterscheiden. In der Bemessung werden die Nachweise für alle möglichen Versagensarten geführt. Die Versagensart mit der geringsten Tragfähigkeit wird maßgebend. Bei gleichzeitiger Belastung durch Zug- und Querlast sind Interaktionsnachweise erforderlich.

Die Versagensarten unter Zuglast sind:
- Herausziehen des Befestigungselementes (Herausziehen des Dübels tritt bei zu geringer Spreizkraft auf. Bei hohen Spreizkräften hingegen wird der Konusbolzen aus der im Ankergrund verbleibenden Spreizschale gezogen (Durchziehen)).
- Kegelförmiger Betonausbruch (Der Dübel erzeugt einen kegelförmigen Betonausbruchkörper. Werden benachbarte Dübel mit geringem Achsabstand durch eine gemeinsame Ankerplatte belastet, kann es zu einem gemeinsamen Ausbruchkörper kommen).
- Spalten des Betons (Sind die Bauteilabmessungen zu gering und/oder die Achs- bzw. die Randabstände der Dübel zu klein gewählt, kann entweder das gesamte Bauteil gespalten werden oder es entstehen Spaltrisse zwischen benachbarten Dübeln bzw. von randnahen Dübeln zum freien Bauteilrand).
- Versagen des Befestigungselementes infolge Stahlbruch (Beim Stahlbruch versagt der Bolzen oder die Schraube des Dübels).
- Herausziehen zusätzlich mit Betonbruch im oberflächennahen Bereich verbunden (Bei Verbundankern kommt es zusätzlich zu einem kombinierten Versagen durch Herausziehen und Betonausbruch).

In anderen Ankergründen, wie z.B. Vollziegeln, Kalksandvollsteinen, Hochlochziegeln oder Kalksandlochsteinen, wird die maximale Traglast der Dübel in der Regel durch Versagen des Mauersteins begrenzt. In Vollziegeln oder in massiven Bereichen von Lochziegeln (z.B. in breiten Stegen) können Dübel auch durch Herausziehen bzw. Spalten versagen. Befestigungen in Mörtelfugen weisen in der Regel eine geringere Tragfähigkeit auf als Befestigungen in den Steinen.

Die Versagensarten unter Querlast sind:
- Stahlbruch: Wird die Stahlspannung überschritten, kann es zum Abscheren des Dübels oder der Schraube des Dübels kommen.
- Betonkantenbruch: Werden Dübel mit geringem Randabstand gesetzt, dann kommt es zum Betonkantenbruch. Bei randnahen Dübeln mit geringem Achsabstand bildet sich ein gemeinsamer Ausbruchkörper und bei Anordnung von Dübeln in der Bauteilecke kann die gesamte Bauteilecke versagen.
- Pryout bzw. Betonausbruch zur lastabgewandten Seite: Kurze Dübel mit gleichzeitig großem Durchmesser bzw. Dübelgruppen mit geringem Achsabstand innerhalb der Gruppe können unter Querlast durch Betonausbruch zur lastabgewandten Seite versagen.

Dübel in anderen Ankergründen, wie z.B. in Voll- oder Lochsteinen, versagen bei Querbelastung entweder durch Stahlbruch oder aber durch Bruch des Mauersteins.

3 Befestigungen in Beton

3.1 Typen, Verankerungstiefe, Festigkeit des Ankergrundes

Bei Befestigungen in Beton wird unterschieden zwischen Einlegemontage und nachträglicher Montage. Bei der **Einlegemontage** werden unter anderem Transportanker, Ankerschienen und Ankerplatten mit aufgeschweißten Kopfbolzen verwendet. Die Lasteintragung in den Ankergrund erfolgt über Formschluss. Die Anordnung der Einlegeteile im Betonbauteil muss auf die vorhandene Bewehrung abgestimmt werden. Zusätzlich kann jedoch auch eine spezielle Rückhängebewehrung zur Erhöhung des Widerstandes angeordnet werden. Abb. 3.74 zeigt typische Arten von Einlegeteilen.

a) Eingebaute Ankerschiene

b) Stahlplatte mit angeschweißten Kopfbolzen

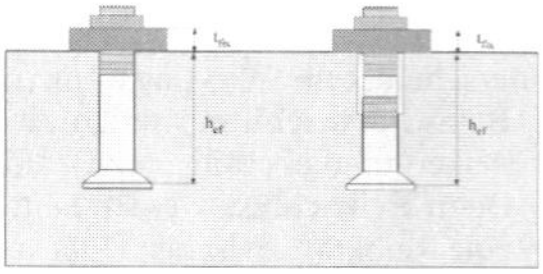

c) Kopfbolzen mit Gewinde bzw. Innengewindehülse

Abb. 3.74 Beispiele für unterschiedliche Einlegeteile [3.32, 3.36]

Zur **nachträglichen Montage** werden üblicherweise Hinterschnittanker, kraft- oder wegkontrollierte Spreizanker, Verbundanker und sogenannte Deckenabhänger verwendet. Derzeit sind nachträgliche Befestigungen mit CE-Markierung auf Normalbeton, Stahlfaserbeton und Porenbeton beschränkt. Für die Verwendung in Leichtbeton liegen bei verschiedenen Herstellern Gutachten und Empfehlungen vor. Für Untergründe, deren Anwendung nicht in ETA's bzw. EAD's abgedeckt sind, können Zustimmungen im Einzelfall durch die Oberste Bauaufsicht des jeweiligen Bundeslandes erforderlich werden. Außerdem besteht die Möglichkeit, die Tragfähigkeit von Dübeln durch Versuche auf der Baustelle zu ermitteln.

- Hinterschnittanker (Abb. 3.75a) sind für den Einsatz im gerissenen und ungerissenen Beton geeignet und können mit kleinen Randabständen gesetzt werden. Sie basieren auf dem Prinzip „Formschluss". Dazu wird entweder mit einem speziellen Bohrer im Beton ein Hinterschnitt erzeugt, oder der Stahlanker ist so konzipiert, dass beim Setzen in einem Standardbohrloch mit definierter Tiefe ein Hinterschnitt erzeugt wird.
- Bei Spreizankern (Abb. 3.75b) erfolgt die Lastabtragung infolge der Reibung zwischen Konus und Hülse und zwischen Hülse und Beton. Kraftkontrollierte Spreizanker aus Metall werden durch Aufbringen eines definierten Drehmomentes an der Mutter oder an der Schraube gesetzt, während bei den wegkontrollierten Ankern der Konus um einen bestimmten Spreizweg eingeschlagen wird.
- Verbunddübel (Abb. 3.75c) im ungerissenen Beton funktionieren nach dem Prinzip des Stoffschlusses, der durch einen Mörtel hergestellt wird. Dieser Mörtel basiert auf Zement, Kunstharz oder einer Mischung der beiden. Im gerissenen Beton und bei dynamischen Anwendungen werden spezielle Systeme angewendet, wie z.B. Verbund-Hinterschnittanker oder Verbund-Spreizanker.
- Kunststoffdübel (Abb. 3.75d) können sowohl in gerissenem als auch in ungerissenem Beton sowie in Vollsteinen verwendet werden. Sie wirken nach dem Prinzip des Reibschlusses, bei dem sich die Kunststoffhülse durch das Eindrehen der Schraube gegen die Bohrlochwandung presst. Auch die Anwendung in Lochsteinen ist bei Kunststoffdübeln möglich. In diesem Fall kann sich die Kunststoffhülse zusätzlich in die Hohlräume ausdehnen, wodurch neben dem Reibschluss auch ein gewisser Anteil an Formschluss entsteht.

Die Verankerungstiefe h_{ef} beeinflusst als wichtiger Parameter die Tragfähigkeit von Befestigungssystemen. Sie entspricht bei Hinterschnittankern bzw. Metallspreizankern dem Abstand von der Oberfläche des tragfähigen Ankergrundes bis zum Ende der Spreizschalen (Abb. 3.75a und b). Bei Verbundankern wird die Verankerungstiefe bis zum Ende der Gewindestange (Abb. 3.75c) und bei Kunststoffdübeln bis zum Ende des Kunststoffspreizteiles gemessen (Abb. 3.75d).

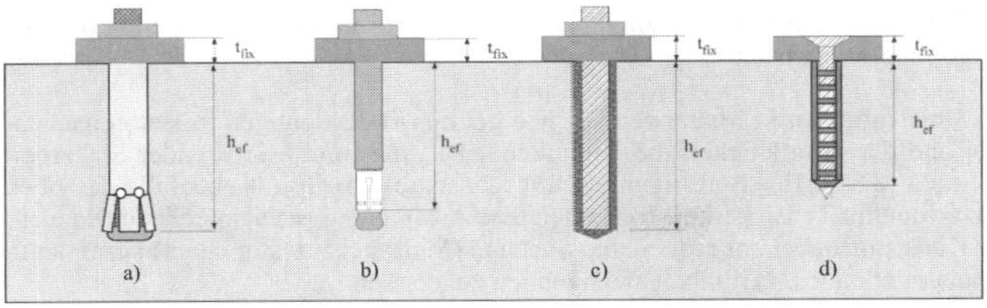

Abb. 3.75 Definition der Verankerungstiefe h_{ef}
a) Hinterschnittanker b) Spreizanker c) Verbundanker d) Kunststoffdübel

Die Bruchlast des Befestigungssystems ist im gerissenen Beton geringer als in ungerissenen Bereichen des Betonbauteils. Im Beton treten jedoch unter voller Gebrauchslast kurzzeitig mit großer Wahrscheinlichkeit Rissbreiten auf, die größer als die zulässigen Werte von 0,3 bis 0,4 mm sind. Es wird daher empfohlen, grundsätzlich Befestigungsmittel zu verwenden, die für Anwendungen in gerissenem Beton geeignet sind.
Um mit einem Befestigungssystem die maximal mögliche Last übertragen zu können, sind bestimmte Achs- und Randabstände sowie Bauteildicken einzuhalten. Zur Vermeidung von Abplatzungen, Rissbildungen bzw. Spalten des Ankergrundes sind in den jeweiligen Europäischen Technischen Bewertungen (ETA's) Mindestwerte der Achsabstände (s_1, s_2), der Randabstände (c_1, c_2) und der Bauteildicke h angegeben. Zu beachten ist dabei, dass die Wahl der minimal möglichen Randabstände zu etwas größeren Achsabständen als den Minimalwerten führt und umgekehrt. Diese Kombinationen sind ebenfalls den jeweiligen ETA's zu entnehmen.

3.2 Bemessung von Befestigungen in Beton

Als wichtigste Einflussgrößen auf die Tragfähigkeit von Dübelbefestigungen in Beton sind die Betonfestigkeit f_c, die Abstände zu benachbarten Dübeln ($s_{1/2}$) und zu freien Bauteilrändern ($c_{1/2}$) sowie der Zustand des Ankergrunds (ungerissen oder gerissen) zu nennen.

Die genannten Parameter wirken sich je nach Richtung der einwirkenden Last (Zuglast, Querlast oder kombinierte Zug- und Querlast) unterschiedlich stark aus. Maßgebend für die Tragfähigkeit ist in der Regel die Kombination der einzelnen Einwirkungen (Interaktion). Im Sinne einer optimalen Ausnutzung der Dübel und damit einer wirtschaftlichen Bemessung ist es deshalb notwendig, bei der Bemessung der Befestigungen auch nach Lastrichtung und Bruchart zu unterscheiden.

Die Bemessung von Befestigungssystemen erfolgt für den Grenzzustand der Tragfähigkeit und basiert auf dem Teilsicherheitskonzept, analog zur Bemessung von Betonkonstruktionen nach DIN EN 1992-1 (Eurocode 2).

Die entsprechenden Regelungen für Befestigungen finden sich in Teil 4 der DIN EN 1992. Das Nachweisformat für Befestigungen ist in Gleichung 3.1 dargestellt:

$$E_d \leq R_d \tag{3.1}$$

Die Bemessung von Befestigungen in anderen Untergründen sind in EOTA Technical Reports oder teilweise auch in den Technischen Bewertungen selbst beschrieben. Weitere Hinweise zur Bemessung finden sich in den *Bautabellen für Ingenieure [3.31]*.

4 Befestigungen im Mauerwerk

Mauersteine unterscheiden sich erheblich hinsichtlich Festigkeit, Rohdichte und Geometrie und können wegen des spröden Materialverhaltens keine oder nur geringe Spreizkräfte aufnehmen. Verwendet werden häufig Kunststoffdübel (Abb. 3.76a und b), die geringere Spreizkräfte erzeugen und die durch das meist längere Spreizteil zu einem verbesserten Tragverhalten in Lochsteinen führen. Im Mauerwerk aus Lochsteinen werden häufig sogenannte Injektionsdübel verwendet (Abb. 3.76c). Diese bestehen in der Regel aus einer perforierten Siebhülse aus Kunststoff oder Metall, verfüllt mit einem speziellen Kunstharzmörtel, in den eine Ankerstange gesteckt wird. Die Verankerung wird durch mechanische Verzahnung der Ankerstange mit dem Mörtel und des Mörtels mit dem Mauerwerk gewährleistet. Für Befestigungen in

Porenbeton sind aufgrund der sehr geringen Tragfähigkeit des Ankergrundes nur spezielle Systeme (Kunststoff- bzw. Injektionsdübel) verwendbar.

Bei sicherheitsrelevanten Befestigungen in Mauerwerk ist wie bei den Befestigungen in Beton nachzuweisen, dass im Grenzzustand der Tragfähigkeit die einwirkenden Kräfte mit ausreichender Sicherheit aufgenommen werden können [3.34]. Bei Befestigungen mit Kunststoffdübeln gilt ebenfalls das oben beschriebene Sicherheitskonzept mit Teilsicherheitsbeiwerten. Die Anwendung ist entsprechend den technischen Bewertungen für Kunststoffdübel auf redundante Systeme (Mehrfachbefestigungen) beschränkt. Injektionsdübel sind in Mauerwerk auch für Einzelbefestigungen zugelassen.

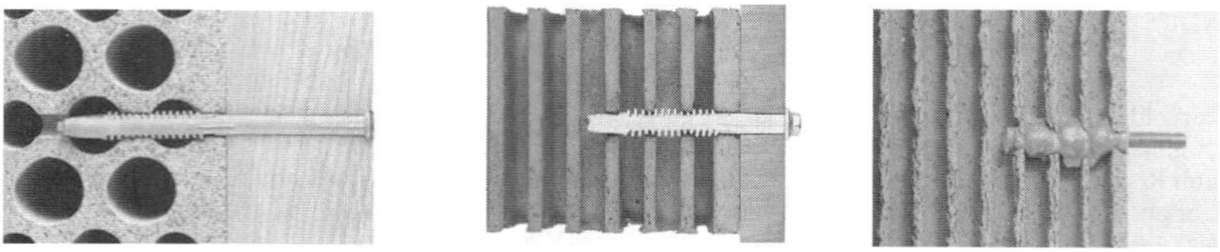

a) b) c)

Abb. 3.76 Kunststoffdübel (a) und (b) sowie Injektionsdübel (c) in Hohlmauerwerk [3.33]

5 Korrosion

Ein oft verwendeter Korrosionsschutz ist die Verzinkung, die auch bei leichter Beschädigung des Mantels wirksam ist. Durch galvanische Verzinkung besitzen Metalldübel in der Regel eine minimale Ummantelungsdicke von 5 µm, die einen Langzeitschutz für trockene Innenanwendungen garantiert. Feuerverzinkte Metalldübel haben eine Ummantelungsdicke von etwa 50 µm und können für Außenanwendungen mit geringer Korrosionsgefahr verwendet werden. Sie stellen eine günstige Alternative zu Produkten aus rostfreiem Stahl dar.

Als langzeitkorrosionsbeständiges Material gegen gewöhnliche Umwelteinflüsse und Industrieatmosphäre wird nichtrostender Stahl der Widerstandsklasse III (A4 – austenitische Stähle, oder D4 – Duplexstähle) verwendet. Für Anwendungen in Verkehrstunneln, bei Kraftwerken oder Wasserwerken und in Kontakt mit Chloriden und Meerwasser sind Produkte aus hochkorrosionsbeständigen Stählen der Widerstandsklasse IV zu verwenden (siehe auch [3.35]). Es sind die Regelungen der ETA's hinsichtlich des Korrosionsverhaltens des jeweiligen Befestigungsmittels zu beachten.

6 Brandschutz

Während eines Brandes können bei Metallspreiz- und Hinterschnittankern drei verschiedene Versagensarten auftreten: Stahlversagen, Betonversagen oder Herausziehen/Durchziehen. Die Feuerwiderstandsdauer von Befestigungsmitteln wird in der Regel nur aufgrund von Versuchen beurteilt. Hohe Temperaturen im Brandfall reduzieren die mechanischen Eigenschaften von Stahl und Beton erheblich.
Die maximal zulässige Stahlspannung bei Stahlversagen und einer bestimmten Feuerwiderstandsdauer hängt von der Größe und Dicke des Anbauteils ab. Für eine Brandeinwirkungsdauer von 30 Minuten (R30) und einen Durchmesser $d_{nom} \geq 8$ mm darf eine Spannung von $\sigma_{fi} = 10$ N/mm², für $d_{nom} \geq 10$ mm eine Spannung von $\sigma_{fi} = 15$ N/mm² und für $d_{nom} \geq 12$ mm eine Spannung von $\sigma_{fi} = 20$ N/mm² angenommen werden.
Für Betonversagen ist bei Befestigungen mit geringer Verankerungstiefe die Reduktion der Betonausbruchlast stärker ausgeprägt als bei Befestigungen mit großer Verankerungstiefe. Die minimale Verankerungstiefe sollte daher zwischen $4 \cdot d_{nom}$ und $5 \cdot d_{nom}$ betragen.
Verbundanker zeigen eine deutlichere Abnahme der Tragfähigkeit als Stahlanker im Brandfall, da der Mörtel ab ca. 150 °C verbrennt bzw. flüssig wird und damit keine Tragfähigkeit mehr besitzt.

Befestigungselemente, die unter Brandeinwirkung verwendet werden, sollten eine ETA für die Verwendung in gerissenem Beton haben.

3 C Bauwerksabdichtung

Univ.-Prof. Dr.-Ing. Nabil A. Fouad

1 Aufgabe von Abdichtungen

Bauwerksabdichtungen haben die Aufgabe, Bauwerke vor den schädigenden Einflüssen des eindringenden Wassers dauerhaft zu schützen. In diesem Kapitel werden unter dem Begriff „Abdichtung" Maßnahmen verstanden, die den Schutz vor von außen und in Nassbereichen einwirkenden Wassers, wie:

- Regenwasser,
- Bodenfeuchtigkeit,
- nicht stauendes und aufstauendes Sickerwasser,
- drückendes Wasser sowie
- vom Gebäudeinneren einwirkendes Wasser, z. B. in Nassräumen oder Schwimmbädern,

gewährleisten.

Die Wirksamkeit einer Abdichtung wird beeinflusst:

- von einer einwandfreien handwerklichen Ausführung,
- vom Entwurf der Abdichtung und
- von der Tragwerksplanung.

Folgen von schadhaften Abdichtungen sind:

- Eindringen von Grundwasser in ein Bauwerk
- Durchfeuchtung von Umschließungsflächen u. dadurch bedingte Nutzungseinschränkung der Räume
- verringerter Wärmeschutz bei durchfeuchteten Bauteilen
- verringerte Festigkeit einiger Baustoffe im feuchten Zustand
- Frost-Tau-Gefährdung einiger Baustoffe
- Korrosion von Baustoffen bei aggressivem Grundwasser (insbesondere bei WU-Beton).

Die direkten Baukosten für die Bauwerksabdichtungen sind, gemessen an den gesamten Baukosten, gering. Bei nicht gegebener Funktionsfähigkeit können allerdings die Folgekosten aus Schäden und etwaige Instandsetzungsmaßnahmen sehr erheblich sein. Bauwerksabdichtungen sind dadurch gekennzeichnet, dass sie in der Regel, insbesondere im Erdreich, nicht gewartet bzw. nachgebessert werden können, so dass sie für die gesamte Lebensdauer eines Bauwerks funktionsfähig sein und folgende grundlegende Anforderungen erfüllen müssen:

- **Herstellung von wasserdichten bzw. wasserundurchlässigen flächigen Schichten**

Die Abdichtung muss es zulassen, eine wasserdichte oder wasserundurchlässige Schicht herzustellen. Die bei jedem Bau vorhandenen Risse oder Fugen müssen mit diesen Schichten dauerhaft und flexibel überbrückbar sein. Als wasserdicht gilt der Dichtstoff, wenn er bei einer Normprüfung nach z. B. DIN EN 1928 keine Feuchte durchlässt. Wasserundurchlässig bedeutet hingegen, dass nach einer bestimmten Zeit keine Undichtheit bei einem vordefinierten Wasserdruck auftritt; ein Feuchtedurchtritt (Wasserdampf-, vgl. Abschn. 4.7) ist jedoch möglich. Weiterhin müssen Abdichtungen gegen thermische Beanspruchungen, Witterungseinflüsse sowie bei der Verarbeitung widerstandsfähig sein.

- **Standsicherheit**

Abdichtungen dürfen die allgemeine Standsicherheit des Gebäudes oder von Gebäudeteilen nicht beeinträchtigen (z. B. durch Gleiten von Gebäudekörpern). Die Standsicherheit der Abdichtungen selbst muss ebenfalls gewährleistet sein, gegebenenfalls sind hierzu besondere Maßnahmen erforderlich.

- **Chemische, physikalische und biologische Dauerhaftigkeit**

Abdichtungen müssen gegenüber angreifenden, möglicherweise aggressiven Medien beständig und mit den berührenden Baustoffen verträglich sein. Abdichtungen müssen gegenüber Angriff durch Mikroorganismen widerstandsfähig und bei bestimmten Einsatzformen (z. B. Begrünung über der Abdichtung) wurzelfest sein.

2 Werkstoffe zur Bauwerksabdichtung

2.1 Vorbemerkung

Die geregelten sowie gebräuchlichsten Abdichtungsmaterialien sind in den folgenden Abschnitten aufgelistet. Die harmonisierten Europäischen Normen (hEN) bzw. Europäische Technischen Zulassungen (ETA), die die Grundlage der bauaufsichtlichen Regelung von Abdichtungsmaterialien darstellen, sind in der Verwaltungsvorschrift Technische Baubestimmungen [3.71] im Teil B Abschnitt: „Bauteile zur Abdichtung von baulichen Anlagen“ aufgelistet. Diese Produkte dürfen nur noch mit der CE-Kennzeichnung nach der entsprechenden hEN bzw. ETA in Verkehr gebracht und verwendet werden. Zur Aufrechterhaltung des nationalen Qualitätsniveaus sind sog. Anwendungsnormen mit den jeweiligen Teilen der Normenreihe DIN/TS 20 000, Teil 201 und DIN/TS 20 000, Teil 202 sowie Teil 203 erschienen, in denen u. a. auch die anwendungsbezogenen Anforderungen der in den Produktnormen angegebenen Eigenschaften für die Verwendung bei Bauwerksabdichtungen festgelegt sind. In den Normen DIN/TS 20 000, Teil 201 und DIN/TS 20 000, Teil 202 bestehen die Bezeichnungen der Abdichtungsbahnen aus Kurzzeichen für Produktmerkmale und Anwendungstypen wie in den Tafeln 3.78a/b und 3.79a/b dargestellt.

Tafel 3.78a Kurzzeichen für Bitumen- und Polymerbitumenbahnen

Stoff	Bezeichnung
Elastomerbitumen (Bitumen modifiziert mit thermoplastischen Elastomeren)	PYE
Plastomerbitumen (Bitumen modifiziert mit thermoplastischen Elastomeren)	PYP
Kombination Elastomerbitumen und Plastomerbitumen	PYE/PYP
Kaltselbstklebende Bitumen-Dichtungsbahn mit HDPE-Trägerfolie[1]	KSK
Kaltselbstklebende Bitumen-Dichtungsbahn mit Trägereinlage	KSP
Glasvlies (X = bei V60 Flächengewicht in g/m²; bei V13 Gehalt an Löslichem[2] in % des Gehaltes in g/m²)	V(X)
Polyestervlies (X = Flächengewicht in g/m²)	PV(X)
Glasgewebe (X = Flächengewicht in g/m²)	G(X)
Rohfilz (X = Flächengewicht in g/m²)	R(X)
Kombinationsträgereinlage mit überwiegendem Polyesteranteil	KTP
Kombinationsträgereinlage mit überwiegendem Glasanteil	KTG
Glasvliesverbundträger, 60 g/m² mit Polyester-Kupferfolienverbund $\geq$ 0,03 mm	Vcu
Kupferbandträgereinlage 0,1 mm nach DIN EN 1652	Cu 01
Aluminiumverbundträgereinlage	ALV
Schweißbahn (X = Dicke der unbestreuten Bahn in mm)	S(X)
Dachdichtungsbahn	DD
Dichtungsbahn	D

[1] HDPE: High Density Polyethylen. [2] Lösliche Tränk- und Deckmasse.

Tafel 3.78b Kurzzeichen für Kunststoff- und Elastomerbahnen

Werkstoff	Bezeichnung nach DIN EN 13956, DIN EN 13967 und DIN EN 14909	Deutsche Bezeichnung
Ethylencopolymerisat-Bitumen	ECB	ECB
Ethylen-Vinylacetat-Terpolymer/-Copolymer	EVAC	EVA
Flexibles Polyolefin (auf Basis PE oder PP)	FPO / TPO	FPO
Polyisobuten (Polyisobutylen)	PIB	PIB
Polyvinylchlorid (weich)	PVC	PVC-P
Thermoplastische Elastomere, nicht vernetzt	TPE	TPE
Ethylen-Propylen-Dien-Terpolymer	EPDM	EPDM

Zur weiteren Stoffbeschreibung werden neben der Werkstoffbezeichnung folgende Kurzzeichen verwendet:

- kaschiert	→ K	- Glasvlies	→ GV
- verstärkt	→ V	- Polyestervlies	→ PV
- Einlage	→ E	- Polypropylenvlies	→ PPV
- bitumenverträglich	→ BV	- Glasgittergelege/-gewebe	→ GG
- nicht bitumenverträglich	→ NB	- Polyestergewebe/-gelege	→ PG
- Selbstklebeschicht	→ SK	- Polymerbitumenschicht	→ PBS
- Polyethylen-Schaum	→ PE-SC		

Tafel 3.79a Kurzzeichen für Flüssigkunststoffe

Werkstoff	Deutsche Kurzbezeichnung
Polymethylmethacrylatharze	PMMA
flexible ungesättigte Polyesterharze	UP
Polyurethanharze	PUR[1)]
[1)] Bei dieser Stoffgruppe wird zwischen einkomponentigen Polyurethanharzen (PUR-1K) und zweikomponentigen Polyurethanharzen (PUR-2K) unterschieden.	

Tafel 3.79b Kurzzeichen für Anwendungstypen

Anwendung	Bezeichnung
Bahnen für einlagige Dachabdichtung	DE
Bahnen für die Oberlage einer mehrlagigen Dachabdichtung	DO
Bahnen für die untere Lage einer mehrlagigen Dachabdichtung	DU
Bahnen für Zwischenlage bzw. zusätzliche Lage einer mehrlagigen Dachabdichtung	DZ
Bahnen für Abdichtung in oder unter Wänden (horizontale Abdichtung – Mauersperrbahnen) mit Querkraftübertragung in der Abdichtungsebene	MSB-Q
Bahnen für Abdichtung in oder unter Wänden (horizontale Abdichtung – Mauersperrbahnen) ohne Querkraftübertragung in der Abdichtungsebene	MSB-nQ
Bahnen für die Bauwerksabdichtung gegen Bodenfeuchte, nicht drückendes und drückendes Wasser	BA
Bahnen für die Abdichtung auf Bodenplatten gegen Bodenfeuchte (Estrichbahnen)	EB

2.2 Geregelte Abdichtungsstoffe

2.2.1 Bitumenbahnen

Tafel 3.79c Übersicht der Bitumenbahnen und deren Anwendungstypen

Bahnen	Anwendungstyp/ Eigenschaftsklasse nach DIN/TS 20000-201	Anwendungstyp nach DIN/TS 20000-202
Nackte Bitumenbahnen: R 500 N Bitumenbahnen mit Rohfilzeinlage: R 500	-- --	-- BA, MSB-Q, MSB-nQ
Glasvlies-Bitumendachbahnen: V 13	DZ (nur als zusätzlich Lage oder als Trennlage)	BA
Bitumen-Dachdichtungsbahnen: G 200 DD, PV 200 DD	DU	BA, MSB-Q, MSB-nQ
Bitumen-Dichtungsbahnen mit Kupferbandeinlage: Cu 01 D	--	BA
Bitumen-Schweißbahnen mit Glasvlies-, Glasgewebe-, Polyestervlieseinlage bzw. Kombinationsträgereinlage: V 60 S (nur Beanspruchungsklassen IIA und IIB) G 200 S4, PV 200 S5, KTG S4, KTP S4	 DU[1)]/DZ DU	 BA BA
Bitumen-Schweißbahnen mit 0,1 mm dicker Kupferbandeinlage: Cu 01 S4	--	BA
Kaltselbstklebende Bitumen-Dichtungsbahnen mit HDPE-Trägerfolie: KSK	Anwendung nur nach DIN 18531-4	BA, MSB-nQ
[1)] Nur bei Dachabdichtungen mit mäßiger mechanischer Einwirkung der Klassen IIA, IIB nach DIN 18531-1		

2.2.2 Polymerbitumenbahnen

Tafel 3.80a Übersicht der Polymerbitumenbahnen und deren Anwendungstypen

Bahnen	Anwendungstyp/ Eigenschaftsklasse nach DIN/TS 20000-201	Anwendungstyp nach DIN/TS 20000-202
Polymerbitumen-Dachdichtungsbahnen mit Glasgewebe- oder Polyestervlieseinlage: PYE-G 200 DD, PYE-PV 200 DD	DO	BA, MSB-Q, MSB-nQ
Polymerbitumen-Schweißbahnen mit Glasgewebe-, Polyestervlieseinlage: PYE-G 200 S4, PYE-PV 200 S5 PYP-G 200 S4, PYP-PV 200 S5	DO	BA --
Polymerbitumen-Schweißbahnen mit Kupferverbund- oder Kupfereinlage: PYE-Vcu S5, PYE-Cu01 S5	DO Nur als Oberlage bei Abdichtungen unter Dachbegrünungen	--
Polymerbitumen-Schweißbahnen mit Kombinationsträgereinlage: PYE-KTG S4, PYP-KTG S4, PYE-KTP S4, PYP-KTP S4, PYE/PYP-KTG S4, PYE/PYP-KTP S4	DO	BA
Polymerbitumenbahnen für einlagige Verlegung: PYE-KTG 4,5, PYP-KTG 4, PYE-KTP 4,5, PYP-KTP 4	DE	--
Polymerbitumenbahnen mit Aluminiumverbundträgereinlage: PYE-ALV 0,9	--	EB, MSB-nQ
Kaltselbstklebende Polymerbitumenbahnen mit Trägereinlage: PYE-KTG KSP-2,8, PYE-KTP KSP-2,8 PYP-KTG KSP-2,8, PYP-KTP KSP-2,8 PYE-KTG KSP-3,2, PYE-KTP KSP-3,2 PYP-KTG KSP-3,2, PYP-KTP KSP-3.2	 DU DU DO DO	 BA, MSB-nQ -- -- --

Erläuterung: für die Bezeichnung von Bitumen- und Polymerbitumenabdichtungsbahnen z. B.
BA PYE – G 200 S4 bedeutet: eine Bahn aus Polymerbitumen (PYE) mit Glasgewebeeinlage 200 g/m², Schweißbahn 4 mm dick, als Lage einer Bauwerksabdichtung oder
DO E1 PYE-PV 200 S5 bedeutet: Oberlage einer mehrlagigen Dachabdichtung, Eigenschaftsklasse E1, aus Polymerbitumen mit Polyestervlieseinlage 200 g/m², Schweißbahn der Dicke 5 mm

2.2.3 Kunststoff- und Elastomerbahnen

Tafel 3.80b Übersicht der Kunststoff- und Elastomerbahnen und deren Anwendungstypen

Bahnen	Anwendungstyp/ Eigenschaftsklasse nach DIN/TS 20000-201	Anwendungstyp nach DIN/TS 20000-202
Homogene Bahnen: EVA-BV-1,2, EPDM-BV-1,1, PVC-PB-V-1,2 PIB-BV-1,5, FPO-BV-1,2, PVC-P-NB-1,2 TPE-BV-1,2	 DE -- DE	 BA, MSB-Q, MSB-nQ BA, MSB-Q, MSB-nQ BA, MSB-Q
Homogene Bahnen mit Selbstklebeschicht: PVC-P-BV-1,5-SK EPDM-BV-1,1-SK	 -- DE	 BA, MSB-nQ BA, MSB-nQ

Fortsetzung s. nächste Seite

Tafel 3.80b (Fortsetzung)

Bahnen	Anwendungstyp nach DIN/TS 20000-201	Anwendungstyp nach DIN/TS 20000-202
Bahnen mit Einlagen:		
ECB-BV-E-GV-1,5	--	BA, MSB-Q, MSB-nQ
ECB-BV-E-GV-2,0	DE	--
FPO-BV-E-GV-1,2	DE	BA, MSB-Q, MSB-nQ
PVC-P NB-E-GV-1,2, PVC-P-BV-E-GV-1,2	DE	BA, MSB-Q, MSB-nQ
Bahnen mit Einlagen mit Selbstklebeschicht: ECB-BV-E-GV-2,0-SK PVC-P-BV-E-GV-1,5-SK	DE	--
Bahnen mit Einlagen mit Selbstklebeschicht oder Polymerbitumenschicht: ECB-BV-E-GV-1,5-SK PVC-P-BV-E-GV-1,2-SK FPO-BV-E-GV-1,2-SK	--	BA, MSB-nQ
Bahnen mit Verstärkung mit oder ohne Polymerbitumenbeschichtung:[1)]		
ECB-BV-V-(X)-1,5	--	BA, MSB-Q, MSB-nQ
FPO-BV-V-(X)-1,2, EVA-BV-V-(X)-1,2	DE	BA, MSB-Q, MSB-nQ
PVC-P-NB-V-(X)-1,2, PVC-P-BV-V-(X)-1,2	DE	BA, MSB-Q, MSB-nQ
EPDM-BV-V-(X)-1,3	DE	BA, MSB-Q, MSB-nQ
EPDM-BV-V-(X)-1,3-PBS	DE	BA, MSB-Q, MSB-nQ
Bahnen mit Verstärkung mit Selbstklebeschicht: [1)]		
PVC-P-BV-V-(X)-1,2-SK	DE	BA, MSB-Q, MSB-nQ
EPDM-BV-V-(X)-1,3-SK,	--	BA, MSB-Q, MSB-nQ
FPO-BV-V-(X)-1,2-SK	--	BA, MSB-Q, MSB-nQ
Bahnen mit Kaschierung: [1)]		
PVC-P-NB-K-(X)-1,2	--	BA, MSB-Q, MSB-nQ
ECB-BV-E-GV-K-(X)-1,5	--	BA, MSB-Q, MSB-nQ
ECB-BV-E-GV-K-(X)-2,0	DE	--
EVA-BV-K-(X)-1,2, FPO-BV-E-GV-K-(X)-1,2	DE	BA, MSB-Q, MSB-nQ
FPO-BV-V-(X)-K-(X)-1,2, PVC-P-BV-K-(X)-1,2	DE	BA, MSB-Q, MSB-nQ
PVC-P-NB-E-GV-K-(X)-1,2	DE	BA, MSB-Q, MSB-nQ
PVC-P-BV-E-GV-K-(X)-1,2	DE	BA, MSB-Q, MSB-nQ
PVC-P-NB-V-(X)-K-(X)-1,2	DE	BA, MSB-Q, MSB-nQ
PVC-P-BV-V-(X)-K-(X)-1,2	DE	BA, MSB-Q, MSB-nQ
PIB-BV-K-(X)-1,5, EPDM-BV-K-(X)-1,1	DE	BA, MSB-Q, MSB-nQ
TPE-BV-K-(X)-1,2	DE	BA, MSB-Q, MSB-nQ
PE-BV-K-(PE-SC)-0,3	--	EB
Bahnen mit Kaschierung mit Selbstklebeschicht: [1)]		
EVA-BV-K-(X)-1,2-SK	DE	BA, MSB-nQ
FPO-BV-E-GV-K-(X)-1,2-SK	--	BA, MSB-nQ
FPO-BV-V-(X)-K-(X)-1,2-SK	--	BA, MSB-nQ
PVC-P-BV-K-(X)-1,2-SK	DE	BA, MSB-nQ
PVC-BV-E-GV-K-(X)-1,2-SK	--	BA, MSB-nQ
PVC-BV-V-K-(X)-1,2-SK	--	BA, MSB-nQ
EPDM-BV-K-(X)-1,1-SK	DE	BA, MSB-nQ
TPE-BV-K-(X)-1,2-SK	DE	BA, MSB-nQ

[1)] X ist z. B. PV, PPV oder GG

Erläuterung: für die Bezeichnung von Kunststoff- und Elastomer-Dichtungsbahnen bedeutet z. B. **BA EPDM-BV-1,1** Bahn zur einlagigen Verlegung, aus Ethylen-Propylen-Dien-Terpolymer (EPDM), bitumenverträglich, homogen, Dicke 1,1 mm, als Lage einer Bauwerksabdichtung oder

DE E1 ECB-BV-E-GV-2,0 bedeutet: einlagige Dachabdichtung, Eigenschaftsklasse E1, aus Ethylencopolymerisat-Bitumen, bitumenverträglich, mit Einlage aus Glasvlieseinlage der Dicke 2 mm.

2.2.4 Kalottengeriffelte Metallbänder

- Kupferband (CU-DHP) mit einer Dicke des unprofilierten Bandes von 0,1 oder 0,2 mm. Die Höhe der Kalotten liegt zwischen 1,0 und 1,5 mm.
- Edelstahlband (X5 CrNiMo 17-12-2) mit einer Dicke des unprofilierten Bandes von 0,05 bis 0,065 mm. Die Höhe der Kalotten liegt zwischen 1,0 und 1,3 mm.

2.2.5 Flüssig zu verarbeitende Abdichtungsstoffe

- Verbundabdichtungen (AIV, mineralisch) und Flüssigkunststoffe (FLK – Tafel 3.82a)

Tafel 3.82a: Flüssig zu verarbeitende Abdichtungsstoffe

<table>
<tr><td>Kurzbezeichnung des Stoffes</td><td>Erforderliche Leistungsstufen nach ETAG 005 1), 2)</td><td>Einlage 3)</td></tr>
<tr><td>PMMA</td><td rowspan="3">Klimazonen: M, S
Nutzungsdauer: W3
Nutzlast: P3, P4
Dachneigung: S1, S2, S3, S4
Temperaturbeständigkeit:
TL3, TH3, TL4, TH4</td><td rowspan="3">Flächengewicht ≥ 110g/m²</td></tr>
<tr><td>UP</td></tr>
<tr><td>PUR 1K
PUR 2K</td></tr>
<tr><td colspan="3">1) Je nach Anwendungsklasse, Abdichtungsart und Einwirkungsklasse (siehe DIN 18531-3).
2) Erläuterung der Leistungsstufen siehe Tafel 82b.
3) Die Einlage muss in der ETA genannt sein.</td></tr>
</table>

Die Anforderungen, die die Dachabdichtung hinsichtlich ihrer Dauerhaftigkeit erfüllen muss, richten sich nach der Einstufung der angenommenen Nutzungsdauer und den Nutzungsbedingungen nach folgender Tafel 3.82b.

Tafel 3.82b: Leistungsstufen für FLK nach ETAG 005005/EAD 030350-00-0402

Klasse	Kurzzeichen	Leistungsstufe
Klimazone	M	gemäßigtes Klima 1)
	S	Extremes Klima 2)
Erwartete Nutzungsdauer	W1	5 Jahre
	W2	10 Jahre
	W3	25 Jahre
Nutzlasten	P1	Geringe Beanspruchung – nicht begehbar
	P2	Mäßige Beanspruchung – begrenzt begehbar für die Instandhaltung
	P3	Normale Beanspruchung – begehbar für die Instandhaltung und privaten Fußgängerverkehr
	P4	Besondere Beanspruchung – wie z.B. Dachgärten
Dachneigung	S1	< 5 %
	S2	5 % bis 10 %
	S3	10 % bis 30 %
	S4	> 30 %
Niedrigste Oberflächentemperatur	TL1	+ 5 °C
	TL2	- 10 °C
	TL3	- 20 °C
	TL4	- 30 °C
Höchste Oberflächentemperatur	TH1	+ 30 °C
	TH2	+ 60 °C
	TH3	+ 80 °C
	TH4	+ 90 °C

1) Gemäßigtes Klima mit einer jährlichen Einstrahlung auf eine waagerechte Fläche von < 5 GJ/m² und einer durchschnittlichen Lufttemperatur des wärmsten Monats von < 22 °C und

2) Extremes Klima mit einer jährlichen Einstrahlung auf eine waagerechte Fläche von > 5 GJ/m² und einer durchschnittlichen Lufttemperatur des wärmsten Monats von > 22 °C

Beispiel der Kennzeichnung: **E2 PUR-1K-M-W3-P4-S1, S2, S3, S4-TL3-TH3-DIN 18531-2** bedeutet: Einlagige Abdichtung mit FLK, Eigenschaftsklasse E2 (vgl. Tafel 3.106), Stoffgruppe Polyurethan, einkomponentig, Klimazone M, Nutzungsdauer W3, Nutzlast P4, Dachneigung S1, S2, S3, S4, niedrigste Oberflächentemperatur TL3, höchste Oberflächentemperatur TH3, Bezeichnung nach DIN 18531-2.

2.2.6 Kunststoffmodifizierte Bitumendickbeschichtungen (PMBC – Tafel 3.83a)

2.2.7 Asphaltmastix und Gussasphalt (Tafel 3.83a)

Tafel 3.83a Anwendungsbereich für PMBC, FLK sowie Gussasphalt und Asphaltmastix

Wassereinwirkungsklasse		W1-E	W2.1-E	W2.2-E	W3-E	W4-E
PMBC	Rissüberbrückungsklasse	RÜ3-E	RÜ3-E	--	RÜ3-E	RÜ3-E
	Mindesttrockenschichtdicke	3 mm	4 mm	--	4 mm	3 mm
	Verstärkungseinlage	--	Ja	--	Ja	--
	Schutzschicht nach Abs. 2.3.3	Ja	Ja	--	Ja	Ja
FLK	Rissüberbrückungsklasse	--	--	--	RÜ3-E	RÜ3-E
	Mindesttrockenschichtdicke	--	--	--	2 mm	2mm
	Verstärkungseinlage	--	--	--	ja	Ja
	Schutzschicht nach Abs. 2.3.3	--	--	--	ja	ja
Guss-asphalt Nur auf Bodenplatte	Rissüberbrückungsklasse	Keine Beschränkung	--	--	--	--
	Mindestschichtdicke (1 Lagig)	25 mm	--	--	--	--
	Verstärkungseinlage	--	--	--	--	--
	Schutzschicht nach Abs. 2.3.3	--	--	--	--	--
Asphalt-mastix Nur auf Bodenplatte	Rissüberbrückungsklasse	Keine Beschränkung	--	--	--	--
	Mindestschichtdicke (1 Lagig)	7 mm	--	--	--	--
	Verstärkungseinlage	--	--	--	--	--
	Schutzschicht nach Abs. 2.3.3	--	--	--	--	--

2.2.8 Klebemassen und Deckaufstrichmittel

- Straßenbaubitumen
- Oxidiertes Bitumen
- Elastomerbitumen

2.2.9 Mineralische Abdichtungen

- Wasserunduchlässiger Beton (WU-Beton – nicht in DIN 18533 geregelt – vgl. Abs. 4.7)
- Rissüberbrückende mineralische Dichtungsschlämme (MDS – Tafel 3.83b)

Tafel 3.83b Anwendungsbereich für rissüberbrückende MDS

Wassereinwirkungsklasse		W1-E	W2.1-E	W2.2-E	W3-E	W4-E
Rissüber-brückende MDS	Rissüberbrückungsklasse	RÜ1-E	--	--	--	RÜ1-E
	Mindesttrockenschichtdicke	2 mm	--	--	--	2 mm
	Verstärkungseinlage	--	--	--	--	--
	Schutzschicht nach Abs. 2.3.3	Ja	--	--	--	Ja

2.3 Hilfsstoffe

2.3.1 Stoffe für Voranstriche, Grundierungen, Versiegelungen und Kratzspachtelungen

- Stoffe auf Basis von Bitumen (als Lösung oder Emulsion)
- Stoffe auf Reaktionsharzbasis
- Stoffe auf Kunststoffbasis (als Lösung oder Dispersion)
- Stoffe auf silikatischer Basis

2.3.2 Stoffe für Trennschichten bzw. Trennlagen

- Ölpapier, mindestens 50 g/m²
- Rohglasvliese
- Vliese aus synthetischen Fasern, mindestens 150 g/m²
- Polyethylen-Folie (PE-Folie), mindestens 0,15 mm dick
- Lochglasvlies-Bitumenbahn, einseitig grob besandet
- Glasvliesbitumendachbahn (V 13)

2.3.3 Stoffe für Schutzlagen und Schutzschichten

- PVC-Schutzbahn, mindestens 1 mm dick
- Bautenschutzmatten und -platten aus Gummi- oder Polyethylengranulat, mindestens 6 mm dick
- Vliese aus synthetischen Fasern bzw. Geotextilien aus Chemiefasern, mindestens 300 g/m²
- Kunststoff- und Elastomerbahnen (nach Abschn. 2.2.3)
- Bitumen- und Polymerbitumenbahnen (nach Abschn. 2.2.1 und 2.2.2)
- Noppenbahnen aus Polyolefine mit Gleit-, Schutz- und Lastverteilungsschicht
- Dränmatten/-platten
- Beton/Betonplatten, mindestens Güte C8/10 (unbewehrt) bzw. C12/15 (bewehrt), mind. 50 mm dick
- Estrich nach DIN 18560
- Mauerwerk, mind. 115 mm dick
- Gussasphalt, mind. 25 mm dick
- Perimeterdämmplatten aus Schaumkunststoff- oder Schaumglasplatten mind. 25 mm dick

2.3.4 Stoffe zum Verfüllen von Fugen in Schutzschichten

- Bitumenhaltige Vergussmassen
- Fugendichtstoffe aus Kunststoffen, Bitumen oder Polymerbitumen
- Fugenverfüllband aus Bitumen, thermoplastischen Kunststoffen oder Elastomeren.

2.3.5 Klebemassen und Deckaufstrichmittel

Werden Abdichtungsbahnen mit Bitumen verklebt, sind für die Klebemasse und ggf. den Deckaufstrich die Materialien und Mindesteinbaumengen nach Tafel 3.84 einzuhalten.

Tafel 3.84 Einbaumengen für Klebemassen und Deckaufstrichmittel

Stoff	Verarbeitung der Klebemassen bzw. Deckaufstrich			
	Im Bürsten-streich- oder Flammverfahren	Im Gießverfahren	Im Gieß- und Einwalzverfahren	Als Deckaufstrich
	Einbaumenge in kg/m²			
Bitumen, ungefüllt	≥ 1,5	≥ 1,3	--	≥ 1,5
Elastomerbitumen, ungefüllt	--	≥ 1,3	--	≥ 1,5
Bitumen, gefüllt	--	--	≥ 2,5	--

3 Beanspruchung von Bauwerken durch Wasser

3.1 Erscheinungsformen des Wassers

Bauwerke werden beansprucht durch Grundwasser (auch aggressives Grundwasser), Stau- und Schichtenwasser, Sickerwasser, Haft- und Kapillarwasser, Niederschläge oder Brauchwasser in Innenräumen. Die Wasserarten, die ein Bauwerk bzw. Bauteil beanspruchen können sind in Tafel 3.85 zusammenfassend definiert.

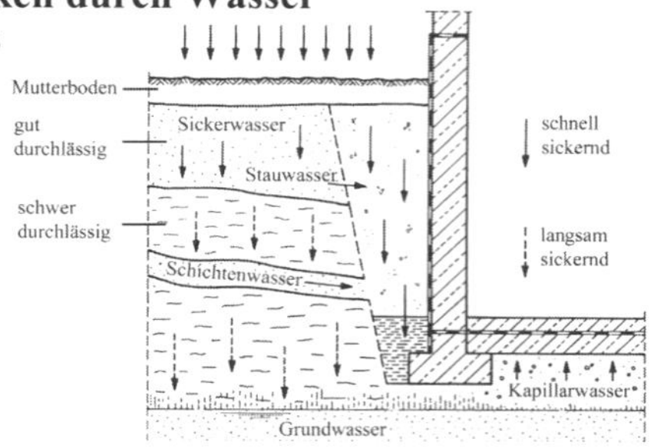

Abb. 3.84
Wasserzufluss an einem Bauwerk im Erdreich

Tafel 3.85 Erscheinungsformen des Wassers

Wasserart		Erscheinungsform
Oberflächenwasser		Aus Niederschlägen auf der Geländeoberfläche fließendes Wasser, welches das Bauwerk vorübergehend aufstauend beanspruchen kann.
im Boden vorhandenes Wasser	Bodenfeuchtigkeit	Saug-, Haft- und Kapillarwasser, das im Boden gebunden ist, gilt als Mindestbeanspruchung von erdberührten Bauteilen.
	nicht stauendes bzw. nicht drückendes Sickerwasser	Niederschlags- oder Oberflächenwasser, das nicht an der Oberfläche abfließt oder verdunstet und in gut durchlässigen Sand- oder Kiesböden mit einem Durchlässigkeitsbeiwert von $k > 10^{-4}$ m/s nach DIN 18130 bzw. DIN EN 1997-2 unter Einwirkung der Schwerkraft rasch und vor allem ungehindert in den tieferen Baugrund bis zum Grundwasser versickern bzw. abfließen kann. Nichtstauendes Sickerwasser übt keinen hydrostatischen Druck auf die Bauteile aus.
	aufstauendes Schichten-/ Sickerwasser	Unter Einwirkung der Schwerkraft frei abfließendes Wasser, das auf wenig durchlässigen Bodenschichten (z. B. Schluff, Ton) mit einem Durchlässigkeitsbeiwert von $k \leq 10^{-4}$ m/s zeitweise aufstauen kann. Gilt als drückendes Wasser.
	drückendes Wasser	- Sickerwasser als Stauwasser, welches sich auf dem Weg zum Grundwasser auf sehr gering durchlässigen Bodenschichten aufstaut. - Hochwasser liegt vor, wenn aufgrund des Wasserstands oberirdischer Gewässer die erdberührten Bauteile und die aufgehenden oberirdischen Bauteile zeitweise durch drückendes Wasser belastet werden. - Grundwasser als stehendes oder fließendes Wasser, das die unterirdischen Hohlräume und die Poren des Erdreichs zusammenhängend ausfüllt und hydrostatischen Druck und Auftrieb erzeugt.

3.2 Bemessungswasserstand

Der Bemessungswasserstand wird nach DIN 18533-1 wie folgt definiert:

„Der Bemessungswasserstand ist der Bemessungsgrundwasserstand (HGW), der sich witterungsbedingt und auf Grund hydrogeologischer Beschaffenheit im Baugrund einstellen kann, oder der Bemessungshochwasserstand (HHW), wobei der höhere Wert maßgebend ist."

Der HGW kann nach den Hinweisen im Merkblatt BWK-M8 [3.74] objektbezogen ermittelt werden. Das Merkblatt des BWK M8 zur Ermittlung des Bemessungswasserstandes für Bauwerksabdichtungen zeigt erforderliche Arbeitsschritte zur systematischen Einbeziehung der Einflussfaktoren auf den Bemessungsgrundwasserstand auf und macht Vorschläge für eine sinnvolle Arbeitsteilung und Aufgabenerfüllung bei der Planung.

Ohne objektbezogene konkrete Feststellungen muss der HGW auf Geländeoberkante oder bei örtlichen Hochwasserrisiken auf Höhe des höchsten anzunehmenden HHW angesetzt werden.

3.3 Reduzierung der Wasserbeanspruchung durch Dränagen

In bestimmten Fällen kann es sinnvoll oder auch notwendig sein, die zu erwartende Wasserbeanspruchung durch eine Dränage nach DIN 4095 (vgl. Abs. 5) zu reduzieren. Z. B. bei wenig durchlässigen Böden (mit $k \leq 10^{-4}$ m/s) muss damit gerechnet werden, dass eindringendes Wasser vor den Bauteilen zeitweise aufstaut und als drückendes Wasser einwirkt. Wird die Einwirkung durch eine auf Dauer funktionsfähige Dränung verhindert, tritt auch bei wenig durchlässigem Baugrund nur nicht drückendes Wasser und an Bodenplatten nur Bodenfeuchte auf.

4 Abdichtung von erdberührten Bauteilen

4.1 Einleitung

Abdichtungsmaßnahmen erdberührter Bauteile werden in DIN 18533 Teile 1 bis 3 geregelt. Diese Norm gilt für die Planung, Wahl und Ausführung der Abdichtung von erdberührten bzw. überschütteten Bauteilen mit bahnförmigen und flüssig zu verarbeitenden Abdichtungsstoffen. Geregelt wird die Abdichtung:

- gegen Bodenfeuchte;
- gegen nicht drückendes Wasser;
- gegen von außen drückendes Wasser;
- gegen nicht drückendes Wasser auf erdüberschütteten Decken;
- gegen Spritzwasser am Wandsockel;
- gegen Kapillarwasser in und unter erdberührten Wänden.

Die Abdichtung muss das Bauwerk gegen im Boden vorhandene o. g. Feuchtigkeitsbeanspruchung schützen und die durch Kapillarität in den Bauteilen mögliche Wasserbewegung unterbinden. In Abb. 3.86 ist die mögliche Wasserbewegung in einer ungeschützten Wand Dargestellt. Hieraus sind die erforderlichen Stellen für die Abdichtungsmaßnahmen vorgegeben:

- waagerechte Schutzschicht über dem Fundament,
- senkrechte Schutzschichten an der Kelleraußenwand,
- Spritzwasserschutz an der Außenwand oberhalb der Geländeoberfläche und
- Schutz der Kellersohle.

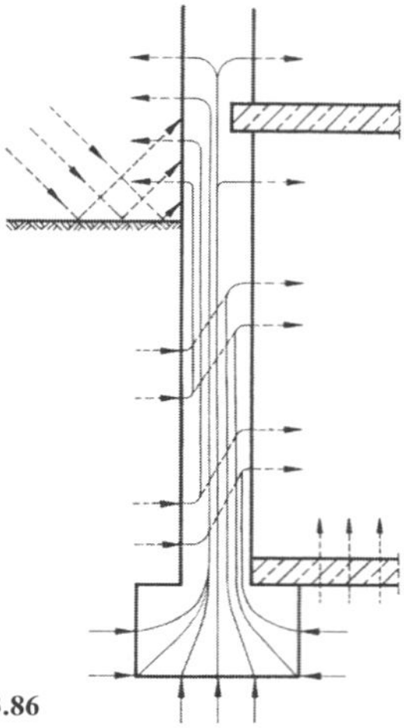

Abb. 3.86
Mögliche Wasserbewegungen an einer nicht abgedichteten Mauerwerkswand

4.2 Einwirkungen auf Abdichtungen erdberührter Bauteile und Nutzungsklassen

4.2.1 Wassereinwirkungsklassen nach DIN 18533-1

Es werden in DIN 18533-1 die folgenden Wassereinwirkungsklassen nach Tafel 3.86 unterschieden. Diese Klassen haben grundsätzlichen Charakter. Für die Zuordnung der abzudichtenden Bauwerksbereiche zu den Klassen sind im Rahmen der Planung immer die örtlichen Bedingungen und ggf. Nutzungserfordernisse zu berücksichtigen.

Tafel 3.86 Wassereinwirkungsklassen nach DIN 18533-1

Art der Einwirkung	Wasser-einwirkungsklasse
Bodenfeuchte und nichtdrückendes Wasser (Bodenfeuchtigkeit, nicht stauendes bzw. nicht drückendes Sickerwasser)	**W1-E**
- Bodenfeuchte und nicht drückendes Wasser bei Bodenplatten und erdberührten Wänden	W1.1-E
- Bodenfeuchte und nichtdrückendes Wasser bei Bodenplatten und erdberührten Wänden mit Dränung	W1.2-E
Drückendes Wasser (aufstauendes Schichten-/ Sickerwasser, drückendes Wasser)	**W2-E**
- Mäßige Einwirkung von drückendem Wasser ≤ 3 m Eintauchtiefe	W2.1-E
- Hohe Einwirkung von drückendem Wasser > 3 m Eintauchtiefe	W2.2-E
Nicht drückendes Wasser auf erdüberschütteten Decken	**W3-E**
Spritzwasser und Bodenfeuchte am Wandsockel sowie Kapillarwasser in und unter Wänden	**W4-E**

4.2.2 Einwirkung aus dem Untergrund – Risse

Die Bauwerksabdichtung muss die zu erwartenden Rissbildungen bzw. -bewegungen des Untergrundes unbeschadet überbrücken können.

Bei der Wahl der Abdichtungsbauart bzw. des Abdichtungsuntergrundes sind nach DIN 18533-1 folgende in Tafel 3.87a dargestellter Rissklassen zu berücksichtigen. Der Zusammenhang zwischen Wassereinwirkung und aus Gründen der Zuverlässigkeit erforderlicher Rissüberbrückungsklasse wird in Tafel 3.87a ebenfalls angegeben.

Tafel 3.87a **Rissklassen und zugehörige Rissüberbrückungsklassen nach DIN 18533-1 sowie der Zusammenhang zwischen Wassereinwirkung und aus Gründen der Zuverlässigkeit mindest-erforderlicher Rissüberbrückungsklasse**

Riss-klasse	Rissüber-brückungs-klasse	Rissbildung/ Rissbreitenänderung	Wasser-einwirkung	typischer Untergrund
R1-E	RÜ1-E	gering Rissbewegung ≤ 0,2 mm	W1.E und W4-E	Stahlbeton ohne rissverursachende Zwang- und Biegeeinwirkung; Mauerwerk im Sockelbereich; Untergründe für Querschnittsabdichtungen in den üblichen Abdichtungsuntergründen des Hochbaus i. d. R. unvermeidbar.
R2-E	RÜ2-E	mäßig Rissbewegung ≤ 0,5 mm	-----	geschlossene Fugen von flächigen Bauteilen; unbewehrter Beton; Stahlbeton mit rissverursachender Zwang-, Zug- oder Biegeeinwirkung; erddruckbelastetes Mauerwerk; Fugen an Materialübergängen
R3-E	RÜ3-E	hoch Rissbewegung ≤ 1,0 mm Rissversatz ≤ 0,5 mm	W2.1-E und W3-E	Fugen von Abdichtungsrücklagen; Aufstandsfugen von erddruckbelasteten Wänden
R4-E	RÜ4-E	sehr hoch Rissbewegung ≤ 5,0 mm Rissversatz ≤ 2,0 mm	W2.2-E	

4.2.3 Raumnutzungsklassen

Raumnutzungsklassen nach DIN 18533-1 definieren die Anforderungen an die Trockenheit der Raumluft von erdseitig abgedichteten Räumen und die Zuverlässigkeit der Abdichtungsbauart. Es werden folgende in Tafel 3.87b dargestellten Raumnutzungsklasse unterschieden.

Tafel 3.87b Raumnutzungsklassen nach DIN 18533-1

Raumnutzungsklasse	Beschreibung
RN1-E (geringe Anforderung)	Räume mit geringer Anforderung an die Trockenheit der Raumluft (z. B. offene Werk- oder Lagerhallen, Tiefgaragen).
RN2-E (übliche Anforderung)	Räume mit üblicher Anforderung an die Trockenheit der Raumluft und Zuverlässigkeit der Abdichtungsbauart (z. B. Aufenthaltsräume; Räume zur Lagerung von feuchteempfindlichen Gütern).
RN3-E (hohe Anforderung)	Räume mit hoher Anforderung an die Trockenheit der Raumluft und hoher Anforderung an die Zuverlässigkeit der Abdichtungsbauart (z. B. Magazin zur Lagerung unersetzlicher Kulturgüter; Raum für den Zentralrechner).

4.3 Ausbildung und Ausführung

Alle vom Boden berührten Außenflächen der Umfassungswände sowie Bodenplatte sind abzudichten.

- **Anforderungen an den Untergrund**

Der Untergrund, auf den die Abdichtungen aufgebracht werden, muss folgenden Anforderungen entsprechen:

- Bauwerksflächen, auf die die Abdichtung aufgebracht werden soll, müssen frostfrei, fest, eben, frei von Nestern und klaffenden Rissen, Graten und frei von schädlichen Verunreinigungen sein und sie müssen zudem bei aufgeklebten Abdichtungen oberflächentrocken sein.
- Nicht verschlossene Vertiefungen größer als 5 mm, wie beispielsweise Mörteltaschen, offene Stoß- und Lagerfugen oder Ausbrüche, sind mit geeigneten Mörteln zu schließen. Oberflächen von Mauerwerk oder von haufwerksporigen Baustoffen, offene Stoßfugen bis 5 mm und Oberflächenprofilierun-

gen bzw. Unebenheiten von Steinen müssen, sofern keine Abdichtungen mit überbrückenden Werkstoffen verwendet werden, entweder durch Verputzen, Vermörtelung, durch Dichtungsschlämme oder durch eine Kratzspachtelung verschlossen und egalisiert werden.
- Vor- u. Rücksprünge der abzudichtenden Flächen sind auf die unbedingt notwendige Anzahl zu beschränken.
- Haufwerksporige Betone oder andere Baustoffe mit ähnlicher Oberflächenstruktur müssen für den Fall, dass eine KMB als Abdichtung verwendet wird, mit den o. g. Stoffen egalisiert oder mit einer Kratzspachtelung (z. B. KMB) versehen werden.
- Bei der Ausführung mit bitumenhaltigen Abdichtungen ist zu beachten, dass Kanten gefast und Kehlen möglichst gerundet werden. Bei zweikomponentigen kunststoffmodifizierten Bitumendickbeschichtungen kann die Ausrundung mit kunststoffmodifiziertem Bitumendickbeschichtungsmaterial erfolgen, soweit der Hersteller dies zulässt. Hierbei ist auf die längere Durchtrocknungszeit zu achten.

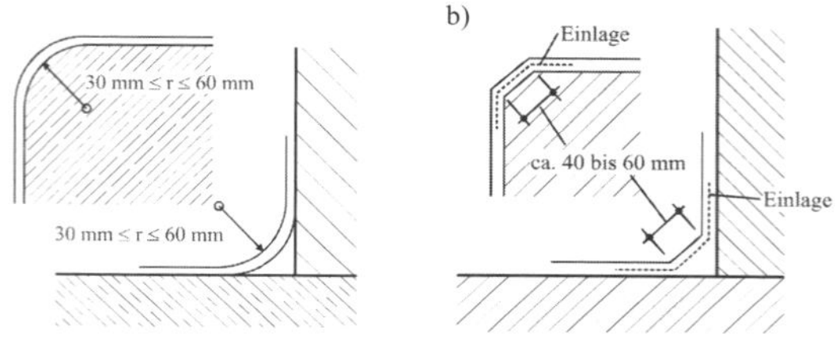

Abb. 3.88a
Ausbildung von Hohlkehlen bzw. Abrundungen bei Bitumenbahnen (Fall a)) und Beschichtungen (z. B. PMBC – Fall b))

4.4 Abdichtungen von Bodenplatten und Außenwänden

4.4.1 Abdichtungsbauarten für Bodenplatten und Wandflächen bei Bodenfeuchtigkeit

Als Bodenfeuchtigkeit (Feuchtebeanspruchung W1.1-E) wird Wasser bezeichnet, das als Kapillarwasser, Haftwasser und nicht stauendes Sickerwasser auftritt.

Nicht drückendes Wasser (Feuchtebeanspruchung W1.1-E) liegt vor, wenn anfallendes Wasser von der Oberfläche des Geländes bis zum freien Grundwasserstand absickern und sich auch nicht vorübergehend, z. B. bei starken Niederschlägen, aufstauen kann.

Mit dieser Feuchtigkeitsbeanspruchung darf jedoch nur gerechnet werden, wenn das Baugelände (auch unter der Fundamentsohle und das Verfüllmaterial an den Wänden) aus nichtbindigen Böden, z. B. Sand, Kies etc. bestehen und die Unterkante der Abdichtungsebene mindestens 50 cm oberhalb des Bemessungswasserstandes liegt. Ein derartiger Boden ist vorhanden, wenn er einen sog. Wasserdurchlässigkeitsbeiwert k von mindestens 10^{-4} m/s nach DIN 18130-1 aufweist.

Weiterhin darf von der Feuchtebeanspruchung W1.2-E ausgegangen werden, wenn die Einwirkung von drückendem Wasser durch eine auf Dauer funktionsfähige Dränung nach DIN 4095 (vgl. Abs. 5) verhindert wird.

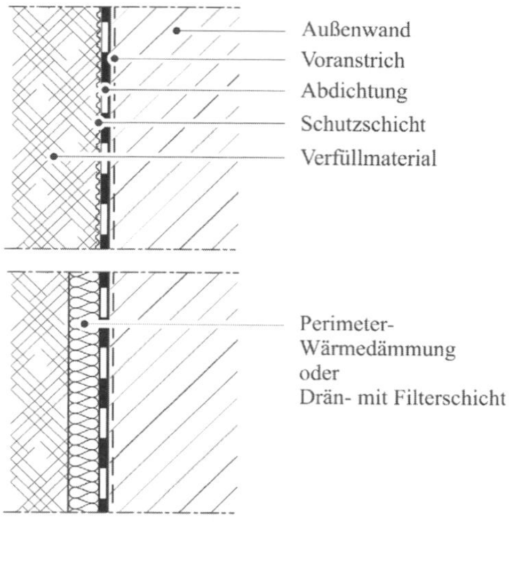

Abb. 3.88b Typische Schichtenfolgen für die Abdichtung von Erdberührten Wänden bei W1-E

Bodenplatten und Wandflächen sind grundsätzlich gegen Bodenfeuchtigkeit abzudichten. Dabei muss die Abdichtung des Fußbodens an die waagerechte Abdichtung der Wände (Mauersperre) sowie Außenwände so herangeführt oder mit ihr verklebt werden, dass keine Feuchtigkeitsbrücken, insbesondere im Bereich von Putzflächen, entstehen können (vgl. Abb. 3.89a oder 3.96c).

Bei Räumen mit geringen Anforderungen an die Trockenheit der Raumluft (Raumnutzungsklasse RN1-E, vgl. Tafel 3.87b), wie z. B. Tiefgaragen oder Lager mit feuchteunempfindlichen Gütern kann die Abdichtung entfallen, wenn durch eine kapillarbrechende Schüttung z. B. Grobkies mit einer Dicke von mindestens 150 mm unter der Bodenplatte der Wassertransport durch die Bodenplatte hinreichend vermindert wird (vgl. Abb. 3.89b).

Die Abdichtungsmaterialien, die nach DIN 18533-1 zur Abdichtung der Bodenplatte sowie Wandflächen verwendet werden dürfen, sind in der Tafeln 3.90a und 90b dargestellt.

Abb. 3.89a
Anschluss der vertikalen Wandabdichtung an die horizontale Abdichtung

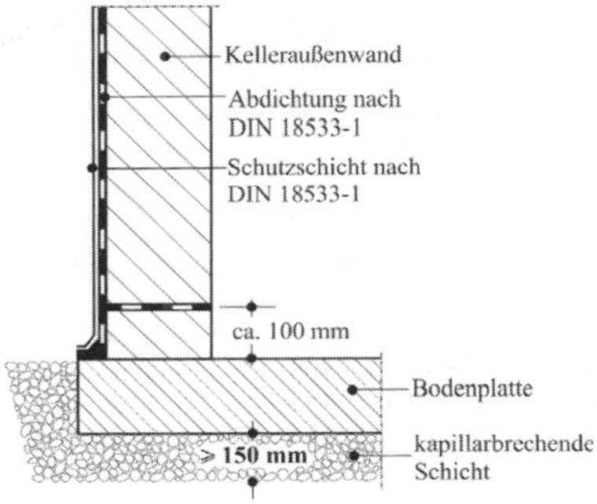

Abb. 3.89b
Anordnung der erforderlichen horizontalen Abdichtung am Wandfußpunkt bei untergeordnet genutzten Kellerräumen

Planungsgrundsätze und bauliche Erfordernisse

Folgendes ist bei der Ausbildung der vertikalen Abdichtung zu beachten:

- Auf dem Untergrund ist das Abdichtungssystem in der Regel wie folgt aufgebaut: Voranstrich, Klebemasse, Abdichtung, Deckaufstrichmittel und Schutzschicht.
- Die vertikale Abdichtung muss in ihrer gesamten Länge an die waagerechte Abdichtung herangeführt und/oder verklebt werden, so dass keine Feuchtigkeitsbrücken, insbesondere im Bereich von Putzflächen entstehen können (vgl. Abb. 3.96a bis c).
- Auf die Verträglichkeit der möglicherweise unterschiedlichen Materialien für die vertikale und horizontale Abdichtung ist zu achten, insbesondere wenn PMBC als vertikale Abdichtung angeordnet wird.
- Kunststoffmodifizierte Bitumendickbeschichtungen PMBC sind zweilagig anzuordnen. Die Schichtdickenkontrolle kann durch das Messen der Nassschichtdicke (im frischen Zustand z. B. mit Hilfe einer Lehre) oder der Trockenschichtdicke (z. B. Keilschnittverfahren) erfolgen.
- Die Wandabdichtungen insbesondere PMBC-Abdichtungen sind durch Schutzschichten gegen mechanische Beschädigungen z. B. bei Bauarbeiten oder beim Verfüllen der Baugrube zu schützen (vgl. Abschn. 2.3.3). Bauschutt, Geröll o. Ä. darf nicht unmittelbar die Abdichtung berühren.
- Kaltselbstklebende Polymerbitumenbahnen sind nur als 1. Abdichtungslage unter mindestens einer weiteren Lage aus Polymerbitumen-Schweißbahnen zulässig.
- Bei der Verwendung von PMBC-Abdichtungen muss in den Anschlussbereichen eine Gewebeverstärkung eingebaut werden.
- Die Abdichtungsmaterialien, die nach DIN 18533-1 verwendet werden dürfen, sind in den Abb. 3.89a/b dargestellt. Mit der Ausnahme von PMBC ist bei allen bitumenverträglichen Materialien ein kaltflüssiger Voranstrich nach Abschnitt 2.3.1 vorgesehen.

Die Abdichtung von Bodenplatten bei W1.1-E und W 1.2-E erfolgt nach Tafel 3.90a

Tafel 3.90a Abdichtungsbauarten für Bodenplatten bei W1.1-E und W 1.2-E

Nr.	Abdichtungsstoff	Lagenanzahl
1	Bitumenbahnen mit Rohfilzeinlage: R 500[1)]	Mindestens eine Lage
2	Sonstige Bitumendachbahnen Anwendungstyp BA nach Tafel 3.79c	
3	Bitumen Dachdichtungsbahnen Anwendungstyp BA nach Tafel 3.79c	
4	Sonstige Bitumendichtungsbahnen Anwendungstyp BA nach Tafel 3.79c	
5	Polymerbitumen-Dachdichtungsbahnen Anwendungstyp BA nach Tafel 3.80a	
6	Bitumenschweißbahnen Anwendungstyp BA nach Tafel 3.79c	
7	Polymerbitumenschweißbahnen Anwendungstyp BA nach Tafel 3.80a	
8	Kaltselbstklebende Bitumendichtungsbahnen Anwendungstyp BA nach Tafel 3.79c	
9	Kaltselbstklebende Polymerbitumenbahnen Anwendungstyp BA nach Tafel 3.80a	
10	Polymerbitumenbahnen mit Aluminiumverbundträgereinlage Anwendungstyp EB nach Tafel 3.80a	
11	Kunststoff- und Elastomerbahnen Anwendungstyp BA nach Tafel 3.80b	
12	Polyethylen mit Schaumkaschierung Anwendungstyp EB nach Tafel 3.80b (nur bei W1.1-E und RN1-E sowie RN2-E)	
13	PMBC, Gussasphalt und Asphaltmastix nach Tafel 3.83a	Dicke nach Tafel 3.83a
14	rissüberbrückende MDS nach Tafel 3.83b	Dicke nach Tafel 3.83a
15	Keine Abdichtung – Anordnung eine Kapillarbrechenden Schicht mit $k > 10^{-4}$ m/s und einer Dicke $\geq$ 15 cm oder Anordnung von in Heißbitumen angeordnete Schaumglasdämmplatten	

[1)] Die Bahnen müssen vollflächig mit einer heiß aufzubringenden Bitumenklebemasse auf der Unterlage verklebt und mit einem gleichartigen Bitumendeckaufstrich versehen werden.

[2)] Alle andern Bahnen dürfen lose, teilflächig oder vollflächig verlegt werden. Die Überlappungen der Bahnen untereinander müssen vollflächig verklebt bzw. bei einer Schweißbahn verschweißt werden.

Die Abdichtung von Wandflächen bei W1.1-E und W 1.2-E erfolgt nach Tafel 3.90b

Tafel 3.90b Abdichtungsbauarten für Wandflächen bei W1.1-E und W 1.2-E

Nr.	Abdichtung	Lagenanzahl
1	Bitumendachbahnen Anwendungstyp BA nach Tafel 3.79c	Mindestens eine
2	Bitumen Dachdichtungsbahnen Anwendungstyp BA nach Tafel 3.79c	
3	Bitumendichtungsbahnen Anwendungstyp BA nach Tafel 3.79c	
4	Polymerbitumen-Dachdichtungsbahnen Anwendungstyp BA nach Tafel 3.80a	
5	Bitumenschweißbahnen Anwendungstyp BA nach Tafel 3.79c	
6	Polymerbitumenschweißbahnen Anwendungstyp BA nach Tafel 3.80a	
7	Bitumenschweißbahnen - Cu 01 S4 Anwendungstyp BA nach Tafel 3.79c	
8	Kaltselbstklebende Bitumendichtungsbahnen Anwendungstyp BA nach Tafel 3.79c	
9	Kaltselbstklebende Polymerbitumenbahnen Anwendungstyp BA nach Tafel 3.80a	
10	Kunststoff- und Elastomerbahnen Anwendungstyp BA nach Tafel 3.80b	
11	PMBC nach Tafel 3.83a	Dicke nach Tafel 3.83a

- Stoffe der Zeilen 1 bis 4 können untereinander und miteinander kombiniert werden.
- Stoffe der Zeilen 5 bis 6 können untereinander und miteinander kombiniert werden, sowie auf Stoffe der Zeilen 1 bis 4 verlegt werden.

4.4.2 Abdichtungsbauarten für Bodenplatten und Wandflächen bei drückendem Wasser

Arten von drückendem Wasser (Wassereinwirkungsklasse W2-E)

Von außen drückendes Wasser (Wassereinwirkungsklasse W2.1-E und W2.2-E) kann als Grundwasser, Hochwasser oder Stauwasser einwirken. W2.1-E liegt bei der Abdichtung von erdberührten Bauteilen vor, auf die Stauwasser, Grundwasser oder Hochwasser (vgl. Tafel 3.85 und 3.86) bis 3 m Wassersäule einwirkt. W2.2-E liegt bei der Abdichtung von erdberührten Bauteilen vor, auf die unter Wasser > 3 m Wassersäule einwirkt.

Planungsgrundsätze und bauliche Erfordernisse

Wasserdruckhaltende Abdichtungen werden in DIN 18533-1 geregelt und müssen Bauwerke gegen von außen hydrostatisch drückendes Wasser schützen sowie gegen natürliche oder durch Lösungen aus Beton oder Mörtel entstandene Wässer unempfindlich sein. Nach Art und Lage der Abdichtung werden unterschieden:

- Außenhautabdichtung (Regelfall, vgl. Abb. 3.91)
- Innenhautabdichtung (bei der Sanierung, vgl. Abb. 3.91)
- wasserundurchlässige Bauteile (WU-Beton, vgl. Abschn. 4.7 - nicht in DIN18533 geregelt).

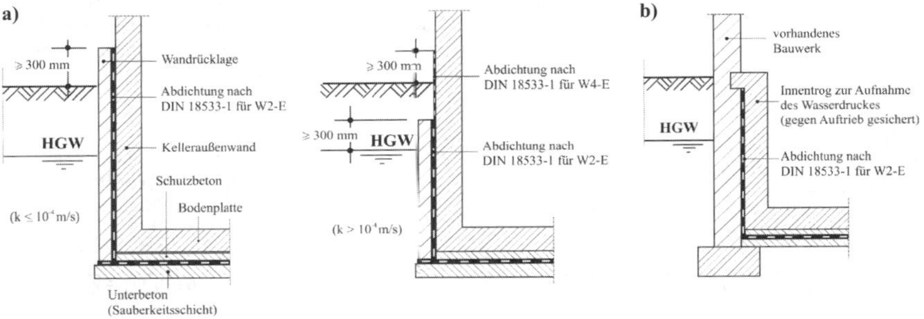

Abb. 3.91 **a)** Außenhautabdichtung (Regelfall bei Neubauten)
b) Innenhautabdichtung (Regelfall für Behälterabdichtung und nachträgliche Abdichtungen in Gebäuden)

- Die Abdichtung nach DIN 18533-1 für W2-E ist bei nichtbindigen Böden ($k > 10^{-4}$ m/s) mindestens 300 mm über den Bemessungswasserstand (vgl. Abschn. 3.3) zu führen.
- Bei bindigen Böden ($k \leq 10^{-4}$ m/s) ist die Abdichtung wegen der Gefahr einer Stauwasserbildung mindestens 150 mm über die geplante Geländeoberkante zu führen.
- Die Abdichtung darf bei den zu erwartenden Bewegungen der Bauteile durch Schwinden, Temperaturänderungen und Setzungen nicht beschädigt werden.
- Abdichtungen gegen drückendes Wasser müssen Risse, die z. B. durch Schwinden entstehen, überbrücken können. Sie müssen Rissüberbrückungsklassen bis RÜ3-E bei W2.1-E und bis RÜ4-E bei W2.2-E entsprechen. Durch konstruktive Maßnahmen ist sicherzustellen, dass solche Risse zum Entstehungszeitpunkt (zum Zeitpunkt des Abdichtens) nicht breiter als 0,5 mm sind und durch eine eventuelle weitere Öffnung die Rissbreite auf maximal 5 mm begrenzt wird. Der Versatz der Rissufer in der Abdichtungsebene muss geringer als 2 mm sein (vgl. Tafel 3.87a).
- Durch konstruktive Maßnahmen ist sicherzustellen, dass die Abdichtung dauerhaft eingebettet ist, um bei Änderungen in der Flächenpressung Schädigungen z. B. in Form des Verdrückens von Bitumenwerkstoffen zu verhindern.
- Die Anzahl der erforderlichen Lagen ist in DIN 18533-2 in Abhängigkeit von der Eintauchtiefe des Gebäudes in das Grundwasser (W2.1-E bzw. W2.2-E), der Art der Abdichtungsmaterialien sowie deren Verarbeitung festgelegt (vgl. Tafel 3.92 und 3.93).
- Die Abdichtungen sollen gleichmäßig bzw. stetig durch Auflasten beansprucht werden. Die zulässige Druckbeanspruchung senkrecht zu den Abdichtungsbahnen ist in DIN 18533-2 in Abhängigkeit von der Art der Abdichtung festgelegt. Die Druckbeanspruchung der Abdichtung ist für die kritischen Lastfälle zu untersuchen und mit 1,0 MN/m² (bei Bahnen aus Bitumen- und/oder Polymerbitumen mit Trägereinlage aus Glasgewebe 0,8 MN/m² und bei PIB 0,6 MN/m²) begrenzt. Werden in einer Abdichtung mit nackten Bitumenbahnen zwei Lagen Kupferband mit einer Dicke von 0,1 mm oder Edelstahlband mit einer Dicke von 0,05 mm angeordnet, darf die Abdichtung bis 1,5 MN/m² belastet werden
- Der Abdichtung darf keine Übertragung von planmäßigen Kräften parallel zu ihrer Ebene zugewiesen werden. Sofern dies nicht zu vermeiden ist (z. B. bei Bauwerken im Gefälle oder bei einseitiger Baugrundverfüllung), muss durch Anordnung von Widerlagern, Ankern, Bewehrung oder durch andere konstruktive Maßnahmen wie z. B. Nocken dafür gesorgt werden, dass Bauteile auf der Abdichtung keine Kräfte in die Abdichtungsebene einleiten.

- Gegen die Abdichtung ist hohlraumfrei zu mauern oder zu betonieren. Wandrücklagen aus Mauerwerk müssen geputzt werden. Wird die tragende Außenwand des Bauwerks in Mauerwerk ausgeführt und nachträglich vor die bereits erstellte Abdichtungsebene gestellt, so ist sie durch eine etwa 40mm breite Fuge, die schichtenweise beim Mauern mit Zementmörtel verfüllt wird, von der Abdichtung zu trennen.
- Werden Abdichtungen planmäßig durch erhöhte Temperaturen beansprucht, sind diese bei Planung zu berücksichtigen. Bei Abdichtungen mit Bitumenwerkstoffen (Bitumenbahnen, Klebemassen und Deckaufstrichmittel) muss der Erweichungspunkt nach Ring und Kugel (vgl. DIN EN 1427) des verwendeten Bitumens min. 30 K über der zu erwartenden Temperatur liegen.
- Bei Einwirkung von Druckluft (wenn beim Abschalten der Wasserhaltung z. B. das Wasser die Luft in die Poren des Erdreiches gegen die Abdichtung presst) sind Abdichtungen durch geeignete Maßnahmen gegen das Ablösen von der Unterlage zu sichern. Bei Abdichtungen, die ausschließlich aus Bitumenwerkstoffen bestehen, sind außerdem Metallbänder einzukleben.

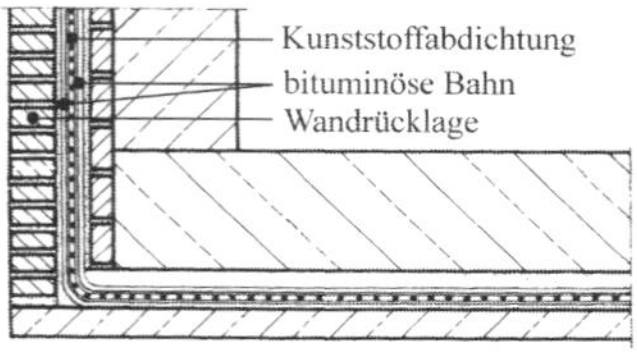

Abb. 3.92a Beispiel eines Kehlstoßes aus [3.77]

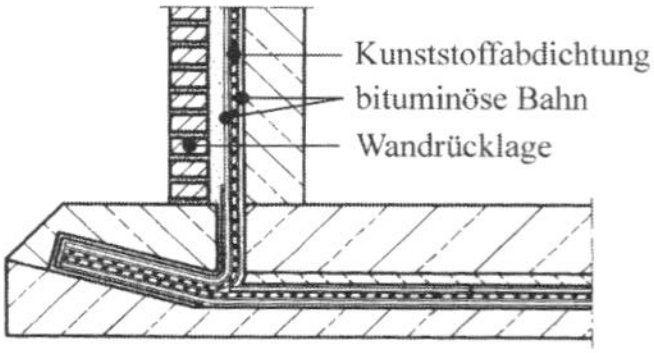

Abb. 3.92b Beispiel eines Rückläufigen Stoßes aus [3.77]

Verwendbare Materialien

An Abdichtungen gegen drückendes Wasser werden die höchsten Anforderungen gestellt. Diesen wird Rechnung getragen durch eine erhöhte Anzahl an einzubauenden Lagen. So ist eine Abdichtung gegen drückendes Wasser aus bitumenhaltigen Bahnen mindestens zweilagig, je nach Eintauchtiefe und Material auch bis zu vierlagig auszuführen. Weiterhin können wasserundurchlässiger Beton (WU-Beton) oder Kunststoffbahnen angewendet werden.

Verarbeitung der Stoffe

Voranstriche sind durch Streichen, Rollen oder Spritzen zu verarbeiten. Bitumen-Voranstriche sind so aufzutragen, dass eine Menge von 200 g/m² bis 300 g/m² gleichmäßig verteilt wird. Andere Voranstriche sind nach Herstellerangaben zu verarbeiten.

Klebemassen und Deckaufstrichmittel sind soweit zu erhitzen, dass ihre Viskosität (Gießbarkeit) verarbeitungsgerecht ist.

- **Abdichtungsbauarten für Bodenplatten und Wandflächen bei W2.1-E**

Die Abdichtung von Bodenplatten und Wandflächen bei W2.1-E erfolgt nach Tafel 3.92

Tafel 3.92 Abdichtungsbauarten für Bodenplatten und Wandflächen bei W2.1-E

Abdichtungsstoff Bitumen und Polymerbitumen		**Lagen-anzahl**
1	Dachdichtungsbahnen Anwendungstyp BA nach Tafel 3.79c und 3.80a	2
2	Bitumenschweißbahnen G 200 S4, PV 200 S5, KTP S4 nach Tafel 3.79c Anwendungstyp BA	2
3	Polymerbitumen-Schweißbahnen: PYE-KTP S4, PYE/PYP-KTP S4, PYE-PV 200 S5 nach Tafel 3.80a Anwendungstyp BA	1
4	Polymerbitumenschweißbahnen PYE-G 200 S4/S5, PYE-KTG S4, PYE/PYP-KTG S4 nach Tafel 3.80a Anwendungstyp BA	2
5	Kaltselbstklebende Polymerbitumenbahnen nach Tafel 3.80a Anwendungstyp BA als untere Lage, wenn die Folgelage eine Polymerbitumenschweißbahn ist.	1

Fortsetzung s. nächste Seite

Tafel 3.92 (Fortsetzung)

	Abdichtungsstoff: Kunststoff- und Elastomerbahnen	Mindest-dicke [mm]
6	ECB-Bahnen nach Tafel 3.80b Anwendungstyp BA	2,0
7	PIB-Bahnen nach Tafel 3.80b Anwendungstyp BA[1)]	1,5
8	PVC-P-NB-Bahnen sowie PVC-P-BV-Bahnen nach Tafel 3.80b Anwendungstyp BA	1,5
9	EVA-Bahnen nach Tafel 3.80b Anwendungstyp BA	1,5
10	EPDM-Bahnen nach Tafel 3.80b Anwendungstyp BA	1,3
11	FPO-Bahnen nach Tafel 3.80b Anwendungstyp BA	1,5
	Abdichtungsstoff: Kunststoffmodifizierte Bitumendickbeschichtungen	
12	PMBC nach Tafel 3.83a	4,0

1) Homogene PIB-Abdichtung ist aus einer Lage bitumenverträglicher Kunststoffdichtungsbahn herzustellen, die zwischen zwei Lagen nackter Bitumenbahnen mit Bitumenklebemasse einzukleben ist.

- **Abdichtungsbauarten für Bodenplatten und Wandflächen bei W2.2-E**

Die Abdichtung von Bodenplatten und Wandflächen bei W2.2-E erfolgt nach Tafel 3.93

Tafel 3.93 Abdichtungsbauarten für Bodenplatten und Wandflächen bei W2.2-E

	Abdichtungsstoff Bitumen und Polymerbitumen	**Eintauchtiefe [m]**	**Lagenanzahl**
1	Nackte Bitumenbahnen R 500 N nach Tafel 3.79c Anwendungstyp BA[1)]	≤ 4	3
		> 4 und ≤ 9	4
		> 9	5
2	Nackte Bitumenbahnen R 500 N und Metallbänder nach Tafel 3.79c Anwendungstyp BA[2)]	≤ 9	2 + 1 Lage CU-/ Edelstahlband
		> 9	3 + 1 Lage CU-/ Edelstahlband
3	Bitumen- und Polymerbitumen Dachdichtungsbahnen nach Tafel 3.79c und 3.80a Anwendungstyp BA	≤ 4	2
		> 4 und ≤ 9	3
			1 + 1 mit CU 01, D
		> 9	2 + 1 mit CU 01, D
4	Bitumenschweißbahnen G 200 S4, PV 200 S5, KTP S4, KTG S4 nach Tafel 3.79c Anwendungstyp BA	≤ 4	2
		> 4 und ≤ 9	3
			1 + 1 mit CU 01, D
		> 9	2 + 1 mit CU 01, D
	Abdichtungsstoff Bitumen und Polymerbitumen	**Eintauchtiefe [m]**	**Lagenanzahl**
5	Polymerbitumenschweißbahnen PYE-G 200 S4/S5, PYE-KTG S4, PYE-KTP S4, PYE-PV 200 S5 nach Tafel 3.79c Anwendungstyp BA	≤ 9	1 + 1 Lage mit PV Einlage
		> 9	2 + 1 Lage mit PV Einlage
6	Kaltselbstklebende Polymerbitumenbahnen nach Tafel 3.80a Anwendungstyp BA als untere Lage, wenn die Folgelage eine bzw. zwei Schweißbahnen sind.	≤ 9	2-Lagig
		> 9	3-Lagig

Fortsetzung s. nächste Seite

Tafel 3.93 (Fortsetzung)

Abdichtungsstoff: Kunststoff- und Elastomerbahnen		Eintauchtiefe [m]	Mindestdicke der Bahn [mm]
7	ECB-Bahnen nach Tafel 3.80b Anwendungstyp BA	≤ 4	2,0
		> 4 und ≤ 9	2,0
		> 9	2,5
8	PIB-Bahnen nach Tafel 3.80b Anwendungstyp BA[3)]	≤ 4	1,5
		> 4 und ≤ 9	1,5
		> 9	2,0
9	PVC-P-NB-Bahnen nach Tafel 3.80b Anwendungstyp BA	≤ 4	1,5
10	PVC-P-BV-Bahnen nach Tafel 3.80b Anwendungstyp BA	≤ 4	1,5
		> 4 und ≤ 9	1,5
		> 9	2,0
11	EVA-Bahnen nach Tafel 3.80b Anwendungstyp BA	≤ 4	1,5
		> 4 und ≤ 9	1,5
		> 9	2,0
12	EPDM-Bahnen nach Tafel 3.80b Anwendungstyp BA	> 9	1,3
13	FPO-Bahnen nach Tafel 3.80b Anwendungstyp BA	≤ 4	1,5
		> 4 und ≤ 9	1,5
		> 9	2,0

[1)] erf. Mindesteinpressdruck ≥ 0,01 MN/m² (hydrostatischer Druck nicht ansetzbar)
[2)] Metallband-Einlage: Kupfer mit $d = 0,1$ mm oder Edelstahl mit $d = 0,05$ mm.
[3)] Homogene PIB-Abdichtung ist aus einer Lage bitumenverträglicher Kunststoffdichtungsbahn herzustellen, die zwischen zwei Lagen nackter Bitumenbahnen mit Bitumenklebemasse einzukleben ist.

4.5 Abdichtungsbauart von erdüberschütteten Decken

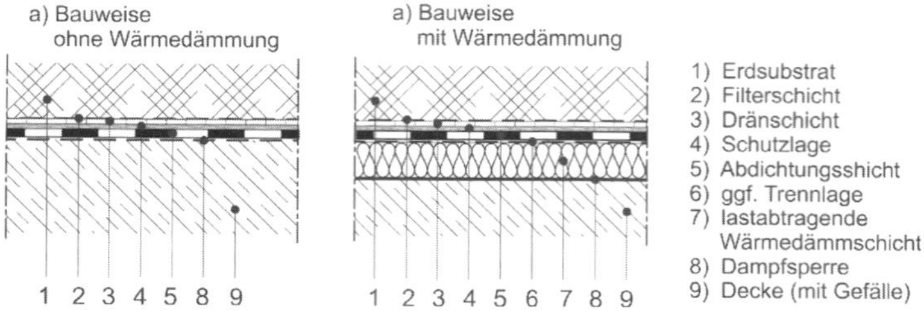

Abb. 3.94 Typische Schichtenfolgen für die Abdichtung von erdüberschütteten Decken bei W3-E

Die Abdichtung von erdüberschütteten Decken bei W3-E erfolgt nach Tafel 3.94

Tafel 3.94: Abdichtungsbauarten für erdüberschüttete Decken bei W3-E

Abdichtungsstoff Bitumen oder Polymerbitumen	**Lagen-anzahl**
Nackte Bitumenbahnen nach Tafel 3.79c [1)]	3
Dachdichtungsbahnen Anwendungstyp BA nach Tafel 3.79c und 3.80a[2)]	2
Bitumenschweißbahnen G 200 S4, PV 200 S5 nach Tafel 3.79c Anwendungstyp BA[2)]	2
Polymerbitumenschweißbahnen: PYE-G 200 S4/S5, PYE-KTG S4, PYE/PYP-KTG S4, PYE-KTP S4, PYE/PYP-KTP S4, PYE-PV 200 S5 nach Tafel 3.80a Anwendungstyp BA	2
Kaltselbstklebende Polymerbitumenbahnen nach Tafel 3.80a Anwendungstyp BA als untere Lage, wenn die Folgelage eine Polymerbitumenschweißbahn ist (insgesamt 2 Lagen).	1

Fortsetzung s. nächste Seite

Tafel 3.94 (Fortsetzung)

Abdichtungsstoff: Kunststoff- und Elastomerbahnen	Mindestdicke [mm]
ECB-Bahnen nach Tafel 3.80b Anwendungstyp BA	2,0
PIB-Bahnen nach Tafel 3.80b Anwendungstyp BA[3]	1,5
PVC-P-NB-Bahnen sowie PVC-P-BV-Bahnen nach Tafel 3.80b Anwendungstyp BA	1,5
EVA-Bahnen nach Tafel 3.80b Anwendungstyp BA	1,5
EPDM-Bahnen nach Tafel 3.80b Anwendungstyp BA	1,3
FPO-Bahnen nach Tafel 3.80b Anwendungstyp BA	1,5
Abdichtungsstoff: Kunststoffmodifizierte Bitumendickbeschichtungen / flüssig zu verarbeitende Abdichtungsstoffe	
PMBC nach Tafel 3.83a	4,0
FLK nach Tafel 3.83a	2,0

1) Mindesteinpressdruck von 0,01 MN/m²

2) Bitumenbahnen können kombiniert werden mit Polymerbitumenbahnen, jedoch die obere Lage muss eine Polymerbitumenbahn sein. Beträgt das Gefälle der Abdichtungsunterlage weniger als 2 %, sind mind. 2 Lagen Polymerbitumenbahnen zu verwenden.

3) homogene PIB-Abdichtung ist aus einer Lage bitumenverträglicher Kunststoffdichtungsbahn herzustellen, die zwischen zwei Lagen nackter Bitumenbahnen mit Bitumenklebemasse einzukleben ist.

4.6 Abdichtung von Wandsockeln sowie in und unter Wänden

4.6.1 Waagerechte Abdichtungen in oder unter Wänden (Mauersperre)

Waagerechte Abdichtungen in oder unter Wänden haben die Aufgabe, den kapillaren Wassertransport in den Wandbaustoffen zu unterbinden.

Bei Wänden aus Beton ist die Anordnung einer waagerechten Abdichtung in der Regel nicht möglich. In solchen Fällen sind die Fundamente und Wände aus wasserundurchlässigem Beton herzustellen, oder wenn dies nicht möglich ist, ist unterhalb und seitlich der Fundamente eine grobkörnige Kiesschicht als kapillarbrechende Schicht anzuordnen (vgl. Abb. 3.89b). Die Kiesschüttung ist zu verdichten und gegen das Eindringen von Zementschlämmen durch z. B. ein geotextiles Vlies zu schützen.

In Räumen mit Wänden aus Mauerwerk, in denen nutzungsbedingt die Möglichkeit des Wasseranfalls auf der Bodenplatte besteht und weiterhin während der Bauphase in aller Regel Wasseranfall auf der Bodenplatte (z. B. durch Niederschlag) unvermeidbar ist, wird der Einbau einer zweiten waagerechten Abdichtung oberhalb der ersten Steinschicht des Kellermauerwerks empfohlen, um aufsteigende Feuchte in den Wandfußpunkten zu begrenzen (vgl. Abb. 3.96b). Diese Empfehlung betrifft Außen- und Innenwände gleichermaßen und geht damit über die Mindestanforderungen der DIN 18533-1 hinaus.

Werden horizontale Abdichtungen ausnahmsweise nicht direkt über dem Fundament angeordnet, sondern in den Wänden, muss die Abdichtung durch einen gegebenenfalls vorhandenen Innenputz geführt werden, um eine Feuchtebrücke im Bereich des Putzes zu vermeiden (vgl. Abb. 3.96c). Diese Abdichtung ist mit der Wand- und Bodenplattenabdichtung – sofern vorhanden – zu verkleben.

Vorzuziehen sind in jedem Fall horizontale Abdichtungen unterhalb der Wände auf dem Fundament (Abb. 3.96a), da Konstruktionen entsprechend Abb. 3.96c schadensanfälliger sind.

Für die horizontale Abdichtung sind die in Tafel 3.96 aufgeführten Dach- bzw. Dichtungsbahnen nach DIN 18533-1 anzuwenden.

Bitumen-Schweißbahnen sind als Mauersperre nicht zulässig. Wegen des im Gegensatz zu Bitumen-Dachbahnen und Bitumen-Dachdichtungsbahnen höheren Anteils an Bitumen kann es zu einem Abfließen des überschüssigen Bitumens kommen, mit der Folge des Entstehens möglicher Risse bzw. des seitlichen Gleitens erddruckbelasteter Wände.

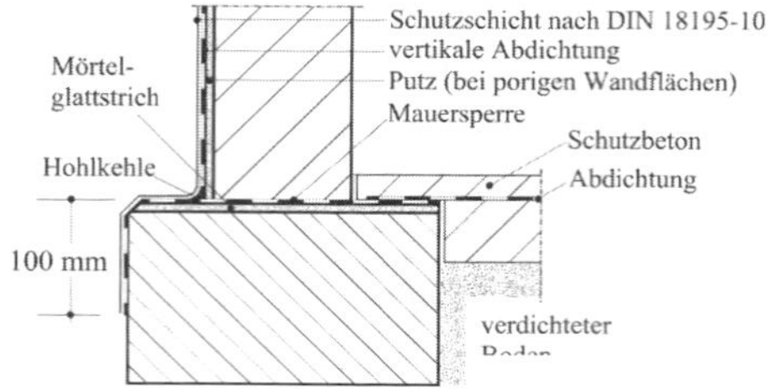

Abb. 3.96a Abdichtung nach DIN 18533-1

Die vertikale Abdichtung muss in ihrer gesamten Länge an die waagerechte Abdichtung herangeführt und verklebt werden.

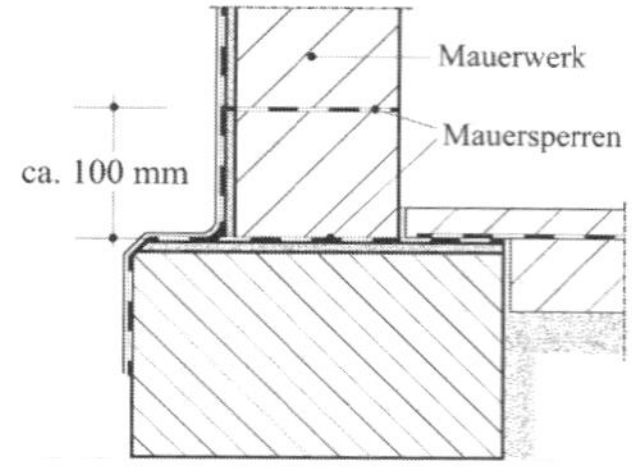

Abb. 3.96b

Empfehlung für eine zusätzliche horizontale Abdichtung am Fußpunkt von Mauerwerkswänden

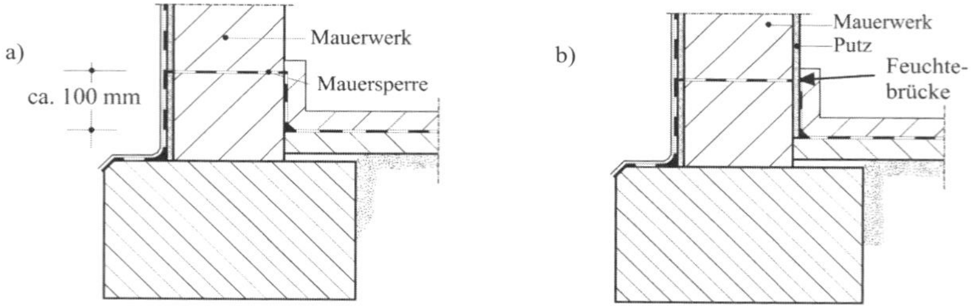

Abb. 3.96c In Variante a) ist eine mögliche Ausführung der horizontalen Abdichtung dargestellt. Die Variante b) stellt aufgrund der Nichtdurchführung der Abdichtung durch den Innenputz eine Feuchtebrücke dar.

Die einlagig einzubauenden Bahnen dürfen nicht aufgeklebt werden und müssen sich mindestens 200 mm überdecken. Die Überdeckungen selbst dürfen verklebt werden. Die Auflageflächen für die Abdichtungsbahnen müssen durch Mauermörtel so glatt ausgeführt werden, dass keine schädlichen Unebenheiten, die z. B. zu Perforationen führen, entstehen.

Die lose verlegten Abdichtungsbahnen können keine horizontal wirkenden Kräfte, z. B. aus einseitigem Erddruck bei Bauten am Hang oder bei nur einseitig für einen längeren Zeitraum verfüllten Baugruben, aufnehmen. In solchen Fällen dürfen nach DIN 18533-1 die Abdichtungen stufenförmig ausgeführt werden. Eine weitere Möglichkeit besteht darin, die horizontalen Kräfte durch konstruktive Maßnahmen abzuleiten, wie z. B. durch die Anordnung von Widerlagern.

Tafel 3.96 **Abdichtungsbauarten für Wandsockel sowie in oder unter Wänden (Anwendungstyp MSB sowie MSB-nQ)**

Anwendungsbereich	Abdichtungsbauart	Abdichtungsstoff
Abdichtung an Wandsockeln sowie Abdichtung in und unter Wänden Wassereinwirkungsklasse W4-E	Bitumen- und Polymerbitumenbahnen	Anwendungstyp MSB oder MSN-nQ in Tafeln 3.79c und 3.80a
	Kunststoff- oder Elastomerbahnen	Anwendungstyp MSB oder MSN-nQ in Tafel 3.80b
	Rissüberbrückende MDS	nach Abschnitt 2.2.9
	FLK	Zusammen mit einer Einlage nach Abschnitt 2.2.5
Abdichtung an Wandsockeln Wassereinwirkungsklasse W4-E	PMBC (nicht als Querschnittsabdichtung)	nach Abschnitt 2.2.6 Tafel 3.83 b

4.6.2 Abdichtungsbauart für Wandsockel

Diese Abdichtung muss planmäßig bis 300 mm über Gelände hochgeführt werden, um ausreichende Anpassungsmöglichkeiten der Geländeoberfläche sicherzustellen. Im Endzustand darf dieser Wert das Maß von 150 mm nicht unterschreiten (Spritzwasserschutz).

Oberhalb des Geländes darf die Abdichtung entfallen, wenn dort ausreichend wasserabweisende Bauteile angeordnet werden. Die Abdichtung muss dann diese Bauteile am Übergang überlappend unterfahren. Bei unverputzt bleibendem, zweischaligem Mauerwerk kann die Abdichtung am Gebäudesockel hinter der Verblendschale auf die Außenseite der Innenschale hochgeführt werden. Der Zwischenraum sollte am Fußpunkt der Verblendschale entwässert werden.

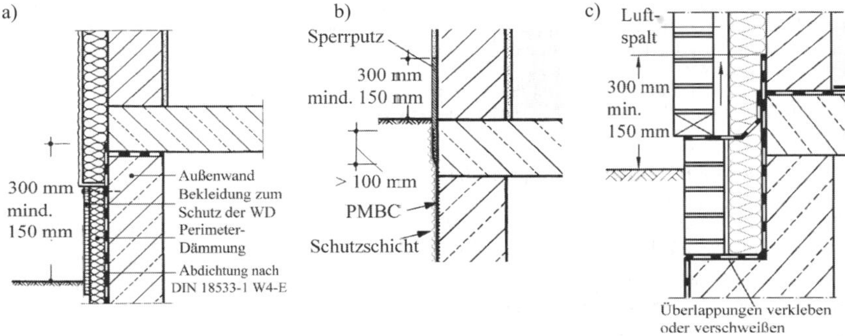

Abb. 3.97a Anschluss der Abdichtung im Sockelbereich: a) WDVS; b) mit PMBC; c) Verblend-Mauerwerk

(Bemerkung: Die Darstellung ist nur schematisch und berücksichtigt z. B. nicht die Belange des Wärmeschutzes.)

4.7 Konstruktionen aus wasserundurchlässigem Beton (WU-Beton)

4.7.1 Vor- und Nachteile

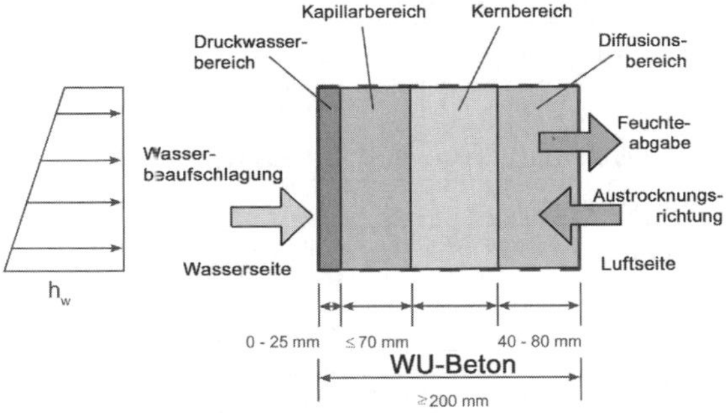

Abb. 3.97b Arbeitsmodell für die Feuchtebedingungen in einem Betonbauteil-Querschnitt mit einseitiger Wasserbeaufschlagung (Beton C30/37, $w/z \leq 0{,}55$) nach [3.69]

Bei Konstruktionen aus wasserundurchlässigem Beton wird auch von einer „weißen Wanne" gesprochen. Für diese Bauweise ist kennzeichnend, dass die lastabtragende und die abdichtende Funktion durch den eingebrachten Beton erzielt werden. Gegenüber einer herkömmlichen Abdichtung muss die hergestellte Konstruktion selbst eine umseitig geschlossene Wanne, inklusive sämtlicher Fugen und Durchdringungen, ausbilden ohne äußere, z. B. bituminöse Abdichtungsmaßnahmen nach DIN 18533 oder auch bei Dächern nach DIN 18531, ausbilden. Dadurch entstehen in der Regel folgende Vorteile:

- Möglicher Wegfall eines Gewerkes (z. B. bituminöse Abdichtung) und somit schnellere Bauweise,
- weitgehende Witterungsunabhängigkeit bei der Herstellung des Bauwerkes im Vergleich zu Bauwerken, die mit bituminösen Abdichtungsbahnen versehen werden,

– leichte Ortung von Leckagen und deren nachträgliche Sanierung (Bauteile mit einer Außenhautabdichtung können im Regelfall im Nachhinein schwer oder überhaupt nicht mehr saniert werden).

Um die genannten Vorteile zu erzielen, sind jedoch zusätzliche Maßnahmen im Vergleich zu üblichen Stahlbetonkonstruktionen erforderlich:

– angepasster Entwurf, u.a. Nachweis der Rissbreitenbeschränkung, Trennrisssteuerung, etc.
– besondere Aufwendungen für die konstruktive Durchbildung des Bauwerkes, Reduzierung der Zwangsbeanspruchung, Vermeidung von Reibungseffekten, etc.
– angepasste Betonrezeptur sowie
– besondere Sorgfalt bei der Verarbeitung, Betonnage, Nachbehandlung etc.

Wasserundurchlässiger Beton besteht aus einem möglichst dichten Zementstein- und Zuschlagstoffgefüge mit wenigen Kapillarporen. Einem von außen wirkenden Wasserangriff wird so ein sehr starker Widerstand gegen Durchdringen entgegengebracht. Dennoch ist eine WU-Beton-Konstruktion nicht wasserdicht. Das bei derartigen Konstruktionen durchtretende Wasser (Wasserdampf) ist durch Verdunsten auf der Raumseite wieder abzuführen. Das bedeutet Mehraufwendungen für den Innenausbau bei hochwertiger Nutzung. Die aufgeführten Mehraufwendungen müssen technisch befriedigend durchführbar sein, und sie müssen sich in wirtschaftlicher Hinsicht tragen.

4.7.2 Planungs- und Konstruktionsgrundsätze

Die wesentlichen Grundlagen zur Planung und Herstellung von WU-Beton sind in der DAfStb-Richtlinie „Wasserundurchlässige Bauwerke aus Beton“ (WU-Richtlinie) [3.69] enthalten. Die Richtlinie gilt auch für Dachflächen und Decken aus WU-Beton.

In der WU-Richtlinie werden je nach Beanspruchung des Bauteils mit Wasser im Gegensatz zur DIN 18533 bzw. DIN 18531 nur zwei Beanspruchungsklassen wie folgt unterschieden:

Tafel 3.98a Beanspruchungsklassen von WU-Konstruktionen nach der WU-Richtlinie [3.69]

Beanspruchungsklasse	Beschreibung
BKL-1	drückendes Wasser und zeitweise aufstauendes Sickerwasser (W2.1-E und W2.2-E); nicht drückendes Wasser (W1-E) nach DIN 18533. Gilt auch bei WU-Decken und Dächern die durch nichtdrückendes Wasser auf horizontale bzw. schwach geneigte Flächen beansprucht werden.
BKL-2	Bodenfeuchte (kapillar im Boden gebundenes Wasser – W1.1-E); nicht stauendes Sickerwasser (stark durchlässige Bodenschichten oder vorhandene, dauerhafte Dränung gemäß DIN 4095 – W1.2-E)

In Abhängigkeit von der Funktion und Art der Nutzung des Bauwerks/Bauteils unterscheidet die WU-Richtlinie [3.69] zwei Nutzungsklassen, die vom Planer im Zusammenwirken mit dem Bauherrn festzulegen sind:

Tafel 3.98b Nutzungsklassen für WU-Konstruktionen nach der WU-Richtlinie [3.69]

Nutzungsklasse	Anforderungen
NKL-A Hochwertige Nutzung	kein Wasserdurchtritt in flüssiger Form während der Nutzungszeit; keine Verfärbungen (Durchfeuchtungserscheinungen im Bereich von Rissen und Fugen) während der Nutzung zulässig (entspricht NKL-A** nach Tafel 3.99a) *Beispiele: Lagerräume mit hochwertiger Nutzung, Büro- und Wohnräume*
NKL-B Normale Nutzung	zeitlich begrenzter Wasserdurchtritt in flüssiger Form während der Nutzungszeit zulässig; Verfärbungen (Durchfeuchtungserscheinungen) – auch längerfristig – zulässig Beispiele: Lagerräume mit geringen Anforderungen, Tiefgaragen, Installations- und Versorgungsschächte

Dachflächen von Wohn- und Gewerbebauten gehören in der Regel zur Nutzungsklasse A. Differenzierte Empfehlungen für die NKL-A sind im DBV-Merkblatt „Hochwertige Nutzung von Untergeschossen – Bauphysik und Raumklima“ [3.70] wie folgt enthalten:

Tafel 3.99a Differenzierung der Nutzungsklasse A (in Anlehnung an [3.70])

Nutzungsklasse	Raumnutzung	Raumklima	Beispiele	Maßnahmen[2)]
NKL-A***	anspruchsvoll	- beheizt, - niedrige relative Feuchte, < 60 % r. F.	Bibliotheken, Archive, Technikräume mit feuchteempfindlichen Geräten	Wärmedämmung, Zusatzdichtung, Zwangslüftung, Klimaanlage
NKL-A**	normal	- beheizt, - geringe relative Feuchte	Wohnräume, Büros, Versammlungsstätten	Wärmedämmung, ggf. Zwangslüftung
NKL-A*	einfach	- kühl bis warm, - normale relative Feuchte (schwankend)	Hobbyräume, Werkstätten, Kellerräume mit zeitweisem Aufenthalt von Personen	ggf. Wärmedämmung, natürliche Lüftung
NKL-A⁰ [1)]	untergeordnet	keine Anforderungen	einfache Technikräume	

[1)] Einordnung in der Nutzungsklasse B möglich.
[2)] Baukonstruktive Anforderungen an die Zugänglichkeit der umschließenden Bauteile sind immer erforderlich.

Bei einer höherwertigen Nutzung der NKL-A insbesondere entsprechend z. B. der *NKL-A**** sind grundsätzlich zusätzlich Dichtungsmaßnahmen vorzusehen. Die Anforderungen der NKL-A*** sind mit reinen WU-Konstruktionen nur sehr schwer zu realisieren. Als Zusatzmaßnahmen können z. B. Frischbetonverbundfolien zum Einsatz kommen. Es ist anzumerken, dass es bisher noch keine Normativen oder bauaufsichtlichen Reglungen für derartige Konstruktionen gibt. Für derartige Konstruktionen liegen jedoch firmen abhängig bereits allgemeine bauaufsichtliche Prüfzeugnisse vor.

- **Mindestbauteildicken**

Mindestdicke der WU-Betonbauteile sind so zu wählen, dass die Bauteile unter Beachtung der Betondeckung, der erforderlichen Bewehrungslagen, Fugenabdichtungen und Einbauteile fachgerecht betoniert werden können und dass die tragende und die dichtende Funktion zusätzlich zu allen anderen geforderten Eigenschaften erfüllt werden.

Tafel 3.99b: Empfohlene Mindestdicken von Bauteilen nach der WU-Richtlinie [3.69]

Bauteil	Beanspruchungsklasse	Ausführungsart		
		Ortbeton	Elementwände	Fertigteile
Wände	BKL-1	240 mm	240 mm (120 mm[2)])	200 mm
	BKL-2	200 mm	240 mm[1)] (120 mm[2)])	100 mm
Bodenplatten	BKL-1	250 mm	—	200 mm
	BKL-2	150 mm	—	100 mm
Dächer ohne WD	BKL-1	200 mm	240 mm (120 mm[2)])	180 mm
Dächer mit WD	BKL-1	180 mm	220 mm (160 mm[2)])	160 mm

[1)] Unter Beachtung besonderer betontechnologischer und ausführungstechnischer Maßnahmen ist eine Minderung auf 200 mm möglich.
[2)] Mindestwerte für den Kernbeton bzw. Ortbetonergänzung.

Aufgrund der geringen Wasserbeaufschlagung von WU-Dächern in der *BKL-1* dürfen diese mit geringeren Mindestbauteildicken als z. B. bei WU-Bodenplatten ausgeführt werden.

Für Ortbeton- oder Elementwände bei BKL-1 gelten über die empfohlenen Mindestdicken hinaus, besondere Anforderungen in Abhängigkeit vom Durchmesser des Größtkorns des Zuschlages (D_{max}) an die lichten Innenmaße $b_{w,i}$ zur Sicherstellung der Betonierbarkeit und eines fachgerechten Einbaus von innenliegenden Fugenabdichtungen. Die folgenden Werte $b_{w,i}$ gelten grundsätzlich zwischen den Bewehrungslagen und bei Elementwänden ohne Bewehrung in der Ortbetonergänzung zwischen den Innenflächen der Fertigteilplatten [3.69]:

- bei D_{max} = 8 mm: $b_{W,i} \geq$ 120 mm;
- bei D_{max} = 16 mm: $b_{W,i} \geq$ 140 mm;
- bei D_{max} = 32 mm: $b_{W,i} \geq$ 180 mm.

5 Dränagen

5.1 Aufgabe und Wirkungsweise einer Dränage

Dränagen haben die Aufgabe, den Boden derart zu entwässern, dass am Baukörper kein drückendes Wasser entstehen kann und somit die Ausführung einer Abdichtung gegen Bodenfeuchte ausreichend ist.

Eine Dränageanlage für bauliche Anlagen besteht grundsätzlich aus Wanddränagen im Bereich der Kelleraußenwände, Bodendränagen unter der Bauwerkssohle, Dränschichten auf erdüberschütteten Decken, Dränleitungen, welche möglichst ringförmig um das Bauwerk angeordnet werden und mit Kontroll- und Spüleinrichtungen auszurüsten sind, sowie Vorfluter (z. B. Regenwasserkanal oder Gewässer) bzw. Versickerungseinrichtungen (vgl. Abb. 3.102). Ein Aufschlämmen von Bodenteilchen soll nicht entstehen, d. h. eine filterfeste Dränung muss gegeben sein. Das auf das Bauwerk zufließende Wasser wird im Bereich der Kelleraußenwände durch eine Wanddränage zur Dränleitung geleitet. Das von unten auf das Bauwerk zufließende Wasser wird durch eine horizontale Dränage (flächige Bodendränage) ebenfalls zur Dränleitung (ggf. durch das Fundament) geleitet.

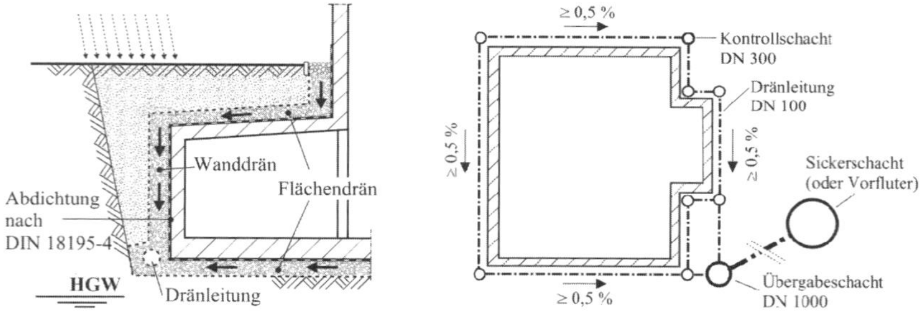

Abb. 3.100a Wirkungsweise von Dränanlagen

5.2 Planung von Dränanlagen

Dränagen werden in DIN 4095 geregelt. Zur Planung einer Dränage sind zunächst genaue Kenntnisse wie folgt erforderlich:

- die Größe, die Form sowie die Oberflächengestalt (Hanglage, Muldenlage) des Einzugsgebietes,
- die Art, Schichtung und Durchlässigkeit des Baugrundes,
- die wasserführenden Schichten sowie Angaben über den durch langjährige Beobachtung ermittelten höchsten Grundwasserstand und
- die chemische Beschaffenheit des angreifenden Wassers in Hinblick auf die Gefahr z. B. einer Verkalkung der Dränage.

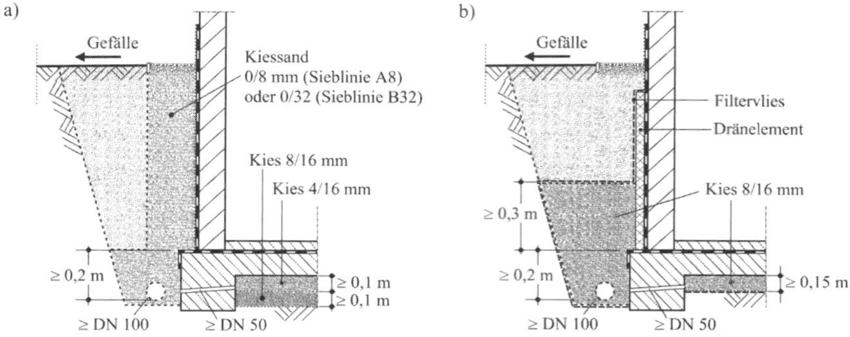

Abb. 3.100b Beispiel einer Dränage mit mineralischer Dränschicht (Fall a) und einer mit Dränelementen (Fall b)

In DIN 4095 werden Regelfälle definiert, bei deren Vorliegen eine vereinfachte Planung einer Dränageanlage möglich ist. Bei der Ausführung der einzelnen Elemente nach den Vorgaben der DIN 4095 werden dann keine besonderen rechnerischen Nachweise erforderlich. In Tafel 3.101a sind die Regelfallkriterien für Wand-, Decken- und Bodenplattendränagen zusammengestellt. In diesem Fall gelten die Bemessungsangaben nach den Tafeln 3.101b und 3.101c.

Tafel 3.101a Kriterien für das Vorliegen eines Regelfalls nach DIN 4095

Dränanlage	Richtwert
vor Wänden	Gelände: eben bis leicht geneigt Boden: schwach durchlässig Einbautiefe bis 3 m Gebäudehöhe bis 15 m Länge der Dränleitung zwischen Hoch- und Tiefpunkt bis 60 m
auf Decken	Gesamtauflast bis zu 10 kN/m² Deckenteilfläche bis zu 150 m² Deckengefälle mindestens 3 % Länge der Dränleitung zwischen Hochpunkt und Dacheinlauf/Traufkante bis 15 m; angrenzende Gebäudehöhe bis 15 m
unter Bodenplatten	schwach durchlässiger Boden bebaute Fläche bis 200 m²

Bei Vorliegen dieser Randbedingungen ist die Dränschicht für eine Abflussspende q' vor Wänden $q' = 0{,}30$ l/(s · m), $q = 0{,}03$ l/(s · m²) auf Decken und $q = 0{,}005$ l/(s · m²) unter Bodenplatten auszulegen.

Für eine Dränschicht aus mineralischen Baustoffen ergeben sich für den Regelfall die Beispiele für die Ausführung gemäß Tafel 3.101b.

Tafel 3.101b Beispiele für die Ausführung und Dicke der Dränschicht aus mineralischen Baustoffen für den Regelfall (DIN 4095)

Lage	Baustoff	min. Dicke [m]
vor Wänden	Kiessand, z. B. Körnung 0/8 mm (Sieblinie A 8) oder 0/32 mm (Sieblinie B 32 nach DIN 1045-2)	0,50
	Filterschicht, z. B. Körnung 0/4 mm und Sickerschicht, z. B. Körnung 4/16 mm	0,10 0,20
	Kies, z. B. Körnung 8/16 mm und Geotextil	0,20
auf Decken	Kies, z. B. Körnung 8/16 mm und Geotextil	0,15
unter Bodenplatten	Filterschicht, z. B. Körnung 0/4 mm und Sickerschicht, z. B. Körnung 4/16 mm	0,10 0,10
	Kies, z. B. Körnung 8/16 mm und Geotextil	0,15
um Dränrohre	Kiessand, z. B. Körnung 0/8 mm (Sieblinie A 8) oder 0/32 mm (Sieblinie B 32 nach DIN 1045-2)	0,15
	Sickerschicht, z. B. Körnung 4/16 mm und Filterschicht, z. B. Körnung 0/4 mm	0,15 0,10
	Kies, z. B. Körnung 8/16 mm und Geotextil	0,10

Tafel 3.101c Richtwerte für Dränleitung und Kontrolleinrichtungen für den Regelfall nach DIN 4095

Bauteil	Richtwert mind.
Dränleitung	Nennweite ≥ DN 100 und Gefälle ≥ 0,5 %
Kontrollrohr	Nennweite ≥ DN 100
Spülrohr	Nennweite ≥ DN 300
Übergabeschacht	Nennweite ≥ DN 1000

5.3 Ausführung von Dränanlagen

Für die Ausführung von Dränagen gilt:

- Das Mindestgefälle der Dränleitung soll $i = 0{,}5$ % betragen (bei zu geringem Gefälle besteht die Gefahr der Sedimentation und der anschließenden Rohrverstopfung durch eingespülte Bodenfeinstteile).
- Die Dränleitungen sollen am Hochpunkt mit der Rohrsohle mindestens 20 cm unter Oberkante des Fundamentes liegen (liegt die Dränleitung höher als Oberkante Fundament, so ist der freie Wasserzufluss von

der Wanddränage in die Dränleitung unterbunden, liegt die Dränleitung tiefer als die Unterkante des Fundamentes, so kann es bei starkem Wasseranfall zu einer Unterspülung des Fundamentes kommen).

- Die Dränrohre werden mit filterstabilen Kiesschichten oder mit ebenfalls filterstabilen Umhüllungen aus Polyestervlies umgeben (weitgehende Vermeidung des Versandens).

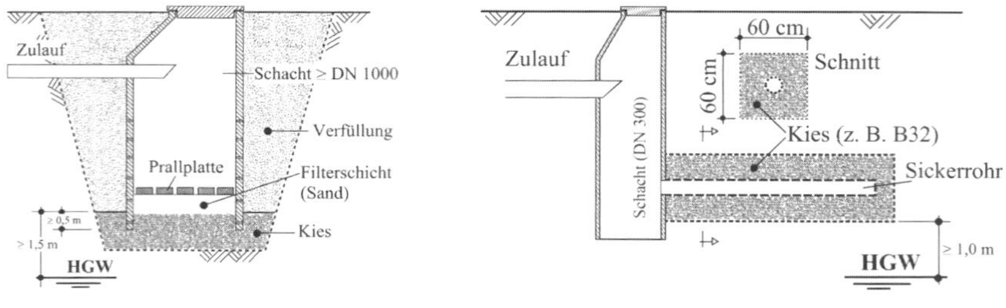

Abb. 3.102 Versickerungsschacht (links) nach ATV-Regelwerk und Rigole (rechts) zur Versickerung von Dränwasser

- Anbringen von Kontroll- und Spülrohren an allen Richtungswechseln (Knicke) von Dränrohren entsprechend Abb. 3.100a (Dränrohre können durch das Festsetzen von gallertartigem, verfestigtem Eisenschlamm an den Rohrwandungen versanden oder verstopfen).
- In regelmäßigen Zeitabständen ist der Sandfang (befindet sich am Boden der Kontrollschächte) dahingehend zu überprüfen, ob zu viel Sand im Dränrohr transportiert wurde. Mindestens einmal jährlich sollen die Dränrohre von den Schächten aus gespült werden.
- Richtwerte für die Dränleitungen und Kontrolleinrichtungen im Regelfall enthält Tafel 3.101c.
- Entsorgung des Dränagewassers durch Vorfluter (Bach, See, Graben) oder durch Versickerung im Erdreich (Abb. 3.102). Sickerschacht 10 bis 20 m vom Bauwerk entfernt anordnen.
- Die Funktionsfähigkeit der Dränleitungen muss nach dem Verfüllen der Baugrube, z. B. durch Spiegelung und Spülung, überprüft werden können.

Tafel 3.102 Beispiel von Baustoffen für Dränelemente nach DIN 4095

Bauteil	Art	Material
Filterschicht	Schüttung	Mineralstoffe (Sand und Kies)
	Geotextilien	Filtervlies (z. B. Spinnvlies)
Sickerschicht	Schüttung	Mineralstoffe (Sand und Kies)
	Einzelelemente	Dränsteine (z. B. aus haufwerksporigem Beton) Dränplatten (z. B. aus Schaumkunststoff) Geotextilien (z. B. aus Spinnvlies)
Dränschicht	Schüttungen	Kornabgestufte Mineralstoffe; Mineralstoffgemische (Kiessand) z. B. Körnung 0/8 mm (Sieblinie A 8) oder Körnung 0/32 mm (Sieblinie B 32)
	Einzelelemente	Dränsteine (z. B. aus haufwerksporigem Beton, ggf. ohne Filtervlies); Dränplatten (z. B. aus Schaumkunststoff, ggf. ohne Filtervlies)
	Verbundelemente	Dränmatten aus Kunststoff (z. B. aus Höckerprofilen mit Spinnvlies, Wirrgelege mit Nadelvlies, Gitterstrukturen mit Spinnvlies)
Dränrohr	gewellt o. glatt	Beton, Faserzement, Kunststoff, Steinzeug, Ton mit Muffen
	gelocht oder geschlitzt	allseitig (Vollsickerrohr) seitlich und oben (Teilsickerrohr)
	mit Filtereigenschaften	Kunststoffrohre mit Ummantelung Rohre aus haufwerksporigem Beton

6 Abdichtung von nicht genutzten und genutzten Dachflächen

6.1 Vorbemerkung

Die Planung und Ausführung der Abdichtung von nicht genutzten und genutzten Dächern gegen Niederschlagswasser wird in der Normenreihe DIN 18531 geregelt. Im Sinne dieser Normenreihe sind nicht genutzte Dächer flache und geneigte Dachflächen, die nur zum Zweck der Pflege, Wartung und allgemeinen Instandhaltung begangen werden (z.B. auch Wartungswege), und Dachflächen mit extensiver Begrünung. Genutzte Dächer hingegen sind begehbare Dachflächen, z.B. Dachterrassen, Gehwege in begrünten Dächern, Dachflächen mit intensiver Begrünung, auch mit Anstaubewässerung ≤ 100 mm und Dächer mit am Tragwerk befestigten oder ballastierten Solaranlagen und/oder haustechnischen Anlagen. DIN 18531 gilt auch für die Instandhaltung und Dacherneuerung.

Für die Abdichtung von Dachflächen mit intensiver Begrünung und einer Anstaubewässerung > 100 mm gilt DIN 18533 mit der Wassereinwirkungsklasse W3-E (s. Abschnitt 4.5).

Bei der Bemessung der Dachabdichtungen sind insbesondere die planmäßig zu erwartenden Lasten zu berücksichtigen. Eine nicht genutzte Dachabdichtung muss bei den üblicherweise zu erwartenden Oberflächentemperaturen (–20 °C bis +80 °C) funktionsfähig bleiben.

6.2 Einwirkungen auf der Abdichtung von Dächern

Abgedichtete Dächer sind verschiedenen Einwirkungen ausgesetzt, die potenziell zu Belastungen der Abdichtungsschicht führen können. Die typischerweise zu erwartenden Einwirkungen sind im Folgenden aufgeführt. Zusätzliche, darüber hinausgehende Einwirkungen müssen individuell geprüft werden.

6.2.1 Wasser- und Feuchteeinwirkung

Die Abdichtung von Dächern schützt Bauwerke vor Niederschlagswasser. Sie muss sowohl bei vorübergehendem als auch bei länger oder dauerhaft stehendem Wasser, beispielsweise auf Retentionsflächen oder intensiv begrünten Dächern, wirksam bleiben. Die planmäßige Anstauhöhe soll maximal 10 cm betragen, kann jedoch bei Starkregenereignissen kurzfristig überschritten werden. Für größere planmäßige Anstauhöhen ist eine Abdichtung gemäß DIN 18533 (s. Abschnitt 4.5) notwendig. Zusätzlich sind Baufeuchte und Nutzungseinflüsse auf die Abdichtung zu berücksichtigen.

6.2.2 Mechanische Einwirkungen

Die Abdichtungsschicht muss den planmäßig zu erwartenden Lasten standhalten und darf dabei nicht beschädigt werden. Sie muss auch Formänderungen der Tragkonstruktion und Dachmaterialien, wie Längenänderungen und Bewegungen an Fugen und Durchdringungen (s. z.B. Abb. 3.103), aushalten. Zudem müssen Einwirkungen aus dem Untergrund, wie Rissbildung und temperaturbedingte Rissänderungen, berücksichtigt werden. Punkt- oder linienförmige Drucklasten müssen so abgeleitet werden, dass keine Schäden an der Abdichtung entstehen.

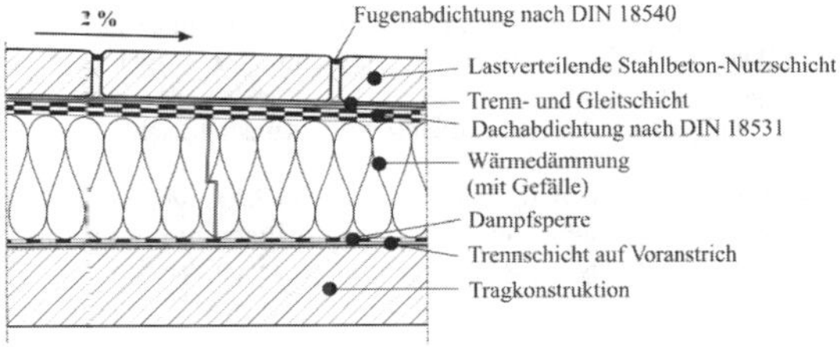

Abb. 3.103 Ausführungsvarianten einer befahrbaren Dachfläche (hohe Beanspruchung)

6.2.3 Thermische Einwirkung

Die Abdichtung ist so zu planen und auszuführen, dass ihre Funktionsfähigkeit bei den gewöhnlich zu erwartenden Oberflächentemperaturen von −20 °C bis +80 °C gewährleistet ist.

6.2.4 Einwirkungen aus Wurzelwachstum

Bei extensiver Begrünung treten Beanspruchungen durch Wurzelwachstum auf. Die Abdichtung muss ausreichend durchwurzelungsfest sein, oder es ist eine zusätzliche Durchwurzelungsschutzschicht anzuordnen.

6.2.5 Sonstige Einwirkungen

Dachabdichtungen können photochemischen Einflüssen, kombinierten und wechselnden Einwirkungen von UV-Strahlung, Ozon und biologischen Beanspruchungen ausgesetzt werden.

6.3 Bauliche Erfordernisse

- Niederschlagswasser sollte von Dachflächen effektiv abgeführt werden, um ein langanhaltendes Stehen des Wassers auf der Abdichtungsschicht zu vermeiden. Dies lässt sich durch die Planung eines Gefälles erreichen, beispielsweise durch Gefälledämmung, Gefälleestriche, eine geneigte Tragkonstruktion oder eine Kombination dieser Maßnahmen. Die Ableitung des Wassers kann durch die Platzierung der Abläufe an den tiefsten Stellen der Flächen oder durch eine geneigte Abdichtungsschicht zu den Abläufen oder Rinnen erfolgen.
- Die Abdichtungen sind außer bei intensiv begrünten Dächern mit Anstaubewässerung mit Gefälle auszuführen ($i \geq 2{,}0$ %). Soll Pfützenfreiheit erreicht werden, ist eine Neigung von mehr als 5 % zu planen. Sofern erforderlich, kann eine Dränage (vgl. Abschnitt 5) angeordnet werden.
- Bei Bewegungen des Baukörpers (Schwinden, Bewegungen aus Temperaturänderungen, Setzungen, Biegung) darf die Abdichtung ihre Schutzfunktion nicht verlieren.
- Ergeben z.B. die statischen Berechnungen, dass Rissbreiten bzw. -bewegungen gemäß DIN 18531-1 s. o. überschritten werden, so ist durch konstruktive Maßnahmen (mehr Bewehrung, Aufbetonschichten, engere Fugenteilung, Wärmedämmung, Schleppstreifen – Abb. 3.104) den entstehenden Bauwerksbewegungen entgegenzuwirken (vgl. auch DIN 18531-3).

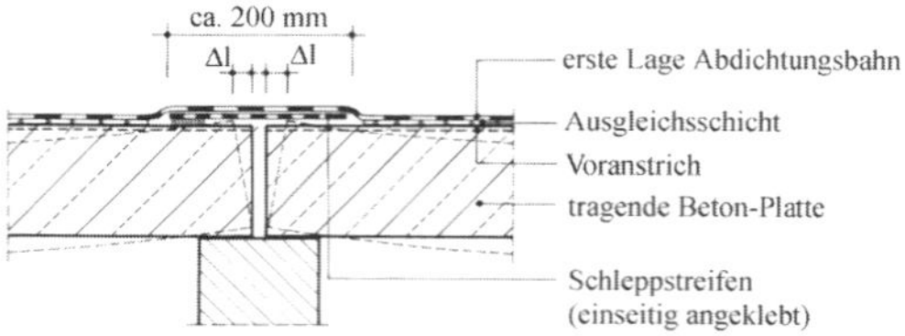

Abb. 3.104
Schleppstreifenausbildung zur schadensfreien Aufnahme von Wegänderungen [3.77] (Bewegungsfuge Typ I nach DIN 18531-3)

- Decken aus großformatigen Einzelelementen für Parkdächer oder vergleichbar genutzte Flächen, z.B. aus Beton-Fertigteilplatten, müssen zur Stabilisierung mit bewehrten, am Ort hergestellten Aufbetonschichten oder mit anderen Maßnahmen zur Querkraftübertragung versehen sein, um unterschiedliche Durchbiegungen der Einzelelemente sowohl an ihren Längskanten als auch an den Auflagerfugen zu vermeiden.
- Die Abdichtung darf nur senkrecht zur Fläche beansprucht werden. Abdichtungen in den Schrägen sind durch Widerlager, Anker o.Ä. am Gleiten zu hindern.
- Dämmschichten, auf die die Abdichtungen aufgebracht werden, müssen für die jeweilige Nutzung geeignet sein.
- Die Temperaturempfindlichkeit der Kunstharzschäume ist bei der Verarbeitung bitumenhaltiger Abdichtungen zu beachten.
- Bei der Verwendung von Kunststoffabdichtungen sind mögliche Weichmacherwanderungen zwischen Kunstharzschäumen und Abdichtungsbahnen zu verhindern (z.B. durch Anordnung von Trennlagen).
- Die Abdichtung muss hohlraumfrei zwischen den festen Bauteilen des Gebäudes angeordnet werden, damit sie nicht „abfließt" bzw. bei geringfügigen Beanspruchungen durch den Wasserdruck beschädigt wird. Entwässerungseinläufe in genutzten Dächern, die die Abdichtung durchdringen, müssen sowohl die Oberfläche des Bauwerks als auch die Abdichtungsebene entwässern (z.B. bei Dachterrassen mit Gehwegplatten über der Abdichtung o.Ä.).
- Die Entwässerung ist nach DIN 1986-100 und DIN EN12056-3 zu planen und auszuführen.
- Bei der Verwendung von bahnenförmigen Abdichtungsstoffen ist ein Abstand von mindestens 30 cm von den Flanschaußenkanten zu den Außenkanten anderer Durchdringungen, Fugen, Dachaufbauten oder zu aufgehenden Bauteilen einzuhalten, es sei denn, es handelt sich um speziell für den Einbau in

die Attika vorgesehene Dachabläufe/Notüberläufe. Bei flüssig zu verarbeitenden Abdichtungsstoffen ist dieser Abstand mit mindestens 0,10 m zu planen.

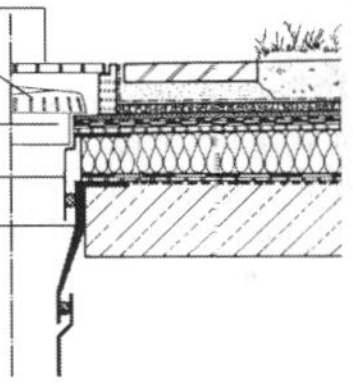

Abb. 3.105a Ungedämmte Dachabläufe in genutzten Dachflächen, dargestellt für Bitumenbahnen (aus [3.76])

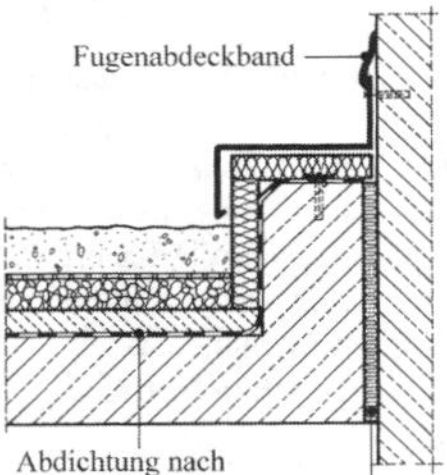

Abb. 3.105b Fugenabdichtung zwischen zwei Gebäuden

– Bei genutzten Dächern muss sowohl die Belagsoberfläche als auch die Abdichtungsschicht entwässert werden.

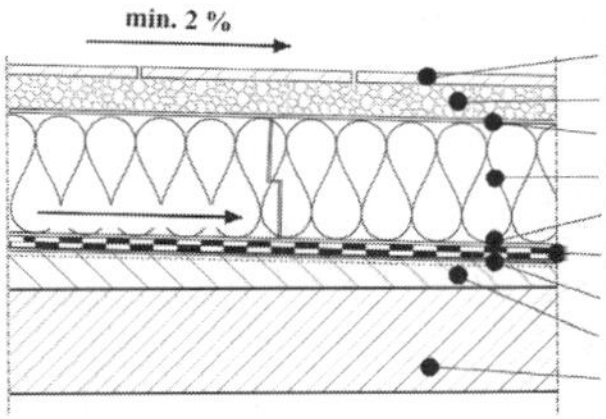

Abb. 3.105c Ausführungsvariante einer genutzten Dachfläche

– Die Anschlüsse an aufgehenden Bauteilen sind bei genutzten Dächern ≥ 0,15 m und bei nicht genutzten Dächern mit einer Dachneigung bis 5° (8,8 %) ≥ 0,15 m sowie mit einer Dachneigung über 5° (8,8 %) ≥ 0,10 m über die Abdichtungsschicht hochzuführen. Bei einer Abdichtung mit Schutzschicht, Bekiesung, Belag oder Begrünung gilt das oben angegebene Maß ab Oberkante dieser Schichten. In schneereichen Gebieten und bei besonderen konstruktiven Situationen (z.B. Sheddach-Rinnen) kann eine größere Anschlusshöhe erforderlich sein.
– Die Höhe der Abschlüsse am Dachrand ist bei genutzten Dächern ≥ 0,10 m und bei nicht genutzten Dächern bei einer Dachneigung bis 5° (8,8 %) ≥ 0,10 m sowie bei einer Dachneigung über 5° (8,8 %) ≥ 0,05 m über Oberfläche Belag oder Kiesschüttung zu planen.
– An Anschlüssen und Abschlüssen der Abdichtung an aufgehenden Bauteilen von genutzten Dächern ist ein Schutz vor mechanischer Beanspruchung, beispielsweise durch Bleche, erforderlich. Für Dachrandabschlüsse sollten mehrteilige Abschlussprofile oder Mauerabdeckungen eingesetzt werden. Diese sind so zu konstruieren, dass thermisch bedingte Längenänderungen der Profile die Abdichtung nicht beeinträchtigen können.

6.4 Abdichtungsstoffe

In DIN 18531-2 sind die Abdichtungsstoffe für Dachabdichtungen aufgenommen worden. Hierzu gehören die praxisbewährten Bitumen- und Polymerbitumenbahnen sowie Kunststoff- und Elastomerbahnen, flüssig zu verarbeitende Abdichtungsstoffe (mit einer ETA nach ETAG 005/EAD030350-00-0402) einschließlich derjenigen mit integrierter Nutzschicht und Asphaltmastix sowie Gussasphalt. Die genannten Stoffe sind Abschnitt 2 dargestellt.

6.5 Dachabdichtungen nach DIN 18531-3

6.5.1 Abdichtung mit Bitumen- und Polymerbitumenbahnen

Diese Abdichtungsart besteht aus Bitumen- und/oder Polymerbitumenbahnen und ist anwendungsabhängig ein- oder zweilagig, gemäß den Vorgaben der DIN 18531-2 auszuführen. Für Kaschierlagen als untere Abdichtung auf Wärmedämmstoffen sind Bahnen nach DIN/TS 2000-201 gemäß der Tafel 3.79c und 3.80a zulässig (ausgenommen V60S4 und V13), mit einer Mindestlänge von 2,50 m. Die Überlappungen müssen mindestens 80 mm breit und dicht verklebt sein. Bei der Anwendung im Kaltselbstklebeverfahren sind nur Bahnen nach Tafel 3.79c (KSP) zugelassen. Der Untergrund und die Nahtbereiche müssen auf Kaltselbstklebung vorbereitet sein, und die vom Hersteller angegebene Mindesttemperatur muss eingehalten werden.

Bei begrünten Dachflächen mit Ausnahme der An- und Abschlussbereiche darf als obere Lage auch eine Polymerbitumenbahn PYE-VcuS5 oder PYE-Cu01S5 nach Tafel 3.80a verwendet werden.

Auf Abdichtungsschichten von genutzten Dächern müssen Schutzlagen oder Schutzschichten gegen mechanische Beschädigung z.B. nach Abschnitt 2.3.3 angeordnet werden.

- Für Abdichtungsschichten unter schwerem Oberflächenschutz (Gesteinsschüttung/Plattenbeläge bzw. Dachbegrünung) dürfen als obere Lage sowohl bestreute als auch nicht bestreute Bahnen verwendet werden.

Tafel 3.106: Abdichtungen nicht genutzter und genutzter Dächer mit Bitumen- und Polymerbitumenbahnen nach DIN 18531-3

Anwendungsbereich	Gefälle	Anzahl der Lagen und	Stoffe[b] (Anwendungstyp)
nicht genutzte Dächer	≥ 2 %	zweilagig	obere Lage: Polymerbitumenbahn (DO)
			untere Lage: Bitumenbahn (DU)[c]
		einlagig	eine Lage: Polymerbitumenbahn (DE)[d]
	< 2 %[a]	zweilagig	obere Lage: Polymerbitumenbahn (DO)
			untere Lage: Polymerbitumenbahn (DU)
genutzte Dächer	≥ 2 %	zweilagig	obere Lage: Polymerbitumenbahn (DO)
			untere Lage: Polymerbitumenbahn (DU)
	< 2 %[a]	zweilagig	obere Lage: Polymerbitumenbahn (DO)
			untere Lage: Polymerbitumenbahn (DU)

a) oder ohne Gefälle.

b) Es dürfen Bitumen- und Polymerbitumenbahnen der genannten Stoffe und des Anwendungstyps nach DIN 18531-2 verwendet werden.

c) Bei Abdichtungen auf massiven Tragkonstruktionen mit Wärmedämmung aus Hartschaum und einem geplanten Gefälle >2 % darf als untere Lage auch eine Bitumenbahn V60S4 (verklebt und/oder unter Auflast) verwendet werden.

d) Darf nicht unter begrünten Flächen angeordnet werden.

6.5.2 Abdichtung mit Kunststoff- und Elastomerbahnen

Bei Abdichtung mit Kunststoff- und Elastomerbahnen muss in Abhängigkeit vom Anwendungsbereich und dem geplanten Gefälle einlagig mit Bahnen unterschiedlicher Mindestnenndicken nach Tafel 3.107a geplant und ausgeführt werden.

Es sind Stoffe nach Tafel 3.80b zu verwenden. Bitumenverträgliche Kunststoff- und Elastomerbahnen können auch auf einer Unterlage aus Bitumenbahnen voll- oder teilflächig verklebt werden.

Tafel 3.107a Abdichtungen nicht genutzter und genutzter Dächer mit Kunststoff- und Elastomerbahnen

Anwendungsbereich	Gefälle	Mindestnenndicke [mm] der Abdichtungsbahn							
		ECB	EVA	FPO	PIB	PVC-P	TPE	EPDM(V)	EPDM
nicht genutzte Dächer	≥ 2 %	2,0	1,2	1,2	1,5	1,2	1,2	1,3	1,1
	< 2 %[a]	2,3	1,5	1,5	1,5	1,5	1,5	1,5	1,3
genutzte Dächer	≥ 2 %	2,0	1,5	1,5	1,5	1,5	1,5	1,5	1,3
	< 2 %	2,3	1,5	1,5	1,5	1,5	1,5	1,5	1,5

a) oder ohne Gefälle.

6.5.3 Dachabdichtung mit Flüssigkunststoffen

Bei dieser Abdichtungsbauweise besteht die Abdichtungsschicht aus Flüssigkunststoff (FLK). Abhängig vom Anwendungsbereich und dem geplanten Gefälle muss sie mit unterschiedlichen Schichtdicken gemäß Tafel 3.107b geplant und ausgeführt werden.

Zu verwenden sind Materialien gemäß DIN 18531-2, vgl. Tafel 3.82a, die eine Einlage enthalten müssen. Die Art der Einlage ist in der Europäischen Technischen Bewertung (ETA) anzugeben.

Der Einsatz einer Abdichtung mit FLK erfordert den Nachweis bestimmter Leistungsstufen durch eine ETA basierend auf ETAG 005 bzw. EAD 030350-00-0402 (siehe DIN 18531-2) sowie die Einhaltung der vorgeschriebenen Mindesttrockenschichtdicken und möglicherweise das Hinzufügen einer Schutzlage, Schutzschicht oder integrierten Nutzschicht der Abdichtung gemäß DIN 18531-2.

FLK mit integrierter Nutzschicht ist für genutzte Dächer geeignet und kann direkt verwendet werden.

Die Abdichtung mit FLK gilt als einlagige Abdichtung.

Tafel 3.107b Abdichtungsschicht aus Flüssigkunststoffen (FLK)

Anwendungsbereich	Geplantes Gefälle	Mindesttrockenschichtdicke[b] der Abdichtungsschicht in mm	Abdichtungsschicht mit Stoffen nach DIN18531-2, vgl. Tafel 3.82a, und Leistungsstufen nach ETA
nicht genutzte Dächer	≥ 2 %	1,8	W3 – M – P4 – TL3 – TH3
	< 2 %[a]	2,1	W3 – M – P4 – TL4 – TH4
genutzte Dächer	≥ 2 %	2,1	W3 – S – P4 – TL4 – TH4
	< 2 %[a]	2,1	W3 – S – P4 – TL4 – TH4

[a] oder ohne Gefälle.

[b] Die Mindesttrockenschichtdicke ohne eine ggf. integrierte Nutzschicht. Ist die in der ETA angegebene produktspezifische Mindesttrockenschichtdicke größer als der angegebene Wert, so gilt der größere Wert.

Der Mittelwert der aufgebrachten Schichtdicke darf die geforderte Mindestschichtdicke nicht unterschreiten, wobei kein Einzelwert die Mindestschichtdicke um mehr als 5 % unterschreiten darf. Wenn die in der Europäischen Technischen Zulassung angegebene Mindestschichtdicke höher ist als die in dieser Anlage geforderte Mindestschichtdicke, so gilt der höhere Wert.

6.5.4 Abdichtung mit Gussasphalt im Verbund mit Asphaltmastix oder einer Polymerbitumenschweißbahn

Diese Abdichtungsbauweise besteht aus einer oberen Lage aus Gussasphalt, die mit einer unteren Lage aus Asphaltmastix oder einer Polymerbitumen-Schweißbahn kombiniert wird. Ihre Planung und Ausführung erfolgen gemäß Tafel 3.108. Es sind die Materialien gemäß DIN 18531-2, vgl. Abschnitt 2.2.7, zu verwenden. Diese Abdichtungsart ist für genutzte Dächer geeignet, sowohl mit als auch ohne geplantes Gefälle, und wird direkt auf einer Betondecke aufgebracht. Die Abdichtungsschicht kann unmittelbar genutzt werden.

Tafel 3.108 Bemessung von Dachabdichtungen in Verbindung mit Gussasphalt

Anwendungsbereich	Geplantes Gefälle	Stoffe nach DIN18531-2 Lage, Asphalt, Nenndicke *d*, Polymerbitumenbahn
genutzte Dächer	≥2 % und <2 %[a]	obere Lage: Gussasphalt, d ≥ 25 mm [b] untere Lage: Asphaltmastix, d ≥ 10 mm [c]
		obere Lage: Gussasphalt, d ≥ 25 mm [b] untere Lage: Polymerbitumen-Schweißbahn [d]

[a] oder ohne Gefälle.

[b] darf an Einzelstellen um bis zu 5 mm unterschritten werden.

[c] darf an keiner Stelle < 7 mm oder > 15 mm dick sein.

[d] nach DIN/TS20000-203, Polymerbitumen-Schweißbahn mit hochliegender Polyestervlieseinlage - BE–PYE–PV 175 HL S4,5 oder BE–PYP–PV 175 HL S4,5 bzw.
Polymerbitumen-Schweißbahn mit hochliegender Kombinationsträgereinlage - BE–PYE–KTP 175 HL S4,5 oder BE–PYP–KTP 175 HL S4,5

6.6 Abdichtungen im Bereich von Tür- und Fensteranschlüssen

Die Abdichtung im Tür- oder Fensterbereich sollte mindestens 15 cm über der Belagsoberfläche liegen, um das Eindringen von Wasser durch Schlagregen, Schneematsch, verstopfte Abläufe oder Vereisung zu verhindern.

Türen müssen so gestaltet sein, dass die Abdichtung hinter Rollladenschienen und Deckleisten verlegt werden kann. Entwässerungsöffnungen in Türrahmen oder Schlagregenschienen sollten nach außen entwässern. Bahnenanschlüsse müssen am Türrahmen rutschsicher befestigt werden.

Das Oberflächengefälle des Belags darf nicht zur Tür hin verlaufen. Bei Dachterrassen mit geschlossener Brüstung sind Notüberläufe so tief zu platzieren, dass die Schwelle bei verstopften Abläufen nicht überstaut wird.

Bei Anschlusshöhen zwischen 5 cm und 15 cm kann eine Entwässerung vor der gesamten Breite der Tür oder Fenster eingebaut werden, um einen effizienten Wasserabfluss sicherzustellen. Eine geeignete Maßnahme ist der Einbau einer wannenbildenden Entwässerungsrinne (Abb. 3.108b), die direkt an die Entwässerungsleitung angeschlossen ist.

Oberhalb des Geländes darf die Abdichtung entfallen, wenn dort ausreichend wasserabweisende Bauteile verwendet werden; andernfalls ist sie hinter der Sockelbekleidung hochzuführen.

a)

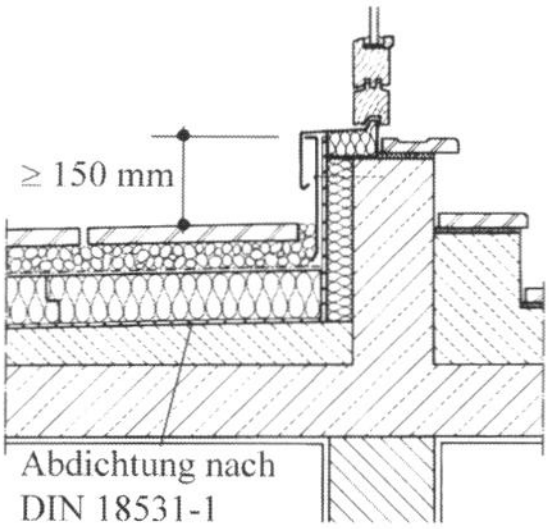

b)

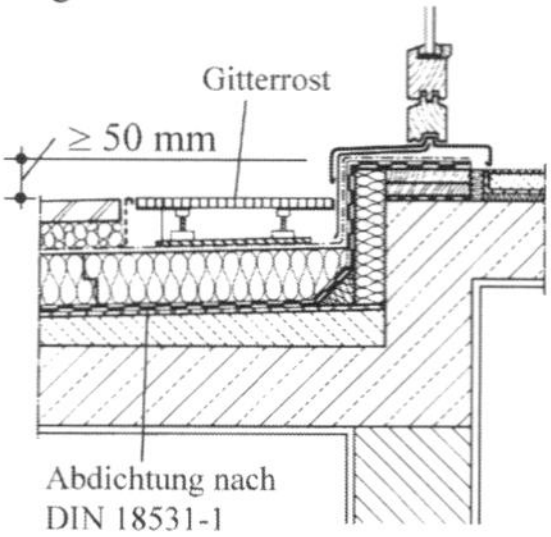

Abb. 3.108 Beispiele senkrechter Abdichtung im Türschwellenbereich (aus [3.76])
a) mit hoher Schwelle, dargestellt für Abdichtung aus lose verlegter Kunststoffabdichtung
b) mit Terrassenablauf (Gitterrost), dargestellt für Abdichtung mit Bitumenbahnen

Sollen niveaugleiche Übergänge geschaffen werden, ist der Verhinderung des Eindringens von Wasser besondere Beachtung zu widmen. Die Planung von Tür- und Fensteranschlüssen mit Anschlusshöhen unter 5 cm muss speziell an die objektbezogenen Abdichtungs- und Entwässerungssituationen angepasst werden. Die Abdichtungsschicht muss hinter- und unterlaufsicher an die Konstruktion und Befestigung der Tür- und Fensterelemente sowie an den Bauablauf und angrenzende Bauteilschichten angepasst werden.

Barrierefreie, ebenerdige Übergänge oder solche mit einer Schwellenhöhe von ≤ 1 cm erfordern eine individuell angepasste Ausführung. Bei diesen Übergängen kann die Abdichtung allein die Dichtigkeit nicht gewährleisten; daher müssen durch sorgfältige Planung das Eindringen von Wasser und das Unterlaufen der Abdichtung verhindert werden. Es sollten insbesondere geeignete Entwässerungseinrichtungen vorgesehen werden, um Spritzwasser und Stauwasser wie folgt zu reduzieren,

- Möglichkeiten umfassen z.B. Schlitz-, Drainage- oder Fassadenrinnen mit aufliegenden Rosten, die staufrei unter dem Oberbelag entwässern, sowie geschlossene Kastenrinnen mit Anschluss an die Entwässerung und Flansch zur Anbindung der Abdichtung.
- Entwässerungselemente sollten mit einer frostschützenden Begleitheizung ausgestattet werden, um Schnee- und Eisstau zu vermeiden; ab Schneelastzone 3 ist eine Begleitheizung erforderlich.
- Bei Wasserrückhalt anstelle von Notentwässerung darf der resultierende Wasserstand bei Verstopfung der Hauptabläufe den oberen Rand des Abdichtungsanschlusses nicht überschreiten.
- Tür- und Fensterelemente, einschließlich Schwellen und Aufdopplungsprofile sowie stirnseitige Anschlüsse, müssen auf Schlagregendichtheit geprüft sein nach DIN EN 1027 und DIN EN 12208 und für niedrige Anschlusshöhen unter 50 mm geeignet sein.
- Der obere Rand des Abdichtungsanschlusses muss schlagregendicht sein, sodass das Hinterlaufen verhindert wird; bewährt haben sich von außen aufgebrachte schlagregendichte Bänder.
- Fensterschwellen aus Holz sollten vermieden werden, da eindringende Feuchtigkeit schlecht bzw. nicht wieder austrocknen kann.
- Türen müssen so konstruiert sein, dass die Abdichtung hinter Rollladenschienen und Deckleisten verlegt werden kann; dazu müssen diese auf der Baustelle abnehmbar oder im Abdichtungsbereich ausgeschnitten sein.
- Entwässerungsöffnungen in Türrahmen und Schlagregenschienen sollten nach außen entwässern, sie dürfen nicht nach unten entwässern.
- Das Oberflächengefälle des Belags sollte von Tür oder Fenster weggerichtet sein.
- Am unteren Teil des Flügelrahmens sollte ein Wetterschenkel vorgesehen werden.

6.7 Solaranlagen

Solaranlagen bestehen aus Solarmodulen/Solarkollektoren und einem Montagesystem zur Lagesicherung auf dem Dach. Die Anlagen können aufgeständert (am Tragwerk befestigt) oder aufgelegt (mit Ballast) sein. Die Abdichtung darf nicht zur Befestigung von Solaranlagen verwendet werden, wenn diese die Abdichtungsfunktion beeinträchtigen.

Bei der Installation von Solaranlagen, sowohl aufgeständert als auch aufgelegt, müssen umfassende abdichtungstechnische Anforderungen berücksichtigt werden. Eine Bewertung der Funktionstüchtigkeit der Dachkonstruktion und der Abdichtung im Hinblick auf die Lebensdauer der Solaranlage ist unerlässlich, insbesondere bei bestehenden Dächern, wo eine Erneuerung der Abdichtung nötig sein könnte.

Bauaufsichtliche Anforderungen in Bezug auf Standsicherheit, Schutz vor schädlichen Einflüssen, Brandschutz, Wärme-, Schall- und Erschütterungsschutz gelten ebenfalls. Die Montage muss so geplant werden, dass Belastungen durch Eigengewicht, Wind und Schnee ohne Schäden an den Dachschichten aufgenommen werden.

Bei der Planung müssen neben der Lagesicherung insbesondere folgende konstruktive Voraussetzungen geprüft bzw. beachtet werden:

- Prüfung der Tragfähigkeit nach DIN EN 1991-1-3 und 1991-1-4.
- Sicherstellung der Druckbelastbarkeit des Dachaufbaus bei aufgelegten und ballastierten Anlagen.
- Schutzmaßnahmen für Abdichtungs- und Dämmschicht während der Montage und späteren Wartung.
- Sicherstellung einer funktionierenden Entwässerung gemäß DIN 1986-100 und DIN EN 752.
- Werkstoffe einer Solaranlage, die im direkten Kontakt mit der Abdichtungsschicht stehen, müssen mit dieser verträglich sein.
- Zugänglichkeit der Abdichtung bei aufgeständerten Anlagen für Wartungszwecke.
- Korrekte Anbindung von Durchdringungen an die Abdichtung nach DIN 18531-3.
- Abtragung von Horizontalkräften durch konstruktive Maßnahmen, um ein Abrutschen zu verhindern.

4 A Bauphysik
4 B Brandsicherheit in Gebäuden

Prof. Dr.-Ing. habil. Wolfgang M. Willems

A **BAUPHYSIK** ... 4.2
1 **Wärmeschutz** ... 4.2
1.1 Wärmeschutztechnische Größen, Formelzeichen, Einheiten ... 4.2
1.2 Grundlagen der Wärmeübertragung ... 4.2
1.3 Wärmedurchgangskoeffizient U ... 4.4
1.4 Wärmestrombilanzierung und Temperaturverläufe ... 4.6
1.5 Winterlicher Wärmeschutz ... 4.7
1.6 Sommerlicher Wärmeschutz ... 4.10
2 **Gebäudeenergiegesetz – GEG** ... 4.14
2.1 Hintergrund und Ziele ... 4.14
2.2 Anwendungsbereich ... 4.14
2.3 Anforderungen ... 4.15
2.4 Nachweismethodik ... 4.17
2.5 Vereinfachtes Nachweisverfahren für Wohngebäude (Neubau) ... 4.18
2.6 Anforderungen an eine Heizanlage (nach GEG § 71) ... 4.19
3 **Feuchteschutz** ... 4.21
3.1 Feuchteschutztechnische Größen, Formelzeichen, Einheiten ... 4.21
3.2 Grundlagen ... 4.21
3.3 Oberflächentauwasser und Schimmelpilzbildung ... 4.23
3.4 Tauwasserbildung im Bauteilinnern ... 4.25
3.5 Schlagregenschutz ... 4.35
3.6 Luftdichtheit im Sinne der DIN 4108-3 ... 4.36
4 **Materialkennwerte für Wärme- und Feuchteschutz** ... 4.37
5 **Bauakustik** ... 4.51
5.1 Bauakustische Größen, Formelzeichen, Einheiten ... 4.51
5.2 Anforderungen ... 4.52
5.3 Physikalisches Prinzip der Nachweisführung ... 4.66
5.4 Schallschutz gegen Außenlärm ... 4.67
5.5 Luftschallschutz in Gebäuden ... 4.71
5.6 Trittschallschutz in Gebäuden ... 4.79
6 **Raumakustik** ... 4.82
6.1 Raumakustische Größen, Formelzeichen, Einheiten ... 4.82
6.2 Zentrale raumakustische Kenngrößen ... 4.82
6.3 Anforderungen und Empfehlungen ... 4.85
6.4 Technische Absorber – Eigenschaften und Kennwerte ... 4.89

B **BRANDSICHERHEIT IN GEBÄUDEN** ... 4.97
1 **Regelwerke** ... 4.97
1.1 Einführung ... 4.97
2 **Baustoffe und Bauteile** ... 4.99
2.1 Brandverhalten ... 4.99
2.2 Brandverlauf ... 4.99
2.3 Nationales Klassifizierungssystem nach DIN 4102 ... 4.100
2.4 Europäisches Klassifizierungssystem nach DIN EN 13 501 ... 4.101
3 **Anforderungen nach Musterbauordnung (MBO)** ... 4.103
3.1 Einführung ... 4.103
3.2 Geltungsbereich ... 4.103
3.3 Begriffe ... 4.103
3.4 Brandwände und ihre Anordnung ... 4.104
3.5 Wände und Stützen ... 4.105
3.6 Decken, Dächer ... 4.106
3.7 Treppen ... 4.107
3.8 Rettungswege ... 4.108
3.9 Zugänge und Zufahrten ... 4.108
4 **Anforderungen nach Muster-Industriebau-Richtlinie (MIndBauR)** ... 4.109
4.1 Grundlagen ... 4.109
4.2 Allgemeine Anforderungen ... 4.110
4.3 Anforderungen an Baustoffe und Bauteile/Größe der Brandabschnitte ... 4.110
4.4 Rettungswege ... 4.111
5 **Anforderungen nach Muster-Versammlungsstättenverordnung** ... 4.112
5.1 Geltungsbereich ... 4.112
5.2 Wände und Stützen ... 4.112
5.3 Decken und Dächer ... 4.113
5.4 Rettungswege ... 4.114
5.5 Treppen ... 4.115
5.6 Türen und Tore ... 4.115
6 **Anforderungen nach Muster-Beherbergungsstättenverordnung** ... 4.115
6.1 Geltungsbereich ... 4.115
6.2 Rettungswege ... 4.115
6.3 Bauteile ... 4.116
6.4 Sicherheitstechnik (zentrale Anforderungen) ... 4.116
7 **Anforderungen nach Muster-Schulbau-Richtlinie** ... 4.117
7.1 Geltungsbereich ... 4.117
7.2 Bauteile ... 4.117
7.3 Rettungswege ... 4.117
8 **Anforderungen nach Muster-Richtlinien über Flächen für die Feuerwehr** 4.118
8.1 Geltungsbereich ... 4.118
8.2 Zu- oder Durchfahrten ... 4.118
8.3 Aufstellflächen ... 4.119
8.4 Sonstige ... 4.119
9 **Anforderungen nach Muster-Systembödenrichtlinie** ... 4.120
9.1 Geltungsbereich ... 4.120
9.2 Systemböden in notwendigen Treppenräumen, in Räumen zwischen notwendigen Treppenräumen und Ausgängen ins Freie sowie in notwend. Fluren ... 4.120
9.3 Systemböden in anderen Räumen ... 4.120
9.4 Wände auf Systemböden ... 4.120

4 A Bauphysik

Prof. Dr.-Ing. habil. Wolfgang M. Willems

1 Wärmeschutz

1.1 Wärmeschutztechnische Größen, Formelzeichen, Einheiten

Wärmeschutztechnische Größe	Formelzeichen	Einheit
Abminderungsfaktor für Sonnenschutzeinrichtungen	F_C	%
Emissionsgrad	ε	%
Fensterflächenanteil	f	%
Fläche	A	m^2
Gesamtenergiedurchlassgrad	g	%
Gesamtenergiedurchlassgrad einschließlich Sonnenschutz	g_{total}	%
Leckagestrom, hüllenflächenbezogener	q_{50}	$m^3/(m^2 \cdot h)$
Lufttemperatur (außen)	θ_e	°C
Lufttemperatur (innen)	θ_i	°C
Masse, flächenbezogene	m'	kg/m^2
Oberflächentemperatur (außen)	θ_{se}	°C
Oberflächentemperatur (innen)	θ_{si}	°C
Rohdichte	ρ	kg/m^3
Schichtdicke	d	m
Sonneneintragskennwert	S_x	-
Sonneneintragskennwert, zulässiger Grenzwert	S_{zul}	-
Speicherfähigkeit, wirksame	C_{wirk}	W·h/K
Speicherkapazität, spezifische	c	Ws/(kg·K)
Temperatur, thermodynamische (absolute)	T	K
Wärmedurchgangskoeffizient	U	$W/(m^2 \cdot K)$
Wärmedurchgangskoeffizient, Korrekturwert	ΔU	$W/(m^2 \cdot K)$
Wärmedurchgangskoeffizient, längenbezogener	ψ	W/(m·K)
Wärmedurchgangskoeffizient, punktbezogener	χ	W/K
Wärmedurchgangswiderstand	R_T	m^2K/W
Wärmedurchgangswiderstand (oberer Grenzwert)	R_T'	m^2K/W
Wärmedurchgangswiderstand (unterer Grenzwert)	R_T''	m^2K/W
Wärmedurchlasswiderstand	R	m^2K/W
Wärmeeintrag, solarer	S	-
Wärmeleitfähigkeit	λ	W/(m·K)
Wärmemenge	Q	Ws
Wärmestrom	Φ	W
Wärmestromdichte	q	W/m^2
Wärmeübergangswiderstand (außen)	R_{se}	m^2K/W
Wärmeübergangswiderstand (innen)	R_{si}	m^2K/W

1.2 Grundlagen der Wärmeübertragung

Wärmestrom und Wärmestromdichte

Unter dem Wärmestrom Φ wird der Wärmemengentransport pro Zeiteinheit, unter der Wärmestromdichte q derjenige pro Zeit- und Flächeneinheit verstanden.

$$\Phi = \frac{Q}{t} \qquad q = \frac{\Phi}{A} = \frac{Q}{A \cdot t}$$

Φ Wärmestrom in W
q Wärmestromdichte in W/m^2
Q Wärmemenge in J bzw. Ws
t Zeit in s
A Fläche in m^2

Für die Schicht eines isotropen Materials berechnet sich die Wärmestromdichte q für stationäre Randbedingungen und ohne innere Wärmequellen zu:

$$q = \frac{1}{R} \cdot (\theta_1 - \theta_2)$$

R Wärmedurchlasswiderstand in m^2K/W
θ Schichtgrenztemperaturen in °C (Indizes: Schichtgrenzen 1 und 2)

Für ein Bauteil einschließlich seiner Einbaurandbedingungen (→ Übergangswiderstände) berechnet sich die Wärmestromdichte q für stationäre Randbedingungen und ohne innere Wärmequellen zu:

$$q = \frac{1}{R_T} \cdot (\theta_i - \theta_e) = U \cdot (\theta_i - \theta_e)$$

R_T Wärmedurchgangswiderstand in m^2K/W
U Wärmedurchgangskoeffizient in $W/(m^2K)$
θ Lufttemperaturen in °C (Indizes: innen i, außen e)

Widerstände

Der Wärmedurchlasswiderstand R eines homogenen geschichteten Bauteils (Anzahl der Schichten von $i = 1$ bis n) berechnet sich aus der Summation der Widerstände der Einzelschichten:

$$R = \sum_{i=1}^{n} R_i = \sum_{i=1}^{n} \frac{d_i}{\lambda_i}$$

R_i Wärmedurchlasswiderstände der Schichten in m^2K/W
n Anzahl der Schichten
d Schichtdicke in m
λ Wärmeleitzahl in $W/(mK)$

Hinsichtlich des Wärmedurchlasswiderstandes von Luftschichten wird unterschieden zwischen:

- ruhenden Luftschichten (keine oder sehr geringe Öffnungsquerschnitte)
- schwach belüfteten Luftschichten (mittlere Öffnungsquerschnitte)
- stark belüfteten Luftschichten (große Öffnungsquerschnitte).

Tafel 4.3 Wärmedurchlasswiderstände R_g von Luftschichten[1] ($d \leq 300$ mm bzw. $d < 10$ % der Luftschichtbreite bzw. -tiefe, Emissionsgrad der Oberflächen $\varepsilon \geq 80$ %)

<table>
<tr><td rowspan="4">Dicke d der Luftschicht in mm</td><td colspan="5">Wärmedurchlasswiderstände R_g in m^2K/W für Luftschichten unterschiedlicher Öffnungsquerschnitte A_v[2] und unterschiedlicher Richtungen des Wärmestroms</td></tr>
<tr><td colspan="3">ruhend</td><td>schwach belüftet</td><td>stark belüftet[3]</td></tr>
<tr><td colspan="3">$A_v \leq 500$ mm²</td><td rowspan="2">$500 < A_v < 1500$ mm²</td><td rowspan="2">$A_v \geq 1500$ mm²</td></tr>
<tr><td>aufwärts</td><td>horizontal[4]</td><td>abwärts</td></tr>
<tr><td>0</td><td colspan="3">0,000</td><td rowspan="9">Hier wird abweichend der Wärmedurchgangswiderstand R_T der gesamten Bauteilkomponente berechnet:
$$R_T = \frac{1500 - A_v}{1000} \cdot R_{T,u} + \frac{A_v - 500}{1000} \cdot R_{T,v}$$
A_v Fläche der Öffnungen in mm²
$R_{T,u}$ Wärmedurchgangswiderstand mit ruhender Luftschicht
$R_{T,v}$ Wärmedurchgangswiderstand mit stark belüfteter Luftschicht</td><td rowspan="9">0,00</td></tr>
<tr><td>5</td><td colspan="3">0,110</td></tr>
<tr><td>7</td><td colspan="3">0,130</td></tr>
<tr><td>10</td><td colspan="3">0,150</td></tr>
<tr><td>15</td><td rowspan="5">0,160</td><td colspan="2">0,170</td></tr>
<tr><td>25</td><td rowspan="4">0,180</td><td>0,190</td></tr>
<tr><td>50</td><td>0,210</td></tr>
<tr><td>100</td><td>0,220</td></tr>
<tr><td>300</td><td>0,230</td></tr>
</table>

1) Zwischenwerte können geradlinig interpoliert werden.
2) Bei vertikaler Luftschicht bezogen auf 1 m Länge, bei horizontaler Luftschicht bezogen auf 1 m² Oberfläche.
3) Für R der Bauteilkonstruktion zwischen Luftschicht und Außenluft gilt: $R = 0$ m^2K/W. Für den äußeren Wärmeübergangswiderstand gilt: $R_{se} = R_{si}$.
4) Gilt für Abweichungen bis maximal ± 30° zur Horizontalen.

Die Widerstände gegenüber einer Wärmeübertragung im Bereich der inneren und äußeren Bauteiloberflächen werden durch die entsprechenden Wärmeübergangswiderstände R_{si} und R_{se} berücksichtigt, die je nach Zielrichtung der jeweiligen Berechnung variieren, vgl. Tafel 4.4a.

Der Widerstand eines Bauteils gegenüber Wärmedurchgang unter Berücksichtigung seiner Einbausituation wird für ein- und mehrschichtige Bauteile mit homogenem Aufbau durch den Wärmedurchgangswiderstand R_T beschrieben:

$$R_T = R_{si} + R + R_{se}$$

R_s Wärmeübergangswiderstände innen (i) und außen (e) in m^2K/W
R Wärmedurchlasswiderstand des Bauteils in m^2K/W

In mehrschichtigen Bauteilen mit inhomogenem Aufbau treten zusätzliche Querleitungseffekte auf, sodass der Wärmedurchgangswiderstand R_T sich näherungsweise als Mittelwert aus oberem (R_T') und unterem (R_T'') Grenzwert des Wärmedurchgangswiderstandes ermitteln lässt:

$$R_T = 0{,}5 \cdot \left(R_T' + R_T'' \right)$$

R_T' Oberer Grenzwert des Wärmedurchgangswiderstandes in m^2K/W
R_T'' Unterer Grenzwert des Wärmedurchgangswiderstandes in m^2K/W

Tafel 4.4a Innere und äußere Wärmeübergangswiderstände R_{si} und R_{se} ebener Bauteile

Anwendungsbereich	R_{si} in m²K/W	R_{se} in m²K/W
Wärmeschutz-Berechnungen: gemäß DIN EN ISO 6946		
Wärmestrom aufwärts gerichtet	0,10	0,04[1]
Wärmestrom horizontal gerichtet	0,13	
Wärmestrom abwärts gerichtet	0,17	
Feuchteschutz-Berechnungen: Tauwasserausfall im Bauteilinnern nach DIN 4108-3		
Allgemein	0,25	0,04
Feuchteschutz-Berechnungen: Tauwasserausfall und Schimmelpilzbildung nach DIN EN ISO 13 788		
Verglasungen und Rahmen	0,13	0,04
Sonstige Bauteile	0,25	
Feuchteschutz-Berechnungen: Vermeidung von Schimmelpilzbildung nach DIN 4108-3		
Beheizte Räume	0,25	0,04
Unbeheizte Räume	0,17	
Gegen Erdreich (beheizte bzw. unbeheizte Räume)	0,25 bzw. 0,17	0,00

[1] Bei Vorhandensein einer *stark belüfteten Luftschicht* gilt für den Wärmedurchlasswiderstand der Bauteilkonstruktion zwischen der Luftschicht und der Außenumgebung $R = 0$, dafür ist $R_{se} = R_{si}$ zu setzen.

Tafel 4.4b Inhomogene mehrschichtige Bauteile: Ermittlung der Grenzwerte R_T' und R_T''

Beschreibung	Oberer Grenzwert R_T' in m²K/W	Unterer Grenzwert R_T'' in m²K/W
Mehrschichtiges Bauteil mit Schichten *j* und Abschnitten f_m. Es ergeben sich damit $m \cdot j$ einzelne Wärmedurchgangswiderstände R_{mj}.	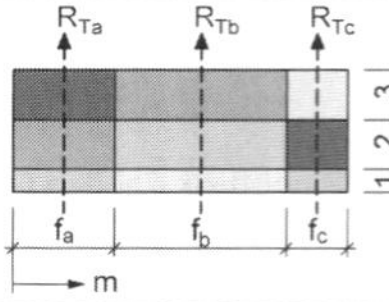	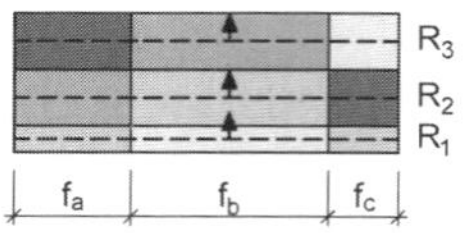
R_{Tm} sind die Wärmedurchgangswiderstände R_T der einzelnen Abschnitte (Berechnung s.o.). R_j sind die gemittelten Wärmedurchlasswiderstände R der einzelnen Schichten (Berechnung s. rechts).	$R_T' = \frac{1}{\sum_{m=a}^{n} \frac{f_m}{R_{Tm}}} = \frac{1}{\frac{f_a}{R_{Ta}} + \frac{f_b}{R_{Tb}} + \ldots + \frac{f_n}{R_{Tn}}}$	$R_T'' = R_{si} + \sum_{j=1}^{n} R_j + R_{se}$ $R_j = \frac{1}{\sum_{m=a}^{n} \frac{f_m}{R_{mj}}} = \frac{1}{\frac{f_a}{R_{aj}} + \frac{f_b}{R_{bj}} + \ldots + \frac{f_n}{R_{nj}}}$

1.3 Wärmedurchgangskoeffizient *U*

Opake Bauteile

Der Wärmedurchgangskoeffizient *U* berechnet sich für opake Bauteile (ggf. unter Berücksichtigung unterschiedlicher Korrekturbeiwerte ΔU) nach DIN EN ISO 6946 zu:

$$U = \frac{1}{R_T} + \Delta U$$

mit $\Delta U = \Delta U_g + \Delta U_f + \Delta U_r$

- ΔU_g Korrekturwert bei Luftspalten im Bauteil in W/(m²K)
- ΔU_f Korrekturwert bei Dämmschichten durchdringenden Befestigungselementen in W/(m²K)
- ΔU_r Korrekturwert bei Niederschlag auf Umkehrdächern in W/(m²K)

Weisen Bauteile keilförmige Schichten auf (Beispiel: Flachdächer mit Gefälledämmung), so sind bis zu einer Neigung von 5 % die jeweiligen Wärmedurchgangswiderstände entsprechend DIN EN ISO 6946 Anhang C zu berechnen, vgl. dazu Ablauf und Formeln in Tafel 4.5a.

Tafel 4.5a Berücksichtigung keilförmiger Schichten in Bauteilen nach DIN EN ISO 6946

1	Unterteilung des Bauteils in n Teilflächen A mit unterschiedlichen keilförmigen Schichten		
	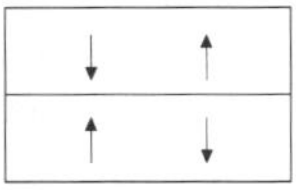	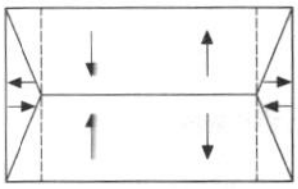	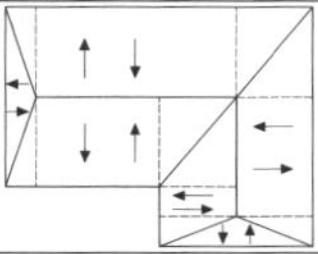
2	Ermittlung der Wärmedurchgangswiderstände R_0 der n ebenen Bauteilbereiche		
	Homogener Aufbau: $R_0 = R_T$	Inhomogener Aufbau: $R_0 = 0{,}5 \cdot \left(R_T' + R_T''\right)$	
3	Ermittlung von R_i an der Stelle der keilförmigen Schicht mit der Dicke d_i		
4	Ermittlung von U_k für den Bereich k in Abhängigkeit von der Bereichsgeometrie		
	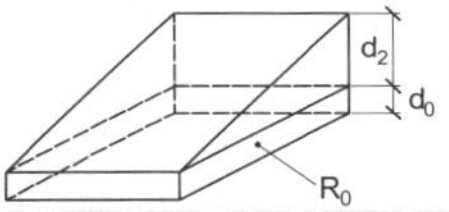	$U_k = \frac{1}{R_2} \cdot \ln\left[1 + \frac{R_2}{R_0}\right]$	
	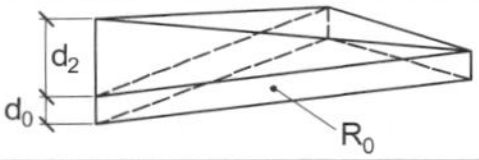	$U_k = \frac{2}{R_2} \cdot \left[\left(1 + \frac{R_0}{R_2}\right) \cdot \ln\left(1 + \frac{R_2}{R_0}\right) - 1\right]$	
	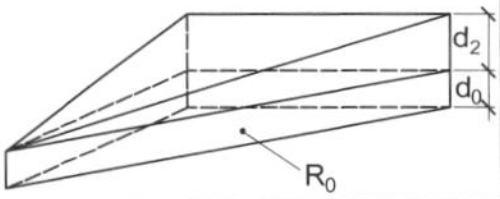	$U_k = \frac{2}{R_2} \cdot \left[1 - \frac{R_0}{R_2} \cdot \ln\left(1 + \frac{R_2}{R_0}\right)\right]$	
	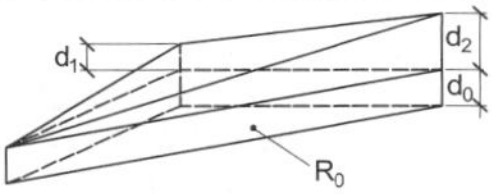	$U_k = 2 \cdot \frac{R_0 \cdot R_1 \cdot \ln\left(1 + \frac{R_2}{R_0}\right) - R_0 \cdot R_2 \cdot \ln\left(1 + \frac{R_1}{R_0}\right) + R_1 \cdot R_2 \cdot \ln\left(\frac{R_0 + R_2}{R_0 + R_1}\right)}{R_1 \cdot R_2 \cdot (R_2 - R_1)}$	
5	Ermittlung des resultierenden U-Wertes für die Gesamtfläche A		
	$U = \frac{1}{A} \cdot \sum_{i=1}^{n} U_i \cdot A_i$		

Korrekturwert für Luftspalten

In den Fällen nach Tafel 4.5b ergibt sich der Korrekturwert ΔU_g zu

$$\Delta U_g = \Delta U'' \cdot \left(\frac{R_1}{R_{T,h}}\right)^2$$

$\Delta U''$ Korrekturbeiwert nach Tafel 4.5b in $W/(m^2K)$

R_1 Wärmedurchlasswiderstand der die Luftspalte enthaltenden Schicht in $(m^2K)/W$

$R_{T,h}$ Wärmedurchgangswiderstand des Bauteils ohne Berücksichtigung von Wärmebrücken in $(m^2K)/W$

Tafel 4.5b Korrekturbeiwerte $\Delta U''$ für Luftspalte in Bauteilen

Stufe	$\Delta U''$ in $W/(m^2K)$	Beschreibung und Beispiele
0	0,00	Keine Luftspalte in der Dämmschicht oder nur kleine Luftspalte ohne wesentliche Wirkung auf den Wärmedurchgangskoeffizienten *Beispiel: mehrlagige Dämmung; einlagige Dämmung mit Nut-Feder- oder Stufenfalz-Verbindung; Dämmung mit abgedichteten Fugen*
1	0,01	Luftzwischenräume als Verbindung zwischen warmer und kalter Seite der Dämmschicht, jedoch ohne Luftzirkulation zwischen diesen Schichten *Beispiel: Einlagige Dämmung zwischen Holzbalken*
2	0,04	Mögliche Luftzirkulation auf der warmen Seite der Dämmung. Luftspalte können die Dämmschicht durchdringen. *Beispiel: Konstruktionen mit unzureichender Befestigung der Dämmschicht*

Korrekturwert für die Dämmschicht durchdringende Befestigungselemente

Der Einfluss mechanischer Befestigungselemente kann durch Ermittlung des punktbezogenen Wärmedurchgangskoeffizienten χ nach DIN EN ISO 10211 in den Korrekturwert eingehen:

$\Delta U_{\mathrm{f}} = n_{\mathrm{f}} \cdot \chi$ n_{f} Anzahl der Befestigungselemente in m^{-2} χ punktbezog. Wärmedurchgangskoeff. in W/K

Alternative Ermittlung (Näherungsverfahren) nach DIN EN ISO 6946 Anhang D, vgl. Tafel 4.6a.

Tafel 4.6a Näherungsverfahren zur Berücksichtigung von Befestigungselementen

Beispielskizze: Flachdach[1]	Berechnung des Wärmedurchgangskoeffizienten ΔU_{f} in $\mathrm{W/(m^2K)}$
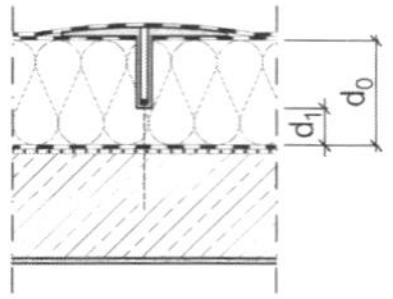	$\Delta U_{\mathrm{f}} = \dfrac{\alpha \cdot \lambda_{\mathrm{f}} \cdot n_{\mathrm{f}} \cdot A_{\mathrm{f}}}{d_0} \cdot \left(\dfrac{R_1}{R_{\mathrm{T,h}}}\right)^2$ mit $\alpha = 0{,}8 \cdot \dfrac{d_1}{d_0}$
	λ_{f}, n_{f}, A_{f} Wärmeleitzahl, Anzahl, Querschnittsfläche des Befestigers R_1 Wärmedurchlasswiderstand der die Luftspalte enthaltenden Schicht $R_{\mathrm{T,h}}$ Wärmedurchgangswiderstand des Bauteils ohne Berücksichtigung von Wärmebrücken

[1] Hier dargestellt mit einem in einer Aussparung (Verbindungselement zur thermischen Entkopplung) eingebauten Befestigungselement. Durchdringt das Befestigungselement die Dämmschicht vollständig, so gilt $d_1 = d_0$.

Korrekturwert für Umkehrdächer

In Umkehrdächern entstehen zusätzliche Wärmeverluste aus dem Abfließen von Niederschlagswasser zwischen Wärmedämmung und – darunterliegender – Dachabdichtung. Für Umkehrdächer mit einer Dämmschicht aus extrudiertem Polystyrol (XPS) bietet DIN EN ISO 6946 im Anhang D ein Berechnungsverfahren für den entsprechenden Korrekturwert ΔU_{r} an:

$$\Delta U_{\mathrm{r}} = p \cdot f \cdot x \cdot \left(\frac{R_{\mathrm{i}}}{R_{\mathrm{T}}}\right)^2$$

- p durchschn. regionale Niederschlagsmenge während der Heizperiode in mm/d
- f Entwässerungsfaktor (Anteil an p, der die Dachabdichtung erreicht)
- x Faktor für den gestiegenen Wärmeverlust in $\mathrm{(W \cdot d)/(m^2 \cdot K \cdot mm)}$
  Ungünstigster Fall: einlagige Dämmschichten mit Stumpfstößen und offener Abdeckung, z.B. einer Kiesschüttung auf der Dachabdichtung: $f_{\mathrm{x}} = 0{,}04$.
- R_{i} Wärmedurchlasswiderstand der Dämmschicht über Dachabdichtung
- R_{T} Wärmedurchgangswiderstand der Konstruktion vor Anwendung der Korrektur

In Deutschland erfolgt die Bestimmung des Bemessungswerts des Wärmedurchgangskoeffizienten für Umkehrdächer nach den Festlegungen in den techn. Spezifikationen des jeweiligen Dämmstoffes.

Nach DIN 4108-2 Abschn. 5.3.3 lässt sich der Korrekturwert ΔU_{r} auch nach Tafel 4.6b bestimmen.

Tafel 4.6b Korrekturwert ΔU_{r} für Umkehrdächer nach DIN 4108-2

$\dfrac{(R_{\mathrm{T}} - R_{\mathrm{i}})}{R_{\mathrm{T}}}$ in %	ΔU_{r} in $\mathrm{W/(m^2K)}$
< 10	0,05
10 bis 50	0,03
> 50	0,00

1.4 Wärmestrombilanzierung und Temperaturverläufe

Wärmestrombilanzen

Unter der Voraussetzung stationärer Randbedingungen gilt: q = konstant. Damit kann an jeder beliebigen Stelle eines Bauteilquerschnittes eine Wärmestrombilanz aufgestellt werden:

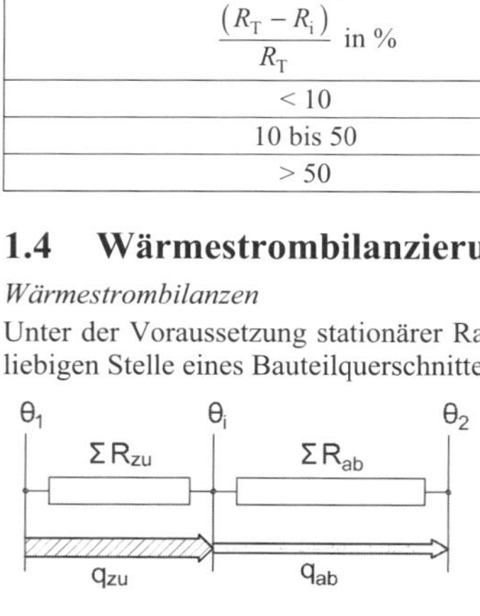

$$q_{\mathrm{zu}} = q_{\mathrm{ab}}$$

$$\Rightarrow q_{\mathrm{zu}} = \frac{(\theta_1 - \theta_{\mathrm{i}})}{\sum R_{\mathrm{zu}}} = q_{\mathrm{ab}} = \frac{(\theta_{\mathrm{i}} - \theta_2)}{\sum R_{\mathrm{ab}}}$$

$$\Leftrightarrow \theta_{\mathrm{i}} = \frac{1}{1 + \dfrac{\sum R_{\mathrm{zu}}}{\sum R_{\mathrm{ab}}}} \cdot \left(\theta_2 \cdot \frac{\sum R_{\mathrm{zu}}}{\sum R_{\mathrm{ab}}} + \theta_1\right)$$

Beispiel: Gesucht ist die Temperatur in der Wärmedämmschicht der Außenwand an der Stelle $2/3 \cdot d_3$

Querschnitt

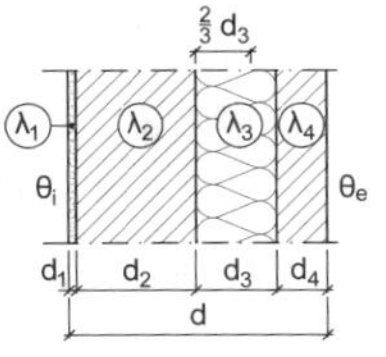

Randbedingungen

$\theta_i = 20$ °C

$\theta_e = -5$ °C

1 Innenputz mit $d_1 = 1{,}5$ cm, $\lambda_1 = 0{,}70$ W/(mK)

2 Tragschale mit $d_2 = 17{,}5$ cm, $\lambda_2 = 0{,}99$ W/(mK)

3 Wärmedämmung mit $d_3 = 12$ cm, $\lambda_3 = 0{,}035$ W/(mK)

4 Verblendschale mit $d_4 = 11{,}5$ cm, $\lambda_4 = 0{,}96$ W/(mK)

Lösung

$$\sum R_{zu} = 0{,}13 + \frac{0{,}015}{0{,}70} + \frac{0{,}175}{0{,}99} + \frac{2}{3} \cdot \frac{0{,}12}{0{,}035} = 2{,}614; \quad \sum R_{ab} = \frac{1}{3} \cdot \frac{0{,}12}{0{,}035} + \frac{0{,}115}{0{,}96} + 0{,}04 = 1{,}303$$

$$\theta_i = \frac{1}{1 + \frac{2{,}614}{1{,}303}} \cdot \left(-5 \cdot \frac{2{,}614}{1{,}303} + 20\right) = 3{,}3 \text{ °C}$$

Temperaturverläufe

Auf Basis der oben beschriebenen Wärmestrombilanz können unter stationären Randbedingungen an jeder beliebigen Stelle im Querschnitt eines *homogen aufgebauten Bauteils* die entsprechenden Temperaturen ermittelt werden. Bei Vorliegen der thermischen Randbedingungen und aller Einzelwiderstände lassen sich die Oberflächen- und Schichtgrenztemperaturen entsprechend nebenstehendem Schema berechnen:

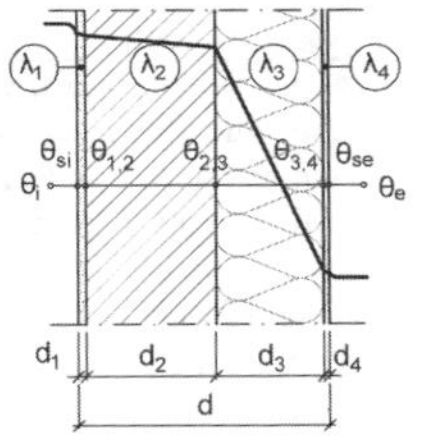

$$q = U \cdot (\theta_i - \theta_e)$$
$$\theta_{si} = \theta_i - R_{si} \cdot q$$
$$\theta_{1,2} = \theta_{si} - R_1 \cdot q$$
$$\theta_{2,3} = \theta_{1,2} - R_2 \cdot q$$
$$\ldots$$
$$\theta_{se} = \theta_{3,4} - R_4 \cdot q$$
$$\theta_e = \theta_{se} - R_{se} \cdot q$$

Beispiel: Gesucht sind alle Oberflächen- und Schichtgrenztemperaturen einer einschaligen Außenwand mit Wärmedämm-Verbundsystem (WDVS)

$$U = \left(0{,}13 + \frac{0{,}015}{0{,}70} + \frac{0{,}175}{0{,}99} + \frac{0{,}16}{0{,}035} + \frac{0{,}02}{1{,}0} + 0{,}04\right)^{-1}$$
$$= 0{,}202 \frac{\text{W}}{\text{m}^2\text{K}}$$
$$q = 0{,}202 \cdot (20 - (-5)) = 5{,}04 \frac{\text{W}}{\text{m}^2}$$

$$\theta_{si} = 20 - 0{,}13 \cdot 5{,}04 = 19{,}4 \text{ °C}$$
$$\theta_{1,2} = 19{,}4 - \frac{0{,}015}{0{,}70} \cdot 5{,}04 = 19{,}3 \text{ °C}$$
$$\theta_{2,3} = 19{,}3 - \frac{0{,}175}{0{,}99} \cdot 5{,}04 = 18{,}4 \text{ °C}$$
$$\theta_{3,4} = 18{,}4 - \frac{0{,}16}{0{,}035} \cdot 5{,}04 = -4{,}7 \text{ °C}$$
$$\theta_{se} = -4{,}7 - \frac{0{,}02}{1{,}0} \cdot 5{,}04 = -4{,}8 \text{ °C}$$
$$\theta_e = -4{,}8 - 0{,}04 \cdot 5{,}04 = -5{,}0 \text{ °C (zur Kontr.)}$$

1.5 Winterlicher Wärmeschutz

Mindestanforderungen

Zur Vermeidung von Schimmelpilzbildung auf den Innenoberflächen wärmeübertragender Außenbauteile sind für *alle Stellen* der jeweiligen Bauteile die in DIN 4108-2 erhobenen Mindestanforderungen an den Wärmedurchlasswiderstand *R* einzuhalten (dies gilt auch in Nischen unter Fenstern, an Brüstungen von Fensterbauteilen, an Fensterstürzen etc.). Darüber hinaus werden die Transmissionswärmeströme durch relevante innenliegende Bauteile hindurch begrenzt. Die Anforderungen gelten für bestimmungsgemäß normalbeheizte ($\theta_i \geq 19$ °C), niedrig beheizte (12 °C $\leq \theta_i <$ 19 °C) sowie für solche Räume, die über Raumverbund beheizt werden. Anforderungen finden sich für:

- ein- und mehrschichtige opake Massivbauteile mit $m' \geq 100$ kg/m² → Tafel 4.8
- leichte opake Außenbauteile, Rahmen- und Skelettbauarten mit $m' < 100$ kg/m² → Tafel 4.9
- Bauteile in niedrig beheizten Gebäuden (12 °C $\leq \theta \leq$ 19 °C) → Tafel 4.8

Tafel 4.8 Mindestwerte für Wärmedurchlasswiderstände *R* schwerer opaker Bauteile

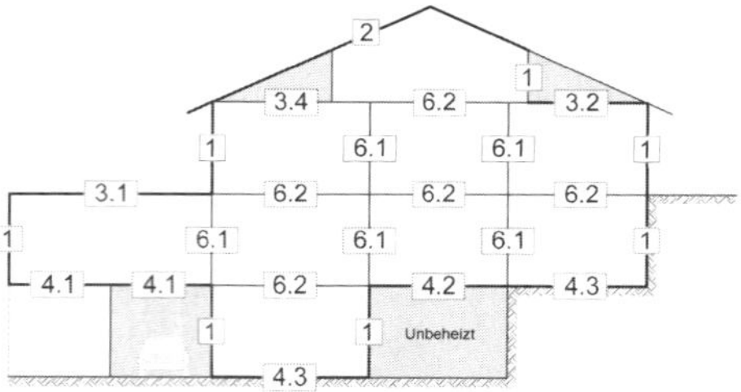

Nr.	Bauteile		Wärmedurchlasswiderstand des Bauteils R[1]) in m^2K/W
1	Wände beheizter Räume	gegen Außenluft, Erdreich, Tiefgaragen, nicht beheizte Räume (auch nicht beheizte Dachräume oder nicht beheizte Kellerräume außerhalb der wärmeübertragenden Umfassungsfläche)	1,20[2])
2	Dachschrägen beheizter Räume	gegen Außenluft	1,20
3.1	Decken beheizter Räume nach oben und Flachdächer	gegen Außenluft	1,20
3.2		zu belüfteten Räumen zwischen Dachschrägen und Abseitenwänden bei ausgebauten Dachräumen	0,90
3.3		zu nicht beheizten Räumen, zu bekriechbaren oder noch niedrigeren Räumen	0,90
3.4		zu Räumen zwischen gedämmten Dachschrägen und Abseitenwänden bei ausgebauten Dachräumen	0,35
4.1	Decken beheizter Räume nach unten	gegen Außenluft, gegen Tiefgaragen, gegen Garagen (auch beheizte), Durchfahrten (auch verschließbare) und belüftete Kriechkeller[3])	1,75
4.2		gegen nicht beheizten Kellerraum	0,90
4.3		unterer Abschluss (z.B. Sohlplatte) von Aufenthaltsräumen unmittelbar an das Erdreich grenzend mit Raumtiefe ≤ 5 m	
4.4		über einem nicht belüfteten Hohlraum, z.B. Kriechkeller, an das Erdreich grenzend	
5.1	Bauteile an Treppenräumen	Wände zwischen beheiztem Raum und direkt beheiztem Treppenraum, Wände zwischen beheiztem Raum und indirekt beheiztem Treppenraum, wenn alle anderen Bauteile des Treppenraums die Anforderungen dieser Tab. erfüllen	0,07
5.2		Wände zwischen beheiztem Raum und indirekt beheiztem Treppenraum, wenn *nicht* alle anderen Bauteile des Treppenraums die Anforderungen dieser Tabelle erfüllen.	0,25
5.3		oberer und unterer Abschluss eines beheizten oder indirekt beheizten Treppenraumes	wie Bauteile beheizter Räume
6.1	Bauteile zwischen beheizten Räumen	Wohnungs- und Gebäudetrennwände zwischen beheizten Räumen	0,07
6.2		Wohnungstrenndecken, Decken zwischen Räumen unterschiedlicher Nutzung	0,35

1) Bei erdberührten Bauteilen: konstruktiver Wärmedurchlasswiderstand (→Wärmedurchlasswiderstand für erdberührte Bauteile, der sich bei Berechnung nach DIN EN ISO 6946 aus deren Schichtenfolge ergibt.).

2) Bei niedrig beheizten Räumen gilt: $R \geq 0{,}55$ m^2K/W.

3) Zur Vermeidung von Fußkälte.

Die Bestimmung der Wärmedurchlasswiderstände erfolgt nach DIN EN ISO 6946; die Materialkennwerte sind DIN 4108-4, DIN EN ISO 10 456 oder entsprechenden bauaufsichtlichen Regelungen zu entnehmen. Bei der Berechnung des Wärmedurchlasswiderstandes von *Bauteilen mit Abdichtungen* werden nur die raumseitigen Schichten bis zur Bauwerksabdichtung bzw. Dachabdichtung berücksichtigt; ausgenommen sind Bauteile mit Wärmedämmsystemen als Umkehrdach mit XPS-Dämmung bzw. mit Wärmedämmsystemen als Perimeterdämmung aus XPS oder Schaumglas.

Tafel 4.9 Mindestwerte für Wärmedurchlasswiderstände *R* leichter Bauteile, Rahmen- und Skelettbauarten

Bauteile		Wärmedurchlass-widerstand R in m^2K/W
opake ein- und mehrschalige Bauteile mit einer flächenbezogenen Masse $m' < 100$ kg/m²		1,75
inhomogene nichttransparente Bauteile (Skelett-, Rahmen- oder Holzständerbauweise)	im Gefachbereich	1,75
	als Mittelwert	1,00
Rollladenkästen	als Mittelwert	1,00
	auf dem Deckel	0,55
transparente und teiltransparente Bauteile von z.B. Vorhangfassaden, Glasdächern, Pfosten-Riegel-Konstruktionen, Fensterwänden	opake Ausfachungen[1)]	1,20[2)]
	transparente Teile	Isolierglas[3)]
	Rahmen[1)]	$U_f \leq 2{,}9$ W/(m²K)
Umkehrdach bei leichter Unterkonstruktion mit einer flächenbezogenen Masse $m' < 250$ kg/m²	unterhalb der Abdichtung	0,15

1) Bei beheizten und niedrig beheizten Räumen.
2) Bzw. $U_p \leq 0{,}73$ W/(m² ·K).
3) Alternativ: 2 Glasscheiben (z.B. Verbundfenster oder Kastenfenster).

Wärmebrücken

Eine Wärmebrücke stellt eine wärmestromtechnische Diskontinuität in der Gebäudehülle dar; nach DIN EN ISO 10211 ist eine Wärmebrücke derjenige Teil einer Gebäudehülle, in dem der ansonsten normal zum Bauteil auftretende Wärmestrom deutlich verändert wird, durch:

– eine volle oder teilweise Durchdringung der Gebäudehülle durch Baustoffe unterschiedlicher Wärmeleitfähigkeit, vgl. Abb. 4.9,
– einen Wechsel in der Dicke der Bauteile,
– eine unterschiedlich große Innen- und Außenoberfläche.

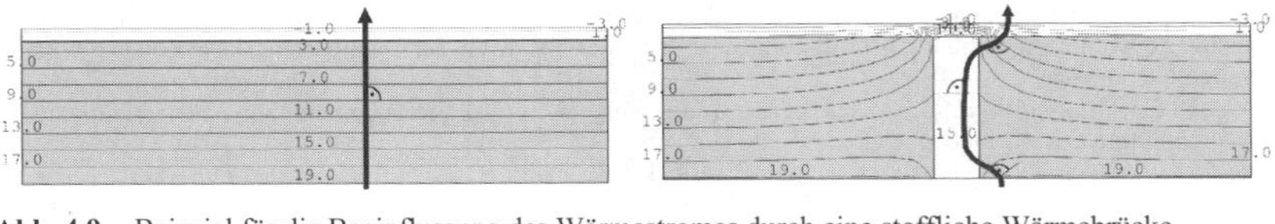

Abb. 4.9 Beispiel für die Beeinflussung des Wärmestromes durch eine stoffliche Wärmebrücke (links: Bauteil ohne Wärmebrücke, rechts: Bauteil mit Wärmebrücke)

Die Quantifizierung erfolgt nach DIN EN ISO 10211 für linienförmige Wärmebrücken durch den längenbezogenen Wärmedurchgangskoeffizienten ψ (Einheit: W/(mK)) und für punktförmige Wärmebrücken durch den punktförmigen Wärmedurchgangskoeffizienten χ (Einheit: W/K) in der Regel anhand computergestützter Berechnungen auf Basis der Methode der Finiten Elemente oder der Finiten Differenzen.

Alternativ können Zahlenangaben für ψ- und χ-Werte den unterschiedlichen Wärmebrückenatlanten entnommen werden. Unter *„www.planungsatlas-hochbau.de"* steht beispielsweise eine kostenfrei nutzbare, kontinuierlich erweiterte Datenbank mit aktuell über 1000 Details linienförmiger Wärmebrücken zur Verfügung.

Im Nachweis des energetischen Wärmeschutzes nach GEG 2024 ist der Einfluss von Wärmebrücken zahlenmäßig zu erfassen. Diese können neben der o.g. genauen Berechnung der ψ-Werte auch über Pauschalaufschläge ΔU_{WB} auf sämtliche U-Werte der wärmeübertragenden Umschließungsfläche wie folgt berücksichtigt werden:

– bei Gebäuden, bei denen mehr als 50 % der Außenwand mit einer innenliegenden Wärmedämmschicht und einbindender Massivdecke versehen sind: $\Delta U_{WB} = 0{,}15$ W/(m²K),
– ohne weitere Einschränkungen: $\Delta U_{WB} = 0{,}10$ W/(m²K),
– bei Ausführung entsprechend den Details nach DIN 4108 Beiblatt 2: $\Delta U_{WB} = 0{,}05$ W/(m²K).

Luftdichtheit

Für zu errichtende Gebäude wird im GEG 2024 § 13 gefordert, diese so auszuführen, dass die wärmeübertragende Umfassungsfläche einschließlich der Fugen dauerhaft luftundurchlässig entsprechend den anerkannten Regeln der Technik abgedichtet ist. DIN 4108-2 und 4108-7 enthalten dazu Anforderungen, Planungs- und Ausführungsempfehlungen sowie Ausführungsbeispiele, einschließlich geeigneter Materialien zur Einhaltung der genannten Anforderungen, vgl. Tafel 4.10a.

Tafel 4.10a Luftdichtheit von Bauteilen und Bauprodukten

als luftdicht gelten	als nicht luftdicht gelten
– Betonbauteile nach DIN 1045-2 – Mauerwerk mit mindestens einer Putzlage – Nicht perforierte[1)] Bahnen z.B. aus Kunststoff, Elastomeren, Bitumen und Papierwerkstoffen[2)] – Gipsfaserplatten, Gipskarton-Bauplatten, Faserzementplatten, Bleche und Holzwerkstoffplatten[2)]	– Trapezbleche im Bereich der Überlappungen – Nut-Feder-Schalungen – Platten als raumseitige Bekleidung im Bereich von Anschlüssen und Durchdringungen – Poröse Weichfaserplatten und Holzwolleleichtbauplatten

[1)] Gilt nicht für Perforierungen durch Befestigungsmittel, z.B. Klammern, wenn eine Pressung o.Ä. vorliegt.
[2)] Gilt in der Fläche; im Bereich von Stößen, Anschlüssen, Durchdringungen sind weitere Maßnahmen zu ergreifen.

Werden Messungen der Luftdichtheit von Gebäuden / Gebäudeteilen durchgeführt, so dürfen die nach DIN EN ISO 9972 gemessenen Größen die in Tafel 4.10b angegebenen Werte nicht überschreiten.

Dabei ist zu beachten, dass die Einhaltung der Anforderungen an die Luftdichtheit lokale Fehlstellen, die zu Feuchteschäden infolge von Konvektion führen können, nicht ausschließt.

Tafel 4.10b Anforderungen gemäß GEG § 26

Bezugsgröße[1)]	Gebäude	
	ohne raumlufttechnische Anlagen	mit raumlufttechnischen Anlagen[2)]
Raumvolumen	$n_{50} \leq 3{,}0\ \text{h}^{-1}$	$n_{50} \leq 1{,}5\ \text{h}^{-1}$
Gebäudehülle (wenn Luftvolumen > 1500 m³)	$q_{50} \leq 4{,}5\ \text{m}^3/(\text{m}^2\cdot\text{h})$	$q_{50} \leq 2{,}5\ \text{m}^3/(\text{m}^2\cdot\text{h})$

[1)] Wird bei Nichtwohngebäuden die Dichtheit lediglich für bestimmte Zonen berücksichtigt oder ergeben sich für einzelne Zonen unterschiedliche Anforderungen, so kann der Nachweis der Dichtheit für diese Zonen getrennt durchgeführt werden.
[2)] Gilt auch für Abluftanlagen. Insbesondere bei Lüftungsanlagen mit Wärmerückgewinnung ist eine deutliche Unterschreitung des angegebenen Grenzwertes sinnvoll.

1.6 Sommerlicher Wärmeschutz

Anforderungen

Es sind die Anforderungen nach DIN 4108-2 Abschn. 8 einzuhalten. Damit muss darauf geachtet werden, dass durch bauliche Maßnahmen – verbunden mit der Nutzung eines Gebäudes – nicht unzumutbare Temperaturbedingungen in Gebäuden entstehen, die relativ aufwändige und energieintensive Kühlmaßnahmen zur Folge haben.

Der Nachweis ist für kritische Räume bzw. Raumbereiche an der Außenfassade (Dachflächen sind, sofern sie zu Wärmeeinträgen führen, mit zu berücksichtigen) jedoch nur dann zu führen, wenn der orientierungsabhängig gegebene Grenzwert des auf die Grundfläche bezogenen Fensterflächenanteils f_{AG} nach Tafel 4.10c überschritten wird.

Tafel 4.10c Zulässige grundflächenbezogene Fensterflächenanteile, unterhalb derer auf einen Nachweis des sommerlichen Wärmeschutzes verzichtet werden kann

Neigungswinkel α der Fenster zur Horizontalen	Orientierung der Fenster	grundflächenbezogener Fensterflächenanteil f_{WG} in %
$60° < \alpha \leq 90°$	Nord-West über Süd bis Nord-Ost	10
	alle anderen Nordorientierungen	15
$0° \leq \alpha \leq 60°$	alle Orientierungen	7

Der Fensterflächenanteil f_{AG} ergibt sich aus dem Verhältnis von Fensterfläche zu Grundfläche des betrachteten Raumes oder der Raumgruppe. Sind mehrere Fenster in der Fassade (oder z.B. ein Erker) vorhanden, so ist f_{AG} aus der Summe aller Fensterflächen zu berechnen.

Sind beim betrachteten Raum mehrere Orientierungen mit Fenstern vorhanden, wird der kleinere Grenzwert maßgebend.

Nachweisverfahren

Es ist nachzuweisen, dass der solare Wärmeeintrag S in kritische Räume bzw. Raumbereiche an der Außenfassade den zulässigen Grenzwert S_{zul} nicht überschreitet. Damit gilt:

$$S = \frac{\sum_{j=1}^{m} \left(A_{w,j} \cdot g \cdot F_C \right)}{A_G} \leq S_{zul} = \sum_{i=1}^{n} S_{x,i}$$

A_G Nettogrundfläche des Raumes oder Raumbereiches in m²
A_w Fensterfläche in der Orientierung j (Rohbaumaße) in m²
g Gesamtenergiedurchlassgrad der Verglasung nach DIN EN 410
F_C Abminderungsfaktor für Sonnenschutzeinrichtungen
S_x anteiliger Sonneneintragskennwert

Tafel 4.11 Abminderungsfaktoren F_C (Anhaltswerte) fest installierter Sonnenschutzeinrichtungen in Abhängigkeit vom Glaserzeugnis nach DIN 4108-2

Sonnenschutzvorrichtung[1)]	F_C		
	$g \leq 0{,}40$ (Sonnenschutzglas)	$g > 0{,}40$	
	zweifach	dreifach	zweifach
ohne Sonnenschutzvorrichtung	1,00	1,00	1,00
innen liegend oder zwischen den Scheiben[2)]			
– weiß oder reflektierende Oberfläche geringer Transparenz[3)]	0,65	0,70	0,65
– helle Farben oder geringe Transparenz[4)]	0,75	0,80	0,75
– dunkle Farben oder höhere Transparenz	0,90	0,90	0,85
außen liegend			
– Fensterläden, Rollläden, ¾ geschlossen	0,35	0,30	0,30
– Fensterläden, Rollläden, geschlossen[5)]	0,15	0,10	0,10
– Jalousie, Raffstore, drehbare Lamellen, 45° Lamellenstellung	0,30	0,25	0,25
– Jalousie, Raffstore, drehbare Lamellen, 10° Lamellenstellung	0,20	0,15	0,15
– Markise, parallel zur Verglasung[4)]	0,30	0,25	0,25
– Vordächer, Markise allgemein, freistehende Lamellen[6)]	0,55	0,50	0,50

1) Übliche dekorative Vorhänge gelten nicht als Sonnenschutzvorrichtung.

2) Angegeben sind obere Grenzwerte. Es empfiehlt sich hier, genauere Werte zu ermitteln.

3) Hoch reflektierend mit geringer Transparenz bedeutet Transparenz < 10 %, Reflexion ≥ 60 %.

4) Geringe Transparenz bedeutet Transparenz < 15 %.

5) F_C-Werte für geschlossenen Sonnenschutz dienen der Information und sollen für den Nachweis des sommerlichen Wärmeschutzes nicht verwendet werden. Ein geschlossener Sonnenschutz verdunkelt den dahinterliegenden Raum stark und kann zu einem erhöhten Energiebedarf für Kunstlicht führen, da nur sehr geringer bis kein Einfall des natürlichen Tageslichts vorhanden ist.

6) Direkte Besonnung des Fensters ist auszuschließen; dies gilt als erfüllt bei Südfassaden mit $\beta \geq 50°$ und bei Ost- oder Westfassaden bei $\beta \geq 85°$ oder $\gamma \geq 115°$.

Definition der Abdeckwinkel

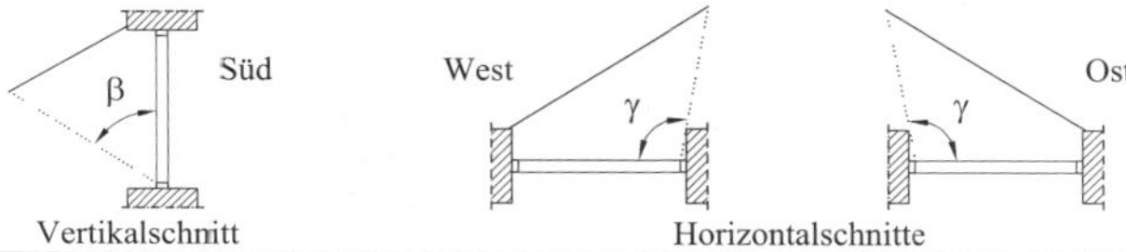

Vertikalschnitt Horizontalschnitte

Tafel 4.12 Anteilige Sonneneintragskennwerte $S_{x,i}$

	Nutzung		anteiliger Sonneneintragskennwert S_x					
			Wohngebäude			Nichtwohngebäude		
	Klimaregion nach Abb. 4.13		A	B	C	A	B	C
S_1	ohne Nachtlüftung	Bauart[1)] leicht	0,071	0,056	0,041	0,013	0,007	0,000
		mittel	0,080	0,067	0,054	0,020	0,013	0,006
		schwer	0,087	0,074	0,061	0,025	0,018	0,011
	erhöhte Nachtlüftung mit $n \geq 2\ h^{-1}$	leicht	0,098	0,088	0,078	0,071	0,060	0,048
		mittel	0,114	0,103	0,092	0,089	0,081	0,072
		schwer	0,125	0,113	0,101	0,101	0,092	0,083
	hohe Nachtlüftung mit $n \geq 5\ h^{-1}$	leicht	0,128	0,117	0,105	0,090	0,082	0,074
		mittel	0,160	0,152	0,143	0,135	0,124	0,113
		schwer	0,181	0,171	0,160	0,170	0,158	0,145
S_2	grundflächenbezog. Fensterflächenanteil f_{WG}[2)] $S_2 = a - (b \cdot f_{WG})$	a	0,060			0,030		
		b	0,231			0,115		
S_3	Fenster mit Sonnenschutzglas[3) 6)]	$g \leq 0{,}40$	0,03					
S_4	Fensterneigung (gegenüber der Horizontalen) $0° \leq$ Neigung $\leq 60°$ [4) 6)]		$-\ 0{,}035 \cdot f_{neig}$					
S_5	Nord-, Nordost- und Nordwest-orientierte[5)] Fenster, soweit die Neigung gegenüber der Horizontalen > 60° ist, sowie Fenster, die dauernd vom Gebäude selbst verschattet sind		$+\ 0{,}10 \cdot f_{nord}$					
S_6	Einsatz passiver Kühlung	Bauart[1)] leicht	0,02					
		mittel	0,04					
		schwer	0,06					

[1)] Ohne Nachweis der wirksamen Wärmekapazität ist von leichter Bauart auszugehen, wenn keine der im Folgenden genannten Eigenschaften für mittlere oder schwere Bauart nachgewiesen sind.
Vereinfachend kann von mittlerer Bauart ausgegangen werden, wenn folgende Eigenschaften vorliegen:
- Stahlbetondecke; massive Innen- und Außenbauteile (flächenanteilig gemittelte Rohdichte $\geq$ 600 kg/m^3);
- keine innenliegende WäDä an den Außenbauteilen; keine abgehängte / thermisch abgedeckte Decke;
- keine hohen Räume (> 4,5 m), wie z.B. in Turnhallen, Museen.

Von schwerer Bauart kann ausgegangen werden, wenn folgende Eigenschaften vorliegen:
- Stahlbetondecke; massive Innen- u. Außenbauteile (flächenanteilig gemittelte Rohdichte $\geq$ 1 600 kg/m^3);
- keine innenliegende WäDä an den Außenbauteilen; keine abgehängte oder thermisch abgedeckte Decke;
- keine hohen Räume (> 4,5 m), wie z.B. in Turnhallen, Museen.

Die wirksame Wärmekapazität darf auch nach DIN EN ISO 13 786 (Periodendauer 1 d) für den betrachteten Raum bzw. Raumbereich bestimmt werden, um die Bauart einzuordnen; dabei ist folgende Einstufung vorzunehmen (dabei ist C_{wirk} die wirksame Wärmekapazität; A_G die Nettogrundfläche):
- leichte Bauart liegt vor, wenn $C_{wirk} / A_G < 50$ Wh/(K· m^2);
- mittlere Bauart liegt vor, wenn 50 Wh/(K· m^2) $\leq C_{wirk} / A_G \leq$ 130 Wh/(K· m^2);
- schwere Bauart liegt vor, wenn $C_{wirk} / A_G >$ 130 Wh/(K· m^2).

[2)] $f_{WG} = A_W / A_G$ Dabei ist: A_W die Fensterfläche; A_G die Nettogrundfläche.

[3)] Als gleichwertige Maßnahme gilt eine Sonnenschutzvorrichtung, welche die diffuse Strahlung nutzerunabhängig permanent reduziert und hierdurch ein $g_{tot} \leq 0{,}4$ erreicht wird. Bei Fensterflächen mit unterschiedlichem g_{tot} wird S_3 flächenanteilig gemittelt:
$S_3 = 0{,}03 \cdot A_{W,gtot \leq 0,4} / A_{W,gesamt}$
Dabei ist: $A_{W,gtot \leq 0,4}$ die Fensterfläche mit $g_{tot} \leq 0{,}4$; $A_{W,gesamt}$ die gesamte Fensterfläche.

[4)] $f_{neig} = A_{W,neig} / A_{W,gesamt}$
Dabei ist: $A_{W,neig}$ die geneigte Fensterfläche; $A_{W,gesamt}$ die gesamte Fensterfläche.

[5)] $f_{nord} = A_{W,nord} / A_{W,gesamt}$ mit
- $A_{W,nord}$ die Nord-, Nordost- und Nordwest-orientierte Fensterfläche, soweit die Neigung gegenüber der Horizontalen > 60° ist, sowie Fensterflächen, die dauernd vom Gebäude selbst verschattet sind;
- $A_{W,gesamt}$ die gesamte Fensterfläche.

Fenster, die dauernd vom Gebäude selbst verschattet werden: Werden für die Verschattung F_s-Werte nach DIN V 18 599-2:2011-12 verwendet, so ist für jene Fenster $S_5 = 0$ zu setzen.

[6)] Gegebenenfalls flächenanteilig gemittelt zwischen der gesamten Fensterfläche und jener Fensterfläche, auf die diese Bedingung zutrifft.

Die Nettogrundfläche A_G ermittelt sich aus den lichten Raummaßen, wobei die größte lichte Raumtiefe auf das Dreifache der lichten Raumhöhe zu begrenzen ist.

Der Gesamtenergiedurchlassgrad g ist den Angaben des Glasherstellers zu entnehmen. (Anmerkung: Der ggf. optional angegebene Gesamtenergiedurchlassgrad der Verglasung einschließlich Sonnenschutz g_{total} errechnet sich zu $g_{total} = g \cdot F_C$.)

Es wird unterschieden zwischen leichter, mittlerer und schwerer Bauart, wobei das Differenzierungsmerkmal die wirksame Speicherfähigkeit C_{wirk} ist:

$$C_{\text{wirk}} = \sum_j \left(c_j \cdot \rho_j \cdot d_j \cdot A_j \right)$$

C_{wirk} wirksame Speicherfähigkeit in Wh/K oder in J/K
c_j spez. Speicherkapazität in Wh/(kg·K) oder in J/(kg·K)
ρ_j Rohdichte der Baustoffschicht in kg/m³ A_j wirksame Bauteilfläche in m²
d_j wirksame Schichtdicke in m j Bauteilschicht

Als wirksam sind Schichten oder Schichtanteile anzusetzen, die im Bauteil < 10 cm von der Innenoberfläche angeordnet sind.

Liegen Wärmedämmschichten (hier: Schichten mit $\lambda < 0{,}10$ W/(mK) und $R > 0{,}25$ m²K/W) in diesen Bereichen, dürfen nur entsprechend raumseitig davor gelegene Schichten als wärmespeichernd angesetzt werden.

Bei raumtrennenden Innenwänden mit $d < 20$ cm dürfen beidseitig jeweils die Bauteilschichten mit maximal $d/2$ angesetzt werden.

Hinweis: Insbesondere, wenn die Anwendbarkeit des hier beschriebenen vereinfachten Verfahrens ausgeschlossen werden kann, ist zur Bewertung der thermischen Verhältnisse eine dynamisch-thermische Simulationsrechnung entsprechend DIN 4108-2 Abs. 8.4 durchzuführen.

Weitere Städte in NRW:

Bochum (C)
Bottrop (B)
Essen (B)
Gelsenkirchen (B)
Duisburg (B)
Dortmund (C)
Düsseldorf (B)
Hagen (C)
Hamm (C)
Herne (C)
Leverkusen (C)
Mülheim (B)
Neuss (B)
Oberhausen (B)
Recklinghausen (B)
Solingen (B)
Witten (C)
Wuppertal (B)

Abb. 4.13 Sommerklimaregionen für den Nachweis des sommerlichen Wärmeschutzes

2 Gebäudeenergiegesetz (GEG)

2.1 Hintergrund und Ziele

Das Gebäudeenergiegesetz (GEG) führt die Inhalte der ehemaligen Energieeinsparverordnung (EnEV), die ihrerseits ja bereits eine Zusammenlegung der gebäudebezogenen Wärmeschutz-Verordnung (WSchVO) und der Heizanlagen-Verordnung (HeizAnlV) darstellte, und des Erneuerbare-Energien-Wärme-Gesetzes (EEWärmeG) in einem Dokument mit Gesetzescharakter zusammen.

Zweck des „Gesetzes zur Einsparung von Energie und zur Nutzung erneuerbarer Energien zur Wärme- und Kälteerzeugung in Gebäuden (Gebäudeenergiegesetz – GEG)" ist ein möglichst sparsamer Einsatz von Energie in Gebäuden einschließlich einer zunehmenden Nutzung erneuerbarer Energien zur Erzeugung von Wärme, Kälte und Strom für den Gebäudebetrieb. Dabei soll es unter Beachtung des Grundsatzes der Wirtschaftlichkeit im Interesse des Klimaschutzes, der Schonung fossiler Ressourcen und der Minderung der Abhängigkeit von Energieimporten dazu beitragen, die energie- und klimapolitischen Ziele der Bundesregierung sowie eine weitere Erhöhung des Anteils erneuerbarer Energien am Endenergieverbrauch für Wärme und Kälte zu erreichen und eine nachhaltige Entwicklung der Energieversorgung zu ermöglichen.

Dabei gilt jedoch im Hinblick auf die *Wirtschaftlichkeit* der Grundsatz, dass die im GEG oder in daraus erlassenen Rechtsverordnungen formulierten Anforderungen und Pflichten nach dem Stand der Technik erfüllbar sowie für Gebäude gleicher Art und Nutzung und für Anlagen oder Einrichtungen wirtschaftlich vertretbar sein müssen. Anforderungen und Pflichten gelten als wirtschaftlich vertretbar, wenn die erforderlichen Aufwendungen innerhalb der üblichen Nutzungsdauer durch die eintretenden Einsparungen grundsätzlich erwirtschaftet werden können (bei bestehenden Gebäuden, Anlagen und Einrichtungen ist die noch zu erwartende Nutzungsdauer zu berücksichtigen).

2.2 Anwendungsbereich

Das GEG gilt

- für Gebäude, soweit sie nach ihrer Zweckbestimmung unter Einsatz von Energie beheizt oder gekühlt werden, und
- für deren Anlagen und Einrichtungen der Heizungs-, Kühl-, Raumluft- und Beleuchtungstechnik sowie der Warmwasserversorgung.

Der Energieeinsatz für Produktionsprozesse in Gebäuden ist nicht Gegenstand des GEG.

Das GEG gilt – mit Ausnahme seiner §§ 74 bis 78 (Abschnitt 3 – Energetische Inspektion von Klimaanlagen) – *nicht* für

- Betriebsgebäude, die überwiegend zur Aufzucht oder zur Haltung von Tieren genutzt werden,
- Betriebsgebäude, soweit sie nach ihrem Verwendungszweck großflächig und lang anhaltend offengehalten werden müssen,
- unterirdische Bauten,
- Unterglasanlagen und Kulturräume für Aufzucht, Vermehrung und Verkauf von Pflanzen,
- Traglufthallen und Zelte,
- Gebäude, die dazu bestimmt sind, wiederholt aufgestellt und zerlegt zu werden, sowie provisorische Gebäude mit einer geplanten Nutzungsdauer ≤ 2 Jahren,
- Gebäude, die dem Gottesdienst oder anderen religiösen Zwecken gewidmet sind,
- Wohngebäude, die für eine Nutzungsdauer < 4 Monate jährlich bestimmt sind oder die für eine begrenzte jährliche Nutzungsdauer bestimmt sind, wenn der zu erwartende Energieverbrauch der Wohngebäude < 25 % des zu erwartenden Energieverbrauchs bei ganzjähriger Nutzung beträgt,
- sonstige handwerkliche, landwirtschaftliche, gewerbliche und industrielle Betriebsgebäude, die nach ihrer Zweckbestimmung auf eine Innentemperatur < 12 °C oder jährlich < 4 Monate beheizt sowie jährlich < 2 Monate gekühlt werden.

Auf Bestandteile von Anlagen der Heizungs-, Kühl- und Raumlufttechnik sowie der Warmwasserversorgung, die sich nicht im räumlichen Zusammenhang mit Gebäuden befinden, für die das GEG gilt (s.o.), ist dieses Gesetz nicht anzuwenden.

2.3 Anforderungen

Die zentralen Anforderungen an zu errichtende Gebäude sind in Tafel 4.15 zusammengefasst.

Tafel 4.15 Zentrale Anforderungen an zu errichtende Gebäude nach GEG Teil 2

<table>
<tr><th>Kriterium</th><th colspan="4">Anforderung</th><th>GEG</th></tr>
<tr><td colspan="6">Allgemein</td></tr>
<tr><td>Grundsatz</td><td colspan="4">Errichtung von Gebäuden als Niedrigstenergiegebäude:
- Begrenzung des Gesamtenergiebedarfs für Heizung, Warmwasserbereitung, Lüftung und Kühlung (bei Nichtwohngebäuden auch für eingebaute Beleuchtung) auf den sich nach GEG jeweils ergebenden Höchstwert
- Vermeidung von Energieverlusten beim Heizen und Kühlen durch baulichen Wärmeschutz
- Zumindest anteilige Deckung des Wärme- und Kälteenergiebedarfs durch die Nutzung erneuerbarer Energien</td><td>§10</td></tr>
<tr><td>Mindest-wärmeschutz</td><td colspan="4">Mindestwärmeschutz nach DIN 4108-2 (02.2013)</td><td>§11</td></tr>
<tr><td>Wärmebrücken</td><td colspan="4">Nach den a.R.d.T. und den im jeweiligen Einzelfall wirtschaftlich vertretbaren Maßnahmen maximal mögliche Reduzierung des Einflusses konstruktiver Wärmebrücken auf den Jahres-Heizwärmebedarf</td><td>§12</td></tr>
<tr><td>Dichtheit</td><td colspan="4">Nach den a.R.d.T. dauerhaft luftundurchlässige Abdichtung der wärmeübertragenden Umfassungsfläche einschließlich der Fugen</td><td>§13</td></tr>
<tr><td>Sommerlicher Wärmeschutz</td><td colspan="4">Einhaltung der Anforderungen nach DIN 4108-2 Abschnitt 8 (02.2013) sowie der dort in Abschnitt 8.3.3 festgelegten Anforderungswerte (Sonneneintragskennwert) oder alternativ durch Simulationsrechnung (ebendort in Abschnitt 8.4)</td><td>§14</td></tr>
<tr><td colspan="6">Wohngebäude</td></tr>
<tr><td>Gesamt-energiebedarf</td><td colspan="4">Beschränkung des Jahres-Primärenergiebedarfs für Heizung, Warmwasserbereitung, Lüftung und Kühlung auf 55 % des entsprechenden Referenzwertes[1]</td><td>§15</td></tr>
<tr><td>Baulicher Wärmeschutz</td><td colspan="4">Beschränkung des spezifischen, auf die wärmeübertragende Umfassungsfläche bezogenen Transmissionswärmeverlustes auf den entsprechenden Referenzwert[1]</td><td>§16</td></tr>
<tr><td colspan="6">Nichtwohngebäude</td></tr>
<tr><td>Gesamt-energiebedarf</td><td colspan="4">Beschränkung des Jahres-Primärenergiebedarfs für Heizung, Warmwasserbereitung, Lüftung, Kühlung und eingebaute Beleuchtung auf 55 % des entsprechenden Referenzwertes[1]</td><td>§18</td></tr>
<tr><td rowspan="8">Baulicher Wärmeschutz</td><td colspan="4">Beschränkung mittleren Wärmedurchgangskoeffizienten der wärmeübertragenden Umfassungsfläche auf nachfolgende Höchstwerte</td><td rowspan="8">§19 mit Anl. 3</td></tr>
<tr><td rowspan="2">Nr.</td><td rowspan="2">Bauteile</td><td colspan="2">Höchstwerte der Mittelwerte[2] der Wärmedurchgangskoeffizienten $\bar{U}$ in W/(m²K)</td></tr>
<tr><td>Zonen mit Raum-Solltemperaturen im Heizfall $\theta_i \geq 19$ °C</td><td>Zonen mit Raum-Solltemperaturen im Heizfall $12 \leq \theta_i < 19$ °C</td></tr>
<tr><td>1</td><td>Opake Außenbauteile, soweit nicht in Bauteil Nr. 3 und/oder Nr. 4 enthalten</td><td>0,28</td><td>0,50</td></tr>
<tr><td>2</td><td>Transparente Außenbauteile, soweit nicht in Bauteil Nr. 3 und/oder Nr. 4 enthalten</td><td>1,5</td><td>2,8</td></tr>
<tr><td>3</td><td>Vorhangfassade</td><td>1,5</td><td>3,0</td></tr>
<tr><td>4</td><td>Glasbänder, Lichtbänder, Kuppeln</td><td>2,5</td><td>3,1</td></tr>
</table>

[1] Kennwert für Gebäude gleicher Geometrie, Gebäudenutzfläche (Nettogrundfläche sowie Anordnung der Nutzungseinheiten bei Nichtwohngebäuden), Ausrichtung und ggf. Nutzung (Nichtwohngebäude) wie das zu errichtende Gebäude mit der technischen Referenzausführung der Anlage 1 (Wohngebäude) bzw. 2 (Nichtwohngebäude)

[2] Bei der Berechnung der Mittelwerte sind die Bauteile entsprechend ihrem Flächenanteil zu berücksichtigen. Die Wärmedurchgangskoeffizienten von Bauteilen gegen unbeheizte Räume (außer Dachräumen) oder Erdreich sind mit dem Faktor 0,5 zu gewichten. Bei der Berechnung des Mittelwerts der an das Erdreich angrenzenden Bodenplatten bleiben die Flächen unberücksichtigt, die > 5 m vom äußeren Rand des Gebäudes entfernt sind. Die Berechnung ist für Zonen mit unterschiedlichen Raum-Solltemperaturen im Heizfall getrennt durchzuführen.

Erklärung der Abkürzung: a.R.d.T. = anerkannte Regeln der Technik

Die zentralen Anforderungen an ein bestehendes Gebäude, das baulichen Änderungen unterzogen wird (bei dem also Außenbauteile erneuert, ersetzt oder erstmalig eingebaut werden), sind auszugweise in Tafel 4.16 zusammengestellt (ausgenommen sind Änderungen von Außenbauteilen, die < 10 % der gesamten Fläche der jeweiligen Bauteilgruppe des Gebäudes betreffen).

Tafel 4.16 Anforderungen an die maximalen Wärmedurchgangskoeffizienten von Außenbauteilen bei Änderung an bestehenden Gebäuden (Auszug)

Bauteil und Maßnahme	Max. Wärmedurchgangskoeffizient U_{max} in W/(m²K) für	
	Wohngebäude sowie Zonen von Nichtwohngebäuden mit $\theta_i \geq 19$ °C	Zonen von Nichtwohngebäuden mit $12 \leq \theta_i < 19$ °C
Außenwände[1)] a) Ersatz oder erstmaliger Einbau b) Anbringen von Bekleidungen (Platten oder plattenartige Bauteile), Verschalungen, Mauervorsatzschalen oder Dämmschichten auf der Außenseite einer bestehenden Wand[2)] c) Erneuerung des Außenputzes einer bestehenden Wand[2)]	$U = 0{,}24$	$U = 0{,}35$
Fenster und Fenstertüren a) Ersatz oder erstmaliger Einbau des gesamten Bauteils b) Einbau zusätzlicher Vor- oder Innenfenster	$U_w = 1{,}30$	$U_w = 1{,}30$
Dachflächenfenster a) Ersatz oder erstmaliger Einbau des gesamten Bauteils b) Einbau zusätzlicher Vor- oder Innenfenster	$U_w = 1{,}40$	$U_w = 1{,}90$
Fenster, Fenstertüren und Dachflächenfenster a) Ersatz der Verglasung oder verglaster Flügelrahmen[3)]	$U_g = 1{,}10$	keine Anforderung
Fenstertüren mit Klapp-, Falt-, Schiebe- oder Hebemechanismus a) Ersatz oder erstmaliger Einbau des gesamten Bauteils	$U_w = 1{,}60$	$U_w = 1{,}90$
Vorhangfassaden in Pfosten-Riegel-Konstruktion[4)] a) Ersatz oder erstmaliger Einbau des gesamten Bauteils	$U_c = 1{,}50$	$U_c = 1{,}90$
Glasdächer[3)5)] a) Ersatz oder erstmaliger Einbau des gesamten Bauteils b) Ersatz der Verglasung oder verglaster Flügelrahmen	$U_w/U_c = 2{,}00$	$U_w/U_c = 2{,}70$
Außentüren (ohne rahmenlose Türanlagen aus Glas, Karusselltüren und kraftbetätigte Türen) a) Austausch der alten gegen neue Türen	$U_{Türfläche} = 1{,}80$	
Dachflächen einschließlich Dachgauben, oberste Geschossdecken und Wände (einschließlich Abseitenwänden) gegen unbeheizte Dachräume (nur opake Bauteile)[1)] a) Ersatz oder erstmaliger Einbau b) Ersatz oder Neuaufbau einer Dachdeckung einschließlich der darunter liegenden Lattungen und Verschalungen[6)] c) Aufbringen oder Erneuerung von Bekleidungen oder Verschalungen oder Einbau von Dämmschichten auf der kalten Seite von Wänden[6)] d) Aufbringen oder Erneuerung von Bekleidungen oder Verschalungen oder Einbau von Dämmschichten auf der kalten Seite von obersten Geschossdecken[6)]	$U = 0{,}24$	$U = 0{,}35$
Dachflächen mit Abdichtung (nur opake Bauteile)[1)6)] a) Ersatz einer Abdichtung, die flächig das Gebäude wasserdicht abdichtet, durch eine neue Schicht gleicher Funktion (bei Kaltdachkonstruktionen einschließlich darunter liegender Lattungen)	$U = 0{,}20$	$U = 0{,}35$

Tafel 4.16 Anforderungen an die maximalen Wärmedurchgangskoeffizienten ... (Fortsetzung)

Decken nach unten gegen Erdreich, Außenluft oder unbeheizte Räume[1)6)] a) Aufbau oder Erneuerung von Fußbodenaufbauten auf der beheizten Seite	$U = 0{,}50$	keine Anforderung
Decken nach unten gegen Außenluft[1)] a) Ersatz oder erstmaliger Einbau b) Anbringen oder Erneuern von außenseitigen Bekleidungen oder Verschalungen, Feuchtigkeitssperren oder Drainagen[6)] c) Anbringen von Deckenbekleidungen auf der Kaltseite[6)]	$U = 0{,}24$	$U = 0{,}35$
Wände und Decken gegen Erdreich oder unbeheizte Räume (keine Dachräume)[1)] a) Ersatz oder erstmaliger Einbau b) Anbringen oder Erneuern von außenseitigen Bekleidungen oder Verschalungen, Feuchtigkeitssperren oder Drainagen[6)] c) Anbringen von Deckenbekleidungen auf der Kaltseite[6)]	$U = 0{,}30$	keine Anforderung

[1)] Wenn die Dämmschichtdicke im Rahmen dieser Maßnahmen aus technischen Gründen begrenzt ist, so gelten die Anforderungen als erfüllt, wenn die nach a.R.d.T. höchstmögliche Dämmschichtdicke eingebaut wird, wobei ein Bemessungswert der Wärmeleitfähigkeit von $\lambda = 0{,}035$ W/(m·K) einzuhalten ist. Abweichend davon ist ein Bemessungswert der Wärmeleitfähigkeit von $\lambda = 0{,}045$ W/(m·K) einzuhalten, soweit Dämm-Materialien in Hohlräume eingeblasen oder Dämm-Materialien aus nachwachsenden Rohstoffen verwendet werden.

[2)] Diese Anforderungen müssen nicht eingehalten werden, wenn die Außenwand nach dem 31. Dezember 1983 unter Einhaltung energiesparrechtlicher Vorschriften errichtet oder erneuert worden ist.

[3)] Diese Anforderungen gelten nicht, wenn der vorhandene Rahmen zur Aufnahme der vorgeschriebenen Verglasung ungeeignet ist.

[4)] Nach DIN EN ISO 12631 (01.2018)

[5)] Ist die Glasdicke im Rahmen dieser Maßnahmen aus technischen Gründen begrenzt, so gelten die Anforderungen als erfüllt, wenn eine Verglasung mit $U_g \leq 1{,}3$ W/(m²·K) eingebaut wird. Werden die Maßnahmen an Kasten- oder Verbundfenstern durchgeführt, so gelten die Anforderungen als erfüllt, wenn eine Glastafel mit einer infrarotreflektierenden Beschichtung mit einer Emissivität $\varepsilon_n \leq 0{,}2$ eingebaut wird.

[6)] Diese Anforderungen müssen nicht eingehalten werden, wenn die Bauteilfläche nach dem 31. Dezember 1983 unter Einhaltung energiesparrechtlicher Vorschriften errichtet oder erneuert worden ist.

Erklärung der Abkürzung: a.R.d.T. = anerkannte Regeln der Technik

2.4 Nachweismethodik

Die Methodik der Nachweisführung im Gebäudeenergiegesetz (GEG) zeigt Tafel 4.17 in einem prinzipiellen Überblick. Da diese Methodik in der praktischen Umsetzung und Anwendung letzten Endes auf computergestützte Rechenverfahren – oder alternativ auf ein sehr umfangreiches Tabellenverfahren (DIN/TS 18599-12) – hinausläuft, werden im Sinne eines Formel- und Tabellenbuches zu Handrechenverfahren hier neben dem vereinfachten Nachweisverfahren nach § 31 (s. Abschnitt 2.5) nur noch die Anforderungen bei Maßnahmen im Bestand (s. Abschnitt 2.3) thematisiert.

Tafel 4.17 Überblick über die prinzipielle Nachweisführung im GEG in Abhängigkeit von der Gebäudeart

<table>
<tr><td colspan="4">Rechenmodelle</td></tr>
<tr><td colspan="2">Nicht gekühlte Wohngebäude</td><td colspan="2">Wohn- und Nichtwohngebäude</td></tr>
<tr><td>Neubau</td><td>Bestand</td><td>Neubau</td><td>Bestand</td></tr>
<tr><td>Vereinfachtes Nachweisverfahren</td><td colspan="3"></td></tr>
<tr><td colspan="4">DIN V 18599</td></tr>
<tr><td colspan="4">Hauptanforderungen</td></tr>
<tr><td colspan="2">Wohngebäude</td><td colspan="2">Nichtwohngebäude</td></tr>
<tr><td colspan="2">Spezifischer Transmissionswärmeverlust</td><td colspan="2">Mittlerer Wärmedurchgangskoeffizient</td></tr>
<tr><td colspan="2">Jahresprimärenergiebedarf</td><td colspan="2">Jahresprimärenergiebedarf</td></tr>
</table>

2.5 Vereinfachtes Nachweisverfahren für Wohngebäude (Neubau)

Zur Anwendung des vereinfachten Verfahrens müssen *alle* nachfolgend aufgeführten Randbedingungen eingehalten werden:

1. Wird ein *gemischt genutztes* Gebäude (GEG § 106) in zwei Gebäudeteile aufgeteilt, kann dieses Nachweisverfahren bei Erfüllung aller anderen Voraussetzungen auf den Wohngebäudeteil angewendet werden.
2. Das Gebäude darf nicht mit einer Klimaanlage ausgestattet sein.
3. Wärmebrücken, die im Rahmen von rechnerischen Nachweisen zu berücksichtigen wären, sind so auszuführen, dass sie mindestens gleichwertig mit den Musterlösungen nach DIN 4108 Beiblatt 2 (06.2019) sind.
4. Die Dichtheit des Gebäudes ist zu prüfen (GEG § 26), die dort genannten Grenzwerte sind einzuhalten.
5. Damit der sommerliche Wärmeschutz des Gebäudes auch ohne Nachweisrechnung als ausreichend angesehen werden kann, müssen beim Raum mit der höchsten Wärmeeinstrahlung im Sommer für den auf die Grundfläche dieses Raumes bezogenen Fensterflächenanteil $f_g \leq 35$ % gelten und sämtliche Fenster in Ost-, Süd- oder Westorientierung (inklusive derer eines eventuellen Glasvorbaus) mit außenliegenden Sonnenschutzvorrichtungen mit einem Abminderungsfaktor $F_C \leq 0{,}30$ ausgestattet sein.
6. Die beheizte Bruttogrundfläche des Gebäudes (→ Summe der Bruttogrundflächen aller beheizten Geschosse; bei Gebäuden mit ≥ 2 beheizten Geschossen wird für das oberste beheizte Geschoss nur mit 80 % der Bruttogrundfläche gerechnet) beträgt $115\ \text{m}^2 \leq A_{\text{BGF, Gebäude}} \leq 2\,300\ \text{m}^2$.
7. Die mittlere Geschosshöhe des Gebäudes (→ flächengewichteter Durchschnitt der Geschosshöhen aller beheizten Geschosse des Gebäudes) beträgt $2{,}5\ \text{m} \leq h_{\text{G,m}} \leq 3{,}0\ \text{m}$.
8. Hinsichtlich der Kompaktheit ergibt sich für jedes beheizte Geschoss das Verhältnis von beheizter Bruttogrundfläche $A_{\text{BGF, Geschoss}}$ und Bruttoumfang U_{brutto} zu $U^2_{\text{brutto}} \leq 20 \cdot A_{\text{BGF, Geschoss}}$.
9. Bei Gebäuden mit beheizten Räumen in mehreren Geschossen müssen die beheizten Bruttogeschossflächen aller Geschosse ohne Vor- oder Rücksprünge deckungsgleich sein; nur das oberste Geschoss darf eine kleinere beheizte Bruttogeschossfläche als das darunter liegende Geschoss besitzen. Indirekt beheizte Kellerabgänge und Kellervorräume sind keine beheizten Geschosse.
10. Das Gebäude besitzt insgesamt ≤ 6 beheizte Geschosse.
11. Der Fensterflächenanteil des Gebäudes an der gesamten Fassadenfläche beträgt bei zweiseitig angebauten Gebäuden $f_G \leq 35$ % und bei allen anderen Gebäuden $f_G \leq 30$ %.
12. Die Gesamtfläche barrierefreier Fenstertüren sowie von Schiebe-, Hebe-Schiebe-, Falt- und Faltschiebetüren an der gesamten Fassadenfläche des Gebäudes beträgt bei freistehenden und einseitig angebauten Gebäuden $f_G \leq 4{,}5$ % und bei zweiseitig angebauten Gebäuden $f_G \leq 5{,}5$ %.
13. Die Fläche der in nördliche Richtung orientierten Fenster des Gebäudes (→ Abweichung der Senkrechten auf die Fensterfläche gegen Norden ≤ 22,5°) darf nicht größer sein als der Mittelwert der Fensterflächen anderer Orientierungen.
14. Der Anteil von Dachflächenfenstern, Lichtkuppeln und ähnlichen transparenten Bauteilen im Dachbereich beträgt ≤ 6 % der Dachfläche.
15. Die Gesamtfläche aller Außentüren beträgt bei Ein- und Zweifamilienhäusern ≤ 2,7 %, ansonsten ≤ 1,5 % der beheizten Bruttogrundfläche des Gebäudes.

Weiterhin gilt dieses vereinfachte Verfahren nur für Wohngebäude mit Zentralheizungen, die einer der auf Seite 4.19 aufgeführten Anlagenvarianten entsprechen und die hinsichtlich der entsprechenden gebäudetechnischen Ausstattung im Weiteren den Spezifikationen des GEG Anlage 5 Abschnitt 3 (z.B. im Hinblick auf den Aufstellungsort der Anlage oder die Art der Trinkwarmwasser-Bereitung) genügen.

Der bauliche Wärmeschutz gilt als nachgewiesen, wenn sämtliche in Tafel 4.19 genannten Wärmedurchgangskoeffizienten U_{max} über die gesamte Fläche des Bauteils eingehalten oder unterschritten werden.

Tafel 4.19 Anforderungen an die max. Wärmedurchgangskoeffizienten U_{max} aller Bauteile

Bauteil	U_{max}	$\Delta U_{WB,max.}$
	in W/(m²K)	
Außenwände, Geschossdecken nach unten gegen Außenluft	0,20	
Dächer, oberste Geschossdecken, Dachgauben	0,14	
Sonstige opake Bauteile (Kellerdecken, Wände und Decken gegen unbeheizte Räume, Wand- und Bodenflächen gegen Erdreich etc.)	0,25	
Fenster und sonstige transparente Bauteile	0,90	
Dachflächenfenster	1,00	
Lichtkuppeln und ähnliche Bauteile	1,50	
Keller- und Außentüren	1,20	
Fenstertüren mit Klapp-, Falt-, Schiebe- oder Hebemechanismus	1,40	
Vermeidung von Wärmebrücken		0,035

Im Hinblick auf die hier zulässigen Anlagenvarianten ist eines der nachfolgenden Konzepte umzusetzen:

- Sole-Wasser-Wärmepumpe mit Flächenheizsystem zur Wärmeübergabe, dezentrale oder zentrale TWW-Erzeugung, zentrale Abluftanlage
- Wasser-Wasser-Wärmepumpe mit Flächenheizsystem zur Wärmeübergabe, dezentrale oder zentrale TWW-Erzeugung, zentrale Abluftanlage
- Luft-Wasser-Wärmepumpe mit Flächenheizsystem zur Wärmeübergabe, dezentrale oder zentrale TWW-Erzeugung, zentrale Lüftungsanlage mit Wärmerückgewinnung (Wärmebereitstellungsgrad $\geq$ 80 %)
- Fernwärme mit zertifiziertem Primärenergiefaktor $f_p \leq 0{,}7$, zentrale TWW-Erzeugung, zentrale Lüftungsanlage mit Wärmerückgewinnung (Wärmebereitstellungsgrad $\geq$ 80 %)
- Zentrale Biomasse-Heizungsanlage auf Basis von Holzpellets, Hackschnitzeln oder Scheitholz, zentrale TWW-Erzeugung, zentrale Abluftanlage, solarthermische Anlage zur TWW-Erzeugung

2.6 Anforderungen an eine Heizungsanlage (nach GEG § 71)

Der § 71 mit seinen Ergänzungen § 71a bis § 71p stellt sich in der ab 1.1.2024 gültigen Version des GEG gegenüber der vorherigen Version als komplett überarbeitet und in seinen fachlichen Spezifikationen als recht komplex dar; die nachfolgenden Ausführungen konzentrieren sich daher lediglich auf die zentralen Anforderungen und sind ausdrücklich nur als (unvollständiger) Auszug aus dem Dokument zu verstehen.

Übergeordnet gelten nach GEG Teil 4 § 71 für Heizungsanlagen die folgenden Anforderungen:

1. Eine Heizungsanlage darf (auch wenn sie in ein Gebäudenetz einspeist) zum Zweck der Inbetriebnahme in einem Gebäude nur eingebaut oder aufgestellt werden, wenn sie $\geq$ 65 Prozent der mit der Anlage bereitgestellten Wärme mit erneuerbaren Energien oder unvermeidbarer Abwärme erzeugt.

   Anzuwenden ist diese Forderung

   - *bei einer Heizungsanlage, die sowohl Raumwärme als auch Warmwasser erzeugt, auf das Gesamtsystem,*
   - *bei einer Heizungsanlage, in der Raumwärme und Warmwasser getrennt voneinander erzeugt werden, nur auf das Einzelsystem, das neu eingebaut oder aufgestellt wird und*

- *bei mehreren Heizungsanlagen in einem Gebäude oder in einem Quartier bei zur Wärmeversorgung verbundenen Gebäuden entweder auf die einzelne Heizungsanlage, die neu eingebaut oder aufgestellt wird, oder auf die Gesamtheit aller installierten Heizungsanlagen.*

2. Der Gebäudeeigentümer kann frei wählen, mit welcher Heizungsanlage diese Anforderungen erfüllt werden, wobei die Einhaltung der Anforderungen auf Grundlage von Berechnungen nach der DIN V 18599 (9.2018) durch eine berechtigte Person vor Inbetriebnahme nachzuweisen ist. Er ist weiterhin verpflichtet, die Heizungsanlage nach den Anforderungen des Nachweises, der ≥ 10 Jahre aufzubewahren ist, einzubauen oder aufzustellen und zu betreiben.
   Sofern die neu eingebaute Heizungsanlage eine bestehende Heizungsanlage ergänzt und sie einer der nachgenannten Anlagenformen entspricht, ist dieser Nachweis entbehrlich.
3. Der o.g. rechnerische Nachweis kann entfallen, wenn die nachfolgend aufgeführten Anlagen zum Zweck der Inbetriebnahme in einem Gebäude oder der Einspeisung in ein Gebäudenetz eingebaut oder aufgestellt werden und den Wärmebedarf des Gebäudes, der durch die Anlagen versorgten Wohnungen oder sonstigen selbständigen Nutzungseinheiten oder des Gebäudenetzes vollständig decken.
   - Hausübergabestation zum Anschluss an ein Wärmenetz nach Maßgabe des § 71b,
   - elektrisch angetriebene Wärmepumpe nach Maßgabe des § 71c,
     Beim Einbau ≥ 1 elektrische Wärmepumpen gelten die Anforderungen als erfüllt, wenn ≥ 1 Wärmepumpen den Wärmebedarf des Gebäudes oder der über ein Gebäudenetz verbundenen Gebäude decken.
   - Stromdirektheizung nach Maßgabe des § 71d,
     Eine Stromdirektheizung darf in einem zu errichtenden Gebäude zum Zweck der Inbetriebnahme nur eingebaut oder aufgestellt werden, wenn das Gebäude die Anforderungen an den baulichen Wärmeschutz nach den §§ 16 und 19 um ≥ 45 % unterschreitet.
   - solarthermische Anlage nach Maßgabe des § 71e,
     Wird eine solarthermische Anlage mit Flüssigkeiten als Wärmeträger genutzt, müssen die darin enthaltenen Kollektoren / das System mit dem europäischen Prüfzeichen „Solar Keymark" zertifiziert sein, soweit eine CE-Kennzeichnung nicht zwingend vorgeschrieben ist.
   - Heizungsanlage zur Nutzung von Biomasse oder grünem oder blauem Wasserstoff einschließlich daraus hergestellter Derivate nach Maßgabe der §§ 71f und 71g,
   - Wärmepumpen-Hybridheizung bestehend aus einer elektrisch angetriebenen Wärmepumpe in Kombination mit einer Gas-, Biomasse- oder Flüssigbrennstofffeuerung nach Maßgabe des § 71h Absatz 1 oder
   - Solarthermie-Hybridheizung bestehend aus einer solarthermischen Anlage nach Maßgabe der §§ 71e und 71h Absatz 2 in Kombination mit einer Gas-, Biomasse- oder Flüssigbrennstofffeuerung nach Maßgabe des § 71h Absatz 4.
4. Sofern die Warmwasserbereitung dezentral und unabhängig von der Erzeugung von Raumwärme erfolgt, gelten die Anforderungen des Absatzes 1 für die Anlage der Warmwasserbereitung auch als erfüllt, wenn die dezentrale Warmwasserbereitung elektrisch erfolgt. Im Fall einer dezentralen Warmwasserbereitung mit elektrischen Durchlauferhitzern müssen diese zur Erfüllung der Pflicht nach Absatz 1 elektronisch geregelt sein.
5. Unvermeidbare Abwärme kann im Nachweis der Pflichterfüllung nach Absatz 1 angerechnet werden, soweit sie über ein technisches System nutzbar gemacht und im Gebäude zur Deckung des Wärmebedarfs eingesetzt wird.
6. Vor Einbau und Aufstellung einer Heizungsanlage, die mit einem festen, flüssigen oder gasförmigen Brennstoff betrieben wird, hat eine Beratung zu erfolgen, die auf mögliche Auswirkungen der Wärmeplanung und eine mögliche Unwirtschaftlichkeit, insbesondere aufgrund ansteigender Kohlenstoffdioxid-Bepreisung, hinweist. Die Beratung ist von einer fachkundigen Person durchzuführen.
7. Hinsichtlich möglicher (zeitlich befristeter) Ausnahmen von der Pflichterfüllung nach Absatz 1 sei auf § 71 Absätze (7) bis (10) verwiesen.

3 Feuchteschutz

3.1 Feuchteschutztechnische Größen, Formelzeichen, Einheiten

Feuchteschutztechnische Größe	Formelzeichen	Einheit
Gaskonstante für Wasserdampf, spezifische	R_V	Pa·m³/(kg·K)
Luftfeuchte, relative	ϕ	%
Luftschichtdicke, wasserdampfdiffusionsäquivalente	s_d	m
Luftschichtdicke, wasserdampfdiffusionsäquivalente des Gesamtbauteils	$s_{d,T}$	m
Lufttemperatur	θ	°C
Oberflächentemperatur, innen	θ_{si}	°C
Schichtdicke	d	m
Tauperiode	t_c	s
Taupunkttemperatur	θ_s	°C
Tauwassermasse, flächenbezogene	M_c	kg/m²
Temperatur, thermodynamische	T	K
Verdunstungsmasse, flächenbezogene	M_{ev}	kg/m²
Verdunstungsperiode	t_{ev}	s
Wärmedurchlasswiderstand	R	m²·K/W
Wärmedurchgangswiderstand	R_T	m²·K/W
Wärmedurchgangskoeffizient	U	W/(m²·K)
Wärmeübergangswiderstand, außen	R_{se}	m²·K/W
Wärmeübergangswiderstand, innen	R_{si}	m²·K/W
Wasseraufnahmekoeffizient	W_w	kg/(m²·h^0,5)
Wasserdampf-Diffusionsdurchlasswiderstand	Z_p	m²·s·Pa/kg
Wasserdampf-Diffusionsstromdichte	g	kg/(m²·s)
Wasserdampf-Diffusionswiderstandszahl	μ	–
Wasserdampf-Diffusionskoeffizient in Luft	D	m²/s
Wasserdampf-Diffusionsleitkoeffizient in ruhender Luft	δ_0	kg/(m·s·Pa)
Wasserdampf-Diffusionsleitkoeffizient in einem Material	δ	kg/(m·s·Pa)
Wasserdampfkonzentration	c_D	g/m³
Wasserdampfsättigungskonzentration	c_S	g/m³
Wasserdampfpartialdruck	p	Pa
Wasserdampfsättigungsdruck	P_{sat}	Pa

3.2 Grundlagen

3.2.1 Wasserdampf in der Luft

Wasser tritt in der Natur in den drei Aggregatzuständen „fest“, „flüssig“ und „dampfförmig“ auf. Für den Wechsel in den nächsthöheren Aggregatzustand wird Energie benötigt; beim Wechsel in den niedrigeren Aggregatzustand wird Energie freigesetzt. Im Bauwesen sind hier besonders die Verdampfungsenthalpie (Energie, die erforderlich ist, um bei konstantem Druck (isobar) und konstanter Temperatur (isotherm) flüssiges Wasser verdampfen zu lassen) und die Kondensationsenthalpie (Energie, die freigesetzt wird, wenn Wasserdampf bei konstantem Druck (isobar) und konstanter Temperatur (isotherm) kondensiert) zu nennen.

Die in der Luft aufnehmbare Wasserdampfmenge hängt von der Lufttemperatur ab, vgl. Abb. 4.22. Die relative Luftfeuchte ϕ bezeichnet dabei das Verhältnis von tatsächlich vorhandener Wasserdampfkonzentration zur Wasserdampfsättigungskonzentration (bzw. von Wasserdampfpartialdruck zu Wasserdampfsättigungsdruck):

$$\phi = \frac{c_D}{c_S} = \frac{p}{p_{sat}}$$

c_D Wasserdampfkonzentration in g/m³
p Wasserdampfpartialdruck in Pa
c_S Wasserdampfsättigungskonzentration in g/m³
p_{sat} Wasserdampfsättigungsdruck in Pa

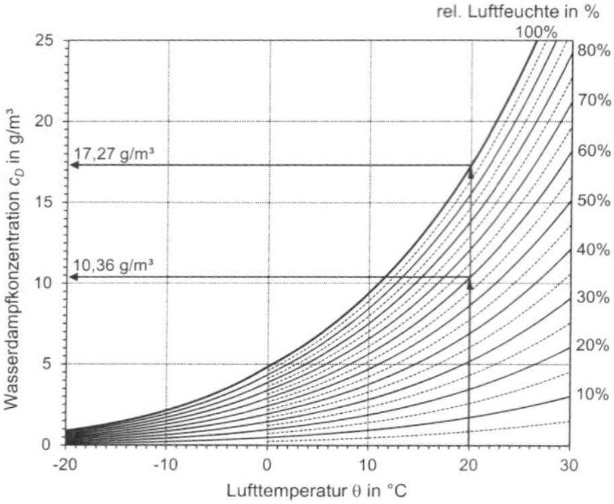

Abb. 4.22

Darstellung des Zusammenhangs zwischen Lufttemperatur θ und korrespondierender Wasserdampfkonzentration c_D in der Luft in Abhängigkeit von der vorhandenen relativen Luftfeuchtigkeit ϕ („Carrier-Diagramm"). Die Grenze zwischen dem sogenannten „Nebelbereich" dem „Dampfbereich" liegt dann bei $\phi = 100$ %.

(Beispiel: Bei einer Lufttemperatur von $\theta = 20$ °C beträgt die Wasserdampfsättigungskonzentration $c_S = 17{,}27$ g/m³, bei einer angenommenen relativen Luftfeuchte $\phi = 60$ % ergibt sich die entsprechende Wasserdampfkonzentration dann zu $c_D = 10{,}36$ g/m³.)

Tafel 4.22 Wasserdampfsättigungskonzentration c_S der Luft

θ in °C	30	29	28	27	26	25	24	23	22	21
c_S in g/m³	30,26	28,66	27,14	25,68	24,30	22,97	21,71	20,51	19,37	18,28
θ in °C	20	19	18	17	16	15	14	13	12	11
c_S in g/m³	17,25	16,26	15,33	14,44	13,60	12,80	12,04	11,32	10,64	9,99
θ in °C	10	9	8	7	6	5	4	3	2	1
c_S in g/m³	9,38	8,80	8,25	7,73	7,24	6,78	6,34	5,93	5,55	5,18
θ in °C	0	–1	–2	–3	–4	–5	–6	–7	–8	–9
c_S in g/m³	4,84	4,47	4,13	3,81	3,51	3,24	2,98	2,74	2,52	2,32

3.2.2 Berechnung zentraler diffusionstechnischer Größen

Wasserdampfdiffusionsäquivalente Luftschichtdicke s_d

Unter der wasserdampfdiffusionsäquivalenten Luftschichtdicke s_d (Einheit: m) versteht man die Dicke einer ruhenden Luftschicht, die den gleichen Wasserdampf-Diffusionswiderstand besitzt wie die betrachtete Bauteilschicht. Die wasserdampfdiffusionsäquivalente Luftschichtdicke (in der Praxis häufig auch verkürzt als s_d-Wert bezeichnet) bestimmt den Widerstand einer Bauteilschicht gegen Wasserdampfdiffusion.

Für mehrschichtige, ebene Bauteile lassen sich die wasserdampfdiffusionsäquivalenten Luftschichtdicken der einzelnen Schichten additiv zu einem Bauteilwert zusammenfassen.

$$s_d = \mu \cdot d$$

$$s_{d,T} = \sum_{i=1}^{n} \mu_i \cdot d_i$$

μ Wasserdampfdiffusionswiderstandszahl
d Schichtdicke der Einzelschicht in m
i Index für die Einzelschichten; $i = 1, 2 \ldots n$
n Anzahl der Einzelschichten
T Index zur Kennzeichnung des Gesamtbauteils

Hinsichtlich der diffusionstechnischen Eigenschaften von Schichten wird wie folgt unterschieden:

a. diffusionsoffen	$s_d \leq 0{,}5$ m	b. diffusionsbremsend	$0{,}5 < s_d \leq 10$ m
c. diffusionshemmend	$10 < s_d \leq 100$ m	d. diffusionssperrend	$100 < s_d < 1500$ m
e. diffusionsdicht	$s_d \geq 1500$ m	f. variabler s_D-Wert	$s_D = f(\phi)$

Wasserdampfpartialdruck p

Der Wasserdampfpartialdruck p (auch: Wasserdampfteildruck, Einheit Pa) beschreibt den durch den Wasserdampf erzeugten Anteil am atmosphärischen Druck in Abhängigkeit von der relativen Luftfeuchte.

$$p = p_{sat} \cdot \phi$$

ϕ relative Luftfeuchte, ausgedrückt als Dezimalzahl
p_{sat} Wasserdampf-Sättigungsdruck in Pa (vgl. Tafel 4.32b)

Wasserdampf-Diffusionsleitkoeffizient in Luft δ_0

Der Wasserdampf-Diffusionsleitkoeffizient in Luft δ_0 (Einheit: kg/(m·s·Pa)) berechnet sich wie folgt:

$$\delta_0 = \frac{D}{R_V \cdot T}$$

D Wasserdampf-Diffusionskoeffizient in Luft in m²/s
Nach *Schirmer* gilt bei $\theta = 10\,°C \rightarrow D = 0{,}089\ m^2/h = 2{,}47 \cdot 10^{-5}\ m^2/s$
R_V spezifische Gaskonstante für Wasserdampf, $R_V = 462\ Pa \cdot m^3/(kg \cdot K)$
T Thermodynamische (absolute) Temperatur in K

Im Rahmen der Anwendungen nach DIN 4108-3 ergibt sich dann der Wasserdampf-Diffusionsleitkoeffizient bei einer Bezugstemperatur von 10 °C näherungsweise zu

$$\delta_0 \approx 2 \cdot 10^{-10}\ kg/(m \cdot s \cdot Pa)$$

Wasserdampf-Diffusionsdurchlasswiderstand Z_P

Der Wasserdampf-Diffusionsdurchlasswiderstand Z_P (Einheit: $m^2 \cdot s \cdot Pa/kg$) beschreibt den Widerstand einer Baustoffschicht gegenüber Wasserdampfdiffusion. Sind mehrere Baustoffschichten hintereinander angeordnet, so wird der Wasserdampf-Diffusionsdurchlasswiderstand Z der einzelnen Schichten additiv zu einem Bauteilwert zusammengefasst:

$$Z_P = \frac{d}{\delta} = \frac{1}{\delta_0} \cdot \mu \cdot d$$

$$Z_P = \sum_{i=1}^{n} \frac{d_i}{\delta_i} = \frac{1}{\delta_0} \cdot \sum_{i=1}^{n} \mu_i \cdot d_i$$

d Schichtdicke in m
δ Wasserdampf-Diffusionsleitkoeffizient eines Baustoffes in kg/(m·s·Pa)
δ_0 Wasserdampf-Diffusionsleitkoeffizient in Luft in kg/(m·s·Pa)
μ Wasserdampfdiffusionswiderstandszahl
i Index für die Einzelschichten; $i = 1, 2 \ldots n$
n Anzahl der Einzelschichten

Im Rahmen der Anwendungen nach DIN 4108-3 ergibt sich dann bei einer Bezugstemperatur von 10 °C der Kehrwert des Wasserdampf-Diffusionsdurchlasswiderstandes $1/Z_P$ näherungsweise zu

$$\frac{1}{Z_P} = 2 \cdot 10^{-10} \cdot \frac{1}{\sum_{i=1}^{n} \mu_i \cdot d_i}$$

Wasserdampf-Diffusionsstromdichte g

Die Wasserdampf-Diffusionsstromdichte g (Einheit kg/(m²·s) durch ein Bauteil, häufig auch nur als Diffusionsstromdichte bezeichnet, lässt sich für stationäre Randbedingungen und unter der Bedingung der Tauwasserfreiheit im betrachteten Diffusionsbereich berechnen zu:

$$g = \frac{1}{Z_P} \cdot (p_i - p_e) = \delta_0 \cdot \frac{(p_i - p_e)}{\sum_{i=1}^{n} \mu_i \cdot d_i}$$

p_i raumseitiger Wasserdampfpartialdruck in Pa
p_e Wasserdampfpartialdruck in Pa
Z_P Wasserdampf-Diffusionsdurchlasswiderstand in $m^2 \cdot s \cdot Pa/kg$

3.3 Oberflächentauwasser und Schimmelpilzbildung

Physikalischer Hintergrund

Wird Luft einer vorgegebenen Temperatur θ bei konstanter Wasserdampfkonzentration abgekühlt, so steigt die relative Luftfeuchte gleichzeitig an; der Grenzzustand ist bei $\phi = 100\ \%$ erreicht, die korrespondierende Temperatur wird als Taupunkttemperatur θ_s bezeichnet. Bei weiterer Absenkung der Lufttemperatur beträgt die relative Luftfeuchte weiterhin $\phi = 100\ \%$, das in der Luft nun nicht mehr gasförmig einlagerfähige Wasser taut jedoch aus (kondensiert) und schlägt sich in flüssiger Form der Menge Δc an entsprechend kalten Oberflächen nieder.

Beispiel, vgl. Tafel 4.32a: $\theta_i = 20\,°C$, $\phi_i = 50\ \%$: Absenkung bis $\rightarrow \theta_s = 9{,}3\,°C$
Tafel 4.22: Absenkung bis $\theta = 0\,°C \rightarrow \phi_i = 100\ \%$ und $\Delta c = 8{,}97 - 4{,}84 = 4{,}13\ g/m^3$

Zur Vermeidung von Tauwasserbildung auf Bauteilinnenoberflächen muss die Temperatur der raumseitigen Oberfläche θ_{si} daher die Taupunkttemperatur der Raumluft θ_s (vgl. Tafel 4.24) überschreiten!

Infolge von Kapillarkondensation fällt in den oberflächennahen Bereichen hygroskopischer Bauteiloberflächen (z.B. Putzschichten) bereits Tauwasser aus, wenn die relative Luftfeuchte in den oberflächennahen Bereichen einen Grenzwert von $\phi \approx 80$ % (und eben nicht 100 %) erreicht. Infolge dieser Kapillarkondensation steht in den Poren der oberflächennahen Bauteilschichten mithin Wasser in flüssiger Form an, womit die Lebensgrundlage für das Wachstum von Schimmelpilzen bereitet ist.

Zur Vermeidung einer Schimmelpilzbildung auf Oberflächen ist daher die Schimmelpilzschwelle (also eine Oberflächentemperatur min θ_{si}, die zwangsläufig über der Taupunkttemperatur θ_s liegen muss) als Mindestanforderung einzuhalten! Diese Schwellentemperatur lässt sich leicht aus der Taupunkttemperatur errechnen, wenn diese – bei ansonsten gleichen Randbedingungen – für eine gedachte Luftfeuchte $\phi_{i,O} = \phi_i / \phi_{\text{Kapillarkond.}} = \phi_i / 0{,}8 = 1{,}25 \cdot \phi_i$ ermittelt wird.

Beispiel: Gesucht ist die Schimmelpilzschwelle für $\theta_i = 20$ °C und $\phi_i = 50$ %

$\phi_{i,O} = 1{,}25 \cdot 50 = 62{,}5$ % → Tafel 4.32a → min $\theta_{si} = 12{,}6$ °C

Tafel 4.24 Taupunkttemperatur in Abhängigkeit von Temperatur und relativer Feuchte

Lufttemperatur θ in °C	Taupunkttemperatur[1)] der Luft θ_s in °C in Abhängigkeit von der relativen Luftfeuchte ϕ in %													
	30	35	40	45	50	55	60	65	70	75	80	85	90	95
30	10,5	12,9	14,9	16,8	18,4	20,0	21,4	22,7	23,9	25,1	26,2	27,2	28,2	29,1
29	9,7	12,0	14,0	15,9	17,5	19,0	20,4	21,7	23,0	24,1	25,2	26,2	27,2	28,1
28	8,8	11,1	13,1	15,0	16,6	18,1	19,5	20,8	22,0	23,2	24,2	25,2	26,2	27,1
27	8,0	10,2	12,2	14,1	15,7	17,2	18,6	19,9	21,1	22,2	23,3	24,3	25,2	26,1
26	7,1	9,4	11,4	13,2	14,8	16,3	17,6	18,9	20,1	21,2	22,3	23,3	24,2	25,1
25	6,2	8,5	10,5	12,2	13,9	15,3	16,7	18,0	19,1	20,3	21,3	22,3	23,2	24,1
24	5,4	7,6	9,6	11,3	12,9	14,4	15,8	17,0	18,2	19,3	20,3	21,3	22,3	23,1
23	4,5	6,7	8,7	10,4	12,0	13,5	14,8	16,1	17,2	18,3	19,4	20,3	21,3	22,2
22	3,6	5,9	7,8	9,5	11,1	12,5	13,9	15,1	16,3	17,4	18,4	19,4	20,3	21,2
21	2,8	5,0	6,9	8,6	10,2	11,6	12,9	14,2	15,3	16,4	17,4	18,4	19,3	20,2
20	1,9	4,1	6,0	7,7	9,3	10,7	12,0	13,2	14,4	15,4	16,4	17,4	18,3	19,2
19	1,0	3,2	5,1	6,8	8,3	9,8	11,1	12,3	13,4	14,5	15,5	16,4	17,3	18,2
18	0,2	2,3	4,2	5,9	7,4	8,8	10,1	11,3	12,5	13,5	14,5	15,4	16,3	17,2
17	-0,6	1,4	3,3	5,0	6,5	7,9	9,2	10,4	11,5	12,5	13,5	14,5	15,3	16,2
16	-1,4	0,5	2,4	4,1	5,6	7,0	8,2	9,4	10,5	11,6	12,6	13,5	14,4	15,2
15	-2,2	-0,3	1,5	3,2	4,7	6,1	7,3	8,5	9,6	10,6	11,6	12,5	13,4	14,2
14	-2,9	-1,0	0,6	2,3	3,7	5,1	6,4	7,5	8,6	9,6	10,6	11,5	12,4	13,2
13	-3,7	-1,9	-0,1	1,3	2,8	4,2	5,5	6,6	7,7	8,7	9,6	10,5	11,4	12,2
12	-4,5	-2,6	-1,0	0,4	1,9	3,2	4,5	5,7	6,7	7,7	8,7	9,6	10,4	11,2
11	-5,2	-3,4	-1,8	-0,4	1,0	2,3	3,5	4,7	5,8	6,7	7,7	8,6	9,4	10,2
10	-6,0	-4,2	-2,6	-1,2	0,1	1,4	2,6	3,7	4,8	5,8	6,7	7,6	8,4	9,2

Näherungsgleichung: $\theta_s = (\phi \cdot 0{,}01)^{0{,}1247} \cdot (109{,}8 + \theta) - 109{,}8$

1) Es darf näherungsweise linear interpoliert werden.

Erforderlicher Mindestwärmeschutz von Bauteilen ohne Wärmebrücken

Für ebene Bauteile ohne Wärmebrücken ergeben sich der erforderliche Wärmedurchlasswiderstand R bzw. Wärmedurchgangskoeffizient U zur Vermeidung von Tauwasser- bzw. Schimmelpilzbildung an der Innenoberfläche zu:

$$\text{erf}\,R \geq R_{si} \cdot \frac{\theta_i - \theta_e}{\theta_i - \theta_s} - \left(R_{si} + R_{se}\right)$$

$$\text{erf}\,U \leq \frac{1}{R_{si}} \cdot \frac{\theta_i - \theta_s}{\theta_i - \theta_e}$$

R_{si} Wärmeübergangswiderstand innen, hier gilt: $R_{si} = 0{,}25$ m²K/W für beheizte, $R_{si} = 0{,}17$ m²K/W für unbeheizte Räume
R_{se} Wärmeübergangswiderstand außen, hier gilt: $R_{se} = 0{,}04$ m²K/W
θ_i Raumlufttemperatur, hier gilt: $\theta_i = 20$ °C
θ_e Außenlufttemperatur, hier gilt: $\theta_e = -5$ °C
θ_s erforderliche Bemessungstemperatur an der Oberfläche, s. Tafel 4.24

Auch wenn DIN 4108-3 nicht darauf eingeht, empfiehlt es sich, bei Erwartung längerer Zeiträume (Minimum 4 bis 5 Tage) mit Außenlufttemperaturen $\theta_e < -5$ °C die Bemessung des Mindestwärmeschutzes im Rahmen eines Gebrauchstauglichkeitsnachweises mit den lokal bzw. regional tatsächlich zu erwartenden Außenlufttemperaturen durchzuführen.

Erforderlicher Mindestwärmeschutz von Bauteilen mit Wärmebrücken

Für Bauteile mit Wärmebrücken ist zur Vermeidung von Tauwasserbildung bzw. Schimmelpilzbildung an den Innenoberflächen die niedrigste Temperatur der raumseitigen Oberfläche im Bereich der Wärmebrücken maßgebend für den Mindestwärmeschutz. Die entsprechenden Werte für Wärmebrücken lassen sich nach DIN EN ISO 10211 berechnen oder den unterschiedlichen Wärmebrückenatlanten (z.B. „www.planungsatlas-hochbau.de“) entnehmen.

3.4 Tauwasserbildung im Bauteilinneren

3.4.1 Anforderungen

Eine Ansammlung von Tauwasser im Inneren von Bauteilen, die durch Erhöhung der Stofffeuchte von Bau- und Wärmedämmstoffen zu Materialschädigungen oder zu Beeinträchtigungen der Funktionssicherheit führt, ist zu vermeiden. Sofern die wesentlichen Anforderungen, z.B. Wärmeschutz und Standsicherheit, sichergestellt sind, gelten Tauwasseransammlungen als unschädlich.

Dies wird in der Regel bei Erfüllung der nachfolgend aufgeführten Bedingungen erreicht:

- Die Baustoffe, die mit dem Tauwasser in Berührung kommen, dürfen nicht geschädigt werden (z.B. durch Korrosion, Pilzbefall).
- Das während der Tauperiode im Inneren des Bauteils anfallende Wasser muss während der Verdunstungsperiode wieder an die Umgebung abgegeben werden können. Nachweis: $M_c \leq M_{ev}$
- Bei Dach- und Außenwandkonstruktionen sowie Decken gegen unbeheizte Dachräume muss für die ggf. vorhandene flächenbezogene Tauwassermasse gelten: $M_c \leq 1{,}0$ kg/m².
  Ausnahme: Tritt Tauwasser an Berührungsflächen mit einer kapillar nicht wasseraufnahmefähigen Schicht auf, so gilt für die zulässige flächenbezogene Tauwassermasse $M_c \leq 0{,}5$ kg/m².
  Für Holzbauteile gelten die Festlegungen nach DIN 68800-2.
- Bei Holz ist eine Erhöhung des massebezogenen Feuchtegehaltes um mehr als 5 %, bei Holzwerkstoffen um mehr als 3 % unzulässig (ausgenommen: Holzwolle-Leichtbauplatten und Mehrschicht-Leichtbauplatten nach DIN EN 13168).

Bei Nichterfüllung dieser Anforderungen kann die Funktionsfähigkeit der entsprechenden Konstruktionen dennoch mit Hilfe weiterführender Berechnungsmethoden entsprechend Anhang D der DIN 4108-3 nachgewiesen werden.

3.4.2 Nachweisführung

Beurteilungsmethodik

Für den Nachweis der feuchtetechnischen Unbedenklichkeit der unterschiedlichen Baukonstruktionen sieht die DIN 4108-3 die nachfolgende dreistufige Beurteilungsmethodik vor:

Stufe 1 Auswahl einer entsprechenden nachweisfreien Konstruktion

Stufe 2 Rechnerischer Nachweis mithilfe des graphischen Periodenbilanzverfahrens („Glaser-Verfahren“)

Stufe 3 Nachweis durch hygrothermische Simulation

Stufe 1: Nachweisfreie Konstruktionen

Für die in Tafel 4.26 aufgeführten Bauteile von Wohn- und wohnähnlich genutzten Räumen mit natürlichen Luftdruckverhältnissen, die weder auf < 20 °C heruntergekühlt noch im Winter maschinell befeuchtet werden, ist – ausreichender Wärmeschutz und luftdichte Ausführung vorausgesetzt – kein rechnerischer Nachweis des Tauwasserausfalls nach DIN 4108-3 erforderlich. Hintergrund: es besteht kein Tauwasserrisiko oder das o.g. Nachweisverfahren ist für die Beurteilung nicht geeignet.

Hinweise zur Nutzung der nachfolgenden Tafel 4.26:

- Bei belüfteten Dachkonstruktion mit einer Dachneigung < 5° muss gelten, dass die Sparren- bzw. Luftraumlänge ≤ 10 m, der freie Lüftungsquerschnitt an den gegenüberliegenden Rändern ≥ 2 ‰ der zugehörigen Dachfläche bzw. ≥ 200 cm²/mm und die freie Lüftungshöhe innerhalb des Dachbereiches ≥ 2 ‰ der zugehörigen Dachfläche bzw. ≥ 5 cm beträgt.
- Die Dacheindeckung/-abdichtung muss einen mittleren oder dunklen Farbton mit einem Strahlungsabsorptionsgrad ≥ 0,6 aufweisen, damit eine entsprechende Erwärmung und Rücktrocknung der Konstruktionen möglich ist. Weiße oder helle Materialien/Oberflächen sind für diese Aufbauten nicht ohne Nachweis zulässig.
- Im Zweifel sind weitere Details oder spezifische Ergänzungen zur Ausführung bestimmter Konstruktionen der DIN 4108-3 Abs. 5.3 zu entnehmen.

Tafel 4.26 Bauteile ohne Erfordernis eines rechnerischen Tauwasser-Nachweises

In dieser Tafel verwendete Abkürzungen

AW	Außenwand	MW	Mineralfaserdämmung	WF	Holzfaserdämmung
Bekl.	Bekleidung	PU	Polyurethanschaum	WDPS	Wärmedämmputzsystem
EPS	expandiertes Polystyrol	PF	Phenolharzschaum	WDVS	Wärmedämmverbundsystem

Massive Außenwände mit Wandbildner B aus Mauerwerk, Beton, Leichtbeton, jeweils mit Innenputz

Wasserabweisender Außenputz	WDVS / WDPS	zweischalige AW	angemörtelte Bekl.	hinterlüftete Bekl.

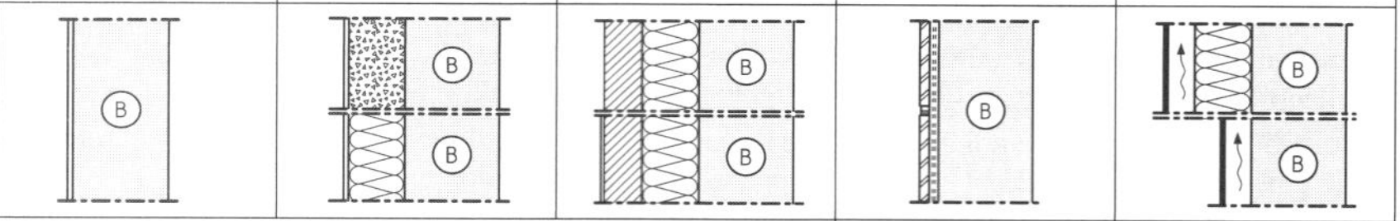

Innendämmung (nachweisfrei nur ohne Schlagregenbeanspru.)	kleinformatige, luftdurchlässige Bekl.

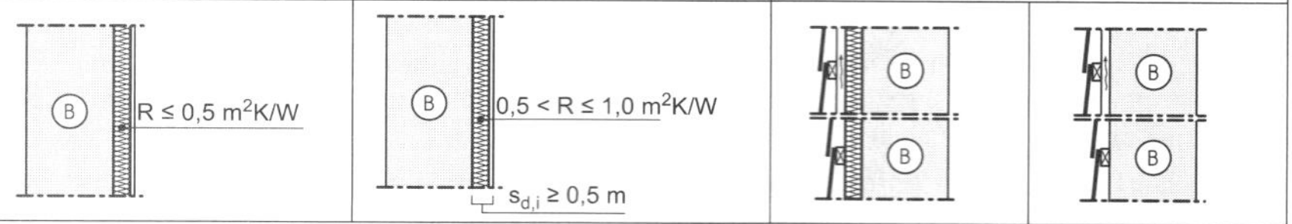

Massive Kelleraußenwände gegen Erdreich mit Abdichtung nach DIN 18533

monolithisches Mauerwerk	Mauerw. + Perimeterdämmung	Stahlbeton + Perimeterdämmung

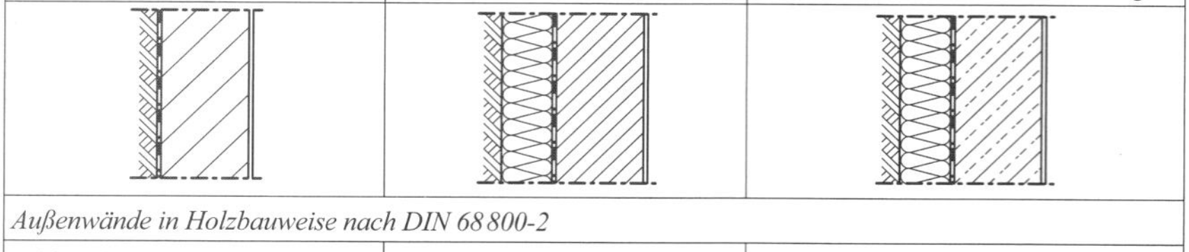

Außenwände in Holzbauweise nach DIN 68 800-2

hinterlüftete / kleinformatige luftdurchlässige Bekleidung	innenseitig beplankt + WDVS	beidseitig beplankt + WDVS

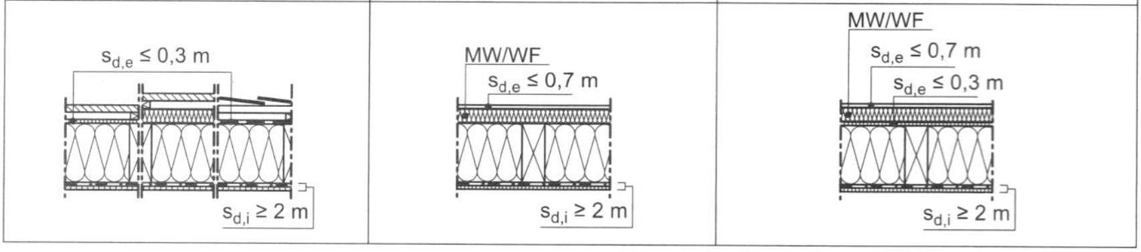

Tafel 4.26 Bauteile ohne Erfordernis eines rechnerischen Tauwassernachweises (Fortsetzung)

beidseitig beplankt + WDVS	beidseitig beplankt + Vormauerschale	
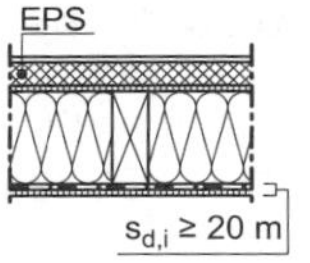	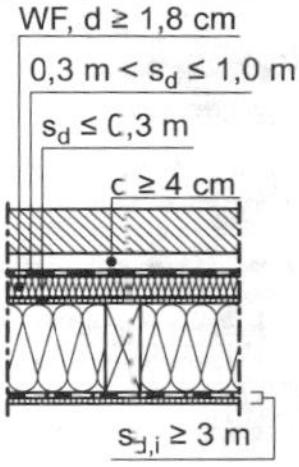	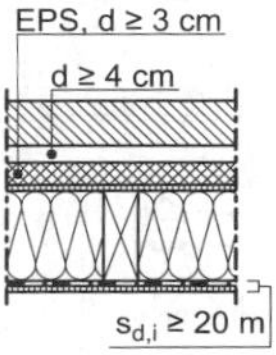

Außenwände in Massivholzbauart

vorgehängte Bekleidung	WDVS
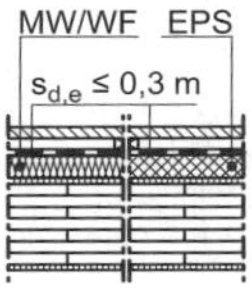	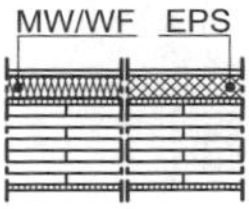

Holzfachwerkwände

Sichtfachwerk + wärmedämmende Ausfachung	Sichtfachwerk + Innendämmung (nur ohne Schlagregenbeanspruchung)	
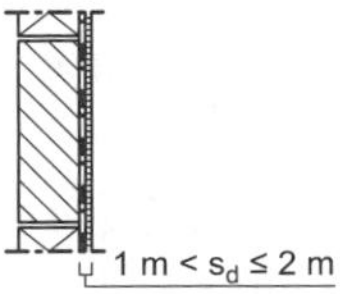	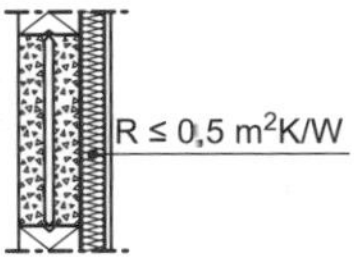	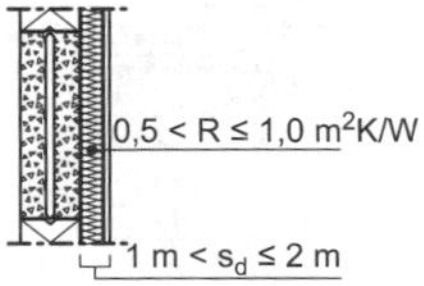

WDVS / WDPS	hinterlüftete Bekleidung
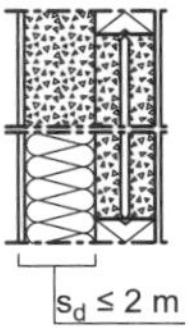	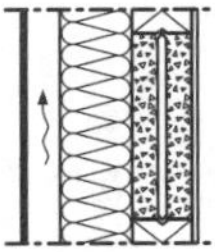

Bodenplatte

mit Perimeterdämmung + Bauwerksabdichtung	mit Innendämmung und Estrich
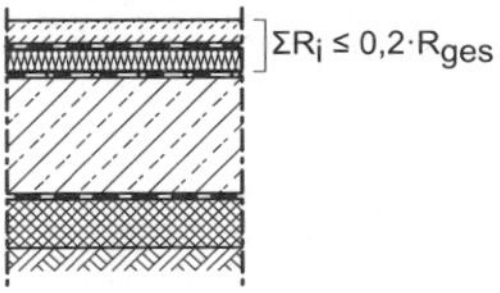	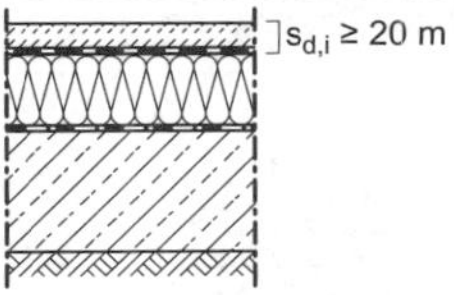

Tafel 4.26 Bauteile ohne Erfordernis eines rechnerischen Tauwassernachweises (Fortsetzung)

Nicht belüftete Dächer mit Dachdeckungen mit $s_{d,e}$ und $s_{d,i}$ nach Tafel 4.30

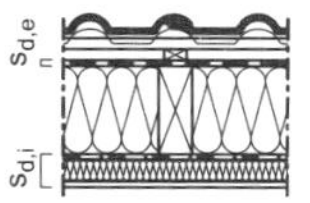

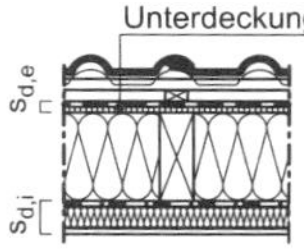

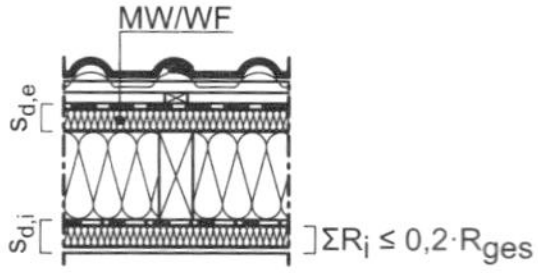

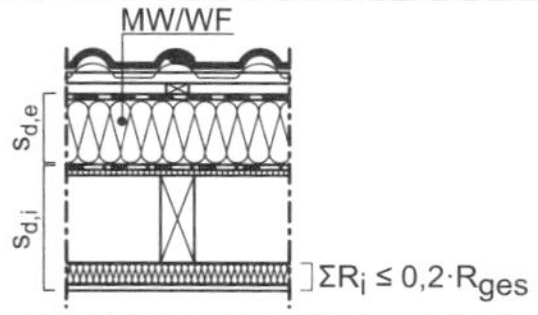

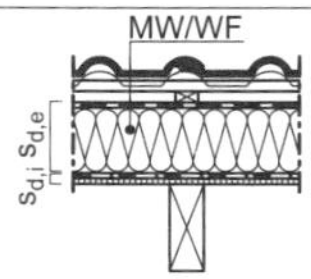

Nicht belüftete Dächer mit Aufsparrendämmung

Konstruktionen ohne Holz- oder Holzwerkstoffschalung unter der Aufsparrendämmung aus PU oder PF

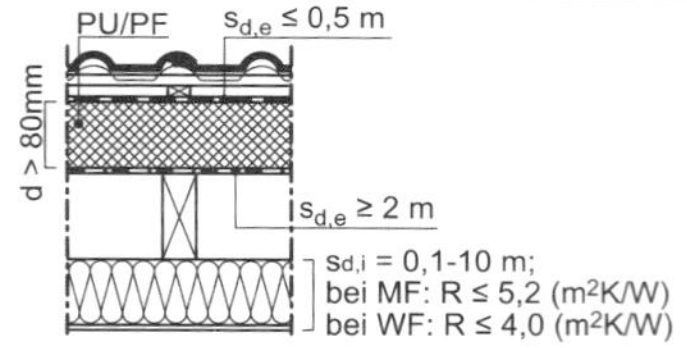

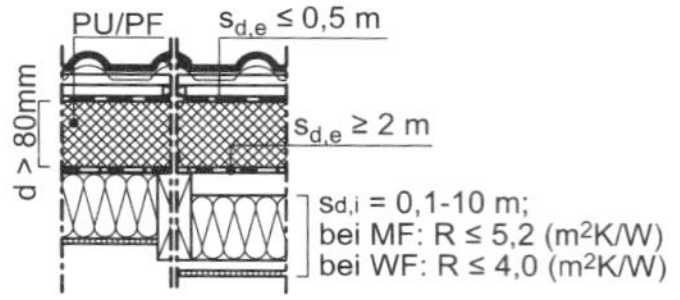

Konstruktionen mit Holz- oder Holzwerkstoffschalung unter der Aufsparrendämmung aus PU oder PF

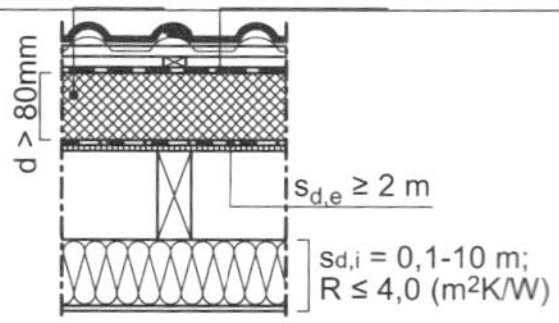

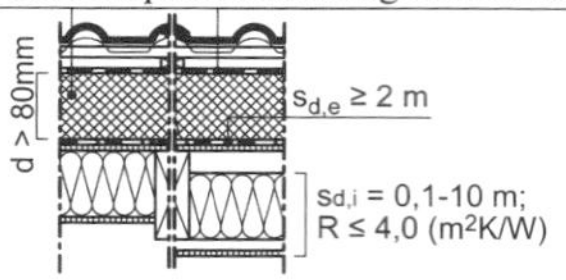

Konstruktion mit Aufsparrendämmung aus PU oder PF, Luftdichtheitsschicht unterhalb Sparrenebene

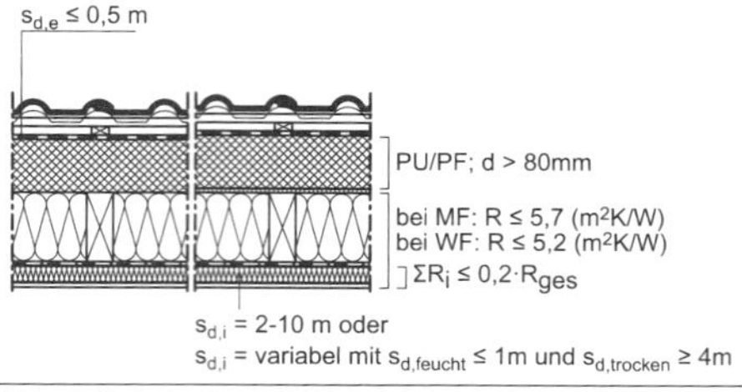

Konstruktion mit Aufsparrendämmung aus MW oder MF

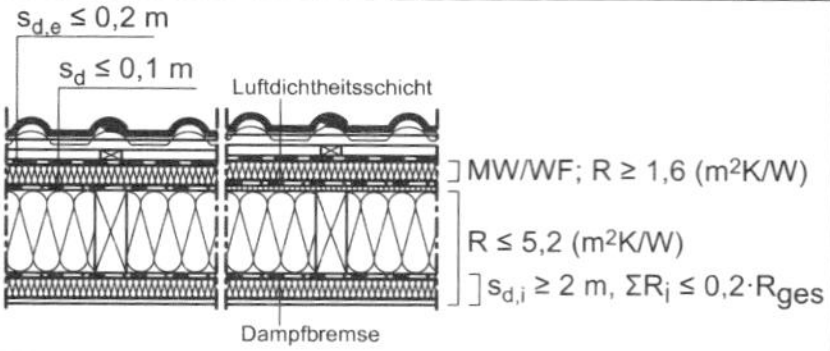

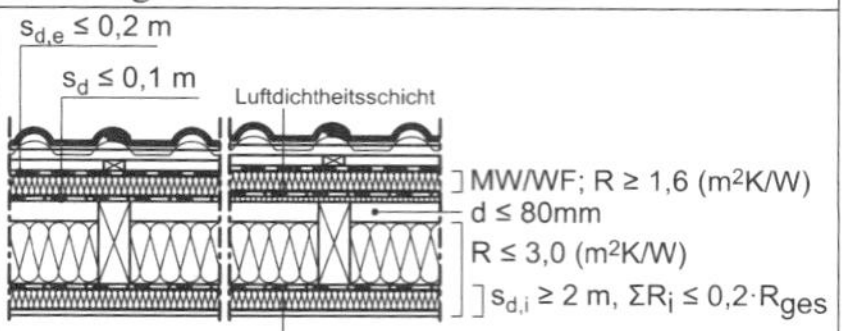

Tafel 4.26 Bauteile ohne Erfordernis eines rechnerischen Tauwassernachweises (Fortsetzung)

Nicht belüftete Dächer bei der Sanierung bestehender Dachkonstruktionen

Zwischensparrendämmung

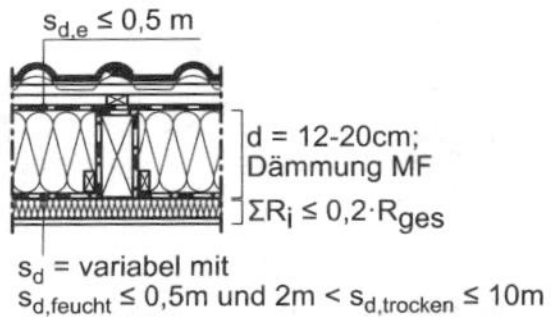

dito + Unterdeckung

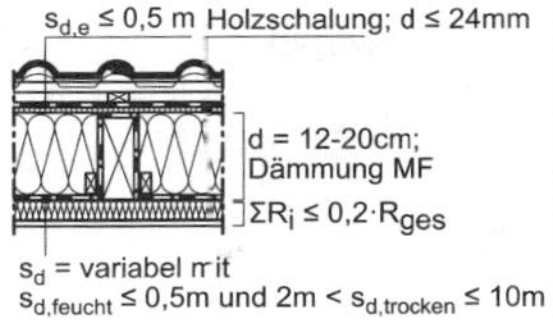

dito + Aufsparrendämmung

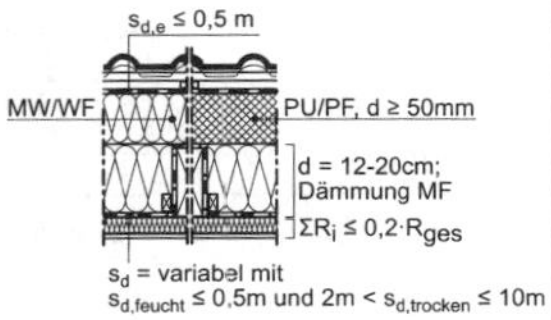

Nicht belüftete Dächer mit Dachabdichtung

Dachsysteme A

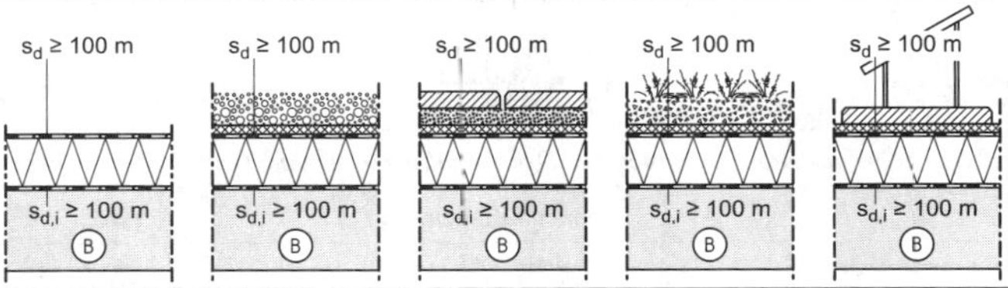

Trag- und Unterkonstruktionen (B) mit $\Sigma R_i \leq 0,2 \cdot R_{ges}$

Holzbalken-Konstruktion (B)

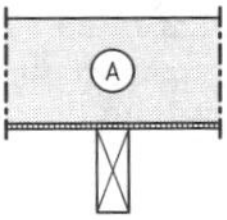

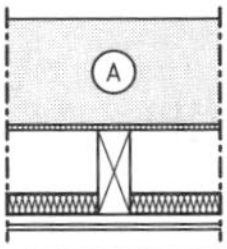

Stahltrapezprofil-Konstruktionen (B)

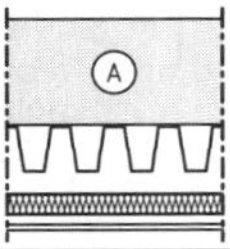

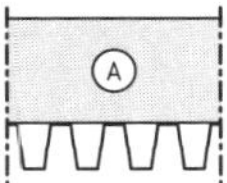

Vollholzdecken (B)

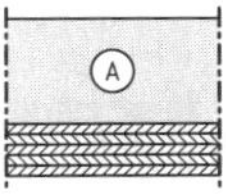

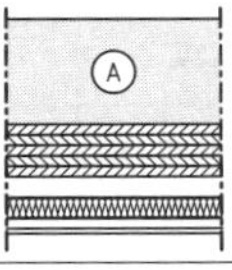

Stahlbeton- und Hohlkörperdecken (B)

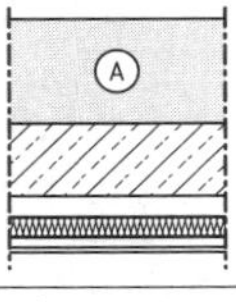

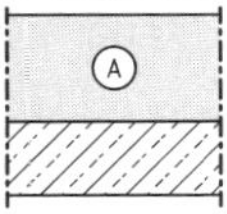

Trag- und Unterkonstruktionen (B) mit Zwischensparrendämmung, nur für Gebäudehöhen ≤ 10 m

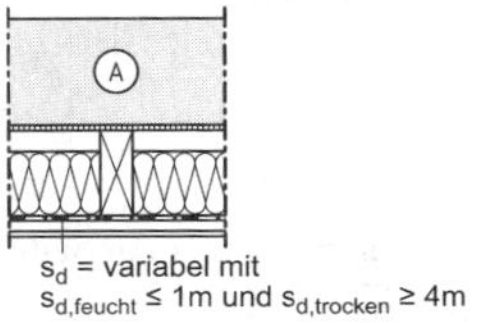

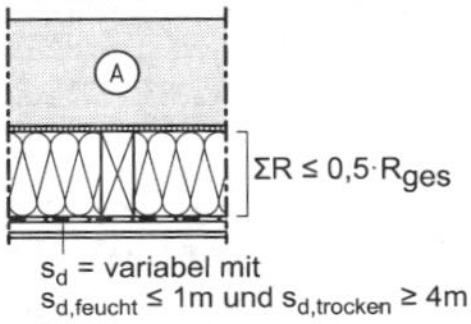

Umkehrdächer

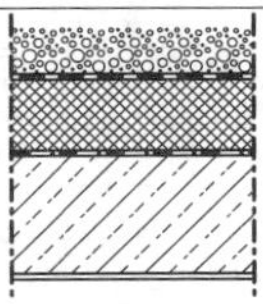

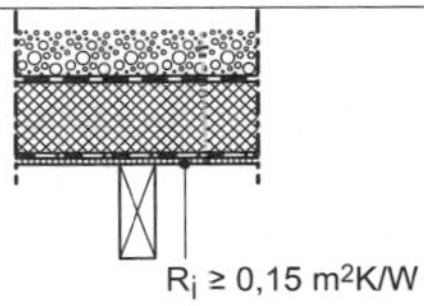

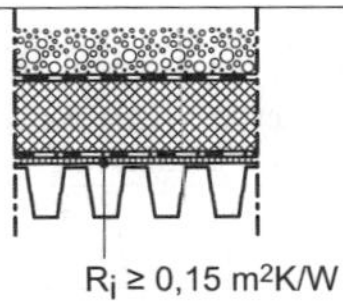

Tafel 4.26 Bauteile ohne Erfordernis eines rechnerischen Tauwassernachweises (Fortsetzung)

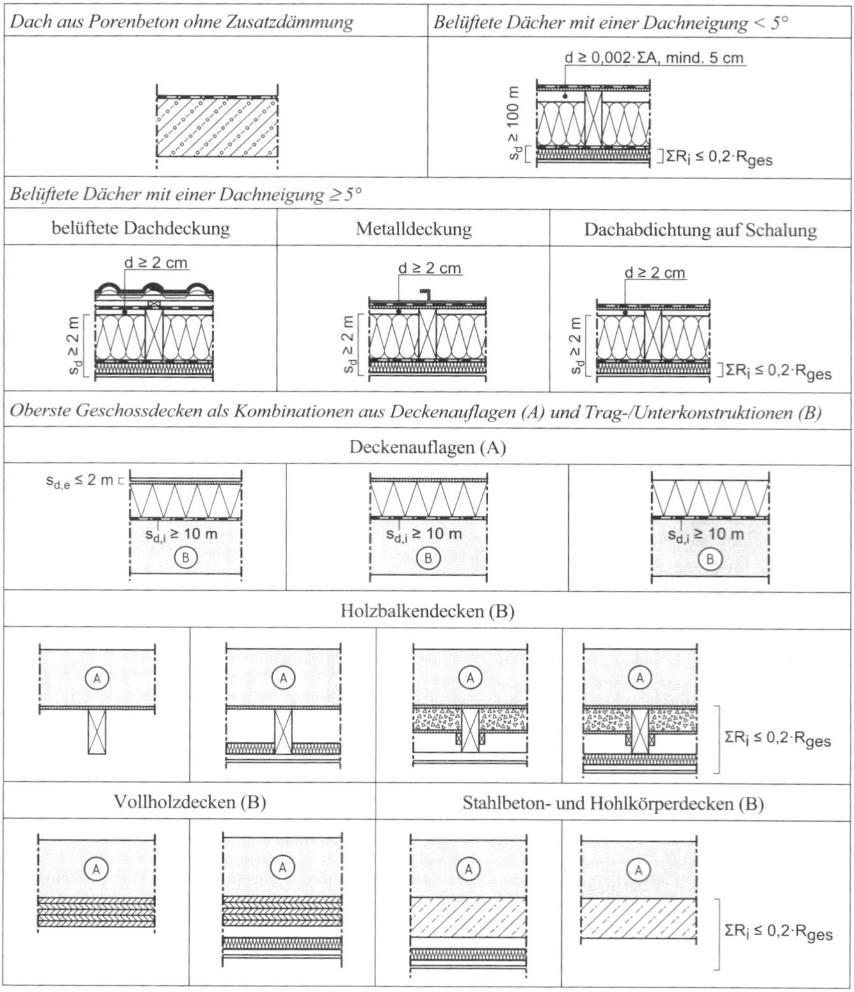

Tafel 4.30 Zuordnung der s_d-Werte für nichtbelüftete Dächer nach Tafel 4.26 Seite 4.28

Wasserdampfdiffusionsäquivalente Luftschichtdicke s_d	
außen $s_{d,e}$ in m	innen $s_{d,i}$ in m
Definition $s_{d,e}$: Summe der s_d-Werte aller Schichten, die sich oberhalb der Wärmedämmschicht bis zur ersten belüfteten Luftschicht befinden	Definition $s_{d,i}$: Summe der s_d-Werte aller Schichten, die sich unterhalb der Wärmedämmschicht befinden.
≤ 0,1	≥1,0
0,1 < $s_{d,e}$ ≤ 0,3	≥ 2,0
0,3 < $s_{d,e}$ ≤ 2,0	≥ 6 · $s_{d,e}$

Stufe 2: Rechnerischer Nachweis mithilfe des graphischen Periodenbilanzverfahrens

Das in DIN 4108-3 Anhang A.2 beschriebene Periodenbilanz-Verfahren (→ GLASER-Verfahren) mit der einfachen Differenzierung nach Tau- und Verdunstungsperioden beruht auf dem Monatsbilanzverfahren der DIN EN ISO 13788 und ist kein Rechenmodell, das das reale Temperatur- und Feuchteverhalten von Bauteilen abbildet.

Dieses Verfahren ist nicht anzuwenden:

- bei Konstruktionen von Räumen, die unbeheizt oder < 20 °C gekühlt oder wie z.B. Schwimmbäder mit hoher Feuchtelast beaufschlagt sind;
- bei Konstruktionen von Gebäuden, die in einer Höhe > 700 m über NN liegen;
- bei erdberührten Bauteilen;
- bei Bauteilen zu unbeheizten Nebenräumen sowie Kellern;
- bei begrünten / bekiesten Dachkonstruktionen sowie solchen mit Plattenbelägen und Holzrosten;
- bei einschaligen innengedämmten Außenwänden, wenn die Innendämmung einen Wärmedurchlasswiderstand $R > 1{,}0$ m·K/W sowie ausgeprägte sorptive und kapillare Eigenschaften aufweist;
- zur Berechnung des natürlichen Austrocknungsverhaltens (z.B. im Fall der Abgabe von Rohbaufeuchte) oder der Aufnahme von Niederschlagswasser;
- bei gedämmten, nicht belüfteten Holzdachkonstruktionen mit Metalldachdeckung / Abdichtung auf Schalung / Beplankung ohne Hinterlüftung der Abdichtungs-/Deckunterlage (vgl. dazu auch Ausführungen in DIN 68800-2 (02.2022) Abschnitt 7.5);
- bei nach DIN 4108-3 Abschnitt 5.3 nachweisfreien Bauteilen (→ Stufe 1).

Der prinzipielle Ablauf eines Tauwassernachweises nach DIN 4108-3 ist in stichpunktartiger Form in Tafel 4.31 zusammengestellt. Bezüglich der für die Berechnung von U-Werten und resultierenden Temperaturen relevanten Wärmeübergangswiderstände R_{si} und R_{se} gelten die Angaben in Tafel 4.32a.

Bei Dachkonstruktionen, die überwiegend verschattet sind oder eine helle Oberfläche aufweisen (nach DIN 4108-3 Anhang D.2.3 ist das bei einem Strahlungsabsorptionsgrad $\alpha = 0{,}4$ der Fall), sind in der Verdunstungsperiode die gleichen Sättigungsdampfdrücke wie für Außenwände, vgl. Tafel 4.32a, anzusetzen.

Tafel 4.31 Ablauf der Nachweisführung

Schritt	Maßnahme[1]	Verweis
1	Ermittlung aller Oberflächen- und Schichtgrenztemperaturen im Querschnitt unter Berücksichtigung der Randbedingungen aus	Tafel 4.32a
2	Ermittlung der entsprechenden Wasserdampf-Sättigungsdrücke p_S	Tafel 4.32b
3	Ermittlung der wasserdampfdiffusionsäquivalenten Luftschichtdicken s_d als Produkt aus Wasserdampfdiffusionswiderstandszahlen[2] μ und Schichtdicken d	Tafeln 4.37
4	Erstellung eines maßstäblichen Diffusionsdiagramms mit den s_d-Werten auf der Abszisse und den Sättigungsdrücken p_S auf der Ordinate	-
5	Einzeichnen der Wasserdampf-Partialdrücke p_i und p_e von Innen-/Außenluft	Tafel 4.33
6	Konstruktion der kürzesten Verbindungslinie zwischen p_i und p_e mit $p \leq p_S$	-
7	Ermittlung der Tauwasser- und Verdunstungsmengen M_c und M_{ev}	Tafel 4.33

[1] Bei inhomogenen Konstruktionen, wie Skelett-, Ständer- oder Rahmenbauweisen sowie bei Holzbalken-, Sparren- oder Fachwerkkonstruktionen o.Ä. sind diese Berechnungen nur für den Gefachbereich nachzuweisen.

[2] Werden für die Wasserdampfdiffusionswiderstandzahl μ einer Bauteilschicht zwei unterschiedliche Werte angegeben, so ist derjenige auszuwählen, der die resultierende Tauwassermenge M_c maximiert. Im Allgemeinen bedeutet dies, für in Diffusionsrichtung vor dem Taupunkt liegende Schichten den kleineren Wert und für in Diffusionsrichtung hinter dem Taupunkt liegende Schichten den größeren Wert anzusetzen. Diese Werte werden dann für die Berechnungen sowohl in der Tau- als auch in der Verdunstungsperiode angenommen.

Tafel 4.32a Klimarandbedingungen für nichtklimatisierte Wohn- und Büroräume sowie für Gebäude mit vergleichbarer Nutzung, Wärmeübergangswiderstände

Klima	Temperatur θ in °C	rel. Feuchte ϕ in %	Wasserdampf-partialdruck p in Pa	Dauer t in		
				d	h	s
Tauperiode von Dezember bis Februar						
Innenklima	20	50	1168	90	2160	$7776 \cdot 10^3$
Außenklima	-5	80	321			
Verdunstungsperiode von Juni bis August						
Außenklima	-	-	1200	90	2160	$7776 \cdot 10^3$
Innenklima	-	-	1200			
Tauwasser-bereich	Außenwände, Decken gegen Dachraum		$p_s = 1700$			
	Unverschattete dunkle Dächer		$p_s = 2000$			
Anzusetzende Wärmeübergangswiderstände: $R_{si} = 0{,}25$ m²K/W und $R_{se} = 0{,}04$ m²K/W						

Tafel 4.32b Wasserdampf-Sättigungsdruck p_{sat} nach DIN 4108-3

	Lufttemperatur θ °C	Wasserdampfsättigungsdruck p_{sat} in Pa ,0	,1	,2	,3	,4	,5	,6	,7	,8	,9
$p_{sat} \approx 288{,}68 \cdot (1{,}098 + \theta/100)^{8{,}02}$	25	3166	3185	3204	3223	3242	3261	3281	3300	3320	3340
	24	2982	3000	3018	3036	3055	3073	3091	3110	3128	3147
	23	2808	2825	2842	2859	2876	2894	2911	2929	2947	2964
	22	2642	2659	2675	2691	2708	2724	2741	2757	2774	2791
	21	2486	2501	2516	2352	2547	2563	2579	2594	2610	2626
	20	**2337**	2351	2366	2381	2395	2410	2425	2440	2455	2470
	19	2196	2210	2224	2238	2252	2266	2280	2294	2308	2323
	18	2063	2076	2089	2102	2115	2129	2142	2155	2169	2182
	17	1937	1949	1961	1974	1986	1999	2012	2024	2037	2050
	16	1817	1829	1841	1852	1864	1876	1888	1900	1912	1924
	15	1704	1715	1726	1738	1749	1760	1771	1783	1794	1806
	14	1598	1608	1619	1629	1640	1650	1661	1672	1683	1693
	13	1497	1507	1517	1527	1537	1547	1557	1567	1577	1587
	12	1402	1411	1420	1430	1439	1449	1458	1468	1477	1487
	11	1312	1321	1330	1338	1347	1356	1365	1374	1383	1393
	10	1227	1236	1244	1252	1261	1269	1278	1286	1295	1303
	9	1147	1155	1163	1171	1179	1187	1195	1203	1211	1219
	8	1072	1080	1087	1094	1102	1109	1117	1124	1132	1140
	7	1001	1008	1015	1022	1029	1036	1043	1050	1058	1065
	6	935	941	948	954	961	967	974	981	988	994
	5	872	878	884	890	897	903	909	915	922	928
	4	813	819	824	830	836	842	848	854	860	866
	3	757	763	768	774	779	785	790	796	801	807
	2	705	710	715	721	726	731	736	741	747	752
	1	656	661	666	671	676	680	685	690	695	700
	0	611	615	619	624	629	633	638	642	647	652
$p_{sat} \approx 4{,}689 \cdot (1{,}486 + \theta/100)^{12{,}3}$	-0	611	605	601	596	591	586	581	576	571	567
	-1	562	557	553	548	544	539	535	530	526	521
	-2	517	513	509	504	500	496	492	488	484	479
	-3	475	471	468	464	460	456	452	448	444	441
	-4	437	433	430	426	422	419	415	412	408	405
	-5	**401**	398	394	391	388	384	381	378	375	371
	-6	368	365	362	359	356	353	350	347	344	341
	-7	338	335	332	329	326	323	320	318	315	312
	-8	309	307	304	301	299	296	294	291	288	286
	-9	283	281	278	276	274	271	269	266	264	262
	-10	259	257	255	252	250	248	246	244	241	239

Tafel 4.33 Zusammenstellung der unterschiedlichen Diffusionsdiagramme mit Ermittlung der zugehörigen Tauwasser- und Verdunstungsmengen

<table>
<tr><td colspan="2">Diffusionsdiagramme</td><td rowspan="2">Tau- und Verdunstungswassermengen M in kg/(m²a)</td></tr>
<tr><td>Tauperiode</td><td>Verdunstungsperiode</td></tr>
<tr><td colspan="3">Fall 1 (keine Tauwasserebene)</td></tr>
<tr><td rowspan="2">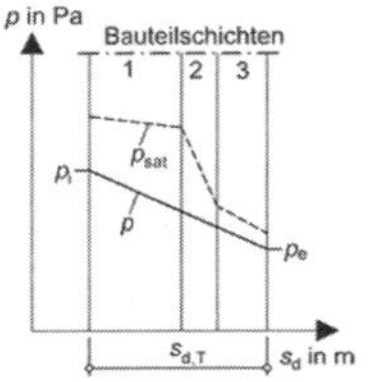
</td><td rowspan="2">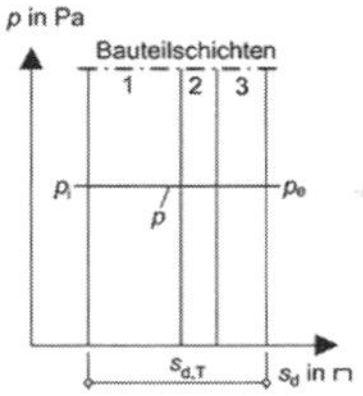
</td><td>$M_{\mathrm{c}} = 0$</td></tr>
<tr><td>$M_{\mathrm{ev}} = 0$</td></tr>
<tr><td colspan="3">Fall 2 (eine Tauwasserebene)</td></tr>
<tr><td rowspan="2">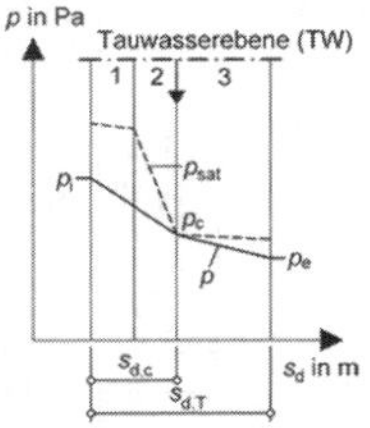
</td><td rowspan="2">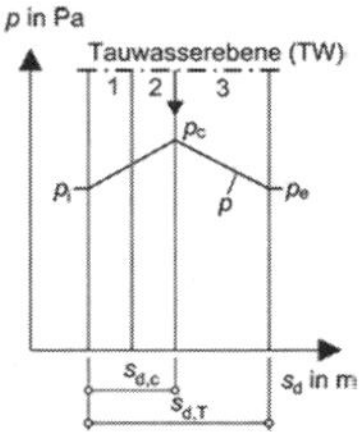
</td><td>$M_{\mathrm{c}} = \delta_0 \cdot \left(\frac{p_{\mathrm{i}} - p_{\mathrm{c}}}{s_{\mathrm{d,c}}} - \frac{p_{\mathrm{c}} - p_{\mathrm{e}}}{s_{\mathrm{d,T}} - s_{\mathrm{d,c}}} \right) \cdot t_{\mathrm{c}}$</td></tr>
<tr><td>$M_{\mathrm{ev}} = \delta_0 \cdot \left(\frac{p_{\mathrm{c}} - p_{\mathrm{i}}}{s_{\mathrm{d,c}}} + \frac{p_{\mathrm{c}} - p_{\mathrm{e}}}{s_{\mathrm{d,T}} - s_{\mathrm{d,c}}} \right) \cdot t_{\mathrm{ev}}$</td></tr>
<tr><td colspan="3">Fall 3 (zwei Tauwasserebenen)</td></tr>
<tr><td rowspan="2">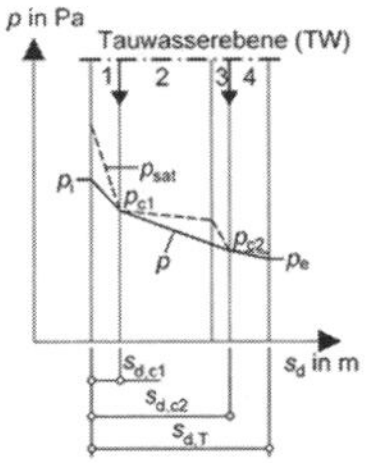
</td><td rowspan="2">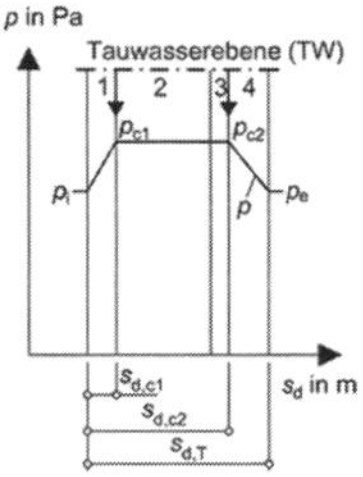
</td><td>$M_{\mathrm{c1}} = \delta_0 \cdot \left(\frac{p_{\mathrm{i}} - p_{\mathrm{c1}}}{s_{\mathrm{d,c1}}} - \frac{p_{\mathrm{c1}} - p_{\mathrm{c2}}}{s_{\mathrm{d,c2}} - s_{\mathrm{d,c1}}} \right) \cdot t_{\mathrm{c}}$
$M_{\mathrm{c2}} = \delta_0 \cdot \left(\frac{p_{\mathrm{c1}} - p_{\mathrm{c2}}}{s_{\mathrm{d,c2}} - s_{\mathrm{d,c1}}} - \frac{p_{\mathrm{c2}} - p_{\mathrm{e}}}{s_{\mathrm{d,T}} - s_{\mathrm{d,c2}}} \right) \cdot t_{\mathrm{c}}$
$M_{\mathrm{c}} = M_{\mathrm{c1}} + M_{\mathrm{c2}}$</td></tr>
<tr><td>$g_{\mathrm{ev1}} = \delta_0 \cdot \frac{p_{\mathrm{c}} - p_{\mathrm{i}}}{s_{\mathrm{d,c1}}}$ *und* $g_{\mathrm{ev2}} = \delta_0 \cdot \frac{p_{\mathrm{c}} - p_{\mathrm{e}}}{s_{\mathrm{d,T}} - s_{\mathrm{d,c2}}}$
$t_{\mathrm{ev1}} = \frac{M_{\mathrm{c1}}}{g_{\mathrm{ev1}}}$ *und* $t_{\mathrm{ev2}} = \frac{M_{\mathrm{c2}}}{g_{\mathrm{ev2}}}$
Für $t_{\mathrm{ev1}} < t_{\mathrm{ev2}}$ gilt[1]:
$M_{\mathrm{ev}} = M_{\mathrm{ev1}} + M_{\mathrm{ev2}}$ $M_{\mathrm{ev1}} = g_{\mathrm{ev1}} \cdot t_{\mathrm{ev1}}$
$M_{\mathrm{ev2}} = g_{\mathrm{ev2}} \cdot t_{\mathrm{ev1}} + \left(\delta_0 \cdot \frac{p_{\mathrm{c2}} - p_{\mathrm{i}}}{s_{\mathrm{d,c2}}} + g_{\mathrm{ev2}} \right) \cdot (t_{\mathrm{ev}} - t_{\mathrm{ev1}})$
Für $t_{\mathrm{ev2}} < t_{\mathrm{ev1}}$ gilt[1]:
$M_{\mathrm{ev}} = M_{\mathrm{ev1}} + M_{\mathrm{ev2}}$ $M_{\mathrm{ev2}} = g_{\mathrm{ev2}} \cdot t_{\mathrm{ev2}}$
$M_{\mathrm{ev1}} = g_{\mathrm{ev1}} \cdot t_{\mathrm{ev2}} + \left(g_{\mathrm{ev1}} + \delta_0 \cdot \frac{p_{\mathrm{c1}} - p_{\mathrm{e}}}{s_{\mathrm{d,T}} - s_{\mathrm{d,c1}}} \right) \cdot (t_{\mathrm{ev}} - t_{\mathrm{ev2}})$</td></tr>
<tr><td colspan="3">[1] Gilt $t_{\mathrm{ev1}} > t_{\mathrm{ev}}$ und $t_{\mathrm{ev2}} > t_{\mathrm{ev}}$, so trocknen beide Ebenen nicht vor Ende der Verdunstungsperiode aus. Damit ergibt sich die maximal erreichbare Verdunstungsmenge zu
$M_{\mathrm{ev}} = (g_{\mathrm{ev1}} + g_{\mathrm{ev2}}) \cdot t_{\mathrm{ev}}$</td></tr>
</table>

Tafel 4.33 Zusammenstellung der unterschiedlichen Diffusionsdiagramme … (Fortsetzung)

Fall 4 (ein Tauwasserbereich)

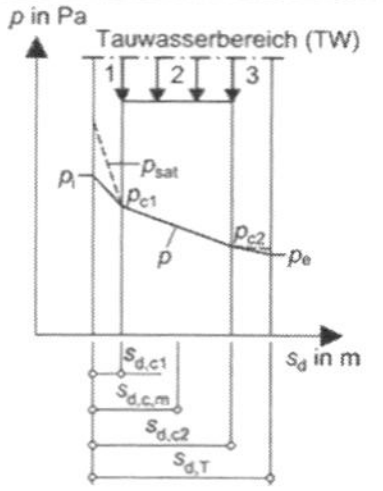

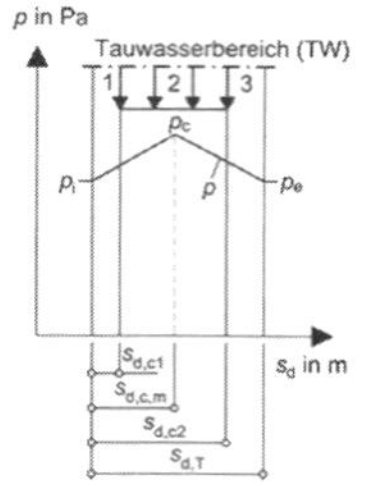

$$M_c = \delta_0 \cdot \left(\frac{p_i - p_{c1}}{s_{d,c1}} - \frac{p_{c2} - p_e}{s_{d,T} - s_{d,c2}} \right) \cdot t_c$$

$$M_{ev} = \delta_0 \cdot \left(\frac{p_c - p_i}{s_{d,c,m}} + \frac{p_c - p_e}{s_{d,T} - s_{d,c,m}} \right) \cdot t_{ev}$$

mit

$$s_{d,c,m} = s_{d,c1} + 0,5 \cdot \left(s_{d,c2} - s_{d,c1} \right)$$

Beispiel

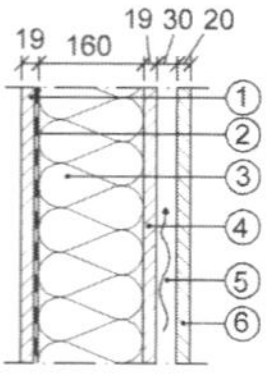

Schichtenfolge	d in m	μ	s_d in m	λ in W/(mK)	R in m²K/W	θ in °C	p_{sat} in Pa
						20,0	2337
Wärmeübergang innen	-	-	-	-	0,25		
						18,6	2147
1 OSB-Platte	0,019	30	0,57	0,13	0,146		
						17,8	2042
2 Dampfbremse	$5 \cdot 10^{-5}$	$4 \cdot 10^4$	2,00	-	-		
						17,8	2042
3 Mineralwolle 040	0,16	1	0,16	0,040	4,00		
						–4,0	437
4 OSB-Platte	0,019	50	0,95	0,13	0,146		
						–4,8	409
5 Belüftete Luftschicht	0,03	-	-	-	-		
						-	
6 Wetterschutzschale	0,02	-	-	-	-		
						-	
Wärmeübergang außen	-	-	-	-	0,04		
						–5,0	401
			$s_T = \Sigma s_d = 3,68$		$R_T = 4,582$		

Tauperiode	Verdunstungsperiode
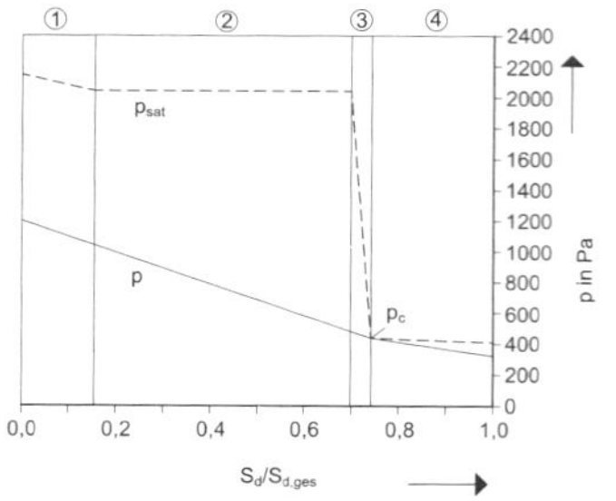	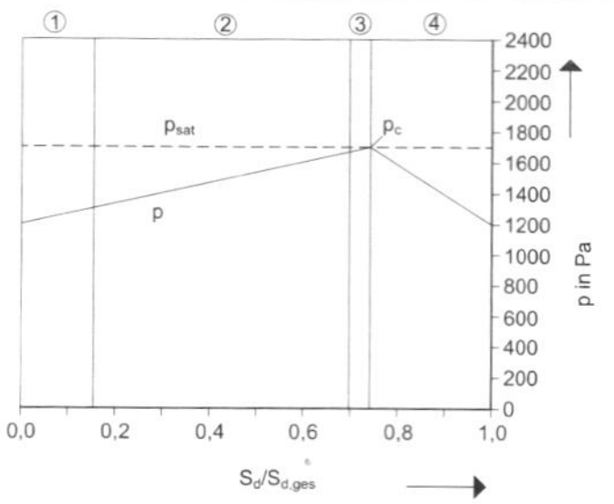
$g_c = 2 \cdot 10^{-10} \cdot \left(\frac{1168 - 437}{2,73} - \frac{437 - 321}{3,68 - 2,73} \right)$ $M_c = g_c \cdot t_c = 2,9 \cdot 10^{-8} \cdot 7776 \cdot 10^3 = 0,226 \frac{kg}{m^2}$	$g_{ev} = 2 \cdot 10^{-10} \cdot \left(\frac{1700 - 1200}{2,73} + \frac{1700 - 1200}{3,68 - 2,73} \right)$ $M_{ev} = g_{ev} \cdot t_{ev} = 1,418 \cdot 10^{-7} \cdot 7776 \cdot 10^3 = 1,1 \frac{kg}{m^2}$

Die zulässige Tauwassermasse beträgt maximal 3 % der flächenbezogenen Masse der Spanplatte:

zul $M_c = 0,03 \cdot 0,019 \cdot 650 = 0,37 \frac{kg}{m^2}$

$M_c = 0,226 \frac{kg}{m^2} <$ zul. $M_c = 0,37 \frac{kg}{m^2}$ → Kriterium erfüllt

$M_c = 0,269 \frac{kg}{m^2} < M_{ev} = 1,1 \frac{kg}{m^2}$ → Kriterium erfüllt

Damit ist der Nachweis erbracht.

Stufe 3: Feuchteschutzbemessung durch hygrothermische Simulation

Der Nachweis des klimabedingten Feuchteschutzes durch geeignete, kontinuierlich weiterentwickelte und anwenderfreundliche computergestützte Simulationsmodelle etabliert sich in der praktischen Arbeit immer weiter als Mittel der Wahl.
Die Randbedingungen zur Anwendung dieser Simulationsverfahren werden im Anhang D der DIN 4108-3 formuliert und festgelegt. Die Eingangsparameter sollten so realitätsnah wie möglich gewählt werden. Sind die erforderlichen Detailkenntnisse nur bedingt vorhanden, ist bei der Simulation auf eine ausreichende Sicherheitsreserve zu achten.

Bei der Wahl des Simulationsprogrammes sind nach Anhang DIN 4108-3 D.8 die folgenden Randbedingungen einzuhalten:

- Das Simulationsmodell muss in der Lage sein, die relevanten Prozesse des Wärme- und Feuchtetransports ausreichend genau wiedergeben zu können.
- Es muss die Eignung der verwendeten Simulationssoftware nachgewiesen worden sein; dies erfolgt durch das Nachrechnen von Prüffällen, die vom Anwender der Software herstellerunabhängig durchführbar sein müssen. Es müssen mindestens die Prüffälle nach DIN EN 15026 nachvollzogen werden können.

3.5 Schlagregenschutz

Eine Schlagregenbeanspruchung von Fassaden entsteht bei Regen und gleichzeitiger Windanströmung. Das Regenwasser kann dann infolge einer möglichen kapillaren Saugwirkung der Fassadenoberfläche oder auch infolge des auf die Fassade einwirkenden Staudrucks – z.B. über Risse, Spalten oder fehlerhafte Abdichtungen – in die Konstruktion eindringen und dort zu Schäden führen. Die erforderliche Abgabe des aufgenommenen Regenwassers durch Verdunstung darf nicht unzulässig beeinträchtigt werden.
In Tafel 4.35 sind zur Einordnung der entsprechenden Beanspruchungen die drei Schlagregenbeanspruchungsgruppen I bis III beschrieben, die dazugehörige Karte zeigt die geographischen Zugehörigkeiten; lokale Abweichungen sind möglich und müssen entsprechend berücksichtigt werden (geht die Beanspruchungsgruppe aus der Karte nicht klar hervor, so ist der höhere Wert anzunehmen).

Tafel 4.35 Schlagregenbeanspruchungsgruppen

Gruppe I – geringe Beanspruchung (Karte: weiß) – Gebiete mit Jahresniederschlagsmengen < 600 mm – in besonders windgeschützten Lagen auch Gebiete mit größeren Niederschlagsmengen
Gruppe II – mittlere Beanspruchung (Karte: hellgrau) – Gebiete mit Jahresniederschlagsmengen von 600 bis 800 mm – in windgeschützten Lagen auch Gebiete mit größeren Niederschlagsmengen – Hochhäuser sowie Häuser in exponierter Lage in Gebieten mit regionaltypisch geringerer Schlagregenbeanspruchung
Gruppe III – starke Beanspruchung (Karte: dunkelgrau) – Gebiete mit Jahresniederschlagsmengen > 800 mm – windreiche Gebiete mit geringeren Niederschlagsmengen (Küstengebiete, Mittel-/Hochgebirgslagen, Alpenvorland) – Hochhäuser sowie Häuser in exponierter Lage in Gebieten mit regionaltypisch mittlerer Schlagregenbeanspruchung

Durch eine geeignete Ausbildung der Außenwandoberflächen (→ ausreichend schlagregensichere Oberfläche bzw. Oberflächenbeschichtung / ausreichender Transportwiderstand des Wandbildners / konstruktiver Schlagregenschutz) kann ein den unterschiedlichen Beanspruchungsgruppen angemessener Schlagregenschutz erreicht werden, vgl. Tafeln 4.36a und b.

Die Gewährleistung ausreichenden Schlagregenschutzes muss ebenfalls im Bereich von Fugen und Anschlüssen gegeben sein; Beispiele zur Umsetzung von Fugenabdichtungen zeigt Tafel 4.36c.

Tafel 4.36a Beispiele für die Zuordnung von Außenwandarten und Beanspruchungsgruppen

Beanspruchungsgruppe I	Beanspruchungsgruppe II	Beanspruchungsgruppe III
Außenputz auf Außenwänden aus Mauerwerk, Wandbauplatten, Beton u.Ä. sowie außenseitigen Wärmebrückendämmungen mit folgenden Anforderungen an den Schlagregenschutz:		
keine	wasserabweisend nach Tafel 4.32c	
Einschaliges Sichtmauerwerk mit einer Außenwanddicke inkl. Innenputz von: $d \geq 31$ cm	$d \geq 37{,}5$ cm	Zweischaliges Verblendmauerwerk mit Innenputz sowie – mit Luftschicht und Wärmedämmung – mit Kerndämmung
Außenwände mit im Dickbett oder Dünnbett außen angemörtelten Fliesen oder Platten nach DIN 18515-1		mit wasserabweisendem Ansetzmörtel
Außenwände mit gefügedichter Betonaußenschicht		
Wände mit hinterlüfteten Außenwandbekleidungen, wobei offene Fugen zwischen den Bekleidungsplatten den Regenschutz nicht beinträchtigen		
Wände mit Wärmedämmputzsystem oder zugelassenem Wärmedämmverbundsystem		
Außenwände in Holzbauart mit Wetterschutz nach DIN 68800-2		

Tafel 4.36b Kriterien für den Regenschutz von Putzen und Beschichtungen

Kriterien für den Regenschutz	Wasseraufnahme-koeffizient W_w in kg/(m²·h^{0,5})	Wasserdampfdiffusions-äquivalente Luftschichtdicke s_d in m	Produkt $W_w \cdot s_d$ in kg/(m·h^{0,5})
wasserabweisend	$\leq 0{,}5$	$\leq 2{,}0$	$\leq 0{,}2$

Tafel 4.36c Beispiele für die Zuordnung von Fugenabdichtungen und Beanspruchungsgruppen

Beanspruchungs-gruppe I	Beanspruchungs-gruppe II	Beanspruchungs-gruppe III	Offene schwellenförmige Fuge
Vertikalfugen: Konstruktive Fugenausbildung / Fugen mit Abdichtungsstoffen nach DIN 18540 (diese dürfen jedoch nicht bei Gebäuden in Bergsenkungsgebieten verwendet werden)			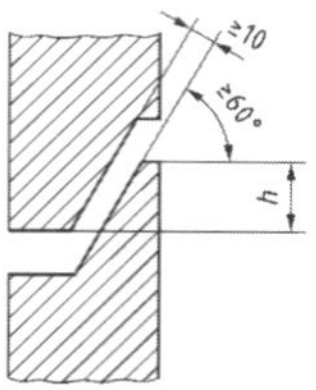
Horizontalfugen als offene schwellenförmige Fugen mit Schwellenhöhe			
h ≥ 60 mm	h ≥ 80 mm	h ≥ 100 mm	
Horizontalfugen nach DIN 18540 mit zusätzlichen konstruktiven Maßnahmen, z.B. mit Schwellenhöhe h ≥ 50 mm			

3.6 Luftdichtheit im Sinne der DIN 4108-3

Wände und Dächer müssen luftdicht sein, um eine Durchströmung und Mitführung von Raumluftfeuchte, die zu Tauwasserbildung in der Konstruktion führen kann, zu unterbinden. Dies gilt auch für Anschlüsse und Durchdringungen (z.B. Wand/Dach, Schornstein/Dach) sowie bei Installationen (z.B. Steckdosen) und Einbauteilen. Auch sind Querströmungen in Belüftungsschichten innerhalb einer Konstruktion zwischen unterschiedlich beheizten Räumen, z.B. durch Abschottung, zu vermeiden. Im Weiteren sei hinsichtlich der Luftdichtheit von Bauteilen und Bauprodukten hier auf DIN 4108-7 verwiesen, vgl. dazu auch die Ausführungen in Tafel 4.10a sowie die ergänzenden Ausführungen in Abschn. 1.5.

4 Materialkennwerte für Wärme- und Feuchteschutz

Tafel 4.37 Kennwerte für Baustoffe nach DIN 4108-4 und DIN EN ISO 10 456

Stoff	Rohdichte[1)2)] ρ in kg/m³	Bemessungswert der Wärmeleitfähigkeit λ_B in W/(m·K)	Richtwert der Wasserdampf-Diffusionswiderstandszahl[3)] μ	Spezifische Wärmespeicherkapazität c_p in J/(kg·K)
1 PUTZE, MÖRTEL UND ESTRICHE				
1.1 Putze				
Putzmörtel aus Kalk, Kalkzement und hydraulischem Kalk	(1 800)	1,0	15/35	1 000
Gipsputzmörtel nach DIN EN 13279-1	900 1 000 1 100 1 200 1 300 1 400 1 500	0,30 0,34 0,39 0,43 0,47 0,51 0,56	4/10	
Leichtputz	< 1 300 ≤ 1 000 ≤ 700	0,56 0,38 0,25	15/20	
Wärmedämmputz nach DIN EN 998-1 der Kategorie: T 1 T 2		0,12 0,24	5/20	–
Kunstharzputz	(1 100)	0,70	50/200	
1.2 Mauermörtel				
Zementmörtel	(2 000)	1,6	15/35	1 000
Normalmörtel NM	(1 800)	1,2		
Dünnbettmauermörtel	(1 600)	1,0		
Leichtmauermörtel nach DIN EN 1996-1-1, DIN EN 1996-2	≤ 1 000 ≤ 700	0,36 0,21		
Leichtmauermörtel	250 400 700 1 000 1 500	0,10 0,14 0,25 0,38 0,69	5/20	
1.3 Estriche				
Gussasphaltestrich	(2 300)	0,90	4)	1 000
Zement-Estrich	(2 000)	1,40	15/35	
Anhydrit-Estrich	(2 100)	1,20		
Calciumsulfat-Fließestrich	(2 100)	1,4		
Magnesia-Estrich	1 400 2 300	0,47 0,70		
2 BETON-BAUTEILE				
2.1 Beton[5)] nach DIN EN 206				
mittlere Rohdichte	1 800	1,15	60/100	1 000
	2 000	1,35	60/100	
	2 200	1,65	70/120	
hohe Rohdichte	2 400	2,0	80/130	
armiert (mit 1 % Stahl)	2 300	2,3	80/130	
armiert (mit 2 % Stahl)	2 400	2,5	80/130	

Tafel 4.37 Kennwerte für Baustoffe (Fortsetzung)

Stoff	ρ kg/m³	λ_B W/(m·K)	μ	c_p J/(kg·K)
2.2 Leichtbeton und Stahlleichtbeton mit geschlossenem Gefüge				
nach DIN EN 206 und DIN 1045-2, hergestellt unter Verwendung von Zuschlägen mit porigem Gefüge nach DIN EN 13055-1, ohne Quarzsandzusatz[6)]	800 900 1 000 1 100 1 200 1 300 1 400 1 500 1 600 1 800 2 000	0,39 0,44 0,49 0,55 0,62 0,70 0,79 0,89 1,00 1,15 1,35	70/150	1 000
2.3 Dampfgehärteter Porenbeton				
nach DIN EN 12602	350 400 450 500 550 600 650 700 750 800 900 1 000	0,11 0,12 0,13 0,14 0,16 0,18 0,19 0,20 0,21 0,23 0,26 0,29	5/10	1 000
2.4 Leichtbeton mit haufwerksporigem Gefüge				
mit nichtporigen Zuschlägen nach DIN EN 12620, z.B. Kies	1 600 1 800	0,81 1,1	3/10	1 000
	2 000	1,3	5/10	
mit porigen Zuschlägen nach DIN EN 13055-1, ohne Quarzsandzusatz[6)]	600 700 800 1 000 1 200 1 400 1 600 1 800 2 000	0,22 0,26 0,28 0,36 0,46 0,57 0,75 0,92 1,20	5/15	1 000
ausschließlich unter Verwendung von Naturbims	400 450 500 550 600 650 700 750 800 900 1 000 1 100 1 200 1 300	0,12 0,13 0,15 0,16 0,18 0,19 0,20 0,22 0,24 0,27 0,32 0,37 0,41 0,47	5/15	1 000

Tafel 4.37 Kennwerte für Baustoffe (Fortsetzung)

Stoff	ρ kg/m³	λ_B W/(m·K)	μ	c_p J/(kg·K)
2.4 Leichtbeton mit haufwerksporigem Gefüge (Fortsetzung)				
ausschließlich unter Verwendung von Blähton	400 450 500 550 600 650 700 800 900 1 000 1 100 1 200 1 300 1 400 1 500 1 600 1 700	0,13 0,15 0,16 0,18 0,19 0,21 0,23 0,26 0,30 0,35 0,39 0,44 0,50 0,55 0,60 0,68 0,76	5/15	1 000
3 BAUPLATTEN				
3.1 Porenbeton-Bauplatten und Porenbeton-Planbauplatten, unbewehrt, nach DIN 4166				
Porenbeton-Bauplatten (Ppl) mit normaler Fugendicke und Mauermörtel, nach DIN EN 1996-1-1, DIN EN 1996-2 verlegt	400 500 600 700 800	0,20 0,22 0,24 0,27 0,29	5/10	1 000
Porenbeton-Planbauplatten (Pppl), dünnfugig verlegt	350 400 450 500 550 600 650 700 750 800	0,11 0,13 0,15 0,16 0,18 0,19 0,21 0,22 0,24 0,25	5/10	1 000
3.2 Wandplatten aus Leichtbeton				
Leichtbeton nach DIN 18 162	800 900 1 000 1 200 1 400	0,29 0,32 0,37 0,47 0,58	5/10	1 000
3.3 Gipskartonplatten				
nach DIN 18 180, DIN EN 520 und Gipsplatten mit Vliesarmierung nach DIN EN 15283-1	700 900	0,21 0,25	4/10	1 000

Tafel 4.37 Kennwerte für Baustoffe (Fortsetzung)

Stoff	ρ kg/m³	λ_B W/(m·K)		μ	c_p J/(kg·K)
3.4 Gips-Wandbauplatten					
Gips-Wandbauplatten nach DIN EN 12 859	600	0,18		4/10	1 000
	700	0,22			
	800	0,26			
	900	0,30			
	1 000	0,34			
	1 100	0,39			
	1 200	0,43			
	1 300	0,47			
	1 400	0,51			
	1 500	0,56			
4 MAUERWERK EINSCHLIESSLICH MÖRTELFUGEN					
4.1 Mauerwerk aus Mauerziegeln nach DIN 105-100, DIN 105-5 und DIN 105-6 bzw. Mauerziegel nach DIN EN 771-1 in Verbindung mit DIN 20 000-401					
		NM/DM[7)]			
Vollklinker, Hochlochklinker, Keramikklinker	1 800	0,81		50/100	1 000
	2 000	0,96			
	2 200	1,2			
	2 400	1,4			
Vollziegel, Hochlochziegel, Füllziegel	1 200	0,50		5/10	1 000
	1 400	0,58			
	1 600	0,68			
	1 800	0,81			
	2 000	0,96			
	2 200	1,2			
	2 400	1,4			
		LM21/LM36[7)]	NM/DM[7)]		
Hochlochziegel HLzA und HLzB	550	0,27	0,32	5/10	1 000
	600	0,28	0,33		
	650	0,30	0,35		
	700	0,31	0,36		
	750	0,33	0,38		
	800	0,34	0,39		
	850	0,36	0,41		
	900	0,37	0,42		
	950	0,38	0,44		
	1 000	0,40	0,45		
		LM21/LM36[7)]	NM[7)]		
Hochlochziegel HLzW	550	0,19	0,22	5/10	1 000
	600	0,20	0,23		
	650	0,20	0,23		
	700	0,21	0,24		
	750	0,22	0,25		
	800	0,23	0,26		
	850	0,23	0,26		
	900	0,24	0,27		
	950	0,25	0,28		
	1 000	0,26	0,29		

Tafel 4.37 Kennwerte für Baustoffe (Fortsetzung)

Stoff	ρ kg/m³	λ_B W/(m·K)	μ	c_p J/(kg·K)
4.2 Mauerwerk aus Kalksandsteinen				
Mauerwerk aus Kalksandsteinen nach DIN EN 771-2 in Verbindung mit DIN 20 000-402	1 000	0,50	5/10	1 000
	1 200	0,56	5/10	
	1 400	0,70	15/25	
	1 600	0,79		
	1 800	0,99		
	2 000	1,1		
	2 200	1,3		
	2 400	1,6		
	2 600	1,8		
4.3 Mauerwerk aus Porenbeton-Plansteinen				
Porenbeton-Plansteine (PP) nach DIN EN 771-4 in Verbindung mit DIN 20 000-404	350	0,11	5/10	1 000
	400	0,13		
	450	0,15		
	500	0,16		
	550	0,18		
	600	0,19		
	650	0,21		
	700	0,22		
	750	0,24		
	800	0,25		

4.4 Mauerwerk aus Betonsteinen

Hohlblöcke (Hbl) nach DIN 20 000-403, Gruppe 1[9)]

Steinbreite in cm	Anzahl der Kammerreihen	ρ kg/m³	λ_B LM21[7)]/ DM[7)8)]	λ_B LM36[7)8)]	λ_B NM[7)]	μ	c_p J/(kg·K)
		450	0,20	0,21	0,24	5/10	1 000
		500	0,22	0,23	0,26		
		550	0,23	0,24	0,27		
		600	0,24	0,25	0,29		
17,5	2	650	0,26	0,27	0,30		
20	2	700	0,28	0,29	0,32		
24	2–4	800	0,31	0,32	0,35		
30	3–5	900	0,34	0,36	0,39		
36,5	4–6	1 000			0,45		
42,5	6	1 200			0,53		
49	6	1 400			0,65		
		1 600			0,74		

Hohlblöcke (Hbl) nach DIN 20 000-403 und Hohlwandplatten nach DIN 18 148, Gruppe 2

Steinbreite in cm	Anzahl der Kammerreihen	ρ kg/m³	λ_B LM21[7)]/ DM[7)8)]	λ_B LM36[7)8)]	λ_B NM[7)]	μ	c_p J/(kg·K)
		450	0,22	0,23	0,28	5/10	1 000
		500	0,24	0,25	0,29		
		550	0,26	0,27	0,31		
		600	0,27	0,28	0,32		
		650	0,29	0,30	0,34		
		700	0,30	0,32	0,36		
11,5	1	800	0,34	0,36	0,41		
15	1	900	0,37	0,40	0,46		
17,5	1	1 000			≤ 0,50		
30	2	1 200			≤ 0,56		
36,5	3	1 400			≤ 0,70		
42,5	5	1 600			0,76		
49	5						

Tafel 4.37 Kennwerte für Baustoffe (Fortsetzung)

Stoff	ρ kg/m³	λ_B W/(m·K)			μ	c_p J/(kg·K)
Vollblöcke (Vbl, S-W) nach DIN 20 000-403	450	0,14	0,16	0,18	5/10	1 000
	500	0,15	0,17	0,20		
	550	0,16	0,18	0,21		
	600	0,17	0,19	0,22		
	650	0,18	0,20	0,23		
	700	0,19	0,21	0,25		
	800	0,21	0,23	0,27		
	900	0,25	0,26	0,30		
	1 000	0,28	0,29	0,32		
Vollblöcke (Vbl) und Vbl-S nach DIN 20 000-403 aus Leichtbeton mit anderen leichten Zuschlägen als Naturbims und Blähton	450	0,22	0,23	0,28	5/10	1 000
	500	0,23	0,24	0,29		
	550	0,24	0,25	0,30		
	600	0,25	0,26	0,31		
	650	0,26	0,27	0,32		
	700	0,27	0,28	0,33		
	800	0,29	0,30	0,36		
	900	0,32	0,32	0,39		
	1 000	0,34	0,35	0,42		
	1 200			0,49		
	1 400			0,57		
	1 600			0,62	10/15	
	1 800			0,68		
	2 000			0,74		
Vollsteine (V) nach DIN 20 000-403	450	0,21	0,22	0,31	5/10	1 000
	500	0,22	0,23	0,32		
	550	0,23	0,25	0,33		
	600	0,24	0,26	0,34		
	650	0,25	0,27	0,35		
	700	0,27	0,29	0,37		
	800	0,30	0,32	0,40		
	900	0,33	0,35	0,43		
	1 000	0,36	0,38	0,46		
	1 200			0,54		
	1 400			0,63		
	1 600			0,74	10/15	
	1 800			0,87		
	2 000			0,99		
Mauersteine nach DIN EN 771-3 in Verbindung mit DIN 20 000-403	800	0,60			5/15	1 000
	900	0,65				
	1 000	0,70				
	1 200	0,80			20/30	
	1 400	0,90				
	1 600	1,0				
	1 800	1,1				
	2 000	1,3				
	2 200	1,6				
	2 400	2,0				

Tafel 4.37 Kennwerte für Baustoffe (Fortsetzung)

Stoff	ρ kg/m³	λ_B W/(m·K)	μ	c_p J/(kg·K)
5 HOLZ UND HOLZWERKSTOFFE				
Nutzholz 10)	450 500 700	0,12 0,13 0,18	20/50 50/200	1 600
Sperrholz 11)	300 500 700 1 000	0,09 0,13 0,17 0,24	50/150 70/200 90/220 110/250	1 600
zementgebundene Spanplatten	1 200	0,23	30/50	1 500
Spanplatten	300 600 900	0,10 0,14 0,18	10/50 15/50 20/50	1 700
OSB-Platten	650	0,13	30/50	
Holzfaserplatten, einschließlich MDF 12)	250 400 600 800	0,07 0,10 0,14 0,18	3/5 5/10 12/20 20/30	1 700
6 BELÄGE, ABDICHTSTOFFE UND ABDICHTUNGSBAHNEN				
6.1 Fußbodenbeläge				
Gummi	1200	0,17	10 000	1 400
Kunststoff	1700	0,25	10 000	1 400
Unterlagen, poröser Gummi od. Kunststoff	270	0,10	10 000	1 400
Filzunterlage	120	0,05	15/20	1 300
Wollunterlage	200	0,06	15/20	1 300
Korkunterlage	< 200	0,05	10/20	1 500
Korkfliesen	> 400	0,065	20/40	1 500
Teppich/Teppichböden	200	0,06	5/5	1 300
Linoleum	1 200	0,17	800/1000	1 400
6.2 Dichtungsstoffe, Dichtungen und wärmetechnische Trennungen				
Silicagel (Trockenmittel)	720	0,13	∞	1 000
Silicon, ohne Füllstoff	1 200	0,35	5 000	1 000
Silicon, mit Füllstoff	1 450	0,50	5 000	1 000
Siliconschaum	750	0,12	10 000	1 000
Urethan/Polyurethanschaum (als wärmetechnische Trennung)	1 300	0,21	60	1 800
Weichpolyvinylchlorid (PVC-P), mit 40 % Weichmacher	1 200	0,14	100 000	1 000
Elastomerschaum, flexibel	60–80	0,05	10 000	1 500
Polyurethanschaum (PU)	70	0,05	60	1 500
Polyethylenschaum	70	0,05	100	2 300
Bitumen als Stoff	1 050	0,17	50 000	1 000
Asphaltmastix, Dicke $d \geq 7$ mm	(2 000)	0,70	4)	1 000
Asphalt	2 100	0,70	50 000	1 000
6.3 Massive Kunststoffe				
Acrylkunststoffe	1 050	0,20	10 000	1 500
Polycarbonate	1 200	0,20	5 000	1 200
Polytetrafluorethylenkunststoffe (PTFE)	2 200	0,25	10 000	1 000
Polyvinylchlorid (PVC)	1 390	0,17	50 000	900
Polymethylmethacrylat (PMMA)	1 180	0,18	50 000	1 500
Polyacetatkunststoffe	1 410	0,30	100 000	1 400
Polyamid (Nylon)	1 150	0,25	50 000	1 600
Polyamid 6.6 mit 25 % Glasfasern	1 450	0,30	50 000	1 600

Tafel 4.37 Kennwerte für Baustoffe (Fortsetzung)

Stoff	ρ kg/m³	λ_B W/(m·K)	μ	c_p J/(kg·K)
6.3 Massive Kunststoffe				
Polyethylen/Polythen, hohe Rohdichte	980	0,50	100 000	1 800
Polyethylen/Polythen, niedrige Rohdichte	920	0,33	100 000	2 200
Polystyrol	1 050	0,16	100 000	1 300
Polypropylen	910	0,22	10 000	1 800
Polypropylen mit 25 % Glasfasern	1 200	0,25	10 000	1 800
Polyurethan (PU)	1 200	0,25	6 000	1 800
Epoxydharz	1 200	0,20	10 000	1 400
Phenolharz	1 300	0,30	100 000	1 700
Polyesterharz	1 400	0,19	10 000	1 200
6.4 Gummi				
Naturkautschuk	910	0,13	10 000	1 100
Neopren (Polychloropren)	1 240	0,23	10 000	2 140
Butylkautschuk (Isobutenkautschuk), hart/heiß geschmolzen	1 200	0,24	200 000	1 400
Schaumgummi	60–80	0,06	7 000	1 500
Hartgummi (Ebonit), hart	1 200	0,17	∞	1 400
Ethylen-Propylendien, Monomer (EPDM)	1 150	0,25	6 000	1 000
Polyisobutylenkautschuk	930	0,20	10 000	1 100
Polysulfid	1 700	0,40	10 000	1 000
Butadien	980	0,25	100 000	1 000
6.5 Dachbahnen, Dachabdichtungsbahnen				
Bitumendachbahnen nach DIN EN 13707	(1200)	0,17	20 000	1 000
Nackte Bitumenbahnen nach DIN 52 129	(1200)	0,17	2000/20000	
6.6 Folien				
PTFE-Folien, Dicke $d \geq 0{,}05$ mm		–	10 000	–
PA-Folie, Dicke $d \geq 0{,}05$ mm			50 000	
PP-Folie, Dicke $d \geq 0{,}05$ mm			1 000	
Wasserdampfdiffusionsäquivalente Luftschichtdicke s_d in m				
Polyethylenfolie 0,15 mm		s_d = 50 m		
Polyethylenfolie 0,25 mm		s_d = 100 m		
Polyesterfolie 0,2 mm		s_d = 50 m		
PVC-Folie		s_d = 30 m		
Aluminiumfolie 0,05 mm		s_d = 1500 m		
Bituminiertes Papier 0,1 mm		s_d = 2 m		
Aluminiumverbundfolie 0,4 mm		s_d = 10 m		
Unterdeck- und Unterspannbahn für Wände		s_d = 0,2 m		
Glanzlack		s_d = 3 m		
Vinyltapete		s_d = 2 m		
7 SONSTIGE GEBRÄUCHLICHE STOFFE[13]				
7.1 Lose Schüttungen, abgedeckt[14]**, aus porigen Stoffen**				
Blähperlit	(≤ 100)	0,060	3	900 bis 1600
Blähglimmer	(≤ 100)	0,070		
Korkschrot, expandiert	(≤ 200)	0,055		
Hüttenbims	(≤ 600)	0,13		
Blähton, Blähschiefer	(≤ 400)	0,16		
Bimskies	(≤ 1000)	0,19		
Schaumlava	(≤ 1200)	0,22		
	(≤ 1500)	0,27		
aus Polystyrolschaumstoff-Partikeln	(15)	0,050		
aus Sand, Kies, Splitt (trocken)	(1800)	0,70		

Tafel 4.37 Kennwerte für Baustoffe (Fortsetzung)

Stoff	ρ kg/m³	λ_B W/(m·K)	μ	c_p J/(kg·K)
7.2 Platten, Fliesen				
Keramik/Porzellan	2 300	1,3	∞	840
Kunststoff	1 000	0,20	10 000	1 000
7.3 Dachziegelsteine				
Ton	2 000	1,0	30/40	800
Beton	2 100	1,5	60/100	1 000
7.4 Glas				
Natronglas (einschließlich Floatglas)	2 500	1,00	∞	750
Quarzglas	2 200	1,40		
Glasmosaik	2 000	1,20		
7.5 Lehmbaustoffe				
	500	0,14	5/10	–
	600	0,17		
	700	0,21		
	800	0,25		
	1000	0,35		
	1200	0,47		
	1400	0,59		
	1600	0,73		
	1800	0,91		
	2000	1,1		
7.6 Natursteine, Gesteine				
Kristalliner Naturstein	2 800	3,5	10 000	1 000
Sediment-Naturstein	2 600	2,3	200/250	
leichter Sediment-Naturstein	1 500	0,85	20/30	
poröses Gestein, Lava	1 600	0,55	15/20	
Basalt	2 700–3 000	3,5	10 000	
Gneis	2 400–2 700	3,5	10 000	
Granit	2 500–2 700	2,8	10 000	
Marmor	2 800	3,5	10 000	
Schiefer	2 000–2 800	2,2	800/1 000	
Kalkstein, extra weich	1 600	0,85	20/30	
Kalkstein, weich	1 800	1,1	25/40	
Kalkstein, mittelhart	2 000	1,4	40/50	
Kalkstein, hart	2 200	1,7	150/200	
Kalkstein, extra hart	2 600	2,3	200/250	
Sandstein (Quarzit)	2 600	2,3	30/40	
Naturbims	400	0,12	6/8	
Kunststein	1 750	1,3	40/50	
7.7 Erdreich, Böden, naturfeucht				
Ton, Schlick oder Schlamm	1 200–1 800	1,5	50	1 670–2 500
Sand und Kies	1 700–2 200	2,0		910–1 180

Tafel 4.37 Kennwerte für Baustoffe (Fortsetzung)

Stoff	ρ kg/m³	λ_B W/(m·K)	μ	c_p J/(kg·K)
7.8 Metalle				
Aluminiumlegierungen	2 800	160	∞	880
Bronze	8 700	65	∞	380
Messing	8 400	120	∞	380
Kupfer	8 900	380	∞	380
Gusseisen	7 500	50	∞	450
Blei	11 300	35	∞	130
Stahl	7 800	50	∞	450
nichtrostender Stahl[15], austenitisch oder austenitisch-ferritisch	7 900	17	∞	500
nichtrostender Stahl[15], ferritisch oder martensitisch	7 900	30	∞	460
Zink	7 200	110	∞	380
7.9 Gase				
Luft	1,23	0,025	1	1 008
Kohlendioxid	1,95	0,014	1	820
Argon	1,70	0,017	1	519
Schwefelhexafluorid	6,36	0,013	1	614
Krypton	3,56	0,0090	1	245
Xenon	5,68	0,0054	1	160
7.10 Wasser				
Eis bei –10 °C	920	2,30	–	2 000
Eis bei 0 °C	900	2,20	–	2 000
Schnee, frisch gefallen (< 30 mm)	100	0,05	–	2 000
Neuschnee, weich (30 bis 70 mm)	200	0,12	–	2 000
Schnee, leicht verharscht (70 mm bis 100 mm)	300	0,23	–	2 000
Schnee, verharscht (< 200 mm)	500	0,60	–	2 000
Wasser bei 10 °C	1 000	0,60	–	4 190
Wasser bei 40 °C	990	0,63	–	4 190
Wasser bei 80 °C	970	0,67	–	4 190

1) Die in Klammern angegebenen Rohdichtewerte dienen nur zur Ermittlung der flächenbezogenen Masse, z.B. für den Nachweis des sommerlichen Wärmeschutzes.

2) Die bei den Steinen genannten Rohdichten entsprechen den Rohdichteklassen der zitierten Stoffnormen.

3) Jeweils der für die Baukonstruktion ungünstigere Wert; bzgl. der Anwendung der μ-Werte siehe DIN 4108-3.

4) Praktisch dampfdicht; nach DIN EN 12 086 oder DIN EN ISO 12 572: $s_d \geq 1500$ m

5) Die Rohdichte von Beton ist als Trockenrohdichte angegeben.

6) Bei Quarzsand erhöhen sich die Bemessungswerte der Wärmeleitfähigkeit um 20 %.

7) Bezeichnung der Mörtelarten nach DIN 1053-1:
- NM – Normalmörtel;
- LM21 – Leichtmörtel mit $\lambda = 0{,}21$ W/(m · K);
- LM36 – Leichtmörtel mit $\lambda = 0{,}36$ W/(m · K);
- DM – Dünnbettmörtel.

8) Wenn keine Werte angegeben sind, gelten die Werte der Spalte „NM“.

9) Die Bemessungswerte der Wärmeleitfähigkeit sind bei Hohlblöcken mit Quarzsandzusatz für 2 K Hbl um 20 % und für 3 K Hbl bis 6 K Hbl um 15 % zu erhöhen.

10) Die Rohdichte von Nutzholz und Holzfaserplattenprodukten ist die Gleichgewichtsdichte bei 20 °C und einer relativen Luftfeuchte von 65 %.

11) Als Interimsmaßnahme und bis zum Vorliegen hinreichend zuverlässiger Daten können für Hartfaserplatten (solid wood panels (SWP)) und Bauholz mit Furnierschichten (laminated veneer lumber (LVL)) die für Sperrholz angegebenen Werte angewendet werden.

12) MDF bedeutet Medium Density Fibreboard (mitteldichte Holzfaserplatte), die in sog. Trockenverfahren hergestellt worden ist.

13) Diese Stoffe sind hinsichtlich ihrer wärmeschutztechnischen Eigenschaften nicht genormt. Die angegebenen Wärmeleitfähigkeitswerte stellen obere Grenzwerte dar.

14) Die Dichte wird bei losen Schüttungen als Schüttdichte angegeben.

15) Eine ausführliche Liste nichtrostender Stähle ist in EN 10088-1 enthalten. Sie kann verwendet werden, wenn die genaue Zusammensetzung des nichtrostenden Stahles bekannt ist.

Für Wärmedämmstoffe mit Kennzeichnung durch CE-Zeichen (das sind Dämmstoffe, die auf der Basis harmonisierter europäischer Dämmstoffnormen in Verkehr gebracht werden) ergibt sich der Bemessungswert der Wärmeleitzahl aus ihrem Nennwert und einem Sicherheitsbeiwert zur Berücksichtigung der zu erwartenden Materialstreuung.

Tafel 4.47 Kennwerte für Wärmedämmstoffe nach harmonisierten europäischen Normen gemäß DIN 4108-4 und DIN EN ISO 10 456

	Stoff	Nennwert λ_D W/(m·K)	Bemessungswert λ_B W/(m·K)	Richtwert der Wasserdampf-Diffusionswiderstandszahl [6] μ	Spezifische Wärmespeicherkapazität c_p J/(kg·K)
1	**Mineralwolle** (MW) nach DIN EN 13 162 [1]	0,030 0,031 … 0,049 0,050	0,031 0,032 … 0,050 0,052	1	1 030
2	**Expandierter Polystyrolschaum** (EPS) nach DIN EN 13 163 [1]	0,030 0,031 … 0,049 0,050	0,031 0,032 … 0,050 0,052	20/100	1 450
3	**Extrudierter Polystyrolschaum** (XPS) nach DIN EN 13 164 [1]	0,022 0,023 … 0,045	0,023 0,024 … 0,046	80/250	1 450
4	**Polyurethan-Hartschaum** (PUR) nach DIN EN 13 165 [1]	0,020 0,021 … 0,040	0,021 0,022 … 0,041	40/200	1 400
5	**Phenolharz-Hartschaum** (PF) nach DIN EN 13 166 [1]	0,020 0,021 … 0,035	0,021 0,022 … 0,036	10/60	1 400
6	**Schaumglas (CG)** nach DIN EN 13 167 [1]	0,037 0,038 … 0,049 0,050 … 0,055	0,038 0,039 … 0,050 0,052 … 0,057	∞ 8)	1 000
7.1	**Holzwolle-Leichtbauplatten (WW)** nach DIN EN 13 168 [2]	0,060 0,061 … 0,069 0,070 … 0,089 0,090 … 0,100	0,063 0,064 … 0,072 0,074 … 0,093 0,095 … 0,105	2/5	1 470
7.2	**Holzwolle-Mehrschichtplatten** (WW-C) nach DIN EN 13 168 Für die Berechnung des Bemessungswertes des Wärmedurchlasswiderstandes müssen die einzelnen Bemessungswerte der Wärmedurchlasswiderstände der Schichten addiert werden.				
	mit expandiertem Polystyrolschaum (EPS) nach DIN EN 13 163 [1]	0,030 0,031 … 0,049 0,050	0,031 0,032 … 0,050 0,052	20/50	–

Tafel 4.47 **Kennwerte für Wärmedämmstoffe** (Fortsetzung)

	Stoff	λ_D	λ_B	μ [6)]	c_p
7.2	**Holzwolle-Mehrschichtplatten** (WW-C) nach DIN EN 13 168				
	mit Mineralwolle (MW) nach DIN EN 13 162 [1)]	0,030 0,031 ... 0,049 0,050	0,031 0,032 ... 0,050 0,052	1	–
	Holzwolledeckschicht(en) nach DIN EN 13 168 [4)]	0,10 0,11 0,12 0,13 0,14	0,12 0,13 0,14 0,16 0,17	2/5	1 470
8	**Blähperlit** (EPB) nach DIN EN 13 169 [1)]	0,045 0,046 ... 0,049 0,050 ... 0,070	0,046 0,047 ... 0,050 0,052 ... 0,072	5	900
9	**Expandierter Kork** (ICB) nach DIN EN 13 170 [5)]	0,038 0,039 ... 0,049 0,050 ... 0,055	0,040 0,041 ... 0,051 0,053 ... 0,058	5/10	1 560
10	**Holzfaserdämmstoff** (WF) nach DIN EN 13 171 [2)]	0,032 0,033 ... 0,049 0,050 ... 0,060	0,034 0,035 ... 0,051 0,053 ... 0,063	3/5	2 000
11	Wärmedämmstoff aus **Polyurethan** (PUR)- und **Polyisocyanurat** (PIR)- [3)] **Spritzschaum** nach DIN EN 14315-1	0,020 0,021 ... 0,034 0,035 ... 0,040	0,023 0,024 ... 0,037 0,039 ... 0,044	–	–
12	Wärmedämmung aus Produkten mit **expandierten Perliten** (EP) nach DIN EN 14316-1 [1)]	0,040 0,041 ... 0,049 0,050 ... 0,060	0,041 0,042 ... 0,050 0,052 ... 0,062	–	–
13	**Selbsttragende Sandwich-Elemente** mit beidseitigen Metalldeckschichten nach DIN EN 14509 [1),7)]	0,020 0,021 ... 0,047	0,021 0,022 ... 0,048	–	–
14	**An der Verwendungsstelle hergestellte Wärmedämmung** aus Blähton-Leichtzuschlagstoffen (LWA) nach DIN EN 14063-1 [2)]	0,090 0,091 ... 0,095 ... 0,10 0,11 ... 0,130	0,095 0,096 ... 0,10 ... 0,105 0,12 ... 0,140	–	–

Tafel 4.47 Kennwerte für Wärmedämmstoffe (Fortsetzung)

	Stoff	λ_D	λ_B	μ [6]	c_p
15	**An der Verwendungsstelle** herge- stellte Wärmedämmung mit Produkten aus **expandiertem Vermiculit** (EV) nach DIN EN 14317-1 [4]	0,052 0,053 … 0,057 0,058 … 0,062 0,063 … 0,067 0,068 … 0,072 0,073 … 0,077 0,078 0,079 0,080	0,062 0,064 … 0,068 0,070 … 0,074 0,076 … 0,080 0,082 … 0,086 0,088 … 0,092 0,094 0,095 0,096	–	–
16	**An der Verwendungsstelle** hergestellte Wärmedämmung aus **Mineralwolle** (MW) nach DIN EN 14064-1 [1]	0,032 0,033 … 0,049 0,050	0,033 0,034 … 0,050 0,052	–	–
17	**Werkmäßig hergestellte** Produkte aus **Polyethylenschaum** (PEF) nach DIN EN 16069 [4]	0,035 0,036 0,037 0,038 … 0,042 0,043 … 0,047 0,048 … 0,052 0,053 … 0,057 0,058 0,059 0,060	0,042 0,043 0,044 0,046 … 0,050 0,052 … 0,056 0,058 … 0,062 0,064 … 0,068 0,070 0,071 0,072	–	–
18	**An der Verwendungsstelle** herge- stellter Wärmedämmstoff aus **dispensiertem Polyurethan** (PUR)- und Polyisocyanurat (PIR)- Hartschaum nach DIN EN 14318-1 [3]	0,020 0,021 … 0,034 0,035 … 0,040	0,023 0,024 … 0,037 0,039 … 0,044	–	–
19	**Wärmedämmputz** nach DIN T 1 EN 998-1 der Kategorie: T 2	–	0,12 0,24	5/20	–

[1] $\lambda_{Bemessung} = \lambda_D \cdot 1{,}03$; aber mindestens ein Zuschlag von 1 mW/(m·K);
[2] $\lambda_{Bemessung} = \lambda_D \cdot 1{,}05$; aber mindestens ein Zuschlag von 2 mW/(m·K);
[3] $\lambda_{Bemessung} = \lambda_D \cdot 1{,}10$; aber mindestens ein Zuschlag von 3 mW/(m·K);
[4] $\lambda_{Bemessung} = \lambda_D \cdot 1{,}20$; [5] $\lambda_{Bemessung} = \lambda_D \cdot 1{,}23$;
[6] Es ist jeweils der für die Baukonstruktion ungünstigere Wert einzusetzen.
[7] Die Anforderungen nach Fußnote [1] sind übertragbar auf den Bemessungswert des U-Wertes. $U_B = U_D \cdot 1{,}03$
[8] Praktisch dampfdicht, DIN EN 12086 oder DIN EN ISO 12572: $s_d \geq 1500$ m.

Tafel 4.50a Bemessungswert des Wärmedurchgangskoeffizienten von Türen und Toren $U_{D,BW}$ in Abhängigkeit von konstruktiven Merkmalen nach DIN 4108-4

Konstruktionsmerkmale	Bemessungswert des Wärmedurchgangskoeffizienten $U_{D,BW}$ in W/(m²·K)
Türen aus Holz, Holzwerkstoffen und Kunststoff	2,9
Türen aus Metallrahmen und metallenen Bekleidungen	4,0
Torblatt [1] aus Metall (einschalig, ohne wärmetechnische Trennung)	6,5
Torblatt aus Metall oder holzbeplankten Paneelen aus Dämmstoffen ($\lambda \leq 0{,}04$ W/(m · K) bzw. $R_D \geq 0{,}5$ W/(m² · K) bei 15 mm Schichtdicke)	2,9
Torblatt [1] aus Holz u. Holzwerkstoffen, Dicke der Torfüllung ≥ 15 mm	4,0
Torblatt [1] aus Holz u. Holzwerkstoffen, Dicke der Torfüllung ≥ 25 mm	3,2

[1] Unter Tor wird hier verstanden: Eine Einrichtung, um eine Öffnung zu schließen, die in der Regel für die Durchfahrt von Fahrzeugen vorgesehen ist. Der allgemeine Begriff für „Tore" ist in DIN EN 12 433-1 definiert.

Tafel 4.50b U_g-Wert, Gesamtenergiedurchlassgrad $g_\perp$ und Transmissionsgrad τ_e und τ_v von Verglasungen (Anhaltswerte) nach DIN 4108-4

Konstruktionsmerkmale der Glastypen	U_g W/(m²·K)	$g_\perp$	τ_e	τ_v
Einfachglas	5,8	0,87	0,85	0,90
Zweifachglas mit Luftfüllung, ohne Beschichtung	2,9	0,78	0,73	0,82
Dreifachglas mit Luftfüllung, ohne Beschichtung	2,0	0,70	0,63	0,75
Wärmedämmglas zweifach mit Argonfüllung, eine Beschichtung	1,7	0,72	0,60	0,74
	1,4	0,67	0,58	0,78
	1,2	0,65	0,54	0,78
	1,1	0,60	0,52	0,80
Wärmedämmglas dreifach mit Argonfüllung, zwei Beschichtungen	0,8	0,60	0,50	0,72
	0,7	0,50	0,39	0,69
Sonnenschutzglas zweifach mit Argonfüllung, eine Beschichtung	1,3	0,48	0,44	0,59
	1,2	0,37	0,34	0,67
	1,2	0,25	0,21	0,40
	1,1	0,36	0,33	0,66
	1,1	0,27	0,24	0,50
Sonnenschutzglas dreifach mit Argonfüllung, zwei Beschichtungen	0,7	0,24	0,21	0,45
	0,7	0,34	0,29	0,63

Tafel 4.50c U-Wert, Gesamtenergiedurchlassgrad $g_\perp$ und Transmissionsgrad τ_{D65} von Lichtkuppeln und Dachlichtbändern (Anhaltswerte) nach DIN 4108-4 (Auszug)

Typ	Aufbau und Werkstoffe der Platten [1]	Einfärbung	U W/(m²·K)	$g_\perp$	τ_{D65}
Lichtkuppel	PMMA-Massiv, einschalig	klar	5,4	0,85	0,92
	PMMA-Massiv, einschalig	opal	5,4	0,80	0,83
	PMMA-Massiv, doppelschalig	klar/klar	2,7	0,78	0,80
	PMMA-Massiv, doppelschalig	klar, IR[3]	2,7	0,32	0,47
	PMMA-Massiv, dreischalig	opal/opal/klar	1,8	0,64	0,60
	PC-/PETG-Massiv, einschalig	klar	5,4	0,75	0,88
Lichtband	PC-Doppelsteg, 8 mm (PC-SDP8)	klar	3,3	0,81	0,81
	PC-Doppelsteg, 8 mm (PC-SDP8)	opal	3,3	0,70	0,62
	PC-Dreifachsteg, 16 mm (PC-S3P16)	klar	2,4	0,69	0,72
	PC-Sechsfachsteg, 25 mm (PC-S6P25)	klar	1,45	0,67	0,62
	PMMA-Doppelsteg, 16 mm (PMMA-SDP16)	klar	2,5	0,82	0,86
	PMMA-Doppelsteg, 16 mm (PMMA-SDP16)	IR[3]	2,5	0,40	0,50
	PMMA-Vierfachsteg, 32 mm (PMMA-S4P32)	opal, IR[3]	1,6	0,30	0,40

[1] PC: Polycarbonat; PETG: Polyethylenterephthalat, glykolisiert; PMMA: Polymethylmethacrylat; IR: Infrarot

5 Bauakustik

5.1 Bauakustische Größen, Formelzeichen, Einheiten

Schallschutztechnische Größe	Formelzeichen	Einheit
Außenlärmpegel	L_a	dB
Außenlärmpegel, resultierender maßgeblicher	$L_{a,res}$	dB
Beurteilungspegel	L_r	dB
Bezugsabsorptionsfläche	A_0	m²
Bezugskantenlänge	l_{lab}	m
Dauerschallpegel, äquivalenter	L_{eq}	dB
Dicke (Bauteil-, Schicht-)	d	m
Eigenfrequenz	f_0	Hz
Elastizitätsmodul, dynamischer	E_{Dyn}	MN/m²
Fläche des Bauteils i	S_i	m²
Frequenz	f	Hz
Flankendämm-Maß, bewertetes *(auf den Flankenwegen ij)*	R_{ij}	dB
Hintergrund-Geräuschpegel	L_{Ag}	dB
Korrekturwert (*unterschiedliche Indizes*)	K	dB
Lärmpegel *(od. Schalldruck~)* der Lärmquelle *(od. Schall~) i*	$L_{a,i}$	dB
Luftschalldämm-Maß, bewertetes, auf die Fassadenfläche bezogenes	$R_{e,w}$	dB
Luftschalldämm-Maß, bewertetes (einschließlich Flankenübertragung → *Bau-Schalldämm-Maß*)	R'_w	dB
Luftschalldämm-Maß, bewertetes (ausschließlich Flankenübertragung → *Labor-Schalldämm-Maß*)	R_w	dB
Luftschalldämm-Maß, gesamtes bewertetes (einschließlich Flankenübertragung)	$R'_{w,ges}$	dB
Masse, flächenbezogene	m'	kg/m²
Mittelungspegel vor der Fassade	L_{Ama}	dB
Norm-Schalldruckpegel, A-bewerteter maximaler	$L_{AF,max}$	dB
Normtrittschallpegel, bewerteter (mit Flankenübertragung)	$L'_{n,w}$	dB
Norm-Schallpegeldifferenz, bewertete	$D_{n,e,w}$	dB
Norm-Trittschallpegel, äquivalenter bewerteter	$L_{n,eq,0,w}$	dB
Rohdichteklasse	RDK	kg/dm³
Rohdichte, Rechenwert der	ρ_W	kg/m³
Schalldruckpegeldifferenz	ΔL_p	dB
Spektrum-Anpassungswert	C, C_{tr}	dB
Standard-Schallpegeldifferenz, bewertete	$D_{nT,w}$	dB
Standard-Trittschallpegel, bewerteter (mit Flankenübertragung)	$L'_{nT,w}$	dB
Steifigkeit, dynamische	s'	MN/m³
Strömungswiderstand, längenbezogener	r	kN·s/m⁴
Stoßstellendämm-Maß *(auf dem Flankenweg ij)*	K_{ij}	dB
Stoßstellendämm-Maß, Mindestwert *(auf dem Flankenweg ij)*	$K_{ij,min}$	dB
Stoßstellenkorrektur einer elastischen Zwischenschicht	ΔK_{ij}	dB
Trittschall-Verbesserungsmaß	ΔL_w	dB
Unsicherheitsbeiwert der Prognose	μ_{Prog}	dB
Verbesserungsmaß	ΔR_w	dB

5.2 Anforderungen

5.2.1 Einführung

Hinsichtlich der Anforderungen an den baulichen Schallschutz ist zu differenzieren zwischen dem

- *bauaufsichtlich geforderten* Mindestschallschutz und dem
- *zivilrechtlich geschuldeten* Schallschutz.

Die Anforderungen nach DIN 4109-1 stellen vor diesem Hintergrund lediglich eine nicht zu unterschreitende schalltechnische Qualitätsgrenze – mithin also den sogenannten Mindestschallschutz – dar; Vorschläge oder Zielwerte für einen erhöhten Schallschutz in Gebäuden sind in dieser Norm nicht enthalten.

Hintergrund dieser Beschränkung auf eine schallschutztechnische Mindestqualität ist die *Bauproduktenverordnung* BauPVO (EU-Verordnung 305/2011 des Europäischen Parlaments und des Rates vom 9. März 2011 zur Festlegung harmonisierter Bedingungen für die Vermarktung von Bauprodukten und zur Aufhebung der Richtlinie 89/106/EWG des Rates (das ist die „*Bauprodukten-Richtlinie*")), in der es in Anhang I „Grundanforderungen an Bauwerke" in Absatz 5 heißt: *„Das Bauwerk muss derart entworfen und ausgeführt sein, dass der von den Bewohnern oder von in der Nähe befindlichen Personen wahrgenommene Schall auf einem Pegel gehalten wird, der nicht gesundheitsgefährdend ist und bei dem zufriedenstellende Nachtruhe-, Freizeit- und Arbeitsbedingungen sichergestellt sind."*

Die Formulierung von darüber hinausgehenden Qualitäten bzw. geschuldeten Zielwerten ist dann Aufgabe des Fachplaners im direkten Zusammenwirken mit Architekt und Bauherr.

Für die damit erforderlichen Diskussionen zum zivilrechtlich zu erbringenden, in aller Regel gegenüber den Mindestanforderungen erhöhten Schallschutz steht insbesondere für den Wohnungsbau eine Vielzahl unterschiedlicher Regelwerke zur Verfügung; vgl. dazu Überblick in den Tafeln 4.52 und 4.53a.

Tafel 4.52 Überblick über die Beschreibungen der unterschiedlichen Anforderungsniveaus

Regelwerk	Stufe / Klasse	Beschreibung des Anforderungsniveaus (sinngemäß zitiert aus Regelwerk)
DIN 4109-1 (01.2018)	Untergrenze	Es kann nicht erwartet werden, dass Geräusche von außen oder aus benachbarten Räumen nicht mehr / als nicht belästigend wahrgenommen werden.
DIN 4109-5 (08.2020)	erhöhter Schallschutz	Wahrnehmbar höherer Schallschutz und weitere Absenkung der Immissionen aus benachbarten Räumen, auch wenn für einzelne Bauteile die Werte von DIN 4109-1 als ausreichend erachtet werden.
VDI 4100 (08.2007) (zurückgezogen)	SSt I	Anforderungen identisch mit denen der DIN 4109 (11.1989)
	SSt II	Wohnungen, die auch in ihrer sonstigen Ausstattung durchschnittlichen Komfortansprüchen genügen (die Bewohner finden i.A. Ruhe).
	SSt III	Wohnungen, die auch in ihrer sonstigen Ausstattung gehobenen Komfortansprüchen genügen (die Bewohner finden ein hohes Maß an Ruhe).
VDI 4100 (10.2012)	SSt I	(Neu erstellte) Wohnungen, bei welchen die Ausführung und Ausstattung gegenüber einer einfachsten Ausführung und Ausstattung angehoben sind.
	SSt II	Wohnungen, die auch in ihrer sonstigen Ausführung und Ausstattung durchschnittlichen Komfortansprüchen genügen.
	SSt III	Wohnungen, die auch in ihrer sonstigen Ausführung und Ausstattung sowie Lage besonderen Komfortansprüchen genügen.
DEGA-Empfehlung 103 (01.2018)	Klassen E / F	Unterhalb der Anforderungen der DIN 4109-1
	Klasse D	Anforderungen im Wesentlichen identisch mit denen der DIN 4109-1
	Klasse C	Wohneinheiten, in denen die Bewohner bei üblichem rücksichtsvollen Wohnverhalten i.A. Ruhe finden und die Vertraulichkeit gewahrt bleibt.
	Klasse B	Wohneinheiten mit gutem Schallschutz, die bei gegenseitiger Rücksichtnahme zwischen den Nachbarn ein ruhiges Wohnen bei weitgehendem Schutz der Privatsphäre ermöglichen.
	Klasse A	Wohneinheiten mit sehr gutem Schallschutz, die ein ungestörtes Wohnen ohne große Rücksichtnahme gegenüber den Nachbarn ermöglichen.
	Klasse A*	Wohneinheiten mit sehr gutem Schallschutz, die ein ungestörtes Wohnen nahezu ohne Rücksichtnahme gegenüber den Nachbarn ermöglichen.
Abkürzung: i.A. = im Allgemeinen; SSt = Schallschutzstufe		

Tafel 4.53a Beispiel zur anschaulichen Beschreibung: Wahrnehmung üblicher Geräusche aus Nachbarwohnungen und Zuordnung zu den drei Schallschutzstufen (SSt) I bis III nach VDI 4100 (10.2012)

Geräuschemission	Wahrnehmung der Immission aus der Nachbarschaft bei einem Hintergrundpegel von 20 dB(A) und üblicher Raumgröße		
	SSt I	SSt II	SSt III
laute Sprechweise	undeutlich verstehbar	kaum verstehbar	i.A. nicht verstehbar
angehobene Sprechweise	i.A. kaum verstehbar	i.A. kaum verstehbar	nicht verstehbar
normale Sprechweise	i.A. kaum verstehbar	nicht verstehbar	nicht hörbar
sehr laute Musik (Party)	sehr deutlich hörbar	deutlich hörbar	noch hörbar
laute Musik (auch Radio / TV)	deutlich hörbar	noch hörbar	kaum hörbar
normal laute Musik	noch hörbar	kaum hörbar	nicht hörbar
spielende Kinder	hörbar	noch hörbar	kaum hörbar
Gehgeräusche	i.A. kaum störend	i.A. nicht störend	nicht störend
Nutzergeräusche	hörbar	noch hörbar	i.A. nicht hörbar
Geräusche aus haustechnischen Anlagen	unzumutbare Belästigungen werden i.A. vermieden	i.A. nicht störend	nicht oder nur selten störend
Haushaltsgeräte	noch hörbar	kaum hörbar	i.A. nicht hörbar
Abkürzung: i.A. = im Allgemeinen			

Um spätere Auseinandersetzungen über den geschuldeten Schallschutz zu vermeiden, ist es äußerst ratsam, die gewünschte Qualität des Schallschutzes im Vorfeld der Planungen *expressis verbis* zu vereinbaren! Vor diesem Hintergrund ist auch zu bedenken, dass eine Beschreibung eines Bauobjektes (z.B. in der Präambel von Baubeschreibungen) als „gehobene", „zeitgemäße" oder ähnliche Bauweise bereits die Schuldung eines erhöhten Schallschutzes im Sinne einer sogenannten „konkludenten (= stillschweigenden) Vereinbarung" ohne weitere Abstimmungen oder Vereinbarungen beinhaltet. Zur physikalischen (→ objektiven) sowie subjektiven (→ empfundenen) Bewertung der Differenzen zwischen unterschiedlichen Schalldämm-Maßen siehe Tafel 4.53b.

Tafel 4.53b Bewertung der Differenzen unterschiedlicher Schalldämm-Maße, Normtrittschallpegel, Schalldruckpegel etc.

Differenzwerte $\Delta R'_w$ bzw. $\Delta L'_{n,w}$ bzw. ΔL_p	Faktor der Erhöhung bzw. Reduzierung der Schallenergie	Subjektive Bewertung
± 1 dB	± 1,25	Änderung i.d.R. nicht wahrnehmbar
± 3 dB	± 2,00	Änderung wahrnehmbar
± 5 dB	± 3,20	Änderung deutlich wahrnehmbar
± 10 dB	± 10,00	Änderung signifikant: verdoppelte (halbierte) Lautstärke

Es sei hier jedoch ausdrücklich darauf hingewiesen, dass die bauliche Umsetzung erhöhter Schallschutzanforderungen bereits im frühen Planungsstadium eine entsprechend tiefe Auseinandersetzung mit dem Bauwerk sowie eine detaillierte Planung aller relevanten Komponenten erfordert!

Tafel 4.53c zeigt beispielhaft die Spannweite der Anforderungen an das bewertete Luftschalldämmmaß R'_w für eine Wohnungstrennwand in einem Mehrfamilienhaus sowie den damit verbundenen Verbesserungsfaktor (= Reduzierungen der übertragenen Schallenergie gegenüber dem Mindestschallschutz) bei Anwendung unterschiedlicher Regelwerke.

Tafel 4.53c Beispiel für die Spannweite von Schallschutzanforderungen bei Anwendung unterschiedlicher Regelwerke (Wohnungs-TW, Tiefe des kleineren Raumes t = 3 m)

Regelwerk	DIN 4109-1	DIN 4109-5	VDI 4100 (08.2007)		VDI 4100	DEGA-Empf. 103	
			SSt II	SSt III	SSt III	A	A*
erf R'_w in dB	53	56	56	59	64	67	72
Verbesserungsfaktor	1,0	2,0	2,0	4,0	13,0	25,0	80,0

5.2.2 Mindestanforderungen an den Schallschutz von Außenbauteilen gegenüber Außenlärm nach DIN 4109-1 *(zur Führung des bauaufsichtlichen Nachweises)*

Der für die Bemessung resultierende, maßgebliche Außenlärmpegel $L_{a,res}$ wird in der Regel aus den unterschiedlichen Pegeln (Anzahl: n) der einzelnen Lärmquellen $L_{a,i}$ (Straßen-, Schienen-, Luft- und Wasserverkehr, Industrie- und Gewerbelärm) und *jeweils getrennt für Tag und Nacht* berechnet. Im Sinne einer Vereinfachung werden dabei unterschiedliche Definitionen der einzelnen maßgeblichen Außenlärmpegel in Kauf genommen. Die Addition des Zuschlags von 3 dB(A) auf die unterschiedlichen Pegel (siehe Tafel 4.54) darf nur einmal, nämlich auf den Summenpegel erfolgen.

$$L_{a,res} = 10 \cdot \log \sum_{i=1}^{n} 10^{0,1 \cdot L_{a,i}}$$

Für die von der maßgeblichen Lärmquelle abgewandte Gebäudeseite darf der maßgebliche Außenlärmpegel ohne besonderen Nachweis abgemindert werden:

$\Delta L_a = -5$ dB(A) bei offener Bebauung,

$\Delta L_a = -10$ dB(A) bei geschlossener Bebauung bzw. bei Innenhöfen

Sind Lärmschutzwände oder Lärmschutzwälle vorhanden, darf der maßgebliche Außenlärmpegel gemindert werden (Nachweis siehe 16. BImSchV). Sofern es im Sonderfall gerechtfertigt ist, sind zur Ermittlung des maßgeblichen Außenlärmpegels auch Messungen zulässig.

Tafel 4.54 Vorgaben zur Ermittlung des maßgeblichen Außenlärmpegels nach DIN 4109-2

Lärmquelle	Ermittlungsgrundlagen (hierarchisch gelistet)[1]		
	Ebene 1	Ebene 2	Ebene 3
Straßenverkehr[2]	Verwaltungsvorschriften, Bebauungspläne, Lärmkarten etc.[3]	Berechnung nach DIN 18005-1 A2 + Zuschlag 3 dB(A)	Messungen nach DIN 4109-4, C.1 und C.5.
		Berechnung nach 16. BImSchV + Zuschlag 3 dB(A)	
Schienenverkehr[2]		Berechnung nach 16. BImSchV + Abschlag − 5dB(A)[4] + Zuschlag 3 dB(A)	Messungen nach DIN 4109-4, C.2 und C.5.
Wasserverkehr[2][5]		Berechnung nach DIN 18005-1 A4 + Zuschlag 3 dB(A)	Messungen nach DIN 4109-4, C.3 und C.5.
Luftverkehr[2]	Für Flugplätze, für die Lärmschutzbereiche nach dem *FluLärmG* festgesetzt sind, gelten innerhalb der Schutzzonen die Regelungen dieses Gesetzes.		
	Für Flugplätze, die *nicht dem FluLärmG* unterliegen, können die Geräuschimmissionen nach DIN 45684-1, DIN 45684-2 oder nach der Landeplatz-Fluglärmleitlinie des Länderausschusses für Immissionsschutz ermittelt werden. + Zuschlag 3 dB(A)		
Gewerbe- und Industrieanlagen[2]	Ansetzen der entsprechenden Immissionsrichtwerte der TA Lärm + Zuschlag 3 dB(A)	Ermittlung der tatsächlich auftretenden Beurteilungspegel nach TA Lärm[6] + Zuschlag 3 dB(A)	

[1] Die Beurteilungspegel sind immer für den Tag (6:00 Uhr bis 22:00 Uhr) und für die Nacht (22:00 Uhr bis 6:00 Uhr) zu berechnen.

[2] Beträgt die Differenz der Beurteilungspegel zwischen Tag minus Nacht < 10 dB(A), so ergibt sich der maßgebliche Außenlärmpegel zum Schutz des Nachtschlafes aus einem 3 dB(A) erhöhten Beurteilungspegel für die Nacht und einem Zuschlag von 10 dB(A).

[3] Lärmkarten nach der Richtlinie 2002/49/EG (EU-Umgebungslärmrichtlinie) können zur Ermittlung des maßgeblichen Außenlärmpegels nicht herangezogen werden.

[4] Aufgrund der Frequenzzusammensetzung von Schienenverkehrsgeräuschen in Verbindung mit dem Frequenzspektrum der Schalldämm-Maße von Außenbauteilen ist der Beurteilungspegel hier pauschal zu mindern.

[5] Beim Wasserverkehr können insbesondere tieffrequente Geräuschanteile Störungen hervorrufen. In diesen Fällen sind gesonderte Betrachtungen hinsichtlich der Schalldämmung der Außenbauteile erforderlich.

[6] Weicht die tatsächliche bauliche Nutzung im Einwirkungsbereich der Anlage erheblich von der im Bebauungsplan festgesetzten baulichen Nutzung ab, so ist von der tatsächlichen baulichen Nutzung unter Berücksichtigung der vorgesehenen baulichen Entwicklung des Gebietes auszugehen.

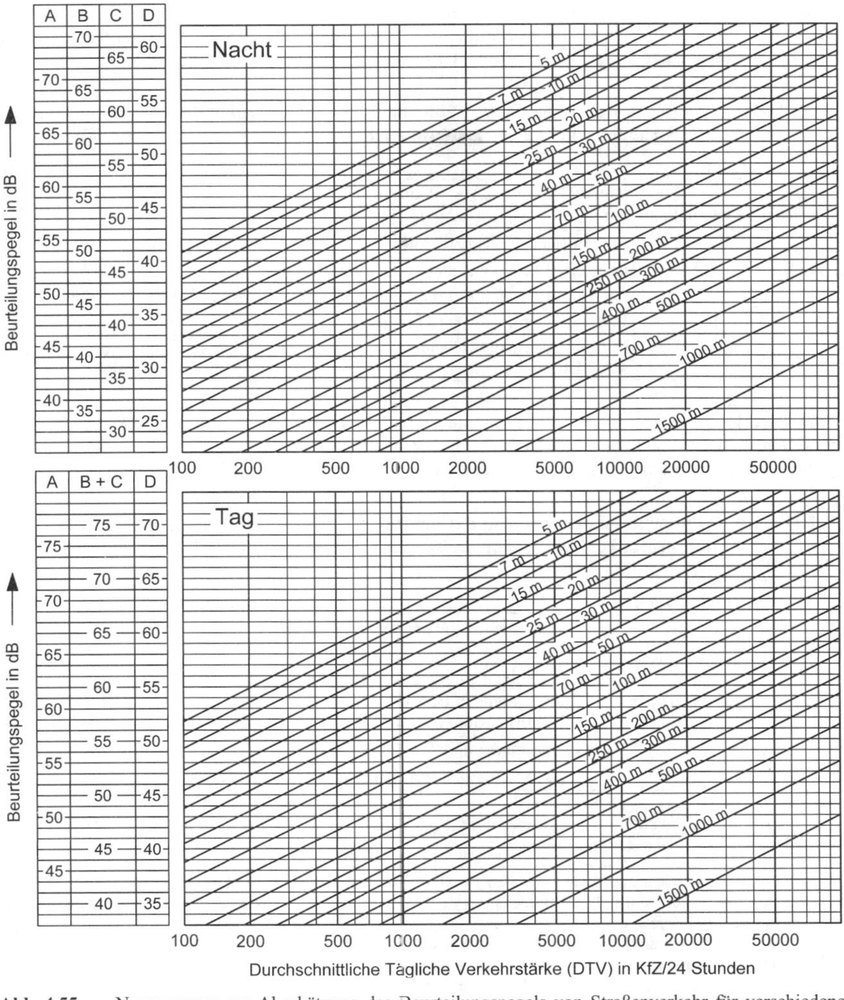

Abb. 4.55 Nomogramm zur Abschätzung des Beurteilungspegels von Straßenverkehr für verschiedene Abstände als Parameter nach DIN 18005-1.
Darin sind: A = Autobahnen, B = Bundes-, Landes- und Kreisstraßen, C = Gemeindeverbindungsstraßen, D = Stadt- und Gemeindestraßen.
Für Sonderfälle sind Korrekturen nach Tafel 4.56a zu berücksichtigen.

Der maßgebliche Außenlärmpegel ergibt sich

- für den Tag aus dem zugehörigen Beurteilungspegel (6:00 Uhr bis 22:00 Uhr),
- für die Nacht aus dem zugehörigen Beurteilungspegel (22:00 Uhr bis 6:00 Uhr) plus Zuschlag zur Berücksichtigung der erhöhten nächtlichen Störwirkung (→ größeres Schutzbedürfnis in der Nacht); dies gilt für Räume, die überwiegend zum Schlafen benutzt werden.

Maßgeblich ist die Lärmbelastung derjenigen Tageszeit, die die höhere Anforderung ergibt.

Sind Lärmschutzwände oder -wälle vorhanden, darf der maßgebliche Außenlärmpegel entsprechend den Vorgaben der 16. BImSchV abgemindert werden. Sofern es im Sonderfall gerechtfertigt ist, sind zur Ermittlung des maßgeblichen Außenlärmpegels auch Messungen zulässig.

Tafel 4.56a Korrekturwerte für Sonderfälle bei der Abschätzung des Beurteilungspegels von Straßenverkehr nach DIN 18005-1

Kriterium	Sonderfall	Korrekturwert
Zulässige Höchstgeschwindigkeit	auf Autobahnen v_{max} = 80 km/h	– 2,5 dB(A)
	auf Stadtstraßen v_{max} = 30 km/h	
Straßenoberfläche	offenporiger Asphalt auf Außerortsstraßen mit v_{max} > 60 km/h	– 3,0 dB(A)
	unebenes Pflaster auf Straßen mit $v_{max} \geq 50$ km/h	+ 6,0 dB(A)
	unebenes Pflaster auf Straßen mit 50 km/h > $v_{max} \geq 30$ km/h	+ 3,0 dB(A)
Lichtsignal-Anlage	Immissionsort in < 100 m Entfernung	+ 2,0 dB(A)
Straßenschluchten	Immissionsorte in beidseitiger, mehrgeschossiger und geschlossener Bebauung	+ 2,0 dB(A)

Nach DIN 4109-1 ergeben sich (in Verbindung mit DIN 4109-2) die Mindestanforderungen an die gesamten bewerteten Bau-Schalldämm-Maße $R'_{w,ges}$ der Außenbauteile von schutzbedürftigen Räumen unter Berücksichtigung der unterschiedlichen Raumarten nach Tafel 4.56b.

Tafel 4.56b Mindestanforderungen an das erforderliche bewertete, gesamte Bau-Schalldämm-Maß erf. $R'_{w,ges}$ von Außenbauteilen nach DIN 4109-1

Anforderung $R'_{w,ges}$[1)] mit Korrekturwert K_{AL}	Raumart	$K_{Raumart}$ in dB	Mindestanforderung
$R'_{w,ges} = L_a - K_{Raumart} + K_{AL}$	Bettenräume in Krankenanstalten und Sanatorien	25	$R'_{w,ges} \geq 35$ dB
	Aufenthaltsräume in Wohnungen, Übernachtungsräume in Beherbergungsstätten, Unterrichtsräume und Ähnliches	30	$R'_{w,ges} \geq 30$ dB
	Büroräume und Ähnliches	35	
	L_a Maßgeblicher Außenlärmpegel in dB(A) nach DIN 4109-2		
$K_{AL} = 10 \cdot \log\left(\frac{S_S}{0{,}8 \cdot S_G}\right)$	mit S_S vom Raum aus gesehene gesamte Fassadenfläche[2)] in m² S_G Grundfläche des Raumes in m²		

1) Bei Decken unter nicht ausgebauten Dachräumen und bei Kriechböden sind die Anforderungen durch Dach und Decke gemeinsam zu erfüllen. Die Anforderungen gelten als erfüllt, wenn das Schalldämm-Maß der Decke allein um nicht mehr als 10 dB unter dem erforderlichen gesamten Schalldämm-Maß $R'_{w,ges}$ liegt.

2) Für Räume mit mehreren an der Schallübertragung beteiligten Außenflächen (z.B. Eckräume mit zwei Außenwänden, Dachwohnungen mit Außenwand und Dachfläche) gilt die vom Raum aus gesehene gesamte Außenfläche als S_s, d.h. die *Summe der gesamten abgewickelten Flächen*, die den Raum nach außen begrenzen.

Wenn jedoch nur Lärmpegelbereiche vorliegen, ist der Maßgebliche Außenlärmpegel L_a für die Berechnung von $R'_{w,ges}$ nach Tafel 4.56c festgelegt.

Tafel 4.56c Zuordnung zwischen Lärmpegelbereichen und Maßgeblichem Außenlärmpegel nach DIN 4109-1

Lärmpegelbereich	I	II	III	IV	V	VI	VII
Maßgeblicher Außenlärmpegel L_a in dB(A)	55	60	65	70	75	80	> 80[1)]

1) Für L_a > 80 dB sind die Anforderungen aufgrund der örtlichen Gegebenheiten festzulegen.

Sowohl bei der Berechnung von $R'_{w,ges.}$ als auch von S_s werden alle schallbeanspruchten Außenbauteile des betrachteten Raumes berücksichtigt. Um die an den jeweiligen Fassadenflächen S_i anliegenden unterschiedlichen Lärmpegel $L_{a,i}$ zu berücksichtigen, wird für jeden Maßgeblichen Außenlärmpegel, der vom maximal vorliegenden Maßgeblichen Außenlärmpegel $L_{a,max}$ abweicht, ein Korrekturwert K_{LPB} ($K_{LPB,i} = L_{a,max} - L_{a,i}$) berechnet und auf alle Schalldämm-Maße der diesem Maßgeblichen Außenlärmpegel zugeordneten Fassadenteile *i* addiert.

5.2.3 Erhöhte Anforderungen an den Schallschutz von Außenbauteilen gegenüber Außenlärm *(zur Führung eines optionalen zivilrechtlichen Nachweises)*

Die Ermittlung des maßgeblichen Außenlärmpegels erfolgt nach den unter 5.2.2 beschriebenen Vorgehensweisen. Beispiele für erhöhte Anforderungswerte sind auf Grundlage unterschiedlicher Regelwerke in Tafel 4.57a zusammengefasst.

Tafel 4.57a Beispiele für erhöhte Anforderungen an das erforderliche bewertete, gesamte Bau-Schalldämm-Maß erf. $R'_{w,ges}$ von Außenbauteilen

<table>
<tr><th>Regelwerk</th><th colspan="5">Anforderungen an erf. $R'_{w,ges}$ in dB</th></tr>
<tr><td>DIN 4109-5 (08.2020)</td><td colspan="5">keine Anforderungen</td></tr>
<tr><td rowspan="2">VDI 4100 (08.2007)</td><td colspan="2">SSt I</td><td colspan="2">SSt II</td><td>SSt III</td></tr>
<tr><td colspan="4">wie DIN 4109</td><td>DIN 4109 + 5 dB</td></tr>
<tr><td rowspan="2">VDI 4100 (10.2012)</td><td colspan="2">SSt I</td><td colspan="2">SSt II</td><td>SSt III</td></tr>
<tr><td colspan="4">wie DIN 4109</td><td>DIN 4109 + 5 dB</td></tr>
<tr><td rowspan="2">DEGA-Empfehlung 103 (01.2018)[1]</td><td>D</td><td>C</td><td>B</td><td>A</td><td>A*</td></tr>
<tr><td colspan="4">wie DIN 4109-1</td><td>DIN 4109-1 + $C_{tr50\text{-}3150}$</td></tr>
<tr><td colspan="6">[1] Anforderungen erst ab Lärmpegelbereich II (also ab L_a = 56 dB(A))</td></tr>
</table>

Hinweis: Es wird in diversen Regelwerken (z.B. VDI 4100, DIN 4109-1, DIN 4109-5) empfohlen, bei der Planung und Berechnung der erforderlichen Schalldämm-Maße die Spektrumanpassungswerte (C und C_{tr}) nach DIN EN ISO 717-1 der für die Verwendung vorgesehenen Bauteile zu beachten, wenn es sich bei (Außen-)Lärm um auffällige Spektren im bauakustisch relevanten Bereich (100 bis 3150 Hz) handelt. Für einen weiter ausgedehnten Frequenzbereich unter 100 Hz und/oder über 3150 Hz können weitere Spektrumanpassungswerte mit entsprechender Frequenzbewertung aus den Messwerten ermittelt werden (z.B. $C_{tr50\text{-}5000}$).

5.2.4 Mindestanforderungen an den Schutz gegenüber Schallübertragung in Gebäuden *(zur Führung des bauaufsichtlichen Nachweises)*

Tafel 4.57b Mindestanforderungen an die Luft- und Trittschalldämmung zwischen unterschiedlichen fremden Nutzungseinheiten in Gebäuden nach DIN 4109-1

Bauteil	Anforderung in dB	
	min. R'_w	max. $L'_{n,w}$
Mehrfamilienhäuser, Bürogebäude und gemischt genutzte Gebäude		
Decken unter allgemein nutzbaren Dachräumen, z.B. Trockenböden, Abstellräumen und ihren Zugängen	53	52
Wohnungstrenndecken (auch Treppen)[1]	54	50
Trenndecken (auch Treppen) zwischen fremden Arbeitsräumen bzw. vergleichbaren Nutzungseinheiten	54	53
Decken über Kellern, Hausfluren, Treppenräumen unter Aufenthaltsräumen[2]	52	50
Decken über Durchfahrten, Einfahrten von Sammelgaragen und Ähnliches unter Aufenthaltsräumen[2]	55	50
Decken unter/über Spiel- oder ähnlichen Gemeinschaftsräumen[3]	55	46
Decken unter Terrassen und Loggien über Aufenthaltsräumen	–	50
Decken unter Laubengängen[2]	–	53

Tafel 4.57b Mindestanforderungen an die Luft- und Trittschalldämmung (Fortsetzung)

Bauteil	Anforderung in dB	
	min. R'_w	max. $L'_{n,w}$
Balkone[2)]		58
Decken u. Treppen innerh. von Wohnungen, die sich über 2 Geschosse erstrecken[2)]	–	50
Decken unter Bad und WC ohne/mit Bodenentwässerung[2)]	54	53
Decken unter Hausfluren[2)]	–	50
Treppenläufe und -podeste	–	53
Wohnungstrennwände und Wände zwischen fremden Arbeitsräumen[5)]	53	–
Treppenraumwände und Wände neben Hausfluren[6)]	53	–
Wände neben Durchfahrten, Sammelgaragen, einschließlich Einfahrten	55	–
Wände von Spiel- oder ähnlichen Gemeinschaftsräumen	55	–
Schachtwände von Aufzugsanlagen an Aufenthaltsräumen	57	–
Türen, die von Hausfluren oder Treppenräumen in geschlossene Flure und Dielen von Wohnungen und Wohnheimen oder von Arbeitsräumen führen[7)]	27	–
Türen, die von Hausfluren oder Treppenräumen unmittelbar in Aufenthaltsräume – außer Flure und Dielen – von Wohnungen führen[7)]	37	–
Einfamilien-Reihenhäuser und Doppelhäuser		
Decken[8)]	–	41
Bodenplatte auf Erdreich bzw. Decke über Kellergeschoss[8)]	–	46
Treppenläufe und -podeste[8)]	–	46
Haustrennwände zu Aufenthaltsräumen, die im untersten Geschoss (erdberührt oder nicht) eines Gebäudes gelegen sind	59	–
Haustrennwände zu Aufenthaltsräumen, unter denen ≥ 1 Geschoss (erdberührt oder nicht) des Gebäudes vorhanden ist	62	–
Hotels und Beherbergungsstätten		
Decken, einschließlich Decken unter Fluren[2)]	54	50
Decken unter/über Schwimmbädern, Spiel- oder ähnlichen Gemeinschaftsräumen zum Schutz gegenüber Schlafräumen[9)]	55	46
Decken unter Bad und WC ohne/mit Bodenentwässerung[2)]	54	53
Treppenläufe und -podeste[10)]	–	58
Wände zwischen Übernachtungsräumen sowie Fluren und Übernachtungsräumen[11)]	47	–
Türen zwischen Fluren und Übernachtungsräumen[7)]	32	–
Krankenhäuser und Sanatorien		
Decken, einschl. Decken unter Fluren[2)]	54	53
Decken unter/über Schwimmbädern, Spiel- oder ähnlichen Gemeinschaftsräumen[9)]	55	46
Decken unter Bädern und WCs ohne/mit Bodenentwässerung[2)]	54	53
Treppenläufe und -podeste[10)]	–	58
Wände zwischen a) Krankenräumen, b) Fluren und Krankenräumen, c) Untersuchungs- bzw. Sprechzimmern, d) Fluren und Untersuchungs- bzw. Sprechzimmern, e) Krankenräumen und Arbeits- bzw. Pflegeräumen	47	–
Wände zwischen Räumen mit Anforderungen an erhöhtes Ruhebedürfnis und besondere Vertraulichkeit (Diskretion)	52	–
Wände zwischen Operations- bzw. Behandlungsräumen sowie zwischen Fluren und Operations- bzw. Behandlungsräumen	42	–
Wände zwischen Räumen der Intensivpflege und zu Fluren	37	
Türen zwischen a) Untersuchungs- bzw. Sprechzimmern, b) zwischen Fluren und Untersuchungs- bzw. Sprechzimmern, c) Räumen mit Anforderungen an erhöhtes Ruhebedürfnis und besondere Vertraulichkeit (Diskretion)[7)]	37	–
Türen zwischen a) Fluren und Krankenräumen, b) Operations- bzw. Behandlungsräumen, c) Fluren und Operations-bzw. Behandlungsräumen[7)]	32	–

Tafel 4.57b Mindestanforderungen an die Luft- und Trittschalldämmung (Fortsetzung)

Bauteil	Anforderung in dB	
	min. R'_w	max. $L'_{n,w}$
Schulen und vergleichbare Einrichtungen (z.B. Ausbildungsstätten, öffentliche Kindertagesstätten)		
Decken zwischen Unterrichtsräumen oder ähnlichen Räumen bzw. Decken unter Fluren[2) 12)]	55	53
Decken zwischen Unterrichtsräumen oder ähnlichen Räumen und „lauten" Räumen (z.B., Speiseräume, Cafeterien, Musikräume, Spielräume, Technikzentralen)[9)]	55	46
Decken zwischen Unterrichtsräumen oder ähnlichen Räumen und z.B. Sporthallen, Werkräumen	60	46
Wände zwischen Unterrichtsräumen oder ähnlichen Räumen untereinander und zu Fluren[12)]	47	–
Wände zwischen Unterrichtsräumen oder ähnlichen Räumen und Treppenhäusern[12)]	52	–
Wände zwischen Unterrichtsräumen oder ähnlichen Räumen und „lauten" Räumen (z.B. Speiseräume, Cafeterien, Musikräume, Spielräume, Technikzentralen)	55	–
Wände zwischen Unterrichtsräumen oder ähnlichen Räumen und z.B. Sporthallen, Werkräumen	60	
Türen zwischen Unterrichtsräumen oder ähnlichen Räumen und Fluren[7)]	32	
Türen zwischen Unterrichtsräumen oder ähnlichen Räumen untereinander[7)]	37	

1) Wohnungstrenndecken sind Bauteile, die Wohnungen voneinander oder von fremden Arbeitsräumen trennen. Im Fall von baulichen Änderungen von vor 1. Juli 2016 fertiggestellten Gebäuden sowie beim Neubau von Gebäuden mit Deckenkonstruktionen in Holz-, Leicht- und Trockenbau entsprechend DIN 4109-33 gilt: max $L'_{n,w} \leq 53$ dB.
2) Die Anforderung an die Trittschalldämmung gilt für die Trittschallübertragung in fremde Aufenthaltsräume in alle Schallausbreitungsrichtungen.
3) Wegen der verstärkten Übertragung tiefer Frequenzen können zusätzliche Maßnahmen zur Schalldämmung erforderlich sein.
4) Bezüglich der Anforderungen an die Luftschalldämmung → siehe Anforderungen gegen Außenlärm
5) Wohnungstrennwände sind Bauteile, die Wohnungen voneinander oder von fremden Arbeitsräumen trennen.
6) Für Wände mit Türen gilt die Anforderung $R'_{w,Wand} = R_{w,Tür} + 15$ dB. Darin bedeutet $R_{w,Tür}$ = min. $R_{w,Tür}$ entsprechend den Anforderungen an Türen nach DIN 4109-1. Wandbreiten ≤ 30 cm bleiben dabei unberücksichtigt.
7) Bei Türen gelten die Anforderungen an R_w. *Hinweis. Nach DIN 4109-2 muss ein Sicherheitsbeiwert von 5 dB berücksichtigt werden.*
8) Die Anforderung an die Trittschalldämmung gilt nur für die Trittschallübertragung in fremde Aufenthaltsräume in waagerechter oder schräger Richtung.
9) Wegen verstärkten tieffrequenten Schalls können zusätzl. Maßnahmen zur Körperschalldämmung erforderlich sein.
10) Keine Anforderungen an Treppenläufe und Zwischenpodeste in Gebäuden mit Aufzug.
11) Bei Trennwänden zwischen fremden Übernachtungsräumen mit Türen muss die resultierende Schalldämmung der Wand-Tür-Kombination $R'_{w,res} \geq 49$ dB betragen.
12) Zu ähnlichen Räumen gehören auch solche Räume mit erhöhtem Ruhebedürfnis, z.B. Schlafräume.

Tafel 4.59 Mindestanforderungen an die Luft- und Trittschalldämmung zwischen „besonders lauten" und „schutzbedürftigen" Räumen nach DIN 4109-1

Art der „besonders lauten" Räume	bewertetes Luftschalldämm-Maß von Decken und Wänden min. R'_w in dB		bewerteter Norm-Trittschallpegel von Fußböden max. $L'_{n,w}$[1) 2)] in dB
	Schalldruckpegel $75 \leq L_{AF,max} \leq 80$ in dB(A)	Schalldruckpegel $81 \leq L_{AF,max} \leq 85$ in dB(A)	
Räume mit „besonders lauten" haustechnischen Anlagen oder Anlagenteilen	57	62	43[3)]
Betriebsräume von Handwerks- und Gewerbebetrieben; Verkaufsstätten	57	62	43
Küchenräume der Küchenanlagen von Beherbergungsstätten, Krankenhäusern, Sanatorien, Gaststätten, Imbissstuben o.Ä., bis 22.00 Uhr in Betrieb	55		43

Tafel 4.59 Mindestanforderungen an die Luft- und Trittschalldämmung zwischen „besonders lauten" und „schutzbedürftigen" Räumen nach DIN 4109-1 (Fortsetzung)

Art der „besonders lauten" Räume	min. R'_w in dB		max. $L'_{n,w}$[1) 2)] in dB
	$75 \leq L_{AF,max} \leq 80$	$81 \leq L_{AF,max} \leq 85$	
Küchenräume wie zuvor, jedoch auch nach 22.00 Uhr in Betrieb	57[4)]		33
Gasträume, nur bis 22.00 Uhr in Betrieb	55	57	43
Gasträume mit Betrieb auch nach 22.00 Uhr und mit $L_{AF,max} \leq 85$ dB(A)	62		33
Räume von Kegelbahnen	67		–
Fußböden der Keglerstube / der Bahn	–		33 / 13
Gasträume mit maximalem Schalldruckpegel $85 \leq L_{AF,max} \leq 95$ dB(A), z.B. mit elektroakustischen Anlagen	72		28

1) Jeweils in Richtung der Lärmausbreitung
2) Die für Maschinen erforderliche Körperschalldämmung ist mit diesem Wert nicht erfasst; hierfür sind ggf. weitere Maßnahmen erforderlich. Ebenso kann je nach Art des Betriebes ein niedrigerer bewerteter Normtrittschallpegel notwendig sein; dies ist im Einzelfall zu prüfen. Wegen der verstärkten Übertragung tiefer Frequenzen können zusätzliche Maßnahmen zur Schalldämmung erforderlich sein.
3) Nicht erforderlich, wenn geräuscherzeugende Anlagen ausreichend körperschallgedämmt aufgestellt werden; eventuelle weitere Anforderungen nach DIN 4109-1 bleiben davon unberührt.
4) Handelt es sich um Großküchen und darüberliegende Wohnungen als schutzbedürftige Räume → min. $R'_w = 62$ dB.

Gebäudetechnische Anlagen sind hier dem Gebäude dienende Versorgungs- und Entsorgungsanlagen, Transportanlagen, fest eingebaute, betriebstechnische Anlagen sowie außerdem Gemeinschaftswaschanlagen, Schwimmanlagen, Saunen und dergleichen, Sportanlagen, zentrale Staubsauganlagen, Garagenanlagen, fest eingebaute, motorbetriebene außenliegende Sonnenschutzanlagen und Rollläden.

Tafel 4.60 Maximal zulässige Schalldruckpegel in fremden schutzbedürftigen Räumen sowie in schutzbedürftigen Räumen in der eigenen Wohnung nach DIN 4109-1

Geräuschquellen		maximal zulässige A-bewertete Schalldruckpegel in dB	
In fremden schutzbedürftigen Räumen		*Wohn- und Schlafräume*	*Unterrichts- und Arbeitsräume*
Sanitärtechnik / Wasserinstallationen (Wasserversorgungs- und Abwasseranlagen gemeinsam)		$L_{AF,max,n} = 30$[1) 2) 3)]	$L_{AF,max,n} = 35$[1) 2) 3)]
Sonstige hausinterne, fest installierte technische Schallquellen der technischen Ausrüstung, Ver- und Entsorgung u. Garagenanlagen		$L_{AF,max,n} = 30$[3)]	$L_{AF,max,n} = 35$[3)]
Gaststätten einschließlich Küchen, Verkaufsstätten, Betriebe u.Ä.	tags: 6:00 Uhr bis 22:00 Uhr	$L_r = 35$ und $L_{AF,max} = 45$	
	nachts: nach TA Lärm	$L_r = 25$ $L_{AF,max} = 35$	$L_r = 35$ $L_{AF,max} = 45$
In schutzbedürftigen Räumen in der eigenen Wohnung		*Wohn- und Schlafräume*	*Küchen*
Fest installierte technische Schallquellen der Raumlufttechnik im eigenen Wohn- und Arbeitsbereich		$L_{AF,max,n} = 30$[1) 2) 3) 4)]	$L_{AF,max,n} = 33$[1) 2) 3) 4)]

1) Einzelne kurzzeitige Geräuschspitzen, die beim Betätigen der Armaturen und Geräte (Öffnen, Schließen, Umstellen, Unterbrechen) entstehen, sind derzeit nicht zu berücksichtigen.
2) Voraussetzungen zur Erfüllung des zulässigen Schalldruckpegels:
- Die Ausführungsunterlagen müssen die Anforderungen des Schallschutzes berücksichtigen, d.h., zu den Bauteilen müssen die erforderlichen Schallschutznachweise vorliegen;
- außerdem muss die verantwortliche Bauleitung benannt und zu einer Teilabnahme vor Verschließen bzw. Bekleiden der Installation hinzugezogen werden.

3) Abweichend von DIN EN ISO 10052 (10.2010), 6.3.3, wird auf Messung in der lautesten Raumecke verzichtet (siehe auch DIN 4109-4).
4) Es sind um 5 dB höhere Werte zulässig, sofern es sich um Dauergeräusche ohne auffällige Einzeltöne handelt.

Nicht betrachtet werden Geräusche von ortsveränderlichen Maschinen und Geräten (z.B. Staubsauger, Waschmaschinen, Küchengeräte und Sportgeräte) im eigenen Wohnbereich sowie Nutzergeräusche (z.B. Aufstellen eines Zahnputzbechers auf einer Abstellplatte, Öffnen und Schließen des WC-Deckels).

5.2.5 Empfehlungen für eigengenutzte Büroräume nach VDI 2569

In der VDI 2569 werden (ausgehend von üblichen Büroräumen mit einer raumakustisch wirksamen Ausstattung) für Einzel- und Mehrpersonenbüros in eigengenutzten Bereichen Empfehlungen formuliert, die deren Anpassung aus bau- und raumakustischer Sicht an die vorgesehene Nutzung zum Ziel haben. Dabei ist ergänzend zu berücksichtigen, dass für das Einrichten und Betreiben von Arbeitsstätten gesetzliche Regelungen (insbesondere das *Arbeitsschutzgesetz*, die *Arbeitsstättenverordnung* sowie die sich darauf stützenden *Technischen Regeln für Arbeitsstätten*) bestehen. Es bestehen im Hinblick auf den (ggf. weiterlaufenden) Planungsprozess zwangsläufig Unsicherheiten hinsichtlich der belastbaren Objektbeschreibung sowie unvermeidbare Freiheitsgrade bei der messtechnischen Bestimmung einzelner Parameter; damit sind die die hier angeführten Empfehlungen konkretisierenden Kennwerte nicht als Grenz- oder Richtwerte, sondern als den Planer unterstützende Anhaltswerte zu verstehen.

Der Schallschutz zu *fremdgenutzten* Bereichen ist (als bauaufsichtlich verbindliche Anforderung) in DIN 4109-1 geregelt.

Tafel 4.61a Wahrnehmung von Geräuschen aus benachbarten Räumen in Abhängigkeit von der Schallschutzklasse von Büroräumen

Schallschutz-klasse	Einzelbüro / Mehrpersonenbüro[1)]	Vertrauliches Büro[1)]
A	normale Sprache i. Allg. nicht verstehbar	angehobene Sprache i. Allg. nicht verstehbar
B	normale Sprache teilweise verstehbar	angehobene Sprache im Allgemeinen kaum verstehbar
C	normale Sprache verstehbar	

[1)] Den Beschreibungen liegen bei Mehrpersonenbüros ein A-bewerteter Fremdgeräuschpegel von ≥ 35 dB und in allen anderen Fällen ein A-bewerteter Fremdgeräuschpegel von ≥ 30 dB zugrunde.

Tafel 4.61b Empfehlungen für den Schallschutz eigengenutzter Büroräume

Schutzbedürftiger Raum und kennzeichnende Größe der Empfehlung in dB		Schallschutzklasse[1)] A	B	C
Luftschallübertragung				
Einzelbüro	min. $D_{nT,w}$	42	37	32
Mehrpersonenbüro		37	32	27
vertrauliches Büro		50	45	
Einzelbüro gegen gering frequentierte Verkehrsfläche		37	32	27
Einzelbüro gegen hoch frequentierte Verkehrsfläche		42	37	32
Mehrpersonenbüro gegen Verkehrsfläche		37	32	27
vertrauliches Büro gegen Verkehrsfläche		45	40	40
Trittschallübertragung aus Verkehrswegen und sonstigen Bereichen				
Einzelbüro	max. $L'_{nT,w}$	55	60	65
Mehrpersonenbüro				
vertrauliches Büro				

[1)] Besprechungsräume sind sinngemäß einzuordnen.

[2)] Bei transparenten Wänden sind ggf. um 3 dB geringere Werte ausreichend, da eine Sichtverbindung gegeben ist.

[3)] Die angegebenen Empfehlungen beziehen sich auf alle Schallübertragungswege inklusive Türen.

5.2.6 Erhöhte Anforderungen an den Schutz gegenüber Schallübertragung in Gebäuden *(zur Führung eines optionalen zivilrechtlichen Nachweises)*

Tafel 4.62 Anforderungen an den Schallschutz von Aufenthaltsräumen in Wohnungen nach DIN 4109-5 (08.2020)

Bauteil	Anforderung in dB	
	min. R'_{w}	max. $L'_{n,w}$
Mehrfamilienhäuser und gemischt genutzte Gebäude[1]		
Decken unter allgemein nutzbaren Dachräumen, z.B. Trockenböden, Abstellräumen und ihren Zugängen	56	47
Wohnungstrenndecken (auch Treppen)[2]	57	45
Decken über Kellern, Hausfluren, Treppenräumen unter Aufenthaltsräumen	55	45[3)4)]
Decken ü. Durchfahrten, Einfahrten von Sammelgaragen u.Ä. unter Aufenthaltsräumen	58	45[3]
Decken unter[5] bzw. über Spiel- oder ähnlichen Gemeinschaftsräumen[6]	58	41
Decken unter Terrassen und Loggien über Aufenthaltsräumen	-	45
Decken unter Laubengängen	-	48[3]
Balkone	-	58[3]
Decken u. Treppen innerh. von Wohnungen, die sich über zwei Geschosse erstrecken	-	45[3]
Decken unter[5] WC und Bad ohne bzw. mit Bodenablauf	57	47[3]
Decken unter[5] Hausfluren	-	45[3]
Treppenläufe und -podeste	-	47
Wohnungstrennwände und Wände zwischen fremden Arbeitsräumen[7]	56	-
Treppenraumwände und Wände neben Hausfluren[8]	56	-
Wände neben Durchfahrten, Sammelgaragen, einschließlich Einfahrten	58	-
Wände von Spiel- oder ähnlichen Gemeinschaftsräumen	58	-
Schachtwände von Aufzugsanlagen an Aufenthaltsräumen	57	-
Türen, die von Hausfluren oder Treppenräumen in geschlossene Flure und Dielen von Wohnungen und Wohnheimen oder von Arbeitsräumen führen (Anforderung hier an R_{w})	32	-
Türen, die von Hausfluren oder Treppenräumen unmittelbar in Aufenthaltsräume (außer Flure und Dielen) von Wohnungen führen (Anforderung hier an R_{w})	42[9]	-
Einfamilien-Reihenhäuser und Doppelhaushälften[1]		
Decken	-	36[10]
Bodenplatte auf Erdreich bzw. Decke über Kellergeschoss	-	41[10]
Treppenläufe und -podeste	-	41[10]
Haustrennwände zu Aufenthaltsräumen, - die im untersten Geschoss (erdberührt oder nicht) eines Gebäudes gelegen sind, - unter denen $\geq$ 1 Geschoss (erdberührt oder nicht) des Gebäudes vorhanden ist.	 62 67[11]	-

1) Trittschallmindernde Bodenbeläge (z.B. weichfedernde Bodenbeläge nach DIN 4109-34:2016-07, Tabelle 2, sowie schwimmend verlegte Parkett- und Laminatbeläge) dürfen beim schalltechnischen Nachweis im Wohnungsbau nicht angerechnet werden.

2) Wohnungstrenndecken sind Bauteile, die Wohnungen voneinander oder von fremden Arbeitsräumen trennen.

3) Die Anforderung an die Trittschalldämmung gilt für die Trittschallübertragung in fremde Aufenthaltsräume in alle Schallausbreitungsrichtungen.

4) Es gibt keine Anforderungen an den Trittschallpegel, der ausgehend von einem angrenzenden Raum in den Keller eingetragen wird, sofern der Kellerraum kein schutzbedürftiger Raum ist. Die Anforderungen an die Trittschalldämmung an Decken z.B. über Kellern gelten, um die horizontale Trittschallübertragung zwischen den über Kellern liegenden, schutzbedürftigen Räumen zu begrenzen. Daraus folgt, dass es nach DIN 4109-1 (01.2018) keine Anforderungen an die Trittschallübertragung z.B. aus dem nichtschutzbedürftigen Keller in angrenzende schutzbedürftige Räume gibt.

5) Gilt auch für die Bodenplatte unter diesen Räumen.

6) Wegen der verstärkten Übertragung tiefer Frequenzen können zusätzliche Maßnahmen zur Schalldämmung erforderlich sein.

7) Wohnungstrennwände sind Bauteile, die Wohnungen voneinander oder von fremden Arbeitsräumen trennen.

8) Für Wände mit Türen gilt die Anforderung $R'_{w,Wand} = R_{w,Tür} + 15$ dB mit $R_{w,Tür}$ = min. $R_{w,Tür}$ entsprechend den Anforderungen an Türen in dieser Tafel.
9) Die Anforderung beträgt ≥ 40 dB unter der Voraussetzung, dass durch gleichwertige schallschutztechnische Maßnahmen Schallschleusen, offene Dielen im Eingangsbereich, der Schallschutz zwischen Treppenraum und Aufenthaltsraum verbessert wird.
10) Die Anforderung an die Trittschalldämmung gilt nur für die Trittschallübertragung in fremde Aufenthaltsräume in waagerechter oder schräger Richtung.
11) Bei Unterkellerung als Weiße Wanne mit durchlaufenden flankierenden Außenwänden gilt $R'_w \geq 64$ dB.

Tafel 4.63 Anforderungen an den Schallschutz schutzbedürftiger Räume in Wohngebäuden nach VDI 4100 (08.2007)

Schallschutz schutzbedürftiger Räume	Kennzeichnende Größe	Schallschutzstufe (SSt)		
		I	II	III
Mehrfamilienhäuser				
Horizontale Luftschallübertragung zwischen Aufenthaltsräumen und fremden Räumen	min R'_w in dB	nach DIN 4109	56	59
Vertikale Luftschallübertragung zwischen Aufenthaltsräumen und fremden Räumen	min R'_w in dB		57	60
Luftschallübertragung zwischen Aufenthaltsräumen und fremden Treppenhäusern bzw. Fluren	min R'w in dB		56	59
Trittschallübertragung zwischen Aufenthaltsräumen und fremden Räumen	max $L'_{n,w}$ in dB		46	39
Trittschallübertragung zwischen Aufenthaltsräumen und fremden Treppenhäusern	max $L'_{n,w}$ in dB		53	46
Wasserinstallationen (Wasserversorgungsanlagen und Abwasseranlagen gemeinsam)	L_{In} in dB(A)		30[1)]	25[1)]
Sonstige haustechnische Anlagen	$L_{AF,max,n}$ in dB(A)		30	25
Baulich verbundene Gewerbebetriebe (tags)	L_r in dB(A)		35[2) 3)]	–[4)]
Reihenhäuser und Doppelhäuser				
Luftschallübertragung zwischen Aufenthaltsräumen und fremden Räumen	min R'_w in dB	nach DIN 4109	63	68
Trittschallübertragung zwischen Aufenthaltsräumen und fremden Räumen (horizontal und diagonal)	max $L'_{n,w}$ in dB		41	34
Trittschallübertrag. zwischen Aufenthaltsräumen und fremden Treppenläufen oder -podesten (horizontal und diagonal)	max $L'_{n,w}$ in dB		46	39
Wasserinstallationen (Wasserversorgungsanlagen und Abwasseranlagen gemeinsam)	L_{In} in dB(A)		25[1)]	20[1)]
Sonstige haustechnische Anlagen	$L_{AF,max,n}$ in dB(A)		25	20
Baulich verbundene Gewerbebetriebe (tags)	L_r in dB(A)		30[2) 3)]	–[4)]
Im eigenen Bereich[5)]				
Horizontale Luftschallübertragung zw. Aufenthaltsräumen[6)]	min R'_w in dB		48	
Vertikale Luftschallübertragung zw. Aufenthaltsräumen	min R'_w in dB		55	
Trittschallübertragung zwischen Aufenthaltsräumen oder zwischen Aufenthaltsräumen und Erschließungs- bzw. Gemeinschaftsräumen (alle Übertragungsrichtungen)	max $L'_{n,w}$ in dB		46[7) 8)]	
Wasserinstallationen (Wasserversorgungsanlagen und Abwasseranlagen gemeinsam)	L_{In} in dB(A)		30[1)]	
Sonstige haustechnische Anlagen	$L_{AF,max,n}$ in dB(A)		30[1)]	25[1)]

1) Wenn Abwassergeräusche gesondert (ohne die zugehörigen Armaturengeräusche) auftreten, sind wegen der erhöhten Lästigkeit dieser Geräusche um 5 dB(A) niedrigere Werte einzuhalten.
2) Als Konsequenz möglichst nur tagsüber arbeitende Gewerbebetriebe zulassen.
3) L_{AFmax} höchstens 10 dB(A) höher.
4) In Schallschutzstufe III (SSt III) ist in der Regel gewerbliche Nutzung störungsfrei nicht möglich.
5) Bei „offener“ Grundrissgestaltung (z.B. offene Küche zum Wohnzimmer, nicht geschlossenes Treppenhaus etc.) können die Kennwerte nicht eingehalten werden.
6) Ohne Türen 7) Gilt auch zwischen Aufenthaltsräumen und Treppen bzw. -podesten.
8) Die Trittschallminderung weich federnder Bodenbeläge kann angerechnet werden.

Tafel 4.64 Anforderungen an den Schallschutz schutzbedürftiger Räume in Wohngebäuden nach VDI 4100 (10.2012)

Schallschutz schutzbedürftiger Räume[1)]	Kennzeichnende Größe	Schallschutzstufe (SSt)		
		I	II	III
Mehrfamilienhäuser				
Luftschallschutz, allgemein	min $D_{nT,w}$ in dB	56	59	64
Luftschallschutz: Treppenraumwand mit Tür[2)]	min $D_{nT,w}$ in dB	45	50	55
Trittschallschutz: vertikal, horizontal oder diagonal[3)]	max $L'_{nT,w}$ in dB	51	44	37
Gebäudetechnische Anlagen (inklusive Wasserversorgungsanlagen und Abwasseranlagen gemeinsam)	$L_{AF,max,nT}$ in dB(A)	30[4)]	27[4)]	24[4)]
Einfamilien-Doppelhäuser und Einfamilien-Reihenhäuser				
Luftschallschutz, allgemein	min $D_{nT,w}$ in dB	65	69	73
Trittschallschutz: horizontal oder diagonal[3)]	max $L'_{nT,w}$ in dB	46	39	32
Gebäudetechnische Anlagen (inklusive Wasserversorgungsanlagen und Abwasseranlagen gemeinsam)	$L_{AF,max,nT}$ in dB(A)	30[4)]	25[4)]	22[4)]
Eigener Bereich (selbst genutztes Einfamilienhaus oder Wohnung)[5)]				
Luftschallschutz: horizontal (Wände *ohne* Türen) und vertikal	min $D_{nT,w}$ in dB	48	52	
Luftschallschutz: bei offenen Grundrissen *Wand mit Tür* zum getrennten Raum	min $D_{nT,w}$ in dB	26	31	
Trittschallschutz: Decken und Treppen im abgetrennten Treppenraum[6)]	max $L'_{nT,w}$ in dB	53	46	
Gebäudetechnische Anlagen einschließlich Wasserversorgungsanlagen und Abwasseranlagen gemeinsam für die Versorgung und Entsorgung des eigenen Bereichs	$L_{AF,max,nT}$ in dB(A)	35[4) 7)]	30[4) 7)]	

1) Schutzbedürftige Räume in Wohnungen sind hier alle Räume (auch Bäder) mit einer Grundfläche ≥ 8 m².

2) Bezieht sich auf den Schallschutz vom Treppenraum zum nächsten Aufenthaltsraum; wohnungsinterne Türen dürfen im Fall eines dazwischen liegenden Raums pauschal mit $\Delta D_{nT,w} = -10$ dB berücksichtigt werden.

3) Gilt auch für die Trittschallübertragung von Balkonen, Loggien, Laubengängen und Terrassen.

4) Einzelne kurzzeitige Geräuschspitzen, die beim Betätigen (Öffnen, Schließen, Umstellen, Unterbrechen u.Ä.) der Armaturen und Geräte der Wasserinstallation entstehen, sollen die Kennwerte der SSt II und SSt III um nicht mehr als 10 dB übersteigen. Dabei wird eine bestimmungsgemäße Benutzung vorausgesetzt.

5) Kennzeichnung der Empfehlungen hier als SSt EB I und SSt EB II.

6) Oben und unten abgeschlossen.

7) Dies gilt nicht für Geräusche von im eigenen Bereich fest installierten technischen Schallquellen (Heizungs-, Lüftungs- und Klimaanlagen), die – im üblichen Betrieb – vom Bewohner beeinflusst, das heißt selbst betätigt bzw. in Betrieb gesetzt werden. Bei offenen Grundrissen kann nicht sichergestellt werden, dass im schutzbedürftigen Raum $L_{AF,max,nT} = 35$ dB eingehalten werden.

Aus den genannten Empfehlungen der VDI 4100 ergeben sich dann das bewertete Bau-Schalldämm-Maß R'_w bzw. der bewertete Norm-Trittschallpegel $L'_{n,w}$ der trennenden Bauteile für eine vorgegebene Nachhallzeit $T_0 = 0{,}5$ s (→ typische Wohnnutzung) entsprechend den nachfolgenden Gleichungen zu:

$$R'_w = D_{nT,w} + 10 \cdot \log\left(3{,}1 \cdot \frac{S}{V_E}\right)$$

$$L'_{n,w} = L'_{nT,w} + 10 \cdot \log V_E - 15$$

R'_w bewertetes Bau-Schalldämm-Maß in dB
$D_{nT,w}$ bewertete Standard-Schallpegeldifferenz in dB
$L'_{nT,w}$ bewerteter Standard-Trittschallpegel in dB
$L'_{n,w}$ bewerteter Norm-Trittschallpegel in dB
S Größe der Trennfläche in m²
V_E Volumen des Empfangsraums in m³

Die in Tafel 4.65a angegebenen Kennwerte gelten jeweils unabhängig von der Übertragungsrichtung (horizontal, vertikal, diagonal) und den Bauteilen (Luftschall: Wände und Decken / Trittschall: Decken, Treppen, Podeste, Terrassen, Balkone, Loggien, Hausflure, Laubengänge). Die folgenden Kennwerte sind als bauteilbezogene Größen R'_w, und $L_{AF,max,n}$ angegeben (bezogen auf eine Bezugsabsorptionsfläche $A_0 = 10$ m²) und sind am Bau im betriebsfertigen Zustand einzuhalten.

Tafel 4.65a Anforderungen an den Schallschutz schutzbedürftiger Räume in Wohngebäuden nach DEGA-Empfehlung 103 (01.2018)

Bauteil	Kennzeichnende Größe	Schallschutzklasse			
		C	B	A	A*
Wände und Decken	min R'_w in dB	57	62	67	72
Wohnungseingangstüren in Flure oder Dielen	min R_w in dB	32	37	40	
Wohnungseingangstüren direkt in Aufenthaltsräume	min R_w in dB	42	nicht zulässig		
Decken	max $L'_{n,w}$ in dB	45	40	35	30
Balkone, Loggien, Terrassen	max $L'_{n,w}$ in dB	48	43	38	33
Geräusche aus Wasserinstallationen und haustechnischen Anlagen, Nutzergeräusch Urinieren	$L_{AF,max,n}$ in dB(A)	≤ 27	≤ 24	≤ 20	
Nutzergeräusche	$L_{AF,max,n}$ in dB(A)	≤ 35	≤ 30	≤ 25	≤ 20
Geräusche aus Gaststätten, Betrieben o.Ä. bei Tag	L_r in dB(A) $L_{AF,max}$ in dB(A)	≤ 25 ≤ 35		nicht zulässig	
Geräusche aus Gaststätten, Betrieben o.Ä. bei Nacht	L_r in dB(A) $L_{AF,max}$ in dB(A)	≤ 15 ≤ 25		nicht zulässig	

Tafel 4.65b Empfehlungen an den Schallschutz im eigenen Wohnbereich nach DEGA-Empfehlung 104 (02.2015)

Bauteil		Kennzeichnende Größe	Schallschutzklasse		
			EW 1	EW 2	EW 3
Wände ohne Türen[1] von schützenswerten Räumen, z.B. zwischen Wohn- und Kinderzimmer		min R'_w in dB	40	43	47
Decken	allgemein	min R'_w in dB	48	51	55
	vertikal	max $L'_{n,w}$ in dB	58[2]	53[2]	46[2]
Treppen		max $L'_{n,w}$ in dB	58[2]	53[2]	46[2]
Zimmertüren von schützenswerten Räumen (s.o.)	offener Grundriss	min R_w in dB	22	27	32
	geschlossener Grundriss		17	22	27
Geräusche aus Wasserinstallationen		$L_{AF,max,n}$ in dB(A)	35	30	25
Geräusche von Heizungs- und Lüftungsanlagen		$L_{AF,max,n}$ in dB(A)	30	25	25

[1] Wände mit Türen dürfen ein 5 dB geringeres Schalldämm-Maß (für die Wand) aufweisen.
[2] Weichfedernde Bodenbeläge dürfen berücksichtigt werden.

Spektrum-Anpassungswerte

Spektrum-Anpassungswerte dienen zur Quantifizierung der Eigenarten unterschiedlicher Geräuschspektren sowie zur Erfassung von Schalldämmkurven mit einem sehr niedrigen Wert in einem einzelnen Bereich, vgl. Tafel 4.65c. Sie werden nicht mit in die Einzahlangabe der Schalldämm-Maße oder Norm-Schallpegeldifferenzen aufgenommen, sondern als separate Angaben ergänzt.

Beispiel: R'_w $(C; C_{tr})$ = 56 (–2; –5) dB

Tafel 4.65c Spektrum-Anpassungswerte C und C_{tr} für unterschiedliche Geräuschquellen

C (Spektrum 1)	C_{tr} (Spektrum 2)
– Wohnaktivitäten (Reden, Musik, Radio, Fernsehgerät) – Kinderspielen – Schienenverkehr, mittlere und hohe Geschwindigkeit – Autobahnverkehr mit v > 80 km/h – Düsenflugzeuge in kleinem Abstand – Betriebe (primär mittel- und hochfrequenter Lärm)	– Städtischer Straßenverkehr – Schienenverkehr geringer Geschwindigkeit – Propellerflugzeug – Düsenflugzeug in großem Abstand – Discomusik – Betriebe, die überwiegend tief- und mittelfrequenten Lärm abstrahlen

5.3 Physikalisches Prinzip der Nachweisführung

5.3.1 Sicherheitsbeiwerte

Neu in die Nachweisverfahren der aktuellen Normengruppe DIN 4109 aufgenommen ist ein Sicherheitskonzept, bei dem unterschiedliche Unsicherheitsbeiträge u bestimmt und in einem resultierenden Unsicherheitsbeiwert der Prognose $u_{\text{Prog.}}$ zusammengefasst werden. Dafür entfallen das bekannte Vorhaltemaß bei der Ermittlung des bewerteten Norm-Trittschallpegels sowie die Differenzierung zwischen Rechen- und Prüfwerten mit der entsprechenden Beaufschlagung letzterer Werte.

Diese auch als Sicherheitsbeiwerte bezeichneten Größen können mit unterschiedlich aufwändigen Verfahren ermittelt werden; dargestellt werden sollen hier nur die sich nach dem sogenannten vereinfachten Verfahren ergebenden Sicherheitsbeiwerte (vgl. Tafel 4.66).

Tafel 4.66 Zusammenstellung der Anforderungen an Bauteile unter Berücksichtigung der Sicherheitsbeiwerte nach dem vereinfachten Verfahren aus DIN 4109-2

Kenngröße	Anforderung mit Sicherheitsbeiwert
Luftschalldämmung trennender Bauteile	$R'_{\text{w}} - 2\text{ dB} \geq erf.\ R'_{\text{w}}$
Luftschalldämmung von Außenbauteilen	$R'_{\text{w,ges}} - 2\text{ dB} \geq erf.\ R'_{\text{w,ges}}$
Luftschalldämmung von Türen	$R'_{\text{w}} - 5\text{ dB} \geq erf.\ R'_{\text{w}}$
Trittschalldämmung	$L'_{\text{n,w}} + 3\text{ dB} \leq zul.\ L'_{\text{n,w}}$

5.3.2 Luftschall

Auf Basis des vereinfachten Verfahrens entsprechend der Normengruppe DIN EN 12354 werden bei *massiven Konstruktionen* für alle Übertragungswege des Schalls über trennende und flankierende Bauteile (also: *Dd*, *Ff*, *Df* und *Fd*, vgl. Abb. 4.66) die entsprechenden Luftschalldämm-Maße (also: R_{Dd}, R_{Ff}, R_{Df} und R_{Fd}; es ergeben sich bei 1 Trennbauteil und 4 Flanken mithin 13 Luftschalldämm-Maße) berechnet und anschließend zu dem bewerteten Bauschalldämm-Maß R'_{w} der Gesamtsituation energetisch aufsummiert; weitere *Nebenwege,* wie z.B. die Übertragung über raumlufttechnische Kanäle, werden standardmäßig nicht erfasst, sondern müssen ggf. separat in Ansatz gebracht werden.

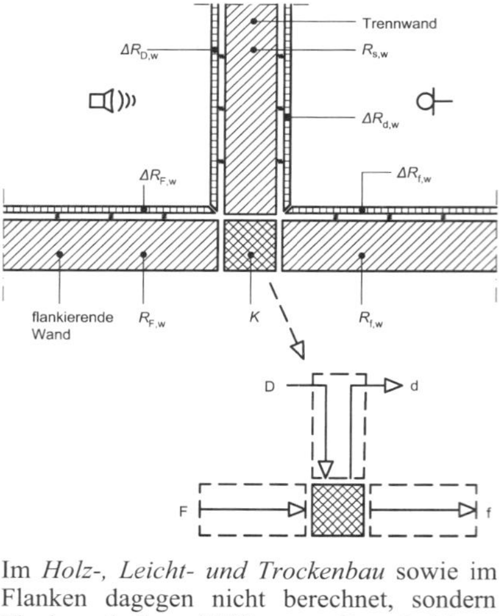

Abb. 4.66

Prinziphafte Darstellung der an der Schallübertragung zwischen zwei Räumen beteiligten Bauelemente im Bereich einer Stoßstelle (hier als Beispiel im Horizontalschnitt: Trennwand und flankierende Innen- oder Außenwand) sowie der entsprechenden Schallübertragungswege

Darin ist:

D / *d*	Index: Trennendes Bauelement im Sende- bzw. Empfangsraum; Übertragungsweg
F / *f*	Index: Flankierendes Bauelem. im Sende- bzw. Empfangsraum; Übertragungsweg
s	Index: einschalige biegesteife Trennwand
K	Stoßstelle
R_{w}	Bewertetes Luftschalldämm-Maß einer einschaligen biegesteifen Wand in dB
ΔR_{w}	Bewertetes Luftschall-Verbesserungsmaß einer biegeweichen Vorsatzschale in dB

Im *Holz-, Leicht- und Trockenbau* sowie im *Skelettbau* wird die Schallübertragung über die Flanken dagegen nicht berechnet, sondern durch die entsprechenden bewerteten Norm-Flankenschallpegeldifferenzen $D_{\text{n,f,w}}$ (= Messwerte) der einzelnen Flanken berücksichtigt.

5.3.3 Trittschall

Bei *massiven Konstruktionen* wird der bewertete Norm-Trittschallpegel $L'_{n,w}$ berechnet aus der als einschalig zu betrachtenden Grundkonstruktion (→ äquivalenter bewerteter Norm-Trittschallpegel $L_{n,eq,0,w}$ der Rohdecke) und der bewerteten Trittschallminderung ΔL_w aus der Überführung in ein zweischaliges Feder-Masse-System. Zur Berücksichtigung der Schallübertragung über flankierende Bauteile wird der Korrekturwert K eingeführt, der Korrekturwert K_T dient zur Berücksichtigung der räumlichen Anordnung von Sende- und Empfangsraum.

Hinweis: Hier wurde eine latente Erhöhung der Anforderungen hinsichtlich der Trittschallübertragung von Bodenplatten nach oben eingeführt, da diese jetzt wie normale Trenndecken zu behandeln sind!

Für *Decken in Holzbauweise* wird aufgrund des Umstandes, dass bei Holzbalkendecken neben dem eigentlichen Flankenweg D_f über die Holzbalkendecke ein weiterer Flankenweg D_{Ff} über den Randanschluss des schwimmenden Estrichs existiert, ein an den Holzbau angepasster Korrekturwert eingeführt; der Nachweis kann nur für übereinanderliegende Räume geführt werden (K_T entfällt hier).

5.4 Schallschutz gegen Außenlärm

5.4.1 Zusammengesetzte Bauteile und Berücksichtigung von Flanken

Das gesamte bewertete Bau-Schalldämm-Maß $R'_{w,ges}$ des betrachteten Außenbauteils (in DIN 4109 i.d.R. übergreifend als „Fassade" bezeichnet, Annahme: diffuser Schalleinfall) ergibt sich zunächst aus den auf die übertragende Fläche bezogenen Schalldämm-Maßen $R_{e,i,w}$ der an der Direktübertragung beteiligten Bauteile (Wand, Fenster, Dach, Rollladenkasten, Lüftungselement etc.) und den Flankendämm-Maßen $R_{ij,w}$ für die möglichen Flankenwege Ff, Fd und Df (vgl. Tafel 4.68) zu

$$R'_{w,ges} = -10 \cdot \log\left(\sum_{i=1}^{m} 10^{-0,1 \cdot R_{e,i,w}} + \sum_{F=f=1}^{n} 10^{-0,1 \cdot R_{Ff,w}} + \sum_{F=1}^{n} 10^{-0,1 \cdot R_{Fd}} + \sum_{f=1}^{n} 10^{-0,1 \cdot R_{Df}} \right)$$

$R'_{w,ges}$ gesamtes bewertetes Bau-Schalldämm-Maß der Fassade in dB

$R_{e,i,w}$ auf die Fassadenfläche bezogenes Schalldämm-Maß der einzelnen Bauteile und Elemente in der Fassade in dB

$R_{ij,w}$ bewertete Flankendämm-Maße für die Flankenwege Ff, Fd und Df der Fassade in dB

m Anzahl der Bauteile und Elemente in der Fassade

n Anzahl der flankierenden Bauteile in der Fassade

Während die bewerteten Flankendämm-Maße $R_{ij,w}$ (sofern erforderlich, siehe dazu Tafel 4.68) entsprechend den Ausführungen in 5.5.1 berechnet werden, gilt für die auf die Fassadenfläche bezogenen bewerteten Schalldämm-Maße der einzelnen Bauteile, Elemente und Öffnungen in der Fassade:

- Bauteile, die bauakustisch durch ein bewertetes Schalldämm-Maß $R_{i,w}$ beschrieben werden, wie z.B. Fenster, Wände, Dächer $$R_{e,i,w} = R_{i,w} + 10 \cdot \log \frac{S_S}{S_i}$$
- Fassadenelemente, die bauakustisch üblicherweise durch eine Norm-Schallpegeldifferenz $D_{n,e,w}$ beschrieben werden, wie z.B. Rollladenkästen, Lüftungseinrichtungen $$R_{e,i,w} = D_{n,e,i,w} + 10 \cdot \log \frac{S_S}{A_0}$$
- Nichtgedämmte Öffnungen, wie z.B. nichtgedämmte Lüftungselemente oder Jalousien $$D_{n,e,w} = -10 \cdot \log\left(\frac{S_{Öffnung}}{10\,m^2} \right)$$

$R_{e,i,w}$ auf die Fassadenfläche bezogenes Schalldämm-Maß der einzelnen Bauteile / Elemente in der Fassade in dB

$R_{i,w}$ bewertetes Schalldämm-Maß des Bauteils i in dB

$D_{n,e,i,w}$ bewertete Norm-Schallpegeldifferenz eines Elements i in dB

$D_{n,e,w}$ bewertete Norm-Schallpegeldifferenz in dB

S_S vom Raum aus gesehene Fassadenfläche (= Summe der Teilflächen aller Bauteile und Elemente) in m²

S_i Fläche des Bauteils in m²

$S_{Öffnung}$ Fläche der Öffnung in m²

A_0 die Bezugsabsorptionsfläche mit $A_0 = 10$ m²

Hinweis: Wurde im Rahmen der Anforderungsermittlungen ein Korrekturwert K_{LPB} berechnet (vgl. Abschnitt 5.2.2), so ist dieser auf alle Schalldämm-Maße der diesem Maßgeblichen Außenlärmpegel zugeordneten Fassadenteile i zu addieren.

Hinweis: Für Fenster- und Türelemente kann die resultierende Schalldämmung in eingebautem Zustand von den Einbaufugen beeinflusst werden. Sie muss bei schalltechnisch kritischen Einbausituationen, wie z.B. beim Einbau der Fenster- oder Türelemente im Bereich einer Dämmebene unter Berücksichtigung der Fugen mit den entsprechenden Eingangswerten berechnet werden (→ DIN 4109-2 Abs. 4.4.4).

Die Regelung einer optionalen Berücksichtigung der Flankenschallübertragung sowie die Bezeichnungen der entsprechenden Wege Ff, Df und Fd sind Tafel 4.68 zu entnehmen.

Tafel 4.68 Flankenschallübertragung: Wege und Erfordernis der Berücksichtigung

Übertragungswege	Bauweise	Erfordernis
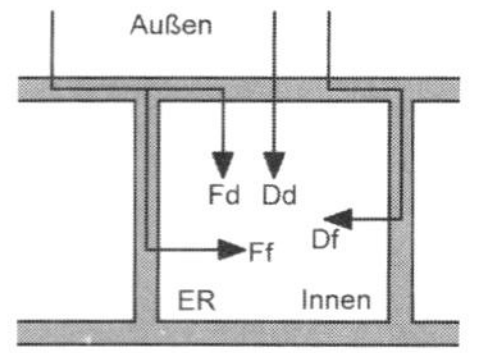	Holz-, Leicht- und Trockenbauweise	–
	Metall-Glas-Fassaden	–
	Biegesteife Massivbauweise mit – massivem Außenbauteil von $R_w \geq 50$ dB und – gesamter Fassade mit $R'_{w,ges} > 40$ dB	×
	Andere biegesteife Massivbauweisen	–

Besteht kein Erfordernis zur rechnerischen Berücksichtigung der bewerteten Flankendämm-Maße $R_{ij,w}$, so entfallen die entsprechenden Parameter und die oben angeführte Gleichung reduziert sich zu:

$$R'_{w,ges} = -10 \cdot \log\left(\sum_{i=1}^{m} 10^{-0{,}1 \cdot R_{e,i,w}}\right)$$

5.4.2 Kennwerte

Außenwände

Massive Außenwandkonstruktionen mit und ohne Vorsatzschalen nach DIN 4109-32 lassen sich nach Tafel 4.69a in Verbindung mit den Vorgaben der Tafel 4.71 berechnen; für abweichende Konstruktionen ist auf entsprechende Prüfzeugnisse zurückzugreifen. Es gilt:

$$R_{Dd,w} = R_{s,w} + \Delta R_{Dd,w}$$

Außenwände in Holz- und Leichtbauweise werden in DIN 4109-33 beschrieben; hinsichtlich weiterer Konstruktionen wird auf die entsprechende Fachliteratur und entsprechende Prüfzeugnisse verwiesen.

Dächer

Beispiele für die Ausführung von Flach- und Satteldächern in Holzbauweise sowie deren bewertete Schalldämm-Maße $R_{Dd,w}$ finden sich in DIN 4109-33; hinsichtlich abweichender Konstruktionen wird auf die weiterführende Literatur und die entsprechenden Prüfzeugnisse verwiesen.

Fenster

Die in den Tafeln 4.69b und 4.70 nach DIN 4109-35 angegebenen Werte sind zu nutzen, wenn kein bewertetes Schalldämm-Maß deklariert ist oder Fensterkonstruktionen erst festgelegt werden sollen. Das bewertete Luftschalldämm-Maß $R_{w,Fenster}$ für Einfachfenster mit Mehrscheiben-Isolierverglasung (MIG) ermittelt sich dabei aus R_w unter Berücksichtigung der unten angegebenen Korrekturbeiwerte wie folgt:

$$R_{w,Fenster} = R_w + K_{AH} + K_{RA} + K_S + K_{Sp} + K_{F1,5} + K_{F,3} + K_{FV}$$

mit:

K_{AH} Alu-Holz-Fenster; $K_{AH} = -1$ dB

K_{RA} Rahmenanteil < 30 %

K_S Stulpfenster

K_{Sp} Fenster mit glasteilenden Sprossen

$K_{F1,5}$ Fenster < 1,5 m²

$K_{F,3}$ Fenster mit Einzelscheibe > 3 m²; $K_{F,3} = -2$ dB

K_{FV} Festverglasung mit erhöhtem Scheibenanteil

Tafel 4.69a Kenngrößen massiver Außenwandkonstruktionen zur Ermittlung von $R_{Dd,w}$

Außenwand			Kenngrößen für das bewertete Schalldämm-Maß $R_{Dd,w}$ [1]	
Bezeichnung	Aufbau	Besondere Spezifikation	Flächenbezogene Masse	Verbesserungsmaß $\Delta R_{Dd,w}$
Einschalige monolithische Außenwand	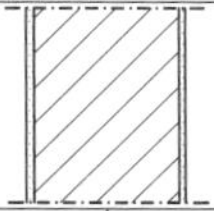		m'_{ges}	–
Einschalige Außenwand mit Bekleidung nach DIN 18515 oder DIN 18516-1	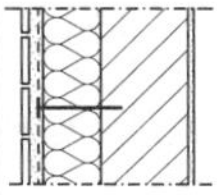 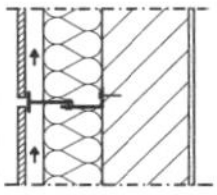		$m'_{Innenschale}$	nach DIN 4109-34 (geplant)
Einschalige Außenwand mit Wärmedämm-Verbundsystem	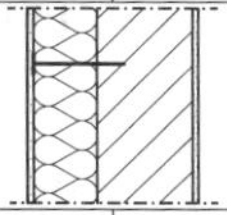	verdübelt oder unverdübelt	$m'_{Innenschale}$	$\Delta R_{w,WDVS}$ nach DIN 4109-34/A1 (siehe Seite 4.74)
Zweischalige Mauerwerkwand mit Luftschicht oder mit Kerndämmung	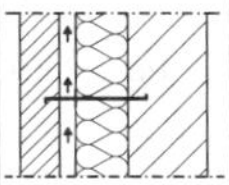 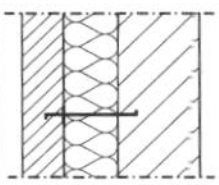	Kerndämmung aus Mineralfaser	$m'_{ges.} = m'_{Innenschale} + m'_{Vormauerschale}$	+ 5 dB [2]
		Kerndämmung aus Hartschaum		- 2 dB
Beton-Sandwichelement	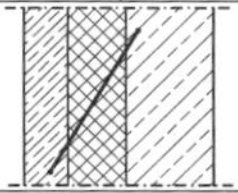	Dämmung aus Hartschaum	$m'_{ges.} = m'_{Innenschale} + m'_{Wetterschutzschale}$	- 2 dB

[1] Die Bezeichnungen in DIN 4109 sind nicht durchgehend konsistent. Die Bezeichnung $R_{Dd,w}$ nach DIN 4109-32 ist hier identisch mit $R_{i,w}$ in der o.g. Gleichung zur Berechnung von $R'_{w,ges.}$

[2] Ist die flächenbezogene Masse der an die Innenschale der Außenwand anschließenden Trennwände > 50 % der flächenbezogenen Masse der inneren Schale der Außenwand, so gilt $\Delta R_{Dd,w} = + 8$ dB.

Tafel 4.69b Rechenwerte der bewerteten Luftschalldämm-Maße R_w von Einfachfenstern mit Mehrscheiben-Isolierverglasung (MIG) nach DIN 4109-35

R_w in dB	Scheibenaufbau [1]		alternativ:	Falzdichtung [3]	Spektrumanpassung [4]		Korrekturbeiwerte in dB				
	d_{ges} mit Aufbau in mm	SZR in mm	$R_{w,Glas}$ [2] in dB		C in dB	C_{tr} in dB	K_{RA}	K_S	K_{FV}	$K_{F1,5}$	K_{Sp}
	≥ 6	≥ 8	≥ 27								
	≥ 6	≥ 12	≥ 30	1							
33	≥ 8, ≥ 4 + 4	≥ 12	≥ 30	1	–2	–5	–2	0	–1	0	0
34	≥ 8, ≥ 4 + 4	≥ 16	≥ 30	1	–2	–6	–2	0	–1	0	0
35	≥ 10, ≥ 6 + 4	≥ 12	≥ 32	1	–2	–4	–2	0	–1	0	0
36	≥ 10, ≥ 6 + 4	≥ 16	≥ 33	1	–1	–4	–2	0	–1	0	0
37	≥ 10, ≥ 6 + 4	≥ 16	≥ 35	1	–1	–4	–2	0	–1	0	0
38	≥ 12, ≥ 8 + 4	≥ 16	≥ 38	2 [5]	–2	–5	–2	0	0	0	0
39	≥ 14, ≥ 10 + 4	≥ 20	≥ 39	2 [5]	–2	–5	–2	0	0	0	0
40			≥ 40	2	–2	–5	–2	0	0	–1	–1

Tafel 4.69b Rechenwerte der bewerteten Luftschalldämm-Maße R_w von Einfachfenstern mit Mehrscheiben-Isolierverglasung (MIG) nach DIN 4109-35 (Fortsetzung)

R_w in dB	Scheibenaufbau[1]		alternativ:	Falz-dich-tung[3]	Spektrum-anpassung[4]		Korrekturbeiwerte in dB				
	d_{ges} mit Aufbau in mm	SZR in mm	$R_{w,Glas}$[2] in dB		C in dB	C_{tr} in dB	K_{RA}	K_S	K_{FV}	$K_{F1,5}$	K_{Sp}
41			≥ 41	2	–2	–5	0	0	0	–1	–2
42			≥ 44	2	–2	–5	0	–1	0	–1	–2
43			≥ 46	2	–2	–4	0	–2	0	–1	–2
44			≥ 49	2	–1	–4	0	–2	+1	–1	–2
45			≥ 51	2	–1	–5	0	–2	+1	–1	–2
46	Nachweis durch Prüfung										

[1] Scheibe mit Gesamtglasdicke d_{ges}; Füllung des Scheibenzwischenraums (SZR) mit Luft oder Argon.
[2] Labor-Prüfwert der Scheibe im Normformat 1,23 m × 1,48 m.
[3] Doppelfalze bei Flügeln von Holzfenstern; mindestens zwei wirksame Anschläge bei Flügeln von Metall- und Kunststofffenstern. Erforderliche Falzdichtungen sind umlaufend, ohne Unterbrechung anzubringen und müssen weich federnd, dauerelastisch, alterungsbeständig und leicht auswechselbar sein.
Ausführungen mit zwei elastischen Dichtungen bestehen aus umlaufender Außen- oder Mitteldichtung und umlaufender Innendichtung im Flügelüberschlag.
[4] Die angegebenen Spektrumanpassungswerte C und C_{tr} gelten dabei nur für das Bauteil Fenster.
[5] Bei Holzfenstern genügt eine umlaufende Dichtung.

Tafel 4.70 Rechenwerte der bewerteten Luftschalldämm-Maße R_w von Einfachfenstern mit Einfachglas sowie Verbund- und Kastenfenstern nach DIN 4109-35

Fenster[1]		Glasscheiben		
Typus	$R_{w,R}$ in dB	Gesamtdicke d_{ges} mit Aufbau in mm	SZR in mm	Falzdichtung
Einfachfenster mit Einfachglas	25	≥ 4		1
	30	≥ 8		1
Verbundfenster	25	≥ 6	–	
	30	≥ 6	≥ 30	1
	32	≥ 8 bzw. ≥ 4 + 4/12/4	≥ 30	1
	35	≥ 8 bzw. ≥ 6 + 4/12/4	≥ 40	1
	37	≥ 10 bzw. ≥ 6 + 6/12/4	≥ 40	1
	40	≥ 14 bzw. ≥ 8 + 6/12/4	≥ 50	2[2]
	42	≥ 16 bzw. ≥ 8 + 8/12/4	≥ 50	2[2]
	45	≥ 18 bzw. ≥ 8 + 8/12/4	≥ 60	2[2]
Kastenfenster[3]	32	–	–	1
	35	–	–	1
	37	≥ 8 bzw. ≥ 4 + 4/12/4	≥ 100	1
	40	≥ 8 bzw. ≥ 6 + 4/12/4	≥ 100	2[2]
	42	≥ 10 bzw. ≥ 8 + 4/12/4	≥ 100	2[2]
	45	≥ 12 bzw. ≥ 8 + 6/12/4	≥ 100	2[2]

[1] Sämtliche Flügel müssen bei Holzfenstern mindestens Doppelfalze, bei Metall- und Kunststoff-Fenstern mindestens zwei wirksame Anschläge haben. Erforderliche Falzdichtungen müssen umlaufend und ohne Unterbrechung angebracht sein. Sie müssen weichfedernd, dauerelastisch, alterungsbeständig und leicht auswechselbar sein.
[2] Die Werte gelten nur, wenn keine zusätzlichen Maßnahmen zur Belüftung des Scheibenzwischenraumes getroffen sind oder wenn eine ausreichende Luftumlenkung im äußeren Dichtungssystem vorgenommen wurde (Labyrinthdichtung). Außen- (bei Verbundfenstern mit Belüftung des SZR) und Innendichtung umlaufend.
[3] Eine schallabsorbierende Laibung ist sinnvoll, da sie die durch Alterung der Falzdichtung entstehenden Fugenundichtigkeiten teilweise ausgleichen kann.

5.5 Luftschallschutz in Gebäuden

5.5.1 Allgemeiner Massivbau

Rechenalgorithmen

Der allgemeine rechnerische Ansatz lässt sich wie folgt darstellen:

$$R'_{\mathrm{w}} = -10 \cdot \log\left(\sum_{i=1}^{m} 10^{-0,1 \cdot R_{\mathrm{Dd,w}}} + \sum_{F=f=1}^{n} 10^{-0,1 \cdot R_{\mathrm{Ff,w}}} + \sum_{F=1}^{n} 10^{-0,1 \cdot R_{\mathrm{Fd}}} + \sum_{f=1}^{n} 10^{-0,1 \cdot R_{\mathrm{Df}}} \right)$$

$$R_{\mathrm{Dd,w}} = R_{\mathrm{s,w}} + \Delta R_{\mathrm{Dd,w}}$$

$$R_{\mathrm{ij,w}} = \frac{\left(R_{\mathrm{i,w}} + R_{\mathrm{j,w}}\right)}{2} + \Delta R_{\mathrm{ij,w}} + K_{\mathrm{ij}} + 10 \cdot \log \frac{S_{\mathrm{s}}}{l_0 \cdot l_{\mathrm{f}}}$$

R'_{w} bewertetes Bau-Schalldämm-Maß in dB
$R_{\mathrm{s,w}}$ bewertetes Luftschalldämm-Maß der einschaligen biegesteifen Trennwand in dB
$R_{\mathrm{i,w}}$ bewertetes Luftschalldämm-Maß des Bauteils i in dB
$R_{\mathrm{j,w}}$ bewertetes Luftschalldämm-Maß des Bauteils j in dB
i Index D oder Index F (Senderaum)
j Index d oder Index f (Empfangsraum)
$R_{\mathrm{ij,w}}$ bewertetes Flankendämm-Maß in dB
$\Delta R_{\mathrm{ij,w}}$ bewertetes Luftschall-Verbesserungsmaß einer biegeweichen Vorsatzschale in dB
K_{ij} Stoßstellendämm-Maß in dB
S_{s} Größe der Trennfläche in m^2
l_0 Bezugskopplungslänge (1,0 m)
l_{f} gemeinsame Kopplungslänge von flankierendem und trennendem Bauteil in m

Massive einschalige Bauteile

Die Ermittlung der bewerteten Luftschalldämm-Maße massiver einschaliger Bauteile ohne bauakustische Eignungsprüfungen erfolgt mit Hilfe der in Tafel 4.71 (Wände) und Tafel 4.72 (Decken) zusammengestellten Angaben (*Hinweis: Die Tafeln enthalten nur Auszüge aus DIN 4109-32*).

Tafel 4.71 Ermittlung der bewerteten Luftschalldämm-Maße massiver einschaliger Wände[1)] R_{w} nach DIN 4109-32 (Auszug)

Flächenbezogene Masse	$m' = d \cdot \rho$	m' flächenbezogene Masse in kg/m² d Dicke des Bauteils / der Bauteilschicht in m ρ Rohdichte in kg/m³
	$m'_{\mathrm{ges}} = m'_{\mathrm{Wand}} + m'_{\mathrm{Putz,ges}}$	m'_{ges} ~ des verputzten Bauteils in kg/m² m'_{Wand} ~ des unverputzten Bauteils in kg/m² $m'_{\mathrm{Putz,ges}}$ ~ der gesamten Putzschichten in kg/m²
Rohdichten[2)] mit: ρ in kg/m³	Mauerwerk mit Normalmörtel	$\rho_{\mathrm{w}} = 900 \cdot RDK + 100$ für 2,2 ≥ RDK ≥ 0,35
	Mauerwerk mit Leichtmörtel	$\rho_{\mathrm{w}} = 900 \cdot RDK + 50$ für 1,0 ≥ RDK ≥ 0,35
	Mauerwerk mit Dünnbettmörtel	$\rho_{\mathrm{w}} = 1000 \cdot RDK - 100$ für RDK > 1,0 $\rho_{\mathrm{w}} = 1000 \cdot RDK - 50$ für RDK ≤ 1,0[3)] $\rho_{\mathrm{w}} = 1000 \cdot RDK - 25$ für RDK ≤ 1,0[4)]
	Unbewehrter Normalbeton	$\rho_{\mathrm{w}} = 2350$ kg/m³
	Stahlbeton (übliche Bewehrung)	$\rho_{\mathrm{w}} = 2400$ kg/m³
	Gips- und Dünnlagenputze	$\rho_{\mathrm{Putz}} = 1000$ kg/m³
	Kalk- und Kalkzementputze	$\rho_{\mathrm{Putz}} = 1600$ kg/m³
	Leichtputze	$\rho_{\mathrm{Putz}} = 900$ kg/m³
	Wärmedämmputze	$\rho_{\mathrm{Putz}} = 250$ kg/m³

Tafel 4.71 Ermittlung der bewerteten Luftschalldämm-Maße massiver einschaliger Wände[1] R_w nach DIN 4109-32 (Fortsetzung)

Masse-gesetze[5) 10)] mit: m' in kg/m²	Beton, Betonsteine[6], Kalksandstein[7], Mauerziegel[8] und Verfüllsteine	$R_w = 30{,}9 \cdot \log(m'_{ges} / m_0) - 22{,}2$ gültig für: $65 < m'_{ges} < 720$
	Leichtbeton[9]	$R_w = 30{,}9 \cdot \log(m'_{ges} / m_0) - 20{,}2$ gültig für: $140 < m'_{ges} < 480$
	Porenbeton	$R_w = 32{,}6 \cdot \log(m'_{ges} / m_0) - 22{,}5$ gültig für: $50 \leq m'_{ges} < 150$
		$R_w = 26{,}1 \cdot \log(m'_{ges} / m_0) - 8{,}4$ gültig für: $150 \leq m'_{ges} \leq 300$
Spektrum-anpassungswerte	C = -1,6 dB und C_{tr} = - 4,6 dB	

[1] Die Massegesetze gelten für plattenförmige Bauteile aus Beton, Leichtbeton, Porenbeton, ungelochte Mauersteine und Gips- bzw. Gipswandbauplatten sowie für großformatige Fertigteilelemente aus diesen Baustoffen.
[2] Die Rohdichte der Mauersteine kann den einschlägigen Regelwerken, z.B. DIN 105-100, in Form der Rohdichteklasse (RDK) entnommen werden.
[3] Klassenbreite der RDK 100 kg/m³ [4] Klassenbreite der RDK 50 kg/m³
[5] Mit m'_0 = 1 kg/m² als Bezugsgröße.
[6] *Gelochte Mauersteine* aus Beton: Auch gültig mit Wanddicken ≤ 240 mm und mit einer RDK ≥ 0,8.
[7] Auch gültig: *Kalksandstein mit einem Lochanteil ≤ 50 %* (für runde Löcher), ausgenommen Steine mit Schlitzlochung, die gegeneinander von Lochebene zu Lochebene versetzte Löcher aufweisen.
[8] *Hochlochziegel*: Auch gültig mit einer Dicke ≤ 240 mm ungeachtet der Rohdichte, bei Wanddicken > 240 mm ab einer RDK ≥ 1,0.
[9] *Hohlblöcke* und *gelochte Vollblöcke*: Auch gültig mit Wanddicken ≤ 240 mm und mit einer RDK ≥ 0,8.
[10] Für die in den Fußnoten [6] bis [9] nicht genannten Produkte ist das bewertete Direkt-Schalldämm-Maß $R_{Dd,w}$ entweder aus allgemeinen bauaufsichtlichen Zulassungen bzw. Europäischen Technischen Bewertungen zu entnehmen oder durch bauakustische Prüfungen nach den Vorgaben in DIN 4109-4 zu ermitteln.

Die Ermittlung der bewerteten Luftschalldämm-Maße R_w massiver einschaliger Decken erfolgt nach Tafel 4.72 in Verbindung mit Tafel 4.71.

Tafel 4.72 Ermittlung der bewerteten Luftschalldämm-Maße massiver einschaliger Decken nach DIN 4109-32

Massivdecke ohne Hohlräume		
Flächenbezogene Masse[1]	entsprechend Tafel 4.71	
Rohdichten mit: ρ in kg/m³	Normalbeton	$\rho_w = 2400$ kg/m³
	unverdichteter Aufbeton	$\rho_w = 2100$ kg/m³
	Zementestrich[2]	$\rho_w = 2000$ kg/m³
	Putz	entsprechend Tafel 4.76
	Leichtbeton und Porenbeton	$\rho_w = 1000 \cdot RDK - 12{,}5$
	Gussasphaltestrich	$\rho_w = 2300$ kg/m³
Massivdecken mit Hohlräumen		
Flächenbezogene Masse[1]	Berechnung mit den Rechenwerten nach DIN EN 1991-1-1, in Verbindung mit DIN EN 1991-1-1/NA mit einem Abzug von 15 % oder aus dem vorhandenen Querschnitt mit der entsprechenden Rohdichte	
Massivdecken aus Deckenplatten mit Stegen ohne Füllkörper, Estrich und Unterdecke		
Flächenbezogene Masse	nur Deckenplatte	

Tafel 4.72 Ermittlung der bewerteten Luftschalldämm-Maße massiver einschaliger Decken nach DIN 4109-32 (Fortsetzung)

Bewertetes Luftschalldämm-Maß R_w in dB		
Masse-gesetze mit: m' in kg/m²	allgemein	entsprechend Tafel 4.71
	Porenbetondecken mit Aufbeton und $m' \geq 150$ kg/m²	wenn $m'_{\text{Aufbeton}} \leq 0{,}5 \cdot m'_{\text{Porenbeton}}$: $R_w = 26{,}1 \cdot \log(m'_{\text{ges}} / m_0) - 8{,}4$
		wenn $m'_{\text{Aufbeton}} > 0{,}5 \cdot m'_{\text{Porenbeton}}$: $R_w = 30{,}9 \cdot \log(m'_{\text{ges}} / m_0) - 22{,}2$

[1] Die flächenbezogene Masse ist einschließlich eines etwaigen Verbundestrichs oder Estrichs auf Trennschicht und eines unmittelbar aufgebrachten Putzes zu ermitteln. Die flächenbezogene Masse eines schwimmenden Estrichs darf nicht berücksichtigt werden.
[2] Die flächenbezogene Masse von aufgebrachten Verbundestrichen oder Estrichen auf Trennschicht ist mit einem Abzug von 10 % zu ermitteln.

Vorsatzkonstruktionen

Vorsatzkonstruktionen im Sinne der DIN 4109 sind Konstruktionen, bei denen eine Bekleidung über eine Dämmschicht oder eine Unterkonstruktion vor einem massiven Bauteil (Wand, Decke) angebracht wird. Die Ermittlung der bewerteten Verbesserung der Luftschalldämmung ΔR_w von Bauteilen erfolgt abhängig von der Resonanzfrequenz f_0 des nunmehr mehrschaligen Bauteils nach Tafel 4.73 in Verbindung mit Tafel 4.74a.

Hinweis: Werden Vorsatzkonstruktionen sowohl im Sende- als auch im Empfangsraum angebracht, wird von den berechneten beiden Werten der größere Wert der Verbesserung $\Delta R_{w,max}$ *zu 100 % und der kleinere Wert* $\Delta R_{w,min}$ *zu 50 % angesetzt.*

- Dynamische Steifigkeit s' in MN/m³ $$s' = \frac{E_{\text{Dyn}}}{d}$$
- Vorsatzkonstruktionen, die direkt auf dem Grundbauteil über eine Dämmschicht (→ ohne Verwendung von Stützen oder Lattungen) befestigt werden $$f_0 = 160 \cdot \sqrt{s' \cdot \left(\frac{1}{m'_1} + \frac{1}{m'_2}\right)}$$
- Freistehende Vorsatzkonstruktionen aus Blechprofilen oder Holzständern ohne körperschallübertragende Verbindungen zwischen Ständerwerk und Grundbauteil, Hohlraumfüllung zu ≥ 70 % mit porösem Dämmstoff (5 kPa s/m² ≤ r ≤ 50 kPa s/m²) $$f_0 = 160 \cdot \sqrt{\frac{0{,}08}{d} \cdot \left(\frac{1}{m'_1} + \frac{1}{m'_2}\right)}$$

E_{Dyn} Dynamischer Elastizitätsmodul in MN/m²
d Dämmschichtdicke bzw. Hohlraumtiefe in m
m'_1 flächenbezogene Masse des Grundbauteils in kg/m²
m'_2 flächenbezogene Masse der Bekleidung der Vorsatzkonstruktion in kg/m²

Tafel 4.73 Dynamische Elastizitätsmoduln E_{Dyn} unterschiedlicher Dämmstoffe

Dämmstoff	E_{Dyn} in MN/m²	Dämmstoff	E_{Dyn} in MN/m²
Stehende Luft	0,08	Korkplatten	10 bis 30
Mineralfaserplatten	0,14 bis 0,40	Naturkork	15 bis 25
EPS-Hartschaum	2 bis 4	Holzwolle-Leichtbauplatten	100 bis 200
Elastifiziertes EPS	0,60 bis 0,80	Gummischrot-Platten	0,63
XPS-Hartschaum	30	Naturkautschuk	5
PUR-Hartschaum	1 bis 6	Schaumglas	1 300 bis 1 600

Tafel 4.74a Bewertete Verbesserung der Luftschalldämmung durch Vorsatzkonstruktionen ΔR_w in Abhängigkeit von der Resonanzfrequenz f_0[1)]

Resonanzfrequenz f_0 in Hz	bewertetes Verbesserungsmaß ΔR_w in dB
$30 \leq f_0 \leq 160$	$74{,}4 - 20 \cdot log\, f_0 - 0{,}5 \cdot R_w \overset{!}{\geq} 0$ [2)]
200	-1
250	-3
315	-5
400	-7
500	-9
$630 \leq f_0 \leq 1600$	-10
$1600 < f_0 \leq 5000$	-5

[1)] Zwischenwerte können interpoliert werden.
[2)] R_w ist das bewertete Schalldämm-Maß des Grundbauteils (Wand oder Decke) ohne Vorsatzkonstruktion.

Wärmedämmverbundsysteme (WDVS)

Unter WDVS werden hier außenseitige Dämmsysteme verstanden, die im Wesentlichen aus Wärmedämmplatten bestehen, die an den Außenwänden mittels Kleber und (in der Regel auch) Dübeln befestigt und anschließend mit einem Armierungsputz und einem Oberputz oder einer anderen Schlussbeschichtung (z.B. Riemchen) versehen werden. Zentrale Größe ist auch hier die Resonanzfrequenz f_0, die – im Gegensatz zu den oben beschriebenen Vorsatzkonstruktionen – bei WDVS jedoch von weiteren Einflussfaktoren bestimmt wird.

Die bewertete Verbesserung der Luftschalldämmung $\Delta R_{w,WDVS}$ für WDVS mit Dämmplatten aus Faserdämmstoffen (z.B. Mineralwolle, Holzfaserdämmstoffe) und Schaumkunststoffen (z.B. EPS) wird wie folgt berechnet, wobei das Ergebnis auf $-6\text{ dB} \leq \Delta R_{w,WDVS} \leq 19\text{ dB}$ zu begrenzen ist (bei Verzicht auf einen rechnerischen Nachweis kann $\Delta R_{w,WDVS} = -6$ dB angesetzt werden):

$$\Delta R_{w,WDVS} = \Delta R_{w,S} - K_D - K_K - K_S - K_{TW}$$ mit den Summanden nach Tafel 4.74b

Tafel 4.74b Zusammenstellung der zur Bestimmung von $\Delta R_{w,WDVS}$ erforderlichen Summanden einschließlich ihrer Eingangsparameter und zugehörigen Kennwerte

Summanden	Gleichungen	Anmerkungen
Verbesserung unter Referenzbedingungen[1)] $\Delta R_{w,S}$ in dB	$\Delta R_{w,S} = \left(a \cdot \lg(f_0) + b\right)$	Koeffizienten a und b nach Tafel 4.75
Resonanzfrequenz f_0 in Hz	$f_0 \cong 160\sqrt{\frac{s'}{m'}}$	dynamische Steifigkeit s' in MN/m³ nach Seite 4.73 flächenb. Masse m' in kg/m²
Dynamische Steifigkeit s' zweilagiger Dämmstoffe[2)] in MN/m³	$s'_{res} = \left(\frac{1}{s'_1} + \frac{1}{s'_2}\right)^{-1}$	s'_i ist die dynamische Steifigkeit der Dämmstoffschicht i in MN/m³
Korrektur für Dübel[3)] K_D in dB	$K_D = 0{,}34 \cdot \Delta R_{w,S} + 0{,}4$	nur für Dübel mit Kontakt von Dübelteller zu Putzschicht
Korrektur für die Klebefläche K_K in dB	$K_K = 0{,}052 \cdot F - 2{,}1$	F ist der Anteil der Klebefläche an der Gesamtfläche des WDVS in %
Korrektur für den längenbezogenen Strömungswiderstand r[4)] (in kPa·s/m²) bei Faserdämmstoffen K_S	$K_K = -0{,}11 \cdot r + 3{,}8$	für Mineralwolle-Putzträgerplatten[5)]
	$K_K = -0{,}38 \cdot r + 9{,}8$	für Mineralwolle-Lamellenplatten

Tafel 4.74b Zusammenstellung … (Fortsetzung)

Korrektur für das bewertete Schalldämm-Maß der Trägerwand K_{TW} in dB	$K_{TW} = \left(-1{,}4 \cdot \lg(f_0) + 3{,}6\right) \cdot \left(R_{w,0} - 53\right)$	$R_{w,0}$ ist das bewertete Schalldämm-Maß des hier vorliegenden Grundbauteils ohne WDVS in dB

1) Dieser Summand bezieht sich auf ein WDVS, das mit 40 % Klebeflächenanteil ohne Dübel an einem Grundbauteil (Trägerwand) mit einem bewerteten Schalldämm-Maß von $R_{w,0}$ = 53 dB angebracht ist.

2) Die bewertete Verbesserung der Luftschalldämmung $\Delta R_{w,WDVS}$ für WDVS mit zweilagiger Dämmstoffschicht darf wie für WDVS mit einlagiger Dämmstoffschicht ermittelt werden, sofern die flächenbezogene Masse der Verklebung zwischen den beiden Dämmstoffschichten maximal 4,0 kg/m² beträgt sowie 40 % der Masse des gesamten Außenputzes nicht überschreitet.

3) Bei ausschließlich geklebten Systemen entfällt dieser Korrekturwert zwangsläufig.

4) Nach DIN EN 13162, DIN EN 13171 bzw. europäischer technischer Bewertung oder allgemeiner bauaufsichtlicher Zulassung.

5) Gilt auch für jeweils vergleichbare Faserdämmstoffe.

Tafel 4.75 Koeffizienten a und b zur Ermittlung von $\Delta R_{w,S}$

Resonanzfrequenz f_0 in Hz	Schaumkunststoffe		Faserdämmstoffe	
	a	b	a	b
$f_0 < 125$	-35,1	79,7	-35,9	82,4
$125 \leq f_0 < 250$	-26,7	62,0	-36,5	83,7
$f_0 \geq 250$	-2,0	3,8	5,4	-16,7

Stoßstellendämm-Maß

Als Stoßstellen werden Bereiche im Ausbreitungsweg des Körperschalls bezeichnet, bei denen es aufgrund von Änderungen im Ausbreitungsweg (Bauteilverbindungen, Materialwechsel → z.B. elastische Zwischenschichten, Querschnittsänderungen) zur Reflexion von Körperschall und damit zu einer Verminderung der Schallübertragung kommt. Von maßgebender Bedeutung sind im Massivbau dabei das Verhältnis der flächenbezogenen Massen der angrenzenden Bauteile, die Geometrie der Stoßstelle und – als zentraler Parameter – die konstruktive Gestaltung der Knotenpunktverbindung, vgl. Tafel 4.76.

Das Stoßstellendämm-Maß K_{ij} (in dB) wird in Abhängigkeit von der Hilfsgröße M berechnet:

$$M = \log \frac{m'_{\perp,i}}{m'_i}$$

m'_i flächenbezogene Masse des Bauteils i im Übertragungsweg ij in kg/m²
$m'_{\perp,i}$ flächenbezogene Masse des anderen die Stoßstelle bildenden Bauteils senkrecht dazu in kg/m²

Die Stoßstellenkorrektur ΔK_{ij} (in dB) einer elastischen Zwischenschicht berechnet sich zu:

$$\Delta K_{ij} = 36 - 15 \cdot \log s' \quad \text{mit} \quad 20 \leq s' = \frac{E}{d} \leq 200 \frac{\text{MN}}{\text{m}^2}$$

E Elastizitätsmodul in MN/m³
d Dicke der Zwischenschicht in m

Ergibt sich für das berechnete / aus Prüfberichten entnommene Stoßstellendämm-Maß $K_{ij} < K_{ij,min}$, so ist dieser Mindestwert für den jeweiligen Ausbreitungsweg ij anzusetzen. Es gilt:

$$K_{ij,min} = 10 \cdot \log\left[l_f \cdot l_0 \cdot \left(\frac{1}{S_i} + \frac{1}{S_j}\right)\right]$$

l_f gemeinsame Kopplungslänge der Verbindungsstelle zwischen dem trennenden und dem flankierenden Bauteil in m
l_0 Bezugskopplungslänge mit l_0 = 1 m
S_i Fläche des angeregten Bauteils im Senderaum in m²
S_j Fläche des abstrahlenden Bauteils im Empfangsraum in m²

Tafel 4.76 Stoßstellendämm-Maße K_{ij} nach DIN 4109-32 (Auszug)

Bezeichnungen			Stoßstellendämm-Maß K_{ij} in dB
Stoß	Situation	R_{ij}	
Biegesteife Verbindung massiver homogener Bauteile[1)]			
T-Stoß	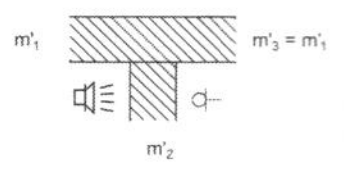	R_{Ff}	$K_{13} = 5,7 + 14,1 \cdot M + 5,7 \cdot M^2$ wenn $M < 0,215$ $K_{13} = 8,0 + 6,8 \cdot M$ wenn $M \geq 0,215$
		R_{Fd} und R_{Df}	$K_{12} = K_{23} = 4,7 + 5,7 \cdot M^2$
K-Stoß	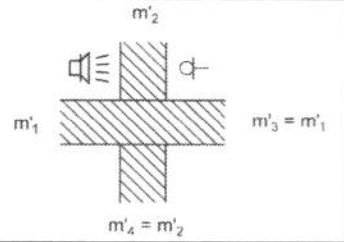	R_{Ff}	$K_{13} = 8,7 + 17,1 \cdot M + 5,7 \cdot M^2$ wenn $M < 0,182$ $K_{13} = 9,6 + 11,0 \cdot M$ wenn $M \geq 0,182$
		R_{Fd} und R_{Df}	$K_{12} = K_{23} = 5,7 + 15,4 \cdot M^2$
Über Zwischenschichten entkoppelte Stoßstellen massiver Bauteile			
T-Stoß	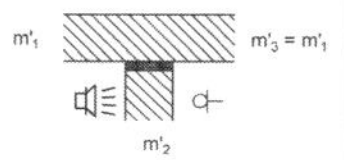	R_{Ff}	$K_{13} = 3,7 + 14,1 \cdot M + 5,7 \cdot M^2$ mit $0 \leq K_{13} \leq 4$
		R_{Fd} und R_{Df}	$K_{12} = K_{23} = 5,7 + 5,7 \cdot M^2 + \Delta K_{ij}$
T-Stoß	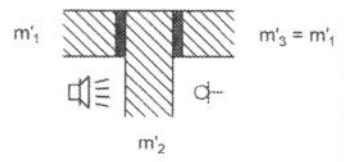	R_{Ff}	$K_{13} = 5,7 + 14,1 \cdot M + 5,7 \cdot M^2 + 2 \cdot \Delta K_{ij}$
		R_{Fd} und R_{Df}	$K_{12} = K_{23} = 5,7 + 5,7 \cdot M^2 + \Delta K_{ij}$
K-Stoß	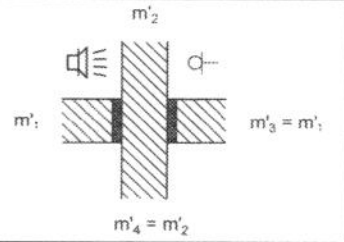	R_{Ff}	$K_{13} = 5,7 + 14,1 \cdot M + 5,7 \cdot M^2 + 2 \cdot \Delta K_{ij}$
		R_{Fd} und R_{Df}	$K_{12} = K_{23} = 5,7 + 5,7 \cdot M^2 + \Delta K_{ij}$
K-Stoß	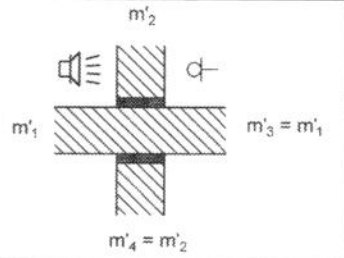	R_{Ff}	$K_{13} = 3,7 + 14,1 \cdot M + 5,7 \cdot M^2$ mit $0 \leq K_{13} \leq 4$
		R_{Fd} und R_{Df}	$K_{12} = K_{23} = 5,7 + 5,7 \cdot M^2 + \Delta K_{ij}$
Vollständig entkoppelte massive Bauteile			
T-Stoß	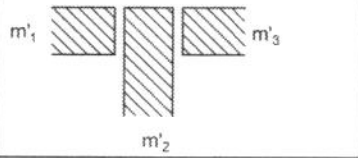	R_{Ff} und R_{Fd} und R_{Df}	$K_{13} = K_{12} = K_{23} = K_{ij,max} = K_{ij} + 20$ mit $K_{ij} = K_{ij,\text{biegesteife Verbindung}}$ (s.o.)
	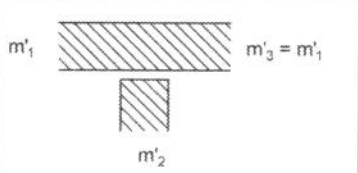	R_{Ff}	$K_{13} = K_{13,min}$
		R_{Fd} und R_{Df}	$K_{12} = K_{23} = K_{ij,max} = K_{ij} + 20$ mit $K_{ij} = K_{ij,\text{biegesteife Verbindung}}$ (s.o.)

[1)] Außenwände aus Lochstein-Mauerwerk, die nicht als akustisch homogenes Mauerwerk eingestuft werden und als Stumpfstoß an eine Wohnungstrennwand angeschlossen sind, können auf dem Weg 1–3 gegenüber den Rechenwerten verminderte Stoßstellendämm-Maße aufweisen (zu Korrekturen siehe DIN 4109-34 Abs. 5.2.4.2)

Geometrie

Bei horizontal oder vertikal versetzten Räumen wird die Fortsetzung desjenigen trennenden Bauteils als Flankenbauteil behandelt, dessen flankierende Übertragung in diesen Fällen häufig dominiert; ein Beispiel jeweils in Grundriss und Schnitt zeigt Abb. 4.77a.

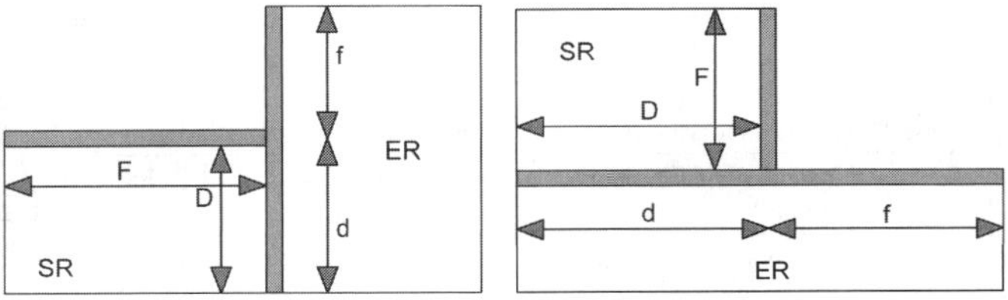

Abb. 4.77a Bestimmung der Bauteile (D, d, F, f) in versetzten Räumen in Grundriss (links) und Schnitt (rechts); SR = Senderaum ER = Empfangsraum

Bei Räumen mit relativ kleinem Versatz der flankierenden Bauteile (ℓ < 0,50 m) entspricht das Stoßstellendämm-Maß K_{ij} in etwa dem Wert, der auch ohne Versatz für einen Kreuzstoß zu erwarten ist; für einen Versatz $\ell \geq 0{,}5$ m kann von einem T-Stoß ausgegangen werden, vgl. Abb. 4.77b.

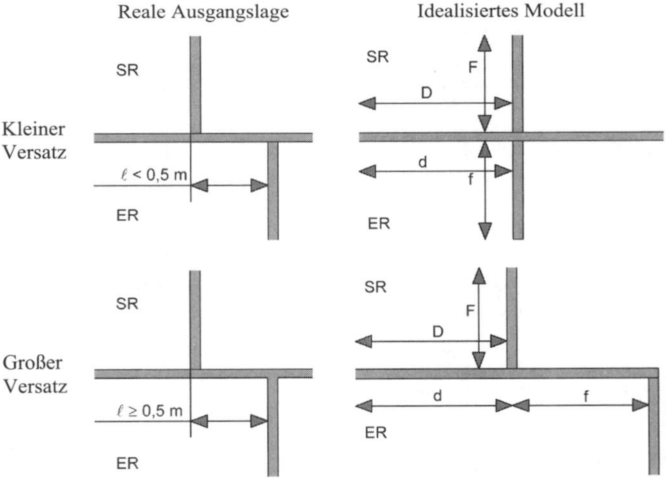

Abb. 4.77b Bestimmung der Bauteile (D, d, F, f) in Räumen mit kleinem bzw. großem Versatz

5.5.2 Zweischalige massive Gebäudetrennwand

Das bewertete Luftschalldämm-Maß einer zweischaligen Gebäudetrennwand $R'_{w,2}$ ergibt sich nach DIN 4109-2 zu:

$$R'_{w,2} = 28 \cdot \log(m'_1 + m'_2) - 18 + \Delta R_{w,Tr} - K$$

$$m'_{f,m} = \frac{1}{n} \cdot \sum_{i=1}^{n} m_{f,i}$$

$$m'_{f,m} > m'_{Tr,1} \quad \rightarrow \quad K = 0$$

$$m'_{f,m} \leq m'_{Tr,1} \quad \rightarrow \quad K = 0{,}6 + 5{,}5 \cdot \log\left(\frac{m'_{Tr,1}}{m'_{f,m}}\right)$$

m'_1 flächenbezogene Masse der ersten Trennwandschale in kg/m²

m'_2 flächenbezogene Masse der zweiten Trennwandschale in kg/m²

$\Delta R_{w,Tr}$ Zuschlag für die Zweischaligkeit der Gebäudetrennwand nach Tafel 4.78

K Korrekturwert zur Berücksichtigung von Flankenschallübertragung bei nach Tafel 4.78 relevanten Konstruktionen

n Anzahl der nicht verkleideten massiven Flankenbauteile

$m'_{Tr,1}$ mittlere flächenbezogene Masse der empfangsraumseitigen Trennwandschale in kg/m²

$m'_{f,m}$ mittlere flächenbez. Masse der nicht verkleideten massiven Flankenbauteile[1] in kg/m²

[1] Massive Flankenbauteile mit raumseitig biegeweichen Vorsatzschalen und Resonanzfrequenzen f_0 < 125 Hz werden nicht berücksichtigt.

Tafel 4.78 Zuschlagswerte $\Delta R_{w,Tr}$ und Korrekturwerte K nach DIN 4109-2

Situation	Zuschlagswert $\Delta R_{w,Tr}$ in dB						Ansatz des Korrekturwertes K
	Trennfuge ≥ 30 mm und Dämmstoffspezifikation[1)]			Trennfuge ≥ 50 mm und Dämmstoffspezifikation[1)]			
	allgemein	Porenbeton	Leichtbeton[2)]	allgemein	Porenbeton	Leichtbeton[2)]	
		m'_1 und m'_2 jeweils			m'_1 und m'_2 jeweils		
		≤ 200 kg/m²	≤ 250 kg/m²		≤ 200 kg/m²	≤ 250 kg/m²	
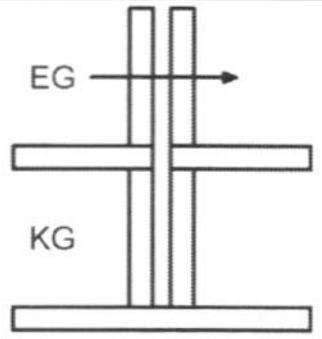	Vollständige Trennung der Schalen bis zur Bodenplatte						
	12	15	14	14	17	16	×
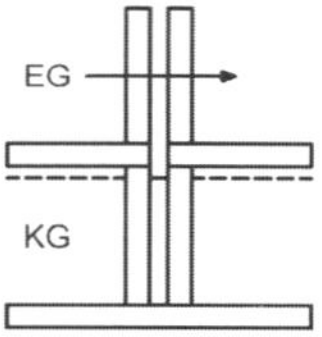	Kelleraußenwände (m' ≥ 575 kg/m²) durchgehend (→„Weiße Wanne“)						
	9	12	11	11	14	13	
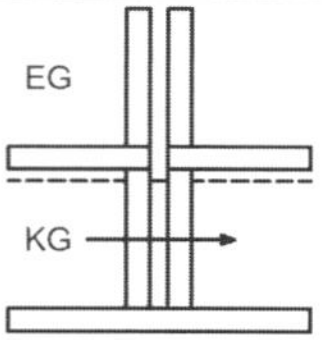	Kelleraußenwände (m' ≥ 575 kg/m²) und Bodenplatte (m' ≥ 575 kg/m²) durchgehend (→„Weiße Wanne“)						
	3	6	5	3	6	5	
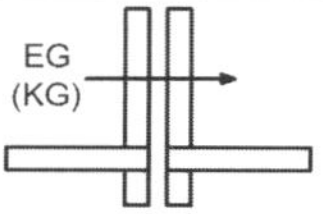	Außenwände getrennt und Bodenplatte getrennt						
	9	12	11	11	14	13	
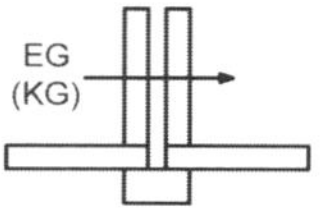	Außenwände getrennt und Bodenplatte getrennt, gemeinsames Fundament						
	6	12	8	6	12[3)]	8	
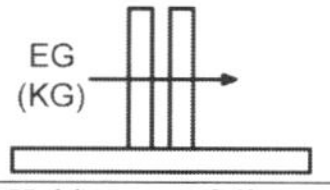	Außenwände getrennt und Bodenplatte (m' ≥ 575 kg/m²) durchgehend						
	6	12	8	6	12[3)]	8	

1) Hohlraumverfüllung mit Mineralwolle-Dämmplatten nach DIN EN 13162, Anwendungskurzzeichen WTH nach DIN 4108-10

2) Gilt nur für Steinrohdichten ≤ 800 kg/m³.

3) Wenn für beide Schalen $d \geq 17{,}5$ cm und Rohdichteklasse RDK ≥ 0,60 gilt, dann kann $\Delta R_{w,Tr} = 14$ dB angesetzt werden. Mögliche weitere Zuschläge sind bereits berücksichtigt.

Hinweis: Die entsprechend berechneten Werte werden in der obersten Etage nur erreicht, wenn die flankierende Übertragung über das Dach keine Rolle spielt. Das ist dann der Fall, wenn für die Norm-Flankenschallpegeldifferenz $D_{n,f,w}$ der Dachkonstruktionen (vgl. dazu Angaben in DIN 4109-33 Abs. 5.2.) gilt: $D_{n,f,w} \geq R'_{w,2} + 5$ dB

5.5.3 Holz-, Leicht- und Trockenbau

Aufgrund der elementierten und stark inhomogenen Konstruktionen des Holz-, Leicht- und Trockenbaus ist eine Berechnung der Flankenübertragung mit den oben beschriebenen Algorithmen des Massivbaus aktuell nicht möglich. Daher wird sie hier pauschal mittels der *gemessenen* bewerteten Norm-Flankenschallpegeldifferenzen $D_{n,f,w,i}$ erfasst; Vorsatzschalen und Fußbodenaufbauten sind als integrierter Teil des jeweiligen Flankenbauteils im Messwert enthalten.

Das bewertete Bau-Schalldämm-Maß R'_w berechnet sich dann zu:

$$R'_w = -10 \cdot \log\left(10^{-0{,}1 \cdot R_{Dd,w}} + \sum_{F=f=1}^{n} 10^{-0{,}1 \cdot R_{Ff,w}}\right)$$

$$R_{Ff,w} = D_{n,f,w} + 10 \cdot \log\frac{\ell_{lab}}{\ell_f} + 10 \cdot \log\frac{S_S}{A_0}$$

n Anzahl der flankierenden Bauteile in einem Raum

ℓ_{lab} Bezugskantenlänge[1]) in m
ℓ_{lab} = 2,8 m für Fassaden und Innenwände bei horizontaler Übertragung und
ℓ_{lab} = 4,5 m für Decken, Unterdecken und Fußbodenaufbauten bei horizontaler Übertragung sowie bei Fassaden und Innenwänden bei vertikaler Übertragung.

$R_{Dd,w}$ bewertetes Schalldämm-Maß des trennenden Bauteils in dB

$R_{Ff,w}$ bewertetes Flankendämm-Maß für den Übertragungsweg Ff in dB;

$D_{n,f,w}$ bewertete Norm-Flankenschallpegeldifferenz eines flankierenden Bauteils in dB

ℓ_f gemeinsame Kopplungslänge der Verbindungsstelle zwischen dem trennenden Bauteil und den flankierenden Bauteilen F und f in der Bausituation in m;

S_s Fläche des trennenden Bauteils in m²

A_0 Bezugsabsorptionsfläche mit A_0 = 10 m²

1) Werden Daten aus Prüfberichten verwendet, so ist als Bezugskantenlänge die dort genannte Kantenlänge ℓ_{lab} zu verwenden.

Hinweis: Die Einhaltung der Anforderung an das resultierende Schalldämm-Maß kann hier in der Weise abgeschätzt werden, dass das Schalldämm-Maß des trennenden Bauteils $R_{Dd,w}$ sowie die bewerteten Norm-Flankenschallpegeldifferenzen $D_{n,f,w}$ aller flankierenden Bauteile jeweils ≥ 5 dB über dem Anforderungswert liegen müssen.

5.5.4 Skelettbau und Mischbauweisen

Die resultierende Schallübertragung wird auch hier aus der Direktschallübertragung des trennenden Bauteils und der Übertragung der Flankenbauteile auf den entsprechenden Übertragungswegen berechnet. Dabei ist zu beachten:

- Aufgrund der geringen Stoßstellendämmung des an ein Massivbauteil angeschlossenen Leichtbauteils wird für die flankierenden Massivbauteile $K_{ij} = K_{ij,min}$ angesetzt.
- Die Berechnung der flankierenden Übertragung von Leichtbauteilen erfolgt im Skelettbau entsprechend den Vorgaben im Holz-, Leicht- und Trockenbau über die bewertete Norm-Flankenschallpegeldifferenz $D_{n,f,w}$ des flankierenden Bauteils.
- Die Berechnung der flankierenden Übertragung von massiven Bauteilen mit durchlaufenden Vorsatzkonstruktionen (z.B. abgehängte Unterdecken) erfolgt hier über die bewertete Norm-Flankenschallpegeldifferenz $D_{n,f,w}$ des flankierenden Bauteils.

5.6 Trittschallschutz in Gebäuden

5.6.1 Allgemeiner Massivbau

Für übereinanderliegende Räume errechnet sich der bewertete Norm-Trittschallpegel $L'_{n,w}$ zu:

$$L'_{n,w} = L_{n,eq,0,w} - \Delta L_w + K$$

$$L_{n,eq,0,w} = 164 - 35 \cdot \log\frac{m'}{m_0}$$

für: $100 \le m' \le 720$ kg/m²

$L_{n,eq,0,w}$ äquivalenter bewerteter Norm-Trittschallpegel der Rohdecke in dB

ΔL_w bewertete Trittschallminderung durch eine Deckenauflage in dB

Für schwimmende Mörtelestriche[1] gilt:

$$\Delta L_w = 13 \cdot \log m'_{Estrich} - 14{,}2 \cdot \log s' + 20{,}8$$

$60 \le m'_{Estrich} \le 160$ kg/m²

$6 \le s' \le 50$ MN/m³

Für schwimmende Gussasphalt- oder Fertigteilestriche[2] gilt:

$$\Delta L_w = (-0{,}21 \cdot m'_{Estrich} - 5{,}45) \cdot \log s' + 0{,}46 \cdot m' + 23{,}8$$

für Fertigteilestriche: $15 \le m'_{Estrich} \le 40$ kg/m²
$15 \le s' \le 40$ MN/m³

für Gussasphaltstriche[3]: $58 \le m'_{Estrich} \le 87$ kg/m²
$15 \le s' \le 50$ MN/m³

Für Massivdecken ohne Unterdecken und $m'_{f,m} \le m'$ gilt:

$$K = 0{,}6 + 5{,}5 \cdot \log \frac{m'}{m'_{f,m}}$$

Für Massivdecken ohne Unterdecken und $m'_{f,m} > m'$ gilt:

$$K = 0$$

Für Massivdecken mit Unterdecken und $m'_{f,m} \le m'$ gilt[4]:

$$K = -5{,}3 + 10{,}2 \cdot \log \frac{m'}{m'_{f,m}}$$

K Korrekturwert für die Trittschallübertragung über die flankierenden Bauteile in dB.

m' flächenbezogene Masse der Rohdecke nach Tafel 4.72 (ohne schwimmende Auflagen oder Unterdecken) in kg/m²

m'_0 Bezugsgröße $m'_0 = 1$ kg/m²

$m'_{Estrich}$ flächenbezogene Masse des schwimmenden Estrichs nach DIN EN 1991-1-1 und DIN EN 1991-1-1/NA

s' flächenbezogene dynamische Steifigkeit der Dämmschicht s'_{tot} in MN/m³

$m'_{f,m}$ mittlere flächenbezogene Masse der nicht mit Vorsatzkonstruktionen bekleideten, massiven flankierenden Bauteile in kg/m²

[1] Zement-, Calciumsulfat-, Calciumsulfatfließ-, Magnesia- und Kunstharzestriche auf Dämmschichten aus Trittschall-Dämmstoffen nach DIN 4108-10, Anwendungskurzzeichen DES
Die flächenbezogene Masse von mineralisch gebundenen Estrichen ist aus dem Rechenwert nach DIN EN 1991-1-1 und DIN EN 1991-1-1/NA mit einem Abzug von 10 % zu ermitteln.
Bei Estrichen mit Leichtzuschlägen (z.B. Magnesiaestriche mit Holzzuschlägen, Steinholzestriche) muss die tatsächliche flächenbezogene Masse z.B. nach Angabe des Herstellers angesetzt werden.

[2] Auf Dämmschichten aus Trittschall-Dämmstoffen nach DIN 4108-10, Anwendungskurzzeichen DES

[3] Gilt für einlagige Gussasphaltestriche.

[4] Anwendung nur für Unterdecken mit einer bewerteten Verbesserung der Luftschalldämmung $\Delta R_w \ge 10$ dB

Hinweis 1: Wird ein trittschallmindernder Bodenbelag auf einem schwimmenden Boden angeordnet, dann ist als ΔL_w nur der höhere Wert – entweder des schwimmenden Bodens oder des trittschallmindernden Bodenbelags (falls nach DIN 4109-1 anrechenbar) – zu berücksichtigen.

Hinweis 2: Werden n übereinanderliegende Trittschall-Dämmschichten verwendet, so berechnet sich die resultierende dynamische Steifigkeit s'_{tot} wie folgt:

$$s'_{tot} = \left(\sum_{i=1}^{n} \frac{1}{s'_i} \right)$$

Für nicht übereinanderliegende Räume errechnet sich der bewertete Norm-Trittschallpegel $L'_{n,w}$ zu:

$$L'_{n,w} = L_{n,eq,0,w} - \Delta L_w - K_T$$

$L_{n,eq,0,w}$ Berechnung siehe oben (→ übereinanderliegende Räume)

ΔL_w Berechnung siehe oben (→ übereinanderliegende Räume)

K_T Korrekturwert zur Berücksichtigung der Übertragungssituation zwischen Sende- und Empfangsraum in dB, vgl. Tafel 4.81

Tafel 4.81 Korrekturwerte K_T für unterschiedliche räumliche Zuordnungen von mit Norm-Hammerwerk[1] angeregter Decke und Empfangsraum (ER) nach DIN 4109-2

Lage der Räume [2]		K_T in dB	Lage der Räume [2]		K_T in dB
neben oder schräg unter der angeregten Decke	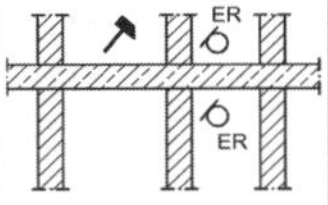	+ 5[3]	über der angeregten Decke (Wandbauweise)	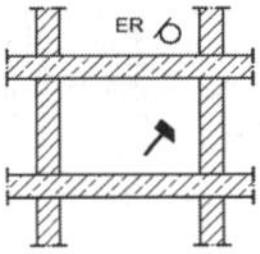	+ 10
wie oben, jedoch ein Raum dazwischenliegend	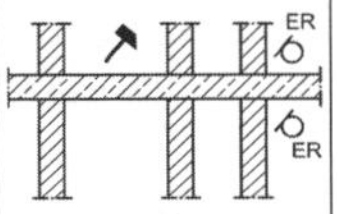	+ 10[3]	über der angeregten Decke (Skelettbau)	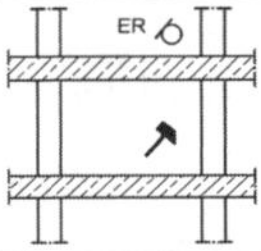	+ 20
Haustrennwand mit zwei biegesteifen Schalen und Trennfuge	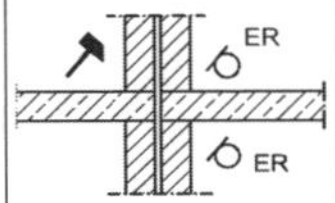	+ 15	über der angeregten Bodenplatte	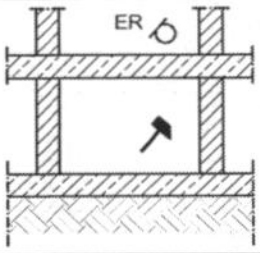	+ 10

[1] Norm-Hammerwerk nach DIN EN ISO 10140-5 (09.2014), Anhang E [2] ER = Empfangsraum

[3] Voraussetzung ist, dass zur Sicherstellung einer ausreichenden Stoßstellendämmung die Wände zwischen angeregter Decke und Empfangsraum starr angebunden sind und eine flächenbezogene Masse $m' \geq 150$ kg/m² aufweisen.

5.6.2 Leichte Decken im Holz-, Leicht- und Trockenbau

Für übereinanderliegende Räume errechnet sich der bewertete Norm-Trittschallpegel $L'_{n,w}$ zu:

$$L'_{n,w} = L_{n,w} + K_1 + K_2$$

$L_{n,w}$ bewerteter Norm-Trittschallpegel der Holzdecke ohne Flankenübertragung in dB; dem Bauteilkatalog der DIN 4109-33 oder Prüfberichten entnommen

K_1 Korrekturwert zur Berücksichtigung der Flankenübertragung auf dem Weg Df nach DIN 4109-2 Tab. 3

K_2 Korrekturwert zur Berücksichtigung der Flankenübertragung auf dem Weg DFf nach DIN 4109-2 Tab. 4

Im Gegensatz zum Massivbau kann für den Trittschall im Leichtbau nur die vertikale Übertragungssituation rechnerisch nachgewiesen werden.

6 Raumakustik

6.1 Raumakustische Größen, Formelzeichen, Einheiten

Raumakustische Größe	Formelzeichen	Einheit
Abklingrate der Sprache, räumliche	$D_{2,S}$	dB
Absorptionsfläche, äquivalente	A	m²
Dämpfungskonstante der Luft	m	Neper/m
Eigenfrequenz	f_0	Hz
Frequenz	f	Hz
Geräuschpegel, zulässiger	L_{AmA}	dB
Grenzradius	r_g	m
Hallradius	r_H	m
Laufwegdifferenz	Δl	m
Laufzeitdifferenz	Δt	s
Masse, flächenbezogene	m'	kg/m²
Nachhallzeit	T	s
Porosität	σ	%
Raumvolumen	V	m³
Schallabsorptionsgrad	α_s	-
Schalldruckpegel	L	dB
Schalldruckpegel der Sprache in einem Abstand von 4 m, A-bewerteter	$L_{p,A,S,4m}$	dB
Schalldruckpegelminderung	ΔL	dB
Schallgeschwindigkeit in Luft	c_L	m/s
Sprechpegel	$L_{SAm,1m}$	dB
Steifigkeit, dynamische	s'	MN/m³
Störschalldruckpegel bauseitiger Geräusche	$L_{NA,Bau}$	dB

6.2 Zentrale raumakustische Kenngrößen

6.2.1 Grundlagen

Die erwünschte akustische Qualität von Räumen, also

- die Verständlichkeit in Räumen mit sprachlicher Kommunikation über größere Entfernungen,
- niedrige Schalldruckpegel in Aufenthaltsräumen (ggf. in Verbindung mit sprachlicher Kommunikation über kurze Entfernung) und
- der Wohlklang von Musik in entsprechenden Aufführungsräumen,

hängt im Wesentlichen von der Raumanordnung im Gebäude, der Schalldämmung seiner Umfassungsbauteile, der Geräuschentwicklung haustechnischer Anlagen sowie der Raumform und Raumgröße (Primärstruktur) und der Oberflächenbeschaffenheit der Raumbegrenzungsflächen und Einrichtungsgegenstände (Sekundärstruktur) ab.

Die Auslegung sowie die räumliche Verteilung *schallabsorbierender*, *schallreflektierender* bzw. *schalllenkender* sowie *schallstreuender* Flächen im betrachteten Raum sind dabei wesentliche Einflussgrößen.

Insbesondere im Hinblick auf das Verstehen von Sprache ist die raumakustische Qualität von ausschlaggebender Bedeutung. Wenn das gesprochene Wort vom Empfänger nicht oder nur mühsam zu verstehen ist, müssen verstärkt kognitive Prozesse mobilisiert werden, um die Sprachinformationen verarbeiten zu können (was beispielsweise von Kindern aufgrund altersbedingt noch fehlender Erfahrung nicht geleistet werden kann). Damit sind auch im Hinblick auf andere Personen mit überproportional hohem Bedarf an transparenter Akustik entsprechend hohe Anforderungen zu formulieren; die rechtliche Basis dieses Anspruchs stellen das „Benachteiligungsverbot aus Art. 3 Abs. 3 GG“, die „Vorgaben des Behindertengleichstellungsgesetzes § 4 (27.4.2002)“ und die „UN-

Konvention über die Rechte von Menschen mit Behinderungen (am 26.3.2009 in der Bundesrepublik Deutschland in Kraft getreten)“ dar.

6.2.2 Verständlichkeit eines Schallsignals / Laufzeitdifferenz

Der innerhalb eines Raumes von einem Sender S abgestrahlte Schall breitet sich je nach Lage und Abstrahlungscharakteristik des Senders näherungsweise kugel- oder halbkugelförmig aus. Befindet sich der Empfänger E im Nahfeld des Senders (ist also der Abstand zwischen S und E kleiner oder gleich dem jeweiligen Grenzabstand), so überwiegt der Direktschall gegenüber dem reflektierten Schall; im anderen Fall befindet sich der Empfänger im diffusen Schallfeld.

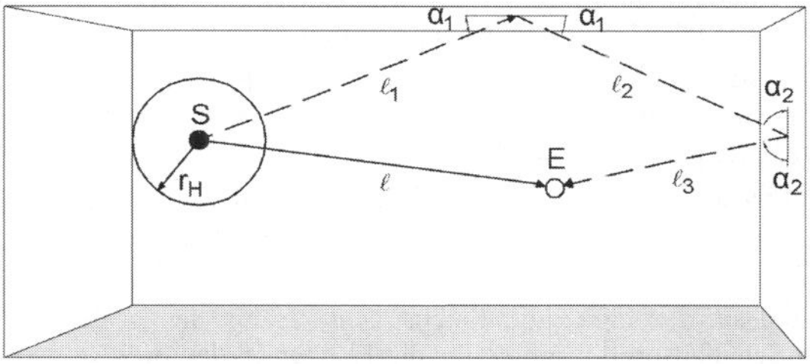

Abb. 4.83
Skizze zur Schallübertragung zwischen einem Sender S und einem Empfänger E innerhalb eines Raumes. Gekennzeichnet sind zwei signifikante Weglängen des Schalls (ℓ = Weglänge des direkten Schalls, $\ell_1 + \ell_2 + \ell_3$ = Weglänge des indirekten Schalls) sowie der Hallradius r_H zur Abgrenzung des diffusen Schallfeldes

Grundsätzlicher Kennwert für die Beurteilung der Verständlichkeit eines Schallsignals im diffusen Schallfeld eines Raumes ist die Laufzeitdifferenz Δt zwischen Sender und Empfänger. Zu ihrer Überprüfung im Planungsprozess wird aus praktischen Gründen jedoch üblicherweise die korrespondierende Laufwegdifferenz $\Delta\ell$ herangezogen; es gelten die Zusammenhänge nach Tafel 4.83a.

Die Grenzabstände (Hallradius und Grenzradius) als theoretische Übergänge vom direkten zum diffusen Schallfeld ergeben sich entsprechend den Ausführungen in Tafel 4.83b.

Tafel 4.83a Laufzeit- und Laufwegdifferenzen und ihr Einfluss auf die Verständlichkeit

Differenzen-Term	Grenzwert	Bewertung
$\Delta t = \frac{\sum_{i=1}^{n} \ell_i - \ell}{c_L} = \frac{\Delta\ell}{c_L}$	$\Delta t \leq 0{,}05$ s $\Delta\ell \leq 17$ m	Die Laufzeitdifferenz führt zu einer Verbesserung der Verständlichkeit sowie zu einer Erhöhung des Schallpegels.
	$0{,}05\text{ s} < \Delta t \leq 0{,}10$ s $17\text{ m} < \Delta\ell \leq 34$ m	Die Laufzeitdifferenz führt zu einer Verschlechterung der Verständlichkeit.
$\Delta\ell = \sum_{i=1}^{n} \ell_i - \ell$	$\Delta t > 0{,}10$ s $\Delta\ell > 34$ m	Die Laufzeitdifferenz wird als Echo wahrgenommen.

Tafel 4.83b Grenzabstände zwischen Nahfeld und diffusem Schallfeld in Abhängigkeit von der äquivalenten Schallabsorptionsfläche A des Raumes

Abstrahlungsform	Lage der Schallquelle	Grenzabstand in m	
kugelförmig	im Raum	Hallradius r_H	$r_H = \sqrt{\frac{A}{16 \cdot \pi}} \approx 0{,}14 \cdot \sqrt{A}$
halbkugelförmig	am Boden	Grenzradius r_g	$r_g = \sqrt{\frac{2 \cdot A}{16 \cdot \pi}} \approx 0{,}2 \cdot \sqrt{A}$

6.2.3 Nachhallzeit T_{60}

Die frequenzabhängige Nachhallzeit $T_{60}(f)$ eines Raumes bezeichnet denjenigen Zeitraum, in dem nach Beendigung des Schallsignals in dem Raum der Schalldruckpegel $L(f)$ um 60 dB absinkt.

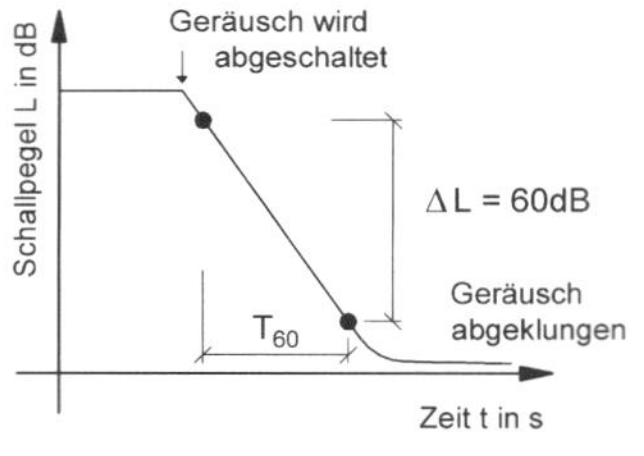

Abb. 4.84
Verlauf eines Schallsignals gegebener Mittenfrequenz über die Zeit vor, während und nach Abschaltung des Signals mit Kennzeichnung der korrespondierenden Nachhallzeit T_{60}

Die Nachhallzeit eines Raumes lässt sich heute sowohl messtechnisch als auch analytisch aus dem Raumvolumen und den akustisch wirksamen Oberflächen im Raum ermitteln.

Das Kriterium für die Auswahl des im jeweiligen Fall geeigneten Rechenverfahrens ist die ausreichende (→ im Raum sind keine gerichteten Schallfelder vorhanden) bzw. nicht ausreichende (→ im Raum sind gerichtete Schallfelder vorhanden) Diffusität des Schallfeldes.

Ein näherungsweise diffuses Schallfeld wird i.d.R. in Räumen mit folgenden Kriterien vorliegen:

- Keine Raumdimension beträgt > 5-fache jeder anderen Dimension (→ regelmäßig ausgebildetes Volumen).
- Die schallabsorbierenden Flächen sind auf alle drei Raumdimensionen verteilt; das ist der Fall, wenn die Abweichung der mittleren Schallabsorptionsgrade für die Flächen in den drei Raumdimensionen ≤ Faktor 3 abweicht, insbesondere wenn keine schallstreuenden Objekte oder Oberflächen vorhanden sind (→ Räume mit gleichmäßig verteilter Absorption).

Sind die Voraussetzungen eines näherungsweise diffusen Schallfeldes nicht erfüllt, kann der Nachweis mit erweiterten Rechenmethoden (z.B. DIN EN 12354-6 Anhang D, Numerische Methoden wie Strahlverfolgung etc.) erfolgen.

Für *ausreichend diffuse* Schallfelder gilt nach SABINE (Wallace Clement Sabine, amerikanischer Physiker, 1868 – 1919) nachfolgende Beziehung:

$$T(f) = 0{,}163 \cdot \frac{V}{A(f)}$$

$T(f)$ frequenzabhängige Nachhallzeit in s
$A(f)$ frequenzabhängige äquivalente Schallabsorptionsfläche des Raumes in m^2
V Raumvolumen in m^3

6.2.4 Äquivalente Schallabsorptionsfläche

Für einen Raum ergibt sich nach DIN EN 12354-6 die äquivalente Absorptionsfläche $A(f)$ in Abhängigkeit von unterschiedlichen Mittenfrequenzen (i.d.R. Oktavbandmittenfrequenzen) durch Aufsummierung der Schallabsorptionsflächen aller Begrenzungsflächen des Raumes, der Raumausstattung und der im Raum befindlichen Personen sowie des Luftvolumens (vernachlässigbar bei Räumen mit $V < 200\ m^3$):

$$A(f) = \sum_{i=1}^{n} \alpha_i(f) \cdot S_i + \sum_{j=1}^{m} A_j(f) + 4 \cdot m(f) \cdot V$$

α_i Absorptionsgrade der Einzelflächen
S_i Einzelfläche i in m^2
A_j äquivalente Schallabsorptionsfläche nicht flächenhafter Materialien, Gegenstände und Personen in m^2
$m(f)$ Dämpfungskonstante der Luft
V Raumvolumen in m^3

6.2.5 Schalldruckpegelminderung

Durch eine Erhöhung der äquivalenten Schallabsorptionsfläche $A(f)$ eines Raumes lässt sich in einem diffusen Schallfeld der Schalldruckpegel um den Betrag $\Delta L(f)$ reduzieren. Es gilt:

$$\Delta L(f) = 10 \cdot \log\left[1 + \frac{\Delta A(f)}{A_0(f)}\right]$$

$$\Delta L(f) = 10 \cdot \log\left[\frac{T_0(f)}{T(f)}\right]$$

$\Delta L(f)$ frequenzabhängige Schallpegelminderung in dB
$\Delta A(f)$ zusätzliche in den Raum eingebrachte frequenzabhängige Schallabsorptionsfläche in m²
$A_0(f)$ frequenzabhängige Schallabsorptionsfläche im Anfangszustand in m²
$T_0(f)$ frequenzabhängige Nachhallzeit vor der Maßnahme in s
$T(f)$ frequenzabhängige Nachhallzeit nach der Maßnahme in s

6.3 Anforderungen und Empfehlungen

6.3.1 Verständlichkeit

Für eine optimale Sprachkommunikation über mittlere und größere Entfernungen (→ Verständlichkeit) müssen bei normaler bis angehobener Sprechweise möglichst viel Direktschall und deutlichkeitserhöhende Anfangsreflexionen bis 50 ms nach dem Direktschall vom Sprecher zum Hörer geleitet werden. Damit liegt die Obergrenze der Laufwegdifferenz bei max. Δl = 17 m; reflektierende Oberflächen im Laufweg dieses Schallstrahles sind damit entweder absorbierend oder alternativ mit angepasster Neigung (→ Weiterleitung des Schallsignals in entferntere Bereiche des Raumes) auszuführen. Die zeichnerische Überprüfung dieser Anforderung kann für die 1. Reflektion in der Regel durch Überlagerung einer Ellipse (→ geometrischer Grenzzustand mit max. Δl = 17 m zwischen Sender und Empfänger) mit dem Raumschnitt erfolgen. In Tafel 4.85 finden sich die entsprechenden Eingangsparameter, Abb. 4.85 zeigt zwei Beispiele.

Tafel 4.85 Eingangsparameter zur Konstruktion der Laufwegdifferenzen-Ellipse

Skizze zur Bezeichnung der Parameter	Parameter		Ellipsengleichung
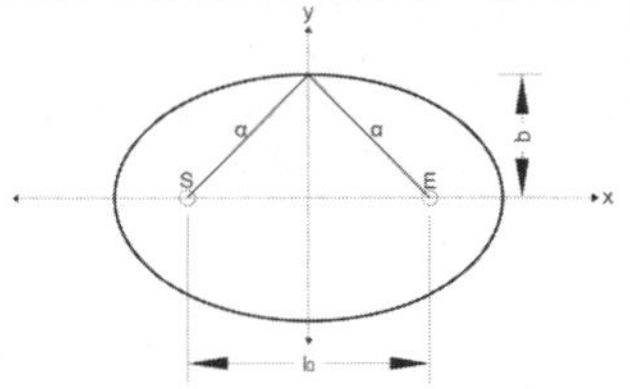	Abstand Sender-Empfänger l_0 in m	in Schnittzeichnung festlegen	$y = \frac{b}{a} \cdot \sqrt{a^2 - x^2}$
	Parameter a	$a = 0{,}5 \cdot (l_0 + 17)$	
	Parameter b	$b = \sqrt{a^2 - 0{,}25 \cdot l_0^2}$	

a) Hohes Gebäude b) Gestrecktes Gebäude

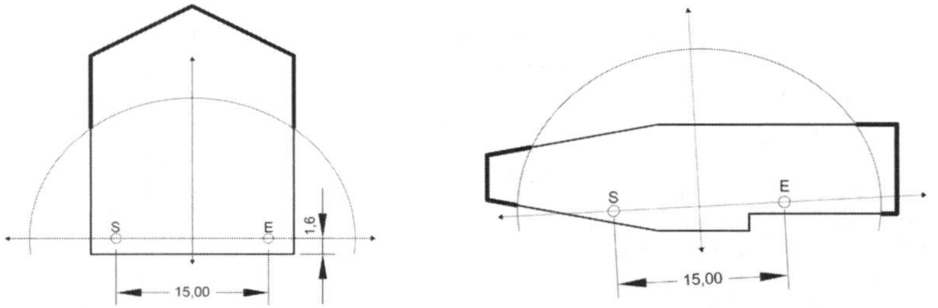

Abb. 4.85 Beispiele für die Überprüfung der Laufzeitdifferenz für die 1. Reflektion mit der Laufwegdifferenzen-Ellipse: Der Abstand von Sender (S) zu Empfänger (E) beträgt hier l_0 = 15 m, die fett skizzierten Begrenzungslinien liegen außerhalb der Ellipse und sind mithin akustisch zu bearbeiten (s.o.)

6.3.2 Nachhallzeit nach DIN 18 041 (Anforderung an die Hörsamkeit in Räumen über mittlere und größere Entfernungen)

Sowohl für die Hörsamkeit (Sprechräume) als auch für den Musikeindruck (Musikräume) als auch für die Senkung des Grundgeräuschpegels in Aufenthaltsräumen ist die optimale Nachhallzeit – neben der gleichmäßigen Schallverteilung im Raum – das wichtigste raumakustische Kriterium; die Anforderungen in Abhängigkeit von der Raumnutzung (Tafel 4.86) finden sich in Tafel 4.87a; sie beziehen sich auf den besetzten Zustand (Besetzungsgrad: 80 % der Regelbesetzung, vgl. DIN 18 041 Anhang A) des jeweiligen Raumes und gelten für die relevanten Nutzungsszenarien des Raumes unter Berücksichtigung der Schallabsorption der Möblierung und von Personen (ggf. sind auch geringere Besetzungsdichten, z.B. in Hörsälen und Gerichtsräumen, zu berücksichtigen).

Dabei ist zu beachten, dass für eine uneingeschränkte Sprachkommunikation hier die Begrenzung von Störgeräuschen aus angrenzenden Räumen (→ bauakustische Anforderungen an raumbegrenzende Bauteile) oder durch Personen und technische Anlagen im Raum selbst (→ Betriebsgeräusche) eine Grundforderung darstellt.

Tafel 4.86 Beschreibung der unterschiedlichen Nutzungsarten A1 bis A5 nach DIN 18 041

Art	Bezeichnung	Beschreibung	Subjektive Wahrnehmung	Beispiele
A1	Musik	*Primär:* Musikalische Darbietungen	Gute Hörsamkeit für *unverstärkte* Musik. Sprachliche Darbietungen sind nur mit gewissen Einschränkungen der Sprachverständlichkeit möglich.	Musikraum mit aktivem Musizieren und Gesang
A2	Sprache / Vortrag	*Primär:* Sprachliche Darbietung (i.d.R. frontal) *Selten:* Gleichzeitige Kommunikation mehrerer Personen an versch. Stellen im Raum	Sprachliche Darbietungen einzelner Sprecher erzielen eine hohe Sprachverständlichkeit. Musikalische Darbietungen werden in der Regel als zu transparent und klar empfunden, jedoch günstig für musikalische Probenarbeit.	Gerichts- und Ratssaal Gemeindesaal Hörsaal Versammlungsraum Schulaula
A3	Sprache / Vortrag „inklusiv“	A2-Räume für Personen, die auf gutes Sprachverstehen angewiesen sind. Erforderlich für inklusive Nutzung[1]	Sprachliche Darbietungen einzelner Sprecher erzielen eine hohe Sprachverständlichkeit, auch für Personen mit Höreinschränkungen oder bei z.B. fremdsprachlicher Nutzung.	
	Unterricht Kommunikation	Kommunikationsintensive Nutzungen mit mehreren gleichzeitigen, im Raum verteilten Sprechern	Sprachliche Kommunikation ist mit mehreren (teilweise gleichzeitigen) Sprechern möglich	Räume für: - Unterricht - Differenzierung - Tagungen - Besprechungen - Konferenzen - Videokonferenzen (nur für A4-Raum) - Seminare Gruppenräume in: - Kindertageseinrichtungen - Pflegeeinrichtungen - Seniorenheimen
A4	Unterricht / Kommunikation „inklusiv“	A3-Räume für kommunikationsintensive Nutzungen mit mehreren gleichzeitigen, im Raum verteilten Sprechern, jedoch für Personen, die in besonderer Weise auf gutes Sprachverstehen angewiesen sind. *Nicht geeignet* für Räume > 500 m³ sowie für musikalische Nutzungen. Erforderlich für inklusive Nutzung[1]	Sprachliche Kommunikation ist mit mehreren (teilweise gleichzeitigen) Sprechern möglich, auch für Personen mit Höreinschränkungen oder bei z.B. fremdsprachlicher Nutzung.	
A5	Sport	In Sport- und Schwimmhallen kommunizieren mehrere Gruppen (auch gleichzeitig) mit unterschiedlichen Inhalten	Sprachliche Kommunikation über kurze Entfernungen ist im Allgemeinen gut möglich.	Sport- und Schwimmhallen für nahezu ausschließliche Nutzung als Sportstätte

[1] Aus dem Behindertengleichstellungsgesetz, vergleichbaren Landesregelungen und der UN-Konvention über die Rechte von Menschen mit Behinderungen ergibt sich, dass der Öffentlichkeit zugängliche Neubauten inklusiv zu errichten sind, soweit dies nicht nur mit einem unverhältnismäßigen Mehraufwand erfüllt werden kann. Näheres ist den jeweiligen Landesgesetzen zu entnehmen.

Tafel 4.87a Sollwerte der Nachhallzeit für Räume der Gruppe A im besetzten Zustand für unterschiedliche Nutzungsarten A1 bis A5 nach DIN 18 041

Hauptnutzungsart[1)]		Nachhallzeit T_{soll} in s	Volumen V in m³
A1	Musik	$T_{soll,A1} = (0{,}45 \cdot \log V + 0{,}07)$	$30 \leq V \leq 1000$
A2	Sprache / Vortrag	$T_{soll,A2} = (0{,}37 \cdot \log V - 0{,}14)$	$50 \leq V \leq 5000$
A3	Unterricht / Kommunikation (bis 1.000 m³), sowie Sprache/Vortrag inklusiv (bis 5.000 m³)	$T_{soll,A3} = (0{,}32 \cdot \log V - 0{,}17)$	$30 \leq V \leq 5000$
A4	Unterricht / Kommunikation inklusiv	$T_{soll,A4} = (0{,}26 \cdot \log V - 0{,}14)$	$30 \leq V \leq 500$
A5	Sport	$T_{soll,A5} = (0{,}75 \cdot \log V - 1{,}00)$ $T_{soll,A5} = 2{,}0$	$200 \leq V \leq 10000$ $V \geq 10000$

1) Bei Mehrzwecknutzungen sind entsprechend der Wertigkeit der Hauptnutzung Zwischenwerte zwischen den Sollwerten zu ermitteln, sofern nicht durch variable akustische Maßnahmen die unterschiedlichen Anforderungen berücksichtigt werden.

Tafel 4.87b Toleranzbereiche der Nachhallzeit T_{soll} bei Mittenfrequenzen nach DIN 18 041

Oktavbandmittenfrequenz	Untergrenze	Obergrenze	Anmerkung
63	$T = 0{,}50 \cdot T_{soll}$	$T = 1{,}70 \cdot T_{soll}$	nur sofern relevant
125	$T = 0{,}65 \cdot T_{soll}$	$T = 1{,}45 \cdot T_{soll}$	verbindlicher Bereich
250 / 500 / 1 000 / 2 000	$T = 0{,}80 \cdot T_{soll}$	$T = 1{,}20 \cdot T_{soll}$	
4 000	$T = 0{,}65 \cdot T_{soll}$		
8 000	$T = 0{,}50 \cdot T_{soll}$		nur sofern relevant

6.3.3 Nachhallzeit nach VDI 2569 (Empfehlungen für Büros)

Die wesentlichen Kriterien, nach denen die Nutzer die akustische Behaglichkeit beurteilen, sind die Raumbedämpfung und die bauseitigen Störgeräusche; diese werden durch die Nachhallzeit T und den Störschalldruckpegel bauseitiger Geräusche $L_{NA,Bau}$ beschrieben. Die VDI 2569 differenziert hinsichtlich der Empfehlungen (Tafel 4.88b) zwischen Einzel-, kleinen Mehrpersonen- und großen Mehrpersonenbüros sowie den jeweiligen Raumakustikklassen A bis C (Tafeln 4.87c und 4.88a), die im Vorfeld festzulegen sind.

Tafel 4.87c Beschreibung der Raumakustikklassen A bis C für Einzelbüros

Raum-akustik-klasse	Erwartungs-niveau	Beschreibung
A	hoch	Eine hohe akustische Behaglichkeit in Einzelbüros wird von den Nutzern als angenehm und ruhig empfunden und ermöglicht eine sehr gute Sprachverständlichkeit innerhalb des Raums und beim Telefonieren.
B	mittel	Nur unter ungünstigen Umständen, z.B. beim Telefonieren unter Einwirkung eines erhöhten Störgeräuschs oder anderen Gesprächen, kann es zu einer ungenügenden Sprachverständlichkeit und hohen Höranstrengung kommen. Beanstandungen über unzureichende raumakustische Bedingungen kommen in der Regel selten vor.
C	gering	Im Fall von Telefonaten und Besprechungen wird die Raumbedämpfung von den meisten Nutzern als zu gering empfunden. Störgeräusche mit dem A-bewerteten Störschalldruckpegel bauseitiger Geräusche nach Tafel 4.88b können die Sprachverständlichkeit verringern. Beanstandungen der Nutzer über unzureichende raumakustische Bedingungen sind nicht auszuschließen.

In *großen Mehrpersonenbüros* sind darüber hinaus der A-bewertete Schalldruckpegel der Sprache in einem Abstand von 4 m $L_{p,A,S,4m}$ sowie die räumliche Abklingrate der Sprache $D_{2,S}$ als weitere Kenngrößen nachzuweisen. Auch ist hier zu beachten, dass die (hier beschriebene) statistische Nachhalltheorie in vielen Fällen nicht streng auf die gegebenen Räume angewendet werden kann;

damit wird man hier häufig auf Simulationsrechnungen zurückgreifen. Im Sinne der VDI 2569 beschreibt die Nachhallzeit hier den Nachhall durch eine Schallquelle in der unmittelbaren Umgebung eines jeweiligen Arbeitsplatzes.

Tafel 4.88a Beschreibung der Raumakustikklassen A bis C für Mehrpersonenbüros

Raumakustikklasse	Erwartungsniveau	Beschreibung	Anwendungsempfehlung
A	hoch	Es sind sehr umfangreiche und hoch wirksame raumakustische Maßnahmen zur Raumbedämpfung und Minderung der Schallausbreitung erforderlich. Eine weitere raumakustische Verbesserung ist bei einer offenen Bürostruktur nicht möglich.	gut geeignet für Call-Center und Räume mit kommunikationsintensiven Nutzungen
B	mittel	Es sind umfangreiche und wirksame raumakustische Maßnahmen zur Raumbedämpfung und zur Minderung der Schallausbreitung erforderlich.	gut geeignet für Räume für Vertrieb, Konstruktion, Verwaltung; geeignet für Call-Center
C	gering	Es sind wirksame raumakustische Maßnahmen zur Raumbedämpfung und zur Minderung der Schallausbreitung erforderlich.	geeignet für Räume für Vertrieb, Konstruktion, Verwaltung

Tafel 4.88b Empfehlungen an die Nachhallzeit

Raumakustikklasse[1)]	maximale Nachhallzeit T in Oktavbändern in s		Maximaler Störschalldruckpegel $L_{NA,Bau}$ in dB
	125 Hz	250 bis 4 000 Hz	
Einzelbüros (≤ 100 m³)			
A	0,8	0,6	30
B	1,0	0,8	35
C	1,2	1,0	40
Kleine Mehrpersonenbüros[2)]			
A	0,6	0,4	35
B	0,7	0,5	40
C	0,9	0,7	40
Große Mehrpersonenbüros[3)]			
A	0,8	0,6	35
B	0,9	0,7	40
C	1,1	0,9	40

1) Die Klassifizierung bezieht sich auf eingerichtete und bezugsfertige, aber unbesetzte Büros.
2) Die Nachhallzeit sollte hier ≥ 0,2 s bis 0,3 s betragen.
3) Die Nachhallzeit sollte hier ≥ 0,3 s bis 0,4 s betragen.

6.3.4 Äquivalente Schallabsorptionsfläche

Für Räume der Raumgruppe B sind Maßnahmen zur Raumbedämpfung zu empfehlen. Damit werden eine Senkung des mittleren Grundgeräuschpegels im Raum und eine Begrenzung der Halligkeit erreicht.

In Räumen der Gruppe B werden Empfehlungen für das Verhältnis von der äquivalenten Schallabsorptionsfläche A des Raumes zum Raumvolumen V (im Folgenden als A/V-Verhältnis bezeichnet) im Frequenzbereich von 250 Hz bis 2 000 Hz angegeben.

Tafel 4.89a Beschreibung der unterschiedlichen Nutzungsarten B1 bis B5 nach DIN 18 041

Art	Beschreibung	Beispiele
B1	Räume ohne Aufenthaltsqualität	Eingangshallen, Flure, Treppenhäuser u.Ä. als reine Verkehrsfläche (ausgenommen Verkehrsflächen in Schulen, Kindertageseinrichtungen, Krankenhäusern und Pflegeeinrichtungen)
B2	Räume zum kurzfristigen Verweilen	Eingangshallen, Flure, Treppenhäuser u.Ä. Verkehrsflächen mit Aufenthaltsqualität (Empfangsbereich mit Wartezonen etc.), Ausstellungsräume, Schalterhallen, Umkleiden in Sporthallen
B3	Räume zum längerfristigen Verweilen	Ausstellungsräume mit Interaktivität oder erhöhtem Geräuschaufkommen (Multimedia, Klang-/Videokunst etc.), Verkehrsflächen in Schulen und Kindertageseinrichtungen (z.B. Kindergarten, Kinderkrippe, Hort), Verkehrsflächen mit Aufenthaltsqualität in Krankenhäusern und Pflegeeinrichtungen (z.B. offene Wartezonen), Patientenwarteräume, Pausenräume, Bettenzimmer, Ruheräume, Operationssäle, Behandlungsräume, Untersuchungsräume, Sprechzimmer, Speiseräume, Kantinen, Labore, Bibliotheken, Verkaufsräume
B4	Räume mit Bedarf an Lärmminderung und Raumkomfort	Rezeption/Schalterbereich mit ständigem Arbeitsplatz, Labore mit ständigem Arbeitsplatz, Ausleihbereiche von Bibliotheken, Ausgabebereiche in Kantinen, Bewohnerzimmer in Pflegeeinrichtungen, Bürgerbüro, Büroräume[1)2)]
B5	Räume mit besonderem Bedarf an Lärmminderung und Raumkomfort	Speiseräume und Kantinen in Schulen, Kindertageseinrichtungen (z.B. Kindergarten, Kinderkrippe, Hort), Krankenhäusern und Pflegeeinrichtungen, Arbeitsräume mit besonders hohem Geräuschaufkommen (z.B. Werkstätten, Werkräume, Großküchen, Spülküchen), Call-Center[1)], Leitstellen, Sicherheitszentralen, Intensivpflegebereiche, Wachstationen, Bewegungsräume in Kindertageseinrichtungen, Spielflure und Umkleiden in Schulen und Kindertageseinrichtungen (z.B. Kindergarten, Kinderkrippe, Hort)

[1)] Empfehlungen für Büroräume sowie Call-Center werden ausführlich in der Richtlinie VDI 2569 behandelt.
[2)] Einzelbüros können unter Nutzungsart B3 eingeordnet werden.

Tafel 4.89b Orientierungswerte des A/V-Wertes für Räume der Gruppe B nach DIN 18 041

Nutzungsart, Räume ...		bei Raumhöhe $h \leq 2{,}5$ m	bei Raumhöhe $h > 2{,}5$ m
B1	ohne Aufenthaltsqualität	ohne Anforderung	ohne Anforderung
B2	zum kurzfristigen Verweilen	$A/V \geq 0{,}15$	$A/V \geq (4{,}80 + 4{,}69 \cdot \lg h)^{-1}$
B3	zum längerfristigen Verweilen	$A/V \geq 0{,}20$	$A/V \geq (3{,}13 + 4{,}69 \cdot \lg h)^{-1}$
B4	mit Bedarf an Lärmminderung	$A/V \geq 0{,}25$	$A/V \geq (2{,}13 + 4{,}69 \cdot \lg h)^{-1}$
B5	mit besonderem Bedarf an Lärmminderung	$A/V \geq 0{,}30$	$A/V \geq (1{,}47 + 4{,}69 \cdot \lg h)^{-1}$

A: äquivalente Schallabsorptionsfläche des Raumes in m²; V: Raumvolumen in m³; h: lichte Raumhöhe in m

6.4 Technische Absorber – Eigenschaften und Kennwerte

6.4.1 Physikalische Eigenschaften

Differenzierung

Grundsätzlich lässt sich abhängig von den physikalischen Wirkungsweisen in einem ersten Schritt differenzieren zwischen Absorbern (mit üblicherweise breitbandiger Wirkung im mittel- und hochfrequenten Spektrum) und Resonatoren (mit üblicherweise engen Wirkungsbereichen); diese jeweils typischen frequenzabhängigen Verläufe der Schallabsorptionsgrade sind nachfolgend (Abb. 4.90a) in einer Prinzipskizze dargestellt.

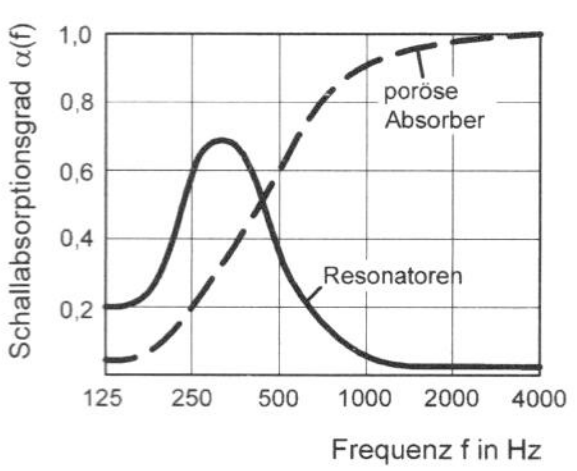

Abb. 4.90a
Prinzipdarstellung der frequenzabhängigen Verläufe der Schallabsorptionsgrade poröser Absorber und Resonatoren

Absorber

Unter einem akustischen Absorber wird hier ein Material verstanden, dass aufgrund seiner hohen Porosität σ (90 % $\leq \sigma <$ 100 %) die auftreffende Schallenergie zu einem hohen Anteil dissipiert (in Wärme umwandelt), einige Beispiele sind in Tafel 4.90 zusammengestellt.

Tafel 4.90 Beispiele für poröse Absorber

Material	Kurzbeschreibung
Mineralfaser	Üblicherweise Einbau als steifere Platte in Akustikdecken und -wänden, als weiche Matte häufig Auflage für Lochplatten aus Metall, Holz oder Gipskarton
Schaumstoff	Schwerpunktmäßig Einsatz als Polsterung von Sitzmöbeln, häufig auch als Auflage in Verbindung mit Lochplatten aus Metall, Holz oder Gipskarton
Akustikputz	Dünne Putzschichten nur im Bereich höherer Frequenzen wirksam, für die Bedämpfung tiefer Frequenzen Anordnung auf einer der Decke oder Wand vorgelagerten Trägerschicht (z.B. Gipskarton-Bauplatte) erforderlich
Textilien	Dickes, offenporiges Material erforderlich, Einsatz in der Regel als Vorhang (für Bedämpfung tieferer Frequenzen ausreichenden Abstand zur Wand einplanen)
Teppiche	Aufgrund der relativ geringen Dicke primär wirksam oberhalb von 1000 Hz

Plattenresonatoren

Plattenresonatoren wirken schalltechnisch als ein Feder-Masse-System; damit liegen ihre höchsten Absorptionsgrade im Bereich der jeweiligen systemtypischen Eigenfrequenz f_0.

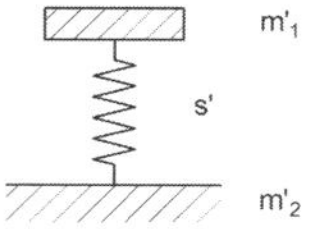

Abb. 4.90b
Prinzipdarstellung des Feder-Masse-Systems eines Plattenresonators

$$f_0 = \frac{1000}{2\pi} \cdot \sqrt{\frac{s'}{m'_1}} \quad \text{mit } m'_1 << m'_2$$

$$\text{mit } s' = \frac{E_{Dyn}}{d}$$

s' dynamische Steifigkeit der elastischen Schicht in MN/m³
m'_1 flächenbezogene Masse der Vorsatzschale in kg/m²
m'_2 flächenbezogene Masse der Wand oder Decke in kg/m²
E_{Dyn} dynamischer Elastizitätsmodul nach Tafel 4.73
d Dicke der elastischen Schicht in m

Helmholtz-Resonatoren

Der Helmholtz-Resonator ist ein Resonanzabsorber für tiefe Frequenzen, bei dem die Luft im Resonatorhals die schwingende akustische Masse und das angeschlossene Luftvolumen einer Feder in Form eines Luftkissens darstellen. Die höchsten Absorptionsgrade werden im Bereich der jeweiligen systemtypischen Eigenfrequenz f_0 erreicht.

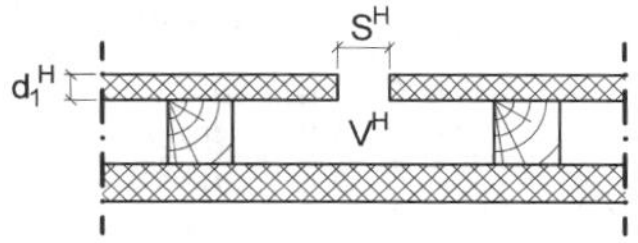

Abb. 4.91
Prinzipdarstellung eines Helmholtz-Resonators

$$f_0 \approx 170 \cdot \sqrt{\frac{S^{\mathrm{H}}}{V^{\mathrm{H}} \cdot \left(d_1^{\mathrm{H}} + 2\Delta t\right)}}$$

S^{H} Fläche des Resonatorhalsquerschnittes in cm²
V^{H} Luftvolumen in dm³
d_1^{H} Resonatorhalslänge in cm
$2\Delta t$ Mündungskorrekturwert in cm nach Tafel 4.91a

Tafel 4.91a Mündungskorrekturwerte für Helmholtz-Resonatoren

Ausbildung des Resonatorhalses	Mündungskorrekturwert $2\Delta t$ in cm	
Kreisförmig (Durchmesser d)	$0{,}8 \cdot d$	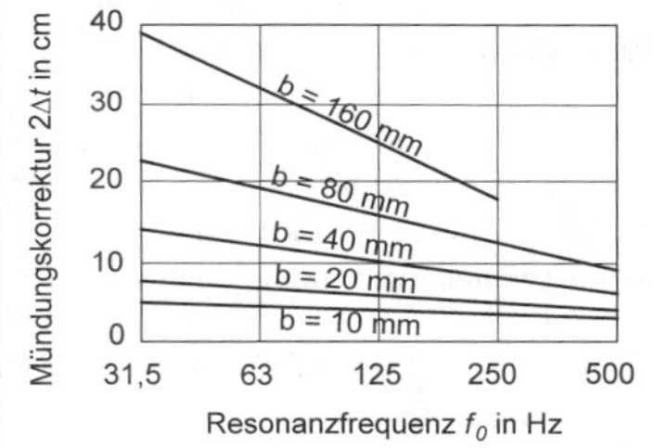
Quadratisch (Kantenlänge a)	$0{,}9 \cdot a$	
Beliebig, jedoch nicht schlitzförmig (Fläche A_{R})	$0{,}9 \cdot \sqrt{A_{\mathrm{R}}}$	
Schlitzförmig	nebenstehende Grafik	

6.4.2 Kennwerte

Tafel 4.91b Dämpfungskonstante der Luft $m(f)$ in Oktavbändern (Mittenfrequenzen) in Abhängigkeit von Temperatur θ und Luftfeuchte ϕ

Raumluftklima	Dämpfungskonstante $m(f)$ in Luft in 10^{-3} Neper/m für die Oktavband-Mittenfrequenzen in Hz						
	125	250	500	1000	2000	4000	8000
$\theta = 10$ °C, $30 \leq \phi \leq 50$ %	0,1	0,2	0,5	1,1	2,7	9,4	29,0
$\theta = 10$ °C, $50 < \phi \leq 70$ %	0,1	0,2	0,5	0,8	1,8	5,9	21,1
$\theta = 10$ °C, $70 < \phi \leq 90$ %	0,1	0,2	0,5	0,7	1,4	4,4	15,8
$\theta = 20$ °C, $30 \leq \phi \leq 50$ %	0,1	0,3	0,6	1,0	1,9	5,8	20,3
$\theta = 20$ °C, $50 < \phi \leq 70$ %	0,1	0,3	0,6	1,0	1,7	4,1	13,5
$\theta = 20$ °C, $70 < \phi \leq 90$ %	0,1	0,3	0,6	1,1	1,7	3,5	10,6

Tafel 4.91c Absorptionsgrade von Mobiliar und Personen nach DIN EN 12354-6 Anhang C

Raumbegrenzungsfläche		Schallabsorptionsgrad α_s für die Oktavband-Mittenfrequenz in Hz					
		125	250	500	1000	2000	4000
Stuhlreihen Abstand: 0,9 m bis 1,2 m	Holz/Kunststoff	0,06	0,08	0,10	0,12	0,14	0,16
	gepolstert; typischer Mindestwert	0,10	0,20	0,30	0,40	0,50	0,50
	gepolstert; typischer Höchstwert	0,50	0,70	0,80	0,90	1,00	1,00
Personen, sitzend in o.g. Stuhlreihen	typischer Mindestwert	0,20	0,40	0,50	0,60	0,70	0,70
	typischer Höchstwert	0,60	0,70	0,80	0,90	0,90	0,90
Kinder in einem hart möblierten Klassenzimmer, 1 Kind je m² Fläche		0,10	0,20	0,25	0,35	0,40	0,40

Tafel 4.92 Absorptionsgrade einiger Raumbegrenzungsflächen nach DIN 18 041 Anhang G

Raumbegrenzungsfläche		Schallabsorptionsgrad α_s für die Oktavband-Mittenfrequenz in Hz					
		125	250	500	1000	2000	4000
Mauerziegelwand, unverputzt, Fugen ausgestrichen		0,03	0,03	0,03	0,04	0,05	0,06
Mauerwerk aus Hohllochziegeln, Löcher sichtbar, 6 cm vor Massivwand, Hohlraum leer		0,11	0,22	0,36	0,32	0,55	0,43
Glattputz		0,02	0,02	0,03	0,03	0,04	0,06
Kalkzementputz		0,03	0,03	0,02	0,04	0,05	0,05
Tapete auf Kalkzementputz		0,02	0,03	0,04	0,05	0,07	0,08
Spiegel, vor der Wand		0,12	0,10	0,05	0,04	0,02	0,02
Tür, Holz, lackiert		0,10	0,08	0,06	0,05	0,05	0,05
Stuckgips, unverputzter Beton		0,02	0,02	0,03	0,04	0,05	0,05
Marmor, Fliesen, Klinker		0,01	0,01	0,02	0,02	0,03	0,03
Fenster (Isolierverglasung)		0,28	0,20	0,10	0,06	0,03	0,02
Parkettfußboden	- aufgeklebt	0,04	0,04	0,05	0,06	0,06	0,06
	- auf Blindboden	0,20	0,15	0,10	0,10	0,05	0,10
	- hohlliegend	0,15	0,07	0,07	0,06	0,06	0,06
Teppichboden auf massivem Untergrund	- bis 6 mm Florhöhe	0,02	0,04	0,06	0,20	0,30	0,35
	- 7 mm bis 10 mm Florhöhe	0,04	0,07	0,12	0,30	0,50	0,80
Nadelfilz 7 mm, auf massivem Untergrund		0,02	0,04	0,12	0,20	0,36	0,57
5 mm Teppich mit 5 mm Filzunterlage, auf massivem Untergrund		0,07	0,21	0,57	0,68	0,81	0,72
2,5 mm PVC-Fußbodenbelag auf Betonboden		0,01	0,02	0,01	0,03	0,05	0,05
Linoleum auf Beton		0,02	0,02	0,03	0,03	0,04	0,04
Weicher Bodenbelag auf Massivdecke	- ≤ 5 mm	0,02	0,03	0,06	0,15	0,30	0,40
	- ≤ 10 mm	0,04	0,08	0,15	0,30	0,45	0,55
Schlingenteppich mit 4,5 mm	- direkt auf Boden ausgelegt	0,00	0,02	0,04	0,15	0,36	0,32
	- auf 8 mm Filzunterlage	0,05	0,13	0,60	0,24	0,28	0,32
Furnierte Holz- oder Spanplatte dicht vor festem Untergrund		0,04	0,04	0,05	0,06	0,06	0,06
4 mm Hartfaserplatte, kassettiert	- ohne Dämmstoff, Wandabstand 60 mm	0,22	0,19	0,14	0,07	0,05	0,05
	- mit 40 mm Mineralwolle, Wandabstand 60 mm	0,67	0,21	0,14	0,07	0,06	0,05
	- ohne Dämmstoff, Wandabstand 120 mm	0,26	0,15	0,06	0,05	0,05	0,05
9,5 mm Gipskartonbauplatte (GKB) ohne Mineralfaser (MF)	- 60 mm Wandabstand, Hohlraum kassettiert	0,31	0,08	0,04	0,07	0,09	0,08
	- 25 mm Wandabstand	0,27	0,16	0,10	0,08	0,11	0,12
12,5 mm GKB, 30 mm MF	- 100 mm Wandabstand	0,30	0,12	0,08	0,06	0,06	0,10
	- 400 mm Wandabstand	0,21	0,12	0,09	0,06	0,09	0,13
Vorhang, < 0,2 kg/m², bis 200 mm vor einer harten Oberfläche; typischer Mindestwert		0,05	0,06	0,09	0,12	0,18	0,22
Vorhang, Webstoffe ≈ 0,4 kg/m², in Falten oder gerüscht (> 1 : 3), bis 200 mm vor einer harten Oberfläche, typischer Höchstwert		0,10	0,40	0,70	0,90	0,95	1,00
Große Öffnungen (kleinere Abmessung > 1 m)		1,00	1,00	1,00	1,00	1,00	1,00
Luftgitter, 50 % offene Fläche		0,30	0,50	0,50	0,50	0,50	0,50
Bühnenöffnung mit Dekoration		0,40	0,43	0,57	0,70	0,80	0,80

Tafel 4.92 Absorptionsgrade einiger Raumbegrenzungsflächen nach DIN 18 041 Anhang G

Raumbegrenzungsfläche		Schallabsorptionsgrad α_s für die Oktavband-Mittenfrequenz in Hz					
		125	250	500	1000	2000	4000
Kino-Bildwand		0,10	0,13	0,36	0,31	0,29	0,20
Bücherregal in Bibliotheken, bezogen auf die vertikale Buchrückenfläche von einer Rückwand		0,30	0,39	0,39	0,31	0,29	0,21
Lochsteine (vorsichtige Annahme)		0,10	0,20	0,44	0,55	0,44	0,22
3,5 mm Hartfaserplatte, 40 mm Mineralwolle, 30 mm Holzleisten 750 mm × 500 mm Kasten		0,61	0,26	0,19	0,07	0,07	0,03
Holzwolle-Leichtbauplatten 35 mm, direkt auf Wand		0,08	0,17	0,70	0,71	0,64	0,64
Holzwolle-Leichtbauplatten 25 mm, Hohlraum leer, Wandabstand 50 mm		0,13	0,42	0,54	0,45	0,70	0,73
15 mm Mineralplatte 200 mm zur Rohdecke, ohne rückseitige Zusatzmaßnahmen	- mit Vlieskaschierung	0,50	0,65	0,70	0,85	1,00	1,00
	- fein genadelt	0,35	0,55	0,65	0,70	0,65	0,60
	- ungenadelt	0,15	0,15	0,10	0,15	0,15	0,10
gelochte Metallkassette, 16 % Lochflächenanteil, 2,5 mm Lochdurchmesser, Akustikvlies, 200 mm zur Rohdecke, ohne rückseitige Zusatzmaßnahmen		0,35	0,70	0,85	0,75	0,75	0,75
20 mm Recycle-Glaswollplatte mit mikroporöser Farbbeschichtung, 200 mm zur Rohdecke, 100 mm rückseitiger Tieftonabsorber		0,75	0,95	0,95	1,00	1,00	1,00
15 mm Recycle-Glaswollplatte, Vliesbeschichtung, 200 mm zur Rohdecke, ohne rückseitige Zusatzmaßnahmen		0,40	0,85	1,00	0,90	1,00	1,00
Spanndecke mikroperforiert, 100 mm Abstand bzw. Luftschicht	- kein Akustikvlies im Hohlraum	0,09	0,25	0,65	0,80	0,61	0,60
	- 40 mm Akustikvlies direkt an Rückwand	0,28	0,69	1,00	0,89	0,75	0,71
Gipsplatten Rasterdecke 8/18 Rundlochung, 15,5 % Lochflächenanteil, 200 mm zur Rohdecke	- Akustikvlies keine Mineralwollauflage	0,45	0,60	0,70	0,60	0,55	0,65
	- Akustikvlies 20 mm Mineralwollauflage	0,50	0,65	0,70	0,65	0,60	0,70
Gipsplatten Rasterdecke 12/25 Quadratlochung, 7,8 % Lochflächenanteil, 20 mm Mineralwollauflage	- Akustikvlies 200 mm zur Rohdecke	0,45	0,50	0,50	0,40	0,35	0,35
	- Akustikvlies 65 mm zur Rohdecke	0,40	0,45	0,50	0,45	0,40	0,30
Melaminharz-Schaumstoff, Rohdichte 8 kg/m³ bis 10 kg/m³	- 30 mm dick	0,12	0,31	0,66	0,86	0,87	0,92
	- 50 mm dick	0,16	0,56	0,87	0,96	0,97	0,97
40 mm Mineralwollmatte (20 kg/m³)	- ohne Lochblechabdeckung	0,11	0,36	0,68	0,88	0,89	0,97
	- mit Lochblechabdeckung	0,11	0,36	0,69	0,95	0,81	0,70
Gipsplatte 9,5 mm, 8/18 Rundlochung, 15 % Lochflächenanteil, mit Faservlies hinterlegt, Abstand 100 mm		0,12	0,28	0,75	0,50	0,38	0,30
Gipsplatte, geschlitzt, 8,8 % offene Fläche, mit Faservlies hinterlegt, Abstand 100 mm		0,11	0,28	0,66	0,38	0,28	0,30
gelochte Langfeld-Metallkassette, 20 % Lochflächenanteil, 3 mm Lochdurchmesser, Akustikfilz, 300 mm Abstand		0,38	0,65	0,59	0,75	0,77	0,61

Tafel 4.94a Zusätzliche Schallabsorptionsfläche je Person $\Delta A_{1\text{Person}}$ in m² nach DIN 18 041 Anhang A3

Beschreibung	Zusätzliche Schallabsorptionsfläche $\Delta A_{1\text{Person}}$ in m² für die Oktavband-Mittenfrequenz in Hz					
	125	250	500	1000	2000	4000
Einzelne Person in einer Gruppe, stehend, 1 Person je 6 m² Fläche; typischer Höchstwert	0,12	0,45	0,80	1,20	1,30	1,40
Person sitzend auf ungepolsterter Bestuhlung[1)]	0,15	0,30	0,40	0,45	0,55	0,55
Person sitzend auf Leichtpolsterbestuhlung[1)]	0,10	0,15	0,20	0,25	0,25	0,25
Person sitzend auf Hochpolsterbestuhlung[1)]	0,05	0,05	0,05	0,10	0,10	0,15
Kind in Vorschuleinrichtungen[2)]	0,05	0,10	0,15	0,20	0,30	0,25
Schüler Primarstufe (bis 11 Jahre), am Tisch sitzend[2)]	0,05	0,10	0,20	0,35	0,40	0,45
Schüler Sekundarstufe, am Tisch sitzend[2)]	0,10	0,15	0,35	0,50	0,50	0,55

[1)] Werte basieren auf Reihenbestuhlung mit etwa 0,5 m²/Person.
[2)] Werte basieren auf einer in Klassenräumen typischen Sitzanordnung an Tischen und ungepolsterten Stühlen.

Tafel 4.94b Zusätzliche Schallabsorptionsflächen $\Delta A_{\text{obj.}}$ pro Objekt in m² nach DIN 18 041 G

männliche Person im Anzug, sitzend	0,15	0,25	0,55	0,80	0,90	0,90
weibliche Person im Sommerkleid, sitzend	0,05	0,10	0,15	0,35	0,45	0,60
einfacher Polsterstuhl mit Kunstleder bezogen	0,05	0,15	0,20	0,10	0,03	0,03
einfacher Polsterstuhl mit Textilbezug	0,15	0,25	0,30	0,35	0,40	0,40
Gepolsterter Theaterklappstuhl	0,25	0,30	0,30	0,30	0,30	0,30
einzelne Person in einer Gruppe, sitzend oder stehend, 1 je 6 m² Fläche; typischer Mindestwert	0,05	0,10	0,20	0,35	0,50	0,65
Chorsänger < 0,5 m² je Person	0,15	0,25	0,40	0,50	0,60	0,60
Musiker mit Instrument - 1,1 m² je Person	0,16	0,42	0,87	1,07	1,04	0,94
Musiker mit Instrument - 2,3 m² je Person	0,03	0,13	0,43	0,70	0,86	0,99
Stellwand 1024 mm × 1590 mm × 63 mm, frei im Raum stehend - gering absorbierend	0,51	0,78	1,22	1,72	2,43	2,83
Stellwand 1024 mm × 1590 mm × 63 mm, frei im Raum stehend - hoch absorbierend	0,43	1,13	1,99	2,96	2,73	2,56
Schrank ohne Rückwand, 1200 mm, *5 Ordnerhöhen* (1,75 m) hoch, frei im Raum stehend - mit schallabsorbierender Jalousie	1,63	1,84	1,31	1,63	1,54	1,56
Schrank ohne Rückwand, 1200 mm, *5 Ordnerhöhen* (1,75 m) hoch, frei im Raum stehend - mit glatter Jalousie	0,83	0,76	0,52	0,48	0,41	0,45
Schrank *5 Ordnerhöhen* (1,75 m) hoch, gelochte Tür und absorbierende Rückwand, 1200 mm breit, 435 mm tief, frei im Raum stehend	1,95	2,00	2,44	2,85	2,84	2,43
Schrank *4 Ordnernhöhen* (1,40 m) hoch, 1400 mm breit, 435 mm tief, akustisch wirksame Schiebetür, akustisch wirksame Rückwand - frei im Raum stehend	1,93	2,10	1,60	1,59	1,32	1,31
Schrank *4 Ordnernhöhen* (1,40 m) hoch, 1400 mm breit, 435 mm tief, akustisch wirksame Schiebetür, akustisch wirksame Rückwand - direkt vor Wand stehend	1,55	1,19	0,82	0,91	0,76	0,74
Schrank *3 Ordnerhöhen* (1,05 m) hoch, 1500 mm breit, 350 mm tief, Seitenwand, frei im Raum stehend - Rückwand und Frontklapptüren unperforiert	1,35	0,61	0,52	0,26	0,14	0,10
Schrank *3 Ordnerhöhen* (1,05 m) hoch, 1500 mm breit, 350 mm tief, Seitenwand, frei im Raum stehend - Rückwand und Frontklapptüren perforiert (Vlieseinlage)	2,50	2,22	2,60	2,60	2,45	2,62
Schrank *3 Ordnerhöhen* (1,05 m) hoch, 1500 mm breit, 350 mm tief, Seitenwand, frei im Raum stehend - Rückwand perforiert (Vlieseinlage), Frontklapptüren unperforiert	2,50	2,40	1,80	1,73	1,59	1,58
Deckensegel aus recycelter Glaswolle mit mikroporöser Farbbeschichtung, 2400 mm × 1200 mm, 40 mm dick, 200 mm zur Rohdecke abgehängt	0,90	2,40	3,40	4,00	4,10	3,80

6.4.3 Planungsparameter für A-Räume

Volumenkennzahl

Bereits zu Beginn der Entwurfsplanung sollten die in Tafel 4.95 genannten Volumenkennzahlen *k* angestrebt werden, damit die der Raumnutzung angepasste Nachhallzeit *T* erzielt werden kann.

Bei *Überschreitung* der entsprechenden Volumenkennzahl können umfangreichere schallabsorbierende Maßnahmen erforderlich werden, was insbesondere bei Räumen mit l_0 > 8 m (Abstand zwischen Sender und Empfänger) eine Reduzierung des Schalldruckpegels beim Empfänger bewirkt.

Bei *Unterschreitung* der entsprechenden Volumenkennzahl werden die angestrebten Nachhallzeiten unterschritten, was insbesondere in Räumen für Musikdarbietungen die Klangqualität mindert.

Tafel 4.95 Volumenkennzahlen *k* für verschiedene Hauptnutzungen von Räumen nach DIN 18 041

Hauptnutzungsart des Raumes	Volumenkennzahl k in m^3/(Platz bzw. Musizierender)	erforderliches Raumvolumen V in m^3	mit
Sprachdarbietung	4 bis 6	$V = n \cdot k$	n = Anzahl der Zuhörerplätze
Musik- und Sprachdarbietung	6 bis 8		
Musikdarbietung	7 bis 12		
Musikproberäume ≤ 10 Musizierende	15 bis 20	$V = m \cdot k$	m = Anzahl der Musizierenden
Musikproberäume > 10 Musizierende	30 bis 50		

Raumgeometrie

Prinzipiell sollten bei der Raumplanung kreisförmige und elliptische Grundrisse sowie parallele Flächen im Raum ohne ergänzende raumakustische Maßnahmen vermieden werden. Konkav gekrümmte Flächen können infolge von Fokussierungen oder ungewünschten Schallübertragungen akustisch kritisch sein und sollten entsprechend geometrisch betrachtet bzw. untersucht werden.

Für eine ausreichende Direktschallversorgung sollte bei großen Räumen eine Sitzreihenüberhöhung vorgesehen werden, vgl. Abb. 4.95. Bei funktionell erforderlicher ebener Zuhöreranordnung kann eine entsprechende Grundhöhe bzw. Höhenstaffelung der Darbietungszone (Bühnenpodest, Podium) akustisch und optisch einen zulässigen Ausgleich schaffen

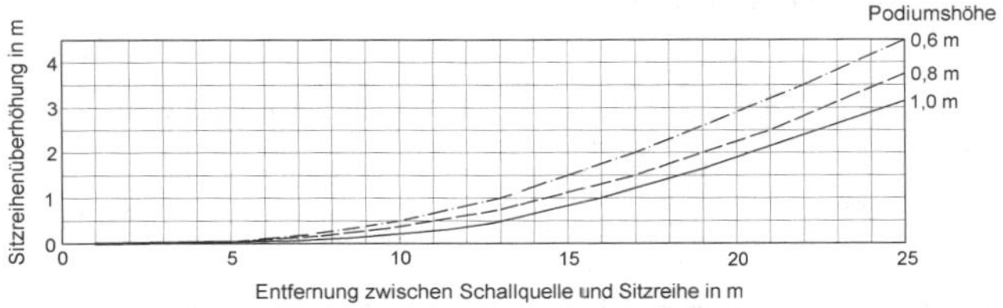

Abb. 4.95
Sitzreihenüberhöhung bei einem Blickfeldwinkel von 12° nach DIN 18 041

Werden im Raum Balkone, Emporen, Galerien und Ränge vorgesehen, so sollten sie in einer lichten Höhe $H \geq 0{,}5 \cdot L$ mit L = Tiefe des überragenden Raumbereiches über der darunter liegenden Zuschauerebene angeordnet sein.

Nützliche deutlichkeits- und klarheitserhöhende Anfangsreflexionen unter Beachtung des zulässigen Wegunterschiedes (max. Δl = 17m, vgl. Abs. 6.3.1) sind durch schallreflektierende mittlere Deckenbereiche zu realisieren. Bei der Nutzung „Musik" können zusätzliche Stellwandelemente auf der Darbietungszone erforderlich werden, wenn die vorhandenen Begrenzungsflächen wegen der größeren Entfernungen hierfür nicht genutzt werden können. Für ausschließliche Nutzung „Sprache" sollten diese Flächen (auch bei Einsatz elektroakustischer Anlagen) als Tiefenabsorber ausgebildet werden.

Anmerkung:
Personen mit eingeschränktem Hörvermögen sind zusätzlich auf optische Informationen (Absehen vom Mund, Gestik, Mimik, Schrift) angewiesen. Dies ist bei der Auswahl des Sprecherstandortes, seiner Beleuchtung und bei der technischen Raumausstattung zu berücksichtigen.

Raumoberflächen in kleinen Räumen

Für kleine Räume mit einem Volumen $V \leq 250$ m³, die primär der sprachlichen Kommunikation dienen (Besprechungszimmer, Klassenräume, Gruppenräume in Kindergärten o.Ä.) wird eine Anordnung von schallabsorbierenden Flächen nach Abb. 4.96a (b) und (c) empfohlen. Eine Überdämpfung der Räume ist aufgrund der geringen Distanz zwischen Sende- und Empfangsort i.d.R. ausgeschlossen.

a) ungünstig b) günstig c) günstig

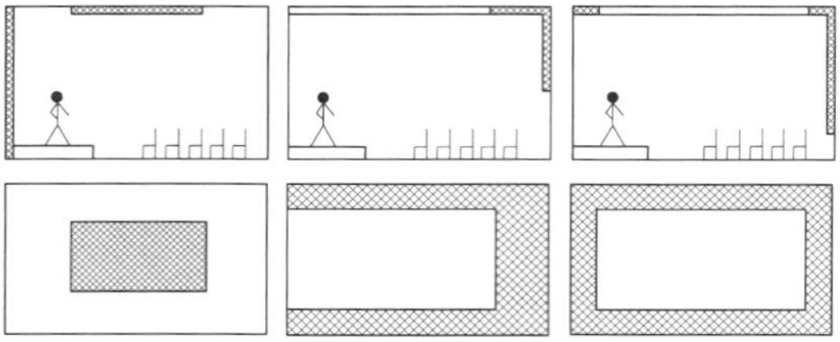

Abb. 4.96a
Verteilung schallabsorbierender Flächen (grau hinterlegt) für Räume kleiner und mittlerer Größe nach DIN 18 041 (oben: Aufrisse, unten: Deckenuntersichten)

Raumoberflächen in mittleren Räumen / kleineren Hallen

In entsprechenden Räumen mit einem Volumen von $250 < V \leq 5000$ m³ (insbesondere größere Klassenräume, Seminarräume und Hörsäle) sind zunächst planparallele schallharte Oberflächen zu vermeiden, aus denen Flatterechos (Abb. 4.96b (a)) resultieren können; zu möglichen Lösungen siehe Abb. 4.96b (b) und (c).

a) b) c)

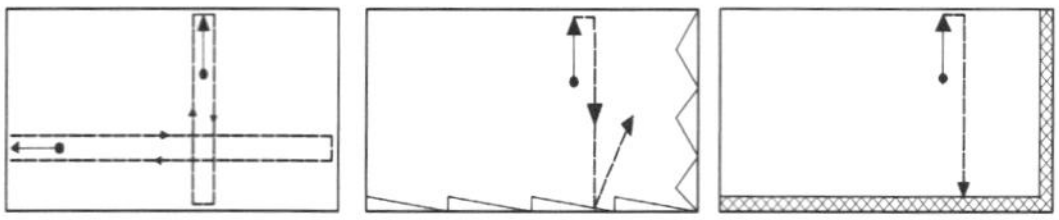

Abb. 4.96b
Flatterecho (a) und konstruktive Lösungen zu seiner Vermeidung
b) Segmentweise Schrägstellung einer Wand um mindestens 5°
c) Anordnung von Absorptionsflächen

In größeren Räumen (Raumlänge $l > 9{,}0$ m) sind zur Vermeidung von Laufzeitunterschieden mit $\Delta t \geq 0{,}05$ s (Abb. 4.96c (a)) Maßnahmen entsprechend Abb. 4.96c (b) und (c) zu ergreifen. Die Entwurfsparameter bezüglich der Anordnung absorbierender und reflektierender Oberflächensegmente in größeren Räumen (z.B. Hörsäle) sind in Tafel 4.96 zusammengestellt.

a) b) c)

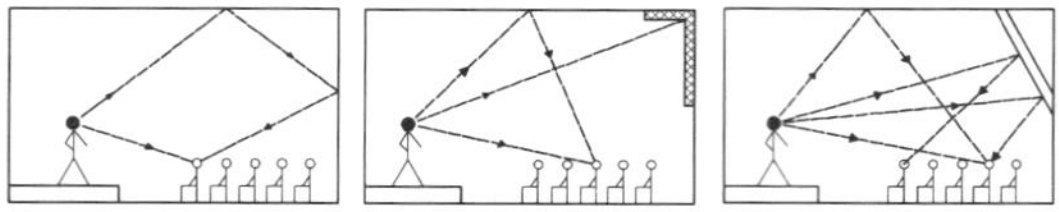

Abb. 4.96c
Darstellung von Rückwand- und Deckenreflexionen
a) ungünstig: $\Delta t \geq 0{,}05$ s
b) günstig durch Schallabsorber
c) günstig durch Reflexion

Tafel 4.96 Anordnung absorbierender und reflektierender Oberflächensegmente in größeren Räumen

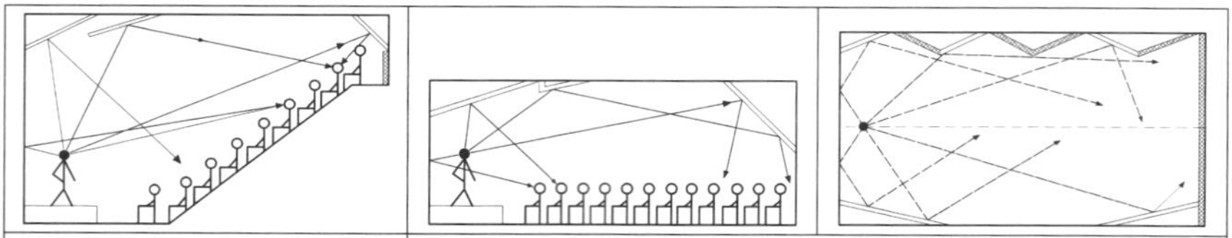

Wand hinter dem Sender	Ausführung für tiefe Frequenzen schallabsorbierend.
Decke im mittleren Raumbereich	Von hier gelangen die ersten Reflexionen in das Auditorium → Ausführung im mittleren und hohen Frequenzbereich schallreflektierend und Ausführung im unteren Frequenzbereich absorbierend.
Decke und Seitenflächen	Sind Decke und Seitenflächen nicht eben, sondern großflächig gegliedert, so sind die Einzelelemente so auszurichten, dass der Schall in die mittleren und hinteren Teile des Auditoriums gelenkt wird.

4 B Brandsicherheit in Gebäuden

Prof. Dr.-Ing. habil. Wolfgang M. Willems

1 Regelwerke

1.1 Einführung

Der Brandschutz stellt seit den ersten historischen Formulierungen baurechtlicher Vorgaben einen der Kerne des Bauordnungsrechts dar. Dies ist in Deutschland seit jeher Landesangelegenheit mit aktuell 16 Landesbauordnungen (LBO). Hierfür dient als orientierende Leitlinie die Musterbauordnung (MBO), die in der novellierten Fassung als MBO 2012 vorliegt; sie wurde erarbeitet durch die Konferenz der für Städtebau, Bau- und Wohnungswesen zuständigen Minister und Senatoren der Länder – ARGEBAU. Die MBO stellt in den nachfolgenden Ausführungen den bauordnungsrechtlichen Bezug dar.

Die zentralen Anforderungen an den Brandschutz werden in § 3 (1) der MBO allgemein formuliert mit „Anlagen sind so anzuordnen, zu errichten, zu ändern und instand zu halten, dass die öffentliche Sicherheit und Ordnung, insbesondere Leben, Gesundheit und die natürlichen Lebensgrundlagen, nicht gefährdet werden“ und in § 14 präzisiert zu „Bauliche Anlagen sind so anzuordnen, zu errichten, zu ändern und instand zu halten, dass der Entstehung eines Brandes und der Ausbreitung von Feuer und Rauch (Brandausbreitung) vorgebeugt wird und bei einem Brand die Rettung von Menschen und Tieren sowie wirksame Löscharbeiten möglich sind“.

Die bekannten „Bauregellisten A, B, C als technische Baubestimmungen zu Bauprodukten und Bauarten – BRL“ sowie die „Muster-Liste der Technische Baubestimmungen – LTB) wurden abgelöst durch die „Muster-Verwaltungsvorschrift Technische Baubestimmungen – MVV TB 2017/1“ (aktuelle Version → 2025/1), die als Vorlage für die Umsetzung in das jeweilige Landesrecht (z.B. VV TB NRW von August 2024) dient. In der MVV TB wird der Brandschutz in Kapitel A2 – Brandschutz hinsichtlich der in der Musterbauordnung und in den Muster-Sonderbauverordnungen und -vorschriften enthaltenen brandschutztechnischen Anforderungen an bauliche Anlagen oder Teile baulicher Anlagen insbesondere im Hinblick auf das Brandverhalten und den Feuerwiderstand konkretisiert, vgl. dazu Tafel 4.97.

Tafel 4.97 Technische Anforderungen hinsichtlich Planung, Bemessung und Ausführung und Technische Anforderungen an Bauteile gemäß § 85a Abs. 2 MBO nach MVV TB Abschnitt A 2.2

Lfd. Nr. nach MVV TB	Anforderungen an Planung, Bemessung und Ausführung gem. § 85a Abs. 2 MBO respektive jeweilige LBO (Landesrecht)	Technische Regeln (Ausgabe)
A 2.2.1 Planung, Bemessung und Ausführung		
A 2.2.1.1	Flächen für die Feuerwehr	Muster-Richtlinien über Flächen für die Feuerwehr (12.2009)[1)2)]
A 2.2.1.2	Bauprodukte und Bauarten	Bauaufsichtliche Anforderungen, Zuordnung der Klassen, Verwendung von Bauprodukten, Anwendung von Bauarten(11.2024)[1)]
A 2.2.1.3	Klassifizierte Baustoffe und Bauteile, Ausführungsregeln	DIN 4102-4 (05.2016)[3)]
A 2.2.1.4	Hochfeuerhemmende Bauteile in Holzbauweise, feuerwiderstandsfähige Bauteile in Massivholzbauweise, Außenwandbekleidungen aus Holz und Holzwerkstoffen	Muster-Richtlinie über brandschutztechnische Anforderungen an Bauteile in Holzbauweise – M-HolzBauRL (09.2024)[1)]
A 2.2.1.6	Hinterlüftete Außenwandbekleidungen	Hinterlüftete Außenwandbekleidungen (05.2024)
A 2.2.1.8	Leitungsanlagen	Muster-Richtlinie über brandschutztechnische Anforderungen an Leitungsanlagen (Muster-Leitungsanlagenrichtlinie – MLAR) (02.2015; zuletzt geändert 3.9.2020)

Tafel 4.97 Technische Anforderungen nach MVV TB Abschnitt A 2.2 (Fortsetzung)

Lfd. Nr. nach MVV TB	Anforderungen an Planung, Bemessung und Ausführung gem. § 85a Abs. 2 MBO respektive jeweilige LBO (Landesrecht)	Technische Regeln (Ausgabe)
A 2.2.1.9	Systemböden	Muster-Richtlinie über brandschutztechnische Anforderungen an Systemböden – MSysBöR (09.2005)
A 2.2.1.10	Elektrische Betriebsräume	Muster einer Verordnung über den Bau von Betriebsräumen für elektrische Anlagen – EltBauVO (01.2009, zuletzt geänd. 22.2.2022)[1)]
A 2.2.1.11	Lüftungsanlagen	Muster-Richtlinie über brandschutztechnische Anforderungen an Lüftungsanlagen (Muster-Lüftungsanlagen-Richtlinie M-LüAR) (09.2005); zuletzt geändert am 3.9.2020[5)]
A 2.2.1.12	Feuerungsanlagen, sonstige Anlagen zur Wärmeversorgung, Brennstoffversorgung	Muster-Feuerungsverordnung – MfeuV (09.2007 – zuletzt geändert am 28.1.2016 und am 28.11.2023)[1)]
A 2.2.1.14	Lagerung von Sekundärstoffen aus Kunststoff	Muster-Richtlinie über den Brandschutz bei der Lagerung von Sekundärstoffen aus Kunststoff (Muster-Kunststofflagerrichtlinie – MKLR) (02.1996)[1)]
A 2.2.1.15	Industriebau	Muster-Richtlinie über den baulichen Brandschutz im Industriebau (Muster-Industriebaurichtlinie – MIndBauRL) (05.2019)[1)]
A 2.2.1.16	Technische Gebäudeausrüstung	Technische Regel Technische Gebäudeausrüstung (TR TGA): 2024-11
A 2.2.2 Garagen und Sonderbauten[4)]		
A 2.2.2.1	Garagen	Muster einer Verordnung über den Bau und Betrieb von Garagen (07.2022)[1)]
A 2.2.2.2	Beherbergungsstätten	Muster-Verordnung über den Bau und Betrieb von Beherbergungsstätten (05.2014)[1)]
A 2.2.2.3	Verkaufsstätten	Musterverordnung über den Bau und Betrieb von Verkaufsstätten (07.2014)[1)]
A 2.2.2.4	Versammlungsstätten	Musterverordnung über den Bau und Betrieb von Versammlungsstätten (07.2014)[1)]
A 2.2.2.5	Schulen	Muster-Richtlinie über bauaufsichtliche Anforderungen an Schulen (04.2009)[1)]
A 2.2.2.6	Wohnformen für Menschen mit Pflegebedürftigkeit oder mit Behinderung	Muster-Richtlinie über bauaufsichtliche Anforderungen an Wohnformen für Menschen mit Pflegebedürftigkeit oder mit Behinderung (05.2012)[1)]
A 2.2.2.7	Hochhäuser	Muster-Richtlinie über den Bau und Betrieb von Hochhäusern (04.2008); zuletzt geändert (02.2012)[1)]
A 2.2.2.8	Industriebau	Muster-Richtlinie über den baulichen Brandschutz im Industriebau (Muster-Industriebaurichtlinie – MIndBauRL) (05.2019)[1)]

[1)] Für bauordnungsrechtliche Anforderungen in dieser Technischen Baubestimmung ist eine Abweichung nach § 85a Abs. 1 Satz 3 MBO ausgeschlossen; eine Abweichung von bauordnungsrechtlichen Anforderungen kommt nur nach § 67 MBO in Betracht. § 16a Abs. 2 und § 17 Abs. 1 MBO bleiben unberührt.
[2)] Weitere Maßgaben entsprechend MVV TB Anlage A 2.2.1.1/1
[3)] Weitere Maßgaben entsprechend MVV TB Anlage A 2.2.1.3/1
[4)] § 85a Abs. 1 Satz 3 MBO1 gilt nicht für Technische Baubestimmungen nach Abschn. A 2.2.2
[5)] Vorschriften zur Erfüllung der anderen Grundanforderungen an bauliche Anlagen sind zu beachten.

2 Baustoffe und Bauteile

2.1 Brandverhalten

Es wird differenziert zwischen dem Baustoff- und dem Bauteilverhalten.

Baustoffverhalten: Beschreibung des Materials hinsichtlich der Brennbarkeit (und ggf. zusätzlicher Eigenschaften, wie z.B. Rauchentwicklung) unter definierten Randbedingungen

Bauteilverhalten: Beschreibung des Bauteils gegenüber einer definierten Brandbeanspruchung unter definierten Randbedingungen

Momentan kann für den Zeitraum der Koexistenzperiode – der jedoch noch zu definieren ist – diese Klassifizierung sowohl nach der Normengruppe DIN 4102 als auch nach dem europäischen Klassifizierungssystem nach DIN EN 13 501 erfolgen. Die Einführung des europäischen Klassifizierungssystems erfolgte durch Veröffentlichung in der Bauregelliste A Teil 1, Ausgabe 2005/1 in Verbindung mit den Änderungen in der Bauregelliste, Ausgabe 2005/2, und wird seit 2017 auf Basis der „Muster-Verwaltungsvorschriften Technische Baubestimmungen – MVV TB (aktuell: 2025/1)“ und dem jeweiligen Landesrecht (in NRW durch die VV TB NRW von August 2024) geregelt. Nach Ablauf der Koexistenzperiode sollen nur noch europäisch genormte Bauprodukte vorhanden sein.

2.2 Brandverlauf

Der Verlauf eines Brandes (Abb. 4.99) wird im Wesentlichen bestimmt durch:

- die Brandlast (Menge und Art der brennbaren Materialien),
- Konzentration, Lagerungsdichte und Verteilung der Brandlast im Brandraum,
- Geometrie des Brandraumes,
- thermische Eigenschaften (primär Wärmeleitfähigkeit und Wärmekapazität) der den Brandraum umschließenden Bauteile,
- Art und Intensität der Sauerstoffzufuhr zum Brandraum,
- Art und Intensität von Löschmaßnahmen.

Um einheitliche Prüf- und Beurteilungsgrundlagen für das Brandverhalten von Bauteilen zu schaffen, wurde auf internationaler Ebene eine „Einheitstemperaturzeitkurve“ (ETK) festgelegt. Diese stellt einen möglichen Brandverlauf dar, der jedoch eine hohe Deckung mit realen Bränden aufweist. Prüfungen von Bauteilen unter anderen zeitlichen Temperaturbedingungen (z.B. Schwelbrandkurve, Außenbrandkurve, Kohlenwasserstoffkurve) können fallweise sinnvoll sein, vgl. Abb. 4.100.

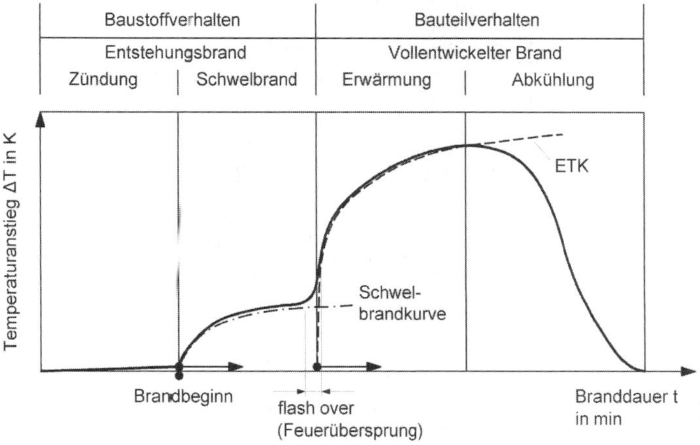

Abb. 4.99 Prinzipdarstellung eines Brandverlaufes

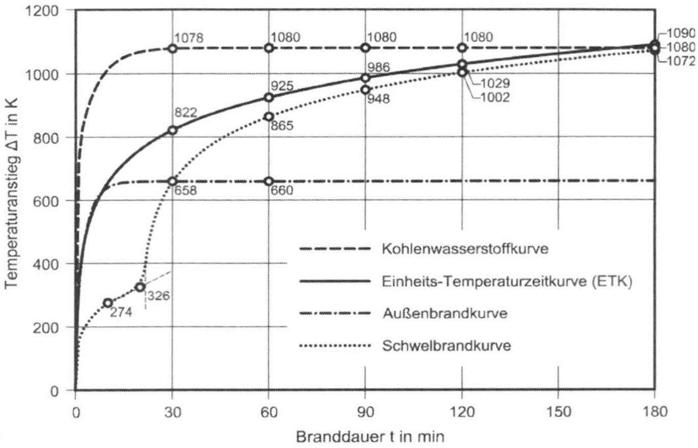

Abb. 4.100
Brandverlauf und Einheits-temperaturzeitkurve

2.3 Nationales Klassifizierungssystem nach DIN 4102

Die Normengruppe DIN 4102 ist die klassische, den Bauordnungen zugeordnete Norm, die den Brennbarkeitsgrad von Baustoffen und die Feuerwiderstandsfähigkeit von Bauteilen definiert und so darlegt, wie der in den Bauordnungen geforderte bauliche Brandschutz zu realisieren ist.

Tafel 4.100 Feuerwiderstandsklassen nach DIN 4102-2 mit bauaufsichtlichen Benennungen entsprechend MBO

Feuer-wider-stands-klasse	Baustoffklasse nach DIN 4102-1		Benennung	Kurzbezeichnung	
	wesent-liche Teile	übrige Teile		DIN 4102-2	MBO
F 30	B	B	Feuerwiderstandsklasse F 30	F 30-B	feuerhemmend
	A	B	Feuerwiderstandsklasse F 30 und in den wesent-lichen Teilen aus nichtbrennbaren Baustoffen	F 30-AB	
	A	A	Feuerwiderstandsklasse F 30 und aus nichtbrenn-baren Baustoffen	F 30-A	
F 60	B	B	Feuerwiderstandklasse F 60	F 60-B	
	A	B	Feuerwiderstandsklasse F 60 und in den wesent-lichen Teilen aus nichtbrennbaren Baustoffen	F 60-AB	hochfeuer-hemmend
	A	A	Feuerwiderstandsklasse F 60 und aus nichtbrenn-baren Baustoffen	F 60-A	
F 90	B	B	Feuerwiderstandsklasse F 90	F 90-B	
	A	B	Feuerwiderstandsklasse F 90 und in den wesent-lichen Teilen aus nichtbrennbaren Baustoffen	F 90-AB	feuer-beständig
	A	A	Feuerwiderstandsklasse F 90 und aus nichtbrenn-baren Baustoffen	F 90-A	
F 120	B	B	Feuerwiderstandsklasse F 120	F 120-B	
	A	B	Feuerwiderstandsklasse F 120 und in den wesent-lichen Teilen aus nichtbrennbaren Baustoffen	F 120-AB	
	A	A	Feuerwiderstandsklasse F 120 und aus nicht-brennbaren Baustoffen	F 120-A	
F 180	B	B	Feuerwiderstandsklasse F 180	F 180-B	
	A	B	Feuerwiderstandsklasse F 180 und in den wesent-lichen Teilen aus nichtbrennbaren Baustoffen	F 180-AB	
	A	A	Feuerwiderstandsklasse F 180 und aus nicht-brennbaren Baustoffen	F 180-A	

Tafel 4.101a Baustoffklassen und ihre Benennungen nach DIN 4102-1

Baustoffklasse		Bauaufsichtliche Benennung	
A	A1	Nichtbrennbare Baustoffe	Ohne brennbare Bestandteile
	A2		Im Wesentlichen aus nicht brennbaren Bestandteilen
B	B1	Brennbare Baustoffe	Schwerentflammbar
	B2		Normalentflammbar
	B3		Leichtentflammbar

2.4 Europäisches Klassifizierungssystem nach DIN EN 13 501

Die Beschreibung ist hier erheblich komplexer als in DIN 4102-1, die sich primär auf die Brennbarkeit eines Baustoffes bezieht. In DIN EN 13 501 sind die Baustoffklassen A1, A2, B, C, D, E, F definiert; es wird zusätzlich differenziert zwischen Baustoffen/Bauprodukten (Tafel 4.101b) und Bodenbelägen. Neben den Hauptklassifizierungskriterien der Entzündbarkeit, der Flammenausbreitung und der freiwerdenden Wärme werden die Brandparallelerscheinungen der Rauchentwicklung (s = smoke) und des brennenden Abfallens/Abtropfens von Baustoffen (d = droplets) festgestellt und in mehreren Stufen klassifiziert. Die Mitgliedstaaten können dann die als notwendig erachteten Klassen und Stufen zur Sicherstellung ihres jeweiligen Schutzniveaus fordern. Jeweils 3 Klassen für die Rauchentwicklung (s1, s2 und s3) und das brennende Abtropfen/Abfallen eines Baustoffes (d0, d1 und d2) sind festgelegt.

Tafel 4.101b Europäische Klassifizierung des Brandverhaltens für Bauprodukte, jedoch keine Bodenbeläge (nach DIN EN 13 501)

Klasse	Prüfverfahren	Kriterien	Zusatzkriterien
A1	DIN EN ISO 1182	Temperaturanstieg, Gewichtsverlust, Dauer der Entflammung	
	DIN EN ISO 1716	Brennwert	
A2	DIN EN ISO 1182 oder DIN EN ISO 1716	Temperaturanstieg, Gewichtsverlust, Dauer der Entflammung, Brennwert	
	DIN EN 13 823	Geschwindigkeit der Brandausbreitung, seitliche Flammenausbreitung, freigesetzte Wärme	Rauchentwicklung, brennendes Abtropfen/ Abfallen
B	DIN EN 13 823	Geschwindigkeit der Brandausbreitung, seitliche Flammenausbreitung, freigesetzte Wärme	Rauchentwicklung, brennendes Abtropfen/ Abfallen
	DIN EN ISO 11 925-2	Flammenausbreitung	
C	DIN EN 13 823	Geschwindigkeit der Brandausbreitung, seitliche Flammenausbreitung, freigesetzte Wärme	Rauchentwicklung, brennendes Abtropfen/ Abfallen
	DIN EN ISO 11 925-2	Flammenausbreitung	
D	DIN EN 13 823	Geschwindigkeit der Brandausbreitung	Rauchentwicklung, brennendes Abtropfen/ Abfallen
	DIN EN ISO 11 925-2	Flammenausbreitung	
E	DIN EN ISO 11 925-2	Flammenausbreitung	brennendes Abtropfen/ Abfallen
F	Keine Leistung festgestellt.		

Die Prüfverfahren für die Baustoffklassen A1, A2 und E entsprechen im Wesentlichen den bisherigen deutschen Prüfverfahren. Als neues Prüfverfahren ist für die Brandverhaltensklassen A2, B, C und D der sogenannte SBI-Test (Single-Burning-Item = einzelner brennender Gegenstand) hinzugekommen. Dieser Test nach DIN EN 13 823 stellt einen kleinen Brandherd, wie zum Beispiel einen brennenden Papierkorb, dar. Die zusätzlichen Klassifizierungen zur Rauchentwicklung und zum brennenden Abtropfen/Abfallen sind in den Tafeln 4.101c und 4.102a zusammengestellt.

Tafel 4.101c Klassifizierung des Zusatzkriteriums „Rauchentwicklung"

Klasse	Maximalwert der Rauchentwicklungsrate SMOGRA (in m^2/s^2)	Maximalwert der gesamten freigesetzten Rauchmenge TSP600s (in m^2)
s1	30	50
s2	180	200
s3	Maximalwert überschritten oder ohne Prüfung	

Tafel 4.102a Klassifizierung des Zusatzkriteriums „brennendes Abtropfen/Abfallen"

Klasse	Brennendes Abtropfen/Abfallen	
	nicht innerhalb von 600 Sekunden	innerhalb von 600 Sekunden, aber nicht länger als 10 Sekunden
d0	•	
d1		•
d2	Maximalwert überschritten, Entzündung des Filterpapiers oder ohne Prüfung	

Tafel 4.102b Brandverhalten von Bauprodukten (keine Bodenbeläge) nach MVV TB 1/2021 A4

Bauaufsichtliche Anforderung	Zusatzanforderung		Europäische Klasse nach DIN EN 13501
	geringe Rauchentwicklung	kein brennendes Abtropfen/Abfallen	
Nichtbrennbar[1)2)]			A1
	•	•	A2 -s1, d0
Schwer-entflammbar[2)]	•	•	B, C -s1, d0
		•	A2, B, C -s2, d0
	•		A2, B, C -s1, d1 A2, B, C -s1, d2
			A2, B, C -s2, d2
Normal-entflammbar		•	C -s3, d0 D -s1/s2/s3, d0 E
			C -s3, d1/d2 D -s1/s2/s3, d1/d2 E - d2
Leichtentflammbar			F

[1)] Hier ist im Bedarfsfall zusätzlich ein Schmelzpunkt ≥ 1000°C nachzuweisen.

[2)] Hier ist im Bedarfsfall folgende Angabe zur Bestimmung des Glimmverhaltens nach DIN EN 16733 nachzuweisen: „Die Prüfung wurde bestanden: das Produkt zeigt keine Neigung zum kontinuierlichen Schwelen"

Die **Klassifizierung** muss nach DIN EN 13 501-2 entsprechend der folgenden Aufstellung benannt werden (s. Tafel 4.102c), wobei *t* für die Zeit und * für weitere Kurzzeichen steht.

R	E	I	W		t	t	-	M	C	S	*	*	*	*

Tafel 4.102c Auszug der Erläuterungen der Klassifizierungskriterien und der zusätzlichen Angaben zur Klassifizierung des Feuerwiderstandes nach DIN EN 13501

Kurzzeichen	Kriterium
R (Résistance)	Tragfähigkeit des Bauteils unter festgelegten mechanischen Einwirkungen
E (Étanchéité)	Fähigkeit eines raumtrennenden Bauteils gegenüber Feuerdurchtritt zur unbeflammten Seite
I (Isolation)	Fähigkeit eines Bauteils, infolge von Wärmedämmung die Übertragung von Feuer zur unbeflammten Seite zu vermeiden.
W (Radiation)	Begrenzung des Strahlungsdurchtritts
M (Mechanical)	Mechanische Einwirkung auf Wände (Stoßbeanspruchung)
C	Selbstschließende Eigenschaft einer Feuerschutztür oder einer Klappenanordnung
S (S_a / S_m)	Fähigkeit eines Bauteils, den Durchtritt von Gas oder Rauch von einer Seite des Bauteils zur anderen zu verringern oder auszuschließen S_a Rauchdichtheit nur bei Umgebungstemperaturen S_m Rauchdichtheit sowohl bei Umgebungstemperatur als auch bei 200 °C.
G	Widerstandsfähigkeit gegen Rußbrand für Abgasanlagen und Produkte von Abgasanlagen
K	Brandschutzfunktion: Fähigkeit einer Wand- oder Deckenbekleidung, das dahinter liegende Material vor Entzündung, Verkohlung und anderen Schäden für die festgelegte Zeit zu schützen.

3 Anforderungen nach Musterbauordnung (MBO)

3.1 Einführung

Die Bauordnungen der Länder, hier repräsentiert durch die MBO, haben Gesetzesstatus. Dabei bezieht sich die MBO auf den „Normalfall“ in Form eines sogenannten Standardbauwerkes, wie es z.B. ein übliches Bürogebäude unterhalb der Hochhausgrenze und mit Brandabschnittsflächen bis höchstens 1600 m² darstellt. Für diese Standardgebäude werden die Brandschutzanforderungen durch vorgegebene einfache „Standardkonzepte des Brandschutzes“ umgesetzt. In diesen Konzepten, die sich primär auf bauliche Anforderungen (wie zum Beispiel Baustoff- und Bauteilanforderungen, Abstandregelungen, Rettungswegführung) stützen, sind Maßnahmen des anlagentechnischen Brandschutzes (Brandmelde-, Sprinkler-, Rauchabzugsanlagen u.a.m.) oder betriebliche Vorschriften (wie z.B. das Erfordernis einer Betriebsfeuerwehr) nicht vorgesehen. Diese sind den Sonderbauten vorbehalten.

3.2 Geltungsbereich

Die MBO gilt entsprechend § 1 (1) für bauliche Anlagen (vgl. Tafel 4.103a) und Bauprodukte. Sie gilt auch für Grundstücke sowie für andere Anlagen und Einrichtungen, an die dort oder in Vorschriften aufgrund der MBO Anforderungen gestellt werden.

Tafel 4.103a Geltungsbereich der MBO

<table>
<tr><th colspan="2">Geltungsbereich: Bauliche Anlagen</th></tr>
<tr><th>Definition</th><th>Ergänzungen</th></tr>
<tr><td>Bauliche Anlagen sind mit dem Erdboden verbundene, aus Bauprodukten hergestellte Anlagen; eine Verbindung mit dem Boden besteht auch dann, wenn die Anlage durch eigene Schwere auf dem Boden ruht oder auf ortsfesten Bahnen begrenzt beweglich ist oder wenn die Anlage nach ihrem Verwendungszweck dazu bestimmt ist, überwiegend ortsfest benutzt zu werden.</td><td>– Aufschüttungen und Abgrabungen
– Lagerplätze, Abstell- und Ausstellungsplätze
– Sport- und Spielflächen
– Camping-, Wochenend- und Zeltplätze
– Freizeit- und Vergnügungsparks
– Stellplätze für Kraftfahrzeuge
– Gerüste
– Hilfseinrichtungen zur stat. Sicherung von Bauzuständen</td></tr>
<tr><td colspan="2">Die MBO gilt nicht für:
– Anlagen des öffentlichen Verkehrs einschl. Zubehör, Nebenanlagen u. -betriebe, ausgenommen Gebäude
– Anlagen, die der Bergaufsicht unterliegen, ausgenommen Gebäude
– Leitungen, die der öffentlichen Versorgung mit Wasser, Gas, Elektrizität, Wärme, der öffentlichen Abwasserentsorgung oder der Telekommunikation dienen
– Rohrleitungen, die dem Ferntransport von Stoffen dienen
– Kräne und Krananlagen, sowie für Messestände in Messe- und Ausstellungsgebäuden.</td></tr>
</table>

3.3 Begriffe

Gebäude sind selbstständig benutzbare, überdeckte bauliche Anlagen, die von Menschen betreten werden können und geeignet oder bestimmt sind, dem Schutz von Menschen, Tieren oder Sachen zu dienen. Sie werden in Klassen entsprechend Tafel 4.103b eingeteilt.

Tafel 4.103b Einteilung der Gebäudeklassen

<table>
<tr><th>Gebäudeklasse</th><th>Lage auf dem Grundstück</th><th>Gebäudehöhe[1)]</th><th>Zahl der Nutzungseinheiten</th><th>Grundflächen der Nutzungseinheiten[2)]</th></tr>
<tr><td>1</td><td>freistehend</td><td rowspan="3">bis 7 m</td><td rowspan="2">maximal 2</td><td rowspan="2">insgesamt nicht mehr als 400 m²</td></tr>
<tr><td>2</td><td>–</td></tr>
<tr><td>3</td><td>–</td><td>–</td><td>–</td></tr>
<tr><td>4</td><td>–</td><td>bis 13 m</td><td>–</td><td>jeweils bis 400 m²</td></tr>
<tr><td>5</td><td>–</td><td>–</td><td>–</td><td>–</td></tr>
<tr><td colspan="5">1) Gebäudehöhe ist das Maß der Fußbodenoberkante des höchstgelegenen Geschosses, in dem ein Aufenthaltsraum möglich ist, über der Geländeoberfläche im Mittel.
2) Die Grundflächen der Nutzungseinheiten im Sinne der MBO sind die Brutto-Grundflächen. Bei der Berechnung der Brutto-Grundflächen bleiben Flächen in Kellergeschossen außer Betracht.</td></tr>
</table>

Sonderbauten sind Anlagen und Räume besonderer Art oder Nutzung nach Tafel 4.104a.

Tafel 4.104a Definition von Sonderbauten (Auszug)

Benennung	Charakteristik (Höhe / Grundfläche / Sonstiges)
Hochhäuser	Höhe > 22 m
Große Gebäude	Grundfläche > 1600 m^2 (außer Wohngebäude, Garage)
Verkaufsstätten	Verkaufsräume und -flächen > 800 m^2
Bürogebäude, Verwaltungsgebäude	Einzelräume > 400 m^2
Versammlungsstätten mit Versammlungsräumen	Versammlungsräume für insgesamt > 200 Besucher und mit gemeinsamen Rettungswegen
Versammlungsstätten im Freien mit Szenenflächen sowie Freisportanlagen, jeweils mit Tribünen	Besucherbereiche mit jeweils > 1000 Besuchern, ganz oder teilweise errichtet als bauliche Anlage
Gaststätten	> 40 Gastplätze im Gebäude / > 1000 Plätze im Freien
Beherbergungsstätten	> 12 Betten
Spielhallen	> 150 m^2
Krankenhäuser, Wohnheime und Ähnliches	
Tageseinrichtungen für Kinder, Menschen mit Behinderung und alte Menschen	ausgenommen Tageseinrichtungen einschließlich Tagespflege für ≤ 10 Kinder
Schulen, Hochschulen und ähnliche Einrichtungen	
Fliegende Bauten	sofern sie einer Ausführungsgenehmigung bedürfen
Regallager	Oberkante Lagergut > 7,5 m
Bauliche Anlagen mit erhöhter Brand- oder Explosionsgefahr	wenn deren Nutzung durch Umgang oder Lagerung mit den genannten Gefahren verbunden ist

3.4 Brandwände und ihre Anordnung

Der Begriff *Brandwand* stellt einen Qualitätsanspruch dar. Eine Brandwand muss auch unter zusätzlicher mechanischer Beanspruchung feuerbeständig sein und aus nichtbrennbaren Baustoffen bestehen (→ F 90-A). Ausnahmen siehe Tafel 4.104b, alle weiteren Anforderungen an Brandwände gelten auch für deren Substitute nach Tafel 4.104b.

Tafel 4.104b Mögliche Substitution von Brandwänden

Gebäudeklasse	1 bis 3		4	5	landwirtschaftlich genutztes Gebäude[2]
	Variante A	Variante B			
F 60-AB	•		•		
F 90-AB					•
zusätzlich mechanisch beanspruchbar			•		
Gebäudeabschlusswand mit i → o F 30-AB[1] o → i F 90-AB		•			

[1] Anforderung: Gebäudeabschlusswände, die jeweils von innen nach außen die Feuerwiderstandsfähigkeit der tragenden und aussteifenden Teile des Gebäudes – mit F 30-AB als Mindestanforderung – aufweisen.
[2] Der Bruttorauminhalt des landwirtschaftlich genutzten Gebäudes oder Gebäudeteils ist ≤ 2 000 m^3.

Öffnungen in Brandwänden sind unzulässig. Sie sind in inneren Brandwänden nur dann zulässig, wenn sie auf die für die Nutzung erforderliche Zahl und Größe beschränkt sind und feuerbeständige, dicht- und selbstschließende Abschlüsse aufweisen.

Verglasungen in inneren Brandwänden sind nur zulässig, wenn sie feuerbeständig und auf die für die Nutzung erforderliche Zahl und Größe beschränkt sind.

Brandwände sind vorzusehen

- als Gebäudeabschlusswand, ausgenommen von Gebäuden ohne Aufenthaltsräume und ohne Feuerstätten ≤ 50 m^3 Brutto-Rauminhalt, wenn diese Abschlusswände an oder mit einem Abstand < 2,50 m gegenüber der Grundstücksgrenze errichtet werden, es sei denn, dass ein Abstand ≥ 5 m zu bestehenden oder nach den baurechtlichen Vorschriften zulässigen künftigen Gebäuden gesichert ist (Abb. 4.99) (*Anmerkung: Dies gilt nicht für seitliche Wände von Vorbauten im Sinne der MBO § 6 Abs. 6, wenn sie von dem Nachbargebäude oder der Nachbargrenze einen Abstand einhalten, der ihrer eigenen Ausladung entspricht, mindestens jedoch 1 m beträgt.*),
- als innere Brandwand zur Unterteilung ausgedehnter Gebäude in Abständen ≤ 40 m,

- als innere Brandwand zur Unterteilung landwirtschaftlich genutzter Gebäude in Brandabschnitte ≤ 10 000 m³ Brutto-Rauminhalt,
- als Gebäudeabschlusswand zwischen Wohngebäuden und angebauten landwirtschaftlich genutzten Gebäuden sowie als innere Brandwand zwischen dem Wohnteil und dem landwirtschaftlich genutzten Teil eines Gebäudes.

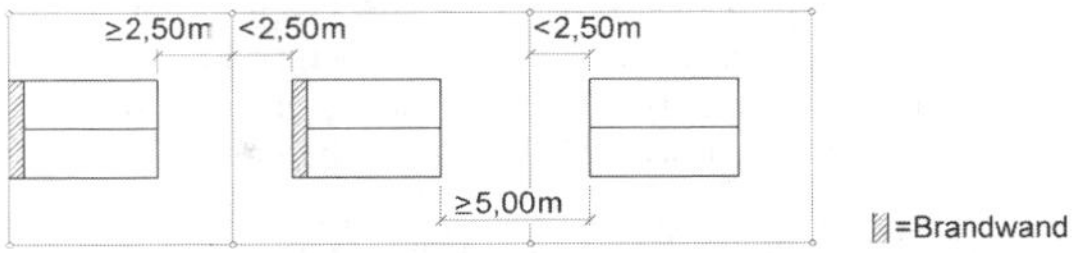

Abb. 4.105a
Anordnung von Brandwänden als Gebäudeabschlusswände

Für die *Anordnung von Brandwänden* gilt, dass sie bis zur Bedachung durchgehen und in allen Geschossen übereinander angeordnet sein müssen. Abweichend davon dürfen anstelle innerer Brandwände Wände geschossweise versetzt angeordnet werden, wenn

1. die Wände auch unter zusätzlicher mechanischer Beanspruchung feuerbeständig sind und aus nichtbrennbaren Baustoffen bestehen,
2. die Decken, soweit sie in Verbindung mit diesen Wänden stehen, feuerbeständig sind, aus nichtbrennbaren Baustoffen bestehen und keine Öffnungen haben,
3. die Bauteile, die diese Wände und Decken unterstützen, feuerbeständig sind und aus nichtbrennbaren Baustoffen bestehen,
4. die Außenwände in der Breite des Versatzes in dem Geschoss oberhalb oder unterhalb des Versatzes feuerbeständig sind und
5. Öffnungen in den Außenwänden im Bereich des Versatzes so angeordnet oder andere Vorkehrungen so getroffen sind, dass eine Brandausbreitung in andere Brandabschnitte nicht zu befürchten ist.

Zur Ausführung von Brandwänden im Bereich des *Dachanschlusses* vgl. Angaben in Tafel 4.105, zur Ausführung von Brandwänden im Bereich von *Gebäude-Innenecken* vgl. Skizze in Abb. 4.105b.

Tafel 4.105 Mindestanforderungen an die Ausführung von Brandwänden im Bereich des Dachanschlusses

allgemein		Gebäudeklassen 1 bis 3
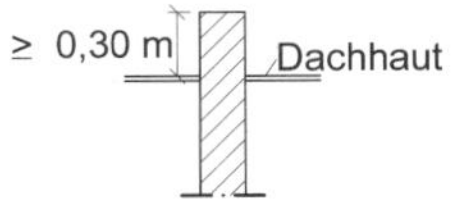	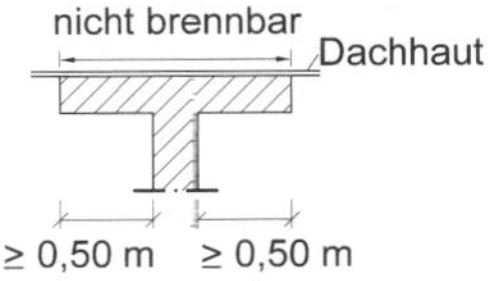	
Verbleibende Hohlräume sind vollständig mit nichtbrennbaren Baustoffen auszufüllen.		

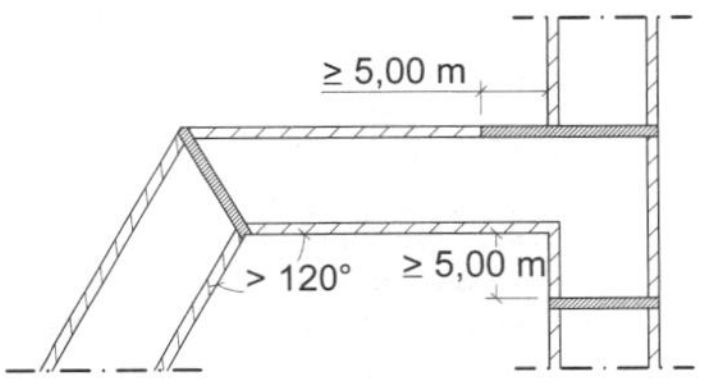

Abb. 4.105b
Ausführung von Brandwänden (schraffiert dargestellt) im Bereich von Gebäude-Innenecken
Anmerkung: Die schraffiert dargestellte Außenwand muss hier lediglich öffnungslos und als F 90-A klassifiziert sein.

3.5 Wände und Stützen

Baustoffe, die nicht mindestens normalentflammbar sind (B3), dürfen nicht verwendet werden; dies gilt nicht, wenn sie in Verbindung mit anderen Baustoffen nicht leicht entflammbar sind.

Grundsätzlich gilt nach MBO, dass alle in Tafel 4.106a aufgeführten Wände und Stützen im Brandfall ausreichend lange einer Brandausbreitung im Sinne ihrer konstruktiven Anforderungen widerstehen.

Tafel 4.106a Zentrale Anforderungen an Wände und Stützen

MBO	Bauteilbeschreibung	Gebäudeklasse				
		1	2	3	4	5
§ 27	Tragende Wände und Stützen (allgemein)	-	Fh		Hfh	Fb
	Tragende Wände und Stützen im Dachgeschoss, wenn darüber keine Aufenthaltsräume möglich sind	-	-	-	-	-
	Tragende Wände und Stützen im Kellergeschoss	Fh		Fb		
§ 28	Oberflächen von Außenwänden sowie Außenwandbekleidungen einschließlich Dämmstoff und Unterkonstruktion	-	-	-	schwer-entflammbar[1]	
	Nichttragende Außenwände und nichttragende Teile tragender Außenwände	-	-	-	nichtbrennbar[2]	
§ 29	Trennwände zwischen Nutzungseinheiten sowie zwischen Nutzungseinheiten u. anders genutzten Räumen	Fh[3]		Fh	Hfh	Fb
	Trennwände zwischen Aufenthaltsräumen und anders genutzten Räumen im Kellergeschoss	Fh[3]		Fb		
	Trennwände zum Abschluss von Räumen mit Explosions- oder erhöhter Brandgefahr	Fb				
§ 30	Anstelle von Brandwänden zulässige Wände	Hfh[4]			Hfh[5]	Fb
§ 35	Wände notwendiger Treppenräume[6]	Nicht erforderlich		Fh	Hfh[5]	Bw
§ 36	Wände notwendiger Flure (allgemein)			Fh		
	Wände notwendiger Flure im Kellergeschoss	Fh		Fb		
§ 39	Fahrschachtwände	Nicht erforderl.		Fh	Hfh	Fb[7]

Erläuterung der Abkürzungen:
Fh = Feuerhemmend, Hfh = Hochfeuerhemmend, Fb = Feuerbeständig, Bw = Brandwand

1) Unterkonstruktionen können bei Eignungsnachweis auch normalentflammbar ausgeführt werden.
2) Sie sind aus brennbaren Baustoffen zulässig, wenn sie als raumabschließende Bauteile feuerhemmend sind.
3) Die Anforderungen gelten nicht für Wohngebäude.
4) Alternativ: Gebäudeabschlusswände, die jeweils von innen nach außen die Feuerwiderstandsfähigkeit der tragenden und aussteifenden Teile des Gebäudes, mindestens jedoch feuerhemmende Bauteile, und von außen nach innen die Feuerwiderstandsfähigkeit feuerbeständiger Bauteile haben.
5) Unter zusätzlicher mechanischer Beanspruchung
6) Dies ist nicht erforderlich für Außenwände von Treppenräumen, die aus nichtbrennbaren Baustoffen bestehen und durch andere an diese Außenwände anschließende Gebäudeteile im Brandfall nicht gefährdet werden können.
7) Die Wände sind darüber hinaus aus nichtbrennbaren Baustoffen herzustellen.

3.6 Decken, Dächer

Nach MBO müssen alle in Tafel 4.106b aufgeführten Decken als tragende und raumabschließende Bauteile zwischen Geschossen im Brandfall ausreichend lange standsicher und widerstandsfähig gegen die Brandausbreitung sein.

Tafel 4.106b Grundlegende Anforderungen an die Ausführung von Decken und Dächern

MBO	Bauteilbeschreibung	Gebäudeklasse				
		1	2	3	4	5
§ 31	Decken (allgemein)	-	Fh		Hfh	Fb
	Decken im obersten Dachgeschoss	-	-	-	-	-
	Decken im Kellergeschoss	Fh		Fb		
	Decken unter und über Räumen mit Explosions- oder erhöhter Brandgefahr	Fb[1]		Fb		
	Decken zwischen landwirtschaftlich genutztem Teil und Wohnteil eines Gebäudes	Fb				
§ 32	Dächer	harte Bedachung[2) 3) 4)]				

Abkürzungen: Fh = Feuerhemmend, Hfh = Hochfeuerhemmend, Fb = Feuerbeständig, Nb = Nicht brennbar

1) Anforderungen gelten nicht für Wohngebäude.
2) Harte Bedachung = ausreichend lange widerstandsfähig gegen Brandbeanspruchung von außen durch Flugfeuer und strahlende Wärme
3) Bei Gebäuden der Gebäudeklassen 1 bis 3 sind abweichende Bedachungen zulässig, vgl. Tafel 4.107a.
4) Anforderung gilt nicht für Gebäude ohne Aufenthaltsräume und ohne Feuerstätten ≤ 50 m³ Brutto-Rauminhalt.

Tafel 4.107a Zulässige Ausführungen von Dächern ohne harte Bedachung

Erforderliche Abstände von Gebäuden mit Dächern ohne harte Bedachung		Gebäude: Gebäudekl. 1 bis 3	Wohngebäude: Gebäudekl. 1 u. 2
von der Grundstücksgrenze		≥ 12 m	≥ 6 m
von Gebäuden auf demselben Grundstück	mit harter Bedachung	≥ 15 m	≥ 9 m
	ohne harte Bedachung	≥ 24 m	≥ 12 m
von Gebäuden auf demselben Grundstück ohne Aufenthaltsräume und ohne Feuerstätten ≤ 50 m³ Brutto-Rauminhalt		≥ 5 m	-

Die Anforderungen der Tafeln 4.106b und 4.107a gelten nicht für

- lichtdurchlässige Bedachungen aus nichtbrennbaren Baustoffen; brennbare Fugendichtungen und brennbare Dämmstoffe in nichtbrennbaren Profilen sind zulässig,
- Dachflächenfenster, Oberlichte und Lichtkuppeln von Wohngebäuden,
- Eingangsüberdachungen und Vordächer aus nichtbrennbaren Baustoffen,
- Eingangsüberdachungen aus brennbaren Baustoffen, wenn die Eingänge nur zu Wohnungen führen.

Darüber hinaus sind *lichtdurchlässige Teilflächen* aus brennbaren Baustoffen in harten sowie in begrünten Bedachungen zulässig, wenn eine Brandentstehung bei einer Brandbeanspruchung von außen durch Flugfeuer und strahlende Wärme nicht zu befürchten ist oder Vorkehrungen hiergegen getroffen werden.

Dachüberstände, Dachgesimse und Dachaufbauten, lichtdurchlässige Bedachungen, Dachflächenfenster, Lichtkuppeln, Oberlichte und Solaranlagen sind so anzuordnen und herzustellen, dass Feuer nicht auf andere Gebäudeteile und Nachbargrundstücke übertragen werden kann.

Von *Brandwänden* (und ihren Substituten, vgl. Tafel 4.104b) müssen ≥ 1,25 m entfernt sein:

- Dachflächenfenster, Oberlichte, Lichtkuppeln und Öffnungen in der Bedachung, wenn diese Wände nicht mindestens 30 cm über die Bedachung geführt sind,
- Solaranlagen, Dachgauben und ähnliche Dachaufbauten aus brennbaren Baustoffen, wenn sie nicht durch diese Wände gegen Brandübertragung geschützt sind.

Dächer von traufseitig aneinandergebauten Gebäuden müssen als raumabschließende Bauteile für eine Brandbeanspruchung von innen nach außen (i → o), einschließlich der sie tragenden und aussteifenden Bauteile, feuerhemmend sein. Öffnungen in diesen Dachflächen müssen waagerecht gemessen ≥ 2 m von der Brandwand (oder ihrem Substitut, vgl. Tafel 4.104b) entfernt sein.

Dächer von Anbauten, die an Außenwände mit Öffnungen oder ohne Feuerwiderstandsfähigkeit anschließen, müssen innerhalb eines Abstands von 5 m von diesen Wänden als raumabschließende Bauteile für eine Brandbeanspruchung von innen nach außen, einschließlich der sie tragenden und aussteifenden Bauteile, die Feuerwiderstandsfähigkeit der Decken des Gebäudeteils haben, an die sie angebaut werden. Ausnahme: Wohngebäude der Gebäudeklassen 1 bis 3.

3.7 Treppen

Jedes nicht zu ebener Erde liegende Geschoss sowie der benutzbare Dachraum eines Gebäudes müssen über ≥ 1 Treppe (→ *notwendige Treppe*) oder Rampe mit flacher Neigung zugänglich sein. Dabei gilt, dass einschiebbare Treppen und Rolltreppen als notwendige Treppen unzulässig sind (Ausnahme: In Gebäuden der Gebäudeklassen 1 und 2 sind einschiebbare Treppen und Leitern als Zugang zu einem Dachraum ohne Aufenthaltsraum zulässig.).

Tafel 4.107b Grundlegende Anforderungen an die Ausführung von Treppen

Bauteilbeschreibung	Gebäudeklasse				
	1	2	3	4	5
Tragende Teile notwendiger Treppen	–		Fh od. Nb	Nb	Fh und Nb
Tragende Teile von Außentreppen[1)]			Nb		
Abkürzungen: Fh = Feuerhemmend, Nb = Nicht brennbar					
[1)] Eine notwendige Treppe ist ohne eigenen Treppenraum als Außentreppe zulässig, wenn ihre Nutzung ausreichend sicher ist und im Brandfall nicht gefährdet werden kann.					

Die nutzbare Breite der Treppenläufe und Treppenabsätze notwendiger Treppen muss für den größten zu erwartenden Verkehr ausreichen. Treppen müssen einen festen und griffsicheren Handlauf haben (soweit die Verkehrssicherheit dies fordert, sind Handläufe auf beiden Seiten und Zwischenhandläufe vorzusehen). Eine Treppe darf nicht unmittelbar hinter einer Tür beginnen, die in Richtung der Treppe aufschlägt (→ Anordnung eines ausreichenden Absatzes zwischen Treppe und Tür).

3.8 Rettungswege

In Nutzungseinheiten mit ≥ 1 Aufenthaltsraum (Wohnungen, Praxen, selbstständige Betriebsstätten etc.) sind ≥ 2 voneinander unabhängige, ins Freie führende Rettungswege je Geschoss erforderlich. Dabei gilt:

- Innerhalb des Geschosses dürfen diese über denselben *notwendigen Flur* führen. Notwendige Flure müssen so angeordnet und ausgebildet sein, dass die Nutzung im Brandfall ausreichend lange möglich ist; sie sind nicht erforderlich in Wohn- und sonstigen Gebäuden (dort ausgenommen Kellergeschosse) der Gebäudeklassen 1 und 2 (weitere Ausnahmen vgl. MBO § 36 (1) 3 und 4).
- Liegt die Nutzungseinheit nicht ebenerdig, muss der erste Rettungsweg über eine *notwendige Treppe* führen. Der zweite Rettungsweg kann eine weitere notwendige Treppe oder eine mit Rettungsgeräten der Feuerwehr erreichbare Stelle der Nutzungseinheit sein.
- Ein zweiter Rettungsweg ist nicht erforderlich, wenn die Rettung über einen sicher erreichbaren Treppenraum möglich ist, in den Feuer und Rauch nicht eindringen können (*Sicherheitstreppenraum*).
- Gebäude, deren zweiter Rettungsweg über Rettungsgeräte der Feuerwehr führt und bei denen die Oberkante der Brüstung von zum Anleitern bestimmten Fenstern oder Stellen mehr als 8 m über der Geländeoberfläche liegt (Abb. 4.108a), dürfen nur errichtet werden, wenn die Feuerwehr über die erforderlichen Rettungsgeräte wie Hubrettungsfahrzeuge verfügt (Abb. 4.108a). Liegen diese Fenster in Dachschrägen oder Dachaufbauten, gelten die Angaben in Abb. 4.108b.
- Bei Sonderbauten ist der zweite Rettungsweg über Rettungsgeräte der Feuerwehr nur zulässig, wenn keine Bedenken wegen der Personenrettung bestehen.
- Von jeder Stelle eines Aufenthaltsraumes sowie eines Kellergeschosses muss ≥ 1 Ausgang in einen *notwendigen Treppenraum* oder ins Freie in ≤ 35 m Entfernung erreichbar sein.
- Jede *notwendige Treppe* muss zur Sicherstellung der Rettungswege aus den Geschossen ins Freie in einem eigenen, durchgehenden Treppenraum liegen (→ *notwendiger Treppenraum*).
  Ausnahmen: a) in Gebäuden der Gebäudeklassen 1 und 2, b) für die Verbindung von ≤ 2 Geschossen innerhalb derselben Nutzungseinheit von insgesamt ≤ 200 m^2, wenn in jedem Geschoss ein anderer Rettungsweg erreicht werden kann, c) bei Außentreppen, vgl. Abb. 4.108a.
- Jeder *notwendige Treppenraum* muss einen unmittelbaren Ausgang ins Freie haben.
- *Notwendige Treppenräume* müssen belüftet und zur Unterstützung wirksamer Löscharbeiten entraucht werden können.

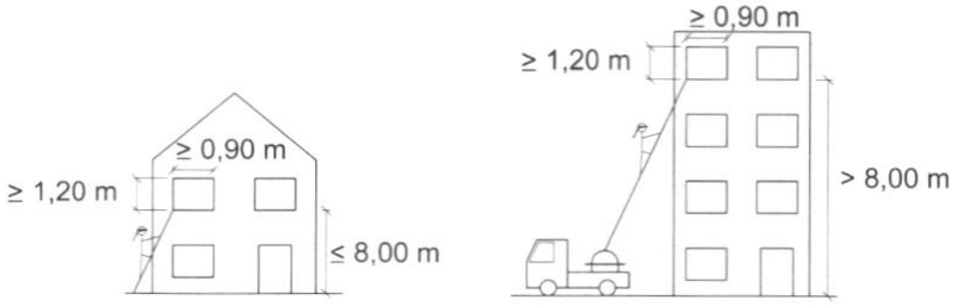

Abb. 4.108a
2. Rettungsweg: Einsatz von Rettungsgeräten der Feuerwehr in Abhängigkeit von der Fensterhöhe über Geländeoberkante; Angabe der erforderlichen lichten Fensteröffnungen (zulässige Höhe der Fensteröffnung über Fußbodenoberkante ≤ 1,20 m)

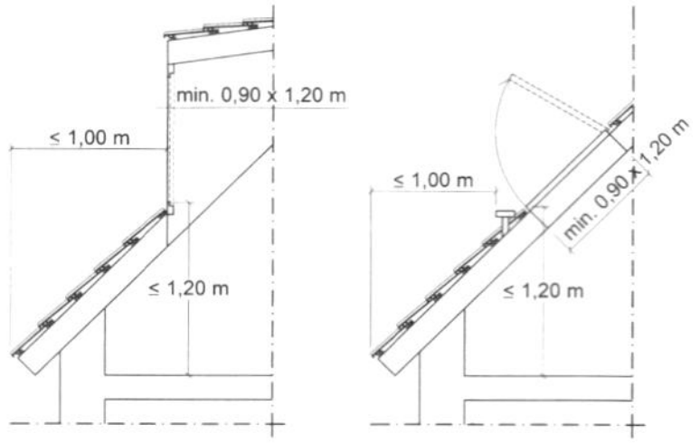

Abb. 4.108b
2. Rettungsweg: Ausführung von Fensteröffnungen in Dachschrägen oder Dachaufbauten

3.9 Zugänge und Zufahrten

Gebäude dürfen nur errichtet werden, wenn das Grundstück in angemessener Breite an einer befahrbaren öffentlichen Verkehrsfläche liegt oder wenn das Grundstück eine befahrbare, öffentlich-rechtlich gesicherte Zufahrt zu einer befahrbaren öffentlichen Verkehrsfläche hat.

Für die Zugänglichkeit durch die Feuerwehr bedeutet dies zunächst allgemein nach MBO:

- Schaffung eines geradlinigen *Zu- oder Durchgangs* zu rückwärtigen Gebäuden,
- Schaffung eines geradlinigen *Zu- oder Durchgangs* zu anderen Gebäuden, wenn der zweite Rettungsweg dieser Gebäude über Rettungsgeräte der Feuerwehr führt,

- Schaffung einer *Zu- oder Durchfahrt* zu Gebäuden, bei denen die Oberkante der Brüstung von zum Anleitern bestimmten Fenstern oder Stellen > 8 m über Gelände liegt,
- Schaffung von Aufstell- und Bewegungsflächen, wenn für die Personenrettung der Einsatz von Hubrettungsfahrzeugen erforderlich ist,
- Zu- und Durchfahrten, Aufstellflächen und Bewegungsflächen müssen für Feuerwehrfahrzeuge ausreichend befestigt und tragfähig sein; sie sind als solche zu kennzeichnen und ständig freizuhalten; die Kennzeichnung von Zufahrten muss von der öffentlichen Verkehrsfläche aus sichtbar sein.

In den jeweiligen Landesbauordnungen werden diese qualitativen Angaben ggf. weiter spezifiziert, vgl. beispielhafte Darstellungen in Abb. 4.109 nach der MBO.

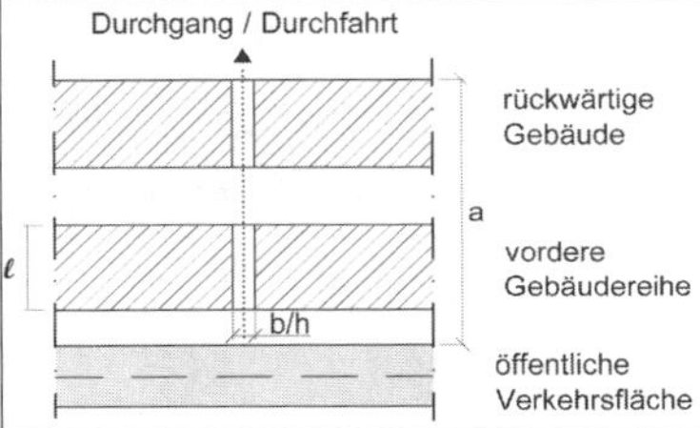

	Durchgang	Durchfahrt
Randbedingungen	$OK_{Brüstung} \leq 8$ m $a < 50$ m gradlinig, keine Kurven	$OK_{Brüstung} > 8$ m $a \geq 50$ m Kurven unter bestimmten Bedingungen möglich
Anforderung	$b \geq 1{,}25$ m (bei Türen: $b \geq 1{,}0$ m) $h \geq 2{,}0$ m	$b \geq 3{,}0$ m (bei $\ell > 12$ m: $b \geq 3{,}5$ m) $h \geq 3{,}5$ m Wände, Decken: F90

Abb. 4.109 Ausführung von Zu- und Durchgängen, Zu- und Durchfahrten nach MBO

4 Anforderungen nach Muster-Industriebau-Richtlinie (MIndBauR)

4.1 Grundlagen

Ziel der „Richtlinie über den baulichen Brandschutz im Industriebau (Muster-Industriebaurichtlinie)" ist es, die *Mindestanforderungen an den Brandschutz* von Industriebauten zu regeln. Dies sind primär:
- Feuerwiderstandsfähigkeit der Bauteile und Brennbarkeit der Baustoffe,
- Größe der Brandabschnitte bzw. Brandbekämpfungsabschnitte,
- Anordnung, Lage und Länge der Rettungswege.

Unter Industriebauten werden hier Gebäude oder Gebäudeteile im Bereich der Industrie und des Gewerbes verstanden, die der *Produktion (Herstellung, Behandlung, Verwertung, Verteilung) oder Lagerung von Produkten oder Gütern* dienen.

Die Richtlinie gilt für Industriebauten,
- die keine Aufenthaltsräume in einer Höhe > 22 m (→ § 2 Abs. 3 Satz 2 MBO) haben.
- die Aufenthaltsräume (§ 2 Abs. 5 MBO) in einer Höhe > 22 m haben, welche nur vorübergehend zu Wartungs- und Kontrollzwecken begangen werden; hier ist die Muster-Hochhausrichtlinie nicht anzuwenden.

Für Industriebauten mit geringeren Brandgefahren, wie
- Industriebauten, die überwiegend offen sind (z.B. überdachte Freianlagen oder Freilager), oder die aufgrund ihres Verhaltens im Brandfall diesen gleichgestellt werden können,
- Industriebauten, die lediglich der Aufstellung technischer Anlagen dienen und die nur vorübergehend zu Wartungs- und Kontrollzwecken begangen werden (Einhausungen, z.B. aus Gründen des Witterungs- oder Immissionsschutzes),

können Erleichterungen gestattet werden, wenn die bauordnungsrechtlichen Schutzziele erfüllt sind.

Diese Richtlinie gilt nicht für Reinraumgebäude.

Weitergehende Anforderungen können z.B. für Regallager mit brennbarem Lagergut und einer Oberkante Lagerguthöhe > 9,0 m gestellt werden.

Brandabschnitt → Bereich eines Gebäudes zwischen seinen Außenwänden und/oder den Wänden, die als Brandwände über alle Geschosse ausgebildet sind.

Brandbekämpfungsabschnitt → auf das kritische Brandereignis normativ bemessener, gegenüber anderen Gebäudebereichen brandschutztechnisch abgetrennter Gebäudebereich mit spezifischen Anforderungen an Wände und Decken, die diesen Brandbekämpfungsabschnitt begrenzen.

Zur *Klassifizierung der brandschutztechnischen Infrastruktur* werden die Sicherheitsstufen K 1 bis K 4 entsprechend den Ausführungen der Tafel 4.110a definiert.

Tafel 4.110a Definition der Sicherheitskategorien K 1 bis K 4 anhand der Infrastruktur

Infrastruktur		Sicherheitskategorie						
Brandabschnitte oder Brandbekämpfungsabschnitte	Werkfeuerwehr[1)]	K 1	K 2	K 3.1[2)]	K 3.2[2)]	K 3.3[2)]	K 3.4	K 4
ohne besondere Maßnahmen für Brandmeldung und -bekämpfung	–	•						
automatische Brandmeldeanlage	–		•					
automatische Brandmeldeanlage in Industriebauten	≥ Staffelstärke[3)]			•				
	≥ Gruppenstärke				•			
	≥ 2 Staffeln					•		
	≥ 3 Staffeln						•	
selbsttätige Feuerlöschanlage	–							•

[1)] Eine nach Landesrecht anerkannte Werkfeuerwehr, die jederzeit in ≤ 5 Minuten nach ihrer Alarmierung die Einsatzstelle erreicht.
[2)] Bei Vorhandensein einer flächendeckenden halbstationären Feuerlöschanlage darf hier die jeweils nächsthöhere Kategorie angesetzt werden, wenn die Werkfeuerwehr der Verwendung der Feuerlöschanlage zugestimmt hat.
[3)] Die Staffel muss aus hauptamtlichen Kräften bestehen.

4.2 Allgemeine Anforderungen

Für Industriebauten ist der *Löschwasserbedarf* im Benehmen mit den zuständigen Dienststellen unter Berücksichtigung der Flächen der Brandabschnitte oder Brandbekämpfungsabschnitte sowie der Brandlasten festzulegen. Auszugehen ist dabei von einem Löschwasserbedarf nach Tafel 4.110b.

Tafel 4.110b Löschwasserbedarf

Selbsttätige Feuerlöschanlage	Fläche A des Brand- oder Brandbekämpfungsabschnittes		
	$A \leq 2\,500$ m²	$2\,500 < A \leq 4\,000$ m²	$A > 4\,000$ m²
≥ 96 m³/h bei t = 1 h[1)]	≥ 96 m³/h bei t = 2 h	interpolieren	≥ 192 m³/h bei t = 2 h

[1)] Erforderlich für Löscharbeiten der Feuerwehr.

Hinsichtlich der *Lage und Zugänglichkeit* aller Brandabschnitte/Brandbekämpfungsabschnitte wird gefordert, dass diese mindestens mit einer Seite an einer Außenwand liegen und von dort für die Feuerwehr zugänglich sein müssen (Ausnahme: Abschnitte mit selbsttätiger Feuerlöschanlage).

Freistehende/aneinandergebaute Industriebauten mit einer Grundfläche von insgesamt > 5 000 m² müssen eine für Feuerwehrfahrzeuge *befahrbare Umfahrt* (→ Anforderungen an Flächen für die Feuerwehr erfüllen!) haben. Die für die Feuerwehr erforderlichen Zufahrten, Durchfahrten, Aufstell- und Bewegungsflächen sowie Umfahrten sind ständig freizuhalten. Hierauf ist dauerhaft und leicht erkennbar hinzuweisen.

4.3 Anforderungen an Baustoffe und Bauteile / Größe der Brandabschnitte

Die Größe der Brandabschnitte und die Anforderungen an Bauteile und Baustoffe werden auf der Grundlage der nachfolgend aufgeführten Tabellenwerte ermittelt (→ vereinfachtes Verfahren *ohne* Berechnung nach DIN 18230-1); für *Geschosse mit Ebenen* kann der Brandschutz im Verfahren ohne Brandlastermittlung jedoch nicht nachgewiesen werden.

Die zulässigen Größen der Brandabschnittsflächen von Industriebauten bestimmen sich abhängig von den Sicherheitskategorien K 1 bis K 4, den Feuerwiderstandsklassen der tragenden und aussteifenden Bauteile sowie der Zahl der Geschosse entsprechend Tafel 4.111a; Gleiches gilt für die erforderliche Feuerwiderstandsfähigkeit der tragenden und aussteifenden Bauteile, Geschossdecken, Verschlüsse von Öffnungen in Geschossdecken sowie des Haupttragwerkes des Daches (z.B. Binder).

Unterdecken einschließlich ihrer Aufhängungen sowie Deckenbekleidungen einschließlich ihrer Dämmstoffe und Unterkonstruktionen müssen aus nichtbrennbaren Baustoffen bestehen.

In Lagergebäuden und Gebäuden mit Lagerbereichen bei *Lagerguthöhen ≤ 7,5 m* gelten folgende besondere Anforderungen:

- Ist keine selbsttätige Feuerlöschanlage vorhanden, so ist in jedem Geschoss die Fläche jedes Brandabschnittes oder Lagerbereichs durch Freiflächen in Lagerabschnitte von ≤ 1 200 m² zu unterteilen.
- Lagerguthöhe ≤ 4,5 m → Breite der Freifläche ≥ 3,5 m
- Lagerguthöhe > 4,5 m und ≤ 7,5 m → Breite der Freifläche ≥ 5,0 m
- Entsprechende Zwischenwerte ergeben sich durch Interpolation.

In Lagergebäuden und Gebäuden mit Lagerbereichen müssen bei *Lagerguthöhen > 7,5 m* selbsttätige Feuerlöschanlagen angeordnet werden. Es gilt: Lagerguthöhe = Oberkante des Lagergutes.

Tafel 4.111a Zulässige Größe der Brandabschnitte in m²

Gebäude		Sicherheitskategorie						
Geschossigkeit	Klassifizierung[1]	K 1	K 2	K 3.1	K 3.2	K 3.3	K 3.4	K 4
erdgeschossig	A	1 800[2]	2 700[2)5]	3 200[2]	3 600[2]	4 200[2]	4 500[2]	10 000
	F 30-B	3 000	4 500[5]	5 400	6 000	7 000	7 500	10 000
2-geschossig	F 30-B	800[3) 4]	1 200[3) 4]	1 400[3) 4]	1 600[3]	1 800[3]	2 000[3]	8 500
	F 60-A	1 600[3]	2 400[3]	2 900[3]	3 200[3]	3 600[3]	4 000[3]	8 500
	F 90-A	2 400	3 600	4 300	4 800	5 500	6 000	8 500
3-geschossig	F 60-A	1 200[3) 4]	1 800[3]	2 100[3]	2 400[3]	2 800[3]	3 000[3]	6 500
	F 90-A	1 800	2 700	3 200	3 600	4 100	4 500	6 500
4-geschossig	F 90-A	1 500	2 300	2 700	3 000	3 500	3 800	5 000
5-geschossig	F 90-A	1 200	1 800	2 200	2 400	2 800	3 000	4 000

1) Feuerwiderstandsfähigkeit der tragenden und aussteifenden Bauteile; Bezeichnung nach MBO, vgl. Tafel 4.100.

2) Breite des Industriebaus ≤ 40 m und Wärmeabzugsfläche nach DIN 18 230-1 ≥ 5 %.

3) Wärmeabzugsfläche nach DIN 18 230-1 ≥ 5 %.

4) Für Gebäude der Gebäudeklassen 3 und 4 ergibt sich nach MBO eine zulässige Größe von 1 600 m².

5) Die zulässige Größe darf um 10 % überschritten werden, wenn in dem Brandabschnitt die Produktions- und Lagerräume Rauchabzugsanlagen haben, bei denen
- je ≤ 200 m² der Grundfläche ≥ 1 Rauchabzugsgerät mit insgesamt ≥ 1,5 m² aerodynamisch wirksamer Fläche im Dach angeordnet wird,
- je ≤ 1 600 m² Grundfläche ≥ 1 Auslösegruppe für die Rauchabzugsgeräte gebildet wird,
- Zuluftflächen mit einem freien Querschnitt von ≥ 36 m² im unteren Raumdrittel vorhanden sind sowie
- die Anforderungen der MIndBauR an die manuellen und maschinellen Rauchabzugsanlagen erfüllt sind.

4.4 Rettungswege

Zu den Rettungswegen in Industriebauten gehören insbesondere die *Hauptgänge* in den Produktions- und Lagerräumen, die *Ausgänge* aus diesen Räumen, die *notwendigen Flure*, die *notwendigen Treppen* und die *Ausgänge ins Freie*. Es gelten folgende zentrale Anforderungen:

- Jeder Raum mit einer Fläche > 200 m² muss ≥ 2 Ausgänge haben.
- Industriebauten mit einer Grundfläche > 1 600 m² müssen in jedem Geschoss ≥ 2 (möglichst entgegengesetzt liegende) bauliche Rettungswege aufweisen. Dies gilt entsprechend für Ebenen oder Einbauten mit einer Grundfläche > 200 m².
- Von jeder Stelle eines Produktions- oder Lagerraumes soll ≥ 1 Hauptgang nach ≤ 15 m Lauflänge erreichbar sein. Hauptgänge müssen ≥ 2 m breit sein und sollen geradlinig auf kurzem Wege zu Ausgängen ins Freie, zu notwendigen Treppenräumen, zu Außentreppen, zu Treppen von Ebenen und Einbauten, zu offenen Gängen, über begehbare Dächer auf das Grundstück, zu anderen Brandabschnitten oder zu anderen Brandbekämpfungsabschnitten führen. Diese wiederum müssen Ausgänge unmittelbar ins Freie oder zu notwendigen Treppenräumen mit einem sicheren Ausgang ins Freie haben.
- In Produktions- oder Lagerräumen muss von jeder Stelle aus ≥ 1 Ausgang ins Freie, ein Zugang zu einem notwendigen Treppenraum, zu einer Außentreppe, zu einem offenen Gang oder zu einem begehbaren Dach, ein anderer Brandabschnitt oder ein anderer Brandbekämpfungsabschnitt entsprechend den Vorgaben der Tafel 4.111b erreichbar sein.

Tafel 4.111b Maximal zulässige Entfernungen zu Ausgängen in Produktions- oder Lagerräumen

Ausstattung	Mittlere lichte Raumhöhe *h*		
	h ≤ 5,0 m	5,0 m < *h* < 10 m	*h* ≥ 10,0 m
keine	35,0 m	interpolieren	50,0 m
automatische Brandmeldeanlage[1]	50,0 m		70,0 m
selbsttätige Feuerlöschanlage[1) 2]			

1) Bei Auslösung müssen Alarmierungseinrichtungen (Internalarm) ausgelöst werden.

2) Zusätzliche Handauslösung der Alarmierungseinrichtung erforderlich.

5 Anforderungen nach Muster-Versammlungsstättenverordnung

5.1 Geltungsbereich

Die „Musterverordnung über den Bau und Betrieb von Versammlungsstätten (Muster-Versammlungsstättenverordnung – MVStättV)“ gilt für den Bau und Betrieb von:
- Versammlungsstätten mit Versammlungsräumen, die einzeln > 200 Besucher fassen, sowie für Versammlungsstätten mit Versammlungsräumen, die gemeinsam > 200 Besucher fassen, sofern diese Räume gemeinsame Rettungswege haben,
- Versammlungsstätten im Freien mit Szeneflächen (→ Flächen ≥ 20 m^2 für künstlerische und andere Darbietung) und Tribünen, die keine fliegenden Bauten sind und >1 000 Besucher fassen und ganz oder teilweise aus baulichen Anlagen bestehen,
- Sportstadien und Freisportanlagen mit Tribünen, die keine fliegenden Bauten sind, und die jeweils insgesamt > 5 000 Besucher fassen.

Diese Verordnung gilt *nicht* für:
- Räume, die dem Gottesdienst gewidmet sind,
- Unterrichtsräume in allgemein- und berufsbildenden Schulen sowie Räume in Museen,
- fliegende Bauten.

Die MVStättV ist keine in sich abgeschlossene Regelung. Grundlage für den Bau von Versammlungsstätten ist zunächst die Muster-Bauordnung, deren Bestimmungen durch die MVStättV modifiziert und konkretisiert werden.

5.2 Wände und Stützen

Die Anforderungen an Wände und Stützen werden unabhängig von der Größe und der Art der Versammlungsstätte entsprechend Tafel 4.112 erhoben.

Dämmstoffe müssen grundsätzlich aus *nichtbrennbaren Baustoffen* (A1/A2) bestehen.

Tafel 4.112 Anforderungen an Wände und Stützen

Bauteilbeschreibung	Versammlungsstätte	
	mehrgeschossig	erdgeschossig
Tragende und aussteifende Wände, Pfeiler und Stützen	F90-AB	F30-B[1]
Außenwände	A	-
Zum Abschluss von Versammlungsstätten und Bühnen erforderliche Trennwände[2]	F90-AB	F30-B
Trennwände von Werkstätten, Magazinen und Lagerräumen	F90-AB	
Trennwände von Räumen unter Tribünen und Podien	F90-AB	
Wände von Räumen unter Szeneflächen, die nicht zu einer Unterbühne gehören	F90-AB	
Bekleidungen an Wänden in Versammlungsräumen[3]	B1[4]	
Bekleidungen von Wänden in: – Foyers, durch die Rettungswege aus anderen Versammlungsräumen führen – notwendigen Treppenräumen und Räumen zwischen ihnen – notwendigen Fluren sowie Ausgängen ins Freie	A	
Unterkonstruktionen, Halterungen und Befestigungen von Bekleidungen[5]	B1	

Abk.: F30-B = feuerhemmend, F90-AB = feuerbeständig, A = nicht brennbar, B1 = schwer entflammbar

[1] Bei Vorhandensein automatischer Feuerlöschanlagen können tragende und aussteifende Bauteile ohne Feuerwiderstandsfähigkeit und aus brennbaren Baustoffen verwendet werden.

[2] In der Trennwand zwischen Bühne und Versammlungsraum ist eine Bühnenöffnung zulässig.

[3] In Versammlungsstätten mit einer Grundfläche ≤ 1 000 m^2 genügen geschlossene, nicht hinterlüftete Holzbekleidungen.

[4] Zusätzliche Anforderung: nicht brennend abtropfend.

[5] Anforderung gilt nicht bei Versammlungsstätten mit einer Grundfläche ≤ 100 m^2.
In den Hohlräumen hinter brennbaren Baustoffen dürfen Kabel und Leitungen nur in Installationsschächten oder Installationskanälen aus nichtbrennbaren Baustoffen verlegt werden.

5.3 Decken und Dächer

Soweit für Dächer in der MVStättV keine Sonderregelungen entsprechend Tafel 4.113 maßgebend werden, wird entsprechend MBO § 32 die Ausführung einer harten Bedachung gefordert.

Dämmstoffe müssen grundsätzlich aus *nichtbrennbaren Baustoffen* (A1/A2) bestehen.

Tafel 4.113 Anforderungen an Decken und Dächer

Bauteilbeschreibung	Versammlungsstätte	
	mehrgeschossig	erdgeschossig
Decken	F90-AB	F30-B[1]
Decken von Werkstätten, Magazinen und Lagerräumen	F90-AB	
Decken von Räumen unter Tribünen und Podien	F90-AB	
Decken von Räumen unter Szeneflächen, die nicht zu einer Unterbühne gehören	F90-AB	
Fußböden von Szeneflächen	staubdicht[2]	
Unterkonstruktion der Fußböden von Szeneflächen[3]	A	
Unterkonstruktion der Fußböden von Podien und Tribünen, die veränderbare Einbauten in Versammlungsräumen sind[4]	A	
Tragwerke von Dächern, die den oberen Abschluss von Räumen der Versammlungsstätte bilden[5]	F30-B	
Tragwerke von Dächern, die von Räumen der Versammlungsstätte nicht durch feuerbeständige Bauteile getrennt sind[5]	F30-B	
Bedachungen der genannten Dächer[6) 7]	A	
Tragwerke von Dächern über Tribünen und Szeneflächen im Freien	F30-B oder A	
Lichtdurchlässige Bedachungen über Versammlungsräumen[8]	A	
Unterdecken und Bekleidungen an Decken in Versammlungsräumen[9]	A	
Unterdecken in: – Foyers, durch die Rettungswege aus anderen Versammlungsräumen führen – notwendigen Treppenräumen und Räumen zwischen ihnen – notwendigen Fluren sowie Ausgängen ins Freie	B1[4]	
Unterkonstruktionen, Halterungen und Befestigungen von Unterdecken[10]	B1	
Bodenbeläge in: – notwendigen Treppenräumen und Räumen zwischen ihnen – notwendigen Fluren sowie Ausgängen ins Freie	A	
Bodenbeläge in Foyers, durch die Rettungswege aus anderen Versammlungsräumen führen	B1	

Abk.: F30-B = feuerhemmend, F90-AB = feuerbeständig, A = nicht brennbar, B1 = schwer entflammbar

1) Bei Vorhandensein automatischer Feuerlöschanlagen können tragende und aussteifende Bauteile ohne Feuerwiderstandsfähigkeit und aus brennbaren Baustoffen verwendet werden.
2) Damit wird verhindert, dass sich in dem regelmäßig nicht zugänglichen Raum unter dem Fußboden der Szenenfläche Staub und Materialien ansammeln, die sich leicht entzünden lassen. Betriebsbedingte Öffnungen sind zulässig.
3) Anforderung gilt nicht für die Lagerhölzer.
4) Anforderung gilt nicht bei Podien ≤ 20 m^2.
5) Anforderung gilt nicht für Versammlungsstätten mit automatischen Feuerlöschanlagen.
6) Anforderung gilt nicht für Dachhaut und Dampfsperre.
7) Anforderung gilt nicht für Bedachungen über Versammlungsräumen mit einer Grundfläche ≤ 1 000 m^2.
8) Bei Versammlungsräumen mit einer automatischen Feuerlöschanlage genügen schwerentflammbare Baustoffe, die nicht brennend abtropfen können.
9) In Versammlungsstätten mit einer Grundfläche ≤ 1 000 m^2 genügen auch B1-Baustoffe oder geschlossene, nicht hinterlüftete Holzbekleidungen.
10) Anforderung gilt nicht bei Versammlungsstätten mit einer Grundfläche ≤ 100 m^2.
In den Hohlräumen hinter brennbaren Baustoffen dürfen Kabel und Leitungen nur in Installationsschächten oder Installationskanälen aus nichtbrennbaren Baustoffen verlegt werden.

5.4 Rettungswege

Zu den Rettungswegen von Versammlungsstätten gehören insbesondere die *frei zu haltenden Gänge* und *Stufengänge*, die *Ausgänge* aus Versammlungsräumen, die *notwendigen Flure* und *notwendigen Treppen*, die *Ausgänge ins Freie*, die als Rettungsweg dienenden *Balkone, Dachterrassen* und *Außentreppen* sowie die *Rettungswege im Freien* auf dem Grundstück. Es gelten folgende Anforderungen:

- Rettungswege müssen ins Freie zu öffentlichen Verkehrsflächen führen.
- Versammlungsstätten müssen in jedem Geschoss mit Aufenthaltsräumen ≥ 2 voneinander unabhängige bauliche Rettungswege haben; dies gilt für Tribünen entsprechend. Die Führung beider Rettungswege innerhalb eines Geschosses durch einen gemeinsamen notwendigen Flur ist zulässig. Rettungswege dürfen über Balkone, Dachterrassen und Außentreppen auf das Grundstück führen, wenn diese im Brandfall sicher begehbar sind.
- Rettungswege dürfen über Gänge und Treppen durch Foyers oder Hallen zu Ausgängen ins Freie geführt werden, soweit ≥ 1 weiterer von dem Foyer oder der Halle unabhängiger baulicher Rettungsweg vorhanden ist; Foyers oder Hallen dürfen nicht als Raum zwischen notwendigen Treppenräumen und Ausgängen ins Freie im Sinn des § 35 Abs. 3 Satz 2 MBO dienen.
- Versammlungsstätten müssen für Geschosse mit jeweils > 800 Besucherplätzen nur diesen Geschossen zugeordnete Rettungswege haben.
- Versammlungsräume und sonstige Aufenthaltsräume für > 100 Besucher oder mit > 100 m² Grundfläche müssen jeweils ≥ 2 möglichst weit auseinander und entgegengesetzt liegende Ausgänge ins Freie oder zu Rettungswegen haben.
- Ausgänge und sonstige Rettungswege müssen durch Sicherheitszeichen dauerhaft und gut sichtbar gekennzeichnet sein.
- Die Dimensionierung erfolgt nach Tafel 4.114.

Tafel 4.114 Dimensionierung der Rettungswege

Rettungsweg		zul. Entfernung (= zul. Lauflänge) bei einer lichten Raumhöhe H	
von	zum	$H \leq 5{,}0$ m	$H > 5{,}0$ m
jedem Besucherplatz	nächsten Ausgang des Versammlungsraumes oder Tribüne	30 m	$30 + n \cdot 5{,}0$[1)]
jeder Stelle einer Bühne	nächsten Ausgang	30 m	
jeder Stelle eines notwendigen Flures oder eines Foyers	Ausgang ins Freie oder zu einem notwendigen Treppenraum	30 m	
Ausstellungshallen		Unterteilung durch Gänge[2)] in Ausstellungsflächen mit einer max. Tiefe von 30 m	
jeder Stelle auf einer Ausstellungsfläche	Gang	20 m	
in		erforderliche Breite eines jeden Teils des Rettungsweges	
Versammlungsstätten (allgemein)		1,20 m / 200 Personen[3)]	
Versammlungsstätten im Freien sowie Sportstadien		1,20 m / 600 Personen[3)]	
Versammlungsräumen mit ≤ 200 Besucherplätzen		0,90 m	
Bühnenhäusern		0,90 m	
Gängen zwischen den Wänden der Bühne und dem Rundhorizont oder den Dekorationen[4)]		1,20 m	
Arbeitsbühnen		0,80 m	
Ausstellungsflächen: Gänge und zugehörige Ausgänge		3,0 m	

1) Bei $H > 5{,}0$ m ist je 2,5 m zusätzlicher lichter Höhe ($\rightarrow n$) über der zu entrauchenden Ebene für diesen Bereich eine Verlängerung der Entfernung um jeweils 5 m mit einer resultierenden Gesamtentfernung ≤ 60 m zulässig.
2) Die Gänge müssen auf möglichst geradem Weg zu entgegengesetzt liegenden Ausgängen führen.
3) Zwischenwerte sind zulässig; die lichte Breite eines jeden Teils von Rettungswegen muss ≥ 1,20 m betragen.
4) In Großbühnen müssen diese Gänge vorhanden sein.

5.5 Treppen

Für *notwendige Treppen* gilt:

- Die Führung der jeweils anderen Geschossen zugeordneten notwendigen Treppen in einem gemeinsamen notwendigen Treppenraum (Schachteltreppen) ist zulässig.
- Sie müssen feuerbeständig sein, wobei in notwendigen Treppenräumen oder als Außentreppen eine Ausführung mit nichtbrennbaren Baustoffen genügt (gilt nicht für Ausstellungsstände).
- Für notwendige Treppen von Tribünen und Podien als veränderbare Einbauten genügen Bauteile aus nichtbrennbaren Baustoffen und Stufen aus Holz (gilt nicht für Ausstellungsstände).
- Die lichte Breite notwendiger Treppen darf nicht > 2,40 m betragen.
- Sie müssen auf beiden Seiten feste und griffsichere Handläufe ohne freie Enden haben, wobei die Handläufe über die Treppenabsätze fortzuführen sind.
- Sie müssen geschlossene Trittstufen haben; dies gilt nicht für Außentreppen.

Für *allgemeinem Besucherverkehr dienende Treppen* gilt:

- Sie müssen auf beiden Seiten feste und griffsichere Handläufe ohne freie Enden haben, wobei die Handläufe über die Treppenabsätze fortzuführen sind.
- Sie müssen geschlossene Trittstufen haben; dies gilt nicht für Außentreppen.

Wendeltreppen sind als notwendige Treppen für Besucher unzulässig.

5.6 Türen und Tore

Tafel 4.115 Anforderungen an Türen und Tore

Lage und Art	Geforderte Eigenschaften		
Türen und Tore in feuerbeständigen Innenwänden	feuerhemmend	rauchdicht	selbstschließend
Türen und Tore in inneren Brandwänden	feuerhemmend	rauchdicht	selbstschließend
Türen und Tore in feuerhemmenden Innenwänden	–	rauchdicht	selbstschließend
Türen in Rettungswegen	Aufschlagen in Fluchtrichtung	keine Schwellen	jederzeit von innen in voller Breite öffenbar
Schiebetüren in Rettungswegen	unzulässig, außer automatische Schiebetüren		
Pendeltüren in Rettungswegen	nur mit Vorrichtungen, die ein Durchpendeln der Türen verhindern		
selbstschließende Türen	dürfen offengehalten werden, wenn sie Einrichtungen haben, die bei Raucheinwirkung ein selbsttätiges Schließen der Türen bewirken		
mechanische Vorrichtungen zur Vereinzelung oder Zählung (z.B. Drehkreuze)	in Rettungswegen unzulässig, sofern sie nicht im Gefahrenfall von innen leicht und in voller Breite geöffnet werden können		

6 Anforderungen nach Muster-Beherbergungsstättenverordnung

6.1 Geltungsbereich

Die „Muster-Verordnung über den Bau und Betrieb von Beherbergungsstätten (Muster-Beherbergungsstättenverordnung – MBeVO)“ gilt für den Bau und Betrieb von Beherbergungsstätten (→ Gebäude oder Gebäudeteile, die ganz oder teilweise für die Beherbergung von Gästen bestimmt sind; Ausnahme: Ferienwohnungen) mit > 12 Gastbetten.

6.2 Rettungswege

- Für jeden Beherbergungsraum müssen ≥ 2 voneinander unabhängige Rettungswege vorhanden sein; sie dürfen jedoch innerhalb eines Geschosses über denselben notwendigen Flur führen.

- Der erste Rettungsweg muss für Beherbergungsräume, die nicht zu ebener Erde liegen, über eine notwendige Treppe führen, der zweite Rettungsweg über eine weitere notwendige Treppe oder eine Außentreppe.
- In Beherbergungsstätten mit insgesamt ≤ 60 Gastbetten genügt als zweiter Rettungsweg eine mit Rettungsgeräten der Feuerwehr erreichbare Stelle des Beherbergungsraumes; dies gilt nicht, wenn in einem Geschoss > 30 Gastbetten vorhanden sind.
- An Abzweigungen notwendiger Flure, an den Zugängen zu notwendigen Treppenräumen und an den Ausgängen ins Freie ist durch beleuchtete Sicherheitszeichen auf die Ausgänge hinzuweisen.
- In notwendigen Fluren mit nur einer Fluchtrichtung (Stichfluren) muss die Entfernung zwischen Türen von Beherbergungsräumen und notwendigen Treppenräumen oder Ausgängen ins Freie ≤ 15 m sein; Stufen müssen beleuchtet sein.

6.3 Bauteile

Tafel 4.116 Anforderungen an Bauteile

<table>
<tr><th>Bauteilbeschreibung</th><th>Anforderungen</th></tr>
<tr><td>Tragende Wände, Stützen und Decken (allgemein)[1]</td><td>F90-AB</td></tr>
<tr><td>Tragende Wände, Stützen und Decken in Gebäuden mit ≤ 2 oberirdischen Geschossen</td><td>F30-B</td></tr>
<tr><td>Tragende Wände, Stützen und Decken in obersten Geschossen von Dachräumen mit Beherbergungsräumen</td><td>F30-B</td></tr>
<tr><td>Trennwände zwischen Räumen einer Beherbergungsstätte und Räumen, die nicht zu der Beherbergungsstätte gehören[2] [3]</td><td>F90-AB</td></tr>
<tr><td>Trennwände zwischen Beherbergungsräumen und Gasträumen / Küchen[2]</td><td>F90-AB
keine Öffnungen</td></tr>
<tr><td>Trennwände zwischen Beherbergungsräumen sowie zwischen Beherbergungsräumen und sonstigen Räumen</td><td>F30-B</td></tr>
<tr><td>Bekleidungen, Unterdecken und Dämmstoffe in notwendigen Fluren</td><td>A</td></tr>
<tr><td>Bodenbeläge in notwendigen Fluren</td><td>B1</td></tr>
<tr><td>Öffnungen von notwendigen Treppenräumen zu anderen Räumen[4]</td><td rowspan="2">Feuerhemmende Feuerschutzabschlüsse[5]</td></tr>
<tr><td>Öffnungen von notwendigen Fluren in Kellergeschossen zu Räumen, die von Gästen nicht benutzt werden</td></tr>
<tr><td>Öffnungen von notwendigen Treppenräumen zu notwendigen Fluren</td><td rowspan="3">Rauchabschlüsse</td></tr>
<tr><td>Öffnungen von notwendigen Fluren zu Beherbergungsräumen</td></tr>
<tr><td>Öffnungen von notwendigen Fluren zu Gasträumen, wenn an den Fluren in demselben Rauchabschnitt Öffnungen zu Beherbergungsräumen liegen</td></tr>
</table>

Abk.: F30-B = feuerhemmend, F90-AB = feuerbeständig, A = nicht brennbar, B1 = schwer entflammbar

[1] Dies gilt nicht für oberste Geschosse von Dachräumen, wenn sich dort keine Beherbergungsräume befinden.
[2] Soweit in Beherbergungsstätten die tragenden Wände, Stützen und Decken nur feuerhemmend zu sein brauchen, genügen feuerhemmende Trennwände.
[3] Öffnungen müssen feuerhemmende Feuerschutzabschlüsse haben, die auch die Anforderungen an Rauchschutzabschlüsse erfüllen.
[4] Ausgenommen zu notwendigen Fluren.
[5] Diese Feuerschutzabschlüsse müssen auch die Anforderungen an Rauchschutzabschlüsse erfüllen.

6.4 Sicherheitstechnik (zentrale Anforderungen)

Beherbergungsstätten müssen eine *Sicherheitsbeleuchtung* haben

- in notwendigen Fluren und in notwendigen Treppenräumen,
- in Räumen zwischen notwendigen Treppenräumen und Ausgängen ins Freie,
- für Sicherheitszeichen, die auf Ausgänge hinweisen, und
- für Stufen in notwendigen Fluren.

Zusätzlich müssen sie eine *Sicherheitsstromversorgung* haben, die bei Ausfall der allgemeinen Stromversorgung den Betrieb der sicherheitstechnischen Anlagen und Einrichtungen übernimmt, insbesondere der Sicherheitsbeleuchtung, der Alarmierungseinrichtungen und der Brandmeldeanlage.

Es müssen *Alarmierungseinrichtungen* vorhanden sein, durch die im Gefahrenfall die Betriebsangehörigen und Gäste gewarnt werden können. Bei Beherbergungsstätten > 60 Gastbetten müssen sich die Alarmierungseinrichtungen bei Auftreten von Rauch in den notwendigen Fluren selbsttätig auslösen.

In Gebäuden > 60 Gastbetten müssen *automatische Brandmeldeanlagen* (Kenngröße Rauch) sowie *Handfeuermelder* zur unmittelbaren Alarmierung der dafür zuständigen Stelle vorhanden sein.

Aufzüge von Beherbergungsstätten > 60 Gastbetten sind mit einer *Brandfallsteuerung* auszustatten, die durch die automatische Brandmeldeanlage ausgelöst wird (damit soll sichergestellt werden, dass die Aufzüge das nicht vom Rauch betroffene Eingangsgeschoss, ansonsten das in Fahrtrichtung davor liegende Geschoss, anfahren und dort mit geöffneten Türen außer Betrieb gehen).

7 Anforderungen nach Muster-Schulbau-Richtlinie

7.1 Geltungsbereich

Die „Muster-Richtlinie über bauaufsichtliche Anforderungen an Schulen (Muster-Schulbau-Richtlinie – MSchulbauR)" gilt für Anforderungen an allgemeinbildende und berufsbildende Schulen (soweit sie nicht ausschließlich der Unterrichtung Erwachsener dienen), die aufgrund der schultypischen Nutzung an Schulen gestellt werden müssen oder zugelassen werden können.

Über mehrere Geschosse reichende Hallen sind zulässig.

7.2 Bauteile

Tafel 4.117a Anforderungen an Bauteile

Bauteilbeschreibung	Anforderungen
Bauteile (allgemein)	MBO
Brandwände nach MBO[1]	Abstände ≤ 60 m
Türen zwischen Hallen und notwendigen Treppenräumen, notwendigen Fluren und Aufenthaltsräumen	F30-B, rauchdicht, selbstschließend

[1] In Öffnungen in diesen Brandwänden im Zuge notwendiger Flure sind feuerhemmende, rauchdichte und selbstschließende Türen zulässig, wenn die angrenzenden Flurwände in einem Bereich von 2,5 m beiderseits der Tür keine Öffnungen haben.

7.3 Rettungswege

Für jeden Unterrichtsraum müssen in demselben Geschoss *mindestens zwei voneinander unabhängige Rettungswege* zu Ausgängen ins Freie oder zu notwendigen Treppenräumen vorhanden sein.

Der zweite Rettungsweg muss bei Schulen, an denen Kinder und Jugendliche unterrichtet werden, immer ein *zweiter baulicher Rettungsweg* sein, da eine Rettung ganzer Schulklassen über eine Anleiterung in der im Gefahrenfall erforderlichen kurzen Zeit unrealistisch ist.

Einer der beiden Rettungswege darf durch eine *Halle* führen, sofern diese eine *Rauchabzugsanlage* hat.

Notwendige Flure mit nur einer Fluchtrichtung (Stichflure) müssen ≤ 10 m sein.

Tafel 4.117b Erforderliche nutzbare Breiten der Rettungswege

Rettungsweg über	erforderliche nutzbare Breite[1]	
	minimal	nutzerabhängig
Ausgänge von Unterrichtsräumen und sonstigen Aufenthaltsräumen	0,90 m	1,00 m / 150 Nutzer
Ausgänge von notwendigen Fluren und notwendigen Treppen[2) 3)]	1,25 m	
Ausgänge von notwendigen Fluren > 180 Nutzer	2,00 m	
Notwendige Treppe[4)]	≤ 2,50 m	
Geländer und Umwehrungen	Höhe ≥ 1,10 m	

[1] Die erforderliche nutzbare Breite der notwendigen Flure und notwendigen Treppen darf durch offenstehende Türen, Einbauten oder Einrichtungen nicht eingeengt werden.

[2] Ausgänge zu notwendigen Fluren dürfen nicht breiter sein als der notwendige Flur. Ausgänge zu notwendigen Treppenräumen dürfen nicht breiter sein als die notwendige Treppe.

[3] Ausgänge aus notwendigen Treppenräumen müssen mindestens so breit sein wie die notwendige Treppe.

[4] Notwendige Treppen dürfen keine gewendelten Läufe haben.

An den Ausgängen zu notwendigen Treppenräumen oder ins Freie müssen *Sicherheitszeichen* angebracht sein.

Türen, die selbstschließend sein müssen, dürfen nur offengehalten werden, wenn sie *Feststellanlagen* haben, die bei *Raucheinwirkung ein selbsttätiges Schließen* der Türen bewirken; sie müssen auch von Hand geschlossen werden können. Türen im Zuge von Rettungswegen müssen *in Fluchtrichtung* des ersten Rettungsweges aufschlagen. Sie müssen von innen leicht in voller Breite zu öffnen sein.

8 Anforderungen nach Muster-Richtlinien über Flächen für die Feuerwehr

8.1 Geltungsbereich

Die Anforderungen hinsichtlich der Flächen für die Feuerwehr werden zur Ausführung des § 5 MBO (Zugänge und Zufahrten auf den Grundstücken) vor dem Hintergrund der heute üblicherweise eingesetzten Fahrzeuge erhoben.

8.2 Zu- oder Durchfahrten

- Die Befestigungsqualität muss ein Befahren durch Feuerwehrfahrzeuge mit einer Achslast ≤ 10 t und einem zulässigen Gesamtgewicht ≤ 16 t gewährleisten.[1]
- Die lichte Breite der Zu- oder Durchfahrten muss ≥ 3,0 m, die lichte Höhe ≥ 3,50 m (gemessen senkrecht zur Fahrbahn) betragen.
- Bei einer beidseitigen Begrenzung der Zu- oder Durchfahrt durch Bauteile (z.B. Wände, Pfeiler) auf einer Länge > 12,0 m muss die lichte Breite ≥ 3,50 m betragen.
- Wände und Decken sind mindestens in F-90AB auszubilden.
- In Kurven sind zur Vermeidung von Behinderungen der Feuerwehrfahrzeuge die in Abb. 4.118 angegebenen Außenradien einzuhalten; dabei müssen vor oder hinter Kurven auf einer Länge von ≥ 11,0 m Übergangsbereiche vorhanden sein.
- Geradlinig geführte Zu- oder Durchfahrten können außerhalb der Übergangsbereiche als Fahrspuren ausgebildet werden (Abmessungen vgl. Abb. 4.118).

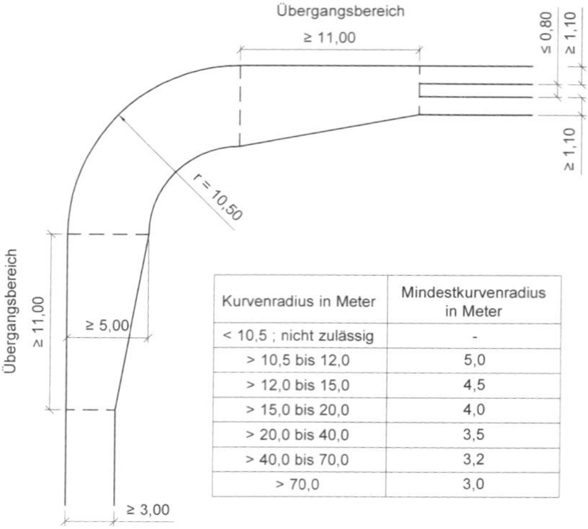

Kurvenradius in Meter	Mindestkurvenradius in Meter
< 10,5 ; nicht zulässig	-
> 10,5 bis 12,0	5,0
> 12,0 bis 15,0	4,5
> 15,0 bis 20,0	4,0
> 20,0 bis 40,0	3,5
> 40,0 bis 70,0	3,2
> 70,0	3,0

Abb. 4.118
Mindestabmessungen zur Ausbildung von Kurvenradien, Übergangsbereichen und Fahrspuren

[1] Zur Tragfähigkeit von Decken, die im Brandfall von Feuerwehrfahrzeugen befahren werden, wird auf Anlage 1.1/1 zu DIN 1055 Blatt 3 der Muster-Liste der Technischen Baubestimmungen verwiesen.

- Längsneigungen sind zulässig, wobei jedoch keine Änderungen der Fahrbahnneigung in Durchfahrten sowie bei einem Abstand ≤ 8,0 m vor und hinter Durchfahrten zulässig sind; die mit Neigungsänderungen verbundenen Übergänge sind mit einem Radius ≥ 15,0 m auszurunden.
- Stufen und Schwellen in Zu- oder Durchfahrten mit einer Höhe ≥ 8,0 cm sind unzulässig; ebenso unzulässig ist eine Folge von Stufen oder Schwellen im Abstand < 10,0 m. Stufen in den durch Neigungsänderungen bedingten Übergängen (s.o.) sind nicht zulässig.

8.3 Aufstellflächen

- Die Befestigungsqualität muss ein Befahren durch Feuerwehrfahrzeuge mit einer Achslast ≤ 10 t und einem zulässigen Gesamtgewicht ≤ 15 t gewährleisten.[2]
- Aufstellflächen müssen ≥ 3,50 m breit und so angeordnet sein, dass alle zum Anleitern bestimmten Stellen von Hubrettungsfahrzeugen erreicht werden können.
- Für Aufstellflächen *entlang von Außenwänden* entsprechend Abb. 4.119 (links) ist zusätzlich zur Mindestbreite von 3,50 m auf der gebäudeabgewandten Seite ein ≥ 2 m breiter hindernisfreier Geländestreifen anzuordnen.
  Für den Abstand *A* zwischen Aufstellflächen und der anzuleiternden Außenwand gilt:
  - 8,0 m < Brüstungshöhe ℂ 18,0 m: 3,0 m < *A* ℂ 9,0 m
  - Brüstungshöhe > 18 m: 3,0 m < *A* ℂ 6,0 m
- Die Aufstellfläche muss ≥ 8,0 m über die letzte Anleiterstelle hinausreichen.
- Für Aufstellflächen *rechtwinklig oder annähernd im rechten Winkel zur anzuleiternden Außenwand* entsprechend Abb. 4.119 (rechts) muss zusätzlich zur Mindestbreite von 3,50 m beidseitig ein ≥ 1,25 m breiter und ≥ 11,0 m langer hindernisfreier Geländestreifen vorhanden sein; der Abstand zur Außenwand muss ≤ 1,0 m betragen. Die Entfernung zwischen der Außenseite der Aufstellflächen und der entferntesten seitlichen Begrenzung der zum Anleitern bestimmten Stellen muss ≤ 9,0 m sein (bei Brüstungshöhe >18 m gilt ≤ 6,0 m).

Abb. 4.119
Mindestabmessungen von Aufstellflächen

links: Aufstellflächen *entlang* von Außenwänden

rechts: Aufstellflächen *rechtwinklig* zu Außenwänden

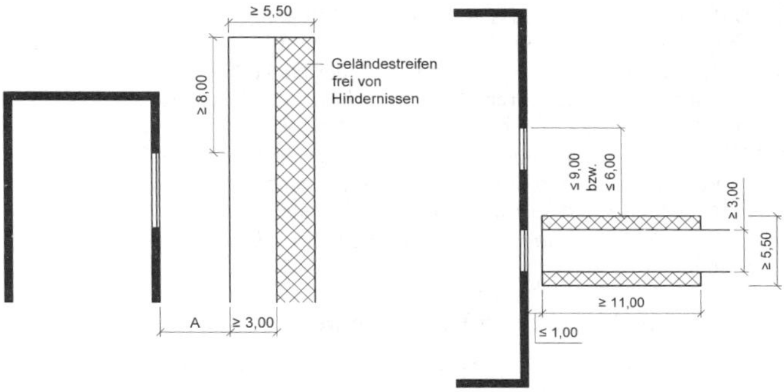

8.4 Sonstige

- *Sperrvorrichtungen* (Sperrbalken, Ketten, Sperrpfosten) sind in *Zu- oder Durchfahrten* zulässig, wenn sie von der Feuerwehr geöffnet werden können.
- *Zu- oder Durchgänge* für die Feuerwehr sind geradlinig und ≥ 1,25 m breit auszubilden. Für *Türöffnungen* und andere geringfügige Einengungen in diesen Zu- oder Durchgängen genügt eine lichte Breite von 1 m.
- *Bewegungsflächen* müssen für jedes Fahrzeug ≥ 7 m × 12 m groß sein (Zufahrten sind keine Bewegungsflächen), vgl. Abb. 4.120.
- Vor und hinter *Bewegungsflächen an weiterführenden Zufahrten* sind Übergangsbereiche mit einer Länge ≥ 4,0 m anzuordnen.

[2] Zur Tragfähigkeit von Decken, die im Brandfall von Feuerwehrfahrzeugen befahren werden, wird auf Anlage 1.1/1 zu DIN 1055 Blatt 3 der Muster-Liste der Technischen Baubestimmungen verwiesen.

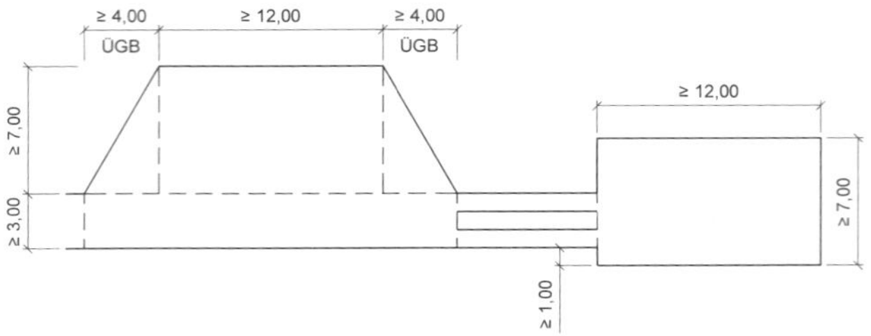

Abb. 4.120 Mindestabmessungen von Bewegungsflächen und Übergangsbereichen

9 Anforderungen nach Muster-Systembödenrichtlinie

9.1 Geltungsbereich

Die Anforderungen nach der „Muster-Richtlinie über brandschutztechnische Anforderungen an Systemböden (MSysBöR)" werden erhoben an Systemböden, deren Hohlräume Installationen, z.B. Leitungen, aufnehmen können; dies gilt nicht für Systemböden in Sicherheitstreppenräumen.

Systemböden werden unterschieden in

- Hohlböden mit fugenloser, gegossener Tragschicht aus Estrich und einem Hohlraum ≤ 200 mm lichter Höhe (mit einer lichten Höhe > 200 mm gelten sie als Doppelböden) und
- Doppelböden als vorgefertigte Systemböden, bestehend aus Tragplatten und aus Ständern.

9.2 Systemböden in notwendigen Treppenräumen, in Räumen zwischen notwendigen Treppenräumen und Ausgängen ins Freie sowie in notwend. Fluren

- Alle Teile müssen aus *nichtbrennbaren Baustoffen* bestehen, sofern nichts Anderes gefordert wird (bauordnungsrechtliche Anforderungen an Bodenbeläge bleiben unberührt).
- Die *Anschlussfugen* müssen mit nichtbrennbaren Baustoffen verschlossen sein; Tragschicht und Tragplatten dürfen keine Öffnungen aufweisen.
- *Hohlböden* müssen einen Estrich mit einer Dicke ≥ 30 mm haben; verlorene Schalungen dürfen aus normalentflammbaren Baustoffen bestehen. Revisions- und Nachbelegungsöffnungen sind zulässig; sie müssen dichtschließende Verschlüsse aus nichtbrennbaren Baustoffen haben.
- *Doppelböden* müssen dicht verlegte (mindestens stumpf gestoßene) Tragplatten aufweisen. Umleimer und Auflagerplättchen dürfen aus brennbaren Baustoffen mit einer Dicke ≤ 0,6 mm (Umleimer) bzw. 3 mm (Auflagerplättchen) bestehen.
- *Doppelböden mit einem Hohlraum > 200 mm lichter Höhe* müssen als tragende und raumabschließende Bauteile bei Brandbeanspruchung von unten feuerhemmend (F30-B) sein.

9.3 Systemböden in anderen Räumen

- Bei *Doppelböden mit einem Hohlraum > 500 mm lichter Höhe* muss die Tragkonstruktion (Tragplatte einschl. Ständer) bei Brandbeanspruchung von unten feuerhemmend (F30-B) sein.
- Systemböden, deren Hohlräume auch der *Raumlüftung* dienen und die unter mehreren Räumen durchlaufen, müssen in den Hohlräumen oder im Bereich des Luftaustritts Brandmelder mit der Kenngröße „Rauch" haben, über die im Brandfall die Lüftungsanlage abgeschaltet wird.

9.4 Wände auf Systemböden

- *Brandwände* (und Wände, die anstelle von Brandwänden zulässig sind, s. Tafel. 4.104b), Wände notwendiger Treppenräume, Wände von Räumen zwischen notwendigen Treppenräumen und Ausgängen ins Freie sowie Trennwände dürfen von Systemböden aus *nicht hochgeführt* werden.
- *Sonstige raumabschließende Wände*, für die eine Feuerwiderstandsfähigkeit vorgeschrieben ist, dürfen von Systemböden aus hochgeführt werden, wenn diese Wände zusammen mit den Systemböden auf die für die Wand erforderliche Feuerwiderstandsklasse geprüft sind.
- *Wände notwendiger Flure* innerhalb von Nutzungseinheiten dürfen hochgeführt werden von Hohlböden und von Doppelböden mit einem lichten Hohlraum ≤ 200 mm, wenn der Doppelboden bei Brandbeanspruchung von unten mindestens feuerhemmend (F30-B) ist.

5 A Technische Gebäudeausrüstung
5 B Wasserversorgung/Abwasserableitung

A TECHNISCHE GEBÄUDE-AUSRÜSTUNG ... 5.2
1 Wärmeversorgungsanlagen ... 5.2
1.1 Heizlast ... 5.2
1.2 Wärmeerzeugungsanlagen ... 5.4
1.2.1 Wärmeerzeuger für Gas oder Heizöl ... 5.5
1.2.2 Schornsteine, Abgasanlagen ... 5.6
1.2.3 Wärmeerzeugung mit Wärmepumpen ... 5.7
1.2.4 Blockheizkraftwerke, Fernwärme, Nahwärmeversorgung ... 5.8
1.2.5 Wärmeverteilnetze ... 5.9
1.2.6 Raumheizflächen ... 5.11
2 Raumlufttechnik ... 5.13
2.1 Kontrollierte Wohnungslüftung ... 5.13
2.2 Raumlufttechnische Anlagen ... 5.14
2.3 Aufbau von raumlufttechnischen Anlagen ... 5.18
2.4 Nur-Luft-Anlagen ... 5.19
2.5 Luft-Wasser-Anlagen ... 5.20
2.6 Gebäudekühlung ... 5.22
2.7 Wärmerückgewinnung ... 5.23
2.8 Brandschutzmaßnahmen ... 5.23
2.9 Raumströmung ... 5.24
2.10 Lüftungstechnische Einzelgeräte ... 5.25
2.11 Luft-Kältemittel-Anlagen ... 5.26
2.12 Fassadenlüftungsgeräte ... 5.26
2.13 Berechnungen von raumlufttechnischen Anlagen ... 5.27
3 Energieeffiziente Systeme ... 5.30
3.1 Allgemeines ... 5.30
3.2 Wärmeversorgungsanlagen ... 5.36
3.2.1 Solare Wärmeerzeugung ... 5.37
3.2.2 Wärmepumpenanlagen ... 5.38
3.2.3 Kraft-Wärme-Kopplungsanlagen ... 5.43
3.3 Kälteerzeugungsanlagen ... 5.47
3.3.1 Kälteerzeugungsanlagen mit Kompressionskreislauf ... 5.47
3.3.2 Kälteerzeugungsanlagen mit natürlichen Wärmesenken ... 5.48
3.3.3 Kälteerzeugung mit Sorptionsverfahren ... 5.50
3.4 Photovoltaikanlagen ... 5.52
4 Elektrotechnik – Starkstrom ... 5.60
4.1 Stromzuführung ... 5.60
4.2 Niederspannungsanlagen ... 5.61
4.3 Hoch- und Mittelspannungsanlagen ... 5.71
4.4 Eigenstromversorgungsanlagen ... 5.74
5 Lichtplanung ... 5.76

B WASSERVERSORGUNG/ ABWASSERABLEITUNG ... 5.92
1 Wasserversorgung ... 5.92
1.1 Wasserbedarf ... 5.92
1.2 Bemessungsgrundlagen ... 5.94
1.3 Wasserförderung ... 5.95
1.4 Wasserverteilung ... 5.96
1.5 Wasserspeicherung ... 5.100
1.6 Zisternen, Regenwassernutzanlage ... 5.101
1.7 Wasserversorgung in Gebäuden ... 5.103
1.7.1 Normen/Regelwerke ... 5.103
1.7.2 Allgemeines ... 5.103
1.7.3 Symbole und Sinnbilder für Trinkwasseranlagen (nach DIN EN 806-1) ... 5.104
1.7.4 Dimensionierung von Wasserversorgungsanlagen in Gebäuden ... 5.109
1.7.5 Feuerlöschanlagen ... 5.110
2 Abwasserableitung ... 5.111
2.1 Entwässerungsverfahren ... 5.111
2.2 Abwasseranfall ... 5.112
2.2.1 Trockenwetterabfluss $Q_T = Q_S + Q_F = (Q_H + Q_G + Q_I) + Q_F$ ... 5.112
2.2.2 Regenwetterabfluss Q_R und Regenwetterabflussvolumen V_R ... 5.114
2.3 Kanalnetzberechnung ... 5.119
2.3.1 Hydraulik von Abwasserkanälen ... 5.119
2.3.2 Bemessung von Kanälen/Kanalhaltungen ... 5.123
2.4 Regenrückhalteraum RRR, Regenrückhaltebecken RRB ... 5.123
2.5 Niederschlagswasserversickerung ... 5.124
2.5.1 Flächenversickerung ... 5.125
2.5.2 Muldenversickerung ... 5.125
2.5.3 Rigolen- und Rohrversickerung ... 5.126
2.5.4 Mulden-Rigolen-Element ... 5.127
2.5.5 Schachtversickerung ... 5.127
2.6 Gebäude- und Grundstücksentwässerung ... 5.128
2.6.1 Normen/Regelwerke ... 5.128
2.6.2 Allgemeines ... 5.128
2.6.3 Symbole und Sinnbilder für Abwasseranlagen nach DIN 1986-100 ... 5.131
2.6.4 Bemessung der Schmutzwasserleitungen ... 5.133
2.6.5 Bemessung der Regenwasserleitungen ... 5.134
2.6.6 Beispiel und Planunterlagen ... 5.136
2.6.7 Entwässerungsgesuch und Dichtheitsprüfung ... 5.138
2.6.8 Teil- und Vollfüllung ... 5.139

5 A Technische Gebäudeausrüstung

Univ.-Prof. Dr.-Ing. Dirk Bohne

1 Wärmeversorgungsanlagen

1.1 Heizlast

Grundlage für die Ermittlung des Wärmestroms (in Watt) ist DIN EN 12 831 „Heizungsanlagen in Gebäuden, Verfahren zur Berechnung der Heizlast" und Beiblatt 1 „Nationaler Anhang" für Deutschland.

Die Heizlast eines Gebäudes setzt sich zusammen aus:

- der *Transmissionsheizlast* zum Ausgleich der Wärmeverluste, die beim Abfließen von Wärme über die Umschließungsflächen entstehen und
- der *Lüftungsheizlast* zum Ausgleich der Wärmeverluste aufgrund nach außen entweichender Raumluft bzw. eindringender aufzuheizender Außenluft.

Die momentane Heizleistung $\Phi_{HL,i}$ für einzelne Räume (i) setzt sich aus den Transmissionsverlusten und den Lüftungswärmeverlusten zusammen (statische Berechnung). Für den Aufheizvorgang nach einer Temperaturabsenkung kann eine zusätzliche Leistung angesetzt werden:

$$\Phi_{HL,\,i} = \Phi_{T,\,i} + \Phi_{V,\,i} + (\Phi_{hu,\,i}) - \Phi_{gain,\,i}$$

Darin ist:

$\Phi_{T,\,i}$ = Transmissionsverluste der einzelnen Bauteile (i),

$\Phi_{V,\,i}$ = Lüftungswärmeverluste der einzelnen Bauteile,

$\Phi_{hu,\,i}$ = Zusätzliche Aufheizleistungen, die gleichzeitig unter Norm-Außenbedingungen auftreten,

$\Phi_{gain,\,i}$ = Optionaler Wärmegewinn, der unter Norm-Außenbedingungen auftritt.

Die Schritte des Berechnungsverfahrens für einen beheizten Raum sind wie folgt (DIN EN 12 831):

- Bestimmung der Werte für die Norm-Außentemperatur und des Jahresmittels der Außenlufttemperatur;
- Festlegung der Räume (beheizt oder unbeheizt) und Festlegung der Werte für die Norm-Innentemperatur jedes beheizten Raumes;
- Festlegung der Abmessungen und der wärmetechnischen Eigenschaften aller Bauteile für jeden beheizten oder unbeheizten Raum;
- Berechnung des Koeffizienten für die Norm-Transmissionswärmeverluste und Multiplizieren mit der Norm-Temperaturdifferenz, um die Norm-Transmissionswärmeverluste zu erhalten;
- Berechnung des Koeffizienten für die Norm-Lüftungswärmeverluste und Multiplizieren mit der Norm-Temperaturdifferenz, um die Norm-Lüftungswärmeverluste zu erhalten;
- Addieren der Norm-Transmissionswärmeverluste und der Norm-Lüftungswärmeverluste;
- Berechnung der Norm-Heizlast des beheizten Raumes unter Berücksichtigung eines Korrekturfaktors für die Aufheizleistung;
- die Auslegungsheizleistung der beheizten Räume ergibt sich aus der Summe der Norm-Wärmeverluste und der Aufheizleistung.

Bei unzureichender Winddichtheit des Gebäudes können die Lüftungswärmeverluste deutlich höher ausfallen als die Transmissionswärmeverluste. Maschinelle Lüftungseinrichtungen für z. B. innenliegende Bäder und Toiletten oder raumlufttechnische Anlagen sind gesondert zu berücksichtigen.

Wird eine raumlufttechnische Anlage (z. B. Klimaanlage) vorgesehen, wird hierdurch die Berücksichtigung des Lüftungswärmebedarfs nicht etwa überflüssig. Der Luftaustausch durch Winddruck an der Fassade und durch thermischen Auftrieb (Infiltration) findet auch bei Anwesenheit von raumlufttechnischen Anlagen statt.

Für die Dimensionierung des Heizungssystems ist die Heizlast bei den tiefsten anzunehmenden Außentemperaturen ausschlaggebend. Die der Berechnung zugrunde zu legende Norm-Außentemperatur entspricht dem niedrigsten Zweitagesmittelwert des jeweiligen Ortes, der zehnmal in zwanzig Jahren erreicht oder unterschritten wurde. In DIN EN 12 831 Beiblatt 1 ist die Norm-Außentemperatur für alle Orte über 20 000 Einwohner tabellarisch aufgeführt. Sie bewegt sich zwischen -10 °C und -16 °C.

Als Norm-Innentemperatur wird die operative Temperatur eingesetzt. Die empfohlenen Innentemperaturen nach DIN EN 12 831 sind in Tafel 5.3 aufgeführt. Mit den Bauherren können auch andere Temperaturen vereinbart werden.

Tafel 5.3 Empfohlene Innentemperaturen für Innenräume nach DIN EN 12 831-Beibl. 1 Tab.2

Raumart	Norm-Innentemperatur θ_{int} [°C]
Wohn- und Schlafräume	+20
Büroräume, Sitzungszimmer, Ausstellungsräume, Haupttreppenräume, Schalterhallen	+20
Hotelzimmer	+20
Verkaufsräume und Läden allgemein	+20
Unterrichtsräume allgemein	+20
Theater- und Konzerträume	+20
Bade-/Duschräume, Bäder, Umkleideräume, Untersuchungszimmer (generell jede Nutzung als unbekleideter Bereich)	+24
WC-Räume	+20
Beheizte Nebenräume (Flure, Treppenhäuser)	+15
Unbeheizte Nebenräume (Keller, Treppenhäuser, Abstellräume)	+10

Zur Auslegung des Wärmetauschers bzw. Wärmeerzeugers muss die Norm-Heizlast des Gebäudes berechnet werden. Das Berechnungsverfahren basiert auf den Resultaten der raumweisen Berechnung.

Die einzelnen Schritte bei der Berechnung der Heizlast für eine Gebäudeeinheit oder ein gesamtes Gebäude sind (gem. DIN EN 12 381) folgende:

- Nummerierung der Norm-Transmissionswärmeverluste aller beheizten Räume, ohne den Wärmefluss zwischen den beheizten Räumen zu berücksichtigen, um die gesamten Auslegungstransmissionswärmeverluste für die Gebäudeeinheit oder das gesamte Gebäude zu erhalten;
- Summierung der Norm-Lüftungswärmeverluste aller beheizten Räume, ohne den Wärmefluss zwischen den beheizten Räumen zu berücksichtigen, um die gesamten Auslegungslüftungswärmeverluste für die Gebäudeeinheit oder das gesamte Gebäude zu erhalten;
- Addieren der Norm-Transmissionswärmeverluste aller beheizten Räume und der Norm-Lüftungswärmeverluste einer Gebäudeeinheit oder eines gesamten Gebäudes;
- Berechnung der Norm-Heizlast des Gebäudes unter Berücksichtigung eines Korrekturfaktors für die zusätzliche Aufheizleistung, um die gesamte Aufheizleistung für eine Gebäudeeinheit oder ein gesamtes Gebäude zu erhalten;
- die Norm-Heizlast für eine Gebäudeeinheit oder ein gesamtes Gebäude ergibt sich aus der Summe der gesamten Norm-Wärmeverluste:

  $$\Phi_{HL} = \Sigma\Phi_{T,i} + \Sigma\Phi_{V,i}$$

Darin sind, die Summe der Transmissionswärmeverluste aller beheizten Räume, ohne Berücksichtigung des Wärmeflusses zwischen den Gebäudeeinheiten bzw. innerhalb des Gebäudes in Watt (W) addiert. Die Lüftungswärmeverluste aller beheizten Räume ohne Berücksichtigung des Wärmeflusses zwischen den Gebäudeeinheiten bzw. des Gebäudes impliziert einen Luftvolumenstrom für das gesamte Gebäude. Da die zonenweise Berechnung des Luftvolumenstromes immer auf dem ungünstigsten Fall beruht, ist eine Summierung der jeweiligen Zonenwerte nicht geeignet, weil dieser ungünstigste Fall nur in Teilen dieser Zonen gleichzeitig auftritt. Aus diesem Grund wird der Luftvolumenstrom für das gesamte Gebäude wie folgt berechnet:

ohne raumlufttechnische Anlagen (natürliche Belüftung):

$$\Sigma\dot{V}_i = max\ (0{,}5 \cdot \Sigma\dot{V}_{inf,i},\ \Sigma\dot{V}_{min,i})$$ (der größere Wert wird verwendet)

mit raumlufttechnischen Anlagen (mechanische Belüftung):

$$\Sigma\dot{V}_i = 0{,}5 \cdot \Sigma\dot{V}_{inf,i} + (1 - \eta_v)\ \Sigma\dot{V}_{SU,i} + \Sigma\dot{V}_{mech,inf,i}$$

wobei η_v der Wirkungsgrad der Wärmerückgewinnungsanlage für die Abluft ist und $\dot{V}_{SU}$ der durch Lüftungsanlagen zugeführte Volumenstrom. Ist keine Wärmerückgewinnungsanlage vorhanden, ist $\eta_v = 0$. Zur Auslegung des Wärmeerzeugers wird ein 24-Stunden-Mittelwert verwendet. Wenn die Zuluft über ein verbundenes System beheizt wird, ist die Heizlast bei dem verbundenen System anzurechnen. Die benötigte Aufheizleistung ist von dem angenommenen Innentemperaturabfall während der Absenkzeit, der Speichermasse der Räume und der Wiederaufheizzeit abhängig. Es können erhebliche Wärmeleistungen auftreten. Die Bedingungen zur benötigten Wiederaufheizleistung müssen mit dem Bauherrn abgestimmt werden.

Die erforderliche Heizleistung des Wärmeerzeugers kann größer sein als die Normheizlast (die nur den Transmissions- und den Lüftungswärmebedarf berücksichtigt), sofern der Wärmeerzeuger z. B. auch die Warmwasserbereitung übernimmt, ein Schwimmbad zu beheizen ist oder raumlufttechnische Anlagen mit Wärme versorgt werden müssen.

Zur Ermittlung der Wärmeerzeugerleistung Φ_{SU} sind dann außer der Norm-Heizlast ggf. Zuschläge erforderlich: bei einem Durchfluss-Speicher-Warmwasserbereitungssystem der Anteil der Dauerlast, die Wärmeleistung für Luftheizregister bei raumlufttechnischen Anlagen, wobei der Anteil der Rückwärme von Wärmerückgewinnungssystemen und ggf. andere notwendige Wärmeleistungen abgezogen werden müssen. Bei Gebäuden mit statischer Heizung und natürlicher Lüftung ist jedoch die Norm-Heizleistung der Wärmeerzeugerauslegung zugrunde zu legen.

Die vollständige Wärmebilanz lautet daher:

$$\Phi_{SU} = \Phi_{HL} + \Phi_{DHW} + \Phi_{AS}$$

Darin ist Φ_{SU} die Wärmeerzeugerleistung, Φ_{HL} die Heizlast, Φ_{DHW} die ggf. notwendige Zusatzheizleistung für Warmwasserbereitung und Φ_{AS} die Zusatzheizleistung für andere Systeme (z. B. raumlufttechnische Anlagen, Prozesswärme u. a.).

Die Bemessung der notwendigen Heizleistung für Warmwasserbereitung kann nach DIN 4708-1 bis -3 „Zentrale Warmwassererwärmungsanlagen“ erfolgen.

1.2 Wärmeerzeugungsanlagen

Wärmeversorgungsanlagen für Gebäude verwenden in der Regel als Wärmeträger Wasser, seltener Luft. Dampf als Wärmeträger wird nur noch für industrielle Zwecke verwendet. Die notwendige Temperatur des Heizmittels (Wasser, Luft, Dampf) hängt von den gewählten Heizmitteltemperaturen und den ausgewählten Raumheizflächen ab. Für das notwendige Temperaturniveau des Wärmeträgers ist eine Wärmeerzeugungsanlage notwendig.

Die Mehrzahl der bestehenden Wärmeerzeugungsanlagen verwendet als Primärenergieträger Erdgas oder Heizöl.

Meistens wird in Heizkesseln Heizöl oder Erdgas bei einer Verbrennungstemperatur um 1000 °C verbrannt und die Wärme über Wärmetauscher an das Wärmeträgermedium Wasser abgegeben. Weil die notwendigen Heizmitteltemperaturen in der Regel bis 70 °C ausreichend sind, liegt es nahe, im Sinne einer ganzheitlichen Planung auf die Verbrennung fossiler Energieträger zu verzichten.

Um Wärme aus Umweltenergie verwenden zu können, besteht die Möglichkeit, Erdwärme (oberflächennahe Geothermie) in Verbindung mit Wärmepumpenanlagen zu verwenden, die Erzeugung von Wärme und Strom zu koppeln (Kraft-Wärme-Kopplung) oder ggf. auf CO_2-neutrale Energieträger wie Holz zurückzugreifen. Auch können ggf. saisonale Wärmespeicher Energie aus der Umwelt (thermische Solarenergie) während der Sommermonate speichern und für die Heizperioden zur Verfügung stellen.

Heizöl- und Biodiesellagerung

Heiz- bzw. Bioöl ist den wassergefährdenden Flüssigkeiten zuzurechnen. Anlagen zur Öllagerung bedürfen der bauaufsichtlichen Genehmigung. Bestimmungen über die Lagerung von Heizöl und Biodiesel finden sich im Bauordnungsrecht der Länder.

Der Jahresbedarf B an Öl lässt sich nach folgender Formel ermitteln:

$$B = \frac{\phi_{\mathrm{HL}} \cdot b_{\mathrm{vH}}}{H_{\mathrm{U}}}$$

Zu berücksichtigen sind:

- die Heizlast Φ_{HL} des Gebäudes
- die je nach Gebäudeart anzunehmenden jährlichen Vollbenutzungsstunden b_{vH}
- der Energieinhalt H_U des Brennstoffes Heizöl EL.

Tafel 5.5 Vollbenutzungsstunden für Überschlagsrechnungen
(Nur für Schätzung geeignet. Neben dem Wärmedämmstandard ist die Luftdichtheit und das Nutzerverhalten von großem Einfluss.)

	b_{vH}
Einfamilienhaus	1500-2100 h/a
Mehrfamilienhaus	1800-2100 h/a
Bürogebäude	1500-1900 h/a
Krankenhaus	1900-2500 h/a
Schule, einschichtiger Betrieb	1200-1400 h/a
Schule, mehrschichtiger Betrieb	1300-1500 h/a

1.2.1 Wärmeerzeuger für Gas oder Heizöl

Gas-Umlaufwasserheizer beanspruchen als Wärmeerzeuger einer Warmwasser-Heizung keinen besonderen Aufstellraum. Sie werden an Wänden, bevorzugt im Bad oder Flurbereich installiert. Geräteabmessungen: ca. 50/38/85 (in cm) mit geringfügigen Abweichungen. Die unterste Leistungsgrenze der in mehreren Leistungsstufen gebauten Umlaufwasserheizer liegt bei etwa 5 kW.

Gas-Durchlaufwasserheizer für die Warmwasserbereitung werden im Wohnungsbau vorzugsweise im Bad angeordnet. Sie versorgen meist alle Warmwasser-Zapfstellen einer Wohneinheit.

Heizkessel aus Gusseisen oder Stahl sind funktionell gleichwertig, die aus einzelnen Gliedern zusammengesetzten Gusskessel jedoch aufgrund ihrer höheren Korrosionsbeständigkeit besonders dauerhaft. Durch Anbau weiterer Glieder lassen sich Gusskessel leicht in ihrer Leistung verändern. Heizöl- und gasbefeuerte Anlagen höherer Leistung erhalten vorzugsweise Stahlkessel.

Standardheizkessel (Konstanttemperaturkessel) sind nur in Verbindung mit Regeleinrichtungen zur Anpassung der Heizmitteltemperaturen statthaft.

Niedertemperaturkessel (NT-Kessel) sind Heizkessel, die kontinuierlich mit Rücklauftemperaturen von 35 – 40 °C betrieben werden können, ohne Korrosionsschäden durch u. U. auftretende Kondensationen. Etwa 35 – 40 °C werden als Sockeltemperatur ständig aufrechterhalten. Die maximalen Vorlauftemperaturen liegen je nach Auslegung des Systems bei etwa 55 – 75 °C.

Brennwertkessel benötigen weniger Energie und erzeugen somit umweltfreundlich weniger CO_2 als NT-Kessel. Bei der Verbrennung von Kohlenwasserstoffen verbindet sich der Wasserstoff mit dem Luftsauerstoff zu Wasser bzw. unter Wärmeaufnahme zu Wasserdampf. Diese im gasförmigen Aggregatzustand gebundene Energie entweicht normalerweise durch die Abgasanlage (Schornstein). Gelingt es, den Wasserdampf durch Abkühlung unter den Taupunkt zur Kondensation zu bringen, kann die freigesetzte Latentwärme genutzt werden. Brennwertkessel (Kondensationsheizkessel) erzielen so (bei diesem Bezugswert) Wirkungsgrade von über 100 %, bezogen auf den (unteren) Heizwert H_U. Die noch heißen Abgase werden in Nachschaltheizflächen (Abgaswärmetauscher) des Heizkessels aus Edelstahl durch das Rücklaufwasser bis zur Kondensatbildung abgekühlt. Dabei wird noch eine gewisse Menge sensibler (fühlbarer) Wärme (ca. 7 %) an den Rücklauf abgegeben. Hinzu kommt die Latentwärme, die bei der Kondensation von in den Abgasen enthaltenem Wasserdampf anfällt, wenn sie vom Rücklauf gekühlt werden (ca. 11 % bei Gasfeuerungen, 6 % bei Ölfeuerungen). Voraussetzung ist, dass die Rücklauftemperatur niedriger liegt als der Taupunkt des Wasserdampfs in den Abgasen (ca. 45 – 57 °C, abhängig vom CO_2-Gehalt im Abgas).

Holzkessel verwerten einen schwefelfreien Brennstoff. Anders als bei den fossilen Brennstoffen führt die Verbrennung von Holz zudem zu keinem Anstieg des CO_2-Gehaltes der Atmosphäre. Die bei der Verbrennung von Holz freiwerdende CO_2-Menge wurde zuvor während des Wachstums aus der Atmosphäre aufgenommen. (Beim Verrotten von Holz entsteht ebenfalls CO_2.)

Als Stand der Technik gilt der Holzvergaserkessel.

Bei dem Scheitholzgebläsekessel wird in der Regel in Verbindung mit einem Pufferspeicher mit einem gebläseunterstützten Kessel Scheitholz verbrannt. Eine vielversprechende Entwicklung sind die Hackgut- bzw. **Pelletfeuerungen**. Hier werden aus einem Lagerraum Hackgut oder Pellets mittels Förderschnecken oder einem Ansaugsystem in einen Zwischenbehälter gefördert und dann in die Brennkammer eingeführt. Durch kontinuierliche Brennstoffzulieferung ist ein gleichbleibend guter Wirkungsgrad gewährleistet und eine gute Leistungsanpassung möglich.

Hackgutheizungen sind vor allem dann entsprechend einzusetzen, wenn Hackgut in entsprechender Qualität termingerecht zu erhalten ist. Pelletheizungen können auch bei kleiner Leistung eingesetzt werden. Pellets können in einem Pumpwagen angeliefert und in einen Vorratsraum gepumpt werden. Die benötigte Lagerfläche ist vergleichbar mit der bei einem Einsatz von Heizöl (Auflagen für Heizöllager wie Mindestabstände über Heizöllagertanks berücksichtigt). Vorteil ist vor allem der sehr homogene Brennstoff und die gute Regelbarkeit der Heizkessel.

1.2.2 Schornsteine, Abgasanlagen

Unter dem Oberbegriff „Abgasanlagen" ist zu unterscheiden zwischen Schornsteinen und Abgasleitungen.

Klassifizierung von Abgasanlagen

- Temperaturklasse z. B. T400 (maximale Abgastemperatur)
  Die Temperaturklasse gibt an, bis zu welcher Abgastemperatur ein Bauprodukt einsetzbar ist: z. B. Temperaturklasse T80 = zulässige Abgastemperatur ≤ 80 °C.
- Druckklasse z. B. N2 (übliche Dichtheitsanforderung)
  Die Gasdichtheitsklasse N1 bis H2 kennzeichnet die zulässige Leckrate der Abgasleitung unter Prüfbedingungen und demnach
  - die zulässige Betriebsweise: Über- und/oder Unterdruck;
  - die zulässige Verwendung: im Gebäude und/oder im Freien.
- Rußbrandbeständigkeitsklasse z. B. G (bedeutet beständig)
- Kondensatbeständigkeiteitsklasse z. B. D (bedeutet für trockene Betriebsweise)
- Korrosionswiderstandsklasse z. B. 3 (für feste, flüssige und gasförmige Brennstoffe)
- Wärmedurchlasswiderstandsklasse z. B. TR65
- Feuerwiderstandsklasse z. B. L90
- Abstandsklasse z. B. C50 (Abstand in mm zu angrenzenden Bauteilen)

Tafel 5.6 Übersicht über die wichtigsten Abgasanlagen

	Abgasanlagen				
	Dreischalige gedämmte Schornsteine	Feuchtigkeits-unempfindliche Schornsteine	Abgasleitungen für NT-Kessel[1]	Abgasleitungen für Brennwert-kessel	LA-Systeme (Luft-Abgas-Systeme)[5]
Feuerstätte	Kachelofen Kaminofen Offener Kamin	NT-Kessel Brennwertkessel[2] Kachelofen Kaminofen Offener Kamin	NT-Kessel	Brennwertkessel (i. d. R. wandhängend)	NT-Kessel, wandhängend (raumluftunab-hängige Gas-wasserheizer mit Gebläse)
Brennstoffe	Öl, Gas Feste Brennstof-fe[3]	Öl, Gas Feste Brennstof-fe[4]	Öl, Gas	Gas (Öl)	Gas
Abgas-tempera-turen	bis ca. 400 °C	80 bis 200 °C bei[6] NT-Kesseln, ≤ 400 °C bei Feststoffkesseln	80 bis 200 °C[6]	≤ 80 °C	80 bis 200 °C[6]
Unter-/Überdruck	Unterdruck (Zug)	Unterdruck (Zug)	Unterdruck (Zug)	Überdruck	Überdruck
Verhalten bei Konden-satanfall	Feuchtigkeits-empfindlich	Feuchtigkeitsun-empfindlich. Kondensat-ableitung[5]	Feuchtigkeitsun-empfindlich. Kondensat-ableitung[5]	Feuchtigkeitsun-empfindlich. Kondensat-ableitung[5]	Feuchtigkeitsun-empfindlich. Kondensat-ableitung[5]

[1] Teurer als feuchtigkeitsunempfindliche Schornsteine, aber leichter umzustellen bei späterem Austausch der Feuerstätte. Seltener in Neubauten installiert.
[2] Sofern (bei richtiger Schornsteinbemessung) das Gebläse der Brennwertfeuerung keinen Überdruck im Schornstein aufbaut.
[3] Beständig gegenüber Rußbrand (ca. 1000 °C).
[4] Im Regelfall.
[5] Auch konzentrische LA-Anlagen aus Stahlblechrohren (ab oberstem Geschoss) für Brennwertgeräte.
[6] 120 bis 160 °C werden bei NT-Kesseln selten überschritten.

Feuerstätten und Abgasanlagen müssen aufeinander abgestimmt sein (NT: Niedertemperaturkessel, LA: Luft-Abgas-Anlage).

1.2.3 Wärmeerzeugung mit Wärmepumpen

Wärmepumpen-Heizungsanlagen

Ein linksläufiger Kreisprozess (Arbeitsprozess), bei dem Wärme von einem tieferen Temperaturniveau (Wärmequelle) durch Arbeitszufuhr auf ein höheres Temperaturniveau (Wärmesenke) gebracht wird, bezeichnet man als Wärmepumpe (WP). Die WP vereinigt die als Nutzarbeit zugeführte Energie mit der aus der Umgebung aufgenommenen Anergie.

Die möglichen Arbeitsprozesse werden unterschieden nach thermodynamischen, thermoelektrischen und thermomagnetischen Prozessen. Größte Bedeutung ist den thermodynamischen Prozessen beizumessen. Sie können u. a. durch die Vergleichsprozesse Carnot, Lorenz, Ericson, Stirling oder Joule verwirklicht werden. Die wichtigsten Arbeitsprozesse sind für Wärmepumpen der Kompressionskreislauf (Carnotvergleichsprozess) und der Sorptionskreislauf (Ab- oder Adsorption).

Tafel 5.7 Beispiele für die Benennung von Wärmepumpen und Wärmepumpenanlagen

Wärmequelle	Wärmeträger		Benennung	
	kalte Seite	warme Seite	der Wärmepumpe (WP)	der Wärmepumpenanlage (WPA)*
Erdreich	Sole	Luft	Sole/Luft-WP	Erdreich/Luft-WPA
Erdreich	Sole	Wasser	Sole/Wasser-WP	Erdreich/Wasser-WPA
Sonne	Sole	Luft	Sole/Luft-WP	Solar/Luft-WPA
Sonne	Sole	Wasser	Sole/Wasser-WP	Solar/Wasser-WPA
Wasser	Wasser	Wasser	Wasser/Wasser-WP	Wasser/Wasser-WPA
Wasser	Wasser	Luft	Wasser/Luft-WP	Wasser/Luft-WPA
Luft	Luft	Wasser	Luft/Wasser-WP	Luft/Wasser-WPA
Luft	Luft	Luft	Luft/Luft-WP	Luft/Luft-WPA

*An erster Stelle wird die Wärmequelle, an zweiter Stelle der Wärmeträger der warmen Seite genannt.

Wärmequelle Wasser

Grundwasser bietet die Möglichkeit der ganzjährigen Energieentnahme. Das annähernd gleichbleibende Temperaturniveau der Wärmequelle erlaubt einen monovalenten Wärmepumpenbetrieb mit annähernd konstanter Leistungszahl. Die Grundwassertemperatur schwankt jahreszeitlich beeinflusst um +8 bis +12 °C.

Oberflächenwasser (Bach-, Fluss- oder Seewasser) unterliegt hinsichtlich Temperatur und verfügbarer Menge stets starken, jahreszeitlich bedingten Schwankungen, so dass bei kleineren Gewässern meist nur eine bivalente Betriebsweise der angeschlossenen Wärmepumpe vertretbar ist.

Wärmequelle Erdreich

Der Einsatz von Erdkollektoren in Form eines unterhalb der Erdoberfläche verlegten, soledurchflossenen Rohrregisters setzt eine ausreichend große, nicht überbaute und nicht durch Gebäude verschattete Grundstücksfläche sowie eine geeignete Topographie voraus.

Dem Boden kann nur so viel Wärme entzogen werden, wie ihm im Verlauf des Jahres durch solare Einstrahlung zugeführt wird. Die infolgedessen begrenzte Regenerierfähigkeit des Bodens lässt einen Wärmeentzug von max. 10 – 35 W/m^2 zu. Ein höherer Wärmeentzug würde im Bereich der Kollektorrohre einen nicht mehr regenerierbaren Dauerfrost bewirken. Die angeführten Werte sind von der Beschaffenheit und Feuchtigkeit des Bodens abhängig.

Erdsonden (vertikal verlegte Erdreichwärmetauscher) bestehen aus Rohren, die bis zu etwa 100 m tief (bei manchen Verfahren auch bis zu 400 m) in die Erde abgesenkt werden. In den Sonden fließt Sole, die dem Erdreich Wärme entzieht. Da ab 5 m Tiefe keine witterungsbedingten Temperaturveränderungen mehr auftreten, ermöglicht diese technologische Variante der Erdentwärmung einen monovalenten Wärmepumpenbetrieb mit konstanter Leistungszahl (die bis zu 6 – 6,5 betragen kann).

Die erreichbaren Entzugsleistungen richten sich nach der Betriebsweise der Anlage (nur Heizen oder Heizen und Kühlen), nach der Betriebszeit und selbstverständlich nach der Qualität des Untergrundes. Bei schlechtem Untergrund können 20 W/m erzielt werden, bei Kies/Sand, wasserführend bis zu 65 W/m und bei Gneis 60 – 70 W/m. Die U-Rohr-Sonden haben einen Rohrdurchmesser von 25 – 32 mm, die Außenabstände einer U-Rohr-Sonde 50 – 70 mm. Die Sonden sind in Abständen von mind. 6 m zueinander einzubauen. Die Sondenrohre sollen in parallel geschalteten Kreisen zum Verteiler geführt werden.

Wärmequelle Energiepfähle

Die Ausführung der Gebäudegründung bietet mitunter eine kostengünstige Lösung der Nutzung oberflächennaher Geothermie. Es können z. B. Gründungspfähle durch integrierte Rohrsysteme als Wärmetauscher verwendet werden (Kühlung als sog. Direktkühlung oder Heizung mittels Wärmepumpen). Auch andere erdreichberührende Bauteile z. B. Bodenplatten oder Schlitzwände lassen sich als Absorber einsetzen.

Wärmequelle Luft

Mit dem geringsten Investitionsaufwand ist bei Luft/Wasser-Wärmepumpen zu rechnen, als Kompaktanlage im Freien aufgestellt. Luft ist überall in ausreichendem Maße vorhanden. Nachteilig ist jedoch der antizyklische, also gegenläufige Temperaturverlauf der Wärmequelle Luft zur erforderlichen Heizmitteltemperatur der Heizungsanlage, da Außenluft gerade dann niedrige Temperaturen aufweist, wenn der Wärmebedarf besonders groß ist.

1.2.4 Blockheizkraftwerke, Fernwärme, Nahwärmeversorgung

Block-Heizkraftwerke (BHKW) sind verbrauchernahe Zentralen mit einer oder mehreren Verbrennungskraftmaschinen (Motoren) und zugeordneten Generatoren zur Stromerzeugung. Die Abwärme (Kühlwasser und Abgase) der öl- oder gasbetriebenen Verbrennungsmotoren wird für die Gebäudeheizung herangezogen. Häufig werden Klassifizierungen nach Leistung verwendet, bis 2,5 kW_{el} Nano-BHKW, bis 20 kW_{el} Mikro-BHKW, bis 50 kW_{el} Mini-BHKW und größer 50 kW_{el} Klein-BHKW.

In der Regel werden Anlagen mit Teilleistungen des BHKW und einem zusätzlichen Spitzenheizkessel gewählt; mit diesem Prinzip kann ein erheblicher Anteil der Jahresheizarbeit durch das BHKW trotz der geringeren Teilleistung erzielt werden; empfohlener Anteil von BHKW-Heizleistung an der Gesamtheizlast:

- Mehrfamilienhäuser 10 – 20 %
- Altersheime, Krankenhäuser, Kliniken, Hallenbäder 30 – 40 %
- Hotels 20 – 30 %
- Schulen mit Sporthallen, Gaststätten 10 – 15 %
- Verwaltungsgebäude 10 %
- Verwaltungsgebäude in Verbindung mit Kälte bis zu 40 %.

Die Auslegung von BHKW richtet sich also insbesondere nach der Heizlast. Bei sehr kleinen Leistungen für Einfamilienhäuser sind mittlerweile auch BHKW-Module ab 2 kW elektrischer Leistung auf dem Markt. Diese sog. Mikro-BHKW werden als 1-Zylinder-Otto-Kleinmotoren oder neuerdings als Sterling-Motor angeboten.

Fernwärmeleitungsnetze

Fernwärmenetze sind zzt. auch noch als Dampfnetze zu finden. Neuanlagen werden bevorzugt als Heißwassersysteme betrieben, überwiegend mit Temperaturen bis 140 °C, maximal 180 °C. Netzdrücke im Vorlauf: 5 – 17 bar. Viele Fernwärmenetze werden mit Abwärme aus BHKW betrieben. Daraus folgen z. T. sehr geringe Primärenergiefaktoren.

Dreileiternetze führen neben Vor- und gemeinsamem Rücklauf eine weitere Versorgungsleitung für Gebrauchswarmwasser zu den Abnehmern. Bei Zweileiternetzen darf die Vorlauftemperatur 70 °C auch in den Sommermonaten nicht unterschreiten, wenn die Warmwasserbereitstellung ganzjährig gewährleistet sein soll. Auch die Wärmeabnahme für Heizzwecke ist dann ganzjährig möglich.

Wärmeübergabe in der Hausstation

In der Hausstation wird die vom Wärmeerzeuger gelieferte Wärme dem Verbraucher übergeben. Sie umfasst die Übergabestation, die oft Eigentum des Fernwärmeversorgungsunternehmens (FVU) ist, sowie die Hauszentrale des Fernwärmekunden. Eine Bodenentwässerung und eine Schwelle sollen andere Kellerräume beim Entleeren der Anlage vor Überschwemmung schützen. An Schlafräume sollten geräuschemittierende Hausstationen nicht angrenzen.

Bei **indirekter Wärmeübergabe** wird ein Wärmetauscher eingeschaltet und damit das Fernwärmenetz mit seinen i. Allg. hohen Netzdrücken und -temperaturen vom Heizungsnetz des Verbrauchers getrennt.

Bei **direkter Wärmeübergabe** gelangt das Heizmedium des Wärmeerzeugers bis in die Heizkörper des Abnehmers, was i. Allg. Hochdruckarmaturen und -heizflächen bedingt. Eine Reduzierung der Heizwassertemperatur erfolgt mittels Rücklaufbeimischung.

Nahwärmekonzepte

Versorgt ein Heizkraftwerk eine begrenzte Anzahl von Gebäuden, spricht man von einer Nahwärmeversorgung. Dabei wird eine Zentrale errichtet, die über Fernleitung in der o. a. Weise die einzelnen Gebäude mit Wärme versorgt. Eine bessere Ausnutzung durch längere Laufzeiten der einzelnen Aggregate ist dabei, z. B. für ein Blockheizkraftwerk, gegeben. Ebenso können Holzhackschnitzel-Heizkessel, Pelletheizkessel oder auch Kombinationen mit solaren Langzeitspeichern verwendet werden. Insbesondere bei solaren Langzeitspeichern (unterirdischen Kies-Wasser-Speichern) ist mit zunehmender Größe die solare Deckungsrate deutlich günstiger. Ein sehr gut gedämmtes Gebäude mit minimalem Restwärmebedarf (Passivhaus) und dezentral erzeugter Restwärme erscheint gegenüber dem hohen Aufwand der Nahwärmeversorgung eine eher anzustrebende Variante für zukünftige Gebäude.

1.2.5 Wärmeverteilnetze

Die Warmwasserheizung (Warmwasser-Pumpenheizung) wird am häufigsten verwendet. Hierbei wird die im Heizkessel erzeugte Wärme mittels Wasser als Trägermedium in die wärmeabgebenden Heizflächen transportiert. Das abgekühlte Wasser gelangt in den Kessel zurück, wo es wieder erwärmt wird (Vor- und Rücklauf). Warmwasserheizungen haben eine maximale Vorlauftemperatur von 100 bis max. 105 °C. Die Anhebung des Siedepunktes über 100 °C hinaus lässt sich durch mäßigen Überdruck (bis etwa 2,5 bar) erreichen. Gewählt werden heute vorzugsweise Vorlauftemperaturen um 45 bis 70 °C, also im Niedertemperaturbereich. Heizungsanlagen mit Vorlauftemperaturen über 120 °C hinaus gelten als Heißwasserheizungen und werden vorzugsweise in der Fernwärmeversorgung eingesetzt.

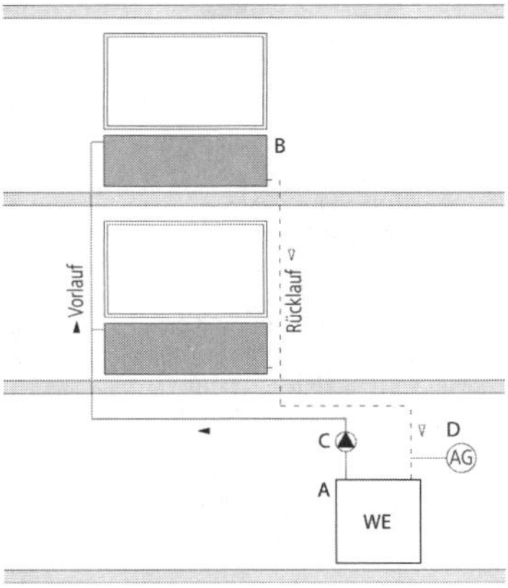

Abb. 5.9a

Prinzip einer Warmwasserheizung (Warmwasser-Pumpenheizung): Wasser übernimmt die im Kessel (A) erzeugte Wärme und führt sie den wärmeabgebenden Heizflächen (B) zu. Eine Pumpe (C) bewirkt den ständigen Umlauf des Wassers. Temperaturbedingte Druckunterschiede im Leitungssystem gleicht ein Ausdehnungsgefäß (D) aus.

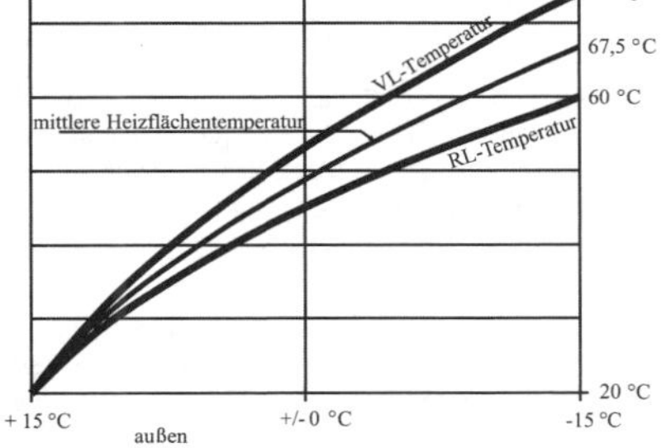

Abb. 5.9b

Die Heizwassertemperatur (Vor- und Rücklauf) steigt bei sinkender Außentemperatur nicht linear, sondern verläuft in einer Kurve.

Grund: die Wärmeabgabe am Heizkörper erfolgt sowohl durch Strahlung als auch durch Konvektion. Bei Temperaturänderung verändern sich die Anteile von Strahlung und Konvektion. Mit abnehmender Heizwassertemperatur verringert sich die Spreizung.

Bei jeder Neuanlage ist die Heizkurve anlagenspezifisch einzustellen. An ihr orientiert sich das Regelsystem.

Umwälzpumpen sorgen für den Umtrieb des Heizungswassers.

Die Temperaturdifferenz zwischen Vor- und Rücklauf wird als Spreizung bezeichnet. Kennzeichnend für die Auslegungstemperaturen einer Anlage ist die Spreizung bei höchster Leistung (bei den tiefsten anzunehmenden Außentemperaturen).

Heute ist die Niedertemperatur-Heizung Stand der Technik mit Auslegungstemperaturen, z. B. 70/55 °C, 60/50 °C oder 55/45 °C.

Rohrleitungen für Warmwasser-Heizungen: Stahlrohre, Weichstahlrohre, Kupferrohre.

Wärmedämmung von Rohrleitungen erfolgt nach Gebäudeenergiegesetz (GEG).

In Zentralheizungssystemen sind die gem. GEG geforderten Dämmstoff-Mindestdicken vorzusehen, bezogen auf eine Wärmeleitfähigkeit von 0,035 W/(m^{2}K) (je nach Funktion ist die Wärmedämmung abhängig vom Rohrdurchmesser als Mindestwärmedämmung festgelegt).

Für die **Rohrleitungsführung** der Warmwasser-Heizung ergeben sich im Wohnungsbau folgende Möglichkeiten der Leitungsführung zwischen Wärmeerzeuger und Heizfläche:

- Heizkörper unter den Fenstern; untere Verteilung; Steigstränge und Anschlussleitungen in der Außenwand: das klassische System einer Warmwasserheizung. Unter Berücksichtigung von DIN 1053, DIN 4108 und DIN 4109 nur noch unter Schwierigkeiten realisierbar.
- Heizkörper unter den Fenstern; zentral angeordnete Steigstränge, z. B. im Treppenraum; Anschlussleitungen unterhalb eines schwimmenden Estrichs als Ein- oder Zweirohrsystem. Gut kombinierbar mit Wärmemengenzählern für jede Wohn- bzw. Mieteinheit von Mehrfamilienhäusern.
- Heizkörper unter den Fenstern; Steigstränge dezentral an Innenwänden; Anschlussleitungen innerhalb einer speziellen Fußleistenkonstruktion. Bisher nicht befriedigend gelöst: die Leitungsführung im Türbereich. Ein Absenken der Stränge in den Estrich wirft Schallschutzprobleme auf.
- Heizkörper unter den Fenstern; Wärmeerzeuger im gleichen Geschoss (Etagenheizung). Anschlussleitungen unterhalb des schwimmenden Estrichs als Ein- oder Zweirohrsystem. Die Strahlungsverluste des Wärmeerzeugers kommen der Wohnung zugute.
- Fußbodenheizung, Steigstränge zentral an einer Innenwand; Verteilung in den Stockwerken.

A Klassisches Zentralheizungssystem mit Steigleitungen und Anschlussleitungen in den Außenwänden.
B Zentrale Steigstränge in Kombination mit horizontaler Anbindung der Heizkörper im Bereich des schwimmenden Estrichs.
C Etagenheizung, sonst wie B.
D Fußbodenheizung. In den Geschossen werden Unterverteilungen für die einzelnen Heizkreise installiert. Die Rohrführung erfolgt auf dem Dämmsystem.

Abb. 5.10 Varianten der Trassenführung von Heizungsvor- und -rücklauf im Wohnungsbau

In größeren Gebäuden (Verwaltungsbauten, Schulen usw.) ergibt sich, insbesondere bei Skelettbauten, die Notwendigkeit, die vertikalen Stränge zentral in einem Schacht durch die Geschosse zu führen und für die horizontale Anbindung der Heizflächen eine verdeckte Leitungstrasse vorzusehen.

Bei **Zweirohrsystemen** erhält jeder Heizkörper über Vorlaufleitungen erwärmtes Wasser mit annähernd gleicher Temperatur zugeführt. Abgekühltes Wasser verlässt die Heizkörper und gelangt in Rücklaufsträngen in die Heizzentrale zurück.

Vor- und Rücklauf werden im klassischen Zweirohrsystem nebeneinanderliegend vertikal an die Heizkörper herangeführt, wobei sich die horizontale Verteilerebene i. Allg. unter der Decke des Kellergeschosses befindet (untere Verteilung). Obere Verteilungen im Dachbereich kommen nur noch in Sonderfällen in Betracht. Vor- und

Rücklauf versorgen bei diesen Zweirohrsystemen in jedem Geschoss normalerweise zwei Heizkörper. Diese haben i. d. R. einen gleichseitigen Anschluss, d. h. beide Anschlüsse befinden sich auf ein- und derselben Heizkörperseite.

Bei **Einrohrsystemen** werden alle Heizkörper hintereinander an eine Ringleitung angeschlossen. Die Anordnung der Einrohrheizungen entspricht einer Reihenschaltung, die des Zweirohrsystems einer Parallelschaltung.

1.2.6 Raumheizflächen

Die Wärmeabgabe von Heizflächen an die Umgebung erfolgt entweder überwiegend durch Konvektion (Wärmeträger ist dabei strömende Luft.) oder überwiegend durch Strahlung. Grundsätzlich findet Wärmeübertragung immer parallel mit Wärmeleitung, Strahlung und Konvektion statt, wobei die Anteile je nach Umständen unterschiedlich groß sind. Bei der Wärmeübergabe von Heizflächen an einen Raum ist die Wärmeleitung vernachlässigbar.

Wärmeabgabe überwiegend durch **Konvektion**:

- Warmluftheizgeräte
- Konvektoren
- Radiatoren und Plattenheizkörper (mit einem nicht unbeträchtlichen Strahlungsanteil)
- Elektrische Schwachlast-Speichergeräte mit dynamischer Entladung.

Wärmeabgabe überwiegend durch **Strahlung**:

- Deckenstrahlungsheizungen
- Fußbodenheizungen
- Wandflächenstrahlungsheizungen.

Bei Strahlungsheizungen liegen die Wandtemperaturen höher und damit physiologisch günstiger als bei Konvektionsheizungen. Das Raumlufttemperaturprofil einer Strahlungsheizung kommt dem idealen Temperaturprofil recht nahe.

Konvektionsheizungen zeichnen sich durch geringe Anlagekosten und eine gute Anpassung an wechselnde Heizlasten (schnelles Aufheizen und rasches Ansprechen auf Regelvorgänge) aus. Auch sind nachträgliche Änderungen leichter vorzunehmen. Weniger günstig ist eine vermehrte, durch die verstärkte Luftbewegung verursachte Staubaufwirbelung.

Die **Anordnung von Heizflächen** im Raum soll so vorgenommen werden, dass die Behaglichkeitsbedingungen im Raum möglichst optimal sind. Das bedeutet:

- Eine nicht zu hohe Strahlungstemperatur- Asymmetrie (Wärmeübertragungsverhältnisse vom Menschen an kalte und von warmen Raumbegrenzungsflächen)
- Erwärmung der durch Fensterfugen von außen oder Luftdurchlässe in den Raum mit Untertemperatur strömenden Luft
- Verhinderung von Temperaturschichtung durch falsche Anordnung
- Verhinderung ungünstiger Strömungsverhältnisse (wirbelförmige Raumluftströmungen, die sich aufgrund der Raumluftströmungsverhältnisse bilden).

Der Wärmedurchgangskoeffizient von Fenstern ist bei heute üblicher Verglasung mit einem *U*-Wert von 1,0 W/m²K zwar gegenüber der früheren Bauart deutlich geringer, stellt aber immer noch den größten Wärmeverlust einer Fassade dar.

Es bildet sich an der Oberfläche des Fensters auf der Innenseite eine sog. Kaltluftströmung. Diese Kaltluftströmung ist gegenüber früheren üblichen *U*-Werten von Fenstern zwar erheblich geringer, führt aber immer noch zu einer abfallenden Luftströmung.

Um diese zu kompensieren, werden Heizflächen (Heizkörper) möglichst unterhalb von Fensterflächen oder unmittelbar daneben aufgestellt.

Die maßgebliche Beurteilungsgröße für die Behaglichkeit im Raum ist die Strahlungstemperatur-Asymmetrie. Kritische Behaglichkeitsbedingungen treten insbesondere bei Räumen mit hohem Fensterflächenanteil auf.

Hochgedämmte Gebäude, wie nach der geltenden Gebäudeenergiegesetz mittlerweile üblich, sind insgesamt gegenüber früheren Gebäuden deutlich weniger kritisch bezüglich der Strahlungstemperatur-Asymmetrie. Deshalb sind bei hochgedämmten Gebäuden Flächenheizungen (Fußboden-, Decken- oder Wandheizungen) problemlos einzusetzen. Eine ideale Kombination ist die gemeinsame Nutzung der Flächentemperierungen für Heizen und Kühlen.

Die möglichen Leistungen unter Beachtung der Behaglichkeitsgrenzen liegen bei

- Deckensysteme für Kühlung bis 100 W/m^2
- Deckensysteme für Heizung bis 40 W/m^2
- Fußbodensystem für Kühlung bis 40 W/m^2
- Fußbodensysteme für Heizung bis 100 W/m^2

Plattenheizkörper (Flachheizkörper) haben mit 85 % inzwischen den mit Abstand größten Marktanteil unter den Raumheizkörpern. Sie bestehen aus glatten oder/und profilierten wasserdurchflossenen Stahlblech-Doppelplatten. Profilierte Modelle weisen eine geringfügig höhere Wärmeleistung pro Fläche auf. Die Vorderseite gibt die Wärme überwiegend in Form von Strahlung ab, die übrigen Flächen durch Konvektion (an vorbeiströmende Luft).

Röhrenheizkörper (Stahlrohrradiatoren) zählen wie die Guss- und Stahlradiatoren zu den Gliederheizkörpern.

Stahlradiatoren werden aus mehreren Gliedern zu einem Block verschweißt.

Gussradiatoren zeichnen sich durch hohe Korrosionsbeständigkeit aus.

Konvektoren bestehen aus dicht mit Blechlamellen besetzten Rohren. In schachtartigen Nischen eingebaut oder als eigenständiger Heizkörper, bewirkt die an den Lamellen erwärmte Luft eine Luftströmung (freie Konvektion).

Fußbodenheizungen der Warmwasser-Pumpenheizungen bestehen aus innerhalb bzw. unterhalb eines Estrichs angeordneten, von Heizwasser durchflossenen Röhrenregistern. Zur Rohdecke hin ist eine ausreichend dimensionierte Wärmedämmschicht vorzusehen. Die Oberflächentemperatur beträgt bei einer Außentemperatur von 0 °C etwa 22 bis 23 °C, bei tiefster Außentemperatur werden ca. 25 °C erreicht. Damit liegt die Oberflächentemperatur des Fußbodens nur um einige Kelvin höher als die Raumlufttemperatur. Beim Befühlen ist sie kaum als erhöhte Temperatur wahrnehmbar. Als äußerster Grenzwert in Daueraufenthaltsbereichen gelten 29 °C, um Fußbeschwerden (Schwellungen) vorzubeugen.

Deckenstrahlungsheizungen sind Flächenheizungen mit hohem Strahlungsanteil; niedrige Vorlauftemperaturen, niedrige Lufttemperaturen; zum Abschirmen von Fensterflächen werden ebenfalls zusätzliche Maßnahmen empfohlen. Unzuträglichkeiten infolge auf den Kopf einwirkender Wärmestrahlung sind bei Neubauten nicht mehr zu erwarten, da heute infolge des gestiegenen Wärmedämmstandards die Strahlungsintensität nur noch gering ausfällt (geringe Strahlungstemperatur-Asymmetrie). Temperaturschichtungen unter der Decke (Wärmestau), wie bei vorwiegend konvektiv wirkenden Heizsystemen anzutreffen (Radiatoren, Plattenheizkörper, elektr. Speichergeräte), werden vermieden. Allgemein durchgesetzt haben sich abgehängte Rohrregister in Verbindung mit Blechplatten als Abstrahlfläche und oberseitiger Dämmlage. Weitere Varianten: in Gipskassettenplatten eingebettete bzw. unterseitig zu putzende Abstrahlplatten aus Blech oder Kapillarrohrmatten (Rohrdurchmesser 3,4 mm), welche mit dem Putz unter eine Betondecke befestigt werden. Deckenheizungen können ebenso für Kühlzwecke genutzt werden. Dies bietet sich, insbesondere für Gebäude mit der Notwendigkeit Kühllasten abzuführen, an. Die Konstruktionen sind baugleich mit Kühldecken. In Beton von Massivdecken eingegossene Heizrohre **(Bauteilaktivierung, Thermoaktive Decken, Betonkernaktivierung)** sollten besonders zum Zwischenspeichern von Umweltenergie (oberflächennahe Geothermie) verwendet werden. Als Heizsystem ist die Bauteilaktivierung wegen der großen thermischen Trägheit nur in Zusammenhang mit einem ganzheitlichen Temperierungssystem zu empfehlen. Mit Zusatzheizflächen (z. B. Deckensegel) kann eine zusätzliche Heizleistung für schnelle Lastwechsel installiert werden. **Wandheizungen** werden als besonders angenehm empfunden. Ihre konstruktive Ausbildung entspricht im Prinzip der einer Fußbodenheizung. An die Stelle eines Estrichs tritt Wandputz oder eine Verkleidung aus Gipskartonplatten. Die geringe Verbreitung von Wandflächenheizungen ist darauf zurückzuführen, dass i. d. R. nicht genügend freie Wandflächen zur Verfügung stehen, weil Stellflächen benötigt werden. Ein Anbohren der Wände (Befestigungsmittel) ist problematisch. Außenwände mit Heizregistern müssen eine ausreichende Wärmedämmung aufweisen ($U < 0{,}35$ W/m^2K).

2 Raumlufttechnik

2.1 Kontrollierte Wohnungslüftung

Aus hygienischen und bauphysikalischen Gründen ist es erforderlich, mit Gerüchen, Wasserdampf, CO_2, ggf. auch Schadstoffen angereicherte Luft aus Aufenthaltsräumen abzuführen und durch unverbrauchte sauerstoffreiche Luft zu ersetzen. Zu unterscheiden sind Grundlüftung (bauphysikalisch erforderlich) und Bedarfslüftung (hygienisch erforderlich).

Nennlüftung: Ein mind. 0,5- bis 1,0-maliger Luftaustausch pro Stunde kann sicherstellen, dass bei normaler Raumnutzung keine Bauschäden entstehen (Außenluftwechsel: mind. 0,5/h, max. 1,0/h).

Bedarfslüftung: Körperausdünstungen, Tabakrauch, Küchen- und Toilettengerüche, aber auch Ausdünstungen aus Möbeln, Teppichen, Baustoffen bewirken eine Luftverschlechterung, die eine Lufterneuerung erforderlich macht.

Aus hygienischen Gründen empfohlener Luftwechsel:

- 0,5- bis 1,0-fach/h in Wohn-, Aufenthalts- und Schlafräumen,
- 4,0- bis 5,0-fach/h in innenliegenden Sanitärräumen,
- 0,5- bis 25-fach/h in Küchen (stoßweise Belastung).

Fugenlüftung: Mit einem ausreichenden natürlichen Luftwechsel über Fensterfugen kann in Neubauten nicht mehr gerechnet werden, da zur Verringerung der Lüftungswärmeverluste die Fugen zwischen Flügel- und Blendrahmen im Regelfall nahezu luftundurchlässig ausgebildet werden. Die Luftdurchlässigkeit für Fenster und Türen ist in DIN 12 207 definiert, nach EnEV gilt Klasse 2 DIN 12 207 bis zu 2 Vollgeschossen, bei mehr als 2 Vollgeschossen gilt Klasse 3.

Fensterlüftung: Fenster können bei Bedarf kurzfristig geöffnet (Stoßlüftung) oder über einen längeren Zeitraum hinweg geöffnet gehalten werden (Dauerlüftung). Die häufig mit gekipptem Lüftungsflügel, vorwiegend bei Schlafräumen und Toiletten, praktizierte Dauerlüftung ist während der Heizperiode mit unverhältnismäßig hohen Wärmeverlusten verbunden, zumal unterhalb der Fenster angeordnete thermostatische Heizkörperventile auf Kaltlufteinwirkung mit einer verstärkten Wärmezufuhr reagieren.

Mechanische Lüftung von Einfamilienhäusern

Die Bestrebungen zur Minimierung der Transmissionswärmeverluste hatten zur Folge, dass die Lüftungswärmeverluste einen erheblichen Anteil am Wärmeverlust eines Gebäudes haben.

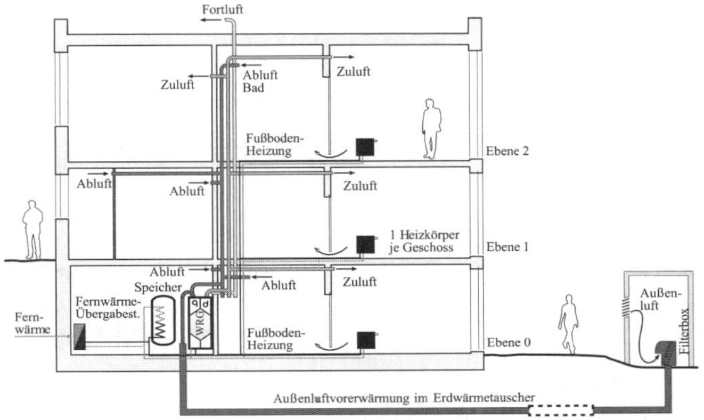

Abb. 5.13 Kontrollierte Wohnungslüftung am Beispiel eines Einfamilienwohnhauses. Der Erdwärmetauscher sorgt für Luftkühlung im Sommer. Durch die Luftansaugung über einen Erdwärmetauscher kann warme Außenluft von +30 auf +20 °C abgekühlt werden. Der Erdwärmetauscher dient im Winter zur Vorwärmung der Außenluft (-10 auf +2 °C). Nachheizer: Durch Nachheizen der Luft kann an milden Wintertagen ein gut gedämmtes Gebäude erwärmt werden.

Eine mechanische Lüftung mit Wärmerückgewinnung soll bewirken, dass einerseits die Raumluft ausreichend erneuert wird, andererseits aber die mit der abziehenden Luft entweichenden Wärmeverluste in vertretbaren Grenzen bleiben.

Bei Mehrfamilienwohnhäusern können Einzelgeräte für jede Wohneinheit eingebaut oder in unterschiedlichen Varianten zentrale Anlagen vorgesehen werden. In Abb. 5.14 ist eine Lösung mit strangweisen zentralen Geräten dargestellt. Die unterschiedlichen Luftmengenanforderungen der Nutzer erfordern jedoch drehzahlgeregelte Ventilatoren und Volumenstromregler für jede Wohneinheit. Unter Umständen ist eine Konzeption mit dezentralen Geräten sinnvoller.

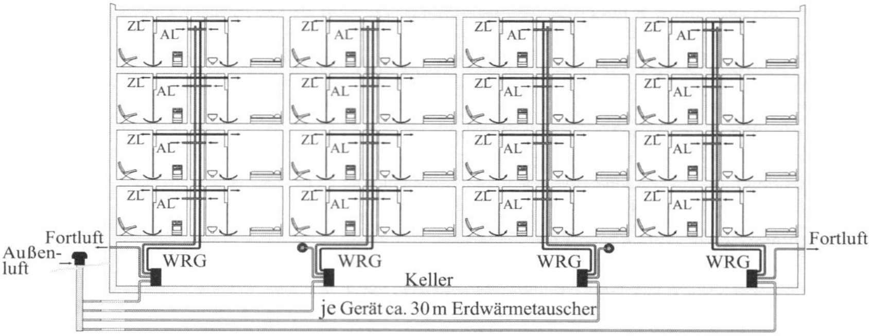

Abb. 5.14 Mehrfamilienhaus mit Wohnungslüftung. Jeder Lüftungsstrang wird über ein Zentralgerät mit Wärmerückgewinnung versorgt.

2.2 Raumlufttechnische Anlagen

Aufgabe der Raumlufttechnik

In Aufenthaltsbereichen von Menschen soll ein unserem Behaglichkeitsempfinden entsprechender Raumluftzustand herrschen. Folgende behaglichkeitsrelevanten Parameter sind durch RLT-Anlagen zu beeinflussen:

- Reinheit der Luft / Geruchspegel,
- Raumlufttemperatur,
- Luftbewegung,
- Luftfeuchtigkeit.

Darüber hinaus auf unser Behaglichkeitsempfinden einwirkende Einflussgrößen:

- Temperatur der Umschließungsflächen,
- raumakustische Verhältnisse / Geräuschpegel,
- Beleuchtung / Belichtung,
- Dichte der Personenbelegung,
- visueller Raumeindruck: Proportionen, Farbgebung und Materialzusammenstellung.

Hauptaufgabe lüftungstechnischer Anlagen ist die Erneuerung der Raumluft, wobei die Luft stets auch gereinigt (gefiltert) wird. Hinzu kommen gegebenenfalls weitere Aufbereitungsstufen wie:

- Erwärmung oder Kühlung,
- Be- und Entfeuchtung der Luft.

Die Menge der einem Raum zuzuführenden Außenluft, die Außenluftrate bzw. der Außenluftstrom, hängt sowohl von der Anzahl im Raum anwesender Menschen als auch von der jeweiligen Raumfunktion ab. Zum Teil höher angesetzte Außenluftraten für gewerblich genutzte Räume enthalten die Technischen Regeln für Arbeitsstätten (ASR A 3.6).

Die Luftwechselzahl gibt an, wie oft pro Zeiteinheit das Raumluftvolumen erneuert wird. Der erforderliche Luftwechsel für Wohngebäude liegt im Bereich von 0,5/h bis 1,0/h, bei sog. Passivhäusern liegt er bei 0,3/h (Durchschnitt des gesamten Nettovolumens). Der hygienische Mindestluftwechsel für Wohngebäude wird i. Allg. für Daueraufenthaltsräume mit einem 0,5-fachen stündlichen Raumluftwechsel als Mindestwert angenommen.

Für Bürogebäude ergeben sich bei einer durchschnittlichen Bürofläche pro Person von 10 m² und 2,80 m lichte Raumhöhe Luftwechselzahlen von 0,7–2,1:

- 0,7 (20 m³/h je Person),
- 1,4 (40 m³/h je Person),
- 2,1 (60 m³/h je Person).

Der spezifische Luftraum kennzeichnet das Verhältnis von Raumvolumen zur Personenzahl. Ein kleiner spezifischer Luftraum erschwert die Erstellung zugfrei arbeitender RLT-Anlagen. Nach Arbeitsstättenverordnung (ASR A 3.6) sind Stofflasten (CO_2, VOC, Formaldehyd u. a.) entscheidend, ob eine Raumlufttechnische Anlage erforderlich wird. Eine CO_2-Konzentration von 1000 ppm soll unterschritten werden.

Lufterneuerung und Behaglichkeit

Grundlage für die Bestimmung der notwendigen Außenluftvolumenströme von Raumlufttechnischen Anlagen sind Eingangswerte wie die Qualität (bzw. Belastung) der Außenluft und die Qualität des Gebäudes. Eingangswerte für die Berechnung sind Temperatur, Lüftungsrate und Beleuchtungsstärke. Die Luftmenge richtet sich auch nach dem Maß der Erwartung an die Räume, die in vier Kategorien aufgeteilt werden, Tab. 5.15.

Die Auslegungsparameter für die Raumluftqualität sind mit einem oder mehreren der nachfolgenden Verfahren zu bestimmen (DIN EN 16798-1):

Tafel 5.15 Beschreibung der Anwendbarkeit der verwendeten Kategorien

Kategorie	Beschreibung
I	Hohes Maß an Erwartungen; auch empfohlen für Räume, in denen sich sehr empfindliche und anfällige Personen mit besonderen Bedürfnissen aufhalten, z. B. mit einigen Behinderungen, kranke Personen, sehr kleine Kinder und ältere Personen, zur Erhöhung der Zugänglichkeit
II	Normales Maß an Erwartungen
III	Annehmbares, moderates Maß an Erwartungen
IV	Geringes Maß an Erwartungen. Diese Kategorie sollte nur für einen begrenzten Teil des Jahres angewendet werden

- Verfahren auf Grundlage der wahrgenommenen Luftqualität;
- Verfahren unter Anwendung von Kriterien der Verunreinigungskonzentration;
- Verfahren auf Grundlage vorgegebener Lüftungsraten.

Das Verfahren auf der Grundlage der wahrgenommenen Luftqualität berücksichtigt das Lüften zum Verdünnen der Verunreinigung durch Nutzer (biologische Ausdünstungen) und zum Verdünnen der Verunreinigung durch das Gebäude und dessen Anlagen. Die Lüftungsrate ergibt sich aus der Summe beider Anteile.

Die Lüftungsraten sind für „unangepasste Personen“ angegeben. Ein Gebäude ist schadstoffarm, wenn das Gebäude nicht durch vorausgegangene Tätigkeiten (z. B. Rauchen) belastet ist. In Tab. 5.15 ist das Maß der Erwartung an den Raum definiert. Diese Kategorien finden sich in den Auslegungswerten (DIN 16798-1) wieder.

Grundlage zur Verdünnung mit Außenluft ist die Qualität der Außenluft, die in drei Stufen eingeteilt wird, von ODA1 (saubere Luft), ODA2 (hohe Konzentrationen an Verunreinigungen wie Feinstaub) oder ODA3 (sehr hohe Konzentration an Verunreinigungen).

Das zweite Verfahren auf der Basis von Kriterien der Verunreinigungskonzentration berücksichtigt VOC (volatile organic compounds), Formaldehyd und krebserregende VOC nach unterschiedlichen Einstufungen. Die Standardauslegung erfolgt über die CO_2-Konzentration, Tab. 5.16b. Eine (wünschenswerte) Bemessung über die Schadstoffbelastung von Gebäuden wird sicher häufig an Planungsabläufen scheitern, vergl. Anforderungen nach Tafel 5.16c.

Das dritte Verfahren auf der Basis der vorgegebenen Lüftungsraten berücksichtigt die Bedingungen der Verfahren 1 und 2 für die jeweiligen besonderen Fälle (Verkaufsstätten, Wohnungen, Büros) und ist in anderen Richtlinien und Normen beschrieben. Im Vorplanungsstadium werden meist Luftwechselraten bezogen auf das Raumvolumen genutzt.

Die den Räumen zugeführte Zuluft wird, abhängig von der Qualität, nach DIN EN 16798-3 in fünf Stufen (SUP 1 – SUP 5) eingeteilt. SUP 1 bedeutet Zuluft mit geringer Konzentration an Staub, Feinstaub und gasförmigen Verunreinigungen, SUP 5 die höchste Konzentration.

Tafel 5.16a Auslegungs-Lüftungsraten für unangepasste Personen zur Verdünnung von menschlichen Emissionen (biologische Ausdünstungen) für unterschiedliche Kategorien

Kategorie	Vorausgesagter Prozentsatz Unzufriedener	Luftvolumenstrom je unangepasste Person l/(s je Person)
I	15	10
II	20	7
III	**30**	**4**
IV	40	2,5*

Tafel 5.16b Standardauslegungswerte für die CO2–Konzentration oberhalb der Konzentration in Außenluft unter Annahme einer Standard-CO2-Emission von 20 l/(h je Person)

Kategorie	Entsprechende CO_2-Konzentration oberhalb der Konzentration in Außenluft, in ppm, für unangepasste Personen
I	550 (10)
II	800 (7)
III	1 350 (4)
IV	1 350 (4)

Tafel 5. 16c Auslegungs-Lüftungsraten zur Verdünnung von Emissionen von unterschiedlichen Gebäuden

Kategorie	Sehr schadstoffarmes Gebäude l/(sm²)	Schadstoffarmes Gebäude l/(sm²)	Nicht schadstoffarmes Gebäude l/(sm²)
I	0,5	1,0	2,0
II	0,35	0,7	1,4
III	0,2	0,4	0,8
IV	0,15	0,3	0,6
Mindestwert der Gesamt-Lüftungsrate für Gesundheitszwecke	4 l/s je Person	4 l/s je Person	4 l/s je Person

Raumtemperaturen

Die Raumtemperaturen passen sich den Raumfunktionen an. Wenn mit dem Bauherrn nichts anderes vereinbart ist, gelten z. B. die Raumtemperaturen nach DIN EN 12 831 Beiblatt 1. Zu beachten ist, dass es sich um die operative Temperatur handelt, also das arithmetische Mittel der Innenlufttemperatur und der mittleren Strahlungstemperatur der Oberflächen des Raumes. Ausschlaggebend ist die empfundene Temperatur **(operative Raumtemperatur)**. Niedrige Wandtemperaturen bedingen entsprechend höhere Raumlufttemperaturen:

$$\Theta_o = \frac{\Theta_a + \Theta_r}{2}$$

Darin ist Θ_a die Innenlufttemperatur und Θ_r die Strahlungstemperatur der Oberflächen im Raum. Operative Raumtemperaturen sind z. B.:

- Wohn- und Schlafräume 22 °C,
- Büroräume 20 °C,
- Bade- und Duschräume, Umkleideräume, Untersuchungszimmer 24 °C,
- beheizte Nebenräume 15 °C,
- Verkaufsräume allgemein 20 °C,
- Lebensmittelverkauf 18 °C,
- Turnhallen 20 °C,
- Schwimmhallen 28 °C,
- Kirchen 15 °C,
- Theater, Museen 20 °C.

Die einzuhaltenden operativen Temperaturen werden nach Gebäudetyp und Außentemperaturen z. B. nach DIN EN 15 251 entsprechend den gewählten Komfortbedingungen ausgelegt.

Tafel 5.17 Auslegungswerte für die operativen Temperaturen in Bürogebäuden

Bedingungen	Üblicher Bereich	Standardwert für die Auslegung
Winterbetrieb mit Heizung	θ = 19 °C bis 24 °C	θ = 21 °C[a]
Sommerbetrieb mit Kühlung	θ = 23 °C bis 26 °C	θ = 26 °C[b]
[a] Bei Auslegungsbedingungen im Winter. Mindesttemperatur am Tag.		
[b] Bei Auslegungsbedingungen im Sommer. Höchsttemperatur am Tag.		

Nach ASR A 3.5 (gilt für Arbeitsräume) muss die Raumtemperatur mindestens betragen:

- bei überwiegend sitzender Tätigkeit +19 °C (mittlere Arbeitsschwere); +20 °C (leichte Arbeitsschwere)
- bei überwiegend nicht sitzender Tätigkeit +17 °C (mittlere Arbeitsschwere)
- bei schwerer körperlicher Arbeit +12 °C

Für die Begrenzung der Raumtemperatur gilt nach ASR weiterhin, dass die Raumtemperatur in Arbeitsräumen +26 °C nicht überschreiten soll. Ggf. sind Maßnahmen (Sonnenschutz, Nachtauskühlung, Steuerung Lüftungseinrichtungen) zu treffen.

Luftdruckverhältnisse

Lüftungstechnische Anlagen werden mit Außenluftüberschuss (Unterdrucklüftung), mit Innenluftüberschuss (Überdrucklüftung) oder mit ausgeglichenen Drücken (Verbundlüftung) betrieben, s. Abb. 5.17.

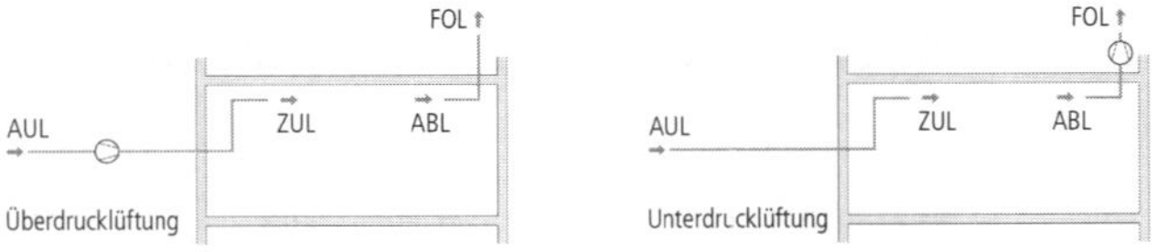

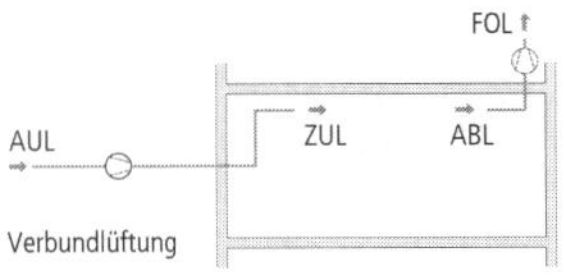

Abb. 5.17
Systembedingte Luftdruckverhältnisse belüfteter Räume. Unter- oder Überdruck können auch bei Verbundluftsystemen durch unterschiedliche Drehzahl von Zu- und Abluftventilator bewirkt werden.

2.3 Aufbau von raumlufttechnischen Anlagen

Eine raumlufttechnische Anlage besteht in der Regel aus einer Ansaugvorrichtung der Außenluft, dem zentralen Aufbereitungsgerät, einem Luftverteilnetz und Luftdurchlässen.

Je nachdem, welche Aufgaben eine raumlufttechnische Anlage erfüllen soll, unterteilt man sie in verschiedene Systeme. Auch unterscheidet man dahingehend, ob eine raumlufttechnische Anlage alleine mit Hilfe der transportierten und aufbereiteten Luft den gewünschten Zweck erfüllt oder ob Kombinationen, in der Regel mit wassergeführten Systemen, eingesetzt werden.

Die erste Unterscheidung raumlufttechnischer Anlagen ist die Unterscheidung in Anlagen

- mit Lüftungsfunktion oder
- ohne Lüftungsfunktion.

Anlagen mit Lüftungsfunktion müssen einen ausreichenden Anteil an Außenluft zur Verfügung stellen. Neben der Funktion des Lüftens können solche Anlagen selbstverständlich auch andere Funktionen (Heizen, Kühlen, Be-/Entfeuchten) übernehmen.

Anlagen ohne Lüftungsfunktion erfüllen die gleichen Bedingungen, tauschen jedoch keine verbrauchte Raumluft aus.

Eine weitere Unterteilung von raumlufttechnischen Anlagen erfolgt nach Art und Weise der Luftbehandlung. Dabei werden die sog. thermodynamischen Behandlungsfunktionen (H: Heizen; K: Kühlen; B: Befeuchten; E: Entfeuchten) zugrunde gelegt: eine Anlage, in der Luft nur transportiert und ggf. gefiltert wird, ist eine **Lüftungsanlage**. Sofern keine Außenluft eingesetzt wird, handelt es sich um eine reine Umluftanlage.

Abb. 5.18

Schematische Darstellung einer Raumlufttechnischen Anlage: Zu- und Abluftgerät in einer Zentrale; thermodynamische Behandlungsfunktion Heizen. Die Außenluft wird über eine kreislaufverbundene Wärmerückgewinnung vorerwärmt (FOL Fortluft).

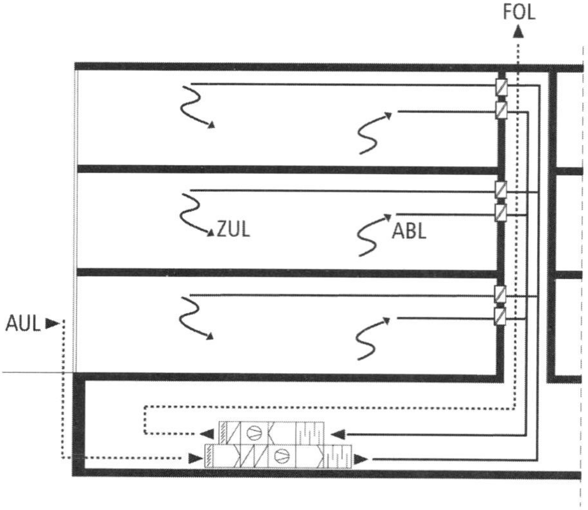

Bei dem Einsatz einer thermodynamischen Behandlungsfunktion (Heizen, Kühlen, Be-/Entfeuchten) wird diese ebenfalls als **Lüftungsanlage** (mit Außenluft- oder Mischluftanteil) oder **Umluftanlage** bezeichnet.

Sofern zwei **thermodynamische Behandlungsfunktionen** eingesetzt werden (z. B. Heizen und Kühlen), handelt es sich um eine **Teilklimaanlage** (mit Außenluftanteil) oder eine **Umluftteilklimaanlage** (ohne Außenluftanteil).

Auch bei **drei thermodynamischen Behandlungsfunktionen** (H, K, B oder H, K, E, oder H, B, E oder K, B, E) handelt es sich um eine **Teilklimaanlage** (mit Außen- oder Mischluft) oder um eine **Umluftteilklimaanlage** (Umluft).

Erst bei **vier thermodynamischen Behandlungsfunktionen** (H, K, B, E) handelt es sich um eine **Klimaanlage** bzw. um eine **Umluftklimaanlage**.

In der Raumlufttechnik verwendet man die Begriffe:

- Außenluft ODA
- Umluft RCA
- Zuluft SUP
- Abluft ETA
- Sekundärluft SEC
- Fortluft EHA
- Überstromluft TRA.

Zum Teil ist auch noch die kürzere Form mit AUL, UML, ZUL, ABL und MIL gebräuchlich. Die Darstellung von raumlufttechnischen Anlagen wird nach Symbolen gemäß DIN EN 12 792 durchgeführt.

Raumlufttechnische Anlagen werden weiterhin eingeteilt in

- Nur-Luft-Anlagen,
- Luftwasseranlagen,
- Luftkältemittelanlagen.

2.4 Nur-Luft-Anlagen

Bei der Nur-Luft-Anlage werden die geforderten Raumparameter durch Aufbereiten der Luft, entsprechend den thermodynamischen Behandlungsfunktionen ohne Kombination mit anderen Kühlsystemen, durchgeführt.

Nur-Luft-Anlagen werden in Einkanal- und Zweikanalanlagen aufgeteilt.

Lüftungsanlagen und Teilklimaanlagen bewirken, dass eine bestimmte Raumluftmenge durch Außenluft ersetzt wird. Hierbei ist die Außenluft zu filtern und nötigenfalls so weit zu erwärmen, dass keine Zugerscheinungen auftreten. In der Regel wird zusätzlich ein stationäres Heizsystem (meist Heizkörper einer WW-Heizung) installiert, welches 50 – 100 % des Normwärmebedarfs übernimmt. Auch können die örtlichen Heizflächen in den nächtlichen Betriebspausen der Lüftungsanlage einer zu starken Raumauskühlung entgegenwirken.

Filter sind neben der Reinigung und Wartung der raumlufttechnischen Anlagen wesentlich für die Zuluftqualität. Die bisherige Filterklassifikation wurde bei nur einer Partikelgröße von 0,4 µm angegeben (DIN EN 779). In der Norm ISO 16890 wird jetzt die Filterleistung bei drei Partikelfraktionen PM 10 (alle Partikel bis 10 µm), pm 2,5 (alle Partikel bis 2,5 µm), und PM 1 (alle Partikel bis 1 µm) gemessen. Die Filterauswahl ist damit abgestimmt auf die lokale Außenluftbelastung. Der Grund für die jetzige Klassifizierung ist, dass Feinstaub immer ein komplexes Gemisch aus festen und flüssigen Partikeln unterschiedlicher Größenverteilungen ist.

Ventilatoren sorgen in Verbindung mit einem Netz von Luftkanälen für die Verteilung der Zuluft und die Absaugung der Abluft.

Reiner Außenluftbetrieb ist zu unwirtschaftlich, deshalb wird entweder ein Teil der Abluft dem System wieder zugeführt (Mischluftbetrieb) oder (heute die bevorzugte Lösung) es wird eine hochwirksame Wärmerückgewinnungsanlage bei gleichzeitig reinem Außenluftbetrieb eingesetzt. Bei Räumen, in denen unangenehme Gerüche, starke Luftverschmutzung, gesundheitsschädigende Dämpfe, Keime oder Viren auftreten (Toiletten, Küchenanlagen, Labors), wird die Abluft direkt als Fortluft ins Freie geführt und grundsätzlich reiner Außenluftbetrieb für die Zuluft gewählt.

Einkanal-ND-Klimaanlagen (ND = Niederdruck; Einkanal = Luftzuführung nicht getrennt nach Warm- und Kaltluft). Einkanal-Klimaanlagen entsprechen in ihrem Aufbau grundsätzlich den zuvor behandelten Lüftungsanlagen, mit dem Unterschied, dass die Luft sämtliche Aufbereitungsstufen (Erwärmen oder Kühlen, Be- oder Entfeuchten) durchläuft.

Die Luft von Niederdruckanlagen wird mit nur kleinen Drücken und Geschwindigkeiten (4 – 10 m/s) gefördert, was relativ große Kanalquerschnitte bedingt.

Den **Zonen-Klimaanlagen mit Mehrzonenzentrale** sind Mischgeräte nachgeschaltet, die jeweils für eine Raumzone die erforderlichen Luftzustände herstellen.

Einkanal-HD-Klimaanlagen (HD = Hochdruck) unterscheiden sich von Einkanal-ND-Anlagen nur darin, dass die Luft mit hoher Geschwindigkeit (10 – 25 m/s) und hohem Druck gefördert wird, woraus wesentlich kleinere Kanalquerschnitte resultieren. Die höheren Luftgeschwindigkeiten in den Kanälen führen jedoch zu höherem Energieverbrauch für den Lufttransport, weshalb diese Anlagenvariante äußerst selten gebaut wird.

Anlagen mit variablem Volumenstrom (VVS) können Energieaufwand und Betriebskosten von ND- und HD-Anlagen vermindern. Während bei den zuvor angeführten Systemen die Zuluftmenge konstant gehalten wird (KVS) bei variabler Temperatur, ist bei VVS-Anlagen die Temperatur konstant, im Heizungsfalle i. Allg. mit mind. +20 °C. Die Anpassung an unterschiedliche thermische Anforderungen erfolgt durch individuelle Luftmengenregulierung des Zu- und Abluftstromes, ggf. in Verbindung mit örtlichen Heizflächen.

HD-Induktionsklimaanlage ist eine in den 1970er und 1980er Jahren für die Fensterzonen von Verwaltungsgebäuden verwendete, heute nicht mehr eingesetzte Klimaanlagenvariante.

Bei allen zuvor aufgeführten raumlufttechnischen Anlagevarianten wird Luft als Trägermedium für Kälte- und Wärmeenergie eingesetzt, was bedeutet, dass für den Transport von Kälte und Wärme eine größere (ca. 4–6-fache) Luftmenge zu transportieren ist, als für den hygienisch bedingten Luftaustausch notwendig wäre. Dies hat entsprechend große Kanalquerschnitte zur Folge. Bei Induktionsklimaanlagen braucht nur die zur Lufterneuerung benötigte Außenluft aufbereitet und den Bedarfsstellen zugeführt zu werden.

Induktionsgeräte stellen eine Kombination von Luftauslass und örtlicher Heizfläche dar. Sie enthalten Wärmetauscher in Form von Rippenrohren, die je nach Bedarf mit Heizungs- oder Kühlwasser beschickt werden.

Gebläsekonvektoren (Fan-Coil-Anlagen) sind mit Induktionsgeräten vergleichbar. Der Unterschied ist der Luftantrieb. Beim Induktionsgerät wird Sekundär(-Raum)-Luft durch die Luftdüsen induziert, beim Gebläsekonvektor werden die Düsen durch ein Querstromgebläse ersetzt. Fan-Coils können im Zwei-, Drei- oder Vierleiterprinzip angeschlossen werden (Heiz- und Kühlmittel), je nach Zonierung des Gebäudes und Regelkonzept. Fan-Coil-Anlagen werden auch mit Quellluftauslässen angeboten.

2.5 Luft-Wasser-Anlagen

Luft-Wasser-Anlagen sind raumlufttechnische Anlagen, die in Verbindung mit wassergeführten Zusatzheiz- oder Kühleinrichtungen betrieben werden.

Eine Möglichkeit ist eine Einkanalanlage mit konstantem Volumenstrom, die mit zusätzlichen Raumkühl- oder Heizsystemen kombiniert wird. Ein zusätzliches wassergeführtes Heiz- oder Kühlsystem kann ein Kühldeckensystem sein, Kühlsegel, Bauteilaktivierung oder auch Kühlkonvektoren in unterschiedlichen Bauarten.

Ebenso sind sog. Induktionsklima-, Fan-Coil- oder Fassadenlüftungsanlagen möglich, die weiter unten erläutert werden.

Kühldecken

In Büroräumen ist die innere Kühllast, d.h. die von Personen, Geräten und von der Beleuchtung erzeugte abzuführende Wärme, im Regelfall größer als die Wärmeverluste über die Gebäudeaußenhaut. Der Heizfall tritt dann vornehmlich zu Zeiten der Nichtnutzung der Räume ein. Entstanden ist diese Sachlage durch die mittlerweile geringen Heizlasten durch gut gedämmte Gebäudehüllen und gestiegene innere Wärmelasten, vorwiegend durch EDV-Geräte, Beleuchtungsabwärme und Personen.

Zur Abführung dieser bei etwa 40 – 80 W/m^2 liegenden Kühllast sind bei konventioneller Klimatisierung hohe Luftwechselzahlen, voluminöse Kanäle und aufwendige Zentralgeräte erforderlich. An ihre Stelle treten zunehmend Kühldecken, ein System, das auch als stille Kühlung bezeichnet wird, da keine geräuschbildenden Anlagenteile wie Ventilatoren eingesetzt werden. Anstelle von Luft wird Wasser als Transportmedium verwendet. Der Luftaustausch beschränkt sich auf die hygienisch bedingte Luftwechselrate.

Kaltes Wasser durchfließt an der Decke angeordnete Rohre oder Kühlelemente. Je nach Anordnung und Ausbildung erfolgt eine Kühlung vorwiegend infolge Strahlungsaustausch oder Konvektion.

Geschlossene Kühldecken bestehen aus einer flächigen Anordnung von Rohrregistern unterhalb einer Decke. Der Raum wird überwiegend durch Wärmeabstrahlung zur kälteren Decke hin gekühlt (es gibt physikalisch gesehen keine Kältestrahlung). Zudem kühlt sich aufsteigende warme Luft an der Deckenfläche ab und sinkt allmählich wieder in die Aufenthaltszone. Spezifische Kühlleistung: 40 – 100 W/m^2.

Typische Systemvariante: Kapillarrohrmatten, bestehend aus eng nebeneinanderliegenden dünnen (3,4 mm) Schläuchen. Verlegung über Deckenabhängungen (mit Dämmmatten abgedeckt) oder in Deckenputz eingebettet.

Werden Fenster geöffnet, bleibt die Kühlleistung teilweise erhalten, da diese zu etwa 50 % aus Strahlung wirksam wird.

Offene Kühldecken wirken überwiegend konvektiv. Raumluft gelangt bis an die Rückseite der mit Abstand untereinander abgehängten linearen Kühlelemente. Die Bauformen sind unterschiedlich. In kompakter Form entsprechen sie funktionell in etwa flachen kaltwasserdurchflossenen Konvektoren. Spezifische Kühlleistung: 40 – 150 W/m². Ab 100 W/m² können Zugerscheinungen auftreten.

Der Luftwechsel vollzieht sich nach dem Schwerkraftprinzip. Eine Ventilatorunterstützung sollte nach Möglichkeit nicht vorgesehen werden, da sie dem Prinzip der minimalen Luftbewegung widerspricht.

Abgependelte sog. Kühlsegel (als offenes oder geschlossenes System ausgebildet) können über eng begrenzten Raumzonen temperatursenkend wirken. Je nach Zuschnitt wirken sie als raumgestalterische Komponente.

Die Kühlleistung von Decken- oder Wandsystemen ist durch den Kondensationspunkt begrenzt. Dieser liegt je nach Lufttemperatur zwischen 15 und 16 °C. Auch bei gleichzeitiger Nutzung des Flächen-Kühlsystems für Heizzwecke gilt zur Einhaltung der Behaglichkeit eine Grenze. Je nach Einsatz eines Fußboden- oder Deckensystems gilt als maximale Heiz- bzw. Kühlleistung:

- Deckensysteme für Kühlung bis 100 W/m²
- Deckensysteme für Heizung bis 40 W/m²
- Fußbodensysteme für Kühlung bis 40 W/m²
- Fußbodensysteme für Heizung bis 100 W/m².

Größere spez. Kühlleistungen als bei Flächensystemen und meist kostengünstigere Lösungen ergeben sich bei Einsatz von Kühlkonvektoren.

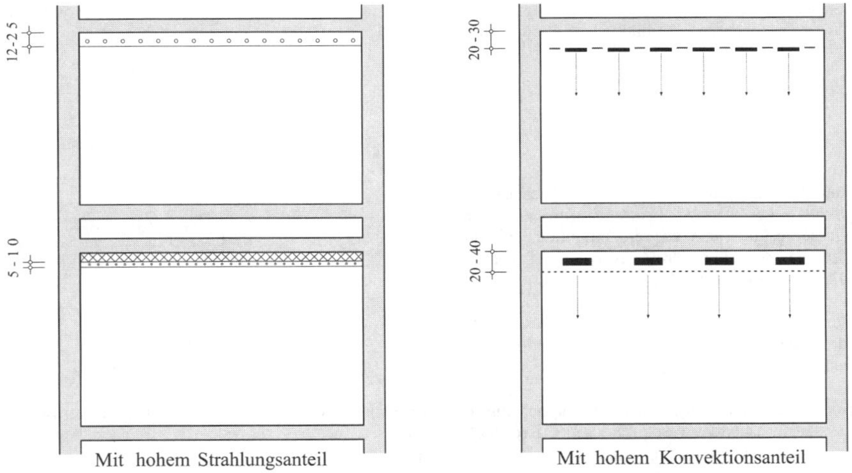

Abb. 5.21 Kühldecken bewirken eine statische Kühlung. Anstelle einer mechanischen Luftumwälzung findet ein Strahlungsaustausch zwischen kaltwasserdurchflossenen Deckenelementen und dem Raum statt. Der Luftaustausch kann auf das hygienisch notwendige Mindestmaß beschränkt bleiben. Links: Systeme geringer Bauhöhe, Metallkassettendecke und Kapillarrohrdecke. Rechts: Systeme in Kombination mit Deckenabhängungen, z. B. Akustikdecken. Eine nachträgliche Installation ist oft möglich.

Bauteilaktivierung

In Massivdecken eingebettete Rohrregister können zur thermischen Entladung tagsüber aufgeheizter Bauwerksmassen im Verwaltungsbau eingesetzt werden. Inzwischen werden Gebäude mit dieser Technologie sowohl gekühlt als auch beheizt.

Zu berücksichtigen ist, dass die Deckenunterseiten keine Bekleidungen oder Abhängungen aufweisen dürfen. Eine individuelle Temperaturregelung ist infolge des trägen Regelverhaltens der Deckenmassen nicht möglich. Daher sind stationäre, i. d. R. an der Fassade angeordnete Heizkörper empfehlenswert. Sie übernehmen auch die Überbrückung von Heizlastspitzen im Winter.

Mit diesem Prinzip lassen sich Kühlleistungen von bis zu 40 W/m² und Heizleistungen von bis zu 50 W/m² erzielen (Dauerleistung für 8 bis 10 Stunden). Die große Trägheit in dieser Konzeption macht eine Bauteilaktivierung besonders dann sinnvoll, wenn die Betondecken zur Zwischenlagerung von Umweltenergie verwendet werden.

Wie beim Heizfall ist auch im Kühlfall bei Flächenkühlsystemen die Lage im Raum für die max. mögliche Wärmeaufnahme entscheidend. Die möglichen spezifischen Kühlleistungen sind bei Deckensystemen dem Bodensystem überlegen.

2.6 Gebäudekühlung

Durch die auf Gebäude wirkenden äußeren und inneren Wärmeströme ist unter Umständen eine Kühlung erforderlich. Im Wesentlichen unterscheidet man zwischen **wassergeführten und luftgeführten Systemen**.

Kühlung und Rückkühlung

Bei wassergeführten Systemen wird gekühltes Wasser in einem geschlossenen Rohrsystem, z. B. zu Kühldecken, transportiert und erwärmt wieder zurück zur Kälteerzeugung geführt. Das dafür notwendige hydraulische Anlagensystem besteht aus einem Vorlauf mit Kaltwasser, einem Rücklauf, sicherheitstechnischen Einrichtungen sowie der Kälteerzeugung und den wärmeaufnehmenden Teilen, wie z. B. Deckenkühlsystem. Bei luftgeführten Systemen wird in einer zentralen raumlufttechnischen Anlage die thermodynamische Aufbereitungsstufe Kühlung ergänzt und die für den Raum aufbereitete Luft auf eine zur Kühlung geeignete Zulufttemperatur heruntergekühlt.

An ein zentrales Kaltwassernetz für die Kühlung können ebenso Ventilatorkonvektoren (VK) angeschlossen werden. Diese sind in die Brüstung integriert oder unter Decken installiert. Die Raumluft wird im Wärmetauscher des VK direkt gekühlt und dem Raum wieder zugeführt.

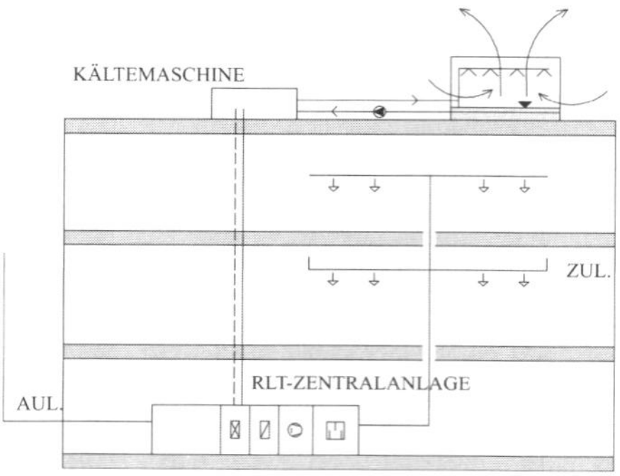

Abb. 5.22
Raumlufttechnische Anlage mit Kältemaschine. Mittels eines thermodynamischen Kreislaufs wird Wasser gekühlt und zu dem raumlufttechnischen Zentralgerät geführt. Dort wird die Zuluft gekühlt. Die Abwärme wird über einen Kühlturm an die Umgebung abgegeben. Man unterscheidet Kühltürme im Nass- und Trockenbetrieb. Nasse Kühltürme geben Dampfschwaden ab und sind in dichtbebauten Gebieten u. U. nicht statthaft.

Sofern **Gebäudetemperierungsanlagen** eingesetzt werden, können höhere Temperaturen für den Kühlkreislauf verwendet werden (8 – 22 °C Kreislaufwasser).

Neben dem häufigsten thermodynamischen Kreislaufprozess, dem oben beschriebenen Kaltdampfkompressionskälteprozess, ist der **Ab- oder Adsorbtionskälteprozess** von Bedeutung. Dieser Kreislaufprozess unterscheidet sich von dem Kompressionskälteprozess dadurch, dass nicht mechanisch mit einem Kompressor verdichtet wird, sondern dass der unterschiedliche Verdampfungsdruck von Lösungsmitteln verwendet wird. Die mit einem Kältemittel angereicherte Lösung wird hierbei durch eine Pumpe auf den höheren Verflüssigungsdruck gebracht und dann in den Austreiber gefördert. Durch Wärmezufuhr wird das Kältemittel wieder ausgetrieben. Ein wesentlicher Unterschied ist neben dem unterschiedlichen Kreislaufprozess die Tatsache, dass durch eine Wärmequelle ein Ab- oder Adsorbtionskälteprozess in Gang gehalten werden kann, d.h., dass durch Abwärme, Fernwärme, Gasverbrennung oder durch andere Energiezufuhr ein Ad- oder Absorbtionskreislauf betrieben werden kann. Sofern Wärme in geeigneter Temperatur zur Verfügung steht oder durch einen entsprechenden Heizkreis in einer gesamten Wärmeversorgung für ein Gebäude bereitgestellt wird, ist der Primärenergieaufwand deutlich geringer gegenüber einem elektrisch betriebenen Kompressionskältekreislauf.

Kühlung mit Umgebungsenergie

Die Kühlung von Gebäuden über luft- oder wassergeführte Anlagen mit Kältemaschinen in zentraler oder dezentraler Form erfolgt überwiegend über die Energiequelle Strom. Dies bedeutet erhebliche Mengen an Primärenergie, schon allein durch die Stromerzeugung und durch Umwandlungsverluste in der Kältemaschine. Eine Alternative ist die Kühlung mit Grundwasser, Erdsonden, Erdkollektoren oder Energiepfählen. Dabei nutzt man das Potenzial gleichmäßig niedriger Erdreichtemperaturen ab einer Tiefe von 10 bis 20 m im Erdreich. Bedingung ist, dass Flächenkühlsysteme (z. B. Kühldecken) ermöglichen, mit den erreichbaren Temperaturen zu kühlen. Das Prinzip ist: Wärme wird in den Räumen i. d. R. über Flächenkühlsysteme (z. B. Kühldecken oder Bauteilaktivierung) bei Oberflächentemperaturen von ca. 17 °C aufgenommen. Das auf ca. 19 bis 23 °C erwärmte Wasser wird im Erdreich direkt (Grundwasser) oder indirekt (Erdsonden oder Erdkollektoren) auf 17 °C wieder abgekühlt. Es wird lediglich die Pumpenenergie für die Umwälzung benötigt (Verhältnis ca. 1:150!). Zu beachten ist die geringe Ergiebigkeit des Erdreichs, die nach Bodenqualität (Wärmeleitfähigkeit des Erdreichs und Wassergehalt) stark schwankt. Eine direkte Grundwassernutzung ist am günstigsten, allerdings genehmigungspflichtig und nicht häufig realisierbar (zu geringer Grundwasserleiter). In der VDI 4640 sind Planungshinweise und Empfehlungen für solche Anlagen angegeben.

2.7 Wärmerückgewinnung

Ins Freie beförderte Fortluft enthält meist noch reichlich ungenutzte Wärme, die im Sinne eines rationellen Energieeinsatzes dem Lüftungs- bzw. Klimatisierungsprozess wieder zugeführt werden kann. Die einfachen und kostengünstigen Wärmetauschereinrichtungen sollten bei keiner Anlage fehlen.

Wärmerückgewinnungssysteme werden in rekuperative und regenerative Systeme unterschieden. Rekuperative Verfahren sind durch wärmedurchlässige Trennflächen gekennzeichnet, die Fort- und Außenluftstrom hermetisch voneinander trennen. Ein Stoffaustausch findet nicht statt.

In regenerativen Systemen kann neben der sensiblen (fühlbaren) Wärme auch latente Kondensationswärme aus der Fortluft gewonnen werden. Der latente Wärmeinhalt von Luft ist bei 50 % relativer Feuchte und 25 °C etwa gleich groß wie der sensible.

2.8 Brandschutzmaßnahmen

Brandschutzmaßnahmen sollen verhindern, dass über das Kanalsystem Feuer und Rauch in andere Brandabschnitte (Geschosse, Treppenräume) bzw. allgemein zugängliche Flure (Rettungswege) übertragen werden können.

Anforderungen an Lüftungsanlagen enthalten die weitgehend bundeseinheitlichen „Bauaufsichtlichen Richtlinien über die brandschutztechnischen Anforderungen an Lüftungsanlagen" der Bundesländer (RbAL).

Luftkanäle (Lüftungsleitungen) müssen je nach Anzahl der Vollgeschosse eine bestimmte Feuerwiderstandsfähigkeit aufweisen.

Wird ein klassifizierter Feuerwiderstand bei Lüftungsleitungen erforderlich und sind die Kanalwerkstoffe nicht ausreichend feuerwiderstandsfähig, kommen folgende Maßnahmen in Betracht (Abb. 5.23):

- feuerwiderstandsfähige Abschottung durch Unterdecken,
- Führung innerhalb von feuerwiderstandsfähigen Schächten oder Kanälen,
- Einbau von Brandschutzklappen.

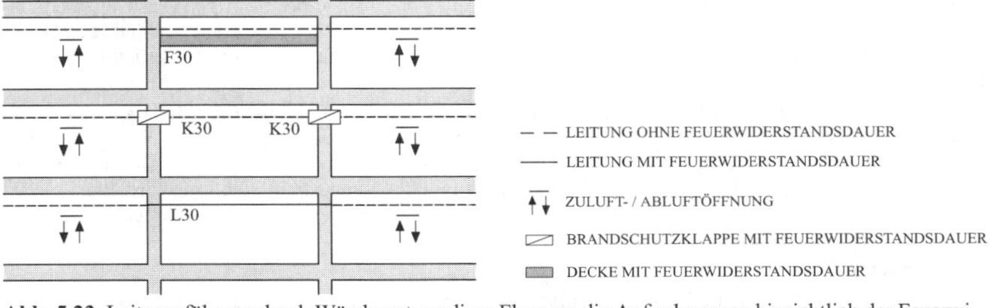

Abb. 5.23 Leitungsführung durch Wände notwendiger Flure, an die Anforderungen hinsichtlich der Feuerwiderstandsdauer gestellt werden (hier ohne Belüftung der Flure). Besondere Aufmerksamkeit sollte Lüftungsleitungen im Deckenbereich allgemein zugänglicher Flure, und damit in Rettungswegen, gewidmet werden. Die auf einem bundeseinheitlichen Musterentwurf der Fachkommission „Bauaufsicht" fußenden „Bauaufsichtlichen Richtlinien über brandschutztechnische Anforderungen an Lüftungsanlagen" der Bundesländer sehen in allgemein zugänglichen Fluren für Lüftungsleitungen die Widerstandsklasse L30 oder entsprechende alternative Maßnahmen vor, z. B. Absperrvorrichtungen (Brandschutzklappen) der Feuerwiderstandsklasse K30 (Brandschutzklappen benötigen im Regelfall einen elektrischen Anschluss und unterliegen einer ständigen Wartung),

eine abgehängte Decke der Widerstandsklasse F30 bei Brandbeanspruchung von oben, L30-ummantelte Lüftungsleitungen bzw. die Ausbildung des Kanals in L30.

Brandschutzklappen (Feuerschutzklappen) schotten die Kanalquerschnitte bei Raucheinwirkung oder Überschreiten einer Grenztemperatur ab. Sie sind dort anzuordnen, wo Kanäle durch Wände und Decken hindurchführen, die Brandabschnitte trennen. (Auch Installationsschächte über mehr als 2 Vollgeschosse und Treppenräume gelten als Brandabschnitte.) Damit soll verhindert werden, dass sich im Katastrophenfall Rauch und Feuer zündschnurartig über die Luftkanäle ausbreiten.

Brandschutzklappen können entfallen, wenn die Lüftungsleitungen feuerwiderstandsfähig hergestellt werden (und selbstverständlich keine Luftaustrittsöffnungen aufweisen) oder in einem feuerwiderstandsfähigen Schacht/Kanal verlegt werden.

RLT-Zentralen werden gem. RbAL (Musterentwurf für bauaufsichtliche Richtlinien über die brandschutztechnischen Anforderungen an Lüftungsanlagen) bei Gebäuden ab 3 Vollgeschossen erforderlich, sofern die Lüftungsleitungen in mehrere Geschosse oder Brandabschnitte führen.

2.9 Raumströmung

Für den Nutzer eines Raumes ist die Art und Weise, wie aufbereitete Luft im Raum verteilt wird, entscheidend (Komfort). Je nachdem, in welcher Form die Luft in den Raum eingebracht wird, spricht man von unterschiedlichen Raumströmungsbildern. Die dabei eingesetzten Luftauslässe gehören somit zu den wichtigsten Bestandteilen jeder raumlufttechnischen Anlage. Die Luftauslässe müssen mit großer Sorgfalt ausgelegt und eingebaut werden. Ziel der Auslegung ist es, die notwendige Luftmenge ohne Zugerscheinung, ohne Kurzschlussströmung und mit möglichst geringer Geräuschbildung zu verteilen.

Man unterscheidet zwischen Zuluftdurchlass für die in den Raum eingebrachte Luft und Abluftdurchlass für die Öffnung, durch die Abluft aus einem Raum abgesaugt wird. Je nach Anordnung der Durchlässe unterscheidet man weiterhin zwischen Deckendurchlass und Wanddurchlass. Bei den Luftführungsarten unterscheidet man zwischen Verdrängungslüftung und Mischlüftung (Verdünnungslüftung).

Verdrängungslüftung basiert auf der Verdrängungs-(Kolben-)Strömung und ist aus der Reinraumtechnik bekannt. Zuluft tritt über laminare Durchlässe in den Raum ein und erreicht den Auslass über mehr oder weniger geradlinige Strömungspfade. Verdrängungslüftung kommt nur in Sonderfällen zur Anwendung z. B. in OP-Räumen und einigen industriellen Einrichtungen wie Laboratorien, Reinräumen, Farbspritzräumen. Hierbei wird die Zuluft über eine gesamte Wandfläche (oder auch Deckenfläche) gleichmäßig ein- und auf der gegenüberliegenden Seite abgeführt. Turbulenzen und damit Luftmischungen sollen somit vermieden werden. Angestrebt wird eine gleichmäßige und vollständige Lufterneuerung.

Quelllüftung entsteht, wenn Personen oder andere Wärmequellen die Verdrängungsströmung antreiben. Die Quelllüftung ist im Gegensatz zur Verdrängungslüftung eine Komfortlüftung mit niedrigen Luftgeschwindigkeiten. Wenn der induzierte Luftvolumenstrom groß ist im Vergleich zum Zuluftvolumenstrom, entsteht infolge Rückströmung eine der Mischlüftung ähnliche Strömung. Quellauslässe sollen die Zuluft mit geringem Turbulenzgrad in die Räume entlassen. Infolge der niedrigen Austrittsgeschwindigkeit sind sie relativ großflächig. Abluft wird stets im Deckenbereich abgeführt. Die Kühllast des Quellluftsystems ist begrenzt (z. B. 35 W/m^2 in Büroräumen). Bei großen Kühllasten können zusätzlich Kühldecken vorgesehen werden.

Mischlüftung (auch als Strahllüftung bezeichnet) ist die am meisten verbreitete Art der Raumströmung. Zuluft tritt über hochinduktive Durchlässe in den Raum ein und erreicht den Auslass über gekrümmte Strömungspfade. Die Kontrolle der Konzentration erfolgt über das Verdünnungsprinzip. Bei der Verdünnungslüftung bzw. Mischlüftung oder Strahllüftung wird Induktion angestrebt. Die Luft wird über Auslässe über Decken oder Wandanordnung gerade oder tangential aufgebracht, sodass sich mitgerissene Luftteilchen zu Strömungswalzen ausbilden.

Luftführung im Raum

Die 3 Arten der Luftführung im Raum, Mischluft-, Verdrängungsluft- und Quellluftsysteme, sind schematisch in Abb. 5.25a dargestellt.

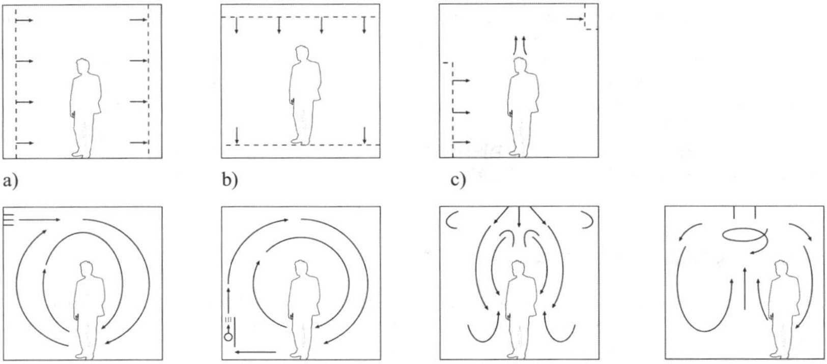

Abb. 5.25a Raumströmungsbilder für reine Verdrängungsströmung (Kolbenströmung) vertikal (a) und horizontal (b); thermischinduzierte Strömung mit Personenwärme als „thermischer Antrieb“ (c); Mischluftströmung mit tangentialen Strömungswalzen (d, e) und Mischluftströmung mit diffusen Strömungswalzen (f, g).

Luftdurchlässe für Zu- und Abluft sind die einzigen sichtbaren Teile einer RLT-Anlage im Raum. Nach Festlegung des Lüftungssystems sollte zwischen Anlagenplaner und Architekt die Inanspruchnahme von Raumbegrenzungsflächen (Wände, Deckenflächen, Galerien, Bodenflächen) abgestimmt werden:

- Platzierung in der Wandfläche
- Einbeziehung in eine Deckenstruktur (in Großräumen z. B. einem Theater)
- Ggf. Einplanung eines Doppelbodens
- Größe und Anzahl (korrelierend)
- Formatierung: linear oder gedrungen, senk- oder waagerecht orientiert bei flächigen Auslässen
- Figuration von Düsenelementen u. a. m.

Die Luftauslässe sind so anzuordnen und auszulegen, dass Zugerscheinungen insbesondere bei Kühlbetrieb vermieden werden. Wandgitter mit verstellbaren Luftleitlamellen und Mengeneinstellklappen sind am weitesten verbreitet. Weitwurfdüsen kommen für saalartige Räume in Betracht. Decken-Luftverteiler (Anemostate) bewirken eine relativ massive Luftführung von oben nach unten. Fußbodenauslässe finden vorwiegend in Räumen Verwendung, die infolge elektronischer Ausstattung thermisch hoch belastet sind. Quellluftauslässe werden grundsätzlich in Bodennähe angeordnet.

2.10 Lüftungstechnische Einzelgeräte

Diese häufig als Klimageräte angebotenen Geräte sind richtiger als Teilklimageräte zu bezeichnen, da allen mindestens eine Luftaufbereitungsstufe fehlt; meist fehlt die automatisch gesteuerte Feuchteregelung. Einzelgeräte gibt es anschlussfertig in mehreren Größenordnungen. Aufwändige Kanalnetze entfallen.

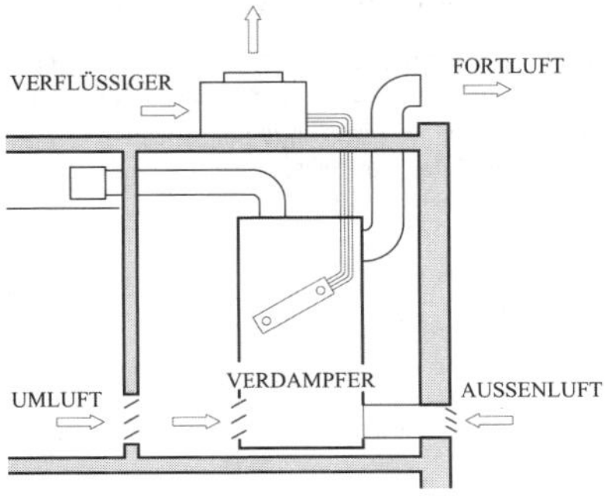

Abb. 5.25b
In einem Nebenraum aufgestelltes Schrankgerät mit Kühlaggregat nach dem Split-System. Auf dem Dach befindet sich die luftgekühlte Verflüssigereinheit, im Schrankgerät die Verdampfereinheit. Schrankgeräte sind im Prinzip kleine RLT-Zentralen.

Fan-Coil-Anlagen (Ventilator-Wärmetauscher-Anlagen) erlauben eine verhältnismäßig gut zu regelnde Teilklimatisierung in einem Größenbereich, in dem HD-Induktionsanlagen noch nicht wirtschaftlich einzusetzen sind (bis zu etwa 30 Fenstergeräten). Jede Truhe der Fan-Coil-Anlage kann unabhängig von den anderen Truhen in Betrieb gehen. Truhengeräte mit Wärmetauscher können bei beschränkten räumlichen Verhältnissen auch im Deckenbereich installiert werden. Bevorzugte Anwendungsbereiche: vornehmlich kleine Verwaltungsgebäude, Hotels.

Schrankgeräte kommen zur Lüftung und Teilklimatisierung größerer Räume (> 100 m^2) in Betracht und sind bis auf Schrankformat verkleinerte ND-Lüfterzentralen mit oder ohne Feuchteregulierung bzw. Kühlung.

2.11 Luft-Kältemittel-Anlagen

Sofern das Gerät nicht in dem zu versorgenden Raum aufgestellt wird, sind vom Aufstellungsraum (Nebenraum, Keller) ausgehend Luftkanäle zu installieren. Abgehängte Decken erleichtern die Kanalführung. Für größere Leistungen lassen sich mehrere Schrankgeräte parallel schalten. Meist finden für die Kühlung Split-Geräte Verwendung. Bei diesem System besteht das im Gebäudeinnern befindliche Geräteteil aus Filter, Ventilator und Verdampfer. Der Kompressor mit luftgekühltem Verflüssiger (Kondensator) wird außerhalb des Aufstellungsraumes untergebracht, was den dortigen Geräuschpegel entlastet. Beide Teile sind nur durch die Kältemittelleitungen und ein Stromkabel untereinander verbunden.

Bevorzugte Anwendungsbereiche: Zentralen elektronischer Anlagen, gastronomische Betriebe, Werkstätten.

Mittlerweile finden die sog. **Multi-Split-Anlagen** eine größere Verbreitung, z. B. bei Bürogebäuden, Hotels. Mit der heute üblichen Invertertechnik lassen sich stufenlose Leistungsanpassungen der Split-Geräte realisieren. Das früher nachteilige Takten der Anlage entfällt. Zudem können die Geräte im Wärmepumpenbetrieb auch heizen. Insbesondere bei Sanierungen können daher die Multi-Split-Anlagen eine interessante Alternative zu Nur-Luft- oder Luft-Wasseranlagen sein. Bedenklich ist, dass der Primärenergieverbrauch mit Strom als Antriebsenergie immer höher ist als beispielsweise die Kühlung über oberflächennahe Geothermie (Grundwasser oder Erdreich).

2.12 Fassadenlüftungsgeräte

Fassadenlüftungsanlagen werden auch als dezentrale Lüftungsgeräte bezeichnet. Mit einer direkten lufttechnischen Anbindung werden die Geräte in der Nähe der Fassade angeordnet. Gegenüber den Ventilator-Konvektoren mit Umluftbetrieb wird der Außenluftstrom direkt aus der Fassade zum Gerät geführt. Dadurch entfallen sämtliche lufttechnischen Installationen im Gebäude. Für die **dezentrale** Lüftungstechnik spricht:

- individuelleres Raumklima, bessere Akzeptanz
- einfache Anpassung an Raumnutzung, Raumgröße; Nachrüsten einfach; variable Luftströme
- bei Störungen nur einzelnes Gerät betroffen
- niedrigerer Energiebedarf; kurze Luftwege, kleinere Druckverluste; Lüftung bei Anwesenheit
- niedrigere Investitionskosten; weniger zentrale Technik und Räume; flexible Anpassung an Bedarf
- größerer architektonischer Freiraum; kleinere Geschosshöhen; weniger Schächte.

Fassadenlüftungsgeräte können in unterschiedlicher Form als Unterflur-Zuluftgerät, kombiniertes Zu- und Abluftgerät oder mit zentraler Abluftanlage konzipiert werden.

Zu beachten ist unbedingt der Einfluss des Winddrucks auf den Volumenstrom. Auch die Temperaturgrenzschicht an der Fassade kann die Zulufttemperatur je nach Lage und Konzeption des Gebäudes beeinflussen.

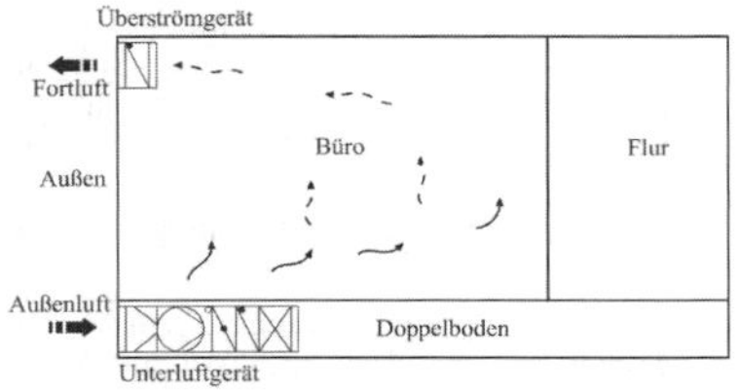

a. Unterflur-Zuluftgerät kombiniert mit einem Überströmelement (TROX)

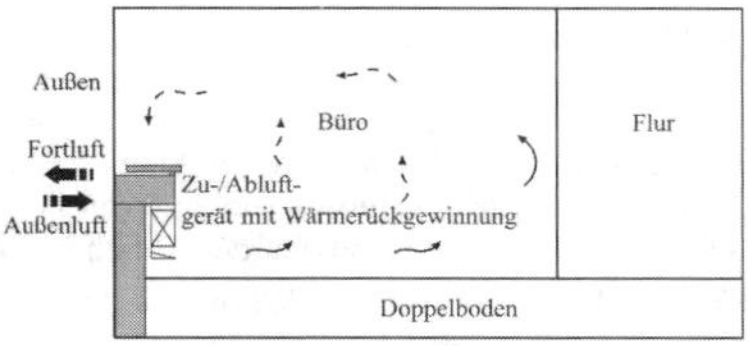

b. Kombiniertes Zu-/Abluftgerät an der Brüstung (TROX)

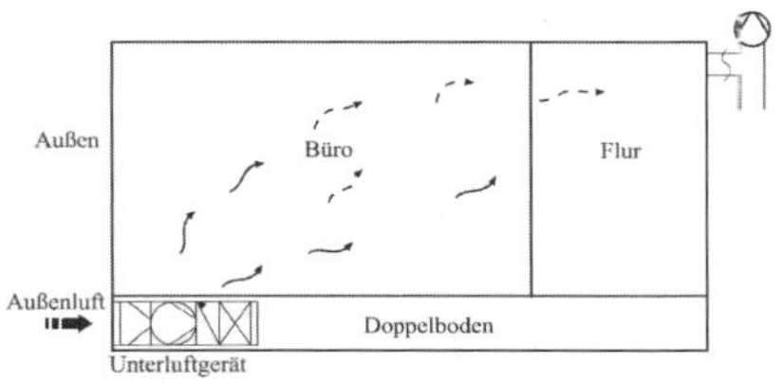

c. Unterflur-Zuluftgerät kombiniert mit einer zentralen Abluftanlage (TROX)

Abb 5.27
Dezentrale Lüftungsgeräte in unterschiedlichen Konzeptionen (nach Werkbildern der Fa. TROX)

2.13 Berechnungen von raumlufttechnischen Anlagen

Luftmenge

Die erforderliche Luftmenge richtet sich nach der geforderten bzw. gewünschten Luftqualität. In erster Näherung werden spezifische Volumenströme zugrunde gelegt.

Der erforderliche Volumenstrom q_{Vt} ist:

$$q_{Vt} = V \cdot n \qquad \text{bzw.}$$
$$q_{Vt} = A \cdot n$$

mit q_{Vt} Volumenstrom in m^3/h bzw. m^3/s
V Raumvolumen in m^3
A Fläche in m^2
n spezifischer Luftwechsel in m^{-3} bzw. m^{-2}

Bei flächenbezogenen Angaben ist statt dem Volumen V die Fläche A einzusetzen. Der aus einer Heiz- oder Kühllast resultierende Volumenstrom ergibt sich aus dem Wärmestrom:

$$\Phi_V = n \cdot V \cdot \rho_L \cdot c_{pL} \cdot (\Theta_i - \Theta_o)$$

mit ρ_L Dichte von Luft (1,2 kg/m³ bei 20 °C)
c_{pL} Spezifische Wärmekapazität von Luft bei konst. Druck (1,0 kJ/kg K)
Θ_i Temperatur der Zuluft
Θ_o Temperatur der Außenluft bzw. Eintrittstemperatur

Die Zuluft ist im Lüftungsfall mit der Raumtemperatur gleichzusetzen. Wird mit Luft geheizt, ist die Zulufttemperatur für den Heizfall festzulegen und dann mit dem sich daraus ergebenden Volumenstrom zu vergleichen (ausreichende Lufterneuerung). Im Kühlfall bestimmt die Kühllast den erforderlichen Volumenstrom, der ebenfalls mit dem geforderten Außenluftanteil zu vergleichen ist. Wird eine Wärmerückgewinnung eingesetzt, ist der zurückgewonnene Anteil im Heizfall abzuziehen.

Die auf einen Raum wirkende **Kühllast** Φ_A setzt sich zusammen aus der äußeren und inneren Kühllast. Die gesamte Bilanz beträgt:

$$\Phi_A = \Phi_W + \Phi_T + \Phi_S + \Phi_{FL}$$

mit den Wärmeströmen durch Transmission durch die Wand (Φ_W) (die Außenwand wird durch Absorption erwärmt und es fließt Wärme von außen nach innen), Transmission durch die Glasscheibe (Φ_T) (auch hier entsteht ein Wärmefluss durch die erhöhte Scheibentemperatur), die Strahlung (Φ_S), die durch die Glasscheibe gelangt (ein Teil der Strahlung wird reflektiert, ein Teil absorbiert und der Rest emittiert) und schließlich gelangt noch ein Teil warmer Außen- oder Raumluft in den zu kühlenden Raum, die sog. Infiltration (Φ_{FL}).

Die solare Strahlung ist ein maßgeblicher Anteil und kann durch Glasarten und Sonnenschutz gemindert werden (selektiv beschichtete Gläser lassen weniger Solarstrahlung in den Raum; außenliegender Sonnenschutz kann bis zu 80 % des Wärmeeintrags durch solare Strahlung verhindern). Mittels meteorologischer Daten wird die solare Strahlung, die auf die Bauteile wirkt, ermittelt. Die Strahlung setzt sich aus dem direkten Anteil und dem diffusen Anteil zusammen. Da für die Aufwärmung des Raumes zahlreiche Einflussparameter (Speicherwirksamkeit von Bauteilen, innere Lasten durch Personen, Beleuchtung und Maschinen) bestimmend sind, werden üblicherweise thermische Simulationsprogramme eingesetzt.

Die Kühllasten aus inneren Wärmequellen betragen 20 bis 150 W/m^2, die äußeren Kühllasten je nach Anteil von Glas an der Fassade, Gebäudeausrichtung, Glasart und Sonnenschutz zwischen 25 und 200 W/m^2. Neben der Höhe der Kühllast sind die speicherwirksame Masse im Raum und die Gesamtkonzeption des Energiesystems von großem Einfluss. Mit Nachtauskühlungsstrategien oder z. B. Kühlung mit Umweltenergie kann u. U. eine höhere Kühllast kompensiert werden, ohne dass eine künstliche Kühlung erfolgen muss.

Zustandsänderung der Luft

Wenn Luft in raumlufttechnischen Geräten behandelt wird, verändern sich bei Erwärmung, Kühlung oder Feuchtebehandlung die Temperatur und die Feuchte. Diese Vorgänge werden im *h*-*x*-Diagramm nach *Mollier* quantitaiv beschrieben (*h* Enthalpie, *x* Wassergehalt der Luft). In diesem Diagramm sind die Enthalpie und Temperatur (Energieinhalt) der Luft über dem Wassergehalt aufgetragen. Die Kurven beschreiben die Linien konstanter relativer Feuchtigkeit. Die unterste Linie entspricht 100 % Feuchtigkeit und wird als Sättigungslinie oder Taupunktlinie bezeichnet. Unterhalb dieser Linie fällt Wasser aus (Nebelgebiet). Die diagonal von links oben nach rechts unten verlaufenden Linien sind Linien konstanter Enthalpie, also bei Luftzustandsänderungen ohne Energiezu- oder -abfuhr. Bei Zustandsänderungen mit Enthalpieveränderung kann die benötigte Energiemenge aus dem Diagramm abgelesen werden.

Lufterwärmung in einem Wärmetauscher ist in Abb. 5.28 dargestellt. Die Enthalpie ändert sich, die Temperatur steigt, aber der Wassergehalt bleibt unverändert. Jedoch verringert sich die relative Feuchtigkeit. Die Luftkühlung ist in Abb. 5.29a dargestellt. Die Temperatur nimmt ab, der Sättigungspunkt ist schnell erreicht und Wasser fällt aus. Kondensat muss abgeführt werden. Bei gezielter Kühlung zur Entfeuchtung muss anschließend nacherwärmt werden (Abb. 5.29b), was einen hohen Energieverbrauch verursacht.

a) **b)**

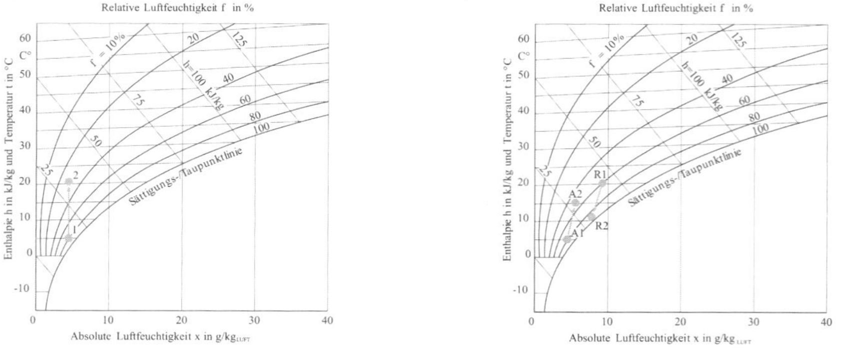

1: kalte Außenluft
2: Außenluft nach der Erwärmung durch die Heizung

A1: kalte Außenluft
A2: Außenluft nach der Erwärmung durch die Wärmerückgewinnung
R1: Raumluft
R2: Raumluft nach der Wärmeabgabe

Abb. 5.28
Zustandsänderung von Luft im *h*-*x*-Diagramm
a) bei der Erwärmung
b) bei der rekuperativen Wärmerückgewinnung (Wärmeaustausch z. B. im Kreuzstromwärmetauscher)

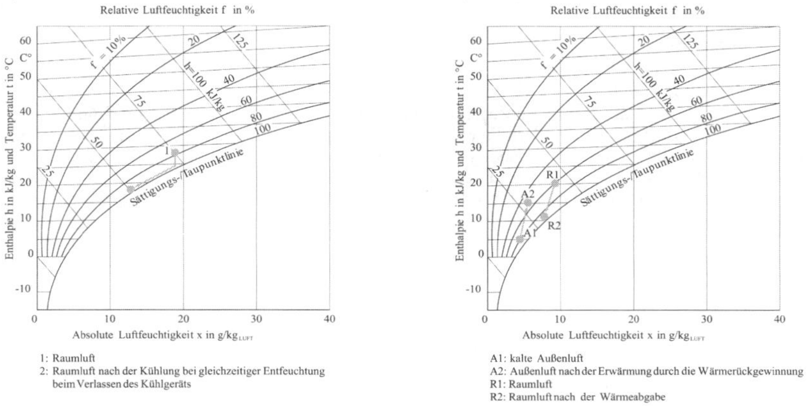

Abb. 5.29a
Zustandsänderung von Luft im *h*-*x*-Diagramm
a) bei der regenerativen Wärmerückgewinnung (Veränderung der Feuchtigkeit möglich, z. B. Sorptionswärmeräder)
b) bei der Kühlung (Wird die Sättigungslinie erreicht, erfolgt die weitere Kühlung entlang der Sättigungslinie und es fällt Kondensat aus.)

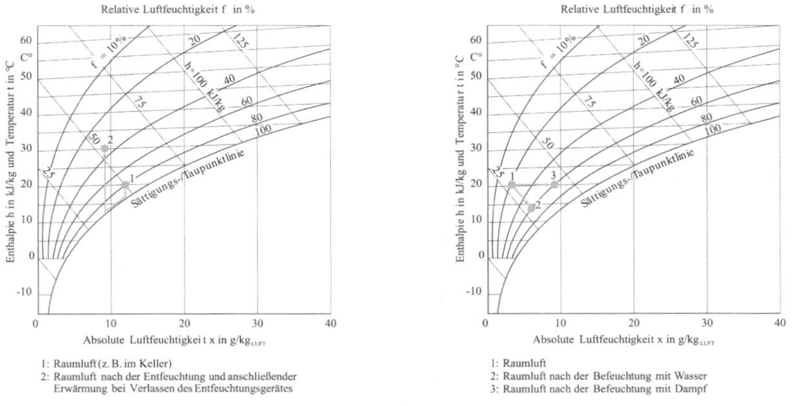

Abb. 5.29b
Zustandsänderung von Luft im *h*-*x*-Diagramm
a) bei der Entfeuchtung durch Kühlung und anschließender Nacherwärmung auf den gewünschten Zustand
b) bei Befeuchtung mit Dampf (nahezu konstante Temperatur 1-3) und adiabat (durch Verdunstung 1-2)

Kanalquerschnitt

Den Querschnitt eines vertikalen Versorgungsschachtes kann der Bauplaner grob überschlägig aus dem Volumenstrom und der Auslegungsluftgeschwindigkeit ermitteln.

Luftgeschwindigkeit in Hauptkanälen:

- bei Niederdruck-Anlagen: 4 – 12 m/s
- bei Hochdruck-Anlagen: 12 – 25 m/s

Der Kanalquerschnitt A ergibt sich aus dem Volumenstrom q_{Vt} und der Luftgeschwindigkeit v:

$$A = \frac{q_{\mathrm{Vt}}}{v}$$

3 Energieeffiziente Systeme

3.1 Allgemeines

Energiegesetzgebung

Gebäude sind für ca. 35 % des Endenergiebedarfs und ca. 30 % der CO_2-Emissionen verantwortlich. Deshalb ist 2012 die EU-Energieeffizienz-Richtlinie (EED) in Kraft getreten. Basis ist die Energy Performance of Building Directive (2018). In Deutschland gilt das Gebäudeenergiegesetzt (GEG), indem das Energieeinsparungsgesetz (EnEG), das Erneuerbare Energien Wärmegesetz (EEWärmeG) und die Energieeinsparverordnung (GE) aufgegangen sind. Das Erneuerbare-Energien-Gesetz (EEG) ist zusätzlich auch für Gebäude anzuwenden, siehe Abb. 5.30.

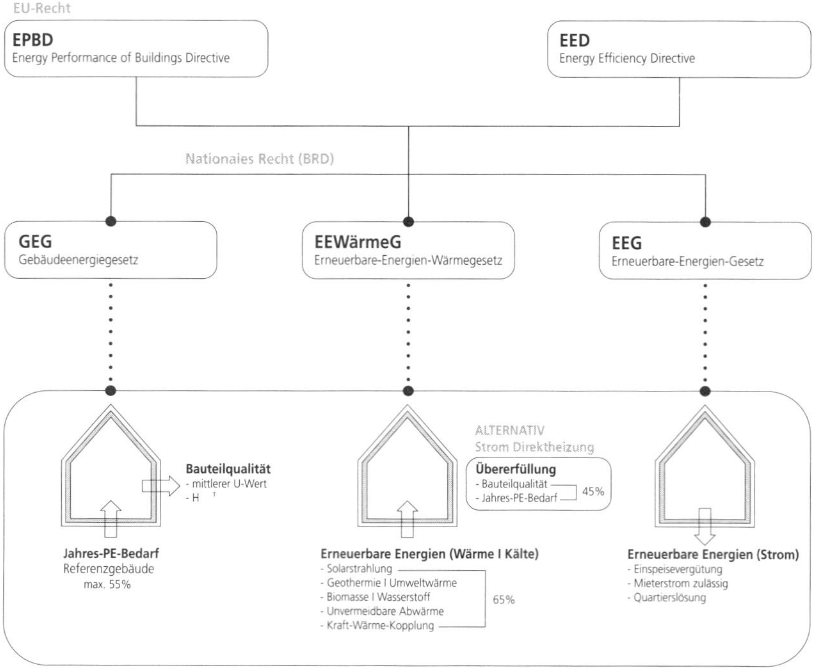

Abb. 5.30 Rechtliche Zusammenhänge Energiegesetzgebung für Gebäude für Deutschland, Stand 2021

Das GEG dient der Umsetzung der Richtlinie des Europäischen Parlaments und des Rates vom 16.12.2002 (Richtlinie 2002/91/EG) über die Gesamtenergieeffizienz von Gebäuden und ist die Voraussetzung für die darauf aufbauende Energieeinsparverordnung (EnEV). Die energiesparrechtlichen Regeln für Gebäude sind seit der ersten Ölkrise im Jahr 1973 stetig festgeschrieben und verändert worden.

Ursprünglich wurde der Wärmeschutz (Wärmeschutzverordnung) und die Anlagentechnik (Heizanlagenverordnung) bzw. Heizbetriebsverordnung (HeizBetrV) getrennt betrachtet. Bis 2002 gilt die Energieeinsparverordnung (EnEV 2002), die unterschiedlich weiterentwickelt (2002, 2005, 2009, 2014) wurde und jetzt in der Fassung von 2016 gilt. Sie schreibt vor, dass die Gesamtenergiebilanz von Gebäuden ermittelt wird und vorgegebene Grenzwerte anhand eines Referenzgebäudes geprüft bzw. nicht überschritten werden. Ziel ist, einen „Niedrigenergiestand" für privatwirtschaftliche Gebäude bis zum Jahr 2021, bei öffentlichen Gebäuden bis zum Jahr 2019 zu erreichen. Die Veränderung des Wärmebedarfs für Gebäude von 1973 bis heute ist enorm. Der Heizendenergiebedarf lag beim Altbaubestand 1980 bei ca. 200…270 kWh/(m²a) und sank infolge der verschärften Bestimmungen kontinuierlich. Heute liegt der Durchschnitt des Heizendenergiebedarfs bei ca. 130 kWh/(m²a) in Deutschland. Technisch möglich ist ein maximaler Bedarf von

15 kWh/(m²a), der als „Passivhaus" bezeichnet wird. Raumwärme hat derzeit einen Anteil von 27 % am gesamten Energieverbrauch (Stand 2015, Quelle BMWi).

Zur Konditionierung von Gebäuden werden Wärme-, ggf. Kälteversorgungsanlagen, raumlufttechnische Anlagen sowie elektrotechnische Anlagen verwendet. Ziel eines nachhaltigen Gebäudeentwurfs ist es, die Gebäudehülle, Konstruktion und die technischen Anlagen aufeinander abzustimmen, um so mit minimalem Primärenergiebedarf maximale Behaglichkeit zu erreichen. Der Einsatz von hochwertiger Energie (Exergie) soll dabei gering sein, die Verwendung von Anergie (aus Abwärme oder Umgebung) ist zu bevorzugen. Regenerative Energie (solare Energie, Windkraft, oberflächennahe Geothermie) soll in Abhängigkeit von den Umgebungsbedingungen und der Wirtschaftlichkeit in möglichst großem Umfang eingesetzt werden. Der Gebäudestandort kann im Kontext der Versorgung von Quartieren andere Energiekonzepte erfordern als die Einzelversorgung. Im Mittelpunkt ganzheitlicher Lösungen stehen Speichertechnologien für Wärme und Strom, mit denen der zum Angebot regenerativer Energie inkohärente Bedarf ganz oder teilweise gedeckt werden kann.

Bei der Entscheidung über geeignete energieeffiziente Systeme stehen zunächst die geplante energetische Qualität und die Nutzung eines Gebäudes im Vordergrund. Einen ersten Anhaltspunkt geben die in Tafel 5.31 genannten groben Kennwerte. Die Bandbreite reicht vom hochgedämmten „Passivhaus" bis zu den Mindestanforderungen des GEG (Gebäudeenergiegesetz).

Tafel 5.31 Energiekennwerte (Bandbreite) für verschiedene Gebäudetypen (Neubauten); grobe Angaben: links niedriger Wert, rechts hoher Wert.
Erfahrungswerte (Quelle: BOHNE Ingenieure GmbH) *) Erfahrungsgemäß ohne Raumkühleinrichtung, **)Wert stark abhängig von Kühllasten und Nutzungsprofil

Nutzung	Heizlast [W/m²]	Heizenergiebedarf [kWh/(m²a)]	Anteil TWW [kWh/m²]	Strombedarf [kWh/m²]	Stromleistung [W/m²]	Kühllast [W/m²]	Kühlenergiebedarf [kWh/m²]
Einzelhandel	15 - 50	15 - 55	0 - 5	25 - 100	50 - 100	10 - 100	5 - 300**)
Gewerbe	25 - 80	25 - 90	0 - 10	25 - 90	50 - 200	0 - 100	0 - 200**)
Dienstleistung	10 - 50	15 - 60	0 - 5	30 - 60	25 - 50	0 - 80	0 - 100**)
Büro/Verwaltung	10 - 50	15 - 60	0 - 5	25 - 55	25 - 40	0 - 80	0 - 80**)
Wohnen	10 - 70	15 - 75	12,5	20 - 40	10 - 30	0*)	0
Schule/Kita/Hort	10 - 60	15 - 70	2 - 5	10 - 30	15 - 30	0*)	0

Energiebedarf von Gebäuden

Für den Betrieb eines Gebäudes ist Energie in unterschiedlichen Formen notwendig:

- Strom: für die Beleuchtung, den Betrieb von Antrieben (Pumpen, Ventilatoren, Stellmotoren), den Betrieb von Schwachstromanlagen (fernmeldetechnische Anlagen, Datensysteme, Überwachung etc.).
- Wärme: für die Beheizung, die Warmwasserbereitung und ggf. andere Anforderungen. Die Wärmeerzeugung kann aus regenerativen Quellen, aus dem Anschluss an externe Wärmeversorgungen oder der Verbrennung fossiler Brennstoffe erfolgen.
- Kälte: für die Verhinderung von Übertemperaturen in Räumen abhängig vom Klimastandort und der Gebäudekonstruktion kann eine Wärmesenke in Form von wasser- oder luftgeführten Kälteanlagen notwendig werden.

Um die verwendeten Begriffe für die Bewertung des „Energieverbrauchs" von Gebäuden zu erläutern, werden nachfolgend zunächst einige Definitionen dargestellt:

Der Begriff „Energieverbrauch" ist umgangssprachlich und wird für den Bedarf von Energie verwendet. Die Thermodynamik beschreibt, dass Energie in einem geschlossenen System nicht verbraucht, sondern nur umgewandelt wird. Energie ist nötig, um Arbeit zu verrichten. Man unterscheidet Arbeit für Heiz- oder Kühlvorgänge, Beleuchtung oder Antrieb von Motoren (i. d. R. sogenannte Hilfsenergie).

Für das Verständnis der energetischen Bewertung von Gebäuden ist deshalb der Begriff der Leistung (in Watt) von großer Bedeutung. Ein Watt (W) entspricht der Leistung, um pro Sekunde eine mechanische Arbeit von 1 Joule (J) zu verrichten:

$$1\,W = 1\,J/s$$

Die Leistungsangaben von z. B. Wärme- oder Kälteerzeugern werden in Watt angegeben. Es handelt sich also um das „Potential" und gibt zunächst keinen Hinweis auf den Bedarf (die Arbeit bzw. den „Verbrauch").

In der Elektrotechnik wird die Angabe in Watt ausschließlich für die Wirkleistung verwendet. Die Scheinleistung wird in Voltamper (VA) angegeben. Bei der elektrischen Gleichspannung ist die Wirkleistung gleich der Scheinleistung.

Der Energiebedarf bzw. die Arbeit ist die Leistung multipliziert mit der Zeit und wird in Ws oder häufig in Wh bzw. kWh angegeben. Arbeit ist eine Prozessgröße und kann z. B. durch Wärmezufuhr (Heizung), Wärmeabfuhr (Kühlung) oder auch mechanische Weise, z. B. durch elektrischen Antrieb eines Ventilators oder eine Pumpe, verrichtet werden.

Über den Begriff Energie hinaus gibt es eine weitere – für die Gebäudeeffizienz von großer Bedeutung – Definition, die Exergie und die Anergie. Energie setzt sich aus Exergie und Anergie zusammen. Exergie ist der Anteil von Energie, der vollständig in Nutzarbeit umgewandelt werden kann. Verliert zum Beispiel ein Warmwasserspeicher über die Hülle Wärme, geht Exergie ungenutzt verloren und wird in Anergie umgewandelt. Anergie ist also die nicht mehr nutzbare Energie. In vielen nachhaltigen Gebäudeenergiekonzepten wird versucht, den Einsatz von Exergie gering zu halten („LowEx-Gebäude") und z. B. durch natürliche Wärmesenken (siehe Nachtauskühlung) den Exergieaufwand zu minimieren.

Die Beurteilung der Energieeffizienz eines Gebäudes richtet sich nach

1. der Qualität der Konstruktion bzw. der bauphysikalischen Qualität, wie Wärmeschutz, Luftdichtigkeit, Fensterflächenanteil und Kubatur,
2. der Qualität der Anlagentechnik und
3. der Bewertung des Energiebezugs.

Bei dem Energiebezug unterscheidet man, ob Energie durch Anlagen im Gebäude erzeugt wird, ob regenerative Energie eingesetzt wird und ob bei Bezug von Energie aus dem Netz ein Anteil regenerativ ist. Die Gesamtbewertung wird auf den Primärenergiebedarf eines Gebäudes bezogen.

Der **Primärenergiebedarf** ist die Energiemenge, die zur Deckung des Endenergiebedarfs benötigt wird unter Berücksichtigung der zusätzlichen Energiemenge, die durch vorgelagerte Prozessketten außerhalb der Systemgrenze „Gebäude" bei der Gewinnung, Umwandlung und Verteilung der jeweils eingesetzten Brennstoffe entsteht.

Der **Endenergiebedarf** ist die Energiemenge, die für die Gebäudebeheizung unter Berücksichtigung des Heizwärmebedarfs und der Verluste des Heizungssystems sowie des Warmwasserwärmebedarfs und der Verluste des Warmwasserbereitungssystems aufgebracht werden muss. Der Jahresheizenergiebedarf oder Endenergiebedarf bezieht die für den Betrieb der Anlagentechnik (Pumpen, Regelung usw.) benötigte Hilfsenergie mit ein, ist aber nach den benutzten Energieträgern zu differenzieren.

Der **Heizwärmebedarf** ist die Wärmemenge, die von dem Heizsystem (Heizkörper), dem Raum bzw. dem Gebäude zur Verfügung gestellt werden muss, um die entsprechende Raumtemperatur aufrecht zu erhalten.

Der **Heizendenergiebedarf** ist die Energiemenge, die für die Gebäudebeheizung unter Berücksichtigung des Heizwärmebedarfs und der Verluste des Heizungssystems aufgebracht werden muss.

Als **Elektroenergiebedarf** für ein Gebäude ist die gesamte elektrische Arbeit definiert, die aufgrund elektrischer Verbrauche (Beleuchtung, Antrieb wie Ventilatoren, Pumpen, Aufzüge etc.) aufgewendet wird.

Als **Primärenergie** werden alle natürlichen Energieträger bezeichnet, wie fossile Brennträger, Kernenergie, Biomasse und Torf. Auch als Primärenergie bezeichnet wird regenerative Energie aus Sonnenstrahlung, aus Wellen- und Gezeitenkraftwerken sowie Wind- und Wasserkraft. Die Geothermie, aus Zerfallsprozessen im Erdinneren gespeist, nimmt eine Sonderrolle ein. Aus der Umwandlung von Primärenergieträgern entstehen Sekundärenergieträger, wie z. B. die elektrische Energie oder Fernwärme.

Um bei der Gebäudeenergiebilanzierung die Anteile der regenerativen Energie zu berücksichtigen, werden sogenannte Primärenergiefaktoren verwendet.

Die Primärenergiefaktoren sind dimensionslos und werden zur Berechnung des Jahresprimärenergiebedarfs von Gebäuden verwendet. Der Zusammenhang zwischen Endenergie und Primärenergie ist:

$$Q_P = Q_E \cdot f_P$$

mit

Q_P: Primärenergie

Q_E: Endenergie

f_P: Primärenergiefaktoren (nicht erneuerbarer Anteil)

Der nichterneuerbare Anteil ist für die Bilanzierung von Gebäuden entscheidend. Die Berechnung der Primärenergie erfolgt auf der Grundlage des Heizwertes der eingesetzten Energieträger. In Tafel 5.33 sind die Primärenergiefaktoren nach GEG (Gebäudeenergiegesetz).aufgeführt. Der erneuerbare Anteil bei fossilen Energieträgern beträgt Null. Mit der Berücksichtigung von Vorketten mit 10 % wird der nicht erneuerbare Anteil mit dem Faktor 1,1 bewertet. Bei der Bewertung von Strom wird der allgemeine Strommix angesetzt.

Tafel 5.33 Primärenergiefaktoren nach DIN V 18 599

Energieträger[a]		Primärenergiefaktoren f_p		CO_2-Äquivalent x_{CO2} g/kWh
		insgesamt	nicht erneuerbarer Anteil	nicht erneuerbarer Anteil
		A	B	C
dem Bilanzraum zugeführte Endenergien (Index „f,in“)				
Fossile Brennstoffe	Heizöl	1,1	1,1	310
	Erdgas	1,1	1,1	240
	Flüssiggas	1,1	1,1	270
	Steinkohle	1,1	1,1	400
	Braunkohle	1,2	1,2	430
Biogene Brennstoffe	Biogas	1,4	0,4	120
	Bioöl	1,4	0,4	190
	Holz	1,2	0,2	40
Nah-/Fernwärme	aus KWK[b], fossiler Brennstoff bzw. Energieträger	0,7	0,7	[c, e]
	aus KWK[b], erneuerbarer Brennstoff bzw. Energieträger	0,7	0,0	[c, e]
	aus Heizwerken, fossiler Brennstoff bzw. Energieträger	1,3	1,3	[c, e]
	allgemeiner Teil	[c]	[c]	[c]
Fernkälte	allgemeiner Fall	[c]	[c]	[c]
Strom	allgemeiner Strommix	2,8	1,8	550
innerhalb der Bilanzgrenzen nutzbar gemachte Endenergien (Index, „f,prod“)				
Umweltenergie	Wärme (Erdwärme, Geothermie, Solarthermie, Umgebungswärme)	1,0	0,0	0
	Kälte (Erdkälte, Umgebungskälte)	1,0	0,0	0
	Strom (aus Photovoltaik, Windkraft)	1,0	0,0	0
Abwärme	aus Prozessen	1,0	0,0	40
aus dem Bilanzraum abgeführte Endenergien (Index, „f,out“)				
Strom	Verdrängungsstrommix für KWK	2,8	2,8	860
	Verdrängungsstrommix für PV, WEA	2,8	1,8	550
thermische Anlagen	Wärme für andere Verbraucher	[d]	[d]	[d]
	Kälte für andere Verbraucher	[d]	[d]	[d]
Abwärme	aus Prozessen	1,0	0,0	40

[a] Bezugsgröße Endenergie: Heizwert H_i.

[b] Angaben sind typisch für durchschnittliche Nah-/Fernwärme mit einem Anteil der KWK von 70 %.

[c] Individuelle Berechnung für das Netz, aus dem der Bezug erfolgt, siehe A.4.

[d] Individuelle Berechnung für das Netz, in welches die Einspeisung erfolgt, siehe A.4.

[e] Eine Angabe von Standardwerten ist aufgrund der unterschiedlichsten Energieträgermixe nicht möglich.

Mit steigendem Anteil erneuerbarer Energie im Strommix (Photovoltaik, Windkraft, Wasser, Biomasse u. a.) muss der Primärenergiefaktor angepasst werden. Daher wird seit dem 1.1.2016 der Faktor für allgemeinen Strommix mit 1,8 (vorher 2,4) angesetzt. Mit einer weiteren Anpassung ist zu rechnen, weshalb die Bewertung insbesondere elektrisch angetriebener Wärme- und Kälteversorgungssysteme sich wesentlich verändert.

Der zusätzliche Primärenergiefaktor für Verdrängungsstrommix (vergl. Tafel 5.33) berücksichtigt Strom, der im Gebäude durch Kraft-Wärme-Kopplung erzeugt wird. Der im Gebäude selbst genutzte Strom wird in der Bilanzgutschrift verrechnet, der ins öffentliche Netz eingespeiste Strom wird mit dem Primärenergiefaktor 2,8 (derzeit nach Gebäudeenergiegesetz).berechnet. Es wird damit die Verdrängung von Strommengen durch zusätzliche Kraft-Wärme-Kopplungs-Einspeisung bewertet bzw. begünstigt.

Die Primärenergiefaktoren haben auf die Bilanzierung von Gebäuden einen erheblichen Einfluss und damit besonders auf die Planungsbeteiligten bei der Auswahl von Heiz- und Kältetechnologie. Die Primärenergiefaktoren für Wärmelieferung aus Fernwärme werden in DIN V 18 599 und in DIN V 4701-10 unterschiedlich angegeben. In dem Arbeitsblatt FW 309-1 ist eine Übersicht von Primärenergiefaktoren nach Versorgern aufgeführt, von denen eine Auswahl in Tafel 5.34 wiedergegeben ist.

Der in Tafel 5.33 angegebene Pauschalwert $f_p = 0{,}7$ für Fernwärme aus Kraft-Wärme-Kopplung (KWK) mit fossiler Energie kann dann angewendet werden, wenn der KWK-Anteil mindestens 70 % beträgt. Wegen der sehr unterschiedlichen Erzeugungsmethoden bei Fernwärme erstellen zugelassene Gutachter nach einem festgelegten Bewertungsverfahren Primärenergiefaktoren. Für eine festgelegte Geltungsdauer (10 Jahre bei einem Bilanzzeitraum von 3 Jahren, 3 Jahre bei einem Bilanzzeitraum von 1 Jahr) werden für Fernwärmeversorger Primärenergiefaktoren veröffentlicht. Dies führt zu sehr unterschiedlichen Primärenergiefaktoren, wie Tafel 5.34 zeigt. Hier sind Auszüge einiger Versorger aufgeführt. Die Bandbreite reicht von $f_p = 0{,}0$ (Biomasse) bis $f_p = 1{,}23$.

Tafel 5.34 Primärenergiefaktoren für Fernwärme nach FW 309-1/3 (www.agfw.de)

Stadt	Versorgungsunternehmen	f_P	gültig bis
Aichbach	Biomasse Wärmeverbund Aichbach GmbH	0,00	11.08.2024
Baden-Baden	Stadtwerke Baden-Baden	0,54	23.04.2027
Bad Oldesloe	Vereinigte Stadtwerke GmbH Ratzeburg	0,15	13.04.2024
Bad Segeberg	HanseWerk Natur GmbH	0,00	23.11.2026
Bergisch Gladbach	BELKAW GmbH	0,40	09.12.2021
Berlin	Fernheizwerk Neukölln AG	0,67	02.05.2026
Berlin	Vattenfall Europe Wärme AG	0,45	02.11.2024
Berlin	BTB Blockheizkraftwerks- Träger- und Betreibergesellschaft mbH Berlin	0,25	20.12.2027
Berlin	NatCon Berlin GmbH & Co. KG	0,00	13.01.2023
Berlin	URBANA Energiedienste GmbH	0,52	04.11.2022
Bielefeld	Stadtwerke Bielefeld GmbH	0,11	02.03.2024
Bochum	Stadtwerke Bochum Holding GmbH	0,44	10.07.2021
Bochum	Stadtwerke Bochum Holding GmbH	0,39	22.09.2021
Bochum	Stadtwerke Bochum Holding GmbH	0,51	22.09.2021
Böblingen	Stadtwerke Böblingen GmbH & Co. KG	0,00	18.09.2024
Bonn	Techem Energy Contracting GmbH	0,58	08.06.2023
Bremen	swb AG	0,72	30.09.2023
Bremen	GEWOBA Energie GmbH	0,76	03.06.2022
Bremen	GEWOBA Energie GmbH	0,71	03.06.2022
Bremerhaven	swb AG	0,13	30.09.2023
Bremerhaven	swb AG	0,34	30.09.2023
Chemnitz	eins energie in sachsen GmbH & Co. KG	0,70	02.05.2022
Dortmund	Fernwärmeversorgung Niederrhein GmbH	0,29	23.06.2021
Dortmund	Spar- und Bauverein eG Dortmund	0,68	28.07.2021
Dresden	DREWAG – Stadtwerke Dresden GmbH	0,62	17.05.2025
Dresden	DREWAG – Stadtwerke Dresden GmbH	0,23	17.05.2025
Dresden	DREWAG – Stadtwerke Dresden GmbH	0,00	17.05.2025
Düsseldorf	Stadtwerke Düsseldorf AG	0,00	22.09.2023
Düsseldorf	Stadtwerke Düsseldorf AG	0,44	06.04.2026
Elmshorn	NetBalance Ltd. & Co. KG	0,50	01.09.2022
Emden	Stadtwerke Emden	0,18	31.10.2021
Erfurt	SWE Energie GmbH	0,17	08.05.2027
Essen, Bottrop, Gelsenkirchen	STEAG Fernwärme GmbH	0,39	16.09.2022
Esslingen a. N.	Stadtwerke Esslingen a. N. GmbH & Co. KG	0,55	20.03.2023
Frankfurt a. M.	Mainova AG	0,29	26.12.2023

Tafel 5.34 (Fortsetzung)

Stadt	Versorgungsunternehmen	f_P	gültig bis
60435 Frankfurt a. M.	URBANA EnergieDienste GmbH	0,39	31.03.2025
Freiburg	badenova wärmeplus GmbH & Co. KG	0,08	08.09.2022
Freiburg	badenova wärmeplus GmbH & Co. KG	0,21	02.06.2022
Fürth	N-ERGIE Aktiengesellschaft Nürnberg	0,64	01.12.2022
Gelsenkirchen Gladbeck Recklinghausen Herne Datteln	Uniper Wärme GmbH	0,42	10.07.2021
Gießen	Stadtwerke Gießen AG	0,27	20.09.2022
Göttingen	Stadtwerke Göttingen AG	0,00	30.06.2023
Gotha	Stadtwerke Gotha AG	0,71	25.03.2025
Halle (Saale)	EVH GmbH	0,21	23.07.2023
Hamburg	RWE Energiedienstleistungen GmbH	0,47	10.05.2021
Hamburg	HAMBURG ENERGIE GmbH	0,00	24.10.2019
Hamburg	Vattenfall Wärme Hamburg GmbH	0,72	01.02.2027
Hannover	enercity Contracting GmbH	0,51	16.10.2021
Hannover	Stadtwerke Hannover AG	0,15	12.03.2025
Heidelberg	Stadtwerke Heidelberg GmbH	0,50	07.09.2021
Iserlohn	Stadtwerke Iserlohn	0,00	16.07.2024
Karlsruhe	Stadtwerke Karlsruhe	0,26	31.12.2022
Kiel	Stadtwerke Kiel AG	0,00	06.03.2024
Köln	RheinEnergie AG	0,00	18.11.2025
Leipzig	Stadtwerke Leipzig GmbH	0,31	22.11.2020
Leverkusen	Energieversorgung Leverkusen GmbH & Co. KG	0,21	01.08.2021
Lübeck	Stadtwerke Lübeck GmbH	0,56	15.05.2024
Lüneburg	Avacon Natur GmbH	0,21	25.09.2022
Magdeburg	SWM Magdeburg	0,00	09.03.2024
Mainz	Mainzer Fernwärme GmbH	0,32	20.07.2027
Mannheim	MVV Umwelt Asset GmbH	0,00	23.10.2027
Mannheim/ Heidelberg/ Schwetzingen	Fernwärmenetz Rhein-Neckar GmbH	0,44	01.11.2024
Mühlheim a. d. Ruhr	medl GmbH	0,00	30.07.2021
Münster	Stadtwerke Münster GmbH	0,24	31.12.2028
Neubrandenburg	Neubrandenburger Stadtwerke GmbH	0,15	31.12.2021
Nürnberg	N-ERGIE Aktiengesellschaft	0,00	31.03.2028
Offenbach	Energieversorgung Offenbach AG	0,40	18.02.2026
Oldenburg	EWE Vertrieb GmbH	0,06	19.04.2023
Oldenburg	EWE Vertrieb GmbH	0,05	08.07.2023
Paderborn	Energieservice Westfalen Weser GmbH	0,00	07.09.2024
Pforzheim	SWP Stadtwerke Pforzheim GmbH & Co. KG	0,44	19.04.2021
Remscheid	EWR GmbH	0,64	02.12.2021
Strausberg	Stadtwerke Strausberg GmbH	0,74	02.05.2024
Tübingen	Stadtwerke Tübingen	0,53	27.07.2023
Ulm	Stadtwerke Ulm/Neu-Ulm GmbH	1,02	17.07.2023
Weimar	Stadtwerke-Weimar Stadtversorgungs-GmbH	0,67	10.04.2024
Wetzlar	Duktus Rohrsysteme Wetzlar GmbH	0,83	13.02.2025
Wolfsburg	LSW Netz GmbH & Co. KG Wolfsburg	0,00	03.02.2027
Würzburg	Stadtwerke Würzburg AG	0,00	01.03.2028
Zirndorf	Stadtwerke Zirndorf GmbH	0,20	16.09.2022

3.2 Wärmeversorgungsanlagen

Nachhaltige Wärmeversorgungsanlagen verwenden Abwärme aus Stromerzeugung (Kraft-Wärme-Kopplung) mit einer eigenen oder innerhalb des Quartiers angeordneten Anlage, solare Wärme, Umweltwärme (Wärmepumpen mit Umweltwärme) oder Abwärme als Wärmequelle. Eine Übersicht typischer Anlagenkonfigurationen zeigen die Abb. 5.36a bis 5.36f.

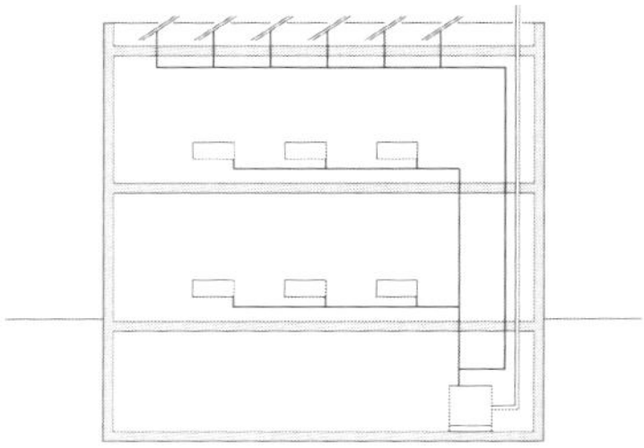

Abb. 5.36a
Wärmeerzeugung mit WWPH und solarer Unterstützung

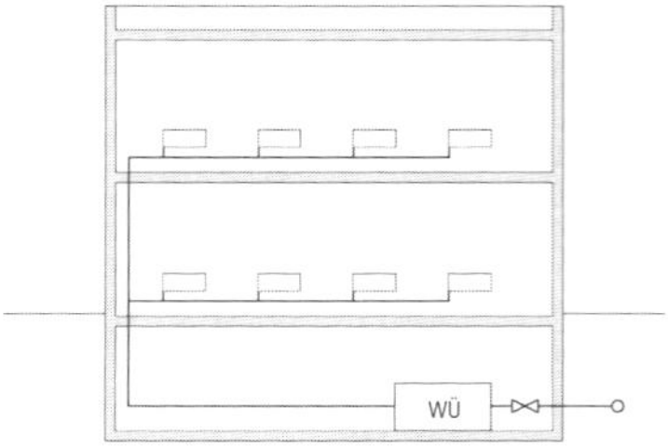

Abb. 5.36b
Fern- oder Nahwärmeanschluss mit Wärmepumpe (WÜ: Wärmeübergabe)

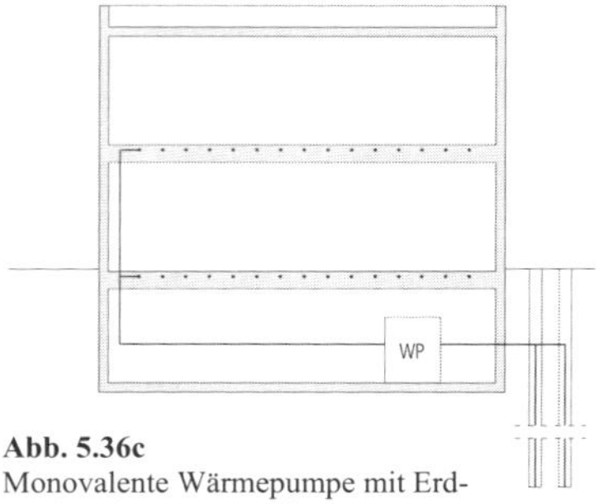

Abb. 5.36c
Monovalente Wärmepumpe mit Erdsonden als Wärmequelle

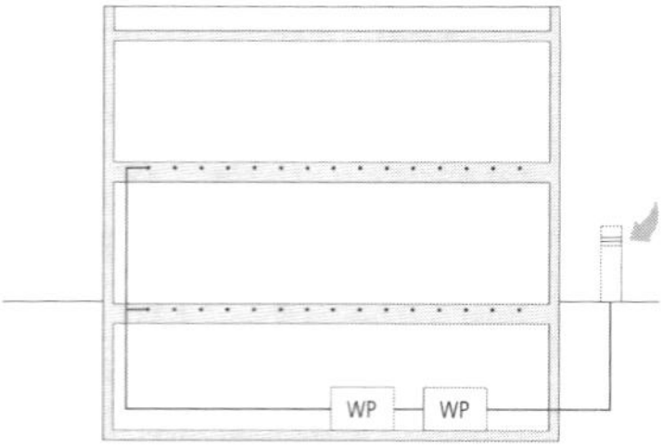

Abb. 5.36d
Monovalente Wärmepumpe (Kaskadenschaltung zur Lastanpassung) mit Außenluft als Wärmequelle

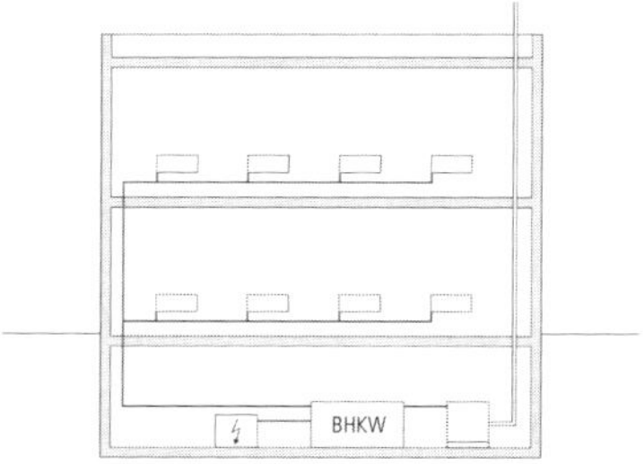

Abb. 5.36e
Kraft-Wärme-Kopplung m. einem BHKW für Strom- und Wärmeerzeugung und. zusätzl. Spitzenlastwärmeerzeugung (Gaskessel, Pelletkessel)

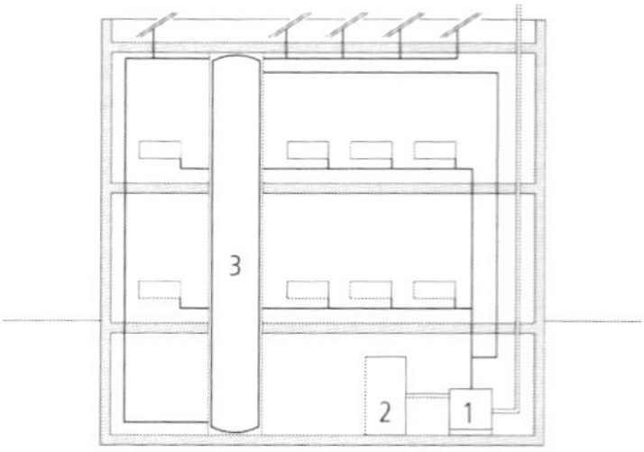

1 Holzpelletkessel
2 Holzpelletspeicher
3 Thermischer Langzeitspeicher

Abb. 5.36f
Solarthermischer Wärmeerzeuger mit Langzeitspeicher und Pelletheizung für Nachheizung

3.2.1 Solare Wärmeerzeugung

Thermische Solaranlagen werden zur Heizungsunterstützung in Warmwasserpumpenheizungsanlagen (WWPH) oder ausschließlich zur Warmwasserbereitung verwendet. Letzteres zielt auf einen hohen solaren Deckungsanteil in den Sommermonaten, zentrale WWPH können dann abgeschaltet werden. Kleine Anlagen für Einfamilienhäuser (50 Prozent-Deckung des Trinkwarmwasserbedarfs) benötigen eine Kollektorfläche von ca. 5 – 6 m²/Wohneinheit bzw. 1,5 m²/Person. Die Dimensionierung des dazugehörigen Speichervolumens beträgt ca. 50 Liter Speichervolumen je m² Kollektorfläche.

Bei der Kollektoraufstellung ist zu beachten (nach Fisch et al. 2001: Solarstadt):

- Solare Heizungsunterstützung: erforderliche Kollektorfläche für Wohnsiedlung ca. 1/5 bis 1/7 der Wohnfläche
- Südorientierte Kollektorflächen (20° Dachneigung) liefern 30 Prozent mehr Ertrag als west- oder ostorientierte Flächen
- Verschattungsfreie, möglichst große zusammenhängende Südflächen (>100 m²) um Verrohrungsaufwand gering zu halten
- Große Kollektormodule 4 bis 5 m² verwenden
- Vakuumröhrenkollektoren haben 20 bis 30 Prozent höhere Erträge, sind aber teurer
- Meist stehen nur 75 bis 90 Prozent der Bruttodachfläche für eine Kollektoraufstellung zur Verfügung
- Abweichung auf die Südorientierung max. Süd-Ost, Süd-West bzw. 45°: Der Ertrag reduziert sich um max. ca. 10 Prozent
- Dachneigungen 20° bis 50° (ab 15° möglich)
- Fassadenintegration bedeutet 30 bis 35 Prozent geringere Solareinstrahlung
- Allgemein gilt: Ist eine Abweichung aus der Südrichtung erforderlich, sollte der Kollektor flacher geneigt sein
- Generell: Optimale Neigung ca. 30°

Tafel 5.37 Aufstellungswinkel für thermische Solarkollektoren (nach Fisch et al. 2001, Solarstadt: Tab. 5.1, S.62)

	Orientierung	Neigungswinkel Kollektoren
Ganzjährig TWW	Süd/ Ost-Süd/West	15 bis 45°
Solare Kühlung	Süd +/- 15°	30 bis 40°
Nahwärme mit Langzeitspeicher	Süd +/- 30°	20 bis 50°
Luftheizkollektoren	Süd +/- 15°	45 bis 90°

Bei nachhaltigen Energiekonzepten mit solarer Nutzung unterscheidet man zwischen **Lang- und Kurzzeitspeicherung**. Kurzzeitspeicher werden für eine Zwischenspeicherung von bis zu mehreren Tagen ausgelegt. Als Faustregel zur Auslegung gilt (nach Fisch et al. 2001, Solarstadt):

Jährliche solare Energieerträge:

Kleine Solaranlagen < 10 m²	300 bis 350 kWh/(m²a)
Große Solaranlagen > 100 m²	350 bis 450 kWh/(m²a)

Große Solaranlagen werden eingesetzt bei einem Trinkwarmwasserbedarf (TWW) von mehr als 3 m³/Tag z. B. für Mehrfamilienhäuser, Hotels, Seniorenwohnanlagen, Krankenhäuser, Wohnsiedlungen ab 30 Wohneinheiten u. a.; Auslegung generell ca. 50 bis 60 Prozent solarer Deckungsanteil am TWW-Bedarf.

Faustregel zur Auslegung:

Kollektorfläche:	0,7 bis 1 m² pro Person, 0,02 bis 0,03 m² Kollektorfläche pro m² Wohnfläche
Speicher:	0,05 bis 0,06 m³ pro m² Flachkollektorfläche; 0,06 bis 0,08 m³ pro m² Vakuumröhrenkollektorfläche
Massenstrom:	10-15 kg/h pro m² Kollektorfläche
Jährlicher Solarertrag:	300 bis 450 kWh/(m²a)

3.2.2 Wärmepumpenanlagen

Wärmepumpen kühlen die Umgebung (Luft, Wasser, Erde) ab und ziehen daraus einen für Heizzwecke verwertbaren Wärmegewinn (s. S. 5.7). Auch Abwärme aus technischen Prozessen oder die warme Abluft bei Lüftungsanlagen bieten sich als Energiequellen an. Ziel des Wärmepumpenprozesses ist es, mit einem gewissen Anteil an hochwertiger Energie (Exergie) einen deutlich größeren Anteil Anergie für Heizzwecke nutzbar zu machen.

Die Qualität des Wärmepumpenprozesses wird durch die Leistungszahl und die Jahresarbeitszahl beschrieben.

Die Leistungszahl COP (engl.: Coefficient of Performance) kennzeichnet das Verhältnis von nutzbarer Wärmeenergie Φ_C (kW) zur aufgenommenen elektrischen Energie des Verdichters P_{el} (kW_{el}):

$$COP = \Phi_C / P_{el}$$

Die nutzbare Wärmeenergie Φ_C setzt sich zusammen aus:

der Wärmeleistung Φ_s = die der Wärmequelle durch Abkühlung entzogen wird, zuzüglich der Wärmeleistung, die der Antriebsenergie des Kompressors entspricht (eingesetzte elektrische Energie; identisch mit P_{el}):

$$COP = \Phi_s + \Phi_{el} / P_{el}$$

Der COP bewegt sich in einer Größenordnung zwischen 2 und 6. Das bedeutet, dass pro aufgewendeter Energieeinheit das Zwei- bis Sechsfache an Energieausbeute erzielt wird.

Beispielsweise erbringt eine Wärmepumpe mit 5 kW Leistungsaufnahme bei einer Leistungszahl 3 eine nutzbare Wärmeleistung von 5 × 3 = 15 kW. Je geringer die Temperaturdifferenz zwischen Verdampfung und Verflüssigung, d. h. zwischen der Wärmequelle (z. B. Grundwasser) und der Wärmenutzungsanlage (z. B. Vorlauf einer Warmwasser-Heizung), desto günstiger (höher) fällt die Leistungszahl aus (Gesetz von Carnot).

Anzustreben ist ein geringer Temperaturhub, erreichbar durch:

- eine möglichst hohe Temperatur des wärmeabgebenden Mediums
- eine möglichst niedrige Vorlauftemperatur (Heizmitteltemperatur) bei der Auslegung der Heizungsanlage.

Die mittlere Leistungszahl, als Durchschnittswert über die Dauer eines Jahres gerechnet, wird **Jahresarbeitszahl** $\boldsymbol{\beta}$ genannt und liegt niedriger. Sie berücksichtigt u. a. auch den Stromverbrauch der soleseitigen Pumpen.

Mit monovalenten Anlagen sind derzeit realisierbar:

- 3,0...3,3 mit außenluftbetriebenen Wärmepumpen
- 4,0...4,4 mit erdreichgekoppelten Wärmepumpen

Da die Leistungsziffer COP einen momentanen Gütegrad der Wärmepumpe darstellt, wird die Qualität einer Wärmepumpenanlage (WPA) besser durch die Jahresarbeitszahl SPF (engl: Seasonal Performance Factor) beschrieben. Diese ist definiert als das Verhältnis der Heizleistung Q_{WP} zur aufgewendeten Elektroenergie E_{HW} (für Elektrowärmepumpen):

$$SFP = Q_{WP}/E_{HW}$$

Die Gesamtbilanz einer Wärmepumpenanlage umfasst auch Hilfsenergie im System und ggf. Wärme für Warmwasserbereitung, siehe DIN EN 15 316-4 und DIN EN 15 450. Die maximale Leistungsziffer COP_{crnt} stellt den Carnot-Prozess als thermodynamischen Vergleichsprozess bei den jeweiligen Wärmesenken- und Wärmequellentemperaturen dar. Damit kann der exergetische Wirkungsgrad einer WPA berechnet werden:

$$\eta_{ex} = COP/COP_{crnt}$$

Für elektrisch betriebene Wärmepumpen berechnet sich:

$$\mathrm{COP}_{crnt} = \frac{T_{hot}}{T_{hot} - T_{cold}} = \frac{\theta_{sk} - 273{,}15}{\theta_{sk} - \theta_{sc}}$$

mit den Kelvin-Temperaturen der Wärmequelle- und –senke T_{hot}; T_{cold} bzw. in °C mit θ_{sk} und θ_{sc}.

Für Ad- und Absorptionswärmepumpen und Verbrennungsmotorwärmepumpen (VWP) beschreibt das Verhältnis von Wärmeleistung und Leistungsaufnahme die Qualität nur ungenügend. Um die verschiedenen WP-Systeme miteinander vergleichen zu können, wurde die Heizzahl

$$\zeta = Q_H / m_B \cdot H_u$$

definiert, wobei der Nenner die während der Heizzeit verbrauchte Primärenergie mit der Masse des Brennstoffs m_B und dem dazugehörigen Heizwert H_u bedeutet. Im Fall von VWP muss auch die genutzte Abwärme Q_{ab} des Motors in die Bilanz einfließen. Dann ist:

$$Q_H = Q_{WP} + Q_{ab}$$

Antriebsarten von Kompressions-Wärmepumpen

Zum Antrieb der Verdichter (Kompressoren) kommen Elektromotoren sowie gas- oder dieselölbetriebene Verbrennungsmotoren in Betracht.

Elektromotoren zeichnen sich durch große Laufruhe und verhältnismäßig lange Lebensdauer aus. Die meisten Wärmepumpen werden mit diesem Antrieb ausgestattet. Wirtschaftlich erreichbare Vorlauf-Temperatur: +55 °C. Leistungsbereich: bis 100 kW.

Mit **Verbrennungsmotoren** versehene Wärmepumpen ziehen aus der Abwärme der Motoren einen zusätzlichen Energiegewinn, so dass bei angeschlossenen Heizungssystemen VL-Temperaturen von etwa 75 °C – 90 °C erreichbar sind. Zusätzlich genutzt werden die bei der Motorkühlung anfallende und die in den Abgasen enthaltene Wärme. Als Antriebsenergie kommen Gas oder Dieselöl/Biodiesel in Betracht. Nachteile sind großer Verschleiß, Wartungs- und Reparaturaufwand, starke Geräuschentwicklung, Schadstoffemission bei Dieselantrieb (Stickoxide, Ruß), das Erfordernis eines Schornsteins (eine Abgasanlage). Der Gesamt-Primärenergieaufwand ist wesentlich geringer als bei Elektro-Wärmepumpen. Verbrennungsmotor-Wärmepumpen werden vorwiegend für größere Anlagen eingesetzt (Leistungsbereich: ab 50 kW bis mehrere 100 kW). Gasmotor-Wärmepumpen mit kleinerer Leistung sind mittlerweile verfügbar.

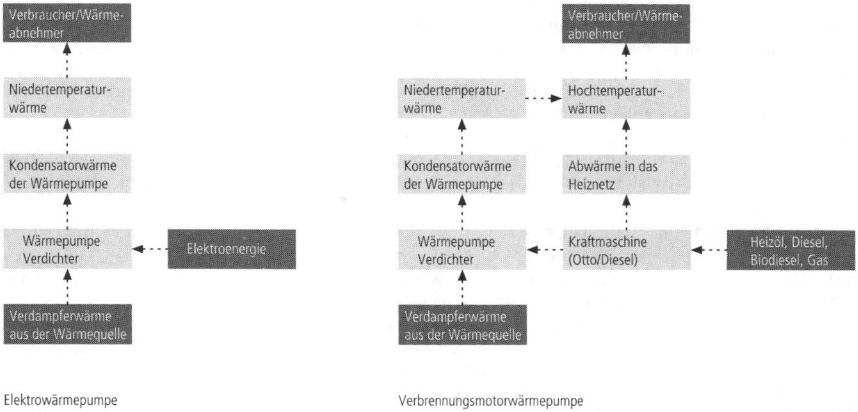

Abb. 5.39 Elektro- und Verbrennungsmotorwärmepumpen; schematischer Wärmefluss

Absorptions-Wärmepumpen

Dem Absorptionsvorgang liegt die Thermodynamik des Zweistoffsystems zugrunde: Während die Aggregatzustände einfacher Stoffe von Druck und Temperatur abhängen, kommt bei Zweistoffgemischen als dritte Komponente die Lösungskonzentration hinzu. Die Funktionsweise des Verdichtungsprozesses in Absorptions-Wärmepumpen: Das vom Verdampfer kommende gasförmige Kältemittel, z. B. Ammoniak (NH_3), wird bei niedrigem Druck mit dem Absorptionsmittel Wasser zusammengeführt und löst sich im Absorptionsmittel. Hierbei wird bereits ein geringer Anteil nutzbarer Wärme frei. Die Ammoniak-Wasser-Lösung kann nun mit einem verhältnismäßig geringen Kompressionsaufwand auf einen höheren Druck gepumpt werden und gelangt in den Desorber (Austreiber).

Dort wird durch eine relativ geringe Wärmezufuhr (Gasbrenner) das Kältemittel als die leichter siedende Flüssigkeit aus der Lösung ausgedampft und zum Kondensator geleitet. Das zurückgebliebene Absorptionsmittel H_2O fließt entspannt zum Absorber zurück. Für die Energiezufuhr kommt fast ausschließlich Gas in Betracht. Auch kann Wärme mit einer genügend hohen Vorlauftemperatur (mind. 80 – 90 °C, Solarwärme, Fernwärme, Abwärme) zum Antrieb verwendet werden. Die wirtschaftlich erreichbare Vorlauftemperatur liegt bei 50 °C. Die Primärenergieausnutzung einer Absorptions-Wärmepumpe liegt mit ca. 130 Prozent unter der einer gasbetriebenen Kompressions-Wärmepumpe. Da aber Absorptions-Wärmepumpen weitgehend ohne bewegliche und damit verschleißbare Teile auskommen, haben sie eine längere Lebenserwartung bei nur geringem Wartungsaufwand (Leistungsbereich: 10 – 250 kW).

Adsorptionswärmepumpen (ADWP) verwenden für den thermischen Verdichter Zeolith, eine kristalline Substanz, die Wasser aufnimmt und bei Erhitzung wieder abgibt. Bei der Einbindung der Moleküle in die Kristallstruktur wird Wärme freigesetzt (Adsorption) und zum Heizen genutzt. Mittels Desorption ist der Vorgang umkehrbar. ADWP sind besonders für die Nutzung solarer Wärme in der Winterperiode geeignet, da bereits ab 3 °C Kollektortemperatur Solarenergie als Wärmequelle genutzt werden kann. Es werden Kompaktsysteme mit Brennwertgasgerät angeboten, die einen bivalenten Betrieb erlauben. Die Heizleistung liegt zwischen 1,5 und 40 kW, der Gesamtnutzungsgrad bei bis zu ca. 150 Prozent.

Betriebsweisen von Wärmepumpen

Wärmepumpen können monovalent oder bivalent betrieben werden:

- Monovalent = ohne Unterstützung durch einen weiteren Wärmeerzeuger bis zu Außentemperaturen von etwa -16 °C
- Bivalent = in Verbindung mit einem zweiten Wärmeerzeuger

Bei bivalentem Betrieb erwärmt die Wärmepumpe das Heizwasser bis zu einer VL-Temperatur von 50/55 °C. Das reicht aus, um konventionelle statische Heizflächen bis zu Außentemperaturen von etwa 0 – 10 °C zu betreiben (bei hoch gedämmten Gebäuden auch höher). Erst bei niedrigeren Außentemperaturen tritt der zusätzliche Wärmeerzeuger – in der Regel ein Heizkessel oder eine Gastherme – in Aktion, um allein oder gemeinsam mit der Wärmepumpe die entsprechend größere Wärmemenge aufzubringen.

Beim **monovalenten Betrieb** wird die Auslegung der Wärmepumpe von dem rechnerisch kältesten Tag des Jahres bestimmt. Die an den übrigen Tagen zu hohe Heizleistung hat i. d. R. eine erhöhte Ein- und Ausschaltfrequenz (ein häufiges „Takten") und damit einen erhöhten Verschleiß des Verdichters zur Folge. **Bivalente Wärmepumpenanlagen** können alternativ oder parallel betrieben werden.

Bivalent alternativ betriebene Wärmepumpen übernehmen die Wärmeerzeugung bis zu Außentemperaturen um etwa +3 °C. Ist diese Bivalenztemperatur, die örtlich geringfügig abweichen kann, erreicht, bewirkt ein Außenthermostat (Bivalenzschalter), dass ein Heizkessel die Wärmeerzeugung anstelle der Wärmepumpe übernimmt.

Unter +3 °C sinken die Außentemperaturen im langjährigen Mittel, z. B. an 82 Tagen in Bremen, an 58 Tagen in Köln, an 73 Tagen in Stuttgart und an 107 Tagen in München.

Der Umschaltpunkt soll so ausgelegt sein, dass die Wärmepumpe bis zu 50 Prozent des maximalen Wärmebedarfs abdeckt. Sie liefert dann ungefähr 60 Prozent der aufzubringenden Jahreswärmemenge.

Bei einer angenommenen Jahresarbeitszahl von 3 entfällt davon ein Drittel auf die Antriebsenergie, so dass letztendlich zwei Drittel ihres Anteils an der Jahreswärmemenge von 60 Prozent, also 40 Prozent, der Umwelt entzogen werden. Der Zusatzwärmeerzeuger muss für die volle Heizleistung ausgelegt sein. Bei **bivalent parallelem** Betrieb ist die Wärmepumpe ständig im Einsatz. Vom Umschaltpunkt an geht zusätzlich ein Spitzenlast-Wärmeerzeuger in Betrieb. Er muss nur für etwa 50 – 70 Prozent der Gesamtheizleistung ausgelegt sein und übernimmt im Jahresmittel etwa 10 – 20 Prozent der Wärmeerzeugung. Der Umschaltpunkt liegt i. d. R. im Bereich zwischen +3 °C und -1 °C.

Wie bei monovalenten Wärmepumpen sind die Tarifbedingungen zu beachten. Bivalente Wärmepumpen mit Verbrennungsmotor werden dagegen vorwiegend bivalent parallel betrieben.

Bivalenter Betrieb von Wärmepumpen ist bei Inanspruchnahme von Außenluft bzw. Witterungswärme als Wärmequelle der Regelfall, da mit abnehmender Außentemperatur auch die Leistungszahl der Wärmepumpe sinkt und einen unterstützenden Wärmeerzeuger erforderlich werden lässt. Umgebungsluft-Wärmepumpen werden vorwiegend in bestehenden Gebäuden mit Warmwasser-Heizungen eingesetzt, deren Heizflächen und Rohrleitungen auf höhere Heizmitteltemperaturen (60 – 90 °C) ausgelegt sind, in Ergänzung zum vorhandenen brennstoffbefeuerten Wärmeerzeuger.

Elektromotorisch angetriebene Wärmepumpen mit bivalenter Betriebsweise stellten bisher die große Anzahl der installierten Wärmepumpen. Durch Verbrennungsmotoren bivalent angetriebene Wärmepumpen arbeiten überwiegend bivalent parallel. Pufferspeicher auf der „warmen“ Seite des Wärmepumpensystems haben die Aufgabe, bei mangelndem Wärmebedarf (z. B. geschlossenen Thermostatventilen) die von der „kalten“ Seite anfallende, überschüssige Wärme aufzufangen, um einem zu häufigen Schalten (Takten) der Anlage vorzubeugen. Die erforderliche Speichermenge zur Verstetigung der Heizwasser-Durchflussmenge im Kondensator liegt bei etwa 1 m^3/6 kW Wärmepumpenleistung. Speicher auf der „kalten“ Seite des Systems bevorraten Energie über einen begrenzten Zeitraum und überbrücken so Perioden unzureichender Wärmezufuhr, wie auch die von den EVU vorgegebenen Sperrzeiten bei z. B. monovalenten Elektro-Wärmepumpen. In Betracht kommen wärmegedämmte Wasserbehälter im Keller wie auch Speichermassen im Bereich von Gebäudefundamenten. Erforderliche Speichermenge: etwa 0,5 m^3/1 kW Wärmepumpenleistung.

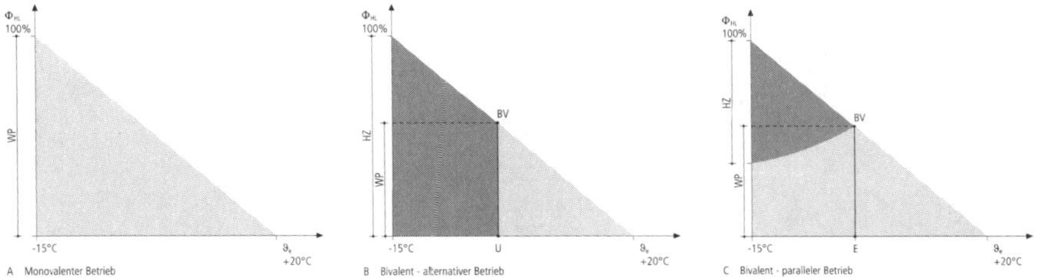

Abb. 5.41 Betriebsarten von Wärmepumpenanlagen (helle Flächen: Wärmepumpen-Arbeit)

Auslegungshinweise für **Wärmequellen** (siehe S. 5.7) von Wärmepumpenanlagen: Bei Grundwasseranlagen werden Förderbrunnen und Schluckbrunnen benötigt, wobei der Entnahmebrunnen sicherheitshalber 5-6 m tiefer beginnen sollte als der Grundwasserspiegel zum Zeitpunkt der Bohrung, um schwankende Wasserstände zu berücksichtigen. Der Schluckbrunnen nimmt das um 4 – 6 K vom WP-Verdampfer abgekühlte Wasser auf und ist mind. 15 m vom Förderbrunnen entfernt anzuordnen, wenn die Grundwasserfließrichtung unbekannt ist. Bei monovalenter Betriebsweise werden für 10 kW Heizleistung etwa 1,5 m^3 Wasser pro Stunde benötigt. Das Brunnenrohr (Durchmesser für Ein- und Zweifamilienhäuser ca. 10 – 15 cm) endet oben in einer kleinen unterirdisch angelegten Brunnenkammer. Ein frostsicher verlegtes Anschlussrohr führt zur Wärmepumpe. Die Förderpumpen werden entweder im Wärmepumpenbereich angeordnet oder (ab ca. 7 m Förderhöhe) als Tauchpumpe im Entnahmebrunnen. Etwa 60 m Brunnentiefe dürfte als wirtschaftlich vertretbare Grenze anzusehen sein. Der Förderaufwand muss in einem angemessenen Verhältnis zum Energiegewinn stehen. Je nach Bodenbeschaffenheit und Bohrungstiefe fallen die Erstellungskosten für eine Brunnenanlage sehr unterschiedlich aus. Durch die Bohrungen werden wasserundurchlässige Schichten durchstoßen. Es können auf diese Weise Verbindungen zwischen mehreren Grundwasserstockwerken entstehen, möglicherweise mit chemischen und biologischen Folgen, deren Auswirkungen nicht ohne Weiteres abzusehen sind.

Erdsonden sind die am häufigsten verwendeten Wärmequellenanlagen für Wärmepumpen. Die erreichbaren Entzugsleistungen richten sich nach der Betriebsweise der Anlage (nur Heizung oder Heizen und Kühlen), nach der Betriebszeit und selbstverständlich nach der Qualität des Untergrundes. Das Erdsondensystem wird häufig erfolgreich auch bei kombinierten Heiz-Kühlsystemen eingesetzt. Dazu ist ein kombiniertes Gebäudetemperierungssystem erforderlich (stille Kühlung und Heizen über Flächensysteme). Da der Boden durch den saisonbedingten Wechsel zwischen Wärmeentzug und Wärmeeintrag regeniert wird, sind die erzielbaren Leistungsziffern besonders günstig (hoch). Anhaltswerte (mögliche Entzugsleistungen) für den Heizfall sind in Tafel 5.43 angegeben. Im Rahmen der Auslegung solcher Anlagen werden Computerprogramme eingesetzt, die mithilfe der festgestellten oder vermuteten Erdreichbedingungen und Gebäudelasten Erdsondenfelder thermisch untersuchen.

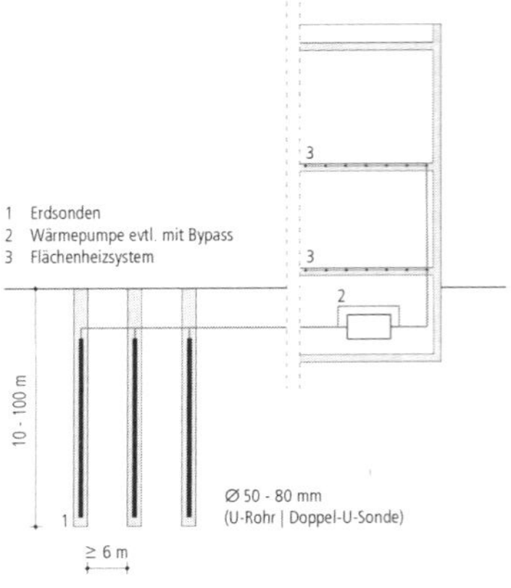

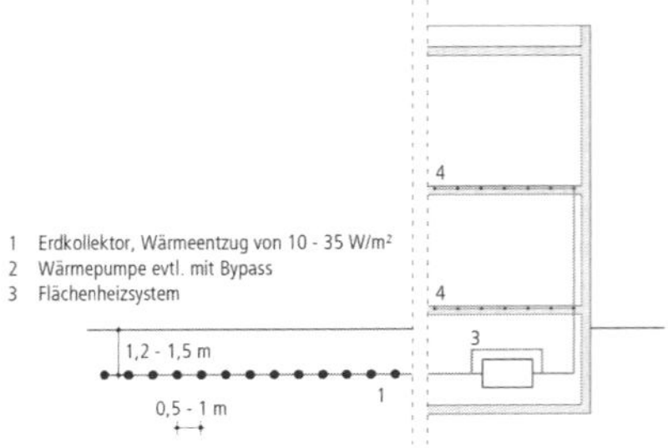

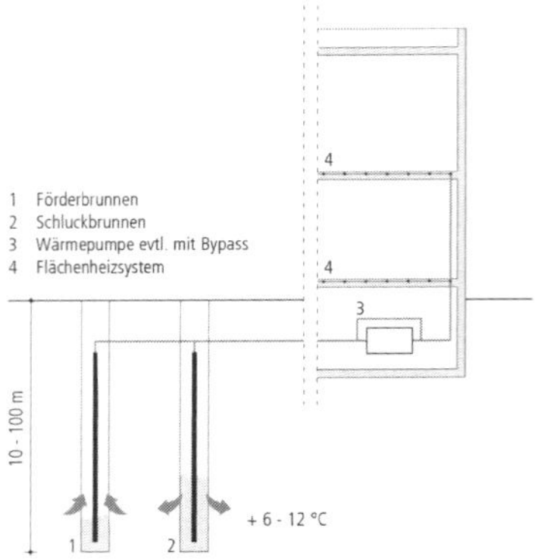

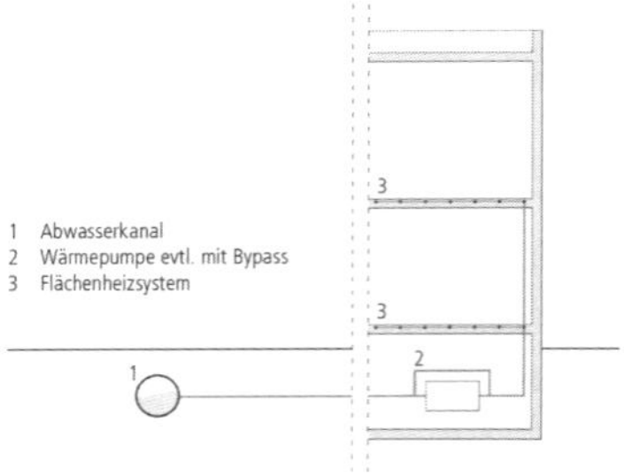

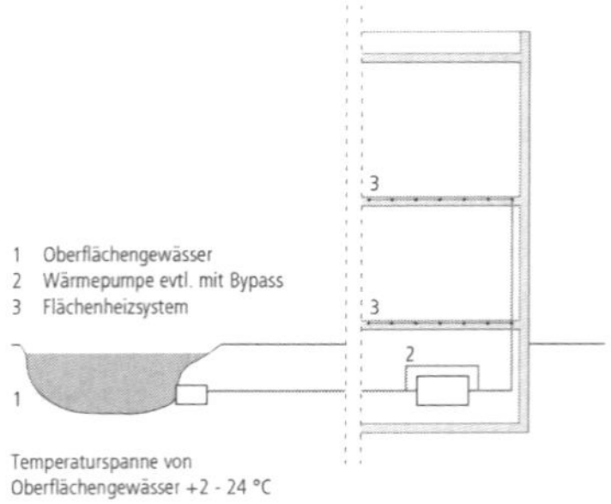

Tafel 5.42
Wärmequellen für Wärmepumpenanlagen; vereinfachte Darstellung effizienter Systeme (Wärmequellennutzung ist immer von den örtlichen Bedingungen abhängig)

Tafel 5.43 Mögliche spezifische Entzugsleistungen für Erdwärmesonden (VDI 4640 Blatt 2); nur Wärmeentzug (Heizung einschl. Warmwasser)

Länge der einzelnen Erdwärmesonden zwischen 40 und 100 m; kleinster Abstand zwischen zwei Erdwärmesonden: mindestens 5 m bei Erdwärmesondenlängen 40 bis 50 m, mindestens 6 m bei Erdwärmesondenlängen > 50 bis 100 m; als Erdwärmesonden kommen Doppel-U-Sonden mit DN 20, DN 25 oder DN 32 mm oder Koaxialsonden mit mindestens 60 mm Durchmesser zum Einsatz; nicht anwendbar bei einer größeren Anzahl kleiner Anlagen auf einem begrenzten Areal.

Untergrund (Allgemeine Richtwerte)	spezifische Entzugsleistung für 1800 h	spezifische Entzugsleistung für 2400 h
Schlechter Untergrund (trockenes Sediment) (λ < 1,5 W/(m K))	25 W/m	20 W/m
Normaler Festgesteins-Untergrund und wassergesättigtes Sediment (λ = 1,5-3,0 W/(m K))	60 W/m	50 W/m
Festgestein mit hoher Wärmeleitfähigkeit (λ > 3,0 W/(m · L))	84 W/m	70 W/m
Einzelne Gesteine		
Kies, Sand, trocken	< 25 W/m	< 20 W/m
Kies, Sand, wasserführend	65-80 W/m	55-65 W/m
Bei starkem Grundwasserfluss in Kies und Sand, für Einzelanlagen	80-100 W/m	80-100 W/m
Ton, Lehm, feucht	35-50 W/m	30-40 W/m
Kalkstein (massiv)	55-70 W/m	45-60 W/m
Sandstein	65-80 W/m	55-65 W/m
saure Magmatite (z. B. Granit)	65-85 W/m	55-70 W/m
basische Magmatite (z. B. Basalt)	40-65 W/m	35-55 W/m
Gneis	70-85 W/m	60-70 W/m
Die Werte können durch die Gesteinsausbildung wie Klüftung, Schieferung, Verwitterung erheblich schwanken.		

Für die **Wärmequelle Luft** sind infolge der geringen spezifischen Wärmekapazität der Luft dem Verdampfer große Luftmengen mit hoher Geschwindigkeit zuzuführen. Dort wird die Luft um 2 – 5 K abgekühlt. Der hohe Luftdurchsatz bedingt eine nicht unerhebliche Geräuschemission. Benötigt werden ca. 4000 m^3/h pro 10 kW Wärmebedarf (> 1 m^3/s). Je nach Fabrikat, Leistung und Aufstellungsort kann es daher notwendig werden, zusätzliche Vorkehrungen zur Geräuschdämmung zu treffen.

Latent-Speicher können ebenfalls einige Tage mit ungünstigen Witterungsbedingungen überbrücken. Sie bestehen i.d.R. aus wassergefüllten, ins Erdreich versenkten Kunststoffbehältern, durchzogen von spiralförmig gewickeltem Kunststoffrohr. Momentan für die Gebäudeheizung nicht benötigte Energie wird dem Speicher zugeführt und bei Bedarf an die Wärmepumpe weitergegeben. Der Wärmeentzug wird bis zur Eisbildung betrieben, um die bei diesem Vorgang freiwerdende Latentwärme zu nutzen. Bei Abkühlung von 1 l Wasser um 1 K wird jeweils eine Wärmemenge von 1,16 Wh frei, bei der Zustandsänderung von 1 l flüssigem Wasser zu Eis bis 92,1 Wh. Das Verhältnis beträgt 1:80. Liegt die Speichertemperatur unterhalb der Temperatur des umgebenden Erdreichs, erfolgt ein Wärmefluss vom Erdreich zum Speicher, der ebenfalls genutzt werden kann. Latentspeicher werden mit ca. 1,0-1,3 m Erdüberdeckung eingegraben. Bei trockenem Erdreich empfiehlt sich eine Zuführung von Niederschlagswasser von Dächern oder Hofflächen.

3.2.3 Kraft-Wärme-Kopplungsanlagen

Die Grundidee der Kraft-Wärme-Kopplung ist, für ein oder mehrere Gebäude elektrische Energie zu erzeugen und die dabei zwangsweise anfallende Abwärme direkt für Heizzwecke zu nutzen. Durch diese direkte Kopplung von der Nutzung der Brennstoffenergie für elektrische Kraft und die Nutzung von Wärme bzw. Kälte spricht man von Kraft-Wärme-Kopplung und von Kraft-Wärme-Kälte-Kopplung. Durch die gleichzeitige Nutzung von Kraft und Abwärme können Gesamtwirkungsgrade von 80 bis über 90 Prozent erzielt werden.

Im Kraftwerk können unterschiedliche Primärenergiearten bis hin zu Kohle eingesetzt werden. Für Gebäude kommen Heizöl, Biodiesel, Erdgas oder Biogas in Frage. Anstelle des im Kraftwerk üblichen Wasser-/Dampfkreislaufes werden für die Gebäudeversorgung Verbrennungsmotoren, Stirling-Motoren, Gasturbinen oder Brennstoffzellen angetrieben, mit denen elektrische Energie erzeugt wird. Die bei diesem Prozess anfallende Abwärme wird über Wärmetauscher in ein Wärmeverteilnetz für Heizzwecke eingeführt. Gasturbinen und Verbrennungsmotoren stehen in unterschiedlichsten Größen und Qualitäten für die Kraft-Wärme-Kopplung in Gebäuden zur Verfügung.

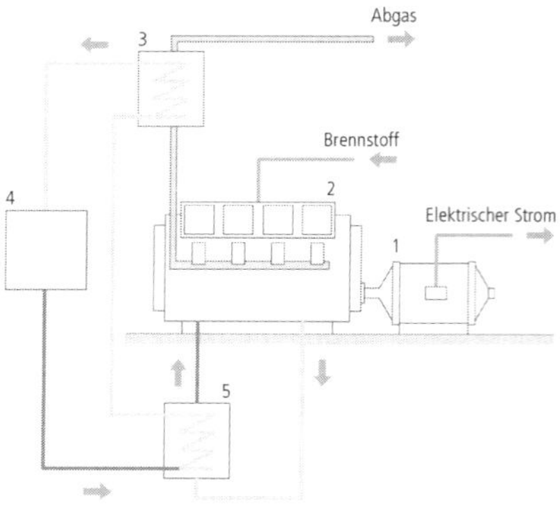

1 Generator
2 Motor
3 Abgas-Wärmetauscher
4 Heiznetz
5 Kühlwasser-Wärmetauscher

Abb. 5.44a
Prinzip der Kraft-Wärme-Kopplung mit Verbrennungsmotor

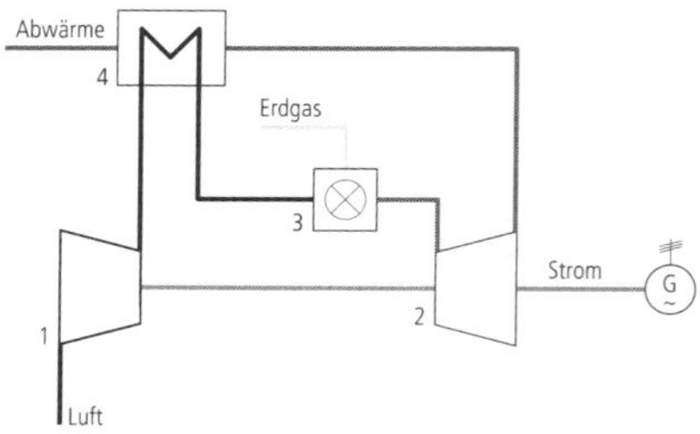

1 Verdichter
2 Turbine
3 Brennkammer
4 Rekuperator

Abb. 5.44b
Aufbau einer Mikrogasturbine

Gasturbinen werden bei größeren Leistungen ab 500 kW bis über 5 MW eingesetzt. Sie haben ein weniger gutes Teillastverhalten und werden daher für größere Anlagen konzipiert. Microgasturbinen sind ab 23 kW (elektrisch) verfügbar und auch für mittlere Gebäudegrößen geeignet. Otto-Motoren werden bereits ab 1,3 kW elektrischer Leistung bis über mehrere MW angeboten. Gleiches gilt für Diesel-Motoren. Wegen der für Gebäude üblichen Bauweise in Modulen bzw. kompakten Einheiten wird der Begriff Blockheizkraftwerk (BHKW) verwendet. Unter einem Blockheizkraftwerk versteht man ein kleines Heizkraftwerk, in dem durch Kraft-Wärme-Kopplung Strom und nutzbare Wärme gleichzeitig erzeugt werden.

Für die Einteilung von Blockheizkraftwerken findet man unterschiedliche Klassifizierungen, z. B.

- Nano-BHKW 1 – 2,5 kW_{el}
- Mikro-BHKW 2,5 – 20 kW_{el}
- Mini-BHKW 20 – 50 kW_{el}
- Klein-BHKW > 50 kW_{el}

Stirlingmotoren arbeiten nach unterschiedlichen Bauformen. Geringer Wartungsaufwand und geringe Schallemissionen machen das Prinzip für kleine Gebäude-BHKW interessant. Derzeit liegen die elektrischen Wirkungsgrade bei 15 Prozent. Durch Nutzung der Abgaswärme für Heizzwecke kann der Gesamtwirkungsgrad gesteigert werden. Es sind Kleinstgeräte mit 1 kW_{el} und integriertem Brennwertkessel für die Spitzenlastwärme verfügbar.

Mikrogasturbinen sind ab 28 kW_{el} verfügbar. Der elektrische Wirkungsgrad liegt bei 24 Prozent bei den kleinsten Anlagen und steigt mit der Größe der Turbine auf bis zu 30 Prozent. Die Gesamtwirkungsgrade liegen bei 83 – 86 Prozent. Die Geräte bestehen im Wesentlichen aus Verdichter, Brennkammer, Turbinenrad und Rekuperator (s. Abb. 5.44b). Die Abgastemperaturen liegen zwischen 270 °C (mit Rekuperator) und 680 °C. Es können Dampferzeuger nachgeschaltet werden, was z. B. beim Einsatz in Krankenhäusern vorteilhaft sein kann. Es können außerdem hohe Heizwassertemperataren erzeugt werden, was den Einsatz für den Austausch von alten Wärmeerzeugern bei Beibehaltung der vorhandenen Wärmeverteilnetze sinnvoll macht.

In der **Brennstoffzelle** wird aus Wasserstoff über einen elektrochemischen Prozess ohne mechanische Teile Strom und Wärme erzeugt. Die Abwärme der Brennstoffzelle wird durch einen Kühlkreislauf für Heizzwecke genutzt. Der erforderliche Wasserstoff wird bei Gebäudeheizung z. B. aus zugeführtem Brenngas (Brennstoff) gebildet. Der Wasserstoff wird aus Erdgas (oder Methan/Methanol) im sog. Reformer direkt vor Ort gewonnen. Für den Reformer werden ca. 20 Prozent der eingesetzten Energie als Prozessenergie verbraucht. Brennstoffzellen sind hinsichtlich der Energieerzeugung vergleichbar mit einem Blockheizkraftwerk, ausgenommen der mechanischen Teile, d. h. Strom und Wärme werden geräuschlos erzeugt.

Die Schadstoffemission, Stickoxide und Kohlenmonoxid, beträgt je nach Brennstoffzellentyp nur einen Bruchteil im Vergleich zur konventionellen Feuerung.

Die Leistungsbereiche der Brennstoffzellengeräte reichen von 0,5 kW_{el} bis zu mehreren hundert kW_{el}. Es sind mehrere Entwicklungen im Feldtest. Kompaktanlagen verwenden als Brennstoff Erdgas. Hauptproblem bei der Entwicklung ist die Langzeitstabilität. Als Wartungsintervall sind alle ein bzw. zwei Jahre vorgesehen. Die Systemtemperaturen für Heizmittel betragen 70/55 °C und sind daher bei üblichen Niedertemperatursystemen einsetzbar. Neben der Einzelversorgung für Gebäude sind Nahwärmekonzepte denkbar, oder auch die Vernetzung von Brennstoffzellen in den unterschiedlichen Liegenschaften, die vernetzt ein "virtuelles Kraftwerk" bilden.

Auslegung von Kraft-Wärme-Kopplungsanlagen

Die größte Schwierigkeit bei der Konzeption eines BHKWs für Gebäude besteht darin, eine geeignete Leistungsgröße festzulegen. Konventionelle Anlagen werden nach den maximalen Leistungskennwerten festgelegt. Dies ist für die Heizlast der Norm-Gebäudewärmebedarf, zuzüglich ggf. notwendiger Leistungen für Raumlufttechnik, Trinkwarmwasser und Prozesswärme. Für die elektrische Leistung wird die Leistungsbilanz des Gebäudes unter Annahme geeigneter Gleichzeitigkeitsfaktoren aufgestellt.

Ein Blockheizkraftwerk kann jedoch grundsätzlich nach zwei unterschiedlichen Größen dimensioniert werden:

1. nach der Heizlast bzw. nach der Wärmebedarfsstruktur,
2. nach der Stromenergiebilanz bzw. dem Stromverbrauchsgang.

Die Erzeugung von Strom und Wärme gleichzeitig durch Kraft-Wärme-Kopplung bedingt, dass – je nach BHKW-Typ – Strom und Wärme gleichzeitigt erzeugt werden. Der Bedarf für Gebäude unterscheidet sich nach Tages- und Jahresgang für diese beiden Verbräuche erheblich. Der Planer muss deshalb entscheiden, ob er ein Blockheizkraftwerk wärmegeführt, d. h. nach der Heizlast, oder stromgeführt, d. h. nach dem Strombedarf dimensioniert.

Wird das Blockheizkraftwerk wärmegeführt dimensioniert, muss ein ggf. erzeugter Überschussstrom in das öffentliche Netz eingespeist werden und bei nicht ausreichender Strombereitstellung durch Netzparallelbetrieb aus dem öffentlichen Netz zusätzlich entnommen werden.

Bei stromgeführtem Betrieb wird u. U. zu viel Wärme erzeugt, die in Pufferspeichern begrenzt zwischengespeichert wird, oder zu wenig Wärme, die dann durch zusätzliche Wärmeerzeugungsanlagen geliefert werden muss.

Diese Darstellung zeigt, dass ein reiner Inselbetrieb, also eine völlig netzunabhängige Betriebsweise von BHKW ungünstig ist. In den meisten Fällen muss daher eine parallele Erzeugung mit konventionellen Wärmeerzeugungsanlagen realisiert werden.

BHKW werden dann stromgeführt betrieben, wenn sie z. B. zur Abdeckung von Spitzenlasten im öffentlichen Netz eingesetzt werden. Im Prinzip ist aber dann die Wärmezwischenspeicherung nur für kleine Nahwärmekonzepte sinnvoll nutzbar, und die Problematik wie bei Kondensationskraftwerken besteht nach wie vor.

BHKW werden deshalb überwiegend wärmegeführt konzipiert. Eine sinnvolle Konzeption für ein BHKW kann vor allem dann vorgenommen werden, wenn der zeitliche Verlauf des Wärme- und Strombedarfs eines Objektes bekannt ist. Bei Neuplanungen kann über charakteristische Kurven, z. B. für Wohnungsbau, Krankenhausbau u. a., eine relativ genaue Vorhersage getroffen werden. Nach dem Wärme- und Strombedarf eines Gebäudes kann dann ein Blockheizkraftwerk für Teillastbetrieb ausgelegt werden.

Da die Heizlast eines Gebäudes in der Regel überwiegend vom Gang der Außentemperatur abhängt, kann der Heizenergieverbrauch in einer Jahresdauerlinie abhängig von den Benutzungsstunden des Jahres aufgetragen werden (Bild 5.46a). Die Jahresdauerlinie wird für den jeweiligen Standort nach der Jahreshäufigkeit der Heizstunden bis zu einer bestimmten Wärmeleistung für das Gebäude erstellt. Wird ein BHKW nur für Teilleistung ausgelegt, kann dennoch ein erheblicher Anteil der Jahresheizarbeit geleistet werden. Die Investition für ein BHKW kann dann geringgehalten werden, bei einem gleichzeitig hohen Anteil an der Jahresheizarbeit.

Die Auslegung von BHKW richtet sich also insbesondere nach der Heizlast. Bei sehr kleinen Leistungen für Einfamilienhäuser sind mittlerweile auch BHKW-Module ab 1 kW elektrischer Leistung auf dem Markt, bei Brennstoffzellen ab 0,5 kW_{el}. Diese sog. Nano-BHKW werden als 1-Zylinder-Otto-Kleinmotoren, als Sterling-Motor bzw. als Brennstoffzellen angeboten.

Solche Anlagen können auch als Einzelanlage ohne Spitzenheizkessel in Verbindung mit einem ausreichend großen Pufferspeicher vorgesehen werden. Die Taktung im Übergangsbereich und die damit verbundene Verringerung der Lebensdauer führen meist zu Kombinationen von BHKW mit Spitzenwärmeerzeugern.

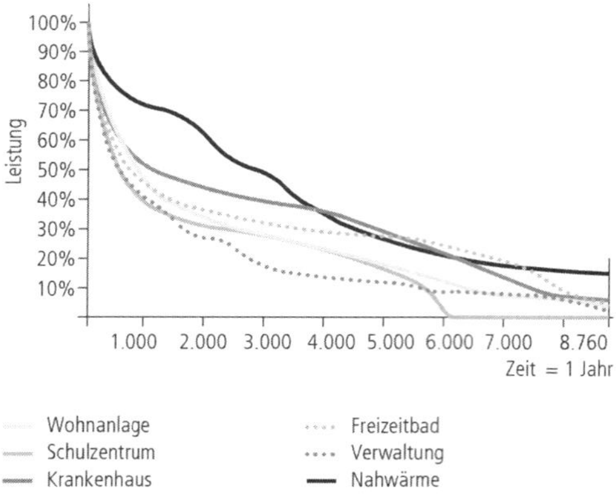

Abb. 5.46a
Typische Jahresdauerlinie für die Heizarbeit unterschiedlicher Gebäude (qualitativ)

Mikro- und Mini-BHKW im Bereich von 2,5 bis zu 50 kW eignen sich für mittlere Gebäudegrößen.

Sog. Kompakt-BHKW im Leistungsbereich von bis zu 400 kW sind anschlussfertig einschl. Schalldämmmaßnahmen und Steuerung für den Anschluss bzw. die Kombination für Wärmeversorgungsanlagen vorgesehen. Von Groß-BHKW spricht man bei Leistungen ab ca. 400 kW.

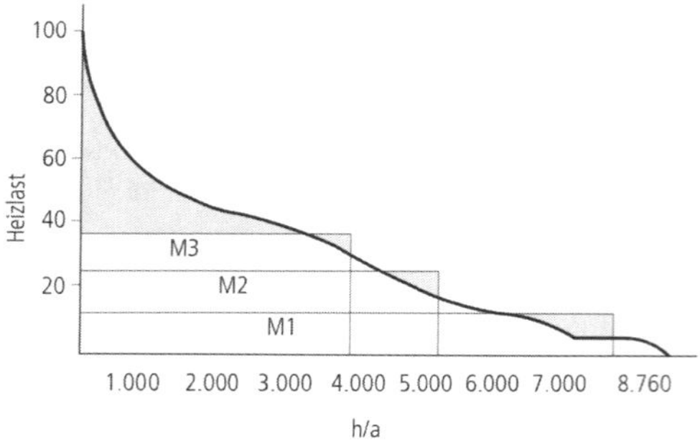

Abb. 5.46b
Jahresdauerlinie mit mehreren Modulen bei mittleren und größeren BHKW. Die Leistungsanpassung der Module M1 bis M3 erfolgt stufenweise. Die Spitzenleistung Q_{ges} wird durch eine zusätzliche Wärmeerzeugungsanlage sichergestellt. Dennoch erbringen die BHKW-Module den größten Anteil an der Jahresheizarbeit (weiße Fläche).

Motoren für BHKW sind für einen gleichmäßigen, langsam laufenden Betrieb konstruiert. Dadurch soll erreicht werden, dass die Wartungsintervalle lang genug sind und ein nicht zu hoher Verschleiß auftritt. Bei der Auslegung ist dennoch zu vermeiden, dass durch zu große Dimensionen ein ständiges Takten der Motoren mit ungünstigen Auswirkungen auf den Verschleiß der Maschine erfolgt. Eine Leistungsanpassung der BHKW bei sinkender Heizlast kann z. B. dadurch erfolgen, dass bei größeren Leistungen mehrere Module zur Anpassung an den Leistungsbedarf vorgesehen werden, siehe Abb. 5.46b.

Der Einsatz von Pufferspeichern bei BHKW ist in vielen Fällen zur Verlängerung der Laufzeit erforderlich. Pufferspeicher werden in etwa so ausgelegt, dass für eine Volllaststunde eines BHKW bei einer Temperaturdifferenz von 30 K und ca. 2/3 nutzbarem Speichervolumen das entsprechende Volumen zur Verfügung steht. Pro 10 kW thermischer Leistung können ca. 400 Liter Speicher dafür angesetzt werden.

Der Flächenbedarf für Heizzentralen liegt z. B. bei einem Mikro-BHKW von 5,5 kW elektrischer Leistung bei ca. 4 m², bei 15 kW elektrisch bei ca. 6,5 m², wobei die notwendige Fläche für Zusatzwärmeerzeuger und Wärmeverteilung hinzugerechnet werden muss.

Bei der Aufstellung in Gebäuden sind zahlreiche Anforderungen zu beachten. Das Abgasrohr muss über das Dach geführt werden, das BHKW entweder als Modul gekapselt oder so aufgestellt sein, dass die Schallübertragung in Aufenthaltsbereiche vermieden wird, und es muss eine ausreichende Zuluft- und Abluftführung eingeplant werden.

3.3 Kälteerzeugungsanlagen

Kälteerzeugungsanlagen für Gebäude werden eingesetzt, um Übertemperaturen in Räumen zu verhindern und ggf. die Raumluft zu entfeuchten (vgl. S. 5.21). Ziel einer nachhaltigen Gebäudeplanung ist, durch passive Maßnahmen (ausreichend Speichermasse im Raum, ggf. in Verbindung mit Nachtauskühlung) mit Dämpfung des Temperaturanstiegs eine aktive Gebäudekühlung unnötig zu machen. Reichen solche Maßnahmen nicht aus, sind aktive Kühlsysteme erforderlich. Üblicherweise werden dazu Kältemaschinen eingesetzt, die über Wasser-Kühlkreisläufe oder raumlufttechnische Anlagen Räume kühlen. Mit Nutzung einer natürlichen Wärmesenke (Grundwasser, Erdreich) oder spezieller Verfahren (solare Kühlung, DEC-Verfahren) kann ein erheblicher Teil sonst nötiger Primärenergie eingespart werden.

3.3.1 Kälteerzeugungsanlagen mit Kompressionskreislauf

Kältemaschinen arbeiten z. B. nach dem Kompressionsverfahren, das dem beschriebenen Wärmepumpenkreislauf (S. 5.7) als rechtsläufiger Prozess entspricht. Der Antrieb erfolgt durch den Verdichter, der elektrisch betrieben wird. Der Energieaufwand wird durch die Leistungszahl ausgedrückt, die das Verhältnis von Kälteleistung zur elektrischen Leistung des Verdichters beschreibt. Anstelle von Leistungsziffern verwendet man mittlerweile den Begriff EER (engl.: Energy Efficiency Ratio):

$$EER = \Phi_0 / P_{el}$$

mit der Kälteleistung Φ_0 und der elektrischen Leistung P_{el}.

Da der EER i. d. R. für Volllastbetrieb gemessen wird, die meiste Betriebszeit aber im Teillastbetrieb erfolgt, hat sich der ESERR (engl.: European Seasonal Efficiency Ratio) durchgesetzt:

$$ESEER = 0{,}03 \cdot EER\,(100\,\%) + 0{,}33 \cdot EER\,(75\,\%) + 0{,}41 \cdot EER\,(50\,\%) + 0{,}23 \cdot EER\,(25\,\%)$$

Der durchschnittliche Wert der Jahreskältearbeit wird mit der Jahresarbeitszahl bzw. dem SEER (Seasonal Energy Efficiency Ratio) mit der Jahreskältearbeit Q_K und der Elektroarbeit E_K beschrieben:

$$SEER = Q_K / E_K$$

Die erzielbaren EER-Werte hängen von der Qualität der Kältemaschine und von den Prozesstemperaturen ab. Die theoretisch höchstmögliche Leistungsziffer EER_{CRNT} (Carnot Prozess) und der tatsächliche erreichbare EER werden durch den Gütegrad beschrieben:

$$\eta_{KM} = EER/EER_{CRNT}$$

Der Gütegrad realer Kaltdampf-Kompressionsanlagen erreicht 35 bis 45 Prozent. Übliche EER betragen bei realen Bedingungen 2,5 bis 3,5, die Werte für der SEER liegen zwischen 3,5 und 4,8.

Kompressionskältemaschinen werden in der Gebäudetechnik in unterschiedlichen Bauarten eingesetzt. Man unterscheidet (in Verbindung mit raumlufttechnischen Anlagen) Nur-Luftanlagen, Luft-Wasseranlagen und Luft-Kältemittelanlagen (vgl. S. 5.18). Die Kältemaschinen werden zur Kühlung der Räume direkt oder indirekt eingesetzt. Die direkte Kühlung erfolgt durch dezentrale Anlagen im Raum. Bei Aufstellung des Kälteteils außen und Anordnung des Gerätes im Raum spricht man von einem „Splitgerät“. Werden mehrere Splitgeräte über ein Kälteteil versorgt, bezeichnet man diese Anlagen als „Multi-Splitanlagen“ (Abb. 5.49a). Kennzeichnend ist die direkte Kühlung, d. h. der Kältemittelverdampfer liegt im abzukühlenden Stoffstrom (hier der Raumluft). Bei dem indirekten Verfahren wird in einer Kältemaschine ein geeigneter Kälteträger, wie Wasser oder ein Gemisch aus Wasser und Glykol (Sole), abgekühlt. In einem zweiten Kreislauf wird das Kälteträgermedium zu einem Verteiler gefördert und versorgt Temperierungssysteme (z. B. Kühldecken) oder Wärmetauscher in raumlufttechnischen Anlagen (Abb. 5.22). Die häufig außerhalb des Gebäudes (Dach) aufgestellten Geräte sind über ein geschlossenes Kaltwasser-Pumpensystem mit den Verbrauchern verbunden. Übliche Systemtemperaturen sind 6 °C Vorlauf- und 10 bis 12 °C Rücklauftemperatur. Wenn Umweltenergie als Wärmesenke eingesetzt wird, werden üblicherweise Temperaturen von 14 bis 16 °C gewählt. Die Aufteilung des Kälteprozesses auf einen außerhalb des Gebäudes stehenden Rückkühler, der das Wärmeträgermedium kühlt, und dem innerhalb des Gebäudes untergebrachten Kälteteil bestehend aus Verdampfer, Verflüssiger und Verdichter, nennt man „Glykol-Rückkühler“.

Bei den indirekten Systemen wird durch das Sekundärsystem der geschlossenen Kaltwasserverteilung die Effizienz durch die zusätzliche Hilfsenergie (Umwälzpumpen) gemindert. Deshalb werden auch Lösungen angeboten, bei denen der wärmeaufnehmende Verdampfer direkt in das raumlufttechnische Zentralgerät eingebaut wird. Das System wird auch „**Direktverdampfer**“ genannt.

Entweder ist der Verflüssiger des Gerätes außerhalb des Gebäudes angeordnet, oder auch in das zentrale Lüftungsgerät integriert (auf der Fortluftseite). Da bei hohen Außentemperaturen die Fortlufttemperatur der Lüftungsanlage geringer als diese ist, ergibt sich ein verbesserter Gütegrad der Anlage (größere Leistungsziffer bei kleinerer Temperaturdifferenz).

Eine Besonderheit der Kaltwassersätze und indirekten Systeme ist die Möglichkeit, die Konstruktion für einen sog. **„free-cooling"**-Betrieb auszuführen. Immer, wenn das Potential der Außenluft ausreicht, wird der Kältekreislauf abgestellt und mit dem natürlichen Temperaturgefälle zur Außenluft kaltes Wasser erzeugt. Eine weitere Methode der Rückkühlung (Wärmeabfuhr aus dem Kreislaufprozess) ist der Kühlturm.

Eine besondere Variante ist die **adiabate Verdunstungskühlung**. Dazu wird verdunstendes Wasser in die Abluft (eines RLT-Gerätes) eingespritzt und die Luft befeuchtet. Die warme Luft nimmt Wasser auf, welches vom flüssigen in den dampfförmigen Zustand übergeht. Durch die Verdampfungswärme des Wassers wird der Luft latente Wärme entzogen und die Temperatur sinkt. Mittels Kreuzstromwärmetauscher wird dann die Zuluft abgekühlt. Anhaltswert für die Abkühlung der Luft ist 2,5 Kelvin/Gramm Wasser, welches pro Kilo Luft aufgenommen wird. Kritisch ist der Frischwasserbedarf anzusehen. In Verbindung mit einer Regenwasserspeicheranlage kann die adiabate Verdunstungskühlung eine sinnvolle, nachhaltige Kühltechnik sein. Die Grenze liegt bei einer erzielbaren Zulufttemperatur von 20 bis 24 °C im Sommer. Nur bei thermischer Optimierung eines Gebäudes und geringer Kühllast kann die adiabate Verdunstungskühlung als ausreichende Wärmesenke eingesetzt werden.

3.3.2 Kälteerzeugungsanlagen mit natürlichen Wärmesenken

Die Kühlung ohne Kältemaschinen funktioniert nur, wenn eine natürliche Wärmesenke zur Verfügung steht. Wird ein Gebäude z. B. über Deckentemperierung gekühlt, müssen die Temperaturen des Wärmeträgers Wasser im Bereich zwischen 16 °C und 20 °C liegen. Da zur Verhinderung der Unterschreitung des Taupunktes im Raum die Oberflächentemperatur der Wärme aufnehmenden Bauteile über 16°C liegen sollte, darf die Wärmeträgervorlauftemperatur nicht zu niedrig sein. Erwärmt sich das Wasser in dem geschlossenen Kreislaufsystem bei einer Temperatureinspeisung von 3 K auf 19 °C, können natürliche Wärmesenken, wie Grundwasser (10° bis 14 °C), Oberflächenwasser oder das Erdreich ab einer Tiefe von mindestens 10 bis 20 m, sehr gut verwendet werden. Es muss lediglich die Hilfsenergie für die Umwälzpumpen eingesetzt werden.

In Abb. 5.49b ist eine Direktkühlung mit Oberflächenwasser dargestellt. Das erwärmte Wasser aus dem Flächenkühlsystem wird über einen Zwischenwärmetauscher mit Flusswasser gekühlt. Zu beachten ist, dass die Oberflächenwassertemperatur abhängig von der Außentemperatur schwankt (phasenverschoben) und ggf. eine für Kühlung zu hohe Temperatur aufweist. Die dargestellte reversible Wärmepumpe kann bei rechtsläufigem Betrieb auch als Kältemaschine arbeiten (einige Wärmepumpen werden für „reversiblen" Betrieb angeboten). Dann kann bei nicht ausreichendem Wärmesenkenpotential die Kältemaschine Wasser kühlen. Oberflächenwasser mit mehr als 20 °C kann noch für die Rückkühlung der Kältemaschine eingesetzt werden.

Grundwasser weist ab einer Tiefe von 10 m nur geringe Temperaturschwankungen auf. Mit ca. 10 °C ist Grundwasser als Wärmesenke gut zu verwenden. Der Wärmeentzug aus dem Grundwasser kann nach zwei Methoden erfolgen:

- direkte Erwärmung des Grundwasserleiters
- Entnahme, Aufwärmung und Wiedereinleitung des Grundwassers.

Bei der erstgenannten Methode werden Tauchsieder-ähnlich geformte Wärmetauscher über Bohrlöcher in den Grundwasserleiter gebracht und über einen Solekreislauf mit der Kälteanlage verbunden. Häufig wird die zweitgenannte Methode angewendet, für die eine Entnahme und Wiedereinleitung des Grundwassers mit Förder- und Schluckbrunnen stattfindet. Meist wird eine Temperaturerhöhung auf 6 K begrenzt und muss überwacht werden (geothermisches Monitoring). Die Regeneration des Wärmehaushaltes durch Pendelbetrieb (Heizen über Grundwasserwärmeentzug im Winter, Kühlen im Sommer) wird bevorzugt. Dafür sollten thermische Simulationen einen ausgeglichenen Wärmehaushalt nachweisen. In Abb. 5.49d ist eine Anlage mit Direktkühlung über Grundwasser dargestellt.

Als **Erdkollektoren** werden im Erdreich in einer Tiefe von 1,20 – 1,50 m parallel verlegte Rohre bezeichnet. Der Verlegeabstand beträgt zwischen 0,5 m (wassergesättigter Sand/Kies) und 0,8 m (trockener, nicht bindiger Boden). Der Wärmeeintrag wird je nach Bodenqualität zwischen 10 bis zu 40 W/m² (wassergesättigter Sand/Kies) angegeben. Erdwärmekollektoren sollen nicht überbaut und die Oberfläche sollte nicht versiegelt werden.

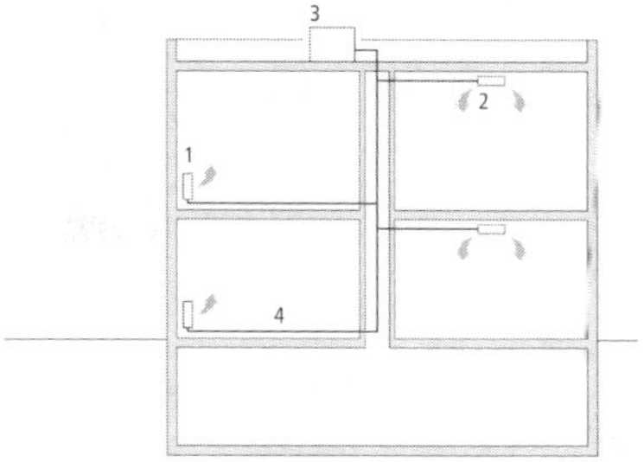

1 Splitgerät (Brüstung)
2 Splitgerät (Deckenmontage)
3 Flüssigkeitskühler
4 Kühlmittelleitung

Abb. 5.49a
Kühlung mit Multi-Split-Anlage

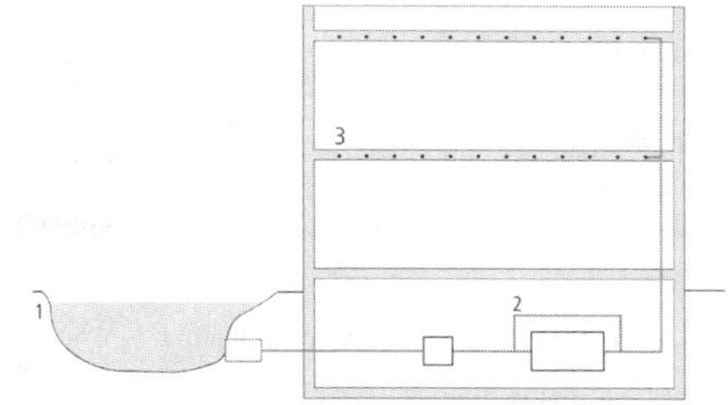

Temperaturspanne: + 2-24 °C

1 Oberflächengewässer
2 Reversible Wärmepumpe evtl. mit Bypass
3 Flächenkühlsystem

Abb. 5.49b
Kühlung mit Oberflächenwasser

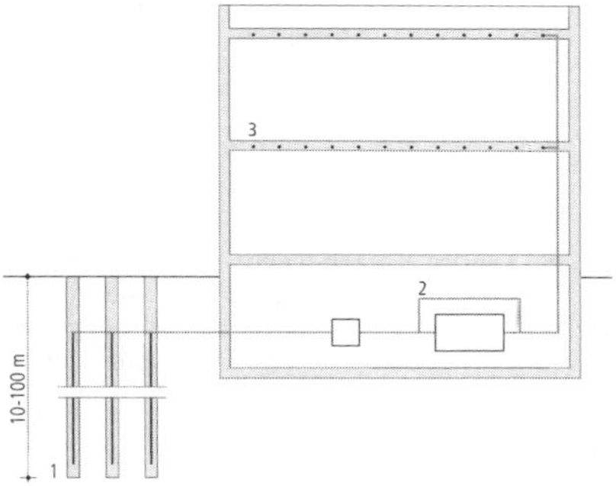

1 Erdsonden, U-Rohr oder Doppel U-Sonde, ∅ 50-80 mm
2 Reversible Wärmepumpe evtl. mit Bypass
3 Flächenkühlsystem

Abb. 5.49c
Kühlung mit Erdsonden und reversibler Wärmepumpe mit Direktkühlung

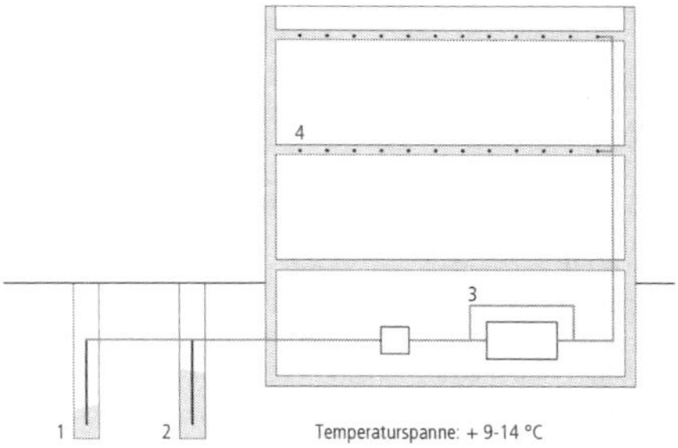

Temperaturspanne: + 9-14 °C

1 Grundwassersaugbrunnen
2 Grundwasserschluckbrunnen
3 Reversible Wärmepumpe evtl. mit Bypass
4 Flächenkühlsystem

Abb. 5.49d
Kühlung mit Grundwasser und reversibler Wärmepumpe mit Direktkühlung

Vertikale **Erdwärmesonden** (vertikal verlegte Erdreichwärmetauscher) werden in bis zu 100 m tiefe Bohrungen (bei manchen Verfahren auch bis zu 400 m Tiefe) eingebracht. Wegen des geringeren Flächenbedarfs und günstigeren spezifischen Wärmeleistungen wird diese Technik häufig gegenüber den waagerechten Erdreichwärmetauschern bevorzugt. Die Erdwärmesonden werden in einem geschlossenen Kreislauf bis zur Wärmpumpenanlage für Heizsysteme entweder als indirektes System mit einem Zwischenkreislauf oder mit einem Direktsystem mit Kältemittel in Verbindung mit dem Verdampfer der Wärmepumpe gebaut. Letztgenannte Ausführung wird selten gewählt. Bei dem indirekten System wird z. B. ein Solekreislauf (Mischung Monoethylenglycol/Wasser) mit der Wärmepumpe über einen Zwischenwärmetauscher verbunden. Durch Abschaltung des Wärmepumpenkreislaufs kann eine einfache Direktkühlung erfolgen. Das erwärmte Wasser aus dem Temperierungssystem wird über einen Bypass direkt im Zwischenwärmetauscher abgekühlt. Übliche Temperaturen des Kühlwassers sind 16 °C Vorlauf, 18 bis 20 °C Rücklauf. Bei einer mittleren Erdreichtemperatur von 10 °C können die Erdsonden als Wärmesenke betrieben werden. In Abb. 5.49c ist eine Direktkühlung dargestellt. Die Sonden haben unterschiedliche Bauformen: U-Rohrsonde, Doppel-U-Rohrsonde, Koaxialsonde.

Die häufigste Anwendung ist zurzeit die Doppel-U-Rohrsonde. Das Bohrloch wird mit einer Bentonit-Zement-Suspension verpresst, um einen guten Wärmeübergang zwischen Erdreich und Sonde zu gewährleisten. Die **erreichbaren Wärmeeintragsleistungen** richten sich nach der Betriebsweise der Anlage (nur Heizen oder Heizen und Kühlen), nach der Betriebszeit und wesentlich nach der Qualität des Untergrundes. Bei schlechtem Untergrund können 20 W/m erzielt werden, bei Kies/Sand, wasserführend, bis zu 55 W/m und bei Gneis 50 – 60 W/m. Die genannten U-Rohr-Sonden haben einen Rohrdurchmesser von 25 – 32 mm, die Außenabstände einer U-Rohr-Sonde 50 – 70 mm. Die Sonden sind in Abständen von mind. 6 m zueinander einzubauen. Die Sondenrohre sollen in parallel geschalteten Kreisen zum Verteiler geführt werden.

Energiepfähle

Die Gebäudegründung kann kostengünstig als Absorber (bauteilintegrierte Rohrsysteme) verwendet werden. Eine Methode ist die Aktivierung von Pfahlgründungen. Alle Pfahlbaumethoden (Ortbetonpfähle, Fertigpfähle aus Stahlbeton oder Stahl) können eingesetzt werden. Eine wirtschaftliche Nutzung beginnt bei Pfahllängen von etwa 6 m. Bereits als Fertigteil ausgeführte Energiepfähle sind besonders wirtschaftlich. Zur Bestimmung der Entzugsleistung von Pfählen müssen Auslegungsprogramme verwendet werden, die die unterschiedlichen Wärmeübertragungsverhältnisse zwischen Rohr-Betonpfahl und Erdreich im Zusammenhang mit den Bodenverhältnissen aufzeigen. Grundwasserführende Schichten verbessern den Wärmeentzug bzw. die Wärmeeinbringung. Bei Wärmespeicherung ist eine hohe spezifische Wärmekapazität und ein geringer Grundwasserstrom günstiger. Andere erdreichberührende Flächen (Schlitzwände, Bodenplatten) können ebenfalls gut als Absorber eingesetzt werden.

Tafel 5.50 Entzugsleistungen bzw. Wärmesenkenleistung für Energiepfähle (Quelle: Fa. Uponor)

	Energiepfähle d < 60 cm	Energiepfähle d > 60 cm
Wärmequelle	40 - 80 W/m	30 - 70 W/m²
Wärmesenke	20 - 60 W/m	20 - 50 W/m²

3.3.3 Kälteerzeugung mit Sorptionsverfahren

Die Kälteerzeugung mit Sorptionsverfahren unterscheidet sich von den Kompressionsverfahren durch den Verdichterprozess als thermischen Verdichter. Dazu wird ein Lösungsmittelkreislauf verwendet, dessen Beschreibung der Sorptionswärmepumpe entspricht. Die notwendige Lösungsmittelpumpe benötigt vergleichsweise wenig Energie, der Prozess wird hauptsächlich durch Wärme angetrieben. Die Wärme entsteht durch Gasverbrennung oder durch Verwendung von Abwärme bzw. Fernwärme. Sorptionsprozesse unterteilt man in Ab- und Adsorption. Bei den Absorptionsverfahren wird ein Zweistoffsystem (z. B. Lithiumbromid-Wasser oder Wasser-Ammoniak) verwendet. Die Verdichtung erfolgt in Form einer thermischen Verdichtung durch Wärmezufuhr. Es werden Maschinen mit einstufigem- oder zweistufigem Verfahren angeboten. Die Druckerhöhung von Verdampferdruck auf Kondensationsdruck erfolgt durch die Lösungsmittelpumpe. Das einstufige Verfahren liefert geringere Wärmeaustauschgrade als das zweistufige. Allerdings ist die notwendige Temperatur der Wärmezufuhr für den Absorptionsvorgang geringer (70 – 85 °C). Damit wird der einstufige Prozess für die Nutzung von Motorabwärme aus Kraft-Wärme-Kopplung interessant. Die Qualität der Absorptionskälteanlage beschreibt das Wärmeverhältnis:

$$\zeta = Q_{c,outg} / Q_{c,them}$$

mit der Kälteleistung am Verdampfer (Nennkälteleistung) und der Heizleistung am Austreiber. Die notwendige Warmwassertemperatur am Austreiber beträgt 70-130 °C. Das Wärmeverhältnis liegt zwischen 0,6 – 0,83. Die energetische Bewertung von Absorptionskältemaschinen erfolgt anhand des Wärmeverhältnisses ζ und eines mittleren Teillastfaktors PLV_{av} (siehe DIN EN 18 599).

In Tafel 5.52 sind einige typische Werte für das Nennwärmeverhältnis angegeben. Bei den Adsorptionsmaschinen besteht der Sorptionsprozess aus dem periodischen Wechsel von Adsorption und Regeneration von Kältemittel und hochporösen hygroskopischen Feststoffen (Aktivkohle, Zeolith, Silikagel). Es handelt sich um eine reversible Anlagerung von Gasmolekülen an den porösen Feststoffen mit großer Oberfläche. Adsorptionsmaschinen sind, besonders in kleiner Bauweise (ab 40 kW Kälteleistung), für Abwärmenutzung geeignet, da die Temperatur der zuzuführenden Wärme mindestens 70 bis 75 °C (je nach Gerätekonstruktion) betragen sollte.

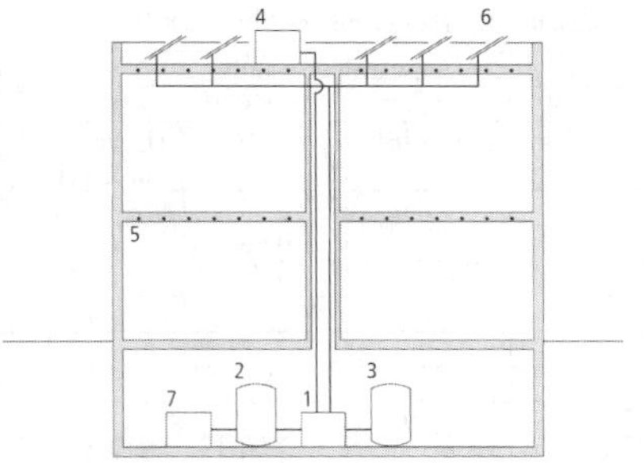

1 Ab- oder Adsorptionskältemaschine
2 Wärmespeicher
3 Kältespeicher
4 Rückkühlwerk
5 Deckentemperierung
6 Thermische Solarkollektoren
7 Zusatzwärmeerzeuger (Back-up)

Abb. 5.51a
Kälteerzeugungsanlage mit solarer Wärmeerzeugung für eine Ab- oder Adsorptions-Kältemaschine

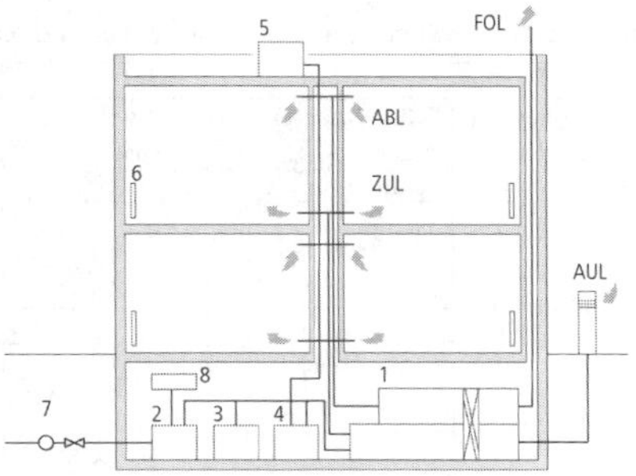

1 Raumlufttechnische Anlage
2 Kraft-Wärme-Kopplung (BHKW)
3 Spitzenlast-Wärmeerzeuger
4 Ab- oder Adsorptionskältemaschine
5 Rückkühlwerk
6 Statische Heizkörper
7 Erdgasanschluss
8 Stromverteiler

Abb. 5.51b
Kälteerzeugungsanlage mit Abwärmenutzung aus Kraft-Wärme-Kopplung

In Abb. 5.51a ist eine Kälteerzeugungsanlage mit Nutzung solarer Wärme dargestellt. Die Anlage kann bei Verwendung reversibler Adsorptionsmaschinen auch für Heizzwecke eingesetzt werden. Ein Zusatzwärmeerzeuger (Back-up) übernimmt die Spitzenheizlast. In Abb. 5.51b ist die Kälteerzeugungsanlage mit Abwärmenutzung aus Kraft-Wärme-Kopplung dargestellt. Die BHKW-Anlage kann dadurch deutlich stärker ausgelastet werden, und die Wirtschaftlichkeit wird erheblich verbessert. Selbstverständlich müssen die Heiz-, Strom- und Kältelast abgestimmt sein. Das hier dargestellte Gebäude wird außerdem mit einer zentralen Raumlufttechnik versorgt. Ein weiteres System der solarunterstützten Kühlung ist das **Desiccant Cooling System (DCS)**. Hier wird nicht die solare Wärme in kaltes Wasser umgewandelt – wie bei den Sorptionsverfahren – sondern die Zuluft eines raumlufttechnischen Systems indirekt gekühlt. Dazu wird die Abluft bis an die Sättigungsgrenze befeuchtet, wodurch die Temperatur sinkt. Durch Nacherwärmung der Fortluft ist die Feuchteaufnahme wieder möglich und ein Entfeuchtungsrad (Sorptionsrad) kann die Außenluft entfeuchten. Mit der Befeuchtung der Zuluft sinkt noch einmal die Zulufttemperatur. Unter Beachtung der Behaglichkeitskriterien (relative Feuchte der Zuluft max. 60 bis 65 %) können so Zulufttemperaturen von 20 bis 21 °C erreicht werden. Dieses System ist vor allem bei Anlagenkonzepten mit Nur-Luftanlagen sinnvoll. Kombinierte Luft-Wasseranlagen sind dann von Vorteil, wenn der höhere Anteil der Kühllasten über Bauteiltemperierung mit geschlossenen Kaltwasser-systemen abgeführt wird. Ein weiteres Verfahren der solaren Kühlung ist die Stromerzeugung über Photovoltaikanlagen und der Antrieb von Kompressionskältemaschinen mit solarerzeugtem Strom.

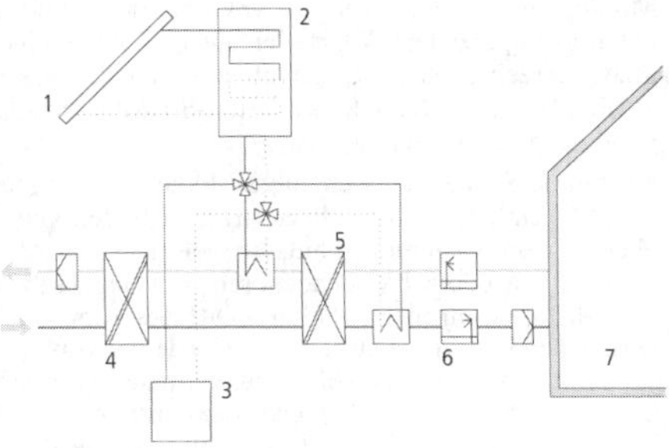

Abb. 5.51c
Solare Kühlung mit Solarkollektoren und Absorptionskältemaschine

1 Thermischer Solarkollektor
2 Speicher
3 Heizkessel
4 Rotationswärmetauscher
5 Wärmerückgewinnung
6 Befeuchter
7 Solare interne Lasten

Tafel 5.52 Nennwärmeverhältnis einiger Ab- und Absorptionskälteanlagen (nach DIN V 18 599-7)

Heiztemperatur Vorlauf/Rücklauf [°C]	Kühlwasserein-/austrittstemperatur [°C]	Kaltwasseraustrittstemp. [°C]	Nennwärmeverhältnis ζ			
			≤ 200 kW	bis 200 kW		
			H_2O-LiBr	H_2O-LiBr	NH_3/H_2O	H_2O/Silikagel-Zeolith
70/60	27/33	6	-	0,65	0,50	-
		12	-	0,70	0,56	0,59
		16	-	0,75	0,62	0,63
	40/45	6	-	-	-	-
		12	-	-	-	-
		16	-	-	-	-
80/70	27/33	6	-	0,69	0,52	-
		12	0,71	0,72	0,60	0,52
		16	-	0,77	0,64	0,60
	40/45	6	-	-	-	-
		12	-	-	-	-
		16	-	0,50	-	-
90/75	27/33	6	0,69	0,70	0,57	-
		12	0,71	0,73	0,62	0,51
		16	0,73	0,77	0,64	0,55
	40/45	6	-	-	-	-
		12	-	0,50	-	-
		16	-	0,60	0,45	0,34
110/95	27/33	6	0,70	-	0,53	-
		12	0,71	-	0,56	-
		16	0,72	-	0,58	-
	40/45	6	-	0,50	0,42	-
		12	0,60	0,60	0,52	-
		16	0,70	0,70	0,58	-

3.4 Photovoltaikanlagen

Die Möglichkeit, Licht direkt in elektrischen Gleichstrom umzuwandeln, beruht auf der Entwicklung dünner Siliciumscheiben, die winzige, positiv oder negativ aufgeladene Metallteilchen enthalten. Fällt Licht auf die Solarzellenfläche, entsteht ein Stromfluss zwischen den Metallspuren, der über aufgedruckte Metallfäden gesammelt und der Nutzung zugeleitet werden kann.

Zu unterscheiden sind **amorphe und kristalline Siliciumzellen**:

Amorphe Siliciumzellen sind einfacher herzustellen, haben mit 6 – 10 % jedoch einen relativ niedrigen Wirkungsgrad. Bei Dünnschichtmodulen wird eine sehr dünne Siliziumschicht auf Glas aufgetragen. CIGS-Module sind eine Sonderform (röhrenförmig) und können auch bei schwachen Lichtverhältnissen einen guten Ertrag erzielen. Solarzellen aus monokristallinem Silicium erzielen mit 20 % die höchsten Wirkungsgrade; derzeit höchster Marktanteil. Solarzellen aus multikristallinem (polykristallinem) Silicium, d. h. mit weniger gleichmäßiger Kristallgitter-Struktur, erzielen nur Wirkungsgrade von 15 – 20 %, sind aber mit geringeren Kosten herzustellen.

Kristalline Solarzellen werden zu Modulen zusammengefasst, deren Größe herstellerspezifisch variiert (ca. 50/100/4 cm). Etwa 36 – 40 Solarzellen bilden verschaltete Photovoltaik-(PV-)Module in Plattenform mit oberseitigem Witterungsschutz (hagelschlagsichere Spezialverglasung) und Rahmung. Zusammengefasst bilden PV-Module PV-Generatoren. Im Gegensatz zu thermischen Solarkollektoren nutzen PV-Anlagen auch diffuse Sonneneinstrahlung. Diffuses Sonnenlicht kommt aus allen Himmelsrichtungen und macht in Deutschland im Mittel etwa 48 – 57 % der Gesamteinstrahlung aus. Bei einem Wirkungsgrad von z. B. 14 % kann mit 20 m² Generatorfläche in optimaler Ausrichtung eine Spitzenleistung von 2800 W_p erreicht werden (20 m² · 1000 W_p/m² · 0,14). Die Nennleistung von 1 W_p (Watt-Peak = Spitzenleistung) wird für 1000 W/m² Einstrahlungsstärke und 25 °C Zellentemperatur definiert (unbedeckter Sonnenhimmel und senkrechte Einstrahlung). Die durchschnittlich erzielbare Leistung liegt z. T. erheblich niedriger. Je nach Bewölkung und Jahreszeit kann der Energieeintrag bis auf etwa 2 – 10 % der Spitzenleistung absinken. Die mittlere jährliche Ausbeute beträgt bei dieser Anlage bei einer angenommenen jährlichen Einstrahlung von 1100 kWh/(m²·a) rund 3080 kWh/a (20 m² · 1100 kWh/m² · 0,14).

Tafel 5.53a Mittlere Globalstrahlung in Deutschland je m² bei 30° Neigung und Solarertrag bezogen auf kWp. Im Winter werden ca. 25 % der Solarerträge erreicht.

Mittelwert Solarstrahlung (Globalstrahlung) auf die Horizontale in Deutschland 900-1200 kW/m²		
Bei 30° Neigung und Südausrichtung		PV Solarertrag bei PR = 0,8*
Norddeutschland	1130 kWh/m²	904 kWh/kW$_p$
Mitteldeutschland	1200 kWh/m²	960 kWh/kW$_p$
Süddeutschland	1300 kWh/m²	1040 kWh/kW$_p$
* Performance Ratio		

Die optimale Ausrichtung einer PV-Anlage wäre eine - nur mit erheblichem Aufwand ausführbare - dem Sonnenstand nachgeführte Fläche. Ausgeführt werden Anlagen allerdings nach der Anordnung am Gebäude. Photovoltaik-Generatoren können auf Dächern bündig mit der Dachfläche installiert werden oder oberhalb der Dachfläche bzw. aufgeständert auf flachem Dach. Der größte jährliche Energieeintrag wird bei Südorientierung und 30° – 35° Generatorneigung erzielt. Abweichungen bis hin zu 20° bzw. 50° wirken sich mit 2 – 3 % Verlust nur geringfügig auf den Ertrag aus, da auch diffuse Einstrahlung verwertet wird. Das Gleiche gilt für Abweichungen von der Südausrichtung bis zu 45° nach Osten oder Westen, vgl. Tafel 5.53c.

Tafel 5.53b Wirkungsgrade und Kennzahlen der gängigen Solarzellentypen

	Monokristalline Solarzellen	Polykristalline Solarzellen	Dünnschicht Solarzellen	CIS
Laborwirkungsgrad	bis 26 %	bis 18,9 %	bis 11,5 %	bis 20 %
Praxiswirkungsgrad	15-25 %	12-16 %	5-10 %	13-15 %
Kennzeichen	gleichmäßige glatte Oberfläche	unregelmäßige Oberfläche	glatte Oberfläche	glatte Oberfläche
Leistungsverhalten bei höheren Temperaturen	Leistung sinkt	Leistung sinkt	geringe Einbußen	geringe Einbußen

Tafel 5.53c Einfluss der Modulneigung und der Ausrichtung von Photovoltaikanlagen auf den solaren Ertrag (Angaben vereinfacht zur Abschätzung)

Modulneigung	10°	30°	90°
Ost-Ausrichtung	90 %	85 %	60 %
Süd-Ausrichtung	90 %	100 %	75 %
West-Ausrichtung	90 %	85 %	60 %
Nord-Ausrichtung	90 %	70 %	30 %

Tafel 5.53d Erforderliche Modulfläche je nach Photovoltaik-Zellentyp bezogen auf 1 kW$_p$ bei 100 W$_p$ Einstrahlung (Werte gerundet, netto ohne Konstruktionsfläche)

	Typischer Wirkungsgrad	Erforderliche Fläche
Monokristalline Silizium Solarzellen	15-25 %	4-7 m²/kW$_p$
Polykristalline Silizium Solarzellen	12-16 %	6-8 m²/kW$_p$
Dünnschicht (amorphe) Silizium Solarzellen	5-10 %	10-20 m²/kW$_p$
CIS (Kupfer-Indium-Diselenid) Solarzellen	13-15 %	7-8 m²/kW$_p$

Ertragsbeeinflussende Planungsfaktoren

Ausrichtung

Bei der Planung einer Photovoltaikanlage ist die Ausrichtung der gewählten Gebäudeflächen in besonderem Maße zu berücksichtigen (Tafel 5.53c). Wenngleich auch die Planungskriterien bei gebäudeintegrierten Anlagen nicht rein ertragsorientiert sein müssen, so ist es dennoch unabdingbar, die besonderen Anforderungen dieser elektronischen Bauteile zu berücksichtigen. Dennoch hat man als Planer bei der Ausrichtung des Gebäudes einen großen Spielraum: Abweichungen von Süd-Ost bis Süd-West ziehen lediglich geringe Ertragseinbußen nach sich. Bei der Wahl des Neigungswinkels hat man mit südlicher Orientierung selbst bei vertikalem Einbau noch fast ¾ der Einstrahlung gegenüber einer optimalen Ausrichtung. Grundsätzlich können Photovoltaik-Anlagen an den unterschiedlichsten Stellen eines Gebäudes, unter Beachtung einer geeigneten Ausrichtung, angeordnet werden: Dächer, Lichtdächer (Treppenhäuser, Einkaufspassagen), Dachaufbauten (Aufzüge, lufttechnische Anlagen), Attiken, Brüstungen, Vorhangfassaden, siehe auch Abb. 5.54.

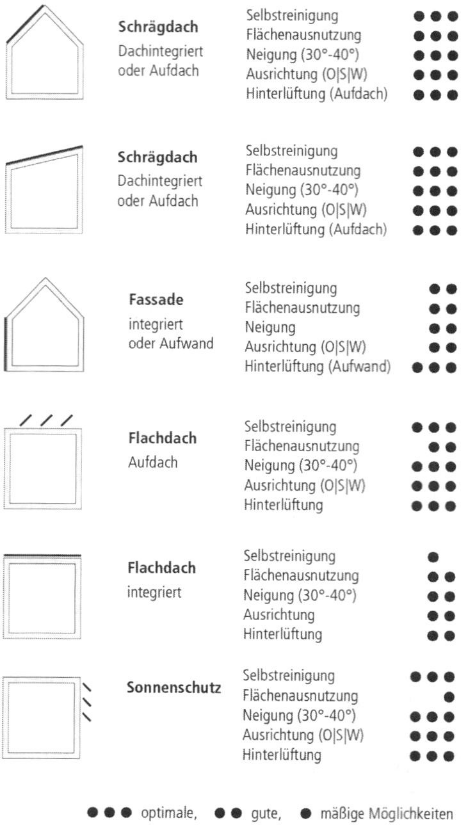

Abb. 5.54
Einsatzbereiche von Photovoltaikanlagen in Gebäuden

Neben den üblichen lichtundurchlässigen Solarflächen gibt es semitransparente Elemente, die bei etwas reduzierter Energieausbeute eine gewisse Durchsicht gewähren. Auch in Verbindung mit Brandschutzglas sowie in durchbruch- und beschusshemmender Ausführung stehen PV-Module zur Verfügung.

Hinterlüftung

Neben der Ausrichtung und möglicher Abschattung der Module hat der elektrische Wirkungsgrad der Photovoltaikanlage einen entscheidenden Einfluss auf den Ertrag. Dieser nimmt mit zunehmender Erwärmung der Solarzellen ab. Konstruktive Einbindungen haben großen Einfluss. Eine ausreichende Hinterlüftung sollte durch entsprechende Planung gewährleistet sein, zumindest aber mit den anderen bautechnischen und gestalterischen Entscheidungskriterien abgewogen werden, siehe Abb. 5.55.

Die Module können sich bis zu 70 °C aufheizen. Mit steigender Temperatur nimmt der Wirkungsgrad ab, pro Grad Celsius um etwa 0,4 %; daher sollte die Generatorfläche gut hinterlüftet sein, was besonders bei Außenwandverkleidungen mit Solarelementen zu berücksichtigen ist. Modulleitungen müssen für Umgebungstemperaturen um 70 °C ausgelegt sowie UV- und witterungsbeständig sein.

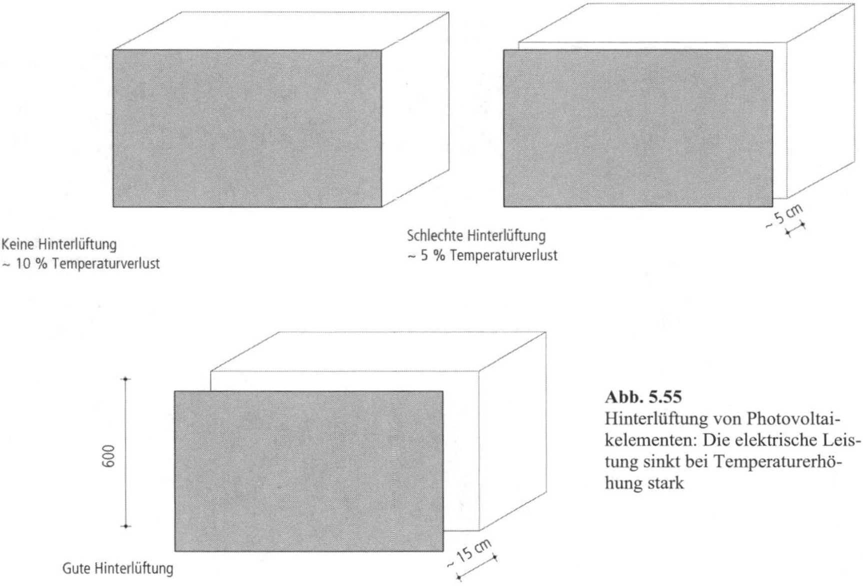

Abb. 5.55
Hinterlüftung von Photovoltaikelementen: Die elektrische Leistung sinkt bei Temperaturerhöhung stark

Verschattungsfreiheit

Generatorflächen dürfen an keiner Stelle durch Schornsteine, Antennen, Stromleitungen, Bäume usw. verschattet werden. Bereits scheinbar geringfügige Schatten, wie z. B. von vorstehenden Pfosten oder Riegeln des Tragwerks, bewirken eine deutliche Leistungsminderung der Anlage (bis zu 60 %). In einem Solarmodul bestimmt die Zelle mit der geringsten Bestrahlung den Strom aller mit ihr in Reihe geschalteter Zellen. Falls eine zeitweilige Verschattung unumgänglich ist, sollten Module so verschaltet werden, dass sich die Verschattung nur auf einzelne Strings und nicht auf die gesamte Anlage auswirkt.

Entscheidend für den Ertrag einer Photovoltaikanlage ist nach der Orientierung die Verschattungsfreiheit der Generatorfläche (Abb. 5.56). Hierbei gilt für Photovoltaikanlagen die Besonderheit, dass aus oben angeführten Gründen bereits geringe Abschattungen von Modulen eine große Ertragseinbuße nach sich ziehen können. Oberstes Ziel sollte es daher sein, die Modulfläche so zu planen, dass sie im Tagesverlauf zumindest über das Sommerhalbjahr verschattungsfrei bleibt. Besonderes Augenmerk gilt hierbei der Analyse der umgebenden Bebauung. Auch Bepflanzungen können – eventuell erst zu einem späteren Zeitpunkt – Verschattungssituationen hervorrufen. Dies gilt besonders für neu entworfene Grünanlagen, die oftmals von externen Planern gestaltet werden. Genaue Vorgaben zur Sicherstellung der Verschattungsfreiheit sind daher ratsam. Auch eine mögliche Selbstverschattung des Gebäudes sollte untersucht werden. Dies kann sowohl durch die Gebäudegeometrie selbst hervorgerufen werden als auch über Konstruktionen im Detail: Tiefe Abdeckleisten, abgehängte Elemente oder bewegliche Teile bergen die Gefahr eines ungünstigen Schattenwurfs.

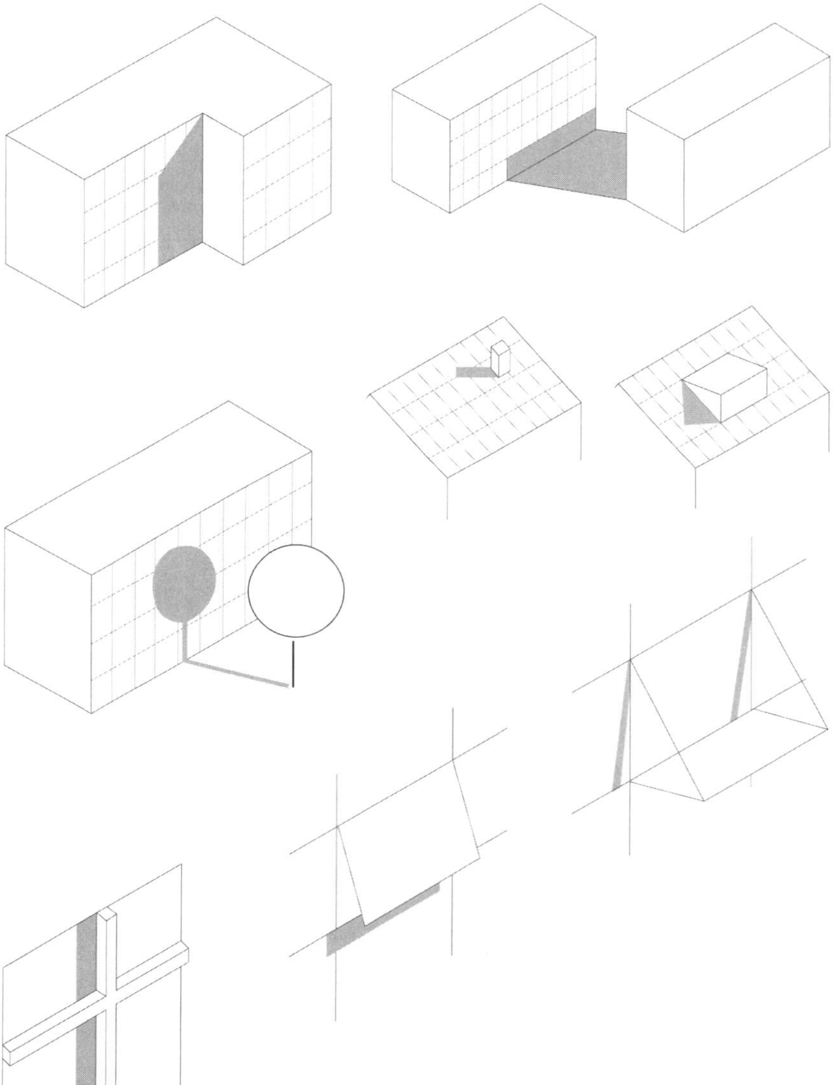

Abb. 5.56
Schattenwurf von Bauteilen mindert die Leistung von Photovoltaikmodulen. Durch Reihenschaltung der sog. „Stacks“ werden ganze Module auch bei nur Teilverschattung ertragslos.

Geeignete Flächen in der Gebäudehülle

Dachintegration

Bei der Integration einer Photovoltaikanlage in ein Gebäude gilt die erste Überlegung den geeigneten Flächen (Abb. 5.57). Prinzipiell kommt hierfür jede Fläche in Frage, die einer direkten Sonneneinstrahlung ausgesetzt ist. In der Praxis haben sich einige Bereiche der Gebäudehülle als besonders geeignet erwiesen. Im Dachbereich gilt dies vor allem für das Schrägdach, welches idealerweise als südorientiertes Pultdach ausgebildet wird. Zu beachten ist hierbei, dass Dachgauben oder Installationen, die die Dachhaut durchdringen, ertragsmindernde Verschattungen hervorrufen können. Bei geringer Dachneigung sind auch nicht optimal orientierte Dachflächen bis in Südost- oder Südwest-Richtung geeignet.

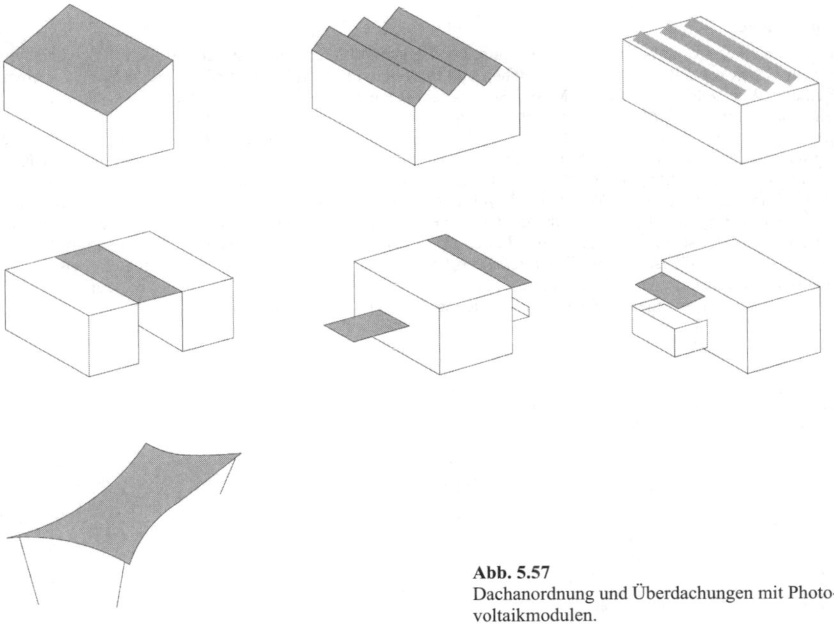

Abb. 5.57
Dachanordnung und Überdachungen mit Photovoltaikmodulen.

Fassadenintegration

Ein beträchtliches Potential an geeigneten Flächen stellen die Gebäude-Fassaden dar (Abb. 5.58). Diese vertikalen Flächen sind zwar nicht ideal ausgerichtet, so dass eine solche Anordnung einstrahlungsbedingt mit Ertragseinbußen verbunden ist, jedoch wird dieser Nachteil durch die Übernahme zusätzlicher Fassadenfunktionen ausgeglichen. Die vielfältigen konstruktiven Möglichkeiten bei Photovoltaikmodulen ermöglichen es, dass nahezu alle Funktionen einer Fassade übernommen werden können. In erster Linie bietet sich für die Anbringung von Photovoltaikmodulen eine vollflächige, hinterlüftete Kaltfassade mit südlicher Orientierung an. Bei entsprechender Planung mit gezielter Abluftführung kann die Modultemperatur niedrig gehalten und die erwärmte Abluft eventuell zusätzlich genutzt werden.

Zu unterscheiden sind netzgekoppelte Solarstrom-(PV-)Anlagen und Solarstromanlagen im Inselbetrieb. Beim Inselbetrieb ist besonders auf energiesparende elektrische Verbraucher zu achten. Ggf. ist ein DC-Netz (Gleichstrom 12 V, 24 V) auszuführen. Sollen herkömmliche Elektrogeräte angeschlossen werden, ist ein Wechselrichter erforderlich, der den Gleichstrom in 230 V Wechselstrom von 50 Hz umformt. Ein Teil der Energie geht durch Eigenverbrauch (Laderegler) und Leitungsverluste verloren, was den Wirkungsgrad vermindert.

Sofern ein öffentliches Stromnetz zur Verfügung steht, werden netzgekoppelte PV-Anlagen gewählt, siehe Abb. 5.59. Ein Wechselrichter (Netzeinspeisegerät) sorgt für die benötigte Spannung und Frequenz. Seine Qualität ist mitentscheidend für den Energieeintrag und die Haltbarkeit der Gesamtanlage. Liefert die PV-Anlage nicht genügend Energie, kann Strom aus dem Netz bezogen werden. Zeitweilig überschüssiger Solarstrom wird entweder in Batterien gespeichert oder ins öffentliche Netz eingespeist und mit einem im EEG (Erneuerbare-Energien-Gesetz) festgelegten Betrag pro kWh vergütet. Soll eine netzgekoppelte Photovoltaikanlage installiert werden, ist mit dem zuständigen Elektroversorgungsunternehmen ein Einspeise- bzw. Stromlieferungsvertrag abzuschließen Eine Baugenehmigung ist i. d. R. nicht erforderlich. In einigen Ländern besteht Anzeigepflicht. Für einen statischen Nachweis können 25 – 30 kg/m² als Zusatzlast für PV-Generatoren angenommen werden.

Stromspeicher

Eine wesentliche Verbesserung der Eigenstromnutzung kann durch Speichersysteme erfolgen. Speichersysteme für netzgekoppelte PV-Anlagen bestehen aus Batteriemodulen mit Laderegler, Entlade- und Lademanagement, Wechselrichter und den Mess-, Steuer- und Regeleinrichtungen. Die Speicher werden meist als Bleiakkumulator oder Lithium-Ionenspeicher eingesetzt. Es werden Systeme mit DC-Kopplung und AC-Kopplung angeboten. AC-gekoppelte Anlagen können einfach in eine bestehende netzgekoppelte Anlage integriert werden. Lithium-Ionen-Akkumulatoren können eine deutlich höhere Zahl von Ladezyklen erzielen und haben, da tiefenentladbar, eine höhere Energiedichte. Für kleine Gebäude werden Speicher mit 5 – 10 kWh Kapazität angeboten. Wegen der derzeit hohen Strompreise können trotz der noch hohen Anschaffungskosten vertretbare Kapitalrückflusszeiten erzielt werden. PV-Anlagen amortisieren sich derzeit in Deutschland häufig schon in weniger als 5 Jahren. Entscheidend ist eine Fachplanung, die die Strombedarfscharakteristik eines Gebäudes möglichst genau vorhersagt und darauf basierend ein geeignetes wirtschaftliches Energiekonzept entwickelt. In anderen Ländern liegt der Strompreis z. T. deutlich niedriger. Bei höheren Globalstrahlungsmengen sind PV-Anlagen dennoch in den meisten Fällen wirtschaftlich.

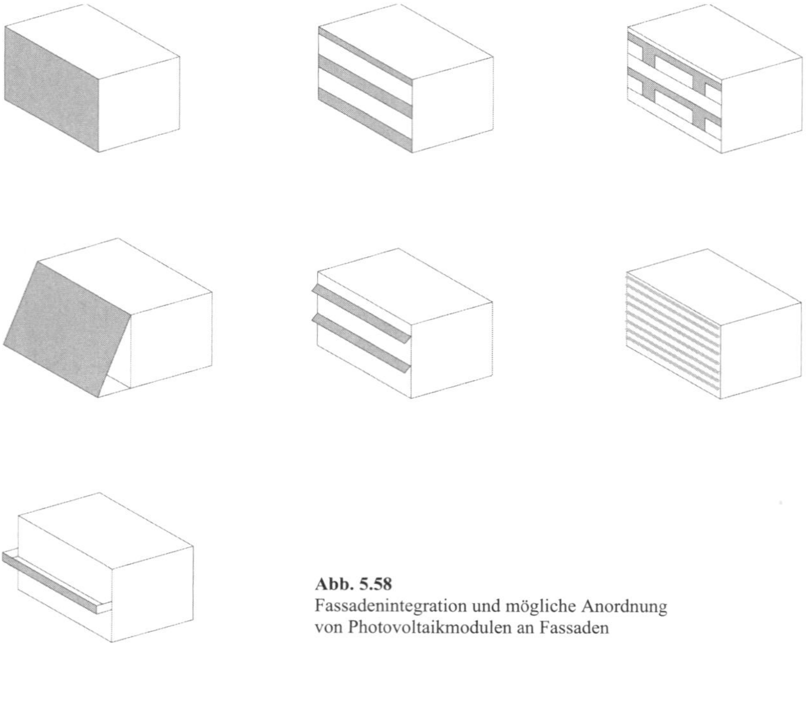

Abb. 5.58
Fassadenintegration und mögliche Anordnung von Photovoltaikmodulen an Fassaden

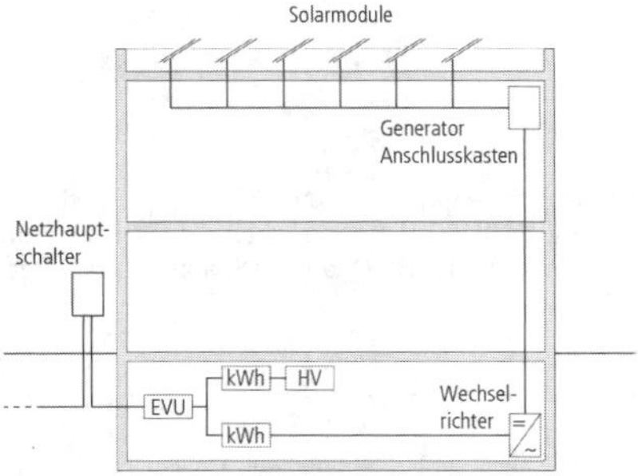

EVU Einspeisung Wechselstrom
kWh Zählung
HV Hauptverteilung

Abb. 5.59
Prinzipdarstellung einer netzgekoppelten Photovoltaikanlage

Tafel 5.59 Auszug Klimadaten verschiedener Städte weltweit mit Globalstrahlung, Gradtagszahlen für Heizung und Kühlung (18 °C Grenztemperatur) sowie Extremtemperaturen (Quelle: energyplus)

Kontinent	Stadt	Global-strahlung kWh/m²	Kühl-gradtage	Heiz-gradtage	Max. Tem-peratur °C	Min. Tem-peratur °C
Kanada	Vancouver	1229	5	3020	26,1	-7,2
	Ottawa/Ontario	1337	189	4664	33	-25
USA	Sacramento/Kalifornien	1793	531	1570	40	-1,1
	Olympia/Washington	1202	82	2942	35,6	-7,8
	Austin/Texas	1788	1647	896	37,2	-3,3
	Boston-Logan/ Massachusetts	1431	374	3167	33,3	-15
	Washington DC/ Virginia	1319	933	2074	38,3	-11,7
	Miami/Florida	1792	2369	64	33,9	3,3
Südamerika	Bogota/Kolumbien	1617	0	1755	23,6	0
	Brasilia/Brasilien	1592	1295	8	33,4	4
	Santiago/Chile	1790	268	1570	33,2	-6
Europa	Helsinki/Finnland	946	33	4712	28,7	-21,7
	London/Großbritannien	1009	32	2886	31,3	-5,9
	Berlin/Deutschland	985	170	3156	32,8	-9,1
	Paris/Frankreich	1068	142	2644	30	-6,
	Rom/Italien	1461	649	1444	31,8	-4,0
	Madrid/Spanien	1616	628	1965	40,4	-4,6
Afrika	Kairo/Ägypten	1919	1746	390	43	7
	Casablanca/Marokko	1701	582	829	42,2	1
	Kapstadt/Südafrika	1900	326	868	34	0,8
Asien	Peking/China	1395	855	2750	37,4	-14
	Shanghai/China	1420	1013	1716	38	-7
	New Delhi/Indien	1959	2679	321	43,6	4,2
	Tokyo Hyakuri/Japan	1306	508	2311	28	-15
	Abu Dhabi/Saudi Arabien	2204	3358	24	30,2	-6
	Singapore	1671	3454	0	33,8	21
Australien	Sydney/New South Wales	1652	634	687	43	1
	Perth/Western Australia	1957	757	747	42,6	1,9
	Melbourne/Victoria	1586	210	1733	39	0

4 Elektrotechnik – Starkstrom

4.1 Stromzuführung

Im Zuge einer internationalen Harmonisierung trat mit der Veröffentlichung der DIN IEC 38 für öffentliche Niederspannungsnetze der Bundesrepublik die Nennspannung 230/400 V an die Stelle der bisherigen 220/380 V. (Für Elektrogeräte ergaben sich hieraus keine Probleme. In der BRD lag der Spannungswert der Versorgungsnetze bereits vor 1987 bei etwa 230 V).

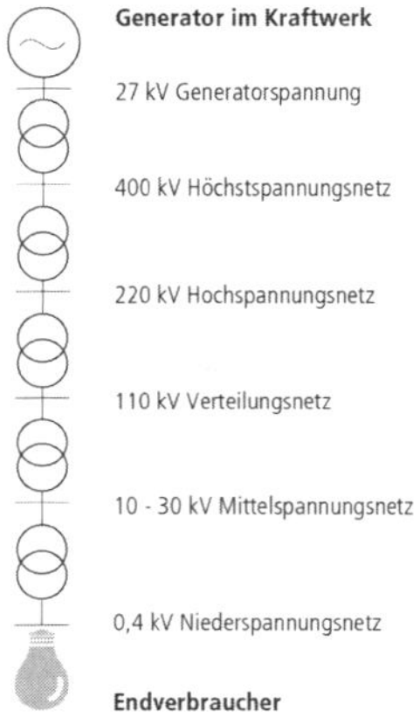

Abb. 5.60
Zur Verringerung der Verluste durch Erwärmung wird die Spanung der elektrischen Energie mehrfach auf den jeweils optimalen Wert transformiert.

Niederspannungsanschluss mit 230/400 V

Jedes Gebäude erhält einen Anschluss an das öffentliche Stromnetz, welches gewöhnlich als TN-C-Netz mit 4 Leitern ausgebildet ist, den 3 Phasen und einem Neutralleiter mit Schutzfunktion: L1, L2, L3 und PEN (früher R, S, T und MP).

Kurzbezeichnungen von Netzformen: Im Zuge einer internationalen Harmonisierung sind einige bisher gebräuchliche Begriffe, wie Nullung oder Schutzerdung, durch eine Buchstabenkombination ersetzt worden.

Tafel 5.60 Kennzeichnung von Leitern in Drehstromsystemen gem. DIN VDE 0470-1

Außenleiter	L1 L2 L3 R S T U V W	(vorzugsweise) (zulässig) (allgemein)	im Netz
Neutralleiter	N	(auch als Mittelleiter bezeichnet)	
Schutzleiter	PE	(protection earth, früher SL)	
Neutralleiter mit Schutzfunktion	PEN	(geerdeter Leiter, der die Funktionen von Neutralleiter + Schutzleiter übernimmt)	

Die dem Verbraucher als 230/400 V zugeführte Energie kann verwendet werden (V/3) als:

- 230-V-Wechselstrom für Leuchten- und Steckdosenstromkreise mit 3 Leitern: einem Außenleiter, beispielsweise L1, dem Neutralleiter N und dem Schutzleiter PE.
- 400-V-Drehstrom mit 4 oder 5 Leitern je nach Art des angeschlossenen Geräts, z. B. Elektro-Herde mit den 3 Außenleitern + N + PE oder Durchlauferhitzer mit den 3 Außenleitern + PE.

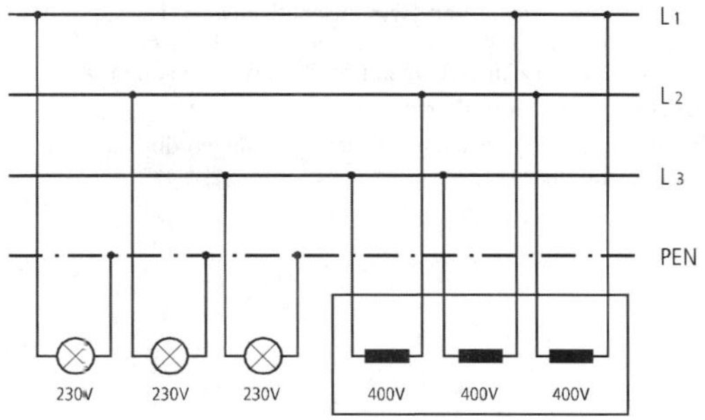

Abb. 5.61
In Deutschland besteht (mit einigen wenigen Ausnahmen) im Niederspannungsbereich zwischen jeder Phase und dem geerdeten PEN-Leiter eine Spannung von 230 V, zwischen 2 Phasen jeweils 400 V.

Anschluss geplanter Gebäude

Bereits im Vorplanungsstadium sollte der Architekt mit dem zuständigen EVU die Versorgungs- und Anschlussfragen klären (Art der Zuleitung, Trassenführung, Transformatorenstation) und sich zur Aufstellung seines Finanzierungsplanes die Anschlusskosten angeben lassen. Hierzu wird das EVU nähere Angaben und Unterlagen anfordern (wie z. B. Lageplan, Gebäudekonzeption, geplante elektrische Einrichtungen).

Freileitungsanschluss

Freileitungsnetze finden sich vorwiegend in ländlichen Gebieten.

Varianten der Gebäudeeinführung: Freileitungsanschluss über Dachständer:

- Ein Freileitungsanschluss über eine Hauswand ist aus ästhetischen Gründen meist unbefriedigend und nur bei untergeordneten Gebäuden vertretbar.
- Ein Freileitungsanschluss mit Erdkabel-Hauseinführung kommt dort in Betracht, wo Dachständer aus architektonischer Sicht unerwünscht sind, z. B. bei eingeschossigen Gebäuden mit Flachdach. Die entstehenden Mehrkosten sind dem EVU zu erstatten.

Erdkabel-Anschluss

Verkabelte Leitungen können im Ortsbild nicht störend wirken, sind dafür aber teurer als Freileitungen. Auch lassen sich infolge von Erdarbeiten entstehende Kabelbeschädigungen weniger leicht aufspüren als bei Freileitungen, zumal sich Störungen oft erst Wochen nach einer Beschädigung einstellen. (Etwa 30 cm über den Kabeln verlegte gelbe Trassenwarnbänder können bei späteren Erdarbeiten Baggerführer auf die Kabeltrasse aufmerksam machen.)

Ein Erdkabel wird vom EVU etwa 60 – 80 cm unter Terrain ins Gebäude eingeführt. Die Technischen Anschlussbedingungen (TAB) der Verteilnetzbetreiber sehen vor, dass Art und Größe des Schutzrohres vom EVU festgelegt werden, dass der Anschlussnehmer für den Einbau zu sorgen hat und dass das EVU für einen wasserdichten Abschluss des Kabels im Schutzrohr sorgt. Leicht nach außen geneigte Schutzrohre erleichtern das allseitig saubere Schließen einer Gebäudeeinführung mit dauerelastischen Dichtstoffen. Auf sorgfältigen Anschluss an die vertikalen Sperrschichten von Kelleraußenwänden sollte die Bauleitung achten. Kernbohrungen erleichtern i. d. R. ein Durchfahren von Betonwänden.

4.2 Niederspannungsanlagen

Zähleranlagen bei Niederspannungseinspeisung

Für die Anbringung der Zählereinrichtungen sind leicht zugängliche Räume zu wählen, z. B. Haus-Anschlussräume, Treppenräume oder besondere Zählerräume. Unzulässig ist die Anordnung in Wohnräumen, Küchen, Toiletten, Bade- und Waschräumen (hygienische Gründe), innerhalb von Wohnungen in Mehrfamilienhäusern (ständige Zugänglichkeit nicht gewährleistet), über Treppenstufen (Unfallrisiko), in Speichern, Garagen (eingeschränkte Zugänglichkeit), in feuchten Räumen, Öllagern sowie an Stellen mit erhöhter Umgebungstemperatur oder an feuer- bzw. explosionsgefährdeten Stellen.

Der Stromverbrauch von Gemeinschaftsanlagen ist gem. DIN 18 015-1 in Gebäuden mit mehr als 2 Wohnungen gesondert zu messen. Bei Mehrfamilienwohngebäuden ist mit dem EVU abzusprechen, ob zentrale oder dezentrale Zähleranlagen installiert werden sollen.

Dezentrale Zähleranlagen

Stromversorgungssysteme mit dezentral angeordneten Zählern eignen sich für kleine und mittlere Wohnhäuser (mit bis zu etwa 3 Geschossen).

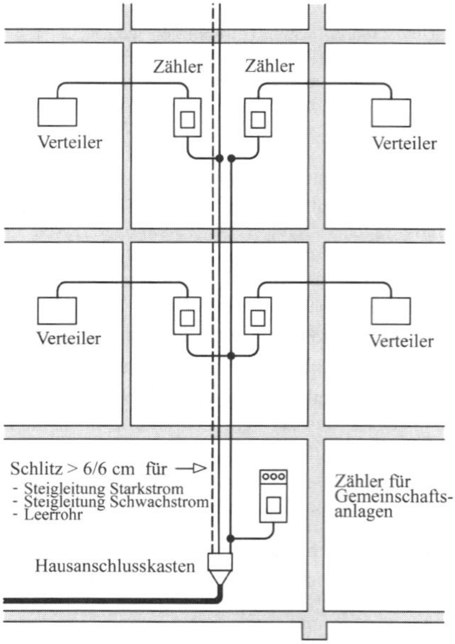

Abb. 5.62
Dezentrale Zähleranlage. Die Steigleitungen sowie ein Leerrohr *d* = 29 mm werden i. d. R. im Treppenraum verlegt. Das Leerrohr soll Nachrüstungen erleichtern und u. a. Steuerleitungen für Mehrtarifzähler aufnehmen können. Für die Zählerschränke und Verteiler in den Geschossen sind Nischen einzuplanen.

Zentrale Zähleranlage

Alle Zähler befinden sich bei dieser Variante in der Nähe des Hausanschlusskastens, i. d. R. in einem Haus-Anschlussraum. Von hier aus werden Hauptleitungen zu den einzelnen Wohnungsverteilungen geführt.

Ab einer bestimmten Anzahl von Zählern (ab ca. 8 Wohnungen) fordert das Elektroversorgungsunternehmen meistens die Unterbringung der Zähler in einem Hausanschlussraum.

Zentrale Zählersysteme sind höher belastbar. Nischen in Treppenraumwandungen, aus denen die oben beschriebenen Probleme resultieren können, entfallen. Zentrale Zähleranlagen werden daher i. Allg. bevorzugt. Reichen bei größeren Bauvorhaben Wandschlitze zur Unterbringung der Leitungen nicht mehr aus, werden Kabelschächte erforderlich.

Stromnetze

Die Stromversorgung kleinerer Gebäude besteht aus Stromeinspeisung, Zähler und Verteiler je Wohnung oder Einheit. Bei größerern Gebäuden können unterschiedliche Konzepte der Planung zugrunde gelegt werden. Die **vertikale Stromversorgung** wird am häufigsten verwendet. Bei größeren Lasten, z. B. für Aufzüge, Klimatechnik in den Obergeschossen (Dachaufstellung von Kältetechnik o. Ä.) kann eine zweite Einspeisung im oberen Gebäudebereich erfolgen.

Eine einzige Steigleitung schränkt die Versorgungssicherheit ein. Deshalb können **Gruppenversorgung, Einzelversorgung oder Ringsteigleitungen** vorgesehen werden. Bei mehreren Aufteilungen wächst die Hauptverteilung und damit die Investition. Einzelversorgung wendet man z. B. bei Wonhnungen mit zentralem Zählerplatz im Untergeschoss an. Für große Gebäude ist eine **Ringsteigleitung mit Kuppelschalter** wegen des optimalen Lastflusses mit geringen Verlusten eine gute Lösung.

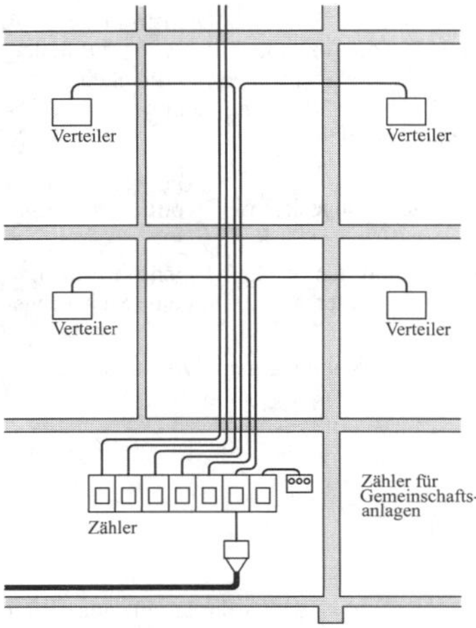

Abb. 5.63a
Zentrale Zähleranlage im Bereich des Haus-Anschlusskastens. Die Anlage ist höher belastbar. Zählernischen entfallen.

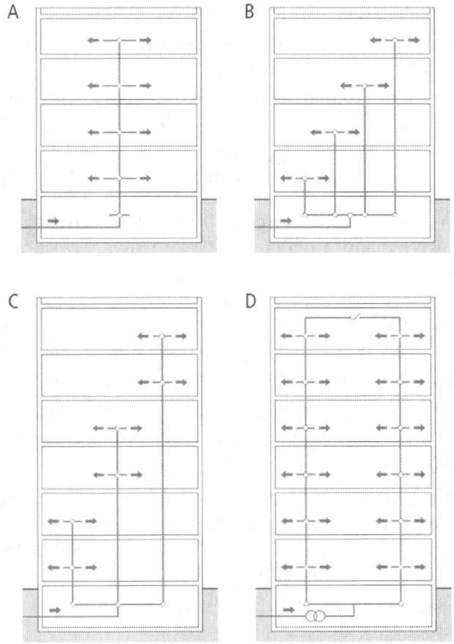

Abb. 5.63b
Niederspannungsnetzformen in Gebäuden: Die Einzelsteigleitung ist bei geringen Ansprüchen an die Versorgungssicherheit eine preiswerte Lösung; Vorteil ist der Wegfall der Hauptverteilung; bei der Einzelversorgung wird die Schaltanlage im Untergeschoss umfangreich; diese Anordnung wird bei zentralen Zählern im Untergeschoss gewählt; für mehrstöckige Gebäude wird häufig eine Gruppenversorgung gewählt mit verbesserter Versorgungssicherheit; bei Großbauten bietet eine Ringsteigleitung mit Kuppelschalter große Versorgungssicherheit. Wert transformiert.

A	Einzelsteigleitung
B	Einzelversorgung
C	Gruppenversorgung
D	Ringsteigleitung mit Kuppelschalter in einem Großgebäude mit eigener Mittelspannungseinspeisung

Stromkreisverteilungen sind den Zählern nachgeschaltet. Hier erfolgt die letzte Aufgliederung der Zuleitungen in einzelne Stromkreise.

Überstrom-Schutzeinrichtungen, in der Umgangssprache als Sicherung bezeichnet, haben zwei Funktionen:

- Sie sollen bei Kurzschluss, auch bei Körperschluss („elektrischer Schlag"), möglichst schnell den Stromdurchgang abschalten.
- Sie sollen bei Leitungsüberlastung ausschalten, um zu verhindern, dass der Leiter sich übermäßig erwärmen und auf diese Weise einen Brand auslösen kann.

Sicherungsstufen: 10, 13, 16, 20, 25, 32, 35, 40, 50, 63, 80, 100 (A Nennstrom).

Fehlerstromschutzschalter (FI-Schutzschalter) sind für Wechselstrom ab 16 A, für Drehstrom ab 25 A verwendbar und schützen vor elektrischen Schlägen, da sie innerhalb von Sekundenbruchteilen die fehlerhaften Leitungsteile vom Netz trennen. Sie werden mit unterschiedlicher Fehlerstromempfindlichkeit hergestellt (0,03 A; 0,3 A; 0,5 A). Einen sicheren Schutz bei direkter Berührung spannungsführender Teile gewährleistet nur der 0,03 A-FI-Schutzschalter. Er ist daher besonders zu empfehlen.

Einteilung von Stromkreisen

Im **Verteiler** wird die letzte Aufgliederung der Strombahnen in einzelne abgesicherte **Stromkreise** vorgenommen.

Die Stromkreise bestehen jeweils aus 1 bis 3 Außenleitern (Phasen) und den dazugehörigen Neutral- und Schutzleitern. Nur die Außenleiter sind abzusichern; in Neutral- und Schutzleitern dürfen keine Sicherungselemente eingebaut werden.

Mindestanzahl von Stromkreisen für Beleuchtung und Steckdosen einer Wohnung gem. DIN 18 015-2:

- 3 Stromkreise: bis 50 m^2 Wohnfläche
- 4 Stromkreise: 50 bis 75 m^2 Wohnfläche
- 5 Stromkreise: 75 bis 100 m^2 Wohnfläche
- 6 Stromkreise: 100 bis 125 m^2 Wohnfläche
- 7 Stromkreise: über 125 m^2 Wohnfläche

Leitungsmaterial

Als metallischer **Leiter** wird im Wohnungsbau ausschließlich Kupfer verwendet. Isolierte einzelne Leiter nennt man **Adern**, mehrere in einer Umhüllung zusammengefasste Adern **Leitung**; mit einem zusätzlichen Mantel versehen spricht man vom Kabel.

Eine **Rohrinstallation** bestehend aus Isolierrohr und eingezogenen Kunststoffaderleitungen. Als Rohrmaterial kommt in Betracht:

- Flexibles Kunststoffisolierrohr, glatt oder gewellt für unterschiedliche Druckbeanspruchungen (im, unter, auf Putz, im Estrich, Stampfbeton, Fertigbeton).
- Flexibles gewelltes Stahlrohr und Stahlpanzerrohr, vornehmlich bei höherer Druckbeanspruchung verwendet (im Estrich, Stampf- oder Fertigbeton).

Vorteile der Rohrinstallation: Nachträgliche Verstärkungen oder Auswechslungen der Leitungen lassen sich verhältnismäßig einfach vornehmen.

Nachteile: Die Elektroplanung muss sehr früh erfolgen, damit die Isolierrohre in Stahlbetonteile (Decken) eingegossen werden können. Das waagerechte Fräsen von Wandschlitzen zur Unterputzverlegung der Rohre ist ohne statischen Nachweis für tragende und aussteifende Wände unter 24 cm Dicke sowie in Schornsteinwangen unzulässig und damit für Installationen im Wohnungsbau i. Allg. ungeeignet.

Rohrinstallationen, in Bauteilen aus Fertigbeton einbetoniert, entsprechen dagegen dem Stand der Technik.

Stegleitungsinstallation, „Im-Putz-Installation"

Die bandartigen Stegleitungen NYIF bzw. NYIFY (mit äußerer Umhüllung aus Gummi bzw. PVC) kommen für alle trockenen Räume in Betracht, einschließlich der Bäder von Wohnungen und Hotels.

Vorteile der Stegleitungsinstallation: die Ausschreibung der Elektroinstallation kann zu einem relativ späten Zeitpunkt erfolgen und die Anordnung von Schaltern, Lichtauslässen usw. gegebenenfalls gemeinsam mit dem Bauherrn im Rohbau an Ort und Stelle festgelegt werden. Die Stegleitungsinstallation ist preislich günstiger als eine Rohrinstallation.

Nachteile: Nachträgliche Veränderungen sind nicht ohne größeren Aufwand (Stemm-, Putz- und Anstricharbeiten) möglich.

Mantelleitung NYM

Mantelleitungen sind Feuchtraumleitungen und werden als Ergänzung von Rohr- und Stegleitungsinstallationen eingesetzt wie auch für leistungsstarke Verbraucher in Verbindung mit Stegleitungsinstallationen.

Kunststoffkabel NYY

Gegenüber Mantelleitungen (NYM) haben Kunststoffkabel einen verstärkten Außenmantel, der durch entsprechende Kunststoffmischung und Zusätze von Ruß vor Witterungseinflüssen schützt. Sie werden vornehmlich im Erdreich (Außenleuchten), in Kabelkanälen und im Freien eingesetzt. NYY darf auch direkt in zu verdichtenden Beton eingebettet werden.

Tafel 5.65 Buchstabenkurzzeichen von nationalen, nicht harmonisierten Typen (eine Auswahl), z. B.: NYM-J 5 × 2,5 kennzeichnet eine Mantelleitung mit PVC-isolierten Adern und äußerer PVC-Umhüllung, mit einer grüngelb gekennzeichneten Ader und 5 Adern je 2,5 mm²[2] Nennquerschnitt

N	Normenleitung nach VDE-Bestimmungen
Y	Kunststoff (PVC)
A	Aderleitung
M	Mantelleitung
F	Flachleitung bzw. Fassungsader bzw. feindrähtig
G	Gummi
I	Im-Putz
R	Rohrdraht
U	Umhüllt
L	Leichte
Bei Leitungen mit grüngelb gekennzeichneter Ader folgt nach einem Bindestrich ein J, bei Leitungen ohne grüngelb gekennzeichnete Ader ein O. Danach werden Anzahl und Querschnitt der Adern angegeben.	

H 07 V U 1 X 1,5

Kennzeichen der Bestimmung

H: harmonisierte Bestimmung
A: anerkannter nationaler Typ[1]

Nennspannung [2]

03 : 300/300 V
05 : 300/500 V
07 : 450/750 V

Isolierwerkstoff

V: PVC
R: Natur- bzw. synthetischer Kautschuk
S: Silikonkautschuk

Mantelwerkstoff

V: PVC
R: Natur- bzw. synthetischer Kautschuk
N: Chloroprenkautschuk
J : Glasfasergeflecht
T: Textilgeflecht

Besonderheiten im Aufbau

H: flache, aufteilbare Leitung
H2: flache, nicht aufteilbare Leitung

Leiterart

U: eindrähtig
R: mehrdrähtig
K: feindrähtig bei Leitungen für feste Verlegung
F: feindrähtig bei flexiblen Leitungen
H: feinstdrähtig
Y: Lahnlitze

Aderzahl

Schutzleiter

X: ohne Schutzleiter
G: mit Schutzleiter

Leiterquerschnitt

Abb. 5.65
Harmonisierte Typenkurzzeichen von Starkstromleitungen. Kennzeichnung einer eindrähtigen PVC-Aderleitung z. B. H07V-U1×1,5. Altes Typenkurzzeichen: NYA 1,5 mm².

[1] Ergänzende Arten nur in einzelnen Ländern zugelassen
[2] Gibt die Grenzspannung an. Je höher die Spannung, umso stärker die Leistung
03: Nicht für Drehstrom (400 V) geeignet
05: Für Wechsel- und Drehstrom geeignet, z. B. 230/400 V da < 300/500 V.
07: Für Baustellen verwendet (stärkere Isolierung)

Leitungsführung und -verlegung

Auf Wänden sind Leitungen senkrecht und waagerecht zu führen, an Decken können sie auf kürzestem Wege zu den Deckenauslässen geführt werden. Für die Ausführung der Wandinstallation in Räumen mit verputzten Wänden gibt es zwei Möglichkeiten:

1. Rundumleitungen etwa 30 cm unterhalb der Decke mit senkrechten Stichleitungen zu darunter befindlichen Steckdosen, Leuchten, Schaltern und zu Auslässen an der Decke. Hierfür ist eine Vielzahl von Abzweigdosen erforderlich, deren Deckel sich i. Allg. auf den Wandflächen markieren.

2. Rundumleitungen etwa 30 cm oberhalb des Fußbodens in Steckdosenhöhe. Geräteverbindungsdosen (Geräte-Abzweigdosen) übernehmen zwei Funktionen: sie nehmen nicht nur die Steckdosen- oder Schaltereinsätze auf, sondern besitzen zudem noch Abzweigklemmen zum Anschluss abgehender Leitungen.

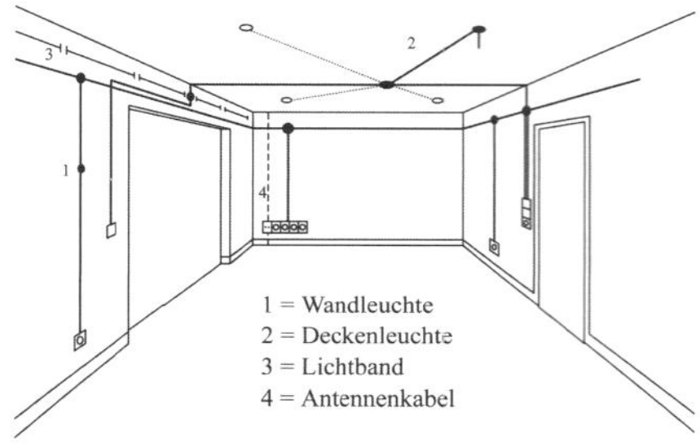

Abb. 5.66a
Herkömmliches Verfahren mit Abzweigdosen. Eine Rundumleitung wird 30 cm unter der Decke verlegt. Die Verbindungen zu Steckdosen, Lichtauslässen usw. bedingen eine verhältnismäßig große Anzahl von Abzweigdosen, deren Deckel sich an der Wandoberfläche abzeichnen. Gerätedosen für Schalter und Steckdosen befinden sich an den Leitungsenden.

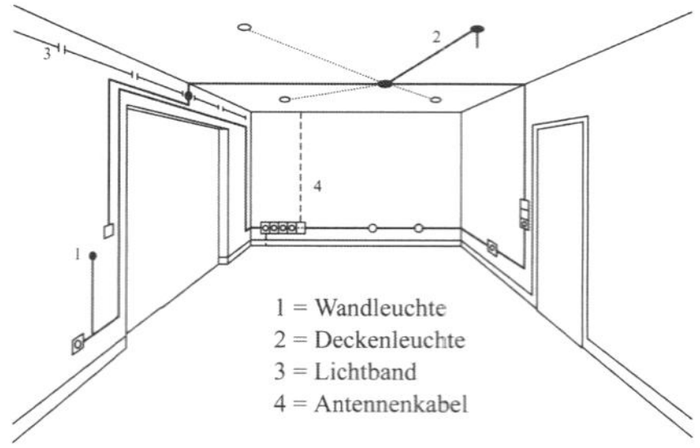

Abb. 5.66b
Ringleitungen, 30 cm über dem Fußboden, mit eingeschleiften Leerdosen ermöglichen bei Veränderung der Möbelstellung eine flexible Anpassung der Installation durch einfaches Nachrüsten der Leerdosen. Türen und raumhohe Fensterelemente müssen umfahren werden. Es werden Dosen größerer Tiefe (Geräteverbindungsdosen) verwendet mit der Funktion sowohl einer Geräte- als auch einer Abzweigdose. Hinter dem Geräteeinsatz (Schalter oder Steckdose) befinden sich zusätzliche Klemmen für Leitungsanschlüsse.

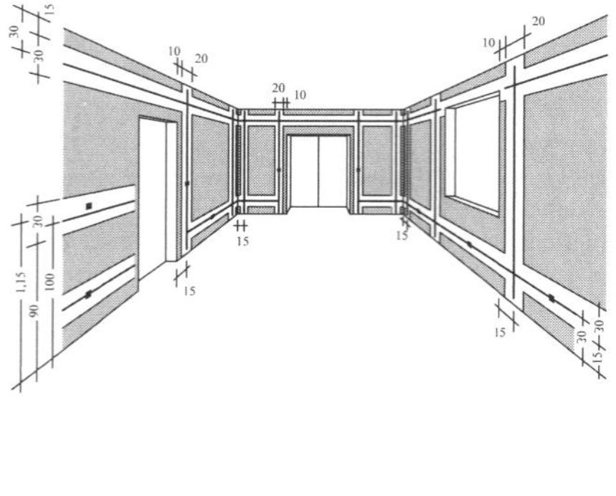

Abb. 5.66c
Installationszonen für elektrische lnstallationen mit Vorzugsmaßen für die Leitungsführung gem. DIN 18 015-3. Nebenstehend Maßangaben für mittlere lnstallationszonen in Räumen mit Arbeitsflächen an Wänden, wie z. B. Küchen. Vorzugsmaße für waagerechte Leitungsführungen: 30 cm unterhalb der fertigen Deckenfläche bzw. 30 cm oberhalb der fertigen Fußbodenfläche. In einer Installationszone können mehrere Leitungen parallel laufend verlegt werden, beispielsweise für Geräte mit eigenem Stromkreis (Küche), dazu Schwachstromleitungen, für z. B. Telefon-, Audio- oder Videoanlagen.

Abweichungen (also auch Schrägführungen) sind zulässig:

- wenn die elektrischen Leitungen in Schutzrohren verlegt werden und eine Überdeckung von mindestens 6 cm sichergestellt ist (z. B. in Betonfertigteilen);
- wenn in Leichtbauweise die Leitungen in ausreichend großen Hohlräumen verlegt werden, so dass sie beim Anbohren der Wand ausweichen können oder durch konstruktive Maßnahmen geschützt sind.

An Deckenflächen kann für verdeckt zu führende Leitungen der kürzeste Weg gewählt werden. Sichtbar zu verlegende Leitungen, z. B. in Keller- und Dachräumen, ebenso wie auch sichtbar bleibende Nachinstallationen können selbstverständlich außerhalb der Installationszonen verlegt werden.

Leitungsverlegung in Leichtbauwänden

In Leichtbauwänden (Hohlwänden) aus vorwiegend brennbaren Baustoffen mit Rahmen- und Ständerkonstruktionen aus Holz oder Metall und Beplankungen aus Gipskarton-, Spanplatten o. ä. Abdeckmaterialien sind besondere Verbindungs- und Gerätedosen zu verwenden. Die oberflächenbündig einzubauenden Dosen müssen in der relativ dünnen Beplankung zugfest zu befestigen sein.

Leitungsverlegung in Fertigbetonbauteilen

Alle Leitungsauslässe (Schalter, Steckdosen, Brennstellen) müssen vor dem Betonieren festliegen, insbesondere bei Sichtbeton. Nachträgliche Korrekturen oder Installationen sind nur als Aufputzinstallation möglich. Es empfiehlt sich, vorsorglich einige Leerrohre und Leerdosen einbauen zu lassen, um ein späteres Nachrüsten auf Wand- und Deckenoberflächen zu vermeiden. Als **Leitungsmaterial** kommen in Frage:

- Mantelleitungen NYM in Schutzrohren. Vorwiegend werden flexible Wellrohre aus Kunststoff verwendet. Bilden Schutzrohre und Dosen ein geschlossenes System, kommt auch Aderleitung H07V-U in Betracht. Hierbei ersetzt das lückenlose Rohrsystem den Außenmantel eines Mantelleiters.
- Mantelleitung NYM ohne Rohr, sofern die Leitung wie bei Unterputzverlegung in Schlitzen eingebracht und anschließend mit Beton bedeckt wird. Direktes Einlegen von NYM in Beton, der mechanisch verdichtet wird, ist unzulässig.
- Kabel NYY, ohne zusätzliche Maßnahme.

Schalter und Steckdosen

Schalter werden in Türdrückerhöhe, 1,05 m über dem fertigen Fußboden bzw. 1,15 m oberhalb von Arbeitsflächen, angeordnet. Im Dunkeln sind sie auch für Besucher leicht auffindbar, da man diese Höhe ohne hin „im Griff" hat. Werden sie niedriger angeordnet, bilden beschädigte Schalter leicht eine Gefahr für Kleinkinder.

Für Rollstuhlfahrer sollten Schalter und häufig benutzte Steckdosen gem. DIN 18 025-1 allerdings in 85 cm Höhe und damit in Griffhöhe eines Rollstuhlfahrers liegen, von Rauminnenecken mindestens 50 cm entfernt.

Schalterarten

- **Ausschalter**: jeweils ein Ausschalter schaltet eine oder mehrere Brennstellen.
- **Wechselschalter** (immer 2 zusammengehörige Schalter): von jedem der beiden Schalter aus kann die dazugehörige Brennstelle (es können auch mehrere sein) geschaltet werden. Verwendung: in Schlafzimmern oder in Räumen, die von zwei Seiten betreten und verlassen werden können.
- **Kreuzschalter**: immer in Verbindung mit 2 Wechselschaltern. Erweiterte Wechselschaltung. Von jedem der meist drei Schalter aus kann die dazugehörige Brennstelle (auch mehrere) geschaltet werden. Verwendung: in Räumen, die an mehreren Stellen betreten und verlassen werden. Wegen des erheblichen Leitungsaufwandes heute weitgehend abgelöst durch die
- **Stromstoßschaltung**: mit Hilfe eines Stromstoßrelais können beliebig viele Brennstellen von beliebig vielen Schaltern aus geschaltet werden. Das Relais wird im Stromkreisverteiler oder einer normalen Unterputzdose untergebracht. Gegenüber einer Wechsel- oder Kreuzschaltung werden weniger Leiter benötigt. Schalter für Stromstoßschaltungen: Fernschalter als Tastschalter, auch als Leuchttaster.
- **Serienschalter** bestehen aus 2 unter einer Abdeckung nebeneinander liegenden Ausschaltern, evtl. auch Wechselschaltern. Sie schalten zwei voneinander unabhängige Brennstellen (oder Brennstellengruppen) und werden vornehmlich bei Häufungen von Schaltern verwendet (ursprünglich Drehschalter zum stufenweisen Schalten einer mehrflammigen Beleuchtung).
- **Dimmer** sind Helligkeitsregler, die meist auch die Funktion eines Ausschalters übernehmen.

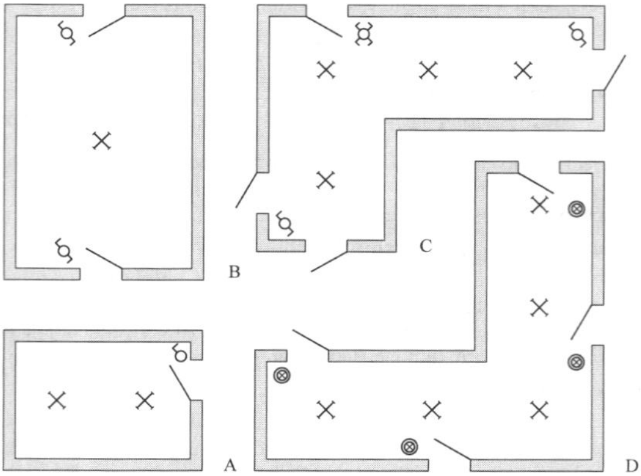

Abb. 5.68
Schaltervarianten
Ausschalter: Schaltungen nur von einer Stelle aus möglich (A).
Wechselschalter: Schaltung von 2 Stellen aus möglich (B).
Kreuzschalter: In Verbindung mit 2 Wechselschaltern sind Schaltungen von 3 Stellen aus möglich (C).
Tastschalter: Sie ermöglichen mit Hilfe eines Stromstoßrelais Schaltungen von beliebig vielen Stellen aus (D). Hier mit Orientierungslämpchen ausgestattet.

Tafel 5.68 Ausstattungswerte für Wohnungen gem. DIN 18 015-2 und RAG-RG 678 (nach hea.de).

Ausstattungswert		Küche[a, b]	Kochnische[b]	Bad	WC-Raum	Hausarbeitsraum[b]	Wohnzimmer[a] bis 20 m²	Wohnzimmer[a] über 20 m²	Esszimmer	je Schlaf[f]-, Kinder-, Gäste-, Arbeitszimmer, Büro[b] bis 20 m²	je Schlaf[f]-, Kinder-, Gäste-, Arbeitszimmer, Büro[b] über 20 m²	Flur bis 3 m	Flur über 3 m	Freisitz	Abstellraum	Hobbyraum	Zur Wohnung geh. Keller-/Bodenraum, Garage	Keller-/Bodengang, je 6 m Ganglänge	Anschlüsse für besondere Verbrauchsmittel mit eigenem Stromkreis	Stromkreisverteiler	Gebäudekommunikation
Mindestausstattung •	Anzahl der Steckdosen, Beleuchtungs- und Kommunikationsanschlüsse •																		Elektroherd, Mikrowellengerät, Geschirrspülmaschine[f], Wäschetrockner, Bügelstation, Warmwassergerät[d], Heizgerät[d]	in Mehrraumwohnungen mind. vierreihige, in Einraumwohnungen mind. dreireihige Stromkreisverteiler	Klingel oder Gong, Türöffner und Gegensprechanlage
	Steckdosen allgemein	5	3	2[e]	1	3	4	5	3	4	5	1	1	1	1	3	1	1			
	Beleuchtungs-anschlüsse	2	1	2	1	1	2	3	1	1	2	1	2[g]	1	1	1	1	1			
	Telefon-/Datenanschluss (IuK)						1		1	1		1									
	Steckdosen für Telefon/Daten						1		1	1		1									
	Radio-/TV/Datenanschluss (RuK)	1					2		1	1											
	Steckdosen für Radio/TV/Daten	3					6		3	3											
	Kühlgerät, Gefriergerät	2																			
	Dunstabzug	1																			
	Anschluss für Lüfter[c]			1	1																
	Rollladenantriebe	Anschlüsse entsprechend der Anzahl der Antriebe																			

Beleuchtungs- und Steckdosenstromkreise •	
Wohnfläche der Wohnung in m²	Anzahl Stromkreise
bis 50	3
über 50 - 75	4
über 75 - 100	5
über 100 - 125	6
über 125	7

Tafel 5.68 (Fortsetzung)

Standardausstattung **	Anzahl der Steckdosen, Beleuchtungs- und Kommunikationsanschlüsse **																		Elektroherd, Backofen, Dampfgarer, Mikrowellengerät, Geschirrspülmaschine, Waschmaschine[f], Wäschetrockner, Bügelstation, Warmwassergerät[d], Saunaheizgerät, Whirlpool, Heizgerät[d]	in Mehrraumwohnungen mind. vierreihige, in Einraumwohnungen mind. dreireihige Stromkreisverteiler	Klingel oder Gong, Türöffner und Gegensprechanlage mit mehreren Wohnungssprechstellen
	Steckdosen allgemein	10	4	4[e]	2	8	8	11	5	8	11	2	3	2	2	6	2	1			
	Beleuchtungsanschlüsse	3	2	3	1	2	2	3	1	2	3	2	2[g]	2	1	2	1	1			
	Telefon-/Datenanschluss (IuK)	1				1	1	2	1	1	2	1		1		1					
	Steckdosen für Telefon/Daten	2				2	2	4	2	2	4	2		2		2					
	Radio-/TV/Datenanschluss (RuK)	1				1	2	3	1	1				1		1					
	Steckdosen für Radio/TV/Daten	3				3	6	9	3	3				3		3					
	Kühlgerät, Gefriergerät	2	1																		
	Dunstabzug	1																			
	Anschluss für Lüfter[c]			1	1																
	Rollladenantriebe	Anschlüsse entsprechend der Anzahl der Antriebe																			
	Beleuchtungs- und Steckdosenstromkreise **																				
		1		1		1	1	2	1	1	2			1		1	1				
Komfortausstattung ***	Anzahl der Steckdosen, Beleuchtungs- und Kommunikationsanschlüsse ***																		Elektroherd, Backofen, Dampfgarer, Mikrowellengerät, Geschirrspülmaschine, Waschmaschine[f], Wäschetrockner, Bügelstation, Warmwassergerät[d], Saunaheizgerät, Whirlpool, Heizgerät[d]	in Mehrraumwohnungen mind. vierreihige, in Einraumwohnungen mind. dreireihige Stromkreisverteiler	Klingel oder Gong, Türöffner und Gegensprechanlage mit mehreren Wohnungssprechstellen, Video-Türstationen, Gefahrenmeldeanlage
	Steckdosen allgemein	12	4	5[e]	2	10	10	13	7	10	13	3	4	3	2	8	2	1			
	Beleuchtungsanschlüsse	3	2	3	2	3	3	4	2	3	4	2	2[g]	2	1	2	1	1			
	Telefon-/Datenanschluss (IuK)	1		1		1	1	2	1	1	2	1		1		1					
	Steckdosen für Telefon/Daten	2		2		2	2	4	2	2	4	2		2		2					
	Radio-/TV/Datenanschluss (RuK)	1		1		1	2	3	1	2				1		1					
	Steckdosen für Radio/TV/Daten	3		3		3	6	9	3	6				3		3					
	Kühlgerät, Gefriergerät	2	1																		
	Dunstabzug	1																			
	Anschluss für Lüfter[c]			1	1																
	Rollladenantriebe	Anschlüsse entsprechend der Anzahl der Antriebe																			
	Beleuchtungs- und Steckdosenstromkreise ***																				
		1		1		1	1	2	1	1	2	1		1		1	1				

[a] In Räumen mit Essecke ist die Anzahl der Anschlüsse und Steckdosen um jeweils 1 zu erhöhen.

[b] Die den Bettplätzen und den Arbeitsflächen von Küchen, Kochnischen und Hausarbeitsräumen zugeordneten Steckdosen sind mindestens als

[c] Sofern eine Einzellüftung vorgesehen ist. Bei fensterlosen Bädern oder WC-Räumen ist die Schaltung über die Allgemeinbeleuchtung mit Nachlauf vorzusehen.

[d] Sofern die Heizung/Warmwasserversorgung nicht auf andere Weise erfolgt.

[e] Davon ist eine Steckdose in Kombination mit der Waschtischleuchte zulässig.

[f] In einer Wohnung nur jeweils einmal erforderlich.

[g] Von mindestens zwei Stellen schaltbar.

Schalterbetätigungsarten

Während Stromstoßschaltungen nur über **Tastschalter** (Taster) vorzunehmen sind (Schaltfläche federt nach Betätigung zurück), werden Ausschalter, Wechselschalter, Kreuzschalter und Serienschalter i. Allg. über **Wippschalter** (Wippen) betätigt (Schaltfläche ist abwechselnd oben oder unten zu drücken). **Drehschalter** zum Schalten von Beleuchtungsanlagen sind überholt.

Sensorschalter entsprechen äußerlich Großflächen-Wippschaltern und werden auch anstelle von Wippschaltern eingesetzt. Sie brauchen nur berührt zu werden und funktionieren ohne mechanisch bewegte Teile absolut geräuschlos. Sensorschalter sind austauschbar mit herkömmlichen Schaltern.

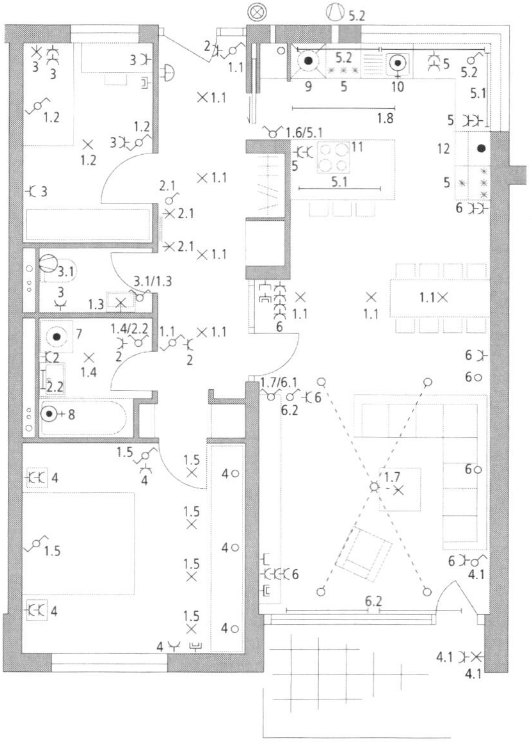

1 Allgemeinbeleuchtung aller Räume
2 Steckdosen und Wandleuchten Flur und Bad
3 Steckdosen und Wandleuchten Kinderzimmer, Steckdose und Lüfter WC
4 Steckdosen Elternschlafzimmer, Steckdose und Wandleuchte Loggia
5 Steckdosen, Arbeitsplatzbeleuchtung, Lüfter, Kühlschrank, Gefrierschrank Küche
6 Steckdosen, Essplatzbeleuchtung und Vorhangbeleuchtung, Wohnzimmer
7 Waschgerät
8 Warmwasser-Bereiter Bad
9 Geschirrspüler
10 Warmwasser-Bereiter Küche
11 Herd
12 Backofen

Bezeichnung:
1 Stromkreis
1,6 Stromkreis mit Zuordnungsziffer (von Schalter zu Leuchte/Gerät)

Abb. 5.70 Elektro-Installationsplan für eine Wohnung

Leitungsführung im Nichtwohnungsbau

Die Verteilung elektrischer Energie erfolgt in dieser Reihenfolge:

- Hauptverteiler
- ggf. Unterverteiler
- Stockwerksverteiler
- ggf. Verteiler für besondere Abnehmer
- Stromkreise für Beleuchtung, Steckdosen und Einzelverbraucher.

Hauptstromversorgungsleitungen verbinden, vertikal und horizontal geführt, den Hauptverteiler mit den nachgeschalteten Verteilern.

Vertikale Leitungsführung in Gebäuden

Wandschlitze reichen zur Unterbringung der Hauptleitungskabel ab einer bestimmten Gebäudegröße nicht mehr aus. Für den vertikalen Energietransport werden dann mehrere Kabel in besonderen Installationsschächten gemeinsam mit Schwachstromleitungen einschließlich Datenkabel, Busleitungen und Brandmeldekabel installiert. Die Schächte bilden eigene Brandabschnitte und sind einschließlich ihrer Revisionsöffnungen mindestens feuerbeständig auszubilden. In den Schächten ist für die Leitungen bzw. Kabel eine ausreichend breite Wandfläche vorzusehen.

Tafel 5.71 Richtwerte in cm für lichte Schachtbreiten bei einer angenommenen, zur Verfügung stehenden Mindesttiefe ab 10 – 15 cm, nach Seip „Elektrische Installationstechnik“

Geschosszahl	2	4	6	8	10	12
Große Bürobauten, Warenhäuser	30	60	90	120	150	180
Kranken-, Lehr- u. Unterrichtsanstalten	20	40	60	80	100	120

Horizontale Leitungsführung

Abgehängte Decken und aufgeständerte Fußböden erlauben es, Leitungen in der horizontalen Ebene verdeckt überall hinzuführen. Eine zu enge Anordnug mehrerer Kabel auf den Kabelbahnen (Kabelträgern, Registerschienen) beeinträchtigt infolge stärkerer Erwärmung die elektrische Belastbarkeit und sollte nach Möglichkeit vermieden werden.

Gewählt wird im Regelfall eine dezentrale Verteilungsform mit mehreren Unterverteilungen in Flurwänden, Deckenabhängungen und aufgeständerten Böden. Hiervon ausgehend, wird mit kurzen Anbindungen jeweils eine kleine Anzahl von Verbrauchern (Beleuchtung, Steckdosen, Geräte) versorgt. Eine Dezentralisierung gestattet ein leichteres Anpassen der Elektroinstallation bei Änderung der räumlichen Konzeption. Jeder Verbraucher erhält eine eigene Zuleitung, die bei Änderungen in den Unterverteilungen umgeklemmt wird. Abzweigdosen entfallen. Weitere Vorteile gegenüber einer zentralen Verteilungsform ohne Unterverteiler: bei Störungen fällt jeweils nur ein kleiner Anlagenbereich aus; die Fehlersuche ist einfacher.

Unterflurkanal-Installation

Dieses System erlaubt große Raumtiefen (Büro-Großräume) bei gleichzeitiger Flexibilität der Möblierung. In bestimmtem Raster werden flache Blech- oder Kunststoffkanäle auf der Rohdecke montiert und in den Fußbodenaufbau miteinbezogen.

Rastermaße: zwischen 1,20 m × 1,20 m und 1,80 m × 1,80 m, je nach Möblierungskonzept. Dazu evtl. Netze für Sonderzwecke mit größerem Raster.

Unterflurkanäle liegen im Verbundestrich entweder

- oberflächenbündig (Estrichstärke ab etwa 40 mm) oder
- mindestens 30 – 35 mm unter der Estrichoberfläche (Estrichstärke 55 – 100 mm).

4.3 Hoch- und Mittelspannungsanlagen

Elektrische Spanung mit mehr als 1000 Volt wird als Hochspannung bezeichnet. Da mit höherer Spannung und dem gleichen Strom mehr Leistung übertragen werden kann, findet die überregionale Verteilung von Strom mit möglichst hoher Spannung statt. Die Anforderungen an die Isolierung steigen jedoch mit zunehmender Spannung.

Während Wohnbauten überwiegend Niederspannung 230/400 V erhalten, erfolgt die Stromversorgung größerer Objekte vornehmlich mit 10 – 20 kV. (Im technischen Sprachgebrauch als Mittelspannung, umgangssprachlich als Hochspannung bezeichnet.)

Ob Nieder- oder Mittelspannungsversorgung in Betracht kommt, ist vom Energiebedarf des Bauobjekts abhängig und wird vom EVU entschieden.

Einspeisung mit hoher Spannung bedeutet, dass auf dem Baugrundstück oder im Gebäude Transformatoren und Schaltanlagen unterzubringen sind.

Transformatoren setzen die mit Mittelspannung zugeführte Energie auf die Verbraucherspannung herab, z. B. von 10 000 V auf 230/400 V. Etwa schrankgroße Schaltzellen schützen angeschlossene Leitungen vor Kurzschlüssen bzw. Überlastungen und ermöglichen Schalthandlungen im Mittelspannungsnetz unter Vermeidung von Lichtbögen.

Die Kosten für die Errichtung der Trafostation trägt der Abnehmer, evtl. auch die Kosten für eine Schalt- und Messanlage. Von einigen EVU können Transformatoren gemietet werden.

Je nach Objektgröße fällt die Elektrozentrale mit Trafokammer, Schaltanlage, gegebenenfalls mit Notstromerzeugung und Batterieraum unterschiedlich aus.

Mit Rücksicht auf die Transformatorengewichte und den Transport von Transformatoren und Schaltgeräten werden Umspannanlagen vorzugsweise ebenerdig errichtet und zwar so, dass Ausgänge und Treppen im Brandfalle durch Feuer oder Verqualmung nicht in ihrer Funktion beeinträchtigt werden.

Umspannanlagen sollten nach Möglichkeit gemeinsam mit Batterie- und Notstromanlagen in der Nähe der Räume mit hohem elektrischem Energiebedarf angeordnet werden. Dies können sein: RLT-Zentrale, EDV-Anlage, Fabrikationseinrichtungen u. Ä.

Bei räumlich großen Bauobjekten mit entsprechend hohem Energiebedarf empfiehlt sich eine Aufteilung in mehrere Trafostationen im Bereich der Verbrauchsschwerpunkte (Klimaanlagen, Aufzugsantriebsmaschinen usw.), da die Energieübertragung auf Niederspannungsebene 230/400 V mit größeren Verlusten verbunden ist als auf Hochspannungsebene.

Voraussetzung für die Aufstellung von Transformatoren in oberen Geschossen ist, dass die Isolier- und Kühlmittel keine Brandschutzmaßnahmen erforderlich machen.

- Ölgekühlte Transformatoren erfüllen diese Voraussetzung nicht. Ihre Verwendung bedingt besondere Feuerschutzmaßnahmen, wie z. B. Einrichtungen zum Ablöschen und Auffangen brennend auslaufenden Öls.
- Luftgekühlte Trockentransformatoren (Gießharztransformatoren) können u.a. in feuergefährdeten Betrieben, in oberen Stockwerken und in Wohngebäuden eingesetzt werden. Ihr Isoliermittel Gießharz ist schwer brennbar und selbstverlöschend. Es entwickelt im Brandfalle keine toxischen Gase. Preislich liegen Gießharztransformatoren wesentlich höher als Öltransformatoren. Infolge größerer Mindestwandabstände fallen die Trafokammern größer aus. Sie sind den Gegebenheiten entsprechend vom Fachingenieur festzulegen.
- Clophen-(Askarel-)Transformatoren dürfen seit 1990 nicht mehr verwendet werden, da aus dem flüssigen Isolier- und Kühlmittel PCB im Brandfalle mit Umgebungstemperaturen um 600 °C das hochgiftige PCDD (polychloriertes Dibenzo-Dioxin) entsteht.
- Für eine Aufstellung in den oberen Geschossen sind demnach nur Trockentransformatoren geeignet. Dabei sind folgende Punkte zu berücksichtigen:
  - Die Transportmöglichkeiten; Aufzüge sind i. Allg. für diese Lasten nicht ausgelegt, Treppen ungeeignet. Für den Vertikaltransport kommen Außenbefahranlagen der Fassadenreinigung in Verbindung mit behelfsmäßigen Auslegern in den anzufahrenden technischen Geschossen in Frage.
  - Vorkehrungen zur zwangsweisen Be- und Entlüftung über Kanalsysteme mittels Ventilatoren.
  - Die hohe Deckenbelastung durch Transformatoren.
  - Maßnahmen zur Abschirmung der Umspannungsgeräusche (Summen).
  - Die Einplanung einer Zugangsschleuse und eines 40 – 100 cm hohen Kabelbodens.

Öltransformatoren erhalten Ölauffangwannen, deren Volumen dem Inhalt der Isolierflüssigkeit des Trafos entspricht (1000 – 2000 l). Um die Flammen des brennend auslaufenden Öls zu ersticken, leitet man das auslaufende Öl über eine 20 cm dicke Kies- und Schotterschicht, die sich auf einem Rost über der Auffangwanne befindet (s. Abb. 5.73a).

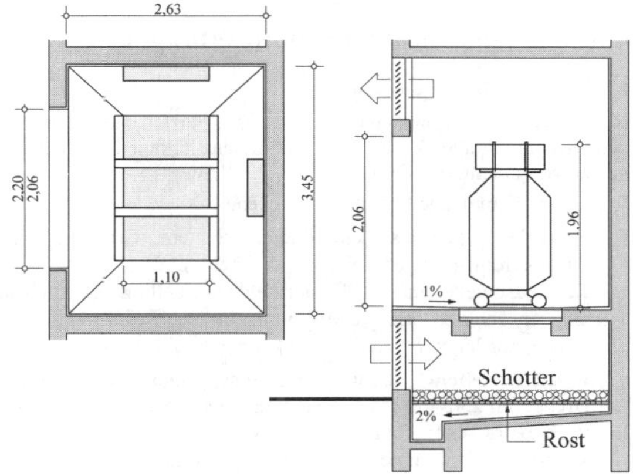

Abb. 5.73a
Transformatorenkammer, hier für 630 kVA-Öltransformatoren bei Queraufstellung.
Vertikalschnitt mit Ölauffangwanne und flammenlöschender Schotterschicht. Endgültige Abmessungen wie auch der Abstand zwischen Zu- und Abluftöffnungen sind vom Elektro-Fachingenieur zu erfragen. Bei geringem Lüftungsbedarf können untere Lüftungsöffnungen auch in Türen angeordnet werden.

Tafel 5.73 Abmessungen von Trafokammern nach AGI-Arbeitsblatt J 11 für ölgekühlte Transformatoren. Die erforderliche Trafoleistung in kVA ist vom Elektro-Fachingenieur zu ermitteln und ist abhängig vom gebäudespezifischen Energiebedarf für Beleuchtung, Geräteausstattung u. a.

kVA	Länge m	Breite m	Türen Längs-aufstellung	Türen Quer-aufstellung m	Höhe m	Fahrrollen-mittenabstände m	Gewicht t
630	3,45	2,63	1,23	2,20	2,06	0,67	2,5
800	3,60	2,85	1,45	2,30	2,40	0,67	3,0
1000	3,70	3,10	1,50	2,40	2,55	0,82	4,0
1250	3,90	3,15	1,55	2,40	2,70	0,82	4,3
1600	3,90	3,20	1,60	2,50	2,95	0,82	5,3

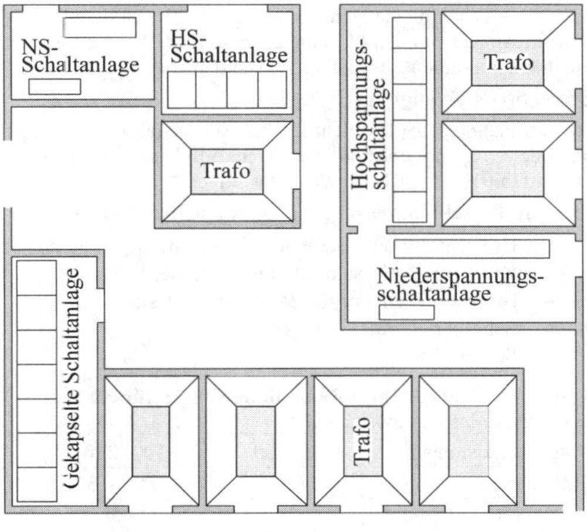

Abb. 5.73b
Beispiele für eine räumliche Konzeption von Umspannungsanlagen mit ölgekühlten Transformatoren.
Oben: räumliche Trennung der Schaltanlagen für Hochspannung (Mittelspannung) und Niederspannung.
Unten: gekapselte Schalteinrichtung, platzsparend in nur einem Raum. Abmessungen (Schaltschränke, Bedienungsgänge) sind vom Elektroversorgungsunternehmen zu erfragen. Bei der Bemessung sollten spätere Erweiterungen berücksichtigt werden.

4.4 Eigenstromversorgungsanlagen

Notstromversorgungsanlagen

Notstromversorgungsanlagen liefern bei Netzausfall die elektrische Energie, die erforderlich ist, um eine Notbeleuchtung aller Verkehrswege aufrechtzuerhalten und den Kollaps wichtiger technischer Einrichtungen zu verhindern.

In Betracht kommende Ersatzstromquellen:

- **Batterieanlagen** als Zentralbatterie-System, Gruppen- oder Einzelbatteriesystem. Da Batterien Gleichstrom geringer Leistung abgeben, sind sie nicht für motorische Antriebe, wohl aber für Sicherheitsbeleuchtungen, Feuermeldeeinrichtungen, Diebstahlssicherungsanlagen und Telefonanlagen geeignet. Eine Umformung in Wechselstrom ist mittels Wechselrichter möglich, z. B. um Leuchtstofflampen betreiben zu können.
- **Dieselbetriebene Stromerzeugungsaggregate** für Netzersatz- oder Notstrombetrieb erzeugen Drehstrom 230/400 V größerer Leistung (etwa 20 bis 1500 kVA) und können die Versorgung motorisch betriebener Einrichtungen wie Wasserdruckerhöhungsanlagen, Feuerwehraufzüge oder die Ventilatorlüftung innenliegender Treppenräume gewährleisten.

Es sollte sichergestellt werden, dass im Falle eines Brandes die Kabel und Leitungen nicht durch Hitzeeinwirkung zerstört werden. (Alle Leitungsisolierungen bestehen aus Kunststoff, meist PVC, und sind daher brennbar). An Notstromversorgungsanlagen angeschlossene Sicherheitseinrichtungen wie:

- Brandschutzklappen,
- Löschwasser-Druckerhöhungsanlagen,
- Lüftungsanlagen von Sicherheitstreppenräumen,
- Rauchabzugsanlagen,
- Feuerwehraufzüge einschließlich Lüftung von Fahrschacht und Triebwerksraum

können anderenfalls nicht versorgt werden.

Die zum Betrieb dieser Sicherheitseinrichtungen erforderlichen Kabel und Leitungen sind getrennt von den übrigen Leitungen und wirksam geschützt vor Brandeinwirkung zu verlegen, z. B. in Kanälen aus Feuerschutzplatten.

Zentrale Notstrombatterien

Batterieanlagen erzeugen Gleichstrom, der erforderlichenfalls mit Hilfe von Wechselrichtern in Wechselstrom umgeformt wird. In Betracht kommen NiCd-Batterien (Nickel-Cadmium-Batterien) und Pb-Batterien (Bleibatterien). Übliche Nennspannungen: 12V, 24V, 40V, 60V, 110V, 230V. Die Kapazität einer Batterie wird in Amperestunden (Ah) angegeben. Eine Batterie der Kapazität von z. B. 60 Ah und dem Nennstrom von 6A kann diesen Strom über 10 Stunden abgeben.

Diesel-Stromerzeugungsaggregate

(Notstromaggregate) übernehmen bei Netzausfall die Versorgung der Sicherheits- oder Ersatzbeleuchtung und/oder von motorischen Antrieben mit Wechsel- oder Drehstrom. Otto-Motoren dürfen, folgt man DIN VDE 0108-1, nicht verwendet werden.

Standard-Diesel-Stromerzeugungsaggregate (Notstromaggregate) bestehen aus:

- Dieselmotor und Generator; beide auf einem gemeinsamen Grundrahmen montiert;
- Druckluft-Anlasseinrichtung, Batterie;
- Brennstoffbehälter für 24-Std.-Nennlast;
- Schalldämpfeinrichtungen;
- Schaltschrank.

Tafel 5.74 Überschlägige Raumabmessungen für ein Diesel-Stromerzeugungsaggregat, nach Seip „Elektrische Installationstechnik"

Aggregatleistung	20–60	100–200	250–550	650–1500	kVA
Raumgröße	5,0 / 4,0	6,0 / 4,5	7,5 / 5,0	10,5 / 5,0	m
Raumhöhe	3,0	3,5	4,0	4,0	m
Tür/Tor	1,5 / 2,0	1,5 / 2,0	2,2 / 2,0	2,2 / 2,0	m

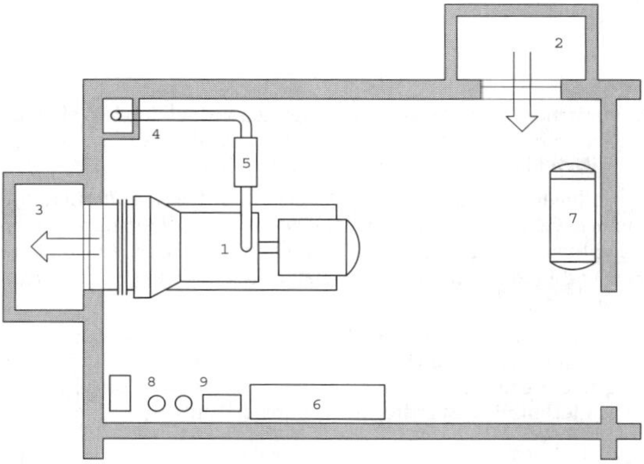

1 Dieselmotor und Generator auf gemeinsamem Grundrahmen
2 Luftzufuhr (Kühl- und Verbrennungsluft)
3 Fortluftabführung (Kühlluft)
4 Abgasrohr
5 Schalldämpfer
6 Schaltschrank zum selbsttätigen Umschalten bei Netzausfall
7 Treibstoffbehälter
8 Anlassdruckluft (Kompressor und Flaschen)
9 Batterie

Abb. 5.75 Diesel-Notstromaggregat im Bereich einer Gebäudeecke. Die Ecklage gestattet es, die Luftansaugöffnung und die Fortluftöffnung möglichst weit auseinander anzuordnen. Über die erforderliche Luftmenge bzw. Luftein- und -austrittsöffnungen geben die Aggregathersteller Auskunft. Abgasrohr (4) hier über Dach geführt. Alternative: Einleitung in eine Auspuff-Schallgrube eines Volumens von 1 m^3 je 50 kVA.

Unterbrechungslose Stromversorgung (USV-Anlagen)

Zwischen Netzausfall und Umschaltung auf das Notstromaggregat vergehen bei üblichen Anlagen etwa 15 Sekunden. Damit wegen der Anlaufzeit üblicher Notstromaggregate nicht Telefongespräche in Nebenstellenanlagen zusammenbrechen und die Sicherheitsbeleuchtung ohne Verzögerung einsetzen kann, übernehmen gegebenenfalls Batterieanlagen die Überbrückung der Anlaufzeit bzw. es werden unterbrechungslose Stromversorgungsanlagen (USV-Anlagen) eingesetzt.

Zu unterscheiden sind **dynamische und statische USV-Anlagen**. Dynamische (rotierende) USV-Anlagen sind mit dem motorbetriebenen Generator verbunden. Statische USV-Anlagen sind überbrückende Batteriegeräte.

Bei **Schnellbereitschaftsanlagen** wird ein schweres Schwungrad ständig von einem Elektromotor auf voller Drehzahl gehalten. Fällt der Strom aus, wird der Dieselmotor automatisch eingekuppelt und durch die kinetische Energie des Schwungrades auf Drehzahl gebracht („hochgerissen"). Der Strom fällt für 0,3 – 0,5 Sekunden aus.

Sofortbereitschaftsanlagen sind besonders aufwendig. Die Verbraucher sind an ein eigenes Stromnetz angeschlossen, das von einem Generator versorgt wird, der seine Antriebsenergie aus dem allgemeinen Netz bezieht.

5 Lichtplanung

Allgemeines

Etwa 80 % aller Umwelt-Eindrücke und Informationen empfangen wir Menschen visuell durch Wahrnehmung differenzierter Lichteinwirkungen. Aufgrund des physiologischen Aufbaus des Auges und des menschlichen Gesichtsfeldes dominieren vertikale Flächen in der visuellen Wahrnehmung.

Lichtstrahlen sind unsichtbar (der lichtdurchflutete Weltraum wirkt schwarz). Erst beim Auftreffen auf stoffliche Materie kann Licht wahrgenommen werden. Weißes Sonnenlicht ist eine Kombination aller Spektralfarben (Regenbogenfarben) und reicht von Violett über Blau, Grün und Gelb bis hin zu Rot, einschließlich aller Zwischentöne. Wellenlänge und Frequenzen der elektromagnetischen Schwingungen sind gegenläufig, d. h. mit größerer Wellenlänge nimmt die Frequenz ab.

Wenn die natürliche Beleuchtung nicht mehr ausreicht (Tafel 5.77b), bedienen wir uns künstlicher, elektrisch betriebener Lichtquellen, deren quantitative und qualitative Lichtabgabe sehr unterschiedlich ausfällt. Zur Beurteilung, Charakterisierung und Kennzeichnung beleuchtungstechnischer Vorgänge und Sachverhalte bedient man sich bestimmter lichttechnischer Begriffe, die nachfolgend aufgeführt sind.

Lichttechnische Grundgrößen

- Der **Lichtstrom** Φ in Lumen (lm) ist die in alle Richtungen ausgestrahlte Lichtleistung einer Lichtquelle. Grundsätzlich beschreibt die Einheit Watt Leistung, die optische Lichtquelle kann aber so nicht zutreffend beschrieben werden. Erst durch die Einbeziehung der spektralen Empfindlichkeit des Auges ergibt sich die Größe Lumen (Die Angabe der Leistung in Lumen kann i. Allg. den Katalogen der Leuchtenhersteller entnommen werden).
- Die **Lichtausbeute** beschreibt den Wirkungsgrad eines Leuchtmittels und ist das Verhältnis des angestrahlten Lichtstroms zur aufgewendeten Leistung, wird durch das Verhältnis lm/W gekennzeichnet und gibt Aufschluss über die Wirtschaftlichkeit einer elektrischen Lichtquelle (Tafel 5.77a).

  $$\eta = \frac{\Phi}{P}(lm/W)$$

- Die **Lichtmenge** ist das Produkt aus Zeit und abgegebenem Lichtstrom und erfasst die in einem Zeitraum abgegebene Lichtenergie.

  $$Q = \Phi * t(lm/h)$$

- Die **Beleuchtungsstärke** ***E*** in Lux (lx)

  $$E = \frac{\Phi}{A}$$

  kennzeichnet den Lichtstrom pro beleuchtete Fläche und ist die Bewertungsgröße für das Beleuchtungsniveau eines Raumes oder einer Raumzone. Sie wird in 85 cm Höhe gemessen (horizontale Bezugsebene), kann aber an jeder Stelle des Raumes gemessen werden. Die Beleuchtungsstärke nimmt mit dem Quadrat der Entfernung von der Lichtquelle ab (photometrisches Entfernungsgesetz). Es wird unterschieden in die Beleuchtungsstärke für Sehaufgaben und im unmittelbaren Umgebungsbereich, siehe DIN EN 12 464-1.
- Die **Leuchtdichte** ***L*** in (cd/m²) kennzeichnet den Helligkeitseindruck, den das Auge von einer leuchtenden oder beleuchteten Fläche erhält. Die Leuchtdichte von 1 cd/cm² (Dimension relevant für Lampen) entspricht 10 000 cd/m² (Dimension relevant für beleuchtete Flächen). Zu große Leuchtdichten oder Leuchtdichteunterschiede im Gesichtsfeld verursachen Blendung. Je kleiner die Abstrahlfläche einer Lampe ist, umso höher ist i. Allg. die Leuchtdichte der Abstrahlfläche und umso größer ist die Blendgefahr. Die Blendwirkung, die von einer Leuchtstofflampe ausgeht, ist, verglichen mit einer Glühlampe gleicher Lichtleistung, wesentlich geringer (Tafel 5.77c).

- Die **Lichtstärke** ***I*** (Intensität) in (cd)

  $$I = \frac{\Phi}{\Omega}$$

  ist das Verhältnis von Lichtstrom Φ und dem Raumwinkel Ω und kennzeichnet das Maß für den in einer bestimmten Richtung wirksamen Teillichtstrom.Nur eine ideale, punktförmige Lichtquelle strahlt in alle Richtungen des Raumes gleichmäßig ab. In der Praxis ergibt sich eine ungleichmäßige Verteilung des Lichtstroms. Die Lichtstärke dient vornehmlich der lichttechnischen Charakterisierung von Leuchten mit Hilfe eines Polardiagramms (Abb. 5.77).

Der **Reflexionsgrad** von Raumbegrenzungsflächen (Wände, Decke, Fußboden) hängt ab von Oberflächenbeschaffenheit und Farbe der beleuchteten Fläche. Er beeinflusst Bemessung und Auswahl der Beleuchtungsanlage. Nicht reflektiertes Licht wird absorbiert oder transmittiert.

Tafel 5.77a Vergleich der Lichtausbeute (in Lumen pro Watt) verschiedener Lampentypen, unter Berücksichtigung von konventionellen Vorschaltgeräten

Glühlampe	12 lm/W
Halogenlampe	20 lm/W
Leuchtstofflampe	70 lm/W
Energiesparlampe	55 lm/W
LED derzeit	100 lm/W

Tafel 5.77b Vergleich natürlicher Beleuchtungsstärken

Julisonne mittags, unbedeckter Himmel	100 000 lx
Julisonne mittags, bedeckter Himmel	20 000 lx
Trüber Dezembernachmittag	3000 lx
Im Zimmer am Fenster	1000 – 2500 lx
Vollmondnacht	0,25 lx
Straßenbeleuchtung (künstlich)	10 lx

Tafel 5.77c Beispiele von Leuchtdichten (Mittelwerte). Die Einheit cd/cm², auch Stilb (sb) genannt, dient der Charakterisierung von Lichtquellen. Die Einheit cd/m² wird zur Bewertung von beleuchteten Flächen verwendet. 1cd/m² = 10^{-4} cd/cm² (sb)

Weiße Fläche bei Vollmond	0,1 cd/m²
Schwarze Fläche bei 500 Lux	15 cd/m²
Weiße Fläche bei 500 Lux	150 cd/m²
Flachbildschirm	500 cd/m²
Leuchtstofflampe 18 W	50 000 cd/m²
Glühlampe 100 W	60 000 cd/m²

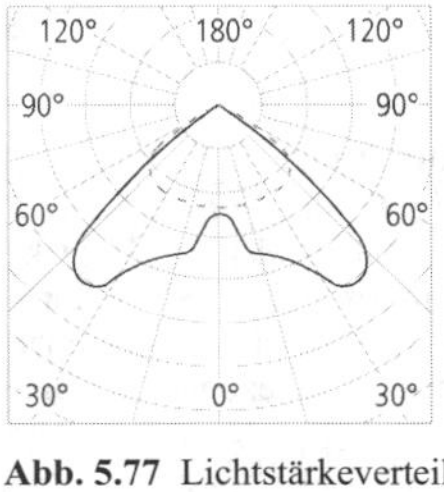

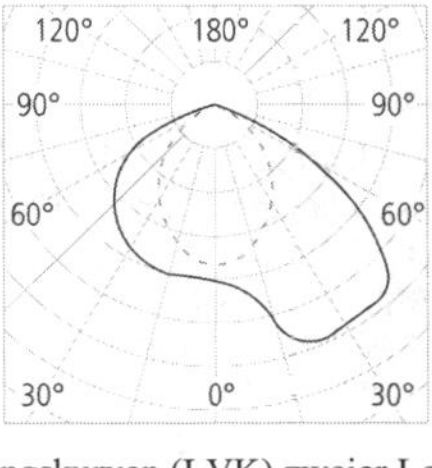

Abb. 5.77 Lichtstärkeverteilungskurven (LVK) zweier Leuchten. Lichtquellen strahlen i. d. R in verschiedene Richtungen mit unterschiedlicher Intensität (Lichtstärke), darstellbar in Polardiagrammen mit leuchtenspezifischen Lichtstärkeverteilungskurven. Links: Batwing-Leuchte mit extrem breitstrahlender Lichtstärkeverteilung, rechts: schrägstrahlende Leuchte (Eckleuchte). Bei nicht rotationssymmetrischer, sondern achsensymmetrischer Abstrahlung werden i. d. R. zwei LVK angegeben: quer und längs zur Leuchtenachse.

Lichtfarbe (K = Kelvin)

Die Lichtfarbe beschreibt das farbliche Aussehen des Lichtes eines Leuchtmittels. Sie wird charakterisiert durch die Farbtemperatur, gemessen in Kelvin. Dabei können bestimmte Lichtfarben unterschiedliche Farbwiedergabeeigenschaften haben und somit die Raumatmosphäre beeinflussen. Warmweißes Licht wird als gemütlich und behaglich empfunden.

Neutralweißes Licht wird eher als sachlich wahrgenommen. Bei entsprechender Lichtstärke kommt es dem Tageslicht jedoch näher und ist somit das bessere Arbeitslicht.

- Kerze 1900 K
- Glühlampe 2700 – 2900 K
- Halogenlampe 3000 – 3200 K
- Leuchtstofflampe 2800 – 6000 K
- Mondlicht 4100 K
- Tageslicht 5000 – 6000 K

Farbwiedergabeindex (CRI/R_a-Wert)

Der Color Rendering Index (CRI) ist der Farbwiedergabeindex, der zur Charakterisierung von Leuchtquellen dient. Er ist ein Index für die Natürlichkeit der Farbe. Je größer der Farbwiedergabeindex, der als CRI- oder R_a-Wert bezeichnet wird, desto natürlicher werden Farben wiedergegeben und desto angenehmer werden sie empfunden. Die Größe des R_a-Wertes kann zwischen 0 und 100 liegen und ist maßgeblich für die Farbwiedergabe von beleuchteten Gegenständen.

- Leuchtmittel R_a-Index
- Glühlampe bis 100
- Halogenlampe 60 – 95
- Leuchtstofflampe 50 – 90
- LED weiß 70 – 95
- Quecksilberdampf-Hochdrucklampe 45

Farbtemperatur

Die Farbtemperatur kennzeichnet die Lichtfarbe einer Lichtquelle und wird verglichen mit der Lichtfarbe, die ein definierter schwarzer Strahler hat, wenn dieser bei einer bestimmten Temperatur glüht.

Tafel 5.78 Farbtemperatur und Lichtfarbe

< 3300 K	3300 – 5300 K	> 5300 K
Warmweiß	Neutralweiß	Tageslichtweiß

Lampen und Leuchten

Im technischen Sprachgebrauch wird (gem. DIN 5039) zwischen Lampen und Leuchten unterschieden. **Lampen** = Künstliche Lichtquellen, z. B. Glühlampen (sog. Glühbirnen) oder Leuchtstofflampen.

Leuchten = Lampenhalterung, ggf. mit leuchtdichteverringernder und schützender Abdeckung, mit lichtlenkenden Flächen sowie Vorschaltgeräten, ggf. auch weiteren Bestandteilen.

Lampen

Bei elektrisch betriebenen Lampen unterscheiden wir zwei Typen:

- Temperaturstrahler sind z. B. Glühlampen in Birnen-, Pilz- oder Soffittenform.
- Entladungslampen gibt es als Niederdruck-Entladungslampen in Röhrenform, wie z. B. Leuchtstofflampen oder Hochspannungsröhren („Neonröhren") sowie auch als Hochdruck-Entladungslampen mit kleinem Lampenkörper in Kolben- oder Röhrenform, wie z. B. Natriumdampflampen, Quecksilberdampflampen und Halogen-Metalldampflampen. Entladungslampen erhalten Vorschaltgeräte, ggf. auch Zündgeräte, die z. T. in die Leuchte mit einbezogen werden.

Temperatur-/Luminiszenzstrahler

Es wird zwischen zwei unterschiedlichen Lichtquellen unterschieden: den Temperaturstrahlern und den Luminiszenzstrahlern. Bei den Temperaturstrahlern wird feste Materie erhitzt und beginnt zu glühen. Ab ca. 600 °C wird sichtbares Licht im roten Bereich ausgesendet. Mit zunehmender Temperatur wird die Lichtfarbe immer heller und weißer. Neben der Sonne und dem Feuer sind auch Glüh- und Halogenlampen Temperaturstrahler. Bei ihnen wird die maximale Temperatur von etwa 3400 K durch den Schmelzpunkt des Wolframfadens begrenzt. Bei Luminiszenzstrahlern wird das Licht nicht aus einem glühenden Körper, sondern aus einem Luminiszenzprozess (optische Strahlung eines physikalischen Systems, die beim Übergang von einem angeregten Zustand zum Grundzustand entsteht) erzeugt. Zu den Luminiszenzstrahlern gehören Gasentladungslampen, wie z. B. Leuchtstoffröhren oder Natriumdampflampen. Eine weitere Klasse von Luminiszenzstrahlern nutzt die Elektrolumineszenz. Hierzu gehören anorganische Leuchtdioden (LEDs) und organische Leuchtdioden (OLEDs) sowie Elektrolumineszenz-Folien. Das Licht wird durch Anlegen einer elektrischen Spannung bzw. eines elektrischen Feldes in einem Festkörper erzeugt.

Glühlampen

Glühlampen sind Temperaturstrahler. Leistungsbereich: 15 – 200 W. Vergleichsweise ungünstige Lichtausbeute: ca 10 – 20 lm/W und geringe Lebensdauer: ca. 1000 Std. Wegen der geringen Energieeffizienz sind Glühlampen schon teilweise verboten. Glühlampen werden in vielfältigen Formen hergestellt, z. B. als:

- **Allgebrauchslampen**
- **Linestra-Röhren**
- **Großkolbenlampen** (Globe- oder Kugellampen)
- **Reflektorlampen**
- **Halogen-Glühlampen** enthalten ein Halogen als Füllgas. Gegenüber Allgebrauchslampen werden bessere Lichtausbeute (20 – 25 lm/W) und längere Lebensdauer (2000 Std.) erreicht. Die Farbwiedergabe ist sehr gut bis brillant (Farbwiedergabestufe 1, Farbtemperatur ca. 3000 K).
- (Halogen-**Metalldampflampen** zählen zu den Hochdruck-Entladungslampen.)
- **Niedervolt-Halogenlampen** haben extrem kleine Quarzkolben mit erhöhtem innerem Gasdruck. Sie sind auf einen Transformator angewiesen, der die Netzspannung von 230 V auf 6, 12 oder 24 V herunterspannt.

Infolge ihrer kompakten Bauform eignen sich Niedervolt-Halogenlampen gut zum Einsatz in Downlights und Strahlern kleinerer Abmessungen.

Es gibt 3 Größen von **Schraubfassungen**:

- E 40 = Goliath-Fassung für 300 – 2000 Watt-Lampen.
- E 27 = Normal-Fassung für 25 – 200 Watt-Lampen.
- E 14 = Mignon-Fassung für kleinere Sonderformen.

Niederdruck-Entladungslampen

Mehr als 80 % des in Deutschland insgesamt benötigten Lichts wird mittels Entladungslampen erzeugt. An erster Stelle stehen Leuchtstofflampen. **Leuchtstofflampen** sind Entladungslampen. Sie bestehen aus einem gasgefüllten Rohr mit Elektroden an beiden Enden. Kontinuierliche Entladungen in einer ionisierten Entladungsstrecke zwischen den Elektroden rufen während des Betriebes eine nur geringe Lichtwirkung (2 %) hervor. Der größere Anteil des von der Lampe ausgestrahlten Lichtes beruht auf UV-Strahlen (ca. 20 %), die erst mit Hilfe einer innenseitigen Röhrenbeschichtung aus Leuchtstoff in sichtbare Strahlung umgewandelt werden. Durch unterschiedliche Zusammensetzungen des Leuchtstoffes lassen sich Lampen unterschiedlicher Lichtfarben herstellen.

Bei Verwendung **konventioneller Vorschaltgeräte** (KVG) heizt beim Einschalten ein über die Zündleitung fließender Strom die Lampenelektroden vor. Bevorzugt werden sog. Verlustarme Vorschaltgeräte (VVG) mit hochwertigerem Eisenkern und dickerem Kupferdraht.

Elektronische Vorschaltgeräte heben die Netzfrequenz von 50 Hz auf etwa 30 Hz an. Während bei niederfrequentem Betrieb der Ionisationszustand innerhalb der Entladungsröhre bei jedem Stromnulldurchgang in Form einer Zündung neu aufgebaut werden muss, entfallen bei hochfrequentem Betrieb die hierfür erforderlichen hohen Spannungsspitzen: die Lampenspannung nähert sich der Sinusform. Starter entfallen bei HF-Systemen.

Helligkeitsregelung

Mit speziellen elektronischen Vorschaltgeräten (EVG-Dynamic) lassen sich Leuchtstofflampen stufenlos von 100 % auf 1 % dimmen. Bei Verwendung von konventionellen Vorschaltgeräten (Drosselspule + Starter) werden eine leuchtenintegrierte elektronische Zündhilfe sowie ein Spezialdimmer (Dimmer für induktive Lasten) erforderlich.

LED

LEDs (Light Emitting Diode) sind Halbleiterdioden welche bei Stromdurchfluss aus der Sperrschicht heraus Licht abgegeben (emittieren). Dieser Strom muss begrenzt oder geregelt werden, da die LED sonst zu heiß und überlastet würde. Zudem liegt die maximal erträgliche Spannung bei 5 Volt. Die Lichtabstrahlung steigt proportional zum elektrischen Strom. Temperaturen von über 60 °C verringern die Lebensdauer und die Lichtausbeute der LED und sollten vermieden werden. Daher müssen Leuchten mit Hochleistungs-LEDs mit einem eigenen Wärmemanagement aktiv konstruiert und verbaut werden. LEDs haben gegenüber allen anderen Leuchtmitteln einen definierten Abstrahlwinkel. Das Licht kann daher durch geeignete Reflektor- oder Linsensysteme optimal gelenkt werden. Nachteile bietet die Bauform in der Allgemeinbeleuchtung durch die fehlende Rundumstrahlung. LEDs können ein großes Spektrum an Lichtfarben liefern (2600 – 10 000 K), haben eine sehr gute Lichtausbeute (bis zu 100 lm/W) und eine sehr lange Lebensdauer (bis zu 50 000 h). Die Leuchte hat nahezu keine Wärmeabgabe. Die elektronischen Bauteile haben allerdings eine erhebliche Wärmeabgabe, weshalb ein Wärmemanagement betrieben werden muss. Dies erfolgt je nach Konstruktionsart mit freier Konvektion oder mit Unterstützung eines Ventilators. **Organische Leuchtdioden** (OLEDs) funktionieren ähnlich wie die Leuchtdioden. Hier findet die Rekombination von Ladungsträgerpaaren in organischen Schichten statt. Organische Leuchtdioden sind flächige Lichtquellen, eignen sich deshalb für flächige Beleuchtung, lassen sich aber nicht zur Akzentuierung einsetzen.

Tafel 5.80 Lichtquellen und Eigenschaften (Werte sind ungefähre Daten und abhängig von Typen, Vorschaltgeräten, etc.).

Lichtquelle	Lichtfarbe [K]	Farbwiedergabe [R_a]	Lichtausbeute [lm/W]	Lebensdauer [h]
Halogen-Glühlampen	3000	100	20 - 25	2000 - 5000
Leuchtstofflampen	2700 - 16 000	80 - 89	70 - 95	10 000 – 20 000
Kompakte Leuchtstofflampen	2700 - 4000	80 - 89	60 - 85	10 000 – 20 000
Hochdruck-entladungslampen	3000 - 4200	80 - 90	65 - 100	10 000 – 15 000
LED	2700 - 6500	70 - 95	60 - 90	10 000 – 50 000

Leuchten

Bei der Beurteilung einer Leuchte sollten berücksichtigt werden:

- Konstruktion, Wartungsfreundlichkeit, Gestaltung,
- die elektrotechnische Sicherheit,
- die lichttechnischen Eigenschaften.

Die **lichttechnischen Eigenschaften** (Tafel 5.80) einer Leuchte werden gekennzeichnet durch Kriterien, deren bis ins einzelne gehende Aufschlüsselung i. Allg. dem beratenden Ingenieur vorbehalten bleibt:

- Die Lichtstromverteilung gem. DIN 5040 kennzeichnet direkte bis indirekte Beleuchtungsweisen mit Lichtstromverteilungen im oberen oder unteren Halbraum durch Kennbuchstaben A bis E (für eine exakte Berechnung wenig geeignet).
- Die Lichtverteilung gem. DIN 5032 unter Berücksichtigung der Lichtstärkeverteilungskurven (LVK) der Leuchten (Abb. 5.77).
- Seit März 2014 müssen Lampen und Leuchten durch EU-Verordnung gekennzeichnet sein. Dazu gehören die Energieeffizienzklasse, die Nennleistungsaufnahme bzw. der Nennlichtstrom, die Nennlebensdauer sowie weitere Angaben wie Farbtemperatur, Anlaufzeit bis zur Erreichung von 60 % des vollen Lichtstroms und Weiteres.

Planung von Beleuchtungsanlagen

Licht ist seit Jahrtausenden ein Gestaltungsmittel der Baukunst. Licht verändert Dimensionen, Farben und Raumstimmungen. Lichttechnisch kann in Flächen-, Zonen- und Akzentbeleuchtung unterschieden werden. Flächenbeleuchtung, d. h. gleichmäßige Ausleuchtung, kommt beispielsweise für Unterrichtsräume oder gewerbliche Räume mit variablen Arbeitsplätzen in Betracht. Eine zonierte Beleuchtung wird bei differenzierter Raumnutzung und fester Zuordnung von Arbeitsplätzen und Beleuchtung erforderlich, wie z. B. in Kassenhallen von Banken mit Warte-, Abfertigungs-, Ausstellungs- und Arbeitszonen. Akzentuierende Beleuchtungen werden vornehmlich ergänzend eingesetzt, um stimmungsbetonte Bereiche zu schaffen oder einzelne Gegenstände hervorzuheben, z. B. in Museen, Verkaufsräumen, in der Gastronomie und der Werbung.

Bei der Beleuchtungsplanung von Innenräumen sollten vorrangig berücksichtigt werden:

- Beleuchtungsniveau,
- Begrenzung der Blendung, Leuchtdichteverteilung,
- Helligkeitsverteilung und Schattigkeit,
- Lichtfarbe und Farbwiedergabe,
- Anordnung der Lichtquellen.

Beleuchtungsanforderungen

Beleuchtungsniveau und Gleichmäßigkeit

Das Beleuchtungsniveau wird durch die Beleuchtungsstärke bestimmt, durch die Inneneinrichtung und die Reflexionseigenschaften der Umgebungsflächen und Materialen beeinflusst. Die Beleuchtungsstärke nimmt aufgrund von Alterung und Ausfall der Lampen sowie Verschmutzung der Leuchten und Räume über die Betriebsdauer ab (nähere Erläuterungen zum Thema Lichtstromrückgang und Wartungsfaktor im Abschnitt Lichtplanung). Die empfohlene Beleuchtungsstärke für jede Tätigkeit bzw. Sehaufgabe ist deshalb als Wartungswert der Beleuchtungsstärke E_m in Normen (z. B. DIN EN 12 464-1) und in der Technische Regeln für Arbeitsstätten ASR geregelt (siehe Tafel 5.87). Unter Gleichmäßigkeit U_0 wird der Quotient aus der minimalen und der mittleren Beleuchtungsstärke verstanden.

$$U_0 = \frac{E_{\text{min}}}{E_{\text{m}}}$$

Die Gleichmäßigkeit U_0 sollte in der Regel im unmittelbaren Umgebungsbereich 40 % ($U_0 \geq 0.40$) nicht unterschreiten, im Hintergrundbereich 10 % (siehe Abb. 5.88a). Die Sehleistung ist unmittelbar abhängig vom Beleuchtungsniveau, aber auch vom Alter der Menschen aufgrund nachlassender Transmissionseigenschaften des menschlichen Auges mit zunehmendem Alter (siehe Abb. 5.81).

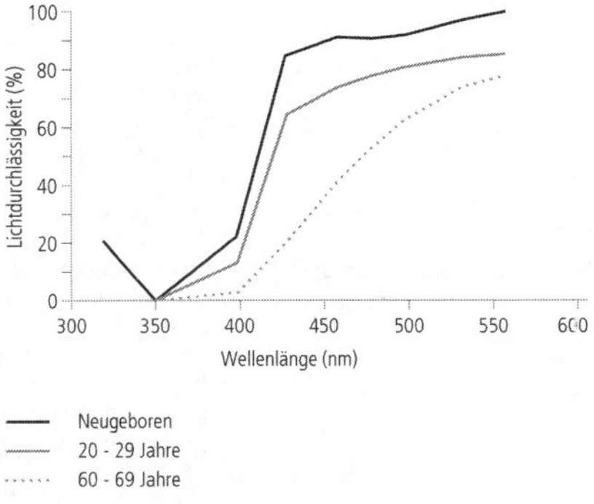

Abb. 5.81

Lichtdurchlässigkeit des menschlichen Auges in Abhängigkeit von der Wellenlänge und dem Alter, Quelle: Bommel et. al.: Industriebeleuchtung und Produktivität.

Horizontale Beleuchtungsstärke

In der Regel beziehen sich die Anforderungen auf die horizontale Beleuchtungsstärke, da die meisten Sehaufgaben auf einer horizontalen Fläche (Schreibtisch etc.) stattfinden. Für Büroarbeitsplätze gilt dementsprechend eine Höhe von 0,75 m, für Verkehrsflächen, Treppen usw. gelten 0,20 m über dem Boden. Befindet sich die Sehaufgabe auf einer vertikalen Fläche, ist entsprechend die vertikale Beleuchtungsstärke zur Bewertung heranzuziehen.

Vertikale Beleuchtungsstärke

Neben der horizontalen Beleuchtungsstärke sind in der DIN EN 12 464-1 auch Mindestwerte für die vertikale Beleuchtungsstärke gefordert: normale Wände mind. 50 lx und Wände von Büros, Unterrichtsräumen, Fluren, Treppen usw. mind. 75 lx als Wartungswert der Beleuchtungsstärke.

Zylindrische Beleuchtungsstärke

Die zylindrische Beleuchtungsstärke ist der Lichtstrom auf der Mantelfläche eines Zylinders, geteilt durch die Mantelfläche. Sie wird in der Regel bei der Planung mit Lichtplanungsprogrammen aus dem Mittelwert der vertikalen Beleuchtungsstärke ermittelt. Für eine gute Erkennbarkeit von Objekten im Raum bzw. eine Kommunikation zwischen Personen ist eine angemessene mittlere zylindrische Beleuchtungsstärke, mind. 50 lx, zu erreichen. Für besondere Bereiche, wie Büros, Besprechungsräume und Unterrichtsräume, sollte die zylindrische Beleuchtungsstärke mind. 150 lx erreichen.

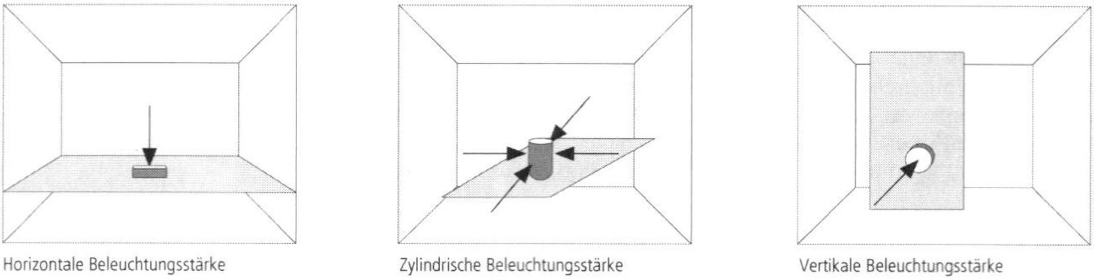

Abb. 5.82a Horizontale, zylindrische und vertikale Beleuchtungsstärke, Quelle: VBG. Natürliche und künstliche Beleuchtung von Arbeitsstätten.

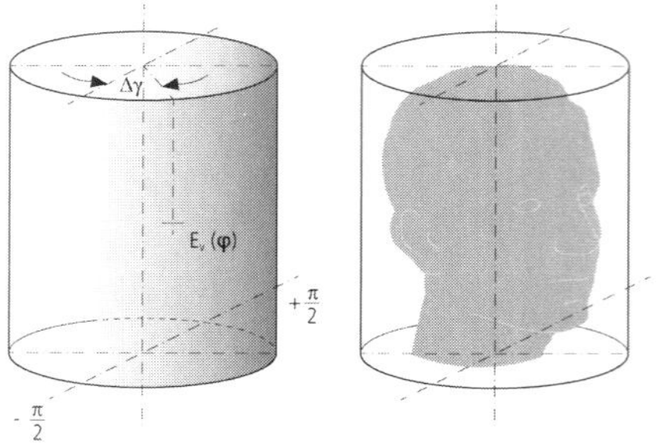

Abb. 5.82b
Prinzip der zylindrischen Beleuchtungsstärke, Quelle: Trilux: Beleuchtungspraxis- Innenbeleuchtung.

Tafel 5.83 Anforderungen hinsichtl. Wartungswert der Beleuchtungsstärke E_m, Gleichmäßigkeit U_0, Blendungsbegrenzung UGR und Farbwiedergabe Ra exemplarischer Sehaufgaben. Quelle: DIN EN 12 464-1.

Art des Raums, der Sehaufgabe bzw. der Tätigkeit	E_m [lx]	UGR [-]	U_0 [-]	R_a [-]
Verkehrsflächen und Flure	100	28	0,40	40
Kantinen	200	22	0,40	80
Sanitätsräume	500	19	0,60	80
Farbprüfung	1000	16	0,70	90
Büros, Schreiben und Lesen	500	19	0,60	80
Empfangstheke	300	22	0,60	80
Unterrichtsräume	300	19	0,60	80

Blendungsbegrenzungen

Blendung wird hervorgerufen durch zu hohe Leuchtdichten einer Lichtquelle oder des Tageslichts bzw. zu große Leuchtdichteunterschiede im Sichtbereich. Unterschieden wird zwischen Direktblendung und Reflexblendung.

Lichtfarbe und Farbwiedergabe

Die Lichtfarbe und Farbwiedergabe einer Lichtquelle wird maßgeblich durch das Spektrum bestimmt. Je nach Beleuchtungsaufgabe und Umgebung erfolgt die Wahl der Lichtfarbe. Die Farbwiedergabe ist in der Regel für die jeweilige Sehaufgabe vorgeschrieben. Eine gute Farbwiedergabe, Farbwiedergabeindex $R_a > 80$ bzw. > 90, sorgt dafür, dass ein Objekt entsprechend seiner spektraler Farben wahrgenommen wird. Wenn einer Lichtquelle ein spektraler Bereich fehlt oder nur geringfügig vorhanden ist, wird dieser Bereich auch beim zu beleuchtenden Objekt nicht richtig wiedergegeben.

Lichtrichtung und Schattigkeit

Lichtrichtung und Schattigkeit entscheiden über die Wahrnehmung eines Gegenstandes oder Raumes. Zu wenig Schatten erschwert die räumliche Wahrnehmung (Raumbegrenzungsflächen, Treppen, Gegenstände, Hindernisse usw.) und kann eintönig wirken. Zu viel Schatten kann zu große Leuchtdichteunterschiede bewirken, die dann die Adaption des menschlichen Auges erschweren, und Gegenstände oder Flächen im Dunkeln lassen, die dann nicht wahrgenommen oder übersehen werden können. Die richtige Schattenwirkung wird auch als „Modelling" bezeichnet, als Ausgewogenheit zwischen gerichteter und diffuser Beleuchtung.

Energetische Aspekte

Für Räume, in denen auch tagsüber auf künstliche Beleuchtung nicht verzichtet werden kann, sollte eine tageslichtabhängige Lichtregelung (Konstantlichtregelung) in Erwägung gezogen werden. Die erzielbare Energieeinsparung liegt für ein mitteleuropäisches Standardbüro zwischen 30 und 75 %, bei sehr kurzer Amortisationszeit. In Betracht kommen Arbeitsplätze in tiefen Räumen, aber auch Foyers, Restaurationen und Hallenbauten. Fensterlicht- und Raumlichtsensoren regeln über Dimmer entweder nur einzelne Leuchten, Leuchtengruppen oder, eingebunden in eine Gebäudesystemtechnik, die gesamte Beleuchtung eines Gebäudes. Sofern gewünscht, kann auch am Arbeitsplatz individuell Einfluss auf das Beleuchtungsniveau genommen werden.

Lichtsteuerung

Funktion der Lichtsteuerung:

- Reduzierung des Energieverbrauchs,
- Anpassung der Helligkeit an die Sehaufgabe oder an die unterschiedlichen Bedürfnisse der Benutzer
- Lichtgestaltung durch unterschiedliche Szenen.

Unabhängig von der Art der Lichtsteuerung und der verwendeten Kontrollstrategie muss ein Eingriff durch den Nutzer möglich sein. Andernfalls wird die Lichtsteuerung nicht akzeptiert und kann nicht ihren ursprünglichen Zweck erfüllen.

Zeitsteuerung

Zweck einer zeitlich gesteuerten Beleuchtung ist die automatische Abschaltung in Zeiten der Nichtnutzung. Darunter fallen Zeitschaltuhren, die die Beleuchtung zu definierten Uhrzeiten ein- und ausschalten.

Präsenzmelder

Präsenzmelder, wozu Anwesenheitssensoren und Bewegungsmelder zählen, sind Passiv-Infrarot-Geräte. Diese Sensoren reagieren auf Änderungen der Wärmestrahlung in ihrem Erfassungsbereich. Präsenzmelder werden unterschieden nach der verwendeten Kontrollstrategie. Automatische Ein- und Ausschaltung bewirkt eine sofortige Änderung, wenn eine Bewegung erkannt wird. Die häufigste Variante ist die automatische Einschaltung bei erfasster Bewegung zusammen mit einer verzögerten Ausschaltung, die unnötig häufige Schaltfrequenzen vermeidet.

Tageslichtabhängige Regelung bzw. Steuerung

Eine tageslichtabhängige Steuerung kann zentral über eine Gebäudeleittechnik oder raumweise über ein Bussystem erfolgen. Bei einer tageslichtabhängigen Regelung wird jede Leuchte separat mit einem eigenen Sensor geregelt (siehe Abb. 5.84). Üblich ist hier eine umgekehrt proportionale Regelung, d. h. bei steigendem Tageslichtanteil wird der Teil der künstlichen Beleuchtung reduziert, wodurch der Energieverbrauch sinkt. Marktübliche Systeme schalten die Beleuchtung in der Regel erst aus, wenn die Beleuchtungsstärke im Raum einen über dem Sollwert liegenden Wert für ein bestimmtes Zeitintervall überschritten hat.

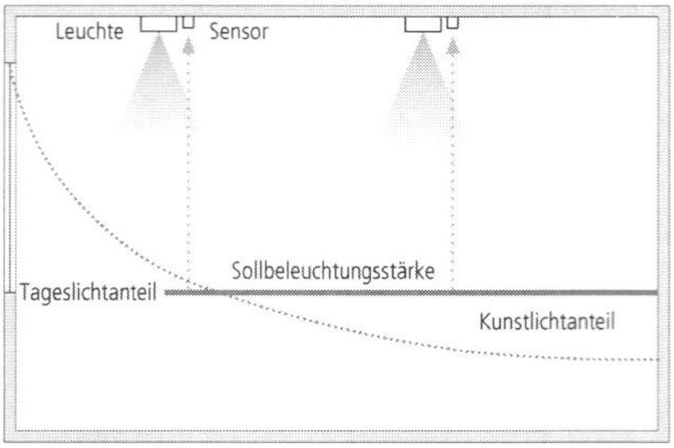

Abb. 5.84
Konstantlichtregelung/tageslichtabhängige Regelung, Quelle: Görres.

Verschiedene Zonen eines Raumes oder auch benachbarter Räume, die abwechselnd betreten werden, sollten keine zu großen Leuchtdichte-Unterschiede aufweisen. Ins Freie führende Räume und der anschließende Freiraum sollten so beleuchtet sein, dass sich das Auge dem Wechsel durch geeignete Stufung der Beleuchtungsstärke allmählich anpassen kann. Stark unterschiedliche Leuchten im Blickfeld verlangen dem Auge ein ständiges Adaptieren (Anpassen) ab und bewirken, dass sich bald Ermüdungserscheinungen einstellen. Als Grenzwerte für das Verhältnis unterschiedlicher Leuchtdichten im Gesichtsfeld gelten 3:1 bzw. 1:3.

Leuchten geringer Blendwirkung (direkt und indirekt)

Im Zuge der Vervollkommnung von Spiegelrastersystemen wurden u. a. auch **Darklightleuchten** entwickelt. Darklight ist ein Oberbegriff der Spiegelrastertechnik. Darklightleuchten heben sich in ihrer Leuchtdichte kaum von der sie umgebenden Deckenfläche ab. Erst ab einem bestimmten steilen Blickwinkel wird die Lichtquelle (Lampe) sichtbar. Der kritische Blickwinkel einer sitzenden Person liegt etwa zwischen 5° – 15° und 35° – 45°, gemessen zur Waagerechten. In diesem Winkelbereich soll keine Direktblendung auftreten. Leuchten mit Darklightreflektoren und einer zusätzlichen unteren Lampenabschirmung aus prismatisch strukturiertem Acryl reduzieren die Leuchtdichte auch im Ausstrahlungsbereich zwischen 0° und 25° zur Senkrechten, so dass auch an ungünstig angeordneten Arbeitsplätzen direkt unter einer Leuchte kaum Reflexblendung auftritt. Für Räume mit Schreib- und Lesetätigkeiten eignen sich Spiegelrasterleuchten mit extrem breitstrahlender Lichtstärkeverteilung (sog. Batwing-Spiegelsysteme; ihre Lichtstärkeverteilungskurve ähnelt der Kontur von Fledermausflügeln).

Batwing-Leuchten bewirken eine großflächige Beleuchtung bei weitgehender Nivellierung der Beleuchtungsstärke. Durch Überlagerung der Ausstrahlung mehrerer Leuchten werden an einem Arbeitsplatz mehrere Lichtquellen wirksam, so dass Verschattungen weniger hart ausfallen und Reflexblendungen an Intensität verlieren. Durch Reduzierung der Abstrahlung im kritischen Bereich zwischen 15° – 35° zur Vertikalen können Glanzeffekte und Spiegelungen auf horizontalen Arbeitsflächen weitgehend vermieden werden.

Licht und Farbe

Maßstab für die Lichtfarben künstlicher Lichtquellen ist das Tageslicht. Dieses ist, abhängig vom jeweiligen Sonnenstand, einem ständigen Wechsel unterworfen. Je tiefer die Sonne steht, um so „wärmer" (d. h. gelblich-roter) lässt ihr Licht die angestrahlten Körperfarben erscheinen. In der Mittagszeit überwiegt der bläulich-weiße Anteil der Strahlung. Zur Kennzeichnung von Lichtfarben zieht man die **„Farbtemperaturen"** des Planck'schen Strahlers („Schwarzer Strahler") heran. Wie bei allen festen glühenden Körpern ist seine Glühfarbe (Lichtfarbe) temperaturabhängig. Ab etwa 800 K beginnt die sichtbare Strahlung mit dunkler Rotglut. Bei ansteigender Temperatur kommen zunächst gelbe, dann grüne und schließlich blaue bis violette Strahlen hinzu. Der Weißpunkt, bei dem sich alle sichtbaren Strahlungen so überlagern, dass sie als weißes Licht erscheinen, liegt bei 5000 K. Darüber überwiegt der (kurzwellige) blaue und violette Anteil. Ab etwa 7000 K erscheint die Strahlung mit ansteigender Farbtemperatur zunehmend blaustichiger, „kälter". Unterhalb von 5000 K ist die Strahlung warmtoniger Farben vorherrschend. Zur Bestimmung der Lichtfarbe einer Lichtquelle wird die spektrale Zusammensetzung ihrer Strahlung mit den Farbtemperaturen des o. a. Schwarzen Strahlers annäherungsweise verglichen und entsprechend eingestuft. Tageslicht durchläuft an einem Sonnentag mehrere Farbtemperaturen: unter 2000 K bei Sonnenauf- und -untergang, über 5000 K bei höchstem Sonnenstand bzw. 7000 K bei gleichmäßig bedecktem Himmel. Künstliche Lichtquellen weisen eine unterschiedliche Zusammensetzung ihrer Spektren auf. Gem. DIN EN 12 464-1 „Licht und Beleuchtung - Beleuchtung von Arbeitsstätten" werden die Lichtfarben elektrischer Lampen in drei nicht scharf abgrenzbare Gruppen eingeteilt:

- **ww** = warmweiße Lichtfarbe, mit überwiegendem Rotanteil (ähnlichste Farbtemperatur unter 3300 K). Lampen dieser Gruppe vermitteln eine behagliche Raumstimmung. Leuchtstofflampen dieser Lichtfarbgruppe können i. d. R. gemeinsam mit Glühlampen installiert werden. Auch bei niedriger Beleuchtungsstärke (Schummerlicht) wirkt warmtoniges Licht angenehm. Verwendung: vorzugsweise für Räume, die der Entspannung dienen oder festlichen Charakter haben, wie Wohnräume, Konferenzräume, Gasträume, Theater usw.
- **tw** = tageslichtweiße Lichtfarbe, mit überwiegendem Blaulichtanteil (ähnlichste Farbtemperatur über 5300 K). Die Farbwiedergabe entspricht weitgehend dem Tageslicht (zur Mittagszeit), was in bestimmten Industriezweigen und gewerblichen Bereichen geschätzt wird. Licht dieser Gruppe vermittelt eine sachliche Atmosphäre und wirkt bei ausreichend hoher Beleuchtungsstärke aktivierend auf den menschlichen Organismus. Bei Beleuchtungsstärken unter 1000 lx kann die Beleuchtung unangenehm fahl wirken.
- **nw** = neutralweiße Lichtfarbe (ähnlichste Farbtemperatur 3300 – 5300 K). Am häufigsten verwendete Lichtfarbe z. B. in Büros, Schulen, Werkstätten, Ausstellungs- und Verkaufsräumen. Stellt hinsichtlich der Lichtqualität und der Wirtschaftlichkeit einen guten Kompromiss dar. Ist für Beleuchtungsstärken ab etwa 200 lx geeignet und auch mit Tageslicht kombinierbar.

Bei gleicher Lichtfarbe kann die **Qualität der Farbwiedergabe** unterschiedlich ausfallen, je nach Zusammensetzung der einzelnen Spektralfarben. Ist bei einer Lichtfarbenkategorie eine bestimmte Spektralfarbe unterrepräsentiert, kann dies zwar durch entsprechende Mischung der anderen Spektralanteile kompensiert werden, bei der Beleuchtung von Körperfarben wirkt sich eine solche Lücke jedoch farbverfremdend aus. Am natürlichsten wirken Lichtquellen mit einem kontinuierlichen, ausgewogenen Spektrum.

Planungskonzepte

Die quantitative Lichtplanung richtet sich in erster Linie auf die ausreichende Beleuchtung von Arbeitsplätzen. Dabei steht die optimale Sehleistung, eine hohe Produktivität und Unfallsicherheit in Verbindung mit der Wirtschaftlichkeit im Vordergrund. Meist ergibt sich aus diesen Anforderungen eine gleichmäßige horizontal orientierte Beleuchtung des Raumes. Damit wird aber die gesamte optische Wahrnehmung eines Raumes nur unzutreffend beschrieben.

Die visuelle Wirkung der Umgebung wird durch verschiedene Einflussgrößen bestimmt, die durch Auswahl des Leuchtmittels, der Richtung, Farbe bzw. Helligkeit bestimmt wird.

Es ist also in Verbindung mit der Innenraumplanung eine qualitative Lichtplanung empfehlenswert. Eine Vielzahl an Leuchten und Konzepten steht hierfür zur Verfügung (Abb. 5.86). Zusammengefasst lassen sich folgende Effekte bzw. Methoden beschreiben (siehe www.erco.com):

- Allgemeine Beleuchtung,
- Fluten,
- Akzentuieren,
- Projizieren,
- Orientieren.

Allgemeine Beleuchtung bezeichnet eine gleichmäßige, meist auf eine horizontale Nutzebene bezogene Beleuchtung. Quantitative Aspekte stehen bei Arbeitsplätzen oder Verkehrszonen oft im Vordergrund. Die direkte Beleuchtung lässt sowohl diffuses als auch gerichtetes Licht zu. Indirekte Beleuchtung dagegen erzeugt ein sehr gleichmäßiges, weiches Licht. Flutende Beleuchtung bezeichnet eine architektur- und objektorientierte Beleuchtung. Sie dient primär dem Sichtbarmachen von Raumproportionen und Raumbegrenzungen. Die symmetrischen Fluter werden zur Flutung von horizontalen Flächen oder zur Grundbeleuchtung im Präsentationsbereich verwendet.

Asymmetrische Fluter zeichnen sich durch eine uniforme Lichtverteilung auf Flächen aus. Akzentuierende Beleuchtung betont einzelne Architekturelemente oder Objekte. So wird eine Wahrnehmungshierarchie aufgebaut und die Aufmerksamkeit gelenkt. Orientierungsbeleuchtung ist in erster Linie über die Funktion der Orientierung definiert. Dies kann durch beleuchtende oder als Signal wirkende Leuchten erreicht werden. Die Beleuchtung des Raumes ist von sekundärer Bedeutung, vielmehr bildet eine Leuchtenreihe eine Orientierungslinie (Bodenfluter).

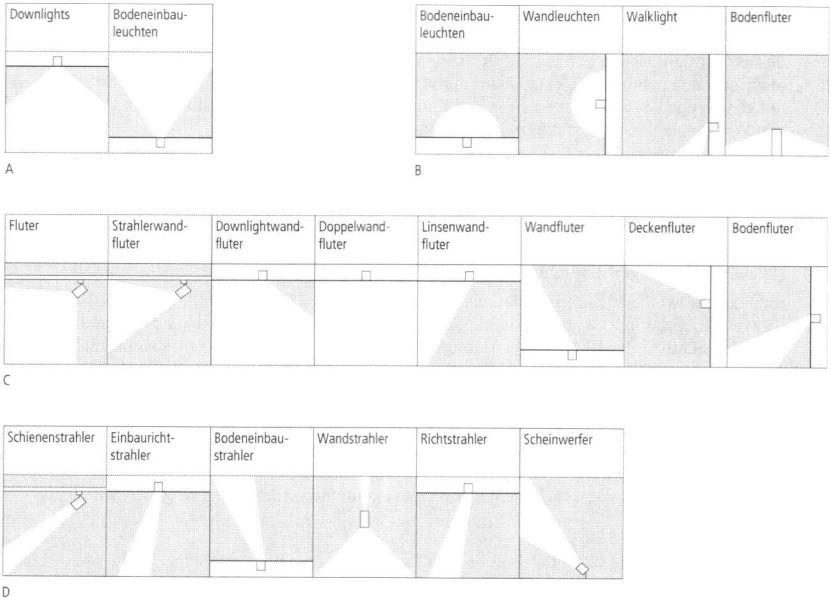

Abb. 5.86 Leuchten werden nach ihrer Beleuchtungsaufgabe charakterisiert:
A Allgemeinbeleuchtung,
B Orientierung,
C Flutung,
D Akzentuierung.
Darüber hinaus gibt es noch spezielle Leuchten, die weitere Funktionen beinhalten.

Lichtszenen und Lichtplanung

Lichtszenen

Über eine zentrale Gebäudeleittechnik, dezentrale oder raumweise Bedienungen können definierte Lichtszenen programmiert und abgerufen werden. Dadurch können gleiche Räume mit unterschiedlichen Beleuchtungssituationen für verschieden Funktionen oder Sehaufgaben genutzt werden. Darüber hinaus kann der Helligkeitsbedarf für unterschiedliche Personen differenziert werden und somit den Sehkomfort erhöhen sowie den Energieverbrauch minimieren. Unterschiedliche Lichtszenen können ebenfalls zur Gestaltung dienen und die Architektur unterstützen.

Lichtplanung

Wahrnehmungsorientierte Lichtplanung nach Richard Kelly

Richard Kelly (1919 – 1977) war ein Pionier der qualitativen Lichtplanung, der die vorhandenen Anregungen aus Wahrnehmungspsychologie und Bühnenbeleuchtung zu einem einheitlichen Konzept zusammenfasste. Kelly löste sich von der Vorgabe einer einheitlichen Beleuchtungsstärke als Zentralkriterium der Lichtplanung. Er ersetzte die Frage nach der Lichtquantität durch die Frage nach einzelnen Qualitäten des Lichts, nach einer Reihe von Funktionen der Beleuchtung, die auf den wahrnehmenden Betrachter ausgerichtet waren. Kelly unterschied hierbei in den 1950iger Jahren drei Grundfunktionen: ambient luminescene (Licht zum Sehen), focal glow (Licht zum Hinsehen) und play of brilliants (Licht zum Ansehen). Das Licht zum Sehen dient zur Erkennung der Objekte und zur Ausübung der Sehaufgabe und entspricht eher der quantitativen Lichtplanung. Das Licht zum Hinsehen hat zur Aufgabe, durch bewusste Helligkeitsunterschiede bzw. unterschiedliche Akzentuierungen gezielt Aufmerksamkeit zu wecken. Beim Licht zum Ansehen ist das Licht alleine die Information bzw. das zu betrachtende Objekt.

Bereichsorientierte Lichtplanung

In den einschlägigen Normen und in den Technischen Regeln für Arbeitsstätten werden die Beleuchtungsanforderungen räumlich unterschieden. Hier existiert leider keine einheitliche Sprachregelung, weswegen an dieser Stelle die Unterschiede verdeutlicht werden. Nach DIN EN 12 464-1 wird unterschieden in (siehe Abb. 5.88a):

- Bereich der Sehaufgabe,
- Unmittelbarer Umgebungsbereich (Streifen mit einer Breite von mind. 0,5 m, der innerhalb des Gesichtsfelds den Bereich der Sehaufgabe umgibt),
- Hintergrundbereich (mind. 3 m breit, innerhalb der Raumbegrenzungen, an den unmittelbaren Umgebungsbereich angrenzend).

Im Umgebungsbereich darf die Beleuchtungsstärke in der Regel eine Stufe niedriger sein als im Bereich der Sehaufgabe (siehe Tafel 5.87). Die Beleuchtungsstärke im Hintergrundbereich sollte mindestens 1/3 der Beleuchtungsstärke des unmittelbaren Umgebungsbereichs aufweisen.

Tafel 5.87 Zusammenhang zwischen den Beleuchtungsstärken und den Bereichen. Quelle: DIN EN 12 464-1.

Beleuchtungsstärke im Bereich der Sehaufgabe	Beleuchtungsstärke im unmittelbaren Umgebungsbereich
≥ 750	500
500	300
300	200
200	150
150	150
100	100
≤ 50	50

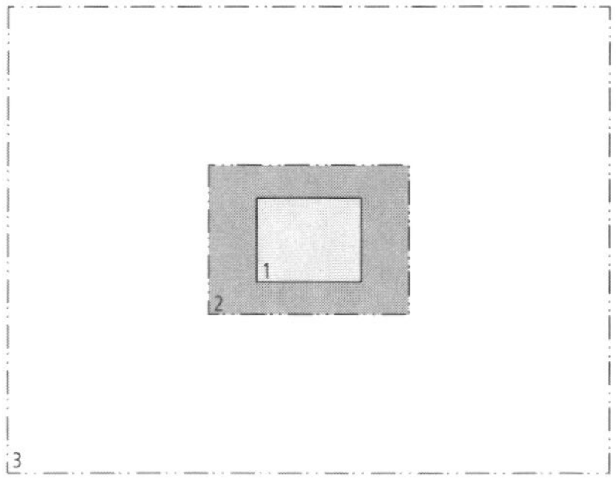

Abb. 5.88a
Bereiche nach DIN EN 12 464-1.

1 Bereich der Sehaufgabe.
2 Unmittelbarer Umgebungsbereich (Streifen mit einer Breite von mind. 0,5 m, der innerhalb des Gesichtsfelds den Bereich der Sehaufgabe umgibt).
3 Hintergrundbereich (mind. 3 m breit, innerhalb der Raumbegrenzungen, an den unmittelbaren Umgebungsbereich angrenzend).

Nach den Technischen Regeln für Arbeitsstätten ASR, Abschnitt A3.4 Beleuchtung wird unterschieden zwischen (Abb. 5.88b):

- raumbezogener Beleuchtung (UB),
- arbeitsbereichbezogene Beleuchtung (AB),
- teilflächenorientierter Beleuchtung (TF).

Bei **raumbezogener Beleuchtung** wird der ganze Raum als Arbeitsbereich betrachtet. Dies ist insbesondere dann der Fall, wenn der Raum einer flexiblen Nutzung unterliegt oder die Anforderungen der Arbeitsbereiche in der Planungsphase noch nicht feststehen. Bei einer **arbeitsbereichbezogenen Beleuchtung** kann die Lichtplanung auf unterschiedliche Arbeitsbereiche bzw. Sehaufgabe ausgerichtet werden, z. B. ein Arbeitsbereich „Bildschirmarbeitsplatz“ und ein Arbeitsbereich „Besprechung“. Eine **teilflächenbezogene Beleuchtung** kann angewendet werden, wenn in einem Arbeitsbereich unterschiedliche Tätigkeiten durchgeführt werden oder individuelle Erfordernisse der Menschen eine dedizierte Beleuchtungslösung erfordern. Der Umgebungsbereich nach den Technische Regeln für Arbeitsstätten weicht folglich deutlich vom Umgebungsbereich nach DIN EN 12 464-1 ab.

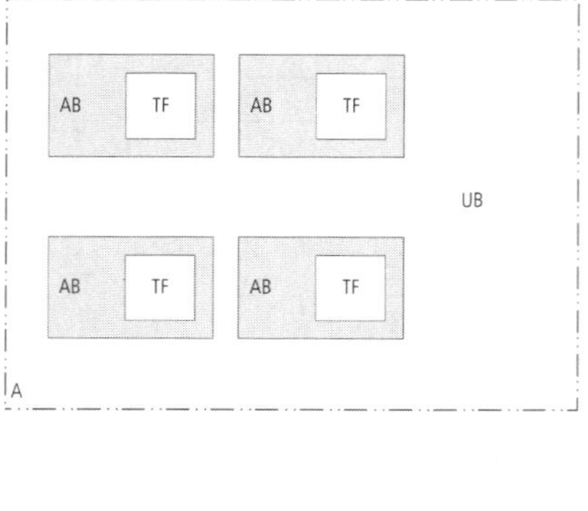

Abb. 5.88b
Prinzip der teilflächenorientierten Beleuchtung nach Arbeitsstättenrichtlinie.

Quantitative Lichtplanung

Um die erforderliche Leuchtenanzahl für das gewählte Beleuchtungskonzept zu ermitteln, ist eine quantitative Lichtplanung durchzuführen. Dies kann überschlägig mit dem Wirkungsgradverfahren berechnet werden oder mit Hilfe von Lichtplanungsprogrammen (z. B. Dialux* oder Relux**).

Wartungsfaktor

Die Beleuchtungsstärke nimmt aufgrund von Alterung und Ausfall der Lampen sowie Verschmutzung der Leuchten und Räume über die Betriebsdauer ab. Die empfohlene Beleuchtungsstärke für jede Sehaufgabe ist deshalb als Wartungswert der Beleuchtungsstärke E_m in den entsprechenden Normen angegeben. Die Beleuchtungsanlage muss folglich mit einem Wartungsfaktor MF geplant werden, der alle Einflüsse berücksichtigt und der für die vorgesehene Beleuchtungseinrichtung, die räumliche Umgebung und den festgelegten Wartungsplan errechnet wurde. Der zu planende Neuwert der Beleuchtungsanlage E_n (lx) ergibt sich aus dem Wartungswert der Beleuchtungsstärke E_m und dem Wartungsfaktor *MF*:

$$E_{\mathrm{n}} = \frac{E_{\mathrm{m}}}{MF}$$

Der Wartungsfaktor *MF* hängt vom Alterungsverhalten der Lampe und der Vorschaltgeräte, der Leuchte, der Umgebung und den Wartungsintervallen ab:

- **Lampenlichtstrom-Wartungsfaktor LLMF** (Lamp Lumen Maintenance Factor): Faktor für die Abnahme des Lampenlichtstroms über die Betriebsdauer,
- **Lampenlebensdauerfaktor LSF** (Lamp Survival Factor): Faktor für die Ausfallrate der Lampen über die Betriebsdauer,
- **Leuchtenwartungsfaktor LMF** (Luminaire Maintenance Factor): Faktor für die Abnahme des Betriebswirkungsgrades der Leuchte durch Verschmutzung zwischen den Reinigungsintervallen,
- **Raumwartungsfaktor RSMF** (Room Surface Maintenance Factor): Faktor für die Verschlechterung der Reflexionsgrade der Raumflächen.

$$MF = LLMF * LSF * LMF * RSMF$$

Der Planer muss:

- den Wartungsfaktor angeben und alle Annahmen aufführen, die bei der Bestimmumg des Wertes gemacht wurden,
- die Beleuchtungseinrichtung entsprechend der Raumnutzung festlegen,
- den Neuwert der Beleuchtungsanlage planen und
- einen umfassenden Wartungsplan erstellen, der das Intervall für den Lampenwechsel, das Intervall für die Reinigung der Lleuchten und des Raumes und die Reinigungsmethoden enthalten muss.

Falls zum Zeitpunkt der Planung noch keine gesicherten Annahmen für die Einzelfaktoren vorhanden sind, werden Referenzwerte empfohlen (siehe Tafel 5.89). Diese standardisierten Werte sind konservativ, eine detaillierte Planung führt in der Regel zu günstigeren Werten und ist der Verwendung der Referenzwerte vorzuziehen. Aus Kostengesichtspunkten kann es sinnvoller sein, Wartungsintervalle zusammen zu legen und die Beleuchtungsanlage mit einem ungünstigeren Wartungsfaktor auszulegen.

Tafel 5.89 Referenzwerte für beispielhafte Anwendungen.

Referenz-Wartungsfaktor	Referenz-Neuwertfaktor	Umgebungsbedingung	Anwendungsbeispiel
0,80	1,25	reine Räume (R)	Museen, Banken, Hotels, Gesundheitsräume
0,67	1,50	saubere Räume (S)	Büros
0,57	1,75	normale Räume (N)	Industrie, Außenbeleuchtung
0,50	2,00	verschmutzte Räume (V)	Handwerksbetriebe, Industrie, Außenbeleuchtung

* http://www.dial.de

** http://www.relux.com

Wirkungsgradverfahren

Mithilfe des Wirkungsgradverfahrens wird die erforderliche Leuchtenanzahl für eine Beleuchtungssituation berechnet:

$$n = \frac{E_m * A}{\Phi * \eta_{LB} * \eta_R}$$

n	Anzahl der Leuchten
E_m	Wartungswert der Beleuchtungsstärke
A	zu beleuchtende Fläche
Φ	Lichtstrom einer Leuchte
η_{LB}	Leuchtenbetriebswirkungsgrad
η_R	Raumwirkungsgrad

Der Leuchtenbetriebswirkungsgrad und der Lichtstrom ergeben sich aus Angaben der Leuchtenhersteller. Der Raumwirkungsgrad η_R ermittelt sich aus Tabellen in Abhängigkeit von der Lichtstärkeverteilung der ausgewählten Leuchte, vom Verschmutzungsgrad des Raumes und vom Raumindex k (siehe Tafel 5.90). Der Raumindex k berechnet sich wie folgt:

$$k = \frac{a * b}{h * (a + b)}$$

Die Lichtpunkthöhe h berechnet sich wie folgt (siehe Abb. 5.90):

$$h = H - p - h_N$$

H	Raumhöhe
P	Pendellänge (bei abgependelten Leuchten)
h_N	Höhe der Nutzebene

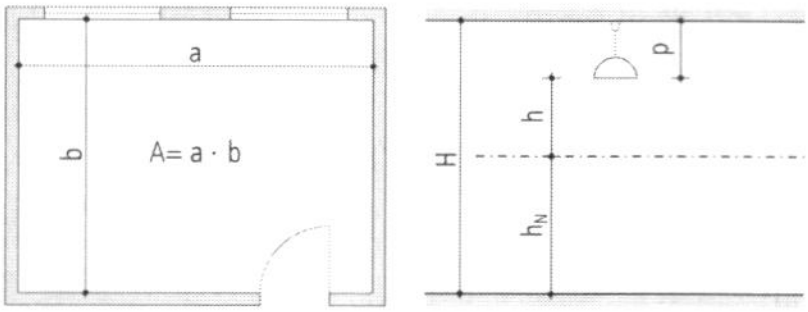

A zu beleuchtende Fläche
H Raumhöhe
h Lichtpunkthöhe
h_N Höhe der Nutzebene
p Pendellänge

Abb. 5.90

Raumabmessungen und Lichtpunkthöhe für das Wirkungsgradverfahren.

Nach der Berechnung des Wartungsfaktors MF aus den Einzelfaktoren ergibt sich somit die Anzahl der erforderlichen Leuchten für den Neuwert n_N zu Beginn der Installation:

$$n_N = \frac{n}{MF}$$

Tafel 5.90 Exemplarischer Raumwirkungsgrad η_R.

Reflexionsgrade	Raumwirkungsgrade		
[k]	hoch	mittel	gering
0,6	0,70	0,64	0,59
0,8	0,78	0,71	0,66
1,0	0,85	0,77	0,71
1,5	0,96	0,87	0,80
2,0	1,00	0,91	0,82
3,0	1,09	0,98	0,88

Energetische Lichtplanung

Neben der quantitativen Lichtplanung ist es ebenfalls erforderlich, den Energieverbrauch der Beleuchtung zu berücksichtigen. Nach der Energieeinsparverordnung für Gebäude muss der Einfluss der Beleuchtung auf den Primärenergieverbrauch im Gebäude berücksichtigt werden. Das entsprechende Nachweisverfahren ist in DIN V 18 599-4 definiert. Neben der Auswahl der Beleuchtungsart direkt oder direkt/indirekt wird auch die Lichtsteuerung (z. B. Präsenzmelder oder tageslichtabhängige Regelung) bei der Berechnung des Energieverbrauchs berücksichtigt.

Tafel 5.91 Beleuchtungsanforderungen für Arbeitsräume, Arbeitsplätze und Tätigkeiten (Auszug ASR 3.4)

Arbeitsräume, Arbeitsplätze Tätigkeiten	Mindestwert der Beleuchtungsstärke lx	Mindestwert der Farbwiedergabe Index R_a	Bemerkungen
Verkehrswege			
- Treppen, Fahrsteige, Aufzüge	100	40	
Lagerräume			
- mit Suchaufgabe bei nicht gleichartigem Lagergut	100	60	
- mit Leseaufgaben	200	60	
Allgemeine Bereiche, Tätigkeiten und Aufgaben			
- Kantinen, Teeküchen, SB-Restaurants	200	80	
- Pausenräume, Warteräume, Aufenthaltsräume	200	80	
- Räume für körperliche Ausgleichsübungen (Sport-, Fitnessräume, Sporthallen)	300	80	
- Waschräume, Bäder, Toiletten, Umkleideräume	200	80	
- Erste-Hilfe-Räume	500	90	
- Haustechnische Anlagen, Schaltgeräteräume	200	60	
Büros und büroähnliche Arbeitsbereiche			
- Ablegen, Kopieren	300	80	
- Schreiben, Lesen, Datenverarbeitung	500	80	
- Archive	200	80	
Verkaufsräume			
- Verkaufsbereich	300	80	
- Kassenbereich, Packtisch	500	80	
Büchereien			
- Bücherregale	200*	80	*vertikal
- Lesebereich	500	80	
Ausbildungsstätten, Kindergärten, Vorschule			
- Spielzimmer, Krippenräume, Bastelräume (Handarbeitsräume)	300	80	
- Unterrichtsräume in Grund- und weiterführenden Schulen	300	80	
- Hörsäle	500	80	
- Wandtafel, Demonstrationstisch	500*	80	*vertikal
- Fachunterrichtsräume: naturwissenschaftlicher und technischer Unterricht, Werken und textiles Gestalten, Lehrwerkstätten, Handarbeitsräume, Zeichensäle	500	80	$\bar{E}_v \geq 175$ lx
Gesundheitseinrichtungen			
- Flure: während des Tages	200	80	
- Allgemeinbeleuchtung ohne regelmäßigen Aufenthalt von Beschäftigten	200	80	
- risikoarme medizinische oder pflegerische Tätigkeiten	300	90	
- Gesundheitseinrichtungen, Arbeitsbereiche für medizinische oder pflegerische Tätigkeiten mit erhöhtem Gefährdungspotential	500	90	

5 B Wasserversorgung/Abwasserableitung

Prof. Dr.-Ing. Ulrich Drechsel, Prof. Dr.-Ing. Stefan Krause

1 Wasserversorgung

1.1 Wasserbedarf

Einwohnerbezogener Wasserbedarf (Tagesmittelwerte) inkl. Kleingewerbe in l/(E·d)

Nutzung für:	Bereich	nach DVGW-W 410		Jahr	l/(E·d)
Baden, Duschen, Körperpflege	20 bis 45	43	36 %	1960	97
Toilettenspülung	20 bis 40	32	27 %	1970	122
Wäsche waschen	10 bis 20	15	12 %	1980	141
Geschirr spülen	3 bis 15	7	6 %	1990	147
Raumreinigung, Autopflege, Garten	5 bis 10	7	6 %	2000	129
Trinken und Essen	4 bis 10	5	4 %	2010	121
Kleingewerbe	5 bis 20	11	9 %	2020	129
Summen	70 bis 160	120	100 %	2024	122

Der einwohnerbezogene Wasserbedarf schwankt seit mehreren Jahrzehnten zwischen 120 und 130 l/(E·d).

Wasserbedarf für öffentliche und gewerbliche Einrichtungen
(in Anlehnung an DVGW-W 410 und VDI 3807 [5.14])

Verwendung	Bedarf in l
Krankenhäuser, je Tag und Bett - im Mittel	130 – 1200 500
Altenheime, je Bewohner und Tag, im Mittel	150
Schulen (außer Hochschulen), je Schüler und Lehrer pro Tag, im Mittel	6
Hallenbäder, je Besucher und Tag Freibäder, je Besucher und Tag	150 – 250 250 – 450
Verwaltungsgebäude und Bürohäuser, je Beschäftigtem und Tag - im Mittel	13 – 111 25
Landwirtschaftliche Anwesen, je Großviehgleichwert und Tag, im Mittel (Wichtung bezogen auf eine Großvieheinheit, Personen mit Faktor 2 ca. 100 l/d) Kühe = 1,2; Pferde = 1,0; Mastschweine = 0,13; Schafe = 0,1; 10 Hühner = 0,04	52
Hotels, je Hotelzimmer und Tag - im Mittel	70 – 1400 390
Gemischte Gewerbegebiete je Fläche (ha) und Tag - im Mittel Gemischte Gewerbegebiete je Arbeitsplatz und Tag - im Mittel	1500 – 4000 2000 25 – 125 50
Einkaufszentren, je betriebener Verkaufsfläche (m²) und Tag, im Mittel	1,6
Kaufhäuser, ohne Restaurant, je Beschäftigtem und Tag, im Mittel	50
Richtwerte für ländliche Orte: Wasserbedarf für öffentliche Einrichtungen	1 – 2 % von Q_d

Von diesen Werten bestehen, je nach Lage des Einzelfalles, zum Teil erhebliche Abweichungen.

Löschwasserbedarf

Brandschutz ist Aufgabe der Gemeinden. Insbesondere in kleinen Gemeinden kann die Entnahme des Löschwassers aus dem Trinkwassernetz zu Problemen führen, da der Löschwasserbedarf den Trinkwasserbedarf übersteigen kann. Dies führt zur Überdimensionierung des Trinkwassernetzes mit der Gefahr der Stagnation. In solchen Fällen ist zu prüfen, ob der Löschwasserbedarf z.B. auch durch Löschwasserteiche bereitgestellt werden kann.

Nach DVGW-W 405 wird unterschieden zwischen dem Grundschutz (grundsätzlicher allgemeiner Brandschutz für das Gemeindegebiet ohne Berücksichtigung von besonderem Sach- und Personenrisiko) und dem Objektschutz. Falls ein erhöhtes objektbezogenes Risiko (Krankenhäuser, Hochschulen, Hotels, …) vorliegt, so muss der Grundstückeigentümer hierfür Vorsorge treffen.

Richtwerte für den Löschwasserbedarf Q_L für den Grundschutz (nach DVGW-W 405)

Bauliche Nutzung nach § 17 der Baunutzungsverordnung	**WR, WA, WB MI, MD[1)]**		**GE[1)]**	**GE, MK[1)]**		**GI[1)]**
Zahl der Vollgeschosse (N)	≤ 3	> 3	≤ 3	= 1	> 1	–
Geschossflächenzahl (GFZ)	≤ 0,3 – 0,7	0,7 – 1,2	0,3 – 0,7	0,7 – 1	1 – 2,4	–
Baumassenzahl (BMZ)	–	–	–	–	–	≤ 9
Gefahr der Brandausbreitung	**Löschwasserbedarf Q_L in [m³/h] (für 2 Stunden)**					
klein[2)]	48	96	48	96	96	
mittel[3)]	96	96	96	96	192	
groß[4)]	96	192	96	192	192	

Erläuterungen:
1) WR reines Wohngebiet, WA allgemeines Wohngebiet, WB besonderes Wohngebiet, MI Mischgebiet, MD Dorfgebiet, MK Kerngebiet, GE Gewerbegebiet, GI Industriegebiet
2) Feuerbeständige, hochfeuerhemmende Umfassungen, harte Bedachungen
3) Umfassungen nicht feuerbeständig, harte Bedachungen oder Umfassungen feuerbeständig und weiche Bedachungen
4) Umfassungen nicht feuerbeständig, weiche Bedachungen, Umfassungen aus Holzfachwerk (ausgemauert), stark behinderte Zugänglichkeit, Häufung von Feuerbrücken usw.

Bei kleinen ländlichen Orten und Wochenendhausgebieten ist i. d. R. Q_L = 48 m³/h anzusetzen. Löschwasser soll für eine Löschzeit von 2 h zur Verfügung stehen. Der Auslaufdruck am Hydranten zur Bereitstellung von Löschwasser soll 1,5 bar nicht unterschreiten.

Richtwert: Der Wasserbedarf für Feuerwehrübungen und Brandfall beträgt 0,2 % bis 0,5 % der Gesamtjahresförderung.

Wasserverlust

Als Wasserverlust bezeichnet man die Differenz zwischen der gemessenen Wasserabgabe und dem gemessenen Wasserverbrauch. Reale Verluste Q_{VR} entstehen durch Rohrbrüche und Leckagen. Scheinbare Verluste Q_{VS} resultieren aus Fehlanzeigen der Messgeräte und unkontrollierten Entnahmen. Die Ermittlung erfolgt als Prozentangabe bezogen auf das Abgabevolumen (z.B. Neuanlagen bis 5 %, bestehende Anlagen bis 10 %) bzw. nach DWGW-W 392 vorzugsweise über den auf die Leitungslängen bezogenen spezifischen Wasserverlust q_V.

$$Q_V = q_V \cdot L_N$$

mit Q_V Wasserverlust in [m³/h]
q_V spezifischer Wasserverlust in [m³/(h·km)]
L_N Länge des Versorgungsnetzes ohne Hausanschlussleitungen in [km]

In der aktuellen Fassung DVGW-W 392 (2017) werden keine Bemessungswerte mehr genannt. Für Abschätzungen können bei geringen Verlusten Werte von $q_V < 0{,}10$ m³/(h·km) und bei hohen Verlusten von $q_V > 0{,}20$ m³/(h·km) angenommen werden.

Eigenbedarf der Wasserwerke

Für Filterrückspülungen verbraucht das Wasserwerk ca. 1 %, für Rohrnetzspülungen ca. 1 % bis 1,5 % der Jahreswasserabgabe. Da z.B. die Reinigung zeitlich steuerbar ist, wird die Entnahme normalerweise in den verbrauchsschwächeren Zeiten liegen. Dann ist der Eigenbedarf bemessungstechnisch hinsichtlich der Maximalwerte nicht relevant.

1.2 Bemessungsgrundlagen

Die Wasserhaushaltsgleichung ist zu beachten und das nutzbare Wasserdargebot muss größer sein als der maximale Wasserbedarf. Der zu erwartende Wasserbedarf ist wirklichkeitsnah zu ermitteln.

Bezugszeit t_B für die Bemessung von Anlagenteilen (nach DVGW-W 400-1)

- Anlagen vor der Speicherung: $t_B = 1$ d
- Rohrnetz, Pumpen, Druckerhöhungsanlagen: $t_B = 1$ h
- Hausanschlussleitungen: $t_B = 10$ sec

Begriffe und Formelzeichen:

- Q_a — mittlerer jährlicher Bedarf im langjährigen Durchschnitt in m³/a
- $Q_{d,m} = Q_a / 365$ — mittlerer Tagesbedarf im langjährigen Durchschnitt in m³/d
- $Q_{d,max}$; $Q_{d,min}$ — Bedarf am Tag mit maximalem bzw. minimalem Verbrauch in m³/d
- $Q_{h,m} = Q_{d,m} / 24$ — mittlerer stündlicher Bedarf im langjährigen Durchschnitt in m³/h
- $Q_{h,max}$ — maximaler stündlicher Bedarf am Tag des höchsten Wasserbedarfs in m³/h
- $Q_{h,max;d,m}$ — maximaler stündlicher Bedarf am durchschnittlichen Bedarfstag in m³/h
- f_d, f_h — Tagesspitzenfaktor (Index d); Stundenspitzenfaktor (Index h) [-]
- st — Stundenprozentwert [%]

Bedarfsschwankungen sind im Wesentlichen abhängig von klimatischen Faktoren, der Größe des Versorgungsgebietes (Einwohnerzahl E) und dem gewerblichen/industriellen Einfluss. Je kleiner das Versorgungsgebiet, desto größer sind die Spitzenfaktoren:

- größter Tagesbedarf $Q_{d,max} = f_d \cdot Q_{d,m}$ in m³/d mit $f_d = 3{,}9 \cdot E^{-0{,}0752}$
- größter stündlicher Bedarf $Q_{h,max} = f_h \cdot Q_{h,m}$ in m³/h mit $f_h = 18{,}1 \cdot E^{-0{,}1682}$

Richtwerte für Versorgungsgebiete (inkl. (klein-)gewerblichem Einfluss)

Siedlungsgebiete	f_d $(\cdot Q_{d,m})$	f_h $(\cdot Q_{h,m})$	st_{max} **(%)** (gleicher Tag)
Kleine Landgemeinden ca. 5.000 E	2,1	4,3	8,7
Größere Gemeinden ca. 10.000 E	2,0	3,8	8,2
Städte ca. 50.000 E	1,7	2,9	7,1
Großstädte ca. 100.000 E	1,6	2,6	6,6

Der maximale Stundenprozentwert st_{max} beschreibt den Prozentsatz des maximalen Stundenverbrauchs innerhalb eines Tages bezogen auf den mittleren Wasserverbrauch an eben diesem Tag.

Zwischen dem Wert st_{max} und den Spitzenfaktoren besteht folgender Zusammenhang:

- für st_{max} gilt empirisch: $st_{max} = 19{,}3 \cdot E^{-0{,}093}$
- für den Spitzenverbrauchstag gilt: $f_h = f_d \cdot st_{max} \cdot 24$ (st_{max} als Dezimalzahl einsetzen)

Beispiele für Tagesganglinien des Wasserverbrauchs in Anlehnung an DVGW-W 410

Zeit	0 - 1	1 - 2	2 - 3	3 - 4	4 - 5	5 - 6	6 - 7	7 - 8	8 - 9	9 - 10	10 - 11	11 - 12
ländlich	2,1	2	1,9	2	2,1	2,6	4,5	6,4	6,2	5,9	5,5	5,1
städtisch	2,1	1,3	1,0	0,9	1,0	1,2	2,0	3,7	5,8	6,9	6,8	6,1
Großstadt	3,4	3,1	2,7	2,6	2,6	2,6	3,0	4,2	4,7	5,0	5,0	4,9

Zeit	12 - 13	13 - 14	14 - 15	15 - 16	16 - 17	17 - 18	18 - 19	19 - 20	20 - 21	21 - 22	22 - 23	23 - 24
ländlich	4,9	4,7	4,8	4,8	4,7	4,7	4,8	5,0	4,8	4,3	3,5	2,7
städtisch	5,5	5,1	4,9	4,6	4,4	4,7	5,6	6,8	6,8	5,6	4,2	3,0
Großstadt	4,8	5,0	5,3	5,2	5,1	4,9	4,7	4,5	4,4	4,4	4,2	3,7

Kleine Versorgungseinheiten

Versorgungsanlagen für Gebiete unter 1000 E werden für den einwohnerbezogenen mittleren Tagesbedarf ausgelegt. Die Spitzendurchflüsse Q_s je Versorgungsanlage < 1000 E werden berechnet durch Multiplikation eines einwohnerspezifischen stündlichen Spitzenverbrauchswertes $w_{h,max}$ mit der Zahl der zu versorgenden Einwohner:

$$w_{h,max} = 10^{0{,}1099 \cdot (\log E)^2 - 0{,}9729 \cdot (\log E) - 0{,}1624} \qquad Q_s = Q_{h,max} = w_{h,max} \cdot E$$

Beispiel: Spitzen-Bemessungsdurchfluss für eine Wasserversorgungsleitung für 6 Einwohner:

$$w_{h,max\,(6\,E)} = 10^{0,1099 \cdot (\log 6)^2 - 0,9729 \cdot (\log 6) - 0,1624} = 0,1403 \text{ l/(s·E)}$$

$$Q_{s\,(6\,E)} = Q_{h,max\,(6\,E)} = w_{h,max\,(6\,E)} \cdot E = 0,1403 \cdot 6 = 0,8 \text{ l/s}$$

Auf diesen Bemessungsdurchfluss wird z.B. die Versorgungsleitung von der öffentlichen Wasserversorgung bis zur Übergabestelle (Hauptabsperrarmatur) bemessen.

1.3 Wasserförderung

Für die Wasserförderung werden bevorzugt Kreiselpumpen mit einer stabilen Pumpenkennlinie (kein ausgeprägtes Maximum) eingesetzt. Kreiselpumpen bieten gegenüber Kolbenpumpen den Vorteil eines kontinuierlichen Förderstroms.

Der Betriebspunkt ist der Schnittpunkt der vom Hersteller gelieferten Pumpenkennlinie $H_P(Q)$ mit der selbst zu ermittelnden Anlagenkennlinie $H_A(Q)$ (= geodätische Förderhöhe H_{geo} zuzüglich aller Verlusthöhen h_v in der Saug- und Steigleitung). Die Berechnung der vom Durchfluss abhängigen (Reibungs-)Verluste h_v ist in Kapitel 1.4 dargestellt.

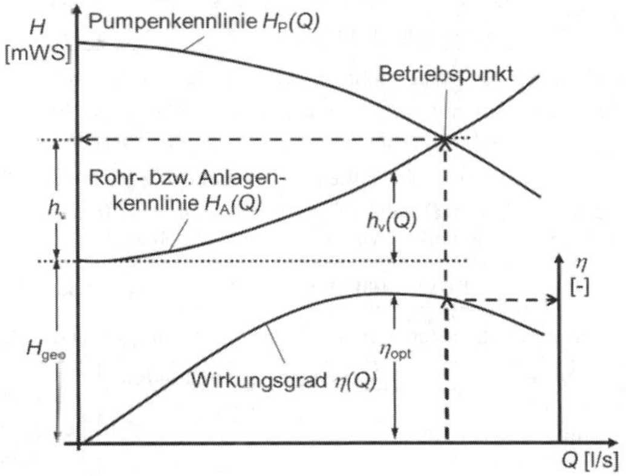

Der Betriebspunkt sollte möglichst im Bereich eines hohen Wirkungsgrades η liegen. Zur Anpassung des Betriebspunktes und damit der Fördermenge und Förderhöhe gibt es verschiedene Möglichkeiten, z.B.:

- Das Erhöhen (Verringern) der Pumpendrehzahl führt zu einer höheren (kleineren) Fördermenge und -höhe und dadurch zu einer Verschiebung des Betriebspunktes nach rechts (links).
- Das Hintereinanderschalten von Pumpen vergrößert die Förderhöhe; das Parallelschalten von Pumpen erhöht den Durchfluss. In beiden Fällen verschiebt sich der Betriebspunkt nach rechts.
- Eine Reduzierung des Durchflusses ist auch durch höhere Verluste möglich (z.B. Schieber). Dadurch verläuft die Anlagenkennlinie steiler nach oben und der Betriebspunkt verschiebt sich nach links. Dies ist jedoch nicht wirtschaftlich, da die Verlusthöhe für diese Drosselung in die Förderhöhe der Pumpe eingeht und somit der Energiebedarf erhöht wird.

Die **Leistung** kann wie folgt berechnet werden (siehe auch [5.13, Kapitel 13B Wasserbau]):

$$P = \frac{Q \cdot H_P}{102 \cdot \eta_{ges}} \quad \text{in [kW]}$$

mit Q Förderstrom in [l/s]
H_P Förderhöhe in [m] (= geodätische Höhe + Verlusthöhe für Saug- und Druckleitung)
η_{ges} Gesamtwirkungsgrad von Pumpe und Motor [-]

Sonstiges:

- Die maximal zu fördernde Wassermenge entspricht i.d.R. $Q_{d,max}$ (Förderzeit t_P beachten), falls sich die Pumpe vor bzw. $Q_{h,max}$, falls sich die Pumpe hinter der Wasserspeicherung befindet.
- Leistungsreserve für kleine Antriebsmotoren: 10 bis 20 %; bei großen Motoren: 5 bis 10 %.
- Elektromotoren: üblicherweise Drehstrom, Antrieb direkt durch Kupplung, durch Riemen oder Getriebe, übliche Lastdrehzahlen n = 2900/min bzw. 1450/min, Wirkungsgrade η = 80 % bis 95 %
- Richtwert: Energieverbrauch bei Kreiselpumpen für $V = 1\ m^3$ und $h_{ges} = 1$ m: $W_{el} = 5$ Wh
- Die Saughöhe von Pumpen ist auf etwa $h_{Saug} < 7$ bis 7,5 m begrenzt, da sonst Kavitation auftritt. Die diesbezüglichen Herstellerangaben sind zwingend zu beachten.
- Bei Pumpen sollten i.d.R. folgende tägliche Förderzeiten t_P beachtet werden:
  8-10 h/d bei Durchschnittsverbrauch, 12-14 h/d bei großem Verbrauch, 16-20 h/d bei max. Verbrauch

1.4 Wasserverteilung

Einzelheiten zur Rohrhydraulik siehe auch [5.13, Teil 13 B Wasserbau]. Die Bemessung der Rohrleitungen erfolgt nach *Darcy-Weisbach* und mit dem Widerstandsbeiwert nach *Prandtl-Colebrook* (siehe auch DVGW-GW 303-1 und [5.13 Teil 13 D Kanalisation]).

betriebliche Rauheiten k_b | wirtschaftliche Geschwindigkeiten v_w	**k_b in mm**	**v_w in m/s**
Fern- und Zubringerleitungen mit gestreckter Leitungsführung aus Stahl oder Guss mit ZM- oder Bitumenauskleidung od. Spannbeton od. Faserzement	0,1	$\geq 2{,}0$
Hauptleitungen wie vor, aber auch ohne Auskleidung in Verteilungsnetzen	0,4	1,0 bis 2,0
Neue Netze, Versorgungsleitungen	1,0	$< 1{,}0$

Bei bestehenden Netzen sollte die vorhandene Rauheit i.d.R. durch Messung bestimmt werden.

Die Durchflussermittlung bei geschlossenen Siedlungsgebieten erfolgt mit dem Metermengenwert $m = Q_{\text{h,max}} / \Sigma L$ in l/(s · m) mit ΣL Gesamtlänge der Rohrleitungen im Versorgungsgebiet in m.

Als minimale Nennweite sollte DN 100, in begründeten Fällen DN 80 angesetzt werden.

Druck wird in Pascal Pa (1 Pa = 1 N/m²) gemessen. In der Wasserversorgung ist auch die Verwendung der Einheiten bar und m Wassersäule (mWs) gebräuchlich.

1 bar = 100 kPa = 10^5 Pa entspricht 10,19 mWS ≈ 10 mWs

Die erforderlichen Versorgungsdrücke sind abhängig von der Gebäudehöhe (siehe DVGW-W 400-1).

Gebäude	**Versorgungsdruck in bar**	
– mit EG	$\geq 2{,}00$	Die am Hausanschluss vor dem Wasserzähler gemessenen Drücke stellen bei normgerechter Bemessung und Ausführung an der hydraulisch am ungünstigsten gelegenen Wasserzapfstelle einen Mindestdruck von 1 bar sicher.
– mit EG und 1 OG	$\geq 2{,}35$	
– mit EG und 2 OG	$\geq 2{,}70$	
– mit EG und 3 OG	$\geq 3{,}05$	
– mit EG und 4 OG	$\geq 3{,}40$	

Übliche (Grenz-)Werte in Versorgungsnetzen sind:

- Mindestdruck gemessen am Hausanschluss 2 bis 4 bar
- empfohlener Ruhedruck im Schwerpunkt einer Druckzone 5 bar
- Druckminderer in der Verbrauchsanlage ab ca. 6 bar
- i.d.R. höchster Ruhedruck 8 bar, zusätzlich etwa 2 bar Reserve für Druckstöße ergeben den Mindestplanungswert von max. 10 bar für Verteilungsnetze und enthaltene Bauteile.

Zum Nachweis der Rohrnetzdrücke sind folgende *Betriebszustände* (*Bz*) zu berücksichtigen:

Bz 1: max. Förderung der Pumpwerke ohne Abnahme im Versorgungsgebiet

Bz 2: $Q_{\text{h,max;d,max}}$ größter stündlicher Bedarf in langjähriger Zeitspanne, meist am Tag des größten Verbrauchs ohne Löschwasser

Bz 3: $Q_{\text{h,max;d,m}} + Q_L$ größter stündlicher Bedarf am Durchschnittstag $Q_{d,m}$ plus Löschwasser

Zur Ermittlung der hydraulischen Verluste kann mit Druckabfalltafeln gearbeitet werden. In diesen Tabellen sind abhängig von Rauheit, Durchmesser und Durchfluss die Fließgeschwindigkeiten bei vollgefüllter Leitung und das sich dann einstellende Reibungsgefälle J_R aufgeführt. Mit diesem kann dann die Reibungsverlusthöhe $h_v = J_R \cdot L$ berechnet werden. In den nachfolgenden Tabellen sind nur dann Werte ausgewiesen, wenn die Geschwindigkeit im Bereich zwischen 0,1 m/s < v < 5 m/s liegt.

Beispiel:
Gesucht: wirtschaftlicher DN und h_v für Hauptleitung (Q = 200 l/s, L = 12,5 km)
Lösung: Wahl: $v_{\text{wirtschaftlich}}$ = 1 bis 2 m/s, k_b = 0,4 mm und dann mit Druckabfalltafel:
Wahl DN 500 → v = 1,02 m/s, J_R = 2,06 o/oo, h_v = 12,5 · 2,06 = 25,76 m
Gesucht: wirtschaftlicher DN und h_v für Versorgungsleitung (Q = 15 l/s, L = 100 m)
Lösung: Wahl: $v_{\text{wirtschaftlich}}$ < 1 m/s, k_b = 1,0 mm und dann mit Druckabfalltafel:
Wahl DN 150 → v = 0,85 m/s, J_R = 8,32 o/oo, h_v = 0,1 · 8,32 = 0,83 m

Druckabfalltafel für Wasserversorgungsfernleitungen

Betriebliche Rauheit k_b = 0,1 mm; DN = Nennweite, Innendurchmesser; Reibungsgefälle $J_R = h_v/L$

Abfluss	DN	50	DN	65	DN	80	DN	100	DN	125	DN	150
Q [l/s]	v [$^m/_s$]	J_R [$^o/_{oo}$]	v [$^m/_s$]	J_R [$^o/_{oo}$]	v [$^m/_s$]	J_R [$^o/_{oo}$]	v [$^m/_s$]	J_R [$^o/_{oo}$]	v [$^m/_s$]	J_R [$^o/_{oo}$]	v [$^m/_s$]	J_R [$^o/_{oo}$]
1	0,51	7,91	0,30	2,17	0,20	0,79	0,13	0,27	< vmin		< vmin	
1,5	0,76	16,8	0,45	4,55	0,30	1,64	0,19	0,55	0,12	0,19	< vmin	
2	1,02	28,8	0,60	7,73	0,40	2,77	0,25	0,93	0,16	0,31	0,11	0,13
3	1,53	62,1	0,90	16,5	0,60	5,84	0,38	1,94	0,24	0,65	0,17	0,27
4	2,04	107,9	1,21	28,4	0,80	9,99	0,51	3,29	0,33	1,10	0,23	0,45
5	2,55	166,2	1,51	43,4	0,99	15,2	0,64	4,98	0,41	1,65	0,28	0,68
6	3,06	236,8	1,81	61,6	1,19	21,5	0,76	7,00	0,49	2,31	0,34	0,94
7	3,57	319,7	2,11	82,9	1,39	28,8	0,89	9,35	0,57	3,07	0,40	1,25
8	4,07	415,1	2,41	107,3	1,59	37,2	1,02	12,0	0,65	3,94	0,45	1,60
9	4,58	522,9	2,71	134,8	1,79	46,6	1,15	15,0	0,73	4,91	0,51	1,99
10	> vmax		3,01	165,5	1,99	57,1	1,27	18,4	0,81	5,98	0,57	2,41
15	> vmax		4,52	365,4	2,98	125,1	1,91	39,9	1,22	12,9	0,85	5,15
20	> vmax		> vmax		3,98	219,4	2,55	69,6	1,63	22,3	1,13	8,88
25	> vmax		> vmax		4,97	339,8	3,18	107,4	2,04	34,3	1,41	13,6
30	> vmax		> vmax		> vmax		3,82	153,3	2,44	48,7	1,70	19,3
Abfluss	**DN**	**200**	**DN**	**250**	**DN**	**300**	**DN**	**400**	**DN**	**500**	**DN**	**600**
Q [l/s]	v [$^m/_s$]	J_R [$^o/_{oo}$]	v [$^m/_s$]	J_R [$^o/_{oo}$]	v [$^m/_s$]	J_R [$^o/_{oo}$]	v [$^m/_s$]	J_R [$^o/_{oo}$]	v [$^m/_s$]	J_R [$^o/_{oo}$]	v [$^m/_s$]	J_R [$^o/_{oo}$]
5	0,16	0,17	0,10	0,06	< vmin		< vmin		< vmin		< vmin	
10	0,32	0,59	0,20	0,20	0,14	0,08	< vmin		< vmin		< vmin	
15	0,48	1,23	0,31	0,41	0,21	0,17	0,12	0,04	< vmin		< vmin	
20	0,64	2,11	0,41	0,70	0,28	0,29	0,16	0,07	0,10	0,02	< vmin	
25	0,80	3,20	0,51	1,06	0,35	0,43	0,20	0,11	0,13	0,04	< vmin	
30	0,95	4,51	0,61	1,48	0,42	0,60	0,24	0,15	0,15	0,05	0,11	0,02
40	1,27	7,79	0,81	2,54	0,57	1,03	0,32	0,25	0,20	0,08	0,14	0,03
50	1,59	11,9	1,02	3,88	0,71	1,56	0,40	0,38	0,25	0,13	0,18	0,05
60	1,91	17,0	1,22	5,49	0,85	2,20	0,48	0,53	0,31	0,18	0,21	0,07
70	2,23	22,8	1,43	7,36	0,99	2,94	0,56	0,70	0,36	0,23	0,25	0,10
80	2,55	29,6	1,63	9,51	1,13	3,79	0,64	0,90	0,41	0,30	0,28	0,12
90	2,86	37,2	1,83	11,9	1,27	4,75	0,72	1,13	0,46	0,37	0,32	0,15
100	3,18	45,6	2,04	14,6	1,41	5,81	0,80	1,37	0,51	0,45	0,35	0,18
150	4,77	100,9	3,06	32,1	2,12	12,7	1,19	2,96	0,76	0,97	0,53	0,39
200	> vmax		4,07	56,3	2,83	22,1	1,59	5,13	1,02	1,67	0,71	0,67
300	> vmax		> vmax		4,24	48,8	2,39	11,2	1,53	3,62	1,06	1,45
400	> vmax		> vmax		> vmax		3,18	19,6	2,04	6,31	1,41	2,51
500	> vmax		> vmax		> vmax		3,98	30,4	2,55	9,72	1,77	3,85
600	> vmax		> vmax		> vmax		4,77	43,4	3,06	13,9	2,12	5,48
700	> vmax		> vmax		> vmax		> vmax		3,57	18,7	2,48	7,39
Abfluss	**DN**	**700**	**DN**	**800**	**DN**	**900**	**DN**	**1000**	**DN**	**1100**	**DN**	**1200**
Q [l/s]	v [$^m/_s$]	J_R [$^o/_{oo}$]	v [$^m/_s$]	J_R [$^o/_{oo}$]	v [$^m/_s$]	J_R [$^o/_{oo}$]	v [$^m/_s$]	J_R [$^o/_{oo}$]	v [$^m/_s$]	J_R [$^o/_{oo}$]	v [$^m/_s$]	J_R [$^o/_{oo}$]
100	0,26	0,09	0,20	0,05	0,16	0,03	0,13	0,02	0,11	0,01	< vmin	
150	0,39	0,18	0,30	0,10	0,24	0,05	0,19	0,03	0,16	0,02	0,13	0,01
200	0,52	0,31	0,40	0,16	0,31	0,09	0,25	0,05	0,21	0,03	0,18	0,02
300	0,78	0,67	0,60	0,35	0,47	0,19	0,38	0,12	0,32	0,07	0,27	0,05
400	1,04	1,16	0,80	0,59	0,63	0,33	0,51	0,20	0,42	0,12	0,35	0,08
500	1,30	1,77	0,99	0,91	0,79	0,50	0,64	0,30	0,53	0,19	0,44	0,12
600	1,56	2,51	1,19	1,28	0,94	0,71	0,76	0,42	0,63	0,26	0,53	0,17
700	1,82	3,38	1,39	1,73	1,10	0,96	0,89	0,56	0,74	0,35	0,62	0,23
800	2,08	4,38	1,59	2,23	1,26	1,23	1,02	0,73	0,84	0,45	0,71	0,29
900	2,34	5,50	1,79	2,80	1,41	1,54	1,15	0,91	0,95	0,57	0,80	0,37
1000	2,60	6,75	1,99	3,43	1,57	1,89	1,27	1,11	1,05	0,69	0,88	0,45
1250	3,25	10,4	2,49	5,28	1,96	2,91	1,59	1,71	1,32	1,06	1,11	0,68
1500	3,90	14,9	2,98	7,53	2,36	4,14	1,91	2,43	1,58	1,50	1,33	0,97
1750	4,55	20,1	3,48	10,2	2,75	5,58	2,23	3,27	1,84	2,02	1,55	1,30
2000	> vmax		3,98	13,2	3,14	7,24	2,55	4,24	2,10	2,61	1,77	1,68

Druckabfalltafel für Wasserversorgungsleitungen

Betriebliche Rauheit k_b = 0,4 mm; DN = Nennweite, Innendurchmesser; Reibungsgefälle $J_R = h_v/L$

Abfluss	DN	50	DN	65	DN	80	DN	100	DN	125	DN	150
Q [l/s]	v [m/s]	J_R [‰]	v [m/s]	J_R [‰]	v [m/s]	J_R [‰]	v [m/s]	J_R [‰]	v [m/s]	J_R [‰]	v [m/s]	J_R [‰]
1	0,51	10,2	0,30	2,64	0,20	0,92	0,13	0,30	< vmin		< vmin	
1,5	0,76	22,3	0,45	5,71	0,30	1,97	0,19	0,64	0,12	0,21	< vmin	
2	1,02	39,0	0,60	9,94	0,40	3,41	0,25	1,09	0,16	0,36	0,11	0,14
3	1,53	86,5	0,90	21,9	0,60	7,43	0,38	2,36	0,24	0,76	0,17	0,30
4	2,04	152,5	1,21	38,4	0,80	13,0	0,51	4,10	0,33	1,31	0,23	0,52
5	2,55	237,2	1,51	59,5	0,99	20,1	0,64	6,30	0,41	2,00	0,28	0,79
6	3,06	340,4	1,81	85,3	1,19	28,7	0,76	8,98	0,49	2,84	0,34	1,12
7	3,57	462,3	2,11	115,6	1,39	38,8	0,89	12,1	0,57	3,82	0,40	1,50
8	4,07	602,7	2,41	150,6	1,59	50,5	1,02	15,7	0,65	4,95	0,45	1,94
9	4,58	761,7	2,71	190,1	1,79	63,7	1,15	19,8	0,73	6,22	0,51	2,43
10	> vmax		3,01	234,3	1,99	78,5	1,27	24,4	0,81	7,64	0,57	2,98
15	> vmax		4,52	524,2	2,98	175,1	1,91	54,2	1,22	16,9	0,85	6,55
20	> vmax		> vmax		3,98	310,0	2,55	95,7	1,63	29,7	1,13	11,5
25	> vmax		> vmax		4,97	483,2	3,18	149,0	2,04	46,2	1,41	17,8
30	> vmax		> vmax		> vmax		3,82	214,0	2,44	66,2	1,70	25,5

Abfluss	DN	200	DN	250	DN	300	DN	400	DN	500	DN	600
Q [l/s]	v [m/s]	J_R [‰]	v [m/s]	J_R [‰]	v [m/s]	J_R [‰]	v [m/s]	J_R [‰]	v [m/s]	J_R [‰]	v [m/s]	J_R [‰]
5	0,16	0,19	0,10	0,06	< vmin		< vmin		< vmin		< vmin	
10	0,32	0,69	0,20	0,22	0,14	0,09	< vmin		< vmin		< vmin	
15	0,48	1,49	0,31	0,48	0,21	0,19	0,12	0,05	< vmin		< vmin	
20	0,64	2,60	0,41	0,83	0,28	0,33	0,16	0,08	0,10	0,03	< vmin	
25	0,80	4,01	0,51	1,27	0,35	0,50	0,20	0,12	0,13	0,04	< vmin	
30	0,95	5,72	0,61	1,81	0,42	0,71	0,24	0,17	0,15	0,05	0,11	0,02
40	1,27	10,0	0,81	3,16	0,57	1,24	0,32	0,29	0,20	0,09	0,14	0,04
50	1,59	15,6	1,02	4,89	0,71	1,91	0,40	0,44	0,25	0,14	0,18	0,06
60	1,91	22,3	1,22	7,00	0,85	2,73	0,48	0,62	0,31	0,20	0,21	0,08
70	2,23	30,3	1,43	9,47	0,99	3,68	0,56	0,84	0,36	0,27	0,25	0,11
80	2,55	39,5	1,63	12,3	1,13	4,78	0,64	1,09	0,41	0,35	0,28	0,14
90	2,86	49,8	1,83	15,5	1,27	6,03	0,72	1,37	0,46	0,44	0,32	0,17
100	3,18	61,4	2,04	19,1	1,41	7,42	0,80	1,68	0,51	0,54	0,35	0,21
150	4,77	137,5	3,06	42,7	2,12	16,5	1,19	3,71	0,76	1,18	0,53	0,46
200	> vmax		4,07	75,7	2,83	29,2	1,59	6,53	1,02	2,06	0,71	0,81
300	> vmax		> vmax		4,24	65,3	2,39	14,6	1,53	4,57	1,06	1,78
400	> vmax		> vmax		> vmax		3,18	25,7	2,04	8,06	1,41	3,14
500	> vmax		> vmax		> vmax		3,98	40,1	2,55	12,5	1,77	4,87
600	> vmax		> vmax		> vmax		4,77	57,6	3,06	18,0	2,12	6,98
700	> vmax		> vmax		> vmax		> vmax		3,57	24,4	2,48	9,47

Abfluss	DN	700	DN	800	DN	900	DN	1000	DN	1100	DN	1200
Q [l/s]	v [m/s]	J_R [‰]	v [m/s]	J_R [‰]	v [m/s]	J_R [‰]	v [m/s]	J_R [‰]	v [m/s]	J_R [‰]	v [m/s]	J_R [‰]
100	0,26	0,10	0,20	0,05	0,16	0,03	0,13	0,02	0,11	0,01	< vmin	
150	0,39	0,21	0,30	0,11	0,24	0,06	0,19	0,04	0,16	0,02	0,13	0,01
200	0,52	0,37	0,40	0,19	0,31	0,10	0,25	0,06	0,21	0,04	0,18	0,02
300	0,78	0,81	0,60	0,41	0,47	0,22	0,38	0,13	0,32	0,08	0,27	0,05
400	1,04	1,42	0,80	0,71	0,63	0,39	0,51	0,23	0,42	0,14	0,35	0,09
500	1,30	2,19	0,99	1,10	0,79	0,60	0,64	0,35	0,53	0,22	0,44	0,14
600	1,56	3,14	1,19	1,58	0,94	0,86	0,76	0,50	0,63	0,31	0,53	0,20
700	1,82	4,26	1,39	2,14	1,10	1,16	0,89	0,68	0,74	0,42	0,62	0,27
800	2,08	5,54	1,59	2,78	1,26	1,51	1,02	0,88	0,84	0,54	0,71	0,35
900	2,34	7,00	1,79	3,50	1,41	1,91	1,15	1,11	0,95	0,68	0,80	0,43
1000	2,60	8,62	1,99	4,31	1,57	2,35	1,27	1,36	1,05	0,83	0,88	0,53
1250	3,25	13,4	2,49	6,71	1,96	3,65	1,59	2,11	1,32	1,29	1,11	0,83
1500	3,90	19,3	2,98	9,63	2,36	5,23	1,91	3,03	1,58	1,85	1,33	1,18
1750	4,55	26,2	3,48	13,1	2,75	7,10	2,23	4,11	1,84	2,51	1,55	1,60
2000	> vmax		3,98	17,1	3,14	9,25	2,55	5,35	2,10	3,27	1,77	2,09

Druckabfalltafel für Wasserversorgungsleitungen

Betriebliche Rauheit k_b = 1 mm; *DN* = Nennweite, Innendurchmesser; Reibungsgefälle $J_R = h_v/L$

Abfluss	**DN**	**50**	**DN**	**65**	**DN**	**80**	**DN**	**100**	**DN**	**125**	**DN**	**150**
Q [l/s]	*v* [m/s]	J_R [‰]	*v* [m/s]	J_R [‰]	*v* [m/s]	J_R [‰]	*v* [m/s]	J_R [‰]	*v* [m/s]	J_R [‰]	*v* [m/s]	J_R [‰]
1	0,51	13,4	0,30	3,34	0,20	1,13	0,13	0,36	< vmin		< vmin	
1,5	0,76	29,7	0,45	7,37	0,30	2,47	0,19	0,77	0,12	0,25	< vmin	
2	1,02	52,4	0,60	13,0	0,40	4,33	0,25	1,35	0,16	0,42	0,11	0,17
3	1,53	117,2	0,90	28,9	0,60	9,60	0,38	2,96	0,24	0,92	0,17	0,36
4	2,04	207,7	1,21	51,1	0,80	16,9	0,51	5,21	0,33	1,62	0,23	0,63
5	2,55	323,8	1,51	79,5	0,99	26,3	0,64	8,07	0,41	2,50	0,28	0,96
6	3,06	465,7	1,81	114,2	1,19	37,8	0,76	11,6	0,49	3,57	0,34	1,37
7	3,57	633,2	2,11	155,2	1,39	51,3	0,89	15,7	0,57	4,83	0,40	1,86
8	4,07	826,4	2,41	202,5	1,59	66,9	1,02	20,4	0,65	6,28	0,45	2,41
9	4,58	1045,4	2,71	256,1	1,79	84,5	1,15	25,8	0,73	7,93	0,51	3,04
10	> vmax		3,01	315,9	1,99	104,2	1,27	31,8	0,81	9,76	0,57	3,74
15	> vmax		4,52	709,1	2,98	233,7	1,91	71,2	1,22	21,8	0,85	8,32
20	> vmax		> vmax		3,98	414,7	2,55	126,2	1,63	38,6	1,13	14,7
25	> vmax		> vmax		4,97	647,2	3,18	196,9	2,04	60,1	1,41	22,9
30	> vmax		> vmax		> vmax		3,82	283,2	2,44	86,4	1,70	32,9
Abfluss	**DN**	**200**	**DN**	**250**	**DN**	**300**	**DN**	**400**	**DN**	**500**	**DN**	**600**
Q [l/s]	*v* [m/s]	J_R [‰]	*v* [m/s]	J_R [‰]	*v* [m/s]	J_R [‰]	*v* [m/s]	J_R [‰]	*v* [m/s]	J_R [‰]	*v* [m/s]	J_R [‰]
5	0,16	0,22	0,10	0,07	< vmin		< vmin		< vmin		< vmin	
10	0,32	0,83	0,20	0,26	0,14	0,10	< vmin		< vmin		< vmin	
15	0,48	1,84	0,31	0,57	0,21	0,22	0,12	0,05	< vmin		< vmin	
20	0,64	3,23	0,41	1,01	0,28	0,39	0,16	0,09	0,10	0,03	< vmin	
25	0,80	5,02	0,51	1,56	0,35	0,60	0,20	0,14	0,13	0,04	< vmin	
30	0,95	7,20	0,61	2,23	0,42	0,86	0,24	0,19	0,15	0,06	0,11	0,02
40	1,27	12,7	0,81	3,94	0,57	1,52	0,32	0,34	0,20	0,11	0,14	0,04
50	1,59	19,8	1,02	6,13	0,71	2,36	0,40	0,53	0,25	0,17	0,18	0,07
60	1,91	28,5	1,22	8,79	0,85	3,38	0,48	0,75	0,31	0,24	0,21	0,09
70	2,23	38,8	1,43	11,9	0,99	4,58	0,56	1,02	0,36	0,32	0,25	0,12
80	2,55	50,6	1,63	15,6	1,13	5,97	0,64	1,32	0,41	0,42	0,28	0,16
90	2,86	63,9	1,83	19,7	1,27	7,54	0,72	1,67	0,46	0,52	0,32	0,20
100	3,18	78,9	2,04	24,3	1,41	9,29	0,80	2,06	0,51	0,64	0,35	0,25
150	4,77	177,1	3,06	54,4	2,12	20,8	1,19	4,59	0,76	1,43	0,53	0,55
200	> vmax		4,07	96,6	2,83	36,9	1,59	8,13	1,02	2,53	0,71	0,98
300	> vmax		> vmax		4,24	82,8	2,39	18,2	1,53	5,64	1,06	2,17
400	> vmax		> vmax		> vmax		3,18	32,3	2,04	10,0	1,41	3,85
500	> vmax		> vmax		> vmax		3,98	50,4	2,55	15,6	1,77	6,00
600	> vmax		> vmax		> vmax		4,77	72,5	3,06	22,4	2,12	8,62
700	> vmax		> vmax		> vmax		> vmax		3,57	30,5	2,48	11,7
Abfluss	**DN**	**700**	**DN**	**800**	**DN**	**900**	**DN**	**1000**	**DN**	**1100**	**DN**	**1200**
Q [l/s]	*v* [m/s]	J_R [‰]	*v* [m/s]	J_R [‰]	*v* [m/s]	J_R [‰]	*v* [m/s]	J_R [‰]	*v* [m/s]	J_R [‰]	*v* [m/s]	J_R [‰]
100	0,26	0,11	0,20	0,06	0,16	0,03	0,13	0,02	0,11	0,01	< vmin	
150	0,39	0,25	0,30	0,13	0,24	0,07	0,19	0,04	0,16	0,02	0,13	0,02
200	0,52	0,44	0,40	0,22	0,31	0,12	0,25	0,07	0,21	0,04	0,18	0,03
300	0,78	0,97	0,60	0,49	0,47	0,26	0,38	0,15	0,32	0,09	0,27	0,06
400	1,04	1,72	0,80	0,86	0,63	0,47	0,51	0,27	0,42	0,16	0,35	0,11
500	1,30	2,68	0,99	1,33	0,79	0,72	0,64	0,42	0,53	0,26	0,44	0,16
600	1,56	3,85	1,19	1,91	0,94	1,04	0,76	0,60	0,63	0,37	0,53	0,23
700	1,82	5,22	1,39	2,60	1,10	1,41	0,89	0,81	0,74	0,50	0,62	0,32
800	2,08	6,81	1,59	3,39	1,26	1,83	1,02	1,06	0,84	0,64	0,71	0,41
900	2,34	8,62	1,79	4,28	1,41	2,32	1,15	1,34	0,95	0,81	0,80	0,52
1000	2,60	10,6	1,99	5,28	1,57	2,85	1,27	1,65	1,05	1,00	0,88	0,64
1250	3,25	16,6	2,49	8,24	1,96	4,45	1,59	2,57	1,32	1,56	1,11	0,99
1500	3,90	23,8	2,98	11,8	2,36	6,40	1,91	3,69	1,58	2,24	1,33	1,42
1750	4,55	32,4	3,48	16,1	2,75	8,69	2,23	5,01	1,84	3,05	1,55	1,94
2000	> vmax		3,98	21,0	3,14	11,3	2,55	6,54	2,10	3,97	1,77	2,52

1.5 Wasserspeicherung

Für die Bemessung eines Wasserspeichers als Tagesausgleichsspeicher ist $Q_{d,max}$ zuzüglich eines Zuschlags für die Löschwasserreserve maßgebend. Bei kleinen Orten wird das Behältervolumen in m³ in etwa entsprechend dem maximalen Tagesverbrauch in m³/d gewählt. Richtwerte:

- bei $Q_{d,max} < 2000$ m³/d: Nutzinhalt V in m³ $\approx 1{,}0 \cdot Q_{d,max}$ in m³/d
- bei $Q_{d,max} < 4000$ m³/d: Nutzinhalt V in m³ $\approx 0{,}8 - 1{,}0 \cdot Q_{d,max}$ in m³/d
- bei $Q_{d,max} > 4000$ m³/d: Nutzinhalt V in m³ $\approx 0{,}3 - 0{,}8 \cdot Q_{d,max}$ in m³/d

Bis zu einem Nutzinhalt von $V = 2000$ m³ ist die **Löschwasserreserve (LW)** mit 100 bis 200 m³ bei Dorf- und Wohngebieten und mit 200 bis 400 m³ bei Kern- und Gewerbegebieten nachzuweisen.

Löschwasserreserven bei kleinen Versorgungsgebieten	Einwohner	LW-Speicherraum
Einzelgebäude, kleine landwirtschaftliche Anwesen	< 100 E	50 m³
Kleine ländliche Orte, bis 50 Anwesen	ca. 300 E	100 m³
Große ländliche Orte, offene Bauweise	ca. 3000 E	150 m³
Große ländliche Orte, geschlossene Bauweise	ca. 1000 E	200 m³
Kleinstädte mit gefährdetem Altstadtgebiet	> 3000 E	300 bis 400 m³

Übliche Behälterformen:

Rechteckgrundriss für Behälter bis ~ 20 000 m³ (Länge zu Breite ≥ 2 : 1 bei kleineren Volumina, ≥ 3 : 1 bei größeren Volumina); kreisförmiger Grundriss für Behälter bis ~ 7000 m³; quadratischer Grundriss für Behälter bis ~ 300 m³ Nutzinhalt. Eine Aufteilung in zwei Kammern ist bei größeren Behältern sinnvoll. Die empfohlene Wassertiefe steigt mit dem Behältervolumen:

Behältervolumen V in m³	< 200	200 bis 500	> 500	> 10 000
Empfohlene Wassertiefe h in m	etwa 3	etwa 4 bis 5	etwa 5 bis 6	auch über 6

Große Behälter ($V > 2000$ m³) werden nach der Methode der fluktuierenden Wasservolumina bemessen. Das erforderliche Speichervolumen ist hierbei die betragsmäßige Summe der maximalen und minimalen Differenz zwischen Fördersummenwert und Abnahmesummenwert multipliziert mit dem Wasserverbrauch am Tag des größten Verbrauchs zuzüglich eines ausreichenden Sicherheitszuschlages.

Beispiel: Speichervolumen mit der Methode der fluktuierenden Wassermengen
Gegeben: Tagesganglinie Wasserverbrauch (V) und Förderung (F), Förderzeit 8 bis 18 Uhr
Gesucht: Volumen des Tagesausgleichsspeichers $V_{Speicher}$ in m³

Zeit	0 - 1	1 - 2	2 - 3	3 - 4	4 - 5	5 - 6	6 - 7	7 - 8	8 - 9	9 - 10	10 - 11	11 - 12
V	2,0	1,6	1,5	1,5	1,6	2,2	3,1	4,0	5,1	6,0	5,9	5,9
ΣV	2,0	3,6	5,1	6,6	8,2	10,4	13,5	17,5	22,6	28,6	34,5	40,4
F	-	-	-	-	-	-	-	-	10	10	10	10
ΣF	0,0	0,0	0,0	0,0	0,0	0,0	0,0	0,0	10	20	30	40
ΣF-ΣV	-2,0	-3,6	-5,1	-6,6	-8,2	-10,4	-13,5	**-17,5**	-12,6	-8,6	-4,5	-0,4

Zeit	12 - 13	13 -1 4	14 - 15	15 - 16	16 - 17	17 - 18	18 - 19	19 - 20	20 - 21	21 - 22	22 - 23	23 - 24
V	6,1	5,2	5,5	5,6	6,0	5,5	6,0	5,3	5,1	4,1	3,1	2,1
ΣV	46,5	51,7	57,2	62,8	68,8	74,3	80,3	85,6	90,7	94,8	97,9	100,0
F	10	10	10	10	10	10	-	-	-	-	-	-
ΣF	50	60	70	80	90	100	100	100	100	100	100	100
ΣF-ΣV	3,5	8,3	12,8	17,2	21,2	**25,7**	19,7	14,4	9,3	5,2	2,1	0

V Verbrauchsganglinie (stündlicher Verbrauch in % des Tagesverbrauchs)
F Förderung bzw. Zufluss (stündliche Förderung bzw. Zufluss in % des Tagesverbrauchs)
$\Sigma F - \Sigma V$ Fehlbetrag (negativ) bzw. Überschuss (positiv) in % des Tagesverbrauchs
Lösung: erf. Speichervolumen $V_{Speicher} = Q_{d,max} \cdot [\max(\sum F - \sum V) + |\min(\sum F - \sum V)|]$

$V_{Speicher} = Q_{d,max} \cdot [25{,}7\ \% + |-17{,}5\ \%|] = Q_{d,max} \cdot 43{,}2\ \%$

1.6 Zisternen, Regenwassernutzungsanlage

Die Nutzung von Regenwasser zur Einsparung von Trinkwasser hat als Ergänzung zu moderner wassersparender Sanitärtechnik an Bedeutung gewonnen. Durch die Rückhaltung im Speicher und die Nutzung von Regenwasser werden die Wasserabflüsse aus Siedlungsgebieten reduziert und verzögert.

Eine Substitution des Trinkwassers mit Regenwasser im Haus ist immer dort möglich, wo für das verwendete Wasser keine Trinkwasserqualität erforderlich ist. So lässt sich Regenwasser z.B. für die Gartenbewässerung, die Toilettenspülung oder zum Wäschewaschen verwenden.

Das vom Dach abfließende Niederschlagswasser wird über einen Filter in den Speicher geleitet. Die Filter müssen so konstruiert sein, dass partikuläre Fremdstoffe zurückgehalten werden.

Um bei vollem Speicher ein unkontrolliertes Überlaufen zu vermeiden, muss ein Anschluss zum Kanal oder vorzugsweise zu einer Versickerungsanlage vorgesehen werden. Bei der Installation einer Regenwassernutzungsanlage müssen die gültigen Gesetze und Vorschriften beachtet werden.

Das Regenwasser enthält trotz Filtration im Zulauf zum Speicher in geringen Mengen feinverteilte Feststoffe. In den Regenwasserspeichern muss eine Sedimentation der Feststoffe ermöglicht werden, die durch die Gestaltung der Zu- und Überläufe beeinflusst wird.

Die DIN 1989-100 und die DIN EN 16941-1 geben Hinweise, wie man die Größe des Regenwasserspeichers berechnet. Es sollte dabei auf ein ausgewogenes Verhältnis zwischen Regenwasserertrag und Nutzwasserbedarf geachtet werden. Es werden zwei Bemessungsverfahren genannt:

- Vereinfachtes Verfahren: für konstanten Regenwasserbedarf, Berechnungsaufwand gering
- Detailliertes Verfahren: für schwankenden Regenwasserbedarf (große Anlagen), bessere Annäherung an wirkliche Betriebsverhältnisse

Vereinfachtes Verfahren

Für das vereinfachte Verfahren sollte der Entnahme möglichst gleichmäßig sein. Bei dem vereinfachten Verfahren wird zunächst die anfallende Regenwassermenge bestimmt:

$$V_N = A_A \cdot C_a \cdot h_N \cdot \eta$$

mit:
- V_N: jährliches Regenwasservolumen [m³/a]
- A_A: Auffangfläche = i.d.R. Grundfläche Gebäude + Dachüberstand [m²]
- C_a: Jahresabflussbeiwert (oder auch Ertragsbeiwert e) [-] (anstelle von C_a oder e wird oft auch das Formelzeichen ψ_a verwendet)
- h_N: mittlere jährliche Niederschlagshöhe (z.B. vom DWD) [m/a]
- η: Filterwirkungsgrad (meist 0,9 bzw. Herstellerangaben) [-]

Der Jahresabflussbeiwert (auch Ertragsbeiwert genannt) kann gemäß der nebenstehenden Tabelle aus der DIN EN 16941-1 angesetzt werden.

Falls die Zisterne einen Zufluss von mehreren Flächen mit unterschiedlichen Beiwerten erhält, so ist die zufließende Regenwassermenge V_N singgemäß als Summe von mehreren Auffangflächen zu ermitteln.

Ausbildung Auffangfläche	C_a
geneigtes glattes Hartdach	0,8
Flachdach unbekiest	0,8
Flachdach bekiest	0,7
Gründach intensiv	0,3
Gründach extensiv	0,5
Pflasterfläche/Verbundpflaster	0,5
Versiegelt (z.B. Asphalt)	0,8

Die im Jahr benötigte Brauchwassermenge kann wie folgt abgeschätzt werden:

$$V_B = B_P \cdot n_{BP} + B_A \cdot A_{BA}$$

mit:
- V_B: jährliches Brauchwasservolumen [m³/a]
- B_P: personenbezogener Bedarf (z.B. für Toilettenspülung) [m³/a/Person]
- n_{BP}: Anzahl der Personen [Person]
- B_A: flächenbezogener Bedarf [m³/m²/a]
- A_{BA}: Größe der Bezugsfläche (z.B. Bewässerungsfläche) [m²]

Als Bedarfswerte können nebenstehende Werte angesetzt werden:

Nutzung für	Bedarfswert	
Toiletten im Haushalt	24 l/d/Person	8,8 m³/a/Person
Toiletten im Bürobereich	12 l/d/Person	4,4 m³/a/Person
Toiletten in Schulen	6 l/d/Person	2,2 m³/a/Person
Textilwaschmaschine	15 l/d/Person	5,5 m³/a/Person
Gartenbewässerung	60 l/m²/a	0,06 m³/m²/a
Bewässerung Sportanlagen	200 l/m²/a	0,2 m³/m²/a
Bewässerung Grünland	80-200 l/m²/a	0,08-0,2 m³/m²/a

Das erforderliche Volumen des Speichers kann dann wie folgt ermittelt werden:

$$V_Z = 0{,}06 \cdot \min(V_N\,;\,V_B)$$

mit: V_Z: erforderliches Zisternenvolumen [m³] (mit V_N und V_B in [m³/a])

Nach DIN EN 16941-1 kann das Volumen auch anhand einer gewählten, zu überbrückenden Trockenperiode d_d (z.B. $d_d = 20$ d) ermittelt werden:

$$V_Z\,[\text{m}^3] = V_B\,[\text{m}^3/\text{a}] : 365\,[\text{d/a}] \cdot d_d\,[\text{d}]$$

Der in der vorher aufgeführten Formel für V_Z üblicherweise verwendete Faktor 0,06 ergibt sich für eine Trockenperiode d_d von ca. 3 Wochen.

Wenn der Bedarf (V_B) wesentlich größer ist als der Niederschlagsertrag (V_N), dann muss mehr Trinkwasser in die Zisterne eingespeist werden. Der substituierte (ersetzte) Anteil Trinkwasser wird dementsprechend kleiner. Bei einer guten Übereinstimmung zwischen Bedarf und Ertrag kann mit einem sehr großen Zisternenvolumen theoretisch eine Substitution in Höhe von über 90 % erreicht werden. Bei wirtschaftlichen Behältergrößen sind 70 bis 80 % möglich. Falls das Regenwasser auch für die Bewässerung genutzt wird, steigt der Trinkwasseranteil wieder, weil das Wasser für die Bewässerung insbesondere in den niederschlagsärmeren Monaten benötigt wird.

Beispiel: Erforderliches Volumen einer Zisterne für ein Mehrfamilienhaus

Gegeben: 6-Familienhaus mit 3 Personen/Haushalt, Grundfläche 320 m², geneigtes Dach, 6 Garagen mit Grundfläche von je 20 m², Flachdach bekiest, Niederschlagshöhe 750 mm/a, Brauchwasser für 400 m² Grünanlagen und Toiletten

Lösung: Niederschlagsvolumen:
- Jahresabflussbeiwert Dach $C_a = 0{,}8$
- Jahresabflussbeiwert Garage $C_a = 0{,}6$
- Niederschlagshöhe $h_N = 750$ mm/a $= 0{,}75$ m/a
- Filterwirkungsgrad $\eta = 0{,}9$

→ $V_N = (320\text{ m}^2 \cdot 0{,}8 + 120\text{ m}^2 \cdot 0{,}6) \cdot 0{,}75\text{ m/a} \cdot 0{,}9 = 221{,}4\text{ m}^3/\text{a}$

Brauchwassermenge:
- Personen: $n_{BP} = 18$ E
- Toilette: $B_P = 24$ l/E/d $= 8{,}8$ m³/E/a
- Gartenfläche $A_{BA} = 400$ m²
- Bewässerungsbedarf $B_A = 60$ l/m²/a $= 0{,}06$ m³/m²/a

→ $V_B = 18\text{ E} \cdot 8{,}8\text{ m}^3/\text{E/a} + 400\text{ m}^2 \cdot 0{,}06\text{ m}^3/\text{m/a} = 181{,}7\text{ m}^3/\text{a}$

Zisternenvolumen:

→ $V_Z = min\,(V_N, V_A) \cdot 0{,}06 = 181{,}7\text{ m}^3 \cdot 0{,}06 = 10{,}9\text{ m}^3$, Wahl $V_Z = 11$ m³

Detailliertes Verfahren

Das detaillierte Verfahren wird bei großen Regenwassernutzungsanlagen oder sehr individuellen Verbrauchsstrukturen empfohlen. Hierbei erfolgt eine Optimierung des Speichers durch die Simulation der individuellen Verbrauchscharakteristiken und des örtlich gemessenen Niederschlags in Form von Tageswerten oder sogar 5-Minutenwerten über mindestens 5 bis 10 Jahre, besser 30 Jahre. Für dieses Verfahren ist eine entsprechende Software erforderlich. Eine Handrechnung ist nicht mehr praktikabel.

1.7 Wasserversorgung in Gebäuden

1.7.1 Normen/Regelwerke

Zu beachten sind unter anderem: DIN EN 806, DIN 1988, DIN 2000, DIN EN 12056, DVGW W 551

1.7.2 Allgemeines

Materialien: Kupfer, Stahl und vermehrt Kunststoff sind die am häufigsten verwendeten Materialien für Bauteile in der Trinkwasserversorgung.

Anschlussleitung: Der Hausanschluss ab der Versorgungsleitung im Gehweg / in der Straße bis hin zum Wasserzähler ist Sache des Wasserversorgungsunternehmens (WVU: Wasserwerk, kommunales Tiefbauamt o.a.). Hausanschlussleitungen sind frostfrei (i.d.R. in 1,0 bis 1,5 m Tiefe), rechtwinklig zur Straße, geradlinig und mit Steigung zum Gebäude zu verlegen. Bei horizontaler Annäherung an eine Abwasserleitung von ≤ 1,0 m darf die Trinkwasserleitung nicht tiefer als diese liegen. Der Sicherheitsabstand von der Grundstücksentwässerung und anderen Leitungen beträgt 20 cm. Eine Absperreinrichtung soll möglichst nahe an der Versorgungsleitung angebracht werden.

Wasserzähler: Jede Wohnung / Nutzungseinheit sollte über einen eigenen Wasserzähler verfügen.

Wasserdruck: Die Verteilung des Trinkwassers über das Leitungsnetz im Gebäude im Anschluss an den Hausanschluss erfolgt durch den Wasserdruck (siehe auch Kapitel 1.4), der in der Regel durch das WVU zur Verfügung gestellt wird. Wenn der Druck zur Verteilung des Wassers im Leitungsnetz nicht ausreicht, muss eine Druckerhöhungsanlage (DEA) installiert werden. Dies gilt natürlich auch für den seltenen Fall einer Eigenversorgungsanlage (Brunnenanlage) oder bei der Speicherung von Regenwasser für Nichttrinkwasserzwecke. An der hydraulisch am ungünstigsten gelegenen Wasserzapfstelle soll ein Mindestdruck von 1 bar, mit Rücksicht auf Druckschwankungen im Netz jedoch besser mind. 1,5 bar angestrebt werden. Zu hohe Drücke verursachen Geräuschentwicklungen und evtl. Schäden an Armaturen. Die Schallschutznorm DIN 4109-36 sieht 5 bar als Obergrenze vor. Bei höheren Drücken sollten auch zum Schutz der Armaturen Druckminderventile in den Zuleitungen angeordnet werden.

Regenwassernutzung: Das auf Dachflächen anfallende Niederschlagswasser kann vorgefiltert einem Behälter (Zisterne) zugeführt werden, der sich entweder im Keller oder neben dem Gebäude im Erdreich befindet (siehe auch Kapitel 1.6). Als Auffangflächen sollten nur Dachflächen und Flächen, bei denen eine Verunreinigung auszuschließen ist, genutzt werden. Für die Wasserentnahme an den Verbrauchsstellen (Gartenzapfstelle, Toilette, Waschmaschine) fördert i.d.R. eine Pumpe das gespeicherte Regenwasser in vom Trinkwassernetz getrennten Leitungen. Fällt mehr Regenwasser an als der Behälter fassen kann, wird das überschüssige Wasser per Überlauf der Kanalisation oder besser einer Versickerungsanlage zugeführt. Sinkt der Regenwasserspiegel im Behälter unter eine kritische Marke, kann Wasser aus dem Trinkwassernetz nachgespeist werden. Die Nacheinspeisung ist insbesondere dann wichtig, wenn das Brauchwasser für die Toilettenspülung oder die Waschmaschine genutzt wird. Zwischen Nichttrinkwasser-Rohrnetzen und Trinkwasser-Rohrnetzen dürfen keine unmittelbaren Verbindungen (weder fest noch lösbar) bestehen, um einen Übertritt von kontaminiertem Wasser in Trinkwasserleitungen mit Sicherheit auszuschließen. Die Trinkwassernorm DIN 1988 sieht vor, dass die frei über dem Einlauftrichter des Behälters endende Trinkwasser-Nachspeiseleitung einen Abstand von mindestens dem zweifachen Durchmesser der Wasserleitung, aber mind. 20 mm, einhalten muss.

Abwasserrecycling (Grauwassernutzung): DIN EN 12056-2 unterscheidet bei Abwässern Grau- und Schwarzwasser. Ersteres enthält im Gegensatz zu Schwarzwasser keine menschlichen Exkremente. Grauwasser findet ausschließlich für die Toilettenspülung Verwendung. In Betracht kommen Abwässer aus der Körper- und Wäschereinigung. Derzeit werden solche Konzepte eher im Bereich von Pilotanlagen realisiert und sind noch nicht als Stand der Technik zu bezeichnen.

Kalkablagerungen: Kalkablagerungen entstehen insbesondere an Stellen größerer Wärmeentwicklung wie an den Heizflächen der Heizungskessel und Warmwasserbereiter. Eine Enthärtung ist im Wohnbereich ab etwa 14 °dH (2,5 mmol/l) sinnvoll und bei mehr als 21 °dH (3,8 mmol/l) empfehlenswert, um Kalkablagerungen und Energievergeudung zu vermeiden, insbesondere wenn die Wassertemperatur in Leitungen und Geräten 60 °C überschreitet.

Warmwasser: Um Wärmeverluste zu minimieren, sind Warmwasserleitungssysteme möglichst kurz zu halten. Steigleitungen sind so anzuordnen, dass sich möglichst kurze Anbindungen zu den Verbrauchsstellen ergeben. Als Rohrleitungsmaterialien kommen vorwiegend Kupfer- oder verzinkte Stahlrohre in Betracht, zum Teil auch Kunststoffrohre. Zur Vermeidung von Legionellenbildung wird eine Betriebstemperatur von 60 °C (DIN EN 806-2) bzw. 55 °C (DIN 1988-200) gefordert.

1.7.3 Symbole und Sinnbilder für Trinkwasseranlagen (nach DIN EN 806-1)

Graphisches Symbol	Beschreibung
	Wasserleitung - Stern wird ersetzt durch: PW Trinkwasserleitung PWC TW-Leitung, kalt PWH TW-Leitung, warm PWH-C TW-Leitung, warm, Zirkulation NPW Nichttrinkwasser TI Wärmedämmung
PWC 80	Trinkwasserleitung, kalt, Nennweite 80
PWH 50-TI	Trinkwasserleitung, warm, Nennweite 50 und Wärmedämmung
PWH-C40	Trinkwasserleitung, warm, Zirkulation, Nennweite 40
	Leitungskreuz
	Abzweig, einseitig (links); beidseitig (rechts)
	Schlauchleitung
	Trinkwasser, kalt, Schlauchleitung, Nennweite 15
	Übergang in der Nennweite, z.B. von DN 50 auf DN 40
	Übergang des höchsten Systembetriebsdruckes (MDP), z.B. von 1,0 MPa auf 0,6 MPa
	Übergang im Werkstoff, z.B. von Stahl auf Kupfer
	Rohrleitung in Grundrissdarstellung
	Rohrleitung aufwärts (links) bzw. abwärts (rechts) verlaufend
	Rohrleitung hindurchgehend
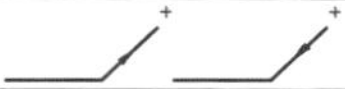	Fließrichtung nach oben (links) bzw. von oben (rechts)
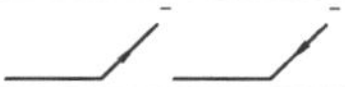	Fließrichtung nach unten (links) bzw. von unten (rechts)
	Abzweig, einseitig, nach oben und unten führend
	Elektrische Trennung, Isolierstück
	Potentialausgleich, Erdung
	Dehnungsbogen
	Leitungsfestpunkt
	Leitungsbefestigung mit Gleitführung
	Wand- / Deckendurchführung mit Schutzrohr
	Wand- / Deckendurchführung mit Schutzrohr und Abdichtung (Mantelrohr)
	Leitungsabschluss
	Leitungsgefälle, Leitungssteigung, nach rechts
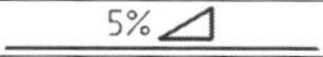	Leitungsgefälle nach links, 5%
	Rohrverbindung allgemein
	Art der Rohrverbindung - Stern wird ersetzt durch z.B.: BR Hartlötverbindung SC Gewindeverbindung WE Schweißverbindung FL Flanschverbindung
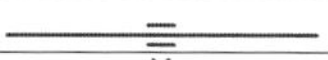	Gewindeverbindung
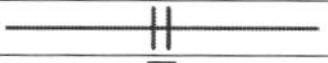	Flanschverbindung
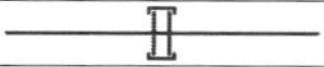	Klemmflanschverbindung
	Geschweißte, hartgelötete oder weichgelötete Rohrverbindung

Graphisches Symbol	Beschreibung
	Schnellkupplung
	Schnellkupplung mit zwei gleichen Kupplungsteilen
	Absperrarmatur
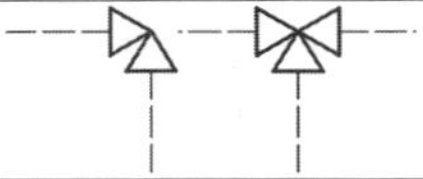	Eckventil (links); Dreiwegeventil (rechts)
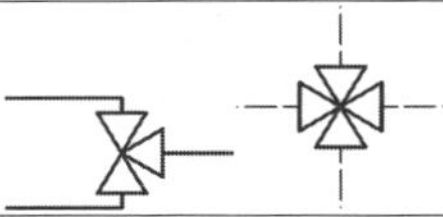	Dreiwegeventil als Mischventil (links); Vierwegeventil (rechts)
	Geradsitzventil (links); Kugelhahn (rechts)
	Kolbenschieber, -ventil (links); Freistromventil, Schieber (rechts)
	Nadelventil (links); Absperrklappe (rechts)
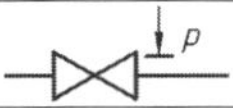	Druckminderer
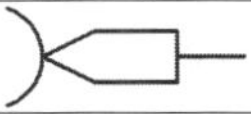	Anschlussvorrichtung
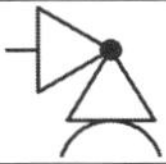	Ventilanbohrschelle
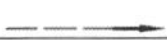	Auslaufventil, Entleerungsventil
	Standauslaufventil (links); Wandauslaufventil (rechts)
	Mischbatterie
	Standmischbatterie (links); Wandmischbatterie (rechts)
	Selbstschlussarmatur (SC selbstschließend)
	Brause (links); Schlauchbrause (rechts)
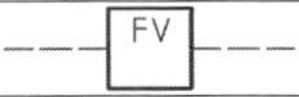	Druckspüler mit Rohrunterbrecher
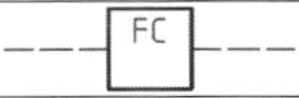	Spülkasten
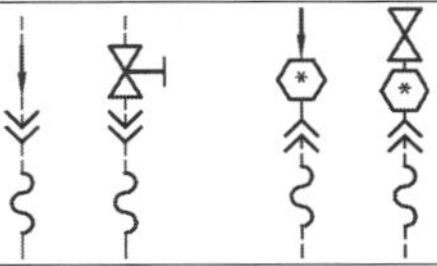	Auslaufventil mit Schnellkupplung und Schlauchverschraubung (links) Auslaufventil mit Sicherungsarmatur, Schnellkupplung und Schlauchverschraubung (rechts)
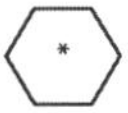	Sicherungsarmatur - Stern wird ersetzt durch (siehe EN 1717) z.B.: AA: Ungehinderter freier Auslauf EA: Kontrollierbarer Rückflussverhinderer EB: Nicht kontrollierbarer Rückflussverhinderer
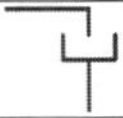	Freier Auslauf, Systemtrennung

Graphisches Symbol	Beschreibung
	Rohrunterbrecher
	Rückflussverhinderer (rechts); Absperrventil mit integriertem Rückflussverhinderer (links)
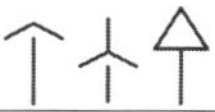	Rohrbelüfter (links); Rohrbelüfter in Durchgangsform (Mitte); Rohrentlüfter (links)
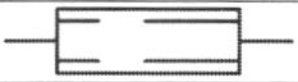	Rohrtrenner
	Rückflussverhinderer mit kontrollierbaren Druckzonen
	Rohrbruchsicherung
	Sicherheitsventil, federbelastet
	Sicherheitsventil, Temperaturablassventil (T für Temperatur) (links); Sicherheitsventil, Temperatur- + Druckablassventil (T Temperatur, P Druck) (rechts)
	Dosiergerät
	Enthärtungsanlage
	Sicherheitsventil, Temperaturablassventil (T für Temperatur)
	Desinfektionsanlage mit UV
	Mischfilteranlage
	Aktivkohlefilter
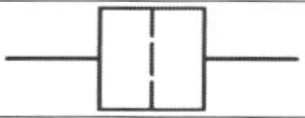	Mechanischer Filter
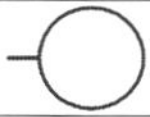	Einrichtung mit rotierenden Teilen
	Flüssigkeitspumpe mit mechanischem Antrieb
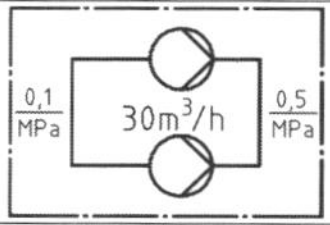	Druckerhöhungsanlage mit 2 Pumpen und Angaben der Förderleistung und des Druckes
	Waschmaschine
	Geschirrspüler
	Wäschetrockner

Graphisches Symbol	Beschreibung
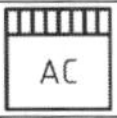	Klimagerät
	Einrichtung ohne rotierende Teile
	Messgerät mit Anzeige (Pfeil darf durch Buchstabensymbol für die gemessene Einheit ersetzt werden)
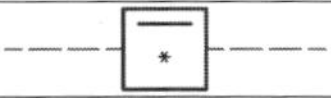	Registriergerät
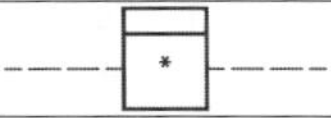	Messgerät mit Integriervorrichtung
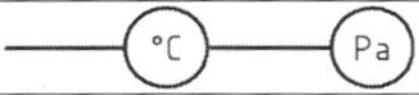	Thermometer (links); Manometer (rechts)
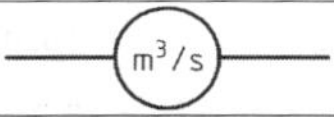	Durchflussmessgerät
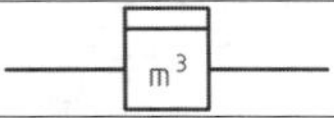	Wasserzähler
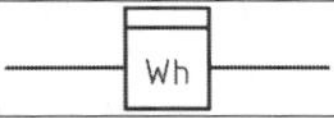	Wärmemessgerät
————————	Steuerleitung
	Anschlussstelle für Mess- oder Regeleinrichtung
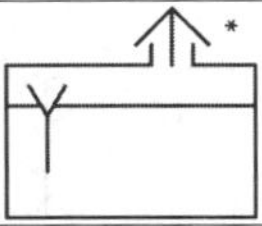	Trinkwasserbehälter
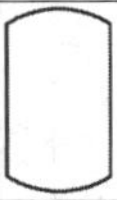	Druck- oder Vakuumbehälter
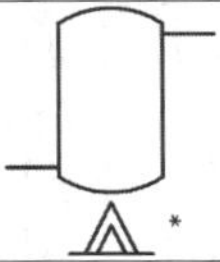	Speichertrinkwassererwärmer, unmittelbar beheizt, Stern darf ersetzt werden durch: O Öl befeuert G Gas befeuert C Feststoff befeuert D Fernwärme beheizt
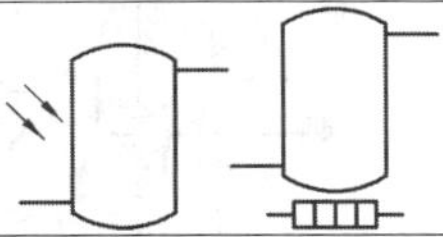	Speichertrinkwassererwärmer, solar beheizt (links); Speichertrinkwassererwärmer, elektrisch beheizt (rechts)
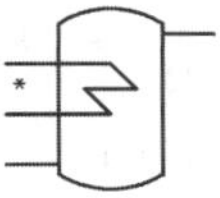	Speichertrinkwassererwärmer, indirekt beheizt, Stern ist zu ersetzen durch: HW Heizwasser HW-S Zulauf HW-R Rücklauf HW-C Kreislauf HW-PS Primärzulauf HW-PR Primärrücklauf HW-SS Sekundärzulauf HW-SR Sekundärrücklauf DHW Fernheizwasser DHW-S Zulauf DHW-R Rücklauf
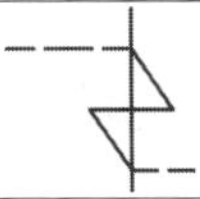	Durchlauferhitzer

Graphisches Symbol	Beschreibung
	Durchlauferhitzer, direkt beheizt
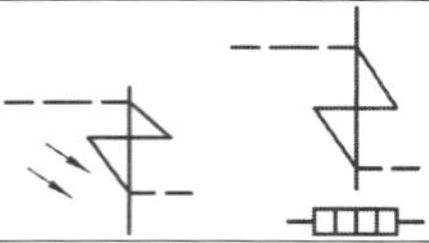	Durchlauferhitzer, solar beheizt (links); Durchlauferhitzer, elektrisch beheizt (rechts)
	Feuerlöschleitung (FW), Stern ist zu ersetzen durch: FW-D trocken FW-W nass FW-S Steigleitung
	Sprinkler
	Wasservorhang
	Wandhydrant
	Wandhydrant mit Feuerlöschschlauchleitung
	Unterflurhydrant (links) Überflurhydrant (rechts)

Beispiel für die Darstellung eines Wasserleitungssystems im Gebäude

Legende:
1 Anschlussleitung
2 Eintrittsstelle
3 Verbrauchsleitung
4 Hauptabsperrarmatur
5 Wasserzähleranlage
6 Wasserzähler
7 Sammelzuleitung
8 Steigleitung
9 Stockwerksleitung
10 Einzelzuleitung
11 Zirkulationsleitung

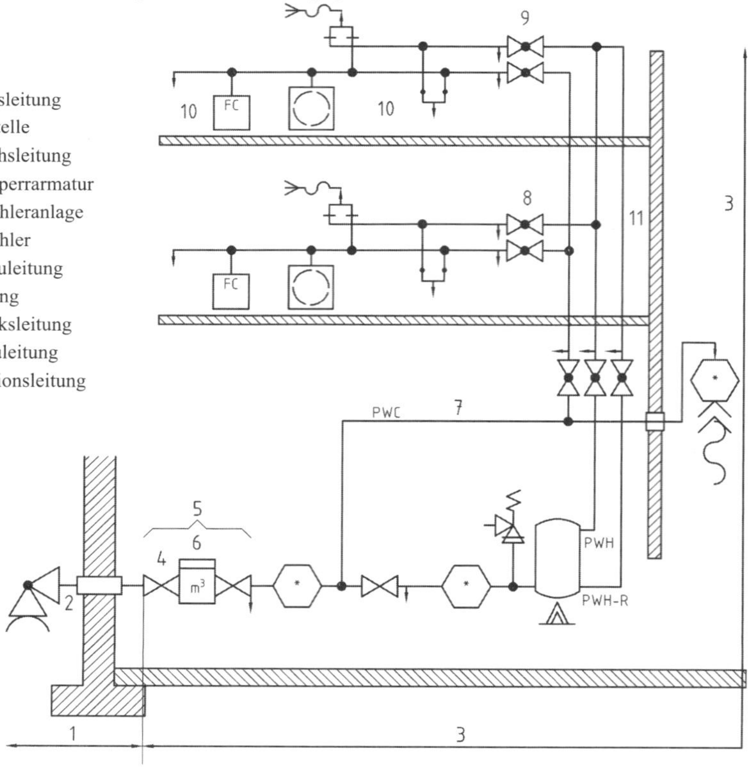

1.7.4 Dimensionierung von Wasserversorgungsanlagen in Gebäuden

Hinweis zur Schreibweise: In der DIN 1988-300 wird der Durchfluss mit $\dot{V}$ (für Volumenstrom) bezeichnet. Nachfolgend wird davon abweichend das in der Hydraulik üblichere Formelzeichen Q verwendet.

Zur Berechnung der Summendurchflüsse ΣQ_R werden die Berechnungsdurchflüsse Q_R einzeln, beginnend an der vom Anschluss entferntesten Entnahmestelle entgegen der Fließrichtung bis zur Betrachtungsstelle aufsummiert. Weitere Angaben zu den Berechnungsdurchflüssen finden sich in der DIN 1988-300 oder in den Herstellerangaben.

Mindestdrücke und Berechnungsdurchflüsse von Trinkwasserentnahmestellen (DIN 1988-300)

Art der Entnahmestelle		DN [mm]	Druck p_{min} [bar]	Durchfluss Q_R [l/s]
Auslaufventile	– ohne Strahlregler	15 / 20 / 25	0,5	0,30 / 0,50 / 1,00
	– mit Strahlregler	10 / 15	1	0,15
Mischarmaturen für	– Dusch- und Badewanne	15	1	0,15
	– Küchenspüle, Waschbecken	15	1	0,07
Maschinen für Haushalte	– Waschmaschine	15	0,5	0,15
	– Geschirrspülmaschine	15	0,5	0,07
WC-Becken und Urinale	– Füllventil für Spülkasten	15	0,5	0,13
	– Druckspüler für Urinal	15	1	0,30
	– Druckspüler für WC	20	1,2	1,00
Grundsätzlich sind für die Bemessung der Rohrdurchmesser die Angaben der Hersteller zu berücksichtigen, die zum Teil erheblich von den in dieser Tabelle angegebenen Werten abweichen können.				

Der vorhandene **Spitzendurchfluss** Q_S wird nach DIN 1988-300 wie folgt ermittelt:

$$Q_S = a \cdot \left(\Sigma Q_R\right)^b - c \qquad \text{mit:} \quad a,\ b,\ c \ \text{ siehe folgende Tabelle}$$

Gebäudetyp	*a*	*b*	*c*
Wohngebäude, betreutes Wohnen, Seniorenheim	1,48	0,19	0,94
Bettenhaus im Krankenhaus	0,75	0,44	0,18
Hotel	0,70	0,48	0,13
Schule, Verwaltungsgebäude	0,91	0,31	0,38
Pflegeheim	1,40	0,14	0,92

Bei der Auswahl der **Rohrdurchmesser** sollte im Regelfall die maximale rechnerische Fließgeschwindigkeit von v_{max} = 2 m/s bei den zugeordneten Spitzendurchflüssen unterschritten werden. Anhaltswerte für erforderliche Rohrnennweiten für eine erste Vorplanung gibt Pistohl [5.12] an.

Art der Leitung	Mindestwert	Überschlägig / Vordimensionierung
Anschlussleitung	DN 25 (1´´)	DN 32 (5/4´´)
Steigleitungen – 1–5 Zapfstellen – 5–10 Zapfstellen – 10–20 Zapfstellen – 20–40 Zapfstellen	DN 20 (3/4´´)	DN 20 (3/4´´) DN 25 (1´´) DN 32 (5/4´´) DN 40 (1 1/2´´)
Stockwerksleitungen für – 1 Abortspülkasten – 1–2 Waschtische – 1 Brause – 1 Badewanne – 1 Gartenleitung – 1 Abortdruckspüler	DN 15 (1/2´´)	DN 10–DN 15 DN 15 DN 15 DN 20–DN 25 DN 20–DN 25 DN 25
Stockwerksleitungen für mehrere Zapfstellen:	die nächstgrößere Nennweite als für die größte Einzelarmatur	

Für die Berechnung der **Reibungsverluste** können für handelsübliche Rohre folgende Rauheiten angenommen werden:

- k = 0,0015 mm für Kupferrohre und Rohre aus nichtrostendem Stahl;
- k = 0,007 mm für Kunststoffrohre, Verbundrohre;
- k = 0,15 mm für verzinkte Gewinderohre.

Zusätzlich müssen die **Einzelverluste** durch Armaturen, Richtungsänderungen, Aufteilungen etc. durch Verlustbeiwerte ζ erfasst werden. Die in Kapitel 1.4 beschriebene Verwendung von betrieblichen (oder auch integralen) Rauheiten ist hier weniger üblich. In der DIN 1988-300 sind im Anhang A für die Verlustbeiwerte ζ entsprechende Tabellen zu finden.

1.7.5 Feuerlöschanlagen

Eine Feuerlöschanlage ist eine ständig betriebsbereite technische Anlage, die einen Brand mit einem Löschmittel löscht. Sie werden in Sonderbauten wie Hochhäusern, Geschäftshäusern, Kaufhäusern, Industrieanlagen, Versammlungsstätten und Tiefgaragen eingesetzt. Sie sind Teil der Brandschutzeinrichtungen, die in der Regel von Behörden oder Versicherungen verlangt werden. Planungshinweise können den Richtlinien des Verbandes der Sachversicherer (VdS) oder z.B. der DIN EN 12845 entnommen werden.

Stationäre (ortsfeste) Feuerlöschanlagen bestehen aus einem Rohrleitungssystem mit geeigneten Ausgabevorrichtungen (Beispiele: Sprinkler, Löschdüse), über die im Einsatzfall das Löschmittel ausgetragen wird. Sie werden entweder automatisch indirekt durch Brandmelde- und Löschsteueranlagen oder direkt durch mechanische Branderkennungs- und Auslöseelemente oder auch manuell ausgelöst. Die Anlagen sollen einen Brand selbsttätig löschen oder ihn so lange eindämmen, bis die Feuerwehr eintrifft, um ihn zu löschen.

Der Hauptanteil an stationären Wasser-Löschanlagen entfällt auf Sprinkleranlagen. Sprinkleranlagen verhindern als automatische Feuerlöschanlagen, dass sich ein ausgebrochenes Feuer zum Großbrand entwickeln kann. Bei den Anlagen werden die Sprinkler bei Überschreiten einer vorher festgelegten Lufttemperatur direkt am Sprinkler einzeln durch Brandwärme ausgelöst. Das dann austretende Löschwasser wird über den Sprühteller gleichmäßig auf der Brandfläche verteilt.

Der nach Auslösen entstehende Druckabfall im von der Trinkwasserversorgung getrennten Rohrnetz wird erkannt und führt zum Öffnen spezieller Ventile und zum Starten von dafür vorgesehenen Pumpen. Ab diesem Zeitpunkt wird Wasser mit hohem Druck in das Sprinklersystem gepumpt.

Vor allem in Bereichen, in denen Frostgefahr besteht und die Sprinklerleitungen einfrieren könnten, werden sogenannte Trockenanlagen eingesetzt. Bei diesen Anlagen ist das Rohrleitungsnetz zwischen Sprinklerkopf und Alarmventilstation mit Druckluft gefüllt. Erst nach dem Auslösen eines Sprinklerkopfes wird die Anlage mit Wasser gefüllt.

Neben den Sprinkleranlagen sind in den meisten Bundesländern bei Hochhäusern wie auch für eine Reihe von gewerblich genutzten Gebäuden Feuerlösch-Steigleitungen mit angeschlossenen Wandhydranten obligatorisch.

„Nasse“ Feuerlösch-Steigleitungen stehen ständig unter Leitungsdruck und ermöglichen eine Brandbekämpfung bereits vor Eintreffen der Feuerwehr. Um den erforderlichen Wasserdruck von mind. 3 bar am höchstgelegenen Wandhydranten zu erreichen, müssen sie ggf. über eine Druckerhöhungsanlage betrieben werden, die ihrerseits an eine Notstromanlage anzuschließen ist. Für beide Einrichtungen sind im Kellergeschoss Räumlichkeiten planerisch freizuhalten. Ein Anschluss an häufig benutzte Entnahmestellen im obersten Geschoss sollte sicherstellen, dass das Wasser in den Steigsträngen nicht zu lange in den Leitungen verweilt.

„Trockene“ Steigleitungen sind nicht mit dem Wassernetz verbunden und stehen der Feuerwehr zur Verfügung. Ein zeitaufwendiges Auslegen von Schläuchen entfällt. Im Brandfall wird Löschwasser, meist von einem nahegelegenen Hydranten oder direkt aus dem Tankfahrzeug, mittels einer Löschpumpe der Feuerwehr in die Steigleitung eingespeist. Die hierfür erforderlichen Anschlusskupplungen werden in der Nähe der Gebäudezugänge angeordnet. Feuerwehrfahrzeuge müssen an diesen Bereich heranfahren können. Ein Hydrant muss für die Feuerwehr in nicht mehr als 80 m Entfernung zur Verfügung stehen. Gegebenenfalls ist er vom Bauherrn zu erstellen. In Einzelfällen ist auch die Anlage von Löschwasserzisternen zu überlegen.

2 Abwasserableitung

2.1 Entwässerungsverfahren

Bis in die 1990er-Jahre wurde der Regenabfluss aus dem Bereich der Siedlungsgebiete in die Kanalisation abgeleitet. Im Sinne einer zeitgemäßen Regenwasserbewirtschaftung ist Niederschlagswasser nur noch dann über die Kanalisation abzuleiten, wenn es keine insbesondere wasserwirtschaftlich sinnvollen Alternativen gibt. Die zunächst zu prüfenden Möglichkeiten der Regenwasserversickerung und -nutzung reduzieren die Zuflüsse zur Kanalisation und führen damit zu Kosteneinsparungen.

Gegenüberstellung von Misch- und Trennverfahren (nicht vollständig)		
Kriterium	**Mischverfahren**	**Trennverfahren**
Kanalnetz	Nur 1 Kanal erforderlich. Oft größere Einbautiefe. Meist geringere Kosten.	2 Kanalnetze (Schmutzwasser, Regenwasser) erforderlich, dadurch meist teurer.
Grundstücksentwässerung	Nur 1 Anschlussleitung erforderlich, größere Gefährdung durch Rückstau.	Je 1 Leitung für Schmutz- und Regenwasser, Rückstau im Regenwasserkanal.
Kanalbetrieb Bauaufsicht	Evtl. Ablagerungen im Kanalnetz bei Trockenwetter, ggf. Spülungen erforderlich.	Ablagerungen in Anfangshaltungen der Schmutzwasserkanäle. Kanalbetrieb wegen größerer Länge teurer. Mehraufwand bei Bauaufsicht, um Fehlanschlüsse zu vermeiden.
Sonderbauwerke	Regenentlastungsbauwerke zur Entlastung der Kanäle und wegen begrenzter Kapazität von KLA zwingend. Pumpwerke baulich und betrieblich teurer.	Spülschächte in Schmutzwasserkanälen bei ungünstigen Gefälleverhältnissen. Gleichmäßige Beanspruchung der Schmutzwasserpumpen in Pumpwerken.
Klärwerk	Durch schwankende Zuflüsse (Mischwasser) ungleichmäßige Belastung in der Abwasserreinigung.	Betriebskosten sind ggf. geringer, da nur Schmutzwasser behandelt wird.
Gewässer	Durch Entlastungsbauwerke gelangt Mischwasser in die Gewässer (u.a. hygienische Gefahren).	Regenwasser gelangt z.T. ungereinigt in die Gewässer. Gefährdung durch Unfälle (Austritt wassergefährdender Stoffe) oder im Brandfall (Löschflüssigkeiten).

Beide Verfahren haben Vor- und Nachteile und beide können je nach Rahmenbedingungen sinnvoll sein. Gemäß § 55 (2) des Wasserhaushaltgesetzes soll vorzugsweise im Trennverfahren entwässert werden: „Niederschlagswasser soll ortsnah versickert, verrieselt oder direkt oder über eine Kanalisation ohne Vermischung mit Schmutzwasser in ein Gewässer eingeleitet werden, soweit dem weder wasserrechtliche noch sonstige öffentlich-rechtliche Vorschriften noch wasserwirtschaftliche Belange entgegenstehen." Die Entscheidung für ein Verfahren muss die örtlichen Verhältnisse in ihrer Gesamtheit (gesetzliche, wasserwirtschaftliche, hygienische und technische Gesichtspunkte) berücksichtigen, z.B. örtliche Gegebenheiten, Gelände- und Gewässerverhältnisse, Entwicklungstendenzen im Entwässerungsgebiet, vorhandene Kanalisationsanlagen, Bau- und Betriebskosten für Kanalisation und Klärwerk.

Soweit es die Bodenverhältnisse und der Verschmutzungsgrad zulassen, ist die Versickerung oder Nutzung des Regenwassers am Entstehungsort der Ableitung vorzuziehen. Ist eine Versickerung nicht möglich, kann Regenwasser über offene Entwässerungseinrichtungen (Mulden, Gräben, Teiche) abgeleitet werden. Verschmutztes Regenwasser ist vor der Einleitung zu behandeln. Zur Verminderung der hydraulischen Belastung des Gewässers können z.B. Regenrückhalteräume erforderlich werden.

Aktueller Standard:
Regenwasser oder Teile davon werden unmittelbar verwertet oder versickert. Trennung je nach Verschmutzung in Kategorie 1: schwach, Kategorie 2: mäßig und Kategorie 3: stark verschmutztes Regenwasser (DWA-A/M 102, DWA-A 138-1).

- Modifiziertes Trennverfahren: Schmutzwasserableitung erfolgt im Schmutzwasserkanal; Regenwasser aus Kategorie 3 (und 2) wird getrennt abgeleitet, aus Kategorie 1 (und 2) versickert.
- Modifiziertes Mischverfahren: Regenwasser aus Kategorie 1 (und 2) wird versickert, Schmutzwasser und Regenwasser aus Kategorie 3 (und 2) gemeinsam abgeleitet.

Sonderverfahren:

Die Ableitung von Schmutzwasser im Trennverfahren mit Druck- und Unterdruckentwässerung kommt bei mit Freispiegelkanälen schwierig zu entwässernden Gebieten evtl. in Frage.

2.2 Abwasseranfall

2.2.1 Trockenwetterabfluss $Q_T = Q_S + Q_F = (Q_H + Q_G + Q_I) + Q_F$

Häusliches Schmutzwasser Q_H

Der mittlere Schmutzwasseranfall häuslicher (und kleingewerblicher) Herkunft kann meist mit ausreichender Genauigkeit der Trinkwasserabnahme der Einwohner gleichgesetzt werden. Zu berücksichtigen sind evtl. Minderungen (z.B. Verwendung Trinkwassers für Gartenbewässerung) und Erhöhungen (z.B. Ableitung von Wasser aus Privatbrunnen oder aus Regenwassernutzung). Kanäle sind auf den maximalen stündlichen Abfluss hin zu bemessen.

– Mittlerer, täglicher häusl. Schmutzwasserabfluss:
  $Q_{H,d}$ [l/s] = w_H [l/E·d] · E [E] / 86.400

– Stündlicher Maximalabfluss häusl. Schmutzwasser:
  $Q_{H,max}$ [l/s] = $24/x \cdot Q_{H,d}$ [l/s]

Orientierungswerte für Stundensatz x	
< 1.000 E	$x \approx 8$
1.000 - 5.000 E	$x \approx 8$ bis 11
5.000 - 20.000 E	$x \approx 11$ bis 13
20.000 - 100.000 E	$x \approx 13$ bis 16
> 100.000 E	$x \approx 16$
1.000 - 100.000 E	$x \approx 1{,}7 \cdot \ln(E) - 3{,}6$

Oft werden die spezifischen Werte nicht nur für die echten Einwohner (E), sondern auch für die Einwohnerwerte (EW) mit angesetzt (siehe z.B. DIN 4261-1).

Einwohnerwerte für Schmutzwasser aus Gemeinschaftseinrichtungen (DIN 4261-1)	
Beherbergungsstätten, Internate (je nach Ausstattung)	1 Bett = 1 - 3 EW
Camping- und Zeltplätze	2 Personen = 1 EW
Gewerbebetriebe	2 Betriebsangehörige = 1 EW
Bürohäuser	3 Betriebsangehörige = 1 EW
Gaststätten ohne Küchenbetrieb	3 Plätze = 1 EW
Gaststätten mit Küchenbetrieb und höchstens 3-maliger Ausnutzung eines Sitzplatzes in 24 Stunden; je weitere 3-malige Ausnutzung / 24 h	1 Platz = 1 EW + 1 EW
Gartenlokale ohne Küchenbetrieb	10 Plätze = 1 EW
Vereinshäuser ohne Küchenbetrieb	5 Benutzer = 1 EW
Sportplätze ohne Gaststätte und Vereinshaus	30 Besucherplätze = 1 EW

Die Bandbreite der genannten Werte umfasst nicht alle örtlichen und strukturellen Besonderheiten sowie tägliche, monatliche und jährliche Schwankungen. Für Planungen im Bestand ist es sinnvoll, die Daten z.B. über die tatsächlichen Wasserverbräuche zu ermitteln. Bei Neuplanungen können z.B. aktuelle Wasserverbräuche von ähnlichen Einrichtungen übernommen werden.

Alternativ zu vorhergehender Ermittlung von $Q_{H,max}$ kann gemäß DWA-A 118 bei kleineren Systemen auch vereinfacht und auf der sicheren Seite liegend mit einem einwohnerspezifischen maximalen häuslichen Schmutzwasserabfluss $q_{H,max}$ in l/(s·1000 E) gerechnet werden. Für $q_{H,max}$ wird hierbei meist und ein in der Regel auf der sicheren Seite liegender Wert von 4 l/(s·1000 E) angesetzt.

$Q_{H,max}$ [l/s] = $q_{H,max}$ [l/s·1000 E] · E [E] / 1000

Unüblicher ist die Ermittlung von $Q_{H,max}$ über eine flächenspezifische maximale häusliche Schmutzwasserspende $q_{H,max}$ in l/(s·ha).

$Q_{H,max}$ [l/s] = $q_{H,max}$[l/s·ha] · A_E [ha] mit A_E: Fläche des Einzugsgebietes in [ha]

Beispiel: Gegeben: Einwohnerdichte ED = 100 E/ha
Einzugsgebiet A_E = 50 ha
spez. Wasserverbrauch w_H = 125 l/(E·d)

Gesucht: Maximaler häuslicher Schmutzwasserabfluss $Q_{H,max}$

Lösung: 1.: mit x-Wert $E = ED \cdot A_E$ = 5.000 E → $x \approx 11$
$Q_{H,d} = w_H \cdot E$ = 125·5.000/86.400 = 7,2 l/s
$Q_{H,max} = 24/x \cdot Q_{H,d}$ = 15,8 l/s
2.: mit $q_{H,max}$ = 4 l/(s·1000 E) $Q_{H,max} = q_{H,max} \cdot E$ = 4 · 5000 / 1000 = 20 l/s

Gewerbliches und industrielles Schmutzwasser Q_G, Q_I

Der Wasserbedarf und somit das anfallende Schmutzwasser des Kleingewerbes ist relativ gering (meist < 5 % der städtischen Wasserabnahme). Es wird oft mit dem häuslichen Schmutzwasser erfasst.

Der Wasserbedarf von größerem Gewerbe und Industriebetrieben ist hingegen sehr stark von der Nutzung bzw. dem Produkt und dem Produktionsverfahren abhängig. Mögliche stündliche, tägliche und jahreszeitliche Schwankungen sind zu berücksichtigen. Mitunter weicht der Wasserbedarf von der eingeleiteten Schmutzwassermenge ab. Abweichungen sind z.B. möglich, wenn Rohstoffe mit hohem Wassergehalt zu trockenen Endprodukten verarbeitet werden (z.B. Nahrungsmittelindustrie). Industrielles Schmutzwasser wird wegen der z.T. großen Mengen und wegen der oft vom häuslichen Schmutzwasser abweichenden Verschmutzung getrennt als Einzelabfluss berücksichtigt. Wenn der durchschnittliche Schmutzwasseranfall Q_G bzw. Q_I bekannt ist, dann kann mit den Faktoren a (Produktionsstunden je Tag) und b (Produktionstage je Jahr) eine Umrechnung auf den stündlichen Maximalwert erfolgen:

$$Q_{G/I,max}\ [l/s] = \frac{24}{a_{G/I}} \cdot \frac{365}{b_{G/I}} \cdot Q_{G/I}\ [l/s]$$

Bei geplanten Gewerbe- und Industriegebieten sollte z.B. über vorhandene vergleichbare Gebiete eine Abschätzung erfolgen. Wenn keine Informationen verfügbar sind, dann kann ein Ansatz mit einer spezifischen gewerblichen / industriellen Schmutzwasserabflussspende $q_{G/I,max}$ verwendet werden.

$$Q_{G/I,max}\ [l/s] = q_{G/I,max}\ [l/(s \cdot ha)] \cdot A_{E,G/I}\ [ha]$$

mit: $q_{G/I,max}$ gewerbliche bzw. industrielle Schmutzwasserspende [l/(s·ha)]
- geringer Wasserverbrauch $q_{G/I,max} = 0{,}2$ bis 0,5 l/(s·ha) nach
- mittl. bis hoher Wasserverbrauch $q_{G/I,max} = 0{,}5$ bis 1,0 l/(s·ha) DWA-A 118

$A_{E,G/I}$ Einzugsgebietsfläche des Gewerbe- bzw. Industriebetriebs [ha]

Fremdwasser Q_F

Beim Fremdwasser handelt es sich um bestimmungswidrig in Abwasseranlagen gelangendes Wasser, wie z.B. durch Undichtigkeit in die Kanalisation eindringendes Grundwasser, unerlaubt über Fehlanschlüsse eingeleitetes Wasser, Zuflüsse aus Dränagen oder Gewässereinleitungen in Mischwasser- oder Schmutzwasserkanäle oder einem Schmutzwasserkanal zufließendes Oberflächenwasser. Fremdwasser erfordert aufgrund seiner Qualität keine Abwasserbehandlung, erschwert diese jedoch bzw. belastet aufgrund seiner Menge Abwasseranlagen unnötig und ist unter dem Aspekt des Gewässerschutzes unerwünscht. Fremdwasseranfall kann jahreszeitlich sehr stark schwanken! Die Zulässigkeit der Einleitung von Dränage-, Quell- und Bachwasser in Regenwasserkanäle ist im Einzelfall zu überprüfen. Fremdwasser wird quantifiziert mit:

- Fremdwasseranteil FWA = Fremdwasserabfluss Q_F / Trockenwetterabfluss Q_T
- Fremdwasserzuschlag FWZ = Fremdwasserabfluss Q_F / Schmutzwasserabfluss Q_S

Der Fremdwasseranteil ist für die Bemessung von Regen- und Mischwasserkanälen i. d. R. nicht relevant, jedoch für die Bemessung von Schmutzwasserkanälen, Sonderbauwerken (RÜ, RÜB) und vorentlasteten Hauptsammlern.

Wenn keine Messungen vorliegen, kann Q_F in Abhängigkeit z.B. vom Alter der Kanalisation, dem Kanalzustand und von den Grundwasserverhältnissen abgeschätzt werden:

- pauschal mit dem Fremdwasserzuschlag $FWZ = 0{,}1$ bis 1,0 (in begründeten Fällen auch > 1,0) als Vielfaches des Schmutzwasserabflusses → $Q_F = FWZ \cdot (Q_H + Q_G + Q_I)$,
- mit einer auf die Fläche des kanalisierten Siedlungsgebietes bezogenen Fremdwasserspende $q_F = 0{,}05$ bis 0,15 l/(s·ha) (nach DWA-A 118, bezogen auf die gesamte Fläche und nicht auf die undurchlässige Fläche!) → $Q_F\ [l/s] = q_F\ [l/(s \cdot ha)] \cdot A_E\ [ha]$.

Bei Schmutzwasserkanälen im Trennverfahren sollte zusätzlich das eindringende Regenwasser, sofern keine Messungen vorliegen, mit einem Anteil x in Höhe von 1 – 4 % (Empfehlung $x \geq 2$ %) an der befestigten Fläche des Trennsystems $A_{Tr,b}$ multipliziert mit der Regenspende $r_{D,n}$ berücksichtigt werden.

$$Q_{R,Tr}\ [l/s] = x \cdot A_{Tr,b}\ [ha] \cdot r_{D,n}\ [l/(s \cdot ha)]$$

2.2.2 Regenwetterabfluss Q_R und Regenwetterabflussvolumen V_R

Abflüsse infolge von Niederschlägen sind je nach Ereignis wesentlich größer als der Trockenwetterabfluss. Bei Mischwasserkanälen hat der Schmutzwasserabfluss bei der Bemessung der Leitungen eine nur geringe Bedeutung (z.B. bei der Berechnung der Teilfüllung bei Trockenwetterabfluss).

$$Q_R = C_s \cdot A_E \cdot r_{D,n} \quad \text{bzw.} \quad V_R = C_m \cdot A_E \cdot h_{N;D,n} \cdot 10$$

mit: Q_R Regenwetterabfluss [l/s] bzw. V_R = Regenwetterabflussvolumen [m³]
C_s Spitzenabflussbeiwert [-]
C_m mittlerer Abflussbeiwert [-]
(anstelle von $C_{s/m}$ wird oft auch das Formelzeichen $\psi_{s/m}$ verwendet)
A_E Einzugsgebietsfläche [ha]
$r_{D,n}$ Regenspende [l/(s·ha)] (abhängig von Regendauer D [min] und Häufigkeit n [1/a])
$h_{N;D,n}$ Niederschlagshöhe [mm] (abhängig von D [min] und n [1/a])

Abflussbeiwert

Der auf die Oberfläche fallende Niederschlag kommt nur zum Teil zum Abfluss. Es gibt Verluste durch Verdunstung, Versickerung, Benetzung der Oberfläche oder Auffüllen der Mulden. Der tatsächlich abfließende Regenabfluss ist somit nur ein Teil des gesamten Niederschlags. Zur Beschreibung gibt es unterschiedlichste Kennzahlen, wie z.B. Befestigungsgrad *BG* oder Versiegelungsgrad *VG*, die bei Modellen verwendet werden, und Abflussbeiwerte, die bei einfacheren Verfahren Anwendung finden. Nachfolgend werden nur die Abflussbeiwerte weiter dargestellt. Falls der maximale Abflussscheitel $Q_{R,max}$ gesucht ist (z.B. für die Kanalbemessung), verwendet man den Spitzenabflussbeiwert C_s (oder auch ψ_s). Für Volumenbetrachtungen (z.B. für die Bemessung eines Regenrückhaltebeckens) wird der mittlere Abflussbeiwert C_m (oder auch ψ_m) berücksichtigt. Die Tabelle zeigt Abflussbeiwerte von an das Kanalnetz angeschlossenen Flächen gemäß DIN 1986-100.

Art der Flächen		C_s	C_m
Schrägdach	Metall, Glas, Schiefer, Faserzement	1	0,9
	Ziegel, Abdichtungsbahnen	1	0,8
Flachdach	Metall, Glas, Faserzement, Abdichtungsbahnen	1	0,9
	Kiesschüttung	0,8	0,8
Gründach	Extensivbegrünung (> 5°)	0,7	0,4
	Extensivbegrünung, unter 10 cm Aufbaudicke (≤ 5°)	0,5	0,3
	Extensivbegrünung, ab 10 cm Aufbaudicke (≤ 5°)	0,4	0,2
	Intensivbegrünung, ab 30 cm Aufbaudicke (≤ 5°)	0,2	0,1
Verkehrsflächen	Betonflächen, Schwarzdecken (Asphalt)	1	0,9
(Straßen, Plätze, …)	Befestigte Flächen mit Fugendichtung	1	0,8
Rampen	Neigung zum Gebäude (alle Befestigungen)	1	1
Teildurchlässige und	Betonsteinpflaster in Sand/Schlacke, wassergebundene Flächen	0,9	0,7
schwach ableitende	Pflasterflächen, mit Fugenanteil > 15 % oder fester Kiesbelag	0,7	0,6
Flächen	lockerer Kiesbelag, Schotterrasen, z.B. Kinderspielplätze	0,3	0,2
	Verbundsteine mit Sickerfugen, Sicker-/Dränsteine	0,4	0,25
	Rasengittersteine (häufige Verkehrsbelastung, z.B. Parkplatz)	0,4	0,2
	Rasengittersteine (seltene Verkehrsbelastungen, z.B. Feuerwehr)	0,2	0,1
Sportflächen mit	Kunststoff-Flächen, Kunststoffrasen	0,6	0,5
Dränung	Tennenflächen	0,3	0,2
	Rasenflächen	0,2	0,1
Parkanlagen, Rasen-	steiles Gelände	0,3	0,2
flächen, Gärten	flaches Gelände	0,2	0,1

Durch Wichtung über die jeweiligen Teilflächen können gemittelte Abflussbeiwerte bestimmt werden. Es ist darauf zu achten, dass die Teilgebiete eine in sich relativ homogene Versiegelung aufweisen.

$$C_{s,Mittel} = \frac{\sum(C_{s,i} \cdot A_i)}{\sum A_i} \quad \text{bzw.} \quad C_{m,Mittel} = \frac{\sum(C_{m,i} \cdot A_i)}{\sum A_i}$$

mit: A_i = Teilfläche (z.B. Dach, Straße, Hof, Grünfläche) [ha]
C_i = Abflussbeiwerte für diese Teilfläche [-]
$\sum A_i$ = In der Regel die gesamte Einzugsgebietsfläche A_E in [ha]

Beispiel: Ermittlung der mittleren Abflussbeiwerte $C_{s,M}$ und $C_{m,M}$ für ein Teilgebiet

Art der Teilflächen im Teilgebiet	A_i ***[ha]***	$C_{s,i}$	$A_i \cdot C_{s,i}$	$C_{m,i}$	$A_i \cdot C_{m,i}$
Hartdächer	22	1	22	0,9	19,8
Gründächer (Substratauflage > 10 cm)	8	0,4	3,2	0,2	1,6
Straßen und Höfe (asphaltiert)	20	1	20	0,9	18
Kieswege	12	0,3	3,6	0,2	2,4
Grünflächen, Gärten (flach)	25	0,2	5	0,1	2,5
Gärten (nicht angeschlossen)	26	0	0	0	0
Summe für Teilgebiet	113		53,8		44,3
Gemittelte Abflussbeiwerte		$C_{s,M}$ = 54/113 = 0,48		$C_{m,M}$ = 44/113 = 0,39	

Regenspende, Niederschlagshöhe, Bemessungsregen

Die **Regenspende *r*** beschreibt wie die Intensität *i* die Stärke des Niederschlages. Die Niederschlagsintensität *i* ist der Quotient aus Niederschlagshöhe h_N und -dauer *D*. Aus der Intensität *i* kann die Regenspende *r* in l/(s·ha) abgeleitet werden:

i [mm/min] = h_N [mm]/D [min] $\qquad$ r [l/(s·ha)] = 166,67·i [mm/min]

Langjährige Niederschlagsmessungen können statistisch ausgewertet werden und ermöglichen dann eine Aussage bezüglich der zu erwartenden Niederschlagshöhe oder Regenspende für eine bestimmte Häufigkeit *n* und eine Regendauer bzw. Dauerstufe *D*. Die Regenhäufigkeit *n* [1/a] ist der Kehrwert der Wiederkehrzeit T_n [a] ($n = 1/T_n$). Die Regenhäufigkeit *n* gibt an, wie oft ein Regen in einem Jahr statistisch gesehen erreicht oder überschritten wird. So bedeutet z.B.

- n = 2 [1/a] ein Regen, der in einem Jahr zweimal erreicht oder überschritten wird (T_n = 0,5 a)
- n = 0,1 [1/a] ein Regen, der in 10 Jahren einmal erreicht oder überschritten wird (T_n = 10 a).

Richtwerte / Umrechnungen:

- Regenintensität i = 1 mm/min → Regenspende r = 166,67 l/(s · ha)
- Regenspende r = 100 l/(s·ha) → Regenintensität i = 0,6 mm/min
- Regenhöhe h_N = 1 mm = 1 l/m² = 10 m³/ha

Die Regenspende aus einer Niederschlagshöhenstatistik ist über die Dauerstufe *D* und die Häufigkeit *n* eindeutig beschrieben. Dies wird durch entsprechende Indices dargestellt (z.B. D = 10 min, n = 0,33 1/a → $r_{D = 10\ min\ ;\ n = 0,33\ 1/a}$ oder kürzer $r_{10;\ 0,33}$). Die bis vor einigen Jahrzehnten noch übliche Umrechnung der Regenspenden mit dem Zeitbeiwert nach Reinhold ist veraltet und ist nicht mehr zu verwenden. Stattdessen stehen hierfür die vom Deutschen Wetterdienst erstellten Niederschlagshöhenstatistiken (aktuelle Fassung: KOSTRA-DWD 2020 [5.11]) zur Verfügung (Beispiele auf den folgenden Seiten).

Zum Ablesen der Bemessungsregenspende aus der Niederschlagshöhenstatistik, wird eine maßgebende Dauer *D* und eine Bemessungshäufigkeit *n* benötigt. Für einfache Bemessungsverfahren wird empfohlen, die nebenstehenden Mindestregendauern nicht zu unterschreiten. Bei diesen Verfahren sollte als Regendauer *D* das Maximum aus D_{min} und der summierten Fließzeit $\sum t_f$ bis zu der zu bemessenden Haltung angesetzt werden ($D = \max(D_{min}, \sum t_f)$).

Maßgebende kürzeste Regendauer D_{min}		
mittleres Geländegefälle I_G	befest. Flächenanteil *BG*	Regendauer D_{min}
< 1 %	≤ 50 %	15 min
	> 50 %	10 min
1 % bis 4 %	0 bis 100 %	10 min
> 4 %	≤ 50 %	10 min
	> 50 %	5 min

Aus wirtschaftlichen Gründen werden Kanäle nicht nach dem ungünstigsten zu erwartenden Niederschlag bemessen, sondern für eine vertretbare Regenspende mit zugehöriger Regendauer und Regenhäufigkeit. Man bezeichnet diese festzulegende Regenspende als **Bemessungsregenspende** $r_{D,n}$. Man nimmt dabei in Kauf, dass bei selteneren Ereignissen Überlastungen in Form von Überstau (Wasserspiegel bis Geländeoberkante GOK) oder gar Überflutungen (Schäden infolge von Überstau) auftreten können.

Hinsichtlich der Häufigkeit n ist eine Abhängigkeit von der Nutzung, der Schutzkategorie und von der Art des Nachweises zu beachten.

- Bemessung: kein Einstau ($Q_{Bem} < Q_{voll}$)
- Überstau: Wasser auf Gelände ($WSP \geq GOK$)
- Überflutung: Überstau mit Schäden, Wasser ungewollt auf Oberfläche)

Bemessungshäufigkeit n [1/a] nach DIN EN 752	
Ort	**Bemessung**
Ländliche Gebiete	1 in 1 a
Wohngebiete	1 in 2 a
Stadtzentren, Industrie, Gewerbe	1 in 5 a
unterird. Verkehrsanl., Unterführung	1 in 10 a

Überstau- und Überflutungshäufigkeit n [1/a] nach DWA-A 118			
Schutz-kategorie	**Beispielhafte Orte**	**Über-stau**	**Über-flutung**
(1) gering	Abfluss überwiegend schadlos, ohne Nutzungseinschränkungen, z.B. ländliche Gebiete, Streusiedlungen, Grün-, Freiflächen, Parks	1 in 2 a	1 in 10 a
(2) mäßig	mittlere Schäden / Nutzungseinschränkungen, Sicherheit / Gesundheit nicht gefährdet, z.B. Wohngebäude Einzelhandel, Kleingewerbe ohne Untergeschosse	1 in 3 a	1 in 20 a
(3) stark	lokal größere Schäden / Nutzungseinschränkungen, Sicherheit / Gesundheit gefährdet, z.B. Stadtzentren, Wohnen mit Untergeschossen, Gewerbegebiete	1 in 5 a	1 in 30 a
(4) sehr stark	weitreichende größere Schäden / Nutzungseinschränkungen, Sicherheit / Gesundheit akut gefährdet, z.B. kritische / übergeordnete Infrastruktur, Tiefbahnhof	1 in 10 a	1 in 50 a

Für Überflutungs- und Überstaunachweise sind hydrodynamische Kanalnetzmodelle erforderlich. Die Bemessung kann z.T. mit einfachen Verfahren durchgeführt werden.

KOSTRA-DWD 2020, Niederschlagshöhen und -spenden für Hannover, Zeile: 109, Spalte : 140																
T_n	1		2		3		5		10		20		50		100	
n	1		0,5		0,333		0,2		0,1		0,05		0,02		0,01	
D	h_N	r_N	h_N	r_N	h_N	r_N	h_N	r_N	h_N	r_N	h_N	r_N	h_N	r_N	h_N	r_N
5 min	6,4	213,3	7,9	263,3	8,8	293,3	9,9	330,0	11,6	386,7	13,4	446,7	16,0	533,3	18,1	603,3
10 min	8,6	143,3	10,5	175,0	11,7	195,0	13,2	220,0	15,5	258,3	17,8	296,7	21,3	355,0	24,1	401,7
15 min	9,9	110,0	12,1	134,4	13,4	148,9	15,2	168,9	17,8	197,8	20,5	227,8	24,5	272,2	27,8	308,9
20 min	10,8	90,0	13,3	110,8	14,7	122,5	16,7	139,2	19,6	163,3	22,5	187,5	26,9	224,2	30,5	254,2
30 min	12,3	68,3	15,0	83,3	16,7	92,8	18,9	105,0	22,1	122,8	25,4	141,1	30,4	168,9	34,5	191,7
45 min	13,8	51,1	16,8	62,2	18,7	69,3	21,2	78,5	24,8	91,9	28,6	105,9	34,2	126,7	38,8	143,7
60 min	14,9	41,4	18,2	50,6	20,3	56,4	23,0	63,9	26,9	74,7	30,9	85,8	37,0	102,8	42,0	116,7
90 min	16,6	30,7	20,3	37,6	22,6	41,9	25,7	47,6	30,0	55,6	34,5	63,9	41,3	76,5	46,8	86,7
120 min	17,9	24,9	21,9	30,4	24,4	33,9	27,7	38,5	32,4	45,0	37,2	51,7	44,5	61,8	50,5	70,1
180 min	19,9	18,4	24,4	22,6	27,1	25,1	30,7	28,4	36,0	33,3	41,3	38,2	49,5	45,8	56,1	51,9
4 h	21,4	14,9	26,2	18,2	29,2	20,3	33,1	23,0	38,7	26,9	44,5	30,9	53,3	37,0	60,4	41,9
6 h	23,8	11,0	29,1	13,5	32,4	15,0	36,7	17,0	42,9	19,9	49,3	22,8	59,1	27,4	66,9	31,0
9 h	26,3	8,1	32,2	9,9	35,9	11,1	40,7	12,6	47,6	14,7	54,7	16,9	59,3	18,3	65,4	20,2
12 h	28,3	6,6	34,7	8,0	38,6	8,9	43,7	10,1	51,1	11,8	58,8	13,6	63,8	14,8	70,4	16,3

Beispiel: Gesucht: a) $r_{15/1}$ b) $r_{20/0,5}$ c) $h_{N,60/0,2}$

Lösung:
a) D = 15 min, n = 1 1/a → $T_n = 1/n$ = 1 a → $r_{15/1}$ = 110,0 l/(s·ha)
b) D = 20 min, n = 0,5 1/a → $T_n = 1/n$ = 2 a → $r_{20/0,5}$ = 110,8 l/(s·ha)
c) D = 60 min, n = 0,2 1/a → $T_n = 1/n$ = 5 a → $h_{N,60/0,2}$ = 23,0 mm

Beispiel: Gesucht: Regenspende für Bemessungsnachweis nach EN 752, Wohngebiet Hannover, Geländeneigung I_G = 2,3 %, befestigter Flächenanteil BG = 37 %, summierte Fließzeit $\sum t_f$ = 7,8 min

Lösung: I_G = 2,3 %, BG = 37 % → D_{min} = 10 min → $D = max(D_{min}, \sum t_f)$ = 10 min
Bemessung, Wohngebiet → n = 0,5 1/a (T_n = 2 a)
Regenspende → $r_{10/0,5}$ = 175,0 l/(s·ha)

KOSTRA-DWD 2020, Niederschlagshöhen und -spenden für Berlin, Zeile: 105, Spalte : 190																
T_n	1		2		3		5		10		20		50		100	
N	1		0,5		0,333		0,2		0,1		0,05		0,02		0,01	
D	h_N	r_N	h_N	r_N	h_N	r_N	h_N	r_N	h_N	r_N	h_N	r_N	h_N	r_N	h_N	r_N
5 min	6,3	210,0	8,0	266,7	9,1	303,3	10,6	353,3	12,7	423,3	14,8	493,3	16,2	540,0	18,1	603,3
10 min	8,5	141,7	10,9	181,7	12,4	206,7	14,4	240,0	17,2	286,7	20,1	335,0	22,0	366,7	24,6	410,0
15 min	9,8	108,9	12,7	141,1	14,4	160,0	16,7	185,6	20,0	222,2	23,3	258,9	25,6	284,4	28,5	316,7
20 min	10,8	90,0	13,9	115,8	15,8	131,7	18,3	152,5	21,9	182,5	25,7	214,2	28,1	234,2	31,3	260,8
30 min	12,2	67,8	15,7	87,2	17,9	99,4	20,7	115,0	24,8	137,8	29,0	161,1	31,8	176,7	35,4	196,7
45 min	13,7	50,7	17,6	65,2	20,0	74,1	23,2	85,9	27,7	102,6	32,5	120,4	35,5	131,5	39,6	146,7
60 min	14,8	41,1	19,0	52,8	21,6	60,0	25,0	69,4	29,9	83,1	35,0	97,2	38,3	106,4	42,7	118,6
90 min	16,3	30,2	21,0	38,9	23,9	44,3	27,7	51,3	33,1	61,3	38,7	71,7	42,4	78,5	47,2	87,4
120 min	17,5	24,3	22,5	31,3	25,6	35,6	29,7	41,3	35,5	49,3	41,5	57,6	45,5	63,2	50,7	70,4
180 min	19,3	17,9	24,8	23,0	28,2	26,1	32,6	30,2	39,1	36,2	45,7	42,3	50,1	46,4	55,8	51,7
4 h	20,6	14,3	26,5	18,4	30,1	20,9	34,9	24,2	41,8	29,0	48,9	34,0	53,5	37,2	59,6	41,4
6 h	22,6	10,5	29,1	13,5	33,1	15,3	38,3	17,7	45,9	21,3	53,7	24,9	58,8	27,2	65,4	30,3
9 h	24,8	7,7	31,9	9,8	36,3	11,2	42,0	13,0	50,3	15,5	58,8	18,1	64,4	19,9	71,8	22,2
12 h	26,5	6,1	34,0	7,9	38,7	9,0	44,8	10,4	53,7	12,4	62,8	14,5	68,8	15,9	76,6	17,7

KOSTRA-DWD 2020, Niederschlagshöhen und -spenden für Dresden, Zeile: 137, Spalte : 196																
T_n	1		2		3		5		10		20		50		100	
N	1		0,5		0,333		0,2		0,1		0,05		0,02		0,01	
D	h_N	r_N	h_N	r_N	h_N	r_N	h_N	r_N	h_N	r_N	h_N	r_N	h_N	r_N	h_N	r_N
5 min	6,8	226,7	8,7	290,0	9,9	330,0	11,5	383,3	13,8	460,0	16,1	536,7	17,7	590,0	19,7	656,7
10 min	9,1	151,7	11,7	195,0	13,3	221,7	15,4	256,7	18,4	306,7	21,5	358,3	23,6	393,3	26,2	436,7
15 min	10,5	116,7	13,5	150,0	15,3	170,0	17,8	197,8	21,3	236,7	24,9	276,7	27,2	302,2	30,3	336,7
20 min	11,5	95,8	14,8	123,3	16,8	140,0	19,5	162,5	23,4	195,0	27,3	227,5	29,9	249,2	33,3	277,5
30 min	13,1	72,8	16,8	93,3	19,1	106,1	22,1	122,8	26,5	147,2	30,9	171,7	33,9	188,3	37,7	209,4
45 min	14,7	54,4	18,9	70,0	21,5	79,6	24,9	92,2	29,8	110,4	34,8	128,9	38,1	141,1	42,4	157,0
60 min	15,9	44,2	20,5	56,9	23,3	64,7	26,9	74,7	32,2	89,4	37,7	104,7	41,3	114,7	46,0	127,8
90 min	17,8	33,0	22,8	42,2	26,0	48,1	30,1	55,7	36,0	66,7	42,1	78,0	46,1	85,4	51,3	95,0
120 min	19,2	26,7	24,6	34,2	28,0	38,9	32,5	45,1	38,8	53,9	45,4	63,1	49,8	69,2	55,4	76,9
180 min	21,3	19,7	27,4	25,4	31,2	28,9	36,1	33,4	43,2	40,0	50,5	46,8	55,3	51,2	61,6	57,0
4 h	23,0	16,0	29,5	20,5	33,6	23,3	38,9	27,0	46,5	32,3	54,4	37,8	59,6	41,4	66,4	46,1
6 h	25,5	11,8	32,8	15,2	37,2	17,2	43,1	20,0	51,6	23,9	60,4	28,0	66,1	30,6	73,6	34,1
9 h	28,3	8,7	36,3	11,2	41,3	12,7	47,8	14,8	57,3	17,7	67,0	20,7	73,3	22,6	81,7	25,2
12 h	30,4	7,0	39,1	9,1	44,4	10,3	51,5	11,9	61,6	14,3	72,0	16,7	78,9	18,3	87,8	20,3

KOSTRA-DWD 2020, Niederschlagshöhen und -spenden für Frankfurt/M., Zeile: 159, Spalte : 125																
T_n	1		2		3		5		10		20		50		100	
n	1		0,5		0,333		0,2		0,1		0,05		0,02		0,01	
D	h_N	r_N	h_N	r_N	h_N	r_N	h_N	r_N	h_N	r_N	h_N	r_N	h_N	r_N	h_N	r_N
5 min	7,3	243,3	8,9	296,7	10,0	333,3	11,3	376,7	13,3	443,3	15,3	510,0	16,6	553,3	18,3	610,0
10 min	9,4	156,7	11,6	193,3	12,9	215,0	14,6	243,3	17,2	286,7	19,8	330,0	21,5	358,3	23,7	395,0
15 min	10,7	118,9	13,1	145,6	14,7	163,3	16,7	185,6	19,5	216,7	22,5	250,0	24,4	271,1	27,0	300,0
20 min	11,6	96,7	14,3	119,2	16,0	133,3	18,1	150,8	21,3	177,5	24,5	204,2	26,6	221,7	29,4	245,0
30 min	13,0	72,2	16,0	88,9	17,9	99,4	20,3	112,8	23,8	132,2	27,4	152,2	29,8	165,6	32,9	182,8
45 min	14,5	53,7	17,8	65,9	19,9	73,7	22,6	83,7	26,5	98,1	30,5	113,0	33,1	122,6	36,5	135,2
60 min	15,6	43,3	19,2	53,3	21,4	59,4	24,3	67,5	28,5	79,2	32,8	91,1	35,6	98,9	39,3	109,2
90 min	17,2	31,9	21,2	39,3	23,6	43,7	26,8	49,6	31,5	58,3	36,2	67,0	39,4	73,0	43,5	80,6
120 min	18,5	25,7	22,7	31,5	25,3	35,1	28,8	40,0	33,8	46,9	38,9	54,0	42,2	58,6	46,6	64,7
180 min	20,4	18,9	25,0	23,1	27,9	25,8	31,7	29,4	37,2	34,4	42,8	39,6	46,5	43,1	51,4	47,6
4 h	21,8	15,1	26,8	18,6	29,9	20,8	34,0	23,6	39,8	27,6	45,9	31,9	49,8	34,6	55,0	38,2
6 h	24,0	11,1	29,5	13,7	32,9	15,2	37,4	17,3	43,8	20,3	50,5	23,4	54,8	25,4	60,5	28,0
9 h	26,4	8,1	32,4	10,0	36,2	11,2	41,1	12,7	48,2	14,9	55,5	17,1	60,3	18,6	66,6	20,6
12 h	28,2	6,5	34,7	8,0	38,7	9,0	44,0	10,2	51,5	11,9	59,4	13,8	64,5	14,9	71,2	16,5

KOSTRA-DWD 2020, Niederschlagshöhen und -spenden für Hamburg, Zeile: 83, Spalte : 144

T_n	1		2		3		5		10		20		50		100	
N	1		0,5		0,333		0,2		0,1		0,05		0,02		0,01	
D	h_N	r_N	h_N	r_N	h_N	r_N	h_N	r_N	h_N	r_N	h_N	r_N	h_N	r_N	h_N	r_N
5 min	5,5	183,3	6,7	223,3	7,4	246,7	8,4	280,0	9,8	326,7	11,3	376,7	12,2	406,7	13,5	450,0
10 min	7,2	120,0	8,7	145,0	9,7	161,7	11,0	183,3	12,8	213,3	14,7	245,0	16,0	266,7	17,6	293,3
15 min	8,3	92,2	10,1	112,2	11,2	124,4	12,7	141,1	14,8	164,4	17,0	188,9	18,4	204,4	20,3	225,6
20 min	9,1	75,8	11,1	92,5	12,3	102,5	13,9	115,8	16,3	135,8	18,7	155,8	20,2	168,3	22,3	185,8
30 min	10,4	57,8	12,6	70,0	14,0	77,8	15,9	88,3	18,5	102,8	21,3	118,3	23,1	128,3	25,4	141,1
45 min	11,8	43,7	14,3	53,0	15,9	58,9	18,0	66,7	21,0	77,8	24,1	89,3	26,2	97,0	28,9	107,0
60 min	12,8	35,6	15,7	43,6	17,4	48,3	19,7	54,7	23,0	63,9	26,4	73,3	28,6	79,4	31,5	87,5
90 min	14,5	26,9	17,7	32,8	19,7	36,5	22,2	41,1	26,0	48,1	29,8	55,2	32,3	59,8	35,6	65,9
120 min	15,8	21,9	19,3	26,8	21,4	29,7	24,2	33,6	28,3	39,3	32,5	45,1	35,2	48,9	38,8	53,9
180 min	17,8	16,5	21,8	20,2	24,2	22,4	27,3	25,3	31,9	29,5	36,6	33,9	39,7	36,8	43,8	40,6
4 h	19,4	13,5	23,7	16,5	26,3	18,3	29,8	20,7	34,8	24,2	39,9	27,7	43,3	30,1	47,7	33,1
6 h	21,9	10,1	26,7	12,4	29,6	13,7	33,5	15,5	39,2	18,1	44,9	20,8	48,7	22,5	53,7	24,9
9 h	24,7	7,6	30,1	9,3	33,4	10,3	37,8	11,7	44,1	13,6	50,6	15,6	54,9	16,9	60,5	18,7
12 h	26,8	6,2	32,7	7,6	36,3	8,4	41,1	9,5	48,0	11,1	55,1	12,8	59,7	13,8	65,8	15,2

KOSTRA-DWD 2020, Niederschlagshöhen und -spenden für Köln, Zeile: 140, Spalte : 101

T_n	1		2		3		5		10		20		50		100	
N	1		0,5		0,333		0,2		0,1		0,05		0,02		0,01	
D	h_N	r_N	h_N	r_N	h_N	r_N	h_N	r_N	h_N	r_N	h_N	r_N	h_N	r_N	h_N	r_N
5 min	6,6	220,0	8,0	266,7	8,9	296,7	10,0	333,3	11,7	390,0	13,4	446,7	14,5	483,3	15,9	530,0
10 min	8,8	146,7	10,6	176,7	11,8	196,7	13,3	221,7	15,4	256,7	17,6	293,3	19,1	318,3	21,0	350,0
15 min	10,1	112,2	12,2	135,6	13,5	150,0	15,2	168,9	17,7	196,7	20,3	225,6	21,9	243,3	24,1	267,8
20 min	11,0	91,7	13,4	111,7	14,8	123,3	16,7	139,2	19,4	161,7	22,2	185,0	24,0	200,0	26,4	220,0
30 min	12,4	68,9	15,1	83,9	16,7	92,8	18,8	104,4	21,9	121,7	25,0	138,9	27,1	150,6	29,8	165,6
45 min	14,0	51,9	16,9	62,6	18,7	69,3	21,1	78,1	24,5	90,7	28,1	104,1	30,4	112,6	33,4	123,7
60 min	15,1	41,9	18,3	50,8	20,2	56,1	22,8	63,3	26,5	73,6	30,4	84,4	32,9	91,4	36,2	100,6
90 min	16,8	31,1	20,3	37,6	22,5	41,7	25,4	47,0	29,5	54,6	33,8	62,6	36,6	67,8	40,3	74,6
120 min	18,1	25,1	21,9	30,4	24,3	33,8	27,4	38,1	31,8	44,2	36,4	50,6	39,4	54,7	43,4	60,3
180 min	20,1	18,6	24,3	22,5	26,9	24,9	30,3	28,1	35,3	32,7	40,4	37,4	43,7	40,5	48,1	44,5
4 h	21,6	15,0	26,1	18,1	28,9	20,1	32,6	22,6	38,0	26,4	43,5	30,2	47,0	32,6	51,8	36,0
6 h	23,9	11,1	28,9	13,4	32,1	14,9	36,1	16,7	42,0	19,4	48,1	22,3	52,1	24,1	57,3	26,5
9 h	26,5	8,2	32,0	9,9	35,5	11,0	40,0	12,3	46,5	14,4	53,2	16,4	57,6	17,8	63,4	19,6
12 h	28,4	6,6	34,4	8,0	38,1	8,8	43,0	10,0	50,0	11,6	57,2	13,2	61,9	14,3	68,1	15,8

KOSTRA-DWD 2020, Niederschlagshöhen und -spenden für München, Zeile: 203, Spalte : 167

T_n	1		2		3		5		10		20		50		100	
n	1		0,5		0,333		0,2		0,1		0,05		0,02		0,01	
D	h_N	r_N	h_N	r_N	h_N	r_N	h_N	r_N	h_N	r_N	h_N	r_N	h_N	r_N	h_N	r_N
5 min	7,1	236,7	8,6	286,7	9,5	316,7	10,7	356,7	12,4	413,3	14,2	473,3	15,4	513,3	16,9	563,3
10 min	9,6	160,0	11,6	193,3	12,9	215,0	14,5	241,7	16,8	280,0	19,3	321,7	20,8	346,7	22,9	381,7
15 min	11,3	125,6	13,6	151,1	15,1	167,8	17,0	188,9	19,7	218,9	22,6	251,1	24,4	271,1	26,8	297,8
20 min	12,5	104,2	15,1	125,8	16,8	140,0	18,9	157,5	21,9	182,5	25,1	209,2	27,1	225,8	29,8	248,3
30 min	14,4	80,0	17,4	96,7	19,3	107,2	21,7	120,6	25,3	140,6	28,9	160,6	31,2	173,3	34,4	191,1
45 min	16,5	61,1	20,0	74,1	22,1	81,9	24,9	92,2	28,9	107,0	33,1	122,6	35,8	132,6	39,4	145,9
60 min	18,2	50,6	22,0	61,1	24,3	67,5	27,4	76,1	31,8	88,3	36,3	100,8	39,3	109,2	43,2	120,0
90 min	20,7	38,3	25,0	46,3	27,7	51,3	31,1	57,6	36,2	67,0	41,4	76,7	44,8	83,0	49,2	91,1
120 min	22,7	31,5	27,4	38,1	30,3	42,1	34,1	47,4	39,6	55,0	45,3	62,9	49,0	68,1	53,9	74,9
180 min	25,7	23,8	31,1	28,8	34,4	31,9	38,7	35,8	45,0	41,7	51,4	47,6	55,6	51,5	61,2	56,7
4 h	28,1	19,5	34,0	23,6	37,6	26,1	42,3	29,4	49,1	34,1	56,2	39,0	60,8	42,2	66,9	46,5
6 h	31,9	14,8	38,5	17,8	42,6	19,7	47,9	22,2	55,7	25,8	63,7	29,5	68,9	31,9	75,8	35,1
9 h	36,1	11,1	43,6	13,5	48,2	14,9	54,3	16,8	63,1	19,5	72,1	22,3	78,0	24,1	85,8	26,5
12 h	39,4	9,1	47,6	11,0	52,6	12,2	59,3	13,7	68,9	15,9	78,8	18,2	85,2	19,7	93,7	21,7

2.3 Kanalnetzberechnung

2.3.1 Hydraulik von Abwasserkanälen

Querschnittsformen

Für die im Bereich Abwasser verwendeten geschlossenen Querschnittsformen gilt DIN 4263. Mit fast 90 % der gesamten Kanallänge ist der Kreisquerschnitt am häufigsten. Für Kreisprofile verwendet man das Kürzel DN (franz.: diamètre nominal) gefolgt vom Innendurchmesser in mm (z.B. DN 300 → Kreisrohr mit $d_i = 2 \cdot r = 0{,}3$ m). Weitere Normquerschnitte sind das Ei- und das Maulprofil.

Nach DWA-A 118 werden folgende Mindestdurchmesser empfohlen:

- Regen-, Mischwasserkanal: DN 300 Ausnahme DN 250
- Schmutzwasserkanal: DN 250 Ausnahme DN 200

Hydraulische Grundlagen

Grundlagen für die Abflussberechnung in den folgenden Ausführungen sind die Definitionsgleichungen für den hydraulischen Durchmesser, die mittlere Fließgeschwindigkeit und die Reynoldszahl sowie die die Darcy-Weisbach-Gleichung und die Prandtl-Colebrook-Gleichung:

$$D = 4 \cdot \frac{A}{U} \qquad v = \frac{Q}{A} \qquad Re = \frac{v \cdot D}{\nu} \qquad h_v = \lambda \cdot \frac{L}{D} \cdot \frac{v^2}{2g} = I_E \cdot L \qquad \frac{1}{\sqrt{\lambda}} = -2 \cdot \log\left(\frac{2{,}51}{Re\sqrt{\lambda}} + \frac{k/D}{3{,}71}\right)$$

mit:	D	hydraulischer Durchmesser (m)	A	Fließquerschnitt (m²)
	U	benetzter Umfang (m)	v	mittl. Fließgeschwindigkeit (m/s)
	Q	Abfluss (m³/s)	Re	Reynoldszahl (-)
	ν	kinematische Viskosität (m²/s)	h_v	Reibungsverlusthöhe (m)
	λ	Widerstandsbeiwert (-)	L	Leitungslänge (m)
	g	Erdbeschleunigung (m/s²)	k	Rauheit (m)
	I_E	Energieliniengefälle	d	Durchmesser, Kreisprofil (m)

Durch Umformung lässt sich der Abfluss berechnen:

$$Q = A \cdot \left[-2 \cdot \log\left(\frac{2{,}51 \cdot \nu}{D \cdot \sqrt{2g \cdot I_E \cdot D}} + \frac{k/D}{3{,}71}\right)\right] \sqrt{2g \cdot I_E \cdot D}$$

Für ein vollgefülltes Kreisprofil ($D = d$ und $A = \pi \cdot d^2/4$) ergibt sich:

$$Q = \left(\pi \cdot \frac{d^2}{4}\right) \cdot \left[-2 \cdot \log\left(\frac{2{,}51 \cdot \nu}{d \cdot \sqrt{2g \cdot I_E \cdot d}} + \frac{k/d}{3{,}71}\right)\right] \sqrt{2g \cdot I_E \cdot d}$$

Für die kinematische Viskosität kann auch bei Abwasser der Wert für reines Wasser verwendet werden. Üblicherweise geht man von einer Wassertemperatur von 10 °C und damit von $\nu = 1{,}3 \cdot 10^{-6}$ m²/s aus.

Gemäß DWA-A 110 wird zwischen dem **Pauschalkonzept** (für Neuplanungen) und dem **Individualkonzept** (für Bestandsüberrechnungen) unterschieden. Beim **Pauschalkonzept** werden die Rohrreibungsverluste und die zusätzlichen örtlichen Verluste (z.B. Schächte, Muffen, Zuflüsse) durch eine Erhöhung der tatsächlichen Rauheit k berücksichtigt. Dadurch können alle Verluste (Einzel- und Reibungsverluste) durch obige Formeln erfasst werden. Die erhöhte Rauheit wird als betriebliche Rauheit k_b bezeichnet.

Pauschalwerte für die betriebliche Rauheit k_b in [mm] gemäß DWA-A 110		
Kanalart	Schachtausbildung	
	Regelschächte oder angeformte Schächte	Sonderschächte
Transportkanäle	0,50	0,75
Sammelkanäle ≤ DN 1000	0,75	1,50
Sammelkanäle > DN 1000	0,75	1,50
Mauerwerkskanäle, Ortbetonkanäle, sonstige Kanäle (nicht genormt, ohne Nachweis Wandrauheit)	1,50	1,50
Drosselstrecken, Druckrohrleitungen, Düker und Reliningstrecken ohne Schächte	0,25	

Teil- und Vollfüllung

Von Vollfüllung spricht man, wenn der Kanalquerschnitt vollständig mit Wasser gefüllt ist. Bei Teilfüllung liegt ein freier Wasserspiegel vor. Bei bekannter Rauheit k (bzw. k_b) kann man dann für verschiedene vorgegebene Wasserstände die dazugehörigen Abflüsse bestimmen. Umgekehrt lässt sich auch für einen vorgegebenen Abfluss (allerdings nur iterativ) die dazugehörige Fließtiefe berechnen.

Für Kreisprofile liegen Vollfüllungstabellen vor, aus denen abhängig von k_b, I_S und DN der Vollfüllungsabfluss Q_{Voll} und die -geschwindigkeit v_{Voll} abgelesen werden können. Auf den nachfolgenden Seiten sind Auszüge für die betriebliche Rauheit k_b = 0,75 mm aufgeführt.

Neben dem Vollfüllungsabfluss interessiert mitunter auch der Abfluss bei teilgefüllten Querschnitten oder die Teilfüllungsfließtiefe für Abflüsse, die kleiner sind als der Vollfüllungsabfluss. Anstelle der mathematisch aufwändigeren Anwendung der zuvor aufgeführten Fließformel existieren Tabellen, in denen die Querschnittsgrößen in dimensionsloser Form (z.B. Fließtiefe / Durchmesser oder Teilfüllungsabfluss / Vollfüllungsabfluss) aufgeführt sind.

Teilfüllungstabellen für Kreisprofile h_{Teil}/D (Spalte 1 und 2) und Q_{Teil}/Q_{Voll} (Spalte 3 und 4)

h_T/D	v_T/v_V	Q_T/Q_V	h_T/D	v_T/v_V	Q_T/Q_V	Q_T/Q_V	v_T/v_V	h_T/D	Q_T/Q_V	v_T/v_V	h_T/D
0,02	0,159	0,001	**0,52**	1,015	0,534	**0,02**	0,412	0,095	**0,52**	1,009	0,512
0,04	0,244	0,003	**0,54**	1,030	0,567	**0,04**	0,503	0,133	**0,54**	1,018	0,524
0,06	0,312	0,008	**0,56**	1,043	0,601	**0,06**	0,565	0,163	**0,56**	1,027	0,536
0,08	0,372	0,014	**0,58**	1,056	0,635	**0,08**	0,613	0,188	**0,58**	1,035	0,547
0,10	0,425	0,022	**0,60**	1,068	0,669	**0,10**	0,652	0,210	**0,60**	1,043	0,559
0,12	0,473	0,032	**0,62**	1,078	0,702	**0,12**	0,686	0,231	**0,62**	1,051	0,571
0,14	0,518	0,044	**0,64**	1,088	0,736	**0,14**	0,716	0,250	**0,64**	1,058	0,583
0,16	0,559	0,058	**0,66**	1,097	0,768	**0,16**	0,743	0,268	**0,66**	1,065	0,595
0,18	0,598	0,073	**0,68**	1,105	0,800	**0,18**	0,767	0,285	**0,68**	1,071	0,607
0,20	0,634	0,090	**0,70**	1,112	0,831	**0,20**	0,790	0,301	**0,70**	1,078	0,618
0,22	0,668	0,109	**0,72**	1,118	0,862	**0,22**	0,810	0,316	**0,72**	1,084	0,631
0,24	0,701	0,129	**0,74**	1,123	0,891	**0,24**	0,829	0,331	**0,74**	1,090	0,643
0,26	0,732	0,151	**0,76**	1,126	0,919	**0,26**	0,847	0,346	**0,76**	1,095	0,655
0,28	0,761	0,174	**0,78**	1,129	0,945	**0,28**	0,864	0,360	**0,78**	1,100	0,667
0,30	0,789	0,199	**0,80**	1,130	0,970	**0,30**	0,880	0,374	**0,80**	1,105	0,680
0,32	0,815	0,225	**0,82**	1,131	0,992	**0,32**	0,894	0,387	**0,82**	1,109	0,693
0,34	0,840	0,252	**0,84**	1,129	1,013	**0,34**	0,909	0,400	**0,84**	1,114	0,706
0,36	0,864	0,280	**0,86**	1,127	1,031	**0,36**	0,922	0,413	**0,86**	1,117	0,719
0,38	0,886	0,309	**0,88**	1,122	1,046	**0,38**	0,935	0,426	**0,88**	1,121	0,732
0,40	0,908	0,339	**0,90**	1,116	1,058	**0,40**	0,947	0,439	**0,90**	1,124	0,747
0,42	0,928	0,370	**0,92**	1,108	1,066	**0,42**	0,958	0,451	**0,92**	1,127	0,761
0,44	0,948	0,402	**0,94**	1,096	1,069	**0,44**	0,969	0,464	**0,94**	1,129	0,776
0,46	0,966	0,434	**0,96**	1,080	1,066	**0,46**	0,980	0,476	**0,96**	1,130	0,792
0,48	0,984	0,467	**0,98**	1,058	1,053	**0,48**	0,990	0,488	**0,98**	1,131	0,809
0,50	1,000	0,500	**1,00**	1,000	1,000	**0,50**	1,000	0,500	**1,00**	1,130	0,827

Beispiele:

Gegeben: Q = 200 l/s, I_S = 4 °/oo, k_b = 0,75 mm
Gesucht: erforderlicher DN ($Q_{Voll} > Q$)
Lösung: aus Vollfüllungstabelle → DN 400 Q_{Voll} = 145,1 l/s noch zu klein
→ DN 500 Q_{Voll} = 261,3 l/s reicht aus

Gegeben: DN 1200, k_b = 0,75 mm, I_S = 1,8 °/oo, h_{Teil} = 12 cm
Gesucht: Teilfüllungsabfluss Q_{Teil}
Lösung: aus Vollfüllungstabelle → Q_{Voll} = 1.742 l/s
aus Teilfüllungstabelle mit h_{Teil}/DN = 0,12 / 1,2 = 0,10
→ Q_{Teil}/Q_{Voll} = 0,022 → Q_{Teil} = 0,022·1742 = 38,3 l/s

Gegeben: DN 400, k_b = 0,75 mm, I_S = 2,9 °/oo, Q_{Teil} = 37 l/s
Gesucht: Teilfüllungsfließtiefe h_{Teil}
Lösung: aus Vollfüllungstabelle → Q_{Voll} = 123,3 l/s
aus Teilfüllungstabelle mit Q_{Teil}/Q_{Voll} = 37/123,3 = 0,30
→ h_{Teil}/DN = 0,374 → h_{Teil} = 0,374·0,4 = 0,15 m

Vollfüllungstabelle für Abwasserleitungen:

Betriebliche Rauheit k_b = 0,75 mm; *DN* = Nennweite, *Q* = Vollfüllungsabfluss, *v* = -geschwindigkeit

Gefälle		*DN*	100	*DN*	150	*DN*	200	*DN*	250	*DN*	300	*DN*	400	*DN*	500
o/oo	1:	*Q* [l/s]	*v* [m/s]	*Q* [l/s]	*v* [m/s]	*Q* [l/s]	*v* [m/s]	*Q* [l/s]	*v* [m/s]	*Q* [l/s]	*v* [m/s]	*Q* [l/s]	*v* [m/s]	*Q* [l/s]	*v* [m/s]
0,5	**2000**	1,2	0,16	3,7	0,21	8,0	0,25	14,4	0,29	23,4	0,33	50,3	0,40	90,8	0,46
0,6	**1667**	1,4	0,17	4,1	0,23	8,7	0,28	15,9	0,32	25,8	0,36	55,3	0,44	99,7	0,51
0,7	**1429**	1,5	0,19	4,4	0,25	9,5	0,30	17,2	0,35	27,9	0,39	59,8	0,48	107,9	0,55
0,8	**1250**	1,6	0,20	4,7	0,27	10,2	0,32	18,4	0,37	29,9	0,42	64,0	0,51	115,5	0,59
0,9	**1111**	1,7	0,21	5,0	0,28	10,8	0,34	19,6	0,40	31,7	0,45	68,0	0,54	122,7	0,62
1,0	**1000**	1,8	0,23	5,3	0,30	11,4	0,36	20,6	0,42	33,5	0,47	71,8	0,57	129,4	0,66
1,1	**909**	1,9	0,24	5,6	0,31	12,0	0,38	21,7	0,44	35,2	0,50	75,3	0,60	135,8	0,69
1,2	**833**	2,0	0,25	5,8	0,33	12,5	0,40	22,7	0,46	36,8	0,52	78,8	0,63	142,0	0,72
1,3	**769**	2,0	0,26	6,1	0,34	13,0	0,42	23,6	0,48	38,3	0,54	82,0	0,65	147,9	0,75
1,4	**714**	2,1	0,27	6,3	0,36	13,5	0,43	24,5	0,50	39,8	0,56	85,2	0,68	153,6	0,78
1,5	**667**	2,2	0,28	6,5	0,37	14,0	0,45	25,4	0,52	41,2	0,58	88,2	0,70	159,0	0,81
1,6	**625**	2,3	0,29	6,7	0,38	14,5	0,46	26,3	0,53	42,6	0,60	91,2	0,73	164,3	0,84
1,7	**588**	2,3	0,30	7,0	0,39	15,0	0,48	27,1	0,55	43,9	0,62	94,0	0,75	169,5	0,86
1,8	**556**	2,4	0,31	7,2	0,41	15,4	0,49	27,9	0,57	45,2	0,64	96,8	0,77	174,5	0,89
1,9	**526**	2,5	0,32	7,4	0,42	15,8	0,50	28,7	0,58	46,5	0,66	99,5	0,79	179,3	0,91
2,0	**500,0**	2,6	0,32	7,6	0,43	16,3	0,52	29,4	0,60	47,7	0,68	102,1	0,81	184,0	0,94
2,1	**476,2**	2,6	0,33	7,7	0,44	16,7	0,53	30,2	0,61	48,9	0,69	104,7	0,83	188,6	0,96
2,2	**454,5**	2,7	0,34	7,9	0,45	17,1	0,54	30,9	0,63	50,1	0,71	107,2	0,85	193,1	0,98
2,3	**434,8**	2,7	0,35	8,1	0,46	17,5	0,56	31,6	0,64	51,2	0,72	109,6	0,87	197,5	1,01
2,4	**416,7**	2,8	0,36	8,3	0,47	17,9	0,57	32,3	0,66	52,4	0,74	112,0	0,89	201,8	1,03
2,5	**400,0**	2,9	0,36	8,5	0,48	18,2	0,58	33,0	0,67	53,5	0,76	114,4	0,91	206,0	1,05
2,6	**384,6**	2,9	0,37	8,6	0,49	18,6	0,59	33,6	0,69	54,5	0,77	116,7	0,93	210,2	1,07
2,7	**370,4**	3,0	0,38	8,8	0,50	19,0	0,60	34,3	0,70	55,6	0,79	118,9	0,95	214,2	1,09
2,8	**357,1**	3,0	0,39	9,0	0,51	19,3	0,61	34,9	0,71	56,6	0,80	121,1	0,96	218,2	1,11
2,9	**344,8**	3,1	0,39	9,1	0,52	19,7	0,63	35,6	0,72	57,6	0,82	123,3	0,98	222,1	1,13
3,0	**333,3**	3,1	0,40	9,3	0,53	20,0	0,64	36,2	0,74	58,6	0,83	125,4	1,00	225,9	1,15
3,5	**285,7**	3,4	0,43	10,1	0,57	21,6	0,69	39,1	0,80	63,4	0,90	135,6	1,08	244,3	1,24
4,0	**250,0**	3,6	0,46	10,8	0,61	23,2	0,74	41,9	0,85	67,8	0,96	145,1	1,15	261,3	1,33
4,5	**222,2**	3,9	0,49	11,4	0,65	24,6	0,78	44,4	0,91	72,0	1,02	154,0	1,23	277,3	1,41
5,0	**200,0**	4,1	0,52	12,1	0,68	25,9	0,83	46,9	0,96	76,0	1,07	162,4	1,29	292,4	1,49
6	**166,7**	4,5	0,57	13,2	0,75	28,5	0,91	51,4	1,05	83,3	1,18	178,1	1,42	320,6	1,63
7	**142,9**	4,9	0,62	14,3	0,81	30,8	0,98	55,6	1,13	90,0	1,27	192,5	1,53	346,5	1,76
8	**125,0**	5,2	0,66	15,3	0,87	32,9	1,05	59,5	1,21	96,3	1,36	205,9	1,64	370,6	1,89
9	**111,1**	5,5	0,70	16,3	0,92	34,9	1,11	63,1	1,29	102,2	1,45	218,5	1,74	393,2	2,00
10	**100,0**	5,8	0,74	17,2	0,97	36,9	1,17	66,6	1,36	107,8	1,53	230,4	1,83	414,7	2,11
11	**90,9**	6,1	0,78	18,0	1,02	38,7	1,23	69,8	1,42	113,1	1,60	241,7	1,92	435,0	2,22
12	**83,3**	6,4	0,81	18,8	1,07	40,4	1,29	73,0	1,49	118,2	1,67	252,5	2,01	454,5	2,31
13	**76,9**	6,7	0,85	19,6	1,11	42,1	1,34	76,0	1,55	123,1	1,74	262,9	2,09	473,2	2,41
14	**71,4**	6,9	0,88	20,4	1,15	43,7	1,39	78,9	1,61	127,7	1,81	272,9	2,17	491,1	2,50
15	**66,7**	7,2	0,91	21,1	1,19	45,2	1,44	81,7	1,66	132,2	1,87	282,5	2,25	508,4	2,59
16	**62,5**	7,4	0,94	21,8	1,23	46,7	1,49	84,4	1,72	136,6	1,93	291,8	2,32	525,2	2,67
17	**58,8**	7,6	0,97	22,5	1,27	48,2	1,53	87,0	1,77	140,9	1,99	300,9	2,39	541,5	2,76
18	**55,6**	7,8	1,00	23,1	1,31	49,6	1,58	89,5	1,82	145,0	2,05	309,6	2,46	557,2	2,84
19	**52,6**	8,1	1,03	23,7	1,34	51,0	1,62	92,0	1,87	149,0	2,11	318,2	2,53	572,6	2,92
20	**50,0**	8,3	1,05	24,4	1,38	52,3	1,66	94,4	1,92	152,9	2,16	326,5	2,60	587,5	2,99
25	**40,0**	9,3	1,18	27,3	1,54	58,5	1,86	105,6	2,15	171,0	2,42	365,2	2,91	657,2	3,35
30	**33,3**	10,2	1,29	29,9	1,69	64,1	2,04	115,8	2,36	187,4	2,65	400,2	3,19	720,2	3,67
50	**20,0**	13,1	1,67	38,7	2,19	82,9	2,64	149,7	3,05	242,2	3,43	517,2	4,12	930,5	4,74
75	**13,3**	16,1	2,05	47,4	2,68	101,7	3,24	183,4	3,74	296,9	4,20	633,8	5,04	1140	5,81
100	**10,0**	18,6	2,37	54,8	3,10	117,5	3,74	211,9	4,32	343,0	4,85	732,2	5,83	1317	6,71

Vollfüllungstabelle für Abwasserleitungen:

Betriebliche Rauheit k_b = 0,75 mm; *DN* = Nennweite, *Q* = Vollfüllungsabfluss, *v* = -geschwindigkeit

Gefälle		*DN* 600		*DN* 800		*DN* 1000		*DN* 1200		*DN* 1400		*DN* 1600		*DN* 2000	
o/oo	1:	*Q* [l/s]	*v* [m/s]	*Q* [l/s]	*v* [m/s]	*Q* [l/s]	*v* [m/s]	*Q* [l/s]	*v* [m/s]	*Q* [l/s]	*v* [m/s]	*Q* [l/s]	*v* [m/s]	*Q* [l/s]	*v* [m/s]
0,5	**2000**	147,0	0,52	313,9	0,62	564,5	0,72	911,2	0,81	1365	0,89	1937	0,96	3474	1,11
0,6	**1667**	161,4	0,57	344,4	0,69	619,3	0,79	999,5	0,88	1497	0,97	2125	1,06	3810	1,21
0,7	**1429**	174,6	0,62	372,5	0,74	669,7	0,85	1081	0,96	1619	1,05	2297	1,14	4118	1,31
0,8	**1250**	186,9	0,66	398,6	0,79	716,6	0,91	1156	1,02	1732	1,13	2457	1,22	4405	1,40
0,9	**1111**	198,4	0,70	423,2	0,84	760,7	0,97	1227	1,09	1838	1,19	2608	1,30	4675	1,49
1,0	**1000**	209,3	0,74	446,4	0,89	802,3	1,02	1294	1,14	1939	1,26	2750	1,37	4930	1,57
1,1	**909**	219,7	0,78	468,5	0,93	842,0	1,07	1358	1,20	2034	1,32	2886	1,44	5173	1,65
1,2	**833**	229,6	0,81	489,6	0,97	879,9	1,12	1419	1,26	2126	1,38	3015	1,50	5405	1,72
1,3	**769**	239,2	0,85	509,9	1,01	916,2	1,17	1478	1,31	2213	1,44	3140	1,56	5627	1,79
1,4	**714**	248,3	0,88	529,4	1,05	951,2	1,21	1534	1,36	2298	1,49	3259	1,62	5841	1,86
1,5	**667**	257,2	0,91	548,2	1,09	984,9	1,25	1589	1,40	2379	1,55	3374	1,68	6047	1,92
1,6	**625**	265,7	0,94	566,4	1,13	1018	1,30	1641	1,45	2458	1,60	3486	1,73	6247	1,99
1,7	**588**	274,0	0,97	584,0	1,16	1049	1,34	1692	1,50	2534	1,65	3594	1,79	6441	2,05
1,8	**556**	282,1	1,00	601,1	1,20	1080	1,37	1742	1,54	2608	1,69	3699	1,84	6629	2,11
1,9	**526**	289,9	1,03	617,8	1,23	1110	1,41	1790	1,58	2680	1,74	3801	1,89	6811	2,17
2,0	**500,0**	297,5	1,05	634,0	1,26	1139	1,45	1837	1,62	2750	1,79	3901	1,94	6989	2,22
2,1	**476,2**	304,9	1,08	649,8	1,29	1167	1,49	1882	1,66	2819	1,83	3997	1,99	7163	2,28
2,2	**454,5**	312,2	1,10	665,2	1,32	1195	1,52	1927	1,70	2886	1,87	4092	2,04	7333	2,33
2,3	**434,8**	319,3	1,13	680,3	1,35	1222	1,56	1971	1,74	2951	1,92	4185	2,08	7498	2,39
2,4	**416,7**	326,2	1,15	695,1	1,38	1249	1,59	2013	1,78	3015	1,96	4275	2,13	7661	2,44
2,5	**400,0**	333,0	1,18	709,6	1,41	1274	1,62	2055	1,82	3077	2,00	4364	2,17	7819	2,49
2,6	**384,6**	339,7	1,20	723,8	1,44	1300	1,66	2096	1,85	3139	2,04	4451	2,21	7975	2,54
2,7	**370,4**	346,3	1,22	737,7	1,47	1325	1,69	2137	1,89	3199	2,08	4536	2,26	8128	2,59
2,8	**357,1**	352,7	1,25	751,3	1,49	1349	1,72	2176	1,92	3258	2,12	4620	2,30	8278	2,63
2,9	**344,8**	359,0	1,27	764,7	1,52	1373	1,75	2215	1,96	3316	2,15	4702	2,34	8425	2,68
3,0	**333,3**	365,2	1,29	777,9	1,55	1397	1,78	2253	1,99	3373	2,19	4783	2,38	8570	2,73
3,5	**285,7**	394,7	1,40	840,8	1,67	1510	1,92	2435	2,15	3645	2,37	5169	2,57	9260	2,95
4,0	**250,0**	422,3	1,49	899,3	1,79	1615	2,06	2604	2,30	3898	2,53	5527	2,75	9902	3,15
4,5	**222,2**	448,1	1,58	954,3	1,90	1713	2,18	2763	2,44	4136	2,69	5864	2,92	10505	3,34
5,0	**200,0**	472,5	1,67	1006	2,00	1807	2,30	2913	2,58	4361	2,83	6183	3,08	11076	3,53
6	**166,7**	518,0	1,83	1103	2,19	1980	2,52	3192	2,82	4779	3,10	6776	3,37	12137	3,86
7	**142,9**	559,8	1,98	1192	2,37	2140	2,72	3449	3,05	5163	3,35	7321	3,64	13113	4,17
8	**125,0**	598,7	2,12	1275	2,54	2288	2,91	3689	3,26	5521	3,59	7828	3,89	14021	4,46
9	**111,1**	635,3	2,25	1352	2,69	2428	3,09	3913	3,46	5857	3,81	8305	4,13	14875	4,73
10	**100,0**	669,8	2,37	1426	2,84	2560	3,26	4126	3,65	6175	4,01	8755	4,35	15681	4,99
11	**90,9**	702,7	2,49	1496	2,98	2685	3,42	4328	3,83	6478	4,21	9184	4,57	16449	5,24
12	**83,3**	734,1	2,60	1563	3,11	2805	3,57	4521	4,00	6767	4,40	9594	4,77	17182	5,47
13	**76,9**	764,3	2,70	1627	3,24	2920	3,72	4706	4,16	7044	4,58	9986	4,97	17886	5,69
14	**71,4**	793,3	2,81	1688	3,36	3030	3,86	4885	4,32	7311	4,75	10365	5,15	18562	5,91
15	**66,7**	821,2	2,90	1748	3,48	3137	3,99	5057	4,47	7568	4,92	10729	5,34	19216	6,12
16	**62,5**	848,3	3,00	1805	3,59	3240	4,13	5223	4,62	7817	5,08	11082	5,51	19847	6,32
17	**58,8**	874,5	3,09	1861	3,70	3340	4,25	5384	4,76	8058	5,23	11424	5,68	20459	6,51
18	**55,6**	900,0	3,18	1915	3,81	3438	4,38	5541	4,90	8292	5,39	11756	5,85	21054	6,70
19	**52,6**	924,7	3,27	1968	3,92	3532	4,50	5693	5,03	8520	5,53	12079	6,01	21632	6,89
20	**50,0**	948,9	3,36	2019	4,02	3624	4,61	5841	5,16	8742	5,68	12393	6,16	22195	7,06
25	**40,0**	1061	3,75	2258	4,49	4053	5,16	6533	5,78	9777	6,35	13860	6,89	24820	7,90
30	**33,3**	1163	4,11	2475	4,92	4441	5,65	7158	6,33	10712	6,96	15185	7,55	27193	8,66
50	**20,0**	1503	5,31	3197	6,36	5737	7,30	9245	8,17	13835	8,99	19612	9,75	35119	11,18
75	**13,3**	1841	6,51	3917	7,79	7028	8,95	11326	10,01	16949	11,01	24026	11,95	43021	13,69
100	**10,0**	2127	7,52	4524	9,00	8117	10,34	13081	11,57	19574	12,72	27747	13,80	49684	15,81

2.3.2 Bemessung von Kanälen/Kanalhaltungen

Bemessungsabflüsse Q_{Bem}

Je nach vorhandenem Entwässerungssystem und je nach betrachtetem Kanal sind unterschiedliche Bemessungsabflüsse zu ermitteln.

Trennsystem: **Schmutzwasserkanal** $Q_{Bem} = Q_{T,max} + Q_{R,Tr}$

mit: $Q_{T,max}$ maximaler Trockenwetterabfluss

$Q_{R,Tr}$ unvermeidbarer Regenabfluss im SW-Kanal von Trenngebieten

Regenwasserkanal $Q_{Bem} = Q_R$

mit: Q_R Regenwetterabfluss $(Q_R = C_S \cdot A_E \cdot r_{D,n})$

Mischsystem: **Mischwasserkanal** $Q_{Bem} = Q_{T,max} + Q_R$

mit: $Q_{T,max}$ maximaler Trockenwetterabfluss

Q_R Regenwetterabfluss $(Q_R = C_S \cdot A_E \cdot r_{D,n})$

Bemessungsnachweis

Für die Bemessung muss nachgewiesen werden, dass der Bemessungsabfluss kleiner ist als der Vollfüllungsabfluss. Bei einer Neubemessung wird nach DWA-A 110 ein „Sicherheitsbeiwert" von 0,9 gefordert. Die Bedingungen für die Bemessung lauten somit:

- Bestand: $Q_{Bem} < Q_{voll}$
- Neubemessung: $Q_{Bem} < 0{,}9 \cdot Q_{voll}$

Da es sich bei einem Kanalnetz um ein mehr oder weniger umfangreiches System handelt, empfiehlt es sich, die Bemessung in tabellarischer Form durchzuführen. Dabei wird das Netz von außen beginnend und der Fließrichtung folgend haltungsweise aufgelistet.

Für die zusätzlich erforderlichen **Überstau- und Überflutungsnachweise** muss auf numerische Modelle zurückgegriffen werden.

2.4 Regenrückhalteraum RRR, Regenrückhaltebecken RRB

Ein Regenrückhalteraum kann eingesetzt werden, wenn das nachfolgende System eine begrenzte hydraulische Leistungsfähigkeit aufweist. Für die Bemessung sind Größe und zeitlicher Verlauf von Zu- und Abfluss zum Bauwerk bestimmend. Üblicherweise werden Regenrückhalteräume auf Wiederkehrzeiten T_n zwischen 5 und 10 a bemessen. Der Drosselabfluss Q_{Dr} wird i.d.R. so festgelegt, dass die folgenden Systeme (z.B. weiterführender Kanal, nachgeschaltetes Pumpwerk, Gewässer) diesen Abfluss verkraften können.

Das erforderliche Volumen des RRR (Regenrückhalteraums) ist nach DWA-A 117 abhängig vom Drosselabfluss Q_{Dr}, der gewählten Bemessungshäufigkeit n, der angeschlossenen abflusswirksamen undurchlässigen Fläche, dem Trockenwetterabfluss und der Fließzeit im Einzugsgebiet. Die Berechnung kann mit einem geeigneten Modell über eine Langzeitsimulation oder mit einem vereinfachten Verfahren durchgeführt werden. Für die vereinfachte Berechnung müssen folgende Voraussetzungen erfüllt sein:

- angeschlossene Fläche $A_E \leq 200$ ha; Fließzeit im Gebiet $t_f \leq 15$ min
- Wiederkehrzeit $T_n \leq 10$ a; spezifischer Regenabfluss in der Drossel $q_{Dr,R} \geq 2$ l/(s · ha)

Die Ermittlung des erforderlichen Volumens darf dann mit folgender Formel durchgeführt werden:

$$V_{RRR} = (r_{D,n} - q_{Dr,R}) \cdot A_u \cdot D \cdot f_Z \cdot f_A \cdot 0{,}06 \qquad q_{Dr,R} = (Q_{Dr} - Q_{Dr,V} - Q_{T,d})/A_u$$

mit: V_{RRR} erforderliches Speichervolumen vom RRR [m³]

$r_{D,n}$ Regenspende für Dauer D und Häufigkeit n aus Statistik (KOSTRA) [l/(s·ha)]

$q_{Dr,R}$ Regenanteil der Drosselabflussspende [l/(s·ha)]

A_u undurchlässige Fläche des direkt angeschlossenen Gebietes [ha] ($A_u = C_m \cdot A_E$)

D Regendauer [min]

f_Z Zuschlagsfaktor nach folgender Tabelle (aus DWA-A 117)

f_A Abminderungsfaktor aus nachfolgender Abbildung (aus DWA-A 117)

Q_{Dr} Drosselabgabe [l/s]

$Q_{Dr,V}$ Summe der Drosselabgaben aller oberhalb liegenden Vorentlastungen [l/s]

$Q_{T,d}$ mittlerer Trockenwetterabfluss des direkten Einzugsgebietes [l/s]

Risikomaß	Faktor f_Z	Risikomaß im Hinblick auf mögliche Unterbemessung:
gering	1,2	V_{RRR} mit 99 % Wahrscheinlichkeit größer als Volumen aus Langzeitsimulation
mittel	1,15	V_{RRR} mit 89 % Wahrscheinlichkeit größer als Volumen aus Langzeitsimulation
hoch	1,1	V_{RRR} mit 55 % Wahrscheinlichkeit größer als Volumen aus Langzeitsimulation

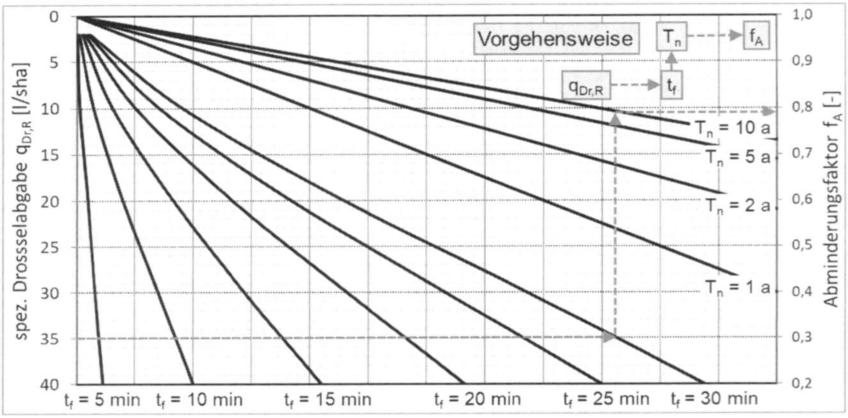

Für die Berechnung muss die Dauerstufe des Bemessungsniederschlages variiert werden. Die Dauer, die zum maximalen Volumen V_{RRR} führt, ist maßgebend.

Beispiel:

Gegeben: Hannover, Fläche A = 50 ha, C_m = 0,4, t_f = 5 min, $Q_{T,d}$ = 15 l/s

Gesucht: Volumen RRR für Q_{DR} = 300 l/s, Bemessungshäufigkeit n = 0,2 1/a (Wahl)

Lösung: f_Z = 1,2, $A_u = C_m \cdot A$ = 20 ha, $q_{Dr,R} = (Q_{Dr} - Q_{T,d})/A_u$ = 14,25 l/(s·ha), aus Grafik $f_A \approx 1{,}0$

Weitere Schritte:

- Variation Dauerstufen, $r_{D,n}$ aus Statistik (KOSTRA-DWD 2020)
- Berechnung V_{RRR}
- maßgebend: max. Volumen (hier bei D = 90 min)
- V_{RRR} = (47,6 - 14,25) · 20 · 90 · 1,2 · 1 · 0,06 = 4.322 m³

D [min]	r [l/sha]	V [m³]
45	78,5	4163
60	63,9	4290
90	47,6	4322
120	38,5	4190

2.5 Niederschlagswasserversickerung

Nicht schädlich verunreinigtes Niederschlagswasser sollte versickert werden, um das Kanalnetz zu entlasten und Grundwasser anzureichern. Näheres ist im Arbeitsblatt DWA-A 138 1 und in der Arbeits- und Merkblattreihe DWA-A/M 102 geregelt. I.d.R. unbedenklich ist die Versickerung des Niederschlagswassers aus Wohngebieten und vergleichbaren Gebieten. Schädlich verunreinigtes Niederschlagswasser erfordert eine Vorreinigung vor der Versickerung. Versickerung in besonderen Anlagen gilt als Einleitung in ein Gewässer und bedarf der wasserrechtlichen Erlaubnis. Sonderregelungen gelten in Wasserschutzgebieten. Je flächenhafter die Versickerung erfolgt, desto besser ist die Reinigungswirkung, zu der besonders die belebte Bodenzone beiträgt (Flächenversickerung, Muldenversickerung). Günstige Randbedingungen zur Versickerung liegen bei Durchlässigkeitsbeiwerten $k_f = 10^{-3}$ m/s (Feinkies) bis $k_f = 10^{-6}$ m/s (schluffiger Sand) vor.

Bemessungsgrundlagen:

– Zufluss $Q_{zu}\,[m^3/s] = 10^{-7} \cdot r_{D,n}\,[1/(s \cdot ha)] \cdot AC\,[m^2]$

mit
- $r_{D,n}$ Regenspende [l/(s·ha)]
- D Regendauer, Dauerstufe [min]
- n Regenhäufigkeit [1/a]
- AC angeschlossene undurchlässige Fläche [m²] ($AC = A_u = \sum(C_m \cdot A)$)

– Versickerung $Q_s\,[\mathrm{m^3/s}] = k_i\,[\mathrm{m/s}] \cdot I\,[-] \cdot A_s[\mathrm{m^2}]$ $k_i = k_f \cdot f_K$

mit k_i bemessungsrelevante Infiltrationsrate [m/s]
k_f Durchlässigkeitsbeiwert [m/s]
f_K Korrekturfaktor Wasserdurchlässigkeit [-]
I hydraulisches Gefälle [-] (hier meist zulässig $I \approx 1$)
A_s Fläche der Versickerungsanlage [m²]

Die Infiltrationsrate k_i ist anhand des Durchlässigkeitsbeiwertes k_f und eines von der Bestimmungsart abhängigen Korrekturfaktors f_K zu berechnen (Sieblinie $f_K \approx 0{,}1$, Labormethode mit ungestörter Probe $f_K \approx 0{,}7$, Feldversuch $f_K \approx 0{,}7$ bis 1). Feldversuche (z.B. großflächiger Schurf, Doppelzylinder-Infiltrometer) am Ort der geplanten Anlage liefern direkt die benötigte Infiltrationsrate k_i und sind deshalb besser geeignet. Bei sehr variablen Bodenverhältnissen und wenigen durchgeführten Versuchen / Probenahmen vor Ort wird nochmals eine weitere Abminderung des Korrekturfaktors auf bis zu 30 % vorgeschlagen.

Als Bemessungshäufigkeit wird bei dezentralen Versickerungsanlagen je nach Auswirkung $n = 1$ bis 0,1 1/a empfohlen. In der Vergangenheit wurden die Anlagen häufig auf $n = 0{,}2$ 1/a ($T_n = 5$ a) bemessen. Bei größeren angeschlossenen Flächen (> 800 m²) muss zusätzlich ein Überflutungsnachweis nach DIN 1986-100 erbracht werden, mit dem sichergestellt wird, dass ein Regenereignis mit $T_n = 30$ a schadlos bleibt.

2.5.1 Flächenversickerung

Die Flächenversickerung wird z.B. angewandt bei Parkwegen, Sportanlagen, unbedenklichen Hofflächen, ländlichen Wegen oder Campingplätzen. Für die Oberflächenbefestigung werden z.B. Betongittersteine, wasserdurchlässige Pflasterungen in Sandbettung mit Kies- bzw. Schottertragschichten als Unterbau verwendet. Eine Flächenversickerung ist nur möglich, wenn die Versickerungsfähigkeit des Bodens ausreichend groß ist. Die k_i-Werte sollten größer als $1 \cdot 10^{-4}$ m/s sein. Als maßgebende Dauer wird $D = 10$ min (große flache Flächen evtl. 15 min) empfohlen.

$$Q_{zu} = Q_s \Leftrightarrow A_s = \frac{AC}{k_i/(r_{D,n} \cdot 10^{-7}) - 1} \qquad \text{(nur möglich, falls } k_i > r_{D,n} \cdot 10^{-7}\text{)}$$

mit: A_s Fläche der Versickerungsanlage [m²]
AC angeschlossene undurchlässige Fläche [m²]
k_i Infiltrationsrate [m/s]
$r_{D,n}$ Regenspende aus Statistik ($D = 10$ min, n = Wahl) [l/(s·ha)]

Beispiel: Gegeben: Hannover, $A_{Dach} = 100$ m², $k_i = 2 \cdot 10^{-4}$ m/s, n = 0,2 1/a (Wahl)
Gesucht: A_s bei Flächenversickerung
Lösung: $AC = C_m \cdot A_{Dach} = 0{,}9 \cdot 100 = 90$ m² $r_{10;0,2} = 220$ l/(s·ha)

$$A_s = \frac{90\ \mathrm{m^2}}{2 \cdot 10^{-4}\,\frac{\mathrm{m}}{\mathrm{s}} \,/\left(220\,\frac{1}{\mathrm{s \cdot ha}} \cdot 10^{-7}\right) - 1} = 11{,}1\ \mathrm{m^2}$$

2.5.2 Muldenversickerung

Die Ermittlung des erforderlichen Volumens erfolgt analog zur Berechnung eines Regenrückhalteraums durch Variation der Regendauer D. Bei komplexeren Fragestellungen wird die Anwendung des Nachweisverfahrens unter Nutzung eines Niederschlag-Abfluss-Modells empfohlen. Die Entleerung der Mulde sollte bei einem Ereignis mit n = 1 1/a nicht länger als 84 Stunden dauern. Die maximale Einstauhöhe sollte üblicherweise 30 cm nicht überschreiten.

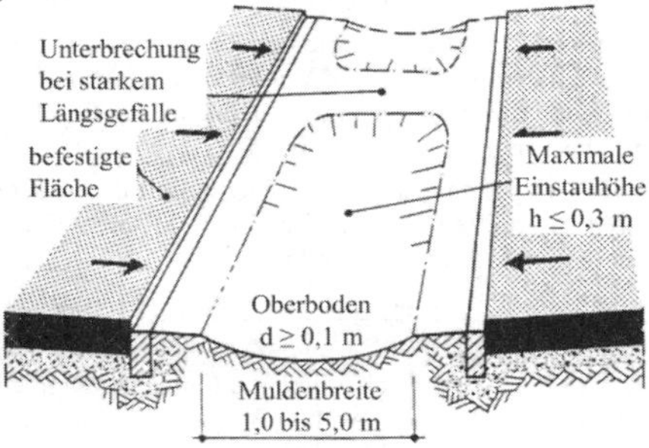

$$V_M = (V_{zu} - V_s) \cdot f_Z = \left((AC + A_M) \cdot r_{D,n} \cdot 10^{-7} - A_M \cdot k_i\right) \cdot D \cdot 60 \cdot f_Z$$

mit V_M erforderliches Volumen der Mulde [m³]
A_M mittlere Fläche der Mulde [m²]
AC angeschlossene undurchlässige Fläche [m²]
k_i Infiltrationsrate [m/s]
$r_{D,n}$ Regenspende aus Statistik (D = variabel in [min], n = Wahl) [l/(s·ha)]
f_Z Zuschlagsfaktor [-] (siehe Kap. 2.4, i.d.R. $f_z = 1{,}2$)

In der Gleichung liegen mit V_M und A_M zwei Unbekannte vor. Üblicherweise wird A_M abgeschätzt. Als Richtwert kann für A_M ein Flächenbedarf von 10 % (Mittel-/Feinsand) bis 20 % (schluffiger Sand bis Schluff) der angeschlossenen undurchlässigen Fläche AC angesetzt werden.

Die maßgebende Regendauer D und damit die anzusetzende Regenspende $r_{D,n}$, die zum größten Speichervolumen $V_{M,max}$ führt, ist durch Variation zu ermitteln.

Beispiel: Gegeben: Hannover, $A_{Dach} = 100$ m², $k_i = 2 \cdot 10^{-5}$ m/s, $n = 0{,}2$ 1/a (Wahl)
Gesucht: Muldenversickerung: A_M, V_M, h_M
Lösung: $AC = C_m \cdot A_{Dach} = 0{,}9 \cdot 100 = 90$ m² Wahl: $A_M \approx 0{,}1 \cdot AC = 10$ m²

Weitere Schritte:
- Variation Dauerstufen, $r_{D,n}$ aus Statistik, Berechnung V_M und h_M
- maßgebendes Volumen bei $D = 60$ min:
  $V_{M,max} = [(90 + 10) \cdot 10^{-7} \cdot 63{,}9 - 10 \cdot 2 \cdot 10^{-5}] \cdot 60 \cdot 60 \cdot 1{,}2 = 1{,}90$ m³
- Einstauhöhe:
  $h_M = V_{M,max} / A_M = 1{,}90 / 10 = 0{,}19$ m $< h_{max} = 0{,}30$ m (ok)
- Entleerungsdauer:
  $t_e = V_M / A_M / k_i = 1{,}90 / 10 / 2 \cdot 10^{-5} = 9.482$ s $= 2{,}6$ h < 84 h (ok)

D **[min]**	***r*** **[l/sha]**	V_M **[m³]**
30	105,0	1,84
45	78,5	1,90
60	63,9	1,90
90	47,6	1,79
120	38,5	1,60

2.5.3 Rigolen- und Rohrversickerung

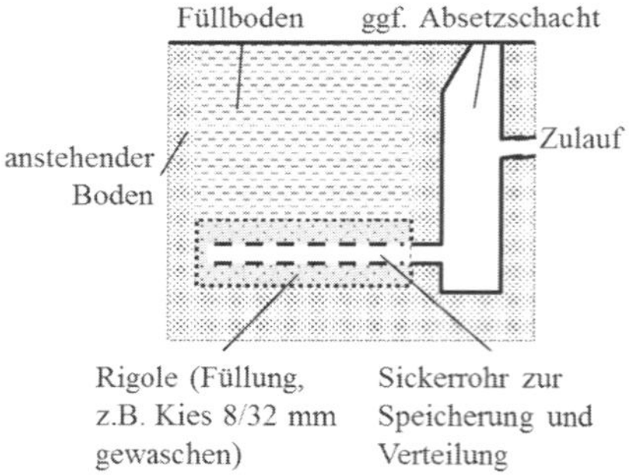

Bei der Rigolenversickerung wird das Niederschlagswasser im Gegensatz zur Mulde unterirdisch zwischengespeichert. Klassischerweise wird hierfür durch einen Bodenaustausch das hohe Porenvolumen von Kies ($n \approx 35$ %) genutzt. In einer Kiesrigole kann zusätzlich ein Sickerrohr verlegt werden, um die gleichmäßige Verteilung des Zuflusses zu beschleunigen. Dadurch erhöht sich auch rechnerisch das Porenvolumen. Alternativ dazu gibt es Kunststoffkörbe, die ein größeres „Porenvolumen" ($n > 90$ %) aufweisen.

Anwendungsbereich: Vor allem bei beengten Platzverhältnissen. Eine Kombination der Rigolen- mit einer Versickerungsmulde ist möglich.

Der Abstand zwischen der Grabensohle und dem höchsten natürlichen Grundwasserstand sollte ≥ 1 m sein. Nach Möglichkeit ist eine geeignete Absetzvorrichtung zum Schutz der Rigole vor Verschlammung vorzuschalten. Die Rigole ist in ein Geotextil einzuschlagen.

Für die Bemessung wird wie bei der Muldenversickerung das erforderliche Volumen aus der Differenz zwischen dem zufließenden Volumen und dem während der Zuflussdauer versickernden Volumen ermittelt. Wenn die Breite b_R und die Höhe h_R der Rigole gewählt werden, dann kann anschließend die erforderliche Länge L_R berechnet werden.

Die Regenspende r, die in Verbindung mit der Regendauer D zur größten Länge L_R führt, ist durch Probieren zu ermitteln. Je nach Ergebnis müssen evtl. die gewählte Breite und Höhe verändert und die Berechnung erneut durchgeführt werden.

$$L_R = \frac{AC \cdot r_{D,n} \cdot 10^{-7} - (b_R \cdot h_R) \cdot k_i}{\frac{b_R \cdot h_R \cdot s_R}{D \cdot 60 \cdot f_Z} + (b_R + h_R) \cdot k_i}$$

mit
- L_R erforderliche Länge der Rigole [m]
- b_R, h_R gewählte Breite und Höhe der Rigole [m]
- s_R Porenzahl [-] (ca. 0,35 für Kies, > 0,9 für Kunststoffkörbe)
- d Durchmesser Sickerrohr [m] ($d = 0$ m, falls nicht vorhanden)
- AC angeschlossene undurchlässige Fläche [m²]
- k_i Infiltrationsrate [m/s]
- $r_{D,n}$ Regenspende aus Statistik (D = variabel in [min], n = Wahl) [l/(s·ha)]
- f_Z Zuschlagsfaktor [-] (siehe Kap. 2.4, i.d.R. $f_z = 1{,}2$)

Beispiel:

Gegeben: Hannover, A_{Dach} = 200 m², Pflasterfläche A_{Hof} = 100 m², $k_i = 1 \cdot 10^{-5}$ m/s, n = 0,2 1/a (Wahl)

Gesucht: Rigole, Kunststoffkörbe (Stück: $b \times l \times h$ → 80 cm x 80 cm x 40 cm, s = 95 %)

Lösung: $AC = C_{m,Dach} \cdot A_{Dach} + C_{m,Hof} \cdot A_{Hof} = 0{,}9 \cdot 200 + 0{,}6 \cdot 100 = 240$ m²

Wahl: b_R = 4 Stück · 0,8 m = 3,2 m, h_R = 3 Stück · 0,4 m = 1,2 m, n = 0,2 1/a

D [min]	*r* [l/sha]	L_R [m]
180	28,4	1,98
240	23,0	2,01
360	17,0	2,00
540	12,6	1,92
720	10,1	1,78

Weitere Schritte:
- Variation Dauerstufen, $r_{D,n}$ aus Statistik ablesen
- Berechnung L_R
- maßgebend: max. Länge (hier bei D = 240 min)
- Anzahl der Körbe: n = 2,01 m / 0,8 m = 2,5 → Wahl: 3 Stück
- $b_R \times L_R \times h_R$ = 3,2 m x 2,4 m x 1,2 m (4 x 3 x 3 = 36 Stück)

2.5.4 Mulden-Rigolen-Element

Ein Mulden-Rigolen-Element kann bei schlechterer Durchlässigkeit des anstehenden Bodens vorgesehen werden. Durch die zusätzliche Rigole wird ein vergrößertes Speichervolumen geschaffen. Bedingt durch die Bodenpassage wird eine Vorreinigung des Regenwassers erreicht. Ein Überlauf von der Mulde in die Rigole wird empfohlen.

Mulden-Rigolen-Element nach DWA-A 138

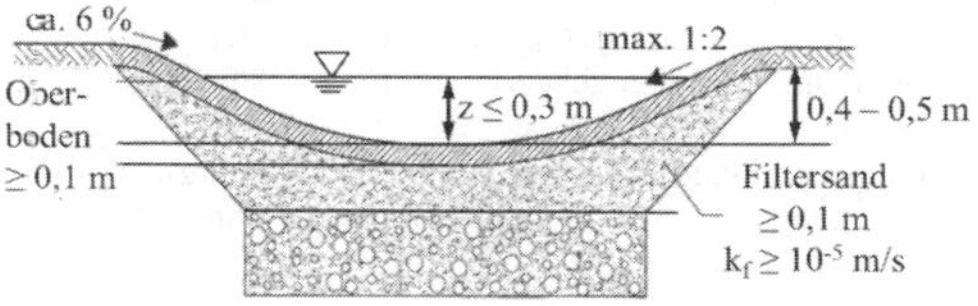

Rigole (z.B. Kies 8/32 mm)

Der Muldenboden sollte aus einer mindestens 10 cm mächtigen belebten Oberbodenschicht mit guter Durchlässigkeit ($k_f \geq 10^{-5}$ m/s) mit einer darunter liegenden Sandfilterschicht (d > 10 cm und $k_f \geq 10^{-4}$ m/s) bestehen. Die Mulde wird wie in Kap. 2.5.2 dargestellt mit dem größeren k_f-Wert des Oberbodens bemessen. Das Gesamtvolumen des Mulden-Rigolenspeichers berechnet sich analog Kap. 2.5.3, allerdings unter Berücksichtigung des Niederschlages auf die Muldenfläche und eines eventuell gedrosselten Abflusses aus der Rigole. Für das erforderliche Volumen der Rigole wird vom Gesamtvolumen das ermittelte Muldenvolumen abgezogen. Hierbei sind die Abmessungen der Mulde und der Rigole iterativ aneinander anzupassen.

2.5.5 Schachtversickerung

Schächte bieten die Möglichkeit, auf kleiner Fläche Niederschlagswasser zu versickern. Die Versickerung ist begrenzt durch die Abmessungen der Schachtringe und durch die Tiefenbeschränkung (Sohle des Stauraumes > 1,5 m bis zum mittleren Hochwasserstand des Grundwassers). Es kommen nur Schachtdurchmesser ≥ 1 m zur Anwendung. Im Stauraum des Schachtes ist ein Geotextil gegen Verstopfung der Filterkiesschicht außerhalb des Schachtes anzubringen. Im Sohlbereich des nach unten offenen Schachtes ist eine Sandfilterschicht einzubringen, die zur Reinigung ausgetauscht werden kann.

Das Vorschalten eines Absetzschachtes verringert die Belastung des Versickerungsschachtes mit Feststoffen. Bei Schächten ist vorteilhaft, dass sie leicht kontrolliert und gesäubert werden können.

Wirksame Versickerungsfläche: $A_S = \pi \cdot \frac{d_a^2}{4} + \pi \cdot d_a \cdot \frac{h_s}{2}$

Vorhandenes Speichervolumen: $V_{S,vorh.} = \pi \cdot \frac{d_i^2}{4} \cdot h_s$

Erforderliches Speichervolumen: $V_{S,erf.} = \left(r_{D,n} \cdot 10^{-7} \cdot AC - k_i \cdot A_s\right) \cdot D \cdot f_Z$

Erforderliche Schachttiefe:

$$h_s = \frac{\left(r_{D,n} \cdot 10^{-7} \cdot AC - k_i \cdot \frac{\pi \cdot d_a^2}{4}\right) \cdot \mathrm{D} \cdot 60 \cdot f_Z}{\frac{\pi \cdot d_i^2}{4} + k_i \cdot \frac{\pi \cdot d_a}{2} \, D \cdot 60 \cdot f_Z} \quad \text{mit} \quad V_{S,vorh.} = V_{S,erf.}$$

mit: A_S wirksame Versickerungsfläche [m²]
d_a, d_i Außendurchmesser, Innendurchmesser Schacht [m]
h_S Einstauhöhe über Schachtsohle [m]
V_S Speichervolumen [m³]
AC angeschlossene undurchlässige Fläche [m²]
k_i Infiltrationsrate [m/s]
$r_{D,n}$ Regenspende aus Statistik (D = variabel in [min], n = Wahl) [l/(s·ha)]
f_Z Zuschlagsfaktor [-] (siehe Kap. 2.4, i.d.R. f_z = 1,2)

Die eingebaute Filterschicht darf die Versickerungsfähigkeit des Untergrundes nicht einschränken:

$$\text{erf. } k_{f,\text{Filter}} > \frac{d_a^2 + 2\,h_S \cdot d_a}{d_i^2} \cdot k_i \qquad \text{und} \qquad k_{f,\text{Filter}} \leq 1 \cdot 10^{-3}\ \text{m/s}$$

Beispiel: Gegeben: Hannover, A_{Dach} = 130 m², $k_i = 2 \cdot 10^{-5}$ m/s, n = 0,2 1/a (Wahl)

Gesucht: Versickerungsschacht

Lösung: $AC = C_{m,Dach} \cdot A_{Dach} = 0{,}9 \cdot 130 = 117$ m², Wahl: d_i = 1 m, d_a = 1,2 m, n = 0,2 1/a

Weitere Schritte:
- Variation Dauerstufen, $r_{D,n}$ aus Statistik ablesen
- Berechnung h_{max}, maßgebend max. Einstau (hier bei D = 90 min)
- h_{max} = 3,6 m
- Grundwasserstand: frostfreie Tiefe der Zuleitung 1,0 m
- Mindestsickerstrecke 1,5 m, h = 3,6 m → Abstand ≥ 6,1 m

***D* [min]**	***r* [l/sha]**	***h* [m]**
45	78,5	3,38
60	63,9	3,49
90	47,6	3,56
120	38,5	3,52
180	28,4	3,34

2.6 Gebäude- und Grundstücksentwässerung

2.6.1 Normen/Regelwerke

Für Entwässerungsanlagen zur Ableitung von Abwasser in und von Gebäuden und Grundstücken, die überwiegend mit Freispiegelleitungen betrieben werden, gilt die Norm DIN 1986-100 im Wesentlichen in Verbindung mit DIN 1986-3, DIN 1986-4, DIN 1986-30, DIN EN 12056-1 bis DIN EN 12056-5, DIN EN 752 sowie DIN EN 1610. Die Grundstücksentwässerung endet üblicherweise beim Anschlusskanal.

2.6.2 Allgemeines

Anforderungen: Die Anforderungen an die Abwasserableitung und -beseitigung sind ganz grundsätzlich im Wasserhaushaltsgesetz (WHG) geregelt. Bei der Entwurfserstellung muss auch unter Beachtung der Entwässerungssatzung geprüft werden, wie und wohin die Ableitung des Schmutz- und Regenwassers erfolgen kann. Unter Umständen sind bereits auf dem Grundstück bestimmte Maßnahmen zu ergreifen (z.B. Versickerung, Speicherung und gedrosselte Ableitung, (Vor-)Reinigung). Entwässerungsanlagen sind so zu planen und zu installieren, dass sie die Ableitung des maximal zu erwartenden Abflusses ermöglichen und die verwendeten Rohre und Formstücke beständig gegenüber den abzuleitenden Abwässern sind.

Sicherheit: Entwässerungsanlagen müssen so realisiert werden, dass sie z.B. mechanische und chemische Beanspruchungen, Frost- und weitere Temperatureinwirkungen, Rückstau, Gebäudesetzungen oder Korrosion aushalten und den Austritt von Kanalgasen innerhalb vom Gebäude verhindern.

Materialien: Anschlussleitungen und Schmutzwasserfallleitungen müssen (WC- und Urinalanschlüsse sollten) aus heißwasserbeständigen Materialien bestehen (gusseiserne Rohre, Stahlrohre, Faserzementrohre, heißwasserbeständige Kunststoffrohre, sogenannte HT-Rohre (Hotwater-Tubes) aus PP (Polypropylen), ABS, ASA, PE-HD (Polyethylen hoher Dichte, früher: PE-hart), PVC-C (Polyvinylchlorid)). Zur Verwendung kommen je nach Einsatzort und Beanspruchung aber z.T. auch Beton oder Steinzeug.

Misch- und Trennverfahren:

Auf bebauten Grundstücken fallen Niederschlagswasser und Schmutzwasser an.

Beim Mischsystem (a) werden Regen- und Schmutzwasser gemeinsam in einem Kanal der Kläranlage (K) zugeführt. Starke Niederschläge können bewirken, dass rückstauendes Wasser aus tief gelegenen, ungesicherten Schmutzwassereinläufen austritt.

Im Trennsystem (b) werden Regen- und Schmutzwasser getrennt abgeführt. Rückstauendes Regenwasser kann innerhalb von Gebäuden keinen Schaden mehr anrichten.

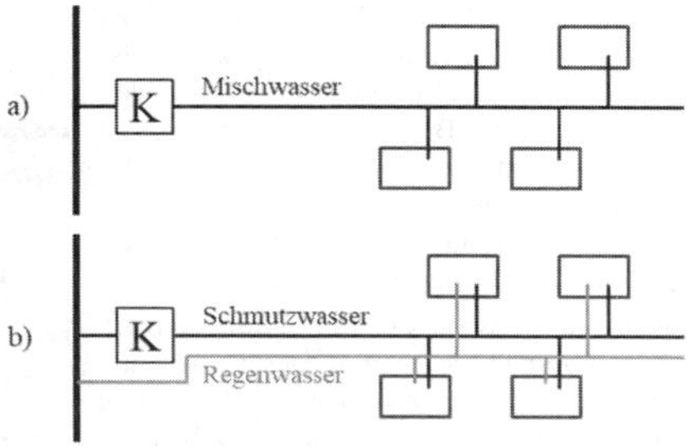

Schmutz- und Regenwasserleitungen müssen bei bestehendem Trennsystem vollständig getrennt geführt werden. Aber auch bei einem Mischsystem dürfen die Leitungen erst außerhalb des Gebäudes und möglichst nahe am Anschlusskanal zusammengeführt werden. Regen- und Schmutzwasser müssen innerhalb des Gebäudes in getrennten Fallleitungen abgeführt werden. In Ausnahmefällen (z.B. Grenzbebauung) ist eine Zusammenführung unmittelbar an der Gebäudeaußenwand zulässig.

Bei Regenwasser sollten die Möglichkeiten der dezentralen Regenwasserbewirtschaftung (Speicherung und Nutzung, Versickerung, getrennte Ableitung in ein Gewässer) genutzt und die Ableitung in die Kanalisation minimiert werden. Bei der Einleitung von Regenwasser in das Kanalnetz ist unter Umständen eine vorliegende Einleitungsbegrenzung zu beachten. Sofern diese vorliegt, werden bei Überschreitung ein Regenrückhaltebauwerk (siehe Kapitel 2.4), eine Versickerungsanlage (siehe Kapitel 2.5) oder andere Retentionsmaßnahmen erforderlich.

Begriffe gemäß DIN EN 12056 und DIN EN 1986	
Fallleitung FL	senkrechte Schmutzwasserleitung
Regenfallleitung RFL	senkrechte Fallleitung für Regenwasser
Lüftungsleitung LL	Leitung zur Begrenzung der Druckschwankungen in der Anlage
Einzelanschlussleitung EAL	Verbindung Entwässerungsgegenstand mit Sammelanschluss-, Fall- oder Grundleitung
Sammelanschlussleitung SAL	verbindet EAL mit der Fall- oder Grundleitung
Grundleitung GL	Entwässerungsleitung innerhalb oder außerhalb eines Gebäudes, an die die FL oder Entwässerungsgegenstände angeschlossen sind
Anschlusskanal AK	Kanal zwischen der öffentlichen Entwässerungsanlage und der ersten Reinigungsöffnung auf dem Grundstück
Revisionsschacht	Reinigungsöffnung der Grundleitung innerhalb eines Schachtes

Inspektion, Zugänglichkeit: Innerhalb der Gebäude mit Keller sollten aus Gründen der Inspizierbarkeit und der einfacheren Sanierung Grundleitungen vermieden und stattdessen Sammelleitungen verlegt werden. Dies gilt insbesondere für Neu- und Umbauten, sollte aber auch im Bestand bei einer Sanierung der Grundleitung geprüft werden. Reinigungsöffnungen, Schächte, Inspektionsöffnungen, Revisionsschächte sind für die Reinigung, Kontrolle und Prüfung erforderlich. Sie sind vorzusehen:

- als Reinigungsverschlüsse in Grundleitungen und Sammelleitungen mindestens alle 20 m (bei geraden Grundleitungen bis DN 150 alle 40 m und in geraden Grundleitungen ≥ DN 200 bei Schächten mit offenem Durchfluss alle 60 m);
- als Reinigungs- und Rohrendverschlüsse in Sammelleitungen;
- als Reinigungsrohre unmittelbar am Übergang der Fallleitung in eine liegende Leitung;
- als Reinigungsrohre in Fallleitungen oder als Rohrendverschlüsse an zugänglichen Stellen am Übergang von einer lotrechten Leitung in eine Sammelleitung;
- nahe der Grundstücksgrenze, jedoch nicht weiter als 15 m vom öffentlichen Abwasserkanal entfernt;

getrennt für das jeweilige Abwassersystem.

Überflutungen: Es ist ein ausreichender Schutz vor unplanmäßiger Überflutung sicherzustellen.

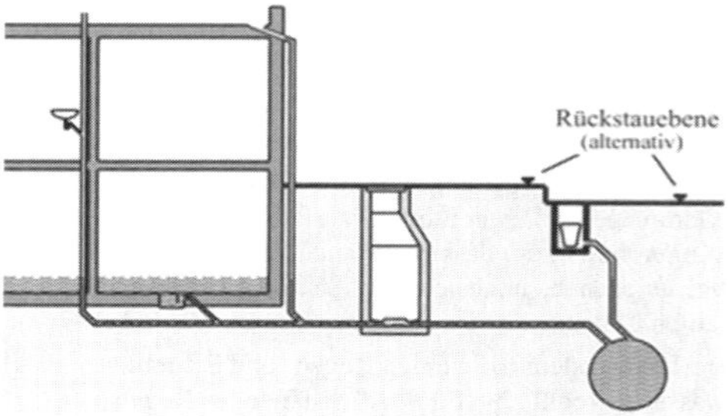

Rückstau: Als maßgebende Rückstauebene gilt üblicherweise die Straßenoberkante an der Anschlussstelle des Grundstücksentwässerungskanals, wenn nichts Anderes von dem zuständigen Betreiber festgelegt ist. Ein Rückstau kann z.B. bei stärkeren Regenfällen und Hochwasser auftreten. Aber auch Verstopfungen oder das Spülen von Leitungen können zu Rückstau führen.

Nach dem Prinzip der kommunizierenden Röhren besteht die Gefahr, dass das Abwasser vom Kanal durch Sanitärgegenstände unterhalb der Rückstauebene ins Gebäude eindringt oder durch tiefer liegende Abläufe auf dem Grundstück austritt. Angeschlossene Sanitärgegenstände und alle anderen Ablaufstellen unterhalb der Rückstauebene müssen durch eine Hebeanlage, Rückstausicherung oder andere Verschlüsse gegen Rückstau geschützt werden.

Lüftung: Jede Fallleitung für Schmutzwasser ist ab der Einmündung der obersten Anschlussleitung als Lüftungsleitung ohne Querschnittsverengung bis über das Dach zu führen. Lüftungsleitungen sind möglichst geradlinig und lotrecht zur Mündung zu führen. Grundleitungen in Gebäuden ohne Schmutzwasserfallleitungen (z.B. in eingeschossigen, nichtunterkellerten Gebäuden) sind an ihrem oberen Ende mit einer über Dach geführten Lüftung zu versehen. Der Anschluss eines Regenfallrohres in einem Mischsystem kann nicht als Lüftung gelten, da diese bei Regen unwirksam ist.

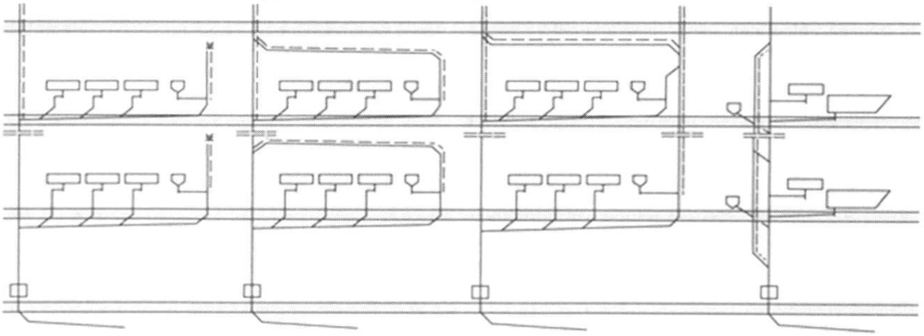

statt Umlüftung oder indirekter Nebenlüftung ist auch ein Belüftungsventil möglich — Umlüftung — indirekte Nebenlüftung — direkte Nebenlüftung

Schmutzwasser: Das an den Entwässerungsgegenständen (z.B. Badewanne, Dusche, Waschbecken, Klosett, Spülbecken, Spülmaschine, Waschmaschine) anfallende Abwasser wird über Anschluss- und Sammelleitungen zunächst einem Schmutzwasserfallrohr und anschließend über eine Grundleitung dem Anschlusskanal zugeleitet.

Regenwasser: Das bei Niederschlag von einem Dach abfließende Regenwasser wird in der Regel über eine Dachrinne einer Regenwasserfallleitung zugeführt und anschließend über die Anschlussleitung weitergeleitet. Bei sonstigen Auffangflächen erfolgt der Ablauf häufig über die Flanke oder durch einen am Tiefpunkt angeordneten Bodenablauf.

Gefälle, Ablagerungen: In Abwasserleitungen dürfen keine dauerhaften Feststoffablagerungen bei bestimmungsgemäßem Betrieb auftreten. Folgende Mindestgefälle sind zu beachten.

Leitungsbereich	Mindestgefälle
Unbelüftete Anschlussleitungen	1 %
Belüftete Anschlussleitungen	0,5 %
Grund- und Sammelleitungen für Schmutzwasser	0,5 % bzw. 1:DN (in mm)
Grund- und Sammelleitungen für Regenwasser (Füllungsgrad 0,7)	0,5 % bzw. 1:DN (in mm)
Grund- und Sammelleitungen DN 90 (Klosett Spülvolumen 4,5 bis 6,0 l)	1,5 %

Durchmesser: Die Nennweiten (*DN*) geben den ungefähren äußeren Durchmesser in mm an. Den Nennweiten sind Mindestinnendurchmesser ($d_{i,min}$) zugeordnet, die für die hydraulische Berechnung maßgeblich sind. Weiterhin soll eine betriebliche Rauheit von k_b = 1 mm angesetzt werden.

Nennweiten (*DN*) mit entsprechendem Mindestinnendurchmesser ($d_{i,min}$)							
DN [mm]	$d_{i,min}$ [mm]	*DN* [mm]	$d_{i,min}$ [mm]	*DN* [mm]	$d_{i,min}$ [mm]	*DN* [mm]	$d_{i,min}$ [mm]
30	26	60	56	100	96	225	207
40	34	70	68	125	113	250	230
50	44	80	75	150	146	300	290
56	49	90	79	200	184		

2.6.3 Symbole und Sinnbilder für Abwasseranlagen nach DIN 1986-100

Graphisches Symbol	**Beschreibung**
	Schmutzwasserleitung (mit Zusatz D für Druckleitung)
	Regenwasserleitung (mit Zusatz D für Druckleitung)
	Mischwasserleitung
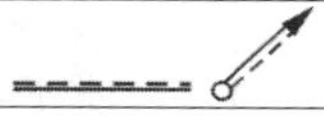	Lüftungsleitung; links: Grundriss; rechts: geschnitten mit Richtungshinweis (z.B. beginnend, aufwärts)
	Fallleitung
	Richtungshinweise von links nach rechts: hindurchgehend; beginnend abwärts; von oben kommend endend; beginnend aufwärts
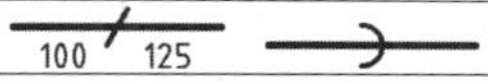	Nennweitenänderung / Werkstoffwechsel
	Reinigungsöffnung (links); Belüftungsventil (rechts)
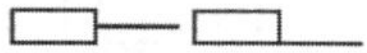	Ablauf oder Entwässerungsrinne ohne Geruchsverschluss links: Grundriss rechts: Schnitt
	Ablauf oder Entwässerungsrinne mit Geruchsverschluss
	Rückstauverschluss: identisch in Grundriss und Schnitt links: fäkalienfreies rechts: fäkalienhaltiges Abwasser
	Schlammfang (links); Fettfang (rechts)
	Stärkeabscheider (links); Abscheider für Leichtflüssigkeiten (rechts)
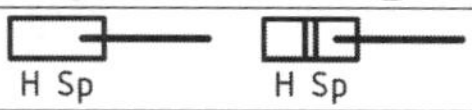	Heizölsperre links: ohne rechts: mit Rückstauverschluss
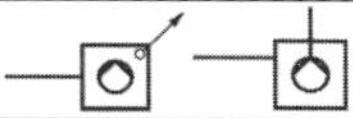	Entwässerungspumpe für fäkalienfreies Abwasser links: Grundriss rechts: Schnitt
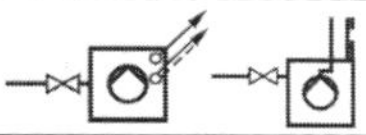	Fäkalienhebeanlage links: Grundriss rechts: Schnitt
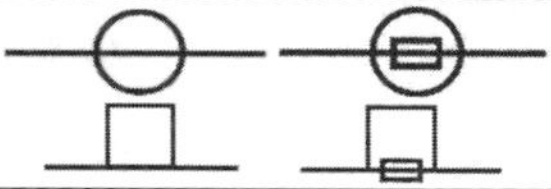	Schacht mit Durchfluss oben: Grundriss unten: Schnitt links: offen rechts: geschlossen
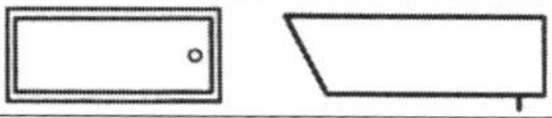	Badewanne links: Grundriss rechts: Schnitt
	Waschtisch, Handwaschbecken links: Grundriss rechts: Schnitt
	Dusche links: Grundriss rechts: Schnitt

Graphisches Symbol	Beschreibung
	Urinal links: Grundriss rechts: Schnitt
	WC-Spülkasten links: Grundriss rechts: Schnitt
	Doppelspüle links: Grundriss rechts: Schnitt
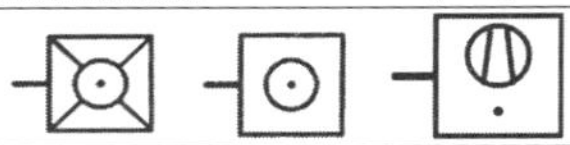	Geschirrspülmaschine (links), Waschmaschine (Mitte), Klimagerät (rechts)

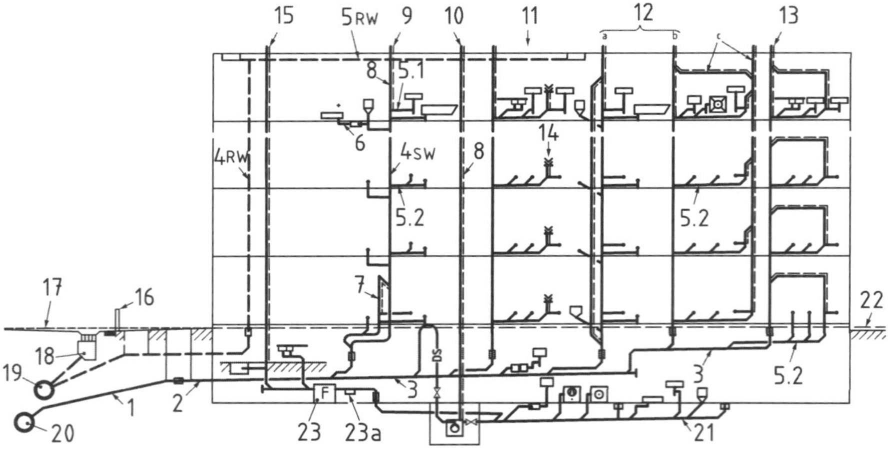

Legende:

1 Anschlusskanal
2 Grundleitung
3 Sammelleitung
4 Fallleitung
5 Anschlussleitung
5.1 Einzelanschlussleitung
5.2 Sammelanschlussleitung
6 Verbindungsleitung
7 Umgehungsleitung
8 Lüftungsleitung
9 Hauptlüftung
10 Lüftung Fäkalien-Hebeanlage
11 Hauptlüftung (Lüftungsventil)
12 Nebenlüftung a) direkt, b) indirekt, c) wahlweise
13 Umlüftung
14 Belüftungsventil (Beispiel)
15 Lüftung der Fettabscheideranlage
16 Grundstücksgrenze
17 Straßenoberkante
18 Straßenablauf
19 Regenwasserkanal
20 Schmutzwasserkanal
21 Sammelanschlussleitung als Grundleitung
22 Beispiel für Rückstauebene
23 Fettabscheider mit Entleer- und Spüleinrichtung
23a Probenahmeeinrichtung

2.6.4 Bemessung der Schmutzwasserleitungen

Im Zusammenhang mit den Bemessungsgrundlagen wurden in den Regelwerken aus dem Englischen abgeleitete Indices eingeführt, die von den vorangegangenen Kapiteln z.T. abweichen.

$$Q_{tot} = Q_{ww} + Q_c + Q_p \qquad Q_{ww} = K \cdot \sqrt{\sum DU}$$

mit:
- Q_{tot} Gesamtschmutzwasserabfluss [l/s] (tot → total)
- Q_{ww} Schmutzwasserabfl. [l/s] (ww → waste water)
- Q_c Dauerabfluss [l/s] (c → continuous)
- Q_p Pumpenförderstrom [l/s] (p → pump)
- K Abflusskennzahl
- DU Anschlusswert [l/s] (DU → design unit)

K	**Gebäudeart, Entwässerungsanlage**
0,5	unregelmäßige Benutzung, z.B. Wohnungen, Bürogebäude, Pension
0,7	regelmäßige Benutzung, z.B. Krankenhaus, Restaurant, Schule, Hotel
1,0	häufige Benutzung, z.B. öffentliches WC, Reihenwasch- oder -duschanlage

Die Anschlusswerte *DU* von einzelnen Entwässerungsgegenständen und die erforderlichen Durchmesser der Einzelanschlussleitungen können aus nebenstehender Tabelle entnommen werden.

Bei Planung und Verlegung von Anschlussleitungen ist zwischen Einzel- und Sammelanschlussleitungen und zwischen belüfteten und unbelüfteten Leitungen zu unterscheiden.

Einzelanschlussleitung für:	***DU***	***DN***
Waschbecken, Bidet	0,5	40
Dusche ohne Stöpsel	0,6	50
Dusche mit Stöpsel, Einzelurinal mit Spülkasten	0,8	50
Urinal mit Druckspüler	0,5	50
Standurinal	0,2	50
Urinal ohne Wasserspülung	0,1	50
Badewanne	0,8	50
Küchenspüle und Geschirrspüler, Geschirrspüler	0,8	50
Waschmaschine bis 8 kg	0,8	50
Waschmaschine bis 12 kg	1,5	60
WC mit 4,0/4,5 l Spülkasten oder Druckspüler	1,8	80/90
WC mit 6,0 l Spülkasten/Druckspüler	2,0	80–100
WC mit 9,0 l Spülkasten/Druckspüler	2,5	100
Bodenablauf DN 50	0,8	50
Bodenablauf DN 70	1,5	70
Bodenablauf DN 100	2,0	100

Einzelanschlussleitung (EAL)

Kann ein Grenzwert (unabhängig von DN) für unbelüftete Leitungen nicht eingehalten werden, so ist die Leitung zu belüften!

Unbelüftete und belüftete Einzelanschlussleitungen		
Anwendungsgrenzen Einzelanschlussleitungen (EAL)	System I unbelüftet	System I belüftet
– maximale Leitungslänge (L)	4 m	10 m
– maximale Umlenkungen 90°	3 (ohne Anschlussbogen)	keine Begrenzung
– max. Höhendiff. (Δh) mit 45° oder mehr Neigung	1 m	3 m
– Mindestgefälle	1 %	0,5 %

Sammelanschlussleitungen (SAL)

Bemessung von unbelüfteten Sammelanschlussleitungen				
DN (d_i)	***K* = 0,5 l/s**	***K* = 0,7 l/s**	***K* = 1,0 l/s**	**max. Länge [m]**
	ΣDU_{max}	**ΣDU_{max}**	**ΣDU_{max}**	
50 (44)	1	1	0,8	4
56/60 (49/56)	2	2	1	4
70* (68)	9	4,6	2,2	4
80 (75)	13**	8**	4	10
90 (79)	13**	10**	5	10
100 (96)	16	12	6,4	10

*) kein Klosett **) max 2 Klosetts

Anwendungsgrenzen für unbelüftete Sammelanschlussleitungen (SAL) sind:

- Bei allen angeschlossenen EAL müssen die Bedingungen für unbelüftete Leitungen eingehalten sein.
- Bei der SAL selbst ist zu beachten: Gefälle $\geq$ 1 cm/m, $L \leq 4$ m bis DN 70, $L \leq 10$ m ab DN 80.

Sofern der ermittelte Schmutzwasserabfluss Q_{ww} kleiner ist als der größte Anschlusswert eines einzelnen Entwässerungsgegenstandes, ist der entsprechende Anschlusswert *DU* des Entwässerungsgegenstandes als Abfluss in (l/s) zu verwenden.

Falls eine Belüftung erforderlich ist, dann erfolgt die Bemessung analog zu einer Sammel- oder Grundleitung.

Schmutzwasserfallleitungen

Die Bemessung von Fallleitungen (FL) innerhalb von Gebäuden ist von der Art der Lüftung und des Anschlusses der Sammelanschlussleitungen abhängig. Der Anschluss der SAL kann scharfkantig oder abgerundet erfolgen.

Schmutzwasserfallleitung mit Hauptlüftung		
DN	Q_{max} **in l/s scharfkantig**	Q_{max} **in l/s ausgerundet**
60	0,5	0,7
70	1,5	2,0
80*)	2,0	2,6
90	2,7	3,5
100**)	4,0	5,2
125	5,8	7,6
150	9,5	12,4
200	16,0	21,0

*) DN_{min} Klosetts mit Spülvol. 4 bis 6 l.
**) DN_{min} Klosetts mit Spülvol. > 6 l.

Sammel- und Grundleitungen

Bei Grund- und Sammelleitungen innerhalb von Gebäuden sollten der Füllungsgrad h/d_i kleiner als 0,5, das Gefälle größer als 0,5 cm/m und die Geschwindigkeit größer als 0,5 m/s sein. Hinter einer Pumpe kann der Füllungsgrad bis auf 0,7 erhöht werden.

Bei Grundleitungen außerhalb des Gebäudes sollten

$h/d_i \leq 0{,}7 \qquad 0{,}7 \leq v \leq 2{,}5$ m/s $\qquad J \geq 0{,}5$ cm/m

eingehalten sein. Hinter einer Pumpe oder im Falle von Mischwasserleitungen > DN 150 kann der Füllungsgrad bis auf 1,0 erhöht werden. Als Durchmesser wird mindestens DN 100 empfohlen.

Im Kapitel 2.6.8 sind Tabellen aufgeführt, mit denen für verschiedene DN, Gefälle, Rauheiten und Füllungsgrade die Abflüsse Q und Geschwindigkeiten v abgelesen werden können.

2.6.5 Bemessung der Regenwasserleitungen

Für die Bemessung von Regenwasserleitungen wird auf Ansätze analog Kapitel 2.3.1 zurückgegriffen.

$$Q_R = C_s \cdot A \cdot r_{D,n} \cdot 10^{-4}$$

mit:
- Q_R Regenwetterabfluss [l/s]
- C_s Spitzenabflussbeiwert [-] (siehe auch Kapitel 2.2.2)
- A angeschlossene Fläche [m²]
- $r_{D,n}$ Regenspende [l/(s · ha)] (siehe auch Kapitel 2.2.2)

Für die Regenwasserableitung von Gebäuden wird üblicherweise die Bemessungsregenspende für eine Regendauer von $D = 5$ Minuten und für eine Wiederkehrzeit von $T_n = 2$ Jahren (Grundstücksflächen) bzw. $T_n = 5$ a (Dachflächen) angesetzt → $r_{D = 5\,min;\, n = 0,5\, 1/a}$ oder $r_{D = 5\,min;\, n = 0,2\, 1/a}$. Zusätzlich werden Notentwässerungen (z.B. Überlauf über Dachrinnenkante) empfohlen, die die Differenz bis hin zu einem Regenereignis mit $T_n = 100$ a ableiten können: $Q_{Not} = C_s \cdot A \cdot (r_{D,\,n=0,01} - r_{D,n}) \cdot 10^{-4}$. Die Regenspenden sind vorzugsweise dem KOSTRA-Datenwerk [5.11] oder Kapitel **Fehler! Verweisquelle konnte nicht gefunden werden.** zu entnehmen. Für die Bemessung werden die Werte an der oberen Bereichsgrenze empfohlen.

Wasserdurchlässige oder teildurchlässige Flächen ohne oder mit unbedeutender Wasserableitung, wie Parkanlagen, Vegetationsflächen, Schotter, Kies, Gartenwege, Einfahrten und Einstellplätze mit Rasengittersteinen bleiben bei der Regenwasserableitung außer Betracht ($C_i = 0$). Ansonsten sollten die in Kapitel 2.2.2 genannten Abflussbeiwerte verwendet werden. Bei entsprechender Windeinwirkung sollte zusätzlich ein Regenabfluss von den Fassaden berücksichtigt werden (siehe DIN EN 12056-3).

Ein Beispiel für die Ermittlung des Regenwetterabflusses ist in Kapitel 2.2.2 zu finden.

Dachrinnen

Bei Richtungsänderungen von mehr als 10° muss das für die gerade Rinne ermittelte Abflussvermögen auf 85 % reduziert werden. Rinnenwinkel nahe bei Fallleitungen sind zu vermeiden.

max. Abfluss am Fallrohr in l/s von gefällelosen vorgehängten Rinnen									
L in m	halbrunde Rinne (Nennmaß in mm)					rechteckige Rinne (Nennmaß in mm)			
	200	250	333	400	500	250	333	400	500
4	1,1	1,7	2,7	4,7	8,7	1,0	2,4	4,0	7,2
6	1,0	1,7	2,6	4,6	8,7	1,0	2,3	3,9	7,1
8	1,0	1,6	2,6	4,5	8,6	1,0	2,3	3,8	7,0
10	1,0	1,6	2,5	4,4	8,4	0,9	2,2	3,7	6,8
12	0,9	1,5	2,4	4,3	8,3	0,9	2,1	3,6	6,7
14	0,9	1,5	2,4	4,2	8,1	0,9	2,1	3,5	6,5
16	0,9	1,4	2,3	4,1	8,0	0,9	2,0	3,4	6,4
18	0,8	1,4	2,2	4,0	7,8	0,8	2,0	3,3	6,2
20	0,8	1,3	2,2	3,9	7,7	0,8	1,9	3,2	6,1

Regenfallleitungen

Der Durchmesser darf die Anschlussnennweite des zugehörigen Dachablaufs nicht unterschreiten und ist für einen Füllungsgrad von $f \leq 0{,}33$ zu bemessen. Es wird die empirisch hergeleitete Wyly-Eaton-Gleichung vorgeschlagen:

$$Q = 2{,}5 \cdot 10^{-4} \cdot k_b^{-1/6} \cdot d_i^{8/3} \cdot f^{5/3}$$

mit: Q Abflussvermögen in l/s; k_b Rohrrauheit mit 0,25 mm

d_i Innendurchmesser in mm; f Füllungsgrad mit $f = 0{,}33$

Verziehungen mit $\alpha > 10°$ gegen die Horizontale bleiben bei der Ermittlung des Abflussvermögens unbeachtet.

Bei einer Verziehung $\alpha < 10°$ muss ein hydraulischer Nachweis für einen Füllungsgrad von $h/d = 0{,}7$ geführt werden.

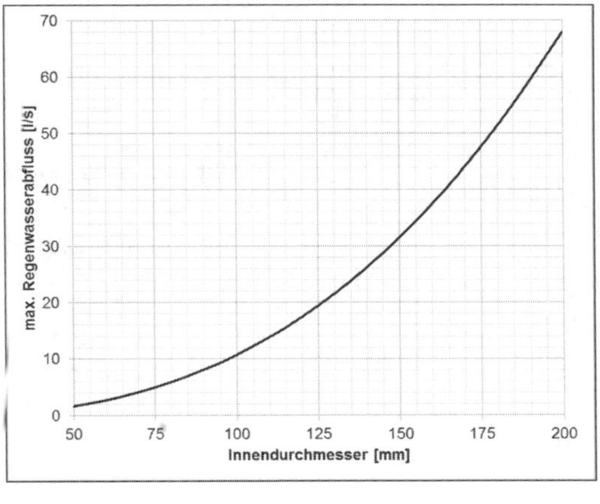

Grundleitungen für Regenwasser

Der Mindestdurchmesser von Grundleitungen beträgt DN 100.

Grundleitungen außerhalb von Gebäuden werden für Schmutz- (Q_{tot}), Regen- (Q_R) und Mischwasser ($Q_M = Q_{tot} + Q_R$) auf einen zulässigen Füllungsgrad $h/d_i = 0{,}7$ bemessen. Als Fließgeschwindigkeit sollte $0{,}7 < v < 2{,}5$ m/s eingehalten werden. Bei Leitungen bis DN 200 beträgt das Mindestgefälle 0,5 cm/m; ab DN 250 ist $I_{min} = 1/\text{DN}$ (mit DN in mm). Der Regenabfluss Q_R ist üblicherweise für ein zweijährliches Ereignis zu ermitteln.

Für die Bemessung kann auf die unter Kapitel 2.3.1 und Kapitel 2.6.8 aufgeführten Voll- und Teilfüllungstabellen zurückgegriffen werden oder eine Berechnung mit der unter Kapitel 2.3.1 aufgeführten Darcy-Weisbach-Gleichung erfolgen.

2.6.6 Beispiel und Planunterlagen

Beispiel: Bemessung der Fall- und Grundleitungen eines 3-geschossigen Mietshauses mit 6 Wohnungen in Hannover.

Gegeben: Entwässerung im Trennverfahren:

- Hartdachfläche $A = 200$ m², 22° Neigung $\rightarrow C_s = 1{,}0$, 4 Fallrohre
- Hof (Beton) $A = 222$ m² $\rightarrow C_s = 1{,}0$, restl. Grundstück wasserdurchlässig
- Regenspenden $r_{D = 5\,\text{min},\, n = 0{,}5\, 1/a} = 263{,}4$ l/(s · ha) $r_{D = 5\,\text{min},\, n = 0{,}2\, 1/a} = 330{,}0$ l/(s · ha)
- 6 Wohnungen jeweils $\Sigma DU = 5$ bei $K = 0{,}5$
- Kellergeschoss 6 Waschmaschinen (bis 6 kg) ($\rightarrow \Sigma DU = 6 \cdot 0{,}8 = 4{,}8$)
  Spülbecken ($\rightarrow \Sigma DU = 2 \cdot 0{,}8 = 1{,}6$)
  1 Bodenablauf DN 100 ($\rightarrow DU = 2{,}0$) $\rightarrow \Sigma DU = 8{,}4$
- Lüftungssystem Hauptlüftung
- Gefälle Schmutzwasser: $I = 2$ %; Regenwasser: $I = 1$ % und 2,5 %

Strecke	Leitungsart FL	GL 1	GL 2	A m²	C_s -	$r_{D,n}$	Wohn. -	ΣDU	Q_R l/s	Q_S l/s	I_S ‰	DN mm	Bemerkung
Regenfallleitungen *($n = 0{,}2$ 1/a, $f \leq 0{,}33$)*													
R 1	x			50	1	330			1,7			80	*$Q_{max} = 5{,}9$ l/s*
R 2	x			50	1	330			1,7			80	*$Q_{max} = 5{,}9$ l/s*
R 3	x			50	1	330			1,7			80	*$Q_{max} = 5{,}9$ l/s*
R 4	x			50	1	330			1,7			80	*$Q_{max} = 5{,}9$ l/s*
Regenwassergrundleitungen *($n = 0{,}5$ 1/a, $h/d_i \leq 0{,}7$)*													
R1			x	222	1	263			5,8		20	125	*$Q_{max} = 9{,}1$ l/s*
R2			x	50	1	263			1,3		10	100	*$Q_{max} = 4{,}2$ l/s*
R3			x	272	1	263			7,2		10	150	*$Q_{max} = 12{,}7$ l/s*
R4			x	50	1	263			1,3		10	100	*$Q_{max} = 4{,}2$ l/s*
R5			x	322	1	263			8,5		10	150	*$Q_{max} = 12{,}7$ l/s*
R6			x	50	1	263			1,3		10	100	*$Q_{max} = 4{,}2$ l/s*
R7			x	50	1	263			1,3		10	100	*$Q_{max} = 4{,}2$ l/s*
R8			x	100	1	263			2,6		10	100	*$Q_{max} = 4{,}2$ l/s*
R9			x	422	1	263			11,1		25	150	*$Q_{max} = 20{,}2$ l/s*
Schmutzwasserfallleitungen													
S1	x						3	15		1,9		100	*$Q_{max} = 4{,}0$ l/s*
S2	x						3	15		1,9		100	*$Q_{max} = 4{,}0$ l/s*
Schmutzwassergrundleitungen *($h/d_i \leq 0{,}5$)*													
S1		x						8,4		1,5	20	100	*$Q_{max} = 3{,}5$ l/s*
S2		x						15		1,9	20	100	*$Q_{max} = 3{,}5$ l/s*
S3		x						23,4		2,4	20	100	*$Q_{max} = 3{,}5$ l/s*
S4		x						15		1,9	20	100	*$Q_{max} = 3{,}5$ l/s*
S5		x	x					38,4		3,1	20	100	*$Q_{max} = 3{,}5$ l/s*

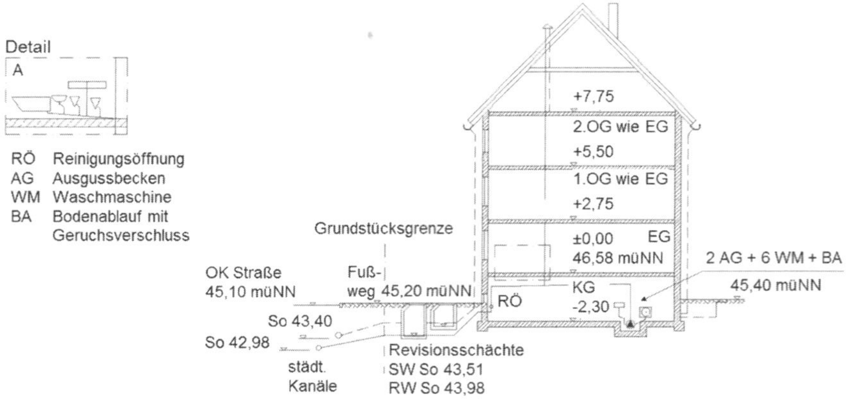

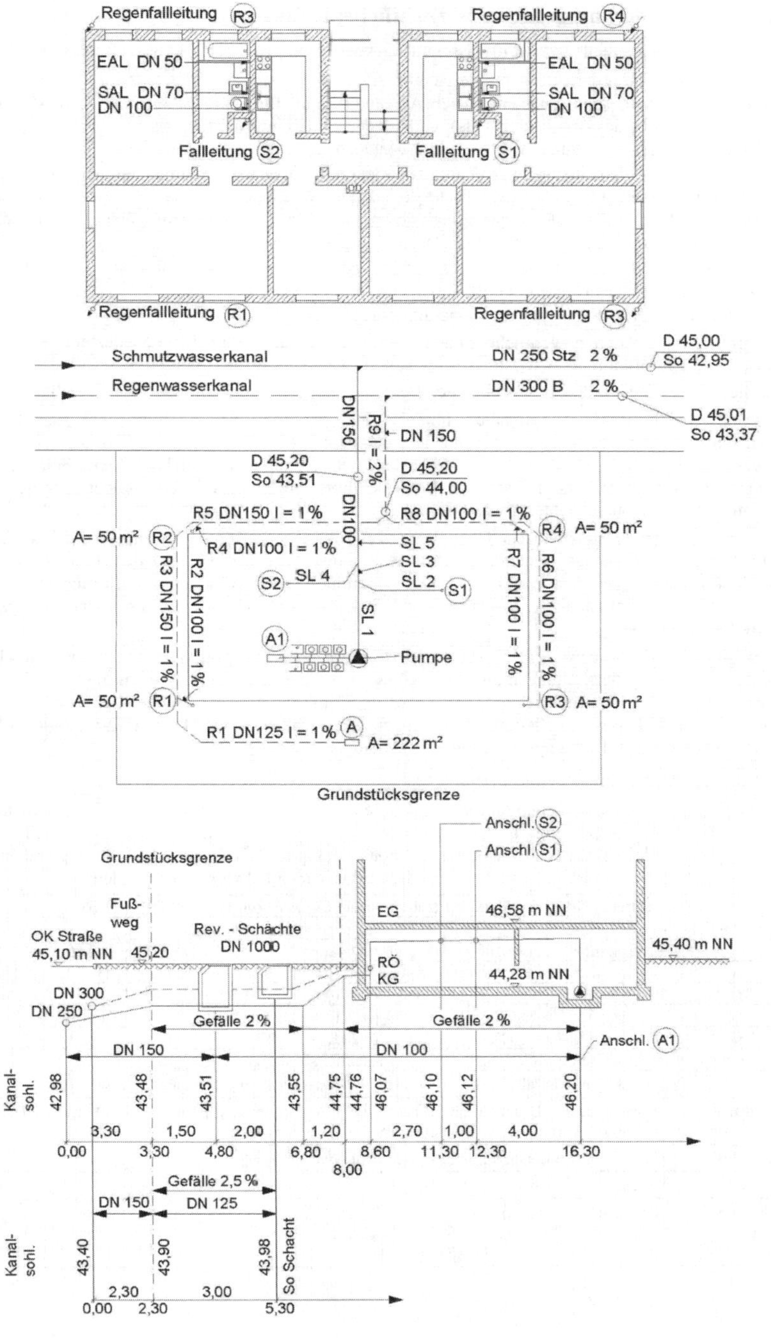

Regenfallleitung R3
Regenfallleitung R4
EAL DN 50
SAL DN 70
DN 100
EAL DN 50
SAL DN 70
DN 100
Fallleitung S2
Fallleitung S1
Regenfallleitung R1
Regenfallleitung R3
Schmutzwasserkanal
DN 250 Stz 2 %
D 45,00
So 42,95
Regenwasserkanal
DN 300 B 2 %
D 45,01
So 43,37
DN150
R9 I = 2%
DN 150
D 45,20
So 43,51
D 45,20
So 44,00
R5 DN150 I = 1%
R8 DN100 I = 1%
A= 50 m²
R2
R4 DN100 I = 1%
R4
A= 50 m²
DN100
SL 5
SL 3
SL 4
SL 2
S2
S1
R3 DN150 I = 1%
R2 DN100 I = 1%
R7 DN100 I = 1%
R6 DN100 I = 1%
SL 1
A1
Pumpe
A= 50 m²
R1
R3
A= 50 m²
R1 DN125 I = 1%
A
A= 222 m²
Grundstücksgrenze
Anschl. S2
Anschl. S1
Grundstücksgrenze
Fuß-
weg
EG
46,58 m NN
OK Straße
45,10 m NN
45,20
Rev. - Schächte
DN 1000
45,40 m NN
RÖ
KG
44,28 m NN
DN 300
DN 250
Gefälle 2 %
Gefälle 2 %
Anschl. A1
DN 150
DN 100
Kanal-
sohl.
42,98
43,48
43,51
43,55
44,75
44,76
46,07
46,10
46,12
46,20
3,30
1,50
2,00
1,20
2,70
1,00
4,00
0,00
3,30
4,80
6,80
8,60
11,30
12,30
16,30
8,00
Gefälle 2,5 %
DN 150
DN 125
Kanal-
sohl.
43,40
43,90
43,98
So Schacht
2,30
3,00
0,00
2,30
5,30

2.6.7 Entwässerungsgesuch und Dichtheitsprüfung

Erforderliche Bestandteile eines **Entwässerungsgesuchs** sind gemäß DIN 1986-100 i.d.R.:

- Auszug aus Flurkarte und Eigentümernachweis;
- Auszug aus dem Kanalkataster je nach Anwendungsfall für Schmutz-, Regen- oder Mischwasser (Lage und Höhe des Anschlusskanals); vorhandene, zulässige Rückstauebene;
- Baubeschreibung: Angaben über Art und Zweck des geplanten Bauvorhabens;
- Lageplan mit Grundstücksgrenze, Baulasten, Grunddienstbarkeiten, vorhandene und geplante bauliche Anlagen, wie z.B. Schächte, Abscheideranlagen, Versickerungsanlagen, Regenwassernutzungsanlagen, Brunnen; Grundleitungen außerhalb des Gebäudes, befestigte Hof-, Wege-, Dachflächen;
- Gebäudepläne im Maßstab ≥ 1:100 mit Darstellung der Entwässerungsanlage;
- Abwasserhebeanlagen und/oder andere Einrichtungen zur Rückstausicherung;
- Verwendbarkeitsnachweise der eingesetzten Bauprodukte;
- Nachweis der Bemessung der Entwässerungsanlage.

Bei größeren Gebäuden, gewerblicher Nutzung oder behandlungsbedürftigem Niederschlagswasser sind meist weitere Informationen wie z.B. ein Überflutungsnachweis erforderlich.

Für die **Bemessung** werden i.d.R. neben den Berechnungen folgende Planunterlagen erstellt:

Lageplan: M 1:1000; Maßstabsangabe, Himmelsrichtung, Lage und Katasterbezeichnung des Baugrundstücks und der Nachbargrundstücke; vorhandene und geplante bauliche Anlagen; Führung der Abwasserleitungen außerhalb des Gebäudes mit Angabe der Fließrichtung und der lichten Weite; Sohlenhöhe des weiterführenden (öffentlichen) Kanals an der Anschlussstelle; Sickeranlagen, Mulden, Rigolen, Kleinkläranlagen, Revisionsschächte, Abscheider usw.

Grundrisse: M 1:100; schematische Darstellung von Wänden und Durchbrüchen; schematische Darstellung aller Entwässerungsgegenstände; Angabe der Nennweiten und Werkstoffe der Leitungen; Beschriftung der Zeichnungselemente; alle Anschluss-, Sammel-, Fall-, Grund- und Lüftungsleitungen für Schwarzwasser (fäkalienhaltiges Abwasser) und Grauwasser (fäkalienfreies Abwasser) (falls getrennt) sowie Regenwasser.

Strangschema und Abwicklung: M 1:100; schematische Darstellung von Wänden und Decken; alle Leitungen; Darstellung der Leitungen als Abwicklung ihrer wahren Länge; schematische Darstellung aller Entwässerungsgegenstände; zeichnerische Darstellung des Gefälles aller liegenden Leitungen; Bemaßung von Grund- und Hauptsammelleitungen mit Höhen und Gefälleangaben; Angabe Kanalsohlentiefe; Angabe von Abzweigen, Richtungsänderungen, Übergängen usw.

Dichtheitsprüfung von Anschlussleitungen:

Es existiert derzeit eine Vielzahl von technischen Regeln, Erlassen, Verordnungen, Hinweisen und Prüfkriterien zur Dichtheitsprüfung, die nur z.T. aufeinander abgestimmt sind. Nach DIN EN 1610 werden neu gebaute Rohrleitungen, Schächte und Inspektionsöffnungen nach der Grabenverfüllung und dem Entfernen des Verbaus geprüft. Es kann Wasser oder Luft (Überdruck) verwendet werden.

Prüfdruck, Druckabfall und Prüfzeiten für die ***Luftprüfung (L)*** nach DIN EN 1610									
Verfahren	p_0	Δp	Prüfzeit in min						
	mbar	mbar	DN 100	DN 200	DN 300	DN 400	DN 600	DN 800	DN 1000
LA	10	2,5	5	5	7 (5)	10 (7)	14 (11)	19 (14)	24 (18)
LB	50	10	4	4	6 (4)	7 (6)	11 (8)	15 (11)	19 (14)
LC	100	15	3	3	4 (3)	5 (4)	8 (6)	11 (8)	14 (10)
LD	200	15	1,5	1,5	2 (1,5)	2,5 (2)	4 (3)	5 (4)	7 (5)
Werte in ( ) für trockene Betonrohre. Für Schächte + Inspektionsöffnungen gilt $t_{Schacht} = 0{,}5 \cdot t_{Rohr}$.									

Prüfdruck, Druckabfall und Prüfzeiten für die ***Wasserprüfung (W)*** nach DIN EN 1610	
Prüfdruck	hydrostatischer Druck durch Schachtfüllung bis Oberkante Gelände: max. 500 mbar an der tiefsten, mind. 100 mbar an der höchsten Stelle des Rohrscheitels
Vorfüllzeit	nicht vorgeschrieben, üblicherweise: 1 Stunde
Prüfzeit	30 min
zulässige Wasserzugabe	0,15 l/m² (Leitungen) 0,2 l/m² (Leitungen einschließlich Schächte) 0,4 l/m² (Schächte und Inspektionsöffnungen)

2.6.8 Teil- und Vollfüllung

Vollfüllungstabelle: h/d_i = 1,0 betriebl. Rauheit k_b = 1 mm; *DN* = Nennweite, d_i = Innendurchm.

h/d_i = 1,0		*DN* 70		*DN* 80		*DN* 90		*DN* 100		*DN* 125		*DN* 150		*DN* 200		*DN* 225		*DN* 250		*DN* 300	
Gefälle		d_i = 68		d_i = 75		d_i = 79		d_i = 96		d_i = 113		d_i = 146		d_i = 184		d_i = 207		d_i = 230		d_i = 290	
o/oo	1:	*Q* [l/s]	*v* [m/s]	*Q* [l/s]	*v* [m/s]	*Q* [l/s]	*v* [m/s]	*Q* [l/s]	*v* [m/s]	*Q* [l/s]	*v* [m/s]	*Q* [l/s]	*v* [m/s]	*Q* [l/s]	*v* [m/s]	*Q* [l/s]	*v* [m/s]	*Q* [l/s]	*v* [m/s]	*Q* [l/s]	*v* [m/s]
2	500	0,9	0,2	1,1	0,3	1,3	0,3	2,2	0,3	3,4	0,3	6,8	0,4	12,5	0,5	17,2	0,5	22,7	0,5	42,1	0,6
3	333	1,1	0,3	1,4	0,3	1,6	0,3	2,7	0,4	4,2	0,4	8,3	0,5	15,4	0,6	21,1	0,6	27,9	0,7	51,7	0,8
4	250	1,2	0,3	1,6	0,4	1,9	0,4	3,1	0,4	4,9	0,5	9,6	0,6	17,8	0,7	24,4	0,7	32,3	0,8	59,7	0,9
5	200	1,4	0,4	1,8	0,4	2,1	0,4	3,5	0,5	5,4	0,5	10,8	0,6	20,0	0,8	27,3	0,8	36,2	0,9	66,9	1,0
6	167	1,5	0,4	2,0	0,4	2,3	0,5	3,9	0,5	6,0	0,6	11,8	0,7	21,9	0,8	30,0	0,9	39,7	1,0	73,3	1,1
7	143	1,6	0,5	2,1	0,5	2,5	0,5	4,2	0,6	6,5	0,6	12,8	0,8	23,7	0,9	32,4	1,0	42,9	1,0	79,3	1,2
8	125	1,8	0,5	2,3	0,5	2,6	0,5	4,5	0,6	6,9	0,7	13,7	0,8	25,3	1,0	34,7	1,0	45,9	1,1	84,8	1,3
9	111	1,9	0,5	2,4	0,6	2,8	0,6	4,7	0,7	7,3	0,7	14,5	0,9	26,9	1,0	36,8	1,1	48,7	1,2	90,0	1,4
10	100	2,0	0,5	2,6	0,6	3,0	0,6	5,0	0,7	7,7	0,8	15,3	0,9	28,4	1,1	38,8	1,2	51,3	1,2	94,9	1,4
11	91	2,1	0,6	2,7	0,6	3,1	0,6	5,2	0,7	8,1	0,8	16,1	1,0	29,8	1,1	40,7	1,2	53,8	1,3	99,5	1,5
12	83	2,2	0,6	2,8	0,6	3,2	0,7	5,5	0,8	8,5	0,8	16,8	1,0	31,1	1,2	42,5	1,3	56,2	1,4	104	1,6
13	77	2,3	0,6	2,9	0,7	3,4	0,7	5,7	0,8	8,8	0,9	17,5	1,0	32,4	1,2	44,3	1,3	58,6	1,4	108	1,6
14	71	2,3	0,6	3,1	0,7	3,5	0,7	5,9	0,8	9,2	0,9	18,2	1,1	33,6	1,3	46,0	1,4	60,8	1,5	112	1,7
15	67	2,4	0,7	3,2	0,7	3,6	0,7	6,1	0,8	9,5	0,9	18,8	1,1	34,8	1,3	47,6	1,4	62,9	1,5	116	1,8
20	50	2,8	0,8	3,7	0,8	4,2	0,9	7,1	1,0	11,0	1,1	21,7	1,3	40,2	1,5	55,0	1,6	72,7	1,8	134	2,0
25	40	3,1	0,9	4,1	0,9	4,7	1,0	7,9	1,1	12,3	1,2	24,3	1,5	45,0	1,7	61,5	1,8	81,4	2,0	150	2,3
30	33	3,5	1,0	4,5	1,0	5,2	1,1	8,7	1,2	13,5	1,3	26,7	1,6	49,3	1,9	67,4	2,0	89,2	2,1	165	2,5
35	29	3,7	1,0	4,9	1,1	5,6	1,1	9,4	1,3	14,5	1,5	28,8	1,7	53,3	2,0	72,9	2,2	96,4	2,3	178	2,7
40	25	4,0	1,1	5,2	1,2	6,0	1,2	10,1	1,4	15,6	1,6	30,8	1,8	57,0	2,1	77,9	2,3	103,0	2,5	190	2,9
45	22	4,2	1,2	5,5	1,2	6,3	1,3	10,7	1,5	16,5	1,6	32,7	2,0	60,5	2,3	82,7	2,5	109,3	2,6	202	3,1
50	20	4,5	1,2	5,8	1,3	6,7	1,4	11,3	1,6	17,4	1,7	34,5	2,1	63,8	2,4	87,2	2,6	115,3	2,8	213	3,2

Teilfüllungstabelle: h/d_i = 0,7 betriebl. Rauheit k_b = 1 mm; *DN* = Nennweite, d_i = Innendurchm.

h/d_i = 0,7		*DN* 70		*DN* 80		*DN* 90		*DN* 100		*DN* 125		*DN* 150		*DN* 200		*DN* 225		*DN* 250		*DN* 300	
Gefälle		d_i = 68		d_i = 75		d_i = 79		d_i = 96		d_i = 113		d_i = 146		d_i = 184		d_i = 207		d_i = 230		d_i = 290	
o/oo	1:	*Q* [l/s]	*v* [m/s]	*Q* [l/s]	*v* [m/s]	*Q* [l/s]	*v* [m/s]	*Q* [l/s]	*v* [m/s]	*Q* [l/s]	*v* [m/s]	*Q* [l/s]	*v* [m/s]	*Q* [l/s]	*v* [m/s]	*Q* [l/s]	*v* [m/s]	*Q* [l/s]	*v* [m/s]	*Q* [l/s]	*v* [m/s]
2	500	0,7	0,3	0,9	0,3	1,1	0,3	1,8	0,3	2,8	0,4	5,6	0,4	10,4	0,5	14,3	0,6	18,9	0,6	35,0	0,7
3	333	0,9	0,3	1,2	0,4	1,3	0,4	2,2	0,4	3,5	0,5	6,9	0,6	12,8	0,6	17,5	0,7	23,2	0,7	42,9	0,9
4	250	1,0	0,4	1,3	0,4	1,5	0,4	2,6	0,5	4,0	0,5	8,0	0,6	14,8	0,7	20,3	0,8	26,8	0,9	49,7	1,0
5	200	1,2	0,4	1,5	0,5	1,7	0,5	2,9	0,5	4,5	0,6	9,0	0,7	16,6	0,8	22,7	0,9	30,1	1,0	55,6	1,1
6	167	1,3	0,5	1,6	0,5	1,9	0,5	3,2	0,6	5,0	0,7	9,8	0,8	18,2	0,9	24,9	1,0	33,0	1,1	60,9	1,2
7	143	1,4	0,5	1,8	0,5	2,1	0,6	3,5	0,6	5,4	0,7	10,6	0,8	19,7	1,0	26,9	1,1	35,6	1,1	65,9	1,3
8	125	1,5	0,5	1,9	0,6	2,2	0,6	3,7	0,7	5,7	0,8	11,4	0,9	21,1	1,1	28,8	1,1	38,1	1,2	70,4	1,4
9	111	1,6	0,6	2,0	0,6	2,3	0,6	3,9	0,7	6,1	0,8	12,1	1,0	22,4	1,1	30,6	1,2	40,4	1,3	74,7	1,5
10	100	1,6	0,6	2,1	0,6	2,5	0,7	4,2	0,8	6,4	0,9	12,7	1,0	23,6	1,2	32,2	1,3	42,6	1,4	78,8	1,6
11	91	1,7	0,6	2,2	0,7	2,6	0,7	4,4	0,8	6,7	0,9	13,4	1,1	24,7	1,2	33,8	1,3	44,7	1,4	82,7	1,7
12	83	1,8	0,7	2,3	0,7	2,7	0,7	4,6	0,8	7,0	0,9	14,0	1,1	25,8	1,3	35,3	1,4	46,7	1,5	86	1,8
13	77	1,9	0,7	2,4	0,7	2,8	0,8	4,7	0,9	7,3	1,0	14,5	1,2	26,9	1,4	36,8	1,5	48,7	1,6	90	1,8
14	71	2,0	0,7	2,5	0,8	2,9	0,8	4,9	0,9	7,6	1,0	15,1	1,2	27,9	1,4	38,2	1,5	50,5	1,6	93	1,9
15	67	2,0	0,7	2,6	0,8	3,0	0,8	5,1	0,9	7,9	1,1	15,6	1,2	28,9	1,5	39,5	1,6	52,3	1,7	97	2,0
20	50	2,3	0,9	3,0	0,9	3,5	1,0	5,9	1,1	9,1	1,2	18,1	1,4	33,4	1,7	45,7	1,8	60,4	1,9	112	2,3
25	40	2,6	1,0	3,4	1,0	3,9	1,1	6,6	1,2	10,2	1,4	20,2	1,6	37,4	1,9	51,1	2,0	67,6	2,2	125	2,5
30	33	2,9	1,1	3,7	1,1	4,3	1,2	7,2	1,3	11,2	1,5	22,2	1,8	41,0	2,1	56,0	2,2	74,1	2,4	137	2,8
35	29	3,1	1,1	4,0	1,2	4,6	1,3	7,8	1,4	12,1	1,6	23,9	1,9	44,3	2,2	60,6	2,4	80,1	2,6	148	3,0
40	25	3,3	1,2	4,3	1,3	5,0	1,4	8,4	1,5	12,9	1,7	25,6	2,0	47,4	2,4	64,8	2,6	85,6	2,8	158	3,2
45	22	3,5	1,3	4,6	1,4	5,3	1,4	8,9	1,6	13,7	1,8	27,2	2,2	50,3	2,5	68,7	2,7	90,8	2,9	168	3,4
50	20	3,7	1,4	4,8	1,5	5,6	1,5	9,4	1,7	14,5	1,9	28,6	2,3	53,0	2,7	72,4	2,9	95,8	3,1	177	3,6

Teilfüllungstabelle: h/d_i = 0,5 betriebl. Rauheit k_b = 1 mm; *DN* = Nennweite, d_i = Innendurchm.

h/d_i = 0,5		*DN* 70		*DN* 80		*DN* 90		*DN* 100		*DN* 125		*DN* 150		*DN* 200		*DN* 225		*DN* 250		*DN* 300	
Gefälle		d_i = 68		d_i = 75		d_i = 79		d_i = 96		d_i = 113		d_i = 146		d_i = 184		d_i = 207		d_i = 230		d_i = 290	
o/oo	1:	*Q* [l/s]	*v* [m/s]	*Q* [l/s]	*v* [m/s]	*Q* [l/s]	*v* [m/s]	*Q* [l/s]	*v* [m/s]	*Q* [l/s]	*v* [m/s]	*Q* [l/s]	*v* [m/s]	*Q* [l/s]	*v* [m/s]	*Q* [l/s]	*v* [m/s]	*Q* [l/s]	*v* [m/s]	*Q* [l/s]	*v* [m/s]
2	500	0,4	0,2	0,6	0,3	0,6	0,3	1,1	0,3	1,7	0,3	3,4	0,4	6,3	0,5	8,6	0,5	11,4	0,5	21,0	0,6
3	333	0,5	0,3	0,7	0,3	0,8	0,3	1,4	0,4	2,1	0,4	4,2	0,5	7,7	0,6	10,5	0,6	14,0	0,7	25,8	0,8
4	250	0,6	0,3	0,8	0,4	0,9	0,4	1,6	0,4	2,4	0,5	4,8	0,6	8,9	0,7	12,2	0,7	16,2	0,8	29,9	0,9
5	200	0,7	0,4	0,9	0,4	1,0	0,4	1,8	0,5	2,7	0,5	5,4	0,6	10,0	0,8	13,7	0,8	18,1	0,9	33,4	1,0
6	167	0,8	0,4	1,0	0,4	1,1	0,5	1,9	0,5	3,0	0,6	5,9	0,7	11,0	0,8	15,0	0,9	19,8	1,0	36,7	1,1
7	143	0,8	0,5	1,1	0,5	1,2	0,5	2,1	0,6	3,2	0,6	6,4	0,8	11,8	0,9	16,2	1,0	21,4	1,0	39,6	1,2
8	125	0,9	0,5	1,1	0,5	1,3	0,5	2,2	0,6	3,5	0,7	6,8	0,8	12,7	1,0	17,3	1,0	22,9	1,1	42,4	1,3
9	111	0,9	0,5	1,2	0,6	1,4	0,6	2,4	0,7	3,7	0,7	7,3	0,9	13,4	1,0	18,4	1,1	24,3	1,2	45,0	1,4
10	100	1,0	0,5	1,3	0,6	1,5	0,6	2,5	0,7	3,9	0,8	7,7	0,9	14,2	1,1	19,4	1,2	25,7	1,2	47,4	1,4
11	91	1,0	0,6	1,4	0,6	1,6	0,6	2,6	0,7	4,1	0,8	8,0	1,0	14,9	1,1	20,4	1,2	26,9	1,3	49,8	1,5
12	83	1,1	0,6	1,4	0,6	1,6	0,7	2,7	0,8	4,2	0,8	8,4	1,0	15,5	1,2	21,3	1,3	28,1	1,4	52	1,6
13	77	1,1	0,6	1,5	0,7	1,7	0,7	2,9	0,8	4,4	0,9	8,7	1,0	16,2	1,2	22,1	1,3	29,3	1,4	54	1,6
14	71	1,2	0,6	1,5	0,7	1,8	0,7	3,0	0,8	4,6	0,9	9,1	1,1	16,8	1,3	23,0	1,4	30,4	1,5	56	1,7
15	67	1,2	0,7	1,6	0,7	1,8	0,7	3,1	0,8	4,7	0,9	9,4	1,1	17,4	1,3	23,8	1,4	31,5	1,5	58	1,8
20	50	1,4	0,8	1,8	0,8	2,1	0,9	3,5	1,0	5,5	1,1	10,9	1,3	20,1	1,5	27,5	1,6	36,4	1,8	67	2,0
25	40	1,6	0,9	2,0	0,9	2,4	1,0	4,0	1,1	6,1	1,2	12,2	1,5	22,5	1,7	30,8	1,8	40,7	2,0	75	2,3
30	33	1,7	1,0	2,2	1,0	2,6	1,1	4,4	1,2	6,7	1,3	13,3	1,6	24,7	1,9	33,7	2,0	44,6	2,1	82	2,5
35	29	1,9	1,0	2,4	1,1	2,8	1,1	4,7	1,3	7,3	1,5	14,4	1,7	26,6	2,0	36,4	2,2	48,2	2,3	89	2,7
40	25	2,0	1,1	2,6	1,2	3,0	1,2	5,0	1,4	7,8	1,6	15,4	1,8	28,5	2,1	39,0	2,3	51,5	2,5	95	2,9
45	22	2,1	1,2	2,8	1,2	3,2	1,3	5,3	1,5	8,3	1,6	16,3	2,0	30,2	2,3	41,3	2,5	54,7	2,6	101	3,1
50	20	2,2	1,2	2,9	1,3	3,3	1,4	5,6	1,6	8,7	1,7	17,2	2,1	31,9	2,4	43,6	2,6	57,6	2,8	106	3,2

6 A Baudenkmalpflege
6 B Bauwerksüberwachung, Bauwerksprüfung
6 C Schutz und Instandsetzung
6 D Baustoffe und ihre Eigenschaften

A **BAUDENKMALPFLEGE** 6.2
1 Entstehung 6.2
2 Entwerfen in alter Substanz 6.3
3 Denkmalarten 6.4
4 Ziele der Denkmalpflege 6.4
4.1 Nutzung 6.4
4.2 Grundregel der Denkmalpflege 6.5
5 Organisation der Denkmalbehörden 6.5
6 Genehmigungsverfahren 6.6
7 Finanzierung 6.7
8 Baudenkmale und Energieeinsparung 6.8
8.1 GEG 6.8
8.2 Energetisches Sanieren von Denkmalen 6.9
9 Untersuchungen am Baudenkmal 6.9
9.1 Voruntersuchung, Bestandsaufnahme (Anamnese) 6.10
9.2 Analyse und Bewertung von Bestandsaufnahmen und Untersuchungen (Diagnose) 6.11
9.3 Planungs- und Maßnahmenkonzept (Therapie) 6.11
9.4 Schadensbilder an ausgewählten Bauteilen 6.12
9.5 Zusammenfassung Maßnahmenschritte am Baudenkmal 6.13

B **BAUWERKSÜBERWACHUNG, BAUWERKSPRÜFUNG** 6.14
1 Rechtliche Grundlagen, Regelwerke 6.14
1.1 Gebäude 6.14
1.2 Ingenieurbauwerke im Zuge von Straßen und Wegen 6.14
2 Arten der Bauwerksüberwachung und Bauwerksprüfung 6.15
2.1 Bauüberwachung und Prüfung nach VDI-Richtlinie 6200 .... 6.16
2.2 Bauüberwachung und Prüfung nach DIN 1076 .... 6.15
3 Anforderungen an das Überwachungs- und Prüfpersonal 6.16
3.1 Bauliche Anlagen im Anwendungsgebiet der RBBau 6.16
3.2 Empfehlungen nach VDI-Richtlinie 6200 (in Arbeit) 6.17
3.3 Ingenieurbauwerke im Zuge von Straßen und Wegen (DIN 1076) 6.17
4 Bewertung von Schäden und Mängeln, Dokumentation nach VDI-Richtlinie 6200 für Gebäude 6.17

C **SCHUTZ UND INSTANDSETZUNG** 6.18
I **Erhaltung von Bauwerken** 6.18
1 Regelwerke 6.18
2 Angriffe auf Stahlbeton und kritischer Chloridgehalt 6.18
2.1 Mögliche Angriffe nach DIN EN 1504-9 .... 6.18
2.2 Kritischer Chloridgehalt 6.19
3 Zustandserfasung, Expositions- und Altbetonklassen 6.19
3.1 Grundsätzliche Vorgehensweise 6.19
3.2 Ermittlung des Ist-Zustandes 6.20
3.3 Expositionsklassen 6.22
3.4 Altbetonklassen 6.23
4 Prinzipien und Verfahren 6.23
5 Untergrundvorbereitung 6.27
6 Regelungen für Ausbruchtiefen, Schichtdicken und zum zulässigen verbleibenden Chloridgehalt 6.29
7 Füllen von Rissen und Hohlräumen 6.31
8 Betonersatz 6.33
9 Oberflächenschutzsysteme 6.35
II **Schutz und Instandsetzung von Mauerwerk** 6.39
1 Ermittlung des Istzustandes von Mauerwerk 6.39
2 Ziele und Verfahren von Schutz- und Instandsetzungsmaßnahmen 6.41
3 Natursteininstandsetzung 6.45
III **Schutz von Stahlbauten** 6.46
1 Korrosion von Stahl 6.46
2 Maßnahmen des Korrosionsschutzes 6.48
IV **Schutz von Holzbauteilen** 6.53
1 Allgemeines 6.53
2 Gefährdungen 6.53
2.1 Allgemeine Gefährdungen 6.53
2.2 Feuchte, Nässe 6.53
2.3 Pilze 6.53
2.4 Insekten 6.53
2.5 Moderfäule 6.54
2.6 Gebrauchsklassen 6.54
3 Grundlegende Maßnahmen 6.54
3.1 Planung 6.54
3.2 Natürliche Resistenz des Holzes 6.55
3.3 Technisch getrocknetes Holz 6.55
3.4 Holzfeuchte 6.55
3.5 Nutzung 6.55
4 Besondere bauliche Maßnahmen 6.55
4.1 Schutz vor Pilzen 6.55
4.2 Schutz vor Insekten 6.55
5 Maßnahmen bei bewitterten Bauteilen 6.56
5.1 Schutz gegen Niederschläge und Spritzwasser 6.56
5.2 Vermeidung von stehendem Wasser 6.56
5.3 Schutz gegen Feuchteleitung (Kapillarleitung) 6.56
6 Chemische Schutzmaßnahmen 6.56

D **BAUSTOFFE UND IHRE EIGENSCHAFTEN** 6.57
1 Natursteine und Lehm 6.57
2 Keramische Baustoffe – Steine, Dachziegel, Platten und Fliesen 6.57
3 Mörtel, Putze, Estriche 6.58
4 Baustoffe mit mineralischen Bindemitteln – Normalbeton, Leichtbeton, Platten und Dachsteine 6.62
5 Farben und Spachtel 6.64
6 Holz und Holzbaustoffe 6.65
7 Bauglas 6.67
8 Baumetalle 6.68
9 Dämmstoffe 6.69
10 Dichtungsbahnen und bitumenhaltige Baustoffe 6.73
11 Kunststoffe – Polymere als Baustoffe 6.74
12 Historische Decken- und Wandbaustoffe 6.77
13 Historische Dämmplatten/Dämmstoffe 6.79
14 Historische Fußböden, Mörtel, Estriche, Platten 6.79
15 Historische Anstriche 6.80
16 Periodensystem der Elemente 6.82

6 A Baudenkmalpflege

Prof. Dr.-Ing. Rudolf Lückmann

1 Entstehung

Die Ursprünge der Denkmalpflege liegen, wie vieles in unserer Kultur, im alten Rom. Theodorus legte im Jahr 398 Strafen fest, wenn bedeutende historische Bauten oder Monumente der Stadt Rom baulich oder stadträumlich beeinträchtigt oder zerstört wurden. Ein Erlass von Papst Leo X. von 1516 schützte die antiken Bauwerke. Um 1534 gründete Papst Paul III. eine Zentralbehörde zur Erhaltung von antiken Denkmalen. Hierbei ging es um die bauliche Sicherung, teilweise Rekonstruktion der antiken Denkmale. Diese gaben zuvor allseits beliebte Baustofflager ab. Im Fall ihrer Nutzung ging häufig die Zerstörung einher. Abgerundet wurden die Bemühungen des Vatikans zur Erhaltung der alten Kunstschätze um 1624 unter Papst Urban VIII., der ein Ausfuhrverbot erließ.

Ähnlich motiviert muss die Denkmalpflege zur Zeit von Karl Friedrich Schinkel (*1781 bis †1841) verstanden werden. Schinkel wird in Deutschland gerne als einer der wesentlichen Initiatoren für den staatlichen Schutz der Altertümer genannt. Die Verstaatlichung des kirchlichen Eigentums durch den Reichsdeputationsbeschluss von 1803 hatte den Abbruch vieler Kirchen, Klöster, Burgen und Schlösser ausgelöst. Zusammen mit dem Veränderungsdruck auf die historischen Gebäude durch die aufkeimende Industrialisierung während des 19. Jahrhunderts, der den Abbruch ganzer Quartiere, das Schleifen der Stadtmauern usw. bedingte, regte sich der Widerstand gegen diese Entwicklung. So entstanden die ersten Schutzverordnungen, die z.T. schon auf privaten Besitz ausgedehnt wurden. Schutzwürdig waren jedoch vorwiegend Kirchen, Monumente, Schlösser, Burgen oder Befestigungsanlagen. Um 1843 setzte das Land Preußen Wilhelm Robert Alexander Ferdinand von Quast (*1807 bis †1877) als den ersten hauptamtlichen Konservator ein.

Neben der Motivation, Altes zu schützen, stand am Anfang der Denkmalpflege eine andere Triebfeder mindestens gleichwertig neben der erstgenannten. Im Ausklingen des Römerreiches oder in der Renaissance wollten die Gebildeten ihrer Zeit, ebenso wie im beginnenden Historismus im Deutschland des frühen 19. Jahrhunderts, über die Erhaltung der baulichen Zeugnisse der Vorfahren hinaus sich ihre Anschauungsobjekte für die aktuellen Moden der Architektur sichern.

Nachdem die Baumeister von den Denkmälern gelernt hatten, was sie für den richtigen Stil hielten, verfielen sie in eine Selbstüberschätzung, die vielen Wissensgebieten der Zeit zu eigen war. Sie ließen den originalen Denkmälern bei Eingriffen plötzlich Veränderungen angedeihen, die sie aufgrund ihrer Kenntnisse für richtig hielten. Insbesondere Eugène Emmanuel Viollet-le-Duc (*1814 bis †1879), der profilierteste französische Vertreter der damaligen Denkmalpflege, bewirkte durch seine nach Alter strukturierende Hierarchisierung der Qualitäten von Bauteilen, durch seine Definition von klaren Typologien (malfaçon/déviation), der Stilreinheit und -einheit im Ergebnis teilweise ein recht willkürliches Umgehen mit der Altsubstanz.

Noch vor der vorletzten Jahrhundertwende wurde zu Recht von John Ruskin (*1819 bis †1900) und ihm gleichgesinnten Experten diese Art des Umgangs als „vandalisme restaurateurs" (Restaurierungs-Vandalen) verunglimpft. Ihrer Auffassung nach sollte unter der Bewahrung sämtlicher Schaffensperioden und aus den Erkenntnissen einer sorgfältigen Bestandsanalyse Altes erhalten und Neues entwickelt werden.

Einen wesentlichen Eckpunkt hin zu dieser Denkweise setzte die erste Tagung für Denkmalpflege im Jahre 1900 in Dresden. Es wurde deutlich darauf hingewiesen, dass es bei der Denkmalpflege in erster Linie um das Konservieren geht, also das Erhalten der Originalsubstanz. Damit war die Denkmalpflege aus dem Dunstkreis dumpfer Rekonstruktionen und falsch verstandener Nachbauten auf eine neue Höhe gehoben worden. Allerdings finden sich bis heute beide Philosophien parallel nebeneinander. Erstere wird stärker von Laien, letztere mehr von Fachleuten vertreten.

Im Zweiten Weltkrieg verlor Deutschland sehr viele Baumonumente. In der nachfolgenden Wiederaufbauphase wurde zudem recht bedenkenlos mit dem baulichen Erbe umgegangen. Viele Städte verloren ihren Charakter und die Bürger die Identifikation mit ihrer Heimat. Die geringe Wertschätzung der Altbausubstanz prägte in allen europäischen Ländern das Handeln bis in die sechziger, siebziger Jahre des 20. Jahrhunderts.

Der Verlust identitätsstiftender Kulturdenkmale spiegelte sich sehr bald in wachsendem Widerstand wider. In der Charta von Venedig 1964 vereinbarten Experten das erste Mal international, was bereits auf der Denkmaltagung in Dresden um 1900 vorgedacht war. Als eine logische Konsequenz erließen die deutschen Bundesländer aufgrund ihrer Kulturhoheit ab Mitte der 1970er-Jahre ihre Denkmalschutzgesetze.

Hierbei dehnten sie die Gruppe der zu schützenden Kulturdenkmale weit aus. Beginnend bei Monumenten, Kirchen, Schlössern, Burgen wurden nun ebenfalls Profanbauten ohne repräsentativen Charakter (städtische und ländliche Wohn- und Nutzgebäude), Stadtgrundrisse oder industrielle Bauwerke als Denkmale verstanden. Mit der Einführung der Denkmalschutzgesetze müssen Bauherren, Planer und Ausführende sich mit der Denkmalpflege auseinandersetzen. Die Bereitschaft blieb aber häufig gering, Spannungen waren und sind vorprogrammiert. Rechtlich betrachtet muss jegliche Änderung in oder an einem eingetragenen Denkmal beantragt werden. Eine fehlende Zustimmung bzw. Genehmigung kann theoretisch als Ordnungswidrigkeit oder Straftatbestand geahndet werden. Das verstehen viele Bürger als einen deutlichen Eingriff in die freie Verfügung über ihr Eigentum. Politisch hat dies dazu geführt, dass die rechtsgültigen Entscheidungen in den meisten Bundesländern heute in die Hand der Kreise und Städte gelegt sind, wobei die Landesämter nur eine beratende Funktion einnehmen. Es wäre aber schade, wenn eine zu starke Betonung des Verfügens über Eigentum zum Verlust unseres kulturellen Erbes führte.

2 Entwerfen in alter Substanz

Die erste nennenswerte Gruppe von Steinbauten in Deutschland rechnen wir der karolingischen Romanik zu. Wurde ein solches Bauwerk in der Zeit der Gotik neu angesehen und aus irgendeinem Grund umgebaut, nutzte der Baumeister selbstverständlich aktuelle, dem Baustil der Epoche entsprechende Formen. Er betrachtete den Altbau als ein zu recycelndes Geschenk und baute es in den Formen seiner Zeit um. Ähnlich verfuhren die barocken Künstler mit der Vielzahl der durch den Dreißigjährigen Krieg teilweise oder ganz zerstörten Bauten. Nur in wenigen Ausnahmen versuchten sie sich stilistisch an den alten Baukörper anzupassen. Der gotisierende Aufbau des Vierungsturmes am Mainzer Dom 1767 durch Ignaz Michael Neumann gehört zu den wenigen Ausnahmen.

Diesen natürlichen Umgang mit dem baulichen Erbe unterbrach erst die Epoche des Historismus. In dieser Zeit kam die Tendenz auf, den Bauten je nach einer erst in dieser Periode definierten Stilreinheit eine historisierende Gestaltung widerfahren zu lassen. Damit war das bereits beschriebene Verhalten gegenüber der alten Bausubstanz keinesfalls unterbrochen, denn im Prinzip entsprachen diese Formen dem aktuellen Stil und waren ebenfalls bei Neubauten typisch.

Zeitgleich wurden die ersten Denkmalschutzgesetze in Deutschland erlassen. So nimmt es wenig Wunder, dass viele der großen Fachleute der damaligen Zeit genau aus dieser Auffassung heraus arbeiteten und das noch zudem als Denkmalpflege verstanden. Sensible Kunsthistoriker erkannten aber früh, welche Maskerade sich hinter diesem, z.T. die Originalsubstanz vernichtenden Handeln verbarg. Auf der ersten Tagung für Denkmalpflege in Dresden forderte Cornelius Gurlitt um 1900 bereits, teilzerstörte Denkmale in aktuellen Formen zu ersetzen. Damit war ein Credo gesetzt, welches bis heute Gültigkeit hat.

Nach dem Historismus folgte die Moderne. Die Möglichkeiten der neuen Baustoffe Eisen und Stahlbeton flossen in eine neue Art von Gestaltung und Formensprache ein. Diese wurde mit Euphorie und in schlichter Sachlichkeit angegangen. Mit den großen Verlusten des letzten Weltkrieges konnte sich diese Form der Architektur breiten Raum verschaffen. Alte Stadtquartiere mussten neuen weichen. So manches Denkmal ersetzte ein schmucker Stahlbetonkasten. Doch in den 1970er-Jahren begann die Sehnsucht nach dem Verlorenen sich mehr Raum zu verschaffen. Vielen Menschen erschien die Moderne zu kalt, zu sachlich und zu wenig emotional.

Dieses Defizit veranlasste viele Bauherren, Rekonstruktionen älterer Gebäude zu fordern. Vom Knochenhauerhaus in Hildesheim über die Frauenkirche in Dresden bis hin zum Berliner Schloss reicht die Palette. Eine solche Entwicklung hat es historisch noch nie gegeben. Sie ist Ausdruck der fehlenden Akzeptanz der modernen Architektur bei vielen Zeitgenossen. Dennoch sind diese Wiederaufbauten aus fachlichen Gründen abzulehnen, da es schlicht nicht möglich ist, originalgetreu ein verlorenes Bauwerk zu ersetzen. Ein solches Gebäude ist ein Neubau und bringt keinen kulturellen Beitrag für unsere Epoche.

Anders ist die Reparatur von kleineren Bauteilen anzusehen. Fehlen nur Teile eines Denkmals, sind eine durch Quellen zu belegende Rekonstruktion des älteren Elementes und eine Ergänzung in den alten

Formen gerechtfertigt. Hier spielt die Überlegung eine Rolle, dass im Zweifelsfall nur das nachgebaute Einzelteil als letztes Zeugnis des Originals bleibt.

Ein weiterer kritischer Fall besteht darin, wenn die Altsubstanz so weit zerstört ist, dass nur noch spärliche Reste bleiben. Es ist dann darauf zu achten, dass die letzten Reste eines einst bedeutenden Bauwerks nicht durch einen überformenden Neubau der Lächerlichkeit Preis gegeben werden. In diesem Fall ist es eine Frage der Pietät, wie wir uns gegenüber dem Erbe stellen.

Festhalten lassen sich im Kern drei Strategien. Die erste rekonstruiert, will auffüllen, was verloren ist. Die gegensätzliche versucht kontrastierend das Neue deutlich zu machen und vom Alten abzusetzen. Der dritte Weg bemüht sich, zwischen beiden Strategien zu vermitteln. Hierbei werden Proportionen bis hin zu Details der älteren, verlustig gegangenen Bauwerke oder Bauwerksteile in die gestalterische, aktuelle Mode übersetzt. Diese Transformation hat z.T. hervorragende Ergebnisse gebracht.

Es gibt damit keine feste Regel, wie mit einem Denkmal gestalterisch zu verfahren ist. Unter der Vorgabe, so viel Altsubstanz wie möglich zu erhalten, können immer mehrere Entwurfswege angegangen werden. Ihre Qualität entscheidet sich am Geschick und Können des Planers.

3 Denkmalarten

• **Baudenkmäler**	
– bauliche Anlagen	Schlösser, Kirchen, Wohnhäuser ...
– Teile baulicher Anlagen	Fassaden, Erker, Skulpturen ...
– Mehrheit baulicher Anlagen (Ensemble/Denkmalbereich)	historische Kulturlandschaften, Siedlungen, Burganlagen mit Wirtschaftsbauten, Industriekomplexe ...
– Grünanlagen	Hausgärten, Stadtparks, Friedhöfe, Grünplätze, Alleen ...
• **Bewegliche Denkmäler**	
– nicht-ortsfeste Denkmäler	Gefäße, Altäre, Werkzeuge, Bekleidung, Schmuck, Bücher, Münzen, Lokomotiven, Schiffe ...
• **Bodendenkmäler**	bewegliche oder unbewegliche Denkmäler, die sich im Boden, im Moor und unter Wasser befinden oder befanden: Grundmauern, menschliche Überreste, Bodenverfärbungen, Bunker, unterirdische Grabanlagen ...
• **Kleindenkmäler**	Meilensteine, Obelisken, Steinkreuze, Grenzsteine ...

4 Ziele der Denkmalpflege

Erhalt durch Nutzung, Verträglichkeit der Nutzung

In den seltensten Fällen wird das Denkmal selbst sein Dasein auf lange Sicht begründen können, also ist eine dem Gebäude verträgliche Nutzung eine grundlegende Voraussetzung für den Fortbestand und die weiteren Planungsschritte. Ohne die Nutzung der Gebäude sind Maßnahmen zur Bestandssicherung und Instandsetzung nicht wirtschaftlich zu bewerkstelligen. In Fällen, in denen sich aus wirtschaftlichen, politischen oder sozialen Gründen im Moment keine sinnvolle Verwendung für das Denkmal findet, soll der Istzustand konserviert werden; damit kann dem weiteren Verfall Einhalt geboten bzw. das Gebäude für eine spätere Wiederbelebung erhalten werden.

Fragen, die nach eingehender Untersuchung zu beantworten sind:

Welche Zeugniswerte sind vorrangig zu schützen?
Welche Anpassungen der Substanz sind vertretbar, um eine künftige Gebäudenutzung zu ermöglichen?

4.1 Nutzung

Die gewünschte Nutzung ist an der vorhandenen Bausubstanz zu orientieren. Dabei ist auf Gegebenheiten und Potenziale zu achten:

- Standort; Erschließung
- Grundriss; Höhengefüge
- Baukonstruktion; statisches System; Gebäudestruktur
- vorherige Nutzung.

Es ist abzuwägen, ob die Nutzung in das vorhandene Gebäude passt. Welche Gegebenheit müsste geändert werden und ist diese Änderung im Baudenkmal vertretbar?

4.2 Grundregel der Denkmalpflege

Stichpunktartig können folgende Grundregeln der Denkmalpflege genannt werden:

- Erhalten von möglichst viel Originalsubstanz, damit der Zeugniswert gewahrt bleibt.
- Eine dem Baudenkmal entsprechende Nutzung finden – Übernutzungen vermeiden.
- Fachgerechte Instandhaltungs- und Sanierungsmaßnahmen.
- Materialgerechte Verbindungen; zu erneuernde Bauteile auf das notwendige Maß reduzieren.

5 Organisation der Denkmalbehörden

In Deutschland liegt die Kulturhoheit bei den Bundesländern. Zuständig für Denkmalschutz und Denkmalpflege ist daher die jeweilige Landesverwaltung. Somit gibt es in Deutschland in jedem Bundesland ein eigenes Denkmalschutzgesetz.

Die Denkmalbehörden sind in Denkmalschutzbehörden (meist dreistufige Verwaltung aus Oberste, Obere und Untere Denkmalschutzbehörde) und Denkmalfachbehörden (Landesamt für Denkmalpflege, LDA) gegliedert. Die hoheitlichen Aufgaben werden fast überall von den Denkmalschutzbehörden, die fachlichen und wissenschaftlichen Aufgaben von den Denkmalfachbehörden wahrgenommen. Zuständig ist in der Regel zunächst immer die Untere Denkmalschutzbehörde.

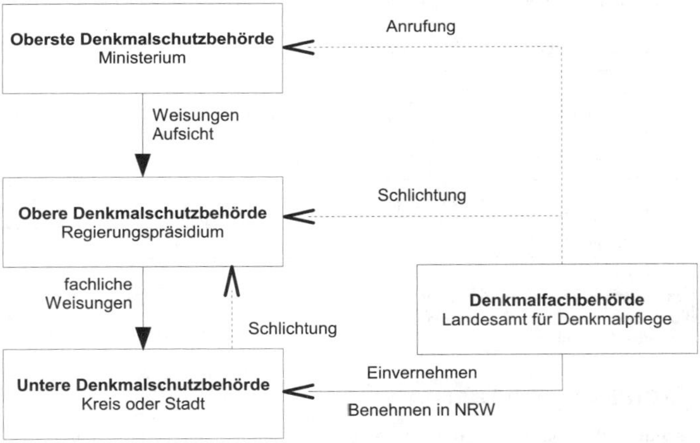

Denkmalbehörden

Denkmalschutzbehörde	Denkmalfachbehörde
• rechtlich-hoheitliche Funktion • Überwachung und Sicherung des Denkmalbestandes • Entscheidungsbefugnis im gesetzlichen Rahmen • Rechtliche Überprüfung der Forderungen der Fachbehörde • Durchführung von Genehmigungsverfahren • Durchführung von Ordnungswidrigkeitsverfahren	• Landesamt für Denkmalpflege • fachliche Beratung der Unteren Denkmalbehörden • wissenschaftliche Grundlage für Denkmalschutzbehörde • Erfassung der Kulturdenkmale • Führung der Denkmallisten und -bücher • fachliche Prüfung von Anträgen zur Veränderung von Kulturdenkmalen • Prüfung, Überwachung und Durchführung von archäologischen Grabungen • wissenschaftliche Arbeit und Veröffentlichungen • Denkmalkonservierung/-restaurierung

Tafel 6.6 Vergleich der Denkmalschutzgesetze

Bundesland	Schutzsystem	Verzeichnisname	Unterschutz-stellung durch	Eintragung Liegen-schafts-kataster	Vorkaufs-recht der Behörden	Anzeige-pflicht bei Eigentümer-wechsel
Baden-Württemberg	Generalklausel Listeneintragung[1]	Denkmalbuch	Gesetz Eintragung[1]	○	○	●
Bayern	Generalklausel	Denkmalliste	Gesetz	○	○	○
Berlin	Generalklausel	Denkmalliste Denkmaldatenbank	Gesetz	○	○	●
Brandenburg	Listeneintragung	Denkmalliste Denkmaldatenbank	Eintragung	○	○	●
Bremen	Listeneintragung	Denkmalliste Denkmaldatenbank	Bescheid	○	○	●
Hamburg	Listeneintragung (für „erkannte Denkmäler“)	Denkmalliste (Denkmal-verzeichnis)	Eintragung (Eintragung)[2]	○	○	○
Hessen	Generalklausel	Denkmalverzeichnis	Gesetz	●	○	●[3]
Mecklenburg-Vorpommern	Listeneintragung	Denkmalliste	Eintragung	○	●	●
Niedersachsen	Generalklausel	Denkmalverzeichnis	Gesetz	○	○	●[3]
Nordrhein-Westfalen	Listeneintragung	Denkmalliste	Eintragung	○	●	○
Rheinland-Pfalz	Listeneintragung	Denkmalliste	Eintragung	○	●	●
Saarland	Generalklausel	Denkmalliste	Gesetz	○	●	●
Sachsen	Generalklausel	Kulturdenkmalliste	Gesetz	○	●	●
Sachsen-Anhalt	Generalklausel	Denkmalverzeichnis	Gesetz	○	●	○
Schleswig-Holstein	Generalklausel Listeneintragung[1]	Denkmalliste	Gesetz Eintragung	○	○	○
Thüringen	Generalklausel	Denkmalbuch	Gesetz	●	●	●

● trifft zu, ○ trifft nicht zu

[1] Für „Kulturdenkmäler von besonderer Bedeutung“.
[2] Keine allgemein-rechtsverbindliche Schutzwirkung.
[3] Nur bei beweglichen Kulturgütern.

6 Genehmigungsverfahren

- Denkmalschutzrechtliches Genehmigungsverfahren nach jeweiligem Denkmalschutzgesetz
- Generelles Veränderungsverbot der Baudenkmäler mit Genehmigungsvorbehalt
- Bei denkmalgeschützten Gesamtanlagen sind alle Maßnahmen, die das historische Erscheinungsbild berühren, genehmigungspflichtig. Die äußere Erscheinung wie Fassade und Dach ist also geschützt.
- Ist ein Bauvorhaben baugenehmigungspflichtig, tritt an die Stelle der denkmalschutzrechtlichen Genehmigung eine behördeninterne Zustimmung gegenüber der Bauaufsicht.

Genehmigung bei:

- völliger oder teilweiser Zerstörung
- wesentlicher Beeinträchtigung des Erscheinungsbildes
- Umgestaltung
- Instandsetzung
- Eingriffen in den Bestand
- Befunduntersuchungen, Grabungen
- Anbringen von Werbung
- Entfernen vom Standort
- Maßnahmen in der Umgebung

Wenn kein Bauantrag zu stellen ist, dann Antragstellung an Untere Denkmalschutzbehörde mit allen zur Beurteilung des Vorhabens notwendigen Unterlagen:

- Antragsschreiben mit Angaben zu Grundstück, Bauherr, Eigentümer
- Auszug aus der Liegenschaftskarte und Kennzeichnung des Denkmals
- Fotos des Kulturdenkmals
- Genaue Maßnahmenbeschreibung unter Angabe von Materialien, Farbnummern und Vorgehensweise
- Planzeichnungen, Werkzeichnung, Details im angemessenen Maßstab.

Umfang der Unterlagen an Bauordnungsrecht und Bauvorlagenordnung orientiert. Oftmals gleichzeitige Beantragung nach Bauordnungsrecht und Denkmalrecht.

Weitere Unterlagen wie Bestandspläne, Gutachten oder Stellungnahmen können verlangt werden. Die Genehmigung kann von weiteren vorbereitenden Untersuchungen abhängig gemacht werden (Freilegungen, Farbuntersuchungen, Dokumentationen usw.).

Genehmigungsablauf

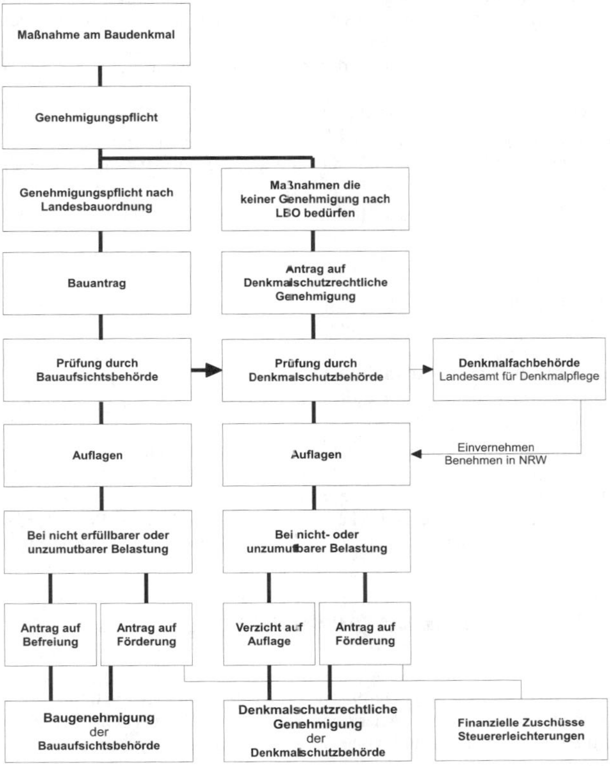

7 Finanzierung

Der Erhalt und die Pflege von Baudenkmälern stehen im öffentlichen Interesse. Für Staat und Gemeinden besteht eine Rechtspflicht zur Beteiligung an den Kosten des Denkmalschutzes. Um die finanziellen Belastungen für den Bauherrn zu mildern, stellt der Staat verschiedene direkte und indirekte Finanzierungshilfen zur Verfügung:

Direkte Finanzierungshilfen, Zuschüsse zu denkmalpflegerischen Baumaßnahmen

- Unterschiedliche Programme in den Bundesländern, bei den zuständigen Behörden von Fall zu Fall erfragen,
- Mittel von Bund, Land oder Gemeinde, Antragsverfahren über die Gemeinde,
- Zuschüsse werden dem Bezuschussten u.U. als Einkommen angerechnet und sind steuerpflichtig,
- vor Eingang des Bewilligungsbescheides darf nicht mit der Maßnahme begonnen werden,
- Förderung nur von Maßnahmen mit öffentlich-rechtlicher Genehmigung,
- wichtige Förderprogramme:
  - Landesmittel zur Finanzierung denkmalpflegerischer Mehrkosten. Nur der sogenannte „denkmalpflegerische Mehraufwand" kann bezuschusst werden. Dieser ist die Differenz aus den entstandenen Mehrkosten, abzüglich der Kosten für den „normalen" Erhaltungsaufwand, der finanziert werden müsste, wenn das Gebäude nicht unter Denkmalschutz stehen würde.
  - Auf bestimmte Maßnahmen abgestellte Zuschüsse der Gemeinden und Landkreise nach den entsprechenden Förderrichtlinien.
  - Zuschüsse zu unrentierlichen Kosten in festgesetzten Bereichen der vereinfachten Stadterneuerung oder in Sanierungsgebieten nach BauGB.
  - Zuschüsse innerhalb der Förderung des sozialen Wohnungsbaus nach dem Zweiten Wohnungsbaugesetz.
  - Zuschüsse aus dem Programm zur Förderung der Dorferneuerung.

Indirekte Finanzierungshilfen, Steuervergünstigungen

Für Denkmaleigentümer gibt es Steuervergünstigungen im Bereich der

- Sonderabschreibungen für Herstellungs- und Unterhaltungsaufwand im Rahmen der Einkommensteuer,
- Vermögensteuer,
- Grundsteuer,
- Grunderwerbsteuer,
- Erb- und Schenkungsteuer,
- Einheitsbewertung von Grundstücken.

Steuererleichterungen sind in den Steuergesetzen geregelt.

Voraussetzungen für die Inanspruchnahme von Steuervergünstigungen

- Förderung nur von Maßnahmen mit öffentlich-rechtlicher Genehmigung (Baugenehmigung, denkmalschutzrechtliche Genehmigung)
- schriftliche Bestätigung der Denkmalfachbehörde über die Denkmaleigenschaft des Objekts
- Bescheinigung der Denkmalbehörde, dass die Maßnahme genehmigt ist und dem Erhalt des Denkmals dient und Bestätigung der Kosten (geprüfte Schlussrechnungen vorlegen).
- Abstimmung rechtzeitig vor Beginn der Maßnahme mit der zuständigen Behörde (der Denkmalfachbehörde – Landesamt für Denkmalpflege, in Nordrhein-Westfalen mit der Stadt- oder Gemeindeverwaltung).

8 Baudenkmale und Energieeinsparung

8.1 GEG

Baudenkmäler, die verkauft, vermietet, verpachtet oder geleast werden, benötigen gemäß § 80 Absatz 3 bis 7 GEG keinen Energieausweis. Allerdings ist zu beachten, dass einzelne Zuschussgeber und Zuschussrichtlinien für die Beantragung von Fördermitteln die Vorlage eines Energieausweises oder einer sonstigen Zertifizierung verlangen.

Baudenkmäler in diesem Sinne sind Einzeldenkmäler sowie Ensembles. Daher besteht auch für Gebäude innerhalb eines Ensembles, die nicht Einzeldenkmal sind, keine Pflicht zur Erstellung eines Energieausweises.

Bei Baudenkmälern kann von den Anforderungen des GEG abgewichen werden, wenn die Erfüllung der Anforderungen die Substanz oder das Erscheinungsbild beeinträchtigen oder andere Energieeinsparmaßnahmen zu einem unverhältnismäßig hohen Aufwand führen würden. Ob dies der Fall ist, ist vom Eigentümer in eigener Verantwortung ggf. nach Beratung durch das Landesamt für Denkmalpflege zu entscheiden.

Vorrang der Belange des Denkmalschutzes vor Energiesparmaßnahmen

Durch § 105 GEG wird klargestellt, dass die Belange von Denkmalschutz und Denkmalpflege dem Interesse an der Durchführung von Energiesparmaßnahmen vorgehen. Die Erteilung einer Erlaubnis für eine energetische Sanierung von Baudenkmälern ist daher in der Regel zu versagen, wenn die beabsichtigten Maßnahmen die Substanz oder das Erscheinungsbild des Denkmals beeinträchtigen würden.

8.2 Energetisches Sanieren von Denkmalen

Die klimaschutzpolitischen Zielstellungen, die steigende Energienachfrage sowie die Endlichkeit fossiler Energieressourcen lassen neue Möglichkeiten bei der energetischen Sanierung von Baudenkmalen zu. Momentan gibt es noch keine verbindlichen Gesetzmäßigkeiten, jedoch haben etliche Bundesländer schon Leitfäden für den Umgang mit regenerativer Energie entwickelt.

Im Fokus steht neben den Verbrauchswerten (Betriebskosten) auch die Gesamtbilanz der Lebenszyklusbetrachtung. Dabei erzielen historische Gebäude oft keine schlechten Werte.

Die Energieeffizienz kann gesteigert werden durch die Dämmung der Gebäudehülle, den Austausch bzw. die Optimierung von Heizungs- und Lüftungsanlagen sowie Beleuchtungsanlagen.

Besonders im Dachbereich und bei der Verringerung von Transmissionswärmeverlusten durch Fenster und Türen bieten sich denkmalverträgliche Maßnahmen an.

Im Integrierten Energie- und Klimaschutzprogramm der Bundesregierung (IEKP) finden sich Förderprogramme zu:

- Förderprogramm für Kommunen und andere Einrichtungen
- Impulsprogramm Mini-KWK-Anlagen
- Marktanreizprogramm zur Förderung erneuerbarer Energien
- Förderprogramm „Vor-Ort-Beratung“ des Bundesministeriums für Wirtschaft und Technologie
- Experimenteller Wohnungs- und Städtebau
- Förderung von Klimaschutzprojekten in Kommunen sowie sozialen und kulturellen Einrichtungen
- Förderprogramm zur Weiterentwicklung der Nationalen Klimaschutzinitiative
- Sozial Investieren – Energetische Gebäudesanierung
- Energieeffizient Sanieren (Kredit, Sonderförderung, Kommunen)

mit Schwerpunkten der Förderung:

- Klimaschutzkonzepte und „Klimaschutzmanager“
- Klimaschutztechnologien bei Stromnutzung
- Klimaschutzmodellprojekte mit Leitbild CO_2-Neutralität
- „IT goes green“ – Förderung effizienter Computertechnologien
- Nachhaltige Stadtentwicklung
- Förderprogramme der KWF-Förderbank
- Städtebauförderungsprogramme
- Integrierte Ländliche Entwicklung (ILE)
- Wohneigentum, Mehrgenerationswohnen
- Energieeffizienz und Klimaschutz (EuK)
- Landesprogramme für die Denkmalpflege

9 Untersuchungen am Baudenkmal

Entsprechend der ärztlichen Therapiefindung für einen kranken Menschen lässt sich ein Baudenkmal als Patient betrachten. Auch hier sind die Schritte

> **Anamnese** (Voruntersuchung, Bestandsaufnahme, weiterführende Untersuchungen),
> **Diagnose** (Analyse und Bewertung von Bestandsaufnahme und Untersuchungen) und
> **Therapie** (Planungs- und Maßnahmenkonzept)

unerlässlich für den Erfolg der Maßnahmen am Baudenkmal.

9.1 Voruntersuchung, Bestandsaufnahme (Anamnese)

- Erste Baubegehung, Erkundung des Ist-Zustands
- Denkmalpflegerische, kunst- und kulturhistorische Information
- Baualtersbestimmung:
  - aus Urkunden und Archivalien,
  - durch am Bauwerk zu findende Jahreszahlen, an Holz und Steinbauteilen in Originaleinbaulage,
  - durch Inschriften (Ausmalungen können allerdings übermalt sein),
  - anhand konstruktiver Merkmale und Materialeinsatz,
  - durch Radiokarbonmethode,
  - durch Dendrochronologie
- Hypothese zur Entstehungs-, Nutzungs- und Umnutzungsgeschichte
- Erste Einschätzung von Bauschäden unter Betrachtung der Konstruktion und der typischen Schadensbilder, Grobdiagnose zur Erstellung eines ersten Kostenrahmens
- Begehung des Objekts vom Dach beginnend in den Keller (konstruktive Zusammenhänge zum Tragwerk und zur Lastableitung von oben nach unten am besten erkennbar)
- Erste Prüfung der Verträglichkeit mit der angestrebten Nutzung, dem Soll-Zustand
- Bestandserfassung:
  - Verformungsgerechtes Bauaufmaß, mit allen Maßen in Grundriss, Schnitt und Ansicht
  - Eintragung der Konstruktionsmaterialien
  - Erfassung der Kräfteverläufe und deren Störungen
  - Aufzeichnung der Schadensbilder und Mängel
- Maßnahmenorientierte Bestandserfassung mittels Raumbuch
- Festlegen der weiterführenden Untersuchungen.

Weiterführende Untersuchungen

- Zielformulierung der Baumaßnahme
- Bauwerksdiagnose mit bewertetem Ergebnis durch restauratorische, bauhistorische, archäologische, statische und bauchemische Untersuchungen
- Alle Untersuchungen mit Eingriffen in den Bestand oder Boden (Fundamentuntersuchungen) bedürfen der Genehmigung der Denkmalbehörden.

Typische Untersuchungsschwerpunkte am Baudenkmal

1.0 Schäden der Dachdeckung
1.1 Schadhafte Holzdachstühle (insbes. Traufpunkt, First)
1.2 Schäden an Dachdurchdringungen (Schornsteine, Gauben etc.)
1.3 Schäden der Dachentwässerung
2.0 Schäden Fassadenoberfläche
2.1 Risse in der Fassade
2.2 Schadhafte Fenster und Außentüren
2.3 Schwachstelle Fenster-Wandanschluss
2.4 Auskragende Bauteile, Balkonschäden
3.0 Balkenköpfe von Holzbalkendecken, Deckenbalken
3.1 Holzfußböden, Bodenbelag (Platten- und Terrazzobeläge)
3.2 Schadhafter Deckenputz und -stuck
4.0 Geschosstreppen
4.1 Risse und Schäden am Wandputz, Wandbekleidungen
4.2 Schäden an Innentüren
5.0 Durchfeuchtete Kellerwände
5.1 Feuchteschäden am Bauwerkssockel

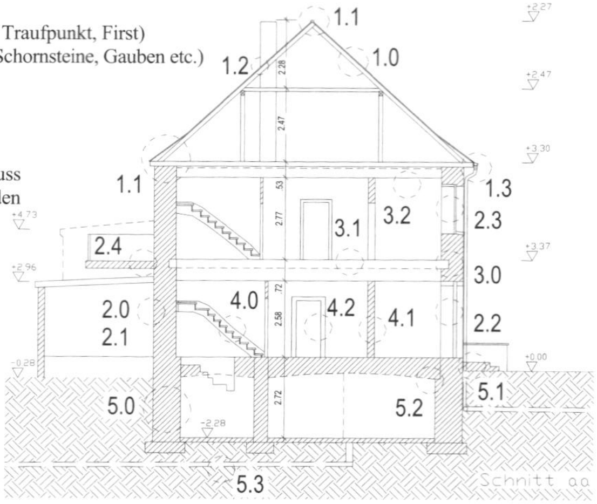

5.2 Auflagerschäden an Kellerdecken, abgerissene Schildwände, Risse an Gewölben
5.3 Schadhafte (Grund-)Leitungen; Heizungsanlage; Schäden an Schornsteinen und Schornsteinköpfen; Elektroinstallation; Sanitärinstallation.

Rechnergestützte Untersuchungsmethoden	
Thermografie	Darstellung der Oberflächentemperatur von Bauteilen, nutzt das differenzierte Wärmeverhalten von Bauteilen, z.B. zur Sichtbarmachung von Fachwerk unter Verputz, Veränderungen im Mauerwerksgefüge (Materialwechsel, Bögen etc.), z.B. mittels Thermografieaufnahmen/-unteruchungen mit Multicoptern
Fotogrammetrie	Fassadenaufnahmen, Innenraumaufnahmen in fotografischer Aufnahmetechnik, maßstabsgerechte, detailgetreue Methode
Endoskopie	Untersuchung von Hohlräumen mittels bildgebender endoskopischer Untersuchung, Balkenköpfe, Dach- und Deckenhohlräume, Baustoffschichtenfolge
Dendro-chronologie	Altersbestimmung für Holz nach der vergleichenden Abfolge der Jahresringe; Arbeitsschritte: 1. Voruntersuchung / bauhistorische Fragestellung 2. Probenentnahme 3. Laborauswertung der Proben 4. Interpretation der Laborergebnisse bezüglich der bauhistorischen Erkenntnisse 5. Archivierung der Proben und der gewonnenen Erkenntnisse
Resistografie	Bohrwiderstandsmessung, insbesondere für Untersuchungen von Bäumen und verbautem Holz mittels einer Bohrnadel
Radiokarbon-untersuchung	Altersbestimmung nach Kohlenstoffisotop 14C, für alle kohlenstoffhaltigen Baumaterialien; nur grobe Baudatierung (bei Holz ca. +/– 50 Jahre)
Zerstörungsfreie Mauerwerks-feuchteunter-suchungen	Bestimmung des Feuchtegehalts mittels Baufeuchtemessgeräten

9.2 Analyse und Bewertung von Bestandsaufnahmen und Untersuchungen (Diagnose)

- Schadensanalyse
- Analyse des Bestandes
- Auswertung der Archivalien
- Analyse aus statischer, bauphysikalischer, brandschutztechnischer Sicht.

9.3 Planungs- und Maßnahmenkonzept (Therapie)

- Leitidee: Erhalt von so viel Originalsubstanz wie möglich!
- Planungsschritte sollten darauf abzielen, die ursprüngliche Baustruktur wie Geschosshöhen, Bauwerksachsen und Stützensysteme zu erhalten.
- Neue Nutzungsstruktur mit der vorhandenen Baustruktur in Einklang bringen
- Konzeptioneller Ansatz nach den Voruntersuchungen unter Berücksichtigung der Zielformulierung und weiterer Einflussfaktoren:
  - Standard der zu planenden Installation,
  - Installationsführung,
  - sparsamer Umgang mit Energie und Einsatz von dem Denkmal angemessenen Materialien,
  - Konstruktionen und Materialien ohne schädliche Umweltbelastungen oder Belastungen für die Gesundheit,
  - angestrebte Restnutzungsdauer,
  - Wirtschaftlichkeit und Finanzierung,
  - Erhaltungsmöglichkeit originaler Substanz und Konstruktionen,
  - Auflagen aus Genehmigungen.
- Festlegen von Maßnahmen aus Untersuchungen zum Tragwerk, der Bauphysik, der Baubiologie oder der Bauchemie
- Bei exakter Durchführung der Untersuchungen ist nur mit wenigen Überraschungen während der Bauphase zu rechnen.

9.4 Schadensbilder an ausgewählten Bauteilen

9.4.1 Gründung

- Oft einfache Fundamentierung der historischen Bauten in geringer Tiefe auf gewachsenem Boden,
- Pfahl- oder Rostgründungen aus Eichenholz bei ständig hohem Grundwasserstand als Grundlage der Streifenfundamente,
- Fundamente oft in Bruchstein mit Kalkmörtel ausgeführt,
- Schäden an der Gründung zeigen sich meist im Mauerwerk,
- Abklärung bei vorhandenen Rissen, Anzeichen von Setzungen oder Ausbauchungen. Prüfen, ob Setzung andauert; kann mit Putzmarken (Gipsmörtel) festgestellt werden.

Ursachen für Gründungsschäden:

- Zu schwach dimensionierte Fundamente, z.B. bei Übernahme aus einem Vorgängerbau oder bei Laststeigerungen,
- Bodenbewegungen, insbesondere bei tonigen und lehmigen Böden (Schrumpfen bei Trockenheit, Ausdehnen bei Feuchtigkeit),
- Grundwasserabsenkungen durch Flussregulierungen oder Tagebaubetrieb, Holzpfähle und Holzroste kommen an die Luft und verfaulen, die Steinfundamente sacken nach,
- stark schwankender Grundwasserstand durch Tiefbaumaßnahmen (Straßenbau, Kanalisationsbau) führt zu partieller Verdichtung des Bodens mit Bildung von Hohlstellen und damit zum Absacken von Fundamenten und Rissbildungen am Gebäude,
- bei Beton auf Korrosion der Bewehrung achten (Rostflecken, Betonabsprengungen über der Bewehrung),
- Kalkkrusten am Beton können ein Zeichen von Kiesnestern sein,
- Schäden durch Feuchtigkeit im erdberührten Bereich, Abdichtung Ursachen für Feuchteschäden:
  - Abdichtung zum anstehenden Erdreich defekt (Setzungsschäden, Durchwurzelung, Versprödungsrisse)
  - gerissene Aufstandsbögen der Fallleitungen
  - Leckage in den Grundleitungen
  - Leitungsdurchführungen (Wasser, Gas, ELT etc.) undicht, zudem können die Leitungsgräben als Drainage wirken und zusätzlich Wasser zum Gebäude führen,
  - unsachgemäß verlegte Drainageleitung am Gebäude (wirkt als Wassersammler)
  - Spritzwasserschäden durch defekte Traufentwässerung
  - anstehendes Hangwasser.

9.4.2 Wandkonstruktionen

Häufig vorzufindende Wandaufbauten im Denkmalbereich:

- *Werksteinbauten* aus behauenem Naturstein in der Wandaußenschale bei Zweischalenmauerwerk, meist Sandstein, auch Granit, Kalkstein, Travertin, Marmor
- *Bruchsteinbauten* aus bruchrauhem Naturstein, meist Putzbauten, ab Spätbarock auch als Sichtmauerwerk ausgeführt
- *Putzbauten*: Mauer aus Bruchstein, Ziegel oder Fachwerk
- *Ziegelrohbauten* vorwiegend in den Küstenregionen von Nord- und Ostsee; sehr widerstandsfähig
- *Fachwerkbauten* mit Sichtfachwerk oder verputztem Fachwerk, auch auf massiven Sockelgeschossen (Stein- und Lehmwände)

Ursachen für Mauerwerksschäden	Abhilfe
• Risse aus Gründungsschäden • Verformungen aus Gewölbedruck, Gewölberisse • Schiefstellung durch fehlende Queraussteifung • dauernde Nässebelastung • Umbauten mit Ausbau von aussteifenden Wänden und Pfeilern, Öffnungseinbau mit Gefügezerstörungen, aus Deckensanierungen erhöhter Gewölbedruck	• Ursache der Rissbildung klären und abstellen, Rissbewegung auf Stillstand prüfen, • Sanierung durch Vergießen, Verpressen oder Vernadeln, • beim Vernadeln muss die Schadensursache für die Rissbildung sicher abgestellt sein, damit der Schaden an anderer Stelle nicht erneut auftritt, • Ringbalken, Stützwand, Strebepfeiler
Verwitterung und Substanzverlust, besonders bei Sandstein	Ergänzung von Fehlstellen aus Naturstein (Einsatz einer Vierung), Steinaustausch mit steinmetzmäßiger Bearbeitung nach Original, Steinfestigung durch Ersatzbindemittel, Reparatur mit künstlichem Steinersatz.

9.4.3 Holzbauteile

Untersuchungsmethoden an Holzbauteilen auf Substanzverlust:

- Anschlagen mit Hammer und Beil
- Anbohren
- Ziehen von Bohrkernen
- Endoskopie
- Densistomat (Bohrmaschine zur Bestimmung der Wandstärke, Nadelbohrung mit einer speziellen Bohrmaschine und Aufzeichnung des Bohrwiderstandes in Abhängigkeit von der jeweiligen Bohrtiefe, Aussage über Holzfestigkeit und Holzfäule)

Schadensfeststellung auf:

- Schäden durch tierische Holzschädlinge,
- Schäden durch pflanzliche Holzschädlinge (Schwammarten),
- Risse und Brüche,
- fehlende Konstruktionshölzer,
- klaffende und fehlende Holzverbindungen,
- Verformungen aufgrund weiterer Ursachen,
- Mängel aus unsachgemäßer Reparatur oder Umbauten,
- Schäden, die auf falsche Ausfachungen zurückgehen,
- Schadensbilder aus Wand- und Bauteilverkleidungen
- Belastungen durch Holzschutzmittel

9.5 Zusammenfassung Maßnahmenschritte am Baudenkmal

1. Bestandsaufnahme, Voruntersuchungen
2. Untersuchungen
3. Analyse und Bewertung von Bestandsaufnahme und Untersuchungen
4. Planungs- und Maßnahmenkonzept
5. Finanzierung
6. Genehmigungsverfahren
7. Ausschreibung und Vergabe
8. Überwachung und Ausführung
9. Abnahme und Abrechnung
10. Dokumentation Vorzustand, während der Maßnahme, Abschluss.

6 B Bauwerksüberwachung, Bauwerksprüfung

Prof. Dr.-Ing. Martin Mertens

Nicht zuletzt aufgrund einiger Fälle von Tragwerksversagen im In- und Ausland in der jüngeren Vergangenheit hat die Zustandsprüfung von Bauwerken („Bauwerksprüfung“) zunehmend an Relevanz gewonnen. Neben einem Überblick über den baulichen Zustand des Bestandes erlaubt eine regelmäßige Prüfung das rechtzeitige Ergreifen von Maßnahmen zur Sicherung der Tragfähigkeit, der Dauerhaftigkeit und der Verkehrssicherheit von baulichen Anlagen. Sie hat mithin neben rechtlichen und technischen Aspekten auch eine hohe wirtschaftliche Bedeutung.

Während für Bauwerksprüfungen von Ingenieurbauwerken im Zuge von Straßen und Wegen seit den 30er Jahren des letzten Jahrhunderts ständig weiterentwickeltes technische Regelwerk im Rahmen der DIN 1076 zugrunde liegt, sind anwendungsorientierte Richtlinien, Vorschriften und Empfehlungen für die Bauwerksprüfung von Gebäuden des Hochbaus erst in den letzten 20 Jahren entstanden. Als allgemein anerkannte Regel der Technik in diesem Bereich hat sich seither die VDI-Richtlinie 6200 etabliert.

1 Rechtliche Grundlagen, Regelwerke

Grundsätzlich trägt der Eigentümer die Verantwortung und die Haftungsrisiken für die ordnungsgemäße Instandhaltung, d.h. Wartung, Überprüfung und gegebenenfalls Instandsetzung, sowie für die Verkehrssicherheit und Standsicherheit seiner baulichen Anlage. Dies gilt für bauliche Anlagen von privaten Eigentümern ebenso wie von Bund, Ländern oder kommunalen Körperschaften.

1.1 Gebäude

Für bauliche Anlagen ist der einleitend genannte Grundsatz im Bauordnungsrecht der Länder in Verbindung mit § 823 und den §§ 836 bis 838 BGB (Verkehrsicherungspflicht) verankert.

Als Regelwerk für die Bauwerksüberwachung (Zustandsüberwachung) von baulichen Anlagen des Bundes gelten die „Richtlinien für die Durchführung von Bauaufgaben des Bundes (RBBau)“ Abschnitt C in Verbindung mit der „Richtlinie für die Überwachung der Verkehrssicherheit von baulichen Anlagen des Bundes (RÜV)“ [6.1].

Die im September 2006 von der „Bauministerkonferenz der für Städtebau, Bau- und Wohnungswesen zuständigen Minister und Senatoren der Länder (ARGEBAU)“ veröffentlichten „Hinweise für die Überprüfung der Standsicherheit von baulichen Anlagen durch den Eigentümer/Verfügungsberechtigten“ [6.2] stellen einen Anhang zur Musterbauordnung dar. Diese werden ergänzt und konkretisiert durch die VDI-Richtlinie VDI 6200 (Februar 2010) „Standsicherheit von Bauwerken - Regelmäßige Überprüfung“.

Wichtige Grundlage einer regelmäßigen Bauwerksprüfung ist eine vollständige und laufend aktualisierte Bewertung des baulichen Zustandes mit zugehöriger Dokumentation. Hierzu gibt das Blatt 1.1 der VDI-Richtlinie 6200 „Standsicherheit von Bauwerken - Berichtsdokumentation der Überprüfung“ wertvolle Hinweise.

1.2 Ingenieurbauwerke im Zuge von Straßen und Wegen

Rechtliche Verpflichtungen zu Bauwerksprüfungen ergeben sich aus den Straßengesetzen des Bundes und der Länder (s. z.B. § 4 Bundesfernstraßengesetz, FStrG). Durchgängig ist in den Straßengesetzen enthalten, dass der Träger der Straßenbaulast verantwortlich für alle Anforderungen in Bezug auf „Sicherheit und Ordnung“ seiner Straßen und Bauwerke ist. Bau und Unterhaltung von Straßen sowie die Wahrnehmung der Straßenaufsicht stellen hoheitliches Handeln dar. Die Durchführung einer Bauwerksprüfung ist selbst allerdings kein hoheitliches Handeln, sondern die Tätigkeit eines Sachverständigen.

Die Norm DIN 1076 „Ingenieurbauwerke im Zuge von Straßen und Wegen“ enthält Vorgaben zur technischen Durchführung einer Bauwerksprüfung, zu Prüfzyklen sowie Prüfarten und definiert Anforderungen an das Prüfpersonal.

Bund und Länder vereinheitlichen die Aufnahme der an den o.g. Bauwerken festgestellten Schäden mit Hilfe der „Richtlinie zur einheitlichen Erfassung, Bewertung, Aufzeichnung und Auswertung von Ergebnissen der Bauwerksprüfung nach DIN 1076 (RI-EBW-PRÜF)“ und des unterstützenden Programmsystems „SIB-Bauwerke“ [6.2].

2 Arten der Bauwerksüberwachung und Bauwerksprüfung

2.1 Bauüberwachung und Prüfung nach VDI-Richtlinie 6200

Abgestuft nach Gefährdungspotenzial und Schadensfolgen werden die zum Anwendungsbereich der VDI-Richtlinie 6200 gehörenden Gebäude in Kategorien („Consequences Classes") eingeteilt:

Tafel 6.15a Schadensfolgeklassen (Consequences Classes) für Bauwerke mit Beispielen (Aufzählung nicht vollständig)

Schadens-folgeklasse	Merkmale	Gebäudetypen und exponierte Bauteile	Beispielhafte Bauwerke
CC 3 Kategorie 1 gemäß [6.1]	hohe Folgen (Schäden an Leben und Gesundheit für sehr viele Menschen, große Umweltschäden)	insbesondere: Versammlungsstätten für mehr als 5000 Personen	Stadien, Kongresshallen, Mehrzweckarenen
CC 2 Kategorie 2 gemäß [6.1]	mittlere Folgen (Schäden an Leben und Gesundheit für viele Menschen, spürbare Umweltschäden)	bauliche Anlagen mit über 60 m Höhe Gebäude und Gebäudeteile mit Stützweiten größer 12 m und/oder Auskragungen größer 6 m sowie großflächige Überdachungen exponierte Bauteile von Gebäuden, soweit sie ein besonderes Gefährdungspotenzial beinhalten	Hochhäuser, Fernsehtürme Bürogebäude, Industrie- und Gewerbebauten, Kraftwerke, Produktionsstätten, Bahnhofs- und Flughafengebäude, Hallenbäder, Einkaufsmärkte, Museen, Krankenhäuser, Kinos, Theater, Schulen, Diskotheken, Sporthallen aller Art, z.B. für Eislauf, Reiten, Tennis, Radfahren, Leichtathletik große Vordächer, angehängte Balkone, vorgehängte Fassaden, Kuppeln
CC 1	geringe Folgen (Sach- und Vermögensschäden, geringe Umweltschäden, Risiken für einzelne Menschen)	robuste und erfahrungsgemäß unkritische Bauwerke mit Stützweiten kleiner 6 m Gebäude mit nur vorübergehendem Aufenthalt einzelner Menschen	Ein- und Mehrfamilienhäuser landwirtschaftlich genutzte Gebäude

Weiterhin erfolgt unter Würdigung der statisch-konstruktiven Tragwerkseigenschaften hinsichtlich von Lastumlagerungsmöglichkeiten und Versagensankündigungsfähigkeiten eine Einstufung in Robustheitsklassen („Robustness Classes"):

Tafel 6.15b Robustheitsklassen für Bauwerke mit Beispielen (Aufzählung nicht vollständig)

Robustheits-folgeklasse	Bauwerk/Nutzung	Beispielhafte Tragwerke
RC 1	statisch bestimmte Tragwerke ohne Systemreserven Fertigteilkonstruktionen ohne redundante Verbindungen imperfektionsempfindliche Systeme Tragwerke mit sprödem Verformungsverhalten	Einfeldträger stützenstabilisierte Hallentragwerke ohne Kopplungen schlanke Schalentragwerke Tragwerke aus Glas Tragwerke mit Gussbauteilen
RC 2	statisch unbestimmte Konstruktionen mit Systemreserven elastisch-plastisches Tragverhalten	Durchlaufträger eingeschossige Rahmenkonstruktionen Stahlkonstruktionen
RC 3	Konstruktionen mit großer Systemredundanz Tragwerksverhalten und/oder Konstruktionen mit großen plastischen Systemreserven fehlerunempfindliche Systeme	mehrgeschossige Rahmenkonstruktionen vielfach statisch unbestimmte Systeme seilverspannte Konstruktionen überschüttete Bogentragwerke
RC 4	Tragwerke, bei denen alternativ berücksichtigte Gefährdungsszenarien und Versagensanalysen ausreichende Robustheit zeigen	Bemessung für Stützenausfall Bemessung auf Lastfall Flugzeugabsturz

Das empfohlene, abgestufte Vorgehen bei der Überprüfung der Standsicherheit besteht aus:

- Begehung durch den Eigentümer/Verfügungsberechtigten:
  Besichtigung des Bauwerks auf offensichtliche Schäden (Verformungen, Schiefstellungen, Risse, Durchfeuchtungen, Ausblühungen, Korrosion, …, an tragenden Bauteilen, bauphysikalische Unzulänglichkeiten u.a.), kann auch durch den nicht fachkundigen Eigentümer/Verfügungsberechtigten

vorgenommen werden. Eine beispielhafte Checkliste und Dokumentation der Begehung durch den Eigentümer/Verfügungsberechtigten ist im Anhang der VDI-Richtlinie enthalten.

- Inspektion durch eine fachkundige Person:
  Sichtkontrolle ohne Verwendung von technischen Prüfhilfsmitteln in Form einer visuellen Überprüfung von einer fachkundigen Person.
- Eingehende Überprüfung durch eine besonders fachkundige Person:
  Handnahe Prüfung aller maßgeblichen, auch der schwer zugänglichen Bauwerksteile auf Schädigung, eventuell stichprobenhafte Materialuntersuchungen.

Für die regelmäßige Zustandsprüfung werden in Abhängigkeit von der Schadensfolgeklasse die in der Tafel 6.16 angegebenen Zeitintervalle empfohlen. Im Einzelfall sind diese Anhaltswerte unter Berücksichtigung von Robustheitsklasse, Alter und Erhaltungszustand, Nutzung, Umweltbedingungen usw. zu konkretisieren.

Tafel 6.16 Zeitintervalle für die regelmäßigen Überprüfungen (Anhaltswerte nach VDI-Richtlinie 6200)

Schadensfolge-klasse	Begehung gemäß Abschnitt 10.1.1	Inspektion gemäß Abschnitt 10.1.2	Eingehende Überprüfung gemäß Abschnitt 10.1.3
CC 3	1 bis 2 Jahre	2 bis 3 Jahre	6 bis 9 Jahre
CC 2	2 bis 3 Jahre	4 bis 5 Jahre	12 bis 15 Jahre
CC 1	3 bis 5 Jahre	nach Erfordernis	

2.2 Bauüberwachung und Prüfung nach DIN 1076

Laufende Beobachtung (LB): Dreimalige Überwachung/Jahr, befasst sich vorrangig mit Belangen der Verkehrssicherheit. Bauwerke werden von der Verkehrsebene und vom Geländeniveau aus auf Funktionssicherheit von Einbauteilen (Lager, Fahrbahnübergänge, Entwässerungseinrichtungen u. a.) und Schutzeinrichtungen (Schutzplanken, Geländer, Lärmschutzwände u. a.) beobachtet.

Besichtigung (B): Einmal jährliche Besichtigung auf Mängel und Schäden von der Verkehrsebene und vom Geländeniveau aus. Weitere Besichtigungen nach Hochwasser, Fahrzeuganprall, Erdbeben, Schäden an Wasser- und Gasleitungen u. a.

Einfache Prüfung (EP): Erfolgt alle drei Jahre durch Sichtprüfung aller ohne Verwendung besonderer Rüstungen zugänglichen Teile hinsichtlich der Tragfähigkeit, der Standsicherheit und des baulichen Zustandes.

Hauptprüfung (HP): Die alle sechs Jahre erforderlichen Hauptprüfungen schließen die Einfachen Prüfungen mit ein und ersetzen diese im Prüfzyklus. Handnahe Sichtprüfung aller Bauwerksteile unter Einsatz technischer Hilfsmittel zur zerstörungsfreien Materialuntersuchung. Bei Bedarf auch zerstörende Prüfung (z. B. zum Zwecke des Endoskopisierens, der Feststellung der Karbonatisierungstiefe, Entnahme von Bohrkernen für Laboruntersuchungen). Schwer zugängliche Bauwerksteile sind mit Hilfe von Besichtigungseinrichtungen, Rüstungen u.Ä. zu prüfen. Gegebenfalls auch vermessungstechnische Kontrollen, wenn geometrische Veränderungen vermutet werden.

Prüfung aus besonderem Anlass (SP): Prüfung auf Anordnung oder nach größeren Unwettern, Hochwassern, Verkehrsunfällen oder sonstigen den Bestand der Bauwerke beeinflussenden Ereignissen.

Prüfung nach besonderen Vorschriften: Überprüfung der Einhaltung der Überwachungs- und Prüfzyklen von maschinellen und elektrischen Anlagen nach deren einschlägigen Vorschriften. Prüfung, ob bei Mängeln und Schäden notwendige Maßnahmen zu deren Beseitigung ergriffen wurden.

3 Anforderungen an das Überwachungs- und Prüfpersonal

3.1 Bauliche Anlagen im Anwendungsgebiet der RBBau

Gemäß RRBau Teil C und RÜV ist die Bauüberwachung nach Möglichkeit mit verwaltungseigenen, sachkundigen Fachkräften durchzuführen, die über die erforderlichen statischen, konstruktiven und bauphysikalischen Kenntnisse verfügen.

Tafel 6.17 Überwachung, Prüfungsarten und Prüfzyklen nach DIN 1076, Abschn. 5 und 6

Bauwerk	Prüfungen bzw. Überwachungen^a)	Prüfung vor Abnahme der Leistung	Frist zur Mängelbeseitigung in Jahren				Prüfung vor Ablauf der vertraglich vereinbarten Mängelbeseitigungsfrist^b)	Prüfungen bzw. Überwachungen bis zum Ende der Nutzungsdauer in Jahren							
		Bauwerksalter in Jahren													
		0	1	2	3	4	5	6	7	8	9	10	11	12	weiterhin
Ingenieur-Bauwerke	H^c),d)	X					X^b)						X		Jedes 6. Jahr
	E^e),f)				X					X					3 Jahre nach H
	B		X	X		X		X	X		X	X		X	jährlich
	LB	zweimal im Jahr													
	S		auf Anordnung oder nach größeren Unwettern, Hochwassern, Verkehrsunfällen oder sonstigen, den Bestand der Bauwerke beeinflussenden Ereignissen												
Andere Bauwerke	Inaugenscheinnahme im Rahmen der Verkehrssicherungspflicht														

Fußnote siehe DIN 1076:2024-02 - Entwurf

3.2 Empfehlungen nach VDI-Richtlinie 6200 (in Arbeit)

Begehungen: Durch den (nicht sachkundigen) Eigentümer/Verfügungsberechtigten

Inspektionen: Durch eine fachkundige Person, z.B. Bauingenieure und Architekten mit mindestens 3 Jahren Berufserfahrung in den Bereichen Aufstellen von Standsicherheitsnachweisen, technische Bauleitung und vergleichbaren Tätigkeiten, neben Ausbildungsanforderungen auch Erfahrung in der Überprüfung vergleichbarer Konstruktionen.

Prüfungen: Bauingenieure mit mindestens 5 Jahren Berufserfahrung in den Bereichen Aufstellung von Standsicherheitsnachweisen, technische Bauleitung und vergleichbaren Tätigkeiten. Neben Ausbildungs- und Fortbildungsanforderungen auch Erfahrungen in der jeweiligen Fachrichtung (Massivbau, Metallbau, Holzbau) gemäß der Prüfaufgabe.

3.3 Ingenieurbauwerke im Zuge von Straßen und Wegen (DIN 1076)

Die DIN 1076 fordert, dass mit den Prüfungen ein erfahrener und sachkundiger Ingenieur gemäß den Ingenieurgesetzen der Bundesländer zu betrauen ist, der auch die statischen und konstruktiven Verhältnisse der Bauwerke beurteilen kann. Das für die Prüfaufgabe erforderliche Fachwissen ist durch Referenzen und Fortbildungsnachweise in der Bauwerksprüfung nachzuweisen.

Das Absolvieren einschlägiger Fortbildungslehrgänge für Ingenieurinnen und Ingenieure der Bauwerksprüfung wird in der RI-EBW-PRÜF konkretisiert. Zum Nachweis ist in der Regel mindestens ein (Fortbildungs-)Zertifikat des „Vereins für Ingenieure der Bauwerksprüfung, VFIB" vorzulegen, für dessen Erlangung Anforderungen hinsichtlich der Ausbildung und der Berufserfahrung bestehen. [6.3].

4 Bewertung von Schäden und Mängeln, Dokumentation nach VDI-Richtlinie 6200 für Gebäude

Die Richtlinie empfiehlt in der Anlage eine Bestandsdokumentation „Standsicherheit", vergleichbar mit dem „Bauwerks-/Objektbuch" in den Hinweisen der ARGE-Bau [6.1], in der alle während der Planungs- und Bauphasen für die Standsicherheit und Feuerwiderstandsdauer der tragenden Bauteile erstellten, notwendigen Dokumente eingeordnet werden, einschließlich aller laufenden Fortschreibungen. Ein Gliederungsvorschlag für die Bestandsdokumentation ist in der Richtlinie enthalten.

Das „Bauwerksbuch Standsicherheit" ist ein handlicher Auszug aus der Bestandsdokumentation Standsicherheit, in dem die Ergebnisse aller durchgeführten regelmäßigen Überprüfungen zu dokumentieren sind. Die Dokumentationen und die Bewertungen (Zustandsnoten) von Bauwerksprüfungen regelt das Blatt 1.1 der VDI 6200. Die Benotung erfolgt nach einem den Regelungen der RI-EBW-PRÜF nahen, vereinfachten Verfahren.

6 C Schutz und Instandsetzung

I Erhaltung von Betonbauwerken

Univ.-Prof. Dr.-Ing. Michael Raupach

1 Regelwerke

Die Erhaltung von Betonbauwerken ist europäisch in der Normenreihe EN 1504 in 10 Teilen geregelt. Da sie jedoch zahlreiche Defizite aufweist, gilt bis zur Beseitigung dieser Defizite in Deutschland die Technische Regel „Instandhaltung von Betonbauwerken" des DIBt, Ausgabe Mai 2020 [6.20, 6.21]. Das im Folgenden als TR IH bezeichnete Regelwerk ist in der MVV TB 2020/1 [6.22] enthalten, die auf der DIBt-Website veröffentlicht ist und bereits in den meisten Bundesländern bauaufsichtlich eingeführt wurde. Die TR IH ist in zwei Teilen erschienen:

- Teil 1 „Anwendungsbereich und Planung der Instandhaltung" [6.20] regelt die Planung und ergänzt für den Kathodischen Korrosionsschutz den Teil 3 „Anforderungen an die Betriebe und Überwachung der Ausführung" der Instandsetzungs-Richtlinie des DAfStb [6.23-6.26], Ausgabe Oktober 2001, der ansonsten unverändert weitergilt.
- Teil 2 „Merkmale von Produkten oder Systemen für die Instandsetzung und Regelungen für deren Verwendung" [6.21] legt die Leistungsmerkmale und Anforderungen an Instandsetzungsprodukte fest, mit denen die Grundanforderungen an Bauwerke verwendungsspezifisch erfüllt werden können.

Für den Bereich der Bundeswasserstraßen gilt die ZTV-W LB 219 [6.27] mit einer Empfehlung zu den Instandsetzungsprodukten und für die Bundesfernstraßen gelten die Teile 3.4 und 3.5 der ZTV-ING [6.28] mit Hinweisen zu den Instandsetzungsprodukten. Für spezielle Anwendungsbereiche wie zur Erhaltung von Betonbauteilen in den Bereichen Abwasser, Trinkwasser oder z. B. für Schornsteine etc. gelten weitere Regelwerke.

2 Angriffe auf Stahlbeton und kritischer Chloridgehalt

2.1 Mögliche Angriffe nach DIN EN 1504-9

Mögliche Angriffe auf Stahlbetonbauteile sind im nachfolgenden Schema getrennt für Schäden des Betons und Korrosion der Bewehrung zusammengestellt.

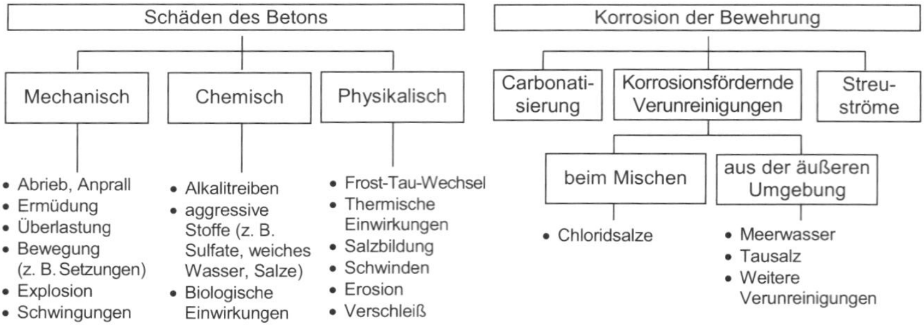

Abb. 6.18 Mögliche Angriffe auf Stahlbetonbauteile in Anlehnung an DIN EN 1504-9

2.2 Kritischer Chloridgehalt

Wenn bei Stahlbetonbauteilen in der Betondeckungsschicht Chloridgehalte über 0,5 % Cl^-, bezogen auf die Zementmasse, und bei Spannbetonbauteilen Werte über 0,2 % Cl^- ermittelt werden, ist bei der Instandhaltungsplanung festzulegen, ob Maßnahmen zur Abwehr von Korrosionsschäden erforderlich sind. Dies gilt auch dann, wenn an der Betonoberfläche keine Anzeichen von Korrosion an der Bewehrung feststellbar sind. Bei unbekannter Betonzusammensetzung ist der Zementgehalt auf der sicheren Seite liegend abzuschätzen.

Die Höhe des Chloridgehaltes, der im Beton verbleiben darf, ist abhängig von der Lage des Chloridprofils und dem Abstand von der Lage der Bewehrung. Die bei Instandsetzungen für die verschiedenen Verfahren erlaubten Werte sind in Tafel 6.19 angegeben. Mehr als 1,5 M.-% Chlorid bezogen auf den Zementgehalt dürfen außer bei KKS (Verfahren 10.1) in keinem Fall verbleiben. In Zweifelsfällen, wenn z. B. keine ausreichenden Werte für den Chloridgehalt oder die Betondeckung vorliegen, sollte darauf verzichtet werden Chloridgehalte oberhalb der o. g. Schwellenwerte im Beton zu belassen.

Tafel 6.19 Übersicht zum kritischen Chloridgehalt bei der Zustandserfassung sowie den bei verschiedenen Instandsetzungsverfahren erlaubten verbleibenden Chloridgehalten

Verfahren	Situation	Kritischer Chloridgehalt in Höhe der Bewehrung	Regelungen bzw. Maßnahmen
Zustands-erfassung	Stahlbeton	i. d. R. ≥ 0,5 M.-%	Ab Schwellenwerten von 0,5 M.-% bei Stahlbeton und 0,2 M.-% bei Spannbeton in der Betondeckung: Der Sachkundige Planer legt die erforderlichen Maßnahmen fest!
	Spannbeton	i. d. R. ≥ 0,2 M.-%	
	Bereiche von Rissen oder Fehlstellen	gesonderte Betrachtungen erforderlich	
7.1	Teilweiser Betonersatz	wie bei der Zustandserfassung	max. 1,5 M.-% Chlorid dürfen in ausreichendem Abstand von der Bewehrung verbleiben, s. TR IH Teil 1 [6.20], Abb. 5, 8 und 11
7.2	Betonersatz		
7.7	Beschichtung		
8.3	Trockenlegen Beschichtung	etwa 1,0 M.-% max. 1,5 M.-%	Besondere Maßnahmen wie Monitoring erforderlich, s. [6.20]
10.1	KKS	beliebig	Nur geschädigten Beton entfernen

3 Zustandserfassung, Expositions- und Altbetonklassen

3.1 Grundsätzliche Vorgehensweise

Die TR IH ist so konzipiert, dass die Auswahl der Maßnahmen und Materialien von den Bedürfnissen des Bauwerkes ausgeht: Nach der Ermittlung des Ist-Zustandes erfolgen eine Prognose für die vorhandene Restnutzungsdauer und ein Vergleich zwischen Ist- und Mindest-Sollzustand, s. Abb. 6.20. Basierend auf den sich daraus ergebenden Zielen werden Instandhaltungskonzepte und Instandhaltungspläne erarbeitet.

Die erforderlichen Instandsetzungsmaßnahmen werden aus dem aus der DIN EN 1504-9 übernommenen System aus Instandsetzungsprinzipien und Verfahren ausgewählt. Die Auswahl der Baustoffklassen erfolgt über Tabellen in Abhängigkeit von den am Bauteil vorliegenden Expositions- und Altbetonklassen und dem gewählten Verfahren. Ferner werden die Leistungsmerkmale und Anforderungen der relevanten Bauprodukte in weiteren Tabellen aufgelistet. Mit Hilfe der TR IH ist eindeutig festgelegt, welche Anforderungen Baustoffe für die jeweilige bauwerksspezifische Situation erfüllen müssen.

Abb. 6.20 zeigt auch, dass in der TR IH nicht nur die Instandsetzung geregelt ist, sondern die neuen Komponenten Inspektion und Wartung für Planung und Ausführung hinzugekommen sind.

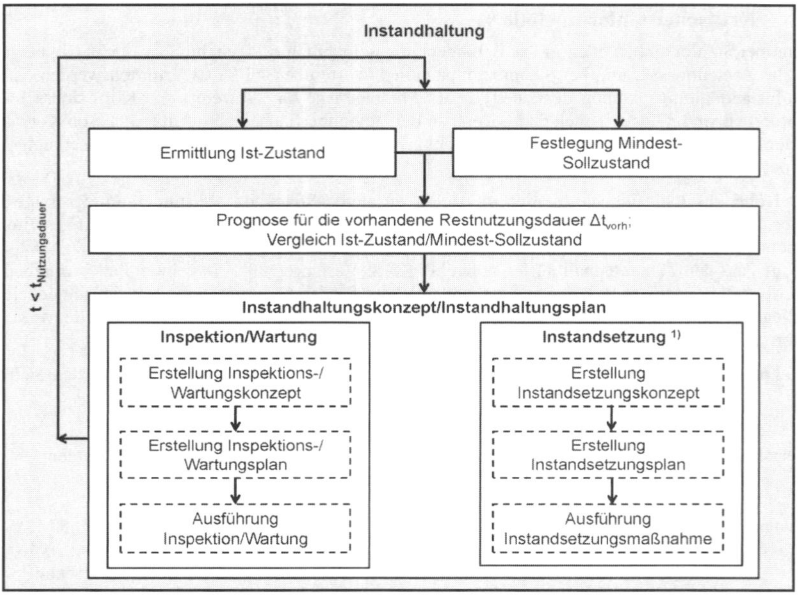

[1)] umfasst auch Maßnahmen zur Verbesserung

Abb. 6.20 Grundsätzliche Vorgehensweise bei der Instandhaltung [6.20]

3.2 Ermittlung des Ist-Zustandes

Beispiele zur Untersuchung des Ist-Zustandes bezüglich der Bauwerks- und Bauteileigenschaften sowie der Baustoffeigenschaften nach [6.23] sind in nachfolgender Tafel 6.20 wiedergegeben.

Tafel 6.20 Kriterien und Untersuchungsmethoden zur Zustandserfassung (Beispiele)

	Kriterien zur Beschreibung des Ist-Zustandes	Untersuchungsmethoden, Hilfsmittel	Untersuchungsergebnisse und Bewertung
	1	2	3
2	**Bauwerks- und Bauteileigenschaften**		
2.1	Brückenklasse, statisches System	Bauwerksbuch, Bauwerksakten, statische Berechnungen, Schal- und Bewehrungspläne	Bewertung im Einzelfall
2.2	Herstellungsbedingungen (z. B. Witterung, Besonderheiten)	Bautagebuch, Wetteramt, Bauwerksakten	Bewertung im Einzelfall
2.3	Optischer Eindruck (z. B. Abplatzungen, Rostfahnen, Ausblühungen, Verschmutzungen, Absandungen)	Inaugenscheinnahme	Lokalisierung und Ausmaß, Bewertung im Einzelfall
2.4	Gefüge, Hohlräume, Abplatzungen	Inaugenscheinnahme, Abklopfen, Impact-Echo-Verfahren nach Merkblatt B11, Georadar nach Merkblatt B10, Ultraschall nach Merkblatt B4, Endoskopie nach Merkblatt B6 der DGZfP	Lokalisierung und Ausmaß, Bewertung im Einzelfall
2.5	Risse	Inaugenscheinnahme, Rissaufnahme (siehe Tafel 6.22)	Rissart, Rissverlauf, Rissbreite, Rissbreitenänderung, Risstiefe, Feuchtezustand (siehe Tafel 6.22), Lokalisierung und Ausmaß, Bewertung im Einzelfall

Tafel 6.20 Kriterien und Untersuchungsmethoden zur Zustandserfassung (Beispiele) *(Fortsetzung)*

2.6	Betondeckung und Bewehrungsverteilung	Freilegen, Magnetische Gleichfeld- oder Wechselfeldverfahren (z. B. Wirbelstromverfahren), nach Merkblatt B2, Georadar nach Merkblatt B10 der DGZfP	Bewertung durch Vergleich mit den Anforderungen nach DBV-Merkblatt „Beton-deckung und Bewehrung"
2.7	Verformung, Zwang, Pressungen	Messungen und Berechnungen	Bewertung im Einzelfall
2.8	Korrosionszustand von Beton-stählen in Rissbereichen	Freilegen, Endoskopie, gegebenenfalls Bohrkernentnahme	Bewertung im Einzelfall
2.9	Entwässerung, Abdichtung, Belag, Fugen	Inaugenscheinnahme, Abklopfen, gegebenenfalls Öffnen oder Messen, Schichtdickenmessung	Bewertung nach dem Zustand und dem Grad der Funktionsfähigkeit
2.10	Fahrbahnübergänge, Einbauten		
2.11	Bewehrungskorrosion	Potentialfeldmessung (nach DGZfP B3 Merkblatt), Abklopfen, Freilegen, Inaugenscheinnahme	Korrosionszustand von Betonstahl und Spannstahl
2.12	Trag- und Verformungs-eigenschaften	Vermessung, Schwingungsmessungen, Nachrechnung, Probebelastung	Bewertung im Einzelfall
2.13	Rauheit	An horizontalen oder schwach geneigten Flächen Sandverfahren nach DAfStb RL-SIB, Teil 3, Abschnitt 3.2.5 möglich, an stark geneigten Flächen und über Kopf berührungslose Profilmessverfahren nach DIN EN ISO 13473-1 mit Geräten nach DIN ISO 13473-3. Für alternative Verfahren ist ein Nachweis zur Korrelation mit den zuvor genannten Verfahren erforderlich.	Rautiefe in mm, Rautiefeklasse
2.14	Rutschhemmung und Rauheit bei befahrenen Flächen	Skid-Resistance-Test (SRT) nach DIN EN 13036-4; Rauheitsmessungen mit dem Ausflussmesser nach „Technischen Prüfvorschriften für Griffigkeitsmessungen im Straßenbau" (TP Griff-StB); Prüfmethoden vor Ort mit Geräten nach DIN 51131	Skalenteile; Ausfließzeit
3	**Baustoffeigenschaften**		
3.1	Druckfestigkeit	zerstörende Prüfung durch Entnahme von Bohrkernen; ergänzend zerstörungsfreie Prüfung (Rückprallhammer nach DIN EN 12504-2 in Kombination mit DIN EN 13791/NA).	Nennfestigkeit, Vergleich mit geforderten Werten
3.2	E-Modul	zerstörende Prüfung durch Entnahme von Bohrkernen; ergänzend zerstörungsfreie Prüfung	Kennwert für die Auswahl von geeigneten Instandsetzungsprodukten oder -systemen
3.3	Oberflächenzugfestigkeit	geregeltes Abreißprüfgerät, mindestens Klasse 2 nach DIN EN ISO 7500-1 a) Oberfläche b) gegebenenfalls tieferliegende Schichten (Profilaufnahme).	Vergleich mit geforderten Werten. Falls nicht ausreichend, Überprüfung des Festigkeits- und Verformungsverhaltens
3.4	Haftzugfestigkeit	Bei Oberflächenschutz- oder Betonersatz-systemen	Kennwert für die Auswahl von geeigneten Instandsetzungsprodukten oder -systemen
3.5	Betonstahl / Spannstahl	Freilegen, Inaugenscheinnahme, gegebenenfalls chemische Analyse; Zugversuch, magnetische Streufeldmessung (DBV-Merkblatt „Anwendung zerstörungsfreier Prüfverfahren im Bauwesen")	Stahlsorte, Zugfestigkeit, Streckgrenze, Restquerschnitt, Feststellung der Gefährdung und Ortung von Spanndrahtbrüchen
3.6	Carbonatisierung [1)]	Indikatorverfahren, z. B. Phenolphthalein (frische Bruchfläche)	Carbonatisierungstiefe
3.7	Chloridgehalt	Heft 401 des DAfStb	Chloridprofil über Bohrmehlproben
3.8	Feuchtegehalt	CM-Methode, Darren	Feuchtegehalt im Baustoff
3.9	Zementart	Säureauflösung	-
3.10	Gesteinskörnung	Reaktorverfahren/Nebelkammer	Eventuell reaktive Bestandteile
3.11	Andere betonschädliche Salze (Sulfat etc.)	chemische Analysen	Bewertung im Einzelfall

1) Für die Auswertung der Carbonatisierungstiefen hat sich der Ansatz des 90 %-Quantilwertes bewährt.

3.3 Expositionsklassen

Tafel 6.22 Einwirkungen aus der Umgebung und dem Betonuntergrund [6.20]

Bezeichnung	Beschreibung der Umgebung	Beispiele (informativ) [1)]
1	2	3
1. Einwirkungen aus der Umgebung		
XALL	Einwirkungen auf das Bauwerk bzw. Bauteil mit Auswirkungen auf das Instandsetzungssystem und dessen Verbund zum instand zu setzenden Bauteil, welche nicht durch die nachfolgenden Expositionsklassen abgebildet werden; bewehrungskorrosionsfördernde Stoffe aus dem Instandsetzungssystem *ANMERKUNG: Expositionsklasse XALL ist immer anzusetzen.*	Alle Bauteile
Expositionsklassen nach DIN EN 206-1 / DIN 1045-2: X0	Für Beton ohne Bewehrung oder eingebettetes Metall: alle Umgebungsbedingungen, ausgenommen Frostangriff, Verschleiß oder chemischer Angriff	siehe DIN EN 206-1 in Verbindung mit DIN 1045-2
XC1 – XC4	Bewehrungskorrosion, ausgelöst durch Carbonatisierung	
XD1 – XD3	Bewehrungskorrosion, verursacht durch Chloride, ausgenommen Meerwasser	
XS1 – XS3	Bewehrungskorrosion, verursacht durch Chloride aus Meerwasser	
XF1 – XF4	Frostangriff mit und ohne Taumittel/Meerwasser	
XA1 – XA3	Betonkorrosion durch chemischen Angriff	
XM1 – XM3	Betonkorrosion durch Verschleißbeanspruchung [2)]	
WO – WA	Feuchtigkeitsklassen	
XW1	Ständige Wasserbeaufschlagung durch Süß- oder Meerwasser	*Schleusenkammer- oder Sparbeckenwände unterhalb UW*
XW2	Temporäre Wasserbeaufschlagung durch Süß- oder Meerwasserbeaufschlagung	*Schleusenkammer- oder Sparbeckenwände zwischen UW und OW*
2 Einwirkungen aus dem Untergrund		
XSTAT (static)	Statisch mitwirkend	Reprofilierung von druckbeanspruchten Bauteilen; kraftschlüssiges Füllen von Rissen und Hohlräumen
XBW1 (backfacing water)	Rückseitige Durchfeuchtung (keine Durchströmung) oder erhöhte Restfeuchtigkeit	Bauteile mit Beanspruchung durch drückendes Wasser
XBW2 (backfacing water)	Rückseitige Durchfeuchtung mit Durchströmung (flächig)	Bauteile mit Beanspruchung durch drückendes Wasser
XCR (cracks)	Risse	
W (width)	mit Rissbreite w [3)] in mm	
Δw	mit Rissbreitenänderung Δw in mm	
LFR (low frequent)	- zyklisch niedrigfrequent z. B. aus Temperatur, Wasserstandsänderung	*WU-Bauteil*; Brücke
HFR (high frequent)	- zyklisch hochfrequent z. B. aus Verkehr	Brücke
CON (continuous)	- kontinuierliche Rissbreitenänderung, z. B. aus Schwinden, Setzungen	Bodenplatte; Rissbildung durch Stützensenkung
DY (dry)	mit Feuchtezustand „trocken“: – Wasserzutritt nicht möglich. – Beeinflussung des Riss-/Hohlraumbereiches durch Wasser nicht feststellbar bzw. seit ausreichend langer Zeit ausschließbar	Innenbauteil
DP (damp)	mit Feuchtezustand „feucht“: – Farbtonveränderung im Riss- oder Hohlraumbereich durch Wasser, jedoch kein Wasseraustritt. – Anzeichen auf Wasseraustritt in der unmittelbar zurückliegenden Zeit (z. B. Aussinterungen, Kalkfahnen). – Riss oder Hohlraum erkennbar feucht oder matt-feucht (beurteilt an Trockenbohrkernen).	frei bewitterte Bauteile; erdberührte Bauteile
WT (wet)	mit Feuchtezustand „nass (drucklos gefüllt)“: – Wasser in feinen Tröpfchen im Rissbereich erkennbar. – Wasser perlt aus dem Riss.	
WF (waterflow)	mit Feuchtezustand „fließendes Wasser (druckwasserführend)“: – Zusammenhängender Wasserstrom tritt aus dem Riss aus.	*WU-Bauteil*
XDYN	Dynamische Beanspruchung bei Applikation [4)]	Brücke unter Verkehr

1) *Diese Beispiele gelten für die überwiegende Beanspruchung während der Nutzungsdauer. Abweichende Umgebungsbedingungen während der Bauzeit oder Nutzung (z. B. Trockenlegung) führen erfahrungsgemäß nicht zu Schäden.*

2) *XM1 Mäßige Verschleißbeanspruchung: Schleusenkammersohlen, Schleusenkammerwände, die ständig unter Wasser liegen, und Füllsysteme ohne Beanspruchung durch Geschiebefracht unterliegen im Regelfall keiner Betonkorrosion infolge Hydroabrasion.*

3) Aufgenommen und ausgewertet nach DBV-Merkblatt „Begrenzung der Rissbildung im Stahlbeton- und Spannbetonbau“.

4) Die Haftzugfestigkeit nach Schwingbeanspruchung ist bei RM nur bei Auftrag über Kopf oder auf vertikalen Flächen nachzuweisen.

3.4 Altbetonklassen

Da die erforderlichen Eigenschaften der Materialien für Instandsetzungen von den mechanischen Eigenschaften des Altbetons abhängig sind, wurden Altbetonklassen definiert, für die jeweils geeignete Produkte und Systeme ausgewählt werden können. Während die Klasse A4 etwa der bisherigen Klasse für normalfesten Beton entspricht, wurden die Klassen A1 – A3 für minderfeste und A5 für höherfeste Altbetone eingeführt. Für Altbetonklasse A1 sind derzeit noch keine Produkte geregelt.

Tafel 6.23 Einordnung des Altbetons im Bereich der Instandsetzungsebene [6.20]

	1	2	3	4
	Altbetonklasse	Druckfestigkeit [1]	Oberflächenzugfestigkeit [2]	
			Mittelwert	kleinster Einzelwert
		[MPa]	[MPa]	[MPa]
1	A1 [3]	≤ 10	< 0,8	< 0,5
2	A2	> 10	≥ 0,8	≥ 0,5
3	A3	> 20	≥ 1,2	≥ 0,8
4	A4	> 30	≥ 1,5	≥ 1,0
5	A5	> 75	≥ 2,5	≥ 2,0

[1] Mittelwert der Druckfestigkeit (Bestimmung nach DIN EN 12504-1)

[2] Kleinster Einzelwert / Mittelwert (Bestimmung nach DIN EN 1542)

[3] Die Technische Regel enthält keine abschließenden Regelungen zur Altbetonklasse A1.

4 Prinzipien und Verfahren

Mit dem Planungsteil der Europäischen Normenreihe EN 1504 liegt nun ein umfassendes System mit Prinzipien und Verfahren vor, dass sowohl für Schäden im Beton (Prinzipien 1-6) als auch für Korrosionsschäden der Bewehrung (Prinzipien 7-11) gilt. Für jedes dieser Prinzipien gibt es mindestens 1 und bis zu 8 Verfahren, sodass die DIN EN 1504-9 insgesamt 43 Verfahren enthält.

Die TR IH orientiert sich an diesem System und übernimmt auch die Bezeichnungen, regelt aber 20 von diesen Verfahren nicht und hat 4 weitere Verfahren eingeführt, sodass sie insgesamt 27 Verfahren regelt. Die vier neu eingeführten Verfahren sollen in die Europäische Normenreihe aufgenommen werden.

Die Instandsetzungsrichtlinie des DAfStB [6.23-6.26] regelte bislang nur sechs Verfahren für die Instandsetzung von Schäden durch Korrosion der Bewehrung. Die bewährten Verfahren wurden sinngemäß übernommen und erhielten neue Bezeichnungen:

- R1: Repassivierung durch großflächigen Auftrag von Spritzmörtel – Neu: Verfahren 7.4
- R2: Repassivierung durch lokale Ausbesserung mit alkalischem Mörtel – Neu: Verfahren 7.2
- Rx: Elektrochemische Realkalisierung – nicht in TR IH wegen geringer Bedeutung
- C: Beschichtung der Stahloberflächen in kritischen Bereichen – nicht mehr in TR IH wegen schlechter Erfahrungen mit der Qualität unter Praxisbedingungen
- K: Kathodischer Korrosionsschutz – Neu: Verfahren 10.1, und
- W: Absenkung des Wassergehaltes – Neu: Verfahren 8.1 und 8.3

Auf eine Erläuterung der einzelnen Verfahren wird im Rahmen dieses Beitrags verzichtet und auf Teil 1 der TR IH [6.20] verwiesen.

Die folgenden beiden Tafeln 6.24 und 6.26 stellen das Kernstück der TR IH dar. Für die einzelnen Prinzipien und Verfahren werden getrennt für Schäden im Beton und Bewehrungskorrosion geeignete Produktklassen und Hinweise für die Anwendbarkeit für Oberflächenschutzsysteme, Rissfüllstoffe und Betonersatz angegeben.

Tafel 6.24 Prinzipien und Verfahren für Schutz oder Instandsetzung von Schäden im Beton nach [6.20]

Prinzip	Geregelte Verfahren, die auf den Prinzipien beruhen	Anwendbarkeit	Anforderungen an die Produkte/Systeme bei Anwendung des Verfahrens
1	2	3	4
1. Schutz gegen das Eindringen von Stoffen	1.1 Hydrophobierung [1)]	– Beachtung der Anforderungen nach Tafeln 6.36, 6.37a und 6.38	– OS 1 (OS A) gemäß Teil 2, Anhang A, Tabelle A.3
	1.3 Beschichtung [2)]		– OS 2 (OS B) [3)] gemäß Teil 2, Anhang A, Tabelle A.4, – OS 4 (OS C) gemäß Teil 2, Anhang A, Tabelle A.5, – OS 5a (OS DII), OS 5b (OS DI) gemäß Teil 2, Anhang A, Tabelle A.6, – OS 8 gemäß Teil 2, Anhang A, Tabelle A.7, – OS 11a (OS F a), OS 11 b (OS F b) gemäß Teil 2, Anhang A, Tabelle A.8, – OS 14 gemäß Teil 2, Anhang A, Tabelle A.9
	1.4 Lokale Abdeckung von Rissen (Bandagen)		– OS 11a (OS F a), OS 11 b (OS F b) gemäß Teil 2, Anhang A, Tabelle A.8, – OS 14 gemäß Teil 2, Anhang A, Tabelle A.9
	1.5 Füllen von Rissen oder Hohlräumen [4), 5)]	– Beachtung der Anforderungen nach Tafel 6.32, Tab. 14 [6.20]	– F-I (P), F-V (P) gemäß Teil 2, Anhang B, Tabelle B.1, – F-I (H), F-V (H) gemäß Teil 2, Anhang B, Tabelle B.2, – D-I (P) gemäß Teil 2, Anhang B, Tabelle B.3
2. Regulierung des Wasserhaushaltes des Betons	2.1 Hydrophobierung [1)]	– Beachtung der Anforderungen nach Tafeln 6.36, 6.37a und 6.38	– OS 1 (OS A) gemäß Teil 2, Tabelle A.3
	2.3 Beschichtung [7), 8)]		– OS 2 (OS B) [3), 6)] gemäß Teil 2, Anhang A, Tabelle A.4, – OS 4 (OS C) gemäß Teil 2, Anhang A, Tabelle A.5, – OS 5a (OS DII), OS 5b (OS DI) gemäß Teil 2, Anhang A, Tabelle A.6, – OS 8 gemäß Teil 2, Anhang A, Tabelle A.7, – OS 11a (OS F a), OS 11 b (OS F b) gemäß Teil 2, Anhang A, Tabelle A.8, – OS 14 gemäß Teil 2, Anhang A, Tabelle A.9
	2.6 Füllen von Rissen oder Hohlräumen [9)]	– Beachtung der Anforderungen nach Tafel 6.32, Tab. 14 [6.20]	– F-I (P) gemäß Teil 2, Anhang B, Tabelle B.1, – F-I (H) gemäß Teil 2, Anhang B, Tabelle B.2, – D-I (P) gemäß Teil 2, Anhang B, Tabelle B.3
3. Reprofilierung oder Querschnittsergänzung	3.1 Kleinflächiger Handauftrag	– Beachtung der Anforderungen nach Tafel 6.34	– RM, RC gemäß Teil 2, Anhang C, Tabelle C.2, – PRM, PRC [10)] gemäß Teil 2, Anhang C, Tabelle C.4
	3.2 Betonieren oder Vergießen		– Beton nach DIN EN 206-1 und DIN 1045-2 (ggf. als Trockenbeton) – Vergussbeton/-mörtel nach Vergussbetonrichtlinie des DAfStb und gemäß DAfStb-RL SIB, Berichtigung 3 – RM, RC gemäß Teil 2, Anhang C, Tabelle C.2, – PRM, PRC [11)] gemäß Teil 2 Anhang C, Tabelle C.4
	3.3 Spritzauftrag		– Spritzbeton nach DIN EN 14487 / DIN 18551 – Spritzmörtel mit Anforderungen nach DIN EN 14487 / DIN 18551 – SRM, SRC gemäß Teil 2, Anhang C, Tabelle C.3
	3.4 Auswechseln von Bauteilen		– Nach DIN EN 1992-1-1
4. Verstärkung des Betontragwerks [12)]	4.1 Zufügen und Auswechseln von eingebetteten Bewehrungsstäben	– Beachtung der Anforderungen nach Tafel 6.34	– Beton nach DIN EN 206-1 und DIN 1045-2 (ggf. als Trockenbeton) – RM, RC gemäß Teil 2, Anhang C, Tabelle C.2, – Spritzbeton nach DIN EN 14487 und DIN 18551, – SRM, SRC gemäß Teil 2, Anhang C, Tabelle C.3
	4.3 Verstärkung durch geklebte Bewehrung		– Beachtung der DAfStb-Richtlinie „Verstärken von Betonbauteilen mit geklebter Bewehrung"
	4.4 Querschnittsergänzung durch Mörtel oder Beton	– Beachtung der Anforderungen nach Tafel 6.34	– Beton nach DIN EN 206-1 und DIN 1045-2 (ggf. als Trockenbeton) – RM, RC gemäß Teil 2, Anhang C, Tabelle C.2, – Spritzbeton nach DIN EN 14487 und DIN 18551, – SRM, SRC gemäß Teil 2, Anhang C, Tabelle C.3
	4.5 Füllen von Rissen [13)] oder Hohlräumen [5), 14)]	– Beachtung der Anforderungen nach Tafel 6.32, Tab. 14 [6.20]	– F-I (P), F-V (P) gemäß Teil 2, Anhang B, Tabelle B.1, – F-I (H), F-V (H) gemäß Teil 2, Anhang B, Tabelle B.2

Tafel 6.24 Prinzipien und Verfahren für Schutz oder Instandsetzung von Schäden im Beton nach [6.20] *(Fortsetzung)*

Prinzip	Geregelte Verfahren, die auf den Prinzipien beruhen	Anwendbarkeit	Anforderungen an die Produkte/Systeme bei Anwendung des Verfahrens
1	2	3	4
5. Erhöhung des physikalischen Widerstandes	5.1 Beschichtung [15)]	– Beachtung der Anforderungen nach Tafeln 6.36, 6.37a und 6.38	– OS 8 gemäß Teil 2 Anhang A, Tabelle A.7, – OS 14 gemäß Teil 2 Anhang A, Tabelle A.9
	5.3 Mörtel- oder Betonauftrag [16)]	– Beachtung der Anforderungen nach Tafel 6.34 – Es sind die Verfahren 3.1, 3.2 oder 3.3 anwendbar	– Beton nach DIN EN 206-1 und DIN 1045-2 (ggf. als Trockenbeton) – RM, RC gemäß Teil 2, Anhang C, Tabelle C.2, – Spritzbeton nach DIN EN 14487 und DIN 18551 [17)], – SRM, SRC gemäß Teil 2, Anhang C, Tabelle C.3 [17)]
6. Erhöhung des Widerstands gegen chemischen Angriff	6.1 Beschichtung [18)]	– Beachtung der Anforderungen nach Tafeln 6.36, 6.37a und 6.38	– OS 4 (OS C) gemäß Teil 2, Anhang A, Tabelle A.5, – OS 5a (OS DII), OS 5b (OS DI) gemäß Teil 2, Anhang A, Tabelle A.6, – OS 8 gemäß Teil 2, Anhang A, Tabelle A.7, – OS 11a (OS F a), OS 11 b (OS F b) gemäß Teil 2, Anhang A, Tabelle A.8, – OS 14 gemäß Teil 2, Anhang A, Tabelle A.9
	6.3 Mörtel- oder Betonauftrag [19)]	– Anwendung unter Beachtung der Anforderungen nach Tafel 6.34 – Es sind die Verfahren 3.2 oder 3.3 anwendbar	– Beton nach DIN EN 206-1 und DIN 1045-2 (ggf. als Trockenbeton) – RM, RC gemäß Teil 2, Anhang C, Tabelle C.2, – Spritzbeton nach DIN EN 14487 und DIN 18551, – SRM, SRC gemäß Teil 2, Anhang C, Tabelle C.3

1) Die Wirksamkeit, Leistungsfähigkeit und Dauerhaftigkeit von Hydrophobierungen sind vom tiefenabhängigen Wirkstoffgehalt bezogen auf den Beton und der Eindringtiefe abhängig. Die Eindringtiefe von Hydrophobierungen wird wesentlich durch den Feuchtegehalt und die Porosität des Betons bestimmt.

2) Beschichtungen zum Schutz gegen das Eindringen von Kohlenstoffdioxid und Chlorid sind in Verfahren 7.7 geregelt.

3) Bei OS 2 ist die Wirksamkeit von der Menge und Größe von Poren an der Betonoberfläche abhängig. OS 2 ist nur bei geschlossenen Oberflächen geeignet als Beschichtungssystem. OS 2 ist nur bedingt gegen Chlorideindringen einsetzbar.

4) Das Verfahren dient nicht dazu, die Bauteilsteifigkeit eines ungerissenen Bauteils zu erreichen. Dieses Ziel wird bei Verfahren 4.5 verfolgt.

5) Abschnitt 6.6.1 des Teils 2 der DAfStb-RL SIB wird gestrichen. Anstelle der Tränkung wird die Füllart Vergießen (V) von Rissen geregelt.

6) bei ungerissenen Bauteilen

7) Beschichtungssysteme mit der Wasserdampf-Durchlässigkeit der Klasse II und III, gemäß Teil 2 Anhang A, dürfen nur verwendet werden, wenn der Beton bereits vor Auftrag der Beschichtung ausreichend ausgetrocknet ist.

8) Für die Instandsetzung von Betonbauteilen, die durch eine Alkali-Kieselsäure-Reaktion geschädigt wurden, müssen OS 5-Systeme mit einer wasserdampfdiffusionsäquivalenten Luftschichtdicke $s_D \leq 2{,}5$ m verwendet werden.

9) Verfahren gegenüber DIN EN 1504-9 neu eingeführt

10) PRM und PRC dürfen nur angewendet werden, wenn andere zementgebundene Betonersatzsysteme ausgeschlossen werden müssen (z. B. aus Zeitgründen und bei zu geringer Schichtdicke). Bei Anwendung von PRM/PRC ist die Auswirkung auf den Brandschutz zu beurteilen.

11) PRM/PRC sind nicht für den großflächigen Einsatz (> 1 m²) vorgesehen

12) auch zur Erhöhung der Tragfähigkeit gegenüber dem Ist-Zustand

13) in der Regel zur Erhöhung der Bauteilsteifigkeit

14) Beinhaltet Verfahren 4.6 gemäß DIN EN 1504-9

15) Die erforderliche Schichtdicke des Oberflächenschutzsystems ist gemäß Teil 2, Anhang A.2 (6) den Angaben zur Ausführung zu entnehmen. Bei UV-Belastung ist die Beständigkeit nach DIN EN 1062-11 (Verfahren 4.2) nachzuweisen.

16) Ein ausreichender Widerstand gegen mechanischen Angriff für die Einwirkung XM1 gilt durch Einhaltung der in DIN EN 206-1 in Verbindung mit DIN 1045-2 festgelegten Anforderungen als nachgewiesen. Bei einem Größtkorn < 8 mm muss der Verschleißwiderstand nach Böhme nach DIN EN 13892-3 mind. der Klasse A12 nach DIN EN 13813 entsprechen.

17) Nicht anwendbar auf waagerechten und schwach geneigten Flächen, die von oben gespritzt werden müssen

18) mit entsprechendem Nachweis des Widerstands gegen chemischen Angriff

19) Ein ausreichender Widerstand gegen chemischen Angriff für die Einwirkungen XA1 und XA2 gilt durch Einhaltung der in DIN EN 206-1 in Verbindung mit DIN 1045-2 festgelegten Anforderungen als nachgewiesen. Alternativ kann ein ausreichender Widerstand gegen chemischen Angriff durch ein spezifisches Prüfverfahren nachgewiesen werden (vgl. DIN 19573).

Tafel 6.26 Prinzipien und Verfahren zum Schutz oder zur Instandsetzung von Bewehrungskorrosion nach [6.20]

Prinzip	Geregelte Verfahren, die auf den Prinzipien beruhen	Anwendbarkeit	Anforderungen an die Produkte/Systeme bei Anwendung des Verfahrens
1	2	3	4
	7.1 Erhöhung bzw. Teilersatz der Betondeckung mit zusätzlichem Mörtel oder Beton		– Beton nach DIN EN 206-1 und DIN 1045-2 (ggf. als Trockenbeton) – Vergussbeton/-mörtel nach Vergussbetonrichtlinie des DAfStb und gemäß DAfStb-RL SIB, Berichtigung 3 – RM, RC gemäß Teil 2, Anhang C, Tabelle C.2, – Spritzbeton nach DIN EN 14487 und DIN 18551, – SRM, SRC gemäß Teil 2, Anhang C, Tabelle C.3
	7.2 Ersatz von chloridhaltigem oder carbonatisiertem Beton	– Anwendung unter Beachtung der Anforderungen nach Tafel 6.34 – Es sind die Verfahren 3.1, 3.2 oder 3.3 anwendbar	– Beton nach DIN EN 206-1 und DIN 1045-2 (ggf. als Trockenbeton) – Vergussbeton/-mörtel nach Vergussbetonrichtlinie des DAfStb und gemäß DAfStb-RL SIB, Berichtigung 3 – RM, RC gemäß Teil 2, Anhang C, Tabelle C.2, – Spritzbeton nach DIN EN 14487 und DIN 18551, – SRM, SRC gemäß Teil 2, Anhang C, Tabelle C.3
7. Erhalt oder Wiederherstellung der Passivität	7.4 Realkalisierung von carbonatisiertem Beton durch Diffusion		– Beton nach DIN EN 206-1 und DIN 1045-2 (ggf. als Trockenbeton) – Vergussbeton/-mörtel nach Vergussbetonrichtlinie des DAfStb und gemäß DAfStb-RL SIB, Berichtigung 3 – RM, RC gemäß Teil 2, Anhang C, Tabelle C.2, – Spritzbeton nach DIN EN 14487 und DIN 18551, – SRM, SRC gemäß Teil 2, Anhang C, Tabelle C.3
	7.6 Füllen von Rissen oder Hohlräumen [1), 2)]	– Beachtung der Anforderungen nach Tafel 6.32, Tab. 14 [6.20]	– F-I (P), F-V (P) gemäß Teil 2, Anhang B, Tabelle B.1, – F-I (H), F-V (H) gemäß Teil 2, Anhang B, Tabelle B.2, – D-I (P) gemäß Teil 2, Anhang B, Tabelle B.3
	7.7 Beschichtung [1)]	– Beachtung der Anforderungen nach Tafeln 6.36, 6.37a und 6.38	– OS 2 (OS B) [3)] gemäß Teil 2, Anhang A, Tabelle A.4, – OS 4 (OS C) gemäß Teil 2, Anhang A, Tabelle A.5, – OS 5a (OS DII), OS 5b (OS DI) gemäß Teil 2, Anhang A, Tabelle A.6, – OS 8 gemäß Teil 2, Anhang A, Tabelle A.7, – OS 11a (OS F a), OS 11 b (OS F b) gemäß Teil 2, Anhang A, Tabelle A.8, – OS 14 gemäß Teil 2, Anhang A, Tabelle A.9
	7.8 Lokale Abdeckung von Rissen (Bandagen) [1)]		– OS 11a (OS F a), OS 11 b (OS F b) gemäß Teil 2, Anhang A, Tabelle A.8, – OS 14 gemäß Teil 2, Anhang A, Tabelle A.9
	8.1 Hydrophobierung [4)]		– OS 1 (OS A) [5)] gemäß Teil 2, Tabelle A.3
8. Erhöhung des elektrischen Widerstandes	8.3 Beschichtung [6)]	– Beachtung der Anforderungen nach Tafeln 6.36, 6.37a und 6.38	– OS 2 (OS B) [3)] gemäß Teil 2, Anhang A, Tabelle A.4, – OS 4 (OS C) gemäß Teil 2, Anhang A, Tabelle A.5, – OS 5a (OS DII), OS 5b (OS DI) gemäß Teil 2, Anhang A, Tabelle A.6, – OS 8 gemäß Teil 2, Anhang A, Tabelle A.7, – OS 11a (OS F a), OS 11 b (OS F b) gemäß Teil 2, Anhang A, Tabelle A.8, – OS 14 gemäß Teil 2, Anhang A, Tabelle A.9
10. Kathodischer Schutz	10.1 Anlegen eines elektrischen Potenzials [7)]	– Anwendung unter Beachtung der Anforderungen nach Tafel 6.34	– RM, RC gemäß Teil 2, Anhang C, Tabelle C.2, – SRM, SRC gemäß Teil 2, Anhang C, Tabelle C.3

1) Verfahren gegenüber DIN EN 1504-9 neu eingeführt

2) Abschnitt 6.6.1 des Teils 2 der DAfStb-RL SIB wird gestrichen. Anstelle der Tränkung wird die Füllart Vergießen (V) von Rissen geregelt.

3) Bei OS 2 ist die Wirksamkeit von der Menge und Größe von Poren an der Betonoberfläche abhängig. OS 2 ist nur bei geschlossenen Oberflächen geeignet als Beschichtungssystem. OS 2 ist nur bedingt gegen Chlorideindringen einsetzbar.

4) Das Verfahren 8.1 darf nicht bei den Expositionsklassen XD, XS angewendet werden. Kontrollmessungen zur Wirksamkeit sind im Instandhaltungsplan zu berücksichtigen.

5 Untergrundvorbereitung

Für örtliche Ausbesserungen bzw. flächige Beschichtungen muss der Betonuntergrund nach [6.20]

- frei sein von losen und mürben Teilen (z. B. auch von minderfesten Risskanten) und von sich leicht ablösenden arteigenen Schichten (z. B. Zementhaut) und darf nicht abmehlen oder absanden,
- frei sein von etwa parallel zur Oberfläche oder schalenförmig im oberflächennahen Bereich verlaufenden Rissen und Ablösungen,
- frei sein von Graten; in zu begründenden Fällen können sie belassen werden,
- eine dem zu verwendenden Instandsetzungssystem angepasste Rauheit aufweisen,
- frei sein von artfremden Stoffen (wie Gummiabrieb, Trennmittel, ungeeigneten Altbeschichtungen, Ausblühungen, Öl, Bewuchs u. Ä.).

Bezüglich der Oberflächenzugfestigkeiten gelten die Anforderungen nach Tafel 6.27a.

Tafel 6.27a Anforderungen an die Oberflächenzugfestigkeiten des Betonuntergrundes [6.20]

	Schutz- bzw. Instandsetzungsmaßnahme: Örtliche Ausbesserung bzw. flächige Beschichtung[1]	Mindestwerte der Oberflächenzugfestigkeit in [MPa]	
		Mittelwert	kleinster Einzelwert
	1	2	3
1	OS 2 (OS B)	0,8	0,5
2	OS 5a (OS DII) und OS 5b (DI) (ohne Feinspachtel)	1,0	0,6
3	OS 4 (OS C), OS 5 (OS D)	1,3	0,8
4	OS 8	1,5	1,0
5	OS 11 (OS F), OS 14	1,5	1,0
6	Betonersatz	Abhängig von der Altbetonklasse, siehe Tafel 6.23 Einordnung des Altbetons im Bereich der Instandsetzungsebene	

[1] Für Hydrophobierungen (OS 1) werden keine Anforderungen an die Oberflächenzugfestigkeit des Betons gestellt.

Um geeignete Rauheiten zu regeln, wurden die in Tafel 6.27b angegebenen Rautiefeklassen definiert.

Tafel 6.27b Rautiefeklassen [6.20]

	Rautiefeklasse	Anforderung an die mittlere Rautiefe R_t [1] in [mm]
	1	2
1	RT0,3	$0,3 \leq R_t < 0,5$
2	RT0,5	$0,5 \leq R_t < 1,0$
3	RT1,0	$1,0 \leq R_t < 1,5$
4	RT1,5	$1,5 \leq R_t < 3,0$
5	RT3,0	$R_t \geq 3,0$

[1] Im Zuge der Untergrundvorbereitung darf die Rautiefe nicht mehr als unvermeidlich erhöht werden.

ANMERKUNG: Die Rautiefe kann an horizontalen oder schwach geneigten Flächen mittels Sandverfahren nach DAfStb-RL SIB (Teil 3, Abschnitt 3.2.5) bestimmt werden. An stark geneigten Flächen und über Kopf können berührungslose Profilmessverfahren nach DIN EN ISO 13473-1 mit Geräten nach DIN ISO 13473-3 eingesetzt werden. Für alternative Verfahren ist ein Nachweis zur Korrelation mit den zuvor genannten Verfahren erforderlich.

Für die Vorbereitung des Betonuntergrundes gilt Tafel 6.28 aus [6.23]. Darin sind geeignete Verfahren für die relevanten Anwendungszwecke und die Anforderungen angegeben. Zu beachten ist, dass unvermeidliche Gefügeschädigungen des verbleibenden Betonuntergrundes beim Abtrag möglichst gering gehalten werden. Dazu kann es erforderlich sein, mehrere Verfahren vom gröberen zum feineren anzuwenden.

Tafel 6.28 Verfahren für die Vorbereitung des Betonuntergrundes [6.23]

Verfahren		Anwendungszweck*					Anwendungsbereich	Anforderungen	Umfang der Nachbearbeitung
Art	Gerät, Material, Stoff	1	2	3	4	5			
1	2	3					4	5	6
Stemmen	Hammer Meißel – von Hand	x	x	x			örtlich, für kleinere Flächen [a)]	Beschädigungen des Betonstahls sind zu vermeiden; besondere Vorsicht bei Spanngliedern	Strahlen
	Meißel – Pressluft od. elektrisch			x [a)]					
	Nadelpistole	x	x		(x)[g)]				
Bürsten	rotierende Stahlbürste	x	x		(x)[g)]		Anwendungsbereich ist geräteabhängig		Säubern
Fräsen	Fräsmaschine	x	x [i)]	x [i, k)]			großflächige Abtragung auf waagerechten Oberflächen	Betonabtrag je Arbeitsgang $\leq$ 5 mm; höhengleiche Überlappung der Fräsbahnen $\leq$ 5 cm: Einsatz eines elektronischen Nivelliergerätes	Strahlen einschließlich unbehandelt verbliebener kleinerer Flächen
	großflächiger Abtrag mit definierter Tiefe								
Schleifen	Schleifgerät	x	x				örtlich, für kleinere Flächen		Säubern
Flammstrahlen	Geräte zur thermischen und mechanischen Behandlung [b)]	x	x				waagerechte und senkrechte Flächen	Gemäß DIN 32539, aber mit Geschwindigkeit $\geq$ 1,0 m/min und mechanischem Vortrieb	Säubern nach mechanischer Behandlung
Staubarmes Strahlen	Strahlen mit festen Strahlmitteln bei gleichzeitigem Absaugen; Kugelstrahlen	x	x	(x)[c)]	x		geräteabhängig, auf waagerechten und/oder senkrechten Flächen		
Strahlen	Druckluftstrahlen mit festen Strahlmitteln	x	x	(x)[c)]	x		waagerechte und senkrechte Flächen	Staubschutz erforderlich; Gefahrstoffverordnung beachten; Druckluft ölfrei! [d)]	Säubern
	Nebelstrahlen; Feuchtstrahlen mit festem Strahlmittel	x	x	(x)[c)]	(x)[h)]			Staubschutz kann entfallen; Druckluft ölfrei![d)]	
	Hochdruckwasserstrahlen $\geq$ 60 N/mm²	x	x	(x)[e)]	(x)[h)]				
Säubern	Abblasen mit Druckluft					x	vorzugsweise auf nicht waagerechten Flächen [a)]	Druckluft ölfrei![d)] Staubschutz erforderlich	
	Absaugen mit Industriesaugern					x	Regelverfahren auf großen waagerechten Flächen	Verwendete Sauger müssen Wasser und grobe Teile aufnehmen können.	
	Wasserstrahlen, Dampfstrahlen, Heißwasserstrahlen	(x)[f)]				x	Entfernen von atmosphärischen Verunreinigungen des Betonuntergrundes		

Erläuterungen zu Tafel 6.28

* **Anwendungszweck** (Spalte 3):

1 Entfernen der Reste von Beschichtungen und Nachbehandlungsfilmen sowie von oberflächigen Verunreinigungen
2 Entfernen von Zementschlämmen und minderfesten Schichten
3 Abtragen von schadhaftem Beton/Betonersatz sowie Freilegen der Bewehrung
4 Entfernen von Rostprodukten an freiliegender Bewehrung und anderen Metallteilen
5 Säubern des Betonuntergrundes von Wasser, Staub und losen Teilen.

a) Gefahr der tiefergehenden Zerstörung des Betons.
b) Die thermisch geschädigten Bereiche des Betons sind zu entfernen.
c) Grad des Betonabtrags ist abhängig vom Druck und von der Art und Menge des Strahlmittels.
d) Ölfrei: Die eingesetzten Baukompressoren müssen Ölausscheider mit einem nachgewiesenen Wirkungsgrad von $\leq$ 0,01 ppm Restölgehalt haben.
e) Grad des Betonabtrags ist druckabhängig.
f) Reste von Beschichtungen können nicht immer entfernt werden.
g) Nicht für zu beschichtende Bewehrungen und andere Metallteile.
h) Gegebenenfalls trocken nachstrahlen.
i) Der maximale Abtrag von $\leq$ 5 mm ist unbedingt einzuhalten, da bei größerem Abtrag eine tiefergehende Zerstörung des Betons wahrscheinlich ist.
k) Nicht zum Freilegen der Bewehrung.

Tafel 6.29 gibt an, welche Mindest-Rautiefeklassen nach Tafel 6.27b für verschiede Instandsetzungssysteme und Anforderungen an die Kraftübertragung erforderlich sind.

Tafel 6.29 Anforderungen an die Rauheit des Betonuntergrundes bei Adhäsionsverbund [6.20]

	Instandsetzungssystem	Mindest-Rautiefenklasse
	1	2
1	Beton nach DIN EN 206-1/DIN 1045-2 (ggf. als Trockenbeton), Spritzbeton (Größtkorn ≥ 8 mm), SRC (Größtkorn ≥ 8 mm), Vergussbeton [1)]	RT3,0
2	Beton nach DIN EN 206-1/DIN 1045-2 (ggf. als Trockenbeton), Spritzbeton (Größtkorn ≥ 8 mm), SRC (Größtkorn ≥ 8 mm), Vergussbeton [2)]	RT1,5
3	Spritzbeton (Größtkorn < 8 mm), SRC (Größtkorn < 8 mm), RC (Größtkorn < 8 mm), Spritzmörtel, RM, SRM, Vergussmörtel	RT1,0
4	PRM oder PRC	RT0,5
5	OS 4, OS 5, OS 8, OS 11, OS 14, Feinspachtel [3)]	RT0,3

1) Sofern die Anforderungen an die verzahnte Fuge gemäß DIN EN 1992-1-1/NA gestellt werden.
2) Sofern die Anforderungen an die raue Fuge gemäß DIN EN 1992-1-1/NA gestellt werden.
3) Für Oberflächenschutzsysteme OS 1 und OS 2 gelten keine Anforderungen an die Rauheit.

6 Regelungen für Ausbruchtiefen, Schichtdicken und zum zulässigen verbleibenden Chloridgehalt

Die TR IH regelt für die Verfahren 7.1 bis 8.3 für Bewehrungskorrosion die Anforderungen an die erforderlichen Ausbruchtiefen sowie an den Chloridgehalt, der im Beton verbleiben darf. Diese sind schematisch in Abbildungen dargestellt, s. z. B. Abb. 6.3-6.5. Für die Verfahren, bei denen eine Querschnittsergänzung vorgenommen wird, sind die Randbedingungen für die erforderlichen Schichtdicken im jeweiligen Absatz, der das Verfahren beschreibt, angegeben.

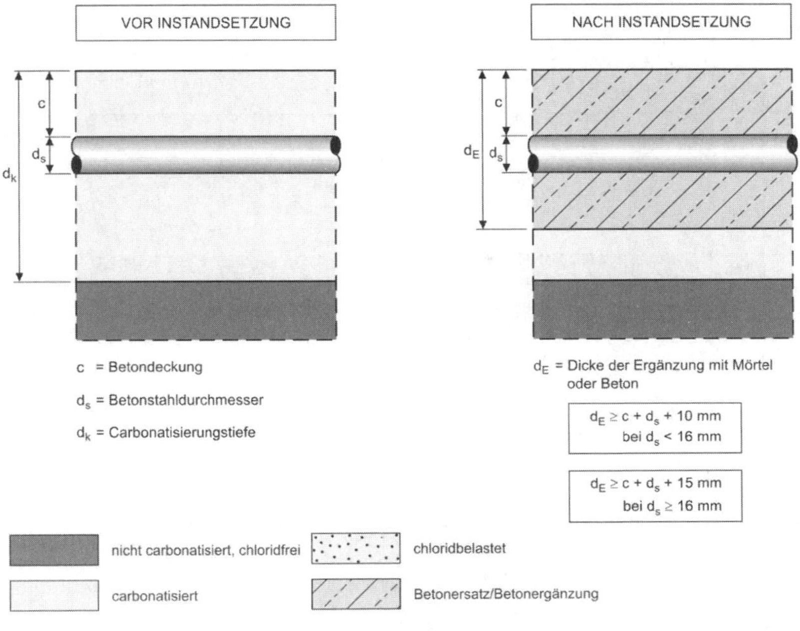

Abb. 6.29 Schematische Darstellung des Verfahrens 7.2 bei Carbonatisierung nach [6.20]

Abb. 6.29 zeigt den traditionellen Betonersatz (bisheriges Verfahren R2). Wenn die Carbonatisierungstiefe sehr groß ist, muss nicht der gesamte carbonatisierte Beton entfernt werden, sondern je nach Bewehrungsdurchmesser nur bis zu 10 bzw. 15 mm hinter die Bewehrung. Diese bewährte Regelung dient dazu, dass der Betonersatz hohlstellenfrei eingebracht werden kann.

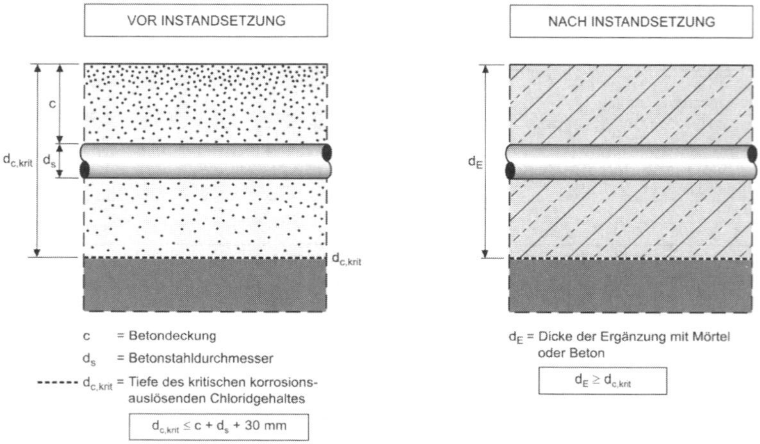

Abb. 6.30a Schematische Darstellung des Verfahrens 7.2 bei Chlorideinwirkung nach [6.20]

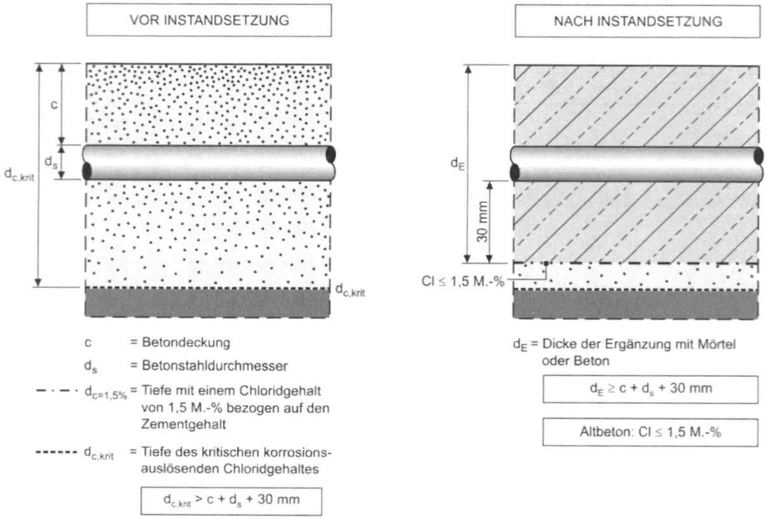

Abb. 6.30b Schematische Darstellung des Verfahrens 7.2 bei sehr starker Chlorideinwirkung [6.20]

Abb. 6.30a zeigt den Betonersatz bei Chlorideinwirkung. Hier muss i. d. R. der gesamte Beton mit Chloridgehalten oberhalb der kritischen Konzentration entfernt und ersetzt werden. Dieser kritische Wert beträgt bei Stahlbeton i. d. R. 0,5 M.-% Chlorid/Zementgehalt, darf aber vom Sachkundigen Planer in begründeten Fällen abweichend festgelegt werden.

Eine Ausnahme ist in besonderen Fällen zulässig, wenn der kritische Chloridgehalt mehr als 30 mm hinter der Bewehrung liegt. Abb 6.30b zeigt, dass in einem Abstand von 30 mm ein Chloridgehalt von maximal 1,5 M.-%/Zementgehalt verbleiben darf.

Mit den Verfahren 7.1, 7.7 und 7.8 stehen rein präventive Maßnahmen zur Verfügung, die zum Einsatz kommen, wenn die Bewehrung noch nicht korrodiert, aber die Betondeckung für die planmäßige Nutzungsdauer nicht ausreichend ist.

7 Füllen von Rissen und Hohlräumen

Risse in Stahlbetonbauteilen können verschiedene Ursachen haben, s. Tafel 6.31. Die Beurteilung der Rissursachen ist entscheidend für die Planung geeigneter Maßnahmen.

Tafel 6.31 Mögliche Rissursachen (Auszug aus [6.29])

	Rissursache	Merkmale der Rissbildung	Zeitpunkt der Rissbildung
1	Setzen des Frischbetons	Gerichtete Oberflächenrisse über der oberen Bewehrungslage; Rissbreite bis zu mehreren Millimetern; Risstiefe zumeist nicht tiefer als bis zur oberen Bewehrungslage	Solange der Beton noch plastisch verformbar ist, etwa bis zum Beginn der Erstarrungsphase
2	Frühschwinden	Zumeist ohne ausgeprägte Richtung verlaufende Oberflächenrisse, vor allem bei flächigen, ungeschalten Bauteilen; Rissbreite zumeist ≤ 0,30 mm; Risstiefe zumeist nicht mehr als wenige Millimeter	
3	Abfließen der Hydratationswärme (bei Verformungsbehinderung)	Oberflächenrisse (auch als Schalenrisse), Trennrisse, Biegerisse; Rissbreite ≤ 0,50 mm; Risstiefe von wenigen Zentimetern bis durch den gesamten Bauteilquerschnitt	Zumeist innerhalb der ersten 3 bis 5 Tage nach dem Betonieren; bei dickeren Bauteilen, langsam erhärtendem Beton oder wärmespeichernder Nachbehandlung auch später
4	Schwinden (bei Verformungsbehinderung) a) Grundschwinden b) Trocknungsschwinden		a) Einige Tage nach dem Betonieren b) Einige Tage bis mehrere Jahre nach dem Betonieren
5	Äußere Temperatureinwirkungen (bei Verformungsbehinderung)	Biege- und Trennrisse; Rissbreite ≤ 0,50 mm; Risstiefe von wenigen Zentimetern bis durch den gesamten Bauteilquerschnitt	Jederzeit nach Erhärten des Betons, wenn Temperaturänderungen (insbesondere Abkühlung) auftreten
6	Änderung der Lagerbedingungen	Biege-, Trenn- und Schubrisse; Rissbreite keine typische Angabe möglich; Risstiefe von wenigen Zentimetern bis durch den gesamten Bauteilquerschnitt	Jederzeit nach Erhärten des Betons (z. B. durch Setzungen, Lagerverformungen, Veränderung der Einspanngrade durch Rissbildung)
7	Äußere (direkte Lasten)	Biege- oder Trennrisse, Schubrisse	Jederzeit während der Nutzung
8	Korrosion der Bewehrung	Risse entlang der Bewehrung und an Bauteilecken, Betonabplatzungen	Nach mehreren Jahren
9	Sonstige Ursachen (z. B. Frost, chemische Vorgänge wie Alkalireaktion oder Sulfattreiben)		-

Die folgende Tafel 6.32 zeigt die Regelungen der TR IH für die Verwendung von Rissfüllstoffen.

Nach TR IH gibt es vier Füllziele:

- Schließen (Verfahren 1.5 und 7.6), zur Begrenzung der Rissbreite durch Füllen, um den Zutritt korrosionsfördernder Stoffe zu hemmen, durch Injektion oder Vergießen,
- Abdichten (Verfahren 1.5 und 2.6) zur Beseitigung rissbedingter Undichtigkeiten durch Injektion oder Vergießen (WU-Richtlinie),
- kraftschlüssiges Verbinden (Verfahren 4.5) zur Herstellung einer Kraftübertragung über den Riss durch Injektion oder Vergießen, wobei der Füllgrad mindestens 80 % betragen muss, und
- begrenzt dehnbares Verbinden (Verfahren 1.5, 2.6 und 7.6) ohne Beeinflussung der Steifigkeitsverhältnisse, was am häufigsten angewendet wird.

Je nach Füllziel ergeben sich für die Rissfüllstoffe 2 Klassen:

- F: Rissfüllstoffe, die in der Lage sind, Kräfte über die Rissflanken zu übertragen (F = force transmitting)
- D: Dehnbare Rissfüllstoffe, die einen Verbund mit den Rissflanken bilden (D = ductile)

Tafel 6.32 Verwendung von Rissfüllstoffen zum Füllen von Rissen und Hohlräumen [6.20]

S	1	2	3	4	5	6	7
				Einwirkung auf den Füllbereich			
Z	**Füllziel**	**Verfahren**	**Füllart**	**Trocken DY (dry)**	**Feucht DP (damp)**	**Nass WT (wet)**	**fließendes Wasser 1) WF (waterflow)**
				Zulässige Rissfüllstoffe			
1a	Schließen (Begrenzung der Rissbreite durch Füllen)	1.5a 7.6a	durch Injektion	F-I (P) F-I (H) 3), 4) D-I (P)	F-I (P) 2) F-I (H) 4) D-I (P)	F-I (P) 2) F-I (H) 4) D-I (P)	– F-I (H) 4) D-I (P)
1b		1.5b 7.6b	durch Vergießen 5)	F-V (P) F-V (H) 3)	– F-V (H)	– –	– –
2a	Abdichten	1.5a 2.6	durch Injektion	F-I (P) F-I (H) 4) D-I (P)	F-I (P) 2) F-I (H) 4) D-I (P)	F-I (P) 2) F-I (H) 4) D-I (P)	– – D-I (P)
2b		1.5b	durch Vergießen 5)	F-V (P) F-V (H) 3)	– F-V (H)	– –	– –
3a	Kraftschlüssiges Verbinden	4.5a	durch Injektion	F-I (P) F-I (H) 3)	F-I (P) 2) F-I (H)	F-I (P) 2) F-I (H)	– F-I (H)
3b		4.5b	durch Vergießen 5)	F-V (P) F-V (H) 3)	– F-V (H)	– –	– –
4	Begrenzt dehnbares Verbinden	1.5a 2.6 7.6a	durch Injektion	D-I (P)	D-I (P)	D-I (P)	D-I (P)

1) Zusammen mit Maßnahmen zur Druckminderung (z. B. Entlastungsbohrungen, Wasserhaltung) und rückseitigem Abdichten (SPUR)
2) F-I (P) mit explizit nachgewiesener Feuchteverträglichkeit
3) Flanken von Rissen und ggf. innere Oberflächen von Hohlräumen müssen gemäß Angaben zur Ausführung vorgenässt werden.
4) Mindestanforderungen Festigkeitsklasse F3
5) Füllgrad muss durch Bohrkernentnahme nachgewiesen werden

Als Stoffgruppen sind mit dem Kurzzeichen P (Polymer) reaktive Bindemittel möglich, wie z. B. EP, PUR oder schnellschäumendes PUR (SPUR) oder mit dem Kurzzeichen H hydraulische Bindemittel, z. B. Zementleim ZL oder Zementsuspension ZS.

Bezüglich der Füllart ist die seit langem etablierte Injektion über Bohr- oder Klebepacker als Füllart I geregelt. Zusätzlich wurde in der TR IH das „Vergießen“ (Füllart V) durch druckloses Füllen mit kontinuierlichem Fluss des Rissfüllstoffes durch ein ständig gefülltes Füllstoffreservoir, z. B. als eingeschnittene Nut, neu eingeführt. Das sogenannte „Tränken“ als druckloses Füllen ohne Füllstoffreservoir stellt kein eigenständiges Instandsetzungsverfahren dar und ist daher in der TR IH nicht geregelt. Es ist jedoch ggf. als vorbereitende Maßnahme vor dem Auftrag von OS-Systemen geeignet.

Aus den Füllzielen, Füllarten und Stoffgruppen ergeben sich die Bezeichnungen für die Rissfüllstoffe, z. B. D-I (P) für einen dehnbaren Rissfüllstoff für die Injektion auf Polymerbasis wie z. B. PUR. Dehnbare Stoffe können nur injiziert werden, da beim Vergießen die Gefahr des Aufschäumens besteht. Für das kraftschlüssige Füllen eignen sich grundsätzlich F-I (P), F-V (P), F-I (H) oder F-V (H).

8 Betonersatz

Betonersatz wird für viele Verfahren benötigt:

- 3.1: Kleinflächiger Handauftrag,
- 3.2: Betonieren oder Vergießen,
- 3.3: Spritzauftrag,
- 4.4: Querschnittsergänzung durch Mörtel/Beton,
- 5.3 und 6.3: Erhöhung des physikalischen oder chemischen Widerstandes,
- 7.1, 7.2 und 7.4: Erhalt oder die Wiederherstellung der Passivität und
- 10.1: kathodischer Korrosionsschutz.

Einige gewohnte Bezeichnungen wurden den internationalen Kennzeichnungen angepasst:

- PCC - Neu: RM bzw. RC,
- SPCC - Neu: SRM bzw. SRC und
- PC - Neu: PRM bzw. PRC, mit

R = repair (Instandsetzung), M = mortar (Mörtel), C = concrete (Beton), S = sprayable (spritzbar) und P = polymer (Polymer).

Daraus ergibt sich z. B. die Bezeichnung SRM-A3 für einen spritzbaren Mörtel als Betonersatz mit oder ohne Kunststoffmodifizierung für Altbetonklasse A3.

Für den Betonersatz werden i. d. R. speziell für die Instandsetzung entwickelte Baustoffe wie RM/RC, SRM/SRC und PRM/PRC verwendet. Instandsetzungsmörtel RM und -betone RC, Polymermörtel PRM und Polymerbetone PRC dürfen für Altbetonklassen A4 und A5 und kleine Flächen im Handauftrag verwendet werden. Spritzbare Instandsetzungsmörtel SRM und -betone SRC sind dagegen für die Altbetonklassen A2 bis A5 geregelt.

Unter bestimmten Randbedingungen können auch geeignete genormte bzw. geregelte Baustoffe wie Beton, Spritzbeton, Spritzmörtel oder Vergussbeton verwendet werden:

- Beton nach DIN EN 206-1 und DIN 1045-2 und Spritzbeton nach DIN EN 14487 und DIN 18551 sind für Adhäsionsverbund nicht anwendbar, aber für Expositionsklassen A2 bis A5 für die flächige Instandsetzung mit Verankerung und Bewehrung.
- Vergussbeton nach DAfStb-Richtlinie darf für die flächige Instandsetzung mit Verankerung und Bewehrung und zusätzlich für das drucklose Füllen von Hohlstellen angewendet werden, allerdings nur für die Expositionsklassen A4 und A5.
- Spritzmörtel nach DIN EN 14487 und DIN 18551 sind nur in Sonderfällen für die Expositionsklassen X0, XC1 bis XC4 und für Altbetonklasse A4 anwendbar.

Tafel 6.34 Verwendung von Betonersatz für die flächige Instandsetzung [6.20]

Altbeton klasse	Verfahren	Geeignete Produkte/Systeme	Flächige Instandsetzung, Verbund wird sichergestellt durch			
			Adhäsion		Verankerung und Bewehrung	
			Schichtdicke d in mm	Merkmale	Schichtdicke d in mm	Merkmale
A5, A4, A3, A2,	3.2, 4.1, 4.4, 5.3, 6.3, 7.1, 7.2, 7.4	Beton nach DIN EN 206-1 und DIN 1045-2 (ggf. als Trockenbeton)	nicht anwendbar [1]		d > 60 mm	Anforderungen gemäß DIN EN 206-1 und DIN 1045-2; Teil 2
A5, A4	3.2, 4.1, 4.4, 5.3, 6.3, 7.1, 7.2, 7.4	Betonersatz (RC) im Betonierverfahren (D > 4 mm)	30 mm ≤ d ≤ 60 mm	Merkmale gemäß Teil 2, Tabelle C.2	d > 60 mm	Merkmale wie Spalte 4
A3, A2			nicht anwendbar		nicht anwendbar	
A5, A4	3.1	Betonersatz (RC) mit zugehörigen Systemkomponenten im Handauftrag (D > 4 mm)	keine Anforderung	nur für kleinflächige Instandsetzung, großflächig nur bei horizontalen Flächen. Merkmale gemäß Teil 2, Tabelle C.2 [2]	nicht anwendbar	
A3, A2			nicht anwendbar			
A5, A4	3.2, 7.1, 7.2, 7.4	Vergussbeton nach DAfStb- Richtlinie „Herstellung und Verwendung von zementgebundenem Vergussmörtel und Vergussbeton"	keine Anforderung	Nur für das drucklose Füllen von Hohlstellen (3.2 c). Anforderungen gemäß DAfStb-RL SIB, 3. Berichtigung, September 2014	d > 60 mm	Anforderungen gemäß DAfStb-RL SIB, 3. Berichtigung, September 2014
A3, A2			nicht anwendbar		nicht anwendbar	
A5	3.3, 4.1, 4.4, 5.3, 6.3, 7.1, 7.2, 7.4	Spritzbeton nach DIN EN 14487 und DIN 18551	nicht anwendbar [1]		d > 50 mm	Merkmale gemäß DIN EN 14487 und DIN 18551
A4, A3, A2					d > 60 mm	
A5, A4, A3, A2	3.3, 4.1, 4.4, 5.3, 6.3, 7.1, 7.2, 7.4	Betonersatz im Spritzauftrag (SRC) (D > 4 mm)	30 mm ≤ d ≤ 60 mm	Merkmale gemäß Teil 2, Tabelle C.3	d > 60 mm	Merkmale wie Spalte 4
A4	3.3	Spritzmörtel nach DIN EN 14487 und DIN 18551	nicht anwendbar [1]		nicht anwendbar	
A5, A4, A3, A2	3.3, 4.1, 4.4, 5.3, 6.3, 7.1, 7.2, 7.4	Betonersatz im Spritzauftrag (SRM) (D ≤ 4 mm)	20 mm ≤ d ≤ 60 mm	Grundsätzlich zweilagiger Auftrag, wenn die obere Lage abgerieben werden kann. Für einlagigen Auftrag ist ein gesonderter Nachweis der Haftzugfestigkeit einlagig hergestellter Proben nach Klimalagerung zu erbringen. Merkmale gemäß Teil 2, Tabelle C.3	nicht anwendbar	
A5, A4	3.2, 4.4, 5.3, 6.3, 7.1, 7.2, 7.4	Betonersatz (RM) im Betonierverfahren (D ≤ 4 mm)	15 mm (20 mm bei 7.1, 7.2 und 7.4) ≤ d ≤ 30 mm	Merkmale gemäß Teil 2, Tabelle C.2	nicht anwendbar	
A3, A2			nicht anwendbar			
A5, A4	3.1	Betonersatz im Handauftrag (RM) (D ≤ 4 mm)	keine Anforderung	nur für kleinflächige Instandsetzung, großflächig nur bei horizontalen Flächen. Merkmale gemäß Teil 2, Tabelle C.2 [2]	nicht anwendbar	
A3, A2			nicht anwendbar			
A5, A4	3.1, 3.2 [3]	Betonersatz im Handauftrag (PRM oder PRC)	d ≥ 3 x D	nur für kleinflächige Instandsetzung (höchstens 1 m²), Merkmale gemäß Teil 2, Tabelle C.4 [2]	nicht anwendbar	
A3, A2,			nicht anwendbar			

[1] Darf nach (3) im Verbund über Adhäsion ohne zusätzliche Prüfungen an Bauteilen der Altbetonklasse A4 eingesetzt werden, die den Expositionsklassen X0 oder XC1 bis XC4 zugeordnet werden können (siehe DAfStb-RL SIB, Berichtigung 3)

[2] Merkmale, die eine Applikation an beliebig orientierte Oberflächen sicherstellen, müssen nicht nachgewiesen werden

[3] PRM/PRC sind nicht für den großflächigen Einsatz (> 1 m²) vorgesehen; D: Größtkorndurchmesser

Die Richtwerte für die Schichtdicken sind nicht mehr wie in der RL SIB allgemein für die Beton- bzw. Mörtelart angegeben, sondern spezifisch in Abhängigkeit von dem geplanten Verfahren, der Altbetonklasse und der Art der Sicherstellung des Verbundes (durch Adhäsion oder Verankerung und Bewehrung). Die Tafel 6.34 zeigt die Regelungen der TR IH [6.20] für die Verwendung von Betonersatz.

9 Oberflächenschutzsysteme

Oberflächenschutzsysteme werden für verschiedene Verfahren benötigt:

- 1.1, 1.3 und 1.4: als Hydrophobierung, Beschichtung oder Rissbandage zum Schutz gegen das Eindringen von Stoffen
- 2.1 und 2.3: als Hydrophobierung oder Beschichtung zur Absenkung des Wassergehaltes für den Schutz vor Betonkorrosion
- 5.1 und 6.1: als Beschichtung zur Erhöhung des physikalischen oder chemischen Widerstandes
- 7.7: als Beschichtung zum Erhalt der Passivität
- 8.1 und 8.3: als Hydrophobierung oder Beschichtung zur Absenkung des Wassergehaltes für den Korrosionsschutz der Bewehrung

Filmbildende Beschichtungssysteme sind wie folgt aufgebaut:

- Feinspachtel (Ausgleichs- bzw. Kratzspachtel) zum Verschließen von Poren und Lunkern und zum Ausgleich von Rauigkeiten
- Grundierung (dünnflüssiges Bindemittel) als erste Lage des Beschichtungssystems zur Verbesserung der Haftung und ggf. auch zur Verfestigung, entspricht der Haftbrücke beim Betonersatz
- Hauptsächlich wirksame Oberflächenschutzschicht (hwO) als für die Funktion des OS-Systems maßgebende Schicht, s. Zeile 6 „Regelaufbau“ in Tafeln 6.36, 6.37a und 6.38
- Deckversiegelung, ggf. mit Abstreuung und zweiter Deckversiegelung, als äußere Lage für Verschleißwiderstand, Griffigkeit, Reinigungsfähigkeit, Farbgestaltung etc.

Tafel 6.35 gibt die systemspezifischen Mindestschichtdicken für die verschiedenen OS-Systeme nach TR IH an. Die produktspezifischen Mindestschichtdicken sowie die Materialzuschläge, die zur Sicherstellung der Mindestschichtdicke in Abhängigkeit von der Untergrundrauheit und Verarbeitung erforderlich sind, können den Angaben zur Ausführung der Produkthersteller entnommen werden.

Tafeln 6.36, 6.37a und 6.38 geben die Tabellen der TR IH für die Anwendungsgebiete, Eigenschaften, Bindemittelgruppen und den Regelaufbau der Oberflächenschutzsysteme wieder.

Tafel 6.35 Mindestschichtdicken $d_{min,S}$ der hauptsächlich wirksamen Oberflächenschutzschicht (hwO) für Oberflächenschutzsysteme [6.21]

Oberflächenschutzsystem		Mindestschichtdicke $d_{min,S}$ [µm]
OS 2 (OS B)		80
OS 4 (OS C)		80
OS 5a (OS DII)		300
OS 5b (OS DI)		2000
OS 8		2500 1)
OS 11a (OS F a)	Deckschicht	3000
	Elastische Oberflächenschutzschicht (hwO, Schwimmschicht)	1500
OS 11b (OS F b)		4000
OS 14	Deckschicht	4000
	Elastische Oberflächenschutzschicht (hwO, Schwimmschicht)	2000

1) Gesamtschichtdicke inkl. Grundierung und Deckschicht

Tafel 6.36 Verwendung von Oberflächenschutzsystemen [6.20]

Nr.	Kriterien	OS 1 (OS A)	OS 2 (OS B)	OS 4 (OS C)
	1	2	3	4
1	Kurzbeschreibung	Hydrophobierung	Beschichtung für nicht begeh- und befahrbare Flächen (ohne Kratz- bzw. Ausgleichsspachtelung)	Beschichtung mit erhöhter Dichtheit für nicht begeh- und befahrbare Flächen (mit Kratz- bzw. Ausgleichsspachtelung)
2	Anwendungsbereiche	Reduzierung der Wasseraufnahme bei vertikalen und geneigten freibewitterten Betonbauteilen, z. B. Stützwände. Nicht wirksam bei drückendem Wasser.	Beschichtung zur Erhöhung des Carbonatisierungswiderstands an freibewitterten Betonbauteilen mit ausreichendem Wasserabfluss bedingt auch im Sprühbereich von Auftausalzen.	Freibewitterte Betonbauteile auch im Sprühbereich [1)] von Auftausalzen.
3	Eigenschaften	gefordert – zeitlich begrenzte Reduzierung der kapillaren Wasseraufnahme – zeitlich begrenzte Verbesserung des Frost- und Frost-Tausalz-Widerstandes nicht gefordert – Reduzierung der Aufnahme von in Wasser gelösten Schadstoffen – größerer Carbonatisierungsfortschritt im Vergleich zu nicht hydrophobiertem Beton im Freien – keine Veränderung der Wasserdampf-Durchlässigkeit – keine Veränderung des optischen Erscheinungsbildes	gefordert – Reduzierung der Wasseraufnahme – Reduzierung des Eindringens beton- und stahlangreifender Stoffe – Reduzierung der Kohlenstoffdioxiddiffusion – begrenzte Wasserdampf-Durchlässigkeit – Verbesserung des Frost- und Frost-Tausalz-Widerstandes nicht gefordert – optische Wirkung, farbliche Oberflächengestaltung möglich	gefordert – Reduzierung der Wasseraufnahme – Reduzierung des Eindringens beton- und stahlangreifender Stoffe – Reduzierung der Kohlenstoffdioxiddiffusion – begrenzte Wasserdampf-Durchlässigkeit – Verbesserung des Frost- und Frost-Tausalz-Widerstandes nicht gefordert – optische Wirkung, farbliche Oberflächengestaltung möglich
4	Rissüberbrückung	-	-	-
5	Bindemittelgruppen der hwO [2)]	Silan Siloxan	Polymerdispersion Mischpolymerisat (gelöst) Polyurethan Epoxidharze Silan / Siloxan: für Hydrophobierung	Polymerdispersion Mischpolymerisat (gelöst) Polyurethan Epoxidharze Silan / Siloxan: für Hydrophobierung
6	Regelaufbau [3)]	Hydrophobierung	1. Hydrophobierung [4)] 2. gegebenenfalls Grundierung 3. Mindestens zwei Oberflächenschutzschichten (hwO)	1. Kratz-/Ausgleichsspachtelung [5)] 2. gegebenenfalls Hydrophobierung [4)] 3. gegebenenfalls Grundierung 4. mindestens zwei Oberflächenschutzschichten (hwO)

In der TR IH sind folgende OS-Systeme geregelt, vgl. Tafeln 6.36, 6.37a und 6.38:

- OS 1: Hydrophobierung,

für nicht begeh- und befahrbare Flächen:

- OS 2: starres Beschichtungssystem ohne Kratz- bzw. Ausgleichspachtelung,
- OS 4: starres Beschichtungssystem mit Kratz- bzw. Ausgleichspachtelung,
- OS 5a/b: Beschichtungssystem mit geringer Rissüberbrückungsfähigkeit,
  (a) hwO = Polymerdispersion, (b) hwO aus Polymer/Zement-Gemisch,

und für befahrbare Flächen:

- OS 8: starre Reaktionsharzbeschichtung mit hohem Verschleißwiderstand,
- OS 11a: rissüberbrückendes Beschichtungssystem mit Schwimm- und Verschleißschicht,
- OS 11b: rissüberbrückendes Beschichtungssystem, „einschichtig" und
- OS 14: neu, wie OS 11a, aber mit größeren Schichtdicken und größerer Rissüberbrückung.

Tafel 6.37a Verwendung von Oberflächenschutzsystemen [6.20]

Nr.	Kriterien	OS 5a (OS DII OS 5b (OS DI	OS 8
	1	5	6
1	Kurzbeschreibung	Beschichtung mit geringer Rissüberbrückungsfähigkeit [6] für nicht begeh- und befahrbare Flächen (mit Kratz- bzw. Ausgleichsspachtelung)	Starre Beschichtung für befahrbare Flächen
2	Anwendungsbereiche	Frei bewitterte Betonbauteile mit oberflächennahen Rissen [7] auch im Sprühbereich [1] von Auftausalzen.	Mechanisch und chemisch beanspruchte Flächen im überdachten Bereich [8]
3	Eigenschaften	gefordert – Reduzierung der Wasseraufnahme – Reduzierung des Eindringens beton- und stahlangreifender Stoffe – starke Reduzierung der Kohlenstoffdioxiddiffusion – Rissüberbrückungsfähigkeit für oberflächennahe Risse – begrenzte Wasserdampf-Durchlässigkeit – Verbesserung des Frost- und Frost-Tausalz-Widerstandes nicht gefordert – optische Wirkung, farbliche Oberflächengestaltung möglich	gefordert – Verhinderung der Aufnahme von in Wasser gelösten Schadstoffen – Verbesserung der Chemikalienbeständigkeit – Verbesserung des Verschleißwiderstandes – Verbesserung des Frost-Tausalz-Widerstandes – Erhöhung der Schlagfestigkeit – Verbesserung der Griffigkeit nicht gefordert – Verhinderung der Kohlenstoffdioxiddiffusion – Starke Reduzierung der Wasserdampfdiffusion
4	Rissüberbrückung	B.2 (-20 °C) [6]	-
5	Bindemittelgruppen der hwO [2]	a) Polymerdispersion b) Polymer / Zement-Gemisch	Reaktionsharze
6	Regelaufbau [3]	a) Polymerdispersion 1. Kratz-/Ausgleichsspachtelung [5] 2. i. d. R. Grundierung 3. mind. zwei Oberflächenschutzschichten (hwO) 4. gegebenenfalls Deckversiegelung b) Polymer / Zement-Gemisch 1. gegebenenfalls Kratz-/Ausgleichsspachtelung [5] 2. mindestens zwei elastische Oberflächenschutzschichten (hwO) 3. ggf. Deckversiegelung	1. i. d. R. Grundierung oder Grundierspachtelung 2. verschleißfeste, ggf. vorgefüllte Oberflächenschutzschicht abgestreut, ggf. mehrlagig 3. Deckversiegelung

Von diesen Systemen weisen nur OS 5, OS 11 und OS 14 eine Rissüberbrückungsfähigkeit auf. Die in den Tafeln 6.36, 6.37a und 6.38 genannten Rissüberbrückungsklassen nach DIN EN 1062-7 sind in Tafel 6.37b zusammengestellt.

Tafel 6.37b Rissüberbrückungsklassen für Verfahren B nach DIN EN 1062-7

Oberflächen-schutzsystem	Klasse	Temperatur	Rissbreitenänderung	Frequenz	Minimale Zyklenzahl
		°C	mm	Hz	1000
OS 5	B2 („Temperatur“)	-20	0,05 trapez	0,03	1000
OS 11	B3.2 („Temperatur + Verkehr“)	-20	0,20 trapez ± 0,05 sinus	0,03 1	1000 20000
OS 14	B4.2 („Temperatur + Verkehr“)	-20	0,30 trapez ± 0,05 sinus	0,03 1	1000 20000

Tafel 6.38 Verwendung von Oberflächenschutzsystemen [6.20]

Nr.	Kriterien	OS 11a (OS F a) OS 11b (OS F b)	OS 14
	1	7	8
1	Kurzbeschreibung	Beschichtung mit erhöhter dynamischer Rissüberbrückungsfähigkeit [6)] für begeh- und befahrbare Flächen	Beschichtungssystem mit hoher dynamischer Rissüberbrückung [6)], mit integrierter Nutzschicht, direkt befahrbar (mit/ohne Einlage), bestehend aus einem flexiblen Reaktionsharz und einer zusätzlichen Nutzschicht aus Reaktionsharz (ungefüllt/gefüllt), mit ggf. mineralischer Einstreuung und gegebenenfalls Deckversiegelung.
2	Anwendungsbereiche	Freibewitterte Betonbauteile mit oberflächennahen Rissen und/oder Trennrissen und planmäßiger [9)] mechanischer Beanspruchung auch im Sprüh- oder Spritzbereich von Auftausalzen z. B. Brückenkappen	Oberflächenschutz für Betonbauteile mit Trennrissen und planmäßiger mechanischer Beanspruchung, z. B. direkt befahrene, freibewitterte Parkdecks
3	Eigenschaften	gefordert – Verhinderung der Wasseraufnahme – Verhinderung des Eindringens beton- und stahlangreifender Stoffe – dauerhafte Rissüberbrückung vorhandener und neu entstehender Trennrisse unter temperatur- und lastabhängigen Bewegungen – Verbesserung des Frost-Tausalz-Widerstandes – Verbesserung der Griffigkeit – Verbesserung des Frost- Widerstandes nicht gefordert – Verhinderung der Kohlenstoffdioxiddiffusion – starke Reduzierung der Wasserdampfdiffusion	gefordert – Verhinderung der Wasseraufnahme – Verhinderung des Eindringens beton- und stahlangreifender Stoffe – dauerhafte Rissüberbrückung vorhandener und neu entstehender Trennrisse unter temperatur- und lastabhängigen Bewegungen – Verbesserung des Frost-Tausalz-Widerstandes – Verbesserung der Griffigkeit – Verbesserung des Frost- Widerstandes – Mechanisch beständig gegenüber mineralischer Schüttung nicht gefordert – Verhinderung der Kohlenstoffdioxiddiffusion – starke Reduzierung der Wasserdampfdiffusion
4	Rissüberbrückung	B 3.2 (-20 °C) [6)]	B 4.2 (-20 °C) [6)]
5	Bindemittelgruppen der hwO [2)]	Reaktionsharze	Reaktionsharze
6	Regelaufbau [3)]	a) OS 11a (OS F a) 1. Grundierung 2. Elastische Oberflächenschutzschicht (hwO, Schwimmschicht) 3. Verschleißfeste vorgefüllte [10), 11)] Deckschicht, abgestreut (hwO) 4. Deckversiegelung b) OS 11b (OS F b) 1. Grundierung 2. Verschleißfeste, vorgefüllte [10), 11)] Oberflächenschutzschicht, abgestreut (hwO) 3. Deckversiegelung, ggf. Abstreuung und zweite Deckversiegelung	1. Grundierung 2. Elastische Oberflächenschutzschicht (hwO, Schwimmschicht) 3. Verschleißfeste vorgefüllte Deckschicht, abgestreut (hwO) 4. ggf. Deckversiegelung

1) Mit entsprechendem Nachweis auch im Spritzbereich
2) Andere als die angegebenen Bindemittelgruppen sind zulässig. In diesen Fällen sind die abweichenden Hauptbindemittelgruppen anzugeben.
3) Abweichungen von den Regelaufbauten sind zulässig, wenn die Anforderungen an das System erfüllt werden. Die systemspezifischen Mindestschichtdicken gemäß Teil 2 sind gleichwohl einzuhalten.
4) ggf. Wirksamkeitsnachweis gemäß DIN EN 13580
5) Dispersionsspachtel u. Ä. erfordern u. U. eine gesondert zu vereinbarende Prüfung
6) Siehe Teil 2, Tabelle A.1
7) Mit entsprechendem Nachweis auch für Bauwerke mit Trennrissen
8) Zur Verwendung in freibewitterten Bereichen muss die künstliche Bewitterung (inkl. UV-Beständigkeit) nach DIN EN 1062-11 nachgewiesen werden. Dabei müssen nach 2000 h künstlicher Bewitterung folgende Anforderungen erfüllt sein: keine Blasen, keine Risse, kein Abblättern.
9) Bei nur gelegentlichem Begang (z. B. Dienststege) kein Nachweis der Verschleißfestigkeit erforderlich
10) Nur durch Abstreuen gefüllte Schicht ist nur bei gelegentlichem Begang zulässig
11) Abhängig von der Viskosität (mind. 20 M.-%)

II Schutz und Instandsetzung von Mauerwerk

Univ.-Prof. Dr.-Ing. Michael Raupach

1 Ermittlung des Istzustandes von Mauerwerk

1.1 Allgemeines

Die Ermittlung und Bewertung des Istzustandes von Mauerwerk ist für die anschließende Planung und Durchführung von Schutz- und Instandsetzungsmaßnahmen unabdingbar. Die Durchführung solcher Maßnahmen an Mauerwerk ist jedoch nicht umfassend mit Normen bzw. Regelwerken abgedeckt. Die von der Wissenschaftlich-Technischen Arbeitsgemeinschaft für Bauwerkserhaltung und Denkmalpflege (WTA) e. V. erarbeiteten Merkblätter bieten Hilfestellungen u. a. für die „Beurteilung von Mauerwerk" [6.30] und die „Erhaltung und Instandsetzung von Mauerwerk" [6.31].

1.2 Materialkennwerte

Der Istzustand von Mauerwerk kann durch chemisch-mineralogische sowie physikalisch-mechanische Materialeigenschaften charakterisiert werden. Wichtige Eigenschaften, die für die Zustandsbeurteilung relevant sein können, und korrespondierende Normen bzw. übliche Verfahren sind in den Tafeln 6.39 und 6.40 zusammengefasst, vgl. [6.32].

Tafel 6.39 Bestimmung mechanischer und hygrischer Eigenschaften von Stein und Mörtel

Eigenschaft	Norm bzw. übliche Verfahren
Druckfestigkeit	Mauerstein nach DIN EN 772-1
	Naturstein nach DIN EN 1926
	Mörtel nach DIN 18 555-9 (Fugendruckfestigkeit)
Spaltzugfestigkeit	Mauer- und Naturstein bzw. in Kombination mit Mörtel in Anlehnung an DIN EN 12 390-6 bzw. [6.33], [6.34] (Fugenbohrkernverfahren)
Biegefestigkeit	Naturstein nach DIN EN 12 372 und DIN EN 13 161
Statischer E-Modul	Mauerstein in Anlehnung an DIN 18 555-4
	Naturstein nach DIN EN 14 580
	Mörtel nach DIN 18 555-4
Rohdichte	Mauerstein nach DIN EN 772-13
	Naturstein nach DIN EN 772-4 oder DIN EN 1936
	Mörtel nach DIN EN 1015-10
Porosität	Mauerstein, Naturstein, Mörtel in Anlehnung an bzw. nach DIN EN 1936
Porengröße/-verteilung	Mauerstein, Naturstein, Mörtel nach DIN ISO 15 901-1 (Quecksilberporosimetrie)
Kapillare Wasseraufnahme bzw. Wasseraufnahmekoeffizient	Mauerstein nach DIN EN 772-7, DIN EN 772-11, DIN EN 772-21
	Naturstein nach DIN EN 13 755, DIN EN 1925, DIN EN 772-11
	Mörtel nach DIN EN 1015-18 bzw. in Anlehnung an DIN EN 1925 oder DIN EN 13 755
Sättigungswert	Mauerstein, Naturstein, Mörtel nach bzw. in Anlehnung an DIN 52 008 (Anhang B)
Feuchtegehalt	Mauerstein, Naturstein, Mörtel mittels Darr-Methode (Trockenschrankverfahren)

Tafel 6.40 Bestimmung weiterer Materialkennwerte von Stein und Mörtel

Eigenschaft	Norm bzw. übliche Verfahren
Frostbeständigkeit	Mauerstein nach DIN EN 772-18 oder DIN EN 772-22 bzw. DIN 52 252-1 oder -2 in Verbindung mit DIN 52 253 (Beiblatt 1)
	Naturstein nach DIN 52 008 (Anhänge C, D oder E), DIN EN 12 371
	Mörtel nach [6.35]
Kristallisationsneigung	Naturstein nach DIN EN 12 370
Mörtelzusammensetzung	Mörtelanalyse nach [6.30], [6.35] oder in Anlehnung an DIN 52 170-1 bis -4
Salzgehalt	Halbquantitative und quantitative Salzanalytik durch Bestimmung von Art und Gehalt an löslichen Salz-Ionen nach [6.30], [6.35] oder nach DIN EN 14 629

Insbesondere bei historischem Mauerwerk sollte die Bestimmung der Materialkennwerte möglichst zerstörungsfrei bzw. zerstörungsarm erfolgen. Dazu stehen verschiedene Prüfverfahren zur Verfügung, z. B. Ultraschallmessung oder Feuchtemessung über elektrische Kenngrößen, für die i. d. R. eine objektspezifische Kalibrierung erforderlich ist.

1.3 Tragfähigkeit von Bestandsmauerwerk

1.3.1 Allgemeines

Für die Zustandsbeurteilung von Bestandsmauerwerk kann die Kenntnis der Tragfähigkeit erforderlich sein, beispielsweise wenn sich infolge einer geplanten Umnutzung Lasten auf das bestehende Mauerwerk erhöhen. In dem WTA-Merkblatt „Ermittlung der Druckfestigkeit von Bestandsmauerwerk aus künstlichen kleinformatigen Steinen" [6.36] werden Methoden zur Bestimmung eines charakteristischen Wertes der Druckfestigkeit von Bestandsmauerwerk zusammenfassend beschrieben. Die Methoden können nach Komponentenprüfung, Verbundkörperprüfung und In-situ-Prüfverfahren unterschieden werden. Der Eingriff in den Bestand sollte i. d. R. so gering wie möglich gehalten werden.

1.3.2 Komponentenprüfung (Stein- und Mörtelfestigkeit)

Die Tragfähigkeit von Mauerwerk im Bestand kann mithilfe der Druckfestigkeit seiner einzelnen Komponenten – Stein und Mörtel – unter Anwendung eines empirisch hergeleiteten Exponentialansatzes mit dem Faktor K und den Exponenten α und β abgeschätzt werden (vgl. Kap. 11B, Abschn. 6.2). Für einschaliges Mauerwerk mit Mörtel mit einer Druckfestigkeit von mindestens 2,5 N/mm^2 können die in DIN EN 1996-1-1/NA für verschiedene Stein-Mörtel-Kombinationen angegebenen Werte für K, α und β verwendet werden. Bei der Beurteilung der Tragfähigkeit von bestehendem Mauerwerk ist jedoch zu beachten, dass sich beispielsweise eine ungleichmäßige Fugendicke, eine unvollständige Vermörtelung, eine hohe Mauerwerksfeuchte oder ein unregelmäßiger Verband festigkeitsmindernd auf das Mauerwerk auswirken können.

Gelingt der Tragfähigkeitsnachweis mit dem empirischen Ansatz nicht, können bruchtheoretische Modelle für den Nachweis herangezogen werden. Für die Anwendung solcher Modelle zur Beurteilung der Tragfähigkeit werden neben der Druckfestigkeit von Stein und Mörtel weitere Festigkeits- und Verformungskennwerte wie die Zugfestigkeit, der Elastizitätsmodul oder die Querdehnzahl sowie geometrische Größen wie die Steinhöhe und -breite oder die Lagerfugendicke benötigt, vgl. [6.32].

1.3.3 Verbundkörperprüfung

Die Bestimmung der Mauerwerkdruckfestigkeit kann an Verbundprüfkörpern nach DIN EN 1052-1 erfolgen. Die Entnahme von Verbundprüfkörpern aus dem Bauwerk stellt einen invasiven Eingriff in die Bauwerkstruktur dar und sollte bzw. kann nur in Sonderfällen durchgeführt werden.

Die Entnahme und Prüfung von Fugenbohrkernen kann eine Alternative zu Prüfkörpern nach DIN EN 1052-1 darstellen. Bei den Fugenbohrkernverfahren nach Berger [6.33] bzw. Helmerich/Heidel [6.34] wird die Spaltzugfestigkeit von Bohrkernen mit speziellen Fugenanordnungen ermittelt.

Das Verhältnis der Spaltzugfestigkeit des Fugenbohrkerns zur Spaltzugfestigkeit homogener Mauerstein-Bohrkerne entspricht nach Berger in guter Näherung dem Verhältnis der Steindruckfestigkeit zur Mauerwerkdruckfestigkeit. Beim Fugenbohrkernverfahren nach Helmerich/Heidel wird die Spaltzugfestigkeit der Bohrkerne über Umrechnungsfaktoren in eine Mauerwerkdruckfestigkeit umgerechnet.

1.3.4 In-situ-Prüfverfahren

Mithilfe von In-situ-Prüfverfahren können wichtige tragsicherheitsrelevante Parameter durch Messung von Bauteilreaktionen identifiziert werden. Spannungszustände im Mauerwerk können beispielsweise mithilfe der Schlitztechnik (Flat-Jack) ermittelt werden. Beim Flat-Jack-Verfahren wird quer zur Hauptdruckspannungsrichtung ein Schlitz gesägt, in dessen Umgebung vorab Messsensoren zur Aufnahme von Verformungen angebracht wurden. In den Schlitz wird anschließend ein Hydraulikkissen eingebracht und aufgepumpt, bis die Sensoren den ursprünglichen Verformungszustand anzeigen. Auf diese Weise können die zugehörige Druckspannung sowie Informationen über den Elastizitätsmodul ermittelt werden. Die Aussagegenauigkeit der Ergebnisse ist allerdings abhängig von den in situ vorherrschenden Randbedingungen (Ausnutzung des Mauerwerks, Auflast, Spannungszustand, Homogenität des Mauerwerks etc.). Eine Kalibrierung des Flat-Jacks in einer Druckprüfmaschine ist unbedingt anzuraten, vgl. [6.37].

2 Ziele und Verfahren von Schutz- und Instandsetzungsmaßnahmen

2.1 Allgemeines

Tafel 6.41 gibt eine Übersicht über häufige Ziele von Erhaltungsmaßnahmen und die möglichen Verfahren zur Realisierung der Ziele mit Verweis auf den jeweiligen Abschnitt.

Tafel 6.41 Ziele von Erhaltungs- und Instandsetzungsmaßnahmen und mögliche Verfahren

Ziele	Verfahren	Abschnitt
Trockenlegung	Horizontalsperre: • Mechanisch (Bleche) • Chemisch (Injektion)	2.2.1
	Vertikalsperre: • Außenabdichtung • Schleierinjektion • Innenseitige Abdichtung	
	Sanierputze	2.2.2
	Rissinjektion	vgl. Kap. 6 C I, Abschn. 7
Verstärken	Injizieren und Verpressen	2.3
	Vernadeln und Verankern	
	Vorspannen	
	Bewehrung: • Lagerfugenbewehrung • Mikropfähle • Faserverstärkte Kunststoffe (Lamellen)	
	Querschnittsergänzung durch Spritzschalen, bewehrt oder unbewehrt	
Oberflächenschutz	Hydrophobieren, Anstrich	2.4
	Auftrag einer Schlämme, Putzmörtelauftrag	
Wärmedämmung	Wärmedämmputzsystem	2.5
	Wärmedämmverbundsystem	
Herstellen des Ursprungszustands	Steinaustausch (ggf. in Teilen), Steinergänzung	3
	Reinigen, Oberflächenschutz	
	Verfugen, ggf. Injizieren und Verpressen	

Neben den genannten Zielen können Maßnahmen zur Verbesserung des Schallschutzes (Füllen von Hohlstellen etc.) oder Brandschutzes (Auftragen von Putzmörteln etc.) erforderlich sein.

2.2 Trockenlegung

2.2.1 Horizontal- und Vertikalsperren

Horizontalsperren dichten gegen den aufsteigenden kapillaren Feuchtetransport ab, wohingegen Vertikalsperren gegen seitlichen Feuchteeintrag wirken.

Tafel 6.42 nennt und beschreibt Verfahren, die für nachträgliche Horizontalabdichtungen herangezogen werden können.

Tafel 6.42 Verfahren für nachträgliche Horizontalabdichtungen und Beschreibung

Verfahren	Beschreibung	Literatur
Mechanische Verfahren	Mauertausch bzw. Mauertrennung durch überlappende Kernbohrungen	[6.38]
	Horizontalschnittverfahren durch Seilsägen, Kreissägen oder Kettensägen und anschließendes Einlegen eines Dichtungsbleches	
	Ramm-Riffelblechverfahren: Einschlagen eines Dichtungsbleches	
Chemisches Verfahren	Injektion chemisch erhärtender Stoffe über Bohrlöcher zur Abdichtung des Porensystems von Stein und Mörtel oder von Fehlstellen und Rissen sowie des anstehenden Baugrundes	[6.39]

Der Einsatz mechanischer Verfahren kann infolge der entstehenden Erschütterungen Schädigungen der Bauteilstruktur bewirken. Ein Verfahren sollte deshalb abhängig von dem Bauteilzustand gewählt werden.

Das chemische Verfahren (Mauerwerksinjektion) wird am häufigsten als nachträgliche Horizontalabdichtung verwendet. Über Bohrlöcher wird mit oder ohne Druck Injektionsstoff in das Mauerwerk eingebracht, siehe Abb. 6.42 und 6.43a. Dabei handelt es sich um ein- oder mehrkomponentige Materialien auf Basis von Alkalisilikat/Alkalimethylsilikonat, Epoxidharz, Paraffin, Polyurethan, Polyacrylatgel, Siliconat, Silan/Siloxan oder Siliconmicroemulsion. Durch eine Verstopfung, Verengung und/oder Hydrophobierung des Kapillarporensystems können diese Materialien den kapillaren Wassertransport im Mauerwerk reduzieren bzw. weitestgehend unterbinden. Bei der Druckinjektion (Abb. 6.42) wird der zu injizierende Bereich zuvor meist mit einer temporär aufgebrachten Dichtungsschlämme abgedichtet. Bei der Mauerwerkinjektion ist auf die Verträglichkeit der Injektionsmaterialien mit dem Mauerwerk, insbesondere dem Mauermörtel, zu achten.

Bohrlochanordnung	horizontal	geneigt
einreihig (in Stein)	-	+
zweireihig (in Stein)	+ (a) oder	+ (b)
zweireihig (in Fuge)	+ (a)	-

Bohrungen so anordnen, dass alle kapillaraktiven Wandelemente (Fuge, Stein) penetriert werden. Untere Bohrlochreihe zuerst füllen.

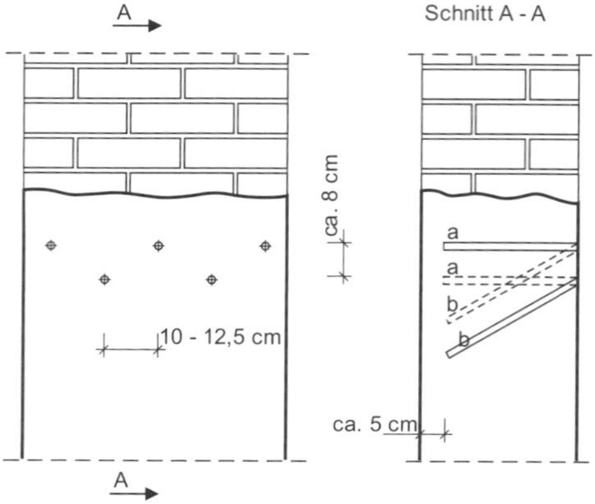

Abb. 6.42 Schematische Darstellung der Bohrlochanordnung für die Mauerwerksinjektion unter Druck, nach [6.39]

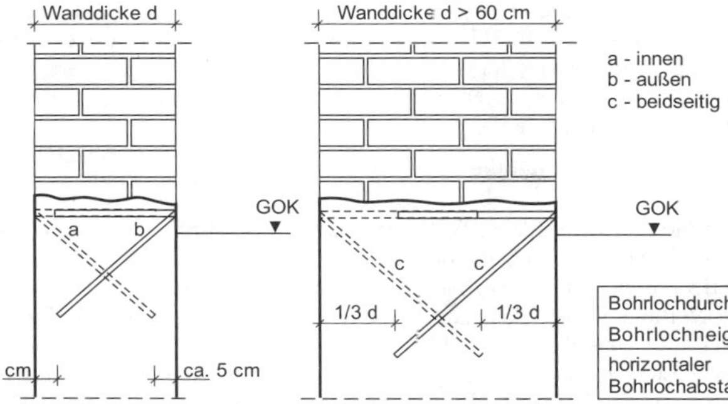

Bohrlochdurchmesser	verfahrensbedingt
Bohrlochneigung	verfahrensbedingt
horizontaler Bohrlochabstand	je 10 - 12,5 cm

Abb. 6.43a Schematische Darstellung der Bohrlochanordnung für die drucklose Mauerwerksinjektion, nach [6.39]

Erdberührte Bauteile, die nicht nachträglich freigelegt und nach dem Stand der Technik abgedichtet werden können, können mithilfe einer Schleierinjektion vor einem weiteren Feuchteeintrag geschützt werden. Die Schleierinjektion bewirkt eine Baugrundvergelung des anstehenden Baugrundes bzw. des angeschütteten Erdreichs. Das Funktionsprinzip einer Schleierinjektion zur nachträglichen Außenabdichtung ist schematisch in Abb. 6.43b dargestellt.

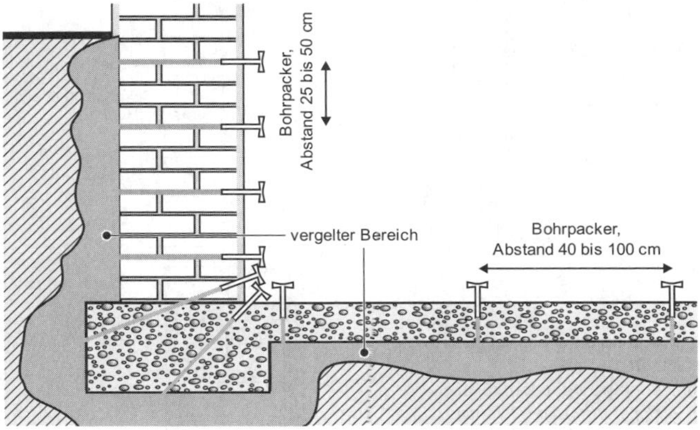

Abb. 6.43b Schleierinjektion zur nachträglichen Außenabdichtung

2.2.2 Sanierputze

Sanierputze sind porenreiche Putzmörtel mit hoher Wasserdampfdurchlässigkeit bei gleichzeitig erheblich verminderter kapillarer Leitfähigkeit. Sie werden zum Verputzen von feuchtem, salzbelastetem Mauerwerk eingesetzt. Die aus dem Mauerwerk stammenden gelösten baustoffschädigenden Salze kristallisieren im Porenraum des Sanierputzes aus und gelangen somit nicht an die Putzoberfläche. Gleichzeitig bewirkt die hohe Wasserdampfdurchlässigkeit der Sanierputze günstige Austrocknungsbedingungen für das Mauerwerk, s. [6.40]. Die Applikation eines Sanierputzes als alleinige Maßnahme kann dann zum Erfolg führen, wenn es sich um oberflächliche Salzanreicherungen, z. B. aus Spritzwasser, handelt. Bei höherer Salzbelastung der Untergründe kann die Anwendung von Sanierputzsystemen, bestehend aus Sanierputzmörtel, Saniergrundputz und ggf. einem Spritzbewurf, erforderlich sein. Bei aufsteigender oder seitlich eindringender Feuchte ist der Sanierputz als begleitende Maßnahme zu einer Mauerwerksentfeuchtung, wie z. B. durch Horizontal- bzw. Vertikalsperren nach Abschn. 2.2.1, aufzutragen.

Allgemeine Anforderungen an Sanierputzmörtel sind in DIN EN 998-1 festgelegt. Darüber hinaus legt das WTA-Merkblatt „Sanierputzsysteme" [6.41] Prüfverfahren und Anforderungswerte für die verschiedenen Putzmörtel eines Sanierputzsystems fest. Hinweise zur Planung, Zubereitung und Ausführung von Sanierputzmörteln können DIN 18550-1 entnommen werden. Grundlagen und weitere Hinweise sind [6.40, 6.42] zu entnehmen.

2.3 Verstärken

Das für eine Mauerwerksverstärkung zu wählende Verfahren hängt wesentlich von der gewünschten Wirkungsweise der Verstärkung ab. Das Füllen von Fugen, Rissen und Hohlräumen erhöht die Tragfähigkeit des Mauerwerks um ein geringeres Maß als das Vernadeln, Verankern oder Bewehren. Durch eine kraftschlüssige Verbindung der Rissflanken mittels Injektion kann die Steifigkeit des Mauerwerks erhöht werden. Durch das Füllen von Hohlräumen dagegen kann vor allem die Drucktragfähigkeit des Mauerwerks gesteigert werden. Biegebeanspruchtes Mauerwerk kann durch die Applikation von Lamellen, i. d. R. aus kohlenstofffaserverstärkten Kunststoffen, oder einer flächigen Bewehrung verstärkt werden. Die höchste Traglaststeigerung wird mit Spanngliedern aus Stahlspanndrähten oder Glas- bzw. Kohlenstoffverbundstäben erzielt.

Abb. 6.44 zeigt das Einbringen eines Stahlankers zur Anbindung benachbarter Bauteile (A) sowie die Verankerung von Spanngliedern in einer ausbetonierten Aussparung (B). Eine zusätzliche in Putzmörtel oder Spritzbeton eingebettete flächige Bewehrung ist in (C) veranschaulicht. Nähere Informationen können [6.43] entnommen werden.

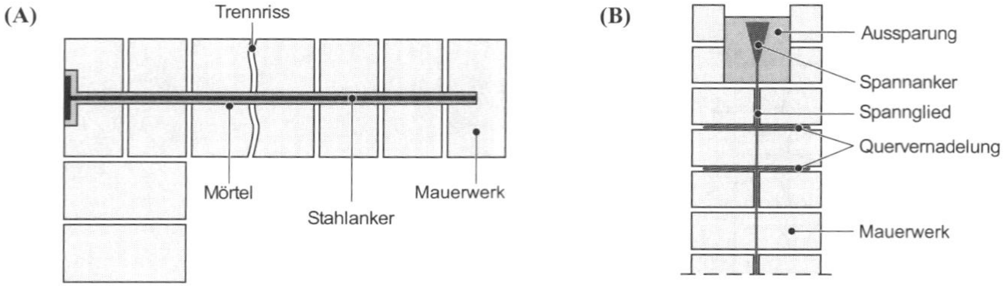

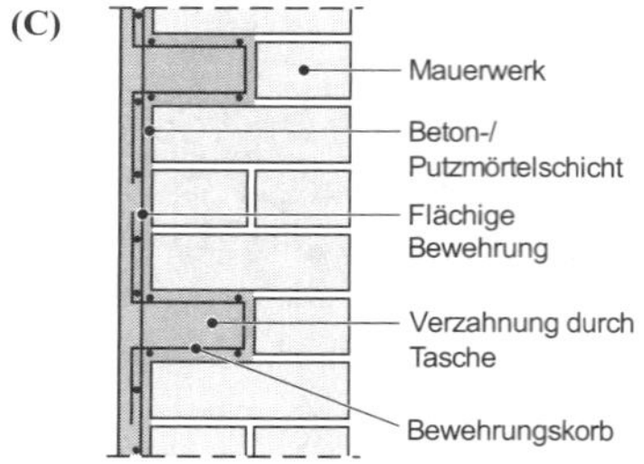

Abb. 6.44 **(A)** Stahlanker zur Anbindung benachbarter Bauteile (Querschnitt),
(B) Verankerung von Spanngliedern in einer ausbetonierten Aussparung (Längsschnitt),
(C) Bewehrte Ergänzungsschicht; die Verzahnung der Beschichtung zum Mauerwerk kann durch Taschen erfolgen (Längsschnitt), nach [6.43]

2.4 Oberflächenschutz

Mauerwerk kann mit Anstrichen, Hydrophobierungen, Schlämmen oder Putzmörteln vor äußeren Einflüssen geschützt werden. Hydrophobierungen bilden einen Film oder kleiden die Poren im oberflächennahen Bereich des Mauerwerks – meist mit farblosen siliziumorganischen Verbindungen – aus, woraus eine wasserabweisende Wirkung resultiert, ohne den Wasserdampfdiffusionsstrom aus dem Mauerwerk zu behindern. Bei Hydrophobierungen bleibt i. d. R. das Erscheinungsbild des Mauerwerks erhalten. Das Anlegen von Probeflächen wird empfohlen.

Schlämmen sind Dünnputze auf mineralischer Basis von 3 bis 5 mm Dicke. Sie wirken als zusätzliche Verschleißschicht, welche jeweils in Zeitabständen von ca. 10 bis 15 Jahren nachgearbeitet werden muss. Beim Auftrag von Schlämmen bleibt eine gewisse Struktursichtigkeit der Mauerwerkfassade erhalten, (schützende) Farbanstriche dienen meist der optischen Gestaltung der Fassade.

Putzmörtel (ggf. mit Farbanstrich) ändern das Erscheinungsbild des Mauerwerks. Erfolgt ein Oberflächenschutz durch Putzmörtel, ist der Putzaufbau zu beachten. Die thermische und hygrische Beanspruchung einer Außenwand nimmt von außen nach innen ab. Die äußerste Putzlage weist somit die größten Formänderungen auf. Dementsprechend sollen die Putzlagen von innen nach außen verformbarer („weicher") werden. Von dieser Putzregel „weich auf hart" kann bei Wärmedämmputz- und Wärmedämmverbundsystemen bei Verwendung geprüfter Systeme abgewichen werden [6.44].

2.5 Wärmedämmung

In einem Wärmedämmputzsystem wird der wärmedämmende Unterputz als Wärmedämmputz bezeichnet. Dieser Wärmedämmputz muss nach DIN 18 550-1 mindestens 20 mm und sollte i. d. R. höchstens 100 mm dick sein. Um den weichen Wärmedämmputz vor mechanischer Beanspruchung und Durchfeuchtung zu schützen, wird auf den Unterputz ein wasserabweisender Oberputz aufgetragen.

Beim Wärmedämmverbundsystem wird das Dämmmaterial i. d. R. in Form von Platten oder Lamellen mithilfe von speziellen Klebstoffen und/oder Dübeln (Tellerdübel) auf dem Mauerwerk befestigt und mit einer Armierungsschicht versehen. Die Armierungsschicht besteht aus einem Armierungsmörtel, in den ein Gewebe eingebettet wird. Den Abschluss des Systems bildet ein Außenputz.

3 Natursteininstandsetzung

Ziele der Natursteininstandsetzung sind, den Istzustand zu erhalten oder den Ursprungszustand wiederherzustellen. Im Allgemeinen soll möglichst viel von der Grundsubstanz erhalten bleiben. Um dies zu erreichen, werden beschädigte Steine nach Möglichkeit nicht im Ganzen ausgetauscht, sondern nur Teile des Steins durch Naturstein ersetzt. Original- und Neugestein sollten z. B. hinsichtlich der Porosität, der Wasseraufnahme oder der Wasserdampfdurchlässigkeit aufeinander abgestimmt sein.

Alternativ zum Steinaustausch können Fehlstellen oder Kantenabbrüche mit Steinergänzungsmörteln instandgesetzt werden. Steinergänzungsmörtel sind unter Beachtung der spezifischen Anforderungen des im Bauwerk bzw. Bauteil verwendeten Natursteins zu entwickeln: Die Farbe und Oberflächenstruktur sollten möglichst der des Originalgesteins entsprechen, eine gute Verarbeitbarkeit und Anpassungsfähigkeit an die Untergrundbeschaffenheit einschließlich der chemischen Verträglichkeit sollten gegeben sein. Die mechanisch-physikalischen Eigenschaften (Elastizitätsmodul, Wärmeausdehnungskoeffizient sowie Schwinden, Quellen und Kriechen etc.) des Steinergänzungsmörtels sollten auf die Eigenschaften des Natursteins abgestimmt sein, um schädigende Zwängungsspannungen zu vermeiden. Gleiches gilt für die Fugen- und Verfugmörtel, vgl. [6.35].

Um das Erscheinungsbild zu erhalten und gleichzeitig die Oberfläche zu schützen, werden sogenannte Steinschutzstoffe als Oberflächenschutzstoffe aufgebracht. Dies können Hydrophobierungen oder Kieselsäureester zur Festigung des Steins oder Kombinationen sein. Eine Reinigung des Mauerwerks vor der Instandsetzung ist i. d. R. erforderlich. Man unterscheidet Nassreinigungsverfahren ohne und mit chemischen Zusätzen sowie mechanische Reinigungsverfahren. Zunehmend werden auf dem Gebiet der Denkmalpflege besonders schonende Verfahren wie die Laser- und Ultraschallreinigung mit Erfolg eingesetzt.

III Schutz von Stahlbauten

Prof. Dr.-Ing. Christof Hausser

1 Korrosion von Stahl

1.1 Chemische Grundlagen

Korrosion bezeichnet die chemische Reaktion eines Metalls mit seiner Umgebung, die zur Auflösung eines Bauteils bis hin zu seiner Zerstörung führen kann. Alle Metalle besitzen die Eigenschaft, dass sie in Anwesenheit einer ionenhaltigen, wässrigen Lösung, dem Elektrolyten, in Form von Ionen in geringem Umfang in Lösung gehen:

$$Me \rightarrow Me^{n+} + n \cdot e^-$$

Die Bereitschaft eines Metalls zu dieser Reaktion kann in der Normalspannungsreihe dargestellt werden, die das elektrische Potenzial dieser Reaktion im Verhältnis zu einer Wasserstoffelektrode angibt. Ein Metall geht umso leichter in Lösung, je niedriger sein elektrisches Potenzial ist. Unedle Metalle wie Aluminium (Al), Zink (Zn) und Eisen (Fe) sind mit ihrem negativen Potenzial stärker korrosionsgefährdet als edle Metalle wie Kupfer (Cu), Silber (Ag) oder Gold (Au).

Element	Al	Zn	Cr	Fe	Cd	Ni	Sn	Pb	H	Cu	Ag	Pt	Au
Potenzialdifferenz	negativ, unedel ←								0	→ edel, positiv			

Eisen wird unter hohem Energieaufwand durch Reduktion des Eisenerzes im Hochofenprozess gewonnen. Es befindet sich in einem chemisch instabilen Zustand und strebt danach, durch Oxidation und Energieabgabe in einen stabilen Zustand zurückzukehren.

Im Stahlbau tritt überwiegend *elektrochemische Korrosion* an einem Korrosionselement auf, welches sich aus Kathode, Anode und einem ionenleitenden Elektrolyten zusammensetzt. Kathode und Anode können im Falle einer homogenen Mischelektrode gleichmäßig über das Bauteil verteilt sein, was zu gleichmäßiger Flächenkorrosion führt. Sind Kathode und Anode örtlich voneinander getrennt, wird von einer heterogenen Mischelektrode gesprochen und es entstehen örtliche Korrosionserscheinungen wie Loch- oder Spaltkorrosion.

Voraussetzungen für das Einsetzen einer Korrosionsreaktion sind elektrisch leitende Verbindungen zwischen Kathode und Anode sowohl im Metall als auch im Elektrolyt, sowie geringe Potenzialunterschiede an der Metalloberfläche, die durch Ungleichheiten innerhalb des Metalls und des Elektrolyts stets gegeben sind.

Als Primärreaktion der elektrochemischen Korrosion gehen an der Anode Stahlionen in Lösung:

$$Fe \rightarrow Fe^{2+} + 2\,e^-$$

Der Stahl löst sich auf, und in das Material werden freie Elektronen abgegeben. Um eine kontinuierliche Reaktion zu ermöglichen, reagieren die Elektronen an der Kathode in neutral bis basischen Elektrolyten mit dem in Wasser gelösten Sauerstoff (Sauerstofftyp):

$$\tfrac{1}{2}\,O_2 + H_2O + 2\,e^- \rightarrow 2\,OH^-$$

Im Elektrolyt ziehen sich die Eisenionen Fe^{2+} und die Hydroxylionen OH^- aufgrund ihrer entgegengesetzten elektrischen Ladung an und bilden Eisen(II)-Hydroxid:

$$Fe^{2+} + 2\,OH^- \rightarrow Fe(OH)_2$$

Durch Sauerstoffzutritt wird in einer Sekundärreaktion Eisen(III)-Hydroxid gebildet, welches sich als Rost auf dem Bauteil ablagert:

$$2\,Fe(OH)_2 + \tfrac{1}{2}\,O_2 \rightarrow 2\,FeOOH + H_2O$$

In sauren Elektrolyten erfolgt die Kathodenreaktion dagegen nach dem Wasserstofftyp, bei dem unter Bildung von Wasser Eisensalze entstehen.

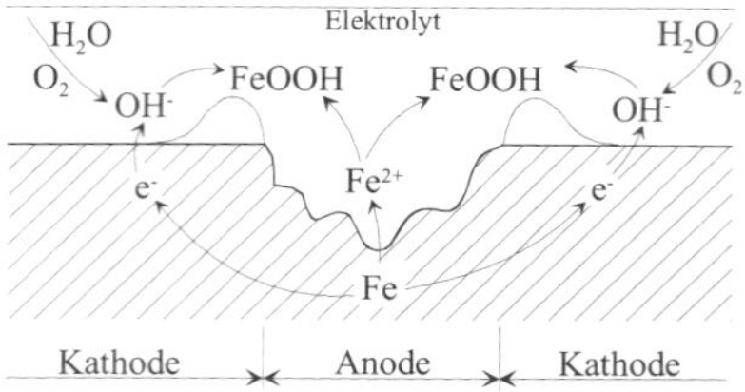

Abb. 6.46 Elektrochemische Korrosion

Neben der elektrochemischen Korrosion kann Stahl bei sehr hohen Temperaturen in einer rein *chemischen Korrosion* direkt mit Sauerstoff reagieren. Bei Schweißvorgängen verfärbt sich z.B. der Stahl und es bilden sich direkt Metalloxide, sogenannter Zunder. *Physikalische Korrosionsvorgänge* treten z.B. bei Anwesenheit von Wasserstoff im Elektrolyten auf. Wasserstoff wird vom Stahl absorbiert, was zu einer Materialversprödung führt und bei Zugbeanspruchung eine Rissbildung auslösen kann.

1.2 Umgebungsbedingungen

Die Stärke und Schnelligkeit eines Korrosionsprozesses werden wesentlich von den Umgebungsbedingungen eines Bauteils beeinflusst. Hohe Luftfeuchtigkeit, langanhaltende Benetzung durch ein Elektrolyt, aggressive Medien, wie Luftschadstoffe oder Meersalz, beschleunigen den Korrosionsvorgang. In DIN EN ISO 12 944-2 werden die Umgebungsbedingungen wie folgt definiert:

Tafel 6.47 Umgebungsbedingungen

Korrosivitäts-kategorie	Flächenabtrag pro Jahr Stahl [µm]	Flächenabtrag pro Jahr Zink [µm]	Typische Beispiele im Freien	Typische Beispiele in Gebäuden
C1 unbedeutend	≤ 1,3	≤ 0,1	-	beheizte Gebäude (Büros, Läden, Schulen, Hotels)
C2 gering	1,3–25	0,1–0,7	trockenes, ländliches Klima	unbeheizte Gebäude (Lager, Produktionsräume, Sporthallen)
C3 mäßig	25–50	0,7–2,1	Stadt- und Industrieatmosphäre, Küsten mit geringer Salzbelastung	Produktionsräume mit hoher Luftfeuchtigkeit (Wäschereien, Brauereien, Molkereien)
C4 stark	50–80	2,1–4,2	Industrieatmosphäre, Küsten mit mäßiger Salzbelastung	Chemieanlagen, Schwimmbäder
C5 sehr stark	80–200	4,2–8,4	Industriebereiche mit hoher Feuchtigkeit und Aggressivität, Küsten mit hoher Salzbelastung	Gebäude mit nahezu ständiger Kondensation und starken Verunreinigungen
CX extrem	200-700	8,4 – 25	Industriebereiche mit extremer Luftfeuchte und aggressiver Atmosphäre, Offshore-Bereiche mit hoher Salzbelastung	Industriebereiche mit extremer Luftfeuchte und aggressiver Atmosphäre

1.3 Erscheinungsformen der Korrosion

Korrosion kann in sehr unterschiedlichen Erscheinungsformen auftreten. Ohne mechanische Beanspruchung werden die folgenden Formen unterschieden:

Flächenkorrosion: Anoden und Kathoden sind gleichmäßig über das Bauteil verteilt und führen zu einem gleichmäßigen Flächenabtrag, häufig auch in Form von Mulden.

Mulden- und Lochkorrosion: Anode und Kathode sind räumlich voneinander getrennt und führen zu einem punktuellen Materialabtrag zunächst in Muldenform, dann als Loch oder als unterhöhlende Vertiefung. Der Korrosionsfortschritt verläuft schnell und die Tragfähigkeit des Bauteils kann nach kurzer Zeit beeinträchtigt sein. Bei hochfesten Stählen kann Lochkorrosion durch hohe Kerbspannungen zu Spannungsrisskorrosion führen.

Spaltkorrosion: In Spalten mit einer Breite kleiner als 1 mm tritt örtlich verstärkte Korrosion auf. Der Korrosionsvorgang findet an nicht einsehbaren Stellen statt und wird durch länger einwirkende Feuchtigkeit beschleunigt. In den meisten Fällen sind die Spalte konstruktionsbedingt, z.B. an geschraubten Knotenpunkten.

Kontaktkorrosion: Werden Bauteile aus zwei verschiedenen Metallen elektrisch leitend miteinander verbunden, so entsteht ein elektrochemisches Kontaktelement, bei dem das unedlere Metall die sich auflösende Anode bildet. Unterschiedliche Metalle sollten deswegen nur kombiniert werden, wenn das Vorhandensein eines geschlossenen Elektrolytfilms ausgeschlossen werden kann.

Unter mechanischer Beanspruchung treten u. a. die folgenden Korrosionsformen auf:

Spannungsrisskorrosion: Bei Anwesenheit von Zugspannungen und Korrosion kann sehr schnell und ohne Vorwarnung ein Bauteilversagen auftreten. Ausgehend von einer Störung, wie z.B. einem Mikroriss oder einer punktuellen Lochkorrosion, entstehen inter- oder transkristalline Risse im Stahl. Am Rissende vergrößert die Kerbwirkung die vorhandene Zugspannung und es setzt erneut Korrosion ein. Es treten kaum Korrosionsprodukte in Erscheinung, sodass die Spannungsrisskorrosion schwer erkennbar ist. Voraussetzung für das Auftreten dieser Korrosionsart ist ein kritisches System aus Werkstoff und Korrosionsmedium, s. [6.51].

Schwingungsrisskorrosion: Werden dynamisch beanspruchte Bauteile einem korrosiven Medium ausgesetzt, so sinkt die maximal aufnehmbare Lastspielzahl des Bauteils. Dabei nimmt die Intensität der Schwingungsrisskorrosion mit abnehmender Lastfrequenz zu. Als korrosives Medium reicht bereits Umgebungsluft aus, Wasser und insbesondere Meerwasser haben eine verstärkende Wirkung.

Reibkorrosion: An der Kontaktstelle zweier Bauteile, die aufeinander gedrückt und gegeneinander bewegt werden, treten zugleich mehrere Effekte auf. Die Oberflächen der Bauteile werden ständig elastisch und plastisch verformt, es entstehen kurzzeitig lokal hohe Temperaturen, und die das Metall umgebenden schützenden Oxidschichten werden ständig aufgebrochen. Die Kontaktstelle ist deshalb besonders korrosionsgefährdet, außerdem wird die Dauerschwingfestigkeit des Bauteils durch Reibkorrosion stark reduziert.

2 Maßnahmen des Korrosionsschutzes

2.1 Übersicht

Mit den Maßnahmen des Korrosionsschutzes soll die zerstörende Wirkung der Korrosion vermindert oder verhindert werden. Dabei muss Korrosion nicht generell vermieden werden, solange sie nicht zu einer Schädigung des Bauteils führt. Bei der Planung eines wirtschaftlichen Korrosionsschutzes sind daher die Funktion des Bauteils und die zu erwartenden Umgebungsbedingungen von großer Bedeutung.

Grundsätzlich wird zwischen passiven und aktiven Schutzmaßnahmen unterschieden. Während passive Maßnahmen den Korrosionsvorgang durch Fernhalten von angreifenden Stoffen unterbinden, greifen aktive Maßnahmen direkt in den Korrosionsprozess ein.

Tafel 6.48 Übersicht der Korrosionsschutzmaßnahmen

Typ	Maßnahme	Beispiel
Passiver Korrosionsschutz	Organische Beschichtung	Anstrich
	Metallischer Überzug	Feuerverzinken
	Umhüllung / Überzug	Spannanker in Kunststoffrohr
	Öl, Fett, Wachs	temporäre Schutzmaßnahme
Aktiver Korrosionsschutz	Umhüllung (Passivierung)	Bewehrungsstahl in Beton
	Kathodischer Schutz	elektrochem. Schutz durch Opferanode
	Inhibitoren	Zusatzstoffe, z.B. in Kühlkreisläufen
Aktiver Korrosionsschutz durch Planung	Werkstoffwahl	Nichtrostende Stähle
	Konstruktive Gestaltung	Vermeiden von Wasseransammlungen

2.2 Organische Beschichtung

Die Beschichtung eines Bauteils mit einer festhaftenden Schicht aus Kunststoff, z.B. durch Anstrich oder Spritzen, führt zu einer Abschirmung des Stahls von seiner Umgebung. Um Korrosion dauerhaft zu vermeiden sind die Dichtheit der Beschichtung, ihre Stärke sowie die Vermeidung von Poren und

Beschädigungen von entscheidender Bedeutung. Durch Zugabe von Pigmenten, wie z.B. Zinkstaub, kann die Auflösung des Stahls zusätzlich behindert werden (aktive Schutzkomponente).

Ein Beschichtungssystem besteht i.d.R. aus mindestens zwei Grund- und zwei Deckbeschichtungen. Ein Beschichtungsstoff setzt sich aus Bindemittel, Füllstoffen (z.B. Farbstoffe und Pigmente) sowie einem Lösemittel zusammen. Beschichtungen können sowohl im Werk als auch auf der Baustelle aufgebracht werden. Beispiele für Beschichtungssysteme sind in DIN EN 12 ISO 944, Teil 5 angegeben.

Tafel 6.49 Auswahl von Beschichtungssysteme nach DIN EN ISO 12 944-5

	Grundbeschichtung			Deckbeschichtung	Gesamtsystem		Erwartete Schutzdauer															
							C2 (gering)				C3 (mäßig)				C4 (stark)				C5 (sehr stark)			
Nr.	Bindemittel	Anzahl	NDFT	Bindemittel	Anzahl	NDFT	l	m	h	vh	l	m	h	vh	l	m	h	vh	l	m	h	vh
C2.01	AK/AY	1	40-80	AK/AY	1-2	80																
C2.03	AK/AY	1	60-160	AK/AY	1-2	160																
C2.06	EP/PUR/ESI	1	80-100	EP/PUR/AY	2	180																
C3.01	AK/AY	1	80-100	AK/AY	1-2	100																
C3.04	AK/AY	1	60-80	AK/AY	2-4	260																
C3.07	EP/PUR/ESI	1	80-160	EP/PUR/AY	1-2	180																
C4.02	AK/AY	1	60-80	AK/AY	2-3	200																
C4.07	EP/PUR/ESI	1	80-240	EP/PUR/AY	2-4	300																
C5.04	EP/PUR/ESI	1	80-200	EP/PUR/AY	3-4	360																

AK = Alkydharz
AY = Alkydharz
NDFT = Sollschichtstärke in μm

EP = Epoxidharz
PUR = Polyurethan
ESI = Ethylsilicat

l = niedrig (< 7 Jahre)
m = mittel (7-15 Jahre)
h = hoch (15-25 Jahre)
vh = sehr hoch (über 25 Jahre)

■ = geeignet
▒ = unwirtschaftlich
□ = ungeeignet

Vor Aufbringen einer Beschichtung muss i.d.R. die Stahloberfläche vorbereitet werden. DIN EN ISO 12944-4 unterscheidet folgende Vorbereitungsgrade: Sa1 bis Sa3 für gestrahlte Oberflächen, St2 und St3 für manuelle bzw. maschinelle Entrostung, Fl für Flammstrahlen und Be für Beizen. Das Beschichtungssystem kann als Nassbeschichtung durch Streichen, Rollen oder Spritzen, als Bandbeschichtung (Coil Coating) oder als Pulverbeschichtung aufgebracht werden.

2.3 Metallische Überzüge

Der Überzug eines Stahlbauteils mit einer Metallschicht bewirkt zunächst einen passiven Korrosionsschutz durch Fernhalten des aggressiven Mediums. Wird die Metallschicht an einer Stelle beschädigt und der Stahl punktuell freigelegt, entsteht zwischen den beiden Metallen Kontaktkorrosion. Sofern der metallische Überzug aus einem unedleren Metall, z.B. Zink besteht, übernimmt der Überzug die Funktion der Anode und geht in Lösung, während das Bauteil aus Stahl aktiv geschützt bleibt.

In der Praxis haben Überzüge aus Zink die größte Bedeutung. Zum Aufbringen des Überzugs wird neben Spritzverzinken und galvanischen Verfahren vor allem das Schmelztauchverzinken (Feuerverzinken) eingesetzt. Zur Vorbereitung der Oberfläche muss dazu das Bauteil in mehreren Arbeitsgängen entfettet, gebeizt, gespült und mit einem Flussmittel versehen werden. Der Zinküberzug wird anschließend durch Eintauchen in flüssiges Zink bei ca. 450 °C aufgebracht.

Beim Eintauchen in das Zinkbad erfolgt eine chemische Reaktion zwischen Eisen und Zink. Es bildet sich eine Eisen-Zink-Legierungsschicht, überdeckt von einer reinen Zinkschicht in einer Stärke von insgesamt 50–150 μm. DIN EN ISO 1461 fordert bei Bauteilstärken von mehr als 6 mm eine minimale Zinkauflage von 85 μm. Dickere Zinkschichten führen zu einem besseren Korrosionsschutz, allerdings senken sie auch das Haftvermögen des Zinks an dem Bauteil. Die Stärke der Zinkschicht hängt neben der Tauchdauer und Temperatur des Tauchbades besonders vom Siliziumgehalt des Stahles ab.

Aufgrund der Abmessungen der Tauchbäder ist die Größe der Bauteile, die in einem Stück feuerverzinkt werden können, begrenzt. Die größten in Deutschland verfügbaren Zinkbäder haben eine Länge von maximal 16,5 m, eine Breite von 2,0 m und eine Tiefe von 3,2 m. Durch mehrfaches Eintauchen in das Zinkbad können auch übergroße Bauteile feuerverzinkt werden.

Durch die hohe Temperatur des Zinkbades sind die Bauteile während des Verzinkens hohen Beanspruchungen ausgesetzt. Bauteile mit hohen Eigenspannungen, die z.B. durch umfangreiche Schweißarbeiten entstanden sind, können sich stark verziehen, da sich die Spannungen durch die hohe Temperatur des Zinkbades abbauen. Bauteile, die in mehreren Schritten verzinkt werden, sollten möglichst zwängungsfrei konstruiert sein, damit sich die größten Temperaturdehnungen ohne große Zwangskräfte einstellen können. Hohlprofile müssen mit ausreichend vielen Öffnungen versehen sein, damit das Zink leicht in die Hohlräume ein- und wieder austreten kann. Werden Hohlräume vollständig verschlossen, besteht die Gefahr einer Explosion, da sich die eingeschlossene Luft und Feuchtigkeit bei der Erhitzung auf 450 °C schlagartig ausdehnen.

Sollen größere Bauteile mit einem Zinküberzug versehen werden, besteht die Möglichkeit des Spritzverzinkens (thermisches Spritzen). Damit können Bauteile auch nachträglich und lokal begrenzt mit einem Zinküberzug versehen werden.

2.4 Duplexsysteme

Duplexsysteme bestehen aus einer Kombination von metallischem Überzug und organischer Beschichtung. Bei überdurchschnittlich hoher Korrosionsbelastung kann durch Duplexsysteme ein verbesserter Schutz des Bauteils erreicht werden. Gleichzeitig besteht die Möglichkeit einer farblichen Gestaltung.

Duplexsysteme erreichen eine bis zu 2,5-fach längere Schutzdauer als die jeweiligen Einzelsysteme. Dieser Synergieeffekt beruht auf einem gegenseitigen Schutz von Zinküberzug und Beschichtung. Die Beschichtung schützt den Zinküberzug vor Einflüssen aus der Umgebung und verhindert den Abtrag des Zinks. Gleichzeitig bleibt das Bauteil bei Beschädigungen der Beschichtung gegen Korrosion geschützt, es kommt zu keiner Unterrostung und damit zum Abblättern der Beschichtung. Beispiele geeigneter Duplex-Beschichtungssysteme sind in DIN EN 12 944 Teil 5 enthalten.

Tafel 6.50 Auswahl von Duplexsystemen nach DIN EN 12 944-5

	Grundbeschichtung			Deckbeschichtung	Gesamtsystem		Erwartete Schutzdauer C2 (gering)				C3 (mäßig)				C4 (stark)				C5 (sehr stark)			
Nr.	Bindemittel	Anzahl	NDFT	Bindemittel	Anzahl	NDFT	l	m	h	vh	l	m	h	vh	l	m	h	vh	l	m	h	vh
G2.01	AY	1	80	-	1	80	■	■	■													
G2.02	AY	1	80	AY	2	160	■	■	■	■												
G3.01	EP/PUR/AY	1	80	-	1	80	▒	▒	▒	▒	■	■										
G3.02	EP/PUR	1	80-120	EP/PUR/AY	1-2	120	▒	▒	▒	▒	■	■	■									
G3.04	EP/PUR	1	80	EP/PUR/AY	2	160	▒	▒	▒	▒	■	■	■	■								
G4.01	EP/PUR/AY	1	80	-	1	80	▒	▒	▒	▒	▒	▒	▒	▒	■							
G4.06	EP/PUR	1	80	EP/PUR/AY	2-3	200	▒	▒	▒	▒	▒	▒	▒	▒	■	■	■	■				
G5.03	AY	1	80	AY	2-3	200	▒	▒	▒	▒	▒	▒	▒	▒	▒	▒	▒	▒	■	■		
G5.05	EP/PUR	1	80	EP/PUR/AY	2-3	240	▒	▒	▒	▒	▒	▒	▒	▒	▒	▒	▒	▒	■	■	■	■

AK = Alkydharz; AY = Alkydharz; NDFT = Sollschichtstärke in μm
EP = Epoxidharz; PUR = Polyurethan; ESI = Ethylsilicat
l = niedrig (< 7 Jahre); m = mittel (7-15 Jahre); h = hoch (15-25 Jahre); vh = sehr hoch (über 25 Jahre)
■ = geeignet; ▒ = unwirtschaftlich; □ = ungeeignet

2.5 Kathodischer Schutz

Der kathodische Korrosionsschutz ist eine aktive Schutzmaßnahme, bei der die elektrochemische Korrosionsreaktion umgekehrt wird, d.h., das Stahlbauteil wird zur Kathode und bleibt dadurch vor Auflösung geschützt. Dazu muss das elektrische Potenzial im Elektrolyt aktiv verändert werden. Dies kann durch Verwendung einer unedleren galvanischen Opferanode (z.B. aus Zink) geschehen, die sich infolge des Korrosionsprozesses auflöst und die in regelmäßigen Abständen ausgetauscht werden muss. Alternativ kann eine inerte Hilfsanode zusammen mit einer externen Fremdstromquelle eingesetzt werden, um die Oberfläche des Stahlbauteils kathodisch zu polarisieren (vgl. Abb. 6.51a).

Der kathodische Korrosionsschutz wird vor allem bei Bauteilen im Erdreich oder im Wasser eingesetzt, bei denen eine Kontrolle und Erneuerung des Korrosionsschutzes unmöglich oder zu teuer wäre, wie z.B. Rohrleitungen, Behälter, Schleusen oder Bohrinseln. Um den Schutzstrombedarf zu reduzieren bzw. um die Opferanode zu schonen, sollte das Bauteil mit einer elektrisch isolierenden Beschichtung versehen werden. Damit beschränkt sich der kathodische Schutz nur auf den kleinen Bereich unvermeidbarer Beschädigungen und Poren.

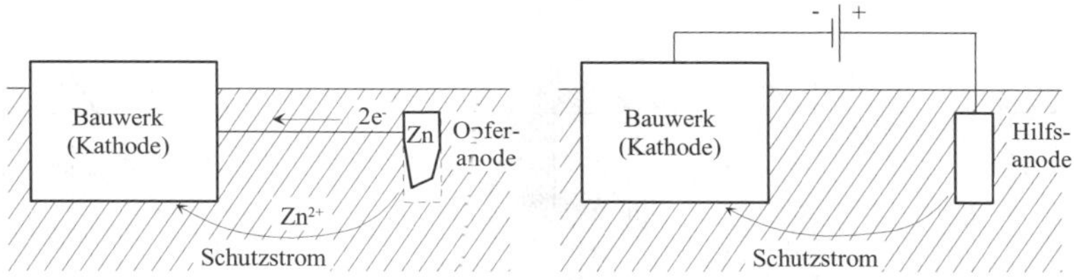

Abb. 6.51a Kathodischer Korrosionsschutz mit Opferanode bzw. Fremdstromquelle

2.6 Werkstoffwahl

Das Korrosionsverhalten von Stahl kann durch die Zugabe von Legierungsstoffen bei der Stahlherstellung so günstig beeinflusst werden, dass weitere Korrosionsschutzmaßnahmen nicht erforderlich werden.

Wetterfeste Stähle (Kurzbezeichnung WT) nach DIN EN 10 025 sind niedriglegierte Stähle mit geringen Zusätzen (< 0,5 %) von Kupfer, Chrom und Nickel. Bei diesen Stählen wird die atmosphärische Korrosion nicht verhindert, es bilden sich jedoch aus den Rostprodukten zusammenhängende Sperrschichten, die den Stahl bei normaler Bewitterung vor dem Zutritt aggressiver Medien schützen. So stellt sich bei wetterfesten Stählen ein deutlich geringerer Massenverlust durch Abrostung als bei unlegierten Stählen ein. Bei Industrieatmosphäre, hohem Salzgehalt oder langanhaltender Wasserbenetzung steigt die Abrostung wetterfester Stähle stark an, sodass sie in diesen Fällen ohne zusätzliche Schutzmaßnahmen, wie z.B. einer organischen Beschichtung, nicht verwendet werden sollten.

Nichtrostende Stähle nach DIN 17 440 sind hochlegierte Stähle mit einem Chromgehalt von mindestens 10,5 %. In sauerstoffhaltiger Atmosphäre bildet sich an der Oberfläche dieser Stähle eine sehr dünne Oxidschicht, die eine anodische Auflösung des Stahles verhindert. Diese Passivschicht bildet sich bei Beschädigungen sofort neu, sodass ein dauerhafter Korrosionsschutz des Bauteils gewährleistet ist. Allerdings besteht in saurer Umgebung eine Anfälligkeit nichtrostender Stähle gegenüber Loch- und Spannungsrisskorrosion. Deswegen ist vor allem bei der Verwendung in Schwimmbädern, Straßentunneln und Schornsteinen auf eine geeignete Werkstoffwahl zu achten, s. [6.51].

2.7 Konstruktive Gestaltung

Durch korrosionsschutzgerechtes Konstruieren können Ausmaß und Geschwindigkeit von Korrosionsvorgängen deutlich reduziert und damit die Lebensdauer eines Bauwerkes verlängert werden. In Anlehnung an DIN EN ISO 12 944-3 werden die folgenden Grundregeln genannt:

Bauliche Gestaltung: Am wirkungsvollsten lässt sich eine Stahlkonstruktion vor Korrosion schützen, wenn der Zutritt von aggressiven Medien und insbesondere von Feuchtigkeit verhindert wird. Deshalb sollte die tragende Stahlkonstruktion innerhalb eines Gebäudes, geschützt durch Dach und Fassade, angeordnet werden.

Zugänglichkeit: Zur Überwachung und Instandsetzung von Beschichtungen oder Überzügen sollten Bauteile so gestaltet sein, dass sie auch nachträglich zugänglich und erreichbar sind. Neben Hilfseinrichtungen, wie Stegen oder Arbeitsbühnen, ist darauf zu achten, dass Mindestabstände zwischen den einzelnen Bauteilen und angrenzenden Flächen eingehalten werden (vgl. Abb. 6.51b und 6.52). Korrosionsgefährdete Bauteile, die nach der Montage unzugänglich sind, sollten so geschützt werden, dass der Korrosionsschutz während der gesamten Nutzungsdauer des Bauwerks gewährleistet bleibt.

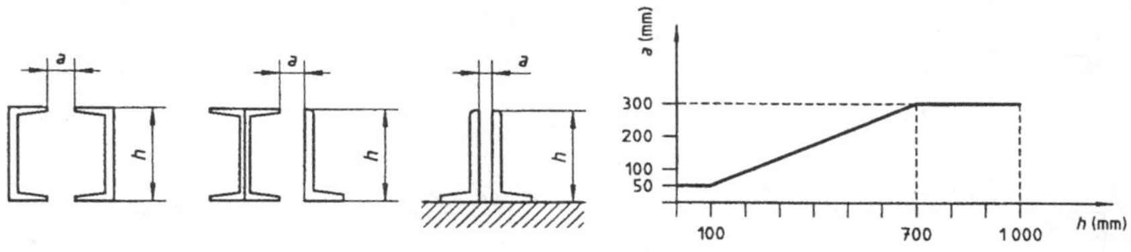

Abb. 6.51b Mindestabstände zwischen einzelnen Bauteilen

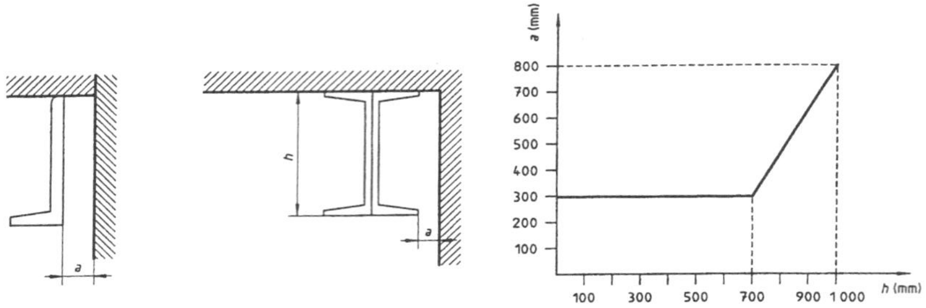

Abb. 6.52 Mindestabstände zwischen Bauteilen und angrenzenden Flächen

Wasseransammlungen und Ablagerungen: Stahlbauteile, die der Witterung ausgesetzt sind, sollten so gestaltet sein, dass sich keine Ansammlungen von Wasser und Ablagerungen bilden können. Dies kann durch abgeschrägte und geneigte Oberflächen geschehen, durch das Vermeiden von oben offenen Profilen, Taschen und Vertiefungen sowie durch das kontrollierte Ableiten von Wasser durch geeignete Entwässerungseinrichtungen.

Spalten: Spalten, Fugen und sich überlappende Verbindungen führen leicht zu Spaltkorrosion und sollten durch geeignete Gestaltung vermieden werden. Berührungsflächen können z.B. mit durchgehenden Schweißnähten vor Wasserzutritt geschützt werden. Übergangsstellen zwischen Beton und Stahl erfordern besondere Maßnahmen des Korrosionsschutzes.

Kanten: An scharfen Kanten haften Beschichtungen schlechter und sind leichter Beschädigungen ausgesetzt. Alle scharfen Kanten sollten deshalb abgerundet oder zumindest gebrochen werden.

Schweißstellen: Oberflächenfehler an Schweißnähten führen zu lokalen Schmutzablagerungen und zu geringen Dicken der Beschichtung und sind deshalb zu vermeiden.

Rippen und Aussteifungen: Um Spalte zu vermeiden, sind Rippen und Aussteifungen ringsum mit den angrenzenden Bauteilen zu verschweißen. Außerdem sind zur Vermeidung von Wasseransammlungen in den Ecken Aussparungen anzuordnen.

Unterschiedliche Metalle: Zur Vermeidung von Kontaktkorrosion sollten Stähle mit einem unterschiedlichen elektrochemischen Potenzial nicht miteinander verbunden werden. Kritisch ist vor allem die Kombination kleiner, unedler Bauteile mit großen, edleren Bauteilen. Dagegen kann eine Verbindung von kleinen, edlen Bauteilen, wie z.B. Schrauben aus nichtrostendem Stahl, mit weniger edlen Baustählen durchaus erfolgen. Ist eine Kombination verschiedener Metalle unvermeidbar, kann Kontaktkorrosion durch die elektrische Isolierung der beiden Bauteile voneinander vermieden werden.

Korrosionsschutzgerechte Gestaltung nach DIN EN ISO 12 944-3

schlecht ——————> besser ——————> gut

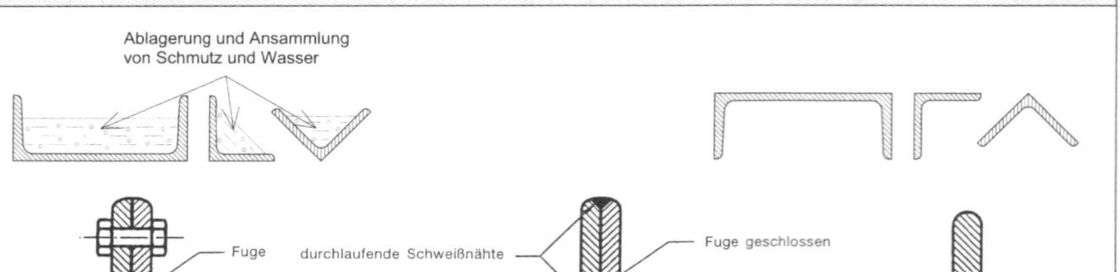

IV Schutz von Holzbauteilen

Prof. Dr.-Ing. François Colling, Prof. Dr.-Ing. Philipp Dietsch

1 Allgemeines

Der Schutz von Holzbauteilen wird in der Normenreihe DIN 68800 behandelt

Die dauerhafte Funktionstüchtigkeit, d. h. die Dauerhaftigkeit einer Holzkonstruktion, ist durch allgemeine Maßnahmen nach DIN 68 800-1, durch besondere bauliche Maßnahmen nach DIN 68 800-2 und erforderlichenfalls zusätzlich durch vorbeugenden chemischen Holzschutz nach DIN 68 800-3 sicherzustellen.

2 Gefährdungen

2.1 Allgemeine Gefährdungen

Allgemeine Gefährdungen können entstehen durch

- unzureichende Detailplanung (z. B. von Fugen) oder Nichtberücksichtigung des materialspezifischen Verhaltens von Holz,
- nicht fachgerechte Ausführung, insbesondere von Fugen und Anschlüssen,
- falsche Nutzung, wie z. B. mangelhaftes Heizen und/oder Lüften.

2.2 Feuchte, Nässe

Gefährdungen, die durch Feuchte/Nässe bestehen, sind

- Tauwasseranfall infolge Konvektion (Luftströmung) durch Undichtigkeiten in der Gebäudehülle; die infolge Konvektion anfallenden Wassermengen sind dabei 100- bis 1000-mal größer als bei Diffusion. Das Tauwasser tritt dabei örtlich konzentriert im Bereich der Undichtigkeiten an und erhöht somit das Risiko eines Feuchteschadens;
- Tauwasseranfall infolge Diffusion; das diffusionstechnische Verhalten eines Bauteilquerschnittes kann nach DIN 4108 („Glaser-Verfahren“) rechnerisch untersucht werden;
- Tauwasser an der Oberfläche, z. B. durch Baufeuchte und/oder unzureichendes Lüften und Heizen.

2.3 Pilze

2.3.1 Holzverfärbende Pilze

Zu den holzverfärbenden Pilzen gehören vornehmlich die Schimmelpilze und Bläuepilze. Diese ernähren sich ausschließlich von den Inhaltsstoffen der Holzzellen, ohne die Zellwände anzugreifen. Daher bewirken sie keine Fäulnis und somit auch keine Festigkeitsverluste.

2.3.2 Holzzerstörende Pilze

Im Gegensatz zu den holzverfärbenden Pilzen bauen holzzerstörende Pilze die Zellwände der Holzzellen ab und verursachen dadurch eine Fäulnis. Die wichtigsten holzzerstörenden Pilze sind der Hausschwamm, der Braune Kellerschwamm, der Weiße Porenschwamm, der Eichenporling sowie verschiedene Blättlingsarten (vornehmlich bei im Freien verbautem Holz).

Wichtigstes Kriterium für die Entwicklung von allen Pilzen ist die Holzfeuchte. Für ihre Entwicklung benötigen sie freies Wasser in den Zellhohlräumen, so dass eine Pilzgefährdung erst oberhalb des Fasersättigungsbereiches (d.h. Holzfeuchte $\omega \geq$ ca. 30%) gegeben ist.

2.4 Insekten

2.4.1 Frischholzinsekten

Frischholzinsekten haben als Zerstörer des verbauten Holzes zumeist keine Bedeutung. Im abgetrockneten Holz finden sie keine geeigneten Lebensbedingungen vor, so dass eine Weitervermehrung ausgeschlossen ist und Bekämpfungsmaßnahmen nicht erforderlich sind. Allerdings sind die Larven einiger Frischholzinsekten, wie die der Holzwespen, befähigt, im ausgetrockneten Holz ihre Entwicklung abzuschließen.

2.4.2 Trockenholzinsekten

Die Trockenholzinsekten befallen das lufttrockene Bauholz und bleiben im Unterschied zu den Frischholzinsekten viele Generationen hindurch in demselben Holz bis zu seiner weitgehenden oder völligen Zerstörung tätig. Sie stellen somit die eigentlichen technischen Schädlinge des Holzes dar. Die wichtigsten Trockenholzinsekten sind der Hausbock, der Gemeine Nagekäfer sowie der Braune Splintholzkäfer.

2.5 Moderfäule

Als Moderfäule wird ein Abbauvorgang bezeichnet, der durch einige holzzerstörende Pilze verursacht wird. Kennzeichnend für alle Moderfäulen ist ihr sehr hohes Feuchtebedürfnis. Entsprechend treten sie an stark und dauernd der Feuchte ausgesetztem Holz auf, insb. an solchem mit Erdkontakt. Im Hochbau ist Holz überall dort gefährdet, wo es zu Schmutzansammlungen kommt (z. B. Fugen in Balkonbelägen).

2.6 Gebrauchsklassen

In DIN 68 800-1 werden Holzbauteile je nach Einbausituation und klimatischer Beanspruchung in sog. Gebrauchsklassen eingestuft (Tafel 6.54a u. b). Die Einstufung in die verschiedenen Gebrauchsklassen erfolgt dabei vorrangig nach der Feuchtebeanspruchung, der die Holzbauteile ausgesetzt sind.

Tafel 6.54a Gebrauchsklassen (GK) für nicht bewitterte Bauteile

	Gefährdung durch	Einbausituation	Beispiele
GK 0	-	Innen verbautes, ständig trockenes Holz (Holzfeuchte ≤ 20 %).	• Sichtbar bleibende Hölzer in Wohnräumen • Allseitig insektendicht abgedeckte Holzbauteile • Außenwände und Dachbauteile mit besonderen baulichen Maßnahmen nach DIN 68 800-2
GK 1	Insekten		• Nicht insektendicht bekleidete Balken • Sparren/Pfetten in unbeheizten Dachstühlen • Nicht oder nur teilweise einsehbare Balken
GK 2	Insekten, Pilze	Gelegentliche Befeuchtung (z. B. durch Tauwasser) der Bauteile möglich	• Außenwände und Dachbauteile ohne besondere bauliche Maßnahmen nach DIN 68 800-2 • Unzureichend wärmegedämmte Balkenköpfe • Brückenträger überdachter Brücken über Wasser

Tafel 6.54b Gebrauchsklassen (GK) für bewitterte Bauteile

	Gefährdung durch	Einbausituation	Beispiele
GK 3.1	Insekten, Pilze, Auswaschen	Gelegentlich feucht	Anreicherung von Wasser **nicht** zu erwarten: • Bewitterte Stützen mit ausreichendem Bodenabstand
GK 3.2		Häufig feucht	Anreicherung von Wasser zu erwarten: • Bewitterte horizontale Handläufe • Bewitterte Balkonbalken
GK 4	Insekten, Pilze, Auswaschen, Moderfäule	Vorwiegend bis ständig feucht	• Bauteile mit Erdkontakt • Bauteile mit Süßwasserkontakt
GK 5		Ständig dem Meerwasser ausgesetzt	• Dalben • Kai- und Steganlagen

3 Grundlegende Maßnahmen

3.1 Planung

Maßnahmen zum Schutz des Holzes sind zunächst originäre Planungsaufgaben. Sie gehören frühzeitig geplant und sind in der Ausschreibung festzulegen. Der Bauablauf ist so zu koordinieren und zu überwachen, dass Schäden auszuschließen sind. So sind z. B. Holzbauteile während des Transports und der Lagerung stets vor Feuchte und Nässe zu schützen, weil bereits eine kurzfristige Befeuchtung zu einem Schimmelpilzbefall führen kann.

Holzwerkstoffe sind vor Feuchte und Niederschlägen besonders zu schützen, weil durch die Feuchteaufnahme das Gefüge insbesondere an den Plattenrändern zerstört und die Tragfähigkeit beeinträchtigt wird. Weitere Auswirkungen sind irreversible Verformungen (Aufwölbungen).

3.2 Natürliche Resistenz des Holzes

Auf einen vorbeugenden chemischen Holzschutz kann gänzlich verzichtet werden, wenn eine auf die jeweils vorliegende Gefährdung abgestimmte Holzart eingesetzt wird (Tafel 6.55). Hierbei ist allerdings zu beachten, dass – unabhängig von der Holzart – das Splintholz keine natürliche Resistenz besitzt.

Tafel 6.55 Verzicht auf vorbeugenden chemischen Holzschutz durch Verwendung ausreichend resistenter Holzarten

Gebrauchsklasse	Holzart
GK 0	Alle Holzarten
GK 1	Alle Hölzer, technisch getrocknet (siehe unten), oder Kiefer, Lärche, Douglasie mit **Splintholzanteil ≤ 10 %**
GK 2	Alle Hölzer unter Berücksichtigung von Abschn. 4, oder Kiefer, Lärche, Douglasie **splintfrei**
GK 3.1	Lärche, Douglasie, Yellow Cedar **splintfrei**
GK 3.2	Eiche, Bongossi **splintfrei**

3.3 Technisch getrocknetes Holz

Bei einer mindestens 48-stündigen technischen Trocknung bei einer Temperatur von mind. 55 °C, bei der die Feuchte des Holzes auf $\omega \leq 20\%$ reduziert wird, werden flüchtige Lock- und Holzinhaltsstoffe abgebaut und die Nahrungsgrundlage für Larven (Eiweiß) zerstört.

Daher besteht nach DIN 68800-1 bei technisch getrocknetem Holz keine Gefährdung gegenüber Insektenbefall (→ Einsatz in GK 1 möglich).

3.4 Holzfeuchte

Ein Befall mit holzzerstörenden Pilzen ist nur bei Holzfeuchten oberhalb des Fasersättigungsbereiches (d.h. bei $\omega \geq$ ca. 30%) möglich. Daher sollte Holz mit der erwarteten Ausgleichsfeuchte eingebaut werden. Für Tragwerke mit üblichen Nutzungsbedingungen wird in DIN EN 1995-1-1, DIN 18 334 und DIN 68800-1 der Einbau von (technisch) getrocknetem Holz mit einer Holzfeuchte ≤ 20 % gefordert.

3.5 Nutzung

Bereits ab einer relativen Luftfeuchtigkeit von etwa 80 % besteht die Gefahr eines Tauwasseranfalls mit Schimmelbildung an Bauteiloberflächen. Eine solch hohe Luftfeuchtigkeit kann nicht nur im Bauzustand durch eine hohe Baufeuchte verursacht werden, sondern auch in bewohnten Räumen durch die Feuchteproduktion von Mensch, Tier und Pflanze. Bei luftdicht ausgeführten Neubauten mit gewollt geringen Lüftungswärmeverlusten ist daher eine kontrollierte Lüftungsanlage anzustreben.

4 Besondere bauliche Maßnahmen

Unter besonderen baulichen Maßnahmen im Sinne von DIN 68800-2 sind solche Maßnahmen zu verstehen, die es ermöglichen, Bauteile, die ursprünglich der GK 2 zuzuordnen sind (z. B. Außenwände und Dächer mit Wetterschutz), in die GK 0 einzustufen. Nach DIN 68800-2 sind bauliche Maßnahmen zum Schutz des Holzes in jedem Fall zu ergreifen und chemischen Maßnahmen vorzuziehen.

4.1 Schutz vor Pilzen

Besondere bauliche Maßnahmen gegen holzzerstörende Pilze:

- Schutz vor unzuträglicher Feuchtebeanspruchung durch Sicherstellung der Dichtigkeit sowohl des außenseitigen Wetterschutzes als auch der raumseitigen luftdichten Gebäudehülle.
- Schnelle Abgabe von ungewollt eingedrungener Feuchte durch diffusionsoffene Bauweise.

4.2 Schutz vor Insekten

Der wirksamste Schutz vor einem Insektenbefall liegt darin, den Insekten den Zugang zu Holzbauteilen zu verwehren und so die Eiablage zu verhindern (z. B. mit vollgedämmten und/oder nicht belüfteten Bauteilquerschnitten mit insekten-undurchlässiger Abdeckung).

Ein Verzicht auf vorbeugenden chemischen Holzschutz ist auch dann möglich, wenn Holzbauteile zum Raum hin einsehbar und kontrollierbar angeordnet werden, weil davon ausgegangen werden kann, dass ein Insektenbefall nicht unbemerkt bleibt und rechtzeitig Bekämpfungsmaßnahmen eingeleitet werden können.

5 Maßnahmen bei bewitterten Bauteilen

Auch und insbesondere bei bewitterten Bauteilen sind baulich-konstruktive Maßnahmen zum Schutz des Holzes vorzunehmen. Ein chemischer Holzschutz kann Schäden, die durch eine schlechte Konstruktion entstehen, nicht verhindern, sondern nur hinauszögern. Bauliche Maßnahmen bei bewitterten Bauteilen lassen sich in drei Gruppen unterteilen:

- Schutz gegen Niederschläge und Spritzwasser,
- Vermeidung von stehendem Wasser,
- Schutz gegen Feuchteleitung (Kapillarleitung).

5.1 Schutz gegen Niederschläge und Spritzwasser

- Dachüberstände,
- Abdeckungen, z. B. durch Bleche aus Kupfer, Zink oder Edelstahl, besonderes Augenmerk ist auf die Abdeckung des Hirnholzes zu legen, da Wasser über das Hirnholz besonders leicht eindringen kann,
- Bodenabstand ≥ 30 cm (siehe Skizze).

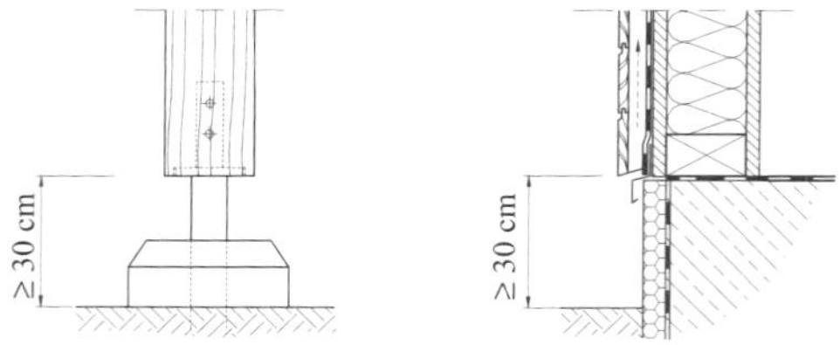

5.2 Vermeidung von stehendem Wasser

- Schnelles Ableiten von Wasser (z. B. durch Abschrägen der Oberseiten),
- Anbringen von Tropfkanten,
- Belüftung / Hinterlüftung der Holzbauteile zur schnellen Abfuhr von Feuchte,
- kein Eingraben oder Einbetonieren von Holzbauteilen.

5.3 Schutz gegen Feuchteleitung (Kapillarleitung)

- Keine direkt aufgeständerte Stützen, weil das Stirnholz kapillar Wasser aufsaugt,
- Ausbildung von luftigen Fugen mit ausreichendem Abstand zur Vermeidung von Schmutzansammlungen,
- Sperrschichten auf Mauerwerk und Beton zur Vermeidung von aufsteigender Feuchte.

6 Chemische Schutzmaßnahmen

Mindestanforderungen an den Schutz des Holzes werden seitens der Bauaufsicht nur an tragende oder aussteifende Holzbauteile gestellt, weil Schäden hier zu einem Sicherheitsrisiko führen können. Für nicht tragende Holzbauteile werden Empfehlungen ausgesprochen.

Erst wenn nach Ausschöpfen aller baulich-konstruktiven Maßnahmen noch ein Restrisiko verbleibt, ist bei tragenden oder aussteifenden Holzbauteilen ein vorbeugender chemischer Holzschutz vorzunehmen. Der chemische Holzschutz ist somit als **Ergänzung** zum baulichen Holzschutz anzusehen.

Die Maßnahmen, die zum Zweck des vorbeugenden chemischen Holzschutzes zu ergreifen sind, sind in DIN 68 800-3 geregelt. Hier werden u. a. Angaben über die Vorbedingungen für die Schutzbehandlung, die Art der Holzschutzmittel, die Einbringverfahren und Einbringmengen sowie die Durchführung der Schutzbehandlung gemacht. Mit einem einfachen „Draufpinseln", wie dies leider allzu oft praktiziert wird, ist kein dauerhafter Holzschutz zu erreichen.

Die Bauaufsicht fordert für Holzschutzmittel, die zum Schutz von tragenden Bauteilen eingesetzt werden, einen Nachweis ihrer Wirksamkeit und ihrer gesundheitlichen Unbedenklichkeit im Rahmen einer allgemeinen bauaufsichtlichen Zulassung (ABZ). Die Produktion der Holzschutzmittel wird überwacht, die Packungen tragen das Übereinstimmungszeichen (Ü-Zeichen).

6 D Baustoffe und ihre Eigenschaften

Ass. Prof. Dipl.-Ing. Dr. techn. Karl Deix, Ass. Prof. Dipl.-Ing. Dr. techn. Heinrich Bruckner

Im Folgenden wird ein kurzer Überblick über wichtige Baustoffe und deren Eigenschaften gegeben. Alle Werte beziehen sich auf Normtemperaturen. Bei einem angegebenen Bereich für die Dichte der Baustoffe sind die großen λ-Werte den größeren ρ-Werten zuzuordnen. Angaben zum Verhalten der Baustoffe in Bezug auf die Nachhaltigkeit sind der entsprechenden EPD des Produkts zu entnehmen.

1 Natursteine und Lehm

1.1 Granit u. Syenit gehören zur Familie der Tiefengesteine (Plutonite). Wichtigste Mineralbestandteile des Granits: Feldspat, Quarz, Glimmer. Syenite enthalten im Gegensatz zu Granit keinen bis sehr wenig Quarz ([6.125], [6.126], [6.145]). *Verwendung:* Fassadenplatten, Bodenplatten, Säulen, Straßenpflaster.

1.2 und 1.3 Kalksteine, Dolomite, Marmor: Kalksteine sind Sedimentgesteine, die einen überwiegenden Kalkgehalt aufweisen (Richtwert: dichte Kalkgesteine $\rho > 2600$ kg/m³, sonstige $\rho \leq 2600$ kg/m³). Dolomite sind Gesteine, die vorwiegend aus Dolomitmineralen (Calcium-Magnesium-Carbonat) bestehen. Marmor: Umprägungsgestein von Kalkstein bzw. Dolomit.

Solnhofer Platten: feinkörniger, sehr dichter, dünnschichtiger Plattenkalk ([6.125], [6.126]).

Verwendung: dichte Kalksteine: Fußböden, Wandplatten; sonstige Kalksteine: Kirchen, Prunkbauten.

1.4 Quarzitische Sandsteine: durch Ton, Kalk und Kieselsäure in Schichten verfestigte Sande mit einem Quarzanteil (SiO_2) von mindestens 85 %, evtl. quarzitische Gesteinsbruchstücke.

Verwendung: Bruchsteine, Bahn- und Straßenschotter ([6.125], [6.145]).

1.5 Sonst. Sandsteine: durch Ton, Kalk u. Kieselsäure verfestigte Sande. Quarzanteil < 85 % [6.125].

Verwendung: Baustein z. B. für Kirchen, Prunkgebäude, Denkmäler.

1.6 Tonschiefer: umgeprägtes Tongestein (Tonminerale: oft Al-Si-Verb. und Quarz), nicht quellfähig (Schieferton im Gegensatz dazu ist kaum (nicht) umgeprägt und daher quellfähig) ([6.125], [6.126], [6.145]). *Verwendung:* Dach- und Wandplatten.

1.7 Tuffstein: als Tuff werden vulkanische Auswurf- bzw. Lockerprodukte bezeichnet. Tuffgestein ist verfestigter vulkanischer Tuff. Sehr porig, verwitterungsgefährdet ([6.125]).

Verwendung: als Leichtbaustein, zur Wärmedämmung, früher auch bei Prunkgebäuden.

1.8 Strohlehm: Lehm-Stroh-Gemisch mit einer Dichte zwischen 1200 und 1700 kg/m³ ([6.123]).

Verwendung: Zwischenwände, Ausfachungen, Lehmstampfbau.

1.9 Massivlehm: Lehm ohne Beimengungen in Form organischer (Stroh, Hackschnitzel) oder anorganischer (Blähton) Zuschläge mit tragender Funktion ([6.123], [6.145]). *Verwendung:* Lehmstampfbau.

1.10 Lehmsteine (LS): vorgefertigte Lehmsteine aus Massivlehm (nicht gebrannt) ([6.123]). Wasseraufnahme: > 15 kg/m² · $h^{0,5}$. *Verwendung:* Mauerwerksbau.

2 Keramische Baustoffe – Steine, Dachziegel, Platten und Fliesen

Die Norm EN 771 unterscheidet zwischen **P-Ziegel,** Mauerziegel zur Verwendung in geschütztem Mauerwerk und **U-Ziegel,** Mauerziegel zur Verwendung in ungeschütztem Mauerwerk.

2.1 Vollziegel sind keramische Baustoffe (Irdengut, Grobkeramik) aus Ton bzw. Tonmergel (Korngröße der Tone $d < 0{,}002$ mm), die bei Temperaturen zwischen 900 und 1100 °C gebrannt werden. Vollziegel können einen Lochanteil in der Lagerfläche bis 15 % aufweisen ([6.128], [6.129]).

Verwendung: Mauerwerk, Bögen, Ausmauerungen, Pfeiler.

2.2 Lochziegel können als Hochlochziegel mit einem Lochanteil bis 50 % der Lagerfläche, als Leichthochlochziegel ($\rho \leq 1000$ kg/m³) oder als Langlochziegel (Lochung parallel zur Lagerfuge; nichttragend) ausgebildet sein ([6.128], [6.129]). *Verwendung:* Außen- und Zwischenwände.

2.3 Vormauerziegel: Vormauerziegel sind hochfest und daher frostbeständig, sie genügen speziellen Anforderungen bezüglich Sichtfläche und Farbe ([6.125], [6.129], [6.145]).

Verwendung: Sichtmauerwerk, Schornsteinköpfe.

2.4 Klinkerziegel: gelochte oder nicht gelochte, bis zur Sintergrenze (Grobkeramik, Sinterzeug) gebrannte Ziegel (1150 bis 1300 °C), d. h., sie sind schwer (Scherbenrohdichte ≥ 1900 kg/m³), dicht, hart und frostbeständig; heller Klang beim Anschlagen ([6.125], [6.126], [6.128]).

Man unterscheidet Wasserbau-, Kanal-, Pflaster-, Fassaden-, Fußboden-, Tunnel- u. säurefesten Klinker.

2.5 Dachziegel: Dachziegel sind hochfeste keramische Bauteile (spezielle Anforderungen an den Ton), die in natürlicher Brennfarbe, gefärbt, engobiert, glasiert oder gedämpft hergestellt werden. Man unterscheidet Strangdachziegel (ohne oder mit Seitenfalz; Biberschwanz, Hohlpfanne, Strangfalzziegel) und Pressdachziegel (ein oder mehrere Kopf-, Fuß- und Seitenfalze; Falzziegel, Flachdachpfanne, Mönch und Nonne). Besondere Anforderungen werden bez. Frostsicherheit, Wasserundurchlässigkeit, Oberflächenbeschaffenheit und Farbe, Form, Maßhaltigkeit und Flügeligkeit gestellt ([6.125], [6.126], [6.145]).

2.6 und 2.7 Spalt- und Klinkerplatten: hergestellt aus hochwertigen Tonen und mineralischen Zuschlägen (Grobkeramik) im Strangpressverfahren, die nach dem Brennen (1100 bis 1300 °C) gespalten werden (eine Form ergibt zwei Platten). Frostsicher, säurebeständig, bessere Stoß- und Bruchfestigkeit als Steingutfliesen. Höhere Toleranzen bei der Maßgenauigkeit aufgrund des Schwindens beim Trocknen und Brennen. Glasierte Fußbodenplatten werden entsprechend der Abriebfestigkeit der Glasuren in 5 Klassen eingeteilt ([6.126], [6.128], [6.129], [6.145]).

Verwendung: Treppen-, Fassadenplatten, Fenstersohlbank-, Rinnen- und Beckenrandsteine.

Cottoplatten: unglasierte und ungesinterte rote (rotbraune) Ziegelplatten, die nach ausreichender Trocknungszeit (ca. 4 Wochen) gewachst werden. Meist nicht frostbeständig und mit höherer Wasseraufnahme (Brenntemperatur 1000 °C).

2.8 Wandfliesen innen: Steingut- oder Irdengutfliesen (Feinkeramik) werden vor allem aus Ton (Anteil $\geq$ 50 %), Kaolin (fehlt beim Irdengut), Quarz und Feldspat etc. hergestellt. Hohe Wasseraufnahme (daher Glasur) ([6.125], [6.126], [6.128], [6.129], [6.145]).

2.9 Feinsteinzeugfliesen: Herstellung durch Vorpressung feinkörniger Rohstoffe und Brennen im Rollenbrandofen. Geringe Wasseraufnahme, frostbeständig ([6.125], [6.126], [6.128], [6.129], [6.145]).

2.10 Fliesen in Zementmörtel/Dünnbettmörtel: Fliesen können mit Fliesenkleber (hydraulischer Dünnbettmörtel auf Zementbasis, Dispersionskleber, Reaktionsharzkleber) oder in Zementmörtel verlegt werden. Der Fliesenkleber wird entweder einseitig auf die Fliesenrückseite (Butteringverfahren), auf den Untergrund (Floatingverfahren) oder kombiniert aufgetragen ([6.125], [6.126], [6.129], [6.145]).

Verwendung: Mauerwerk oder Estrich- oder Betonoberflächen, keramische Bodenplatten, Bodenfliesen.

3 Mörtel, Putze, Estriche

3.1 Calciumsulfatestrich (CA): Frühere Bezeichnung: Anhydritestrich und Gipsestrich. Natürliches Anhydrit ($CaSO_4$) ist ein in der Natur vorkommender wasserfreier Gips; synthetisches Anhydrit fällt bei der Flusssäureherstellung an, REA-Anhydrit bei der Rauchgasentschwefelung. Calciumsulfatestriche werden aus Anhydritbindern u. Gesteinskörnungen im Mischungsverhältnis 1 : 2,5 (Raumteile) und evtl. Zusatzmitteln meist als Fließestrich eingebaut (größere Flächen sind fugenlos möglich, außer bei Fußbodenheizungen), begehbar nach 2 Tagen, nicht wasserbeständig. Fließestrich aus Calciumsulfat ist ein Werktrockenmörtel, der auf der Baustelle mit Wasser angerührt und zur Verlegestelle gepumpt wird (selbstverlaufend, daher eben). Dicke ab ca. 3,5 cm [6.126].

Verwendung: Wohn-, Bürobauten, bestimmte Feuchtebereiche möglich, auch Fußbodenheizungen.

3.2 Kunstharzestrich (SR): Feuchtebeständiger und schnell aushärtender Estrich mit Epoxidharzen, Polyurethanen, Polymethylmethacrylaten oder ungesättigten Polyesterharzen als Bindemittel und mineralischen Zuschlägen. Schichtdicken 4 bis 50 mm.

Verwendung: Industriebau, Reparaturstellen (auch für Fußbodenheizungen).

3.3 Gipsfaserestrichplatten: Trockenestrich aus verklebten Gipsfaserplatten (Cellulosefasern); zur Anwendung verklebt u. verschraubt, sofort begehbar ([6.126], [6.145]). *Anwendung:* Trockenausbau.

3.4 Gussasphaltestrich (GA): Gussasphalt ist eine dichte, in heißem Zustand gieß- und streichbare bitumen-haltige Masse aus Splitt, Sand, Füller und Bitumen, deren Mineralstoffgemisch hohlraumarm zusammengesetzt ist. Gussasphalt wird heiß bei Temperaturen von 220 bis 250 °C in einer Schichtstärke von 20 bis 30 mm auf eine Trennlage aufgebracht, fugenloser Einbau, nach 2 Stunden begehbar [6.126].

Verwendung: befahrbar, beheizte und unbeheizte Räume, im Freien, Kühlräume.

3.5 Lehmestrich wird mit nicht zu grobkörnigem und feuchtem Lehm (Trockenschwindung < 5 mm) und evtl. Faserstoffen (Strohhäcksel, Kuhhaare) schichtenweise in einer Stärke von 8 bis 20 cm hergestellt. Die nach dem Trocknen der jeweiligen Schicht auftretenden Risse werden wieder so lange zugestampft, bis keine Risse mehr auftreten. *Verwendung:* landwirtschaftlich genutzte Gebäude, Ställe.

3.6 Magnesiaestrich (MA): besteht aus Magnesia (Magnesiumoxid), Zuschlag (Füllstoffe) und Magnesiumchlorid ($MgCl_2$ aus Magnesiumchloridlösung) sowie Zusätzen (Farbstoffen). Magnesiaestriche werden als Verbundestrich mit mineral. Füllstoffen in Dicken von 15 bis 20 mm eingebaut. Es können so sehr harte und glatte Industrieböden hergestellt werden. Sie sind gegen starke und

Natursteine – Gestein, Lehm

			MECHANIK			WÄRME			FEUCHTE	
NR.	KURZBEZEICHNUNG	DICHTE	DRUCK-FESTIGKEIT	BIEGE-FESTIGKEIT	E-MODUL	LINEARE WÄRME-AUSDEHNUNG	WÄRME-LEITFÄHIGKEIT	SPEZ. WÄRME-KAPAZITÄT	DAMPF-DIFFUSIONS-WIDERSTAND	WASSER-AUFNAHME
		ρ	σ_D	σ_{BZ}	E	α	λ	c	μ	
		kg/m³	N/mm²	N/mm²	10^3 N/mm²	10^{-6} K	W/(m·K)	kJ/(kg·K)		Masse-%
1.1	Granit/Syenit	2600–2800	160–240	10–20	40–80	5–11	2,8–3,5	0,91–1,0	50–200	0,2–0,5
1.2	dichte Kalksteine, Dolomite, Marmor	2600–2850	80–180	6–15	60– 90	5–10	2,3–3,5	0,91–1,0	50–200	0,2–0,6
1.3	sonst. Kalksteine	1600–2800	20–90	5–8	40–70	4–12	0,85–2,3	0,88–1,0	20–250	0,2–10
1.4	quarzit. Sandstein	2600–2700	120–200	12–20	20–70	8–12	2,1–2,3	0,88–1,0	20–50	0,2–0,6
1.5	sonst. Sandsteine	2000–2700	30–180	3–15	5–30	8–12	2,1–2,3	0,88–1,0	20–50	0,2–9
1.6	Tonschiefer	2000–3500	60–95	7–16	56–91	5	2,2–3,5	0,9–1,0	50–400	0,5–0,7
1.7	Tuffstein	1300–2000	5–25	1–4	30–80	6–10	0,8–0,85	0,88–1,0	4–10	6–15
1.8	Strohlehm	1200–1700	1,7–2,5	1,2–1,7	4,35	5	0,25–0,81	1,0–1,1	2–5	x
1.9	Massivlehm	1800–2200	2–5	x	4,35	5	0,85–0,93	1,0	5–10	x
1.10	Lehmsteine	410–2200	2,5-7,5	x	> 0,75	5	0,12–1,14	1,0	5–10	x

Keramische Baustoffe – Steine, Dachziegel, Platten und Fliesen

NR.	KURZBEZEICHNUNG	DICHTE	DRUCK-FESTIGKEIT	BIEGE-FESTIGKEIT	E-MODUL	LINEARE WÄRME-AUSDEHNUNG	WÄRME-LEITFÄHIGKEIT	SPEZ. WÄRME-KAPAZITÄT	DAMPF-DIFFUSIONS-WIDERSTAND	WASSER-AUFNAHME
2.1	Vollziegel	1200–1800	10–28	5–10	5–20	5	0,46–0,83	0,92–1,0	5–10	18–22
2.2	Lochziegel	550–1400	2,5–28	5–10	5–20	5	0,13–0,50	0,92–1,0	5–10	15–22
2.3	Vormauerziegel	1800	25–50	10–25	9	5	0,96	0,92–1,0	50–100	1–8
2.4	Klinkerziegel	1800–2400	60	10–30	20–70	5	0,8–1,4	0,88–1,0	50–400	6
2.5	Dachziegel	1800–2000	x	8–15	5–20	4,5–5	0,46–1,0	0,80–0,90	30–400	14–18
2.6	Spalt-/Klinkerplatten (Fußboden)	2000–2100	> 22	15	5–30	9	1,05–1,11	0,88–0,90	120–410	3–10
2.7	Spalt- u. Klinkerplatten (Wand)	2000	> 12	9	5–30	9	0,96–1,05	0,90–0,92	35–300	3–10
2.8	Wandfliesen, innen	1700–2000	> 12	12–15	5–30	9	0,87–1,04	0,90	150–300	3–10
2.9	Feinsteinzeugfliesen	2000	> 22	> 35	5–30	8	1,55	0,90	120–410	< 0,5
2.10	Bodenfliesen in Zementmörtel	2300	> 27	x	5–30	9	1,28	0,90	150–300	3–10

langzeitige Feuchtigkeitseinwirkungen nicht beständig. Magnesia ist aggressiv gegenüber Metallen (außer Kupfer, Messing und V2A-Stahl). Eine Haftbrücke ist notwendig, damit Chlorid nicht in den Betonuntergrund gelangt. Anwendung bei Lagerhallen, z.B. Hochregallager [6.126].

3.7 Zementestrich (CT): Zement, Gesteinskörnung (Größtkorn 4 bis 8 mm, evtl. Zusatzmittel, wie Fließmittel oder Trocknungsbeschleuniger ([6.126]). Wasserbeständig, auch als Hartstoffestrich bzw. kunstharzmodifiziert, selten als Fließestrich, Schutzzeit: 14 Tage, begehbar: 3 Tage, auch als Schnellzementestrich mit Belegreife nach einem Tag.

Verwendung: begehbare und befahrbare Estriche (innen und außen), als schwimmender Estrich, auf Trennlage oder im Verbund, im Wohn- und Gewerbe- und Industriebau, auch als Heizestrich

Terrazzo: Aus Weißzement und schleif- und polierfähigen Natursteinkörnungen. Fugen alle 5 bis 6 m, begehbar nach ca. 3 Tagen [6.126].

3.8 und 3.9 Gipsputze (Maschinengipsputze) bestehen aus Halbhydrat, Anhydrit II und Anhydrit III (Versteifungsbeginn ≥ 3 Min., Maschinenputz ≥ 25 Min.). Gips : Wasser = 1,5 : 1.

Gipsmörtel mit Sand abgemagert: abgemagerter Gipsputz, mit rel. raschem Versteifungsbeginn. Mischungsverhältnis (Vol.) Wasser : Gips : Sand = 1 : 1,25 : 2,5(3,75), evtl. Kalkhydrat als Verzögerer (Wasser : Kalk = 10 : 1) ([6.126], [6.130], [6.145]).

Verwendung: Innenbereich (nicht in Feuchträumen).

3.10 Gips-Kalkputze müssen mit Luftkalk (Kalkhydrat = gelöschter Kalk) hergestellt werden. Mischungsverhältnis (Vol.) Gips : Kalk : Sand = 1 : 1 : 3 ([6.126], [6.130], [6.145]).

Verwendung: Innenbereich.

3.11 Kalkputz (Luftkalkmörtel) besteht aus Luftkalk (Weißkalk, Dolomitkalk; Kalkhydrat = gelöschter Kalk), Sand u. Wasser. Mischungsverhältnis (Vol.) Luftkalk : Sand = 1 : 3 (3,5) ([6.126], [6.130], [6.145]).

Verwendung: Innenbereich.

3.12 Hydraulische und Hochhydraulische Kalkputze bestehen aus hydraulisch erhärtenden Kalken (Wasserkalk, Hydraulischer Kalk, Hochhydraulischer Kalk) und Sand, benötigen keine Zementzusätze und dürfen nicht mit Gips gemischt werden. Mischungsverhältnis (Vol.) Hydr. Kalk : Sand = 1 : 3. Verwendung auch als Trasskalkmörtel ([6.126], [6.130], [6.145]).

Verwendung: feuchtebeständig – Außen- und Innenbereich.

3.13 Kalk-Zementputz: Putze aus Zement, Kalk, Zuschlag, Wasser und evtl. Additiven. Mischungsverhältnis (Vol.) Zement : Kalk : Zuschlag = 1 : 2(1,5) : 9 ([6.126], [6.130], [6.145]).

Verwendung: Innen- und Außenbereich.

3.14 Zementputz: Feste und kaum saugende Putze aus Zement, Zuschlag, Wasser und evtl. Additiven. Mischungsverhältnis (Vol.) Zement : Zuschlag : Wasser = 1 : 3 : 0,5 ([6.126], [6.130], [6.145]).

Verwendung: Sockelbereich, Außenmauern.

3.15 Kunstharzputze sind Beschichtungen, bestehend aus Kunstharzen (organischen Verbindungen, z.B. Polymetacrylat, Polyvinylacetat) und Sanden ($d > 0{,}25$ mm) bzw. Füllstoffen ([6.130], [6.145]).

Verwendung: Oberputz auf mineralischen Unterputzen oder Wärmedämmverbundsystemen.

3.16 Silikatputz: Silikatputze, aber auch Silikonharzputze sind ähnlich aufgebaut wie Kunstharzputze (siehe 3.15), unterscheiden sich jedoch hinsichtlich des Bindemittels ([6.126]).
Silikatputz = Bindemittel (Kaliwasserglas + Dispersionszusatz (z. B. Acrylate)) + Sand.

Verwendung: auf silikatischen Untergründen (sandhaltige Putze), nicht auf Holz(werk-) od. Kunststoffen.

3.17 Leichtputz: Werksmörtel mit einer Dichte von 600 bis 1300 kg/dm^3 (keine Wärmedämmputze!). Verwendung von porigen mineralischen oder organischen Zuschlägen ([6.126]).

Anwendung: als Unterputz bei Außenwänden.

3.18 und 3.19 Wärmedämmputze ($\lambda \leq 0{,}2$ W/(m·K)) werden mit expandiertem Polystyrol, Blähperlite, Vermiculite oder auch Mischungen dieser Stoffe hergestellt. Die Putzdicke ist abhängig von der gewünschten Dämmwirkung (Unterputz 2 bis 10 cm, Oberputz 1 cm) ([6.126], [6.130], [6.145]).

Verwendung: Unterputz für außen liegende Wärmedämmputzsysteme.

3.20 Dämmputz mit Perliten: Perliteputz, Vermiculiteputz (siehe 9.7 bis 9.9). Unterputz $d_{\min} = 1$ cm; Oberputz $d \approx 0{,}5$ cm ([6.126], [6.130], [6.145]).

Verwendung: brandschutztechnisch wirksame Bekleidung von Bauteilen.

3.21 Sanierputze sind Werk-Trockenmörtel (Zementmörtel mit Luftporenbildner, Sand oder Füllstoffen) mit hoher Porosität (30 bis 45 Vol.-%), großer Wasserdampfdurchlässigkeit und geringer kapillarer Leitfähigkeit. In der Regel 2- oder 3-lagige Systeme mit Schichtdicken ≥ 2,0 cm (Salzeinlagerung von 4 bis 6 kg/m^2) ([6.126], [6.130], [6.145]).

Verwendung: Trockenlegung der Oberflächen von feuchtem Mauerwerk.

Mörtel, Putze, Estriche			MECHANIK				WÄRME			FEUCHTE	
NR.	KURZBEZEICHNUNG	DICHTE	DRUCK-FESTIGKEIT	ZUG-FESTIGKEIT	BIEGE-FESTIGKEIT	E-MODUL	LINEARE WÄRME-AUSDEHNUNG	WÄRME-LEITFÄHIGKEIT	SPEZ. WÄRME-KAPAZITÄT	DAMPF-DIFFUSIONS-WIDERSTAND	WASSER-AUFNAHME
		ρ	σ_D	σ_Z	σ_{BZ}	E	α	λ	c	μ	
		kg/m³	N/mm²	N/mm²	N/mm²	10^3 N/mm²	10^{-6} K	W/(m·K)	kJ/(kg·K)		Masse-%
3.1	Calciumsulfatestrich	1800–2200	20-30	0,3-0,5	3–8	20	20	0,7–1,2	0,84–1,0	10–35	0,1–0,1
3.2	Kunstharzestrich	1800–2200	60–105	25-30	10-30	30	16-25	1,2	x	x	x
3.3	Gipsfaserestrich-platten	1500–1600	5–15	x	5–7	3,5–4	10	0,27–0,32	0,85–1,1	9–13	1,3
3.4	Gussasphaltestrich	2000–2500	x	x	≥ 8	x	x	0,70–0,90	1,05	2000–dampfd.	≤ 0,7
3.5	Lehmestrich	1700–2000	3–4	<2	0,5–0,7	4,35	5	0,81–1,16	1,0	5–10	x
3.6	Magnesiaestrich	1400–2300	12–60	x	3–11	14–20	x	0,47–0,70	1,0–1,5	15–35	x
3.7	Zementestrich	2000–2200	20–30	x	3–9	20	10	1,40	1,0–1,13	15–50	x
3.8	Gipsputz	900–1200	2–5	0,3	1–2	2,8–5	12	0,36–0,51	0,85	10	x
3.9	Gipsmörtel, mit Sand	1200–1400	3	x	1–2	2,8–5	12	0,70	0,85–1,0	10	40
3.10	Gips-Kalkputz	1400–1600	2	x	≥ 1	x	8–12	0,7–0,87	0,85–1,0	10–15	x
3.11	Luftkalkputz	1600–1800	1,5	0,1	1,3	5	5–12	0,87–1,0	0,96–1,0	10–35	25
3.12	(Hoch-)hydraulischer Kalkputz	1600–1800	4–20	0,2	2,6–9,0	5–6	5–12	0,87–1,0	0,96–1,0	15–35	25
3.13	Kalk-Zementputz	1800	2,5–4	0,3	0,8	6	12	0,87–1,0	0,96–1,13	15–35	x
3.14	Zementputz	1800–2000	15	1,5	3–10	15	6–10	1,4–1,6	1,13	15–35	15
3.15	Kunstharzputz	1100	5	1,0	x	5	15	0,7	1,0	50–200	x
3.16	Silikatputz	1750	5	0,3	x	7	12	0,7	0,84	40	x
3.17	Leichtputz	600–1300	2,5–3	0,3	0,8	1,8–6,0	3–15	0,25–0,56	1,0	15–20	x
3.18	Wärmedämmputz	200–600	0,7	0,1	x	1	15	0,06–0,25	1,0	5–20	x
3.19	Dämmputz mit exp. Zuschlägen	600–800	0,7	0,1	x	1	3–15	0,19–0,28	0,90–0,92	5–20	x
3.20	Dämmputz mit Perliten	550	0,7	0,1	x	1	3–15	0,15	0,90	5–20	x
3.21	Sanierputz	< 1400	< 4	0,3	2	3	15	0,45–0,55	1,0	10	x

4 Baustoffe mit mineralischen Bindemitteln – Normalbeton, Leichtbeton, Platten und Dachsteine

4.1 bis 4.5 Normalbeton besitzt eine Dichte von 2000 bis 2600 kg/m³ und besteht aus Gesteinskörnungen (Sand, Kies, Splitt), Portlandzement, Wasser und evtl. Zusatzmitteln (Luftporenbildner, Fließmittel etc) und Zusatzstoffen (Trass, Flugasche) sowie evtl. Fasern (Stahl oder Kunststoff). Die Herstellung erfolgt vor Ort (Ortbeton) oder im Werk (Lieferbeton). Portlandzement ist ein hydraulisches Bindemittel, Beton erhärtet daher auch unter Wasser und ist wasserbeständig.

Erforderliche Angaben: Druckfestigkeit, Konsistenz, Korngröße (abhängig von der Dicke des Bauteils und der Bewehrungslage), Expositionsklasse, besondere Eigenschaften (Pumpbeton, Sichtbeton etc.).

Mischungsverhältnis für 1 m³ Normalbeton: knapp 2000 kg Gesteinskörnung, ca. 300 kg Zement, ca. 150 Liter Wasser. Volumenverhältnis Zement : Zuschlag : Wasser = 1 : 7 : 1,5(1,6).

Einflüsse auf die Betoneigenschaften: *w*/*z*-Wert, Zementleimanteil, Zement- und Gesteinskörnungsqualität, Additive, Verarbeitung, Verarbeitungstemperatur, Verdichtung (Rütteln, Stampfen etc.), Nachbehandlung (ausreichende Feuchtigkeit für den Erhärtungsvorgang, Schutz vor Kälte, zu großer Hitze etc., evtl. Verdunstungsschutz), Erhärtungsdauer ([6.131], [6.141]).

4.6 Stahlbeton: Verbundbaustoff aus Beton (i. d. R. Aufnahme der Druckspannungen) und Stahl in Form einer schlaffen Bewehrung (Aufnahme der Zugspannungen).

4.7 und 4.8 Blähtonbeton, haufwerksporig, setzt sich im Wesentlichen aus Zement, Wasser und Blähton als Zuschlag (kugeliger Leichtzuschlag mit einer Dichte von ρ = 600 bis 1600 kg/m³, der durch Erhitzen (> 1000 °C) von illitreichen Tonarten entsteht) zusammen. Haufwerksporen sind Poren zwischen den Zuschlagskörnern, die z. B. entstehen, wenn nur eine Korngröße verwendet wird, d. h. keine stetige Sieblinie verwendet wird ([6.120], [6.132], [6.136]).

Verwendung: Hohlblocksteine, Schallschutzwände.

4.9 Blähtonbeton, gefügedicht: Gefügedichter Blähtonbeton besitzt im Gegensatz zu haufwerksporigem Blähtonbeton eine stetige Sieblinie für den Zuschlag ([6.120], [6.132], [6.136]).

Verwendung: Hohlblocksteine, Wand- und Deckenplatten, konstruktiver Stahlleichtbeton.

4.10 Porenbeton (Gasbeton): Quarzsand, Zement, Kalk, Wasser werden durch ein Treibmittel (z. B. Aluminiumpulver) bei konstantem Druck und Temperatur im Autoklaven aufgebläht. Die Unterscheidung erfolgt nach der Druckfestigkeit und der Rohdichte. Verarbeitung zu Planblöcken (Verkleben mit Dünnbettmörtel), Fassadenplatten, Deckenplatten (Bewehrung benötigt eine Ummantelung!)

Verwendung: Außenwände, Innenwände, Deckenelemente, Fassadenplatten (Industriebau).

Porenleichtbeton oder Schaumbeton: Mischung eines Feinmörtels mit einem gesondert hergestellten Schaum in Spezialmischern. Erhärtung an der Luft ([6.125], [6.131], [6.132], [6.133]).

Verwendung: Ausgleichsschichten (wärmedämmend) auf Decken und Flachdächern, Unterböden im Industriebau, Straßenbau.

4.11 Holzspanbeton: Beton (Zement, Zuschlag, Wasser), bei dem Holzspäne (mineralisiert) als Zuschlag verwendet werden [6.126].

Verwendung: z. B. als Hohlblockstein, Schalungssteine, Platten.

4.12 Hüttenbimsbeton setzt sich aus Zement, Wasser u. Hüttenbims (mit Wasser schnell gekühlte u. aufgeschäumte Hochofenschlacke mit einer Dichte von ρ = 900 bis 1400 kg/m³) zusammen [6.126].

Anwendung: z. B. als wärmedämmender Leichtbeton, Stahlleichtbeton, Hohlblocksteine.

4.13 Kalksandstein ist ein Gemisch von Branntkalk, Quarzsand und Wasser, das geformt und unter Sättigungsdampfduck (16 bar) und höherer Temperatur (160 bis 220 °C) im Autoklaven hydratisiert wird. Die Farbe ist weiß, Voll- oder Lochsteine ([6.122], [6.125], [6.126], [6.132]).

Verwendung: Mauersteine, Vormauersteine, Verblendsteine.

4.14 und 4.15 Polystyrolbeton: gefügedichter Leichtbeton aus Zement, Zuschlag aus expandiertem Polystyrol, Feinsand oder Füller, Wasser und evtl. Zusatzmitteln ([6.126], [6.132]).

Verwendung: Steine bzw. geschosshohe Elemente im Wohnungsbau (als verlorene Schalung und Verfüllung mit Normalbeton), im Straßenbau als Tragschicht bei frostgefährdeten Böden.

4.16 Ziegelsplittbeton: wird aus Zement, Wasser und gebrochenem Ziegel als Zuschlag (Recyclingmaterial) hergestellt. Wichtig ist die Kornform des Ziegelsplitts (Verhältnis *l* : *d*), um ein entsprechendes Einmischen zu ermöglichen [6.126]. *Verwendung:* Wände (Mauersteine).

Beton, Platten und Dachsteine

NR.	KURZBEZEICHNUNG	DICHTE	MECHANIK: DRUCK-FESTIGKEIT	MECHANIK: BIEGE-FESTIGKEIT	MECHANIK: E-MODUL	WÄRME: LINEARE WÄRME-AUSD.	WÄRME: WÄRME-LEITFÄHIGKEIT	WÄRME: SPEZ. WÄRME-KAPAZITÄT	FEUCHTE: DAMPF-DIFFUSIONS-WIDERSTAND
		ρ	σ_D	σ_{BZ}	E	α	λ	c	μ
		kg/m³	N/mm²	N/mm²	10³ N/mm²	10⁻⁶ K	W/(m·K)	kJ/(kg·K)	
4.1	Normalbeton	2000–2600	5	2,6–3,2	x	10	1,35–2,10	1,0–1,13	50–150
4.2	Normalbeton	2000–2600	15	5,0–7,0	26	10	2,03–2,10	1,0–1,13	50–150
4.3	Normalbeton	2000–2600	25	6,9–10,2	30	10	2,03–2,10	1,0–1,13	50–150
4.4	Normalbeton	2000–2600	35	8,4–12,9	34	10	2,03–2,10	1,0–1,13	50–150
4.5	Normalbeton	2000–2600	55	11,1–17,9	39	10	2,03–2,10	1,0–1,13	50–150
4.6	Stahlbeton	2400 2500	5–55	x	22–39	10	2,10–2,30	1,0–1,13	35 –50
4.7	Blähtonbeton, haufw.	400–1100	1,7–4	0,3–1,05	0,5–4,0	10	0,16–0,39	1,0–1,13	5–15
4.8	Blähtonbeton, haufw.	1100–1700	4–20	1,05–2,5	4–16	10	0,39–0,42	1,0–1,13	5–15
4.9	Blähtonbeton, dicht	1100–1800	14–28	x	9,0–17,5	10	0,39–1,60	1,0–1,13	15–30
4.10	Porenbeton	350–1400	2,5–10	0,5–2,0	1,2–2,5	8	0,11–0,31	1,0	5–10
4.11	Holzspanbeton	600–800	2,0	1–2	1,5	8	0,14–0,27	1,5	5–10
4.12	Hüttenbimsbeton	900–1600	25	x	5–10	8	0,52–0,63	1,13	10
4.13	Kalksandstein	1000 –2200	4–60	x	3	8	0,5–1,3	1,0	5–25
4.14	Polystyrolbeton	400	1,0	0,5	0,8	12	0,14	1,4	40
4.15	Polystyrolbeton	600–1000	2,2–6,0	0,7–1,5	1–3	12	0,21–0,43	1,4	60–200
4.16	Ziegelsplittbeton	1600	25–30	2–5	15–20	x	0,73–0,87	0,92	5–15
4.17	Gipsbauplatten	750–1200	10–35	3–7	17–18	x	0,29–0,58	0,8–1,0	5–10
4.18	Gipsfaserplatten	1000	4,5–5	1,5–7,0	2,3–4	20	0,27	0,84	8
4.19	Gipskartonplatten	700–900	4–6	2–6	2–3	20	0,21–0,25	0,84–1,0	4–10
4.20	Vermiculiteplatten	350–950	1–3	1,0–6,0	≥4	0,9–0,94	0,11–0,23	1,15	x
4.21	Mineralfaserplatten	430–900	x	3,4–7,6	x	x	0,05–0,17	x	x
4.22	Betondachstein	2100–2400	x	x	x	x	1,5–2,1	1,0–1,13	35–100
4.23	Dachplatten	1700	x	6,0	15,5	10	0,35	1,0	136

4.17 Gipsbauplatten (Gipsdielen): Gipsplatten (Steine) aus Stuckgips, manchmal auch mit anorganischen Zuschlägen oder Füllstoffen, mit Dicken zwischen 6 und 12 cm. Auch mit Nut und Feder. Die Steine werden mit Fugengips im Verband versetzt und gespachtelt [6.126].

Verwendung: Trennwände (innen).

4.18 Gipsfaserplatten: Gipsplatten mit Cellulosefasern als Faserverstärkung. Als Ausbauplatte, Feuchtraumplatte, Brandschutzplatte.

Verwendung: trockener Ausbau, Dachboden, Zwischenwände, Vorsatzschale, Kanäle, Schächte.

4.19 Gipskartonplatten sind Platten mit einem Kern aus modifiziertem Stuckgips und einer Kartonummantelung. Als Ausbauplatte, Feuchtraumplatte, Brandschutzplatte.

Verwendung: trockener Innenausbau, Dachboden, Zwischenwände, Vorsatzschale.

4.20 Vermiculitebrandschutzplatten werden durch Verpressen von geblähtem Vermiculite mit anorganischen, nicht brennbaren Bindemitteln hergestellt.

Verwendung: Brandschutzbekleidungen für Stahl- und Holzbauten, Unterdecken, Kanäle, Schächte.

4.21 Mineralfaserbrandschutzplatten: Verbundelemente aus magnesitgebundenen, vlies- und gitterbewehrten Deckschichten und nichtbrennbarer Steinwolle im Kern.

Verwendung: Wärmedämmung von Wänden und Decken zum Dachraum.

4.22 Betondachstein: im Strangpressverfahren hergestellte farbige Dachsteine aus Beton (Mörtel, Pigmente), die durch Presswalzen verdichtet werden. Mindesttragfähigkeit 550 bis 2000 N.

4.23 Dachplatten: Faserzementplatten mit Dolanit- (Polyacrylnitril) oder Kuralonfasern (Polyvinylalkohol), Zement und Wasser [6.126].

Verwendung: leichte Dachdeckungen als Wellenplatte, ebene Dachplatte, Fassadenplatte.

5 Farben und Spachtel

5.1 und 5.2 Silikatfarbe (Wasserglasfarbe, Mineralfarbe) besitzt als Bindemittel Kaliwasserglas in wässriger Lösung (alkalisch, keimtötend). Wasserglas bildet keinen Film, sondern bewirkt eine Verkieselung des Untergrundes. Dispersionssilikatfarben enthalten zusätzlich Kunststoffdispersionen und können daher streichfertig geliefert werden [6.147].

Verwendung: Außenanstriche, Witterungsschutz.

5.3 Silikonharzfarbe: Silikone sind kettenförmige Makromoleküle, die durch fortlaufende Verbindung von Silizium- und Sauerstoffatomen gebildet werden (ölig, pasten-, harz- oder kautschukartig [6.126]).

Verwendung von Silikonharzen: Imprägniermittel, Schutzanstriche, Schichtstoffe.

5.4 Außendispersionen sind in der Regel Kunststoffdispersionsfarben (KD-Farben, auch Binderfarben), die in Wasser dispergierte Polymersiationsharze als Bindemittel enthalten.

Verwendung: im Innen- und Außenbereich für fast alle Untergründe.

5.5 Betonspachtel (polymermodifiziert) wird als Emulsions- oder Dispersionsspachtel aus Plastomeren, Füllstoffen und evtl. Zement hergestellt ([6.126], [6.147]).

Verwendung: Zum Ausgleichen von Unebenheiten, Verschließen von Rissen.

Farben und Spachtel

	KURZBEZEICHNUNG	DICKE	DICHTE	WÄRME-LEITFÄHIGKEIT	DAMPFDIFFUSIONS-WIDERSTAND
		d [mm]	ρ [kg/m³]	λ [W/(m·K)]	μ
5.1	Silikatfarbe	0,17	1400	0,700	850
5.2	Mineralfarbe	0,10	1400	0,600	500
5.3	Silikonharzfarbe	0,15	1400	0,600	260
5.4	Außendispersion	0,20	1390	0,600	900
5.5	Betonspachtel	5	1700	0,700	120

Richtwerte für Oberflächenbehandlungen

EIGENSCHAFTEN	IMPRÄGNIERUNG	LASUR	DECKANSTRICH
Bindemittel	gelöstes Polymer	Silikat	Dispersion
Typische Schichtdicke (µm)	20–40	50–100	150–300
Diffusionsäquivalente Luftschichtdicke in m für Wasserdampf (Kohlendioxid)	< 5 (< 0,5)	< 1 (< 0,1)	0,5–100 (0,1–0,5)
Wasseraufnahmekoeff. in kg/(m² · h^{0,5})	0,1 bis 0,5	0,1 bis 3	0,05 bis 0,1

6 Holz und Holzbaustoffe

6.1 bis 6.5 Massivhölzer (Fichte, Kiefer, Lärche, Buche, Eiche): Holz besteht i. W. aus Cellulose (polymeres Kohlehydrat), Hemicellulose als Gerüststoff (Cellulosebegleiter, wird leicht von Schädlingen angegriffen) u. Lignin als Kittstoff (aromatische Verbindungen). Nebenbestandteile sind Wachse, Harze, Fette, Stärke, Mineralien etc.

Holzschutz: Man unterscheidet beim baulichen Holzschutz zwischen konstruktivem (bauliche Maßnahmen wie Dachüberstände, Sockel und Mindesthöhe über dem Erdboden bei der Holzanwendung etc.) u. chemischem Holzschutz sowie zwischen vorbeugendem u. bekämpfendem Holzschutz. Der Holzschutz richtet sich gegen den Angriff von tierischen (Holzwurm, Hausbock etc.) und pflanzlichen Holzschädlingen (Pilze wie z. B. Hausschwamm und Kellerschwamm) und Mikroorganismen.

Bei den chemischen Holzschutzmitteln unterscheidet man: Wasserlösliche (salzhaltige) Holzschutzmittel für trockenes und halbtrockenes Holz. Sie bestehen aus auswaschbaren und nicht auswaschbaren Salzen, z. B. aus Arsenaten (A), anorganischen Borverbindungen (B), Chromaten (C), Hydrogenfluoriden (HF), Siliconfluoriden (SF), Kupfersalzen (K). Lösungsmittelhaltige (ölige) Holzschutzmittel: bestehen aus einem Lösungsmittel, in dem die Wirkstoffe (Insektizide, Fungizide) gelöst sind. Als Lösemittel werden aromatische Kohlenwasserstoffe, chlorierte Kohlenwasserstoffe, Alkohole, Ketone, Ester und aliphatische Kohlenwasserstoffe verwendet.

Bezeichnungen: Stabförmig: Festigkeitssortiertes Bauholz, Konstruktionsvollholz, keilverzinktes Vollholz, Balkenschichtholz, Furnierstreifenholz, Brettschichtholz, leichte Holzbauträger/-stützen; Lagenwerkstoff: Brettsperrholz, Massivholzplatte, Furnierschichtholz, Sperrholz; Spanwerkstoffe: OSB, Spanplatte, auch zementgebunden, Spanstreifenplatte.

Die *Verwendungs*arten von Massivhölzern sind abhängig von der Holzart ([6.120], [6.132]).

Fichte: Dachstühle, Träger, (Holzleimbinder), Stützen, Schalungen, Leisten, Bretter, Brettsperrholz.

Kiefer: Träger (Holzleimbinder), Brettsperrholz, Stützen, Wasserbau, Möbel.

Lärche: Träger (Holzleimbinder), Brettsperrholz, Wasserbau, Dachschindeln, Fußböden, Treppen, Fassaden.

Buche: Unterlagsplatten, Fußböden, Dübel, Möbelbau.

Eiche: Fußböden, Treppen, Türen, Möbelbau, Eisenbahnschwellen.

6.6 bis 6.8 Holzfaserplatten sind Holzwerkstoffe aus Holzfasern, die mit oder ohne Bindemittel unter Einwirkung von Druck und Temperatur hergestellt werden.

Verwendung: mittragende Beplankung, Schalenkonstruktionen, Dachschalung ([6.120], [6.124]).

6.9 Mitteldichte Faserplatten sind Holzwerkstoffe, die nach dem Trockenverfahren hergestellt werden. Man unterscheidet HDF- ($\geq$ 800 kg/m³), Leicht-MDF- ($\leq$ 650 kg/m³) und Ultraleicht-MDF- ($\leq$ 550 kg/m³) Platten. *Verwendung:* Innen- und Dachausbau.

6.10 Holzwolleleichtbauplatten: Platten aus Holzwolle und mineralischem Bindemittel (Zement oder kaustisch gebrannter Magnesit) [6.127], [6.148].

Verwendung: Ausbau (Putzträger), Wärmedämmung, Mantelbeton.

6.11 bis 6.13 Holzspanplatten werden aus Holzspänen, die mit Leimen, Zement, Magnesit, Kunstharz oder Gips gebunden sind, hergestellt. Die Herstellung erfolgt als Flachpress-, Strangpressplatte in den Qualitäten P1 bis P7. Bezüglich der Formaldehydemissionen von leimgebundenen Platten unterscheidet man E1- (geringe) und E2- (höhere Emissionen) Platten ([6.125]).

Verwendung: mittragende Beplankung, Fußbodenunterkonstruktionen, Dachschalung.

6.14 Sperrholz wird in **Furnierplatten (FU)** und **Tischlerplatten (TI)** unterteilt.

Furnierplatten bestehen aus 2 parallelen Deckfurnieren und einer kreuzweise verleimten Mittellage.

Tischlerplatten oder Paneelplatten sind Platten mit einer dickeren Holzmittellage (Stäbchenmittellage (STAD)), Holzleisten ($b \leq 8$ *mm*), verleimt; Stabmittellage (ST), Holzleisten (b = 24 bis 28 mm), verleimt, oder Streifenmittellage (SR) mit (b = 24 bis 28 mm, nicht verleimt) und beidseitig normal aufgeleimten Decklagen (2 bis 3 mm Furnieren; 3 bis 5 mm Spanplatten; 4 mm Hartfaserplatten).

Anwendung: Holztafelbauweise, Möbelbau.

6.15 Furnierschichtholz LVL („Laminated Veneer Lumber“): Verbund aus Furnieren, in dem die Furniere (d = ca. 3 mm) vorwiegend in derselben Faserrichtung ausgerichtet sind. Man unterscheidet nach der Verwendung LVL/1 zur Verwendung im Trockenbereich, LVL/2 zur Verwendung im Feuchtbereich und LVL/3 zur Verwendung im Außenbereich.

Holz und Holzbaustoffe

NR.	KURZBEZEICHNUNG	DICHTE	MECHANIK: DRUCK-FESTIGKEIT	MECHANIK: ZUG-FESTIGKEIT	MECHANIK: BIEGE-FESTIGKEIT	MECHANIK: SCHUB-SPANNUNG	MECHANIK: E-MODUL	WÄRME: LINEARE WÄRME-AUSD.	WÄRME: WÄRMELEIT-FÄHIGKEIT	WÄRME: SPEZ. WÄRME-KAPAZITÄT	FEUCHTE: DAMPF-DIFFUSIONS-WIDERSTAND
		ρ	σ_D	σ_Z	σ_{BZ}	τ	E	α	λ	c	μ
		kg/m^3	N/mm^2	N/mm^2	N/mm^2	N/mm^2	$10^3\ N/mm^2$	10^{-6} K	W/(m·K)	kJ/(kg·K)	
6.1	Holz (Fichte)	430	40*)	80*)	68	7,5	10*)	34 (3–9)	0,12–0,14	1,6–2,5	40–50
6.2	Holz (Kiefer)	520	45*)	100*)	80	10	11*)	(3–9)	0,14	1,6–2,5	
6.3	Holz (Lärche)	500	48*)	105*)	93	9	12*)	(3–9)	0,14	1,6–2,5	40–50
6.4	Holz (Eiche)	670	52*)	110*)	95	11,5	13*)	(3–9)	0,15	1,6–2,5	40–50
6.5	Holz (Buche)	670	60*)	135*)	120	10,0	14*)	(3–9)	0,18	1,6–2,5	40–50
6.6	Holzfaserplatte (hart)	800–1100	20–30	4,0	2,2**)	0,12–0,17	2	x	0,13–0,18	1,7–2,5	20–100
6.7	Holzfaserplatte (mittelhart)	330–900	20–30	2	23	0,3	2,2–3,0	x	0,14–0,17	1,7–2,5	5–30
6.8	Holzfaserplatte (weich)	150–350	20–30	x	1,5–2	x	x	x	0,045–0,056	1,7–2,5	3–10
6.9	Mitteldichte Faserplatte (MDF)	500–1000	10–18	0,5–0,9	15–38	x	1,8–3	6,8	0,10–0,18	1,7–2,5	5–30
6.10	Holzwolleleichtbauplatte	310–570	> 1,5	x	> 1,2	x	x	x	0,073–0,15	2,0–2,1	5–100
6.11	Spanplatte	300–700	11–15	6–10	10–25	5–10	1,9–3,0	6,2	0,081–0,13	2,5	50
6.12	Spanplatte gipsgebunden	1200	2	0,5	x	0,2	x	x	0,35	2,5	10–25
6.13	Spanplatte zementgebunden	1200–1450	3,5	1–8	≥ 9,0	2	x	10	0,20–0,35	1,5–2,0	20–50
6.14	Sperrholz	300–1000	3–8	3–8	12–20	0,4–0,9	9–16	4,2	0,09–0,24	1,6–2,5	50–400
6.15	Furnierschichtholz	510	3–8	0,05/0,2/2,5	x	0,6–2,2	x	x	0,15	2,5	60–80
6.16	OSB-Platte	580–650	2	2,5	x	0,4	5,7	6,3	0,13–0,15	2,5	27–250
6.17	Furnierstreifenholz	600-700	80	80	80	15	14	(3-9)	0,14	1,6-2,5	40-50
6.18	Brettsperrholz	480	40	80	68	7,5	10	(3-9)	0,12	1,6-2,5	40-50
6.19	3- und 5-Schichtplatten	400–500	7–10	3,5–6	x	0,9	x	x	0,15	2,5	50–400

*) Werte bei Massivholz parallel zur Faser, alle anderen Werte quer zur Faser.

**) Festigkeiten in Plattenebene. Die Werte gelten für eine Holzfeuchte zwischen 15 und 20 %.

6.16 OSB-Platten (oriented structural board oder strandboard) bestehen aus langen Spänen (längsorientiert oder überkreuz) mit querliegender Mittelschicht. Es werden Platten derr Klassifizierung OSB 1 (allgemeine, nicht tragende Anwendung im Trockenbereich) bis OSB 4 (hochbelastbare Platten für tragende Zwecke im Feuchtebereich) hergestellt.
Verwendung: mittragende Beplankung, Fußbodenunterkonstruktionen, Dachschalung.

6.17 Furnierstreifenholz PSL (Parallel Strand Lumber): Stabförmiger Werkstoff aus ca. 3 mm dicken und 15 mm breiten Furnierstreifen vorwiegend in derselben Faserrichtung ausgerichtet und mit Phenolharz verleimt; für Tragwerke mit großer Spannweite.

6.18 Brettsperrholz CLT (Cross Laminated Timber): Massivholztafeln, die zumindest aus drei einschichtigen Platten, die kreuzweise verklebt (meist PU) sind, bestehen. In verschiedenen Holzarten und Sichtqualitäten; Dicken ab ca. 50 mm bis größer 300 mm, Anwendung: Decken und Wandbauteile.

6.19 3- und 5-Schichtplatten bestehen aus 3 bzw. 5 Schichten quer zueinander verleimten Holzlagen. Es werden u. a. folgende Holzarten dazu verwendet: Fichte, Kiefer, Lärche, Douglasie, Zirbe. Die Plattenstärken liegen zwischen 12 mm und 55 mm.

7 Bauglas

7.1 Flachglas besteht im Wesentlichen aus Quarzsand, Soda, Dolomit, Kalk, Feldspat und Sulfat. Man unterscheidet Fensterglas und Spiegelglas (Herstellung vor allem im Floatverfahren), Gussglas (keine klare Durchsicht, z. B. Drahtgläser) und Antikglas (schlierig, blasig) ([6.120], [6.126], [6.139]).

Nach der Verwendung unterscheidet man Normalglas, Sicherheitsglas (Einscheibensicherheitsglas, Verbundsicherheitsglas, Drahtglas), Wärmeschutzglas (Verbundelement aus zwei oder mehr Scheiben mit umlaufender Dichtung, luft- oder gasgefüllt), Sonnenschutzglas (Absorptions- und Reflexionsglas durch Schichtsysteme aus Metalloxiden oder gefärbten Folien) und Schallschutzglas (hohes Scheibengewicht, unterschiedliche Dicke der Einzelscheiben, Schwergasfüllung des Scheibenzwischenraums).

7.2 Kieselglas (Quarzglas) besitzt einen hohen SiO_2-Anteil und damit eine hohe Schmelztemperatur (1700 °C), gute Temperaturwechsel- und Chemikalienbeständigkeit, UV-durchlässig ([6.126], [6.125]).
Verwendung: Quarzlampen, Laborgläser.

7.3 Glaskeramik wird mit unterschiedlicher Zusammensetzung mit folgenden Eigenschaften hergestellt: geringe Wärmeausdehnung, hohe Temperatur- (Feuerwiderstandszeiten von 180 bis 240 Min.) und Temperaturwechselbeständigkeit, hohe Abrieb- und Verschleißfestigkeit, hohe mechanische Festigkeit, gute Bearbeitbarkeit ([6.126], [6.125]).
Verwendung: Brandschutzgläser, Laborgläser.

7.4 Bauhohlglas wird vor allem durch Pressen hergestellt, man versteht darunter kompaktes Glas für raumabschließende Funktionen ([6.126], [6.125]).
Anwendung: Glasbausteine, Betonglas, Glasdachsteine.

Bauglas

NR.	KURZ-BEZEICHNUNG	DICHTE	DRUCK-FESTIGKEIT	ZUG-FESTIG-KEIT	BIEGE-FESTIGKEIT	E-MODUL	POISSON-ZAHL	LINEARE WÄRME-AUSDEHNUNG
		ρ [kg/m³]	σ_D [N/mm²]	σ_Z [N/mm²]	σ_{BZ} [N/mm²]	E [10³ N/mm²]		α [10⁻⁶ K]
7.1	Flachglas	2500	700–900	25–90	30–45	73	0,23	9
7.2	Kieselglas	2200	1150–2000	70	x	67–71	x	0,5
7.3	Glaskeramik	2400–2750	240–350	x	22–40	60	0,24	8–13
7.4	Bauhohlglas	2500	700–900	25	> 30	73	0,23	8–9

Bauglas (fortgesetzt)

NR.	KURZBEZEICHNUNG	WÄRMELEITFÄHIGKEIT	SPEZ. WÄRMEKAPAZITÄT	DAMPFDIFFUSIONSWID.
		λ [W/(m·K)]	c [kJ/(kg·K)]	μ
7.1	Flachglas	0,8–1,0	0,75–0,8	dampfd.
7.2	Kieselglas	1,3–1,4	0,75–1,2	dampfd.
7.3	Glaskeramik	0,93–1,5	0,7–0,9	dampfd.
7.4	Bauhohlglas	0,8–1,0	0,8–1,2	dampfd.

8 Baumetalle

Stähle für den Stahlbau

Baustahl: Stahl ist ein Eisenwerkstoff mit einem Kohlenstoffgehalt kleiner 2,06 %. Die Herstellung von Stahl erfolgt vom Erz durch Verhütten (Hochofen) zum Roheisen, durch Frischen (LD-Verfahren, Elektrostahlverfahren) zum Rohstahl und durch Desoxidieren (entfernen des Restsauerstoffs aus der Schmelze) zum Stahl. Alternativ wird aus Eisenerz in Direktreduktionsanlagen Eisenschwamm hergestellt. Eisenschwamm und Stahlschrott werden im Elektrolichtbogenofen zu Rohstahl umgewandelt.

Unlegierte Stähle enthalten neben Eisen und Kohlenstoff geringe, in ihren maximalen Mengen definierte weitere Stoffe (Si, Mn, Al, Ti, Cu, P, S, N). Legierte Stähle enthalten entsprechend größere Mengen der Legierungselemente.

Baustahl ist meist unlegierter (< 2 % Legierungsanteile) oder niedrig legierter Stahl (< 5 % Legierungsanteile), der sich aufgrund seiner Streckgrenze vornehmlich für Konstruktionen des Stahl- und Maschinenbaus eignet. Der Kohlenstoffgehalt liegt unterhalb 0,6 %; ca. 0,2 % bei schweißbaren Baustählen. Man unterscheidet allgemeine Baustähle, Feinkornbaustähle, wetterfeste Baustähle und nichtrostende Baustähle.

Stähle für Schrauben, Muttern und Nieten weisen einen Kohlenstoffgehalt < 0,25 % auf, sie sind unlegiert, unlegiert und vergütet oder legiert und vergütet.

Stähle für Seildrähte werden aus Walzdrähten mit einem Kohlenstoffgehalt zwischen 0,35 und 0,9 % hergestellt ([6.120], [6.126], [6.134]).

8.1 Allgemeiner Baustahl sind Stähle, die im warmgeformten Zustand, nach dem Normalglühen oder nach einer Kaltumformung im Wesentlichen aufgrund ihrer Zugfestigkeit und Streckgrenze im Bauwesen eingesetzt werden. Bezeichnung: „S“, Streckgrenze, Kerbschlagarbeit (JR, J0 und J2)

Verwendung: Profile, Bleche für allgemeine Stahlkonstruktionen.

8.2 Feinkornbaustahl sind besonders beruhigte, unlegierte und schweißgeeignete Baustähle, bei denen durch Zugabe von Keimbildnern (Aluminium, Niobium, Vanadium und Titan) ein feinkörniges Gefüge entsteht. Sie besitzen eine höhere Streckgrenze und Zugfestigkeit, größere Kerbschlagarbeit, auch bei tieferen Temperaturen als allgemeine Baustähle. Hochfeste Feinkornbaustähle haben einen Kohlenstoffgehalt ≤ 0,22 %. Bezeichnung: „S“, Streckgrenze, Kerbschlagarbeit (N, NL)

Verwendung: Profile, Bleche für hochbeanspruchte Schweißkonstruktionen im Großmaschinenbau, Brücken- und Stahlbau.

8.3 Wetterfeste Baustähle: Die Widerstandsfähigkeit gegen atmosphärische Korrosion wird durch die Zulegierung von Cu, Cr, V und geringfügig höherem P-Anteil erreicht, ohne dass die Schweißbarkeit beeinträchtigt wird. Es bildet sich unter Witterungseinfluss eine dichte und feste oxidische Deckschicht. Sie weisen im Vergleich zu allgemeinen Baustählen bei gleicher Streckgrenze eine deutlich höhere Zugfestigkeit und Bruchdehnung auf ([6.126], [6.134]). Bezeichnung: „S“, Streckgrenze, Kerbschlagarbeit (J0W, J2W, J0WP, J2WP, K2W). *Verwendung:* Bleche, mit gewünschter Rostfärbung.

8.4 Stahlguss ist die Bezeichnung für jeden in eine Form gegossenen Stahl, der anschließend nicht mehr umgeformt wird (geringerer Kohlenstoffgehalt als Gusseisen).

Anwendung: Brückenlager, Maschinenteile, Schienenteile.

8.5 Hochfeste und schweißgeeignete Stähle sind Feinkornbaustähle mit einem Kohlenstoffgehalt ≤ 0,2 % mit einer erhöhten Streckgrenze [6.126].

Verwendung: Profile, Bleche, Breitflachstähle.

8.6 Hochlegierte Stähle werden für hochwertige Anforderungen verwendet, sie sind i. Allg. hochfest, schweißbar und teilweise sehr korrosionsbeständig aufgrund eines Chromanteils von mind. 10, 5 %, 1.4571, 1.4401, V4A (auch für Chlorbeanspruchung) [6.126].

Verwendung: nichtrostende Bauteile, Verankerungen, Metallkamine, Bekleidungen für Bauteile.

Stähle für den Betonbau und Spannbetonbau

8.7 Bewehrungsstahl, Betonstahl ist ein unlegierter, schweißbarer Stabstahl. Als warmgewalzter Stahl wird er entweder aus Ringen gerichtet oder als warmgewalzter und aus der Walzhitze vergüteter Stahl (Tempcore-Verfahren) hergestellt und mit zwei Reihen von Rippen versehen. Als kaltverformter Stahl wird er gezogen und anschließend in 3 Reihen profiliert [6.126].

Bezeichnung: B, Streckgrenze bzw. 0,2-%-Dehngrenze, A .. normalduktil, B .. hochduktil.

8.8 Geschweißte Matten werden aus unlegiertem, schweißbarem, kaltverformtem Bewehrungsstahl durch Widerstandspunktschweißungen an den Kreuzungspunkten der Bewehrungsstäbe hergestellt.

Bezeichnung: wie Bewehrungsstahl, Einteilung nach Gitterabstand [6.126].

8.9 Spannstähle werden aus unlegierten Stählen (0,6 bis 0,8 % Kohlenstoff) oder aus niedrig legierten Stählen (0,4 bis 0,7 % Kohlenstoff, Si, Mn, Cr) hergestellt. Man unterscheidet: warmgewalzt oder warmgewalzt und abschließend thermomechanisch behandelt. (runde, glatt bzw. mit Gewinde- oder mit Schrägrippen, d = 26 bis 50 mm); kaltgezogene, glatte oder profilierte Drähte (d = 5,2 bis 12,2 mm), und Spanndrahtlitzen (7-drähtige Litzen mir 6,9 bis 15,7 mm Durchmesser).
Bezeichnung: Y, Streckgrenze ($R_{0,2}$) in N/mm^2 (z. B. Y 1770) ([6.126], [6.134]).

Nichteisenmetalle

8.10 Aluminium(-legierungen) für Bleche und Profile: Aluminium wird aus Bauxit in folgenden Verfahrensschritten hergestellt: Zerkleinern, in Drehrohröfen, Entwässern und Reinigen, Aufmahlen und Aufschließen, Erhitzen und schmelzelektrolytisch Verarbeiten. Aluminium wird als Reinaluminium (98 bis 99,9 % Al) oder legiert (Mangan, Magnesium, Silizium, Zink, Kupfer) hergestellt. Aluminium bildet sehr schnell eine dünne, dichte und wasserunlösliche Oxidschicht, ist aber gegen Säuren und Basen empfindlich. Durch Eloxieren (anodische Oxidation) der Oberfläche kann Aluminium mit einer festhaftenden, bis 30 µm dicken, metallisch glänzenden Oxidschicht überzogen werden, dadurch wird es sehr korrosionsfest ([6.120], [6.126], [6.134]).

Verwendung: AlMn-Legierung: Dachdeckung, Wandverkleidungen; AlMg-Legierung: Fenster, Treppengeländer, Gitter; AlMgSi-Legierungen: Türprofile, Bauprofile.

8.11 Kupfer wird aus Kupfererzen (Kupferkies, Kupferglanz) durch Flotation (Schwimmverfahren), Rösten und Reduktion im Konverter als Rohkupfer (97 bis 99 % Cu) hergestellt. Es ist ziemlich weich, lässt sich löten und schmieden und ist korrosionsbeständig durch Bilden einer Schutzschicht (Patina) [6.126].

Legierungen werden mit Zink (Messing), Zinn, (Bronze), Nickel oder Aluminium hergestellt.

Verwendung: Dachdeckung, Dachrinnen.

8.12 Kupfer-Zink-Legierung (Messing) aus Kupfer und Zink (bis ca. 45 %). Gut verformbar und korrosionsbeständig.

Verwendung: Beschläge, Armaturen.

8.13 Kupfer-Zinn-Legierung (Zinnbronze): Kupferlegierungen mit mehr als 60 % Kupfer werden als Bronze (hier Zinnbronze) bezeichnet (das Hauptlegierungselement darf nicht Zink sein). Sehr hart und korrosionsbeständig, gute Verschleißeigenschaften und gut kalt verformbar.

Verwendung: Gleitlager.

8.14 und 8.15 Zink wird aus Zinkblende und Zinkcarbonat gewonnen und besitzt eine große Wärmeausdehnung. Es wird als Walz- oder Gussbauteil verarbeitet. Zink überzieht sich an der Luft mit einer graublauen Patina, es ist in der elektrochemischen Spannungsreihe unedler als Kupfer [6.126].

Verwendung: Dacheindeckungen, Traufenblech, Mauer- und Gesimsabdeckungen, Zink-Titanblech.

9 Dämmstoffe

Mineralische Dämmstoffe

9.1 bis 9.4 Glaswolle und Steinwolle werden aus Glas- oder Gesteinsschmelzen durch Weiterverarbeiten mittels Düsen zu Fäden und anschließendem Vernadeln zu Matten und Platten (evtl. mit Papier oder Alukaschierung) hergestellt ([6.132], [6.137], [6.138], [6.144]).

Verwendung: Innendämmung, Außendämmung, Kerndämmung, Trittschalldämmung.

9.5 Schlackenwolle wird aus Hochofenschlacke als Nebenprodukt der Stahlgewinnung herg. [6.126].

Verwendung: Innendämmung.

9.6 Schaumglas (Foamglas) wird aus Glaspulver und Kohlenstoff bei 1000 °C hergestellt, wobei der Kohlenstoff kleine Gasblasen bildet. Der Dämmstoff ist schwarz, sehr druckfest und feuchtebeständig und dichtet gegen Feuchte ab ([6.120], [6.126], [6.132]).

Verwendung: befahr- und begehbare Außendämmung, in Gebäuden ohne dichte Bodenplatte.

9.7 und 9.8 Perlite ist ein vulkanisches Gestein (Naturglas), das durch Erhitzen aufbläht und in dieser Form (Blähperlite) als Dämmstoff (z.B. Schüttungen) zum Einsatz kommt. Für die Verwendung im Feuchtebereich wird Blähperlit mit Silikonen oder Bitumen hydrophobiert ([6.126], [6.149]).

Verwendung: Dämmschüttungen, Niveauausgleich.

Baumetalle

NR.	KURZBEZEICHNUNG	DICHTE	MECHANIK: STRECK-GRENZE	ZUG-FESTIGKEIT	BRUCH-DEHNUNG	E-MODUL	SCHUB-MODUL	QUER-DEHN-ZAHL	WÄRME: LINEARE WÄRME-AUSDEHNUNG	WÄRME-LEITFÄHIG-KEIT	SPEZ. WÄRME-KAPAZITÄT	FEUCHTE: DAMPF-DIFFUSIONS-WIDERSTAND
		ρ	β_S bzw. $\beta_{0,2}$	β_Z	δ_5	E	G		α	λ	c	μ
		kg/m³	N/mm²	N/mm²	%	10³ N/mm²	10³ N/mm²		10^{-6} K	W/(m·K)	kJ/(kg·K)	
8.1	Allgemeiner Baustahl	7850	185–360	310–680	18–26	210	85	0,28	12	40–60	0,45–0,48	dampfd.
8.2	Feinkornbaustähle	7850	225–460	350–720	17–24	210	81	0,28	12	40–60	0,45–0,48	dampfd.
8.3	Wetterfeste Baustähle	7850	215–355	340–680	18–26	170	64	0,28	16	40–60	0,45–0,48	dampfd.
8.4	Stahlguss	7850	260	500–520	2–18	210	81	0,28	12	40–50	0,45–0,48	dampfd.
8.5	Hochfeste u. schweiß-geeignete Stähle	7850	430–690	530–940	16–17	210	x	0,28–0,29	12	40–60	0,45–0,48	dampfd.
8.6	Hochlegierte Stähle	7950	225–600	490–950	25 bis ≥ 50	170	65	0,28–0,30	13–16	15–30	0,45–0,48	dampfd.
8.7	Betonstahl	7850	200 bis > 500	340 bis > 550	8 bis > 18	210	85	0,28	11	40–50	0,45–0,48	dampfd.
8.8	Geschweißte Matten	7850	500	550	8	210	85	0,28	11	40–50	0,45–0,48	dampfd.
8.9	Spannstahl	7850	835–1570	1030–1770	≤ 6	195–205	x	0,28–0,29	11	40–50	0,45–0,48	dampfd.
8.10	Aluminium(-legierungen) für Bleche u. Profile	2660–2800	90–250	120–400	5–20	70	27	0,30	23,4–23,7	110–230	0,88–0,92	dampfd.
8.11	Kupfer	8900	40–80	200–360	2–45	100–130	48,3	0,33	17	305–385	0,38	dampfd.
8.12	Kupfer-Zink-Legierungen (Messing)	8300–8500	180–270	440–490	18–20	75–104	40	0,37	17	117	0,37	dampfd.
8.13	Kupfer-Zinn-Legierungen (Zinnbronze)	8800–8900	140–150	260–280	5–10	80–106	43	0,35	17–18	71	0,37	dampfd.
8.14	Zink gewalzt	7100–7200	120–140	200	20	80–130	35–40	0,25	22–29	109–110	0,38–0,41	dampfd.
8.15	Zink gegossen	7100–7200	150–250	180–300	1–6	80–130	35–40	0,25	22–29	109–110	0,38–0,41	dampfd.

9.9 Vermiculite (Blähglimmer) wird durch Aufblähen spezieller Glimmer hergestellt. Vermiculite besitzen eher blättrige Struktur ([6.126], [6.149]).
Verwendung: Dämmschüttung.

9.10 Bimskies ist schaumig aufgeblähte vulkanische Lava und gilt als der älteste Zuschlag für Leichtbeton [6.126].
Verwendung: Leichtbetonzuschlag, Dämmschüttung.

9.11 Blähton wird aus speziellen blähfähigen Tonen bzw. Schiefertonen im Drehrohrofen oder Schachtofen granuliert, gebläht und gebrannt (1150 °C) ([6.126], [6.149]).
Verwendung: Leichtbetonzuschlag, Dämmschüttung.

Natürliche organische Dämmstoffe

9.12 Flachsdämmstoffe werden aus den Fasern des Stängels von Flachs (Lein) gewonnen. Zur Anwendung kommen Flachsschäben (Stopfwolle) und Flachsdämmstoffmatten ([6.121]).
Verwendung: Innendämmung.

9.13 und 9.14 Holzfaserdämmplatten werden aus aufbereitetem und zerfasertem Holz und evtl. Bindemittel (Bitumen, Natriumhydroxid, Paraffin oder Weißleim) hergestellt ([6.132], [6.149]).
Verwendung: Unterdachplatten.

9.15 Holzwolleleichtbauplatten werden aus Holzwolle und kaustisch gebranntem Magnesit oder Zement hergestellt. Bei der Verwendung von Zement muss die Holzwolle vorher mineralisiert werden, um schädliche Einwirkungen des Holzes auf den Zementstein zu verhindern ([6.120], [6.126], [6.149]).
Verwendung: Mantelbeton, Putzträger, Ausbauplatten.

9.16 Hobelspäne (Holzwolle) zur Wärmedämmung stammen meist von Fichten od. Kiefern aus der Holzindustrie. Die Brandbeständigkeit kann mit entspr. Zusätzen erhöht werden ([6.142], [6.149]).
Verwendung: Innendämmung, Hohlraumdämmung.

9.17 Kokosfaserdämmstoffe werden aus der faserigen Umhüllung der Kokosnuss hergestellt. Kokosfaserdämmstoffe sind als Stopfwolle, Dämmfilz, Rollfilz und als Trittschalldämmplatten am Markt ([6.142]).
Verwendung: Innendämmung.

9.18 und 9.19 Kork ist ein sekundäres Abschlussgewebe von Stämmen, das bei der Korkeiche vorkommt. Korkeichen werden zur Ernte zu einem Drittel geschält, wobei der Baum nach der Ernte von neuem Korkgewebe ausbildet. Kork kommt in Form von Korkschrot oder als Platten mit holzeigenen Stoffen oder mit Bindemittel (Bitumen) gebunden auf den Markt ([6.149]).
Verwendung: Dach-, Fassadendämmung.

9.20 Schafwolldämmstoffe werden aus den Haaren der Schafe hergestellt und in Form von Stopfwolle, Matten oder Platten verarbeitet. Zum Schutz vor Schädlingen werden Schafwolldämmstoffe mit Mottenschutzmittel und zum Brandschutz mit entsprechenden Zusätzen behandelt ([6.149]).
Verwendung: Innendämmung, Trittschalldämmung.

9.21 Schilfrohrplatten werden aus den Stängeln der Schilfpflanze hergestellt, die mit (verzinktem) Draht zu Platten zusammengebunden werden ([6.149]). *Verwendung:* Außendämmung, Putzträger.

9.22 und 9.23 Cellulosedämmstoffe werden aus Holz oder aus Altpapier gewonnen und als Blaswolle oder Platten verwendet. Die Fasern werden mit entsprechenden Zusätzen für den Brandschutz imprägniert ([6.126]).
Verwendung: Innendämmung, nachträglicher Einbau (Einblasen) einer Wärmedämmung.

9.24 Baumwolledämmstoff wird aus den Fasern der Früchte der Baumwollpflanze gewonnen und als Stopfwolle, Blaswolle oder Platten auf den Markt gebracht ([6.149]).
Verwendung: Innendämmung, Trittschalldämmung.

9.25 Strohschüttungen werden aus den getrockneten Halmen verschiedener Getreidesorten (Roggen- und Weizenstroh) hergestellt (auch Strohplatten) ([6.121]).
Verwendung: Leichtlehmzuschlag.

9.26 Hanfdämmstoffe werden aus den Fasern der Stängel von Hanf gewonnen. Zur Anwendung kommen die Hanffasern (Stopfwolle). *Verwendung:* Innendämmung.

Dämmstoffe

NR.	KURZBEZEICHNUNG	DICHTE	MECHANIK: ZUSAMMENDRÜCKUNG UNTER LAST	MECHANIK: DYNAMISCHE STEIFIGKEIT	WÄRME: WÄRME-LEITFÄHIGKEIT	WÄRME: SPEZ. WÄRME-KAPAZITÄT	FEUCHTE: DAMPFDIFFUSIONS-WIDERSTAND
		ρ [kg/m³]	[%]	S [MN/m³]	λ [W/(m·K)]	c [kJ/(kg·K)]	μ
9.1	Glaswolle	60–180	25	x	0,0,36–0,050	0,6–1,0	1
9.2	Glaswolle, Trittschalldämmplatte	140–170	10	5–10	x	x	1
9.3	Steinwolle	10–100	20	x	0,036–0,050	0,6–1,0	1
9.4	Steinwolle, Trittschalldämmplatte	10–100	10	5–10	0,041	0,6	1
9.5	Schlackenwolle	130–180	20–25	x	0,035–0,07	x	4
9.6	Schaumglas (Foamglas)	110–150	x	x	0,038–0,066	0,8–1,0	dampfd.
9.7	Perlite, ungebunden	70–180	x	x	0,045–0,065	0,9–0,94	2–5
9.8	Perlite, bitumengebunden	280	x	x	0,07	0,9	x
9.9	Vermiculite	100–180	25	x	0,07	0,88	3–4
9.10	Bimskies	1200	x	x	0,19	0,9–1,6	3
9.11	Blähton (4–8)	300–700	x	x	0,10–0,16	0,9–1,6	1–8
9.12	Flachs	16–30	x	x	x	x	1–1,5
9.13	Holzfaserdämmplatte	150–300	x	> 40	0,07–0,65	2,0–2,5	4–9
9.14	Holzweichfaser-, Unterdachplatten	250–370	x	x	0,07	2,0–2,5	4–9
9.15	Holzwolleleichtbauplatte	310–570	x	100	0,073–0,15	1,7–2,1	2–5
9.16	Hobelspäne	50–75	x	x	0,055	1,6	2
9.17	Kokos	60–140	15–20	TSDPL 13–33	0,46–0,57	2,0–2,1	1–2
9.18	Kork	90–300	0 (25 Schrot)	10–30	0,04–0,055	1,56–2,0	5–30
9.19	Kork, bitumengebunden	200–400	10	10–30	0,047–0,093	x	5–30
9.20	Schafwolle	13–25	x	x	0,035–0,04	1,3	1–2
9.21	Schilfrohrplatten	180–300	x	x	0,072	1,2	1–1,5
9.22	Cellulose, lose	35–120	x	x	0,04–0,045	1,8–2,2	1–1,5
9.23	Cellulosedämmplatten	70–100	x	x	0,04	1,8–2,2	1–1,5
9.24	Baumwolle	20	x	x	0,04	0,8–1,3	1–2
9.25	Strohschüttung	90–150	x	x	0,056–0,1	2,1	1–1,5
9.26	Hanf	30–130	x	16	0,035–0,04	2,1	1
9.27	EPS	15–50	2–10	17–100	0,03–0,06	1,45	20–100
9.28	XPS	25–65	< 2	50–80	0,035–0,04	1,5	80–300
9.29	PU	20–100	≤ 2	< 10	0,02–0,04	1,3–1,4	30–150

Künstliche organische Dämmstoffe

9.27 Polystyrol, expandiert (EPS) wird aus Perlpolymerkugeln (2 bis 3 mm), in die ein Treibmittel einpolymerisiert wird, hergestellt. Polystyrolperlen werden mit Wasserdampf auf ca. 100 °C erwärmt und blähen durch das Treibmittel auf das 30- bis 50fache Ausgangsvolumen auf. Findet dieser Prozess in einer geschlossenen Form statt, verschweißen die Kugeln zu einem Block, der anschließend weiterverarbeitet werden kann (siehe 11.8) ([6.120], [6.126], [6.142]).
Verwendung: nicht druckfeste Dämmplatten.

9.28 Polystyrol, extrudiert (XPS) wird in einem Extruder (Strangpresse) als unendlicher Schaumstoffstrang hergestellt. Es entsteht ein druckfester und feuchtigkeitsbeständiger Dämmstoff mit einer geschlossenen Porenstruktur ([6.120], [6.126], [6.142], [6.143]).
Verwendung: druckfeste Dämmplatten (Kelleraußenwände, Parkdecks, Terrassen).

9.29 Polyurethanhartschaum (PU) wird in Formen oder als endloses Band verschäumt und als Platten, Bahnen oder Blöcke gefertigt (evtl. ein- oder zweiseitig beschichtet).
Verwendung: Kelleraußendämmung, Dächer.

10 Dichtungsbahnen und bitumenhaltige Baustoffe

10.1 bis 10.3 Dachbelagbahnen: Dachbahnen werden aus PVC (vgl. Abschnitt 11), Ethylencopolymerisat-Bitumen ECB oder Polyisobutylen PIB in Dicken von 1 bis 2 mm (evtl. einseitig kaschiert) hergestellt. Sie werden mit Heißbitumen oder Lösemittelspezialkleber verklebt oder auch nur gelegt und mit Platten oder Kies abgedeckt ([6.126], [6.132]).

10.4 und 10.5 Bautenschutzfolien (PVC- und PE-Folien vgl. Abschnitt 11) werden in Dicken zwischen 0,02 und 0,4 mm und Breiten bis 6 m hergestellt. PE-Folien sind empfindlich gegen UV-Strahlen, bleiben aber auch bei Frost flexibel ([6.126], [6.132]).

Dampfbremsen, Unterspannbahnen werden zur Verhinderung der Kondenswasserbildung verwendet. Unterspannbahnen werden zum Schutz des Dachraumes vor Flugschnee verwendet (faserverstärkte Kunststofffolien oder kunststofffaserverstärkte Bitumenbahnen) [6.126].

10.6 bis 10.9 Baupapiere, Pappen werden beschichtet od. getränkt, z. B. mit Wachs, Öl, Bitumen, Paraffin, Alu od. gitterverstärkt hergestellt. Je nach Beschichtung sind unterschiedliche Anwendungen möglich.
Verwendung: Dampfbremse, Trennlagen.

10.10 Bitumen ist ein halbfestes bis hartes Destillationsprodukt (Kohlenwasserstoffgemisch) des Erdöls, das bei ca. 150 bis 200 °C dünnflüssig wird und sehr gut als Bindemittel für mineralische Stoffe (Splitt, Sand), Metalle und organische Fasern verwendet werden kann.
Polymerbitumen ist ein Gemisch von Bitumen und Polymersystemen, die das elasto-viskose Verhalten von Bitumen verändern. Elastomerbitumen besitzt eine verbesserte Kälteflexibilität, Plastomerbitumen eine erhöhte Wärmestandfestigkeit ([6.120], [6.132], [6.138]).
Verwendung: Straßenbau, Isolierungen.

10.11 Asphalt ist ein Gemisch (natürlich vorkommend oder künstlich hergestellt) aus Bitumen und Mineralstoffen (Splitt, Sand), evtl. Zusätzen und weiteren Zuschlägen ([6.120], [6.138]).
Verwendung: Straßenbau.

10.12 Gussasphaltestrich (AS): Estrich aus Bitumen und Zuschlag (einschließlich Füller). Fugenloser Einbau (bei jedem Wetter), Verarbeitungstemperatur 220 bis 250 °C, die Oberfläche wird vor dem Erkalten mit feinem Sand abgerieben (einlagig 2 bis 3 cm; zweilagig ≥ 4 cm), nach 2 bis 3 Stunden begehbar. Wärmedämmend, frostbeständig, beständig gegen Säuren und Laugen.
Verwendung: Unterboden für Nutzbeläge, direkt begeh-/befahrbarer Fußbodenbelag, Industrieestrich.

10.13 Nackte Bitumenbahn mit einer Trägereinlage (Rohfilz-, Glasgewebe-, Metallbandeinlage, Jutegewebe, Chemiefaservliese) ohne Bestreuung mit mineralischen Stoffen ([6.125], [6.132], [6.140]).

10.14 Bitumendachbahnen (Rohfilzeinlage, Bitumendachdichtungsbahnen, Glasvliesbitumendachbahnen): Bitumenbahn mit Besandung zur Verbesserung des Verwitterungsschutzes.

10.15 Bitumendichtungsbahnen (Rohfilz-, Glasgewebe-, Metallbandeinlage, Jutegewebe, Polyethylenterephthalat): besandete Bitumenbahn z. B. für horiz. Mauerwerksabdichtung zur Erhöhung der Reibung.

10.16 Bitumenschweißbahnen (Jute-, Glasgewebe-, Glas-, Polyestervlies) sind Bitumenbahnen, die nur durch Erhitzen (ohne zusätzlichen Kleber) mit der Unterlage verschweißt werden ([6.126], [6.140]).
Verwendung: vertikale Abdichtungen.

10.17 Polymer-Bitumendachdichtungsbahnen (Jute-, Glasgewebe-, Polyestervlies): Bitumendachbahnen aus Polymerbitumen (siehe 10.10 und 10.14) ([6.126], [6.132], [6.140]).

10.18 Polymer-Bitumenschweißbahnen (Jute-, Glasgewebe-, Polyestervlies): Bitumenschweißbahnen aus Polymerbitumen (siehe 10.10 und 10.16) ([6.126], [6.132], [6.140]).
Verwendung: vertikale und horizontale Abdichtungen.

Dichtungsbahnen				WÄRME		FEUCHTE
NR.	KURZBEZEICHNUNG	DICKE	DICHTE	WÄRME-LEITFÄHIGKEIT	SPEZ. WÄRME-KAPAZITÄT	DAMPFDIFFUSIONS-WIDERSTAND
		d	ρ	λ	C	μ
		mm	kg/m³	W/(m·K)	kJ/(kg·K)	
10.1	Dachbahnen aus PVC	> 1,2	1500	0,180	1,26	10 000–30 000
10.2	Dachdichtungsbahn Ethylencopol. ECB	> 2,0	1500	0,180	1,0–1,26	50 000–90 000
10.3	Dachdichtungsbahn Polyisobutylen PIB	> 1,5	1400	0,180	1,0–1,26	260 000–400 000
10.4	PVC-Folien	> 0,1	1200	0,16	1,47	20 000–50 000
10.5	PE-Folien	> 0,1	960	0,35	2,0–2,5	> 10 000
10.6	Papier, dampfbremsend	3	590	0,17	1,6	2 250
10.7	Papier, wasserabstoß.	3	720	0,17	1,5	400
10.8	Wachspapier	0,20	1400	0,180	1,26	4 000
10.9	Pappe, bituminiert	0,92	1200	0,180	1,26	108

Bitumenhaltige Baustoffe			WÄRME		FEUCHTE
NR.	KURZBEZEICHNUNG	DICHTE	WÄRME-LEITFÄHIGKEIT	SPEZ. WÄRME-KAPAZITÄT	DAMPFDIFFUSIONS-WIDERSTAND
		ρ	λ	c	μ
		kg/m³ (g/m²)	W/(m·K)	kJ/(kg·K)	
10.10	Bitumen	1200–1400	0,14 –0,17	1,0–1,26	100 000
10.11	Asphalt	2000	0,7	1,05	2 000
10.12	Gussasphaltestrich	2100–2300	0,7–0,9	1,05	2 000
10.13	Nackte Bitumenbahn	1200 (333–500)	0,17	1,0	2 000–20 000
10.14	Bitumendachbahn	1200 (200–500)	0,17	1,5	10 000–80 000
10.15	Bitumen-dichtungsbahnen	(220–500)	0,17	1,5	10 000–80 000
10.16	Bitumenschweißbahnen	(60–300)	0,17	1,5	50 000–80 000
10.17	Polymer-Bitumen-dachdichtungsbahnen	(200–300)	0,17	1,5	50 000–80 000
10.18	Polymer-Bitumen-schweißbahnen	(200–300)	0,17	1,5	50 000–80 000

11 Kunststoffe – Polymere als Baustoffe

Thermoplaste

11.1 und 11.2 Polyethylen (PE): Polyethylene sind strukturmäßig die einfachsten Kunststoffe und gehören zu den weichen und flexiblen Thermoplasten. Die Eigenschaften hängen im Wesentlichen vom Polymerisationsverfahren und im Weiteren von der Dichte ab. Die zwei Arten, Polyethylen hart und Polyethylen weich, unterscheiden sich neben der Dichte in der Festigkeit und den Temperatur-eigenschaften ([6.126], [6.142]).

Verwendung: Folien, Dach-/Dichtungsbahnen, Druckrohre für Trinkwasser und Abwasserentsorgung.

11.3 Polypropylen (PP): ein durch Polymerisation von Propylen (entsteht beim Cracken von Benzin) gewonnener Thermoplast. Es besitzt höhere Festigkeiten und eine höhere Erweichungstemperatur als Polyethylen ([6.126], [6.142]).

Verwendung: Rohre (Warmwasser, Fußbodenheizung), Fasern für Beton und Estrich.

11.4 bis 11.6 Polyvinylchlorid (PVC) ist ein thermoplastischer Kunststoff und wird durch Polymerisation von Vinylchlorid in den Formen PVC-hart, PVC-weich und PVC-hochdruckgeschäumt hergestellt. PVC ist ohne Weichmacher schwer entflammbar, entwickelt aber beim Brand Chlorgase ([6.126], [6.136], [6.142], [6.143]).

Verwendung: PVC-hart: Rohre, Fassadenelemente, Fensterrahmen, Lichtelemente, Rollladenprofile;
PVC-weich: Dach- und Dichtungsbahnen, Fugenbänder;
PVC-hochdruckgeschäumt: Dichtungsprofile, Sandwichplatten.

11.7 Polystyrol (PS) entsteht durch Polymerisation von Styrol, das aus Benzol und Ethylen hergestellt wird (Thermoplast). Es ist relativ hart, spröde, glasklar und besitzt einen Oberflächenglanz. Es kann mit Strangguss- (Extrudern) und Spritzgussmaschinen verarbeitet werden ([6.126], [6.142]).

Verwendung: Beschläge, Profile, Behälter, Dosen.

11.8 Polystyrol, expandiert (EPS) wird aus Perlpolymerkugeln (2 bis 3 mm), in die ein Treibmittel einpolymerisiert wird, hergestellt (Thermoplast). Polystyrolperlen werden mit Wasserdampf auf ca. 100 °C erwärmt und blähen durch das Treibmittel auf das 30- bis 50fache Ausgangsvolumen auf. Findet dieser Prozess in einer geschlossenen Form statt, verschweißen die Kugeln zu einem Block, der anschließend weiterverarbeitet werden kann ([6.120], [6.126], [6.142]).

Verwendung: nicht druckfeste Dämmplatten.

11.9 Polystyrol, extrudiert (XPS) wird in einem Extruder (Strangpresse) als unendlicher Schaumstoffstrang hergestellt. Es entsteht ein druckfester und feuchtigkeitsbeständiger Dämmstoff mit einer geschlossenen Porenstruktur. Treibmittel: Kohlendioxid ([6.120], [6.126], [6.142], [6.143]).

Verwendung: druckfeste Dämmplatten (Kelleraußenwände, Umkehrdach, Parkdecks, Terrassen).

11.10 und 11.11 Polyamide (PA) zählen zu den Thermoplasten und werden durch Polykondensation von Diaminen (basenartige, organische Verbindungen, die zwei Aminogruppen NH_2 im Molekül enthalten) mit Dicarbonsäuren oder aus Aminosäuren hergestellt. Polyamide werden nach der Anzahl der Kohlenstoffatome ihrer Monomere bezeichnet (z.B. PA 6, PA 11) ([6.126], [6.142]).

Verwendung: Gewebe (Bekleidung, Teppiche), Folien, Platten, Profile, Dübel, Beschläge.

11.12 Polyethylenterephthalat (PET) wird durch Polykondensation aus Terephthalsäure und Ethylenglycol hergestellt und zu sehr reißfesten und temperaturbeständigen Folien verarbeitet (Thermoplast) ([6.126], [6.142], [6.143]).

Verwendung: Dichtungsbahnen, Textilfasern (Diolen, Trevira).

Duroplaste und Elastomere

11.13 Phenolformaldehydharz (PF) (Phenol + Formaldehyd = Phenolharz + Wasser) ist braun und besitzt eine relativ hohe Oberflächenhärte (Mohs 3), beständig gegen Alkohole, Benzin und Mineralöle, aber nicht gegen Säuren und Laugen ([6.126], [6.142], [6.144]).

Verwendung: ohne Füllstoffe: Beschläge;
mit Füllstoffen: Steckdosen, Pressschichtholz, Holzfaser-, Mineralwolleplatten.

Formaldehydharze werden durch Polykondensation mit Phenol oder Resorcin (Phenolformaldehydharz PF) oder mit Harnstoff oder Melamin zu Harnstoffharzen (Aminoplaste) hergestellt.
Verwendung: Härtungsmittel für Duroplaste.

11.14 Phenolharz, blockgeschäumt ist ein spröder, offenzelliger Dämmstoff mit hoher Wasseraufnahme und sehr gutem Wärmedämm- und Brandverhalten ([6.126], [6.142]).

Verwendung: Wärmedämmplatten.

11.15 und 11.16 Harnstoffformaldehydharz (UF) oder Aminoplaste werden durch Polykondensation von Harnstoff und Formaldehyd hergestellt. Harnstoffformaldehydharze sind farblos, beständig gegen Sonnenlicht, aber hitze- und feuchtigkeitsempfindlich ([6.120], [6.126], [6.142]).

Verwendung: Bindemittel für Holzwerkstoffe, Holzleime, Schaumstoffe, Lackharze.

Harnstoffharz, Ortschaum ist offenzellig und sehr gasdurchlässig und mechanisch nicht belastbar. Während der Erhärtung wird Formaldehyd frei.

Verwendung: Verfüllen (Ausschäumen) von Hohlräumen.

11.17 Melaminformaldehydharz (MF) oder Aminoplaste werden durch Polykondensation von Melamin mit Formaldehyd gewonnen. Melaminformaldehydharz ist färbbar und sonnenlichtbeständig und unbedenklich bei der Berührung mit Lebensmitteln (Küchenarbeitsplatten) ([6.126], [6.142]).

Verwendung: Dekorationsplatten, Holzwerkstoffe, für Leime und Lackrohstoffe.

11.18 Epoxidharze werden aus Polyphenolen und Epichlorhydrin entweder als flüssige oder feste (mit Lösemittel) Materialien hergestellt. EP-Harze haften auf den meisten Materialien sehr gut und besitzen eine ziemlich große Härte und Abriebfestigkeit.

Verwendung: 2-Komponenten-Klebstoffe, Injektionsharz für Abdichtungen, Bindemittel von Saniermörtel, Lack- und Gießharz, Beschichtungen bzw. Oberflächenschutzsysteme ([6.126], [6.142]).

11.19 bis 11.21 Polyurethan (PU): wird durch Polyaddition von Polyisocyanat und OH-Gruppen enthaltenden Molekülen synthetisiert. PUR-Schäume werden als gummiartiger Weichschaum oder als Hartschaum hergestellt ([6.126], [6.142], [6.143]).

Polyurethangießharze haften gut auf den meisten Untergründen, sind gut alterungsbeständig, beständig gegen Benzin, Öle, Fette und verdünnte Säuren und Laugen, aber unbeständig gegen konzentrierte Säuren und Laugen und werden evtl. durch heißes Wasser zerstört ([6.126], [6.142]).

Verwendung: Oberflächenschutzsysteme.

Polyurethanhartschaum wird in Formen oder als endloses Band verschäumt und als Platten, Bahnen oder Blöcke gefertigt (evtl. ein- oder zweiseitig beschichtet).

Verwendung: Kelleraußendämmung, Dächer, Sandwichkonstruktionen.

Polyurethanortschaum wird auf der Baustelle mit einer Misch-Spritzpistole aufgespritzt (Haftung auf den meisten Untergründen sehr gut), wo es sofort aufschäumt und aushärtet.

Verwendung: Ausschäumen von Türzargen und Fensterrahmen.

Kunststoffe			MECHANIK		WÄRME			FEUCHTE
NR.	KURZ-BEZEICHNUNG	DICHTE	REISS-DEHNUNG	E-MODUL (ZUG)	WÄRME-LEITFÄHIG-KEIT	LINEARE WÄRME-AUSD.	SPEZ. WÄRME-KAP.	DAMPFDIFF.-WIDERSTAND
		ρ		E	λ	α	C	μ
		kg/m³	%	N/mm²	W/(m·K)	10^{-6} K	kJ/(kg·K)	
11.1	Polyethylen, weich	910–960	300–1000	200–500	0,32–0,33	200	2,01–2,51	100 000
11.2	Polyethylen, hart	940–960	100–1000	700–1400	0,4–0,5	150–180	1,55–1,89	100 000
11.3	Polypropylen	900–910	20–80	1100–1300	0,22	110–170	0,80–1,80	10 000
11.4	PVC hart	1380–1550	10–50	1000–3500	0,16–0,17	70–80	0,90–1,01	8 000–50 000
11.5	PVC weich	1160–1350	170–400	x	0,15	150–210	1,47	8 000–50 000
11.6	PVC, hoch-druckgeschäumt	30–100	x	16–35	0,03–0,04	x	1,4	150–450
11.7	Polystyrol	1050	3–4	3200	0,16	70	1,26–1,34	x
11.8	EPS	15–40	x	3–12	0,03–0,037	x	1,4	20–70
11.9	XPS	28–60	x	> 15	0,03–0,039	x	1,4	100–300
11.10	Polyamid 6	1130–1150	200–300	1400	0,25–0,29	70–120	1,60–2,09	50 000
11.11	Polyamid 11	1040	500	1000	0,23	100–120	1,67–2,09	x
11.12	Polyethylen-terephtalat	1370	50–300	3100	0,24	70	1,47	x
11.13	Phenolform-aldehydharz	1300–1400	0,4–0,8	5600–12000	0,19–0,35	30–50	1,01–1,34	10 000
11.14	Phenolharz, blockgeschäumt	30–100	x	6–27	0,02–0,042	x	1,4	30–300
11.15	UF-Harz	1500	0,5–1,0	7000–10500	0,40	40–50	1,47	x
11.16	Harnstoffharz, Ortschaum	5–15	x	n. b.	0,03	x	1,4	4–10
11.17	MF-Harz	1500	0,6–0,9	4900–9100	0,35	10–30	1,27–1,38	x
11.18	Epoxidharz	1200–1900	4	4000	0,2–0,23	20	1,38–1,4	10 000
11.19	PU-Gießharz	1050–1200	3–6	4000	0,252–0,58	10–20	1,89	6 000
11.20	PU-Hartschaum	20–100	x	2–20	0,015–0,048	50–80	1,3–1,4	30–200
11.21	PU-Ortschaum	20–75	x	1	0,02–0,04	50–80	1,4	30–100

Historische Baustoffe

Unter historischen Baustoffen versteht man vor allem jene Materialien, die bei Umbauten oder der Sanierung von Gebäuden vorzufinden sind und deren Verwendung heute nicht mehr üblich ist. Trotzdem ist es bei der Sanierung häufig erforderlich, die Stoffeigenschaften zu kennen, um eine Wiederherstellung zu ermöglichen. Im Gegensatz zu den heute üblichen Materialien im oberen Abschnitt werden die Materialien hier nach der Verwendungsart unterteilt. Es handelt sich hier mehr um das Bauteil, wo das jeweilige Material vorgefunden wird. Aus verständlichen Gründen ist hier die Anzahl der technischen Kennwerte geringer, da früher über die Baustoffe noch keine entsprechenden Angaben gemacht wurden und es keine Prüfvorschriften gab.

12 Historische Decken- und Wandbaustoffe

Deckenbaustoffe sind Materialien, die zur Herstellung ebener oder gewölbter Decken über Räumen verwendet wurden. Man unterscheidet hier tragende Stoffe (Holzbalken, Eisenbetonbalken, Eisenträger und entsprechende Füllkörper oder gewölbte Steindecken, Steineisendecken, Eisenbetondecken) und Deckenfüllstoffe zur Ausfüllung der Balkenfache oder Zwischendecken (Quarzsand, Lehm, Strohlehm, granulierte Hochofenschlacke, Koksgries, Korkabfälle und Kieselgur).

Die Deckenfüllkörper sind, analog zu den modernen Trägerdecken, Hohlkörper aus Ziegel oder Leichtbeton, aber auch aus Blech, Holzwolleleichtbauplatten (Deckenrippenabstand max. 70 cm).

12.1 Bimsbeton-Deckenhohlkörper mit rechteckigem Querschnitt, abgeschrägten Oberkanten, Steg- und Sohleleisten. Bimsbeton ohne Sandzusatz ρ = 500 bis 1200 kg/m^3, mit Sandzusatz 900 bis 1400 kg/m^3.

12.2 Bimsbeton-Füllkörper ohne Sohleleiste mit Längs- und Querrillen an der Oberseite.

12.3 Holzwolle-Deckenfüllkörper mit senkrechtem Steg in der Längsrichtung und breiten Sohleleisten auf den Längsseiten. Die Sohlplatte und Sohlleiste läuft unter den Rippen und Füllkörpern gleichmäßig als Putzträger durch.

Oder: Elemente bis 5 m Länge, wobei Sohle und Deckenplatte aus Holzwolleleichtbauplatten bestehen und die leicht schrägen Seitenwände und der senkrechte Steg aus Massivholz.

12.4 Deckenfüllkörper aus Leichtbeton (Schlacke und Bims) mit omegaförmigem Querschnitt.

12.5 Gipsdeckenkörper (Hohlsteine aus Gips) mit rechteckigem Querschnitt, gebrochenen Oberkanten, kräftigen Sohlkanten und kreisförmigen oder rechteckigen Hohlräumen.

12.6 Lochblech-Hohlkörper in Kastenform aus Lochblech ohne Sohlleisten. Die Füllkörper wurden zur Herstellung einer geeigneten Untersicht auf einer Schalung verlegt, auf der vorher ein Putzträger verlegt wurde.

12.7 Füllkörper aus Rohrgewebe in Form eines Kastens, mit Holzleisten versteift und mit Pappe überzogen.

12.8 Deckenfüllkörper aus Stahlblech (Stahlzelle): die Füllkörper sind aus geriffeltem U-förmig gebogenem Stahlblech und verbleiben in der Decke.

12.9 Granulierte (gekörnte) Hochofenschlacke ist ein bei der Schmelzung des Roheisens in feuerflüssigem Zustand entstehendes Nebenerzeugnis (Kalk-Tonerde-Silikat). Als Füllstoff ist die Schlacke oft geschäumt.

12.10 Kieselgur: feinkörnige Erde aus amorpher Kieselerde. Besteht meist aus den Kieselpanzern von Algen.

12.11 Aschensteine: Leichtsteine mit Zuschlägen aus Asche und gesiebter Schlacke mit Kalk als Bindemittel (Mischungsverhältnis ca. 1 : 5).

12.12 Korksteine, Pech gebunden (schwarzer Korkstein), bestehen aus expandiertem Kork mit Pech (Destillationsrückstand von der Aufarbeitung des Steinkohleteers) als Bindemittel.

12.13 Korksteine, Tonmilch gebunden (weißer Korkstein), sind Steine aus expandiertem Kork mit Ton als Bindemittel.

12.14 Hüttenschwemmsteine sind Mauersteine aus geschäumter Hochofenschlacke, Kalk-Schlackenmehl oder Zement.

12.15 (Rheinische) Schwemmsteine: mit hydraulischer Kalkmilch gebundene Bimssteine.

Deckenhohlkörpersteine

NR.	KURZBEZEICHNUNG	ABMESSUNGEN $l \times b$ in cm	ABMESSUNGEN h in cm	FLÄCHENGEWICHT [kg/m²]	WÄRMELEITZAHL λ [W/mK] WÄRMEDURCHGANG D [m²K/W]
12.1	Bimsbeton-Deckenhohlkörper (ohne Aufbeton)	50 (52) × 25 (27)	12 bis 26	235 bis 360	$D \approx 0{,}45$
12.2	Bimsbeton-Füllkörper ohne Sohleleiste (ohne Aufbeton)	46 × 46	12 bis 20	150 bis 260	$D \approx 0{,}35$
12.3	Holzwolle-Deckenfüllkörper	100 bis 200 × 50 oder 50 × (bis) 500	15 oder 12; 14; 15; 17	197 bis 225 (bei 5 cm Aufbeton)	x
12.4	Deckenfüllkörper aus Leichtbeton (Schlacke und Bims)	50 × 25	13, 16 bis 25	231 bis 321 (bei 5 cm Aufbeton)	x
12.5	Gipsdeckenkörper (Hohlsteine aus Gips)	100 × 50	12 bis 32	42 bis 75	x
12.6	Lochblech-Hohlkörper	40 × 40	≥ 10	x	x
12.7	Füllkörper aus Rohrgewebe	60 × 60	8 bis 28	174 bis 278 (bei 6 cm Aufbeton)	x
12.8	Deckenfüllkörper aus Stahlblech	32,5 (bis 90) × 30 (bis 75)	10 bis 35	x	x

Deckenfüllstoffe

NR.	KURZBEZEICHNUNG	ABMESSUNGEN	DICHTE [kg/m³]	WÄRMELEITZAHL λ [W/mK]
12.9	Granulierte (gekörnte) Hochofenschlacke	x	350	0,085
12.10	Kieselgur	x	300 (gebrannt: 150–210 kg/m³)	0,060 bis 0,080

Wandsteine

NR.	KURZBEZEICHNUNG	ABMESSUNGEN $l \times b$ in cm	ABMESSUNGEN H, D in cm	DICHTE [kg/m³]	WÄRMELEITZAHL λ [W/mK]
12.11	Aschensteine	15 × 25	6,5 (6,9)	ca. 1000	0,35
12.12	Korksteine, Pech gebunden	50 × 100	1 bis 16 cm	560	0,195
12.13	Korksteine, Tonmilch gebunden	50 × 100	1 bis 16 cm	250	0,095
12.14	Hüttenschwemmsteine	25 × 12 × 6,5		1000–1200	0,30
12.15	(Rheinische) Schwemmsteine	25 × 12	6,5; 7,5; 9,5	850	0,165

13 Historische Dämmplatten/Dämmstoffe

13.1 Filzplatten wurden als Dichtungsplatten oder Auflager verwendet (bis 15 cm Dicke). Filzplatten sind ein nicht gewebtes Textilerzeugnis mit regelloser Lagerung aus Schafwolle, Kuhhaaren oder auch Pflanzenfasern.

13.2 Bitumenfilzplatten sind mit Bitumen getränkte Rohfilzmatten. Verwendung als Horizontalisolierung.

13.3 Strohfaserplatten sind der Holzfaserweichplatte ähnliche Platten aus chemisch aufgeschlossenem Getreidestroh.

13.4 Seegrasmatten sind Dämmmatten aus zwei Lagen Bitumenpapier mit eingesteppter Seegrasfüllung.

13.5 Schlackenwolle (hellbraun bis graubraun) aus kieselsäurereichen und schwefelarmen Hochofenschlacken hergestellt, entweder als Stopfwolle oder als Matte zwischen Asphaltpapier (auch als Trittschalldämmplatte).

13.6 Torfplatten: Torf wird in Torfmooren gewonnen und besteht aus pflanzlichen Stoffen in verschiedenen Graden der Zersetzung. Die Platten wurden beidseitig mit Papier oder auch Bitumen beschichtet.

13.7 Wellpappeplatte: Platte aus mehreren Lagen bitumengetränkter Wellpappe (als Estrichrandstreifen, Kelleraußenisolierung).

13.8 Juteplatten (Antivibritplatten) aus mehrlagigen imprägnierten Jutegeweben. Verwendung als Isolierung und Körperschalldämmstoff (Vibration).

Dämmplatten/Dämmstoffe

NR.	KURZBEZEICHNUNG	ABMESSUNGEN	DICHTE [kg /m³]	WÄRMELEITZAHL λ [W/mK]
13.1	Filzplatten	Bahnen	130–150	0,05–0,06
13.2	Bitumenfilzplatten	B = 100 cm D = 1,5; 2,5; 3,5 mm	375–430	0,06
13.3	Strohfaserplatten	$l \times b$ = 280 cm × 1250 cm	350	0,08–0,1
13.4	Seegrasmatten	D = 0,6 bis 2 cm	70–80	0,04
13.5	Schlackenwolle	B = 100 cm D = 0,8 bis 1,2 cm	60–250	0,38–0,80
13.6	Torfplatten	$l \times b$ = 50 cm × 100 cm d = 1,5; 2,5; 3 bis 6 cm	200–250	0,045–0,08
13.7	Wellpappeplatten	$l \times b$ = 100 cm × 150 cm D = 1; 1,5; 2 und 3 cm	150	0,15
13.8	Juteplatten	$l \times b$ = 50 cm × 50 cm (ca.) D = 0,6 bis 2 cm	640	0,040–0,055

14 Historische Fußböden, Mörtel, Estriche, Platten

Fußböden wurden schon immer aus den unterschiedlichsten Materialien hergestellt: Naturstein, künstliche Steine (Platten, Klinker etc.), steinartige Stoffe (Lehm-, Gips-, Asphalt- und Zementestrich, Terrazzo-, Granito- und Mosaikfußböden, Steinholz, Steinzellulose), Holz, Linoleum und Kunststoffen.

14.1 Granito ist ein Betonwerkstein, dessen Oberfläche geschliffen, poliert oder steinmetzmäßig bearbeitet wurde. Die Bezeichnung gibt immer auch einen Hinweis auf den verwendeten Zuschlag. Zum Beispiel gibt es auch Kunstmarmor.

14.2 Steinholz-Fußböden bestehen aus kaustischer Magnesia (Magnesit), Magnesiumchloridlösung und Füllstoffen wie Holzmehl, Papierfasern, Sägespäne, Korkmehl, Ledermehl und Talkum (teilweise auch Asbestfasern).

14.3 Linoleum wird aus Leinöl hergestellt. Mit Hilfe von Trockenstoffen oxidiert das Leinöl und wird anschließend mit Kopal und Harzen verschmolzen. Dieser Ausgangsstoff wird im Weiteren mit Korkmehl oder Holzmehl und Farbpulver zu einer körnigen Linoleummasse verarbeitet. Diese Masse wird erwärmt und unter Druck auf eine Juteunterlage gepresst.

14.4 Bitumengetränkte Bimsbetonplatten (Strabit) wurden für Industriefußböden und Stallböden verwendet, aber auch im Straßenbau und bei Tunneldichtungen.

14.5 Stucco Lustro ist die älteste Art von Kunstmarmor. Er besteht aus Gipsmörtel, Leimwasser und Marmorstaub. Der Mörtel wurde schichtenweise auf die Wand aufgetragen, geglättet und mit einer Marmorzeichnung versehen. Anschließend wurden die Flächen mit heißen Stahlkellen geglättet und poliert.

14.6 Trasskalk ist eine Mischung aus Trass und gelöschtem Kalk (erhärtet auch unter Wasser) im Verhältnis 1:1, 1:2 oder 1:3. Er wurde für Mauer-, Putz- und Fugenmörtel verwendet.

14.7 Sorelzement für Magnesiamörtel (siehe Magnesiaestrich), eine nach dem Franzosen *Stanislas Sorel* benannte Mörtelart.
Sorelzement erhält man durch Mischen von gebranntem Magnesit (kohlensäurefrei) mit einer konzentrierten Lösung von Chlormagnesium. Er wurde nicht nur für Holzwolleleichtbauplatten und Steinholz verwendet, sondern auch für Putze, da er auf Holz ohne besondere Putzträger haftet, kann unter Luftabschluss erhärten, ist aber nicht wasserbeständig.

Fußböden, Estrich, Platten

NR.	KURZBEZEICHNUNG	ABMESSUNGEN	DICHTE [kg /m³]	WÄRMELEITZAHL λ [W/mK]
14.1	Granito	x	2800	2,1 bis 2,3
14.2	Steinzellulose-Fußböden	x	700	0,22
14.3	Linoleum	D = 1,8 bis 4 mm	1100	0,12 bis 0,17
	Korklinoleum	D = 4 bis 7 mm	750 bis 1000	0,085
14.4	Bitumengetränkte Bimsbetonplatten	$l \times b = 12{,}4 \times 25$ D = 3; 4; 5 cm	1600	0,16
14.5	Stucco Lustro	$D \leq 5$ mm	1600	x
14.6	Trasskalk	x	1800 bis 2200	0,58
14.7	Sorelzement für Magnesiamörtel	x	3150	x

15 Historische Anstriche

Bei den Anstrichen unterschied man nach dem Untergrund Anstriche für Stein, Putz und Mauerwerk, Holz und Metall. Für mineralische Materialien verwendete man im Weiteren auch Schutzmittelanstriche, Sperranstrichmittel und Hartspachtelanstriche.

Schutzmittelanstriche sind Anstriche zum Schutz gegen Witterung, Wasser, Hitze und Chemikalien (Ölfarben, Nitrocelluloselacke und Wasserglasanstriche).

Sperranstrichmittel dienen zum Schutz von Flächen, die durch Feuchtigkeit gefährdet sind (Wachse, Paraffin, Siliconfluoride (Fluate), Anstriche auf Chlorkautschukbasis und Bitumenanstrich-sperrmittel, auch Pech und Teer).

Unter Hartspachtelanstrichen versteht man eine plastische Wandoberflächenbehandlung mit Spachtelmassen aus Schwerspat, weißem Zement etc., die als Ersatz für Wandfliesen verwendet wurden.

15.1 Paraffin ist ein Gemenge fester Kohlenwasserstoffe, das aus Erdöl (früher auch aus Teeren) gewonnen wird. Es wurde zur Holzkonservierung und zur Herstellung wasserdichter Papiere und als Gipshärtemittel verwendet.

15.2 Pech ist ein Destillationsrückstand bei der Herstellung von Steinkohleteer. Im Bauwesen wurde nur Steinkohlenteerpech oder Stearinpech als Anstrichmittel (Lack) oder als Sperranstrich verwendet.

15.3 Teeranstrichmittel sind kalt verarbeitbar und wurden durch Auflösen von Steinkohlenteerpech in leichtflüchtigen Lösungsmitteln hergestellt. Verwendung als Schutzanstriche von Mauerwerk und Beton und als Rostschutzmittel.

15.4 Karbolineum ist ein hochsiedendes Steinkohlenteeröl, das als Holzschutzmittel verwendet wurde. Es ist wasserunlöslich, brennbar. Es wirkt fäulnishemmend und desinfizierend, ist aber heute wegen seiner stark hautreizenden Wirkung, und da es bei längerer Einwirkung krebserregend wirkt, nicht mehr in Wohngebieten im Einsatz.

15.5 Wasserglasanstriche wurden als Brandschutzanstrich für Holz und andere saugfähige Stoffe verwendet. Eine weitere Verwendung erfolgte für Mörtel und Betone zur Erhöhung der Wetterbeständigkeit bzw. auch als Sperrzusatz oder Sperranstrich.

15.6 Kalkfarben sind Anstriche auf Kalkbasis. Im einfachsten Fall eines weißen Anstrichs ist das Bindemittel gleich dem Farbmittel.

15.7 Leimfarben sind Farben mit Leim als Bindemittel. Sie sind im Allgemeinen wischfest, aber nicht waschfest und daher nur im Innenbereich anwendbar. Sie werden meist zur Herstellung feiner, matttöniger Anstriche auf Putzen verwendet. Selten wurden Heißleime (Knochen- oder Lederleim) verwendet, meist Pflanzenleime, wie z. B. Kartoffelstärke, mit Natronlauge aufgeschlossen.

15.8 Kaseinfarben verwenden als Bindemittel Kasein. Kasein gehört zur Gruppe der Phosphorproteide, das in der Kuhmilch als Calciumsalz vorkommt. Es enthält außerdem noch Fette, Salze, Milchsäure und Kalzium. Die Aufschließung des Kaseins erfolgt mit Kalk oder Alkalien (Salmiak, Borax oder Soda). Kalkcasein, Kaltleim, ist in trockenem Zustand wasserunlöslich und basisch, nur für kalkechte Pigmente geeignet. Die Verarbeitung ist gut, muss aber rasch erfolgen, da es sonst hart wird, die Trocknung erfolgt durch Verdunsten des Wassers, es besitzt eine hohe Bindekraft.
Kalkcasein wird für Dekorationsmalerei bei Hausfassaden verwendet.
Alkalicasein, *Malercasein* ist wasserlöslich, aber wasserfester als andere Leimfarbenanstriche und wird für Restaurierungsarbeiten und Innenanstriche verwendet.

Anstriche

NR.	KURZBEZEICHNUNG	DICKE [µm]	DICHTE [kg/m³]	s_d 1) [m]
15.1	Paraffin	20–100	810–930	x
15.2	Pech	100–2000	1250–1350	> 8,5
15.3	Teeranstrichmittel	80–120	1140	> 8,5
15.4	Karbolineum	0–50	1080	1 bis 2,6
15.5	Wasserglasanstriche	80–170	1400	0,04
15.6	Kalkfarben	0–100	1500	0,02–0,03
15.7	Leimfarben	0–100	1480	0,03–0,04
15.8	Kaseinfarben	0–100	1580	0,03–0,04

1) Diffusionsäquivalente Luftschichtdicken $s_d = \mu \times d$ [m].

Weitere Werte:

– Chlorkautschuklacke	2,5 bis 8,3
– Polyvinylchloridlacke	2,6 bis 5,1
– Öl-Lacke	2,1 bis 2,9
– Ölfarben	1,0 bis 2,6
– Binderfarben (z. B. Polyacrylat, Polyvinylacrylat oder Naturharz):	
– ölhaltig	0,03 bis 0,04
– ölfrei	0,06 bis 0,5
– Mineralfarben	ca. 0,04
– Kalkanstriche	ca. 0,03
– Leimfarben	0,03 bis 0,04

16 Periodensystem der Elemente

Periodensystem der Elemente

P.	Elementgruppen (Anzahl Valenzelektronen)																	
	1A	2A	3B	4B	5B	6B	7B	8			1B	2B	3A	4A	5A	6A	7A	8A
1	1 1,00797 H Wasserstoff																	2 4,0026 HE Helium
2	3 6,939 Li Lithium	4 9,0122 Be Beryllium											5 10,811 B Bor	6 12,01115 C Kohlenstoff	7 14,0067 N Stickstoff	8 15,9994 O Sauerstoff	9 18,9984 F Fluor	10 20,183 NE Neon
3	11 22,9898 Na Natrium	12 24,312 Mg Magnesium											13 26,9815 Al Aluminium	14 28,086 Si Silizium	15 30,9738 P Phosphor	16 32,064 S Schwefel	17 35,453 Cl Chlor	18 39,948 Ar Argon
4	19 39,102 K Kalium	20 40,08 Ca Calcium	21 44,956 Sc Scandium	22 47,90 Ti Titan	23 50,942 V Vanadium	24 51,996 Cr Chrom	25 54,9380 Mn Mangan	26 55,847 Fe Eisen	27 58,9332 Co Kobalt	28 58,71 Ni Nickel	29 63,546 Cu Kupfer	30 65,37 Zn Zink	31 69,72 Ga Gallium	32 72,59 Ge Germanium	33 74,9216 As Arsen	34 78,96 Se Selen	35 79,904 Br Brom	36 83,80 Kr Krypton
5	37 85,47 Rb Rubidium	38 87,62 Sr Strontium	39 88,91 Y Yttrium	40 91,22 Zr Zirconium	41 92,906 Nb Niob	42 95,94 Mo Molybdän	43 (97) Tc Technetium	44 101,07 Ru Ruthenium	45 102,905 Rh Rhodium	46 106,4 Pd Palladium	47 107,868 Ag Silber	48 112,40 Cd Cadmium	49 114,82 In Indium	50 118,69 Sn Zinn	51 121,75 Sb Antimon	52 127,60 Te Tellur	53 126,90 I Jod	54 131,30 Xe Xenon
6	55 132,905 Cs Zäsium	56 137,34 Ba Barium	57-71 La-Lu Lanthaniden	72 178,49 Hf Hafnium	73 180,948 Ta Tantal	74 183,85 W Wolfram	75 186,2 Re Rhenium	76 190,2 Os Osmium	77 192,2 Ir Iridium	78 195,09 Pt Platin	79 196,967 Au Gold	80 200,59 Hg Quecksilber	81 204,37 Tl Thallium	82 207,19 Pb Blei	83 208,98 Bi Bismut	84 (209) Po Polonium	85 (210) At Astat	86 (222) Rn Radon
7	87 (223) Fr Franzium	88 (226) Ra Radium	89-103 Ac-Lr Actiniden															

57 138,91 La Lanthan	58 140,12 Ce Cer	59 140,907 Pr Praseodym	60 144,24 Nd Neodym	61 (145) Pm Promethium	62 150,35 Sm Samarium	63 151,96 Eu Europium	64 157,25 Gd Gadolinium	65 158,924 Tb Terbium	66 162,50 Dy Dysprosium	67 164,930 Ho Holmium	68 167,26 Er Erbium	69 168,934 Tm Thulium	70 173,04 Yb Ytterbium	71 174,97 Lu Lutetium
89 (227) Ac Actinium	90 (232) Th Thorium	91 (231) Pa Protaktinium	92 (238) U Uran	93 (237) Np Neptunium	94 (244) Pu Plutonium	95 (243) Am Amerizium	96 (247) Cm Curium	97 (247) Bk Berkelium	98 (251) Cf Kalifornium	99 (254) Es Einsteinium	100 (257) Fm Fermium	101 (256) Md Mendelevium	102 (254) No Nobelium	103 (262) Lr Lawrencium

Legende: Metall · Halbmetall · Nichtmetall

20 – Ordnungszahl (Protonenzahl)
40,08 – Relative Atommasse
Ca – Elementsymbol
Calcium – Elementname

7 A Öffentliches Baurecht
7 B Werkvertrag und HOAI
7 C Sicherheits- und Gesundheitsschutz gemäß Baustellenverordnung

A ÖFFENTLICHES BAURECHT 7.2
1 Grundlagen 7.2
1.1 Bauordnungsrecht 7.2
1.2 Bauplanungsrecht 7.2
1.3 Raumordnungsrecht 7.3
2 Baugenehmigung 7.3
2.1 Genehmigungspflichtige Vorhaben 7.3
2.1.1 Änderung 7.3
2.1.2 Nutzungsänderung 7.3
2.1.3 Abbruch 7.3
2.2 Verfahren 7.4
2.3 Prüfungsumfang/Verhältnis zu anderen Genehmigungen 7.4
2.4 Bauvorbescheid 7.4
2.4.1 Inhalt 7.4
2.4.2 Bindungswirkung 7.5
2.5 Bestandsschutz 7.5
2.5.1 Inhalt 7.5
2.5.2 Entfallen 7.5
2.6 Baulasten 7.6
3 Bauplanungsrecht 7.6
3.1 Vorhaben im Geltungsbereich eines Bebauungsplanes 7.6
3.1.1 Art der baulichen Nutzung 7.6
3.1.2 Maß der baulichen Nutzung 7.10
3.1.3 Überbaubare Grundstücksflächen 7.11
3.1.4 Bauweise 7.12
3.1.5 Sonstige Festsetzungen 7.12
3.1.6 Vorhabenbezogener Bebauungsplan 7.13
3.1.7 Ausnahmen und Befreiungen 7.14
3.1.8 Exkurs: Aufstellung eines Bebauungsplanes 7.15
3.1.9 Veränderungssperre/Zurückstellung 7.16
3.2 Unbeplanter Innenbereich (§ 34 BauGB) 7.17
3.2.1 Im Zusammenhang bebauter Ortsteil ... 7.17
3.2.2 Einfügen in die Eigenart der näheren Umgebung 7.18
3.3 Außenbereich (§ 35 BauGB) 7.19
3.3.1 Privilegierte Vorhaben 7.19
3.3.2 Nicht privilegierte Vorhaben 7.19
3.3.3 Erweiterter Bestandsschutz 7.20
3.4 Gesicherte Erschließung 7.20
3.5 Einvernehmen 7.20
4 Rechtsschutz 7.21
4.1 Rechtsschutz des Bauherrn 7.21
4.2 Rechtsschutz des Nachbarn 7.21
4.2.1 Rechtsbehelfe 7.21
4.2.2 Verletzung von Nachbarrechten 7.21
4.2.3 Eilverfahren 7.22
4.3 Bebauungsplan 7.22

B WERKVERTRAG UND HOAI 7.23
1 Vertragsgestaltung und Honorarsicherung bei Architekten-/Ingenieurverträgen 7.23
1.1 Rechtsnatur von Architekten- und Ingenieurverträgen – Werk- oder Dienstvertrag? 7.23
1.2 Die herrschende Meinung zur Einordnung von Architekten- und Ingenieurverträgen als Werk- oder Dienstvertrag 7.24
1.3 Die wesentlichen Konsequenzen der werkvertraglichen Einordnung von Architekten- und Ingenieurverträgen 7.24
1.4 Elemente der Geschäftsbesorgung in Architekten- und Ingenieurverträgen ... 7.25
1.5 Der Abschluss von Architekten- und Ingenieurverträgen 7.26
1.5.1 Formvorschriften, Kopplungsverbot.... 7.26
1.5.2 Die honorarrechtlichen Probleme im Zusammenhang mit dem Vertragsabschluss im Einzelnen 7.30
1.5.3 Die HOAI als verbindliches Preisrecht – Umfang und Grenzen möglicher Honorarvereinbarungen mit dem AG ... 7.32
2 Regelungsbedürftige Punkte in Architektenverträgen 7.37
2.1 Der Einheitsarchitektenvertrag 7.37
2.2 Regelungsbedürftige Punkte in Architekten- und Ingenieurverträgen ... 7.38
2.3 Beispielhafte Architekten- und Ingenieurverträge 7.40
2.3.1 Muster-Architektenvertrag Gebäude.... 7.40
2.3.2 Generalplanervertrag 7.51
3 Architekten-Wettbewerb: Ansprüche des Architekten bei Auslobung eines Wettbewerbs 7.58
3.1 Änderungen in der GRW 1995/ RPW 2008/RPW 2013 ..... 7.58
3.2 Anspruch des Architekten auf Auftragserteilung und Folgen des Verstoßes hiergegen 7.58
4 Kündigung von Architekten- und Ingenieurverträgen 7.59
4.1 Wer kann wann kündigen? 7.59
4.2 Kündigung durch den AG 7.59
4.3 Kündigung durch den AN 7.60
4.4 Kündigungsfolgen 7.60
5 Gesamtschuldnerische Haftung von Planer und ausführendem Unternehmer 7.62
6 Honorarmanagement 7.63
6.1 Akquisition 7.63
6.2 Auftragserteilung 7.64
6.3 Auftragsdurchführung 7.65
6.4 Sonderthema: Bindung des Architekten an die Schlussrechnung 7.66
6.5 Einwendungsverlust gegen die Prüfbarkeit der Honorarschlussrechnung 7.66

C SICHERHEITS- UND GESUNDHEITSSCHUTZ GEMÄSS BAUSTELLENVERORDNUNG 7.67
1 Gesetzliche Regelungen 7.67
2 Hilfsmittel zur SiGe-Koordination ... 7.76

7 A Öffentliches Baurecht

Dr. Hendrik Schilder

1 Grundlagen

Das öffentliche Baurecht beinhaltet Vorschriften über die Zulässigkeit, Grenzen, Ordnung sowie Förderung der Nutzung von Grund und Boden durch bauliche Anlagen.

1.1 Bauordnungsrecht

Das Bauordnungsrecht dient der Gefahrenabwehr. Es stellt Anforderungen an die konkrete bauliche Anlage, um zu verhindern, dass Gefahren von ihr ausgehen. Das formelle Bauordnungsrecht beinhaltet Vorschriften zum Baugenehmigungsverfahren. Das materielle Bauordnungsrecht regelt z.B. den Brandschutz und die Verwendbarkeit von Bauprodukten. Zur Gewährleistung gesunder Wohnverhältnisse existieren u. a. Vorgaben für Aufenthaltsräume und zum Abstand verschiedener baulicher Anlagen untereinander. Die Einhaltung der notwendigen Abstandsfläche garantiert eine ausreichende Belüftung, Belichtung und Besonnung, vermindert das Risiko eines Brandüberschlages und führt zur Wahrung eines Sozialabstandes (Sicherstellung der Privatsphäre).

Das Bauordnungsrecht liegt in der Gesetzgebungszuständigkeit der einzelnen Bundesländer. Daher verfügt jedes Bundesland über eigene Gesetze und Verordnungen. Um ein gewisses Maß an Gleichlauf zu gewährleisten, gibt die Bauministerkonferenz Mustergesetze und Verordnungen heraus. Den einzelnen Ländern steht es allerdings frei, hiervon abzuweichen.

Die wichtigste gesetzliche Regelung ist die Bauordnung des jeweiligen Bundeslandes. Hinzu treten Verordnungen, die durch das zuständige Ministerium erlassen werden. Diese Verordnungen betreffen besonders gefahrenträchtige Anlagen, bei denen erhöhte Anforderungen zu beachten sind. In Nordrhein-Westfalen ist dies in erster Linie die Sonderbauverordnung. Sie enthält u.a. Regeln zur Gestaltung von Versammlungsstätten, also etwa Vorgaben zum Brandschutz und zur Vermeidung von Massenpaniken in baulichen Anlagen, in denen viele Menschen zusammenkommen. In den Anwendungsbereich fallen z. B. Theater, Veranstaltungshallen und Sportstadien. Die Sonderbauverordnung enthält daneben auch brandschutztechnische Vorschriften für Hochhäuser, also Gebäude, bei denen der Fußboden mindestens eines Aufenthaltsraumes mehr als 22 m über der Geländeoberfläche liegt. Des Weiteren existieren Vorschriften für Verkaufsstätten, Garagen und Beherbergungsbetriebe. Die jeweiligen Bauordnungen eröffnen zudem den Gemeinden die Möglichkeit zum Erlass örtlicher Bauvorschriften. Typischer Regelungsinhalt sind gestalterische Anforderungen wie z. B. die Verwendung bestimmter Ziegelfarben zur Bewahrung eines historischen oder zur Schaffung eines neuen harmonischen Ortsbildes.

1.2 Bauplanungsrecht

Das Bauplanungsrecht regelt die flächenbezogene Zulässigkeit von Bauvorhaben. Die Gesetzgebungszuständigkeit liegt beim Bund, so dass dieselben Bestimmungen in ganz Deutschland gelten. Die wichtigsten Rechtsgrundlagen sind das Baugesetzbuch (BauGB) und die Baunutzungsverordnung (BauNVO).

Durch Bauleitpläne (Flächennutzungsplan und Bebauungsplan) legt die jeweilige Gemeinde die für einen bestimmten Bereich geltenden Anforderungen an Bauvorhaben fest. Der Flächennutzungsplan gibt für das gesamte Gemeindegebiet die Entwicklungsperspektiven, insbesondere zur Art der baulichen Nutzung (z. B. Gewerbe, Wohngebiet), vor. Aus dem Flächennutzungsplan ist der Bebauungsplan zu entwickeln (§ 8 BauGB), der konkretisierte, im Baugenehmigungsverfahren anzuwendende Vorgaben macht.

1.3 Raumordnungsrecht

Die gemeindliche Planungshoheit wird durch das Raumordnungsrecht eingeschränkt, vgl. § 1 Abs. 4 BauGB. Dieses dient der Entwicklung, Ordnung und Beeinflussung der räumlichen Struktur (Gesamtheit der räumlich bedingten Lebens- und Arbeitsbedingungen). Der Bund hat durch das Raumordnungsgesetz Regelungen erlassen, die durch Landesgesetze näher konkretisiert werden. Daneben existieren in den einzelnen Bundesländern auf mehreren Ebenen Raumordnungspläne und sonstige bei der Bauleitplanung zu beachtenden Vorgaben. Auf der übergeordneten Ebene gelten die Pläne für das gesamte Bundesland und auf der untergeordneten Ebene für einen bestimmten Bereich, z. B. einen Regierungsbezirk. Die Raumordnungspläne legen die Gebiete fest, in denen überhaupt bauliche Entwicklungen möglich sein sollen, und begrenzen die Ansiedlung von Vorhaben mit raumbedeutender Wirkung wie Kraftwerken oder großflächigen Einzelhandelsbetrieben (z. B. Einkaufszentren). Die Gemeinden sind bei ihrer Bauleitplanung gemäß § 1 Abs. 4 BauGB an diese Ziele der Raumordnung gebunden, so dass ein Abweichen nicht zulässig ist. Fehlt raumordnungsrechtlichen Vorgaben die für ein Ziel notwendige Letztverbindlichkeit, handelt es sich nur um einen Grundsatz der Raumordnung. Die Gemeinde kann ihn dann im Wege der Abwägung überwinden.

2 Baugenehmigung

Die Herbeiführung der Baugenehmigung ist Hauptpflicht des beauftragten Architekten. Er hat alles zu tun und nichts zu unterlassen, um die Baugenehmigung entsprechend den Wünschen seines Auftraggebers zu erhalten. Die Baugenehmigung beinhaltet einen feststellenden und einen verfügenden Teil. Sie stellt fest, dass dem Bauvorhaben öffentlich-rechtliche Vorschriften im Zeitpunkt der Erteilung der Genehmigung nicht entgegenstehen. Zugleich verfügt sie die Baufreigabe, ermöglicht also den Baubeginn.

2.1 Genehmigungspflichtige Vorhaben

Nach § 59 Abs. 1 Musterbauordnung (MBO) sind die Errichtung, Änderung und Nutzungsänderung von baulichen Anlagen und sonstigen in den Anwendungsbereich des Bauordnungsrechtes fallenden Anlagen genehmigungspflichtig.

2.1.1 Änderung

Eine genehmigungspflichtige Änderung liegt bei einer nicht nur unerheblichen Umgestaltung der baulichen Anlage vor. Genehmigungsfrei sind nur kleinere Änderungen, die sich auf Schutzgüter des Bauordnungsrechtes nicht auswirken können, wie z. B. der Austausch einer Fensterbrüstungsabdeckung. Reine Instandhaltungsmaßnahmen zur Bewahrung des Soll-Zustandes sind nicht baugenehmigungspflichtig.

2.1.2 Nutzungsänderung

Eine Nutzungsänderung liegt vor, wenn die neue Nutzung gegenüber der bisherigen potentiell anderen oder weitergehenden Anforderungen öffentlich-rechtlicher Art unterworfen ist oder werden kann (OVG NRW, BRS 57, Nr. 258). Unzweifelhaft genehmigungspflichtig ist z. B. die Umnutzung gewerblich genutzter Räume zu Wohnraum. Selbst eine vordergründig nur als Intensivierung der gleichen Nutzung erscheinende Änderung kann eine genehmigungspflichtige Nutzungsänderung darstellen.

Beispiele:
- *Verlängerung der Öffnungszeiten eines Einzelhandelsgeschäftes in den Nachtzeitraum (22.00 Uhr bis 6.00 Uhr) hinein,*
- *Einrichtung einer zweiten Produktionslinie (z. B. Flaschenabfüllanlage) in einer ansonsten unveränderten Produktionshalle.*

In beiden Fällen kommt wegen der lärmtechnischen Auswirkungen die Geltung erhöhter und damit anderer Anforderungen in Betracht.

2.1.3 Abbruch

Der Abbruch baulicher Anlagen ist nach § 61 Abs. 3 MBO verfahrensfrei oder lediglich anzeigepflichtig. In einigen Bundesländern (z. B. NRW) bedarf indessen grundsätzlich auch der Abbruch einer Genehmigung.

2.2 Verfahren

Die Erteilung einer Baugenehmigung setzt die Stellung eines entsprechenden Bauantrages durch einen bauvorlageberechtigten Architekten voraus. Die Unterlagen müssen den Vorgaben der jeweiligen Bauvorlagenverordnung des Bundeslandes entsprechen.

Keiner Baugenehmigung bedürfen die in § 61 MBO aufgezählten Vorhaben. Hierbei handelt es sich um bauliche und sonstige Anlagen, die nur ein geringes Gefahrenpotential und eine zu vernachlässigende städtebauliche Relevanz aufweisen. Erfasst werden z. B. Gebäude mit einer Bruttogrundfläche bis zu 10 m^2, Wochenendhäuser, Brunnen, bestimmte Masten und Einfriedungen wie Mauern mit einer maximalen Höhe von 2 m.

Nach § 62 MBO sind weitere bauliche Anlagen von einer Genehmigungspflicht freigestellt. Wichtigster Anwendungsfall sind Wohngebäude im Geltungsbereich eines Bebauungsplanes, wenn dessen Festsetzungen eingehalten werden. Der Bauherr muss aber dennoch die üblichen Bauvorlagen bei der Bauaufsicht einreichen. Mit dem Bau darf erst einen Monat nach Einreichung begonnen werden. Vor Ablauf dieser Frist kann die Bauaufsichtsbehörde die Durchführung eines Genehmigungsverfahrens gegenüber dem Bauherrn anordnen.

Bei allen anderen Vorhaben mit Ausnahme von Sonderbauten (Aufzählung in § 2 Abs. 4 MBO) ist das vereinfachte Genehmigungsverfahren durchzuführen. Dabei prüft die Bauaufsichtsbehörde in erster Linie das Bauplanungsrecht. Die Einhaltung der Anforderungen an die Standsicherheit sowie an den Brand-, Schall-, Wärme- und Erschütterungsschutz ist durch bautechnische Nachweise entsprechender Sachverständiger zu belegen, § 66 MBO.

Zuständig für die Erteilung der Baugenehmigung sind in erster Linie die Gemeinden und Städte. Bei kleineren Gemeinden sieht das Landesrecht die Verlagerung der Bauaufsicht auf die übergeordnete Gebietskörperschaft, z. B. den Kreis, vor. In diesem Falle muss die Gemeinde nach § 36 BauGB durch Erteilung ihres Einvernehmens die bauplanungsrechtliche Zulässigkeit bestätigen.

Eine Baugenehmigung erlischt binnen drei Jahren nach ihrer Erteilung, wenn bis dahin nicht mit der Realisierung des Bauvorhabens begonnen wurde, oder wenn die Bauarbeiten seit mehr als einem Jahr unterbrochen sind, § 73 Abs. 1 MBO. Die Frist kann auf entsprechenden Antrag verlängert werden.

2.3 Prüfungsumfang/Verhältnis zu anderen Genehmigungen

Die Baugenehmigung ist nach § 72 Abs. 1 MBO zu erteilen, wenn dem Bauvorhaben keine öffentlich-rechtlichen Vorschriften entgegenstehen. In erster Linie betrifft dies bauordnungs- und bauplanungsrechtliche Vorschriften. Daneben müssen je nach Landesrecht auch das Immissionsschutz-, das Arbeitsstätten- sowie das Naturschutzrecht Berücksichtigung finden.

Für die Realisierung eines Vorhabens können neben der Baugenehmigung noch weitere Genehmigungen notwendig sein. Bei Baumaßnahmen an Baudenkmälern oder in näherer Umgebung zu solchen bedarf der Bauherr einer denkmalrechtlichen Erlaubnis. Liegt das Vorhaben in einem Naturschutz- oder Landschaftsschutzgebiet muss eine Befreiung von dem dort geltenden Bauverbot nach dem jeweiligen Landschaftsschutzgesetz vorliegen. Eine forstrechtliche Genehmigung wird für die Beseitigung von Wald benötigt.

Das Verhältnis der Baugenehmigung zu sonstigen notwendigen Genehmigungen ist je nach Bundesland unterschiedlich. In einigen Bundesländern kann die Baugenehmigung bereits vor Vorliegen der anderen Genehmigungen erteilt werden, z. B. in Bayern und Baden-Württemberg. In anderen Bundesländern wie Niedersachsen und Rheinland-Pfalz darf die Baugenehmigung erst erteilt werden, wenn sämtliche anderen notwendigen Genehmigungen bereits vorliegen.

2.4 Bauvorbescheid

Der Bauvorbescheid (§ 75 MBO) ist ein vorweggenommener Teil der späteren Baugenehmigung.

2.4.1 Inhalt

Sein Regelungsinhalt ist nicht festgelegt und richtet sich daher allein nach der Fragestellung im Antrag. Üblich und von besonderer Praxisbedeutung ist die Klärung der bauplanungsrechtlichen Zulässigkeit eines Vorhabens. Der Bauherr erhält hierdurch die Sicherheit, dass sein Vorhaben grundsätzlich bei unterstellter Erfüllbarkeit der bauordnungsrechtlichen Anforderungen genehmigungsfähig ist. Häufig stellt ein Bauvorbescheid die Grundlage für den Erwerb des Baugrundstückes dar oder klärt dessen wirtschaftliche Verwertbarkeit.

2.4.2 Bindungswirkung

Der Bauvorbescheid entfaltet Bindungswirkung für die spätere Baugenehmigung. Die Baugenehmigungsbehörde kann also die im Vorbescheid positiv beschiedenen Fragen im Baugenehmigungsverfahren nicht anders beurteilen. Der Bauvorbescheid setzt sich sogar gegen Änderungen des Planungsrechtes oder eine Veränderungssperre durch (BVerwG, BRS 42, Nr. 170).

Um in den Genuss der Bindungswirkung zu gelangen, genügt es, vor Ablauf der Geltungsdauer eines Bauvorbescheides den Bauantrag einzureichen. Die Bindungswirkung bezieht sich nur auf ein Vorhaben, das im Vergleich zum Vorbescheidsvorhaben die Genehmigungsfrage in bodenrechtlicher oder bauordnungsrechtlicher Hinsicht nicht erneut aufwirft (BVerwG, BRS 40, Nr. 71). Bereits geringfügige Abweichungen führen deshalb zum Entfallen der Bindungswirkung.

Beispiele:
- *Änderung der Lage des Baukörpers,*
- *Austausch der angebotenen Warensortimente bei einem Einzelhandelsvorhaben.*

2.5 Bestandsschutz

Viele ältere Gebäude sind auf Basis des seinerzeit gültigen Baurechtes genehmigt worden, entsprechen aber nicht den heutigen rechtlichen Anforderungen. Bei baulichen Änderungen oder Nutzungsänderungen ist dann fraglich, inwieweit der Ist-Zustand trotz der Änderungen Bestandsschutz genießt oder ob eine Anpassung an die heutigen Vorgaben erfolgen muss.

2.5.1 Inhalt

Eine legal errichtete bauliche Anlage darf dauerhaft auch bei Änderungen der Rechtslage weiter entsprechend der seinerzeitigen Baugenehmigung genutzt werden, sog. passiver Bestandsschutz. Durchbrochen wird dieser Grundsatz durch die in einigen Bauordnungen vorgesehene Möglichkeit nachträglicher Anordnungen zur Gewährleistung der Sicherheit für Leben oder Gesundheit (z. B. § 87 BauO NW). Ein über den passiven hinausgehender aktiver Bestandsschutz, der z. B. Erweiterungen des geschützten Bestandes trotz Verstoßes gegen das geltende Recht ermöglichen würde, scheidet regelmäßig aus (BVerwG, BauR 1991, S. 51). Etwas anderes gilt nur bei ausdrücklicher gesetzlicher Normierung wie in § 35 Abs. 4 BauGB. Infolgedessen werfen bauliche Änderungen und Nutzungsänderungen die Genehmigungsfrage neu auf.

Beispiel: *Bei nachträglicher Anbringung von Balkonen an einer Außenwand muss diese Außenwand die heutigen Abstandsflächenvorschriften einhalten.*

2.5.2 Entfallen

Vom Bestandsschutz sind Reparaturen und Modernisierungen gedeckt. Wenn diese Arbeiten allerdings so intensiv in die Bausubstanz eingreifen, dass eine statische Nachberechnung der gesamten Anlage notwendig wird oder die Kosten für die Instandhaltungsmaßnahmen die Kosten für eine Neuerrichtung erreichen, entfällt der Bestandsschutz (BVerwG, BauR 1975, S. 114).

Daneben kann der Bestandsschutz auch durch Aufgabe der Nutzung verloren gehen. Ohne neue Baugenehmigung darf die Nutzung dann nicht wieder aufgenommen werden. Für diese Fälle hat die Rechtsprechung ursprünglich ein Zeitmodell entwickelt: Im ersten Jahr nach Einstellung der Nutzung ist eine Wiederaufnahme unproblematisch möglich. Im zweiten Jahr spricht für die Wiederaufnahme noch eine Regelvermutung: Nur wenn Anhaltspunkte vorliegen, die nach der Verkehrsauffassung gegen eine Wiederaufnahme sprechen, erlischt der Bestandsschutz. Nach Ablauf von zwei Jahren kehrt sich die Vermutung in ihr Gegenteil um, so dass nur bei Vorliegen besonderer Umstände eine Wiederaufnahme infrage kommt (BVerwG, BauR 1995, S. 807). Einige Oberverwaltungsgerichte wenden diese Grundsätze aber nicht mehr an. Nach Auffassung des OVG NRW fällt eine Baugenehmigung nach Aufgabe der Nutzung nur dann weg, wenn ein eindeutiger Verzichtswillen des Bauherrn auf die Baugenehmigung festzustellen ist (OVG NRW, Beschluss v. 09.08.2013, Az: 2 A 2520/12). Etwas anderes gilt dann, wenn eine neue Nutzung ohne die erforderliche Nutzungsänderungsgenehmigung aufgenommen wird; dann entfällt der Bestandsschutz durch die Nutzungsaufnahme.

2.6 Baulasten

Eine Baulast beinhaltet öffentlich-rechtliche Verpflichtungen eines Grundstückseigentümers gegenüber der Bauaufsichtsbehörde zu einem Tun, Dulden oder Unterlassen, § 83 MBO. Sie dient der Herbeiführung der bauordnungsrechtlichen Genehmigungsfähigkeit. Die Baulastenerklärung ist vom Eigentümer gegenüber der Bauaufsichtsbehörde abzugeben, die ein Baulastenverzeichnis führt. Die Löschung einer Baulast kommt erst in Betracht, wenn sie nicht mehr benötigt wird, weil das Vorhaben auch ohne sie legal ist. Allein eine Vereinbarung zwischen Baulastbegünstigtem und -belastetem genügt daher nicht.

Beispiel:
- *Übernahme von Abstandsflächen einer auf dem Nachbargrundstück stehenden baulichen Anlage,*
- *Sicherung der Zufahrt zu einem Grundstück über ein anderes,*
- *Nachweis von Stellplätzen auf einem benachbarten Grundstück, Vereinigungsbaulast bei einheitlichem Gebäude auf mehreren Flurstücken.*

3 Bauplanungsrecht

Die bauplanungsrechtliche Zulässigkeit von Vorhaben richtet sich nach den §§ 29 bis 37 BauGB. Ein Grundstück kann im Geltungsbereich eines Bebauungsplanes (§ 30 BauGB), im unbeplanten Innenbereich (§ 34 BauGB) oder im Außenbereich (§ 35 BauGB) liegen.

3.1 Vorhaben im Geltungsbereich eines Bebauungsplanes

Im Geltungsbereich eines Bebauungsplanes ist ein Vorhaben zulässig, wenn es die Festsetzungen des Bebauungsplans einhält (§ 30 BauGB). Damit hat es bei einem qualifizierten Bebauungsplan, der mindestens Festsetzungen über die Art und das Maß der baulichen Nutzung sowie über die überbaubaren Grundstücksflächen und die örtlichen Verkehrsflächen enthält, sein Bewenden. Fehlt es an diesem Mindestinhalt, liegt ein einfacher Bebauungsplan vor, bei dem gem. § 30 Abs. 3 BauGB ergänzend zu den Festsetzungen des Bebauungsplans § 34 BauGB oder § 35 BauGB Anwendung finden.

Welche Festsetzungen in einem Bebauungsplan getroffen werden können, ergibt sich aus § 9 BauGB sowie der BauNVO. Letztere findet in der Fassung Anwendung, die zum Zeitpunkt des Inkrafttretens des Bebauungsplanes gültig war. Ein Festsetzungserfindungsrecht besteht nicht: Fehlt eine Ermächtigungsgrundlage für einen gewollten Regelungsinhalt kann dieser nicht festgesetzt werden.

3.1.1 Art der baulichen Nutzung

Vorgaben zur zulässigen Art der baulichen Nutzung machen in erster Linie die §§ 1 bis 15 BauNVO. Weitere Nutzungsarten sind im Katalog des § 9 Abs. 1 BauGB erwähnt.

a) Allgemeines

Durch die Festsetzung eines der in §§ 2 bis 11 BauNVO geregelten Baugebiete werden die dort aufgeführten Zulässigkeitskataloge zum Gegenstand des jeweiligen Bebauungsplanes. § 1 Abs. 4 bis 10 BauNVO erlauben Modifizierungen dieser Kataloge. Die Vorschriften zu den einzelnen Baugebieten sind systematisch gleich aufgebaut. Der erste Absatz bestimmt den Gebietscharakter. Im zweiten Absatz sind die allgemein zulässigen Nutzungen aufgeführt. Der dritte Absatz enthält die ausnahmsweise zulässigen Nutzungen.

b) Reines Wohngebiet (WR)

Ein reines Wohngebiet nach § 3 BauNVO dient ausschließlich dem Wohnen, weshalb nur Wohngebäude allgemein zulässig sind. Ausnahmsweise können Läden genehmigt werden.

Beispiele: „Tante-Emma-Laden", Kiosk.

Das Wohnen nicht störende Handwerksbetriebe, die die Bedürfnisse der Bewohner des reinen Wohngebietes decken müssen, sind ebenfalls ausnahmsweise zulässig.

Beispiel: Bäckerei, Friseur mit einem Kundenstamm, der aus dem gleichen Baugebiet stammt.

Unter den gleichen Voraussetzungen sind Anlagen für kirchliche, kulturelle, gesundheitliche und sportliche Zwecke ausnahmsweise zulässig. Bei Anlagen für soziale Zwecke (z. B. Kindertagesstätte) muss dieser Nachbarschaftsbezug nicht gegeben sein. Schließlich sind kleine Betriebe des Beherbergungsgewerbes (z. B. Pension, Ferienappartements) ausnahmsweise zulässig.

c) Allgemeines Wohngebiet (WA)

Ein allgemeines Wohngebiet (§ 4 BauNVO) dient vorwiegend dem Wohnen. Neben Wohngebäuden sind Läden, Schank- und Speisewirtschaften sowie nicht störende Handwerksbetriebe zulässig. Bezüglich der letzteren drei Nutzungen gilt eine Einschränkung auf die der Versorgung des Gebietes dienenden Einrichtungen.

Beispiel: Eine Eckkneipe ist zulässig, nicht jedoch ein Restaurant mit Gästen aus größerem Umfeld.

Bei den ebenfalls allgemein zulässigen Anlagen für kirchliche, kulturelle, soziale, gesundheitliche und sportliche Zwecke muss im Einzelfall gewährleistet sein, dass die Wohnruhe nicht beeinträchtigt wird.

Ausnahmsweise sind sonstige nicht störende Gewerbebetriebe zulässig. Bezugspunkt für den Störungsgrad ist die Wohnruhe. Dabei kommt es nicht auf den Störfaktor des konkreten Vorhabens an, sondern auf die typische Störwirkung eines Gewerbebetriebes der zur Genehmigung anstehenden Art und Größe. Im besonderen Maße relevant ist der erzeugte An- und Abfahrtsverkehr.

Beispiele:

- *Computerreparaturdienst ist nicht störend,*
- *Ausstellungs- und Lagergebäude eines Sanitärhandels stört,*
- *Videothek ist nur bei kleiner Größe und damit geringem Kundenaufkommen nicht störend.*

Ausnahmsweise zulässig sind Anlagen für Verwaltungen. Hierunter fallen nicht nur Gebäude und Einrichtungen der öffentlichen Hand, sondern auch von Trägern sonstiger öffentlicher Belange, die privatwirtschaftliche Zwecke verfolgen (z. B. Krankenkasse).

d) Mischgebiet (MI)

Mischgebiete (§ 6 BauNVO) sind gekennzeichnet durch ein Nebeneinander von Wohnen und Gewerbe. Um eine Wohnverträglichkeit zu gewährleisten, dürfen die zulässigen Gewerbebetriebe das Wohnen nicht wesentlich stören. Die Durchmischung der unterschiedlichen Nutzungen muss sich auf den ganz überwiegenden Teil des Gebietes beziehen. Sofern eine räumliche Trennung zwischen Wohnen und Gewerbe auszumachen ist, liegt statt eines Mischgebietes ein allgemeines Wohngebiet neben einem Gewerbegebiet vor.

Bei der Frage, ob ein Gewerbebetrieb das Wohnen nicht wesentlich stört, kommt es auf eine typisierende Betrachtungsweise an und nicht auf das Immissionsverhalten des konkreten zur Genehmigung gestellten Betriebes.

Beispiele:

- *Pizzalieferservice ist zulässig,*
- *Niederlassung eines Heizungsinstallateur- oder Sanitärunternehmen ist zulässig, da die handwerkliche Tätigkeit überwiegend beim Kunden und nicht in der Niederlassung erbracht wird,*
- *Kfz-Reparaturwerkstatt ist nur zulässig, wenn keine Lackierarbeiten durchgeführt werden.*

Vergnügungsstätten sind nur in einem überwiegend durch gewerbliche Nutzungen geprägten Teil des Mischgebietes allgemein zulässig. Außerdem dürfen sie nicht kerngebietstypisch sein.

Beispiel: Spielhalle mit Mehrfachkonzession und Nachtbetrieb ist kerngebietstypisch.

e) Urbanes Gebiet (MU)

Mit der BauGB-Novelle 2017 ist mit dem Urbanen Gebiet ein neuer Baugebietstyp eingeführt worden (§ 6a BauNVO). Urbane Gebiete dienen dem Wohnen sowie der Unterbringung von Gewerbebetrieben und sozialen, kulturellen und anderen Einrichtungen, die die Wohnnutzung nicht wesentlich stören. Anders als in einem Mischgebiet muss der Nutzungsmix nicht gleichgewichtig sein. Der Gesetzgeber möchte hierdurch die Entwicklung insbesondere von Wohnnutzungen im innerstädtischen Umfeld erleichtern.

f) Dorfgebiet (MD)

Ein Dorfgebiet (§ 5 BauNVO) weist eine Nutzungsmischung zwischen Wohnen und land- und forstwirtschaftlichen Betrieben sowie sonstigem Gewerbe auf. Die Zweckbestimmung und der Zulässigkeitskatalog spiegeln den dörflichen Charakter wieder, der in aller Regel nur bei historisch gewachsenen Gebieten vorliegt. Entsprechend des Gebietscharakters sind land- und forstwirtschaftliche Betriebe und Wirtschaftsstellen allgemein zulässig.

Beispiele: Bauernhöfe, Tierzuchtbetriebe, Molkereien, Käsereien, Getreidemühlen, Sägewerke.

Neben „normalen" Wohngebäuden sind auch typischerweise in Kleinsiedlungen vorkommende Wohngebäude mit gartenbaumäßiger Nutzung und Haltung von Kleintieren zur Selbstversorgung der Bewohner zulässig.

g) Dörfliches Wohngebiet (WD)

Mit dem Dörflichen Wohngebiet (§ 5a BauNVO) hat der Verordnungsgeber ein neues Gebiet geschaffen, in dem das Wohnen mehr Gewicht hat als im Dorfgebiet. Dies soll der zunehmenden Umstrukturierung der Dörfer dienen. Regelzulässig sind neben Wohnen nur Nebenerwerbsbetriebe der Land- und Forstwirtschaft.

h) Besonderes Wohngebiet (WB)

Eine besondere Stellung zwischen dem allgemeinen Wohngebiet und dem Gewerbegebiet nimmt das besondere Wohngebiet (§ 4 a BauNVO) ein. Nach dem Willen der planenden Gemeinde soll sich das Gebiet im Laufe der Jahre von einer eher mischgebietstypischen Verflechtung von Gewerbe und Wohnen zu einem allgemeinen Wohngebiet entwickeln. Deshalb sind nur solche Gewerbebetriebe allgemein zulässig, die der konkreten Eigenart des jeweiligen Gebietes entsprechen.

h) Kerngebiet (MK)

Ein Kerngebiet (§ 7 BauNVO) weist eine Nutzungsstruktur auf, die für ein Stadt- oder Stadtteilzentrum typisch ist. Neben den in § 7 Abs. 1 BauNVO genannten Handelsbetrieben und zentralen Einrichtungen der Wirtschaft, der Verwaltung und der Kultur prägen auch Wohnnutzungen den Gebietscharakter. Allerdings sind diese nur dann zulässig, wenn der Bebauungsplan sie erlaubt.

Wohnungen für Aufsichts- und Bereitschaftspersonen sowie für Betriebsinhaber und Betriebsleiter sind demgegenüber allgemein zulässig. Diese Personen haben von der Nähe zum Betrieb besondere Vorteile, z. B. weil sie einen im Kerngebiet gelegenen gewerblichen Betrieb im Notfall schnell erreichen müssen.

Im Kerngebiet sind jegliche Formen von Vergnügungsstätten, also auch solche mit großem Einzugsbereich, zulässig. Unter den Begriff der allgemein zulässigen Einzelhandelsbetriebe fallen auch großflächige Einzelhandelsbetriebe nach § 11 Abs. 3 BauNVO (ab 800 m^2 Verkaufsfläche) und Einkaufszentren.

i) Gewerbegebiet (GE)

Ein Gewerbegebiet (§ 8 BauNVO) dient der Unterbringung von nicht erheblich belästigenden Gewerbebetrieben. Es handelt sich um ein Auffangbaugebiet für diejenigen Betriebe, die wegen ihres Störgrades nicht in einem Mischgebiet zulässig sind, jedoch u. U. selbst eine gewisse Störungsfreiheit benötigen, so dass eine Ansiedlung im Industriegebiet ausscheidet. Unter den Begriff der Gewerbebetriebe aller Art fallen auch Einzelhandelsbetriebe. Wohnungen für Aufsichts- und Bereitschaftspersonen sowie Betriebsinhaber und Betriebsleiter sind ausnahmsweise zulässig, wenn sie einem Gewerbebetrieb zugeordnet und diesem untergeordnet sind. Da ein Gewerbegebiet grundsätzlich kein wohnverträgliches Umfeld darstellt, werden diese Anforderungen von der Bauaufsicht strikt angewendet und jeglicher Versuch, solche Wohnungen zu allgemeinem Wohnraum umzunutzen, unterbunden.

Häufig werden in Bebauungsplänen sog. eingeschränkte Gewerbegebiete festgesetzt. Hierbei handelt es sich nicht um eine Gebietsart nach der BauNVO, sondern um eine Modifizierung des § 8 BauNVO (auf Basis des § 1 Abs. 5 BauNVO). Zulässig sind nur mischgebietstypische Gewerbebetriebe, die das Wohnen nicht wesentlich stören. Eingeschränkte Gewerbegebiete eignen sich als Puffer zwischen Gewerbe- und Wohngebieten.

j) Industriegebiet (GI)

Ein Industriegebiet nach § 9 BauNVO dient der Unterbringung von solchen Gewerbebetrieben, die in allen anderen Baugebieten aufgrund ihres Störungsgrades unzulässig wären. Es handelt sich vornehmlich um solche, die einer Genehmigung nach dem BImSchG (Aufzählung in der 4. BImSchV) bedürfen.

k) Sondergebiete (SO)

In manchen städtebaulichen Situationen will die Gemeinde in einem Bebauungsplan einen Nutzungskatalog vorsehen, der keinem der Baugebiete der §§ 2 bis 9 BauNVO entspricht. Hierfür sieht § 11 BauNVO die Möglichkeit der Festsetzung eines Sondergebietes vor. Dessen Zweckbestimmung, die allgemein sowie die ausnahmsweise zulässigen Nutzungen, müssen von der Gemeinde für jeden Einzelfall konkret festgesetzt werden. Die Zweckbestimmung muss sich von den in der BauNVO geregelten Baugebieten wesentlich unterscheiden. § 11 Abs. 2 und § 10 BauNVO nennen Beispiele für zulässige Sondergebiete.

Ein Sondergebiet für großflächigen Einzelhandel ist nach § 11 Abs. 3 BauNVO neben einem Kerngebiet das einzige Baugebiet, in dem großflächige Einzelhandelsbetriebe (ab 800 m² Verkaufsfläche und einer Geschossfläche von 1200 m² aufwärts) zulässig sind, sofern nicht die Regelvermutung des § 11 Abs. 3 Satz 3 BauNVO widerlegt werden kann. Hintergrund sind die schädlichen Auswirkungen solcher Einzelhandelsbetriebe u. a. auf die verbrauchernahe Versorgung der Bevölkerung (Vermeidung von Einzelhandelsnutzungen „auf der grünen Wiese").

Häufig anzutreffen sind Sondergebiete für Büro- und Verwaltungsgebäude. Zulässig sind Einrichtungen der öffentlichen und/oder privaten Verwaltung sowie sonstige Büronutzungen.

l) Gemeinbedarf

Nach § 9 Abs. 1 Nr. 5 BauGB können in einem Bebauungsplan Flächen für den Gemeinbedarf festgesetzt werden. Diese müssen mit einer konkreten Zweckbestimmung für die Art der Einrichtung, die zulässig sein soll, versehen werden. Es handelt sich um Anlagen, die der Allgemeinheit dienen.

Beispiele: Pflegeheim, Kindertagesstätte, Schule, Polizeipräsidium.

Jegliche andere Nutzung ist auf einer Gemeinbedarfsfläche unzulässig.

m) Freie Berufe

Eine Sonderstellung nehmen Gebäude und Räume für freie Berufe ein. Nach § 13 BauNVO ist u. a. in reinen und allgemeinen Wohngebieten nur die Nutzung einzelner Räume eines Gebäudes durch freiberuflich Tätige zulässig. Die Räume dürfen die typische Größe einer einzelnen Wohnung im fraglichen Gebiet nicht überschreiten. In den anderen Baugebieten können ganze Gebäude freiberuflich genutzt werden.

n) Stellplätze/Garagen

Die bauplanungsrechtliche Zulässigkeit von Stellplätzen und Garagen regelt § 12 BauNVO. Vor allem in reinen und allgemeinen Wohngebieten sind Stellplätze und Garagen nur in dem Umfang zulässig, wie es dem Bedarf des konkreten Baugebietes entspricht. Es darf also z. B. in einem allgemeinen Wohngebiet kein Parkhaus für die Öffentlichkeit errichtet werden. Zumeist reglementieren die Festsetzungen eines Bebauungsplanes die Zulässigkeit von Stellplätzen und Garagen weitergehend, z. B. indem Stellplätze zwingend in Tiefgaragen vorzusehen sind.
Weitere Regelungen zu Stellplätzen enthält das Bauordnungsrecht. Es bestimmt die Anzahl der notwendigen Stellplätze in Abhängigkeit von der jeweiligen Nutzung. Darüber hinaus sieht es vor, dass die Stellplatzanordnung auf dem Baugrundstück keine unzumutbaren Belästigungen für die Nachbarschaft verursachen darf. Die Anlage von Stellplätzen im hinteren Grundstücksbereich von Wohngrundstücken scheidet daher regelmäßig aus, sofern nicht bereits entsprechende Vorbilder vorhanden sind.

o) Nebenanlagen

Die Zulässigkeit von Nebenanlagen regelt § 14 BauNVO. Nebenanlagen dienen dem Nutzungszweck der baulichen Hauptanlage.

Beispiele: Gartenlauben, Geräteräume, gemauerte Kompostanlagen, Gewächshäuser, Schwimmbecken, Silos, Einrichtungen für die Kleintierhaltung.

Nach § 14 Abs. 1 BauNVO sind Nebenanlagen allgemein zulässig, sofern sie der Eigenart des jeweiligen Baugebietes nicht widersprechen. Zudem müssen sie dem Nutzungszweck eines im Baugebiet gelegenen Grundstückes oder des Baugebietes selbst zu dienen bestimmt sein. Nicht zulässig wäre deshalb eine Nebenanlage, die im Bezug zu einer in einem anderen Baugebiet gelegenen Hauptanlage steht. Dem Baugebiet selbst dient eine Anlage, wenn sie in einem Bezug zu mehreren baulichen Hauptanlagen in dem Gebiet steht.

Beispiel: Blockheizkraftwerk für das Wohngebiet, in dem es stehen soll.

Fehlt einer Nebenanlage zur Versorgung mit Elektrizität, Wärme etc. der Bezug zum konkreten Baugebiet, in dem sie zugelassen werden soll, kann sie dennoch gemäß § 14 Abs. 2 BauNVO ausnahmsweise zulässig sein.

Beispiel: Blockheizkraftwerk, das ein benachbartes Baugebiet (mit-)versorgt.

Anlagen zur Gewinnung von Solarenergie sind durch § 14 Abs. 3 und 4 BauNVO erleichtert zulässig.

p) Unzulässigkeit im Einzelfall

Selbst wenn ein Vorhaben sämtliche Festsetzungen des Bebauungsplanes einhält, kann es trotzdem nach § 15 Abs. 1 BauNVO im Einzelfall unzulässig sein. In der ersten Variante (Satz 1) widerspricht das Vorhaben der Eigenart des Baugebietes. Hiermit ist zunächst die allgemeine Zweckbestimmung des Baugebietes i. S. der jeweils ersten Absätze der §§ 2 bis 11 BauNVO gemeint. Typischer Anwendungsfall ist das „Umkippen" eines Mischgebietes in Richtung eines Gewerbe- oder allgemeinen Wohngebietes, wenn durch das beantragte Vorhaben die eine oder andere Nutzungsart derart dominieren würde, dass die mischgebietstypische Verflechtung der Nutzungen nicht mehr vorliegen würde.

In der zweiten Variante (Satz 2) geht es um unzumutbare Immissionen durch das beantragte Vorhaben oder zu seinen Lasten durch bereits bestehende Nutzungen. Diese Regelung ist eine gesetzliche Ausprägung des allgemeinen Gebotes zur gegenseitigen Rücksichtnahme zwischen benachbarten Nutzungen. Ist die Immissionssituation unzumutbar, wird die Genehmigung versagt. Eine Unzumutbarkeit liegt vor, wenn trotz Erfüllung aller denkbaren Anforderungen gesunde Wohn- oder Arbeitsverhältnisse nicht gewährleistet werden können. Häufig geht es um Fallgestaltungen, in denen zwei unterschiedliche Baugebiete aufeinander treffen und das beantragte Vorhaben im Randbereich eines der beiden Baugebiete liegen soll.

q) Feingliederungsmöglichkeiten

Die Nutzungskataloge der §§ 2 bis 9 BauNVO können im Einzelfall von der planenden Gemeinde geändert werden. Sicherzustellen ist allerdings, dass der Gebietscharakter des jeweiligen Baugebietes gewahrt bleibt. Die rechtlichen Grundlagen für Feingliederungen finden sich in § 1 Abs. 4 bis 10 BauNVO.

Nach § 1 Abs. 5 BauNVO können allgemein zulässige Nutzungen entweder für nur ausnahmsweise zulässig erklärt oder sogar generell ausgeschlossen werden.

Beispiel: Im allgemeinen Wohngebiet sind Handwerksbetriebe nicht oder nur ausnahmsweise zulässig.

§ 1 Abs. 6 BauNVO bezieht sich auf ausnahmsweise zulässige Nutzungen, die entweder vollständig ausgeschlossen oder für allgemein zulässig erklärt werden können.

Beispiel: Im allgemeinen Wohngebiet sind Beherbergungsbetriebe allg. zulässig oder nicht Bestandteil des Bebauungsplanes.

Nach § 1 Abs. 7 BauNVO (vertikale Gliederung) kann die Zulässigkeit bzw. ausnahmsweise Zulässigkeit von Nutzungen auf einzelne Geschosse, Ebenen oder sonstige Teile baulicher Anlagen beschränkt werden.

Beispiel: Im Mischgebiet sind Wohnnutzungen nur oberhalb des 1. OG zulässig.

Eine horizontale Gliederung ermöglicht § 1 Abs. 4 BauNVO. Damit können die zulässigen Nutzungen auf bestimmte Bereiche des Baugebiets aufgeteilt werden.

Beispiel: Gliederung eines Gewerbegebietes nach dem Emissionsverhalten der Betriebe.

Die BauNVO verwendet in den Zulässigkeitskatalogen Oberbegriffe für bestimmte Nutzungsarten, wie z. B. Einzelhandelsbetriebe. § 1 Abs. 9 BauNVO ermöglicht eine weitergehende Differenzierung nach Unterarten eines von der BauNVO verwendeten Oberbegriffes. Es muss sich aber um objektiv bestimmbare Typen von Anlagen handeln und nicht faktisch um ein konkretes einzelnes Vorhaben.

Beispiele:

- *Als Unterart der Nutzung Einzelhandelsbetriebe können solche Einzelhandelsbetriebe ausgeschlossen werden, die innenstadtrelevante Sortimente (wie z. B. Bekleidung und Bücher) anbieten.*
- *Unzulässig ist eine Festsetzung, wonach nur solche Gewerbebetriebe, die keinen nächtlichen An- und Abfahrtsverkehr hervorrufen, genehmigungsfähig sind.*

Bei § 1 Abs. 10 BauNVO handelt es sich um eine spezielle Vorschrift zum Bestandsschutz. Danach ist es möglich, einer bestehenden baulichen Anlage bei einer Überplanung erweiterten Bestandsschutz zu gewähren, obwohl sie eigentlich nach Inkrafttreten des Bebauungsplanes bauplanungsrechtlich unzulässig wäre. Auf diese Art und Weise können Erweiterungen, Änderungen und Nutzungsänderungen genehmigungsfähig bleiben.

In einem Sondergebiet gelten die Feingliederungsvorschriften des § 1 Abs. 4 bis 10 BauNVO nicht, § 1 Abs. 3 Satz 2 BauNVO. Daher ist die planende Gemeinde bei den Festsetzungen für ein Sondergebiet freier und muss die vorstehend dargestellten Grenzen nicht einhalten.

3.1.2 Maß der baulichen Nutzung

Regelungen zum Maß der baulichen Nutzung enthalten die §§ 16 bis 21a BauNVO.

a) GRZ/GFZ/BMZ

Die Grundflächenzahl (GRZ) nach § 19 BauNVO bestimmt den Anteil des Baugrundstückes, der von baulichen Anlagen überdeckt werden darf. Nach § 19 Abs. 4 BauNVO sind bestimmte Anlagen wie Garagen, Stellplätze und unterirdische Anlagen auf die Grundfläche anzurechnen. § 19 Abs. 5 BauNVO ermöglicht ein Überschreiten zugunsten der Wind- und Solarenergie im GE, GI und SO.

Die Geschossflächenzahl (GFZ) nach § 20 BauNVO bestimmt die zulässige Geschossfläche im Verhältnis zur Grundstücksfläche. Ausschlaggebend ist allein die Fläche von Vollgeschossen. Wann ein Vollgeschoss vorliegt, bestimmt die jeweilige Bauordnung. Kriterium ist regelmäßig ein Mindestmaß für die Höhe des Geschosses (in NRW 2,30 m) sowie für das Hinausragen über die Geländeoberfläche (in NRW 1,60 m). Ein Staffelgeschoss, das gegenüber den Außenwänden des Gebäudes zurückversetzt ist, zählt nur dann als Vollgeschoss, wenn es eine Mindestgrundfläche im Verhältnis zur Grundfläche des darunterliegenden Vollgeschosses aufweist (in NRW 2/3).

Die Baumassenzahl (BMZ) nach § 21 BauNVO gibt an, wie viel m³ Baumasse je m² Grundstücksfläche zulässig ist. Von Relevanz ist die Baumassenzahl zumeist nur bei gewerblichen Bauten, die keine Vollgeschosse, sondern z. B. Ebenen aufweisen.

Maßgeblich zur Bestimmung der für alle drei Kennzahlen relevanten Grundstücksfläche ist die im jeweiligen Baugebiet hinter der Straßenbegrenzungslinie/Straßengrenze liegende Fläche des Baugrundstückes. Verkehrs- oder Grünflächen sind daher nicht zu berücksichtigen. Ausschlaggebend für die Bestimmung der Größe des Baugrundstückes ist die Eintragung im Grundbuch als Flurstück. Deshalb führt eine Vereinigungsbaulast nicht zur Vergrößerung der maßgeblichen Grundstücksfläche.

Die Festsetzungen zur GRZ, GFZ oder BMZ erfolgen als Dezimalzahl. Alternativ kann auch ein absoluter Wert vorgesehen werden.

Beispiele: GRZ = 0,4; GFZ =1,0; Geschossfläche = 20 000 m².

§ 17 BauNVO legt bei der Bauleitplanung zu berücksichtigende Obergrenzen für die GRZ, die GFZ und die BMZ in Abhängigkeit vom jeweiligen Baugebiet fest. Hierdurch sollen gesunde Wohn- und Arbeitsverhältnisse gewährleistet und nachteilige Auswirkungen auf die Umwelt sowie die Verkehrsabwicklung vermieden werden. Eine Überschreitung der Obergrenzen ist nach § 17 Abs. 2 BauNVO zulässig, wenn gesunde Wohn- und Arbeitsverhältnisse gewahrt, Umwelt- und Verkehrsbelange sowie sonstige öffentliche Belange nicht entgegenstehen.

b) Höhe baulicher Anlagen

Die maximal zulässige Höhe baulicher Anlagen wird typischerweise durch die Festsetzung der Firsthöhe, Traufhöhe oder Gebäudehöhe festgelegt. Zulässig ist auch die Vorgabe einer Mindest- oder zwingenden Höhe. Als Bezugspunkt für die Höhenmessung bietet sich Normalnull oder die Höhe einer benachbarten Straße an.

c) Vollgeschosse

Nach § 16 Abs. 2 Nr. 3 BauNVO kann die Zahl der Vollgeschosse festgesetzt werden. Zulässig ist die Angabe eines Höchst- und/oder eines Mindestmaßes oder eines zwingenden Maßes.

3.1.3 Überbaubare Grundstücksflächen

Die überbaubare Grundstücksfläche (Baufenster) wird durch Baugrenzen, Baulinien oder eine Bebauungstiefe geregelt (§ 23 BauNVO).

a) Festsetzungsarten

Bei einer Baulinie muss die bauliche Anlage zwingend auf dieser errichtet werden, § 23 Abs. 2 Satz 1 BauNVO.

Baugrenzen i. S. von § 23 Abs. 3 BauNVO dürfen nicht überschritten werden. Ein Zurückbleiben hinter der Baugrenze ist aber (anders als bei einer Baulinie) zulässig.

Eine Bebauungstiefe regelt den maximal zulässigen Abstand einer baulichen Anlage von der Straßengrenze und entfaltet damit die gleichen Wirkungen wie eine Baugrenze, § 23 Abs. 4 BauNVO.

b) Ausnahmen

Ein Überschreiten von Baugrenzen oder Baulinien durch Gebäudeteile in geringfügigem Ausmaß kann zugelassen werden (§ 23 Abs. 2 Satz 2 u. Abs. 3 Satz 2 BauNVO). Gleiches gilt für ein Zurückbleiben hinter einer Baulinie. Ein geringfügiges Ausmaß ist nur dann anzunehmen, wenn das betreffende Gebäudeteil von seiner Baumasse unbedeutend ist und gegenüber dem Gesamtbauvorhaben nicht nennenswert ins Gewicht fällt.

Beispiele: Balkone, Erker, Kamin, Außenaufzug.

Es darf sich immer nur um Gebäudeteile und nicht um das Gebäude selbst handeln. Unzulässig ist es daher, wenn die gesamte Fassade in einem bestimmten Bereich über die Baugrenze/Baulinie vorspringt. Im Bebauungsplan können weitere Ausnahmen festgesetzt werden, § 23 Abs. 2 Satz 3 BauNVO.

c) Anlagen außerhalb des Baufensters

Außerhalb der überbaubaren Grundstücksflächen sind nach § 23 Abs. 5 BauNVO – vorbehaltlich einer anderen Festsetzung im Bebauungsplan – u. a. Nebenanlagen i. S. von § 14 BauNVO zulässig. Zudem sind die Anlagen zulässig, die nach der jeweiligen Bauordnung in den Abstandsflächen zulässig sind.

Beispiele: Stellplätze, Garagen, Gewächshäuser und Geräteschuppen.

3.1.4 Bauweise

a) Offene Bauweise

In der offenen Bauweise gemäß § 22 Abs. 2 BauNVO werden Gebäude mit seitlichem Grenzabstand als Einzelhäuser, Doppelhäuser oder Hausgruppen errichtet. Die Gebäudelänge darf 50 m nicht überschreiten.

b) Geschlossene Bauweise

In der geschlossenen Bauweise (§ 22 Abs. 3 BauNVO) dürfen die Gebäude keinen seitlichen Grenzabstand aufweisen, müssen also aneinander gebaut werden.

Eine Ausnahme gilt dann, wenn die vorhandene Bebauung eine Abweichung erfordert, § 22 Abs. 3, 2. Halbsatz BauNVO. Hierdurch soll sichergestellt werden, dass keine unzumutbaren Verhältnisse durch die Realisierung der geschlossenen Bauweise entstehen. Grund für eine Ausnahme können Aspekte des Brandschutzes, der Belichtung, der Belüftung oder der Gestaltung sein. Allein ein mit Abstand zur gemeinsamen Grenze errichtetes Gebäude auf dem Nachbargrundstück erfordert nicht die Einhaltung eines Grenzabstandes. Notwendig ist vielmehr, dass unzumutbare Verhältnisse für den Nachbarn drohen, wenn nicht von der geschlossenen Bauweise abgewichen wird.

c) Abweichende Bauweise

Möglich ist auch die Festsetzung einer abweichenden Bauweise, § 22 Abs. 4 BauNVO. Ausschlaggebend ist dann die jeweilige Definition im Bebauungsplan.

Beispiele:

- *Sog. halboffene Bauweise: an einer Seite wird an die Grundstücksgrenze und an der anderen mit Grenzabstand gebaut.*
- *Kettenbauweise: das Erdgeschoss wird ohne Grenzabstand, die oberen Geschosse mit Grenzabstand errichtet.*

d) Geltungsbereich

Die Festsetzung der Bauweise gilt für die gesamte überbaubare Grundstücksfläche und auf der vollen Höhe der baulichen Anlage. In der geschlossenen Bauweise kann deshalb ein Gebäude eine größere Bebauungstiefe oder Höhe aufweisen als das Nachbargebäude. Bei Doppelhäusern ist allerdings nach der Rechtsprechung des Bundesverwaltungsgerichtes regelmäßig nur eine gleich tiefe Bebauung auf der Grundstücksgrenze zulässig (BVerwG, BauR 2000, S. 1168).

3.1.5 Sonstige Festsetzungen

a) Grünordnerische Festsetzungen

Üblich ist z. B. die Festsetzung einer öffentlichen (allgemein zugänglichen) oder privaten Grünfläche nach § 9 Abs. 1 Nr. 15 BauGB. Flächen für das Anpflanzen von Bäumen, Sträuchern oder sonstigen Pflanzen oder für den Erhalt bereits bestehender Bepflanzungen können nach § 9 Abs. 1 Nr. 25 BauGB vorgesehen werden.

Solche Festsetzungen haben häufig den Zweck, einen durch den Bebauungsplan verursachten Eingriff in Natur und Landschaft (z. B. wegen Versiegelung von Boden oder Verlust bestehender Bepflanzungen) im Plangebiet zu kompensieren. Genügt dies nicht für eine vollständige Kompensation, muss ein weitergehender Ausgleich außerhalb des Bebauungsplangebietes erfolgen, vgl. § 1a Abs. 3 BauGB.

b) Verkehrsflächen

Regelmäßig sind im Bebauungsplan öffentliche Verkehrsflächen oder Privatstraßen festgesetzt. Daneben kommt zur Sicherstellung der Erschließung einzelner Baufelder eine Festsetzung nach § 9 Abs. 1 Nr. 21 BauGB in Betracht, die vorgibt, dass die betroffenen Flächen mit einem Geh-, Fahr- und Leitungsrecht im Grundbuch zu sichern sind.

c) Gestaltung

Gestalterische Festsetzungen ermöglichen die jeweiligen Bauordnungen, vgl. § 86 MBO. Statt einer eigenständigen Satzung können Gestaltungsvorschriften auch in einen Bebauungsplan aufgenommen werden.

Beispiele:

- *Dachneigung weniger als 45°*
- *rote Verklinkerung*
- *Beschränkungen für Werbeanlagen z. B. bzgl. der Größe.*

d) Bedingte Festsetzungen

§ 9 Abs. 2 BauGB ermöglicht bedingte Festsetzungen. Danach sind bzw. werden Nutzungen abhängig vom Eintreten bestimmter Umstände zulässig oder unzulässig.

Beispiele:

- *Wohnnutzung erst zulässig, wenn Lärmschutzwand errichtet ist.*
- *Wohnnutzung zulässig bis Realisierung einer gewerblichen Nutzung.*

3.1.6 Vorhabenbezogener Bebauungsplan

a) Bedürfnis

Die bisherigen Erläuterungen zu den Festsetzungsmöglichkeiten beziehen sich auf einen „normalen" Bebauungsplan, der häufig auch als Angebotsbebauungsplan bezeichnet wird. Er eröffnet für den Bauwilligen eine Variationsbreite, ermöglicht also eine Vielzahl unterschiedlicher Vorhaben. Wenn ein Investor ein ganz bestimmtes Vorhaben realisieren will und hierfür das Planungsrecht noch geschaffen werden muss, kommt die Aufstellung eines vorhabenbezogenen Bebauungsplanes nach § 12 BauGB in Betracht. Dieser ermöglicht allein die Realisierung des konkreten Vorhabens.

b) Bestandteile

Ein vorhabenbezogener Bebauungsplan besteht aus drei Teilen: dem Bebauungsplan, dem Vorhaben- und Erschließungsplan sowie dem Durchführungsvertrag. Der Vorhaben- und Erschließungsplan ist eine zeichnerische Darstellung des Vorhabens. Er beinhaltet zumeist Schnitte der einzelnen baulichen Anlagen und eine Projektion ihrer Lage und ihres schematischen Grundrisses in den Bebauungsplan. Im Durchführungsvertrag ist vor allem eine Verpflichtung zur Realisierung des Vorhabens durch den Vorhabenträger innerhalb einer bestimmten Frist vorzusehen. Die drei Bestandteile des vorhabenbezogenen Bebauungsplanes müssen aufeinander abgestimmt sein und dürfen keine Widersprüche bei der Konkretisierung des Vorhabens aufweisen.

c) Festsetzungen

Bei den Festsetzungen im vorhabenbezogenen Bebauungsplan ist die Gemeinde nach § 12 Abs. 3 Satz 2 BauGB nicht an den Festsetzungskatalog nach § 9 BauGB und der BauNVO gebunden. Es sind deshalb Festsetzungen möglich, die in einem Angebotsbebauungsplan unzulässig sind.

Beispiel: Zulässig sind Gewerbebetriebe ohne nächtlichen Lkw-Verkehr.

Zumeist greift man aber auch beim vorhabenbezogenen Bebauungsplan auf die üblichen Festsetzungen zurück.

d) Vorhabenbegriff

Der Vorhabenbegriff ist sehr eng zu verstehen, weshalb bereits auf Bebauungsplanebene eine Detailschärfe wie bei einem Bauvorbescheid anzustreben ist. Allerdings ermöglicht § 12 Abs. 3a BauGB seit dem Jahre 2006 Festsetzungen mit größerem Spielraum mit der Folge, dass die eigentliche Konkretisierung des Vorhabens nur durch den Durchführungsvertrag erfolgt.

3.1.7 Ausnahmen und Befreiungen

Bei der Anwendung eines Bebauungsplanes oder eines vorhabenbezogenen Bebauungsplanes kann eine Ausnahme oder Befreiung von den Festsetzungen notwendig sein, um zur Genehmigungsfähigkeit des Vorhabens zu gelangen.

a) Ausnahme

Nach § 31 Abs. 1 BauGB können von den Bebauungsplanfestsetzungen solche Ausnahmen zugelassen werden, die in dem Bebauungsplan ausdrücklich vorgesehen sind. Hiervon sind vor allem die ausnahmsweise zulässigen Nutzungen gemäß der dritten Absätze der §§ 2 bis 9 BauNVO erfasst. Aber auch bezüglich des Maßes der baulichen Nutzung kann der Bebauungsplan ausdrücklich eine Ausnahme vorsehen.

Beispiel: Zulässig sind Gebäude mit einer maximalen Höhe von 40 m ü. NN. Ausnahmsweise dürfen technische Aufbauten diese Höhe um bis zu 2 m überschreiten.

Die Erteilung einer Ausnahme steht im Ermessen der Behörde, der Bauherr hat also grundsätzlich keinen Anspruch auf die Gewährung der Ausnahme. Eine Versagung kommt vor allem dann in Betracht, wenn die Ausnahme eine Entwicklung einleiten würde, die die Eigenart des Baugebietes beeinträchtigt. Sind keine städtebaulichen Bedenken erkennbar, muss die Ausnahme gewährt werden und der Bauherr hat dann auf sie einen Anspruch.

b) Befreiung

Ermöglicht der Bebauungsplan keine Ausnahme, kann gemäß § 31 Abs. 2 BauGB die Erteilung einer Befreiung in Frage kommen. Hierfür müssen drei Voraussetzungen erfüllt sein:

- die Grundzüge der Planung dürfen nicht berührt werden,
- die Befreiung muss unter Würdigung nachbarlicher Interessen mit den öffentlichen Belangen vereinbar sein und
- es muss einer der in § 31 Abs. 2 Nr. 1 bis 3 BauGB genannten Befreiungsgründe vorliegen.

Im ersten Schritt darf durch die Befreiung keine Beeinträchtigung der Grundzüge der Planung des jeweiligen Bebauungsplanes eintreten. Unter Grundzüge der Planung versteht man die aus der Begründung zum Bebauungsplan ersichtlichen wesentlichen städtebaulichen Erwägungen der planenden Gemeinde. Wenn eine Befreiung das Grundkonzept des Bebauungsplanes tangieren würde, bleibt nur der Weg einer Bebauungsplanänderung.

Des Weiteren muss die Befreiung mit öffentlichen und nachbarlichen Belangen vereinbar sein. Zu prüfen ist in diesem Zusammenhang, ob städtebauliche Interessen der planenden Gemeinde, die nicht zu den Grundzügen der Planung gehören, der Befreiung entgegenstehen. Bei der Würdigung nachbarlicher Interessen ist das Gebot der gegenseitigen Rücksichtnahme zu beachten.

Zusätzlich muss eine der drei folgenden Voraussetzungen vorliegen:

- Gründe des Wohls der Allgemeinheit erfordern die Befreiung,
- die Abweichung ist städtebaulich vertretbar oder
- die Durchführung des Bebauungsplanes würde zu einer offenbar nicht beabsichtigten Härte führen.

Einschlägig ist in den meisten Fällen die städtebauliche Vertretbarkeit der Befreiung. Als städtebaulich vertretbar ist alles anzusehen, was in einem Bebauungsplan unter Berücksichtigung des Abwägungsgebotes planbar wäre. Damit ist ein weiter Spielraum für Befreiungen eröffnet, solange die Grundzüge der Planung nicht berührt sind.

Die Erteilung einer Befreiung steht im Ermessen der Behörde. Selbst wenn die Voraussetzungen des § 31 Abs. 2 BauGB erfüllt sind, besteht also kein Anspruch auf Erteilung der Befreiung. Die Bauaufsichtsbehörde muss lediglich ihr Ermessen fehlerfrei ausüben, also die Erteilung oder Ablehnung mit zutreffenden Erwägungen begründen. Sofern der Befreiung gewichtige Interessen entgegenstehen, muss sie versagt werden. Dem Bauherrn steht ein einklagbarer Anspruch auf Erteilung der Befreiung nur zu, wenn schwerwiegende Eigentümerinteressen zu einer sog. Ermessensreduzierung auf null führen. In diesem Falle ist jede andere Entscheidung als die Gewährung der Befreiung ermessensfehlerhaft, was nur selten anzunehmen ist. Wenn die Behörde „nur" unzutreffende Erwägungen bei der Ablehnung der Befreiung angestellt hat, führt ein Gerichtsverfahren lediglich dazu, dass die Behörde eine neue Ermessensentscheidung treffen muss. Das Ergebnis der Entscheidung ist dann nach wie vor offen. Deshalb ist in der Genehmigungspraxis eine sehr unterschiedliche Anwendung des § 31 Abs. 2 BauGB je nach Einzelfall und zuständiger Baugenehmigungsbehörde zu verzeichnen. Zum Teil wird der Tatbestand des § 31 Abs. 2 BauGB sehr weit ausgelegt, in anderen Fällen indessen sehr restriktiv gehandhabt.

In Gebieten mit angespanntem Wohnungsmarkt erleichtert § 31 Abs. 3 BauGB Befreiungen.

3.1.8 Exkurs: Aufstellung eines Bebauungsplanes

Die Gemeinden haben nach § 1 Abs. 3 BauGB Bauleitpläne aufzustellen, sobald und soweit es für die städtebauliche Entwicklung und Ordnung erforderlich ist. Üblicherweise beginnt ein Bebauungsplanverfahren mit einem Aufstellungsbeschluss des Planungsausschusses oder des Gemeinderates, der das Planungsziel in Form eines Bebauungsplanvorentwurfes für das betroffene Areal beinhaltet.

a) Frühzeitige Beteiligung

An den Aufstellungsbeschluss schließt sich die frühzeitige Bürgerbeteiligung nach § 3 Abs. 1 BauGB an. Eine bestimmte Form ist hierfür nicht vorgegeben. Gängig ist die Durchführung einer Bürgerversammlung, auf der die Planungsabsichten vorgestellt und den anwesenden Bürgern die Gelegenheit zur Äußerung gegeben wird. Anschließend kann regelmäßig für einen Zeitraum von (je nach Gemeinde) zwischen zwei bis vier Wochen von jedem Bürger schriftlich zu den Planabsichten Stellung genommen werden.

Parallel zur frühzeitigen Bürgerbeteiligung erfolgt nach § 4 Abs. 1 BauGB die frühzeitige Beteiligung von Behörden und sonstigen Trägern öffentlicher Belange. Der Bebauungsplanvorentwurf wird hierzu an die in ihrem Aufgabenbereich berührten Ämter und Behörden mit einer Stellungnahmefrist übersendet. Zu den sonstigen Trägern öffentlicher Belange zählen z. B. die Versorgungsträger/Energieunternehmen, die Deutsche Telekom AG sowie die IHK und Naturschutzverbände.

Unter Berücksichtigung des Ergebnisses der frühzeitigen Beteiligung ist der Bebauungsplanvorentwurf zu einem Bebauungsplanentwurf fortzuentwickeln. Für diesen Entwurf beschließt dann der Planungsausschuss oder der Rat der Gemeinde (je nach Gemeinde unterschiedlich) die Offenlage des Bebauungsplanentwurfes. Der Beschluss ist im Amtsblatt der Gemeinde und ggf. auch in Tageszeitungen bekannt zu machen. Die Bürger haben dann gemäß § 3 Abs. 2 BauGB für die Dauer von einem Monat die Gelegenheit, den Bebauungsplanentwurf bei der Gemeinde einzusehen und Anregungen abzugeben. Parallel hierzu wird gemäß § 4 Abs. 2 BauGB eine erneute Beteiligung der Behörden und sonstigen Träger öffentlicher Belange durchgeführt.

b) Abwägung

Die planende Gemeinde muss bei Aufstellung eines Bebauungsplanes in eigener Verantwortung die betroffenen Belange ermitteln und bewerten sowie einen angemessenen Ausgleich zwischen den widerstreitenden Belangen herstellen (Abwägung, § 1 Abs. 7 BauGB). Eine beispielhafte Aufzählung der zu beachtenden Belange findet sich in § 1 Abs. 6 BauGB. Zu den abzuwägenden Gesichtspunkten zählen insbesondere die eingegangenen Anregungen von Bürgern und Stellungnahmen von Behörden/Trägern öffentlicher Belange aus beiden Beteiligungsverfahren. Die Gemeinde entscheidet diesbezüglich, ob sie ihnen folgt oder nicht. Zuständig für die Abwägungsentscheidung ist der Gemeinderat.

c) Begründung

Die Bewertung der Belange und vor allem auch die jeweilige städtebauliche Begründung für die getroffenen Festsetzungen werden in der Begründung zum Bebauungsplan niedergelegt, § 10 Abs. 4 BauGB. Die Begründung dient deshalb auch zur Auslegung der Festsetzungen des Bebauungsplanes im Rahmen der späteren Anwendung und kann vor allem Anhaltspunkte dafür liefern, ob die Erteilung einer Ausnahme oder Befreiung nach § 31 BauGB in Frage kommt.

d) Umweltbericht

Daneben gehört zum Bebauungsplan ein Umweltbericht (§ 2 Abs. 4 BauGB und Anlage 1 zum BauGB). Dieser beschäftigt sich ausschließlich mit den betroffenen Umweltbelangen, also den Auswirkungen des Bebauungsplanes auf Flora und Fauna sowie auf das Orts- und Landschaftsbild. Daneben werden die Konsequenzen für die menschliche Gesundheit (z. B. Lärmzunahme, Luftschadstoffe) beschrieben und bewertet.

e) Satzungsbeschluss

Der Satzungsbeschluss über den Bebauungsplan (§ 10 Abs. 1 BauGB) ist ortsüblich, also im Amtsblatt und ggf. in Tageszeitungen, bekannt zu machen. Mit der Bekanntmachung tritt der Bebauungsplan in Kraft.

f) § 33 BauGB

In manchen Fällen besteht ein Bedürfnis für die Erteilung einer Baugenehmigung noch vor Inkrafttreten des Bebauungsplanes, obwohl dieser erst die planungsrechtliche Zulässigkeit des Vorhabens herbeiführen wird. § 33 BauGB ermöglicht eine vorgezogene Genehmigung, wenn das Vorhaben den zukünftigen Festsetzungen des Bebauungsplanes entspricht und der Antragsteller diese Festsetzungen schriftlich anerkennt. Frühester Zeitpunkt für eine Genehmigung nach § 33 BauGB ist die Beendigung der Offenlage und Behördenbeteiligung nach §§ 3 Abs. 2, 4 Abs. 2 BauGB.

Zusätzlich muss die sogenannte materielle Planreife vorliegen. Erforderlich ist hierfür, dass mit dem Inkrafttreten des Bebauungsplanes in der offen gelegten Form mit an Sicherheit grenzender Wahrscheinlichkeit zu rechnen ist. Wenn zweifelhaft ist, ob der Gemeinderat den Bebauungsplan tatsächlich beschließen wird, weil die politische Mehrheit auf der Kippe steht oder während der Offenlage schwerwiegende Anregungen eingegangen sind, scheidet eine Genehmigung vor Satzungsbeschluss nach § 33 BauGB aus.

3.1.9 Veränderungssperre/Zurückstellung

Während der u. U. langen Dauer eines Bebauungsplanverfahrens besteht das bisherige Planungsrecht fort. Die Bauaufsichtsbehörden müssen also auf Basis des bisherigen Bebauungsplanes oder der §§ 34, 35 BauGB Baugenehmigungsanträge bearbeiten und bescheiden. Eine Baugenehmigung und ein Bauvorbescheid setzen sich gegen den später in Kraft tretenden Bebauungsplan durch. Für die planende Gemeinde kann dies eine missliche Situation sein, weil auf diese Art und Weise der Bebauungsplan noch vor seinem Inkrafttreten unterwandert werden kann. Zur Sicherung der gemeindlichen Planungshoheit ermöglichen deshalb die §§ 14 und 15 BauGB eine Zurückstellung von Baugesuchen und den Erlass einer Veränderungssperre.

a) Aufstellungsbeschluss

Voraussetzung ist, dass die Gemeinde einen Aufstellungsbeschluss über einen Bebauungsplan gefasst hat. Inhaltlich muss der Beschluss die Planungsziele für das Bebauungsplangebiet näher konkretisieren. Anlass für den Aufstellungsbeschluss kann ein konkreter Bauantrag sein, den die Gemeinde nicht genehmigen möchte.

Beispiel: Ein Lebensmitteldiscounter beantragt die Erteilung einer Baugenehmigung für einen Markt in einem Gewerbegebiet. Die Gemeinde kann dies zum Anlass nehmen, einen Aufstellungsbeschluss zur Änderung des Bebauungsplanes zu fassen und als Planungsziel den Ausschluss von Einzelhandelsbetrieben zum Zwecke des Schutzes der zentralen Versorgungsbereiche der Gemeinde vorgeben.

b) Zurückstellung

Wenn zu befürchten steht, dass das beantragte Vorhaben den zukünftigen Festsetzungen des Bebauungsplanes widerspricht, kann der Bauantrag nach § 15 Abs. 1 BauGB für die Dauer von bis zu zwölf Monaten durch einen Bescheid zurückgestellt werden. Die Baugenehmigungsbehörde braucht den Bauantrag dann nicht weiter zu bearbeiten und die Gemeinde erhält hierdurch die Gelegenheit, das Bebauungsplanverfahren abzuschließen. Wenn der Bebauungsplan in Kraft tritt und das beantragte Vorhaben erwartungsgemäß im Widerspruch zu den Festsetzungen steht, ist es nicht mehr genehmigungsfähig und der Bauantrag kann entschädigungslos abgelehnt werden.

c) Veränderungssperre

Statt einer Zurückstellung kann der Rat der Gemeinde eine Veränderungssperre als Satzung beschließen (§§ 14, 16 BauGB). Mit Inkrafttreten der Veränderungssperre durch öffentliche Bekanntmachung des Satzungsbeschlusses werden Vorhaben, die möglicherweise den zukünftigen Festsetzungen des Bebauungsplanes widersprechen, unzulässig. Der Bauantrag kann dann abgelehnt werden.

Die Veränderungssperre hat nach § 17 Abs. 1 BauGB eine Geltungsdauer von zwei Jahren, die durch neuen Beschluss des Gemeinderates um ein weiteres Jahr verlängert werden kann. Wenn besondere Umstände, namentlich eine besondere Schwere und eine damit verbundene hohe Zeitintensivität des Bebauungsplanverfahrens vorliegen, kann eine weitere Verlängerung um ein Jahr, also auf insgesamt vier Jahre, erfolgen (§ 17 Abs. 2 BauGB). Ein Entschädigungsanspruch entsteht für einen Bauherrn erst dann, wenn die Veränderungssperre über diese vier Jahre hinaus andauert, § 18 Abs. 1 BauGB.

d) Berechnung der Geltungsdauer

Bei der Berechnung der Geltungsdauer einer Veränderungssperre bzw. Zurückstellung ist zu berücksichtigen, dass Zeiten der faktischen Zurückstellung des Baugesuches anzurechnen sind. Hierunter ist eine schlichte Nichtbearbeitung des Bauantrages ohne rechtfertigenden Grund zu verstehen. Je nach Komplexität des beantragten Vorhabens gesteht die Rechtsprechung der Baugenehmigungsbehörde üblicherweise einen Zeitraum von drei bis sechs Monaten zur Bearbeitung eines Bauantrages zu. Voraussetzung ist natürlich die Vollständigkeit der eingereichten Unterlagen, weshalb notwendige Nachforderungen oder Nachbesserungen die zulässige Bearbeitungsdauer verlängern. Wenn der Zurückstellung oder der Veränderungssperre eine faktische Zurückstellung vorausgegangen ist, hat die Geltungsdauer der Zurückstellung/Veränderungssperre für den betroffenen Bauherrn bereits mit Beginn dieser faktischen Zurückstellung zu laufen begonnen. Beachtet die Gemeinde dies nicht, macht sie sich wegen verzögerter Bearbeitung des Bauantrages entschädigungspflichtig.

3.2 Unbeplanter Innenbereich (§ 34 BauGB)

Wenn das potenzielle Baugrundstück nicht im Geltungsbereich eines Bebauungsplanes liegt, ist im nächsten Schritt zu prüfen, ob sich die bauplanungsrechtliche Zulässigkeit aus § 34 BauGB ergibt.

3.2.1 Im Zusammenhang bebauter Ortsteil

Eine Innenbereichslage setzt das Vorliegen eines im Zusammenhang bebauten Ortsteiles voraus. Dieses Merkmal dient der Abgrenzung des Innenbereiches vom Außenbereich (§ 35 BauGB).

a) Ortsteil

Ein Ortsteil erfordert mehr als nur das Vorhandensein einer Mindestanzahl baulicher Anlagen. Die vorhandenen Bauten müssen nach ihrer Zahl ein gewisses Gewicht besitzen und Ausdruck einer organischen Siedlungsstruktur sein (BVerwGE 31, S. 22). Je nach den Umständen des Einzelfalles können bereits acht bis neun Bauten einen Ortsteil bilden. Die Gebäude dürfen zudem nicht als völlig regellose Anordnung erscheinen. Eine Streubebauung stellt keinen Ortsteil, sondern eine grundsätzlich zu missbilligende Splittersiedlung i. S. von § 35 Abs. 3 Nr. 7 BauGB dar.

b) Bebauungszusammenhang

Von einem Bebauungszusammenhang kann nur die Rede sein, wenn die vorhandene Bebauung trotz etwaiger Baulücken den Eindruck der Geschlossenheit und Zusammengehörigkeit vermittelt (BVerwGE 75, S. 34). Dabei dürfen die Baulücken zwischen den einzelnen baulichen Anlagen nicht so groß sein, dass eine räumliche Zäsur und damit eine Trennung zwischen den vorhandenen Gebäuden entsteht. Bei einer Baulücke, die Raum für etliche bauliche Anlagen geben würde, handelt es sich nicht mehr um eine Innenbereichslage, sondern um einen sogenannten „Außenbereich im Innenbereich". In diesem Falle richtet sich die Zulässigkeit von Vorhaben nach § 35 und nicht nach § 34 BauGB. Wie groß eine Baulücke sein darf, ohne den Bebauungszusammenhang zu unterbrechen, ist eine Frage des Einzelfalles und richtet sich vor allem nach der städtebaulichen Struktur der Umgebungsbebauung.

Beispiel: In einem Ortsteil mit ca. 20 Wohnhäusern auf Grundstücken mit einer Breite von 20 bis 30 Metern gehören nur solche unbebauten Flächen zum Bebauungszusammenhang, die für nicht mehr als zwei bis drei weitere Wohngrundstücke der gleichen Größe Platz bieten.

Der Bebauungszusammenhang endet nicht zwangläufig mit dem letzten Baukörper. Vor allem topografische Einschnitte wie Böschungen, Gräben, Flüsse und Straßen können die Grenze des Bebauungszusammenhanges markieren. Der Bereich zwischen dem letzten Gebäude und dem topografischen Merkmal ist dann einer Bebauung noch zugänglich.

Wichtig ist schließlich, dass das im Zusammenhang mit einem Bauvorhaben zum Abriss vorgesehene Bestandsgebäude bei der Beurteilung der Innenbereichslage zu berücksichtigen ist (BVerwGE 75, S. 34). Der Abriss eines in einer Ortsrandlage gelegenen Baukörpers macht das Grundstück deshalb nicht zu einem Außenbereichsgrundstück, solange noch mit einer Wiederbebauung zu rechnen ist.

Um Unklarheiten bei der Anwendung des § 34 BauGB zu verhindern oder eine Arrondierung eines Ortsteiles durch zukünftige Bebauung von im Außenbereich gelegenen Grundstücken zu ermöglichen, kann eine Gemeinde nach § 34 Abs. 4 bis 6 BauGB eine sogenannte Innenbereichssatzung aufstellen. Diese legt in ihrem Geltungsbereich verbindlich fest, welche Grundstücke zum Innenbereich zu zählen sind.

3.2.2 Einfügen in die Eigenart der näheren Umgebung

Liegt ein im Zusammenhang bebauter Ortsteil vor, ist ein Vorhaben zulässig, wenn es sich nach Art und Maß der baulichen Nutzung, der Bauweise und der überbaubaren Grundstücksflächen in die Eigenart der näheren Umgebung einfügt.

a) Maßgebliche Umgebung

Zunächst ist zu bestimmen, welche Bebauung zur näheren Umgebung im Sinne der Vorschrift zählt. Die maßgebliche Umgebung geht über die direkt benachbarten oder gegenüber liegenden Grundstücke hinaus. Relevant ist die Bebauung, die in einem wechselseitigen Austauschverhältnis zum Baugrundstück steht. Sofern und soweit eine Bebauung auf das Baugrundstück in bodenrechtlich relevanter Hinsicht einwirkt bzw. umgekehrt die neue Bebauung auf benachbarte bauliche Anlagen Einfluss ausübt, reicht die nähere Umgebung.

Hinsichtlich der Art der baulichen Nutzung ist die nähere Umgebung regelmäßig weiterzuziehen als bei den übrigen Kriterien für ein „Einfügen". Denn die Art der Nutzung wirkt sich in einem weiteren Umfeld aus als z. B. die überbaubare Grundstücksfläche.

Bei der Frage nach der Eigenart der näheren Umgebung sind grundsätzlich sämtliche vorhandenen baulichen Anlagen zu berücksichtigen. Etwas anderes gilt nur für solche Baukörper, die völlig aus dem Rahmen der ansonsten anzutreffenden Bebauung herausfallen und deshalb als Fremdkörper erscheinen (BVerwGE 84, S. 322).

b) Einfügen

Das zur Genehmigung gestellte Vorhaben muss sich in die Eigenart der näheren Umgebung einfügen. Hinsichtlich der Art der baulichen Nutzung ist zu klären, ob die nähere Umgebung einem der Baugebiete der BauNVO entspricht. Es muss also ein Abgleich der vorhandenen Nutzungen mit den Zulässigkeitskatalogen der in Betracht kommenden Baugebiete erfolgen. Passen die vorgefundenen Nutzungen zu einem Baugebiet, spricht man von einem faktischen Baugebiet, also z. B. einem faktischen allgemeinen Wohngebiet. Ein Vorhaben ist dann zulässig, wenn es in dem Baugebiet allgemein zulässig ist. Bei einer ausnahmsweisen Zulässigkeit ist es auch im Innenbereich ausnahmsweise zulässig.

Wenn kein faktisches Baugebiet vorliegt, kommt es allein darauf an, ob die zur Genehmigung gestellte Art der baulichen Nutzung ein Vorbild in der näheren Umgebung hat oder nicht. Zur Abgrenzung der unterschiedlichen Nutzungsarten ist auch in diesem Falle auf die Begrifflichkeiten der BauNVO zurückzugreifen.

Beispiel: Eine Schreinerei ist genehmigungsfähig, wenn ein anderer Handwerksbetrieb vorhanden ist. Ob dieser ebenfalls eine Schreinerei ist, ist unerheblich.

Ein Vorhaben fügt sich nach der Bauweise in die nähere Eigenart der Umgebung ein, wenn es sich der vorhandenen Bauweise anschließt. Ist die nähere Umgebung von offener oder geschlossener Bauweise geprägt, muss sich das zur Genehmigung gestellte Vorhaben hieran halten. Wenn im Umfeld beide Bauweisen vorhanden sind, hat der Bauherr bauplanungsrechtlich ein Wahlrecht. Bauordnungsrechtlich ist allerdings die Einhaltung der Abstandsflächenvorschriften der jeweiligen Bauordnung zu beachten. Zumeist sehen die Bauordnungen einen Verzicht auf seitliche Abstandsflächen nur dann vor, wenn das Bauplanungsrecht zwingend die geschlossene Bauweise vorsieht (anders allerdings § 6 Abs. 1 Satz 3 MBO). Wenn beide Bauweisen vorzufinden sind, muss planungsrechtlich nicht zwingend ohne Grenzabstand gebaut werden, sondern es besteht nur ein Recht dazu. Dann muss nach einigen Bauordnungen (z. B. § 6 Abs. 1 Satz 2 b) BauO NRW) sichergestellt sein, dass auf dem Nachbargrundstück ebenfalls in geschlossener Bauweise gebaut wird, weil z. B. ein entsprechendes grenzständiges Gebäude vorhanden ist oder eine Zustimmung zur grenzständigen Bebauung vorliegt.

Bei der Beurteilung des Einfügens hinsichtlich der überbaubaren Grundstücksfläche kommt es auf die in der näheren Umgebung faktisch vorhandenen Baugrenzen oder Baulinien an. Es muss also ein Vergleich mit der Lage der Baukörper auf den benachbarten Grundstücken erfolgen.

Beim Maß der baulichen Nutzung ist auf die Festsetzungsmöglichkeiten der BauNVO abzustellen. In erster Linie sind die Kriterien maßgeblich, die für einen Betrachter des jeweiligen Gebäudes ohne weiteres wahrnehmbar sind, wie insbesondere die Höhe. Die Zahl der Vollgeschosse ist nur von eingeschränkter Relevanz, weil von außen nicht immer erkennbar ist, ob ein bestimmtes Geschoss die landesrechtlichen Kriterien für ein Vollgeschoss erfüllt oder nicht. Daneben ist die Grundfläche und Geschossfläche zu maßgeblich.

§ 34 Abs. 3a BauGB ermöglicht im Einzelfall die Erweiterung, Änderung, Nutzungsänderung oder Erneuerung eines Gewerbe- oder Handwerksbetriebes sowie zugunsten des Wohnungsbaus, selbst wenn sie sich nicht in die Eigenart der näheren Umgebung einfügen. Die Voraussetzungen der Vorschrift sind dem Befreiungstatbestand des § 31 Abs. 2 Nr. 2 BauGB nachempfunden.

Der Erschwerung der unkontrollierten Ansiedlung von Einzelhandelsbetrieben im unbeplanten Innenbereich dient § 34 Abs. 3 BauGB. Danach dürfen von solchen Vorhaben keine schädlichen Auswirkungen auf zentrale Versorgungsbereiche der jeweiligen Gemeinde oder der Nachbargemeinden zu erwarten sein. Hierzu ist eine wertende Betrachtung unter Berücksichtigung der Größe des zur Genehmigung gestellten Vorhabens und der Struktur und der Wehrhaftigkeit des betroffenen zentralen Versorgungsbereiches anzustellen.

3.3 Außenbereich (§ 35 BauGB)

Sofern weder ein Bebauungsplan existiert noch ein im Zusammenhang bebauter Ortsteil vorliegt, befindet sich das Baugrundstück im Außenbereich gemäß § 35 BauGB. Bei der Frage der Genehmigungsfähigkeit ist zu unterscheiden zwischen privilegierten und nicht privilegierten Vorhaben.

3.3.1 Privilegierte Vorhaben

In § 35 Abs. 1 BauGB werden die im Außenbereich privilegierten Vorhaben aufgezählt. Es handelt sich zum einen um solche bauliche Anlagen, die aufgrund ihres Zweckes in erster Linie sinnvoll nur im Außenbereich angesiedelt werden können.

Beispiele: Bauliche Anlagen eines Gartenbaubetriebes (§ 35 Abs. 1 Nr. 2 BauGB) oder eines land- oder forstwirtschaftlichen Betriebes (§ 35 Abs. 1 Nr. 1 BauGB).

An das Vorliegen eines land- oder forstwirtschaftlichen Betriebes sind hohe Anforderungen zu stellen, weshalb die häufig anzutreffende Tierhaltung aus Liebhaberei nicht ausreichend ist.
Zum anderen sind Vorhaben privilegiert, die aufgrund ihrer Auswirkungen auf die Umgebung einen Abstand zur sonstigen Bebauung benötigen, § 35 Abs. 1 Nr. 4 BauGB.

Beispiel: Schweinemastbetrieb.

Anlagen zur Gewinnung von Solarenergie sind ebenfalls privilegiert, § 35 Abs. 1 Nr. 8 BauGB.

Privilegierte Vorhaben sind genehmigungsfähig, sofern ihnen keine öffentlichen Belange entgegenstehen. Letzteres ist nur ausnahmsweise anzunehmen, so dass i. d. R. ein Genehmigungsanspruch besteht.

3.3.2 Nicht privilegierte Vorhaben

Andere als die in § 35 Abs. 1 BauGB genannten Vorhaben können nach § 35 Abs. 2 BauGB nur im Einzelfall zugelassen werden, wenn öffentliche Belange nicht beeinträchtigt werden. In § 35 Abs. 3 BauGB werden die zu berücksichtigenden Belange beispielhaft aufgezählt. Zumeist scheitern nicht privilegierte Vorhaben bereits an entgegenstehenden Darstellungen des Flächennutzungsplanes. Wenn dieser z. B. Flächen für die Landwirtschaft festsetzt, kann ein Wohngebäude ohne Bezug zu einem landwirtschaftlichen Betrieb nicht genehmigt werden. Belange des Naturschutzes und der Landschaftspflege sowie des Ortsbildes im Sinne von § 35 Abs. 3 Nr. 5 BauGB stehen ebenfalls einer Bebauung des Außenbereiches mit nicht privilegierten Vorhaben regelmäßig entgegen.

Hinsichtlich der Genehmigungsfähigkeit von Wohngebäuden im Umfeld von bereits vorhandenen Gebäuden, denen das nötige Gewicht für einen im Zusammenhang bebauten Ortsteil fehlt, ist § 35 Abs. 3 Nr. 7 BauGB zu beachten. Entscheidend ist, ob die Entstehung, Verfestigung oder Erweiterung einer Splittersiedlung zu befürchten ist. Dabei ist nicht jeder zusätzliche Baukörper schädlich. Andererseits darf keine Vorbildfunktion für eine weitere Zersiedlung des Außenbereiches entstehen. Ein zusätzliches Wohngebäude ist deshalb regelmäßig nur dann genehmigungsfähig, wenn mit ihm die bauliche Entwicklung der Splittersiedlung abgeschlossen ist oder jedenfalls die Zahl der zulässigen weiteren Gebäude sich in engen Grenzen hält.

3.3.3 Erweiterter Bestandsschutz

In einigen Fällen kann sich die weitgehende Unzulässigkeit insbesondere von Wohngebäuden im Außenbereich zu Lasten des betroffenen Eigentümers wie eine (Teil-)Enteignung auswirken. Zum Beispiel müsste die Genehmigung zur Nutzungsänderung eines früheren Bauernhofes zu „normalen" Wohnzwecken versagt werden. Um solche Unbilligkeiten zu verhindern, sieht § 35 Abs. 4 BauGB einen erweiterten, aktiven Bestandsschutz vor. Unter engen Voraussetzungen ermöglicht § 35 Abs. 4 Satz 1 Nr. 1 BauGB die Umnutzung landwirtschaftlicher Gebäude zu Wohnzwecken. § 35 Abs. 4 Satz 1 Nr. 5 BauGB erlaubt die Erweiterung eines Wohngebäudes auf bis zu höchstens zwei Wohnungen. Eine Neuerrichtung u. a. nach Zerstörung oder wegen Baufälligkeit eines Gebäudes sehen § 35 Abs. 4 Satz 1 Nr. 2 u. 3 BauGB vor.

Die Besserstellung beschränkt sich allerdings nur auf bestimmte öffentliche Belange i. S. v. § 35 Abs. 3 BauGB. Unbeachtlich sind lediglich eine etwaige entgegenstehende Darstellung im Flächennutzungsplan oder im Landschaftsplan sowie eine Beeinträchtigung der natürlichen Eigenart der Landschaft und die Entstehung, Verfestigung oder Erweiterung einer Splittersiedlung. Zudem stellt § 35 Abs. 5 BauGB zusätzliche Anforderungen wie eine Rückbauverpflichtung nach Aufgabe der Nutzung und eine Sicherstellung der zweckentsprechenden Nutzung auf.

Die Gemeinde kann nach § 35 Abs. 6 BauGB durch eine Außenbereichssatzung weitere Bauflächen für Wohngebäude vorsehen. Diesen können dann die Darstellung im Flächennutzungsplan als Fläche für die Landwirtschaft oder Wald und der Vorwurf der Entstehung oder Verfestigung einer Splittersiedlung nicht entgegengehalten werden.

3.4 Gesicherte Erschließung

Weitere Genehmigungsvoraussetzung in den Fällen der §§ 30 bis 35 BauGB ist jeweils die gesicherte Erschließung des Bauvorhabens. Hiermit ist ein Anschluss an die Versorgungseinrichtungen (Wasser, Energie etc.) sowie an das öffentliche Straßennetz gemeint.

Beispiel: Führt eine Zufahrt zu einem Baugrundstück zwangsläufig über ein im fremden Eigentum stehendes Grundstück, ist diese Zufahrt durch eine Baulast und/oder Dienstbarkeit zu sichern.

Zur Sicherstellung der Erschließung kann es erforderlich sein, dass die Gemeinde eine neue Straße baut. Hierfür kann sie dann Erschließungsbeiträge erheben, so dass die Baukosten bis auf den mindestens 10%igen Gemeindeanteil von den Grundstückseigentümern entlang der Straße getragen werden müssen. Alternativ kann die Gemeinde die Herstellung der Erschließungsanlage durch einen Erschließungsvertrag auf einen Dritten übertragen, § 124 BauGB. Für die Gemeinde hat dies den Vorteil, dass ihr keine Kosten entstehen, da diese regelmäßig vollständig vom Dritten übernommen werden.

Grundsätzlich gibt es keinen Anspruch gegen die Gemeinde auf Herstellung der Erschließung, § 123 Abs. 3 BauGB. In besonderen Fallgestaltungen kann sich dennoch eine Verpflichtung der Gemeinde ergeben.

Beispiele:

- *Bei seit Längerem rechtskräftigem Bebauungsplan und bauwilligem Grundstückseigentümer muss die Gemeinde die faktische Bausperre wegen der fehlenden Erschließung durch Herstellung der selbigen beseitigen.*
- *Die Gemeinde lehnt ein annehmbares Angebot auf Abschluss eines Erschließungsvertrages ab, § 124 Abs. 3 Satz 2 BauGB.*

Die Erschließung muss nicht bereits zum Zeitpunkt der Erteilung der Baugenehmigung oder des Baubeginns hergestellt sein. Ausreichend ist vielmehr die Prognose, dass sie zum Zeitpunkt der Aufnahme der Nutzung vorhanden sein wird.

3.5 Einvernehmen

Bei kleineren Gemeinden ist nicht die Gemeinde selbst, sondern die nächsthöhere Gebietskörperschaft, z. B. der Kreis, Baugenehmigungsbehörde. Für die Aufstellung von Bebauungsplänen ist auch in diesen Fällen die Gemeinde zuständig. Aufgrund des Auseinanderfallens dieser Zuständigkeiten muss sichergestellt sein, dass die Baugenehmigungsbehörde nicht gegen etwaige planerische Absichten der Gemeinde eine Baugenehmigung erteilt. Zu diesem Zwecke sieht § 36 BauGB vor, dass die

Baugenehmigungsbehörde in den Fällen der §§ 31, 33 bis 35 BauGB die Baugenehmigung nur im Einvernehmen mit der Gemeinde erteilen darf. Diese muss also ausdrücklich ihre Zustimmung geben. Demgegenüber ist die Gemeinde im Falle eines Genehmigungsanspruches nach § 30 BauGB lediglich von dem Bauantrag zu unterrichten.

Die Gemeinde darf ihr Einvernehmen nach § 36 Abs. 2 Satz 1 BauGB nur aus planungsrechtlichen Gründen, also wegen Nichtvorliegens der Voraussetzungen der §§ 31, 33, 34 oder 35 BauGB, verweigern. Wird das Einvernehmen rechtswidrig nicht erteilt, kann nach § 36 Abs. 2 Satz 3 BauGB die nach Landesrecht zuständige Behörde das Einvernehmen ersetzen.

Das Einvernehmen und seine Ersetzung sind rein verwaltungsinterne Abläufe, auf die der Bauherr keinen Einfluss ausüben kann. Wird sein Bauantrag wegen der Versagung des Einvernehmens abgelehnt, muss er die Baugenehmigungsbehörde auf Erteilung der Baugenehmigung verklagen und nicht etwa die Gemeinde auf Erteilung des Einvernehmens.

4 Rechtsschutz

4.1 Rechtsschutz des Bauherrn

Lehnt die Baugenehmigungsbehörde einen Antrag auf Erlass eines Bauvorbescheides oder Erteilung einer Baugenehmigung ab, kann sich der Bauherr hiergegen innerhalb einer Frist von einem Monat ab Zustellung der Ablehnung zur Wehr setzen. In einigen Bundesländern ist ein an die Baugenehmigungsbehörde zu richtender Widerspruch der richtige Rechtsbehelf. Wenn der Widerspruch zurückgewiesen wird, bleibt dem Bauherrn eine Verpflichtungsklage auf Erteilung der Baugenehmigung beim Verwaltungsgericht. Die Klage ist innerhalb eines Monats nach Zustellung des Widerspruchsbescheides zu erheben. In anderen Bundesländern wie z. B. NRW und Bayern ist das Widerspruchsverfahren abgeschafft worden mit der Folge, dass gegen den ablehnenden Bescheid direkt innerhalb der Monatsfrist Klage beim Verwaltungsgericht eingereicht werden muss.

Wird die Ablehnung eines Bauantrages/einer Bauvoranfrage wegen Ablaufes der Widerspruchs-/Klagefrist bestandskräftig, ist damit nicht endgültig für alle Zeiten das Vorhaben abgelehnt. Vielmehr steht es dem Bauherrn frei, jederzeit einen inhaltsgleichen Bauantrag neu zu stellen.

4.2 Rechtsschutz des Nachbarn

Ein Nachbar kann sich gegen die dem Bauherrn erteilte Baugenehmigung wehren, wenn er durch diese in eigenen Rechten verletzt ist.

4.2.1 Rechtsbehelfe

In den Bundesländern, in denen das Widerspruchsverfahren noch existiert, muss der Nachbar Widerspruch einlegen. Bei Ablehnung des Widerspruches ist eine Anfechtungsklage beim Verwaltungsgericht einzulegen. Die Anfechtungsklage ist in den Bundesländern, in denen das Widerspruchsverfahren abgeschafft ist, direkt zu erheben.

Für den Widerspruch oder die Anfechtungsklage läuft nur dann eine Monatsfrist, wenn die Baugenehmigung dem Nachbarn durch die Baugenehmigungsbehörde zugestellt worden ist. Erlangt er auf andere Art und Weise von dem Vorhaben Kenntnis, insbesondere durch den Baubeginn, besteht keine Bindung an eine bestimmte Frist. Allerdings können Nachbarrechte verwirken. Üblicherweise wird Verwirkung nach ca. einem Jahr ab Kenntnis von dem konkreten Bauvorhaben angenommen. Wird ein Widerspruch zurückgewiesen, muss innerhalb eines Monats geklagt werden.

4.2.2 Verletzung von Nachbarrechten

Auf den Rechtsbehelf des Nachbarn wird die Baugenehmigung nicht insgesamt auf ihre Rechtmäßigkeit überprüft. Einem Nachbarn steht kein Recht auf Einhaltung solcher gesetzlicher Regelungen zu, die allein städtebaulich motiviert sind. Deshalb hat sein Widerspruch bzw. seine Klage nur Erfolg, wenn die Baugenehmigung nicht nur rechtswidrig ist, sondern ihn in eigenen Rechten verletzt. Es ist deshalb zu ermitteln, ob die Baugenehmigung gegen eine Vorschrift verstößt, die zumindest auch den nachbarlichen Interessen zu dienen bestimmt ist.

Typische Beispiele für eine nachbarschützende Vorschrift sind die Abstandsflächenregelungen und das in § 15 BauNVO zum Ausdruck kommende Rücksichtnahmegebot. Des Weiteren hat ein Nachbar einen Anspruch auf Wahrung des Gebietscharakters des jeweiligen Baugebietes.

Beispiel: Wenn in einem allgemeinen Wohngebiet ein emittierender Gewerbebetrieb genehmigt wird, verletzt dies den Nachbarn in eigenen Rechten.

Im Anwendungsbereich des § 34 BauGB kommt dem Merkmal des „Einfügens" dann eine subjektiv rechtliche Komponente zu, wenn sich das Vorhaben nicht einfügt und hierdurch das Rücksichtnahmegebot verletzt wird. Zudem ist auch bei Vorliegen eines faktischen Baugebietes der Gebietscharakter zu wahren.

Wichtig ist, dass die Vorschriften zum Maß der baulichen Nutzung und zur überbaubaren Grundstücksfläche regelmäßig nicht drittschützend sind.

Beispiel: Einem Nachbarn steht kein Abwehrrecht gegen ein Überschreiten einer Baulinie oder einer Befreiung von der festgesetzten Vollgeschosszahl zu.

Etwas anderes gilt nur dann, wenn sich aus den Aufstellungsvorgängen zum Bebauungsplan der Wille der planenden Gemeinde ergibt, dass die fragliche Festsetzung Drittschutz vermitteln soll. Relevant ist hierfür insbesondere die Begründung zum Bebauungsplan.

Als klagebefugter Nachbar ist zudem regelmäßig nur der Eigentümer eines angrenzenden Grundstückes anzusehen, da bei größerer Entfernung zumeist eine Verletzung in eigenen Rechten ausscheidet. Nur bei der Abwehr von Immissionen durch das Bauvorhaben oder hinsichtlich des Anspruches auf Erhaltung der Eigenart des Baugebietes ist der Kreis der Nachbarn weiter zu ziehen.

4.2.3 Eilverfahren

Während eines Widerspruchs- oder Klageverfahrens durch einen Nachbarn kann der Bauherr das Vorhaben dennoch realisieren, da der Rechtsbehelf keine aufschiebende Wirkung entfaltet (§ 212a BauGB). Allerdings baut der Bauherr auf eigenes Risiko und muss im Falle eines Obsiegens des Nachbarn damit rechnen, dass er sein Vorhaben wieder zurückbauen oder so umplanen muss, dass keine Nachbarrechtsverletzung mehr vorliegt. Will der Nachbar einen Baustopp erreichen, muss er zusätzlich zum Widerspruchs-/Klageverfahren einen Eilantrag nach § 80 Abs. 5 VwGO beim Verwaltungsgericht stellen.

4.3 Bebauungsplan

Gegen einen Bebauungsplan kann ein Normenkontrollantrag gemäß § 47 VwGO gestellt werden. Hierfür ist in erster Instanz das Oberverwaltungsgericht/der Verwaltungsgerichtshof zuständig. Der Antrag ist innerhalb eines Jahres nach Inkrafttreten des Bebauungsplanes einzureichen. Zulässigkeitsvoraussetzung ist, dass sich der jeweilige Antragsteller im Rahmen der Öffentlichkeitsbeteiligung geäußert hat. Des Weiteren muss der Antragsteller durch den Bebauungsplan möglicherweise in eigenen Rechten verletzt sein. Es muss also keine subjektive Rechtsverletzung feststehen, sondern lediglich in Frage kommen. Dies ist auf jeden Fall bei einem Eigentümer zu bejahen, dessen Grundstück im Geltungsbereich des Bebauungsplanes gelegen ist. Bei anderen Eigentümern kann sich die Möglichkeit einer subjektiven Rechtsverletzung in erster Linie aus einer Immissions-/Verkehrszunahme infolge der Realisierung des Bebauungsplanes ergeben.

Im Rahmen der Begründetheit des Normenkontrollantrages prüft das OVG/der VGH die Rechtmäßigkeit des Bebauungsplanes umfassend. Der Bebauungsplan wird also bereits dann für unwirksam erklärt, wenn gegen irgendeine Rechtsvorschrift verstoßen worden ist, ohne dass es auf eine subjektive Rechtsverletzung des Antragstellers ankommt.

Die Stellung eines Normenkontrollantrages hindert die Gemeinde nicht daran, den Bebauungsplan durch Erteilung von Baugenehmigungen umzusetzen. Will der Antragsteller eine vorläufige Außervollzugsetzung des Bebauungsplanes erreichen, muss er einen entsprechenden Eilantrag nach § 47 Abs. 6 VwGO an das OVG/den VGH stellen. Für dessen Erfolg kommt es aber anders als beim Hauptsacheverfahren allein darauf an, ob der Antragsteller durch den Vollzug des Bebauungsplanes in eigenen Rechten verletzt wird.

7 B Werkvertrag und HOAI

Prof. Dr. M.-Maximilian Lederer

1 Vertragsgestaltung und Honorarsicherung bei Architekten-/Ingenieurverträgen

1.1 Rechtsnatur von Architekten- und Ingenieurverträgen – Werk- oder Dienstvertrag?

Die Frage nach der Rechtsnatur von Architekten- und Ingenieurverträgen ist von erheblicher Bedeutung für Vergütungs- und Haftungsfragen.

In Betracht kommt die Einordnung als Werk- oder Dienstvertrag.

Bei Werkverträgen schuldet der Auftragnehmer einen Erfolg; bei Dienstverträgen schuldet er eine Tätigkeit/Bemühen, unabhängig von dem Eintritt eines bestimmten Erfolges.

Hiervon ausgehend ist selbstverständlich das Gewährleistungs- und Haftungsrecht völlig verschieden.

Bei Werkverträgen steht man im Rahmen der Gewährleistung verschuldensunabhängig für den Eintritt des Erfolges während der Gewährleistungsfristen (grundsätzlich 2 Jahre, bei Bau- und Planerverträgen für Bauwerke 5 Jahre) ein.

Bei Dienstverträgen fehlt es an einem vergleichbaren Gewährleistungsrecht, da kein Erfolg geschuldet ist.

Für die Haftung im Dienstvertragsrecht, soweit sie in Betracht kommt, gilt die regelmäßige Verjährungsfrist (gem. § 195 BGB 3 Jahre).

Völlig unterschiedlich sind weiter die Voraussetzungen, unter denen der Anspruch auf die vereinbarte Vergütung entsteht. Beim Werkvertragsrecht ist die Vergütung abhängig von der (mängelfreien) Erfüllung der vertraglich geschuldeten Leistung, beim Dienstvertragsrecht wird die Vergütung für die geleisteten Dienste (Tätigkeit) erbracht. Ebenfalls unterschiedlich geregelt sind Kündigung und Kündigungsfolgen.

Insoweit wird auf die Abb. 7.23 verwiesen.

	Werkvertrag	**Dienstvertrag**
– Erfolgshaftung	+	–
– Gewährleistung	Mängelbeseitigung ohne Verschulden	–
– Haftung/Schadenser-satz	fehlender Erfolgseintritt und Verschulden	unsorgfältige Erfüllung der übernommenen Tätigkeiten + Verschulden
– Verjährungsfrist	2 Jahre / 5 Jahre	3 Jahre
– Vergütung	abhängig von der Erbringung des geschuldeten Erfolges	Erbringen der vereinbarten (erfolgsunabhängigen) Tätigkeit
– Vertragsbeendigung	Kündigung bei Beibehaltung des Werklohnanspruchs, § 649 Satz 2 BGB	Kündigung gemäß vertraglichen oder gesetzlichen Kündigungsfristen

Abb. 7.23 Rechtsnatur von Architekten-/Ingenieurverträgen

1.2 Die herrschende Meinung zur Einordnung von Architekten- und Ingenieurverträgen als Werk- oder Dienstvertrag

Die herrschende Meinung nimmt überwiegend an, dass es sich bei Architekten- und Ingenieurverträgen um Werkverträge handelt (ständige Rechtsprechung seit BGHZ 31, 224).

Maßgeblich getragen wird dieses Ergebnis von der Überlegung, dass der Architekt/Ingenieur die Bau-/Anlagenerrichtung planerisch bis zum Ende = Erfolg (Fertigstellung des Baues/der Anlage) begleitet.

Der Architekt/Ingenieur schuldet im Rahmen der ihm übertragenen Planungsaufgaben alle notwendigen planerischen Leistungen, damit der Bau/die Anlage mängelfrei errichtet wird.

Insoweit ist es nur folgerichtig und konsequent, dass die Leistung des Architekten/Ingenieurs ihrem Kerngehalt nach erfolgsbezogen und nicht lediglich tätigkeitsbezogen qualifiziert wird.

Dabei ist die schlussendliche Errichtung des Baues/der Anlage nur der letzte von mehreren bereits vorher zu erzielenden Erfolgen, die der Architekt/Ingenieur (bei Vollbeauftragung) schuldet. Zur Errichtung des Bauvorhabens muss der Architekt/Ingenieur Teilerfolge erbringen, und zwar:

- Erstellung eines die Vorstellung des AG in architektonischer wie kostenmäßiger Hinsicht umsetzenden Entwurfes
- Einholung der notwendigen behördlichen Genehmigungen (Baugenehmigung etc.)
- Durchführung der für die Bauerrichtung notwendigen Vergaben/Beauftragungen von Werkunternehmern
- Überwachung der Bauerrichtung auf Übereinstimmung mit den planerischen Vorgaben und auf Mängelfreiheit
- Erstellung der Dokumentation.

Hiervon ausgehend wird in ständiger Rechtsprechung der Architekten- und Ingenieurvertrag werkvertraglich qualifiziert, wenn

- das volle Leistungsbild übertragen wird (Vollarchitektur, vgl. BGHZ 45, 372),
- der Architekt beginnend mit der Vorbereitung der Vergabe oder lediglich mit der Objektüberwachung beauftragt wird (BGHZ 62, 204 sowie BGH, BauR 1982, 79).

Lediglich dann, wenn der beauftragte Architekt/Ingenieur zu Planungsleistungen eines Dritten oder des Auftraggebers unterstützende Leistungen erbringt (z.B. im Rahmen des Entwurfs oder der Koordinierung), für die Herbeiführung des Erfolges also der Auftraggeber selbst oder ein Dritter letztendlich verantwortlich ist, wird man einen Dienstvertrag annehmen können.

Mit dem Inkrafttreten des Gesetzes zur Reform des Bauvertragsrechts und zur Änderung der kaufrechtlichen Mängelhaftung am 01.01.2018 sollte kein Zweifel mehr daran bestehen, dass es sich bei den Architekten- und Ingenieurverträgen um Werkverträge handelt, wenngleich es der Gesetzgeber versäumt hat, letzte Unklarheiten zu beseitigen, da er die Regelungen zu den Architektenverträgen unter die „werkvertragsähnlichen Verträge“ systematisch in das BGB eingruppiert hat, anstatt sie direkt den werkvertraglichen Regelungen zu unterstellen. So ist es notwendig, die werkvertraglichen Regeln durch eine Verweisungskette in § 650q BGB n.F. für anwendbar zu erklären.

1.3 Die wesentlichen Konsequenzen der werkvertraglichen Einordnung von Architekten- und Ingenieurverträgen

Der Architekt/Ingenieur schuldet zu der vereinbarten Vergütung die Herbeiführung des nach dem Vertrag geschuldeten Erfolges.

In dieser Aussage stecken bereits die wesentlichen Elemente und damit Konsequenzen aus der werkvertraglichen Einordnung von Architekten- und Ingenieurverträgen:

- Die Herbeiführung des Werkerfolges ist für die Erfüllung des Vertrages entscheidend, nicht der dafür notwendige Aufwand. Der Aufwand für die Herbeiführung des Werkerfolges kann gering oder sehr hoch sein. In beiden Fällen bleibt das Honorar der Architekten/Ingenieure grundsätzlich unverändert. Eine Aufwandsbeschränkung findet in den Gebührentatbeständen der HOAI nicht statt. Das ist der Grund, warum dem Architekten/Ingenieur, dem die Vollplanung übertragen worden ist, kein Vergütungsanspruch zusteht, wenn er keine genehmigungsfähige Planung in der Lage ist zu erstellen (vgl. OLG Düsseldorf, BauR 1997, 159 ff.) oder aber die Planung des Architekten/Ingenieurs den vom Auftraggeber verbindlich vorgegebenen Kostenrahmen nicht einhält (vgl. OLG Düsseldorf, IBR 1997, 509).

- Der geschuldete Werkerfolg wird durch den Vertrag definiert. Im Bauvertragsrecht sprechen wir insoweit von Bausoll; bei Planerverträgen würde es sich anbieten, vom **Planungssoll** zu sprechen.
- Das Planungssoll wird von den Parteien gemäß den vertraglichen Festlegungen definiert. Zu diesem Zweck muss der Vertrag zur Ermittlung des Planungssolls ausgelegt werden. Es gelten die allgemeinen Auslegungsgrundsätze, insbesondere das Totalitätsprinzip, d. h. der Grundsatz, wonach alle vertraglichen Unterlagen und Umstände, unter denen der Vertrag geschlossen wurde, zur Ermittlung und Auslegung des Vertrages heranzuziehen sind. Die HOAI ist dabei allenfalls nachrangig zu berücksichtigen, da sie als Preisrecht ausschließlich für die Honorierung von Planungs- und Ingenieurleistungen einschlägig ist.

Werkleistung/BGB	Honorar/HOAI
– Maßgeblich für die Feststellung, ob überhaupt Vergütung geschuldet.	– Maßgeblich für die Vereinbarung zur Höhe des Honorars (Mindest-/Höchstsätze; Schriftform).
– Entstehung des Honoraranspruchs Maßgeblich allein die Erfüllung des Planungssolls.	– Aufwandsunabhängige Leistung, bis Planungssoll erreicht ist.
– Erbringung des Planungssolls in abnahmereifer Form (d. h. mängelfrei). Anerkannte Regeln der Technik stellen dabei nur den Mindeststandard der Vertragsgerechtigkeit des Planungssolls dar (BGH, BauR 1995, 230).	– Lediglich subsidiäre Geltung der Leistungskataloge der HOAI zur Ermittlung der geschuldeten Leistung.
– Gemäß werkvertraglichen Grundsätzen verschuldensunabhängige Haftung zur Erzielung des Planungssolls.	– Fälligkeit des Honorars: Abnahme der Leistungen und prüffähige Rechnung unter Beachtung vor allem von § 4 HOAI (DIN 276!).

Abb. 7.25 Folgen der werkvertraglichen Einordnung von Architekten- und Ingenieurverträgen

1.4 Elemente der Geschäftsbesorgung in Architekten- und Ingenieurverträgen

Neben der Herbeiführung des sich über das vertragliche Planungssoll definierenden Werkerfolges schuldet der Architekt/Ingenieur auch geschäftsbesorgende Tätigkeiten.

Hierzu gehören Aufklärungs- und Beratungspflichten, die abhängig von dem zu planenden Objekt und der Person des Auftraggebers (Projekterfahrenheit des Auftraggebers) sind. Soweit der Architekt/Ingenieur vertragsgemäß die Pflichten des AG gegenüber Dritten wahrnimmt, ist er Sachwalter der Interessen des Auftraggebers.

Zu den Sachwalterpflichten gehören:

- Beratung des AG zur Notwendigkeit der Einschaltung von Sonderfachleuten gemäß den objektspezifischen Notwendigkeiten: wichtig bei der Frage, ob Bodengutachter, Fassadenplaner, Bauakustiker, Schnittstellenkoordinatoren etc. beauftragt werden sollen. Wird mangels Empfehlung des Architekten/Ingenieurs ein objektiv notwendiger Sonderfachmann nicht eingeschaltet, haftet der Architekt/Ingenieur für Mängel in der Planung/Bauerrichtung, die durch Einschaltung des Sonderfachmanns vermieden worden wären, dem AG auf Schadensersatz.
- Beratung des AG über die Art der Bauvergabe (z.B. GU-Vergabe gegenüber Einzelvergabe) und Auswahl der Bauhandwerker
- Belehrung über Eigenschaften und Risiken neuer/alternativer Baustoffe oder Baukonstruktionsverfahren
- Beratung des AG im Bereich der Kostenverfolgung/-deckelung
- Berücksichtigung vertragsrechtlicher Interessen des AG bei Abfassung von Bauverträgen für den AG (z.B. bei den Verjährungsfristen)
- Beratung zur Erlangung öffentlicher Fördermittel
- Berücksichtigung von Nachbarrechtsverhältnissen

- Beratung und Durchsetzung der auftraggeberseitigen Interessen vor, bei und nach der Abnahme von Werkleistungen
- Maßnahmen und Beratung zur Verfolgung und Durchsetzung der Mängelbeseitigungsansprüche (z.B. bei drohendem Ablauf der Gewährleistungsfristen, Einschaltung eines Anwalts zur Einleitung verjährungsunterbrechender Maßnahmen).

1.5 Der Abschluss von Architekten- und Ingenieurverträgen

1.5.1 Formvorschriften, Kopplungsverbot

a) Form des Architektenvertrages und der Honorarvereinbarung

aa) Bis zum 31.12.2020 geltende Rechtslage

Der Architektenvertrag bedarf ebenso wie jeder gewöhnliche Werkvertrag (s. o.) keiner bestimmten Form; d. h., er kann auch **mündlich** wirksam abgeschlossen werden.

Allerdings wurde über § 7 HOAI für den Teil des Architektenvertrages, der die Vereinbarung des Honorars betrifft, eine bestimmte Form vorgeschrieben. § 7 HOAI lautete:

„Vereinbarung des Honorars

(1) Das Honorar richtet sich nach der schriftlichen Vereinbarung, die die Vertragsparteien bei Auftragserteilung im Rahmen der durch diese Verordnung festgesetzten Mindest- und Höchstsätze treffen.

...

(5) Sofern nicht bei Auftragserteilung etwas anderes schriftlich vereinbart worden ist, wird unwiderruflich vermutet, dass die jeweiligen Mindestsätze gemäß Absatz 1 vereinbart sind.“

Nach § 7 HOAI konnte eine von den Mindestsätzen der HOAI abweichende Vereinbarung des Honorars folglich nur

- schriftlich und
- bei Auftragserteilung getroffen werden.

Um der Schriftform als Voraussetzung einer wirksamen, die Mindestsätze der HOAI überschreitenden Honorarvereinbarung zu genügen, war es in jedem Fall (selbstverständlich) ausreichend,

wenn die Vertragsparteien die Vereinbarung über das Honorar eigenständig unterschrieben haben (OLG Köln, BauR 1986, 467).

Eine Vertragsurkunde mit beiden Unterschriften der Vertragsparteien war dabei nicht notwendig. Es reichte aus, wenn jede Partei die für die andere Partei bestimmte Vertragsurkunde unterzeichnete (§ 126 Abs. 2 Satz 2 BGB).

Nicht ausreichend war es, wenn eine Vertragspartei lediglich die Honorarvereinbarung schriftlich, sei es durch einseitige Auftragsbestätigung oder durch kaufmännisches Bestätigungsschreiben, „bestätigte“ (BGH, BauR 1989, 222). Selbst wenn die eine Vertragspartei ein schriftliches Angebot machte und die andere Seite schriftlich bestätigte, sollte dies nach Auffassung des BGH (BauR 1994, 131) nicht ausreichend sein, um der Schriftformvoraussetzung zu genügen (hiergegen zu Recht Locher/Koeble/ Frik, Kommentar zur HOAI, 9. Aufl., Rz. 28 zu § 4).

Die schriftlich zu fertigende Honorarvereinbarung musste von beiden Parteien auf derselben Urkunde gegengezeichnet werden.

Folge einer unwirksamen Honorarvereinbarung:

Wurde dem Schriftformerfordernis nicht Genüge getan, so war die Honorarvereinbarung unwirksam. Es galten gemäß der unwiderleglichen Vermutung von **§ 7 Abs. 5 HOAI** die jeweiligen Mindestsätze als vereinbart. Der Vertrag blieb im Übrigen in allen Punkten gültig.

Das Schriftformerfordernis galt für die Vereinbarung des Honorars u. a. hinsichtlich

- der Leistungen,
- eines erhöhten Umbauzuschlags nach § 12 Abs. 2 Satz 2 HOAI,
- einer Nebenkostenpauschale nach § 14 Abs. 3 Satz 2 HOAI.

Besondere (§ 3 Abs. 3 HOAI) Leistungen waren in der HOAI seit deren Neufassung 2009 nicht mehr preisrechtlich erfasst, sodass ein für die Altfassung bejahtes Schriftformerfordernis nicht mehr griff. Das heißt, die Vereinbarung eines Honorars für besondere oder zusätzliche Leistungen konnte auch formfrei und damit mündlich erfolgen.

Grundsätzlich galt das Schriftformerfordernis bei Honorarvereinbarungen aller Art, die eine Abweichung von den Mindestsätzen zum Inhalt hatten, sei es durch

- Einordnung in eine falsche Honorarzone,
- die Vereinbarung zu niedriger oder zu hoher anrechenbarer Kosten,
- die Vereinbarung zu niedriger Prozentsätze aus den Leistungsbildern für die betreffenden Leistungsphasen (vgl. Landgericht Nürnberg, BauR 1993, 105),
- Zusammenfassen eigentlich getrennt abzurechnender Objekte oder Tätigkeiten etc.

Das Schriftformerfordernis erstreckte sich allerdings nur auf den Geltungs- bzw. Regelungsbereich der HOAI.

Der Regelungsbereich der HOAI wurde bestimmt durch **§ 1 HOAI**, der auf die einzelnen Leistungsbilder sowie die gesonderten Bestimmungen der HOAI verwies, welche eine Regelung des Honorars vornehmen.

§ 1 HOAI hatte in der bis zum 31.12.2020 geltenden Fassung folgenden Wortlaut:

> *„Anwendungsbereich*
>
> *Diese Verordnung regelt die Berechnung der Entgelte für die Leistungen der Architekten und Architektinnen und der Ingenieure und Ingenieurinnen (Auftragnehmer oder Auftragnehmerinnen) mit Sitz im Inland,* ***soweit die Leistungen durch diese Verordnung erfasst*** *und* ***vom Inland aus erbracht werden****."*

Die HOAI und damit auch das Schriftformerfordernis galt demgemäß nicht für alle diejenigen Teile der Vereinbarung in einem Architekten-/Ingenieurvertrag, der den Vergütungsteil für die beauftragten Leistungen entweder nicht betraf oder aber die Vergütung für Leistungen regelte, die von den Leistungsbildern der HOAI nicht erfasst waren.

Zu Letzteren gehörten beispielsweise

- die sogenannten Beratungsleistungen, die in der Anlage 1 der HOAI unverbindlich geregelt waren. Zu diesen Beratungsleistungen gehörten folgende Leistungsbilder: Umweltverträglichkeitsstudie, Thermische Bauphysik, Schallschutz und Raumakustik, Bodenmechanik, Erd- und Grundbau sowie vermessungstechnische Leistungen,
- die Erbringung von Leistungen nicht in der HOAI erfasster Fachingenieure, wie z.B. die Planung von Leitsystemen für den Verkehr in Einkaufsmärkten, Krankenhäusern, Kongresscentern etc.,
- sowie die Planungsleistungen, mit denen Generalunter- bzw. -übernehmer im Rahmen eines Bauleitungsvertrags beauftragt wurden (vgl. BGH, ZfBR 1997, 250 ff.).

Das Schriftformerfordernis galt weiter nicht für folgende Sachverhalte:

- Vereinbarung, wonach die Architektenleistung **kostenlos** oder auf Risiko des Auftragnehmers erbracht werden soll;
- Vereinbarungen, bei denen die Vergütungspflicht von einer **Bedingung** abhängig gemacht wird;
- Vereinbarung einer Kompensationsabrede zwischen Architekten mit dem Ziel, eine Kostenlosigkeit der wechselseitig zu erbringenden Leistungen zu regeln.

Eine andere Frage war es, ob die HOAI-Mindestsatzregelungen mit dem Unionsrecht der EU vereinbar waren. Das Vertragsverletzungsverfahren der Europäischen Kommission gegen die Bundesrepublik Deutschland vor dem EuGH (Rs. C-377/17) ist zwischenzeitlich durch Verurteilung der BRD abgeschlossen worden (s. u.).

bb) Rechtslage unter Berücksichtigung der HOAI 2013 in der seit dem 01.01.2021 geltenden Fassung

Die HOAI vom 10.07.2013 wurde durch Art. 1 der 1. VO zur Änderung der Honorarordnung für Architekten und Ingenieure vom 06.11.2020 (BR-Drs. 539/20) in Umsetzung des Urteils des EuGH vom 04.07.2019, C-377/1 (siehe hierzu näher die Ausführungen unter Ziff. 1.5.3 d) bb)), entscheidend geändert. Die Änderungen beginnen bereits mit § 1 Satz 2 der novellierten HOAI, der nunmehr heißt:

*„Die Regelungen dieser Verordnung **können** zum Zwecke der Honorarordnung einer Honorarvereinbarung zugrunde gelegt werden."*

Mit anderen Worten: Die HOAI n.F. stellt direkt zu Anfang klar, dass sie kein verbindliches Preisrecht mehr ist, sondern dass die HOAI zum Zwecke der Honorarberechnung in einer Honorarvereinbarung der Parteien zugrunde gelegt werden könne, aber nicht zugrunde gelegt werden müsse.

Konsequent fortgesetzt wird diese, der EuGH-Rechtsprechung geschuldete Umsetzung der Abschaffung des verbindlichen Preisrechtes, in § 7 HOAI n.F.

Insoweit heißt es in § 7 Abs. 1 HOAI nunmehr:

*„Das Honorar richtet sich nach der Vereinbarung, die die Vertragsparteien in **Textform** treffen. Sofern keine Vereinbarung über die Höhe des Honorars in Textform getroffen wurde, gilt für Grundleistungen der jeweilige Basishonorarsatz als vereinbart, der sich bei der Anwendung der Honorargrundlagen des § 6 ergibt."*

Was hat sich geändert?

Die Honorarvereinbarung muss zu ihrer Wirksamkeit nicht mehr den Schriftformerfordernissen entsprechen. Es reicht aus, dass sie in Textform abgefasst ist, wozu sie den Anforderungen nach § 126b BGB genügen muss. Die Textformvoraussetzungen sind erfüllt, wenn die Parteien wechselseitige per Fax oder E-Mail geführte Korrespondenz über die Vereinbarung des Honorars in der Weise führen, dass das Angebot der einen Vertragsseite zur Höhe des Honorars von der anderen Vertragsseite angenommen wird. Lediglich wenn keine Vereinbarung über die Höhe des Honorars in Textform getroffen wurde, greift die Fiktion, dass der ehemalige Mindestsatz, der heute Basishonorarsatz heißt, als vereinbart gilt, wie er sich bei der Anwendung von § 6 HOAI n.F. ergibt. Im Übrigen muss die Honorarvereinbarung nach der Neufassung der HOAI nicht mehr bei Vertragsschluss erfolgen, sondern kann jederzeit auch nach Auftragserteilung noch wirksam zwischen den Parteien vereinbart werden.

§ 7 Abs. 2 HOAI n.F. stellt alsdann klar, dass ein höheres oder niedrigeres Honorar als die in den Honorartafeln dieser Verordnung enthaltenen Werte vereinbart werden kann. Lediglich der Verbraucher ist vor Abgabe einer verbindlichen Vertragserklärung zur Honorarvereinbarung in Textform auf diese Möglichkeit hinzuweisen.

Summa summarum gilt damit ab dem 01.01.2021 Folgendes:

Die Vertragsparteien können unter Zugrundelegung der erleichterten Formvorschriften der Textform gemäß § 126b BGB Honorarvereinbarungen im Fax- oder E-Mail-Verkehr wirksam treffen. Diese Vereinbarung muss nicht mehr zum Zeitpunkt der Beauftragung erfolgen, sondern kann auch zu einem späteren Zeitpunkt wirksam nachgeholt werden. Die Vertragsparteien sind darin frei, ein Honorar zu vereinbaren, das die Basishonorarsätze unterschreitet oder den oberen Honorarsatz überschreitet.

Dementsprechend heißt es in § 2a HOAI jetzt auch konsequenterweise:

*„Die Honorartafeln dieser Verordnung weisen **Orientierungswerte** aus, die an der Art und dem Umfang der Aufgabe sowie an der Leistung ausgerichtet sind."*

Man kann sich an diesen Werten orientieren, seit dem 01.01.2021 muss man sich hieran aber nicht mehr orientieren.

b) Ausnahmefälle, in denen der Architektenvertrag selbst (nicht nur die Honorarvereinbarung) einer bestimmten Form bedarf

Es gibt besondere gesetzliche Regelungen, die bei bestimmten Personen, die Vertragspartner von Architekten/Ingenieuren sein können, eine bestimmte Form für den Vertragsabschluss vorschreiben.

Als wichtigster Fall wäre hier der Vertragsschluss mit **Gemeinden** zu nennen. Diese bedürfen gemäß den Gemeindeordnungen der Länder durchweg immer der Schriftform sowie häufig der Unterzeichnung durch den Bürgermeister selbst unter Beifügung seiner Amtsbezeichnung und des Dienstsiegels. Werden diese Formvorschriften nicht eingehalten, so sind die Verträge, die der Schriftform entsprechend abgeschlossen wurden, nach inzwischen herrschender Meinung des BGH wegen der im Außenverhältnis uneingeschränkten Berechtigung des ersten Bürgermeisters, die Gemeinde zu vertreten, auch dann wirksam, wenn nur der Bürgermeister den Vertrag alleine unterzeichnet hat und dem ein von der

Gemeindeordnung vorgeschriebener Beschluss des Gemeinderates nicht vorausging (BGH, IBR 2017, 438).

c) Sonderfall Kopplungsverbot

Nach der allgemeinen Regelung im BGB (§ 134) können Verträge nicht nur unwirksam und damit nichtig sein, weil sie einer gesetzlichen Form nicht Genüge leisten, sondern auch dann, wenn sie gegen ein gesetzliches Verbot verstoßen.

Der wichtigste Fall des Verstoßes gegen ein gesetzliches Verbot im Bereich des Architekten-/Ingenieurrechts ist das sogenannte Kopplungsverbot, das sich in jüngster Zeit zunehmender Beliebtheit in der Rechtsprechung erfreut, obgleich es rechtspolitisch weitgehend als überholt gilt.

Das Kopplungsverbot ist im Gesetz zur Verbesserung des Mietrechts und zur Begrenzung des Mietanstiegs sowie zur Regelung von Ingenieur- und Architektenleistungen (MRVG) geregelt. Art. 10 § 3 MRVG lautet:

> *„Unverbindlichkeit der Kopplung von Grundstückskaufverträgen mit Ingenieur- und Architektenverträgen*
>
> *Eine Vereinbarung, durch die der Erwerber eines Grundstücks sich im Zusammenhang mit dem Erwerb verpflichtet, bei der Planung oder Ausführung eines Bauobjektes oder dem Grundstück die Leistungen eines bestimmten Ingenieurs oder Architekten in Anspruch zu nehmen, ist unwirksam.*
>
> *Die Wirksamkeit des auf den Erwerb des Grundstücks gerichteten Vertrages bleibt unberührt."*

Dieses gesetzliche Verbot, das 1971 bereits eingeführt worden ist, geht auf einen Zeitgeist zurück, bei dem die Meinung vorherrschte, man müsse bei dem angeblich knappen Angebot an Baugrundstücken einer monopolartigen Stellung des Architekten oder Ingenieurs entgegenwirken.

Obgleich diese Zielsetzung des Gesetzes in heutiger Zeit wohl überholt sein dürfte, ist diesem gesetzlichen Verbot wegen seiner Rechtsfolgen, die im Falle des Verstoßes eintreten, immer noch große Beachtung zu schenken:

Ist ein Vertrag wegen Verstoßes gegen ein Kopplungsverbot unwirksam, so kann der Architekt/Ingenieur nicht das vertraglich vereinbarte Honorar verlangen, da dieses wegen der Unwirksamkeit des Vertrages nicht wirksam vereinbart worden ist. Auch ein Rückgriff auf das Rechtsinstitut der Geschäftsführung ohne Auftrag oder der ungerechtfertigten Bereicherung ist nicht in jedem Fall möglich.

Kann beispielsweise der Erwerber für sich behaupten, er habe die Architektenleistungen nur beauftragt, um an das Grundstück zu kommen, so dürften die Rechtsgrundsätze der Geschäftsführung ohne Auftrag bereits nicht eingreifen.

Ein Rückgriff auf die Rechtsgrundsätze der ungerechtfertigten Bereicherung scheidet aus, wenn der Auftraggeber die Leistungen nicht verwertet hat (vgl. BGH, BauR 1994, 651).

Das Kopplungsverbot findet Anwendung, wenn

> der Erwerber eines Grundstücks (gleichgültig ist die Person des Erwerbers) sich zu einer Inanspruchnahme von Leistungen eines bestimmen Architekten verpflichtet.

Nach herrschender Meinung ist die Bindung an einen Architekten auch dann im Zusammenhang mit dem Erwerb des Grundstücks unzulässig, wenn der Architekt als Generalübernehmer oder als Bauträger auftritt (BGH, BauR 1991, 114).

Im Zusammenhang mit dem Erwerb des Grundstücks steht die Verpflichtung zur Inanspruchnahme von Architektenleistungen dann,

> wenn der Veräußerer den Verkauf des Grundstücks davon abhängig macht, dass der Erwerber einem bestimmten Architekten den Auftrag zusagt. Einen Verstoß gegen das Kopplungsverbot nimmt die herrschende Meinung bereits dann an, wenn ein Erwerber gegen den Veräußerer die Verpflichtung eingeht, einen bereits abgeschlossenen Architektenvertrag von diesem zu übernehmen (BGH, BauR 1993, 104). Grundsätzlich kommt es nicht darauf an, ob der Architekt das Grundstück selbst an der Hand hatte oder eine andere Person.
>
> Voraussetzung der Nichtigkeit ist auch nicht, dass der Grundstückserwerbsvertrag und der Architektenvertrag gleichzeitig abgeschlossen worden sind (BGH, BauR 1975, 139).

Lediglich dann, wenn der Erwerber das Grundstück ohne Verpflichtung, Leistungen eines bestimmten Architekten zu beauftragen oder zu übernehmen, erwerben kann, fehlt es an einer Kopplung. Letzten

Endes kommt es darauf an, dass der Erwerber nach Erwerb des Grundstücks frei in der Wahl seines Architekten ist.

Deshalb ist es im Ergebnis unbedenklich, wenn sich in dem Grundstückskaufvertrag der Erwerber verpflichtet, einen bestimmten Betrag als Abstandszahlung für die bisherige Beauftragung des Architekten durch den Verkäufer zu leisten (BGH, BauR 1978, 230).

1.5.2 Die honorarrechtlichen Probleme im Zusammenhang mit dem Vertragsabschluss im Einzelnen

In der Praxis immer wieder bedeutsam ist die Frage, wann man vom Zustandekommen eines Architektenvertrages mit welchem Leistungsumfang ausgehen kann, wenn die Vertragsparteien nicht den oben skizzierten klaren Weg der gemeinsamen Unterzeichnung eines schriftlichen Architektenvertrages gegangen sind, aus dem sich sowohl der **beauftragte Leistungsumfang** (Planungssoll) als auch die **vereinbarte Vergütung** im Einzelnen ergibt.

Obige Fragestellung ist beispielsweise dann von großer Bedeutung, wenn es nach umfangreichen „Vorleistungen" zum Zwecke der Akquisition von Seiten des Architekten nicht zu dem gewünschten schriftlichen Vertragsabschluss gekommen ist.

a) Die Akquisitionsphase: Ab wann bekommt der Architekt/Ingenieur Vergütung in der „Startphase"?

Wann kann der Architekt für seine in der Akquisitionsphase erbrachten Vorplanungsleistungen eine Vergütung verlangen?

Folgender Beispielsfall soll die Problematik erläutern:

Der potenzielle AG bittet die Architekten um die Fertigung und Vorlage aussagekräftiger Vorentwurfszeichnungen und Unterlagen für ein Parkhaus, da er sich mit dem Gedanken trägt, auf einem bestimmten Grundstück ein Parkhaus mit mindestens 400 Einstellplätzen zu bauen. Hierbei soll auch in Betracht gezogen werden, das Parkhaus multifunktional, z.B. mit einem Kino, auszustatten. Die Architekten erbringen umfangreiche Tätigkeiten und legen einen fast baureifen Entwurf für ein Parkhaus mit Kino vor. Nach Erbringung dieser Leistungen entschließt sich der potenzielle AG allerdings entgegen seinen früheren Absichten, in keinem Fall ein Kino in dem möglicherweise zu erstellenden Parkhaus zu berücksichtigen, sondern vielmehr anstelle des Kinos Büro- und Geschäftsräume. Die Architekten erbringen erneut umfangreiche Planungsleistungen, die diesem Wunsch gerecht werden. In einem dritten Anlauf bittet der potenzielle AG darum, einen weiteren aussagekräftigen Entwurf vorzulegen, der lediglich ein Parkhaus vorsieht ohne jede weitere Nutzungsmöglichkeit.

Aus nicht näher nachvollziehbaren Gründen entscheidet sich potenzieller AG anschließend, keine der vorgestellten Varianten zu bauen. Vielmehr nimmt er von dem Bauvorhaben insgesamt Abstand.

Frage:

Stehen den Architekten für die von ihnen erbrachten Vorentwurfsleistungen Honoraransprüche zu? Wenn ja, in welcher Höhe?

Fallvariante:

Wie wäre der obige Fall zu entscheiden, wenn die Architekten nach der ersten geplanten Version (Parkhaus und Kino) dem potenziellen AG ein schriftliches Angebot über die nunmehr von ihm gewünschte Planungsvariante hätten zukommen lassen und dieser auf dieses Angebot nicht reagiert?

Regelmäßig, so auch in dem obigen Fall, ist es so, dass der Wunsch des AG, ein bestimmtes Objekt zu bauen, noch nicht endgültig in allen Einzelheiten feststeht, regelmäßig am Anfang noch unklar ist, wie das Objekt nun konkret aussehen soll, welche Nutzeranforderung es im Einzelnen erfüllen soll und mit welchem Architekten der Bauherr nun tatsächlich beabsichtigt, das Objekt zu realisieren.

In dieser Akquisitionsphase erbringt der Architekt mehr oder weniger umfangreiche Planungsleistungen, die bereits sehr kostspielig sein können, um den begehrten Auftrag für das Objekt zu erlangen.

Die Grenzziehung zwischen Auftrag und Akquisition lässt sich – dies vorweg – nicht allgemein verbindlich festlegen. Sie ist von vielen Einzelfragen abhängig und immer einzelfallbezogen zu beurteilen, weshalb es eine recht umfangreiche Jurisprudenz zu diesem Thema gibt.

Folgende aus der Falljurisprudenz sich ergebende Einzelaspekte lassen sich hervorheben:

– Bei einer lediglich vorbereitenden, in die **Grundlagenermittlung** einzuordnenden Tätigkeit des Architekten wird man das Zustandekommen eines entgeltlichen Planungsauftrages dann, wenn der

Architekt nicht ausdrücklich auf die Entgeltlichkeit seiner Tätigkeit hingewiesen hat, zu verneinen haben (vgl. KG BauR 1988, 621).

- Erbringt der Architekt auf Wunsch des AG darüber hinausgehende Leistungen, die bereits der **Vorplanung** zuzurechnen sind, kommt es entscheidend auf den Umstand der von ihm erbrachten Leistungen an. Eine Grenzziehung ist nur schwer möglich. Der BGH (BauR 1987, 454) entschied seinerzeit einen Fall, in dem er eine entgeltliche Tätigkeit des Architekten bejahte, der bereits Bestandspläne, ein Aufmaß des Gebäudes, Vorplanungsleistungen, eine Baukostenermittlung und eine Wirtschaftlichkeitsberechnung erstellt hatte. Entscheidend kommt es darauf an, dass die Leistungen des Architekten nicht so geringfügig sind, dass der Bauherr ohne entsprechende Klarstellung von Seiten des Architekten davon ausgehen durfte, diese Leistungen seien unentgeltlich (vgl. auch OLG Hamm, NJW-RR 1986, 1280). Dabei wird man sagen können, dass der Schwellenwert zu einem entgeltlichen Auftrag bei Leistungen im Bereich der Vorplanung dann überschritten wird, wenn die Architekten auf Wunsch des Bauherrn eine Kostenschätzung nach DIN 276 erbringen.

  Hat der Architekt im vorgenannten Sinne umfangreiche Vorplanungsleistungen erbracht, so scheitert die Vergütungspflicht seitens des Bauherrn nicht daran, dass er sich nunmehr dazu entscheidet, das Bauvorhaben nicht durchzuführen.

- Sind bereits Leistungen aus der **Entwurfsplanung** erbracht worden, so gibt es nach herrschender Meinung mangels gegenteiliger vertraglicher Absprachen keine Zweifel mehr daran, dass in diesem Fall keine lediglich geringfügigen Leistungen vorliegen, weshalb von einer vergütungspflichtigen Tätigkeit des Architekten ausgegangen werden kann (OLG Hamm, BauR 1990, 636).

b) Der Umfang beauftragter Architekten-/Ingenieurleistungen

Mit obigen Ausführungen ist allerdings noch nicht die Frage beantwortet, mit welchem Leistungsumfang nun der Architekt beauftragt worden ist. Diese Frage ist von ganz erheblicher Bedeutung dann, wenn der AG sich nach Erbringung der Vorplanungs- bzw. Entwurfsplanungsleistungen dazu entschließt, das Objekt nicht zu realisieren. Sollte der Architekt mit der **Vollplanung** in diesen Fällen bereits beauftragt worden sein, so stünde ihm in diesem Falle auch für die noch zu erbringenden Leistungsphasen das vereinbarte Entgelt abzgl. der von ihm ersparten Aufwendungen bzw. dessen, was er statt dessen erwirbt oder böswillig zu erwerben unterlässt, über § 649 Satz 2 BGB a.F. zu.

Eine wie auch immer geartete Vermutung für die Übertragung der Vollarchitektur existiert nicht.

Es kommt deshalb auch hier ganz entscheidend auf den konkreten Einzelfall an. Ausschlaggebend ist, ob der Architekt davon ausgehen durfte, der AG werde das Objekt (ausschließlich) mit ihm realisieren. Zweifel an der Realisierung, beispielsweise weil die Finanzierung nicht gesichert ist, sprechen bereits gegen einen Vollauftrag (vgl. OLG Düsseldorf, VersR 1973, 1150). Immer dann, wenn der AG verständliche Gründe dafür vortragen kann, dass er zunächst nur eine oder einzelne Leistungsphasen dem Architekten übertragen wollte, um dann zu entscheiden, ob er den Architekten mit weiteren Leistungsphasen beauftragt, steht dies einer Beauftragung mit der Vollarchitektur entgegen (vgl. BGH, BauR 1980, 84).

Legt man diese Jurisprudenz dem obigen Beispielsfall zugrunde, so wird man im Regelfall eine Vergütungspflicht dann, wenn die Vorplanungsleistungen umfangreich und kostenintensiv waren, bejahen können. Dies erst recht, wenn, wie in der Fallvariante, die Architekten vor Erbringung der zweiten Planvariante ein schriftliches Angebot dem AG überreicht haben. Hiermit haben sie schlüssig zum Ausdruck gebracht, dass sie für ihre Planungsleistungen eine Vergütung beanspruchen.

Dabei ist im Ergebnis unerheblich, ob sich der AG nun zu diesem Angebot geäußert hat oder nicht. Im Hinblick auf den Umstand der Beauftragung wird man allerdings angesichts der Unsicherheit des AG, das Bauvorhaben zu realisieren, davon ausgehen müssen, dass lediglich eine Beauftragung bis einschließlich Leistungsphase 2 (Vorplanung) erfolgt ist.

c) Seit dem 01.01.2018 geltendes Sonderkündigungsrecht gemäß § 650r BGB

Das zum 01.01.2018 in Kraft getretene Gesetz zur Reform des Bauvertragsrechts und zur Änderung der kaufrechtlichen Mängelhaftung sieht im Anwendungsbereich des Architekten- und Ingenieurvertragsrechts nunmehr im § 650r ein Sonderkündigungsrecht wie folgt vor:

Nach Vorlage der zunächst vom Architekten als Planungsgrundlage zu ermittelnden Planungs- und Überwachungsziele kann der Besteller (Auftraggeber) den Vertrag mit dem Architekten/Ingenieur kündigen. Das Kündigungsrecht erlischt zwei Wochen nach Vorlage der Unterlagen zu den Planungs- und

Überwachungszielen. Auch dem Architekten/Ingenieur steht ein solches Kündigungsrecht zu, falls der Besteller/Auftraggeber trotz entsprechender Fristsetzung zur Abgabe seiner Zustimmung diese innerhalb der Frist nicht erklärt oder verweigert. Wird der Vertrag unter diesen Voraussetzungen von der einen oder anderen Seite gekündigt, ist der Architekt/Ingenieur nur berechtigt, die Vergütung zu verlangen für diejenigen Leistungen, die er bis zur Kündigung erbracht hat. Ein darüber hinausgehender Anspruch aus § 648 Satz 2 BGB (auch) im Falle einer Übertragung mit der sogenannten Vollarchitektur besteht also nicht (mehr).

d) Darlegungs- und Beweislastgrundsätze

Es gilt folgender Grundsatz:

Der Architekt/Ingenieur, der für seine Leistungen Vergütung beansprucht, hat alle Voraussetzungen für die Vergütungspflichtigkeit seiner Leistung darzulegen und zu beweisen.

Das heißt, er hat zu beweisen, dass „klar" war, dass seine Leistungen vom AG zu vergüten waren und nicht lediglich als „Morgengabe" im Rahmen der Akquisition verstanden werden durften.

Gleiches gilt auch für etwaige **Bedingungen**, die die Honorarpflicht für die Architektenleistungen betrifft.

Derartige Bedingungen können wirksam **mündlich** vereinbart werden. Folgender Beispielsfall zur Erläuterung:

Der potenzielle AG fordert die Architekten auf, für sein Bauvorhaben Leistungen bis zur Genehmigungsplanung zu erbringen. Für den Fall, dass sich ein Erwerber für das Objekt nach Vorlage der Baugenehmigung findet, soll das Objekt realisiert werden. Die Architekten erbringen die Planungsleistungen bis einschließlich Leistungsphase 4. Zur Realisierung des Bauvorhabens kommt es nicht, weil sich kein Erwerber findet. Die Architekten rechnen über ihre Leistungen ab. Der potenzielle AG verweigert die Zahlung mit dem Hinweis darauf, zwischen ihm und den Architekten sei vereinbart worden, dass diese nur dann eine Vergütung für ihre Leistungen erhalten, wenn das Objekt auch realisiert würde.

Die Architekten bestreiten eine derartige Vereinbarung.

Erhalten die Architekten die in Rechnung gestellte Vergütung für ihre Planungsleistungen?

Die Frage ist dann zu bejahen, wenn den **Architekten** der Beweis gelingt, dass die von dem AG behauptete Bedingung für die Honorarzahlung **nicht** vereinbart worden ist.

Die Beweislast für das Fehlen der von dem AG behaupteten aufschiebenden Bedingung für den Vertragsschluss trifft nach herrschender Meinung den Auftragnehmer und nicht den Auftraggeber (vgl. BGH, NJW 1985, 497).

Können die Architekten den Beweis nicht erbringen oder ist für das Gericht nach Beweisaufnahme nicht klar, ob die Behauptung des AG hinsichtlich der Vereinbarung einer aufschiebenden Bedingung zutreffend ist oder nicht (non liquet), so wird die Honorarklage der Architekten abgewiesen.

1.5.3 Die HOAI als Preisrecht – Umfang und Grenzen möglicher Honorarvereinbarungen mit dem AG

a) HOAI in der bis zum 31.12.2020 geltenden Fassung

aa) Untergrenze anrechenbarer Kosten

Die HOAI bestimmte in § 7 Abs. 2, dass die Honorierung von Leistungen, die auf anrechenbaren Kosten oder Flächen außerhalb der in den Honorartabellen festgelegten Honorarsätze beruhen, frei vereinbart werden konnte. Das bedeutete, die Honorierung für diese Leistungen unterlag nicht mehr den Preisregelungen der HOAI. Folglich konnte ein Honorar für diese Leistungen auch mündlich wirksam vereinbart werden. Im Übrigen war das Honorar für diese Leistungen auch nicht mehr an Mindestsätze gebunden, sodass für diese Leistungen auch ein Honorar vereinbart werden konnte, das unter den Mindestsätzen der HOAI innerhalb der Tafelwerte lag (BGH, BauR 2012, 975).

bb) Obergrenze anrechenbarer Kosten

Praxisrelevanter war § 7 Abs. 2 in den Fällen, in denen die Tafelwerte nach oben überschritten wurden, bei der Objektplanung Gebäude also über 25.000.000,00 € lagen. In diesen Fällen bestand keinerlei Honorarbindung an die Mindest- oder Höchstsätze der HOAI. Es handelte sich hierbei um eine insbesondere für mittlere und größere Projekte relevante Vorschrift, da die anrechenbaren Baukosten in solchen Fällen die Tafelendwerte häufig überschritten.

Gebäude und Innenräume	§ 35 Abs. 1 Anrechenb. Kosten < 25 000 € oder > 25 Mio. €
Freianlagen	§ 40 Abs. 1 Anrechenb. Kosten < 20 000 € oder > 1,5 Mio. €
Ing.-Leistungen und Ingenieurbauwerke	§ 44 Abs. 1 Anrechenb. Kosten < 25 000 € oder > 25 Mio. €
Verkehrsanlagen	§ 48 Abs. 1 Anrechenb. Kosten < 25 000 € oder > 25 Mio. €
Tragwerksplanung	§ 52 Abs. 1 Anrechenb. Kosten < 10 000 € oder > 15 Mio. €
Techn. Ausrüstung, jeweils pro einzelner Anlagengruppe	§ 54 Abs. 1 Anrechenb. Kosten < 5 000 € oder > 4 Mio. €

Abb. 7.33 Möglichkeiten freier Honorarvereinbarungen nach der HOAI a.F., geordnet nach Architekten- und Ingenieurleistungen

Nicht ganz unumstritten war die Frage, ob bei Überschreitung der Tafelwerte ein Honorar vereinbart werden konnte, welches unterhalb der Mindest-/Höchstsätze der HOAI für bis zu 25 Mio. € lag. Die herrschende Meinung (vgl. BGH, BauR 2012, 975; Locher/Koeble/Frick, HOAI, Rn. 85, 87 zu § 7 (§ 7.1); Pott/Dahlhoff/Kniffka/Rath, 8. Aufl., § 16, Rn. 4; Korbion/Mantscheff/Vygen, HOAI, 8. Aufl. Rn. 42 zu § 7) machte mit ihrem Grundsatz der freien Honorarvereinbarung in diesen Fällen Ernst und ließ eine solche Vereinbarung zu. Lediglich eine Mindermeinung (Löffelmann/Fleischmann, Architektenrecht, 6. Aufl., Rn. 1468) hielt dies aus unterschiedlichen, im Einzelnen nicht überzeugenden Gründen für nicht zulässig.

cc) Gebundene Honorarvereinbarung – Rechtslage bis zur Entscheidung des EuGH, Urteil vom 04.07.2019, C-377/17

Soweit die anrechenbaren Kosten weder unter- noch überschritten werden, erlaubten die Bestimmungen der HOAI bis zur Veröffentlichung der Entscheidung des EuGH vom 04.07.2019, zu der weiter unten sogleich Stellung genommen wird, nur einen relativ begrenzten Spielraum bei der Vertragsgestaltung, wie Abb. 7.34/7.35 verdeutlicht.

Gemäß **§ 7 Abs. 3 HOAI** a.F. durften die in der HOAI festgesetzten **Mindestsätze** nur durch schriftliche Vereinbarung und nur in Ausnahmefällen unterschritten werden.

Ähnliches galt gemäß **§ 7 Abs. 4 HOAI** für die **Höchstsätze** der HOAI, die nur bei außergewöhnlichen oder ungewöhnlich lange dauernden Leistungen durch schriftliche Vereinbarung überschritten werden durften. Solche Ausnahmefälle, die eine Unterschreitung der Mindestsätze oder eine Überschreitung der Höchstsätze rechtfertigten, wurden in der Praxis nur äußerst selten anerkannt.

Wichtig:

Der jeweils maßgebliche Mindest- oder Höchstsatz wurde **objektiv** nach den HOAI-Kriterien ermittelt und **nicht** nach der Parteivereinbarung. Um den **zulässigen Honorarrahmen (Mindest bzw. Höchstsatz) festzustellen, war also eine HOAI-konforme Honorarermittlung** erforderlich, die ihrerseits den Umfang der erbrachten oder zu erbringenden Leistungen berücksichtigte, außerdem die maßgebenden anrechenbaren Baukosten sowie die einschlägige Honorarzone.

Beispielsfall:

Für die Planungsleistungen zu einem anspruchsvollen Wohn- und Einkaufszentrum mit anrechenbaren Baukosten von 15 Mio. € vereinbart der Projektentwickler mit dem Objektplaner P eine Abrechnung nach Honorarzone II, Mindestsatz, anrechenbare Baukosten 10 Mio. €.

Mindestsatz unterschritten? Wenn ja, welche Rechtsfolgen?

Wie wäre der Fall zu beurteilen, wenn die Parteien 20 Mio. € anrechenbare Baukosten vereinbart hätten?

Bei diesem Beispiel liegt gleich eine doppelte Unterschreitung der zulässigen Mindestsätze gemäß § 7 Abs. 5 HOAI a.F. vor. Zum einen ist der Mindestsatz nach den realen anrechenbaren Baukosten gemäß §§ 4, 32 HOAI a.F. zu ermitteln und nicht nach fiktiven Baukosten. Zum anderen kam es auf die tatsächliche Honorarzone gemäß § 34 Abs. 5 HOAI und nicht auf die vereinbarte, tatsächlich aber zu niedrige Honorarzone an.

Die Honorarvereinbarung im Beispielsfall war also **nichtig**, der Architekt konnte für seine Planungsleistungen den Mindestsatz nach den tatsächlich anrechenbaren Baukosten (15 Mio. €) nach der Honorarzone III oder sogar IV verlangen. An diesem Ergebnis änderte sich auch dann nichts, wenn der Auftraggeber mit dem Objektplaner beispielsweise ein Pauschalhonorar vereinbarte, ohne die zugrunde liegenden anrechenbaren Baukosten und die Honorarzone zu kennzeichnen. Auch in solchen Fällen war, um die Wirksamkeit der Vereinbarung beurteilen zu können, eine HOAI-konforme Honorarermittlung vorzunehmen mit dem Ergebnis, dass die Pauschale als unzulässige Mindestsatzunterschreitung anzusehen war, wenn das HOAI-konform ermittelte Honorar über der Pauschale lag. Auch dann konnte der Architekt regelmäßig die Differenz zwischen dem vereinbarten und dem Mindesthonorar gemäß HOAI **nachberechnen**.

Da Mindestsatzunterschreitungen in der Praxis, insbesondere bei gewerblichen Bauvorhaben, nicht selten vorkommen, musste sich der AG also über diese Unsicherheit im Klaren sein.

Eine andere Frage war es, ob es dem Architekten/Ingenieur nach den Grundsätzen **von Treu und Glauben** im Einzelfall untersagt war, sich auf die Mindestsatzunterschreitung zu berufen. Dies wurde von der höchstrichterlichen Rechtsprechung dann angenommen, wenn sich der Architekt/Ingenieur mit seinem günstigen Honorarangebot praktisch den Auftrag erschlichen hatte und der AG auf die Wirksamkeit der Honorarvereinbarung vertraut und seine Vermögensdispositionen hierauf ausgerichtet hatte (BGH, NJW 1997, 2329).

HOAI a.F. § 6 Abs. 2 Satz 2 ff.	Umbau- oder Modernisierungszuschlag: Schriftliche Vereinbarung unter Berücksichtigung des Schwierigkeitsgrades. Maximale Höhe des Zuschlags ist in den einzelnen Leistungsbildern geregelt, z.B. für Gebäude und Innenräume in § 36 Abs. 1, 2 HOAI (bei Gebäuden maximal 33 %, bei Innenräumen maximal 50 % auf das ermittelte Honorar). Sofern keine schriftliche Vereinbarung getroffen wurde, gilt die unwiderlegliche Vermutung einer Zuschlagsvereinbarung von 20 % ab einem durchschnittlichen Schwierigkeitsgrad.
§ 7 Abs. 3	Mindestsatzunterschreitung nur im Ausnahmefall und in Schriftform.
§ 7 Abs. 4	Höchstsatzüberschreitung nur bei außergewöhnlichen Leistungen und in Schriftform.
§ 9 Abs. 1	Vorplanung oder Entwurfsplanung als Einzelleistung: Vorplanung: Prozentsatz der Vorplanung zzgl. höchstens des Prozentsatzes der Grundlagenermittlung. Entwurfsplanung: Prozentsatz der Entwurfsplanung zzgl. höchstens des Prozentsatzes der Vorplanung. Die Vereinbarung hat schriftlich zu erfolgen.
§ 9 Abs. 2	Bauleitplanung und Landschaftsplanung: Hier wird § 9 Abs. 1 Nr. 2 für die Bauleitplanung und § 9 Abs. 1 Nr. 1 für die Landschaftsplanung für entsprechend anwendbar erklärt.
§ 9 Abs. 3	Objektüberwachung als Einzelleistung: Sowohl bei der Objektüberwachung für Technische Ausrüstung und bei Gebäuden als Einzelleistung können für die Leistungsbewertung der Objektüberwachung höchstens der Prozentsatz der Objektüberwachung und die Prozentsätze der Grundlagenermittlung und Vorplanung herangezogen werden. Die Vereinbarung hat schriftlich zu erfolgen.
§ 10	Mehrere Vor- oder Entwurfsplanungen: Während § 10 HOAI 2009 die Vergütung von mehreren Vorentwurfs- oder Entwurfsplanungen erfasste, regelt § 10 Abs. 2 HOAI 2013 jetzt allgemein die Wiederholung von Grundleistungen und ihre anteilmäßige Honorarberechnung: Das Honorar für Wiederholung von Grundleistungen, ohne dass sich dadurch die anrechenbaren Kosten oder Flächen ändern, ist entsprechend ihrem Anteil an der jeweiligen Leistungsphase schriftlich zu vereinbaren.
§ 12	Instandsetzungen und Instandhaltungen: Gemäß § 12 Abs. 2 kann für Grundleistungen bei Instandsetzung und Instandhaltung von Objekten schriftlich vereinbart werden, dass der Prozentsatz für die Objektüberwachung oder Bauoberleitung um bis zu 50 % der Bewertung dieser Leistungsphase erhöht wird.

Abb. 7.34 Möglichkeiten der Honorarvereinbarung innerhalb der Tafelwerte nach der HOAI a.F.

Ähnliches galt für das Verbot der Höchstsatzüberschreitung gemäß § 7 Abs. 4 HOAI a.F., auch wenn eine Höchstsatzüberschreitung in der Praxis, insbesondere im gewerblichen Baubereich, viel seltener vorkam als die Mindestsatzunterschreitung. Lag ausnahmsweise ein Fall der Höchstsatzüberschreitung vor, dann führte die Unwirksamkeit der Honorarvereinbarung allerdings lediglich dazu, dass der Architekt das HOAI-konform ermittelte höchstzulässige Honorar fordern konnte.

b) Neue Rechtslage durch Urteil des EuGH vom 04.07.2019, C-377/17, umgesetzt in der geänderten HOAI, die seit dem 01.01.2021 in Kraft ist

aa) Inhalt des Urteils des EuGH vom 04.07.2019

In dem Vertragsverletzungsverfahren nach Art. 258 AEUV der Europäischen Kommission gegen die BRD hat der EuGH am 04.07.2019 entschieden, dass die dem verbindlichen Preisrecht der HOAI zugrunde liegenden Mindest- und Höchstsätze gegen höherrangiges EU-Recht verstoßen.

Die Anforderungen der HOAI, soweit sie Mindest- und Höchstsätze für Planungsleistungen von Architekten und Ingenieuren festlegen, fallen nach vorgenannter Entscheidung des EuGH unter Art. 15 Abs. 2 Buchst. g der Richtlinie 2006/123 (sogenannte Dienstleistungsrichtlinie).

Art. 15 Abs. 3 dieser Richtlinie enthält drei Bedingungen, die hätten erfüllt sein müssen, damit die Mindest- und Höchstsätze der HOAI mit EU-Recht vereinbar sind:

1. Die Mindest- und Höchstsätze dürfen keine Diskriminierung darstellen,
2. sie müssen zur Verwirklichung eines zwingenden Grundes des Gemeininteresses erforderlich sein,
3. sie müssen der Verhältnismäßigkeit entsprechen.

Während der Gerichtshof die ersten beiden Voraussetzungen in seinem Urteil als erfüllt ansah, stellte er zu dem Prüfungspunkt der Verhältnismäßigkeit fest, dass die Mindest- und Höchst–sätze der HOAI nicht verhältnismäßig seien, weil die betreffenden Regelungen das angestrebte Ziel nicht in „kohärenter und systematischer Weise“ verfolgen. Hierzu hatte die klagende Kommission unwidersprochen vorgetragen, dass die Erbringung von Planungsleistungen in Deutschland nicht Personen vorbehalten sei, die eine reglementierte Tätigkeit ausüben, sodass es jedenfalls keine Garantie gebe, dass die Planungsleistungen von Dienstleistungserbringern erbracht würden, die ihre entsprechende fachliche Eignung nachgewiesen hätten.

Hintergrund ist der Umstand, dass der BGH bereits früh entschied (BGH, BauR 1997, 677), dass das verbindliche Preisrecht der HOAI leistungsbezogen anzuwenden ist und damit auch gilt, wenn natürliche oder juristische Personen Leistungen erbringen, die unter den Anwendungsbereich der HOAI fallen, ohne dass es sich bei diesen Personen um bei den Architektenkammern eingetragene Architekten und/oder Ingenieure handeln muss. Die Mindestsatzvergütung nach der HOAI konnte damit auch von nicht eingetragenen Architekten und Ingenieuren bei Gericht geltend gemacht werden, wenn die Parteien ein Honorar vereinbart hatten, dass unter den Mindestsätzen der HOAI liegt (vgl. OLG Celle, IBR 2003, 202; OLG Düsseldorf, NJW-RR 1993, 1173; OLG Köln, BauR 1985, 338).

Die hierin liegende Inkohärenz hat der Europäische Gerichtshof zum Anlass genommen festzustellen, dass die Mindestsätze nicht geeignet sein können, das Ziel einer hohen Qualität der Planungsleistungen sicherzustellen, wenn für die Vornahme der Leistungen, die diesen Mindestsätzen unterliegen, nicht selbst Mindestgarantien gelten, die die Qualität dieser Leistungen gewährleisten können.

Summa summarum stellte der Gerichtshof damit fest, dass die in der HOAI vorgesehenen Mindestsätze nicht geeignet seien, eine hohe Qualität bei Planungsleistungen zu gewährleisten und den Verbraucherschutz sicherzustellen.

Demgegenüber könnten die Höchstsätze zum Verbraucherschutz beitragen. Jedoch sei es der BRD in dem Vertragsverletzungsverfahren nicht gelungen darzulegen, weshalb die von der Kommission als weniger einschneidend vorgeschlagenen Maßnahmen, Kundenpreisorientierungen für die verschiedenen von der HOAI genannten Kategorien von Leistungen zur Verfügung zu stellen, nicht ausreichen sollen, um dieses Ziel in angemessener Weise zu erreichen. Demgemäß kam der Gerichtshof zu dem weiteren Ergebnis, dass auch die Festsetzung von Höchstsätzen im Hinblick auf das damit verfolgte Ziel nicht verhältnismäßig sei.

Die Beibehaltung von verbindlichen Honoraren für Planungsleistungen von Architekten und Ingenieuren verstößt damit gegen die Dienstleistungsrichtlinie, genauer gegen die Verpflichtungen der BRD aus Art. 15 Abs. 1, Abs. 2 Buchst. g und Abs. 3 der Richtlinie 2006/123.

Strittig (s. u.) war, ob dieses Urteil des Gerichtshofes ab dessen Veröffentlichung für Alt- bzw. Neuverträge sofort gilt und nicht erst der Umsetzung in nationales Recht durch die BRD bedarf. Die Entscheidung des Europäischen Gerichtshofes hat grundsätzlich ex-tunc-Wirkung, soweit der Gerichtshof nicht ausdrücklich in seinem Urteil eine zeitliche Beschränkung aufnimmt, was er in dem zugrunde liegenden Urteil nicht getan hat.

Die Unvereinbarkeit der HOAI-Mindest- und -Höchstsätze mit dem höherrangigen EU-Recht hätte damit zur Unwirksamkeit bzw. Unanwendbarkeit von § 7 Abs. 1, Abs. 3, Abs. 4 und Abs. 5 HOAI führen können, da diese Regelungen die Vertragsautonomie der Vertragsparteien beschneiden, ein Honorar für Architekten- oder Ingenieurleistungen frei zu vereinbaren. An irgendwelche Mindest- oder Höchstsätze wären die Parteien folglich nicht (mehr) gebunden gewesen und hätten selbst wirksam vereinbaren können, welches Honorar der Architekt/Ingenieur für seine Leistungen erhalten soll. Konsequenterweise hätten durch die Gerichte in der BRD demzufolge nach Veröffentlichung der vorgenannten EuGH-Entscheidung sogenannte Honoraraufstockungsklagen, mit denen der Architekt trotz einer die Mindestsätze unterschreitenden Honorarvereinbarung vom Auftraggeber den Mindestsatz fordert, abgewiesen werden müssen. Das OLG Celle entschied in seinem Urteil vom 17.07.2019, 14 U 188/18 als erstes deutsches Obergericht auf die Entscheidung des EuGH, dass eine Nachforderung zur Schlussrechnung auf der Basis der Mindestsätze nach Vereinbarung eines die unionsrechtswidrigen HOAI-Mindestsätze unterschreitenden Pauschalhonorars nicht zulässig ist. Honorarvereinbarungen, die das Preisrecht der HOAI ignorieren würden, seien daher unter diesem Gesichtspunkt nicht mehr unzulässig. Dieser Auffassung schloss sich das OLG Düsseldorf (Urteil vom 28.01.2020, 21 U 21/19) an, währenddessen z.B. das OLG Hamm (Urteil vom 23.07.2019, 21 U 24/18) sich dieser Meinung nicht anschloss und weiterhin sogenannte Honoraraufstockungsklagen auf Mindestsatzbasis für zulässig erachtete.

bb) HOAI in der ab dem 01.01.2021 geltenden Fassung

Durch Art. 1 der 1. VO zur Änderung der Honorarordnung für Architekten und Ingenieure vom 06.11.2020 BR-Drs. 539/20 ist die HOAI zur Umsetzung der vorgenannten EuGH-Entscheidung geändert worden. Auf die Ausführungen oben zu Ziff. 1.5.1 a) bb) wird verwiesen.

Nachdem nunmehr für ab dem 01.01.2021 abgeschlossene Honorarvereinbarungen, der EuGH-Rechtsprechung aus 2019 vorgegebenen Richtung folgend, die Preisvereinbarungen nicht mehr gebunden sind und die Parteien eine Honorarvereinbarung nach deren Wünschen treffen können, stellt sich gleichwohl immer noch die Frage, wie man mit den Honoraraufstockungsklagen von Architekten und Ingenieuren aus der Vergangenheit umgeht.

Nachdem die Oberlandesgerichte (s. o.) unterschiedlicher Meinung waren, ob solche Honoraraufstockungsklagen auf Mindestsatzbasis nach Veröffentlichung der EuGH-Entscheidung überhaupt noch erfolgreich geführt werden können, hat der Bundesgerichtshof mit Beschluss vom 14.05.2020 - VII ZR 174/19 diese Frage dem EuGH zur Entscheidung vorgelegt. Der EuGH widmet sich jetzt dieser Fragestellung in dem vom BGH nach Art. 276 AEUV eingeleiteten Vorabentscheidungsverfahren (Rs. C-267/20). Am 03.05.2021 fand die mündliche Verhandlung in Luxemburg statt und man durfte gespannt sein, wie der EuGH entscheiden wird. Der BGH hat dem EuGH die Frage zur Vorabentscheidung vorgelegt, ob § 15 Abs. 1, Abs. 2 lit. g und Abs. 3 der Dienstleistungsrichtlinie im Rahmen des laufenden Gerichtsverfahrens zwischen Privatpersonen in der Weise unmittelbare Wirkung entfaltet, dass die dieser Richtlinie entgegenstehenden nationalen Regelungen in § 7 HOAI 2013 über verbindliche Mindestsätze auf den Vertrag der Parteien nicht mehr anzuwenden sind. Der EuGH hat am 18.01.2022 (Rs. C-261/20) schließlich entschieden, dass in einem Rechtsstreit zwischen ausschließlich privatrechtlichen Personen Unionsrecht einer Anwendung der Mindesthonorare für Architekten und Ingenieure gemäß der HOAI nicht entgegensteht. Aufstockungsklagen auf Basis der Mindestsatzhonorare wären damit für die Altfälle, also die Verträge, die vor in Kraft treten der aktuellen HOAI, mithin vor dem 01.01.2021 abgeschlossen worden sind, weiterhin möglich.

In Konsequenz der Entscheidung des EuGH vom 18.01.2022 (Rs. C-261/20) hat der Bundesgerichtshof schließlich entschieden, dass die HOAI-Mindestsätze auf Altverträge Anwendung finden (BGH, Urteil vom 02.06.2022; AZ VII ZR 174/19), was zur Konsequenz hat, dass sich die Architekten und Ingenieure auf die Mindestsätze und daraus ergebene Vergütungsansprüche berufen können, auch wenn sie ein Honorar mit dem Auftraggeber vereinbart haben, das unterhalb der Mindestsätze liegt. Sogenannte Aufstockungsklagen sind damit für sogenannte Altfälle weiterhin zulässig und begründet.

2 Regelungsbedürftige Punkte in Architektenverträgen

2.1 Der Einheitsarchitektenvertrag

Es hat 9 Jahre gedauert, bis das alte Architektenvertragsmuster aus dem Jahre 1985 von der Bundesarchitektenkammer durch die Fassung aus dem Jahre 1994 ersetzt wurde.

Insgesamt war die neue Fassung straffer gefasst und man verzichtete auf die Beifügung allgemeiner Bedingungen.

Der neue Einheitsarchitektenvertrag war noch nicht veröffentlicht, als er sich bereits einer harschen Kritik von Seiten der Literatur erfreuen durfte (vgl. Bartsch, BauR 1994, 314 ff.).

Da sich der Einheitsarchitektenvertrag aus vorformulierten, für eine Vielzahl von Anwendungsfällen gedachten Bestimmungen/Klauseln zusammensetzt, sind seine Regelungen Allgemeine Geschäftsbedingungen und unterliegen demzufolge der Überprüfung anhand des AGB-Gesetzes bzw. ab 2002 den an seine Stelle getretenen §§ 305 ff. BGB. Eine Überprüfung der Klauseln des Einheitsarchitektenvertrages anhand dieser „Messlatte" ließ Wirksamkeitsbedenken aufkommen, beispielsweise bei den nachfolgenden Regelungen:

- § 2.2 schränkt die Berichtspflicht des Architekten gegenüber dem Bauherrn mehrfach ein und könnte gemäß § 307 Abs. 1 BGB n.F. unwirksam sein.
- § 4.9 bestimmt zur Fälligkeitsregelung von Abschlagszahlungen, dass der Architekt diese jederzeit fordern kann. Dies widerspricht § 15 Abs. 2 HOAI, wonach Abschlagszahlungen nur in angemessenen zeitlichen Abständen und nur für nachgewiesene Leistungen gefordert werden können.
- § 6.2 bestimmt, dass für die Dauer der Unterbrechung der Vertragsdurchführung eine angemessene Entschädigung seitens des Bauherrn zu zahlen ist. Da daneben § 21 HOAI a.F. unberührt bleiben soll, könnte es zu einer Doppelberechnung kommen, was zur Unwirksamkeit von § 6.2 führen würde.
- Die Haftungsbegrenzung des § 7.4 für die Fälle leichter Fahrlässigkeit, orientiert an der Deckungssumme der Haftpflichtversicherung, ist bedenklich und vermutlich unwirksam, weil in Höhe der von den Kammern zu § 8 empfohlenen Deckungssumme für sonstige Schäden eine nach der höchstrichterlichen Rechtsprechung geforderte Deckung üblicher Schadenshöhen wohl kaum gewährleistet ist. Außerdem erweckt diese Regelung den Anschein, als würde sich durch den Eintrag der konkreten Haftungssumme etwas an der Rechtsnatur dieser Regelung als AGB ändern (kritisch deshalb zu Recht Bartsch, BauR 1994, 314, 318).
- Die Regelung in § 7.5, wonach die Gewährleistungszeit schon mit der Teilabnahme der Leistungsphasen 1 bis 8 beginnen soll, auch wenn die Leistungsphase 9 mitbeauftragt worden ist, dürfte eine nicht zulässige Verkürzung der gesetzlichen Gewährleistungsfrist darstellen.
- Die Regelung in § 9 zur vorzeitigen Beendigung des Vertrags mit der bekannten 60/40-Regelung bei vom Architekten nicht zu vertretender Kündigung des Vertrages ist problematisch, aber wohl wirksam. Der Bundesgerichtshof hat in seinem Urteil, BauR 1996, 412, 414 mit seiner ständigen Rechtsprechung gebrochen, wonach es dem Architekten gestattet ist, seine ersparten Aufwendungen mit pauschal 40 % ohne weiteren Nachweis zu berechnen. Dieser Entscheidung lag ein mündlich abgeschlossener Architektenvertrag zugrunde. Die Entscheidungsgründe ließen vermuten, dass es nur eine Frage der Zeit sei, bis der Bundesgerichtshof bei Vorlage eines geeigneten Falls auch eine in Allgemeinen Geschäftsbedingungen vereinbarte entsprechende Regelung für nichtig erklären wird. In einer Nachfolgeentscheidung (BGH, BauR 1997, 156) hatte der Bundesgerichtshof zwar über eine 60/40-Regelung in AGB zu entscheiden und diese sogleich für nichtig erklärt. Die entscheidende AGB-Regelung war allerdings bereits deshalb für nichtig zu befinden, weil dem AG nicht die Möglichkeit des Nachweises geringerer ersparter Aufwendungen eingeräumt wurde.

Bis heute fehlt eine höchstrichterliche Rechtsprechung dazu, ob in Allgemeinen Geschäftsbedingungen eine 60/40-Regelung, die zugleich den Nachweis geringerer ersparter Aufwendungen dem AG ermöglicht und dies in gleicher Weise für die Anrechnung von Vorteilen aus Ersatzaufträgen zulässt, wirksam ist.

Für die Wirksamkeit spricht allerdings viel (vgl. von Rintelen, BauR 1998, 609).

Fazit:

Der Einheitsarchitektenvertrag ist im Großen und Ganzen mit derart vielen AGB-rechtlichen Problemen belastet, dass seine Anwendung guten Gewissens nicht empfohlen werden kann. Die Bundesarchitektenkammer hat sich wohl nicht zuletzt deshalb dazu entschlossen, den entsprechenden Antrag im kartellrechtlichen Genehmigungsverfahren auf Zulassung vor dem Bundeskartellamt zurückzuziehen.

2.2 Regelungsbedürftige Punkte in Architekten- und Ingenieurverträgen

Verwendet man gleichwohl den Einheitsarchitektenvertrag, muss man sich allerdings ungeachtet der oben skizzierten AGB-Problematik weiter über folgende inhaltliche Schwächen im Klaren sein, die eine entsprechende Ergänzung dringend erforderlich machen und im Übrigen für jede Vertragsgestaltung von grundsätzlicher Bedeutung sind und deshalb beachtet werden müssen:

a) Der Einheitsarchitektenvertrag beginnt in den §§ 1 und 2 mit der „kästchenweise" anzukreuzenden Unterscheidung, ob Gegenstand des Verfahrens im Sinne des § 3 HOAI ein Neubau, eine Erweiterung, ein Umbau, eine Modernisierung etc. ist. Im Vordergrund steht damit also die honorarmäßige Zuordnung der Architektenleistung, ohne dass die konkrete Leistung, die nach dem Vertrag geschuldet sein soll, beschrieben worden wäre.

- Die zentrale Regelung eines jeden Vertrages ist allerdings die **geschuldete Leistung**. Das „Grundübel" der überwiegenden Vielzahl aller Architekten- und Ingenieurverträge liegt darin, dass die geschuldete Leistung nicht klar inhaltlich umrissen und zu den Leistungen der anderen Planungsbeteiligten wie auch den von Seiten des Auftraggebers zu erbringenden Leistungen abgegrenzt wird. Hierzu reicht es nicht aus, wenn in § 2 des Einheitsarchitektenvertrages unter der Überschrift „Aufgaben und Pflichten des Architekten" nur die 9 Leistungsphasen in Bezug genommen werden, denn damit wird man der Rechtsnatur des Architektenvertrages als Werkvertrag nur äußerst unzureichend gerecht.

Der Architekt ist nicht lediglich verpflichtet, die beauftragten Leistungsphasen zu erbringen, sondern er hat an der Entstehung des Bauwerks (Erfolg) kraft der ihm übertragenen Planungsleistungen mitzuwirken. Er schuldet zwar nicht die Erstellung des Objekts als solches, aber die hierfür notwendigen planerischen Leistungen. Das zum 01.01.2018 in Kraft getretene Gesetz zur Reform des Bauvertragsrechts und zur Änderung der kaufrechtlichen Mängelhaftung definiert die Leistungspflichten des Architekten und Ingenieurs in diesem Sinne funktional nunmehr in § 650p Abs. 1 BGB wie folgt:

> *„Durch einen Architekten- oder Ingenieurvertrag wird der Unternehmer verpflichtet, die Leistungen zu erbringen, die nach dem jeweiligen Stand der Planung und Ausführung des Bauwerks und der Außenanlage erforderlich sind, um die zwischen den Parteien vereinbarten Planungs- und Überwachungsziele zu erreichen."*

Um das Äquivalent für diese geschuldeten Leistungen in Form der vereinbarten Vergütung zu definieren, sollten die beauftragten Leistungen im Einzelnen aufgezählt werden, verbunden mit einer weitergehenden Regelung dahin, dass diese Aufzählung **abschließender Natur** ist und der Architekt nur dann darüber hinausgehende Leistungen zu erbringen hat, wenn hierfür die Parteien vorher ein neues, zusätzliches Honorar vereinbart haben. Geschieht dies nicht, steht dem Architekten/Ingenieur wegen der funktionalen Definition des Planungssolls grundsätzlich kein Anspruch auf Anpassung der Vergütung zu, wenn zur Erreichung des Planungs- und Überwachungsziels weitergehende Leistungen erforderlich sind, als sie von dem Architekten/Ingenieur in seiner offengelegten Kalkulation zugrunde gelegt worden sind.

- In diesem Zusammenhang ist weiter zu regeln, dass ohne die Vereinbarung eines neuen Honorars für bislang nicht beauftragte Leistungen dem Architekten ein **Leistungsverweigerungsrecht zusteht**.

- Hierher gehört weiter auch die Regelung, ob die Leistungen voll bereits jetzt oder **in Stufen** beauftragt werden:
  - wenn in Stufen beauftragt wird, die Gewährleistung mit Erbringung der letzten Leistung aus der beauftragten Stufe beginnt, wenn nicht in einem absehbaren (kurzen) Zeitraum die nächstfolgende Stufe abgerufen wird und
  - bei verspäteter Beauftragung einer Folgestufe eine angemessene Erhöhung des auf die Folgestufen vereinbarten Honorars zu vereinbaren ist oder aber sich der Architekt einseitig vom Vertrag lösen kann.
- Im Rahmen der Objektüberwachung ist der Architekt gut beraten, wenn er vertraglich konkret festlegt, wie viele Baustellenbegehungen er pro Woche/pro Monat schuldet, wie viele Personen die Objektüberwachung durchführen, was passiert, wenn die Objektüberwachung ungewöhnlich lange dauert.

b) Im Rahmen der Vergütung sind alle notwendigen Vereinbarungen so zu treffen, dass sich für alle denkbaren zukünftigen Fälle das Honorar bereits anhand der getroffenen Vereinbarungen auch ermitteln lässt.

- Hierher gehört beispielsweise, dass man den Vergütungsmodus für die oben angesprochene verspätete Beauftragung mit Folgestufen und auch einen etwaigen Umbauzuschlag bereits jetzt abschließend regelt.
- Des Weiteren ist klar zu regeln, wie Besondere und Zusätzliche Leistungen, die jetzt frei vereinbart werden können, zu vergüten sind.

Insbesondere ist es im Rahmen der Honorarvereinbarung wie auch der Regelung zur Anpassung der Vergütung bei geänderten oder zusätzlichen Leistungen keineswegs mehr zwingend, sich an den Honorarermittlungsparametern zu orientieren, da die HOAI in der seit dem 01.01.2021 geltenden Fassung es den Vertragsparteien überlässt, welche Art von Vergütungsvereinbarung die Parteien treffen. Die Anknüpfung der Honorarermittlung anhand der Grundsätze der HOAI über Honorarzone, Basishonorarsatz, Anrechenbare Kosten greift nur noch dann, wenn die Parteien keine andere Honorarvereinbarung in Textform getroffen haben. So ist es heute ohne weiteres möglich, eine Honorarvereinbarung auf Basis einer Personaleinsatzplanung mit einem Pauschalfestpreishonorar zu verknüpfen oder aber eine aufwandgebundene Vergütungsabrede, z. B. auf Stundensatzbasis, wirksam zu vereinbaren.

Auch die Verknüpfung eines Pauschalfestpreishonorars für die beauftragten Planungsleistungen i.V.m. einer aufwandsgebundenen Vergütungsanpassung bei geänderten oder zusätzlichen Leistungen ist ohne Weiteres zulässig und wäre wirksam.

Eine klare, eindeutige und auch gerichtlich durchsetzbare Regelung müsste so aussehen, dass die Vergütung auf der Grundlage einer schriftlich abgeschlossenen Zusatzvereinbarung zu entrichten ist. Bis zum Abschluss dieser Vereinbarung steht dem Architekten dann **vereinbarungsgemäß** ein Leistungsverweigerungsrecht zu.

c) Anlässlich der Definition des geschuldeten „Planungssolls" ist weiter zu regeln, für welche Ergebnisse/Erfolge der Architekt **haftet**. Bekanntermaßen schuldet beispielsweise der Architekt die Erwirkung einer rechtswirksamen Baugenehmigung (vgl. BGH, BB 1992, 951). Wissen beide Vertragsparteien allerdings bei Vertragsschluss bereits, dass die Erteilung der Baugenehmigung höchst zweifelhaft ist, und dient der Architektenvertrag dazu, die Genehmigungsfähigkeit des Bauvorhabens erst zu ermitteln, so ist die Regelung eines Haftungsausschlusses für eine rechtswirksame Baugenehmigung ebenso selbstverständlich wie **unerlässlich**.

d) Weiter unerlässlich ist eine Regelung im Architektenvertrag dahin, dass dieser nicht unter einer wie auch immer gearteten **Bedingung** steht. Dies aus den oben geschilderten Gründen der Beweislast einer von Seiten des Auftraggebers später behaupteten Bedingung. Ist allerdings im Vertragstext geregelt, dass die Erteilung des Architektenvertrages von keinen Bedingungen abhängig gemacht worden ist, so führt dies dazu, dass der Auftraggeber dann, wenn er sich anschließend gleichwohl auf eine Bedingung beruft, er diese auch zu beweisen hätte.

e) Ein weiterer regelungsbedürftiger Punkt betrifft die Sicherung der **Finanzierung** des Bauvorhabens. In den Vertragsverhandlungen mit dem Bauherrn muss diese Frage angesprochen und einer Regelung im Vertrag zugeführt werden, sei es dahin, dass beide Parteien festhalten, dass die Finanzierung des

Bauvorhabens gesichert ist, oder aber dahin, wem welche Aufgaben hinsichtlich des Erhalts oder Beantragung der für die Finanzierung notwendigen Mittel zufällt und wie diese vergütet werden.

f) Ein immer wieder kritischer Punkt ist die **Bausummenüberschreitung**. Um spätere Bausummenüberschreitungsprozesse zu vermeiden, sollte im Vertrag klar geregelt werden, was geschieht, wenn die in Aussicht genommene Bausumme überschritten wird. Dabei sollte klar und eindeutig herauskommen, dass der Architekt für die Einhaltung einer bestimmten Bausumme keinerlei wie auch immer geartete Garantie übernehmen kann, wohl aber ihn die Verpflichtung trifft, bei einer erkennbar werdenden Überschreitung der Bausumme den Bauherrn hierauf hinzuweisen.

Fazit:

Der Einheitsarchitektenvertrag bzw. andere von den Architekten/Ingenieuren verwendeten vorformulierten Verträge sollten um die obigen Regelungen unbedingt ergänzt bzw. präzisiert werden. Diese Ergänzung sollte auf einer eigenen Anlage zum Vertrag erfolgen. Diese Ergänzung sollte weiter mit dem Bauherrn konkret ausgehandelt und besprochen werden, um sich nicht des Einwandes Allgemeiner Geschäftsbedingungen ausgesetzt zu sehen.

Das Problem einer möglichen Nichtigkeit infolge des Eingriffs durch die AGB-Regelungen lässt sich bei der Mehrfachverwendung vorformulierter Verträge und/oder Vertragsbedingungen allerdings de facto nicht umgehen.

Es ist deshalb sowohl aus diesem Grunde als auch aus den obigen Erwägungen heraus nicht empfehlenswert, seine tägliche Praxis nur mit vorformulierten Vertragsbedingungen zu bewältigen.

Unentbehrlich ist indes eine Checkliste der regelungsbedürftigen Punkte. Insoweit mögen obige Ausführungen dem Praktiker eine Hilfestellung geben.

Im Sinne einer **Hilfestellung für die Praxis** sind auch die nachfolgend abgedruckten Beispiele eines **Objektplanervertrages** und eines **Generalplanervertrages** zu verstehen.

Die abgedruckten Verträge erheben ausdrücklich **nicht** den Anspruch, einer AGB-rechtlichen Prüfung standzuhalten. Sie sind als **Beispiel** dafür zu sehen, wie Planerverträge abgeschlossen werden können, insbesondere wie ein Generalplanervertrag abgeschlossen werden kann. Entscheidend ist die Prüfung der jeweiligen einzelnen Regelungen auf ihre Notwendigkeit und Anpassung an die besonderen Bedürfnisse und Besonderheiten des einzelnen Objektes. Auch ergänzende **auftragnehmerfreundliche** Regelungen zum Leistungsverweigerungsrecht und **Aufrechnungsverbot** mit Schadensersatzansprüchen gegen Honorarforderungen sind als weitere Regelungspunkte in den Verträgen zu bedenken. Was die Regelung der Vergütung für geänderte oder zusätzliche Leistungen anbelangt, so stellt die Formulierung hierzu in dem Objektplanervertrag einen Vorschlag dar, der, was die in Ansatz zu bringenden Honorarprozentsätze betrifft, in jedem Einzelfall mit dem Vertragspartner auszuhandeln wäre.

Letztlich sei nochmals der Hinweis gestattet, dass ein jeder Vertrag davon lebt, wie genau er die jeweiligen Erfordernisse des Einzelfalls richtig erfasst und im Vertrag umsetzt. Aus diesem Grunde sind die Anlagen zum Vertrag wie die **Leistungsbeschreibung**, das **Pflichtenheft** und auch das **Projekthandbuch** mit von ausschlaggebender Bedeutung.

2.3 Beispielhafte Architekten- und Ingenieurverträge

2.3.1 Muster-Architektenvertrag Gebäude

Vertrag Objektplanung Gebäude; Projekt: ....

zwischen der .... – Auftraggeberin (AN) –
und der/die ....
vertreten durch .... – Auftragnehmer (AN) –

wird der nachfolgende Vertrag über Leistungen der **Objektplanung** (Gebäude) geschlossen:

Inhaltsverzeichnis

1 Gegenstand des Vertrages
2 Vertragsgrundlagen
3 Leistungen des Auftragnehmers
4 Stufenweise Beauftragung
5 Kosten des Projektes – Budget
6 Termine
7 Vergütung

8 Geänderte und zusätzliche Leistungen
9 Rechnungen; Zahlungen
10 Pflichten des Auftragnehmers
11 Wahrnehmung der Interessen der Auftraggeberin durch den Auftragnehmer, keine Vollmacht
12 Urheber- und Nutzungsrecht
13 Kündigung
14 Abnahme
15 Mängelhaftung
16 Haftpflichtversicherung
17 Abtretung und Aufrechnung
18 Schlussbestimmungen

1 GEGENSTAND DES VERTRAGES

1.1 Gegenstand des Vertrages sind Leistungen der Objektplanung (Gebäude) nach näherer Maßgabe dieses Vertrages für das Bauvorhaben der Auftraggeberin ...., zu erstellen auf den Grundstücken Grundbuch von ...., Blatt ...., Flur ...., Flurstücke .... Das zu bebauende Grundstück ist im Lageplan gekennzeichnet **Anlage 1.**

1.2 Die Vorgaben der Auftraggeberin für das/die zu planende(n) Gebäude sind enthalten in der Projektbeschreibung einschließlich Gestaltungs- und Konstruktionsprinzipien **Anlage 2.**

1.3 Der Auftragnehmer schuldet als Leistung ein mangelfreies und vertragsrechtes Werk gemäß den Festlegungen dieses Vertrages und seinen Anlagen.

2 VERTRAGSGRUNDLAGEN

Die Rechte und Pflichten der Vertragspartner sind vorrangig in diesem Vertrag geregelt. Soweit der Vertrag keine speziellen Regelungen enthält, sind Vertragsgrundlagen in nachstehender Geltungsreihenfolge:

2.1 Der Lageplan und die Grundstücksangaben gemäß **Anlage 1.**
2.2 Die Vorgaben der Auftraggeberin für das zu planende Gebäude gemäß **Anlage 2.**
2.3 Die Zieldefinition Planung/Überwachung gemäß **Anlage 3.**
2.4 Die Leistungsbeschreibung für die Leistungen des AN gemäß **Anlage 4.**
2.5 Der Projektterminplan gemäß **Anlage 5.**
2.6 Das verbindliche Baubudget gemäß **Anlage 6.**
2.7 Die Honorarangebote bzw. Honorarvereinbarungen gemäß **Anlage 7.**
2.8 Der Zahlungsplan gemäß **Anlage 8.**

Bei Widersprüchen geht die höherrangige Bestimmung der nachrangigen vor. Ein Widerspruch liegt jedoch nicht vor, soweit die höherrangige Bestimmung lediglich allg. Vorgaben für die zu erbringende Leistung enthält, die durch die nachrangige Regelung konkretisiert werden. Im Zweifelsfall hat der AN der Auftraggeberin den aus seiner Sicht bestehenden Widerspruch zur Entscheidung vorzulegen, wobei die Auftraggeberin eine Entscheidung nach billigem Ermessen trifft; in diesem Fall steht dem Auftragnehmer kein zusätzlicher Vergütungsanspruch zu.

3 LEISTUNGEN DES AUFTRAGNEHMERS

3.1 Grundsätze

3.1.1 Der Auftragnehmer hat bei der Erbringung seiner Leistungen neben den Festlegungen dieses Vertrages und der vereinbarten Vertragsgrundlagen jederzeit die gesetzlichen und behördlichen Vorgaben zu beachten und alles zu unternehmen, um eine zeit- und kostengerechte Erbringung seiner Leistungen unter Wahrung der vereinbarten Qualität sicherzustellen.

Zur Erreichung dieser Ziele verpflichtet der Auftragnehmer sich jederzeit zur Kooperation, wobei er insbesondere die Auftraggeberin unverzüglich schriftlich informiert, falls die Vertragsziele durch Baubeteiligte, Behörden, Nachbarn oder sonstige Dritte gefährdet erscheinen.

Auf erkennbare Budgetüberschreitungen wird der AN die Auftraggeberin unverzüglich hinweisen und gleichzeitig Abhilfevorschläge, beispielsweise Einsparvorschläge oder Kompensationsmöglichkeiten, unterbreiten. Das Nähere regelt Ziff. 5 dieses Vertrages.

3.1.2 Gesetzliche oder vertragliche Verpflichtungen der Auftraggeberin, z.B. aus abgeschlossenen oder noch abzuschließenden Miet-, Pacht-, Veräußerungs- oder sonstigen, das zu planende Objekt betreffenden Verträgen, aus dem Bebauungsplan, städtebaulichen Verträgen usw. sind jederzeit vom AN zu beachten, um die Einhaltung der gesetzlichen oder vertraglichen Verpflichtungen durch die Auftraggeberin sicherzustellen.

Soweit die aus solchen gesetzlichen oder vertraglichen Verpflichtungen der Auftraggeberin resultierenden Vorgaben nach Auffassung des Auftragnehmers nicht mit diesem Vertrag und seinen Vertragsgrundlagen übereinstimmen, hat der Auftragnehmer die Auftraggeberin unverzüglich und schriftlich hierauf hinzuweisen und ggf. eine geänderte oder zusätzliche Leistung anzubieten; auf die Regelung in Ziff. 8 wird verwiesen.

3.1.3 Dem AN ist bekannt, dass die Auftraggeberin das Objekt ganz oder in Teilen vermarktet (Vermietung, Verpachtung, Verkauf oder sonstige Verwertung). Zum Leistungsumfang des AN gehört deshalb die Integration von Planungswünschen von Mietinteressenten, Kaufinteressenten oder sonstigen Kunden der Auftraggeberin, die sich auf entsprechende Planungsbereiche beziehen. Insbesondere gehört die Erstellung von bis zu zwei Grundrissvarianten und die Integration der Planungswünsche und -vorstellungen der Auftraggeberin/Kunden, die Integration von seitens der Kunden beauftragten Innenarchitekten, Küchenplanern, Lieferanten und sonstigen Planern sowie deren Koordination mit der eigenen Planung zum abgegoltenen Leistungsumfang des AN und stellt keine vergütungspflichtige Zusatzleistung des AN dar.

In der Ausführungsphase gehört zum durch das vereinbarte Honorar abgegoltenen Leistungsumfang des AN die Integration von Sonderwünschen der Auftraggeberin/Kunden, z.B. bezüglich der Raumaufteilung, der Ausstattungsqualität usw. sowie deren Koordination mit den Planungs- und Ausführungsbeteiligten.

3.1.4 Ebenfalls zum Leistungsumfang des AN gehören alle Planungen und Unterlagen zur Herbeiführung einer Abgeschlossenheitsbescheinigung und Aufteilungsplanung nach den Bestimmungen des Wohnungseigentumsgesetzes, soweit Wohnungs- oder Teileigentum geschaffen werden soll.

3.1.5 Der AN erbringt alle Leistungen des SiGeKo nach den Bestimmungen der Baustellenverordnung.

3.2 Leistungen des AN

Die Leistungen des AN ergeben sich daraus, welche der Leistungsphasen aus der Leistungsbeschreibung **(Anlage 4)** beauftragt sind oder später von der Auftraggeberin abgerufen werden.

Der AN schuldet pro beauftragter Leistungsphase alle zur Erreichung des Planungserfolges erforderlichen Leistungen; die Einzelaufzählung von Leistungspflichten pro jeweiliger Leistungsphase in **Anlage 4** ist demgemäß nicht abschließend. Alle zur Erreichung des Planungserfolges, wie er sich insbesondere aus der Zieldefinition der **Anlage 3** ergibt, erforderlichen Leistungen (auch etwaige Besondere Leistungen und ggf. Zusätzliche Leistungen), sollten sie auch über die Leistungsbeschreibung **(Anlage 3)** hinausgehen, sind durch das vereinbarte Honorar abgegolten, d. h. sie werden also nicht zusätzlich vergütet.

4 STUFENWEISE BEAUFTRAGUNG

4.1 In diesem Vertrag beauftragte Leistungen

Die Auftraggeberin überträgt dem AN von den in der **Anlage 4** genannten Leistungsphasen mit diesem Vertrag die Leistungsphasen ...., ..., ..., …

4.2 Abrufmöglichkeit bezüglich nicht beauftragter Leistungen

Mit diesem Vertrag nicht beauftragte Leistungen der entsprechenden Leistungsphasen gemäß **Anlage 4** kann die Auftraggeberin durch gesonderten schriftlichen Abruf jeweils einzeln beauftragen. Der AN hat die Auftraggeberin rechtzeitig schriftlich darauf hinzuweisen, zu welchem spätesten Zeitpunkt ein solcher Abruf weiterer Leistungsphasen erforderlich ist, damit eine unterbrechungsfreie Leistung des AN und die Einhaltung des Projektterminplans **(Anlage 5)** sichergestellt sind.

Der Abruf muss jeweils spätestens innerhalb einer Frist von sechs Monaten nach Fertigstellung aller Arbeiten des AN aus der letzten beauftragten Leistungsphase erfolgen; die Frist beginnt jedoch nicht vor dem Zugang des Hinweises des AN gemäß Satz 2 bei der Auftraggeberin.

Für die Leistungsphasen 5, 6 und 7 teilt die Auftraggeberin im Abruf auch mit, ob sie die jeweilige Alternative A (Einzelvergabe) oder B (Schlüsselfertigvergabe) gemäß **Anlage 4** wählt.

4.3 Kein Anspruch bei nicht erfolgtem Abruf

Über die durch diesen Vertrag bereits erfolgte Beauftragung hinaus stehen dem AN keinerlei Ansprüche auf Abruf weiterer Leistungsphasen durch die Auftraggeberin zu. Der AN kann aus der stufenweisen Beauftragung oder Nichtbeauftragung keinerlei weitergehende Rechte, gleich welcher Art, herleiten, insbesondere keine Ansprüche auf Auftragserteilung oder auf Schadensersatz/Entschädigung wegen der Nichtbeauftragung entsprechender Leistungen.

5 KOSTEN DES PROJEKTES – BUDGET

5.1 Grundsatz

Der AN ist verpflichtet, die durch das Baubudget **(Anlage 6)** festgelegten Kosten des Gesamtprojektes sowie der einzelnen Gebäude, Bauabschnitte usw. bei gleichzeitiger Erreichung der vereinbarten Planungsziele unbedingt zu beachten. Sobald und soweit für den AN in den einzelnen Planungsphasen Budgetabweichungen erkennbar sind, hat er die Auftraggeberin hierauf unter Nennung der Gründe hinzuweisen und Vorschläge zur Abhilfe, insbesondere zur Kosteneinsparung oder entsprechende Kompensationsmaßnahmen, zu unterbreiten. Die Einhaltung des Baubudgets insgesamt sowie der entsprechenden Einzelbudgets gemäß **Anlage 6** sind damit vereinbarte Beschaffenheit der vom AN zu erbringenden Leistungen.

Das diesem Vertrag zugrunde liegende Baubudget sowie die entsprechenden Einzelbudgets **(Anlage 6)** sind für den AN verbindlich und von ihm zwingend zu beachten, soweit und solange die Auftraggeberin dem AN kein hiervon abweichendes Einzel- oder Gesamtbudget schriftlich verbindlich mitteilt.

5.2 Kostenermittlungen

Kostenermittlungen sind gemäß DIN 276 (Fassung Dezember 2008) und mit Aufstellung von Mengengerüsten zu erstellen. Im Besonderen sind bei allen Kostenangaben die kostenrelevanten Hauptbestandteile nach Mengen und dazugehörigen Kosten zu untergliedern, um die Auswirkung von Änderungen der Ausstattungs- und Konstruktionsvorgaben nachvollziehen zu können. Der AN hat hierbei die Verpflichtung, die Beiträge der Fachplaner in die Kostenschätzung bzw. -berechnung zu integrieren und eine Gesamtkostenschätzung bzw. -berechnung abzugeben. Die vertraglichen Pflichten der Fachplaner bleiben hiervon unberührt.

6 TERMINE

6.1 Projektterminplan

Der AN hat seine Leistungen auf der Grundlage des vereinbarten Projektterminplans **(Anlage 5)** und der dort zugrunde gelegten „Meilensteine" für das Projekt zu erbringen. Soweit Abweichungen von diesem Projektterminplan erkennbar oder bereits eingetreten sind, hat der AN die Auftraggeberin unverzüglich und schriftlich hierauf hinzuweisen und Abhilfemaßnahmen, z.B. Aufholmöglichkeiten, organisatorische Optimierungen usw. vorzuschlagen. Die Einhaltung des Projektterminplans in allen Planungs- und Ausführungsphasen ist damit unbedingt sicherzustellen, ebenso die vereinbarte Beschaffenheit der vom AN zu erbringenden Leistungen.

6.2 Detailtermine

Der AN ist verpflichtet, den Projektterminplan in den einzelnen Leistungsphasen, beginnend mit Leistungsphase 2, durch einen von ihm vorzulegenden Detailterminplan für die Planungsleistungen und für die Ausführung der Bauleistungen zu ergänzen.

Die darin für die Planungsleistungen enthaltenen Anfangs-, die wesentlichen Zwischen- und Endtermine werden zwischen der Auftraggeberin und dem AN festgelegt und sind für den AN verbindlich. Das vorgesehene Ende einer Leistungsphase ist immer verbindlicher Zwischen- bzw. Endtermin der entsprechenden Teilleistung des AN.

Legt der AN nicht alsbald, spätestens zwei Wochen nach Vertragsabschluss, diesen Detailterminplan vor oder einigen die Parteien sich nicht, kann die Auftraggeberin nach billigem Ermessen einseitig einen Detailablaufplan mit entsprechend verbindlichen Anfangs-, wesentlichen Zwischenterminen und Endterminen für die vom AN zu erbringenden Leistungen festlegen.

Werden einzelne Leistungsphasen von der Auftraggeberin gemäß Ziff. 4.2 dieses Vertrages später abgerufen, hat der AN auch hierfür unverzüglich einen Detailablaufplan vorzulegen. Es gelten die vorstehenden Regelungen entsprechend.

6.3 Terminkontrollbericht

Um der Auftraggeberin eine Terminkontrolle zu ermöglichen, ist der AN verpflichtet, regelmäßig (mtl. jeweils in der ersten Woche des Monats) Terminkontrollberichte im Sinne eines Soll-Ist-Vergleichs der Planungsleistungen und der Ausführungsleistungen nebst Erläuterungen vorzulegen.

6.4 Verzug des Auftragnehmers

6.4.1 Vertragskündigung

Kommt der AN mit seiner Leistung zu den Terminen des Projektterminplans gemäß Ziff. 6.1 oder zu den Anfangs-, wesentlichen Zwischenterminen oder Endterminen des Detailablaufplans gemäß Ziff. 6.2 in Rückstand, erbringt er die ausstehende Leistung trotz Nachfristsetzung sodann nicht innerhalb von maximal 15 Werktagen und hat er die Verzögerung zu vertreten, so ist die Auftraggeberin – unbeschadet aller sonstigen Rechte – berechtigt, den Vertrag für Leistungsphasen, die in Bearbeitung sind, ganz oder teilweise aus wichtigem Grund zu kündigen. Die Auftraggeberin ist dann nach ihrer Wahl auch berechtigt, Leistungsphasen, mit denen der AN noch nicht begonnen hat, oder auch alle in Auftrag gegebenen Leistungsphasen aus wichtigem Grund zu kündigen.

Die Kündigungsfolgen ergeben sich aus Ziff. 13.2.2 dieses Vertrages.

Schadensersatzansprüche der Auftraggeberin wegen Verzuges oder im Zusammenhang mit der Kündigung aus wichtigem Grund bleiben unberührt.

6.4.2 Honorarkürzung

Kommt der AN mit der vollständigen Fertigstellung seiner Leistungen zu den jeweiligen Terminen gemäß Projektterminplan (Ziff. 6.1) oder Detailterminplan (Ziff. 6.2) in Rückstand, erbringt er die ausstehende Leistung trotz Nachfristsetzung sodann nicht innerhalb von max. 15 Werktagen und hat er die Verzögerung zu vertreten, so verringert sich das Honorar des AN für die Leistungsphase, mit der er in Verzug ist, um jeweils 5-Prozentpunkte des Vertragshonorars für diese Leistungsphase. Die Auftraggeberin ist berechtigt, die entsprechende Teil- oder Schlussrechnung des AN entsprechend zu kürzen. Dieser Vertragsstrafenanspruch muss nicht bei der Abnahme vorbehalten werden, sondern kann bis zur Schlusszahlung auf die Teilschlussrechnung oder Schlussrechnung geltend gemacht werden.

Weitergehende Ansprüche der Auftraggeberin – insbesondere gemäß Ziff. 6.4.1 – bleiben unberührt. Auf Schadensersatzansprüche der Auftraggeberin wegen Verzugs des AN sind die vorerwähnten Honorarkürzungen anzurechnen.

7 VERGÜTUNG

7.1 Honorar

Variante 1: Pauschalhonorar

Die Parteien vereinbaren für die vollständige, vertragsgerechte und mängelfreie Erbringung aller Leistungen des Auftragnehmers ein Pauschalhonorar, das auf der Grundlage der Honorarberechnung **(Anlage 7)** ermittelt wurde.

Pauschalhonorar für die durch diesen Vertrag beauftragten u. abgerufenen Leistungsphasen ... €.

Bei Abruf weiterer Teilleistungen beträgt das Pauschalhonorar für diese Teilleistungen: ... € (für Stufe 2)
... € (für Stufe 3)
... € (für Stufe 4).

Variante 2: Kostenberechnungsmodell nach § 6 Abs. 1 HOAI

Die Parteien legen für das Objekt die Honorarzone .... zugrunde.

Vereinbart wird der Mindestsatz plus 10 % aus der Honorartabelle zu § 34 Abs. 1 HOAI.

Ist in Ziff. 4.1 dieses Vertrages eine Leistungsphase nur mit einem Teilprozentsatz beauftragt, so schuldet die Auftraggeberin nur den entsprechenden Teil der Vergütung.

Soweit weitere Honorarberechnungsfaktoren vereinbart werden (z.B. ein Umbauzuschlag), sind sie in der **Anlage 7** genannt.

Soweit der Auftragnehmer die in der Leistungsbeschreibung **(Anlage 3)** aufgeführten Leistungen aus von ihm zu vertretenden Gründen nicht erbringt, besteht zwischen den Parteien Einigkeit, dass das hierauf entfallende, anteilige Honorar von der Auftraggeberin nicht geschuldet wird.

Bei Beauftragung eines Generalunternehmers gehört der GU-Zuschlag nicht zu den anrechenbaren Kosten.

Berechnungen zu
- den vorläufigen anrechenbaren Kosten,
- dem vorläufigen Honorar,
- der Aufteilung des vorläufigen Honorars in Euro auf die vorgenannten Leistungsphasen (stufenweise Beauftragung),

sind in der **Anlage 7** zu diesem Vertrag niedergelegt, die bei Vorliegen der Kostenberechnung ggf. anzupassen sind. Die Benennung von Honoraren für eine einzelne Leistungsphase in **Anlage 7** bedeutet keine Beauftragung dieser Leistungsphase; maßgebend ist allein Ziff. 4 dieses Vertrages.

7.2 Zeithonorar

7.2.1 Werden Leistungen nach Zeitaufwand vergütet, gelten hierfür folgende Stundensätze
- für den Inhaber/Geschäftsführer € ....
- für projektleitende Diplom-Ingenieure € ....
- für sachbearbeitende Diplom-Ingenieure € ....
- für Techniker € ....
- für Zeichner und Schreibkräfte € ....
- für Hilfskräfte € ....

7.2.2 Leistungen des AN nach Zeitaufwand werden nur vergütet, wenn sie vorher schriftlich durch die Auftraggeberin beauftragt worden sind. In diesem Fall ist der AN verpflichtet, den entsprechenden Zeitaufwand durch Stundenbelege nachzuweisen, die er spätestens monatlich der Auftraggeberin zur Prüfung und Abzeichnung vorlegen muss. Der AN ist verpflichtet, Leistungen nach Zeitaufwand spätestens im Folgemonat nach der Vorlage der Stundennachweise abzurechnen, andernfalls verfällt sein Vergütungsanspruch nach Zeitaufwand, es sei denn, der AN weist nach, unverschuldet an der rechtzeitigen Abrechnung gehindert worden zu sein.

7.3 Nebenkosten

Kosten für Reisen sowie für alle übrigen Nebenkosten im Sinne von § 14 HOAI sind in dem gemäß Ziff. 7.1 vereinbarten Honorar enthalten [alternativ: Werden pauschal mit .... % des vereinbarten Honorars vergütet/werden gemäß Nachweis vergütet.].

7.4 Umsatzsteuer

Das Honorar und die Nebenkosten verstehen sich als Nettobeträge zzgl. Mehrwertsteuer in der jeweils gesetzlich bestimmten Höhe.

8 GEÄNDERTE UND ZUSÄTZLICHE LEISTUNGEN

8.1 Anordnungsbefugnisse der Auftraggeberin

Die Auftraggeberin ist jederzeit befugt, Änderungen und Ergänzungen zum beauftragten bzw. abgerufenen Leistungsumfang des AN anzuordnen. Der AN ist zur Erbringung dieser von der Auftraggeberin angeordneten geänderten oder zusätzlichen Leistungen verpflichtet, soweit er der Auftraggeberin nicht nachweist, dass die Erbringung dieser Leistungen unmöglich oder für den AN unzumutbar ist. Dieses Anordnungsrecht gilt sowohl für in Arbeit befindliche als auch für bereits abgeschlossene Leistungsphasen.

Einigkeit besteht zwischen den Parteien, dass bei gleichbleibendem Leistungsziel unterschiedliche Vorschläge und Ausarbeitungen des AN in gestalterischer, konstruktiver, funktionaler oder wirtschaftlicher Hinsicht während der Erstellung der Planung und vor Abschluss der einzelnen Planungsphasen, z.B. unterschiedliche Grundrissvarianten, Ansichten usw. zum normalen, durch das vereinbarte Honorar abgegoltenen Leistungsumfang des AN gehören und deshalb von vornherein nicht als geänderte oder zusätzliche Leistungen des AN anzusehen sind. Gleichermaßen bleibt die Regelung in Ziff. 3.1.3 dieses Vertrages unberührt.

8.2 Anspruchsvoraussetzung für die Vergütung geänderter oder zusätzlicher Leistungen dem Grunde nach

In allen Fällen, in denen dem AN nach Maßgabe der Regelungen in Ziff. 8.3 dieses Vertrages eine zusätzliche oder geänderte Vergütung zusteht, ist Anspruchsvoraussetzung, dass der AN der Auftraggeberin vor Beginn der Arbeit an den geänderten oder zusätzlichen Leistungen schriftlich den entsprechenden Mehrvergütungsanspruch dem Grunde nach ankündigt und eine prüfbare Aufstellung über das geänderte oder zusätzliche Honorar nach Maßgabe der Regelung in Ziff. 8.3 dieses Vertrages vorlegt. Weitere Anspruchsvoraussetzung ist, dass die Auftraggeberin den geänderten oder zusätzlichen Vergütungsanspruch des Auftragnehmers zumindest dem Grunde nach schriftlich bestätigt. Verweigert die Auftraggeberin trotz Ankündigung des AN unberechtigt die Bestätigung der geänderten oder zusätzlichen Vergütung dem Grunde nach, ist der AN nicht verpflichtet, die geänderten oder zusätzlichen Leistungen auszuführen, es sei denn, es ist Gefahr im Verzug.

Eine Ausnahme von der Pflicht zur Mehrvergütungsankündigung als Anspruchsvoraussetzung gilt dann, wenn die Auftraggeberin an der Vergütungspflicht keine Zweifel haben kann, z.B. weil die sofortige Änderung der Leistungen aus technischen oder wirtschaftlichen Gründen, oder bei Gefahr im Verzuge, zwingend erforderlich ist, die der Auftragnehmer nicht zu vertreten hat.

Ein Mehrvergütungsanspruch des Auftragnehmers ist ausgeschlossen, wenn die Abweichung vom Planungssoll aus dem Risikobereich des Auftragnehmers stammt.

Die Vorschriften des BGB über die Geschäftsführung ohne Auftrag (§§ 677 ff. BGB) sowie zur angemessenen Entschädigung nach § 642 BGB oder zum Schadensersatz gem. § 280 BGB bleiben unberührt.

8.3 Anpassung der Vergütung der Höhe nach

8.3.1 Ordnet die Auftraggeberin eine Änderung des Planungssolls bei gleichbleibenden Honorarermittlungsparametern an, indem beispielsweise das Leistungsziel, der Leistungsumfang oder der Leistungsablauf geändert werden, so ist eine geänderte Vergütung unter Berücksichtigung der Mehr- oder Minderkosten zu vereinbaren.

8.3.2 Ändert sich das Planungssoll auf Veranlassung des Auftraggebers während der Laufzeit des Vertrages mit der Folge der Änderung der anrechenbaren Kosten, so ist das Honorar abweichend von Ziffer 8.3.1 für die noch zu erbringenden beauftragenden Leistungen anzupassen, wenn die anrechenbaren Kosten zu den Honorarermittlungsparametern gehören. Ziffer 8.3.1 bleibt daneben unberührt, sofern der Auftragnehmer nach den Grundsätzen der Störung der Geschäftsgrundlage nachweist, dass Umfang und Ablauf der Leistung eine Änderung über das Maß hinaus erfordern, das mit der Änderung der anrechenbaren Kosten im Allgemeinen einhergeht und demgemäß vom angepassten Honorar ohnehin bereits erfasst ist.

8.3.3 Etwaige weitergehende Ansprüche des Auftragnehmers gem. Ziffer 8.2 letzter Satz bleiben unberührt.

9 RECHNUNGEN; ZAHLUNGEN

9.1 Abschlagszahlungen, Zahlungsplan

9.1.1 Der AN kann gegen Vorlage entsprechender Rechnungen Abschlagszahlungen entsprechend dem Stand seiner Leistungen in angemessenen Zeitabständen verlangen.

Abschlagszahlungen werden bis zu 95 % des dem AN für die nachgewiesenen Leistungen zustehenden Honorars erbracht. Die restlichen 5 % verbleiben der Auftraggeberin als Vertragserfüllungssicherheit und werden mit der Schlussrechnung bzw. Teilschlussrechnung ausgezahlt, es sei denn, Ansprüche des AG auf Vertragserfüllung sind noch nicht erfüllt. Dann darf er einen entsprechenden Teil der Sicherheit zurückbehalten. Steht dem AN ein Anspruch auf Vergütung der Nebenkosten zu (Ziff. 7.3 dieses Vertrages), so werden die Nebenkosten jeweils anteilig mit den Abschlagszahlungen ohne Abzug bezahlt. Die **Mehrwertsteuer** wird zusammen mit den Abschlagszahlungen geleistet.

9.1.2 Ist ein Zahlungsplan vereinbart (**Anlage 8**), so kann der AN gegen entsprechende Rechnungsstellung Zahlung gemäß Zahlungsplan verlangen. Voraussetzung der Zahlung ist die vollständige und mängelfreie Erbringung der entsprechenden Teilleistungen.

Der Zahlungsplan ist entsprechend der stufen- und abschnittsweisen Beauftragung und unter Zugrundelegung der fortgeschriebenen Rahmen- und Detailterminplanung und des Leistungsfortschritts ggf. anzupassen.

9.2 Rechnungen

Rechnungen sind nach ihrem Zweck als Abschlags-, Teilschluss- oder Schlussrechnung zu bezeichnen; sie sind durchlaufend zu nummerieren und kumulierend aufeinander aufzubauen.

Der Rechnungsbetrag ist in der Rechnung entsprechend der Honorargliederung des Vertrages bzw. den Vorgaben des Zahlungsplans prüfbar darzustellen.

Sowohl Abschlagsrechnungen wie Schlussrechnungen sind innerhalb von 30 Kalendertagen nach Zugang bei der Auftraggeberin von dieser zu prüfen und zu zahlen.

9.3 Schlussrechnung(en)

9.3.1 Nach vertragsgemäßer Erbringung der beauftragten Leistungsphasen 1 bis ggf. 8 (je nach Leistungsabruf) und Abnahme kann der AN das Honorar für diese Leistungsphasen schlussrechnen (1. Teil-Schlussrechnung).

9.3.2 Falls dem AN auch die Leistungsphase 9 übertragen worden ist, kann das Honorar für diese Leistungsphase 9 nach vertragsgemäßer Erbringung und Abnahme in Rechnung gestellt werden (2. Teil-Schlussrechnung).

9.4 Vergütung geänderter od. zusätzlicher Leistungen

Soweit der AN Anspruch auf Vergütung geänderter oder zusätzlicher Leistungen nach Maßgabe von Ziff. 8 dieses Vertrages hat, muss er sie spätestens mit seiner die Leistungen betreffenden Schlussrechnung geltend machen.

9.5 Berichtigung, Erstattung

Werden Fehler in der Abrechnung der Vergütung festgestellt, so ist die Abrechnung zu berichtigen. Das Gleiche gilt, wenn sich Änderungen der für die Berechnung der Vergütung maßgebenden Summen ergeben. Der AN ist verpflichtet, die sich aus einer Überzahlung ergebenden Beträge zu erstatten. Der AN kann sich nicht auf einen etwaigen Wegfall der Bereicherung (§ 818 Abs. 3 BGB) berufen.

10 PFLICHTEN DES AUFTRAGNEHMERS

10.1 Allgemeine Pflichten

10.1.1 Anerkannte Regeln der Technik u. a.

Die Leistungen des AN müssen in jeder Planungsphase mindestens den anerkannten Regeln der Technik entsprechen und dabei den neuesten Stand der Technik, Gelbdrucke von DIN-Vorschriften (soweit diese zum Zeitpunkt der Fertigstellung der jeweiligen Planung in einschlägigen Fachkreisen als beachtlich bekannt gemacht worden sind), die Allgemeinen Technischen Vertragsbedingungen für Bauleistungen (VOB/C) und die übrigen einschlägigen DIN-, VDE-, VDI-, VDS-, TÜV-Richtlinien, Be- und Verarbeitungsvorschriften der Herstellerwerke sowie alle einschlägigen öffentlich-rechtlichen Bestimmungen und sonst einschlägigen Technischen Bestimmungen und Richtlinien berücksichtigen.

10.1.2 Wirtschaftlichkeit

Der AN hat seine Leistungen unter besonderer und stetiger Beachtung des Erfordernisses der Wirtschaftlichkeit der zu errichtenden Bauwerke/Anlagen – sowohl in Bezug auf die Herstellung, als auch auf den späteren Betrieb – zu erbringen.

10.1.3 Persönliche Leistungserbringung

Der AN hat die Leistungen persönlich bzw. im eigenen Unternehmen zu erbringen. Die Hinzuziehung von Fachingenieuren und/oder Nachunternehmern zur Erfüllung der Leistungen durch den AN bedarf der vorherigen schriftlichen Zustimmung durch die Auftraggeberin.

10.1.4 Auskunftspflicht des AN

Der AN hat der Auftraggeberin auf Anforderung unverzüglich und ohne besondere Vergütung Auskunft über seine Leistungen zu erteilen.

10.1.5 Wahrung der Auftraggeberinteressen

Als Sachwalter der Auftraggeberin darf der AN keine Unternehmer- oder Lieferanteninteressen vertreten.

10.1.6 Anordnungen und Anregungen der Auftraggeberin, Bedenken

Der AN hat seiner Planung über die in den Vertragsgrundlagen festgelegten Vorgaben hinaus die schriftlichen Anordnungen und Anregungen der Auftraggeberin zugrunde zu legen und etwaige Bedenken hiergegen der Auftraggeberin unverzüglich mitzuteilen. Er hat seine Leistungen vor ihrer endgültigen Ausarbeitung mit der Auftraggeberin und den anderen Planungs- und Projektbeteiligten abzustimmen und zu koordinieren.

Die Haftung des AN für die Richtigkeit und Vollständigkeit seiner Leistungen wird durch Anerkennung oder Zustimmung der Auftraggeberin, z.B. durch Planfreigaben der Auftraggeberin, in keiner Weise eingeschränkt.

10.1.7 Projektbesprechungen

Der AN ist verpflichtet, an den von der Auftraggeberin gesondert festgesetzten Projektbesprechungen teilzunehmen.

10.1.8 Verantwortlicher Ansprechpartner

Für den AN wird als verantwortlicher Ansprechpartner Herr/Frau ...., im Verhinderungsfall Herr/Frau .... als Vertreter benannt.

Der Ansprechpartner bzw. sein Vertreter hat die Aufgabe, die Leistungen des AN fachlich zu leiten, intern zu koordinieren und den Informationsaustausch mit der Auftraggeberin durchzuführen. Er nimmt an allen Besprechungen des AN mit der Auftraggeberin, mit den anderen Planungs- und Projektbeteiligten und sonstigen Dritten teil, soweit diese Besprechungen den Aufgabenbereich des AN berühren. Er vermittelt die dabei erhaltenen Informationen intern an die zuständigen Stellen und sorgt dafür, dass diese mit ihm zusammen an den jeweiligen Gesprächen teilnehmen.

Der verantwortliche Ansprechpartner des AN darf nur mit schriftlicher Zustimmung der Auftraggeberin oder auf deren Wunsch abgelöst werden. Die Bestellung des Nachfolgers bedarf ebenfalls der schriftlichen Zustimmung der Auftraggeberin. Die Zustimmung der Auftraggeberin darf nicht ohne wichtigen Grund verweigert werden.

10.1.9 Unterzeichnung der Unterlagen

Der AN hat die von ihm gefertigten Unterlagen als Verfasser zu unterzeichnen.

10.1.10 Aufbewahrungspflicht

Der AN hat unbeschadet der Regelung in Ziff. 12.4 seine Unterlagen mindestens fünf Jahre nach Fertigstellung des Bauvorhabens, in jedem Fall jedoch bis zum Ablauf der Verjährungsfrist für die Mängelansprüche der Auftraggeberin, aufzubewahren. Bevor er diese Unterlagen vernichtet, hat er sie der Auftraggeberin zur Abholung anzubieten.

10.1.11 Öffentlichkeitsarbeit

Der AN unterstützt die Auftraggeberin auf Verlangen bei der Öffentlichkeitsarbeit.

10.2 Sonstige Pflichten

10.2.1 Vertraulichkeitsschutz

Der AN hat über seine Leistungen und die ihm bei Vertragserfüllung bekannt gewordenen Vorgänge Dritten gegenüber Stillschweigen zu bewahren. Dies gilt auch nach Beendigung des Vertragsverhältnisses.

10.2.2 CAD-Planung, Einsatz elektronischer Datenträger, elektronische Plattform

Der AN hat seine Planungsleistungen unter Einsatz von CAD zu erbringen, um einen Datenaustausch unter den Planungsbeteiligten und der Auftraggeberin zu ermöglichen. Die Weitergabe von Planungs- und sonstigen Unterlagen erfolgt mit Hilfe geeigneter elektronischer Datenträger, ohne dass der AN hierfür eine gesonderte Vergütung erhält.

Der AN hat die zum Zeitpunkt des Vertragsschlusses geltenden CAD-Standards bei der Auftraggeberin zu beachten. Diese sind wie folgt hinterlegt: ....

Die Auftraggeberin kann diese Regelungen durch die Überlassung von Musterzeichnungen, -plänen und sonstigen Dateien ergänzen. Sofern darin Unklarheiten enthalten sind oder die Musterzeichnungen, -pläne und sonstigen Dateien den Festlegungen der CAD-Standards bei der Auftraggeberin nicht entsprechen, hat der AN die Auftraggeberin unverzüglich schriftlich darauf hinzuweisen. Unterbleibt dieser Hinweis, hat der AN darauf zurückzuführende, nachträglich erforderliche Änderungen in den CAD- und Planungsunterlagen vorzunehmen, ohne dass er hierfür eine Vergütung erhält.

Die derzeit von der Auftraggeberin verwendeten Programme sind in den hinterlegten Standards geregelt.

Bei der Übergabe der Planungsdaten hat der AN die von der Auftraggeberin verlangten Systemvoraussetzungen zu beachten. Der AN stellt sicher, dass die von ihm erstellten Planungsunterlagen in den von der Auftraggeberin verwendeten Softwareprogrammen archiviert und weiterverarbeitet werden können.

Wird ausschließlich für die Projektbeteiligten ein elektronisches Projekt- und Dokumentenmanagementsystem eingerichtet, so muss sich der AN dieses Systems bedienen. Darin von der Auftraggeberin hinterlegte Unterlagen gelten als zur Verfügung gestellt im Sinne dieses Vertrages.

10.2.3 Koordinationspflicht des Auftragnehmers

Innerhalb der beauftragten Leistungsphasen hat der AN die Leistungen anderer an der Planung fachlich Beteiligter und hingezogener Sachverständiger zu integrieren.

Innerhalb der Leistungsphase 2 ist Voraussetzung der Integration, dass Leistungen an der Planung Beteiligter bereits im Vorplanungsstadium erbracht worden sind oder erbracht werden und dass eine Integration schon jetzt notwendig ist, um eine sachgerechte Vorplanung durchzuführen.

Im Rahmen der Leistungsphase 3 hat der AN die Beiträge anderer an der Planung fachlich Beteiligter bis zur ausführungsreifen Lösung mitzuverwenden und dabei sein Planungskonzept mit denjenigen der Fachingenieure und sonstigen Projektbeteiligten in vollem Umfang in Einklang zu bringen.

Im Rahmen der Leistungsphase 5 hat der AN die Grundlagen für die anderen an der Planung fachlich Beteiligten zu erarbeiten und ihre Beiträge bis zur ausführungsreifen Lösung zu integrieren; der AN muss insoweit eng und termingemäß mit den anderen an der Planung fachlich Beteiligten zusammenarbeiten und ihnen die Grundlagen für deren Planung umfassend und rechtzeitig zur Verfügung stellen. Entsprechende Leistungsbestandteile aus Vorplanung und Entwurfsplanung sind vom AN fortzuschreiben.

Die Koordinierungspflichten eines eventuell von der Auftraggeberin beauftragten Projektsteuerers bleiben unberührt.

Der AN ist verpflichtet, den anderen fachlich Beteiligten die notwendigen Angaben und Unterlagen so rechtzeitig zu liefern, dass diese ihre Leistungen ordnungsgemäß erbringen können.

Treten während der Planung Meinungsverschiedenheiten zwischen dem AN und anderen fachlich Beteiligten auf, so hat der AN unverzüglich die schriftliche Entscheidung der Auftraggeberin herbeizuführen.

10.2.4 Abstimmung mit Genehmigungs- und Fachbehörden, Auflagen

Um sicherzustellen, dass der Verwirklichung seiner Planung keine Hindernisse entgegenstehen, wird der AN im erforderlichen Umfang fortlaufend Verbindung mit den zuständigen Genehmigungs- und Fachbehörden sowie den sonst in Betracht kommenden Behörden und Stellen halten und mit diesen die Planung abstimmen. Von bevorstehenden Verhandlungen mit diesen Behörden und Stellen wird er die Auftraggeberin unverzüglich unterrichten, um ihr Gelegenheit zu geben, hieran nach eigenem Ermessen teilzunehmen.

Der AN wird die Auftraggeberin fortlaufend und unverzüglich über seine Gespräche mit diesen Behörden und Stellen im Jour fix und durch Übermittlung von Besprechungsniederschriften informieren. Er wird der Auftraggeberin den einschlägigen Schriftverkehr in Kopie zuleiten.

Von Genehmigungs- und Fachbehörden oder anderen zuständigen Stellen der Auftraggeberin gemachte Auflagen sind vom AN unbedingt zu befolgen. Stehen solche Auflagen im Widerspruch zu Festlegungen in den Vertragsunterlagen oder zu Anordnungen oder Anregungen der Auftraggeberin oder berühren sie die Konzeption in einer nicht unwesentlichen Form, so wird der AN die Auftraggeberin hierüber und über mögliche Konsequenzen unverzüglich unterrichten und die Entscheidung der Auftraggeberin einholen, bevor die betroffene Planung weiterbearbeitet wird. Die Entscheidung wird dem AN schriftlich mitgeteilt. Ziff. 10.2.8 bleibt unberührt.

10.2.5 Anforderung von Angaben

Angaben der Auftraggeberin, fachlich Beteiligter und sonstiger Stellen, die der AN zur Leistungserfüllung benötigt, hat der AN rechtzeitig über die Auftraggeberin anzufordern.

10.2.6 Besprechungsniederschriften

Der AN ist verpflichtet, über Besprechungen mit fachlich Beteiligten und sonstigen Projektbeteiligten Niederschriften in einem dem Besprechungsinhalt angemessenen Umfang anzufertigen und der Auftraggeberin binnen vier Werktagen zu übermitteln.

10.2.7 Konstruktions- und Ausstattungsalternativen

Der AN hat im Bedarfsfall (z.B. Bedenken ausführender Unternehmer oder Planungsbeteiligter, Hinweise/Anregungen des Projektsteuerers oder der Auftraggeberin, Einwände von Behörden usw.) in vorheriger Abstimmung mit der Auftraggeberin alternative Konstruktionsdetails und Ausstattungsmerkmale zu prüfen bzw. zu erarbeiten, unter Beachtung des Ziels der Kostenoptimierung und Baurationalisierung. Hierbei sind ggf. andere an der Planung bzw. Ausführung Beteiligte einzubeziehen oder der Auftraggeberin ist die Hinzuziehung von (weiteren) Sonderfachleuten zu empfehlen.

Die Regelung in Ziff. 8 dieses Vertrages bleibt unberührt.

10.2.8 Prüfungs- und Hinweispflicht des Auftragnehmers

Hat der AN im Zusammenhang mit der Erbringung seiner Leistungen gegen die Anwendung der im Vertrag oder den Anlagen aufgeführten Unterlagen oder der einzuhaltenden Bestimmungen und Richtlinien Bedenken oder stellt er Lücken, Überschneidungen oder Widersprüche fest, wird er die Auftraggeberin hierauf unverzüglich und schriftlich hinweisen. Die Auftraggeberin wird in solchen Fällen schnellstmöglich eine verbindliche Entscheidung treffen.

Angaben und Festlegungen im Vertrag und der in den Anlagen aufgeführten Unterlagen sowie in etwa zukünftig hinzutretenden Vertragsunterlagen entbinden den AN nicht von seiner Verpflichtung zur selbständigen Prüfung und von seiner Verantwortung für die Richtigkeit und Vollständigkeit der von ihm geschuldeten Leistungen.

10.2.9 Projekthandbuch/Formblätter

Soweit die Auftraggeberin selbst oder durch einen Projektsteuerer ein Projekthandbuch erstellen lässt, sind die organisatorischen Vorgaben unbedingt vom AN zu beachten. In diesem Fall wird dem AN das Projekthandbuch unverzüglich zur Verfügung gestellt. Ggf. von der Auftraggeberin bzw. vom Projektsteuerer entwickelte Formulare und sonstige Vorgaben sind vom AN zu verwenden und zu beachten.

11 WAHRNEHMUNG DER INTERESSEN DER AUFTRAGGEBERIN DURCH DEN AUFTRAGNEHMER, KEINE VOLLMACHT

11.1 Wahrnehmung der Rechte und Interessen der Auftraggeberin

Der AN ist zur Wahrnehmung der Rechte und Interessen der Auftraggeberin im Rahmen der ihm übertragenen Leistungen berechtigt und verpflichtet. Er hat die Auftraggeberin unverzüglich über Umstände zu unterrichten, aus denen sich Ansprüche gegen die übrigen Planungs- und Baubeteiligten ergeben können. Die Geltendmachung derartiger Ansprüche obliegt der Auftraggeberin.

11.2 Keine Vollmacht des AN

Der AN hat keine Vollmacht, finanzielle Verpflichtungen für die Auftraggeberin einzugehen. Ebenso wenig hat er Vollmacht für den Abschluss, die Änderung, die Ergänzung oder Aufhebung von Verträgen sowie die Vereinbarung neuer Preise.

12 URHEBER- UND NUTZUNGSRECHT

12.1 Nutzungs- und Verwertungsrechte der Auftraggeberin

Soweit der AN für die Auftraggeberin urheberrechtsfähige Leistungen erbringt, verbleiben diese höchstpersönlichen Urheberrechte beim AN. Im Übrigen überträgt der AN der Auftraggeberin mit Abschluss des Vertrages sämtliche Nutzungs- und Verwertungsrechte an allen das vertragsgegenständliche Bauvorhaben betreffenden Unterlagen und Leistungen. Insbesondere überträgt der AN der Auftraggeberin das Recht, entsprechend den vom AN erstellten Unterlagen und Planungen das streitgegenständliche Bauvorhaben zu errichten, zu ändern, zu erweitern und ggf. auch ganz oder teilweise abzubrechen. Gleichermaßen räumt der AN der Auftraggeberin das Recht ein, diese Nutzungsrechte ganz oder teilweise auf Dritte zu übertragen.

Die vorstehenden Regelungen gelten unabhängig davon, in welchem Umfang der AN Leistungen für die Auftraggeberin erbracht hat und ob und aus welchem Grund der Vertrag vorzeitig ganz od. teilweise beendet wird.

12.2 Freistellung der Auftraggeberin

Der AN garantiert, dass alle von ihm erstellten Planungs- und sonstigen Leistungen frei von Rechten Dritter sind und er damit uneingeschränkt befugt ist, die in Ziff. 12.1 geregelten Nutzungs- und Verwertungsrechte uneingeschränkt auf die Auftraggeberin zu übertragen. Wenn und soweit von Dritten aus den vom AN erstellten Planungs- und sonstigen Leistungen Rechte gegenüber der Auftraggeberin geltend gemacht werden, stellt der AN die Auftraggeberin gegenüber den Dritten frei.

12.3 Veröffentlichung

Die Auftraggeberin hat das Recht zu Veröffentlichungen unter Namensangabe des AN. Der AN seinerseits bedarf zur Veröffentlichung der Einwilligung der Auftraggeberin.

12.4 Aushändigung von Unterlagen

Die vom AN gefertigten und beschafften Unterlagen (Pläne, Zeichnungen, Dokumentationen usw.) sind der Auftraggeberin auszuhändigen. Sie werden Eigentum der Auftraggeberin. Ein Zurückbehaltungsrecht des AN ist grundsätzlich ausgeschlossen, es sei denn, die Ansprüche des AN, auf die er das Zurückbehaltungsrecht stützt, sind von der Auftraggeberin anerkannt oder rechtskräftig festgestellt.

Die dem AN überlassenen Unterlagen der Auftraggeberin sind der Auftraggeberin spätestens nach Abschluss seiner Leistungen zurückzugeben.

13 KÜNDIGUNG

13.1 Kündigungsmöglichkeiten

Die Auftraggeberin kann den Vertrag bzw. die mit dem Vertragsabschluss oder durch gesonderten Abruf beauftragten (Teil-)Leistungen jederzeit ohne Grund und, bei Vorliegen eines wichtigen Grundes, auch aus wichtigem Grund ganz oder teilweise kündigen. Ein wichtiger Kündigungsgrund für die Auftraggeberin liegt insbesondere vor, wenn das geplante Bauvorhaben ganz oder teilweise, gleich aus welchem Grund, nicht durchgeführt wird.

Der AN kann den Vertrag nur aus wichtigem Grund kündigen. Er hat kein Recht zu Teilkündigungen.

Die Kündigung muss schriftlich erfolgen.

13.2 Kündigungsfolgen

13.2.1 Es gelten die gesetzlichen Regelungen gemäß § 648a Abs. 5 und Abs. 6 BGB.

14 ABNAHME

Die Leistungen des AN bedürfen einer gemeinsamen förmlichen Abnahme nach vollständiger und im Wesentlichen mängelfreier Fertigstellung aller ihm beauftragten Leistungen. Die Leistungen werden nach der letzten dem AN beauftragten Leistungsphase, spätestens nach Leistungsphase 8, abgenommen.

Die Leistungen der Leistungsphase 9 werden gesondert abgenommen.

Teilabnahmen sind im Übrigen ausgeschlossen.

15 MÄNGELHAFTUNG

Für Mängelhaftungsansprüche der Auftraggeberin gegen den AN gelten die Regelungen des Werkvertragsrechts der §§ 634–638 BGB mit der Maßgabe, dass der Rücktritt vom Vertrag ausgeschlossen ist; statt des Rücktritts gelten die Kündigungsregeln gemäß Ziff. 13 dieses Vertrages.

Die Verjährungsfrist beträgt fünf Jahre, für alle planungs- und sonstigen Leistungen des AN im Zusammenhang mit Abdichtungsmaßnahmen des Gebäudes bzw. der Gebäude jedoch 10 Jahre.

16 HAFTPFLICHTVERSICHERUNG

16.1 Haftpflicht-Deckungssummen

Zur Sicherung etwaiger Ersatzansprüche aus diesem Vertrag hat der AN unverzüglich nach Vertragsabschluss eine Berufs-/Betriebshaftpflichtversicherung nachzuweisen. Die Deckungssummen dieser Versicherung müssen je Schadensfall mindestens betragen:

a) für Personenschäden € ......
b) für sonstige Schäden € ......

16.2 Versicherungsnachweis

Der AN hat den Versicherungsnachweis durch ein an die Auftraggeberin gerichtetes Bestätigungsschreiben seines Versicherers zu führen und die Auftraggeberin während der Laufzeit dieses Vertrages unverzüglich zu unterrichten, wenn der Versicherungsschutz – gleich aus welchem Grund – eingeschränkt oder aufgehoben ist. In diesem Fall hat der AN unverzüglich einen mindestens gleichwertigen Versicherungsschutz herzustellen und der Auftraggeberin nachzuweisen.

16.3 Zahlungsverweigerungsrecht

Der AN hat vor dem Nachweis des Versicherungsschutzes keinen Anspruch auf Leistungen der Auftraggeberin. Die Auftraggeberin kann Zahlungen vom Nachweis des Bestandes und des Fortbestehens des Versicherungsschutzes abhängig machen.

16.4 Abtretung von Erstattungsansprüchen

Der AN tritt hiermit seine Erstattungsansprüche gegen seine Haftpflichtversicherung erfüllungshalber an die Auftraggeberin ab.

17 ABTRETUNG UND AUFRECHNUNG

17.1 Abtretung

Die Abtretung von Honoraransprüchen und sonstigen Ansprüchen des AN gegenüber der Auftraggeberin ist nur mit schriftlicher Zustimmung der Auftraggeberin zulässig.

17.2 Aufrechnung

Der AN kann gegen Ansprüche der Auftraggeberin nur mit unbestrittenen oder rechtskräftig festgestellten Forderungen gegenüber der Auftraggeberin aufrechnen.

18 SCHLUSSBESTIMMUNGEN

18.1 Schriftform

Dieser Vertrag selbst sowie alle Änderungen und Ergänzungen bedürfen zu ihrer Wirksamkeit der Schriftform. Dies gilt auch für einen Verzicht auf die vereinbarte Schriftform.

18.2 Übertragung auf Dritte

Soweit die Auftraggeberin das zu beplanende Grundstück oder Teile davon bzw. Rechte hieran ganz oder teilweise auf Dritte überträgt, ist die Auftraggeberin mit Zustimmung des AN berechtigt, die vom AN zu erbringenden Planungs- und sonstigen Leistungen an diesen übertragenden Teilen ebenfalls auf den Dritten zu übertragen. Der AN stimmt einer solchen ganzen oder teilweisen Übertragung des Vertragsverhältnisses bereits jetzt zu, soweit es die nachbenannten Personen betrifft: ....

18.3 Teilunwirksamkeit

Soweit eine Regelung dieses Vertrages oder der Vertragsanlagen unwirksam sein sollte, so bleibt die Wirksamkeit der Regelungen im Übrigen unberührt. In diesem Fall wird die unwirksame Regelung durch eine wirksame Regelung ersetzt, die dem Parteiwillen am nächsten kommt.

Das Gleiche gilt, soweit der Vertrag eine Regelungslücke aufweist.

18.4 Gerichtsstand

Gerichtsstand ist ....

Ort, Datum, Unterschrift	Ort, Datum, Unterschrift
Auftraggeberin	*Auftragnehmer*

Anlagenliste

Anlage 1: Lageplan
Anlage 2: Projektbeschreibung, Gestaltungs- und Konstruktionsprinzipien Auftraggeberin
Anlage 3: Leistungsbeschreibung
Anlage 4: Zieldefinition Planung (Planungssoll)
Anlage 5: Projektterminplan
Anlage 6: Kostenbudget
Anlage 7: Honorarermittlungsparameter
Anlage 8: Zahlungsplan

2.3.2 Generalplanervertrag

Für das Bauvorhaben ....

wird zwischen .... – nachstehend **Auftraggeber (AG)** genannt –
und .... – nachstehend **Auftragnehmer (AN)** genannt –

folgender Vertrag geschlossen:

Inhaltsverzeichnis

Seite

1 Vertragsgegenstand, Planungsziel
2 Verantwortlicher Vertreter
3 Vertragsgrundlagen/Leistungen des Generalplaners
4 Honorar
5 Termine/Haftung bei Verzug
6 Planungsänderungen oder -ergänzungen/Haftung
7 Versicherung
8 Allgemeine und besondere Pflichten des AN
9 Urheberrecht
10 Zahlungen
11 Haftung/Verjährung/Abtretung von Erstattungsansprüchen
12 Abtretungsverbot
13 Kündigung
14 Gerichtsstand

1 Vertragsgegenstand/Planungsziel

Der AG beabsichtigt, das Gebäude in .... einer umfassenden Modernisierung zu unterziehen. Mit den Planungen und Projektvorbereitungen wird im Frühjahr ...... begonnen; die Realisierung des Projekts ist für die Jahre .... geplant.

Mit der Erbringung **aller für das Projekt erforderlichen Architekten- und Ingenieurleistungen** soll ein Generalplaner beauftragt werden, der eine für den Bauherrn **schnittstellenfreie, alle Fachbereiche übergreifende und integrierende Gesamtplanung** liefert.

Der AG erwartet eine praxisorientierte und ausführungstaugliche Planung, die der speziellen Umbauproblematik Rechnung trägt. Das vom Generalplaner zu erarbeitende, in sich schlüssige und umfassende Modernisierungs- und Umgestaltungskonzept sollte sich ohne grundsätzliche Veränderungen seitens eines Generalunternehmers in eine der Bedeutung des Objekts angemessene Gestaltungs- und Ausführungsqualität umsetzen lassen.

Der AG stellt außerdem die Forderung, die Planung so fabrikatsneutral und wettbewerbsfähig anzulegen, dass ein tatsächlicher preiswirksamer Ausführungswettbewerb unter mehreren Generalunternehmer-Kandidaten möglich wird.

2 Verantwortliche Vertreter

Als verantwortliche(r) Vertreter/-in, der/die uneingeschränkt zur Abgabe sowie Entgegennahme rechtsgeschäftlicher und sonstiger Erklärungen bevollmächtigt ist, werden benannt:

für den AG: ....

für den AN: ....

Für die Plan-Prüfung und Plan-Freigabe zur Ausführung ist verantwortlich:

Name: ....

3 Vertragsgrundlagen/Leistungen des Generalplaners

Dem Vertrag liegen zugrunde:

3.1

3.1.1	Verbindliches Kostenbudget / Kostenermittlung	....	(Anlage 1)
3.1.2	Leistungsbeschreibung	....	(Anlage 2)
3.1.3	Honorarermittlung	....	(Anlage 3)
3.1.4	Terminplan	....	(Anlage 4)

3.2 Die Leistungen des Generalplaners beziehen sich auf:

3.2.1 Objektplanung Gebäude in Anlehnung an das Leistungsbild gemäß § 34 Abs. 1, § 35 Abs. 6 HOAI in Verbindung mit deren Anlage 10:

Der genaue Umfang der geschuldeten Leistungen ergibt sich im Einzelnen aus der Leistungsbeschreibung, Anlage 2 zu diesem Vertrag.

3.2.2 Objektplanung Innenräume in Anlehnung an das vorerwähnte Leistungsbild:

Der genaue Umfang der geschuldeten Leistungen ergibt sich im Einzelnen aus der Leistungsbeschreibung, Anlage 2 zu diesem Vertrag.

3.2.3 Fachplanung Tragwerksplanung, in Anlehnung an das Leistungsbild gem. § 51 Abs. 5, § 52 Abs. 2 HOAI in Verbindung mit deren Anlage 14:

Der genaue Umfang der geschuldeten Leistungen ergibt sich im Einzelnen aus der Leistungsbeschreibung, Anlage 2 zu diesem Vertrag.

3.2.4 Fachplanung Technische Ausrüstung, in Anlehnung an das Leistungsbild gemäß § 55 Abs. 3, § 56 Abs. 3 HOAI in Verbindung mit deren Anlage 15 für

1) **Abwasser-, Wasser- und Gasanlagen**:

   Der genaue Umfang der geschuldeten Leistungen ergibt sich im Einzelnen aus der Leistungsbeschreibung, Anlage 2 zu diesem Vertrag.

2) **Wärmeversorgungsanlagen:**

   Der genaue Umfang der geschuldeten Leistungen ergibt sich im Einzelnen aus der Leistungsbeschreibung, Anlage 2 zu diesem Vertrag.

3) **Lufttechnische Anlagen:**

   Der genaue Umfang der geschuldeten Leistungen ergibt sich im Einzelnen aus der Leistungsbeschreibung, Anlage 2 zu diesem Vertrag.

4) **Starkstromanlagen:**

   Der genaue Umfang der geschuldeten Leistungen ergibt sich im Einzelnen aus der Leistungsbeschreibung, Anlage 2 zu diesem Vertrag.

5) **Fernmelde- und Informationstechnische Anlagen:**

   Der genaue Umfang der geschuldeten Leistungen ergibt sich im Einzelnen aus der Leistungsbeschreibung, Anlage 2 zu diesem Vertrag.

6) **Förderanlagen:**

   Der genaue Umfang der geschuldeten Leistungen ergibt sich im Einzelnen aus der Leistungsbeschreibung, Anlage 2 zu diesem Vertrag.

7) **Nutzungsspezifische Anlagen:**

   Der genaue Umfang der geschuldeten Leistungen ergibt sich im Einzelnen aus der Leistungsbeschreibung, Anlage 2 zu diesem Vertrag.

8) **Gebäudeautomation:**

   Der genaue Umfang der geschuldeten Leistungen ergibt sich im Einzelnen aus der Leistungsbeschreibung, Anlage 2 zu diesem Vertrag.

3.2.5 Leistungen für Brandschutz:

Der genaue Umfang der geschuldeten Leistungen ergibt sich im Einzelnen aus der Leistungsbeschreibung, Anlage 2 zu diesem Vertrag.

3.2.6 Leistungen für Thermische Bauphysik:

Der genaue Umfang der geschuldeten Leistungen ergibt sich im Einzelnen aus der Leistungsbeschreibung, Anlage 2 zu diesem Vertrag.

3.2.7 Leistungen für Schallschutz und Raumakustik:

Der genaue Umfang der geschuldeten Leistungen ergibt sich im Einzelnen aus der Leistungsbeschreibung, Anlage 2 zu diesem Vertrag.

3.2.8 Leistungen für Bodenmechanik, Erd- und Grundbau:

Der genaue Umfang der geschuldeten Leistungen ergibt sich im Einzelnen aus der Leistungsbeschreibung, Anlage 2 zu diesem Vertrag.

3.2.9 Leistungen für Fassadenplanung:

Der genaue Umfang der geschuldeten Leistungen ergibt sich im Einzelnen aus der Leistungsbeschreibung, Anlage 2 zu diesem Vertrag.

3.3 Die Leistungen werden in zwei Stufen beauftragt.

Die Leistungsphasen werden gemäß Anlage 2 zum Teil nicht mit dem vollen Leistungsbild beauftragt. Die prozentuale Bewertung der einzelnen Leistungsphasen zum Zweck der Honorarfindung ergibt sich aus der Honorarermittlung, Anlage 3 zu diesem Vertrag.

Die genaue Definition der Schnittstelle zwischen der Stufe 1 und der Stufe 2 ist im Einzelnen in der Leistungsbeschreibung, Anlage 2 zu diesem Vertrag, niedergelegt. Gleiches gilt für den Umfang der Leistungen.

Beauftragt wird mit diesem Vertrag zunächst lediglich für die Stufe 1. Es ist **beabsichtigt**, den AN auch mit der Stufe 2 im weiteren Verlauf der Projektrealisierung zu beauftragen, ohne dass der AN auf die Beauftragung der Stufe 2 einen Rechtsanspruch hätte. Wird der AN nicht mit der Stufe 2 beauftragt, so stehen ihm für diesen Teil der Leistungen weder Vergütungs- noch Schadensersatzansprüche zu. Der Abruf der Stufe 2 bedarf zu seiner Wirksamkeit der schriftlichen Beauftragung durch den AG.

4 Honorar

Für die sich aus Ziffer 3.3 ergebenden Architektur- und Ingenieurleistungen vereinbaren die Parteien nachfolgendes Honorar:

4.1 Grundlagen der Vergütung:

Es werden folgende Honorarzonen und Honorarsätze in Verbindung mit den zugehörigen Honorartafeln der HOAI zugrunde gelegt bzw. vereinbart:

Objektplanung Gebäude: Honorarzone:
Honorarsatz:
Umbauzuschlag:

Objektplanung Innenräume:
Im Honorar für Objektplanung Gebäude gemäß § 37 Abs. 2 HOAI enthalten!

Fachplanung Tragwerksplanung: Honorarzone:
Honorarsatz:
Umbauzuschlag:

Fachplanung Technische Ausrüstung:

1. Abwasser-, Wasser- und Gasanlagen: Honorarzone:
Honorarsatz:
2. Wärmeversorgungsanlagen: Honorarzone:
Honorarsatz:
3. Lufttechnische Anlagen: Honorarzone:
Honorarsatz:
4. Starkstromanlagen: Honorarzone:
Honorarsatz:
5. Fernmelde- und Informationstechnische Anlagen: Honorarzone:
Honorarsatz:
6. Förderanlagen: Honorarzone:
Honorarsatz:

7. Nutzungsspezifische Anlagen: Honorarzone:
Honorarsatz:
8. Gebäudeautomation: Honorarzone:
Honorarsatz:

Ingenieurleistungen Brandschutztechnische Planungsleistungen:
pauschal (netto):

Ingenieurleistungen für Schallschutz und Raumakustik:
1. Schallschutz: pauschal (netto):
2. Bauakustik: pauschal (netto):
3. Raumakustik: pauschal (netto):
Fassadenplanung: pauschal (netto):
Ingenieurleistung Abdichtungstechnik, Gebäudesimulation und Prüfstatik: pauschal (netto):
Ingenieurleistungen Brandschutz: pauschal (netto):

4.2 Eine genaue Berechnung der Vergütung ist als Anlage 3 zu diesem Vertrag beigefügt. Die Vergütung wird für die mit diesem Vertrag beauftragten Architekten- und Ingenieurleistungen der Stufe 1, getrennt von den in der Stufe 2 enthaltenen Architekten- und Ingenieurleistungen, ermittelt und vereinbart.

Stufe 1:

Zum Zweck der Honorarermittlung der in der **Stufe 1** beauftragten Architekten- und Ingenieurleistungen legen die Parteien die sich aus der Kostenschätzung, Anlage 1 zu diesem Vertrag, ergebenden anrechenbaren Kosten zugrunde. Die danach jeweils maßgebliche Honorarbezugssumme / anrechenbaren Kosten für die mit diesem Vertrag beauftragten Leistungen sind Grundlage der Honorarvereinbarung, wie sich aus der Anlage 3 zu diesem Vertrag ergibt. Aus den einzelnen in der Anlage 3 aufgeführten Honoraren wird ein **Gesamtpauschalhonorar** einschließlich Nebenkosten, die mit ...... % auf das Honorar als vereinbart gelten, sowie ...... % Generalplanerzuschlag (ausgenommen den Anteil Objektplanung Ziffer 3.2.1) von ...... € netto für die Stufe 1 gebildet, das **auch bei Veränderung der dieser Honorarvereinbarung zugrunde liegenden anrechenbaren Kosten** (siehe oben) **gleichbleibt**, soweit der Vertrag hierzu nichts anderes regelt.

Stufe 2:

Das Honorar für die gesondert abzurufenden Leistungen der Stufe 2 dieses Vertrages gilt in der Höhe als vereinbart, wie es sich aus der Anlage 3 in Verbindung mit der Anlage 1 dieses Vertrages ergibt. Aus dem sich danach ergebenden Honorar einschließlich Nebenkosten, die mit ...... % auf das Honorar als vereinbart gelten, sowie ...... % Generalplanerzuschlag (ausgenommen den Anteil Objektplanung Ziffer 3.2.1) wird wie für die Stufe 1 ein **Gesamtpauschalhonorar** gebildet, **das auch bei Veränderung der der Honorarvereinbarung für die Stufe 2 zugrunde gelegten anrechenbaren Kosten gemäß Kostenberechnung gleichbleibt**, soweit der Vertrag hierzu nichts anderes regelt.

4.3 Mit der vereinbarten Nebenkostenpauschale von .... % auf das Honorar (siehe oben Ziffer 4.2) sind alle anfallenden Nebenkosten abgegolten mit Ausnahme von:

- Massenpausen (Lichtpausen, die an die Baustelle bzw. zum Zweck der Ausschreibung an die Baustelle bzw. den AG gehen), derartige Massenpausen sind von der Firma ...... in Auftrag zu geben. Die Kosten wird der Auftraggeber unmittelbar übernehmen.
- Fotoarbeiten,
- Modellarbeiten,
- Baustellenbüro, ausgenommen Telekommunikationskosten.

4.4 Die in Ziffer 4.2 vereinbarte Vergütung enthält nicht die gesetzliche Mehrwertsteuer. Sie wird mit dem jeweils geltenden gesetzlichen Mehrwertsteuersatz zusätzlich berechnet.

5 Termine/Haftung bei Verzug

Der AN wird seine Leistungen zu den Terminen erbringen, wie sie in dem beigefügten Terminplan (Anlage 4) festgelegt sind.

Die vereinbarten Termine sind **Vertragstermine**, die voraussetzen, dass keine größeren Planungsänderungen gemäß nachfolgender Ziffer 6 Abs. 2 verlangt werden. Im Falle der von dem AN zu vertretenden Nichteinhaltung der Termine haftet dieser nach Mahnung durch den AG für alle Schäden und Nachteile, die dem AG hieraus entstehen, insbesondere auch, wenn dieser durch die Verzögerung seinerseits die terminlichen Verpflichtungen gegenüber dem Nutzer nicht einhalten kann.

6 Planungsänderungen oder -ergänzungen/Haftung

Kleinere Änderungen, die in dem im Bauwesen üblichen Rahmen bleiben, sind im Honorar enthalten.

Werden vom AG größere Planungsänderungen oder -ergänzungen vorgenommen, die bedingen, dass der AN bereits erstellte Teile seiner Leistung erneut erbringen muss, oder Leistungen erfordert, die von dem Vertrag nicht erfasst werden, so ist dafür im Einzelfall **vor Ausführung** ein zusätzlicher, dem

Änderungsumfang und dem in diesem Vertrag vereinbarten Honorar entsprechendes Honorar schriftlich anzumelden. Sollte nicht innerhalb von 2 Wochen nach Anmeldung eine schriftliche Einigung zwischen den Parteien zustande gekommen sein, so steht dem AN ein **Leistungsverweigerungsrecht** die Änderungsleistungen betreffend zu.

Der AG hat das Recht, sich durch Einsicht in die durch die Änderung überholten Unterlagen und den Umfang der Zusatzarbeit des AN Klarheit zu verschaffen.

Der AN ist verpflichtet, rechtzeitig vor Ausführung geänderter oder zusätzlicher Planungsleistungen, für die er beabsichtigt, ein zusätzliches Honorar geltend zu machen, dem AG **schriftlich** ein Angebot über diese Leistungen zu unterbreiten. Verletzt der AN diese Pflicht schuldhaft, ist er dem AG zum Ersatz eines hieraus resultierenden Schadens verpflichtet. Zusätzliches Honorar schuldet der AG nicht, wenn der AG bei rechtzeitiger Anmeldung der zusätzlichen Vergütung von der Durchführung der geänderten, ergänzten oder zusätzlichen Planungsleistung Abstand genommen hätte.

7 Versicherung

Zur Sicherung etwaiger Ansprüche aus dem Vertragsverhältnis mit dem AG hat der AN eine **Einzelobjektversicherung** abzuschließen, und zwar:

für Sach- und Vermögensschäden in Höhe von .... Mio. €
und für
Personenschäden in Höhe von .... Mio. €
je Schadensfall zweifach bzw. auf ...... Mio. € pro Jahr begrenzt.

Der AN hat das Bestehen einer Versicherung mit Abschluss des Vertrages nachzuweisen.

Bis zum Nachweis der Versicherung im Falle des Verlangens ist der AG berechtigt, Honorarzahlungen einzustellen.

8 Allgemeine und besondere Pflichten des AN

8.1 Die Leistungen müssen den allgemein anerkannten Regeln der Ingenieurtechnik und der Bautechnik entsprechen.

8.2 Der AN ist verpflichtet, das für das Baugebiet gültige Baurecht sowie alle einschlägigen Vorschriften und Normen zu beachten und anzuwenden. Die von dem AN anzufertigenden Unterlagen müssen den örtlichen Verhältnissen Rechnung tragen. Der AN ist verpflichtet, im Rahmen seiner beauftragten Planung auch die Grundsätze der **Wirtschaftlichkeit** sowohl bei den **Herstellungskosten** als auch bei den **Betriebskosten** zu berücksichtigen.

Der AG hat die Baukosten gemäß Erläuterungsbericht der Projektsteuerer gemäß Kostenbudget (Anlage 1 zu diesem Vertrag) mit insgesamt .... Mio. € zzgl. MwSt. veranschlagt.

Wird für den AN erkennbar, dass diese Kostenvorgabe nicht eingehalten werden kann, ist er **verpflichtet**, den AG hierauf unverzüglich **schriftlich** hinzuweisen und nach Feststellung der Veränderung des Kostenrahmens den AG über Grund und Umfang der Kostenänderung im Einzelnen zu informieren. Eine derartige Aufklärungspflicht obliegt dem AN insbesondere auch dann, wenn Sonder- oder Änderungswünsche des AG zu einer Verteuerung zu führen drohen. Der AN hat weiterhin unverzüglich Vorschläge zur Abwendung von Mehrkosten zu unterbreiten oder deren Unabwendbarkeit zu erläutern und die Entscheidung des AG abzuwarten.

8.3 Der AN führt seine Leistungen in enger Zusammenarbeit mit dem AG aus.

Der AN hat alle Pläne auf die Belange der Bauausführung abzustimmen und deswegen ständig Kontakt mit dem AG zu halten. Vor der endgültigen Anfertigung von Berechnungen oder Plänen muss er sich vergewissern, dass seine Vorstellungen (z.B. über Bau- und Montageabläufe) den Erfordernissen der Baustelle entsprechen.

Erforderlichenfalls muss er dem AG seine Vorstellungen durch Beschreibungen und Skizzen darlegen und mit diesem abstimmen. Die vom AN gelieferten Pläne und Anweisungen müssen übersichtlich und gut verständlich sein, damit sie ein störungsfreies Arbeiten am Bauwerk gestatten.

Die Pläne müssen einen ausdrücklichen Hinweis auf Prüfung und Freigabe enthalten. Werden Pläne geändert, erhalten diese erneut einen Prüf- und Freigabevermerk und sind mit einem Index zu versehen.

8.4 Der AN muss alle Unterlagen, die ihm vom AG zur Verfügung gestellt werden bzw. vom AG freigegeben worden sind, mit den Unterlagen der Ausschreibung für das Bauvorhaben vergleichen. Stellt er Abweichungen fest, so hat er den verantwortlichen Vertreter des AG unverzüglich zu unterrichten.

8.5 Anregungen oder Sicht- und Prüfvermerke des AG entbinden den AN nicht von der Haftung für die von ihm zu erbringenden Leistungen. Dies gilt auch für ausdrückliche Weisungen und Anordnungen des AG gegenüber dem AN, sofern letzterer hiergegen nicht schriftlich Einspruch erhebt.

8.6 Der AN sorgt für die Voraussetzungen des termingemäßen Ablaufs aller Prüfungs- und Genehmigungsverfahren durch Dritte und deren Dokumentation.

8.7 Soweit der AN Teile der beauftragten Leistungen durch nachbeauftragte Planer erbringt, hat er dafür Sorge zu tragen, dass die Vergabe nur an besonders erfahrene und leistungsfähige Planer/Ingenieure erfolgt. Wünsche des AG zur Berücksichtigung bestimmter Planer/Ingenieure berücksichtigt der AN nach Möglichkeit unbeschadet der Erfüllungsgehilfenhaftung des AN (§ 278 BGB) für die von ihm beauftragten Nachplaner. Der AN hat dem AG die Nachplaner und -Ingenieure rechtzeitig vor deren Beauftragung schriftlich mitzuteilen. Der AG ist berechtigt, einzelne Nachplaner/-Ingenieure aus wichtigem Grunde abzulehnen.

8.8 Der AN hat dem AG auf Verlangen jederzeit über den Stand seiner Leistungen Auskunft zu erteilen.

8.9 Der AN räumt dem AG bzw. hiermit Bevollmächtigten des AG das Recht ein, jederzeit nach vorheriger Abstimmung im Büro des AN zu überprüfen, ob die laut diesem Vertrag bestellte Leistung erbracht wird. Der AG ist in diesem Rahmen berechtigt, zur Überprüfung im Büro des AN ein Audit durchzuführen.

8.10 Der AN führt Planlisten mit den Soll-Lieferdaten dieses Vertrages (Ziffer 5 des Vertrages) und den tatsächlichen Auslieferungsdaten. Desgleichen werden Daten von Planänderungen mit den Ausgangsdaten entsprechend indizierter Pläne in den Listen angegeben.

8.11 Der AN ist verpflichtet, bis zur endgültigen Erbringung sämtlicher nach diesem Vertrag beauftragter Leistungen die erforderliche Anzahl an Mitarbeitern bereitzustellen. Im Falle der Beauftragung mit der Stufe 2 obliegt dem AN diese Pflicht bis zum Ablauf der Gewährleistungspflichten der am Bau beteiligten Unternehmer.

8.12 Soweit es seine Aufgabe erfordert, ist der AN berechtigt und verpflichtet, die Rechte des AG zu wahren, insbesondere hat er den am Bau Beteiligten die notwendigen Weisungen zu erteilen. Finanzielle Verpflichtungen für den AG darf er nur eingehen, wenn Gefahr in Verzug und das Einverständnis des AG nicht rechtzeitig zu erlangen ist.

8.13 Der AN ist verpflichtet, die Planung und zeichnerische Darstellung aller Leistungsbereiche integriert über ein CAD-System zu erstellen. Der AN gewährleistet über die gesamte Planungszeit die Kompatibilität der CAD-Daten mit dem vom AG verwendeten Auto-CAD-System.

8.14 Der AN hat den Brandschutzgutachter sowie die zuständige Denkmalschutzbehörde frühzeitig in die Planung einzubinden. Er nimmt an den Besprechungen mit der Baugenehmigungsbehörde teil und protokolliert jede einzelne Besprechung. Der AN hat vor jeder Terminvereinbarung mit dem Brandschutzgutachter, der Denkmalschutzbehörde oder der Baugenehmigungsbehörde dem AG so rechtzeitig Mitteilung zu machen, dass eine Teilnahme an dem Termin möglich ist.

9 Urheberrecht

9.1 Dem Auftraggeber steht das ausschließliche und uneingeschränkte Nutzungsrecht an den vom AN erstellten Plänen, Zeichnungen und sonstigen Unterlagen zur Erstellung des Bauvorhabens zu.

9.2 Der AG ist berechtigt, die von ihm erstellten Pläne, Zeichnungen und sonstigen Unterlagen zu bearbeiten und/oder zu ändern sowie sein Nutzungsrecht auf Dritte zu übertragen oder durch Dritte wahrnehmen zu lassen. Nach Fertigstellung des Bauvorhabens ist der AG auch befugt, das Gebäude zu ändern, um- oder neuzugestalten. Vor Durchführung derartiger Maßnahmen wird der AG die Meinung des AN einholen.

9.3 Werden durch die Planung des AN Schutzrechte, insbesondere Patentrechte Dritter verletzt, so hat der AN auf eigene Kosten entweder eine Genehmigung des Lizenznehmers einzuholen oder aber seine Planung auf eigene Kosten so umzuplanen, dass Schutzrechte Dritter nicht verletzt werden. Von etwaigen Abwehr- und/oder Schadensersatzansprüchen Dritter aus Anlass der Verletzung ihrer Schutzrechte ist der AN verpflichtet, den AG freizustellen. Hat der AN die Verletzung der Schutzrechte Dritter zu vertreten, so schuldet er dem AG darüber hinaus den Ersatz etwaiger ihm entstandener Schäden.

10 Zahlungen

10.1 Die Leistungen des AN sind erst erfüllt, wenn er alle nach diesem Vertrag beauftragten Leistungen vollständig erbracht hat. Dies setzt, soweit es die geschuldeten Pläne und Berechnungen anbelangt, voraus, dass diese Planunterlagen, mit allen erforderlichen und endgültigen Genehmigungsvermerken versehen, dem AG übergeben wurden und Änderungen nicht mehr erforderlich sind. Bei nicht termingemäßer Lieferung der endgültigen Unterlagen kann der AG Vorabzüge verlangen, ohne dass hierfür eine besondere Vergütungspflicht besteht.

Der AN ist berechtigt, nach der Abnahme der nach dem Vertrag zu erbringenden Leistungen der Leistungsphasen 1 bis 8 im Falle der Beauftragung auch mit der Stufe 2 Teilschlussrechnung über die bis zur Objektüberwachung erbrachten Leistungen zu legen. Nach Erbringung der sich hieran noch anschließenden beauftragten Leistungen gilt die nachfolgende Regelung unter Ziffer 10.3.

10.2 Der AN kann unter Rechnungsstellung Abschlagszahlungen entsprechend dem jeweiligen Stand seiner Leistungen in angemessenen Zeitabständen verlangen. Die Nebenkosten werden jeweils anteilig mit und entsprechend den Abschlagszahlungen bezahlt. Die Mehrwertsteuer wird zusammen mit den Abschlagszahlungen und sonstigen Nebenkostenabrechnungen überwiesen.

10.3 Nach restloser Fertigstellung der Arbeiten (vgl. Ziff. 10.1) reicht der AN eine Schlussrechnung beim AG ein.

10.4 Alle Rechnungen sind über den vom AG eingesetzten Projektsteuerer .... an den AG zu richten und müssen enthalten:

- fortlaufende Nummerierung
- Projektbezeichnung
- Auftragssumme
- bisherige Gesamtleistung
- erhaltene Abschlagszahlungen.

10.5 Rechnungen sind innerhalb von 21 Arbeitstagen nach Zugang bei dem vom AG eingesetzten Projektsteuerer zu zahlen.

11 Haftung/Verjährung/Abtretung von Erstattungsansprüchen

11.1 Bei nicht vertragsgemäßer Erfüllung oder der Nichteinhaltung der Vertragstermine stehen dem AG die Rechte des Bestellers nach den gesetzlichen Vorschriften des Werkvertragsrechts zu. Verletzt der AN schuldhaft seine ihm mit diesem Vertrag aufgegebenen Pflichten, insbesondere die in Ziffer 8.2 aufgeführten Grundsätze der Kostenkontrolle und Wirtschaftlichkeit, und kommt es hierdurch zu Vermögensschäden/Mehrkosten bei der Bauerstellung, so ist der AN dem AG zum Schadensersatz verpflichtet, es sei denn, die Mehrkosten bei der Bauerstellung wären auch bei pflichtgemäßem Verhalten des AN nicht zu vermeiden gewesen.

11.2 Die Ansprüche des AG aus diesem Vertrag verjähren nach Ablauf von 5 Jahren.

Die Verjährung beginnt mit der Abnahme der nach dem Vertrag zu erbringenden Leistungen der Leistungsphasen 1 bis 8, und zwar einheitlich für diese Leistungen und hinsichtlich der Leistungen der Leistungsphase 9 mit der Abnahme dieser Restleistungen.

Für den Fall, dass es bei der Beauftragung lediglich mit der Stufe 1 des AN verbleibt, beginnt die Verjährung mit der Erbringung der letzten nach der Stufe 1 geschuldeten Leistung.

Für Schadensersatzansprüche wegen positiver Vertragsverletzung gelten die gesetzlichen Vorschriften über die Verjährung.

11.3 Schaltet der AN zur Erfüllung der nach diesem Vertrag ihm obliegenden Leistungen/Pflichten Dritte, z.B. Nachplaner, ein, so haftet er für deren Verschulden bei der Erfüllung/Leistungserbringung wie für eigenes Verschulden (§ 278 BGB), auch wenn er bei der Beauftragung des Dritten einem unverbindlichen Wunsch des AG gefolgt ist.

11.4 Der AN tritt hiermit seine Erstattungsansprüche gegen die Haftpflichtversicherung erfüllungshalber an den Auftraggeber ab, soweit dem Auftraggeber aufgrund einer rechtskräftigen Entscheidung eines Gerichts, eines gerichtlichen Vergleichs oder einer außergerichtlichen Einigung, der die Versicherung zugestimmt hat, Ansprüche gegen den AN zustehen.

Die Abtretung erfolgt vorbehaltlich einer etwa notwendigen Zustimmung der Versicherung.

Der AG nimmt diese Abtretung bereits jetzt an.

12 Abtretungsverbot

12.1 Die Abtretung der dem AN aus dem Architektenvertrag zustehenden Forderungen an Dritte ist ohne Zustimmung des AG nicht gestattet.

12.2 Soweit zu den Voraussetzungen von § 354a HGB eine gleichwohl ohne Zustimmung des AG erfolgte Abtretung wirksam ist, ist der Auftraggeber aber nach wie vor berechtigt, mit befreiender Wirkung an den bisherigen Gläubiger Zahlung leisten zu können.

13 Kündigung

Es gelten die werkvertraglichen Grundsätze zur Kündigung von Werkverträgen gemäß § 648a BGB.

14 Gerichtsstand

Als Gerichtsstand wird, sofern eine solche Vereinbarung nach den gesetzlichen Vorschriften zulässig ist, ... vereinbart.

Ort, Datum, Unterschrift

3 Architekten-Wettbewerb: Ansprüche des Architekten bei Auslobung eines Wettbewerbs

3.1 Änderungen in der GRW 1995/RPW 2008/RPW 2013

Seit dem 11.1.1996 ist die GRW 77 (Grundsätze und Richtlinien für Wettbewerbe auf den Gebieten der Raumplanung, des Städtebaus und des Bauwesens) durch die GRW 95 ersetzt worden, die mit Wirkung zum 01.01.2009 von der RPW 2008 abgelöst wurde. Die Novellierung der alten GRW 77 war veranlasst und zwingend notwendig zum Zweck der Umsetzung der Dienstleistungsrichtlinie 92/50/EWG, die im Wesentlichen Bekanntmachungen und Zulassungskriterien betrifft.

Im Zuge der hiernach notwendigen Angleichungen Europäischen Rechts wurde die GRW auch gleich neu und übersichtlicher gegliedert, sodass jetzt beispielsweise die Konsequenzen aus dem Wettbewerb, die weitere Verarbeitung und Vergütung der weiteren Bearbeitung betreffend, des Urheberrechts und der Nutzung bei weiterer Beauftragung, im Abschnitt 7 konzentriert geregelt sind. In der RPW 2008 sind die wichtigsten Wettbewerbs-Basisregeln für alle Planungsbereiche nunmehr fortentwickelt und auf neun Paragraphen zusammengefasst worden. Dabei wurden die Wettbewerbssummen auf das Einfache des üblichen Honorars, wie es sich aus der einschlägigen Honorarordnung für die geforderte Wettbewerbsleistung ergibt, reduziert. Des Weiteren finden sich in den Basisregeln die vergaberechtlich zu berücksichtigenden Vorgaben. Öffentliche Auftraggeber sind dabei an die Entscheidung des Preisgerichts gebunden (vgl. hierzu näher Lederer (Hrsg.)/Heymann, HOAI-Honorarmanagement bei Architekten- und Ingenieurverträgen, 3. Aufl. 2011). Die RPW 2008 wurde durch die RPW 2013 zwischenzeitlich ersetzt, die auf der bewährten Grundlage der RPW 2008 aufbaut.

3.2 Anspruch des Architekten auf Auftragserteilung und Folgen des Verstoßes hiergegen

Der Kontrahierungszwang des Auslobenden ist nach wie vor die Kernregelung jedes Teilnahmewettbewerbs. § 8 Abs. 2 RPW 2013 regelt hierzu nunmehr Folgendes:

> *„Bei der Umsetzung des Projektes ist einer der Preisträger, in der Regel der Gewinner, unter Berücksichtigung der Empfehlung des Preisgerichts mit den weiteren Planungsleistungen zu beauftragen, sofern kein wichtiger Grund der Beauftragung entgegensteht. [...]*
>
> *Art und Umfang der Beauftragung müssen sicherstellen, dass die Qualität des Wettbewerbsentwurfs umgesetzt wird. Sie erstreckt sich in der Regel mindestens bis zur abgeschlossenen Ausführungsplanung."*

Abschnitt 7.1 Abs. 1 der GRW 1995 sah noch vor, dass nur bei einem beschränkten Wettbewerb bzw. Einleitungswettbewerb der erste Preisträger regelmäßig zu beauftragen sei. § 8 Abs. 2 RPW 2008 sah demgegenüber nunmehr lediglich eine Verpflichtung zur Beauftragung aus dem Kreise eines der Preisträger vor, sodass nicht zwingend der erste Preisträger beauftragt werden musste. § 8 Abs. 2 RPW 2013 kehrt wieder zu dem Ursprung zurück, wonach in der Regel der Gewinner unter den Preisträgern zu beauftragen ist.

Verstößt der Auslober gegen diese Verpflichtung, indem er beispielsweise nicht einen der Preisträger mit der weiteren Bearbeitung beauftragt, sondern einen Dritten, so haben die Preisträger gemeinsam einen **Schadensersatzanspruch** gegen den Auslober. Der Schaden besteht in Höhe des Architektenhonorars für die Leistungen, deren weitere Beauftragung der Auslober versprochen hat, jedoch unter Abzug ersparter Eigenaufwendungen (BGH, BauR 1984, 196).

Der Schadensersatzanspruch steht in diesen Fällen allen Preisträgern gemeinsam zu, die zum Zweck der Verfolgung ihrer Rechte eine Zweckgemeinschaft in Form einer BGB-Gesellschaft gründen und die Schadensersatzzahlungen im Innenverhältnis untereinander gleichmäßig aufzuteilen haben.

4 Kündigung von Architekten- und Ingenieurverträgen

4.1 Wer kann wann kündigen?

Die Voraussetzungen, unter denen Architekten- und Ingenieurverträge gekündigt werden können, sind differenziert zu betrachten. Je nachdem, wer kündigt (AG oder AN) und auf welcher Grundlage gekündigt wird (Gesetz oder Vertrag), ergeben sich unterschiedliche Folgen.

4.2 Kündigung durch den AG

Gemäß § 648 BGB kann im Werkvertragsrecht der AG jederzeit kündigen. Es bedarf für ihn keines wichtigen noch überhaupt eines Grundes.

Für die Kündigungsfolgen ist die Differenzierung zwischen freier Kündigung und Kündigung aus wichtigem Grunde allerdings von Bedeutung:

- Bei einer **freien Kündigung** schuldet der AG die volle vereinbarte Vergütung abzüglich der ersparten Aufwendungen und/oder dessen, was der AN für den entzogenen Auftrag erwirbt oder zu erwerben böswillig unterlässt.
- Bei einer Kündigung aus **wichtigem Grunde** erhält der AN für den Teil der beauftragten, aber nicht erbrachten Leistungen keinerlei Vergütung (vgl. BGH, WM 1990, 1765).

Der Bundesgerichtshof hatte in seinem Urteil vom 27.10.1998, IBR 1999, 20 zu entscheiden, was man konkret unter einem vom Auftraggeber „zu vertretenden Kündigungsgrund" zu verstehen hat.

In dem betreffenden Fall beauftragte eine Abfallentsorgungs-GmbH, deren Anteile zu 51 % bei dem Landkreis als Träger der Abfallentsorgung lagen, ein Planungsbüro mit der Standortsuche für eine Mülldeponie. Hierfür wurde ein Pauschalhonorar in deutlich sechsstelliger Höhe vereinbart. Einige Monate nach der Auftragserteilung entschied der Kreis, dass die Mülldeponie nicht gebaut werden solle. Daraufhin kündigte die GmbH den Vertrag aus wichtigem Grund. Sie war der Meinung, dass diese Kündigung von ihr nicht zu vertreten sei, sodass dem Planungsbüro eine Vergütung für die nicht erbrachten Leistungen nicht zustünde. Das Planungsbüro klagte die Restvergütung abzüglich der ersparten Aufwendungen ein. Der Bundesgerichtshof gab der Klage dem Grunde nach statt. Zwar habe die Abfallentsorgungs-GmbH die Kündigung weder vorsätzlich noch fahrlässig verschuldet, der Begriff des Verschuldens sei jedoch für die Frage, wer den Kündigungsgrund zu vertreten habe, nicht brauchbar, da es für diese Frage auf Zumutbarkeitsüberlegungen ankomme. Mit der Antwort auf die Frage, wer was zu vertreten habe, wird die Entscheidung darüber getroffen, wem welches **Kündigungsrisiko** nach dem Vertrag obliegt. Grundsätzlich gilt insoweit, dass die Kündigungsfolgen derjenige tragen muss, dessen **Risikosphäre** die Kündigung zuzurechnen ist. Im entschiedenen Fall sah es der Bundesgerichtshof als nicht sachgerecht an, dem Planungsbüro auch solche Risiken aufzuerlegen, die dieses nicht beeinflussen konnte. Die mehrheitlich vom Landkreis beherrschte Auftraggeberin müsse sich das Handeln des Kreises als ihrer Risikosphäre zugehörig zurechnen lassen.

Mit dieser Entscheidung des Bundesgerichtshofs hat demgemäß die **Risikosphärentheorie** Eingang in das werkvertragliche Kündigungsrecht gefunden.

Durch das zum 01.01.2018 in Kraft getretene Gesetz zur Reform des Bauvertragsrechts und zur Änderung der kaufrechtlichen Mängelhaftung gab es in Bezug auf die Kündigung aus wichtigem Grund in § 648a BGB eine Änderung, von der man zurzeit nicht ganz sagen kann, ob diese die vorzitierte BGH-Rechtsprechung wirklich aufheben will. § 648a BGB n.F. gewährt einen Vergütungsanspruch im Falle der Kündigung aus wichtigem Grunde (egal, von wem die Kündigung ausgesprochen wird) nur noch für den bis zur Kündigung erbrachten Teil des Werkes und verweist wegen weitergehender Ansprüche auf das Schadensersatzrecht (§ 648a Abs. 5, 6 BGB n.F.) Die Frage des Verschuldens sollte allerdings gerade nach der oben dargestellten Rechtsprechung des BGH aus dem Jahre 1998 keine Rolle für die Kündigungsfolgen spielen, wenn der wichtige Kündigungsgrund aus der Sphäre des Auftraggebers stammt.

4.3 Kündigung durch den AN

– Eine Kündigung des Architekten- oder Ingenieurvertrags durch den AN ist „frei" nach dem Gesetz **nicht** möglich.

Lediglich dann, wenn der AG seinen Mitwirkungsverpflichtungen zur Entstehung des Werks nicht nachkommt (z.B. Bereitstellungspflichten wie die zur Verfügungstellung des Grundstücks zur Bauwerksrealisierung), kann der AN dem AG eine Frist zur Nachholung der Handlung setzen und Kündigung des Vertrags im Falle des fruchtlosen Fristablaufs androhen; bei fruchtlosem Fristablauf gilt der Vertrag dann als aufgehoben (§ 643 Satz 2 BGB).

Dem AN steht in diesem Fall zum einen hinsichtlich der erbrachten Leistungen eine Teilvergütung zu (§ 645 Abs. 1 Satz 2 BGB) sowie zum andern das Recht, gemäß § 642 BGB eine angemessene Entschädigung zu verlangen. Mit dem Entschädigungsanspruch soll der AN einen Ausgleich dafür erhalten, dass er Arbeitskraft und Kapital bereitgehalten hat und gegebenenfalls seine zeitliche Disposition durchkreuzt worden ist.

– Daneben gibt es auch für den AN die Kündigung aus wichtigem, vom AG zu vertretenden Grund, etwa wenn der AG seine vertraglichen Verpflichtungen derart grob verletzt, dass dem AN ein Festhalten am Vertrag nicht mehr zumutbar ist.

4.4 Kündigungsfolgen

Die unterschiedlichen Kündigungsvoraussetzungen bei auftraggeber- und auftragnehmerseitiger Kündigung sowie die unterschiedlichen **Kündigungsfolgen** ergeben sich aus den Abb. 7.60 und 7.61.

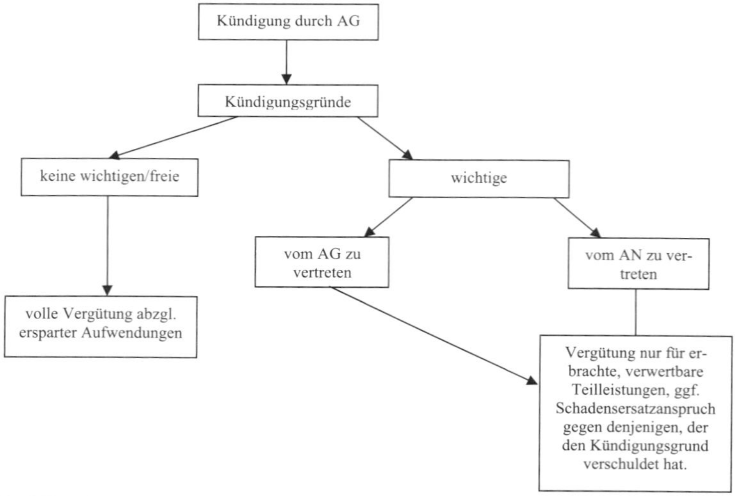

Abb. 7.60 Auftraggeberseitige Kündigung nach neuem BGB, § 648a

Der Bundesgerichtshof hat sich in mehreren Entscheidungen aus den vergangenen 10 Jahren recht umfangreich mit den Kündigungsfolgen auseinandersetzen können.

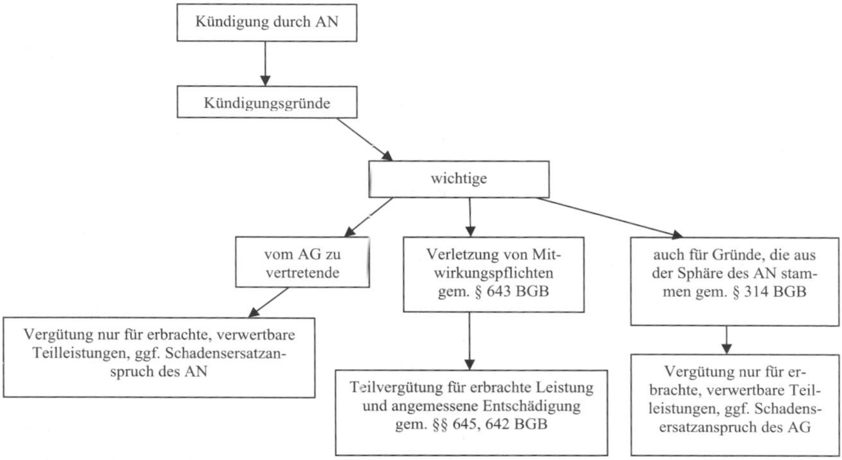

Abb. 7.61 Auftragnehmerseitige Kündigung nach neuem BGB, § 648a

Die größte Aufmerksamkeit wurde dabei der Entscheidung des BGH vom 10.10.1996, BauR 1997, 156 zuteil. Ausgehend von der gesetzlichen Regelung, dass dem Auftragnehmer bei freier Kündigung des Werkvertrags durch den Auftraggeber der entgangene Gewinn abzüglich der ersparten Aufwendungen zusteht oder dessen, was der Auftragnehmer statt dessen erwirbt oder zu erwerben böswillig unterlässt, erklärte das Gericht, entgegen einer 25-jährigen anderslautenden Entscheidungspraxis, dass eine Pauschalierung der ersparten Aufwendungen mit 40 % für die vom Auftragnehmer noch nicht erbrachten beauftragten Leistungen gegen das AGB-Gesetz bzw. die an seine Stelle ab 2002 getretenen §§ 305 ff. BGB n.F. verstößt und damit nichtig ist. In dem entschiedenen Fall kam der Bundesgerichtshof deshalb zur Nichtigkeit von Ziffer 8.3 der AVA zum Einheitsarchitektenvertrag in seiner Altfassung. Die der Entscheidung zugrunde liegende Altfassung der AVA sah die Pauschalierung der ersparten Aufwendungen mit 40 % vor, **ohne die Möglichkeit** zu eröffnen, dass beide Parteien den Nachweis erbringen können, die ersparten Aufwendungen oder die Vergütung aus anderweitigem Erwerb seien höher oder niedriger als die vorgesehene Pauschale von 40 %. Diesen Bedenken Rechnung tragend müsste demgemäß eine Formulierung der Kündigungsfolgen, wie sie Ziff. 13.2 des oben abgedruckten Ingenieurvertrages „Technische Gebäudeausrüstung“ vorsieht, AGB-konform und damit wirksam sein.

Wie sieht nun die Abrechnung eines gekündigten Architektenvertrags konkret aus?

Hierzu entschied der Bundesgerichtshof in BauR 1997, 305 allgemein verbindlich für alle Werkverträge:

Im Falle der Kündigung eines Werkvertrags sind der Vergütungsanteil für die erbrachten Leistungen und die noch nicht erbrachten beauftragten Leistungen getrennt darzulegen und voneinander in der Schlussrechnung abzugrenzen. Für den Architektenvertrag bedeutet dies, dass der Architekt bzw. Ingenieur bei noch nicht zu 100 % erbrachten Grundleistungen den Leistungsanteil für die erbrachten Leistungen darzulegen und in Höhe des so ermittelten Prozentanteils in die Schlussrechnung einzustellen hat. Die Darstellungsanforderungen an die Differenz zwischen der vereinbarten Vergütung einerseits und den ersparten Aufwendungen und anderweitigem Erwerb andererseits bestimmen sich jeweils gemäß den Anforderungen des konkreten Einzelfalls. Die Darstellung muss so erfolgen, dass dem Auftraggeber eine sachgerechte Rechtswahrung möglich ist (BGH, BauR 1999, 642 ff.).

In der Praxis hat es sich bewährt, so vorzugehen, dass die Teilleistungen prozentual unter Heranziehung einer der bekannten Tabellen zur differenzierten Ermittlung der Teilleistungspunkte einzelner Grundleistungsphasen, z.B. der **Steinfort-Tabelle**, ermittelt werden. Man sollte sich allerdings insoweit keiner Illusion hingeben: Die in der Literatur veröffentlichten Tabellen sind Meinungen Einzelner, die allesamt dem Problem letztendlich hilflos gegenüberstehen, dass der Gesetzgeber es versäumt hat, die Einzelleistungen einer Grundleistungsphase zu bewerten.

Letzten Endes wird in einem Rechtsstreit ein Sachverständiger diese Frage für den jeweiligen Rechtsfall dann verbindlich zu beantworten haben. Aber auch dessen Ergebnis trägt schließlich den faden Beigeschmack, dass es mehr oder weniger willkürlich sein muss, weil der Gesetz- bzw. Verordnungsgeber seine „Hausaufgaben“ nicht gemacht hat.

Geht der Architekt/Ingenieur bei der Abrechnung des gekündigten Vertrags wie oben dargestellt vor, so hat die Schlussrechnung zwei Teile, nämlich den 1. Teil über die Abrechnung der erbrachten Leistungen sowie den 2. Teil über die Abrechnung der beauftragten, aber noch nicht erbrachten Leistungen. Letzterer ist nach der immer noch geltenden Entscheidung des Bundesgerichtshofs aus 1986, NJW-RR 1986, 3026, ohne Mehrwertsteuer zu berechnen, da es an einem Austauschgeschäft insoweit fehle. Diese Entscheidung des Bundesgerichtshofes ist in den letzten Jahren in Kritik geraten (vgl. Kapellmann, Jahrbuch 1998, 35). Es empfiehlt sich deshalb, die Schlussrechnung mit dem **Vorbehalt** zu versehen, dass sich der Auftragnehmer vorbehält, die Mehrwertsteuer nachzuberechnen, wenn er hiermit von seinem zuständigen Finanzamt bestandskräftig veranlagt wird.

Was nun **konkret** ersparte Aufwendungen sind, dazu hat der Bundesgerichtshof in seiner Entscheidung vom 28.10.1999, NZBau 2000, 82 entschieden:

- Personalkosten gehören grundsätzlich nur dann zu den ersparten Aufwendungen, wenn sie infolge der Kündigung nicht mehr aufgewendet werden müssen. Der Architekt muss sich jedoch dasjenige anrechnen lassen, was er durch anderweitigen Einsatz des Personals erwirbt.
- Der Architekt muss sich grundsätzlich nicht solche Personalkosten anrechnen lassen, die dadurch entstehen, dass er eine rechtlich mögliche Kündigung des Personals nicht vorgenommen hat.
- Ersparte Kosten freier Mitarbeiter oder Subunternehmer muss der Architekt konkret vertragsbezogen ermitteln. Ein aus der Vergütung nach der HOAI berechneter durchschnittlicher Stundensatz ist keine tragfähige Grundlage für diese Berechnung.
- Der Architekt muss sich diejenigen sachlichen, projektbezogenen Aufwendungen als Ersparnis anrechnen lassen, die er infolge der Kündigung nicht hat und die mit der Vergütung abgegolten werden. Es genügt in der Regel, wenn er die Sachmittel zusammenfassend so beschreibt und bewertet, dass der Auftraggeber in der Lage ist, die Richtigkeit des dafür angesetzten Betrages beurteilen zu können.
- Anderweitigen Erwerb muss der Auftraggeber nachvollziehbar und ohne Widerspruch zu den Vertragsumständen angeben. Zur Offenlegung seiner Geschäftsstruktur ist er nicht von vornherein verpflichtet.

Als weitere wichtige Kündigungsfolge und gleichsam als typischer Fallstrick hervorzuheben ist der Umstand, dass der Architekt/Ingenieur durch die Kündigung grundsätzlich nicht sein Nachbesserungsrecht bei behaupteter mangelhafter Planung und/oder Bausummenüberschreitung verliert. Dem Architekten/Ingenieur ist wie jedem Auftragnehmer eines Werkvertragsverhältnisses gemäß § 633 Abs. 2 BGB Gelegenheit zu geben, den Mangel beispielsweise durch Überarbeitung der Planung zu beseitigen. Fordert der Auftraggeber den Auftragnehmer hierzu vor Beseitigung des Mangels durch einen Drittplaner nicht auf und vereitelt er auf diese Weise das Nachbesserungsrecht des Auftragnehmers, steht ihm kein Ersatzanspruch für die durch die Mängelbeseitigung entstandenen Schäden zu (OLG Hamm, BauR 1995, 413 f.).

5 Gesamtschuldnerische Haftung von Planer und ausführendem Unternehmer

Seit dem 01.01.2018 gibt es eine neue gesetzliche Regelung zur gesamtschuldnerischen Haftung des Planers mit dem ausführenden Unternehmer nach § 650t BGB. Danach steht dem wegen Pflichtverletzung vom Auftraggeber in Anspruch genommenen Planer ein Leistungsverweigerungsrecht zu, wenn der Auftraggeber den bauausführenden Unternehmer nicht vorab unter Setzung einer angemessenen Frist zur Nacherfüllung erfolglos in Anspruch genommen hat. Der Gesetzestext lautet wie folgt:

> *„Nimmt der Besteller den Unternehmer wegen eines Überwachungsfehlers in Anspruch, der zu einem Mangel an dem Bauwerk oder an der Außenanlage geführt hat, kann der Unternehmer die Leistung verweigern, wenn auch der ausführende Bauunternehmer für*

den Mangel haftet und der Besteller dem ausführenden Unternehmer noch nicht erfolglos eine angemessene Frist zur Nacherfüllung bestimmt hat."

Nach bislang geltender gesetzlicher Regelung stand es dem Auftraggeber zu jeder Zeit frei, den Architekten auf Schadensersatz bei einer von ihm zu vertretenden Pflichtverletzung in Anspruch zu nehmen, ohne vorher den ebenfalls haftenden bauausführenden Unternehmer in die Pflicht zu nehmen.

Die gesetzliche Neuregelung sieht nunmehr einen Ausnahmefall für die Fälle eines Überwachungsfehlers des Architekten vor. Die gesamtschuldnerische Haftung für den Fall, dass der Planer lediglich die Ausführungspläne mangelhaft/falsch erstellt hat, bleibt also von der Neuregelung im Gesetz unberührt. Es muss zumindest (auch) ein Überwachungsfehler des Architekten zum Haftungsfall beigetragen haben. Ziel dieser gesetzlichen Regelung war es, die Planer sowie die hinter ihnen stehenden Haftpflichtversicherer vor einer vorschnellen Inanspruchnahme nach Wahl des Auftraggebers zu schützen. Dies hatte in der Vergangenheit häufig dazu geführt, dass der Planer/dessen Haftpflichtversicherer die Insolvenzrisiken bei der Geltendmachung der Regressausgleichsforderungen gegenüber den mitverantwortlichen bauausführenden Unternehmern zu übernehmen hatte.

Inwieweit diese neue gesetzliche Regelung ihr gesetzgeberisches Ziel erreichen wird, darf bezweifelt werden, da das Leistungsverweigerungsrecht nicht greift, wenn der Auftraggeber den bauausführenden Unternehmer durch einfaches einmaliges Auffordern zur Nacherfüllung erfolglos in Anspruch genommen hatte. Insbesondere ist es für das Leistungsverweigerungsrecht der Planer nicht notwendig, dass der Auftraggeber den bauausführenden Unternehmer letztinstanzlich ohne Erfolg im Gerichtswege in Anspruch genommen hat.

6 Honorarmanagement

Wie erhalte/sichere ich mir meine kraft Gesetzes oder Vertrages zustehenden Honoraransprüche?

Wie rechne ich meine Honoraransprüche richtig ab?

Die beiden Fragen stellen sich für Planer und Ingenieure gleichermaßen, egal ob sie Leistungen aus der Objektplanung, Tragwerksplanung, TGA erbringen oder sonstige Planungsaufgaben wahrnehmen.

Anhand der Objektplanung wird nachfolgend ein Honorarmanagement skizziert, das entsprechend für alle sonstigen Planer- und Ingenieurleistungen Anwendung finden kann.

Es orientiert sich an der in der nachfolgenden Abbildung dargestellten „Zeitlinie", in der sich die wesentlichen Schnittstellen aus vergütungsrechtlicher Sicht wiederfinden. Die Schnittstellen werden nachfolgend stichpunktartig besprochen.

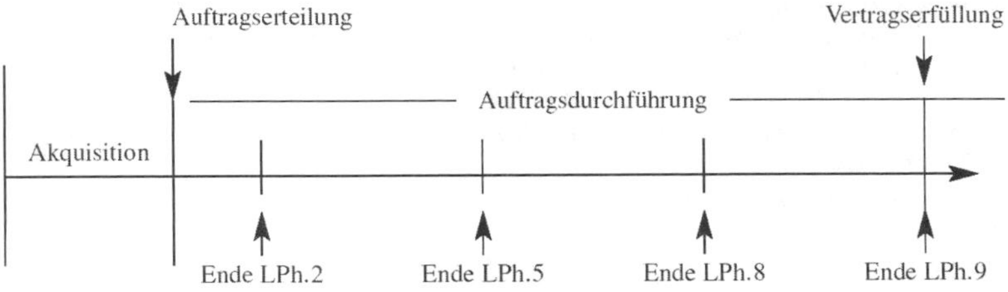

Abb. 7.63 Zeitlinie

6.1 Akquisition

Durch die seit dem 01.01.2018 geltende Novelle des Bauvertrags- und Architektenvertragsrechts hat sich die Akquisitionsphase bei Architekten und Ingenieuren wesentlich geändert. Mit § 650p Abs. 2

BGB ist die sogenannte Zielfindungsphase in das Gesetz eingeführt worden. Danach hat der Architekt/Ingenieur zunächst erst einmal eine Planungsgrundlage zur Ermittlung der Planungs- und Überwachungsziele zu erstellen. Diese hat er dem Besteller/Auftraggeber zusammen mit einer Kosteneinschätzung für das Bauvorhaben zur Zustimmung vorzulegen.

Gemäß § 650r Abs. 1 BGB kann der Besteller nach Vorlage der Unterlagen den Vertrag 2 Wochen nach Vorlage derselbigen kündigen. Bei einem Verbraucher jedoch nur dann, wenn der Architekt/Ingenieur ihn bei der Vorlage der Unterlagen in Textform über das Kündigungsrecht, die Frist, in der es ausgeübt werden kann und die Rechtsform der Kündigung unterrichtet hat.

Der Architekt/Ingenieur kann dem Auftraggeber selbst eine angemessene Frist für die Zustimmung setzen und dann seinerseits den Vertrag kündigen, wenn der Besteller/Auftraggeber die Zustimmung verweigert oder innerhalb der 2-Wochenfrist keine Erklärung zu den Unterlagen abgibt.

Hat eine der Parteien den Vertrag danach wirksam gekündigt, so ist der Unternehmer nur berechtigt, die Vergütung zu verlangen, die auf die bis zur Kündigung erbrachten Leistungen entfällt.

Es ist fraglich, ob mit dieser neuen Gesetzeslage die in der Vergangenheit üblicherweise entschädigungslos erbrachte Akquisitionsleistung von Architekten und Ingenieuren der Vergangenheit angehört oder aber, ob diese Grundsätze weiterhin Geltung beanspruchen.

Immerhin setzen die Neuregelungen in § 650p Abs. 2 BGB und § 650r BGB voraus, dass der Auftraggeber dem Architekten/Ingenieur einen Auftrag erteilt hat. Davon unterscheidet sich gerade die Akquisitionsphase, in der es noch nicht zu einer Auftragserteilung gekommen ist. Folglich dürften die althergebrachten Grundsätze zur grundsätzlich für den Auftraggeber kostenfreien Akquisitionsphase der Architekten und Ingenieure weiterhin Geltung beanspruchen.

6.2 Auftragserteilung

– Besondere Probleme ergaben sich unter der Geltung der HOAI bis zum 31.12.2020 in den Fällen der Unterschreitung der „Kappungsgrenze“: In dem Maße, in dem der Auftrag bereits vor der schriftlichen Vereinbarung des Honorars mündlich erteilt wurde, war eine die Mindestsätze überschreitende nachträgliche Honorarvereinbarung **unwirksam**. Deshalb war auch keine wirksame Vereinbarung einer Nachberechnung der im Rahmen der „Akquisition“ geleisteten Arbeiten auf der Basis des bei der Auftragserteilung vereinbarten mindestsatzüberschreitenden Honorarsatzes möglich.

Dass die Rechtsprechung mit diesem Grundsatz auch Ernst machte, bewies folgender Fall:

Fallbeispiel nach einem Urteil des OLG Düsseldorf vom 19.04.1996, IBR 1996, 342:

Zum Umbau eines Dachgeschosses (denkmalgeschütztes Haus) erarbeitete der Architekt einen Einheitsarchitektenvertrag mit folgendem Honorarangebot:

Honorarzone IV, Umbauzuschlag 33 %, Nebenkostenpauschale 7 %.

Nachdem sich der Auftraggeber zunächst damit (mündlich) einverstanden erklärt hatte, zögerte sich die Unterschriftsleistung unter den Architektenvertrag Monate hinaus. Es dauerte 3 Monate, bis der Auftraggeber den Architektenvertrag unterschrieb. In der Zwischenzeit war der Architekt sehr produktiv tätig, erarbeitete die Vorlage für die Baugenehmigung sowie die Abgeschlossenheitsbescheinigung.

Der Architekt rechnet seine Leistungen auf der Basis des dann doch noch unterschriebenen Einheitsarchitektenvertrages ab.

Hiergegen wendet sich der Auftraggeber gemäß vorgenannter Entscheidung des OLG Düsseldorf zu Recht.

Das OLG Düsseldorf entschied:

Angesichts des Umfangs der von dem Architekten bereits ausgeführten Arbeiten war klar, dass die Parteien sich schon lange vor Unterzeichnung des Architektenvertrags über die Beauftragung geeinigt hätten. Ein Umbauzuschlag sei demnach nur zu 20 % gerechtfertigt, eine Nebenkostenpauschale überhaupt nicht wirksam vereinbart worden.

Handlungsempfehlung:

- Vor Unterzeichnung der schriftlichen Honorarvereinbarung sollten umfangreiche Planungsleistungen **nicht** erbracht werden.
- Leistungen dürfen allerdings bis zu Teilen der Leistungsphase 2 vor schriftlicher Auftragserteilung und Honorarvereinbarung erbracht werden. Auf diese Weise wird das Kostenrisiko durch eine Nichtbeauftragung in Grenzen gehalten.
- Vorteil auftragsloser Leistungserbringung in der Akquisitionsphase nach der HOAI a.F.: Hier können die Parteien bei Auftragserteilung noch wirksam, beginnend mit der Leistungsphase 1, ein Honorar oberhalb der Mindestsätze vereinbaren.

Diesem Vorteil stand selbstverständlich der Nachteil gegenüber, dass kein Vergütungsanspruch bei fehlender Auftragserteilung bestand.

Unter Geltung der seit dem 01.01.2021 geltenden Fassung der HOAI haben sich diese Probleme von alleine dadurch gelöst, dass die Wirksamkeit der Honorarvereinbarung nicht mehr davon abhängig ist, dass sie zum Zeitpunkt der Auftragserteilung getroffen worden sein muss.

6.3 Auftragsdurchführung

(1) Schnittstelle: Ende der Leistungsphase 2

Die Beendigung der Leistungsphase 2 ist vergütungsrechtlich von erheblicher Bedeutung und muss aus diesem Grunde **dokumentiert** werden. Zu den Grundleistungen der Leistungsphase 2 gehört die Untersuchung **alternativer** Lösungsmöglichkeiten. Mit Beendigung der Leistungsphase 2 hat sich der AG auf das nun weiterzubearbeitende Planungskonzept festzulegen. Es gehört nicht zu den Grundleistungen der Leistungsphasen 3 und 4, auch die zuvor dargestellten alternativen Lösungsmöglichkeiten weiter durchzuplanen.

Vielmehr stellt eine weitergehende Durchplanung/Analyse/Optimierung der Alternativen eine Besondere Leistung der Leistungsphase 3 dar.

Handlungsempfehlung für das Honorarmanagement:

- Dokumentation des Planungskonzepts, für welches sich der AG entschieden hat, **vor** Beginn der Entwurfsplanung. Es wird schwierig sein, von dem Auftraggeber eine eindeutige Erklärung über den Abschluss einer Leistungsphase zu erlangen. Hierzu deshalb folgende Vorschläge:
- Soweit vertraglich durchsetzbar, sollte **im Vertrag** geregelt werden, dass die Architekten dem Auftraggeber die Beendigung einer jeweiligen Leistungsphase jeweils schriftlich anzeigen. Sofern der AG der Auffassung ist, dass noch nicht alle Leistungen aus der als beendet gemeldeten Leistungsphase erbracht sind, hat er dies den Architekten umgehend, spätestens innerhalb von 2 Wochen schriftlich mitzuteilen.
- Sofern eine solche vertragliche Vereinbarung nicht möglich ist, bietet sich folgende „Krücke“ an: Der Architekt sollte dem Bauherrn nach Abschluss einer Leistungsphase eine Akontoforderung über die in dieser Leistungsphase erbrachten Leistungen zukommen lassen mit dem gleichzeitigen Hinweis in einem Anschreiben, dass die Leistungen aus der betreffenden Leistungsphase abgeschlossen sind. Erhebt der Bauherr hiergegen keine Einwendungen, so hat man bei einer späteren Auseinandersetzung zumindest gute Argumente auf seiner Seite, den Abschluss der jeweiligen Leistungsphase mit allen sich hieraus ergebenden Konsequenzen für die weitergehende Honorierung schlüssig darlegen zu können.
- **Optimierung von Planungsalternativen/Varianten** nur, wenn **vorher** eine **schriftliche** Honorarvereinbarung für diese Leistungen getroffen wurde.

(2) Schnittstelle: Beginn der Leistungsphase 3 bis Ende Leistungsphase 5

Fortlautende Überprüfung der einzelnen Planungsschritte bei Dokumentation des Abschlusses einer jeden Leistungsphase im Hinblick auf angeordnete Wiederholungen vorangegangener Leistungsphase bzw. Teilen hieraus.

Handlungsempfehlung für das Honorarmanagement:

Keine Wiederholung bereits abgeschlossener Leistungsphasen oder von Teilen hieraus, wenn nicht **vorher hierfür schriftlich** eine Honorarvereinbarung getroffen worden ist.

(3) Schnittstelle: Ende der Leistungsphase 8, Beginn der Leistungsphase 9

- Erstellung einer Teilschlussrechnung, soweit vertraglich vereinbart; ansonsten Teilrechnung.
- Abschlagszahlungen gemäß § 15 Abs. 2 HOAI in regelmäßigen zeitlichen Abständen für die Erbringung der Leistungsphase 8, z.B. in Jahresabständen.
- Schlussrechnung nach Beendigung der Leistungsphase 9.

6.4 Sonderthema: Bindung des Architekten an die Schlussrechnung

Dieses in der Vergangenheit sehr folgenträchtige Thema ist zwar zwischenzeitlich durch die Entscheidung des Bundesgerichtshofes (BGH, BauR 1993, 263 und BGH, BauR 1993, 239) entspannt worden. Der BGH hält danach an seiner alten Rechtsprechung zur Bindung des Architekten an seine Schlussrechnung nicht mehr in der alten Strenge fest. Die Bindungswirkung ist allerdings noch nicht vollständig aufgegeben worden. Sie ist lediglich abgemildert worden, und zwar dahingehend, dass der Architekt an seine Schlussrechnung zwar grundsätzlich gebunden ist, allerdings nur in dem Umfang, wie er damit beim AG Vertrauen auf die Richtigkeit der Abrechnung geschaffen hat. Der AG, der die Schlussrechnung angreift, beispielsweise indem er die mangelnde Prüffähigkeit rügt und auf die Schlussrechnung nicht zahlt, ist nicht schutzwürdig, da die Schlussrechnung ja gerade kein Vertrauen beim Auftraggeber in diesem Fall geweckt haben kann.

Da Anknüpfungspunkt für die Bindungswirkung das **Erwecken von Vertrauen** in die **Richtigkeit der Abrechnung auf Seiten des AG** ist, kann jedoch auch eine nicht prüffähige Schlussrechnung eine Bindungswirkung auslösen (herrschende Meinung).

Folge der gelockerten Bindungswirkung:

Hat der Architekt Schlussrechnungen gelegt, die der AG anerkannt und auf die der AG Schlusszahlung geleistet hat, so ist grundsätzlich eine **Nachforderung** des Architekten beispielsweise wegen unwirksamer Unterschreitung der Mindestsätze **ausgeschlossen**.

Dies gilt dann nicht, wenn dem AG die Umstände für die nicht ordnungsgemäßen Abrechnungen, die zur Nachforderung seitens des Architekten führen, bekannt waren, beispielsweise indem er wusste, dass die Honorarvereinbarung wegen Unterschreitung der Mindestsätze nichtig ist.

6.5 Einwendungsverlust gegen die Prüfbarkeit der Honorarschlussrechnung

Vom Bundesgerichtshof (BGH, BauR 2004, 316) wurde entschieden, dass dann, wenn der Auftraggeber nicht innerhalb einer Frist von 2 Monaten nach Zugang der Honorarschlussrechnung einwendet, dass die Rechnung nicht prüfbar sei, er mit einer späteren Einwendung gegen die Prüfbarkeit der Schlussrechnung ausgeschlossen ist. Das hat nach Auffassung des Bundesgerichtshofs weiter zur Folge, dass nach Ablauf dieser 2-Monatsfrist die Honorarforderung des Architekten auch bei objektiv mangelnder Prüffähigkeit fällig wird, wenn die mangelnde Prüffähigkeit nicht vorher zu Recht gerügt wurde. Da Voraussetzung für den Beginn der Verjährung einer Honorarforderung deren Fälligkeit ist, bedeutet dies in letzter Konsequenz schließlich, dass auch objektiv nicht prüffähige Rechnungen eines Architekten bei nicht rechtzeitiger Rüge deren mangelnder Prüffähigkeit zu verjähren beginnen können.

7 C Sicherheits- und Gesundheitsschutz gemäß Baustellenverordnung

Prof. Dr.-Ing. Alexander Glock, Prof. Dr.-Ing. Michael Denzer

1 Gesetzliche Regelungen

1.1 Grundlagen

In Deutschland ist der **Arbeitsschutz als Unternehmerpflicht im Arbeitsschutzgesetz (ArbSchG) verankert** und in den nachrangigen Verordnungen, technischen Regeln und Unfallverhütungsvorschriften geregelt. Unter Arbeitsschutz versteht man alle Maßnahmen, die erforderlich sind, um das Leben und die Gesundheit der Beschäftigten bei der Arbeit zu schützen, ihre Arbeitskraft zu erhalten und die Arbeitsbedingungen menschengerecht zu gestalten.

Europaweite Untersuchungen haben ergeben, dass ein wesentlicher Teil der Unfälle am Bau auf Planungsfehler und mangelnde Organisation und Koordination zurückzuführen ist. Als Folge dessen wurde im Jahr 1992 die europäische Richtlinie 92/57/EWG erlassen und im Jahr 1998 durch die Baustellenverordnung in deutsches Recht umgesetzt. **In der Baustellenverordnung (BaustellV) ist der Sicherheits- und Gesundheitsschutz als Bauherrenpflicht verankert.** In den nachrangigen Regeln zum Arbeitsschutz auf Baustellen (RAB) wird diese konkretisiert. Praxishilfen und Informationen der Berufsgenossenschaft unterstützen die Umsetzung. Die Pflichten des Bauherrn zum Sicherheits- und Gesundheitsschutz umfassen dabei den gesamten Lebenszyklus von der Planung über die Bauausführung bis hin zur Betriebsphase mit den vorhersehbaren späteren Arbeiten. Somit ergänzen sich die beiden Bereiche.

1.2 Baustellenverordnung (BaustellV)

Die Vorschriften der Baustellenverordnung (BaustellV) zielen auf eine verstärkte Koordination der Bauabläufe und die frühzeitige Berücksichtigung von Arbeitsschutzbelangen bereits in der Planungsphase ab. Der Bauherr als Veranlasser trägt die Gesamtverantwortung für das Bauvorhaben. Deshalb ist der Bauherr zur Einleitung und Umsetzung der in der Baustellenverordnung verankerten Sicherheits- und Gesundheitsschutzmaßnahmen sowohl bei der Planung als auch bei der Koordinierung der Bauausführung verpflichtet.

Die Baustellenverordnung umfasst folgende Pflichten für den Bauherrn:

- Berücksichtigung der **allgemeinen Grundsätze nach § 4 Arbeitsschutzgesetz (ArbSchG)** bei der Planung,
- **Vorankündigung** bei der Behörde bei größeren Baustellen,
- Erarbeitung eines **Sicherheits- und Gesundheitsschutzplanes** bei größeren Baustellen und/oder bei besonders gefährlichen Arbeiten,
- Übermittlung einer **Unterrichtung zu den Umständen auf dem Gelände der Baustelle** an den Arbeitgeber,
- **Bestellung eines Koordinators**, wenn mehrere Arbeitgeber auf der Baustelle tätig werden,
- Zusammenstellung einer **Unterlage für spätere Arbeiten** an der baulichen Anlage.

Diese Pflichten des Bauherrn werden in der nachfolgenden Tabelle 7.68 konkretisiert. Die darin enthaltenen Aktivitäten und Maßnahmen sollen sicherstellen, dass bereits vor Beginn der Bauausführung Risiken erkannt und minimiert werden. Die Maßnahmen sollen auch dazu beitragen, dass im Fall der Beauftragung mehrerer Unternehmen zu einem frühen Zeitpunkt den Beteiligten, im Rahmen der zu beauftragenden Leistungen, die für die Arbeitsvorbereitung erforderlichen sicherheits- und gesundheitsschutzrelevanten Informationen vorliegen. Das Tätigwerden von Beschäftigten von Nachunternehmen bedeutet hierbei das Vorhandensein von mehreren Arbeitgebern.

Tab. 7.68 Pflichten des Bauherrn gemäß Baustellenverordnung

Baustellenbedingungen			Pflichten nach Baustellenverordnung						
Tätigwerden von Beschäftigten	Umfang der Arbeiten	Art der Arbeiten: Besonders gefährliche Arbeiten (Nr. 10 Anhang II)	Berück-sichtigung der allg. Grundsätze nach § 4 ArbSchG bei der Planung (§ 2 Abs. 1)	Voran-kündigung (§ 2 Abs. 2)	SiGePlan (§ 2 Abs. 3)	Unterrichtung zu den Umständen auf dem Gelände der Baustelle (§ 2 Abs. 4)	Koordinator (§ 3 Abs. 1)	Unterlage für spätere Arbeiten (§ 3 Abs. 2 Nr. 3)
eines Arbeitgebers	kleiner 31 Arbeitstage und 21 Beschäftigte **oder** kleiner 501 Personentage	nein	**ja**	nein	nein	nein	nein	nein
	kleiner 31 Arbeitstage und 21 Beschäftigte **oder** kleiner 501 Personentage	**ja**	**ja**	nein	nein	**ja**	nein	nein
	größer 30 Arbeitstage und 20 Beschäftigte **oder** größer 500 Personentage	nein	**ja**	**ja**	nein	**ja**	nein	nein
	größer 30 Arbeitstage und 20 Beschäftigte **oder** größer 500 Personentage	**ja**	**ja**	**ja**	nein	**ja**	nein	nein
mehrere Arbeitgeber, die gleichzeitig oder nacheinander tätig werden	kleiner 31 Arbeitstage und 21 Beschäftigte **oder** kleiner 501 Personentage	nein	**ja**	nein	nein	nein	**ja**	**ja**
	kleiner 31 Arbeitstage und 21 Beschäftigte **oder** kleiner 501 Personentage	**ja**	**ja**	nein	**ja**	nein	**ja**	**ja**
	größer 30 Arbeitstage und 20 Beschäftigte **oder** größer 500 Personentage	nein	**ja**	**ja**	**ja**	nein	**ja**	**ja**
	größer 30 Arbeitstage und 20 Beschäftigte **oder** größer 500 Personentage	**ja**	**ja**	**ja**	**ja**	nein	**ja**	**ja**

Auszüge aus der Baustellenverordnung vom 10.6.1998, ergänzt 19.12.2022:

§ 1 Ziele, Begriffe

(1) Diese Verordnung dient der wesentlichen Verbesserung von Sicherheit und Gesundheitsschutz der Beschäftigten auf Baustellen.

§ 2 Planung der Ausführung des Bauvorhabens

(1) Bei der Planung der Ausführung eines Bauvorhabens, insbesondere bei der Einteilung der Arbeiten, die gleichzeitig oder nacheinander durchgeführt werden, und bei der Bemessung der Ausführungszeiten für diese Arbeiten, sind die allgemeinen Grundsätze nach § 4 des Arbeitsschutzgesetzes zu berücksichtigen.

(2) Für jede Baustelle, bei der

1. die voraussichtliche Dauer der Arbeiten mehr als 30 Arbeitstage beträgt und auf der mehr als 20 Beschäftigte gleichzeitig tätig werden, oder
2. der Umfang der Arbeiten voraussichtlich 500 Personentage überschreitet,

hat der nach § 4 Verantwortliche der zuständigen Behörde spätestens zwei Wochen vor Einrichtung der Baustelle eine Vorankündigung zu übermitteln, die mindestens die Angaben nach Anhang I enthält. Die Vorankündigung hat der nach § 4 Verantwortliche sichtbar auf der Baustelle auszuhängen und bei erheblichen Änderungen anzupassen.

(3) Ist für eine Baustelle, auf der Beschäftigte mehrerer Arbeitgeber tätig werden, eine Vorankündigung zu übermitteln, oder werden auf einer Baustelle, auf der Beschäftigte mehrerer Arbeitgeber tätig werden, besonders gefährliche Arbeiten nach Anhang II ausgeführt, so hat der nach § 4

Verantwortliche dafür zu sorgen, dass vor Einrichtung der Baustelle ein Sicherheits- und Gesundheitsschutzplan erstellt wird. Der Plan muss die für die betreffende Baustelle anzuwendenden Arbeitsschutzbestimmungen erkennen lassen und besondere Maßnahmen für die besonders gefährlichen Arbeiten nach Anhang II enthalten. Erforderlichenfalls sind bei Erstellung des Planes betriebliche Tätigkeiten auf dem Gelände zu berücksichtigen.

(4) Ist für eine Baustelle, auf der jeder Beschäftigte für denselben Arbeitgeber tätig wird, eine Vorankündigung zu übermitteln, oder werden auf einer Baustelle, auf der jeder Beschäftigte für denselben Arbeitgeber tätig wird, besonders gefährliche Arbeiten nach Anhang II ausgeführt, so hat der nach § 4 Verantwortliche dafür zu sorgen, dass dieser Arbeitgeber vor Einrichtung der Baustelle über diejenigen Umstände auf dem Gelände unterrichtet wird, die in einen Sicherheits- und Gesundheitsschutzplan im Sinne von Absatz 3 Satz 2 und 3 einzubeziehen wären.

§ 3 Koordinierung

(1) Für Baustellen, auf denen Beschäftigte mehrerer Arbeitgeber tätig werden, hat der nach § 4 Verantwortliche einen oder mehrere geeignete Koordinatoren zu bestellen. Der Bauherr oder der von ihm nach § 4 beauftragte Dritte kann die Aufgaben des Koordinators selbst wahrnehmen.

(1a) Der Bauherr oder der von ihm beauftragte Dritte wird durch die Beauftragung geeigneter Koordinatoren nicht von seiner Verantwortung entbunden.

(2) Während der Planung der Ausführung des Bauvorhabens hat der Koordinator

1. die in § 2 Abs. 1 vorgesehenen Maßnahmen zu koordinieren,
2. den Sicherheits- und Gesundheitsschutzplan auszuarbeiten oder ausarbeiten zu lassen und
3. eine Unterlage mit den erforderlichen, bei möglichen späteren Arbeiten an der baulichen Anlage zu berücksichtigenden Angaben zur Sicherheit und zum Gesundheitsschutz zusammenzustellen.

(3) Während der Ausführung des Bauvorhabens hat der Koordinator

1. die Anwendung der allgemeinen Grundsätze nach § 4 des ArbSchG zu koordinieren,
2. darauf zu achten, dass die Arbeitgeber und die Unternehmer ohne Beschäftigte ihre Pflichten nach dieser Verordnung erfüllen,
3. den Sicherheits- und Gesundheitsschutzplan bei Änderungen in der Ausführung des Bauvorhabens, die sich auf die weitere Koordination auswirken, anzupassen oder anpassen zu lassen,
4. die Zusammenarbeit der Arbeitgeber zu organisieren und
5. die Überwachung der ordnungsgemäßen Anwendung der Arbeitsverfahren durch die Arbeitgeber zu koordinieren.

§ 4 Beauftragung

Die Maßnahmen nach § 2 und § 3 Abs. 1 Satz 1 hat der Bauherr zu treffen, es sei denn, er beauftragt einen Dritten, diese Maßnahmen in eigener Verantwortung zu treffen.

§ 5 Pflichten der Arbeitgeber

(1) Die Arbeitgeber haben bei der Ausführung der Arbeiten die erforderlichen Maßnahmen des Arbeitsschutzes insbesondere in Bezug auf die

1. Instandhaltung der Arbeitsmittel,
2. Vorkehrungen zur Lagerung und Entsorgung der Arbeitsstoffe und Abfälle, insbesondere der Gefahrstoffe,
3. Anpassung der Ausführungszeiten für die Arbeiten unter Berücksichtigung der Gegebenheiten auf der Baustelle,
4. Zusammenarbeit zwischen Arbeitgebern und Unternehmern ohne Beschäftigte,
5. Wechselwirkungen zwischen den Arbeiten auf der Baustelle und anderen betrieblichen Tätigkeiten auf dem Gelände, auf dem oder in dessen Nähe die Arbeiten ausgeführt werden,
6. Ausführung besonders gefährlicher Arbeiten nach Anhang II auf der Baustelle

zu treffen sowie die Unterrichtung nach § 2 Absatz 4, die Hinweise des Koordinators und den SiGe-Plan zu berücksichtigen.

(2) Die Arbeitgeber haben die Beschäftigten in verständlicher Form und Sprache über die sie betreffenden Schutzmaßnahmen zu informieren.

(3) Die Verantwortlichkeit der Arbeitgeber für die Erfüllung ihrer Arbeitsschutzpflichten wird durch die Maßnahmen nach den §§ 2 und 3 nicht berührt.

§ 6 Pflichten sonstiger Personen

Zur Gewährleistung von Sicherheit und Gesundheitsschutz der Beschäftigten haben auch die auf einer Baustelle tätigen Unternehmer ohne Beschäftigte die bei den Arbeiten anzuwendenden Arbeitsschutzvorschriften einzuhalten. Sie haben die Hinweise des Koordinators sowie den Sicherheits- und Gesundheitsschutzplan zu berücksichtigen. Die Sätze 1 und 2 gelten auch für Arbeitgeber, die selbst auf der Baustelle tätig sind.

1.3 Anhänge zur Baustellenverordnung

Anhang I – Erforderliche Angaben zur Vorankündigung:

1. Ort der Baustelle,
2. Name und Anschrift des Bauherrn,
3. Art des Bauvorhabens,
4. Name und Anschrift des anstelle des Bauherrn verantwortlichen Dritten,
5. Name und Anschrift des Koordinators,
6. voraussichtlicher Beginn und voraussichtliche Dauer der Arbeiten,
7. voraussichtliche Höchstzahl der Beschäftigten auf der Baustelle,
8. Zahl der Arbeitgeber und Unternehmer ohne Beschäftigte, die voraussichtlich auf der Baustelle tätig werden,
9. Angabe der bereits ausgewählten Arbeitgeber und Unternehmer ohne Beschäftigte.

Anhang II – Besonders gefährliche Arbeiten im Sinne des § 2 Abs. 3 sind:

1. Arbeiten, bei denen die Beschäftigten der Gefahr des Versinkens, des Verschüttetwerdens in Baugruben oder in Gräben mit einer Tiefe von mehr als 5 m oder des Absturzes aus einer Höhe von mehr als 7 m ausgesetzt sind,
2. Arbeiten, bei denen Beschäftigte ausgesetzt sind gegenüber biologischen Arbeitsstoffen der Risikogruppen 3 oder 4 im Sinne der Biostoffverordnung oder gefährlichen Stoffen und Gemischen im Sinne der Gefahrstoffverordnung,
3. Arbeiten mit ionisierenden Strahlungen, die die Festlegung von Kontroll- oder Überwachungsbereichen im Sinne des Strahlenschutzgesetzes und der auf dessen Grundlage erlassenen Rechtsverordnungen erfordern,
4. Arbeiten in einem geringeren Abstand als 5 m von Hochspannungsleitungen,
5. Arbeiten, bei denen die unmittelbare Gefahr des Ertrinkens besteht,
6. Brunnenbau, unterirdische Erdarbeiten und Tunnelbau,
7. Arbeiten mit Tauchgeräten,
8. Arbeiten in Druckluft,
9. Arbeiten, bei denen Sprengstoff oder Sprengschnüre eingesetzt werden,
10. Aufbau oder Abbau von Massivbauelementen, wenn dazu aufgrund deren Masse kraftbetriebene Arbeitsmittel zum Heben von Lasten oder kraftbetriebene Arbeitsmittel zum anderweitigen Versetzen von Lasten eingesetzt werden.

Weitere Erläuterungen zu besonders gefährlichen Arbeiten finden sich in RAB 10 Abs. 25.

1.4 Begriffe in der Baustellenverordnung und den RAB

Begriffsdefinitionen gemäß RAB 10 vom 12.11.2003:

Planung der Ausführung (zu § 2 Abs. 1 und § 3 Abs. 2 BaustellV) – RAB 10 Abs. 5

Während der Phase der Planung der Ausführung werden Voraussetzungen für eine effektive Koordination für die Phase der Ausführung geschaffen. Dazu erarbeiten der Bauherr oder die von ihm Beauftragten konkrete Vorgaben für die Bauausführung. Hierzu zählen u.a. die Umsetzung und Weiterentwicklung der vorliegenden Planungen zu Ausschreibungsunterlagen, die exakte Ermittlung des Leistungsumfangs für die Bauaufträge, die Planung von Zwischen- und Endterminen und die Einarbeitung gesetzlicher und behördlicher Vorgaben in die Planungen.
Die Phase der Planung der Ausführung eines Bauvorhabens beginnt somit spätestens dann, wenn der Entwurf für die Ausführung eines Bauvorhabens hinreichend konkret erarbeitet und dargestellt ist, und endet in der überwiegenden Zahl der Fälle mit der jeweiligen Vergabe.

Vorankündigung (zu § 2 Abs. 2 BaustellV) – RAB 10 Abs. 10

Ein Muster für die Vorankündigung enthält Anlage A zu RAB 10.

Der Bauherr oder ein von ihm nach § 4 BaustellV beauftragter Dritter ist verantwortlich dafür, dass die Vorankündigung sichtbar auf der Baustelle angebracht wird, sodass alle Betroffenen, z.B. die Beschäftigten oder neu auf der Baustelle tätig werdende Arbeitgeber, umgehend von ihrem Inhalt Kenntnis nehmen können. Dafür ist unverzichtbar, dass die Lesbarkeit der Vorankündigung, die z.B. durch Witterungseinflüsse beeinträchtigt wird, während der Bauarbeiten erhalten bleibt. Treten erhebliche Änderungen ein, ist die Vorankündigung auf der Baustelle zu aktualisieren. Eine erneute Mitteilung an die Behörde ist nicht erforderlich.

Spätere Arbeiten an der baulichen Anlage (zu § 3 Abs. 2 Nr. 3 BaustellV) – RAB 10 Abs. 18

Spätere Arbeiten im Sinne von § 3 Abs. 2 Nr. 3 BaustellV umfassen insbesondere vorhersehbare Arbeiten an baulichen Anlagen. Dies sind z.B. die Instandhaltung, bestehend aus Wartung, Inspektion und Instandsetzung, und die betriebliche und bauliche Erhaltung für Infrastrukturanlagen.

1.5 Regeln zum Arbeitsschutz auf Baustellen (RAB)

Die Regeln zum Arbeitsschutz auf Baustellen (RAB) geben den Stand der Technik bezüglich Sicherheit und Gesundheitsschutz auf Baustellen wieder. Sie sind eine Konkretisierung der BaustellV und für die Anwendung der BaustellV von zentraler Bedeutung. Die RAB werden vom Bundesminister für Sicherheit und Sozialordnung bekannt gegeben und sind unter https://www.baua.de/DE/Angebote/Regelwerk/RAB/RAB abrufbar.

- RAB 01: Gegenstand, Zustandekommen, Aufbau, Anwendung und Wirksamwerden der RAB
- RAB 10: Begriffsbestimmungen
- RAB 25: Arbeiten in Druckluft
- RAB 30: Geeigneter Koordinator
- RAB 31: Sicherheits- und Gesundheitsschutzplan (SiGe-Plan)
- RAB 32: Unterlage für spätere Arbeiten
- RAB 33: Allgemeine Grundsätze nach § 4 ArbSchG bei Anwendung der Baustellenverordnung

1.6 Geeigneter Koordinator gemäß RAB 30

Auszüge aus der RAB 30 vom 27.3.2003:

Aufgaben des Koordinators während der Planung der Ausführung – RAB 30 Abs. 3.1

- Koordinierung der Maßnahmen aus den allgemeinen Grundsätzen nach § 4 Arbeitsschutzgesetz bei der Planung der Ausführung.
- Feststellen sicherheits- und gesundheitsschutzrelevanter Wechselwirkungen zwischen den Arbeiten der einzelnen Gewerke auf der Baustelle und anderen betrieblichen Tätigkeiten oder Einflüssen auf oder in der Nähe der Baustelle.
- Aufzeigen von Möglichkeiten zur Vermeidung von Sicherheits- und Gesundheitsrisiken.
- Sicherheits- und Gesundheitsschutzplan ausarbeiten oder ausarbeiten lassen und an den Planungsprozess anpassen, soweit dies erforderlich ist.
- Beraten bei der Planung der Baustelleneinrichtung.
- Gegebenenfalls Erstellen einer Baustellenordnung.
- Beraten bei der Planung bleibender sicherheitstechnischer Einrichtungen für mögliche spätere Arbeiten an der baulichen Anlage und Zusammenstellen der Unterlage mit den erforderlichen Angaben für die sichere und gesundheitsgerechte Durchführung dieser Arbeiten.
- Hinwirken auf das Berücksichtigen von Leistungen zu Sicherheit und Gesundheitsschutz in Ausschreibungen, Vergabe- und Bauvertragsunterlagen; gegebenenfalls Mitwirken bei der Prüfung der Angebote und der Vergabe.
- Beraten bei der Terminplanung, insbesondere bei der Abstimmung von Ausführungszeiten, um Gefahren, die durch ein zeitliches Nebeneinander hervorgerufen werden können, zu vermeiden.
- Gegebenenfalls Mitwirken beim Erstellen der Vorankündigung und deren Übermittlung an die nach Landesrecht zuständige Behörde (z.B. Gewerbeaufsichtsamt oder Amt für Arbeitsschutz).

Falls mehrere Koordinatoren beauftragt sind, ist eine gegenseitige Abstimmung notwendig, insbesondere wenn die Koordinierung während der Planung der Ausführung und während der Ausführung von unterschiedlichen Koordinatoren wahrgenommen wird.

Aufgaben des Koordinators während der Ausführung des Bauvorhabens – RAB 30 Abs. 3.2

- Gegebenenfalls Aushängen und Anpassen der Vorankündigung.
- Bekanntmachen, Anpassen und Fortschreiben des Sicherheits- und Gesundheitsschutzplanes sowie Hinwirken auf seine Einhaltung und auf die Umsetzung der erforderlichen Arbeitsschutzmaßnahmen durch die beteiligten Unternehmen.
- Information und eingehende Erläuterung der Maßnahmen für Sicherheit und Gesundheitsschutz gegenüber allen Auftragnehmern (einschließlich der Nachunternehmer und der Unternehmer ohne Beschäftigte).
- Organisieren des Zusammenwirkens der bauausführenden Unternehmen hinsichtlich Sicherheit und Gesundheitsschutz zum Beispiel durch Sicherheitsbesprechungen und -begehungen mit Dokumentation und Auswerten der Ergebnisse.
- Koordinieren der Überwachung der ordnungsgemäßen Anwendung der Arbeitsverfahren durch die Arbeitgeber zum Beispiel durch Einfordern von Nachweisen.
- Hinwirken auf die Einhaltung einer Baustellenordnung und eines Baustelleneinrichtungsplans (soweit diese vorhanden sind) hinsichtlich der Vermeidung gegenseitiger Gefährdungen.
- Berücksichtigung sicherheits- und gesundheitsschutzrelevanter Wechselwirkungen zwischen Arbeiten auf der Baustelle und anderen betrieblichen Tätigkeiten oder Einflüssen auf oder in der Nähe der Baustelle.
- Koordinieren der Anwendung der allgemeinen Grundsätze nach § 4 ArbSchG.

Qualifikation – RAB 30 Abs. 4

Geeigneter Koordinator im Sinne der BaustellV ist, wer über ausreichende und einschlägige

- baufachliche Kenntnisse,
- arbeitsschutzfachliche Kenntnisse und
- Koordinatorenkenntnisse sowie
- berufliche Erfahrung in der Planung und/oder der Ausführung von Bauvorhaben verfügt, um die in § 3 Abs. 2 und 3 BaustellV genannten Aufgaben fachgerecht erledigen zu können.

Baufachliche Kenntnisse – RAB 30 Abs. 4.1

Baufachliche Kenntnisse können je nach Art und Umfang des Bauvorhabens, soweit sich daraus Auswirkungen für Sicherheit und Gesundheitsschutz ergeben, in folgenden Bereichen erforderlich sein:

- Funktionelle, technische und organisatorische Planung von baulichen Anlagen,
- Technische Regelwerke,
- Standsicherheit von baulichen Anlagen und Hilfsbauwerken,
- Baustoffe,
- Bauverfahren, Baugeräte,
- Bauausführung, Baustelleneinrichtungsplanung, Bauablaufplanung, Baustellenorganisation,
- Technischer Ausbau, Innenausbau und technische Ausrüstung,
- Wartung, Unterhaltung und Erhaltung baulicher Anlagen,
- Ausschreibung, Vergabe, Bauvertragsrecht.

Arbeitsschutzfachliche Kenntnisse – RAB 30 Abs. 4.2 und Anlage B

Arbeitsschutzfachliche Kenntnisse umfassen solche zu Sicherheit und Gesundheitsschutz und zum Arbeitsschutzrecht, insbesondere über:

- Allgemeine Grundsätze des Arbeitsschutzes gemäß § 4 ArbSchG,
- Ermittlung und Beurteilung von Gefährdungen auf Baustellen und bei späteren Arbeiten an den baulichen Anlagen,
- Organisation des Arbeitsschutzes auf Baustellen.

Spezielle Koordinatorenkenntnisse – RAB 30 Abs. 4.3 und Anlage C

Die Tätigkeit als Koordinator erfordert spezielle Kenntnisse zur BaustellV über

- Sinn und Zweck der BaustellV sowie ihre Stellung im Arbeitsschutzsystem,
- Anwendungsbereich der BaustellV,
- inhaltliche Anforderungen der BaustellV,

- Aufgaben und Pflichten des Koordinators, seine rechtliche Stellung im Verhältnis zum Bauherrn und zu den anderen am Bau Beteiligten,
- Zweck und Inhalt der Vorankündigung, des Sicherheits- und Gesundheitsschutzplanes und der Unterlage für spätere Arbeiten an der baulichen Anlage,
- Instrumente der Koordinierung.

Die speziellen Koordinatorenkenntnisse ergeben sich aus den Inhalten der Anlage C. Es kann davon ausgegangen werden, dass derjenige über die geforderten speziellen Koordinatorenkenntnisse verfügt, der eine geeignete Aus- oder Weiterbildung erfolgreich abgeschlossen hat.

Berufserfahrung – RAB 30 Abs. 4.4 und Anlage A

Der Koordinator soll in Abhängigkeit von Art und Umfang des Bauvorhabens mindestens 2 Jahre Berufserfahrung in Planung und/oder Ausführung je nach Koordinationsaufgabe haben. Die erforderlichen Kenntnisse und Erfahrungen für Koordinatoren werden mit beispielhafter Zuordnung zu Planungs- und Baumaßnahmen in Anlage A zur RAB 30 (Auszug) zusammengefasst. Hierbei werden zwei unterschiedliche Stufen unterschieden:

Berufserfahrung Stufe 1

Planungs- und Baumaßnahmen mit geringen bis mittleren sicherheitstechnischen Anforderungen. Beispiele: Ein- und Mehrfamilienhäuser (kein Geschosswohnungsbau), Reihen- oder Doppelhäuser, kleinere Verwaltungs- und Gewerbebauten, einfache Erschließungsanlagen für Wohn- und Gewerbegebiete.

Erforderliche baufachliche Ausbildung: mindestens Geprüfter Polier, Meister oder Techniker.

Notwendige berufliche Erfahrungen: mindestens 2 Jahre in Planung und/oder Ausführung.

Berufserfahrung Stufe 2

Zu Stufe 2 gehören alle anderen Planungs- und Baumaßnahmen.

Erforderliche baufachliche Ausbildung: in der Regel Architekt oder Ingenieur.

Notwendige berufliche Erfahrungen: mindestens 2 Jahre in Planung und/oder Ausführung.

Nachweis der Kenntnisse und Erfahrungen – RAB 30 Abs. 5

Die Koordinatoren können ihre baufachlichen Kenntnisse in der Regel im Rahmen einer baufachlichen Berufsausbildung als Architekt, Ingenieur, Techniker, Meister oder geprüfter Polier erworben haben. Arbeitsschutzfachliche Kenntnisse sowie die speziellen Koordinatorenkenntnisse können in der Regel entweder im Rahmen der beruflichen Ausbildung, durch Fort- oder Weiterbildung oder durch entsprechende berufliche Erfahrungen erworben sein. Die Kenntnisse und Erfahrungen können als vorhanden angesehen werden, wenn sie durch Zeugnisse, Bescheinigungen oder Referenzen nachgewiesen werden.

1.7 Sicherheits- und Gesundheitsschutzplan gemäß RAB 31

Auszüge aus der RAB 31 vom 12.11.2003:

Inhalt – RAB 31 Abs. 3.1.6

Bezogen auf die jeweilige Baustelle wird in § 2 Abs. 3 gefordert, dass die anzuwendenden Arbeitsschutzbestimmungen erkennbar werden und die besonderen Maßnahmen für besonders gefährliche Arbeiten nach Anhang II enthalten sind. Im Übrigen sind im SiGe-Plan betriebliche Tätigkeiten auf dem Gelände oder in dessen Nachbarschaft zu berücksichtigen, wenn eine gegenseitige Beeinflussung nicht auszuschließen ist. Diese Vorgaben werden erfüllt, wenn die nachfolgenden inhaltlichen Mindestanforderungen berücksichtigt werden.

Inhaltliche Mindestanforderungen an den SiGe-Plan – RAB 31 Abs. 3.2

Grundelemente sind:

- *Arbeitsabläufe*: Ermitteln und Benennen der nach Gewerken gegliederten Arbeitsabläufe, z.B. in Anlehnung an VOB Teil C ATV DIN 18300 ff. unter Berücksichtigung der DIN 18299.
- *Gefährdungen*: Aus den relevanten gewerkbezogenen Gefährdungen sind die gewerkübergreifenden Gefährdungen zu ermitteln und zu dokumentieren.
- *Gewerkbezogene Gefährdungen*: Dies sind die bei der Ausführung eines Gewerkes auftretenden Gefährdungen.
- *Gewerkübergreifende Gefährdungen*: Dies sind

- gegenseitige Gefährdungen, die sich durch örtliches und zeitliches Zusammentreffen mehrerer Gewerke ergeben,
- gegenseitige Gefährdungen, die von einem Gewerk ausgehen bzw. eröffnet werden und von denen Beschäftigte anderer Gewerke betroffen sind, die nacheinander Arbeiten am Bauvorhaben verrichten,
- Gefährdungen, die sich aus den örtlichen Gegebenheiten auf der Baustelle ergeben,
- Gefährdungen durch Dritte.

– *Räumliche und zeitliche Zuordnung der Arbeitsabläufe*: Darstellen von möglichen Wechselwirkungen zwischen den nach Gewerken gegliederten Arbeitsabläufen, z.B. in Form von Bauzeitenplänen (Balkendiagramme, Weg-Zeit-Diagramme).
– *Maßnahmen*: Festlegen und Dokumentieren der Maßnahmen, die zur Vermeidung bzw. Verringerung der zuvor ermittelten gewerkübergreifenden Gefährdungen notwendig sind, wie z.B. gemeinsam genutzte Einrichtungen. Dabei sind die geltenden Arbeitsschutzbestimmungen und die Erkenntnisse zur Sicherheit und zum Gesundheitsschutz nach dem Stand der Technik, der Arbeitsmedizin und Hygiene einzuhalten. Insbesondere sind die „Allgemeinen Grundsätze" nach § 4 Arbeitsschutzgesetz anzuwenden. Ausgenommen sind die Maßnahmen, zu denen der Arbeitgeber nach den Arbeitsschutzbestimmungen verpflichtet ist, z.B. Unterweisungen, Bereitstellung geeigneter und sicherer Arbeitsmittel und persönlicher Schutzausrüstung.
– *Arbeitsschutzbestimmungen:* Die BaustellV fordert in § 2 Abs. 3 Satz 2, dass der SiGe-Plan für die betreffende Baustelle die anzuwendenden Arbeitsschutzbestimmungen erkennen lassen muss. Diese Anforderung wird im Allgemeinen erfüllt, wenn die den ausgewählten Maßnahmen zugeordneten Arbeitsschutzbestimmungen benannt sind. Im Einzelfall kann es erforderlich sein, die anzuwendenden Bestimmungen zu konkretisieren.

Inhaltliche Empfehlungen – RAB 31 Abs. 3.3

Es wird empfohlen, zusätzliche Elemente in den SiGe-Plan aufzunehmen. Dies können je nach Erkenntnisstand bei der Bearbeitung des SiGe-Plans sein (Nennungen nicht abschließend):
– *Vorgesehene bzw. beauftragte Unternehmer*: Benennung der Unternehmer, die mit der Ausführung der vorgesehenen Arbeitsschutzmaßnahmen beauftragt werden sollen. Nach Auftragsvergabe namentliche Benennung der Ausführenden.
– *Gefährdungen Dritter*: Einarbeitung der Maßnahmen, die sich aus der allgemeinen Verkehrssicherungspflicht des Bauherrn ergeben.
– *Termine:* Festlegung und Dokumentation der für die Koordination wichtigen Termine. Dazu zählen u.a. die Termine, zu denen die mitgeltenden Unterlagen vorliegen sollen.
– *Informations- und Arbeitsmaterialien zum Arbeits- u. Gesundheitsschutz*: Hinweis auf Material zu den ausgewählten Maßnahmen, z.B. von den Berufsgenossenschaften. Darüber hinaus sollte die Unterlage nach § 3 Abs. 2 Ziffer 3 BaustellV z.B. beim Bauen im Bestand als Informationsquelle herangezogen werden.
– *Mitgeltende Unterlagen*: Benennung der den gewählten Maßnahmen zugeordneten mitgeltenden Unterlagen, wie z.B. Leistungsverzeichnis (LV-Nr.), Pläne (z.B. Abbruchplan) und Anweisungen (z.B. Montageanweisung), Baustellenordnung.
– *Ausschreibungstexte*: Hinweise auf Ausschreibungstexte zu den ausgewählten Maßnahmen. Diese Hinweise sollen dem Koordinator als Organisationsmittel dienen, um vorzuschlagen, ob die gewählten Maßnahmen, z.B. als separate Leistungen, ausgeschrieben werden sollen.

Form – RAB 31 Abs. 3.4

Umfang und äußeres Erscheinungsbild eines Sicherheits- und Gesundheitsschutzplans bleiben dem Bauherrn überlassen, z.B. kann der SiGe-Plan auch die Form eines entsprechend ergänzten Bauablaufplans haben.

1.8 Unterlage für spätere Arbeiten gemäß RAB 32

Auszüge aus der RAB 32 vom 27.3.2003:

Vorbemerkungen – RAB 32 Abs. 1

§ 3 Abs. 2 Nr. 3 (2) BaustellV: Während der Planung der Ausführung des Bauvorhabens hat der Koordinator eine Unterlage mit den erforderlichen, bei möglichen späteren Arbeiten an der baulichen Anlage zu berücksichtigenden Angaben zu Sicherheit und Gesundheitsschutz zusammenzustellen.

Damit sollen insbesondere:
- Gefährdungen der Sicherheit und Gesundheit für die mit späteren Arbeiten an der baulichen Anlage Beschäftigten reduziert und
- Improvisationen und Informationsdefizite bei späteren Arbeiten an der baulichen Anlage und dadurch bedingte Störungen, Sachschäden und Unfälle vermieden werden.

Mit der Unterlage schafft der Bauherr/Koordinator eine Voraussetzung für die sicherheits- und gesundheitsgerechte Gestaltung der späteren Arbeiten und damit auch für eine langfristig wirtschaftliche Nutzung und Instandhaltung der baulichen Anlage.

Anwendungsbereich – RAB 32 Abs. 2

Die Unterlage für spätere Arbeiten an der baulichen Anlage ist zusammenzustellen, wenn bei ihrer Errichtung oder Änderung Beschäftigte mehrerer Arbeitgeber gleichzeitig oder nacheinander tätig werden.

Begriffsbestimmungen und Beispiele – RAB 32 Abs. 3

Spätere Arbeiten im Sinne von § 3 Abs. 2 Nr. 3 BaustellV umfassen insbesondere vorhersehbare Arbeiten an baulichen Anlagen. Dies sind zum Beispiel die Instandhaltung, bestehend aus Wartung, Inspektion und Instandsetzung (siehe hierzu Kap. 6 B und 6 C)
- Wartung: z.B. Reinigen von Abflüssen, Reinigungsarbeiten an Gebäudefassaden, Glasflächen und Fenstern, Arbeiten an haustechnischen Anlagen, Schornsteinfegerarbeiten, Arbeiten an Aufzugsanlagen.
- Inspektion: z.B. Kontrolle von Regenwasserabläufen, Prüfung von haustechnischen Anlagen, Zustandsfeststellung von Dachflächen.
- Instandsetzung: z.B. Erneuerung von Dacheinläufen, Putzarbeiten an der Fassade, Erneuerung der Dachabdichtung, Austausch von Fenstern, Beschichtungsarbeiten.

Im Bereich der Infrastrukturanlagen zählen hierunter die betriebliche und bauliche Erhaltung. Beispiele für betriebliche Erhaltung:
- Kontrolle: Hauptprüfung nach „DIN 1076 Prüfung und Überwachung von Ingenieurbauwerken", Inspektion von Pumpwerken, Inspektion von elektrotechnischen Anlagen.
- Wartung: Wartungsarbeiten an Lichtsignalanlagen, Reinigung von Fahrbahnübergängen, Entwässerungseinrichtungen, Sichtflächen etc., Austausch von Verschleißteilen.

Beispiele für bauliche Erhaltung:
- Instandhaltung: Beseitigung kleinerer Betonschäden an Brücken.
- Instandsetzung: Verpressen von Rissen, Ausbesserung von Mauerwerk.
- Erneuerung: Auswechseln Brückenlager, Fahrbahnübergänge, Kappen, Geländer.

Anforderungen – RAB 32 Abs. 4

Die Unterlage ist eine schriftliche Zusammenstellung der erforderlichen, bei möglichen späteren Arbeiten an der baulichen Anlage zu berücksichtigenden Angaben zum Sicherheits- und Gesundheitsschutz, insbesondere für solche Arbeiten, die regelmäßig wiederkehrend durchgeführt werden. Ziel der Unterlage ist es, denjenigen, die spätere Arbeiten an der baulichen Anlage durchführen, die Informationen zu verschaffen, um die späteren Arbeiten sicher und gesundheitsgerecht planen und durchführen zu können. Die Unterlage muss bei der Planung der Ausführung des Bauvorhabens zusammengestellt werden und soll bereits vor der Ausschreibung der jeweiligen Bauleistungen vorliegen. Die Unterlage ist fortzuschreiben, falls nach ihrer Zusammenstellung relevante Planungsänderungen vorgenommen werden oder während der Ausführung unterlagenrelevante Festlegungen getroffen werden. Die Unterlage ist in der Regel mit ihrer Fertigstellung, spätestens jedoch mit Abschluss der Baumaßnahme, dem Bauherrn zu übergeben.

Inhalt – RAB 32 Abs. 4.2

Gliederung, Umfang und Inhalt der Unterlage werden in der Baustellenverordnung selbst nicht festgelegt.

Erforderliche Angaben
- *Teil der baulichen Anlage:* Anlage können im Hochbau zum Beispiel Dach, Fassade, Aufzug oder Außenanlage, im Brückenbau zum Beispiel Überbau, Unterbauten, Ausstattung und Leitungen sein.

- *Art der Arbeit:* Die vorhersehbaren, insbesondere regelmäßig wiederkehrenden Arbeiten mit den damit verbundenen Gefahren sind in der Unterlage aufzuführen.
- *Gefahren:* Gefahren können z.B. durch Absturz entstehen. Arbeiten mit gleichartigen Gefahren und identischen Schutzmaßnahmen können zusammengefasst werden.
- *Angaben zum Sicherheits- und Gesundheitsschutz:* Bei den Angaben zum Sicherheits- und Gesundheitsschutz sind neben sicherheitstechnischen Einrichtungen gegebenenfalls auch organisatorische Maßnahmen und Maßnahmen zum Gesundheitsschutz zu nennen. Diese Maßnahmen und Einrichtungen müssen plausibel und realisierbar sein.

Weitere Angaben

Die Unterlage kann zusätzlich weitere Angaben enthalten, um zum Beispiel eine erhöhte Planungssicherheit zu erreichen, dem Bauherrn weitere Hinweise zu den späteren Arbeiten zu geben und den Unternehmern, die mit den späteren Arbeiten beauftragt werden, die Durchführung dieser Arbeiten zu erleichtern. Zum Beispiel weitere Angaben zu und durch:

- Verweise auf Positionen im Leistungsverzeichnis, in denen die sicherheitstechnischen Einrichtungen beschrieben sind,
- Häufigkeit der wiederkehrenden Arbeiten,
- Hinweise auf Pläne, aus denen Ausführung und Lage der sicherheitstechnischen Einrichtungen entnommen werden können,
- Hinweise und Bemerkungen, zum Beispiel zum Aufbewahrungsort von sicherheitstechnischen Einrichtungen, zu Zugängen und Anfahrtsmöglichkeiten, zur Standsicherheit der zu verwendenden sicherheitstechnischen Einrichtungen oder zur Betriebssicherheit der baulichen Anlage während Inspektionen und Wartungsarbeiten,
- Mitgeltende Unterlagen, zum Beispiel Bedienungs-, Inspektions- und Wartungshandbücher.

Die Unterlage kann auch Verweise auf entsprechende Teile eines gegebenenfalls aus anderen Gründen vorhandenen Baubestandswerkes enthalten.

Form – RAB 32 Abs. 4.3

Die Form wird in der Baustellenverordnung nicht festgelegt und bleibt dem Koordinator/Bauherrn überlassen. Beispiele zu der Unterlage für spätere Arbeiten siehe RAB 32 Anlage A.

2 Hilfsmittel zur SiGe-Koordination

2.1 Leitfaden zur Erstellung des SiGe-Plans (vgl. RAB 31, Anlage A)

Folgende Vorinformationen sind zur Erstellung des SiGe-Plans in der Regel erforderlich:

- Informationen zu Planungsbeteiligten (u.U. Umfang einzelner Planungsaufträge)
- Art der Vergabe (z.B. Einzelunternehmer, Generalübernehmer, Generalunternehmer)
- Art der baulichen Anlage bzw. der beabsichtigten Bauarbeiten (z.B. Neubau, Bauen im Bestand, Umbau, Sanierung, Abbruch)
- Baubeschreibung
- Lageplan (mit Nachbarschaft)
- Entwurf für die Ausführung
- Prognose über die Zahl der Unternehmen, der eingesetzten Beschäftigten
- Prognose über mögliche Arbeitsverfahren, ggf. eingesetzte Geräte und Maschinen
- Allgemeine Kataloge zu gewerkspezifischen Gefahrenquellen
- Ortsbesichtigung (ggf. Fotos)
- Ergebnisse aus Untersuchungen des Baufeldes (u.a. Geologie, Kontaminationen, Altlasten, Bodeneinbauten, Leitungen)
- Betriebliche Tätigkeiten auf dem Gelände
- Betriebliche/öffentliche Tätigkeiten mit Auswirkungen auf das Baufeld (z.B. auch Verkehr)
- Anbindung der Baustelle an den öffentlichen Verkehrsraum (z.B. Baustellenzufahrt)
- Anbindung der Baustelle an die öffentliche Ver- und Entsorgung (z.B. Wasser, Strom)
- Vorgesehene Bauzeit
- Erster Bauzeitenplan
- Wer erstellt und koordiniert den Gesamtterminplan/ersten Bauzeitenplan?
- Ergeben sich zeitliche und räumliche Überschneidungen zwischen den Gewerken?

- Gliederung des Gesamtbauvorhabens in Lose oder Bauabschnitte
- Vorgaben des Bauherrn
- Existiert eine Unterlage für spätere Arbeiten (z.B. beim Bauen im Bestand)?
- Ist die Aufstellung einer für das Bauvorhaben geltenden Baustellenordnung vorgesehen?
- Ist die Erstellung eines Notfall-/Rettungskonzeptes für das Bauvorhaben vorgesehen?
- Ist die Erstellung eines Baustelleneinrichtungsplans für das Bauvorhaben vorgesehen (z.B. Flächenfestlegung, ggf. mit Bezug zur Ver-/Entsorgung)?
- Zusammenstellungen der grundsätzlich anzuwendenden rechtlichen Bestimmungen
- Wer übernimmt die Koordination in der Ausführungsphase?

Die grafische Gestaltung des SiGe-Plans könnte wie in Abb. 7.77 gestaltet werden. Die Nummern in den Pfeilen stellen die Reihenfolge der Bearbeitung dar. Details siehe Tabelle 7.78.

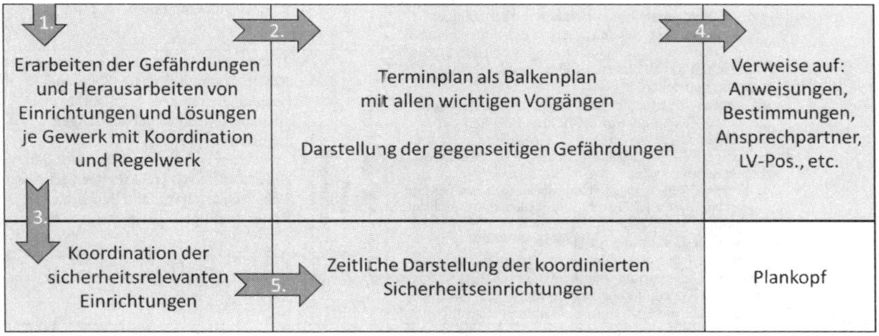

Abb. 7.77 Grafische Gestaltung des Leitfadens zum SiGe-Plan

2.2 Leitfaden zur Erstellung der Unterlage (vgl. RAB 32, Anlage A)

In Anlage A zur RAB 32 finden sich Beispiele, wie die Unterlage gestaltet werden kann. Download unter: https://www.baua.de/DE/Angebote/Regelwerk/RAB/RAB

2.3 Bausteine der Berufsgenossenschaft Bau

Die Bausteine der BG Bau zum Arbeitsschutz geben wertvolle Hinweise und Empfehlungen zum Arbeits- und Gesundheitsschutz auf Baustellen in jeweils in sich thematisch abgeschlossenen Blättern. Die Bausteine und Merkhefte sind sowohl im Medien-Center der BG Bau als auch als App fürs Smartphone kostenlos verfügbar: https://www.bgbau.de

2.4 Planungsinformationen der Berufsgenossenschaft Bau

Die Baustellenverordnung fordert, dass bereits im Stadium der Planung und Ausschreibung die Belange des Sicherheits- und Gesundheitsschutzes für die Bauausführung und für die späteren Arbeiten berücksichtigt werden. Die BG Bau unterstützt Planer und Architekten mit Schriften, die Voraussetzungen für eine möglichst gefahrlose Arbeit zu schaffen. Die Planungsinformationen stehen im Medien-Center der BG Bau zur Verfügung: https://www.bgbau-medien.de

2.5 Informationen und Weiterbildung der baua

Zur regelmäßigen Information und Weiterbildung kann der Bundeskoordinatorentag der Bundesanstalt für Arbeitsschutz und Arbeitsmedizin (baua) empfohlen werden. Die Fachvorträge und weitere Informationen stehen als Download zur Verfügung: https://www.baua.de/DE/Angebote/Veranstaltungen/Dokumentationen/Bundeskoordinatorentag/Bundeskoordinatorentag

Tab. 7.78 Leitfaden zur Erstellung eines SiGe-Plans (vgl. RAB 31 Anlage A)

Inhaltliche Mindest-anforderungen	Erläuterungen
Arbeits-abläufe	Ermittlung der nach Gewerken gegliederten Arbeitsabläufe (z.B. nach VOB/C)
Gefährdungen Lösungen	Ermittlung/Dokumentation der relevanten gewerkbezogenen und der daraus resultierenden gewerkübergreifenden Gefährdungen des Bauvorhabens sowie dazu mögliche Maßnahmen zur Reduzierung/Vermeidung, • für Gefährdungen, die sich aus den örtlichen Gegebenheiten auf der Baustelle ergeben (z.B. Gefährdungen aus Emissionen, erdverlegten Leitungen, Freileitungen) • für Gefährdungen aus dem Umfeld der Baustelle und/ oder durch Dritte (z.B. Gefährdungen durch betriebliche Tätigkeiten des Bauherrn, öffentlichen Verkehr, Nachbarbaustellen) • für gegenseitige Gefährdungen (durch örtliches und zeitliches Zusammentreffen mehrerer Gewerke) o Prüfen u. Beurteilen der Bedingungen, unter denen gewerkbezogene Gefährdungen Auswirkungen auf andere Gewerke bekommen können o Kennzeichnen der mögl. räumlichen u. zeitlichen Wechselwirkungen der nach Gewerken gegliederten Arbeitsabläufe Dabei prüfen: • ob zeitliche Entzerrung möglich ist, • ob örtliche Überschneidungen ausgeschlossen sind, • ob örtliche Entzerrung möglich ist, ggf. berücksichtigen, ansonsten Koordinierungserfordernisse der jeweiligen Arbeiten definieren, Schutzmaßnahmen auswählen
Maßnahmen zur Vermeidung bzw. Minimierung der Gefährdungen	Abstimmung, Festlegung und Dokumentation der gemeinsam zu nutzenden Einrichtungen, Verkehrswege und Arbeitsbereiche • Ermitteln und Zusammenstellen der für die einzelnen Gewerke auf Grund der gewerkeübergreifenden Gefährdungen erforderlichen Einrichtungen bzw. Schutzmaßnahmen (z.B. Ver- und Entsorgungseinrichtungen, Sicherheitseinrichtungen, Fördereinrichtungen, Sozialeinrichtungen, Erste-Hilfe-Einrichtungen) o in Hinblick auf die jeweiligen technischen Anforderungen der nutzenden Gewerke (z.B. bei Gerüsten: Gerüstklasse, Abstand zum Rohbau; bei Sozialeinrichtungen: Flächenbedarf, Nutzung vorhandener Gebäude) o in Hinblick auf die jeweiligen zeitlichen Anforderungen an gemeinsam zu nutzende Einrichtungen bzw. Schutzmaßnahmen (z.B. voraussichtlicher Beginn, voraussichtliche Gesamtnutzungsdauer betrachten) • Prüfen, ob gemeinsame Nutzungen möglich, sinnvoll oder erforderlich sind und hierfür bzw. für die Schutzmaßnahmen Hinwirken auf erforderliche Klärungen o in Hinblick auf die jeweiligen grundlegenden technischen und zeitlichen Anforderungen o in Hinblick auf die jeweiligen im Einzelfall zu treffenden organisatorischen Regelungen für gemeinsam zu nutzende Einrichtungen bzw. Schutzmaßnahmen (z.B. Hinweis auf die Notwendigkeit vertraglicher Regelungen zur Abnahme, zur Instandhaltung, zur Abstimmung von Veränderungen)
Arbeits-schutz-bestim-mung.	Benennung und Zuordnung der relevanten Arbeitsschutzbestimmung
Anpassung	Anpassung erfordert insbesondere: • Abstimmen mit den beauftragten Unternehmen nach der Vergabe • ggf. Einbeziehen von Sondervorschlägen • Konkretisieren/Ergänzen erforderlicher Maßnahmen

Inhaltliche Empfeh-lungen	Erläuterungen
Vorgesehene bzw. beauftragte Unternehmen	• Benennen der Unternehmer, die mit der Ausführung der vorgesehenen Arbeitsschutzmaßnahmen beauftragt werden sollen • namentliches Benennen der Ausführenden nach der Vergabe
Gefähr-dungen Dritter	• Einarbeiten der Maßnahmen, die sich aus der allgemeinen Verkehrssicherungspflicht des Bauherrn ergeben
Termine	• Festlegen und Dokumentieren der für die Koordination wichtigen Termine
Informations- und Arbeits-materialien zum Arbeits- und Gesundheitsschutz	• Zusammenstellen maßnahmenbezogener Arbeitsmaterialien des Arbeits- und Gesundheitsschutzes (ggf. aufbereitet oder speziellen Problemstellungen zugewiesen) • Auswerten von Informationen aus der Unterlage für spätere Arbeiten (§ 3 Abs. 2 Nr. 3 BaustellV), falls Bauen im Bestand erfolgt
Mitgeltende Unterlagen	• Benennen der mitgeltenden Unterlagen, die den gewählten Maßnahmen zugeordnet sind • Ggf. Hinwirken auf die Eintragung der arbeitsschutzrelevanten Aspekte im Baustelleneinrichtungsplan • Ggf. Bereitstellen von Regelungen und Informationen zur Integration in die Baustellenordnung • Ggf. Bereitstellen von Regelungen und Informationen zur Integration in das Notfall-/Rettungskonzept • Treffen von Regelungen zur Ersten Hilfe • Verweisen auf Pläne und Anweisungen • Abstimmen/Berücksichtigen der in der Unterlage für spätere Arbeiten getroffenen Festlegungen • Zurückgreifen auf die Unterlage für spätere Arbeiten (Bauen im Bestand)
Ausschreibungs-texte	• Hinwirken auf die Aufnahme der ausgewählten Maßnahmen in die Ausschreibungs- und Vergabeunterlagen
Übergang in die Ausführungsphase	• Mitwirken bei der Prüfung von Angeboten im Hinblick auf die Belange des Arbeits- und Gesundheitsschutzes • Beraten des Bauherrn bei Sondervorschlägen • Übergeben des in der Planungsphase erarbeiteten SiGe-Plans (und der Unterlage für spätere Arbeiten) an den Koordinator für die Ausführungsphase • Einweisen des Koordinators der Ausführungsphase • Anpassen des SiGe-Plans in der Ausführungsphase

8 A Baubetrieb – Bauprozessmanagement
8 B Building Information Modeling (BIM)
8 C Kostenplanung; Wertermittlung; Honorarordnung
8 D Facility Management; Wertermittlung

A BAUBETRIEB – BAUPROZESS-MANAGEMENT 8.2
1 Projektmanagement 8.2
1.1 Grundlagen 8.2
1.2 Projektmanagementphasen und -prozesse ... 8.2
1.3 Leistungsbild und Vergütungen 8.4
1.4 Projektmanagementziele 8.6
1.5 Projektorganisation und Vergabemodelle ... 8.7
1.6 Konfliktlösungsverfahren 8.9
1.7 Ablauf- und Terminplanung 8.11
1.8 Ressourcenplanung 8.16
2 Kalkulation 8.18
2.1 Einordnung der Kalkulation in das Rechnungswesen 8.18
2.2 Aufbau der Kalkulation 8.18
2.3. Einzelkosten der Teilleistung (EKT) 8.19
2.4 Baustellengemeinkosten (BGK) 8.21
2.5 Allgemeine Geschäftskosten (AGK)/ Gewinn (G) 8.21
2.6 Ablauf der Kalkulation über die Angebotssumme 8.22
3 Bauausführung 8.22
3.1 Bauleitung 8.22
3.2 Bauverfahren im Überblick 8.27
4 Nachhaltiges Bauen 8.28
4.1 Nachhaltigkeit im Immobilienmanagement . . 8.28
4.2 Zertifizierungssysteme 8.29

B BUILDING INFORMATION MODELING (BIM) 8.31
1 Grundlagen des BIM 8.31
2 Entwicklung des BIM 8.31
2.1 Internationaler Entwicklungsstand 8.31
2.2 Nationaler Entwicklungsstand 8.33
2.3 Reifegrade von BIM 8.34
3 Methodik der Zusammenarbeit mit BIM . 8.35
3.1 Grundsätzliche BIM-Ziele 8.35
3.2 Anwendungsfälle von BIM 8.35
3.3 Vorgaben zur Umsetzung 8.36
3.4 Projektrollen 8.38
4 Datenmodell und Schnittstellen 8.39
4.1 Bedeutung von Teilmodellen und Fachmodellen 8.40
4.2 Entwicklungsstufen der Datenlage und des Modells 8.40
4.3 Proprietäre Lösungen und offener Datenaustausch 8.42
4.4 Industry Foundation Classes (IFC) 8.42
4.5 BIM Collaboration Format (BCF) 8.44
4.6 Dimensionen der Modelle 8.44
4.7 Projektplattformen und Common Data Environment 8.44
4.8 Model Viewer und Model Checker 8.45
5 Typische Anwendungsmöglichkeiten für BIM 8.46
5.1 Einsatz standardisierter Objekte 8.46
5.2 Terminplanung 8.46
5.3 Kostenermittlung und Angebotsbearbeitung . 8.46
5.4 Digitale Zwillinge im Betrieb 8.47
6 Rechtliche Rahmenbedingungen 8.48
7 BIM-Einführung 8.49

C KOSTENPLANUNG; WERTERMITTLUNG; HONORARORDNUNG 8.51
1 Kostenplanung nach der DIN 276:2018-12 und unter Zugrundelegung der DIN 277-1:2021-08 .... 8.51
1.1 Sinn und Zweck der Norm, Begriffe 8.51
1.2 Wesentliche Änderungen der DIN 276:2018-12 gegenüber der DIN 276 a.F. 8.51
1.3 Begriffe und Systematik der Kostenplanung nach DIN 276:2018-12 .... 8.52
1.4 Bezugsgrößen der Kostenplanung nach DIN 277:2021-08 .... 8.56
1.5 Grundprinzipien einer Kostenermittlung nach DIN 276:2018-12 .... 8.63
1.6 Kostenkontrolle und Kostensteuerung nach DIN 276:2018-12 .... 8.70
2 Verordnung über die Honorare für Architekten und Ingenieure (HOAI) 8.71
2.1 Überblick über die aktuelle Fassung der HOAI 2021 .... 8.71
2.2 Anwendungsbereich der HOAI 2021 .... 8.72
2.3 Honorarvereinbarung und Berechnung des Honorars 8.72

D FACILITY MANAGEMENT; WERTERMITTLUNG 8.81
1 Einführung 8.81
1.1 Prozesse 8.81
1.2 Nutzen des Facility Managements 8.82
2 Facility Management nach DIN EN ISO 41011 .... 8.82
2.1 Begriffe 8.82
2.2 Facility Management-Modell 8.83
2.3 Leistungsumfang des Facility Managements. 8.83
3 Gebäudemanagement 8.84
3.1 Abgrenzung Facility Management und Gebäudemanagement 8.84
3.2 Gebäudemanagement nach DIN 32 736 .... 8.84
4 FM-gerechte Gebäudeplanung 8.86
4.1 Ganzheitliches Bauen 8.86
4.2 Lebenszyklus von Gebäuden 8.87
4.3 Gebäudeentwurf 8.88
5 Lebenszykluskosten 8.89
5.1 Anwendungsbereich der GEFMA-Richtlinie 220-1 .... 8.89
5.2 Lebenszykluskosten im FM 8.90
5.3 Berechnung der Lebenszykluskosten nach GEFMA 220-1 .... 8.90
5.4 Nutzungskostenermittlung 8.91
6 Betreiberverantwortung nach GEFMA 190 .... 8.94
6.1 Anwendungsbereich 8.94
6.2 Gesetzliche Verantwortung 8.94
6.3 Pflichtenübertragung (Delegation) 8.95
7 Wertermittlung von Grundstücken und Immobilien 8.96
7.1 Rechtsgrundlagen 8.96
7.2 Wertermittlungsverfahren 8.96

8 A Baubetrieb – Bauprozessmanagement

Prof. Dr.-Ing. Dipl.-Kfm. Shervin Haghsheno

1 Projektmanagement

1.1 Grundlagen

Vorhaben, die im Wesentlichen durch Einmaligkeit der Bedingungen in ihrer Gesamtheit gekennzeichnet sind, werden als Projekte bezeichnet [8.1]. In Tabelle 8.2a sind verschiedene Projekttypen und häufig vorhandene Charakteristika von Projekten aufgelistet.

Tab. 8.2a: Projekttypen und häufige Charakteristika von Projekten

Projekttypen	Charakteristika von Projekten
- Investitionsprojekte - Infrastrukturprojekte - Produktentwicklungsprojekte - Organisationsprojekte - Organisationsentwicklungsprojekte - Informatikprojekte - Bauprojekte	- ergebnisorientiert - zeitlich abgegrenzt - komplex - benötigen eigene Projektorganisation - benötigen außerordentliche Ressourcen - beinhalten Risiken - sind einmalig, interdisziplinär und neuartig - bringen Veränderungen mit sich

Im Bauwesen können viele verschiedene Projekttypen auftreten. Neben Investitionsprojekten sind z.B. auch Produktentwicklungs- und Organisationsprojekte vorzufinden. Bauprojekte selbst können weiterhin, je nachdem, welche menschlichen Bedürfnisse mit dem zu erstellenden Bauwerk erfüllt werden, in unterschiedliche Bauprojektarten (Tab. 8.2b) aufgeteilt werden.

Tab. 8.2b: Übersicht Bauprojektarten [vgl. 8.2]

Bauprojektarten	
Wohnen	Einfamilienhäuser, Mehrfamilienhäuser, ...
Produktion	Fabrikgebäude, Lagerhallen, Werkstätten, ...
Dienstleistung	Bürogebäude, Hotels, Seniorenheime, ...
Handel	Selbstbedienungsmärkte, Shopping-Center, Warenhäuser, ...
Bildung	Hochschulgebäude, Museen, Theater, ...
Erholung	Sportstätten, Parks, Freizeitanlagen, ...
Gesundheit	Öffentliche Krankenhäuser/Kliniken, Ärztehäuser, ...
Verkehr	Straßen, Brücken, Tunnel, Schienenwege, ...
Energie	Windkraftanlagen, Photovoltaikparks, Wasserkraftwerke, ...
Öffentliche Infrastruktur	Kirchen, Gerichtsgebäude, Rathäuser ...

In DIN 69901 werden die Grundlagen, Prozesse und Begriffe des Projektmanagements erläutert. Die Die DIN 69901 gliedert sich in folgende Teile:

- Teil 1: Grundlagen
- Teil 2: Prozesse, Prozessmodell
- Teil 3: Methoden
- Teil 4: Daten, Datenmodell
- Teil 5: Begriffe

Projektmanagement stellt gemäß DIN 69901-5 [8.1] die Gesamtheit von Führungsaufgaben, -organisation, -techniken und -mitteln für die Initialisierung, Definition, Planung, Steuerung und den Abschluss von Projekten dar.

1.2 Projektmanagementphasen und -prozesse

In DIN 69901-2 [8.3] wird ein allgemeines Projektmanagement-Prozessmodell beschrieben. In dem beschriebenen Modell werden fünf Projektmanagementphasen definiert. Eine Projektmanagementphase stellt einen Abschnitt des Projekts dar. Durch den Einsatz von Ressourcen und/oder Informationen soll ein Prozessergebnis erzielt werden. Diese Vorgänge werden Projektmanagementprozesse genannt. Sie sind in Prozessuntergruppen kategorisiert und werden den Projektmanagementphasen zugeordnet (Tab. 8.3)

Tab. 8.3: Projektmanagementprozesse [8.3]

Phasen / Prozess-untergruppen	Initialisierung	Definition	Planung	Steuerung	Abschluss
Ablauf & Termine		Meilensteine definieren	Vorgänge planen; Terminplan erstellen*; Projektplan erstellen*;	Vorgänge anstoßen; Termine steuern*	
Änderungen			Umgang mit Änderungen planen	Änderungen steuern*	
Information/ Kommunikation/Dokumentation	Freigabe erteilen	Freigabe erteilen; Information, Kommunikation und Berichtswesen festlegen; Projektmarketing definieren	Information, Kommunikation, Berichtswesen und Dokumentation planen; Freigabe erteilen	Information, Kommunikation, Berichtswesen und Dokumentation steuern; Abnahme erteilen*	Projektabschlussbericht erstellen; Projektdokumentation archivieren
Kosten & Finanzen		Aufwände grob schätzen	Kosten- und Finanzmittelplan erstellen	Kosten- und Finanzmittel steuern	Nachkalkulation erstellen
Organisation	Zuständigkeit klären; PM-Prozesse auswählen	Projektkernteam bilden	Projektorganisation planen	Kick-off durchführen; Projektteam bilden; Projektteam entwickeln	Abschlussbesprechung durchführen; Leitungen würdigen; Projektorganisation auflösen
Qualität		Erfolgskriterien definieren	Qualitätssicherung planen	Qualität sichern	Projekterfahrungen sichern*
Ressourcen			Ressourcenplan erstellen*	Ressourcen steuern*	Ressourcen rückführen
Risiko		Umgang mit Risiken festlegen; Projektumfeld/Stakeholder analysieren; Machbarkeit bewerten*	Risiken analysieren*; Gegenmaßnahmen zu Risiken planen	Risiken steuern*	
Projektstruktur		Grobstruktur erstellen	Projektstrukturplan erstellen*; Arbeitspakete beschreiben; Vorgänge beschreiben		
Verträge & Nachforderungen		Umgang mit Verträgen definieren; Vertragsinhalte mit Kunden festlegen	Vertragsinhalte mit Lieferanten festlegen	Verträge mit Kunden und Lieferanten abwickeln; Nachforderungen steuern	Verträge beenden
Ziele	Ziele skizzieren	Ziele definieren*; Projektinhalte abgrenzen		Zielerreichung steuern*	

**) Mindeststandard-Prozess, der für das Projektmanagement allgemein als unverzichtbar angesehen wird.*

Die Fachkommission „Projektsteuerung/Projektmanagement“ der AHO (Ausschuss der Verbände und Kammern der Ingenieure und Architekten für die Honorarordnung e.V.), hat mit dem Heft Nr. 9 [8.4] einen Vorschlag für ein Leistungsbild des Projektmanagements und für eine Honorierung von Projektmanagementleistungen bei der Abwicklung von Bauprojekten erarbeitet. Etwa 2/3 der externen bauherrenseitigen Projektmanagement-Dienstleister in Deutschland nutzen das AHO-Heft Nr. 9 als Vertragsgrundlage [8.5]. Die Systematik der Ermittlung der Honorierung lehnt sich an die Vergütungssystematik der HOAI [8.6] an. Dabei unterscheidet sich die Grundstruktur des AHO-Hefts Nr. 9 von der HOAI besonders in der Einteilung der Phasen. Im Gegensatz zur HOAI ist die Struktur des AHO-Hefts Nr. 9 nicht nach Leistungsphasen, sondern nach Projektstufen gegliedert. Die Tabelle 8.4a stellt die Projektstufen nach AHO den Leistungsphasen in der Objektplanung nach HOAI gegenüber.

Die fünf Projektstufen des Projektsteuerungsleistungsbilds nach AHO sind inhaltlich in jeweils fünf Handlungsbereiche unterteilt. Die durch die Bauherrenvertretung zu erbringenden Leistungen sind diesen fünf Handlungsbereichen projektstufenübergreifend zugeordnet. Für jede Leistung sind hierbei konkrete Lieferobjekte sowie Mitwirkungshandlungen des Bauherrn definiert worden. Eine den jeweiligen Projektstufen zugeordnete Aufteilung dieser Grundleistungen findet sich im Anhang des Leistungsbildes. Analog zur HOAI werden neben den Grundleistungen auch vereinzelt Besondere Leistungen definiert. Zur Veranschaulichung der Struktur ist in der Tabelle 8.5b beispielhaft ein Auszug der Grundleistungen mit Lieferobjekten und Mitwirkungshandlungen des Bauherrn dargestellt.

Tab. 8.4a: Gegenüberstellung Projektstufen nach AHO und Leistungsphasen nach HOAI [8.4]

Projektstufen nach AHO	Leistungsphasen nach HOAI
I (Projektvorbereitung)	1 (Grundlagenermittlung)
II (Planung)	2 (Vorplanung), 3 (Entwurfsplanung) und 4 (Genehmigungsplanung)
III (Ausführungsvorbereitung)	5 (Ausführungsplanung), 6 (Vorbereitung der Vergabe) und 7 (Mitwirkung bei der Vergabe)
IV (Ausführung) V (Projektabschluss)	8 (Objektüberwachung – Bauüberwachung und Dokumentation bzw. Bauoberleitung)
	9 (Objektbetreuung)

Tab. 8.4b: Auszug Handlungsbereiche und dazugehörige Leistungen für Projektstufe II (vgl. [8.4])

Handlungs-bereiche	Grundleistungen (über alle Projektstufen)	Lieferobjekte	Mitwirkungshandlungen des Bauherrn
A Organisation	Mitwirken bei der Klärung der Rahmenbedingungen [...] inkl. Stakeholderumfeld	Dokumentation der geklärten Rahmenbedingungen [...]	Informieren ü. Einflussfaktoren [...], Beantwortung Fragenkatalog Projektumfeldanalyse
	Überprüfen der Projektziele und Mitwirken bei der Auflösung von Zielkonflikten	Dokumentation der Überprüfungsmaßn., Entscheidungsvorschläge bei Zielkonflikten	Informieren hinsichtlich der Projektziele und Entscheiden über Projektzielanpassungen
B Qualitäten	Überprüfen der Qualitätsziele und Mitwirken bei Zielanpassungen	Dokumentation der Überprüfung [...], Entscheidungsvorschläge für Anpassungen	Informieren über die Qualitätsziele und Entscheiden bei Zielanpassungen
	Mitwirken Klärung Grundstücks- u. Standortfragen, Erfassung logistisch relevanter Standort- u. Rahmenbed.	Dokumentation geklärter Grundstücks- und Standortfragen, Erfassung [...] Standort- u. Rahmenbed.	Vollmachten für die Beschaffung von Informationen über Grundstücks- und Standortfragen erteilen
C Kosten	Überprüfen der Kostenziele und Mitwirken bei Zielanpassungen	Dokumentation der Überprüfung [...] mit Entscheidungsvorschlägen. Dokumentation der Gesamtkosten [...]	Informieren über das Kostenziel und Entscheiden bei Zielanpassungen, Freigabe der Gesamtkosten
	Aufstellen, Umsetzen und Fortschreiben der Kostenüberwachung inkl. Abschluss	Dokumentation der Vorgaben und Prozesse zur Kostenüberwachung mit Fortschreibung, Dokumentation der Umsetzungsmaßnahmen [...]	Informieren über Vorgaben zu den gewünschten Prozessen der Kostenüberwachung, Entscheidungen über die Prozesse der Kostenüberwachung
D Termine	Überprüfen der Terminziele und Mitwirken bei Zielanpassungen	Dokumentation Überprüfung, Entscheidungsvorschläge für Anpassungen, Erstellen eines Terminrahmens	Informieren über das Terminziel und Entscheiden bei Zielanpassungen
	Aufstellen, Fortschreiben und Umsetzen Steuerungsteminpl. u. Ableiten Kapazitätsrahmen	Steuerungsterminpläne [...]	Informieren über Vorgaben zur Terminpl. und Entscheidung zum Terminrahmen
E Verträge	Mitwirken bei der Erstellung einer Vergabestruktur für das Gesamtprojekt	Dokumentation [...] Vergabe- und Vertragsstruktur für das Gesamtprojekt und deren Fortschreibung	Informieren über Einflussfaktoren auf das Gesamtprojekt, Entscheidung über Vergabe- u. Vertragsstruktur
	Aufstellen der Leistungsanforderungen für die [...] fachlich Beteiligten sowie der Gutachter u. Sonderfachleute	Leistungsbilder und Zusammenstellungen von sonstigen Vorgaben zu Leistungsumfang und -zielen [...]	Informieren ü. Vorgaben zu Leistungsanforderungen, Entscheidung ü. vorgeschlagene Leistungsanforderungen

1.3 Leistungsbild und Vergütungen

Grundsätzlich kann die Honorierung von Projektmanagementleistungen zwischen den Vertragspartnern frei geregelt werden. Das AHO-Heft Nr. 9 schlägt alternative Bestimmungen für die Ermittlung vor:

- Honorierung nach anrechenbaren Kosten (gemäß den AHO-Honorartafeln)
- Honorierung nach Zeitaufwand/projektspezifischer Kalkulation (Personal- und Sachkosten)

Sollten die Vertragspartner für die Vergütung auf die AHO-Leistungs- und Honorarordnung verweisen, jedoch keine andere Vorgehensweise vereinbaren, gilt die Honorierung nach den anrechenbaren Kosten. Grundlage für die Ermittlung der anrechenbaren Kosten ist, falls nicht anderweitig vereinbart, die Kostenberechnung nach DIN 276 [8.7]. Relevante Kostengruppen sind die Kostengruppen 200 bis 700, jedoch ohne 711, 712 und 713. Allerdings weichen die Projektklassen (PK) und Honorartafeln im AHO-Heft Nr. 9 (Tab. 8.5b) ab und sind den Rahmenbedingungen von Projektmanagementleistungen angepasst. Es werden mittlere Projektlaufzeiten berücksichtigt. Bei längeren Laufzeiten wird die Prüfung einer Vergütungsanpassung empfohlen. Für die Zuordnung der Projekte zu Projektklassen gemäß ihrer Komplexität und dem Grad der Projektsteuerungsanforderungen werden die in der Tabelle 8.5a genannten Bewertungskriterien herangezogen.

Tab. 8.5a: Definition Projektklassen nach AHO-Heft Nr. 9 (vgl. [8.4])

PK	Beschreibung	Bewertungsbereiche
I	Projekte mit sehr geringen Projektsteuerungsanforderungen	- Auftraggeberorganisation - Projektstruktur - Stakeholderumfeld - Qualitätsziele - Kostenziele - Terminziele
II	Projekte mit geringen Projektsteuerungsanforderungen	
III	Projekte mit durchschnittlichen Projektsteuerungsanforderungen	
IV	Projekte mit überdurchschnittlichen Projektsteuerungsanforderungen	
V	Projekte mit sehr hohen Projektsteuerungsanforderungen	

Tab. 8.5b: Auszug Honorartafel § 6 – Teil 1 und 2, AHO-Heft Nr. 9 [8.4]

Anrechenbare Kosten in Euro	Honorare in Euro				Orientierungswert
	Projektklasse II von	Projektklasse II bis / Projektklasse III von	Projektklasse III bis / Projektklasse IV von	Projektklasse IV bis	Laufzeit in Monaten
15.000.000	404.699	495.189	571.278	-	30,0
50.000.000	845.033	1.023.747	1.174.945	-	42,0
100.000.000	1.511.470	1.833.663	2.106.969	-	51,0
250.000.000	3.234.710	3.929.324	4.519.980	-	63,4

Die in den Honorartafeln aufgelisteten Honorare beziehen sich auf die Kombination der Unternehmereinsatzformen Einzelplaner und Einzelgewerke für Bauleistungen. Für den Einsatz von Generalplanern (GP) und Generalunternehmern (GU) (sog. Kumulativleistungsträger) werden abgeminderte Honorarsätze vorgeschlagen, die den reduzierten Steuerungsaufwand des Projektmanagements berücksichtigen. Diese sind Tabelle 8.5c zu entnehmen.

Tab. 8.5c: Honoraranteile bei Einsatz von Kumulativleistungsträgern (Angaben in %) [8.4]

AHO-Projektstufe	HOAI-Phase	AHO-Honorar-aufteilung	Einzelplaner/ GU: GU *(ohne Lph. 5)*	Einzelplaner/ GU: GU *(mit Lph. 5)*	GP (1-8)/ Einzel-firmen	GP/GU: Lph. 5 bei GP	GP/GU: Lph. 5 bei GU	Total-unter-nehmer *nach PE*
(I) Projekt-vorbereitung	1	19	19	19	16	16	16	19
(II) Planung	2, 3, 4	21	21	21	16	16	16	13
(III) Ausführungs-vorbereitung	5, 6, 7	22	20	18	20	18	16	9
(IV) Ausführung	8	30	23	23	28	23	23	20
(V) Projekt-abschluss	8	8	6	6	7	6	6	5
		100	89	87	87	79	77	66

Bei der Honorierung über den Zeitaufwand basiert die Vergütung auf dem tatsächlich anfallenden Personalaufwand (Abrechnungsauftrag) oder einer Pauschale, die auf einem geschätzten Personalaufwand beruht (Pauschalauftrag). Zur Berechnung des Honorars werden Monats- bzw. Tagesverrechnungssätze vorgeschlagen, die sowohl die direkten Personalkosten aus Gehalt, Soziallöhnen und Sozialkosten als auch die indirekten Personalkosten aus Geschäftsführung, Sekretariat, allgemeinen Geschäftskosten sowie Gewinn enthalten. Diese sind Tabelle 8.5d zu entnehmen. Die projektbezogenen Nebenkosten sind über einen projektspezifischen Prozentsatz der Verrechnungssätze zu berücksichtigen – von der AHO werden 5 % des maßgeblichen Honorars vorgeschlagen. Die Umsatzsteuer ist in den Sätzen nicht enthalten.

Tab. 8.5d: Personalverrechnungssätze für projektbezogene Einsatzzeiten der Projektsteuerung gem. § 2 AHO-Heft Nr. 9 [8.4]

Funktion	Monatsverrechnungssatz	Tagesverrechnungssatz
Projektleiter/in	18 000 – 23.000 €/Monat	1.000 – 1.300 €/Tag
Projektbearbeiter/in (Senior)	15.000 – 18.000 €/Monat	800 – 1.000 €/Tag
Projektbearbeiter/in (Junior)	13.000 – 15.000 €/Monat	700 – 800 €/Tag
Projektassistent/in	9.000 – 11.000 €/Monat	500 – 600 €/Tag

Beispiel: **Honorarermittlung für Projektmanagementleistungen nach AHO-Heft Nr. 9**

Aufgabe: Gemeinsam mit einem Auftraggeber wurden Projektmanagementleistungen vereinbart, für die ein Honorar errechnet werden soll. Als Vergabemodell ist der Einsatz von Einzelplanern und Einzelgewerken für die Ausführung vorgesehen.

Randbedingungen:
- *Leistungsumfang:* Grundleistungen der Projektstufen 1, 2 und 3 u. Steuern der Zertifizierungsprozesse
- *Honorare mit Auftraggeber vereinbart:* Grundleistungen gemäß Honorartafeln (Mittelwert); Besondere Leistungen werden mit 0,3 % der anrechenbaren Kosten vergütet
- *Anrechenbare Kosten Projekt:* 26.000.000 €
- *Bewertungspunkte:* Komplexität der Projektorganisation 2; Spezifische Auftraggeberroutine 4; Besonderheiten in den Projektinhalten 6; Risiko der Projektrealisierung 7; Terminvorgaben 1; Kostenvorgaben 4

Schritt 1: *Ermittlung Honorarzone:* Summe Bewertungspunkte 2 + 4 + 6 + 7 + 1 + 4 = 24
➔ HZ III (Tab. 8.5c)

Schritt 2: *Ermittlung Honorarsatz:* Honorar aus Honorartafel (Tab. 8.5d) ablesen
Interpolation notwendig

$$\left(\frac{549.967+650.705}{2}\right)+\frac{\left(\frac{836.969+710.700}{2}\right)-\left(\frac{549.967+650.705}{2}\right)}{25.000.000-20.000.000}\times(26.000.000-20.000.000)=808.534{,}20\ €$$

Schritt 3: *Ermittlung Honorare für Grundleistungen:* Prozente aus Tab. 8.5c

1 Projektvorbereitung 19 %	808.534,20 × 0,19 =	153.621,50 €
2 Planung 21 %	808.534,20 × 0,21 =	169.792,18 €
3 Ausführungsvorbereitung 22 %	808.534,20 × 0,22 =	177.877,52 €
	Summe =	501.291,20 €

Schritt 4: *Ermittlung Honorare für besondere Leistungen:*
Steuern der Zertifizierungsprozesse 26.000.000 × 0,003 = 78.000 €

Schritt 5: *Ermittlung Honorar gesamt (o. Mehrwertsteuer)* 501.291,20 + 78.000 = **579.291,20 €**

1.4 Projektmanagementziele

Ein Projekt ist dann erfolgreich, wenn die erzielten Ergebnisse den vereinbarten Zielen entsprechen. In Tabelle 8.7 sind Beispiele für Zielvorgaben für unterschiedliche Zielgruppen im Projektmanagement zusammengefasst.

Tab. 8.7: Projektmanagementziele

Zielgruppen	Zielvorgaben
Organisation, Information, Koordination und Dokumentation	- eindeutige und klare Projektorganisation - reibungsloser Projektablauf - schnelle, richtige, umfassende Information - rechtzeitige, richtige Entscheidungen - einwandfreie, vollständige Dokumentation - klare Regularien zum Controlling der Ziele
Qualitätsziele	- bedarfs- und funktionsgerechte Vorgaben der Nutzung - eindeutige Vorgabe der standortrelevanten Rahmenbedingungen - Grundstück, Bebauungsplan, Bodenrecht, Erschließung, Umweltfragen - Schaffen optimaler Vorgaben für Bauplanung und Wettbewerb - Festlegen der Nachhaltigkeitsziele - hohe Qualität in Planung und Ausführung - Einschalten qualifizierter Firmen unter Beachtung unternehmensspezifischer Auftraggeberziele - rechtzeitige und richtige Entscheidung in Planung und Bauablauf - wirtschaftliche Abwicklung aller Vergaben, frühzeitige Beauftragung
Kostenziele	- angemessenes Budget für Investitionen und Folgekosten - reibungslose Rechnungs- und Zahlungsabwicklung - rechtzeitige Mittelbereitstellung - Einhalten der definierten Kostenziele bzw. Unterschreitung bei gleichzeitiger Erreichung aller anderen Projektziele
Terminziele	- Vorgabe eines realistischen Terminrahmens für Planung und Bau - zielorientierte Terminsteuerung der Planung unter Ausschöpfung der beauftragten Planerkapazitäten im Rahmen des formulierten Generalterminplans - rechtzeitige Beauftragungen, Genehmigungen, Entscheidungen - Einhaltung und Erreichung des vorgegebenen Vertragsablaufplans - fristgerechte Übergabe, Inbetriebnahme
Vertragsziele	- eindeutige Verträge - qualifizierte Planungs- und Projektbeteiligte - rechtzeitige Beauftragungen - versicherungstechnische Absicherung unvorhersehbarer Risiken

1.5 Projektorganisation und Vergabemodelle

Das Ziel der Projektorganisation besteht darin, eine reibungslose Projektabwicklung zu ermöglichen. Die Projektorganisation umfasst die Aufbau- und Ablauforganisation zur Abwicklung eines bestimmten Projekts. Folgende Aufgaben zählen allgemein zur Projektorganisation [8.2]:

- Aufstellen der Projektstruktur
- Festlegen der Aufbauorganisation mit Zuordnung der Aufgaben, Kompetenzen und Verantwortwortlichkeiten zu den einzelnen Organisationseinheiten
- Sicherstellen zielgerichteter Informationsflüsse
- Festlegen von rationellen Arbeits- und Entscheidungsabläufen (Ablauforganisation)

Zu den wesentlichen Aufgaben des Projektmanagements gehört die frühzeitige Festlegung der Projektorganisations- und Vergabeform. Hierbei muss sowohl aufgrund der Größe und Komplexität eines Projekts als auch auf Basis der Bereitschaft des Auftraggebers, selbst Leistungen innerhalb des Projekts zu übernehmen, eine geeignete Organisationsform gewählt werden. Folgende Festlegungen sind dabei zu treffen:

- Welche Leistungen werden zur Erfüllung der Projektaufgabe und zur Erreichung der Projektziele benötigt (Definition Leistungsträger)?
- In welchen Paketen werden die einzelnen Leistungsträger zusammengefasst (Klärung der Schnittstellen aus Bauherrensicht)?
- Zu welchem Zeitpunkt werden die Leistungsträger in das Projekt eingebunden (Festlegung des Zeitpunkts der Vergabe)?
- Auf welche Art und Weise bzw. durch welchen Prozess werden die Leistungsträger in das Projekt eingebunden (Festlegung des Vergabemodells)?
- Mit Hilfe welcher Kriterien werden die Leistungsträger ausgewählt (Vergabekriterien)?

Tab. 8.8: Gegenüberstellung grundsätzlicher Formen der Aufbauorganisation (vgl. [8.8])

Organisationsform	Größte Vorteile	Größte Nachteile	Beweglichkeit	Motivation der Mitarbeiter
Linienorganisation 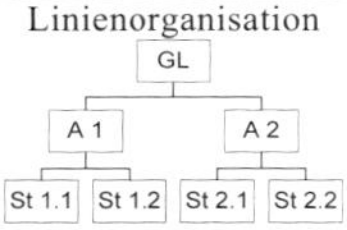	klare Führung klare Weisung	langsam förmlich	gering	gering
Stab-Linienorganisation 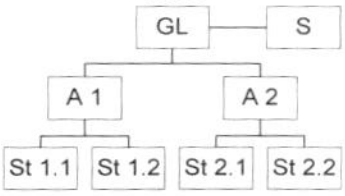	Spezialberatung der Linienstellen bei eindeutiger Weisungskompetenz	aufwendig bei kleinen Firmen Stab nicht ausgelastet	mittelgroß	groß
Matrixorganisation 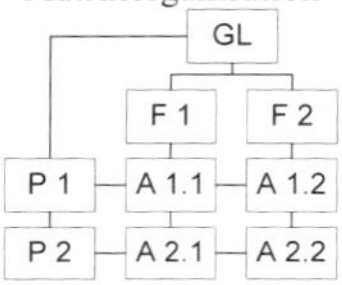	Spezialisten wirken zusammen	Spannungen durch viele Berührungspunkte	mittel	mittel

Abkürzungen: GL: Gesamtleitung; S: Stabsstelle; A: Abteilung; St: Stelle; P: Projektleitung; F: Fachbereichsleitung

Öffentliche Auftraggeber sind im Rahmen der Festlegung der Projektorganisationsform und des Vergabemodells an gesetzliche Regelungen und Vergabeverordnungen gebunden. Diese Regelungen dienen primär der Sicherstellung eines ausreichenden Wettbewerbs und einer Gleichbehandlung der Bieter. Zudem soll mit einem transparenten und geordneten Vergabeverfahren Korruption im Rahmen der öffentlichen Beschaffung vorgebeugt werden. Im Rahmen der öffentlichen Vergabe ist im Grundsatz eine Losvergabe vom Gesetzgeber privilegiert. Hierdurch soll eine mittelstandsfreundliche Beschaffung im öffentlichen Vergabewesen erreicht werden. Bei Vorliegen wirtschaftlicher oder technischer Gründe kann jedoch von diesem Grundsatz abgewichen werden und eine Zusammenfassung von Losen erfolgen. Private Auftraggeber sind in der Wahl ihrer Projektorganisationsform und des Vergabemodells an keine gesetzlichen Regelungen gebunden. In der Praxis haben große Unternehmen im Rahmen ihrer Beschaffungsstrategie eigene Prozesse entwickelt.

Ein zusätzlicher Aspekt ist die Einbindung partnerschaftlicher Elemente in die Abwicklung von Projekten. Hierdurch werden eine kooperative Abwicklung von Bauvorhaben gefördert und das Konfliktpotenzial erheblich reduziert. Insbesondere bei Vergabemodellen mit frühzeitiger Einbindung von Ausführungsbeteiligten kommen partnerschaftliche Elemente im Rahmen der Vergabe zum Einsatz. Verschiedene Projektabwicklungsmodelle, wie z.B. Integrated Project Delivery (IPD), Project Alliancing oder die Integrierte Projektabwicklung (IPA), setzen auf eine frühzeitige Beteiligung aller Kernbeteiligten, um Projekte erfolgreich abzuwickeln. Bei IPA handelt es sich um ein Projektabwicklungsmodell für anspruchsvolle Bauprojekte, welches speziell für Deutschland erarbeitet wurde. Seit 2018 wird IPA von öffentlichen und privaten Auftraggebern umgesetzt. Das IPA-Zentrum hat eine Modellbeschreibung erarbeitet, um IPA von anderen Projektabwicklungsmodellen abgrenzen zu können. Dazu wurden 8 Charakteristika erarbeitet, deren 21 Modellbestandteile zugeordnet werden können. Um Projekte IPA zuzuordnen zu können, müssen alle 21 Modellbestandteile, u.a. Risikomanagementsystem, Mehrparteienvertrag usw. vorhanden sein. [8.9]

Tab. 8.9: Gegenüberstellung Projektorganisations- und Vergabemodelle (vgl. [8.10])

Organisationsform	Beschreibung	Größte Vorteile	Größte Nachteile
Projektleitung generell	Projektleitung durch Bauherrn o. extern eingesetzten Projektleiter	- professionelle Abwicklung gewährleistet	- Kosten - Delegation Entscheidungsbefugnis problematisch
Konventionelle Abwicklung	mit Einzelplanern und Einzelunternehmern	- Auswahl aus besten Spezialisten - Gewerke können unabhängig voneinander vergeben werden - flexible Abwicklung	- hoher Koordinationsaufwand - Kostensicherheit erst zu einem späten Zeitpunkt - Haftung problematisch
Generalplaner	Planung in einer Hand entweder durch Büro oder durch Büro mit Subunternehmen	- eindeutige Planerhaftung - keine Koordinationsaufgaben für Projektleitung	- geringe Einflussmöglichkeit des Bauherrn bei Planerwahl - Haftungshöhe beschränkt
Generalunternehmer (GU)	Ausführung in einer Hand. Einzelne Bauaufgaben führt der GU selbst aus	- eindeutige Haftung - Wegfall Koordinationsaufgaben für den Bauherrn	- geringe Einflussmöglichkeiten des Bauherrn bei Subunternehmerwahl - frühzeitige Vergabereife gefordert - geringere Flexibilität
Total-unternehmer (TU)	Ausführung ist in einer Hand, ohne dass TU Bauleistungen selbst ausführt	- eindeutige Haftung - Wegfall Koordinationsaufgaben für die Projektleitung	- geringe Einflussmöglichkeiten des Bauherrn bei Subunternehmerwahl - frühzeitige Vergabereife gefordert - geringere Flexibilität
Generalübernehmer (GÜ)	gesamte Ausführung und ggf. Teile der Planung in einer Hand. Einzelne Bauaufgaben führt der GÜ selbst aus	- eindeutige Haftung - Wegfall Koordinationsaufgaben für die Projektleitung - frühe Kostensicherheit	- geringe Einflussmöglichkeit des Bauherrn - geringe Flexibilität - schwierige Leistungskontrolle durch den Bauherrn
Totalübernehmer (TÜ)	gesamte Ausführung und Planung in einer Hand. TÜ führt keine Bauaufgaben selbst aus	- eindeutige Haftung - Wegfall Koordinationsaufgaben für die Projektleitung - frühe Kostensicherheit	- geringe Einflussmöglichkeit des Bauherrn - geringe Flexibilität - schwierige Leistungskontrolle durch den Bauherrn
Bauträger	Nutzer oder beauftragte Projektleitung kauft das Projekt, das der Bauträger errichtet	- AG ist mit der Projektrealisierung nicht belastet - Kostensicherheit - eindeutige Haftung	- keine Einflussmöglichkeit des Bauherrn - geringe Flexibilität - Komfort und Risiko müssen bezahlt werden
Integrierte Projektabwicklung (IPA) mit Mehrparteienvertrag	Bauherr und Schlüsselpartner für Planung und Bau schließen zu Beginn einen Vertrag mit gemeinsamen Projektzielen und einem Anreizmodell. Es wird eine integrierte Projektorganisation installiert.	- Angleichung der ökonomischen Interessen im Hinblick auf die Projektziele des Bauherrn - Förderung von kooperativem Verhalten - Anreize zur Vermeidung von Verschwendung	- Höherer Aufwand in den frühen Projektphasen - Für Erstanwender höhere Transaktionskosten durch geänderte Vorgehensweise (Aufwand für Lernen)

1.6 Konfliktlösungsverfahren

Bauprojekte weisen i.d.R. ein sehr hohes Konfliktpotenzial auf. Konflikte können vor, während und nach der Ausführung der Bauleistungen auftreten. Gründe für das hohe Konfliktpotenzial sind häufig u.a.:

- hoher Komplexitätsgrad der Bauprojekte (Dynamik, Unsicherheit etc.)
- hohe Anzahl der Projektbeteiligten und zahlreiche Schnittstellen
- hoher Koordinationsaufwand
- unterschiedliche Zielvorstellungen der Beteiligten
- unrealistische Projektziele
- Zusammenarbeit mit immer neuen Projektpartnern
- unzureichendes Projektmanagement (Zieldefinition, Bedarfsermittlung, Kommunikation, Dokumentation etc.)
- kein aktives Konfliktmanagementsystem

Tab. 8.10: Streitlösungsverfahren (vgl. [8.11] und [8.12])

	Merkmale	Ablauf	Vorteile	Nachteile
Schiedsgericht	- kontradiktorisch - streitorientiert - anspruchsorientiert - delegierte Verantwortung - Schiedsspruch verbindlich	- Einleitung Schiedsgerichtsverfahren - Ernennung des Schiedsgerichts - Zustellung Klageschrift - Erwiderung - Beweisaufnahme und Erörterungstermin - Schiedsspruch	- ggf. Einbeziehung Dritter möglich - Schiedsgericht fachlich kompetent	- Verfahrensdauer oft lang - starre Verfahrensregeln - Dialog zwischen Streitparteien beschränkt
Schiedsgutachten	- kontradiktorisch - streitorientiert - anspruchsorientiert - delegierte Verantwortung - Schiedsgutachten verbindlich	- Vereinbarung und gemeinsame Beauftragung Sachverständiger - Feststellung kritischer Sachverhalte - Erstellung verbindliches Schiedsgutachten	- selbstbestimmte Auswahl fachlich kompetenter Gutachter - Entscheidung innerhalb kurzer Fristen - geringe Kosten im Vergleich zu Gerichtsverfahren	- Dialog zwischen Streitparteien beschränkt - beschränkt auf konkrete Sachverhaltsprüfungen
Adjudikation	- kontradiktorisch - streitorientiert - anspruchsorientiert - delegierte Verantwortung - vorläufig bindende Entscheidung	- schriftlicher Antrag - Benennung Adjudikator - Einreichung Antragsschrift - Erwiderung - Erörterungstermin - Adjudikationsentscheidung	- Adjudikator fachlich kompetent - Entscheidung innerhalb kurzer Fristen - geringe Kosten im Vergleich zu Gerichtsverfahren - Entscheidung gerichtlich überprüfbar	- Ergebnis vorläufig bindend - Dialog zwischen Streitparteien beschränkt
Schlichtung	- konsensual - anspruchsorientiert - z.T. delegierte Verantwortung - Akzeptanz ist Voraussetzung für Gültigkeit	- Schlichter einvernehmlich bestimmt - schriftliche Darlegung - Stellungnahme - Sitzungen zw. Parteien und Schlichter - Erörterungstermin - Schlichterspruch	- fördert kooperative Verhaltensweisen - einvernehmliche Lösung - Schlichter kann Lösungsvorschläge unterbreiten	- beide Parteien müssen vollständig dahinter stehen - ggf. Zeitverlust bei Nichteinigung
Mediation	- konsensual - Kooperation - interessenorientiert - Selbstverantwortung der Parteien - einvernehmliche Lösung	- Mediationsvertrag - Auftragsklärung - Bestandsaufnahme Konfliktpunkte - ausarbeiten Interessen - Lösungsalternativen - Vereinbarung einer Lösung	- kooperative Lösungsfindung - einvernehmliche Lösung - Vertraulichkeit - kostengünstig, insbes. bei hohen Streitwerten - zeitnahe Klärung möglich	- beide Parteien müssen vollständig dahinter stehen - ggf. Zeitverlust bei Nichteinigung

Nicht gesteuerte Konflikte können zu erheblichen Reibungsverlusten und Mehraufwendungen für alle Projektbeteiligten und zur Gefährdung der Erreichung der Projektziele führen. Um dies zu verhindern, gehört es zu den Aufgaben des Projektmanagements, ein funktionierendes Konfliktmanagementsystem für das Bauprojekt zu installieren. Hierzu gehören z.B. Regelungen, die beschreiben, auf welcher Ebene und mit welchen Fristen Konflikte bearbeitet werden müssen, wenn die Projektbeteiligten auf der Arbeitsebene nicht rechtzeitig zu einer einvernehmlichen Lösung gelangen.

Um Streitigkeiten am Bau beilegen zu können, ohne dass ein staatliches Gericht eingeschaltet werden muss, hat der deutsche Beton- und Bautechnik-Verein e.V. in Zusammenarbeit mit der deutschen

Gesellschaft für Baurecht e.V. die Streitlösungsordnung für das Bauwesen (SL Bau) herausgegeben. In dieser Ordnung werden alternative Streitlösungsverfahren beschrieben.

Tab. 8.11a: Modell zur Konflikteskalation in Bauprojekten

Interne Eskalationsstufen			Externe Eskalationsstufen	
1. Stufe	**2. Stufe**	**3. Stufe**	**4. Stufe**	**5. Stufe**
Konfliktlösung durch Verhandlungen auf Arbeitsebene, z.B. durch Projektleiter der Vertragspartner	interne Eskalation, z.B. auf Ebene der Bereichs- oder Niederlassungsleitung	weitere interne Eskalation, z.B. auf Ebene Geschäftsführung/Vorstand	externe Eskalation unter Einbindung eines Dritten in einem konsensualen Verfahren, z.B. Mediation	weitere externe Eskalation unter Einbindung eines Dritten in einem kontradiktorischen Verfahren, z.B. Schiedsgericht
→ zunehmender Grad der Konflikteskalation				

1.7 Ablauf- und Terminplanung

Durch die Ablaufplanung soll die Reihenfolge von Vorgängen und Aktivitäten bestimmt werden. Mittels Berücksichtigung von Dauern und Abhängigkeiten ergibt sich aus der Ablaufplanung ein Terminplan. Sowohl Ablauf- als auch Terminpläne können in verschiedenen Formen dargestellt werden. Verschiedene Aspekte der Ablauf- und Terminplanung sind [8.13]:

- Festlegung Terminvorgaben
- Projektorientierte Terminplanung (Schnittstellen zwischen Beteiligten) und Koordination
- Produktionsorientierte Terminplanung (Einzeltätigkeiten) und Ressourceneinsatz

Bei der Erstellung von Ablauf- und Terminplänen ist folgendes Vorgehen zu empfehlen [8.8]:

- Gliederung eines Bauwerks in möglichst gleiche Bauteile (Bauprodukte), Bauabschnitte,
- Ermittlung der dazugehörigen Teilmengen,
- Festlegung der Teilprozesse nach Art, Reihenfolge und Folgezeit (evtl. Taktablauf),
- Ermittlung der Dauern der einzelnen Teilprozesse,
- Ermittlung des erforderlichen Potenzials an Arbeitskräften bzw. Maschinen.

Unabhängig von der Form müssen in der Terminplanung Puffer berücksichtigt werden. Mit dem Begriff „Puffer" ist eine Zeitspanne beschrieben, um die die Lage eines Prozesses verschoben werden kann. Sobald eine Folge von Tätigkeiten ausschließlich aus Vorgängen besteht, deren gesamte Pufferzeit ein Minimum ist, wird diese Folge von Tätigkeiten „Kritischer Weg" genannt.

1.7.1 Detaillierungsgrad von Terminplänen

Tab. 8.11b: Detaillierungsgrade von Terminplänen (vgl. [8.2])

Detaillierungsgrad	Schwerpunkt	Maßnahmen	Genauigkeit
Terminrahmen	ergebnisorientierte „Fokussierung" auf bedeutende Meilensteine	- Festlegung Meilensteine - Abschätzung Vorgangsdauern durch Näherungsverfahren	steigt ↓
Steuerungsterminplan (Gesamtprojekt)	vorgangs- und ergebnisorientiert	- Fixierung Vertragstermine - Kennzeichnung „kritischer Weg"	
Steuerungsterminplan	vorgangsorientiert	- Verfeinerung der Einzelvorgänge - Grundlage für fortlaufende Terminüberwachung (Soll-Ist-Vergleich)	
Detailterminplan	vorgangsorientiert	- detaillierte Verfeinerung einzelner Bauteile - eindeutige Festlegung der Vertragstermine für die ausführenden Firmen	

Ein Projekt durchläuft mehrere Planungsebenen, in denen die Darstellungsformen unterschiedliche Anforderungen erfüllen müssen. So müssen je nach Planungsebene Parameter, wie z.B. der Zeitmaßstab oder der Detaillierungsgrad, angepasst werden. Dementsprechend können sich Merkmale, wie z.B. die Anzahl der Vorgänge oder die Größe der Darstellung, je nach Detaillierungsgrad ändern.

1.7.2 Anordnungsbeziehungen von Teilvorgängen

Nachdem die einzelnen Teilprozesse, die in einem Ablauf- bzw. Terminplan dargestellt werden sollen, identifiziert sind, müssen diese in eine zielführende Reihenfolge gebracht werden. Außerdem müssen die Anordnungsbeziehungen der Teilprozesse untereinander bestimmt werden. Beeinflusst werden die Anordnungsbeziehungen entweder durch technische Abhängigkeiten, wie z.B. Erhärtungszeiten von Beton, oder durch kapazitative Abhängigkeiten, wie z.B. Verfügbarkeit von Geräten. Bei Netzplänen werden die Anordnungsbeziehungen durch Koppelabstände ergänzt. Der zeitliche Zusammenhang innerhalb der Anordnungsbeziehung wird dabei mithilfe einer konkreten Zeitangabe festgelegt. Die dabei möglichen Anordnungsbeziehungen sind in Abbildung 8.12 grafisch dargestellt.

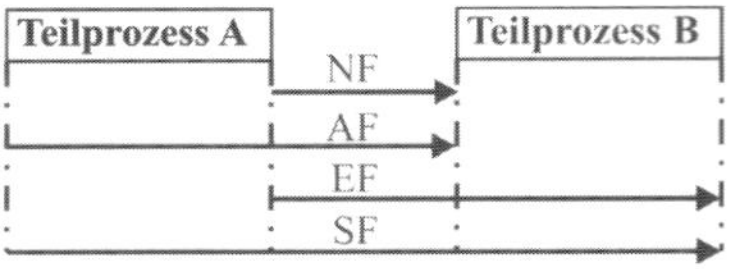

Anordnungsbeziehungen:
NF = Normalfolge (Ende-Anfang)
AF = Anfangsfolge (Anfang-Anfang)
EF = Endfolge (Ende-Ende)
SF = Sprungfolge (Anfang-Ende)

Abb. 8.12 Anordnungsbeziehungen Teilprozesse [vgl. 8.7]

1.7.3 Balkenplan

Der Balkenplan ist eine der häufigsten Darstellungsarten von Terminplänen. In einem Balkenplan wird jeder Teilprozess durch einen separaten horizontalen Balken dargestellt, dessen Länge proportional zur Dauer des dargestellten Teilprozesses ist. Neben der Komponente „Dauer“ sollen idealerweise auch die Anordnungsbeziehungen der einzelnen Teilvorgänge untereinander dargestellt werden, wobei im Balkenplan i.d.R. keine Koppelabstände abgebildet sind. Bei der Erstellung müssen folgende Bearbeitungsschritte durchgeführt werden (vgl. [8.14]):

- Festlegung Planungsebene,
- Festlegung Zeitmaßstab entsprechend der Planungsebene,
- Bestimmung erforderlicher Teilprozesse,
- Festlegung des Formats,
- Auftrag des Zeitmaßstabs auf der Abszisse, z.B. in Tagen, Wochen oder Monaten,
- Auftrag der Abfolge der Teilprozesse entlang der Ordinate,
- Abschätzung bzw. Bestimmung der Dauern der einzelnen Teilprozesse,
- Bestimmung der Anordnungsbeziehungen zwischen den Teilprozessen,
- Eintragung der Balken anhand der Anordnungsbeziehungen und Dauern.

Beispiel: Erstellung Feinterminplan zur Errichtung einer gepflasterten Einfahrt (Balkenplan)

Aufgabe: Im Rahmen des Baus eines Einfamilienhauses soll eine Garage über eine gepflasterte Einfahrt mit der Straße verbunden werden. Da die Arbeiten am Haus bereits weit fortgeschritten und Lagerflächen deshalb begrenzt sind, soll das Material für die Einfahrt produktionssynchron (just in time) angeliefert werden. Um die genauen Zeitpunkte für die einzelnen Lieferungen festlegen zu können, soll ein Feinterminplan in Form eines Balkenplans erstellt werden.

Randbedingungen:
- *Maße Einfahrt:* Länge 16 m; Breite 2,5 m
- *Schichtdicken:* Aushub 0,35 m; Frostschicht 0,25 m; Bettungsmaterial 0,03 m
- *Teilprozesse:* Bodenaushub; Randsteine setzen; Frostschicht einbringen; Frostschicht verdichten; Bettung einbringen; Bettung glätten; Pflastersteine setzen; Sand einkehren und nachverdichten
- *Aufwandswerte (AW):* Die Aufwandswerte können aus der nachfolgenden Tabelle abgelesen werden
- *Anordnungsbeziehungen:* Normalfolge ohne Puffer
- *Zeitmaßstab:* Tägliche Arbeitszeit 8 $^{h}/_{Tag}$
- *Bauablauf:* Randsteine werden ausschließlich an den Längsseiten gesetzt

Teilprozess	AW Annahme	Rechnung	Dauer
Bodenaushub	0,25 $^{h}/_{m^3}$	0,25 $^{h}/_{m^3}$ × 16 m × 2,5 m × 0,35 m	3,5 h
Randsteine setzen	0,14 $^{h}/_{m}$	0,14 $^{h}/_{m}$ × 2 × 16 m	4,5 h
Frostschicht einbringen	0,6 $^{h}/_{m^3}$	0,6 $^{h}/_{m^3}$ × 16 m × 2,5 m × 0,25 m	6 h
Frostschicht verdichten	0,1 $^{h}/_{m^2}$	0,1 $^{h}/_{m^2}$ × 16 m × 2,5 m	4 h
Bettung einbringen	0,4 $^{h}/_{m^3}$	0,4 $^{h}/_{m^3}$ × 16 m × 2,5 m × 0,03 m	0,5 h
Bettung glätten	0,025 $^{h}/_{m^2}$	0,025 $^{h}/_{m^2}$ × 16 m × 2,5 m	1 h
Pflastersteine setzen	0,35 $^{h}/_{m^2}$	0,35 $^{h}/_{m^2}$ × 16 m × 2,5 m	14 h
Sand einkehren	0,025 $^{h}/_{m^2}$	0,025 $^{h}/_{m^2}$ × 16 m × 2,5 m	1 h
Nachverdichten	0,1 $^{h}/_{m^2}$	0,1 $^{h}/_{m^2}$ × 16 m × 2,5 m	4 h

Balkenplan

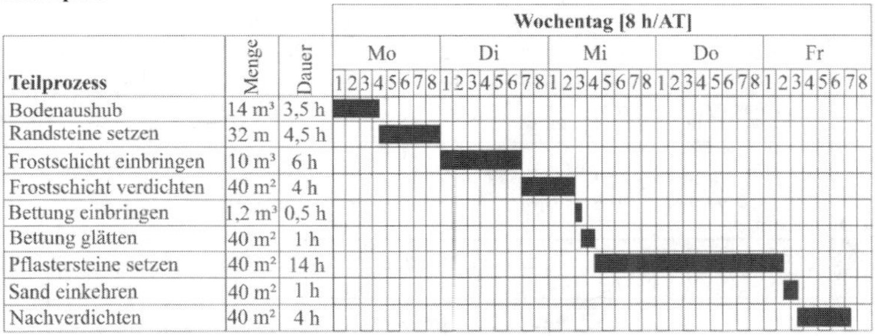

1.7.4 Weg-Zeit-Diagramm (Linienplan)

Zusätzlich zur Abbildung der Anordnungsbeziehungen und zu den Dauern von Teilprozessen wird in einem Weg-Zeit-Diagramm auch der zurückgelegte Weg dargestellt. Dabei kann der Arbeitsfortschritt sowohl in Längs- als auch in Höhenrichtung abgebildet werden. Bei der Darstellung einer Längserstreckung wird der Weg auf der Abszisse aufgetragen. Handelt es sich jedoch um die Darstellung einer Höhenerstreckung, wird der Weg auf der Ordinate aufgetragen. Die Zeit wird immer auf der Achse aufgetragen, die rechtwinklig zur Wegachse verläuft.

Das Vorgehen bei der Erstellung eines Weg-Zeit-Diagramms beinhaltet alle Arbeitsschritte, die auch zur Erstellung eines Balkenplans (Kap. 1.7.3) notwendig sind. Jedoch muss hier zusätzlich der Arbeitsfortschritt in Form des zurückgelegten Weges berücksichtigt werden.

Beispiel: Erstellung Feinterminplan zur Errichtung einer gepflasterten Einfahrt (Weg-Zeit-Diagramm)

Aufgabe: Im Rahmen des Baus eines Einfamilienhauses soll eine Garage über eine gepflasterte Einfahrt mit der Straße verbunden werden. Da die Arbeiten am Haus selbst schon weit fortgeschritten und Lagerflächen deshalb begrenzt sind, soll das Material für die Einfahrt produktionssynchron (just in time) angeliefert werden. Um die genauen Zeitpunkte für die einzelnen Lieferungen festlegen zu können, soll ein Feinterminplan in Form eines Weg-Zeit-Diagramms erstellt werden.

Randbedingungen:
- *Maße Einfahrt:* Länge 16 m; Breite 2,5 m
- *Schichtdicken:* Aushub 0,35 m; Frostschicht 0,25 m; Bettungsmaterial 0,03 m
- *Teilprozesse:* Bodenaushub; Randsteine setzen; Frostschicht einbringen; Frostschicht verdichten; Bettung einbringen; Bettung glätten; Pflastersteine setzen; Sand einkehren und nachverdichten
- *Aufwandswerte (AW):* Die Aufwandswerte können aus der nachfolgenden Tabelle abgelesen werden
- *Anordnungsbeziehungen:* Normalfolge ohne Puffer
- *Personal:* Es stehen zwei Arbeitskräfte zur Verfügung
- *Zeitmaßstab:* Tägliche Arbeitszeit 8 $^{h}/_{Tag}$
- *Bauablauf:* Randsteine werden ausschließlich an den Längsseiten gesetzt

Teilprozess	AW Annahme	Rechnung	Dauer	Menge/Meter
Bodenaushub	$0{,}25\ ^{h}/_{m^3}$	$0{,}25\ ^{h}/_{m^3} \times 16\ m \times 2{,}5\ m \times 0{,}35\ m$	$\frac{3{,}5\ h}{2} = 1{,}75\ h$	$\frac{14\ m^3}{16\ m} = 0{,}875\ ^{m^3}/_{m}$
Randsteine setzen	$0{,}14\ ^{h}/_{m}$	$0{,}14\ ^{h}/_{m} \times 2 \times 16\ m$	$\frac{4{,}5\ h}{2} = 2{,}25\ h$	$\frac{32\ m}{16\ m} = 2\ ^{m}/_{m}$
Frostschicht einbringen	$0{,}6\ ^{h}/_{m^3}$	$0{,}6\ ^{h}/_{m^3} \times 16\ m \times 2{,}5\ m \times 0{,}25\ m$	$\frac{6\ h}{2} = 3\ h$	$\frac{10\ m^3}{16\ m} = 0{,}625\ ^{m^3}/_{m}$
Frostschicht verdichten	$0{,}1\ ^{h}/_{m^2}$	$0{,}1\ ^{h}/_{m^2} \times 16\ m \times 2{,}5\ m$	$\frac{4\ h}{2} = 2\ h$	$\frac{40\ m^2}{16\ m} = 2{,}5\ ^{m^2}/_{m}$
Bettung einbringen	$0{,}4\ ^{h}/_{m^3}$	$0{,}4\ ^{h}/_{m^3} \times 16\ m \times 2{,}5\ m \times 0{,}03\ m$	$\frac{0{,}5\ h}{2} = 0{,}25\ h$	$\frac{1{,}2\ m^3}{16\ m} = 0{,}075\ ^{m^3}/_{m}$
Bettung glätten	$0{,}025\ ^{h}/_{m^2}$	$0{,}025\ ^{h}/_{m^2} \times 16\ m \times 2{,}5\ m$	$\frac{1\ h}{2} = 0{,}5\ h$	$\frac{40\ m^2}{16\ m} = 2{,}5\ ^{m^2}/_{m}$
Pflastersteine setzen	$0{,}35\ ^{h}/_{m^2}$	$0{,}35\ ^{h}/_{m^2} \times 16\ m \times 2{,}5\ m$	$\frac{14\ h}{2} = 7\ h$	$\frac{40\ m^2}{16\ m} = 2{,}5\ ^{m^2}/_{m}$
Sand einkehren	$0{,}025\ ^{h}/_{m^2}$	$0{,}025\ ^{h}/_{m^2} \times 16\ m \times 2{,}5\ m$	$\frac{1\ h}{2} = 0{,}5\ h$	$\frac{40\ m^2}{16\ m} = 2{,}5\ ^{m^2}/_{m}$
Nachverdichten	$0{,}1\ ^{h}/_{m^2}$	$0{,}1\ ^{h}/_{m^2} \times 16\ m \times 2{,}5\ m$	$\frac{4\ h}{2} = 2\ h$	$\frac{40\ m^2}{16\ m} = 2{,}5\ ^{m^2}/_{m}$

Weg-Zeit-Diagramm

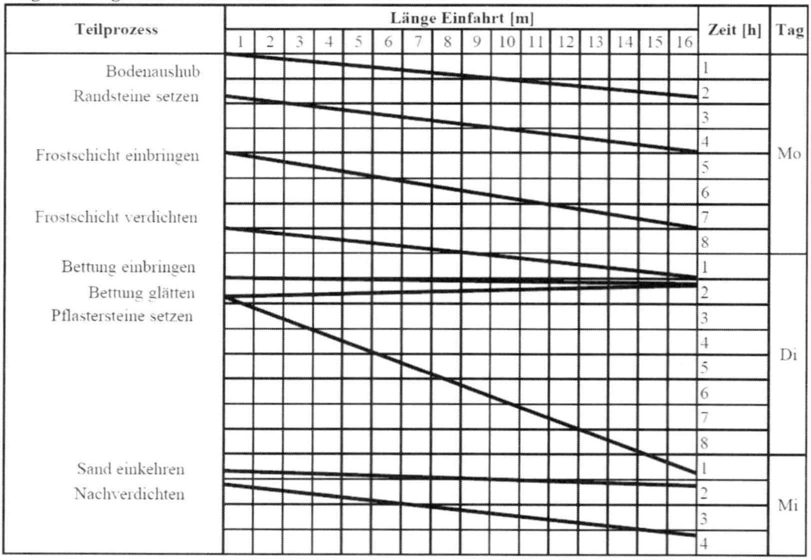

1.7.5 Netzplan

Im Bauwesen kommen zwei Netzplantechniken zum Einsatz:

- Vorgangspfeilnetzplan (CPM = critical path method)
- Vorgangsknotennetzplan (MPM = metra potential method)

In den Abbildungen 8.15a und 8.15b ist der grundsätzliche Aufbau der beiden Netzplantechniken grafisch dargestellt. Die beiden Techniken unterscheiden sich in der Darstellungsform der einzelnen Vorgänge. Beim CPM-Netzplan wird der Vorgang als Pfeil und beim MPM-Netzplan als Knoten dargestellt. Vor allem beim MPM-Netzplan wird eine Vielzahl an Informationen im Knoten dokumentiert. Da es keine allgemeingültige Form gibt, hängt das Aussehen des Knotens vom Informationsgehalt und den Präferenzen des Planers ab.

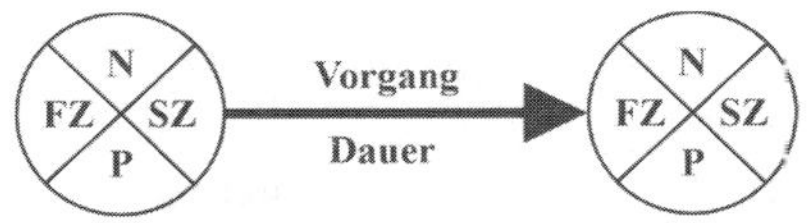

N	Knotennummer
FZ	Frühestmöglicher Zeitpunkt
SZ	Spätestmöglicher Zeitpunkt
P = SZ - FZ	Pufferzeit

Abb. 8.15a Aufbau CPM-Netzplan

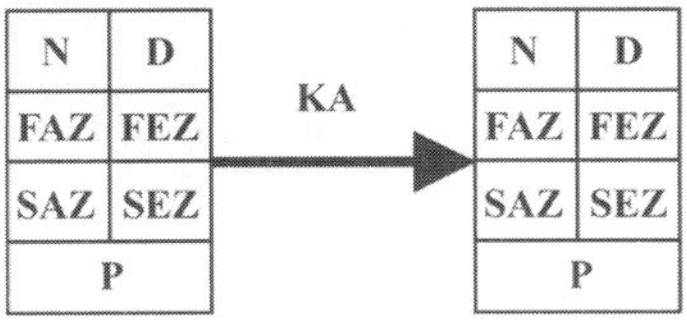

N	Knotennummer
D	Vorgangsdauer
FAZ	Frühester Anfangszeitpunkt
FEZ	Frühester Endzeitpunkt
SAZ	Spätester Anfangszeitpunkt
SEZ	Spätester Endzeitpunkt
KA	Koppelabstand
P	Puffer P = FAZ - SAZ

Abb. 8.15b Aufbau MPM-Netzplan

Beispiel: Erstellung Feinterminplan zur Errichtung einer gepflasterten Einfahrt (MPM-Netzplan)

Aufgabe: Im Rahmen des Baus eines Einfamilienhauses soll eine Garage über eine gepflasterte Einfahrt mit der Straße verbunden werden. Da die Arbeiten am Haus selbst schon weit fortgeschritten und Lagerflächen deshalb begrenzt sind, soll das Material für die Einfahrt produktionssynchron (just in time) angeliefert werden. Um die genauen Zeitpunkte für die einzelnen Lieferungen festlegen zu können, soll ein Feinterminplan in Form eines MPM-Netzplans erstellt werden. Die Vorgangsdauern können aus der Vorgangstabelle abgelesen werden und wurden im Beispiel aus Kapitel 1.7.4 ermittelt.

Randbedingungen:

- *Maße Einfahrt:* Länge 16 m; Breite 2,5 m
- *Schichtdicken:* Aushub 0,35 m; Frostschicht 0,25 m; Bettungsmaterial 0,03 m
- *Teilprozesse:* Bodenaushub; Randsteine setzen; Frostschicht einbringen; Frostschicht verdichten; Bettung einbringen; Bettung glätten; Pflastersteine setzen; Sand einkehren und nachverdichten
- *Aufwandswerte (AW):* Die Aufwandswerte können aus der nachfolgenden Tabelle abgelesen werden
- *Anordnungsbeziehungen:* Sind der Vorgangstabelle zu entnehmen
- *Personal:* Es stehen zwei Arbeitskräfte zur Verfügung
- *Zeitmaßstab:* Tägliche Arbeitszeit 8 $^{h}/_{Tag}$
- *Bauablauf:* Randsteine werden ausschließlich an den Längsseiten gesetzt

N	Bezeichnung	Dauer [h]	Nachfolger	Anordnungsbeziehung
A	Bodenaushub	1,75	C	Ende-Anfang 0
B	Randsteine liefern	0,25	C / D	Ende-Anfang 0 / Ende-Anfang 0
C	Randsteine setzen	2,25	E	Anfang-Anfang 2
D	Frostschicht liefern	0,25	E	Anfang-Anfang 0,25
E	Frostschicht einbringen	3	F / G	Ende-Anfang 0 / Ende-Anfang 0
F	Frostschicht verdichten	2	H	Ende-Anfang 0
G	Bettung liefern	0,25	H	Ende-Anfang 0
H	Bettung einbringen	0,25	I / J	Ende-Anfang 0 / Ende-Anfang 0
I	Bettung glätten	0,5	K	Ende-Anfang 0
J	Pflastersteine liefern	0,25	K	Ende-Anfang 0
K	Pflastersteine setzen	7	L	Ende-Anfang 0
L	Brechsand einkehren	0,5	M	Ende-Anfang 0
M	Nachverdichten	2	-	-

MPM-Netzplan

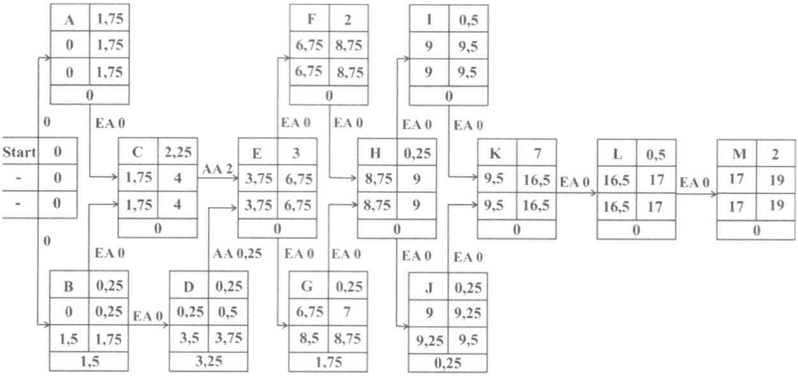

1.7.6 Vergleich der Darstellungsarten von Terminplänen

In Tabelle 8.16 werden die vorgestellten Darstellungsarten von Terminplänen mit ihren Vor- und Nachteilen und Anwendungsbereichen gegenübergestellt.

Tab. 8.16: Vergleich Darstellungsarten (vgl. [8.8] und [8.15])

	Balkenplan	**Weg-Zeit-Diagramm**	**Netzplan**
Vorteile	- leicht verständlich - gute Übersichtlichkeit - gute Kontrollmöglichkeit des zeitlichen Ablaufs	- leichte Verständlichkeit und Lesbarkeit - Verknüpfung Ort, Menge und Zeit - Ablaufgeschwindigkeit abbildbar	- gegenseitige Abhängigkeiten von Teilprozessen sind dargestellt - Änderungen und Auswirkungen auf den Gesamtprozess abbildbar
Nachteile	- unterschiedliche Leistungen eines Teilprozesses sind nicht darzustellen - Anordnungsbeziehungen nicht dargestellt	- Abhängigkeiten zwischen Vorgängen nicht ausgewiesen - Kritischer Weg fehlt - weniger geeignet für Fortschrittskontrolle der Tätigkeiten	- intensiv und aufwendig bei der Erstellung - wenig anschaulich und komplizierter zu lesen
Anwendung	- übliche Darstellung von Bauabläufen im Hochbau - Planung Arbeitsprozesse - Einsatzplanung Arbeitskräfte	- Bauprojekte mit Längs- oder Höhenstreckung, wie z.B. Straßen, Tunnel, Eisenbahnstrecken, Hochhäuser oder Schornsteine	- Projektmanagement komplexer Bauvorhaben - Koordination und Steuerung von Projekten

1.8 Ressourcenplanung

Die Ressourcen- oder auch Bereitstellungsplanung ist eine unternehmensspezifische Aufgabe, welche die Dimensionierung und Bereitstellung von Personal, Geräten, Material (Baustoffen), Nachunternehmerleistungen (NU-Leistungen) oder sonstigen Ressourcen zum Ziel hat. Nachunternehmer sind Unternehmen, die im Auftrag eines anderen Unternehmens Leistungen erbringen. Neben der Dimensionierung und Bereitstellung spielt die Qualität der Ressourcen eine wesentliche Rolle für den Erfolg einer Baumaßnahme. Da ein direkter Zusammenhang mit der Bauzeitenplanung besteht, ist die Ressourcenplanung ein Bestandteil der Bauablaufplanung.

Beispiel: Personalplanung anhand einer bestehenden Zeitschiene und von Aufwandswerten

Aufgabe: Anhand einer bestehenden Terminplanung soll die Personalplanung für die Herstellung von 12 Stahlbetonstützen durchgeführt werden.

a) Anhand der Aufwandswerte und Termine sollen die jeweiligen Kolonnenstärken je Vorgang bestimmt werden (Ausreichend Schalung für alle Stützen)

b) Es soll ein Mengen-Zeit-Diagramm erstellt werden.

Randbedingungen:
- Arbeitstag 8 h
- Nach 8 h beginnt ein neuer Arbeitstag, Überstunden werden nicht berücksichtigt.
- Abmessungen Stütze 0,5 x 0,75 x 3 m
- Bewehrungsgrad 0,5 t/m³
- Beim Vorgang „Betonieren" sind die Aushärtungszeiten inbegriffen.
- Die Anordnungsbeziehung zwischen den Vorgängen ist eine Normalfolge.

Termine:
- Baubeginn 01.03.
- Einschalen bis 03.03.
- Bewehren bis 06.03.
- Betonieren bis 10.03.
- Ausschalen bis 11.03.

Aufwandswerte:
- Einschalen 0,89 h/m²
- Bewehren 25 h/t
- Betonieren 7,14 h/m³
- Ausschalen 0,625 h/m²

a) *Benötigte Arbeitszeit:*

Einschalen: $0{,}89\ ^{h}/_{m^2} \times (2 \times 12 \times 0{,}5\ m \times 3\ m + 2 \times 12 \times 0{,}75\ m \times 3\ m) = 80{,}1\ h$

Bewehren: $25\ ^{h}/_{t} \times (12 \times 0{,}5\ m \times 0{,}75\ m \times 3\ m) \times 0{,}5\ ^{t}/_{m^3} = 168{,}75\ h$

Betonieren: $7{,}14\ ^{h}/_{m^3} \times (12 \times 0{,}5\ m \times 0{,}75\ m \times 3\ m) = 96{,}39\ h$

Ausschalen: $0{,}625\ ^{h}/_{m^2} \times (2 \times 12 \times 0{,}5\ m \times 3\ m + 2 \times 12 \times 0{,}75\ m \times 3\ m) = 56{,}25\ h$

Benötigte Kolonnenstärke: n = Benötigte Arbeitszeit/vorgegebene Arbeitszeit

Einschalen: n = 80,1 h/16 h = 5

Bewehren: n = 168,75 h/24 h = 7

Betonieren: n = 96,39 h/32 h = 3

Ausschalen n = 56,25 h/8 h = 7

b)

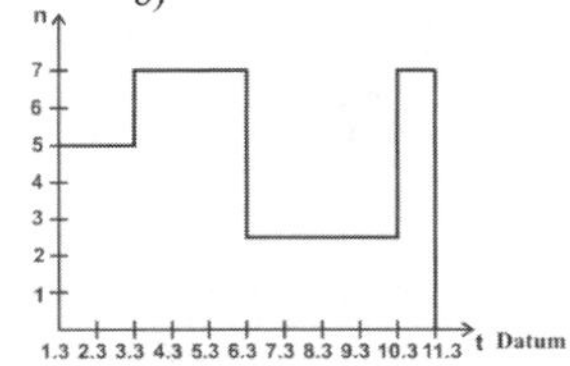

Tab. 8.17: Ressourcenplanung

Ressource	Ziel	Ablauf	Werkzeug
Personal	- Ermittlung Personalkapazität - Regulierung Personalkapazität	- Ermittlung der benötigten Personalanzahl pro Vorgang - Addition der notwendigen Arbeitskräfte in einem bestimmten Zeitraum	- Mengen-Zeit-Diagramm
Geräte	- in der Arbeitsvorbereitung begrenzt auf Leistungs- und Schlüsselgeräte - Auswahl, Dimensionierung und Bereitstellung	- Ermittlung der benötigten Geräte pro Vorgang - Ermittlung der benötigten Kapazitäten, um geplanten Baufortschritt zu realisieren - Abgleich mit Gerätebestand	- Gerätebedarfsliste
Material	- Baustoffbereitstellung in vorgegebener Quantität zur richtigen Zeit - angemessene Baustoffqualität	- Massen- und Mengenermittlung durchführen - Materiallisten erstellen - Rahmenkaufverträge für Massenbaustoffe abschließen - Terminplanung Bestellungen und Lieferungen	- Ressourcenplan
NU-Leistungen	- Beauftragung von Arbeiten, die nicht von eigenem Personal übernommen werden - Koordination NU auf Baustelle	- Ermittlung von Vorgängen, welche nicht vom eigenen Personal ausgeführt werden - Definition Arbeitspakete - Definition zu erbringender Qualitätsmerkmale	- Terminliste

2 Kalkulation

2.1 Einordnung der Kalkulation in das Rechnungswesen

Das Rechnungswesen lässt sich grundsätzlich in die Teilbereiche internes und externes Rechnungswesen unterteilen. Das interne Rechnungswesen besteht aus der Kosten- und Leistungsrechnung (KLR), welche die innerbetrieblichen Vorgänge bei der Erstellung von Leistungen betriebswirtschaftlich darstellt. Dazu gehört unter anderem die Bauauftragsrechnung, welche die auftragsbezogene Kostenermittlung von Bauleistungen beinhaltet und auch als Kalkulation bezeichnet wird. Ein weiterer Teil des internen Rechnungswesens ist die Baubetriebsrechnung, die die Kosten und Leistungen zur Planung und Kontrolle des baubetrieblichen Geschehens erfasst. Darunter fallen Vorgänge wie z.B. das Controlling, die Kostenartenrechnung oder die Ergebnisrechnung.

Das externe Rechnungswesen wird durch die Unternehmensrechnung zusammengefasst, die den außerbetrieblichen Werteverzehr einer Unternehmung aus den Geschäftsbeziehungen zur Umwelt beschreibt. Die Bilanz sowie die Gewinn- und Verlustrechnung (GuV) sind wesentliche hierfür eingesetzte Instrumente.

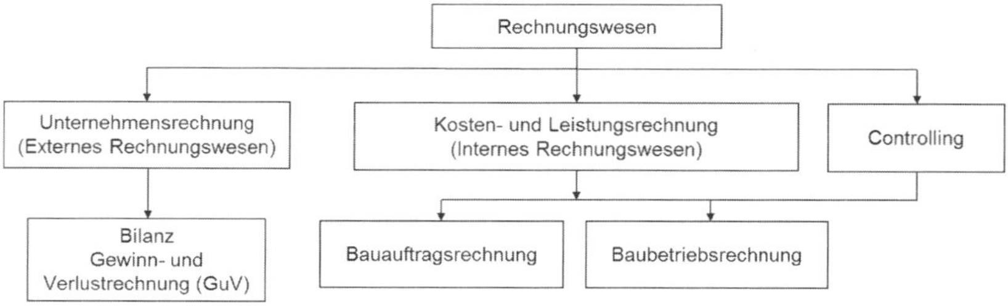

Abb. 8.18a Bereiche Rechnungswesen [vgl. 8.16]

2.2 Aufbau der Kalkulation

Im Bauwesen wird im Regelfall die Umlagekalkulation verwendet. Die Kalkulation ist in diesem Fall so gegliedert, dass eine klare Abgrenzung zwischen Einzel- und Gemeinkosten zu erkennen ist. Die Einzelkosten der Teilleistung können den Leistungen einer Baumaßnahme direkt zugeordnet werden. Kosten, die den Teilleistungen nicht direkt und ausschließlich zugerechnet werden können, werden Gemeinkosten genannt. Die in Abbildung 8.18b gewählte Gliederung einer Vorkalkulation beschreibt nicht nur die Zusammensetzung der Angebotssumme, sondern zeigt auch auf, wie eine Kostenermittlung von Bauleistungen aussehen kann.

Kostenbestandteile:

Einzelkosten der Teilleistung (EKT)
+ Gemeinkosten der Baustelle (BGK)
= **Herstellkosten**
+ Allgemeine Geschäftskosten (AGK)
= **Selbstkosten**

Preisbestandteile:

+ Gewinn (G)
= **Angebotssumme vor Skonto und Nachlass (netto)**
+ ggf. zu gewährender Skonto
= **Angebotssumme vor Nachlass (netto)**
+ ggf. zu gewährender Nachlass
= **Angebotssumme (netto)**
+ Umsatzsteuer
= **Angebotssumme (brutto)**

Abb. 8.18b Gliederung der Kalkulation [vgl. 8.17]

In der Vorkalkulation sind alle Arten der Kostenermittlung vor der eigentlichen Bauausführung inbegriffen, wohingegen bei der Nachkalkulation nach Fertigstellung der Maßnahme Werte ermittelt werden, die für zukünftige Baumaßnahmen genutzt werden können.

2.3 Einzelkosten der Teilleistung (EKT)

Bevor ein Bauunternehmen ein Angebot abgeben kann, muss es sich einen Überblick über die geforderte Leistung verschaffen. Die Bauleistung im engeren Sinne wird durch die Leistungsbeschreibung und das Leistungsverzeichnis (LV) spezifiziert. Die Leistungsbeschreibung bildet eine wesentliche Grundlage des Bauvertrags und liefert eine Beschreibung der Bauleistung. Im Leistungsverzeichnis werden alle Teilleistungen in Positionen aufgeteilt und in einem Verzeichnis vermerkt. Die Kosten, die für die einzelnen Positionen anfallen, sind ein wichtiger Bestandteil der Kalkulation und werden Einzelkosten der Teilleistung (EKT) genannt.

Die Kosten eines Unternehmens werden in Kostenarten untergliedert. Eine Gliederung in zwei, drei oder vier Kostenarten gilt für sämtliche Arten von Bauarbeiten. Um Besonderheiten der einzelnen Bausparten zu berücksichtigen, wird auch eine Unterteilung in fünf oder sechs Kostenarten vorgenommen. Je nach Unternehmensstruktur kann die Gliederung auch mehr als sechs Kostenarten beinhalten. Je detaillierter eine solche Kostengliederung ist, desto tiefgehender lässt sich später ein Soll-Ist-Vergleich durchführen.

Tab. 8.19a: Kostenartengliederung [vgl. 8.16]

2 KA	Lohn	Sonstige				
3 KA	Lohn	Fremdleistung	Sonstige			
4 KA	Lohn	Fremdleistung	Geräte	Sonstige		
5 KA	Lohn	Fremdleistung	Geräte	RSV	Sonstige	
6 KA	Lohn	Fremdleistung	Geräte	RSV	Baustoffkosten	Sonstige
KA = Kostenarten; RSV = Rüst-, Schal- und Verbaustoffkosten						

2.3.1 Lohnkosten

Die Lohnkosten werden in der Kalkulation in Form eines Mittellohns berücksichtigt, da sich die Baustellenkolonne i.d.R. aus Personal mit unterschiedlichen Qualifikationen zusammensetzt. Der Mittellohn ist ein arithmetisches Mittel der Lohnkosten je Arbeitsstunde, die während einer Baumaßnahme entstehen. Neben den tariflichen Löhnen werden außerdem Zulagen und Zuschläge (A), Sozialkosten (S) und Lohnnebenkosten (L) berücksichtigt. Zusätzlich können die Gehälter des aufsichtführenden Personals, wie z.B. der Poliere, mit in den Mittellohn einbezogen werden (P).

Tab. 8.19b: Bestandteile Mittellohn (vgl. [8.16] und [8.17])

Mittellohnart	Bestandteile	Inklusive Einschluss der Aufsichtsgehälter
Mittellohn A	- tarifliche Löhne gewerblicher Mitarbeiter - Stammarbeiterzulage - Leistungszulage - Überstunden, Nacht-, Sonntags- und Feiertagsarbeit - Übertarifliche Bezahlung - Vermögensbildung - Arbeitserschwernisse - etc.	Mittellohn AP
Mittellohn AS	- Bezahlung von Feiertagen, Ausfalltagen und Krankheit - Arbeitgeberanteile Sozialversicherungen - Arbeitsschutz und Arbeitssicherheit - Beiträge zu Sozialkassen des Baugewerbes - Beihilfen im Krankheits- oder Todesfall - Betriebliche Altersversorgung - etc.	Mittellohn APS
Mittellohn ASL	- Reisegeld- und Reisezeitvergütung - Kosten für Wochenend-Heimfahrten - Fahrtkostenabgeltung - Verpflegungszuschuss - etc.	Mittellohn APSL

2.3.2 Gerätekosten

In der Hauptkostenart Gerätekosten werden in der Kalkulation folgende Kosten zusammengefasst:

- Kosten für Abschreibung und Verzinsung (A + V)
- Kosten für die Reparatur (R)

Allerdings ergeben sich durch den Einsatz von Geräten weitere Kosten, die üblicherweise in anderen Hauptkostenarten zusammengefasst werden. So werden z.B. die Betriebsstoffkosten in den sonstigen Kosten abgerechnet, und für die Gerätepflege und Wartung wird ein Zuschlag von ca. 10 % auf die Arbeitszeit aufgerechnet.

Tab. 8.20a: Unterteilung Gerätekosten [vgl. 8.18]

Gerätevorhaltung	Gerätebetrieb	Gerätebereitstellung	Allgemeine Kosten
- Kalkulatorische Abschreibung (A) - Kalkulatorische Verzinsung (V) - Reparaturkosten (R)	- Treib- und Schmierstoffkosten - Wartungs- und Pflegekosten - Bedienungskosten	- Kosten des An- und Abtransportes - Kosten für Auf-, Um- und Abladen - Kosten für Auf-, Um- und Abbau	- Kosten der Lagerung - Kosten der Geräteverwaltung - Kosten der Geräteversicherungen und Kfz-Steuern

Für die Zuordnung der Gerätekosten im Leistungsverzeichnis bestehen drei Möglichkeiten:

- in den Einzelkosten als Bestandteil einer Teilleistung (Position)
- in den Einzelkosten als eigene Teilleistung (Position)
- in den Gemeinkosten der Baustelle

Als Grundlage für die Berechnung der Gerätekosten wird die Baugeräteliste 2020 (BGL) verwendet. In der BGL werden Neuwerte, Nutzungsdauern und die monatlichen Abschreibungs- und Verzinsungswerte der gängigen Baumaschinen zusammengefasst. Charakterisiert werden die Geräte durch Kenngrößen, wie z.B. Motorleistung oder Nennlastmoment, um die angegebenen Werte nicht an ein bestimmtes Fabrikat zu binden. Die Baugeräte sind in einzelne Hauptgruppen (HG) unterteilt und zur Klassifizierung mit einem Geräteschlüssel versehen.

Tab. 8.20b: Aufbau Geräteschlüssel der BGL 2020 am Beispiel eines Turmdrehkrans [8.19]

Bezeichnung	Gliederung	Bezeichnung
Gerätehauptgruppe	**C**	Hebezeuge
Gerätegruppe	C.**0**	Turmdrehkrane
Geräteuntergruppe	C.0.**1**	Turmdrehkrane, oben drehend, stationär oder fahrbar
Geräteart	C.0.1**0**	Turmdrehkran mit Laufkatzausleger
Gerätegröße	C.010.0**050**	Turmdrehkran mit Laufkatzausleger und 50 tm Nennlastmoment

Mithilfe der in der BGL 2020 bereitgestellten Werte und folgender Formeln können die Gerätekosten berechnet werden [8.19]:

$A = \frac{A_x}{VM}$ mit A_x = mittlerer Neuwert im Jahr x [€] und VM = Vorhaltemonate [Mo]

$V = \frac{A_x \times p \times n \times 0{,}5}{VM}$ mit p = Zinssatz [%]; n = Nutzungsjahre [a] und VM = Vorhaltemonate [Mo]

$R = r \times A_x$ mit r = Reparatursatz [$^{\%}/_{Mo}$] und A_x = mittlerer Neuwert [€]

Die Preise, die in der BGL 2020 aufgeführt sind, beziehen sich auf die gängigen Fabrikate mit der Preisbasis des Bezugsjahres 2020. Um die Preisentwicklung der letzten Jahre zu berücksichtigen, werden die Preise mit dem aktuellen Erzeugerpreisindex des Statistischen Bundesamtes angeglichen.

2.3.3 Fremdleistungen und sonstige Kosten

Fremdleistungen kommen zum Einsatz, wenn der eigene Betrieb nicht in der Lage ist, bestimmte Leistungen selbst auszuführen. Dies kann daran liegen, dass der Betrieb auf die Ausführung der Leistungen nicht ausgelegt ist oder aktuell nicht über die Kapazitäten verfügt und daher andere Unternehmen für die Leistungserbringung einsetzt. Beim Einsatz von Fremdleistungen muss sichergestellt werden, dass auch der Fremdbetrieb die Leistungen zuverlässig und entsprechend den geforderten Qualitätsanforderungen erbringt.

Zu den sonstigen Kosten gehören primär die Kosten für Baustoffe und Bauhilfsstoffe. Bei langen Bauzeiten bzw. schwankungsintensiven Materialien empfiehlt es sich, die Preisentwicklung anhand von Preisindizes zu berücksichtigen.

2.4 Baustellengemeinkosten (BGK)

Tab. 8.21a: Baustellengemeinkosten [8.16]

Zeitunabhängige Kosten	Zeitabhängige Kosten

Kosten der Baustelleneinrichtung
- Ladekosten
- Frachtkosten
- Auf-, Um- und Abbaukosten für:
  - Geräte
  - Unterkünfte, Container
  - Wasser, Abwasser, (elektr.) Energie, Telefon
  - Zufahrten, Wege, Zäune, Lager- und Werkplätze
  - Sicherungseinrichtung
	Vorhaltekosten
	- Geräte
	- besondere Anlagen
	- Unterkünfte und Container
	- Fahrzeuge
	- Einrichtungsgegenstände, Büroausstattung
	- Rüst-, Schal- und Verbaustoffe
	- Sicherungseinrichtungen und Verkehrssignalanlagen

Kosten der Baustellenausstattung - Hilfsstoffe - Werkzeuge und Kleingeräte - Ausstattung für Büros, Unterkünfte, Sanitärinstallationen	*Betriebskosten* - Geräte - besondere Anlagen - Unterkünfte und Container - Fahrzeuge
Beseitigung Bauabfälle	*Kosten der örtlichen Bauleitung* - Gehälter - Telefon, Porto, Büromaterial - PKW- und Reisekosten, Spesen, Werbung
Technische Bearbeitung und Kontrolle - konstruktive Bearbeitung - Arbeitsvorbereitung - Baustoffprüfung, Bodenuntersuchung	*Lohn- und Gehaltskosten aus Gerätevorhaltung* - Gerätebedienung, z.B. Kranführer - Wartung, Reparatur
Bauwagnisse - Sonderwagnisse der Bauausführung - Versicherungen *Sonderkosten* - außerordentliche Bauzinsen - Lizenzgebühren - Arge-Kosten - Winterbaumaßnahmen - sonstige einmalige Kosten	*Allgemeine Baukosten* - Hilfslöhne - Transportkosten zur Versorgung der Baustelle - Instandhaltungskosten der Wege, Plätze, Straßen und Zäune - Pachten und Mieten - Werkzeuge und Kleingerät - sonstige zeitabhängige Kosten

2.5 Allgemeine Geschäftskosten (AGK)/Gewinn (G)

Tab. 8.21b: Bestandteile allgemeine Geschäftskosten (vgl. [8.16])

Personal	- Unternehmensleitung und Verwaltung - Werkstatt- und Fuhrparkmitarbeiter - Freiwillige soziale Aufwendungen für die Belegschaft - Versicherungen, soweit diese nicht die Baustelle direkt betreffen - Reisekosten
Infrastruktur	- Betriebsgebäude und Arbeitsräume inkl. Heizung, Beleuchtung, Reinigung - Büromaterial - Kommunikation
Kompetenz	- Soft- und Hardware - EDV-Schulungen und andere fachliche Weiterbildungen - Beiträge zu Verbänden
Innovation	- Entwicklung von neuen Verfahren und Patente

Gewinn wird über eine Umlage (in %) den EKT zugerechnet. Dadurch werden allgemeine Unternehmenswagnisse und der Unternehmensgewinn berücksichtigt.

2.6 Ablauf der Kalkulation über die Angebotssumme

Eine Kalkulation über die Angebotssumme läuft in vier Schritten gemäß Abbildung 8.22 ab.

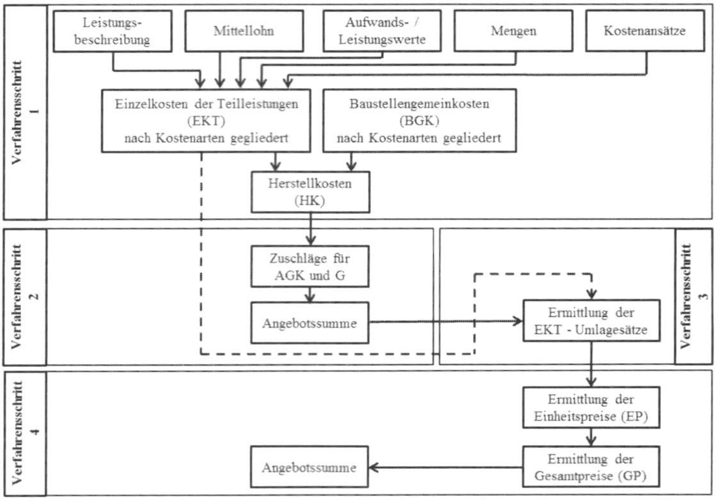

Abb. 8.22 Methodische Vorgehensweise bei einer Kalkulation über die Angebotssumme [8.20]

3 Bauausführung

3.1 Bauleitung

Je nach Vergabemodell (siehe Kap. 1.5) tritt der Bauleiter als Stellvertreter des ausführenden Bauunternehmens oder des Bauherrn auf der Baustelle auf. In Tabelle 8.23 werden beispielhaft einige Aufgaben des Bauleiters aufgelistet.

Nachfolgend sind die Grundleistungen und Besonderen Leistungen gemäß dem Leistungsbild „Gebäude und Innenräume" der Leistungsphase 8 nach HOAI (Anlage 10) aufgelistet [8.6].

Grundleistungen:

a) Überwachen der Ausführung des Objekts auf Übereinstimmung mit der öffentlich-rechtlichen Genehmigung oder Zustimmung, den Verträgen mit ausführenden Unternehmen, den Ausführungsunterlagen, den einschlägigen Vorschriften sowie mit den allgemein anerkannten Regeln der Technik
b) Überwachen der Ausführung von Tragwerken mit sehr geringen und geringen Planungsanforderungen auf Übereinstimmung mit dem Standsicherheitsnachweis
c) Koordinieren der an der Objektüberwachung fachlich Beteiligten
d) Aufstellen, Fortschreiben und Überwachen eines Terminplans (Balkendiagramm)
e) Dokumentation des Bauablaufs (zum Beispiel Bautagebuch)
f) Gemeinsames Aufmaß mit den ausführenden Unternehmen
g) Rechnungsprüfung einschließlich Prüfen der Aufmaße der bauausführenden Unternehmen
h) Vergleich der Ergebnisse der Rechnungsprüfungen mit den Auftragssummen einschließlich Nachträgen
i) Kostenkontrolle durch Überprüfen der Leistungsabrechnung der bauausführenden Unternehmen im Vergleich zu den Vertragspreisen
j) Kostenfeststellung, zum Beispiel nach DIN 276
k) Organisation der Abnahme der Bauleistungen unter Mitwirkung anderer an der Planung und Objektüberwachung fachlich Beteiligter, Feststellung von Mängeln, Abnahmeempfehlung für den Auftraggeber

l) Antrag auf öffentlich-rechtliche Abnahmen und Teilnahme daran
m) Systematische Zusammenstellung der Dokumentation, zeichnerischen Darstellungen und rechnerischen Ergebnisse des Objekts
n) Übergabe des Objekts
o) Auflisten der Verjährungsfristen für Mängelansprüche
p) Überwachen der Beseitigung der bei der Abnahme festgestellten Mängel

Besondere Leistungen:
- Aufstellen, Überwachen und Fortschreiben eines Zahlungsplanes
- Aufstellen, Überwachen und Fortschreiben von differenzierten Zeit-, Kosten- oder Kapazitätsplänen
- Tätigkeit als verantwortlicher Bauleiter, soweit diese Tätigkeit nach jeweiligem Landesrecht über die Grundleistungen der LPH 8 hinausgeht

Tab. 8.23: Aufgaben eines Bauleiters

Aufgabe	Beschreibung
Dokumentation	Durch die tägliche Erstellung des Bautageberichts ist der Bauleiter jederzeit über seine Baustelle informiert und kann seinem Vorgesetzten jederzeit oder in einem Streitfall Auskunft geben.
Arbeitsvorbereitung	Abstimmung/Festlegung von Terminen, Verfahren, Baumaschinen und Personal
Einkauf	Ggf. in Zusammenarbeit mit der kaufmännischen Abteilung Anfragen von Lieferanten und Subunternehmen
Qualitätsmanagement	Kontrolle und Einhaltung des Qualitätsmanagementplans
Kosten- und Terminmanagement	Sicherstellung der Einhaltung des vorgegebenen Termin- und Kostenrahmens für die Baumaßnahme
Soll-Ist-Vergleich	Prüfung, ob die geforderten Leistungen zu den geplanten Zeitpunkten erbracht wurden und ob die anfallenden Kosten mit den kalkulierten Kosten übereinstimmen
Aufrechterhaltung des Bauablaufs	Einweisung des Poliers/betrieblichen Personals und Meldung sowie Beseitigung von Behinderungen und Unterbrechungen
Abrechnung und Nachtragsmanagement	Der Bauleiter ist für die Erzielung des Betriebsergebnisses verantwortlich; darunter fallen auch die Erstellung von Abrechnungen der erbrachten Leistungen und das Nachtragsmanagement
Arbeitssicherheit	Der Bauleiter ist für die Einhaltung der Arbeitssicherheit verantwortlich.
Versicherungen	Der Bauleiter ist dafür verantwortlich, die notwendigen Versicherungen für die Baustelle abzuschließen und aufrechtzuerhalten.
Abnahme	Vorbereiten und Durchführen der Abnahme
Öffentlichkeitsarbeit	Der Bauleiter muss dafür sorgen, dass die Baustelle nach außen hin gut wahrgenommen wird. Er oder sie fungiert als Repräsentant der Baustelle gegenüber Dritten.

Die Bauleitung bekommt die Baustelle nach einem Baustelleneröffnungsgespräch von der Kalkulation, der Arbeitsvorbereitung und der Geschäftsleitung übergeben.

3.1.1 Steuerung und Qualitätssicherung

Bei der Bauüberwachung muss ständig die Einhaltung der drei Zielgrößen Qualität, Termin und Kosten überprüft werden. Sollte es in einem der drei Bereiche zu einer negativen Abweichung kommen, ist dem mit steuernden Maßnahmen entgegenzuwirken. Allerdings stehen die drei Zielgrößen in einer Beziehung zueinander, weshalb die Veränderung einer Zielgröße zumeist auch Auswirkungen auf die anderen Zielgrößen zur Folge hat.

Um eine negative Abweichung zu erkennen, ist es notwendig, ein gewissenhaftes Controlling durchzuführen. Hierbei sollen Risiken erkannt, analysiert und minimiert werden, bevor sie einen größeren negativen Einfluss auf die gesamte Baumaßnahme nehmen. Dazu können Werkzeuge wie ein Soll-Ist-Vergleich eingesetzt werden.

Auch die Führung eines ausführlichen Bautagesberichts kann bei der Überwachung der Baumaßnahme hilfreich sein. Es werden alle ausgeführten Arbeiten sowie alle relevanten Ereignisse auf der Baustelle kontinuierlich und nachvollziehbar dokumentiert.

Qualität

Laut § 13 (1) VOB/B [2.21] muss die Leistung bei der Abnahme frei von Sachmängeln sein. Gewährleistet wird dies durch die Fertigstellung in einer vereinbarten Beschaffenheit, die den Regeln der Technik entspricht. Falls die Beschaffenheit nicht vereinbart wurde, ist die Leistung frei von Sachmängeln, wenn sie sich für die laut Vertrag vorausgesetzte oder gewöhnliche Verwendung eignet.

Tab. 8.24a: Steuerungswerkzeuge für die Qualitätssicherung

Werkzeug	Beschreibung	Zweck
Baustellenbegehung	- Besuch der Baustelle, um Qualität vor Ort nachzuprüfen	- Mängel werden frühzeitig erkannt, bevor sie durch andere Bauteile verdeckt werden - Überprüfung, ob bereits erkannte Mängel beseitigt wurden
Verwaltung Mängel	- Mängel müssen nicht nur erkannt, sondern auch dokumentiert werden	- durch geeignete Datenbanksysteme werden Mängel erfasst und übersichtlich aufgelistet - Möglichkeit der Nachverfolgung
Kontrolle Lieferungen	- angelieferte Bauteile o. Materialien müssen bei Lieferung auf Qualität überprüft werden	- frühzeitige Unterbindung des Einbaus von Materialien oder Bauteilen mit mangelhafter Qualität
Kontrolle Pläne	- Abstimmung der Statik und Ausführungspläne mit dem Technischen Büro (TB), dem AG und den Behörden - Erstellung Planliste	- Dokumentation, zu welchem Zeitpunkt welcher Wissensstand durch Pläne vorhanden war - Fehler auf Plänen werden ggf. vor der Ausführung erkannt
Bedenkenanmeldung § 4 (3) mit Bezug auf § 13 (3) VOB/B	Bedenken gegenüber - Art der Ausführung - vom AG gelieferten Stoffen oder Bauteilen - Leistungen anderer Unternehmer sind schriftlich mitzuteilen	- Sollte der AG an den Materialien oder der Planungsleistung festhalten, kann er keine Mängelansprüche ggü. dem AN geltend machen.

Termin

Tab. 8.24b: Steuerungswerkzeuge für das Terminmanagement nach VOB/B [vgl. 8.21]

Werkzeug	Beschreibung	Zweck
Soll-Ist-Vergleich	Die Dokumentation der Ist-Termine ermöglicht einen Abgleich mit den Soll-Terminen aus der Planung.	- Terminverzögerungen oder großzügige Puffer werden frühzeitig erkannt - Optimierungspotenziale frühzeitig erkennen
Abhilfeaufforderung	Der AG kann nach § 5 (3) den AN zur Abhilfe auffordern, sollte die Nichteinhaltung einer Vertragsfrist drohen.	- frühzeitiges Gegensteuern, falls Nichteinhaltung der Vertragsfrist droht - Aufforderung geht von AG aus, doch AN ist nur zu Maßnahmen verpflichtet, um Termin zu halten
Anordnung Beschleunigung	Der AG kann nach § 2 (5) eine Beschleunigung beantragen, die entsprechend zu vergüten ist.	- es kann eine frühere Fertigstellung bewirkt werden - Versäumnisse des AG können aufgeholt werden
Beschleunigung	Die Erhöhung von Kapazitäten kann eine Beschleunigung herbeiführen (ohne zus. Vergütung).	- Versäumnisse des AN können ausgeglichen werden, um einer Vertragsstrafe zu entgehen
Gezielte Veränderungen im Bauablauf	Zeitgewinne durch Veränderungen im Bauablauf, wie z.B. Umstellung der Abläufe	- durch Optimierungen oder Veränderungen können zusätzliche Zeitpotenziale generiert werden
Baubesprechung	Regelmäßiges Treffen zwischen Bauleiter und den am Bau beteiligten Firmen, die z.B. durch Poliere vertreten sind	- frühzeitige Abfrage, wie weit fortgeschritten die einzelnen Gewerke sind - Klärung der Probleme, die im späteren Verlauf ggf. zu Verzögerungen führen
Behinderungsanzeige	Durch eine nicht vom AN verursachte Behinderung kann laut § 6 (4) der VOB/B eine Fristverlängerung erwirkt werden.	- nicht selbst verursachte oder verschuldete Arbeitsausfälle können ausgeglichen werden

Laut § 5 (1) VOB/B hat die Ausführung nach verbindlichen Fristen zu beginnen, zu erfolgen und zu enden. Soweit im Vertrag geregelt, sind auch bestimmte Einzelfristen einzuhalten. Sollten diese Fristen nicht eingehalten werden können, hat der AG das Recht, einen angemessenen Schadensersatz nach § 6 (6) VOB/B zu fordern. Ein Verzug könnte auch eine Vertragsstrafe nach § 11 (2) VOB/B nach sich ziehen, weswegen auch in der Ausführung ein Terminmanagement eingeführt wird.

Allerdings können die Bauarbeiten auch durch Behinderungen gestört werden. Dies ist der Fall, wenn die Arbeiten am Bauwerk oder einem Gewerk nur mit geringerer Leistung weitergeführt werden können. Auch eine Bauzeitunterbrechung, bei der auf der Baustelle gar nicht mehr gearbeitet werden kann, ist möglich. Beide Fälle müssen dem Bauherrn unverzüglich durch eine Behinderungsanzeige gemeldet werden. Ist dies der Fall, kann ggf. eine Bauzeitverlängerung erwirkt werden.

Tab 8.25a: Ursachen und Anspruchsfolgen von Störungen des Bauablaufs [8.13]

Risiko des Auftraggebers	Bauzeitverlängerung	Vergütungsanpassung gem.	§ 2 Abs. 3 VOB/B	§ 2 Abs. 4 VOB/B	§ 2 Abs. 5 VOB/B	§ 2 Abs. 6 VOB/B	§ 2 Abs. 8 VOB/B	Entschädigung gem.	§ 642 BGB	Schadensersatz gem.	§ 6 Abs. 6 VOB/B	Kein Anspruch
Mengenabweichung	■	■	■									
Leistungsmodifikation	■	■		■	■	■	■					
Unzureichende Mitwirkung	■	■						■	■	■	■	
Risikobereich des Auftragnehmers												
Organisationsmängel												■
Unzureichende Kapazitäten												■
Ausführungsfehler												■
Von keiner Vertragspartei zu vertreten												
Streik/Aussperrung	■											
Höhere Gewalt	■											
Schlechte Witterungsverhältnisse	■											

Preis

Tab 8.25b: Steuerungswerkzeuge für das Preismanagement

Werkzeug	Beschreibung	Zweck
Aufmaß	Mithilfe des Aufmaßes kann die erbrachte Leistung in festgelegten Intervallen ermittelt werden.	- Hilfsmittel, um Leistung prüfbar abrechnen zu können - Aufmaß zusammen mit AG-Vertreter schafft Vertrauen
Soll-Ist-Vergleich	Entstandene Kosten für ein Gewerk können mit kalkulierten Kosten verglichen werden.	- Erfahrungswerte für die Zukunft - ggf. Einkaufsverhalten ändern, um Fehlentwicklungen gegenzusteuern
Nachträge	Der AG hat laut § 1 (3 - 4) VOB/B die Möglichkeit, einseitig Änderungen am Bauentwurf vorzunehmen und weitere Leistungen zu beauftragen.	- Nachträge ermöglichen es dem AN, die zusätzlichen Leistungen abzurechnen - Mehraufwand durch nicht selbst verursachte Behinderungen können ebenfalls durch Nachträge abgerechnet werden

Nach § 14 (1) VOB/B hat der AN seine Leistungen prüfbar abzurechnen. Dabei werden alle bereits erbrachten Leistungen mit den im Bauvertrag vereinbarten Einheitspreisen abgerechnet.

3.1.2 Abnahme und Übergabe von Bauleistungen

Laut § 640 BGB [8.23] ist die Abnahme der Vorgang der Billigung einer erbrachten Leistung eines Werkvertrags. Dabei setzt sich die Abnahme aus zwei Wesenselementen zusammen:

- physische Entgegennahme
- Anerkennung des Werkes als in der Hauptsache vertragsgemäße Erfüllung

Unabhängig davon kann auch während eines Projekts der Auftragnehmer selbst eine interne Abnahme nach Qualitätsmanagement-Plan durchführen. Als ein Ziel seines eigenen Qualitätsmanagementsystems kann er interne Abnahmen nutzen, um Anforderungen an Mangelfreiheit, Arbeitssicherheit, Qualität usw. gerecht zu werden. Die rechtliche Abnahme bringt eine Reihe von Rechtsfolgen mit sich, die in Tabelle 8.26a beschrieben sind.

Tab. 8.26a: Rechtsfolgen einer Abnahme [8.18]

Regelwerk	Rechtsfolge
§ 641 BGB	Abnahme ist die Voraussetzung für die Fälligkeit der Vergütung.
§ 640 (2) BGB	Der Auftraggeber muss die Mängel, die ihm bekannt sind, bei der Abnahme vorbehalten, um den Anspruch auf Mängelbeseitigung nicht zu verlieren.
§ 634a (2) BGB u. § 13 (4) VOB/B	Mit der Abnahme beginnt die Verjährungsfrist für die Gewährleistung.
§ 4 (5) VOB/B	Mit der Abnahme entfällt die Schutzpflicht.
§ 644 (1) BGB u. § 12 (6) VOB/B	Mit der Abnahme geht die Gefahrtragung vom Auftragnehmer auf den Auftraggeber über.
§ 11 (4) VOB/B	Eine noch nicht erhaltene Vertragsstrafe muss bei der Abnahme vom Auftraggeber vorbehalten werden, sonst verliert dieser den Anspruch darauf.

Tab. 8.26b: Art der Abnahme nach BGB und VOB/B (vgl. [8.21] und [8.23])

Abnahmeart	Regelwerk	Merkmale
Stillschweigend	BGB	- Durch konkludentes (schlüssiges) Handeln des AG gilt die Abnahme als erteilt
(ausdrückliche) Abnahme	§ 640 BGB	- Gilt, falls die VOB/B im Bauvertrag nicht miteinbezogen wird - Der AG ist zur Abnahme verpflichtet, sofern der Zustand des Werkes dies zulässt - Wegen unwesentlicher Mängel kann die Abnahme nicht verweigert werden - Das Werk gilt als abgenommen, sollte der AG eine angemessene Frist verstreichen lassen
Förmlich	§ 12 VOB/B	- Ist innerhalb von 12 Tagen zu gewähren, sobald der AN diese beantragt - Der Befund der gemeinsamen Verhandlung ist schriftlich zu dokumentieren - Abnahme kann nur bei wesentlichen Mängeln verweigert werden - I.d.R. wird der volle Leistungsumfang des Bauvertrags abgenommen
Fiktiv	§ 12 VOB/B	- Kommt zustande, wenn keine der beiden Parteien eine förmliche Abnahme verlangt - Kommt 12 Werktage nach der schriftlichen Fertigstellungsmitteilung zustande - Kommt 6 Werktage nach Beginn der Benutzung durch den AG zustande - Fiktive Abnahme entspricht nicht der stillschweigenden Abnahme

Eng mit der Abnahme verbunden ist das Mängel- und Gewährleistungsmanagement. Der Begriff Mangel ist sowohl im BGB als auch in der VOB/B definiert.

Da der Erbringer einer Bauleistung in vielen Fällen den laufenden Betrieb nicht verantwortet, muss eine Übergabe organisiert werden. Die Übergabe soll einen reibungslosen Betrieb gewährleisten. Für die Übergabe selbst gibt es keine Regelungen, die eingehalten werden müssen, es ist jedoch gängig, eine Einweisung vor Ort für das Betriebspersonal durchzuführen. Außerdem ist es üblich, Übergabedokumente wie z.B. Pläne, Werkzeichnungen, Listen mit beteiligten Firmen usw. in einer übersichtlichen Form an den Auftraggeber und das Betriebspersonal zu übergeben.

Tab. 8.26c: Gegenüberstellung Mängeldefinition nach BGB und VOB/B (vgl. [8.21 und [8.23])

Regelwerk	§ 633 BGB	§ 13 (1) VOB/B
Bezeichnungen	Sach- und Rechtsmangel	Sachmängel
Voraussetzung Sachmangel	Soweit vereinbart, muss das Werk die vereinbarte Beschaffenheit aufweisen. Falls nichts vereinbart ist, entsprechend der: - vorausgesetzten bzw. - gewöhnlichen Verwendung	Leistung hat die vereinbarte Beschaffenheit und entspricht den anerkannten Regeln der Technik. Falls nichts vereinbart ist, entsprechend der: - vorausgesetzten bzw. - gewöhnlichen Verwendung
Voraussetzung Rechtsmangel	Dritte können in Bezug auf das Werk keine Rechte gegen den Besteller geltend machen.	-

3.2 Bauverfahren im Überblick

Tab. 8.27: Bauverfahren im Überblick

Bauwerk/ -teil	**Bauverfahren/ -weise**	**Maschinen/Geräte (Auswahl)**
Baugrubenumschließungen	geböschte Baugrube	Hydraulikbagger, Transportfahrzeuge, ggf. Geräte für Grundwasserabsenkung
	Trägerbohlwand	Ramme, Bohrgerät, Hydraulikbagger, ggf. Geräte für Herstellung Anker
	Spundwand	Ramme, Ziehgeräte, ggf. Gurtungen, ggf. Geräte für Herstellung Anker
	Schlitzwand	Greifer oder Fräse, Bentonit-Aufbereitung, Betonpumpe
	Bohrpfahlwand	Bohrgeräte, ggf. Verrohrungsmaschine, ggf. Bentonit-Aufbereitung, ggf. Betonpumpe
	Injektionssohle	Injektionsrohre, Ankerbohrgerät, Verpressgerät, ggf. Rammgerät
	Unterwasserbetonsohle	Hydraulikbagger, Betonpumpe, Pumpen, ggf. Geräte für Herstellung Anker
	Verankerung	Ankerbohrgerät, Verpressgerät, Spannpresse
Fundamente	Tiefgründung	Ramm- oder Bohrgerät, Hebezeug
	Flachgründung	Schalung, Hebezeug, ggf. Kübel, ggf. Betonpumpe, ggf. Mischanlage, ggf. Transportfahrzeug, Rüttler, Glätter
Wände	Ortbeton [8.24]	Wandschalung, Hebezeug, ggf. Kübel, ggf. Betonpumpe, ggf. Mischanlage, ggf. Transportfahrzeug, Rüttler
	Fertigteile [8.24]	Hebezeug, Anschlagmittel, Transportfahrzeug
	Halbfertigteile	Hebezeug, Anschlagmittel, Transportfahrzeug, ggf. Betonpumpe, ggf. Kübel, temporäre Sicherungen, ggf. Abschalelemente
	Mauerwerk	Gefäß und Mischer für Mörtel, ggf. Hebezeug, Steinsäge
	Trockenbau	Säge, Bohrmaschine, ggf. Hebezeug, Schrauber
	Holzrahmenbau	Säge, Bohrmaschine, ggf. Hebezeug, Schrauber
Decken	Holzbalkendecke	Säge, Bohrmaschine, ggf. Hebezeug, Schrauber
	Stahlbauweise	Bohrmaschine, Hebezeug, Schrauber, ggf. Schweißgerät
	Ortbeton [8.24]	Deckenschalung, Hebezeug, ggf. Kübel, ggf. Betonpumpe, ggf. Mischanlage, ggf. Transportfahrzeug, Rüttler, Glätter
	Spannbeton [8.24]	Spannpresse, Hebezeug, ggf. Drahtkorb, ggf. hydraulisches Einschiebegerät, ggf. Säge, ggf. Hydraulikaggregat
	Fertigteil [8.24]	Hebezeug, Anschlagmittel, Transportfahrzeug
	Halbfertigteil	Hebezeug, Anschlagmittel, Transportfahrzeug, ggf. Betonpumpe, ggf. Kübel, ggf. Abschalelemente
Verkehrswege [8.25]	Erdbau (Unterbau Straße) [8.26]	Hydraulikbagger, Radlader, Scraper, Schürfkübelraupe, Dozer, Grader, Walzen(-züge), Transportfahrzeug (LKW/SKW)
	Asphaltdecke	Belagsfertiger, ggf. Beschicker, Glattmantel-, Vibrations-, Tandem-, Gummiradwalzen, Transportfahrzeug
	Betondecke	Belags- oder Gleitschalungsfertiger, Schalung, Transportfahrzeug
Brücken	stat. Lehrgerüst	Rüstung, Schalung, ggf. Hebezeug
	Taktschiebeverfahren	Vorbauschnabel, Gleitlager, hydraulische Pressen, stationäre Schalung
	Vorbaurüstung	Gleitlager, hydraulische Pressen, Schalung, Rüstträger
	Freivorbau	Rüstung, ggf. Schalung, Geräte für Spannbeton (s.o.), Hebezeug
	Verbundbrücke	Hebezeug, Schalung, Rüstung
Tunnel [8.27]	Sprengvortrieb	Bohrwagen für Spreng- und Ankerbohrlöcher, Ladegerät, Transportfahrzeug, Sprengsystem, Geräte für Herstellung Sicherung
	Mechanischer Vortrieb	Teilschnittmaschine, Bagger, Rippergeräte, Ladegerät, Transportfahrzeug
	Tunnelbohrmaschine	Tunnelbohrmaschine mit Bohrkopf, ggf. Schild, Nachläufer, Transporttechnik (Förderbänder), Vorschub-/Steuerpressen
	Schildvortriebsmaschine	Schild, Vorschub-/Steuerpressen, Stützung (Druckluft/Flüssigkeit), Transporttechnik (hydraulisch/Förderbänder)
	Spritzbetonsicherung	Übergabesilo, Spritzmaschine, Spritzdüse, Transportfahrzeug, Kompressor, Leitungen

4 Nachhaltiges Bauen

4.1 Nachhaltigkeit im Immobilienmanagement

Allgemein gilt für das Thema Nachhaltigkeit, dass die Verantwortung gegenüber zukünftigen Generationen eine wichtige Rolle spielt. Dabei steht eine langfristige Erhaltung und Weiterentwicklung der Grundlagen der Gesellschaft im Vordergrund. Auch im Immobilienmanagement rückt das Thema Nachhaltigkeit immer weiter in den Vordergrund.

Laut dem RICS sustainability report 2024 [8.28] spiegelt sich diese Entwicklung auch in den Marktdaten wider. Die Nachfrage von Investoren und Inhabern nach nachhaltigen Gebäuden ist weiter angestiegen. Darüber hinaus führen die ambitionierten Klimaziele sowie die Einsparpotenziale der Immobilienwirtschaft zu einem Bedarf an verbesserter Vergleichbarkeit und erhöhter Transparenz bei Nachhaltigkeitsthemen, wie z.B. dem CO_2-Fußabdruck.

Die Weltkommission für Umwelt und Entwicklung der Vereinten Nationen hat bereits 1987 den sogenannten Brundtlandbericht [8.29] veröffentlicht, der unter anderem Zielvorstellungen für ein Konzept für nachhaltige Entwicklung thematisiert. Dabei sollen die wirtschaftliche und die soziale Entwicklung der Gesellschaft nicht unabhängig von der Dauerhaftigkeit des Ökosystems betrachtet bzw. vorangetrieben werden. Diese Zielvorgaben finden sich noch immer in aktuellen Regelwerken, wie z.B. dem Leitfaden für Nachhaltiges Bauen, wieder.

Tab. 8.28: Schutzgüter und -ziele der Nachhaltigkeit allgemein und auf den Baubereich bezogen [8.30]

		Ökologie	**Ökonomie**	**Soziokulturelles**
Schutzgüter	Nachhaltigkeit allgemein	- natürliche Ressourcen - natürliche Umwelt	- Kapital/Werte - ökonomische Leistungsfähigkeit	- menschliche Gesundheit - soziale und kult. Werte
	Nachhaltiges Bauen	- natürliche Ressourcen - globale und lokale Umwelt	- Kapital/Werte	- Gesundheit - Nutzerzufriedenheit - Funktionalität - kultureller Wert
Schutzziele	Nachhaltigkeit allgemein	- Schutz der natürlichen Ressourcen und sparsamer Umgang - Effizienzsteigerung - Reduktion von Schadstoffbelastungen/Umwelteinwirkungen	- Lebenszykluskosten/Subventionsaufwand senken - Schulden verringern - Schaffung nachhaltiger Konsumgewohnheiten	- Schutz und Förderung der Gesundheit - Chancengleichheit - Armutsbekämpfung - Bildung/Ausbildung - Gleichberechtigung - Integration
	Nachhaltiges Bauen	- Schutz der natürlichen Ressourcen - Schutz des Ökosystems	- Reduzierung der Lebenszykluskosten - Verbesserung der Wirtschaftlichkeit - Erhalt Kapital/Wert	- Bewahrung von Gesundheit, Sicherheit und Behaglichkeit - Gewährleistung von Funktionalität - Sicherung der gestalterischen und städtebaulichen Qualität

Bei der Gewichtung dieser Dimensionen können zwei unterschiedliche Nachhaltigkeitsmodelle verfolgt werden. Diese sind in der nachfolgenden Tabelle beschrieben und einander gegenübergestellt.

Tab. 8.29a: Gegenüberstellung schwacher und starker Nachhaltigkeit (vgl. [8.31])

Nachhaltigkeitsmodell	Schwache Nachhaltigkeit	Starke Nachhaltigkeit
Annahme	alle Säulen gleichwertig → Substituierbarkeit von natürlichen Ressourcen durch Human- und Sachkapital	Ökologische Dimension hat Vorrang ggü. den anderen beiden Dimensionen
Bedingung	Die Summe des gesamten Kapitalstocks muss konstant bleiben	Natürliche Ressourcen lassen sich nicht durch Sach- oder Humankapital ersetzen
Beispiel	Die Zerstörung eines Biotops durch Baumaßnahmen ist so lange nachhaltig, wie durch diese Baumaßnahme im selben Maße soziale Werte erschaffen werden	- erneuerbare Ressourcen dürfen nur in dem Maße genutzt werden, in dem sie sich regenerieren - erschöpfbare Ressourcen dürften in diesem System gar nicht genutzt werden ohne Ersatz durch gleichwertige natürliche Ressourcen

Je nach Auslegung der Projekte können drei Nachhaltigkeitsstrategien verfolgt werden, um die Indikatoren in die gewünschte Richtung zu beeinflussen. Diese Strategien sind in Tabelle 8.29b beschrieben.

Tab. 8.29b: Nachhaltigkeitsstrategien (vgl. [8.31])

Strategie	Konsistenz	Effizienz	Suffizienz
Ansatz	Einsatz naturverträglicher Technologien, die die Stoffe und Leistungen der Ökosysteme nutzen	effizientere Nutzung von Materie und Energie	geringerer Verbrauch von Ressourcen durch eine geringere Nachfrage nach Gütern
Maßnahmen	Einsatz umweltfreundlicher Technologien (z.B. Kreislaufwirtschaft ohne Emissionen oder nachhaltig erzeugte erneuerbare Energien)	geringerer Einsatz von Energie/Ressourcen zur Erbringung der gleichen Dienstleistung oder Abdeckung des gleichen Bedürfnisses	Das richtige Maß. Beachtung von limitierenden Faktoren bei der Nutzung von Energie und Ressourcen sowie der Freisetzung von Stoffen in die Umwelt
Auswirkung	Der Einsatz von umweltfreundlichen Technologien ist schmerzfrei und führt zu keinerlei Komforteinbußen.	Effizienzmaßnahmen zusammen mit Konsistenz beeinflussen das Konsumniveau und das Nutzerverhalten nur marginal	Um zukunftsfähige Emissionswerte und eine gerechte Lastenverteilung zu erreichen, sind einschneidende Änderungen im Konsumverhalten erforderlich
Bewertung	Die ausschöpfbaren Einsparpotenziale sind vergleichsweise gering und die Übertragbarkeit in die Breite ist fragwürdig	Ein moderates Niveau an Einsparungen ist möglich und entspricht kurzfristigen politischen Zielwerten	großes Einsparpotenzial zu Lasten des Komforts
Beispiel Immobilie	- Photovoltaik und Solarthermie - Wärmepumpe	- effektivere Dämmung - verbrauchsärmere Heizung	- Licht ausschalten - Heizung runterdrehen

4.2 Zertifizierungssysteme

Um die Erfüllung nachhaltiger Zielvorgaben bei Bauprojekten nachweisen zu können, existiert eine Vielzahl an Zertifizierungssystemen. Dabei gibt es sowohl Systeme für den Neubau verschiedener Immobilienarten als auch Systeme für die Bewertung von Bestandsgebäuden.

Der Investmentmarkt zeigt, dass ein Bedarf an zertifizierten Gewerbeimmobilien besteht (vgl. [8.32]). Im Jahr 2023 wurden in Deutschland ca. 4,7 Mrd. € in Green Building Investments investiert. Damit ist das Investitionsvolumen weiterhin auf einem stabilen Niveau, aber im Vergleich zum Vorjahr rückläufig. Zeitgleich konnten 2023 steigende Zertifizierungszahlen dokumentiert werden. Die Zahl der zertifizierten Gebäude ist im Vergleich zum Vorjahr um fast 15 % auf mehr als 3.200 gestiegen. (vgl. [8.28])

Neben der Zertifizierung der Deutschen Gesellschaft für Nachhaltiges Bauen (DGNB) sind international vor allem die Building Research Establishment Environmental Assessment Methodology (BREEAM) aus Großbritannien und das „Leadership in Energy and Environmental Design" (LEED) des U.S. Green Building Council (USGBC) relevant. Obwohl es noch viele weitere Zertifizierungssysteme, wie z.B. das französische Haute Qualité Environnementale (HQE), gibt, werden die drei für Deutschland maßgebenden Systeme in Tabelle 8.30 beschrieben und miteinander verglichen. In der ganzen Welt sind in rund 32 Ländern bereits mehr als 12.900 Projekte nach den Prinzipien der DGNB ausgezeichnet [8.33].

Tab. 8.30: Vergleich der Zertifizierungssysteme

System	BREEAM		LEED		DGNB	
Historie	- Veröffentlichung 1990 und damit das älteste Green-Building-Label - Umfangreiche Aktualisierung 1998 - Neuauflage aller Profile 2008 - 2013 Ergänzung für Bestand international		- 1998 Einführung LEED - Aktuelle Auflage 2009 freigegeben		- 2009 Einführung DGNB - 2012 erste große Aktualisierung - Systemversion 2015 für Nutzungsprofil Neubau Büro- und Verwaltungsgebäude - 2018 neue Version	
Anzahl zertifizierter Gebäude Stand 03.2017 [8.34]	- Deutschland 16 - Großbritannien 4188 - Frankreich 253 - Polen 109 - Österreich 5 - Russland 42 - Spanien 42		- Deutschland 159 - Großbritannien 18 - Frankreich 30 - Polen 70 - Österreich 20 - Russland 17 - Spanien 109		- Deutschland 653 - Großbritannien 0 - Frankreich 0 - Polen 0 - Österreich 77 - Russland 1 - Spanien 2	
Kriteriengruppen	- Management - Health & Wellbeing - Energy - Transport - Water - Materials - Waste - Land use and ecology - Pollution - Innovation		- Location & Transportation - Sustainable Sites - Water Efficiency - Energy & Atmosphere - Materials & Resources - Indoor Environmental Quality - Innovation in Design - Regional Priority		- Ökologische Qualität - Ökonomische Qualität - Soziokulturelle und funktionale Qualität - Technische Qualität - Prozessqualität - (Standortqualität)	
Anzahl Kriterien	57		64		37	
Bewertung	Outstanding Excellent Very good Good Pass	> 85 % 70 – 84,9 % 55 – 69,9 % 45 – 54,9 % 30 – 44,9 %	Platinum Gold Silver Certified	≥ 80 P. 60 – 79 P. 50 – 59 P. 40 – 49 P.	Platin Gold Silber Bronze nur im Bestand	≥ 80 % 65 – 79,9 % 50 – 64,9 % ≥ 35 %
Versionen für Bestand	BREEAM DE Bestand: - Teil 1: Gebäude - Teil 2. Betrieb - Teil 3: Mieter		Existing Buildings: Operations & Maintenance (LEED O+M)		- Bestand Büro-/Verwaltungsgebäude - Bestand Handelsbauten - Bestand Industriebauten - Bestand Wohngebäude	
Sprache	Englisch (international) Deutsch (BREEAM DE)		Englisch		Deutsch	
Ingenieurgrundlagen	Adaption an lokale Standards		Amerikanischer Standard; teilweise deutscher Standard zulässig		Deutsche Normung Stand der Technik	

8 B Building Information Modeling (BIM)

Prof. Dr.-Ing. Katharina Klemt-Albert, Dr.-Ing. Robert Hartung

1 Grundlagen des BIM

Building Information Modeling (BIM) ist eine digitale Methode auf Basis von drei- bis n-dimensionalen Bauwerksmodellen. Das digitale Abbild des Bauwerks dient als Informationsquelle und Datendrehscheibe für die Zusammenarbeit der Projektbeteiligten. Im Zentrum stehen die digitale Erfassung und Vernetzung aller relevanten Daten zur Abbildung der physikalischen, funktionalen sowie kosten- und zeitbezogenen Eigenschaften eines Bauwerks. Die Verwendung des Datenmodells und die Fortschreibung der Daten erstrecken sich dabei über alle Projektphasen von Bestandsaufnahme über Planung und Bau bis zu Nutzung und Betrieb. Die Daten können den gesamten Lebenszyklus umfassen und phasenübergreifend für unterschiedliche Anwendungsfälle die Grundlage bilden.

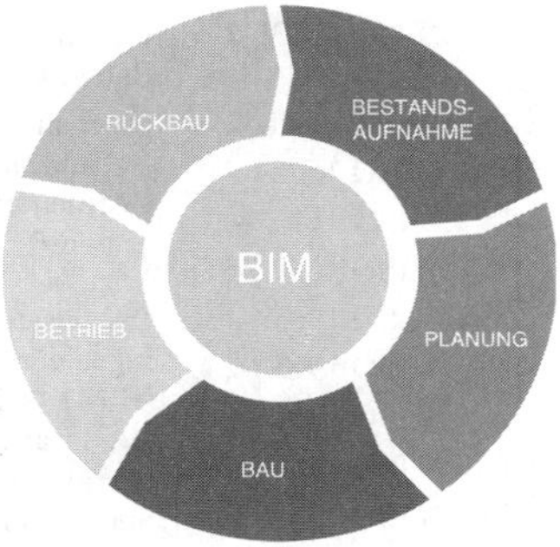

Abb. 8.31 Building Information Modeling im Lebenszyklus

Bei richtiger und intelligenter Anwendung der BIM-Methode können insbesondere Mehrwerte aufgrund einer erhöhten Planungsqualität sowie verbesserter Termin- und Kostensicherheit erzielt werden, die sich bis in eine Optimierung der Betriebsphase erstrecken. Dies resultiert aus dem konsistenten Informationsmanagement sowie einer koordinativen und transparenten Arbeitsweise bereits zu einem frühen Projektzeitpunkt. Diese Vorteile lassen sich während der gesamten Planung und im Projektmanagement verzeichnen. Nicht zuletzt profitiert die Bauphase von der erhöhten Planungsqualität, in der Abstimmungen und Koordinationsaufgaben seitens verschiedener Fachdisziplinen optimiert werden. Für die Nutzung können alle betriebsrelevanten Informationen bereits über die vorangegangenen Projektphasen dokumentiert, angereichert und ebenfalls zentral verwaltet werden. Das Bauwerksmodell kann als digitaler Zwilling über alle Lebenszyklusphasen und im Betrieb Anwendung finden und weitere Effizienzen mit Blick auf die Digitalisierung und Automatisierung heben.

2 Entwicklung des BIM

Im internationalen Raum gibt es Länder (u. a. Singapur, Großbritannien, Finnland), in denen entwickelte Strategien, Standardisierungen und die Intensität der BIM-Anwendungen bereits weit vorangeschritten sind. Hier ist BIM zumeist obligatorisch anzuwenden sowie Bestandteil öffentlicher Verwaltungs- und Genehmigungsprozesse. Auch in Deutschland wird der Einsatz der Methode immer stärker forciert und es werden die zugehörigen Rahmenbedingungen von Seiten sowohl der öffentlichen Auftraggeber als auch der Privaten geschaffen. BIM-Ziele werden im Rahmen von Strategien zeitlich festgelegt, wobei Pilot- und Erfahrungsprojekte verschiedener Fachrichtungen ausgewählt, unterschiedliche Projektbeteiligte eingebunden und verschiedene Anwendungsfälle umgesetzt werden. Der Umfang der Anwendung soll dann über mehrere Jahre hinweg ausgebaut und stetig durch Vorgabe von Standards und Leitplanken ergänzt werden.

2.1 Internationaler Entwicklungsstand

Auf internationaler Ebene leistet das Technische Komitee ISO/TC 59 der International Organization for Standardization (ISO) Standardisierungsarbeit im Bereich des Bauingenieurwesens und hat BIM-relevante Normungen veröffentlicht. Auf nationaler Ebene ist der DIN-Normenausschuss Bauwesen NABau-Fachbereich 13 (DIN NA 005-13 FB) zuständig für den Themenbereich BIM und koordiniert die nationalen Normungsaktivitäten. Im Ergebnis sind bereits einige Standards, die neben Strategie und Technologie auch den Datenaustausch, das Informationsmanagement und Datenstrukturen sowie digitale Zwillinge betrachten, eingeführt:

DIN EN ISO 12006-2 DIN EN ISO 12006-3	Hochbau – Organisation des Austausches von Informationen über die Durchführung von Hoch- und Tiefbauten – Teil 2: Struktur für die Klassifizierung; Teil 3: Struktur für den objektorientierten Informationsaustausch
DIN EN ISO 16739-1	Industry Foundation Classes (IFC) für den Datenaustausch in der Bauwirtschaft und im Anlagenmanagement – Teil 1: Datenschema
DIN EN ISO 16757-1 DIN EN ISO 16757-2 DIN EN ISO 16757-4 DIN EN ISO 16575-5	Datenstrukturen für elektronische Produktkataloge der Technischen Gebäudeausrüstung – Teil 1: Konzepte, Architektur und Modelle; Teil 2: Geometrie; Teil 4: Datenwörterbücher für Produktkataloge (Norm-Entwurf); Teil 5: Austauschformat für Produktkataloge (Norm-Entwurf)
DIN EN ISO 19650-1 DIN EN ISO 19650-2 DIN EN ISO 19650-3 DIN EN ISO 19650-4 DIN EN ISO 19650-5 DIN EN ISO 19650-6	Organisation und Digitalisierung von Informationen zu Bauwerken und Ingenieurleistungen, einschließlich Bauwerksinformationsmodellierung (BIM) – Informationsmanagement mit BIM – Teil 1: Begriffe und Grundsätze; Teil 2: Planungs-, Bau- und Inbetriebnahmephase; Teil 3: Betriebsphase der Assets; Teil 4: Informationsaustausch; Teil 5: Spezifikation für Sicherheitsbelange von BIM, der digitalisierten Bauwerke und des smarten Assetmanagements; Teil 6: Gesundheit und Sicherheit (Norm-Entwurf)
DIN EN ISO 21597-1 DIN EN ISO 21597-2	Informationscontainer zur Datenübergabe – Austausch-Spezifikation – Teil 1: Container; Teil 2: Dynamische Semantik
DIN EN ISO 22014	Bibliotheksobjekte für Architektur, Ingenieur- und Bauwesen und Gebrauch
DIN EN ISO 23386	Bauwerksinformationsmodellierung und andere digitale Prozesse im Bauwesen – Methodik zur Beschreibung, Erstellung und Pflege von Merkmalen in miteinander verbundenen Datenkatalogen
DIN EN ISO 23387	Bauwerksinformationsmodellierung (BIM) – Datenvorlagen für Bauobjekte während des Lebenszyklus eines baulichen Vermögensgegenstandes – Konzepte und Grundsätze
DIN EN ISO 29481-1 DIN EN ISO 29481-2 DIN EN ISO 29481-3	Bauwerksinformationsmodelle – Handbuch der Informationslieferungen – Teil 1: Methodik und Format; Teil 2: Interaktionsframework; Teil 3: Datenschema
DIN EN ISO 7817-1	Bauwerksinformationsmodellierung – Informationsbedarfstiefe – Teil 1: Konzepte und Grundsätze
DIN EN 17549-2	Building Information Modeling – Datenstruktur für den Austausch von Produktdatenvorlagen und Produktdatenblättern nach EN ISO 16739-1 – Teil 2: Konfigurierbare Produkte und Anforderungen
DIN EN 17632-1 DIN EN 17632-2	Building Information Modeling (BIM) – Semantischer Modellierungs- und Verknüpfungsstandard (SMLS) – Teil 1: Generische Modellierungsmuster; Teil 2: Domänenspezifische Modellierungsmuster
DIN 18290-1 bis 4	Verlinkter BIM-Datenaustausch von Bauwerksinformationsmodellen mit weiteren Fachmodellen

BuildingSMART (früher International Alliance for Interoperability (IAI)) setzt sich seit Mitte der 90er Jahre als internationale non-for-profit-Organisation für die Standardisierung und Vereinheitlichung im Datenaustausch und die Koordination von Daten in der Bauwirtschaft ein. Daraus hervorgegangen ist der Industriestandard für offenen Datenaustausch Industry Foundation Classes (IFC). Durch Kooperation mit den global agierenden Standardisierungsinstitutionen ISO und dem Open Geospatial Consortium (OGC) wird die Arbeit der buildingSMART in die Normungsaktivtäten eingebracht. Nationale Chapter der buildingSMART verfolgen die Ziele auf nationaler Ebene und wirken jeweils bei länderspezifischen Standardisierungsmaßnahmen mit.

Neben den nationalen und internationalen Normungen sind auch international verschiedene Standards zu nennen, die den Rahmen für eine erfolgreiche BIM-Anwendung abstecken (vgl. Tab 8.33).

Tab 8.33: Ausgewählte internationale Standards

Nation	Standard	Jahr
USA	National BIM Standard-United States® V4	2023
Japan	Vision for the Future and Roadmap to BIM (MLIT)	2019
Niederlande	Rijksgebouwendienst BIM Norm 1.1	2013
Singapur	Singapore BIM Guide Version 2	2013
Australien	NATSPEC National BIM Guide v1.0	2022
Spanien	PLAN BIM en la contratacion pública	2023

2.2 Nationaler Entwicklungsstand

Deutschland hat die Potenziale der BIM-Methode erkannt und ist intensiv dabei, die nötigen Leitplanken und Rahmenbedingungen auf nationaler Ebene zu erarbeiten. Dies zeigt sich darin, dass insbesondere im Bereich der öffentlichen Auftraggeber Strategien zur verbindlichen Einführung von BIM geschaffen wurden.

Seit 2021 hat das Bundesministerium für Wohnen, Stadtentwicklung und Bauwesen (BMWSB) (damals Bundesministerium des Innern, für Bau und Heimat (BMI)) einen konkreten Masterplan BIM für Bundesbauten [8.50], [8.51] veröffentlicht, der für zivile Hochbauprojekte und auch militärische Bundesbauten des Bundesministeriums der Verteidigung (BMVg) Anwendung findet. Der Masterplan beschreibt die Einführung der Methode BIM für alle künftigen Projekte und gibt einen verbindlichen Zeithorizont vor (vgl. Abb. 8.33). Demnach sollen seit 2023 grundlegende Anwendungsfälle der BIM-Methode für alle Baumaßnahmen des Bundes umgesetzt werden. Zudem veröffentlicht der Bund im Kontext der Einführung fortlaufend weitere Arbeitshilfen und eine Umsetzungsstrategie [8.52], die die Zeitschiene weiter spezifiziert und anpasst. Das Level I umfasst die Anwendung der Methode in der Planung sowie eine konsequente Bauwerksdokumentation bis in den Betrieb. In den folgenden Jahren erfolgt eine schrittweise Ausweitung der Anwendungsfälle über die Abrechnung der Bauleistung sowie die Anwendung der BIM-Methode in verschiedenen Nachweis- und Genehmigungsprozessen [8.50].

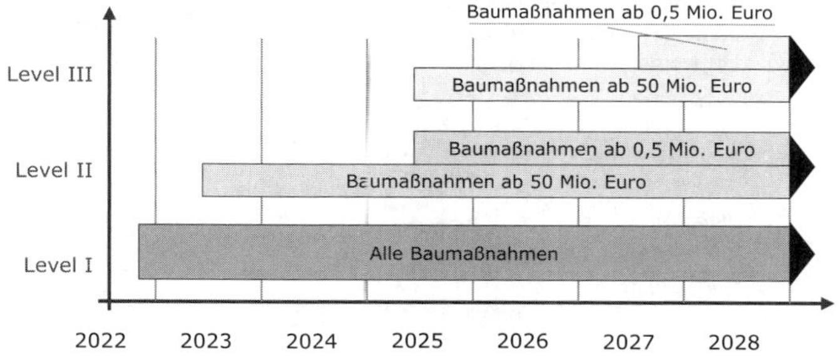

Abb. 8.33 Zielbild BIM für Bundesbauten des BMWSB [8.50], [8.51]

Auf Seiten des Bundesministeriums für Verkehr (BMV) wurde als Strategie zur Einführung von BIM für den Bereich Infrastrukturbau sowie den infrastrukturbezogenen Hoch- und Ingenieurbau bereits 2015 der Stufenplan Digitales Planen und Bauen [8.53] veröffentlicht. Dieser schreibt die Anwendung von BIM seit 2020 regelmäßig und obligatorisch in einem definierten Zielniveau vor und wurde 2021 durch den Masterplan BIM für den Bereich der Bundesfernstraßen spezifiziert [8.54]. Das laut Stufenplan umzusetzende Leistungsniveau 1 definiert Anforderungen, die in Neuausschreibungen von Planungsleistungen anzuwenden sind, und gliedert sich in die Bereiche Daten, Prozesse und

Qualifikation. Dabei verfolgt das Ministerium einen offenen Datenaustausch, in dem Softwareprodukte nicht vorgegeben werden (OpenBIM). Durch Leitfäden, Musterbeispiele und Schulungsmaßnahmen kann die breite Anwendung von BIM gefördert werden. Dabei sollen nach den empfohlenen Maßnahmen des Stufenplans auch auftraggeberseitige Kompetenzen zur Formulierung projektspezifischer Anforderungen zum digitalen Bauen entwickelt werden, um eine verbindliche Anwendung für die Projektbeteiligten herbeizuführen. Seit 2025 erfolgt nach der BIM-Implementierungsstrategie der zunehmende Übergang in einen BIM-Regelprozess. Dieser bietet die Grundlage, für das Zukunftsbild des „Digitalen Zwillings" (siehe Kap. 5.4). Auch für den Bereich der Wasserstraßen ist seitens des BMV eine Implementierungsstrategie BIM-WSV 2030 veröffentlicht, die als Masterplan für die Wasserstraßen die BIM-Einführung forciert [8.55]. Zudem wurden verkehrsträgerübergreifend und in Einklang mit dem Bundeshochbau Definitionen für Anwendungsfälle (AWF) entwickelt und harmonisiert (siehe Kap. 3.2).

Ergänzend zu den politischen Rahmenbedingungen werden Richtlinien und Vorgaben zur Anwendung der BIM-Methodik von großen privaten und öffentlichen Bauherren herausgegeben. Dabei handelt es sich um organisationsspezifische Angaben, die zwar keinen allgemein verbindlichen Charakter besitzen, jedoch verbindlich für die Projekte der jeweiligen Auftraggeberorganisation anzuwenden sind. Insbesondere ist hier beispielsweise die Deutsche Bahn AG als großer Auftraggeber aus dem Bereich Infrastruktur zu erwähnen, die über die DB InfraGO AG Vorgaben zur Anwendung der BIM-Methode erarbeitet hat [8.56], [8.57]. Aus dem Bereich Straßenbau haben neben verschiedenen Landesbauverwaltungen u. a. die DEGES sowie die Autobahn GmbH für den Bereich der Bundesautobahnen Vorgaben und Vorlagen [8.58] und zudem einen BIM-Standardleistungskatalog veröffentlicht [8.59]. Dieser formuliert standardisierte BIM-Leistungsbilder und ist bezüglich Inhalt und Anwendung mit dem Verband beratender Ingenieure (VBI) abgestimmt.

Der Verband Deutscher Ingenieure e.V. (VDI) entwickelt derzeit im Rahmen der VDI-Richtlinie 2552 mehrere Blätter, bei denen strukturiert Grundlagen, Begrifflichkeiten (Blatt 1 und 2) oder auch die Struktur von Anwendungsfällen (Blatt 11) aufgearbeitet sind. Zudem sind in einer Zusammenarbeit zwischen VDI und buildingSMART standardisierte Qualifikationsanforderungen für ein mehrstufiges Qualifikationssystem (Blatt 8) entwickelt worden. Ergänzend wird im Rahmen des Richtlinienausschusses VDI 3805 der Produktdatenaustausch in der Technischen Gebäudeausrüstung auch in Bezug auf BIM standardisiert.

2.3 Reifegrade von BIM

Die strategisch forcierte sowie die operative Umsetzung von BIM in Projekt und Unternehmen kann in verschiedene Stufen gegliedert werden, die wie in der folgenden Abbildung dargestellt grundsätzlich gegliedert werden können (vgl. Abb. 8.34).

Dimensionen	2D	3D	4D/5D	nD
BIM-Level[1]	Level 0	Level 1	Level 2	Level 3
Stufen[2]	Pre-BIM	objektorientierte Modellierung	modellbasierte Kollaboration	netzwerkorientierte Integration
Little/BIG BIM		little		BIG
		closed		open
	Reifegrad Building Information Modeling →			
Arbeitsprozess		linear		simultan
Modelle	monodisziplinär	technologiegestützter Austausch		interdisziplinär
Phasen		phasenbezogen	phasenübergreifend	lebenszyklus-orientiert
Content	Geometrien	Objekte	Termine/Kosten	Prozesse/Betriebsdaten

Abb. 8.34 Aspekte und Einordnung des Reifegrades von BIM nach [8.60]

Die verschiedenen Stufen beleuchten verschiedene Aspekte der BIM-Anwendung von implementierten Anwendungsfällen, den Grad der Vernetzung und die Art der Zusammenarbeit oder auch den Informationsgehalt der Modelle. Mit zunehmendem Reifegrad erfolgt eine weitreichendere Vernetzung und Integration der BIM-Anwendungsfälle. Dies erfordert auf der einen Seite den Ausbau der strukturellen Rahmenbedingungen, die durch Hard- und Softwaretechnik sowie ein entsprechendes technisches Netzwerk gegeben sein müssen, und zum anderen die Definition und Umsetzung von Prozessen zur Zusammenarbeit.

Die fundierte und konsequente Anwendung der BIM-Methode eröffnet die stetige Weiterentwicklung der Anwendungsfelder, sodass weitere Potenziale erschlossen werden. So können Nachhaltigkeitsaspekte, Modularisierung und Vorfertigungsprozesse oder Methoden der künstlichen Intelligenz im BIM-Prozess Anwendung finden und planerische oder bautechnische Lösungen hervorbringen. Die in Abb. 8.34 angegebenen Übergänge sind als fließend anzusehen und geben eine Orientierung für die Vergleichbarkeit an. Grundsätzlich sollten die Komplexität und der Umfang der BIM-Anwendung bei Einführung schrittweise intensiviert und durch Schulung qualifiziert werden.

3 Methodik der Zusammenarbeit mit BIM

3.1 Grundsätzliche BIM-Ziele

Durch den Einsatz der BIM-Methode werden verschiedene Ziele verfolgt und adressiert. Die primären Projekt- und Unternehmensziele ergeben sich aus dem Zusammenspiel von Kosten, Terminen und Qualitäten. Damit können exemplarisch die folgenden Zielvorgaben in Bezug auf höhere Termin- und Kostenstabilität formuliert werden:

- Qualitätsgesicherte integrierte Planung, die den nutzerspezifischen Anforderungen entspricht
- Termin- und Kostenstabilität mit hohen Genauigkeiten während der gesamten Projektlaufzeit
- Verbesserung der Prozessqualität in Planung, Realisierung und Projektmanagement durch konsistentes und transparentes Informationsmanagement
- Optimierung der Nachhaltigkeit und Verbesserung der zugehörigen Entscheidungsgrundlagen
- Konstruktives, kollaboratives und transparentes Miteinander zwischen allen Beteiligten, u.a. durch Visualisierungs- und Simulations-, Controlling- und Variationsmöglichkeiten
- Verbesserung der Kommunikation sowie des partnerschaftlichen Miteinanders zwischen technischen Projektbeteiligten, Auftraggebern, Behörden und der allgemeinen Öffentlichkeit
- Übergabe eines as-built-Modells und Schaffung von Grundlagen für einen digitalen Zwilling mit strukturierten Bauwerksinformationen für Betrieb und Instandhaltung

Durch eine Verbesserung der Prozesse und des Informationsmanagements erfolgt eine Unterstützung in den Bereichen Technik, Kommunikation, Projektmanagement sowie Projekt- und Unternehmenskultur.

3.2 Anwendungsfälle von BIM

Der Umfang und die Art der Einsatzmöglichkeiten der BIM-Methode in Projekten sind vielfältig. BIM-Anwendungsfälle beschreiben den Verwendungszweck der erzeugten Daten und Informationen und beschreiben den Leistungsumfang der BIM-Anwendung. Dabei kann BIM in sämtlichen Projektarten, wie Hochbau, Ingenieurbau, Infrastruktur oder Tiefbau, unterschiedlich eingesetzt werden und spezifische Mehrwerte erzielen. Generell steht BIM für ein einheitliches Informationsmanagement sowie eine übergreifende transparente Zusammenarbeit. Die entwickelten Vorgaben auf Bundesebene (vgl. Kap. 2.2) definieren für den Hoch- und den Infrastrukturbau 20 einheitliche und standardisierte Anwendungsfälle (AWF), die im jeweiligen Projektkontext projektspezifisch ergänzt, detailliert und angewendet werden.

Tab. 8.36: Typische und standardisierte Anwendungsfälle des BIM-Masterplans [8.54], BMV

Bedarf und Planung	▪ 010 Bestandserfassung und -modellierung	▪ 050 Koordination der Fachgewerke
Bedarf und Planung	▪ 020 Bedarfsplanung ▪ 030 Planungsvarianten bzw. Erstellung haushaltsbegr. Unterlagen ▪ 040 Visualisierung	▪ 060 Planungsfortschrittskontrolle und Qualitätsprüfung ▪ 070 Bemessung und Nachweisführung ▪ 080 Ableitung von Planunterlagen ▪ 090 Genehmigungsprozess
Ausschreibung/ Vergabe und Bauphase	▪ 100 Mengen- und Kostenermittlung ▪ 110 Leistungsverzeichnis, Ausschreibung, Vergabe ▪ 120 Terminplanung der Ausführung ▪ 130 Logistikplanung	▪ 140 Baufortschrittskontrolle ▪ 150 Änderungs- und Nachtragsmanagement ▪ 160 Abrechnung von Bauleistungen
Abnahme und Betrieb	▪ 170 Abnahme- und Mängelmanagement ▪ 180 Inbetriebnahmemanagement	▪ 190 Projekt- und Bauwerksdokumentation ▪ 200 Nutzung für Betrieb und Erhaltung

3.3 Vorgaben zur Umsetzung

Der projektspezifische Einsatz von BIM erfordert Festlegungen zur Zusammenarbeit in BIM-Projekten. Diese werden in projektbegleitenden Dokumenten fixiert und gehen als Bestandteil in die Vergabe- und Vertragsunterlagen von Planungs- und Bauleistungen ein. Dabei stellt auf der einen Seite der Auftraggeber seine Ziele und Anforderungen vor der Vergabe auf. Der Auftragnehmer liefert im Rahmen der Angebotsbearbeitung ein Konzept, wie er operativ konkret die BIM-Anforderungen umsetzen wird. Dieses Konzept kann in die Angebotswertung einbezogen werden und wird für die Projektbeteiligten als verbindliches (Vertrags-)Dokument aufgenommen.[1]

3.3.1 Auftraggeberseitige Anforderungen

Wird der BIM-Methode gefordert, sind im ersten Schritt die projektspezifischen BIM-Ziele und BIM-Anforderungen seitens des Auftraggebers zu definieren. Diese bereiten die Notwendigkeit unterschiedlicher Projektrollen, Anwendungsfelder und Lieferpunkte von BIM-Leistungen vor und umfassen in allgemein beschreibender Form, welcher Mehrwert durch den Einsatz der BIM-Methode erwartet wird. Zudem sollte definiert werden, welche konkreten Anforderungen an die BIM-Methode in Bezug auf Zusammenarbeit, Qualität und informationstechnische Kompatibilität erwartet werden.

Die Angaben sollten in schriftlicher Form dokumentiert und Bestandteil der Ausschreibung bzw. später des Vertrages werden. Die Anforderungen des Auftraggebers in der Anwendung der BIM-Methodik nennt man zusammengefasst Auftraggeberinformationsanforderung (AIA). Der BIM-Abwicklungsplan (BAP) ist die projektspezifische Umsetzung der AIA und muss durch den Auftragnehmer erstellt werden.

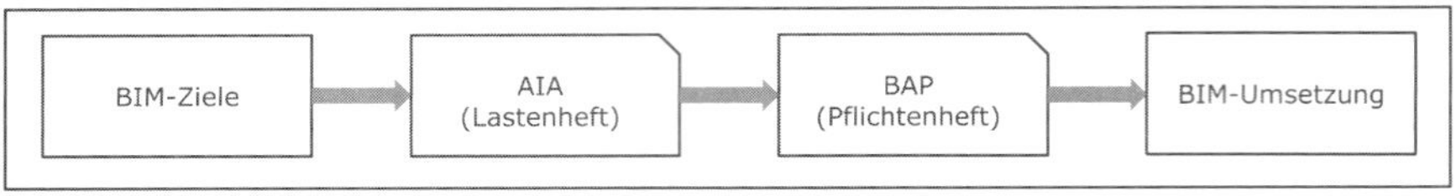

Abb. 8.36 Definition von Anforderungen und Umsetzung für das digitale Bauen mit BIM

[1] Vgl. VK Niedersachsen, Beschluss vom 5.9.2017 – VgK-26/2017

Die Informationsanforderungen in Form der AIA sorgen für die nötige Transparenz des zu erwartenden Leistungsumfangs und sollten dabei mindestens die folgenden Angaben enthalten:

BIM-Informationen

Einleitende allgemeine Angaben zur BIM-Methode tragen zu einem einheitlichen Verständnis bei allen Projektbeteiligten bei. Dabei werden neben einer BIM-Definition und Abkürzungen unter anderem auch die übergeordneten Projektrollen sowie die Grundlage zur Nutzung von nationalen und internationalen Standards dargestellt.

BIM-Ziele

BIM kann in verschiedenen Projektphasen, in unterschiedlichen Ausprägungsgraden und Intensitäten Anwendung finden. Umso wichtiger ist es für den effektiven Einsatz der Methode, dass in den Anforderungen an den Auftragnehmer die auftraggeberserseitigen Ziele eindeutig formuliert und transparent dargelegt sind, sodass sich der Auftragnehmer im Rahmen seiner Projektabwicklung auf die Ziele fokussieren kann.

BIM-Anwendungsfälle

Aus den aufgestellten BIM-Zielen werden die anzuwendenden BIM-Anwendungsfälle abgeleitet. Die Anwendungsfälle kennzeichnen das erwartete BIM-Leistungsprogramm. Bei der Festlegung der BIM-Anwendungsfälle wird entschieden, für welche Aufgaben BIM-Prozesse und BIM-Technologien im Projekt eingesetzt werden sollen. Die Anwendungsfälle geben Aufschluss darüber, in welchen Dimensionen das Informationsmodell als zentrale Datendrehscheibe vorliegen muss und welche Rolle BIM in den einzelnen Projekt- und Leistungsphasen zugeschrieben wird. Im Weiteren werden die geforderten Detailierungsgrade, technologischen Randbedingungen und genauere Spezifikationen zu der zu erwartenden Zusammenarbeit seitens des Auftraggebers mit Bezug auf die festgeschriebenen Anwendungsfälle definiert.

Projektrollen und Verantwortlichkeiten

Für den Projekteinsatz der BIM-Methode haben sich neue Projektrollen etabliert, um die ordnungsgemäße und effiziente Anwendung der BIM-Methode zu gewährleisten. Im Sinne klarer Vorgaben zur Zusammenarbeit und zu Informationsflüssen sind die Projektrollen mit zugehörigen Verantwortlichkeiten und Befugnissen vor Projektbeginn zu definieren. Dabei ist zu unterscheiden in Projektrollen, die in Vertretung des Auftraggebers agieren, und solche, die die Zusammenarbeit auf Seiten der Auftragnehmer gewährleisten. Im Weiteren ist festzulegen, welche Anforderungen und Schnittstellen sich für die Zusammenarbeit zwischen Auftraggeber und Auftragnehmer ergeben und wie diese unter Einbezug von Qualitätssicherungsmaßnahmen und Freigaben umzusetzen sind.

Zentrales Informationsmodell und Prozesse

Im Zuge der AIA ist vom Auftraggeber festzulegen, welche Anforderungen er an das Informationsmodell und die Prozesse der Erstellung und Nutzung über den Projektzyklus stellt. Damit ein reibungsloser Informationsaustausch zwischen den BIM-Projektbeteiligten sichergestellt ist, sind u. a. Festlegungen zu Lieferzeitpunkten, Detailierungsgraden des Modells, Angaben zur Nutzung von Koordinatensystemen sowie die Definition von Modellstrukturen zu treffen. Der Detaillierungsgrad umfasst insbesondere auch die Beschreibung semantischer Informationen (Merkmale), die für weitere Verwendungszwecke im Modell vorzuhalten sind. Diese werden in sogenannten Level of Information Need (LOIN)-Aufstellungen beschrieben. Weiterhin können Anforderungen aus der Nutzung des Modells in unterschiedlichen Projektphasen oder in auftraggeberseitigen Softwaresystemen entstehen, die nicht oder nur bedingt in Verbindung mit dem eigentlichen BIM-Prozess stehen.

Technologie

Zur Umsetzung der gesamten Zusammenarbeit und Modellentwicklung ist eine Bandbreite an unterschiedlichen Technologien nötig. Dies bezieht sich insbesondere auf hardware- sowie softwaretechnische Leistungsanforderungen. Der Auftraggeber sollte im Rahmen seiner AIA festlegen, welche Anforderungen er an die Technologien stellt, in welchem Umfang diese beispielsweise für Koordinations- und Planungsbesprechungen eingesetzt werden sollen und in welchem Umfang und zu welchen Zeitpunkten ihm erstellte Daten bereitzustellen sind. Der Datenaustausch kann durch unterschiedliche Dateiformate für unterschiedliche Anwendungsfälle realisiert werden. Generell kann zwischen nativen Formaten sowie herstellerunabhängigen offenen Formaten unterschieden werden. Der Auftraggeber sollte mindestens Angaben für Geometrieinformationen (3D), Termin- und Vorgangsinformationen, Kosten, Mengen und

Leistungsverzeichnisse, semantische Bauteilinformationen sowie Austauschformate und Anforderungen an einzusetzende Austauschplattformen für die Zusammenarbeit vorgeben.

3.3.2 Auftragnehmerseitige Umsetzung

Im Rahmen der Angebotsbearbeitung entwickelt der potenzielle Auftragnehmer ein Konzept, wie er die auftraggeberseitig gestellten Anforderungen projektspezifisch umsetzen wird. Dabei geht er jeweils auf die Punkte aus den AIA ein. Das Konzept kann im Rahmen der Auftragsvergabe verhandelt und optimiert werden und wird als Vertragsbestandteil aufgenommen. Die Darstellung der auftragnehmerseitigen Umsetzung wird als BIM-Projektabwicklungsplan (BAP) bezeichnet.

Während der Projektlaufzeit ist die Umsetzung des BIM-Projektabwicklungsplans nach den gestellten Auftraggeberinformationsanforderungen sicherzustellen. Dafür wird die Verantwortung einer konkreten Projektrolle zugewiesen, die durch Qualitätssicherungsmaßnahmen die Einhaltung zu bestimmten Zeitpunkten überprüft und entsprechende Steuerungsmaßnahmen für den Projekterfolg entwickelt und umsetzt.

3.4 Projektrollen

Die neuen Projektrollen durch die BIM-Methode sind ergänzend zu den konventionellen Projektrollen durch Umstellung der Planungsmethode zu sehen und können bei kleineren Projekten in Personalunion besetzt sein, sodass die Methode bei den bisherigen Aufgabenfeldern unterstützend wirkt. Neben den Rollen zur inhaltlichen Umsetzung der BIM-Aufgaben verwendet der BIM-Nutzer die Daten und Prozessschnittstellen zur Entscheidungsfindung und Informationsgewinnung.

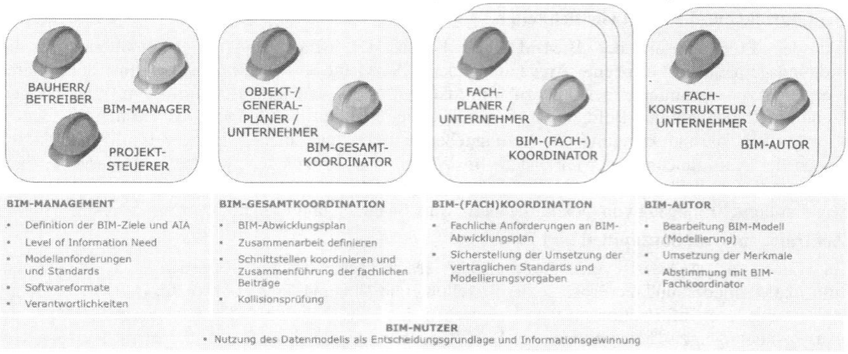

Abb. 8.38 Projektrollen und Verantwortlichkeit im BIM-Projekt in Anlehnung an die VDI 2552

3.4.1 BIM-Manager

Die Rolle des BIM-Managers wird seitens des Bauherrn besetzt oder unabhängig beauftragt, sodass der BIM-Manager unabhängig vom Planenden/Ausführenden agieren kann. Der BIM-Manager übernimmt die Erarbeitung der auftraggeberseitigen BIM-Anforderungen. Aus der Kenntnis der auftraggeberseitigen Anforderungen bezüglich Planung, Realisierung, Betrieb und Finanzierung entwickelt er die konkreten Auftraggeberinformationsanforderungen. Diese sind Vorgaben zu Modellanforderungen, wie Strukturierung und Detaillierungsgrad, Dateistandards und projektspezifische Rollen, die vom Auftragnehmer aufzugreifen und im Projekt umzusetzen sind. Der BIM-Manager sollte aus diesem Grund möglichst frühzeitig in das Projekt eingebunden werden und bereits die Ausschreibung und Vergabe der Planungs- und Bauleistung begleiten. Während der Projektlaufzeit überwacht er die Einhaltung der BIM-Anwendung im geforderten Umfang und prüft die auftragnehmerseitigen BIM-Leistungen auf Einhaltung der Informationsanforderungen. Gegebenenfalls leitet er bei Abweichungen entsprechende Gegensteuerungsmaßnahmen ein.

3.4.2 BIM-Gesamtkoordinator

Der BIM-Gesamtkoordinator ist die auftragnehmerseitige Rolle und fungiert als direkter Projektpartner zum BIM-Manager. In dieser Rolle verantwortet er die Umsetzung der BIM-Leistung auf Auftragnehmerseite. Gemäß den AIA entwickelt er vor Projektbeginn den projektspezifischen BIM-Abwicklungsplan, in welchem er die konkrete BIM-Umsetzung der auftraggeberseitigen Anforderungen und die geplante Zusammenarbeit darlegt. Während des Projekts liegen dann die Umsetzung und Einhaltung sowie die Fortschreibung des BAP in seinem Aufgabenbereich. Der BIM-Gesamtkoordinator übernimmt die Gesamtkoordination der BIM-Leistung, insbesondere das Zusammenführen und Prüfen der Fachmodelle, das Durchführen von Kollisionsplanungen und die Erstellung von Kollisionsberichten sowie die Darlegung der auftragnehmerseitigen BIM-Leistung beim BIM-Manager. In gemeinsamer Abstimmung mit diesem werden die BIM-Ziele verfolgt und gesamthaft im Projekt umgesetzt.

3.4.3 BIM-(Fach)koordinator und BIM-Autor

Der BIM-(Fach)koordinator ist für die Umsetzung der BIM-Leistung in seiner Fachdisziplin zuständig und ist Ansprechpartner für den BIM-Gesamtkoordinator. Er übersetzt die Anforderungen aus den AIA bzw. aus dem BAP auf seine konkrete Fachdisziplin und überwacht die Umsetzung und Einhaltung der Vorgaben und Standards in seinem Team. Er liefert seine Fachplanungen dem BIM-Gesamtkoordinator und ist für die Rückführung der Abstimmungsberichte in seine Fachplanungen zuständig. Der BIM-Autor ist für die operative Bearbeitung des BIM-Modells unter Qualitätssicherung des BIM-Fachkoordinators zuständig und liefert diesem seine Ergebnisse zu.

4 Datenmodell und Schnittstellen

Das Datenmodell versteht sich als zentraler Informationsspeicher im BIM-Prozess. An diesem sind die gesamten Informationen geometrischer sowie semantischer Art verortet. Das objektorientierte Datenmodell bietet dabei die Möglichkeit, die Bauelemente intelligent miteinander zu verknüpfen und mit Abhängigkeiten zu versehen. Dabei kann die Informationszuordnung semantischer Informationen inhärent oder referenziert erfolgen. Werden die Informationen inhärent bereitgestellt, sind diese direkt am Modell verortet und eindeutig den jeweiligen Modellobjekten bzw. Bauteilen zugewiesen. Durch eine Referenz erfolgt die Bereitstellung der Informationen über eine externe Verknüpfung im Modellobjekt. Über die externe Verknüpfung erfolgt nur ein Verweis auf die entsprechende Information oder Datei.

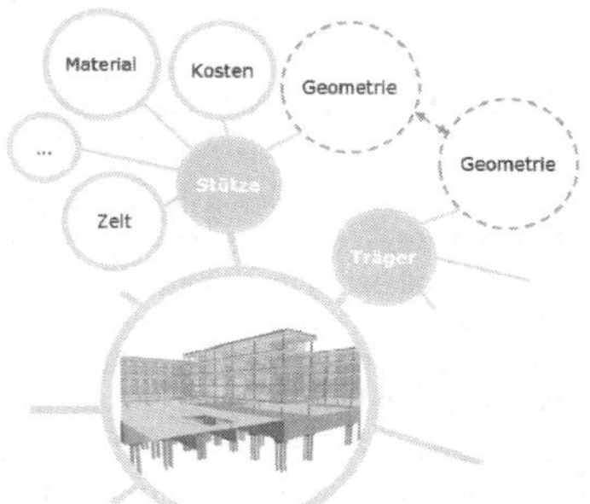

Abb. 8.39 Objektorientiertes Modellieren in BIM

Tab. 8.39: Möglichkeiten der Informationsverknüpfung im digitalen Modell

Modellinhärente Information	Modellreferenzierte Information
▪ Alle Informationen werden innerhalb des Modells bei Weitergabe mit übergeben ▪ Direkte Auswertbarkeit und Listenfunktion der Information ▪ Vereinheitlichung aller relevanten Daten in strukturierter Form ▪ Begrenzung bei umfänglichen Informationen	▪ Weiterführende Informationen, wie umfängliche technische Datenblätter und Handbücher, Beispiele, Bemessungstabellen u. Ä. verknüpfbar ▪ Unabhängigkeit von Datentypen und Dateiformaten ▪ Pflege unabhängig vom Einzelprojekt

Während bei einer modellinhärenten Verknüpfung alle Informationen im Austauschformat übergeben werden können, ist bei der Modellübergabe mit modellreferenzierten Informationen eine zusätzliche Dateiablage notwendig, deren Zugriff bei Modellweitergabe gewährleistet werden muss.

Eine Herausforderung liegt grundsätzlich in der Erzeugung eines belastbaren Informationsmodells, wenn es um das Bauen im Bestand geht. Für die Erzeugung eines objektorientierten Bauwerksmodells stehen digitale Methoden zur Erzeugung von Punktwolken (Laserscan, Fotogrammetrie) zur Verfügung, die als Grundlage für die Entwicklung objektorientierter Bauwerksmodelle herangezogen werden können und häufig heterogen vorliegende Bestandsdaten ersetzen oder ergänzen können.

4.1 Bedeutung von Teilmodellen und Fachmodellen

Im BIM-Kontext kann von verschiedenen BIM-Modellen gesprochen werden. Entlang der Projektphasen oder auch der fachlichen Untergliederung wird beispielsweise in Grundlagen-, Fach-, Koordinations-, Bestands- oder auch wie-gebaut-Modelle (as-built-Modelle) unterschieden werden. Insbesondere bei größeren und komplexer werdenden Bauvorhaben oder bei mehreren Projektbeteiligten mit zwei oder mehr Planungsdisziplinen besteht das eigentliche Gesamtmodell des Bauwerks aus logisch abgegrenzten Untermengen der Modellobjekte, die man Teilmodelle oder bei disziplinbezogener Abgrenzung Fachmodelle nennt, die jeweils spezifische Informationen beinhalten.

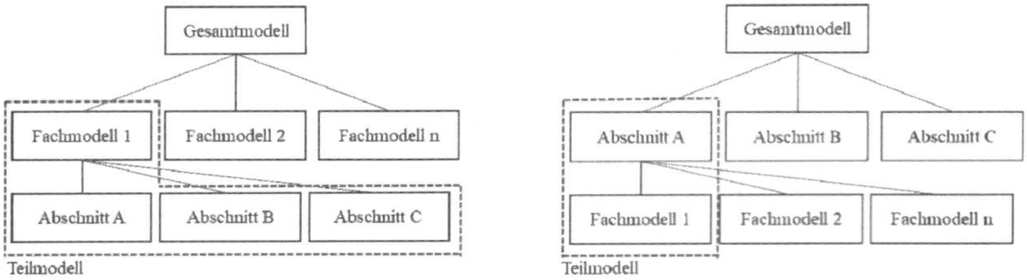

Abb. 8.40 Möglichkeiten der fachlichen und räumlichen Abgrenzung von Teilmodellen

Bei der Zusammenarbeit in Fachmodellen erzeugt jede Fachdisziplin ein individuelles Modell und bearbeitet dieses. Das erzeugte Gesamtmodell dient für die anderen Beteiligten als „Single Source of Truth" und wird im Rahmen des gesamthaften BIM-Prozesses als Referenz im eigenen Modell integriert. Für die Funktionalität ist es unerlässlich, einen Projektstandard in Bezug auf Koordinatensystem und Modellierungsvorgaben zu entwickeln, der die eindeutige Lage der Modelle beschreibt und die Einbettung von referenzierten Modellen effizient ermöglicht.

Das Zusammenführen der Teilmodelle der einzelnen Projektbeteiligten findet im BIM-Prozess zu regelmäßigen und definierten Zeitpunkten, wie zum Beispiel zu Planungsbesprechungen bzw. Virtual-Design-Review-Sitzungen (VDR), statt. Die Qualitätsprüfungen im Rahmen der VDR umfassen zum einen die Datenkonsistenz und die Einhaltung der Informationsanforderungen im jeweiligen Modell und zum anderen die integrative Modellprüfung auf Plausibilität und Kollisionen zwischen Modellobjekten.

4.2 Entwicklungsstufen der Datenlage und des Modells

Mit anhaltendem Projektfortschritt wird auch das digitale Modell mit weiteren und konkreter werdenden Informationen angereichert. Während das Modell im Rahmen der frühen Planungsphasen zu einem großen Maß über abstrahierte Objektgeometrien und einen geringen semantischen Informationsgehalt verfügt, werden im Zuge zunehmender Planungstiefe die Detaillierung und der Informationsgehalt stetig zunehmen. Dabei ist das Ziel im BIM-Prozess, dass einmal erzeugte Daten konsistent und ohne Neueingabe phasen- und disziplinübergreifend weitergenutzt werden.

Diese Fortentwicklung des digitalen Bauwerksmodells nennt sich Level of Development (LOD). Das LOD setzt sich aus einem geometrischen Detaillierungsgrad und einer Informationsdichte bzw. Informationstiefe zusammen. Der ebenso verwendete Begriff Level of Detail bestimmt den

allgemeinen Detaillierungsgrad des Modells. Dabei werden bei zunehmendem Projektfortschritt die Form und Spezifikation der Modellobjekte von geometrischer Seite zunehmen, Maßtoleranzen werden abnehmen und die Verbindung zu anderen Objekten wird dargestellt. Im am weitesteten fortgeschrittenen Stadium werden die Objekte inklusive ihrer Anschlussdetails und geometrischen Kopplung modelliert.

Mit zunehmender Detaillierung der Informationen werden technische Spezifikationen und alphanumerischer Content als semantische Informationen in das Modell eingepflegt. Im Speziellen werden die Bauteilinformationen typischerweise mit technischen Spezifikationen, wie Material und Kennwerten, sowie Angaben zu Termin- und Kosteninformationen, Betriebsinformationen und Bauteilzuordnungen – sogenannten Merkmalen – ergänzt. Das BIM-Datenmodell gewinnt durch die Informationsfortschreibung und Verifizierung an Belastbarkeit, sodass sich der gesamte Ausarbeitungsgrad des Modells, das Level of Development, präzisiert. Weitere verwendete Abkürzungen in Bezug auf die Entwicklungsstufen des Modells sind das LOG (Level of Geometry) sowie das LOI (Level of Information), die für die Beschreibung der Geometrie bzw. der Information verwendet werden.

Das geforderte LOD des Modells ist jeweils projektspezifisch in Abhängigkeit von den Projektphasen zu definieren und im Rahmen der Auftraggeberinformationsanforderungen festzulegen. Eine allgemeingültige Standardisierung bzw. verbindliche Normung gibt es zum derzeitigen Zeitpunkt in Deutschland nicht, jedoch haben sich insbesondere die Entwicklungen aus den USA als Vorlagematerial für nationale und internationale BIM-Projekte bewährt. Dort hat das sogenannte BIMFORUM, das US-amerikanische Chapter von buildingSMART, im Jahr 2013 ein sechsstufiges Modell zur Beschreibung der LOD, die Level of Development Specification, veröffentlicht.

LOD 100	LOD 200	LOD 300	LOD 350	LOD 400	LOD 500
Vorentwurf	Entwurfs-planung	Ausführungsplanung		Werk- und Montageplanung	AsBuilt

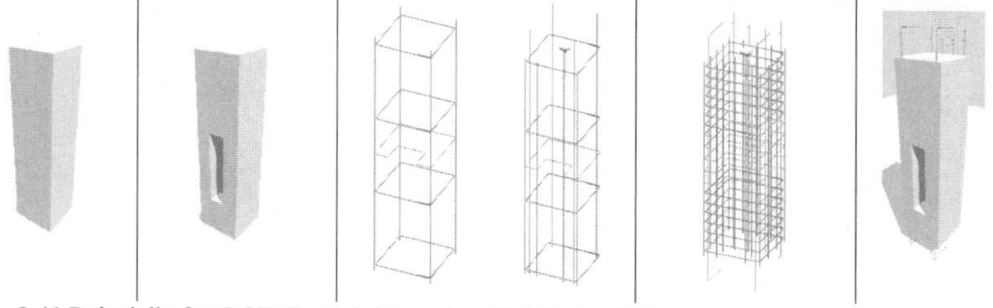

Abb. 8.41 Beispielhafter LOD-Fortschritt an einer Stahlbeton-Stütze

LOD 100: grafische Repräsentation der Modellelemente als Symbol oder abstrahierter Körper

LOD 200: zusätzliche Abbildung ungefährer Abmessungen, Größe, Form, Position und Orientierung

LOD 300: Spezifikation bzgl. Abmessungen, Größe, Form, Position und Orientierung

LOD 350: Spezifiziertes Modellelement mit Schnittpunkten zu anderen Modellelementen

LOD 400: zusätzliche Informationen zu Herstellung, Zusammenbau und Installation

LOD 500: Abbildung des Modells wie hergestellt – As-built

Ein einheitliches Verständnis der Entwicklungsgrade ist im Zuge der qualitativen Projektabwicklung unerlässlich. Diese gelten als verbindliche Mindeststandards der Modelldaten und sichern so auch den gemeinsamen Projektfortschritt der fachkoordinierten Planung und Projektrealisierung. Eine Standardisierung hilft an dieser Stelle, auch projektübergreifend ein gleiches Verständnis zu entwickeln und aus Erfahrungen und Erfordernissen einen Mindeststandard für die Modelldaten abzuleiten. Die DIN EN ISO 7817-1 enthält eine standardisierte Methode zur Beschreibung der Ausarbeitungsgrade. Grundsatz ist, dass der Besteller im Rahmen einer LOIN-Aufstellung (Level of Information Need) seine Informationsanforderungen transparent formuliert. Im Hinblick auf die

Informationsverwertung und das Datenhandling ist der nötige Detaillierungsgrad einzuhalten und darauf zu achten, dass nicht mehr Details als nötig im Modell abgebildet werden.

Insbesondere im Hinblick auf die Verwendung der Modelldaten für die Nutzungs-/Betriebsphase ist ein klares Informationsmanagement unerlässlich, sodass sich das As-built-Modell als Gesamtdokumentation des Bau- bzw. Infrastrukturprojekts verwenden lässt.

4.3 Proprietäre Lösungen und offener Datenaustausch

Bei einer proprietären Lösung arbeiten alle Projektbeteiligten mit einer Software in einem nativen Dateiformat. Schnittstellenproblematiken oder Datenverlust aufgrund der Notwendigkeit von Datenkonvertierung sind bei der Verwendung nativer Formate nicht vorhanden. Einzig die Verwertbarkeit in unterschiedlichen Programmversionen kann zu Schwierigkeiten in der Lesbarkeit führen, denn meist sind die Dateien zwar aufwärtskompatibel lesbar, jedoch nicht abwärtskompatibel, weshalb sie in überholten Programmversionen gegebenenfalls nicht verwertet werden können. In dieser Konzeption ist es zum einen möglich, dass die Planungsbeteiligten gemeinsam in einer einzigen Datei simultan arbeiten. Zum anderen ist das Arbeiten und Austauschen über softwareinterne Formate mit der Erstellung von Referenzen oder Verlinkungen ebenfalls möglich. Nachteilig zeigt sich bei dieser Lösung, dass das Planungsteam auf einen Hersteller festgelegt ist und für Spezialgewerke und -anwendungen keine Gesamtlösung zur Verfügung steht.

Bei der Anwendung einer offenen Lösung erarbeitet jeder Fachplaner mit seiner eigenen Software ein Teilmodell, und die verschiedenen Teilmodelle der jeweiligen Fachplaner werden zu einem integrierten Gesamtmodell zusammengeführt. Die nichtproprietäre Konzeption, die die Kombination verschiedener Anwendungssysteme und Softwarelösungen zulässt, nutzt das IFC-Format als offenes Datenaustauschformat. Es kann eine herstellerneutrale Austauschbarkeit der Informationen sichergestellt werden, indem die Projektbeteiligten in ihren spezialisierten Softwarelösungen die Planungsleistungen erbringen. Es ist in diesem Zusammenhang unerlässlich, die Anforderungen an den Informationsaustausch genau zu definieren.

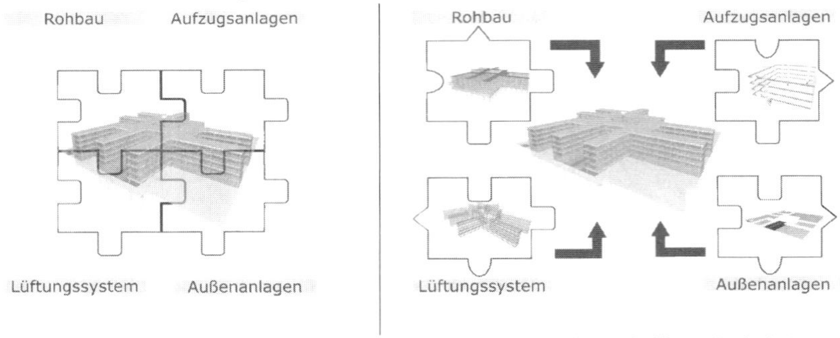

Abb. 8.42 Möglichkeiten der Zusammenarbeit in proprietären (links) und offenen (rechts) Lösungen

4.4 Industry Foundation Classes (IFC)

Aus dem Bedürfnis heraus, interoperabel und nicht proprietär zusammenzuarbeiten, hat sich für eine Industrieallianz verschiedener Softwarehersteller und Industrieunternehmen die Motivation ergeben, einen internationalen und offenen Standard zum Datenaustausch im Bauwesen zu entwickeln. Die sogenannten Industry Foundation Classes (IFC) als Dateistandard wurden in der Urversion IFC 1.0 1997 erstmalig veröffentlicht und sind mittlerweile in der ISO 16739:2024 standardisiert.

4.4.1 Struktur

Die IFC basieren ursprünglich auf der Datenmodellierungssprache EXPRESS. Zusätzlich zur IFC-Express-Spezifikation wurde seit der Version IFC 2x auch eine ifcXML-Spezifikation eingeführt.

Diese ermöglicht den Austausch in XML-Struktur und eine weiter ausgedehnte Verarbeitbarkeit der Daten sowie eine verbesserte Übersichtlichkeit.

Die Struktur der IFC-Datei basiert auf der Zuordnung der Bauteile zu den jeweiligen Objektklassen, die Bauteile repräsentieren. Somit wird jedes Bauteil des Gebäudemodells einer bestimmten IFC-Klasse zugeordnet. Zusätzlich sind standardisierte Klassen, die Projektinformationen beinhalten und die Projektstruktur beschreiben, vorhanden. So können Bauteile über die IFC-Klasse IfcBuildingStorey zum Beispiel eindeutig einer Ebene zugeordnet werden und es kann eine Abhängigkeit der Bauteile zu dieser Ebene erzeugt werden. Über IFC-Klassen wie IfcApplication, IfcPerson oder auch IfcProject werden Angaben zu Autorensoftware, Softwareanwender sowie Projekteinheiten und Koordinatensystemen standardisiert übertragen. Das exemplarische Beispiel der Wand aus Abb. 8.43 zeigt eine typische IFC-Struktur. Die Wand selbst ist dabei der IFC-Klasse IfcWallStandardCase zugehörig und kann über Beziehungsklassen mit weiteren Objekten verknüpft sein.

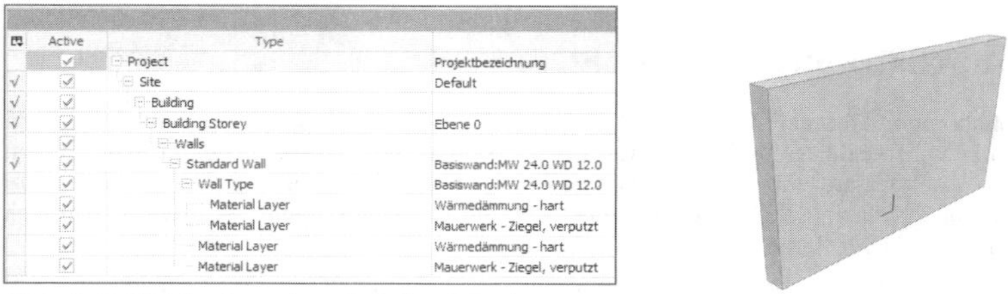

Abb. 8.43 IFC-Struktur einer einfachen Wand

Im Weiteren werden über die sogenannten PropertySets kategorisierte Eigenschaftswerte, die auch individuell erzeugt werden können, übergeben. Diese Eigenschaftswerte werden als Attribute den Bauteilobjekten zugeordnet (= attribuiert). In den PropertySets können die durch den Auftraggeber geforderten Eigenschaftssätze zur Übergabe gruppiert werden.

Mittels der sogenannten Model View Definition (MVD) kann eine Untermenge des gesamten IFC-Schemas ausgewählt werden. Das ermöglicht es, die Gesamtmenge der IFC-Daten für die jeweiligen Anforderungen des spezifischen geometrischen und alphanumerischen Informationsaustausches zu reduzieren. Die MVD resultiert aus einer unterschiedlichen Informationstiefe sowie den Anforderungen der unterschiedlichen Disziplinen. In Abhängigkeit von der jeweiligen IFC-Version gibt es bereits standardisierte MVD für unterschiedliche Anwendungsfälle. Die genauen Anforderungen an den Modellaustausch werden in einer IDS (Information Delivery Specification) festgeschrieben. Dies ermöglicht die Festlegung und Überprüfung der Informationsanforderungen in einem maschinenlesbaren Format und unterstützt so den Austausch und die Qualitätssicherung der Modelldaten. Für die Eindeutigkeit der Begrifflichkeiten steht das bSDD (buildingSMART Data Dictonary) zur Verfügung, das die Semantik standardisiert.

4.4.2 Stand der Entwicklung

Die Entwicklungen zur IFC-Definition werden stetig fortgeführt, um einen standardisierten und verlustfreien Datenaustausch sowohl im Hochbau als auch im Infrastrukturbau zu ermöglichen. Die Herausforderungen im Bereich der Infrastruktur liegen insbesondere in der Trassierung und der trassierungsorientierten Abbildung der Bauteile. Zum aktuellen Zeitpunkt hat sich das IFC2x3-Format aufgrund der wesentlichen Qualitätsverbesserungen gegenüber den Vorversionen in den meisten Softwareapplikationen etabliert. Das derzeitig aktuelle Format IFC4.x wurde 2013 erstmalig veröffentlicht. Dieses ist insbesondere durch Erweiterungen im Bereich des Hochbaus, der Haustechnik sowie der Tragwerksplanung gekennzeichnet. Neben der generellen Qualitätsverbesserung bei der Übertragung der Daten ist auch die Möglichkeit gegeben, komplexe Geometrien und weitere Komponenten zu übertragen. Im IFC4 sind zwei Model View Definitions vorgesehen:

- **IFC4 Reference View** unterstützt die Workflows, die auf dem digitalen Modell als Referenz basieren und somit eher eines eindirektionalen Austausches bedürfen. Die Veränderung der Modellobjekte durch den Empfänger ist eingeschränkt und muss bei Änderungswünschen der Modelldaten durch den Autor erfolgen. Typische Anwendungsfelder sind die Erstellung von Koordinationsmodellen und Kollisionsprüfungen, Referenzieren anderer Disziplinen in die eigene Planunterlage, Erzeugung von Mengen- und Terminmodellen oder visuelle Präsentationen.
- **IFC4 Design Transfer View** unterstützt die Workflows, in denen das Modell zur weiteren Verwendung und Bearbeitung freigegeben wird. Die gesamten Informationen des Modells werden ausgetauscht. Die Modellelemente können bei Kollisionen beispielsweise durch Verschieben, Löschen oder Verändern der Geometrie direkt modifiziert werden.

Für die weitere Entwicklung im Bereich Infrastruktur dient das IFC4 als Grundlage. Dieses wurde im Rahmen des IFC4.1 um das IFC Alignment zur Trassierung und ein erweitertes Hochbauschema ergänzt und steht aktuell als IFC4.3-Version zur Verfügung.

4.5 BIM Collaboration Format (BCF)

Das BIM Collaboration Format (BCF) ist ein Austauschformat zur Unterstützung der Kommunikation auf Basis von BIM-Modelldaten und basiert auf dem XML-Schema. Das BCF bietet die Möglichkeit, modellbasierte Kommentare und Anmerkungen zu erzeugen und auszutauschen, was insbesondere Koordinations- und Kollisionsabstimmungen zugutekommt. Eine vollständige BCF-Datei setzt sich dabei aus drei Bausteinen zusammen:

Das *Markup-File* enthält den eigentlichen Kommentar zum Abstimmungspunkt. Ergänzt wird es um Angaben zum Ersteller, der Verantwortungszuweisung sowie Erstellzeitpunkt und Status des Kommentars. Ferner enthält die Datei einen Verweis auf die zugehörige Viewpoint-Datei.

Die Viewpoint.bcfv-Datei enthält die Viewkoordinaten auf Basis des digitalen Gebäudemodells, bei denen der jeweilige Kommentar erstellt wurde. Dies ermöglicht die eindeutige Zuordnung des Kommentars zum Modell- und Sichtpunkt des Erstellers, wodurch ein einheitliches Verständnis des Abstimmungsbedarfs geschaffen wird.

Zusätzlich wird eine Bilddatei *snapshot.png* der aktuellen Ansicht mit den hervorgehobenen Objekten erstellt und den Informationen beigefügt.

Im Prozess kann ein offener Abstimmungspunkt erzeugt und mit den Beteiligten ausgetauscht werden. Der Empfänger und zugewiesene Verantwortliche hat die Möglichkeit, entsprechend die Problembehebung am Modell durchzuführen und die Information als Kommentar und Statusupdate an den Ersteller zurückzuspielen. Dieser überprüft den Status und archiviert die BCF nach Abschluss des Abstimmungsbedarfs zum jeweiligen Punkt.

4.6 Dimensionen der Modelle

Wesentlich für die mehrwertbringende Anwendung von BIM in den fortgeschrittenen Projektphasen ist der Einsatz einer dreidimensionalen Modellierung. Alle raumbildenden und raumbenötigten Elemente werden als Objekte in ihrer Form und räumlichen Lage abgebildet. Dabei kann gemäß den LOD-Definitionen der Abstraktionsgrad der Modellobjekte entsprechend den Anforderungen variiert werden. Wird das dreidimensionale Modell zusätzlich mit Termininformationen ergänzt, so spricht man von der vierten Dimension des Modells. Das fünfdimensionale Modell ergibt sich durch die weitere Verknüpfung mit Angaben zu den Objektkosten. Das nD-Modell erweitert den Informationsgehalt des Modells um weitere Dimensionen wie Dimensionen zur Abbildung der Nachhaltigkeit, Lebenszyklusberechnungen und bauphysikalische Parameter.

4.7 Projektplattformen und Common Data Environment

Eine Projektplattform oder auch Common Data Environment (CDE) stellt die Bereitstellung und Verwaltung aller für Planung und Realisierung relevanten Daten als zentrale Informationsplattform sicher. Dabei sorgt das CDE als gemeinsame Datenumgebung (vgl. Abb. 8.45) für eine effiziente Koordination und Strukturierung der Projektdaten sowie für ein hohes Maß an Transparenz und

Konsistenz der Daten. Ein Berechtigungskonzept definiert den Zugriff unterschiedlicher Nutzergruppen auf die Daten. Durch implementierte Workflows werden erzeugte Daten strukturiert, qualitätsgesichert und zielgerichtet an die jeweils relevanten Adressaten verteilt und gegebenenfalls zur Bearbeitung oder Information freigegeben.

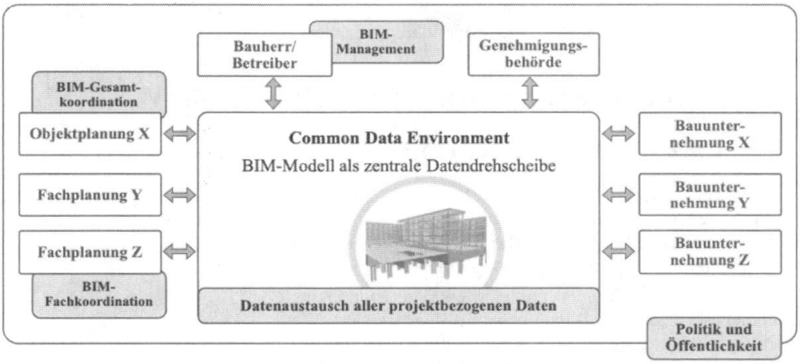

Abb. 8.45 Beteiligte Akteure an einem Common Data Environment (exemplarisch)

Im Sinne der BIM-Anwendung nimmt das CDE eine wesentliche Rolle im Projekt ein. Dies unterscheidet sich vom konventionellen CDE als Dokumentenmanagementsystem oder einfachen virtuellen Projektraum insbesondere durch die Integration des digitalen Bauwerksmodells. Während in Dokumentenmanagementsystemen oder Projekträumen nur die Dateien als Ganzes z. B. in Workflows betrachtet werden, arbeitet eine BIM-Plattform mit den Informationen aus dem BIM-Modell. Durch eine serverbasierte Verwaltung der BIM-Daten aus den Fachmodellen kann die CDE für die Planungskoordination, die Bauabwicklung und das damit verbundene Controlling und Dokumentationsmanagement verwendet werden. Durch das Vorhalten der Modelldaten und weiter verknüpften Informationen ergibt sich für alle Projektbeteiligten eine Hol- und Bringschuld über die CDE als einzig gültige Informationsquelle. Man spricht in diesem Fall von einer Single Source of Truth (SSoT) (vgl. [8.61]). Die DIN SPEC 91391-1 spezifiziert die Mehrwerte einer CDE und präzisiert diese bis auf Funktionsebene.

Die Bereitstellung der CDE kann je nach Projekterfordernis unterschiedlich erfolgen. Üblicherweise sollte der Auftraggeber die Bereitstellung der Projektplattform übernehmen, sodass die Hoheit und Verwendbarkeit der Projektdaten über den gesamten Projektzyklus und darüber hinaus gewahrt ist. Ist durch den Auftraggeber nicht explizit die Verwendung einer CDE gefordert, so hat es sich in der BIM-Praxis bewährt, auftragnehmerseitig zur Koordination der Planung und Ausführung eine Plattform einzurichten. Der Bauherr erhält einen Zugriff auf die für ihn freigegebenen Projektdaten.

4.8 Model Viewer und Model Checker

Unter Model Viewern versteht man Client-Softwarelösungen oder webbasierte Anwendungen, die das Betrachten von BIM-Modellen ermöglichen. Dabei dient in der Regel das IFC-Modell als Grundlage. Das eingelesene Modell kann über den Model Viewer betrachtet sowie durch verschiedene Sichtbarkeitseinstellungen und Filteroptionen modifiziert werden. Teilweise können im Modell abgelegte Informationen ausgelesen werden und in einem begrenzten Umfang, z.B. für Raumflächen, Bauteilvolumina u. Ä., ausgewertet werden. Eine Manipulation oder Veränderung der Modelldaten ist in Model Viewern nicht möglich. Allerdings bieten einige Model Viewer die Option, modellbasierte BCF-Daten zu erzeugen. Sie können so den Kommunikationsprozess effizient unterstützen.

Model Checker bieten darüber hinaus die Option, eingelesene Modelldaten auf Kollisionen, Konsistenz und Plausibilität zu überprüfen. Durch die Integration einzelner Teilmodelle wird ein Koordinationsmodell erzeugt. Neben geometrischen Kollisionen können zudem Plausibilitätsabfragen zu den Bauteilen erfolgen, sodass beispielsweise Fluchtwege, Treppenschrittmaße oder

Lichtraumprofile im Bereich von Infrastrukturbauwerken analysiert werden können. Die Überprüfung weiterer semantischer Informationen auf Konsistenz und Sinnhaftigkeit kann im Rahmen von Model Checking ebenfalls dazu beitragen, die Qualität der Planung (teil)automatisiert zu verbessern oder Genehmigungsprozesse modellbasiert zu unterstützen. Einige Softwarelösungen bieten auch die Möglichkeit, eigene Prüfstrukturen zu entwickeln und über ein Skript in der Software zu implementieren. Andere bieten eine Auswahl vorgefertigter Prüfalgorithmen an, die über den BlackBox-Ansatz automatisiert auf die Modelldaten angewendet werden.

5 Typische Anwendungsmöglichkeiten für BIM

5.1 Einsatz standardisierter Objekte

Die technischen Möglichkeiten des Building Information Modeling bieten neben Kollisions- und Plausibilitätsprüfungen weitere umfangreiche Potenziale, die Effizienz und Qualität insbesondere der Planungsunterlage zu optimieren.

Digitale Objektkataloge können immer wiederkehrende Objekte unternehmensspezifisch und parametrisch standardisieren und dadurch projektübergreifend Verwendung finden. Mittels der Parametrisierungen unterliegen die Bauteile bzw. Elemente der Bauteile Abhängigkeiten, die je nach Bedarf individuell angepasst werden können, sodass sich das parametrisierte Bauteil automatisch unter Einhaltung festgelegter Zwangspunkte anpasst (vgl. Abb. 8.46). Ebenfalls ist die Bereitstellung durch herstellerspezifische Objektkataloge möglich.

Durch die Verwendung einheitlicher und wiederkehrender Objekte partizipiert nicht zuletzt auch das spätere Unterhaltungsmanagement, durch eine einheitliche Dokumentation des Bauwerks und der technischen Anlagen, stark.

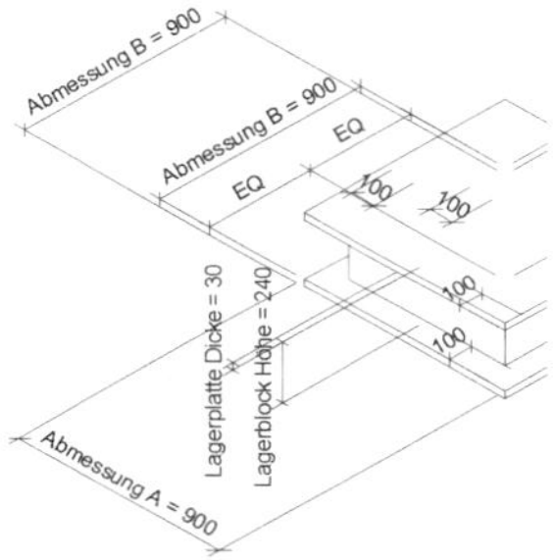

Abb. 8.46 Parametrisiertes Brückenlager

5.2 Terminplanung

Bei der Verknüpfung des Modells mit Terminplaninformationen besteht die Möglichkeit, die Terminplanung auf konventionelle Weise in einer Terminplanungssoftware durchzuführen. Die Informationen aus dem klassischen Terminplan können über proprietäre oder offene Austauschformate mit dem digitalen Modell verknüpft werden. Die Möglichkeiten der Softwarelösungen variieren, ob offene Formate wie *.xml geladen werden können oder nicht. Eine Standardisierung für Terminplanungsinformationen gibt es zurzeit nicht. Um eine automatisierte Verknüpfung zu ermöglichen, ist eine entsprechende Konvention in den Vorgängen des Terminplans sowie in den Modellobjekten nötig. Diese Konvention wird in Abhängigkeit von der Detaillierung der Terminplanung aufgestellt. Ist in der Detaillierung des Terminplans eine geschossweise Detaillierung vorhanden, so müssen alle Bauteile eine Geschossinformation enthalten, um sie dem jeweiligen Vorgang zuzuordnen. Darüber hinaus können die Bauteile auch manuell und unter Einsatz von Filterfunktionen den Vorgängen zugewiesen werden, allerdings ist dann die Effizienz, insbesondere bei Änderungen oder Fortschreibungen, nicht gegeben. Teilweise besitzen die BIM-Softwarelösungen auch – meist einfache – programminterne Möglichkeiten, einen Terminplan aufzustellen bzw. einen importierten Terminplan zu modifizieren.

5.3 Kostenermittlung und Angebotsbearbeitung

Die Informationen aus den Modellobjekten können bei fortgeschrittener BIM-Anwendung genutzt werden, um Leistungsverzeichnisse auf Grundlage der objektorientierten Planung (teil)automatisiert zu erstellen. In die Modellierungssoftware integrierte Schnittstellen übertragen dabei die Modelldaten proprietär oder auf Basis von IFC in die AVA-Anwendung. Dort können die im Modell befindlichen Bauteile oder Baugruppen bspw. gemäß den Kostenarten nach DIN 276 oder auch Kostenkennwert-Katalogen zugeordnet werden und ein gewerkespezifisches Leistungsverzeichnis mit bauteilbezogenen Mengenangaben kann abgeleitet werden. Die modellierten Leistungen werden automatisiert erfasst und müssen um die Leistungen ergänzt werden, die sich aufgrund von Abstraktionen in der Detaillierung oder ungenauer Bauteilzuordnung nicht im Modell darstellen lassen.

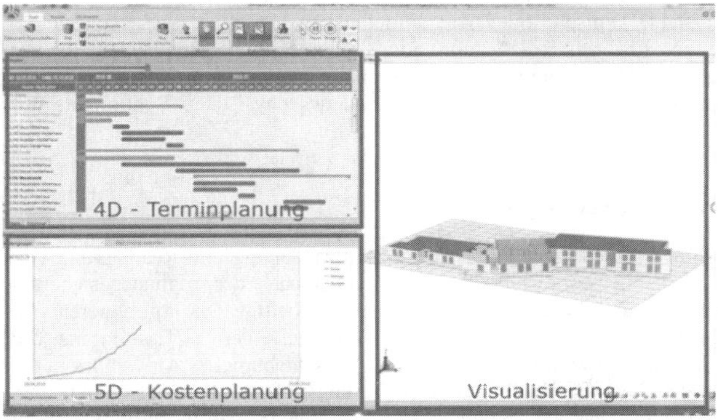

Abb. 8.47 5D-Simulation eines digitalen Gebäudemodells

Der große Vorteil wird dennoch aus der hohen Belastbarkeit der Mengenermittlung gezogen. Dabei können Abfragen generiert werden, die das Netto-Volumen der Bauteile oder auch das Volumen nach VOB ermitteln. Diese Mengenermittlungsabfragen können auf der Seite der Realisierung Kalkulationsvorgänge beschleunigen. Dies bewegt insbesondere Bauunternehmen dazu, sich unabhängig von der Planung Mengenmodelle zu generieren und so den Kalkulations- und Logistikprozess der Baustelle zu optimieren. Oft wird dieser Anwendungsfall für Bauunternehmen als erster Schritt zu BIM genutzt. Die Belastbarkeit der Mengenermittlung wird häufig durch Plausibilitätsüberprüfungen verifiziert. Werden die generierten Kostenkennwerte der Modellobjekte mit dem zeitlichen Verlauf des Baufortschritts überlagert, wird somit ein 5D-Modell erzeugt (vgl. Abb. 8.47).

Hierfür erhalten die Modellobjekte auch Angaben zu Soll- und Ist-Terminen sowie Vorgangszugehörigkeiten. Dabei können Abhängigkeiten zwischen den Objekten definiert und die Informationen für Bauablaufsimulationen und Baufortschrittskontrollen genutzt werden. Als Grundlage kann der Terminplan aus einer konventionellen Terminplanungssoftware dienen, dessen Vorgangsinformationen mittels Datenaustausch und Mapping in Verbindung zu den Modellobjekten gesetzt werden.

Bei Fortschreiben der Information können verständliche Visualisierungen an den Objekten Terminverschiebungen und Kostenüberschreitungen deutlich machen und somit die Kommunikation und Identifikation der Ursachen für die Abweichungen verbessern. Dabei werden die aktualisierten Informationen zu Terminen oder Kosten ins Modell integriert und das Delta zu den bereits vorhandenen Informationen ermittelt. Die Darstellung kann objektbezogen durch Einfärbung der Objekte erfolgen oder auch in Diagrammen an Verlaufskurven dargestellt werden. Durch eine Integration der Kosten- und Termindaten in der Phase der Ausführung können die Abrechnungsprozesse BIM-seitig unterstützt werden. Direkte Vergleiche von Planungs- und Ausführungsmodellen ermöglichen die Erzeugung verständlicher Visualisierungen von Nachträgen bzw. Bau-Soll-Abweichungen, beispielsweise durch Mehrmengen.

5.4 Digitale Zwillinge im Betrieb

Durch die konsequente Anwendung der BIM-Methode wird über den Projektverlauf eine Datengrundlage geschaffen, die für Betrieb und Erhaltung zum Digitalen Zwilling weiterentwickelt werden kann [8.62]. Im Rahmendokument BIM für Bundesfernstraßen ist der digitale Zwilling als virtuelle dynamische Repräsentation des realen Systems und seiner Wirkzusammenhänge, der über einen (teil)automatisierten bidirektionalen Daten- und Informationsaustausch

Entscheidungsgrundlagen unterstützt, beschrieben. Dadurch wird ein nachhaltiges Management im Lebenszyklus der Infrastruktur geschaffen.

Durch kontinuierliche Fortschreibung des Planungsmodells werden auch über die Bauzeit alle relevanten Änderungen im Zuge der Bauausführung im Modell eingearbeitet. Dieses Modell liefert die Grundlage zur Weiterverwendung nach Fertigstellung aller Bauleistungen. Damit das Modell ideal im Betrieb weiterverwendet werden kann, sollten schon vor Beginn der Planungsleistung betriebsrelevante Informationen im Zuge der LOIN-Aufstellungen bestimmt werden. In der Übergangsphase zwischen Bau- und Betriebsphase werden die Modelle um nicht-betriebsrelevante Parameter bereinigt und weitere Parameter für den Betrieb ergänzt, sodass ein digitaler Zwilling in verschiedenen Reifegraden entsteht. Typische Szenarien sind die Erweiterung von Zustandsdaten, Sensor- und Umweltdaten sowie GIS-Daten (Geo-Informationssysteme) eines Streckennetzes oder der bebauten Umgebung. Durch die Verwendung des Modells in Verbindung mit den dynamischen Betriebsdaten entsteht ein digitaler Zwilling als virtuelles Abbild des physischen Bauprojekts mit gegenseitiger Interaktion.

6 Rechtliche Rahmenbedingungen

BIM steht für die Veränderung der derzeitigen Prozesslandschaft bei Planung und Realisierung von Projekten der Bauwirtschaft. Ursächlich sind neue Projektrollen, die aus der qualitätsgesicherten BIM-Anwendung resultieren, sowie neue Methoden in der Projektbearbeitung, die mit anderen und verschobenen Aufwänden in der Projektabwicklung sowie einer gesteigerten Transparenz der erzeugten Daten einhergehen. Durch BIM wird insbesondere eine Verschiebung des Aufwandes in die frühen Projektphasen erwartet, da frühzeitig eine höhere Detailierungstiefe der Planung erreicht und Unstimmigkeiten in der Planung behoben werden, die in einem häufig argumentierten Koordinationsmehraufwand resultieren. Es ist daher von fundamentaler Bedeutung, im Rahmen der Vergabe der Planungsleistungen das Leistungssoll für das digitale Bauwerksmodell und weiterführende BIM-Anwendungsfälle eindeutig zu definieren und auskömmlich in den Vertragsunterlagen zu beschreiben. Unter dieser Voraussetzung sind die Ausschreibung, Vergabe und Leistungserbringung von BIM-Leistungen sowohl bei öffentlichen als auch bei privaten Planungs- und Bauprojekten rechtssicher möglich.

Die HOAI ist als reines Preisrecht anzusehen und schreibt keine definierte Planungsmethodik der Leistungserbringung vor. Die Leistungserbringung ist insbesondere in Bezug auf die BIM-Leistung daher hinreichend in ergänzenden Dokumenten (Auftraggeberinformationsanforderungen, LOIN, Leistungsverzeichnisse, Besondere Vertragsbedingungen) genau zu definieren und sollte die Projektrealität umfassend berücksichtigen (vgl. [8.63]). Damit einher geht auch die Unterscheidung, welche Leistungen aus planungstechnischer Sicht für den Werkerfolg zwingend erforderlich sind und welche als optional (bspw. zusätzliche Visualisierungen) angesehen werden können. Um im Leistungswettbewerb die Vergleichbarkeit von Angeboten sicherzustellen, bieten die Leistungsbilder nach HOAI durchaus eine angemessene Möglichkeit, Planungsleistungen zu beschreiben. In Bezug auf die anwendungsfallbezogene BIM-Leistung bedarf es dann einer weiterführenden Auseinandersetzung zur einheitlichen Beschreibung dieser. Nicht zuletzt auch, weil sich BIM als phasen- und disziplinübergreifende Methodik versteht und nicht als eine sequenzielle Abfolge einzelner Planungs- oder Bauleistungen. Für anspruchsvolle Projekte hat sich die Möglichkeit der Mehrparteienverträge als IPA-Vertragsmodelle (Integrated Project Delivery) sowie weitere Partnerschaftsmodelle herausgebildet [8.64]. Diese ermöglichen Einbindungsprozesse, Kommunikationswege und Datendurchgängigkeit weiter im Sinne der BIM-Anwendung zu optimieren und dadurch die Potenziale der phasen- und gewerkeübergreifenden Zusammenarbeit unter Verwendung kollaborativer Arbeitsmethoden auszuschöpfen.

Neben der Vergütung ist die Vertragsgestaltung ein grundlegend diskutiertes Thema bei der Durchführung von BIM-Projekten. Planungs- und Bauleistungen unterliegen werkvertraglichen Pflichten und der Unternehmer wird zur Herstellung des versprochenen Werkes gemäß den §§ 631 ff. BGB gegenüber dem Besteller verpflichtet. Aktuell vorliegende Gutachten zur BIM-Umsetzung gehen davon aus, dass durch die BIM-Umsetzung der Charakter des Werkvertrages für Projektmanagement-, Planungs- und Bauleistungen erhalten bleibt (vgl. [8.63], [8.65]). Ferner werde der werkvertragliche Erfolg durch die Erstellung eines einwandfreien Gebäudemodells noch deutlicher.

Im Hinblick auf die Haftungsbeziehungen sowie das Urheberrecht ergeben sich nach den Gutachtern und Autoren aus [8.65] keine Besonderheiten durch die BIM-Anwendung. Wie bisher haftet der Auftragnehmer für die Mangelfreiheit seiner Werkleistung. Das Nutzungs- und Verwertungsrecht gehe in dem Umfang auf den Auftraggeber über, wie dies zur Erfüllung des Vertrags gefordert sei. Außer Frage stehen dabei unterschiedliche Interessen bezüglich der Daten zwischen den Akteuren im BIM-Prozess. Auf der Seite des Bauherrn ist ein uneingeschränkter Zugriff auf das Gebäudedatenmodell und dessen Informationen während der Planung und des Projektzyklus erstrebenswert. Der BIM-Manager verantwortet dabei die Qualität und den inhaltlichen Wert der Daten. Planende und ausführende Unternehmen sind bestrebt, ihr Unternehmens-Know-how, insbesondere im Hinblick auf parametrisierte Bauteile und semantische Informationen wie Kostenansätze oder Zeitansätze, zu schützen und Betriebs- und Geschäftsgeheimnisse zu wahren. Die Planung soll nur insoweit transparent sein, dass qualitätsgesicherte Planungsergebnisse zu definierten Zeitpunkten offengelegt werden, wohingegen zeitgleich auch die integrative Arbeitsweise durch die Weiternutzung der erzeugten Modelldaten sichergestellt sein muss. In jedem Fall sind demnach vertragliche Regelungen zum Umgang mit und zu den Rechten an den Daten zu treffen. Zudem ist besonders im Zuge der Anwendung gemeinsamer Projektplattformen auf den Aspekt der Datensicherheit zu achten, da nicht selten Dritte mit der Bereitstellung von Serverkapazitäten beauftragt werden.

Zusammenfassend sind für die folgenden Punkte die Vorgaben von pragmatischen Leitplanken zur Anwendung der BIM-Methode erforderlich bzw. ist die Ausschreibung diesbezüglich zu prüfen. Die projektspezifischen Anpassungen in Verbindung mit einem eindeutigen und konkreten Projekt-Leistungssoll sind hilfreich für die fundierte Umsetzung der BIM-Methodik.

Tab. 8.49: Regelungsbedarf für BIM-Projekte

Vergabe, Vergütung und Vertragsgestaltung	Schutz von Know-how und Betriebsgeheimnissen	Haftung
▪ Vergütung zusätzlicher Aufgaben- und Pflichtenfelder durch BIM-Anwendung ▪ Verbindlichkeiten zum Ausschreibungsmodell als Bestandteil der Vergabe ▪ Definition der BIM-Prozesse ▪ Regelungen zum Detaillierungsgrad des Modells zur Festlegung von Aufwänden ▪ Perspektivisch BIM-Präqualifizierung von Auftragnehmern	▪ Urheberrechte an parametrisierten Bauteilen sowie digitalen Objektkatalogen ▪ Nutzungsrechte und Zugriffsrechte am Modell der unterschiedlichen Projektbeteiligten ▪ Modellbezogene Offenlegung von technischen und kaufmännischen Inhalten ▪ Sicherstellung der Datensicherheit, insb. in Anwendung von Projektplattformen	▪ Softwarefehler (z.B. bei Mengenberechnungen) ▪ Datenübertragungsfehler ▪ Datenveränderung oder -verlust bei Übertragung ▪ Planungsfehler aufgrund falscher Herstellerangaben ▪ Verursachergerechte Zuordnung von Planungsfehlern ▪ Datenhandling im Zuge der Vergabe

7 BIM-Einführung

Die Einführung von BIM ist generell in zwei Sphären einzuteilen: Auf der einen Seite sind die Projekte zu nennen, die mit der BIM-Methode abgewickelt werden sollen und bei denen BIM in das Projektgeschäft und den gesamten oder einen Teil des Projektlebenszyklus eingeführt wird. Auf der anderen Seite sind die Unternehmen die Anwender der BIM-Methode, die BIM operativ zur tatsächlichen Projektabwicklung umsetzen. Die Einführungsschwerpunkte belaufen sich jeweils auf vier Bereiche, die bei einer erfolgreichen Einführung von BIM berücksichtigt und adressiert werden müssen:

BIM-Einführung

Technik: Zu diesem Schwerpunkt gehören die unternehmensseitige Schaffung der technischen Voraussetzungen sowie die projektseitige Definition der Anforderungen. Dies betrifft Hardwaretechnik, aber auch BIM-fähige Softwarelösungen, die je nach Anwendungsfällen des Projekts rollenspezifisch auszuwählen sind. Während Auftragnehmer den Schwerpunkt auf Modellerstellungs-, Koordinations- und Simulationswerkzeuge legen, stellen Auftraggeber andere Anforderungen an die Systeme. In diesem Fall sind die Bereitstellung von Projektplattformen und die spätere Integrierbarkeit in Betriebssysteme von vordergründiger Bedeutung. Die Praxis zeigt, dass es häufig als sinnvoll erachtet wird, die bestehende IT-Landschaft aufzusetzen und diese um BIM-fähige Systeme und geeignete Schnittstellen zu erweitern. Das wirkt sich positiv auf die Effizienz der stufenweisen Implementierung aus und schafft Vertrauen bei den Anwendern.

Vertrag und Vergütung: Für die BIM-Methode muss ein gleiches Verständnis zwischen den Projektbeteiligten eines Projekts geschaffen werden. Das beinhaltet, konkrete Vorgaben zu Punkten wie Modelldetaillierung, Rollenverständnis und Anwendungsfälle zu entwickeln. Die wesentlichen Leitplanken und Leitgedanken sollten schriftlich fixiert werden.

Organisation und Prozesse: Die BIM-Methodik verändert zum einen die konventionellen unternehmensinternen Prozesse, wie auch die Abwicklung der Projekte an sich. Die Prozesse sind so zu gestalten, dass eine effiziente Kollaboration und ein reibungsloser Datenaustausch ohne Verluste möglich sind und entsprechende Qualitätssicherungsmaßnahmen vorgesehen werden. Dabei werden sich veränderte Projektrollen im Unternehmen wie auch auf Projektseite etablieren, die im Umgang mit den Daten verschiedene Verantwortungsbereiche übernehmen und unterschiedliche Kompetenzen erfordern.

Qualifikation und Change: Für den Veränderungsprozess ist es von besonderer Bedeutung, die eigenen Mitarbeiter und die Projektbeteiligten in den Veränderungsprozess einzubinden und ein gemeinsames Methodenverständnis zu entwickeln. Unerlässlich ist dafür eine zielgerichtete Qualifikation, die nicht nur Softwareanwendung, sondern insbesondere Prozesse und Methodik schult, eventuelle Ängste und Misstrauen gegenüber der Veränderung nimmt und für Akzeptanz sorgt.

Die Implementierung von BIM sollte dabei als „Smart BIM-Ansatz" stufenweise erfolgen. Es ist nicht zielführend, direkt alle Anwendungsfälle und eine vollumfänglich integrative Arbeitsweise abzubilden. Über die Zeit und den Erfahrungsgewinn sollte der Grad der Zusammenarbeit weiter ausgebaut werden und zu einer umfänglichen BIM-Anwendung führen (vgl. Abb. 8.50).

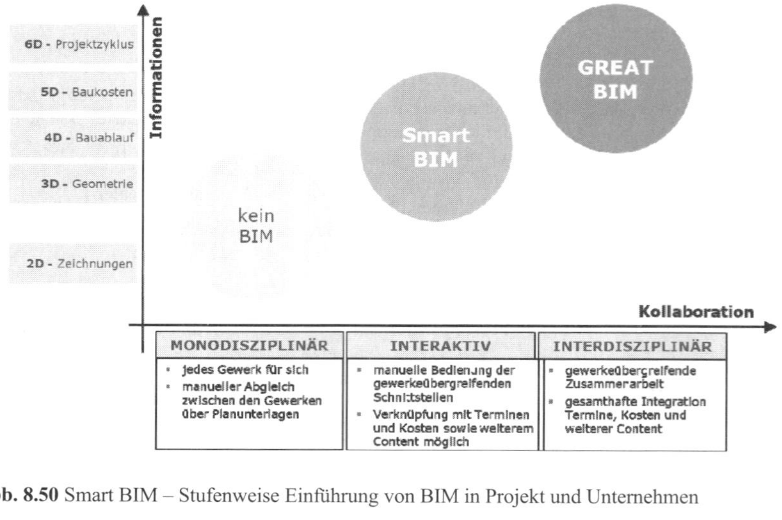

Abb. 8.50 Smart BIM – Stufenweise Einführung von BIM in Projekt und Unternehmen

8 C Kostenplanung; Wertermittlung; Honorarordnung

Prof. Dr. techn. Ralph Bartsch

1 Kostenplanung nach der DIN 276:2018-12 und unter Zugrundelegung der DIN 277:2021-08

1.1 Sinn und Zweck der Norm, Begriffe

Im Gegensatz zu dem Jean Paul Getty zugeschriebenen Satz, dass man über Geld nicht spricht, sondern es hat, bedarf es bei einer Investition in ein Bauprojekt regelmäßig der sorgfältigen Überlegung, welchen finanziellen Aufwand der Bauherr hierfür betreiben muss. Dieser finanzielle Aufwand hängt von vielen verschiedenen Faktoren ab, wie z.B. Ort, Qualität, Bauvolumen, Bauweisen, Planungs- und Bauzeit bzw. Planungs- und Ausführungsdauer etc. Für den Bauherrn steht am Anfang die Entscheidung, ob die bauliche Investition überhaupt getätigt werden soll und kann. Hierzu ist es von entscheidender Bedeutung, dass der Bauherr Kenntnis darüber hat, zu welchen Kosten er sein bauliches Vorhaben realisieren muss. Die Frage wird häufig schlicht darin bestehen, ob er sich den Bedarf leisten bzw. was er sich leisten kann. Im Zuge des Voranschreitens der Planung und Ausführung muss daher stets festgestellt werden können, wie sich die bislang ermittelten und geplanten Kosten entwickeln, um über den weiteren Fortgang der baulichen Investition entscheiden und um die Kosten steuern zu können.

Um Klarheit und eine einheitliche Vorgehensweise hinsichtlich der Begrifflichkeiten, der Aufgaben, der Ermittlung des Investitionsvolumens und der Grundsätze der Vorgehensweisen zu schaffen, wurde die DIN 276:2018-12 geschaffen. Weitere Grundlage ist die DIN 277:2021-08, mit der die Grundflächen und Rauminhalte und deren Ermittlung für den Hochbau als wesentliche Grundlage einer Kostenberechnung definiert werden.

1.2 Wesentliche Änderungen der DIN 276:2018-12 gegenüber der DIN 276 a.F.

Die DIN 276:2018-12, herausgegeben im Dezember 2018, ersetzt die bis dahin geltenden und nunmehr zurückgezogenen DIN 276-1:2008-12, DIN 276-4:2009-08 und DIN 277-3:2005-04. Gegenüber den bis dahin geltenden DIN-Normen wurden in der DIN 276:2018-12 wesentliche Änderungen vorgenommen, die zum einen darin bestehen, dass die bisherige DIN 276-1 und DIN 276-4 zu einer Norm zusammengefasst und die Regelungsinhalte der DIN 277-3:2005-04 in die DIN 276 übernommen wurden. In der Folge wurde die gesamte Gliederung der Norm überarbeitet.

Zum anderen haben sich wesentliche inhaltliche Änderungen ergeben. So wurde der Anwendungsbereich der Norm dem geänderten Inhalt entsprechend neu formuliert. Wenn auch der Anwendungsbereich nach wie vor die Kostenplanung im Bauwesen, insbesondere die Ermittlung und die Gliederung von Kosten umfasst, so erstreckt sich die Norm nun aber auf Hochbauten, Ingenieurbauten, Infrastrukturanlagen und Freiflächen und nicht mehr nur auf den Hochbau (ehemalige DIN 276-1) oder nur auf den Ingenieurbau (ehemalige DIN 276-4). Sie betrifft die Kosten für Neu- und Umbau sowie Modernisierung von Bauwerken und Anlagen, nicht aber die Nutzungskosten. Infolgedessen wurden die bisherigen Kostengruppen 300 und 400 dahingehend überarbeitet, dass sich nun eine einheitliche Kostengliederung für Hochbauten, Ingenieurbauten und Infrastrukturanlagen ergibt. Die Kostengruppe 500 wurde neu gefasst, um Außenanlagen von Bauwerken und Freiflächen, die selbstständig und unabhängig von Bauwerken sind, zu integrieren. Ferner wurden in die DIN 276:2018-12 „Normative Verweisungen“ und „Literaturhinweise“ als eigener Abschnitt aufgenommen.

Es wurden bereits in den vorhergehenden Normen verwendete Begriffe überarbeitet und ergänzt. Weitere Änderungen bestehen darin, dass mit dem Ziel einer sicheren und einheitlichen Anwendung die Grundsätze der Kostenplanung geändert und ergänzt und auch die Stufen der Kostenermittlung im Hinblick auf eine kontinuierliche Kostenplanung um eine weitere Stufe (Kostenvoranschlag) erweitert und redaktionell überarbeitet wurden. In diesem Zusammenhang erfolgte eine insgesamt überarbeitete Kostengliederung, eine Änderung und Ergänzung der Beschreibung der Kostengliederung sowie eine erhöhte Gliederungstiefe der Kostenermittlungen. Auch die Anmerkungen wurden hierfür ergänzt und präzisiert. Dadurch, dass die Regelungsinhalte aus der bisherigen DIN 277-3 übernommen wurden, mussten diese in die bisherigen Tabellen 2 bis 4 der „Mengen und Bezugseinheiten“ aufgenommen werden.

1.3 Begriffe und Systematik der Kostenplanung nach DIN 276:2018-12

Grundlegend für die Anwendung der DIN 276:2018-12 ist das Verständnis der verwendeten Begriffe, beginnend mit dem Begriff der „Kosten im Bauwesen“ (fortan nur noch „Kosten“). Hierunter werden alle Aufwendungen verstanden, die für Leistungen, Güter, Steuern und Abgaben anfallen und im Zusammenhang mit der Vorbereitung, der Planung und der Ausführung eines Bauprojektes verbunden sind. Allein hier unterscheidet sich der Begriff „Kosten“ bereits von der Verwendung in anderen Bereichen, da er nicht nur z.B. die Herstellkosten beinhaltet, sondern alle Kosten, die auf den Bauherrn zukommen. Unterschieden wird hierbei in die „Gesamtkosten“ und in die Kosten der einzelnen Kostengruppen (KG). Die Gesamtkosten umfassen alle Kosten, die insgesamt vom Grundstückskauf über die Erschließung, über die eigentlichen Bauwerkskosten bis hin zu den Kosten für die verschiedenen Bauherrenaufgaben und letztendlich die Kosten der Finanzierung anfallen (als Summe der Kostengruppen 100 bis 800 definiert). Die Kosten der einzelnen Kostengruppen (KG) untergliedern die Gesamtkosten nach verschiedenen übergeordneten Gruppen. Dabei unterscheidet die DIN 276:2018-12 in die Kostengruppen 100 für das Grundstück, 200 für vorbereitende Maßnahmen, 300 für die Baukonstruktionen des Bauwerks, 400 für die technischen Anlagen des Bauwerks, 500 Außenanlagen und Freiflächen, 600 Ausstattung und Kunstwerke, 700 Baunebenkosten und 800 Finanzierung. Die Kostengruppen 300 und 400 können zu den Bauwerkskosten zusammengefasst werden. Unter diesen Kostengruppen der sog. ersten Ebene wird in der zweiten und dritten Ebene weitergehend, quasi nach den Details unterschieden. Den „Bauwerkskosten“, also den Kosten für das Bauwerk und die Baukonstruktion, und den Kosten für die „Technischen Anlagen“ (Kostengruppen 300 und 400) kommt im Rahmen der Kostenermittlung regelmäßig besondere Bedeutung zu, da diese entscheidend für die Gesamtkosten sind und durch die Planung steuerbar werden. In nachfolgender Tafel 8.52 sind die Kostengruppen und deren Gegenstand / Inhalt erläutert.

Tafel 8.52: Kostengruppen und deren Inhalt / Gegenstand gem. DIN 276:2018-12

Kostengruppe (KG)		Gegenstand / Inhalt der Kosten
100	Grundstück	Hierunter fallen alle Kosten, die im Zusammenhang mit dem Erwerb der für das Bauprojekt vorgesehenen Flächen anfallen, wie z.B. Grundstückswert, Vermessungsgebühren, Gerichtsgebühren, Notargebühren, Grunderwerbsteuer, Untersuchungen in Bezug auf Altlasten etc., Wertermittlung oder Kosten für das Aufheben der Rechte von Dritten.
200	Vorbereitende Maßnahmen	Hierunter fallen alle Kosten der öffentlichen, aber auch der nichtöffentlichen Erschließung, die z.B. dafür anfallen, dass vorhandene Baukonstruktionen und technische Anlagen, wie aber auch Bewuchs oder Vegetationsschichten geschützt, vorhandene Baukonstruktionen oder anderes abgebrochen und beseitigt, ggf. vorhandene Altlasten auf dem Grundstück beseitigt werden müssen, vorhandener Bewuchs gerodet werden muss, Oberboden zu sichern ist, das Baugrundstück auf Kampfmittel hin untersucht werden muss und diese ggf. zu beseitigen sind, inkl. eventueller Evakuierungskosten in diesem Zusammenhang. Ferner gehört aber auch das Sichern von kulturhistorischen Funden hierzu, wie auch alle Kosten, die im Zusammenhang mit der öffentlichen Erschließung für Abwasserentsorgung, Wasser-, Gas-, Fernwärme- und Stromversorgung anfallen, sowie die Entgelte für Bereitstellung und Änderung von Netzanschlüssen, Verkehrserschließungskosten und Abfallentsorgung. Hinzu kommen die Kosten für Ausgleichsmaßnahmen und Ausgleichsabgaben, wie z.B. im Zusammenhang mit dem Arten- und Naturschutz, Baumbestand und Stellplätzen. Fallen Kosten für Übergangsmaßnahmen an, wie z.B. für Anpassungsmaßnahmen beim Bauen im Bestand, oder Kosten, weil Nutzer umziehen müssen etc.
300	Bauwerk – Baukonstruktionen	Unter die Kosten der Bauwerkskonstruktion des Bauwerks fallen alle Kosten aller Bauleistungen und Lieferungen im Zusammenhang mit dem Bauwerk, die nicht unter die technischen Anlagen fallen und nicht anderen Kostengruppen zuzuordnen sind. Hierzu gehören die Kosten, beginnend mit der Herstellung der Baugrube bzw. dem Aushub, die Kosten für Gründung und Unterbau, alle vertikalen und horizontalen Baukonstruktionen, die außen und innen auszuführen sind, Dächer aller Art oder andere Formen des Abschlusses des Bauwerks nach oben. Ferner gehören hierzu die Kosten für alle mit dem Bauwerk in Verbindung stehenden Infrastrukturmaßnahmen, also Anlagen des Straßen-, Schienen- oder Flugverkehrs, Anlagen des Wasserbaus und der Abwasserentsorgung, der Wasserversorgung oder der Abfallentsorgung. Weiterhin gehören

Kostengruppe (KG)		Gegenstand / Inhalt der Kosten
		hierzu die Kosten für alle Arten von Einbauten, soweit diese mit dem Bauwerk fest verbunden sind, ausgenommen verfahrenstechnische Anlagen und Anlagen im Zusammenhang mit Kunstwerken und Ausstattung (KG 600). Letztendlich gehören zu dieser Kostengruppe auch alle Kosten, die für die Baustelleneinrichtung, für Gerüste, für Abbruchmaßnahmen, Instandsetzungsmaßnahmen, Materialentsorgung etc. anfallen, sowie für Provisorische Baukonstruktionen, allerdings nur bezogen auf die Kosten, die für die Baukonstruktionen anfallen.
400	Bauwerk – Technische Anlagen	Im Unterschied zur Kostengruppe 300 fallen unter diese Kostengruppe alle Kosten, die für Bauleistungen und Lieferungen der technischen Anlagen des Bauwerks direkt oder übergreifend anfallen. Zu den technischen Anlagen gehören die dazugehörigen Gestelle, Befestigungen, Armaturen, Dämmungen etc., aber auch die Kosten des Betriebs der technischen Anlagen bis zur Abnahme. Unter die technischen Anlagen fallen die Abwasser-, Wasser- und Druckerhöhungsanlagen sowie die sanitärtechnischen Anlagen, die Wärmeversorgungsanlagen, die raumlufttechnischen Anlagen, alle elektrischen Anlagen und die Anlagen für Kommunikation, Sicherheits- und Informationstechnik. Ebenso gehören hierzu die Kosten für Förderanlagen, wie z.B. für Aufzüge, Fahrtreppen, Fahrsteige, Befahranlagen, Hydraulikanlagen, Hebebühnen, Parksysteme etc. und für nutzungsspezifische und verfahrenstechnische Anlagen von z.B. Küchen, Wäschereien, medizin- und labortechnischen Anlagen, Feuerlöschanlagen etc. Gehört zum Bauwerk eine Gebäude- oder Anlagenautomation, so fallen auch alle diesbezüglichen Kosten unter diese Kostengruppe. Letztendlich gehören zu dieser Kostengruppe auch alle Kosten, die für die Baustelleneinrichtung, für Gerüste, für Abbruchmaßnahmen, Instandsetzungsmaßnahmen, Materialentsorgung etc. anfallen, sowie für Provisorische Baukonstruktionen, allerdings nur bezogen auf die Kosten, die für die technischen Anlagen anfallen.
500	Außenanlagen und Freiflächen	Die DIN 276:2018-12 unterscheidet mit der Kostengruppe 500 die Kosten, die für das Bauwerk im Zusammenhang mit den Baukonstruktionen und im Zusammenhang mit den technischen Anlagen anfallen, nach den Kosten des eigentlichen Bauwerks und den Kosten für Außenanlagen und Freiflächen, wenn es sich bei den Außenanlagen und Freiflächen um eigenständige bauliche Anlagen, Baukonstruktionen oder technische Anlagen handelt. Hierzu gehören auch die mit dem Bauwerk fest verbundenen Einbauten, wenn diese einer besonderen Zweckbestimmung dienen oder es sich um übergreifende Maßnahmen handelt. Nicht zur Kostengruppe 500 gehören Anlagen des Verkehrs und technische Anlagen zur Erschließung des Grundstücks, die außerhalb des Grundstücks liegen. Diese gehören zur Kostengruppe 200. Auch die mit dem Bauwerk verbundenen Fassaden-, Wand-, Dach- und Innenraumbegrünungen sowie landschaftsgestalterische Einbauten gehören nicht zur Kostengruppe 500, sondern zur Kostengruppe 300. Soweit es sich um Bauwerke von Infrastrukturanlagen handelt, gehören diese zur Kostengruppe 300 oder 400. Ansonsten erfolgt die Unterteilung bzw. Gliederung der Kostengruppe 500 analog den Kostengruppen 300 und 400.
600	Ausstattung und Kunstwerke	Zu dieser Kostengruppe gehören die Kosten für bewegliche oder ohne besondere Maßnahmen zu befestigende Sachen, die zur Ingebrauchnahme, zur allgemeinen Benutzung oder zur künstlerischen Gestaltung von Bauwerk sowie Außenanlagen und Freiflächen dienen. Hierzu zählen z.B. Möbel und Geräte, Textilien, Hauswirtschafts-, Garten- und Reinigungsgeräte, wissenschaftliche, medizinische und technische Geräte, Server, PCs etc., aber auch künstlerische Gestaltungen, wie z.B. Kunstwerke, Skulpturen, Malereien, Möbel, Antiquitäten, Mosaiken, künstlerische Glas-, Schmiede- und Steinmetzarbeiten etc. sowie Schilder, Wegweiser und dergleichen.

Kostengruppe (KG)		Gegenstand / Inhalt der Kosten
700	Baunebenkosten	Unter den Baunebenkosten der Kostengruppe 700 werden zum einen alle Kosten erfasst, die für Bauherrenaufgaben, Vorbereitung der Objektplanung, die Objektplanung selbst, die jeweiligen Fachplanungen, ggf. anfallende künstlerische Leistungen anfallen. Hierzu gehören auf Seiten des Bauherrn die Projektleitung, die Bedarfsplanung, die Projektsteuerung und die Sicherheits- und Gesundheitsschutzkoordination, wie auch die Kosten im Zusammenhang mit dem Vergabeverfahren, der Baubetreuung, Rechtsberatung etc. Dabei kommt es nicht darauf an, ob der Bauherr diese Leistungen selbst erbringt oder durch Erfüllungsgehilfen, Berater und Dienstleister. Im Zusammenhang mit der Vorbereitung der Objektplanung und der Objektplanung an sich fallen hierunter z.B. die Kosten für verschiedenste Untersuchungen im Zusammenhang mit Grundstück, Standort etc., Gutachten zur Wertermittlung, die Bauleitplanung etc., landschaftsplanerische Leistungen, das Durchführen von Wettbewerben, die Planung und Überwachung der Ausführung sowie die Vermessungsleistungen etc. Des Weiteren gehören hierzu die Kosten, die für Gutachten, Genehmigungen, Prüfungen, Bewirtschaftung, Bemusterung, Betriebskosten nach Abnahme bis zur Inbetriebnahme, Versicherungen, Bestandsdokumentation etc. anfallen.
800	Finanzierung	Unter die Kosten der Finanzierung fallen alle Kosten im Zeitraum von der Idee bis zur Nutzung, die für die Finanzierung des Bauprojektes anfallen. Neben den Zinsen für Fremdkapital gehören auch die kalkulatorische Verzinsung des ggf. eingesetzten Eigenkapitals sowie Kosten für etwaige Bürgschaften etc. dazu.

Die Ermittlung der Kosten kann naturgemäß nur mit der Genauigkeit erfolgen, wie Planung und Ausführung voranschreiten. Insofern müssen die Kosten in Abhängigkeit von dem Voranschreiten, also in den einzelnen Stufen der Kostenermittlung stets überprüft, miteinander verglichen und ggf. sogar (neu) bemessen bzw. ermittelt werden, in einigen Stufen auch mehrfach. Je tiefer die Planung und/oder der Baufortschritt vorangeschritten ist, desto genauer kann die Kostenermittlung, unter der man die Ermittlung von noch entstehenden oder bereits entstandenen Kosten versteht, erfolgen. Um nun mit der voranschreitenden Planung bis hin zur Ausführung zu verfolgen, ob die ursprünglich kalkulierten oder bereits geänderten Kosten weiterhin eingehalten werden oder welche Abweichungen entstehen, werden eine „Kostenplanung" und eine „Kostenkontrolle" vorgenommen. Diese dient dazu, die ermittelten Kosten mit den sich sukzessive genauer ermittelbaren Kosten zu vergleichen, die jeweiligen Planzahlen zu kontrollieren und zu steuern. Die Kostenplanung verfolgt das Ziel, die Wirtschaftlichkeit des Projektes stets im Auge zu behalten, Kostensicherheit zu gewährleisten und die Änderung der Kosten transparent zu machen. Ferner verfolgt sie das Ziel, bei Abweichungen frühzeitig eingreifen bzw. gegensteuern zu können. In diesem Zusammenhang kann entweder das Ziel, die Kosten oder die Planungsvorgaben eingehalten werden.

Um die Kostenplanung vornehmen zu können, muss eine „Kostenermittlung" erfolgen. Diese ist die Grundlage der Finanzierungsüberlegungen und der Kostenvorgaben. Sie wird herangezogen, um die Kostenkontrolle und die Kostensteuerung vornehmen zu können und letztendlich die entstandenen Kosten nachzuweisen. Die Genauigkeit, aber auch die Vorgehensweise der Kostenermittlung ist dabei vom Planungs- und Baufortschritt abhängig und unterteilt sich in die Stufen des „Kostenrahmens", der „Kostenschätzung", der „Kostenberechnung", des „Kostenvoranschlages", des „Kostenanschlages" und der „Kostenfeststellung", die allesamt als Kostenermittlungen bezeichnet werden. Auf welcher Grundlage diese jeweilige Stufe der Kostenermittlung erfolgt, ist in der nachfolgenden Abbildung 8.55 dargestellt.

Da die Kostenermittlung mit steigender Stufe zu genauer ermittelbaren Kosten führt und naturgemäß mit Abweichungen zu rechnen ist, erfolgt mindestens innerhalb einer Stufe eine einmalige, teils eine mehrmalige Ermittlung. Darüber hinaus erfolgt von Stufe zu Stufe eine Kostenkontrolle. Hierbei werden die aktuell ermittelten Kosten mit den früher ermittelten und den getroffenen Kostenvorgaben verglichen. Treten Abweichungen auf, so müssen ggf. Maßnahmen getroffen werden, die vorgegebenen Kosten (Kostenvorgabe) einzuhalten oder es steht bei einer Unterschreitung ein Budget zusätzlich zur Verfügung, welches ggf. genutzt werden kann, um Quantitäten oder Qualitäten zu erhöhen. Bei diesen Maßnahmen spricht man von der „Kostensteuerung".

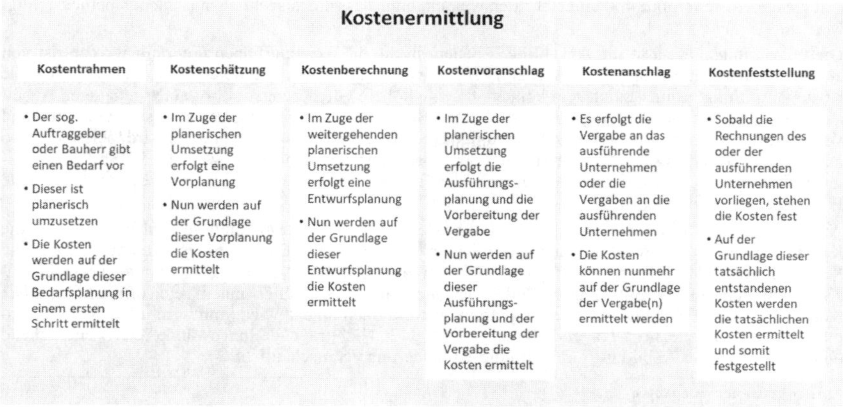

Abb. 8.55: Stufen der Kostenermittlung nach der DIN 276:2018-12

Neben den o.g. Begriffen, die die Tätigkeiten der Architekten und Architektinnen in aller Regel ausmachen, gehört es zu deren Tätigkeit, Kostensicherheit zu schaffen, indem geeignete Maßnahmen im Rahmen von Planung und Bauausführung ergriffen werden, die Kostenvorgaben einzuhalten. So können z.B. qualitative Ansprüche auf ein der Maßnahme entsprechendes Muss reduziert oder Quantitäten auf das Notwendige beschränkt werden. Ferner erwartet der Bauherr in aller Regel eine Kostentransparenz, also die Kosten in jeder Stufe der Kostenermittlung und auch die Entwicklung der Kosten in den jeweiligen Stufen klar erkennbar und nachvollziehbar zu machen. Das ist insbesondere dann von Bedeutung, wenn im Rahmen der voranschreitenden Planung und Kostenberechnung beispielsweise bestimmte Kostengruppen anderen Kostengruppen als zuvor zugeordnet werden.

Um dieser Aufgabe gerecht zu werden, müssen die Gesamtkosten des Bauprojektes zur besseren Erfassung und Ordnung gegliedert (sog. „Kostengliederung") und in Kostengruppen unterteilt werden, wobei die DIN 276: 2018-12 hier die o.g. Kostengruppen 100 bis 800 aus Tafel 8.52 unterscheidet. Unter diesen Kostengruppen der sog. ersten Ebene wird in der zweiten und dritten Ebene weitergehend unterschieden.

Die Festlegung des Inhalts der jeweiligen Kostengruppen wird nach Kriterien der Planung zusammengefasst. So beinhaltet die Kostengruppe 300 „Bauwerk – Baukonstruktionen" den Rohbau inklusive etwaiger Aushub- und Gründungsarbeiten bis hin zu den Dächern und den Einbauten und den Kosten der Baustelleneinrichtung etc. Die Kostengruppe 400 „Bauwerk – Technische Anlagen" hingegen die Bauleistungen, die die technischen Anlagen insgesamt ausmachen und i.d.R. entsprechend fachlich gesondert geplant werden. Neben der durch die DIN 276:2018-12 empfohlenen Kostengliederung können aber auch projektspezifische Unterscheidungen erfolgen. Die Kostengruppen 300 und 400 werden so z.B. häufig in den frühen Stufen der Kostenermittlung zu den Bauwerkskosten zusammengefasst. Die DIN 276:2018-12 führt als weiteres Beispiel einer projektspezifischen Kostengliederung das Bauen im Bestand an, bei dem nach Abbruch-, Entsorgungs-, Instandhaltungs- und Neubaumaßnahmen unterschieden werden kann. Ferner kann die Gliederung in Abweichung von der DIN 276:2018-12 auch nach Gesichtspunkten der Ausführung erfolgen, so z.B. der Struktur der auszuführenden Gewerke, wie diese in den einschlägigen Standartleistungsbüchern (STL-Bau) oder nach den ATV gem. VOB/C der Gewerke vorgesehen sind. Auch eine nach Vergabeeinheiten strukturierte Gliederung kann empfehlenswert sein.

Da sich die Kostengliederung im Zuge des Planungsfortschritts ändern kann, ist es von wesentlicher Bedeutung, im Rahmen der Kostenplanung und Kostenkontrolle der einzelnen Stufen der Kostenermittlung (Kostenrahmen, Kostenschätzung etc.), die Zuordnung der Kosten zu den jeweiligen Kostengruppen zu überprüfen. Diese erstmalig vorgenommene Zuordnung kann im Laufe der weitergehenden Kostenplanung aus verschiedenen sachlichen Gründen geändert werden. Wenn z.B. die Kostenplanung entsprechend der DIN 276:2018-12 bislang bis hin zum Kostenvoranschlag nach den Kostengruppen 300 und 400 getrennt hat und nunmehr die Vergabe der Leistungen der Kostengruppe 300 und teils der Kostengruppe 400 an ein und denselben Unternehmer erfolgt, z.B. die Kostengruppe 491 „Baustelleneinrichtung", weil der Unternehmer der Kostengruppe 300 diese auch für die Unternehmen der Kostengruppe 400 stellen soll, so muss das im Rahmen des Kostenanschlages berücksichtigt werden. Die Kosten der Kostengruppe 491 müssen nunmehr der Kostengruppe 300 zugeordnet werden. Anderenfalls würden ggf. die Gesamtkosten der Kostengruppe im Kostenanschlag gegenüber dem Kostenvoranschlag überschritten und die der Kostengruppe 400 unterschritten werden, ohne dass die tatsächlichen Ursachen berücksichtigt werden.

Die Gliederungstiefe, also die Anzahl der Ebenen, in die die Kostengruppen unterteilt werden, ist von entscheidender Bedeutung für die Genauigkeit der Kostenermittlung. Je tiefer, desto genauer wird die Kostenermittlung grundsätzlich sein können, da eine höhere Gliederungstiefe zu einer genaueren Auseinandersetzung und Bestimmung der Kosten führt. Bei der Frage, welche Gliederungstiefe möglich und sinnvoll ist, geht es um die Frage, welche Stufe der Kostenermittlung vorgenommen wird, ob es sich also z.B. um die Ermittlung von Kostenrahmen oder Kostenanschlag handelt. Je genauer die Stufe der Kostenermittlung ist, desto tiefer fällt die Anzahl der Ebenen aus, was wiederum durch die entsprechende Planungstiefe geschuldet ist.

Anhand der DIN 276:2018-12 sei die Gliederung der drei Ebenen beispielhaft verdeutlicht: So wird die Kostengruppe 300 „Bauwerk – Baukonstruktionen", also die erste Ebene, in der zweiten Ebene in die Kostengruppen 310 „Baugrube/Erdbau", 320 „Gründung, Unterbau", 330 „Außenwände/Vertikale Baukonstruktionen außen", 340 „Innenwände/Vertikale Baukonstruktionen innen" etc. untergliedert. Die Kostengruppe 340 „Innenwände/Vertikale Baukonstruktionen innen" wiederum wird in die Kostengruppen der dritten Ebene 341 „Tragende Innenwände", 342 „Nichttragende Innenwände" etc. weitergehend untergliedert. In der Abbildung 8.56 wird diese Gliederung veranschaulicht.

Kostengruppe der ersten Ebene		
100 ...		
200 ...		
300 „Bauwerk – Baukonstruktionen"	**Kostengruppen der zweiten Ebene**	
	310 „Baugrube/Erdbau"	
	320 „Gründung, Unterbau",	
	330 „Außenwände/Vertikale Baukonstruktionen außen",	
	340 „Innenwände/Vertikale Baukonstruktionen innen"	**Kostengruppen der dritten Ebene**
		341 „Tragende Innenwände",
		342 „Nichttragende Innenwände"
		etc.
	350 ...	

Abb. 8.56: Gliederung der Kostengruppen in drei Ebenen nach der DIN 276:2018-12

Unabhängig von der Gliederungsebene der DIN 276:2018-12 kann die spezielle Gliederung einer Baumaßnahme auch über die drei Gliederungsebenen hinausgehen.

Um die Kosten der einzelnen Kostengruppen im Rahmen der Kostenermittlung der jeweiligen Stufen und im Rahmen der Kostenkontrolle miteinander vergleichen zu können, empfiehlt die DIN 276:2018-12 neben der einheitlichen Zuordnung zu den Kostengruppen gem. Norm auch eine einheitliche Verwendung von Mengen und Einheiten. Nur so können die Kosten bzw. die Kostenkennwerte miteinander verglichen werden. Konkrete Bezugseinheiten werden in der Tabelle 2 der DIN 276:2018-12 für die erste Ebene der Kostengruppen 100 bis 800 vorgegeben. Hier empfiehlt die DIN 276:2018-12 die Einheit „m^2", wie diese anhand der DIN 277-1 für Grundstücksflächen, Brutto-Grundfläche etc. zu ermitteln sind. Für die Kostengruppe 300 und 400 gibt die DIN 276:2018-12 darüber hinaus auch Einheiten für die zweite und dritte Ebene der Kostengruppen in den Tabellen 3 und 4 an. Diese richten sich nach den üblichen Ermittlungssystemen der Kostenkennwerte bzw. baulich sachlogischen Einheiten. Insgesamt handelt es sich hierbei um Empfehlungen und nicht um verbindliche Vorgaben.

1.4. Bezugsgrößen der Kostenplanung nach DIN 277:2021-08

1.4.1 Grundflächen und Rauminhalte

Um die Kosten zu ermitteln, existieren in der Praxis verschiedene Kostenermittlungsverfahren. Diese basieren in der Regel auf Kostenkennwerten, also auf einem erfahrungsgemäßen Verhältnis von Kosten zu einer gewählten Bezugsgröße, wie z.B. Kosten pro m^2 Brutto-Grundfläche (BGF) oder Kosten pro m^3, also in Bezug auf den Rauminhalt. Wesentlich ist es hierbei, auf die Bezugseinheit zu achten, also ob es sich um m^2 und somit um Kosten pro m^2, m^3, also um Kosten pro m^3 etc. handelt. Diese Bezugseinheiten, die Grundlage der jeweiligen Stufen der Kostenermittlung sind, werden für den Hochbau einheitlich in der DIN 277:2021-08 geregelt. Sie definiert dabei zum einen die Begriffe. Zum anderen legt sie die Bezugsgrößen fest und gibt die Vorgaben für die Ermittlung von Grundflächen und Rauminhalten im Hochbau während der Planung, Bauausführung und Nutzung. Zur Veranschaulichung finden sich in der Fachliteratur verschiedene bildliche Erläuterungen.

Für Grundflächen und Rauminhalte existieren dabei zwei Bereiche. Zum einen Bereiche, bei denen die Begrenzungsflächen des Raumes oder der Grundfläche vollständig umschlossen sind (Regelfall (R)). Zum anderen Bereiche, bei denen die Begrenzungsflächen des Raumes oder der Grundfläche nicht vollständig umschlossen sind, wie z.B. bei Loggien, Balkonen, Terrassen auf Flachdächern, Eingangsbereichen, Außentreppen etc. (Sonderfall (S).

In Tafel 8.57 ist beispielhaft dargestellt, wie sich diese Grundflächen und Rauminhalte gem. DIN 277:2021-08 für den Hochbau definieren.

Tafel 8.57: Definitionen für Grundflächen und Rauminhalte gem. DIN 277:2021-08 für den Hochbau

DIN 277:2021-08			
Kapitel	Bezeichnung	Abkürzung	Erläuterung, sinngemäß
Grundflächen des Grundstücks			
3.11	Grundstücksfläche	GF	Durch die Grundstücksgrenzen gebildete Fläche, wie diese im Liegenschaftskataster und im Grundbuch ausgewiesen ist.
3.12	Bebaute Fläche	BF	Die bebaute Fläche stellt die Teilfläche der Grundstücksfläche dar, die bei einem Bauwerk oberhalb der Geländeoberfläche überbaut oder überdeckt ist oder bei einem Bauwerk unterhalb der Geländeoberfläche unterbaut ist.
3.13	Unbebaute Fläche	UF	Die unbebaute Fläche stellt die Teilfläche der Grundstücksfläche dar, die nicht durch ein Bauwerk überbaut, überdeckt oder unterbaut ist.
3.14	Außenanlagenfläche	AF	Die Außenanlagenfläche stellt den Teil der Grundstücksfläche dar, die sich außerhalb eines Bauwerks befindet. Handelt es sich um ein Bauwerk, das sich unterhalb der Oberfläche befindet, so handelt es sich um die Fläche über einem Bauwerk.
Grundflächen des Bauwerks			
3.2	Brutto-Grundfläche	BGF	Die Brutto-Grundfläche bezeichnet die Gesamtfläche aller Grundrissebenen des Bauwerks.
3.3	Netto-Raumfläche	NRF	Die Netto-Raumfläche stellt die Teilfläche der Brutto-Grundfläche dar, die sämtliche Grundflächen der nutzbaren Räume aller Grundrissebenen des Bauwerks umfasst.
3.4	Konstruktions-Grundfläche	KGF	Die Konstruktions-Grundfläche stellt die Teilfläche der Brutto-Grundfläche dar, die sämtliche Grundflächen der aufgehenden Baukonstruktionen des Bauwerks umfasst.
3.5	Nutzungsfläche	NUF	Die Nutzungsfläche stellt die Teilfläche der Netto-Raumfläche dar, die der wesentlichen Zweckbestimmung des Bauwerks dient.
3.6	Technikfläche	TF	Unter der Technikfläche versteht man die Teilfläche der Netto-Raumfläche, die zur Aufnahme der technischen Anlagen zur Versorgung und Entsorgung des Bauwerks dient.
3.7	Verkehrsfläche	VF	Unter der Verkehrsfläche versteht man die Teilfläche der Netto-Raumfläche, die zur horizontalen und vertikalen Verkehrserschließung des Bauwerks dient.

DIN 277:2021-08			
Kapitel	Bezeichnung	Abkürzung	Erläuterung, sinngemäß
Rauminhalte des Bauwerks			
3.8	Brutto-Rauminhalt	BRI	Der Brutto-Rauminhalt bezeichnet das Gesamtvolumen des Bauwerks.
3.9	Netto-Rauminhalt	NRI	Der Netto-Rauminhalt bezeichnet das Teilvolumen des Brutto-Rauminhalts, das sämtliche nutzbaren Räume aller Grundrissebenen des Bauwerks umfasst.
3.10	Konstruktions-Rauminhalt	KRI	Der Konstruktions-Rauminhalt bezeichnet das Teilvolumen des Brutto-Rauminhalts, das von den Baukonstruktionen des Bauwerks eingenommen wird.

In der nachfolgenden Tafel 8.58a ist dargestellt, welche Beziehungen zwischen Grundstücksfläche, unbebauter Fläche, bebauter Fläche etc. gem. DIN 277:2021-08 für den Hochbau bestehen.

Tafel 8.58a: Beziehungen zwischen Grundstücksfläche, unbebauter Fläche, bebauter Fläche etc. gem. DIN 277:2021-08 für den Hochbau

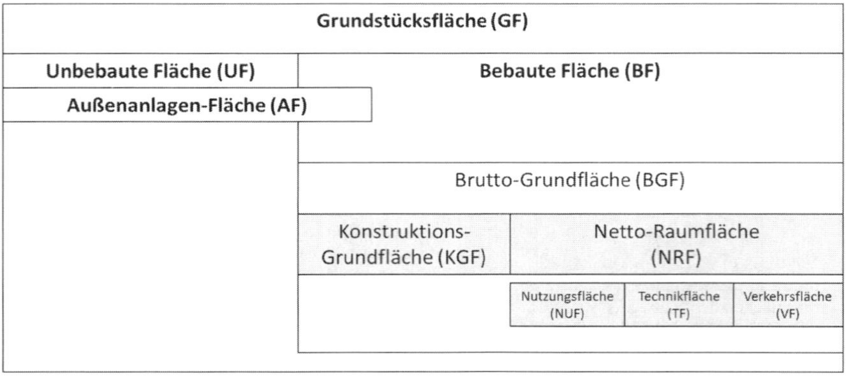

In der nachfolgenden Tafel 8.58b ist dargestellt, welche Nutzungsgruppen nach der DIN 277:2021-08 für den Hochbau zwischen den einzelnen Netto-Raumflächen gelten.

Tafel 8.58b: Nutzungsarten und Zuordnung zur Netto-Raumfläche (NRF) gem. DIN 277:2021-08 für den Hochbau

Lfd. Nr.	Bezeichnung der Nutzung	Zuordnung zur Netto-Raumfläche (NRF)
1	Wohnen und Aufenthalt	Nutzungsflächen (NUF) gem. DIN 277:2021-08 Hochbau
2	Büroarbeit	
3	Produktion, Hand- und Maschinenarbeit, Forschung und Entwicklung	
4	Lagern, Verteilen und Verkaufen	
5	Bildung, Unterricht und Kultur	
6	Heilen und Pflegen	
7	Sonstige Nutzungen	
8	Technikflächen, Ver- und Entsorgung des Bauwerks	Technikfläche (TF)
9	Verkehrsflächen für horizontale und vertikale Erschließung	Verkehrsfläche (VF)

1.4.2 Ermittlung von Grundflächen und Rauminhalten

In der nachfolgenden Tafel 8.59 ist dargestellt, wie die Grundflächen des Bauwerks nach der DIN 277:2021-08 für den Hochbau ermittelt werden. Die Genauigkeit der jeweiligen Ermittlung hängt dabei vom Stand der Planung ab. So wird diese i.d.R. mit dem fortschreitenden Stand der Planung genauer werden, also wird i.d.R. die Dokumentation ein genaueres Ergebnis erzielen als die Ausführungsplanung, diese ein genaueres als die Entwurfsplanung, diese wiederum ein genaueres als die Vorplanung und diese ein genaueres als die Bedarfsplanung. Um die Genauigkeit dritten gegenüber nachvollziehbar zu machen, ist anzugeben, auf welchem Stand der Planung und auf welchen Planungsgrundlagen diese erfolgt ist.

Handelt es sich um mehrere Bauwerke oder um mehrere Bauabschnitte, so sind die Grundflächen und Rauminhalte pro Bauwerk bzw. pro Bauabschnitt getrennt zu ermitteln. Ferner sind die Grundflächen und die Grundrissebenen getrennt nach den unterschiedlichen Grundrissebenen und getrennt nach den unterschiedlichen Höhen der Geschosse zu ermitteln. Hinsichtlich der Messverfahren sind nach der DIN 277:2021-08 bei Räumen mit waagerechten Bodenflächen die tatsächlichen Maße zugrunde zu legen, bei schräg verlaufenden Baukonstruktionen die Maße der vertikalen Projektion, ebenso die Grundflächen des Grundstücks. Als Einheiten sind bei Grundflächen Quadratmeter (m^2) und bei Rauminhalten Kubikmeter (m^3) anzugeben. Ferner wird nach der DIN 277:2021-08 nach einem Regelfall (R) der Raumumschließung und einem Sonderfall der Raumumschließung (S) unterschieden. Der Regelfall bezieht sich auf insgesamt geschlossene Räume, der Sonderfall auf teils offene Räume, was die Begrenzungsflächen des Raumes anbelangt.

Tafel 8.59: Ermittlung von Grundflächen und Rauminhalten des Bauwerks nach DIN 277:2021-08 für den Hochbau

Bezeichnung	Ermittlung, sinngemäß nach DIN 277:2021-08
NUF	Die Nutzungsfläche (NUF) umfasst die Netto-Raumfläche (NRF), die der wesentlichen Zweckbestimmung des Bauwerks dient. Sie wird analog der NRF berechnet.
TF	Die Technikfläche (TF) umfasst den Teil der Netto-Raumfläche, der für die technischen Anlagen zur Ver- und Entsorgung des Gebäudes dient. Sie wird analog der NRF berechnet.
VF	Unter der Verkehrsfläche (VF) versteht man die Teilfläche der Netto-Raumfläche, die zur horizontalen und vertikalen Verkehrserschließung des Bauwerks dient. Sie wird analog der NRF berechnet.
NRF	Die Netto-Raumfläche (NRF) umfasst alle Grundflächen der nutzbaren Räume aller Grundrissebenen eines Gebäudes. Sie besteht aus der Nutzungsfläche (NUF), den Technikflächen (TF) und den Verkehrsflächen (VF). Um diese zu ermitteln, werden die lichten Maße zwischen den Baukonstruktionen in Höhe der Oberseite der Boden- bzw. Deckenbeläge herangezogen. Nicht berücksichtigt werden konstruktive und gestalterische Vor- und Rücksprünge, Fuß- und Sockelleisten, Schrammborde und Unterschneidungen, vorstehende Teile von Fenster- und Türbekleidungen. Grundflächen von schrägverlaufenden Baukonstruktionen, wie z.B. von Treppen, Rampen oder Tribünen, sind grundsätzlich der darüber liegenden Ebene zuzuordnen. Grundflächen der jeweils untersten Treppe oder Rampe werden der Ebene zugerechnet, in der diese beginnen. Grundflächen von Installations- und Aufzugsschächten, deren lichter Querschnitt kleiner als 1 m^2 ist, werden nur in den Grundrissebenen als NRF ermittelt, auf denen sie begehbar sind. Ansonsten werden sie der KGF zugerechnet. Die NRF schließt folgende Grundflächen mit ein: • Wandöffnungen und Wandnischen (z.B. Türen, Fenster, Durchgänge) mit einem lichten Querschnitt größer 1,0 m^2 • freiliegende und fest eingebaute technische Anlagen (z.B. Leitungen, Heizungs- und Klimageräte, Sanitärobjekte) • Vormauerungen, Vorwandinstallationen und Bekleidungen, die nicht raumhoch sind • Grundflächen von Installations- und Aufzugsschächten mit einem lichten Querschnitt größer 1,0 m^2 in jedem Geschoss, durch das sie führen • Baukonstruktive Einbauten (z.B. Einbaumöbel wie Gestühle, Podien, Regale, Schränke, Einbauküchen) • Bewegliche Raumteiler (z.B. Vorhänge, Faltwände)

<table>
<tr><th>Bezeichnung</th><th>Ermittlung, sinngemäß nach DIN 277:2021-08</th></tr>
<tr><td>BGF</td><td>Die Brutto-Grundfläche (BGF) ergibt sich aus der nutzbaren Netto-Raumfläche (NRF) und der Konstruktions-Grundfläche (KGF) aller Grundrissebenen des Bauwerks. Zur Ermittlung der BGF werden die äußeren Maße der Baukonstruktion einschließlich deren Bekleidung in Höhe der Oberseite der Boden- bzw. Deckenbeläge herangezogen. Sonderfälle sind in der DIN 277:2021-08 nachzulesen. Nicht zur BGF gehören<ul><li>Flächen von außerhalb des Bauwerks befindlichen Baukonstruktionen (z.B. Terrassen, Treppen, Rampen, Höfe), die an das Bauwerk anschließen, aber nicht mit ihm konstruktiv fest verbunden sind,</li><li>Lufträume (z.B. von Atrien und in Galeriegeschossen, Deckenöffnungen, Treppenaugen) mit einem lichten Querschnitt größer 1,0 m²,</li><li>Aufstellflächen und Zugangswege für technische Anlagen auf dem Bauwerk (z.B. Photovoltaikanlagen, Wärmetauscheraggregate, Lüftungsgeräte),</li><li>Flächen, die ausschließlich der Wartung, Inspektion und Instandsetzung von Baukonstruktionen und technischen Anlagen dienen (z.B. fest installierte Dachleitern und Dachstege, Wartungsstege in Hohlräumen über abgehängten Decken, Flächen in Hohlräumen von Installationsdoppelböden, Kriechgänge),</li><li>Flächen in Dachräumen, die keinen Zugang haben, nicht begehbar oder aus anderen Gründen nicht nutzbar sind,</li><li>Flächen in Hohlräumen von Kaltdachkonstruktionen,</li><li>Flächen in Lichtschächten, Luftschächten und Montageschächten, die außen am Bauwerk liegen.</li></ul></td></tr>
<tr><td>KGF</td><td>Die Konstruktions-Grundfläche (KGF) beinhaltet die Grundfläche aller aufgehenden Baukonstruktionen aller Grundrissebenen des Bauwerks, wie z.B. Wände, Stützen, Pfeiler, Schornsteine. Sie umfasst auch raumhohe Vormauerungen und Bekleidungen, Installationshohlräume, wenn diese in den aufgehenden Baukonstruktionen liegen, Wandnischen und Wandschlitze, Wandöffnungen, wie z.B. die von Türen, Fenstern oder Durchgängen, und nicht begehbare Installations- und Aufzugsschächte. Die KGF wird ermittelt, indem die Fertigmaße der Baukonstruktionen einschließlich der Bekleidungen in Höhe der Oberseite der Boden- bzw. Deckenbeläge herangezogen werden.

Nicht berücksichtigt werden konstruktive und gestalterische Vor- und Rücksprünge, Fuß- und Sockelleisten, Schrammborde und Unterschneidungen, vorstehende Teile von Fenster- und Türbekleidungen. Die Grundflächen von Installations- oder Aufzugsschächten, die nicht begehbar sind oder einen lichten Querschnitt von mehr als 1 m² haben, werden dabei in jeder Grundrissebene, durch die sie führen, der GKF zugeordnet.

Die KGF kann als Differenz von BGF und NRF ermittelt werden.</td></tr>
<tr><td>BRI</td><td>Der Brutto-Rauminhalt (BRI) umfasst den Rauminhalt, der sich aus den Rauminhalten aller Räume und Baukonstruktionen ergibt, soweit sich diese über den Brutto-Grundflächen (BGF) des Bauwerks befinden. Er wird von den äußeren Begrenzungsflächen umschlossen, die von den konstruktiven Bauwerkssohlen, den Außenwänden und den Dächern einschließlich der Dachgauben oder Dachoberlichter gebildet werden. Der BRI wird aus der ermittelten BGF und den dazugehörigen Höhen ermittelt. Als Höhe gelten hierbei die vertikalen Abstände zwischen der Oberfläche der Deckenbeläge in den jeweiligen Grundrissebenen bzw. bei Dächern die Oberfläche der Dachbeläge. Beim untersten Geschoss des Bauwerks ist als Höhe der Abstand von der Unterseite der Unterböden und Bodenplatten, die nicht der Fundamentierung dienen, bis zur Oberseite des Deckenbelages der darüber liegenden Grundrissebene anzusetzen.

Ist das Bauwerk nicht von vertikalen oder nicht von waagerechten Flächen begrenzt, so ist der Rauminhalt nach entsprechenden geometrischen Formeln zu bestimmen. Weitere Sonderfälle sind in der DIN 277:2021-08 Kapitel 7.1 geregelt.

Nicht zum BRI gehören:<ul><li>Einzel-, und Streifenfundamente, Tiefgründungen</li><li>Lichtschächte, Luftschächte und Montageschächte mit einem Volumen von kleiner als 1 m³, die außen am Bauwerk liegen</li><li>Eingangsüberdachungen</li></ul></td></tr>
</table>

Bezeichnung	Ermittlung, sinngemäß nach DIN 277:2021-08
	• Dachüberstände soweit sie nicht Überdeckungen für Rauminhalte des Bereichs (S) nach 5.7.2 darstellen • Auskragende Sonnenschutzanlagen • Schornsteinköpfe, Lüftungsrohre, Lüftungsschächte, die über den Dachbelag hinaus reichen • Dachaufbauten (z.B. Dachgauben, Dachoberlichter, Lichtkuppeln) mit einem Volumen von größer 1 m³ • Untergeordnete Bauteile wie konstruktive und gestalterische Vorsprünge an Außenwänden (z.B. Lisenen, Pilaster, Gesimse)
NRI	Unter dem Netto-Rauminhalt (NRI) versteht man den Rauminhalt aller Räume des Bauwerks, deren Grundflächen zur Netto-Raumfläche (NRI) gehören. Nicht dazu gehören die Rauminhalte, die zwischen Teilen der Baukonstruktion eingeschlossen sind, sowie Rauminhalte von Installationskanälen und Installationsschächten, die einen lichten Querschnitt von mehr als 1 m² aufweisen. Die Ermittlung erfolgt analog der BRI. Rauminhalte von Lichtkuppeln, die kleiner als 1 m³ sind, werden dem NRI zugerechnet.
KRI	Der Konstruktions-Rauminhalt (KRI) umfasst alle Rauminhalte der Baukonstruktionen des Bauwerks. Der KRI ist aus den Abmessungen aller Baukonstruktionen, die den Netto-Rauminhalt (NRI) umschließen, zu ermitteln. Er kann demnach als Differenz von Brutto-Rauminhalt (BRI) zu Netto-Rauminhalt (NRI) ermittelt werden. Zum KRI gehören auch die Rauminhalte, die zwischen den Teilen der Baukonstruktion eingeschlossen sind. Sowie die Rauminhalte von Installationsschächten mit einem lichten Querschnitt von mehr als 1 m².
GF	Die Grundstücksfläche (GF) des Grundstücks beinhaltet die bebaute (BF) und die unbebaute Fläche (UF). Sie wird entweder dem Liegenschaftskataster oder dem Grundbuch entnommen oder ist anhand der Abmessungen innerhalb der Grundstücksgrenzen zu ermitteln.
BF	Die Bebaute Fläche (BF) macht den Teil der Grundstücksfläche aus, der durch die Bauwerke überbaut bzw. überdeckt ist oder durch Bauwerke, die unterhalb der Geländeoberfläche liegen, unterdeckt wird. Bei Überbauung spricht man von der BF 1 und bei Unterbauung von der BF 2. Bei der Berechnung der BF werden Baukonstruktionen, wie z.B. Kellerlichtschächte, Dachüberstände, Vordächer, Sonnenschutzkonstruktionen sowie mit dem Bauwerk nicht konstruktiv verbundene Baukonstruktionen, nicht berücksichtigt.
UF	Unter den unbebauten Flächen (UF) versteht man die Teilflächen der Grundstücksflächen (GF), die nicht durch Bauwerke überbaut bzw. überdeckt werden und auch nicht unterbaut sind. Die Ermittlung erfolgt anhand der einzelnen Abmessungen oder auf der Grundlage der Differenz zwischen UF und BF.
AF	Unter der Außenanlagenfläche (AF) versteht man die Teilflächen der Grundstücksflächen (GF), die sich außerhalb des Bauwerks oder im Falle einer Unterbauung oberhalb des Bauwerks befinden. Hierzu gehören auch die Flächen des Grundstücks, die außerhalb des Bauwerks liegen, aber durch Teile des Bauwerks, wie z.B. Vordächer, überdeckt werden. Die Außenanlagenfläche (AF) ist anhand der lichten Maße zu bestimmen.

1.4.3 Sonderfall Wohnflächenverordnung

Soweit für den Bau eines Wohngebäudes staatliche Fördermittel beantragt werden oder die Wohnfläche als Bestandteil eines Mietvertrages vereinbart ist, wird diese Wohnfläche seit dem 01.01.2004 nach dem Gesetz „Verordnung zur Berechnung der Wohnfläche (Wohnflächenverordnung – WoFlV)“ vom 24.11.2003 berechnet. Diese gilt seit dem 01.01.2004 für alle Neu- und Umbauten. Für ältere Bauten, bei denen keine bauliche Veränderung erfolgt ist, gelten die §§ 42 bis 44 der Verordnung über wohnungswirtschaftliche Berechnungen nach dem Zweiten Wohnungsbaugesetz (Zweite Berechnungsverordnung – II. BV). Nachfolgend wird nur auf die WoFlV vom 24.11.2003 eingegangen.

Mit § 2 der WoFlV wird geregelt, welche Grundflächen zur Wohnfläche gehören. Mit § 3 der WoFlV wird geregelt, wie die Grundfläche zu ermitteln ist. § 4 der WoFlV regelt, welche Grundflächen anzurechnen sind. Diese Regelungen können wie folgt zusammengefasst werden: Nach § 2 WoFlV umfasst die Wohnfläche einer Wohnung die Grundflächen der Räume, die ausschließlich zu dieser Wohnung gehören. Die Wohnfläche eines Wohnheims umfasst die Grundflächen der Räume, die zur alleinigen und gemeinschaftlichen Nutzung durch die Bewohner bestimmt sind. Zur Wohnfläche gehören auch die Grundflächen von Wintergärten, Schwimmbädern und ähnlichen nach allen Seiten geschlossenen Räumen sowie Balkonen, Loggien, Dachgärten und Terrassen, wenn sie ausschließlich zu der Wohnung oder dem Wohnheim gehören. Nicht zur Wohnfläche gehören die Grundflächen von Zubehörräumen, insbesondere von Kellerräumen, Abstellräumen und Kellerersatzräumen außerhalb der Wohnung, Waschküchen, Bodenräumen, Trockenräumen, Heizungsräumen und Garagen. Ferner gehören nicht zur Wohnfläche Räume, die nicht den an ihre Nutzung zu stellenden Anforderungen des Bauordnungsrechts der Länder genügen, sowie Geschäftsräume.

Die Grundfläche wird gem. § 3 WoFlV nach den lichten Maßen zwischen den Bauteilen ermittelt. Dabei ist von der Vorderkante der Bekleidung der Bauteile auszugehen. Bei fehlenden begrenzenden Bauteilen ist der bauliche Abschluss zugrunde zu legen. Bei der Ermittlung der Grundfläche sind namentlich die Grundflächen von Tür- und Fensterbekleidungen sowie Tür- und Fensterumrahmungen, Fuß-, Sockel- und Schrammleisten, fest eingebauten Gegenständen, wie z. B. Öfen, Heiz- und Klimageräten, Herden, Bade- oder Duschwannen, freiliegenden Installationen, Einbaumöbeln und nicht ortsgebundenen, versetzbaren Raumteilern einzubeziehen. Bei der Ermittlung der Grundflächen bleiben die Grundflächen von Schornsteinen, Vormauerungen, Bekleidungen, freistehenden Pfeilern und Säulen, wenn sie eine Höhe von mehr als 1,50 Meter aufweisen und ihre Grundfläche mehr als 0,1 Quadratmeter beträgt, Treppen mit über drei Steigungen und deren Treppenabsätze, Türnischen und Fenster- und offene Wandnischen, die nicht bis zum Fußboden herunterreichen oder bis zum Fußboden herunterreichen und 0,13 Meter oder weniger tief sind außer Betracht. Die Grundfläche ist durch Ausmessung im fertiggestellten Wohnraum oder aufgrund einer Bauzeichnung zu ermitteln. Wird die Grundfläche aufgrund einer Bauzeichnung ermittelt, muss diese für ein Genehmigungs-, Anzeige-, Genehmigungsfreistellungs- oder ähnliches Verfahren nach dem Bauordnungsrecht der Länder gefertigt oder, wenn ein bauordnungsrechtliches Verfahren nicht erforderlich ist, für ein solches geeignet sein und die Ermittlung der lichten Maße zwischen den Bauteilen im Sinne des Absatzes 1 ermöglichen. Ist die Grundfläche nach einer Bauzeichnung ermittelt worden und ist abweichend von dieser Bauzeichnung gebaut worden, ist die Grundfläche durch Ausmessung im fertiggestellten Wohnraum oder aufgrund einer berichtigten Bauzeichnung neu zu ermitteln.

Nach § 4 WoFlV sind als Grundflächen die Grundflächen von Räumen und Raumteilen mit einer lichten Höhe von mindestens zwei Metern vollständig, von Räumen und Raumteilen mit einer lichten Höhe von mindestens einem Meter und weniger als zwei Metern zur Hälfte, von unbeheizbaren Wintergärten, Schwimmbädern und ähnlichen nach allen Seiten geschlossenen Räumen zur Hälfte, von Balkonen, Loggien, Dachgärten und Terrassen in der Regel zu einem Viertel, höchstens jedoch zur Hälfte anzurechnen.

Insofern ist für die Ermittlung der Wohnfläche wie in Tafel 8.62 dargestellt vorzugehen.

Tafel 8.62: Ermittlung der Wohnfläche gem. WoFlV

Art	Abmessungen gem. § 3 WoFlV	Grundfläche gem. § 3 WoFlV	Abzüge infolge Anrechenbarkeit nach § 4 WoFlV	Wohnfläche gem. § 1 WoFlV
[1]	[2]	[3]	[4]	[5]
		= [a] x [b]	= [1,0; 0,5; 0,25; 0,0]	= [3] x [4]
	[m]	[m²]	[Faktor]	[m²]
Raum 1	a, b			
Raum 2	a, b			
Raum 3	a, b			
Raum …	a, b			

1.5 Grundprinzipien einer Kostenermittlung nach DIN 276:2018-12

1.5.1 Die Stufen der Kostenermittlung

Grundlage einer jeden Stufe einer Kostenberechnung sind zum einen die o.g. Bezugsgrößen, auf die sich die Kosten beziehen, die Kostenkennwerte, also ein betragsmäßiger Wert pro Einheit, und zum anderen der Detailierungsgrad, der von der Stufe der Kostenermittlung abhängt. Je weiter fortgeschritten die Kostenermittlung ist, desto genauer sind die Ergebnisse.

Die Kostenermittlung unterscheidet nach der DIN 276:2018-12 nach den sechs folgenden Stufen: Kostenrahmen, Kostenschätzung, Kostenberechnung, Kostenvoranschlag, Kostenanschlag und Kostenfeststellung. Die Stufe des Kostenvoranschlags wurde mit der aktuellen Fassung der DIN 267:2018-12 neu eingeführt.

Die Kostenermittlung beginnt mit der ersten Stufe, dem **Kostenrahmen**: Sobald ein Bauherr eine wie auch immer geartete bauliche Investition plant, wird er in einem ersten Schritt eine Bedarfsplanung vornehmen (lassen) müssen. Die Bedarfsplanung im Bauwesen ist in der DIN 18205:2016-11 geregelt und beschreibt die „methodische Ermittlung der Bedürfnisse von Bauherren und Nutzern, deren zielgerichtete Aufbereitung als Bedarf und dessen Umsetzung in bauliche Anforderungen". Sie definiert damit den Ausgangspunkt der Planung: Was will der Bauherr (nach der DIN 18205:2016-11 der „Bedarfsträger"), was soll weitergehend geplant werden? Dabei gibt die DIN 18205:2016-11 eine Gliederung für die einzelnen Aspekte einer Bedarfsplanung vor und stellt Checklisten bereit, um zu ermitteln und zu gewährleisten, dass alle notwendigen Informationen für eine Bedarfsplanung vollständig abgefragt worden sind. So wird z.B. mittels der Checkliste 1 aus Tabelle A.1 der DIN 18205:2018-11 abgefragt, wie hoch das maximal zur Verfügung stehende Budget ist und welchen zeitlichen Rahmen der Bedarfsträger vorgibt. Anhand dieser Bedarfsplanung muss der Bauherr mindestens Angaben zum Standort machen können sowie Angaben zu Quantitäten und Qualitäten, wie z.B. der benötigten Anzahl an Arbeitsplätzen für ein Bürogebäude, um ein Raumprogramm mit Nutzungseinheiten, Funktionselemente und deren Flächen, bautechnische Anforderungen, Anforderungen an die Funktion, den Standard der Ausstattung, organisatorische Anforderungen, wie z.B. Transportwege bei Produktionsstätten etc. festzulegen bzw. planen zu lassen. Auch technische und gesetzliche Randbedingungen sollten formuliert werden, ebenso z.B. die Bauzeit und der finanzielle Rahmen. Ggf. kann im Rahmen der Bedarfsplanung auch bereits eine Berechnung der Mengen von Bezugseinheiten für die jeweiligen Kostengruppen vorgenommen werden, wie diese in der DIN 277 geregelt ist. So können beispielsweise Bruttogeschossflächen (BGF), Nettoraumfläche (NRF), Konstruktionsgrundfläche (KGF) etc. ermittelt werden.

Die Bedarfsplanung ist damit gleichzeitig Voraussetzung wie auch Grundlage, um mit der Grundlagenermittlung der baulichen Leistung gemäß HOAI beginnen zu können, wie für diese nach der HOAI ein entsprechendes Honorar vorgesehen ist. Die Bedarfsplanung gibt die Vorgaben für den Architekten, um weitergehend planen zu können und kann Grundlage dafür sein, einen Wettbewerb unter Architekturbüros für einen Entwurf auszuloben.

Auf Grundlage der Bedarfsplanung kann der Kostenrahmen im Sinne der DIN 276:2018-12 erstellt werden, der der Entscheidung dienen soll, ob die Wirtschaftlichkeit und die Finanzierbarkeit gegeben sind. Dieser Kostenrahmen ist grob und dient der Kostenvorgabe. Im Kostenrahmen müssen die Gesamtkosten in der ersten Ebene der Kostengliederung, also nach den Kostengruppen 100 bis 800, ermittelt werden. Es ist demnach z.B. zu ermitteln, wie groß die gesamte Grundstücksfläche (GF) nach DIN 277 in m² ist und wie hoch die Kosten pro m² und insgesamt sind. Es ist z.B. zu ermitteln, wie viel Brutto-Grundfläche (BGF) in m² nach DIN 277 benötigt wird und wie hoch hier die Kosten pro m² und insgesamt sind.

An den Kostenrahmen schließt die **Kostenschätzung** an, die zweite Stufe der Kostenermittlung. Sie geht weiter ins Detail, weshalb in der Kostenschätzung auch die Gesamtkosten bis in die zweite Ebene der Kostengruppen angegeben werden müssen. Der Kostenschätzung werden nach der DIN 276:2018-12 Angaben zum Baugrundstück und zur Erschließung zugrunde gelegt, es sind die Ergebnisse der Vorplanung, insbesondere die Planungsunterlagen und zeichnerischen Darstellungen heranzuziehen. Die Berechnung der Mengen von Bezugseinheiten, für die Kosten der Kostengruppen zu schätzen sind, müssen ebenso wie bei der Ermittlung des Kostenrahmens der DIN 276:2018-12 und der DIN 277 entsprechen.

Im Zusammenhang mit der Kostenschätzung sind ferner erläuternde Angaben zu den planerischen Zusammenhängen, den Vorgängen und Bedingungen und zur organisatorischen und terminlichen Bauabwicklung zu treffen und zugrunde zu legen. Die bisher entstandenen Kosten, wie z.B. für das Grundstück, die Erschließung, Baunebenkosten etc. müssen zusammengestellt werden. Die Kostenschätzung dient dazu, über die Ergebnisse der Vorplanung zu entscheiden, also zu entscheiden, ob diese unverändert weiter verfolgt wird oder eine Änderung vorzunehmen ist, um die Kostenvorgaben einzuhalten, die ggf. bereits im Rahmen des Kostenrahmens festgelegt wurden.

Die nächste Stufe der Kostenermittlung stellt die **Kostenberechnung** dar. Diese Kostenberechnung basiert bereits auf detaillierteren Planungsgrundlagen, wie z.B. durchgearbeiteten Entwurfszeichnungen und eventuell sogar auf Detailplänen. Informationen, die für die Kostenberechnung wesentlich sind, nicht aber aus den Planunterlagen hervorgehen, sind zu beschreiben. Insofern unterscheidet sich die Kostenberechnung von der Kostenschätzung, als dass aufgrund der höheren Planungstiefe die Gesamtkosten der Kostengruppen in der dritten Ebene der DIN 276:2018-11 anzugeben sind. Auch hier sind wieder die organisatorischen und terminlichen Bedingungen der Bauabwicklung zu berücksichtigen. Die bisher entstandenen Kosten sind hier ebenfalls zusammenzustellen. Die Kostenberechnung dient dazu, zu entscheiden, ob und mit welchen Grundlagen in die Entwurfsplanung eingestiegen wird.

Ist die Entwurfsplanung abgeschlossen, so liegen weitergehende detaillierte Planungsergebnisse vor. Auf dieser Grundlage können die Leistungsbeschreibung und das Leistungsverzeichnis erstellt werden, notwendige Berechnungen, für z.B. Standsicherheit etc. können erfolgen, die Mengenermittlung kann in Bezug auf das Leistungsverzeichnis vorgenommen werden. Auf dieser Grundlage können die bereits im Zuge der Kostenberechnung auf der dritten Ebene ermittelten Gesamtkosten nach den weitergehenden technischen oder herstellungsmäßigen Gesichtspunkten weitergehend untergliedert werden. Die ermittelten Kosten können den Vergabeeinheiten zugeordnet werden. Hierbei spricht man nun vom **Kostenvoranschlag**. Der Kostenvoranschlag wurde in der DIN 276:2018-11 gegenüber deren Vorgängern als neuer Begriff eingeführt. Er ersetzt den bisher in der DIN 276 verwendeten Begriff des Kostenanschlags.

Auch für den Kostenvoranschlag sind wieder die organisatorischen und terminlichen Bedingungen der Bauabwicklung zu berücksichtigen. Auch hier sind die bisher entstandenen Kosten zusammenzustellen. Der Kostenvoranschlag dient dazu, über die Ausführungsplanung zu entscheiden, hier also ggf. im Zusammenhang mit der Kostenkontrolle noch Änderungen vorzunehmen. Ferner dient der Kostenvoranschlag für die Vorbereitung der Vergabe.

Da die Vergabe nicht insgesamt für alle Leistungsbereiche bzw. Gewerke in einem Zug erfolgen muss, wird der Kostenvoranschlag ggf. mehrfach zu erstellen sein, wenn z.B. Ergebnisse einzelner Vergaben den bisherigen Kostenvoranschlag beeinflussen.

Der **Kostenanschlag** unterscheidet sich als nächste Stufe vom Kostenvoranschlag dadurch, dass auch die Informationen aus vorliegenden Angeboten, bereits geschlossenen Aufträgen, sich aus bereits geschlossenen Aufträgen ergebende oder aus ansonsten sich ergebenden technischen Berechnungen, aus vorliegenden und ggf. geprüften Rechnungen sich ergebenden Kenntnissen einfließen. Insofern wird auch der Kostenanschlag i.d.R. mehrfach erstellt und muss insbesondere den jeweiligen aktuellen Kostenstand abgrenzen. Ebenso müssen die tatsächlichen Vergabeeinheiten stets gegenüber dem Kostenvoranschlag geprüft und ggf. aktualisiert werden.

Den letzten Schritt der Kostenermittlung stellt die **Kostenfeststellung** dar. In dieser sind die Gesamtkosten nach der gewählten Struktur der Kostengliederung zu erfassen. Die Kostenfeststellung soll Aussage darüber geben und den Nachweis liefern, welche Kosten tatsächlich entstanden sind und diese dokumentieren. Insofern basiert sie auf geprüften Rechnungen, Abrechnungsunterlagen, Nachweisen etc.

Die vorangegangenen Erläuterungen sind in der nachfolgenden Tafel 8.64 zusammengefasst.

Tafel 8.64: Arten der Kostenermittlung und zugehörige Voraussetzungen sowie Grundlagen, Genauigkeit

Lfd. Nr.	Ermittlungsart der Prognose	Kapitel in DIN 276: 2018-12	Voraussetzungen	Wesentliche Grundlagen nach DIN 276:2018-12	Genauigkeit[1]
1.	Kostenrahmen	4.3.2	Ermittlung von Bedarf und Festlegen der Kostenvorgaben	– ggf. Angaben zum Standort – quantitative und qualitative Bedarfsangaben aufgrund der Bedarfsplanung, z. B. nach DIN 18205 – ggf. auch Berechnung der Mengen von Bezugseinheiten der Kostengruppen nach der DIN 277 – erläuternde Angaben zur organisatorischen und terminlichen Abwicklung	k.A.
2.	Kostenschätzung	4.3.3	Vorplanung	– Angaben zum Baugrundstück – Angaben zur Erschließung – Ergebnisse der Vorplanung, insbesondere Planungsunterlagen, zeichnerische Darstellungen – Berechnung der Mengen von Bezugseinheiten der Kostengruppen nach DIN 277	+/- 10 bis 15 % in Bezug zu 3.

Lfd. Nr.	Ermitt-lungsart der Prognose	Kapitel in DIN 276: 2018-12	Voraus-setzungen	Wesentliche Grundlagen nach DIN 276:2018-12	Genauig-keit[1]
				– erläuternde Angaben zu den planerischen Zusammenhängen, Vorgängen und Bedingungen sowie zur organisatorischen und terminlichen Abwicklung des Bauprojekts	
3.	Kosten-berechnung	4.3.4	Entwurfs-planung	– Planungsunterlagen, z. B. durchgearbeitete, ggf. auch Detailpläne mehrfach wiederkehrender Raumgruppen – Berechnungen der Mengen von Bezugseinheiten der Kostengruppen nach DIN 277 – Erläuterungen, z. B. Beschreibung der Einzelheiten in der Systematik der Kostengliederung, die aus den Zeichnungen und den Berechnungsunterlagen nicht zu ersehen, aber für die Berechnung und die Beurteilung der Kosten von Bedeutung sind – Erläuterungen zur organisatorischen und terminlichen Abwicklung	+/- 5 bis 10 % in Bezug zu 4.
4.	Kosten-voran-schlag	4.3.5	Mitwirkung bei der Vergabe	– Planungsunterlagen, z. B. Ausführungs-, Detail- und Konstruktionszeichnungen – Leistungsbeschreibungen der Leistungsbereiche – Berechnungen, z. B. für Standsicherheit, Wärmeschutz, technische Anlagen – Berechnungen der Mengen von Bezugseinheiten der Kostengruppen nach dieser Norm und nach DIN 277 – Mengenermittlungen von Teilleistungen – Erläuterungen zur organisatorischen und terminlichen Abwicklung	+/- 0 bis 5 % in Bezug zu 5.
5.	Kosten-an-schlag	4.3.6	Mitwirkung bei der Vergabe	– Planungsunterlagen, z. B. Ausführungs- und Detailzeichnungen, Konstruktions- und Montagezeichnungen, Aufmaß- und Abrechnungszeichnungen – Angebote der ausführenden Unternehmen mit Leistungsbeschreibungen – Aufträge an ausführende Unternehmen einschließlich der Vertragsunterlagen – technische Berechnungen – Mengenermittlungen von Teilleistungen – Rechnungen der ausführenden Unternehmen und Ergebnisse der Rechnungsprüfung – Informationen über die Ausführung und zur organisatorischen und terminlichen Abwicklung	+/- 0 bis 5 % in Bezug zu 6
6.	Kosten-feststellung	4.3.7	Objektüber-wachung	– geprüfte Abrechnungsbelege, z. B. Schlussrechnungen – Nachweise der unentgeltlich eingebrachten Güter und Leistungen, Planungsunterlagen, z. B. Abrechnungszeichnungen – Erläuterungen	0 %

1) Genaue Angaben lassen sich nicht treffen und variieren von Fall zu Fall. Die angegebenen Werte entsprechen Erfahrungswerten, wie sie in der Wissenschaft und Lehre immer wieder genannt werden. In Bezug auf die Kostenschätzung zur Kostenfeststellung ergibt sich aus der Rechtsprechung, dass maximal 30 % Überschreitung tolerierbar sind.

Welche konkreten Leistungen mit einem Architektenvertrag in diesem Zusammenhang zu erbringen sind, hängt von den konkret beauftragten Leistungen bzw. Leistungsbildern und den konkreten vertraglichen Vereinbarungen ab. Einige der o.g. Leistungen stellen z.B. Leistungen dar, die sich aus einer Verordnung (HOAI in der aktuellen Fassung) ergeben, andere aus dem Gesetz (§ 650p BGB). Einige dieser Leistungen werden z.B. in den AHO-Tabellen als Besondere Leistungen beschrieben und hierfür wird ein angemessenes Honorar empfohlen, andere sind typischerweise Leistungen, die im Rahmen der Projektsteuerung vereinbart werden. Eine Übersicht, welche Leistungen der Kostenermittlung nach der DIN 276:2018-12 gefordert werden und Inhalt des Honorars nach der HOAI in der Fassung 2021 sind, enthält Tafel 8.66. Es wird darauf verwiesen, dass die Leistungen der Kostenkontrolle in der HOAI 2013 weiter gefasst sind als die der Kostenermittlung.

Tafel 8.66: Stufen der Kostenermittlung und Honorar nach HOAI

Stufe der Kostenermittlung	Leistung gem. DIN 276:2018-12	Honorar gem. HOAI 2021		
		Objektplanung für Gebäude und Innenräume sowie Freianlagen	Objektplanung für Ingenieurbauwerke sowie Verkehrsanlagen	Fachplanung Technische Ausrüstung
Kostenrahmen	Gesamtkosten sind in der 1. Ebene der Kostengliederung zu ermitteln	Stellt weder eine Grund-, noch eine besondere Leistung dar		
Kostenschätzung	Gesamtkosten sind in der 2. Ebene der Kostengliederung zu ermitteln	LP[1] 2, Grundleistung: Kostenschätzung gem. DIN 276	LP 2, Grundleistung: Kostenschätzung gem. DIN 276	LP 2, Grundleistung: Kostenschätzung gem. DIN 276, 2. Ebene
Kostenberechnung	Gesamtkosten sind in der 3. Ebene der Kostengliederung zu ermitteln	LP 3, Grundleistung: Kostenberechnung gem. DIN 276	LP 3, Grundleistung: Kostenberechnung gem. DIN 276	LP 3, Grundleistung: Kostenberechnung gem. DIN 276, 3. Ebene
Kostenvoranschlag	Gesamtkosten sind in der 3. Ebene der Kostengliederung zu ermitteln und nach technischen oder herstellungstechnischen Gesichtspunkten weiter zu untergliedern, Ordnung nach den vorgesehenen Vergabeeinheiten	Stellt weder eine Grund-, noch eine besondere Leistung dar		
Kostenanschlag		*LP 6, Grundleistungen: Erstellen eines bepreisten Leistungsverzeichnisses*[2]		
Kostenfeststellung		LP 8, Grundleistung: Kostenfeststellung z.B. nach DIN 276	LP 8, Grundleistung: Kostenfeststellung	LP 8, Grundleistungen: Kostenfeststellung

1): LP steht für Leistungsphase

2): Ob es sich bei dem Erstellen eines bepreisten Leistungsverzeichnisses um einen Kostenanschlag handelt, ist rechtlich umstritten.

Wesentlich ist, dass die Möglichkeiten der Kostensteuerung als Folge der Kostenkontrolle zwischen den einzelnen Stufen der Kostenermittlung von Stufe zu Stufe der Kostenermittlung abnehmen. Insofern fällt der sorgfältigen Wahrnehmung der o.g. Aufgaben eine in finanzieller Hinsicht entscheidende Bedeutung zu. Sie nimmt grundsätzlich mit voranschreitender Planung ab und wird nur noch gering zu beeinflussen sein, wenn mit der Bauausführung begonnen wurde bzw. die Bauaufträge vergeben sind.

1.5.2 Die Verfahren der Kostenermittlung

Gem. DIN 276:2018-12 wird unter einem Kostenermittlungsverfahren eine Verfahrensweise zur Ermittlung von Kosten verstanden, welche von der Art der Kostengliederung, der gewählten Gliederungstiefe und den angewendeten Kostenkennwerten abhängig ist. Folglich besteht ein Unterschied zwischen den Stufen der Kostenermittlung und den Kostenermittlungsverfahren. Bei den Stufen handelt es sich um die Stufe der Planung, auf deren Grundlage eine Kostenermittlung erfolgt, beim Kostenermittlungsverfahren um die Art und Weise der Kostenermittlung. Grundlegend für alle Arten der Kostenermittlungsverfahren ist, dass diese in aller Regel von einem Kostenkennwert (KKW) und einer dazugehörigen Bezugsgröße, wie einer Fläche oder einer Kubatur abhängen und sich aus dem Produkt des Kostenkennwertes und der Bezugsgröße ergeben. Aus diesem Grund ist es von hoher Bedeutung, dass die Bezugswerte einheitlich angewendet werden, wie diese gem. DIN 277:2021-08 definiert sind. Bei den Kostenkennwerten handelt es sich um Erfahrungswerte, die i.d.R. durch die strukturierte Auswertung bereits fertiggestellter Objekte gebildet werden. Da bei der Kostenermittlung grundsätzlich aber immer auch berücksichtigt werden muss, welche konkreten und projektspezifischen Kosteneinflüsse bestehen, welche jeweiligen (Bau-)Umstände also vorherrschen, die sich auf die jeweilige konkrete Höhe der Kosten auswirken, wie z.B. die Jahreszeit, in der gebaut werden soll, die aktuelle Marktauslastung, die Bauzeit, die Region etc., können vorhandene Kostenkennwerte nur innerhalb enger Anwendungsgrenzen für ein neu zu berechnendes Projekt herangezogen werden. Projektspezifische Einflüsse können nicht durch Verfahren oder auf der Grundlage von in Datenbanken gesammelten Erkenntnissen einbezogen werden, sie obliegen der Einschätzung auf der Grundlage von Erfahrungen.

Kostenkennwerte werden entweder durch Architekturbüros selbst erfasst, ausgewertet, bewertet und in Datenbanken zur Verfügung gestellt oder können in Form von Literatur oder Datenbanken am Markt bezogen werden. Die gängigsten Datenbanken, die frei käuflich sind, stellen die „SIRADOS Baudaten“ und die „BKI Baukosten“ dar. Diese wiederum basieren auf verschiedenen Bezugswerten und sind i.d.R. nicht für alle Stufen der Kostenermittlung gleichermaßen geeignet. Allen Arten von Kostenkennwerten ist aber gemeinsam, dass sie auf statistisch repräsentativen Auswertungen beruhen (müssen). Von praktischer Bedeutung ist, dass die zugrunde gelegten Daten einer solchen Datensammlung oder Datenbank transparent bzw. bekannt sein und auch mitgeteilt werden müssen, damit nachvollziehbar wird, ob überhaupt für das konkrete Bauprojekt vergleichbare Daten vorliegen bzw. herangezogen wurden. Auch ist der jeweilige Datenstand anzugeben. Die Mehrwertsteuer muss eingerechnet sein.

In den nachfolgenden Tafeln und Abbildungen ist dargestellt, welche Verfahren der Kostenermittlung und welche Kostenermittlungsverfahren grundsätzlich existieren und für welche Stufe der Kostenberechnung diese geeignet sind. Grundsätzlich wird hierbei nach Einwert- und Mehrwertverfahren unterschieden, was nichts anderes bedeutet, als dass entweder ein Wert, wie z.B. 1.700 €/m² BGF und somit die Bruttogrundfläche angesetzt wird oder ein Bezugswert für eine Kostengruppe einer bestimmten 2. Ebene und der jeweilige Bezugswert der diesbezüglichen Ebene herangezogen werden.

	Quantitative Kosteneinflüsse		Qualitative Kosteneinflüsse	
	Mengen	x	Kostenkennwerte	= Kosten
Einwegverfahren				
KG 300 Bauwerk - Baukonstruktionen	2.000 m² BGF	x	1.300 €/m²	= 2.600.000 €
Mehrwegverfahren				
KG 351 Deckenkonstruktionen	2.000 m²	x	200 €/m²	= 400.000 €
KG 352 Deckenöffnungen	50 m²	x	900 €/m²	= 45.000 €
KG ...	... m²	x	... €/m²	= ... €
KG 300 Bauwerk - Baukonstruktionen				2.600.000 €

Abb. 8.67a: Grundprinzipien der Kostenermittlungsverfahren

Abbildung 8.67b enthält einen Auszug aus der BKI Kostenplanung, der zeigt, wie bei Einwegverfahren und bei Mehrwegverfahren die Kostenkennwerte angegeben werden.

Abbildung 8.67b: Auszug aus der BKI Kostenplanung, Baukosten Positionen Neubau, 2019, Abbildung 1 auf Seite 31

Tafel 8.68: Arten der Verfahren der Kostenermittlung

Verfahren der Kostenermittlung	Geeignet für folgende Stufe der Kostenermittlung: Kosten-					
	-rahmen	-schätzung	-berechnung	-voranschlag	-anschlag	-feststellung
1. Verfahren mit einem Bezugswert Bei Verfahren mit einem Bezugswert, also einen Kostenkennwert, der sich auf eine Größe bezieht, wie z.B. die Bruttogrundfläche (GBF), können nur allgemeine Erfahrungswerte einbezogen werden. Die Berücksichtigung spezieller Kosteneinflüsse ist nur bedingt möglich.						
Nutzungsbezogene Verfahren, z.B. nach						
i. Nutzeinheiten (NE) Bei diesem Verfahren werden quantitative Angaben zum nutzungsspezifischen Bedarf angegeben, wie z.B. die Anzahl an Arbeitsplätzen, die Anzahl an Stellplätzen etc. Die entsprechenden Nutzeinheiten werden mit einem Kostenkennwert pro Nutzeinheit multipliziert. z.B.: Anzahl an Stellplätzen x Kostenkennwert pro Stellplatz = Kosten	x					
ii. Nutzungsfläche (NUF) Bei diesem Verfahren werden die Grundflächen des Bauwerks nach DIN 277-1:2016-01 ermittelt und zugrunde gelegt, die sich auf die Nutzung beziehen. Die Kostenkennwerte beziehen sich auf spezielle Nutzungen, wie z.B. Bürogebäude, Wohngebäude etc. Die entsprechenden Nutzungsflächen werden mit einem Kostenkennwert pro Nutzungsfläche multipliziert. z.B.: NUF [m²] nach DIN 277 x KKW [€/m² NUF] = Kosten	x					
Bauwerksbezogene Verfahren, z.B. nach						
iii. Brutto-Rauminhalt (BRI) Bei diesem Verfahren werden die Kosten anhand von Erfahrungswerten pro BRI, also pro m³ ermittelt. Hierzu muss zum einen der BRI [m³] nach der DIN 277 erfasst werden, zum anderen bedarf es eines Kostenkennwertes pro [m³]. In der Regel werden die Kosten der Kostengruppen 300 und 400 als ein Kostenkennwert pro Einheit angegeben. z.B.: BRI [m³] nach DIN 277 x KKW [€/m³ BRI] = Kosten		x				
iv. Brutto Grundfläche (BGF) Bei diesem Verfahren werden die Kosten anhand von Erfahrungswerten pro BGF, also pro m² ermittelt. Hierzu muss zum einen die BGF [m²] nach der DIN 277 erfasst werden, zum anderen bedarf es eines Kostenkennwertes pro [m²]. In der Regel werden die Kosten der Kostengruppen 300 und 400 als ein Kostenkennwert pro Einheit angegeben. z.B.: BGF [m²] nach DIN 277 x KKW [€/m² BGF] = Kosten		x				
Elementbezogene Verfahren, z.B. nach						
v. Grobelementen Bei diesem Verfahren wird zum einen die Gebäudeart berücksichtigt. Zum anderen wird das Gebäude nach funktionalen und geometrischen Gesichtspunkten in die Teile der Baukonstruktion zerlegt. Für diese jeweiligen Grobelemente und die Art des Gebäudes wird wiederum ein spezieller Kostenkennwert festgelegt. Dadurch wird die geometrische Besonderheit des Gebäudes in der Kostenermittlung berücksichtigt. z.B.: BGF [m²] der Kostengruppe einer bestimmten Bauwerksart (z.B. Bürogebäude, KG 380) nach DIN 277 x KKW [€/m² BGF] x Anteil am Gebäude [%] = Kosten		x				
vi. Bauelementen Bei diesem Verfahren wird das Gebäude nach konstruktiven und funktionalen Gesichtspunkten untergliedert. Für diese jeweiligen Bauelemente und die Art des Gebäudes wird wiederum ein spezieller Kostenkennwert festgelegt. Dadurch wird die geometrische Besonderheit des Gebäudes in der Kostenermittlung noch weitergehend berücksichtigt. z.B.: Menge [m²] eines bestimmten Bauelements (z.B. Deckenbekleidung, KG 355) nach DIN 277 x KKW [€/m²] x Anteil am Gebäude [%] = Kosten			x			
2. Verfahren mit mehreren Bezugswerten Verfahren mit mehreren Bezugswerten, also Kostenkennwerten, die sich zwar auf eine Größe beziehen, bei denen sich aber die Gesamtkosten aus der Summe von mehreren Bezugswerten und den jeweiligen dazugehörigen Kostenkennwerten ergeben, lassen genauere und projektspezifischere Aussagen zu den Kosten zu, da diese differenzierter bzw. projektspezifischer ermittelt werden.						

Verfahren der Kostenermittlung	Geeignet für folgende Stufe der Kostenermittlung: Kosten-					
	-rahmen	-schätzung	-berechnung	-voranschlag	-anschlag	-feststellung
Bauwerksbezogene Verfahren, z.B. nach						
i. Kostenflächenarten (KFA) Bei diesem Verfahren handelt es sich um ein gegenüber dem Nutzungsflächenverfahren dahingehend erweitertes Verfahren, dass die Nutzungsflächen in mehrere Teilflächen aufgeteilt werden, sogenannte Kostenflächenarten (KFA) (z.B. Büroräume, Besprechungsräume etc.) Die Kostenkennwerte gelten dann für die spezielle Nutzung. Die entsprechenden Nutzungsflächenarten werden mit einem Kostenkennwert pro Nutzungsflächenart multipliziert. z.B.: KFA 1 (BRI 1 [m³] nach DIN 277 x KKW 1 [€/m³ BRI]) + KFA 2 (BRI 1 [m³] nach DIN 277 x KKW 1 [€/m³ BRI]) + … = Kosten	x					
Elementbezogene Verfahren, z.B. nach						
ii. Grobelementen mit Anforderungsklassen Bei diesem Verfahren wird zum einen die Gebäudeart berücksichtigt. Zum anderen wird das Gebäude nach funktionalen und geometrischen Gesichtspunkten in die Teile der Baukonstruktion zerlegt. Für diese jeweiligen Grobelemente und die Art des Gebäudes wird wiederum ein spezieller Kostenkennwert in Abhängigkeit von der Anforderungsklasse (z.B. geringer/mittlerer/hoher Standard) festgelegt. Dadurch werden die geometrische Besonderheit des Gebäudes und der Standard in der Kostenermittlung berücksichtigt, z.B.: BGF [m²] der Kostengruppe einer bestimmten Bauwerksart (z.B. Bürogebäude, KG 380) nach DIN 277 x KKW eines bestimmten Standards [€/m² BGF] x Anteil am Gebäude [%] = Kosten		x				
iii. Ausführungsart der Bauelemente Bei diesem Verfahren wird das Gebäude nach konstruktiven und funktionalen Gesichtspunkten untergliedert. Für diese jeweiligen Bauelemente und die Art des Gebäudes wird wiederum ein spezieller Kostenkennwert festgelegt, der die Art der konkreten Ausführung (z.B. Art des Materials) berücksichtigt, z.B.: Menge [m²] eines bestimmten Bauelementes (z.B. Deckenbekleidung, KG 355) nach DIN 277 x KKW für ein bestimmtes Material [€/m²] x Anteil am Gebäude [%] = Kosten			x			
iv. Ausführungsart und Leistungsbereich Bei diesem Verfahren wird das Gebäude nach konstruktiven und funktionalen Gesichtspunkten untergliedert. Für diese jeweiligen Bauelemente und die Art des Gebäudes wird wiederum ein spezieller Kostenkennwert festgelegt, der die Art der konkreten Ausführung (z.B. Art des Materials) und den Leistungsbereich (z.B. Gründungsbelag, Deckenbelag etc.) berücksichtigt, z.B.: Menge [m²] eines bestimmten Bauelementes (z.B. Deckenbekleidung, KG 355) nach DIN 277 x KKW für ein bestimmtes Material eines bestimmten Leistungsbereiches [€/m²] x Anteil am Gebäude [%] = Kosten				x	x	
v. Vergabeeinheiten Bei diesem Verfahren werden die nach Ausführungsart und Leistungsbereich aufgeschlüsselten Kosten weitergehend nach den projektspezifischen Vergabeeinheiten untergliedert. Das bedeutet, dass im Grunde genommen lediglich eine weitere Zuordnung der nach Ausführungsart und Leistungsbereich bereits erfolgten Kosten nach den Gesichtspunkten der vorgesehenen Vergabeeinheiten erfolgt.				x	x	
Ausführungsbezogene Verfahren, z.B. nach						
vi. Leistungsbereichen Bei diesem Verfahren werden die Kosten nicht mehr nach planerischen Gesichtspunkten, sondern ausführungsorientiert ermittelt. Es werden hierbei z.B. die Kosten der Kostengruppe 300 Bauwerk – Baukonstruktionen, die als KKW pro Bruttogrundfläche (BGF) ermittelt worden sind, den jeweiligen Ausführungsbereichen, so z.B. den Erdarbeiten, Spezialtiefbauarbeiten etc. zugeordnet, indem ein prozentualer Anteil der Gesamtkosten pro Leistungsbereich festgelegt wird, z.B.: Bauwerkskosten [€/m² BGF) x Anteil [%] Erdarbeiten = Kosten Leistungsbereich Erdarbeiten			x			
vii. Teilleistungen der Leistungsbereiche Bei diesem Verfahren werden die nach Positionen untergliederten Leistungen und Mengen herangezogen und die Mengen der Positionen mit erfahrungsgemäßen Einheitspreisen multipliziert, z.B. Position XY „Aushub Homogenbereich XY" [m³] x Einheitspreis [€/m³] = Kosten Teilleistung des Leistungsbereichs			x	x	x	x

Verfahren der Kostenermittlung	Geeignet für folgende Stufe der Kostenermittlung: Kosten-					
	-rahmen	-schätzung	-berechnung	-voranschlag	-anschlag	-feststellung
viii. Leitpositionen Dieses Verfahren vereinfacht das Verfahren der Kostenermittlung über die Teilleistungen der Leistungsbereiche, indem nur für die sogenannten Leitpositionen, also die Positionen, die erfahrungsgemäß 80 bis 90 % der Gesamtkosten ausmachen, eine Ermittlung der Einheitspreise nach dem Verfahren der Teilleistungen der Leistungsbereiche erfolgt. Da die Leitpositionen erfahrungsgemäß ca. 20 % aller Positionen ausmachen, wird der Aufwand erheblich verringert. Die übrigen Nicht-Leitpositionen werden mittels erfahrungsgemäßen Zuschlägen berücksichtigt.				x		

Die Kostenfeststellung muss in der Gliederungsebene in der 3. Ebene erfolgen und folgt der Struktur des Kostenanschlags, um vergleichbar zu sein.

Da die o.g. Kostenermittlungsverfahren und insbesondere die zur Verfügung stehenden Erfahrungswerte (Daten) sich i.d.R. auf die Kostengruppen 300 und 400 beziehen, werden die übrigen Kostenarten entweder nach Erfahrungswerten analog den oben beschriebenen Verfahren ermittelt oder anhand eines prozentualen Erfahrungswertes, der den Anteil der übrigen Kostengruppen bezogen auf die Kosten der Kostengruppen 300 und 400 ausdrückt. Mischformen der Ermittlung sind ebenso denkbar wie in der Praxis anzutreffen.

Gem. der DIN 276:2018-12 muss bei der Kostenplanung vom Zeitpunkt der Ermittlung ausgegangen werden. Dieser Zeitpunkt ist zu dokumentieren. Das bedeutet, dass die Kosten den aktuellen Kosten und nicht den in der Vergangenheit festgestellten oder den in Zukunft, z.B. zum Zeitpunkt der Ausführung prognostizierten entsprechen. Um Kosten aus gesammelten Erfahrungen vergleichbar zu machen, müssen diese daher auf einen gemeinsamen Zeitpunkt umgerechnet werden. Ferner kann es im Einzelfall notwendig oder gewünscht sein, dass zu erwartende Kostenänderungen prognostiziert werden. Beides kann berücksichtigt werden, indem man den aktuellen Kostenstand anhand älterer Daten hochrechnet und dabei auf den sogenannten Baupreisindex zurückgreift. Dieser Index, der vom Statistischen Bundesamt (www.destatis.de) herausgegeben wird, gibt zeitliche Entwicklungen wieder. Darüber hinaus kann man über regionale Statistiken, die z.B. der BKI über Regionalfaktoren dokumentiert, die Kosteneinflüsse in eine Kostenberechnung einfließen lassen, die sich aus dem Standort des Bauwerks und den damit im Zusammenhang stehenden besonderen Kosteneinflüssen ergeben.

1.6 Kostenkontrolle und Kostensteuerung nach DIN 276:2018-12

Unter Kostenkontrolle wird nach DIN 276:2018-12 der Vergleich zwischen der aktuellen Kostenermittlung und den früheren Kostenermittlungen und Kostenvorgaben verstanden. Sie dient dem Zweck der Kostensteuerung, die wiederum zum Inhalt hat, dass Maßnahmen ergriffen werden, um die Kostenvorgaben einzuhalten. Insofern muss im Rahmen der Kostenkontrolle gewährleistet werden, dass die aktuellen Kosten festgestellt, mit den bisherigen verglichen und die Änderungen und deren Ursachen nachvollzogen werden können. Um Kostenkontrolle und Kostensteuerung gewährleisten zu können, müssen diese also in den Planungsprozess und in die Stufen der Kostenermittlung eingebunden werden. Konkrete Vorgaben, wie dies zu erfolgen hat, enthält die DIN 276:2018-12 nicht. Diese sind abhängig von den jeweiligen Entwicklungen eines Bauprojektes.

Wesentlich für Kostenkontrolle und Kostensteuerung ist, dass pro jeweiliger Stufe der Kostenermittlung die ggf. vorgenommenen Änderungen einzelner Kosten zu z.B. Kostengruppen oder Vergabeeinheiten dokumentiert und nachvollzogen werden. Nur so kann gewährleistet werden, dass die Ergebnisse nicht verfälscht werden.

2 Verordnung über die Honorare für Architekten- und Ingenieurleistungen (HOAI)

2.1 Überblick über die aktuelle Fassung der HOAI 2021

Die Verordnung über die Honorare für Architekten- und Ingenieurleistungen, kurz HOAI, stammt aus dem Jahr 1977 und wurde seitdem achtmal überarbeitet. Die aktuelle Fassung, die HOAI 2021, die die HOAI in der Fassung 2013 abgelöst hat, gilt gem. § 57 Abs. 2 HOAI 2021 für Verträge, die ab dem 01.01.2021 abgeschlossen werden. Aufgrund des langen Geltungszeitraums der HOAI wird an dieser Stelle auf eine umfassende Gegenüberstellung der Änderungen der Fassungen seit 1977 bis heute verzichtet und lediglich auf den Grund und den Inhalt der aktuellen Änderungen eingegangen.

Die HOAI in den Fassungen bis 2013 kannte gem. § 7 Abs. 1 HOAI 2013 ein gesetzliches Preisrecht, welches in einem Gebot einer Honorarvereinbarung zwischen Mindest- und Höchstsätzen bestand. Das bedeutet, dass Architekten- und Ingenieurleistungen, soweit diese unter den Regelungsinhalt der HOAI fielen, nicht frei vereinbart werden konnten, sondern sich grundsätzlich innerhalb eines unteren und auch oberen Rahmens bewegen mussten. Diese Regelung sollte einerseits der Sicherung der Qualität und andererseits dem Verbraucherschutz und dem Allgemeininteresse dienen. Der Europäische Gerichtshof (EuGH) sah gem. Urteil vom 04.07.2019 hierin jedoch eine Diskriminierung in Bezug auf die Aufnahme oder Ausführung einer Dienstleistungstätigkeit im Binnenmarkt i.S.v. Art. 15 Abs. 1 und Abs. 2, Buchst. g und Abs. 3 der Richtlinie 2006/123/EG. Insofern musste die HOAI geändert werden. Das Ergebnis dieser Anpassung an das europäische Recht liegt nun in Form der HOAI 2021 vor.

Die HOAI 2021 besteht weiterhin aus 58 Paragraphen, hinzugekommen ist aber der § 2a HOAI 2021, sowie 5 Teile und 15 Anlagen. In den §§ 1 bis 16 (dem Teil I) werden allgemeine Regelungen getroffen, die für jede auszuführende Leistung übergeordnet gelten. Darüber hinaus muss man in Bezug auf die Architekten- oder Ingenieurleistung lediglich den Teil beachten, der die konkret auszuführende Leistung betrifft, die in den folgenden Abschnitten (entweder Teil II oder Teil III oder Teil IV) und in den dazugehörigen Anlagen geregelt werden. Die einzelnen Teile sind nach Planungsarten (z.B. Bauleitplanung, Landschaftsplanung etc.) unterteilt und bestehen aus mehreren Paragraphen, mindestens aus einem Paragraphen zu den besonderen Grundlagen des Honorars, aus einem, der das Leistungsbild betrifft, und aus einem, der die Honorare der Grundleistungen festlegt. Die §§ 57 und 58 (der Teil V) beinhalten Übergangsvorschriften und Inkraft- und Außerkrafttreten. In Tafel 8.71 ist eine Übersicht über die fünf Teile der HOAI 2021 und deren Regelungsinhalt gegeben.

Tafel 8.71: Gliederung der HOAI 2021

Teil		Regelungsinhalt	Betroffene Planung
I	§§ 1 – 16	Allgemeiner Teil, alle Planungen betreffend	Betrifft die Flächen-, Objekt- und Fachplanung, wie in § 3 Abs. 1 HOAI geregelt, also Grundleistungen sowie gem. § 3 Abs. 1 HOAI 2021 Besondere und Beratungsleistungen.
II	§§ 17 – 32	Betrifft die konkret auszuführende Leistung	Betrifft die Flächenplanung, bestehend aus Abschnitt 1: Bauleitplanung (§§ 17 – 21) Abschnitt 2: Landschaftsplanung (§§ 22 – 32)
III	§§ 33 – 48		Betrifft die Objektplanung, bestehend aus Abschnitt 1: Gebäude und Innenräume (§§ 33 – 37) Abschnitt 2: Freianlagen (§§ 38 – 40) Abschnitt 3: Ingenieurbauwerke (§§ 41 – 44) Abschnitt 4: Verkehrsanlagen (§§ 45 – 48)
IV	§§ 49 – 56		Betrifft die Fachplanung, bestehend aus Abschnitt 1: Tragwerksplanung (§§ 49 – 52) Abschnitt 2: Technische Ausrüstung (§§ 53 – 54)
V	§§ 57 – 58	Übergangs- und Schlussvorschriften	

Die wesentlichen zu nennenden Änderungen der HOAI 2021 gegenüber der HOAI 2013 bestehen darin, dass der in § 1 HOAI 2021 geregelte Anwendungsbereich gegenüber der HOAI 2013 geändert wurde. Die HOAI 2021 gilt nunmehr für alle von ihr erfassten Architekten- und Ingenieurleistungen und unterscheidet nicht mehr nach dem Berufsbild oder dem persönlichen und räumlichen Geltungsbereich. Ferner stellt die

HOAI 2021 infolge des Urteils des EuGH vom 04.07.2019 nun nur noch eine Möglichkeit und keine Regelung mehr dar, angemessene Honorare zu ermitteln (vgl. § 2a HOAI 2021). Diese können aber nun auch oberhalb oder unterhalb der Höchst- und Mindestsätze liegen, die als Basishonorarsatz und oberer Honorarsatz bezeichnet werden. In § 7 Abs. 5 HOAI 2013 war festgelegt, dass unwiderleglich vermutet wird, dass die Mindestsätze vereinbart sind, wenn nichts anderes schriftlich vereinbart wurde. Dieser Absatz wurde in der HOAI 2021 gestrichen. Ferner wurden in der HOAI 2021 das Recht auf Abschlagszahlungen und die Fälligkeit der Honorare gegenüber der HOAI 2013 angepasst. Es wird nun auf die entsprechenden gesetzlichen Regelungen aus § 650g Abs. 4 BGB und § 632a BGB verwiesen. Ferner sind die Absätze 2 bis 6 des § 7 der HOAI 2013 entfallen, da diese die Mindest- und Höchstsätze betroffen haben. Auch der Abs. 3 des § 6 der HOAI 2013 ist ersatzlos gestrichen worden, da dieser seitens des Bundesgerichtshofes (BGH) als unvereinbar mit der Ermächtigungsgrundlage erklärt worden und damit unwirksam geworden war.

2.2 Anwendungsbereich der HOAI 2021

Die HOAI 2021 gilt gem. § 1 für Honorare für Ingenieur- und Architektenleistungen, soweit diese durch diese Verordnung erfasst sind. Sie können, müssen aber nicht zum Zweck der Honorarberechnung einer Honorarvereinbarung zugrunde gelegt werden. Gegenüber der HOAI 2013 sind also der persönliche und der räumliche Anwendungsbereich entfallen. Auf den Beruf wird nicht mehr Bezug genommen. Ferner beschränkt sich der Anwendungsbereich gem. § 1 HOAI 2021 nicht mehr nur auf die Grundleistungen. Er gilt für alle Leistungen, die von der HOAI 2021 umfasst sind, also auch die sog. Besonderen Leistungen sowie Beratungsleistungen. In der nachfolgenden Tafel 8.72 wird der Anwendungsbereich der HOAI 2013 dem der HOAI 2021 gegenübergestellt.

Tafel 8.72: Anwendungsbereich und Honorar im Vergleich von HOAI 2013 zur HOAI 2021

HOAI 2013		HOAI 2021
Anwendungsbereich	Gilt für die Leistungen, die von Architekten bzw. Architektinnen und Ingenieuren bzw. Ingenieurinnen erbracht werden, sowie von Personen, die Architekten- oder Ingenieurleistungen erbringen, ohne nach den Gesetzten der Länder über diese Berufsbezeichnung zu verfügen.	Gilt für Ingenieur- und Architektenleistungen, ohne auf den Berufsstand zu verweisen.
	Beschränkt sich auf Architekten- oder Ingenieurleistungen, die von im Inland ansässigen Architektur- oder Ingenieurbüros von der Bundesrepublik Deutschland aus erbracht werden.	Beschränkt sich auf Architekten- oder Ingenieurleistungen, die von im In- oder Ausland ansässigen Architektur- oder Ingenieurbüros in der Bundesrepublik Deutschland erbracht werden.

Die HOAI 2021 stellt nach wie vor nur eine Honorarordnung dar, um angemessene Honorare zu ermitteln. Sie stellt nach wie vor kein Leistungsbild oder gar eine vertragliche Regelung dar. Sie sagt also aus, welches Honorar für Architekten- oder Ingenieurleistungen für welche Leistungen angemessen ist.

2.3 Honorarvereinbarung und Berechnung des Honorars

2.3.1 Änderungen der Ermittlung des Honorars nach der HOAI 2021 gegenüber der HOAI 2013 – die Folgen des Urteils des EuGH vom 04.07.2019

In den §§ 7 bis 10 der HOAI 2021 werden die Honorare geregelt. Der § 7 HOAI 2021 trifft dabei Regelungen zur Honorarvereinbarung, § 8 HOAI 2021 betrifft das Honorar in besonderen Fällen, § 9 HOAI 2021 betrifft das Honorar bei Beauftragung von Teilleistungen und § 10 HOAI 2021 betrifft das Honorar bei vertraglichen Änderungen des Leistungsumfangs. Allen vorgenannten §§ ist gemein, dass das Honorar nun nicht mehr, wie noch in der HOAI 2013, schriftlich vereinbart werden muss. Es ist nur noch die Textform notwendig. Das gilt sowohl für die Grundleistungen, als auch für die Besonderen Leistungen, als auch für die Beratungsleistungen. Ferner muss die Vereinbarung nicht mehr bis zur Auftragserteilung erfolgen, sie kann auch noch danach geschlossen werden. Voraussetzung ist, dass sie einvernehmlich und in Textform geschlossen wird.

Die wesentliche Änderung der HOAI 2021 gegenüber der Fassung aus dem Jahr 2013 in Bezug auf das Honorar besteht darin, dass das Urteil des EuGH vom 04.07.2019 nun gesetzt wurde und in § 7 HOAI 2021 nicht mehr auf die im Rahmen der HOAI 2013 noch festgesetzten Mindest- und Höchstsätze Bezug genommen wird. Das Honorar richtet sich nunmehr nach den Vereinbarungen, die die Vertragspartner vor oder nach Auftragsvergabe in Textform treffen. Ein Bezug auf die Honorartafeln der HOAI 2021 wird in § 7 Abs. 1 Satz 1 HOAI 2021 nicht genommen. Das bedeutet, dass das Honorar grundsätzlich frei vereinbart werden kann. Grenzen nach unten oder nach oben werden nur noch durch die Sittenwidrigkeit i.S.v. § 138 BGB gesetzt. Die HOAI 2021 weist ausdrücklich darauf hin, dass ein Honorar auch dann angemessen sein kann, wenn es unter den Mindest- oder über den Höchstsätzen liegt, die sich aus den Honorartafeln der HOAI 2021 immer noch ergeben.

Im Zusammenhang mit dem Entfall des grundsätzlichen Preisrechts wurden die Begriffe „Mindest- und Höchstsätze" durch „Basishonorarsatz" und „oberer Honorarsatz" ersetzt. In diesem Zusammenhang wurde der § 2a HOAI 2021 aufgenommen, der klarstellt, dass es sich bei den Honorartafeln nunmehr um Orientierungswerte handelt, die an der Art und dem Umfang der Aufgabe sowie an der Leistung ausgerichtet sind und zu einer angemessenen Vergütung führen sollen.

Für den Fall, dass die Vertragsparteien keine Honorarvereinbarung getroffen haben, regelt § 7 Abs. 1 Satz 2 HOAI 2021, dass für die Grundleistungen der jeweilige Basishonorarsatz als vereinbart gilt, der sich bei Anwendung der Honorargrundlagen des § 6 HOAI 2021 ergibt.

Dem Verbraucherschutz wurde in § 7 Abs. 2 HOAI 2021 Rechnung getragen, indem geregelt ist, dass der Auftragnehmer den Auftraggeber, sofern er ein Verbraucher i.S.d. § 13 BGB ist, vor Abgabe von dessen verbindlicher Vertragserklärung zur Honorarvereinbarung in Textform darauf hinweisen muss, dass er ggf. ein höheres oder niedrigeres Honorar anbieten kann, als sich dieses aus den in den Honorartafeln der HOAI 2021 enthaltenen Werten ergibt. Ansonsten gilt auch hier als Honorar ein Honorar als vereinbart, welches sich aus dem Basishonorar ergibt.

Ob die Regelungen der HOAI 2021 auch für Honorarvereinbarungen gelten, die vor dem 01.01.2021 geschlossen worden sind, ist nicht abschließend geklärt. Hier handelt es sich um eine Rechtsfrage, die die Gerichte zu klären haben werden.

2.3.2 Honorare gem. HOAI 2021 – Regelfall und Ausnahmefall

Gem. § 7 Abs. 1 HOAI 2021 richtet sich das Honorar nach der Vereinbarung, die die Vertragsparteien in Textform treffen. Das Honorar kann bis an die Grenzen der Sittenwidrigkeit i.S.v. § 138 BGB frei vereinbart werden. Infolge dieser neuen Regelung entfallen die bisherigen Absätze 2 bis 6 des § 7 HOAI 2013, da sie Bezug auf die bis dahin verbindlichen Honorare genommen hatten. Wann die Vereinbarung zu treffen ist, wird nicht geregelt, sie kann jederzeit getroffen werden. Es ist nur noch die lesbare Textform notwendig, die den Erklärenden nennt und auf jedem dauerhaften Datenträger i.S.v. § 126b BGB gespeichert werden kann, wie z.B. gespeicherte E-Mail, Computerfax, SMS etc.

Alle weiteren Regelungen des § 7 Abs. 1 Satz 2 und Abs. 2 HOAI 2021 gelten nur in Ausnahmefällen, dürften aber im Sinne einer üblichen Vergütung aus § 632 Abs. 2 BGB wohl auch dann herangezogen werden können, wenn es sich um eine i.S.v. § 138 BGB sittenwidrige Honorarvereinbarung handelt, die in Textform getroffen wurde. Darüber hinaus unterbreitet die HOAI 2021 mit den §§ 8 bis 10 weitere unverbindliche Vorschläge, wie das Honorar vereinbart werden kann, wenn besondere Fälle vorliegen, Einzelleistungen beauftragt oder Änderungen des Leistungsumfangs vereinbart werden. Diese sind unverbindlich, weil das Honorar nach § 7 Abs. 1 Satz 1 HOAI 2021 grundsätzlich frei vereinbart werden kann.

2.3.3 Freie Ermittlung der Honorare gem. HOAI 2021

Soweit das Honorar i.S.v. § 7 Abs. 1 Satz 1 HOAI 2021 frei vereinbart wird, muss sich der Auftragnehmer grundsätzlich an keinerlei Ermittlungsgrundlagen halten. Ein angemessenes oder auskömmliches Honorar wird sich aber unabhängig von der Leistung immer aus denselben maßgebenden Honorarbestandteilen ergeben. Hierzu zählen zum einen die Personal- und die Arbeitskosten des Architektur- oder Ingenieurbüros, die für die Architekten- oder Ingenieurleistung anfallen, also die direkt der Leistung zuordenbaren Kosten. Zum anderen muss der Aufwand für die konkrete Leistung in Abhängigkeit von Art, Umfang und Dauer eingeschätzt werden. Das Produkt aus Aufwand und Personal- und Arbeitskosten ergibt die variablen Kosten des Honorars. Ferner muss das Ingenieurbüro mit den Leistungen auch die Sachkosten des Architektur- oder Ingenieurbüros erwirtschaften, also die Fixkosten. Hinzu kommt, dass ein Gewinn zu erwirtschaften ist und ggf. auch unternehmerische Wagnisse gesondert abzudecken sind. Diese fixen Kosten müssen anteilig durch die Leistungen erwirtschaftet, demzufolge anteilig eingerechnet werden.

Insofern rückt durch die Änderungen der HOAI 2021, nämlich die Möglichkeit, das Honorar frei zu verhandeln, die Frage in den Vordergrund, wie man zum einen die Gesamtkosten eines Architektur- oder Ingenieurbüros erfassen und zum anderen die einer bestimmten Leistung ermitteln kann.

Eine Grundlage für eine solche freie Honorarkalkulation kann wie nachfolgend beispielhaft beschrieben vorgenommen werden: Die Personalkosten oder auch Gehaltskosten werden in Abhängigkeit von den (tariflichen) Gehältern, den gesetzlichen, tariflichen und freiwilligen Sozialkosten und sonstigen direkt zuordenbaren Bestandteilen zu ermitteln sein. Soweit weitere Kosten einer Arbeitskraft direkt zugeordnet werden können, wie z.B. die Kosten eines Firmenfahrzeugs, können diese den Gehaltskosten direkt zugeordnet oder in die Sachkosten eingerechnet werden. In Tafel 8.74a ist eine beispielhafte Personal-/Gehaltskostenermittlung dargestellt.

Tafel 8.74a: Beispielhafte Ermittlung von Gehaltskosten

Beispielhafte Ermittlung von Gehaltskosten						
Kostenart	**Erläuterung**	**Ansatz**	**Faktor**	**Beitragsbemessungsgrenze** KV / AV West	RV West	**Betrag**
[1]	[2]	[3]	[4]	[5]	[6]	[7]
						= [3] x [4]
Direkt zuordenbare Gehaltskosten						
Gehalt Mitarbeiter(in)		4.500,00 €/Mo	1,00			4.500,00 €/Mo
Urlaubsgeld	nach Arbeitsvertrag; angesetzt: 70% eines Gehaltes	3.150,00 €/Mo	0,08			262,50 €/Mo
Weihnachtsgeld	nach Arbeitsvertrag; angesetzt: 30% eines Gehaltes	1.350,00 €/Mo	0,08			112,50 €/Mo
Überstunden	nach Arbeitsvertrag; angesetzt: 30,00 €/h, im Mittel 20 h/Monat	30,00 €/h	20,00 h/Mo			600,00 €/Mo
Summe Gehalt						**5.475,00 €/Mo**
Sozialkosten						
Rentenbeitrag	Diese Ansätze sind den gesetzlichen aktuellen Regelungen zu entnehmen. Arbeitgebende und Arbeitnehmende tragen diese zur Zeit je zur Hälfte. Die Beiträge werden maximal bis zur Beitragsbemessungsgrenze geleistet.	18,60%	0,50		7.100,00 €/Mo	509,18 €/Mo
KV-Beitrag		14,60%	0,50	4.837,50 €/Mo		353,14 €/Mo
Pflegeversicherung		3,05%	0,50	4.837,50 €/Mo		73,77 €/Mo
AV-Beitrag		2,40%	0,50	4.837,50 €/Mo		58,05 €/Mo
U1	Diese Ansätze sind den gesetzlichen aktuellen Regelungen zu entnehmen. Der Arbeitgebender trägt diese.	2,43%	1,00			132,77 €/Mo
U2		0,55%	1,00			29,84 €/Mo
Insolvenzumlage		0,09%	1,00			4,93 €/Mo
usw.						
Summe Sozialbeiträge						**1.161,67 €/Mo**
Arbeitskosten für den Arbeitgebenden						**6.636,67 €/Mo**

Über diese Personalkosten bzw. Gehaltskosten hinaus sind die Arbeitskosten zu ermitteln. Unter diesen versteht man die Kosten, die für freie Mitarbeiter oder Nachunternehmer anfallen. Diese sind grundsätzlich auf der Grundlage von Erfahrungswerten oder bestehenden Verträgen zu ermitteln und müssen dem jeweiligen Projekt zugeordnet werden, welches diese verursacht.

Die Sachkosten des Architektur- oder Ingenieurbüros stellen die Kosten dar, die für Raummieten, Verwaltung, Bürounterhalt und Bürobetrieb etc. anfallen. In diesen sind auch die Gehaltskosten und die Entnahmen der Inhabenden einzurechnen sowie alle in Form von unproduktiven Stunden bzw. nicht verrechenbaren Aufwendungen anfallenden Kosten von Mitarbeitenden. Es handelt sich also um fixe Kosten des Architektur- bzw. Ingenieurbüros. Nachfolgende Tafel 8.74b zeigt beispielhaft derartige Sachkosten.

Tafel 8.74b: Beispielhafte Ermittlung von Sachkosten

Beispielhafte Ermittlung der Sachkosten	
Kostenart	**Sachkosten**
Sachkosten	
Unternehmerentnahmen inkl. Sozialkostenbeiträge etc.	10.000,00 €/Mo
Kosten für unproduktive Mitarbeitende, kaufm. Tätigkeiten, Sekretariat etc. inkl. Sozialkostenbeiträge etc.	5.000,00 €/Mo
Kosten der Büroräume (Miete)	7.500,00 €/Mo
Weitere Kosten Büro (Reinigung, Handtücher, Kaffeeautomat etc.)	1.650,00 €/Mo
Kosten für Bürobetrieb (Materialkosten etc.)	750,00 €/Mo
Abschreibungen und Verzinsungen Büroeinrichtung	1.328,13 €/Mo
Abschreibung und Verzinsung Geräte (Server, PC, Bildschirme, Software etc.)	1.750,00 €/Mo
Kosten für Firmenfahrzeuge, Leasing, Rep., Betriebskosten	6.000,00 €/Mo
Reisekosten	3.800,00 €/Mo
Akquisition, Repräsentation, Werbung etc.	1.000,00 €/Mo
Versicherungen für BG-Bau, Berufshaftpflicht, etc.	1.000,00 €/Mo
Sonstiges	2.350,00 €/Mo
Summe Sachkosten	**42.128,13 €/Mo**

Das Honorar der frei zu kalkulierenden Leistung muss nun zum einen die direkt zuordenbaren variablen Kosten enthalten, die über die Dauer und in Abhängigkeit von der Leistung anfallen. Zum anderen müssen die fixen Sachkosten anteilig erwirtschaftet werden sowie ein Gewinn.

Die fixen Sachkosten können i.d.R. nicht dergestalt erfasst und ermittelt werden, dass sie einem bestimmten Projekt und somit dem Honorar dieses Projektes zugeordnet werden können. Sie müssen mittels eines Verteilungsschlüssels bzw. Umlageansatzes auf das Honorar aufgeschlagen werden. Das kann z.B. geschehen, indem die Sachkosten als Prozentsatz im Verhältnis zum Umsatz oder den Kosten über eine bestimmte Periode, z.B. ein Geschäftsjahr, ermittelt werden. Dieser Zuschlagssatz wird dann auf die Kosten des jeweiligen Projektes aufgeschlagen. Ebenso ist mit den Gewinnerwartungen umzugehen. In Tafel 8.75a ist die Ermittlung des Honorars beispielhaft dargestellt.

Tafel 8.75a: Beispielhafte Ermittlung eines Honorars

Ermittlung des Zuschlages für Sachkosten auf die Kosten				
Erläuterung	**Rechenwege**	**Ist-Werte aus Vorjahr**		**Prognose-Werte für anstehendes Geschäftsjahr**
Umsatz des Architektur-/Ingenieurbüros			1.867.543 €/Jahr	1.900.000 €/Jahr
Sachkosten		42.128 €/Mo	505.538 €/Jahr	500.000 €/Jahr
Umsatz abzgl. Sachkosten			1.362.005 €/Jahr	1.400.000 €/Jahr
Anteil der Sachkosten am Umsatz	= Sachkosten / (Umsatz - Sachkosten) =		37,12%	35,71%
Festgelegter Zuschlag für anstehendes Geschäftsjahr für				
Sachkosten				36,00%
Gewinn				10,00%
Honorarermittlung für Beispielprojekt				
Erläuterung	**Rechenwege**			**Ansätze**
Kapazitätsplanung				
Arbeitskräfte				3,00 AK
Bearbeitungszeit				3,00 Mo
Kostenansatz				
Personalkosten				6.636,67 €/Mo
Arbeitskosten				0,00 €/Mo
Summe Kosten	= AK + Bearbeitungszeit x Kostenasatz =			59.730,02 €
Zuschläge für				
Sachkosten	= Zuschlagssatz Sachkosten x Summe Kosten =		36,00%	21.502,81 €
Gewinn	= Zuschlagssatz Gewinn x Summe Kosten =		10,00%	5.973,00 €
Honorar	= Summe Kosten + Zuschläge =			**87.205,84 €**

Weitere Verfahren sind denkbar und bleiben dem Architektur- oder Ingenieurbüro überlassen.

Soweit Stundensätze für Leistungen zu ermitteln sind, muss berücksichtigt werden, dass die Produktivität einzelner Arbeitskräfte nicht der theoretischen Arbeitszeit entspricht. Zum gibt es Zeiten, in denen zwar Gehaltskosten anfallen, die Arbeitskräfte aber nicht leisten, wie z.B. Urlaubstage, Feiertage etc. Zum anderen muss die Zeit, in der die Arbeitskräfte tatsächlich Leistungen erbringen, um einen erfahrungsgemäßen Faktor reduziert werden, der nicht verrechenbare Zeiten etc. berücksichtigt. Die Ermittlung der Produktivstunden ist in Tafel 8.75b beispielhaft dargestellt.

Tafel 8.75b: Beispielhafte Ermittlung eines Stundenhonorars

Produktivstunden auf Grundlage von Erfahrungswerten			
Bezeichnung	**Anzahl**		
Bezahlte Arbeitszeit	261 Tage/Jahr	8 h/Tag	2.088 h/Jahr
Bezahlte Ausfalltage wegen Krankheit, Feiertagen, Fortbildung etc.	55 Tage/Jahr	8 h/Tag	440 h/Jahr
Theoretsiche Produktivzeiten	206 Tage		1.648 h/Jahr
			137 h/Monat
Erfahrungsgemäße produktive Arbeitszeit		85%	117 h/Monat
Gehaltskosten Arbeitgebender			6.636,67 €/Mo
			56,85 €/h
Zuschlag für Sachkosten		36,00%	20,47 €/h
Zuschlag für Gewinn		10,00%	5,69 €/h
Stundensatz			83,01 €/h
angesetzt			**90,00 €/h**

2.3.4 Ermittlung der Honorare auf Grundlage der Orientierungswerte nach HOAI 2021

Die Grundleistungen, die zu einer ordnungsgemäßen Erfüllung eines Auftrags i.d.R. auszuführen sind, und die Leistungsbilder, für die die HOAI 2021 das Honorar vorschlägt, werden in § 3 Abs. 1 HOAI 2021 in Verbindung mit den Teilen II bis IV sowie in den Anlagen 1 bis 15 im Detail beschrieben. Die Honorare für diese Grundleistungen der Flächen-, Objekt- und Fachplanung werden in den jeweiligen Honorartafeln der Teile II bis IV und in den Anlagen 1 bis 15 innerhalb von Honorarspannen als Orientierungswerte aufgelistet. Zwischenwerte können interpoliert, Höchst- oder Mindestwerte können extrapoliert werden. Es handelt sich nicht um verbindliche Werte. Die Leistungsbilder gliedern sich in Leistungsphasen gemäß den Regelungen in den Teilen II bis IV. Das Honorar für die Grundleistungen von Architekten- und Ingenieurleistungen ist nach § 6 HOAI 2021 grundsätzlich nach vier Komponenten zu berechnen, wie in Tafel 8.76a dargestellt wird. Bei Umbauten und Modernisierungen kommt ggf. eine weitere Komponente, ein Umbau- oder Modernisierungszuschlag, hinzu. Auch hinsichtlich dieser vier Komponenten werden die allgemeinen Regelungen im Teil I der HOAI 2021 (§§ 1 bis 16) und die von der jeweiligen speziellen Leistung abhängigen Regelungen in den hierfür zutreffenden Teilen II, III oder IV festgelegt.

Tafel 8.76a: Komponenten des Honorars bei Anwendung der Honorartafeln als Orientierungswerte

Komponenten des Honorars nach HOAI 2021		
Komponenten	1. Größe der Fläche / anrechenbare Kosten	§ 4 HOAI 2021
	2. zutreffende Honorarzone	§ 5 HOAI 2021
	3. zutreffende Honorartafel	In den Teilen II bis IV als jeweilige Honorartafel angegeben.
	4. prozentualer Umfang der erbrachten Leistungen	In den Teilen II bis IV als jeweiliges Leistungsbild angegeben.

Die Honorare für die Besonderen und Beratungsleistungen werden gem. § 3 Abs. 2 HOAI 2021 nicht verbindlich geregelt, sie können frei vereinbart werden. Auch ist die Aufzählung der Besonderen Leistungen in der HOAI 2021 und in den Leistungsbildern ihrer Anlagen nicht abschließend. Die Besonderen Leistungen können auch für Leistungsbilder und Leistungsphasen, denen sie nicht zugeordnet sind, vereinbart werden, soweit sie dort keine Grundleistungen darstellen. Letztendlich ist stets die Wirtschaftlichkeit der Leistung zu beachten.

Wie die erste Komponente, die anrechenbaren Kosten, zu berechnen ist, wird einerseits in § 4 HOAI 2021 in Bezug auf die anrechenbaren Kosten definiert, siehe Tafel 8.76b.

Tafel 8.76b: Anrechenbare Kosten gem. § 4 HOAI 2021

Anrechenbare Kosten	Anrechenbare Kosten sind Teil der Kosten für die Herstellung, den Umbau, die Modernisierung, die Instandhaltung oder die Instandsetzung von Objekten sowie für die damit zusammenhängenden Aufwendungen.
Ermittlung der anrechenbaren Kosten allgemein	– Nach allgemein anerkannten Regeln der Technik oder nach Verwaltungsvorschriften auf der Grundlage ortsüblicher Preise. – Wird im Zusammenhang mit der Kostenermittlung auf die DIN 276 Bezug genommen, so gilt die Fassung vom Dezember 2008 (DIN 276-1:2008-12). – Die Umsatzsteuer, die auf die Kosten von Objekten entfällt, ist nicht Bestandteil. – Richten sich nach den ortsüblichen Preisen, wenn der Auftraggeber selbst Lieferungen oder Leistungen übernimmt, von bauausführenden Unternehmen oder von Lieferanten sonst nicht übliche Vergünstigungen erhält, Lieferungen oder Leistungen in Gegenrechnung ausführt oder vorhandene oder vorbeschaffte Baustoffe oder Bauteile einbauen lässt.
Mitzuverarbeitende Bausubstanz	– Der Umfang der mitzuverarbeitenden Bausubstanz ist angemessen zu berücksichtigen. – Umfang und Wert der mitzuverarbeitenden Bausubstanz sind zum Zeitpunkt der Kostenberechnung oder, sofern keine Kostenberechnung vorliegt, zum Zeitpunkt der Kostenschätzung objektbezogen zu ermitteln und schriftlich zu vereinbaren.

Die anrechenbaren Kosten werden demnach grundsätzlich nach den im Voraus ermittelten Kosten und nicht nach den tatsächlich festgestellten ermittelt.

Andererseits werden in § 6 HOAI 2021 die Grundlagen, nach denen die anrechenbaren Kosten für die Grundleistungen zu ermitteln sind, definiert. Hierbei richtet sich die Ermittlung für die Flächenplanung nach Teil II nach der Größe der Fläche. Bei der Objekt- und Fachplanung nach den Teilen III und IV auf

Grundlage der Kostenberechnung oder der Kostenschätzung, soweit die Kostenberechnung nicht vorliegt. Für Umbauten und Modernisierungen werden in § 6 HOAI 2021 keine konkreten Angaben gemacht, was die Ermittlung der anrechenbaren Kosten anbelangt. Soweit keine Vereinbarung in Textform getroffen wurde, gilt ein Zuschlag in Höhe von 20 % ab einem durchschnittlichen Schwierigkeitsgrad als vereinbart.

Die im Zusammenhang mit den anrechenbaren Kosten verwendeten Begriffe wie z.B. „Objekte", „Neubauten", „Wiederaufbauten" etc. sowie die Begriffe „Kostenschätzung" und „Kostenberechnung" werden überwiegend in § 2 HOAI 2021 definiert. Demnach sind die anrechenbaren Kosten in einigen Fällen nach den Grundsätzen der DIN 276 zu ermitteln. Wesentlich ist, dass nicht alle Kosten anzusetzen sind, sondern nur die, die in den entsprechenden Teilen II bis IV unter den jeweils festgelegten Besonderen Grundlagen des Honorars definiert werden. Hinsichtlich des Teils II, der Objektplanung bei Gebäuden und Innenräumen, sind das gem. § 33 HOAI 2021 beispielsweise die Kosten der Baukonstruktion und teilweise die Kosten der Technischen Anlagen. Insofern muss zur Ermittlung der anrechenbaren Kosten die jeweilige Regelung in Abhängigkeit von der Art der Planung berücksichtigt werden. Tafel 8.77a stellt exemplarisch dar, wie die anrechenbaren Kosten gem. § 33 HOAI 2021 für Baukonstruktionen zu ermitteln sind.

Tafel 8.77a: Anrechenbare Kosten gem. § 33 HOAI 2021 für Baukonstruktionen

Teil III, Objektplanung	
Anrechenbare Kosten	Für Grundleistungen bei Gebäuden und Innenräumen sind die Kosten der Baukonstruktion anrechenbar. Für Grundleistungen bei Gebäuden und Innenräumen sind auch die Kosten für Technische Anlagen, die der Auftragnehmer nicht fachlich plant oder deren Ausführung er nicht fachlich überwacht, vollständig anrechenbar bis zu einem Betrag von 25 Prozent der sonstigen anrechenbaren Kosten und zur Hälfte anrechenbar mit dem Betrag, der 25 Prozent der sonstigen anrechenbaren Kosten übersteigt.
Nicht anrechenbare Kosten	Nicht anrechenbar sind insbesondere die Kosten für das Herrichten, für die nichtöffentliche Erschließung sowie für Leistungen zur Ausstattung und zu Kunstwerken, soweit der Auftragnehmer die Leistungen weder plant noch bei der Beschaffung mitwirkt oder ihre Ausführung oder ihren Einbau fachlich überwacht.

Die zweite Komponente, die Honorarzone, ist in § 5 HOAI 2021 festgelegt. Unter der Honorarzone versteht man die Anforderungen an die Planung, also eine Art Schwierigkeitsgrad, der den Aufwand bestimmt. § 5 HOAI 2021 legt dabei die Honorarzonen fest. In welche Honorarzone die jeweilige Leistung einzuordnen ist, ergibt sich anhand der jeweiligen Leistungsbilder der Teile II bis IV und der Anlagen zur HOAI 2021. Hier finden sich in den Honorartafeln die Honorarzonen I bis III bzw. I bis V wieder. Innerhalb einer Honorarzone finden sich die Bewertungsmerkmale der Anforderungen an die Grundleistung von sehr gering, gering, durchschnittlich, hoch und sehr hoch. Die Zurechnung zu den einzelnen Honorarzonen ist nach Maßgabe der Bewertungsmerkmale und gegebenenfalls der Bewertungspunkte sowie unter Berücksichtigung der Regelbeispiele in den Objektlisten der Anlagen der HOAI 2021 vorzunehmen. In diesen Anlagen werden Beispiele benannt und diese den Honorarzonen zugeordnet. Nachfolgende Tafel 8.77b gibt eine Übersicht über die Honorarzonen.

Tafel 8.77b: Honorarzonen

Honorarzonen gem. § 5 HOAI 2021 und zugehörige Honorartafeln				
Planungsanforderungen	Objekt- und Tragwerksplanung		Flächenplanung, Technische Ausrüstung	
	Honorarzone	Tafeln	Honorarzone	Tafeln
sehr gering	I	§ 35, § 44, § 48, § 52 HOAI		§ 20, § 21, § 28, § 29, § 30, § 31, § 32, § 40, § 56 HOAI
gering	II		I	
durchschnittlich	III		II	
hoch	IV		III	
sehr hoch	V			

Die Bewertungsmerkmale werden in den Honorarregelungen der jeweiligen Leistungsbilder der Teile II bis IV der HOAI 2021 definiert. Die Zurechnung zu den einzelnen Honorarzonen ist nach Maßgabe der Bewertungsmerkmale, wie diese in Tafel 8.78a dargestellt sind, und gegebenenfalls der Bewertungspunkte sowie unter Berücksichtigung der Regelbeispiele in den Objektlisten der Anlagen zur HOAI 2021 vorzunehmen.

Tafel 8.78a: Honorarzone gem. Bewertungsmerkmalen

Honorarzone Grundleistungen für Gebäude gem. § 35 HOAI 2021	
Bewertungs-merkmale	1. Anforderungen an die Einbindung in die Umgebung, 2. Anzahl der Funktionsbereiche, 3. gestalterische Anforderungen, 4. konstruktive Anforderungen, 5. technische Ausrüstung, 6. Ausbau.

Sind für ein Gebäude oder Innenräume Bewertungsmerkmale aus mehreren Honorarzonen anwendbar und bestehen Zweifel, welcher Honorarzone das Gebäude oder der Innenraum zuzuordnen ist, so ist zunächst die Anzahl der Bewertungspunkte zu ermitteln. Zur Ermittlung der Bewertungspunkte werden die Bewertungsmerkmale dann nach vorgegebenen Regelungen gewichtet. Entsprechend dieser Gewichtung erfolgt dann eine in § 35 HOAI 2021 festgelegte Zuordnung. Darüber hinaus existieren in den Anlagen zur HOAI 2021 Objektlisten, anhand derer hervorgeht, welche Objekte welchen Honorarzonen zuzuordnen sind. Nachfolgende Tafel 8.78b gibt eine Übersicht über die Objektlisten, welche Objekte also welchen Honorarzonen zuzuordnen sind.

Tafel 8.78b: Objektliste Gebäude gem. Anlage 10 zu § 34 Abs. 4, § 35 Abs. 7 HOAI 2021

Objektliste Gebäude – Wohnen	Honorarzone				
	I	II	III	IV	V
Einfache Behelfsbauten für vorübergehende Nutzung	x				
Einfache Wohnbauten mit gemeinschaftlichen Sanitär- und Kücheneinrichtungen		x			
Einfamilienhäuser, Wohnhäuser oder Hausgruppen in verdichteter Bauweise			x	x	
Wohnheime, Gemeinschaftsunterkünfte, Jugendherbergen, Freizeitzentren, -stätten			x	x	

Die dritte Komponente besteht in der zutreffenden Honorartafel. Diese ergibt sich aus dem Anwendungsbereich bzw. dem Leistungsbild der Grundleistung, die in den jeweiligen Abschnitten II bis IV der HOAI 2021 definiert wird, und der dazugehörigen Grundleistung und Honorartafel. Für den Fall, dass das Architekturbüro beispielsweise mit der Objektplanung des Neubaus eines Gebäudes und der Innenräume beauftragt ist, fällt diese Planungsleistung gem. § 35 HOAI 2021 unter den Abschnitt 1 der Objektplanung aus Teil III der HOAI 2021 (§§ 33 bis 37). Basishonorarsatz und oberer Honorarsatz sind in § 35 HOAI 2021 festgelegt. In Tafel 8.78c ist beispielhaft ein Ausschnitt aus der Honorartafel für Grundleistungen bei Gebäuden und Innenräumen gem. § 35 HOAI 2021 abgebildet.

Tafel 8.78c: Ausschnitt aus der Honorartafel für Grundleistungen bei Gebäuden und Innenräumen gem. § 35 HOAI 2021

Anrechenbare Kosten in Euro	Honorarzone I sehr geringe Anforderungen von Euro	bis	Honorarzone II sehr geringe Anforderungen von Euro	bis	Honorarzone III durchschnittliche Anfordrungen von Euro	bis	Honorarzone IV hohe Anforderungen von Euro	bis	Honorarzone V sehr hohe Anforderungen von Euro	bis
25 000	3 120	3 657	3 657	4 339	4 339	5 412	5 412	6 094	6 094	6 631
35 000	4 217	4 942	4 942	5 865	5 865	7 315	7 315	8 237	8 237	8 962
50 000	5 804	6 801	6 801	8 071	8 071	10 066	10 066	11 336	11 336	12 333
75 000	8 342	9 776	9 776	11 601	11 601	14 469	14 469	16 293	16 293	17 727
100 000	10 790	12 644	12 644	15 005	15 005	18 713	18 713	21 074	21 074	22 928
150 000	15 500	18 164	18 164	21 555	21 555	26 883	26 883	30 274	30 274	32 938
200 000	20 037	23 480	23 480	27 863	27 863	34 751	34 751	39 134	39 134	42 578
300 000	28 750	33 692	33 692	39 981	39 981	49 864	49 864	56 153	56 153	61 095
500 000	45 232	53 006	53 006	62 900	62 900	78 449	78 449	88 343	88 343	96 118
750 000	64 666	75 781	75 781	89 927	89 927	112 156	112 156	126 301	126 301	137 416
1 000 000	83 182	97 479	97 479 139	115 675	115 675	144 268	144 268	162 464	162 464	176 761
1 500 000	119 307	139 813	813 180	165 911	165 911	206 923	206 923	233 022	233 022	253 527
2 000 000	153 965	180 428	428 258	214 108	214 108	267 034	267 034	300 714	300 714	327 177
3 000 000	220 161	258 002	002 402	306 162	306 162	381 843	381 843	430 003 671	430 003	467 843
5 000 000	343 879	402 984	984	478 207	478 207	596 416	596 416	640	671 640	730 744
7 500 000	493 923	578 816	578 816	686 862	686 862	856 648	856 648	964 694	964 694	1 049 587
10 000 000	638 277	747 981	747 981	887 604	887 604	1 107 012	1 107 012	1 246 635	1 246 635	1 356 339
15 000 000	915 129	1 072 416	1 072 416	1 272 601	1 272 601	1 587 176	1 587 176	1 787 360	1 787 360	1 944 648
20 000 000	1 180 414 1	1 383 298	1 383 298	1 641 513	1 641 513	2 047 281	2 047 281 2	2 305 496	2 305 496	2 508 380
25 000 000	436 874	1 683 837	1 683 837	1 998 153	1 998 153	2 492 079	492 079	2 806 395	2 806 395	3 053 358

Die Mindest- und Höchstsätze für Zwischenstufen der in den Honorartafeln angegebenen anrechenbaren Kosten und Flächen sind nach § 13 HOAI 2021 durch lineare Interpolation zu ermitteln.

Um nun das Honorar berechnen zu können, muss noch die vierte Komponente festlegt werden, die darin besteht, dass festzustellen ist, welche Leistungen ausgeführt werden und wie hoch deren prozentualer

Anteil ist. Dabei sind die Grundleistungen gem. den jeweils einschlägigen §§ der Teile II bis IV der HOAI 2021 in jeweils neun Leistungsphasen unterteilt. Diese werden hinsichtlich ihres Anteils an der Gesamtleistung aller neun Phasen prozentual bewertet. In den jeweiligen Anlagen zu den einzelnen Abschnitten wiederum finden sich umfangreiche Erläuterungen, was die Grundleistungen und was die Besonderen Leistungen beinhalten. In Tafel 8.79a werden zur Veranschaulichung die Grundleistungen und die Besonderen Leistungen am Beispiel der Anlage 10 zu § 34 Abs. 4 und § 35 Abs. 7 HOAI 2021 für die Leistungsphase 5 „Ausführungsplanung" dargestellt, also für das Leistungsbild Gebäude und Innenräume. In Tafel 8.79b sind die Prozentsätze für § 34 HOAI 2021, also für das Leistungsbild Gebäude und Innenräume, zur Veranschaulichung dargestellt.

Tafel 8.79a: Grundleistungen und Besondere Leistungen am Beispiel der Anlage 10 zu § 34 Abs. 4 und § 35 Abs. 7 HOAI 2021, LP 5

Grundleistungen LP 5 Ausführungsplanung	Besondere Leistungen LP 5 Ausführungsplanung
a) Erarbeiten der Ausführungsplanung mit allen für die Ausführung notwendigen Einzelangaben (zeichnerisch und textlich) auf der Grundlage der Entwurfs- und Genehmigungsplanung bis zur ausführungsreifen Lösung, als Grundlage für die weiteren Leistungsphasen. b) Ausführungs-, Detail- und Konstruktionszeichnungen nach Art und Größe des Objekts im erforderlichen Umfang und Detaillierungsgrad unter Berücksichtigung aller fachspezifischen Anforderungen, zum Beispiel bei Gebäuden im Maßstab 1:50 bis 1:1, zum Beispiel bei Innenräumen im Maßstab 1:20 bis 1:1. c) Bereitstellen der Arbeitsergebnisse als Grundlage für die anderen an der Planung fachlich Beteiligten, sowie Koordination und Integration von deren Leistungen. d) Fortschreiben des Terminplans. e) Fortschreiben der Ausführungsplanung auf Grund der gewerkeorientierten Bearbeitung während der Objektausführung. f) Überprüfen erforderlicher Montagepläne der vom Objektplaner geplanten Baukonstruktionen und baukonstruktiven Einbauten auf Übereinstimmung mit der Ausführungsplanung.	– Aufstellen einer detaillierten Objektbeschreibung als Grundlage der Leistungsbeschreibung mit Prüfen der vom bauausführenden Unternehmen auf Grund der Leistungsbeschreibung mit Leistungsprogramm ausgearbeiteten Ausführungspläne auf Übereinstimmung mit der Entwurfsplanung. – Fortschreiben von Raumbüchern in detaillierter Form. – Mitwirken beim Anlagenkennzeichnungssystem (AKS). – Prüfen und Anerkennen von Plänen Dritter, nicht an der Planung fachlich Beteiligter auf Übereinstimmung mit den Ausführungsplänen (zum Beispiel Werkstattzeichnungen von Unternehmen, Aufstellungs- und Fundamentpläne nutzungsspezifischer oder betriebstechnischer Anlagen), soweit die Leistungen Anlagen betreffen, die in den anrechenbaren Kosten nicht erfasst sind.

Tafel 8.79b: Prozentsätze der Honorare der neun Leistungsphasen am Beispiel von § 35 HOAI 2021, Leistungsbild Gebäude und Innenräume

Prozentsätze des Honorars gem. §35 HOAI 2013 für das Leistungsbild Gebäude und Innenräume					
Leistungsphase	Gebäude	Innenräume	Leistungsphase	Gebäude	Innenräume
1. Grundlagenermittlung	2 %	2 %	6. Vorbereitung der Vergabe	10 %	7 %
2. Vorplanung	7 %	7 %	7. Mitwirkung bei der Vergabe	4 %	3 %
3. Entwurfsplanung	15 %	15 %	8. Objektüberwachung	32 %	32 %
4. Genehmigungsplanung	3 %	2 %	9. Objektbetreuung	2 %	2 %
5. Ausführungsplanung	25 %	30 %			

In den Tafeln 8.76 und 8.77 wird exemplarisch ein Honorar für eine Objektplanung (Teil 3 HOAI 2021) nach dem Leistungsbild für Gebäude (§ 34 HOAI 2021) berechnet. Die Anrechenbaren Kosten i.S.v. § 4 Abs. 1 HOAI 2021 sollen 8.000.000 Euro netto betragen. Die Leistung soll unter Honorarzone III, durchschnittliche Anforderungen fallen. Aus der Honorartafel des § 25 Abs. 1 HOAI 2021 ergeben sich die in Tafel 8.79c dargestellten Honorare für anrechenbare Kosten von 7.500.00 Euro netto bzw. 10.000.000 Euro netto.

Tafel 8.79c: Auszug aus der Honorartafel des § 25 Abs. 1 HOAI 2021

Ermittlung des Grundhonorars nach der Honorartafel § 35 Abs. 1 HOAI 2021 (netto Euro)			
Anrechenbare Kosten	Honorar von	50 %	bis
7.500.000,00 €	686.862,00 €	771.755,00 €	856.648,00 €
10.000.000,00 €	887.604,00 €	997.308,00 €	1.107.012,00 €

Es soll der Mittelwert zwischen den „von“- „bis“-Orientierungswerten gem. § 35 HOAI 2021 zugrunde gelegt werden. Insofern ist das Honorar wie folgt zu interpolieren: H [100 %] = 771.775,00 € + [(997.308,00 € – 771.755,00 €) x 500.000,00 €/2.500.000,00 €] = 816.885,60 netto Euro. Das Honorar beträgt somit, soweit alle Leistungen aller Leistungsphasen beauftragt werden, 816.885,60 Euro netto. Die beauftragte Leistung beinhalte im Beispielprojekt die vollständigen Leistungen der Leistungsphasen (LP) 1 bis 8. Die Leistungsphase 9 sei nicht beauftragt. Die Nebenkosten seien gemäß § 14 HOAI 2021 pauschal in Höhe von 5 % vereinbart. Das entsprechende Honorar nach den Orientierungswerten der HOAI 2021 wird in Tafel 8.80 berechnet. Dieses beträgt demnach 840.575,28 Euro netto bzw. 1.000.284,59 Euro brutto.

Tafel 8.80: Ermittlung des Honorars einer Objektplanung nach Teil 3 HOAI 2021

Ermittlung des konkreten Honorars am Beispiel der LP 1 bis 8, Gebäude, § 34 HOAI 2021							
LP	Bezeichnung	Grund-leistungen Gebäude	beauftrag-ter Anteil Gebäude	Grundhono-rar [netto €]	Honorar [netto €]	Vereinbarte Nebenkosten 5 %	Honorar ge-samt [netto €]
[1]	[2]	[3]	[3]	[4]	[5]	[6]	[7]
					= [3] x [4]	= [5] x 5 %	= [5] + [6]
1	Grundlagenermittlung	2 %	2 %	816.885,60	16.337,71	816,89	17.154,60
2	Vorplanung	7 %	7 %	816.885,60	57.181,99	2.859,10	60.041,09
3	Entwurfsplanung	15 %	15 %	816.885,60	122.532,84	6.126,64	128.659,48
4	Genehmigungspla-nung	3 %	3 %	816.885,60	24.506,57	1.225,33	25.731,90
5	Ausführungsplanung	25 %	25 %	816.885,60	204.221,40	10.211,07	214.432,47
6	Vorb. der Vergabe	10 %	10 %	816.885,60	81.688,56	4.084,43	85.772,99
7	Mitw. bei der Vergabe	4 %	4 %	816.885,60	32.675,42	1.633,77	34.309,20
8	Objektüberwachung	32 %	32 %	816.885,60	261.403,39	13.070,17	274.473,56
9	Objektbetreuung	0 %	0 %	816.885,60	0,00	0,00	0,00
	Summe (netto)	98 %	98 %		800.547,89	40.027,39	840.575,28

Darüber hinaus enthält die HOAI 2021 in den §§ 8 bis 16 noch Regelungen zur Berechnung des Honorars in besonderen Fällen, wenn nicht alle Leistungsphasen eines Leistungsbildes oder nicht alle Grundleistungen einer Leistungsphase übertragen werden, wenn die einzelnen Leistungsphasen als Einzelleistungen vergeben werden oder wenn es zu vertraglichen Änderungen des Leistungsumfangs kommt, bei Beauftragung mehrere Objekte, für Grundleistungen bei Instandsetzung und Instandhaltung und welche Nebenkosten dem Architektur- oder Ingenieurbüro zustehen, wann Zahlungen zu leisten sind und wie die Umsatzsteuer auf das Honorar zu berechnen ist.

8 D Facility Management; Wertermittlung

Prof. Dipl.-Ing. Bernhard Hort, BBA, Architekt, Facility Manager GEFMA

1 Einführung

Im vorliegenden Kapitel sind grundlegende Informationen zum Facility Management zusammengestellt. Es wird auf die wichtigsten DIN-Normen und Richtlinien des Deutschen Verbandes für Facility Management e. V. (GEFMA[1]) hingewiesen. GEFMA engagiert sich in der Normungsarbeit für FM und stellt ein Richtlinienwerk als Basis für qualitätsorientierte FM-Dienstleistungen zur Verfügung. Der Verband wurde 1989 gegründet und versteht sich als das deutsche Netzwerk der Entscheider im Facility Management (FM). GEFMA definiert in der Richtlinie GEFMA 100-1 Facility Management als eine Managementdisziplin, die durch ergebnisorientierte Handhabung von Facilities und Services im Rahmen geplanter, gesteuerter und beherrschter Facility-Prozesse eine Befriedigung der Grundbedürfnisse von Menschen am Arbeitsplatz, Unterstützung der Unternehmenskernprozesse und Erhöhung der Kapitalrentabilität bewirkt.

Facilities sind dabei Objekte, wie z.B. bauliche und technische Anlagen und Einrichtungen, Ausstattungen, Geräte, Infrastrukturen, Arbeitsmittel, Energie, Hard- und Software.

Services beschreiben Dienstleistungen, wie z.B. Ver- und Entsorgungsdienstleistungen, Transportdienstleistungen, Sicherungsdienstleistungen, Erhaltungs-, Reinigungs- und Pflegedienstleistungen, Planungs- und Beratungsleistungen.

Beispiele für **Facility-Prozesse** sind: Objekte ver- und entsorgen, Objekte reinigen und pflegen, Objekte schützen und sichern.

1.1 Prozesse

Prozesse sind allgemein Vorgänge oder ein Geschehen. Es gibt viele Arten von Prozessen, z.B. natürliche, technische, kulturelle und wirtschaftliche Prozesse. In einem Unternehmen kann jeder einzelne Arbeitsablauf als Prozess angesehen werden. Der Prozess ist also eine Folge von Aktivitäten zur Erstellung einer bestimmten Leistung. In Unternehmen können Prozesse in Kernprozesse und unterstützende Prozesse unterteilt werden. Ein Kernprozess eines Automobil-Herstellers wäre beispielsweise „Autos produzieren“. Unterstützende Prozesse wären dabei beispielsweise „Instandhaltung“, „Buchhaltung“ oder „Personalwesen“. Bei den unterstützenden Prozessen oder Sekundärprozessen unterscheidet man gebäudeabhängige und gebäudeunabhängige Prozesse.

Facility Management umfasst dabei die Planung, Steuerung und Durchführung der Unterstützungsprozesse für die unterschiedlichen Kernprozesse in Industrie- und Dienstleistungsunternehmen sowie in öffentlichen Organisationen und Einrichtungen. Beispiele sind die Automobilindustrie, der Maschinenbau, die chemische Industrie, Banken, Flughäfen, Hotellerie, Gastronomie, Krankenhäuser, Schulen und Hochschulen und kommunale Einrichtungen.

1.1.1 Kernprozesse

Kernprozesse sind eine Abfolge von Tätigkeiten, durch deren Ergebnisse sich eine Organisation im Markt gegenüber externen Kunden definiert und gegenüber Wettbewerbern differenziert. Kernprozesse und deren Ergebnisse spiegeln in der Regel den Zweck wider, derentwegen die Organisation gegründet wurde und existiert. In den Kernprozessen setzen Organisationen üblicherweise ihre Kernkompetenzen ein, um den Unternehmenserfolg sicherzustellen.[2]

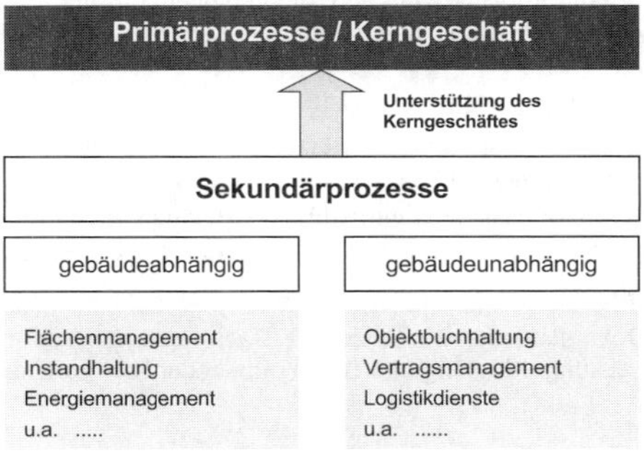

Abb. 8.81 Prozesse

[1] GEFMA **Ger**man **F**acility **M**anagement **A**ssociation, Deutscher Verband für Facility Management e.V., Bonn.
[2] Vgl. GEFMA 100-1 (2004), S. 4.

1.1.2 Unterstützungsprozesse

Unterstützungsprozesse sind eine Abfolge von Tätigkeiten zur Schaffung von Voraussetzungen für die Realisierung der Kernprozesse einer Organisation oder zu deren Unterstützung. Typische Unterstützungsprozesse sind Personalwesen, Buchhaltung und Einkauf. Sie treten gegenüber externen Kunden üblicherweise nicht in Erscheinung.[3]

1.2 Nutzen des Facility Managements

Über den Nutzen von FM lassen sich grundlegende Aussagen nach GEFMA 100-1 treffen:

- Facility Management gestaltet Arbeitsplätze, Arbeitsbedingungen und Arbeitsumgebungen derart, dass ein konzentriertes und störungsfreies Arbeiten in einem fördernden Umfeld möglich ist.
- Dadurch leistet Facility Management einen Beitrag zur Steigerung der Arbeitsproduktivität und zur Unterstützung der Kernprozesse des Unternehmens.
- Facility Management sorgt für den langfristigen Erhalt oder die Erhöhung von Vermögenswerten in Form von Bausubstanz, Anlagen und Einrichtungen.
- Durch den sparsamen und effizienten Einsatz von Ressourcen begrenzt und verringert Facility Management die gebäude- und servicebedingten Kosten über den gesamten Lebenszyklus hinweg.
- Bei verbrauchsabhängigen Kosten werden durch verursachungsgerechte Abrechnungen auch bei den Nutzern Anreize für einen sparsamen Umgang mit Ressourcen geschaffen.
- Durch vorausschauende Planung erspart FM dem Anwender unvorhergesehene und ungeplante Kosten.
- Sofern eine Vermietung geplant ist, sorgt FM für eine hohe Attraktivität von Mietflächen bei angemessenen Kosten.
- Facility Management sorgt für Sicherheit, Gesundheitsschutz und Wohlbefinden von Menschen am Arbeitsplatz.
- FM beeinflusst positiv die Unternehmenskultur, trägt zur Erhöhung der Mitarbeiterzufriedenheit und Motivation bei und stärkt die Bindung zum Unternehmen.

2 Facility Management nach DIN EN ISO 41011

Erstmals in Deutschland wurden 2007 in der DIN EN 15 221-1 „Facility Management“ Begriffe und Strukturen im Facility Management normativ geregelt. 2017 wurde die DIN EN 15 221-1 durch die DIN EN ISO 41011 ersetzt. In dieser Norm wird der Begriff Facility Management gleichgesetzt mit Facilities Management, FM und Gebäudemanagement.

2.1 Begriffe[4]

Facility Management

Organisatorische Funktion, die Personen, Ort und Prozess innerhalb der bebauten Umgebung zu dem Zweck integriert, die Qualität des Lebens von Personen und die Produktivität des Kerngeschäfts zu verbessern.

Facility-Service

Bereitstellung von Unterstützung für die Hauptaktivitäten einer Organisation, die von einem internen oder externen Anbieter erbracht werden.

Schlüsselleistungskennzahl, Key performence indicator (KPI)

Größe, welche wesentliche Informationen zur Leistung ausdrückt.

Dienstleistungsvertrag, Service Level Agreement (SLA)

Dokument, das zwischen der Nachfrageorganisation und einem Dienstleistungsanbieter bezüglich Leistung, Messung und Bedingungen der Lieferung der Dienstleistung vereinbart wurde.

---

[3] Vgl. GEFMA 100-1 (2004), S. 4.
[4] Vgl. DIN EN ISO 41011 (2019), S. 5 ff.

2.2 Facility Management-Modell

Das dargestellte Facility Management-Modell in Anlehnung an die zurückgezogene DIN 15 221-1 beschreibt den Rahmen, wie Facility Management die Hauptaktivitäten einer Organisation unterstützt, umfasst die Beziehung zwischen Bedarf und Lieferung und zeigt, wie die unterschiedlichen Ebenen des Facility Managements zusammenwirken können.

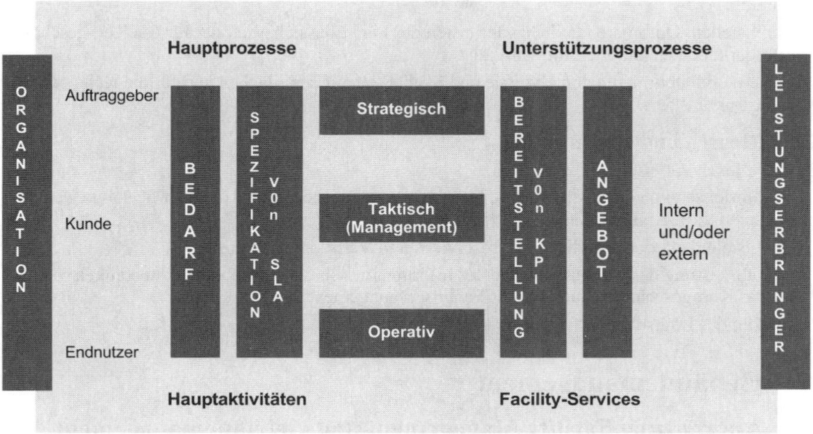

Abb. 8.83a Facility Management-Modell
Legende: SLA = Service Level Agreement; KPI = Key Performance Indicator

2.3 Leistungsumfang des Facility Managements

Die Leistungen des Facility Managements beinhalten das Managen der Facilities und der zugehörigen Facility-Services in den Anwendungsbereichen:

- Fläche und Infrastruktur sowie
- Mensch und Organisation.

Die Abgrenzung zwischen Kern- und Unterstützungsprozessen muss von jedem Unternehmen selbst vorgenommen werden. Insofern ist auch die Beschreibung der Leistungen in der Norm nur exemplarisch und folgt keiner bestimmten Reihenfolge.

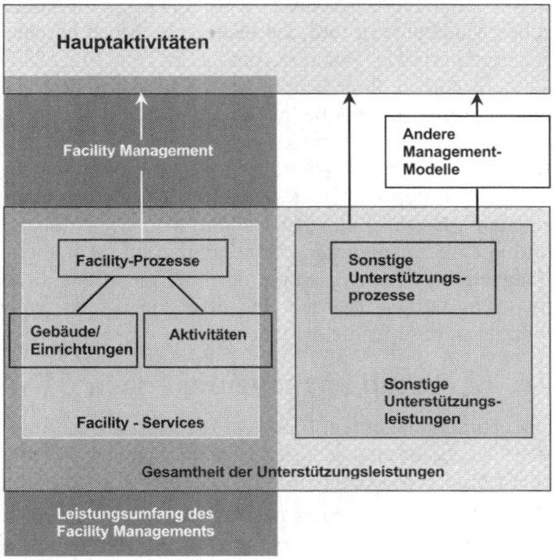

Abb. 8.83b Anwendungsbereich des Facility Managements

2.3.1 Fläche und Infrastruktur

„Zu den typischen Leistungen zählen u.a.:

- Bereitstellen der dem Bedarf der Organisation entsprechenden Flächen sowie deren Verwaltung, Optimierung und Verwertung;
- Bereitstellen von Arbeitsplätzen und Sichern oder Optimieren ihrer anforderungsgerechten Ausstattung;
- Bereitstellen, Optimieren und Gewährleisten der Funktionssicherheit der für das Kerngeschäft erforderlichen technischen Infrastruktur;
- Sichern und Optimieren von Hygiene und Sauberkeit auf den Flächen und für die technische Infrastruktur.“ [5]

2.3.2 Mensch und Organisation

„Zu den typischen Leistungen zählen u.a.:

- Gewährleisten von Gesundheit, Arbeitsschutz und Sicherheit aller Arbeitskräfte sowie weiterer Personen (z.B. Kunden, Gäste);
- Bereitstellen aller erforderlichen Büroservices und Verpflegungsdienste;
- Gewährleistung des Einsatzes effizienter Informations- und Kommunikationstechniken sowohl für das Kerngeschäft als auch für das Facility Management;
- Decken des Logistikbedarfs der Organisation.“[6]

3 Gebäudemanagement

3.1 Abgrenzung Facility Management und Gebäudemanagement

Gebäudemanagement betrachtet die Leistungen des Managements für das Gebäude und die Services der Allgemeinbereiche. Facility Management hingegen bildet alle Management- und Serviceleistungen ab, die als Sekundärprozesse die Wertschöpfung innerhalb eines Handlungsraumes eines Menschen unterstützen, die nicht unbedingt etwas mit Gebäuden zu tun haben müssen. Gebäudemanagement ist also nicht gleich Facility Management, sondern ein Teil davon.

Das Gebäudemanagement betrachtet die Nutzung bzw. den Betrieb des Gebäudes und unterteilt sich in verschiedene Bereiche. Hierzu gehören Infrastruktur-, Flächen- und Raumplanungen, kaufmännisches Management und das technische Management. Alle Disziplinen gehören zum operativen Geschäft. Hierbei ist wichtig, dass alle Teilgebiete des Gebäudemanagements nicht isoliert gesehen, sondern ganzheitlich betrachtet werden. In jedem Teilbereich gibt es bestimmte Kernaufgaben. Zu einer optimierten Flächennutzung gehören Planungen zur Flächen- und Raumaufteilung, die auch aus technischer und infrastruktureller Sicht betriebswirtschaftlich sinnvoll sind. Zum Bereich der Infrastruktur gehören integrierte Dienstleistungen, wie die Gebäudereinigung, der Sicherheitsdienst oder auch das Catering. Das kaufmännische Management, innerhalb des Gebäudemanagements, bezieht sich zum Beispiel auf den Einkauf von Dienstleistungen oder technischen Geräten sowie Vertrags- und Personalmanagement. Im technischen Gebäudemanagement werden Aspekte der Instandhaltung, Anlagenüberwachung sowie der Energiewirtschaft betrachtet. Alle Faktoren des Gebäudemanagements müssen strukturiert und effizient in einer ganzheitlichen Planung schon vor der eigentlichen Nutzungsphase festgelegt werden.

3.2 Gebäudemanagement nach DIN 32 736

„Gebäudemanagement (GM) ist die Gesamtheit aller Leistungen zum Betreiben und Bewirtschaften von Gebäuden einschließlich der baulichen und technischen Anlagen auf der Grundlage ganzheitlicher Strategien. Dazu gehören auch die infrastrukturellen und kaufmännischen Leistungen.“[7]

Die DIN 32 736 gliedert das Gebäudemanagement in die drei Disziplinen technisches, kaufmännisches und infrastrukturelles Gebäudemanagement und nimmt als vierten Punkt das Flächenmanagement als übergreifende Disziplin auf (Abb. 8.85).

---

[5] GEFMA e.V. (2013), Der Facility Manager - ein vielseitiges Berufsbild, S. 11.
[6] GEFMA e.V. (2013), Der Facility Manager - ein vielseitiges Berufsbild, S. 12.
[7] DIN 32 736 (2000), S. 1.

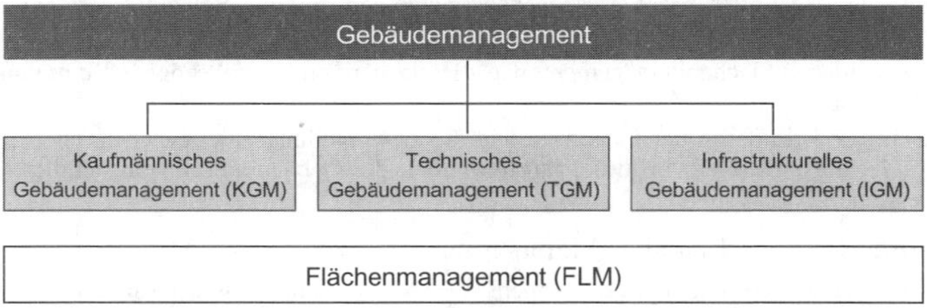

Abb. 8.85 Leistungsbereiche des Gebäudemanagements

3.2.1 Technisches Gebäudemanagement - TGM

Technisches Gebäudemanagement umfasst alle Leistungen, die zum Betreiben und Bewirtschaften der baulichen und technischen Anlagen eines Gebäudes erforderlich sind:

- Betreiben
- Dokumentieren
- Energiemanagement
- Informationsmanagement
- Modernisieren
- Sanieren
- Umbauen.

3.2.2 Infrastrukturelles Gebäudemanagement - IGM

Infrastrukturelles Gebäudemanagement umfasst die geschäftsunterstützenden Dienstleistungen, welche die Nutzung von Gebäuden verbessern:

- Verpflegungsdienste
- DV-Dienstleistungen
- Gärtnerdienste
- Hausmeisterdienste
- Interne Postdienste
- Kopier- und Druckerdienste
- Parkraumbetreiberdienste
- Reinigungs- und Pflegedienste.

3.2.3 Kaufmännisches Gebäudemanagement - KGM

Kaufmännisches Gebäudemanagement umfasst alle kaufmännischen Leistungen aus den Bereichen TGM, IGM unter Beachtung der Immobilienökonomie:

- Beschaffungsmanagement
- Kostenplanung und -kontrolle
- Objektbuchhaltung
- Vertragsmanagement.

3.2.4 Flächenmanagement - FLM

Das Flächenmanagement umfasst das Management der verfügbaren Flächen im Hinblick auf ihre Nutzung und Verwertung. Das Ziel ist die Bereitstellung einer allgemeinen Datenbasis für das Gebäudemanagement sowie die Optimierung der Ausnutzung der bereitgestellten Flächen.

Die DIN 32 736 unterscheidet:

- Nutzerorientiertes Flächenmanagement, wie z.B. Nutzungsplanung
- Anlagenorientiertes Flächenmanagement, wie z.B. Flächenanalyse im Hinblick auf Technische Anlagen

- Immobilienwirtschaftlich orientiertes Flächenmanagement, wie z.B. Belegungsberatung und -steuerung
- Serviceorientiertes Flächenmanagement, wie z.B. flächen- und raumbezogene Reinigungs- oder Sicherheitsleistungen.

Grundlage für die Ermittlung der Flächen sowie die Bereitstellung einer Flächensystematik für ein Gebäude bildet die DIN 277[8]. In dieser Norm werden die Gebäudeflächen hinsichtlich ihrer Nutzungsart gegliedert (vgl. Kap. 8 C).

3.2.5 Computer Aided Facility Management - CAFM

Der Deutsche Verband für Facility Management (GEFMA) beschreibt in der Richtlinie GEFMA 400 CAFM wie folgt:

Die Prozesse des Facility Managements bedürfen je nach Größe und Komplexität der Facilities (Immobilien, Anlagen, Dienstleistungen, sonstigen Ressourcen) einer individuellen, zielgerichteten Unterstützung durch Technologien, Werkzeuge und Methoden der Informationsverarbeitung. In diesem Sinne ist entsprechend der DIN 32 736 „Gebäudemanagement – Begriffe und Leistungen" Computer Aided Facility Management (kurz CAFM) – ein Schwerpunkt im Informationsmanagement bei klarer Abgrenzung zur Gebäudeautomation und anderen gängigen IT-Anwendungen, wie Planungssoftware, Office-Lösungen oder kaufmännischer Standardsoftware. In der DIN EN 15 221-4 Facility Management – Taxonomie, Klassifikation und Strukturen im Facility Management – ist CAFM als ein standardisiertes Facility-Produkt im Bereich „Fläche und Infrastruktur" beschrieben. Bei allen möglichen Einordnungen und Abgrenzungen gilt es als ein Grunderfordernis des CAFM, dass im Rahmen des Aufbaus entsprechender Systeme eine Integration in die IT-Systemumgebung im Unternehmen entwickelt und unterhalten werden muss.[9]

In der Richtlinie werden marktgängige Begriffe im Umfeld von CAFM erläutert, wesentliche Leistungsmerkmale einer CAFM-Software beschrieben und das Nutzenpotenzial beim Aufbau von CAFM-Systemen umrissen.

Als CAFM-Software im Sinne der Richtlinie gelten Software-Werkzeuge, welche die spezifischen Prozesse des Facility Managements und die daran direkt oder indirekt (z.B. als Informationsnachfrager) beteiligten Personen unterstützen. Alle im Lebenszyklus von Facilities anfallenden Daten werden elektronisch verarbeitet. Dabei sollen zumindest die folgenden CAFM-Funktionalitäten enthalten sein:

Flächenmanagement	Umzugsmanagement	Vertragsmanagement
Inventarmanagement	Energiecontrolling	Vermietungsmanagement
Raum- und Asset-Reservierung	Instandhaltungsmanagement	Betriebskostenabrechnung
Reinigungsmanagement	Schließanlagenmanagement	Sicherheit und Arbeitsschutz
Umweltschutzmanagement	Help- und Service-Desk	Budgetmanagement
BIM-Datenverarbeitung	Workplace Management	

Die Bearbeitung grafischer und alphanumerischer Daten auf Basis einer oder mehrerer Datenbanken wird als unverzichtbares Merkmal einer CAFM-Software verstanden.

4 FM-gerechte Gebäudeplanung

4.1 Ganzheitliches Bauen

Die Planung eines Gebäudes im Sinne einer FM-gerechten Gebäudeplanung setzt eine ganzheitliche Betrachtung der Immobilie über den gesamten Lebenszyklus voraus.

„Ganzheitliches Bauen umfasst im betriebswirtschaftlichen Sinne alle durchzuführenden Leistungserstellungsprozesse im gesamten Lebenszyklus der Facilities, die Facilities selbst und die Tätigkeiten der baubeteiligten Partner unter Beachtung wissenschaftlicher, technischer, wirtschaftlicher und sozialer Aspekte."[10] Die „Facilities" sind Bauwerke (Grundstück, bauliche Anlagen, Gebäudetechnik) wie Gebäude, sonstige Bauwerke, Anlagen, Freianlagen und raumbildende Ausbauten (im Sinne des

[8] DIN 277 Grundflächen und Rauminhalte von Bauwerken im Hochbau, Januar 2016.
[9] Vgl. GEFMA 400 (2021), S. 1 f.
[10] Kahlen et al. (2008), S. 10.74.

§ 2, Teil I der HOAI).[11] Bauen umfasst also den gesamten Herstellungsprozess der Facilities, d.h. von der Initiierung bis zum Abriss. Bauwerke bestehen aus Grundstücken, baulichen Anlagen (dem „Gebauten" aus den verschiedenen Materialien) und der Gebäudetechnik.

Abb. 8.87 Bauwerkslebenszyklus

4.2 Lebenszyklus von Gebäuden

Während im 19. Jahrhundert eine Lebenserwartung von ca. 150 Jahren für Wohngebäude durchaus üblich war, ist diese Betrachtung bis in die Gegenwart hinein auf 80 bis 100 Jahre korrigiert worden. Immobilienfinanzierungsinstitute haben die Lebensdauer für gewerbliche Immobilien schon längst auf maximal 50 Jahre reduziert. Dies scheint noch zu großzügig bemessen, wenn man bedenkt, dass Verwaltungsgebäude nach 30 Jahren bis auf das Tragwerk vollständig entkernt und modernisiert werden. Hier lässt sich jedoch keine grundsätzliche Linie festschreiben, sondern es sind die Umstände des jeweiligen Einzelfalls zu berücksichtigen.

Die Lebensdauer eines Gebäudes lässt sich in eine technische und eine wirtschaftliche Betrachtung aufgliedern. Die technische Lebensdauer wird bestimmt von den eingesetzten Baustoffen, der Konstruktion sowie der Komplexität der Technischen Gebäudeausrüstung. Die wirtschaftliche Lebensdauer wird durch die Nutzungsdauer bestimmt. Solange eine wirtschaftliche Nutzung möglich ist, wird die technische Gesamtlebensdauer nicht sonderlich von der wirtschaftlichen Nutzungsdauer beeinträchtigt. Von Bedeutung ist dabei, ob die Gebäude nur spezielle Nutzungen zulassen oder ob gegebenenfalls Umnutzungen (Flexibilität) möglich sind.

Anforderungen an Gebäude

Die Anforderungen an Gebäude in heutiger Zeit haben sich aufgrund gesellschaftlicher Veränderungen wesentlich gewandelt. Nach Krimmling[12] ergeben sich im Zusammenhang mit der Errichtung und Nutzung von Gebäuden zwei Interessenkonstellationen. Allgemeininteressen, vertreten durch Behörden, Träger öffentlicher Belange oder Verbände, sowie Individualinteressen, vertreten durch Bauherr, Planer, Bauausführende, Nutzer und Betreiber. Die Fragestellung nach den Interessen des Nutzers führt zu vier Kategorien:

- Funktionalität
- Komfort und Behaglichkeit
- Image
- Wirtschaftlichkeit.

Mit Hilfe dieser Kategorien lässt sich für jedes Gebäude ein konkretes Anforderungsprofil erstellen, das als Grundlage für die Gebäudeplanung dient. Auf der Basis dieses Profils kann der beauftragte Architekt verschiedene Gebäudekonzepte entwickeln.[13]

Die Berücksichtigung der Interessenkategorien im Gebäudeentwurf führt nach Krimmling zu folgenden Einflussgrößen:

- Größe des Gebäudes (Flächen- und Raumangebot), Flächenanordnung und -zuschnitt
- Gebäudegliederung
  (Turm, stehende Scheibe, liegende Scheibe, Atrium, gegliederte Formen)
- Bauart – Materialwahl
- Fassadengestaltung
- Art und Umfang gebäudetechnischer Systeme
- Innenarchitektur, Material und Farbwahl, Möblierung.

[11] HOAI , Honorarordnung für Architekten und Ingenieure, 2021.
[12] Vgl. KRIMMLING (2021), S. 48 ff.
[13] Vgl. KRIMMLING (2021), S. 55.

4.3 Gebäudeentwurf

Neben entwurfsrelevanten Kriterien wie Städtebau, Funktion, Konstruktion, Gestalt und Wirtschaftlichkeit sind im FM-gerechten Gebäudeentwurf die sich aus der Nutzerorientierung ergebenden Forderungen, insbesondere die Phase der Bauwerksnutzung, bereits in der Planung der Bauwerke zu beachten.

Der Lebenszyklus einer Immobilie erstreckt sich über die fünf Phasen: Initiierung, Planung, Realisierung, Nutzung und Verwertung. Die Leistungsbereiche Initiierung (Projektentwicklung u.a.), Bauwerksnutzung (Betrieb), Umnutzung oder Stilllegung (Abriss) wurden bislang nur ungenügend in den Entwurfsprozess eingebunden und finden noch wenig Berücksichtigung. Durch die Verknüpfung im Sinne des Ganzheitlichen Bauens über den gesamten Lebenszyklus sollen die Abhängigkeiten der einzelnen Phasen verdeutlicht und praxisnah umgesetzt werden. Dabei steht neben den funktionalen und gestalterischen Aspekten die materialgerechte Bauformenentwicklung im Vordergrund. Die Auswirkungen der Materialien, Konstruktionen und des Tragwerks auf die Bauunterhaltungskosten und damit auf die Lebenszykluskosten sind zu beachten, ebenso die Betrachtung sogenannter „Strategischer Bauteile", deren Eigenschaften im Hinblick auf Nutzungskosten und Flexibilitätseigenschaften erfolgskritisch sind.

4.3.1 Konzept der strategischen Bauteile

In der konsequenten Ausrichtung des Gebäudeentwurfs auf optimierte Lebenszykluskosten und Lebenszyklusqualitäten (insbesondere Flexibilität) müssen sogenannte „Strategische Bauteile" identifiziert werden. Der Begriff bezeichnet eine Bewertung von Bauteilen bei Baukonstruktionen und gebäudetechnischen Anlagen. Damit werden Gliederungselemente gemäß DIN 276 charakterisiert, deren Eigenschaften im Hinblick auf Nutzungskosten und Flexibilitätseigenschaften erfolgskritisch sind. Für technische Anlagen und baukonstruktive Komponenten müssen Auswirkungen von Konstruktions-, Bauteil- und Materialentscheidungen auf Lebenszykluskosten analysiert und bewertet werden.

Beispiele für strategische Bauteile sind:

- Flexible Trennwände:
  Von ihrer Beschaffenheit hängt die Nutzungsqualität der Räume ab und es erwachsen ca. 80 % der Lebenszykluskosten aus Arbeitsplatzveränderungen und Umzugskosten. Bei intelligenten Grundriss- und Trennwandsystemlösungen können diese Kosten stark reduziert werden.
- Flexibel belastbare Deckentragwerke (z.B. im Industriebau):
  Dadurch sind Layoutveränderungen mit hohen Punktlasten möglich.
- Fassaden, die relevant für Energiekosten und Imagefunktionen sind
- Lichtsysteme: Sie haben einen direkten Einfluss auf die Arbeitsproduktivität und das Wohlbefinden (Ambiente) und verursachen einen beachtlichen Anteil des Energieverbrauchs.
- Bodenbeläge: Die Qualität der Arbeitsumgebung hängt von den optischen und akustischen Eigenschaften ab. Der Investitionskostenanteil an den Lebenszykluskosten ist wesentlich geringer als die resultierenden Reinigungs- und Entsorgungskosten. Es ist also sinnvoll, bei der Auswahl der Bodenbeläge die späteren Reinigungskosten in die Entscheidungsfindung mit einzubeziehen.[14]

4.3.2 Flexibilität in der Gebäudeplanung

Flexibilität ist bezüglich möglicher Nutzungsänderungen während des Lebenszyklus das entscheidende Anforderungsmerkmal moderner Gebäude.

„Nutzungsänderungen ergeben sich:

- innerhalb des Gebäudes, in dem Abteilungen neu zusammengesetzt werden oder Mitarbeiter umziehen, d.h., die Ablauforganisation von Unternehmen wird häufig verändert. Daraus resultieren sich verändernde Anforderungen an die Raumaufteilung und -anordnung.
- Durch völlige Umnutzung des Gebäudes, weil es vielleicht von einem anderen Unternehmen gekauft wurde. Hier spielt auch die jeweilige Situation am Immobilienmarkt hinein, aus welcher sich neue Nutzungsanforderungen an Gebäude ergeben können."[15]

---

[14] Vgl. KRIMMLING (2021), S. 179.
[15] KRIMMLING (2021), S. 179 f.

Flexibilität ist hinsichtlich verschiedener Aspekte erforderlich:

- Flexibilität durch Grundrissgestaltung (Raster, Raumtiefen, Orientierung)
- Flexibilität im Tragwerk (Kerne, Tragsystem)
- flexible Trennwandsysteme
- Flexibilität durch anpassungsfähige Installationen (Bus-Systeme)
- Flexibilität durch Hohlraum- und Doppelböden
- Flexibilität durch entsprechende Arbeitsplatzgestaltung.[16]

5 Lebenszykluskosten

Ein lebenszyklusorientierter Ansatz in der Planung und Nutzung von Immobilien erfordert eine ganzheitliche Betrachtung der Kosten bereits in der Vorplanungsphase. Die Gestaltungsmöglichkeiten der Folgekosten sind in den ersten Planungsphasen am größten. Am Ende der Realisierung einer Immobilie sind die Folgekosten nur noch mit hohem Investitionsaufwand zu beeinflussen. Die Basis zur Ermittlung der Lebenszykluskosten bietet die GEFMA-Richtlinie 220-1 im Zusammenhang mit der DIN 276, Kosten im Hochbau, und der DIN 18 960, Nutzungskosten im Hochbau.

Um im Sinne von Facility Management die Wirtschaftlichkeit einer Gebäudeplanung beurteilen zu können, müssen die Folgekosten einer Investition ebenso wie die Investitionskosten berücksichtigt werden.

Ziel einer wirtschaftlichen Planung muss sein, das optimale Verhältnis von Herstellungskosten zu Baunutzungskosten zu erreichen.

Durch die Verknüpfung von Investitionskosten auf Basis der DIN 276 und der Kosten des Bewirtschaftens und Betreibens auf Basis der DIN 18 960 entsteht methodisch eine durchgängige Erfassung aller kostenrelevanten Faktoren in der Wertschöpfungskette des Investierens und Nutzens.

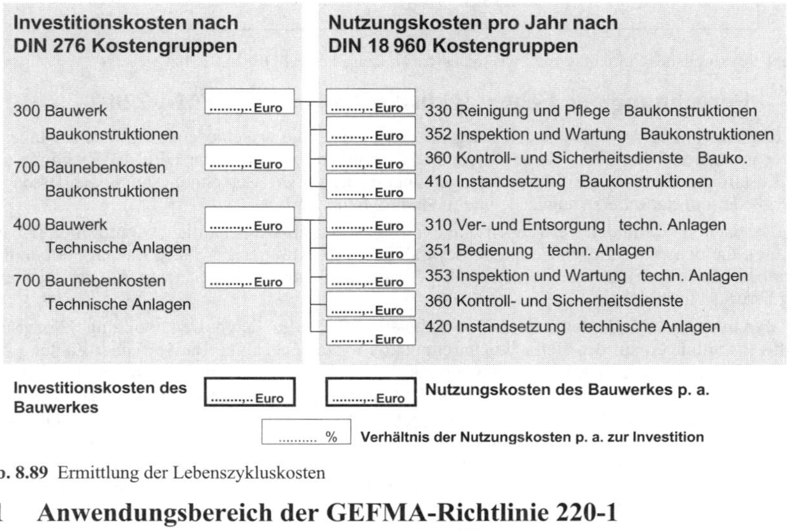

Abb. 8.89 Ermittlung der Lebenszykluskosten

5.1 Anwendungsbereich der GEFMA-Richtlinie 220-1

Die Lebenszykluskosten-Ermittlung ist eine Methode zur Bestimmung der langfristig vorteilhaftesten Variante aus verschiedenen Handlungsmöglichkeiten. Denkbare Anwendungsbereiche der LzK-Ermittlung sind die Optimierung von Investitionen bzw. von Planungen – für Neubau wie auch für Instandhaltung oder Modernisierung –, die Nutzung als Kennzahl im Lebenszyklus-Management, Budgetplanung, Kostenkontrolle, PPP-Angebotserstellung oder der Einsatz als Kriterium in der

[16] KRIMMLING (2021), S. 180.

Zertifizierung nach dem Deutschen Gütesiegel Nachhaltiges Bauen (DGNB) bzw. nach dem Bewertungssystem Nachhaltiges Bauen für Bundesgebäude (BNB) des Bundesministeriums für Verkehr, Bauen und Stadtentwicklung. Das in der Richtlinie vorgestellte Vorgehen bei der Modellierung und Berechnung von LzK ist universell anwendbar, d.h. nicht auf bestimmte Anwendungen beschränkt. Auch für Maßnahmen im Gebäudebestand sind die beschriebenen Prinzipien grundsätzlich anwendbar.[17]

5.2 Lebenszykluskosten im FM

Die phasenübergreifende Optimierung von Prozessen im Lebenszyklus einer Facility ist ein wesentliches Anliegen des FM. Neben den Aspekten der Behaglichkeit, der Verlässlichkeit und der Unterstützung des Kerngeschäfts des Anwenders steht die Allokation der finanziellen Mittel im Zentrum des Interesses. Durch die Berechnung von LzK kann die langfristig kostengünstigste und damit die unter ökonomischen Gesichtspunkten nachhaltigste Handlungsalternative bestimmt werden.

Dabei kann nicht grundsätzlich davon ausgegangen werden, dass eine Erhöhung der Investitionskosten eine Absenkung der Nutzungskosten zur Folge hat. Abb. 8.90 zeigt Beispiele für die vier möglichen Beziehungen zwischen Investitions- und Folgekosten.

Die LzK eignen sich vornehmlich als relative Kennzahl, d.h. für das Ranking von Alternativen, da sie durch die i.d.R. lange Lebensdauer einer Facility zu wesentlichen Teilen auf Prognosen künftiger Zahlungen beruhen und deshalb mit Unsicherheiten behaftet sind. [18]

	Investitionskosten	
Nutzungskosten	niedrig	hoch
niedrig	z.B. Technikvermeidung durch bauliche Maßnahmen	z.B. Wärmedämmung
hoch	z.B. Baumaterialien mit geringer Lebensdauer	z.B. überdimensionierte technische Anlagen

Abb. 8.90 Mögliches Verhältnis von Investitions- zu Nutzungskosten, GEFMA 220-1

5.3 Berechnung der Lebenszykluskosten nach GEFMA 220-1

Für die Berechnung der LzK aus den Ausgangsdaten stehen die verschiedenen Ansätze der Investitionsrechnung bereit. Im Sinne des erweiterten LzK-Begriffes werden in der GEFMA-Richtlinie nicht nur Kosten-, sondern auch Erfolgsrechnungen angesprochen. Die Berechnungsmethoden lassen sich untergliedern in statische, dynamische und moderne Methoden.

„Die **statischen Methoden** verwenden einperiodische, betriebswirtschaftliche Kennzahlen (Kosten, Erträge), die den tatsächlichen Zeitpunkt des Zahlungsanfalls wegen der i.d.R. kurzen Periode nicht extra berücksichtigen, d.h., es werden weder Preissteigerungen noch Finanzierung oder Diskontierung berücksichtigt.

Die **dynamischen Methoden** bilden den Zeitwert des Geldes durch Diskontierung (Abzinsung) künftiger Zahlungen auf den Betrachtungszeitpunkt ab. Der sogenannte Barwert einer Zahlung Z im Jahr n gibt an, welchen Betrag man zum Betrachtungszeitpunkt (z.B. Jahr der Investition) bei einer Verzinsung von i anlegen muss, um im Jahr n die Zahlung Z leisten zu können. (Beispiel: für die Zahlung von 100 Euro im Jahr 10 des Lebenszyklus muss man bei einem Zinssatz von 5 % im Jahr 0 des Lebenszyklus einen Barwert in Höhe von 61 Euro vorhalten.) Durch die Barwertermittlung wird der Zeitwert des Geldes in die LzK-Berechnung integriert. Je höher der Zinssatz gewählt wird, desto weniger tragen spätere Zahlungen zur Summe der LzK bei, desto geringer wird auch ihr Gewicht für die Entscheidungsfindung.“ [19]

Häufig wird für die dynamischen LzK die Kapitalwertmethode angewendet. Der Kapitalwert ergibt sich aus der Summe der Barwerte aller Zahlungen (durch Abzinsung entsprechend dem Zahlungszeitpunkt gewonnen), die im Lebenszyklus fällig werden.

---

[17] Vgl. GEFMA 220-1 (2010), S. 1.
[18] Vgl. GEFMA 220-1 (2010), S. 3 f.
[19] GEFMA 220-1 (2010), S. 7.

„Als **moderne Methode** wird der „Vollständige Finanzplan" (VoFi) bezeichnet. Er bildet das Vermögen des Investors ab (Endvermögen, Einkommen durch laufende Entnahme) mit expliziter Annahme jeder einzelnen Zahlung für jedes Jahr des Betrachtungszeitraums. Wegen der Unterscheidung zwischen Eigen- und Fremdkapital, Finanzierungslaufzeiten u.a. eignet sich der VoFi zur Einbeziehung von Finanzierungsszenarios in die LzK-Berechnung."[20]

5.4 Nutzungskostenermittlung

Die Ermittlung der Nutzungskosten von Gebäuden als Teil der Nutzungskostenplanung ist nur so gut wie die verwendeten Kennwerte. Diese werden vom Institut für Bauökonomie der Universität Stuttgart ab dem Jahr 2008 an Bestandsimmobilien erhoben. Die Datenerhebung folgt der Systematik der DIN 18960, Nutzungskosten im Hochbau, welche die Gliederung der Nutzungskostenplanung regelt. Die erhobenen Daten werden seit 2010 durch das Baukosteninformationszentrum Deutscher Architektenkammern (BKI)[21] in dem Fachbuch „Objektdaten Nutzungskosten" veröffentlicht.

„Das (...) Fachbuch informiert Architekten und Planer über alle Aufwendungen, die bei der Nutzung unterschiedlichster Gebäude anfallen. Es stellt Vergleichswerte strukturiert über einen definierten Erhebungszeitraum gegenüber. Auf Basis dieser Erfahrungswerte kann eine gesicherte Ermittlung zukünftiger Nutzungskosten erfolgen. Diese Leistung stellt eine wichtige Dienstleistung im Rahmen einer fachlich fundierten Bauherren- und Investorenberatung dar."[22]

„Für das wirtschaftliche Planen und Betreiben von Gebäuden ist eine vollständige Betrachtung der zu erwartenden Nutzungskosten unerlässlich. Dies umfasst nicht nur die Kosten der Vorbereitung, der Planung und der Ausführung, sondern auch die Kosten der Finanzierung, des Objektmanagements, des Betriebes und der Instandsetzung ab Beginn der Nutzbarkeit des Gebäudes bis hin zu dessen Beseitigung (Nutzungsdauer)."[23]

5.4.1 Nutzungskostenplanung

Die aktuelle DIN 18960 (2020-11) gibt Begriffe, Grundsätze und die Gliederung der Nutzungskosten vor. Die Norm unterscheidet fünf Stufen der Kostenermittlung. Diese stehen in engem Zusammenhang mit den Stufen der Kostenermittlung der DIN 276 (vgl. Abb. 8.91).

Kostenermittlung DIN 276	Nutzungskostenermittlung DIN 18960
Kostenrahmen	Nutzungskostenrahmen
Kostenschätzung	Nutzungskostenschätzung
Kostenberechnung	Nutzungskostenberechnung
Kostenvoranschlag	Nutzungskostenanschlag
Kostenanschlag	
Kostenfeststellung	Nutzungskostenfeststellung

Abb. 8.91 Kosten- und Nutzungskostenermittlung

In der ersten Ebene sieht die DIN 18960 vier Kostengruppen vor. Diese werden bis zur 3. Ebene untergliedert.

NKG 100 Kapitalkosten	NKG 300 Betriebskosten
NKG 200 Objektmanagementkosten	NKG 400 Instandsetzungskosten

Die Kapitalkosten (kalkulatorische Kosten) ergeben sich aus den Kosten der Erstinvestition (vgl. KG 100 bis 800 nach DIN 276). Hierzu zählen die Kosten für die Fremd- und Eigenmittel ab Beginn der Nutzung.

Die Objektmanagementkosten sind, wie die Betriebs- und Instandsetzungskosten, ausgabewirksame Kosten. Diese können jährlich erhoben werden. Hierzu gehören z.B. Personal- und Sachkosten, die das Objektmanagement betreffen.

[20] GEFMA 220-1 (2010), S. 8.
[21] BKI Baukosteninformationszentrum, Bahnhofstraße 1, 70372 Stuttgart.
[22] BKI Baukosteninformationszentrum (2015), S. 3.
[23] BKI Baukosteninformationszentrum (2015), S. 4.

Zu den Betriebskosten zählen die Kosten für die Ver- und Entsorgung, Reinigung und Pflege, Sicherheits- und Überwachungsdienste sowie die Wartung und Inspektion von baulichen Anlagen.

Die Instandsetzungskosten gliedern sich, entsprechend der Systematik der DIN 276, in die Instandsetzung der Baukonstruktionen, der Technischen Anlagen, der Außenanlagen und der Ausstattung.

5.4.2 Kennwerte

Mit der Reihe BKI-Objektdaten Nutzungskosten von Bestandsimmobilien stellt das Baukosteninformationszentrum eine Datensammlung von Nutzungskostenkennwerten zur Verfügung.

„Es wurden für eine größere Anzahl von Objekten systematisch Nutzungskostenkennwerte erhoben. Dies erfolgte ausschließlich für die ausgabewirksamen Kostenarten: Objektmanagementkosten (NKG 200), Betriebskosten (NKG 300) und Instandsetzungskosten (NKG 400) bis in die 2. Ebene der Gliederung. Die Objekte sind mit Abbildungen dokumentiert und werden jeweils beschrieben (vgl. Tafel 8.93). Die internen Kosteneinflüsse, also des Bauwerks und des Nutzerverhaltens, werden erläutert. Es ist damit möglich, für ausgewählte Nutzungen auf der Grundlage empirischer Kennwerte und in Bezug auf die Grundflächen und Rauminhalte von Gebäuden Nutzungskostenermittlungen zu erstellen."[24]

Die folgende Tabelle gibt eine Übersicht über Nutzungskostenkennwerte unterschiedlicher Gebäudetypen. Die Werte sind Mittelwerte und auf Grundlage der BKI-Objektdaten aus jeweils fünf Referenzobjekten ab Baujahr 1980 (Ausnahme: Sakralbauten, ab Baujahr 1850) ermittelt.

Tafel. 8.92 Nutzungskostenkennwerte von Bestandsimmobilien

Nutzungskostenkennwerte €/m²BGF*a								
NKG	Objekt / Nutzungskostengruppen der 2. Ebene	**Büro- und Verwaltungsgebäude** 2.000-10.000 m²BGF	**Sporthallen** Dreifeldhalle	**Pflegeeinrichtung** 50-100 Plätze	**Lehre und Forschung** 10.000 -20.000 m²BGF	**Schulen** 2- bis 5-zügig	**Kindertagesstätte** 3-6 Gruppen	**Sakralbauten** 5.000 - 20.000 m³BRI
300	**Betriebskosten**	**30,50**	**44,50**	**59,75**	**42,20**	**31,15**	**39,40**	**18,45**
310	Versorgung	12,50	15,25	21,00	34,20	8,65	9,00	8,80
320	Entsorgung	2,00	>1,00	2,40	>1,00	>1,00	1,50	>1,00
330	Reinigung und Pflege von Gebäuden	7,50	13,00	26,35	5,60	9,00	21,35	1,75
340	Reinigung und Pflege von Außenanlagen	4,00	2,50	*k. A.*	*k. A.*	1,50	2,75	2,00
350	Bedienung, Inspektion und Wartung	2,25	8,75	7,60	4,40	6,00	2,80	2,40
360	Sicherheits- und Überwachungsdienste	1,25	2,25	>1,00	>1,00	2,00	>1,00	1,50
370	Abgaben und Beiträge	>1,00	1,75	1,40	>1,00	3,00	>1,00	>1,00
400	**Instandsetzungskosten**	**16,50**	**10,00**	**3,40**	**5,35**	**11,65**	**5,75**	*k. A.*
410	Instandsetzung der Baukonstruktionen	9,50	5,25	2,40	>1,00	8,00	3,75	*k. A.*
420	Instandsetzung der Technischen Anlagen	7,00	4,75	>1,00	4,35	3,65	2,00	*k. A.*
430	Instandsetzung der Außenanlagen	*k. A.*	>1,00	*k. A.*	*k. A.*	*k. A.*	*k. A.*	*k. A.*

k. A. keine Angaben

[24] BKI, Baukosteninformationszentrum 2015, S. 9.

Tafel 8.93 BKI-Nutzungskosten Gebäude Verwaltungsgebäude[25]

Kostenkennwerte für Betrieb und Instandsetzung (KG 300 + 400) nach DIN 18960

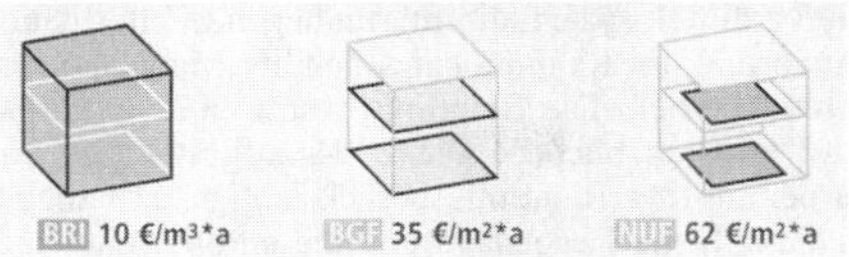

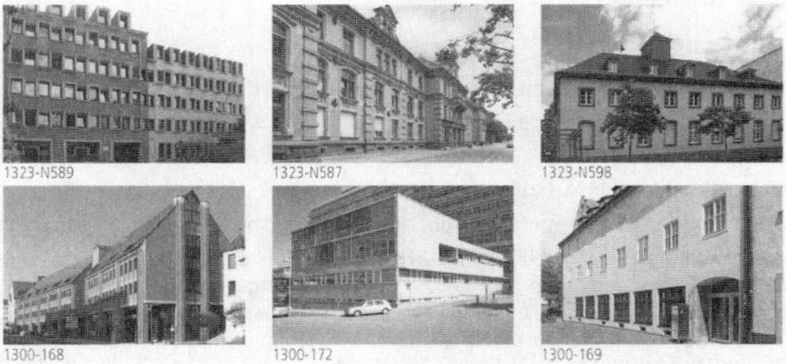

Kostenkennwerte für die Nutzungskostengruppen der 1. Ebene nach DIN 18960								
NKG	**Nutzungskostengruppen der 1. Ebene**	**Einheit**	von	**€/Einheit*a**	bis	von	**% an Summe**	bis
100	Kapitalkosten	m²BGF	--	--	--	--	--	--
200	Objektmanagementkosten	m²BGF	--	--	--	--	--	--
300	Betriebskosten	m²BGF	22,17	**28,12**	28,91		**100,0**	
400	Instandsetzungskosten	m²BGF	9,64	**15,32**	21,59		**100,0**	
	Betriebs- und Instandsetzungskosten	m²BGF	31,81	**43,44**	50,50		**100,0**	

Kostenkennwerte für die Nutzungskostengruppen 300 der 2. Ebene nach DIN 18960								
NKG	**Nutzungskostengruppen der 2. Ebene**	**Einheit**	von	**€/Einheit*a**	bis	von	**% an 300**	bis
310	Versorgung	m²BGF	8,91	**9,49**	12,15	32,77	**41,26**	45,93
320	Entsorgung	m²BGF	0,26	**0,35**	1,30	1,16	**1,70**	3,39
330	Reinigung und Pflege von Gebäuden	m²BGF	8,22	**8,30**	10,67	28,09	**29,81**	37,43
340	Reinigung und Pflege von Außenanlagen	m²BGF	0,08	**0,24**	0,39	0,29	**0,98**	1,37
350	Bedienung, Inspektion und Wartung	m²BGF	2,55	**6,44**	6,74	13,03	**16,89**	30,26
360	Sicherheits- und Überwachungsdienste	m²BGF	0,03	**0,07**	0,26	0,13	**0,36**	0,93
370	Abgaben und Beiträge	m²BGF	0,38	**0,51**	0,58	1,33	**1,85**	2,59

Kostenkennwerte für die Nutzungskostengruppen 400 der 2. Ebene nach DIN 18960								
NKG	**Nutzungskostengruppen der 2. Ebene**	**Einheit**	von	**€/Einheit*a**	bis	von	**% an 400**	bis
410	Instandsetzung der Baukonstruktionen	m²BGF	5,98	**9,10**	17,74	51,18	**59,88**	67,08
420	Instandsetzung der Technischen Anlagen	m²BGF	2,51	**3,92**	4,79	12,18	**37,60**	46,97
430	Instandsetzung der Außenanlagen	m²BGF	0,05	**0,51**	0,67	0,22	**2,69**	3,53
440	Instandsetzung der Ausstattung	m²BGF	--	**0,26**	--	--	**2,65**	--

[25] Vgl. BKI, Nutzungskosten Gebäude 2020/2021, S. 62 ff.

6 Betreiberverantwortung nach GEFMA 190

Die GEFMA-Richtlinie 190 vermittelt systematisch grundlegende Informationen und Zusammenhänge über die Betreiberverantwortung im Rahmen eines Facility Managements und leistet damit einen wichtigen Beitrag zur Rechtssicherheit. Die Richtlinie wurde 2023 überarbeitet, wobei ihre Grundaussagen und Grundstruktur erhalten blieben. Die 2004 aufgestellten Grundsätze gelten fort und bleiben richtig. Die Überarbeitung der Richtlinie berücksichtigt zusätzlich die seither gewonnenen Erkenntnisse zum Thema, die aktuelle Rechtslage und die europaweite Bedeutung von ‚ESG' (Environment, Social, Governance)

6.1 Anwendungsbereich

- Der Gesetzgeber erlegt demjenigen besondere Pflichten auf, der
- ein Grundstück mit einem Gebäude im Eigentum hat,
- Gebäude mit gebäudetechnischen Anlagen betreibt,
- als Arbeitgeber fungiert, d.h. Arbeitnehmer beschäftigt,
- Arbeitsplätze und/oder Arbeitsmittel (einschl. überwachungsbedürftiger Anlagen) bereitstellt.[26]

Die Betreiberverantwortung in der GEFMA 190 wird auf den Betrieb aller Arten von gewerblich genutzten und öffentlichen Gebäuden bezogen, z.B. Verwaltungsgebäude, Produktions- und Lagergebäude, Energieanlagen und deren Gebäude, Verkaufs-, Versammlungs- Sport- und Gaststätten, Schulen und Hochschulen, Flughäfen und Bahnhöfe, Messebauten usw. Außer Betracht bleiben der Betrieb von Baustellen sowie der Betrieb von Krankenhäusern aus Sicht der medizinischen Betreiberverantwortung.

6.2 Gesetzliche Verantwortung

„Aus dem Betrieb von baulichen Anlagen können Gefahren oder Nachteile für Leben, Körper, Gesundheit, Freiheit, Eigentum oder sonstige Rechte von Personen oder für die Umwelt entstehen. Jedem öffentlichen oder privaten Unternehmen, das im Rahmen seiner Geschäftstätigkeit solche Anlagen betreibt, wird deshalb vom Gesetzgeber die Verantwortung dafür auferlegt, alle erforderlichen und zumutbaren Maßnahmen zu ergreifen, um diese Gefahren oder Nachteile zu vermeiden oder zu verringern." [27]

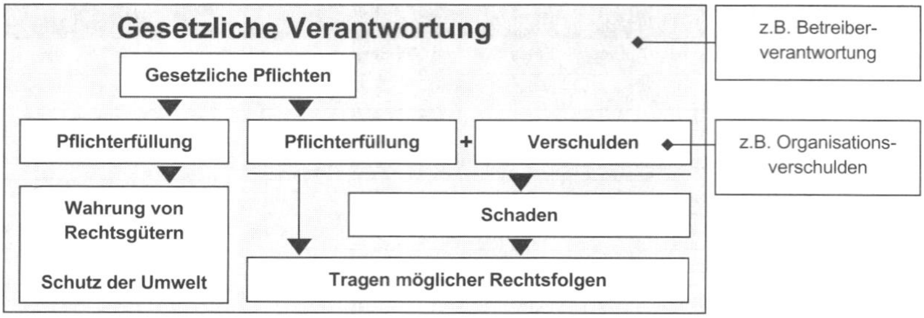

Abb. 8.94 Umfang und Ziele der gesetzlichen Verantwortung am Beispiel der Betreiberverantwortung

Verantwortung ist hierbei als ein Oberbegriff anzusehen; die Betreiberverantwortung umfasst:

- Gesetzliche Betreiberpflichten für gebäudebetreibende Unternehmen und die darin handelnden Personen,
- Übernahme des latenten Risikos einer Pflichtverletzung (als aktive pflichtwidrige Handlung oder pflichtwidrige Unterlassung) und eines Verschuldens (als persönliche Vorwerfbarkeit im Sinne von Vorsatz oder Fahrlässigkeit),

[26] Vgl. GEFMA 190, S. 2 ff.
[27] GEFMA 190, S. 5.

- Tragen möglicher Rechtsfolgen für Unternehmen und Personen (Haftung).

Die Pflichten, die dem Betreiber durch den Gesetzgeber auferlegt werden, lassen sich in folgende drei Kategorien gliedern:

- Persönliche Pflichten (z.B. Organisations-, Führungs- und Durchführungspflichten)
- Unternehmenspflichten (Pflichten gegenüber den Beschäftigten, Dritten und Behörden sowie gegenüber der Umwelt)
- Spezielle Betreiberpflichten (z.B. gesetzlich vorgeschriebene Prüfpflichten bei technischen Anlagen)

Spezielle Betreiberpflichten sind z.B.:

- Instandhaltungsmaßnahmen an technischen Anlagen (z.B. Aufzug, Brandschutzanlagen), die der Funktionserhaltung und Sicherheit dienen.
- Maßnahmen der Verkehrssicherheit (vorbeugende Wegsicherung, Winterdienst, Absturzsicherheit durch Geländer).
- Hygienemaßnahmen (Einhaltung der Trinkwasserverordnung, Sicherstellung der Raumluftqualität).

Im Kapitel 4 der GEFMA-Richtlinie werden verpflichtende und freiwillige Anforderungen an Betreiberorganisationen und Unternehmen ausführlich beschrieben.

6.3 Pflichtenübertragung (Delegation)

„Nachdem die Leitung eines gebäudebetreibenden Unternehmens nur in den seltensten Fällen sämtliche ihr zufallenden Pflichten eigenhändig wahrnehmen kann, ist die Pflichtenübertragung (Delegation) ein wesentliches Instrument, der gesetzlichen Verantwortung gerecht zu werden. Prinzipiell ist sowohl die Übertragung einzelner Pflichten, als auch einer teilweisen oder vollständigen Betriebs-/ Objektleitung möglich.“[28]

Zu beachten ist dabei grundsätzlich:

Eine vollständige Übertragung der Betreiberverantwortung auf Führungskräfte, Beschäftigte oder einen Dienstleister mit dem Ziel der restlosen Befreiung von allen Pflichten und Verantwortungen ist nicht möglich. Auch wenn der Eigentümer des Objekts Pflichten überträgt, behält er die Generalverantwortung. Dies bedeutet, dass er trotz der möglichen Übertragung von Pflichten die Verantwortung für folgende Pflichten behält:

- Organisationspflicht (Verteilung der Zuständigkeiten und Tätigkeiten)
- Selektionspflicht (Auswahl von geeignetem und qualifiziertem Personal)
- Aufsichtspflicht (Kontrolle der Mitarbeiter und deren erbrachter Arbeit)

In weiteren Kapiteln der GEFMA-Richtlinie 190 werden haftungsrechtliche Aspekte behandelt sowie Empfehlungen zur Planung einer sicheren Wahrnehmung der Betreiberverantwortung gegeben.

[28] GEFMA 190, S. 71.

7 Wertermittlung von Grundstücken und Immobilien

7.1 Rechtsgrundlagen

Rechtsgrundlagen für die Wertermittlung von Gebäuden und Grundstücken sind das Baugesetzbuch (BauGB), die Immobilienwertermittlungsverordnung (ImmoWertV), die Wertermittlungsrichtlinien (WertR) und die ergänzenden Richtlinien

- Sachwertrichtlinie (SW-RL)
- Ertragswertrichtlinie (EW-RL)
- Vergleichswertrichtlinie (VW-RL).

Diese werden in der ImmoWertV 2021 zusammengefasst. Inhaltliche Änderungen der Richtlinien gegenüber den bisherigen Vorgaben sind dabei nur in eingeschränktem Umfang enthalten.

Im Baugesetzbuch widmen sich die §§ 192 bis 199 der Wertermittlung. Im § 194 wird der Verkehrswert eindeutig definiert. Der Verkehrswert (Marktwert) wird durch den Preis bestimmt, der

- in dem Zeitpunkt, auf den sich die Ermittlung bezieht,
- im gewöhnlichen Geschäftsverkehr
- nach den rechtlichen Gegebenheiten und tatsächlichen Eigenschaften, der sonstigen Beschaffenheit und der Lage des Grundstücks oder des sonstigen Gegenstands der Wertermittlung
- ohne Rücksicht auf ungewöhnliche oder persönliche Verhältnisse

zu erzielen wäre.

„Diese Definition besagt, dass es sich bei dem Verkehrswert um den Preis handelt, der bei einer Veräußerung des Bewertungsobjekts am wahrscheinlichsten zu erzielen wäre.“ [29] Dies wird insbesondere durch den Begriff „Marktwert“ in Klammern deutlich gemacht.

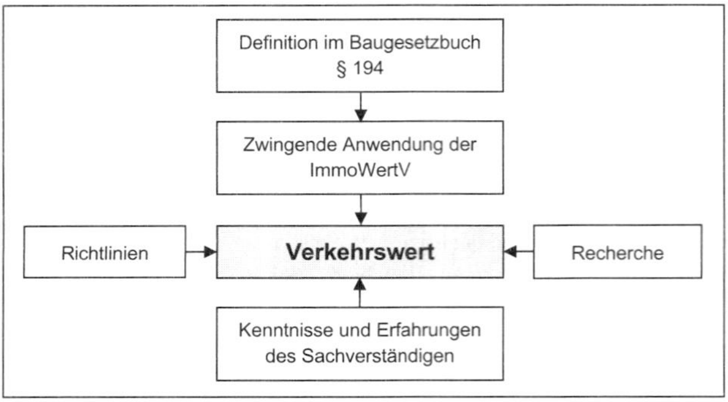

Abb. 8.96 Ermittlung des Verkehrswertes[30]

7.2 Wertermittlungsverfahren

In der Immobilienwertermittlungsverordnung (ImmoWertV) sind drei Wertermittlungsverfahren erläutert:

- Vergleichswertverfahren (§§ 24 bis 26 ImmoWertV)
- Ertragswertverfahren (§§ 27 bis 34 ImmoWertV)
- Sachwertverfahren (§§ 35 bis 39 ImmoWertV).

Die Aufzählung der Verfahren ist nicht abschließend. Es können auch unnormierte Methoden zur Anwendung kommen, beispielsweise das Residualwertverfahren (vgl. Kap. 7.2.2) oder das Discounted-Cash-Flow-Verfahren (Kapitalwertmethode).

---

[29] Sommer/Kröll (2022), S. 3.

[30] Vgl. Sommer/Kröll (2017), S. 11.

7.2.1 Verfahrenswahl

Im § 6 ImmoWertV findet sich die Pflicht zur Begründung der Verfahrenswahl. Die Auswahl des Verfahrens richtet sich nach der Antwort auf die Frage: Woran orientieren sich die Marktteilnehmer, wenn Sie einen akzeptablen Kaufpreis ermitteln wollen? (vgl. Abb. 8.97)

Orientieren sich die Marktteilnehmer hauptsächlich an Kaufpreisen von ähnlichen Immobilien (z.B. Eigentumswohnungen), so kommt das Vergleichswertverfahren zur Anwendung.

Sind der Ertrag und die Rendite ausschlaggebend (z.B. bei Mehrfamilienhäusern oder Gewerbeimmobilien), kommt das Ertragswertverfahren zur Anwendung.

Wenn sich die am Immobilienkauf beteiligten Personen bei der Preisfindung vorrangig an den Herstellungskosten einer Immobilie orientieren und nicht die Erzielung von Erträgen ausschlaggebend ist, kommt das Sachwertverfahren zur Anwendung (z.B. Ein- und Zweifamilienhäuser).[31]

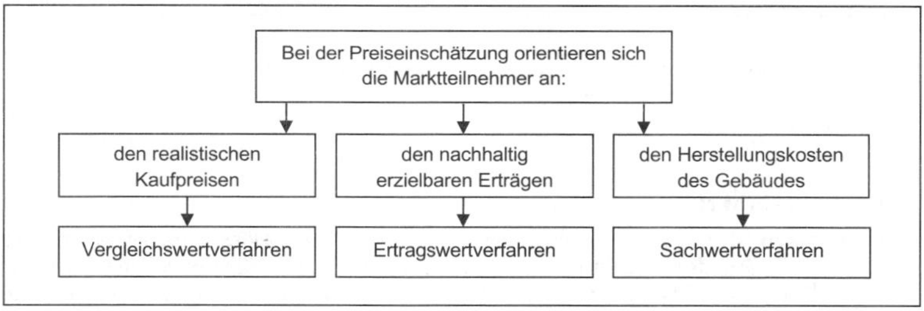

Abb. 8.97 Auswahl des Verfahrens

7.2.2 Ermittlung des Bodenwertes

Die Ermittlung des Bodenwertes ist sowohl beim Ertragswert- als auch beim Sachwertverfahren erforderlich. Er sollte immer zu Beginn ermittelt werden. Entsprechend § 40 (1) der ImmoWertV ist der Bodenwert der Wert des reinen Grundstücks ohne Berücksichtigung der vorhandenen baulichen Anlagen und ist vorrangig im Vergleichswertverfahren (§§ 24 bis 26) zu bestimmen.

Liegen zur Ermittlung des Bodenwertes Kaufpreise von vergleichbaren Grundstücken vor, kann der Bodenwert mit dem Vergleichswertverfahren (**unmittelbares Vergleichswertverfahren**) ermittelt werden. Abweichungen in den Grundstücksmerkmalen (z.B. Grundstücksgröße, Maß der baulichen Nutzung, Verkaufszeitpunkt) können mittels Umrechnungskoeffizienten und Indexreihen berücksichtigt werden. Diese Daten werden auf Basis von Auswertungen von den Gutachterausschüssen zur Verfügung gestellt.

Liegen keine vergleichbaren Preise zur Ermittlung des Bodenwertes vor, kann auf die von den Gutachterausschüssen ermittelten Bodenrichtwerte zurückgegriffen werden (**mittelbares Vergleichswertverfahren**).[32] Der Gutachterausschuss veröffentlicht in der Regel alle zwei Jahre Bodenrichtwerte.

Bodenrichtwerte sind durchschnittliche, aus Verkäufen abgeleitete und auf die jeweilige Lage spezifisch abgeglichene Werte unbebauter Grundstücke mit im Wesentlichen gleichen Lage- und Nutzungsverhältnissen. Bodenrichtwerte können gegen Gebühr beim Gutachterausschuss erfragt oder bestellt werden. Sie sind auch als Kartensatz (Bodenrichtwertkarte) erhältlich. Folgende Informationen können der Bodenrichtwertkarte entnommen werden:

<u>280 €/m²</u>	Wert des Grundstücks in €/m²
	Unterstreichung bedeutet, dass Erschließungsbeiträge nicht mehr zu leisten sind.
WA	Allgemeines Wohngebiet
II	Zahl der Vollgeschosse
0,6	Geschossfächenzahl

Steht kein Bodenrichtwert zur Verfügung und liegen keine Kaufpreise von Vergleichsgrundstücken vor, kann auf unnormierte Verfahren zurückgegriffen werden. Beim **Residualwertverfahren** erfolgt

[31] Vgl. Sommer/Kröll (2022), S. 8 f.

[32] Vgl. Sommer/Kröll (2022), S. 19-29.

die Bodenwertermittlung über den möglichen Ertrag aus einer geplanten Immobilie (Projektentwicklung). Um einen aussagekräftigen Bodenwert zu ermitteln, müssen realistische Baukosten und Verkaufspreise angesetzt werden (vgl. Abb. 8.98a).[33]

Ermittlung des realistischen Verkaufspreises
-
Ermittlung der Herstellungskosten inklusive Berücksichtigung aller mit dem Bau im Zusammenhang stehenden Kosten einschl. des Unternehmergewinns
=
Residuum (Differenz zwischen dem prognostizierten Verkaufspreis und den Kosten)
↓
Das Residuum wird über die Bauzeit abgezinst und ergibt den maximal tragbaren Bodenpreis

Abb. 8.98a Residualwert

7.2.3 Ertragswertverfahren

Das Ertragswertverfahren ist in den §§ 27 bis 34 ImmoWertV geregelt. „Das Ertragswertverfahren kommt insbesondere bei Grundstücken in Betracht, bei denen der marktüblich erzielbare Ertrag im Vordergrund steht. Dem Käufer kommt es in erster Linie darauf an, welche Verzinsung ihm das investierte Kapital bringt. Dies ist zum Beispiel bei Miet- und Geschäftsgrundstücken und gemischt genutzten Grundstücken der Fall. Der Ertragswert orientiert sich ausschließlich an den Renditeerwartungen, die mit dem Objekt verbunden sind. Dabei wird ein stichtagsbezogener Wert ermittelt, der eine Aussage über die zukünftige Ertragskraft zulässt.“[34]

Mit Einführung der ImmoWertV werden drei Ertragswertverfahren unterschieden.

Ertragswertverfahren		
Allgemeines Ertragswertverfahren § 28	Vereinfachtes Ertragswertverfahren § 29	Ertragswertverfahren auf Grundlage periodisch unterschiedlicher Erträge § 30

Abb. 8. 98b Ertragswertverfahren

Der Ertragswert im **allgemeinen Ertragswertverfahren** kann mit folgender Formel ermittelt werden:

$$EW = (RE - p \times BW) \times V + BW \quad \text{(vgl. Tafel 8.99a)}$$

Beim **vereinfachten Ertragswertverfahren** wird der Ertragswert auf der Grundlage marktüblich erzielbarer Erträge aus dem kapitalisierten Reinertrag und des über die Restnutzungsdauer des Gebäudes diskontierten Bodenwerts ermittelt.

$$EW = RE \times V + BW \times q^n \quad \text{(vgl. Tafel 8.99a)}$$

$$q = \text{Zinsfaktor } (1 + p)$$

“(1) Im **periodischen Ertragswertverfahren** kann der vorläufige Ertragswert ermittelt werden durch Bildung der Summe aus
1. den zu addierenden und auf den Wertermittlungsstichtag abgezinsten, aus gesicherten Daten abgeleiteten Reinerträgen der Perioden innerhalb des Betrachtungszeitraums und
2. dem über den Betrachtungszeitraum auf den Wertermittlungsstichtag abgezinsten Restwert des Grundstücks.“[35]

---

[33] Vgl. Metzger (2020), S. 39-57.
[34] Metzger (2020), S. 78 ff.
[35] § 30 Abs. 1 ImmoWertV.

Tafel 8.99a Erläuterungen

Symbol	Größe	Definition
EW	Ertragswert	
RE	Reinertrag	Rohertrag abzüglich Bewirtschaftungskosten.
	Rohertrag	regelmäßige Einnahmen aus einem Grundstück (Mieten).
	Bewirtschaftungskosten	Betriebskosten, Verwaltungskosten, Instandhaltungskosten, Mietausfall.
BW	Bodenwert	Bodenrichtwert x Fläche des Baugrundstücks (vgl. Kap.7.2.2).
p	Liegenschaftszinssatz/100	„Liegenschaftszinssätze (Kapitalisierungszinssätze, § 193 Abs. 5 Satz 2 Nr. 1 BauGB) sind die Zinssätze, mit denen Verkehrswerte von Grundstücken marktüblich verzinst werden.“ [36]
V	Vervielfältiger	Barwertfaktor für die Kapitalisierung der Miete, abhängig von Restnutzungsdauer und Bodenwertverzinsungsbetrag.
n	Restnutzungsdauer (RND)	Gesamtnutzungsdauer (GND) abzgl. Gebäudealter am Wertermittlungstag.
	Kapitalisierung	Barwert von Einkünften aus Vermietung und Verpachtung. Jahresreinertrag x Vervielfältiger.

Tafel 8.99b Barwertfaktoren für die Kapitalisierung (Vervielfältigertabelle, Auszug)

Restnutzungs-	Zinssatz								
dauer (Jahre)	1,0%	1,5%	2,0%	2,5%	3,0%	3,5%	4,0%	4,5%	5,0%
40	32,83	29,92	27,36	25,10	23,11	21,36	19,79	18,40	17,16
41	33,50	30,46	27,80	25,47	23,41	21,60	19,99	18,57	17,29
42	34,16	30,99	28,23	25,82	23,70	21,83	20,19	18,72	17,42
43	34,81	31,52	28,66	26,17	23,98	22,06	20,37	18,87	17,55
44	35,49	32,04	29,08	26,50	24,25	22,28	20,55	19,02	17,66
45	36,09	32,55	29,49	26,83	24,52	22,50	20,72	19,16	17,77
46	36,73	33,06	29,89	27,15	24,78	22,10	20,88	19,29	17,88
47	37,35	33,55	30,29	27,47	25,02	22,90	21,04	19,41	17,98
48	37,91	34,04	30,67	27,77	25,27	23,09	21,20	19,54	18,08
59	38,59	34,52	31,05	28,07	25,50	23,28	21,34	19,65	18,17
50	39,20	35,00	31,42	28,36	25,73	23,46	21,48	19,76	18,26
51	39,80	35,47	31,79	28,65	25,95	23,63	21,62	19,87	18,34
52	40,39	35,93	32,14	28,92	26,17	23,80	21,75	19,97	18,42
53	40,98	36,38	32,50	29,19	26,37	23,96	21,87	20,07	18,49
54	41,57	36,83	32,84	29,46	26,58	24,11	21,99	20,16	18,57
55	42,15	37,27	33,17	29,71	26,77	24,26	22,11	20,25	18,63
56	42,72	37,71	33,50	29,96	26,97	24,41	22,22	20,33	18,70
57	43,29	38,13	33,83	30,21	27,15	24,55	22,33	20,41	18,16
58	43,85	38,56	34,15	30,45	27,33	24,69	22,43	20,49	18,82
59	44,40	38,97	34,46	30,68	27,51	24,82	22,53	20,57	18,88
60	44,96	39,38	34,76	30,91	**27,68**	24,94	22,62	20,64	18,93

[36] § 21 Abs. 2 Satz 1 ImmoWertV 2021.

Tafel 8.100 Beispiel - Allgemeines Ertragswertverfahren § 28 ImmoWertV [37]

Beschreibung: Dreifamilienhaus, Baujahr 2005, Flachdach, Wohnfläche 290 m², Bruttogrundfläche 406 m², Grundstück 400 m², technische Lebensdauer 80 Jahre, Liegenschaftszinssatz 3%, Miete 8,50 €/m²Wfl, Bodenrichtwert 180 €/m², Stichtag 30.6.2025			
Bodenwert (Bodenrichtwert x Grundstücksfläche)		**72.000,00**	**EUR**
Rohertrag (EUR/Monat) (Miete x Wohnfläche)	**2.465,00**	**29.580,00**	**EUR/Jahr**
Berechnung der Bewirtschaftungskosten			
Verwaltungskosten (% des Rohertrags)	5,00%	1.479,00	EUR/Jahr
Betriebskosten (% des Rohertrags)	1,00%	295,00	EUR/Jahr
Mietausfallwagnis (% des Rohertrags)	2,00%	592,00	EUR/Jahr
Instandhaltungskosten (% des Rohertrags)	12,00%	3.550,00	EUR/Jahr
Summe Bewirtschaftungskosten	**20,00%**	**5.916,00**	**EUR/Jahr**
Reinertrag (Rohertrag - Bewirtschaftungskosten)		**23.664,00**	**EUR/Jahr**
Liegenschaftszinssatz (Prozent)	**3,00%**		
Bodenwertverzinsung (Bodenwert x Liegenschaftszinssatz)		**2.160,00**	**EUR/Jahr**
Gebäudereinertrag (Reinertrag - Bodenwertverzinsung)		**21.504,00**	**EUR/Jahr**
Ermittlung des Vervielfältigers (vgl. Tafel 8.99b)			
Restnutzungsdauer (vgl. Tafel 8.99a)	**60 Jahre**		
Vervielfältiger (vgl. Tafel 8.99b)		**27,68**	
(in Abhängigkeit von Liegenschaftszinssatz und Restnutzungsdauer)			
Gebäudeertragswert (Gebäudereinertrag x Vervielfältiger)		**595.230,00**	**EUR**
Marktanpassung (vgl. Kap.7.2.4.3)			
Allgemeine Marktanpassung		**0,00**	**EUR**
Objektspezifische Marktanpassung		**-10.000,00**	**EUR**
Zusammenfassung „Allgemeines Ertragswertverfahren“ (§ 28 ImmoWertV)			
Rohertrag (EUR/Monat)	2.465,00	29.580,00	EUR/Jahr
./. Bewirtschaftungskosten		-5.916,00	EUR/Jahr
= Reinertrag		23.664,00	EUR/Jahr
./. Bodenwertverzinsung	3,00%	-2.160,00	EUR/Jahr
= Gebäudereinertrag		21.504,00	EUR/Jahr
x Vervielfältiger	27,68		
= Gebäudeertragswert		595.230,00	EUR
+ Bodenwert		72.000,00	EUR
= vorläufiger Grundstücksertragswert		667.230,00	EUR
Allgemeine Marktanpassung		0,00	EUR
Objektspezifische Marktanpassung		-10.000,00	EUR
= Ertragswert (EUR)		**657.230,00**	**EUR**

[37] Vgl. Metzger (2020), S. 82.

7.2.4 Sachwertverfahren

„Das Sachwertverfahren findet insbesondere bei bebauten Grundstücken Anwendung, bei denen die Eigennutzung im Vordergrund steht. Das bedeutet, es ist in der Regel dann einzusetzen, wenn es für die Werteinschätzung am Markt nicht vorrangig auf den Ertrag ankommt, sondern die Herstellungskosten im gewöhnlichen Geschäftsverkehr wertbestimmend sind. [...] Das Sachwertverfahren geht von dem theoretischen Modell aus, dass jedes Gebäude zum Zeitpunkt der Errichtung einen Wert hatte, der aus dem Bodenwert des unbebauten Grundstücks und den Baukosten des Gebäudes besteht. Mit zunehmendem Gebäudealter wird die Substanz des Gebäudes schlechter, somit vermindert sich der Wert aus der Zeit des Neubaus.“ [38]

7.2.4.1 Verfahrensgang

„(1) Im Sachwertverfahren wird der Sachwert des Grundstücks aus den vorläufigen Sachwerten der nutzbaren baulichen und sonstigen Anlagen sowie aus dem Bodenwert ermittelt.

(2) Der vorläufige Sachwert des Grundstücks ergibt sich durch Bildung der Summe aus

1. dem vorläufigen Sachwert der baulichen Anlagen im Sinne des § 36,
2. dem vorläufigen Sachwert der baulichen Außenanlagen und sonstigen Anlagen im Sinne des § 37 und
3. dem nach den §§ 40 bis 43 zu ermittelnden Bodenwert.“ [39]

Die Summe der Sachwerte und des Bodenwertes ergibt den **vorläufigen Sachwert** des Grundstücks.

7.2.4.2 Herstellungskosten der baulichen Anlagen (ohne Außenanlagen)

„(1) Zur Ermittlung des vorläufigen Sachwerts der baulichen Anlagen, ohne bauliche Außenanlagen, sind die durchschnittlichen Herstellungskosten mit einem Regionalfaktor und dem Alterswertminderungsfaktor zu multiplizieren und um die Alterswertminderung zu verringern.

(2) Die durchschnittlichen Herstellungskosten der baulichen Anlagen stehen für die aufzuwendenden Kosten, die sich unter Beachtung wirtschaftlicher Gesichtspunkte für die Errichtung eines dem Wertermittlungsobjekt nach Art und Standard vergleichbaren Neubaus am Wertermittlungsstichtag unter Zugrundelegung zeitgemäßer, wirtschaftlicher Bauweisen ergeben würden. Der Ermittlung der durchschnittlichen Herstellungskosten sind in der Regel modellhafte Kostenkennwerte zugrunde zu legen, die auf eine Flächen-, Raum- oder sonstige Bezugseinheit bezogen sind (Normalherstellungskosten), und mit der Anzahl der entsprechenden Bezugseinheiten der baulichen Anlage zu multiplizieren. Von den Normalherstellungskosten nicht erfasste werthaltige einzelne Bauteile sind durch marktübliche Zuschläge bei den durchschnittlichen Herstellungskosten zu berücksichtigen. Zur Umrechnung auf den Wertermittlungsstichtag ist der für den Wertermittlungsstichtag aktuelle und für die jeweilige Art der baulichen Anlage zutreffende Preisindex für die Bauwirtschaft des Statistischen Bundesamtes (Baupreisindex) zu verwenden. Ausnahmsweise können die durchschnittlichen Herstellungskosten der baulichen Anlagen nach den durchschnittlichen Kosten einzelner Bauleistungen ermittelt werden.“[40]

7.2.4.3 Alterswertminderungsfaktor[41]

Der Alterswertminderungsfaktor entspricht dem Verhältnis der Restnutzungsdauer zur Gesamtnutzungsdauer.

Tafel 8.101 NHK 2010, freistehende Ein- und Zweifamilienhäuser (Auszug)

Kostenkennwerte für KG 300 und 400 in Euro/m² Bruttogrundfläche einschl. Baunebenkosten (17 %) und Umsatzsteuer

Erd- und Obergeschoss, nicht unterkellert		Dachgeschoss voll ausgebaut						Dachgeschoss nicht ausgebaut				
Standardstufe		1	2	3	4	5		1	2	3	4	5
Freistehende Einfamilienhäuser	**1.31**	720	800	920	1105	1385	**1.32**	620	690	**790**	955	1190
Doppel- und Reihenhäuser	**2.31**	675	750	865	1040	1300	**2.32**	580	645	745	895	1120
Reihenmittelhäuser	**3.31**	635	705	810	975	1215	**3.32**	545	605	695	840	1050

[38] Metzger (2020), S. 137-138.

[39] § 35 ImmoWertV.

[40] § 36 ImmoWertV.

[41] § 38 ImmoWertV.

Modellansätze für die Gesamtnutzungsdauer[42]

Zur Festlegung der Gesamtnutzungsdauer sind bei Ermittlung der sonstigen für die Wertermittlung erforderlichen Daten die nachfolgenden Modellansätze zugrunde zu legen.

Freistehende Ein- und Zweifamilienhäuser, Doppelhäuser, Reihenhäuser	80 Jahre		
Mehrfamilienhäuser	80 Jahre	Geschäftshäuser	60 Jahre
Wohnhäuser mit Mischnutzung	80 Jahre	Bürogebäude, Banken	60 Jahre
Gemeindezentren, Saalbauten	40 Jahre	Kindergärten, Schulen	50 Jahre
Wohnheime, Alten-/Pflegeheime	50 Jahre	Beherbergungsstätten	40 Jahre
Krankenhäuser, Tageskliniken	40 Jahre	Kauf-/Warenhäuser	50 Jahre
Sporthallen, Freizeitbäder	40 Jahre	Einzelgaragen	60 Jahre
Verbrauchermärkte, Autohäuser	30 Jahre	Tief- und Hochgaragen	40 Jahre
Betriebsstätten, Produktion	40 Jahre	Lager-/Versandgebäude	40 Jahre
Landwirtschaftl. Betriebsgebäude	30 Jahre		

Für nicht aufgeführte Arten baulicher Anlagen ist die Gesamtnutzungsdauer aus der Gesamtnutzungsdauer vergleichbarer baulicher Anlagen abzuleiten.

Tafel 8.102 Beispiel - Sachwertverfahren § 35 ImmoWertV [43]

Beschreibung: Einfamilienhaus zweigeschossig, nicht unterkellert, Dach nicht ausgebaut, Grundstücksfläche 312,5 m², BRW 320,00 €/m², BGF 258 m², Baujahr 2020, NHK 2010 Standardstufe 3: 790,00 €/m², Gesamtnutzungsdauer 80 Jahre		
Brutto-Grundfläche (m²)	**258,00**	
NHK 2010 (EUR/m² BGF) incl. Baunebenkosten (vgl. Tafel 8.101)	790,00	790,0 €
Korrekturfaktor 1	0,00	
Korrekturfaktor 2	0,00	
NHK 2010 (angepasst)		**790,0 €**
Umrechnung auf Wertermittlungsstichtag (vgl. Tafel 8.103)		
Baupreisindex (2015 = 100%), II/2010 = 90,0%	90,0	
Baupreisindex Wertermittlungsstichtag (30.6.2025)	169,9	
Baupreisindex (169,9/90.0) x 100	188,0	
Kostenkennwert bezogen auf den Wertermittlungsstichtag		
1,88 x 790,0 €/m²BGF		**1.485,0 €**
Gebäudeherstellungskosten		
BGF x Kostenkennwert bezogen auf den Wertermittlungsstichtag		**383.130,0 €**
Alterswertminderungsfaktor: (RND / GND) (75 Jahre / 80 Jahre)	0,9375	
Herstellungskosten x Alterswertminderungsfaktor		358.993,0 €
Altersgeminderte Gebäudeherstellungskosten		**358.993,0 €**
Sachwert der baulichen Anlagen		358.993,0 €
Sachwert der baulichen Außenanlagen (vgl. Kap. 7.2.4.5)	4%	14.360,0 €
Sachwert der Sonstigen Anlagen		0 €
Bodenwert (Bodenrichtwert x Grundstücksfläche)		**100.000,0 €**
vorläufiger Sachwert des Grundstücks		**473.353,0 €**
Marktanpassung (vgl. Kap.7.2.4.3)		
Allgemeine Marktanpassung (Sachwertfaktor)	-15,0%	-71.000,0 €
marktangepasster Sachwert		402.353,0 €
Berücksichtigung der objektspezifischen Grundstücksmerkmale	-5,0%	-20.000,0 €
	Pauschal	-10.000,0 €
Sachwert (Verkehrswert)		**372.353,0 €**

[42] Anlage 1 ImmoWertV.

[43] Vgl. Metzger (2020), S. 179 f.

In der NHK 2010 sind für verschiedene Gebäudearten **Korrekturfaktoren** angegeben. Mit diesen Faktoren können die Kostenkennwerte hinsichtlich spezieller Merkmale des zu bewertenden Objekts angepasst werden. Für freistehende Zweifamilienhäuser sieht die NHK 2010 z.B. einen Korrekturfaktor von 1,05 vor.

Tafel 8.103 Baupreisindex mit Basisjahr 2015, Auszug für Wohn- und Bürogebäude[44]

		Index				Index	
	Quartal/ Jahr	Wohn-gebäude	Büro-gebäude		Quartal/ Jahr	Wohn-gebäude	Büro-gebäude
1	**II/2025**	**169,9**	173,4	17	II/2009	89,0	88,6
2	II/2024	164,6	167,6	18	II/2008	88,2	87,6
3	II/2023	160,2	162,6	19	II/2007	85,7	85,0
4	II/2022	147,2	149,2	20	II/2006	80,0	79,1
5	II/2021	125,2	125,4	21	II/2005	79,0	77,9
6	II/2020	117,1	118,1	22	II/2004	78,4	77,0
7	II/2019	114,3	114,6	23	II/2009	89,0	88,6
8	II/2018	109,2	109,5	24	II/2008	88,2	87,6
9	II/2017	104,9	105,1	25	II/2007	85,7	85,0
10	II/2016	101,9	102,0	26	II/2006	80,0	79,1
11	**2015**	**100**	100	27	II/2005	79,0	77,9
12	II/2014	98,3	98,2	28	II/2004	78,4	77,0
13	II/2013	96,7	96,5	29	II/2003	77,4	76,0
14	II/2012	94,7	94,7	30	II/2002	77,4	75,9
15	II/2011	92,3	92,2	31	II/2001	77,4	75,8
16	**II/2010**	**90,0**	89,7	32	II/2000	77,4	75,5

7.2.4.4 Marktanpassung - Verkehrswert

Mit der ImmoWertV wurde eine zweistufige Marktanpassung eingeführt, die bei der Wertermittlung in nachstehender Reihenfolge gesondert zu berücksichtigen ist.

„1. Marktanpassung an die allgemeinen Wertverhältnisse auf dem Grundstücksmarkt

2. Berücksichtigung besonderer objektspezifischer Grundstücksmerkmale

Der Verkehrswert (Marktwert) des Grundstücks berechnet sich somit aus dem „vorläufigen Sachwert des Grundstücks",

- der zuerst durch Multiplikation mit dem zutreffenden **Sachwertfaktor** an die allgemeinen Wertverhältnisse auf dem Grundstücksmarkt anzupassen ist (marktangepasster vorläufiger Sachwert) und
- bei dem anschließend ggf. **besondere objektspezifische Grundstücksmerkmale**, beispielsweise durch Zu- oder Abschläge, zu berücksichtigen sind.

Ziel der Marktanpassung ist es, aus dem vorläufigen Sachwert des Grundstücks einen Verkehrswert abzuleiten, der als wahrscheinlichster Kaufpreis auch erzielbar ist."[45]

Sachwertfaktoren

„(3) Sachwertfaktoren geben das Verhältnis des vorläufigen marktangepassten Sachwertes zum vorläufigen Sachwert an. Die Sachwertfaktoren werden nach den Grundsätzen des Sachwertverfahrens nach den §§ 35 bis 38 auf der Grundlage von geeigneten Kaufpreisen und den ihnen entsprechenden vorläufigen Sachwerten ermittelt."[46]

---

[44] Statistisches Bundesamt Wiesbaden, www.destatis.de
[45] Vgl. Metzger (2020), S. 174.
[46] § 21 (3) ImmoWertV.

Sachwertfaktoren werden von den Gutachterausschüssen für Grundstückswerte auf der Grundlage von Kaufpreisen von für die jeweilige Gebäudeart typischen Grundstücken ermittelt. Die Sachwertfaktoren ergeben sich aus dem Verhältnis geeigneter Kaufpreise bebauter Grundstücke und den vorläufigen Sachwerten.

Sachwertfaktor = Kaufpreis / (vorläufiger) Sachwert

Besondere objektspezifische Grundstücksmerkmale

Besondere objektspezifische Grundstücksmerkmale sind wertbeeinflussende Umstände des einzelnen Wertermittlungsobjekts, die erheblich vom Üblichen abweichen und denen der Grundstücksmarkt einen eigenständigen Werteinfluss beimisst. Soweit sie im bisherigen Verfahren noch nicht erfasst und berücksichtigt wurden, sind sie durch Zu- oder Abschläge regelmäßig nach der Marktanpassung gesondert zu berücksichtigen.

Wertrelevante Umstände können sein:

- Besondere Vertragsverhältnisse (z.B. vom Üblichen abweichende Erträge)
- Bauschäden und Baumängel (z.B. schadhafte Dachkonstruktion, feuchte Kellerräume)
- Wirtschaftliche Überalterung (z.B. eingeschränkte Verwendungsfähigkeit durch unzweckmäßige Grundrissgestaltung)
- Freilegungskosten (z.B. erforderliche Teilabriss- und Sicherungsmaßnahmen)
- Bodenverunreinigungen (z.B. Altlasten)
- Grundstücksbezogene Rechte und Belastungen.

7.2.4.5 Herstellungskosten der baulichen Außenanlagen

„Die Sachwerte der für die jeweilige Gebäudeart üblichen baulichen Außenanlagen und sonstigen Anlagen können zum einen über ihre gewöhnlichen Herstellungskosten oder über Erfahrungssätze ermittelt werden. In der Praxis können folgende Erfahrungssätze für die Herstellungskosten der Außenanlagen als Prozentsatz der Gebäudeherstellungskosten angewandt werden:

- Bei Außenanlagen einfacher Ausführung drei Prozent
- Bei Außenanlagen mittlerer Ausführung vier Prozent
- Bei Außenanlagen gehobener Ausführung fünf Prozent.

Werden die gewöhnlichen Herstellungskosten zu Grunde gelegt, ist gemäß der Sachwertrichtlinie Abschnitt 4.2 Abs. 2 SW-RL eine Alterswertminderung anzusetzen, wobei sich die Restnutzungsdauer in der Regel an der der baulichen Anlage orientiert.“[47]

[47] Metzger (2020), S. 170.

9 Einwirkungen auf Tragwerke

A **GRUNDLAGEN DER TRAGWERKSPLANUNG** 9.2
1 **Einführung** 9.2
2 **Grundlagen und Begriffe** 9.3
3 **Charakteristische Werte und Bemessungswerte** 9.3
3.1 Einwirkungen 9.3
3.2 Baustoffeigenschaften 9.4
3.3 Geometrische Größen 9.4
4 **Grenzzustände der Tragfähigkeit (GZT)** 9.4
4.1 Lagesicherheit 9.4
4.2 Tragsicherheit 9.4
4.3 Baugrund 9.5
4.4 Ermüdung 9.5
4.5 Baulicher Brandschutz 9.5
5 **Grenzzustände der Gebrauchstauglichkeit (GZG)** 9.6
6 **Bautechnische Unterlagen** 9.7
6.1 Übersicht 9.7
6.2 Statische Berechnung 9.8

B **EIGENLASTEN VON BAUSTOFFEN, BAUTEILEN UND LAGERSTOFFEN** 9.9
1 **Vorbemerkungen** 9.9
2 **Baustoffe und Bauteile** 9.9
2.1 Beton, Mörtel 9.9
2.2 Mauerwerk, Bauplatten und Putze 9.9
2.3 Metalle 9.10
2.4 Glas und Kunststoffe 9.10
2.5 Holz und Holzwerkstoffe 9.11
2.6 Dämm-, Sperr- und Füllstoffe 9.11
2.7 Dachbegrünungen, Solaranlagen und Dachdeckungen 9.12
2.8 Fußboden- und Wandbeläge 9.14
3 **Lagerstoffe** 9.15
3.1 Baustoffe und Bauprodukte als Lagergüter 9.15
3.2 Gewerbliche und industrielle Lagergüter 9.16

C **NUTZLASTEN IM HOCHBAU** 9.19
1 **Vorbemerkungen** 9.19
2 **Abgrenzungen zwischen Eigen- und Nutzlast** 9.19
2.1 Lasten von losen Kies- und Bodenschüttungen auf Dächern und Decken 9.19
2.2 Lasten aus leichten Trennwänden 9.19
3 **Nutzungskategorien** 9.19
4 **Lotrechte Nutzlasten als statische Einwirkungen** 9.20
4.1 Nutzlasten für Decken, Treppen und Balkone 9.20
4.2 Abminderung der Nutzlasten 9.22
4.3 Nutzlasten für Parkhäuser und Flächen mit Fahrzeugverkehr 9.23
4.4 Nutzlasten für Dächer 9.23
5 **Lotrechte Nutzlasten als quasi-statische Einwirkungen** 9.24
5.1 Schwingbeiwerte für äquivalente statische Ersatzlasten 9.24
5.2 Nutzlasten auf Lagerflächen mit Gabelstaplern 9.24
5.3 Nutzlasten aus Fahrzeugverkehr auf Hofkellerdecken und planmäßig befahrenen Deckenflächen 9.24
5.4 Nutzlasten für Dachflächen mit Hubschrauberlandemöglichkeiten 9.25
6 **Horizontale Nutzlasten** 9.25
6.1 Horizontale Nutzlasten auf Zwischenwände und Absturzsicherungen 9.25
6.2 Horizontale Nutzlasten zur Erzielung einer ausreichenden Längs- und Quersteifigkeit 9.25

D **ANPRALLLASTEN IM HOCHBAU** 9.26
1 **Vorbemerkungen** 9.26
2 **Anprall von Straßenfahrzeugen** 9.26
2.1 Anprall auf stützende Unterbauten 9.26
2.2 Anprall auf Überbauungen 9.27
3 **Anprall von Gabelstaplern** 9.27
4 **Aufprall von Helikoptern** 9.27
5 **Weitere Anpralllasten** 9.27

E **WINDLASTEN** 9.28
1 **Allgemeines, Geltungsbereich, Begriffe** 9.28
2 **Bemessungssituationen** 9.28
3 **Erfassung der Windeinwirkungen** 9.28
4 **Beurteilung der Schwingungsanfälligkeit von Bauwerken** 9.29
5 **Windzonen, Basiswindgeschwindigkeit, Geschwindigkeitsdrücke** 9.29
5.1 Allgemeines 9.29
5.2 Verfahren zur Ermittlung des Böengeschwindigkeitsdruckes 9.30
5.3 Vereinfachte Böengeschwindigkeitsdrücke für Bauwerke bis 25 m Höhe 9.30
5.4 Höhenabhängiger Böengeschwindigkeitsdruck im Regelfall 9.31
5.5 Genauere Erfassung der Bodenrauigkeit 9.31
5.6 Abminderung des Geschwindigkeitsdruckes bei vorübergehenden Zuständen 9.31
6 **Windeinwirkungen auf Bauwerke und Bauteile** 9.32
7 Winddruck auf Oberflächen 9.32
7.1 Berechnung von Winddrücken 9.32
7.2 Druckbeiwerte für den Außen- und Innendruck 9.33
8 **Windkräfte bei nicht schwingungsanfälligen Konstruktionen** 9.41
8.1 Allgemeines 9.41
8.2 Aerodynamische Kraftbeiwerte für ausgewählte Bauteile 9.42

F **SCHNEELASTEN** 9.44
1 **Allgemeines** 9.44
2 **Klassifikation der Einwirkungen und Bemessungssituationen** 9.44
3 **Schneelast auf dem Boden** 9.45
3.1 Charakteristische Werte 9.45
3.2 Weitere repräsentative Werte 9.45
3.3 Außergewöhnliche Schneelasten auf dem Boden (Norddt. Tiefland) 9.45
4 **Schneelast auf dem Dach** 9.46
4.1 Allgemeines 9.46
4.2 Formbeiwerte und Lastanordnungen 9.46
4.3 Verwehungen an Wänden und Aufbauten 9.48
4.4 Höhensprünge an Dächern 9.49
5 **Sonderfälle** 9.49

G **BAUTEN IN DEUTSCHEN ERDBEBENGEBIETEN** 9.50
1 **Grundlagen** 9.50
2 **Entwurf und Bemessung** 9.50
3 **Erdbebeneinwirkungen** 9.52
4 **Standsicherheit; Verzicht auf einen rechnerischen Nachweis** 9.52

9 A Grundlagen der Tragwerksplanung

DIN EN 1990:2021-10, DIN EN 1990/NA:2010-12, DIN EN 1990/NA/A1:2012-08

Prof. Dr.-Ing. Andreas Garg

1 Einführung

Die harmonisierten europäischen **Normenwerke EN 1990 bis EN 1999** (auch Eurocodes genannt) stellen allgemeine Regelungen für den Entwurf, die Berechnung und Bemessung von vollständigen Tragwerken, Tragwerksteilen und tragenden Bauprodukten zur Verfügung. Die nationalen Fassungen der Eurocodes (für Deutschland **DIN EN**) enthalten den vollständigen Text des jeweiligen Eurocodes einschließlich aller Anhänge, eine nationale Titelseite, ein nationales Vorwort und einen nationalen Anhang (National Annex **NA**). Der NA gibt die national festgelegten Parameter (Nationally Determined Parameters **NDP**) an und macht ergänzende, nicht widersprechende Angaben zur Anwendung (Non-contradictory Complementary Information **NCI**) sowie Festlegungen zur Verwendung von informativen Anhängen. Die NDPs gelten für die Tragwerksplanung von Hoch- und Ingenieurbauten in dem Land, in dem die Bauten erstellt werden. Sie umfassen bspw.

- Zahlenwerte für Teilsicherheitsbeiwerte und/oder Klassen sowie offene Parameter / Symbole,
- landesspezifische, geographische und klimatische Daten des jeweiligen CEN-Mitgliedsstaates,
- anzuwendende Verfahren, sofern die Eurocodes mehrere Verfahren wahlweise anbieten.

In **DIN EN 1990** sind grundlegende Prinzipien und Anforderungen an die Tragsicherheit, Gebrauchstauglichkeit und Dauerhaftigkeit von Tragwerken beschrieben. Die Norm basiert auf einer Bemessung nach Grenzzuständen mit dem Teilsicherheitskonzept und ist für eine direkte Anwendung bei dem Entwurf, der Berechnung und Bemessung von Tragwerken in Verbindung mit DIN EN 1991 bis DIN EN 1999 bestimmt. Die Normenreihe der **DIN EN 1991** enthält Angaben zu den Einwirkungen für die Bemessung und Konstruktion von Tragwerken. **DIN EN 1992 bis DIN EN 1999** behandeln die Bemessung und Konstruktion mit den Werkstoffen Beton, Stahl, Holz, Mauerwerk und Aluminium sowie den Entwurf, die Berechnung und Bemessung in der Geotechnik und die Auslegung von Bauwerken gegen Erdbeben. Die Normenstruktur ist nachfolgend dargestellt.

Im vorliegenden Kapitel 9 „Lastannahmen“ sind neben den Grundlagen der Tragwerksplanung (A) nach DIN EN 1990 insbesondere die Einwirkungen auf Tragwerke von Hoch- und Ingenieurbauten nach DIN EN 1991 kompakt dargestellt (B-F).
Zudem ist die Auslegung von Hoch- und Ingenieurbauten gegen Erdbeben nach DIN EN 1998-1 (G) beschrieben.

2 Grundlagen und Begriffe

Tragwerke sind so zu planen und auszuführen, dass sie während der vorgesehenen Nutzungsdauer den möglichen Einwirkungen mit angemessener Zuverlässigkeit standhalten und dabei die festgelegten Anforderungen an die Gebrauchstauglichkeit erfüllen. Zudem können Aspekte der Nachhaltigkeit berücksichtigt werden, die der DIN-Normenreihe „Nachhaltigkeit von Bauwerken" zu entnehmen sind.
Das semiprobabilistische Sicherheitskonzept sieht die Einhaltung von Grenzzuständen vor. Man unterscheidet Grenzzustände der Tragfähigkeit (GZT), Grenzzustände der Gebrauchstauglichkeit (GZG) und Anforderungen an die Dauerhaftigkeit.

Die folgenden Ausführungen gelten für die Tragwerksplanung von Hoch- und Ingenieurbauwerken einschließlich der Aspekte aus der Geotechnik, dem Brandschutz und der Auslegung gegen Erdbeben. Sie gelten auch für die Tragwerksplanung im Bauzustand, für Tragwerke mit befristeter Standzeit sowie zur Beurteilung des Tragverhaltens bestehender Bauwerke bei Verstärkungs-, Instandsetzungs- oder Umbaumaßnahmen oder beabsichtigten Nutzungsänderungen.

Begriffe (Auswahl; siehe auch Erläuterungen in den folgenden Abschnitten)

Prinzip	Eine Angabe und Festlegung, von der keine Abweichung zulässig ist.
Anwendungsregel	Allgemein anerkannte Regel, die dem Prinzip folgt und dessen Anforderungen erfüllt. Alternativen sind auf Basis der Prinzipien zulässig.
Grenzzustand	Ein Zustand, bei dessen Überschreitung das Tragwerk die Entwurfsanforderungen nicht mehr erfüllt; man unterscheidet Grenzzustände der Tragfähigkeit und der Gebrauchstauglichkeit.
Einwirkung F	Kräfte (Lasten) als direkte Einwirkungen und aufgezwungene Verformungen (z.B. aus Temperaturänderung, ungleichen Setzungen usw.) als indirekte Einwirkungen.
Auswirkung von Einwirkungen E	Durch Einwirkungen hervorgerufene Auswirkungen, also Beanspruchungen von Bauteilen (z.B. Schnittkräfte, Spannungen, Dehnungen) oder Reaktionen des Gesamttragwerks (z.B. Durchbiegungen, Verdrehungen).
Bauteileigenschaft, Widerstand, R	Durch Materialeigenschaften (z.B. von Beton, Stahl, Holz) und geometrische Größen sich ergebende aufnehmbare Beanspruchungen.
Tragwerk	Miteinander verbundene Bauteile mit bestimmter Tragfähigkeit und Steifigkeit.
Tragsystem	Summe der tragenden Bauteile eines Bauwerks und ihr Zusammenwirken.
Tragwerksmodell	Idealisierung des Tragsystems für die Berechnung und Bemessung.

3 Charakteristische Werte und Bemessungswerte

3.1 Einwirkungen

Einwirkungen auf Tragwerke im Hoch- und Ingenieurbau sind der DIN EN 1991 mit den zugehörigen nationalen Anhängen zu entnehmen sowie ggf. nach DIN EN 1997 und DIN EN 1998 zu bestimmen. Im Industriebau sind oftmals zusätzliche Einwirkungen aus Einbauten, Maschinen und deren Prozesse zu berücksichtigen, die i.d.R. von den Herstellern definiert werden.

Für die Nachweisführung maßgebende Einwirkungswerte:

- Charakteristische Werte F_k, die als Mittel- oder Nennwerte festgelegt werden, und zwar als
  - ständige Einwirkung, i.d.R. als ein einzelner Wert G_k, bei nicht geringer Streuung jedoch auch als oberer $G_{k,sup}$ und unterer $G_{k,inf}$ Wert;
  - veränderliche Einwirkung Q_k, als oberer bzw. unterer Wert oder als festgelegter Nennwert;
  - außergewöhnliche Einwirkung A_k, i. Allg. als festgelegter (deterministischer) Wert.
- Repräsentative Werte von veränderlichen Einwirkungen, die sich aus dem Produkt des charakteristischen Wertes Q_k und den Kombinationsbeiwerten ψ_i ergeben. Es werden unterschieden
  - Kombinationswert $(\psi_0 \cdot Q_k)$
  - Häufiger Wert $(\psi_1 \cdot Q_k)$
  - Quasi-ständiger Wert $(\psi_2 \cdot Q_k)$
- Bemessungswerte der Einwirkungen F_d, die sich ergeben aus
  - $F_d = \gamma_F \cdot F_{rep}$ mit $F_{rep} = \psi \cdot F_k$ (ψ entweder mit dem Wert 1,0 oder mit ψ_0, ψ_1, ψ_2)

  mit γ_F als Teilsicherheitsbeiwert für die Einwirkung. Bei günstigen und ungünstigen Auswirkungen von ständigen Einwirkungen sind obere $\gamma_{G,sup}$ bzw. untere $\gamma_{G,inf}$ Beiwerte zu verwenden.

3.2 Baustoffeigenschaften

Der charakteristische Wert X_k einer Baustoff- oder Produkteigenschaft wird als 5%-Fraktil festgelegt, wenn der untere Wert ungünstig ist, bzw. als 95%-Fraktil, falls der obere Wert ungünstig ist. Für den Bemessungswert X_d gilt:

$$X_d = \eta \cdot X_k / \gamma_m$$

γ_m Teilsicherheitsbeiwert für die Baustoff- oder Produkteigenschaft

η Mittelwert des Umrechnungsfaktors unter Berücksichtigung von maßgebenden Parametern wie Volumen- und Maßstabseffekte, Feuchtigkeits- und Temperaturauswirkungen usw.

3.3 Geometrische Größen

Die Bemessungswerte a_d geometrischer Größen entsprechen den Nennwerten a_{nom}. Haben Abweichungen der Bauteilabmessungen oder Ungenauigkeiten der Lasteinleitungs- oder Auflagerpunkte relevante Auswirkungen auf die Zuverlässigkeit des Tragwerks, wie bspw. bei der Berechnung nach Theorie 2. Ordnung, so sind die möglichen Änderungen der geometrischen Nenngrößen Δa zu addieren:

$$a_d = a_{nom} + \Delta a$$

4 Grenzzustände der Tragfähigkeit (GZT)

4.1 Lagesicherheit (EQU – equilibrium)

Im Grenzzustand der Lagesicherheit ist nachzuweisen, dass die Bemessungswerte der Auswirkungen der destabilisierenden Einwirkungen $E_{d,dst}$ die stabilisierenden $E_{d,stb}$ nicht überschreiten:

$$E_{d,dst} \leq E_{d,stb}$$

Ist zur Einhaltung des Grenzzustands der Lagesicherheit der Ansatz eines Widerstandes von Bauteilen (z.B. Zugverankerungen) erforderlich, so ergibt sich nach DIN EN 1990/NA, A.1.3.1(3) der erforderliche Bemessungswert der Verankerung $E_{d,anch}$ zu:

$$E_{d,anch} = E_{d,dst} - E_{d,stb}$$

4.2 Tragsicherheit (STR – structural) oder (GEO – geotechnical)

Im Grenzzustand der Tragsicherheit ist nachzuweisen, dass keine Brüche oder übermäßige Verformungen eines Querschnitts, Bauteils oder einer Verbindung auftreten. Der Bemessungswert der Auswirkung einer Einwirkung E_d darf den Bemessungswert des zug. Tragwiderstands R_d nicht überschreiten:

$$E_d \leq R_d$$

Kombinationen von Einwirkungen

Die Bemessungswerte der Auswirkungen E_d sind für ständige und vorübergehende Situationen (Grundkombination), für außergewöhnliche Situationen und für Erdbeben nach DIN EN 1990, Gl. (6.10), (6.11b) und (6.12b) aus den folgenden Kombinationen von Einwirkungen zu bestimmen; $E_d = E\{\ldots\}$:

Grundkombination: $\left\{\sum_{j\geq 1} \gamma_{G,j} \cdot G_{k,j} \text{ "+" } \gamma_P \cdot P \text{ "+" } \gamma_{Q,1} \cdot Q_{k,1} \text{ "+" } \sum_{i>1} \gamma_{Q,i} \cdot \psi_{0,i} \cdot Q_{k,i}\right\}$

Außergew. Situation: $\left\{\sum_{j\geq 1} G_{k,j} \text{ "+" } P \text{ "+" } A_d \text{ "+" } (\psi_{1,1} \text{ oder } \psi_{2,1}) \cdot Q_{k,1} \text{ "+" } \sum_{i>1} \psi_{2,i} \cdot Q_{k,i}\right\}$

Erdbeben: $\left\{\sum_{j\geq 1} G_{k,j} \text{ "+" } P \text{ "+" } A_{Ed} \text{ "+" } \sum_{i\geq 1} \psi_{2,i} \cdot Q_{k,i}\right\}$

$\gamma_{G,j}$; γ_P Teilsicherheitsbeiwert für ständige Einwirkungen (s. Tafel 9.5a); die Vorspannung
γ_{Q1}; γ_{Qi} Teilsicherheitsbeiwert für die erste; für weitere veränderliche Einwirkungen (s. Tafel 9.5a)
$G_{k,j}$; P charakteristischer Wert einer ständigen Einwirkung; der Vorspannung
$Q_{k,1}$; $Q_{k,i}$ charakteristischer Wert der veränderlichen Leiteinwirkung; der weiteren Begleiteinwirkungen
A_d Bemessungswert einer außergewöhnlichen Einwirkung (z.B. Anpralllast, Explosion)
A_{Ed} Bemessungswert der Einwirkung infolge von Erdbeben nach DIN EN 1998
ψ_0 Kombinationsbeiwert einer charakteristischen veränderlichen Einwirkung (s. Tafel 9.5b)
ψ_1 Kombinationsbeiwert einer häufigen veränderlichen Einwirkung (s. Tafel 9.5b)
ψ_2 Kombinationsbeiwert einer quasi-ständigen veränderlichen Einwirkung (s. Tafel 9.5b)
"+" „ist zu kombinieren"

Die maßgebenden Auswirkungen der Leiteinwirkung $E_{Qk,1}$ von den unabhängigen veränderlichen Einwirkungen können bei linear-elastischer Schnittgrößenermittlung bestimmt werden zu

- Grundkombination $\gamma_{Q,1} \cdot \left(1 - \psi_{0,1}\right) \cdot E_{Qk,1} = \text{max. oder min.} \left\{\gamma_{Q,i} \cdot \left(1 - \psi_{0,i}\right) \cdot E_{Qk,i}\right\}$
- Außergew. Kombination $\gamma_{Q,1} \cdot \left(\psi_{1,1} - \psi_{2,1}\right) \cdot E_{Qk,1} = \text{max. oder min.} \left\{\gamma_{Q,i} \cdot \left(\psi_{1,i} - \psi_{2,i}\right) \cdot E_{Qk,i}\right\}$

Bemessungswerte der Tragfähigkeit R_d

Der Bemessungswert der Tragfähigkeit R_d wird in den bauartspezifischen Normen festgelegt. Er ist als Funktion der Baustoffeigenschaften und der geometrischen Größen zu bestimmen.

4.3 Baugrund (GEO – geotechnical)

Es ist nachzuweisen, dass Versagen oder übermäßige Verformungen des Baugrundes nicht auftreten. Die Festigkeiten von Boden und Fels sind wesentlich an der Tragsicherheit beteiligt.

4.4 Ermüdung (FAT – fatigue)

Es ist nachzuweisen, dass ein Versagen infolge Ermüdung von Tragwerken oder seinen tragenden Bauteilen nicht auftritt. Die Ermüdungsnachweise sind in den bauartspezifischen Normen angegeben.

4.5 Baulicher Brandschutz

Für die Tragwerksanalyse im Brandfall sind die Brandeinwirkungen nach DIN EN 1991-1-2 den bauartspezifischen Widerständen des Tragwerks bei erhöhter Temperatur gegenüberzustellen.

Tafel 9.5a Teilsicherheitsbeiwerte γ für Einwirkungen[1] [DIN EN 1990/NA, Tab. NA.A.1.2(A)-(C)]

GZT	Einwirkung	Wirkung	Symbol	Bemessungssituation P/T[2]	A/E[2]
Lagesicherheit (EQU)	Ständige Einwirkungen:				
	Eigenlast des Tragwerks und von nicht tragenden Bauteilen; vom Baugrund herrührende ständige Einwirkungen; Grundwasser und frei anstehendes Wasser	destabilisierend stabilisierend	$\gamma_{G,dst}$ $\gamma_{G,stb}$	1,10 0,90	1,00 0,95
	Bei kleinen Schwankungen der ständigen Einwirkungen oder Ausschluss von Unter- oder Überschreitungen durch Kontrolle	destabilisierend stabilisierend	$\gamma_{G,dst}$ $\gamma_{G,stb}$	1,05 0,95	1,00 0,95
	Ständige Einwirkungen für den kombinierten Nachweis der Lagesicherheit unter Einschluss des Widerstands der Bauteile (z.B. Zugverankerung)	destabilisierend stabilisierend	$\gamma_{G,dst}$* $\gamma_{G,stb}$*	1,35 1,15	1,00 0,95
	Veränderliche Einwirkungen	destabilisierend	γ_Q	1,50	1,00
	Außergewöhnliche Einwirkungen	destabilisierend	γ_A	–	1,00
Tragsicherheit (STR), (GEO)	Unabhängige ständige Einwirkungen	ungünstig günstig	$\gamma_{G,sup}$ $\gamma_{G,inf}$	1,35 1,00	1,00 1,00
	Unabhängige veränderliche Einwirkungen	ungünstig	γ_Q	1,50	1,00
	Außergewöhnliche Einwirkungen	ungünstig	γ_A	–	1,00
Baugrund (GEO)	Unabhängige ständige Einwirkungen	ungünstig günstig	γ_G γ_G	1,00 1,00	1,00 1,00
	Unabhängige veränderliche Einwirkungen	ungünstig	γ_Q	1,30	1,00
	Außergewöhnliche Einwirkungen	ungünstig	γ_A	–	1,00

[1] Teilsicherheitsbeiwerte für den Brückenbau siehe DIN EN 1990 Anhang A2 mit DIN EN 1990/NA/A1

[2] P/T = ständige u. vorübergehende Bemessungssituation; A/E = außergewöhnliche Bemessungssituation u. Erdbeben

Tafel 9.5b Kombinationsbeiwerte ψ im Hochbau[1] [DIN EN 1990/NA, Tab. NA.A.1.1]

Einwirkung		Kombinationsbeiwerte ψ_0	ψ_1	ψ_2
Nutzlast	Kategorie A, B: Wohn- und Aufenthaltsräume, Büros	0,7	0,5	0,3
	Kategorie C, D: Versammlungsräume; Verkaufsräume	0,7	0,7	0,6
	Kategorie E: Lagerräume	1,0	0,9	0,8
Verkehrslast	Kategorie F: Verkehrsflächen, Fahrzeuglast ≤ 30 kN	0,7	0,7	0,6
	Kategorie G: Verkehrsflächen, 30 kN < Fahrzeuglast ≤ 160 kN	0,7	0,5	0,3
	Kategorie H: Dächer	0	0	0
Schnee- und Eislasten	Orte bis zu NN +1000 m	0,5	0,2	0
	Orte über NN +1000 m	0,7	0,5	0,2
Windlasten		0,6	0,2	0
Temperatureinwirkungen (nicht Brand)		0,6	0,5	0
Baugrundsetzungen		1,0	1,0	1,0
Sonstige veränderliche Einwirkungen		0,8	0,7	0,5

[1] Kombinationsbeiwerte für den Brückenbau siehe DIN EN 1990 Anhang A2 mit DIN EN 1990/NA/A1

Beispiel
Einfeldträger mit Kragarm
g_k = 10,0 kN/m (Eigenlasten) mit $\gamma_{G,dst}$ = 1,1 ; $\gamma_{G,stb}$ = 0,9 ; $\gamma_{G,sup}$ = 1,35
q_k= 7,5 kN/m (Nutzlasten Büros) mit γ_Q = 1,5 ; ψ_0 = 0,7 ; ψ_1 = 0,5 ; ψ_2 = 0,3
Q_k = 5,0 kN (Schneelast, Ort bis zu NN +1000 m) mit γ_Q = 1,5 ; ψ_0 = 0,5 ; ψ_1 = 0,2 ; ψ_2 = 0

Lagesicherheit

Grundkombination mit $\left\{\gamma_G \cdot G_k \text{ "+" } \gamma_{Q,1} \cdot Q_{k,1} \text{ "+" } \gamma_{Q,2} \cdot \psi_{0,2} \cdot Q_{k,2}\right\}$
Maßgebende Leiteinwirkung ist die Schneelast Q_k, weil

$$\max.\ \left\{\gamma_{Q,i} \cdot \left(1-\psi_{0,i}\right) \cdot E_{Qk,i}\right\} = \begin{cases} q_k: & 1{,}5 \cdot (1-0{,}7) \cdot 7{,}5 \cdot 1{,}50^2/2 = 3{,}8 \\ Q_k: & 1{,}5 \cdot (1-0{,}5) \cdot 5{,}0 \cdot 1{,}50 = 5{,}6 \end{cases}$$

Mit dem Drehpunkt am Auflager B folgt:

$\sum M_{Ed,stb} = 0{,}9 \cdot 10{,}0 \cdot 3{,}70^2/2 = 61{,}6$ kNm

$\sum M_{Ed,dst} = (1{,}1 \cdot 10{,}0 + 1{,}5 \cdot 0{,}7 \cdot 7{,}5) \cdot 1{,}50^2/2 + 1{,}5 \cdot 5{,}0 \cdot 1{,}50 = 32{,}5$ kNm

$\sum M_{Ed,stb} \geq \sum M_{Ed,dst}$ $\Rightarrow$ Nachweis erfüllt

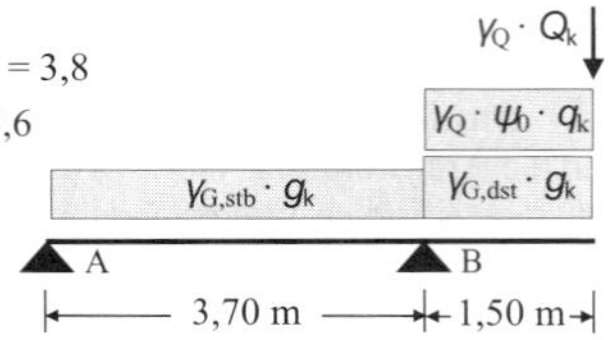

Tragsicherheit

Grundkombination mit $\left\{\gamma_G \cdot G_k \text{ "+" } \gamma_{Q,1} \cdot Q_{k,1} \text{ "+" } \gamma_{Q,2} \cdot \psi_{0,2} \cdot Q_{k,2}\right\}$
Maßgebende Leiteinwirkung ist die Schneelast Q_k, s.o.
Das Bemessungsmoment am Auflager B ist:

$\sum M_{Ed} = (1{,}35 \cdot 10{,}0 + 1{,}5 \cdot 0{,}7 \cdot 7{,}5) \cdot 1{,}50^2/2 + 1{,}5 \cdot 5{,}0 \cdot 1{,}50 = 35{,}3$ kNm

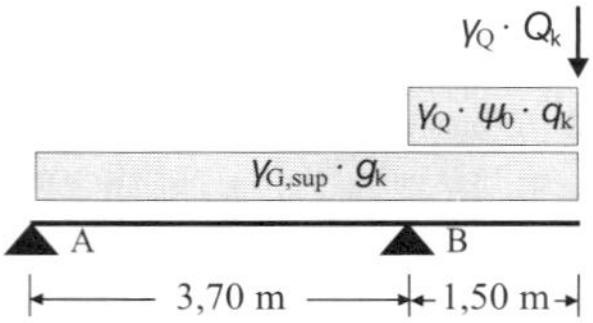

5 Grenzzustände der Gebrauchstauglichkeit (GZG)

Im Grenzzustand der Gebrauchstauglichkeit ist nachzuweisen, dass die definierten Gebrauchstauglichkeitskriterien, wie Verformungen, Rissbreiten, Spannungs- oder Dehnungsbegrenzungen usw., eingehalten werden. Der Bemessungswert der Auswirkung einer Einwirkung E_d darf den Bemessungswert des Grenzzustands für das maßgebliche Gebrauchstauglichkeitskriterium C_d nicht überschreiten:

$$E_d \leq C_d$$

Kombinationen von Einwirkungen

Die Bemessungswerte der Auswirkungen E_d sind für die charakteristische, die häufige und die quasi-ständige Kombination nach DIN EN 1990, Gl. (6.14b), (6.15b) und (6.16b) aus den folgenden Kombinationen von Einwirkungen zu bestimmen; $E_d = E\{\ldots\}$:

Charakteristische Kombination: $\left\{\sum_{j\geq 1} G_{k,j} \text{ "+" } P \text{ "+" } Q_{k,1} \text{ "+" } \sum_{i>1} \psi_{0,i} \cdot Q_{k,i}\right\}$

Häufige Kombination: $\left\{\sum_{j\geq 1} G_{k,j} \text{ "+" } P \text{ "+" } \psi_{1,1} \cdot Q_{k,1} \text{ "+" } \sum_{i>1} \psi_{2,i} \cdot Q_{k,i}\right\}$

Quasi-ständige Kombination: $\left\{\sum_{j\geq 1} G_{k,j} \text{ "+" } P \text{ "+" } \sum_{i\geq 1} \psi_{2,i} \cdot Q_{k,i}\right\}$

$G_{k,j}$; P charakteristischer Wert einer ständigen Einwirkung; der Vorspannung
$Q_{k,1}$; $Q_{k,i}$ charakteristischer Wert der veränderlichen Leiteinwirkung; der weiteren Begleiteinwirkungen
ψ_0 Kombinationsbeiwert einer charakteristischen veränderlichen Einwirkung (s. Tafel 9.5b)
ψ_1 Kombinationsbeiwert einer häufigen veränderlichen Einwirkung (s. Tafel 9.5b)
ψ_2 Kombinationsbeiwert einer quasi-ständigen veränderlichen Einwirkung (s. Tafel 9.5b)
"+" „ist zu kombinieren"

Die maßgebenden Auswirkungen der Leiteinwirkung $E_{Qk,1}$ von den unabhängigen veränderlichen Einwirkungen kann bei linear-elastischer Schnittgrößenermittlung bestimmt werden zu

- Charakteristische Kombination $\left(1-\psi_{0,1}\right) \cdot E_{Qk,1} = \max.\text{ oder min.}\left\{\left(1-\psi_{0,i}\right) \cdot E_{Qk,i}\right\}$
- Häufige Kombination $\left(\psi_{1,1}-\psi_{2,1}\right) \cdot E_{Qk,1} = \max.\text{ oder min.}\left\{\left(\psi_{1,i}-\psi_{2,i}\right) \cdot E_{Qk,i}\right\}$

Bemessungswerte der Gebrauchstauglichkeitskriterien C_d

Die Bemessungswerte C_d sind in den bauartspezifischen Normen festgelegt. Die Teilsicherheitsbeiwerte γ_M für die Baustoffe sollten mit 1,0 angenommen werden (Ausnahmen siehe DIN EN 1992 bis 1999).

Beispiel (Fortsetzung von vorheriger Seite)
Gebrauchstauglichkeit

z.B. häufige Kombination mit $\left\{G_k \text{"+"} \psi_{1,1} \cdot Q_{k,1} \text{"+"} \psi_{2,2} \cdot Q_{k,2}\right\}$

Maßgebende Leiteinwirkung ist hier die Nutzlast q_k, weil

$$\max. \left\{\left(\psi_{1,i} - \psi_{2,i}\right) \cdot E_{Qk,i}\right\} = \begin{cases} q_k\text{: } (0{,}5 - 0{,}3) \cdot 7{,}5 \cdot 1{,}50^2/2 = 1{,}7 \\ Q_k\text{: } (0{,}2 - 0) \cdot 5{,}0 \cdot 1{,}50 = 1{,}5 \end{cases}$$

Das Bemessungsmoment am Auflager B ist:

$\sum M_{Ed} = (10{,}0 + 0{,}5 \cdot 7{,}5) \cdot 1{,}50^2/2 + 0 \cdot 5{,}0 \cdot 1{,}50 = 15{,}5$ kNm

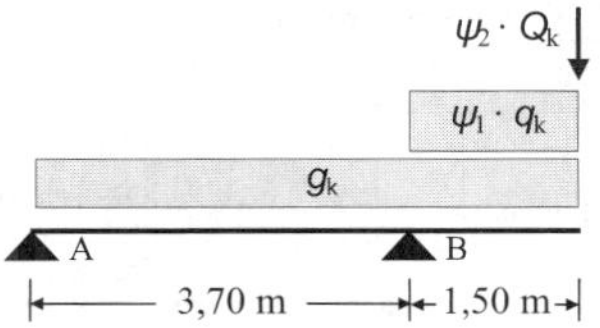

6 Bautechnische Unterlagen

6.1 Übersicht (bspw. nach DIN EN 1992-1-1/NA, 2.8)

Für die Ausführung eines Bauwerks werden **bautechnische Unterlagen** benötigt. Dazu gehören:

- Zeichnungen
- Statische Berechnungen
- ergänzende Baubeschreibung, sofern für die Ausführung relevant
- Angaben zu den Herstellverfahren, Montageanweisungen
- ggf. erforderliche bauaufsichtliche Verwendbarkeitsnachweise für Bauprodukte und Bauarten, z.B. allgemeine bauaufsichtliche Zulassung (abZ) oder European Technical Assessment (ETA)
- ggf. Angaben zur Art und zum Zeitpunkt des Vorspannens von Betontragwerken, Spannprogramm, Zulassungen des Spannverfahrens (abZ oder ETA mit nationalen Ergänzungen)

Die Bauteile mit ggf. erforderlicher Betonstahlbewehrung und Spanngliedern sowie alle Einbauteile sind auf den **Zeichnungen** eindeutig und übersichtlich darzustellen. Die Darstellungen müssen mit den Angaben in den statischen Berechnungen übereinstimmen und alle für die Ausführung der Bauteile und die Prüfung der Berechnungen erforderlichen Maße enthalten. Auf zugehörige Zeichnungen ist hinzuweisen.

Beispielsweise sind auf **Bewehrungszeichnungen** insbesondere anzugeben:

- die Festigkeitsklasse, die Expositionsklassen und weitere Anforderungen an den Beton
- die Betonstahlsorte und ggf. die Spannstahlsorte
- Anzahl, Durchmesser, Form und Lage der Bewehrungsstäbe mit gegenseitigen Abständen, Übergreifungslängen an Bewehrungsstößen, Verankerungslängen; Anordnung, Maße und Ausbildung von Schweißstellen; Typ und Lage der mechanischen Verbindungsmittel
- ggf. entsprechende Angaben zu den Spanngliedern und dem Herstellverfahren der Vorspannung
- Rüttelgassen, Lage von Betonieröffnungen
- bei gebogenen Bewehrungsstäben die auszuführenden Biegerollendurchmesser
- Maßnahmen zur Lagesicherung der Betonstahlbewehrung und ggf. der Spannglieder mit Angaben zur Anordnung, Ausführung und den Maßen der Abstandhalter und Unterstützungen
- das Verlegemaß c_v der Bewehrung und das Vorhaltemaß Δc_{dev} der Betondeckung
- die Fugenausbildung
- gegebenenfalls besondere Maßnahmen zur Qualitätssicherung

Für Schalungs- und Traggerüste mit erforderlicher statischer Berechnung nach DIN EN 12812 und zugehöriger DIBt-Anwendungsrichtlinie sind ebenfalls Zeichnungen anzufertigen; ebenso für Schalungen mit besonders hohen Frischbetondrücken nach DIN 18218.

In einer **statischen Berechnung** sind das Tragwerk und die Lastabtragung zu beschreiben sowie die Tragfähigkeit und die Gebrauchstauglichkeit des Bauwerks übersichtlich und leicht prüfbar nachzuweisen. Mit numerischen Methoden erzielte Rechenergebnisse sollten grafisch dargestellt werden. Von den Anwendungsregeln der Normen abweichende Regeln oder außergewöhnliche Gleichungen sind nachzuweisen oder mit Literaturangaben zu belegen, sodass ihre Richtigkeit geprüft werden kann.

Weitergehende Angaben, die für die Bauausführung oder Prüfung der Zeichnungen oder der statischen Berechnungen notwendig sind, müssen in einer **Baubeschreibung** enthalten und erläutert sein.

6.2 Statische Berechnung (bspw. nach [9.1], siehe auch [9.2], [9.3])

Ein bautechnischer Nachweis sollte die in Tafel 9.8 aufgeführten Teile enthalten.

Tafel 9.8 Umfang des bautechnischen Nachweises

Teil	Inhalt (beispielhaft)
Titelseite	Bauvorhaben / Projektbezeichnung / Projektnummer; ggf. Angabe des betrachteten Bauwerks oder Bauteils; Titel des Dokuments; Bauherr; Planer / Aufsteller der Nachweise mit Anschrift und Kontaktdaten; Datum; aktuelle Revisionsnummer; Freiraum für den Prüfstempel
Revisionsverzeichnis	Angaben zur aktuellen Revision und den Revisionen zuvor: Revisionsnummer und Revisionsdatum mit Angaben zu den Änderungen sowie Benennung von Austausch-, Einschub- und Ergänzungsseiten
Inhaltsverzeichnis	Inhaltsangaben mit Anhängen, gegliedert in Kapiteln und Unterkapiteln
Baubeschreibung / Vorbemerkungen	Standort des Bauwerks mit Umgebungssituation; Geländehöhe; Gebäudeabmessungen; Nutzung des Bauwerks und seine ggf. besonderen Erfordernisse; Beschreibung der Bauweise / Konstruktion; Baustoffe und Bauprodukte; Erläuterung der Grundkonzeption von Aussteifung, Lastabtrag und Statik, Brand-, Schall-, Wärmeschutz usw.; Baugrund- und Grundwasserverhältnisse mit Gründungsmaßnahmen; ggf. Angaben zu besonderen Bauweisen und Montagezuständen, Umbauten, Anordnung von Dehnungsfugen usw.; bei Verwendung von EDV-Programmen: Bezeichnung der Programme mit Angabe der Versionsnummern
Literaturverzeichnis	Zu Grunde gelegte Normen, Richtlinien, Planunterlagen; verwendete Literatur, Zulassungen
Übersichtszeichnungen / Positionspläne	Übersichtszeichnungen: Lage der Bauwerke oder Anordnung von Bauteilen. Positionspläne: Grundrisse und Schnitte mit Achs- und Reihenbezeichnungen, Hauptabmessungen und Höhenkoten; Darstellung der tragenden Bauteile mit Vermaßung und Querschnittsabmessungen sowie Angaben zu den Festigkeitsklassen der Baustoffe; Bereiche und Spannrichtungen der Decken; ggf. Anordnung der Dehnfugen; Bezeichnung der statischen Positionen z.B. mit Anfangsbuchstaben wie *D* für Decke, *U* für Unterzug, *S* für Stütze, *W* für Wände, *B* für Bodenplatte usw. und Stockwerksangaben sowie laufender Nummerierung (Beispiel: *S* 2.08 = Stütze im 2. Obergeschoss mit der laufenden Nummer 8)
Einwirkungen / Lastannahmen	Schnee-, Wind- und Erdbebenzone; Einwirkungen nach DIN EN 1991, DIN EN 1997 und DIN EN 1998; ggf. Belastungspläne; evt. Laststatik
Statische Nachweise	System mit Einwirkungen; Auswirkungen wie Schnittgrößenverläufe, Spannungszustände und Verformungen in den maßgebenden Einwirkungskombinationen (weitere EDV-Berechnungen im Anhang); Nachweise in den Grenzzuständen der Tragfähigkeit und der Gebrauchstauglichkeit, Dauerhaftigkeit; Konstruktive Durchbildung; ggf. Konstruktions-, Bewehrungs- und Detailskizzen für die Anfertigung der Ausführungszeichnungen
Brand-, Schall- und Wärmeschutznachweise	Inhalte analog zu den statischen Nachweisen, s.o.; bauphysikalische Nachweise nach den einschlägigen Gesetzen, Normen und Richtlinien
Schlussseite	Name und Unterschrift des verantwortlichen Bearbeiters mit Kontaktdaten; ggf. entsprechende Angaben des Projektleiters
Anhänge	Gültige Baueingabepläne; Bodengutachten; verwendete bauaufsichtliche Zulassungen (abZ, ETA mit ggf. erforderlichen nationalen Ergänzungen) und Typenprüfungen; ggf. Zustimmung im Einzelfall (ZiE) und Nachweis der Güteüberwachung; Dokumentation der EDV-Berechnungen
Ausführungszeichnungen	Für die Ausführung erforderliche Konstruktionszeichnungen, wie Rohbaupläne, Schal- und Bewehrungspläne, Werkstattpläne, Fertigteil- und Verlegepläne usw.

9 B Eigenlasten von Baustoffen, Bauteilen und Lagerstoffen

DIN EN 1991-1-1 und DIN EN 1991-1-1/NA:2010-12, DIN EN 1991-1-1/NA/A1:2015-05

Prof. Dr.-Ing. Andreas Garg

1 Vorbemerkungen

In den nachfolgenden Tabellen sind Nenn- und Mittelwerte sowie obere und untere Werte von Wichten, Flächenlasten und Böschungswinkeln angegeben, die als charakteristische Werte verwendet werden dürfen (vgl. DIN EN 1990, 4.1.2). Angaben aus weiteren Normen sind ggf. zu beachten.

Werte, die mit einem * gekennzeichnet sind, wurden aus der DIN 1055-1 (06.2002) übernommen, weil diese in DIN EN 1991-1-1 (12.2010) oder DIN EN 1991-1-1/NA (12.2010) nicht aufgeführt sind.

2 Baustoffe und Bauteile

2.1 Beton, Mörtel (DIN EN 1991-1-1, Tab. A.1)

Normalbeton	Wichte[1] [kN/m³]		24				
Stahlbeton	Wichte[1] [kN/m³]		25				
Schwerbeton	Wichte[1] [kN/m³]		> 26				
Leichtbeton[2]	Rohdichteklasse D	1,0	1,2	1,4	1,6	1,8	2,0
	Wichte[1] [kN/m³]	8–10	10–12	12–14	14–16	16–18	18–20
Mörtel	Zementmörtel	Wichte [kN/m³]	19–23				
	Gips-/Kalkmörtel	Wichte [kN/m³]	12–18				
	Kalkzementmörtel	Wichte [kN/m³]	18–20				

[1] Bei Frischbeton sind die Werte um 1 kN/m³ zu erhöhen.
[2] Werte nach DIN EN 206; die Wichten für bewehrten Leichtbeton sind um 1 kN/m³ zu erhöhen.

2.2 Mauerwerk, Bauplatten und Putze

2.2.1 Mauerwerk (DIN EN 1991-1-1, Tab. NA.A.14 mit DIN EN 1991-1-1/NA/A1)

Mauerwerk aus künstlichen Steinen (übliche Feuchte, einschließlich Fugenmörtel)

Steinrohdichte in g/cm³	0,4	0,5	0,6	0,7	0,8	0,9	1,0	1,2	1,4	1,6	1,8	2,0	2,2	2,4	2,6
Wichte bei Normalmörtel [kN/m³]	6	7	8	9	10	11	12	14	16	16	18	20	22	24	26
Wichte bei Leicht- oder Dünnbettmörtel [kN/m³]	5	6	7	8	9	10	11	13	15						

Bei Zwischenwerten der Steinrohdichten dürfen die Rechenwerte linear interpoliert werden.

Mauerwerk aus natürlichen Steinen

siehe Kapitel 6 D, Abschnitt 1 oder DIN EN 1991-1-1, Tab. A.2.

Gängige Mauerwerkssteine

siehe Kapitel 11 B, Abschnitt 3

2.2.2 Bauplatten

Porenbeton, unbewehrt; Bauplatten und Planbauplatten nach DIN 4166 (DIN EN 1991-1-1, Tab. NA.A.15)

Rohdichteklasse	0,35	0,40	0,45	0,50	0,55	0,60	0,65	0,70	0,80
Wichte[3] [kN/m³]	4,5	5,0	5,5	6,0	6,5	7,0	7,5	8,0	9,0

[3] Die Werte schließen den Fugenmörtel und die übliche Feuchte ein. Bei Verwendung von Leicht- und Dünnbettmörtel dürfen die charakteristischen Werte um 0,5 kN/m³ vermindert werden.

Porenbeton, bewehrt; Dach-, Wand- und Deckenplatten nach DIN 4223 (DIN EN 1991-1-1, Tab. NA.A.16)

Rohdichteklasse	0,40	0,45	0,50	0,55	0,60	0,65	0,70	0,80
Wichte [kN/m³]	5,2	5,7	6,2	6,7	7,2	7,8	8,4	9,5

Gips-Wandbauplatten nach DIN EN 12 859 und **Gipskartonplatten** nach DIN 18 180 (DIN EN 1991-1-1, Tab. NA.A.17)

Gegenstand	Rohdichteklasse	Flächenlast je cm Dicke [kN/m²]
Porengips-Wandbauplatten	0,7	0,07
Gips-Wandbauplatten	0,9	0,09
Gipskartonplatten	–	0,09

2.2.3 Mörtel und Putze ohne und mit Putzträger (DIN EN 1991-1-1, Tab. NA.A.18)

Gegenstand	Schichtdicke [mm]	Flächenlast [kN/m²]
Gipskalkputz		
▪ auf Putzträgern (z. B. Ziegeldrahtgewebe, Streckmetall)	30	0,50
▪ auf Holzwolleleichtbauplatten mit 15 mm Dicke	20	0,35
▪ auf Holzwolleleichtbauplatten mit 25 mm Dicke	20	0,45
Gipsputz	15	0,18
Kalk-, Kalkgips- und Gipssandmörtel	20	0,35
Kalkzementmörtel	20	0,40
Zementmörtel	20	0,42
Leichtputz nach DIN 18550-4	20	0,30
Putz aus Putz- und Mauerbinder nach DIN 4211	20	0,40
Rohrdeckenputz (Gips)	20	0,30
Wärmedämmputzsystem (WDPS) – Dämmputz	20 60 100	0,24 0,32 0,40
Wärmedämmbekleidung aus Kalkzementputz und Holzwolleleichtbauplatten		
▪ Plattendicke 15 mm	20	0,49
▪ Plattendicke 50 mm	20	0,60
▪ Plattendicke 100 mm	20	0,80
Wärmedämmverbundsystem (WDVS) aus 15 mm dickem bewehrtem Oberputz und Schaumkunststoff nach DIN V 18164-1 und DIN 18164-2 oder Faserdämmstoff nach DIN V 18165-1 und DIN 18165-2		0,30

2.3 Metalle (DIN EN 1991-1-1, Tab. A.4)

Baustoff	Wichte [kN/m³]
Aluminium	27
Blei	112–114
Bronze	83–85
Gusseisen	71,0–72,5
Kupfer	87–89
Magnesium*	18,5

Baustoff	Wichte [kN/m³]
Messing	83–85
Nickel*	89
Schmiedeeisen	76
Stahl	77,0–78,5
Zink	71–72
Zinn*	74

Trapezprofile, Sandwichbauteile

siehe Kapitel 13 B oder Herstellerangaben

Stahlbauprofile

siehe Kapitel 13 D

2.4 Glas und Kunststoffe (DIN EN 1991-1-1, Tab. A.5)

Baustoff		Wichte [kN/m³]
Glas	in Scheiben	25
	gekörnt	22
Profilbauglas	einschalig	27
	zweischalig	54

Baustoff		Wichte [kN/m³]
Kunststoffe	Acrylscheiben	12
	Glasschaum	1,4
	Polystyrol aufgeschäumt	0,3

2.5 Holz und Holzwerkstoffe (DIN EN 1991-1-1, Tab. A.3)

Nadelholz	C14	C16	C18	C22	C24	C27	C30	C35	C40
Wichte [kN/m³]	3,5	3,7	3,8	4,1	4,2	4,5	4,6	4,8	5,0
Brettschichtholz		GL24h	GL28h	GL32h	GL36h	GL24c	GL28c	GL32c	GL36c
Wichte [kN/m³]		3,7	4,0	4,2	4,4	3,5	3,7	4,0	4,2
Laubholz				D30	D35	D40	D50	D60	D70
Wichte [kN/m³]				6,4	6,7	7,0	7,8	8,4	10,8

Sperrholz	Weichholz-Sperrholz	Wichte [kN/m³]	5
	Birken-Sperrholz	Wichte [kN/m³]	7
	Laminate u. Tischlerplatten	Wichte [kN/m³]	4,5
Spanplatten	Spanplatten	Wichte [kN/m³]	7–8
	Zementgebundene Spanplatten	Wichte [kN/m³]	12
	Sandwichplatten	Wichte [kN/m³]	7
Holzfaserplatten	Hartfaserplatten	Wichte [kN/m³]	10
	Holzfaserplatten mittlerer Dichte	Wichte [kN/m³]	8
	Leichtfaserplatten	Wichte [kN/m³]	4

2.6 Dämm-, Sperr- und Füllstoffe

Dämmstoffe [9.5]

Baustoff		Wichte [kN/m³]
Synthetische Dämmstoffe		
Expandierter Polystyrol-Hartschaum (EPS) nach DIN EN 13163		0,15–0,6
Extrudierter Polystyrol-Hartschaum (XPS) nach DIN EN 13164		0,25–0,5
Polyurethan-Hartschaum (PUR) nach DIN EN 13165	PUR-Platten	0,3–1
	PUR-Ortschaum	0,4–0,6
Aerogelmatten		1,1–2,3
Phenolharzplatten		0,35–0,4
Vakuumisolationspaneele		1,5–2,1
Mineralische Dämmstoffe nach DIN EN 13162		
Glaswolle	Glaswolle-Matten	0,15–1,5
	Glaswolle-Einblasdämmung	0,2–0,4
Steinwolle	Steinwollplatten	0,3–2,2
	Steinwolle-Einblasdämmung	0,35–1,2
Schaumglas		1,0–2,0
Perlite Granulat		0,4–0,9
SLS 20 Blähglas-Granulat		0,25–0,3
Calciumsilikat		1,15–3,0
Mineraldämmplatten		0,9–1,5
Naturnahe Dämmstoffe		
Holzfaser	Holzweichfaserplatten	1,1–6,0
	Holzfaser-Einblasdämmung	0,32–0,45
Flachs oder Hanf	Stopfwolle	0,4–0,5
	Matten	0,2–0,4
	Schäben	1,5
Holzwolle		3,5–6,0
Zellulose		0,3–0,6
Kork	Kork (lose)	0,65–1,5
	Kork-Platten	1,0–2,2
Neptunballfasern		0,65–0,75

Lose Stoffe (DIN EN 1991-1-1, Tab. NA.A.20)

Gegenstand	Flächenlast je cm Dicke [kN/m²]
Bimskies, geschüttet	0,07
Blähglimmer, geschüttet	0,02
Blähperlit	0,01
Blähschiefer und Blähton, geschüttet	0,15
Faserdämmstoffe nach DIN V 18 165-1 und DIN 18 165-2 (z. B. Glas-, Schlacken-, Steinfaser)	0,01
Faserstoffe, bituminiert, als Schüttung	0,02
Gummischnitzel	0,03
Hanfschäben, bituminiert	0,02
Hochofenschaumschlacke (Hüttenbims), Steinkohlenschlacke, Koksasche*	0,14
Hochofenschlackensand	0,10
Kieselgur	0,03
Korkschrot, geschüttet	0,02
Magnesia, gebrannt	0,10
Schaumkunststoffe	0,01

Platten, Matten und Bahnen (DIN EN 1991-1-1, Tab. NA.A.21)

Gegenstand		Flächenlast je cm Dicke [kN/m²]
Asphaltplatten		0,22
Holzwolle-Leichtbauplatten nach DIN 1101	Plattendicke ≤ 100 mm	0,06
	Plattendicke > 100 mm	0,04
Kieselgurplatten		0,03
Korkschrotplatten aus impräg. Kork nach DIN 18 161-1, bituminiert		0,02
Mehrschicht-Leichtbauplatten nach DIN 1102, unabhängig von der Dicke	Zweischichtplatten	0,05
	Dreischichtplatten	0,09
Korkschrotplatten aus Backkork nach DIN 18 161-1		0,01
Perliteplatten		0,02
Polyurethan-Ortschaum nach DIN 18 159-1		0,01
Schaumglas (Rohdichte 0,07 g/cm³) in Dicken von 4 cm bis 6 cm mit Pappekaschierung und Verklebung		0,02
Schaumkunststoffplatten nach DIN V 18 164-1 und DIN 18 164-2		0,004

2.7 Dachbegrünungen, Solaranlagen und Dachdeckungen

Die Flächenlasten gelten für 1 m² Dachfläche ohne Sparren, Pfetten und Dachbinder.

Dachbegrünungen

Art der Dachbegrünung	*Vegetationsarten mit ungefähren Wuchshöhen*	*Dicke der Vegetationsschicht [cm]*	Flächenlast[1] [kN/m²]
Extensiv (dünnschichtig)	Moos, Sedum, Rasenersatz und Magerrasen (5 – 25 cm)	3–10	0,3–1,0
Extensiv	Rollrasen, Kräuter, Gräser (10 – 40 cm)	8–15	0,8–1,6
Intensiv (einfach)	Bodendecker, Stauden, Gräser, kleinere Sträucher und Gehölze (15 – 80 cm)	15–25	1,6–3,0
Intensiv	kleine und mittlere (80 – 300 cm) oder große (<600 cm) Sträucher u. Gehölze	25–45	3,0–5,0
	kleinere (<1000 cm) und mittelgroße (<1500 cm) Bäume	50–80	5,0–15,0

[1] Die Flächenlasten berücksichtigen den wassergesättigten Zustand der Vegetationsschichten, deren Schichtsysteme aus Systemerden bestehen, nicht aus Mutterboden. Die BVPI empfiehlt für Vegetationsschichtdicken ≤ 10 cm einen Mindestwert von 2,0 kN/m², sofern nicht genaue nachprüfbare Angaben vorliegen [9.6].

Photovoltaik- und Solarthermieanlagen (ohne Ballastierung)

Photovoltaikanlagen	Flächenlast [kN/m²]
▪ mit Unterkonstruktion	0,15–0,25
▪ glasfrei, dachintegriert	0,03–0,05

Solarthermieanlagen	Flächenlast [kN/m²]
▪ Flachkollektoren	0,15–0,25
▪ Röhrenkollektoren	0,10–0,20

Deckungen aus Dachziegeln, Dachsteinen u. Glasdeckstoffen (DIN EN 1991-1-1, Tab. NA.A.22)

Gegenstand		Flächenlast[1] [kN/m²]
Dachsteine aus Beton mit mehrfacher Fußverrippung u. hochliegendem Längsfalz	bis 10 Stück/m²	0,50
	über 10 Stück/m²	0,55
Dachsteine aus Beton mit mehrfacher Fußverrippung u. tiefliegendem Längsfalz	bis 10 Stück/m²	0,60
	über 10 Stück/m²	0,55
Biberschwanzziegel 155 mm × 375 mm und 180 mm × 380 mm und ebene Dachsteine aus Beton im Biberformat	Spließdach (einschl. Schindeln)	0,60
	Doppeldach u. Kronendach	0,75
Glasdeckstoffe bei gleicher Dachdeckungsart wie in den Zeilen zuvor		wie die Zeilen zuvor
Falzziegel, Reformpfannen, Falzpfannen, Flachdachpfannen		0,55
Großformatige Pfannen bis 10 Stück/m²		0,50
Kleinformatige Biberschwanzziegel und Sonderformate (Kirchen-, Turmbiber usw.)		0,95
Krempziegel, Hohlpfannen		0,45
Krempziegel, Hohlpfannen in Pappdocken verlegt		0,55
Mönch- und Nonnenziegel (mit Vermörtelung)		0,90
Strangfalzziegel		0,60

[1] Die Flächenlasten gelten, soweit nicht anders angegeben, ohne Vermörtelung, aber einschließlich der Lattung. Bei einer Vermörtelung sind 0,1 kN/m² zuzuschlagen.

Schieferdeckung (DIN EN 1991-1-1, Tab. NA.A.23)

Gegenstand	Flächenlast [kN/m²]
Altdeutsche Schieferdeckung und Schablonendeckung auf 24 mm Schalung, einschließlich Vordeckung und Schalung	
▪ in Einfachdeckung	0,50
▪ in Doppeldeckung	0,60
▪ Schablonendeckung auf Lattung, einschließlich Lattung	0,45

Metalldeckungen (DIN EN 1991-1-1, Tab. NA.A.24)

Gegenstand	Flächenlast [kN/m²]
Aluminiumblechdach (Aluminium 0,7 mm dick, einschließlich 24 mm Schalung)	0,25
Aluminiumblechdach aus Well-, Trapez- und Klemmrippenprofilen	0,05
Doppelstehfalzdach aus Titanzink oder Kupfer, 0,7 mm dick, einschließlich Vordeckung und 24 mm Schalung	0,35
Stahlpfannendach (verzinkte Pfannenbleche)	
▪ einschließlich Lattung	0,15
▪ einschließlich Vordeckung und 24 mm Schalung	0,30
Stahlblechdach aus Trapezprofilen	[2]
Wellblechdach (verzinkte Stahlbleche, einschließlich Befestigungsmaterial)	0,25

[2] siehe Kapitel 13 B oder nach Angabe des Herstellers

Faserzement-Dachplatten nach DIN EN 492 (DIN EN 1991-1-1, Tab. NA.A.25)

Gegenstand	Flächenlast [kN/m²]
Deutsche Deckung auf 24 mm Schalung, einschl. Vordeckung u. Schalung	0,40
Doppeldeckung auf Lattung, einschließlich Lattung	0,38[3]
Waagerechte Deckung auf Lattung, einschließlich Lattung	0,25[3]

[3] Bei Verlegung auf Schalung sind 0,1 kN/m² zu addieren.

Faserzement-Wellplatten nach DIN EN 494 (DIN EN 1991-1-1, Tab. NA.A.26)

Gegenstand	Flächenlast [kN/m²]
Faserzement-Kurzwellplatten	0,24[1]
Faserzement-Wellplatten	0,20[1]
[1] Ohne Pfetten, jedoch einschließlich Befestigungsmaterial	

Sonstige Deckungen (DIN EN 1991-1-1, Tab. NA.A.27)

Gegenstand	Flächenlast [kN/m²]
Deckung mit Kunststoffwellplatten (Profilformen nach DIN EN 494), ohne Pfetten, einschließlich Befestigungsmaterial ▪ aus faserverstärkten Polyesterharzen (Rohdichte 1,4 g/cm³), Plattendicke 1 mm ▪ wie vor, jedoch mit Deckkappen ▪ aus glasartigem Kunststoff (Rohdichte 1,2 g/cm³), Plattendicke 3 mm	 0,03 0,06 0,08
PVC-beschichtetes Polyestergewebe, ohne Tragwerk ▪ Typ I (Reißfestigkeit 3,0 kN/5 cm Breite) ▪ Typ II (Reißfestigkeit 4,7 kN/5 cm Breite) ▪ Typ III (Reißfestigkeit 6,0 kN/5 cm Breite)	 0,0075 0,0085 0,01
Rohr- oder Strohdach, einschließlich Lattung	0,70
Schindeldach, einschließlich Lattung	0,25
Sprossenlose Verglasung ▪ Profilbauglas, einschalig ▪ Profilbauglas, zweischalig	 0,27 0,54
Zeltleinwand, ohne Tragwerk	0,03

Dach-/Bauwerksabdichtungen mit Bitumen-, Kunststoff- und Elastomerbahnen (DIN EN 1991-1-1, Tab. NA.A.28)

Gegenstand	Flächenlast [kN/m²]
Bahnen im Lieferzustand	
Bitumen- u. Polymerbitumen-Dachdichtungsbahn nach DIN 52130 u. DIN 52132	0,04
Bitumen- u. Polymerbitumen-Schweißbahn nach DIN 52131 u. DIN 52133	0,07
Bitumen-Dichtungsbahn mit Metallbandeinlage nach DIN 18190-4	0,03
Nackte Bitumenbahn nach DIN 52129	0,01
Glasvlies-Bitumen-Dachbahn nach DIN 52143	0,03
Kunststoffbahnen, 1,5 mm Dicke	0,02
Bahnen in verlegtem Zustand	
Bitumen- und Polymerbitumen-Dachdichtungsbahn nach DIN 52130 u. DIN 52132, einschließlich Klebemasse bzw. Bitumen- und Polymerbitumen-Schweißbahn nach DIN 52131 und DIN 52133, je Lage	0,07
Bitumen-Dichtungsbahn nach DIN 18190-4, einschl. Klebemasse, je Lage	0,06
Nackte Bitumenbahn nach DIN 52129, einschließlich Klebemasse, je Lage	0,04
Glasvlies-Bitumen-Dachbahn nach DIN 52143, einschl. Klebemasse, je Lage	0,05
Dampfsperre, einschließlich Klebemasse bzw. Schweißbahn, je Lage	0,07
Ausgleichsschicht, lose verlegt	0,03
Dach- u. Bauwerksabdichtungen aus Kunststoffbahnen, lose verlegt, je Lage	0,02
Schwerer Oberflächenschutz auf Dachabdichtungen	
Kiesschüttung, Dicke 5 cm	1,0

2.8 Fußboden- und Wandbeläge (DIN EN 1991-1-1, Tab. NA.A.19)

Gegenstand	Flächenlast je cm Dicke [kN/m²]
Asphaltbeton	0,24
Asphaltmastix	0,18
Gussasphalt	0,23
Betonwerksteinplatten, Terrazzo, kunstharzgebundene Werksteinplatten	0,24

Fußboden- und Wandbeläge (Fortsetzung)

Gegenstand	Flächenlast je cm Dicke [kN/m²]
Estrich ▪ Calciumsulfatestrich (Anhydritestrich, Natur-, Kunst- und Rauchgasentschwefelungsanlagen-Gipsestrich) ▪ Gipsestrich ▪ Gussasphaltestrich ▪ Industrieestrich ▪ Kunstharzestrich ▪ Magnesiaestrich nach DIN 272 mit begehbarer Nutzschicht bei ein- oder mehrschichtiger Ausführung ▪ Unterschicht bei mehrschichtiger Ausführung ▪ Zementestrich	 0,22 0,20 0,23 0,24 0,22 0,22 0,12 0,22
Glasscheiben	0,25
Gummi	0,15
Keramische Wandfliesen (Steingut einschl. Verlegemörtel)	0,19
Keramische Bodenfliesen (Steinzeug und Spaltplatten, einschließlich Verlegemörtel)	0,22
Kunststoff-Fußbodenbelag	0,15
Linoleum	0,13
Natursteinplatten (einschl. Verlegemörtel)	0,30
Teppichboden	0,03

3 Lagerstoffe

3.1 Baustoffe und Bauprodukte als Lagergüter (DIN EN 1991-1-1, Tab. A.7)

Gegenstand		Wichte [kN/m³]	Böschungswinkel[1)]
Bentonit	lose	8	40°
	gerüttelt	11	–
Braunkohlenfilterasche		15	20°
Flugasche		10–14	25°
Gesteinskörnung	für Leichtbeton (siehe auch Abschn. 2.1)	8–20	30°
	für Normalbeton	20–30	30°
	für Schwerbeton	>30	30°
Gips, gemahlen		15	25°
Glas in Scheiben (siehe auch Abschnitt 2.4)		25	–
Hochofenschlacke	Stücke	17	40°
	gekörnt	12	30°
	Hüttenbims	9	35°
Kalk	Kalkstein	13	25°
	gemahlen	13	25°–27°
Kies und Sand, Schüttung		15–20	35°
Kunststoffe	Polyäthylen, Polystyrol als Granulat	6,4	30°
	Polyvinylchlorid, gemahlen	5,9	40°
	Polyesterharze	11,8	–
	Leimharze	13	–
Magnesit, gemahlen		12	–
Sand		14–19	30°
Vermiculit	Blähglimmer als Zuschlag für Beton	1	–
	Glimmer	6–9	–
Zement	geschüttet	16	28°
	in Säcken	15	–
Ziegelsplitt, gemahlene oder gebrochene Ziegel		15	35°

1) Die Böschungswinkel gelten für lose Schüttungen. Für eine Lagerung der Güter in Silos siehe DIN EN 1991-4.

3.2 Gewerbliche und industrielle Lagergüter

Industrielle und allgemeine Güter (DIN EN 1991-1-1, Tab. A.12 und Tab. NA.A.13)

Gegenstand		Wichte [kN/m³]	Böschungswinkel
Bücher und Akten	lose gelagert	6	–
	dicht gelagert	8,5	–
Regale und Schränke		6	–
Bitumen, Teer		14	–
Eis, in Stücken		8,5	–
Eisenerz	Raseneisenerz	14	40°
	Brasilerz	39	40°
Fasern, Zellulose, in Ballen gepresst		12	0°
Faulschlamm	bis 30 % Volumenanteil an Wasser	12,5	20°
	über 50 % Volumenanteil an Wasser	11	0°
Fischmehl		8	45°
Gummi		10–17	–
Holzspäne, lose geschüttet		2	45°
Holzwolle	lose	1,5	45°
	gepresst	4,5	–
Karbid in Stücken		9	30°
Kleidungsstücke und Stoffe, gebündelt		11	–
Kork, gepresst		3	–
Leder, gestapelt		10	–
Linoleum nach DIN EN 548, in Rollen		13	–
Papier	gestapelt	11	–
	in Rollen	15	–
Porzellan oder Steingut, gestapelt		11	–
PVC-Beläge nach DIN EN 649, in Rollen		15	–
Salz		12	40°
Sägespäne	in Säcken, trocken	3	–
	lose, trocken	2,5	45°
	lose, feucht	5	45°
Soda	geglüht	25	45°
	kristallin	15	40°
Steinsalz		22	45°
Wolle, Baumwolle, gepresst, luftgetrocknet		13	–

Feste Brennstoffe (DIN EN 1991-1-1, Tab. A.11)

Gegenstand		Wichte [kN/m³]	Böschungswinkel
Braunkohle	Briketts, geschüttet	7,8	30°
	Briketts, gestapelt	12,8	–
	erdfeucht	9,8	30°–40°
	trocken	7,8	35°
	Staub	4,9	25°–40°
	Braunkohlenschwelkoks	9,8	40°
Brennholz		5,4	45°
Holzkohle	lufterfüllt	4	–
	luftfrei	15	–
Steinkohle	Pressbriketts, geschüttet	8	35°
	Pressbriketts, gestapelt	13	–
	Eierbriketts	8,3	30°
	Steinkohle als Rohkohle, grubenfeucht	10	35°
	Kohle, gewaschen	12	–
	Steinkohle als Staubkohle	7	25°
	Koks	4,0–6,5	35°–45°
	Mittelgut im Steinbruch	12,3	35°
	Waschberge im Zechenbetrieb	13,7	35°
	andere Kohlensorten	8,3	30°–35°
Torf	schwarz, getrocknet, dicht gepackt	6–9	–
	schwarz, getrocknet, lose gekippt	3–6	45°

Flüssigkeiten (DIN EN 1991-1-1, Tab. A.10)

Gegenstand		Wichte [kN/m³]
Getränke	Bier, Milch, (Süß-)Wasser, Wein	10
Pflanzenöle	Glycerin	12,3
	Leinöl	9,2
	Olivenöl	8,8
	Rizinusöl	9,3
Organische Flüssigkeiten und Säuren	Alkohol, Brennspiritus	7,8
	Äther	7,4
	Salzsäure, 40 %-ig (Massenanteil)	11,8
	Salpetersäure, 91 %-ig (Massenanteil)	14,7
	Schwefelsäure, 30 %-ig (Massenanteil)	13,7
	Schwefelsäure, 87 %-ig (Massenanteil)	17,7
	Terpentin	8,3
Kohlenwasserstoffe	Anilin	9,8
	Benzol	8,8
	Steinkohleteer	10,8–12,8
	Kreosot	10,8
	Naphtha	7,8
	Paraffin	8,3
	Leichtbenzin	6,9
	Erdöl	9,8–12,8
	Dieselöl	8,3
	Heizöl	7,8–9,8
	Schweröl	12,3
	Schmieröl	8,8
	Benzin, als Kraftstoff	7,4
	Flüssiggas – Butangas	5,7
	Flüssiggas – Propangas	5
Weitere Flüssigkeiten	Quecksilber	133
	Bleimennige	59
	Bleiweiß in Öl	38
	Schlamm, über 50 % Volumenanteil an Wasser	10,8

Landwirtschaftliche Güter (DIN EN 1991-1-1, Tab. A.8)

Gegenstand		Wichte [kN/m³]	Böschungswinkel
Naturdünger	Mist (mindestens 60 % Feststoffe)	7,8	–
	Mist (mit trockenem Stroh)	9,3	45°
	trockener Geflügelmist	6,9	45°
	Jauche (maximal 20 % Feststoffe)	10,8	–
Kunstdünger	NPK-Düngemittel, gekörnt	8–12	25°
	Thomasmehl	13,7	35°
	Phosphat, gekörnt	10–16	30°
	Kalisulfat	12–16	28°
	Harnstoffe	7–8	24°
Trockenfutter	grün, lose gehäuft	3,5–4,5	–
Getreide, ungemahlen (≤ 14 % Feuchtigkeitsgehalt, falls nicht anders angegeben)	allgemein	7,8	30°
	Gerste	7	30°
	Braugerste, feucht	8,8	–
	Grassamen	3,4	30°
	Mais, geschüttet	7,4	30°
	Mais, in Säcken	5	–
	Hafer	5	30°
	Rübsamen	6,4	25°
	Roggen	7	30°
	Weizen, geschüttet	7,8	30°
	Weizen, in Säcken	7,5	–

Landwirtschaftliche Güter (Fortsetzung)

Gegenstand		Wichte [kN/m³]	Böschungswinkel
Gras-Würfel		7,8	40°
Heu	in Ballen	1–3	–
	gewalzte Ballen	6–7	–
Häute und Felle		8–9	
Hopfen	lose	1–2	25°
	in Säcken*	1,7	–
	in zylindrischen Hopfenbüchsen*	4,7	–
	gepresst oder in Tuch eingenäht*	2,9	–
Malz		4–6	20°
Mehl	grob gemahlen	7	45°
	Würfel	7	40°
Silofutter		5–10	–
Stroh	lose	0,7	–
	in Ballen	1,5	–
Tabak	in Ballen	3,5–5,0	–
Torf	trocken, lose geschüttet	1	35°
	trocken, in Ballen komprimiert	5	–
	feucht	9,5	–
Wolle	lose	3	–
	in Ballen	7–13	–

Nahrungsmittel (DIN EN 1991-1-1, Tab. A.9)

Gegenstand			Wichte [kN/m³]	Böschungswinkel
Eier, in Behältern			4–5	–
Mehl	lose		6	25°
	verpackt		5	–
Obst, Früchte	Äpfel	lose	8,3	30°
		in Kisten	6,5	–
	Kirschen		7,8	–
	Birnen		5,9	–
	Himbeeren, in Schalen		2,0	–
	Erdbeeren, in Schalen		1,2	–
	Tomaten		6,8	–
Zucker	lose, geschüttet		7,8–10	35°
	dicht, verpackt		16	–
Gemüse, grün	Kohl		4	–
	Salat		5	–
Hülsenfrüchte	allgemein		7,4	30°
	Bohnen		8,1	35°
	Sojabohnen		7,8	–
Wurzelgemüse	allgemein		8,8	–
	Rote Beete		7,4	40°
	Möhren		7,8	35°
	Zwiebeln		7	35°
	Rüben		7	35°
Kartoffeln	lose		7,6	35°
	in Kisten		4,4	–
Zuckerrüben	Trockenschnitzel		2,9	35°
	roh		7,6	–
	Nassschnitzel		10,0	–

9 C Nutzlasten im Hochbau

DIN EN 1991-1-1 und DIN EN 1991-1-1/NA:2010-12, DIN EN 1991-1-1/NA/A1:2015-05

Prof. Dr.-Ing. Andreas Garg

1 Vorbemerkungen

Nutzlasten sind **veränderliche freie Einwirkungen**, die als statisch, quasi-statisch oder dynamisch bezeichnet werden können. **Statische Einwirkungen** erzeugen keine bemerkenswerten Beschleunigungen des Tragwerks oder der Bauteile. **Quasi-statische Einwirkungen** sind dynamische Einwirkungen, die durch äquivalente statische Ersatzeinwirkungen beschrieben werden können. **Dynamische Einwirkungen**, die bemerkenswerte Beschleunigungen des Tragwerks oder der Bauteile erzeugen und nicht als quasi-statische Einwirkungen erfasst werden können, sind im Rahmen einer dynamischen Berechnung zu berücksichtigen. Nachfolgend werden ausschließlich statische und quasi-statische Einwirkungen beschrieben.
Anpralllasten sind in Kapitel 9 D angegeben.

2 Abgrenzungen zwischen Eigen- und Nutzlast

2.1 Lasten von losen Kies- und Bodenschüttungen auf Dächern und Decken

Die Eigenlasten von z.B. losen Kies- und Bodenschüttungen auf Dächern oder Decken sind als veränderliche Einwirkungen anzusetzen. Dies gilt insbesondere dann, wenn diese Einwirkungen bspw. infolge von Reparaturarbeiten vorübergehend entfernt werden können, und wenn sie sich auf die Standsicherheit des Bauwerks oder einzelner Teile des Tragwerks auswirken können.

2.2 Lasten aus leichten Trennwänden

Die Eigenlasten unbelasteter Trennwände mit einer Höchstlast von bis zu 5 kN/m Wandlänge dürfen vereinfacht als gleichmäßig verteilter Zuschlag zur Nutzlast nach Tafel 9.19a berücksichtigt werden (DIN EN 1991-1-1/NA, 6.3.1.2). Davon ausgenommen sind bewegliche Trennwände sowie Trennwände, die parallel zu den Balken von Decken ohne ausreichende Querverteilung stehen.

Tafel 9.19a Trennwandzuschlag

Trennwandzuschlag für Wände (einschließlich Putz und Bekleidung) mit einer Last von	≤ 3 kN/m Wandlänge	0,8 kN/m²
	> 3 kN/m Wandlänge ≤ 5 kN/m Wandlänge	1,2 kN/m²
Bei Nutzlasten $q_k \geq 5$ kN/m² kann der Trennwandzuschlag entfallen.		

3 Nutzungskategorien

Die Nutzungsflächen von Bauwerken sind in Nutzungskategorien nach Tafel 9.19b einzuteilen.

Tafel 9.19b Nutzungskategorien

Nutzungskategorie	Nutzungsmerkmal
A	Wohnflächen (siehe Tafel 9.20)
B	Büroflächen (siehe Tafel 9.20)
C	Versammlungsräume (siehe Tafel 9.20)
D	Verkaufsräume (siehe Tafel 9.20)
E	Lagerflächen und Flächen mit industrieller Nutzung ▪ E1.1 – E2.1: ohne Gabelstapler (siehe Tafel 9.20) ▪ E2.2 – E2.5: mit Gabelstapler (siehe Tafel 9.24)
F / G	Parkhäuser und Flächen mit Fahrzeugverkehr (siehe Tafel 9.23a)
H	Nicht zugängliche Dächer (siehe Tafel 9.23b)
I	Zugängliche Dächer mit entsprechender Nutzungskategorie A – G
K	Zugängliche Dächer mit besonderer Nutzung ▪ HC: für Hubschrauberlandeplätze (siehe Tafel 9.25a)
T	Treppen und Treppenpodeste (siehe Tafel 9.20)
Z	Zugänge, Balkone und Ähnliches (siehe Tafel 9.20)

4 Lotrechte Nutzlasten als statische Einwirkungen

4.1 Nutzlasten für Decken, Treppen und Balkone

Tafel 9.20 Nutzlasten für Decken, Treppen und Balkone (DIN EN 1991-1-1/NA, Tab. 6.1DE)

Kategorie		Nutzung	Beispiele	q_k [kN/m²]	Q_k [1] [kN]
A	A1	Spitzböden	für Wohnzwecke nicht geeigneter, aber zugänglicher Dachraum bis 1,80 m lichter Höhe	1,0	1,0
	A2	Wohn- und Aufenthaltsräume	Decken mit ausreichender Querverteilung der Lasten, Räume und Flure in Wohngebäuden, Bettenräume in Krankenhäusern, Hotelzimmer einschl. zugehöriger Küchen und Bäder	1,5	–
	A3		wie A2, aber ohne ausreichende Querverteilung der Lasten	2,0 [2]	1,0
B	B1	Büroflächen, Arbeitsflächen, Flure	Flure in Bürogebäuden, Büroflächen, Arztpraxen ohne schweres Gerät, Stationsräume, Aufenthaltsräume einschl. der Flure, Kleinviehställe	2,0	2,0
	B2		Flure und Küchen in Krankenhäusern, Hotels, Altenheimen, Flure in Internaten usw.; Behandlungsräume in Krankenhäusern, einschl. Operationsräume ohne schweres Gerät; Kellerräume in Wohngebäuden	3,0	3,0
	B3		wie B1 und B2, jedoch mit schwerem Gerät	5,0	4,0
C	C1	Räume, Versammlungsräume und Flächen, die der Ansammlung von Personen dienen können (mit Ausnahme von unter A, B, D und E festgelegten Kategorien)	Flächen mit Tischen; z. B. Kindertagesstätten, Kinderkrippen, Schulräume, Cafés, Restaurants, Speisesäle, Lesesäle, Empfangsräume, Lehrerzimmer	3,0	4,0
	C2		Flächen mit fester Bestuhlung; z. B. Flächen in Kirchen, Theatern oder Kinos, Kongresssäle, Hörsäle, Wartesäle	4,0	4,0
	C3		frei begehbare Flächen; z. B. Museumsflächen, Ausstellungsflächen, Eingangsbereiche in öffentlichen Gebäuden, Hotels, nicht befahrbare Hofkellerdecken, sowie die zur Nutzungskategorie C1 bis C3 gehörigen Flure	5,0	4,0
	C4		Sport- und Spielflächen; z. B. Tanzsäle, Sporthallen, Gymnastik- und Kraftsporträume, Bühnen	5,0	7,0
	C5		Flächen für große Menschenansammlungen; z.B. in Gebäuden wie Konzertsäle, Terrassen und Eingangsbereiche sowie Tribünen mit fester Bestuhlung	5,0	4,0
	C6		Flächen mit regelmäßiger Nutzung durch erhebliche Menschenansammlungen; Tribünen ohne feste Bestuhlung	7,5	10,0
D	D1	Verkaufsräume	Flächen von Verkaufsräumen bis 50 m² Grundfläche in Wohn-, Büro- und vergleichbaren Gebäuden	2,0	2,0
	D2		Flächen in Einzelhandelsgeschäften und Warenhäusern	5,0	4,0
	D3		Flächen wie D2, jedoch mit erhöhten Einzellasten infolge hoher Lagerregale	5,0	7,0

Tafel 9.20 (Fortsetzung)

Kategorie		Nutzung	Beispiele	q_k [kN/m^2]	Q_k[1] [kN]
E	E1.1	Lager, Fabriken und Werkstätten, Ställe, Lagerräume und Zugänge	Flächen in Fabriken[3] und Werkstätten[3] mit leichtem Betrieb und Flächen in Großviehställen	5,0	4,0
	E1.2		allgemeine Lagerflächen, einschl. Bibliotheken	6,0[4]	7,0
	E2.1		Flächen in Fabriken[3] und Werkstätten[3] mit mittlerem oder schwerem Betrieb	7,5[4]	10,0
T[5]	T1	Treppen und Treppenpodeste	Treppen und Treppenpodeste in Wohngebäuden, Bürogebäuden und von Arztpraxen ohne schweres Gerät	3,0	2,0
	T2		alle Treppen und Treppenpodeste, die nicht in T1 oder T3 eingeordnet werden können	5,0	2,0
	T3		Zugänge und Treppen von Tribünen ohne feste Sitzplätze, die als Fluchtwege dienen	7,5	3,0
Z[5]		Zugänge, Balkone und Ähnliches	Dachterrassen, Laubengänge, Loggien usw., Balkone[6], Ausstiegspodeste	4,0	2,0

[1] Zur Sicherstellung einer örtlichen Mindesttragfähigkeit von Bauteilen (z.B. Decken ohne ausreichende Querverteilung der Lasten) ist ein zusätzlicher Nachweis mit der Einzellast Q_k nach Tafel 9.20 ohne Überlagerung der Flächenlast q_k zu führen. Die Einzellast Q_k ist in ungünstigster Stellung auf dem Bauteil anzusetzen, wobei die Aufstandsfläche der Einzellast i.d.R. als Quadrat mit einer Seitenlänge von 50 mm angesetzt werden darf.

[2] Für die Weiterleitung der Nutzlasten von Decken ohne ausreichende Querverteilung auf stützende Bauteile darf der angegebene Wert um 0,5 kN/m^2 abgemindert werden.

[3] Nutzlasten in Fabriken und Werkstätten sind i.d.R. statische Einwirkungen. Im Einzelfall sind sich häufig wiederholende Lasten je nach Gegebenheit als quasi-statische Einwirkungen nach Abschn. 5 oder als dynamische Einwirkungen einzuordnen. Zur Bestimmung dynamischer Lasten aus Maschinenbetrieb siehe DIN EN 1991-3.

[4] Bei diesen Werten handelt es sich um Mindestwerte. Falls höhere Lasten vorherrschen, sind diese anzusetzen.

[5] Hinsichtlich der Einwirkungskombinationen sind die Einwirkungen der Nutzungskategorie des jeweiligen Gebäudes oder Gebäudeteiles zuzuordnen.

[6] Die BVPI empfiehlt für Putzbalkone die Einstufung in Nutzungskategorie A1 [9.7].

Anmerkungen

- Schwere Ausrüstungen wie bspw. Großküchen, Röntgengeräte, Heißwasserspeicher usw. sind nicht in den angegebenen Nutzlasten enthalten. Lasten von schweren Ausrüstungen sind mit der Bauherrin bzw. dem Bauherrn und/oder der zuständigen Behörde festzulegen.
- Für konzentrierte Lasten aus Hochregalen, Hebebühnen, Tresoren usw. sollten die Einzellasten Q_k gesondert ermittelt und berücksichtigt werden.
- Sind für eine belastete Fläche unterschiedliche Nutzungsarten vorgesehen, so sind die jeweils ungünstigsten Nutzlasten q_k bzw. Q_k der verschiedenen Nutzungskategorien anzusetzen.
- Die Nutzlasten sind als freie Einwirkungen in ungünstigster Stellung auf den Flächen anzuordnen.
- Wirken neben den Nutzlasten gleichzeitig andere veränderliche Einwirkungen (z.B. aus Wind, Schnee, Kran- oder Maschinenbetrieb), so ist die in der Einwirkungskombination betrachtete Gesamtheit aller Nutzlasten als eine einzige unabhängige veränderliche Einwirkung anzusehen.

Hinweise zur Beschilderung

- In allen Räumen von Gebäuden und baulichen Anlagen, die in die Nutzungskategorie E eingeordnet werden, ist die nach Tafel 9.20 angenommene Nutzlast anzugeben.
- An den Zufahrten von Decken, die von Personenfahrzeugen oder Gabelstaplern befahren werden, ist die zulässige Gesamtlast des Fahrzeugs nach Tafel 9.23a bzw. Tafel 9.24 anzugeben.
- An den Zufahrten von Decken, die von schwereren Fahrzeugen (vgl. Abschn. 5.3) befahren werden, ist die zulässige Gesamtlast des Fahrzeugs der entsprechenden Brückenklasse nach DIN 1072 anzugeben.

4.2 Abminderung der Nutzlasten

4.2.1 Abminderung der Nutzlast über die Lasteinzugsflächen

Für die Lastweiterleitung auf sekundäre Tragglieder (Unterzüge, Stützen, Wände, Gründungen usw.) dürfen die Nutzlasten nach der folgenden Gleichung abgemindert werden:

$$q'_k = \alpha_A \cdot q_k$$

q'_k abgeminderte Nutzlast
q_k Nutzlast nach Tafel 9.20 (Trennwandzuschlag nach Tafel 9.19a darf auch abgemindert werden)
α_A Abminderungsbeiwert nach Tafel 9.22a (vgl. DIN EN 1991-1-1/NA, 6.3.1.2(10)); dabei ist
A Lasteinzugsfläche des sekundären Traggliedes in m^2

Tafel 9.22a Abminderungsbeiwert α_A

Nutzungskategorien A, B, Z	Nutzungskategorien C bis E1.1
$\alpha_A = 0{,}5 + 10/A \leq 1{,}0$	$\alpha_A = 0{,}7 + 10/A \leq 1{,}0$

Bei statisch mehrfeldrigen Systemen ist die Lasteinzugsfläche für jedes Feld getrennt zu ermitteln. Näherungsweise darf der ungünstigste Abminderungsfaktor α_{max} für alle Felder angesetzt werden (Abb. 9.22).

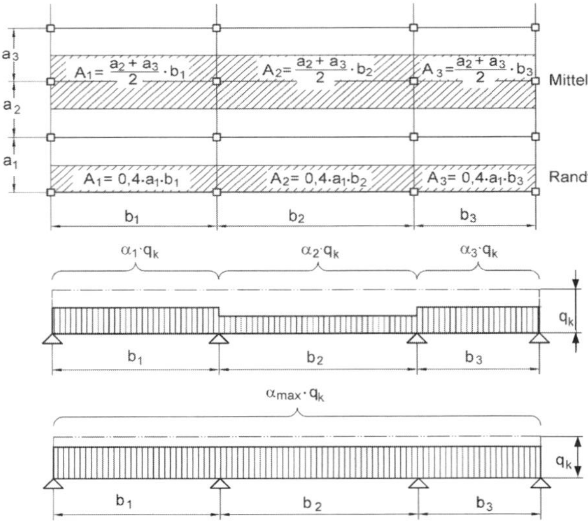

Abb. 9.22
Lasteinzugsflächen und abgeminderte Nutzlasten für sekundäre Tragglieder

4.2.2 Abminderung der Nutzlast über die Stockwerke

Werden die vertikalen Tragglieder durch Nutzlasten aus mehreren Stockwerken beansprucht, so dürfen die gesamten Nutzlasten der Nutzungskategorien A bis E, T und Z mit dem Abminderungsbeiwert α_n nach Tafel 9.22b abgemindert werden. Die Abminderungsbeiwerte α_A und α_n dürfen nicht gleichzeitig angesetzt werden, jedoch darf der günstigere der beiden Abminderungsbeiwerte verwendet werden.
Wird die Nutzlast nach DIN EN 1990 als Begleiteinwirkung erfasst, so darf entweder nur der Kombinationsbeiwert ψ oder nur der Abminderungsbeiwert α_n angesetzt werden.
In mehrgeschossigen Gebäuden sind die Nutzlasten aller Stockwerke in den betrachteten Einwirkungskombinationen insgesamt als eine einzige unabhängige veränderliche Einwirkung aufzufassen.

Tafel 9.22b Abminderungsbeiwert α_n

Nutzungskategorien A, B, C, D, Z [1)]	Nutzungskategorien E, T
$\alpha_n = 0{,}7 + 0{,}6/n$	$\alpha_n = 1{,}0$

n = Anzahl der Stockwerke ($n > 2$) oberhalb der vertikalen Tragglieder mit gleicher Nutzungskategorie
[1)] Die BVPI empfiehlt, auf eine Abminderung der Nutzlasten von vorgestellten mehrgeschossigen Balkonanlagen zu verzichten [9.8].

4.3 Nutzlasten für Parkhäuser und Flächen mit Fahrzeugverkehr

Verkehrs- und Parkflächen für leichte Fahrzeuge (≤ 30 kN Gesamtlast und ≤ 9 Sitze) gehören der **Nutzungskategorie F** an, Verkehrs- und Parkflächen für mittlere Fahrzeuge (30 kN < Gesamtlast auf zwei Achsen ≤ 160 kN) der **Nutzungskategorie G**. Die Flächen der Nutzungskategorien F und G sollten mit geeigneten Warnschildern gekennzeichnet und die Zufahrten zu den Flächen der Nutzungskategorie F zudem durch geeignete bauliche Maßnahmen für die Durchfahrt schwerer Fahrzeuge eingeschränkt sein.

Das Lastmodell besteht aus einer Achslast Q_k und einer gleichmäßig verteilten Flächenlast q_k nach Abb. 9.23 und Tafel 9.23a. Eine Überlagerung der Achs- und Flächenlasten ist nicht erforderlich.

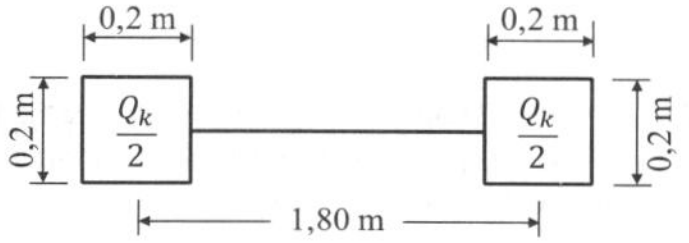

Abb. 9.23
Abmessungen der Achslast Q_k

Tafel 9.23a Nutzlasten für Parkhäuser und Flächen mit Fahrzeugverkehr
(DIN EN 1991-1-1/NA/A1, Tab. 6.8DE)

Nutzungskategorie		Nutzung	q_k [kN/m²]		Q_k [kN]
F	F1	Verkehrs- und Parkflächen für leichte Fahrzeuge (Gesamtlast ≤ 30 kN)	3,0 [2) 3)]	oder	20 [1)]
	F2	Zufahrtsrampen	5,0 [3)]		20 [1)]

[1)] In den Nutzungskategorien F1 und F2 können die Achslast (Q_k = 20 kN) oder die Radlasten ($Q_k/2$ = 10 kN) für den Nachweis örtlicher Beanspruchungen maßgebend werden. Für Q_k gilt das Lastmodell nach Abb. 9.23.

[2)] Kann bei statischen Systemen die Einflussfläche A_{EF} [m²] eindeutig bestimmt werden, so darf die Flächenlast q_k mit $2{,}5\ kN/m^2 \leq 2{,}2 + 35/A_{EF} \leq 3{,}0\ kN/m^2$ abgemindert werden. Alternativ darf auf der sicheren Seite liegend die Einflussfläche A_{EF} auch als Lasteinzugsfläche A nach Abb. 9.22 bestimmt werden.

[3)] Für die Lastweiterleitung auf Stützen, Wände u. Fundamente ist eine Flächenlast q_k von 2,5 kN/m² ausreichend.

4.4 Nutzlasten für Dächer

Die Nutzlasten auf Dächern der **Nutzungskategorie H** sind entsprechend Tafel 9.23b anzusetzen, falls der Nachweis der örtlichen Mindesttragfähigkeit erforderlich ist.

Die Nutzlasten auf Dächern der **Nutzungskategorie I** sind mit den jeweiligen Nutzlasten der zugeordneten Nutzungskategorien nach Tafel 9.20, Tafel 9.23a oder Tafel 9.24 anzusetzen.

Tafel 9.23b Nutzlasten für Dächer (vgl. DIN EN 1991-1-1/NA, Tab. 6.10DE)

Nutzungskategorie	Nutzung	Q_k [kN]
H	Nicht begehbare Dächer, außer für übliche Erhaltungsmaßnahmen und Reparaturen	1,0 [4)]

[4)] Die Aufstandsfläche von Q_k umfasst ein Quadrat mit einer Seitenlänge von 50 mm. Eine Überlagerung mit Windeinwirkungen u./o. Schneelasten ist nicht erforderlich Die angegebene Nutzlast berücksichtigt keine unkontrollierten Anhäufungen von Baumaterial, die bspw. bei Wartungs- oder Reparaturarbeiten auftreten können.

Für Zugangsleitern u. Zugangswege zu Dächern mit Dachneigungen <20° gilt Q_k nach Tafel 9.23b. Für Zugangswege, die Teil von ausgewiesenen Fluchtwegen sind, ist die Nutzlast q_k nach Tafel 9.20 zu bestimmen. Für Dienstwege gilt Q_k = 1,5 kN. Für Flächen von Begehungsstegen, die ausschließlich Rettungswege darstellen, ist eine Nutzlast von q_k = 3 kN/m² anzusetzen.

Aufhängungen u. Tragelemente von Zwischendecken mit Zugänglichkeit sind mit q_k = 0,25 kN/m² über die gesamte angehängte Fläche und einer zusätzlichen Einzellast Q_k = 0,9 kN zu berechnen. Für Zwischendecken ohne Zugänglichkeit müssen keine Nutzlasten berücksichtigt werden.

Bei Dachlatten sind zwei Einzellasten Q_k = 0,5 kN in den äußeren Viertelpunkten der Stützweite anzusetzen. Für Dachlatten mit üblichen Querschnittsabmessungen ist bei Sparrenabständen bis etwa 1 m kein Nachweis erforderlich. Leichte Sprossen sind mit einer Einzellast Q_k = 0,5 kN in ungünstigster Stellung zu berechnen, wenn die Dächer nur mit Hilfe von Bohlen u. Leitern begehbar sind.

5 Lotrechte Nutzlasten als quasi-statische Einwirkungen

5.1 Schwingbeiwerte für äquivalente statische Ersatzlasten

Die dynamischen Effekte infolge Fahrzeugverkehr können durch den Ansatz eines Schwingbeiwertes erfasst werden. Für die **Nutzlasten nach Abschn. 5.2 und 5.4** sind die gleichmäßig verteilten Flächenlasten q_k ohne Schwingbeiwert anzusetzen und die Einzellasten Q_k mit den folgenden Schwingbeiwerten φ zu multiplizieren:

- $\varphi = 1{,}4$, sofern kein genauerer Nachweis geführt wird
- $\varphi = 1{,}4 - 0{,}1 \cdot h_ü \geq 1{,}0$ für überschüttete Bauwerke mit $h_ü$ [m] als Überschüttungshöhe

Für die **Nutzlasten nach Abschn. 5.3** gelten die Schwingbeiwerte φ nach DIN 1072.

5.2 Nutzlasten auf Lagerflächen mit Gabelstaplern

Für Lagerflächen der Nutzungskategorien E2.2 bis E2.5 mit Gabelstaplerbetrieb sind die Achslasten Q_k nach Tafel 9.24 entsprechend Abb. 9.24 zusammen mit den gleichmäßig verteilten Flächenlasten q_k nach Tafel 9.24 in ungünstigster Anordnung auf den umliegenden Flächen anzusetzen.

Tafel 9.24 Nutzlasten auf Lagerflächen mit Gabelstaplern
(DIN EN 1991-1-1/NA, Tab. 6.4DE und DIN EN 1991-1-1, Tab. 6.5 u. 6.6)

Nutzungskategorie		Gabelstapler Klasse	Eigenlasten (netto) [kN]	Hublasten [kN]	Nutzlasten Q_k [1] [kN]	Nutzlasten q_k [kN/m²]
E	E2.2	FL1	21	10	26	12,5
	E2.3	FL2	31	15	40	15,0
	E2.4	FL3	44	25	63	17,5
	E2.5	FL4	60	40	90	20,0
		FL5	90	60	140	
		FL6	110	80	170	

[1] Die Achslasten Q_k sind mit dem Schwingbeiwert φ nach Abschn. 5.1 zu multiplizieren.

Maße *a*, *b* und *l* für Gabelstapler (siehe Abb. 9.24)

Klasse	a [m]	b [m]	l [m]
FL1	0,85	1,00	2,60
FL2	0,95	1,10	3,00
FL3	1,00	1,20	3,30
FL4	1,20	1,40	4,00
FL5	1,50	1,90	4,60
FL6	1,80	2,30	5,10

- Für Gabelstapler mit Eigenlasten >110 kN netto sind die Nutzlasten anhand genauerer Untersuchungen zu ermitteln.
- Werden Lagerflächen neben Gabelstaplern auch von Fahrzeugen der Nutzungskategorien F/G oder von Fahrzeugen nach Abschn. 5.3 befahren, so sind die ungünstiger wirkenden Nutzlasten anzusetzen.

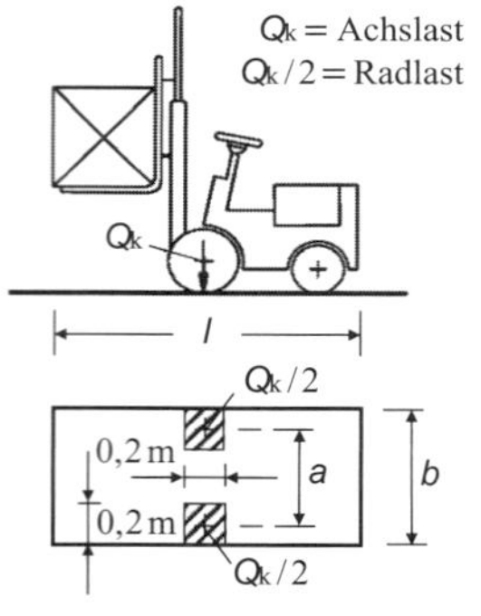

Abb. 9.24 Gabelstapler

5.3 Nutzlasten aus Fahrzeugverkehr auf Hofkellerdecken und planmäßig befahrenen Deckenflächen

Hofkellerdecken und andere Decken, die planmäßig von Fahrzeugen befahren werden, sind für die Verkehrsregellasten der Brückenklassen 16/16 bis 30/30 nach DIN 1072 zu berechnen. Die Schwingbeiwerte φ nach DIN 1072 sind zu berücksichtigen.

Hofkellerdecken, die nur im Brandfall von Feuerwehrfahrzeugen befahren werden, sind für die Regellasten der Brückenklasse 16/16 nach DIN 1072 zu berechnen. Dabei ist jedoch nur ein LKW in ungünstigster Stellung anzusetzen, auf den umliegenden Flächen ist die gleichmäßig verteilte Flächenlast p_1 der Hauptspur anzuordnen. Der nach DIN 1072 geforderte Nachweis für eine einzelne Achslast von 110 kN darf entfallen. Die BVPI empfiehlt, auf den Ansatz eines Schwingbeiwertes φ zu verzichten und die Lasten mit der örtlichen unteren Bauaufsichtsbehörde bzw. der Feuerwehr abzustimmen [9.9].

5.4 Nutzlasten für Dachflächen mit Hubschrauberlandemöglichkeiten

Für Dachflächen mit Hubschrauberlandemöglichkeiten sind die Regellasten Q_k entsprechend den zulässigen Abfluggewichten der Hubschrauber zusammen mit der Nutzlast q_k nach Tafel 9.25a anzusetzen.

Tafel 9.25a Nutzlasten für Hubschrauberlandeplätze (vgl. DIN EN 1991-1-1/NA, Tab. 6.11DE)

Nutzungskategorie		Zulässiges Abfluggewicht [t]	Hubschrauber-Regellast Q_k 1) [kN]	Seitenlängen einer quadratischen Aufstandsfläche [mm]	Nutzlast q_k 3) [kN/m²]
K 2)	HC1	3	30	30	5,0
	HC2	6	60	60	
	HC3	12	120	120	

1) Die Einzellasten Q_k sind mit dem Schwingbeiwert φ nach Abschn. 5.1 zu multiplizieren.
2) Die Einwirkungen sind wie diejenigen der Kategorie G zu kombinieren.
3) Für die Lastweiterleitung auf stützende Bauteile darf die Nutzlast q_k auf 3,0 kN/m² reduziert werden, wenn eine Befahrung der Dachflächen mit Fahrzeugen jeglicher Art wegen der baulichen Gegebenheiten nicht möglich ist.

6 Horizontale Nutzlasten

6.1 Horizontale Nutzlasten auf Zwischenwände und Absturzsicherungen

Horizontale Nutzlasten infolge von Personen auf Brüstungen, Geländern und anderen Konstruktionen, die als Absperrung dienen, sind Tafel 9.25b zu entnehmen. Die horizontalen Nutzlasten q_k nach Tafel 9.25b sind in Absturzrichtung in voller Höhe und in der Gegenrichtung mit 50 % anzusetzen, mindestens jedoch mit 0,5 kN/m. Wind und etwaige andere horizontale Nutzlasten sind zu überlagern.

Tafel 9.25b Horizontale Nutzlasten auf Zwischenwände und Absturzsicherungen (vgl. DIN EN 1991-1-1/NA, Tab. 6.12DE)

Belastete Fläche nach Nutzungskategorie	Horizontale Nutzlast q_k [kN/m]
A, B1, H, F1 4), F2 4), T1, Z 5)	0,5
B2, B3, C1 bis C4, D, E1 6), E2 6),4), HC, T2, Z 5)	1,0
C5, C6, T3	2,0

4) Anprall wird durch zusätzliche bauliche Maßnahmen ausgeschlossen.
5) Für die Nutzungskategorie Z ist der Ansatz einer horizontalen Nutzlast q_k von 0,5 kN/m oder 1,0 kN/m entsprechend der zugehörigen maßgeblichen Nutzungskategorie des Gebäudes nach Tafel 9.20 anzunehmen.
6) Für die Flächen der Nutzungskategorien E1 und E2, die nur zu Kontroll- u. Wartungszwecken begangen werden, sind die Lasten in Abstimmung mit der Bauherrin bzw. dem Bauherrn festzulegen, jedoch mindestens 0,5 kN/m.

6.2 Horizontale Nutzlasten zur Erzielung einer ausreichenden Längs- und Quersteifigkeit

Neben den Windlasten und etwaig anderen waagerecht wirkenden Lasten sind zum Erzielen einer ausreichenden Längs- und Quersteifigkeit des Tragwerks und dessen Bauteile folgende beliebig gerichtete Horizontallasten zu berücksichtigen:

- **Tribünen:** Für Tribünenbauten und ähnliche Sitz- und Steheinrichtungen ist eine in Fußbodenhöhe angreifende horizontale Nutzlast in Höhe von 1/20 der lotrechten Nutzlast q_k nach Tafel 9.20 anzusetzen.
- **Hubschrauberlandeplätze:** In der Ebene der Start- und Landefläche und des umgebenden Sicherheitsstreifens ist eine horizontale Nutzlast Q_k nach Tafel 9.25a ohne Berücksichtigung eines Schwingbeiwertes an der jeweils ungünstigsten Stelle des Tragwerks oder Bauteils anzunehmen.
- **Gabelstapler:** Die horizontalen Nutzlasten aus Beschleunigung und Bremsen von Gabelstaplern können mit 30 % der Achslast Q_k nach Tafel 9.24 angesetzt werden. Die Berücksichtigung eines Schwingbeiwertes ist nicht erforderlich.
- **Gerüste:** Bei Gerüsten ist je Rüstlage eine angreifende horizontale Nutzlast in Höhe von 1/100 aller zugehörigen lotrechten Nutzlasten anzusetzen.
- **Einbauten:** Zur Sicherung gegen Umkippen von Einbauten, die innerhalb von geschlossenen Bauwerken stehen und keiner Windbeanspruchung unterliegen, ist eine Horizontallast in Höhe von 1/100 der Gesamtlast in Höhe des Schwerpunktes anzusetzen.

9 D Anpralllasten im Hochbau

DIN EN 1991-1-7:2010-12, DIN EN 1991-1-7/A1:2014-08, DIN EN 1991-1-7/NA:2019-09

Prof. Dr.-Ing. Andreas Garg

1 Vorbemerkungen

Anpralllasten sind außergewöhnliche freie Einwirkungen, die entsprechend den folgenden Abschnitten als **äquivalente statische Kräfte** angesetzt werden dürfen. Diese Kräfte beinhalten die dynamische Bauwerksreaktion und gelten für die Annahme eines harten Stoßes, bei dem die Energieabsorption im Wesentlichen beim Anprallobjekt liegt. Diese Annahme liegt i.d.R. auf der sicheren Seite. Davon abweichend dürfen äquivalente statische Kräfte anhand von zuvor durchgeführten Risikostudien oder genaueren Untersuchungen unter Annahme eines weichen Stoßes festgelegt werden, wobei dann dem Bauteil eine wesentliche Energieabsorption zugewiesen wird.

Im Hochbau sind Anpralllasten anzusetzen für

- Parkhäuser und Bauwerke mit zugelassenem Verkehr von Fahrzeugen oder Gabelstaplern,
- Bauwerke, die an Straßenverkehr oder Schienenverkehr angrenzen, und
- Bauwerke mit Landeplattformen für Helikopter.

Hinweis: Eine Weiterleitung der Anpralllasten in die Tragwerksfundamente von Hochbauten ist i.d.R. nicht bemessungsrelevant (DIN EN 1991-1-7/NA, NDP zu 4.1(1), Anmerkung 3).

2 Anprall von Straßenfahrzeugen

2.1 Anprall auf stützende Unterbauten

Für stützende Bauteile, die auf Anprall von Kraftfahrzeugen zu bemessen sind, dürfen die in Tafel 9.26 angegebenen äquivalenten statischen Anprallkräfte angesetzt werden. Die Anprallkräfte wirken bei Lkw in einer Höhe $h = 1{,}25$ m und bei Pkw in $h = 0{,}5$ m über der Fahrbahnoberfläche und die Anprallflächen betragen maximal $b \times h = 0{,}5 \text{ m} \times 0{,}2 \text{ m}$. Die Anprallkräfte F_{dx} und F_{dy} sind Bemessungswerte, die nicht gleichzeitig wirkend anzusetzen sind.

Tafel 9.26 Äquivalente statische Anprallkräfte aus Straßenfahrzeugen (vgl. DIN EN 1991-1-7/NA, Tab. NA.2)

Kategorie	Äquivalente statische Anprallkraft [kN]	
	F_{dx} in Fahrtrichtung	F_{dy} rechtwinklig zur Fahrtrichtung
Straßen außerorts	1500	750
Straßen innerorts bei $v \geq 50$ km/h[1]	1000	500
Straßen innerorts bei $v < 50$ km/h[1) 2)]		
▪ an ausspringenden Gebäudeecken	500	500
▪ in allen anderen Fällen	250	250
Mit Lkw befahrbare Verkehrsflächen (z. B. Hofräume) bzw. Gebäude mit Pkw-Verkehr > 30 kN	100	100
Mit Pkw befahrbare Verkehrsflächen		
▪ bei Geschwindigkeitsbeschränkung für $v \leq 10$ km/h	15	8
▪ in allen anderen Fällen	50	25
Parkgaragen für Pkw ≤ 30 kN[2]		
▪ Einzel-/Doppel-Garage, Carports	10	10
▪ in allen anderen Fällen	40	25
Tankstellenüberdachungen[2) 3)]	100	100

[1] Nur anzusetzen, wenn stützende Bauteile der unmittelbaren Gefahr des Anpralls von Straßenfahrzeugen ausgesetzt sind. Dies ist der Fall, wenn der Abstand von einem nicht überfahrbaren Schrammbord weniger als 1 m beträgt. Als nicht überfahrbar gelten Schrammborde mit einer lichten Mindesthöhe von 150 mm.

[2] Nur anzusetzen, wenn bei Ausfall der stützenden Bauteile die Standsicherheit von Gebäude/Überdachung/Decke gefährdet ist.

[3] Nur anzusetzen, wenn die stützenden Bauteile nicht am fließenden Verkehr liegen, ansonsten wie bei Straßen außerorts bzw. Straßen innerorts, jedoch ohne Fußnote 1.

Hinweise für Parkgaragen: In Parkgaragen mit einer Nutzung durch Pkw ≤30 kN Gesamtlast sind absturzsichernde, umschließende Bauteile sowie besondere geeignete bauliche Maßnahmen wie bspw. Schutzeinrichtungen, die ein Abstürzen von Fahrzeugen verhindern sollen, für eine äquivalente statische Horizontalkraft F_d von 40 kN in Höhe von 0,5 m über der Fahrbahnoberfläche zu bemessen. Die horizontale Einzelkraft F_d ist ungünstigst mit einer maximalen Anprallfläche von $b \times h$ = 0,5 m × 0,2 m anzusetzen, wobei auch die Lastweiterleitung auf die angrenzenden lastabtragenden Bauteile zu betrachten ist (DIN EN 1991-1-7/NA:2019-09, NCI zu 4.3.1(1), Anmerkung 1).

2.2 Anprall auf Überbauungen

Anpralllasten von Lkw oder deren Ladegut auf Überbauungen von Straßen sind anzusetzen, wenn diese nicht durch wirksame Schutzmaßnahmen oder ausreichende Durchfahrtshöhen verhindert werden können. In Tafel 9.27 werden Anhaltswerte für äquivalente statische Anprallkräfte auf Überbauungen angegeben. Als Anprallfläche darf ein Quadrat mit der Seitenlänge von 0,25 m angesetzt werden. Die Anprallkraft F_{dx} wirkt in Fahrtrichtung, eine Anprallkraft F_{dy} rechtwinklig zur Fahrtrichtung ist nicht anzusetzen. Alternativ ist die Anprallkraft F_{dx} auch an der Unterseite der Überbauung in einem flachen Winkel von 10° nach oben gerichtet anzusetzen.

Tafel 9.27 Äquivalente statische Anprallkräfte auf Überbauungen (DIN EN 1991-1-7, Tab. 4.2)

Kategorie	Äquivalente statische Anprallkraft [kN]
	F_{dx} in Fahrtrichtung
Autobahnen und Bundesstraßen	500
Landstraßen außerhalb von Ortschaften	375
Innerstädtische Straßen	250
Privatstraßen und Parkgaragen	75

In Abhängigkeit von der Durchfahrtshöhe h dürfen die in Tafel 9.27 angegebenen Anprallkräfte F_{dx} mit dem Reduktionsfaktor r_f nach Abb. 9.27 multipliziert werden.

Hinweis: Bei der Ermittlung der Durchfahrtshöhe h [m] sind Zuschläge für Gradienten, Durchbiegungen und voraussichtliche Setzungen der Überbauung sowie zukünftige Erneuerungen der Fahrbahndecken zu berücksichtigen.

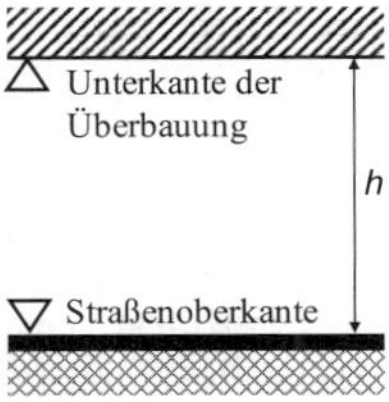

Durchfahrtshöhe h [m] = lichter Abstand zwischen der Straßenoberkante und der Unterkante der Überbauung am Anprallpunkt

$h \geq 6$ m → $r_f = 0$

5 m < h < 6 m → $r_f = 6{,}0 - h$

$h \leq 5$ m → $r_f = 1$

$$F_{dx,red} = r_f \cdot F_{dx}$$

Abb. 9.27
Reduktionsfaktor r_f

3 Anprall von Gabelstaplern

Es darf eine äquivalente statische Bemessungskraft von $F_d = 5 \cdot W$ angesetzt werden, wobei W die Summe aus Nettoeigenlast und Hublast des Staplers nach Tafel 9.24 ist. Die Anprallkräfte greifen in einer Höhe h = 0,75 m über der Fahrbahnoberfläche an.

4 Aufprall von Helikoptern

Auf Dächern von Gebäuden mit Hubschrauberlandeplätzen sind Aufprallkräfte aus Notlandung anzusetzen. Die vertikale äquivalente statische Kraft beträgt $F_{dz} = 3 \cdot \sqrt{m}$ [kN], wobei m die Masse des Helikopters in kg ist. Die Aufprallkraft soll ungünstigst auf der Landefläche und in deren Umkreis von bis zu 7 m vom Rand der Landefläche mit einer Aufprallfläche von 2 m × 2 m angesetzt werden.

5 Weitere Anpralllasten

Anpralllasten infolge Entgleisung von Schienenfahrzeugen und Anpralllasten aus Schiffsverkehr sind DIN EN 1991-1-7, DIN EN 1991-1-7/A1 und DIN EN 1991-1-7/NA zu entnehmen.

9 E Windlasten (nach DIN EN 1991-1-4:2010-12 und DIN EN 1991-1-4/NA:2024-08)

Prof. Dr.-Ing. Peter Schmidt

1 Allgemeines, Geltungsbereich, Begriffe

DIN EN 1991-1-4 gilt für Bauwerke mit einer Höhe bis 300 m sowie für Brücken mit einer Spannweite bis 200 m. Bei Brücken müssen zusätzlich die Abgrenzungskriterien hinsichtlich dynamischer Wirkungen erfüllt sein; für nähere Angaben hierzu wird auf die Norm verwiesen. Die Norm enthält keine Hinweise zur Berücksichtigung von örtlichen Effekten auf die Windcharakteristik (z.B. Inversionslagen, Wirbelstürme). Sie gilt nicht für die Ermittlung von Windeinwirkungen auf Fachwerkmaste und Türme mit nicht parallelen Eckstielen, abgespannte Masten und abgespannte Kamine. Weiterhin liefert die Norm keine Hinweise zu Torsionsschwingungen (z.B. bei hohen Gebäuden mit zentralem Kern), Schwingungen von Brücken sowie zu böenerregten Schwingungen.

Tafel 9.28 Begriffe nach DIN EN 1991-1-4 (Auswahl)

Begriff	Definition
Grundwert der Basiswindgeschwindigkeit	Die mittlere 10-minütige Windgeschwindigkeit mit einer jährlichen Auftretenswahrscheinlichkeit von 2 % unabhängig von der Windrichtung, bezogen auf eine Höhe von 10 m über flachem offenem Gelände unter Berücksichtigung der Meereshöhe (falls erforderlich).
Basiswindgeschwindigkeit	Der modifizierte Grundwert der Basiswindgeschwindigkeit zur Berücksichtigung der Richtung des betrachteten Windes und der Jahreszeit (falls erforderlich).
Mittlere Windgeschwindigkeit	Die Basiswindgeschwindigkeit modifiziert zur Berücksichtigung von Geländerauigkeit und Topographie.
Druckbeiwert	Außendruckbeiwerte geben die Windeinwirkung auf Außenflächen, Innendruckbeiwerte auf Innenflächen von Bauwerken wieder. Lokale Beiwerte liefern die Druckbeiwerte für belastete Flächen mit einer Größe von 1 m² oder weniger, z.B. für die Bemessung von kleinen Bauteilen oder Befestigungen; globale Beiwerte liefern die Druckbeiwerte für belastete Flächen mit mehr als 10 m².
Kraftbeiwert	Kraftbeiwerte geben die Gesamteinwirkung infolge Wind auf Bauwerke, Bauteile oder Komponenten wieder. Sie enthalten auch Reibungseffekte, außer wenn diese besonders ausgeschlossen werden.

2 Bemessungssituationen

Die maßgebenden Windeinwirkungen sind für jeden belasteten Bereich zu ermitteln. Weiterhin ist zu beachten, dass die Folgen anderer Einwirkungen (z.B. Schnee, Eis, Verkehr), die sich auf die Bezugsfläche sowie die aerodynamischen Beiwerte erheblich auswirken, zu berücksichtigen sind. Können Veränderungen des Bauwerks, z.B. während der Bauausführung, die Windeinwirkungen beeinflussen, sind diese Einflüsse bei der Ermittlung der Windeinwirkungen zu berücksichtigen. Fenster und Türen sind als geschlossen anzunehmen; die Wirkung geöffneter Fenster und Türen ist als außergewöhnliche Bemessungssituation zu berücksichtigen. Bei ermüdungsempfindlichen Bauwerken oder Bauteilen sind Ermüdungsbeanspruchungen durch Windeinwirkungen zu untersuchen.

3 Erfassung der Windeinwirkungen

Windeinwirkungen sind über die Zeit veränderlich und werden als veränderliche, freie Einwirkungen eingestuft (DIN EN 1990, 4.1.1). Windeinwirkungen werden durch eine vereinfachte Anordnung von Winddrücken oder Windkräften erfasst, wobei deren Wirkung äquivalent zu den maximalen Wirkungen des turbulenten Windes ist. Winddrücke wirken auf die Außenflächen von Baukörpern (Außendruck) und sind bei Durchlässigkeit der äußeren Hülle auch auf die Innenflächen anzusetzen (Innendruck). Bei offenen Gebäuden können Windeinwirkungen auch direkt auf die Innenflächen wirken. Der Winddruck wirkt senkrecht zur betrachteten Oberfläche und wird bei Druckbeanspruchung als *positiver Druck*, bei Sogbeanspruchung als *negativer Druck* bezeichnet. In Fällen, bei denen der Wind an größeren Flächen eines Bauwerkes vorbeistreichen kann, kann es erforderlich sein, auch die Reibungskräfte parallel zur Oberfläche zu berücksichtigen. Die nach DIN EN 1991-1-4 ermittelten Windeinwirkungen sind charakteristische Werte, die mit der Basiswindgeschwindigkeit oder dem entsprechenden Geschwindigkeitsdruck ermittelt werden. Die Basiswerte sind charakteristische Größen mit einer jährlichen Überschreitenswahrscheinlichkeit von 2 % (98-%-Fraktile), die einer mittleren Wiederkehrperiode von 50 Jahren entspricht.

4 Beurteilung der Schwingungsanfälligkeit von Bauwerken

Bei ausreichend steifen, nicht schwingungsanfälligen Tragwerken wird die Windbeanspruchung durch eine statische Ersatzlast erfasst, bei schwingungsanfälligen Konstruktionen durch eine um den Böenreaktionsfaktor vergrößerte statische Ersatzlast. Nachfolgend werden nur Regeln und Verfahren für die Ermittlung der Windlast von *nicht schwingungsanfälligen* Bauwerken behandelt, für schwingungsanfällige Konstruktionen wird auf die Norm verwiesen.

Als nicht schwingungsanfällig gelten Bauwerke, wenn die Verformungen unter Windeinwirkungen durch Böenresonanz um nicht mehr als 10 % vergrößert werden. Dies gilt als erfüllt bei üblichen Wohn-, Büro- und Industriegebäuden mit einer Höhe bis zu 25 m sowie bei Bauwerken, die in Form und Konstruktion ähnlich sind.

5 Windzonen, Basiswindgeschwindigkeit, Geschwindigkeitsdrücke

5.1 Allgemeines

Gemäß nationalem Anhang (NA) zur DIN EN 1991-1-4 ist Deutschland in vier Windzonen (1 bis 4) eingeteilt, um die regional unterschiedlichen Windgeschwindigkeiten und die daraus resultierenden unterschiedlichen Windbelastungen zu berücksichtigen. In Tafel 9.29a sind für die 4 Windzonen Grundwerte der Basiswindgeschwindigkeit $v_{b,0}$ und die zugehörigen Basisgeschwindigkeitsdrücke $q_{b,0}$ angegeben. Die Werte gelten in einer Höhe von 10 m im ebenen, offenen Gelände über einen Zeitraum von 10 Minuten. Hinweis: Eine genaue Zuordnung der Verwaltungsgrenzen von Landkreisen und kreisfreien Städten zu den Windzonen findet man im Internet unter www.dibt.de (Excel-Tabelle).

Tafel 9.29a Windzonenkarte mit zug. Basiswindgeschwindigkeiten $v_{b,0}$ und Basisgeschwindigkeitsdrücken $q_{b,0}$ nach DIN EN 1991-1-4/NA, Anhang NA.A

Windzonenkarte

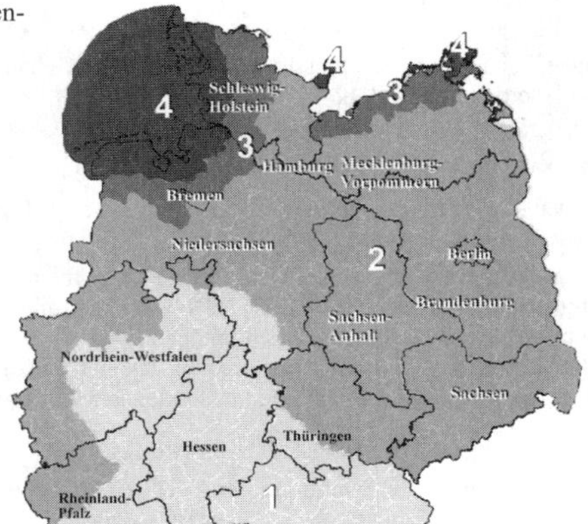

Windzone	$v_{b,0}$ in m/s	$q_{b,0}$ in kN/m²
1	22,5	0,32
2	25,0	0,39
3	27,5	0,47
4	30,0	0,56

Mittelwerte in 10 m Höhe im ebenen, offenen Gelände für einen Zeitraum von 10 Minuten bei einer jährlichen Überschreitenswahrscheinlichkeit von 0,02.

Tafel 9.29b Geländekategorien nach DIN EN 1991-1-4/NA, Anhang NA.B

Geländekategorie I

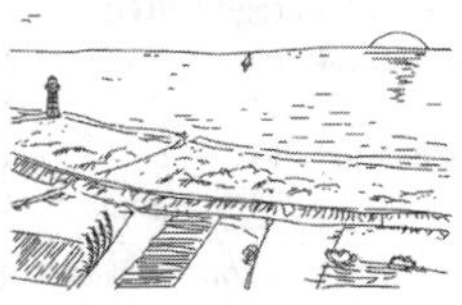

Geländekategorie II

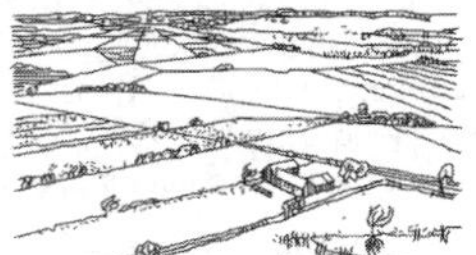

Geländekategorie III

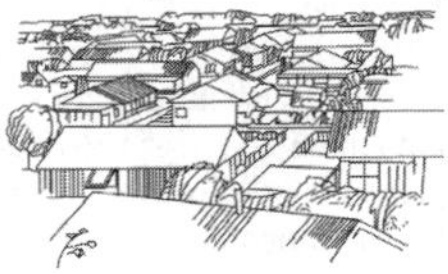

Geländekategorie IV

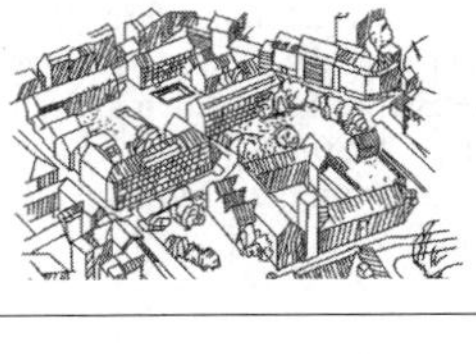

Aus dem Grundwert der Basiswindgeschwindigkeit $v_{b,0}$ sowie dem Richtungsfaktor c_{dir} und dem Jahreszeitenbeiwert c_{season} ergibt sich die Basiswindgeschwindigkeit v_b:

$$v_b = c_{dir} \cdot c_{season} \cdot v_{b,0}$$

v_b	Basiswindgeschwindigkeit in m/s
c_{dir}	Richtungsfaktor; gemäß NA ist $c_{dir} = 1{,}0$
c_{season}	Jahreszeitenbeiwert; gemäß NA ist $c_{season} = 1{,}0$
$v_{b,0}$	Grundwert der Basiswindgeschwindigkeit nach Tafel 9.29a

Aus der Basiswindgeschwindigkeit v_b und der Dichte der Luft ρ berechnet sich der Basisgeschwindigkeitsdruck q_b mit folgender Gleichung:

$$q_b = \frac{1}{2} \cdot \rho \cdot {v_b}^2 \cdot 10^{-3}$$

q_b	Basisgeschwindigkeitsdruck in kN/m²
v_b	Basiswindgeschwindigkeit in m/s
ρ	Dichte der Luft in kg/m³ ($\rho = 1{,}25$ kg/m³ bei 1013 hPa Luftdruck und $T = 10$ °C in Meereshöhe)

Für die Berechnung der Windlasten bei nicht schwingungsanfälligen Bauwerken und Bauteilen wird der Böen- oder Spitzengeschwindigkeitsdruck q_p benötigt. Dieser ergibt sich aus der Windgeschwindigkeit in einer Windbö (Mittelwert während einer Böendauer von zwei bis vier Sekunden) und kann je nach vorliegender Geländekategorie ungefähr 1,1-mal (Geländekategorie IV) bis 2,6-mal (Geländekategorie I) so groß wie der Basisgeschwindigkeitsdruck q_b werden.

Der Grundwert der Basiswindgeschwindigkeit sowie der Böengeschwindigkeitsdruck sind abhängig von der Bodenrauigkeit und der Topografie. Es werden 4 Geländekategorien und 2 Mischprofile unterschieden (Tafel 9.29b):

- **Geländekategorie I:** Offene See; Seen mit mindestens 5 km freier Fläche in Windrichtung; glattes flaches Land ohne Hindernisse.
- **Geländekategorie II:** Gelände mit Hecken, einzelnen Gehöften, Häusern oder Bäumen, z.B. landwirtschaftliches Gebiet.
- **Geländekategorie III:** Vorstädte, Industrie- und Gewerbegebiete; Wälder.
- **Geländekategorie IV:** Stadtgebiete, bei denen mindestens 15 % der Fläche mit Gebäuden bebebaut sind, deren mittlere Höhe 15 m überschreitet.
- **Mischprofil Küste:** Übergangsbereich zwischen Geländekategorie I und II.
- **Mischprofil Binnenland:** Übergangsbereich zwischen Geländekategorie II und III.

Vereinfachend kann in küstennahen Gebieten sowie auf den Inseln der Nord- und Ostsee die Geländekategorie I, im Binnenland die Geländekategorie II zugrunde gelegt werden.

Die angegebenen Böengeschwindigkeitsdrücke gelten für ebenes Gelände. Bei exponierten Lagen des Bauwerksstandortes kann eine Erhöhung erforderlich sein (DIN EN 1991-1-4/NA, Anh. NA.B); bei Standorten über 800 m NN ist der Wert um 10 % je 100 Höhenmeter zu erhöhen (Faktor = $0{,}2 + H_s/1000$, Meereshöhe H_s in m; DIN EN 1991-1-4/NA, Anh. NA.A). Für Kamm- und Gipfellagen der Mittelgebirge sowie für Bauwerksstandorte, die über $H_s = 1100$ m liegen, sind besondere Überlegungen erforderlich.

5.2 Verfahren zur Ermittlung des Böengeschwindigkeitsdruckes

Gemäß DIN EN 1991-1-4/NA werden drei Verfahren zur Ermittlung des Böengeschwindigkeitsdruckes unterschieden:

1. Vereinfachtes Verfahren für Bauwerke geringer Höhe bis 25 m (Abschnitt 5.3).
2. Genaues Verfahren für Bauwerke bis 300 m Höhe mit Berücksichtigung der Bodenrauigkeit durch Annahme von Mischprofilen (Regelfall) (Abschnitt 5.4).
3. Genaues Verfahren für Bauwerke bis 300 m Höhe mit genauer Berücksichtigung der Bodenrauigkeit durch Annahme von Geländekategorien (Abschnitt 5.5).

5.3 Vereinfachte Böengeschwindigkeitsdrücke für Bauwerke bis 25 m Höhe

Bei Bauwerken bis 25 m Höhe darf der Böengeschwindigkeitsdruck vereinfachend nach Tafel 9.31a konstant über die gesamte Bauwerkshöhe angesetzt werden. Der Böengeschwindigkeitsdruck ergibt sich für die Bauwerkshöhe, eine Abstufung über die Bauwerkshöhe wie in der alten Windlastnorm (DIN 1055-4, Ausg. 1986) ist nicht mehr vorgesehen. Für höhere Bauwerke sowie für Bauwerke auf den Inseln der Nordsee mit mehr als 10 m Höhe ist der Böengeschwindigkeitsdruck nach Abschnitt 5.4 zu berechnen.

Tafel 9.31a Vereinfachte Böengeschwindigkeitsdrücke für Bauwerke bis 25 m Höhe

Windzone		Geschwindigkeitsdruck q_p in kN/m² bei einer Gebäudehöhe h in den Grenzen von		
		$h \leq 10$ m	10 m $< h \leq 18$ m	18 m $< h \leq 25$ m
1	Binnenland	0,50	0,65	0,75
2	Binnenland	0,65	0,80	0,90
	Küste[1)] und Inseln der Ostsee	0,85	1,00	1,10
3	Binnenland	0,80	0,95	1,10
	Küste[1)] und Inseln der Ostsee	1,05	1,20	1,30
4	Binnenland	0,95	1,15	1,30
	Küste[1)] der Nord- und Ostsee und Inseln der Ostsee	1,25	1,40	1,55
	Inseln der Nordsee [2)]	1,40	–	–

[1)] Zur Küste zählt ein 5 km breiter Streifen, der entlang der Küste verläuft und landeinwärts gerichtet ist.
[2)] Auf den Inseln der Nordsee ist der Böengeschwindigkeitsdruck für Bauwerke über 10 m Höhe nach Abschnitt 5.4 zu ermitteln.

5.4 Höhenabhängiger Böengeschwindigkeitsdruck im Regelfall

Für Bauwerke mit einer Höhe über 25 m über Grund ist bei der Berechnung des Böengeschwindigkeitsdruckes der Einfluss der Bodenrauigkeit genauer zu erfassen. Als Regelfall sieht DIN EN 1991-1-4/NA die höhenabhängige Berechnung des Böengeschwindigkeitsdruckes für drei unterschiedliche Mischprofile (Binnenland, küstennahe Gebiete, Inseln der Nordsee) vor (Tafel 9.31b).

Tafel 9.31b Böengeschwindigkeitsdruck für Bauwerke über 25 m Höhe sowie im Regelfall

Binnenland (Mischprofil der Geländekategorien II und III)		Küstennahe Gebiete sowie Inseln der Ostsee (Mischprofil der Geländekategorien I und II)	
$q_p(z) = 1{,}5 \cdot q_b$	für $z \leq 7$ m	$q_p(z) = 1{,}8 \cdot q_b$	für $z \leq 4$ m
$q_p(z) = 1{,}7 \cdot q_b \cdot \left(z/10\right)^{0{,}37}$	für 7 m $< z \leq 50$ m	$q_p(z) = 2{,}3 \cdot q_b \cdot \left(z/10\right)^{0{,}27}$	für 4 m $< z \leq 50$ m
$q_p(z) = 2{,}1 \cdot q_b \cdot \left(z/10\right)^{0{,}24}$	für 50 m $< z \leq 300$ m	$q_p(z) = 2{,}6 \cdot q_b \cdot \left(z/10\right)^{0{,}19}$	für 50 m $< z \leq 300$ m

Inseln der Nordsee (Geländekategorie I)	
$q_p(z) = 1{,}1$ kN/m²	für $z \leq 2$ m
$q_p(z) = 2{,}6 \cdot q_b \cdot \left(z/10\right)^{0{,}19} = 1{,}5 \cdot \left(z/10\right)^{0{,}19}$ mit $q_b = 0{,}56$ kN/m² für Windzone 4 (Inseln der Nordsee)	für 2 m $< z \leq 300$ m

z Höhe über Grund bzw. Bezugshöhe z_e oder z_i nach Abschnitt 7 in m

q_b Basisgeschwindigkeitsdruck. Es gilt:

Windzone	q_b in kN/m²
1	0,32
2	0,39
3	0,47
4	0,56

5.5 Genauere Erfassung der Bodenrauigkeit

Ein genaueres Verfahren zur Berechnung des Böengeschwindigkeitsdruckes, mit dem der Einfluss der Bodenrauigkeit erfasst werden kann (Taf. 9.29b), ist in DIN EN 1991-1-4/NA.B, Tab. NA.B.2 angegeben.

5.6 Abminderung des Geschwindigkeitsdruckes bei vorübergehenden Zuständen

Der Geschwindigkeitsdruck darf gemäß DIN EN 1991-1-4/NA, Anhang NA.B.5 in folgenden Fällen abgemindert werden:

- Bei vorübergehenden Zuständen (z.B. Bauzustände).
- Bei Bauwerken, die nur zeitweilig bestehen.

Die Größe der Abminderung ist abhängig von der Dauer des Zustandes sowie von der Art und dem Umfang der – schützenden oder verstärkenden – Sicherungsmaßnahmen, die bei aufkommendem Sturm durchgeführt werden. Zu den schützenden Sicherungsmaßnahmen gehören z.B. das Niederlegen von Bauteilen am Boden, die Einhausung oder der Einschub von Bauteilen in Hallen. Verstärkende Sicherungsmaßnahmen sind Verankerungen, Erdnägel, Aussteifungselemente, Abspannungen u.a.m., die im Fall aufkommenden Sturms angebracht werden. Abminderungsfaktoren für den Geschwindigkeitsdruck bei vorübergehenden Zuständen sind in Tafel 9.32a angegeben. Die angegebenen Abminderungen gelten jedoch nicht für Bauten, die jederzeit errichtet und demontiert werden können, wie z.B. Fliegende Bauten und Gerüste. Eventuelle Ausnahmen hiervon müssen in den entsprechenden Fachnormen geregelt sein.

Tafel 9.32a Abgeminderter Geschwindigkeitsdruck bei vorübergehenden Zuständen

Dauer des vorübergehenden Zustandes	Mit schützenden Sicherungsmaßnahmen [1]	Mit verstärkenden Sicherungsmaßnahmen [1]	Ohne Sicherungsmaßnahmen [2]
bis zu 3 Tagen	$0{,}1 \cdot q$	$0{,}2 \cdot q$	$0{,}5 \cdot q$
bis zu 3 Monaten von Mai bis August	$0{,}2 \cdot q$	$0{,}3 \cdot q$	$0{,}5 \cdot q$
bis zu 12 Monaten	$0{,}2 \cdot q$	$0{,}3 \cdot q$	$0{,}6 \cdot q$
bis zu 24 Monaten	$0{,}2 \cdot q$	$0{,}4 \cdot q$	$0{,}7 \cdot q$

[1] Die Werte gelten für den Nachweis der ungesicherten Konstruktion. Voraussetzung für ihre Anwendung sind eine ausreichend genaue Beobachtung der Wetterlage, ggf. das Einholen von Sturmwarnungen durch einen qualifizierten Wetterdienst sowie der rechtzeitige Abschluss der Sicherungsmaßnahmen vor Beginn des Sturmereignisses (s. DIN EN 1991-1-4/NA, NA.B.5 (4)).

[2] Die Werte gelten auch für den Nachweis der durch verstärkende Sicherungsmaßnahmen ertüchtigten Konstruktion (s. DIN EN 1991-1-4/NA, NA.B.5 (5)).

q ursprünglicher (d. h. nicht abgeminderter) Geschwindigkeitsdruck in kN/m²

6 Windeinwirkungen auf Bauwerke und Bauteile

Windeinwirkungen sind unter Berücksichtigung der äußeren und inneren Winddrücke (Außen- und Innendruck) zu erfassen. Es wird unterschieden zwischen Winddrücken und Windkräften; Winddrücke erfassen die Windbeanspruchung als Flächenlasten (Einheit: kN/m²), Windkräfte geben sie als Einzellast (in kN) an. In Abschn. 7 werden Winddrücke, in Abschn. 8 Windkräfte behandelt. Die Idealisierung der Windbeanspruchung durch Flächenlasten (Winddrücke) ist dann erforderlich, wenn z.B. unmittelbar vom Wind beanspruchte Bauteile der Gebäudehülle (Dach-, Wand-, Fassadenelemente, Befestigungen o.Ä.) dimensioniert werden müssen. Auch für mittelbar belastete Bauteile, wie Verbände, Dachkonstruktionen und Hallenrahmen, ist die Windbeanspruchung als Flächenlast auf die Gebäudehülle anzusetzen. Der Begriff „Winddruck" wird stellvertretend für Druck- u. Sogbelastung verwendet. Winddruck wirkt senkrecht zur Oberfläche. Als Vorzeichenregelung gilt: Druck = positiv, Sog = negativ. Die Angaben in diesem Abschnitt gelten nur für ausreichend steife, d.h. nicht schwingungsanfällige Konstruktionen, bei denen die böenerregten Resonanzschwingungen vernachlässigt werden können. Übliche Wohn-, Büro- und Industriegebäude mit einer Höhe bis 25 m sowie Bauwerke, die in Form und Konstruktion ähnlich sind, gelten ohne weiteren Nachweis als nicht schwingungsanfällig. Die nachfolgend angegebenen Winddrücke treten nicht zwingend gleichzeitig an allen Punkten der betrachteten Oberfläche auf, ggf. ist der Einfluss auf die betrachtete Reaktionsgröße zu untersuchen. Die Norm enthält keine genauen Angaben, wann und wie günstig wirkende Lastanteile mit ungünstig wirkenden Lastanteilen überlagert werden dürfen. Eine konservative Abschätzung besteht darin, die günstig wirkenden Lastanteile zu null anzunehmen. Weiterhin ist zu beachten, dass insb. bei großflächigen, weit gespannten Rahmen- und Bogentragwerken der Einfluss günstig wirkender Lastanteile genauer zu untersuchen ist, d.h., in diesen Fällen i.d.R. mit null anzunehmen ist.

7 Winddruck auf Oberflächen

7.1 Berechnung von Winddrücken

Der Winddruck auf Außenflächen (Außendruck) bzw. auf Innenflächen (Innendruck) eines Bauwerks berechnet sich nach Tafel 9.32b. Der Innendruck ist abhängig von der Größe und Lage der Öffnungen in der Außenhaut und wirkt auf alle Raumabschlüsse eines Innenraums gleichzeitig und mit gleichem Vorzeichen. Die Nettodruckbelastung infolge Winddrucks ergibt sich als Resultierende von Außen- u. Innendruck. Der Innendruck darf jedoch nicht entlastend angesetzt werden. Beispiele für die Überlagerung von Außen- und Innendruck sind in Abb. 9.33a dargestellt.

Tafel 9.32b Winddruck auf Oberflächen (Außen- und Innendruck)

Außendruck w_e in kN/m²	Innendruck w_i in kN/m²
$w_e = q_p(z_e) \cdot c_{pe}$	$w_i = q_p(z_i) \cdot c_{pi}$
c_{pe} Aerodynamischer Beiwert für den Außendruck nach Abschnitt 7.2 z_e Bezugshöhe nach Abschnitt 7.2	c_{pi} Aerodynamischer Beiwert für den Innendruck nach Abschnitt 7.2.9 z_i Bezugshöhe nach Abschnitt 7.2.9
q_p Böengeschwindigkeitsdruck für die Bezugshöhe z_e bzw. z_i in kN/m² nach Abschn. 5.3 (Bauwerke bis 25 m), 5.4 (Regelfall, Bauwerke bis 300 m), 5.5 (genauere Erfassung der Bodenrauigkeit)	

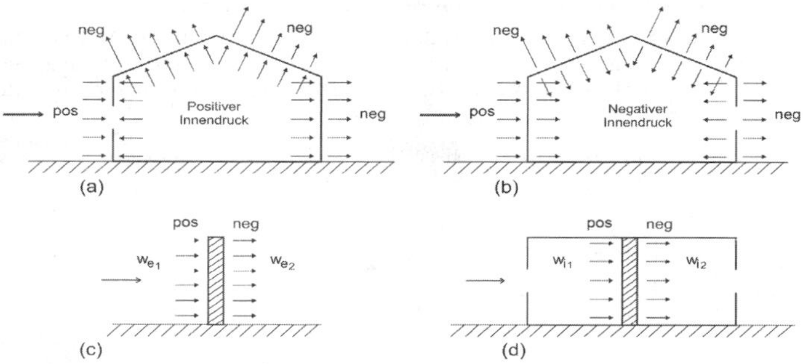

Abb. 9.33a Beispiele für die Überlagerung von Außen- und Innendruck

7.2 Druckbeiwerte für den Außen- und Innendruck

7.2.1 Allgemeines

Die Außendruckbeiwerte c_{pe} für Bauwerke und Gebäudeabschnitte sind abhängig von der Lasteinflussfläche A (Tafel 9.33). Nachfolgend werden die Außendruckbeiwerte für die entsprechende Gebäudeform für Lasteinzugsflächen von $A \leq 1\ m^2$ ($c_{pe,1}$) und $A \geq 10\ m^2$ ($c_{pe,10}$) tabellarisch angegeben. Für andere Lasteinzugsflächen ist der Außendruckbeiwert nach Abb. 9.33b bzw. Tafel 9.33 zu ermitteln.

Tafel 9.33 Zusammenhang zwischen Lasteinzugsfläche und Außendruckbeiwert c_{pe}

Lasteinflussfläche A	Außendruckbeiwert c_{pe}	Beispiele
$A \leq 1\ m^2$	$c_{pe} = c_{pe,1}$	Bemessung kleinformatiger Bauteile und deren Verankerungen bzw. Befestigungen einschl. deren Unterkonstruktion, z.B. Fassadenelemente mit $A \leq 1\ m^2$, Dachlatten
$1\ m^2 < A < 10\ m^2$	$c_{pe} = c_{pe,1} - (c_{pe,1} - c_{pe,10}) \cdot \log A$	Bemessung von Bauteilen mit $A > 1\ m^2$ und $A < 10\ m^2$ (z.B. Sparren)
$A \geq 10\ m^2$	$c_{pe} = c_{pe,10}$	Bemessung der Bauteile des Gesamttragwerks einschl. der Gründung, z.B. Dachbinder u. Stützen einer Halle mit $A \geq 10\ m^2$

Die Außendruckbeiwerte für Lasteinzugsflächen $A \leq 1\ m^2$ gelten für die Bemessung kleiner Bauteile und deren Verankerungen einschl. deren Unterkonstruktion. Die Außendruckbeiwerte $c_{pe,10}$ ($A \geq 10\ m^2$) sind für die Bemessung der Bauteile des gesamten Tragwerks, der Gründung und ggf. der Aussteifungskonstruktion zu verwenden.

Weitere Regelungen:

- Die Außendruckbeiwerte gelten nicht für hinterlüftete Wand- und Dachflächen.
- Bei Dachüberständen kann für den Außendruckbeiwert auf der Unterseite der Wert der anschließenden Wandfläche und für den Außendruckbeiwert auf der Oberseite der Wert der anschließenden Dachfläche angesetzt werden (konservative Regelung).

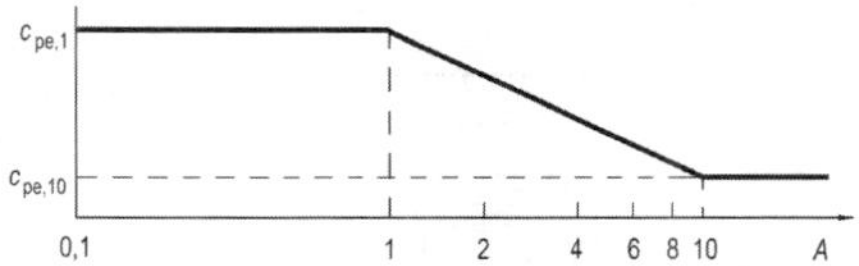

Abb. 9.33b Zusammenhang zwischen Lasteinzugsfläche A und Außendruckbeiwert c_{pe}

Die Außendruckbeiwerte $c_{pe,1}$ und $c_{pe,10}$ werden in den nachfolgenden Abschnitten für die orthogonalen Anströmrichtungen 0°, 90° und 180° angegeben. Sie geben den höchsten auftretenden Wert innerhalb des Bereiches von ±45° um die jeweilige orthogonale Anströmrichtung wieder.

7.2.2 Vertikale Wände von Gebäuden mit rechteckigem Grundriss

Für vertikale Wände von Baukörpern mit rechteckigem Grundriss darf der Außendruck gestaffelt über die Baukörperhöhe in Abhängigkeit vom Verhältnis h/b nach Abb. 9.34a angesetzt werden. Die Staffelung über die Höhe ist nur für den Bereich D anzuwenden. Außendruckbeiwerte für vertikale Wände nach Tafel 9.34.

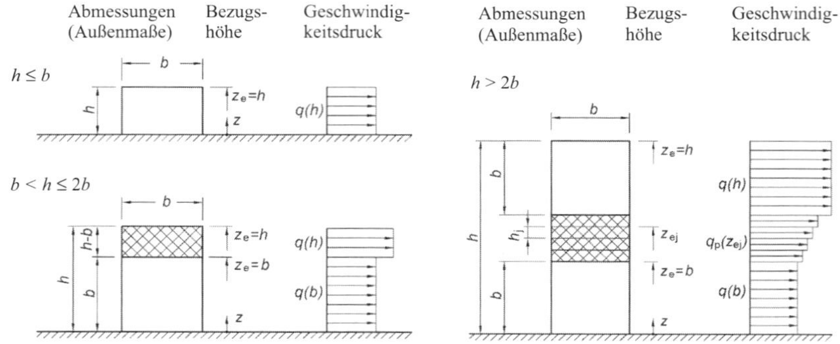

Abb. 9.34a Geschwindigkeitsdruck, Bezugshöhe z_e für vertikale Wände in Abhängigkeit von Baukörperhöhe h und -breite b

Tafel 9.34 Außendruckbeiwerte für vertikale Wände von Gebäuden mit rechteckigem Grundriss (Einteilung der Wandflächen nach Abb. 9.34b)

Bereich	A		B		C		D		E	
h/d	$c_{pe,10}$	$c_{pe,1}$	$c_{pe,10}$	$c_{pe,1}$	$c_{pe,10}$	$c_{pe,1}$	$c_{pe,10}$	$c_{pe,1}$	$c_{pe,10}$	$c_{pe,1}$
≥ 5	–1,4	–1,7	–0,8	–1,1	–0,5	–0,7	+0,8	+1,0	–0,5	–0,7
1	–1,2	–1,4	–0,8	–1,1	–0,5		+0,8	+1,0	–0,5	
≤ 0,25	–1,2	–1,4	–0,8	–1,1	–0,5		+0,7	+1,0	–0,3	–0,5

Für einzeln in offenem Gelände stehende Gebäude können im Sogbereich auch größere Sogkräfte auftreten. Zwischenwerte dürfen linear interpoliert werden. Für Gebäude mit $h/d > 5$ ist die Gesamtwindlast anhand der Kraftbeiwerte aus DIN EN 1991-1-4, Abschnitte 7.6 bis 7.8 und 7.9.2 (vgl. a. Abschn. 8 in diesem Beitrag) zu ermitteln.

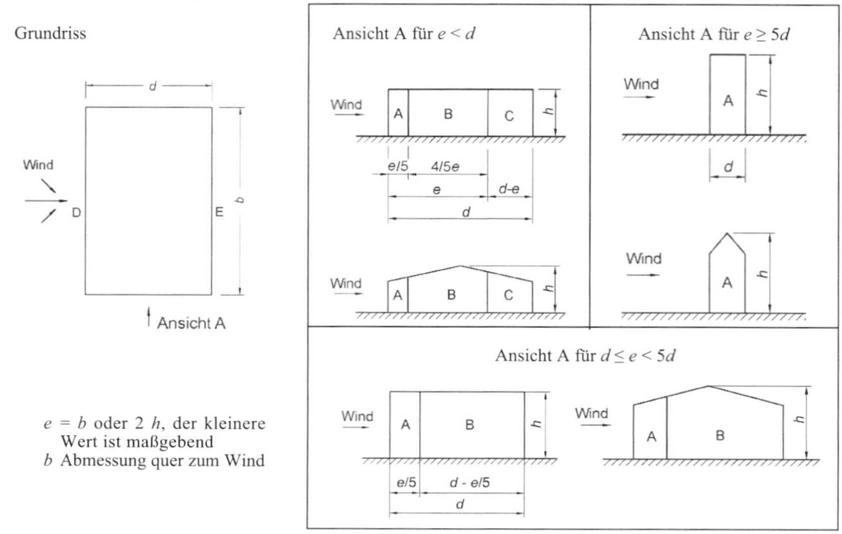

Abb. 9.34b Einteilung der Wandflächen bei vertikalen Wänden

7.2.3 Flachdächer

Flachdächer im Sinne der Norm sind Dächer mit einer Dachneigung von weniger als 5°. Außendruckbeiwerte nach Tafel 9.35, Einteilung der Dachflächen nach Abb. 9.35. Für sehr flache Baukörper mit $h/d < 0{,}1$ darf der Bereich F entfallen. Druckbeiwerte für die Attika wie bei freistehenden Wänden (Abschnitt 7.2.1).

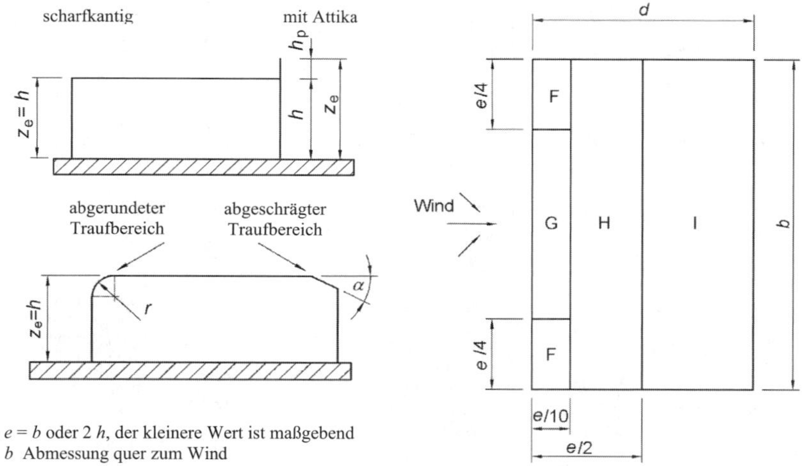

$e = b$ oder $2\,h$, der kleinere Wert ist maßgebend
b Abmessung quer zum Wind

Abb. 9.35 Einteilung der Dachflächen bei Flachdächern

Tafel 9.35 Außendruckbeiwerte für Flachdächer

Ausbildung des Traufbereichs		Bereich F		Bereich G		Bereich H		Bereich I	
		$c_{pe,10}$	$c_{pe,1}$	$c_{pe,10}$	$c_{pe,1}$	$c_{pe,10}$	$c_{pe,1}$	$c_{pe,10}$	$c_{pe,1}$
Scharfkantiger Traufbereich		–1,8	–2,5	–1,2	–2,0	–0,7	–1,2	+0,2 –0,6	
mit Attika	$h_p/h = 0{,}025$	–1,6	–2,2	–1,1	–1,8	–0,7	–1,2	+0,2 –0,6	
	$h_p/h = 0{,}05$	–1,4	–2,0	–0,9	–1,6	–0,7	–1,2	+0,2 –0,6	
	$h_p/h = 0{,}10$	–1,2	–1,8	–0,8	–1,4	–0,7	–1,2	+0,2 –0,6	
Abgerundeter Traufbereich	$r/h = 0{,}05$	–1,0	–1,5	–1,2	–1,8	–0,4		±0,2	
	$r/h = 0{,}10$	–0,7	–1,2	–0,8	–1,4	–0,3		±0,2	
	$r/h = 0{,}20$	–0,5	–0,8	–0,5	–0,8	–0,3		±0,2	
Abgeschrägter Traufbereich	$\alpha = 30°$	–1,0	–1,5	–1,0	–1,5	–0,3		±0,2	
	$\alpha = 45°$	–1,2	–1,8	–1,3	–1,9	–0,4		±0,2	
	$\alpha = 60°$	–1,3	–1,9	–1,3	–1,9	–0,5		±0,2	

Bei Flachdächern mit Attika oder abgerundetem Traufbereich darf für Zwischenwerte h_p/h und r/h linear interpoliert werden.

Bei Flachdächern mit mansardendachartigem Traufbereich darf für Zwischenwerte von α zwischen $\alpha = 30°$, 45° und 60° linear interpoliert werden. Für $\alpha > 60°$ darf zwischen den Werten für $\alpha = 60°$ und den Werten für Flachdächer mit scharfkantigem Traufbereich interpoliert werden.

Im Bereich I, für den positive und negative Werte angegeben werden, sollten beide Werte berücksichtigt werden.

Für die Schräge des mansardendachartigen Traufbereichs selbst werden die Außendruckbeiwerte in Abschnitt 7.2.5 – „Außendruckbeiwerte für Sattel- und Trogdächer – Anströmrichtung $\theta = 0°$, Bereiche F und G, in Abhängigkeit von dem Neigungswinkel des mansardendachartigen Traufenbereichs angegeben.

Für den abgerundeten Traufbereich selbst werden die Außendruckbeiwerte entlang der Krümmung durch lineare Interpolation entlang der Kurve zwischen dem Wert an der vertikalen Wand und auf dem Dach ermittelt.

7.2.4 Pultdächer

Bei Pultdächern sind drei Anströmrichtungen zu untersuchen ($\theta = 0°$: Anströmung auf niedrige Traufe; $\theta = 180°$: Anströmung auf hohe Traufe; $\theta = 90°$: Anströmung parallel zu hoher und niedriger Traufe). Außendruckbeiwerte nach Tafel 9.36, Einteilung der Dachflächen siehe Abb. 9.36.

Anströmrichtung $\theta = 0°$ und $\theta = 180°$

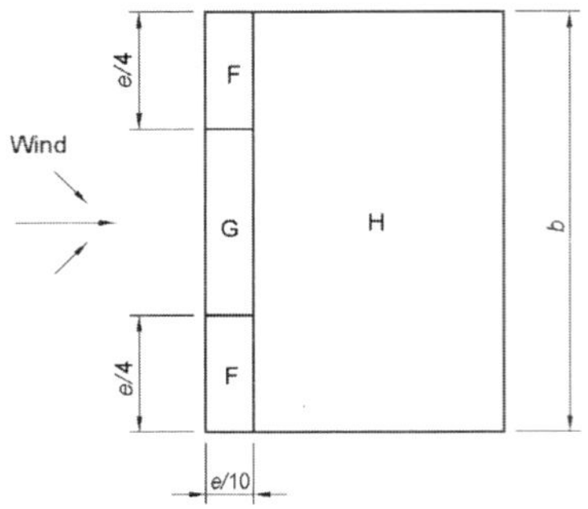

Anströmrichtung $\theta = 90°$

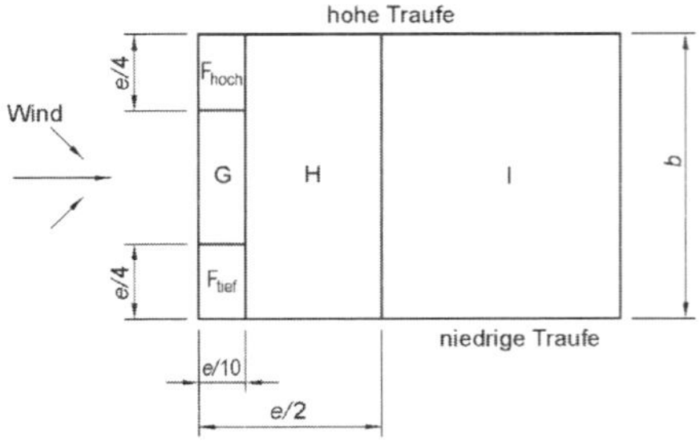

$e = b$ oder $2\,h$, der kleinere Wert ist maßgebend

b Abmessung quer zum Wind

Bezugshöhe: $z_e = h$

Anströmrichtung $\theta = 0°$

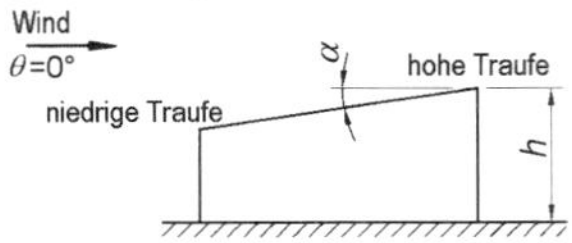

Anströmrichtung $\theta = 180°$

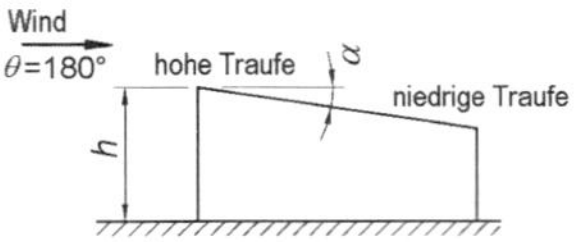

Abb. 9.36 Einteilung der Dachflächen bei Pultdächern

Tafel 9.36 Außendruckbeiwerte für Pultdächer

Neigungswinkel α[1)]	Anströmrichtung $\theta = 0°$[2)] Bereich F $c_{pe,10}$	F $c_{pe,1}$	G $c_{pe,10}$	G $c_{pe,1}$	H $c_{pe,10}$	H $c_{pe,1}$	Anströmrichtung $\theta = 180°$ Bereich F $c_{pe,10}$	F $c_{pe,1}$	G $c_{pe,10}$	G $c_{pe,1}$	H $c_{pe,10}$	H $c_{pe,1}$
5°	−1,7	−2,5	−1,2	−2,0	−0,6	−1,2	−2,3	−2,5	−1,3	−2,0	−0,8	−1,2
	+0,0		+0,0		+0,0							
15°	−0,9	−2,0	−0,8	−1,5	−0,3		−2,5	−2,8	−1,3	−2,0	−0,9	−1,2
	+0,2		+0,2		+0,2							
30°	−0,5	−1,5	−0,5	−1,5	-0,2		−1,1	−2,3	−0,8	−1,5	−0,8	
	+0,7		+0,7		+0,4							
45°	-0,0		-0,0		-0,0		−0,6	−1,3	−0,5		−0,7	
	+0,7		+0,7		+0,6							
60°	+0,7		+0,7		+0,7		−0,5	−1,0	−0,5		−0,5	
75°	+0,8		+0,8		+0,8		−0,5	−1,0	−0,5		−0,5	

Neigungswinkel α[1)]	Anströmrichtung $\theta = 90°$ Bereich F_{hoch} $c_{pe,10}$	F_{hoch} $c_{pe,1}$	F_{tief} $c_{pe,10}$	F_{tief} $c_{pe,1}$	G $c_{pe,10}$	G $c_{pe,1}$	H $c_{pe,10}$	H $c_{pe,1}$	I $c_{pe,10}$	I $c_{pe,1}$
5°	−2,1	−2,6	−2,1	−2,4	−1,8	−2,0	−0,6	−1,2	−0,5	
15°	−2,4	−2,9	−1,6	−2,4	−1,9	−2,5	−0,8	−1,2	−0,7	−1,2
30°	−2,1	−2,9	−1,3	−2,0	−1,5	−2,0	−1,0	−1,3	−0,8	−1,2
45°	−1,5	−2,4	−1,3	−2,0	−1,4	−2,0	−1,0	−1,3	−0,9	−1,2
60°	−1,2	−2,0	−1,2	−2,0	−1,2	−2,0	−1,0	−1,3	−0,7	−1,2
75°	−1,2	−2,0	−1,2	−2,0	−1,2	−2,0	−1,0	−1,3	−0,5	

1) Zwischenwerte dürfen linear interpoliert werden, soweit nicht das Vorzeichen wechselt.

2) Bei Anströmrichtung $\theta = 0°$ und bei Neigungswinkeln von $\alpha = +5°$ bis $\alpha = +45°$ ändert sich der Druck schnell zwischen positiven und negativen Werten. Für diesen Bereich wird daher sowohl der positive als auch der negative Außendruckbeiwert angegeben. Bei solchen Dächern sind beide Fälle (Druck u. Sog) getrennt zu berücksichtigen, d.h., es sind erstens ausschließlich positive Werte (Druck) und zweitens ausschließlich negative Werte zu betrachten.

7.2.5 Sattel- und Trogdächer

Außendruckbeiwerte nach Tafel 9.37, Einteilung der Dachflächen nach Abb. 9.37.

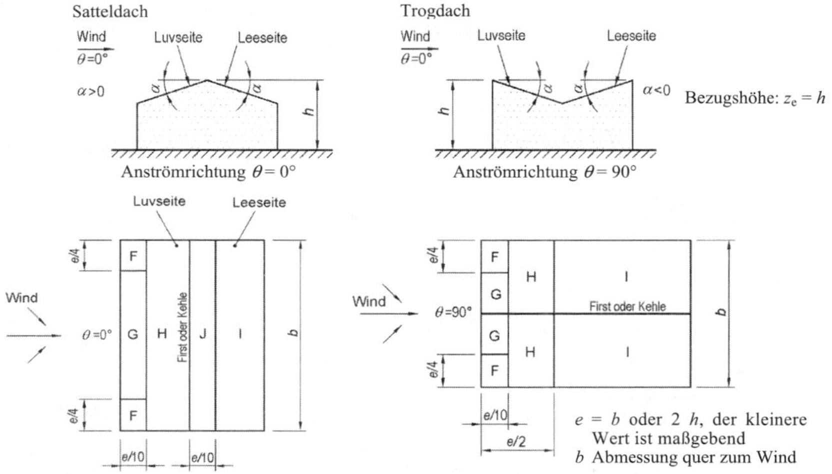

Abb. 9.37 Einteilung der Dachflächen bei Sattel- und Trogdächern

Tafel 9.37 Außendruckbeiwerte für Sattel- und Trogdächer

<table>
<tr><th colspan="2" rowspan="3">Neigungs-winkel α [1)]</th><th colspan="10">Anströmrichtung θ = 0° [2)]; Bereich</th></tr>
<tr><th colspan="2">F</th><th colspan="2">G</th><th colspan="2">H</th><th colspan="2">I</th><th colspan="2">J</th></tr>
<tr><th>$c_{pe,10}$</th><th>$c_{pe,1}$</th><th>$c_{pe,10}$</th><th>$c_{pe,1}$</th><th>$c_{pe,10}$</th><th>$c_{pe,1}$</th><th>$c_{pe,10}$</th><th>$c_{pe,1}$</th><th>$c_{pe,10}$</th><th>$c_{pe,1}$</th></tr>
<tr><td rowspan="5">Trogdach</td><td>–45°</td><td colspan="2">–0,6</td><td colspan="2">–0,6</td><td colspan="2">–0,8</td><td colspan="2">–0,7</td><td>–1,0</td><td>–1,5</td></tr>
<tr><td>–30°</td><td>–1,1</td><td>–2,0</td><td>–0,8</td><td>–1,5</td><td colspan="2">–0,8</td><td colspan="2">–0,6</td><td>–0,8</td><td>–1,4</td></tr>
<tr><td>–15°</td><td>–2,5</td><td>–2,8</td><td>–1,3</td><td>–2,0</td><td>–0,9</td><td>–1,2</td><td colspan="2">–0,5</td><td>–0,7</td><td>–1,2</td></tr>
<tr><td rowspan="2">–5°</td><td rowspan="2">–2,3</td><td rowspan="2">–2,5</td><td rowspan="2">–1,2</td><td rowspan="2">–2,0</td><td rowspan="2">–0,8</td><td rowspan="2">–1,2</td><td colspan="2">+0,2</td><td colspan="2">+0,2</td></tr>
<tr><td colspan="2">–0,6</td><td colspan="2">–0,6</td></tr>
<tr><td rowspan="10">Satteldach</td><td rowspan="2">5°</td><td>–1,7</td><td>–2,5</td><td>–1,2</td><td>–2,0</td><td>–0,6</td><td>–1,2</td><td colspan="2" rowspan="2">–0,6</td><td colspan="2">+0,2</td></tr>
<tr><td colspan="2">+0,0</td><td colspan="2">+0,0</td><td colspan="2">+0,0</td><td colspan="2">–0,6</td></tr>
<tr><td rowspan="2">15°</td><td>–0,9</td><td>–2,0</td><td>–0,8</td><td>–1,5</td><td colspan="2">–0,3</td><td colspan="2" rowspan="2">–0,4</td><td rowspan="2">–1,0</td><td rowspan="2">–1,5</td></tr>
<tr><td colspan="2">+0,2</td><td colspan="2">+0,2</td><td colspan="2">+0,2</td></tr>
<tr><td rowspan="2">30°</td><td>–0,5</td><td>–1,5</td><td>–0,5</td><td>–1,5</td><td colspan="2">–0,2</td><td colspan="2" rowspan="2">–0,4</td><td colspan="2" rowspan="2">–0,5</td></tr>
<tr><td colspan="2">+0,7</td><td colspan="2">+0,7</td><td colspan="2">+0,4</td></tr>
<tr><td rowspan="2">45°</td><td colspan="2">-0,0</td><td colspan="2">-0,0</td><td colspan="2">-0,0</td><td colspan="2">–0,2</td><td colspan="2">–0,3</td></tr>
<tr><td colspan="2">+0,7</td><td colspan="2">+0,7</td><td colspan="2">+0,6</td><td colspan="2">+0,0</td><td colspan="2">+0,0</td></tr>
<tr><td>60°</td><td colspan="2">+0,7</td><td colspan="2">+0,7</td><td colspan="2">+0,7</td><td colspan="2">–0,2</td><td colspan="2">–0,3</td></tr>
<tr><td>75°</td><td colspan="2">+0,8</td><td colspan="2">+0,8</td><td colspan="2">+0,8</td><td colspan="2">–0,2</td><td colspan="2">–0,3</td></tr>
</table>

<table>
<tr><th colspan="2" rowspan="3">Neigungs-winkel α</th><th colspan="8">Anströmrichtung θ = 90°; Bereich</th></tr>
<tr><th colspan="2">F</th><th colspan="2">G</th><th colspan="2">H</th><th colspan="2">I</th></tr>
<tr><th>$c_{pe,10}$</th><th>$c_{pe,1}$</th><th>$c_{pe,10}$</th><th>$c_{pe,1}$</th><th>$c_{pe,10}$</th><th>$c_{pe,1}$</th><th>$c_{pe,10}$</th><th>$c_{pe,1}$</th></tr>
<tr><td rowspan="4">Trogdach</td><td>–45°</td><td>–1,4</td><td>–2,0</td><td>–1,2</td><td>–2,0</td><td>–1,0</td><td>–1,3</td><td>–0,9</td><td>–1,2</td></tr>
<tr><td>–30°</td><td>–1,5</td><td>–2,1</td><td>–1,2</td><td>–2,0</td><td>–1,0</td><td>–1,3</td><td>–0,9</td><td>–1,2</td></tr>
<tr><td>–15°</td><td>–1,9</td><td>–2,5</td><td>–1,2</td><td>–2,0</td><td>–0,8</td><td>–1,2</td><td>–0,8</td><td>–1,2</td></tr>
<tr><td>–5°</td><td>–1,8</td><td>–2,5</td><td>–1,2</td><td>–2,0</td><td>–0,7</td><td>–1,2</td><td>–0,6</td><td>–1,2</td></tr>
<tr><td rowspan="5">Satteldach</td><td>5°</td><td>–1,6</td><td>–2,2</td><td>–1,3</td><td>–2,0</td><td>–0,7</td><td>–1,2</td><td colspan="2">–0,6</td></tr>
<tr><td>15°</td><td>–1,3</td><td>–2,0</td><td>–1,3</td><td>–2,0</td><td>–0,6</td><td>–1,2</td><td colspan="2">–0,5</td></tr>
<tr><td>30°</td><td>–1,1</td><td>–1,5</td><td>–1,4</td><td>–2,0</td><td>–0,8</td><td>–1,2</td><td colspan="2">–0,5</td></tr>
<tr><td>45°</td><td>–1,1</td><td>–1,5</td><td>–1,4</td><td>–2,0</td><td>–0,9</td><td>–1,2</td><td colspan="2">–0,5</td></tr>
<tr><td>60°, 75°</td><td>–1,1</td><td>–1,5</td><td>–1,2</td><td>–2,0</td><td>–0,8</td><td>–1,0</td><td colspan="2">–0,5</td></tr>
</table>

[2)] Für Dachneigungen zwischen den angegebenen Werten darf linear interpoliert werden, sofern nicht das Vorzeichen der Druckbeiwerte wechselt. Zwischen den Werten α = +5° und α = –5° darf nicht interpoliert werden, stattdessen sind die Werte für Flachdächer zu benutzen. Wert 0,0 für Interpolation.

[1)] Für die Anströmrichtung θ = 0° und Neigungswinkel von α = –5° bis +45° ändert sich der Druck schnell zwischen positiven und negativen Werten; daher werden sowohl der positive als auch der negative Wert angegeben. Bei solchen Dächern sind vier Fälle zu berücksichtigen, bei denen jeweils der kleinste bzw. größte Wert für die Bereiche F, G und H mit den kleinsten bzw. größten Werten der Bereiche I und J kombiniert werden. Das Mischen von positiven und negativen Werten auf einer Dachfläche ist nicht zulässig.

7.2.6 Außendruckbeiwerte für Walmdächer

Außendruckbeiwerte nach Tafel 9.38, Einteilung der Dachflächen nach Abb. 9.38. Für Dachneigungen zwischen den angegebenen Werten darf linear interpoliert werden, sofern das Vorzeichen nicht wechselt.

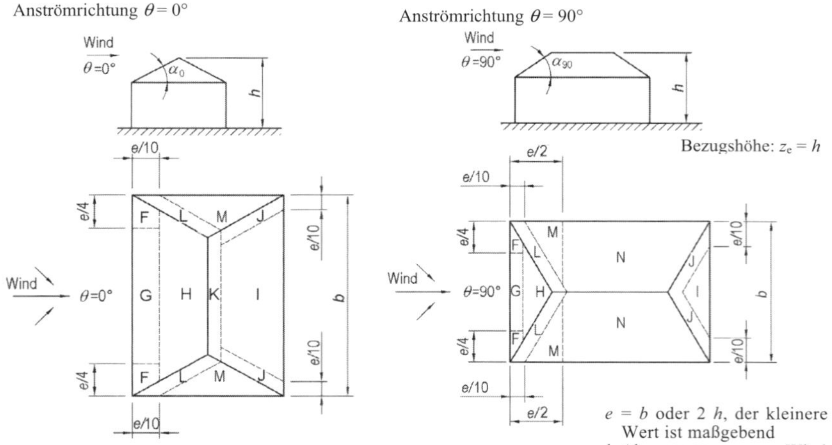

Abb. 9.38 Einteilung der Dachflächen bei Walmdächern

Tafel 9.38 Außendruckbeiwerte für Walmdächer

Neigungswinkel α_0 für $\theta = 0°$, α_{90} für $\theta = 90°$	Anströmrichtung $\theta = 0°$ und $\theta = 90°$																	
	Bereich																	
	F		G		H		I		J		K		L		M		N	
	$c_{pe,10}$	$c_{pe,1}$	$c_{pe,10}$	$c_{pe,1}$	$c_{pe,10}$	$c_{pe,1}$	$c_{pe,10}$	$c_{pe,1}$	$c_{pe,10}$	$c_{pe,1}$	$c_{pe,10}$	$c_{pe,1}$	$c_{pe,10}$	$c_{pe,1}$	$c_{pe,10}$	$c_{pe,1}$	$c_{pe,10}$	$c_{pe,1}$
+5°	–1,7	–2,5	–1,2	–2,0	–0,6	–1,2	–0,3		–0,6		–0,6		–1,2	–2,0	–0,6	–1,2	–0,4	
	+0,0		+0,0		+0,0													
+15°	–0,9	–2,0	–0,8	–1,5	–0,3		–0,5		–1,0	–1,5	–1,2	–2,0	–1,4	–2,0	–0,6	–1,2	–0,3	
	+0,2		+0,2		+0,2													
+30°	–0,5	–1,5	–0,5	–1,5	–0,2		–0,4		–0,7	–1,2	–0,5		–1,4	–2,0	–0,8	–1,2	–0,2	
	+0,5		+0,7		+0,4													
+45°	-0,0		-0,0		-0,0		–0,3		–0,6		–0,3		–1,3	–2,0	–0,8	–1,2	–0,2	
	+0,7		+0,7		+0,6													
+60°	+0,7		+0,7		+0,7		–0,3		–0,6		–0,3		–1,2	–2,0	–0,4		–0,2	
+75°	+0,8		+0,8		+0,8		–0,3		–0,6		–0,3		–1,2	–2,0	–0,4		–0,2	

Für die Anströmrichtung $\theta = 0°$ und Neigungswinkel von $\alpha = +5°$ bis +45° ändert sich der Druck auf der Luvseite schnell zwischen positiven und negativen Werten; daher werden sowohl positive als auch negative Werte angegeben. Bei solchen Dächern sind zwei Fälle separat zu berücksichtigen: 1. ausschließlich positive Werte und 2. ausschließlich negative Werte. Das Mischen von positiven und negativen Werten auf einer Dachfläche ist nicht zulässig.
Für Werte der Dachneigung zwischen den angegebenen Werten darf linear interpoliert werden, sofern das Vorzeichen der Druckbeiwerte wechselt.
Der Wert Null (+0,0 bzw. -0,0) ist für Interpolationszwecke angegeben.
Die luvseitige Dachneigung ist maßgebend für die Druckbeiwerte.

7.2.7 Vordächer

Druckbeiwerte für Vordächer sind im Nationalen Anhang zu DIN EN 1991-1-4, Anhang NA.V geregelt. Danach sind Vordächer sowohl für eine (positive) abwärts gerichtete Windlast (Abwärtslast) als auch für eine (negative) aufwärts gerichtete (Aufwärtslast) zu untersuchen. Das Vordach wird in zwei Bereiche (A und B) eingeteilt (Abb. 9.39a), für die jeweils aerodynamische Beiwerte für den resultierenden Druck in Abhängigkeit von der Geometrie angegeben sind (Tafel 9.39).

Für Tafel 9.39 gilt weiterhin:

- Die Druckbeiwerte gelten für ebene Vordächer, die mit einer max. Auskragung von 10 m und einer Dachneigung von bis zu ±10° aus der Horizontalen an eine Gebäudewand angeschlossen sind.
- Die Werte $c_{p,net}$ gelten für die Resultierende der Drücke an Ober- und Unterseite.
- Die Werte gelten unabhängig vom horiz. Abstand des Vordaches von der Gebäudeecke.
- Bezugshöhe z_e ist der Mittelwert aus Trauf- und Firsthöhe.

Tafel 9.39 Aerodynamische Beiwerte $c_{p,net}$ für den resultierenden Druck an Vordächern

Höhenverhältnis h_1/h	Bereich A			Bereich B		
	Abwärtslast	Aufwärtslast $h_1/d_1 \le 1{,}0$	Aufwärtslast $h_1/d_1 \ge 3{,}5$	Abwärtslast	Aufwärtslast $h_1/d_1 \le 1{,}0$	Aufwärtslast $h_1/d_1 \ge 3{,}5$
≤ 0,1	1,1	–0,9	–1,4	0,9	–0,2	–0,5
0,2	0,8	–0,9	–1,4	0,5	–0,2	–0,5
0,3	0,7	–0,9	–1,4	0,4	–0,2	–0,5
0,4	0,7	–1,0	–1,5	0,3	–0,2	–0,5
0,5	0,7	–1,0	–1,5	0,3	–0,2	–0,5
0,6	0,7	–1,1	–1,6	0,3	–0,4	–0,7
0,7	0,7	–1,2	–1,7	0,3	–0,7	–1,0
0,8	0,7	–1,4	–1,9	0,3	–1,0	–1,3
0,9	0,7	–1,7	–2,2	0,3	–1,3	–1,6
1,0	0,7	–2,0	–2,5	0,3	–1,6	–1,9

Für Zwischenwerte $1{,}0 < h_1/d_1 < 3{,}5$ ist linear zu interpolieren; Zwischenwerte h_1/h dürfen linear interpoliert werden.

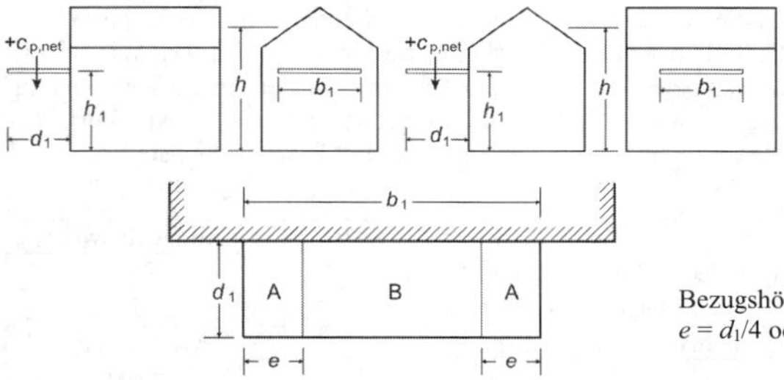

Bezugshöhe z_e = Mittelwert aus Trauf- und Firsthöhe
$e = d_1/4$ oder $b_1/2$, der kleinere Wert ist maßgebend

Abb. 9.39a Abmessungen und Einteilung der Flächen für Vordächer

7.2.8 Freistehende Pultdächer

Dächer, an die sich keine durchgehenden Wände anschließen, werden als freistehend bezeichnet (z.B. Tankstellendächer). Je nach Versperrungsgrad ergeben sich unterschiedliche Belastungen. Der Versperrungsgrad φ ist das Verhältnis der versperrten Fläche zur Gesamtquerschnittsfläche; die Flächen sind senkrecht zur Anströmrichtung zu ermitteln. Kraftbeiwerte c_f und Gesamtdruckbeiwerte $c_{p,net}$ für freistehende Pultdächer n. Tafel 9.40a; Lastanordnungen s. Abb. 9.39b. Der Kraftbeiwert c_f charakterisiert die resultierende Windkraft, der Gesamtdruckbeiwert $c_{p,net}$ den maximalen lokalen Druck für alle Anströmrichtungen; er ist für die Bemessung von Dachelementen u. Verankerungen zu verwenden. Weiterhin gilt:

- Die Kraftbeiwerte c_f und die Gesamtdruckbeiwerte berücksichtigen die resultierende Windbelastung auf Ober- u. Unterseite des Daches für alle Anströmrichtungen. Zwischenwerte dürfen interpoliert werden.
- Auf der Leeseite der maximalen Versperrung sind $c_{p,net}$-Werte für $\varphi = 0$ anzusetzen.
- Bei der Bemessung sind Reibungskräfte zu berücksichtigen; siehe Norm.
- Als Referenzhöhe z_e ist die Höhe h nach Abb. 9.39b anzusetzen.

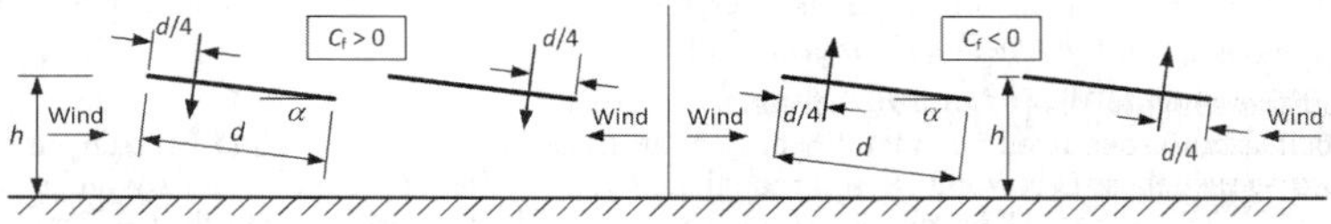

Abb. 9.39b Lage der resultierenden Windkraft bei freistehenden Pultdächern

Tafel 9.40a Kraft- und Gesamtdruckbeiwerte für freistehende Pultdächer

Neigungswinkel α	Versperrungsgrad φ	Kraftbeiwert c_f	Gesamtdruckbeiwerte $c_{p,net}$ Bereich A	Bereich B	Bereich C	Flächeneinteilung
0°	Maximum alle φ	+0,2	+0,5	+1,8	+1,1	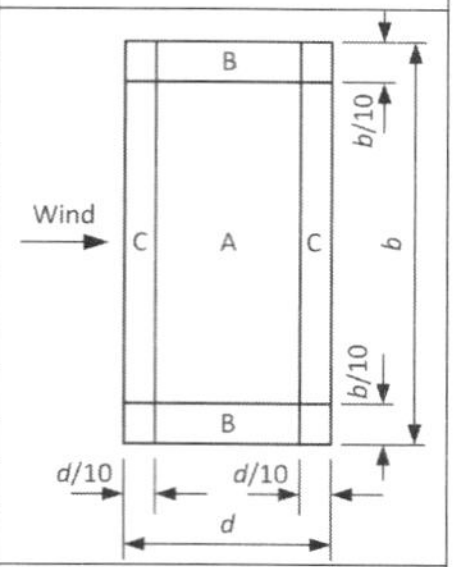
	Minimum $\varphi = 0$	-0,5	-0,6	-1,3	-1,4	
	Minimum $\varphi = 1$	-1,3	-1,5	-1,8	-2,2	
5°	Maximum alle φ	+0,4	+0,8	+2,1	+1,3	
	Minimum $\varphi = 0$	-0,7	-1,1	-1,7	-1,8	
	Minimum $\varphi = 1$	-1,4	-1,6	-2,2	-2,5	
10°	Maximum alle φ	+0,5	+1,2	+2,4	+1,6	
	Minimum $\varphi = 0$	-0,9	-1,5	-2,0	-2,1	
	Minimum $\varphi = 1$	-1,4	-1,6	-2,6	-2,7	
20°	Maximum alle φ	+0,8	+1,7	+2,9	+2,1	
	Minimum $\varphi = 0$	-1,3	-2,2	-2,8	-2,9	
	Minimum $\varphi = 1$	-1,4	-1,6	-2,9	-3,0	

Anmerkung: Positive Werte bedeuten eine nach unten gerichtete resultierende Windlast. Negative Werte bedeuten eine nach oben gerichtete resultierende Windlast. Beiwerte für weitere Dachneigungen siehe Norm.

7.2.9 Innendruck bei geschlossenen Baukörpern mit durchlässigen Wänden

Ein ungünstig wirkender Innendruck ist zu berücksichtigen; Innen- und Außendruck sind gleichzeitig anzunehmen (Überlagerung nach 7.1). Der Innendruck ist auf alle Raumabschlüsse gleichzeitig und mit gleichem Vorzeichen anzusetzen. Bei Außenwänden mit einer Grundundichtigkeit von ≤ 1% braucht der Innendruck nicht berücksichtigt zu werden, wenn die Öffnungen über die Außenwände gleichmäßig verteilt sind. Der Innendruckbeiwert c_{pi} ist in Tafel 9.40b angegeben. Bei einer Öffnungsfläche > 30 % an mind. zwei Seiten eines Gebäudes (Fassade oder Dach) gelten diese Seiten als offen. Die Windlast ist dann für freistehende Dächer bzw. Wände zu berechnen. Fenster oder Türen dürfen im GZT in der ständigen Bemessungssituation als geschlossen angesehen werden, sofern sie nicht bei einem Sturm betriebsbedingt geöffnet werden müssen (z.B. Ausfahrtstore von Gebäuden mit Rettungsdiensten).

Tafel 9.40b Innendruckbeiwerte c_{pi}

Gebäude, Bauteil			**Innendruckbeiwert c_{pi}**
Gebäude mit einer dominanten Seite [1]	Verhältnis Gesamtfläche der Öffnungen in der dominanten Seite zur Summe der Öffnungen in den restl. Seitenflächen [2]	≥ 3	$c_{pi} = 0,90 \times c_{pe}$[3]
		2	$c_{pi} = 0,75 \times c_{pe}$[3]
Gebäude ohne eine dominante Seite, d.h. gleichmäßig verteilte Öffnungen [4]			c_{pi} s. Skizze
Offene Silos und Schornsteine			$c_{pi} = -0,60$
Belüftete Tanks mit kleinen Öffnungen			$c_{pi} = -0,40$

[1] Als dominante Seite wird die Gebäudeseite bezeichnet, bei der die Gesamtfläche der Öffnungen mindestens doppelt so groß ist wie die Summe der Öffnungen in den restlichen Seitenflächen (gilt auch für einzelne Innenräume).
[2] Zwischenwerte dürfen linear interpoliert werden.
[3] c_{pe}-Wert = Außendruckbeiwert der dominanten Seite. Bei unterschiedlichen Außendruckbeiwerten auf der dominanten Seite ist ein mit den Öffnungsflächen gewichteter Mittelwert für c_{pe} zu ermitteln.
[4] Bei Gebäuden ohne eine dominante Seite ist der Innendruckbeiwert abhängig von der Höhe h und der Tiefe d des Gebäudes sowie vom Flächenparameter μ (s. Skizze)
$\mu = A_1/A$ — A_1 Gesamtfläche der Öffnungen in den leeseitigen und windparallelen Flächen mit $c_{pe} \leq 0$
A Gesamtfläche aller Öffnungen

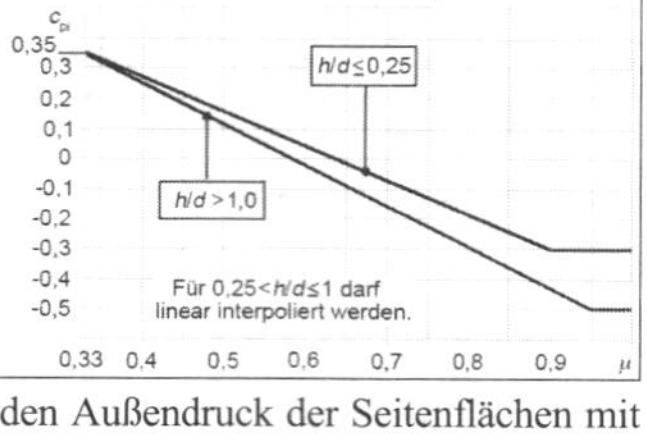

Bezugshöhe z_i für den Innendruck ist gleich Bezugshöhe z_e für den Außendruck der Seitenflächen mit Öffnungen; der größte Wert ist maßgebend.

7.2.10 Seitlich offene Baukörper

Für Druckbeiwerte seitlich offener Baukörper wird auf DIN EN 1991-1-4/NA:2024-08, NCI zu 7.4.1 verwiesen (s.a. *Bautabellen für Ingenieure*).

7.2.11 Freistehende Wände und Brüstungen

Druckbeiwerte für den resultierenden Druck $c_{p,net}$ an freistehenden Wänden und Brüstungen sind in Tafel 9.41 angegeben. Die Wand ist in Abhängigkeit vom Verhältnis Wandlänge zu Wandhöhe (*h/l*) in Bereiche nach Abb. 9.41 einzuteilen. Befinden sich auf der Luvseite der betrachteten Wand andere Wände, die gleich groß oder größer sind, darf eine abgeminderte Windlast angesetzt werden; s. hierzu *Bautabellen für Ingenieure*.

Tafel 9.41 Druckbeiwerte $c_{p,net}$ für freistehende Wände und Brüstungen

Völligkeitsgrad[3]	Bereich		A	B	C	D
$\varphi = 1$	gerade Wand	$l/h \leq 3$	2,3	1,4	1,2	1,2
		$l/h = 5$	2,9	1,8	1,4	1,2
		$l/h \geq 10$	3,4	2,1	1,7	1,2
	abgewinkelte Wand mit Schenkellänge $\geq h$[1), 2)]		± 2,1	± 1,8	± 1,4	± 1,2
$\varphi = 0{,}8$			± 1,2	± 1,2	± 1,2	± 1,2

[1] Für Längen des abgewinkelten Wandstücks zwischen 0 und h darf linear interpoliert werden.
[2] Das Mischen von positiven und negativen Werten ist nicht gestattet.
[3] Völligkeitsgrad: $\varphi = 1$: vollkommen geschlossene Wand; $\varphi = 0{,}8$: Wand, die zu 20 % offen ist. Bezugsfläche ist gleich Gesamtfläche der Wand. Für Völligkeitsgrade zwischen 0,8 und 1 können die Beiwerte linear interpoliert werden. Für durchlässige Wände mit Völligkeitsgraden $\varphi < 0{,}8$ sind die Beiwerte wie für ebene Fachwerke zu ermitteln.

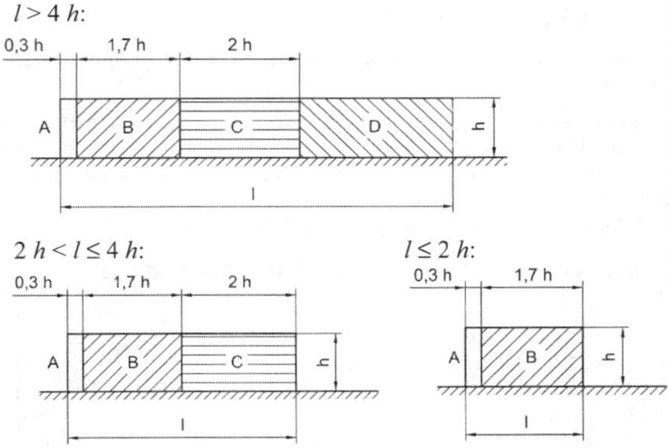

Definition der Anströmrichtung:

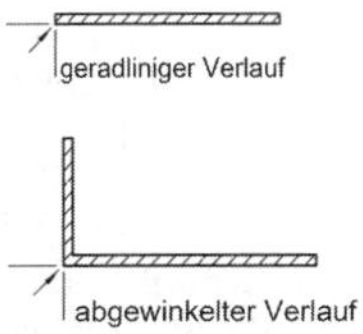

Bezugshöhe ist gleich Wandhöhe: $z_e = h$

Abb. 9.41 Einteilung der Wandfläche und Definition der Anströmrichtung

8 Windkräfte bei nicht schwingungsanfälligen Konstruktionen

8.1 Allgemeines

Die Gesamtwindkraft, die auf ein Bauwerk oder ein Bauteil einwirkt, kann wie folgt berechnet werden:

- aus Kräften ermittelt mit Kraftbeiwerten (Abschnitt 8.1.1),
- aus Kräften ermittelt mit Winddrücken und Reibungsbeiwerten (Abschnitt 8.1.2).

8.1.1 Windkräfte aus Kraftbeiwerten

Die auf ein Bauwerk einwirkende Gesamtwindkraft F_w kann mit

$$F_w = c_s c_d \cdot c_f \cdot q_p(z_e) \cdot A_{ref}$$

oder durch vektorielle Addition der auf die einzelnen Körperabschnitte wirkenden Windkräfte

$$F_{w,j} = c_s c_d \cdot \Sigma\, (c_f \cdot q_p(z_e) \cdot A_{ref})$$

berechnet werden.

$c_s c_d$ Strukturbeiwert (für nicht schwingungsanfällige Konstruktionen ist $c_s c_d = 1{,}0$; für schwingungsanfällige Konstruktionen wird auf die Norm verwiesen)

c_f Kraftbeiwert für einen Baukörper oder Baukörperabschnitt n. Abschnitt 8.2

$q_p(z_e)$ Böengeschwindigkeitsdruck in der Bezugshöhe z_e nach Abschnitt 5

A_{ref} Bezugsfläche für einen Baukörper oder Baukörperabschnitt nach Abschnitt 8.2

8.1.2 Windkräfte aus Winddrücken

Alternativ zu der Ermittlung von Windkräften aus Kraftbeiwerten nach 8.1.1 kann die Windkraft F_w auch mit Winddrücken und Reibungsbeiwerten durch vektorielle Addition der Kräfte

$F_{w,e}$ (Kraft aus dem Außenwinddruck), $F_{w,i}$ (Kraft aus dem Innenwinddruck) und $F_{fr,j}$ (Reibungskraft) ermittelt werden. Es gilt:

Kraft aus dem Außenwinddruck:

$$F_{w,e} = c_s c_d \cdot \sum(w_e \cdot A_{ref})$$

Kraft aus dem Innenwinddruck:

$$F_{w,i} = c_s c_d \cdot \sum(w_i \cdot A_{ref})$$

Reibungskraft:

$$F_{fr,j} = c_{fr,j} \cdot q_p(z_e) \cdot A_{fr,j}$$

w_e Außenwinddruck auf einen Körperabschnitt in der Höhe z_e n. Abschnitt 7.1
w_i Innenwinddruck auf einen Körperabschnitt in der Höhe z_i n. Abschnitt 7.1
A_{ref} Bezugsfläche des Körperabschnitts
c_{fr} Reibungsbeiwert
Oberfläche glatt (Stahl, glatter Beton): $c_{fr} = 0{,}01$
rau (rauer Beton, geteerte Flächen): $c_{fr} = 0{,}02$
sehr rau (gewellt, gerippt, gefaltet): $c_{fr} = 0{,}04$
(s.a. Norm)
A_{fr} Außenfläche, die parallel vom Wind angeströmt wird

8.2 Aerodynamische Kraftbeiwerte für ausgewählte Bauteile

8.2.1 Kraftbeiwerte für Bauteile mit rechteckigem Querschnitt

Der Kraftbeiwert c_f von Bauteilen mit rechteckigem Querschnitt ergibt sich bei Anströmung quer zur betrachteten Querschnittsseite mit folgender Gleichung:

$$c_f = c_{f,0} \cdot \psi_r \cdot \psi_\lambda$$

$c_{f,0}$ Grundkraftbeiwert für einen scharfkantigen Rechteckquerschnitt mit unendlicher Schlankheit nach Tafel 9.42a
ψ_r Abminderungsfaktor für quadratische Querschnitte mit abgerundeten Ecken nach Tafel 9.42b
ψ_λ Abminderungsfaktor zur Berücksichtigung der Schlankheit

Tafel 9.42a Grundkraftbeiwerte $c_{f,0}$ von scharfkantigen Rechteckquerschnitten

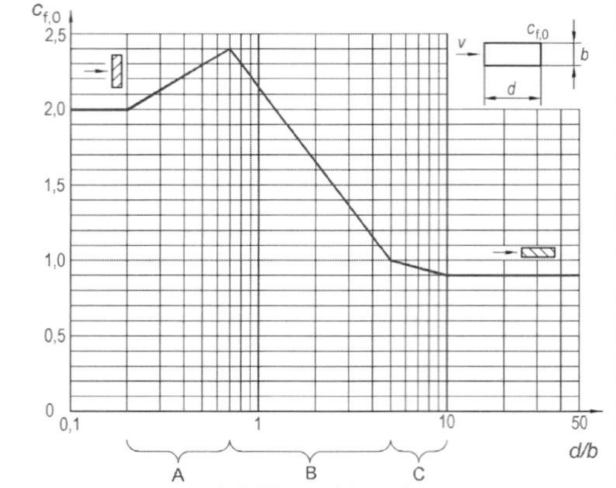

Kurvendefinitionen siehe rechts

Tafel 9.42b Abminderungsfaktor ψ_r

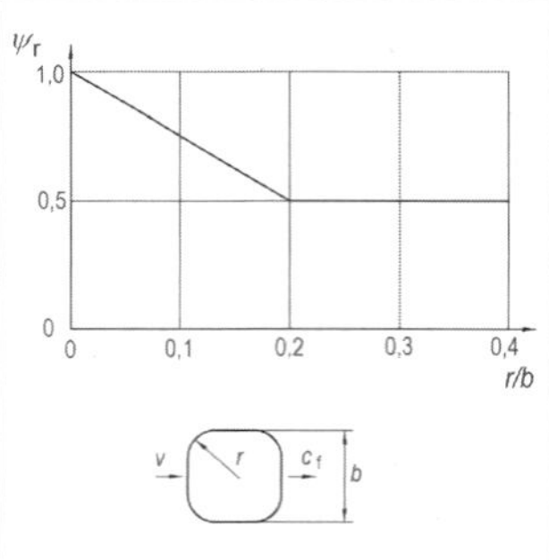

Kurvendefinition in Tafel 9.42a:
A: $c_{f,0} = 0{,}3191 \cdot \ln(d/b) + 2{,}5139$
B: $c_{f,0} = -0{,}7121 \cdot \ln(d/b) + 2{,}1460$
C: $c_{f,0} = -0{,}1443 \cdot \ln(d/b) + 1{,}2322$

Die Bezugsfläche A_{ref} bei Bauteilen mit rechteckigem Querschnitt ergibt sich zu:

$A_{ref} = l \cdot b$ | l Länge des betrachteten Abschnittes b Breite bzw. Höhe des Abschnittes

Die Bezugshöhe z_e für Bauteile mit rechteckigem Querschnitt ist gleich der maximalen Höhe der Unterkante des betrachteten Abschnittes.

Für detailliertere Angaben und weitere Hinweise wird auf die *Bautabellen für Ingenieure* verwiesen.

8.2.2 Kraftbeiwerte für weitere Bauteile

Der Kraftbeiwert c_f für Anzeigetafeln, für Fachwerke u.a.m. und die Abminderungen der Windkräfte auf hintereinanderliegende gleiche Stäbe, Tafeln oder Fachwerke sowie zur Berücksichtigung der Schlankheiten können DIN EN 1991-1-4 entnommen werden (s.a. *Bautabellen für Ingenieure*).

Beispiel: Ermittlung des Winddruckes für ein Einfamilienhaus mit Satteldach

Bauwerksstandort: Windzone 1, Binnenland
Bauwerkshöhe: $h = 7{,}7$ m; Dachneigung: $\alpha = 40°$
Der Baukörper ist allseitig geschlossen, d.h., es ist kein Innendruck anzusetzen.

Böengeschwindigkeitsdruck q_p

Der Böengeschwindigkeitsdruck kann vereinfachend nach Tafel 9.31a bestimmt werden, da die Bauwerkshöhe h kleiner als 25 m ist ($h = 7{,}7$ m < 25 m).
$q_p = 0{,}50$ kN/m² konstant über die gesamte Bauwerkshöhe

Außendruckbeiwerte c_{pe} u. Winddruck w_e für das Dach

Das Dach ist nach Abb. 9.37 in die Bereiche F, G, H, I und J einzuteilen.

Abmessung e:
$e = b = 12$ m oder $e = 2 \cdot h = 2 \cdot 7{,}7 = 15{,}4$ m;
der kleinere Wert ist maßgebend; hier: $e = 12$ m

Die Außendruckbeiwerte ergeben sich nach Tafel 9.37. Die Ermittlung der Winddrücke $w_e = c_{pe} \cdot q_p$ erfolgt tabellarisch. Nachfolgend wird der Winddruck nur für die Anströmrichtung $\theta = 0°$ (Wind quer zum First) untersucht. Die Berechnung für die Anströmrichtung $\theta = 90°$ (Wind parallel zum First) erfolgt analog.

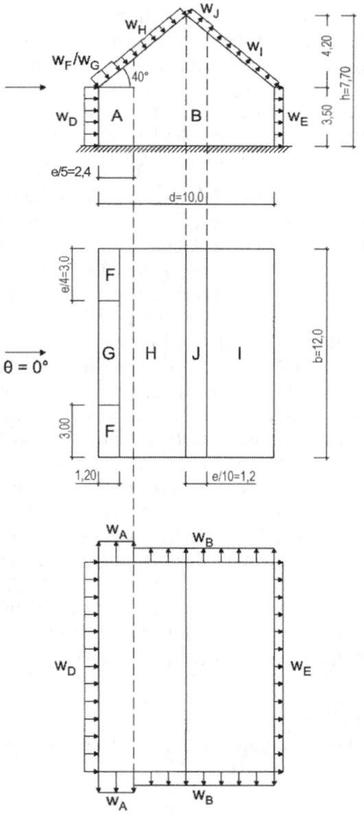

Bereich	Außendruckbeiwert		Winddruck (kN/m²)	
	$c_{pe,10}$	$c_{pe,1}$	$w_{e,10}$	$w_{e,1}$
F	+0,7	+0,7	+0,35	+0,35
G	+0,7	+0,7	+0,35	+0,35
H	+0,53 [1)]	+0,53 [1)]	+0,27	+0,27
I	–0,4	–0,4	–0,20	–0,20
J	–0,5	–0,5	–0,25	–0,25

1) Interpolierter Wert für $\alpha = 40°$: $c_{pe(40°)} = \frac{0{,}6 - 0{,}4}{15} \cdot 10 + 0{,}4 = 0{,}53$

Hinweis:

Für Lasteinzugsflächen $A < 10$ m² ergeben sich je nach Dachneigung teilweise deutlich höhere Druckbeiwerte. In diesem Beispiel haben die Sparren eine kleinere Lasteinzugsfläche als 10 m² (hier: $A = (5{,}0/\cos 40°) \cdot 0{,}75 = 4{,}9$ m²; angenommener Sparrenabstand $e = 0{,}75$ m). Allerdings sind die Druckbeiwerte $c_{pe,10}$ und $c_{pe,1}$ und damit die Winddrücke bei einer Dachneigung von $\alpha = 40°$ gleich (s. Tab. oben).

Außendruckbeiwerte u. Winddruck für die Wände:

Einteilung der Wände in horizontale Streifen nach Abb. 9.34a,
$h = 7{,}7$ m < $b = 12$ m (ein horizontaler Streifen mit konstantem Geschwindigkeitsdruck)

Einteilung in Bereiche nach Abb. 9.34b:
Windparallele Wände: $d = 10$ m < $e = 12$ m < $5d = 50$ m; d.h. Einteilung in Bereiche A und B
Wand auf Luvseite: Bereich D;
Wand auf Leeseite: Bereich E

Bereich	Außendruckbeiwert		Winddruck (kN/m²)	
	$c_{pe,10}$	$c_{pe,1}$	$w_{e,10}$	$w_{e,1}$
A	–1,2	–1,4	–0,60	–0,70
B	–0,8	–1,1	–0,40	–0,55
D	+0,8	+1,0	+0,40	+0,50
E	–0,5	–0,5	–0,25	–0,25

Außendruckbeiwerte (Tafel 9.34) und Winddruck ($w_e = c_{pe} \cdot q_p$) siehe Tabelle.
$h/d = 7{,}7/10 = 0{,}77$

Vereinfachend werden die Außendruckbeiwerte für $h/d = 1$ (sichere Seite) angesetzt.

9 F Schneelasten

(n. DIN EN 1991-1-3:2010-12, DIN EN 1991-1-3/A1:2015 u. DIN EN 1991-1-3/NA:2019-04)

Prof. Dr.-Ing. Peter Schmidt

1 Allgemeines

DIN EN 1991-1-3 „*Eurocode 1 – Einwirkungen auf Tragwerke – Teil 1-3: Schneelasten*" regelt in Verbindung mit dem nationalen Anhang (NA) die Ermittlung von Schneelasten, die für die Berechnung und Bemessung von Hoch- und Ingenieurbauten anzusetzen sind. Die Norm gilt für Bauwerksstandorte bis 1500 m über NN. Für Bauten in einer Höhenlage von mehr als 1500 m sind in jedem Einzelfall entsprechende Rechenwerte von der zuständigen Behörde festzulegen. Die Norm enthält keine Angaben über anprallende Schneelasten aufgrund des Abrutschens oder Herunterfallens von Schnee von höher liegenden Dächern. Außerdem sind keine Regeln für Schneelasten in Gebieten enthalten, in denen das ganze Jahr über Schnee liegt (z. B. in Gletschergebieten in den Alpen). Weiterhin enthält die Norm keine Regelungen zu seitlichen Lasten infolge Schnees (z. B. verursacht durch Verwehungen) und Schneelasten auf Brücken. Ferner sind keine Angaben über zusätzliche Windlasten enthalten, die sich aus einer Änderung der Umrissform oder Größe von Bauwerken aufgrund von Schnee- oder Eisablagerungen ergeben könnten. Eislasten sind in DIN EN 1991-1-1/NA, Anhang NA.F geregelt.

2 Klassifikation der Einwirkungen und Bemessungssituationen

Schneelasten müssen als veränderliche, ortsfeste Einwirkungen klassifiziert werden (siehe DIN EN 1990, 4.1.1(1) und 4.1.1(4)). Darüber hinaus sind die hier behandelten Schneelasten in der Regel als statische Einwirkungen einzustufen (DIN EN 1990, 4.1.1(4)). Außergewöhnliche Schneelasten, die beispielsweise im norddeutschen Tiefland in seltenen Fällen auftreten können, dürfen als außergewöhnliche Einwirkungen in Übereinstimmung mit DIN EN 1990, 4.1.1(2) festgelegt werden. Regelungen zum norddeutschen Tiefland siehe Abschnitt 3.3. Dagegen dürfen Schneeverwehungen auf Dächern nicht wie außergewöhnliche Einwirkungen behandelt werden. Die maßgebenden Schneelasten sind für jede festgestellte Bemessungssituation nach DIN EN 1990 zu ermitteln. Auch für örtliche Effekte ist in der Regel die ständige bzw. vorübergehende Bemessungssituation zu berücksichtigen. Für die Festlegung der Bemessungssituation wird unterschieden in übliche und außergewöhnliche Verhältnisse. Übliche Verhältnisse liegen an Orten vor, an denen das Auftreten von außergewöhnlichen Schneefällen und außergewöhnlichen Schneeverwehungen unwahrscheinlich ist (Fall A). Außergewöhnliche Verhältnisse sind anzunehmen, wenn Schneefälle und/oder Verwehungen außergewöhnlich sind. Die Norm unterscheidet drei Fälle (B1, B2, B3), wobei gemäß nationalem Anhang (NA) in Deutschland nur Fall B1 für Orte im norddeutschen Tiefland zu untersuchen ist (Tafel 9.44). Die angegebenen Lasten und Lastanordnungen gelten nur für natürliche Schneelastverteilungen. Lastverteilungen infolge künstlicher Anhäufungen (z. B. durch Umverteilen) werden nicht berücksichtigt. Lastabminderungen durch abschmelzenden Schnee bei Dächern mit erhöhtem Wärmedurchgang ($U > 1$ W/(m^{2}K)) sind nicht vorgesehen.

Tafel 9.44 Bemessungssituationen und Lastverteilungen

	Übliche Verhältnisse	Außergewöhnliche Verhältnisse
Fall	Fall A	Fall B1
Beschreibung	Keine außergewöhnlichen Schneefälle u. keine außergewöhnlichen Verwehungen	Außergewöhnliche Schneefälle Keine außergewöhnlichen Verwehungen
Lage	Deutschland (Regelfall)	Norddeutsches Tiefland
Bemessungssituation	ständig / vorübergehend	ständig / vorübergehend
Schneelast auf dem Dach in kN/m^2	(1) unverweht: $\mu_i \cdot C_e \cdot C_t \cdot s_k$	(1) unverweht: $\mu_i \cdot C_e \cdot C_t \cdot s_k$
	(2) verweht: $\mu_i \cdot C_e \cdot C_t \cdot s_k$	(2) verweht: $\mu_i \cdot C_e \cdot C_t \cdot s_k$
Bemessungssituation	-	außergewöhnlich (wenn Schnee die außergewöhnliche Einwirkung ist)
Schneelast auf dem Dach in kN/m^2	-	(3) unverweht: $\mu_i \cdot C_e \cdot C_t \cdot C_{esl} \cdot s_k$
	-	(4) verweht: $\mu_i \cdot C_e \cdot C_t \cdot C_{esl} \cdot s_k$

μ_i Formbeiwert für Schneelasten
C_e Umgebungskoeffizient (gemäß NA ist $C_e = 1{,}0$ anzusetzen)
C_t Temperaturbeiwert (gemäß NA ist $C_t = 1{,}0$ anzusetzen)
C_{esl} Beiwert für außergewöhnliche Schneelasten (gemäß NA ist $C_{esl} = 2{,}3$ im norddt. Tiefland)
s_k charakteristischer Wert der Schneelast auf dem Boden in kN/m^2 (Tafel 9.45a)

3 Schneelast auf dem Boden

3.1 Charakteristische Werte

Der charakteristische Wert der Schneelast auf dem Boden s_k ist ein 98%-Fraktilwert mit einer jährlichen Überschreitenswahrscheinlichkeit von 0,02 und einer Wiederkehrperiode von 50 Jahren. Er ergibt sich in Abhängigkeit von der Schneelastzone und der Geländehöhe über dem Meeresniveau (Tafel 9.45a).

Tafel 9.45a Charakteristische Werte s_k der Schneelast auf dem Boden

Schneelastzonenkarte

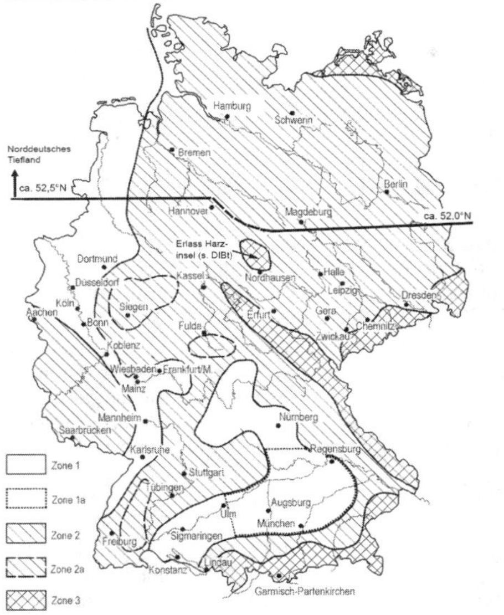

Zone	Charakteristischer Wert der Schneelast auf dem Boden in kN/m²
1	$s_k = 0{,}19 + 0{,}91 \cdot \left(\frac{A+140}{760}\right)^2 \geq 0{,}65$
1a	$s_k = 1{,}25 \cdot \left[0{,}19 + 0{,}91 \cdot \left(\frac{A+140}{760}\right)^2\right] \geq 0{,}81$
2	$s_k = 0{,}25 + 1{,}91 \cdot \left(\frac{A+140}{760}\right)^2 \geq 0{,}85$
2a	$s_k = 1{,}25 \cdot \left[0{,}25 + 1{,}91 \cdot \left(\frac{A+140}{760}\right)^2\right] \geq 1{,}06$
3 [1)]	$s_k = 0{,}31 + 2{,}91 \cdot \left(\frac{A+140}{760}\right)^2 \geq 1{,}10$

A Geländehöhe über dem Meeresniveau in m

[1)] In Zone 3 können für bestimmte Lagen (z. B. Oberharz, Hochlagen des Fichtelgebirges, Bayerischer Wald) höhere Werte als nach der oben angegebenen Gleichung maßgebend sein. Angaben über die Schneelast in diesen Regionen sind bei den zuständigen Stellen einzuholen.

Norddeutsches Tiefland: siehe Abschnitt 3.3!

3.2 Weitere repräsentative Werte

Weitere repräsentative Werte für Schneelasten auf dem Dach sind in Übereinstimmung mit DIN EN 1990 Kombinationsbeiwerte ($\Psi_0 \cdot s$), häufige Werte ($\Psi_1 \cdot s$) und quasi-ständige Werte ($\Psi_2 \cdot s$) (Tafel 9.45b).

Tafel 9.45b Beiwerte Ψ_0, Ψ_1 und Ψ_2 für unterschiedliche Lagen des Bauwerks

Region	Ψ_0	Ψ_1	Ψ_2
Bauwerkslagen in einer Höhe von 1000 m < $H \leq$ 1500 m ü. d. Meer	0,70	0,50	0,20
Bauwerkslagen in einer Höhe $H \leq$ 1000 m ü. d. Meer	0,50	0,20	0

3.3 Außergewöhnliche Schneelasten auf dem Boden (Norddt. Tiefland)

In Gemeinden, die in der Tabelle „Zuordnung der Schneelastzonen nach Verwaltungsgrenzen“ (siehe www.dibt.de) mit der Fußnote „*Nordd. Tiefld.*“ gekennzeichnet sind, ist in den Zonen 1 und 2 zusätzlich zu den ständigen und vorübergehenden Bemessungssituationen auch die Bemessungssituation mit Schnee als außergewöhnlicher Einwirkung zu überprüfen. Dabei ist der Bemessungswert für außergewöhnliche Schneelasten auf dem Boden des betreffenden Ortes s_{Ad} mit folgender Gleichung zu ermitteln:

$$s_{Ad} = C_{esl} \cdot s_k$$

C_{esl} Beiwert für außergewöhnliche Schneelasten ($C_{esl} = 2{,}3$)
s_k charakt. Wert der Schneelast auf dem Boden in kN/m² (Tafel 9.45a)

4 Schneelast auf dem Dach

4.1 Allgemeines

Für die Bemessung ist zu berücksichtigen, dass Schnee auf dem Dach in vielen unterschiedlichen Lastverteilungen auftreten kann. Die Schneelast auf dem Dach s ist u. a. abhängig von der Dachform, den wärmedämmenden Eigenschaften und der Oberflächenrauigkeit des Daches, der Nachbarbebauung, dem umgebenden Gelände und dem örtlichen Klima (insbes. Windexposition, Temperaturänderungen, Niederschlagswahrscheinlichkeit). Im Wesentlichen sind als Lastanordnungen unverwehte und verwehte Schneelastverteilungen auf dem Dach bei der Bemessung zu berücksichtigen. Die Schneelast auf dem Dach s ermittelt sich nach Tafel 9.46a.

Tafel 9.46a Schneelast auf dem Dach

Bemessungssituation	Schneelast auf dem Dach s in kN/m^2
Ständige und vorübergehende Bemessungssituationen (Fall A)	$s = \mu_i \cdot C_e \cdot C_t \cdot s_k$
Außergewöhnliche Bemessungssituationen, bei denen die außergewöhnliche Schneelast der außergewöhnlichen Einwirkung entspricht (Fall B1); Norddt. Tiefland	$s = \mu_i \cdot C_e \cdot C_t \cdot s_{Ad}$
μ_i Formbeiwert der Schneelast (s. Abschnitt 4.2) s_k charakteristischer Wert der Schneelast auf dem Boden in kN/m^2 (Tafel 9.45a) s_{Ad} Bemessungswert für außergewöhnliche Schneelasten am Boden für einen bestimmten Ort C_e Umgebungskoeffizient (gemäß NA ist für C_e = 1,0 anzusetzen) C_t Temperaturkoeffizient (gemäß NA ist für C_t = 1,0 anzusetzen)	

Die Schneelast wirkt lotrecht und bezieht sich auf die horizontale Projektion der Dachfläche (Grundfläche). Die nachfolgend angegebenen Lastanordnungen gelten für natürliche Schneeverteilungen und decken künstliche Verteilungen, die durch Räumen des Daches oder Umverteilen von Schnee entstehen, nicht ab. In solchen Fällen muss das Dach für eine geeignete Lastverteilung bemessen werden.

4.2 Formbeiwerte und Lastanordnungen

4.2.1 Allgemeines

Die Formbeiwerte μ_i (μ_1: Flach-/Pultdächer; μ_2: Satteldächer; μ_3: Innenfelder von gereihten Dächern; μ_4: Tonnendächer; μ_5: Dächer mit aufgeständerten Solaranlagen) sind abhängig von der Dachform sowie Dachneigung α und gelten für Schneelastverteilungen mit und ohne Verwehungen. Besondere Überlegungen sollten erfolgen, wenn Dachformen vorliegen, die im Vergleich zur geradlinigen und ebenen Form eine nennenswerte Vergrößerung der Schneelast bewirken.

4.2.2 Flach- und Pultdächer sowie Satteldächer

Für die Lastanordnung bei Flach- und Pultdächern sowie bei Satteldächern gilt Tafel 9.46b; Formbeiwerte nach Tafel 9.47a. Bei Flach- und Pultdächern ist ohne und mit Verwehung eine gleichmäßig verteilte Schneelast anzusetzen (Tafel 9.46b, links). Für Satteldächer sind drei Lastanordnungen zu untersuchen (Tafel 9.46b, rechts). Ohne Windeinfluss stellt sich die Verteilung (a) ein, mit Verwehungs- und Abtaueinflüssen ergeben sich die Verteilungen (b) und (c).

Tafel 9.46b Lastanordnung bei Flach- und Pultdächern sowie Satteldächern

Flach- und Pultdächer	Satteldächer
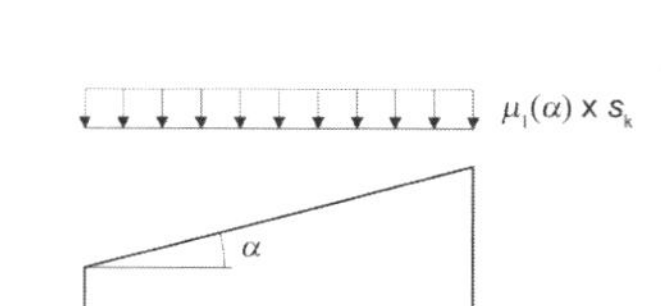	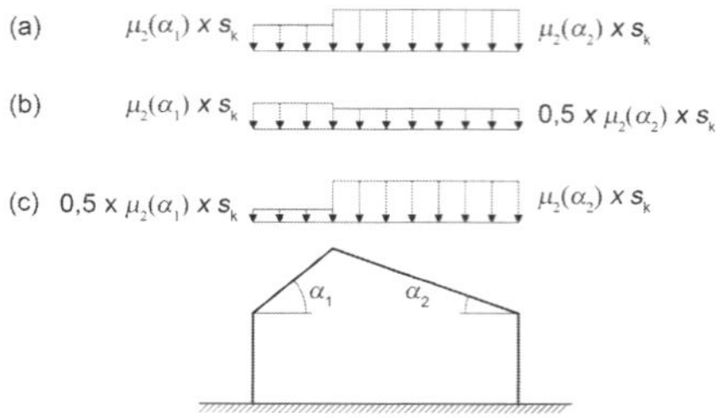
Formbeiwerte μ_1 und μ_2 nach Tafel 9.47a Für Lastanordnungen bei außergewöhnlichen Einwirkungen ist s_{Ad} statt s_k anzusetzen.	

Tafel 9.47a Formbeiwerte μ_1, μ_2 und μ_3

Dachform	Formbeiwert	Dachneigung α		
		$0° \leq \alpha \leq 30°$	$30° < \alpha < 60°$	$\alpha \geq 60°$
Flach-/Pultdächer	$\mu_1(\alpha) =$	0,8	$0{,}8 \cdot (60° - \alpha) / 30°$	0
Satteldächer	$\mu_2(\alpha) =$	0,8	$0{,}8 \cdot (60° - \alpha) / 30°$	0
Innenfelder von aneinandergereihten Dächern	$\mu_3(\alpha) =$	$0{,}8 + 0{,}8 \cdot \alpha / 30°$	1,6	1,6
Die Formbeiwerte μ_1 und μ_2 gelten, wenn der Schnee ungehindert vom Dach abrutschen kann. Wird das Abrutschen behindert (z. B. durch Schneefanggitter, Brüstungen o. Ä.), ist der Formbeiwert mit $\mu = 0{,}8$ anzusetzen.				

4.2.3 Aneinandergereihte Dächer

Aneinandergereihte Dächer (einschließlich Scheddächer) sind für Schneelastverteilungen ohne Windeinfluss (Tafel 9.47b, Lastanordnung (a)) und für Schneeverteilungen mit Verwehungseinfluss (Tafel 9.47b, Lastanordnung (b)) zu untersuchen. Die horizontal wirkende Schneelast auf lotrechte oder steile Fensterbänder kann in Anlehnung an die Regeln in 5 (Schneelasten an Schneefanggittern) ermittelt werden.

Tafel 9.47b Lastanordnung bei aneinandergereihten Dächern

Lastanordnung	Formbeiwert μ_3
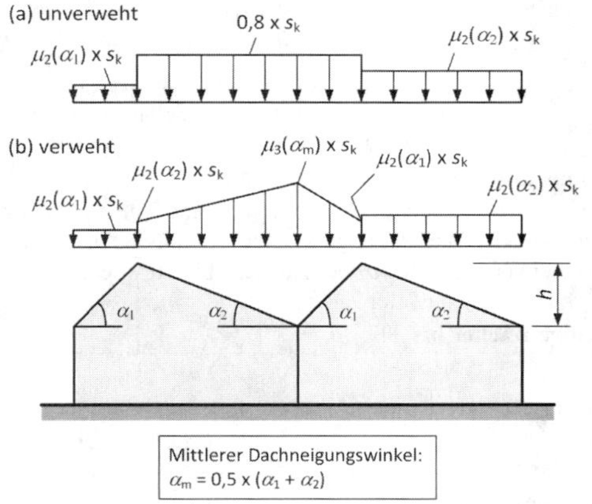	Der Formbeiwert μ_3 darf auf folgenden Wert begrenzt werden: max $\mu_3 = \gamma \times h / s_k + \mu_2$ bzw. bei außergewöhnlichen Einwirkungen (Norddt. Tiefland) auf: max $\mu_3 = \gamma \times h / s_{Ad} + \mu_2$ γ Wichte des Schnees ($\gamma = 2$ kN/m³) h Höhe des Firstes über der Traufe in m s_k charakt. Schneelast in kN/m² s_{Ad} außergew. Schneelast in kN/m² Für die Berechnung des Formbeiwertes der Innenfelder μ_3 ist der mittlere Dachneigungswinkel α_m anzusetzen. Es gilt: $\alpha_m = 0{,}5 \times (\alpha_1 + \alpha_2)$ mit: α_1, α_2 Dachneigungswinkel der aneinander grenzenden Innenfelder
Formbeiwerte μ_2 u. μ_3 n. Tafel 9.47a. Bei außergewöhnlichen Einwirkungen ist s_{Ad} statt s_k anzusetzen.	

4.2.4 Tonnendächer

Für die Schneelastverteilung bei Tonnendächern gelten abweichend zur Norm die Regeln des Nationalen Anhangs (DIN EN 1991-1-3/NA). Danach sind Tonnendächer für eine gleichmäßig verteilte Schneelast (unverweht) (Lastanordnung (a) in Abb. 9.47) und für eine unsymmetrische Schneelast (verwehter Schnee) (Lastanordnung (b) in Abb. 9.47) zu untersuchen. Für die Formbeiwerte μ_2 (unverweht) und μ_4 (verweht) sind die Zahlenwerte in Abb. 9.47 zu verwenden. Im Gegensatz zur Norm ist nach dem NA die Schneelast bei Tonnendächern auf der gesamten Dachbreite b anzusetzen.

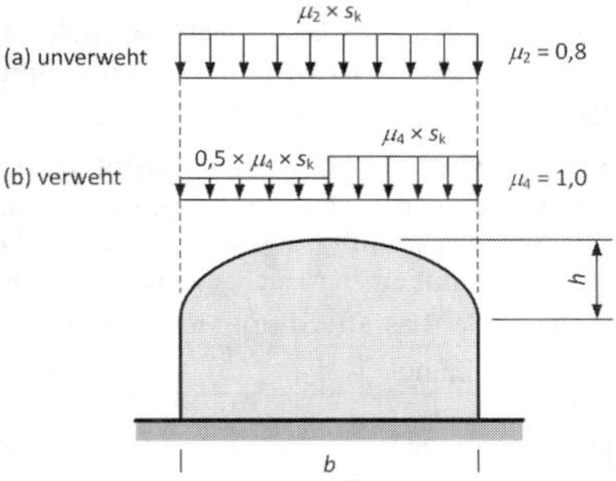

Abb. 9.47 Lastanordnung bei Tonnendächern

4.2.5 Dächer mit Solaranlagen

Bei Dächern mit aufgeständerter Solaranlage kommt es im Bereich der Solarmodule durch Windeinwirkung und Verwehung zu Schneeansammlungen, die bei der Lastermittlung berücksichtigt werden müssen (DIN EN 1991-1-3/NA). Bei Dächern mit einer Neigung bis 10° dürfen vereinfachend die in Tafel 9.48a angegebenen Formbeiwerte und Lastanordnungen angesetzt werden.

Tafel 9.48a Lastanordnung und Formbeiwerte bei Dächern bis 10° mit Solaranlagen

<table>
<tr><td>Lastanordnung</td><td>Abmessungen:</td></tr>
<tr><td>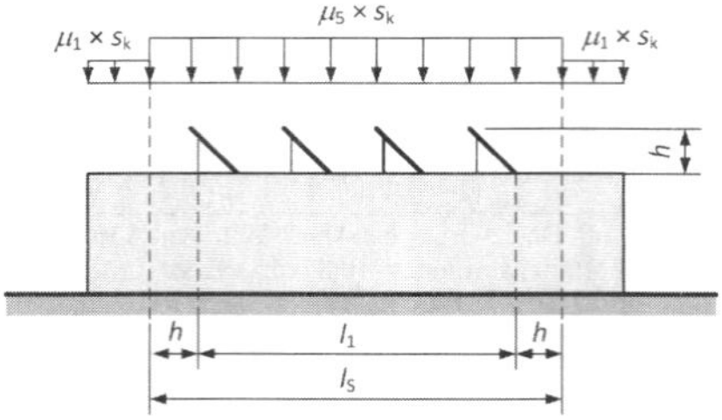
</td><td>Verwehungslänge:

$l_s = l_1 + 2 \times h$

mit:
l_1 Abmessung der Belegungsfläche in Länge und Breite (s. Skizze)
h maximale Höhe der Solaranlage über der Dachfläche (s. Skizze)

Hinweis: Für Lastanordnungen bei außergewöhnlichen Einwirkungen ist s_{Ad} statt s_k anzusetzen.</td></tr>
<tr><td colspan="2">Formbeiwerte (Hinweis: Formbeiwert μ_1 wie bei einem Flachdach ($\mu_1 = 0{,}8$))</td></tr>
<tr><td>Anlagenhöhe $h \leq 0{,}5$ m:
• Ständige Bemessungssituation:
$\mu_5 = \min \begin{cases} 1{,}0 \\ \gamma \cdot \frac{h}{s_k}; \text{ jedoch nicht weniger als } \mu_1 \text{ bzw. } \mu_2 \end{cases}$
• Außergewöhnliche Einwirkungen (norddt. Tiefland):
$\mu_5 = \min \begin{cases} 1{,}0 \\ \gamma \cdot \frac{h}{s_{Ad}}; \text{ jedoch nicht weniger als } \mu_1 \text{ bzw. } \mu_2 \end{cases}$</td><td>Anlagenhöhe $h > 0{,}5$ m:
• Der mit den Angaben für $h \leq 0{,}5$ m berechnete Formbeiwert μ_5 ist um 10 % zu erhöhen.

γ Wichte des Schnees ($\gamma = 2$ kN/m³)
h Höhe der Solaranlage über der Dachfläche in m (s. Skizze)
s_k charakteristische Schneelast in kN/m² (n. 3.1)
s_{Ad} außergewöhnliche Schneelast in kN/m² (n. 3.3)</td></tr>
</table>

4.2.6 Dächer mit großen Grundrissabmessungen

Bei großflächigen Dächern ist mit höheren Schneelasten zu rechnen, da hier eine Verringerung der Schneelast auf dem Dach durch Verfrachtung oder Abtauvorgänge geringer ausfällt als bei üblichen Dächern. Aus diesem Grund sind die Formbeiwerte μ_1 oder μ_2 bei Dächern bis 30°, deren kleinste Grundrissabmessung mehr als 50 m beträgt, zu erhöhen (Tafel 9.48b).

Tafel 9.48b Formbeiwerte für großflächige Dächer bis 30°

<table>
<tr><td>Formbeiwert</td><td rowspan="2">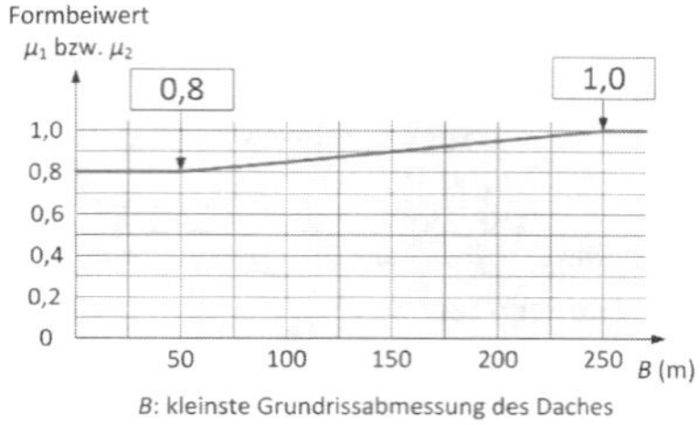
</td></tr>
<tr><td>$\mu_1(\alpha) = \mu_2(\alpha) = 0{,}80 + 0{,}20 \times \frac{B - 50}{200} \leq 1{,}0$
mit:
B kleinste der beiden Grundrissabmessungen des Daches in m; $B > 50$ m
Hinweis: Der maximale Formbeiwert wird bei einer Grundrissabmessung von 250 m erreicht und beträgt in diesem Fall 1,0, d. h., dies entspricht der Schneelast auf dem Boden.</td></tr>
</table>

4.3 Verwehungen an Wänden und Aufbauten

Im Bereich von Wänden oder Aufbauten können durch Verwehung Schneeanhäufungen auftreten. Die Schneelast infolge Verwehung ist als dreiecksförmige Belastung mit der Länge l_s anzusetzen. Aufbauten mit einer Ansichtsfläche < 1 m² oder $h < 0{,}5$ m brauchen nicht berücksichtigt zu werden.

Tafel 9.48c Lastanordnung und Formbeiwerte der Schneelast an Wänden und Aufbauten

<table>
<tr><td>Lastanordnung</td><td>Formbeiwerte</td></tr>
<tr><td rowspan="2">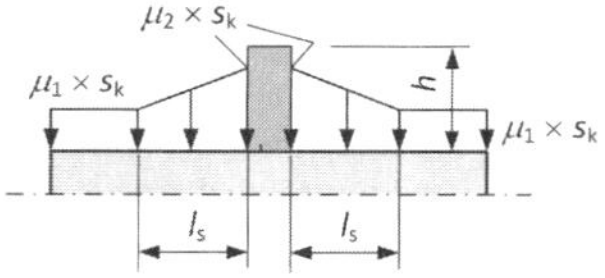
</td><td>$\mu_1 = 0{,}8$
$\mu_2 = \gamma \times h / s_k$ bzw. $\mu_2 = \gamma \times h / s_{Ad}$ (norddt. Tiefld.)
mit der Einschränkung: $0{,}8 \leq \mu_2 \leq 2{,}0$
γ Wichte des Schnees ($\gamma = 2$ kN/m³)
h Höhe des Aufbaus in m ($h \geq 0{,}5$ m)
s_k charakt. Wert der Schneelast auf dem Boden in kN/m²</td></tr>
<tr><td>Länge des Verwehungskeils: $l_s = 2\,h$ mit $5 \text{ m} \leq l_s \leq 15$ m</td></tr>
</table>

4.4 Höhensprünge an Dächern

Auf Dächern unterhalb eines Höhensprunges kann es durch Anwehen oder Abrutschen des Schnees vom höher gelegenen Dach zu einer Anhäufung von Schnee kommen. Dieser Lastfall ist auf dem tiefer liegenden Dach für das Abrutschen des Schnees generell und für das Anwehen erst bei einem Höhensprung von mehr als 0,5 m nach Tafel 9.49a zu berücksichtigen. Gegebenenfalls sind zusätzlich Stoßlasten aus den abrutschenden Schneemassen zu berücksichtigen.

Tafel 9.49a Lastanordnung und Formbeiwerte der Schneelast an Höhensprüngen

<table>
<tr><td>Lastanordnung</td><td colspan="2">Formbeiwerte</td></tr>
<tr><td rowspan="3">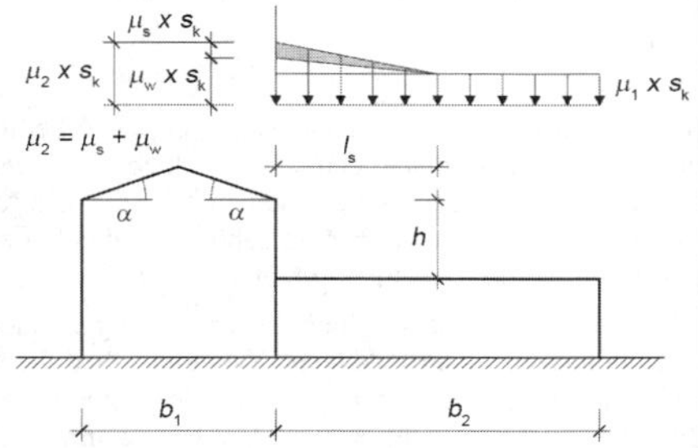
</td><td colspan="2">$\mu_1 = 0{,}8$ (Annahme: tiefer liegendes Dach ist flach)</td></tr>
<tr><td colspan="2">μ_S (Formbeiwert für abrutschenden Schnee):
$\alpha \leq 15°$: $\mu_S = 0$ (sowie bei Schneefanggittern o.Ä.)
$\alpha > 15°$: μ_S ergibt sich aus einer Zusatzlast, die dreiecksförmig auf die Länge l_S verteilt ist. Als Zusatzlast werden 50 % der resultierenden Schneelast auf der anschließenden Dachseite des höher liegenden Daches angesetzt. Formbeiwert des höher liegenden Daches: $\mu = 0{,}8$ (unabh. von der Dachneigung).</td></tr>
<tr><td>μ_W (Formbeiwert für verwehten Schnee):
$\mu_W = \frac{b_1+b_2}{2 \cdot h} \leq \frac{\gamma \cdot h}{s_k}$ bzw.
$\mu_W = \frac{b_1+b_2}{2 \cdot h} \leq \frac{\gamma \cdot h}{s_{Ad}}$ (norddt. Tiefland)</td><td>Nur anzusetzen bei Höhensprüngen $h > 0{,}5$ m</td></tr>
<tr><td rowspan="4">Länge des Verwehungskeils l_S:
$l_S = 2 \cdot h \begin{cases} \geq 5 \text{ m} \\ \leq 15 \text{ m} \end{cases}$
Ist die Länge des tiefer liegenden Daches b_2 kürzer als die Länge des Verwehungskeils l_S, dann sind die Lastordinaten am Dachrand abzuschneiden.</td><td colspan="2">Begrenzung der Formbeiwerte:</td></tr>
<tr><td>Allgemein (ständige, vorübergehende, außergewöhnliche Situation)</td><td>$0{,}8 \leq \mu_W + \mu_S \leq 2{,}4$</td></tr>
<tr><td>Seitl. offene, zugängliche Vordächer* mit $b_2 \leq 3$ m</td><td>$0{,}8 \leq \mu_W + \mu_S \leq 2{,}0$</td></tr>
<tr><td>Alpine Region (EC1-1-3, Bild C.2) mit $s_k \geq 3$ kN/m²</td><td>$1{,}2 \leq \mu_W + \mu_S \leq \frac{6{,}45}{s_k^{0{,}9}}$</td></tr>
<tr><td>In den Gleichungen und in der Abbildung bedeuten:
γ Wichte des Schnees ($\gamma = 2$ kN/m³)
h Höhensprung in m
s_k charakt. Schneelast auf dem Boden in kN/m²</td><td colspan="2">*: Bei seitlich offenen Vordächern mit $b_2 \leq 3$ m, die für die Räumung zugänglich sind, ist unabhängig von der Größe des Höhensprungs nur die ständige / vorübergeh. Bemessungssituation zu untersuchen.</td></tr>
</table>

5 Sonderfälle

Auskragende Teile eines Daches (Dachüberstand) werden durch Schneeüberhang zusätzlich belastet. Diese Belastung ist unabhängig von der Höhe des Bauwerksstandortes bei der Bemessung der auskragenden Dachteile zusätzlich zur normalen Schneelast als Linienlast an der Traufe anzusetzen und ergibt sich nach Tafel 9.49b.

Tafel 9.49b Lastanordnung für den Schneeüberhang an der Traufe

<table>
<tr><td>Lastanordnung</td><td colspan="2">Schneelast des Überhangs in kN/m</td></tr>
<tr><td>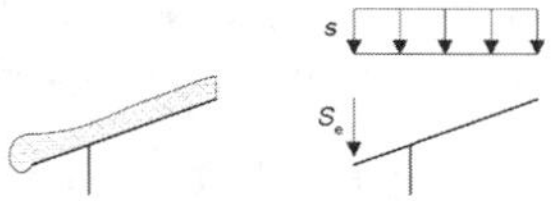
</td><td>$S_e = k \cdot \frac{s^2}{\gamma}$</td><td>$s$ Schneelast auf dem Dach in kN/m²
γ Wichte des Schnees ($\gamma = 3$ kN/m³) (Altschnee)
k Beiwert, der die unregelmäßige Form des Schneeüberhangs berücksichtigt (gemäß NA: $k = 0{,}4$)</td></tr>
<tr><td colspan="3">Die Linienlast braucht nicht angesetzt zu werden, wenn über die Dachfläche verteilt Schneefanggitter o. Ä. angeordnet sind, die ein Ableiten von Schnee wirksam verhindern.</td></tr>
</table>

Schneefanggitter, die abrutschende Schneemassen anstauen, sind für eine Linienlast F_S zu bemessen. Dabei wird die Reibung zwischen Schnee und Dachfläche vernachlässigt. Es gilt:

$F_s = s \cdot b \cdot \sin\alpha$

- s Schneelast auf dem Dach, bezogen auf den ungünstigen Lastfall für unverwehten Schnee für die Dachfläche, von der der Schnee abgleiten kann, in kN/m²
- b horizontaler Abstand des Fanggitters oder Aufbaus zum nächsten Fanggitter, zum First oder einem höher liegenden Hindernis in m
- α Dachneigungswinkel

9 G Bauten in deutschen Erdbebengebieten

(nach DIN EN 1998-1:2010-12, DIN EN 1998-1/A1:2013-05, DIN EN 1998-1/NA:2023-11)

Prof. Dr.-Ing. Jan Akkermann

Vorbemerkung

Nachfolgend sind einige grundlegende Anforderungen für den Entwurf von baulichen Anlagen in Erdbebengebieten nach DIN EN 1998-1:2010-12 mit DIN EN 1998-1/A1:2013-05 sowie DIN EN 1998-1/NA:2023-11 aufgeführt. Es werden die Gefährdungsgebiete angegeben, in denen DIN EN 1998-1 anzuwenden ist. Auf Berechnungsformeln wird verzichtet. Weitere Hinweise s. [9.20], [9.21], [9.22] u.a.m.

1 Grundlagen

In DIN EN 1998-1 werden Entwurf, Bemessung und Konstruktion baulicher Anlagen aus Stahlbeton, Stahl, Stahlverbund, Holz und Mauerwerk des Hoch- und Ingenieurbaus in deutschen Erdbebengebieten behandelt. Die Norm gilt nicht für Sonderbauwerke, wie z.B. kerntechnische Anlagen oder Off-Shore-Bauwerke. Ziel der Norm ist es, im Fall eines Erdbebens menschliches Leben zu schützen, Schäden zu begrenzen und sicherzustellen, dass wichtige bauliche Anlagen funktionstüchtig bleiben.

DIN EN 1998-1/NA teilt die betroffenen Gebiete Deutschlands nach dem maßgebenden Gefährdungsparameter – der spektralen Antwortbeschleunigung $S_{aP,R}$ (s. Abb. 9.53) – ein. Für übliche Hochbauten aller Bedeutungskategorien ist bei Beschleunigungen $S_{aP,R} < 0{,}6\ m/s^2$ für alle geologischen Untergrundklassen immer die Bedingung einer sehr geringen Seismizität erfüllt. Damit muss in diesen Regionen DIN EN 1998-1 für die darin geregelten Bauwerke nicht angewendet werden.

2 Entwurf und Bemessung

2.1 Grundlegende Anforderungen

Tragwerke in Erdbebengebieten müssen so bemessen und ausgebildet sein, dass sie dem Bemessungserdbeben ohne örtliches oder globales Versagen widerstehen (Anforderung an die Standsicherheit) und einem Erdbeben, das mit höherer Wahrscheinlichkeit – aber i.d.R. mit geringerer Intensität – als das Bemessungserdbeben auftritt, widerstehen, ohne dass Schäden oder Nutzungsbeschränkungen auftreten, deren Kosten im Vergleich zu den Kosten des Bauwerks unverhältnismäßig hoch wären (Anforderung an die Schadensbegrenzung). Die angestrebte Zuverlässigkeit hinsichtlich der Standsicherheit und der Schadensbegrenzung unterscheidet sich je nach Art des zu errichtenden Bauwerks bzw. dessen Nutzung. Zumeist gilt es primär Gefahren für Leib und Leben – nicht zuletzt auch durch nichttragende Bauwerkselemente – abzuwenden. Sie wird erreicht, indem die Referenzerdbebeneinwirkung mit einem für die jeweilige Bauwerkskategorie angemessenen Bedeutungsbeiwert (vgl. Tafel 9.52) multipliziert wird.

2.2 Entwurf von Hochbauten in Erdbebengebieten

Beim Entwurf von Hochbauten in erdbebengefährdeten Regionen sollten folgende Prinzipien eingehalten werden, um ein wirtschaftliches Tragwerk zu erhalten:

- Konstruktive Einfachheit mit klaren und direkten Übertragungswegen der Erdbebenkräfte.
- Regelmäßigkeit im Grundriss (gekennzeichnet durch eine gleichmäßige Verteilung der tragenden Bauteile) und im Aufriss; ggf. kann die Regelmäßigkeit durch Unterteilung des Gesamttragwerks mit Fugen erreicht werden.
- Gute Übereinstimmung der Verteilung der Massen, der Beanspruchbarkeit und der Steifigkeit.
- Aussteifende Tragwerksteile mit ähnlicher Steifigkeit in beiden Hauptrichtungen sowie mit ausreichender Torsionssteifigkeit, die durch steife Decken- oder Dachscheiben zur Verteilung der horizontalen Erdbebenkräfte miteinander verbunden sind; Vorsicht bei langgestreckten Gebäudeformen und bei großen Deckenöffnungen, insbesondere in der Nähe von aussteifenden Bauteilen.
- Vermeidung übermäßiger Verformungen, die zu einem Versagen infolge von Effekten nach Theorie II. Ordnung oder zu Schäden führen könnten.
- Die Gründung muss sicherstellen, dass das Gesamtbauwerk einer gleichförmigen Erdbebenanregung ausgesetzt wird.

2.3 Erdbebenauslegungen

Für den Nachweis der Erdbebensicherheit wird zwischen regelmäßigen und unregelmäßigen Bauwerken unterschieden. Als Kriterien für eine Regelmäßigkeit im Grundriss und Aufriss sind zu nennen:

- Regelmäßigkeit im Grundriss (Auswahl):
  - Das Gebäude ist im Grundriss hinsichtlich der Horizontalsteifigkeit und der Massenverteilung nahezu symmetrisch bezüglich zweier rechtwinklig zueinanderstehender Achsen.
  - Die Grundrissform des Gebäudes ist kompakt (Rücksprünge sind nur bedingt zulässig).
  - Die Steifigkeit der Decke in ihrer Ebene muss im Vergleich zur Horizontalsteifigkeit der durch die Decke gekoppelten Stützen und Wände ausreichend groß sein.
- Die Gebäudeabmessungen im Grundriss müssen der Bedingung $L_{max}/L_{min} \leq 4$ genügen (L_{max}, L_{min} = größte bzw. kleinste senkrecht zueinander gemessene Gebäudeabmessung im Grundriss).
- Regelmäßigkeit im Aufriss (Auswahl):
  - Kerne, tragende Wände etc. verlaufen ohne Unterbrechung von der Gründung bis zur Oberkante (bei Rücksprüngen verlaufen sie bis zur Oberkante des entsprechenden Gebäudeteils).
  - Horizontalsteifigkeit und Masse der einzelnen Geschosse bleiben konstant oder verändern sich nur allmählich mit der Bauwerkshöhe.
  - Im Skelettbau treten nur geringe Schwankungen des Verhältnisses zwischen der tatsächlichen und der rechnerisch erforderlichen Beanspruchbarkeit auf.
  - Rücksprünge sind nur bedingt zulässig (s. Abb. 9.51 a) bis d); weitere Hinweise s.a. Bautabellen für Ingenieure).

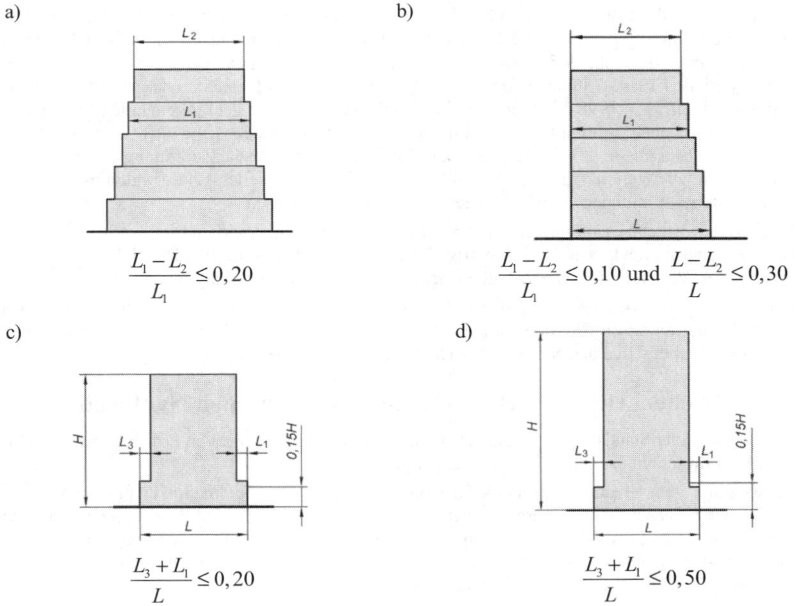

Abb. 9.51 Kriterien für die Regelmäßigkeit von Gebäuden

2.4 Bedeutungskategorie und Bedeutungsbeiwert

Entsprechend ihrer Bedeutung für den Schutz der Allgemeinheit werden Hochbauten in vier Bedeutungskategorien eingeteilt. Diesen Kategorien sind Bedeutungsbeiwerte γ_I zugeordnet, die bei der Erdbebeneinwirkung berücksichtigt werden; vgl. Tafel 9.52. Für die Erdbebengefährdungskarte (Abb. 9.53) gilt eine Referenz-Wiederkehrperiode von 475 Jahren; dem entspricht eine Wahrscheinlichkeit des

Auftretens oder Überschreitens von 10 % innerhalb von 50 Jahren. Dieser Referenz-Wiederkehrperiode wird der Bedeutungsbeiwert $\gamma_I = 1{,}0$ zugeordnet. Höhere Bedeutungsbeiwert $\gamma_I > 1{,}0$ entsprechen größeren Referenz-Wiederkehrperioden und damit höheren Erdbebenintensitäten.

Tafel 9.52 Bedeutungskategorien und -beiwerte

Bedeutungs-kategorie	Bauwerke	Bedeutungs-beiwert γ_I
I	Bauwerke ohne Bedeutung für den Schutz der Allgemeinheit, mit geringem Personenverkehr (z.B. Scheunen, Kulturgewächshäuser)	0,8
II	Bauwerke, die nicht zu den anderen Kategorien gehören (z.B. kleinere Wohn- und Bürogebäude, Werkstätten)	1,0
III	Bauwerke, von deren Versagen eine große Zahl von Personen betroffen ist (z.B. große Wohnanlagen, Schulen, Versammlungsräume, Kaufhäuser)	1,2
IV	Bauwerke, deren Unversehrtheit im Erdbebenfall von hoher Bedeutung für den Schutz der Allgemeinheit ist (z.B. Krankenhäuser, wichtige Einrichtungen des Katastrophenschutzes, der Feuerwehr und der Sicherheitskräfte)	1,4

3 Erdbebeneinwirkungen

Die Erdbebengefährdung der Bundesrepublik Deutschland ist exemplarisch in Abb. 9.53 dargestellt. Der maßgebliche Gefährdungsparameter ist die spektrale Antwortbeschleunigung $S_{aP,R}$ im Plateaubereich des Antwortspektrums. In Abb. 9.53 wird die räumliche Verteilung von $S_{aP,R}$ für die Referenz-Wiederkehrperiode $T_{NCR} = 475$ Jahre und das Untergrundverhältnis A-R zonenfrei dargestellt. Der digitale Anhang NA.I zu DIN EN 1998-1/NA enthält eine Datei „SapR.csv" mit georeferenzierten Werten der in Abb. 3.71 angegebenen Antwortbeschleunigungen $S_{aP,R}$. Nicht Gegenstand der Darstellung sind nichttektonische Ereignisse, z.B. in Bergbau- oder Erdfallgebieten. Für die Zuordnung einzelner Kreise und Gemeinden zu Werten wird auf die zukünftigen Einführungserlasse (Verwaltungsvorschriften Technische Baubestimmungen – VwV TB) der Bundesländer verwiesen.

Der Einfluss der örtlichen Untergrundverhältnisse auf die Erdbebeneinwirkung ist durch Einstufung in geologische Untergrundklassen und Baugrundklassen zu berücksichtigen. Die Klassifikation der baugeologischen Verhältnisse sollte in Erdbebengebieten Bestandteil des Baugrundgutachtens sein.

Die einwirkende Erdbebenbeschleunigung ergibt sich aus Antwortspektren in Abhängigkeit von der Bauwerks-Eigenschwingzeit (Periode T). Der Maximalwert der Spektralbeschleunigung errechnet sich aus $S_{aP,R} \cdot \gamma_I \cdot S$, wobei sich S aus den örtlichen Untergrundverhältnissen ergibt.

4 Standsicherheit; Verzicht auf einen rechnerischen Nachweis

Für den Nachweis der Standsicherheit sind die Bemessungssituation infolge von Erdbeben nach DIN EN 1990 und die Empfehlungen gemäß Abschn. 2.2 zu berücksichtigen.

Unter gewissen Voraussetzungen hinsichtlich des Baugrundes und der Regelmäßigkeit des Gebäudes darf gemäß Anhang NA.D von vereinfachten Auslegungsregeln für übliche Hochbauten der Bedeutungskategorien I bis III mit nicht mehr als 6 Geschossen und einer maximalen Gebäudehöhe von 20 m Gebrauch gemacht werden. Für weitergehende Informationen zu den vereinfachten Auslegungsregeln wird auf DIN EN 1998-1 verwiesen.

Auf einen rechnerischen Nachweis der Standsicherheit kann gemäß Anhang NA.D bei Wohn- und ähnlichen Gebäuden (z.B. Bürogeb.) verzichtet werden, wenn folgende Bedingungen eingehalten sind:

- die Anzahl der Vollgeschosse über Gründungsniveau ist nicht größer als die Werte nach Tafel 9.53; dabei braucht das oberste Geschoss nicht berücksichtigt zu werden, wenn die maßgebende Masse (aus Eigenlasten und Verkehrslasten) max. 50 % des darunterliegenden Vollgeschosses beträgt;
- die Gesamterdbebenkraft ist in jeder Richtung kleiner als die 1,5-fache charakteristische resultierende Windkraft in der entsprechenden Richtung.

Tafel 9.53 Zulässige Anzahl von Vollgeschossen für Hochbauten für Standsicherheitsnachweis durch Vergleich mit Wind

Einhängebeschleunigung bei Periode $T = 0$ s [m/s²]	Maximale Anzahl von Vollgeschossen
$S_{aP,R}/2{,}5 \cdot \gamma_I \cdot S \leq 0{,}6$	4
$0{,}6 < S_{aP,R}/2{,}5 \cdot \gamma_I \cdot S \leq 0{,}9$	3
$0{,}9 < S_{aP,R}/2{,}5 \cdot \gamma_I \cdot S$	2

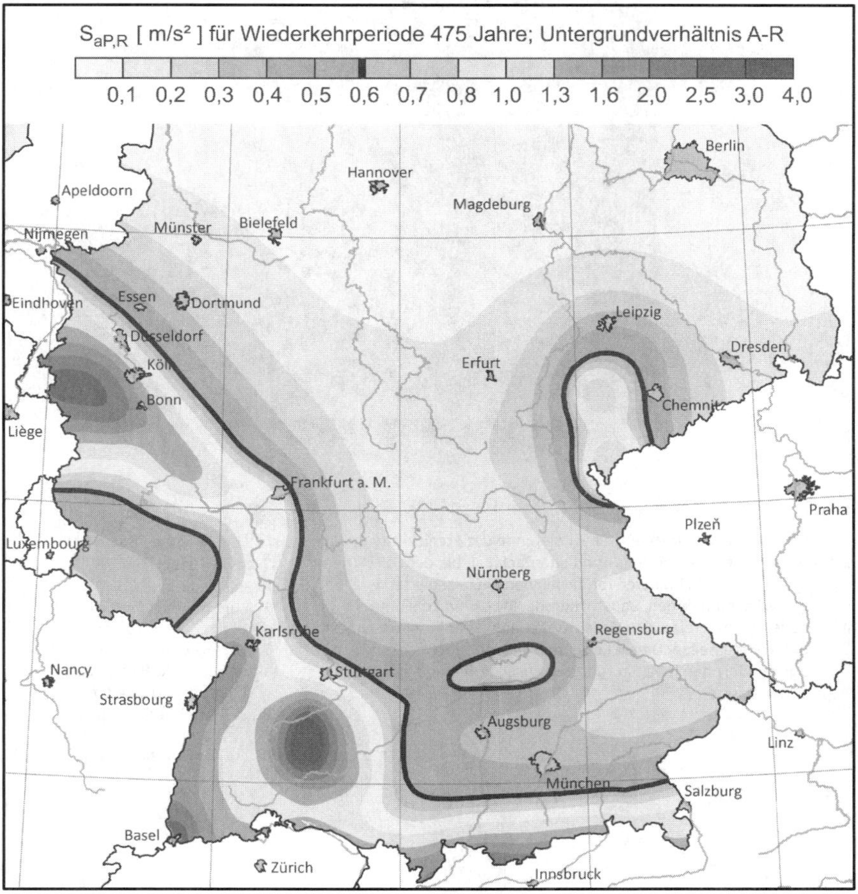

Abb. 9.53 Verteilung der spektralen Antwortbeschleunigung $S_{aP,R}$ im Plateaubereich des Antwortspektrums für das Untergrundverhältnis A-R und die Wiederkehrperiode $T_{NCR} = 475$ Jahre (schwarze Linie: $S_{aP,R} = 0{,}6$ m/s² für „sehr geringe Seismizität"; Grenze Anwendung DIN EN 1998-1)

10 A Tragwerksentwurf und Vorbemessung
10 B Baustatik

A **TRAGWERKSENTWURF UND VORBEMESSUNG** 10.2

1 Hinweise zum Tragwerksentwurf 10.2
1.1 Allgemeines 10.2
1.2 Checkliste zum Tragwerksentwurf 10.2
1.3 Praktisches Vorgehen beim Tragwerksentwurf 10.3
1.4 Typologie der Tragstrukturen 10.4
1.5 Wege der Last zur Stütze – Optimierung im Tragwerk 10.5

2 Vorbemessung von Geschossbauten 10.8
2.1 Dächer 10.8
2.2 Vorbemessung von Trägern 10.11
2.3 Geschossdecken 10.11
2.4 Unterzüge 10.13
2.5 Stützen 10.15
2.6 Wände 10.18

3 Hallentragwerke mit großer Spannweite 10.21
3.1 Haupttragssysteme für vertikalen Lastabtrag 10.21
3.2 Aussteifung 10.23
3.3 Dachkonstruktion 10.24
3.4 Dachbinder 10.24

4 Skelettbauten aus Stahlbeton 10.25
4.1 Deckensysteme im Vergleich 10.25
4.2 Elementwände mit Ortbetonkern 10.25
4.3 Leitfaden zu Technik, Wirtschaftlichkeit und Nachhaltigkeit 10.25

5 Gründung 10.26
5.1 Bemessungsgrundlagen 10.26
5.2 Fundamenttypen 10.27
5.3 Winkelstützmauern 10.28
5.4 Zusammenfassung 10.28

6 Gesamtstabilität – Aussteifung von Gebäuden 10.29
6.1 Allgemeines 10.29
6.2 Aussteifung mit Deckenscheiben im Geschossbau 10.31
6.3 Ringbalken 10.32
6.4 Ringanker 10.32

7 Fugen 10.33
7.1 Allgemeines 10.33
7.2 Fugenarten 10.33
7.3 Fugenabstände – aktuelle Richtwerte 10.34

8 Beispiel: 2-geschossiges Wohnhaus mit Satteldach ohne Keller 10.35

B **BAUSTATIK** 10.37

1 Lasten 10.37

2 Lagerungsarten 10.37

3 Schnittgrößen 10.38

4 Statische Bestimmtheit 10.39

5 Auflagerreaktionen, Schnitt- und Verschiebungsgrößen 10.40
5.1 Horizontale Einzelstäbe 10.40
5.2 Durchlaufträger 10.44
5.3 Gerberträger/Gelenkträger 10.46
5.4 Vergleich Einfeldträger, Durchlaufträger und Gelenkträger 10.47
5.5 Rahmen 10.48
5.6 Dachtragwerke 10.52

6 Fachwerk 10.56
6.1 Aufbau eines Fachwerks 10.56
6.2 Bildungsgesetz 10.56
6.3 Kraftfluss 10.57
6.4 Vergleich Vierendeelträger und Fachwerkträger 10.58

7 Aussteifung 10.59
7.1 Anordnung von Aussteifungselementen 10.59
7.2 Eignung verschiedener Aussteifungselemente 10.59

8 Festigkeitslehre 10.60
8.1 Querschnittswerte 10.60
8.2 Spannungen infolge *M*, *Q* und *N* 10.62
8.3 Torsion 10.62
8.4 Ausmittiger Druck 10.64

10 A Tragwerksentwurf und Vorbemessung

Prof. Dr.-Ing. Arndt Goldack, Dipl.-Ing. Alice Strohm, Prof. Dr.-Ing. Harald Bergner, Prof. Dipl.-Ing. Heinz Volz

1 Hinweise zum Tragwerksentwurf

1.1 Allgemeines

Der Planungsprozess eines Bauwerks erfolgt schrittweise und umfasst die systematische Erfassung, Analyse und Bewertung aller relevanten Einflussfaktoren. Ziel ist es, die Anforderungen des Bauherrn mit funktionalen, baurechtlichen, technischen sowie terminlichen und wirtschaftlichen Rahmenbedingungen abzustimmen. Aufgrund der komplexen Anforderungen ist ein methodisches Vorgehen notwendig, das durch kreative Lösungsansätze effektiv unterstützt wird.

Für den Tragwerksentwurf wird folgendes Vorgehen empfohlen:

- **Analyse**
  Erfassung aller Einwirkungen und Randbedingungen mithilfe strukturierter Hilfsmittel, z. B. einer Checkliste (vgl. Abschnitt 1.2).
- **Konzeption**
  Entwicklung und Auswahl geeigneter Tragwerksvarianten unter Berücksichtigung unterschiedlicher Tragwerkstypen (vgl. Abschnitt 1.3).
- **Bewertung und Auswahl**
  Gegenüberstellung der Varianten hinsichtlich ihrer Vor- und Nachteile, Prüfung auf Kompatibilität mit weiteren Anforderungen (z. B. Krafteinleitung, Detailausbildung), abschließend: Ausarbeitung der bevorzugten Lösung.

1.2 Checkliste zum Tragwerksentwurf

Vor dem Projektstart sollten folgende Entwurfsparameter geklärt sein:

1.2.1 Nutzungsanforderungen

- **Raumgeometrie**: Welche Raumhöhen und -tiefen sind erforderlich? Welche Auswirkungen hat das auf Spannrichtungen, Stützenstellungen und das statische System? Ist eine Einschränkung des Lichtraumprofils (z. B. durch Vouten) möglich?
- **Lastannahmen**: Welche Verkehrslasten treten auf? Sollen mögliche spätere Nutzungsänderungen bereits berücksichtigt werden?
- **Verformungslimits**: Welche Begrenzungen gelten für Durchbiegungen, Schwingungen oder Verformungen (z. B. bei Maschinen, Kranbahnen, Flachdächern)?
- **Dynamische Einwirkungen**: Ist mit Erschütterungen durch Verkehr oder Erdbeben zu rechnen?
- **Dachnutzung**: Ist ein Ausbau oder eine Begrünung des Dachs vorgesehen?
- **Belichtung**: Wie erfolgt die natürliche Belichtung (z. B. durch Sheddächer)?
- **Bauabschnitte und Erweiterbarkeit**: Ist eine abschnittweise Ausführung oder spätere Erweiterung geplant?
- **Installationen**: Welche Anforderungen ergeben sich durch horizontale und vertikale Leitungsführung?
- **Bauphysik**: Welche Anforderungen bestehen an Wärme-, Schall- und Brandschutz? Welche Systeme erfüllen diese am besten?
- **Bauzeit**: Gibt es Einschränkungen (z. B. wegen Fertigteilbau oder Baustellenlogistik)?
- **Materialwahl**: Gibt es erhöhte Anforderungen an Korrosionsschutz, Dichtigkeit oder Baustoffwahl?
- **Lebenszyklus**: Welche Lebensdauer ist vorgesehen? Ist ein rückbaufähiges, ressourcenschonendes Tragwerk gewünscht?

1.2.2 Grundstück / Bauort

- **Zugang und Logistik**: Sind Fertigteile nötig (z. B. bei engen Baulücken)? Ist Lagerfläche vorhanden?
- **Grenzbebauung**: Wie tief sind Nachbargebäude gegründet? Müssen Lasten von der Grundstücksgrenze ferngehalten werden? Sind Unterfangungen nötig?
- **Baubetrieb**: Kann ein Kran eingesetzt werden? Stören Nachbarbauten oder Leitungen den Bauablauf?
- **Gebäudehöhe**: Bestehen Begrenzungen, die Einfluss auf Konstruktionsdicken haben?

1.2.3 Baugrund

- **Geologie**: Welche Informationen liefern geologische Karten, Nachbargrundstücke oder Baugrundgutachten?
- **Vorbelastung**: War das Grundstück bebaut? Gibt es Altlasten, Auffüllungen, Gebäudereste?
- **Wasserverhältnisse**: Wie hoch ist Grund- oder Schichtwasser? Besteht Hochwassergefahr?
- **Gründungstiefe**: Wie tief sind tragfähige Schichten? Ist eine Tiefgründung erforderlich?
- **Bodenpressung**: Welche zulässigen Bodenpressungen gelten?
- **Rissbildungen**: Gibt es Schäden an Nachbargebäuden durch Setzungen? Beweissicherung nötig?
- **Gründungsart**: Welche Art ist geeignet (Flach-, Tief-, Flächengründung, Weiße Wanne etc.)?

1.2.4 Konstruktion / Aussteifung / Fugen

- **Aussteifung**: Wie wird das Gebäude gegen horizontale Lasten stabilisiert (Wind, Erddruck, Erdbeben)?
- **Aussteifungslage**: Stimmen Aussteifungselemente mit thermischen Zwängen und Verformungen überein?
- **Kraftfluss**: Können Horizontallasten sicher abgetragen werden? Können Stützen in Wandscheiben integriert werden?
- **Fugen**: Sind Dehn-, Setz- oder Trennfugen erforderlich? Müssen Bauabschnitte eigenständig stabil sein?
- **Deckenscheiben**: Können Decken als Scheiben wirken oder sind zusätzliche Verbände nötig?
- **Gebäudekopplung**: Müssen Setzfugen bei Höhen- oder Bodenunterschieden zwischen Baukörpern eingeplant werden?

1.3 Praktisches Vorgehen beim Tragwerksentwurf

Grundprinzip: Raumkonzepte maßstäblich skizzieren, verschiedene Tragwerksformen entwerfen und kritische Bauteile überschlägig bemessen.

Hilfreich sind:

- Analyse realisierter Projekte und Fachliteratur
- Zusammenarbeit mit erfahrenen Tragwerksplanern
- Nutzung von Vorbemessungshilfen

Statisch-konstruktives Vorgehen Schritt für Schritt:

- **Formfindung**: architektonische und statische Grundidee entwickeln
- **Modellbildung**: Tragwerkssystem festlegen
- **Lastabschätzung**: vertikale und horizontale Einwirkungen
- **Schnittgrößen**: Berechnung an vereinfachten Systemen mit charakteristischen Lasten
- **Dimensionierung**: Tragelemente und Verbindungen in hochbelasteten Bereichen überschlagen
- **Gesamtstabilität:** Nachweis der Standsicherheit gegen Horizontallasten
- **weitere Aspekte:** Gebrauchstauglichkeit, Montagefreundlichkeit, Dauerhaftigkeit, Brandschutz, Wirtschaftlichkeit, Schwingungen

Erprobte Arbeitstechniken bei Geschossbauten:

- Planung von unten nach oben: Erst tragende Bereiche mit hoher Lastbindung (z. B. Tiefgarage), dann Aufbauten entwickeln. Umkehrung erfordert oft statische Zusatzmaßnahmen (z. B. „Statikgeschoss").
- Tragstruktur im Kontext sehen: Tragwerke über mehrere Geschosse hinweg planen – z. B. mit Transparentplänen oder farblich codierten Grundrissen.
- Systematische Raster verwenden:
  - für geringe Bauhöhe: Unterzüge quer, Decken längs zur Spannrichtung
  - für Wirtschaftlichkeit: Decken quer zur Spannrichtung, Unterzüge längs
- Grundriss und Schnitt gemeinsam entwickeln: Tragstruktur muss in beiden Dimensionen schlüssig sein.
- Lastführung optimieren: Vertikale Lasten möglichst direkt nach unten führen – keine unnötigen Umleitungen oder Abfangungen.

1.4 Typologie der Tragstrukturen

Tafel 10.4 Gesamtübersicht Tragstrukturen

Kategorie	System	Beschreibung	Vorteile	Typische Anwendung
Massivbau	Stahlbeton	tragende Elemente aus bewehrtem Beton	hohe Tragfähigkeit, brandbeständig	Decken, Wände, Fundamente
	Mauerwerk	tragende Wände aus Steinen + Mörtel	guter Schallschutz, langlebig	Wohnungsbau, historische Bauten
Skelettbau	Stahl	Stützen/Träger aus Stahlprofilen	leicht, hohe Spannweiten	Hallen, Brücken, Hochhäuser
	Holzrahmen	Tragstruktur aus Holzständern/-balken	nachhaltig, leicht zu montieren	Einfamilienhäuser, Dachkonstruktionen
Fachwerk	Stahlfachwerk	diagonal angeordnete Stahlstäbe	materialeffizient, flexibel	Industriebauten, Dächer
	Holzfachwerk	traditionelle Holzverbindungen	Ästhetik, geringes Gewicht	Dachstühle, historische Gebäude
Massivholz-bau	Brettsperrholz (CLT)	kreuzweise verklebte Brettlagen	hohe Steifigkeit, vorgefertigt, flächige Tragwirkung	mehrgeschossiger Wohnungsbau, Decken/Wände
	Brettstapelholz	mechanisch verbundene Vollholzschichten	natürliche Optik, diffusionsoffen	Wand- und Deckenelemente (Sichtkonstruktionen)
	Blockbau	horizontal geschichtete Vollholz-Bohlen oder Balken	gute Wärmedämmung, rustikal	Blockhäuser, Fassaden
	Massivholzplatten	dicke, ungeschichtete Holzplatten (z. B. KVH)	einfache Verarbeitung, stabil	Unterzüge, Sichtträger
Hybrid-systeme	Verbundbau	Kombination Stahl + Beton (z. B. Verbunddecken)	optimierte Tragfähigkeit	Bürogebäude, Brücken
	Holz-Beton-Verbund	Holzträger mit Betonplatte	gute Schwingungsdämpfung	Geschossdecken, Sanierungen

Tafel 10.5 Vergleichende Übersicht der Tragwerke

Kriterium	Massivbau	Skelettbau	Fachwerk	Massivholzbau	Hybridsysteme
Tragwirkung	flächig	punktuell	diagonal	flächig	kombiniert
Vorfertigung	gering	hoch	mittel	sehr hoch (CLT)	hoch
Spannweiten	mittel	groß (Stahl)	klein bis mittel	mittel (6–8 m)	groß
Brandschutz	sehr gut (Beton)	gut (mit Bekleidung)	mittel	gut (Kohleschicht)	sehr gut
Nachhaltigkeit	mittel	mittel (Stahl)	hoch (Holz)	sehr hoch	mittel

Anwendungshinweise

- **CLT im Hochbau**: bis 8 Geschosse möglich (Kombination mit Stahlbetonkern für höhere Gebäude).
- **Holz-Beton-Verbund**: ideal für schwingungsempfindliche Decken (z. B. Büros).
- **Blockbau**: Erfordert Feuchteschutz nach DIN 68800.
- **Vorfertigung**: CLT und Stahlskelettbau ermöglichen schnelle Montage.

Beispiele:

- 5-stöckiges Wohnhaus in CLT ≈ 20 % Gewicht von Stahlbeton bei ähnlicher Tragfähigkeit.
- Stahlfachwerk-Dach: Spannweiten bis 50 m in Industriebauten.

1.5 Weg der Last zur Stütze – Optimierung im Tragwerk

1.5.1 Grundprinzipien

Ein Tragwerk ist umso wirtschaftlicher,

- je kürzer die Lastwege zur Gründung sind und
- je weniger Bauteile am Lastabtrag beteiligt sind.

Anregungen, um bei gleichem Lastbild und gleicher Trägerlänge/Spannweite die Trägerhöhe zu minimieren (hier am Beispiel eines Einfeldträgers mit Gesamtlast r), sind in Tafel 10.6 auf der nächsten Seite dargestellt.

1.5.2 Varianten von Deckentragwerken

Trägerlose Massivplatte

- **Lastabtrag:** direkt und kurz über die Platte in die Stützen.
- **Vorteil:** einfache Konstruktion, minimale Bauhöhe.
- **Nachteil:** nur bei kleinen Stützweiten wirtschaftlich (sonst zu schwer).
- **Einsatz:** enge Stützenraster (z. B. Bürogebäude mit Stützenabständen < 6 m).

Deckentragwerk mit einer Trägerlage

- **Lastabtrag:** Deckenträger (1. Ordnung) leiten Lasten direkt auf Stützen.
- **Vorteil:** kurze Kraftwege, schlanke Konstruktion.
- **Einsatz:** längliche Grundrisse mit enger Stützenstellung in einer Richtung (z. B. Schulbauten).

Deckentragwerk mit zwei Trägerlagen

- **Lastabtrag:** Deckenträger (1. Ordnung) → Unterzüge (2. Ordnung) → Stützen.
- **Nachteil:** längere Kraftwege, höherer Materialaufwand.
- **Optimierung:** Stützweite der Deckenträger (l_1) sollte größer sein als die der Unterzüge (l_2).

Tafel 10.6 Optimierung der statischen Systeme

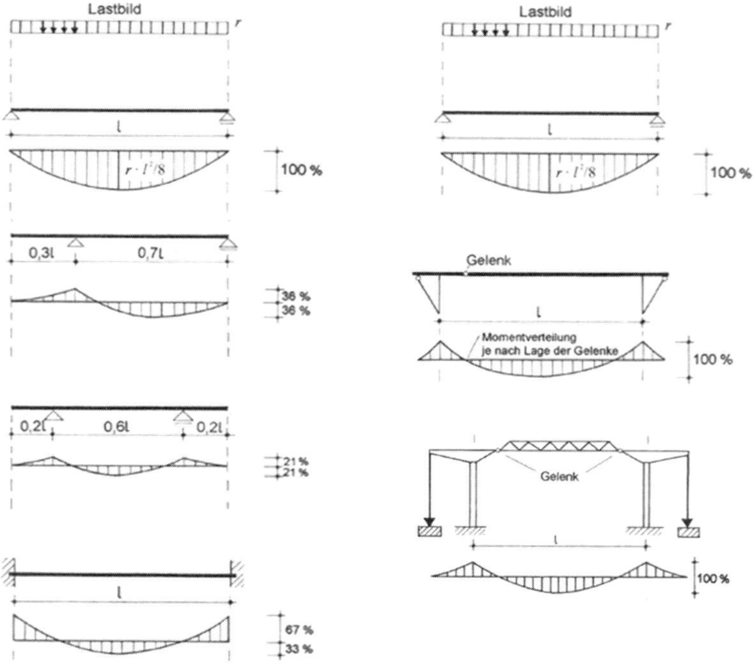

Deckentragwerk mit drei Trägerlagen

- **Lastabtrag:** Deckenträger → Unterzüge → Hauptträger (3. Ordnung) → Stützen.
- **Einsatz:** sehr große Spannweiten (z. B. Industriebauten).
- **Nachteil:** komplexe Konstruktion, hohes Eigengewicht.

Konstruktive Höhe der Decke

- Die Deckenhöhe wird beeinflusst durch:
  - Installationsbedarf (Technikführung),
  - Tragwerksaufbau (Spannweite, Belastung, Anordnung der Träger).
- Optionen:
  - oberkantenbündige Träger: Raumsparend, aber begrenzte Installationsmöglichkeiten.
  - gestapelte Trägerlagen: Höhere Flexibilität, aber größere Bauhöhe.
  - Integration von Stahlträgern und Installation: Effiziente Raumnutzung (z. B. Durchdringung von Trägern und Leitungen).

Anordnung der Innenstützen

- Stützenfreie Großräume: bei Gebäudebreiten bis 12 m möglich (z. B. zweihüftige Gebäude mit Flur und offenen Nutzflächen).
- Stützen bei großen Spannweiten (> 15 m): Erfordern höhere Träger zur Begrenzung von Durchbiegung und Schwingungen.
- asymmetrische Stützenanordnung: Ermöglicht ungleiche Spannweiten (z. B. Stützen nur auf einer Flurseite).

1.5.3 Sinnvolle Stützenraster – Planungsgrundsätze

Allgemeine Richtwerte für Stützenabstände

- Stahl–/Verbundbau: 6-12 m (wirtschaftlich bis 15 m, darüber Sonderkonstruktionen nötig).
- Massivbau (Stahlbeton): 5-8 m (bei Flachdecken bis 10 m mit Vorspannung).
- Holzbau: 4-6 m (bei Brettsperrholz oder Trägern bis 8 m möglich).
  Begründung: Größere Raster reduzieren Stützen, erhöhen aber Trägerhöhen und Kosten. Zu kleine Raster (< 5 m) wirken beengend und sind oft unwirtschaftlich.

Rastertypologie

- **quadratisches Raster (z. B. 8 × 8 m)**
  - Vorteile: gleichmäßige Lastverteilung, flexible Raumaufteilung.
  - Einsatz: Bürogebäude, Wohnbauten, Parkhäuser.
- **rechteckiges Raster (z. B. 6 × 9 m)**
  - Vorteile: Anpassung an längliche Grundrisse (z. B. Schulen, Krankenhäuser).
  - Optimierung: Träger in kurzer Richtung sparen Höhe (z. B. 6 m Spannweite für schlankere Decken).
- **versetztes Raster**
  - Vorteile: größere Flexibilität für Sonderflächen (z. B. Foyers, Treppenhäuser).
  - Nachteil: komplexere Statik.

1.5.4 Einflussfaktoren auf die Rasterwahl

- **Nutzung:**
  - Büros: 1,2-1,5 m Rasterunterteilung für Trennwände.
  - Industrie: 12-30 m für Hallen (mit Fachwerkträgern).
- **Fassade:** Raster sollte Fenstermodulen entsprechen (z. B. 1,5 m für Vorhangfassaden).
- **Installationen:** Raster > 6 m erfordern oft abgehängte Decken.
- **Praxisbeispiele**
  - Bürogebäude: 7,5 × 7,5 m (kompatibel mit Arbeitsplatzmodulen).
  - Schulen: 6 × 9 m (Klassenräume + Flure).
  - Einzelhandel: 12 × 12 m (stützenfreie Verkaufsflächen).

1.5.5 Wirtschaftliche Optimierung

- Stützenkosten vs. Deckenträger: Ab 10 m Spannweite steigen Trägerquerschnitte überproportional.
- Standardisierung: wiederholende Raster reduzieren Planungsaufwand (z. B. 6-m-Module für vorgefertigte Stahlträger).

Faustregel:
"So groß wie nötig, so klein wie möglich – unter Berücksichtigung von Nutzung, Statik und Architektur."

2 Vorbemessung von Geschossbauten

Überschlagswerte zum schnellen Abschätzen der Bauteilabmessungen von tragenden Konstruktionen in der Entwurfsplanung.

2.1 Dächer

2.1.1 Lastannahmen

Gesamtdachlast für überschlägige Berechnung	Zusatzlasten bei Dachbegrünung und Solarmodulen:
• Dächer mit späterem Ausbau: o Gesamtdachlast ≈ 2,0 kN/m² (Dachneigung α < 60°) o Gesamtdachlast ≈ 2,5 kN/m² (α ≥ 60°) • nicht ausgebaute Dächer: o jeweils ca. 0,5 kN/m² weniger	• extensiv: ≈ 1,0 kN/m² • intensiv: ≈ 2,0-5,0 kN/m² • Solarmodule: ≈ 0,18-0,25 kN/m²

Sogsicherung:

- besonders relevant bei flachen/leichten Dächern ($\alpha < 25°$)
- kritisch an Rändern und Ecken → Verankerung in Decken/Wänden

Binnenland, Windzone 1:

- Gebäudehöhe bis 10 m: $q = 0{,}5$ kN/m²
- Gebäudehöhe 10-18 m: $q = 0{,}65$ kN/m²

Beispiel: Sog im Eckbereich bei α < 25° → $w_s = c_{\mathrm{pe,1}} \cdot q = 2{,}9 \cdot 0{,}5 = 1{,}45$ kN/m² (s. Kapitel 9 Abschnitt 7.2 folg.)

2.1.2 Dachlatten

Tafel 10.8 Mindestabmessungen für Dachlatten

Sparrenabstand *e* [cm]	*d*/*b* [mm]
< 70	24/48
< 80	30/50
< 90	35/50
< 100	40/60

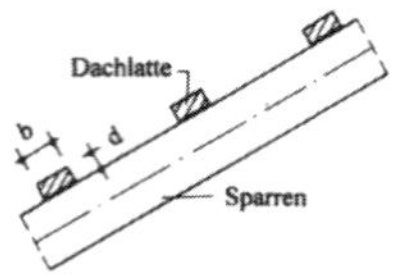

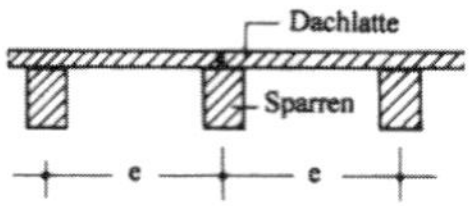

2.1.3 Windrispen

- Holz: 40/100 mm (Unterseite Sparren)
- Stahlband: 2/40 mm (Oberseite Sparren), angeschlossen über Knagge, diagonal über die Dachfläche
- Endanschluss: ≥ 12 Sondernägel 4 × 40 mm
- Zwischenbefestigung: 2 Nägel pro Sparren
- Wichtig: Rispenband spannen!

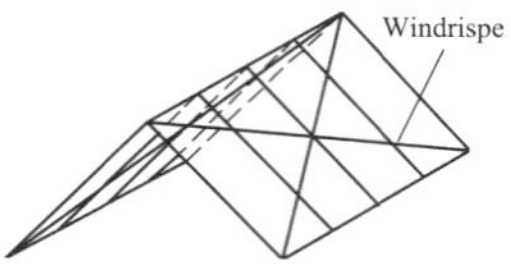

2.1.4 Sparrendach

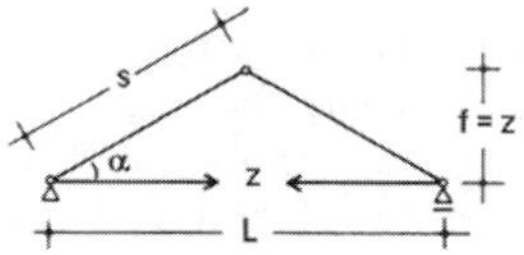

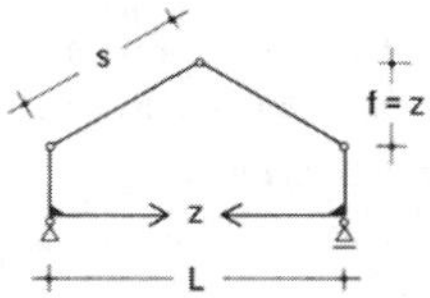

Anwendungsbereich:

- Dachneigung > 20°
- Hausbreite:
  $L < 10$ m → Vollholz möglich
  $L > 10$ m → Sonderkonstruktion (z. B. DSB, Empfehlung: KVH = Konstruktionsvollholz)

Hinweise:

- keine großen Öffnungen in Dach/Decke (Dachschub!)
- Decke = Zugband
- Drempel: biegesteif an Decke oder durch Ringbalken

Bemessung:

- Sparrenhöhe: $h \approx s / 24 + 2$ [cm] (s: Sparrenlänge)
- Sparrenbreite: $b \approx e / 10 \geq 8$ cm (e: Sparrenabstand)
- Horizontalschub: 10 – 15 kN/m Trauflänge

2.1.5 Kehlbalkendach (Dachraum ausgebaut)

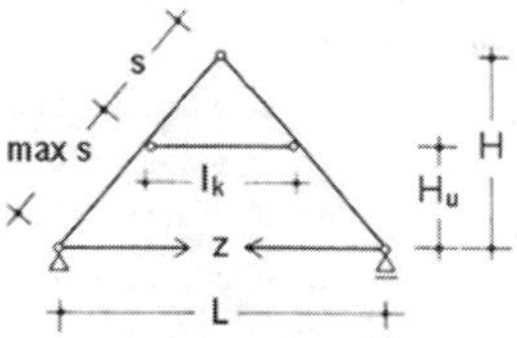

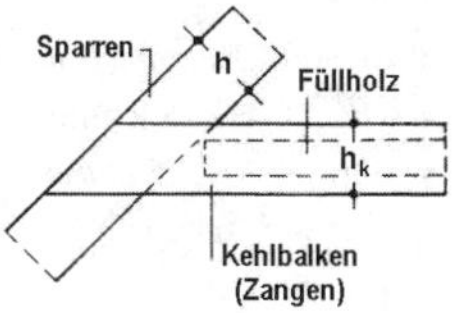

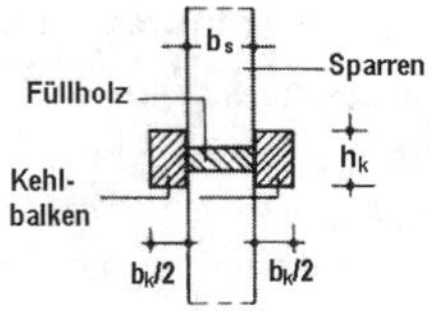

Anwendungsbereich:

- Dachneigung > 20°
- Hausbreite:
  $L < 14$ m → Vollholz möglich
  $L > 14$ m → Sonderelemente notwendig

Hinweise:

- keine großen Öffnungen in Dach/Decke
- Decke = Zugband
- Drempel: wie beim Sparrendach
- Kehlbalkenhöhe $H_u/H \approx 0{,}6\text{-}0{,}8$

Bemessung:

- Sparrenhöhe: $h \approx \max(s)/24 + 4$ cm
- Sparrenbreite: $b \approx e/8 \geq 8$ cm
- Kehlbalkenhöhe: $h_K \approx l_K/20$
- Kehlbalkenbreite:
  - einteilig: $b_K \approx e / 8$
  - zweiteilig (Zangen): $b_K \approx 2 \cdot e / 8$

Sonderfall:

- Öffnungen im Dach können mit beidseitigen Pfetten ausgewechselt werden.
- Kein Horizontalschub aus Vertikal-Lasten ins Sparrenauflager einleiten.

2.1.6 Pfettendach (auch Pultdach)

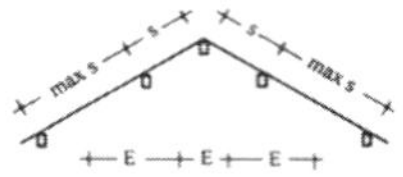

Anwendungsbereich:

- geringe Dachneigung
- große Öffnungen in Dach und/oder Decke
- freie Wahl der Deckenrichtung
- große Dachüberstände möglich

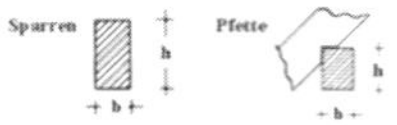

Sparren:

- Höhe: ausreichend für Dämmung
- Querschnittsverhältnis: $b : h = 1 : 2$ (günstig)

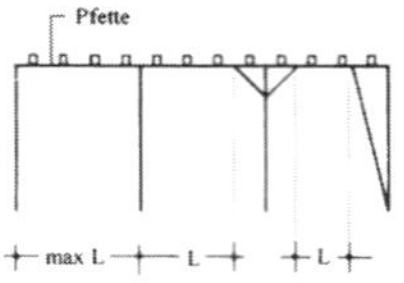

Grat-/Kehlsparren:

- Höhe $\approx 1{,}5 \cdot h_{\text{Normalsparren}}$

Vorbemessung:

Pfettenhöhe	Pfettenbreite	Bedingung
$h = L / (30–50)$	$b \approx 0{,}5\ h$ bis $0{,}7\ h$	nur Dachlast
h = s.o.	b = s.o.	Dach + ausgebauter Spitzboden

Stiele (unter Pfetten):

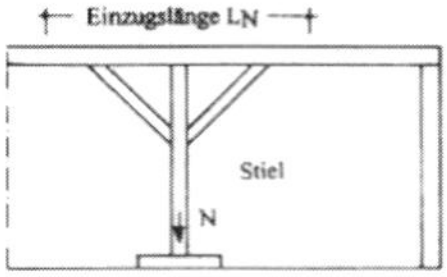

- Stiellast: N = Durchschnittslast mal Einzugsfläche
  $$N \approx (2{,}5 - 3{,}0\ \text{kN/m}^2) \cdot (E_1 + E_2) \cdot L_N$$
  L_N mittlere Nachbarspannweiten
  Stielquerschnitt quadratisch: $a \approx \sqrt{6 \cdot \text{N[kN]}}$ in [cm]

2.1.7 Flachdächer

Allgemein

Gesamtlasten (Eigenlasten, Schnee, Wind)

- leicht: ≈ 1,5 kN/m² (Kiespressdach)
- mittel: ≈ 2,5 kN/m² (extensiv begrünt)
- schwer: ≈ 5,0 kN/m² (intensiv begrünt)

Gefälle

- mindestens 3 % Dachneigung (verhindert Wassersackbildung)

Sogwirkung beachten

- besonders an Dachrändern und Gebäudeecken
- flache Dächer (Neigung < 25°) und Dachüberstände sind gefährdet

Holzbalkenflachdach

Anwendungsbereich

- Spannweite $l < 5$ m: Vollholz (Empfehlung: KVH)
- Spannweite $l > 5$ m: BSH

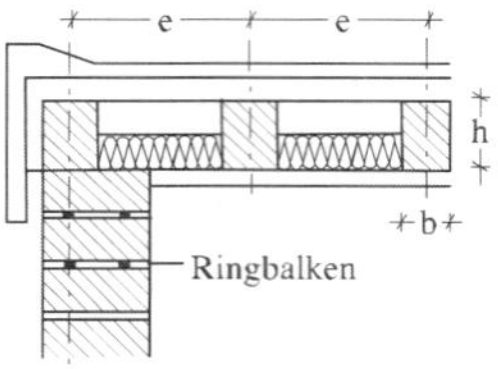

Dimensionierung

- Dachlastabhängige Höhe (h)
- leicht: $h = l / 24$
- mittel: $h = l / 20$
- schwer: $h = l / 16$

Balkenabstand e: 0,7 m bis 1,0 m (oder l /4)

- Breite b: $b > 0{,}5\ h$

2.2 Vorbemessung von Trägern

Tafel 10.11 Abschätzung der Trägerhöhe bei Einfeldträgern

Einfeldträger	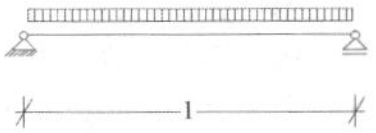	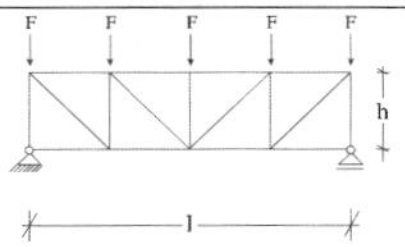
Stahlbeton	$h = \frac{l}{12}$ bis $\frac{l}{15}$	nicht gebräuchlich
Stahl	$h = \frac{l}{15}$ bis $\frac{l}{20}$	$h = \frac{l}{8}$ bis $\frac{l}{12}$
Holz	$h = \frac{l}{15}$ bis $\frac{l}{20}$	$h = \frac{l}{8}$ bis $\frac{l}{12}$

2.3 Geschossdecken

2.3.1 Allgemeines

- Lasteinzugsflächen: siehe Kapitel 12 Abschnitt 5.1.1.3
- **Gültig für** $q_k \leq 5$ kN/m²
- **Wohnungsbau**:
  - $q_k = 1{,}5$ kN/m² (mit Lastverteilung, z. B. Stahlbeton).
  - $q_k = 2{,}0$ kN/m² (ohne Lastverteilung, z. B. Holzbalken).
- **Trennwandzuschlag**:
  - $\Delta q = 1{,}2$ kN/m² (bei Wänden ≤ 5 kN/m).
- **Charakteristische Gesamtlast**:
  - Holz: 5 kN/m², Stahlbeton: 10 kN/m².
- **Empfehlung**: Immer Δq einplanen für spätere Umnutzung.

2.3.2 Stahlbetondecken (Vollbetondecken)

Für die Festlegung der Plattendicke *d* gibt es eine einfache Regel, die für den Entwurf ausreichend ist:

$$\frac{l}{K \cdot 35} + \frac{\varnothing}{2} + \text{nom } c \approx \frac{l}{K \cdot 35} + 0{,}05 \text{ [m]}$$

- $\frac{\varnothing}{2}$: der halbe Durchmesser der Bewehrung
- nom *c*: die Betonüberdeckung
- *K*: Beiwert, abhängig von der Lagerung der Platten, siehe nachfolgende Tabelle

Die **Mindestdicke *d*** einer Deckenplatte unter nicht-tragenden Wänden (zur Rissvermeidung bei Durchbiegung) berechnet sich näherungsweise zu:

$$d \text{ [m]} > \frac{l^2}{K^2\,150} + \frac{\varnothing}{2} + \text{nom } c \approx \frac{l^2}{K^2\,150} + 0{,}05 \text{ [m]}$$

Tafel 10.12a Vorbemessung Plattendicke

Systeme		**maßgebende Stützweite**		***K***
	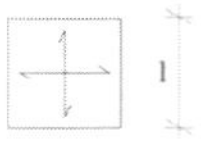	• 2-seitig gelagerte Platte • 3-seitig gelagerte Platte (die maßgebende Stützweite ist parallel zum freien Rand) • 4-seitig gelagerte Platte (die maßgebende Stützweite ist die kleinere) • kleinere Stützweiten		1,0
	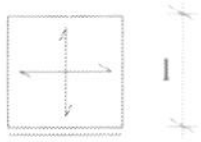	min l $\geq$ 0,8 max l		1,3
	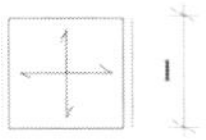	min l $\geq$ 0,8 max l		1,5
	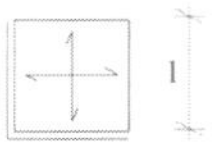	$l = l_k$		0,4
	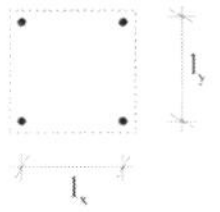	Punktgestützte Mehrfeldplatte: die maßgebende Stützweite ist die größere l_x und l_y		1,2

Durchlaufende Platte (mehrfeldrig):

- **Geringere Verformung** aufgrund der **Durchlaufträgerwirkung**.
- Die effektive Stützweite L_{eff} kann reduziert angesetzt werden (z. B. nach Eurocode).

Kragplatte (einseitig eingespannt):

- **Größere Verformung** im **angrenzenden Feld**, da das Kragarmmoment die Durchbiegung verstärkt.
- **Nahe der Einspannung** ist der Bereich kritisch (höhere Rissgefahr).

2.3.3 Holzdecken mit Brettstapel

Tafel 10.12b Brettstapeldecken - Einfeldträger () Vordimensionierung in [mm]

Last *p* [kN/m²]	**3,0 m**	**3,5 m**	**4,0 m**	**4,5 m**	**5,0 m**	**5,5 m**	**6,0 m**	**6,5 m**	**7,0 m**	**7,5 m**
2,0	80	80	100	100	120	140	140	160	180	180
3,0	80	100	100	120	140	140	160	180	180	200
4,0	80	100	120	140	140	160	180	180	200	220
5,0	100	100	120	140	160	160	180	200	220	220
6,0	100	120	140	140	160	180	200	200	220	240
7,0	100	120	140	160	160	180	200	220	240	*
8,0	100	120	140	160	180	200	200	220	240	*

Tafel 10.13 Brettstapeldecken - Zweifeldträger (▲——▲——▲) Vordimensionierung in [mm]

Last *p* [kN/m²]	3,0 m	3,5 m	4,0 m	4,5 m	5,0 m	5,5 m	6,0 m	6,5 m	7,0 m	7,5 m
2,0	80	80	80	80	100	100	100	120	120	140
3,0	80	80	80	100	100	100	120	120	140	140
4,0	80	80	80	100	100	120	120	140	160	160
5,0	80	80	100	100	120	120	140	140	160	180
6,0	80	80	100	120	120	140	140	160	160	180
7,0	80	100	100	120	120	140	160	160	180	180
8,0	80	100	100	120	140	140	160	180	180	200

Legende:

- alle Werte in mm (Mindestdicke *d*)
- *= Anfrage erforderlich
- Material: Nadelholz (C24) oder Brettschichtholz (GL24)

Hinweis:

Die Werte ersetzen keine statische Berechnung und gelten für Nutzlasten ≤ 2,0 kN/m². Bei höheren Lasten oder Sonderfällen ist eine gesonderte Berechnung erforderlich.

2.4 Unterzüge

2.4.1 Holztragwerke

Die angegebenen Werte gelten für beheizte Innenräume oder überdachte Konstruktionen (Nutzungsklassen 1 und 2) bei mittlerer Lasteinwirkungsdauer. Bei frei bewitterten Bauteilen mit dauerhaft hohen Lasten sind größere Querschnitte erforderlich, um eine geringere Auslastung zu gewährleisten.

Vollholz (VH & KVH)

- $H_{\text{VH}} \approx \frac{L}{22} + \frac{E}{33}$
- $B_{\text{VH}} \approx \frac{L}{40} + \frac{E}{50}$

Brettschichtholz (BSH)

- $H_{\text{BSH}} \approx 0{,}95 \cdot H_{\text{VH}}$
- $B_{\text{BSH}} \leq$ 18 cm

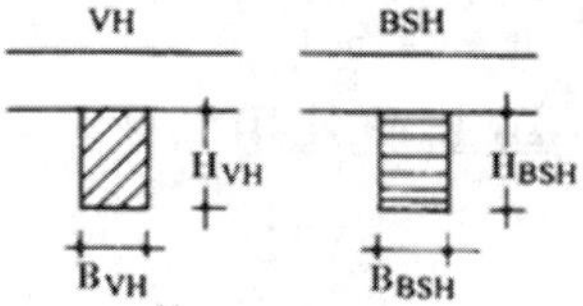

2.4.2 Stahlbetonunterzüge/-überzüge

Zur sicheren Einbaubarkeit der Bewehrung und Verdichtung des Betons gilt:

- Mindestbreite $b \geq 24$ cm

Richtwerte für Bauteilhöhen h_0 ≈ $\frac{l}{8}$ bis $\frac{l}{12}$

- Einfeldträger: $h_0 \approx \frac{l}{8}$ bis $\frac{l}{12}$ (z. B. l/12 für mittlere Lasten)
- Durchlaufträger: $h_0 \approx \frac{l}{8}$ bis $\frac{l}{14}$

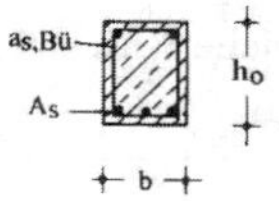

Unterzug

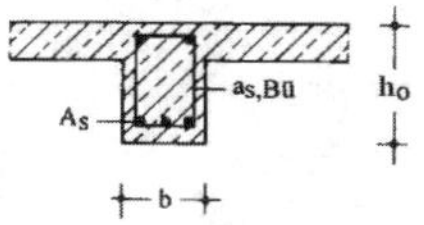

Hinweis: Die erforderliche Höhe h_0 hängt maßgeblich von Spannweite und Belastung ab. Für präzise Dimensionierung kann das beigefügte Bemessungsdiagramm genutzt werden.

Tafel 10.14 Abschätzung statische Höhe *d*, Balken, erhöhte Anforderung

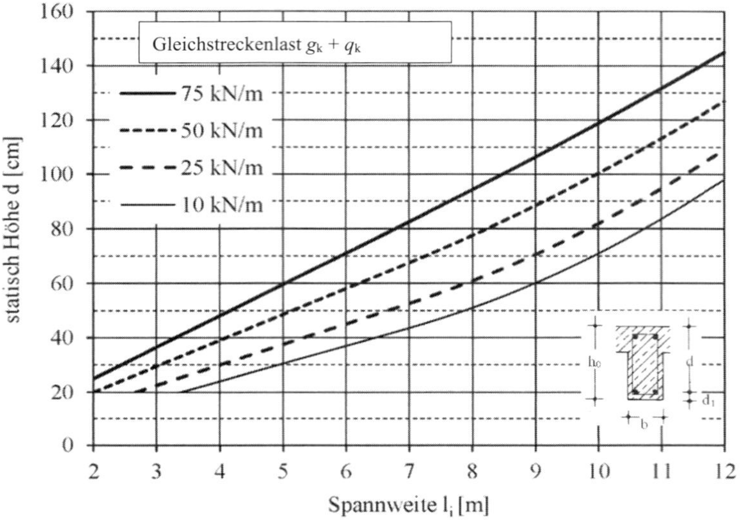

$b \geq 24$ cm
$h_0 = d \cdot k_c + d_l$
$d_l \approx 0{,}1 \cdot d$, bzw. mindestens 4 cm

$k_c = 1{,}0$ für C20/25
$k_c = 0{,}96$ für C25/30
$k_c = 0{,}93$ für C30/37

$l_i = \alpha \cdot l_{eff}$
$\alpha = 1{,}0$ Einfeldträger
$\alpha = 0{,}8$ Endfeld Durchlaufträger
$\alpha = 0{,}7$ Innenfeld Durchlaufträger

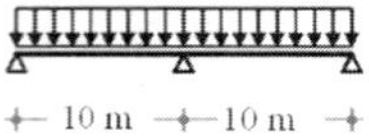

$l_i = \alpha \cdot l_{eff} = 0{,}8 \cdot 10\text{ m} = 8\text{ m}$
$g_k + q_k = 60$ kN/m → abgelesen: $d = 84$ cm
C30/37 → $\boldsymbol{h_0} = 84 \cdot 0{,}93 + 0{,}1 \cdot 84 = 86$ cm.

Wandartiger Träger

Bei Ausführung einer tragenden Wand in Stahlbeton ergibt sich die Möglichkeit zur Ausbildung eines leistungsfähigen geschosshohen Trägers.

2.4.3 Deckengleiche Unterzüge

Stahlbetonblindbalken	Stahlträger:
$L \leq 15 \cdot h_{Platte}$ $\cdot L$ Spannweite	HEA: $h \approx \dfrac{L+E}{35}$, L Spannweite, E Lasteinzugsbreite
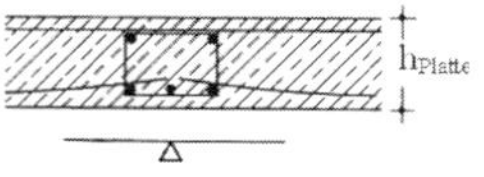	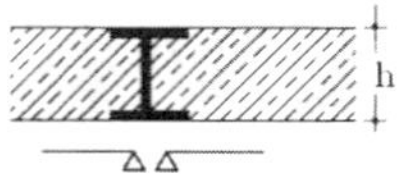 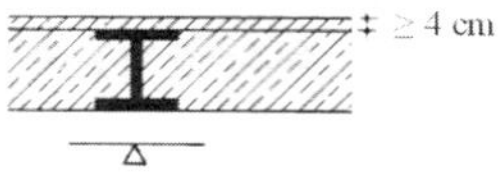

2.5 Stützen

Voraussetzung für die nachfolgenden Angaben: Gesamtstabilität des Bauwerks ist durch Decken- und Wandscheiben gewährleistet. Stützen sind oben und unten gehalten, zentrisch belastet.

2.5.1 Stahlbeton

Stützenbemessung – Vereinfachte Querschnittsabschätzung

Für zentrisch belastete Innenstützen mit:

- Schlankheit $\lambda \leq 50$ (Stockwerkshöhe $h < 14b$, d. h. $b < h$)
- charakteristische Last $N_{\text{Stütze}} = G_k + Q_k$ (Gebrauchslastniveau)

gelten folgende Richtwerte für den erforderlichen Stützenquerschnitt $A_{\text{Stütze}}$

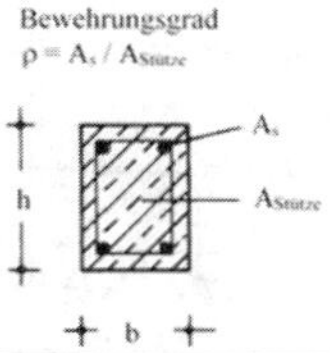

Betonklasse	Bewehrungsgrad ρ	Querschnittsfläche $A_{\text{Stütze}}$ [cm²]
C20/25	≈ 1 %	≈ $N_{\text{Stütze}}$ [kN]
	3 %	≈ $0{,}65 \cdot N_{\text{Stütze}}$
C30/37	≈ 1 %	≈ $0{,}75 \cdot N_{\text{Stütze}}$
	3 %	≈ $0{,}53 \cdot N_{\text{Stütze}}$
C40/50	≈ 1 %	≈ $0{,}58 \cdot N_{\text{Stütze}}$
	3 %	≈ $0{,}45 \cdot N_{\text{Stütze}}$

Hinweis:

Die angegebenen Werte gelten für Knicklängen $l_0 = 10$ m (mit $l_0 = s_k$). Für eine genauere Bemessung können die nachfolgenden Diagramme herangezogen werden.

Weitere Laststeigerungen bei gleichen Querschnittsabmessungen lassen sich durch den Einsatz von hochfestem Beton oder die Ausführung als Stahlverbundstütze realisieren.

Tafel 10.15 Abschätzung Stützengeometrie, C30/37, Bewehrungsgrad $\rho = 1\%$

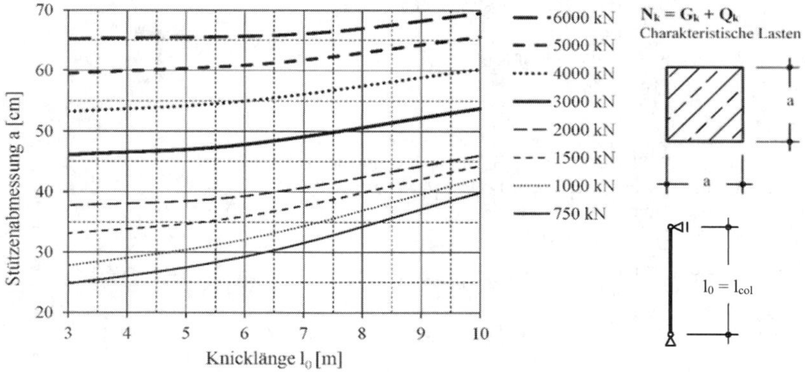

Tafel 10.16 Abschätzung Stützengeometrie, C30/37, Bewehrungsgrad $\rho = 3\%$

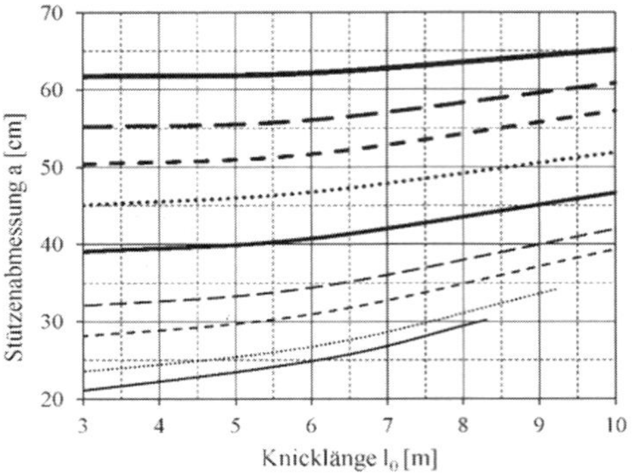

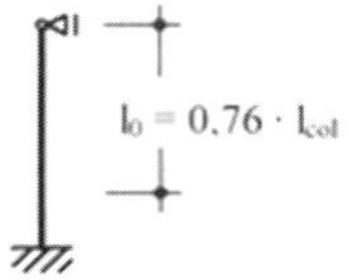

Ablesebeispiel:

- $N_k = 2000$ kN
- $l_0 = 6{,}5$ m
- bei $\rho = 1\%$ $\rightarrow$ a = 40 cm
- bei $\rho = 3\%$ $\rightarrow$ a = 35 cm

2.5.2 Stahl

Stahlgüte S235

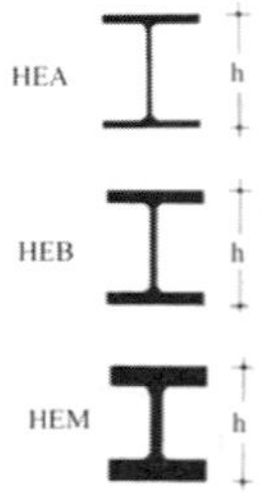

HEA: $h[\text{mm}] \approx \sqrt{22 \cdot \text{N[kN]} \cdot s_k[\text{m}]} \cdot$

HEB: $h[\text{mm}] \approx \sqrt{16 \cdot \text{N[kN]} \cdot s_k[\text{m}]}$

HEM: $h[\text{mm}] \approx \sqrt{10 \cdot \text{N[kN]} \cdot s_k[\text{m}]}$

h Profilhöhe

N Stützenlast mit charakteristischen Lasten

s_k Knicklänge

Erste grobe Näherung für übliche Profile und Geschosshöhen:

$\text{erf}\,A\,[\text{cm}^2] = 0{,}10 \cdot N\,[\text{kN}]$

2.5.3 Holz

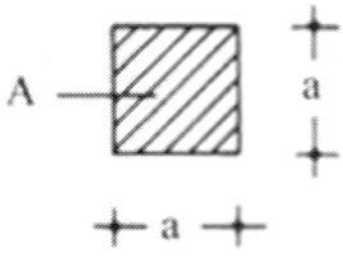

Für $s_k < 34\,a_{min}$ (z. B. Stütze 10/10, $s_k \leq 3{,}4$ m) und Krafteinleitung an den Stützenenden $\perp$ zum Faserverlauf (z. B. Stütze / Schwelle oder Stütze / Unterzug), Holz C24:

$\text{erf}\,A\,[\text{cm}^2] = (5 \text{ bis } 6) \cdot N\,[\text{kN}]$

bzw. $a \approx 2{,}3 \cdot \sqrt{N\,[\text{kN}]}$

2.5.4 Planungshilfen für die Querschnitts- und Materialwahl von Geschossstützen

Tafel 10.17a Tragfähigkeit im Vergleich (charakteristische Lasten ≈ Gebrauchslasten)

Knicklänge s_k = 3,0 m										
Last in kN	Stahl						Verbund[2]	Stahlbeton		Holz[3]
	HEA S235	HEB S235	HEM S235	Rohr S235	□[1] S235	□[1] S235	Querschnitt HEM (*b*/*h*)	C20/25 ρ = 0,8 %	C30/37 ρ = 3 %	NH/ C24
100	100	100	100	101,6 × 3,6	80 × 4	70 × 7,1		20/20	20/20	16/16 (24/24)
200	140	120	100	152,4 × 4,5	80 × 10	80 × 10		20/20	20/20	20/20 (32/32)
300	160	140	100	193,7 × 5,6	100 × 5,6	100 × 6,3		20/20	20/20	22/22 (32/32)
500	200	160	120	244,5 × 6,3	120 × 11	110 × 10		24/24	20/20	
800	240	200	160	323,9 × 7,1	150 × 14,2	140 × 10		30/30	22/22	
1000	260	220	180	323,9 × 7,1	180 × 12,5	150 × 11	100 (22/22)	32/32	24/24	
1500	320	280	220	406,4 × 8,8	220 × 14,2	160 × 16	120 (24/24)	40/40	30/30	
2000	450	340	240		260 × 16	220 × 16	140 (26/26)	45/45	34/34	
3000	700	550	280			260 × 17,3	180 (30/30)	55/55	40/40	
5000	900						260 (40/40)	72/72	52/52	
8000							300 (45/45)	90/90	65/65	
10000							400 (45/55)	100/100	72/72	

[1] quadratische MSH-Hohlprofile, Maße in [mm].
[2] S355 (bzw. St 52) und C45/55, *b* und *h* in [cm].
[3] Klammerwerte: Pressungen senkrecht zur Faser (Schwelle) maßgebend.

Tafel 10.17b Tragfähigkeit im Vergleich (charakteristische Lasten ≈ Gebrauchslasten)

Knicklänge s_k = 4,2 m										
Last in kN	Stahl						Verbund[2]	Stahlbeton		Holz[3]
	HEA S235	HEB S235	HEM S235	Rohr S235	□[1] S235	□[1] S235	Querschnitt HEM (*b*/*h*)	C20/25 ρ = 0,8 %	C30/37 ρ = 3 %	NH/ C24
100	120	120	100	133,0 × 4,0	80 × 10	80 × 10				20/20 (32/32)
200	160	140	120	152,4 × 4,5	100 × 8,8	100 × 8,8				22/22 (32/32)
300	180	160	120	193,7 × 5,6	120 × 8,8	120 × 7,1				26/26 (32/32)
500	220	180	140	244,5 × 6,3	150 × 10	150 × 7,1		24/24		
800	260	220	180	323,9 × 7,1	160 × 14,2	160 × 10	100 (22/22)	30/30	22/22	
1000	280	240	200	406,4 × 8,8	180 × 14,2	160 × 14,2	120 (24/24)	32/32	24/24	
1500	360	300	240		220 × 16	200 × 14,2	140 (26/26)	40/40	30/30	
2000	500	360	240		260 × 17,5	220 × 16	160 (30/30)	45/45	34/34	
3000	800	650	300			260 × 17,3	200 (35/35)	55/55	40/40	
5000							260 (40/40)	72/72	52/52	
8000							320 (45/50)	90/90	65/65	
10000							500 (45/65)	100/100	72/72	

[1] quadratische MSH-Hohlprofile, Maße in [mm].
[2] S355 (bzw. St 52) und C45/55, *b* und *h* in [cm].
[3] Klammerwerte: Pressungen senkrecht zur Faser (Schwelle) maßgebend.

2.6 Wände

2.6.1 Vereinfachte Bemessung von Stahlbetonwänden

Geltungsbereich:

- Schlankheit $\lambda \leq 30$ (z. B. Wandhöhe $h \leq 30 \cdot t$, mit t = Wanddicke)
- charakteristische Last $N_{\text{Wand}} = G_k + Q_k$ (Gebrauchslastniveau)
- **Knicken** vernachlässigbar (bei $h/t \leq 15$)

Betonklasse	Bewehrungsgrad ρ	Wanddicke t [cm]	Querschnittsfläche [cm²/m]
C20/25	0,5 %	$0{,}8 \cdot \sqrt{N_{\text{Wand}}}$	$100 \cdot t$
	1,0 %	$0{,}7 \sqrt{N_{\text{Wand}}}$	$100 \cdot t$
C30/37	0,5 %	$0{,}7 \sqrt{N_{\text{Wand}}}$	$100 \cdot t$
	1,0 %	$0{,}6 \sqrt{N_{\text{Wand}}}$	$100 \cdot t$
C40/50	0,5 %	$0{,}6 \sqrt{N_{\text{Wand}}}$	$100 \cdot t$
	1,0 %	$0{,}5 \sqrt{N_{\text{Wand}}}$	$100 \cdot t$

Hinweise:

- **Wanddicke t:**
  - Praxistipp: Mindestdicke $t \geq 12$ cm (bei Wohnbauten oft t = 15–25 cm).
  - Beispiel (C25/30, ρ = 0,5 %, N_{Wand} = 1000 kN/m):
    $t \approx 0{,}8 \cdot 1000 = 25{,}3$ cm → gewählt: t = 25 cm
- **Bewehrung:**
  - typisch: ρ = 0,5–1,5 % (bei hohen Lasten oder Erdbeben ggf. mehr).
  - Vertikalbewehrung: üblicherweise Ø 8–12 mm mit s = 10 – 20 cm.
- **Knicksicherheit:**
- Für $h/t > 15$: Knicknachweis erforderlich (z. B. nach EN 1992-1-1, Abschnitt 12.6).

Vergleich mit Stützen:

- Wände benötigen **dünnere Querschnitte** als Stützen (Lastabtrag über Länge statt Punktlast).
- Bewehrungsgrade sind niedriger (außer bei schlanken Wänden oder Erdbebeneinwirkung).
- **Stützen:** Fläche hängt direkt von $N_{\text{Stütze}}$ ab (linearer Zusammenhang).
- **Wände:** Dicke orientiert sich an N_{Wand} (Last pro Meter!).

2.6.2 Vereinfachte Bemessung von Mauerwerkswänden

Geltungsbereich:

- Schlankheit $\lambda \leq 25$ (z.B. Wandhöhe $h \leq 25 \cdot t$, mit t = Wanddicke)
- charakteristische Last $N_{\text{Wand}} = G_k + Q_k$ (Gebrauchslasten)
- Knicken vernachlässigbar (bei $h/t \leq 12$)
- Normativ: DIN EN 1996-1-1 (Eurocode 6)

Tafel 10.18 Materialkennwerte (Beispiele)

Steinart	Druckfestigkeit f_k	Teilsicherheit γ_M	typische Anwendung
Kalksandstein KS-R12	12 MN/m²	1,5	tragende Außenwände
Hochlochziegel HLz-12	8 MN/m²	1,5	Innenwände
Porenbeton PB-6	6 MN/m²	1,8*	Leichtbauwände
Bewehrtes Mauerwerk	12 MN/m²	1,7	Sonderfälle ($\lambda > 27$)

*Für Porenbeton gilt $\gamma_M = 1{,}8$

Tafel 10.19a Grundlegende Parameter für genauere Vorbemessung

Begriff	**Formel/Definition**
Schlankheit λ	$\lambda = \frac{h_{ef}}{0{,}289 \cdot t}$ $h_{\text{eff}} = \rho_{\text{n}} \cdot h$ (ρ_n = 0,75 bei beidseitiger Halterung)
Knickbeiwert Φ	Abhängig von λ (siehe Tafel 10.19b unten)
Traglast N_{Rd}	$N_{\text{Rd}} = \Phi \cdot \frac{f_{\text{k}} \cdot t}{\gamma_{\text{M}}}$ (γ_{M} = 1,5 für unbewehrtes Mauerwerk)
max. λ	Außenwand: $\lambda \leq 25$ Innenwand: $\lambda \leq 27$ (mit Halterung)

Tafel 10.19b Knickbeiwerte Φ für Mauerwerk

λ	Φ	**Zulässigkeit**	**Beispiel (h = 2,75 m)**
≤ 6	1,00	kein Knicken	$t \geq 37$ cm
10	0,87	Standard (Innenwände ≤ 2,20 m)	t = 24 cm → λ = 23,8
15	0,64	schlanke Wände	t = 24 cm → h_{max} = 2,08 m
18	0,51	nur mit Auflast ≥10 kN/m, obere und untere seitliche Halterung (durch Decken), Anschluss an Querwände (min. 11,5 cm dick)	t = 24 cm → h_{max} = 2,49 m
21	0,43	Bewehrung empfohlen	t = 24 cm → h_{max} = 2,91 m
≥ 27	*	Unzulässig ohne Sondermaßnahmen	t = 24 cm → h_{max} = 3,74 m

*λ > 27 nur mit Bewehrung oder statischem Einzelnachweis.

Tafel 10.19c Mindestwanddicken (Praxisempfehlung)

Wandtyp	**Geschosshöhe**	**KS/PB**	**Hochlochziegel**	**Porenbeton**
Außenwand	≤ 2,20 m	24 cm	30 cm, (t_{eff} = 27 cm)	30 cm
Außenwand	2,50 m	30 cm	36,5 cm	36,5 cm
Innenwand	≤ 2,75 m	17,5 cm	24 cm, (t_{eff} = 21,6 cm)	17,5 cm
Innenwand	3,00 m	24 cm	30 cm	24 cm

Hinweis:

- Hochlochziegel: t_{eff} = 0,9·Nenndicke
- Porenbeton: Höhere λ-Grenzen möglich (Herstellerangaben beachten)

Beispiel: Traglast einer KS-R12-Außenwand (30 cm, h = 2,50 m)

- Schlankheit λ: $\lambda = \frac{0{,}75 \cdot 2{,}50}{0{,}289 \cdot 0{,}30} = 21{,}6 \rightarrow \Phi = 0{,}64$
- Traglast N_{Rd}: $N_{\text{Rd}} = 0{,}64 \cdot 0{,}30 \cdot \frac{12}{1{,}5} = 1{,}536 \text{ kN/m}$

Zusammenfassung der Besonderheiten (Deutschland)

- max. Schlankheit: $\lambda \leq 27$ (innen), $\lambda \leq 25$ (außen) – strenger als Eurocode ($\lambda \leq 30$).
- Teilsicherheit γ_{M}: 1,5 (unbewehrt), 1,7 (bewehrt), 1,8 (Porenbeton).
- Auflastanforderung: Bei λ ≥ 18 mind. 10 kN/m.

Praxistipp

- Für Standardwohngebäude gilt:
- Außenwände = 30 cm KS-R12 (bis 3 Geschosse)
- Innenwände = 24 cm KS-R8 (bis 2,75 m Höhe)

2.6.3 Brettschichtholz-Wände (GL24h)

Tafel 10.20a Materialkennwerte Brettschichtholz (GL24h)

Eigenschaft	Wert	Einheit
$f_{c,0,k}$	24,0	N/mm²
$f_{c,90,k}$	2,7	N/mm²
$E_{0,mean}$	11.600	N/mm²
ρ_k	380	kg/m³

Hinweis:

- Werte gelten für Nutzungsklasse 1-2 (trockene Umgebung)
- Bei Feuchteeinwirkung (NK3): k_{mod} = 0,65 → 20% Lastreduktion

Tafel 10.20b Zulässige Belastung von Brettschichtholz-Wänden (GL24h) für Nutzungsklasse 1 und 2

Wanddicke [mm]	Höhe [m]	max. Druckkraft [kN/m]	max. Knicklast [kN/m] ($\lambda \leq 150$)	Bemerkungen
80	2,5	120	45	für leichte Trennwände
100	3,0	150	70	Standardausführung
120	3,5	180	95	geschosshohe Wände
160	4,0	240	150	tragende Außenwände
200	5,0	300	210	hochbelastete Wände

Mit Kompression rechtwinklig zur Faser, γ_M = 1,3; k_{mod} = 0,8; mittlere Lasteinwirkungsdauer
Quelle: DIN EN 1995-1-1/NA (EC5), DIN EN 14080 (Brettschichtholz)

Berechnungsgrundlagen:

- **Druckfestigkeit** (rechtwinklig zur Faser): $f_{c,0,k}$ = 2,7 N/mm² (GL24h)
- **Knicknachweis**: $\sigma_{c,d} = \frac{N_d}{A} \leq k_c \cdot f_{c,0,d}$, k_c ist ein Spannungs-Verteilungsbeiwert, mit $k_c = 1$ für gleichmäßige Lasteinleitung und $k_c = 1{,}25 - 2{,}0$ für kurze Kontaktlängen
- **Schlankheit**: $\lambda = \frac{\beta \cdot h}{i} \leq 150$ ($\beta = 1{,}0$ bei beidseitig gelenkig halten)

Beispiel:
Eine 120 mm dicke GL24h-Wand (3,5 m hoch) darf dauerhaft belastet werden mit:

- **95 kN/m** (Knicklast)
- **180 kN/m** (reine Drucklast und Materialversagen)

Tafel 10.20c Zusätzliche Randbedingungen

Parameter	Wert	Einheit
maximale Wandhöhe (unausgesteift)	6,0	m
empf. Mindestdicke (tragend)	100	mm
zul. Öffnungsanteil	≤ 30 %	der Wandfläche
Feuerwiderstand (F30)	+ 15 %	der Dicke

Tafel 10.20d Typische Anwendungen

Wandtyp	Dicke [mm]	Höhe [m]	Belastung [kN/m]
Trennwand (nicht tragend)	80	≤ 2,5	≤ 20
Geschosswand (Wohnbau)	120	3,0	50-80
Außenwand (MFH)	160	3,5	100-150
Treppenhauskern	200	4,0	150-200

3 Hallentragwerke mit großer Spannweite

Grundlagen

Hallen in **Holz-, Stahl-, Stahlbeton- und Spannbetonbauweise** für Spannweiten von **12 – 30 m**. Bei erhöhten Lasten (Schnee, Wind, Anprall) sind größere Querschnitte erforderlich.

Entwurfskriterien:

- Wirtschaftlichkeit, geringer Unterhaltsaufwand, Dauerhaftigkeit, Vorfertigung & schnelle Montage, Brand- und Wärmeschutz, Nachhaltigkeit und Wiederverwendbarkeit
- Aussteifungssysteme frühzeitig beachten

3.1 Haupttragsysteme für vertikalen Lastabtrag

3.1.1 Rahmen

Übliche statische Systeme zur Hallen-Queraussteifung (Haupttragsystem) und Abmessungen von Vollwandbindern.

Tafel 10.21 Rahmensysteme für Holz- und Stahlhallen

System	Querschnittshöhe *h*		
	Holz	Stahl	
eingespannter Rahmen mit und ohne Zugband	$\frac{l}{27}$	$\frac{l}{33}$	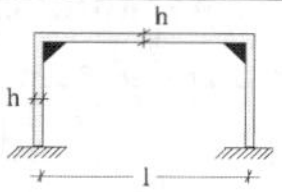
Zweigelenkrahmen	$\frac{l}{25}$	$\frac{l}{30}$	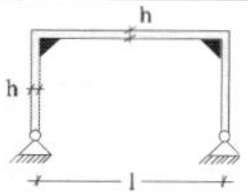
Zweigelenkrahmen mit Voute	$\frac{l}{20}$	$\frac{l}{27}$	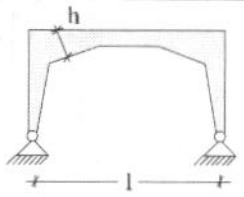
Dreigelenkrahmen mit Voute	$\frac{l}{10}$	$\frac{l}{12}$	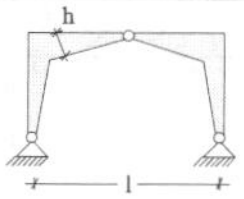
Fachwerkkonstruktion	Konstruktionshöhe ca. 2- bis 3-mal höher als bei Vollwandbindern		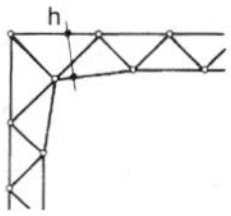

3.1.2 Bogen

Voraussetzung: annähernd gleichmäßig verteilte Gleichlast und Aufnahme des Horizontalschubs ist gewährleistet:

Bogenstich $$f \approx \frac{l}{6} \text{ bis } \frac{l}{10}$$

Tafel 10.22a Bögen für Hallentragwerke mit Spannweite bis 100 m

System	Querschnittshöhe *h* und Bogenstich *f* Holz	Stahl	
eingespannter Bogen	nicht empfohlen	$h > \frac{l}{60}$ $f > \frac{l}{9}$	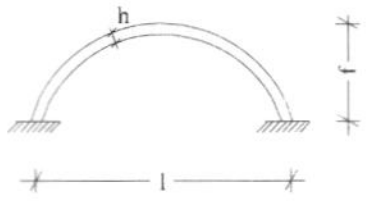
Zweigelenkbogen mit und ohne Zugband	$h > \frac{l}{40}$ $f > \frac{l}{8}$	$h > \frac{l}{50}$ $f > \frac{l}{8}$	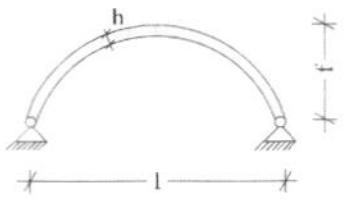
Dreigelenkbogen mit und ohne Zugband	$h > \frac{l}{30}$	$h > \frac{l}{40}$	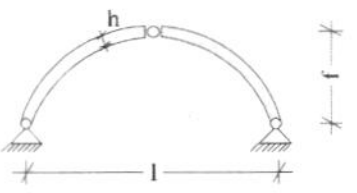

3.1.3 Fachwerkbinder (aus Holz und Stahl)

Tafel 10.22b Trägerhöhen für Fachwerke

Binderform	Binderhöhe *h*	Spannweite	System
Parallelbinder	$\left(\frac{1}{8} \text{ bis } \frac{1}{12}\right) \cdot l$	7,5 bis 40 m	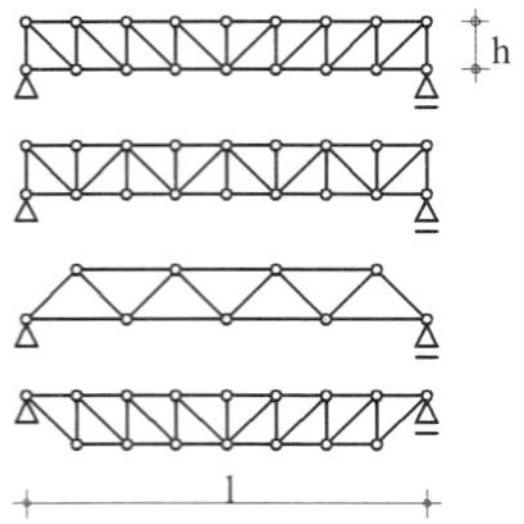
trapezförmiger Binder	$\left(\frac{1}{8} \text{ bis } \frac{1}{12}\right) \cdot l$	7,5 bis 40 m	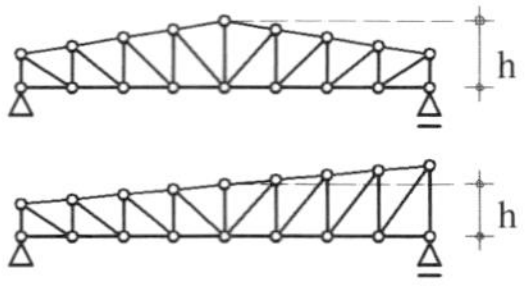
dreieckförmiger Binder	$\left(\frac{1}{6} \text{ bis } \frac{1}{9}\right) \cdot l$	7,5 bis 25 m	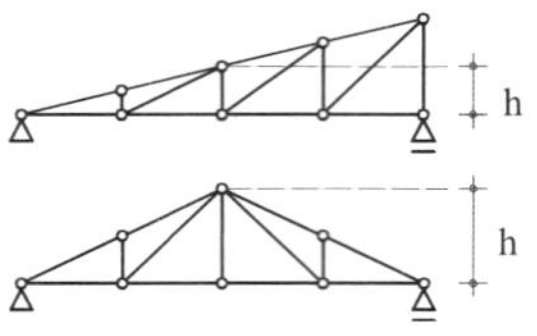

3.1.4 Stahlbeton/Spannbeton

Satteldachbinder oder parallelgurtiger Träger; Ausführung als Stahlbetonbinder oder bei größeren Spannweiten als Spannbetonbinder. Querschnitt häufig mit verbreitertem Obergurt; bei großen Bewehrungsgraden auch Verstärkung des Untergurts (Zugzone) zur Unterbringung der Bewehrung.

System	**Binder-Querschnittshöhe *h***		
	Stahlbeton	**Spannbeton**	
Binder auf Kragstütze[1]	$h = \frac{l}{12}$	$h = \frac{l}{18}$	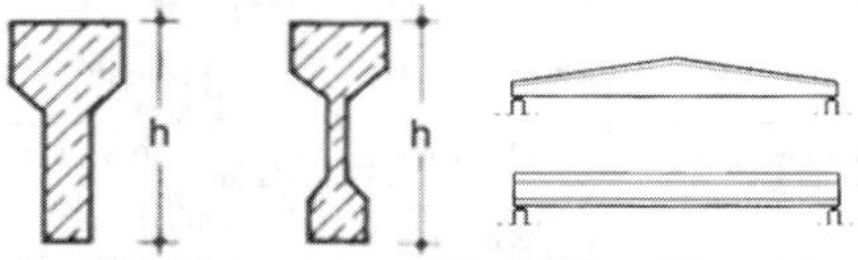

[1] Kragstütze in Block- oder Köcherfundament bzw. FT-Stütze mit sog. „angeformtem" Fundament.

3.1.5 Brettschichtträger

Satteldachbinder oder parallelgurtiger Träger, Spannweiten bis 35 m

Bauhöhen in Feldmitte $h \approx \frac{l}{16}$ und am Rand $h \approx \frac{l}{30}$

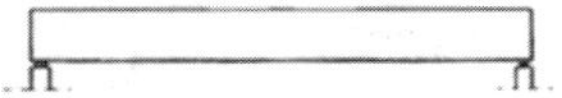

3.1.6 Unterspannter Träger (Träger mit „Luftstützen" = Spreizen)

Sie sind geeignet für gleichmäßig verteilte Lasten (z. B. Dachträger und Glaskonstruktionen). Obergurt = auch biegebeanspruchter Druckgurt, soll zur Stabilisierung leicht überhöht werden (Überhöhung $\approx 1/200$) oder durch eine Dachscheibe stabilisiert werden. Der unterspannte Träger besteht aus einem durchlaufenden Biegeträger ohne Gelenk mit Unterspannung mit Seilen oder Rundstäben. Bei mehreren Spreizen muss die Unterspannung an jeder Spreize einen Knick aufweisen

Tafel 10.23 Bemessungshilfe für unterspannte Träger

geneigter Träger mit senkrechter Spreize	*l*: Spannweite des Gesamtträgers $h \approx \frac{l}{12}$ bis $\frac{l}{6}$	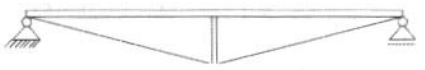
Zweifachunterspreizung („Knick" im Seil)	$h \approx \frac{l}{12}$ bis $\frac{l}{6}$	
Dreifachunterspreizung, an jeder Spreize Umlenkung erforderlich	$f \approx \frac{l}{15}$	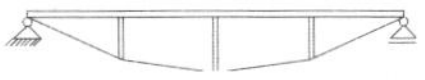

Polonceau-Binder entsprechen Sparrendächern mit unterspannten Sparren

Flachgeneigter Polonceau-Binder mit tiefliegendem Zugband (gestrichelt)	Polonceau-Binder mit angehobenem Zugband (gestrichelt)
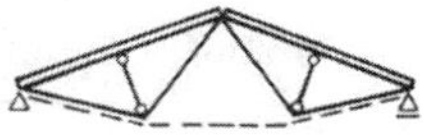	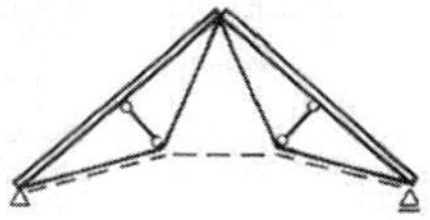

3.2 Aussteifung

Die Aussteifung erfolgt in Binderebene bzw. Querrichtung (Halle i. d. R. länger als breit) über in Fundamente eingespannte Stützen bzw. über Rahmentragwirkung in Binderebene (ermöglicht Erweiterbarkeit in Längsrichtung). In Längsrichtung werden bei Hallen in Stahl- und Holzbauweise i. Allg. Verbände bzw. Scheiben in Dach- und Wandebene angeordnet, bei Hallen aus Stahlbeton erfolgt die Stabilisierung aber auch über eingespannte Stützen.

3.3 Dachkonstruktion

Tafel 10.24a Vorbemessung von Dachkonstruktionen

Element	Material/Option	Dimensionierung	Hinweise
Dachlasten	leicht	1,5 kN/m²	für leichte Eindeckungen (z. B. Blech)
	schwer	2,5 kN/m²	für schwere Eindeckungen (z. B. Ziegel)
Dacheindeckung	Porenbetonplatten	$h = l/30$ bis $l/25$	Statisch wirksame Plattenstärke
	Trapezblech	Einfeldträger: $h = l/45$ Durchlaufträger: $h = l/55$	Metallprofile, leicht
Dachpfetten	Stahlbeton	$b/h = 1{:}2$, $h = l/25$	Standardquerschnitt
	Holz	b/h = 1:2 Einfeldträger: $h = l/20$ Koppelpfetten: $h = l/24$	natürliche Belüftung beachten
	Stahl (IPE-Profil)	$h = l/33$	geringes Eigengewicht
Dachbinder	Optimaler Abstand	5 m oder $L/4$ (Binderspannweite)	kosteneffizient

3.4 Dachbinder

Tafel 10.24b Vorbemessung von Dachbindern

Typ	Material	Dimensionierung	Besonderheiten
Vollwandbinder	Stahlbeton	$h = l/12$	Standard
	Spannbeton	$h = l/18$	ab $l > 25$ m empfohlen
	Holz (Brettschicht)	$b < 20$ cm Parallelträger: $h = l/17$ Satteldach: $h = l/15$ (Mitte), $l/30$ (Auflager)	begrenzte Spannweiten
	Stahl (HEA)	$h = l/20$ bis $l/30$	Wabenträger: $h \approx 1{,}5 \times$ Ursprungsprofil
Fachwerkbinder	Stahl (Hohlprofil)	$h = l/17$ bis $l/10$	hohe Spannweiten
	Holz (Kantholz)	$h = l/9$	traditionelle Bauweise
Unterspannte Träger	Holz/Stahl	einfach: $h = L/6$ bis $L/12$ zweifach: $h = L/8$ dreifach: $h = L/6$ (ohne Einhängeträger), $L/8$ (mit)	für große Spannweiten
Bogenträger	ohne Zugband	$h = L/16$	höhere Querkräfte
	mit Zugband	$h = L/40$	geringere Biegebeanspruchung
	Stichverhältnis (f/L)	$\geq 1/7$	optimal für Stabilität

Formelhilfe: h = Trägerhöhe, l, L = Stützweiten, b = Breite, f = Stichhöhe (Bogen).

Praktische Tipps:

- **Holzbinder**: Brettschichtholz ($b < 20$ cm) vermeidet Rissbildung.
- **Spannbeton**: Erst ab 25 m Spannweite wirtschaftlich.
- **Trapezblech**: Durchlaufträger spart Material (~20 % geringere Höhe als Einfeldträger).
- **Bogenträger**: Zugband reduziert die erforderliche Konstruktionshöhe um ~60 %.

4 Skelettbauten aus Stahlbeton

Stahlbetonfertigteile bieten wirtschaftliche und technische Vorteile, insbesondere bei:

- Bauteilen mit hohem Schalungsaufwand,
- Serienfertigung gleicher Elemente,
- Zeitersparnis durch Vorfertigung und witterungsunabhängige Montage,
- hohen Qualitätsanforderungen (Oberfläche, Festigkeit, Maßhaltigkeit),
- kostengünstigem Einsatz von Spannbeton.

Standardisierte Querschnitte steigern die Wirtschaftlichkeit.

4.1 Deckensysteme im Vergleich

4.1.1 Halbfertigteildecken mit Ortbetonergänzung

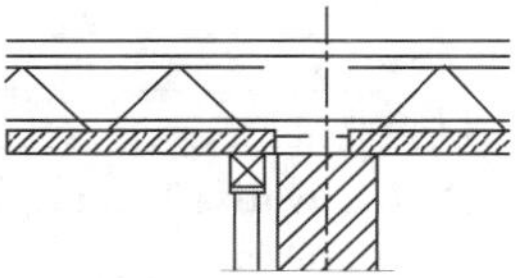

- **Vorteile:** geringer Schalungsaufwand, schnelle Montage durch Gitterträger (Traglasten bis 5 m Spannweite).
- **Nachteile:** Fugen zwischen den 5–7 cm dicken Fertigteilplatten, begrenzte Querverteilung.
- **Einsatz:** ideal für einachsige Decken mit nachträglicher Stützbewehrung im Ortbeton.

4.1.2 Vorgespannte Hohlplatten

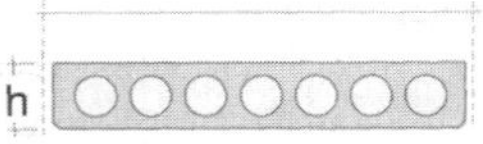

- **Vorteile:** geringes Eigengewicht, große Spannweiten (bis 10 m) bei schlanken Querschnitten (< 30 cm).
- **Nachteile:** geringe Querverteilung bei ungleichmäßigen Lasten (Fugenverguss erforderlich).

4.1.3 π-Platten (schlaff bewehrt oder vorgespannt)

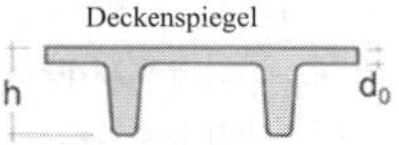

- **Vorteile:** hohe Tragfähigkeit (ab 12 m Spannweite), gute Lastverteilung bei Ortbetonergänzung.
- **Einsatz:** ideal für stark belastete Decken mit Punktlasten.

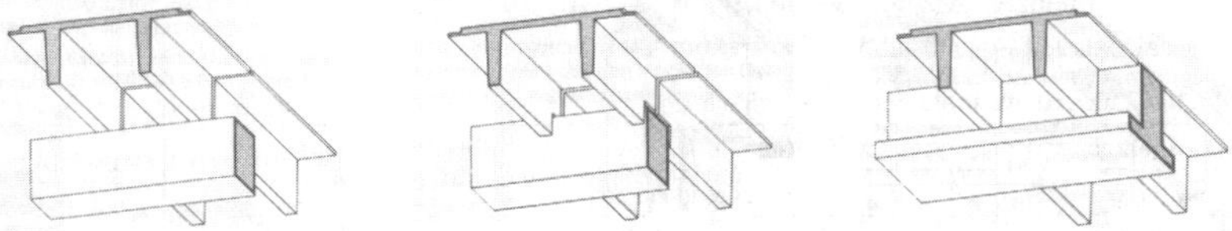

4.2 Elementwände mit Ortbetonkern

- **Aufbau:** zwei Fertigteilplatten mit Gitterträgern, dazwischen Ortbeton.
- **Vorteile:** keine Schalung nötig, platzsparend (ideal für enge Baustellen).
- **Nachteile:** begrenzte Elementbreite, aufwendige Bewehrungseinbindung (z. B. horizontale Zugbänder).

Fazit: Fertigteile ermöglichen effiziente, qualitativ hochwertige Lösungen – besonders bei hoher Wiederholung und engen Bauzeitplänen.

4.3 Leitfaden zu Technik, Wirtschaftlichkeit und Nachhaltigkeit

4.3.1 Kernvorteile und Eigenschaften

- Wirtschaftlichkeit:
  - bis zu 40 % Kosteneinsparung durch Serienfertigung
  - 50-70 % reduzierte Bauzeit gegenüber Ortbeton
  - minimierter Schalungsbedarf (bis zu 90 % Einsparung)

- technische Qualitäten:
  - Maßtoleranzen von ±2 mm (vs. ±10 mm bei Ortbeton)
  - Betonfestigkeiten bis C100/115 realisierbar
  - Vorspannung ermöglicht Spannweiten bis 20 m
- Nachhaltigkeitsaspekte:
  - 30-50 % Materialersparnis durch optimierte Querschnitte
  - CO_2-Einsparung von 15-25 % gegenüber konventionellem Bauen

Beispiel: Eine 20-cm-Hohlplatte spart 40 % Beton gegenüber einer Massivplatte

Tafel 10.26a Anwendungsspektrum mit Kennwerten

Anwendung	typische Abmessungen	Besonderheiten
Hohlplatten	12 m Spannweite, 30 cm Dicke	40 % Gewichtsersparnis
π-Platten	bis 16 m Spannweite	500 kN/m² Tragfähigkeit
Elementwände	3 m × 12 m Module	integrierte Dämmung möglich
Fassadenplatten	bis 5 m × 3 m	vorgefertigte Oberflächen

4.3.2 Innovative Lösungen für Herausforderungen

Transportprobleme:

- modulare Zerlegung in Teile für Transport ohne Sondergenehmigung
- Leichtbeton mit $\rho \leq 1{,}8$ kg/dm³

Fugenmanagement:

- BIM-gestützte Passgenauigkeit
- Elastomer-Dichtsysteme mit 30+ Jahren Haltbarkeit

CO_2-Reduktion:

- CEM-III-Zemente (bis 60 % weniger CO_2)
- Carbonbeton mit 80 % geringerem Materialeinsatz

Nachhaltigkeitsbilanz (Ökobau-Kriterien)

- Kreislauffähigkeit: 95 % Recyclingquote möglich
- Energiebilanz: 25 kWh/m² vs. 40 kWh/m² bei Ortbeton
- Lebensdauer: 80-100 Jahre bei korrekter Ausführung

Tafel 10.26b Zukunftstechnologien im Vergleich

Technologie	Vorteile	Marktreife
Textilbeton	60 % Gewichtsersparnis	Pilotprojekte
3D-Druck	100 % formfrei	Forschungsstadium
aktivierte Decken	30 % Energieeinsparung	Praxiseinsatz

Fazit und Entscheidungshilfe

Für Bauherren empfiehlt sich Fertigteilbauweise bei:

- Projekten > 5.000 m² BGF
- ≥ 30 % Wiederholungsgrad
- Terminvorgaben < 18 Monaten

5 Gründung

5.1 Bemessungsgrundlagen

- zulässiger Sohldruck $zul\ \sigma_B$: 250–300 kN/m²
- Fundament-Eigenlast: ≈ 20 % der Stützenlast N_{St}
- Flächenbedarf: $AFU = \frac{1{,}2 \cdot N_{St}}{\sigma_B}$ (inkl. Sicherheitsbeiwert)

5.2 Fundamenttypen

Tafel 10.27 Zentrisch belastete Fundamente

Typ	Bemessung	Mindestmaße	Anwendungsfälle
Quadratisches Einzelfundament	$a = \sqrt{\frac{1{,}2 \cdot N_{St}}{\text{zul}\ \sigma_B}}$	$h \geq 30$ cm (unbewehrt) $h \geq 20$ cm (bewehrt)	Punktfundamente unter Stützen
Streifenfundament	$b = \frac{1{,}2 \cdot N\ [\text{kN/m}]}{\text{zul}\ \sigma_B}$ $h = 0{,}6\,(b - h_{\text{Wand}})$	$h \geq 30$ - 40 cm	unter Wänden, gleichmäßige Lastverteilung
Plattenfundament	$h \approx$ 30-60 cm (bewehrt)		bei: - Setzungsrisiko - Hochhäusern - drückendem GW - wirtschaftlichen Gründen

Wichtige Hinweise:

- Alle Formeln gelten für C20/25-Beton.
- zul σ_B = 250-300 kN/m² (abhängig vom Baugrund)
- N_{St} = Stützenlast in kN, N = Linienlast in kN/m bei Streifenfundamenten
- bei bewehrten Fundamenten Bewehrung gemäß Statik

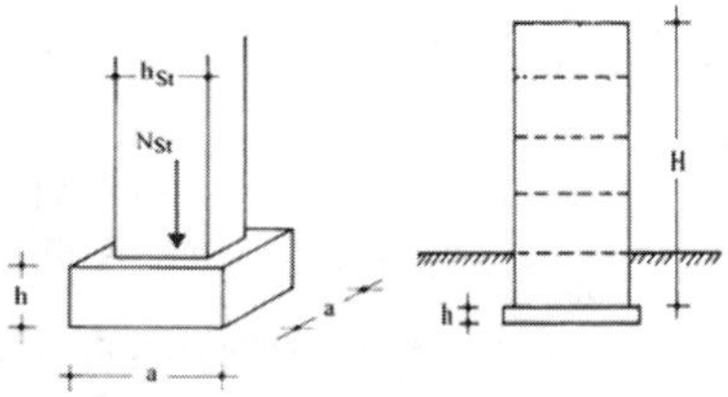

Vorteile im Vergleich:

- Einzelfundamente: wirtschaftlich für Einzellasten
- Streifenfundamente: ideal für lineare Lastabtragung
- Plattenfundamente: Setzungsausgleich und GW-Schutz

Exzentrisch belastete Fundamente

- Ursachen: Momentenbelastung (z. B. Wind, Kranlasten) oder unsymmetrische Lastverteilung.
- Nachweis Sohldruckverteilung:

  $\sigma_{\text{max.min.}} = \frac{N_d}{A} \pm \frac{M_d}{W}$ (mit $W = \frac{b \cdot a^2}{6}$)

  Bedingung: $\sigma_{\max} \leq$ zul σ_B und $\sigma_{\min} \geq 0$ (keine klaffende Fuge, nur Druck).
- Fundamentvergrößerung:
  - Verschiebung der Stütze zur Lastmitte (Kernweite $k = a/6$).
  - trapezförmige Sohldruckverteilung anstreben.
  - typische Ausführung:
  - verbreiterte Seite: Zusätzliche Fundamentmasse auf der Zugseite.
- Bewehrung: erhöhte Zugbewehrung an der Unterseite.

Köcherfundamente

- Köchertiefe t_K: Mindesttiefe: 1,5 × Stützendicke, empfohlen: 2,0 × Stützendicke (für höhere Stabilität)
- rechteckiger Fundamentkörper mit frostfreier Gründung mit einbindetiefe > 80 cm. $l_F : b_F$ = 2 : 1, Überstand seitlich zum Köcher ≥ 20-30 cm
  - Fundamentlänge $l_F \approx 0{,}40 \times$ Hallenhöhe
  - Fundamentdicke $h_F \approx 0{,}15 \times$ Hallenhöhe

Plattenfundamente

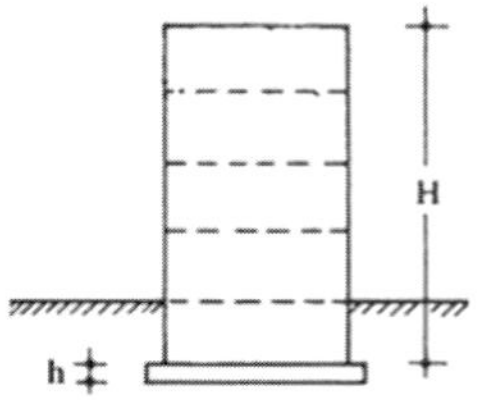

- durchgehende, bewehrte Gründungsplatte unter dem gesamten Bauwerk:
- zur Vermeidung von Schäden bei unterschiedlicher Baugrundsetzung
- bei hohen Lasten (Hochhäuser)
- bei drückendem Grundwasser, in Verbindung mit Wannenausbildung (steifer Kellerkasten)
- aus wirtschaftlichen Gründen auch bei kleineren Bauwerken (das Ausschachten von Fundamentgräben entfällt).
- Plattendicke $h \approx \frac{\text{Gebäudehöhe } H}{30} \geq 25$ cm

Wannengründung (bei Grundwasser)

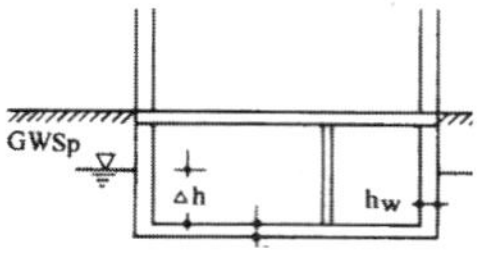

- Sohlendicke: $h = \frac{2}{3} \cdot \Delta h \geq 30$ cm (min. 30 cm)
- Wanddicke: $h_w \geq 30$ cm
- WU-Beton
- Auftrieb beachten

Praxis-Tipps:

- Exzentrizität vermeiden: Stützen möglichst mittig gründen.
- Spannungsnachweis: Bei exzentrischer Last immer $\sigma_{min} \geq 0$ prüfen (sonst Fundamentsicherung erforderlich).
- Wirtschaftlichkeit: Plattenfundamente reduzieren Aushubkosten bei kleinen Bauwerken.

5.3 Winkelstützmauern

Bodenart	bindig (Lehm/Ton)	rollig (Sand/Kies)
Mauerhöhe *h*	0,08 × *H*	0,07 × *H*
Fundamentdicke h_F	0,10 × *H*	0,10 × *H*
Fundamentlänge l_F	0,50 × *H*	0,40 × *H*

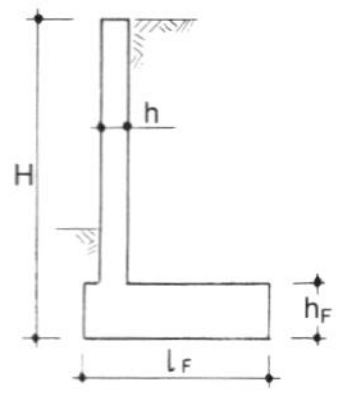

Hinweise:

- *H* = Gesamthöhe der Stützmauer (inkl. Fundament)
- Mindestmaße:
  - Fundamentdicke $h_F \geq 30$ cm (frostsicher mit Schürze)
  - Fundamentlänge $L_F \geq 50$ cm (bei Sand/Kies ggf. verbreitern)
  - Bewehrung: Bei hohen Mauern ($H > 2$ m) statischen Nachweis führen.

5.4 Zusammenfassung

- Köcherfundamente: Tiefe ≥ 1,5 × Stützendicke, Länge ≈ 40 % der Hallenhöhe
- Winkelstützmauern:
  - bindiger Boden: dickere Mauern (8 % *H*) & längere Fundamente (50 % *H*)
  - rolliger Boden: schlankere Mauern (7 % *H*) & kürzere Fundamente (40 % *H*)

6 Gesamtstabilität – Aussteifung von Gebäuden

6.1 Allgemeines

Gebäude müssen **Horizontallasten aus** Wind, Erdbeben, Bremskräften, Erddruck, Lotabweichungen standhalten.

Tafel 10.29 Stabilisierungsmethoden (kombinierbar):

Methode	**Anwendung**	**Prinzip**	**Hinweise**
Rahmenstabilisierung	Industriehallen (1–2 Geschosse)	Horizontallasten werden durch biegesteife Rahmen oder eingespannte Stützen aufgenommen.	Große Verformungen möglich. Nicht für Hochhäuser geeignet (EC3/EC8).
Verbände	Hallen (Stahl/Holz)	Dach- und Wandverbände mit Zug-Diagonalen (Stäbe, Seile) leiten Kräfte ab.	Vorspannung reduziert Verformungen. Pfetten als Druckglieder knicksicher ausbilden.
Scheibenstabilisierung	Wohn-/Bürogebäude (ab 3 Geschossen)	Decken (horizontal) und Wände (vertikal) bilden steife Schachtelstruktur.	mind. 3 Wandscheiben pro Richtung, nicht in einer Linie (EC2). Öffnungen begrenzen!
Kerne	Treppenhäuser, Aufzugsschächte	Vierwandige Hohlkästen mit hoher Biege- und Torsionssteifigkeit.	Öffnungen ≤ 30 % der Kernfläche (EC2).
Röhrensysteme	Hochhäuser (> 50 m)	Fassadenstützen + Innenkerne wirken als zusammenhängende „Röhre“.	Nachweis nach EC8 für Erdbeben erforderlich.

Erläuterungen zur Stabilisierung von Tragwerken

Rahmenstabilisierung

- Rahmen übernehmen die Aussteifung ohne zusätzliche Verbände oder Scheiben. Eingespannte Stützen und gelenkig gelagerte Riegel bilden das statische System (häufig im Hallenbau/Fertigteilbau).
- konstruktive Merkmale:
  - Stützen sind verschieblich zu bemessen (z. B. mit Ersatzstabverfahren).
  - Biegemoment infolge Horizontallasten muss aufgenommen werden.
- Bemessung nach Eurocode:
  - Gemäß EN 1993-1-1, Kap. 5.2 (Stahl) bzw. EN 1992-1-1, Kap. 5.8 (Beton) erfolgt der Nachweis gegen Knicken und Biegedrillknicken.
  - Berücksichtigung der Imperfektionen gemäß EN 1993-1-1, 5.3.2: $e_0 = l / 200$

Stabilisierung mit Verbänden

- Horizontallasten werden über Diagonalverbände in Dach und Wand aufgenommen. Stützen und Riegel tragen überwiegend Normalkräfte.
- Systemkomponenten:
  - Dachverband: leitet Windlasten in Wandverbände.
  - Dachpfetten: übernehmen Vertikalstäbe → Nachweis auf Knicken.
  - Diagonalen: Zug-/Druckstäbe, oft als Kreuzverbände oder Windseile (ggf. vorgespannt zur Erhöhung der Steifigkeit).
- Bemessung nach Eurocode: Nachweise nach EN 1993-1-1, Kap. 6
- Pfetten: Knicknachweis senkrecht zur Dachfläche, inkl. Stabilitätsnachweise (Knicklänge l_0 beachten).

Scheibenstabilisierung

- Horizontale Lasten werden über Decken und Wände (Scheibenwirkung) abgetragen. Die vertikale Tragwirkung erfolgt durch die Stützen.
- konstruktives Prinzip:
  - Plattentragwirkung: senkrecht wirkende Lasten
  - Scheibenwirkung: in Scheibenebene wirkende Kräfte
  - ideale Anordnung: orthogonale Struktur (Zellenbauweise)
- Bemessung nach Eurocode 2:
  - Labilitätszahl: $\lambda = l_0 / i$ (i: Trägheitsradius aus $\sqrt{I/A}$)
  - Nachweis gemäß EN 1992-1-1, 5.8.3.2
  - Öffnungen: Reduktion der effektiven Fläche A_{eff} berücksichtigen

Stabilisierung durch Kerne

- Vertikale Bauwerkselemente (z. B. Treppenhäuser, Aufzugsschächte) werden zu einem Hohlkasten verbunden.
- Hohe Biege- und Torsionssteifigkeit bei geschlossenen Strukturen ohne große Öffnungen.

Stabilisierung durch Röhren (Tube-System)

- Bei Hochhäusern übernehmen alle tragenden Fassaden- und Innenwände die Aussteifung.
- Verbund zu röhrenartigen Strukturen (z. B. Framed Tube, Tube-in-Tube).
- Bemessung:
  - interaktive Biege- und Schubbeanspruchung
  - Verformung: $H_{max} / h \leq 500$ (Empfehlung, EC bzw. DIN EN 1991-1-4)

Bemessungshilfe (Scheibenstabilisierung):

$$I_{\text{Wände}}[m^4] \geq \frac{H^3 \cdot L \cdot B}{\alpha}$$

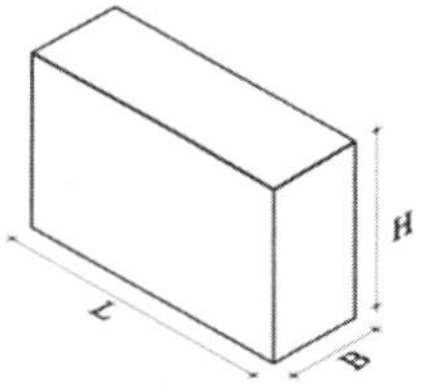

wobei: H / L / B = Höhe / Länge / Breite des Gebäudes in [m]
α = Faktor in Abhängigkeit von der Stockwerkanzahl [m]

Anzahl Stockwerke	1 und 2	3 und 4	5 bis 9	≥ 10
α [m]	1 000 000	1 250 000	1 400 000	1 700 000

Anwendungsbeispiel Bürogebäude, 10 Stockwerke, H / L / B = 31 m / 40 m / 16 m

$$I_{\text{Wände}} \geq \frac{H^3 \cdot L \cdot B}{\alpha} = \frac{31^3 \cdot 40 \cdot 16}{1\,700\,000} = 11{,}21 \text{ m}^4$$

vorhanden in x-Richtung: Eine Wand d / b = 8 m / 0,30 m

$$I_{\text{vorh,x-Ri.}} \geq \frac{d^3 \cdot b}{12} = \frac{8^3 \cdot 0{,}3}{12} = 12{,}8 \text{ m}^4 > 11{,}21 \text{ m}^4$$

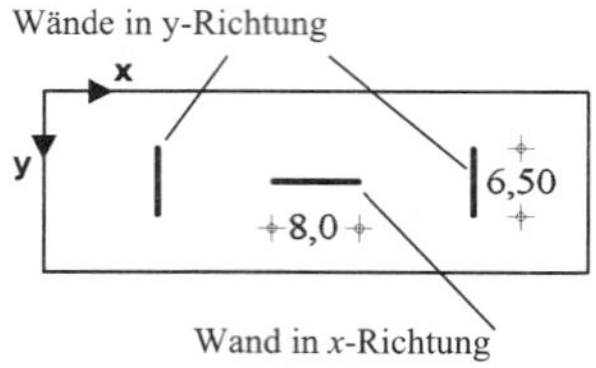

vorhanden in y-Richtung: Zwei Wände d / b = 6,50 m / 0,30 m

$$I_{\text{vorh,y-Ri.}} \geq 2 \cdot \frac{d^3 \cdot b}{12} = 2 \cdot \frac{6{,}5^3 \cdot 0{,}3}{12} = 13{,}73 \text{ m}^4 > 11{,}21 \text{ m}^4$$

6.2 Aussteifung mit Deckenscheiben im Geschossbau

Elemente

- **vertikal** (Kräfteabtrag in den Baugrund): Wandscheiben, Fachwerkscheiben, Rahmen, eingespannte Stützen
- **horizontal** (Kraftweiterleitung): Deckenscheiben, Fachwerkscheiben, Ringbalken

Grundregeln

- **Mindestanzahl je Geschoss:**
    - 1 horizontale Scheibe (z. B. Decke)
    - 3 vertikale Scheiben (kein gemeinsamer Schnittpunkt der Achsen!).
- Alternativ: zentraler Treppenhauskern (biegesteife Röhre).

Planungshinweise

- **geschossweise Aussteifung** (Elemente übereinander anordnen).
- **Öffnungen**: begrenzt zulässig, ständige Auflasten verbessern das Tragverhalten.
- **Rahmen/Stützen**:
    - nur bis ~4 Geschosse (große Verformungen, Rissgefahr).
    - Stahlbeton-/Stahlstützen max. 10 m, **keine Holzstützen**.
- **Zwängungsfreiheit**:
    - keine steifen Elemente gegenüber anordnen.
    - „Schwindgassen" bei Stahlbetondecken einplanen (Temperatur/Schwinden).

Kritische Punkte

- Einzelbauwerke (z. B. Reihenhäuser) und Bauabschnitte separat aussteifen.
- Rahmenaussteifung nur im Ausnahmefall
- vertikale Aussteifungselemente: Wandscheiben, Fachwerkscheiben (Verbände), Rahmen, eingespannte Stützen
- horizontale Aussteifungselemente: Deckenscheiben, Fachwerkscheiben (Verbände), Ringbalken

Folgendes ist zu beachten:

- Jedes Einzelbauwerk muss ausgesteift sein, z. B. auch Reihenmittelhäuser, aber auch die einzelnen, voneinander durch Dehnfugen getrennten Bauabschnitte eines Bauwerks.
- Die Aussteifung erfolgt **geschossweise**. Aussteifungselemente sollten übereinander stehen.
- Um rissfreie Konstruktionen zu erhalten, sollte die Lage der Wände zwängungsarme Verformungen infolge von Temperaturschwankungen und Schwinden ermöglichen: Keine steifen Elemente einander gegenüberliegend anordnen, gegebenenfalls „Schwindgassen" freilassen!
- Ständig wirkende vertikale Auflasten verbessern das Tragverhalten der Wandscheiben und verringern den Aufwand für die Gründung. Öffnungen in den Wänden sind begrenzt möglich.
- Aussteifungen über Rahmenwirkung (biegesteife Verbindungen Stütze/Riegel) oder durch eingespannte Stützen sind „weich" und können große Verformungen aufweisen. Gefahr der Rissbildung in angrenzenden, nichttragenden Bauteilen. Rahmenaussteifung sollte daher nur in Ausnahmefällen und höchstens bis zu ca. 4 Geschossen erfolgen. Dies gilt ebenfalls für eingespannte Stützen, wobei eingespannte Stahlbeton- und Stahlstützen z. B. bei Hallenbauten ≤ 10 m sein sollten. Von eingespannten Holzstützen wird abgeraten.
- Tafel 10.32 auf der nächsten Seite zeigt verschiedene Anordnungen von Wandscheiben zur Aussteifung.

Tafel 10.32 Anordnung von Wandscheiben zur Aussteifung

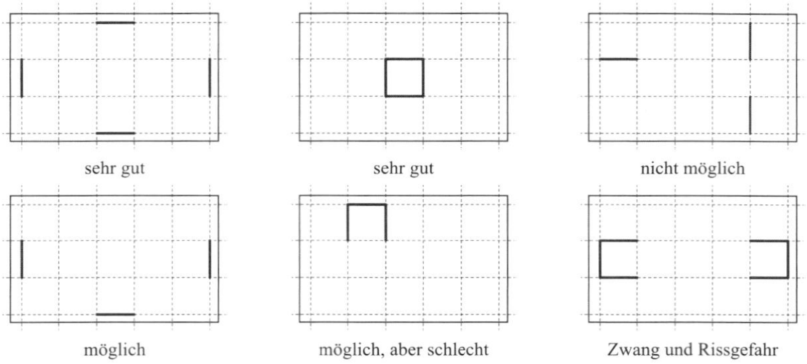

6.3 Ringbalken

Funktion: Ersatz für fehlende Deckenscheiben (z. B. bei Holzbalkendecken).

- **Lastabtrag:** Winddruck/Sog → Ringbalken → Querwände → Gründung.
- **Material:** Stahlbeton (beidseitig bewehrt), Stahl, bewehrtes Mauerwerk.
- **Spannweite:** Abstand der Querwände (Kragstützen möglich).

Konstruktion:

- statische Höhe = Wanddicke.
- Kraftschluss mit Wand und Querwänden (z. B. Anker, Schubfugen).

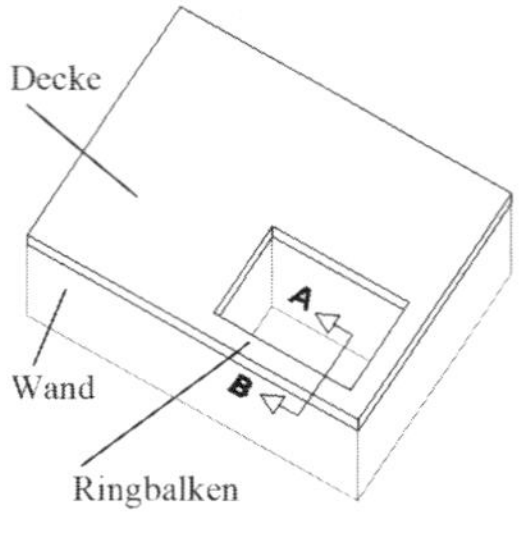

Horizontale Lagerung der Wände durch Decke und Ringbalken

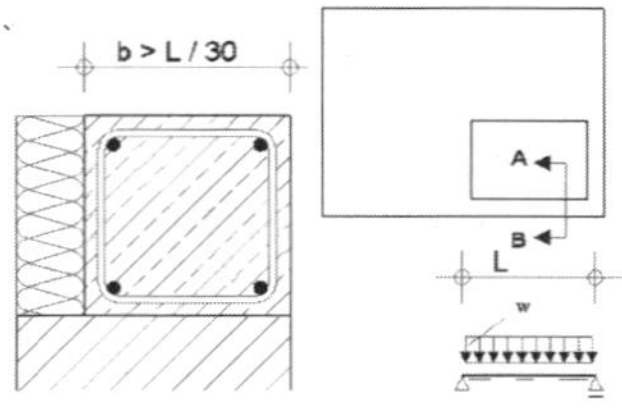

Ringbalken im Schnitt A-B und Grundriss

6.4 Ringanker

Funktion: **Zugkräfte** aus Windsog oder Setzungen aufnehmen.
Anwendungsfälle:

- Mauerwerkswände ≥ 18 m Länge,
- große Öffnungen,
- setzungsgefährdeter Baugrund.

Ausführung:

- Stahl: 2 Ø 10 mm (Beton), 4 Ø 6 mm (Mauerwerk).
- Holz: Querschnitt ≥ 6 × 12 cm.
- Korrosionsschutz: bei Stahl in Mauerwerk obligatorisch.

Regeln:

- pro Geschoss anordnen („Paketschnur“-Prinzip).
- Mindestzugkraft: 30 kN (DIN EN 1996-1-1).

Rückverankerung = Ringanker

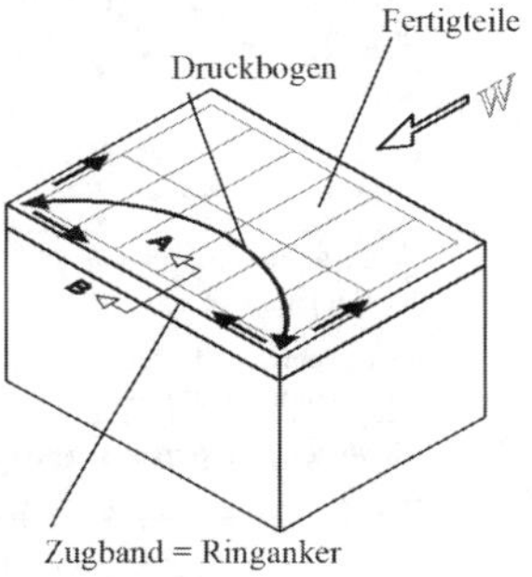

Aus Stahlbetonfertigteilen zusammengesetzte Decke mit umlaufendem Ringanker

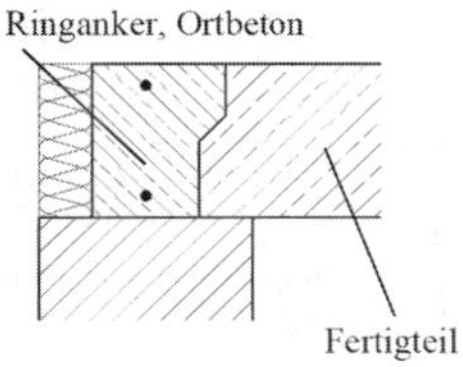

Ringanker, Schnitt A-B

7 Fugen

7.1 Allgemeines

Fugen begrenzen wirksame Bauteillängen und ermöglichen Bewegungen durch:

- **Temperaturänderungen** (Tag-Nacht, Jahreszeiten)
- **Feuchteänderungen** (Schwinden, Quellen)
- **Setzungen** (ungleichmäßig oder zeitlich versetzt)

Sie sind **geplante Sollbruchstellen**, die unkontrollierte Risse vermeiden.

7.2 Fugenarten

Tafel 10.33 Besonderheiten verschiedener Fugentypen

Fugentyp	Funktion	Besonderheiten
Dehnfuge	Ermöglicht horizontale Bewegungen (Temperatur, Schwinden). Endet oberhalb der Gründung. Ausführung als Gleitfuge oder als Trennfuge mit Doppelwänden oder Doppelstütze möglich 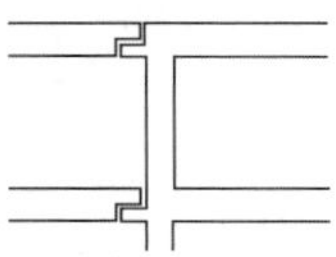 Gleitfuge 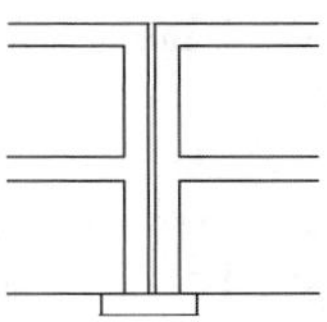 Trennfuge mit Doppelwänden	Breite: ≥ 20–30 mm (Brandschutz: ≥ 50 mm). Durchgehend im Gebäude.

Setzfuge	Setzfugen ermöglichen unterschiedliche vertikale Bewegungen. Trennt auch Fundamente. Schiefstellung infolge unterschiedlicher Setzungen beachten 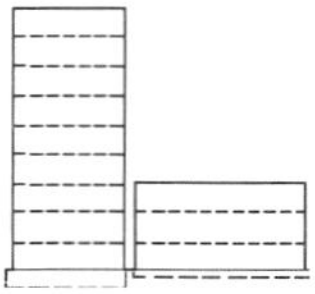	Notwendig bei Lastunterschieden > 30 % oder wechselndem Baugrund.
Scheinfuge	geplante Sollbruchstelle (z. B. mit Dreikantleiste)	Querschnittsschwächung: ~25 % der Bauteildicke.
Arbeitsfuge	Entsteht durch Arbeitsunterbrechungen (z. B. Betonierabschnitte).	Ideal rechtwinklig zur Hauptkraftrichtung.
Schwindfuge	Temporäre Gasse, die nach Schwindvorgang geschlossen wird.	Aufwendig; oft durch Arbeitsfugen ersetzt.

Hinweise zu Setzfugen:

- **Vermeidung durch**: Pfahlgründung, steifen Kellerkasten, Bodenaustausch (z. B. Magerbeton).
- **Nachweis**: Setzungsdifferenzen ≤ 1/500 der Stützweite (DIN EN 1997-1).

7.3 Fugenabstände – aktuelle Richtwerte

Tafel 10.34 Planungshilfe für Fugenabstände nach Eurocode, DIN 1045-1, DIN EN 1996-1-1

Baustoff	max. Abstand [m]	Bedingungen
Stahlbeton (Ortbeton)	30–50	Abhängig von Bewehrung, Temperaturgradient und Schwindverhalten.
Mauerwerk		
- Ziegel	12–15	Außenschalen: ≤ 12 m (Ziegel), ≤ 7 m (Kalksandstein).
- Kalksandstein	7–10	Bei Ortbetondecken: ≤ 24 m.
- Porenbeton	10–12	
Stahlkonstruktionen	60–120	Abhängig von Festpunktlage und Temperaturbeanspruchung (DIN EN 1993-1-10).

Fugenlose Bauwerke sind möglich durch:

- schwindarmen Beton (CEM III),
- Außendämmung (**reduziert** Temperaturgradienten),
- Bewehrungssteigerung (bis +30 %).

Planungsempfehlungen

- **frühzeitige Festlegung**: Fugen in Entwurfsphase integrieren.
- **Ecken**: Immer Fugen an Gebäudeaußenecken vorsehen (Rissgefahr!).

Wirtschaftlichkeit:

- Fugen sind kostenintensiv (Herstellung + Instandhaltung).
- **Alternative:** Zwangsreduktion durch gleitende Lager

8 Beispiel: 2-geschossiges Wohnhaus mit Satteldach ohne Keller

Dachkonstruktion (Holzdach)

Pos. DK1, Sparren (s. Abschn. 2.1.6)

h = max $s/24$ = 490/24 ≈ 22 cm

$b = e/8 \geq 8$ cm; e = 80 cm; b = 80/8 = 10 cm

gew. b/h = 10/22 und e ≤ 80 cm

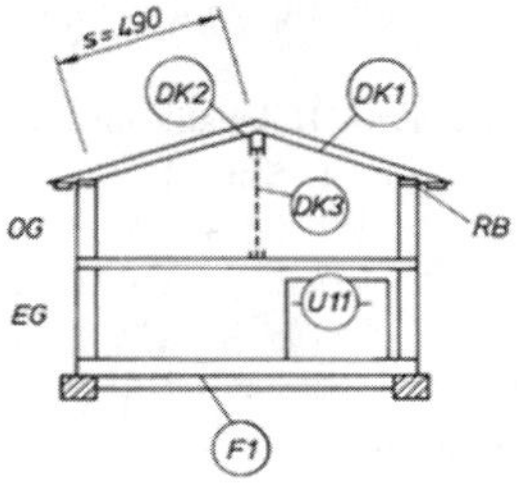

Pos. DK2, Pfette (s. Abschn. 2.1.6)

$h = L/24 + E/50$ = 425/24 + 462/50 = 27 cm

$b = L/40 + E/50$ = 425/40 + 462/50 = 20 cm

gew. b/h = 20/28

(wegen großer Länge Unterteilung der Pfette in 2 Teile nötig)

Pos. DK3, Stiel

Stiellast N = (2,5 bis 3,0 kN/m²) · Einzugsfläche

N = 2,5 · 4,90 · 4,25 = 52 kN

Stielquerschnitt A = (5 bis 6) · N

A = 5 · 52 = 260 cm²

Seitenlänge des Querschnitts: a = $\sqrt{260}$ = 16 cm

gew. 16/16 oder 14/18

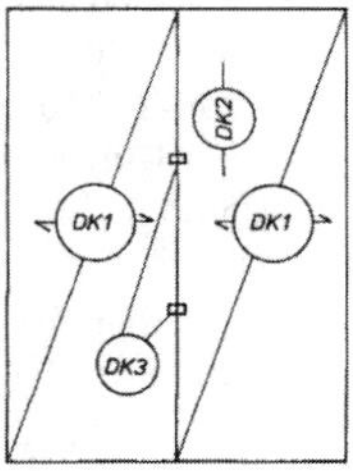

Obergeschoss

Decke über Erdgeschoss: Stahlbetondecke

C20/25, B500A

Wahl der Deckendicke:

$h \geq l_i/25 + 0{,}03$ m

Bei Wahl einer einheitlichen Deckendicke ist die größte der maßgebenden ideellen Spannweiten zugrunde zu legen.

Einfelddecke: $l_i = 1{,}0 \cdot 4{,}25 = 4{,}25$ m

Dreifelddecke: $l_i = 0{,}9 \cdot 4{,}25 < 4{,}25$ m

maßgebend: $l_i = 4{,}25$ m

h = 4,25/25 + 0,03 m = 0,20 m

gew. h = 20 cm, Beton C20/25

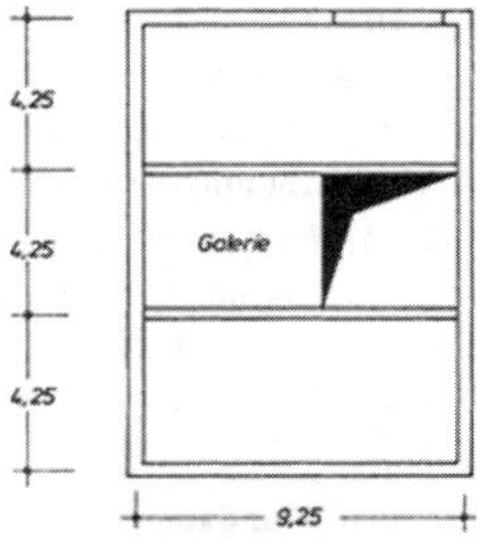

Erdgeschoss

Pos. D1, Einfelddecke, Bewehrung

a_s (cm²/m) = l_i^2(m)/4 = 4,25² /4 = 4,5 cm²/m

unten R 524 A (vorh a_s = 5,24 cm²/m)

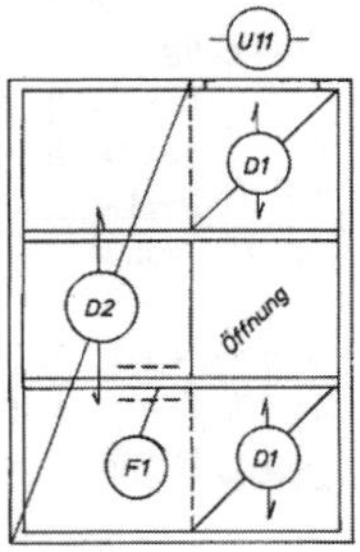

Pos. D2, Dreifelddecke, Bewehrung

Feld 1 und Feld 3 (unten)

$l_i = 0{,}8 \cdot 4{,}25 = 3{,}8$ m (Endfelder)

$a_s = l_i^2/4 = 3{,}80^2/4 = 3{,}6$ cm²/m

unten R 424 A (vorh a_s = 4,24 cm²/m)

Feld 2 (unten)

$l_i = 0{,}6 \cdot 4{,}25 = 2{,}6$ m (Innenfeld)

$a_s = l_i^2/4 = 2{,}60^2/4 = 1{,}7$ cm²/m

unten R 188 A (vorh a_s = 1,88 cm²/m)

Stützungsbereiche (obere Lage):

$$\boldsymbol{a_s} = \left(\frac{l_1+l_2}{2}\right)^2 \frac{1}{4} = \left(\frac{4{,}25+4{,}25}{2}\right)^2 \frac{1}{4} = \boldsymbol{4{,}5}\ \frac{\text{cm}^2}{\text{m}}$$

oben R 524 A (vorh a_s = 5,24 cm²/m)

Alternativ: Holzbalkendecke: Pos. D1, Einfeldbalken

l = 4,25 m

$h = l/20$ = 425/20 = 21 cm

$b = h/2$ = 10 bis 12 cm

gew. b/h = 10/22, Balkenabstand e = 80 cm

Pos. D2 wie Pos. D1

Unterzüge

Pos. U11, Stahlbetonunterzug

l = 3,50 + 0,20 = 3,70 m

h = l/8 bis l/12 bei $b \geq 24$ cm

h = l/9 = 370/9 = 40 cm

b = 25 cm

Belastung:

Trägerbelastung q = Deckenlast · Einzugsbereich

q = ca. 10 kN/m² · (4,25/2) = 21,3 kN/m

Schnittgrößen:

Einfeldträger, Balken auf zwei Stützen

$M_{max} = q \cdot l^2 / 8$ = 21,3 · 3,70² / 8 = 36,4 kNm

Längsbewehrung:

Hebelarm der inneren Kräfte (s. Abschn. 1.3)

$z \approx 0{,}8 \cdot h$ = 0,8 · 0,4 = 0,32 m

Zugkraft im Stahl und die resultierende Bewehrung

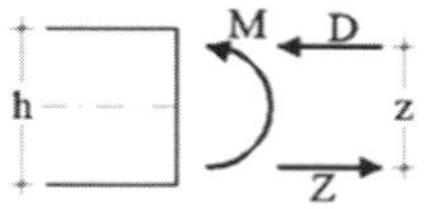

$Z = M / z$ = 36,4 / 0,32 = 114 kN

Entwurfsspannung für Bewehrung σ_E = 28 kN/cm²

$A_s = Z / \sigma_E$ = 114 / 28 = 4,1 cm²

gew. z. B. 3 Ø14, vorh A_s = 4,6 cm²

Fundamente

Pos. F1, Streifenfundament unter Mittelwand

Fundamentbreite $b = 1{,}2 \cdot N$ [kN/m] / zul σ_B [kN/m]; zul σ_B = 250 kN/m² (Annahme)

Belastung N:

aus Dach:	2,5 kN/m² · 4,25 m	= 10,6 kN/m
aus Decke über EG:	10 kN/m² · 4,25 m	= 40,3 kN/m
aus Decken/Bodenplatte:	ca. 10 kN/m² · 2,0 m	= 20,0 kN/m
Wände	(2,5 + 2,75) kN/m² · 4,63 m	= 24,3 kN/m
		N = 95,2 kN/m

Breite b = 1,2 · 95,2/250 = 0,46 m, Mindestbreite b = 0,50 m

$h = (b_{Fu} - h_{Wand}) \cdot 0{,}6$ = (0,50 – 0,24) · 0,6 = 0,16 m

gew. b/h = 50/50

10 B Baustatik

Prof. Dr.-Ing. Karsten Tichelmann, Manuel Calanni Billa, M.Eng.

1 Lasten

Alle auf das Bauwerk wirkenden Lasten sowie das Eigengewicht des Bauwerks müssen in den Untergrund abgetragen werden. Auf dem Weg dorthin müssen die Lasten durch verschiedene Bauteile hindurchgeleitet werden. Je nach Bauteil müssen diese hierzu in verschiedene Lastarten umgewandelt werden, ohne dass eine Last verloren geht.

Einzellast	**Linienlast**	**Flächenlast**
– punktförmiger Lastangriff – *Einheit: kN*	– Lasteinwirkungsbreite im Vergleich zur Länge gering – *Einheit: kN/m*	– Last auf Fläche – *Einheit: kN/m²*
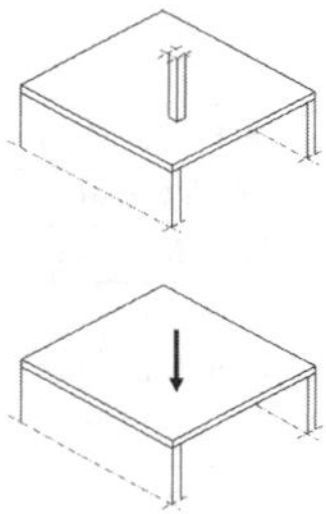	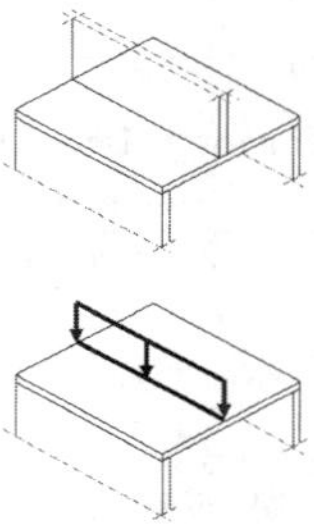	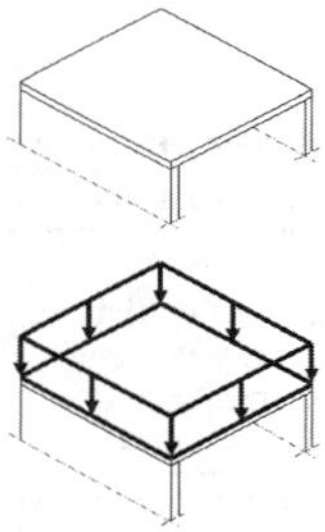

2 Lagerungsarten

Bezeichnung	2D 				3D 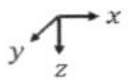
	Symbol	Lagerreaktionen	Schnittgrößen Q	Schnittgrößen M	Lagerreaktionen
verschiebliches Auflager	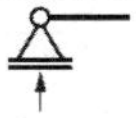	A_Z	$\neq 0$	$= 0$	A_Z
festes Auflager	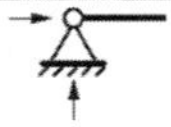	A_X, A_Z	$\neq 0$	$= 0$	A_X, A_Y, A_Z
Einspannung	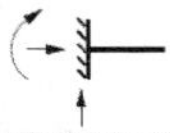	A_X, A_Z, M	$\neq 0$	$\neq 0$	A_X, A_Y, A_Z M_X, M_Y, M_Z
Feder	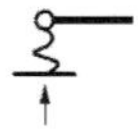	A_Z	$\neq 0$	$= 0$	A_Z
Parallelführung		A_X, M	$= 0$	$\neq 0$	A_X, A_Y M_X, M_Y, M_Z
Schiebehülse	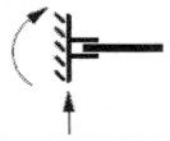	A_Z, M	$\neq 0$	$\neq 0$	A_Y, A_Z M_X, M_Y, M_Z

3 Schnittgrößen

Die Kräfte an einem System lassen sich in zwei verschiedene Gruppen aufteilen.

Äußere Kräfte	**Innere Kräfte**
– Belastungen auf das Bauwerk – Auflagerreaktionen	– Schnittgrößen N, Q und M
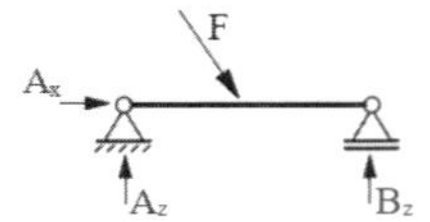 mit: A_x, A_z, B_z Auflagerreaktionen F Einwirkung	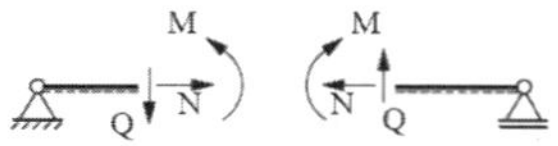 mit: N Normalkraft Q Querkraft M Moment

Des Weiteren gilt folgender Zusammenhang zwischen Belastung, Querkraft und Moment

Lastbild	**Q-Verlauf**	**M-Verlauf**
Keine Last	Keine Querkraft	Kein Moment
Einzellast in Richtung der Systemlinie 	Keine Querkraft	Kein Moment
Einzellast orthogonal zum System 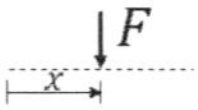	Konstanter Verlauf 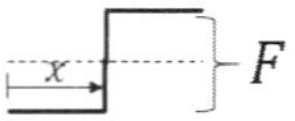 *Sprung an der Stelle x der Einzellast, mit Höhe der Einzellast*	Linearer Verlauf  $max\ M$ bei $Q = 0$ *Knick an der Stelle x der Einzellast*
Konstante Streckenlast orthogonal zum System 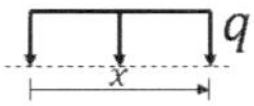	Linearer Verlauf über x 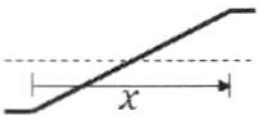	Quadratischer Verlauf über x 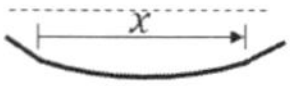 $max\ M$ bei $Q = 0$
Linear veränderliche Streckenlast orthogonal zum System 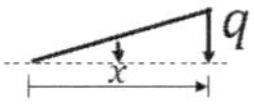	Quadratischer Verlauf über x 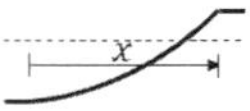	Kubischer Verlauf über x 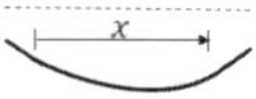 $max\ M$ bei $Q = 0$

4 Statische Bestimmtheit

In Abhängigkeit von den Lagerungsbedingungen und den Bauteilverbindungen ergeben sich verschiedene statische Systeme. Dabei wird zwischen statisch bestimmten und statisch unbestimmten Systemen unterschieden. Ein System gilt als statisch bestimmt, wenn die Lagerreaktionen (Auflagerkräfte, -momente) alleine aus den Gleichgewichtsbedingungen ermittelt werden können. Gibt es mehr Lagerreaktionen als Gleichgewichtsbedingungen, können diese nicht mehr so einfach bestimmt werden. Das System gilt dann als statisch unbestimmt.

Ein statisches System steht im Gleichgewicht, wenn die Resultierende aller Kräfte Null wird. Daraus ergeben sich die drei folgenden Gleichgewichtsbedingungen:

1. Summe aller vertikalen Kräfte $\sum V = 0$
2. Summe aller horizontalen Kräfte $\sum H = 0$
3. Summe der Momente $\sum M = 0$

Mit folgender Gleichung kann der Grad der statischen Bestimmtheit eines Systems überprüft werden:

$n = a - 3 - g$

mit: n Grad der statischen Bestimmtheit
- $n = 0$ statisch bestimmt
- $n > 0$ statisch unbestimmt
- $n < 0$ statisch unterbestimmt (kinematisch)

a Anzahl der Auflagerreaktionen

g Anzahl der Gelenke (ausgenommen Gelenke an Auflagern)

Beispiel:

statisch bestimmt		**statisch unbestimmt bzw. unterbestimmt**	
$n = 3 - 3 - 0 = 0$	$n = 4 - 3 - 1 = 0$	$n = 4 - 3 - 0 = 1$	$n = 2 - 3 - 0 = -1$
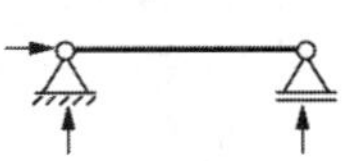	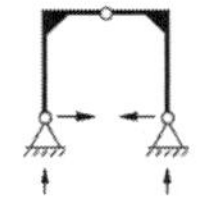	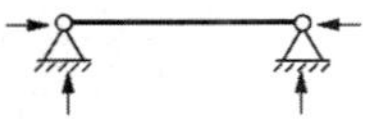	

Achtung: Schneiden sich die Wirkungslinien der Auflager alle in einem Punkt oder liegen alle parallel zueinander, so ist das System instabil!

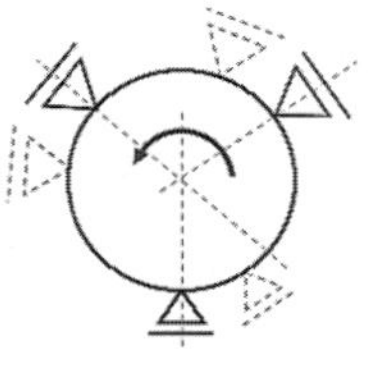

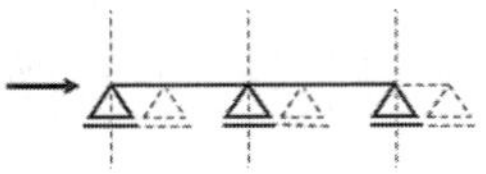

$n = 3 - 3 - 0 = 0$, aber die Systeme lassen sich infolge der Lageranordnung verschieben bzw. verdrehen, somit sind diese, trotz statischer Bestimmtheit, instabil.

5 Auflagerreaktionen, Schnitt- und Verschiebungsgrößen

5.1 Horizontale Einzelstäbe

Einfeldträger, $\alpha = a/l, \beta = b/l$

		 A	B	M-Linie 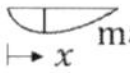 max M	bei x =	Biegelinie  EIw_{Mitte} [1)]
1	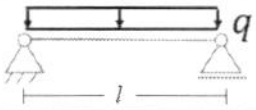	$\frac{ql}{2}$	$\frac{ql}{2}$	$\frac{ql^2}{8}$	$\frac{l}{2}$	$\frac{5}{384}ql^4$
2	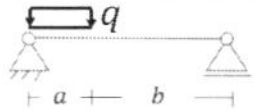	$\frac{qa}{l}\left(l-\frac{a}{2}\right)$	$\frac{qa^2}{2l}$	$\frac{A^2}{2q}$	$\frac{A}{q}$	$\frac{ql^2}{48}a^2(1{,}5-\alpha^2)$
3	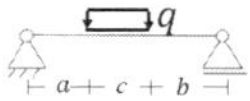	$\frac{qc(2b+c)}{2l}$	$\frac{qc(2a+c)}{2l}$	$\frac{A^2}{2q}+Aa$	$a+\frac{A}{q}$	$\frac{ql^4}{384}(5-12\alpha^2+8\alpha^4$ $-12\beta^2+8\beta^4)$
4	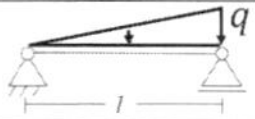	$\frac{ql}{6}$	$\frac{ql}{3}$	$\frac{ql^2}{15{,}59}$	$0{,}577l$	$\frac{5}{768}ql^4$
5	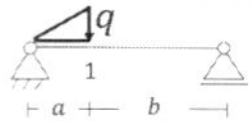	$\frac{qa}{6}(3-2\alpha)$	$\frac{qa^2}{3l}$	$\frac{qa^2}{3}\sqrt{\left(1-\frac{2}{3}\alpha\right)^3}$	$a\sqrt{1-\frac{2}{3}\alpha}$	$\frac{qa^3}{45}(1-\alpha)(5l-4a)$ (Stelle 1)
6	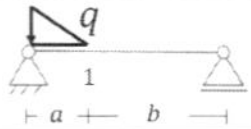	$\frac{qa}{6}(3-\alpha)$	$\frac{qa^2}{6l}$	$\frac{qa^2}{6l}\left(l-a+\frac{2}{3}a\sqrt{\frac{\alpha}{3}}\right)$	$a-\frac{a^3}{3l}$	$\frac{qa^3}{360}(1-\alpha)(20l-13a)$ (Stelle 1)
7	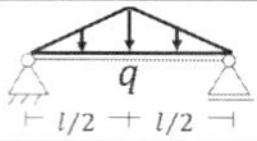	$\frac{ql}{4}$	$\frac{ql}{4}$	$\frac{ql^2}{12}$	$0{,}5l$	$\frac{1}{120}ql^4$
8	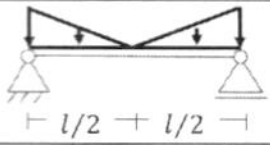	$\frac{ql}{4}$	$\frac{ql}{4}$	$\frac{ql^2}{24}$	$0{,}5l$	$\frac{3}{640}ql^4$
9	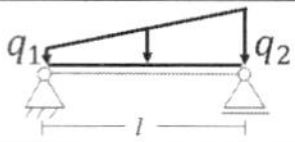	$(2q_1+q_2)\frac{1}{6}$	$(q_1+2q_2)\frac{1}{6}$	$0{,}064(q_1+q_2)l^2$	$0{,}55l$	$\frac{5}{768}(q_1+q_2)l^4$
10	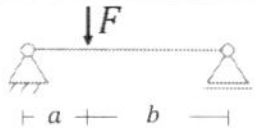	$\frac{Fb}{l}$	$\frac{Fa}{l}$	$\frac{Fab}{l}$	a	$\frac{Fl^3}{48}(3\alpha-4\alpha^3)$ für $a \le b$
11	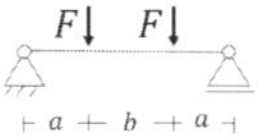	F	F	Fa	a bis $(a+b)$	$\frac{Fl^3}{24}(3\alpha-4\alpha^3)$
12	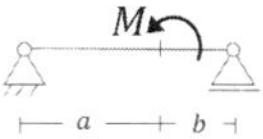	$\frac{M}{l}$	$-\frac{M}{l}$	$a\ge\frac{l}{2}: \frac{Ma}{l}$ $a\le\frac{l}{2}: -\frac{Mb}{l}$	$\frac{a}{l}$	$a\ge\frac{l}{2}: \frac{Ml^2(-1+4\alpha^2)}{16}$ $a\le\frac{l}{2}: \frac{Ml^2(1-4\beta^2)}{16}$
13	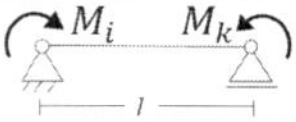	$\frac{M_k-M_i}{l}$	$-\frac{M_k-M_i}{l}$	M_i oder M_k		$\frac{M_k+M_i}{16}l^2$
14	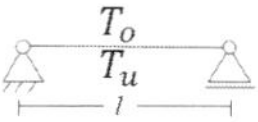	0	0	0		$\frac{l^2(T_u-T_o)\alpha_t EI}{8h}$ h Querschnittshöhe α_t Temperaturdehnzahl T_o Temperatur oben T_u Temperatur unten

[1)] Bei symmetrischer Belastung ist $w_{Mitte} = w_{max}$, bei unsymmetrischer Belastung ist $w_{Mitte} \approx w_{max}$

Hinweis: Die Formeln für die Durchbiegung w gelten nur für $EI = const.$

Einfeldträger mit Kragarm

	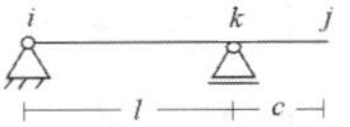	M-Linie Auflagerkräfte 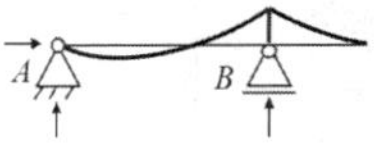				Biegelinie 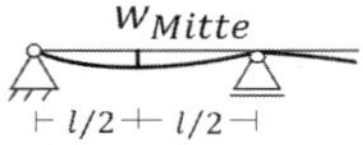	
		A	B	$\max M$	M_k	EIw_{Mitte}	EIw_j
1	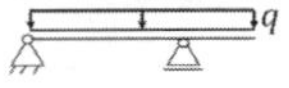	$(l^2 - c^2)\dfrac{q}{2l}$	$(l+c)^2\dfrac{q}{2l}$	$\dfrac{A^2}{2q}$	$-\dfrac{qc^2}{2}$	$\left(\dfrac{l^2}{2{,}4} - c^2\right)\dfrac{ql^2}{32}$	$\left(\dfrac{c^3}{8} + \dfrac{lc^2}{6} - \dfrac{l^3}{24}\right)qc$
2	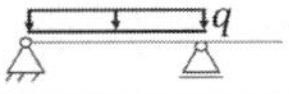	$\dfrac{ql}{2}$	$\dfrac{ql}{2}$	$\dfrac{ql^2}{8}$	0	$\dfrac{ql^4}{76{,}8}$	$-\dfrac{qcl^3}{24}$
3	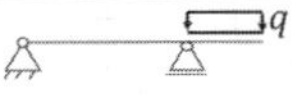	$-\dfrac{qc^2}{2l}$	$\left(1 + \dfrac{c}{2l}\right)qc$	M_k	$-\dfrac{qc^2}{2}$	$-\dfrac{ql^2c^2}{32}$	$\left(\dfrac{l}{6} + \dfrac{c}{8}\right)qc^3$
4	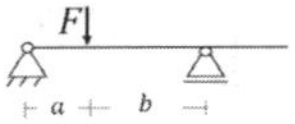	$\dfrac{Fb}{l}$	$\dfrac{Fa}{l}$	$\dfrac{Fab}{l}$	0	$\left(\dfrac{l^2}{16} - \dfrac{a^2}{12}\right)Fa$ wenn $a \leq l/2$	$-(l+a)\dfrac{Fabc}{6l}$
5	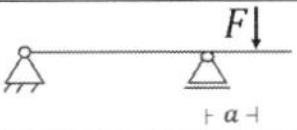	$-\dfrac{Fa}{l}$	$\left(1 + \dfrac{a}{l}\right)F$	M_k	$-Fa$	$-\dfrac{Fal^2}{16}$	$\left(\dfrac{lc}{3} + \dfrac{ac}{2} - \dfrac{a^2}{6}\right)Fa$
6	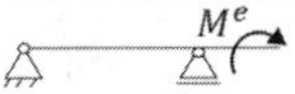	$-\dfrac{M^e}{l}$	$\dfrac{M^e}{l}$	M_k	$-M^e$	$-\dfrac{M^e l^2}{16}$	$\left(\dfrac{l}{3} + \dfrac{c}{2}\right)cM^e$
7	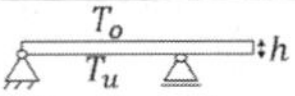 h Querschnittshöhe T_o Temperatur oben T_u Temperatur unten	0	0	0	0	$\dfrac{l^2\alpha_T(T_u - T_o)EI}{8h}$	$-\dfrac{lc\alpha_T(T_u - T_o)EI}{2h}$

Kragträger

	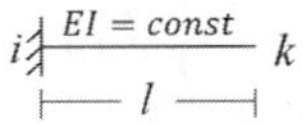	M-Linie 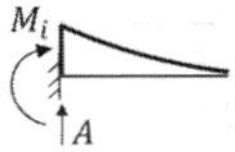		Biegelinie 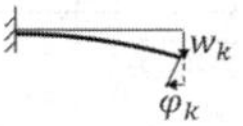	
		A	M_i	EIw_k	$EI\varphi_k$
1	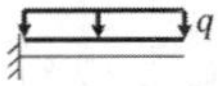	ql	$-\dfrac{ql^2}{2}$	$\dfrac{ql^4}{8}$	$\dfrac{ql^3}{6}$
2	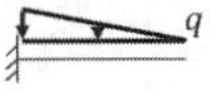	$\dfrac{ql}{2}$	$-\dfrac{ql^2}{6}$	$\dfrac{ql^4}{30}$	$\dfrac{ql^3}{24}$
3		$\dfrac{ql}{2}$	$-\dfrac{ql^2}{3}$	$\dfrac{11ql^4}{120}$	$\dfrac{ql^3}{8}$
4	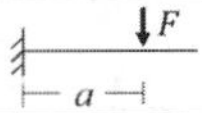	F	$-Fa$	$\left(\dfrac{l}{2} - \dfrac{a}{6}\right)Fa^2$	$\dfrac{Fa^2}{2}$
5	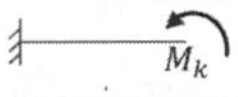	0	M_k	$-\dfrac{M_k l^2}{2}$	$-M_k l$
6	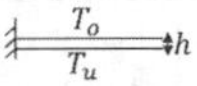 h Querschnittshöhe T_o Temperatur oben T_u Temperatur unten	0	0	$-\dfrac{\alpha_T(T_u - T_o)l^2EI}{2h}$	$-\dfrac{\alpha_T(T_u - T_o)lEI}{h}$

Berechnungsbeispiel: Kragträger $l = 5m$ mit linear abfallender Streckenlast $q = 2kN/m$ (Fall 2)

Auflagerreaktion: $A = \frac{ql}{2} = \frac{2kN/m\cdot 5m}{2} = 5\ kN,\ M_i = -\frac{ql^2}{6} = -\frac{2kN/m\cdot(5m)^2}{6} = -8{,}33\ kNm$

Durchbiegung: $EIw_k = \frac{ql^4}{30} = \frac{2kN/m\cdot(5m)^4}{30} = 41{,}67\ kNm^3$ bzw. $w_k = \frac{41{,}67\ kNm^3}{EI}$

Verdrehung: $EI\varphi_k = \frac{ql^3}{24} = \frac{2kN/m\cdot(5m)^3}{24} = 10{,}42\ kNm^2$ bzw. $\varphi_k = \frac{10{,}42\ kNm^2}{EI}$

Einseitig eingespannter Träger; $\alpha = a/l, \beta = b/l$

	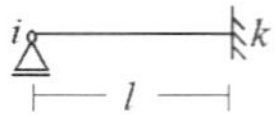	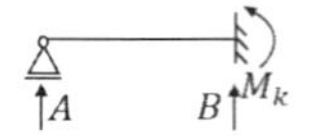		M-Linie 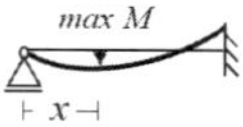		Biegelinie 
		A	B	M_k	max M	$max\ EIw$
1	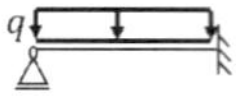	$\frac{3ql}{8}$	$\frac{5ql}{8}$	$-\frac{ql^2}{8}$	$\frac{9ql^2}{128}$ bei $x = 0{,}375l$	$\frac{ql^4}{184{,}6}$ bei $x = 0{,}422l$
2	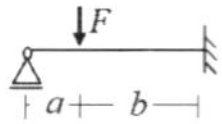	$\frac{3-\beta}{2}\beta^2 F$	$\frac{3-\alpha^2}{2}\alpha F$	$-\frac{1-\alpha^2}{2}\alpha Fl$	$\frac{3-\beta}{2}\alpha\beta^2 Fl$ bei $x = a$	$\alpha \leq 0{,}5$: $\frac{(3-5\alpha^2)\alpha Fl^3}{96}$ $\alpha > 0{,}5$: $\frac{(9-11\beta)\beta^2 Fl^3}{96}$
3		$\frac{ql}{10}$	$\frac{2ql}{5}$	$-\frac{ql^2}{15}$	$\frac{ql^2}{33{,}54}$ bei $x = 0{,}447l$	$\frac{ql^4}{419{,}3}$ bei $x = 0{,}447l$
4		$\frac{11ql}{40}$	$\frac{9ql}{40}$	$-\frac{7ql^2}{120}$	$\frac{ql^2}{23{,}65}$ bei $x = 0{,}329l$	$\frac{ql^4}{328{,}1}$ bei $x = 0{,}402l$

Beidseitig eingespannter Träger; $\alpha = a/l, \beta = b/l$

	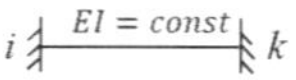	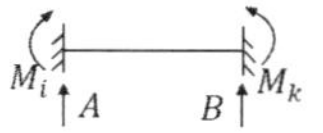		M-Linie 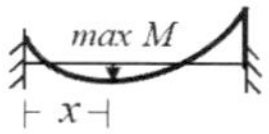			Biegelinie 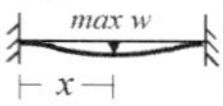
		A	B	M_i	M_k	$max\ M_f$	$max\ EIw$
1	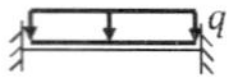	$\frac{ql}{2}$	$\frac{ql}{2}$	$-\frac{ql^2}{12}$	$-\frac{ql^2}{12}$	$\frac{ql^2}{24}$	$\frac{ql^4}{384}$
2	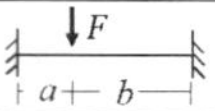	$(3-2\beta)\beta^2 F$	$F - A$	$-\alpha\beta^2 Fl$	$-\alpha^2\beta Fl$	$2\alpha^2\beta^2 Fl$	
3		$0{,}15ql$	$0{,}35ql$	$-\frac{ql^2}{30}$	$-\frac{ql^2}{20}$	$\frac{ql^2}{46{,}6}$	$\frac{ql^4}{764{,}2}$
4	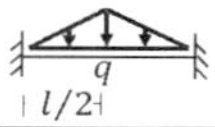	$\frac{ql}{4}$	$\frac{ql}{4}$	$-\frac{ql^2}{19{,}2}$		$\frac{ql^2}{32}$	$\frac{7ql^4}{3840}$
5	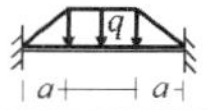	$\frac{q(l-a)}{2}$	A	$-\frac{ql^2}{12}(1-2\alpha^2+\alpha^3)$		$\frac{ql^2}{24}(1-2\alpha^3)$	$\frac{ql^4}{1920}$

Beanspruchung längs zur Systemachse

N-Verlauf, Normalkraft N als Zug positiv

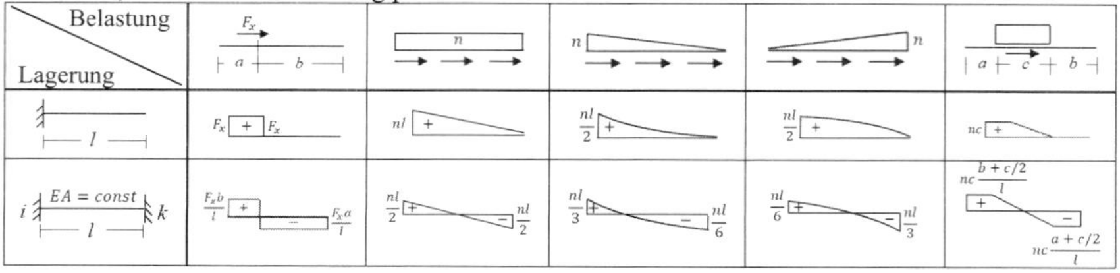

Durchbiegungen
der obere Wert gilt für Stahl: E = 210.000 N/mm²;
der untere Wert gilt für Holz: $E_{0,mean}$ = 10.000 N/mm^2 [1)]

Belastungsfall	a für $w = \frac{l}{200}$	a für $w = \frac{l}{300}$	c	n	Belastungsfall	a für $w = \frac{l}{200}$	a für $w = \frac{l}{300}$	c	n
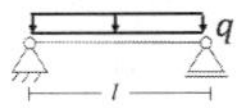	9,91 *208*	14,9 *313*	101 *4,80*	4,96 *104*	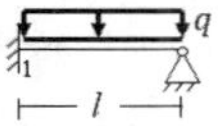	4,12 *86,5*	6,19 *130*	243 *11,6*	2,06 *43,3*
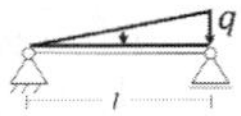	9,71 *204*	14,6 *306*	103 *4,89*	4,84 *102*	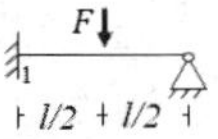	4,73 *99,4*	7,10 *149*	211 *10,1*	2,37 *49,7*
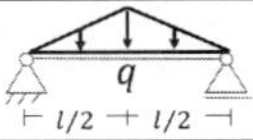	9,52 *200*	14,3 *300*	105 *5,00*	4,76 *100*	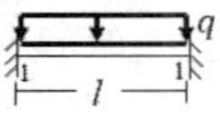	2,98 *62,5*	4,47 *93,8*	336 *16,0*	1,49 *31,3*
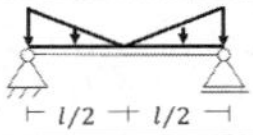	10,7 *225*	16,1 *338*	93,2 *4,44*	5,36 *113*	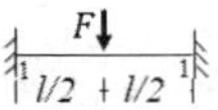	3,97 *83,3*	5,95 *125*	252 *12,0*	1,98 *41,7*
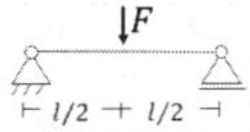	7,95 *167*	11,9 *250*	126 *6,00*	3,97 *83,3*	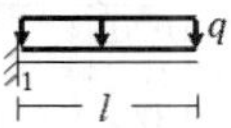	23,8 *500*	35,7 *750*	42 *2,0*	11,9 *250*
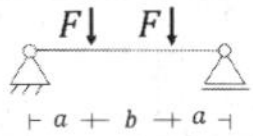	10,1 *213*	15,2 *320*	98,7 *4,70*	5,07 *107*	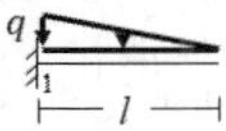	19,1 *400*	28,6 *600*	52,2 *2,5*	9,52 *200*
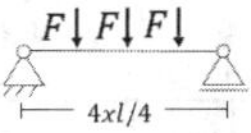	9,43 *198*	14,1 *297*	106 *5,05*	4,71 *98,9*	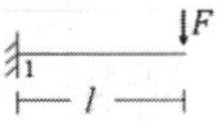	31,8 *667*	47,6 *1000*	31,5 *1,5*	15,9 *333*
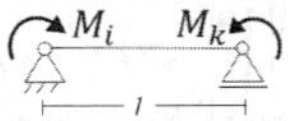	5,95[2)] *125*[2)]	8,93[2)] *188*[2)]	168[2)] *8,00*[2)]	2,98[2)] *62,5*[2)]	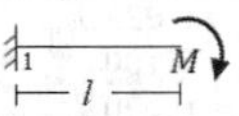	47,6 *1000*	71,4 *1500*	21 *1*	23,8 *500*

Hinweis: Wirken M_i und M_k gleichzeitig, so ist in den folgenden Formeln max M durch $(M_i + M_k)$ zu ersetzen.

erf $I[cm^4] = a \cdot max\ M[kNm] \cdot l[m]$	erf $I[cm^4] = a \cdot max\ M[kNm] \cdot l[m]$
max $w[cm] = n \cdot \max M[kNm] \cdot l^2[m^2] / I[cm^4]$	max $w[cm] = n \cdot M_1[kNm] \cdot l^2[m^2] / I[cm^4]$

Für symmetrische Querschnitte (symmetrisch zur Biegeachse) gilt:

$$\max w\ [cm] = \frac{l^2[m^2] \cdot \max \sigma\ [N/mm^2]}{h\ [cm] \cdot c} \qquad \max w\ [cm] = \frac{l^2[m^2] \cdot \max \sigma_1\ [N/mm^2]}{h\ [cm] \cdot c}$$

Einfeldträger mit Kragarm

Kragarm

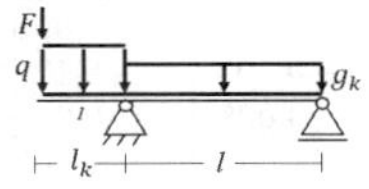

$max\ w_1 = T_1 \cdot l_k \cdot [l_k \cdot (M_a - M_{0K}) + l \cdot (M_a - M_{0F})]/I$
$erf I = T_2 \cdot [l_k \cdot (M_a - M_{0K}) + l \cdot (M_a - M_{0F})]$
$M_{0K} = q_k \cdot {l_k}^2/8; M_a = F \cdot l_k + q_k \cdot {l_k}^2/2; M_{0F} = g_k \cdot l^2/8$

Feld

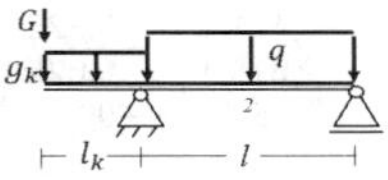

$\max w_2 \approx w_{Mitte} = T_3 \cdot l^2 \cdot (M_{0F} - 0{,}6M_a)/I$
$erf I \approx T_4 \cdot l \cdot (M_{0F} - 0{,}6M_a)$
$M_{0F} = q \cdot l^2/8;\ M_a = G \cdot l_k + g_k \cdot {l_k}^2/2$

Stahl				Nadelholz [1)]				
	$l_k/200$		$l/300$		$l_k/150$		$l/200$	$l/300$
T_1	T_2	T_3	T_4	T_1	T_2	T_3	T_4	T_4
15,9	31,8	4,96	14,9	333	500	104	208	313

[1)] Bei Holz mit anderen $E_{0,mean}$-Werten sind die ermittelten Ergebnisse durch $E_{0,mean} \cdot 10^{-4}$ zu dividieren.

[2)] Diese Werte gelten für w_{Mitte}

5.2 Durchlaufträger

Durch Hinzufügen eines weiteren vertikalen Auflagers in das System des Einfeldträgers entsteht der Zweifeldträger. Bei Addition weiterer vertikaler Lager ergibt sich der Mehrfeldträger. Werden dabei keine zusätzlichen Gelenke in das System eingebracht, bildet sich ein durchlaufendes, statisch unbestimmtes System – der sogenannte „Durchlaufträger". Vorteil des Durchlaufträgers ist die Reduktion der Spannweiten im Feld. Durch das Einfügen zusätzlicher Lager bzw. Unterstützungen wird eine einspannende Wirkung erzeugt, wodurch die Durchbiegungen in Feldmitte verringert werden und sich die Bauteilhöhe des Trägers reduzieren kann.

5.2.1 Durchlaufträger mit gleichen Stützweiten über 2 und 3 Felder[1) 2)]

	Belastung 1	Belastung 2	Belastung 3	Belastung 4	Belastung 5	Belastung 6
		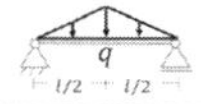	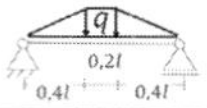	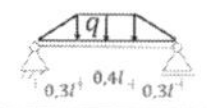	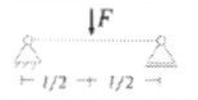	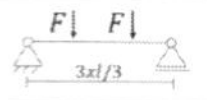
Momente	$Tafelwert \cdot ql^2$				$Tafelwert \cdot Fl$	
Kräfte	$Tafelwert \cdot ql$				$Tafelwert \cdot F$	

Die Feldmomente M_1, M_2 usw. sind die Größtwerte der Feldmomente in den Feldern 1, 2 usw.

Lastfall	Kraft-größen	Belastung 1	Belastung 2	Belastung 3	Belastung 4	Belastung 5	Belastung 6
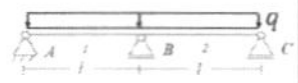	M_1	0,070	0,048	0,056	0,062	0,156	0,222
	M_b	−0,125	−0,078	−0,093	−0,106	−0,188	−0,333
	A	0,375	0,172	0,207	0,244	0,313	0,667
	B	1,250	0,656	0,786	0,911	1,375	2,667
	V_{bl}	−0,625	0,328	−0,393	−0,456	−0,688	−1,333
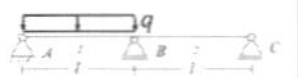	M_1	0,096	0,065	0,076	0,085	0,203	0,278
	M_b	−0,063	−0,039	−0,047	−0,053	−0,094	−0,167
	A	0,438	0,211	0,253	0,297	0,406	0,833
	C	−0,063	−0,039	−0,047	−0,053	−0,094	−0,167
	M_1	0,080	0,054	0,064	0,071	0,175	0,244
	M_2	0,025	0,021	0,024	0,025	0,100	0,067
	M_b	−0,100	−0,063	−0,074	−0,085	−0,150	−0,267
	A	0,400	0,188	0,226	0,265	0,350	0,733
	B	1,100	0,563	0,674	0,785	1,150	2,267
	V_{bl}	−0,600	−0,313	−0,374	−0,435	−0,650	−1,267
	V_{br}	0,500	0,250	0,300	0,350	0,500	1,000
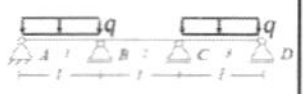	M_1	0,101	0,068	0, 080	0,090	0,213	0,289
	M_2	−0,050	−0,032	−0,037	−0,043	−0,075	−0,133
	M_b	−0,050	−0,032	−0,037	−0,043	−0,075	−0,133
	A	0,450	0,219	0,263	0,307	0,425	0,867
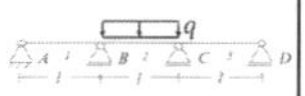	M_2	0,075	0,052	0,061	0,067	0,175	0,200
	M_b	−0,050	−0,032	−0,037	−0,043	−0,075	−0,133
	A	−0,050	−0,032	−0,037	−0,043	−0,075	−0,133
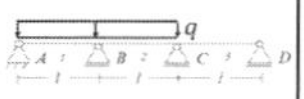	M_b	−0,117	−0,073	−0,087	−0,099	−0,175	−0,311
	M_c	−0,033	−0,021	−0,025	−0,029	−0,050	−0,089
	B	1,200	0,626	0,749	0,871	1,300	2,533
	V_{bl}	−0,617	−0,323	−0,387	−0,449	−0,675	−1,311
	V_{br}	0,583	0,303	0,362	0,421	0,625	1,222
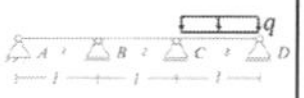	M_b	0,017	0,011	0,013	0,015	0,025	0,044
	M_c	−0,067	−0,042	−0,050	−0,057	−0,100	−0,178
	V_{bl}	0,017	0,011	0,013	0,015	0,025	0,044
	V_{br}	−0,083	−0,053	−0,062	−0,071	−0,125	−0,222

[1)] Ungünstige Laststellung siehe S.10.47.

[2)] Die Tafel kann näherungsweise bei ungleichen Stützweiten verwendet werden, wenn min $l > 0{,}8 \cdot max\, l$ ist. Die Kraftgrößen an den Innenstützen (Stützmomente, Auflager- und Querkräfte) sind dann mit den Mittelwerten der jeweils benachbarten Stützweite zu ermitteln.

Durchbiegungen

System, Lastfall	max. Durchbiegung max w =			erf. Trägheitsmoment erf I =		
	allgemein	Stahl	Nadelholz[1)]	Stahl $l/300$	Nadelholz[1)] $l/200$	Nadelholz[1)] $l/300$
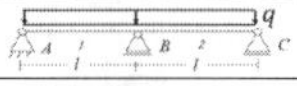	$0{,}0054q$	$0{,}257q$	$5{,}4q$	$0{,}771q$	$10{,}8q$	$16{,}2q$
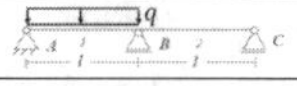	$0{,}0092q$	$0{,}438q$	$9{,}2q$	$1{,}314q$	$18{,}4q$	$27{,}6q$
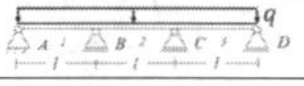	$0{,}0068q$	$0{,}324q$	$6{,}8q$	$0{,}971q$	$13{,}6q$	$20{,}4q$
	$0{,}0099q$	$0{,}471q$	$9{,}9q$	$1{,}414q$	$19{,}8q$	$29{,}7q$
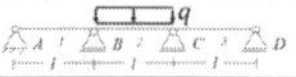	$0{,}0068q$	$0{,}321q$	$6{,}8q$	$0{,}964q$	$13{,}5q$	$20{,}3q$
[1)] $E_{0,mean} = 10.000\ N/mm^2$	$\cdot\, l^4/EI$	$\cdot\, l^4/I$	$\cdot\, l^4/I$	$\cdot\, l^3$	$\cdot\, l^3$	$\cdot\, l^3$
		w in cm; q in kN/m; l in m; I in cm^4				

Ungünstige Laststellungen

Maximale Auflager- und Schnittgrößen	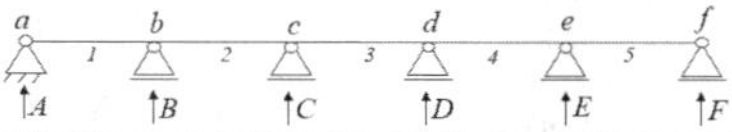	Verkehrslast - - - - - - - -
M_b V_{bl} V_{br} B	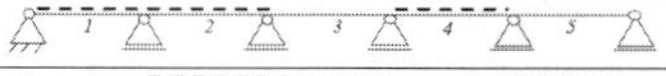	Diese Tafel ist auch für Durchlaufträger mit geringerer Feldzahl zu verwenden, indem die entsprechenden Felder abgedeckt werden. Bei mehr als 5 Feldern ist sinngemäß zu ergänzen.
M_c V_{cl} V_{cr} C	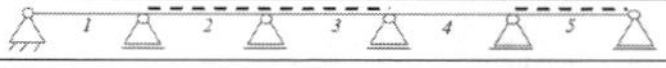	
M_d V_{dl} V_{dr} D		
M_e V_{el} V_{er} E	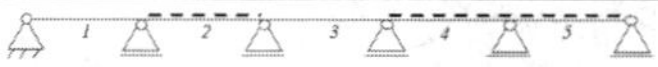	
M_1 M_3 M_5 A F		
M_2 M_4	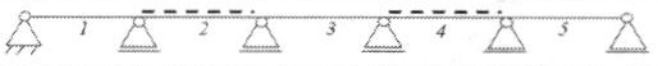	

5.2.2 Zweifeldträger mit verschiedenen Stützweiten und Gleichstreckenlast

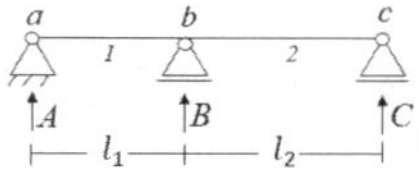

$$Momente = Tafelwert \cdot q \cdot l_1^2$$
$$Kräfte = Tafelwert \cdot q \cdot l_1$$

	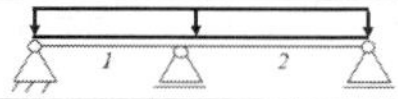							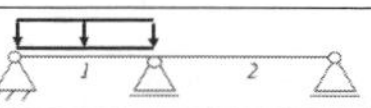				
$l_1 : l_2$	M_b	M_1	M_2	A	V_{bl}	V_{br}	C	M_b	M_1	A	V_{bl}	V_{br}
1:1,0	−0,125	0,070	0,070	0,375	−0,625	0,625	0,375	−0,063	0,096	0,438	−0,563	0,063
1,1	−0,139	0,065	0,090	0,361	−0,639	0,676	0,424	−0,060	0,097	0,441	−0,560	0,054
1,2	−0,155	0,060	0,111	0,345	−0,655	0,729	0,471	−0,057	0,098	0,443	−0,557	0,047
1,3	−0,174	0,053	0,133	0,326	−0,674	0,784	0,516	−0,054	0,099	0,446	−0,554	0,042
1,4	−0,195	0,047	0,157	0,305	−0,695	0,839	0,561	−0,052	0,100	0,448	−0,552	0,037
1:1,5	−0,219	0,040	0,183	0,281	−0,719	0,896	0,604	−0,050	0,101	0,450	−0,550	0,033
1,6	−0,245	0,033	0,209	0,255	−0,745	0,953	0,646	−0,048	0,102	0,452	−0,548	0,030
1,7	−0,274	0,026	0,237	0,226	−0,774	1,011	0,689	−0,046	0,103	0,454	−0,546	0,027
1,8	−0,305	0,019	0,267	0,195	−0,805	1,069	0,731	−0,045	0,104	0,455	−0,545	0,025
1,9	−0,339	0,013	0,298	0,161	−0,839	1,128	0,772	−0,043	0,104	0,457	−0,543	0,023
1:2,0	−0,375	0,008	0,330	0,125	−0,875	1,188	0,813	−0,042	0,105	0,458	−0,542	0,021
2,1	−0,414	0,004	0,364	0,086	−0,914	1,247	0,853	−0,040	0,106	0,460	−0,540	0,019
2,2	−0,455	0,001	0,399	0,045	−0,955	1,307	0,893	−0,039	0,106	0,461	−0,539	0,018
2,3	−0,499	0,000	0,435	0,001	−0,999	1,367	0,933	−0,038	0,107	0,462	−0,538	0,017
2,4	−0,545	negativ	0,473	−0,045	−1,045	1,427	0,973	−0,037	0,107	0,463	−0,537	0,015
1:2,5	−0,594	negativ	0,513	−0,094	−1,094	1,488	1,013	−0,036	0,108	0,464	−0,536	0,014
M_1 und M_2 sind die größten Feldmomente in dem jeweiligen Feld.											$B = \lvert V_{bl} \rvert + \lvert V_{br} \rvert$	

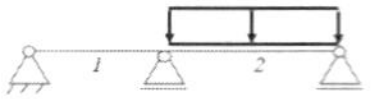

$l_1 : l_2$	M_b	M_2	V_{bl}	V_{br}	C
1: 1,0	−0,063	0,096	−0,063	0,563	0,438
1,1	−0,079	0,114	−0,079	0,622	0,478
1,2	−0,098	0,134	−0,098	0,682	0,518
1,3	−0,119	0,156	−0,119	0,742	0,558
1,4	−0,143	0,179	−0,143	0,802	0,598
1: 1,5	−0,169	0,203	−0,169	0,863	0,638
1,6	−0,197	0,229	−0,197	0,923	0,677
1,7	−0,228	0,257	−0,228	0,984	0,716
1,8	−0,260	0,285	−0,260	1,045	0,755
1,9	−0,296	0,316	−0,296	1,106	0,794
1: 2,0	−0,333	0,347	−0,333	1,167	0,833
2,1	−0,373	0,380	−0,373	1,228	0,872
2,2	−0,416	0,415	−0,416	1,289	0,911
2,3	−0,461	0,451	−0,461	1,350	0,950
2,4	−0,508	0,488	−0,508	1,412	0,988
1: 2,5	−0,558	0,527	−0,558	1,473	1,027

Beispiel:
$l_1 = 4{,}1\,m$ $l_2 = 5{,}3\,m$ $l_1 : l_2 = 1:1{,}3$
$g = 5{,}8\,kN/m$ $q = 3{,}5\,kN/m$

(1)

$\max M_1 = 0{,}053 \cdot 5{,}8 \cdot 4{,}1^2 + 0{,}099 \cdot 3{,}5 \cdot 4{,}1^2 = 11{,}0\,kNm$
$\max A = (0{,}326 \cdot 5{,}8 + 0{,}446 \cdot 3{,}5) \cdot 4{,}1 = 14{,}2\,kN$
$M_b = (-0{,}174 \cdot 5{,}8 - 0{,}054 \cdot 3{,}5) \cdot 4{,}1^2 = -20{,}1\,kNm$

(2)

$\max M_2 = 0{,}133 \cdot 5{,}8 \cdot 4{,}1^2 + 0{,}156 \cdot 3{,}5 \cdot 4{,}1^2 = 22{,}2\,kNm$
$\max C = (0{,}516 \cdot 5{,}8 + 0{,}558 \cdot 3{,}5) \cdot 4{,}1 = 20{,}3\,kN$
$M_b = (-0{,}174 \cdot 5{,}8 - 0{,}119 \cdot 3{,}5) \cdot 4{,}1^2 = -24{,}0\,kNm$

(3)

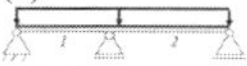

$\min M_b = -0{,}174 \cdot 9{,}3 \cdot 4{,}1^2 = -27{,}2\,kNm$
$\min V_{bl} = -0{,}674 \cdot 9{,}3 \cdot 4{,}1 = -25{,}7\,kNm$
$\max V_{br} = 0{,}784 \cdot 9{,}3 \cdot 4{,}1 = 30{,}0\,kNm$
$\max B = 25{,}7 + 30{,}0 = 55{,}7\,kN$

Verlauf der Momente aus Beispiel:

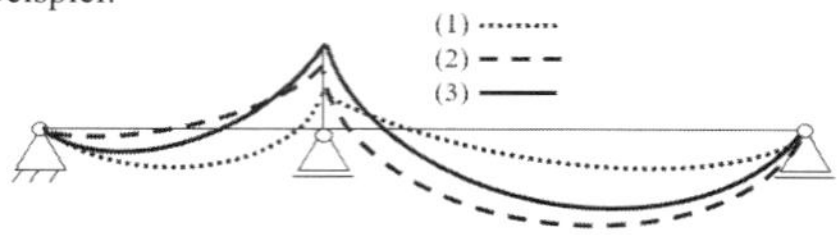

5.3 Gerberträger/Gelenkträger

Der Gerber- bzw. Gelenkträger ist ein Durchlaufträger, bei welchem die statische Bestimmtheit durch das Einfügen von Gelenken beibehalten wird.

Eigenschaften	– statisch bestimmter Mehrfeldträger – ein zweiwertiges Auflager zum Abtragen horizontaler Kräfte
Regeln	– Anzahl der Gelenke um eins kleiner als die Anzahl der Felder – in Endfeldern höchstens ein Gelenk 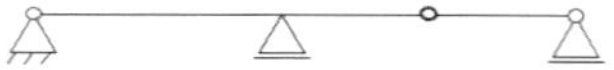 – in Mittelfeldern höchstens zwei Gelenke – in Mittelfeldern mit zwei Gelenken: angrenzende Endfelder kein Gelenk 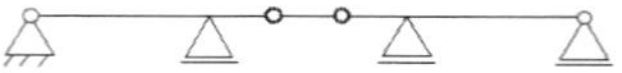 – in Mittelfeldern mit zwei Gelenken: angrenzende Mittelfelder höchstens ein Gelenk 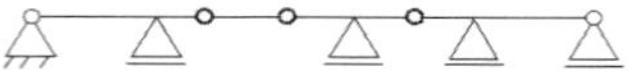
Vorteile	– statisch bestimmter Träger – keine Zwangsbeanspruchungen bspw. infolge Temperatur – bessere Querschnittsausnutzung im Vergleich zum Einfeldträger (Durchlaufwirkung)
Nachteile	– größere Verformungen gegenüber Durchlaufträger – kein „Reservelager“ bei Lagerausfall
Konstruktion	– Gelenke am Nulldurchgang des Momentenverlaufs im Lastfall Eigengewicht

5.4 Vergleich Einfeldträger, Durchlaufträger und Gelenkträger

System	**Einfeldträgerkette:** – statisch bestimmt – größte Durchbiegung in Feldmitte	**Durchlaufträger:** – statisch unbestimmt – geringste Durchbiegung in Feldmitte	**Gelenkträger:** – statisch bestimmt – mittlere Durchbiegung in Feldmitte
Lastbild	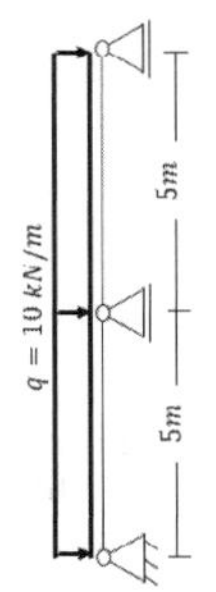	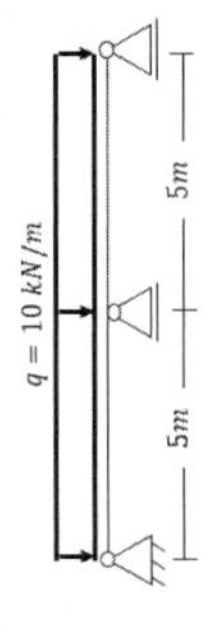	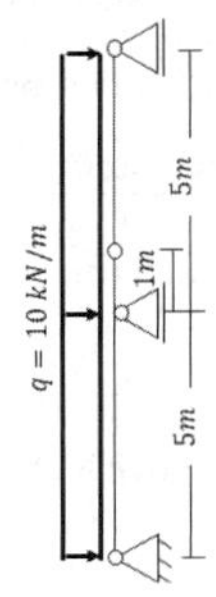
Momentenverlauf (*M*-Linie)	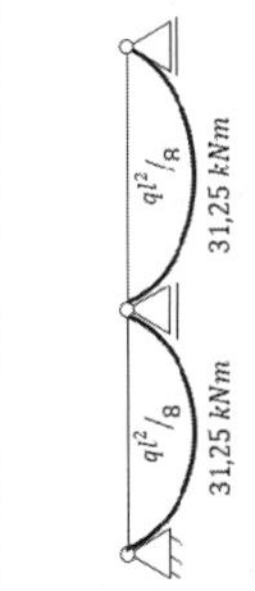	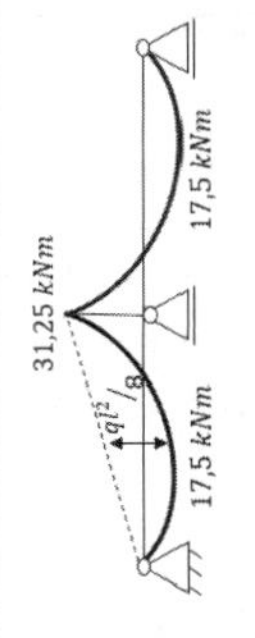	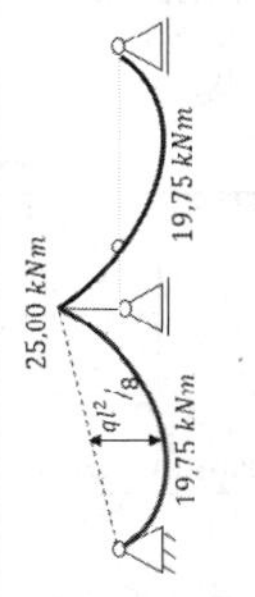
Querkraftverlauf (*Q*-Linie)	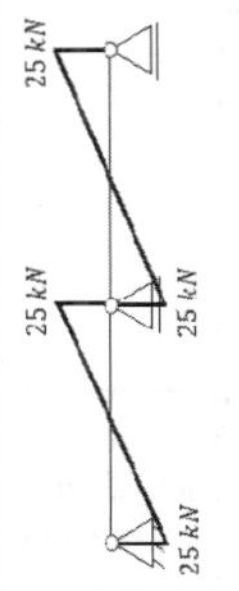	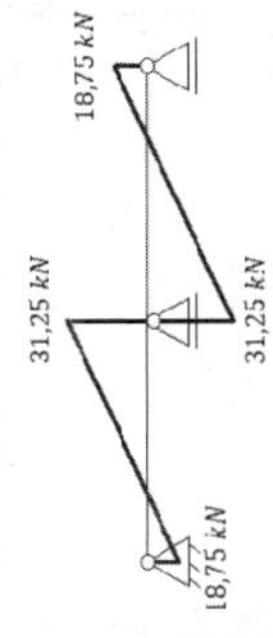	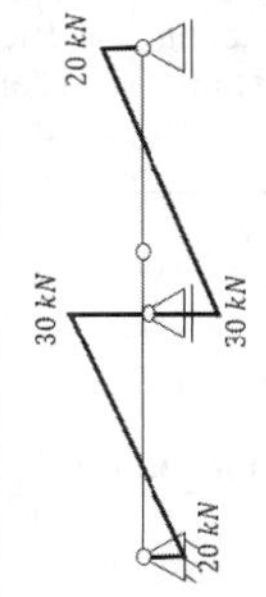
Biegelinie	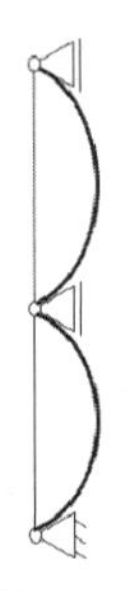	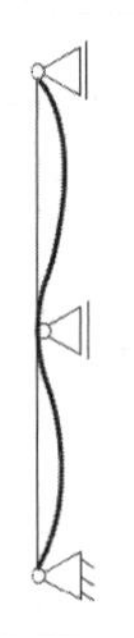	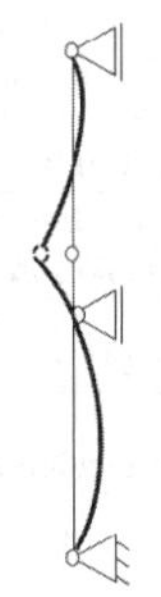

5.5 Rahmen

Rahmen sind Stabtragwerke bestehend aus horizontalen Trägern „Riegel“ und vertikalen Stützen „Stiele“. Je nach Verbindung von Riegel und Stiel sowie Ausbildung der Auflager ergeben sich verschiedene Rahmenarten. Es wird dabei maßgebend zwischen zwei Rahmenarten unterschieden.

Gelenkrahmen	**Rahmen mit biegesteifen Ecken**
– Zweigelenkrahmen – Dreigelenkrahmen	– Zweigelenkrahmen – eingespannter Rahmen – mehrstieliger Rahmen – Stockwerksrahmen

Vergleich Dreigelenkrahmen, Zweigelenkrahmen und eingespannter Rahmen

	Dreigelenkrahmen	Zweigelenkrahmen		eingespannter Rahmen
		biegesteife Ecken	eingespannter Rahmen	
Systembild	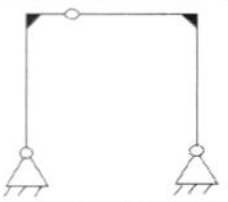	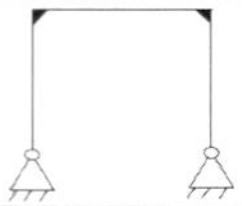	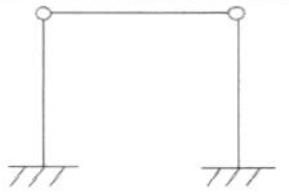	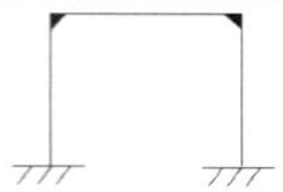
Statische Bestimmtheit	statisch bestimmt	1-fach statisch unbestimmt		mehrfach statisch unbestimmt
Tragverhalten unter einer Streckenlast	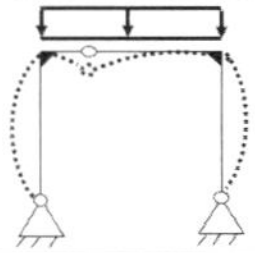	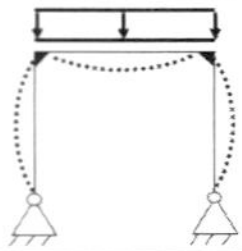	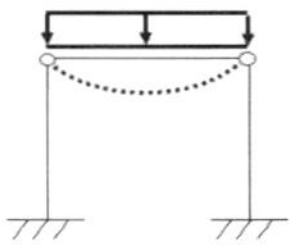	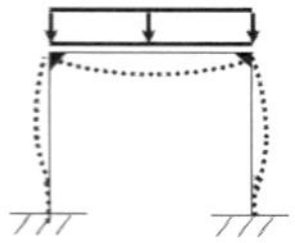
Vorteile	– statische Bestimmtheit – keine Zwangskräfte bspw. infolge Temperatur	– bei Lagerwegfall immer noch stabil – geringere Verformungen im Vergleich zum Dreigelenkrahmen		– mehrere Lagerreserven – geringste Verformungen
Nachteile	– hohe Verformungen – bei Lagerwegfall instabil	– statische Unbestimmtheit – Zwangskräfte bspw. infolge Temperatur		– mehrfache stat. Unbestimmtheit – höchste Zwangskräfte

Schnittgrößen in Rahmentragwerken

Bei der Ermittlung der Schnittgrößen N, Q und M in Rahmentragwerken ist zu beachten, dass sich infolge der unterschiedlichen Staborientierungen (horizontale und vertikale Stäbe) auch die Schnittgrößen N und Q entsprechend ausrichten. D.h., die Schnittgrößen N und Q vor der Rahmenecke sind ungleich N und Q nach der Rahmenecke. Das Moment hingegen kann von der Stütze auf den Riegel übertragen werden (Ausnahme: äußerer Momentangriff). Nachfolgend soll dies am Beispiel eines Dreigelenkrahmens verdeutlicht werden.

Schnitt durch Rahmenstütze

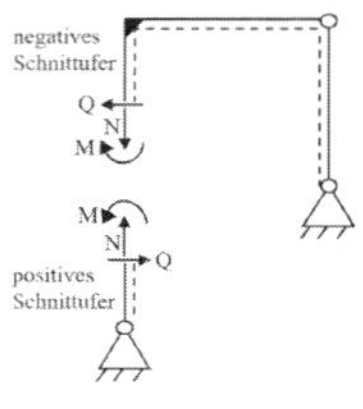

Schnitt durch Rahmenriegel

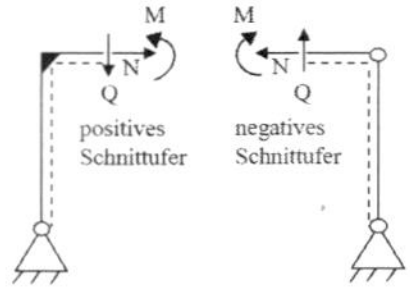

5.5.1 Dreigelenkrahmen

Die Schnittgrößen im Dreigelenkrahmen werden durch die Lage des Gelenks im Riegel maßgebend beeinflusst.

System	M-Verlauf	Q-Verlauf	N-Verlauf
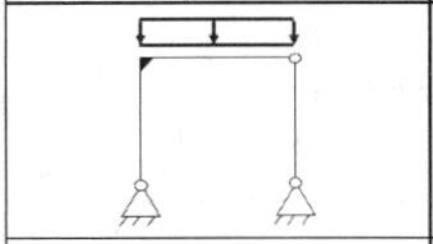	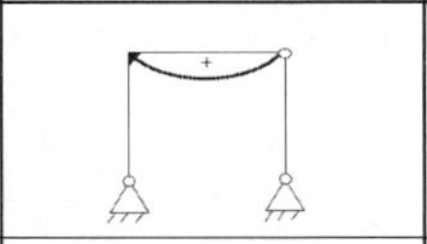	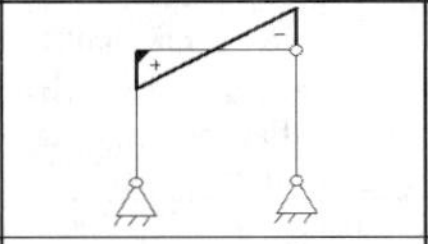	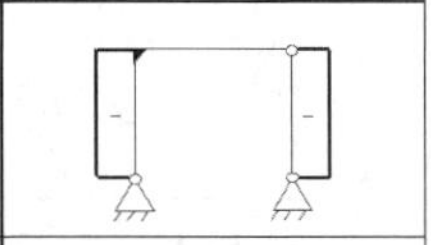
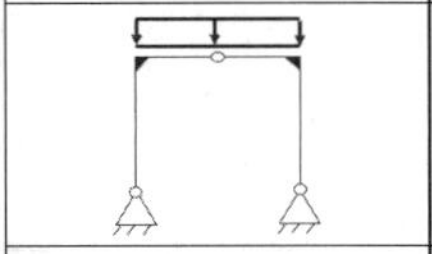	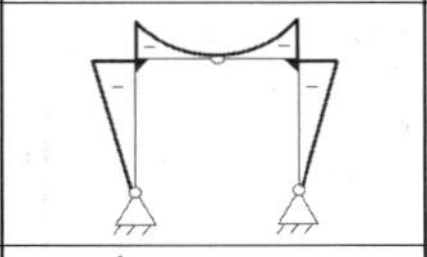	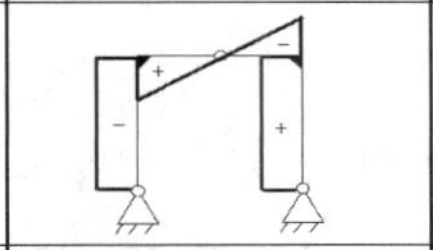	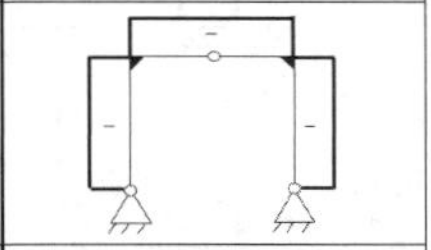
	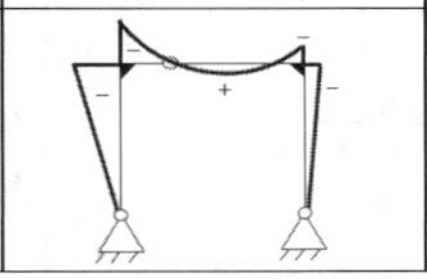	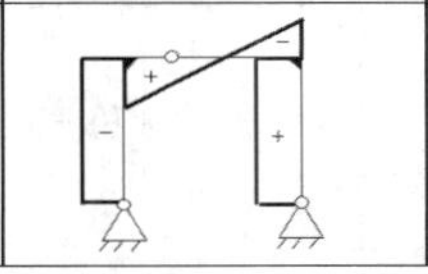	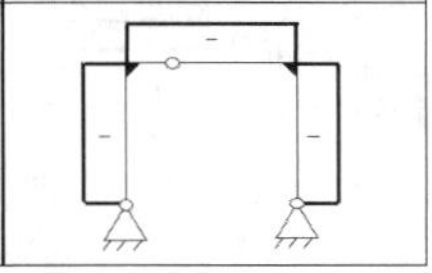

Aufgrund der statischen Bestimmtheit des Dreigelenkrahmens können sowohl Auflagerreaktionen als auch Schnittgrößen des Rahmens mithilfe der drei Gleichgewichtsbedingungen ermittelt werden.

Berechnungsbeispiel: Ermittlung der vertikalen und horizontalen Auflagerreaktionen des Dreigelenkrahmens infolge der konstanten Streckenlast q.

System und Belastungsbild:

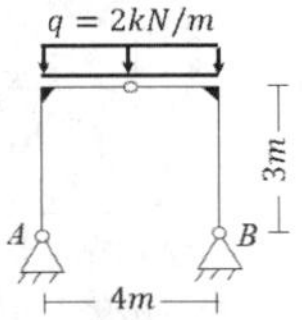

Gesamtsystem:

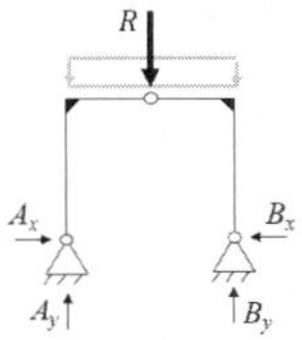

Teilsystem:

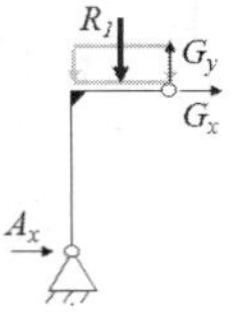

1. Ermittlung der Resultierenden R:
   $R = ql = 2kN/m \cdot 4m = 8\,kN$

2. Ermittlung der vertikalen Auflagerreaktionen am Gesamtsystem:
   $\Sigma M_A = 0$: $B_y \cdot 4m - R \cdot 2m = 0$
   $B_y = 4\,kN$

   $\Sigma V = 0$: $A_y - R + B_y = 0$
   $A_y = 4\,kN$

3. Ermittlung einer horizontalen Auflagerreaktion am Teilsystem:
   $R_1 = q \cdot l/2 = 2kN/m \cdot 2m = 4\,kN$

   $\Sigma M_G = 0$: $A_x \cdot 3m - A_y \cdot 2m + R_1 \cdot 1m = 0$
   $A_x = 1{,}33\,kN$

4. Ermittlung der zweiten horizontalen Auflagerreaktion am Gesamtsystem:
   $\Sigma H = 0$: $A_x - B_x = 0$
   $B_x = 1{,}33\,kN$

5.5.2 Zweigelenkrahmen

	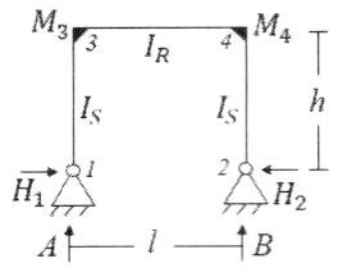	Abkürzung $k = \frac{I_R}{I_S} \cdot \frac{h}{l}$ mit I_R = Flächenträgheitsmoment Riegel I_S = Flächenträgheitsmoment Stiele	············ Momentenlinie	
		Vertikale Auflagerreaktionen	Horizontale Auflagerreaktionen	Eckmomente
1	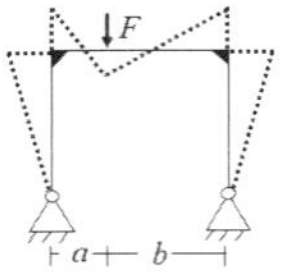	$A = F\frac{b}{l}$ $B = F\frac{a}{l}$	$H_1 = \frac{3Fab}{2hl(2k+3)}$ $H_2 = H_1$	$M_3 = -H_1 h$ $M_4 = -H_2 h$
2	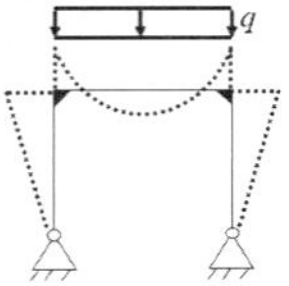	$A = \frac{ql}{2}$ $B = A$	$H_1 = \frac{ql^2}{4h(2k+3)}$ $H_2 = H_1$	$M_3 = -H_1 h$ $M_4 = -H_2 h$
3	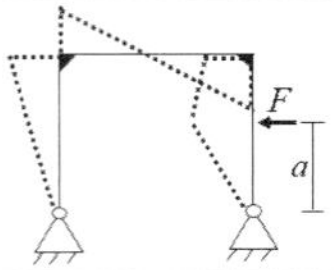	$A = F\frac{a}{l}$ $B = -A$	$H_1 = \frac{3Fak}{2h(2k+3)}\left(1 - \frac{a^2}{3h^2} + \frac{1}{k}\right)$ $H_2 = H_1 - F$	$M_3 = -H_1 h$ $M_4 = -H_2 h - F(h-a)$
4	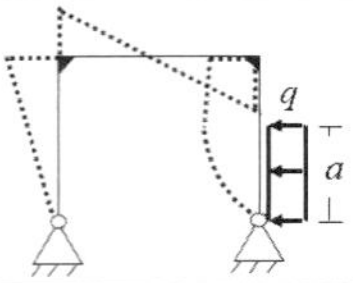	$A = \frac{qa^2}{2l}$ $B = -A$	$H_1 = -\frac{M_3}{h}$ $H_2 = -qa + H_1$	$M_3 = -H_1 h$ $M_4 = -\frac{qa^2}{4}\left[\frac{2k - \frac{ka^2}{h^2}}{2(2k+3)} + 1\right]$
5	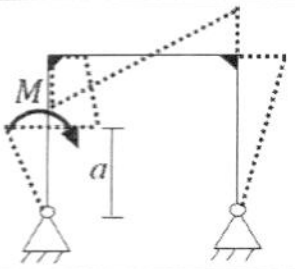	$A = -\frac{M}{l}$ $B = -A$	$H_1 = \frac{3M}{2h} \cdot \left(1 - \frac{a^2}{h^2} + \frac{1}{k}\right) \cdot \frac{k}{2k+3}$ $H_2 = H_1$	$M_3 = M - H_1 h$ $M_4 = -H_2 h$
6	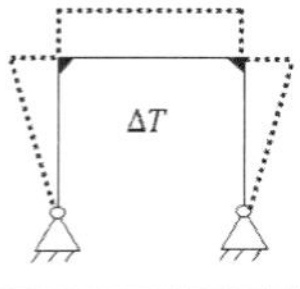	gleichmäßige Erwärmung ΔT $A = B = 0$	$H_1 = \frac{\alpha_t \cdot \Delta T \cdot EI_R}{h^2} \cdot \frac{3}{2k+3}$ $H_2 = H_1$	$M_3 = -H_1 h$ $M_4 = -H_2 h$
7	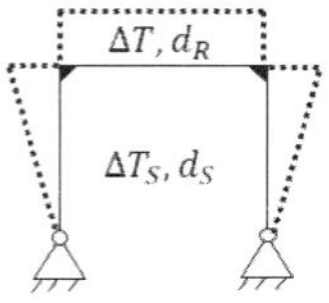	ungleichmäßige Erwärmung $A = B = 0$	$H_1 = \left(\frac{\Delta T_S h}{d_S} + \frac{\Delta T_R l}{d_R}\right)\frac{\alpha_t EI_R}{hl} \cdot \frac{3}{2k+3}$ $H_2 = H_1$	$M_3 = -H_1 h$ $M_4 = -H_2 h$

5.5.3 Eingespannter Rahmen

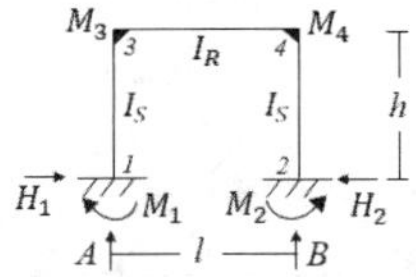

Abkürzung $k = \frac{I_R}{I_S} \cdot \frac{h}{l}$

mit I_R = Flächenträgheitsmoment Riegel

I_S = Flächenträgheitsmoment Stiele

.... Momentenlinie

		Vertikale Auflagerreaktionen	Horizontale Auflagerreaktionen	Momente
1	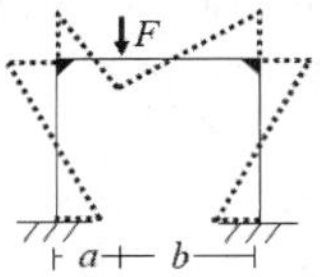	$A = F\frac{b}{l}\left[1 + \frac{a(b-a)}{l^2(6k+1)}\right]$ $B = F - A$	$H_1 = \frac{3Fab}{2hl(k+2)}$ $H_2 = H_1$	$M_1 = \frac{Fab}{2l^2} \cdot \frac{5kl - l + 2a(k+2)}{(k+2)(6k+1)}$ $M_2 = \frac{Fab}{2l^2} \cdot \frac{7kl + 3l - 2a(k+2)}{(k+2)(6k+1)}$ $M_3 = M_1 - H_1 h$ $M_4 = M_2 - H_2 h$
2	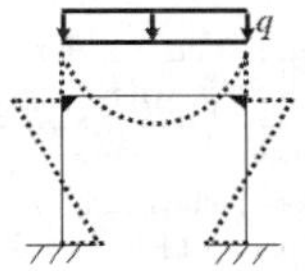	$A = \frac{ql}{2}$ $B = A$	$H_1 = \frac{ql^2}{4h(k+2)}$ $H_2 = H_1$	$M_1 = \frac{H_1 h}{3}$ $M_2 = \frac{H_1 h}{3}$ $M_3 = M_1 - H_1 h$ $M_4 = M_2 - H_2 h$
3	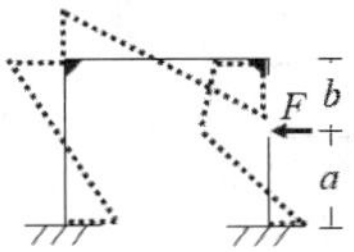	$A = \frac{2R_3}{l}$ $B = -A$	$H_1 = \frac{Fa}{2h} - \frac{R_1 - R_2}{h}$ $H_2 = -F + H_1$	$M_1 = -R_1 + \left(\frac{Fa}{2} - R_3\right)$ $M_2 = -R_1 - \left(\frac{Fa}{2} - R_3\right)$ $M_3 = M_1 - H_1 h$ $M_4 = M_2 - H_2 h - Fb$
	$\alpha = \frac{a}{h}; \beta = \frac{b}{h}$	$R_1 = \frac{Fab(1 + \beta + \beta k)}{2h(k+2)}; R_2 = \frac{Fab\alpha k}{2h(k+2)}; R_3 = \frac{3Fa\alpha k}{2(6k+1)}$		
4	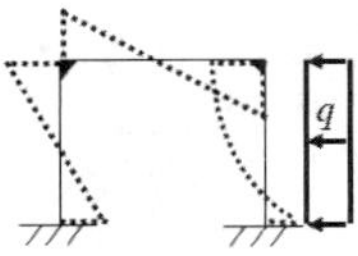	$A = \frac{qh^2}{l} \cdot \frac{k}{6k+1}$ $B = -A$	$H_1 = \frac{qh}{8} \cdot \frac{2k+3}{k+2}$ $H_2 = H_1 - qh$	$M_1 = \frac{qh^2}{24}\left(\frac{5k+9}{k+2} - \frac{12k}{6k+1}\right)$ $M_2 = -\frac{qh^2}{24}\left(12 - \frac{5k+9}{k+2} - \frac{12k}{6k+1}\right)$ $M_3 = M_1 - H_1 h$ $M_4 = M_2 - H_2 h - \frac{qh^2}{2}$
6	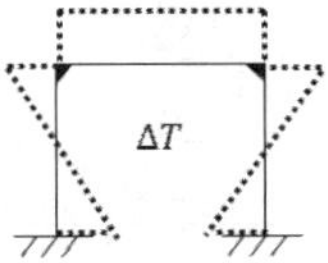	gleichmäßige Erwärmung ΔT $A = B = 0$	$H_1 = \frac{3\alpha_t \cdot \Delta T \cdot EI_R}{h^2} \cdot \frac{2k+1}{k(k+2)}$ $H_2 = H_1$	$M_1 = \frac{H_1 h(k+1)}{2k+1}$ $M_2 = \frac{H_1 h(k+1)}{2k+1}$ $M_3 = M_1 - H_1 h$ $M_4 = M_2 - H_2 h$
7	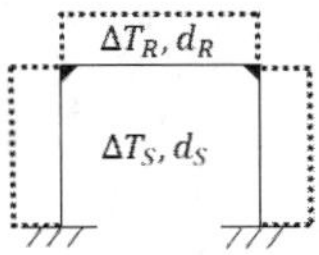	ungleichmäßige Erwärmung $A = B = 0$	$H_1 = \left(\frac{\Delta T_R kl}{d_R} - \frac{\Delta T_S h}{d_S}\right)\frac{\alpha_t EI_R}{hl} \cdot \frac{3}{k(k+2)}$ $H_2 = H_1$	$M_1 = \frac{\alpha_t EI_R}{lk(k+2)}\left(\frac{\Delta T_R kl}{d_R} - \frac{\Delta T_S h(k+3)}{d_S}\right)$ $M_2 = M_1$ $M_3 = M_1 - H_1 h$ $M_4 = M_2 - H_2 h$

5.6 Dachtragwerke

Vergleich Pfetten-, Sparren- und Kehlbalkendach

	Pfettendach	Sparrendach	Kehlbalkendach
System	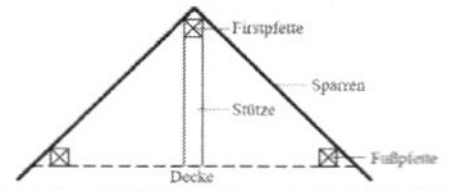	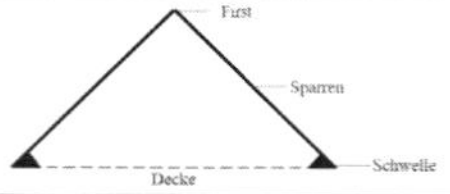	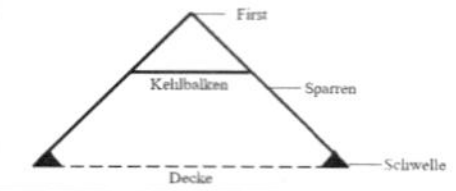
Lastabtrag	Vertikalkräfte 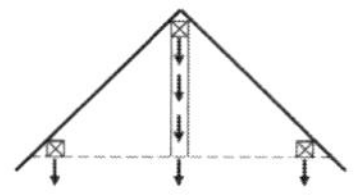	Horizontal- und Vertikalkräfte 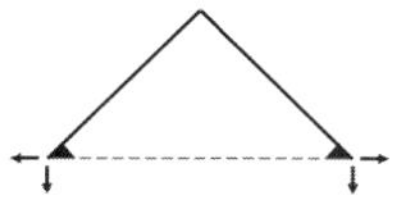	Horizontal- und Vertikalkräfte 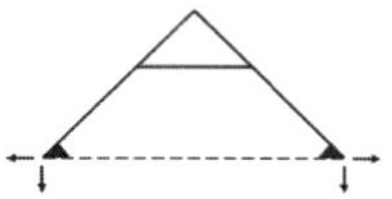
Konstruktion	Firstpunkt: Sparren liegen auf Firstpfette auf Fußpunkt: Sparren liegen auf Fußpfette auf	Firstpunkt: Sparren stützen sich gegenseitig ab Fußpunkt: Sparren stützen sich auf einer Schwelle ab	Weiterentwicklung Sparrendach Sparren stützen sich zusätzlich am Kehlbalken ab
Vorteile	– keine bzw. sehr kleine Horizontalkräfte – Dachüberstand problemlos möglich – Sparren müssen nicht gegenüberliegen, größere Dachöffnungen möglich	– Dachraum stützenfrei	– Dachraum stützenfrei – Kehlbalken verkürzen Sparrenstützweite, größere Spannweiten möglich
Nachteile	– Dachraum nicht stützenfrei – Decke wird durch eine punktuelle Last aus der Stütze beansprucht	– Horizontallasten im Auflagerbereich – Dachüberstand nur mithilfe Zusatzkonstruktion möglich – Sparren müssen gegenüberliegen, keine großen Dachöffnungen – Dachneigung mind. 20°, sonst entstehen zu hohe Horizontallasten	– siehe Sparrendach

Lasten auf geneigte Balken/Träger

Lastarten	Eigengewicht	Schneelasten	Windlasten	
System	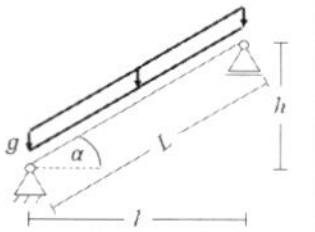	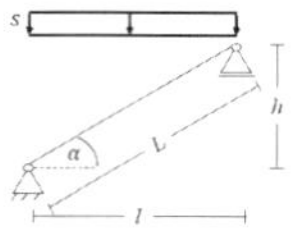	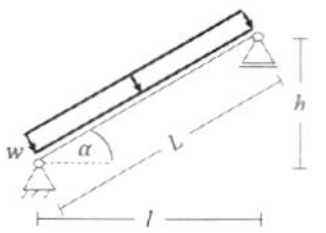	= 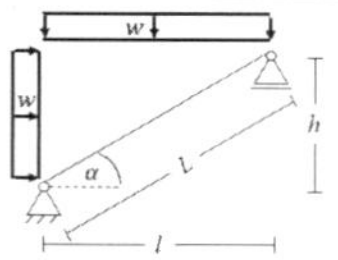
Bezugslänge	$L = \dfrac{l}{\cos\alpha}$	l	$L = \dfrac{l}{\cos\alpha}$	l bzw. h
Resultierende	$R_g = gL$ 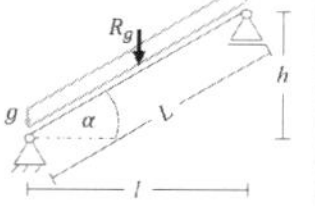	$R_s = sl$ 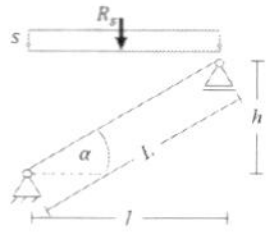	$R_w = wL$ 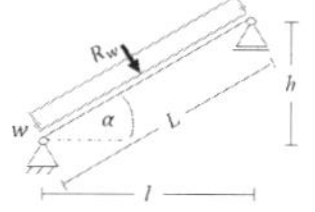	$R_{w,v} = wl$ $R_{w,h} = wh$ = 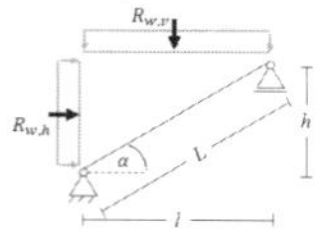

5.6.1 Berechnung geneigte Träger (z.B. Dachsparren eines Pfettendachs)

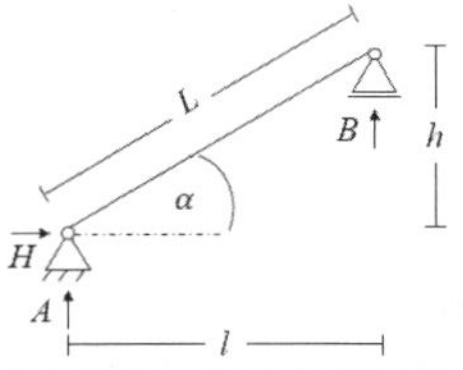

$$L = \frac{h}{sin\alpha} = \frac{l}{cos\alpha}$$

$N_{A/B}$ Normalkraft am Auflager A/B

$Q_{A/B}$ Querkraft am Auflager A/B

M_{max} maximales Moment in Feldmitte

		Vertikale Auflagerreaktionen	Horizontale Auflagerreaktion	Schnittkräfte
1	Lastfall Eigengewicht 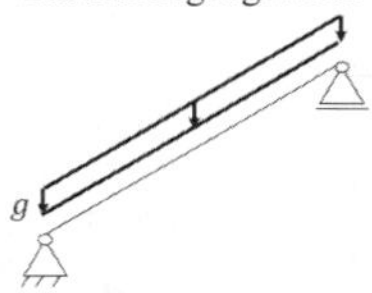	$A = \frac{gL}{2}$ $B = A$	$H = 0$	$N_A = -A \cdot sin\alpha$ $N_B = B \cdot sin\alpha$ $Q_A = A \cdot cos\alpha$ $Q_B = -B \cdot cos\alpha$ $M_{max} = \frac{(g \cdot cos\alpha)L^2}{8}$
2	Lastfall Schnee 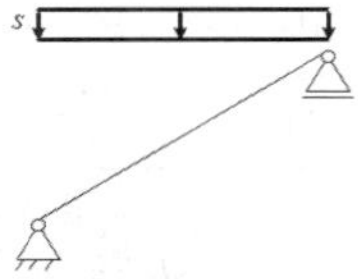	$A = \frac{sl}{2}$ $B = A$	$H = 0$	$N_A = -A \cdot sin\alpha$ $N_B = B \cdot sin\alpha$ $Q_A = A \cdot cos\alpha$ $Q_B = -B \cdot cos\alpha$ $M_{max} = \frac{sl^2}{8}$
3	Lastfall Wind 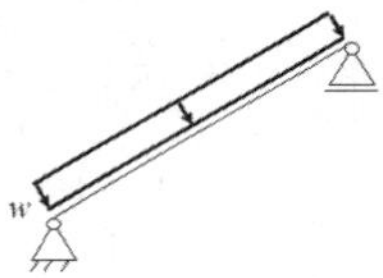	$A = wl - B$ $B = \frac{wL}{2 \cdot cos\alpha}$	$H = -wh$	$N_A = -A \cdot sin\alpha - H \cdot sin\alpha$ $N_B = B \cdot sin\alpha$ $Q_A = A \cdot cos\alpha - H \cdot sin\alpha$ $Q_B = -B \cdot cos\alpha$ $M_{max} = \frac{wL^2}{8}$

Schnittgrößenverläufe geneigte Träger in Abhängigkeit von den Belastungen

	Eigengewicht	Schneelast	Windlast
N-Verlauf	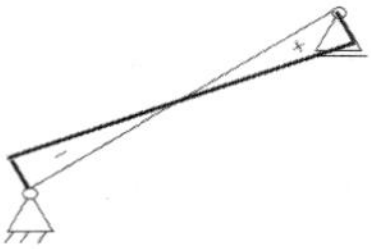	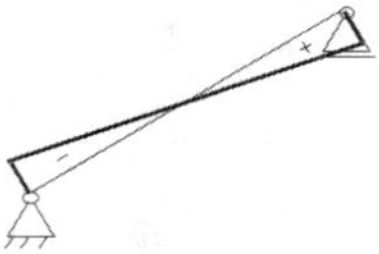	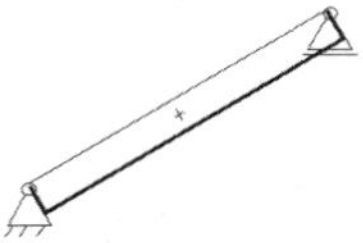
Q-Verlauf	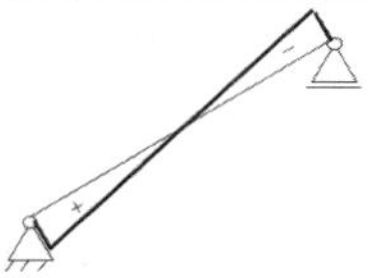	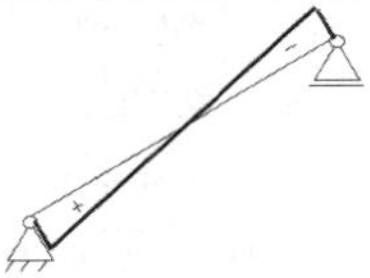	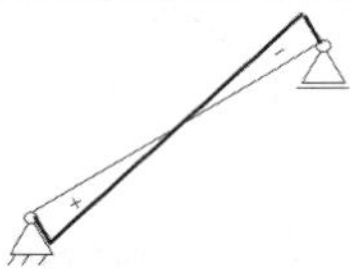
M-Verlauf	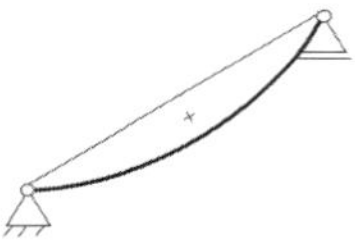	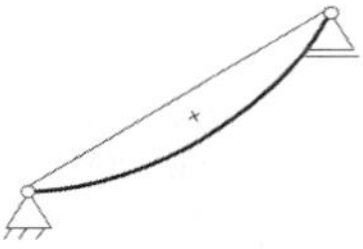	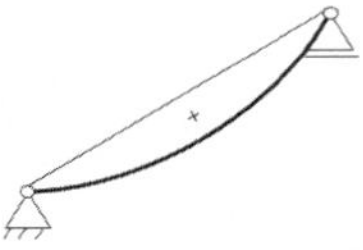

5.6.2 Berechnung Sparrendach

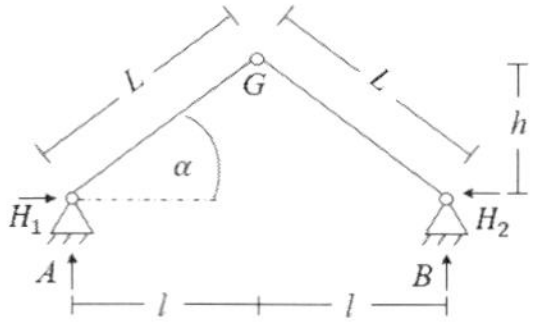

$L = \frac{h}{sin\alpha} = \frac{l}{cos\alpha}$

- N_A Normalkraft am Auflager A
- N_{Gl} Normalkraft links am Gelenk G
- Q_A Querkraft am Auflager A
- Q_{Gl} Querkraft links am Gelenk G
- M_{max} maximales Moment in Feldmitte

		Vertikale Auflagerreaktionen	Horizontale Auflagerreaktionen	Schnittkräfte[1]
1	Lastfall Eigengewicht 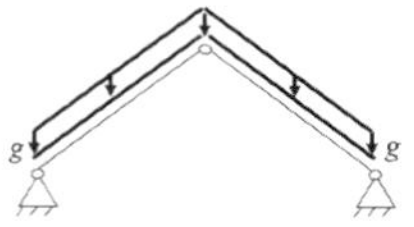	$A = gL$ $B = A$	$H_1 = \frac{gL}{2 \cdot tan\alpha}$ $H_2 = \frac{gL}{2 \cdot tan\alpha}$	$N_A = -gL\left(sin\alpha + \frac{cos\alpha}{2 \cdot tan\alpha}\right)$ $N_{Gl} = -\frac{g \cdot L \cdot cos\alpha}{2 \cdot tan\alpha}$ $Q_A = \frac{g \cdot L \cdot cos\alpha}{2}$ $Q_{Gl} = -Q_A$ $M_{max} = \frac{g \cdot cos\alpha \cdot L^2}{8}$
2	Lastfall Schnee 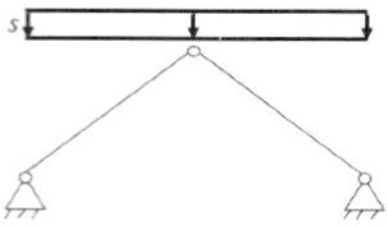	$A = sLcos\alpha$ $B = A$	$H_1 = \frac{sL \cdot cos\alpha}{2 \cdot tan\alpha}$ $H_2 = \frac{sL \cdot cos\alpha}{2 \cdot tan\alpha}$	$N_A = -sL \cdot cos\alpha\left(sin\alpha + \frac{cos\alpha}{2 \cdot tan\alpha}\right)$ $N_{Gl} = -\frac{sL \cdot cos^2\alpha}{2 \cdot tan\alpha}$ $Q_A = \frac{sL \cdot cos^2\alpha}{2}$ $Q_{Gl} = -Q_A$ $M_{max} = \frac{sl^2 \cdot cos^2\alpha}{8}$
3	Lastfall Wind 	$A = wL\left(cos\alpha - \frac{1}{4 \cdot cos\alpha}\right)$ $B = \frac{wL}{4 \cdot cos\alpha}$	$H_1 = H_2 - wL \cdot sin\alpha$ $H_2 = \frac{Bl}{h}$	$Q_A = \frac{wL}{2}$ $Q_{Gl} = -Q_A$ $M_{max} = \frac{wL^2}{8}$
	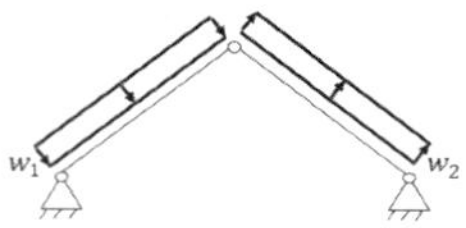	$A = \frac{(w_1 - w_2)L}{4l} - w_1L \cdot sin\alpha$ $B = \frac{(w_1 - w_2)L}{4l} + w_2L \cdot sin\alpha$	$H_1 = \frac{Al}{h} - \frac{w_1L}{2h}$ $H_2 = \frac{Bl}{h} + \frac{w_2L}{2h}$	$N_A = A \cdot sin\alpha + H_1 \cdot cos\alpha$ $N_{Gl} = N_A$ $Q_A = -A \cdot cos\alpha + H_1 \cdot sin\alpha$ $Q_{Gl} = Q_A + w_1L$ $M_{max} = \frac{w_1L^2}{8}$ oder $\frac{w_2L^2}{8}$

[1] Aufgrund von Symmetrie sind die Schnittkräfte nur von der linken Systemhälfte angegeben.

5.6.3 Berechnung Kehlbalkendach

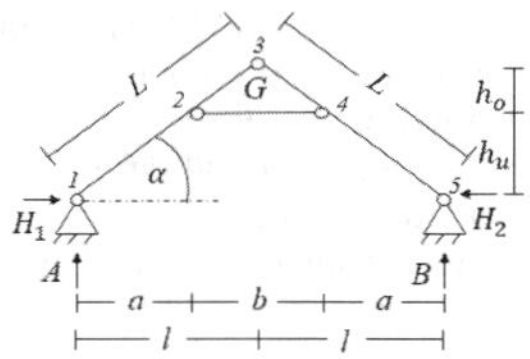

$$\tan\alpha = \frac{h}{l};\ n = \frac{h_u}{h};\ m = 1 - n;\ k = n \cdot m$$

$$k_1 = \frac{2}{\tan\alpha} - 6 \cdot \tan\alpha + \frac{1+k}{2n} \cdot \frac{1+\tan^2\alpha}{\tan\alpha}$$

$$k_2 = \frac{1+\tan^2\alpha}{\tan\alpha} \cdot \left(2 + \frac{1+k}{2n}\right)$$

$$k_3 = (1+\tan^2\alpha) \cdot (7k-1)$$

$$k_4 = (1+\tan^2\alpha) \cdot (1+k)$$

		Vertikale Auflagerreaktionen	Horizontale Auflagerreaktionen	Schnittkräfte
1	Lastfall Eigengewicht 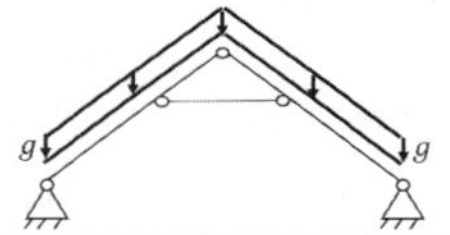	$A_g = \frac{gl}{\cos\alpha}$ $B_g = A_g$	$H_{1g} = \frac{gl(1+4n+k)}{8n \cdot \sin\alpha}$ $H_{2g} = H_{1g}$	$N_{2-4g} = \frac{gl(1+k)}{8k \cdot \sin\alpha}$ $M_{2g} = \frac{gl^2(3k-1)}{16 \cdot \sin\alpha}$ $M_{4g} = M_{2g}$
	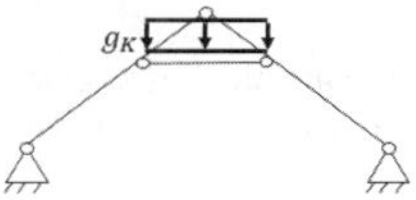	$A_{g_K} = g_K ml$ $B_{g_K} = A_{g_K}$	$H_{1g_K} = \frac{g_k b}{2 \cdot \tan\alpha}$ $H_{2g_K} = H_{1g_K}$	$N_{2-4g_K} = \frac{-g_k b}{2 \cdot \tan\alpha}$ $M_{2g_K} = 0$ $M_{4g_K} = 0$
	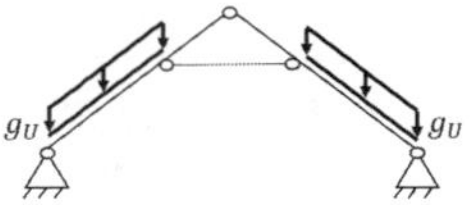	$A = \frac{ng_U l}{\cos\alpha}$ $B = A$	$H_1 = \frac{g_U lm(n+4)}{8 \cdot \sin\alpha}$ $H_2 = H_1$	$N_{2-4} = -\frac{g_U \ln(3m+1)}{8m \cdot \sin\alpha}$ $M_2 = -\frac{g_U n^3 l^2}{16 \cdot \cos\alpha}$ $M_4 = M_2$
2	Lastfall Schnee 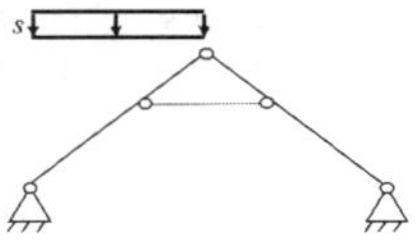	$A = \frac{3}{4} sl$ $B = \frac{1}{4} sl$	$H_1 = \frac{sl(1+4n+k)}{16n \cdot \tan\alpha}$ $H_2 = H_1$	$N_{2-4} = \frac{-sl(1+k)}{16k \cdot \tan\alpha}$ $M_2 = \frac{l^2 s(7k-1)}{32}$ $M_4 = \frac{-l^2 s(1+k)}{32}$
3	Lastfall Punktlast 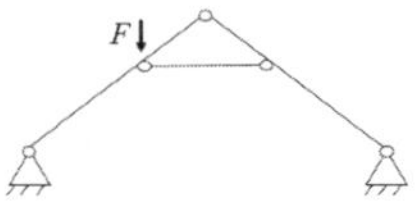	$A = F\left(\frac{a+b}{2l}\right)$ $B = \frac{Fa}{2l}$	$H_1 = \frac{F}{2 \cdot \tan\alpha}$ $H_2 = H_1$	$N_{2-4} = -\frac{F}{2 \cdot \tan\alpha}$ $M_2 = \frac{Flk}{2}$ $M_4 = -\frac{Flk}{2}$
4	Lastfall Wind 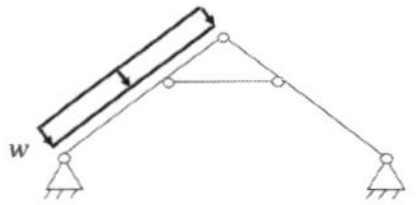	$A = \frac{wl(3-\tan^2\alpha)}{4}$ $B = \frac{wl(1+\tan^2\alpha)}{4}$	$H_1 = \frac{k_1 wl}{8}$ $H_2 = \frac{k_2 wl}{8}$	$N_{2-4} = -wl\frac{1+k}{16k} \cdot \frac{1+\tan^2\alpha}{\tan\alpha}$ $M_2 = \frac{wl^2 k_3}{32}$ $M_2 = -\frac{wl^2 k_4}{32}$

6 Fachwerk

6.1 Aufbau eines Fachwerks

Ein Fachwerk besteht aus einzelnen Fachwerkstäben. Fachwerkstäbe, oder auch Pendelstäbe genannt, sind unbelastete Stäbe, welche an beiden Enden gelenkig angeschlossen sind. Lasten werden in einem Fachwerk als Einzellasten in die gelenkigen Fachwerkknoten eingeleitet. Somit entstehen in einem Fachwerk weder Momente noch Querkräfte. Da durch diese Konstruktion nur Normalkräfte in den Fachwerkstäben auftreten, können die Stäbe relativ schlank ausgeführt werden. Stäbe, die einer reinen Zugbelastung unterliegen, können sogar durch Seile ersetzt werden. Bei druckbelasteten Stäben ist bei der Dimensionierung das Ausknicken zu berücksichtigen.

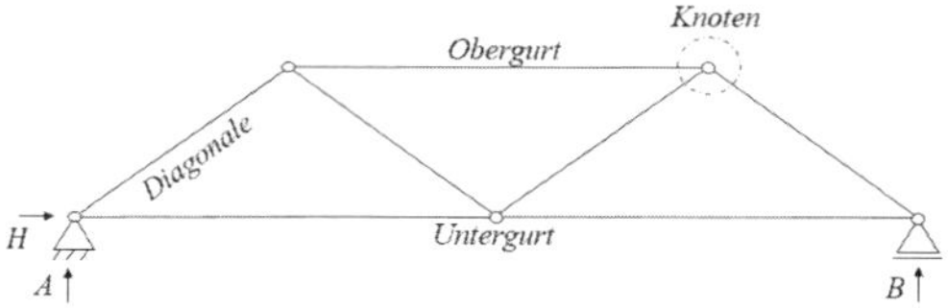

6.2 Bildungsgesetz

Von einem Einzelstab ausgehend, wird an beiden Stabenden jeweils ein Stab gelenkig angeschlossen, sodass ein neuer Knoten bzw. ein neues Dreieck entsteht. Ein Fachwerk besteht somit immer aus Fachwerksstabdreiecken.

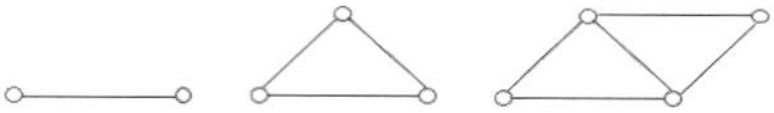

6.2.1 Innere statische Bestimmtheit

Bei Erfüllung der inneren statischen Bestimmtheit können die Schnittgrößen (hier Normalkräfte) mithilfe der drei Gleichgewichtsbedingungen berechnet werden. Die innere statische Bestimmtheit bei einem Fachwerk liegt vor, wenn dies, wie nach dem Bildungsgesetz vorgeschrieben, aus Dreiecken besteht. Zur Überprüfung können nach und nach zwei Stäbe eines Dreiecks weggestrichen werden, bis nur noch ein Stab übrigbleibt.

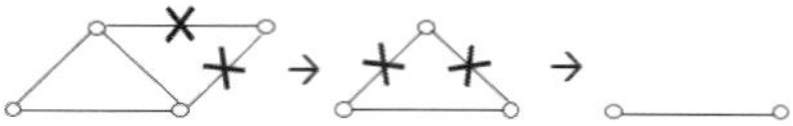

6.2.2 Äußere statische Bestimmtheit

Ist das Fachwerk äußerlich statisch bestimmt, können die Lagerreaktionen infolge der drei Gleichgewichtsbedingungen ermittelt werden. Zur Überprüfung kann folgende Formel verwendet werden.

Ebenes Fachwerk:	Räumliches Fachwerk:
$a + s - 2g = n$	$a + s - 3g = n$

mit:
- a = Anzahl der Auflagerreaktionen
- s = Anzahl der Stäbe
- g = Anzahl der Gelenke (inkl. Gelenke an Auflagern)
- n = Grad der statischen Unbestimmtheit
  - $n = 0$ statisch bestimmt
  - $n > 0$ statisch unbestimmt
  - $n < 0$ statisch unterbestimmt (kinematisch)

6.3 Kraftfluss

In einem Fachwerk treten ausschließlich Normalkräfte auf. Je nach Anordnung der Diagonalen kann beeinflusst werden, ob es sich dabei um Druck- oder Zugkräfte handelt.

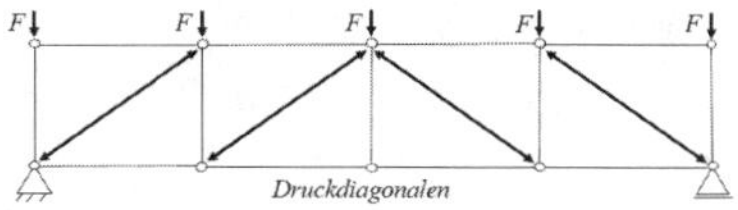

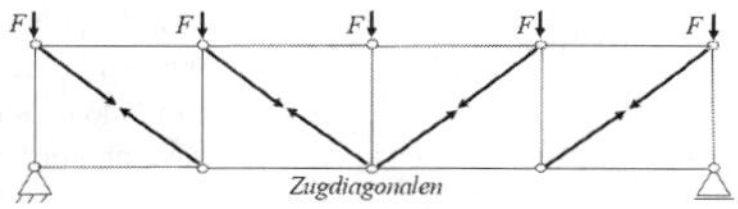

6.3.1 Nullstäbe

Nullstäbe sind Stäbe, welche in Abhängigkeit von der Belastung des Fachwerks keinerlei Kräfte abtragen. Somit entspricht deren Normalkraft Null. Nullstäbe im System zu erkennen, erleichtert die Berechnung eines Fachwerks. Zu erkennen sind Nullstäbe wie folgt:

1. Zwei Stäbe, die an einem unbelasteten Knoten angeschlossen sind und keine Gerade bilden, sind Nullstäbe.

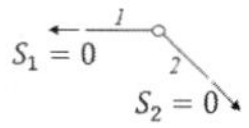

2. Zwei Stäbe, die an einem belasteten Knoten angeschlossen sind und keine Gerade bilden. Wenn die äußere Kraft in Richtung eines Stabes wirkt, so ist der andere Stab ein Nullstab.

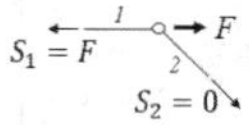

3. Drei Stäbe an einem unbelasteten Knoten, wovon zwei Stäbe eine Gerade bilden, so ist der Stab abweichend zur Gerade ein Nullstab.

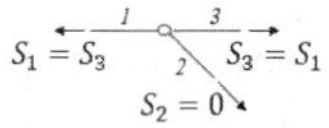

6.3.2 Ritterschnitt

Der Ritterschnitt ist ein Tragwerksschnitt zur Ermittlung der Normalkräfte in den Fachwerkstäben. Der Schnitt wird so gelegt, dass drei unbekannte Stabkräfte mit den Gleichgewichtsbedingungen ermittelt werden können. Somit kann entweder durch drei Stäbe, wovon sich die Wirkungslinie zweier Stäbe in einem Punkt schneiden, oder durch ein Gelenk und ein Stab geschnitten werden.

Berechnungsablauf:

1. Bestimmung der Auflagerreaktionen mithilfe der drei Gleichgewichtsbedingungen
2. Festlegen des Schnittes und Darstellung des geschnittenen Teilsystems
3. Aufstellen der Gleichgewichtsbedingungen am geschnittenen Teilsystem

Berechnungsbeispiel: Berechnung von U_2, D_2 und O_2 (mit $a = 2\ m$, $h = 2\ m$)

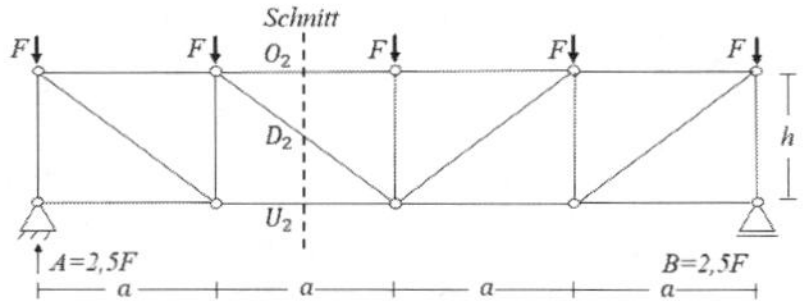

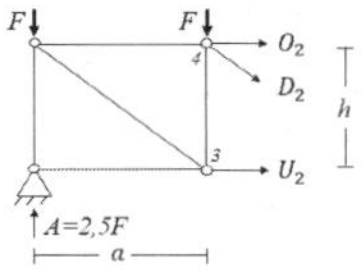

$\Sigma M_4 = 0$: $U_2 \cdot h + F \cdot a - A \cdot a = 0$
$U_2 = 1{,}5F$

$\Sigma V = 0$: $A - F - F - D_2 \cdot sin45 = 0$
$D_2 = 0{,}71F$

$\Sigma H = 0$: $U_2 + O_2 + D_2 \cdot cos45 = 0$
$O_2 = -2F$

6.3.3 Cremonaplan

1.
- Umfahrungssinn festlegen

2.
- Fachwerk im Umfahrungssinn in Felder einteilen (hier a bis k)
- Erst die äußeren Felder, dann die inneren Felder kennzeichnen
- Ein Feld entsteht jeweils zwischen den Kräften oder den Stäben

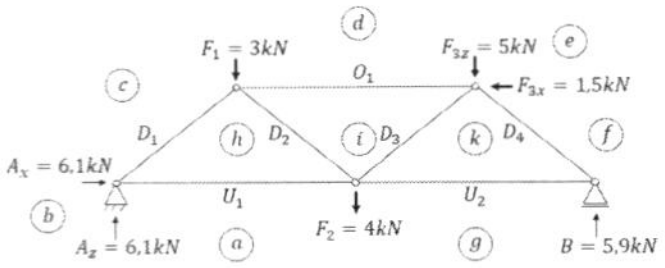

3.
- Maßstäbliches Krafteck der äußeren Kräfte zeichnen

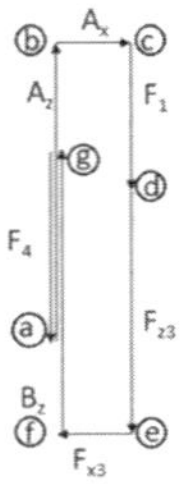

4.
- Die inneren Bereiche zeichnen (hier h, j und k)
- h liegt horizontal abgegrenzt zu a und diagonal abgegrenzt zu c: horizontale Linie durch den Punkt a und diagonale Linie durch den Punkt c
- Schnittpunkt beider Linien = h

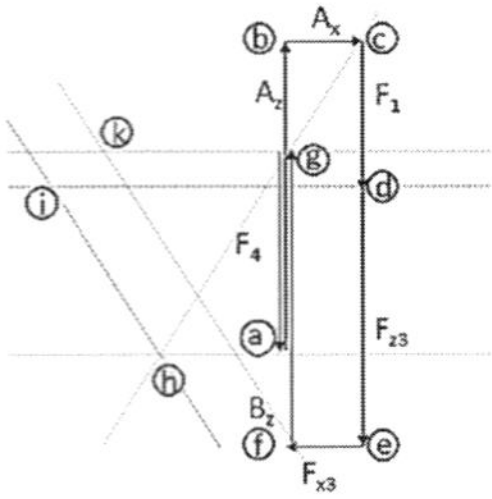

5.
- Einzeichnen der Stäbe
- Stabkräfte durch Abmessen bestimmen

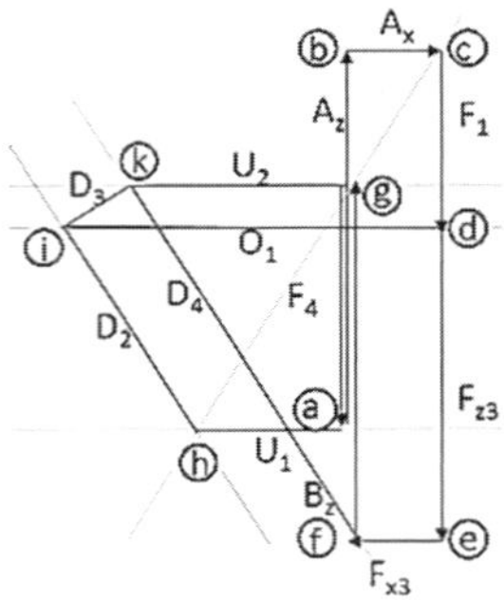

6.
- Vorzeichenbestimmung infolge Betrachtung der einzelnen Knoten

z.B. D2 mit Knoten 1:
D2 zwischen i und h,
Pfeil von i nach h = Zug

z.B. D2 mit Knoten 2:
D2 zwischen h und i,
Pfeil von h nach i = Zug

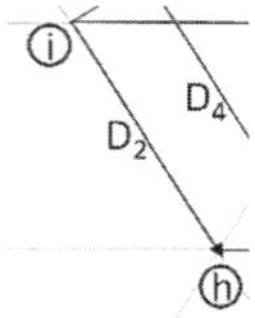

6.4 Vergleich Vierendeelträger und Fachwerkträger

	Vierendeelträger/Rahmenträger	Fachwerkträger
System	zusammengesetzte Vierecke 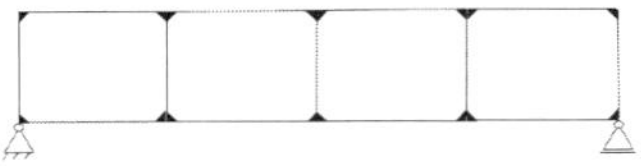	zusamengesetzte Dreiecke 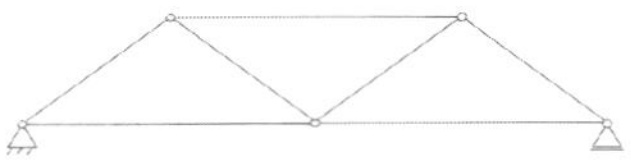
Statische Bestimmtheit	innerlich: statisch unbestimmt äußerlich: statisch bestimmt	innerlich: statisch bestimmt äußerlich: statisch bestimmt
Stabverbindung	biegesteif	gelenkig
Schnittgrößen	Normal-, Querkraft, Moment	Normalkraft
Querschnitte	große Querschnitte (infolge Momentenübertragung in den biegesteifen Ecken)	kleinere Querschnitte möglich (keine Momentenbeanspruchung)

7 Aussteifung

Bauwerke werden sowohl vertikalen als auch horizontalen Lasten ausgesetzt und müssen diesen ohne große Verformungen standhalten. Vertikale Lasten wie Eigengewicht, Verkehrslasten oder Schneelasten können meist relativ einfach als Druckkräfte in den Baugrund abgeleitet werden. Zur Aufnahme horizontaler Lasten wie Windlasten, Lasten aus Imperfektionen oder Erdbebenlasten, welche das Bauwerk „umkippen“ wollen, müssen Aussteifungselemente angeordnet werden. Diese Elemente stabilisieren das Tragwerk und leiten die horizontalen Lasten in den Baugrund ab.

Vertikale Einwirkung

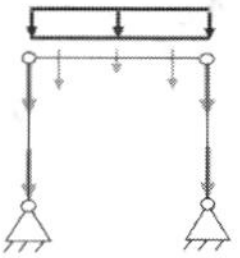

Vertikale Lasten werden als Druckkräfte abgeleitet.

Horizontale Einwirkung

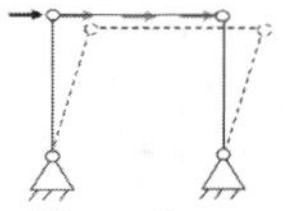

Ohne Aussteifungselemente kippt das System infolge horizontaler Last um.

Zur Aussteifung wird eine Kombination aus horizontalen und vertikalen Aussteifungselementen benötigt. Nachfolgende Systeme können zur Aussteifung und somit Ableitung der Horizontallasten herangezogen werden.

- Scheibensysteme (Wandscheiben und Deckenscheiben)
- Kernsysteme (Treppenhaus / Aufzugsschacht und Deckenscheibe)
- Fachwerksysteme (Verbände im Decken- als auch Wandbereich)
- Rahmensysteme

Eine Kombination aus den verschiedenen Systemen ist ebenfalls möglich.

7.1 Anordnung von Aussteifungselementen

Bei Stahlbetonkonstruktionen werden meist Kern- oder Scheibensysteme zur Aussteifung verwendet. Um sicherzustellen, dass das Tragwerk ausreichend ausgesteift ist, werden mindestens drei Wandscheiben und eine Deckenscheibe benötigt. Außerdem dürfen sich die Wirkungslinien aller Aussteifungselemente nicht in einem Punkt schneiden und nicht parallel verlaufen.

Grundriss eines Gebäudes mit Deckenscheibe und 3 Wandscheiben:

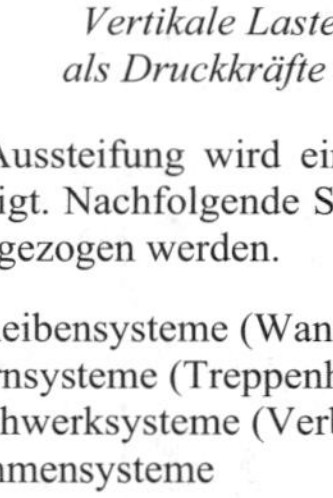

Ein gemeinsamer Schnittpunkt der Wirkungslinien: Gebäude nicht ausgesteift

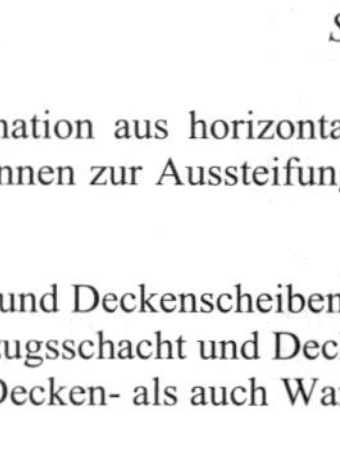

Wirkungslinien parallel: Gebäude nicht ausgesteift

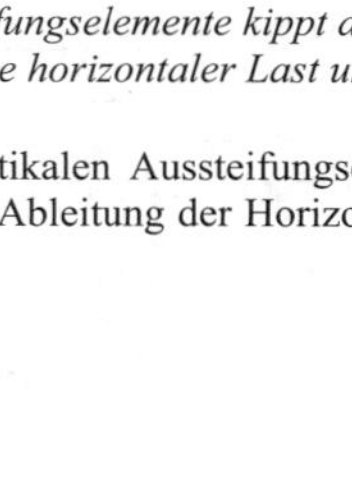

Kein gemeinsamer Schnittpunkt, nicht parallel: Gebäude ausgesteift

Bei Stahl- und Holzkonstruktionen sind anstelle der Scheibenelemente meist Verbände und Rahmenkonstruktionen die gängigsten Aussteifungselemente.

7.2 Eignung verschiedener Aussteifungselemente

Je nach Geschossanzahl eignen sich verschiedene Arten der Gebäudeaussteifung.

Geschossanzahl	Deckensystem	Vertikale Aussteifungselemente		
		Rahmen	Scheiben	Kerne
2-4	Flachdecke/Unterzugsdecke	+/+	+/+	-/-
5-7	Flachdecke/Unterzugsdecke	±/+	+/+	+/+
8-10	Flachdecke/Unterzugsdecke	-/±	+/±	+/+
+ gut		- schlecht		± vertretbar

8 Festigkeitslehre

8.1 Querschnittswerte

Schwerpunkt von zusammengesetzten Flächen

(Einzelflächen siehe Kap. 14 A, S. 14.3)

$$\overline{y}_s = \frac{\sum A_i \cdot \overline{y}_i}{\sum A_i}; \; \overline{z}_s = \frac{\sum A_i \cdot \overline{z}_i}{\sum A_i}$$

Beispiel Abb. 10.60: $\overline{y}_s = \frac{A_1 \cdot \overline{y}_1 + A_2 \cdot \overline{y}_2}{A_1 + A_2}; \; \overline{z}_s = \frac{A_1 \cdot \overline{z}_1 + A_2 \cdot \overline{z}_2}{A_1 + A_2}$

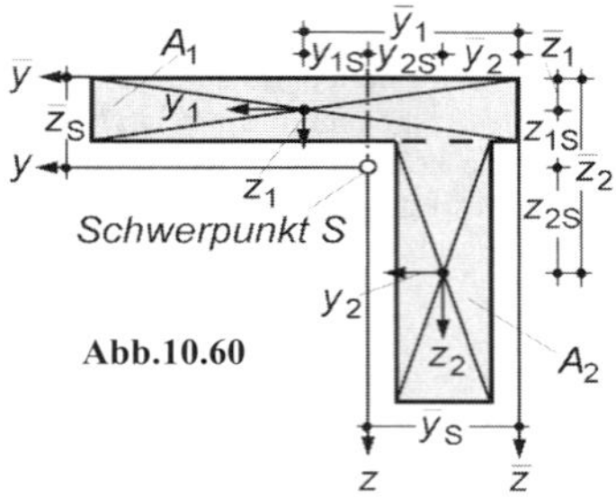

Abb.10.60

Flächenmomente 1. Grades

(bezogen auf die y-Achse bzw. z-Achse)

$S_y = \int z \cdot dA; \; S_z = \int y \cdot dA$

Beispiel Abb. 10.60: $S_{\overline{y}} = A_1 \cdot \overline{z}_1 + A_2 \cdot \overline{z}_2; \; S_{\overline{z}} = A_1 \cdot \overline{y}_1 + A_2 \cdot \overline{y}_2$

Tafel Querschnittswerte

	Querschnitt	A	I_y	I_z	W_y	W_z
1	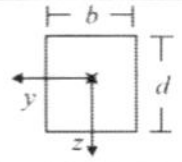	bd	$\frac{bd^3}{12}$	$\frac{db^3}{12}$	$\frac{bd^2}{6}$	$\frac{db^2}{6}$
2	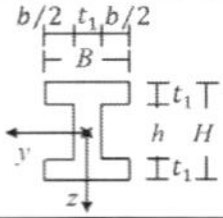	$BH - bh$	$\frac{BH^3 - bh^3}{12}$	$\frac{ht_2^3 + 2t_1B^3}{12}$	$\frac{2I_y}{H}$	$\frac{2I_z}{B}$
3	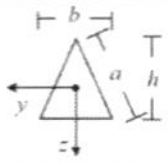	$\frac{bh}{2}$	$\frac{bh^3}{36}$	$\frac{hb^3}{48}$	$W_o = \frac{bh^2}{24}$ $W_u = \frac{bh^2}{12}$	$\frac{hb^2}{24}$
4	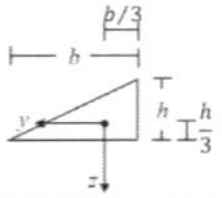	$\frac{bh}{2}$	$\frac{bh^3}{36}$	$\frac{hb^3}{36}$	–	–
5	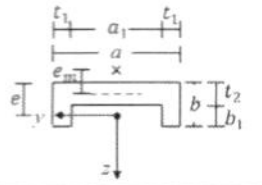	$ba - b_1a_1$	$\frac{a_1t_2^3 + 2t_1b^3}{3} - Ae^2$	$\frac{ba^3 - b_1a_1^3}{12}$	$W_o = \frac{I_y}{e}$ $W_u = \frac{I_y}{b-e}$	$\frac{2I_z}{a}$
6	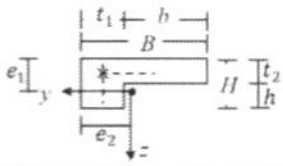	$t_1H + bt_2$	$\frac{t_1H^3 + bt_2^3}{3} - Ae_1^2$	$\frac{ht_1^3 + t_2B^3}{3} - Ae_2^2$	–	–
7	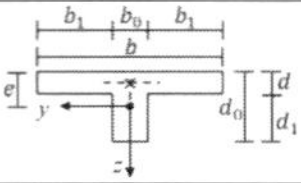	$db + d_1b_0$	$\frac{2b_1d^3 + b_0d_0^3}{3} - Ae^2$	$\frac{db^3 + d_1b_0^3}{12}$	$W_o = \frac{I_y}{e}$ $W_u = \frac{I_y}{d_0 - e}$	$\frac{2I_z}{b}$
8	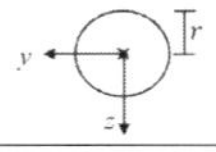	πr^2	$\frac{\pi r^4}{4}$	$\frac{\pi r^4}{4}$	$\frac{\pi r^3}{4}$	$\frac{\pi r^3}{4}$
9	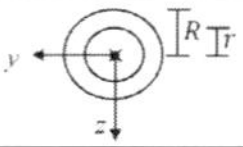	$\pi(R^2 - r^2)$	$\frac{\pi(R^4 - r^4)}{4}$	$\frac{\pi(R^4 - r^4)}{4}$	$\frac{I_y}{R}$	$\frac{I_y}{R}$
10	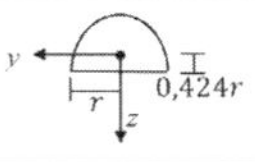	$\frac{\pi r^2}{2}$	$0{,}110r^4$	$\frac{\pi r^4}{8}$	$W_o = 0{,}191r^3$ $W_u = 0{,}259r^3$	$\frac{\pi r^3}{8}$

Schwerpunkt ● Schubmittelpunkt × Schwerpunkt und Schubmittelpunkt

Flächenmoment 2. Grades $I_y = \int z^2 \cdot dA;\ I_z = \int y^2 \cdot dA$

Flächenzentrifugalmoment $I_{yz} = \int yz \cdot dA$

Polares Flächenmoment $I_p = \int r^2 \cdot dA = \int (y^2 + z^2) \cdot dA = I_y + I_z$

Trägheitsradius $i_y = \sqrt{\frac{I_y}{A}};\ i_z = \sqrt{\frac{I_z}{A}}$; (Rechteck: $i_y = 0{,}289d;\ i_z = 0{,}289b$)

Sätze von Steiner $I_y = \sum(I_{yi} + A_i \cdot z_{iS}{}^2);\ I_z = \sum(I_{zi} + A_i \cdot y_{iS}{}^2)$

$I_{yz} = \sum(I_{yzi} + A_i \cdot y_{iS} \cdot z_{iS})$

Beispiel: Abb. 10.60

$I_y = I_{y1} + A_1 \cdot z_{1S}{}^2 + I_{y2} + A_2 \cdot z_{2S}{}^2;\ I_z = I_{z1} + A_1 \cdot y_{1S}{}^2 + I_{z2} + A_2 \cdot y_{2S}{}^2$

mit: I_{y1} Flächenmoment 2. Grades der Teilfläche 1 bezogen auf die Achse y_1

I_{y2} Flächenmoment 2. Grades der Teilfläche 2 bezogen auf die Achse y_2

<table>
<tr><th></th><th>I_{yz}</th><th>I_T</th><th>W_T</th><th colspan="2">Anmerkungen</th></tr>
<tr><td>1</td><td>0</td><td>$\alpha d b^3$
$(b \leq d)$</td><td>$\beta d b^2$
$(b \leq d)$</td><td colspan="2" rowspan="3">zu Zeile 1:
<table>
<tr><th>d/b</th><th>α</th><th>β</th></tr>
<tr><td>1,00</td><td>0,140</td><td>0,208</td></tr>
<tr><td>1,25</td><td>0,171</td><td>0,221</td></tr>
<tr><td>1,50</td><td>0,196</td><td>0,231</td></tr>
<tr><td>2,00</td><td>0,229</td><td>0,246</td></tr>
<tr><td>3,00</td><td>0,263</td><td>0,267</td></tr>
<tr><td>4,00</td><td>0,281</td><td>0,282</td></tr>
<tr><td>6,00</td><td colspan="2">0,299</td></tr>
<tr><td>10,00</td><td colspan="2">0,313</td></tr>
<tr><td>∞</td><td colspan="2">0,333</td></tr>
</table></td></tr>
<tr><td>2</td><td>0</td><td>$\frac{2Bt_1{}^3 + ht_2{}^3}{3}$</td><td>$min\ W_T = \frac{I_T}{max\ t}$</td></tr>
<tr><td>3</td><td>0</td><td>$\frac{h^4}{26}$
$(a = b)$</td><td>$\frac{h^3}{13}$
$(a = b)$</td></tr>
<tr><td>4</td><td>$\frac{b^2h^2}{72}$</td><td>–</td><td>–</td><td colspan="2">Vorzeichen von I_{yz}:
</td></tr>
<tr><td>5</td><td>0</td><td>$\frac{(a + a_1)t_2{}^3 + (b + b_1)t_1{}^3}{6}$</td><td>$min\ W_T = \frac{I_T}{max\ t}$</td><td>$e = \frac{a_1t_2{}^2 + 2t_1b^2}{2A}$</td><td>$e_m = \frac{1{,}5(b + b_1)}{6 + \frac{(a + a_1)t_2}{(b + b_1)t_1}}$</td></tr>
<tr><td>6</td><td>$\frac{BHbht_1t_2}{4A}$</td><td>$\frac{(B + b)t_2{}^3 + (H + h)t_1{}^3}{6}$</td><td>$min\ W_T = \frac{I_T}{max\ t}$</td><td colspan="2">$e_1 = \frac{t_1H^2 + bt_2{}^2}{2A};\ e_2 = \frac{ht_1{}^2 + t_2B^2}{2A}$
Vorzeichen I_{yz}: </td></tr>
<tr><td>7</td><td>0</td><td>$\frac{\left(b - \frac{b_0}{2}\right) d^3 + \left(d_1 + \frac{d}{2}\right) b_0{}^3}{3}$</td><td>$min\ W_T = \frac{I_T}{max\ t}$</td><td colspan="2"></td></tr>
<tr><td>8</td><td>0</td><td>$\frac{\pi r^4}{2}$</td><td>$\frac{\pi r^3}{4}$</td><td colspan="2"></td></tr>
<tr><td>9</td><td>0</td><td>$\frac{\pi(R^4 - r^4)}{2}$</td><td>$\frac{I_T}{R}$</td><td colspan="2"></td></tr>
<tr><td>10</td><td>0</td><td>–</td><td>–</td><td colspan="2"></td></tr>
<tr><td colspan="6">Graue Unterlegung: gültig nur für dünnwandige Querschnitte</td></tr>
</table>

8.2 Spannungen infolge M, Q und N

<table>
<tr><th></th><th colspan="2">Spannungsermittlung</th><th>Kombination der Spannungen</th></tr>
<tr><td>Zugspannung
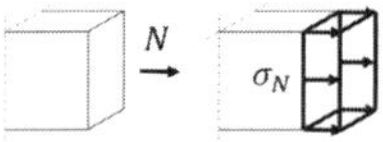</td><td colspan="2">$\sigma_N = \frac{N}{A}$</td><td rowspan="5">Treten Zug- bzw. Drucklasten und Momentenbelastung gleichzeitig auf, müssen deren resultierende Spannungen addiert werden, um die maximale Spannung zu ermitteln.
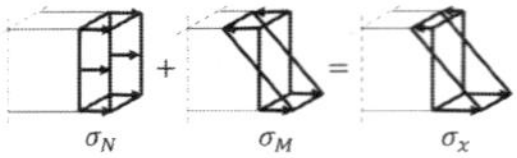
Einachsige Biegung
$\sigma_x = \frac{N}{A} + \frac{M_y}{I_y} z$
bzw.
$\sigma_x = \frac{N}{A} + \frac{|M_y|}{W_y}$
Zweiachsige Biegung
$\sigma_x = \frac{N}{A} + \frac{M_y}{I_y} z - \frac{M_z}{I_z} y$
bzw.
$\sigma_x = \frac{N}{A} + \frac{|M_y|}{W_y} + \frac{|M_z|}{W_z}$</td></tr>
<tr><td>Druckspannung
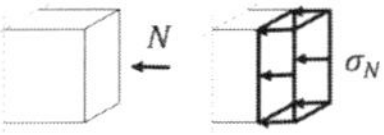</td><td colspan="2">$\sigma_N = \frac{N}{A}$</td></tr>
<tr><td>Biegespannung
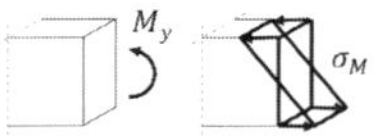</td><td>$\sigma_M = \frac{M_y}{I_y} z$
allg. Bestimmung der Biegespannung</td><td>$\sigma_M = \frac{|M_y|}{W_y}$
maximale Biegespannung</td></tr>
<tr><td>Schubspannung
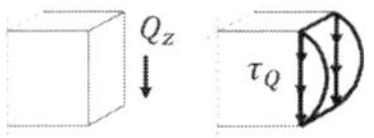</td><td>$\tau_Q = \frac{Q_z \cdot S_y}{I_y \cdot b}$
allg. Bestimmung der Schubspannung</td><td>$\tau_Q = 1{,}5 \cdot \frac{Q_z}{A}$
max. Schubspannung für Rechteckquerschnitte</td></tr>
<tr><td>Torsionsspannung
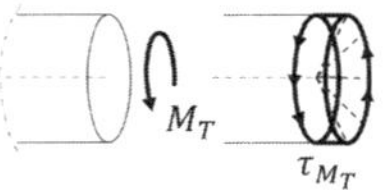</td><td colspan="2">$\tau_{M_T} = \frac{M_T}{W_T}$</td></tr>
</table>

8.3 Torsion

Torsion tritt auf, wenn der Lastangriff außerhalb des Schubmittelpunktes des Querschnitts stattfindet. Als Schubmittelpunkt wird der Punkt bezeichnet, durch welchen die Wirkungslinie der Querkraft verlaufen muss, um keine Torsion des Querschnitts hervorzurufen. Bei symmetrischen Querschnitten liegt dieser Punkt auf der Symmetrieachse. Bei doppelsymmetrischen Querschnitten fällt der Schubmittelpunkt mit dem Schwerpunkt des Querschnitts zusammen.

Einteilung der Querschnittsformen

	wölbfrei	nicht wölbfrei
geschlossene Vollquerschnitte	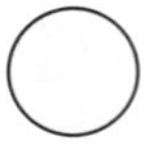	
geschlossene Hohlquerschnitte		
offene Querschnitte		

Des Weiteren wird zwischen reiner Torsion (nach St. Venant), bei welcher nur Schubspannungen auftreten, und Wölbkrafttorsion (z.B. bei offenen, dünnwandigen Querschnitten), bei welcher neben Schubspannungen auch Querschnittsverwölbungen auftreten, unterschieden. Daher werden Querschnitte in wölbfreie und nicht wölbfreie Querschnitte unterteilt.

Torsion nach St. Venant

1. Torsion bei dünnwandigen Hohlquerschnitten
Erste Bredt'sche Formel

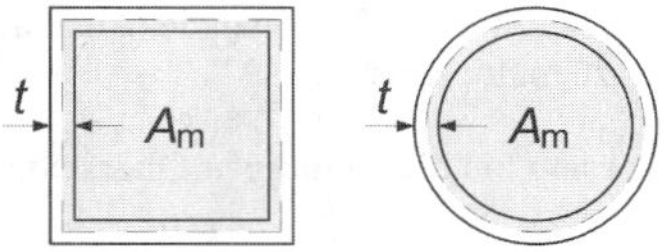

$$\tau_{M_T} = \frac{M_T}{2A_m t}; \; \max \tau_{M_T} = \frac{M_T}{2A_m \min t}$$

mit: M_T Torsionsmoment
A_m Fläche, die von der Mittellinie der Wandung eingeschlossen ist
t Dicke des Querschnitts an der betrachteten Stelle

Zweite Bredt'sche Formel

$$\vartheta' = \frac{M_T}{GI_T} = \frac{M_T}{G4A_m{}^2}\int_S \frac{1}{t}\cdot ds; \; I_T = 4A_m{}^2 / \left(\int_S \frac{1}{t}\cdot ds\right) = 4A_m{}^2 / \left(\sum \frac{s_i}{t_i}\right)$$

mit: ϑ' Verdrillung
G Schubmodul
I_T Torsionsträgheitsmoment

Berechnungsbeispiel: Torsion des Stabes a-b infolge ausmittiger Kraft $F_y = 24kN$

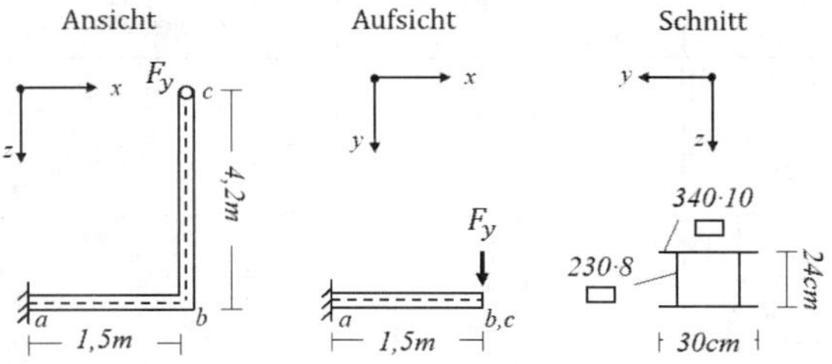

$$M_T = F_y \cdot 4{,}2\,m = 24\,kN \cdot 4{,}2\,m = 100{,}8\,kNm$$

$$A_m = a \cdot b = 30\,cm \cdot 24\,cm = 720\,cm^2$$

$$I_T = 4A_m{}^2 / \left(\sum \frac{s_i}{t_i}\right) = [4 \cdot (720\,cm^2)^2] / \left[2\left(\frac{30\,cm}{1\,cm} + \frac{24\,cm}{0{,}8\,cm}\right)\right] = 17.280\,cm^4$$

Torsionsbeanspruchung τ Stegblech (230 mm · 8 mm):

$$\tau_{M_T} = \frac{M_T}{2A_m t} = \frac{10.080\,kNcm}{2 \cdot 0{,}8\,cm \cdot 720\,cm} = 8{,}75\,kNcm^2$$

Torsionsbeanspruchung τ Gurt (340 mm · 10 mm):

$$\tau_{M_T} = \frac{M_T}{2A_m t} = \frac{10.080\,kNcm}{2 \cdot 1{,}0\,cm \cdot 720\,cm} = 7{,}00\,kNcm^2$$

2. Torsion bei dünnwandigen offenen Querschnitten

Für aus Rechtecken zusammengesetzte Querschnitte gilt:

$$\tau_{M_T} = \frac{M_T t}{W_T};\ I_T = \frac{1}{3}\sum_{i=1}^{n} t_i^{\,3} h_i$$

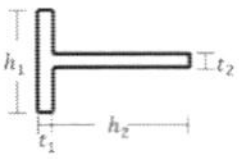

Profil	L	C	T	I
η	0,99	1,12	1,12	1,30

Bei Walzprofilen ist I_T wegen der Ausrundungen mit einem Korrekturfaktor von η zu multiplizieren.

3. Torsion bei dickwandigen Querschnitten

$$\tau_{M_T} = \frac{M_T}{W_T}$$ mit: W_T Torsionswiderstandsmoment (s. Tafel S.10.63)

8.4 Ausmittiger Druck

Bei ausmittigem Druck entsteht eine über den Querschnitt lineare Spannungsverteilung. Je nach Baustoff können Zugspannungen aufgenommen werden. Zwischen Fundament und Baugrund versagt jedoch die Zugzone, weshalb hier nur Druckspannungen übertragen werden können.

Kantenpressungen bei einachsiger Ausmittigkeit

$$e = \frac{M}{R}$$

=

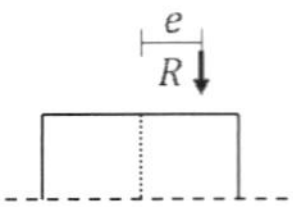

Querschnitt	Belastungs- und Spannungsschema	Lage der resultierenden Kraft	Randspannungen
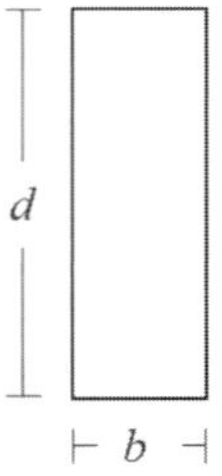	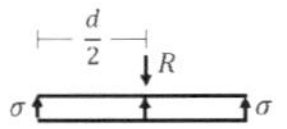	$e = 0$ (R mittig)	$\sigma = \frac{R}{bd}$
	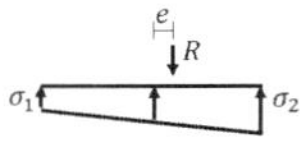	$e < {}^{d}/_{6}$ (R innerhalb des Kerns)	$\sigma_1 = \frac{R}{bd}\left(1 - \frac{6e}{d}\right)$ $\sigma_2 = \frac{R}{bd}\left(1 + \frac{6e}{d}\right)$
	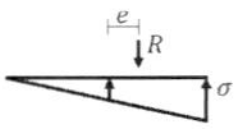	$e = {}^{d}/_{6}$ (R auf dem Kernrand)	$\sigma = \frac{2R}{bd}$
	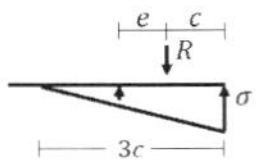	${}^{d}/_{6} < e < {}^{d}/_{3}$ (R außerhalb des Kerns)	$\sigma = \frac{2R}{3bc}$ mit: $c = \frac{d}{2} - e$
	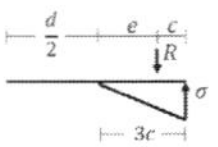	$e = {}^{d}/_{3}$	$\sigma = \frac{4R}{bd}$

Max. Eckpressung bei zweiachsiger Ausmittigkeit

$$\max \sigma = \frac{\mu R}{bd}$$

Tafel: μ-Werte

e_z/b ↑																	
0,32	3,70	3,93	4,17	4,43	4,70	4,99											
0,30	3,33	3,54	3,75	3,98	4,23	4,49	4,78	5,09	5,43								
0,28	3,03	3,22	3,41	3,62	3,84	4,08	4,35	4,63	4,94	5,28	5,66						
0,26	2,78	2,95	3,13	3,32	3,52	3,74	3,98	4,24	4,53	4,84	5,19	5,57					
0,24	2,56	2,72	2,88	3,06	3,25	3,46	3,68	3,92	4,18	4,47	4,79	5,15	5,55				
0,22	2,38	2,53	2,68	2,84	3,02	3,20	3,41	3,64	3,88	4,15	4,44	4,77	5,51	5,57			
0,20	2,22	2,36	2,50	2,66	2,82	2,99	3,18	3,39	3,62	3,86	4,14	4,44	4,79	5,19	5,66		
0,18	2,08	2,21	2,35	2,49	2,64	2,80	2,98	3,17	3,38	3,61	3,86	4,15	4,47	4,84	5,28		
0,16	1,96	2,08	2,21	2,34	2,48	2,63	2,80	2,97	3,17	3,38	3,62	3,88	4,18	4,53	4,94	5,43	
0,14	1,84	1,96	2,08	2,21	2,34	2,48	2,63	2,79	2,97	3,17	3,39	3,64	3,92	4,24	4,63	5,09	
0,12	1,72	1,84	1,96	2,08	2,21	2,34	2,48	2,63	2,80	2,98	3,18	3,41	3,68	3,98	4,35	4,78	
0,10	1,60	1,72	1,84	1,96	2,08	2,20	2,34	2,48	2,63	2,80	2,99	3,20	3,46	3,74	4,08	4,49	4,99
0,08	1,48	1,60	1,72	1,84	1,96	2,08	2,21	2,34	2,48	2,64	2,82	3,02	3,25	3,52	3,84	4,23	4,70
0,06	1,36	1,48	1,60	1,72	1,84	1,96	2,08	2,21	2,34	2,49	2,66	2,84	3,06	3,32	3,62	3,98	4,43
0,04	1,24	1,36	1,48	1,60	1,72	1,84	1,96	2,08	2,21	2,35	2,50	2,68	2,88	3,13	3,41	3,75	4,17
0,02	1,12	1,24	1,36	1,48	1,60	1,72	1,84	1,96	2,08	2,21	2,36	2,53	2,72	2,95	3,22	3,54	3,93
0,00	1,00	1,12	1,24	1,36	1,48	1,60	1,72	1,84	1,96	2,08	2,22	2,38	2,56	2,78	3,03	3,33	3,70
	0,00	0,02	0,04	0,06	0,08	0,10	0,12	0,14	0,16	0,18	0,20	0,22	0,24	0,26	0,28	0,30	0,32
	e_y/d →																

Erläuterungen zur Tafel:

Aus dem Angriffspunkt A der resultierenden Längskraft R ergeben sich die Ausmitten e_y und e_z. Mit den Werten e_y/d und e_z/d kann der zugehörige μ-Wert aus der Tafel entnommen werden. Die maximale Eckspannung beträgt $\sigma = \mu R/(b \cdot d)$. Liegt die resultierende Kraft R im Kern, so ergeben sich μ-Werte unterhalb der Staffellinie. Die μ-Werte oberhalb der Staffellinie ergeben sich bei klaffender Fuge. Bei den Tafelwerten wird die Bedingung eingehalten, dass sich mindestens die Hälfte der Fläche bd an der Druckübertragung beteiligt, d.h. dass im Grenzfall die Nulllinie durch den Schwerpunkt S geht.

Berechnungsbeispiel:

Gegeben:

resultierende Kraft	$R = 45\ kN$
Länge	$d = 49\ cm$
Breite	$b = 36{,}5\ cm$
Ausmitte y	$e_y = 10\ cm$
Ausmitte z	$e_z = 8\ cm$

Aufsicht

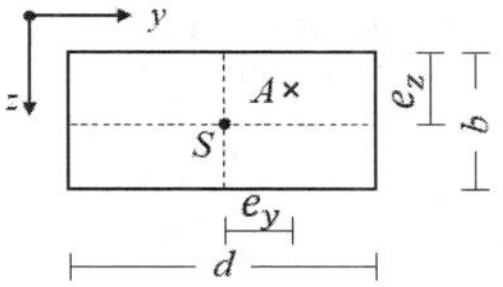

$e_y/d = 0{,}20$
$e_z/b = 0{,}22$

μ-Wert aus Tafel: $\mu = 4{,}44$

$$\max \sigma = \frac{\mu R}{bd} = \frac{4{,}44 \cdot 45\ kN}{49\ cm \cdot 36{,}5\ cm} = 0{,}11\ kN/cm^2$$

11 A Geotechnik
11 B Mauerwerksbau (DIN EN 1996)
11 C Holzbau (mehrgeschossig)

A **GEOTECHNIK** ... 11.2

1 **Geotechnische Ingenieurleistungen – Grundlagen** ... 11.2
1.1 Grundlagen der Planung ... 11.2
1.2 Grundlagen für Nachweise in der Geotechnik ... 11.2

2 **Baugrundgutachten, Gründungsberatung** ... 11.5
2.1 Planung und Dokumentation; Baugrundgutachten ... 11.5
2.2 Baugrunderkundung ... 11.6
2.3 Baugrunduntersuchung im Labor ... 11.12
2.4 Benennung und Klassifizierung von Böden ... 11.13
2.5 Erdbau ... 11.16
2.6 Eigenschaften von Böden ... 11.17
2.7 Mittlere bodenmechanische Kennwerte ... 11.19

3 **Baugrube, Stützkonstruktionen und Wasserhaltung** ... 11.20
3.1 Allgemeines ... 11.20
3.2 Nichtverbaute Baugruben und Gräben ... 11.21
3.3 Grabenverbau ... 11.22
3.4 Stützwände ... 11.22
3.5 Verankerungen, Steifen ... 11.26
3.6 Stützmauern ... 11.27
3.7 Böschungen und Geländesprünge ... 11.29
3.8 Wasserhaltung ... 11.31

4 **Flachgründungen** ... 11.33
4.1 Konstruktion ... 11.33
4.2 Vereinfachter Nachweis des Sohldrucks in Regelfällen ... 11.34
4.3 Vollständige Nachweise ... 11.35

5 **Pfahlgründungen** ... 11.38
5.1 Pfahlarten ... 11.38
5.2 Einwirkungen und Beanspruchungen ... 11.39
5.3 Pfahlwiderstände ... 11.39

B **MAUERWERKSBAU (DIN EN 1996)** ... 11.41

1 **Maßordnung im Hochbau** ... 11.41

2 **Vermaßung von Mauerwerk** ... 11.41

3 **Rohdichteklassen und Festigkeitsklassen gängiger genormter Mauersteine** ... 11.42

4 **Baustoffbedarf** ... 11.43

5 **Mauerwerk nach DIN EN 1996/NA** ... 11.44
5.1 Baustoffe ... 11.44
5.2 Statisch-konstruktive Grundlagen ... 11.46
5.3 Wandarten und Mindestabmessungen ... 11.48
5.4 Schlitze und Aussparungen ... 11.51

6 **Vereinfachte Berechnung nach DIN EN 1996-3/NA** ... 11.52
6.1 Anwendungsgrenzen der vereinfachten Berechnungsmethoden ... 11.52
6.2 Mauerwerksdruckfestigkeit ... 11.54
6.3 Tragfähigkeitsnachweis ... 11.56
6.4 Knicklängenermittlung ... 11.57
6.5 Traglastbeiwerte und Bemessungstafeln zur Bestimmung der aufnehmbaren Normalkraft ... 11.58
6.6 Mindestauflast bei überwiegender Biegebeanspruchung ... 11.63
6.7 Kelleraußenwände ... 11.64

C **HOLZBAU (mehrgeschossig)** ... 11.65

1 **Vorbemerkungen** ... 11.65

2 **Entwurfsprinzipien** ... 11.66

3 **Baustoffe** ... 11.68
3.1 Kennzeichnung von Produkten, Produktnormen ... 11.68
3.2 Vollholzprodukte ... 11.69
3.3 Holzwerkstoffe ... 11.74
3.4 Klebstoffe ... 11.77
3.5 Verbindungsmittel ... 11.77

4 **Holzbauelemente** ... 11.80
4.1 Stützen ... 11.80
4.2 Holztafeln (HT) ... 11.81
4.3 Brettstapelholz (BStH) ... 11.82
4.4 Kastendecken (KaD) ... 11.83
4.5 Brettsperrholz (BSPH) ... 11.84
4.6 Holz-Beton-Verbunddecken (HBV) ... 11.85

5 **Anforderungen** ... 11.88
5.1 Tragwerk ... 11.88
5.2 Baulicher Holzschutz ... 11.89
5.3 Brandschutz ... 11.91
5.4 Schallschutz ... 11.93
5.5 Bautoleranzen ... 11.95

6 **Vorbemessung** ... 11.96

7 **Holz im Lebenszyklus** ... 11.100

8 **Querschnitte** ... 11.103

11 A Geotechnik

Prof. Dr.-Ing. habil. Jens Engel
(unter Mitwirkung von Prof. Dr.-Ing. U. Bartl)

1 Geotechnische Ingenieurleistungen – Grundlagen

1.1 Grundlagen der Planung

Die Geotechnik liefert Ergebnisse, die in unterschiedlichen Leistungsbildern gemäß HOAI „Honorarordnung für Architekten und Ingenieure" berücksichtigt werden müssen. Dies betrifft insbesondere die Leistungen für:

- Objektplanung: Leistungen bei Ingenieurbauwerken
- Verkehrsanlagen: Leistungen bei Verkehrsanlagen
- Statik: Tragwerksplanung.

Leistungen für die Baugrundbeurteilung und Gründungsberatung sind in der HOAI den Beratungsleistungen zugeordnet und im Abschnitt 1.3 „Geotechnik" (Anlage 1 zu § 3 – Beratungsleistungen) zusammengefasst. Die Grundleistungen des Leistungsbilds Geotechnik umfassen die in der nachfolgenden Tabelle aufgeführten Anteile.

	Beschreibung	Umfang
1	Klären der Aufgabenstellung, Ermittlung der Baugrundverhältnisse auf Grund der vorhandenen Unterlagen; Festlegen der erforderlichen Baugrunderkundungen;	15 %
2	Auswerten und Darstellen der Baugrunderkundungen sowie der Labor- und Feldversuche; Abschätzen des Schwankungsbereiches von Wasserständen im Boden; Baugrundbeurteilung; Festlegen der Bodenkennwerte;	35 %
3	Beurteilung der Baugrund- und Grundwasserverhältnisse, Empfehlungen, Hinweise, Angaben zur Bemessung der Gründung Empfehlung für die Gründung mit Angabe der geotechnischen Bemessungsparameter (zum Beispiel Angaben zur Bemessung einer Flächen- oder Pfahlgründung), Angabe der zu erwartenden Setzungen, Hinweise zur Herstellung und Trockenhaltung der Baugrube und des Bauwerks, Angaben zur Auswirkung der Baumaßnahme auf Nachbarbauwerke, Allgemeine Angaben zum Erdbau, Angaben zur geotechnischen Eignung von Aushubmaterial zur Wiederverwendung bei der betreffenden Baumaßnahme sowie Hinweise zur Bauausführung	50 %

Die Ergebnisse der geotechnischen Untersuchungen und der geotechnischen Beratung werden in Berichten und Gutachten zusammengefasst. Vor Erstellung dieser Dokumente sind Aufwendungen

a) für die Erkundung des Baugrunds,
b) für Untersuchungen zur Feststellung der Eigenschaften von Boden und Fels, einschließlich der Überprüfung der Wiedereinbaubarkeit,
c) für Sonderleistungen, z. B. für Vermessungsleistungen oder weitergehende chemische Analysen,

erforderlich. Diese müssen gesondert kalkuliert werden und sind nicht in den Aufwendungen für Ingenieurleistungen enthalten.

1.2 Grundlagen für Nachweise in der Geotechnik

Für das gesamte Bauwesen werden die Grundlagen der Tragwerksplanung in DIN EN 1990 (Eurocode EC) einheitlich geregelt. Dies betrifft u. a. die Definition und Bezeichnung der Grenzzustände, die Festlegung der Bemessungssituationen und die Regeln für die Berechnung der Beanspruchungen und Widerstände. Die durch den Eurocode erreichte Vereinheitlichung der Begriffe und Definitionen ist im Bereich der Geotechnik mit dem EC 7-1 (DIN EN 1997-1) übernommen worden. Neben der europäischen Norm DIN EN 1997-1 sind weitere nationale Dokumente zu beachten, die gemeinsam mit dem EC-7 zu einem Normenhandbuch zusammengefasst werden sollen:

- DIN EN 1997-1 Eurocode 7: enthält die allgemein in Europa geltenden Regelungen
- DIN EN 1997-1-NA 1: Nationaler Anhang zur DIN EN 1997-1

– Nationale Anwendungsregeln: Besondere Regelungen, DIN 1054.

1.2.1 Bemessungssituationen, Grenzzustände

Die Nachweise sind für alle maßgebenden Bemessungssituationen (BS-P „Persistent – ständig“, BS-T „Transient – vorübergehend“, BS-A „außergewöhnlich“, BS-E „Erdbeben“) für den Grenzzustand der Tragfähigkeit (ULS) und den Grenzzustand der Gebrauchstauglichkeit (SLS) zu führen.

- **EQU** (equilibrium): Gleichgewichtsverlust des als Starrkörper angenommenen Tragwerks oder des Baugrunds, Festigkeiten des Baugrunds oder der Baustoffe sind nicht entscheidend. Es werden damit Kippen und Abheben erfasst.
- **STR** (structural): Versagen oder sehr große Verformungen des Tragwerks, einschließlich Fundamente, Pfähle usw., Festigkeiten der Baustoffe sind für den Widerstand entscheidend. Ermittlung der Schnittgrößen und Nachweis der inneren Abmessungen.
- **GEO** (geotechnical): Versagen oder sehr große Verformungen, Festigkeiten des Baugrunds sind für den Widerstand entscheidend. Unterschieden wird in Nachweis der äußeren Abmessungen (GEO-2) und Nachweis der Gesamtstandsicherheit (GEO-3).
- **UPL** (uplift): Gleichgewichtsverlust von Bauwerk oder Baugrund infolge von Wasserdruck oder anderer Vertikalkräfte. Aufschwimmen.
- **HYD** (hydraulic): Versagen durch Strömungsgradienten, hydraulischer Grundbruch, innere Erosion, Piping.

Die Einwirkungen sind dann stets **als charakteristische** bzw. repräsentative **Werte** F_k bzw. F_{rep} **in die Berechnung einzuführen**. Erst bei der Aufstellung der Grenzzustandsbedingung sind die mit diesen Werten ermittelten charakteristischen bzw. repräsentativen Beanspruchungen in Form von Schnittgrößen (z. B. Querkräfte, Auflagerkräfte, Biegemomente) oder Spannungen mit dem Teilsicherheitsbeiwert γ_F und ggf. mit den Kombinationsbeiwerten ψ für Einwirkungen bzw. Beanspruchungen in Bemessungswerte E_d der Beanspruchungen umzurechnen.

1.2.2 Einwirkungen, Beanspruchungen

Einwirkungen aus Bauwerken (Gründungslasten) ergeben sich aus der statischen Berechnung des aufliegenden Tragwerks. Für die geotechnische Bemessung sind diese für jede kritische Einwirkungskombination als charakteristische bzw. repräsentative Schnittgrößen in Höhe der Oberkante der Gründungskonstruktion anzugeben. Bei der Ermittlung der charakteristischen bzw. repräsentativen Gründungslasten ist wie folgt vorzugehen:

- Bei der linearen Schnittgrößenermittlung werden die charakteristischen Werte $E_{G;k}$ und $E_{Q,rep}$ der Beanspruchungen in den Gründungsfugen unmittelbar übergeben.
- Führen Verkantungen des Fundaments zu nennenswerten Zusatzbeanspruchungen (z. B. Türme auf Fundamentplatten), sind die Schnittgrößen nach Theorie II. Ordnung zu berücksichtigen.

1.2.3 Widerstände

Bei der Ermittlung der Widerstände wird unterschieden in die Gruppen „Widerstände von Bauteilen und Boden“ – anzuwenden für die Grenzzustände GEO-2 und STR – und „Materialwiderstände des Bodens“. Die zweite Gruppe ist nur maßgebend bei Nachweisen des Grenzzustands GEO-3 (Gesamtstandsicherheit). Dabei werden die Materialwiderstände mit Bemessungswerten der Scherfestigkeit berechnet. Für die Grenzzustände GEO-2 und STR werden die Widerstände als charakteristische Größen R_k mit charakteristischen Werten berechnet und mit Teilsicherheitsbeiwerten γ_R in Bemessungswerte umgewandelt.

Nachweisführung

Im Eurocode EC 7-1 sind drei Nachweisverfahren zugelassen:

Verfahren 1: Untersuchung von zwei Kombinationen von Teilsicherheitsbeiwerten. Dieses Verfahren ist in Deutschland ausgeschlossen.

Verfahren 2: Beanspruchungen werden mit Teilsicherheitsbeiwerten vergrößert, Widerstände mit Teilsicherheitsbeiwerten abgemindert. In der Geotechnik wird die Berechnung mit charakteristischen Werten durchgeführt, Teilsicherheitsbeiwerte werden am Ende zur Umrechnung der charakteristischen Schnittgrößen in Bemessungsschnittgrößen angewendet (STR und GEO-2).

Verfahren 3: Die Scherparameter werden mit Teilsicherheitsbeiwerten abgemindert, nur veränderliche Einwirkungen werden mit Teilsicherheiten erhöht (GEO-3).

1.2.4 Grenzzustand der Tragfähigkeit – ULS

Nachweisverfahren 2 für STR und GEO-2

Nachweis der bodenmechanisch bedingten Abmessungen, Nachweis der von der Materialfestigkeit abhängigen Abmessungen, Grenzzustand des Versagens von Bauwerken, Bauteilen und Baugrund.

1. Bauwerk mit Abmessungen entwerfen, statisches System wählen.
2. Berechnung der charakteristischen Einwirkungen F_{ki} berechnen (Auflasten, Erddruck usw.)
3. Ermittlung der charakteristischen bzw. repräsentativen Beanspruchungen (Spannungen oder Schnittgrößen: Auflagerkräfte, Querkräfte, Biegemomente) in allen für die Bemessung maßgebenden Schnitten, getrennt für ständige, regelmäßig auftretende veränderliche und begleitende veränderliche Einwirkungen für die maßgebenden Bemessungssituationen. Dazu ist es u. U. sinnvoll, zuerst die Beanspruchungen infolge ständiger und veränderlicher Lasten gemeinsam zu berechnen und von diesen die Beanspruchung infolge ständiger Lasten abzuziehen, um den Anteil der veränderlichen Beanspruchung zu bestimmen.
4. Ermittlung der charakteristischen Widerstände $R_{k,i}$ getrennt für Konstruktionsteile und Boden (z. B. Grundbruchwiderstand) durch Berechnung, Probebelastung oder auf Grundlage von Erfahrungswerten.
5. Ermittlung der Bemessungswerte der Beanspruchungen durch Multiplikation der charakteristischen Werte mit Teilsicherheitsbeiwerten für Einwirkungen $E_{d,i} = E_{ki} \cdot \gamma$.
6. Ermittlung der Bemessungswerte der Widerstände durch Division des charakteristischen Widerstands mit einem Teilsicherheitsbeiwert $R_{d,i} = R_{ki} / \gamma_R$.
7. Nachweis der Einhaltung der Grenzzustandsbedingung $\sum E_{di} \le \sum R_{di}$.

Gesamtstandsicherheit: Nachweisverfahren 3 für GEO-3

Versagen durch Verlust der Gesamtstandsicherheit. Dieses Nachweisverfahren wird beim Nachweis gegen Böschungs- und Geländebruch und in der Regel beim Nachweis der Standsicherheit konstruktiver Hangsicherungen verwendet. Teilsicherheiten werden auf die Einwirkungen bzw. Beanspruchungen und auf die Baugrundkennwerte angewendet. Die charakteristischen Werte der Scherfestigkeit sind in Bemessungswerte umzurechnen.

Aufschwimmen – UPL

Für den Auftriebsfall ist nachzuweisen, dass der Bemessungswert der Summe der destabilisierenden vertikalen Einwirkungen $V_{dst,d}$ kleiner oder gleich der Summe des Bemessungswerts der stabilisierenden ständigen vertikalen Einwirkungen $G_{stb,d}$ und eines eventuellen zusätzlichen Auftriebs-Widerstands R_d ist.

Hydraulischer Grundbruch – HYD

Es ist nachzuweisen, dass der Bemessungswert der destabilisierenden Strömungskraft $S_{dst;d}$ für jedes in Frage kommende Bodenprisma kleiner ist als der Bemessungswert des stabilisierenden Gewichts unter Auftrieb $G'_{stb,d}$: $S_{dst,d} \le G'_{stb,d}$

1.2.5 Grenzzustand der Gebrauchstauglichkeit – SLS

Es ist nachzuweisen, dass der Bemessungswert einer Beanspruchung E_d kleiner oder gleich groß ist wie der Bemessungswert C_d für die Begrenzung einer Beanspruchung: $E_d \le C_d$

Grenzwerte für die Begrenzung der Beanspruchung beziehen sich im Regelfall auf Verformungen.

Diese Grenzwerte müssen während der Planung eines Bauwerks vereinbart werden. Im Einzelfall können auch weitere Kriterien maßgebend sein.

Der Nachweis kann auch dadurch geführt werden, dass ein hinreichend geringer Anteil der Bodenfestigkeit mobilisiert wird, sodass die Verformungen innerhalb der für die Gebrauchstauglichkeit geforderten Grenzen bleiben. Voraussetzung für diesen vereinfachten Nachweis ist, dass die Größe der Verformung beim Nachweis der Gebrauchstauglichkeit nicht erforderlich ist und vergleichbare Erfahrungen unter ähnlichen Bedingungen (Baugrund, Tragwerk) vorliegen.

2 Baugrundgutachten, Gründungsberatung

2.1 Planung und Dokumentation; Baugrundgutachten

2.1.1 Ziele geotechnischer Untersuchungen

Ziel ist es, das dem Bauherrn auferlegte Baugrundrisiko zu begrenzen und eine wirtschaftliche Gründung sicherzustellen. Für Bauzustände und den Endzustand sind Informationen und Daten bereitzustellen, um die Risiken von Unfällen, Bauverzögerungen und Schäden abdecken zu können. Es sind durch die geotechnischen Untersuchungen folgende Sachverhalte zu beurteilen:

- Eignung von Bauverfahren, Gründungsarten bzw. Stützkonstruktionen
- Verformungen durch Bauwerk und Baumaßnahme (räumliche Verteilung und zeitlicher Verlauf) sowie Möglichkeiten zur Sicherung des verträglichen Zusammenwirkens von Bauwerk und Baugrund (z. B. Wahl des statischen Systems, Gründungsart)
- Nachweis der Sicherheit gegen Grenzzustände (z. B. Grundbruch, Geländebruch, Aufschwimmen, Gleiten, Hangstabilität, Knicken von Pfählen)
- Einwirkungen des Baugrunds auf das Bauwerk (z. B. Erddruck, Seitendruck auf Pfähle) in Abhängigkeit von der konstruktiven Gestaltung
- Auswirkungen des Bauwerks auf die Umgebung einschließlich der während der Baudurchführung erforderlichen Maßnahmen (z. B. Grundwasserabsenkung, Ausbildung der Baugrube)
- eingetretene oder zu erwartende Kontaminationen (Art und Ausdehnung, Grundwasserströmung) und Wirkung von Maßnahmen zur Eingrenzung oder Beseitigung.

Voraussetzung: Zusammenwirken zwischen Sachverständigem für Geotechnik und Objekt- bzw. Tragwerksplanern. Geotechnische Untersuchungen bereits ab Grundlagenermittlung erforderlich.

2.1.2 Unterlagen, Informationsquellen

Grundlage für die Planung der Untersuchungen sind Angaben zum Bauvorhaben und zum Standort. Dies umfasst folgende Unterlagen:

- Lageplan mit Angaben zum geplanten Bauobjekt
- Grundrisse und Schnitte (Entwurfsplanung) mit NN-Höhen
- Annahmen über die zu erwartenden Einwirkungen (Lasten, dynamische Einwirkungen)
- geplante Konstruktion (insbesondere Nutzung der unter der GOF befindlichen Räume).

Durch den Sachverständigen für Geotechnik sind alle Informationsquellen auszuwerten, die Angaben zu den Baugrundeigenschaften der durch die Baumaßnahme beanspruchten Schichten liefern. Quellen, die dafür benutzt werden können, sind zum Beispiel:

- topographische Karten, alte kommunale Karten, die die frühere Nutzung des Geländes beschreiben, geologische Karten einschließlich der Erläuterungen, ingenieurgeologische Karten, hydrogeologische Karten
- Luftbilder und frühere Bildauswertungen, geophysikalische Untersuchungen aus der Luft
- frühere Untersuchungen im Planungsbereich und in seiner Umgebung, frühere Erfahrungen aus der Gegend
- Ortsbesichtigungen, Zustand der Bauwerke angrenzender Grundstücke, Gründungstiefen, offene Gewässer, Brunnen
- Datensammlungen, GIS-Systeme (Geologische Landesämter, Behörden).

2.1.3 Geotechnischer Untersuchungsbericht – geotechnischer Entwurfsbericht

Nach DIN EN 1997-1 sind die Ergebnisse der Baugrunderkundung als Grundlage für die Planung in einem geotechnischen Untersuchungsbericht zusammenzufassen. Der Untersuchungsbericht soll Teil des geotechnischen Entwurfsberichts sein und folgende Informationen enthalten:

- Darstellung der geotechnischen Befunde einschließlich geologischer Eigenschaften
- geotechnische Bewertung mit Angabe.

Die Befunde sind vollständig zu dokumentieren. Dies umfasst die Zusammenstellung aller Feld- und Laborarbeiten und die Dokumentation der angewendeten Verfahren. Die Dokumentation muss auf der Grundlage der in DIN EN 1997-2 beschriebenen Versuchsberichte erstellt werden. Außerdem sollte der Bericht Folgendes enthalten:

- die Namen aller Berater und Subunternehmer; Zweck und Umfang der Baugrunderkundung; Zeitraum der Untersuchungen, Geländebeschreibung
- Geologie des Baugrundstücks einschließlich von Störzonen, örtliche Erfahrung in dem Gebiet
- bei Probenahme, Transport und Lagerung der Proben, angewendete Verfahren
- tabellarische Aufstellung der ausgeführten Feld- und Laborarbeiten
- Darstellung der Beobachtungen vor Ort
- zeitliche Grundwasserspiegel-Schwankungen
- Zusammenstellung der Bohrergebnisse, Bohrkern-Fotos
- Beschreibung der Schichtenfolge
- Feld- und Laborversuchsergebnisse in Anlagen.

Die Voraussetzungen, Vorgaben, Rechenverfahren und die Ergebnisse der Nachweise der Sicherheit und Gebrauchstauglichkeit müssen im geotechnischen Entwurfsbericht dokumentiert werden.
Der geotechnische Entwurfsbericht sollte auf den geotechnischen Untersuchungsbericht und andere Unterlagen Bezug nehmen.

- Beschreibung der vorgesehenen Baumaßnahme, einschließlich der Einwirkungen
- Zusammenstellung der verwendeten Unterlagen, Normen und Richtlinien
- Beschreibung des Baugrundstücks und seiner Umgebung
- Beschreibung der Baugrundverhältnisse
- Bemessungswerte für die Boden- und Felseigenschaften
- Feststellungen zur Eignung des Baugrundstücks für die geplante Konstruktion und der Höhe akzeptabler Risiken
- geotechnische Berechnungen und Zeichnungen, Empfehlungen zur Gründung
- Hinweis auf Dinge, die während der Bauausführung zu kontrollieren sind oder die eine Instandhaltung oder Kontrollmessungen erfordern.
- Folgerungen, Empfehlungen, Hinweise (Stellungnahme zur geotechnischen Kategorie des Bauwerks, Hinweise und Empfehlungen für die geotechnische Entwurfsbearbeitung der baulichen Anlage, z. B. Ausbildung der Baugrube, Wasserhaltung, Gründungsart).

2.2 Baugrunderkundung

2.2.1 Geotechnische Kategorien

Einordnung der Baumaßnahme nach Schwierigkeitsgrad der Konstruktion, der Baugrundverhältnisse sowie der Wechselwirkungen mit der Umgebung (DIN EN 1997-1, DIN 4020).

Kategorie 1: einfache bauliche Anlagen, einfache und übersichtliche Baugrundverhältnisse.

Mindestanforderungen: Informationen über allgemeine Baugrundverhältnisse und örtliche Bauerfahrung, Erkundung der Boden- oder Gesteinsarten sowie ihre Schichtung, Abschätzung der Grundwasserverhältnisse, Besichtigung der ausgehobenen Baugrube.

Beispiele: Stützenlasten < 250 kN, Streifenlasten < 100 kN/m, Stützmauern oder Baugruben mit einer Höhe < 2 m, Dämme bis 3 m Höhe unter Verkehrswegen, Gründungsplatten, die nach empirischen Regeln bemessen werden, Gräben oberhalb des Grundwasserspiegels bis 2 m Tiefe, waagerechtes bzw. schwach geneigtes Gelände, Baugrund tragfähig mit geringer Setzungsneigung, Grundwasser unter Aushubsohle, Bauwerk gegen örtliche Erdbebenbelastung unempfindlich, umgebende Bauwerke oder bauliche Anlagen werden nicht gefährdet.

Kategorie 2: umfasst Bauwerke und Baugrundverhältnisse mittleren Schwierigkeitsgrads. Zahlenmäßiger Nachweis der Sicherheit sowie ingenieurmäßige Bearbeitung mit geotechnischen Kenntnissen und Erfahrungen erforderlich.

Mindestanforderungen: Direkte Aufschlüsse, zu untersuchende Bodenkenngrößen sind durch Versuche zu bestimmen. Korrelationen dürfen hilfsweise mit herangezogen werden.

Kategorie 3: Bauwerke und Baugrundverhältnisse hohen Schwierigkeitsgrads. Zur Bearbeitung sind vertiefte geotechnische Kenntnisse und Erfahrungen erforderlich. Sicherheit ist zahlenmäßig nachzuweisen.
Beispiele: tiefe Baugruben, besonders hohe Lasten, Pfahlgründungen mit besonderer Beanspruchung, Staudämme/Deiche (Druckhöhenunterschied des Wassers $\Delta h > 2$ m), Flugplatzbefestigungen, Hohlraumbauten, weit gespannte Brücken, hohe dynamische Lasten, kerntechnische Anlagen.

Voruntersuchung: Sichtung und Bewertung vorhandener Unterlagen, geologische Beurteilung, weitmaschiges Untersuchungsnetz, stichprobenartige Feststellungen von maßgebenden Baugrundkennzahlen.

Hauptuntersuchung: Erkundung der Konstruktionsmerkmale und Gründungsverhältnisse der angrenzenden baulichen Anlagen. Beurteilung der Baugrundverhältnisse durch direkte und indirekte Aufschlüsse, Feldversuche, Probebelastungen, Pumpversuche, Dichtheitsprüfungen, Laboruntersuchungen. Beschränkungen des Untersuchungsaufwands sind zu begründen.

2.2.2 Umfang von Aufschlüssen

Der Umfang ist abhängig von den maßgebenden Baugrundeigenschaften und Kenngrößen für die jeweilige Baumaßnahme sowie der Untersuchung der Grundwasserverhältnisse. Anordnung und Abstände der Aufschlüsse sind so zu wählen, dass ausreichende Informationen über Zusammensetzung und räumlichen Verlauf der Schichten und Trennflächen sowie der Grundwasserverhältnisse im Baugrund gewonnen werden.

Anordnung in Rastern oder Schnitten, bevorzugt an Eckpunkten des Grundrisses, bei Linienbauten an Geländesprüngen und Hängen auch außerhalb der Trasse; ohne Gefährdung des Bauwerks, der Nachbarschaft oder der Wasserverhältnisse anordnen.

Rasterabstände Hoch- und Ingenieurbauten 15 bis 40 m; großflächige Bauwerke max. 60 m; Linienbauwerke 20 bis 200 m; Sonderbauwerke 2 bis 6 Aufschlüsse je Fundament. Staumauern, Staudämme, Wehre 25 bis 75 m in charakteristischen Schnitten. Langgestreckte Wände 25 bis 50 m.

Aufschlusstiefe z_a muss alle Schichten, die durch das Bauwerk beansprucht werden, und die hydrologischen Verhältnisse erfassen. Bezugsebene für z_a ist Bauwerks- oder Bauteilunterkante, Aushub- oder Ausbruchsohle. Es gilt jeweils der größere Wert für z_a.

- Hoch- und Ingenieurbauten (Abb. 11.7a):
  a) $z_a \geq 3b_F$; $z_a \geq 6$ m (b_F kleineres Fundamentmaß)
  b) bei Plattengründungen, Bauwerke mit mehreren Gründungskörpern, deren Einflüsse sich überlagern
  $z_a \geq 1{,}5b_B$ (b_B kleineres Bauwerksmaß)

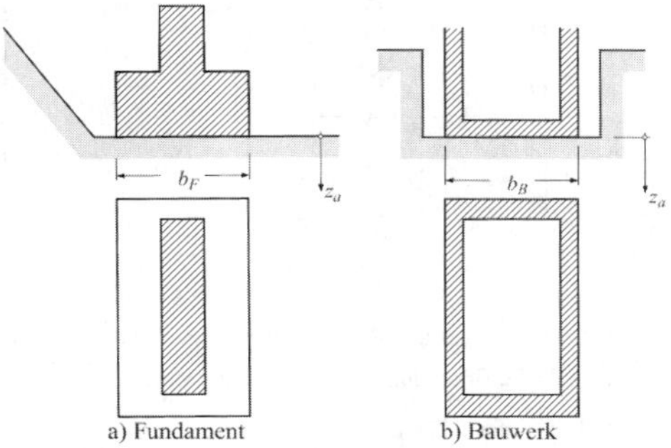

Abb. 11.7a Erkundungstiefen bei Hoch- und Ingenieurbauten

- Erdbauwerke (Abb. 11.7b):
  a) Dämme: $0{,}8h < z_a < 1{,}2h$; $z_a \geq z$ ($\Delta\sigma_{Damm} \leq 0{,}2\sigma_{insitu}$); $z_a \geq 6$ m
  b) Einschnitte: $z_a \geq 2$ m; $z_a \geq 0{,}4h$ (h Dammhöhe bzw. Einschnitttiefe)

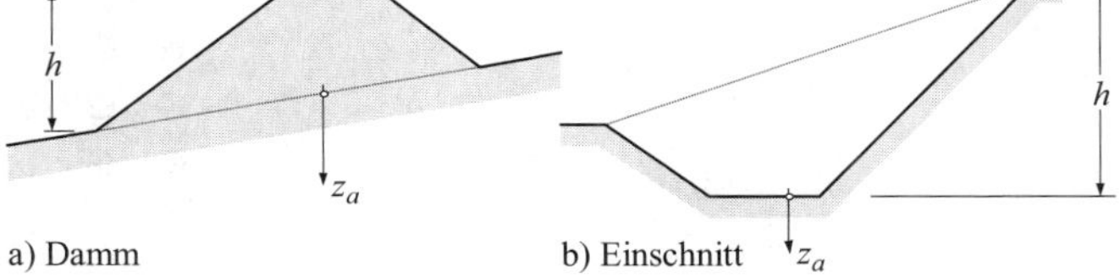

Abb. 11.7b Erkundungstiefen bei Erdbauwerken

- Dichtungswände (Abb. 11.8a): $z_a \geq 2$ m unter Oberfläche des Grundwassernichtleiters
- Hohlraumbauwerke (Abb. 11.8b): $b_{Ab} < z_a < 2\,b_{Ab}$ (b_{Ab} Ausbruchtiefe)

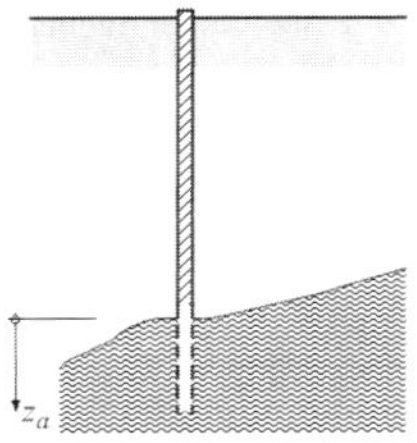

Abb. 11.8a Erkundungstiefen bei Dichtwänden

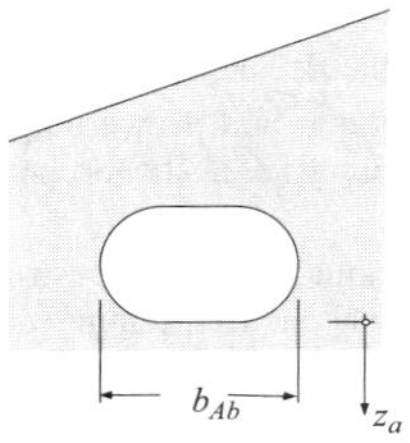

Abb. 11.8b Erkundungstiefen bei Hohlraumbauten

- Baugruben (Abb. 11.8c):
  a) Grundwasserspiegel unter Baugrubensohle:
  $z_a \geq 0{,}4\,h$; $z_a \geq t + 2$ m (t Einbindetiefe der Umhüllung, h Baugrubentiefe)
  b) Grundwasserspiegel über der Baugrubensohle:
  $z_a \geq H + 2$ m; $z_a \geq t + 2$ m;
  wenn bis zu dieser Tiefe kein Grundwasserhemmer angetroffen wird, dann $z_a \geq t + 5$ m
  (H Höhe des Grundwasserspiegels über Baugrubensohle)

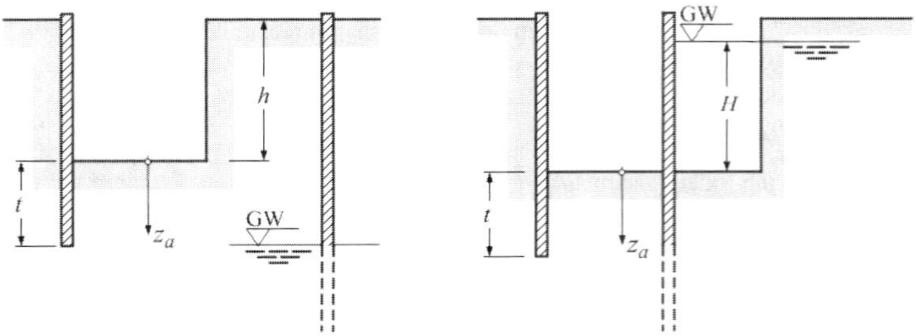

a) Grundwasserspiegel unterhalb der Baugrubensohle b) Grundwasserspiegel oberhalb der Baugrubensohle

Abb. 11.8c Erkundungstiefen bei Baugruben

- Pfähle (Abb. 11.8d):
  $z_a \geq b_g$, $z_a \geq 5$ m, $z_a \geq 3\,D_F$
  (D_F Pfahlfußdurchmesser,
  b_g kleineres Maß eines Rechtecks in der Fußebene, das die Pfahlgruppe umschließt)

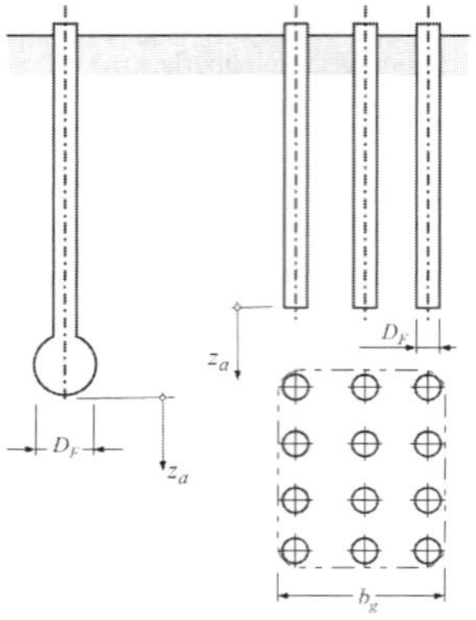

Abb. 11.8d Erkundungstiefen bei Pfahlgründungen

2.2.3 Aufschlussverfahren

Verfahren zur Erkundung des Baugrunds. Direkte und indirekte Erkundungsverfahren sind kombiniert einzusetzen. Abhängig von der Baugrundsituation und den verfügbaren Vorinformationen soll das Erkundungsprogramm unter Beachtung der erforderlichen Erkundungstiefen und Erkundungsabstände durch einen Sachverständigen für Geotechnik geplant werden.

Direkte Aufschlussverfahren: vorgegebene, einsehbare Aufschlüsse (Anschnitte, Flanken von Flussläufen usw.). Bohrungen (DIN EN ISO 22 475-1). Begehbare Stollen. Schurf (künstlich hergestellte Grube/Graben) – nach DIN 4124 – zur Einsichtnahme und zur Entnahme von Proben.

Felduntersuchungen (indirekte Aufschlussverfahren; DIN EN 1997-2)

a) Rammsondierungen: Verfahren DIN EN ISO 22 476-2, Auswertung DIN EN 1997-2:2007, Einrammen einer Sonde mittels Fallgewicht. Messgröße – Anzahl Schläge für 10 bzw. 20 cm Eindringung. Zur Bestimmung der Lagerungsdichte grobkörniger Böden empfohlen.

b) Bohrlochrammsondierung (DIN EN ISO 22476-14): Sonde wird von der Bohrlochsohle ca. 45 cm eingerammt. Messgröße ist der Eindringwiderstand N_{30} (Schlagzahl für Eindringtiefe 30 cm). Gerät und Auswertung in Deutschland durch DIN 4094-2 genormt. Standard-Penetration-Test unterscheidet sich bezüglich Gerät und Auswertung in einigen Details (DIN EN ISO 22 476-3).

c) Drucksondierungen (DIN EN ISO 22 476-1, cone-penetration-test): Eindrücken einer Sonde in den Untergrund mit gleichbleibender Geschwindigkeit. Sondenwiderstand ist die Summe von Spitzenwiderstand (q_c in MN/m^2) und Mantelreibung (f_s in MN/m^2).

d) Weitere Versuche: Flügelscherversuch (DIN EN ISO 22476-9), Bohrlochaufweitungsversuche (DIN EN ISO 22 476-4, -5, -7).

e) Geophysikalische Verfahren: Anwendung nur in Verbindung mit direkten Aufschlussverfahren (Bohrungen, Schürfe) empfohlen. Geeignet zur Feststellung von Bereichen mit unterschiedlichen physikalischen Eigenschaften (Felsoberkante). Zur Voruntersuchung großer Flächen geeignet. Beispiele: Geoelektrik, Gravimetrie, Elektromagnetik, Seismik, Geothermik.

2.2.4 Güteklassen für Bodenproben (DIN EN 1997-2)

Für die Laborversuche sind bestimmte Güteklassen der Bodenproben erforderlich.

Güteklasse	unverändert in 1)	Im Wesentlichen feststellbar	Entnahmekategorie
1 2)	Z, w, ρ, k, E_S, τ_f	Feinschichtgrenzen, Kornzusammensetzung, $\rho, w, w_L, w_P, I_C, e_{max}, e_{min}, \rho_S$, organische Bestandteile, Wasserdurchlässigkeit, Steifemodul, Scherfestigkeit	
2	Z, w, ρ, k	Feinschichtgrenzen, Kornzusammensetzung, $\rho, w, w_L, w_P, I_C, e_{max}, e_{min}, \rho_S$, organische Bestandteile, Wasserdurchlässigkeit	
3	Z, w	Schichtgrenzen, Kornzusammensetzung, $w, w_L, w_P, I_C, e_{max}, e_{min}, \rho_S$, organische Bestandteile	A, B
4	Z	Schichtgrenzen, Kornzusammensetzung, $w_L, w_P, e_{max}, e_{min}, \rho_S$, organische Bestandteile	C, D
5		Schichtenfolge	E

1) Es bedeuten: Z Kornzusammensetzung, w Wassergehalt, ρ Dichte des feuchten Bodens, E_S Steifemodul, τ_f Scherfestigkeit, k Wasserdurchlässigkeit.

2) Bei Güteklasse 1 ist das Korngefüge unverändert.

Bei grobkörnigen Böden Entnahme von Proben der Güteklassen 1 und 2 nur mit Spezialverfahren (Frost) möglich.

Tafel 11.10 Bohrverfahren zur Gewinnung durchgehender Kerne

Bohrverfahren				Gerät		Eignung des Bohrverfahrens[d]		erreichbare Entnahmekategorie[e]	Erreichbare Güteklasse[e]	Bemerkungen
Lösen[b]	Spülhilfe	Fördern der Probe mit	Bezeichnung	Werkzeug	Richtwerte Bohraußendurchmesser[a] mm	ungeeignet für[d]	bevorzugt einsetzbar für[d]			
drehend	nein	Entnahmewerkzeug	Rotationstrockenkernbohrverfahren[c]	Einfachkernrohr	100 bis 200	Grobkies, Steine, Blöcke	Ton, Schluff, Feinsand	D	4 (2-3)	mittig gut, außen getrocknet
				Hohlbohrschnecke	100 bis 300		Ton, Schluff, Sand, organische Böden	B (A)	3 (1-2)	–
	ja	Entnahmewerkzeug	Rotationskernbohrverfahren	Einfachkernrohr	100 bis 200	nichtbindige Böden	Ton, tonige, auch verkittete gemischtkörnige Böden, Blöcke	D	4 (2-3)	–
				Doppelkernrohr[a]				D (A-B)	3 (1-2)	
				Doppelkernrohr mit eingelegter fester Kernumhüllung[a]				A	1	
	ja	Entnahmewerkzeug	Rotationskernbohrverfahren	Doppel-/ mit eingelegter fester Kernumhüllung[a] Verschneidkrone oder Vorsatz	100 bis 200	Kies, Steine, Blöcke	Ton, Schluff	B (A)	2 (1)	–
	nein	Entnahmewerkzeug	Schneckenbohrverfahren	Gestänge mit Schappe, Schnecke oder Hohlbohrschnecke	100 bis 2000	Blöcke größer als $D_e/3$	über GW-Oberfläche alle Böden, unter GW-Oberfläche alle bindigen Böden	D (C)	4 (3)	–
	ja	Umkehrspülung	Umkehrspülbohrverfahren	Gestänge mit Hohlmeißel	150 bis 1300	-	alle Böden	E (D)	5 (4)	–
	nein	Entnahmewerkzeug	Handdrehbohrverfahren	Schappe, Schnecke, Spirale	40 bis 80	Grobkies größer als $D_e/3$, dicht gelagerte Böden und unter Grundwasseroberfläche nicht bindige Böden	über GW-Oberfläche Ton bis Mittelkies; unter Grundwasseroberfläche bindige Böden	E[f]	5	nur für geringe Tiefen
rammend	nein	Entnahmewerkzeug	Rammkernbohrverfahren	Rammrohr mit Schnittkante innen; auch mit Hülse oder Schnecke (oder Hohlbohrschnecke)[b]	80 bis 200	Böden mit Korndurchmessern größer als $D_e/3$, feingeschichtete Böden, z.B. Warven	Ton, Schluff und Böden mit Korndurchmessern bis höchstens $D_e/3$	bB: B (A)	2 (1)	Rammdiagramm, Messung der Schlagzahl
								nB: C (B)	3 (2)	
	nein	Entnahmewerkzeug	Rammbohrverfahren	Rammkernrohr mit Schnittkante außen[b]	150 bis 300	Böden mit Korndurchmessern größer als $D_e/3$	Kies und Böden mit Korndurchmessern bis höchstens $D_e/3$	D	4	
	nein	Entnahmewerkzeug	Kleinrammbohrverfahren	Rammgestänge mit Entnahmerohr	30 bis 80	Böden mit Korndurchmessern größer als $D_e/2$	Böden mit Korndurchmessern bis höchstens $D_e/5$	E[f]	5	nur für geringe Tiefen
drehend, rammend	ja	Entnahmewerkzeug	Rammrotationskernbohrverfahren	Einfach- oder Doppelkernrohr	100 bis 200	gemischtkörnige und reine Sande über 2,0 mm Korndurchmesser, Kies, halbfeste und feste Tone	Ton, Schluff, Feinsand	bB: B (A)	2 (1)	-
								nB: D (C)	4 (3)	
vibrierend	nein	Entnahmewerkzeug	Vibrationsbohrverfahren	Dickwandiges Entnahmegerät oder Einfachkernbohrer mit freigestelltem Innenrohr aus Kunststoff	80 bis 200	–	–	bB: D (C)	4	–
								nB: D	5	
schlagend	nein	Entnahmewerkzeug	Seilschlagbohrung	Seil mit Kiesschappe	150 bis 500	über Grundwasseroberfläche Kies, unter Grundwasseroberfläche Schluff, Sand und Kies	über GW-Oberfläche Ton und Schluff, unter Grundwasseroberfläche Ton	D (C)	4 (3)	–
	nein	Entnahmewerkzeug	Seilschlagbohrung	Seil mit Schlammbüchse	100 bis 1000	über Grundwasseroberfläche	Kies und Sand im Wasser	E (D)	5 (4)	auch in bindigen Böden unter Wasserzugabe möglich
drückend	nein	Entnahmewerkzeug	Kleindruckbohrverfahren	Druckgestänge mit Entnahmerohr	30 bis 80	feste und grobkörnige Böden	Ton, Schluff, Feinsand	E[f]	5	nur für geringe Tiefen
greifend	nein	Entnahmewerkzeug	Greiferbohrung	Seil mit Bohrlochgreifer	400 bis 1500	feste, bindige Böden, Blöcke größer als $D_e/2$	Kies, Blöcke kleiner als $D_e/2$, Steine	oGW: D	4	–
								uGW: E	5	

[a] übliches Kernrohr oder Seilkernrohr

[b] „Rammen" - Bohrwerkzeug mit besonderer Schlagvorrichtung. „Schlagen" Bohrwerkzeug selbst wird durch wiederholtes Anheben und Fallenlassen zum Eintreiben benutzt.

[c] Rotationstrockenkernbohrverfahren wird eingesetzt, wenn Beobachtung der Grundwasseroberfläche wichtigstes Ziel der Baugrunderkundung ist.

[d] D_e – Innendurchmesser des Bohrwerkzeugs.

[e] Klammerangaben: jeweilige Entnahmekategorie und Güteklassen können nur bei besonderen Bodenbedingungen erreicht werden. NB – nichtbindige Böden, bB – bindige Böden, oGW – oberhalb Grundwasser, uGW – unterhalb Grundwasser

[f] Entnahmekategorie D ist in manchen bindigen Böden möglich.

[g] Sonderfahren für nichtbindige Böden

2.2.5 Planung der Untersuchungen

Bei der Planung der Feld- und Laboruntersuchungen sind die Verfahren auf die Bauaufgabe und die Baugrundeigenschaften abzustimmen. In Tafel 11.10 sind Bohrverfahren mit durchgehender Gewinnung von Kernen nach DIN EN ISO 22 475-1 zusammengestellt. Für die Feststellung geotechnischer Kennwerte sind die Vorgaben der nachfolgenden Tafel zu beachten.

Verfahren Felduntersuchungen	Mögliche Ergebnisse									
	Probeentnahme Boden/Fels			Feldversuche						
	Kategorie A – B	Kategorie C-D	Kategorie E	Drucksondierung CPT	Pressiometer PMT	Dilatometer Fels RDT, flexible Dilatometer FDT, Dilatometer Boden SDT		Standard Penetration Test SPT	Rammsondierungen DPL/ DPM/DPH/DPSH	Flügelscherversuch FVT
Grundinformation										
Bodenart/Felsart	C1 F1 R1	C1 F1 R1	C2 F2 R2	C2 F2 R3	C3 F3 R3	R2	C3 F3	C2 F1	C3 F3	-
Schichtenverbreitung	C1 F1 R1	C1 F1 R1	C3 F3 R2	C1 F1	C3 F3 R3	R3	C3 F3	C2 F2	C1 F2	-
Grundwasserspiegel	-	-	-	C2	-	-	-	-	-	-
Porenwasserdruck	-	-	-	C2 F2	F3	-	-	-	-	-
Geotechnische Eigenschaften										
Korngröße	C1 F1 R1	C1 F1 R1	R2	-	-	-	-	C2 F1	-	-
Wassergehalt	C1 F1 R1	C2 F1 R1	C3 F3	-	-	-	-	C2 F2	-	-
Konsistenzgrenzen	F1	F1	-	-	-	-	-	F2	-	-
Dichte	C2 F1 R1	C3 F3 R1	-	C2 F2	-	-	-	C2 F2	C2	-
Scherfestigkeit	C2 F1 R1	-	-	C2 F1	C1 F1	-	-	C2 F3	C2 F3	F1
Zusammendrückbarkeit	C2 F1 R1	-	-	C1 F2	C1 F1	R1	F1	C2 F2	C2 F2	-
Durchlässigkeit	C2 F1 R1	-	-	C3 F2	F3	-	-	-	-	-
Chemische Versuche	C1 F1 R1	C1 F1 R1	-	-	-	-	-	C2 F2	-	-

Eignung:

R … Fels	1 … gut geeignet
C … grobkörniger Boden	2 … mäßig geeignet
F … feinkörniger Boden	3 … wenig geeignet
	- ... nicht geeignet

2.3 Baugrunduntersuchung im Labor

2.3.1 Kennwerte der Phasenzusammensetzung

Erfassen der Volumen- oder Massenverhältnisse der im Boden enthaltenen festen, flüssigen und gasförmigen Bestandteile (Phasen).

Grundgrößen:
- Dichte $\rho = m/V$ (m Masse, V Volumen der Probe)
- Wichte $\gamma = \rho \cdot g$ (g Erdbeschleunigung),
- Wichte unter Auftrieb $\gamma' = \gamma_{Sat} - \gamma_w$ (γ_{Sat} Wichte bei Sättigung, γ_w Wichte von Wasser)
- Wassergehalt $w = m_w / m_s$ (m_w Masse Wasser, m_s Masse Festsubstanz)
- Trockendichte $\rho_d = \rho/(1+w)$
- Korndichte $\rho_S = m_S / V_S$ (V_S Volumen der Festsubstanz)

Abgeleitete Größen:
- Porenanteil $n = \frac{V_P}{V} = 1 - \frac{\rho_d}{\rho_s}$ (V_P Volumen des Porenraums)
- Porenzahl $e = \frac{V_P}{V_S} = \frac{\rho_s}{\rho_d} - 1$
- Sättigungszahl $S_R = \frac{n_w}{n} = \frac{V_w}{V_P} = \frac{e_w}{e}$ (V_w wassergefülltes Porenvolumen)

2.3.2 Klassifizierungsversuche

Kennwerte zur Klassifizierung (DIN 18 196), Benennung von Boden (DIN EN ISO 14 688-1) und Fels (DIN EN ISO 14 689). Klassifizierung – Grundlage für Bewertung der Eigenschaften.

Korngrößenverteilung: Unterscheidung in grobkörnige (Feinkornanteil $d \leq 0{,}063$ mm kleiner 5 Masseprozent), gemischtkörnige (Feinkornanteil 5 bis 40 %) und feinkörnige Böden.

Verfahren (DIN EN ISO 17892-4): Siebung (grobkörnige Böden), Abtrennung Feinkorn (Anteil 5 bis 15 %), Sedimentation (Feinkornanteil > 15 %), kombinierte Analyse (Siebung + Sedimentation).

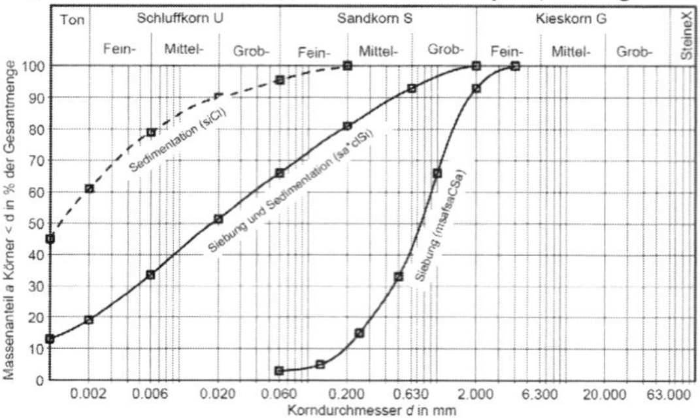

Kennwerte: Ungleichförmigkeitszahl $C_U = \frac{d_{60}}{d_{10}}$, Krümmungszahl $C_C = \frac{(d_{30})^2}{d_{10} \cdot d_{60}}$

(d_{10}, d_{30}, d_{60} Durchmesser der Körner bei 10, 30, 60 % Massenanteil)

Lockerste und dichteste Lagerung: Beurteilung der Lagerungsdichte grobkörniger Böden

Verfahren (DIN 18 126): Rütteltisch-/Schlaggabelversuch für $\rho_{d,\max}$ ($e_{\min}$, $n_{\min}$), Trichterversuch für $\rho_{d,\min}$ ($e_{\max}$, $n_{\max}$)

Kennwerte: $e_{\max}$ Porenzahl bei lockerster Lagerung, $e_{\min}$ Porenzahl bei dichtester Lagerung

bezogene Lagerungsdichte: $I_D = \frac{e_{\max} - e}{e_{\max} - e_{\min}} = \frac{\rho_{d,\max}(\rho_d - \rho_{d,\min})}{\rho_d(\rho_{d,\max} - \rho_{d,\min})}$

Lagerungsdichte: $D = \frac{n_{\max} - n}{n_{\max} - n_{\min}} = \frac{\rho_d - \rho_{d,\min}}{\rho_{d,\max} - \rho_{d,\min}}$

($I_D < 0{,}15$ sehr locker, $0{,}15 \leq I_D < 0{,}35$ locker, $0{,}35 \leq I_D < 0{,}65$ mitteldicht, $0{,}65 \leq I_D < 0{,}85$ dicht, $0{,}85 \leq I_D$ sehr dicht, nach DIN EN ISO 14 688-2:2013, nach DIN 1054 siehe Tabelle)

Bodengruppe (DIN 18196)	Ungleichförmigkeitszahl C_U	locker	mitteldicht	dicht
SE, GE, SU, GU, GT	≤ 3	$D < 0{,}3$	$0{,}3 \leq D < 0{,}5$	$0{,}5 \leq D$
SE, SW, SI, GE, GW, GT, SU, GU	>3	$D < 0{,}45$	$0{,}45 \leq D < 0{,}65$	$0{,}65 \leq D$

Konsistenzgrenzen: Benennung und Klassifizierung feinkörniger Böden

Verfahren (DIN 18 122): Fließgrenze w_L, Ausrollgrenze w_P

Kennwerte: Plastizitätszahl $I_P = w_L - w_P$, Konsistenzzahl $I_C = \dfrac{w_L - w}{I_P}$

(w Wassergehalt), Beurteilung der Konsistenz des Bodens mit Konsistenzzahl I_C gemäß Tabelle oder nach DIN EN ISO 14 688-2.

Konsistenzzahl I_C	Zustandsform	qualitative Merkmale an ungestörten Proben	undränierte Kohäsion c_u in kN/m²
< 0,25	breiig	quillt durch die Finger	
0,25-0,50	sehr weich	Faust lässt sich leicht eindrücken, leicht knetbar	10-15
0,50-0,75	weich	Daumen lässt sich leicht eindrücken Daumen lässt sich mit geringem Druck eindrücken	15-25 25-50
0,75-1,00	steif	Daumen lässt Spuren zurück, schwer knetbar, 3 mm dicke Röllchen herstellbar	50-150
> 1,00	halbfest	mit Fingernagel leicht zu kratzen, 3 mm dicke Röllchen nicht herstellbar, Klumpen herstellbar	150-300
	fest (hart)	mit Fingernagel kaum zu kratzen, hell, nicht knetbar	> 300

Organische Anteile: Der Anteil organischer Bestandteile kann durch Bestimmung des Glühverlusts (DIN 18128) abgeschätzt werden. Wird für die bodenmechanische Beurteilung und Klassifizierung von Böden benötigt.

Proctorkennwerte (DIN 18 127): Es wird die bei vorgegebener Verdichtungsenergie maximal erreichbare Trockendichte in Abhängigkeit vom Wassergehalt ermittelt.

Kennwerte: Proctordichte ρ_{Pr},

Proctorwassergehalt w_{Pr},

Verdichtungsgrad $D_{Pr} = \dfrac{\rho_d}{\rho_{Pr}} \cdot 100$ %

Proctorkennwerte dienen der Kontrolle des Verdichtungserfolgs und der Festlegung von Verdichtungsanforderungen.

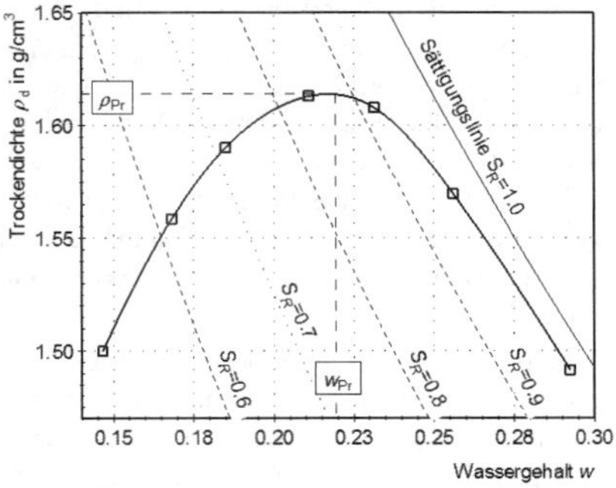

2.4 Benennung und Klassifizierung von Böden

2.4.1 Benennung und Beschreibung von Böden (DIN EN ISO 14 688-1)

Zuordnung eines Namens nach der stofflichen Zusammensetzung der Boden- oder Felsprobe

Korngrößenanalyse (Labor)	feinkörniger Boden				grobkörniger Boden						sehr grobkörniger Boden		
	Ton	Schluff (Si)			Sand (Sa)			Kies (Gr)			Stein	Block	Großer Block
		Fein	Mittel	Grob	Fein	Mittel	Grob	Fein	Mittel	Grob			
	Cl	FSi	MSi	CSi	FSa	MSa	CSa	FGr	MGr	CGr	Co	Bo	LBo
Korndurchmesser d in mm	0,002	0,0063	0,02	0,063	0,2	0,63	2,0	6,3	20,0	63,0	200	630	
Schätzung (in situ)	Zwischen den Fingern reiben (analog Reibeversuch)			gerade noch sichtbar	Gries		Streichholzkopf	Erbse	Haselnuss	Hühnerei	Kopf		
	haftet am Finger seifig	Im trockenen Zustand leicht entfernbar, mehlig, Körner noch fühlbar											

Benennung: Substantiv – Großbuchstabe – für Hauptanteil, ein oder mehrere Adjektive – Kleinbuchstaben – für Nebenanteile (z. B. sandiger Kies saGr; schluffiger Feinsand siFSa)

Hauptanteil:

grobkörnige Böden – die nach Masseanteil am stärksten vertretene Bodenart, die die bodenmechanischen Eigenschaften maßgeblich bestimmt (Feinkorn bestimmt nicht das Verhalten).

feinkörnige Bodenarten – Feinkornanteil bestimmt das Verhalten, Unterscheidung zwischen Ton/Schluff nach plastischen Eigenschaften (Trockenfestigkeit, Schüttelversuch usw.).

Nebenanteile: Anteil, der die bestimmenden Eigenschaften des Bodens nicht prägt. Adjektive der Nebenanteile vor Substantiv des Hauptanteils in Reihenfolge ihrer Bedeutung, bei Wechsellagerung ein Adjektiv unterstrichen nach dem Substantiv: kiesiger Ton mit Sand wechselgelagert grCl<u>sa</u>.

Sind zwei Korngrößenbereiche mit etwa gleichen Masseanteilen (40 bis 60 %) vertreten, Substantive durch „und" verbinden, Buchstaben durch Schrägstrich trennen (z. B. Sand und Kies Sa/Gr). Nach Einfluss auf das Verhalten Feinkorn ($d \leq 0{,}06$ mm) Unterscheidung in „schwach" oder „stark" schluffig oder tonig, Massenanteil grobkörniger Beimengung „stark" bei > 30 %, schwach bei < 15 %.

Versuche zur Abschätzung bei feinkörnigen Böden

Trocken-festigkeit	Schüttel-versuch	Knet-versuch	Schneide-versuch	Reibe-versuch	Benennung
	Wasseraustritt	Plastizität	Aussehen		
gering	schnell	leicht	stumpf	weich, mehlig	Si
mittel	langsam	mittel	glatt, matt		siCl, clSi
groß	kein	ausgeprägt	speckig	seifig	Cl

Trockenfestigkeit: Getrocknete Kugel (0,5 cm Durchmesser) wird zwischen den Fingern zerdrückt. Bei Tonen kann Probe nicht mit Fingerdruck zerstört werden, bei Schluff reicht geringer Druck.

Schüttelversuch: Eine breiige bis weiche Probe wird in der Hand geschüttelt. Wasser tritt aus (glänzende Oberfläche) und verschwindet wieder bei leichtem Druck mit dem Finger auf die Probe. Geschwindigkeit gibt Hinweise auf die Bodenart.

Knetversuch: Ausrollen zu 3 mm dicken oder dünneren Rollen. Lässt sich der Vorgang oft wiederholen – ausgeprägt plastisch, nur wenige Male oder gar nicht – , gering plastisch. Alternativ: Kugel von etwa 1 cm Durchmesser formen. Mit zunehmender Plastizität lässt sich die Kugel häufiger zerdrücken und neu formen.

Schneideversuch: Eine erdfeuchte Kugel wird mit einem Messer durchschnitten. Glänzendes Aussehen der Schnittfläche deutet auf Ton hin. Bei Schluff ist die Oberfläche stumpf.

Reibeversuch: Etwas Probenmaterial wird zwischen den Fingern gerieben. Tonige Böden fühlen sich seifig, Schluffe mehlig an.

Beschreibung: Erfassung der wichtigsten Zustandseigenschaften des Bodens, z. B. Konsistenz, Lagerungsdichte. Durch umfassende Beschreibung kann der Boden einer Gruppe mit ähnlichen geotechnischen Eigenschaften zugeordnet werden.

2.4.2 Klassifizierung (DIN 18 196)

Zuordnung der Bodenprobe in Gruppen mit annähernd gleichen bautechnischen Eigenschaften und gleichem stofflichem Aufbau, Grundlage für die Schätzung von Kennwerten (z. B. für Vorentwürfe nach DIN 1055). Grundlegende Definitionen siehe DIN EN ISO 14 688-2.

Sehr grobkörnige Böden: Böden mit über 40 % Steine und Blöcke ($d > 63$ mm), Bewertung im Gelände BS – Steine (Hauptanteil ≤ 200 mm), BL – Blöcke (Hauptanteil > 200 mm und ≤ 630 mm), BG – Große Blöcke (Hauptanteil > 630 mm)

Grobkörnige Böden: Feinkornanteil ($d < 0{,}063$ mm) kleiner 5 %, Klassifizierung nach Korngrößenverteilung (siehe Tabelle unten), Einteilung der Bodengruppen nach C_U und C_C

Bezeichnung	Ungleichförmigkeitszahl C_U	Krümmungszahl C_C
Eng gestuft	$C_U < 6$	Beliebig
Intermittierend gestuft	$C_U \geq 6$	$C_C < 1$ oder $C_C > 3$
Weit gestuft	$C_U \geq 6$	$1 \leq C_C \leq 3$

Feinkörnige Böden: Böden mit Feinkornanteil von mehr als 40 %, Klassifizierung nach Konsistenzgrenzen (siehe Abb. 11.15)

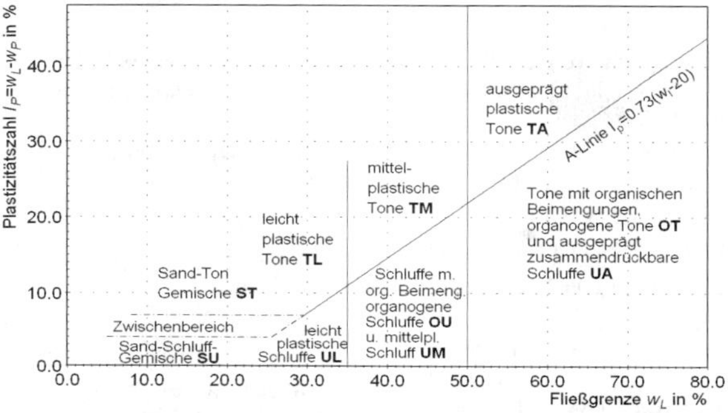

Abb. 11.15
Plastizitätsdiagramm zur Klassifizierung feinkörniger Böden

Gemischtkörnige Böden: gering schluffig oder tonig bei Massenanteil des Feinkorns $d \leq 0{,}063$ mm von 5 bis 15 %, stark schluffig oder tonig bei Massenanteil über 15 bis 40 %

Klassifizierung mineralischer Böden nach DIN 18 196																
Merkmal	Korngrößenverteilung von der Gesamttrockenmasse $d < 63$ mm sind $d \leq 0{,}063$ mm: weniger als 40 %										gleich oder mehr als 40 %					
Hauptgruppe	Kieskorn, Sandkorn										Schluff, Ton					
Merkmal	Massenanteil des Korns ≤ 2 mm: bis 60 %					über 60 %					Plastizitätsgrenzen: I_P unterhalb A-Linie			I_P oberhalb A-Linie		
	Kies (G)					Sand (S)					Schluff (U)			Ton (T)		
Merkmal	Korngrößenverteilung von der Gesamtmasse sind ≤ 0,063 mm: < 5 %			5 bis 15 %	über 15 <40%	< 5 %			5 bis 15 %	über 15 <40%	Plastizitätsgrenzen: Fließgrenze w_L in %			Fließgrenze w_L in %		
Merkmal	$C_U < 6$ C_C beliebig	$C_U \geq 6$ $1 \leq C_C \leq 3$	$C_U \geq 6$ $C_C < 1$ $C_C > 3$			$C_U < 6$ C_C beliebig	$C_U \geq 6$ $1 \leq C_C \leq 3$	$C_U \geq 6$ $C_C < 1$ $C_C > 3$			< 35	≥ 35 ≤ 50	> 50	< 35	≥ 35 ≤ 50	> 50
Klassifizierung	Kies eng gestuft	Kies weit gestuft	Kies intermittierend gestuft	Kies tonig oder schluffig	Kies stark tonig oder schluffig	Sand eng gestuft	Sand weit gestuft	Sand intermittierend gestuft	Sand tonig oder schluffig	Sand stark tonig oder schluffig	Schluff leicht plast.	Schluff mittel plast.	Schluff ausgeprägt plast.	Ton leicht plast.	Ton mittel plast.	Ton ausgeprägt plast.
Kurzzeichen	GE	GW	GI	GU GT[1]	GU* GT*[2]	SE	SW	SI	SU ST[1]	SU* ST*[2]	UL	UM	UA	TL	TM	TA

[1] Die Zuordnung zu T oder U erfolgt an Hand der Zustandsgrenzen des Feinkorns.

[2] Anstelle U* bzw. T* kann auch $\overline{U}$ oder $\overline{T}$ geschrieben werden.

Organische und organogene Böden:

OU, OT	Schluffe/Tone mit organischen Beimengungen
OH	grob- bis gemischtkörnige Böden mit Beimengungen **h**umoser Art
OK	grob- bis gemischtkörnige Böden mit **k**alkigen, kieseligen Bildungen
HN	nicht bis mäßig zersetzte Torfe (**H**umus)
HZ	**z**ersetzte Torfe
F	Schlamm als Sammelbegriff für **F**aulschlamm, Mudde etc.
A	**A**uffüllung aus Fremdstoffen

2.5 Erdbau

2.5.1 Einstufung von Boden und Fels

Homogenbereiche

sind Bereiche mit für einsetzbare Erdbaugeräte vergleichbaren Eigenschaften und Grundlage für die Ausschreibung und Abrechnung gemäß DIN 18300. Es sind für einen Homogenbereich folgende Eigenschaften und Kennwerte sowie deren Bandbreite anzugeben:

- ortsübliche Bezeichnung, Bodengruppe (DIN 18196) oder Felsbenennung sowie Trennflächenrichtung, Trennflächenabstand, Gesteinskörperform (DIN EN ISO 14689-1)
- Anteil Steine, Blöcke und große Blöcke (DIN EN ISO 14688-1)
- Konsistenz, Plastizität (DIN EN ISO 14688-1), Lagerungsdichte

Bei Baumaßnahmen der geotechnischen Kategorie 2 oder 3 sind außerdem anzugeben:

- Korngrößenverteilung mit Körnungsbändern
- Kennwerte: ρ (DIN EN ISO 17892-2 oder DIN 18125-2), w (DIN EN ISO 17892-1), I_P und I_C (DIN EN ISO 17892-12), Lagerungsdichte (DIN EN ISO 14688-2, DIN 18126), organischer Anteil (DIN 18196), c_u (DIN EN ISO 17892-6, DIN EN ISO 17892-7, DIN EN ISO 17892-8, DIN 4094-4)

Weitere Gewerke, für die die Leistungsbeschreibung, Vergabe und Abrechnung mit Homogenbereichen erfolgen, sind z. B.:

- Bohrarbeiten DIN 18301
- Rammarbeiten DIN 18304
- Nassbaggerarbeiten DIN 18311
- Schlitzwandarbeiten DIN 18313
- Düsenstrahlarbeiten DIN 18321

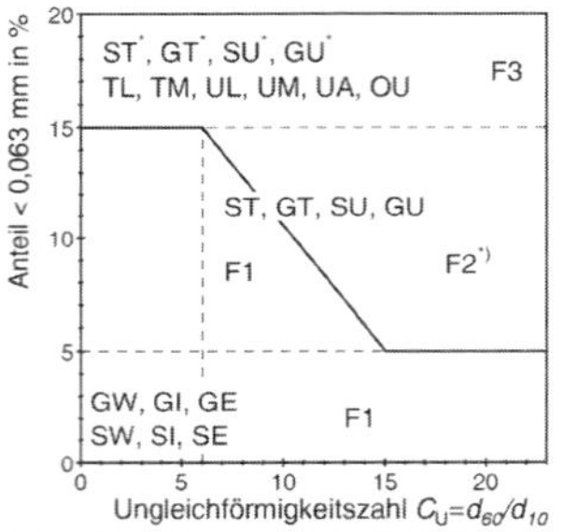

Abb. 11.16 Frostempfindlichkeitsklassen

*) außerdem F2: TA, OT, OH, OK

Frostempfindlichkeit von Böden: Einteilung der Böden nach Frostempfindlichkeit, insbes. für Verkehrswegebau (ZTVE-StB 17).

2.5.2 Plattendruckversuch

Mit dem Plattendruckversuch (DIN 18 134), werden Druck-Setzungs-Kurven des Bodens als Grundlage für die Bemessung von Straßen- und Flugplatzbefestigungen oder zur Nachprüfung der Verdichtung ermittelt (ZTVE-StB 17). Kennwert ist der Verformungsmodul E_V, ermittelt aus der Neigung der Sekante zwischen den Punkten $0{,}3\sigma_{max}$ und $0{,}7\sigma_{max}$ der Druck-Setzungs-Linie bei Erst- (E_{V1}) und Wiederbelastung (E_{V2}) nach folgender Gleichung:

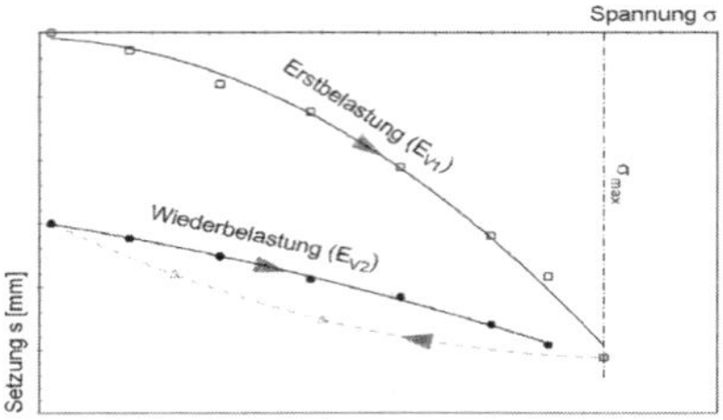

$$E_V = 1{,}5\, r \frac{\Delta\sigma}{\Delta s}$$

$\Delta\sigma = 0{,}4\,\sigma_{max}$ $\quad\Delta s = s(\sigma = 0{,}7\,\sigma_{max}) - s(\sigma = 0{,}3\,\sigma_{max})$ $\quad$ (r Radius der Platte)

Die Druck-Setzungs-Linie ist durch ein Polynom 2. Grades anzunähern (DIN 18 134). Ermittlung des Bettungsmoduls zur Bemessung der Deckenkonstruktion von Straßen- oder Flugplatzbauten mit einem Lastplattendurchmesser von 762 mm. Der Bettungsmodul ist aus der Erstbelastung zu bestimmen.

2.5.3 Verdichtungskontrolle

Verdichtungsgrad $D_{Pr} = \frac{\rho_d}{\rho_{Pr}} \cdot 100\ \%$ (Trockendichte bezogen auf Proctordichte), Nachweis durch Bestimmung von Trockendichte und Luftporenanteil nach Verdichtung (TP BF-StB, DIN 18 125)

Indirekte Verfahren: statischer Plattendruckversuch (DIN 18 134)
dynamischer Plattendruckversuch (TP BF-StB Teil B8.3).

Indirekte Prüfverfahren sind durch Kontrollmessungen zu kalibrieren. Ist dies nicht möglich, dürfen Erfahrungswerte zugrunde gelegt werden. In folgender Tabelle sind die für den Verdichtungsnachweis geforderten Moduln nach ZTVE-StB 17 zusammengestellt.

Bodengruppen	Verdichtungsgrad D_{Pr} in %	Verformungsmodul E_{V2} in MN/m² [1)]	Verhältniswert E_{V2}/E_{V1} [1)]
GW, GI	≥ 100 ≥ 98	≥ 100 ≥ 80	≤ 2,3 ≤ 2,5
GE, SE, SW, SI	≥ 100 ≥ 98	≥ 80 ≥ 70	≤ 2,3 ≤ 2,5

2.6 Eigenschaften von Böden

Die Eigenschaften der Böden sind abhängig von Korngrößenverteilung, Phasenzusammensetzung, Struktur und Spannungszustand. Für die Bestimmung der Berechnungskennwerte sind Versuche an Proben der Güteklasse 1 erforderlich. Ist dies nicht möglich, ist anzustreben, die Verhältnisse *in situ* (Spannungszustand, Phasenzusammensetzung) anzunähern. Kapillarspannungen nur berücksichtigen, wenn durch entsprechende Maßnahmen eine Durchfeuchtung oder Austrocknung des Bodens ausgeschlossen ist. Die Angaben der folgenden Abschnitte gelten für gesättigte Zustände.

2.6.1 Scherfestigkeit

Unterscheidung in **dränierte** (langsame Vorgänge, Boden kann entwässern, Nachweis mit wirksamen Spannungen und wirksamen Scherparametern) und **undränierte** Zustände (schnelle Vorgänge, Boden kann nicht entwässern, Nachweis mit totalen Spannungen und undränierten Scherparametern).

Grenzbedingung für dränierte Zustände:

Es wird die Mohr-Coulomb'sche Grenzbedingung verwendet. Wirksame Spannungen (Druck positiv). $\tau = \sigma'_N \cdot \tan\varphi' + c'$

$\sigma'_N = \sigma_N - u$ wirksame Normalspannung

σ_N totale Normalspannung

u Porenwasserdruck

φ' wirksamer Reibungswinkel

c' wirksame Kohäsion

Grenzbedingung für undränierte Zustände: totale Spannungen (Druck positiv)

$\tau = \sigma_N \cdot \tan\varphi_u + c_u$

φ_u undränierter Reibungswinkel

c_u undränierte Kohäsion

Feinkörnige Böden: bei erstbelasteten Böden (normalkonsolidiert) keine wirksame Kohäsion $c' = 0$ und Reibungswinkel der Gesamtscherfestigkeit $\varphi'_S \geq \varphi'$, bei vorbelasteten Böden wirksame Kohäsion $c' \geq 0$ und wirksamer Reibungswinkel φ'.

Grobkörnige Böden: Reibungswinkel φ' abhängig von der Porenzahl e, keine wirksame Kohäsion c', Kapillarkohäsion bei unvollständiger Sättigung.

Experimentelle Bestimmung (Routineversuche):

Versuchsart	Norm	Bemerkungen
Direkter Scherversuch	ISO 17892-10	keine Ermittlung undränierter Scherparameter möglich
Einaxialer Druckversuch	ISO 17892-7	Druckfestigkeit $q_u \approx 2 \cdot c_u$
Triaxialversuch	ISO 17892-8 ISO 17892-9	Ermittlung der wirksamen und undränierten Scherparameter
Flügelscherversuch	DIN EN ISO 22476-9	Labor- oder Feldflügelsondierungen, Bestimmung der undränierten Kohäsion c_u

1) Wenn der E_{V1}-Wert bereits 60 % des in der Tabelle angegebenen E_{V2}-Wertes erreicht, sind auch höhere Verhältniswerte E_{V1}/E_{V2} zulässig.

2.6.2 Zusammendrückbarkeit

Untersuchung der Zusammendrückbarkeit in Versuchen mit behinderter Seitendehnung (Ödometer, Kompressionsversuch). Annahme: Bauwerkssetzungen überwiegend durch vertikale Zusammendrückung, wenn Belastung ausreichend weit vom Grenzzustand (Grundbruchlast) entfernt; feinkörnige Böden: große Setzungen über lange Zeiträume; grobkörnige Böden: kleine Setzungsbeträge, die sofort eintreten.

Ermittlung der Gesamtsetzung:

Steifemodul: $E_S = \dfrac{d\sigma'}{d\varepsilon} \approx \dfrac{\Delta\sigma'}{\Delta\varepsilon}$ (σ' wirksame Vertikalspannung; Dehnung $\varepsilon = -\ln\left(\dfrac{h_A - \Delta h}{h_A}\right)$; Δh Setzung; h_A Ausgangshöhe)

Erfassung der Druckabhängigkeit des Steifemoduls nach *Ohde*: $E_S = \sigma_{ref} \cdot v \cdot \left(\dfrac{\sigma'}{\sigma_{ref}}\right)^w$ (18)

(σ_{ref} Bezugsspannung, i. Allg. 1 bar = 100 kN/m^2 = 100 kPa)

Böden mit $\sigma' = \sigma'_{max}$ sind erstbelastet (normalkonsolidiert). Böden mit $\sigma' < \sigma'_{max}$ sind überkonsolidiert (vorbelastet). Steifemodul vorbelasteter Böden ist das 3- bis 7fache des Steifemoduls bei Erstbelastung und gleicher Vertikalspannung (Vorbelastungsspannung: größte Vertikalspannung).

Mittlerer Steifemodul: für Setzungsberechnungen aus der Sekante durch die Anfangs- (σ_V) und Endspannung ($\sigma_V + \sigma_0$) oder mit dem geometrischen Mittel $\sigma' = \sqrt{\sigma_V \cdot (\sigma_V + \sigma_0)}$ und Gl. (18).

2.6.3 Durchlässigkeit

Filtergesetz nach *Darcy:* $v = k \cdot i$

$v = \dfrac{Q}{A}$ Filtergeschwindigkeit; $Q = \dfrac{\Delta V_W}{\Delta t}$ Wasservolumen pro Zeit; A durchströmte Fläche $i = \dfrac{h}{l}$ hydraulisches Gefälle; h hydraulischer Druckhöhenunterschied; l durchströmte Länge

Experimentelle Bestimmung (DIN EN ISO 17892-5): Unterscheidung in Verfahren mit konstanter und fallender Druckhöhe. Bestimmung z. B. im Kompressions-Durchlässigkeits-Gerät, Triaxialgerät, Standrohrgerät, indirekte Ermittlung der Durchlässigkeit feinkörniger Böden aus Zeit-Setzungs-Verhalten im Ödometer über Konsolidationsbeiwert c_v.

Ermittlung der horizontalen Durchlässigkeit im Feld durch Pumpversuch.

Der Durchlässigkeitsbeiwert k ist abhängig von der Porenzahl des Bodens. Diese Abhängigkeit kann bei feinkörnigen Böden näherungsweise durch folgende Beziehung erfasst werden:

$k = c_1 \cdot \exp\left(\dfrac{e - c_3}{c_2}\right)$ (e Porenzahl; c_1, c_2, c_3 Parameter; $c_2 \approx 0{,}217 \cdot e_A$; e_A Porenzahl in situ)

2.6.4 Bettungsmodul

Grundlage für verformungsabhängige Berechnungen (z. B. Bettungsmodulverfahren zur Berechnung von Fundamentplatten). Überschlägliche Ermittlung aus Setzungsberechnung nach DIN 4018. Der mittlere Bettungsmodul ergibt sich aus dem Quotienten Sohldruck/Setzung:

$k_{S,m} = \dfrac{\sigma_{0,m}}{s_m}$ ($\sigma_{0,m}$ mittlere Sohlpressung; s_m Setzung unter dem kennzeichnenden Punkt)

2.7 Mittlere bodenmechanische Kennwerte

Bodenart	Wichte kN/m³ γ erd-feucht	γ' unter Auftrieb	Bodengruppe nach DIN 18 196	Korngrößenverteilung $\leq 0{,}06$ mm %	$\leq 2{,}0$ mm %	Ungleichförmigk. C_U	Reibungswinkel φ' °	Kohäsion c' kN/m²	Durchlässigkeitsbeiwert k m/s	Proctorwerte Dichte ρ_{Pr} t/m³	Wassergehalt w_{Pr}	Kompressionskennwerte $\overline{E}_S = \nu\overline{\sigma}^w$ 1) ν	w
Kies, gleichkörnig	16,0	9,5	GE	<5	≤60	2	34	-	$2 \cdot 10^{-1}$	1,70	8	400	0,6
	19,0	10,5				5	42	-	$1 \cdot 10^{-2}$	1,90	5	900	0,4
Kies, sandig, wenig Feinkorn	21,0	11,5	GW, GI	<5	≤60	10	35	-	$1 \cdot 10^{-2}$	2,00	7	400	0,7
	23,0	13,5				100	45	-	$1 \cdot 10^{-6}$	2,25	4	1100	0,5
Kies, sandig, tonig, schluffig	21,0	11,5	GU, GT	8	≤60	30	35	7	$1 \cdot 10^{-5}$	2,10	7	400	0,7
Feinkorn sprengt nicht Korngerüst	24,0	14,5		15		300	43	0	$1 \cdot 10^{-8}$	2,35	4	1200	0,5
Kies-Sand-Feinkorngemisch	20,0	10,5		20	≤60	100	28	15	$1 \cdot 10^{-7}$	1,90	10	150	0,9
Sprengung des Korngerüstes	22,5	13,0	GU*, GT*	40		1000	35	5	$1 \cdot 10^{-11}$	2,20	5	300	0,7
Sand, gleichkörnig	16,0	9,5	SE	<5	100	1,2	32	-	$5 \cdot 10^{-3}$	1,60	15	150	0,6
	19,0	11,0				3	40	-	$2 \cdot 10^{-5}$	1,75	10	250	0,7
Sand, gut abgestuft	18,0	10,0	SW, SI	<5	>60	6	33	-	$5 \cdot 10^{-4}$	1,90	10	150	0,70
Sand, kiesig	21,0	12,0				15	41	-	$2 \cdot 10^{-5}$	2,15	6	300	0,55
Sand mit Feinkorn, keine Spren-	19,0	10,5	SU, ST	8	>60	10	32	7	$2 \cdot 10^{-5}$	2,00	11	100	0,80
gung des Korngerüstes	22,5	13,0		15		50	40	0	$5 \cdot 10^{-7}$	2,20	7	200	0,70
Sand mit Feinkorn	18,00	9,0		20	>60	30	25	25	$2 \cdot 10^{-6}$	1,70	19	40	0,90
Sprengung des Korngerüstes	21,5	11,0	SU*, ST*	40	>70	500	32	7	$1 \cdot 10^{-9}$	2,00	12	140	0,75
Schluff,	17,5	9,5	UL	>50	>80	5	28	10	$1 \cdot 10^{-5}$	1,60	22	25	0,95
gering plastisch	21,0	11,0				50	35	5	$1 \cdot 10^{-7}$	1,80	15	60	0,85
Schluff, mittel- und ausgeprägt	17,0	8,5	UM, UA	>80	100	5	25	20	$2 \cdot 10^{-6}$	1,55	24	25	1,0
plastisch	20,0	10,5				50	33	7	$1 \cdot 10^{-9}$	1,75	18	60	1,0
Ton,	19,0	9,5	TL	>80	100	6	28	35	$1 \cdot 10^{-7}$	1,65	20	20	1,00
gering plastisch	22,0	12,0				20	35	10	$2 \cdot 10^{-9}$	1,85	15	40	1,00
Ton,	18,0	8,5	TM	>90	100	5	25	45	$5 \cdot 10^{-8}$	1,55	23	10	1,00
mittelplastisch	21,0	11,0				40	30	15	$1 \cdot 10^{-10}$	1,75	17	25	1,00
Ton,	16,5	7,0	TA	100	100	5	17	60	$1 \cdot 10^{-9}$	1,45	27	6	1,00
ausgeprägt plastisch	20,0	10,0				40	27	20	$1 \cdot 10^{-11}$	1,65	20	20	1,00
Schluff oder Ton	15,5	5,5	OU, OT	>80	100	5	20	35	$1 \cdot 10^{-9}$	1,45	27	4	1,00
organisch	18,5	8,5				30	26	10	$2 \cdot 10^{-11}$	1,70	18	7	0,90
Torf	10,4	0,4	HN, HZ	-	-	-	24	15	$1 \cdot 10^{-5}$	-	-	3	1,00
	12,5	2,5					30	5	$1 \cdot 10^{-8}$			6	1,00

1) $\overline{E}_S = E_S/(1\ \text{bar})$; $\overline{\sigma} = \sigma/(1\ \text{bar})$; der mittlere Steifemodul für Setzungsberechnungen kann wie folgt ermittelt werden: $\overline{E}_{Sm} = \nu\{\overline{\sigma}_{\ddot{u}}(\overline{\sigma}_{\ddot{u}} + \overline{\sigma}_z)\}^{w/2}$ (vgl. S. 11.18)

3 Baugrube, Stützkonstruktionen und Wasserhaltung

3.1 Allgemeines

Die Größe der Baugrube ergibt sich im Wesentlichen aus der erforderlichen Gründungstiefe und dem angestrebten Bauwerksgrundriss zuzüglich den erforderlichen Arbeitsraumbreiten und den Abmessungen des Baugrubenverbaus oder der Baugrubenböschung.

- Angaben zu den Ansätzen von Nutzlasten (Straßen- und Schienenverkehr, Baustellenverkehr und -betrieb), des Erddrucks, des Wasserdrucks und der Bemessung können den „Empfehlungen des Arbeitskreises Baugruben (EAB)“ entnommen werden. Weiterhin sind DIN 4124 und ggf. fachspezifische Regelwerke (z. B. ZTV-ING, ZTV-W, EAU, Ril 836) zu beachten.
- Für die Ermittlung der Baugrundverhältnisse und der Bodenkennwerte ist Abschn. 2 zu beachten.
- Bei Bauwerken im Einflussbereich von Baugruben sind zudem DIN 4123 und DIN 1055 zu beachten.
- Bei verankerten Baugrubenwänden ist neben dem Nachweis der Standsicherheit in der tiefen Gleitfuge auch der Nachweis der Geländebruchsicherheit zu erbringen (EAB). Der Nachweis der Geländebruchsicherheit kann analog dem Nachweis der Böschungsbruchsicherheit (mit eingeschlossener Stützkonstruktion) nach DIN 4084 bzw. Abschnitt 3.7 erfolgen.
- Bei Baugruben mit umströmtem Wandfuß (Wasserspiegeldifferenz zwischen außerhalb und innerhalb der Baugrube) ist neben dem Einfluss des Strömungsdrucks auf die Baugrubenkonstruktion auch der Nachweis gegen Aufbruch der Baugrubensohle (hydraulischer Grundbruch) zu führen (siehe EAB und Abschnitt 3.8.6).
- Bei Baugruben mit einer Dichtungssohle (Injektionssohle bzw. Unterwasserbetonsohle) stellt sich ein hydrostatischer Wasserdruck ein. In diesem Fall ist der Nachweis der Auftriebssicherheit der Sohle und der Baugrubenkonstruktion zu führen (siehe EAB).

Arbeitsräume, die betreten werden, müssen in geböschten Baugruben mind. 0,50 m und in verbauten Baugruben 0,60 m breit sein. Für Leitungsgräben kann die erforderliche lichte Breite b den folgenden Tafeln entnommen werden.

Die für die Abrechnung im Einzelfall maßgebende Arbeitsraumbreite b_A ergibt sich aus der folgenden Tafel. Werden Fundamente und Sohlplatten gegen Erde betoniert, so darf der Gründungskörper nicht in die Verlängerung der Böschungsfläche einschneiden.

Lichte Breiten für Gräben mit betretbarem Arbeitsraum nach DIN 4124

Art des Grabens, Böschungswinkel	Äußerer Rohrschaftdurchmesser OD in m	Lichte Grabenbreite b in m[1)]
Böschungswinkel an der Sohle		
$\beta \leq 90°$	OD ≤ 0,40	b = OD + 0,40
$\beta \leq 60°$	OD > 0,40	b = OD + 0,40
$\beta > 60°$	OD > 0,40	b = OD + 0,70
verbauter Graben	OD ≤ 0,40	b = OD + 0,40[2)]
	0,40 < OD ≤ 0,80	b = OD + 0,70
	0,80 < OD ≤ 1,40	b = OD + 0,85
	OD > 1,40	b = OD + 1,00
Mindestbreite bei Grabentiefe[3)]		
≤ 1,75 m	für	b = 0,70
≤ 4,00 m	alle	b = 0,80
> 4,00 m	Durchmesser	b = 1,00

[1)] Bei geböschten Gräben = Sohlbreite; bei waagerechtem Verbau = lichter Abstand der Platten, Bohlen bzw. der Brusthölzer, wenn $l_1 < 2{,}00$ m; bei senkrechtem Verbau = lichter Abstand der Bohlen bzw. der waagerechten Gurtungen, wenn deren Unterkante bei OD ≥ 0,60 m weniger als 2,00 m über der Grabensohle bzw. bei OD ≥ 0,30 m weniger als 0,50 m über OK Rohr liegt.

[2)] Sind planmäßige Umsteifungen für das Herablassen von langen Rohren erforderlich, dann gilt b = OD + 0,70.

[3)] Gilt nur für Gräben mit senkrechten Wänden; bei Gräben nach Abb. 11.21 (a und c) genügt b = 0,60 m.

Arbeitsraumbreiten für Baugruben nach DIN 4124

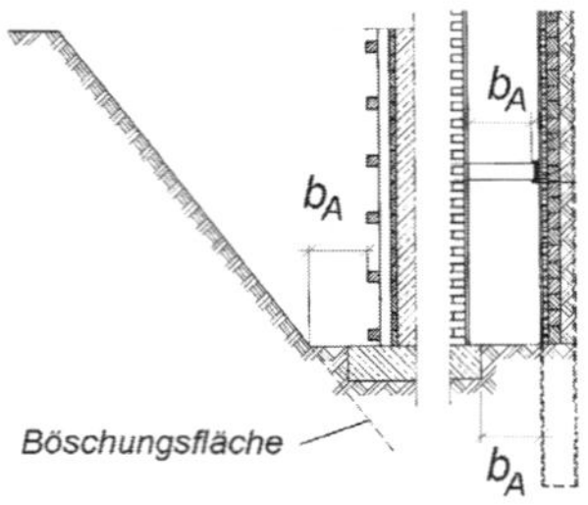

Lichte Breiten für Gräben bis 1,25 m Tiefe ohne betretbaren Arbeitsraum nach DIN 4124

Regelverlegetiefe t in m	$t \leq 0{,}70$	t > 0,70 ≤ 0,90	t > 0,90 ≤ 1,00	t > 0,90 ≤ 1,00
Lichte Grabenbreite b in m	0,30	0,40	0,50	0,60

3.2 Nichtverbaute Baugruben und Gräben

Nichtverbaute Baugruben und Gräben mit einer Tiefe von mehr als 1,25 m müssen mit abgeböschten Wänden hergestellt werden. Die zulässige Böschungsneigung richtet sich nach den bodenmechanischen Eigenschaften des Bodens unter Berücksichtigung der Zeit, während der sie offen zu halten sind, und nach den äußeren Einflüssen, die auf die Böschung wirken. Die maximalen Böschungswinkel können für einfache Fälle ohne rechnerischen Nachweis nach folgender Tafel angenommen werden (DIN 4124):

Tafel 11.21a Maximale Böschungswinkel für einfache Fälle (DIN 4124)

lfd. Nr.	Bodenart	Böschungswinkel β in °
1	nichtbindiger Boden, weicher bindiger Boden	≤ 45
2	steifer oder halbfester bindiger Boden	≤ 60
3	Fels	≤ 80

Geringere Böschungswinkel sind vorzusehen, wenn besondere Einflüsse vorliegen wie

- Störungen des Bodengefüges (Klüfte oder Verwerfungen)
- zur Einschnittsohle hin einfallende Schichtung oder Schieferung
- Grundwasserhaltung durch offene Wasserhaltung
- Zufluss von Schichtenwasser
- nicht entwässerte Fließsandböden
- starke Erschütterungen aus Verkehr, Rammarbeiten oder Sprengungen.

Die Sicherheit gegen Böschungsbruch ist rechnerisch nachzuweisen, wenn

- die Böschung mehr als 5 m hoch ist oder die in Tafel 11.21a unter 1 und 2 genannten Böschungswinkel überschritten werden sollen, wobei mehr als 80° nicht zulässig sind;
- einer der oben genannten besonderen Einflüsse vorliegt;
- vorhandene Leitungen oder andere bauliche Anlagen gefährdet werden können;
- unmittelbar neben dem Schutzstreifen von 0,60 m Breite Auflasten von mehr als 10 kN/m² zu erwarten sind.

Tafel 11.21b Nicht- und teilverbaute Gräben und Baugruben bis 1,75 m Tiefe

Grabentiefe h in m	
< 1,25	**alle Bodenarten:** Lotrechte Abschachtung ist zulässig, sofern die Neigung der Geländeoberfläche bei nichtbindigen Böden < 1:10 (β < 5,7°) und bei bindigen Böden < 1:2 (β < 26,5°) ist.
1,25 bis 1,75	**bindiger Boden (ab steifer Konsistenz) und Fels:** Ausbildung nach Abb. 11.21 **nichtbindiger Boden:** Böschung oder kompletter Verbau
> 1,75	**alle Bodenarten:** Böschung oder kompletter Verbau

Im Bereich benachbarter baulicher Anlagen sind die Forderungen der DIN 4123 zu beachten.

Bermen sind anzuordnen, falls dies zum Auffangen von abrutschenden Steinen, Felsbrocken und dergleichen oder für Wasserhaltungen erforderlich ist. Bermen, die zum Auffangen abrutschender Teile dienen, müssen mindestens 1,50 m breit sein und in Stufen von höchstens 3,00 m Höhe angeordnet werden. Eine gleichwertige oder bessere Sicherungsmaßnahme als mit Bermen kann z. B. eine Sicherung mit Folienabdeckung und verankerten Baustahlgewebematten darstellen, wenn auf den Bermen einsickerndes Oberflächenwasser Rutschungen auslösen kann.

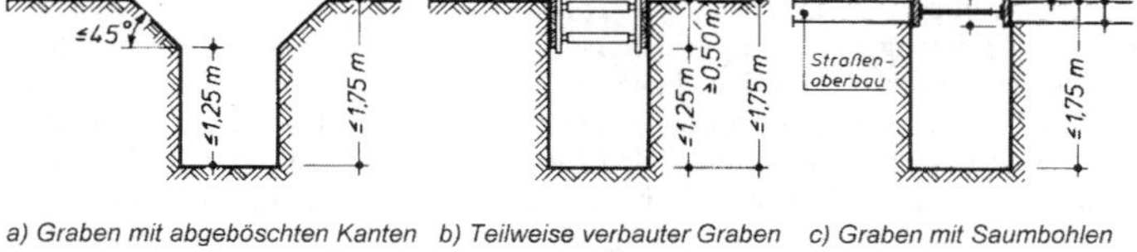

a) Graben mit abgeböschten Kanten b) Teilweise verbauter Graben c) Graben mit Saumbohlen

Abb. 11.21 Nicht- und teilverbaute Gräben und Baugruben bis 1,75 m Tiefe

3.3 Grabenverbau

3.3.1 Waagerechter und senkrechter Normverbau nach DIN 4124

Normverbau darf unter folgenden Voraussetzungen ohne besonderen Standsicherheitsnachweis verwendet werden:

- Geländeoberfläche verläuft annähernd waagerecht
- nichtbindiger Boden oder ein bindiger Boden, steif oder halbfest
- Bauwerkslasten üben keinen Einfluss auf Größe und Verteilung des Erddrucks aus
- Straßenfahrzeuge und Baugeräte halten einen ausreichend großen Abstand vom Verbau ein.

3.3.2 Grabenverbaugeräte nach DIN 4124

Grabenverbaugeräte sind Einrichtungen zur Sicherung von Grabenwänden und bilden den fertigen Verbau eines Grabenteilstücks. Sie bestehen meist aus zwei großflächigen Wandelementen, die über Stützbauteile (Streben und Stützrahmen) verbunden sind. Es können mittig gestützte, randgestützte, rahmengestützte Grabenverbaugeräte, Gleitschienen-Grabenverbaugeräte und Dielenkammer-Geräte unterschieden werden. Nach DIN 4124 dürfen nur Grabenverbaugeräte nach DIN EN 13 331-1 verwendet werden, die von der Prüfstelle des Fachausschusses „Tiefbau" der Tiefbau-Berufsgenossenschaft geprüft wurden. Es ist weiterhin die Verwendungsanleitung des Herstellers zu beachten.

Grabenverbaugeräte sind in allen Bodenarten anwendbar, die nicht ausfließen.

Die Anwendung des Einstellverfahrens (s. u.) ist auf bestimmte Bodenarten beschränkt.

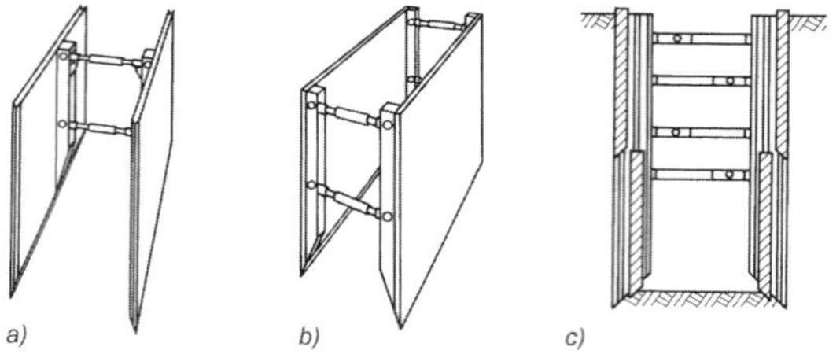

a) mittig gestützt b) randgestützt c) in Doppelgleitschienen geführt
Abb. 11.22 Grabenverbaugeräte

Einbauverfahren:

Einstellverfahren: Die Verbauelemente werden nach Aushub des Bodens auf die erforderliche Tiefe in den Graben eingestellt. Voraussetzung: vorübergehend standfester Boden (Dies ist ein Boden, der zwischen Beginn der Ausschachtung und Einbringen des Verbaues keine wesentlichen Nachbrüche aufweist.).

Absenkverfahren: Es kann in allen Bodenarten angewendet werden, die nicht ausfließen. Der Graben wird zunächst auf eine Tiefe ausgehoben, bei der die Grabenwände noch vorübergehend stehen. Nach Einsetzen der auf die Grabenbreite montierten Verbaueinheit wird der Graben in Abschnitten von ≤ 0,50 m Tiefe ausgehoben. Sinkt hierbei die Verbaueinheit nicht durch ihr Eigengewicht nach, müssen die Platten nachgedrückt werden. Bei großen Grabentiefen werden die Verbaueinheiten durch Aufstocken zum Verbaufeld ergänzt und abschnittsweise zur Grabensohle abgesenkt.

3.4 Stützwände

3.4.1 Trägerbohlwände

Trägerbohlwände werden im Prinzip wie Spundwände berechnet. Da die Wände jedoch nur oberhalb der Baugrubensohle durchgängig ausgebildet sind, erfolgt zur Ermittlung der Einbindetiefe der Ansatz des belastenden Erddrucks für den ebenen Fall auch nur in diesem Bereich. Bei Erreichen des passiven Erddrucks kann sich bei ausreichend großem Abstand der Bohlträger unterhalb der Baugrubensohle ein räumlicher Bruchkörper ausbilden. Bei geringem Trägerabstand kommt es infolge der Überschneidung der Bruchkörper zur Reduzierung der Stützwirkung vor dem Bohlträger. Den Grenzwert stellt dann der passive Erddruck im ebenen Fall dar. Für den Standsicherheitsnachweis sind deshalb zum Vergleich zwei Nachweise erforderlich, von denen der ungünstigere maßgebend ist. Die Träger besitzen die Breite b_t und untereinander einen Abstand a_t.

3.4.2 Schlitzwände

Herstellung:

Der lamellenweise Aushub des Bodens unter Flüssigkeitsstützung erfolgt entweder mit Greifern (Seilgreifer mechanisch oder hydraulisch u. a.) oder mit Fräsen. Bei der Wandherstellung wird zwischen Zweiphasen-Verfahren (auch Ortbeton-Schlitzwand – bei Baugruben am häufigsten), Einphasen-Verfahren (vor allem bei Dichtungswänden) und kombinierten Verfahren (Einstellen von Betonfertigteilen oder Spundwandprofilen) unterschieden. Die üblichen Wanddicken liegen zwischen 0,4 und 1,50 m. Dickere Wände bis 3,00 m können mit Fräsen ausgeführt werden. Die erreichbaren Tiefen liegen bei 100 bis 150 m.

Vorteile:

- Mit Rammen oder Rütteln verbundene Belästigung der Umgebung durch Lärm und Erschütterungen wird weitgehend vermieden.
- Können tiefer geführt werden als gerammte Wände; Baugrund, der zum Rammen nicht geeignet ist, wird durchfräst.
- Verformungsarm: geringere Verformungen im angrenzenden Boden, günstig in der unmittelbaren Nähe von Bauwerken.
- Wasserabdichtende Baugrube herstellbar: Grundwasserabsenkung kann unterbleiben.
- Kann nah an bestehenden Gebäuden abgeteuft und konstruktiv in das herzustellende Bauwerk eingebunden werden (z. B. Kelleraußenwand).

Nachteile:

- aufwendig hinsichtlich Baustelleneinrichtung und Aushubbehandlung (Deponierung)
- problematisch bei querenden Kanälen und Leitungen
- nur vertikal herstellbar.

Stützflüssigkeit:

Die Stützflüssigkeit für den vertikalen Erdschlitz besteht beim Zweiphasen-Verfahren in der Regel aus Ton-(Bentonit-)Suspensionen. Die Forderungen an die Eigenschaften und die Prüfmethoden dieser Suspensionen sind in DIN 4126 und DIN 4127 festgelegt. Die Aufbereitung und ausreichende Bevorratung (ca. 2- bis 2,5fache des Schlitzvolumens), die Behandlung der gebrauchten Suspension und des Erdaushubes stellt besondere Anforderungen an die Baustelleneinrichtung. Anzustreben sind ferner eine weitestmögliche Trennung von Aushubmaterial und Suspension und die anschließende Wiederaufbereitung der gebrauchten Suspension in der geforderten Qualität. Der verbleibende, durch Suspension verunreinigte Bodenaushub und die verbrauchte Suspension müssen in der Regel auf eine Deponie verbracht werden. Die Standsicherheitsnachweise für den flüssigkeitsgestützten Schlitz sind nach DIN 4126 zu führen. Für die Herstellung sind DIN 4126 und DIN 18 313 zu beachten.

3.4.3 Bohrpfahlwände

Wandarten:

1. *Tangierende Bohrpfahlwand*

- bewehrte Pfähle, nebeneinander angeordnet
- lichter Pfahlabstand aus Herstellungsgründen ca. 2 bis 10 cm
- Berechnung der notwendigen Einbindetiefe und Schnittgrößen und die erdstatischen Standsicherheitsnachweise analog zur Spundwand möglich
- nicht wasserdicht.

2. *Aufgelöste Bohrpfahlwand*

- bewehrte Pfähle, mit Abständen größer als der Durchmesser des Einzelpfahls angeordnet

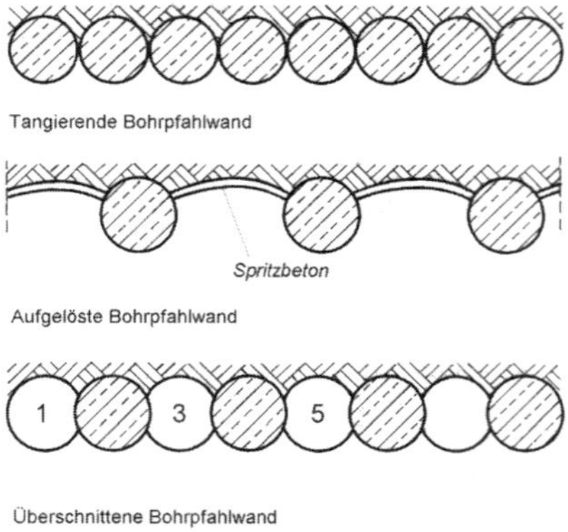

Arten von Bohrpfahlwänden

- Zwischenräume im Aushubbereich werden mit dem Aushub fortschreitend gesichert (im Allgemeinen mit Spritzbeton – bewehrt und auf Biegung bemessen oder unbewehrt mit Gewölbeausbildung zum Boden).
- Berechnung der notwendigen Einbindetiefe und Schnittgrößen und die erdstatischen Standsicherheitsnachweise analog zur Trägerbohlwand möglich
- nicht wasserdicht.

3. *Überschnittene Bohrpfahlwand*

- Herstellung unbewehrter Primärpfähle (Pfähle 1, 3, 5 usw.)
- wenige Tage danach Bohren der Sekundärpfähle (bewehrte Pfähle 2, 4, 6 usw.), die in die Primärpfähle einschneiden (Herstellung einer durchgehenden Betonwand)
- Überschneidungsmaß ca. 10 bis 20 % des Pfahldurchmessers (abhängig von Bohrtechnologie und Baugrundverhältnissen)
- Berechnung der notwendigen Einbindetiefe und Schnittgrößen und der erdstatischen Standsicherheitsnachweise analog zur Spundwand möglich
- wasserabdichtende Baugrube herstellbar.

Für die Herstellung und Bemessung der verrohrt oder unverrohrt hergestellten Bohrpfähle sind DIN EN 1997-1, DIN EN 1536 mit DIN SPEC 18140, DIN 18 301, DIN 18 331 und DIN 1045 zu beachten.

3.4.4 Injektionswände

Injektionswände kommen im Zusammenhang mit Baugruben meist bei der Unterfangung von benachbarter Bebauung zum Einsatz. Durch die Injektion des Baugrundes soll ein Baukörper erzeugt werden, der wie eine Schwergewichtsmauer wirkt (bei Unterfangungshöhen von mehr als 2 bis 3 m verankert).

Injektionsverfahren:

- „klassische" Injektionen oder Niederdruckinjektionen: Einpressen von Injektionsmitteln in die Porenräume oder Hohlräume des Bodens oder Fels zum Dichten oder Verfestigen des Bodens oder Fels; bei Planung, Ausführung und Prüfung von Injektionen ist die DIN 4093, DIN EN 12 715, DIN 18 309 und ggf. das „Merkblatt für Einpressarbeiten mit Feinstbindemitteln in Lockergestein" (s. BAUTECHNIK 79 (2002), Heft 8 und 9) zu beachten.
- *soil-fracturing*-Verfahren: planmäßiges Einpressen von Injektionsmaterial zur gezielten, örtlichen Aufsprengung des Bodens (im Prinzip nur zur Gründungssanierung/Baugrundverbesserung bei bindigen Böden eingesetzt, wo die klassischen Injektionsverfahren ausscheiden – nicht zur Gebäudeunterfangung); bei Planung, Ausführung und Prüfung ist DIN EN 12 715 zu beachten.
- Düsenstrahlverfahren, auch Hochdruckinjektion (HDI), Hochdruckbodenvermörtelung, jetgrouting oder soilcrete: Die Bodenstruktur wird durch einen Düsenstrahl aufgeschnitten, und der Boden wird entweder mit dem Injektionsgut teilweise vermischt und ein Teil mit dem Spülmittelrücklauf gefördert (nichtbindige Böden) oder durch das Injektionsmittel ersetzt und durch den Spülmittelrücklauf gefördert (bindige Böden). DIN EN 12 716 und DIN 18 321 beachten.

Injektionsmittel:

- Nach Ausgangsstoffen und Zusammensetzung werden Mörtel, Pasten, Suspensionen, Lösungen und Emulsionen unterschieden.
- Ausgangsstoffe können z. B. Zemente, Zement-Bentonitmischungen, Feinstbindemittel (Ultrafeinzemente) oder Chemikalien (Wasserglas, Silikate und Kunstharze) sein.

Die Wahl des Injektionsmittels und -verfahrens wird im Wesentlichen durch den Boden und seine Eigenschaften bestimmt. Erste Anhaltswerte zu den möglichen Anwendungsbereichen können der Abb. 11.25a entnommen werden.

Planung und Bemessung von Injektionswänden zur Bauwerksunterfangung:

Bei der Planung von Injektionswänden für Bauwerksunterfangungen ist die DIN 4123 zu beachten. Die Bohrlochneigungen, Bohrlochabstände und Bohrlochfolge müssen vor Baubeginn in einem Injektionsplan festgelegt werden. Zur Überprüfung der geplanten Injektionsreichweite (Säulendurchmesser) und der geplanten Druckfestigkeit sind gegebenenfalls vor Baubeginn Probeinjektionen durchzuführen. Das Injektionsziel hinsichtlich Bereich, Qualität und Druckfestigkeit ist durch Kontrolle und Aufzeichnungen bei der Herstellung und durch Probenentnahme und -prüfung nach der Herstellung zu prüfen. Bei Unterfangungen mit Injektionen sind weiterhin eventuelle Bewegungen des zu unterfangenden Bauwerks ständig zu überwachen (Hebungen/Setzungen z. B. mit Nivellements oder Schlauchwaagen). Unter bestimmten Voraussetzungen können Injektionswände auch wasserdicht ausgebildet werden.

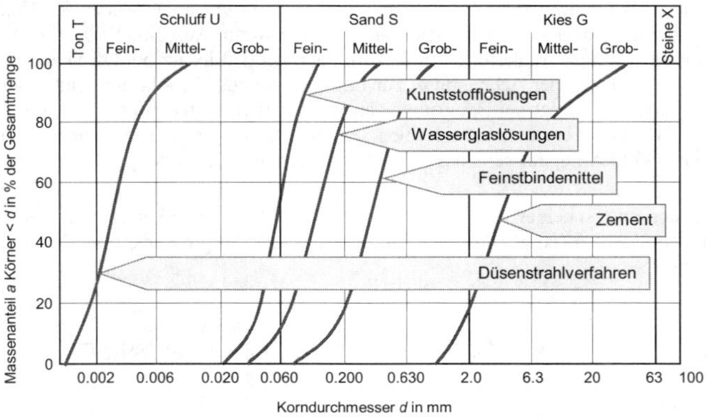

Abb. 11.25a Anwendungsbereiche der Injektionsverfahren und -mittel

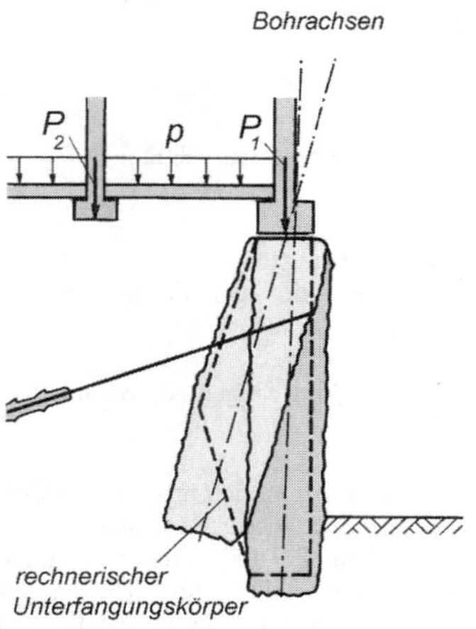

Abb. 11.25b Bauwerksunterfangung

Erforderliche Nachweise:
(analog zu Schwergewichtsmauern)

- Kippen
- Gleiten
- Grundbruch/zulässige Sohlspannungen
- zulässige Spannungen im Injektionskörper
- Verankerungsnachweise
- eventuell Geländebruch.

Die erreichbaren Druckfestigkeiten der Injektionskörper sind von Bodeneigenschaften, Injektionsverfahren und Injektionsmittel abhängig.

Einaxiale Druckfestigkeiten (Anhaltswerte) bei:

- Niederdruckinjektionen mit
  - Chemikalien: bis 5 N/mm^2
  - Zementen: bis 10 N/mm^2
  - Feinstbindemitteln: bis 20 N/mm^2
- Düsenstrahl-Verfahren:
  - im Sand/Kies: 1 bis 5 N/mm^2
  - im Schluff/Ton: 0,5 bis 3 N/mm^2

Für weitere Hinweise zu geotechnischen Injektionen kann neben DIN 4093 z. B. auf das Grundbautaschenbuch Teil 2 und den Betonkalender 1998 Teil 2 zurückgegriffen werden.

3.4.5 Frostwände

Frostwände (i. Allg. wasserabdichtend ausführbar) können durch künstliches Einfrieren wasserhaltender Bodenschichten (Bodenvereisung) hergestellt werden. Mit dem Vereisungszustand ist nur so lange zu rechnen, solange die Gefriereinrichtung in Betrieb gehalten wird. Im Zuge der Eignungs- und Planungsuntersuchungen für eine Bodenvereisung sind neben der Bestimmung der notwendigen Bodenkennwerte für den ungefrorenen und den gefrorenen Boden Untersuchungen zu den notwendigen Gefrierrohrabständen und zum geeigneten Kühlverfahren notwendig. Je geringer der Abstand der Kühlrohre ist und je tiefer die eingebrachte Temperatur ist, umso kürzer ist die zur Bildung der Frostmauer erforderliche Zeit.

3.5 Verankerungen, Steifen

Baugrubenwände und andere Bauwerke werden zur Begrenzung der Verformungen oft rückwärtig verankert. Verankerungen dienen u.a. auch zur Auftriebssicherung und zur Aufnahme von Einzelkräften z. B. bei Abspannungen. Eine Verankerung mit Ankerplatten (z. B. Einsatz bei Uferwänden) erfolgt nur noch selten, da ein großer freier Arbeitsraum zur Einbringung der Verankerung hinter der Wand notwendig ist. Üblicherweise erfolgt bei Baugrubenwänden eine rückwärtige Verankerung mit Verpressankern, mitunter auch mit Verpressmantelpfählen. Es dürfen nur die Verpressanker zum Einsatz kommen, die bauaufsichtlich zugelassen sind. Für die sachgemäße Herstellung dieser Anker gilt DIN EN 1537.

Hinsichtlich der Einsatzdauer unterscheidet man bei Verpressankern Kurzzeitanker (Einsatzdauer kleiner als zwei Jahre) und Daueranker (länger als zwei Jahre im Einsatz). Verpressanker werden i. d. R. mit Vorspannung eingebaut.

Verankerungsarten:

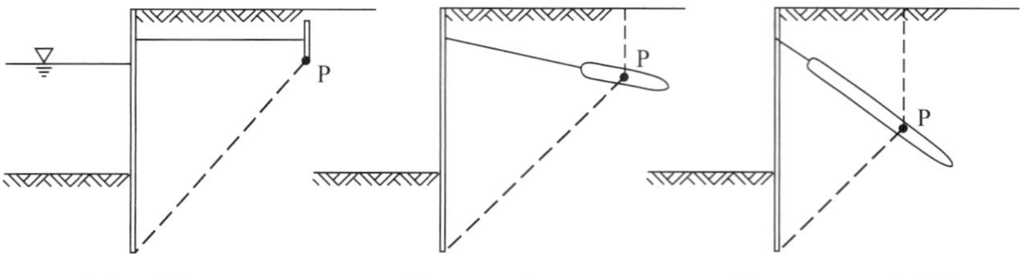

Ankerplatten | Verpressanker | Verpressmantelpfahl

Konstruktive Regeln für den Einsatz von Verpressankern

- Die freie Ankerlänge (nicht verpresster Teil) sollte mindestens 5 m betragen.
- Der Verpresskörper sollte möglichst nur innerhalb einer bindigen oder nichtbindigen Bodenschicht bzw. vollständig im Fels liegen.
- Der Verpresskörper sollte mindestens 4 m unter Geländeoberfläche liegen.
- Der Abstand der Verpresskörper untereinander sollte bei 15 m bis 20 m langen Ankern mindestens 1,5 m sein. Der Mindestabstand zu Bauwerken beträgt 3 m.

Ermittlung des Herausziehwiderstands bei Verpressankern

Der charakteristische Herausziehwiderstand $R_{a,k}$ eines Verpressankers ergibt sich aus dem Widerstand des Verpresskörpers bei der Übertragung der Zugkraft in den Boden. Dieser Widerstand ist auf Grundlage von mindestens drei Eignungsprüfungen an Ankern nach DIN EN 1537 zu ermitteln, die unter gleichartigen Ausführungsbedingungen wie die Bauwerksanker hergestellt wurden. Die Tragfähigkeit der Verpressanker ist unter anderem vom konstruktiven Ankeraufbau, der Verpresslänge und dem anstehenden Boden abhängig.

Steifen sind gegen Herabfallen zu sichern, z. B. durch horizontal angeordnete Gurte. Rundholzsteifen müssen mindestens einen Durchmesser von 10 cm besitzen und der Güteklasse II entsprechen. Die Steifen sind u. a. auf Ausknicken zu untersuchen.

3.6 Stützmauern

3.6.1 Allgemeines

- Aufnahme der horizontalen Belastung aus Erd- und Wasserdruck durch ein massives Bauwerk, das eine Verbundkonstruktion oder eine monolithische Mauer sein kann.
- In die Hinterfüllung sollte so wenig Wasser wie möglich eindringen (u. a. anströmendes Schichtenwasser durch schräg zum Mauerfuß verlegte Dränagen bzw. Niederschlagswasser an der Geländeoberfläche sammeln und abführen).
- Stauendes Wasser an der Rückseite von Gewichts- und Winkelstützmauern ist durch sorgfältige Ausbildung der Dränage zu vermeiden, da dadurch eine zusätzliche Belastung der Mauer infolge Wasserdruck auftritt.

3.6.2 Arten

Gewichtsmauern

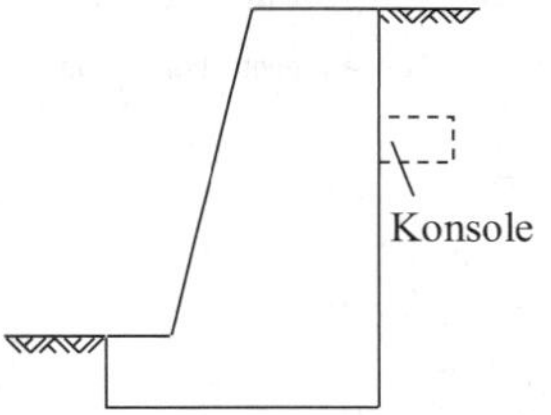

Belastung:
- Nichtverankerte Gewichtsmauern auf nachgiebigem Baugrund werden i. d. R. durch den aktiven Erddruck belastet.
- Bei lagenweisem Einbau mit Verdichtung ist zusätzlich ein Verdichtungserddruck zu berücksichtigen.

Erdstatische Nachweise:
- Nachweis der Tragfähigkeit und Gebrauchstauglichkeit wie bei Flachgründungen.

Winkelstützmauern

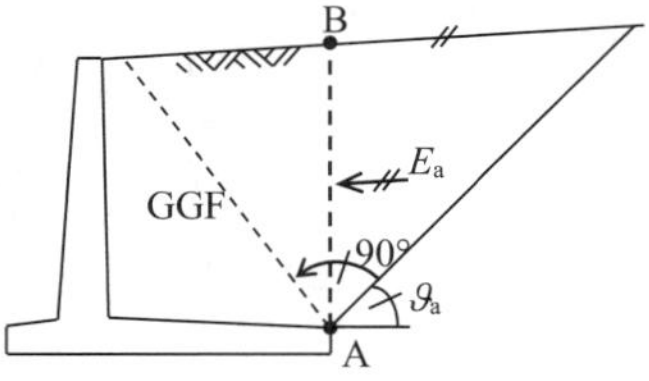

Belastung:
- Bei Winkelstützmauern sind nach DIN 4085 für den Standsicherheitsnachweis und die Bemessung der Mauer unterschiedliche Erddruckansätze maßgebend.
- Für den Nachweis der Standsicherheit kann bei Austritt der Gegengleitfläche GGF an der Geländeoberfläche ersatzweise der oberflächenparallele Ansatz des aktiven Erddrucks E_a in der lotrechten Ebene AB erfolgen.

Erdstatische Nachweise:
- Nachweis der Tragfähigkeit und Gebrauchstauglichkeit wie bei Flachgründungen.

Stützmauern nach dem Verbundprinzip sind unter anderen:

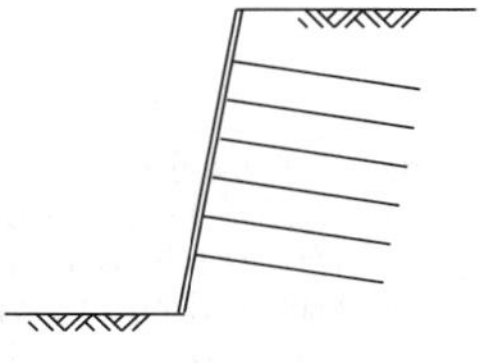

- bewehrte Erde (z. B. flächenhafte Bewehrung mit Geokunststoffen oder Metallbändern)
- Bodenvernagelung
- Raumgitterstützwände (i. d. R. Stahlbetonfertigteile).

Nachweis der Tragfähigkeit:
- Nachweis der äußeren Standsicherheit wie bei Gewichtsmauern
- Nachweis der inneren Standsicherheit für den Verbundkörper durch Überprüfung möglicher Bruchmechanismen innerhalb des Verbundkörpers und Nachweis gegen Versagen von Bauteilen.

3.6.3 Vernagelte Wände

Vernagelte Wände (Bodenvernagelungen) als konstruktive Böschungssicherungen sind Verbundkonstruktionen, die aus dem anstehenden Boden bzw. Fels, den stabförmigen, nicht vorgespannten Zuggliedern (Boden- bzw. Felsnägel) und einer Oberflächensicherung (i. d. R. bewehrter Spritzbeton) bestehen. Bei ausreichender Nageldichte verhält sich der bewehrte Boden-/Felskörper näherungsweise wie ein monolithischer Körper. Bei einer Bodenvernagelung ist, neben der DIN 1054 und der E DIN EN 14 490, die für das jeweilige System gültige Allgemeine bauaufsichtliche Zulassung des Deutschen Instituts für Bautechnik zu beachten.

Die Herstellung erfolgt in einer sich wiederholenden Abfolge:

- Zwischenaushub, in Abhängigkeit von der temporären Böschungsstabilität (ca. 1,5 m; mind. 0,5 m unter Bohransatzpunkt der jeweiligen Nagellage).
- Sicherung der freigelegten Böschungsoberfläche mit Spritzbeton, einschließlich Bewehrung.
- Einbauen und Verpressen der Bodennägel, die kraftschlüssig, aber ohne Vorspannung mit der Außenhaut verbunden werden.

Im Regelfall werden Nägel mit einer Länge des 0,5- bis 0,7fachen der Wandhöhe gewählt. Am Kopf der hergestellten Wand ist mit horizontalen Verformungen von ca. 0,2 bis 0,4 % der Wandhöhe zu rechnen. Damit sich kein Wasserdruck auf die Oberflächensicherung infolge Schichten- oder Kluftwasser einstellt, sollte eine ausreichende Anzahl von Entwässerungsöffnungen angeordnet werden.

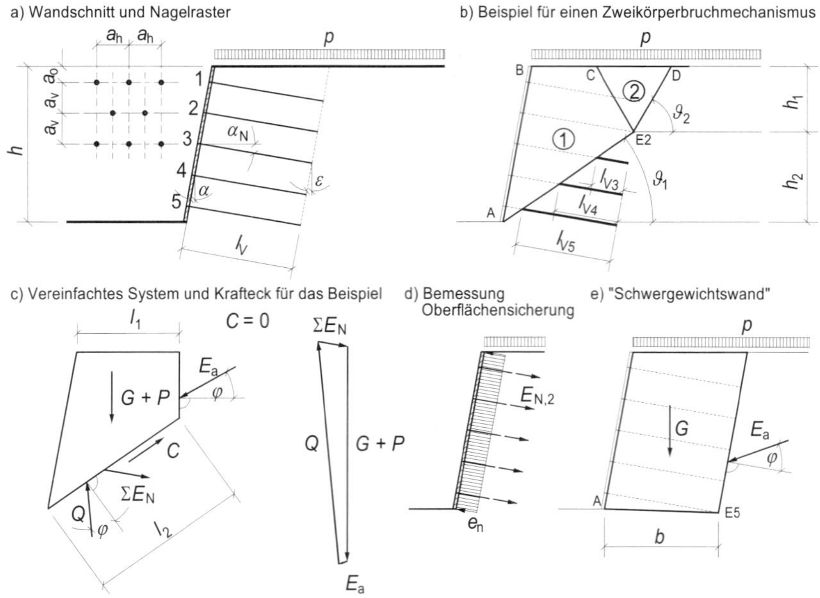

Standsicherheit

Bei Boden- und Felsvernagelungen sind zum Nachweis der Tragfähigkeit die möglicherweise maßgebenden Bruchmechanismen im Boden im Grenzzustand GEO-3 zu untersuchen. Die Gleitflächen können dabei alle oder nur einen Teil der Nägel schneiden oder auch umgehen. Dabei ist die Bemessungsbeanspruchung des jeweiligen Bodennagels aus dem Defizit des Kräftegleichgewichtes ($E_{N,1}$) zu ermitteln. Hierbei sind die Bauweise, Geländeform, Grundwassersituation sowie Betrag und Stellung von äußeren Lasten zu berücksichtigen.

Außerdem ist die Bemessungsbeanspruchung des jeweiligen Bodennagels aus der Bemessungseinwirkung auf die Oberflächensicherung und der dem jeweiligen Nagel zugeordneten Fläche der Oberflächensicherung ($E_{N,2}$) zu ermitteln. Der größere Wert der Bemessungsbeanspruchung des Bodennagels (E_N) ist maßgebend. Weiterhin ist für den Nachweis der Tragfähigkeit der Verbundkörper als monolithisch zu betrachten.

Herausziehwiderstand eines Bodennagels

Es ist eine ausreichende Sicherheit gegen Herausziehen eines Bodennagels nachzuweisen. Der Nachweis ist erbracht, wenn die Bedingung $E_N \leq R_N$ erfüllt ist.

E_N Bemessungsbeanspruchung eines Bodennagels

R_N Bemessungswert des Herausziehwiderstands eines Bodennagels

Der Bemessungswert des Herausziehwiderstands eines Bodennagels R_N wird für die Standsicherheitsnachweise i. d. R. zunächst auf der Grundlage von Erfahrungswerten für die vorliegenden Baugrundverhältnisse ermittelt. Im Zuge der Bauausführung muss der Herausziehwiderstand durch entsprechende Prüfungen nachgewiesen werden. Maßgebend sind dafür die Regelungen in der Allgemeinen bauaufsichtlichen Zulassung.

3.7 Böschungen und Geländesprünge

3.7.1 Allgemeine Forderungen

Ein Böschungs- bzw. Geländebruch tritt ein, wenn ein Erd- bzw. Felskörper an einer Böschung, einem Hang oder an einem Geländesprung, gegebenenfalls einschließlich des Stützbauwerks, infolge des Ausschöpfens des Scherwiderstands abrutscht.

Für den Nachweis der Standsicherheit sind folgende Unterlagen erforderlich:

- Angaben über die allgemeine Gestaltung und die Maße des Geländesprungs und eventueller Stützkonstruktionen, die maßgebenden Wasserstände und Grundwasserverhältnisse sowie die Art und Größe der Belastungen, die zur Berechnung für die verschiedenen Lastfälle notwendig sind.
- Für im Boden (Lockergestein) verlaufende Prüfgleitflächen sind erforderlich:
  - die Wichten der einzelnen Schichten;
  - die Scherparameter der im Bereich der Gleitfläche anstehenden Bodenarten;
  - bei bindigen Böden sind die Scherparameter für den konsolidierten Zustand (Endstandsicherheit) und gegebenenfalls für den nichtkonsolidierten Zustand (Anfangsstandsicherheit) zu ermitteln. Hierzu gehören gegebenenfalls Angaben über den Porenwasserdruck in bindigen Böden, die unter Eigenlast und Belastung konsolidieren. Bei bindigen Böden ist unter Umständen (z. B. bei Rutsch- und Kriechhängen) auch die Restscherfestigkeit zu bestimmen.
- Für im Fels verlaufende Prüfgleitflächen sind erforderlich:
  - geologische Beschreibung des Gesteins
  - Beschreibung der Trennflächen (Einzelklüfte, Kluftscharen, Kluftabstand, Öffnungsweite, Kluftfüllung, Rauigkeit, Verzahnung u. a.)
  - räumliche Stellung der Trennflächen
  - Wichte des Gleitkörpers
  - Scherparameter sowie die Durchtrennungsgrade der maßgebenden Gleitflächen.
- Bei der Ermittlung der Standsicherheit von Rutsch- und Kriechhängen ist es erforderlich, den Verlauf der Gleitfläche bzw. die Begrenzung des Gleit- bzw. Kriechkörpers festzustellen; dafür kommen u. a. Feststellungen an der Geländeoberfläche, Aufschlüsse, Sondierungen, Inklinometer- und Extensometermessungen in Betracht.

Der Boden/Fels in einer Böschung muss gegen Erosion sowie Einwirkungen der Witterung gesichert sein. Freie Oberflächen von Böschungen sind rechtzeitig durch ingenieurbiologische (Begrünung u. a.) oder konstruktive Maßnahmen gegen Erosion durch Oberflächenwasser und Verlust der Kohäsion/Kapillarkohäsion zu schützen.

3.7.2 Hilfsmittel für die Festlegung der Böschungsneigung

Standsicherheit für den Sonderfall einer geraden, unbelasteten, nicht durchströmten Böschung mit dem Böschungswinkel β in nichtbindigen Böden:

$$\beta \leq \varphi \quad \text{bzw.} \quad \frac{\tan\beta}{\tan\varphi} = \mu \leq 1$$

Beispiel:

Gesucht: Zulässiger Böschungswinkel β für Bemessungssituation BS-T

Gegeben: Charakteristische Werte: $\varphi'_k = 35°$, $c'_k = 0$

Lösung: Teilsicherheitsbeiwert $\gamma_\varphi = 1{,}15$

$\varphi = \varphi'_k = \arctan(\tan 35°/1{,}15) = 31{,}3° \approx 31° \quad \Rightarrow \quad \beta \leq 31°$

Standsicherheitsdiagramm für Regelböschungen nach *Gußmann* [1)]

Das dargestellte Standsicherheitsdiagramm beruht auf Berechnungen mit der Kinematischen-Elemente-Methode (KEM) mit fünf Elementen, deren Geometrie vollständig variiert wurde. Voraussetzungen für die Anwendung:

- homogener Boden im Einflussbereich
- kein Wasser im Einflussbereich
- keine Auflasten auf der Geländeoberfläche.

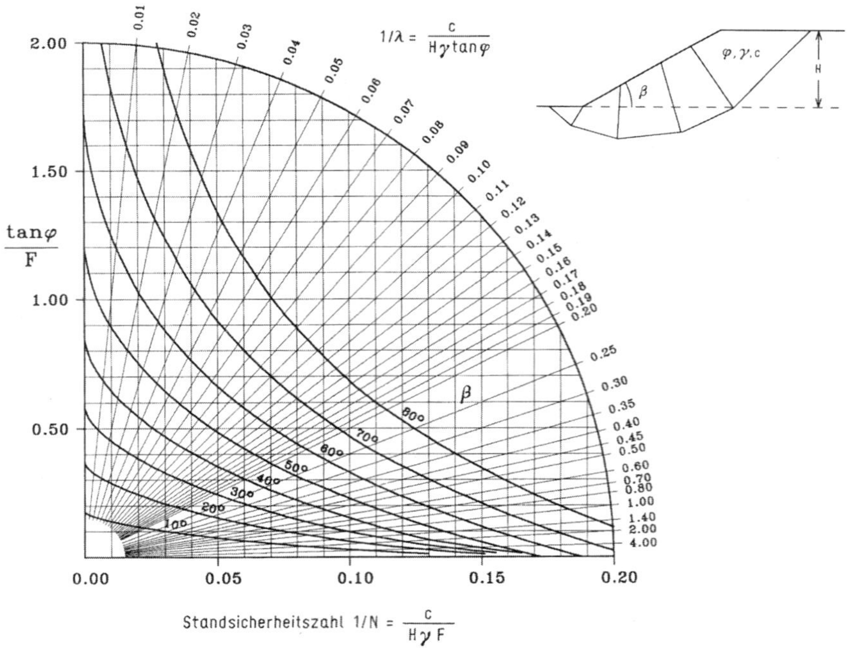

---

1) Grundbautaschenbuch, 6. Aufl.,Teil 1.

3.8 Wasserhaltung

3.8.1 Verfahren

Die Wasserhaltung umfasst alle Maßnahmen zur Beherrschung des zuströmenden Wassers während des Betriebs der Baugrube. Es wird in offene und geschlossene Wasserhaltung unterschieden. Die Auswahl der Verfahren ist u. a. abhängig von den geohydrologischen Verhältnissen und der Geometrie der Baugrube.

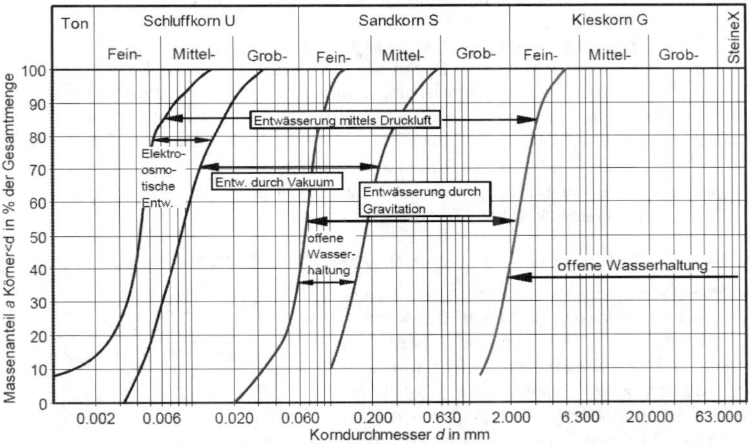

Abb. 11.31a Einsatzgrenzen der Wasserhaltungsverfahren in Abhängigkeit von der Bodenart

3.8.2 Offene Wasserhaltung

Die offene Wasserhaltung wird in standfesten Bodenarten (z. B. in Fels mit wasserführenden Spalten und Rissen und in bindigem Boden mit einer Durchlässigkeit von $k = 10^{-9}$ bis 10^{-7} m/s) angewendet. In sandigen und kiesigen Böden kann die Anwendung nur für geringe Baugrubentiefen (3 bis 4 m) und unter Einhaltung einer zweifachen Sicherheit gegenüber dem kritischen Gefälle i_{krit} erfolgen. Mit dem kritischen Gefälle $i_{\text{krit}} = 1/15\sqrt{k}$ und dem vorhandenen Gradienten $i = \Delta h / \Delta l$ (Δh Druckhöhe, Δl Strömungsweg) gilt die Bedingung $i_{\text{krit}} / i \geq 2$.

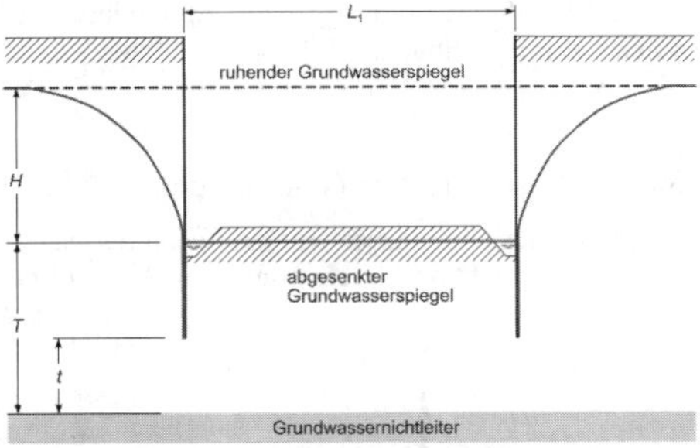

Abb. 11.31b Absenkung bei offener Wasserhaltung

3.8.3 Geschlossene Wasserhaltung

Flachbrunnen werden an eine gemeinsame Saugleitung angeschlossen. Die Wasserförderung erfolgt durch Kreiselpumpen. Die praktische erreichbare Absenktiefe beträgt 3,5 bis 4,0 m ab Pumpenachse. Bei größeren Absenktiefen ist die Anordnung von mehrstaffeligen Anlagen erforderlich. Für die Gravitationsentwässerung werden im Allgemeinen Filterbrunnen mit einem Filterdurchmesser von d = 150 mm verwendet, sodass der Bohrlochdurchmesser zwischen 300 und 400 mm beträgt. Die Einlaufhöhe am Filter muss mindestens 2 bis 3 m betragen. Der Mindestabstand benachbarter Brunnen liegt bei 3 bis 4 m.

Für die *Vakuumentwässerung* werden Nadelbrunnen verwendet. Diese haben einen Durchmesser von 50 mm, eine Einlaufhöhe von mindestens 0,5 m und einen Abstand von 1,25 m.

Aus ***Tiefbrunnen*** wird das Wasser mit eingehängten Tauchpumpen gefördert. Die Absenktiefe wird durch die Druckleistung der Pumpe begrenzt. Für Tiefbrunnen sind folgende Maße üblich:

Filterdurchmesser 350 mm, Bohrlochdurchmesser 500 bis 800 mm, Einlaufhöhe 5 bis 8 m, Mindestabstand 5 bis 6 m.

3.8.4 Weitere Verfahren

Vakuumentwässerung

Anwendung: – Feinsande und Grobschluffe mit $k = 10^{-4}$ bis 10^{-7} m/s

Anordnung: – Abstand der Brunnen 1 bis 1,25 m
- Filteroberkante muss mindestens 1 m unter Aushubsohle liegen
- Abstand der Filter zur Baugrubenwand mindestens 60 cm
- je 50 m Vakuumanlage ist eine leistungsstarke Pumpe anzuordnen

Elektroosmotische Verfahren

Anwendung: – schluffige, tonige und zum Teil organische Böden mit $k < 10^{-8}$ m/s und d_{10} zwischen 0,002 und 0,015 mm

Anordnung: – kreisförmig, Elektrodenabstände zwischen 1 und 10 m
- Spannung zwischen 15 und 150 V

3.8.5 Berücksichtigung des strömenden Wassers bei Stützwänden

Die Strömung des Grundwassers durch den Porenraum bewirkt Strömungskräfte, die auf das Korngerüst des Bodens wirken. Diese sind bei erdstatischen Berechnungen zu berücksichtigen. Bei Stützwänden im Grundwasser, z. B. Baugrubenumschließungen, wirken sich die Strömungskräfte unmittelbar auf die Erddrücke aus. Der belastende Erddruck wird durch die nach unten gerichtete Strömung erhöht und der stützende Erddruck durch die nach oben gerichteten Strömungskräfte verringert. Dies lässt sich näherungsweise durch Erhöhung bzw. Abminderung der Wichte berücksichtigen.

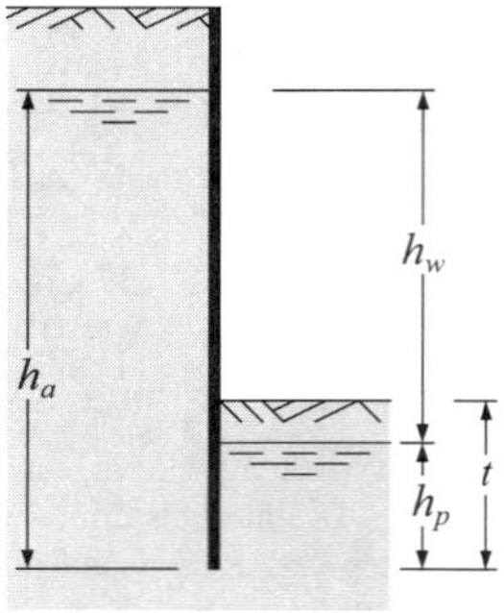

Abb. 11.32a Umströmte Baugrubenwand

3.8.6 Hydraulischer Grundbruch

Hydraulischer Grundbruch tritt ein, wenn der nach oben gerichtete Strömungsdruck größer wird, als das Eigengewicht des durchströmten Bodens vor dem Stützwandfuß. Dieser Zustand lässt sich rechnerisch durch das Überschreiten eines kritischen hydraulischen Gradienten i beschreiben.

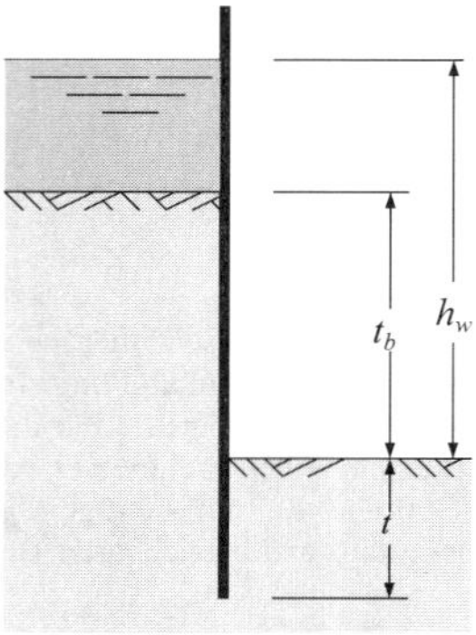

Abb. 11.32b Umströmte Baugrubenwand

Der Vorgang ist verbunden mit dem Aufschwimmen bzw. Aufbrechen des Bodens und mit dem Verlust der stützenden Wirkung des Erddrucks in diesem Bereich. Insbesondere schmale Baugruben und Baugrubenecken sind gegenüber hydraulischem Grundbruch gefährdet.

Bei schmalen Baugruben (B / t_B < 2) und Baugrubenecken wird empfohlen, den Teilsicherheitsbeiwert γ_H mit dem Faktor 1,3 zu erhöhen.

Wenn bei breiten Baugruben entlang der Baugrubenwände gleiche Sicherheit erreicht werden soll, müssen die Eckbereiche tiefer in den Untergrund einbinden als die Mittelbereiche.

4 Flachgründungen

4.1 Konstruktion

Wenn unmittelbar unter dem Bauwerk (unterster nutzbarer Teil des Bauwerks) tragfähiger Baugrund in ausreichender Mächtigkeit ansteht, ist die Flachgründung meist die einfachste und wirtschaftlichste Gründungsart. Man unterscheidet in:

- Einzelfundamente (unter Einzellasten, z.B. Stützen),
- Streifenfundamente (Bankette, unter Stützenreihen oder Wänden),
- Plattengründungen (ganze Bauwerke oder ausgedehnte Bauwerksteile).

Plattengründungen kommen unter dem Grundwasserspiegel zur Anwendung oder wenn die Summe der Fläche der Einzel- und Streifenfundamente mehr als die Hälfte der Bauwerksgrundfläche beträgt. Lastabtragung erfolgt zwischen Aufstandsfläche und Baugrund über die Fundamentsohle. Es muss nachgewiesen werden, dass die Sohlspannungen normal σ_0 und tangential τ zur Fundamentsohle sicher vom Baugrund aufgenommen werden können. Die Bemessung von Flachgründungen muss sicherstellen, dass

- das Fundament durch die Beanspruchungen im Gebrauchszustand nicht zerstört wird,
- die unter Gebrauchslast auftretenden Baugrundsetzungen sowie die sich daraus ergebenden Verschiebungen und Verdrehungen ein für den Bestand und die Funktionssicherheit des Bauwerks zulässiges Maß nicht überschreiten.

Grundlage dafür ist die Kenntnis der aus dem aufgehenden Bauwerk in die Gründung eingetragenen Lasten und der sich daraus ergebenden Reaktionskraft des Baugrunds, des Sohldrucks. Die sich aus dem Bauwerk ergebenden Lasten für die Gründung werden in der statischen Berechnung ermittelt.

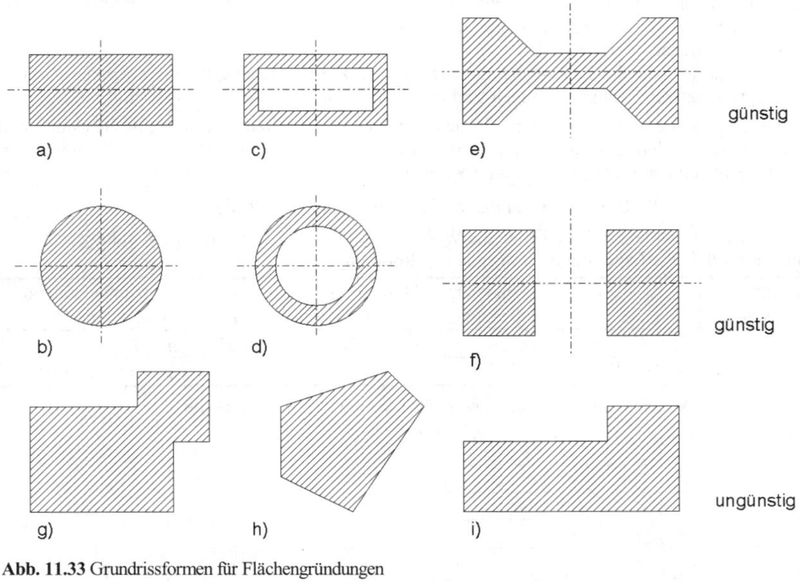

Abb. 11.33 Grundrissformen für Flächengründungen

Symmetrische Grundrisse sind zu bevorzugen (Formen a bis f). Bei den Grundrissformen c und d wird durch Verwendung von Aussparungen die Bildung von klaffenden Sohlfugen verhindert. Dafür können z. B. Weichfaserplatten zur Anwendung kommen. Die Grundrissformen e und f kommen bei überwiegender Momentenbeanspruchung um eine Achse (Brückenpfeiler, Maschinenfundamente) zur Anwendung. Die Grundrisse g bis i sind ungünstig, da sie auch bei homogenem Baugrund zu Verkantungen führen können.

4.2 Vereinfachter Nachweis des Sohldrucks in Regelfällen

In einfachen Regelfällen darf bei Flachgründungen als Nachweis ein Vergleich des einwirkenden Sohldrucks $\sigma_{E,d}$ mit dem Sohldruckwiderstand $\sigma_{R,d}$ als Ersatz für die Nachweise Grundbruch und Gleiten sowie der Gebrauchstauglichkeit geführt werden. Eine ausreichende Sicherheit ist vorhanden, wenn der einwirkende Sohldruck kleiner ist als der Sohlwiderstand:

$\sigma_{E,d} \leq \sigma_{R,d}$

Es darf eine gleichmäßige Verteilung des Sohldrucks angenommen werden. Für die Ermittlung der Schnittkräfte und die Setzungsberechnung darf bei starren Gründungen von einer geradlinigen Verteilung des Sohlwiderstandes ausgegangen werden. In einfachen Fällen wird der Einfluss der Verformungseigenschaften von Bauwerk und Gründung ganz außer Acht gelassen und eine gleichmäßige oder geradlinige Sohldruckverteilung angenommen. Greift die resultierende Sohldruckkraft außerhalb der 1. Kernfläche an, kommt es in bestimmten Bereichen zum „Klaffen" der Sohlfuge.

Für die verformungsabhängige Berechnung der Sohldruckverteilung stehen u.a. das **Bettungsmodulverfahren** und das **Steifemodulverfahren** zur Verfügung. Die Berechnungsergebnisse sind erheblich von den gewählten Eingangsgrößen, wie Steife- oder Bettungsmoduln, sowie den Steifigkeiten abhängig und setzen diesbezügliche Erfahrung voraus.

4.2.1 Sohlwiderstand $\sigma_{R,d}$ für einfache Fälle

Voraussetzungen für die Anwendung des Sohlwiderstands $\sigma_{R,d}$:

- Die Geländeoberfläche und die Schichtgrenzen müssen annähernd waagerecht verlaufen.
- Der für den Nachweis zugrunde gelegte Baugrund darf bis in eine Tiefe $d = 2 \times$ Fundamentbreite, mindestens aber bis in 2 m Tiefe nicht an Tragfähigkeit verlieren.
- Der Baugrund darf nicht überwiegend dynamisch beansprucht werden.
- Für die Neigung der Resultierenden in der Sohlfläche gilt $\tan \delta_E = H_k/V_k \leq 0{,}2$.
- Bei ausmittigem Lastangriff der Resultierenden in der Sohlfläche darf nur die wirksame Fundamentbreite $b' = b - 2 \cdot e$ in Rechnung gestellt werden.
- Kein Einfluss benachbarter Bauwerke.
- Die Bedingungen für die zulässige Lage der Sohldruckresultierenden für die charakteristischen bzw. repräsentativen Beanspruchungen sind eingehalten. Der Kippnachweis ist erfüllt.

Die nachfolgend aufgeführten Basiswerte für den Sohlwiderstand gelten für senkrechte Belastung und geben eine Größenordnung wieder. Sie sind unter Berücksichtigung der wirklichen Verhältnisse von einem Sachverständigen für Geotechnik an die Gegebenheiten anzupassen.

I) Bemessungswert des Sohlwiderstandes $\sigma_{R,d}$ bei nichtbindigem Baugrund

Für die Bemessungssituation BS-T liegen die Werte auf der sicheren Seite. Die Anwendung setzt eine ausreichend dichte Lagerung mit folgenden Anforderungen voraus:

Bodenart nach DIN 18196	Ungleichförmigkeit	Lagerungs-Dichte	Verdichtungsgrad	Spitzenwiderstand Drucksonde
SE,GE,SU,GU,ST,GT	$C_U \leq 3$	$D \geq 0{,}30$	$D_{pr} \geq 95\ \%$	$q_s \geq 7{,}5$ MN/m²
SE,GE,SU,GU,GT,GW,SI,SW	$C_U > 3$	$D \geq 0{,}45$	$D_{pr} \geq 98\ \%$	$q_s \geq 7{,}5$ MN/m²

$\sigma_{R,d(B)}$ in Abhängigkeit der Einbindetiefe d und der wirksamen Fundamentbreite b':

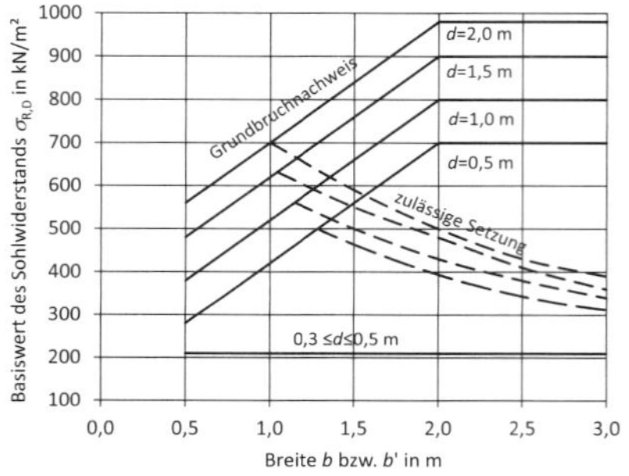

$\sigma_{R,d(B,G)}$ (Basiswert für Grundbruch) bzw.
$\sigma_{R,d(B,S)}$ (Basiswert für Setzung) in kN/m²

Bei mittiger Belastung ergeben sich bei Anwendung von $\sigma_{R,d(B,G)}$ auf Grundlage der Grundbruchsicherheit bei 1,5 m breiten Fundamenten Setzungen in der Größenordnung von 2 cm. Die Setzungen nehmen mit zunehmender Fundamentbreite ungefähr proportional zu. Die Sohlwiderstände $\sigma_{R,d(B,S)}$, die auf Grundlage zulässiger Setzungen ermittelt wurden, ergeben bei mittiger Beanspruchung und einer Fundamentbreite von 1,5 m ungefähr eine Setzung von 1 cm und bei breiteren Fundamenten in der Regel eine maximale Setzung von 2 cm. Die i.d.R. geringeren Sohlwiderstände bei Beachtung der Setzungen sind dem vereinfachten Nachweis zugrunde zu legen, wenn die Verformungen begrenzt werden sollen.

II) Sohlwiderstand $\sigma_{R,d}$ in kN/m² bei bindigem Baugrund

- **Basiswert des Sohlwiderstands $\sigma_{R,d(B)}$ für Bemessungssituation BS-P und Streifenfundamente** in Abhängigkeit der Einbindetiefe d und der wirksamen Fundamentbreite b‘ (bei b‘ > 2 m). Für die Bemessungssituation BS-T liegen die Werte auf der sicheren Seite.

Die Ermittlung von $\sigma_{R,d(B)}$ nach folgender Tabelle erfolgt für die jeweiligen Bodengruppen in Abhängigkeit der Konsistenz oder der einaxialen Druckfestigkeit nach DIN 18 136. Bei Böden, die nicht mindestens eine steife Konsistenz aufweisen bzw. bei Unterschreitung der einaxialen Druckfestigkeit, darf die folgende Tabelle zur Ermittlung von $\sigma_{R,d(B)}$ nicht angewandt werden. Ergeben sich in den Versuchen bei der Bestimmung der Konsistenz unterschiedliche Zustandsformen, dann ist der Mittelwert des jeweiligen Bodens maßgebend.

	Basiswert des Sohlwiderstands $\sigma_{R,d(B)}$ in kN/m²									
	Schluff UL	gemischtkörnige Böden SU, ST, GU, GT			tonig schluffige Böden UM , TL, TM			Ton TA		
Druckfestigkeit einaxial in kN/m²	≥120	120 – 2300	300 – 2700	>700	120 – 2300	300 – 2700	>700	120 – 2300	300 – 2700	>700
Konsistenz	steif	steif	halbfest	fest	steif	halbfest	fest	steif	halbfest	fest
d = 0,5 m	180	210	310	460	170	240	390	130	200	280
d = 1,0 m	250	250	390	530	200	290	450	150	250	340
d = 1,5 m	310	310	460	620	220	350	500	180	290	380
d = 2,0 m	350	350	520	700	250	390	560	210	320	420

Innerhalb der Tabelle darf geradlinig interpoliert werden. Die Einhaltung der gegebenen Sohlwiderstände $\sigma_{R,d(B)}$ führt bei mittig belasteten Fundamenten zu Setzungen zwischen 2 bis 4 cm. Bei Fundamentbreiten von mehr als 5 m darf der vereinfachte Nachweis nicht mehr geführt werden.

4.3 Vollständige Nachweise

4.3.1 Grenzzustand der Tragfähigkeit ULS

Grundbruchnachweis

Es werden die Bemessungswerte der normal zur Fundamentsohle wirkenden Beanspruchung $E_{N,d}$ und des normal zur Sohle vorhandenen Grundbruchwiderstands des Bodens $R_{N,d}$ verglichen. Bei Bauwerken an einem Geländesprung oder einer Böschung kann anstelle des Grundbruchnachweises der Gelände- oder Böschungsbruchnachweis maßgebend sein.

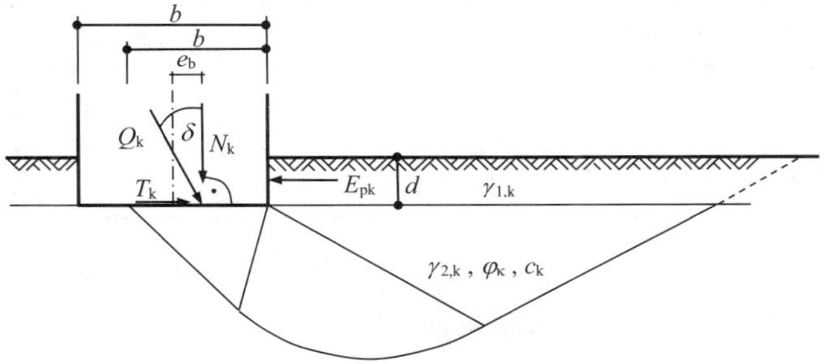

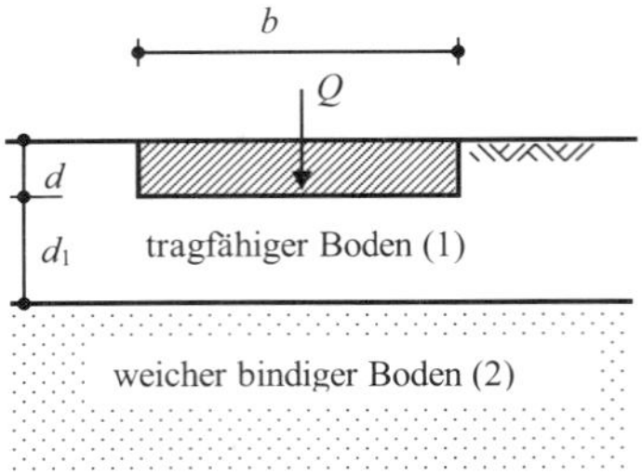

Bei Vorhandensein eines gesättigten bindigen Bodens (2) unter einer festeren Deckschicht (1) mit $\varphi_1 > 25°$ und einem Abstand $d_1 \leq 2b$ unterhalb der Gründungssohle ist ein zusätzlicher Grundbruchnachweis unter Berücksichtigung des Durchstanzens zu erbringen.

Im umgekehrten Fall der Bodenschichtung dürfen die Scherparameter der weichen Schicht dem Grundbruchwiderstand zugrunde gelegt werden.

Gleitsicherheit (GEO-2)

Die Gefahr des Gleitens besteht entlang der Sohlfläche oder einer darunter befindlichen Schnittfläche im Baugrund (z.B. bei Fundamenten mit Sporn oder bei in Gleitrichtung ansteigender Sohlfläche), falls der Bemessungswert der parallel zu dieser Fläche angreifenden Kräfte T_d in Verschiebungsrichtung größer als der Bemessungswert der widerstehenden Kräfte ($R_{t,d}$ und $E_{pt,d}$) ist. Nachweis:

$$T_d \leq R_{t,d} + E_{pt,d}$$

Parameter für den Nachweis

$R_{t,d}$ Bemessungswert des Gleitwiderstands

$E_{pt,d}$ Bemessungswert des passiven Erddrucks $E_{pt,d} = E_{pt,k}/\gamma_{R,e}$ parallel zur Sohlfläche. Bei ausreichend tiefer Einbindung des Fundaments in den Baugrund wird eine Verdrehung durch eine beidseitige Bodenreaktion verhindert, wobei $e_{pt,k(mob)} \leq 0{,}5 \cdot e_{pt,k}$ einzuhalten ist.

Kippen (EQU)

Bei stark exzentrischer Beanspruchung ist eine ausreichende Kippsicherheit nachzuweisen. Der Nachweis darf näherungsweise nach DIN EN 1990 durch Vergleich von destabilisierenden und stabilisierenden Einwirkungen für eine fiktive Kippkante am Fundamentrand geführt werden. Zusätzlich sind die Nachweise im Grenzzustand SLS zu führen.

Sicherheit gegen Aufschwimmen (UPL)

Bei nicht verankerten Konstruktionen ist folgender Nachweis zu führen:

$$G_{dst,k} \cdot \gamma_{G,dst} + Q_{dst,rep} \cdot \gamma_{Q,dst} \leq G_{stb,k} \cdot \gamma_{G,stb} + T_k \cdot \gamma_{G,stb}$$

mit den charakteristischen Werten

$G_{dst,k}$ ständige, destabilisierende Einwirkungen, z.B. hydrostatische Auftriebskraft

$Q_{dst,rep}$ ungünstige veränderliche Einwirkungen in vertikaler Richtung

$G_{stb,k}$ unterer Wert der günstigen ständigen vertikalen Einwirkungen des Bauwerks

T_k eventuell zusätzlich einwirkende stabilisierende Scherkraft

4.3.2 Grenzzustand der Gebrauchstauglichkeit SLS

- Nachweis für ständige Einwirkungen

  Damit keine klaffende Fuge auftritt, sind die Abmessungen so zu wählen, dass die resultierende charakteristische Beanspruchung aus den ständigen Einwirkungen in der Sohlfläche innerhalb der 1. Kernfläche liegt. Es sind nur Einwirkungen, keine Widerstände zu berücksichtigen.

Für rechteckförmige Sohlflächen:

Q_k innerhalb der 1. Kernfläche wenn

$$\frac{e_x}{b_x} + \frac{e_y}{b_y} \leq \frac{1}{6}$$

Q_k nicht außerhalb der 2. Kernfläche

$$\left(\frac{e_x}{b_x}\right)^2 + \left(\frac{e_y}{b_y}\right)^2 \leq \frac{1}{9}$$

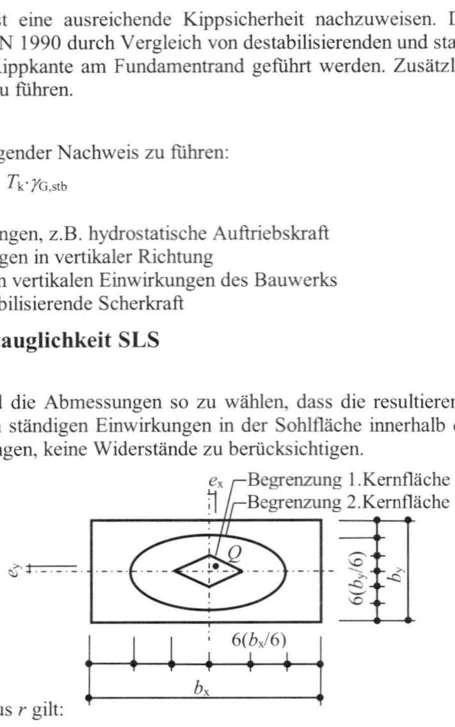

Für kreisförmige Sohlflächen mit dem Radius r gilt:

1. Kernfläche bis $r_e = 0{,}25 \cdot r$ und
2. Kernfläche bis $r_e = 0{,}59 \cdot r$.

Für Baukörper, bei denen kleine Belastungsänderungen eine erhebliche Vergrößerung der Exzentrizität der resultierenden Kraft in der Sohlfläche nach sich ziehen, sind besondere Untersuchungen erforderlich.

Verschiebungen in der Sohlfläche und Verdrehungen (SLS)

Der Nachweis unzuträglicher Verschiebungen in der Sohlfläche gilt bei Erfüllung einer der beiden folgenden Bedingungen als erbracht:

- wenn das Gleichgewicht der charakteristischen Kräfte parallel zur Sohle bei vollständiger Inanspruchnahme des Gleitwiderstandes eine Bodenreaktion erfordert, für die weniger als 30 % des charakteristischen passiven Erddrucks erforderlich ist (gilt nur bei mindestens steifen bindigem Boden oder nichtbindigem Boden mit mitteldichter Lagerung);
- *oder* Erfüllung des Gleitsicherheitsnachweises ohne Berücksichtigung des stützenden Erddrucks.

In allen anderen Fällen sind gesonderte Untersuchungen erforderlich.

Bei Einhaltung der zulässigen Ausmittigkeit kann angenommen werden, dass bei Einzel- und Streifengründungen keine unzulässigen Verdrehungen des Bauwerks auftreten.

Setzungen (SLS), Grenzwerte für Verformungen

Definition: *Setzung* ist die lotrechte Verschiebung der Bodenteilchen infolge statischer Spannungszunahme in Richtung der Schwerkraft. (Für Senkungen, Sackungen und Erdfall sind andere Ursachen maßgebend.)

Bei Ausbildung einer Setzungsmulde gilt nach *Skempton*:

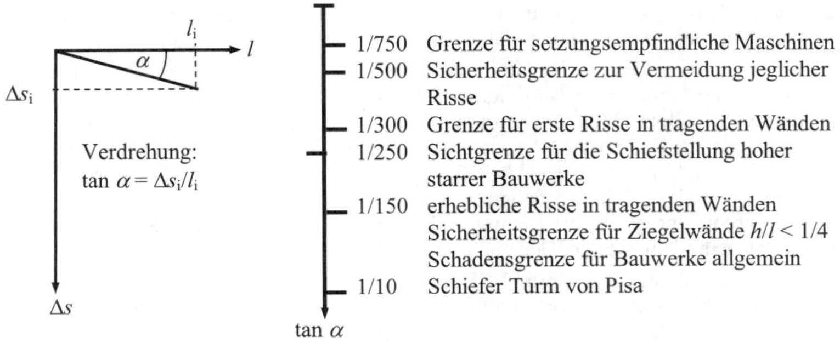

Die angegebenen Werte gelten für Muldenlagerung. Bei Sattellagerung ist die zulässige Setzung zu halbieren.

Die messtechnische Überprüfung der rechnerischen Setzungsprognose ist während der Bauausführung besonders dann empfehlenswert, wenn das zu errichtende Bauwerk oder die vorhandene Nachbarbebauung sehr setzungsempfindlich ist oder erhebliche Schäden durch unzulässige Setzungen zu erwarten sind.

5 Pfahlgründungen

5.1 Pfahlarten

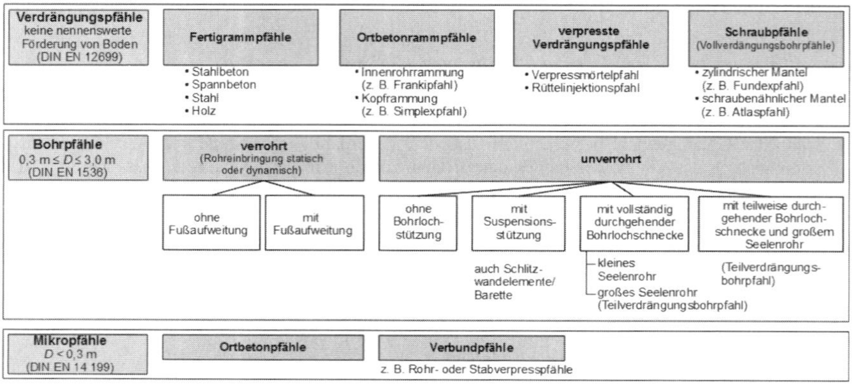

Pfähle übertragen die Belastung über die Pfahlmantelfläche und den Pfahlfuß in den Baugrund. Es wird in axial belastete Druck- oder Zugpfähle und in horizontal belastete Pfähle unterschieden. Für die Nachweise nach DIN EN 1997-1 wird unterteilt in **Verdrängungspfähle** (Verdichtung des umgebenden Bodens beim Einbau), **Bohrpfähle** und verpresste **Mikropfähle**. Nach der Herstellungsart Unterscheidung in Fertig- und Ortpfähle, nach Art der Einbringung Unterscheidung in Ramm-, Bohr-, Schneckenbohr- oder Ortbetonrammpfähle.

Bohrpfahl: Herstellung eines Bohrlochs durch Förderung des Bodens, im ausreichend standfesten Boden ohne Verrohrung („unverrohrt hergestellter Bohrpfahl"), sonst Stützung der Bohrlochwandung durch Verrohrung („Bohrpfähle mit verrohrter Bohrung", übliche Durchmesser 0,6 bis 1,2 m, im Gebrauchszustand ca. 1 bis 10 MN) oder Stützsuspension („suspensionsgestützte Pfähle", Durchmesser bis 3 m möglich, rechteckig als Barretts mit mehreren Metern Seitenlänge) oder durchgehende Bohrschnecke („Schneckenbohrpfähle", Außendurchmesser 0,4 bis 1,0 m, als Bohrpfahl mit Seelenrohrdurchmesser 10 bis 15 cm, als Teilverdrängungspfahl, wenn Seelenrohrdurchmesser > halber Außendurchmesser, im Gebrauchszustand ca. 0,5 bis 2,0 MN).

Schraubpfahl: („Vollverdrängungsbohrpfahl") keine nennenswerte Förderung von Boden, Atlaspfahl – Vortreibrohr, Schneidkopf am unteren Ende, Schneidkopf mit „verlorener Fußspitze" nach unten verschlossen, nach Erreichen der Endtiefe folgen Bewehrungseinbau und Einbringen des Betons, anschließend wird das Rohr durch Drehen und Ziehen gezogen, es entsteht ein Pfahlmantel mit umlaufender wendelförmiger Betonwulst, im Gebrauchszustand ca. 0,5 bis 1,7 MN, Fundexpfahl – Schneidkopf des Vortriebsrohrs verbleibt im Boden, Herstellung ähnlich Atlaspfahl, Ziehen des Rohrs durch oszillierende Drehbewegung, glatte Manteloberfläche, im Gebrauchszustand ca. 0,5 bis 1,5 MN.

Fertigrammpfähle: vorgefertigte Pfahlelemente aus Stahlbeton (Abmessungen von 0,20 m × 0,20 m bis 0,45 m × 0,45 m, im Gebrauchszustand ca. 0,5 MN bis 2,0 MN), Stahl (im Gebrauchszustand ca. 0,5 MN bis 2,0 MN) oder Holz (im Gebrauchszustand ca. 0,1 MN bis 0,6 MN).

Ortbetonrammpfahl: Einrammen eines unten mit einer Fußplatte verschlossenen Rohrs – Außenrammung „Simplex-Pfahl" (im Gebrauchszustand ca. 0,5 bis 2,5 MN), Fußplatte verbleibt im Baugrund, Einrammen mit Freifallrammung im Rohr (Innenrammung „Franki-Pfahl", im Gebrauchszustand ca. 1 bis 4,0 MN) durch Rammschläge auf einen Pfropfen aus trockenem Beton oder Sand-Kies-Gemisch, Austreiben des Pfropfen nach Erreichen der Endtiefe durch Fixieren des Rohrs, Einbau von Bewehrung möglich, Rohr wird mit fortlaufendem Betoniervorgang gezogen.

Verpresster Verdrängungspfahl: Verpressmörtelpfahl (VM-Pfahl) – Stahlrammpfahl, gleichzeitiges Einbringen des Betons beim Rammen, im Gebrauchszustand ca. 1 bis 2,5 MN, Rüttelinjektionspfahl (RI-Pfahl) – Pfahlfuß leicht vergrößert, Herstellung ähnlich VM-Pfahl, aber geringerer Eindringwiderstand, im Gebrauchszustand ca. 0,5 bis 1,5 MN.

Mikropfahl: Durchmesser kleiner 0,3 m, Verpressung und Nachverpressung (bis 60 bar) zur Sicherung der Verbundwirkung, vorwiegend Einstabpfähle (GEWI-Pfahl), im Gebrauchszustand bis ca. 0,7 MN.

Rohrverpresspfahl: nicht genormt, dickwandiger Stahlrohrpfahl mit Schaft- und Fußverpressung, für Abtragung großer Zugkräfte geeignet, ca. 3 m lange Stahlrohrschüsse miteinander gekoppelt, Einbau mit Drehspülverfahren, im Gebrauchszustand ca. 0,75 bis 1,5 MN.

Vorschriften/Regelwerke:

Empfehlungen des Arbeitskreises „Pfähle" EA-Pfähle der Deutschen Gesellschaft für Geotechnik, Ernst & Sohn; Normen über Ausführung spezieller geotechnischer Arbeiten (Spezialtiefbau):

DIN EN 1536, DIN SPEC 18140	– Bohrpfähle
DIN EN 12 699, DIN SPEC 18538	– Verdrängungspfähle
DIN EN 14 199, DIN SPEC 18539	– Pfähle mit kleinen Durchmessern
DIN EN 12 794	– Vorgefertigte Gründungspfähle aus Beton

5.2 Einwirkungen und Beanspruchungen

Neben den Einwirkungen aus den Gründungslasten sind u. a. folgende grundbauspezifischen Einwirkungen zu berücksichtigen:

Seitendruck

Biegebeanspruchung aus Seitendruck ist zu berücksichtigen bei Vertikalpfählen als Folge von horizontalen Bodenbewegungen und bei Schrägpfählen als Folge von Setzungen und Hebungen des Bodens. In weichen, bindigen Böden ist der Seitendruck mit den charakteristischen Bodenkenngrößen für folgende Fälle zu untersuchen, wobei der kleinere Wert maßgebend ist:

- resultierender Erddruck aus der Differenz der Erddrücke, die auf gegenüberliegende Flächen des im Boden eingebetteten Bauteils wirken,
- Fließdruck infolge Vorbeifließens des Bodens bei voll ausgeschöpfter Scherfestigkeit.

Negative Mantelreibung

Schubkräfte auf die Mantelflächen sind als ständige Einwirkungen anzusetzen, wenn sich der Boden relativ zum Pfahl überwiegend vertikal bewegt. Charakteristischer Wert der negativen Mantelreibung ($c_{u,k}$ undränierte Kohäsion, σ_V effektive Vertikalspannung, φ'_k Reibungswinkel, K_0 Erdruhedruckbeiwert):

$\tau_{n,k} = c_{u,k}$ für bindige Böden $\qquad$ $\tau_{n,k} = \sigma'_V \cdot K_0 \cdot \tan \varphi'_k$ für nichtbindige Böden

Die Bemessungswerte der Beanspruchungen, d. h. axial bzw. horizontal auf den Pfahl wirkende Kräfte, sind aus den charakteristischen Einwirkungen zu ermitteln und den Bemessungswerten der Widerstände gegenüberzustellen.

5.3 Pfahlwiderstände

Die nachfolgenden Angaben zur Ermittlung der Pfahlwiderstände gelten für Einzelpfähle. Bei Pfählen in Pfahlgruppen und bei Pfahl-Platten-Gründungen ist teilweise mit abweichendem Widerstands-Setzungs-Verhalten zu rechnen.

5.3.1 Axiale Pfahlwiderstände

Pfahlwiderstand R des in axialer Richtung belasteten Einzelpfahls ist Funktion der Pfahlkopfsetzung s, Anteile: Fußwiderstand $R_b(s)$ (nur bei Druckpfählen) und Mantelwiderstand $R_S(s)$. Die Widerstands-Setzungs(Hebungs)-Linie soll aufgrund statischer Probebelastungen oder von Erfahrungen mit vergleichbaren Verhältnissen ermittelt werden (DIN EN 1997-1). Liegen keine Erfahrungen mit vergleichbaren Verhältnissen vor und sind Probebelastungen nicht möglich, darf der charakteristische Pfahlwiderstand aus Erfahrungswerten bestimmt werden. Aus der Arbeitslinie des Einzelpfahls erhält man den Widerstand im Grenzzustand der Tragfähigkeit (ULS) bei der Setzung s_1. Wird kein Grenzwert des Widerstands festgestellt, gilt: $s_1 = 0{,}1 \cdot D$ (D maßgebender Pfahldurchmesser). Bei Zugpfählen beträgt die Grenzhebung näherungsweise $s_{sg,z} = 1{,}3\ s_{sg}$.

Beispiel: Bohrpfähle, charakteristische axiale Pfahlwiderstände (Erfahrungswerte)

Zur Ermittlung des axialen Pfahlwiderstands $R_k(s)$ Widerstands-Setzungs-Linie nach folgendem Ansatz konstruieren:

$$R_k(s) = R_{b,k}(s) + R_{S,k}(s) = q_{b,k} \cdot A_b + \sum q_{S,k,i} \cdot A_{S,i}$$

A_b Pfahlfußfläche
$A_{S,i}$ Pfahlmantelfläche der Schicht i
$q_{b1,k}$ Pfahlspitzenwiderstand
$q_{s1,k,i}$ Pfahlmantelreibung in der Schicht i
$R_k(s)$ Pfahlwiderstand
$R_{b,k}(s)$ Pfahlfußwiderstand (base)
$R_{S,k}(s)$ Pfahlmantelwiderstand (shaft)
$s_g = 0{,}1 \cdot D_S$ bzw. $s_g = 0{,}1 \cdot D_b$ Grenzsetzung
D_S Pfahlschaftdurchmesser

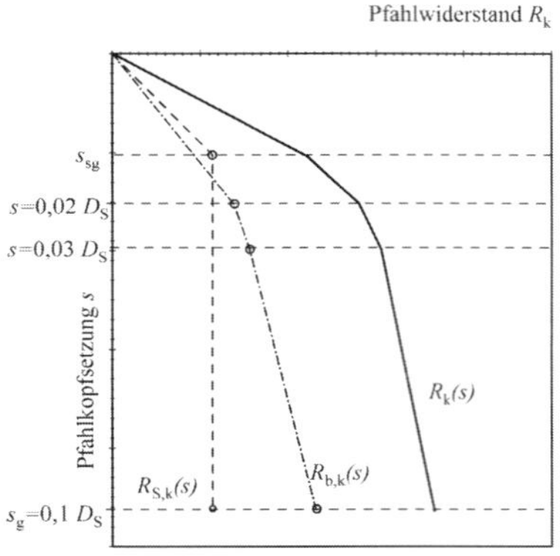

Sind Verformungen der Pfahlgründung für das Gesamttragwerk von Bedeutung, ist unter Vorgabe charakteristischer aufnehmbarer Setzungen $s_{2,k}$ der Nachweis des Grenzzustands der Gebrauchstauglichkeit mit den Pfahlwiderstands-Setzungs-Linien zu führen (siehe DIN EN 1997-1).

Die Erfahrungswerte für die Berechnung der axialen Tragfähigkeit von Fertigrammpfählen (vorgefertigte Beton- oder Stahlpfähle) sind in der EA Pfähle zusammengestellt. Die charakteristische Widerstands-Setzungs-Linie bis zur Grenzsetzung $s_1 = s_g$ kann mit folgenden Gleichungen berechnet werden:

$$R_k(s) = R_{b,k}(s) + R_{S,k}(s) = \eta_b \cdot q_{b,k} \cdot A_b + \sum \eta_S \cdot q_{S,k,i} \cdot A_{S,i}$$

A_b Nennwert der Pfahlfußfläche
$A_{S,i}$ Nennwert der Pfahlmantelfläche in der Schicht i
$q_{b,k}$ Pfahlspitzenwiderstand
η_b Anpassungsfaktor Spitzenwiderstand η_S Anpassungsfaktor Pfahlmantelwiderstand

Ortbetonrammpfähle

Die Widerstands-Setzungs-Linie von Ortbetonrammpfählen wird nach dem gleichen Vorgehen wie bei Fertigrammpfählen berechnet. Der äquivalente Pfahldurchmesser D_{eq} entspricht beim Simplex-Pfahl dem Durchmesser der Fußplatte und beim Franki-Pfahl dem Durchmesser des Vortriebsrohrs.

Der charakteristische axiale Pfahlwiderstand eines Simplex-Pfahls wird aus Pfahlmantelreibung und Pfahlspitzenwiderstand berechnet, analog zu dem Vorgehen bei Bohrpfählen. Erfahrungswerte des Pfahlfußwiderstands von Franki-Pfählen können aus Bemessungsnomogrammen (EA Pfähle) abgelesen werden.

Verpresste Mikropfähle (Erfahrungswerte)

Wenn keine Probebelastungen an verpressten Mikropfählen ($D_S \leq 0{,}3$ m) ausgeführt werden können, darf im Ausnahmefall der charakteristische, axiale Pfahlwiderstand im Grenzzustand der Tragfähigkeit ULS auf Grundlage von Erfahrungswerten berechnet werden. Der Widerstand ergibt sich aus der Pfahlmantelreibung $q_{s,k,i}$ der Schicht i und der Pfahlmantelfläche.

5.3.2 Pfahlwiderstände quer zur Pfahlachse

Bei planmäßig quer zur Pfahlachse belasteten Pfählen werden die Kräfte durch die Bettung des Pfahls aufgenommen. Der charakteristische Querwiderstand eines Einzelpfahls lässt sich durch den Bettungsmodul k_S beschreiben, der aufgrund von Probebelastungen oder Erfahrungen ermittelt werden darf (Ansatz des Querwiderstands bei Pfählen mit $D_S \geq 0{,}3$ m bzw. mit Kantenlänge $a_S \geq 0{,}3$ m zulässig). Als Bettungsmoduln der Schichten darf $k_{S,k} = E_{S,k}/D_S$ angesetzt werden mit

$k_{S,k}$ Bettungsmodul (charakteristischer Wert),
$E_{S,k}$ Steifemodul (charakteristischer Wert),
D_S Pfahldurchmesser, bei $D_S > 1{,}0$ m ist $D_S = 1{,}0$ m anzusetzen.

11 B Mauerwerksbau (DIN EN 1996)

Univ. Prof. Dr.-Ing. Carl-Alexander Graubner, Prof. Dr.-Ing. Detleff Schermer

1 Maßordnung im Hochbau nach DIN 4172:2015-09

Tafel 11.41 Baunormzahlen

Reihen vorzugsweise für								
den Rohbau				Einzelmaße	den Ausbau			
a	b	c	d	e	f	g	h	i
25	25/2	25/3	25/4	25/10 = 2,5	5	2 × 5	4 × 5	5 × 5
				2,5				
			6¼	5	5			
		8⅓		10	10	10		
	12½		12½	12,5				
		16⅔		15	15			
			18¾	17,5				
				20	20	20	20	
				22,5				
25	25	25	25	25	25			25
				27,5				
			31¼	30	30	30		
		33⅓		35	35			
	37½		37½	37,5				
		41⅔		40	40	40	40	
			43¾	42,5				
				45	45			
				47,5				
50	50	50	50	50	50	50		50

Baunormzahlen sind Zahlen für die Baurichtmaße und die daraus abgeleiteten Einzel-, Rohbau- und Ausbaumaße.

Baurichtmaße sind die grundlegenden Größen für die Baumaße der Praxis. Sie stellen Maße von Bauteilen einschl. ihrer Fugen dar.

Nennmaße sind Maße, die die Bauten haben sollen. Sie werden in der Regel in die Bauzeichnungen eingetragen. Bei Bauarten ohne Fugen sind die Nennmaße gleich den Baurichtmaßen.
Bauarten mit Fugen vgl. unten.

Fugen und Verband:
Bauteile (Mauersteine, Bauplatten usw.) sind so zu bemessen, dass ihre Baurichtmaße im Verband die Baunormzahlen ergeben.

2 Vermaßung von Mauerwerk (10-12 mm Lagerfuge und 10 mm Stoßfuge)

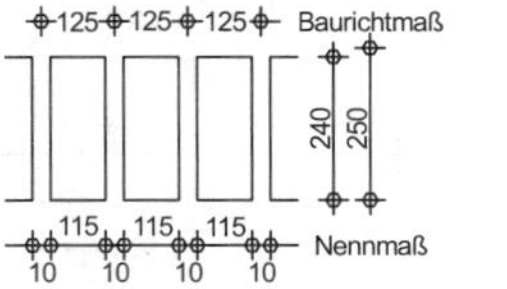

	Baurichtmaß	Nennmaß
A	$x \cdot 12{,}5$	$x \cdot 12{,}5 - 1$
Ö	$x \cdot 12{,}5$	$x \cdot 12{,}5 + 1$
V	$x \cdot 12{,}5$	$x \cdot 12{,}5$

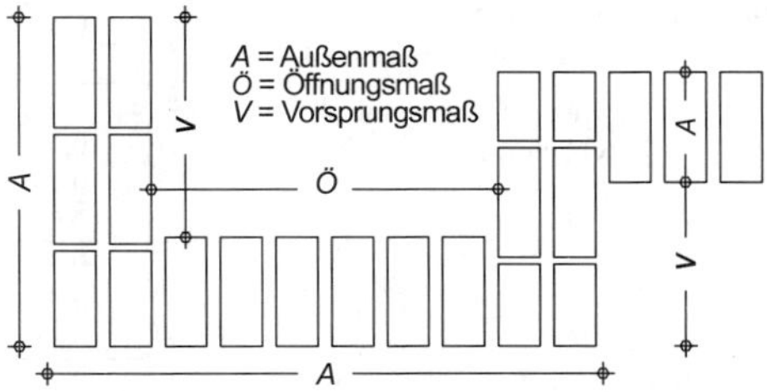

Kopfzahl	Längenmaße in m			Schichten	Höhenmaße in m bei Steinhöhen in mm					
	A	*Ö*	*V*		52	71	113	155	175	238
1	0,115	0,135	0,125	1	0,0625	0,0833	0,1250	0,1667	0,1875	0,2500
2	0,240	0,260	0,250	2	0,1250	0,1667	0,2500	0,3333	0,3750	0,5000
3	0,365	0,385	0,375	3	0,1875	0,2500	0,3750	0,5000	0,5625	0,7500
4	0,490	0,510	0,500	4	0,2500	0,3333	0,5000	0,6667	0,7500	1,0000
5	0,615	0,635	0,625	5	0,3125	0,4167	0,6250	0,8333	0,9375	1,2500
6	0,740	0,760	0,750	6	0,3750	0,5000	0,7500	1,0000	1,1250	1,5000
7	0,865	0,885	0,875	7	0,4375	0,5833	0,8750	1,1667	1,3125	1,7500
8	0,990	1,010	1,000	8	0,5000	0,6667	1,0000	1,3333	1,5000	2,0000
9	1,115	1,135	1,125	9	0,5625	0,7500	1,1250	1,5000	1,6875	2,2500
10	1,240	1,260	1,250	10	0,6250	0,8333	1,2500	1,6667	1,8750	2,5000
11	1,365	1,385	1,375	11	0,6875	0,9167	1,3750	1,8333	2,0625	2,7500
12	1,490	1,510	1,500	12	0,7500	1,0000	1,5000	2,0000	2,2500	3,0000
13	1,615	1,635	1,625	13	0,8125	1,0833	1,6250	2,1667	2,4375	3,2500
14	1,740	1,760	1,750	14	0,8750	1,1667	1,7500	2,3333	2,6250	3,5000
15	1,865	1,885	1,875	15	0,9375	1,2500	1,8750	2,5000	2,8125	3,7500

3 Rohdichteklassen und Festigkeitsklassen gängiger genormter Mauersteine

Tafel 11.42 Auswahl gängiger genormter Steine

Bezeichnung	Rohdichteklasse	Festigkeitsklassen							G_M [1)]
		2	4	6	8	12	20	28	kN/m³
Mauerziegel DIN EN 771-1 mit DIN 20000-401 Mz Vollziegel (1,6–2,0 kg/dm³) HLz Hochlochziegel (0,6–1,4 kg/dm³) KMz Vollklinker (2,0–2,2 kg/dm³) KHLz Hochlochklinker (1,6–1,8 kg/dm³) VHLz Hochlochziegel (1,0–1,4 kg/dm³) VMz Vollziegel (1,6–1,8 kg/dm³)	0,6		•	•	•				7
	0,65		•	•	•				7,5
	0,7		•	•	•	•			9
	0,75		•	•	•	•			9,5
	0,8		•	•	•	•			10
	0,9			•	•	•			11
	1,0				•	•	•		12
	1,2				•	•	•		14
	1,4					•	•	•	15
	1,6					•	•	•	17
	1,8					•	•	•	18
	2,0					•	•	•	20
Kalksandsteine DIN EN 771-2 mit DIN 20000-402 KS Vollsteine (1,6–2,2 kg/dm³) KS L Lochsteine (1,2–1,6 kg/dm³) KS Vm Vormauersteine (1,8–2,0 kg/dm³) KS Vb Verblender (1,8–2,0 kg/dm³) KS VmL Vormauersteine (1,4–1,6 kg/dm³) KS VbL Verblender (1,4–1,6 kg/dm³)	1,2					•			14
	1,4					•	•		16
	1,6					•	•	•	16
	1,8					•	•	•	18
	2,0					•	•	•	20
	2,2						•	•	22
Porenbetonsteine DIN EN 771-4 mit DIN 20000-404 PP Porenbeton-Plansteine PPE Porenbeton-Planelemente	0,35	•							4,5
	0,4	•							5
	0,5	•							6
	0,55		•						6,5
	0,6		•						7
	0,65			•					7,5
	0,7			•					8
	0,8				•				9
Leichtbeton und Beton DIN EN 771-3 mit DIN 20000-403 Hbl Leichtbeton-Hohlblocksteine Vbl, V Vollblöcke und Vollsteine aus Leichtbeton Hbn Mauersteine aus Beton	0,45	•	•						6,5
	0,5	•	•	•					7
	0,6	•	•	•					8
	0,7	•	•	•					9
	0,8	•	•	•					10
	0,9	•	•	•	•				11
	1,0	•	•	•	•				12
	1,2	•	•	•	•				14
	1,4	•	•	•	•				16
	1,6			•	•	•			16
	1,8			•	•	•	•		18
	2,0			•	•	•	•		20
	2,2			•	•	•	•	•	22
	2,4			•	•	•	•	•	24

[1)] G_M: Eigenlast des Mauerwerks bei Verwendung von Normalmauermörtel.

Hinweis: *Neben den genormten Mauersteinen gibt es weitere Steine auf der Grundlage von allgemeinen Bauartgenehmigungen (aBG) des Deutschen Instituts für Bautechnik.*

4 Baustoffbedarf

Tafel 11.43 Bedarf an Mauersteinen und Mörtel[1)]

Steinformat und **Wanddicke** in mm		je m^2 Wand		je m^3 Mauerwerk	
		Steine	Mörtel	Steine	Mörtel
a) Steine mit glatten, vermörtelten Stoßflächen					
DF	(240 × **115** × 52)	66	35	570	300
NF	(240 × **115** × 71)	50	30	430	260
	(115 × **240** × 71)	100	70	415	290
2 DF	(240 × **115** × 113)	33	20	285	175
	(115 × **240** × 113)	66	55	275	230
3 DF	(240 × **175** × 113)	33	30	188	175
	(175 × **240** × 113)	44	50	183	210
2+3 DF	**300**	je 33	je 65	je 110	je 215
5 DF	(300 × **240** × 113)	26	40	110	170
	(240 × **300** × 113)	33	55	110	185
6 DF	(365 × **240** × 113)	22	40	92	170
	(240 × **365** × 113)	33	65	90	180
10 DF	(300 × **240** × 238)	13,5	25	55	105
	(240 × **300** × 238)	16,5	33	55	110
12 DF	(365 × **240** × 238)	11	23	46	95
	(240 × **365** × 238)	16,5	38	45	105
b) Steine mit Nut und Feder, unvermörtelte Stoßfugen [2)]					
6 DF	(373 × **115** × 238)	11	8	96	70
8 DF	(498 × **115** × 238)	8,3	8	72	70
7,5 DF	(308 × **175** × 238)	13,5	12	77	70
9 DF	(373 × **175** × 238)	11	12	63	70
12 DF	(498 × **175** × 238)	8,3	12	48	70
10 DF	(308 × **240** × 238)	13,5	17	55	70
12 DF	(373 × **240** × 238)	11	17	46	70
16 DF	(498 × **240** × 238)	8,3	17	35	70
10 DF	(248 × **300** × 238)	16,5	22	55	70
12 DF	(308 × **300** × 238)	13,5	22	45	70
20 DF	(498 × **300** × 238)	8,3	22	28	70
12 DF	(248 × **365** × 238)	16,5	26	45	70
24 DF	(498 × **365** × 238)	8,3	26	23	70
14 DF	(248 × **425** × 238)	16,5	30	39	70
16 DF	(248 × **490** × 238)	16,5	35	33	70
Ausfugen von Sichtmauerwerk			10		

[1)] Bedarf an Normal- oder Leichtmauermörtel in Liter für Lochsteine; für Vollsteine (Mz, KS, V, Vbl, PB) kann ein um etwa 15 % geringerer Bedarf angenommen werden. Für gelochte Plansteine werden etwa 20 kg Dünnbettmörtel je m^3 Mauerwerk benötigt. Bei der Bestellung von Planziegeln wird der benötigte Dünnbettmörtel systemabhängig vom Ziegellieferanten mitgeliefert.

[2)] Bei Mauerblöcken mit glatten, vermörtelten Stoßflächen oder mit Mörteltaschen ist der Mörtelbedarf je m^3 Mauerwerk um etwa 20 Liter (bei Blocklängen von 490 mm) bis 40 Liter (bei Blocklängen von 240 mm) höher.

5 Mauerwerk nach DIN EN 1996/NA

5.1 Baustoffe

5.1.1 Mauersteine

Gemäß DIN EN 1996/NA dürfen für tragendes Mauerwerk nur Mauersteine verwendet werden, die nach folgenden Regelungen hergestellt wurden:

a) nach europäischer Produktnorm in Verbindung mit zugehöriger Anwendungsnorm:
   - Mauerziegel: DIN EN 771-1 in Verbindung mit DIN 20000-401
   - Kalksandsteine: DIN EN 771-2 in Verbindung mit DIN 20000-402
   - Leichtbetonsteine: DIN EN 771-3 in Verbindung mit DIN 20000-403
   - Porenbetonsteine: DIN EN 771-4 in Verbindung mit DIN 20000-404
   - Betonwerksteine: DIN EN 771-5 in Verbindung mit DIN 20000-403
   - maßgerechte Natursteine nach DIN EN 771-6 (inkl. DIN EN 1996-1-1/NA Anhang NA. L)

b) nach allgemeiner Bauartgenehmigung (aBG)

Für die Mauersteine müssen die Eigenschaften, die Bezeichnung und die Klassifizierung sowie die Konformitätsbewertung gemäß den o. g. Teilen der Produktnorm DIN EN 771 deklariert werden. Mit dem sogenannten Konformitätszeichen CE bescheinigt der Hersteller, dass die Eigenschaften der Mauersteine mit den Anforderungen der Norm übereinstimmen und die Bauprodukte im Sinne des Bauproduktengesetzes brauchbar sind. In der allgemeinen Bauartgenehmigung des Deutschen Instituts für Bautechnik (DIBt) werden zusätzliche Aspekte geregelt, welche für das Zusammenfügen von Bauprodukten zu baulichen Anlagen („Bauart") von Bedeutung sind.

5.1.2 Mauermörtel

Man unterscheidet zwischen Normalmauermörtel, Dünnbettmörtel und Leichtmauermörtel. Dabei kann es sich abhängig von der Herstellart entweder um Werkmauermörtel, werkmäßig hergestellten Mörtel (werkmäßig vorbereiteter Mörtel oder Kalk-Sand-Werk-Vormörtel) oder Baustellenmörtel handeln. Für Werkmauermörtel und werkmäßig hergestellte Mörtel gilt DIN EN 998-2 in Verbindung mit DIN 20000-412, für Baustellenmörtel sind die Anforderungen der DIN 18580 einzuhalten.

Die Druckfestigkeit von Mauermörtel in Abhängigkeit von der Mörtelklasse kann Tafel 11.44 entnommen werden. Für die Bemessung wird dieser Wert nur benötigt, wenn die Mauerwerksdruckfestigkeit nicht den Tafeln 11.54 und 11.55 entnommen, sondern nach dem genaueren Verfahren gemäß DIN EN 1996-1-1/NA bestimmt werden soll.

Tafel 11.44 Rechenwerte der Druckfestigkeit von Mauermörtel nach DIN 20000-412 bzw. DIN 18580

Mörtelart	Mörtelklasse	Mörtelgruppe nach DIN 1053	Anforderungskategorien nach DIN EN 998-2	Druckfestigkeit N/mm²
Normalmauermörtel	M 2,5	II	Zusätzlich zu den Anforderungen an die Druckfestigkeit sind alle weiteren für die jeweilige Mörtelgruppe in DIN 20000-412 enthaltenen Anforderungen zu erfüllen.	2,5
	M 5	IIa		5,0
	M 10	III		10,0
	M 20	IIIa		20,0
Leichtmauermörtel	M 5	LM 21, LM 36		5,0
Dünnbettmörtel	M 10	DM		10,0

5.1.3 Formänderungskennwerte von Mauerwerk

Tafel 11.45 Formänderungswerte von Mauerwerk nach DIN EN 1996-1-1/NA

Mauersteinart		Mauermörtelart	Endwert der Feuchtedehnung (Schwinden, irreversibles Quellen) $\varepsilon_{f\infty}$ [1)]		Endkriechzahl φ_{∞} [2)]	
Art	DIN		Rechenwert	Wertebereich	Rechenwert	Wertebereich
-	-	-	mm/m		-	
Mauerziegel	771-1	NM DM	0	-0,1[3)] bis +0,3	1,0	0,5 bis 1,5
		LM			2,0	1,5 bis 3,0
Kalksandsteine	771-2	NM DM	-0,2	-0,3 bis -0,1	1,5	1,0 bis 2,0
Porenbetonsteine	771-4	DM	-0,1	-0,2 bis +0,1	0,5	0,2 bis 0,7
Leichtbetonsteine	V 18 151-100 V 18 152-100	NM DM	-0,4	-0,2 bis -0,6	2,0	1,5 bis 2,5
		LM	-0,5	-0,3 bis -0,6		
Betonsteine	V 18 153-100	NM	-0,2	-0,1 bis -0,3	1,0	-

1) Verkürzung (Schwinden): Vorzeichen negativ; Verlängerung (irreversibles Quellen): Vorzeichen positiv.

2) $\varphi_{\infty} = \varepsilon_{k\infty}/\varepsilon_{el}$ $\varepsilon_{k\infty}$ Endkriechdehnung; $\varepsilon_{el} = \sigma/E$.

3) Für Mauersteine < 2DF gilt der Grenzwert -0,2 mm/m.

Mauersteinart	Wärmeausdehnungskoeffizient α_t		Elastizitätsmodul, Kennzahl K_E [4)]	
	Rechenwert	Wertebereich	Rechenwert	Wertebereich
	10^{-6}/K		N/mm²	
Mauerziegel	6	5 bis 7	1100	950 bis 1250
Kalksandsteine	8	7 bis 9	950	800 bis 1250
Leichtbetonsteine	10; 8[5)]	8 bis 12	950	800 bis 1100
Betonsteine	10	8 bis 12	2400	2050 bis 2700
Porenbetonsteine	8	7 bis 9	550	500 bis 650

4) E Sekantenmodul aus Gesamtdehnung bei etwa 1/3 der Mauerwerksdruckfestigkeit; $E = K_E \cdot f_k$;
f_k charakteristische Druckfestigkeit von Mauerwerk.

5) Für Leichtbeton mit überwiegend Blähton als Zuschlag.

Die Verformungseigenschaften der Mauerwerksarten können stark streuen. Der Streubereich ist in Tafel 11.45 als Wertebereich angegeben; er kann in Ausnahmefällen noch größer sein.

5.2 Statisch-konstruktive Grundlagen

5.2.1 Standsicherheit

Im Mauerwerksbau gilt zunächst die statisch-konstruktive Regel, dass auf einen statischen Nachweis der Wände verzichtet werden kann, wenn die gewählte Wanddicke offensichtlich ausreicht (DIN EN 1996-1-1/NA NCI zu 8.1.2). Wann dies der Fall ist, obliegt der Entscheidung des Tragwerksplaners. Für den Nachweis hinreichender Standsicherheit können nach EC 6 entweder das „Genauere Verfahren" (DIN EN 1996-1-1) oder unter bestimmten Bedingungen die „Vereinfachten Bemessungsmethoden" (DIN EN 1996-3) angewendet werden. Neben dem europäischen Originaldokument sind in Deutschland die Nationalen Anhänge (NA) zu beachten.

Jedes Bauwerk muss grundsätzlich so konstruiert werden, dass eine ausreichende Standsicherheit gegeben ist und alle auftretenden vertikalen *und* horizontalen Lasten zielsicher in den Baugrund abgetragen werden. Im Mauerwerksbau wird dies in der Regel durch Wände und Deckenscheiben sichergestellt. In Sonderfällen kann die Standsicherheit auch durch andere Maßnahmen (z. B. Rahmenkonstruktionen, Ringbalken) gewährleistet werden.

Auf einen Nachweis der räumlichen Steifigkeit (horizontale Tragfähigkeit) kann bei Einhaltung der Anwendungsbedingungen der vereinfachten Bemessungsmethoden (vgl. Abschn. 6.1) verzichtet werden, wenn folgende Konstruktionsregeln beachtet werden:

- Die Decken sind als steife Scheiben ausgebildet oder es sind stattdessen statisch nachgewiesene Ringbalken (ausreichend steif) vorhanden.
- In Längs- und Querrichtung des Bauwerks ist eine offensichtlich ausreichende Anzahl von aussteifenden Wänden vorhanden. Diese müssen ohne größere Schwächungen und Versprünge bis auf die Fundamente geführt werden.

Die Norm enthält keine Angaben darüber, was „offensichtlich ausreichend" bedeutet. Auch hier muss der erfahrene Ingenieur im Einzelfall entscheiden. Als Anhaltspunkt können die Werte der Tafel 11.46 der alten Norm DIN 1053 (11.1972), die allerdings inzwischen zurückgezogen wurde, hilfreich sein. Die seinerzeitige Konstruktionsregel, dass bei Mauerwerksbauten mit bis zu sechs Geschossen bei Einhaltung der Bedingungen nach Tafel 11.46 kein spezifischer Aussteifungsnachweis erforderlich ist, kann auch heute noch als Definitionshilfe für „offensichtlich ausreichend" herangezogen werden. Dabei ist jedoch zu beachten, dass die aussteifenden Wände in hinreichender Anzahl ($n \geq 2$ je Richtung) und ausreichender Länge vorhanden sind. Ein Näherungsverfahren zur Abschätzung der erforderlichen Anzahl von Aussteifungswänden findet sich in [11.34].

Tafel 11.46 Dicken und Abstände aussteifender Wände ***(Tab. 3, DIN 1053:11-1972)***

Zeile	Dicke der auszusteifenden belasteten Wand cm		Geschoss-höhe m	Aussteifende Wand		
				Im 1. bis 4. Vollgeschoss von oben	Im 5. und 6. Vollgeschoss von oben	Mittiger Abstand
1	$\geq 11{,}5$	$< 17{,}5$	$\leq 3{,}25$	$\geq 11{,}5$ cm	$\geq 17{,}5$ cm	$\leq 4{,}50$
2	$\geq 17{,}5$	< 24				$\leq 6{,}00$
3	≥ 24	< 30	$\leq 3{,}50$			$\leq 8{,}00$
4	≥ 30		$\leq 5{,}00$			

Ist bei einem Bauwerk nicht von vornherein erkennbar, dass seine räumliche Steifigkeit gesichert ist, so ist ein rechnerischer Nachweis der Querkrafttragfähigkeit nach dem genaueren Verfahren nach DIN EN 1996-1-1, Abs. 6.2, in Verbindung mit dem zugehörigen Nationalen Anhang zu führen. Ansonsten ist bei Gültigkeit des Anwendungsbereiches der vereinfachten Berechnungsmethoden (vgl. Abschn. 6) ein Querkraftnachweis prinzipiell nicht erforderlich.

Grundsätzlich ist Mauerwerk mit einem Überbindemaß von $l_{ol} \geq 0{,}4 \cdot h_u$ (h_u Steinhöhe) herzustellen. Nur bei Elementmauerwerk mit Dünnbettmörtel ist ein kleineres Überbindemaß $l_{ol} \geq 0{,}2 \cdot h_u$ zulässig. Bei einem Verzicht auf einen rechnerischen Nachweis der Aussteifung des Gebäudes ist die infolge des verringerten Überbindemaßes eintretende Verminderung der Querkrafttragfähigkeit bei hohen Auflasten zu berücksichtigen.

5.2.2 Ringbalken

Ringbalken sind in der Wandebene liegende horizontale Balken, die Biegemomente infolge von *rechtwinklig* zur Wandebene wirkenden Lasten (z. B. Wind) aufnehmen können. Ringbalken können auch Ringankerfunktionen (s. 5.2.3) übernehmen, wenn sie als „geschlossener Ring" um das ganze Gebäude herumgeführt werden.

Die in Lastrichtung liegenden Balken geben die Lasten über Reibungskräfte und Haftscherkräfte an die Wandscheiben ab.

Wenn bei einem Mauerwerk

- keine Decken mit Scheibenwirkung vorhanden sind oder
- unter der Dachdecke eine Gleitschicht angeordnet wird,

muss die horizontale Aussteifung der Wände durch einen *Ringbalken* oder andere statisch gleichwertige Maßnahmen (z. B. horizontale Fachwerkverbände) sichergestellt werden.

Ringbalken können in Stahlbeton, Stahl oder Holz ausgeführt werden.

5.2.3 Ringanker

Ringanker sind zur Sicherstellung der Gesamtstabilität eines Bauwerks von Bedeutung und erfüllen im Wesentlichen drei Aufgaben:

- Scheibenbewehrung in den vertikalen Mauerwerksscheiben,
- Teil der Scheibenbewehrung der Deckenscheiben,
- umlaufender Ring zum „Zusammenhalten" der Wände und Verteilung in Wandlängsrichtung.

Ringanker sind auf allen Außenwänden anzuordnen und auf den lotrechten Scheiben (Innenwänden), die der Abtragung von horizontalen Lasten (z. B. Wind) dienen. Ringanker sind erforderlich, wenn mindestens eine der drei folgenden Situationen vorliegt:

a) Bei Bauten, die insgesamt mehr als zwei Vollgeschosse aufweisen oder länger als 18 m sind.

b) Bei Wänden mit vielen oder besonders großen Öffnungen, insbesondere dann, wenn die Summe der Öffnungsbreiten 60 % der Wandlänge oder bei Fensterbreiten von mehr als 2/3 der Geschosshöhe 40 % der Wandlänge übersteigt.

c) Wenn die Baugrundverhältnisse es erfordern.

Ringanker können aus Stahlbeton, Stahl oder Holz bestehen und sollten einen Bemessungswert der Zugkraft von mindestens 70 kN (s. DIN EN 1992-1-1, Abs. 9.10.2.2) aufnehmen können.

5.2.4 Anschluss der Wände an Decken und Dachstuhl

Umfassungswände müssen an die Decken durch Zuganker oder über Haftung und Reibung angeschlossen werden.

- Zuganker müssen in belasteten Wandbereichen (nicht in Brüstungen) angeordnet werden. Bei fehlender Auflast sind zusätzlich Ringanker anzuordnen.
  Abstand der Zuganker (bei Holzbalkendecken mit Splinten): 2 m bis 3 m.
  Bei parallel zur Wand spannenden Decken müssen die Anker mindestens einen 1 m breiten Deckenstreifen erfassen (bei Holzbalkendecken mindestens drei Balken). Balken, die mit Außenwänden verankert und über der Innenwand gestoßen sind, müssen untereinander zugfest verbunden sein.

- Giebelwände sind durch Querwände auszusteifen oder mit dem Dachstuhl kraftschlüssig zu verbinden. Bei sehr hohen Giebelwänden können die Flächen zwischen den horizontalen Halterungen (Verankerung mit der Dachkonstruktion), den vertikal angeordneten Halterungen (Querwände oder Mauerwerksvorlagen) und den Dachschrägen in flächengleiche Rechtecke umgewandelt werden. Die erforderliche Giebelwanddicke ergibt sich dann in Anlehnung an Tafel 11.48. Auch eine konstruktive Fugenbewehrung kann in Erwägung gezogen werden.

5.3 Wandarten und Mindestabmessungen

5.3.1 Tragende Wände und Pfeiler

Wände und Pfeiler gelten als tragend, wenn sie

a) vertikale Lasten (z. B. aus Decken, Dachstühlen) und/oder

b) horizontale Lasten (z. B. aus Wind) aufnehmen und/oder

c) zur Knickaussteifung von tragenden Wänden dienen.

Tragende Wände und Pfeiler sollen unmittelbar auf Fundamente gegründet werden. Ist dies in Sonderfällen nicht möglich, so sind die Abfangkonstruktionen ausreichend steif auszubilden, damit keine größeren Verformungen und daraus resultierende Zwangsbeanspruchungen auftreten.

5.3.2 Mindestabmessungen tragender Wände und Pfeiler

Die Mindestdicke von tragenden Innen- und Außenwänden beträgt t = 11,5 cm, sofern aus statischen oder bauphysikalischen Gründen nicht größere Wandstärken erforderlich sind.

Die Mindestabmessungen von tragenden Pfeilern betragen 11,5 cm × 36,5 cm bzw. 17,5 cm × 24 cm. Pfeiler mit $A < 400\ \text{cm}^2$ (Nettoquerschnitt unter Berücksichtigung von Schlitzen) sind unzulässig.

5.3.3 Nichttragende Wände

Wände, die überwiegend nur durch ihre Eigenlast belastet sind und nicht zur Knickaussteifung tragender Wände dienen, werden als *nichttragende Wände* bezeichnet. Sie müssen jedoch in der Lage sein, rechtwinklig auf die Wand wirkende Lasten (z. B. Einwirkungen von Personen) auf tragende Bauteile (z. B. Wand- oder Deckenscheiben) abzutragen.

Nichttragende Wände übernehmen keine statische Funktion innerhalb eines Gebäudes. Es ist daher möglich, sie wieder zu entfernen, ohne dass dies statische Konsequenzen für andere Bauteile hat.

- **Nichttragende Außenwände**

  Nichttragende Außenwände aus Mauerwerk der Steindruckfestigkeitsklasse ≥ 4 können ohne statischen Nachweis ausgeführt werden, wenn sie vierseitig gehalten sind (z.B. durch Verzahnung, Versatz oder Anker), den Bedingungen der Tafel 11.48 genügen und Normalmauermörtel mit mindestens der Mörtelgruppe IIa bzw. M5 oder Dünnbettmörtel verwendet wird. Es ist h die Höhe und l die Länge der Ausfachungsfläche. Ein genaueres Berechnungsverfahren mit vergrößerten Tragfähigkeiten findet sich in [11.37].

Tafel 11.48 Maximalwerte der zulässigen Ausfachungsfläche von nichttragenden Außenwänden ohne rechnerischen Nachweis

Wanddicke t cm	Ausfachungsfläche[1)] in m² bei einer Höhe über Gelände von			
	0 m bis 8 m		**8 m bis 20 m**	
	$h/l = 1$	$h/l \geq 2{,}0$ oder $h/l \leq 0{,}5$	$h/l = 1$	$h/l \geq 2{,}0$ oder $h/l \leq 0{,}5$
11,5[2) 3)]	12	8	-	-
15,0[3)]	12	8	8	5
17,5	20	14	13	9
24,0	36	25	23	16
≥30,0	50	33	35	23

1) Bei Seitenverhältnissen $0{,}5 < h/l < 1{,}0$ oder $1{,}0 < h/l < 2{,}0$ dürfen die zulässigen Werte der Ausfachungsflächen geradlinig interpoliert werden. Die angegebenen Werte gelten für Mauerwerk aus Steinen der Mindestdruckfestigkeitsklasse 4 und bei Verwendung von Mörteln der Klasse M5 und höher.

2) In Windlastzone 4 nur im Binnenland zulässig.

3) Bei Verwendung von Steinen der Festigkeitsklasse ≥ 12 dürfen die Werte um 33 % vergrößert werden.

- **Nichttragende innere Trennwände**

Für nichttragende innere Trennwände, die nicht rechtwinklig zur Wandfläche durch Wind beansprucht werden, ist DIN 4103-1:06-2015 maßgebend.

Abhängig vom Einbauort werden nach DIN 4103-1 zwei unterschiedliche Einbaubereiche unterschieden.

Einbaubereich I:

Bereiche mit geringer Menschenansammlung, wie sie z. B. in Wohnungen, Hotel-, Büro- und Krankenräumen sowie ähnlich genutzten Räumen, einschließlich der Flure, vorausgesetzt werden können.

Einbaubereich II:

Bereiche mit großen Menschenansammlungen, wie sie z. B. in größeren Versammlungs- und Schulräumen, Hörsälen, Ausstellungs- und Verkaufsräumen und ähnlich genutzten Räumen vorausgesetzt werden müssen.

Aufgrund neuerer Forschungsergebnisse hat der DAfM (Deutscher Ausschuss für Mauerwerksbau) eine Richtlinie über „Nichttragende innere Trennwände aus Mauerwerk" herausgegeben, welche seit 2019 vorliegt [11.32].

5.3.4 Zweischalige Außenwände

Nach dem Wandaufbau wird unterschieden zwischen zweischaligen Außenwänden

- mit Luftschicht,
- mit Luftschicht und Wärmedämmung,
- mit Kerndämmung.

Bei der Bemessung ist als Wanddicke nur die Dicke der tragenden Innenschale anzusetzen.

Die Außenschale muss aus frostwiderstandsfähigen Mauersteinen bestehen. Anderenfalls ist ein wasserabweisender Außenputz erforderlich, der die Anforderungen nach DIN EN 998-1 und DIN 18550 erfüllt. Die Ausführung der Fugen erfolgt in der Regel im Fugenglattstrich.

Konstruktionsmaße

- Die Mindestdicke von tragenden Innenwänden beträgt 11,5 cm. Bei der Anwendung des vereinfachten Berechnungsverfahrens ist Tafel 11.53, Fußnote b) zu beachten.
- Die Mindestdicke der nichttragenden Außenschale beträgt 9 cm. Dünnere Außenschalen sind Bekleidungen, deren Ausführung in DIN 18515 geregelt ist. Pfeiler in der Außenschale müssen eine Mindestlänge von 24 cm haben.
- Der maximale lichte Abstand der Mauerwerksschalen beträgt 15 cm. Bei Anordnung einer Luftschicht muss diese mindestens 6 cm breit sein. Eine Verminderung auf 4 cm ist möglich, wenn der Mauermörtel mindestens an einer Hohlraumseite abgestrichen wird.
- Es ist Normalmauermörtel mindestens der Mörtelklasse M5 zu verwenden (s. Tafel 11.44).

Auflagerung und Abfangung der Außenschalen

- Die Außenschale soll über ihre ganze Länge und vollflächig aufgelagert sein. Bei unterbrochener Auflagerung (z. B. auf Konsolen) müssen in der Abfangebene alle Steine beidseitig aufgelagert sein („Träger auf 2 Stützen").
- Außenschalen mit einer Dicke von 11,5 cm sollen in Höhenabständen von etwa 12 m abgefangen werden. Sie dürfen bis zu 25 mm über ihr Auflager vorstehen. Ist die 11,5 cm dicke Außenschale nicht höher als zwei Geschosse oder wird sie alle zwei Geschosse abgefangen, dann darf sie bis zu einem Drittel ihrer Dicke über ihr Auflager vorstehen.
- Außenschalen mit einer Dicke von 10,5 cm $\leq t <$ 11,5 cm dürfen nicht höher als 25 m über Gelände geführt werden und sind in Höhenabständen von etwa 6 m abzufangen. Bei Gebäuden bis zu zwei Vollgeschossen darf ein Giebeldreieck bis 4 m Höhe ohne zusätzliche Abfangung ausgeführt werden. Diese Außenschalen dürfen maximal 15 mm über ihr Auflager vorstehen.

- Außenschalen mit einer Dicke von 9 cm $\leq t <$ 10,5 cm dürfen nicht höher als 20 m über Gelände geführt werden und sind in Höhenabständen von etwa 6 m abzufangen. Bei Gebäuden bis zu zwei Vollgeschossen darf ein Giebeldreieck bis 4 m Höhe ohne zusätzliche Abfangung ausgeführt werden. Die Fugen der Sichtflächen dieser Verblendschalen müssen in Fugenglattstrich ausgeführt werden. Diese Außenschalen dürfen höchstens 15 mm über ihr Auflager vorstehen.
- Abfangkonstruktionen, die nach dem Einbau nicht mehr kontrolliert werden können, müssen aus Materialien bestehen, die dauerhaft korrosionsbeständig sowie für die Anwendung genormt oder bauaufsichtlich zugelassen sind.

Verankerung der Außenschale

- Die Mauerwerksschalen sind durch Anker nach allgemeiner bauaufsichtlicher Zulassung aus nichtrostendem Stahl oder durch Anker nach DIN EN 845-1 aus nichtrostendem Stahl, deren Verwendung in einer allgemeinen bauaufsichtlichen Zulassung geregelt ist, zu verbinden. Die Drahtanker müssen in Form und Maßen der Abb. 11.50 entsprechen. Der vertikale Abstand der Drahtanker soll höchstens 500 mm, der horizontale Abstand höchstens 750 mm betragen. Es ist Normalmauermörtel mindestens der Mörtelgruppe M5 zu verwenden.
- An allen freien Rändern (von Öffnungen an Gebäudeecken, entlang von Dehnungsfugen und an den oberen Enden der Außenschalen) sind zusätzlich zu den Angaben in Tafel 11.50 drei Drahtanker je m Randlänge anzuordnen.
- Die Drahtanker sind unter Beachtung ihrer statischen Wirksamkeit so auszuführen, dass sie keine Feuchte von der Außen- zur Innenschale leiten können (z. B. durch Aufschieben einer Kunststoffscheibe, siehe Abb. 11.50).
- Ankerdurchmesser: 4 mm.

Tafel 11.50 Mindestanzahl von Drahtankern je m² Wandfläche*)

Gebäudehöhe	Windzonen 1-3 Windzone 4 Binnenland	Windzone 4 Küste der Nord- und Ostsee und Inseln der Ostsee	Windzone 4 Inseln der Nordsee
$h \leq 10$ m	7[a)]	7	8
10 m $< h \leq$ 18 m	7[b)]	8	9
18 m $< h \leq$ 25 m	7	8[c)]	-

a) in Windzone 1 und Windzone 2 Binnenland: 5 Anker/m²

b) in Windzone 1: 5 Anker/m²

c) ist eine Gebäudegrundrisslänge kleiner als h/4: 9 Anker/m²

*) Windzonen nach DIN EN 1991-1-4/NA

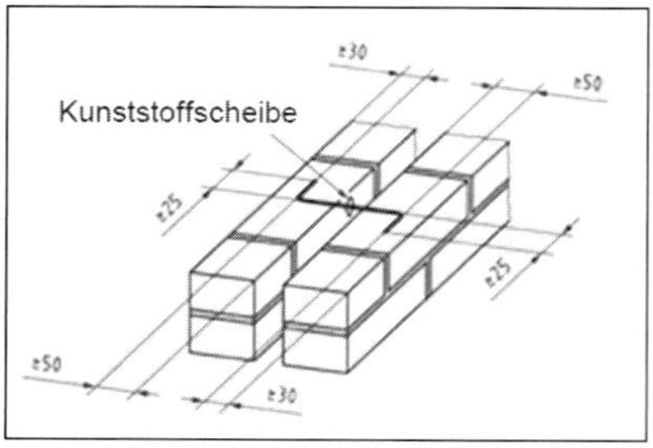

Abb. 11.50 Drahtanker für zweischaliges Mauerwerk, Maße in mm

5.4 Schlitze und Aussparungen

Bei der Bemessung von Mauerwerk können Schlitze und Aussparungen, deren Abmessungen die Grenzmaße nach den Tafeln 11.51 nicht überschreiten, unberücksichtigt bleiben.

Tafel 11.51a Ohne Nachweis zulässige Abmessungen $t_{ch,h}$ horizontaler und schräger Schlitze

Wanddicke [mm]	Maximale Schlitztiefe $t_{ch,h}$ in mm[a)]	
	Unbeschränkte Länge	Länge ≤ 1250 mm[b)]
115 bis 149	-	-
150 bis 174	-	0[c)]
175 bis 239	0[c)]	25
240 bis 299	15[c)]	25
300 bis 364	20[c)]	30
≥ 365	20[c)]	30

a) Horizontale und schräge Schlitze sind nur zulässig in einem Bereich ≤ 0,4 m ober- oder unterhalb der Rohdecke sowie jeweils an einer Wandseite. Sie sind nicht zulässig bei Langlochziegeln.

b) Mindestabstand in Längsrichtung von Öffnungen ≥ 490 mm, vom nächsten Horizontalschlitz zweifache Schlitzlänge.

c) Die Tiefe darf um 10 mm erhöht werden, wenn Werkzeuge verwendet werden, mit denen die Tiefe genau eingehalten werden kann. Bei Verwendung solcher Werkzeuge dürfen auch in Wänden ≥ 240 mm gegenüberliegende Schlitze mit jeweils 10 mm Tiefe ausgeführt werden.

Tafel 11.51b Ohne Nachweis zulässige Abmessungen $t_{ch,v}$ vertikaler Schlitze und Aussparungen

1	2	3	4	5	6	7
Wanddicke [mm]	Nachträglich hergestellte Schlitze und Aussparungen [c)]		Mit der Errichtung des Mauerwerks hergestellte Schlitze und Aussparungen im gemauerten Verband			
	maximale Tiefe [a)] $t_{ch,v}$ [mm]	maximale Breite [b)] (Einzelschlitz) [mm]	Verbleibende Mindest-wanddicke [mm]	maximale Breite [b)] [mm]	Mindestabstand der Schlitze und Aussparungen	
					von Öffnungen	untereinander
115 bis 149	10	100	-	-	≥ 2fache Schlitzbreite bzw. ≥ 240 mm	≥ Schlitzbreite
150 bis 174	20	100	-	-		
175 bis 199	30	100	115	260		
200 bis 239	30	125	115	300		
240 bis 299	30	150	115	385		
300 bis 364	30	200	175	385		
≥ 365	30	200	240	385		

a) Schlitze, die bis maximal 1 m über den Fußboden reichen, dürfen bei Wanddicken ≥ 240 mm bis 80 mm Tiefe und 120 mm Breite ausgeführt werden.

b) Die Gesamtbreite von Schlitzen nach Spalte 3 und Spalte 5 darf je 2 m Wandlänge die Maße in Spalte 5 nicht überschreiten. Bei geringeren Wandlängen als 2 m sind die Werte in Spalte 5 proportional zur Wandlänge zu verringern.

c) Abstand der Schlitze und Aussparungen von Öffnungen ≥ 115 mm.

6 Vereinfachte Berechnung nach DIN EN 1996-3/NA

6.1 Anwendungsgrenzen der vereinfachten Berechnungsmethoden

Alle Bauwerke, die innerhalb der im Folgenden zusammengestellten Anwendungsvoraussetzungen liegen, dürfen mit *vereinfachten Berechnungsmethoden* nachgewiesen werden. Selbstverständlich ist stets eine Berechnung – auch einzelner Bauteile – nach dem *genaueren Verfahren* nach DIN EN 1996-1-1/NA möglich. Erläuterungen zum Genaueren Verfahren enthält [11.40].

Im Einzelnen müssen für die Anwendung der *vereinfachten Berechnungsmethoden* neben Tafel 11.53 die folgenden Voraussetzungen erfüllt sein:

- Gebäudehöhe $\leq$ 20 m über Gelände
  (bei geneigten Dächern darf die Mitte zwischen First- und Traufhöhe zugrunde gelegt werden).
- Deckenstützweiten $l_f \leq 6{,}0$ m, sofern die Biegemomente aus Deckendrehwinkel nicht durch konstruktive Maßnahmen (z. B. Zentrierleisten mit Nachweis der Teilflächenpressung) begrenzt werden.
- Die charakteristische Nutzlast einschließlich Zuschlag für nichttragende innere Trennwände darf $q_k \leq 5{,}0$ kN/m² nicht überschreiten
- Für den vereinfachten Nachweis wird vorausgesetzt, dass in Wandhöhenmitte nur Biegemomente aus Deckeneinspannung, exzentrischer Deckenauflagerung und Wind auftreten. Andernfalls ist ein genauerer Nachweis nach DIN EN 1996-1-1/NA zu führen. Ein Versatz der Wandachsen infolge einer Änderung der Wanddicken gilt dann nicht als größere Ausmitte, wenn der Querschnitt der dickeren tragenden Wand den Querschnitt der dünneren tragenden Wand umschreibt.
- Die Deckenauflagertiefe a muss mindestens die halbe Wanddicke (0,5 t), jedoch mehr als 100 mm betragen. Bei einer Wanddicke von 365 mm darf die Mindestdeckenauflagertiefe auf 0,45 t reduziert werden.
- Das planmäßige Überbindemaß l_{ol} nach DIN EN 1996-1-1/NA muss mindestens 0,4 h_u und mindestens 45 mm betragen. Nur bei Elementmauerwerk darf das planmäßige Überbindemaß l_{ol} mindestens 0,2 h_u und mindestens 125 mm betragen (h_u Steinhöhe).
- Bei Mauerwerk aus Kalksand-Fasensteinen (nur zulässig als Einsteinmauerwerk) ist als rechnerische Wanddicke die vermörtelbare Aufstandsbreite anzunehmen.
- Freistehende Wände sind stets nach DIN EN 1996-1-1/NA nachzuweisen.

Mit der Ausgabe des Nationalen Anhangs von DIN EN 1996-3:12-2019 wurden die zulässigen lichten Wandhöhen für die Nutzung der vereinfachten Berechnungsmethoden nach Tafel 11.53 deutlich vergrößert. Weitere Hinweise und Hintergrundinformationen zu den erweiterten Anwendungsgrenzen der vereinfachten Berechnungsmethoden finden sich in [11.33] und [11.40a].

Bei **Außenwänden** ist zu beachten, dass bei einer Wanddicke von $t < 240$ mm ein vereinfachter Nachweis nach DIN EN 1996-3 bei lichten Wandhöhen $h > 2{,}75$ nur bei über die gesamte Wanddicke aufliegenden Stahlbetondecken mit einer Mindestdeckendicke nach DIN EN 1992-1-1/NA 7.4.2 zulässig ist, wenn gleichzeitig die charakteristische Windeinwirkung auf $w_k \leq 1{,}25$ kN/m² begrenzt ist (s. Fußnote d) zu Tafel 11.53). Bei Windeinwirkungen 1,25 kN/m² $\leq w_k \leq$ 2,2 kN/m² können Wände mit Mauerwerksdruckfestigkeiten $f_k \geq 10{,}0$ MN/m² jetzt bis zu einer lichten Wandhöhe von 3,0 m mit dem vereinfachten Verfahren nachgewiesen werden (s. Fußnote h) zu Tafel 11.53).

Tragende Innenwände können jetzt in vielen Fällen bis zu 3,6 m lichte Höhe aufweisen, ohne dass ein genauerer Nachweis erforderlich wird.

Tafel 11.53 Zulässige Wandhöhen für die Anwendung der vereinfachten Berechnungsmethoden

Bauteil	Wanddicke t [mm]	max. zulässige lichte Wandhöhe h [m]					
		allgemein	bei Berücksichtigung von Fußnote[d]				
			Mauerwerk aus Porenbetonsteinen		Mauerwerk aus Ziegeln, Kalksandsteinen, Leichtbeton- und Betonsteinen mit Normal- und Dünnbettmörtel		
			Mauerwerkwerksdruckfestigkeit f_k [N/mm²]				
			≥ 1,8	≥ 3,0	≥ 3,5	≥ 5,0	≥ 10,0
Tragende Außenwände und zweischalige Haustrennwände	≥ 115[a, b]	2,75	2,75	2,75	2,75	2,75	2,75
	≥ 150[c]	2,75[b]	2,75[b]	2,75[b]	2,75[b]	3,0[e, f]	3,3[h]
	≥ 175	2,75	2,75	3,3	3,0[e]	3,3[g]	3,6[h]
	≥ 200	2,75	3,3	3,6	3,6	3,6	3,6[h]
	≥ 240	12 t	3,6	3,6	3,6	3,6	3,6[h]
	≥ 300	12 t	12 t	12 t	12 t	12 t	12 t
Tragende Innenwände	≥ 115	2,75	3,6	3,6	3,6	3,6	3,6
	≥ 240	k. E.	k. E.		keine Einschränkung (k. E.)		

a Als einschalige Außenwand nur bei eingeschossigen Garagen und vergleichbaren Bauwerken, die nicht zum dauernden Aufenthalt von Menschen vorgesehen sind. Als Tragschale zweischaliger Außenwände und bei zweischaligen Haustrennwänden bis maximal zwei Vollgeschosse zuzüglich ausgebautes Dachgeschoss; aussteifende Querwände im Abstand ≤ 4,50 m bzw. Randabstand von einer Öffnung ≤ 2,0 m.

b Charakteristische Nutzlast einschließlich Zuschlag für nichttragende innere Trennwände $q_k \leq 3{,}0$ kN/m².

c Bei charakteristischen Mauerwerksdruckfestigkeiten $f_k < 1{,}8$ N/mm² gilt zusätzlich Fußnote a.

d Anwendungsvoraussetzungen:
- Bei Außenwänden mit charakteristischer Windlast $w_k \leq 1{,}25$ kN/m²;
- Über die Wanddicke t vollaufliegende Stahlbetondecke und Betonfestigkeitsklassen ≥ C20/25;
- Mindestdeckendicke infolge Begrenzung der Deckenschlankheit nach DIN EN 1992-1-1/NA 7.4.2 und Deckendicke ≥ 180 mm;
- Betrachtetes Geschoss entspricht in Grund- und Aufriss weitgehend den darüber- und darunterliegenden Geschossen;
- Interpolation zwischen Festigkeitsklassen nicht zulässig.

e Bei Mauerwerk aus Leichtbetonsteinen nur bei einer charakteristischen Windbeanspruchung von $w_k < 1{,}1$ kN/m² zulässig.

f Gilt bei Kalksandsteinmauerwerk nur für $f_k \geq 5{,}5$ N/mm².

g Gilt bei Ziegelmauerwerk auch für $f_k \geq 4{,}7$ N/mm².

h Bei Außenwänden mit charakteristischer Windlast von 1,25 kN/m² < $w_k \leq 2{,}2$ kN/m² sind lichte Wandhöhen bis $h = 3{,}0$ m zulässig.

6.2 Mauerwerksdruckfestigkeit

Die Tafeln 11.54 und 11.55 ermöglichen eine einfache Bestimmung des charakteristischen Wertes der Mauerwerksdruckfestigkeit in Abhängigkeit von der gewählten Stein-Mörtel-Kombination.

Tafel 11.54a Druckfestigkeit von Einstein-MW aus Hochlochziegeln (HLzA, HLzB) und Mauertafeln (T1) sowie Kalksand-Loch- und Hohlblocksteinen mit Normalmauermörtel

Stein-klasse	f_k [N/mm²]			
	M 2,5	**M5**	**M10**	**M20**
4	2,1	2,4	2,9	-
6	2,7	3,1	3,7	-
8	3,1	3,9	4,4	-
10	3,5	4,5	5,0	5,6
12	3,9	5,0	5,6	6,3
16	4,6	5,9	6,6	7,4
20	5,3	6,7	7,5	8,4
28	5,3	6,7	9,2	10,3
36	5,3	6,7	10,6	11,9
48	5,3	6,7	12,5	14,1
60	5,3	6,7	14,3	16,0

Tafel 11.54b Druckfestigkeit von Einstein-MW aus Hochlochziegeln (HLzW), Mauertafel-Ziegeln (T2,T3,T4) und Langlochziegeln (Llz) mit Normalmauermörtel

Stein-klasse	f_k [N/mm²]			
	M 2,5	**M5**	**M10**	**M20**
4	1,7	2,0	2,3	2,6
6	2,2	2,5	2,9	3,3
8	2,5	3,2	3,5	4,0
10	2,8	3,6	4,0	4,5
12	3,1	4,0	4,5	5,0
16	3,7 (3,1)	4,7 (4,0)	5,3 (4,5)	5,9 (5,0)
20	4,2 (3,1)	5,4 (4,0)	6,0 (4,5)	6,7 (5,0)
Werte in Klammern gelten für Hochlochziegel mit Lochung W (HLzW) und Mauertafelziegel T4.				

Tafel 11.54c Druckfestigkeit von Einstein-MW aus Vollziegeln sowie Kalksand-Vollsteinen und Kalksand-Blocksteinen mit NM

Stein-klasse	f_k [N/mm²]			
	M 2,5	**M5**	**M10**	**M20**
4	2,8	-	-	-
6	3,6	4,0	-	-
8	4,2	4,7	-	-
10	4,8	5,4	6,0	-
12	5,4	6,0	6,7	7,5
16	6,4	7,1	8,0	8,9
20	7,2	8,1	9,1	10,1
28	8,8	9,9	11,0	12,4
36	10,2	11,4	12,7	14,3
48	10,2	11,4	15,1	16,9
60	10,2	11,4	15,1	16,9

Tafel 11.54d Druckfestigkeit von Einstein-MW aus Planhochlochziegeln (Lochung B und E) mit Dünnbettmörtel

Stein klasse	f_k [N/mm²]
6	3,1
8	3,7
10	4,2
12	4,7
16	5,5
20	6,3

Tafel 11.54e Druckfestigkeit von Einstein-MW aus Mauerziegeln und Kalksandsteinen mit Leichtmauermörtel

Stein-klasse	f_k [N/mm²]	
	LM 21	**LM 36**
2	1,2	1,3
4	1,6	2,2
6	2,2	2,9
8	2,5	3,3
10	2,8	3,3
12	3,0	3,3
16	3,0	3,3
20	3,0	3,3
28	3,0	3,3

Tafel 11.54f Druckfestigkeit von Einstein-MW aus Kalksand-Planelementen und Kalksand-Plansteinen mit Dünnbettmörtel

Stein-klasse	f_k [N/mm²]			
	Planelemente		Plansteine	
	KS XL	**KS XL-N KS XL-E**	**KS P**	**KS L-P**
4	2,9	2,9	2,9	2,9
6	4,0	4,0	4,0	3,7
8	5,0	5,0	5,0	4,4
10	6,0	6,0	6,0	5,0
12	9,4	7,0	7,0	5,6
16	11,2	8,8	8,8	6,6
20	12,9	10,5	10,5	7,6
28	16,0	13,8	13,8	7,6
36	16,0	13,8	16,8	7,6
48	16,0	13,8	16,8	7,6
60	16,0	13,8	16,8	7,6

Tafel 11.55a Druckfestigkeit von Einstein-MW aus Leichtbeton- und Betonsteinen mit Normalmauermörtel

Steinart	Stein-klasse	f_k [N/mm²]		
		M2,5	**M5**	**M10 M20**
Hbl, Hbn	**2**	1,4	1,5	1,7
	4	2,2	2,4	2,6
	6	2,9	3,1	3,3
	8	2,9	3,7	4,0
	10	2,9	4,3	4,6
	12	2,9	4,8	5,1
V, Vbl	**2**	1,5	1,6	1,8
	4	2,5	2,7	3,0
	6	3,4	3,7	4,0
	8	3,4	4,5	5,0
	10	3,4	5,4	5,9
	12	3,4	6,1	6,7
	16	3,4	6,1	8,3
	20	3,4	6,1	9,8
Vn, Vbn, Vm, Vmb	**4**	2,8	2,9	2,9
	6	3,6	4,0	4,0
	8	3,6	4,7	5,0
	10	3,6	5,4	6,0
	12	3,6	6,0	6,7
	16	3,6	6,0	8,0
	≥ 20	3,6	6,0	9,1

Tafel 11.55b Druckfestigkeit von Einstein-MW aus Leichtbeton-Vollblöcken mit Schlitzen Vbl S und Vbl SW mit Normalmauermörtel

Stein-klasse	f_k [N/mm²]		
	M2,5	**M5**	**M10, M20**
2	**1,4**	**1,6**	**1,8**
4	**2,1**	**2,4**	**2,9**
6	**2,7**	**3,1**	**3,7**
8	**2,7**	**3,9**	**4,4**
10	**2,7**	**4,5**	**5,0**
12	**2,7**	**5,0**	**5,6**

Tafel 11.55c Druckfestigkeit von Einstein-MW aus Voll- und Lochsteinen aus Leichtbeton mit Leichtmauermörtel

Steindruck-klasse	f_k [N/mm²]
	LM 21 und LM 36
2	1,4
4	2,3
6	3,0
8	3,6

Tafel 11.55d Druckfestigkeit von Einstein-MW aus Porenbeton-Plansteinen und Porenbeton-Planelementen mit Dünnbettmörtel

Steindruck-klasse	f_k [N/mm²]
2	1,8
4[a]	3,0
6[b]	4,1
8	5,1

a) bei Rohdichte ≤ 0,5 gilt f_k = 2,6 N/mm²
b) bei Rohdichte ≤ 0,6 gilt f_k = 3,7 N/mm²

Hinweis: *Die nach dem genaueren Nachweisverfahren (vgl. DIN EN 1996-1-1/NA) mögliche Ermittlung der Mauerwerksdruckfestigkeit in Abhängigkeit von der normierten mittleren Mauersteindruckfestigkeit f_{st} und der Mörteldruckfestigkeit f_M mit Hilfe der Berechnungsfunktion* $\boldsymbol{f_k = K\, f_{St}^{\alpha}\, f_M^{\beta}}$ *unter Verwendung der Faktoren K, α und β nach Nationalem Anhang zu DIN EN 1996-1-1 liefert gleichgroße Mauerwerksdruckfestigkeiten wie die in den Tafeln 11.54 und 11.55 angegebenen Werte.*

6.3 Tragfähigkeitsnachweis

6.3.1 Nachweisformat

Zur Sicherstellung hinreichender Mauerwerkstragfähigkeit ist folgender Nachweis zu führen:

$$N_{Ed} \leq N_{Rd}$$

N_{Ed} Bemessungswert der einwirkenden Normalkraft
N_{Rd} Bemessungswert der aufnehmbaren Normalkraft

6.3.2 Bemessungswert der einwirkenden Normalkraft N_{Ed}

$$N_{Ed} = 1{,}35 \cdot N_{Gk} + 1{,}50 \cdot N_{Qk}$$

N_{Gk} max. charakteristischer Wert der einwirkenden Normalkraft aus ständigen Einwirkungen
N_{Qk} max. charakteristischer Wert der einwirkenden Normalkraft aus veränderlichen Einwirkungen

$\gamma_G = 1{,}35$ und $\gamma_Q = 1{,}50$ sind die Teilsicherheitsbeiwerte für die Eigenlast bzw. für eine Nutzlast.

Bei üblichen Hochbauten mit Decken aus Stahlbeton und charakteristischen Nutzlasten von maximal 3,0 kN/m² darf vereinfachend angesetzt werden:

$$N_{Ed} = 1{,}4 \cdot (N_{Gk} + N_{Qk})$$

Bei größeren Biegemomenten (z. B. bei Windscheiben) sollte immer auch ein Nachweis um die starke Achse für die Einwirkungskombination max M + min N nach dem genaueren Verfahren geführt werden. Die Mindestauflast ist auch für Kellermauerwerk (s. Abs. 6.7) und windbeanspruchte Außenwände (s. Abs. 6.6) unter Plattenbiegebeanspruchung nachzuweisen. Hierbei gilt jeweils:

$$\min N_{Ed} = 1{,}0 \cdot N_{Gk}$$

6.3.3 Bemessungswert der aufnehmbaren Normalkraft N_{Rd}

$$N_{Rd} = \Phi \cdot A \cdot f_d$$

A Querschnittsfläche (abzüglich statisch relevanter Schlitze und Aussparungen, s. Kap. 5.4); A < 400 cm² ist unzulässig.

f_d $= 0{,}85\, f_k / \gamma_M$ Bemessungswert der Druckfestigkeit des Mauerwerks; der Faktor 0,85 berücksichtigt festigkeitsmindernde Langzeiteinflüsse.
$= 1{,}00\, f_k / \gamma_M$ bei kurzzeitigen Einwirkungen
bei Wandquerschnitten A < 1000 cm² ist der Bemessungswert f_d um 20 % zu reduzieren.

f_k charakteristische Druckfestigkeit des Mauerwerks (s. Tafeln 11.54a bis 11.55d)

γ_M Teilsicherheitsbeiwert nach Tafel 11.56

Φ Traglastfaktor zur Berücksichtigung von Biegebeanspruchungen aus Deckeneinspannung und des Knickens (vgl. Abschn. 6.5).

Tafel 11.56 Teilsicherheitsbeiwerte γ_M für unbewehrtes Mauerwerk

Bemessungssituation	γ_M
ständig und vorübergehend	1,5
außergewöhnlich[1)]	1,3

[1)] Für die Bemessung im Brandfall s. DIN EN 1996-1-2.

6.4 Knicklängenermittlung

Die nachfolgend dargestellten Knicklängen gelten bei Einhaltung der Anwendungsgrenzen der vereinfachten Berechnungsmethoden (vgl. Abschn. 6.1) für Mauerwerkswände aus Voll- und Lochsteinen nach DIN EN 1996-1-1/NA (vgl. Abschn. 5.1.1).

6.4.1 Zweiseitig gehaltene Wände

Bei flächig aufgelagerten Decken, z. B. massiven Plattendecken oder Rippendecken mit lastverteilenden Auflagerarbeiten, darf bei 2-seitig gehaltenen Wänden die Einspannung der Wand in den Decken durch eine gegenüber der lichten Wandhöhe reduzierte Knicklänge berücksichtigt werden.

$h_{ef} = \rho_2 \cdot h$

h_{ef} Knicklänge	$\rho_2 = 0{,}75$	für Wanddicken $t \leq 17{,}5$ cm
h lichte Geschosshöhe	$\rho_2 = 0{,}90$	für Wanddicken $17{,}5 \text{ cm} < t \leq 25$ cm
ρ_2 Knicklängenbeiwert	$\rho_2 = 1{,}00$	für Wanddicken $t > 25$ cm

Eine Abminderung der rechnerischen Knicklänge mit $\rho_2 < 1{,}0$ setzt eine Mindestauflagertiefe a der Decke auf der Wand voraus:

$t < 24{,}0$ cm: $\rightarrow a = t$

$t \geq 24{,}0$ cm: $\rightarrow a \geq 17{,}5$ cm

6.4.2 Drei- und vierseitig gehaltene Wände

3-seitig gehaltene Wände:

$$h_{ef} = \frac{1}{1+\left(\alpha_3 \dfrac{\rho_2 \cdot h}{3 \cdot b'}\right)^2} \cdot \rho_2 \cdot h \geq 0{,}3 \cdot h$$

4-seitig gehaltene Wände:

$$\alpha_4 \cdot \frac{h}{b} \leq 1: \quad h_{ef} = \frac{1}{1+\left(\alpha_4 \dfrac{\rho_2 \cdot h}{b}\right)^2} \cdot \rho_2 \cdot h$$

$$\alpha_4 \cdot \frac{h}{b} > 1: \quad h_{ef} = \frac{b}{2 \cdot \alpha_4}$$

ρ_2	Knicklängenbeiwert 2-seitig gehaltener Wände nach Abschn. 6.4.1
b, b'	Abstand des freien Randes von der Mitte der haltenden Wand bzw. Mittenabstand der haltenden Wand nach Abb. 11.58
α_3, α_4	Anpassungsfaktoren bei Elementmauerwerk mit reduziertem Überbindemaß (s. Tafel 11.57) ($0{,}2 \cdot h_u \leq l_{ol} < 0{,}4 \cdot h_u$; $\alpha_3 = \alpha_4 = 1{,}0$ bei planmäßigem Überbindemaß $l_{ol} \geq 0{,}4 \cdot h_u$)

Tafel 11.57 Anpassungsfaktoren α_3, α_4 zur Abschätzung der Knicklänge von Wänden aus Elementmauerwerk mit einem Überbindemaß $0{,}2 \cdot h_u \leq l_{ol} < 0{,}4 \cdot h_u$

Steingeometrie h_{Stein}/l_{Stein}	**0,5**	**0,625**	**1**	**2**
3-seitige Lagerung α_3	1,0	0,90	0,83	0,75
4-seitige Lagerung α_4	1,0	0,75	0,67	0,60

Beträgt bei vierseitig gehaltenen Wänden $b > 30 \cdot t$ bzw. bei dreiseitig gehaltenen Wänden $b' > 15 \cdot t$, so sind die Bereiche ab $15 \cdot t$ wie zweiseitig gehaltene Wände zu betrachten. Ist die Wand im Bereich des mittleren Drittels der Wandhöhe durch vertikale Schlitze oder Aussparungen geschwächt, so ist für t die Restwanddicke einzusetzen oder ein freier Rand anzunehmen.

Unabhängig von der Lage eines vertikalen Schlitzes oder einer Aussparung ist an ihrer Stelle ein freier Rand anzunehmen, wenn die Restwanddicke kleiner als die halbe Wanddicke oder kleiner als 115 mm ist.

Hinweis: *Es wird empfohlen, auch bei mehrseitig gehaltenen Wänden die Knicklänge für 2-seitig gehaltene Wände anzusetzen, um eine eventuelle spätere Umnutzung zu ermöglichen.*

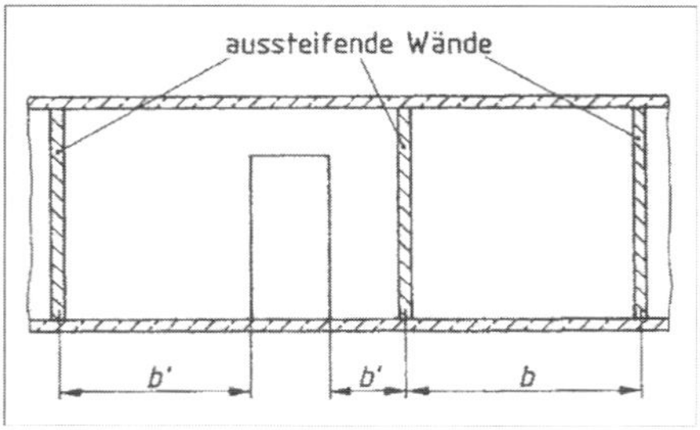

Anforderung an aussteifende Querwände:

Länge: $l \geq 1/5$ der Geschosshöhe

Dicke: $\geq 11{,}5$ cm bzw. $\geq 0{,}3$-fache Dicke der auszusteifenden Wand.

Abb. 11.58: Definition von b und b'

6.5 Traglastbeiwerte und Bemessungstafeln zur Bestimmung der aufnehmbaren Normalkraft

6.5.1 Traglastbeiwert Φ_1 an Wandkopf und Wandfuß

Der Beiwert Φ_1 berücksichtigt die Traglastminderung an Wandkopf und Wandfuß infolge einer Biegebeanspruchung der Wand durch Verdrehung der Decke sowie exzentrischer Belastung bei einer Auflagertiefe der Decke kleiner als die Wanddicke. Bei als Deckenendauflager wirkenden Außen- sowie Innenwänden gilt:

für $f_k \geq 1{,}8$ N/mm²: $\Phi_1 = (1{,}6 - l_f/6) \cdot a/t \leq 0{,}9 \cdot a/t$
für $f_k < 1{,}8$ N/mm²: $\Phi_1 = (1{,}6 - l_f/5) \cdot a/t \leq 0{,}9 \cdot a/t$

f_k charakteristische Druckfestigkeit (s. Tafeln 11.54 und 11.55)

l_f Stützweite der angrenzenden Geschossdecke in m. Bei zweiachsig gespannten Decken mit $0{,}5 \leq l_1/l_2 \leq 2{,}0$ kann für l_f das 0,85-fache der kürzeren Stützweite eingesetzt werden.

a Deckenauflagertiefe

t Wanddicke

Bei Decken über dem obersten Geschoss gilt: $\phi_1 = 0{,}333 \cdot a/t$
Bei 2-achsig gespannten Decken über dem obersten Geschoss gilt: $\phi_1 = 0{,}4 \cdot a/t$

6.5.2 Traglastbeiwert Φ_2 in Wandhöhenmitte („Knicken“)

Der Beiwert Φ_2 berücksichtigt die Traglastminderung infolge Knickgefahr.

$$\Phi_2 = 0{,}85 \cdot a/t - 0{,}0011 \cdot (h_{ef}/t)^2$$

h_{ef} Knicklänge nach Abschn. 6.4

a Deckenauflagertiefe

t Wanddicke

6.5.3 Bemessungstafeln zur Bestimmung der aufnehmbaren Normalkraft

Mit Hilfe der dargestellten Traglastbeiwerte können Bemessungstafeln entwickelt werden, die eine praxisnahe Ermittlung der aufnehmbaren Normalkraft in Abhängigkeit vom charakteristischen Wert der Mauerwerksdruckfestigkeit f_k (s. Tafeln 11.54 und 11.55) sowie weiterer Eingangsparameter (Wandhöhe, Wanddicke, Deckenspannweite, Auflagersituation und Auflagertiefe) ermöglichen [11.35]. Um die aufnehmbare Normalkraft N_{Rd} je Meter Wandlänge in kN/m zu erhalten, ist lediglich der Tafelwert T mit der gewählten Mauerwerksdruckfestigkeit f_k in N/mm² zu multiplizieren. Bei der Anwendung ist zwischen den Mauerwerksdruckfestigkeiten $f_k \geq 1{,}8$ N/mm² (s. Tafel 11.59) und $f_k < 1{,}8$ N/mm² (s. Tafel 11.61) zu differenzieren.

Tafel 11.59 Aufnehmbare Normalkraft von Mauerwerkswänden mit $f_k \geq 1{,}8$ N/mm²

Tragfähigkeitstafel für $f_k \geq 1{,}8$ N/mm² $N_{Ed} \leq N_{Rd}$ = Tafelwert T·f_k (mit N_{Rd} in kN/m und f_k in N/mm²)												
lichte Wandhöhe *h* [m]	Wanddicke *t* [cm]	Innenwand	Außenwand									
			Geschossdecke								Dachdecke	
			a/*t* = 1,0 (vollaufliegend)				*a*/*t* = 2/3 (teilaufliegend)				*a*/*t* = 1,0	*a*/*t* = 2/3
			Deckenspannweite l_f [m] [3)]									
		≤ 6,0	≤ 4,5	≤ 5,0	≤ 5,5	≤ 6,0	≤ 4,5	≤ 5,0	≤ 5,5	≤ 6,0	≤ 6,0	≤ 6,0
2,50	**11,5**[1)2)]	36	36				-				21	-
	15,0[2)]	57	57			51	22				28	18
	17,5	71	71		67	59	33				33	22
	20,0	80	80		77	68	44				37	25
	24,0	102	102		92	81	60			54	45	30
	30,0	131	131	130	116	102	83		77	68	56	37
	36,5	165	165	158	141	124	106	105	94	82	68	45
	42,5	195	195	184	164	144	127	123	109	96	80	53
	49,0	228	228	212	189	166	149	141	126	111	92	61
2,75	**11,5**[1)2]	32	32				-				21	-
	15,0[2)]	54	54			51	16				28	16
	17,5	69	69		67	59	29				33	22
	20,0	77	77		77	68	40				37	25
	24,0	99	99		92	81	57			54	45	30
	30,0	128	128		116	102	80		77	68	56	37
	36,5	162	162	158	141	124	104		94	82	68	45
	42,5	193	193	184	164	144	125	123	109	96	80	53
	49,0	226	226	212	189	166	147	141	126	111	92	61
3,00	**11,5**[1)2]	27	27				-				21	-
	15,0[2)]	51	51				-				28	-
	17,5	66	66			59	-				33	-
	20,0	73	73			68	-				37	-
	24,0	96	96		92	81	-				45	-
	30,0	125	125		116	102	77			68	56	37
	36,5	160	160	158	141	124	101		94	82	68	45
	42,5	191	191	184	164	144	123	123	109	96	80	53
	49,0	224	224	212	189	166	145	141	126	111	92	61

Fußnoten siehe nächste Seite

Tafel 11.59 (Fortsetzung)

<table>
<tr><th colspan="13">Tragfähigkeitstafel für $f_k \geq 1{,}8$ N/mm²
$N_{Ed} \leq N_{Rd}$ = Tafelwert $T \cdot f_k$ (mit N_{Rd} in kN/m und f_k in N/mm²)</th></tr>
<tr><th rowspan="5">lichte Wandhöhe h [m]</th><th rowspan="5">Wanddicke t [cm]</th><th rowspan="3">Innen-wand</th><th colspan="10">Außenwand</th></tr>
<tr><th colspan="8">Geschossdecke</th><th colspan="2">Dachdecke</th></tr>
<tr><th colspan="4">a/t = 1,0 (vollaufliegend)</th><th colspan="4">a/t = 2/3 (teilaufliegend)</th><th>a/t = 1,0</th><th>a/t = 2/3</th></tr>
<tr><th colspan="11">Deckenspannweite l_f [m] [3)]</th></tr>
<tr><th>≤ 6,0</th><th>≤ 4,5</th><th>≤ 5,0</th><th>≤ 5,5</th><th>≤ 6,0</th><th>≤ 4,5</th><th>≤ 5,0</th><th>≤ 5,5</th><th>≤ 6,0</th><th>≤ 6,0</th><th>≤ 6,0</th></tr>
<tr><td rowspan="9">3,30</td><td>11,5[1),2)]</td><td>22</td><td colspan="4">22</td><td colspan="4">-</td><td>21</td><td>-</td></tr>
<tr><td>15,0[2)]</td><td>46</td><td colspan="4">46</td><td colspan="4">-</td><td>28</td><td>-</td></tr>
<tr><td>17,5</td><td>62</td><td colspan="3">62</td><td>59</td><td colspan="4">-</td><td>33</td><td>-</td></tr>
<tr><td>20,0</td><td>68</td><td colspan="3">68</td><td>68</td><td colspan="4">-</td><td>37</td><td>-</td></tr>
<tr><td>24,0</td><td>92</td><td colspan="3">92</td><td>81</td><td colspan="4">-</td><td>45</td><td>-</td></tr>
<tr><td>30,0</td><td>121</td><td colspan="2">121</td><td>116</td><td>102</td><td colspan="3">73</td><td>68</td><td>56</td><td>37</td></tr>
<tr><td>36,5</td><td>157</td><td colspan="2">157</td><td>141</td><td>124</td><td colspan="2">98</td><td>94</td><td>82</td><td>68</td><td>45</td></tr>
<tr><td>42,5</td><td>188</td><td>188</td><td>184</td><td>164</td><td>144</td><td colspan="2">120</td><td>109</td><td>96</td><td>80</td><td>53</td></tr>
<tr><td>49,0</td><td>222</td><td>222</td><td>212</td><td>189</td><td>166</td><td>143</td><td>141</td><td>126</td><td>111</td><td>92</td><td>61</td></tr>
<tr><td rowspan="9">3,60</td><td>11,5[1),2)]</td><td>15</td><td colspan="4">15</td><td colspan="4">-</td><td>15</td><td>-</td></tr>
<tr><td>15,0[2)]</td><td>41</td><td colspan="4">41</td><td colspan="4">-</td><td>28</td><td>-</td></tr>
<tr><td>17,5</td><td>58</td><td colspan="4">58</td><td colspan="4">-</td><td>33</td><td>-</td></tr>
<tr><td>20,0</td><td>63</td><td colspan="4">63</td><td colspan="4">-</td><td>37</td><td>-</td></tr>
<tr><td>24,0</td><td>88</td><td colspan="3">88</td><td>81</td><td colspan="4">-</td><td>45</td><td>-</td></tr>
<tr><td>30,0</td><td>117</td><td colspan="2">117</td><td>116</td><td>102</td><td colspan="3">69</td><td>68</td><td>56</td><td>37</td></tr>
<tr><td>36,5</td><td>153</td><td colspan="2">153</td><td>141</td><td>124</td><td colspan="2">95</td><td>94</td><td>82</td><td>68</td><td>45</td></tr>
<tr><td>42,5</td><td>185</td><td>185</td><td>184</td><td>164</td><td>144</td><td colspan="2">117</td><td>109</td><td>96</td><td>80</td><td>53</td></tr>
<tr><td>49,0</td><td>219</td><td>219</td><td>212</td><td>189</td><td>166</td><td colspan="2">140</td><td>126</td><td>111</td><td>92</td><td>61</td></tr>
<tr><td rowspan="9">4,00</td><td>11,5[1),2)]</td><td>6</td><td colspan="4">-</td><td colspan="4">-</td><td>-</td><td>-</td></tr>
<tr><td>15,0[2)]</td><td>34</td><td colspan="4">-</td><td colspan="4">-</td><td>-</td><td>-</td></tr>
<tr><td>17,5</td><td>52</td><td colspan="4">-</td><td colspan="4">-</td><td>-</td><td>-</td></tr>
<tr><td>20,0</td><td>55</td><td colspan="4">-</td><td colspan="4">-</td><td>-</td><td>-</td></tr>
<tr><td>24,0</td><td>81</td><td colspan="4">-</td><td colspan="4">-</td><td>-</td><td>-</td></tr>
<tr><td>30,0</td><td>111</td><td colspan="4">-</td><td colspan="4">-</td><td>-</td><td>-</td></tr>
<tr><td>36,5</td><td>148</td><td colspan="2">148</td><td>141</td><td>124</td><td colspan="3">89</td><td>82</td><td>68</td><td>45</td></tr>
<tr><td>42,5</td><td>181</td><td colspan="2">181</td><td>164</td><td>144</td><td colspan="2">113</td><td>109</td><td>96</td><td>80</td><td>53</td></tr>
<tr><td>49,0</td><td>215</td><td>215</td><td>212</td><td>189</td><td>166</td><td colspan="2">136</td><td>126</td><td>111</td><td>92</td><td>61</td></tr>
</table>

Achtung: Zwischenwerte dürfen **nicht** interpoliert werden. Die Tafelwerte gelten **nicht** für erddruckbelastete Kellerwände.

1) Als einschalige Außenwand nur bei eingeschossigen Garagen und vergleichbaren Bauwerken, die nicht zum dauernden Aufenthalt von Menschen vorgesehen sind. Als Tragschale zweischaliger Außenwände und bei zweischaligen Haustrennwänden bis maximal zwei Vollgeschosse zuzüglich ausgebautes Dachgeschoss; aussteifende Querwände im Abstand ≤ 4,50 m bzw. Randabstand von einer Öffnung ≤ 2,0 m.

2) Nur für Außenwände: Nutzlast $q_k \leq 3{,}0$ kN/m² einschließlich Zuschlag für nichttragende innere Trennwände.

3) Bei zweiachsig gespannten Decken mit $0{,}5 \leq l_1/l_2 \leq 2{,}0$ darf für l_f das 0,85-fache der kürzeren Stützweite eingesetzt werden

Voraussetzungen zur Anwendung:

Einhaltung der Anwendungsgrenzen und Randbedingungen des vereinfachten Nachweisverfahrens nach Abschnitt 6.1.

Hinweise:

- Die Abminderung der Knicklänge bei flächig aufgelagerten Stahlbetondecken ist berücksichtigt. (Annahme: zweiseitige Halterung)
- Teilsicherheitsbeiwert auf der Materialseite $\gamma_M = 1{,}5$; Dauerstandsfaktor $\zeta = 0{,}85$
- Bei Wänden unter Dachdecken ist hinsichtlich der erforderlichen Mindestauflast zusätzlich Abschnitt 6.6 zu beachten.

Tafel 11.61 Aufnehmbare Normalkraft von Mauerwerkswänden mit $f_k < 1{,}8$ N/mm²

<table>
<tr><th colspan="13">Tragfähigkeitstafel für $f_k < 1{,}8$ N/mm²
$N_{Ed} \leq N_{Rd}$ = Tafelwert T·f_k (mit N_{Rd} in kN/m und f_k in N/mm²)</th></tr>
<tr><th rowspan="5">lichte Wandhöhe h [m]</th><th rowspan="5">Wanddicke t [cm]</th><th rowspan="3">Innen-wand</th><th colspan="10">Außenwand</th></tr>
<tr><th colspan="8">Geschossdecke</th><th colspan="2">Dachdecke</th></tr>
<tr><th colspan="4">a/t = 1,0 (vollaufliegend)</th><th colspan="4">a/t = 2/3 (teilaufliegend)</th><th>a/t = 1,0</th><th>a/t = 2/3</th></tr>
<tr><th colspan="11">Deckenspannweite l_f [m] [3)]</th></tr>
<tr><th>≤ 6,0</th><th>≤ 3,5</th><th>≤ 4,0</th><th>≤ 5,0</th><th>≤ 6,0</th><th>≤ 3,5</th><th>≤ 4,0</th><th>≤ 5,0</th><th>≤ 6,0</th><th>≤ 6,0</th><th>≤ 6,0</th></tr>
<tr><td rowspan="9">2,50</td><td>11,5[1)2)]</td><td>36</td><td colspan="3">36</td><td>26</td><td colspan="4">-</td><td>21</td><td>-</td></tr>
<tr><td>15,0[2)]</td><td>57</td><td colspan="2">57</td><td>51</td><td>34</td><td colspan="4">22</td><td>28</td><td>18</td></tr>
<tr><td>17,5</td><td>71</td><td colspan="2">71</td><td>59</td><td>39</td><td colspan="3">33</td><td>26</td><td>33</td><td>22</td></tr>
<tr><td>20,0</td><td>80</td><td colspan="2">80</td><td>68</td><td>45</td><td colspan="3">44</td><td>30</td><td>37</td><td>25</td></tr>
<tr><td>24,0</td><td>102</td><td colspan="2">102</td><td>81</td><td>54</td><td colspan="2">60</td><td>54</td><td>36</td><td>45</td><td>30</td></tr>
<tr><td>30,0</td><td>131</td><td colspan="2">131</td><td>102</td><td>68</td><td colspan="2">83</td><td>68</td><td>45</td><td>56</td><td>37</td></tr>
<tr><td>36,5</td><td>165</td><td colspan="2">165</td><td>124</td><td>82</td><td colspan="2">106</td><td>82</td><td>55</td><td>68</td><td>45</td></tr>
<tr><td>42,5</td><td>195</td><td>195</td><td>192</td><td>144</td><td>96</td><td colspan="2">127</td><td>96</td><td>64</td><td>80</td><td>53</td></tr>
<tr><td>49,0</td><td>228</td><td>228</td><td>222</td><td>166</td><td>111</td><td>149</td><td>148</td><td>111</td><td>74</td><td>92</td><td>61</td></tr>
<tr><td rowspan="8">2,75</td><td>15,0</td><td>54</td><td colspan="2">54</td><td>51</td><td>34</td><td colspan="4">16</td><td>28</td><td>16</td></tr>
<tr><td>17,5</td><td>69</td><td colspan="2">69</td><td>59</td><td>39</td><td colspan="3">29</td><td>26</td><td>33</td><td>22</td></tr>
<tr><td>20,0</td><td>77</td><td colspan="2">77</td><td>68</td><td>45</td><td colspan="3">40</td><td>30</td><td>37</td><td>25</td></tr>
<tr><td>24,0</td><td>99</td><td colspan="2">99</td><td>81</td><td>54</td><td colspan="2">57</td><td>54</td><td>36</td><td>45</td><td>30</td></tr>
<tr><td>30,0</td><td>128</td><td colspan="2">128</td><td>102</td><td>68</td><td colspan="2">80</td><td>68</td><td>45</td><td>56</td><td>37</td></tr>
<tr><td>36,5</td><td>162</td><td colspan="2">162</td><td>124</td><td>82</td><td colspan="2">104</td><td>82</td><td>55</td><td>68</td><td>45</td></tr>
<tr><td>42,5</td><td>193</td><td>193</td><td>192</td><td>144</td><td>96</td><td colspan="2">125</td><td>96</td><td>64</td><td>80</td><td>53</td></tr>
<tr><td>49,0</td><td>226</td><td>226</td><td>222</td><td>166</td><td>111</td><td colspan="2">147</td><td>111</td><td>74</td><td>92</td><td>61</td></tr>
<tr><td rowspan="7">3.00</td><td>17,5</td><td>66</td><td colspan="2">66</td><td>59</td><td>39</td><td colspan="4">-</td><td>33</td><td>-</td></tr>
<tr><td>20,0</td><td>73</td><td colspan="2">73</td><td>68</td><td>45</td><td colspan="4">-</td><td>37</td><td>-</td></tr>
<tr><td>24,0</td><td>96</td><td colspan="2">96</td><td>81</td><td>54</td><td colspan="4">-</td><td>45</td><td>-</td></tr>
<tr><td>30,0</td><td>125</td><td colspan="2">125</td><td>102</td><td>68</td><td colspan="2">77</td><td>68</td><td>45</td><td>56</td><td>37</td></tr>
<tr><td>36,5</td><td>160</td><td colspan="2">160</td><td>124</td><td>82</td><td colspan="2">101</td><td>82</td><td>55</td><td>68</td><td>45</td></tr>
<tr><td>42,5</td><td>191</td><td colspan="2">191</td><td>144</td><td>96</td><td colspan="2">123</td><td>96</td><td>64</td><td>80</td><td>53</td></tr>
<tr><td>49,0</td><td>224</td><td>224</td><td>222</td><td>166</td><td>111</td><td colspan="2">145</td><td>111</td><td>74</td><td>92</td><td>61</td></tr>
<tr><td rowspan="6">3,60</td><td>20,0</td><td>63</td><td colspan="3">63</td><td>45</td><td colspan="4">-</td><td>37</td><td>-</td></tr>
<tr><td>24,0</td><td>88</td><td colspan="2">88</td><td>81</td><td>54</td><td colspan="4">-</td><td>45</td><td>-</td></tr>
<tr><td>30,0</td><td>117</td><td colspan="2">117</td><td>102</td><td>68</td><td colspan="2">69</td><td>68</td><td>45</td><td>56</td><td>37</td></tr>
<tr><td>36,5</td><td>153</td><td colspan="2">153</td><td>124</td><td>82</td><td colspan="2">95</td><td>82</td><td>55</td><td>68</td><td>45</td></tr>
<tr><td>42,5</td><td>185</td><td colspan="2">185</td><td>144</td><td>96</td><td colspan="2">117</td><td>96</td><td>64</td><td>80</td><td>53</td></tr>
<tr><td>49,0</td><td>219</td><td colspan="2">219</td><td>166</td><td>111</td><td colspan="2">140</td><td>111</td><td>74</td><td>92</td><td>61</td></tr>
<tr><td rowspan="5">4,00</td><td>24,0</td><td>81</td><td colspan="4">-</td><td colspan="4">-</td><td>-</td><td>-</td></tr>
<tr><td>30,0</td><td>111</td><td colspan="4">-</td><td colspan="4">-</td><td>-</td><td>-</td></tr>
<tr><td>36,5</td><td>148</td><td colspan="2">148</td><td>124</td><td>82</td><td colspan="2">89</td><td>82</td><td>55</td><td>68</td><td>45</td></tr>
<tr><td>42,5</td><td>181</td><td colspan="2">181</td><td>144</td><td>96</td><td colspan="2">113</td><td>96</td><td>64</td><td>80</td><td>53</td></tr>
<tr><td>49,0</td><td>215</td><td colspan="2">215</td><td>166</td><td>111</td><td colspan="2">136</td><td>111</td><td>74</td><td>92</td><td>61</td></tr>
</table>

Achtung: Zwischenwerte dürfen **nicht** interpoliert werden.
Die Tafelwerte gelten **nicht** für erddruckbelastete Kellerwände.
Fußnoten, Anwendungsgrenzen u. Hinweise s. Tafel 11.59

6.5.4 Stark vereinfachte Traglastbeiwerte nach DIN EN 1996-3/NA Anhang A

Alternativ zur Bestimmung der Traglastbeiwerte Φ_1 und Φ_2 bietet DIN EN 1996-3 im Anhang A eine weitere, stark vereinfachte Möglichkeit zur Bestimmung des Traglastbeiwerts Φ. Voraussetzung ist die Einhaltung folgender Bedingungen, die zusätzlich zu den Anwendungsbedingungen der vereinfachten Berechnungsmethoden nach Abschnitt 6.1 erfüllt sein müssen:

- Bauwerke mit maximal drei Geschossen über Gelände
- Deckenauflagertiefe $a \geq 2/3 \cdot t$
- Wanddicke $t \geq 36{,}5$ cm, wenn $a/t < 1$
- Lichte Geschosshöhe $h \leq 3{,}0$ m
- Kleinste Gebäudeabmessung mindestens 1/3 der Gebäudehöhe

In diesem Fall kann vereinfacht mit folgenden Traglastbeiwerten gerechnet werden:

$\Phi = 0{,}50$ bei $h_{ef}/t \leq 18$

$\Phi = 0{,}40$ bei $h_{ef}/t \leq 18$ und $f_k < 1{,}8$ N/mm² und gleichzeitig $l_f > 5{,}5$ m

Bei Wänden mit teilaufliegender Decke und Deckenstützweiten $l_f > 5$ m (bei $f_k \geq 1{,}8$ N/mm²) bzw. $l_f > 4$ m (bei $f_k < 1{,}8$ N/mm²) ist der Traglastfaktor mit dem Verhältniswert a/t zu multiplizieren.

$\Phi = 0{,}33 \cdot a/t$ bei $18 < h_{ef}/t \leq 21$ oder bei Wänden mit geringer Auflast (s. auch Abschn. 6.6)

Mit obigem Traglastfaktor kann die Bemessungstabelle Tafel 11.62 entwickelt werden [11.35], aus der sich in Abhängigkeit von der einwirkenden Normalkraft n_{Ed} je lfm Wandlänge die erforderliche Mauerwerksdruckfestigkeit f_k ablesen lässt. Mit Hilfe der Tafeln 11.54 und 11.55 kann man dann die erforderliche Stein-Mörtel-Kombination sehr einfach bestimmen.

Tafel 11.62 Erforderliche charakteristische Mauerwerksdruckfestigkeit f_k in N/mm²

n_{Ed} in kN/m	$h_{ef}/t \leq 18$ bei teilaufliegenden Decken ($t \geq 36{,}5$ cm und $a/t \geq 2/3$) ($\Phi = 0{,}50$) 1)2) Wanddicke t [cm]									$18 < h_{ef}/t \leq 21$ oder bei Wänden unter Decken u. Dächern mit geringer Auflast ($\Phi = 0{,}33$)3) Wanddicke t [cm]								
	11,5	**15,0**	**17,5**	**20,0**	**24,0**	**30,0**	**36,5**	**42,5**	**49,0**	**11,5**	**15,0**	**17,5**	**20,0**	**24,0**	**30,0**	**36,5**	**42,5**	**49,0**
50	1,6	1,2	1,1	0,9	0,8	0,6	0,5	0,5	0,4	2,4	1,8	1,6	1,4	1,2	0,9	0,8	0,7	0,6
75	2,4	1,8	1,6	1,4	1,2	0,9	0,8	0,7	0,6	3,5	2,7	2,3	2,1	1,7	1,4	1,1	1,0	0,9
100	3,1	2,4	2,1	1,8	1,5	1,2	1,0	0,9	0,8	4,7	3,6	3,1	2,7	2,3	1,8	1,5	1,3	1,1
125	3,9	3,0	2,6	2,3	1,9	1,5	1,3	1,1	1,0	5,9	4,5	3,9	3,4	2,8	2,3	1,9	1,6	1,4
150	4,7	3,6	3,1	2,7	2,3	1,8	1,5	1,3	1,1	7,0	5,4	4,6	4,1	3,4	2,7	2,2	1,9	1,7
175	5,4	4,2	3,6	3,1	2,6	2,1	1,7	1,5	1,3	8,2	6,3	5,4	4,7	3,9	3,2	2,6	2,3	2,0
200	6,2	4,8	4,1	3,6	3,0	2,4	2,0	1,7	1,5	9,4	7,2	6,2	5,4	4,5	3,6	3,0	2,6	2,2
250	7,7	5,9	5,1	4,5	3,7	3,0	2,5	2,1	1,9	11,7	9,0	7,7	6,7	5,6	4,5	3,7	3,2	2,8
300	9,3	7,1	6,1	5,3	4,5	3,6	3,0	2,5	2,2	14,0	10,7	9,2	8,1	6,7	5,4	4,4	3,8	3,3
350	10,8	8,3	7,1	6,2	5,2	4,2	3,4	3,0	2,6	16,3	12,5	10,7	9,4	7,8	6,3	5,2	4,5	3,9
400	12,3	9,5	8,1	7,1	5,9	4,8	3,9	3,4	2,9		14,3	12,3	10,7	9,0	7,2	5,9	5,1	4,4
450	13,9	10,6	9,1	8,0	6,7	5,3	4,4	3,8	3,3		16,1	13,8	12,1	10,1	8,1	6,6	5,7	5,0
500	15,4	11,8	10,1	8,9	7,4	5,9	4,9	4,2	3,7			15,3	13,4	11,2	9,0	7,4	6,3	5,5
600		14,2	12,2	10,6	8,9	7,1	5,9	5,0	4,4				16,1	13,4	10,7	8,8	7,6	6,6
700		16,5	14,2	12,4	10,3	8,3	6,8	5,9	5,1					15,6	12,5	10,3	8,9	7,7
800			16,2	14,2	11,8	9,5	7,8	6,7	5,8						14,3	11,8	10,1	8,8
1000					14,8	11,8	9,7	8,4	7,3							14,7	12,6	11,0

Zwischenwerte dürfen interpoliert werden. Der Teilsicherheitsbeiwert $\gamma_M = 1{,}5$ auf der Materialseite und der Dauerstandfaktor von 0,85 sind bereits berücksichtigt.

1) Bei erf. $f_k < 1{,}8$ N/mm² und gleichzeitigen Deckenspannweiten $l_f > 5{,}5$ m ist die erforderliche Druckfestigkeit mit dem Faktor 1,25 zu erhöhen.

2) Bei erf. $f_k \geq 1{,}8$ N/mm² u. Deckenstützweite $l_f > 5$ m bzw. erf. $f_k < 1{,}8$ N/mm² und Deckenstützweite $l_f > 4$ m ist die erforderliche Druckfestigkeit mit dem Faktor t/a zu vergrößern.

3) Bei Wänden mit teilaufliegender Decke ist die erforderliche Druckfestigkeit mit dem Faktor t/a zu vergrößern

6.6 Mindestauflast bei überwiegender Biegebeanspruchung

Bei Anwendung des „*Genaueren Verfahrens*" nach DIN EN 1996-1-1/NA werden die infolge Windeinwirkungen entstehenden Biegemomente bei der Bemessung direkt berücksichtigt. Nach DIN 1053-1 (11.1996) galt noch folgende Ausnahme: „Momente aus Windlast rechtwinklig zur Wandebene dürfen im Regelfall bis zu einer Höhe von 20 m über Gelände vernachlässigt werden, wenn die Wanddicken $t \geq 24$ cm und die lichten Geschosshöhen $h \leq 3{,}0$ m sind. Diese konstruktive Regel, die sich jahrzehntelang bewährt hat, kann bis Windlastzone II auch weiterhin genutzt werden. Voraussetzung ist jedoch, dass die Wände durch Deckenscheiben oder statisch nachgewiesene Ringbalken oben und unten einwandfrei gehalten sind und eine hinreichende Auflast vorhanden ist. In jedem Fall ist die räumliche Steifigkeit des Gesamtgebäudes sicherzustellen (vgl. Abschn. 5.2.1).

Bei Verwendung der „*Vereinfachten Bemessungsmethoden*" ist ein Nachweis der aus Windlasten rechtwinklig zur Wand entstehenden Biegemomente bei kleiner Auflast normativ zwar gefordert, in den Windlastzonen I – II in der Regel aber **nicht bemessungsrelevant**. Lediglich bei schlanken Wänden im Dachgeschoss höherer Gebäude und in den Windlastzonen III u. IV sowie bei kleinen Wandstücken und Pfeilern mit anschließenden großen Fensteröffnungen ist ein Nachweis notwendig. Dabei darf – mit Ausnahme von Planelementen mit Dünnbettmörtel – keine Zugfestigkeit des Mauerwerks senkrecht zur Lagerfuge in Rechnung gestellt werden. Eine Lastabtragung ist daher nur möglich, wenn eine hinreichende Auflast vorhanden ist.

Für eine einfache Abschätzung der für eine hinreichende Standsicherheit erforderlichen Mindestauflast in Wandhöhenmitte kann Tafel 11.63 herangezogen werden. Ein genauerer Nachweis mit verbesserten Tragfähigkeiten findet sich in [11.36]. Der Nachweis ist jedoch auch nicht erforderlich, wenn die Außenwandfläche kleiner ist als die max. zulässige Ausfachungsfläche nach Tafel 11.48.

Tafel 11.63 Erforderliche Mindestauflast überwiegend biegebeanspruchter Wände in Wandhöhenmitte

	Mauer-werks-art	Wichte γ_{MW} [kN/m³]	Wand-dicke [cm]	Min. vorh. Auflast n_{Gk} [kN/m] ¹⁾	Minimal erforderliche Auflast $n_{Ed,min}$ in Wandhöhen-mitte in kN/m bei einer Windlast w_d in kN/m² von						
					0,6	0,8	1,0	1,1	1,2	1,4	1,7
Lichte Wandhöhe h = 2,50 m	Kalksandstein (a/t = 1,0)	14	15,0	7,6	5,0	6,6	**8,3**	**9,1**	**9,9**	**11,6**	**14,1**
			17,5	8,1	4,2	5,6	7,0	7,7	**8,4**	**9,8**	**12,0**
			20,0	8,5	3,7	4,9	6,1	6,7	7,3	**8,6**	**10,4**
			24,0	9,2	3,0	4,0	5,1	5,6	6,1	7,1	8,6
		20	15,0	8,8	5,0	6,6	8,3	**9,1**	**9,9**	**11,6**	**14,1**
			17,5	9,4	4,2	5,6	7,0	7,7	8,4	**9,8**	**12,0**
			20,0	10,0	3,7	4,9	6,1	6,7	7,3	8,6	**10,4**
			24,0	11,0	3,0	4,0	5,1	5,6	6,1	7,1	8,6
	Ziegel oder Porenbeton (a/t = 2/3)	5	36,5	7,3	3,0	4,0	5,0	5,5	6,0	7,0	**8,5**
			42,5	7,7	2,6	3,4	4,3	4,7	5,1	6,0	7,3
			49,0	8,1	2,2	2,9	3,7	4,1	4,4	5,2	6,3
		9	36,5	9,1	3,0	4,0	5,0	5,5	6,0	7,0	8,5
			42,5	9,8	2,6	3,4	4,3	4,7	5,1	6,0	7,3
			49,0	10,5	2,2	2,9	3,7	4,1	4,4	5,2	6,3
Lichte Wandhöhe h = 2,75 m	Kalksandstein (a/t = 1,0)	14	15,0	7,9	6,0	**8,1**	**10,1**	**11,1**	**12,1**	**14,1**	**17,1**
			17,5	8,4	5,1	6,8	**8,6**	**9,4**	**10,3**	**12,0**	**14,5**
			20,0	8,9	4,5	5,9	7,4	8,2	8,9	**10,4**	**12,6**
			24,0	9,6	3,7	4,9	6,1	6,8	7,4	8,6	10,4
		20	15,0	9,1	6,0	8,1	**10,1**	**11,1**	**12,1**	**14,1**	**17,1**
			17,5	9,8	5,1	6,8	8,6	9,4	**10,3**	**12,0**	**14,5**
			20,0	10,5	4,5	5,9	7,4	8,2	8,9	10,4	**12,6**
			24,0	11,6	3,7	4,9	6,1	6,8	7,4	8,6	10,4
	Ziegel oder Porenbeton (a/t = 2/3)	5	36,5	7,5	3,6	4,8	6,1	6,7	7,3	**8,5**	**10,3**
			42,5	7,9	3,1	4,1	5,2	5,7	6,2	7,2	8,8
			49,0	8,4	2,7	3,6	4,5	4,9	5,4	6,3	7,6
		9	36,5	9,5	3,6	4,8	6,1	6,7	7,3	8,5	10,3
			42,5	10,3	3,1	4,1	5,2	5,7	6,2	7,2	8,8
			49,0	11,1	2,7	3,6	4,5	4,9	5,4	6,3	7,6

¹⁾ Zur Bestimmung der min. vorhandenen Auflast n_{Gk} in Wandhöhenmitte wird eine parallel zur Wand gespannte Betondecke (h = 20 cm) mit einer Lasteinzugsbreite von 1 m unterstellt.

6.7 Kelleraußenwände

Bei durch Erddruck beanspruchten Kelleraußenwänden darf unter folgenden Voraussetzungen ein vereinfachter Nachweis geführt werden:

- Lichte Höhe der Kellerwand normativ $h \leq 2{,}6$ m (in folgender Betrachtung [11.39] $h \leq 3{,}0$ m)
- Anschütthöhe $h_e \leq 1{,}15\,h$
- Wanddicke $t \geq 24$ cm
- Nutzlast auf Geländeoberfläche $q_k \leq 5$ kN/m²
- Keine Einzellast > 15 kN im Abstand < 1,5 m von der Kellerwand vorhanden
- Kein Geländeanstieg
- Kein hydrostatischer Druck
- Waagerechte Abdichtung bestehend aus besandeter Bitumendachbahn (R500 nach DIN EN 13969) oder aus anderem Material mit gleichwertigem Reibungsverhalten.

Der zur Bestimmung der Mindestauflast derzeit in DIN EN 1996-3/NA angegebene Ansatz wurde in [11.39] modifiziert, um innerhalb der vereinfachten Berechnungsmethoden ohne expliziten Nachweis der Querkrafttragfähigkeit die Berücksichtigung eines beliebigen Erddruckbeiwertes zu ermöglichen und Kellerwandhöhen bis $h = 3{,}0$ m zu gestatten.

In **halber** Anschütthöhe ist nach [11.39] je m Wandbreite nachzuweisen:

$$n_{\mathrm{Ed,min}} \geq 0{,}25 \cdot K_E^{1{,}5} \cdot \frac{\rho_{\mathrm{E}} \cdot h \cdot h_{\mathrm{e}}^2}{\alpha \cdot t} \qquad n_{\mathrm{Ed,max}} \leq \frac{t \cdot f_{\mathrm{d}}}{3}$$

$n_{\mathrm{Ed,min}}$ kleinste Bemessungs-Normalkraft je m in halber Anschütthöhe
$n_{\mathrm{Ed,max}}$ größte Bemessungs-Normalkraft je m in halber Anschütthöhe
t Wanddicke
f_{d} Bemessungswert der Mauerdruckfestigkeit
K_{E} Erdruckbeiwert (aktiver Erddruck: $K_{\mathrm{E}} = 1/3$; Erdruhedruck: $K_{\mathrm{E}} = 1/2$)
ρ_{E} Wichte der Anschüttung
h lichte Kellerwandhöhe
h_{e} Höhe der Erdanschüttung
b_{c} Abstand zwischen aussteifenden Querwänden oder anderen Aussteifungselementen

α = 1, wenn $b_c \geq 2 \cdot h$
= $3 - b_c/h$, wenn $h < b_c < 2 \cdot h$
= 2, wenn $b_c \leq h$

Bei Elementmauerwerk mit einem Überbindemaß von $0{,}2 \cdot h_u \leq l_{01} < 0{,}4 \cdot h_u$ gilt generell $\alpha = 1$.

Normative Hinweise für die Ausführung von Kelleraußenwänden (DIN EN 1996-2, Anhang NA.E):

- Verfüllen und Verdichten nur mit nichtbindigem Boden und Verdichtungsgerät G ≤ 100 kg.
- Verfüllung des Arbeitsraumes erst, wenn alle rechnerisch angesetzten Auflasten vorhanden sind.

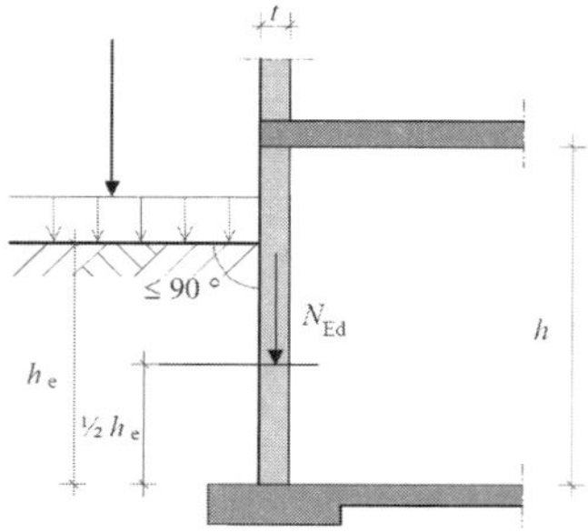

Abb. 11.64: Kelleraußenwand (Schnitt)

Beispiel: (aktiver Erddruck $K_{\mathrm{E}} = 0{,}33$)

$h = 2{,}50$ m, $t = 24$ cm, $h_e = 2{,}35$ m,

$n_{\mathrm{Gk,kopf}} = 60$ kN/m ; $n_{\mathrm{Qk,kopf}} = 40$ kN/m

$\rho_e = 18$ kN/m³, $q_{\mathrm{k,Gebäude}} = 5$ kN/m², $\alpha = 1$

KSL 12/II, $f_k = 3{,}9$ MN/m², $\rho_M = 14$ kN/m³

$f_d = 0{,}85 \cdot 3{,}9/1{,}5 = 2{,}21$ MN/m²

$n_{\mathrm{Ed,max}} = 1{,}35 \cdot (60 + 0{,}24 \cdot 1{,}33 \cdot 14) + 1{,}5 \cdot 40 = \mathbf{147}$ kN/m
$< 0{,}33 \cdot 0{,}24 \cdot 2{,}21 \cdot 10^3 = \mathbf{175}$ kN/m

$n_{\mathrm{Ed,min}} = 65 + 0{,}24 \cdot 1{,}33 \cdot 14 = \mathbf{64{,}5}$ kN/m
$> 0{,}25 \cdot 0{,}33^{1{,}5} \cdot 18 \cdot 2{,}50 \cdot 2{,}35^2/0{,}24 = \mathbf{49{,}1}$ kN/m

11 C HOLZBAU (mehrgeschossig)

Prof. Wolfgang Huß, Michael Mikoschek-Muggendorfer

1 Vorbemerkungen

Die Bundeswaldinventur 2022 zeigt den deutschen Wald als im Wandel befindlich: Der Umbau der meist monokulturell angelegten Fichtenbestände in naturnahe Mischwälder aus klimaresilienteren Laub- und Nadelholzbaumarten ist zumindest in den öffentlich bewirtschafteten Wäldern seit Jahren im Gange. Während der Holzvorrat bei der Fichte durch Kalamitäten signifikant abgenommen hat, ist der Vorrat aller Baumarten insgesamt konstant. In den nächsten Jahren ist vorrangig ein Überangebot an Fichtenholz zu verarbeiten. Perspektivisch muss sich die Baubranche stärker auf die angemessene Nutzung von Laubhölzern einstellen. An erster Stelle ist die Buche zu nennen, die dritthäufigste Baumart in Deutschland, deren wertvolles Holz aktuell mehrheitlich nach der Ernte verbrannt wird.

Holz speichert im Wachstum Kohlendioxid ein und trägt so zur Entlastung bei der Klimaerwärmung bei. Nachhaltig bewirtschafteter Wald bindet deutlich mehr CO_2 als überalterter, nicht oder zu schwach bewirtschafteter Forst. Um den CO_2-Speicher in Gebäuden zu erweitern, muss Holz künftig verstärkt einer Kaskadennutzung zugeführt werden, also in mehreren Lebenszyklen (z.B. Massivholz/Spanwerkstoff/Faserwerkstoff) genutzt werden, bevor es der thermischen Verwertung zugeführt wird. Bauelemente und Konstruktionen müssen auch im Holzbau stärker unter dem Gesichtspunkt der Kreislauffähigkeit geplant werden. Um das hohe Recyclingpotenzial des Holzbaus auch umzusetzen, ist besonderes Augenmerk auf sortenrein trennbare Elemente und langfristig lösbare Verbindungen zu legen. Ein ressourcenschonender Umgang auch mit dem Baustoff ist angeraten. Eine Grundlage dafür ist mit der Öffnung der Gebäudeklasse 5 nun auch für die leichte Holzrahmenbauweise (siehe 5.3 Brandschutz) geschaffen.

Nachfolgend werden folgende **Abkürzungen** verwendet:

3S	Dreischichtplatte	HWL	Holzwolle-Leichtbauplatten
ABZ	Allgemeine Bauaufsichtliche Zulassung	HWSt	Holzwerkstoff
BASH	Balkenschichtholz	KaD	Kastendecke
BFu	Sperrholz (Bau-Furnierplatten)	KI	Kiefer
BFSH	Buchenfurnierschichtholz	KVH	Konstruktionsvollholz
Bo	Bolzen	LH	Laubholz
BSH	Brettschichtholz	LVL	Furnierschichtholz
BSPH	Brettsperrholz	MHolz-BauRL	Muster-Holzbaurichtlinie
BStH	Brettstapelholz		
BTI	Bautabellen für Ingenieure	NA	Nationaler Anhang
C__	Nadelvollholz (coniferous tree)	Na	Nagel
D__	Laubholz (deciduous tree)	NH	Nadelvollholz
DIBt	Deutsches Institut für Bautechnik	NKL	Nutzungsklasse
Dü	Dübel besonderer Bauart	PBo	Passbolzen
EC	Eurocode	P	Spanplatte
GF	Gipsfaserplatte	S	Sortierklasse (visuell)
GKB	Gipskarton-Bauplatte	SDü	Stabdübel
GKF	Gipskarton-Feuerschutzplatte	SoNa	Sondernagel
GL	Brettschichtholz (glued laminated)	Sr	Schraube
GL_c	kombiniertes BSH	StB	Stahlbeton
GL_h	homogenes BSH	SWP	Massivholzplatte
HBV	Holz-Beton-Verbund	TS	trocken sortiert
HF	Holzfaserplatten	vb	vorgebohrt
HB	Harte Holzfaserplatten	VGS	Vollgewindeschraube
MBH	Mittelharte Holzfaserplatten	VH	Vollholz
MDF	Mitteldichte Holzfaserplatten	VM	Verbindungsmittel
HT	Holztafeln	ZSp	Zementgebundene Spanplatte

2 Entwurfsprinzipien

Im Folgenden werden die übergeordneten konstruktiven Fragestellungen und Prinzipien stichpunktartig benannt, die beim Entwurf eines mehrgeschossigen Holzgebäudes bedacht werden sollten.

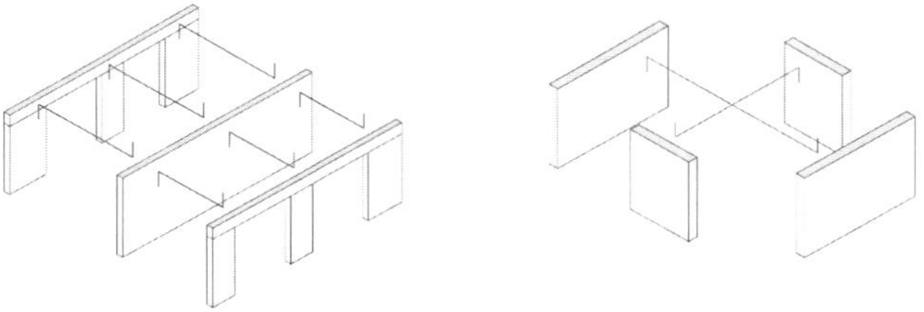

Raumstruktur bei linearer vs. flächiger Deckenkonstruktion

Die Linearität des Baustoffs zeigt sich auch in der Deckenkonstruktion, die großen Einfluss auf die Raumstruktur hat. Nur Brettsperrholz- und Kastendecken ermöglichen eine bedingt flächige Lastabtragung und damit auch punktuelle Auflager, immer jedoch mit einer Haupttragrichtung.

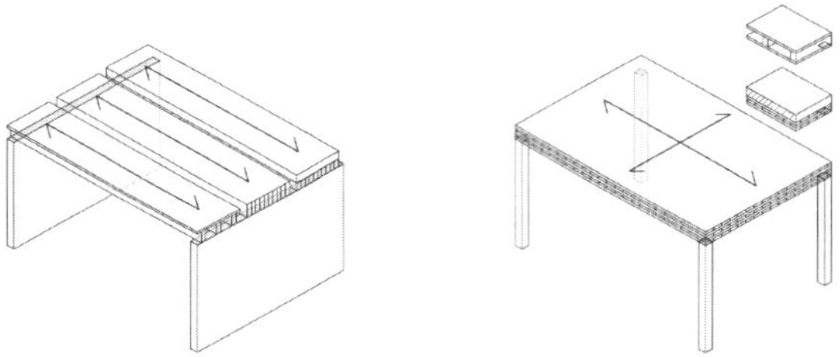

Lineares vs. punktuelles Deckenauflager

Auskragungen in einer Achse können alle üblichen Deckenelemente leisten mit Ausnahme der Holz-Beton-Verbunddecke, die auf dem Prinzip „Druckzone oben – Zugzone unten“ aufbaut. Auskragungen in Längs- und Querrichtung sind nur bei Kastendecken und Brettsperrholzdecken möglich.

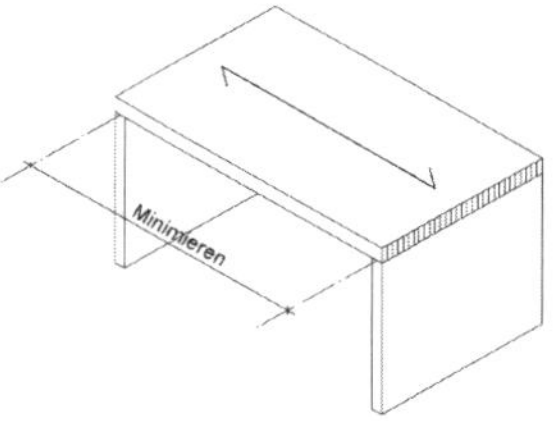

Minimierung von Deckenspannweiten

Auch wenn der Holzbau für alle Deckenspannweiten Lösungen anbietet, stellt die Minimierung von Spannweiten einen wirtschaftlichen und sinnvollen Entwurfsparameter dar.

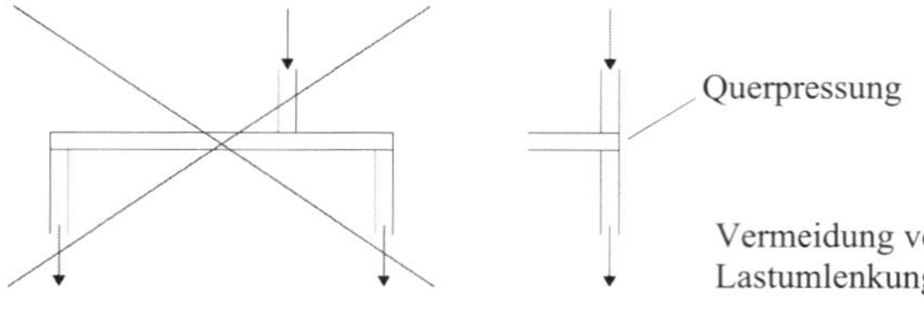

Vermeidung von Lastumlenkung

Lastumlenkungen und punktuelle Lastspitzen im Feld sind im Holzbau nur in Ausnahmefällen sinnvoll möglich. Die mehrgeschossige Holzbauweise erfordert eine disziplinierte, geradlinige und durchlaufende Lastabtragung möglichst ohne Querpressung im Holz.

Bei leichten, mehrgeschossigen Holzgebäuden nimmt die Gebäudeaussteifung eine weitaus zentralere Rolle als bei Massivbauten ein. Aussteifende Kerne und Wandscheiben müssen daher in der Entwurfsentwicklung frühzeitig mit bedacht und idealerweise über alle Geschosse durchgehend vorgesehen werden.

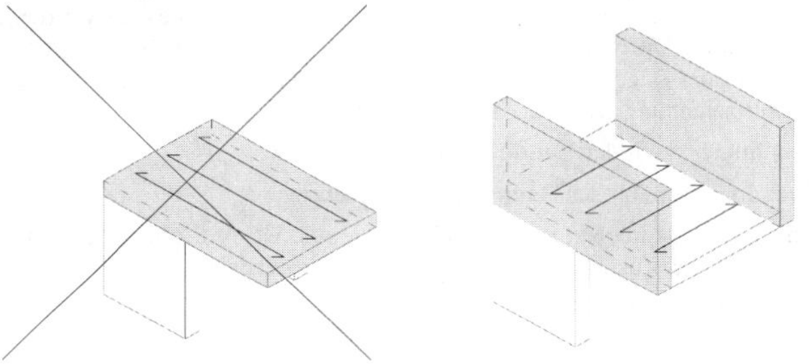

Weit auskragende Decke vs. wandartiger Träger

Für die Bewältigung großer Auskragungen oder Spannweiten stellen in Übereinstimmung mit dem Entwurfskonzept angeordnete wandartige Träger eine gute konstruktive Strategie dar, denn weit spannende oder auskragende Decken sind mit großen Konstruktionshöhen verbunden.

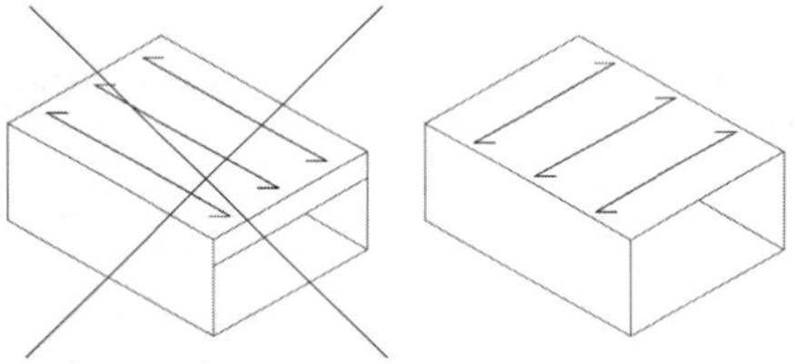

Öffnung mit/ohne Übereinstimmung Tragstruktur

Bei großen raumhohen Öffnungen empfiehlt es sich, Tragwerk und Raumstruktur des Gebäudes in Einklang zu bringen.

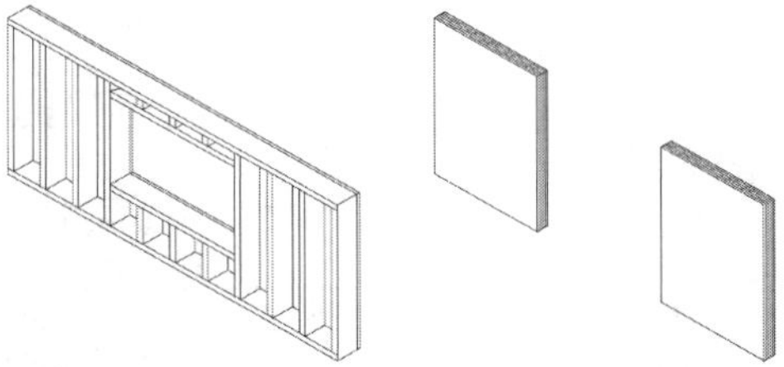

Öffnung in Holztafelbau vs. Massivholzbau

Große Lochfenster sind mit Wandtafeln materialgerechter herzustellen als mit Massivholzwänden, da sie mit großem Verschnitt verbunden sind. Bei Letzteren sind daher Öffnungen als Lücken zwischen geschosshohen Wandscheiben naheliegend.

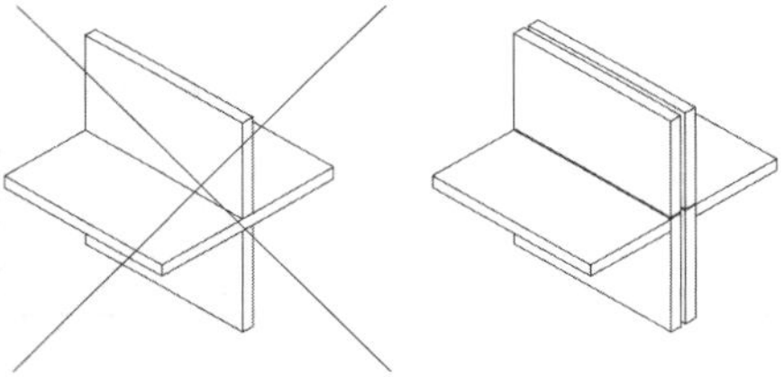

Nicht entkoppelte vs. entkoppelte Trennung von Nutzungseinheiten

Schallschutztechnische Entkoppelungen von Nutzungseinheiten beeinflussen das Tragwerk erheblich. Je vollständiger die Entkoppelung gelingt, desto besser ist das Schallschutzniveau.

3 Baustoffe

3.1 Kennzeichnung von Produkten, Produktnormen

Entsprechend den Landesbauordnungen dürfen nur Bauprodukte und Bauarten eingesetzt werden, deren Verwendbarkeit nachgewiesen ist. Die Verwendbarkeit gilt als nachgewiesen, wenn die Übereinstimmung mit geltenden technischen Regeln und Anforderungen (z.B. aus Produktnormen) gekennzeichnet ist. Bzgl. dieser Kennzeichnung wird unterschieden nach:

- dem „Ü-Zeichen" im Anwendungsbereich der **Landesbauordnungen** und
- dem „CE-Zeichen" im Anwendungsbereich des **Bauproduktengesetzes**.

Weisen Bauprodukte/Bauarten keine entsprechende Kennzeichnung auf, ist eine objektbezogene Bauprodukt-/Bauartgenehmigung (früher: Zustimmung im Einzelfall) erforderlich.

Die Anforderungen an Bauprodukte werden in eigenständigen Produktnormen geregelt. Hierbei sind zu unterscheiden (siehe auch Tafel 11.68):

- „Deckelnormen" mit allgemeinen/übergeordneten Leistungsanforderungen an eine Gruppe von Bauprodukten, wie z.B. Holzwerkstoffplatten.
- Produktnormen mit produktspezifischen Leistungsanforderungen.
- Normen mit Rechenwerten für die Bemessung.

In diesen Normen werden Anforderungen definiert, die von den Produkten zu erfüllen sind. Weiterhin wird die Verwendbarkeit in den verschiedenen Nutzungsklassen (NKL) geregelt.

Tafel 11.68 Zusammenstellung von Baustoffen und zugehörigen Normen

Baustoffe	„Deckelnorm"	Produktnorm	Rechenwerte für die Bemessung
Vollholz	DIN EN 14081-1 mit DIN 20000-5		DIN EN 338
Keilgezinktes VH	DIN EN 15497 mit DIN 20000-7		DIN EN 338
Brettschichtholz	DIN EN 14080 mit DIN 20000-3		DIN EN 14080
Balkenschichtholz (Duo-/Trio-Balken)	DIN EN 14080 mit DIN 20000-3 und ABZ		DIN EN 14080 und ABZ
Brettsperrholz	–	DIN EN 16351 und ABZ	DIN EN 16351 und ABZ
Furnierschichtholz	DIN EN 13986 mit DIN 20000-1	DIN EN 14374 und ABZ	ABZ
Sperrholz		DIN EN 636	DIN EN 12369-2 und DIN 20000-1
OSB-Platten		DIN EN 300	DIN EN 12369-1
Spanplatten		DIN EN 312	DIN EN 12369-1
Massivholzplatten		DIN EN 13353 und ABZ	DIN EN 12369-3 und ABZ
Zementgebundene Spanplatten		DIN EN 634-2 und ABZ	EC 5 / NA und ABZ
Holzfaserplatten – hart – mittelhart – MDF		DIN EN 622-2 DIN EN 622-3 DIN EN 622-5	EC 5 / NA EC 5 / NA DIN EN 12369-1
Gipsplatten	–	DIN 18180	EC 5 / NA
Gipsfaserplatten	–	DIN EN 15283-2	ABZ
Stiftförmige VM	DIN EN 14592 mit DIN 20000-6		EC 5 / NA
Nicht stiftf. VM	DIN EN 14545 mit DIN 20000-6		EC 5 / NA

3.2 Vollholzprodukte

3.2.1 Eigenschaften

Anisotropie des Holzes

Holz stellt wegen seines orientierten Aufbaus (Fasern in Längsrichtung des Stammes) einen stark anisotropen und inhomogenen Baustoff dar. Die Steifigkeits- und Festigkeitseigenschaften sind dabei sehr stark von der Faserrichtung abhängig. In Tafel 11.69a ist ein prozentualer Vergleich für einige Fälle angegeben.

Tafel 11.69a Vergleich von Festigkeits- und Steifigkeitseigenschaften

	char. Festigkeitswerte					E-Modul	
	parallel zur Faser			rechtwinklig zur Faser		∥ Faser	⊥ Faser
	Biegefest.	Druck	Zug	Druck	Zug	E ∥	E ⊥
VH C24	100%	85%	60%	10%	1,5%	100%	3,5%
BSH GL24h	100%	80%	100%	10%	2,0%	100%	2,5%
LH D35	100%	70%	60%	15%	1,5%	100%	6,5%

Die Festigkeitsklassen C24, GL24h und D35 kennzeichnen Holzsorten mit jeweils unterschiedlicher char. Biegefestigkeit: C24 (24 N/mm²) für Bauholz aus Nadelholz, GL24h (ebenfalls 24 N/mm²) für homogeneres Brettschichtholz und D35 (35 N/mm²) für Bauholz aus Laubholz.

Schwinden und Quellen

Holz hat die Eigenschaft, sich dem Umgebungsklima durch Feuchteaufnahme und Feuchteabgabe anzupassen. Die Folge hiervon sind Querschnittsänderungen durch Schwinden oder Quellen, die wie folgt abgeschätzt werden können:

$$\Delta B \text{ (bzw. } \Delta H) = \alpha \cdot \frac{\Delta\omega}{100} \cdot B \text{ (bzw. } H)$$

α mittleres Schwind- und Quellmaß in % pro % Holzfeuchteänderung nach Tafel 11.69b
$\Delta\omega$ Änderung der Holzfeuchte in %
ΔB, ΔH Änderung der Breite bzw. Höhe
B, H Breite, Höhe

Die Auswirkungen des Schwindens und Quellens des Holzes sind insbesondere dann zu berücksichtigen, wenn Holz „gehäuft" übereinander bzw. nebeneinander angeordnet wird. Typische Beispiele hierfür sind Blockhäuser, Massivholz-Decken oder Parkettböden.

Tafel 11.69b Mittlere Rechenwerte α für Schwind- und Quellmaße rechtwinklig zur Faserrichtung des Holzes in % pro % Holzfeuchteänderung

NH[1], KVH, **BSH**, BASH, BStH	LH
0,25	ca. 0,35

Die Werte gelten für unbehindertes Schwinden und Quellen für Holzfeuchten unterhalb des Fasersättigungsbereiches von ca. 30 %. Bei behindertem Schwinden und Quellen dürfen die Werte halbiert werden.
Schwinden/Quellen parallel zur Faser bleibt i. Allg. unberücksichtigt ($\alpha_\ell \approx 0{,}01$ % / %).

[1] Nadelhölzer nach Tafel 11.70c

Beispiel: Balken 100/240 VH C24 mit einer Holzfeuchte von $\omega = 36$ % eingebaut. Die erwartete Ausgleichsfeuchte liegt bei 10 %. Mit welchen Querschnittsänderungen ist zu rechnen?

Hinweis: Schwind- und Quellverformungen stellen sich nur unterhalb des Fasersättigungspunktes (ca. 30 %) ein:

→ $\Delta\omega = 30 - 10 = 20$ % → $\Delta B = 0{,}25 \cdot \frac{20}{100} \cdot 100 = 5{,}0$ mm $\Delta H = 0{,}25 \cdot \frac{20}{100} \cdot 240 = 12{,}0$ mm

Schwind- und Quellmaße *in Plattenebene* für HWSt-Platten sind in Tafel **11.70**a angegeben. Für das Schwinden/Quellen rechtwinklig zur Plattenebene (über die Dicke) gelten andere Werte.

Tafel 11.70a Schwind- und Quellmaße α in Plattenebene für HWSt (% pro % $\Delta\omega$)

OSB/2 u. /3	OSB/4	LVL [1]	LVL [2]	BSPH, BFu	BFSH [1]	BFSH [2]	P, HF	ZSp
0,03	0,015	0,01/0,32 [3]	0,01/0,03 [3]	0,02	0,01/0,40	0,01/0,03	0,035	0,03

[1] ohne Querfurniere. [2] mit Querfurnieren. [3] $\|$ / $\perp$ zur Faserrichtung der Deckfurniere

Tafel 11.70b Weitere Eigenschaften von Vollholz-Produkten

Eigenschaft	VH, KVH, BASH, BSH, BSPH, BStH	BFSH
Holzart	Nadelhölzer	Buchen-Furniere
Umweltzeichen PEFC bzw. FSC erhältlich	Ja	
Brandverhalten nach DIN 4102-1 DIN EN 13501-1	B2 D-s2, d0	
Wärmeleitfähigkeit λ_R [W/(m·K)]	0,13	0,17

Rohdichtewerte

Bei der Berechnung/Bemessung werden für die Hölzer verschiedene Rohdichten verwendet:

- Charakteristische Rohdichte ρ_k bei der Berechnung der Tragfähigkeit von Verbindungen — z.B. VH C24: $\rho_k = 350$ kg/m³
- Mittlere Rohdichte ρ_{mean} bei der Berechnung der Nachgiebigkeit von Verbindungsmitteln — z.B. VH C24: $\rho_{mean} = 420$ kg/m³
- Oberer Wert der Rohdichte bei den Lastannahmen. — Bei NH üblicherweise $\rho = 500$ kg/m³

Vollholz (VH) [11.44]

Bezeichnung

Schnittholz: <Breite in mm> / <Höhe in mm> <Holzart> <Festigkeitsklasse>
z.B. 120/240 VH C24; z.B. 160/160 VH D30

Tragende Vollholzbauteile müssen der EN 14081-1 entsprechen. In Deutschland wird Vollholz nach DIN 4074-1 (visuell) oder -5 (maschinell) sortiert.

Die visuelle Sortierung erfolgt dabei nach mehreren Kriterien, wie z.B. Ästigkeit, Faserneigung, Rissen, Krümmung, Baumkante und Verfärbungen. Die „**Standard-Klasse**" bei visuell sortiertem Holz ist **S 10**.

Die Zuordnung der visuellen Sortierklassen nach DIN 4074 in die Festigkeitsklassen der DIN EN 338 erfolgt in DIN EN 1912 (siehe Tafel 11.70c).

Tafel 11.70c Zuordnung von Sortierklassen (DIN 4074) zu Festigkeitsklassen (DIN EN 338)

Nadelholz			Laubholz		
Holzart [1]	Sortierklasse DIN 4074-1	Festigkeitsklasse EN 338	Holzart	Sortierklasse DIN 4074-5	Festigkeitsklasse EN 338
Ta, Lä, Dou	S 7	C 16	Eiche	LS 10	D 30
Fi, Ki		C 18	Ahorn	≥ LS 10	
Fi, Ta, Ki, Lä, Dou	**S 10**	**C 24**	Buche	LS 10	D 35
Fi, Ta, Ki, Lä	S 13	C 30	Buche	LS 13	D 40
Dou		C 35	Esche	≥ LS 10	

[1] Fi = Fichte, Ta = Tanne, Ki = Kiefer, Lä = Lärche, Dou = Douglasie

Tafel 11.71a Angaben/Eigenschaften von VH

Verwendbar in NKL	Lieferfeuchte in [%]	Querschnitte	Längen
1, 2 u. 3	≤ 20 % [1]	Siehe Tafel 11.103	ca. 3 – 11 m
[1] bei trocken sortiertem Holz (TS)			

3.2.2 Konstruktionsvollholz (KVH) [11.44]

Bezeichnung <Breite> / <Höhe> KVH-Si für KVH im sichtbaren Bereich
<Breite> / <Höhe> KVH-NSi für KVH im nicht sichtbaren Bereich

Konstruktionsvollholz besteht aus Kanthölzern, die z.T. mittels Keilzinkenverbindung kraftschlüssig miteinander verbunden sind. Die wichtigsten Merkmale von KVH sind:

- Erfüllung aller Sortierkriterien nach DIN 4074-1,
- (technisch) getrocknetes Holz mit garantierten Holzfeuchten von $\omega = 15 \pm 3$ %,
- allseitig gehobelt,
- Einschnitt herzgetrennt (nicht sichtbarer Bereich) oder herzfrei (sichtbarer Bereich),
- Querschnittstoleranz ± 1 mm,
- erhöhte Anforderungen an das optische Erscheinungsbild.

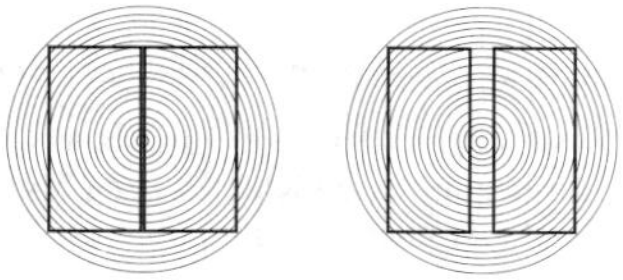
herzgetrennt herzfrei

Standardquerschnitte (siehe Tafel 11.103).

Schwinden und Quellen wie VH (Tafel 11.69).

Tafel 11.71b Angaben/Eigenschaften von KVH

Verwendbar in NKL	Lieferfeuchte in [%]	Querschnitte	Längen
1 u. 2	15 ± 3	Siehe Tafel 11.103	ca. 5 – 13 m

3.2.3 Balkenschichtholz (BASH) [11.44]

Balkenschichtholz (BASH) nach DIN EN 14080 besteht aus 2 bis 5 flachseitig miteinander verklebten Lamellen aus NH. BASH eignet sich besonders für Anwendungen mit hohen Anforderungen an Formstabilität und Optik.

Schwinden und Quellen wie VH (Tafel 11.69).

Balkenschichtholz wird auch noch in ABZ geregelt, wie z.B. für **Duo- und Trio-Balken**

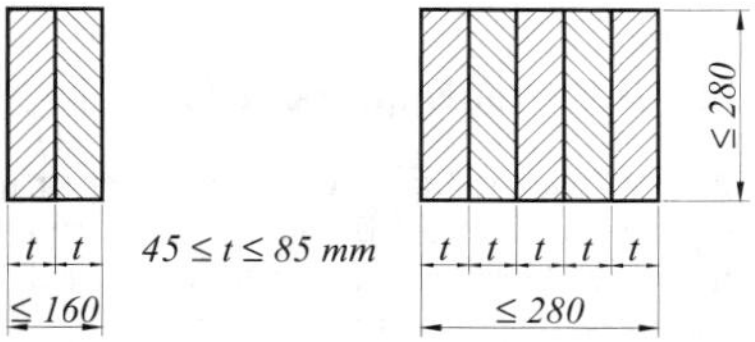

Tafel 11.71c Angaben/Eigenschaften von BASH

Verwendbar in NKL	Lieferfeuchte in [%]	Querschnitte	Längen
1, 2 (u. 3)	12 ± 2	Siehe obige Skizze	bis ca. 18 m

3.2.4 Brettschichtholz (BSH) [11.44]

Brettschichtholz nach DIN EN 14080 besteht aus mindestens zwei faserparallel miteinander verklebten, getrockneten Brettern oder Brettlamellen aus Nadelholz oder Pappelholz. Die Dicke der Brettlamellen beträgt max. 45 mm, in der NKL 3 max. 35 mm.

Schwinden und Quellen wie VH.

Bzgl. des Querschnittsaufbaus unterscheidet man (vgl. Tafel 11.72a):

- homogenes BSH (Abkürzung: „h“) mit Lamellen gleicher Festigkeitsklassen.
- kombiniertes BSH (Abkürzung: „c“) mit unterschiedlichen Festigkeitsklassen der äußeren und inneren Lamellen.

DIN EN 14080 erlaubt auch unsymmetrisch aufgebautes, kombiniertes BSH (Abkürzung: „ca“). Die Festigkeitsprofile so aufgebauter Träger sind nach einem Verfahren in DIN 14080 zu berechnen.

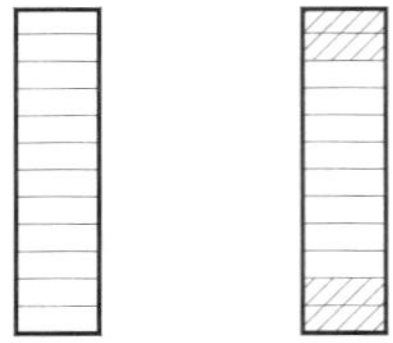

homogen kombiniert

Bezeichnung <Breite> / <Höhe> <Festigkeitsklasse> z.B. 160/600 GL 24h

In Tafel 11.72a sind die in Deutschland verfügbaren BSH-Klassen zusammengestellt, wobei die wirtschaftlich herstellbaren Klassen grau hinterlegt sind. Für die übrigen BSH-Klassen wird empfohlen, beim Hersteller nachzufragen, ob diese Klassen lieferbar sind.

Tafel 11.72a BSH-Klassen nach DIN EN 14080

Festigkeitsklasse	GL 24		GL 28		GL 30		GL 32	
h = homogen c = kombiniert	**c**	**h**	**c**	h	**c**	h	c	h

Tafel 11.72b Angaben/Eigenschaften von BSH

Verwendbar in NKL	Lieferfeuchte in [%]	Querschnitte [1)]	Längen [1)]
1, 2 u. 3	9 – 14	B = ca. 100 – 280 mm H = ca. 140 – 2400 mm	bis ca. 27 m [1)]
[1)] Hersteller-abhängig: abweichende Maße nachfragen			

3.2.5 Brettstapelholz (BStH)

BStH und Dübelholz besteht aus nebeneinander angeordneten Brettern/Bohlen, die miteinander vernagelt, verklebt (→ BSH) oder mit Holzdübeln (Dübelholz) miteinander verbunden sind.

Schwind- und Quellmaße nach Tafel 11.69.

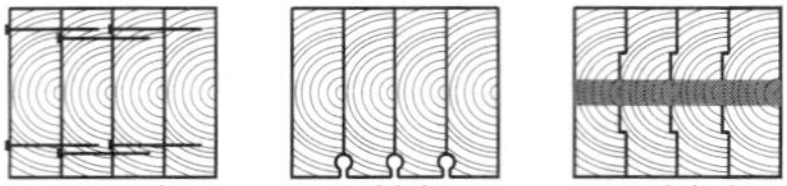

genagelt geklebt gedübelt

BStH kann wie VH nach EC 5 / NA bemessen werden. Darüber hinaus bestehen einige europäische Zulassungen (ETAs).

Tafel 11.72c Angaben/Eigenschaften von BStH

Verwendbar in NKL	Lieferfeuchte in [%]	Querschnitte [1)]	Längen [1)]
1 u. 2	≤ 20	B = bis ca. 600 mm H = ca. 60 – 240 mm	bis ca. 13 m
[1)] Hersteller-abhängig: abweichende Maße nachfragen			

3.2.6 Brettsperrholz (BSPH)

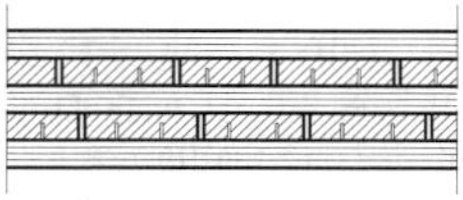

BSPH nach DIN EN 16351 besteht aus mindestens drei rechtwinklig miteinander verklebten Brettlagen aus NH, die üblicherweise symmetrisch zur Mittellage aufgebaut sind.

Schwind- und Quellmaße nach Tafel **11.70**a.

Tafel 11.73a Angaben/Eigenschaften von BSPH

Verwendbar in NKL	Lieferfeuchte in [%]	Querschnitte [1) 2)]	Längen [1) 2)]
1 u. 2	12 ± 2	B = bis ca. 3000 mm D = ca. 80 – 300 mm	bis ca. 22 m

[1)] Herstellerabhängig: abweichende Maße nachfragen
[2)] Projektbezogene Herstellung (Elementierung) möglich

3.2.7 Buchenfurnierschichtholz (BFSH)

Buchenfurnierschichtholz wird derzeit als sog. BauBuche von der Fa. Pollmeier hergestellt. Es besteht aus 3 mm dicken Buchen-Furnieren, die zu stabförmigen und plattenförmigen Bauteilen verklebt werden. Anforderungen und Leistungsmerkmale sind in ETA-14/0354 und ETA-18/1018 (Brettschichtholz aus BauBuche) geregelt. Schwind- und Quellmaße nach Tafel **11.70**a.

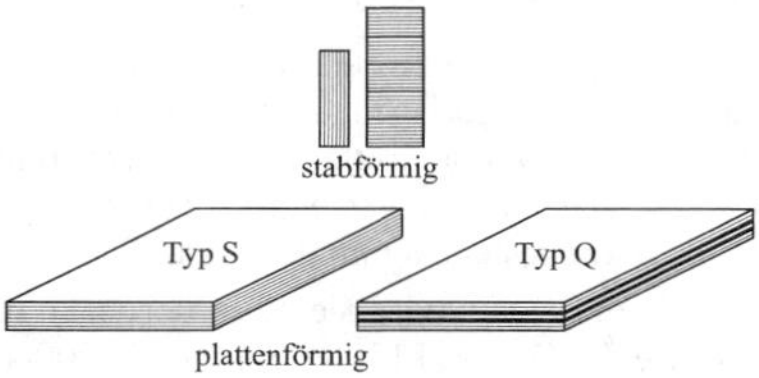

Tafel 11.73b Angaben/Eigenschaften von BauBuche nach ETA-14/0345

Verwendbar in NKL	Lieferfeuchte in [%]	Abmessungen stabförmig	Abmessungen plattenförmig	
			Typ S [2]	Typ Q [2)]
1 u. 2	6 ± 2	B = 50 – 300 mm [1)] H = 80 – 1360 mm [1)] L bis 18 m	D = 22 – 60 mm B = 100 – 1820 mm L bis 18 m	D = 20; 40 mm B = 100 – 1820 mm L bis 18 m

[1)] B bis 600 mm und H bis 2500 mm möglich
[2)] Typ S ohne Querfurniere, Typ Q mit Querfurnieren (derzeit nicht mehr hergestellt!)

Tafel 11.73c Angaben/Eigenschaften von BSH aus BauBuche nach ETA-18/1018

Verwendbar in NKL	Lieferfeuchte in [%]	Abmessungen stabförmig
1 u. 2	6 ± 2	B = 50 – 300 mm [1)] H = 80 – 1360 mm [1)] L bis 18 m [1)]

[1)] Als Variante „XXL“ mit B bis 600 mm, H bis 2500 mm und L bis 36 m möglich

3.3 Holzwerkstoffe

3.3.1 Furnierschichtholz (LVL) [11.45]

Furnierschichtholz nach DIN EN 14374 wird aus bis zu 6 mm dicken Schälfurnieren hergestellt. FSH wird auch noch in ABZ geregelt (z.B. Kerto nach ABZ Nr. Z-9.1-100). FSH mit generell parallel verlaufenden Furnierlagen (z.B. Kerto-S) wird vornehmlich für stabförmige Bauteile (ähnlich wie VH oder BSH) eingesetzt. FSH mit dazwischenliegenden Querläufern (z.B. Kerto-Q) wird häufig auch als plattenförmiger Werkstoff eingesetzt.

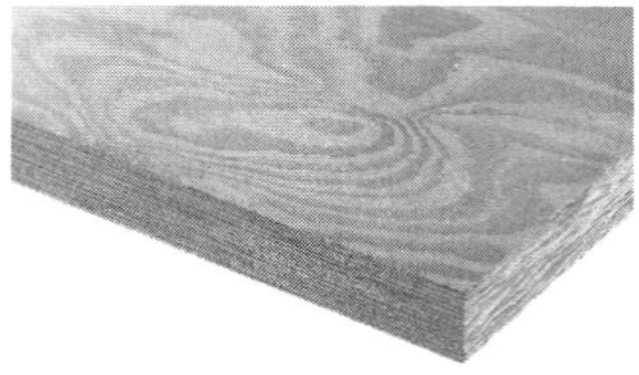

Verwendung von LVL in den unterschiedlichen Nutzungsklassen NKL:

Klasse	LVL/1	LVL/2	LVL/3
Verwendung in	NKL 1	NKL 1 und 2	NKL 1, 2 und 3

3.3.2 Sperrholz (BFu) [11.45]

Bau-Furniersperrholz besteht aus mindestens drei aufeinander geleimten Furnierlagen, die symmetrisch zur Mittelachse aufgebaut sein müssen, und deren Faserrichtungen jeweils um 90° gegeneinander versetzt sind. Für tragende Zwecke muss BFu mindestens 6 mm dick sein.

Sperrholz muss entweder die Anforderungen nach DIN EN 636 sowie der DIN EN 13986 mit DIN 20000-1 oder die der bauaufsichtlichen Zulassungen erfüllen.

Verwendung von BFu in den unterschiedlichen Nutzungsklassen NKL:

Technische Klasse	„Trocken“	„Feucht“	„Außen“
Verwendung in	NKL 1	NKL 1 und 2	NKL 1, 2 und 3

Die Bezeichnung der Platten nach DIN EN 12369-2 richtet sich nach der Biegefestigkeit und dem Elastizitätsmodul der Platten, jeweils parallel/rechtwinklig zur Faserrichtung der Deckfurniere: z.B. F20/10-E40/20 → Biegefestigkeit 20/10 N/mm² und E-Modul = 4000/2000 N/mm².

3.3.3 OSB-Platten (OSB) [11.45]

OSB-Platten (Oriented Strand Board) werden aus großflächigen Langspänen (‘strands’ mit ca. 75 mm Länge, 35 mm Breite und 0,6 mm Dicke) hergestellt, wobei der Herstellungsprozess dem von Spanplatten sehr ähnlich ist. Die Holzspäne in den Deckschichten sind vorwiegend parallel zur Fertigungsrichtung ausgerichtet, während die Mittelschicht-Strands quer dazu ausgerichtet sind. Die OSB-Platte weist somit in Längs- und Querrichtung unterschiedliche Eigenschaften auf.

OSB-Platten müssen die Anforderungen nach DIN EN 300 erfüllen.

Verwendung von OSB-Platten in den unterschiedlichen NKL:

Technische Klasse	OSB/2	OSB/3	OSB/4
Verwendung in	NKL 1	NKL 1 und 2	NKL 1 und 2

Die Mindestdicke beträgt 8 mm für tragende Platten und 6 mm für nur aussteifende Beplankungen.

3.3.4 Spanplatten (P) [11.45]

Kunstharzgebundene Spanplatten werden durch Verpressen kleiner Holzspäne mit Klebstoffen hergestellt. Die Späne liegen dabei vorzugsweise parallel zur Plattenebene.

Die Leistungsanforderungen an Spanplatten werden in DIN EN 312 geregelt.

Verwendung von Spanplatten in den unterschiedlichen NKL:

Technische Klasse	P4	P5	P6 (hoch belastbar)	P7 (hoch belastbar)
Verwendung in	NKL 1	NKL 1 und 2	NKL 1	NKL 1 und 2

Die Mindestdicke beträgt 8 mm für tragende Platten und 6 mm für nur aussteifende Beplankungen.

3.3.5 Dreischichtplatten (3S)

Dreischichtplatten gehören zur Gruppe der Massivholzplatten (SWP). Sie bestehen aus miteinander verleimten Brett- bzw. Stäbchenlagen aus NH, wobei die Holzfasern der benachbarten Lagen um jeweils 90° gegeneinander versetzt sind.

3S-Platten müssen die Anforderungen nach DIN EN 13353 erfüllen. 3S-Platten werden auch noch in ABZ geregelt.

Verwendung von 3S-Platten in den unterschiedlichen NKL:

Klasse	SWP/1	SWP/2	SWP/3
Verwendung in	NKL 1	NKL 1 und 2	NKL 1 und 2 [1)]
[1)] Nach EC 5 / NA			

Die Mindestdicke für tragende SWP-Platten beträgt 12 mm.

3.3.6 Gipskarton-Bauplatten (GKB)

Gipskartonplatten werden im Holzbau häufig als Bekleidung/Beplankung von Wänden in Holztafelbauart eingesetzt.

GKB-Platten müssen die Anforderungen nach DIN 18180 erfüllen. Nach EC 5 / NA dürfen folgende Platten für tragende Zwecke verwendet werden:

- GKB, GKF Verwendung in NKL 1
- GKBi, GKFi Verwendung in NKL 2

Die Mindestdicke beträgt dabei 12 mm.

3.3.7 Gipsfaserplatten (GF)

Faserverstärkte Gipsplatten werden zunehmend als Bekleidung/Beplankung von Wänden in Holztafelbauart eingesetzt.

Sie müssen die Anforderungen nach DIN EN 15283-2 erfüllen. GF-Platten werden auch noch in ABZ geregelt.

Die Mindestdicke für aussteifende GF-Beplankungen beträgt 10 mm.

GF-Platten dürfen nach EC 5 / NA nur in den NKL 1 und 2 verwendet werden.

3.3.8 Zementgeb. Spanplatten (ZSp)

Bei zementgebundenen Spanplatten wird Portlandzement als Bindemittel für die Holzspäne verwendet.

ZSp-Platten müssen die Anforderungen nach DIN EN 634-2 erfüllen.

Die Mindestdicke für ZSp-Beplankungen beträgt 8 mm.

ZSp-Platten dürfen nach EC 5 / NA nur in den NKL 1 und 2 verwendet werden.

3.3.9 Holzfaserplatten (HF)

Holzfaserplatten werden aus verholzten Fasern mit oder ohne Klebstoff hergestellt.

Harte Holzfaserplatten (Typ HFH, Rohdichte > 800 kg/m³):

- Typ HB.LA: Verwendung in NKL 1
- Typ HB.LA1: Verwendung in NKL 2
- Typ HB.LA2: Verwendung in NKL 1 und 2

Die Platten müssen die Anforderungen nach DIN EN 622-2 erfüllen.

Nach EC 5 / NA sind nur die hochbelastbaren Platten des Typs HB.LA2 für tragende Zwecke vorgesehen.

Die Mindestdicke beträgt dabei 4 mm.

Mittelharte Holzfaserplatten (Typ MB, Rohdichte zwischen 350 und 800 kg/m³):

- Typ MBH.LA1: Verwendung in NKL 1
- Typ MBH.LA2: Verwendung in NKL 2

Die Platten müssen die Anforderungen nach DIN EN 622-3 erfüllen.

Nach EC 5 / NA sind nur die hochbelastbaren Platten des Typs MBH.LA2 für tragende Zwecke vorgesehen.

Die Mindestdicke beträgt dabei 6 mm.

Mitteldichte Faserplatten (Typ MDF) werden nach dem Trockenverfahren hergestellt.

Die Platten müssen die Anforderungen nach DIN EN 622-5 erfüllen.

Nach EC 5 / NA sind mitteldichte Faserplatten nicht für tragende Zwecke vorgesehen. MDF-Platten für aussteifende Zwecke sind in ABZ geregelt.

3.3.10 Holzwolle-Leichtbauplatten (HWL)

Holzwolle-Leichtbauplatten sind Leichtbauplatten aus Holzwolle und mineralischen Bindemitteln (Zement oder Magnesit). Sie werden als Platten für den Wärme-, Schall- und Brandschutz und als Putzträgerplatten verwendet.

HWL-Platten müssen die Anforderungen nach DIN EN 13168 erfüllen.

Sie sind nicht für tragende oder aussteifende Zwecke vorgesehen.

3.4 Klebstoffe

Klebstoffe für tragende Zwecke müssen in Deutschland dem Typ I nach DIN EN 301 für die Anwendung in den NKL 1, 2 und 3 nach EC 5 entsprechen. Für **alle Klebstoffe** gilt die Forderung, dass die Bauprodukte die Anforderungen der Formaldehyd-Emissionsklasse **E1** einhalten müssen. Bauprodukte, die in die Emissionsklasse E2 eingestuft sind, dürfen in Deutschland weder vertrieben noch eingebaut werden.

Bei der Verklebung von Holz werden überwiegend synthetische Klebstoffe verwendet, die auf den nachfolgenden Harzen basieren:

Harnstoff-Formaldehydharze (UF) sind weit verbreitet, weil sie günstig, farblos und gut verarbeitbar sind. Sie sind jedoch nicht feuchte- oder hitzebeständig. Durch Zugabe von Melamin (→ MUF-Klebstoffe) verbessert sich die Feuchtebeständigkeit, allerdings steigt der Preis.

Melamin-Formaldehydharze (MF) sind teurer, dafür deutlich feuchte- und temperaturbeständiger und sorgen für ein gutes Quell- und Schwindverhalten – wichtig für langlebige Bauteile.

Phenol-Formaldehydharze (PF) kommen häufig bei Holzwerkstoffen wie OSB oder Sperrholz zum Einsatz. Sie sind robust, gut verfügbar und relativ emissionsarm, haben aber eine dunkle Klebefuge.

Resorcin-Formaldehydharze (RF) und **Phenol-Resorcin-Formaldehydharze** (PRF) härten bei Raumtemperatur aus (Kaltaushärtung) und sind sehr witterungsbeständig – ideal für tragende Außenbauteile, etwa Holzbrücken. Wegen der hohen Kosten wird oft mit Phenol kombiniert. Auch hier ist die dunkle Fuge ein Nachteil bei Sichtflächen.

Polyurethane (PUR) sind formaldehydfrei und feuchtebeständig. Sie sind heute weit verbreitet, vor allem bei Brettsperrholz. Ihre Verarbeitung ist allerdings empfindlich gegenüber Temperatur und Luftfeuchte. Die schaumartige Fuge ist typisch, aber bei Sichtbauteilen manchmal störend.

Epoxidharze (EP) werden bei konstruktiven Verklebungen, z.B. eingeklebte Gewindestangen, eingesetzt. Epoxidharz ist vielseitig, bringt jedoch gesundheitliche Risiken, Umweltprobleme und hohe Verarbeitungsempfindlichkeit mit sich.

Aus ökologischer Sicht ist die Verwendung von Klebstoffen kritisch zu betrachten: Sie basieren überwiegend auf fossilen Rohstoffen, erschweren die Trennbarkeit und behindern sortenreines Recycling. Im Vergleich zu Konstruktionsvollholz weisen BSH und BSPH herstellungsbedingt etwa 10 % schlechtere GWP-Werte auf.

Zwar sind biobasierte Klebstoffe – etwa auf Protein-, Lignin- oder Tanninbasis – in Entwicklung und vielversprechend hinsichtlich CO_2-Bilanz und Rückbaubarkeit, doch fehlen derzeit noch bauaufsichtliche Zulassungen für tragende Anwendungen.

Dennoch sind geklebte Produkte (Verbundwerkstoffe) materialeffizient und somit vom Rohwareneinsatz gesehen effizient. Insgesamt ermöglichen Klebstoffe die industrielle Vorfertigung und hohe Leistungsfähigkeit des modernen Holzbaus, stehen jedoch im Spannungsfeld zwischen technischer Effizienz und Kreislaufwirtschaft. Ein zukünftiger Wandel erfordert sowohl materialtechnische Innovation als auch neue planerische Ansätze für Demontagefähigkeit und Kreislauffähigkeit.

3.5 Verbindungsmittel

Nachfolgend werden die am häufigsten verwendeten Verbindungsmittel vorgestellt. Bzgl. der Bemessung von Verbindungen wird auf BTI verwiesen.

3.5.1 Stabdübel, Bolzen, Passbolzen

Stabdübel in Kombination mit Passbolzen (Bohrloch = Bolzendurchmesser) sind sehr leistungsfähige Verbindungsmittel und werden häufig eingesetzt. Ihre höchste Leistungsfähigkeit entfalten sie bei Verbindungen mit eingeschlitzten Blechen.

Bolzenverbindungen, bei denen die Löcher maximal 1 mm größer gebohrt werden, sind nicht geeignet für Dauerbauten, bei denen es auf Steifigkeit und Formbeständigkeit ankommt. Sie werden hauptsächlich im Zusammenwirken mit Dübeln besonderer Bauart (als Klemmbolzen) verwendet.

	Stabdübel SDü	Passbolzen PBo	Bolzen Bo
	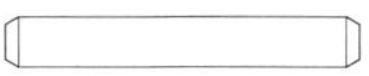	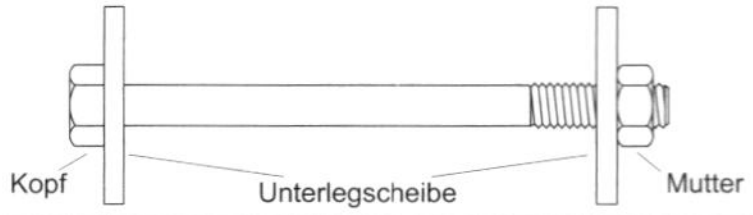	
Durchmesser Vorzugsmaße	6–30 mm 8, 10, 12, 16, 20, 24	6–30 mm 12, 16, 20, 24	
Stahlgüten	**S235** S275 S355	3.6 **4.6/4.8** 5.6/5.8 8.8	
Symbole und Darstellung in Plänen	4 SDü Ø 16 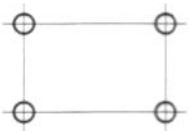	4 PB Ø 16 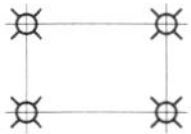	4 M 16 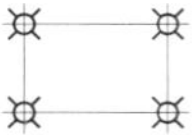

3.5.2 Nägel

Nägel sind in DIN EN 14592 geregelt und benötigen ein CE-Zeichen. Es wird zwischen glattschaftigen und profilierten Nägeln (Sondernägel: Rillen- und Schraubnägel) unterschieden.

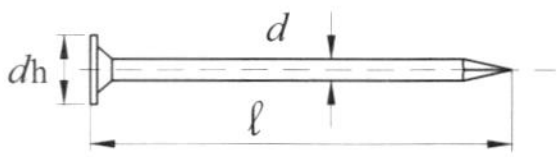

Glattschaftiger Nagel

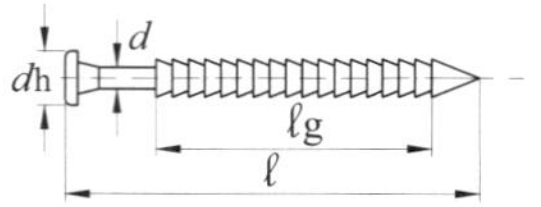

Rillennagel (Anker-/Kammnagel)

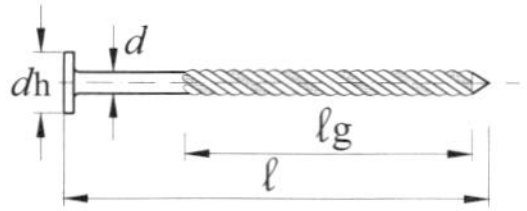

Schraubnagel (Sparrennagel)

Profilierte Nägel werden hinsichtlich ihrer Tragfähigkeiten in verschiedene Klassen eingeteilt: Klassen 1 bis 3 auf Herausziehen und Klassen A bis F auf Kopfdurchziehen.

Sondernägel (üblicherweise der Tragfähigkeitsklasse 3) werden vorrangig beim Anschluss von Stahlblechformteilen verwendet (z.B. Balkenschuhe, Zuganker, Lochbleche etc.).

	Nicht vorgebohrt	Vorgebohrt (vb) [1]
Durchmesser	2,7 – 7,6 mm Sondernägel: 4 und 6 mm	
Symbole und Darstellung in Plänen	2×4 Nä 4,2×100 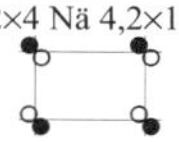 4 BiZi 6×150-3C 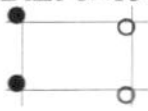	4 Nä 6×180 vb 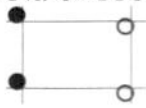
[1] Vorbohren bei $\rho_k \geq 500$ kg/m³ und $d \geq 6$ mm.		

3.5.3 Dübel besonderer Bauart

		Appel	Geka	Bulldog
		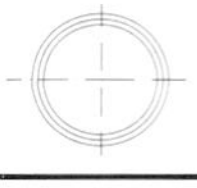	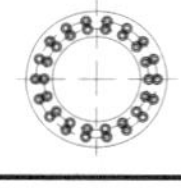	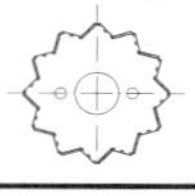
Einbau / Verbindung		Einlassdübel	Einlass-/ Einpressdübel	Einpressdübel
Holz - Holz	zweiseitig	**A1**	**C10**	**C1**
Stahl - Holz	einseitig	**B1**	**C11**	**C2**
Durchmesser d_c [mm]		65–190	50–115	50–165
Darstellung in Plänen		  2 Dü ∅ 65-C10, M16		

Bolzenlöcher im Holz sollten nicht mehr als 1 mm größer als der Bolzendurchmesser sein.

Bolzen sollten derart angezogen werden, dass die Bauteile eng aneinander liegen. Sie sind bei Bedarf nachzuziehen, wenn das Holz die Ausgleichsfeuchte erreicht hat.

Einlassdübel des Typs A1/B1 bestehen aus einer Aluminium-Gusslegierung und dürfen nach NA nur in NKL 1 und 2 verwendet werden, d.h. nur in nicht bewitterten Tragwerken. Sie erfordern außerdem eine höhere Fertigungsgenauigkeit als die anderen Dübeltypen.

3.5.4 Vollgewindeschrauben (VGS)

Selbstbohrende Vollgewindeschrauben nach ABZ, die in *axialer Richtung* (auf Zug und/oder Druck) beansprucht werden, finden zunehmende Verwendung als:

- Querzug- und Querdruckverstärkungen, wie z.B. bei Ausklinkungen, angehängten Lasten, Auflagerungen und Schwellen,
- Verbindungen, wie z.B. Haupt-Nebenträger-Anschlüssen, Koppelpfetten, Zuganschlüssen,
- Bauteilanschlüssen, wie z.B. Wand - Wand, Decke - Wand etc.

Vollgewindeschrauben gibt es in Durchmessern von 6 bis 13 mm und Längen von 60 bis ca. 1000 mm.

3.5.5 Klammern

Klammern werden vorrangig zur Befestigung von Holzwerkstoffplatten an VH-Bauteile verwendet. Hauptanwendungsgebiet ist die Herstellung von Wand- und Deckentafeln im Holztafelbau.

Übliche Klammerdurchmesser liegen zwischen 1,5 und 2,0 mm.

3.5.6 Klebeverbindungen

Die Herstellung geklebter Verbindungen und Bauteile erfordert eine besondere Sachkunde der damit betrauten Personen und eine besondere Ausstattung der Betriebe mit geeigneten Einrichtungen. Die Betriebe müssen daher im Besitz einer Bescheinigung für den Nachweis der Eignung zum Kleben von tragenden Holzbauteilen sein (früher: Leimgenehmigung). Hier werden die Bescheinigungen A, B und C unterschieden, die in DIN 1052-10 festgelegt werden.

Nachzuweisende Qualifikationen sind z.B.:

- Herstellung von BSH,
- Keilzinkung von Lamellen für BSH,
- Keilzinkungen in einteiligen VH-Querschnitten,
- Universalkeilzinkungen in BSH und BASH,
- eingeklebte Stahlstangen,
- aufgeklebte Verstärkungen,
- geklebte Verbundbauteile aus BSH,
- Bauprodukte und Bauarten mit ABZ.

4 Holzbauelemente

Im Holzbau ist die Baupraxis durch eine freie Kombination von vertikalen und horizontalen Elementen am besten abgebildet. Wesentlicher als die sortenreine Konstruktion erscheint die Auswahl nach Leistungskriterien, die für vertikale Wandelemente und horizontale Decken– und Dachelemente grundlegend verschieden sind. Kombinationen mit anderen Materialien wie Stahl und Stahlbeton sind sinnvoll, wenn die jeweiligen Materialqualitäten zur Geltung gebracht werden.

Tafel 11.80 Holzbauelemente – Qualitativer Vergleich der statischen Leistungsmerkmale

	HT	BStH	KaD	BSPH	HBV	Bemerkung
Allgemeine Eigenschaften						
Leimanteil	+	+*	o	-	**	* bei Dübelung
Luft- und Rauchdichtigkeit	+	-	+	+	+	**abhängig von der Holzkonstruktion
Einsatz als Deckenelement						
Kleine Spannweiten 3 bis 5 m	+	o	-	o	o	*** unüblich
Mittlere Spannweiten 5 bis 7 m	-	+	+	+	+	
Große Spannweiten 7 bis 10 m	-	-	+	+	+	
Scheibenwirkung	o	-	o	+	+	
Auskragung in 1 Richtung	+	+	+	+	-	+ günstig
Auskragung in 2 Richtungen	-	-	o	+	-	o neutral
Flächige Lastabtragung	-	-	o	o	o**	- ungünstig
Punktuelle Auflagerung	-	-	+	+	+**	
Einsatz als Wandelement						
Lastabtragung vertikal	-	+	***	+	***	
Scheibenwirkung	o	-		+		
Setzungsfreiheit (Querholz)	-	+		+		

4.1 Stützen

Querschnitte bis zu 16/16 cm sind für Gebäude mit 1 bis 2 Geschossen meist ausreichend und können auch in Vollholz ausgeführt werden. Im mehrgeschossigen Holzbau können größere Stützenquerschnitte erforderlich werden, die dann nur noch in Brettschichtholz (BSH) ausgeführt werden sollten. Quadratische Querschnitte sind naheliegend, wenn das Ausknicken den maßgeblichen Versagensfall darstellt. Oftmals ist aber der Anschluss an Deckenplatte oder Träger das konstruktiv entscheidende Detail: Die Übertragung der Lasten aus den darüber liegenden Geschossen kann mit seitlichem Trägeranschluss als Einfeldträger, Stahleinbauteilen oder auch als gerichtete Stütze in der Art einer Gabelstütze ausgeführt werden.

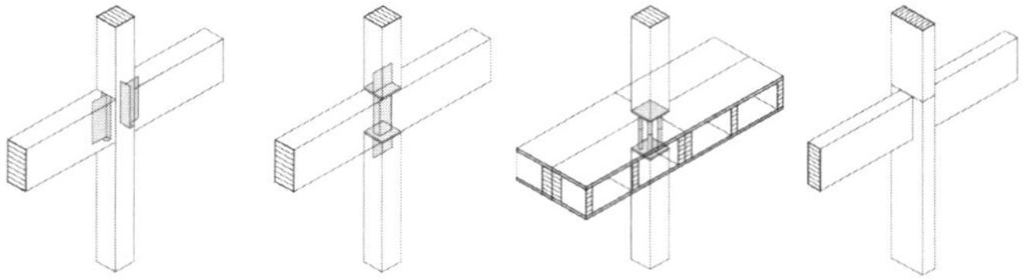

Eine Vordimensionierung von quadratischen Stützen im mehrgeschossigen Wohnungsbau kann mit Hilfe von Abb. 11.97a erfolgen.

4.2 Holztafeln (HT)

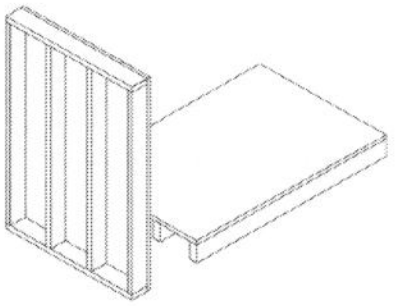

Aufbau und Funktionsweise

Wandtafeln, auch Holzrahmenbauwände genannt, bestehen im Rohbau aus Schwelle, Ständern, Rähm und meist einseitiger, aussteifender Beplankung. Materialien für das Ständerwerk sind VH, KVH, BSH, LVL. Materialien für die Beplankung sind OSB, 3S-Platte, FSH.

Deckentafeln, auch Holzbalkendecken genannt, bestehen aus Deckenbalken und Deckenschalung. Bei Balkendecken kann die Schalung lediglich die Spannweite zwischen den Balken überbrücken oder zusätzlich die Ausbildung einer steifen Deckenscheibe übernehmen. Ist die Deckenschalung schubsteif mit den Balken verbunden, trägt sie also auch die Vertikalkräfte mit ab, spricht man von Rippendecken. Bei Kastendecken (siehe Abschnitt 4.4) sind die Balken beidseitig mit tragenden Beplankungen verbunden. Materialkombinationen analog zu Wandtafeln. Wenn die Decken nicht zur Aussteifung herangezogen werden, ist auch eine orthogonale Brettschalung aus Vollholz möglich.

Verwendbarkeitsnachweise

Vorgefertigte, beidseitig geschlossene Tafelelemente (Wand-, Decken- und Dachtafeln) müssen nach den Landesbauordnungen der Länder im Zusammenwirken mit der Bauregelliste A und der dort aufgeführten „Tafelbau-Richtlinie" ein Ü-Zeichen aufweisen. Wandtafeln ohne Ü-Zeichen haben keinen Verwendbarkeitsnachweis und dürfen daher nicht eingebaut werden. Über dieses Ü-Zeichen hinaus können Holzbaubetriebe die Qualität ihrer Herstellung und Montage im Rahmen des RAL-Gütezeichens Nr. 422 „Holzhausbau" nachweisen.

Wandtafeln (Holzrahmenbauwände)

Holzrahmenbauwände können als tragende und nichttragende Innen- und Außenwände eingesetzt werden. Bei Außenwänden ist der wesentliche Vorteil neben der Materialeffizienz, dass Dämm- und Tragfunktion in einer Ebene angeordnet werden und so Aufbaustärke eingespart werden kann. Bei Gebäuden ab etwa drei Geschossen wird bei tragenden Wänden die Querholzpressung zum Thema, da die liegenden Profile von Schwelle und Rähm zunehmend belastet werden. Eine Lösung stellen Elemente dar, deren Ständer durchlaufen und die liegenden Profile entsprechend ausgenommen sind.

Innenwände sind im Vergleich zu Brettsperrholz relativ stark zu dimensionieren und weisen Hohlräume auf, was insbesondere im Bereich über Gebäudeklasse 4 brandschutztechnisch nachteilig gesehen wird.

Decken- und Dachtafeln (Holzbalkendecken)

Holzbalkendecken sind eine wirtschaftliche und anpassungsfähige Konstruktion vor allem für kleine Spannweiten. Bei höheren Brandschutzanforderungen ist zumeist eine brandschutztechnisch wirksame Unterdecke einer Heißbemessung vorzuziehen, da die Geometrie der Deckenuntersicht dafür ungünstig ist. Beim Schallschutz bewirkt eine biegeweich befestigte Unterdecke eine deutliche Verbesserung. Der Abstand zwischen Deckenschalung und Beplankung ist relativ groß, was sich aus Sicht des Schallschutzes günstig auswirkt. Schwere Schüttungen und schwimmende Estriche sind dennoch vonnöten, um ein hohes Schallschutzniveau zu sichern.

Balkendecken bestehend aus Vollholzbalken und Brettschalungen können leimfrei ausgeführt werden, wobei sie als Tafeln vorgefertigt werden können oder bei Bedarf – z.B. bei unzugänglicher Sanierungsbaustelle – auch in einzelnen Stäben/Teilen angeliefert werden.

Hersteller

Holztafeln werden von den meisten Holzbau-Betrieben selbst abgebunden und vorgefertigt.

Eine statische Vordimensionierung von Holzbalkendecken im mehrgeschossigen Wohnungsbau kann mit Hilfe von Abb. 11.97b erfolgen.

4.3 Brettstapelholz (BStH)

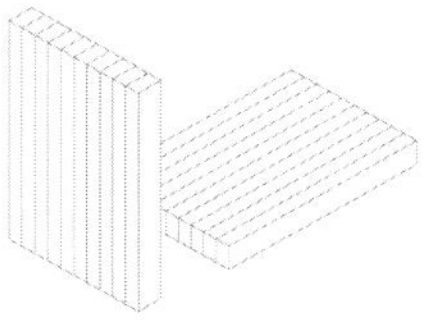

Aufbau

Regelaufbauten genagelter, gedübelter und verleimter Konstruktionen und Liefergrößen siehe Abschnitt 3.2.5.

Konstruktive Eigenschaften

Das Element ist durch die Faserparallelität des gesamten Querschnitts geprägt. Das macht es in der Haupttragrichtung sehr leistungsfähig. Dagegen ist die Steifigkeit in Plattenebene sehr gering und muss bei Bedarf durch Aufbringen von einer zusätzlichen Werkstoffplatte hergestellt werden. Die Luft- und Rauchdichtigkeit ist ohne weitere Maßnahmen nicht gewährleistet. Das Quellen und Schwinden in Querrichtung der Elemente ist stark ausgeprägt und muss ggf. durch geeignete konstruktive Maßnahmen ausgeglichen werden. Gedübelte Konstruktionen sind leimfrei und können gem. Altholzklasse 1 Altholz-Verordnung recycelt werden. Sie haben gegenüber heute weniger üblichen, genagelten Elementen den Vorteil, dass Nachbearbeitungen ohne Beschädigung der Werkzeuge leicht vorgenommen werden können. Durch Profilierungen der Bretter können optisch interessante Sichtoberflächen erzeugt werden, die raumakustischen Eigenschaften verbessert oder aber auch die Aufnahme einzelner Elektro-/EDV-Leitungen ermöglicht werden.

Anwendung als vertikales Element (Innen- und Außenwände)

Als Wandelement werden Brettstapel im mehrgeschossigen Bauen eher selten verwendet. Das statische Potenzial für vielgeschossige Bauten ist groß, da die Aufnahme hoher Vertikallasten ermöglicht wird. Zur Aufnahme von Aussteifungskräften sind Zusatzmaßnahmen erforderlich (z.B. zusätzliche Beplankung).

Anwendung als horizontales Element (Decken und Dächer)

Als Deckenelemente werden Brettstapelelemente häufig eingesetzt. Im mittleren Spannweitenbereich sind sehr schlanke Deckenkonstruktionen möglich. Ein durchgängiges lineares Deckenauflager ist unerlässlich. Die max. Stärke der Elemente ist durch die Verfügbarkeit industriell aufbereiteter Brettlamellen auf i.d.R. 24 cm, max. 28 cm beschränkt.

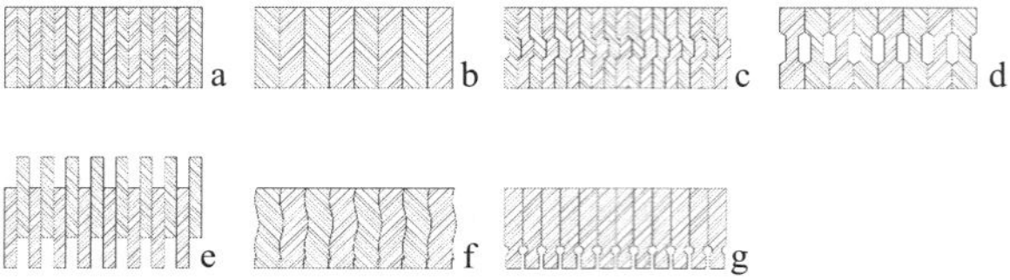

Mögliche Profilierungen von Brettstapel-Elementen

Brettstapel bestehen aus Brettern (a) oder Kanthölzern (b). Durch Profilierungen können Luft- und Rauchdichtigkeit (c, f) verbessert oder Hohlkammern z.B. für Installationen (d) gebildet werden. Versetzte Bretter (e) werden beim Einsatz von HBV-Decken verwendet. Profilierungen an der Sichtoberfläche (g) können die Akustikeigenschaften verbessern.

Hersteller

Genagelte Konstruktionen werden bzw. wurden von vielen Zimmereien selbst hergestellt. Eine Auswahl von BSH-Herstellern ist z.B. unter www.brettschichtholz.de zu entnehmen, betrieben von der Studiengemeinschaft Holzleimbau e.V.

Eine statische Vordimensionierung von Brettstapeldecken im mehrgeschossigen Wohnungsbau kann mit Hilfe von Abb. 11.98a erfolgen.

4.4 Kastendecken (KaD)

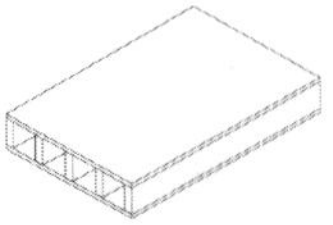

Aufbau

Kastendecken, auch Hohlkastendecken genannt, bestehen aus Rippen (meist im Abstand von ca. 40 bis 70 cm) in Haupttragrichtung, abschließenden Randbalken in Querrichtung und den unter- und oberseitigen Beplankungen, die im Verbund mit den Tragprofilen ein flächiges und dadurch relativ schlankes Tragelement bilden. Die Tragrippen werden aus VH, KVH, BSH oder LVL hergestellt, die Integration von Stahlträgern ist möglich. Die Beplankungen bestehen aus OSB, 3S-Platten oder FSH und sind mit dem Traggerippe verklebt, z.B. über Schraubpressklebung.

Der Hohlraum in der Konstruktion kann für das Einbringen von Dämmungen und Schüttungen genutzt werden, um die schallschutztechnischen Eigenschaften zu verbessern.

Die Integration von Haustechnik ist mit den schallschutz- und insbesondere brandschutztechnischen Anforderungen und Abschottungsebenen abzustimmen.

Konstruktive Eigenschaften

Kastendecken werden für die Konstruktion von Geschossdecken und Dächern eingesetzt. Sie eignen sich vor allem für mittlere und größere Spannweiten. Sie zeichnen sich durch die Möglichkeit aus, auch punktuell aufzulagern und in einem gewissen Umfang in Längs- und Querrichtung auskragen zu können. Dafür können Querträger in die Konstruktion integriert werden, die zusammen mit der Beplankung quer zur Haupttragrichtung des Elements Lasten aufnehmen.

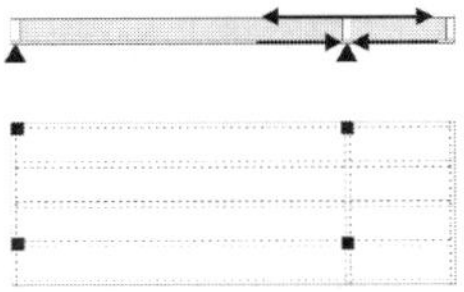

Punktuell aufgelagertes und in zwei Richtungen auskragendes Kastendecken-Element

Sonderausführungen

Perforierte untere Beplankungen können mit eingelegten Dämmlagen die Raumakustik verbessern. Als Systemlösungen werden auch speziell profilierte Elemente mit abgestimmten Lösungen für Raumakustik, Haustechnikinstallation und die Aufnahme von schallschutztechnisch erforderlichen Beschwerungen angeboten.

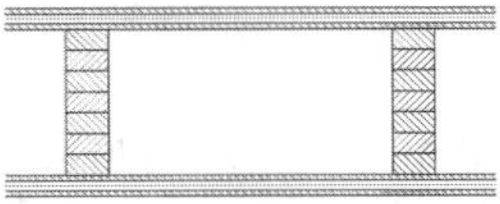

Kastendecke aus 3S-Platten + BSH-Rippen

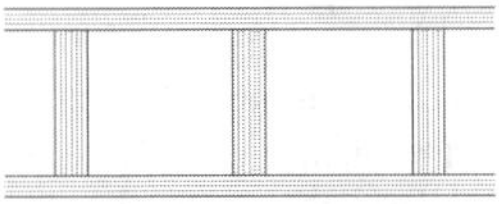

Kastendecke aus LVL Fa. Kerto (Ripa)

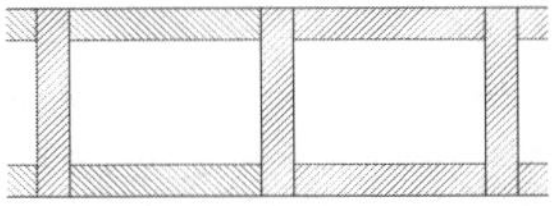

Systemdecke Fa. Lignatur

Hersteller

Kastendecken werden von auf diese Konstruktion eingerichteten mittleren und größeren Holzbau-Betrieben selbst abgebunden und zusammengesetzt. Systemlösungen s.o.

Eine statische Vordimensionierung von Kastendecken im mehrgeschossigen Wohnungsbau kann mit Hilfe von Abb. 11.98b erfolgen.

4.5 Brettsperrholz (BSPH)

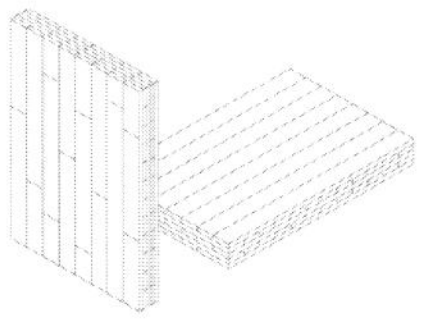

Aufbau und Sonderausführungen

Regelaufbau, Verwendbarkeit und Liefergrößen siehe auch Abschnitt 3.2.6.

Luft- und Rauchdichtigkeit sind bei Flankenverleimung der Decklagen gewährleistet. Die Decklagen sind in den Qualitätssortierungen Nichtsicht, Industriesicht und Wohnsicht erhältlich. Decklagen werden auch als Dreischicht-/Furnierschichtholzplatten, furniert oder mit Decklagen geliefert. Es sind auch Platten mit den Decklagen in Plattenquerrichtung erhältlich. Bei hoher Anforderung an den Abbrand werden die Randlagen verstärkt oder aufgedoppelt. Als Sonderlösung wird BSPH mit Holzdübeln leimfrei verbunden.

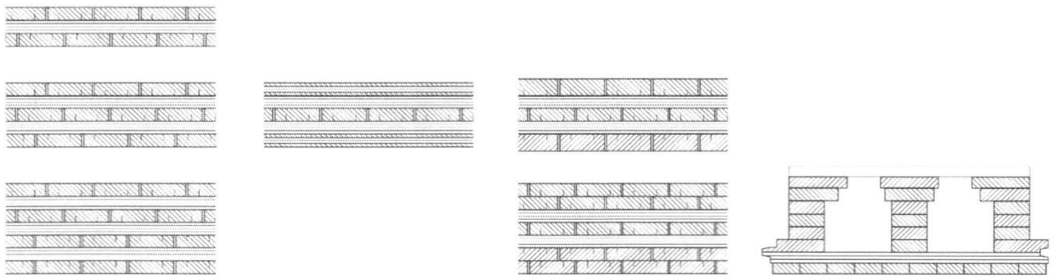

Standard 3-, 5-, 7-lagig	Decklagen 3S-Platten	Decklagen verstärkt, doppelt	Systemdecke Fa. Lignotrend

Anwendung als vertikales Element (Innen- und Außenwände)

Als Wandelement werden Brettsperrholzelemente im mehrgeschossigen Bauen häufig verwendet. Zur Aufnahme hoher Vertikallasten wird es in der Regel mit stehenden Decklagen eingesetzt, zur Überbrückung großer Öffnungen in der Art eines Trägers zuweilen auch liegend eingebaut. Auch als wandartiger Träger einsetzbar. Wegen guter Brandschutz- und Schallschutzeigenschaften (Homogenität, Hohlraumfreiheit, gute Abbrand-Eigenschaften) für Innenwände prädestiniert, wird es als Alternative zum Holztafelbau auch als Außenwand eingesetzt. Es erlaubt sehr schlanke Wandscheiben.

Anwendung als horizontales Element (Decken und Dächer)

Als Deckenelemente werden Brettsperrholzelemente häufig eingesetzt. Häufiger Einsatz als Rohdecke für nicht hinterlüftete Flachdächer, bisweilen auch für flächig konstruierte Steildächer eingesetzt.

Hersteller

Eine Auswahl von BSPH-Herstellern ist z.B. unter www.brettschichtholz.de zu entnehmen, betrieben von der Studiengemeinschaft Holzleimbau e.V.

Eine statische Vordimensionierung von BSPH-Decken im mehrgeschossigen Wohnungsbau kann mit Hilfe von Abb. 11.99a erfolgen.

4.6 Holz-Beton-Verbunddecken (HBV)

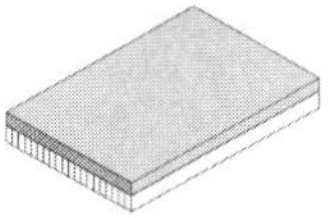

Aufbau

Holz-Beton-Verbunddecken bestehen aus einer Aufbetonschicht in der oberen Druckzone und einer Holzkonstruktion in der unteren Zugzone der Decke. Beide sind miteinander schubsteif verbunden. Der Aufbeton ist i.d.R. zwischen 6 und 14 cm stark und häufig nur so bewehrt, dass keine zu starke Rissbildung auftritt. Bis auf Kastendecken (klar ausgebildete Druck- und Zugzone) können sämtliche Holzbauweisen für die untere Lage zur Anwendung kommen:

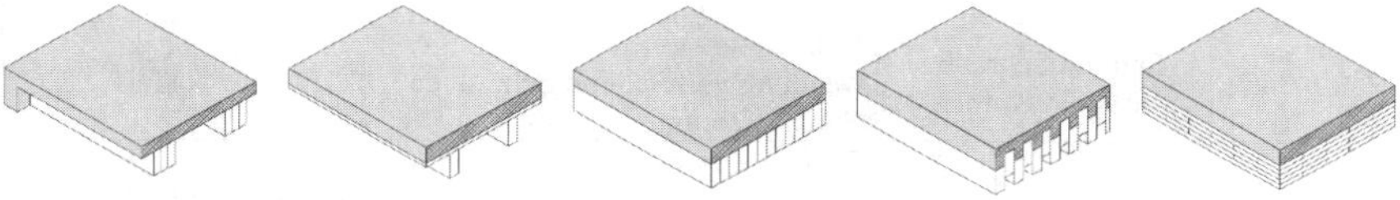

Vorfertigung

HBV-Decken werden entweder vor Ort betoniert oder bereits als Fertigteile angeliefert. Bei der Ortbetontage müssen die Decken i.d.R. über alle Geschosse abgestützt werden, was den Beginn des Innenausbaus verzögert. Es ist i.d.R. keine Trennlage zwischen Holz und Beton erforderlich, freiliegende Hirnholzflächen sollten gegen zu starke Feuchtigkeitsaufnahme geschützt werden. Bei Fertigteilen werden nur die Fugen vergossen, zum Teil werden die Verbindungen auch kraftschlüssig verschraubt.

Konstruktive Eigenschaften

HBV-Decken kommen für mittlere und große Spannweiten zum Einsatz. Je nach verwendeter Holzkonstruktion (z.B. bei BSPH) sind bedingt punktuelle Auflager und eine flächige Lastabtragung möglich. Auskragungen sind nicht sinnvoll herzustellen, da sich die Belastungsarten Druck/Zug im Kragarm umkehren. Insbesondere im Verbund mit StB-Kernen lässt sich die Gebäudeaussteifung gut herstellen. Hinsichtlich des Recyclings hat die Verbundkonstruktion den Nachteil, dass die Werkstoffe und Verbindungsmittel nur mit erheblichem Aufwand voneinander zu trennen sind. Die Masse der Betonschicht wirkt sich günstig auf den Schallschutz aus. Sie kann allerdings nur im Fall einer Balkendecke mit sichtbarer Betonschicht als Speichermasse und für die thermische Aktivierung genutzt werden. Brandschutztechnisch günstig erweisen sich die gute Luft- und Rauchdichtigkeit und die zumindest teilweise nichtbrennbare Bauweise.

Verbindung Holz – Beton

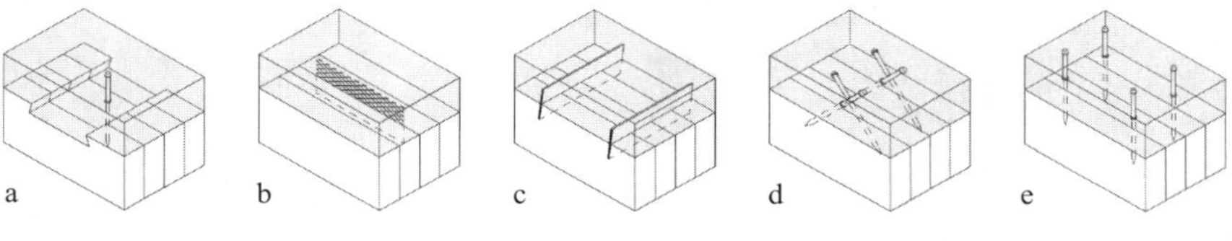

Die Verbindung kann durch Formschluss, d.h. Kerven (a), in Kombination mit gegen Abheben sichernden einzelnen Schrauben hergestellt werden. Weitere Möglichkeiten sind das Einkleben von Streckmetallblechen (b), Flachstahlschlösser in Sägenuten (c), gekreuzte (d) oder senkrecht (e) eingebrachte Spezialschrauben. Es sind darüber hinaus spezielle Hülsen, die in Fertigteile eingelegt werden und das Verschrauben (und die Demontage) der Betonteile mit der Holzkonstruktion vor Ort erlauben, verfügbar. Weitere Alternativen bestehen beispielsweise in Verbundlösungen mit Buchenholzdübeln oder Verklebungen.

Die Bemessung und Ausführung von Holz-Beton-Verbundkonstruktionen ist aktuell normativ nicht eindeutig geregelt. Zwar steht mit der Technischen Spezifikation CEN/TS 19103 eine „Vornorm“ als

Teil des künftigen Eurocode 5 zur Verfügung, allerdings ist sie baurechtlich nicht eingeführt. Grundsätzlich sind die bemessungsrelevanten Eigenschaften und Regeln zur Ausführung in entsprechenden Zulassungen beschrieben, was die Verwendung in Kombination mit einschlägigen Normen ermöglicht. In den zwei nachfolgenden Tafeln sind derzeit zugelassene Verbindungsmittel und HBV-Systeme aufgelistet.

Tafel 11.86 National zugelassene HBV-Systeme und Verbindungsmittel

Zulassungs-nummer	**Hersteller**	**Gegenstand**	**Gültig bis**
Z-9.1-557	TiComTec GmbH	HBV-Schubverbinder aus Streckmetall und vorgefertigte Bauteile mit eingeklebten HBV-Schubverbindern für ein Holz-Beton-Verbund-system	21.03.2030
Z-9.1-845	Schmid Schrauben Hainfeld GmbH	Holz-Beton-Verbundkonstruktionen unter Verwendung von Schmid Schrauben RAPID T-Con als Verbindungsmittel	11.10.2026
Z-9.1-851	FRIEDRICH UG Verbundsysteme	BiFRi Verbund-Anker als Verbindungsmittel für das FRIEDRICH Holz-Beton-Verbundsystem	13.03.2030
Z-9.1-861	SIHGA GmbH	Hobet Schrauben als Verbindungsmittel für Holz-Beton-Verbundsysteme	24.05.2026
Z-9.1-886	Elascon GmbH	Holz-Beton-Verbundkonstruktionen unter Verwendung von Elascon SFix Schrauben als Verbindungsmittel	16.01.2029
Z-9.1-903	Leviat GesmbH	Holz-Beton-Verbundkonstruktionen unter Verwendung von Ancon Composite Connector als Verbindungsmittel	10.12.2026
Z-9.1-904	Brunthaler Holzbau GmbH & Co. KG	Tragende Geschossdeckenkonstruktionen unter Verwendung der DUOBLOCK Holz-Beton-Verbundbauweise	02.02.2027
Z-9.1-911	ZECH Systeme SE	Fertigteildecken in Holz-Beton-Verbundbauweise über formschlüssigen Verbund	31.05.2029
Z-9.1-916	REISSER-Schraubentechnik GmbH	KVB-Verbinder – Reisser Schrauben als Abhebesicherung für Holz-Beton-Verbunddecken mit Kerven	06.08.2029
Z-9.1-925	Brunthaler Holzbau GmbH & Co. KG	DUOBLOCK-2 Holz-Beton-Verbundelemente	17.12.2029

Tafel 11.87 Europäisch zugelassene HBV-Systeme und Verbindungsmittel

Zulassungs-nummer	Hersteller	Gegenstand
ETA-12/0196	Schraubenwerk Gaisbach GmbH	SWG Timtec plus VG screw
ETA-13/0029	Adolf Würth GmbH & Co. KG	Würth ASSY plus VG -Schrauben
ETA-13/0699	SFS intec AG FasteningSystems	SFS VB Schrauben als Verbindungsmittel in Holz-Beton-Verbundkonstruktionen
ETA-16/0864	E. u. r. o. Tec GmbH	TCC-II Ø7,3x150 and TCC-II Ø9,0x180 mm Connectors
ETA-17/0353	Coperlegno s.r.l.	Solaio Compound
ETA-18/0264	Elascon GmbH	Elascon SFix HBV-System
ETA-18/0649	TECNARIA S.p.A.	Tecnaria CTL BASE, CTL MAXI and CVT 40 OMEGA connectors
ETA-18/0829	Schmid Schrauben Hainfeld GmbH	Schmid Schrauben RAPID® T-Con
ETA-18/0852	TECNARIA S.p.A.	Tecnaria CCS Legno connectors
ETA-18/1144	Ancon Building Products GesmbH	ANCON Composite Connector
ETA-19/0114	Hasslacher Holding GmbH	LIGNOTON® Hybriddecken
ETA-19/0244	Rotho Blaas s.r.l	Rotho Blaas CTC screw
ETA-19/0297	Laterlite S.p.A.	LATERLITE Connettore Centrostorio Legno
ETA-21/0154	fischerwerke GmbH & Co	fischer CSC 45 connector
ETA-22/0769	Rubner Holding AG	Rubner TCC-TimberConcreteComposite
ETA-22/0806	Rotho Blaas s.r.l	Rotho Blaas TIMBER-CONCRETE FUSION System TC FUSION
ETA-23/0537	Heco Italia EFG s.r.l	EFG PSK connectors
ETA-24/0089	N/A	HBS SFix HBV-System
ETA-24/0645	REISSER-Schrau-bentechnik GmbH	RSC Connectors
ETA-24/0664	HECO-Schrauben GmbH & Co. KG	Schrauben als Verbindungsmittel in Holz-Beton-Verbund-konstruktionen
ETA-24/0906	FRIULSIDER S.p.A.	Friulsider CONNETTORE screw
ETA-24-1172	H.U.T. Innovatio-nen	KLAGX TCC system
ETA-24/1188	Hasslacher Holding GmbH	Hasslacher Holz-Beton-Verbundsystem
ETA-25/0021	OBERNDORFER Hybrid Systems GmbH	Hybrid-Dippelbaumdecke (HYB-D)
ETA-25/0240	KERAKOLL S.p.A.	Steel Connect W

Eine beispielhafte statische Vordimensionierung von HBV-Decken im mehrgeschossigen Wohnungsbau kann mit Hilfe von Abb. 11.99b erfolgen.

5 Anforderungen

5.1 Tragwerk

5.1.1 Standsicherheit

Bei Nachweisen der **Standsicherheit** ist eine etwa 2-fache Sicherheit gegenüber der charakteristischen Tragfähigkeit einzuhalten. Die Standsicherheits-/Tragfähigkeitsnachweise berücksichtigen die natürlichen Eigenschaften des Werkstoffs Holz, wie etwa die Streuung der Festigkeiten, den Einfluss von Feuchte und die Möglichkeit zeitabhängiger Verformungen (Kriechen).

Im Rahmen der Bemessung werden die char. Materialkennwerte – z.B. die Biege-, Zug- oder Druckfestigkeit des Holzes – mit entsprechenden Sicherheitsbeiwerten versehen, um Bemessungswerte zu erhalten, die für den Tragfähigkeitsnachweis herangezogen werden. Ebenso werden die Einwirkungen mit Sicherheitsbeiwerten erhöht, um realistische Belastungsszenarien abzubilden.

Die Bemessung der Holzbauteile erfolgt nach den geltenden technischen Regelwerken, insbesondere nach DIN EN 1995-1-1 (Eurocode 5) in Verbindung mit dem nationalen Anhang (NA). Für genauere Angaben bezüglich der Nachweise wird auf die Bautabellen für Ingenieure verwiesen.

5.1.2 Gebrauchstauglichkeit

Bei den Nachweisen der **Gebrauchstauglichkeit** ist zu unterscheiden zwischen:

- Durchbiegungs- bzw. Verformungsnachweisen und
- Schwingungsnachweisen bei Wohnungsdecken.

Bei Biegeträgern sind insgesamt drei verschiedene **Durchbiegungsnachweise** zu führen, wobei die Langzeitdurchbiegung unter Gebrauchslasten einen Grenzwert von $\ell/300$ nicht überschreiten darf.

Bei Decken unter bewohnten Räumen bewirken Gehbewegungen **Schwingungen**, die nicht nur die Gebrauchstauglichkeit des Raumes beeinträchtigen, sondern auch zu Unbehagen der Bewohner führen können.

Das Empfinden der Menschen hängt dabei nicht nur von technischen Faktoren ab (wie z.B. Schwingungsfrequenz, Schwingbeschleunigung o.Ä.), sondern auch von der subjektiven Einstellung, wie z.B. der persönlichen Beziehung zum Erreger der Störung.

Das Schwingungsverhalten selbst ist u.a. abhängig von der Längs- und Querbiegesteifigkeit der Decke, der Biegesteifigkeit des Estrichs, der Bauweise der Decke, deren Gewicht u.a.m. Daher ist es kaum möglich, das Problem von personeninduzierten Schwingungen mit einfachen Bemessungsgleichungen zu beschreiben bzw. zu lösen.

Im Rahmen eines umfangreichen Forschungsvorhabens (siehe [11.43]) wurden Bemessungsvorschläge entwickelt, die mit Hilfe zahlreicher Messungen (in situ) und theoretischen Betrachtungen abgeleitet wurden.

Wesentlicher Bestandteil dieses Nachweiskonzeptes sind dabei Mindestanforderungen, die an den Deckenaufbau gestellt werden (siehe Tafel 11.88). Werden diese Mindestanforderungen nicht erfüllt, so sind die Schwingungsnachweise kaum einzuhalten.

Tafel 11.88 Mindestanforderungen an den Aufbau von Decken

Deckentyp	innerhalb einer Nutzungseinheit	verschiedene Nutzungseinheiten
Holzbalkendecken, Trägerroste	NE oder TE + S	NE + S
Massivholzdecken (BSPH, Brettstapel)	NE oder TE + S [2]	NE + S [1] oder TE + S [2]
Holz-Beton-Verbunddecken	– [3]	– [3]

NE = schwimmender Nassestrich TE = schw. Trockenestrich S = schwere Schüttung
[1] Auch mit leichter Schüttung. [2] Aus Labormessungen, noch nicht in situ überprüft.
[3] Keine Mindestanforderungen an den Aufbau bei Flächengewicht $g_k \geq 300$ kg/m².

Weiterhin wird nach dem Nutzungsbereich differenziert, und zwar je nachdem, ob es sich um eine Decke innerhalb **einer** Nutzungseinheit oder einer Decke zwischen **fremden** Nutzungseinheiten handelt. Die Grenzwerte für die Eigenfrequenz der Decke und der Durchbiegungen unter „Mannlast" (= 1 kN) sind in

Tafel **11.**89a zusammengestellt.

Tafel 11.89a Grenzwerte für die Schwingungsnachweise

	Decke innerhalb **einer** Nutzungseinheit		Decke zwischen **fremden** Nutzungseinheiten	
Grenzwert	**Balken**	**Decke** 1)	**Balken**	**Decke** 1)
Frequenz: f_{grenz}	6 Hz		8 Hz	
Durchbiegung: $w_{grenz,1kN}$	1,0 mm 2)		0,5 mm 2)	

1) Andere Nachweise bei Decken siehe [11.43] und [11.42].
2) $w_{grenz,1kN}$ kann nach Absprache mit den Nutzern erhöht werden (z.B. um den Faktor 1,5).

5.2 Baulicher Holzschutz

Nutzungsklassen, Gebrauchsklassen

Bzgl. der Anwendung von Bauteilen aus Holz und Holzwerkstoffen werden in EC 5 je nach Umgebungsbedingungen insgesamt drei **Nutzungsklassen (NKL)** unterschieden, die sich nach der Feuchte im Holz richten, die sich über einen längeren Zeitraum einstellt (Ausgleichsfeuchte).

Tafel 11.89b Nutzungsklassen (NKL)

NKL	Ausgleichsfeuchte ω_{gl} [%]	Einsatzbereich (Beispiele)
1	10 ± 5 (meist $\omega \leq$ 12 %)	Beheizte Innenräume
2	15 ± 5 (meist $\omega \leq$ 20 %)	Überdachte, offene Tragwerke
3	18 ± 6	Frei der Witterung ausgesetzte Bauteile

Im Zusammenhang mit erforderlichen oder auch nicht erforderlichen Schutzmaßnahmen gegenüber Insekten und/oder holzzerstörenden Pilzen werden in DIN 68800 sog. **Gebrauchsklassen** GK 0 bis GK 5 definiert (siehe hierzu auch Kapitel 6 C, Abschnitt IV).

Schutz vor Holz zerstörenden Pilzen von sichtbaren tragenden Teilen nach DIN 68800-2

Siehe auch Kapitel 6 C Schutz und Instandsetzung, IV Schutz von Holzbauteilen

Tafel 11.89c Schutz vor Bewitterung – Schutz bei Bewitterung

Schutz vor Bewitterung durch ausreichend dimensioniertes Vordach	Mögliche Maßnahmen zur Begrenzung der Holzfeuchte ω unter 20 % bei bewitterten Bauteilen ohne Erdberührung
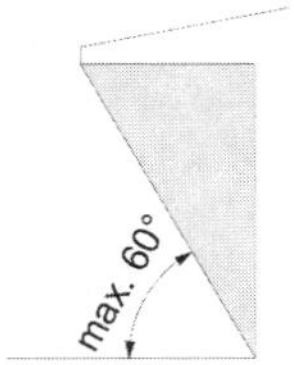	- Begrenzung der Rissbildung durch Beschränkung der Querschnittsmaße und durch kerngetrennten Einschnitt bei Vollholz - Verwendung von Brettschichtholz und technisch getrocknetem Vollholz - gehobelte Oberfläche - Kein Stauwasser in den Anschlüssen - Abdecken von Hirnholz - Direktes Abführen von Niederschlagswasser - Oberseitiges Abdecken von nicht vertikal stehenden Bauteilen

Schutz vor Erdfeuchte und Spritzwasser im Sockelbereich

Den Schutz der tragenden Außenwandkonstruktion im Sockelbereich definiert DIN 68800-2. Hinweise für die fachgerechte Ausführung von Außenwandbekleidungen formulieren die Fachregeln 01 des Zimmererhandwerks ‚Außenwandbekleidungen aus Holz', die vom Informationsdienst Holz im März 2023 veröffentlicht wurden.

Tafel 11.90a Mindestabstand tragende Außenwandkonstruktion von Geländeoberkante

Abstand zw. OK Gelände und UK Holzwand	Maßnahme nach DIN 68800-2
Min. 30 cm	Keine
Min. 15 cm	Sockelbegleitendes Kiesbett (Korngröße min. 16/32) mit min. 15 cm Breite und einem Abstand Außenkante Kiesbett zur Außenkante Schwelle von min. 30 cm oder ein Wasser ableitender Belag mit mindestens 2 % Gefälle
Min. 5 cm	Zusätzlich: Geeignete Abdichtungsmaßnahmen nach DIN 18195-4

Tafel 11.90b Mindestabstand Außenwandbekleidung von Geländeoberkante

Abstand zw. OK Gelände und UK Bekleidung	Maßnahme nach Fachregel 01 des Zimmererhandwerks
Min. 30 cm	Keine
Min. 15 cm	Sockelbegleitendes Kiesbett (Korngröße 16/32) mit min. 15 cm Abstand Außenkante Kiesbett zur Außenkante Außenwandbekleidung.
Min. 5 cm	Anordnung von leicht austauschbaren Verschleißbrettern im Bereich von 5 bis 30 cm über Gelände.
Min. 2 cm	Sockelbegleitender Metallrost über Ablaufrinne mit min. 15 cm Abstand zwischen Rinnenboden und UK Bekleidung und min. 15 cm Breite Metallrost ab Außenkante Außenwandbekleidung.

Ausführung von Flachdächern

- Bei Flachdächern mit Hinterlüftungsebene kann die Wärmedämmung innerhalb und oberhalb der tragenden Dachkonstruktion angeordnet werden.
- Flachdächer ohne Hinterlüftung mit Wärmedämmung oberhalb der tragenden Dachkonstruktion sind ebenfalls möglich.
- Flachdächer ohne Hinterlüftung mit Wärmedämmung innerhalb der tragenden Dachkonstruktion können nicht als robuste Konstruktion betrachtet werden. Es sind, wenn diese Dachkonstruktion trotzdem zur Anwendung kommen soll, alle Vorgaben und Nachweise nach DIN 68800-2 und DIN 4108-3 einzuhalten.

5.3 Brandschutz

Zu nicht materialspezifischen Brandschutzanforderungen siehe Kapitel 4 B Brandsicherheit.

Materialeigenschaft

Holz und holzbasierte Werkstoffe sind brennbar. Die meisten Konstruktionswerkstoffe sind nach DIN EN 13051-1 mit D-s2, d0 klassifiziert, d.h. sie sind ‚normal entflammbar', in die Rauchentwicklungsklasse 2 eingeordnet und sind nicht brennend abtropfend. Nach der nationalen DIN 4102-2 ist Holz der Klasse B2 ‚normal entflammbar' zugeordnet.

Anwendbarkeit von Holz-Tragkonstruktionen

Die *Musterbauordnung* (MBO) und die *Muster-Richtlinie über brandschutztechnische Anforderungen an Bauteile und Außenwandbekleidungen in Holzbauweise* (MHolzBauRL) regeln den Einsatz von Holz für tragende Bauteile. Am 24. September 2024 wurde durch die Bauministerkonferenz eine neue Fassung der MHolzBauRL verabschiedet, die ergänzend zu den Regelungen der MBO konkretisierende Regelungen für das mehrgeschossige Bauen mit Holz bis zur Hochhausgrenze gibt. Diese Fassung beinhaltet im Wesentlichen die folgenden Neuerungen:

- Zulassung der Holztafelbauweise bis einschließlich Gebäudeklasse 5
- Anpassung der Bekleidungsdicke in Abhängigkeit vom Zeitpunkt der Verkohlung hinter der Bekleidung (t_{ch})
- Erweiterte Regeln für Anschlüsse und Fügungen
- Erweiterte Regeln für Installationen
- Öffnung der Anwendung für bestimmte Sonderbauten

Feuerwiderstandsfähige Bauteile nach dieser Richtlinie sind mit einer brandschutztechnisch wirksamen Bekleidung (Brandschutzbekleidung) sowie – soweit erforderlich – mit mineralischer Hohlraumdämmung (Schmelzpunkt ≥ 1000 °C, nicht glimmend) ausgestattet. Die Regelung gilt grundsätzlich für Gebäude mit brandschutztechnisch abgetrennten Räumen bzw. Raumgruppen bis maximal 400 m², getrennt durch Trennwände oder notwendige Flure. Für Sonderbauten ist die Anwendbarkeit gegeben, wenn die Nutzung ausschließlich durch selbstrettungsfähige Personen erfolgt. Dies gilt auch für barrierefreie Gebäude gemäß MBO, ausgenommen sind Einrichtungen des Gesundheitswesens.

Die nachfolgend dargestellten Inhalte bieten lediglich eine verkürzte Übersicht und ersetzen nicht die verbindliche Anwendung der landesspezifischen Bauordnungen, MHolzBauRL und Normen!

Sichtbare Holzoberflächen

Nach der MHolzBauRL sind sichtbare Holzoberflächen bei Massivholzbauteilen in den Gebäudeklassen 4 und 5 zulässig, sofern die Brutto-Grundfläche von Nutzungseinheiten oder brandschutztechnisch abgetrennten Raumgruppen des Gebäudes 200 m² nicht übersteigt. Dabei darf entweder die Deckenunterseite oder die Wandoberfläche (tragend und/oder raumabschließend) sichtbar ausgeführt werden, solange die insgesamt sichtbare Holzfläche 25 % der Brutto-Grundfläche der brandschutztechnisch abgetrennten Raumgruppe nicht überschreitet. Fenster- und Türöffnungen müssen bei der Flächenberechnung außer Betracht bleiben. Auch einzelne linienförmige Bauteile wie Stützen oder Unterzüge bleiben unberücksichtigt. Diese Regelung gilt nicht für Sonderbauten!

In den Gebäudeklassen 4 und 5 dürfen Stützen sowie Träger bzw. Unterzüge in Gebäuden mit Räumen oder Raumgruppen mit einer Brutto-Grundfläche von maximal 200 m² ohne brandschutztechnische Bekleidung ausgeführt werden, sofern deren Feuerwiderstand nachgewiesen ist.

Bekleidung mit nichtbrennbaren Baustoffen

In der MHolzBauRL werden die Anforderungen an die brandschutztechnische Bekleidung von Holzbauteilen formuliert. Abweichend von der bisherigen „K_2"-Klassifikation nach DIN EN 13501-2 wird mit der neuen MHolzBauRL 2024 die Schutzwirkung der brandschutztechnisch wirksamen Bekleidung mittels der Zeit des Beginns des Abbrandes t_{ch} (Erreichen von 300 °C) nach DIN EN 1995-1-2 definiert. Durch die Brandschutzbekleidung soll eine Beteiligung bzw. ein unkontrollierter Beitrag von Holzbauteilen am Brandgeschehen begrenzt werden. Gleichzeitig kann diese Bekleidung einen Beitrag im Nachweis des Feuerwiderstandes der Holzbauteile leisten.

Neben der Definition der allgemeinen Leistungsmerkmale einer Brandschutzbekleidung stellt die MHolzBauRL exemplarisch für Gips- und Gipsfaserplatten Lösungen bereit, um die gestellten

Schutzziele zu erfüllen, vgl. Tafel 11.92a. Hierbei sind zwingend die konstruktiven Randbedingungen zur Befestigung und Ausführung einzuhalten! Ergänzend dazu werden Lösungen für Fußbodenaufbauten bereitgestellt, die äquivalent zur Brandschutzbekleidung wirken.

Auf Oberflächen, die nicht gemäß den Vorgaben der MHolzBauRL brandschutztechnisch wirksam bekleidet sind, dürfen keine zusätzlichen Bekleidungsschichten oder Konstruktionen aufgebracht werden. Akustik- oder Kühldecken sind daher ausschließlich auf Decken zulässig, die richtlinienkonform brandschutztechnisch bekleidet wurden.

Tafel 11.92a Anforderungen an Bekleidungsdicken nach MBO und MHolzBauRL

<table>
<tr><th>Bauart</th><th>NE</th><th>GK 2 + GK 3 (fh)</th><th>GK 4 (hfh/ahfh)*</th><th>GK 5 (afb)*</th></tr>
<tr><td rowspan="2">Holztafel-bau</td><td>≤ 200 m²</td><td rowspan="4">keine Anforderung an Bekleidung; Holz bzw. Bauteile auf 30 Min. Abbrand dimensioniert gemäß DIN EN 1995-1-2, DIN 4102-4</td><td>$t_{ch} \geq 30$ Min.
2 x 12,5 mm GKF/GK
oder
1 x 18 mm GKF/GF +
1 x 12 mm HWSt</td><td>$t_{ch} \geq 90$ Min.
2 x 18 mm GKF/GK</td></tr>
<tr><td>≤ 400 m²</td><td>$t_{ch} \geq 60$ Min.
2 x 15 mm GKF/GF</td><td>$t_{ch} \geq 90$ Min.
2 x 18 mm GKF/GK</td></tr>
<tr><td rowspan="2">Massiv-holzbau</td><td>≤ 200 m²</td><td>$t_{ch} \geq 30$ Min.
1 x 18 mm GKF/GF</td><td>$t_{ch} \geq 30$ Min.
1 x 18 mm GKF/GK</td></tr>
<tr><td>≤ 400 m²</td><td>$t_{ch} \geq 60$ Min.
2 x 15 mm GKF/GF</td><td>$t_{ch} \geq 90$ Min.
2 x 18 mm GKF/GK</td></tr>
<tr><td colspan="5">NE: Brutto-Gesamtfläche der Nutzungseinheit
t_{ch}: Zeitpunkt des Beginns der Verkohlung hinter der Bekleidung
fh: feuerhemmend
hfh/ahfh: (abweichend) hochfeuerhemmend
afb: feuerbeständig
GKF: Gipskarton-Feuerschutzplatte
GF: Gipsfaserplatte
HWSt: Holzwerkstoffplatte
* Außenflächen von Außenwänden Bekleidung mit $t_{ch} \geq 30$ Min. (1 x 18 mm GKF/GF) zulässig</td></tr>
</table>

Bemessung auf Abbrand

Tafel 11.92b Nominelle Abbrandraten Holz nach DIN EN 1995-1-2

Material	Abbrandrate β_n (mm/min)
Nadelholz und Buche	
BSH mit einer charakteristischen Rohdichte von ≥ 290 kg/m³	0,7
Vollholz mit einer charakteristischen Rohdichte von ≥ 290 kg/m³	0,8
Laubholz	
Vollholz und BSH mit einer charakteristischen Rohdichte von ≥ 290 kg/m³	0,7
Vollholz und BSH mit einer charakteristischen Rohdichte von ≥ 450 kg/m	0,55

DIN EN 1995-1-2 regelt die Bemessung von unbekleideten sowie bekleideten tragenden und raumabschließenden Holzbauteilen für den Brandfall, die sog. Heißbemessung. Durch eine ‚Überdimensionierung' der einem Brand ausgesetzten Bauteile können Feuerwiderstandsdauern von 90 min. und mehr nachgewiesen werden. Beim zugehörigen Nachweis wird der zu erwartende Abbrand berechnet, wobei der verbleibende Restquerschnitt über die geforderte Widerstandsdauer tragfähig bleiben muss. Da aber bei der Heißbemessung mit geringeren Lasten und Sicherheitsbeiwerten gerechnet werden darf, muss i.d.R. der Querschnitt nicht um den vollen Abbrand vergrößert werden.

Fügung von Elementen und Anschlüsse von Bauteilen

Fügungen von Elementen und Bauteilanschlüsse sind so auszuführen, dass sie auch unter Brandeinwirkung funktionsfähig bleiben und eine Ausbreitung von Feuer und Rauch ausreichend lange verhindern.

Element- und Bauteilfügungen und insbesondere die dabei angeordneten Brandschutzbekleidungen dürfen sich bei Verformungen infolge von Brandeinwirkung nicht öffnen oder ihre Schutzwirkung verlieren. Als ausreichend konstruktiv befestigt gelten Bauteilanschlüsse, wenn stoßende Bauteile im Anschlussbereich in maximal 500 mm Abstand mit Schrauben oder vergleichbar leistungsfähigen Verbindungsmitteln mechanisch verbunden sind. Weiterführend gibt die MHolzBauRL konkrete Lösungen, welche Maßnahmen im Fügungsbereich je nach Spaltmaß auf der brandzugewandten/brandabgewandten Seite und in der Kontaktfläche konstruktiv umzusetzen sind.

Anschlüsse an Bauteile mit geringerer Feuerwiderstandsfähigkeit dürfen die Bekleidung der höherwertigen Bauteile nicht unterbrechen.

Fassadenbekleidungen

In der MHolzBauRL werden die Anforderungen für Fassadenbekleidungen aus Holz und Holzwerkstoffen bis Gebäudeklasse 5 definiert. In Gebäuden der Gebäudeklassen 4 und 5 dürfen Außenwandbekleidungen aus Holz oder Holzwerkstoffen verwendet werden, wenn geeignete Maßnahmen zur Begrenzung einer Brandausbreitung nachgewiesen sind. Dazu zählen unter anderem horizontale Brandsperren, wobei der vertikale Abstand zwischen zwei Brandsperren höchstens 4 Meter betragen darf. Das zugehörige Maß der Auskragung der Brandsperre richtet sich nach der Art der Holzbekleidung. Zudem muss jede Gebäudeseite mit einer Außenwandbekleidung aus Holz oder Holzwerkstoffen für wirksame Löscharbeiten erreichbar sein. In Abstimmung mit der zuständigen Brandschutzdienststelle sind hierfür gegebenenfalls Zufahrten, Durchfahrten oder ausreichend dimensionierte Bewegungsflächen auf dem Grundstück vorzusehen.

Installationen in Bauteilen

Installationen in Holzbauteilen sind nach der MHolzBauRL nur eingeschränkt zulässig. Leitungen und Lüftungsanlagen sollen in Vorsatzschalen oder Schächten verlaufen. Auf Rohdecken dürfen einzelne elektrische Leitungen geführt werden, wenn sie bei Kontakt mit brennbaren Dämmstoffen durch mindestens 10 mm nichtbrennbare Schüttung überdeckt oder die Holzdeckenelemente mit einer 12,5 mm dicke Bekleidung geschützt sind.

In Holztafelbauteilen dürfen elektrische Einbauteile mit max. 200 cm² Öffnungsfläche je Gefach eingebaut werden. Die Dämmschichtdicke muss mindestens 100 mm betragen. Einbauteile müssen einen Abstand von 500 mm zueinander haben oder durch Holzrippen getrennt sein. Ein Mindestabstand von 150 mm zu brennbaren Bauteilen ist erforderlich, alternativ ist ein Schutz durch eine 18 mm dicke Brandschutzbekleidung zulässig.

In Massivholzbauteilen sind Einbauten mit max. 110 cm² Fläche erlaubt, ebenfalls mit 500 mm Abstand. Oberflächennah darf ein 27 × 27 mm großer Kabelkanal in Faserrichtung gefräst werden. Weitere Fräsungen im Inneren sind nicht erlaubt. Einzelne Leitungen dürfen oberflächennah verlaufen, sofern die Standsicherheit gewahrt bleibt.

Weiteres

Für die Planung und Ausführung werden Anforderungen an die Dokumentation, Bauleitung und Übereinstimmungsbestätigung gestellt. Die Ausführung muss mit den Regelungen der Richtlinie übereinstimmen, andernfalls sind individuelle Nachweise oder Bauartgenehmigungen erforderlich.

5.4 Schallschutz

Zu materialunspezifischen Schallschutzanforderungen siehe Kapitel 4 A 6 Bauakustik.

Schallschutzniveau

Da der Mindestschallschutz nach DIN 4109-1 je nach Gebäudestandard oft nicht als ausreichend angesehen wird, kommt der Vereinbarung eines angemessenen Schallschutzniveaus mit dem Bauherrn eine große Bedeutung zu. Die normierten Berechnungsverfahren behandeln nur den Körper- und

Trittschall im Frequenzbereich ab 100 Hz. Da insbesondere Gehgeräusche verstärkt im Bereich ab 50 Hz als störend wahrgenommen werden, empfiehlt es sich, diesen tieffrequenten Bereich durch Einbeziehung des Spektrumanpassungswerts $C_{I50,\,2500}$ in der Berechnung abzubilden, was bei Holzkonstruktionen gut umsetzbar ist (siehe [11.54]). Die Empfehlung 103 der Deutschen Gesellschaft für Akustik e.V. (DEGA) nimmt eine feingliedrige siebenstufige Abstufung vor. Die Richtlinie 4100 des Vereins Deutscher Ingenieure e.V. (VDI) definiert drei Stufen für hochwertigen Schallschutz. **Explizit für den Holzbau entwickelt** sind die beim Informationsdienst Holz beschriebenen Niveaus **Basis+** und **Komfort**.

Tafel 11.94 Schallschutz - Regelwerke und Standards – exemplarisch für den Wohnungsbau

Regelwerk	Standard	Wohnungs-trenndecke		Wohnungs-trennwand
		Luftschall-dämmung R'_w in dB	Tritt-schalldämmung $L'_{n,w}$ in dB	Luftschall-dämmung R'_w in dB
DIN 4109-1 (Januar 2018) Schallschutz im Hochbau	Mindestanforderungen	$R'_w \geq 54$	≤ 53 (für Holzbau)	≥ 53
DIN 4109-5 (August 2020) Schallschutz im Hochbau	Erhöhte Anforderungen	≥ 57	≤ 45	≥ 56
Informationsdienst Holz Holzbau Handbuch Reihe 3, Teil 3, Folge 1 (März 2019)	Basis	Analog DIN 4109-1		
	Basis +	≥ 57	≤ 50 $L_{n,w} + C_{I\,50\text{-}2500} \leq 50$	≥ 56
	Komfort	≥ 60	≤ 46 $L_{n,w} + C_{I\,50\text{-}2500} \leq 47$	≥ 56
DEGA-Empfehlung 103 (Januar 2018)	Klasse F	< 50	> 60	< 50
	Klasse E	≥ 50	≤ 60	≥ 50
	Klasse D	≥ 54	≤ 50	≥ 53
	Klasse C	≥ 57	≤ 45	≥ 56
	Klasse B	≥ 62	≤ 40	≥ 62
	Klasse A	≥ 67	≤ 35	≥ 67
	Klasse A*	≥ 72	≤ 30	≥ 72
VDI 4100 (Oktober 2012)	Schallschutzstufe SSt 1	$D_{nT,w} \geq 56$	≤ 51	$D_{nT,w} \geq 56$
	Schallschutzstufe SSt 2	$D_{nT,w} \geq 59$	≤ 44	$D_{nT,w} \geq 59$
	Schallschutzstufe SSt 3	$D_{nT,w} \geq 64$	≤ 37	$D_{nT,w} \geq 64$

Masse-Feder-Prinzip

Da im Holzbau deutlich weniger Masse als im Massivbau zur Verfügung steht, stehen die Entkoppelung und die Mehrschichtigkeit der Bauteile als Konstruktionsstrategien im Vordergrund.

Trennwände

Bei Trennwänden in Tafelbau und Massivholz kommen Konstruktionen mit zwei Tragschichten oder einschalige Holzkonstruktionen mit vorgesetzter Trockenbauschale in Betracht. Bei Holzmassivkonstruktionen verbessern Direktbeplankungen z.B. mit Gipsplatten den Schallschutz.

Geschossdecken

Bei Geschossdecken steht die Erfüllung des Trittschalls im Vordergrund. Die Wahl der Holzbauweise hat nur geringe Auswirkung auf das Schallschutzniveau, entscheidend ist der weitere Ausbau. Günstig wirken sich aus: Schwimmende Estriche mit möglichst großer Masse, schwere, möglichst elastische Schüttungen auf der Rohdecke, schwere Beplankungen der Rohdecke. Die Wirkung von Abhangdecken ist insbesondere im Massivholzbau abhängig von der Abhanghöhe (min. 20 cm). Ansonsten kann die Abhangdecke insbesondere im tieffrequenten Bereich kontraproduktiv wirken.

Außenwände

Der Schutz vor Außenlärm ist je nach Belastung beim Außenwandaufbau zu prüfen. Günstig wirken sich die Holztafelbauweise, hinterlüftete Fassadenbekleidungen mit möglichst biegeweicher Unterkonstruktion und raumseitige Trockenbau-Vorsatzschalen aus.

Flanken und Nebenwege

Der Ausbildung von Anschlüssen kommt im Holzbau besondere Bedeutung zu. Unbekleidete, über die Grenzen von Nutzungseinheiten verlaufende Holzbauteile (z.B. Trennwand – Geschossdecke) sind zu vermeiden.

Schalltechnisch bewertete Bauteilaufbauten finden sich in großer Varianz auf **www.dataholz.de** [11.55]. Dort sind auch Anschlüsse mit Zu- und Abschlägen für die schallschutztechnische Vorplanung zu entnehmen.

5.5 Bautoleranzen

Eine zentrale Anforderung für das Gelingen der Ausführungsplanung im Holzbau ist die angemessene Berücksichtigung der Bautoleranzen, die für den meist vor Ort erstellten Massivbau und den vorgefertigten Holzbau jeweils unterschiedlich ausfallen. Die typischen Schnittstellen befinden sich etwa zwischen Fundament und aufgehender Wand und zwischen mineralischem Treppenhauskern und anschließenden Holzbau-Decken. Sie müssen so geplant sein, dass jedes Gewerk die zulässige Bautoleranz ausschöpfen kann und die Fügung dennoch gelingt. Es können darüber hinaus mit dem Baumeister explizit erhöhte Anforderungen an die Toleranzen vereinbart werden. Neben klassischen Ausgleichskonstruktionen wie Richtschwellen im Sockelbereich stehen heute spezielle Stahl-Verbindungsmittel zur Verfügung, welche die laserunterstützte, passgenaue Montage von Holzbauteilen an den vor Ort erstellten Stahlbeton-Konstruktionen ermöglichen.

Baustoffunabhängig regelt die DIN 18202 ‚Toleranzen im Hochbau – Bauwerke' die zulässigen Abweichungen, die z.B. für Betonarbeiten vor Ort gelten. In der DIN 18203-3 ‚Toleranzen im Hochbau – Teil 3: Bauteile aus Holz und Holzwerkstoffen' werden die zulässigen Grenzabweichungen für vorgefertigte Holzbauteile wie beispielsweise Tafelbauelemente dargestellt.

In Tafel 11.95 sind exemplarisch die Grenzabweichungen für Maße dargestellt. Abweichungen der Winkel, in der Ebenheit und die Fluchtabweichungen bei Stützen sind ebenfalls zu berücksichtigen.

Tafel 11.95 Exemplarischer Vergleich Bautoleranz DIN 18202 und DIN 18203-3

	Grenzabweichung in mm bei Nennmaßen in m					
	< 1	1 bis 3	3 bis 6	6 bis 15	15 bis 30	> 30
Bauwerk gemäß DIN 18202 Maße im Grundriss, z.B. Längen, Breiten, Achs- und Rastermasse	± 10	± 12	± 16	± 20	± 24	± 30
Holztafeln gemäß DIN 18203-3 Breite, Höhe (Kantenlänge) und Öffnungen	± 2	Nennmaß > 1: ± 0,2 % des Nennmaßes, maximal ± 5				

6 Vorbemessung

In Abschnitt 4 werden verschiedene Holzbauelemente vorgestellt, die im **mehrgeschossigen Wohnungsbau** zum Einsatz kommen. Für diese Elemente (Stützen und Deckensysteme) wurde im Hinblick auf eine möglichst einfache Vordimensionierung eine Vielzahl von Parameterstudien durchgeführt. Die Ergebnisse werden nachfolgend in Form von Diagrammen vorgestellt.

Im mehrgeschossigen Wohnungsbau werden erhöhte Anforderungen an den Schallschutz zwischen fremden Wohnungseinheiten gestellt. Zur Erfüllung dieser Anforderungen sind häufig eine schwere Schüttung und ein schwimmender Estrich und evtl. sogar eine abgehängte Decke notwendig. Dies bewirkt Eigengewichtslasten aus dem Deckenaufbau von ca. 2,5 bis 2,9 kN/m².

Es wurde die Gebäudekategorie A (Wohn- und Aufenthaltsräume) angesetzt mit einer Nutzlast von p_k = 1,5 kN/m² bei Decken mit ausreichender Querverteilung der Lasten bzw. p_k = 2,0 kN/m² bei Decken ohne ausreichende Querverteilung der Lasten (wie z.B. Holzbalkendecken). Zusätzlich wurde ein Trennwandzuschlag von 0,8 kN/m² berücksichtigt.

Bei den Berechnungen zeigte sich, dass nahezu immer die Schwingungsnachweise (Eigenfrequenz und Steifigkeitsanforderung) maßgebend werden. Folgende Grenzwerte wurden angesetzt:

- Frequenzanforderung:
  Eigenfrequenz $f \geq 8$ Hz
- Steifigkeitsanforderung:
  Durchbiegung unter einer Einzellast von 2 kN ≤ 0,5 mm, wobei die Biegesteifigkeit in Querrichtung berücksichtigt wurde

Da das Schwingungsverhalten eines Mehrfeldträgers mit gleichen Stützweiten identisch ist mit dem eines Einfeldträgers, wurden alle Decken als Einfeldträger bemessen.

Auch wenn den Diagrammen statische Nachweise zugrunde liegen, sind sie **kein Ersatz für eine statische Berechnung/Bemessung** im konkreten Einzelfall.

Die Diagramme wurden weiterhin nur für die „Kaltbemessung“ erstellt, eine Brandbemessung ist gesondert zu führen.

Stützen

BSH GL24h

Geschosshöhe 3,5 m

Eigenlast $g_k = 4{,}0$ kN/m²

Nutzlast $p_k = 2{,}3$ kN/m²

Lasteinzugsfläche 3x3 bis 5x5 m

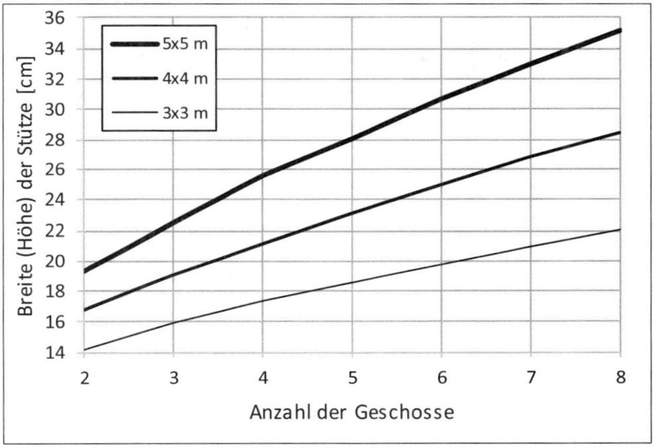

Abb. 11.97a Stützenquerschnitt in Abhängigkeit von der Geschosszahl und der Einzugsfläche

Holzbalkendecken

- VH C24
- Balkenabstand $a = 0{,}625$ m

BSH GL24 hat keinen nennenswerten Einfluss

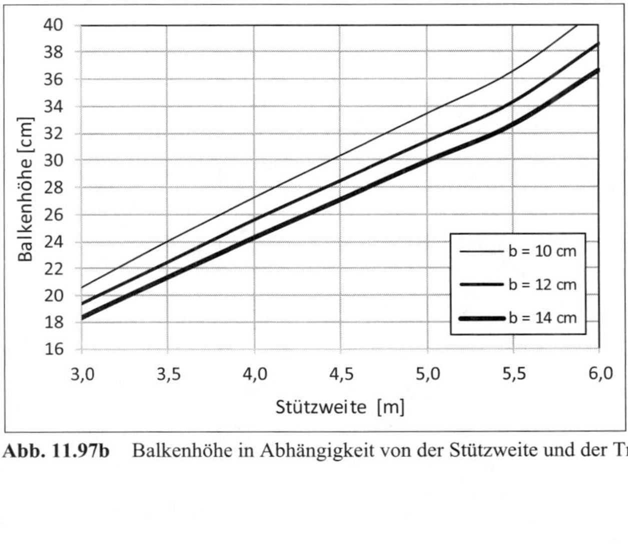

Abb. 11.97b Balkenhöhe in Abhängigkeit von der Stützweite und der Trägerbreite

Brettstapel-/Brettschichtholzdecken

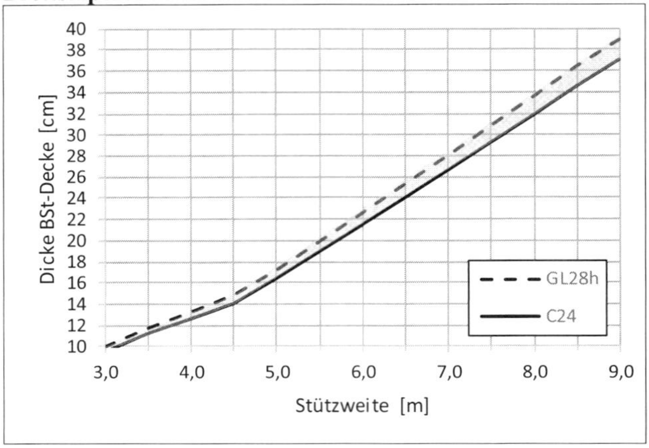

Abb. 11.98a Deckenhöhe in Abhängigkeit von der Stützweite

Kastendecken

Grauer Bereich:

- Stege aus BSH
  Breite b_{St} = 60/80 mm
  Stegabstand a = 300 bis 800 mm
- Gurte aus 3S-Platten, t = 27 mm

  (Kerto-)Ripa:
- Stege und Gurte 75 mm dick

  Stegabstand a = 500 mm

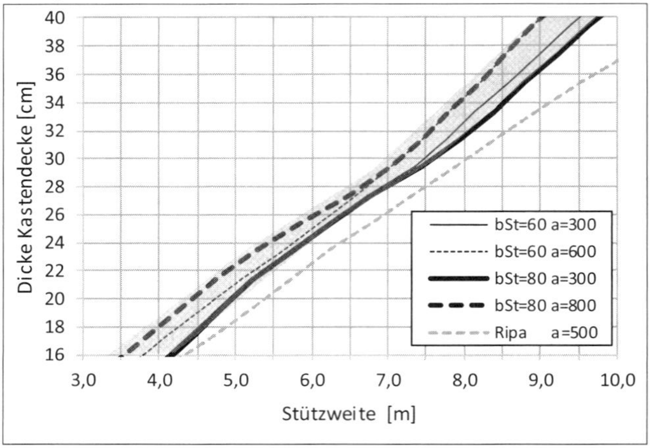

Abb. 11.98b Deckenhöhe in Abhängigkeit von Stützweite, Stegbreite und Stegabstand

Brettsperrholzdecken (BSPH)

Alternierender Aufbau mit Längs- und Querlagen gleicher Dicke
Bei größeren Dicken werden spezielle Aufbauten angeboten,
z.B. mit 2 parallelen Decklagen (siehe Hersteller C)

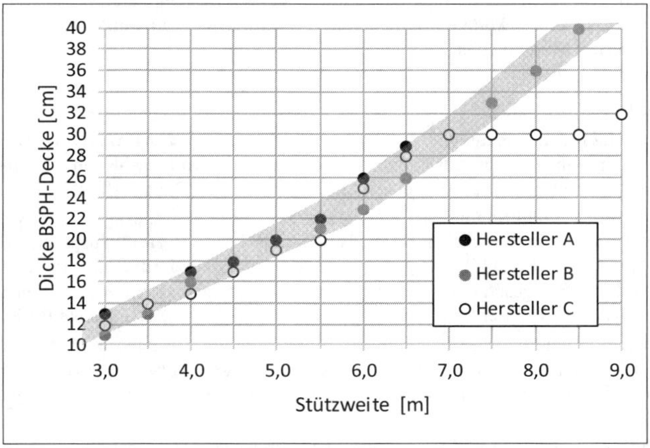

Abb. 11.99a Deckenhöhe in Abhängigkeit von der Stützweite

Holz-Beton-Verbunddecken

Brettstapeldecke C24
Dicke der Betonschicht ca. 40 bis 70 % der Holzdicke
Schrauben unter 45°

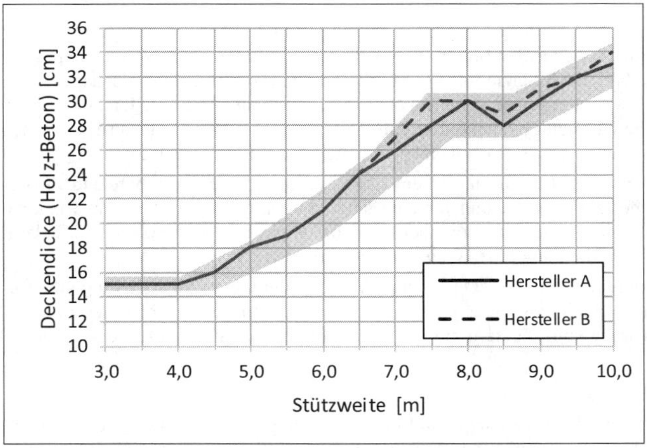

Abb. 11.99b Deckenhöhe in Abhängigkeit von der Stützweite

7 Holz im Lebenszyklus

Holz ist derzeit in Deutschland ohne Einschränkung verfügbar und kann fossile Baustoffe substituieren. Der nachwachsende Rohstoff hat hinsichtlich der Lebenszyklusbetrachtung große ökologische Vorteile und einige noch nicht voll erschlossene Potenziale. Diese werden im Folgenden in der Reihenfolge der in DIN EN 15978 ‚Nachhaltigkeit von Bauwerken – Bewertung der Umweltleistung von Gebäuden – Methodik' definierten Module behandelt.

Modul A Herstellung und Errichtung

Die Module A 1 bis 3 beschreiben den Prozess von der Rohstoffgewinnung bis zur Produktion. Die Vorfertigung im Holzbau-Unternehmen ist grundsätzlich A 3 zugeordnet, wird aber hier in Abhängigkeit von der Datensatzqualität nicht oder nur teilweise rechnerisch in dieser Phase erfasst.

Bäume speichern im Wachstum CO_2 und Sonnenenergie ein. Das im Gebäude eingespeicherte CO_2 entlastet das Klima aktiv und wird deshalb in dieser Phase als negativer Wert im Treibhauspotenzial (Global Warming Potential total – GWP_{total}) bilanziert: Im Gegensatz zur Bilanzierung aller fossilen Materialien wird hier eine Gutschrift angesetzt. Die Höhe dieser Gutschrift spiegelt im Wesentlichen die im Werkstoff vorhandene Holzmenge, der Bearbeitungsgrad spielt nur eine untergeordnete Rolle.

Der benötigte Einsatz von nicht erneuerbarer Primärenergie (PENRT) in der Herstellung hängt sehr wesentlich von der Wahl der Holzbaustoffe ab: Vollholzprodukte sind mit geringem Energieaufwand herstellbar. Mit steigendem Leimanteil und Bearbeitungsgrad steigt die benötigte Menge an Energie teils erheblich an.

Im Modul A 4 wird der Transport von der Produktionsstätte zur Baustelle, in A 5 der Einbau vor Ort betrachtet. Die leichte, deshalb transportfreundliche Holzbauweise und der typischerweise hohe Vorfertigungsgrad führen zu Vorteilen gegenüber massiven Bauweisen. Die Berechnung der Module A 4 bis 5 ist standortabhängig und wird bei den gängigen LCA-Standards vom Qualitätssiegel Nachhaltige Gebäude (QNG) und der Deutschen Gesellschaft für Nachhaltiges Bauen (DGNB) nicht im rechnerisch dargestellten Bilanzierungsrahmen erfasst.

Module B Nutzung

Bei den Modulen Nutzung, Instandhaltung, Reparatur, Austausch und Modernisierung (B1 bis B5) ist eine lange Lebensdauer der verwendeten Materialien und Konstruktionen Grundvoraussetzung für eine positive Betrachtung. Für die Bilanzierung ist es entscheidend, ob innerhalb der angesetzten Nutzungsdauer des Gebäudes (in der Regel 50 Jahre) eine Auswechslung von Bauteilen zu erwarten ist, was insbesondere bei bewitterten Holzbauteilen von Relevanz ist. In den Bilanzierungsrahmen von QNG und DGNB fällt nur das baustoffbezogen betrachtete Modul B 4 Austausch.

Unabhängig von der rechnerischen Bilanzierung ist eine gut gestaltete, flexibel nutzbare und anpassbare Gebäudestruktur die beste Voraussetzung für eine lange Nutzungsdauer. Wie beim Rückbau sollten die Konstruktionen schichtenweise demontabel und damit leicht austauschbar sein. Diese konstruktive Anpassbarkeit wird bislang in der Bilanzierung nicht erfasst.

Die Module B 6 Betriebsenergie und B 7 Wasserverbrauch sind in der Gesamtbilanzierung von großem Einfluss, im Grundsatz jedoch materialunabhängig. Prinzipiell ist bei Gebäudehüllen in Holzbauweise ein sehr hoher Wärmedämmstandard mit geringem Mehraufwand zu erreichen.

Module C Ende der Nutzungsphase

Analog zu den Modulen A 4 bis 5 ist die leichte und im Grundsatz gut demontable Bauweise beim Abbruch vor Ort (C 1) und beim Abtransport zur Aufbereitungsstätte (C 2) im Vergleich mit konventionellen Bauweisen positiv zu sehen. Der rechnerische Nachweis dieser Module ist jedoch ebenfalls sehr komplex und nicht Bestandteil bei o.g. LCA-Standards.

Im Modul C 3 Abfallbehandlung wird der Aufwand beispielsweise für das Zerkleinern von Holz für die weitere Verwendung als Brennstoff bilanziert. Derzeit wird rechnerisch von einer thermischen Verwertung von Holz und Holzwerkstoffen ausgegangen, eine technisch durchaus mögliche und in Teilen praktizierte bereits stoffliche Verwertung (siehe Folgeabschnitt zur Kaskadennutzung) wird hier bislang nicht ausreichend berücksichtigt. Die Emission des in der Wachstumsphase gebundenen CO_2 durch Verbrennung wird ebenfalls in C 3 im GWP_{total} erfasst. Der Energiegewinn durch freigesetzten Heizwert bei der Verbrennung wird ebenfalls in C 3 bilanziert, fließt jedoch als Energie aus erneuerbarer Quelle nicht in den Schlüsselindikator PERNT ein.

Mit einer künftigen Stärkung des Recyclings im Holzbau wäre eine wesentliche Verbesserung auch in der Bilanzierung erreichbar.

Holz und Holzwerkstoffe werden in aller Regel nicht deponiert, sodass die Datensätze keine Werte für das Modul C 4 Entsorgung enthalten.

Recyclingpotenzial D

Diese Module beschreiben die Vorteile und Belastungen außerhalb der Systemgrenzen. Hier werden die Aspekte der thermischen Verwertung erfasst, die der Substitution von fossilen Brennstoffen zugeordnet werden. Damit verbunden wird eine Einsparung an CO_2-Emission und nicht erneuerbarer Primärenergie dokumentiert.

Tafel 11.101 Überblick Holz und Holzwerkstoffe im Lebenszyklus

Module Lebenszyklus	**Herstellung A1 bis A3**		**Abfallbehandlung C3**		**Recyclingpotenzial D energetisch**	
Materialbezeichnung gem. Ökobaudat (jeweils Datensatz Durchschnitt DE)	PENRT in MJ/m³	GWP_{total} in kg CO_2-Äqv./m³	PENRT in MJ/m³	GWP_{total} in kg CO_2-Äqv./m³	PENRT in MJ/m³	GWP_{total} in kg CO_2-Äqv./m³
Nadelschnittholz getrocknet	717.2	-741.3	139,7	803	-4141	-282,2
Laubschnittholz getrocknet	1377	-1136	139,7	1257	-6625	-452
Konstruktionsvollholz	1128	-727	134,5	816	-4195	-283,1
Brettschichtholz Standardformen	2233	-668.2	51,69	825,6	-4252	-248
Brettsperrholz	1811	-669.6	64,15	798,7	-4044	-238,7
3- und 5-Schicht-Massivholzplatte	2240	-659	-38,67	816,4	-4023	-191,8
Holzfaserdämmstoffplatte Trockenverfahren	1813	-174.8	-72,22	258,3	-2008	-113,4
Spanplatte, roh	3468	-818.6	-440,6	995,7	-3970	-96,96
Oriented Strand Board	8209	-639.3	-281,7	983,2	-4661	-165,5

Quelle Daten: www.oekobaudat.de Stand Juli 2025 (Datensätze OBD_2024_I_A2)

Übersichtliche und frei zugängliche Recherchemöglichkeiten zum ökologischen Potenzial von Holz und anderen Baustoffen bietet das Informationsportal ‚ÖKOBAUDAT' (www.oekobaudat.de) des Bundesministeriums für Wohnen, Stadtentwicklung und Bauwesen. Auf diesen Datensätzen baut die ebenfalls frei nutzbare und vom Bundesinstitut für Bau-, Stadt- und Raumforschung zur Verfügung gestellte Software ‚eLCA' (www.bauteileditor.de) auf, die für LCA-Analysen genutzt werden kann.

Kreislauffähigkeit

Holz hat auf mehreren Ebenen das Potenzial für eine zirkuläre Verwendung: Holzquerschnitte oder ganze Bauelemente können in einem Recycling direkt wiederverwendet oder aber in einem stufenweisen Downcycling (als sog. Kaskadennutzung z.B. in der Nutzungskette Vollholz-Lagenwerkstoff-Faserwerkstoff) mehrmals genutzt werden, bevor die thermische Verwertung eine idealerweise sehr lange Nutzungsphase beendet. Diese Prozesse sind technisch möglich und erprobt und müssen sich aus ökologischer Sicht künftig stärker in die Breite entwickeln.

Konstruktionen und Verbindungen sollten unter Berücksichtigung der Aspekte Rückbaubarkeit und Trennbarkeit entwickelt werden. Verbundkonstruktionen sind unter diesem Gesichtspunkt zu vermeiden.

Die Wiederverwendung von Altholz ist im Grundsatz in der ‚Verordnung über Anforderungen an die Verwertung und Beseitigung von Altholz (Altholzverordnung – AltholzV) geregelt. Hier ist die Wiederverwendbarkeit auch von verleimtem und gestrichenem Altholz für die Herstellung von Holzwerkstoffen dokumentiert.

Tafel 11.102a Altholzkategorien A I bis A IV gemäß Altholzverordnung

Altholzkategorie	Beschreibung
A I	Naturbelassenes oder lediglich mechanisch bearbeitetes Altholz, das bei seiner Verwendung nicht mehr als unerheblich mit holzfremden Stoffen verunreinigt wurde.
A II	Verleimtes, gestrichenes, beschichtetes, lackiertes oder anderweitig behandeltes Altholz ohne halogenorganische Verbindungen in der Beschichtung und ohne Holzschutzmittel.
A III	Altholz mit halogenorganischen Verbindungen in der Beschichtung ohne Holzschutzmittel.
A IV	Mit Holzschutzmitteln behandeltes Altholz, wie Bahnschwellen, Leitungsmasten, Hopfenstangen, Rebpfähle, sowie sonstiges Altholz, das aufgrund seiner Schadstoffbelastung nicht den Altholzkategorien A I, A II oder A III zugeordnet werden kann, ausgenommen PCB-Altholz.

Tafel 11.102b Verfahren für die stoffliche Verwertung von Altholz gemäß Altholzverordnung

Verwertungsverfahren	Zugelassene Altholzkategorien				Besondere Anforderungen
	A I	A II	A III	A IV	
Aufbereitung von Altholz zu Holzhackschnitzeln und Holzspänen für die Herstellung von Holzwerkstoffen	ja	ja	(ja)		Die Aufbereitung von Altholz der Altholzkategorie A III ist nur zulässig, wenn Lackierungen und Beschichtungen durch eine Vorbehandlung weitgehend entfernt wurden oder im Rahmen des Aufbereitungsprozesses entfernt werden.
Gewinnung von Synthesegas zur weiteren chemischen Nutzung	ja	ja	ja	ja	Eine Verwertung ist nur in hierfür nach § 4 des Bundesimmissionsschutzgesetzes genehmigten Anlagen zulässig.
Herstellung von Aktivkohle/Industrieholzkohle	ja	ja	ja	ja	Eine Verwertung ist nur in hierfür nach § 4 des Bundesimmissionsschutzgesetzes genehmigten Anlagen zulässig.

8 Querschnitte

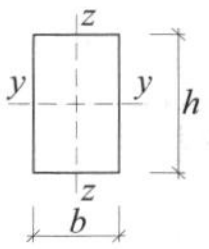

Die angegebenen Querschnittswerte gelten für eine Holzfeuchte von etwa 20 % (bei KVH 15 ± 3 %).

Biegung / Knicken um die y-Achse:

$$W_y = \frac{b \cdot h^2}{6} \quad I_y = \frac{b \cdot h^3}{12} \quad i_y = \frac{h}{\sqrt{12}}$$

Biegung / Knicken um die z-Achse:

$$W_z = \frac{h \cdot b^2}{6} \quad I_z = \frac{h \cdot b^3}{12} \quad i_z = \frac{b}{\sqrt{12}}$$

Vorzugsquerschnitte: ■ KVH □ BASH (Duo-/Triobalken) ⊠ BASH (sichtbar) ♦ BSH

Tafel 11.103 Querschnittswerte für Balken

VH *b*/*h* [cm/cm]	g_k [1)] [kN/m]	*A* [cm²]	W_y [cm³]	I_y [cm⁴]	i_y [cm]	W_z [cm³]	I_z [cm⁴]	i_z [cm]	BSH *b*/*h* [cm/cm]
■□ 6/12	0,036	72	144	864	3,46	72	216	1,73	6/12 ♦
■□ 6/14	0,042	84	196	1372	4,04	84	252	1,73	6/14
■□ 6/16	0,048	96	256	2048	4,62	96	288	1,73	6/16 ♦
■□ 6/18	0,054	108	324	2916	5,20	108	324	1,73	6/18
■□ 8/12	0,048	96	192	1152	3,46	128	512	2,31	8/12 ♦
■⊠ 8/16	0,064	128	341	2731	4,62	171	683	2,31	8/16 ♦
■⊠ 8/18	0,072	144	432	3888	5,20	192	768	2,31	8/18
■⊠ 8/20	0,080	160	533	5333	5,77	213	853	2,31	8/20 ♦
■□ 8/22	0,088	176	645	7099	6,35	235	939	2,31	8/22
■□ 8/24	0,096	192	768	9216	6,93	256	1024	2,31	8/24
■□ 10/10	0,050	100	167	833	2,89	167	833	2,89	10/10
■⊠ 10/16	0,080	160	427	3413	4,62	267	1333	2,89	10/16 ♦
⊠ 10/18	0,090	180	540	4860	5,20	300	1500	2,89	10/18
■⊠ 10/20	0,100	200	667	6667	5,77	333	1667	2,89	10/20 ♦
⊠ 10/22	0,110	220	807	8873	6,35	367	1833	2,89	10/22 ♦
■⊠ 10/24	0,120	240	960	11520	6,93	400	2000	2,89	10/24
■⊠ 12/12	0,072	144	288	1728	3,46	288	1728	3,46	12/12 ♦
■⊠ 12/16	0,096	192	512	4096	4,62	384	2304	3,46	12/16 ♦
■⊠ 12/20	0,120	240	800	8000	5,77	480	2880	3,46	12/20 ♦
⊠ 12/22	0,132	264	968	10648	6,35	528	3168	3,46	12/22 ♦
■⊠ 12/24	0,144	288	1152	13824	6,93	576	3456	3,46	12/24 ♦
12/28	0,168	336	1568	21952	8,08	672	4032	3,46	12/28 ♦
12/32	0,192	384	2048	32768	9,24	768	4608	3,46	12/32 ♦
■⊠ 14/14	0,098	196	457	3201	4,04	457	3201	4,04	14/14 ♦
⊠ 14/16	0,112	224	597	4779	4,62	523	3659	4,04	14/16 ♦
⊠ 14/20	0,140	280	933	9333	5,77	653	4573	4,04	14/20 ♦
⊠ 14/22	0,154	308	1129	12423	6,35	719	5031	4,04	14/22 ♦
⊠ 14/24	0,168	336	1344	16128	6,93	784	5488	4,04	14/24 ♦
14/28	0,196	392	1829	25611	8,08	915	6403	4,04	14/28 ♦
14/32	0,224	448	2389	38229	9,24	1045	7317	4,04	14/32 ♦
14/36	0,252	504	3024	54432	10,39	1176	8232	4,04	14/36 ♦
⊠ 16/16	0,128	256	683	5461	4,62	683	5461	4,62	16/16 ♦
⊠ 16/20	0,160	320	1067	10667	5,77	853	6827	4,62	16/20 ♦
⊠ 16/22	0,176	352	1291	14197	6,35	939	7509	4,62	16/22 ♦
⊠ 16/24	0,192	384	1536	18432	6,93	1024	8192	4,62	16/24 ♦
16/28	0,224	448	2091	29269	8,08	1195	9557	4,62	16/28 ♦
16/32	0,256	512	2731	43691	9,24	1365	10923	4,62	16/32 ♦
16/36	0,288	576	3456	62208	10,39	1536	12288	4,62	16/36 ♦
16/40	0,320	640	4267	85333	11,55	1707	13653	4,62	16/40 ♦

1) g_k mit 5,0 kN/m³ berechnet.

Tafel 11.103 (Fortsetzung) Querschnittswerte für Balken

VH b/h [cm/cm]	g_k [1)] [kN/m]	A [cm²]	W_y [cm³]	I_y [cm⁴]	i_y [cm]	W_z [cm³]	I_z [cm⁴]	i_z [cm]	BSH b/h [cm/cm]
18/18	0,162	324	972	8748	5,20	972	8748	5,20	18/18
18/24	0,216	432	1728	20736	6,93	1296	11664	5,20	18/24
18/28	0,252	504	2352	32928	8,08	1512	13608	5,20	18/28
18/32	0,288	576	3072	49152	9,24	1728	15552	5,20	18/32
18/36	0,324	648	3888	69984	10,39	1944	17496	5,20	18/36
18/40	0,360	720	4800	96000	11,55	2160	19440	5,20	18/40
20/20	0,200	400	1333	13333	5,77	1333	13333	5,77	20/20
20/24	0,240	480	1920	23040	6,93	1600	16000	5,77	20/24
20/28	0,280	560	2613	36587	8,08	1867	18667	5,77	20/28
20/32	0,320	640	3413	54613	9,24	2133	21333	5,77	20/32
20/36	0,360	720	4320	77760	10,39	2400	24000	5,77	20/36
20/40	0,400	800	5333	106667	11,55	2667	26667	5,77	20/40

1) g_k mit 5,0 kN/m³ berechnet.

Tafel 11.104a Querschnittswerte für Rundhölzer

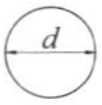 d [cm]	g_k [1)] [kN/m]	A [cm²]	W [cm³]	I_y [cm⁴]	i_y [cm]
10	0,039	78,5	98,2	491	2,50
12	0,057	113	170	1020	3,00
14	0,077	154	269	1890	3,50
16	0,100	201	402	3220	4,00
18	0,127	254	573	5150	4,50
20	0,157	314	785	7850	5,00
22	0,190	380	1050	11500	5,50
24	0,226	452	1360	16290	6,00
26	0,265	531	1730	22430	6,50
28	0,308	616	2160	30170	7,00
30	0,353	707	2650	39760	7,50

1) g_k mit 5,0 kN/m³ berechnet.

Tafel 11.104b Querschnittswerte für Dachlatten

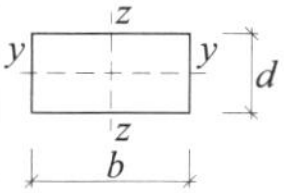 d/b [mm/mm]	g_k [1)] [kN/m]	A [cm²]	W_y [cm³]	I_y [cm⁴]	i_y [cm]	W_z [cm³]	I_z [cm⁴]	i_z [cm]
30/50	0,008	15,0	7,5	11,3	0,87	12,5	31,3	1,45
40/60	0,012	24,0	16,0	32,0	1,16	24,0	72,0	1,73

1) g_k mit 5,0 kN/m³ berechnet.

Tafel 11.104c Ungehobelte Bretter und Bohlen

	Bretter	Bohlen
Dicken in [mm] [1)]	16, **18**, 22, **24**, 28, 38	44, 48, **50**, 63, 70, 75
Breiten in [mm] [1)]	80, 100, 120, 140, 150, 160, 180, 200, 220, 240, 180, 300	
Längen in [m] [1)]	von 1,50 m bis 6,0 m bei Abstufungen von 0,25 bzw. 0,30 m	

1) Andere Maße auf Anfrage.

12 A Beton und Mörtel
12 B Betonstahl
12 C Stahlbetonbau nach Eurocode 2

ZUM EINSTIEG 12.2
I **Bemessungskonzept nach EC 2** 12.2
II **Bemessungsbeispiel** 12.3

A **BETON UND MÖRTEL** 12.6
1 **Beton – Allgemeines** 12.6
2 **Beton nach Eigenschaften** 12.6
3 **Beton nach Zusammensetzung** 12.6
4 **Klasseneinteilung von Beton** 12.7
5 **Beton und Betonausgangsstoffe – Eigenschaften und Anforderungen** ... 12.11
6 **Lieferung von Frischbeton (Transportbeton)** 12.15
7 **Nachbehandlung und Schutz des Betons** 12.15
8 **Verwendbarkeitsnachweis von Beton – Produktionskontrolle, Überwachung und Zertifizierung** 12.16
9 **Beton – Überwachungsprüfungen durch das Bauunternehmen** 12.17
10 **Sichtbeton** 12.19
11 **Infraleichtbeton** 12.21
12 **R-Beton (Beton mit rezyklierter Gesteinskörnung)** 12.21
13 **Stampfbeton** 12.22
14 **Mörtel** 12.23

B **BETONSTAHL** 12.26
1 **Lieferformen** 12.26
2 **Eigenschaften und zulässige Schweißverfahren** 12.29

C **STAHLBETONBAU NACH EUROCODE 2** 12.30
1 **Formelzeichen, Begriffe, Geltungsbereich** 12.30
1.1 Formelzeichen 12.30
1.2 Begriffe 12.31
1.3 Geltungsbereich 12.31
2 **Bemessungsgrundlagen** 12.32
2.1 Nachweisform u. Sicherheitsbeiwerte... 12.32
2.1.1 Bemessungskonzept und -situation..... 12.32
2.1.2 Grenzzustände der Tragfähigkeit 12.32
2.1.3 Grenzzustände der Gebrauchstauglichkeit 12.34
2.1.4 Dauerhaftigkeit 12.34
2.1.5 Anforderungen an Befestigungsmittel .. 12.34
2.2 Ausgangswerte für die Bemessung..... 12.35
2.2.1 Beton 12.35
2.2.2 Betonstahl 12.36
3 **Schnittgrößenermittlung** 12.37
3.1 Allgemeine Grundlagen 12.37
3.2 Imperfektionen 12.38
3.3 Räumliche Steifigkeit u. Stabilität 12.39
3.4 Tragwerksidealisierung 12.39
3.5 Berechnungsverfahren 12.40
3.5.1 Verfahren zur Schnittgrößenermittlung . 12.40
3.5.2 Vereinfachungen 12.40
3.5.3 Lineare Berechnung ohne oder mit begrenzter Umlagerung 12.41
4 **Konstruktionsgrundlagen** 12.42
4.1 Expositionsklassen, Betondeckung, Stababstände 12.42
4.1.1 Expositionsklassen und Mindestbetonfestigkeit 12.42
4.1.2 Mindestmaß c_{min} und Nennmaß c_{nom} der Betondeckung 12.42
4.1.3 Stababstände 12.42
4.2 Betonstahl 12.44
4.2.1 Krümmungen 12.44
4.2.2 Verbund und Bemessungswert der Verbundspannungen 12.44
4.2.3 Verankerungen 12.45
4.2.4 Übergreifungsstöße von Stäben 12.46
4.2.5 Übergreifungsstöße von Betonstahlmatten aus Rippenstäben 12.47
4.2.6 Verankerungen von Bügeln und Querkraftbewehrung 12.47
5 **Bemessung und Konstruktion von Bauteilen** 12.48
5.1 Platten 12.48
5.1.1 Schnittgrößenermittlung 12.48
5.1.2 Tragfähigkeitsnachweise für Platten 12.53
5.1.3 Gebrauchstauglichkeit 12.54
5.1.4 Konstruktive Durchbildung 12.56
5.1.5 Bemessungshilfen für Platten 12.57
5.2 Balken, Plattenbalken 12.59
5.2.1 Schnittgrößen 12.59
5.2.2 Tragfähigkeit 12.59
5.2.3 Gebrauchstauglichkeit 12.64
5.2.4 Konstruktion und Bewehrung 12.66
5.3 Stützen 12.71
5.3.1 Schnittgrößenermittlung 12.71
5.3.2 Bemessung von Stützen 12.73
5.3.3 Konstruktive Durchbildung von Stützen 12.75
5.4 Fundamente 12.76
5.4.1 Bewehrte Einzelfundamente 12.76
5.4.2 Unbewehrte Fundamente 12.77
5.5 Wände, Scheiben, Konsolen 12.78
5.5.1 Wände 12.78
5.5.2 Wandartige Träger 12.78
5.5.3 Konsolen, ausgeklinkte Trägerenden ... 12.79
5.6 Andere Bauteile und besondere Bestimmungen 12.79
6 **Bemessungstafeln** 12.81
7 **Bewehrungszeichnungen; Konstruktionstafeln** 12.86
7.1 Bewehrungszeichnungen 12.86
7.1.1 Darstellung von Stabstahlbewehrung ... 12.86
7.1.2 Darstellung von Mattenbewehrung..... 12.87
7.2 Konstruktionstafeln 12.88
7.2.1 Betonstabstahl B500 .... 12.88
7.2.2 Betonstahlmatten B500 A 12.90

Zum Einstieg

Prof. Dr.-Ing. Alfons Goris, Prof. Dr.-Ing. Andrej Albert, Prof. Dr.-Ing. Michél Bender

I Bemessungskonzept nach Eurocode 2

Die Bemessung der tragenden Konstruktion eines Bauwerks muss sicherstellen, dass ein Tragwerk

- mit angemessener Zuverlässigkeit den Einwirkungen während der Nutzung standhält,
- mit annehmbarer Wahrscheinlichkeit die geforderte Gebrauchstauglichkeit behält,
- eine angemessene Dauerhaftigkeit aufweist.

Diese grundlegenden Forderungen werden durch Nachweise in *Grenzzuständen* erfüllt; damit werden Zustände beschrieben, bei denen ein Tragwerk die Entwurfsanforderungen gerade noch erfüllt. Zu unterscheiden sind Grenzzustände der Tragfähigkeit, der Gebrauchstauglichkeit und der Dauerhaftigkeit

Grenzzustände der Tragfähigkeit (s. Kap. C, Abschn. 2.1.2)

Der Bemessungswert einer Beanspruchung E_d darf den einer Beanspruchbarkeit R_d nicht überschreiten:

$$\boldsymbol{E_d \leq R_d} \qquad E_d = f(\gamma_F \cdot E_k) \qquad R_d = f(X_k / \gamma_M)$$

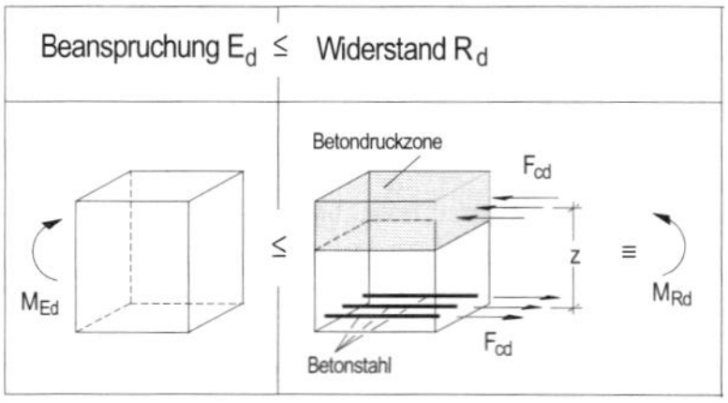

Die Beanspruchung E_d erhält man durch Multiplikation von charakteristischen Werten E_k (Lasten, Schnittgrößen etc.) mit lastartabhängigen Teilsicherheitsbeiwerten γ_F. Die Tragfähigkeit R_d ergibt sich durch Verminderung der charakteristischen Baustofffestigkeiten X_k um materialabhängige Teilsicherheitsbeiwerte γ_M.

Grenzzustände der Gebrauchstauglichkeit
(s. Kap. C, Abschn. 2.1.3)

Unter einer festgelegten Einwirkungskombination (charakteristische Werte der Eigenlasten G_k und einem Anteil der veränderlichen Lasten $\psi_i \cdot Q_k$) ist nachzuweisen, dass der Nennwert einer Bauteileigenschaft (zulässige Durchbiegung, Rissbreite u. a.) nicht überschritten wird.

Dauerhaftigkeit (s. Kap. C, Abschn. 2.1.4)

Eine ausreichende Dauerhaftigkeit wird in Abhängigkeit von den Umweltbedingungen durch geeignete Baustoffe (s. Kap. A) und eine entsprechende bauliche Durchbildung (Betondeckung etc.) nachgewiesen.

Erläuterung der Grenzzustände an Beispielen

	Grenzzustände	Beispiele
①	Grenzzustände der Tragfähigkeit – Biegung und Längskraft – Querkraft, Torsion, Durchstanzen – Verformungsbeeinflusste Grenzzustände der Tragfähigkeit (Knicken)	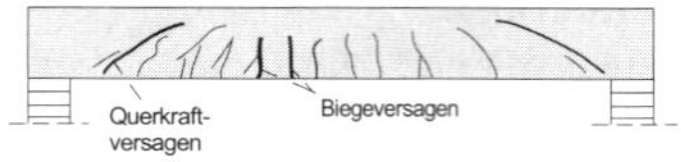 Biegebruch/Schubbruch bei zu schwacher Bewehrung und/oder zu gering dimensioniertem Betonquerschnitt
②	Grenzzustände der Gebrauchstauglichkeit – Spannungsbegrenzung – Begrenzung der Rissbreiten – Begrenzung der Verformungen	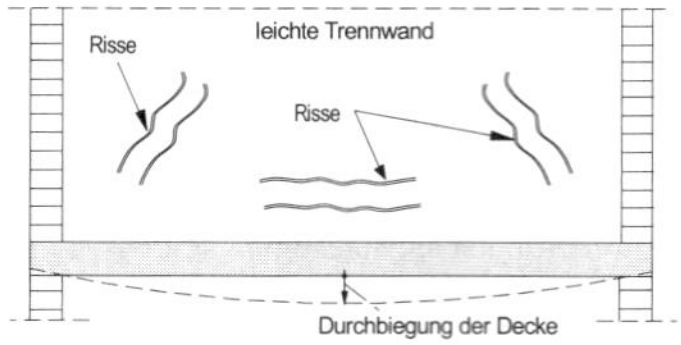 Durchbiegungsschäden (z. B. an leichten Trennwänden)
③	Dauerhaftigkeit, z. B. – Betonzusammensetzung – Betonverarbeitung – Betondeckung der Bewehrung	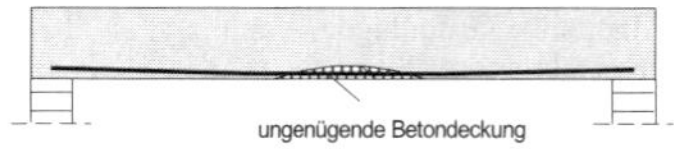 Korrosion der Bewehrung, Betonabplatzungen

II Bemessungsbeispiel

1 Tragwerksbeschreibung

Die dargestellte Decke mit Unterzug einer Warenhauserweiterung ist zu bemessen, es liegt die Expositionsklasse XC 1 vor (s. Kap. C, 4.1.1). Im Beispiel werden die Nachweise für eine Biege- und Querkraftbeanspruchung in den Grenzzuständen der Tragfähigkeit und der Gebrauchstauglichkeit gezeigt; Nachweise zur Dauerhaftigkeit und zur Bewehrungsführung sind zusätzlich zu führen und hier nicht dargestellt.

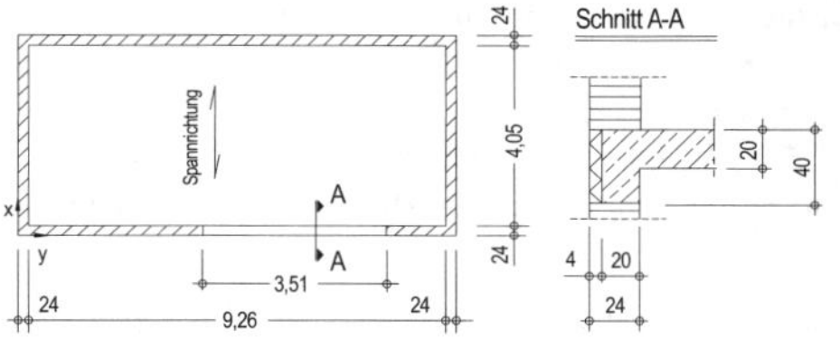

Baustoffe: Beton: C20/25
Betonstahl: B 500 A

Belastung: Eigenlast g_{k1}
Zusatzeigenlast $g_{k2} = 1{,}25$ kN/m²
Nutzlast $q_k = 5{,}00$ kN/m²

2 Bemessung und Konstruktion der Platte (Decke)

2.1 Tragwerksidealisierung

(vgl. Kap. C, 3.4 und 5.1.1.1)

Die Platte kann wegen überwiegender Lastabtragung in einer Richtung als einachsig, in Richtung der kürzeren Stützweite gespannt, gerechnet werden. Als Ersatzsystem wird dabei ein *Plattenstreifen mit einer Breite von einem Meter* angenommen. Die Stützweite wird ermittelt als Abstand der Auflagermitten, max. jedoch lichte Weite zzgl. je $0{,}5h$ (vgl. Kap. C, 3.4.3):

$l_x = 4{,}05 + 2 \cdot 0{,}20/2 = 4{,}25$ m

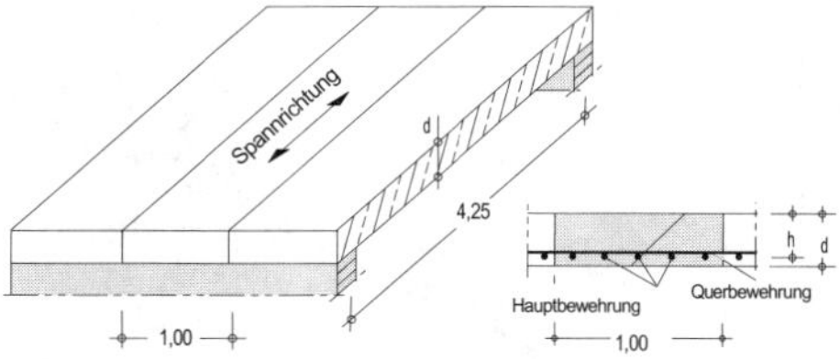

Belastung

Konstruktionseigenlast:	$0{,}20 \cdot 25{,}0 = 5{,}00$ kN/m²		$g_{k1} = 5{,}00$ kN/m²
Zusatzeigenlast (Estrich, Belag, Putz ...):			$g_{k2} = 1{,}25$ kN/m²
		Σ ständige Lasten:	$g_k = 6{,}25$ kN/m²
Nutzlast in Warenhäusern (EC 1):		Σ veränderliche Lasten:	$q_k = 5{,}00$ kN/m²

2.2 Tragfähigkeitsnachweise für die Platte (s. Kap. C, Abschn. 5.1.2)

Schnittgrößen

Bemessungslast: $r_d = (\gamma_G \cdot g_k + \gamma_Q \cdot q_k)$
$= 1{,}35 \cdot 6{,}25 + 1{,}50 \cdot 5{,}00$
$= 15{,}93$ kN/m²

Biegemoment: $M_{Ed} = 0{,}125 \cdot r_d \cdot l_x^2$
$= 0{,}125 \cdot 15{,}93 \cdot 4{,}25^2$
$= 36{,}0$ kNm/m

Querkraft: $V_{Ed} = 0{,}5 \cdot r_d \cdot l_x = 0{,}5 \cdot 15{,}93 \cdot 4{,}25$
$= 33{,}85$ kN/m

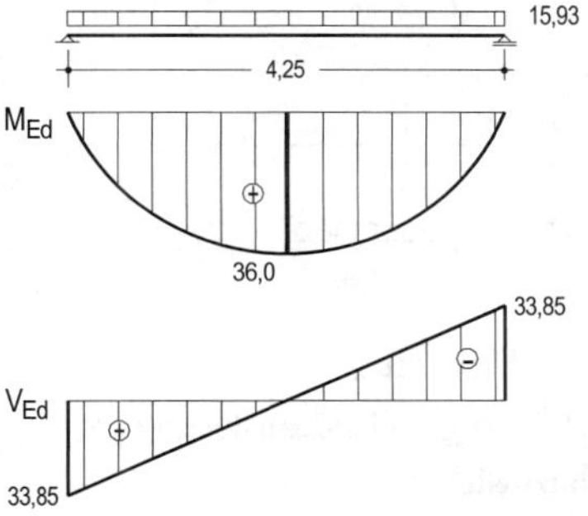

Biegebemessung

Nutzhöhe $d = 17$ cm
Bemessungsmoment $M_{Ed} = 36{,}0$ kNm/m
Bewehrung $a_s = 5{,}21$ cm²/m
(s. Tafel 12.57a; vgl. [12.44])

gew.: R 524 A (= 5,24 cm²/m > 5,21 cm²/m)

Bemessung für Querkraft

Ohne Schubbewehrung aufnehmbare Querkraft (s. Kap. C, Abschn. 5.1.2.2 und 5.1.5):

$a_s = 5{,}21$ cm²/m (Bew. nicht gestaffelt), $d = 17$ cm, C20/25 $\rightarrow V_{Rd,c} = 75{,}3$ kN/m (Tafel 12.58a)

$V_{Rd,c} > V_{Ed} = 33{,}85$ kN/m $\rightarrow$ keine Schubbewehrung erforderlich!

2.3 Nachweise im Grenzzustand der Gebrauchstauglichkeit

(s. Kap. C, Abschn. 5.1.3)

Für Platten bis 20 cm Dicke der Expositionsklasse XC 1 ohne nennenswerte Zwangsbeanspruchung ist i.d.R. nur ein Nachweis zur Verformungsbegrenzung erforderlich. Nachweis mit Tafel 12.58c:

Einfeldplatte mit $l = 4{,}25$ m: $\rho = (5{,}21/17) = 0{,}31$ % $\rightarrow B_{l/d} = 25$ (Tafel 12.58c)

$K = 1$, $k_1 = 1$ (i. Allg. sichere Seite)

$l/d = 425/17 = 25 \leq K \cdot k_1 \cdot B_{l/d} = 1{,}0 \cdot 1 \cdot 25 = 25$

Die Mindestwerte nach Tafel 12.58c sind eingehalten (hier ohne Nachweis). Die Biegeschlankheit und die Verformungen sind ausreichend begrenzt.

2.4 Bewehrungsführung und Bewehrungszeichnung

Auf Nachweise zur Bewehrungsführung wird verzichtet, Bewehrung entsprechend nachfolgender Skizze.

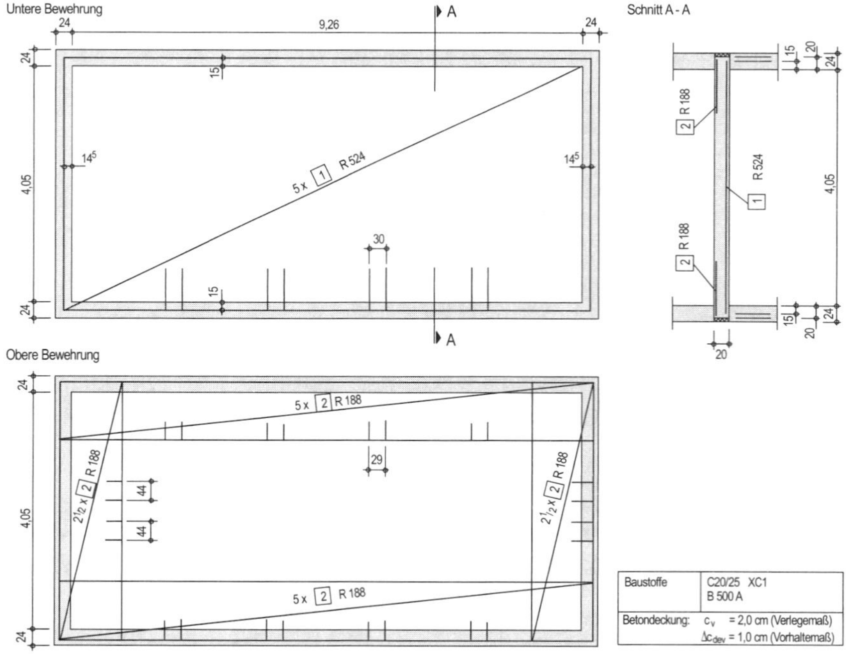

3 Unterzug

3.1 Tragwerksidealisierung

Stützweite

Als Stützweite wird die lichte Weite zzgl. halber Auflagerbreite angenommen (vgl. Kap C, Abschn. 3.4.3).

$l = 3{,}51 + 2 \cdot 0{,}25/2 \approx 3{,}75$ m (s. a. Skizze nächste Seite)

Belastung

aus Decke (s. S. 12.3):	$0{,}5 \cdot 15{,}93 \cdot 4{,}25$	= 33,85 kN/m
Konstruktionseigenlast:	$1{,}35 \cdot 0{,}20 \cdot 0{,}20 \cdot 25{,}0$	= 1,35 kN/m
	$\Sigma (g_d + q_d)$	= 35,20 kN/m

3.2 Grenzzustand der Tragfähigkeit

3.2.1 Biegebemessung
(s. Kap. C, Abschn. 5.2.2.1)

Biegemoment $M_{Ed} = 0{,}125 \cdot (g_d + q_d) \cdot l^2 = 0{,}125 \cdot 35{,}20 \cdot 3{,}75^2 = 61{,}9$ kNm

Mittragende Breite: $b_{eff} = b_w + 0{,}2 \cdot l_0 = 0{,}20 + 0{,}2 \cdot 3{,}75 = 0{,}95$ m (s. Abschn. 3.4.2)

Bemessung

Nutzhöhe: $d \approx 40{,}0 - 5{,}0 = 35$ cm

Bemessungsmoment $M_{Ed} = M_{Eds} = 61{,}9$ kNm (wegen $N_{Ed} = 0$)

Eingangswert: $k_d = \dfrac{d\ [\text{cm}]}{\sqrt{M_{Eds}\ [\text{kNm}]/b\ [\text{m}]}} = \dfrac{35}{\sqrt{61{,}9/0{,}95}} = 4{,}34$ (vgl. Tafel 2a, S. 12.83)

Ablesung: $k_s = 2{,}38$ ($\xi = 0{,}08 \rightarrow x = 0{,}08 \cdot 35 \approx 3$ cm $< h_f = 20$ cm)

Bewehrung: $\text{erf}\,A_s = k_s \cdot \dfrac{M_{Eds}[\text{kNm}]}{d\ [\text{cm}]} + \dfrac{N_{Ed}\ [\text{kN}]}{43{,}5} = 2{,}38 \cdot \dfrac{61{,}9}{35{,}0} = 4{,}21\ \text{cm}^2$

gew.: 4 ∅ 12 (= 4,52 cm²) (Stabstahl)

3.2.2 Querkraftbemessung
(s. Kap. C, Abschn. 5.2.2.2)

Querkraft: $V_{Ed} = 0{,}5 \cdot (g_d + q_d) \cdot l = 0{,}5 \cdot 35{,}20 \cdot 3{,}75 = 66{,}0$ kN

Nachweise (näherungsweise und auf der sicheren Seite in der theoretischen Auflagerlinie)

Betondruckstrebe: $V_{Rd,max} = \nu_1 \cdot f_{cd} \cdot b_w \cdot z\,/\,(\tan\theta + \cot\theta)$

$\cot\theta = 1{,}2$; $\nu_1 \cdot f_{cd} = 8{,}50$ MN/m² (s. S. 12.61 f.)

$V_{Rd,max} = 8{,}50 \cdot 0{,}20 \cdot (0{,}9 \cdot 0{,}35)/(0{,}83 + 1{,}20) = 0{,}264$ MN = 264 kN

$V_{Ed} < V_{Rd,max} \rightarrow$ Druckstrebentragfähigkeit erfüllt

Querkraftbewehrung: $a_{sw} = V_{Ed}\,/(\cot\theta \cdot f_{ywd} \cdot z)$

$\cot\theta = 1{,}2$ (s. o.)

$a_{sw} = 0{,}066\,/(1{,}2 \cdot 435 \cdot 0{,}9 \cdot 0{,}35) = 4{,}01 \cdot 10^{-4} = 4{,}01$ cm²/m

gew.: ∅ 6 – 14 (= 4,04 cm²/m)

Anschluss Druckgurt: Im Rahmen des Beispiels ohne Nachweis (s. hierzu S. 12.63).

3.3 Nachweise im Grenzzustand der Gebrauchstauglichkeit
(s. Kap. C, Abschn. 5.2.3)

Auf entsprechende Nachweise wird im vorliegenden Fall verzichtet. Bei Balken ist jedoch häufig ein Nachweis zur Begrenzung der Rissbreite, bei schlanken Konstruktionen ggf. auch ein Nachweis der Durchbiegung erforderlich.

3.4 Bewehrungsführung; Bewehrungszeichnung

Auf Nachweise zur Bewehrungsführung wird verzichtet, Bewehrung nach nebenstehender Skizze.

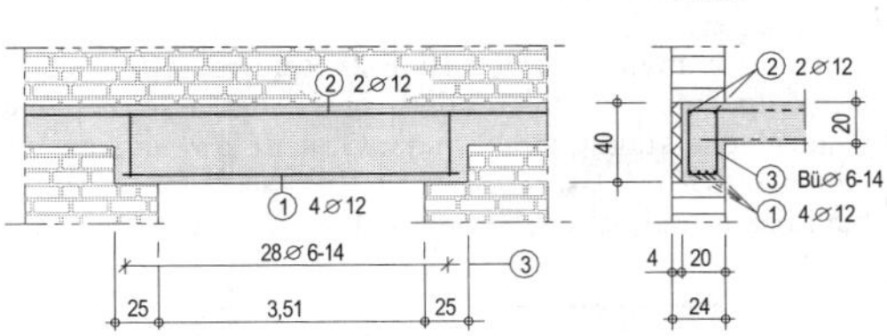

12 A Beton[1] und Mörtel

Prof. Dr.-Ing. Peter Lieblang

1 Beton – Allgemeines

Beton nach DIN 1045-2 umfasst Normal-, Schwer- und Leichtbeton, der als Baustellenbeton, Transportbeton oder in einem Fertigteilwerk hergestellt wird. Er kann unbewehrt, als Stahl- oder als Spannbeton angewandt werden. Zementgebundene Massen, deren Größtkorn nicht mehr als 4 mm Durchmesser hat, fallen nicht in den Gültigkeitsbereich der DIN 1045-2. Neben dem durch Rütteln verdichteten Beton ist auch selbstverdichtender Beton (SVB) von DIN 1045-2 erfasst.

2 Beton nach Eigenschaften

Für Beton nach Eigenschaften muss der Verfasser der Festlegung die grundlegenden Anforderungen

- Übereinstimmung mit DIN 1045-2 / Druckfestigkeitsklasse[2] / Expositionsklasse(n) / Feuchtigkeitsklasse / Größtkorn der Gesteinskörnung, angegeben durch den Nennwert D_{max} = D_{upper} und – sofern von D_{max} abweichend – durch D_{lower} / Art der Verwendung des Betons oder Klasse des Chloridgehalts / Betonklasse / Konsistenzklasse
- nur bei Leicht- oder Schwerbeton: Rohdichteklasse oder Zielwert der Rohdichte
- nur bei selbstverdichtendem Beton: Viskositätsklasse

zusammenstellen und angeben. Darüber hinaus dürfen, soweit zutreffend, zusätzliche Leistungsanforderungen, z. B.

- besondere Arten oder Klassen von Zement / Arten oder Klassen von Gesteinskörnungen (z. B. Frostwiderstand) / Luftgehalt / besondere Anforderungen an die Frischbetontemperatur / Festigkeitsentwicklung / Wärmeentwicklung während der Hydratation / Verarbeitbarkeitsdauer / Wassereindringwiderstand / Abriebwiderstand / Spaltzugfestigkeit / besondere technische Anforderungen.

mit entsprechenden Prüfverfahren festgelegt werden.

Schnittstellen zwischen Planung, Betontechnik und Bauausführung, die eine Kommunikation (Betonfachgespräche i. S. d. DIN 1045-1000) erforderlich bzw. – in BBQ-N – empfehlenswert machen, sind z. B. die Druckfestigkeitsklasse, die vonseiten der betontechnologischen Fachplanung bzw. des Herstellers aufgrund von Anforderungen an die Dauerhaftigkeit und vonseiten der Tragwerksplanung aufgrund von Anforderungen an die Standsicherheit festzulegen ist, oder der Größtkorndurchmesser, der vonseiten der Tragwerksplanung[3] und des ausführenden Unternehmens durch die Bewehrungsführung festgelegt wird und aufseiten der Bauherrschaft und des Betonherstellers Kosten beeinflusst. Zudem können besondere Nutzungen, die durch die Bauherrschaft bzw. die Objektplanung festgelegt werden, erhöhte Anforderungen an Betontechnologie und Ausführung nach sich ziehen.

Der Verwender sollte sich rechtzeitig vor Beginn der Ausführung vergewissern, dass Beton mit den festgelegten Eigenschaften – i. d. R. als Transportbeton von einem Werk, dessen Fahrmischer den Ort der Verwendung innerhalb von nicht mehr als 45 bis 60 Minuten erreichen können, d. h. nach 90 Minuten vollständig entladen sind – lieferbar ist. Wenn in den Verzeichnissen der Hersteller, die immer Angaben zu Druckfestigkeits-, Expositions-, Konsistenz- und Überwachungsklasse sowie Größtkorn, Festigkeitsentwicklung und Wassereindringwiderstand machen, kein Beton mit den festgelegten Eigenschaften enthalten ist, wird eine Erstprüfung erforderlich, deren Ergebnisse frühestens 28 Tage nach Herstellung der Probekörper vorliegen.

3 Beton nach Zusammensetzung

Für Beton nach Zusammensetzung müssen vom Verfasser der Festlegung die grundlegenden Anforderungen

- Übereinstimmung mit DIN 1045-2 / Zementart, Festigkeitsklasse des Zements, Zielwert des Zementgehalts / *w/z*-Wert oder Konsistenzklasse bzw. Zielwert / Arten, Kategorien, maximaler Chloridgehalt und Größtkorn der Gesteinskörnung, angegeben durch D_{upper} und D_{lower} sowie den Nennwert D_{max} ($D_{max} \leq d_g$)
- bei Leicht- und Schwerbeton: die Höchst- und/oder Mindestrohdichte der Gesteinskörnung

---

[1] Dieser Beitrag berücksichtigt die in der Muster-Verwaltungsvorschrift Technische Baubestimmungen (MVV TB) ab Ausgabe 2024/01 bekannt gemachten technischen Regeln für Beton, Stahlbeton und Spannbeton.
[2] Die Druckfestigkeitsklasse ist an Probekörpen im Alter von 28 Tagen zu bestimmen, Ausnahmen siehe MVV TB.
[3] In DIN EN 1992-1-1 wird der Größtkorndurchmesser mit d_g bezeichnet.

- bei Verwendung von Zusatzmitteln, Zusatzstoffen und Fasern: Art, Menge und Herkunft dieser Ausgangsstoffe und des Zements, stellvertretend für alle Eigenschaften, die nicht anderweitig definiert werden können

zusammengestellt und angegeben werden. Darüber hinaus dürfen, soweit zutreffend, zusätzliche Leistungsanforderungen, z. B.

- Herkunft der Betonausgangsstoffe / besondere Anforderungen an die Gesteinskörnung / besondere Anforderungen an die Frischbetontemperatur / besondere technische Anforderungen.

mit entsprechenden Prüfverfahren festgelegt werden. Während der Verfasser der Festlegung verantwortlich dafür ist, dass die Anforderungen der Norm berücksichtigt sind und dass mit den vorgegebenen Ausgangsstoffen und der festgelegten Betonzusammensetzung die vorgesehenen Frisch- und Festbetoneigenschaften erreicht werden, ist durch den Hersteller lediglich die Einhaltung der festgelegten Zusammensetzung nachzuweisen.

4 Klasseneinteilung von Beton

4.1 Betonbauqualitätsklassen

Zur Sicherstellung der Qualität im Betonbau nimmt DIN 1045 mit Hilfe von Betonbauqualitätsklassen (BBQ) eine Systematisierung der Aufgaben in den Bereichen Planung (Planungsklassen / PK), Baustofftechnologie (Betonklassen / BK) und Bauausführung (Ausführungsklassen / AK) vor. Der Komplexität eines Vorhabens entsprechend wird dabei in allen Klassen zwischen normalen (N), erhöhten (E) und speziellen (S) Anforderungen unterschieden. Solange normale Anforderungen in PK und BK und AK gestellt werden, werden Bauteile bzw. Bauwerke in BBQ-N eingestuft. Sobald in einer der Klassen PK, BK oder AK über das Normal hinausgehende Anforderungen gestellt werden, erfolgt die Einstufung in BBQ-E oder BBQ-S. Über BBQ-N hinausgehende Anforderungen bzw. Eigenschaften, sind in den folgenden Abschnitten explizit angegeben. In Analogie zu den Leistungsphasen der HOAI sollte der Planungs- und Bauprozess in BBQ-Phasen eingeteilt werden.

Für Bauteile bzw. Bauwerke, die in die Klassen BBQ-E oder BBQ-S eingestuft werden, ist die Kommunikation im Rahmen der Qualitätssicherung normativ geregelt. Dazu organisiert ein i. d. R. vom Bauherrn bestimmter BBQ-Koordinator Betonfachgespräche zwischen Objekt- und thematisch betroffenen (Fach-)planern, Person(en) mit Fachkenntnissen der Betonbautechnik und – soweit erforderlich – weiteren Mitwirkenden. Bei Bauwerken in Ortbetonbauweise sollten nach Abschluss der Ausführungsplanung auch der Ersteller der Leistungsbeschreibung am BBQ-Ausschreibungsgespräch sowie ab BBQ-Phase 9 auch Bauleiter und Betonhersteller an den BBQ-Ausführungsgesprächen teilnehmen. Die Inhalte der Betonfachgespräche umfassen im Wesentlichen betontechnologisch und baubetrieblich relevante Parameter für Planung, Ausschreibung, Herstellung und Lieferung sowie Einbau des Betons und sind bauteilbezogen, nachverfolgbar und ergebnisorientiert zu dokumentieren. Dabei sind die Regelungen zur Kommunikation und deren Dokumentation keine technischen Baubestimmungen.

4.2 Expositionsklassen

Damit (Stahl-)Beton dauerhaft ist, muss er widerstandsfähig gegenüber den chemischen und physikalischen Einwirkungen aus der Umgebung sein, die bei der statischen Berechnung des Bauwerks nicht als Lasten in Ansatz gebracht werden. Die Einwirkungen der Umgebungsbedingungen werden in Expositionsklassen[4] eingeteilt, die Grundlage für die Anforderungen an die Ausgangsstoffe, die Zusammensetzung des Betons und die Mindestmaße der Betondeckung sind.

Tafel 12.7 Expositionsklassen, Übersicht zu Bezeichnungen und Korrosionsbedingungen

Klassenbezeichnung	Korrosionsbedingungen
X0	Unbewehrter Beton ohne Korrosions- und Angriffsrisiko
XC XD XS	Bewehrungskorrosion, verursacht durch Carbonatisierung Bewehrungskorrosion, verursacht durch Chloride (ausgenommen Meerwasser) Bewehrungskorrosion, verursacht durch Chloride aus Meerwasser
XF	Frostangriff ohne und mit Taumittel
XA XM	Betonkorrosion, verursacht durch chemischen Angriff Betonkorrosion, verursacht durch Verschleißbeanspruchung
WO, WF, WA	Betonkorrosion, verursacht durch Alkali-Kieselsäure-Reaktion

4 Die Expositionsklasse(n) ist/sind in der Leistungsbeschreibung anzugeben.

Tafel 12.8a Expositionsklassen bei Betonkorrosion (Fortsetzung von Tafel 12.7)

Klassenbezeichnung[5]	Umgebung	Beispiele für die Zuordnung
XF1	mäßige Wassersättigung, ohne Taumittel	– Außenbauteile
XF2 (N/N/E/E) bei LP: (N/E/E/E)	mäßige Wassersättigung, mit Taumittel	– Bauteile im Sprühnebel- und Spritzwasserbereich taumittelbehandelter Verkehrsflächen, soweit nicht XF4 – Bauteile im Sprühnebelbereich von Meerwasser
XF3/N/N/E/E bei LP: (N/E/E/E)	hohe Wassersättigung, ohne Taumittel	– offene Wasserbehälter – Bauteile in der Wasserwechselzone von Süßwasser – horizontale Bauteile bei Beanspruchung durch stehendes Wasser
XF4 (N/E/E/E)	hohe Wassersättigung, mit Taumittel	– Verkehrsflächen – überwiegend horizontale Bauteile im Spritzwasserbereich von taumittelbehandelten Verkehrsflächen – Räumerlaufbahnen von Kläranlagen – Meerwasserbauteile in der Wasserwechselzone
XA1	chemisch schwach angreifend	– Bauteile in Kläranlagen – Güllebehälter
XA2 (E/N/E/E)	chemisch mäßig angreifend	– Bauteile in betonangreifenden Böden – Bauteile, die mit Meerwasser in Kontakt kommen
XA3 (S/N/S/S)	chemisch mäßig angreifend	– Industrieabwasseranlagen – Futtertische in der Landwirtschaft – Kühltürme mit Rauchgasableitung
XM1	mäßige Verschleißbeanspruchung	– Industrieböden mit Beanspruchung durch luftbereifte Fahrzeuge
XM2 (N/N/E/E)	starke Verschleißbeanspruchung	– Industrieböden mit Beanspruchung durch luft- oder vollgummibereifte Gabelstapler
XM3 (N/N/E/E)	sehr starke Verschleißbeanspruchung	– Oberflächen, die häufig mit Kettenfahrzeugen befahren werden – Industrieböden mit Beanspruchung durch elastomer- oder stahlrollenbereifte Gabelstapler – Wasserbauwerke in geschiebebelasteten Gewässern (z. B. Tosbecken)

Tafel 12.8b Expositionsklassen bei Betonkorrosion, verursacht durch Alkali-Kieselsäure-Reaktion

Klassenbezeichnung	Umgebung	Beispiele für die Zuordnung
WO	trocken	– Innenbauteile des Hochbaus – Außenbauteile, auf die Wasser und Feuchte nicht einwirken können und/oder die nicht einer rel. Feuchte > 80 % ausgesetzt sind
WF	feucht	– Außenbauteile, die Wasser u. Feuchte ausgesetzt sind – Innenbauteile für Feuchträume, in denen die rel. Feuchte > 80 % ist – Bauteile mit häufiger Taupunktunterschreitung, z. B. Schornsteine, Viehställe – massige Bauteile mit Abmessungen > 0,80 m
WA	feucht und Alkalizufuhr von außen	– Bauteile mit Meerwassereinwirkung – Bauteile unter Tausalzeinwirkung ohne zusätzliche dynamische Beanspruchung, z. B. Fahr- und Stellflächen in Parkhäusern – Bauteile von Industriebauten und landwirtschaftliche Bauwerke mit Alkalisalzeinwirkung

[5] Neben der Expositionsklasse werden in Klammern Planungsklasse (PK) / Betonklasse (BK) / Ausführungsklasse (AK) / Betonbauqualitätsklasse (BBQ) angegeben, sofern nicht BBQ-N.

Tafel 12.9a Grenzwerte zur Beurteilung des Angriffsgrads von Wässern und Böden[1)]

Vorkommen	Chemisches Merkmal		Expositionsklasse XA1 schwach	XA2 mäßig	XA3 stark
Wässer	pH-Wert		$\leq 6{,}5 \ldots \geq 5{,}5$	$< 5{,}5 \ldots \geq 4{,}5$	$< 4{,}5 \ldots \geq 4{,}0$
	kalklösende Kohlensäure (CO_2)	mg/l	$\geq 15 \ldots \leq 40$	$> 40 \ldots \leq 100$	> 100 bis zur Sättigung
	Ammonium (NH^{4+})[2)]	mg/l	$\geq 15 \ldots \leq 30$	$> 30 \ldots \leq 60$	$> 60 \ldots \leq 100$
	Magnesium (Mg^{2+})	mg/l	$\geq 300 \ldots \leq 1000$	$> 1000 \ldots \leq 3000$	> 3000 bis zur Sättigung
	Sulfat (SO_4^{2-})[3)]	mg/l	$\geq 200 \ldots \leq 600$	$> 600 \ldots \leq 3000$	$> 3000 \ldots \leq 6000$
Böden	Säuregrad nach Baumann-Gully		> 200	in der Praxis nicht anzutreffen	
	Sulfat (SO_4^{2-})[4)]	mg/kg	$\geq 2000 \leq 3000$	$> 3000 \leq 12000$	$> 12000 \leq 24000$

1) Für die Beurteilung ist der höchste Angriffsgrad maßgebend, auch wenn er nur von einem der Werte erreicht wird. Wenn mindestens zwei Merkmale zu derselben Klasse führen, ist die Umgebung der nächsthöheren Stufe zuzuordnen, sofern kein besonderer Nachweis geführt wird.
2) Gülle kann, unabhängig vom NH^{4+}-Gehalt, in die Expositionsklasse XA1 eingeordnet werden.
3) Falls der Sulfatgehalt des Grundwassers > 600 mg/l ist, ist dies im Rahmen der Festlegung des Betons anzugeben.
4) Bei Aufkonzentration in wechselnd nass und trockener Umgebung wird 3000 mg/kg auf 2000 mg/kg reduziert

Tafel 12.9b Expositionsklassen, bei Bewehrungskorrosion

Klassenbezeichnung	Umgebung	Beispiele für die Zuordnung
X0	alle, außer XF, XA und XM	– unbewehrte Fundamente ohne Frost – unbewehrte Innenbauteile – Bauteil in Räumen mit rel. Luftfeuchte < 30 %
XC1	trocken oder ständig nass	– Bauteile in Innenräumen mit üblicher Luftfeuchte – Bauteile ständig in Wasser
XC2	nass, selten trocken	– Teile von Wasserbehältern – Gründungsbauteile
XC3	mäßige Feuchte	– Bauteile, zu denen die Außenluft häufig oder ständig Zugang hat, aber vor Regen geschützt – Räume mit hoher Luftfeuchte – Dachflächen mit flächiger Abdichtung, Verkehrsflächen mit unterlaufsicherer Abdichtung
XC4	wechselnd nass und trocken	– Außenbauteile mit direkter Beregnung
XD1	mäßige Feuchte	– Einzelgaragen – Bauteile im Sprühnebelbereich von Verkehrsflächen – befahrene Verkehrsflächen mit vollflächigem Oberflächenschutz
XD2 (N/N/E/E)	nass, selten trocken	– Solebäder – Bauteile, die chloridhaltigen Industrieabwässern ausgesetzt sind
XD3 (N/N/E/E)	wechselnd nass und trocken	– Teile von Brücken mit häufiger Spritzwasserbeanspruchung – Fahrbahndecken – befahrene Verkehrsflächen mit rissvermeidenden Bauweisen (ohne Oberflächenschutz / Abdichtung) – befahrene Verkehrsflächen mit dauerhaftem lokalen Schutz von Rissen
XS1	salzhaltige Luft ohne Meerwasserkontakt	– Außenbauteile in Küstennähe
XS2 (N/N/E/E)	unter Wasser	– Teile von Meerwasserbauwerken
XS3 (N/N/E/E)	Tide-, Spritzwasser-, Sprühnebelbereiche	– Teile von Meerwasserbauwerken

4.3 Konsistenzklassen (Frischbeton)

Je nach Prüfgröße (Setz-, Verdichtungs-, Ausbreit- oder Setzfließmaß) wird Beton in Konsistenzklassen eingeteilt, die nicht unmittelbar vergleichbar sind. In Deutschland wird meist das Ausbreit- oder das Verdichtungsmaß verwendet (siehe Tafel 12.10a). Selbstverdichtender Beton (PK-E, BK-E, AK-E, BBQ-E) mit $D_{max} \leq 40$ mm wird anhand des nach DIN EN 12350-8 zu bestimmenden Setzfließmaßes in die Klassen SF1 (550 bis 650 mm), SF2 (660 bis 750 mm) und SF3 (760 bis 850 mm) eingeteilt. Zusätzlich kann selbstverdichtender Beton in Viskositäts-, Blockierneigungs- und Sedimentationsstabilitätsklassen eingeteilt werden.

Tafel 12.10a Konsistenzklassen und Richtwerte für den Wasseranspruch in Liter je m³ Frischbeton in Abhängigkeit von der Sieblinie und der Konsistenz

Körnungsziffer k	Sieblinie	Konsistenzklassen[1], ermittelt mit Verdichtungs- oder Ausbreitprüfung					
		sehr steif (C0)	steif (C1/F1)	plastisch (C2/F2)	weich (C3/F3)	sehr weich (F4)	fließfähig (F5)
5,48	A 32	durch eine Erstprüfung zu ermitteln	130	150	170	Herstellung von Beton der Konsistenzklasse F4 oder weicher nur mit verflüssigenden Zusatzmitteln (BV/FM)	
4,60	A 16		140	160	180		
4,20	B 32		150	170	190		
3,66	B 16		160	180	200		
3,30	C 32		170	190	210		
2,75	C 16		190	210	230		
Verdichtungsmaß c [-]		$\geq 1{,}46$	$\leq 1{,}45$ $\geq 1{,}26$	$\leq 1{,}26$ $\geq 1{,}11$	$\leq 1{,}10$ $\geq 1{,}04$	$< 1{,}04$[2]	n/a
Ausbreitmaß (⌀) d in [mm]		n/a	≤ 340	≥ 350 ≤ 410	≥ 420 ≤ 480	≥ 490 ≤ 550	≥ 560 ≤ 620

[1] Konsistenzklasse F6 (sehr fließfähig) hat ein Ausbreitmaß $d \geq 630$ mm und ist in PK-E, BK-E, AK-E, BBQ-E eingeordnet. Konsistenzklassen F1 bis F5 und C0 bis C4: BBQ-N.

[2] Es empfiehlt sich der Verdichtungsversuch für steife bzw. der Ausbreitversuch für weiche Betone. Bestimmung der Konsistenzklasse C4 mit dem Verdichtungsversuch nur bei Leichtbeton möglich.

4.4 Druckfestigkeitsklassen

Je nachdem, ob es sich um Normalbeton (BBQ-N, ab C 30/37: PK-N, BK-N, AK-E, BBQ-E bzw. ab C 70/85: PK-N, BK-E, AK-E, BBQ-E), Schwerbeton (PK-S, BK-E, AK-E, BBQ-S) oder Leichtbeton (PK-N, BK-E, AK-E, BBQ-E) handelt, kennzeichnet man die Festigkeitsklasse des Betons mit dem Buchstaben C bzw. LC und zwei Zahlenwerten in der Form C ($f_{ck,cyl}/f_{ck,cube}$) oder LC ($f_{ck,cyl}/f_{ck,cube}$). Nach oben sind die Festigkeitsklassen in DIN 1045 durch C 100/115 bzw. LC 80/88 begrenzt.

Tafel 12.10b Druckfestigkeitsklassen für Normal-, Schwer- und Leichtbeton

	Werte der charakteristische Mindestfestigkeit von Zylindern/Würfeln ($f_{ck,cyl}/f_{ck,cube}$)													
C	8/10	12/15	16/20	20/25	25/30	30/37	35/45	40/50	55/67	60/75	70/85	80/95	90/105	100/115
LC	8/9	12/13	16/18	20/22	25/28	30/33	35/38	40/44	45/50	50/55	55/60	60/66	70/77	80/88

4.5 Rohdichteklassen für Leichtbeton und Trockenrohdichte

Die Frischbetonrohdichte kann nach DIN EN 12 350-6 ermittelt werden.

Tafel 12.10c Rohdichteklassen von Beton (Festbetonrohdichte im ofentrockenen Zustand)

	Leichtbeton						Normalbeton	Schwerbeton
Rohdichte-Klasse	D1,0	D1,2	D1,4	D1,6	D1,8	D2,0		
Rohdichtebereich in kg/m³	≥ 800 und ≤ 1000	> 1000 und ≤ 1200	> 1200 und ≤ 1400	> 1400 und ≤ 1600	> 1600 und ≤ 1800	> 1800 und ≤ 2000	> 2000 und ≤ 2600	> 2600

4.6 Viskositätsklassen für selbstverdichtenden Beton

Die Viskosität von SVB mit $D_{max} \leq 22{,}4$ mm kann anhand der nach DIN EN 12350-8 ermittelten Fließzeit t_{500} oder der nach DIN EN 12350-9 bestimmten Trichterauslaufzeit t_v in Viskositätsklassen eingeordnet werden.

Tafel 12.10d Viskositätsklassen VS

Klasse	Zeit t_{500} nach DIN EN 12350-8
VS1	$< 2{,}0$ s
VS2	$\geq 2{,}0$ s

Tafel 12.6e Viskositätsklassen VF

Klasse	Zeit t_v nach DIN EN 12350-9
VF1	$< 9{,}0$ s
VF2	9,0 s bis 25,0 s

5 Beton und Betonausgangsstoffe – Eigenschaften und Anforderungen

5.1 Zement

Normalzement – auch mit niedriger Hydratationswärme (LH) und hohem Sulfatwiderstand (SR) – ist in DIN EN 197-1 genormt. Zusätzlich sind weitere Zementarten genormt, deren Verwendung im allgemeinen Hochbau unüblich ist, nämlich Portlandkompositzement (CEM II/C-M) und Kompositzement (CEM VI) nach DIN EN 197-5, Zement mit rezyklierten Baustoffen nach DIN EN 197-6, Zement mit den besonderen Eigenschaften NA (niedriger wirksamer Alkaligehalt), FE (frühes Erstarren) und SE (schnelles Erstarren) nach DIN 1164 und Zement mit sehr niedriger Hydratationswärme (VLH) nach DIN EN 14216.

Tafel 12.11 Anwendung der Zemente in Abhängigkeit von den Expositionsklassen

Expositionsklasse			X0 XC2	XC1	XC3 XC4 XD1 XD3 XS1 XS3 XM1 ...XM3	XD2 XS2 XA1 XA2[1)]...XA3[1)]	XF1	XF3	XF2 XF4
CEM II/	A	-M (S-D; S-T; S-LL; D-T; D-LL; T-LL; S-V; V-T; V-LL)							
		-P, -Q, -M (S-P; S-Q; D-P; D-V; D-Q; P-V; P-T; P-Q; P-LL; Q-V; Q-T; Q-LL)							
		-L							
		-W; -M (alle)							
	B	-M (S-D; S-T; D-T; S-V; V-T)							
		-M (S-P; S-Q; D-P; D-V; D-Q; P-T; P-Q; P-V; Q-V, Q-T)							
		-M (S-LL; V-LL; T-LL) mit max. 20 % Kalksteingehalt							
		-LL, -L, -M (S-LL; D-LL; P-LL; Q-LL; V-LL; T-LL)							
		-W; -M (alle)							
	C	-M (S-LL)							
		-M (alle)							
CEM III/	C								
CEM IV/	A								
	B	(P)[2)]							
CEM V/	A	(S-P[2)]; S-V[4)])							
	B	(S-P)[2)]							
CEM VI		(S-V)[4)]							
		(S-P[2)])							
		(S-LL; S-L)							
VLH III/	B								
	C								
VLH IV/	A								
VLH V/	B								

Verwendbarkeit der Zemente ist bei grau hinterlegten Feldern/Expositionsklassen gegeben

[1)] Bei Sulfatangriff (ausgenommen bei Meerwasser) SR-Zement; bei $SO_4^{2-} \leq 1500$ mg/l darf anstelle von SR-Zement eine Mischung von Zement + Flugasche verwendet werden.

[2)] Gilt für Trass nach DIN 51043-1 als Hauptbestandteil (bei CEM IV/B-P bis 40 M.-%), nicht in XM2 und XM3.

[3)] Bei XF4 nur für Meerwasserbauteile ab C35/45, $w/z \leq 0{,}45$, $z \geq 340$ kg/m³ und Räumerlaufbahnen ab C40/50, $w/z \leq 0{,}35$, $z \geq 360$ kg/m³. LP-Beton ist in beiden Fällen nicht erforderlich.

Die Zementarten CEM I, CEM II (A/B-S, A-D, A-V, A/B-V, A/B-T, A-LL), CEM III/A[6] und CEM III/B[7] sind für alle Expositionsklassen verwendbar. Im Übrigen sind die in Tafel 12.11 grau hinterlegten sowie alle Zemente mit allgemeiner bauaufsichtlicher Zulassung verwendbar.

[6] Bei XF4 nur CEM III/A 32,5 R und Festigkeitsklasse 42,5 oder höher.

[7] Bei XF4 nur für Meerwasserbauteile ab C35/45, $w/z \leq 0{,}45$, $z \geq 340$ kg/m³ und Räumerlaufbahnen ab C40/50, $w/z \leq 0{,}35$, $z \geq 360$ kg/m³. LP-Beton ist in beiden Fällen nicht erforderlich.

5.2 Gesteinskörnungen

Gesteinskörnungen können natürlich oder industriell hergestellt, durch Recycling von nicht eingebautem Frisch- oder Festbeton wiedergewonnen oder aus vorher beim Bauen verwendeten, rezyklierten Stoffen aufbereitet sein. Gesteinskörnungen für Normal- und Schwerbeton müssen den Anforderungen der DIN EN 12620 genügen. Anforderungen an Gesteinskörnungen mit Trockenrohdichten bis zu 2000 kg/m³ sind in DIN EN 13055-1 festgelegt. Für rezyklierte Gesteinskörnungen gilt zusätzlich DIN 4226-101.

Tafel 12.12a Verwendung wiedergewonnener Gesteinskörnung (GK)

Anteil[1)]	Ausgewaschen	Gebrochen
≤ 5 %	Keine Einschränkung	
≤ 25 %	bis C25/30 als separate Korngruppe, bei getrennter Aufbereitung nach DIN EN 12620[2)]	
≤ 45 %	bei Übereinstimmung mit DIN EN 12620 und Trennung in feine und grobe Gesteinskörnung, Zugabe als separate Korngruppe	Es gelten die Anforderungen an rezyklierte Gesteinskörnung (siehe DIN 1045-2 unnd Abschnitt 11: R-Beton)

[1)] Volumenanteil, bezogen auf die gesamte Gesteinskörnung
[2)] Gilt nur für Beton ohne Mikroluftporen, bei ausgewaschener GK auch ohne getrennte Aufbereitung

Enthält die Gesteinskörnung alkaliempfindliche Bestandteile und ist der Beton Feuchtezufuhr ausgesetzt, sind Vorsichtsmaßnahmen entsprechend DAfStb-Richtlinie „Vorbeugende Maßnahmen gegen schädigende Alkalireaktion im Beton" zu ergreifen. Für die Herstellung von hochfestem Beton sind hinsichtlich Alkalireaktion unbedenkliche Gesteinskörnungen zu verwenden.

Der Widerstand gegen Frost wird in Kategorien F (z. B. Kategorie F_2 bedeutet Masseverlust ≤ 2 %), gegen Frost und Tausalz in Kategorien MS eingestuft (z. B. Kategorie MS_{25} bedeutet Masseverlust ≤ 25 %). Der Frost- bzw. der Frost-Tausalz-Widerstand von Gesteinskörnungen kann auch mit einer Prüfung eines Betons bestimmter Zusammensetzung nachgewiesen werden.

Die Kornzusammensetzung der Gesteinskörnungen wird durch Sieblinien und die Körnungsziffer k oder die D-Summe (vgl. folgende Abbildung) gekennzeichnet. Gesteinskörnungen für Beton der Druckfestigkeitsklasse ≥ C16/20 müssen wegen der Gefahr von Entmischung bei Transport und Lagerung aus mehreren, durch untere (d) und obere Siebgröße (D) bezeichnete Korngruppen d/D – z. B. 0/2, 2/8, 8/16, 16/32 – zusammengesetzt sein. Bei niedrigeren Druckfestigkeitsklassen ist die Zugabe als Korngemisch 0/D zulässig.

Sieblinienbereiche nach DIN 1045-2 für Korngemische 0/16 (links) und 0/32 (rechts)

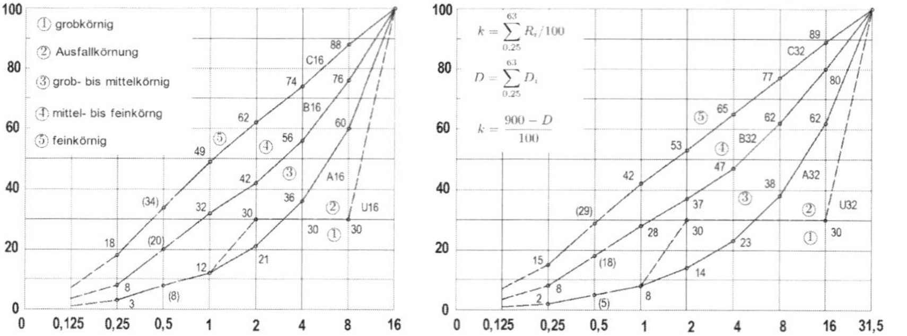

Tafel 12.12b Bezeichnung der Gesteinskörnungen nach DIN EN 12620

Kleinstkorn in mm	Größtkorn in mm	Bezeichnung
0	0,125[1)]	Füller (Gesteinsmehl)
0	≤ 4	feine Gesteinskörnung (Sand, Brechsand, Edelbrechsand)
≥ 2	≥ 4	grobe Gesteinskörnung (Kies, Splitt, Edelsplitt)

[1)] Überwiegend ≤ 0,063 mm.

5.3 Zugabewasser

Trinkwasser sowie i. Allg. das in der Natur vorkommende Wasser ist als Zugabewasser geeignet, soweit es nicht Bestandteile enthält, die das Erhärten, andere Eigenschaften des Betons oder den Korrosionsschutz der Bewehrung ungünstig beeinflussen. Für die Wiederverwendung von Restwasser aus dem Frischbetonrecycling bei Betonen bis C50/60 oder LC50/55 ist DIN EN 1008 zu beachten. Für die Herstellung von hochfestem Beton und Beton mit Luftporenbildner darf Restwasser nicht verwendet werden.

5.4 Betonzusatzmittel und Betonzusatzstoffe

Betonzusatzmittel werden als flüssige oder pulverförmige Mittel dem Beton zugesetzt, um durch physikalische und/oder chemische Wirkung Eigenschaften des Frisch- oder Festbetons zu ändern. Für Definitionen, Anforderungen und Konformität von Zusatzmitteln gilt DIN EN 934, Teile 2, 4 und 5. Nationale Festlegungen für die Anwendung von Zusatzmitteln sind in DIN 1045-2 getroffen. Sie dürfen ohne besonderen Nachweis und sofern der Hersteller keine andere Höchstdosierung empfiehlt bis zu einer Menge von 5 M-.% (bezogen auf den Zement) zugegeben werden. Bei Verwendung mehrerer Wirkstoffgruppen ist eine Zugabe bis zu 6 M.-% (nicht bei Zementen nach DIN 1164-11 und 12) zulässig. Zugabemengen < 2 M.-% sind zulässig, wenn das Zusatzmittel gleichmäßig verteilt wird – i. d. R. durch Auflösen im Zugabewasser. Flüssige Betonzusatzmittel sind ab einer Zugabemenge > 3 l/m³ auf den *w/z*-Wert anzurechnen.

Betonzusatzstoffe sind feine Stoffe, die dem Beton zugegeben werden, um bestimmte Eigenschaften des Frisch- oder Festbetons zu beeinflussen. Es werden anorganische Betonzusatzstoffe vom Typ I – inert – und Typ II – latenthydraulisch oder puzzolanisch – unterschieden, die bei Übereinstimmung mit den Produktnormen geeignet sind. Zusatzstoffe werden in der Regel pulverfömig in so großer Menge zugegeben, dass sie bei der Stoffraumrechnung zu berücksichtigen sind. Die Zusatzstoffe Flugasche (*f*), Hüttensandmehl (*h*) oder Silicastaub (*s*) tragen zur Festigkeitsbildung bei, so dass (w/z) durch $(w/z)_{eq} = w/(z + k_x \times x)$ ersetzt werden darf[8].

Tafel 12.13a Betonzusatzmittel und Betonzusatzstoffe

Betonzusatzmittel nach DIN EN 934	Betonzusatzstoffe		
Typbezeichnung (Kurzzeichen)[1)]	Zusatzstoff	Typ	Norm
Betonverflüssiger (BV) Fließmittel (FM)	Quarz-/Kalksteinmehl	I	DIN EN 12620
Stabilisierer (ST) Luftporenbildner (LP)	Pigment[2)]	I	DIN EN 12878
Erstarrungs-/Erhärtungsbeschleuniger (BE) Verzögerer (VZ)[2)]	Flugasche	II	DIN EN 450-1
Dichtungsmittel (DM)	Trass	II	DIN 51043
Viskositätsmodifizierer (VMA) Zusatzmittel für Einpressmörtel (EH)	Silicastaub	II	DIN EN 13263
Zusatzmittel für Spritzbeton (SBE)	Hüttensandmehl	II	DIN EN 15167

1) Kurzzeichen sind nicht genormt, in der Praxis aber üblich.
2) Beton mit Pigmenten: PK-N, BK-E, AK-N, BBQ-E, verzögerter Beton (≤ 12h): PK-E, BK-E, AK-E, BBQ-E

Tafel 12.13b Grenzwerte für Menge und Anrechenbarkeit von Zusatzstoffen

	f	s	$(f+s)$	h
k-Wert	$k_f = 0{,}4$; $k_s = 1{,}0$			$k_h = 0{,}4$
max $f, h, s, (f+s)$ [kg/m³]	$f \leq 0{,}33\ z$ [1) 2)]	$s \leq 0{,}11\ z$	$f \leq 3(0{,}22\ z - s)$	$\leq 0{,}33\ z$ [2)]

1) Bei Zementen mit Hauptbestandteilen P oder V: $\leq 0{,}25z$
2) Bei Zementen mit Hauptbestandteil D: $\leq 0{,}15z$.

5.5 Fasern

Fasern werden dem Beton zugegeben, um die Zug-/Biegezugfestigkeit sowie die Verformbarkeit bei hoher Beanspruchung zu erhöhen und die Neigung zur Rissbildung zu vermindern. Als Werkstoffe werden hochfester Stahl, Kunststoffe (Polymere) oder alkaliresistentes Glas verwendet. Stahlfasern gelten als geeignet, wenn sie DIN EN 14889-1 entsprechen; Polymerfasern nach DIN 14889-2 sind dann geeignet, wenn ihre Verwendbarkeit durch eine allgemeine bauaufsicht-

---

[8] [8]$\Sigma\ k_x \times x$ bedeutet: $k_f \times f$, $k_s \times s$, $k_h \times h$ oder $(k_f \times f + k_s \times s)$. Die Kombinationen $(h + f)$ und $(h + s)$ sind unzulässig.

liche Zulassung nachgewiesen ist. Stahlfaserbeton ohne Leistungsklasse ist in BBQ-N, ansonsten in PK-E, BK-E, AK-E und BBQ-E eingeordnet.

5.6 Frischbetontemperatur

Die Frischbetontemperatur darf nicht höher als 30 °C sein. Die Randzone von jungem Beton darf erst durchfrieren ($T < 0$ °C), wenn $f_{cm} > 5$ N/mm² ist.

Tafel 12.14a Mittlerer Mindestluftporengehalt von LP-Beton vor dem Einbau

Größtkorn	Ohne FM / BV	Mit FM / BV
8 mm	≥ 5,5 Vol.-%	≥ 6,5 Vol.-%
16 mm	≥ 4,5 Vol.-%	≥ 5,5 Vol.-%
32 mm	≥ 4,0 Vol.-%	≥ 5,0 Vol.-%
63 mm	≥ 3,5 Vol.-%	≥ 4,5 Vol.-%

Tafel 12.14b Grenzwerte für die Frischbetontemperatur

T_{Luft}	T_{Beton}	Bemerkungen
$T < -3$ °C	+10 °C	Für mind. 3 Tage, Oberflächentemperatur ≥ 10 °C
-3 °C ≤ T ≤ +5 °C	+5 °C	Im Allgemeinen
	+10 °C	Bei $z < 240$ kg/m³ oder LH / VLH Zement

5.7 Luftgehalt

Ordnungsgemäß verdichteter Beton enthält ca. 1,5 bis 2,0 Vol.-% Verdichtungsporen. Luftporenbeton, dem zur Erhöhung des Frostwiderstands (XF2, XF4) LP-Bildner zugegeben wird, muss bei der Erstprüfung[9] mindestens 1,8 Vol.-% Luftporen im Festbeton mit einem Abstandsfaktor von nicht mehr als 0,20 mm aufweisen. Bei der Annahmeprüfung wird zum Nachweis der Anforderungen der Luftgehalt des Frischbetons bestimmt, und zwar bei Normal- und Schwerbeton nach DIN EN 12350-7, bei Leichtbeton nach ASTM C173.

Sofern bei der Erstprüfung die Anforderungen am Festbeton nachgewiesen worden sind und der LP-Gehalt des mit BV/FM hergestellten Frischbetons 0,5 Vol.-% geringer als die Werte in Spalte 3 der Tafel 12.14a sind, gelten unabhängig von einer BV/FM-Zugabe die Werte in Spalte 2 der Tafel 12.14a für die Annahmeprüfung.

5.8 Druckfestigkeit

Wenn nicht anders vereinbart, wird nach DIN EN 12390-2 an Probewürfeln mit 150 mm Kantenlänge, die einen Tag in ihrer Form verbleiben, sechs Tage wassergelagert und anschließend bis zum Prüftermin luftgelagert werden, die Druckfestigkeit $f_{c,dry,cube}$ ermittelt. Diese Größe hängt i. W. von der Normfestigkeit des Zements und dem w/z-Wert ab. Zur Klassifizierung der Druckfestigkeit (vgl. Tafel 12.10c wird die charakteristische Festigkeit (Wert, den erwartungsgemäß nicht mehr als 5 % der Grundgesamtheit aller möglichen Festigkeitsmessungen der Menge des betrachteten Betons unterschreiten) verwendet, und zwar $f_{ck,cyl}$ bei zylindrischen Probekörpern (⌀ = 150 mm, $h = 300$ mm) oder $f_{ck,cube}$ bei Probewürfeln mit 150 mm Kantenlänge, jeweils bei Prüfung im Alter von 28 Tagen. Für besondere Anwendungen kann die Druckfestigkeit zu einem früheren Zeitpunkt als 28 Tage bestimmt werden, z. B. beim Transport von Fertigteilen oder dem Nachweis von Bauzuständen. Sie darf auch für einen späteren Prüftermin vereinbart werden, z. B. nach 56 Tagen, wenn Massenbeton nach der DAfStb-Richtlinie „Massige Bauteile aus Beton“ eingesetzt wird oder bestimmte Bedingungen sowohl vom Betonhersteller als auch vom Bauunternehmer erfüllt werden Dies führt zur Einstufung in PK-E, BK-N, AK-E und BBQ-E.

5.9 Beton mit hohem Wassereindringwiderstand

Für wasserundurchlässige Bauwerke aus Beton, d. h. Bauwerke ohne Abdichtung nach der Normenreihe DIN 18531 bis DIN 18535, sind neben konstruktiven auch betontechnologische Anforderungen zu berücksichtigen. Insbesondere muss

- bei Bauteildicken > 0,40 m: $w/z \leq 0{,}65$,
- bei Bauteildicken ≤ 0,40 m: $w/z \leq 0{,}60$; $z \geq 280$ kg/m³ (bei Anrechnung von Zusatzstoffen ≥ 270 kg/m³); Mindestdruckfestigkeitsklasse C25/30

[9] Bei der Bauwerksprüfung: 1,5 Vol.-%, 0,24 mm

sein. Bei Beanspruchung des Bauteils durch Druckwasser nach DAfStb-Richtlinie „Wasserundurchlässige Bauteile aus Beton“ muss $(w/z)_{eq} \leq 0{,}55$ sein, damit der Beton einen hohen Wassereindringwiderstand aufweist (WU-Beton).

6 Lieferung von Frischbeton (Transportbeton)

Die Übergabe des Frischbetons vom Hersteller an den Verwender wird als Lieferung bezeichnet. Zu diesem Zeitpunkt muss die Konformität mit den festgelegten Merkmalen gegeben sein. Der Hersteller muss[10] Angaben zu Ausgangsstoffen, *w/z*-Wert, Festigkeitsentwicklung und Betonklasse machen. Für Beton der Betonklasse BK-E sind auch die Ergebnisse der Erstprüfung anzugeben. Die wesentlichen Angaben zu Transportbeton sind auf einem Lieferschein enthalten, der während der Entladung vom Hersteller an den Verwender zu übergeben ist.

Tafel 12.15 Umfang und Häufigkeit der Annahmeprüfungen nach DIN 1045-3

Eigenschaft	Prüfverfahren	Anforderung	ÜK1		ÜK2	
			BnE	BnZ	BnE	BnZ
Lieferschein	Augenschein	Übereinstimmung mit Festlegung	L[1]		L	
Konsistenz	Augenschein	Normales Aussehen	S[2]		L	
	DIN EN 12350	wie festgelegt	Z[3]	E[4] / P[5] / A[6] / Z / V[7]		
Temperatur	Thermometer	Siehe Tafel 12.14b	Z	T[8] / P / V / Z		
Frischbohdichte von Leicht-/Schwerbeton	DIN EN 12350	wie festgelegt	P/Z			
LP-Gehalt	DIN EN 12350	wie festgelegt	n/a		B[9]/Z	
Gleichmäßigkeit	Augenschein	Erscheinungsbild	S			L
	Chargenvergleich	Gleiche Eigenschaften	Z			Z
Druckfestigkeit	DIN EN 12390	wie festgelegt	Z ($f_{ci} \geq f_{ck}$-4)		A[10]	B[11]
Festbetonrohdichte von Leicht-/Schwerbeton	DIN EN 12390	Siehe Tafel 12.10c	n/a	P / Z	n/a	P / Z
Sonstiges	Nach Vorschrift	wie festgelegt	n/a		gem. Planung / Betonbaukonzept	

1) jedes Lieferfahrzeug
2) stichprobenartig
3) in Zweifelsfällen
4) beim ersten Einbringen jedes Betons
5) bei Herstellung/Prüfung d. Probekörper
6) in angemessenen Abständen
7) bei verzögertem Beton (nur BnE)
8) wenn $+5\,°C \leq T_{Luft} \leq +30\,°C$
9) zu Beginn jedes Betonierabschnitts
10) ein Probekörper je 100m³ bzw. je Betoniertag, $f_{ci} \geq \min(f_{ck}-4;\ 0{,}9\,f_{ck})$
11) Konformitätskontrolle nach DIN 1045-2, Abschnitt 8.2.1.2

Sofern Hersteller und Verwender des Betons nicht identisch sind, muss der Verwender Angaben zur Lieferung (Zeitpunkt, Menge, Abnahmegeschwindigkeit, Baustellenbedingungen) machen.

7 Nachbehandlung und Schutz des Betons

Zur Sicherstellung einer ausreichenden mechanischen Festigkeit und Dauerhaftigkeit der Betonrandzone sind eine sorgfältige Nachbehandlung und ein Schutz über einen angemessenen Zeitraum erforderlich. Bevorzugte Maßnahmen sind: Belassen in der Schalung / Abdecken der Betonoberfläche mit dampfdichten Folien / Auflegen von Wasser speichernden Abdeckungen unter ständigem Feuchthalten bei gleichzeitigem Verdunstungsschutz / kontinuierliches Besprühen mit Wasser bzw. Fluten / Aufsprühen eines Nachbehandlungsmittels mit nachgewiesener Eignung.

7.1 Nachbehandlungsdauer

- Bei den Expositionsklassen X0 und XC1 (Nachbehandlungsklasse 1) ist der Beton mindestens einen halben Tag nachzubehandeln, wenn Verarbeitbarkeitszeit < 5 h und Temperatur der Betonoberfläche ≥ 5 °C; anderenfalls ist die Nachbehandlungsdauer angemessen zu verlängern.
- Bei Expositionsklasse XM (Nachbehandlungsklasse 4) ist der Beton so lange nachzubehandeln, bis die Festigkeit des oberflächennahen Bereichs 70 % der charakteristischen Festigkeit erreicht hat. Ohne besonderen Nachweis sind die Werte der nachfolgenden Tafel 12.16a zu verdoppeln.

[10] Wenn er nicht zugleich Verwender ist und für Beton nach Eigenschaften der Betonklasse BK-N nur auf Anfrage.

– Bei allen übrigen Expositionsklassen (Nachbehandlungsklasse 3) ist der Beton so lange nachzubehandeln, bis die Festigkeit im oberflächennahen Bereich 50 % der charakteristischen Festigkeit erreicht hat. Ohne besonderen Nachweis sind die Werte der nachfolgenden Tafel 5.16b zu berücksichtigen. Die Nachbehandlungsdauer ist angemessen zu verlängern bei einer Verarbeitbarkeitszeit von mehr als fünf Stunden.

Tafel 12.16a Mindestdauer der Nachbehandlung in Tagen für alle Expositionsklassen außer X0, XC1 und XM der Nachbehandlungsklasse 3

Oberflächentemperatur[1] in °C	Festigkeitsentwicklung des Betons $f_{cm,2}/f_{cm,28}$[2]			
	schnell $r \geq 0{,}50$	mittel $0{,}30 \leq r < 0{,}50$	Langsam[4] $0{,}15 \leq r < 0{,}30$	sehr langsam[4] $r < 0{,}15$
$T \geq 25$	1	2	2	3
$25 > T \geq 15$	1	2	4	5
$15 > T \geq 10$	2	4	7	10
$10 > T \geq 5$[3]	3	6	10	15

[1] Anstelle der Oberflächentemperatur des Betons darf die Lufttemperatur angesetzt werden.
[2] Verhältnis mittlere Druckfestigkeit nach 2 Tagen zur mittleren Druckfestigkeit nach 28 Tagen, ermittelt entweder bei der Erstprüfung oder aus bekanntem Verhältnis von Betonen vergleichbarer Zusammensetzung. Zwischenwerte dürfen eingeschaltet werden.
[3] Bei Temperaturen < 5 °C Nachbehandlungsdauer um die Zeit verlängern, während der die Temperatur unter 5 °C lag.
[4] Betone mit langsamer oder sehr langsamer Festigkeitsentwicklung sind in PK-E, BK-N, AK-E, BBQ-E eingeordnet.

– Zur Ermittlung der Mindestdauer der Nachbehandlung von Beton für die Expositionsklassen XC2, XC3, XC4 und XF1 können auch die Werte der nachfolgenden Tafel 12.16b angesetzt werden, jedoch nur dann, wenn der Beton vor einer übermäßigen Auskühlung geschützt ist. Diese Gefahr besteht insbesondere bei Bauteilen mit nicht geschalten Oberflächen (z. B. Decken). Die Mindestdauer ist in diesem Fall nicht abhängig von der Oberflächentemperatur, sondern von der Frischbetontemperatur zum Zeitpunkt des Betoneinbaus.

Tafel 12.16b Mindestdauer der Nachbehandlung in Tagen von Beton für die Expositionsklassen XC2, XC3, XC4 und XF1 der Nachbehandlungsklasse 3

Frischbetontemperatur zum Zeitpunkt des Betoneinbaus in °C	Festigkeitsentwicklung[1] des Betons $f_{cm,2}/f_{cm,28}$[2]		
	schnell $\geq 0{,}50$	mittel $\geq 0{,}30 \ldots < 0{,}50$	Langsam[2] $\geq 0{,}15 \ldots < 0{,}30$
$T \geq 15$	1	2	4
$15 \geq T > 10$	2	4	7
$10 \geq T > 5$	4	8	14

[1] Zwischenwerte dürfen eingeschaltet werden.
[2] Betone mit langsamer Festigkeitsentwicklung sind in PK-E, BK-N, AK-E, BBQ-E eingeordnet.

8 Verwendbarkeitsnachweis für Beton – Produktionskontrolle, Überwachung und Zertifizierung

Beton darf nur verwendet werden, wenn die damit errichteten baulichen Anlagen die bauaufsichtlichen Anforderungen gemäß Verwaltungsvorschrift Technische Baubestimmungen (VV-TB) des jeweiligen Bundeslandes erfüllen. Die Verwendbarkeit von Beton nach Eigenschaften und Beton nach Zusammensetzung wird nicht durch CE-Kennzeichnung, sondern mit dem Ü-Zeichen auf dem Lieferschein[11] nachgewiesen. Damit das Ü-Zeichen vergeben werden darf, sind Anforderungen an die Produktionskontrolle, die Fremdüberwachung und die Zertifizierung einzuhalten.

Hersteller von Frischbeton müssen eine Produktionskontrolle durchführen. Diese muss alle zur Gewährleistung der Konformität des Betons mit der Festlegung erforderlichen Maßnahmen umfassen (Eigenüberwachung), u. a. Baustoffauswahl / Betonzusammensetzung einschl. Erstprüfung von Beton nach Eigenschaften / Überwachung und Prüfung der Ausgangsstoffe, der Vorrichtungen

[11] Übereinstimmungserklärung des Herstellers i. S. d. jeweiligen Landesbauordnung auf Grundlage eines Übereinstimmungszertifikats durch eine anerkannte Zertifizierungsstelle

für die Lagerung, der Wäge- und Messeinrichtungen, des Mischers und der Steuerungsgeräte sowie der Betoneigenschaften. Das System der Produktionskontrolle muss mindestens alle zwei Jahre überprüft werden, um die Eignung und die Wirksamkeit des Systems sicherzustellen. Alle maßgebenden Daten müssen aufgezeichnet und mindestens fünf Jahre aufbewahrt werden.

Die Konformitätskontrolle umfasst Handlungen und Entscheidungen, die durchgeführt und getroffen werden müssen, um die Übereinstimmung des Betons mit den Festlegungen nachzuprüfen. Bei Beton nach Zusammensetzung hat der Hersteller im Rahmen der Konformitätskontrolle lediglich nachzuweisen, dass die Mengen der Ausgangsstoffe innerhalb der vorgeschriebenen Dosiergenauigkeit entsprechend der Festlegung abgemessen worden sind. Der Wasserzementwert darf den festgelegten Wert um nicht mehr als 0,02 überschreiten. Bei Beton nach Eigenschaften weist der Hersteller im Rahmen der Konformitätskontrolle nach, dass die festgelegten Eigenschaften des Betons – i. d. R. Druckfestigkeit, Konsistenz, *w/z*- bzw. $(w/z)_{eq}$, Mindestzementgehalt, evtl. LP-Gehalt – die in DIN 1045-2, Abschnitt 8.2 genannten Konformitätskriterien erfüllen.

Die mit der werkseigenen Produktionskontrolle beauftragte Stelle muss von einem in Betontechnik und Betonherstellung erfahrenen Fachmann geleitet werden, der den Nachweis erweiterter betontechnologischer Kenntnisse (E-Schein) erbracht hat.

Die werkseigene Produktionskontrolle des Herstellers ist für alle Betone durch eine anerkannte Überwachungsstelle nachzuweisen und zu überwachen (Fremdüberwachung) und dann durch eine Zertifizierungsstelle zu zertifizieren.

Für Betone, die in die Betonklasse E eingestuft werden, ist stets eine Erstprüfung erforderlich, die mit den für die Produktion verwendeten Ausgangsstoffen durchzuführen ist und deren Ergebnisse zu dokumentieren sind. Dabei sind auch das Ansteifen mit Hilfe von Konsistenzprüfungen nach 10, 45 und 90 Minuten sowie ab Konsistenzklasse F4 die Wasserabsonderung des Frischbetons nach DBV-Merkblatt zu ermitteln. Sofern eine Zugabe von Fließmittel auf der Baustelle vorgesehen ist, ist der Zeitpunkt der Zugabe zu dokumentieren.

Wird Beton mit rezyklierten Gesteinskörnungen hergestellt, kann die Bestimmung des Trocknungsschwindens, des Kriechens und des Elastizitätsmoduls erforderlich werden. Weicht die Frischbeton- oder die Umgebungstemperatur auf der Baustelle wesentlich von derjenigen bei der Erstprüfung ($15°\,C \leq T \leq 22°\,C$) ab, können die Frisch- und Festbetoneigenschaften im Vergleich zu den bei der Erstprüfung ermittelten Werten verändern. In diesem Fall sollte der Betonhersteller informiert und die Durchführung zusätzlicher Prüfungen in Betracht gezogen werden.

9 Beton – Überwachungsprüfungen durch das Bauunternehmen

Für die Überprüfung der maßgebenden Frisch- und Festbetoneigenschaften wird der Beton in zwei Überwachungsklassen eingeteilt; bei mehreren Kriterien ist die höhere Überwachungsklasse maßgebend. Bei Beton der Überwachungsklasse 2 muss das Bauunternehmen über eine ständige Betonprüfstelle verfügen, die von einem in der Betontechnik erfahrenen Fachmann geleitet wird. Zudem müssen die Ergebnisse der Überwachung durch eine dafür anerkannte Überwachungsstelle überprüft werden (Fremdüberwachung).

Tafel 12.17 Überwachungsklassen für Beton nach DIN 1045-3

Überwachungsklasse	ÜK 1	ÜK 2
Normalbeton	≤ C25/30 X0, XC, XF1	≥ C30/37 XS, XD, XA, XM[1], XF2, XF3, XF4 mit künstlichen Luftporen
Betonrohdichte [kg/m³]	$2000 < \rho \leq 2600$	$\rho \leq 2000$ (Leichtbeton) ; $2600 < \rho$ (Schwerbeton)
Festigkeitsprüfung nach	28 Tagen	mehr als 28 Tagen
besondere Eigenschaften oder Anwendung[2]	Beton mit rezyklierter GK, sofern BBQ-N	(Stahl-) Faserbeton / SVB / Beton mit rezyklierter GK, sofern BBQ-E bzw. BBQ-S / Beton für wasserundurchlässige Baukörper bzw. LAU-Anlagen / Unterwasserbeton / Beton für hohe Gebrauchstemperaturen ≤ 250 °C / mehr als 12 h verzögerter Beton / Strahlenschutzbeton

[1] Gilt nicht für übliche Industrieböden.

[2] Für besondere Anwendungsfälle (z. B. Verzögerter Beton, Betonbau beim Umgang mit wassergefährdenden Stoffen) sind die DAfStb-Richtlinien zu beachten.

9.1 Art und Häufigkeit der Prüfungen

Die Proben müssen zufällig ausgewählt und nach DIN EN 12350-1 entnommen werden.

Tafel 12.18a Umfang und Häufigkeit der Prüfungen an Beton nach Eigenschaften auf der Baustelle bei Verwendung von Transportbeton nach DIN 1045-3

Prüfgegenstand	Prüfung	Häufigkeit für Überwachungsklasse 1	2
Lieferschein	Augenscheinprüfung	jedes Lieferfahrzeug	
Konsistenz	Augenscheinprüfung	Stichprobe	jedes Lieferfahrzeug
	Konsistenzprüfung nach DIN EN 12350	– in Zweifelsfällen	– beim ersten Einbringen jeder Betonzusammensetzung – bei Herstellung von Probekörpern für die Festigkeitsprüfung – in Zweifelsfällen
Frischbetonrohdichte von Leicht- und Schwerbeton	Rohdichteprüfung nach DIN EN 12350-6	– bei Herstellung von Probekörpern für die Festigkeitsprüfung – in Zweifelsfällen	
Gleichmäßigkeit des Betons	Augenscheinprüfung	Stichprobe	jedes Lieferfahrzeug
Luftgehalt von Luftporenbeton	Prüfung nach DIN EN 12350-7 für Normal- und Schwerbeton, nach ASTM C173 für Leichtbeton	–	– zu Beginn jedes Betonierabschnitts – in Zweifelsfällen
Druckfestigkeit[1)]	Prüfung an in Formen hergestellten Probekörpern	– in Zweifelsfällen	3 Proben – je 300 m³ oder – je 3 Betoniertage

[1)] Diejenige Häufigkeit ist maßgebend, die die größte Probenanzahl ergibt.

9.2 Beurteilung der Ergebnisse der Druckfestigkeitsprüfung

Tafel 12.18b Annahmekriterien für Ergebnisse von Druckfestigkeitsprüfungen von Beton nach Eigenschaften bei Verwendung von Transportbeton nach DIN 1045-3

	ÜK 1 (optional)	ÜK 2 (bei LC ist f_{ck} durch f_{lck} zu ersetzen)
Jeder Einzelwert	$\geq f_{ck} - 4$	$\geq min\{f_{ck} - 4;\ 0{,}9\, f_{ck}\}$

Je Betoniertag bzw. je 100 m³ Beton ist ein Probekörper herzustellen und im Alter von 28 Tagen zu prüfen. Die Probe wird an der Schurre des Lieferfahrzeugs genommen, es sei denn, das Betonbaukonzept legt die Probenahme am Ende des Pumpenschlauchs fest. Erfüllt der Beton die o. g. Annahmekriterien nicht, muss das Bauunternehmen geeignete Maßnahmen ergreifen. Dazu darf die Betondruckfestigkeit nach DIN EN 13791 in Kombination mit DIN EN 13791/A20 beurteilt werden.

10 Sichtbeton

10.1 Allgemeine Hinweise

Als Sichtbeton bezeichnet man Beton, der an Bauteiloberflächen planmäßig sichtbar bleibt und an den zusätzlich gestalterische Anforderungen gestellt werden. Grundsätzlich sind alle Betone nach DIN 1045-2 für die Herstellung von Sichtbetonbauteilen verwendbar. Die besonderen Merkmale von Sichtbeton werden durch die Planung und die Bauausführung erzielt. Eine Klassifizierung der Sichtbetonqualität kann anhand der Merkmale Textur, Porigkeit, Farbtongleichmäßigkeit, Ebenheit und Fugenausbildung gemäß dem Merkblatt Sichtbeton vorgenommen werden.

10.2 Planung und Ausführung von Sichtbetonbauteilen

10.2.1 Regelwerke

Für Sichtbeton gelten dieselben Regelwerke wie für Beton ohne besondere gestalterische Anforderungen. Es gibt kein spezielles Regelwerk zu Sichtbetonoberflächen. Es obliegt den Beteiligten, die gewünschten Sichtbetoneigenschaften einvernehmlich festzulegen und vertraglich zu vereinbaren.

10.2.2 Gestaltung von Sichtbetonoberflächen

Die Textur der Betonoberfläche kann durch die Schalhaut, mechanische Bearbeitung, chemische oder physikalische Behandlung hergestellt werden. Die unbearbeitete Sichtbetonoberfläche ist ein Spiegelbild der Schalung. Auch die Proportionen von Oberflächengliederung und -textur sowie Bauteilabmessungen bestimmen das Erscheinungsbild. Stark gegliederte bzw. texturierte Oberflächen wirken bei kleinen Bauteilabmessungen unproportioniert. Dagegen werden bei wenig texturierten, großen, homogenen Oberflächen einzelne Unregelmäßigkeiten als auffällig wahrgenommen. Wenn die Flächengliederung ein wesentliches gestalterisches Merkmal ist, muss sie im Zuge der Ausführungsplanung zeichnerisch dargestellt und wegen unterschiedlicher Rastermaße von Systemschalungen in der Ausschreibung klar beschrieben werden. Der Grau- bzw. Farbton geschalter Flächen wird im Wesentlichen durch den Zementstein, in geringerem Maße auch durch in der Körnung enthaltenes Gesteinsmehl bestimmt. Durch Verwendung von CEM I-Zement mit hohem Sulfatwiderstand (SR) erhält der Zementstein einen besonders dunklen Grauton. Dagegen ergeben CEM III-Zemente einen hellen Zementstein. Durch Verwendung von Weißzement und Zugabe von Pigmenten im Herstellwerk kann Sichtbeton auch eingefärbt werden. Homogene Grau- bzw. Farbtöne sind mit bearbeiteten oder lasierten Oberflächen zuverlässiger herstellbar als mit schalungsglatten Oberflächen, bei denen Marmorierungen bzw. Wolkenbildungen nicht sicher vermieden werden können.

Tafel 12.19 Sichtbetonklassen (Auszug aus dem DBV/VDZ-Merkblatt Sichtbeton [5.8])

Sichtbetonklasse	Beispiel	Textur		Porigkeit[1)]	
SB 1, geringe Anforderungen	Kellerwände, gewerbliche Bereiche	T1	weitgehend geschlossene Zementstein- bzw. Mörteloberfläche, ausgetretener Feinmörtel in Schalungsstößen bis ca. 20 mm Breite/10 mm Tiefe zulässig, Rahmenabdrücke zulässig	P1	1,2 %[2)]
SB 2, normale Anforderungen	Treppenhausräume Stützwände	T2	Wie T1, jedoch ausgetretener Feinmörtel in Schalungsstößen bis b~10 mm, t~5 mm zulässig, Grate bis 5 mm zulässig	P1(ns)	
				P2(s)	0,9 %
SB 3, hohe Anforderungen	Fassaden			P2(ns)	
				P3(s)	0,6 %
SB 4, bes. hohe Anforderungen	Repräsentative Bauteile	T3	Wie T2, jedoch Feinmörtelaustritt bis b~3 mm, Grate bis 3 mm zulässig	P3(ns)	
				P4(s)	0,3 %

1) ns = Kriterium bei nichtsaugender Schalhaut, s = Kriterium bei saugender Schalhaut

2) Angabe als Flächenanteil der Poren mit 2 mm < d < 15 mm bezogen auf eine Prüffläche von 500x500 mm²
Ein Flächenanteil von 0,3 % entspricht einer Gesamt-Porenfläche von 750 mm²

Sichtbetonklasse SB 1 ist in BBQ-N eingeordnet, die übrigen Sichtbetonklassen in PK-E, BK-S, AK-S, BBQ-S.

Für die Oberflächengestaltung durch Schalhaut gibt es nur zwei wesentliche Bedingungen – es darf nicht zu einer Schädigung der Betonrandzone kommen und die Schalhaut muss sich von der Betonoberfläche lösen lassen. Bei reliefartiger Gestaltung sind Kanten möglichst stumpfwinklig auszubilden, Hinterschneidungen sind nicht möglich.

Als mechanische Verfahren stehen alle Steinmetztechniken – Schleifen, Polieren, Stocken, Spitzen, Scharrieren, Kröneln etc. – zur Verfügung (vgl. DIN 18500-1). Insbesondere bei Fertigteilen lassen sich Oberflächen im Werk absäuern, waschen, sand-, kugel- oder flammstrahlen. Durch Bearbeitung der Betonoberfläche wird die Gesteinskörnung freigelegt, deren Farbigkeit mit zunehmender Bearbeitungstiefe planmäßig gegenüber dem Zementstein in den Vordergrund tritt. Der Materialabtrag darf die

Betondeckung nicht unter das Nennmaß reduzieren. Soll der Grau- bzw. Farbton von Sichtbeton dauerhaft, also auch nach dem unvermeidbaren oberflächlichen Abtrag von Zementstein und Feinmörtel durch Verwitterungsprozesse, erhalten bleiben, muss bei schalungsglatten Oberflächen die Farbe der Gesteinskörnung derjenigen des Zementsteins ähnlich sein. Einen realistischen Eindruck vom Erscheinungsbild der geplanten Sichtbetonoberfläche geben hinreichend große Erprobungs- bzw. Musterflächen – z. B. Bauteile an wenig frequentierten Stellen im Kellergeschoss.

Tafel 12.20 Schalhautklassen (Auszug aus dem DBV/VDZ-Merkblatt Sichtbeton [5.8])

Merkmal	SHK 1	SHK 2	SHK 3
Bohrlöcher[2]	Verschluss durch Holz-/Kunststoffstöpsel	Als Reparaturstelle[1] zulässig	nicht zulässig
Nagel-/Schraublöcher[2]	Zulässig	Ohne Absplitterung zulässig	
Beschädigungen durch Innenrüttler		Nicht zulässig	
Kratzer[2]		In SB 1 bis 1 mm Tiefe, sonst als Reparaturstelle	
Beton-/Mörtelreste[4]	Keine flächigen Anhaftungen	Nicht zulässig	
Zementschleier	Zulässig	Zulässig	
Quellen im Bereich von Löchern / Ripplings		In SB 2 zulässig, in SB 3 unzulässig[3,4]	nicht zulässig[3]

[1] Reparaturstellen handwerklich sauber (schleifen und ggf. versiegeln) durch qualifiziertes Personal
[2] In Absprache mit dem Auftraggeber als Reparaturstellen zulässig
[3] In Absprache mit dem Auftraggeber zulässig
[4] Dickentoleranzen im Kantenbereich sind zu tolerieren
[5] Beton- oder Mörtelreste in Nagellöchern sowie zwischen Schalhaut und Rahmen sind unvermeidbar und daher zulässig

10.2.3 Herstellung von Sichtbetonbauteilen

Sichtbetonbauteile werden praktisch ausschließlich aus werkgemischtem Frischbeton hergestellt. Alle Beteiligten – Entwurfsverfasser, Fachplaner und Unternehmer – machen im Rahmen ihrer Leistungen baustoffliche und baubetriebliche Vorgaben, die im Ergebnis eine vollständige Festlegung des Betons und eine detaillierte Handlungsanweisung für die Betonarbeiten auf der Baustelle darstellen. In der Festlegung des Betons (vgl. Abschnitt 2), die vom Verwender an den Hersteller zu übermitteln ist, sind im Regelfall nur solche Eigenschaften enthalten, die eine Verwendung marktüblicher Betonsorten aus Herstellerverzeichnissen zulassen. In Sonderfällen und bei Verwendung von Beton nach Zusammensetzung sind Erstprüfungen durchzuführen, für die ein zusätzlicher Zeitaufwand einzuplanen ist.

Empfehlenswert sind robuste Betone mit gutem Wasserrückhaltevermögen (Mehlkorngehalt), $w/z \leq 0{,}55$, max. 16 mm Größtkorn, Konsistenzklasse F 3 (bei Wänden evtl. F 2) sowie an die Witterung angepasster Frischbetontemperatur und Hydratationswärmeentwicklung. Restwasser oder Restbeton darf nicht eingesetzt werden. Ein Wechsel der Ausgangsstoffe bzw. Zusammensetzung ist, auch wenn unplanmäßig ein Ersatzwerk liefern muss, zu vermeiden. Dem Mischvorgang im Werk (mind. 60 s Mischzeit, besser etwas länger) und dem kontinuierlichen, an die Einbauleistung angepassten Transport zur Baustelle ist große Bedeutung beizumessen, damit während der Betonage keine wesentliche Änderung von Frischbetonkonsistenz und -temperatur eintritt. Bei Bedarf kann die Häufigkeit der Prüfungen (Abschnitt 9.1) erhöht werden.

Sichtbetonbaustellen erfordern ein hohes Maß an Sorgfalt und Sauberkeit. Vorbereitung der Schalung, gleichmäßig sparsamer Trennmittelauftrag, Ausblasen der Schalung mit Druckluft, Lagesicherung der Bewehrung, ausreichend viele punkt- oder linienförmig auf der Schalung stehende Faserzement-Abstandhalter, zügiger Betoneinbau bei geringstmöglicher freier Fallhöhe in gleich hohen Schüttlagen, die durch Innenrüttler miteinander vernadelt werden und ausreichend lange Nachbehandlung, um das Verdunsten des Anmachwassers, aber auch Kondensatbildung (Ausblühungen) auf der Sichtbetonoberfläche zu vermeiden, sind wesentliche Arbeitsschritte.

11 Infraleichtbeton

Leichtbeton, dessen Trockenrohdichte geringer als diejenige von Leichtbeton der Rohdichteklasse D 1,0 (vgl. Tafel 12.10c) ist, bezeichnet man als Infraleichtbeton (ILB, engl.: Infra Lightweight Concrete – ILC), seltener auch als Dämmbeton. Neben der geringen Rohdichte, die in erster Linie durch die Verwendung leichter Gesteinskörnungen mit einer Kornrohdichte $\rho < 600$ kg/m³ – z. B. Blähglas oder Blähton – erzielt wird, beträgt die Wärmeleitfähigkeit von Infraleichtbeton $\lambda < 0{,}39$ W/(mK). Wegen der Abweichungen von DIN 1045-2 (Rohdichte) und DIN 4108-4 (Wärmeleitfähigkeit) ist für die Verwendung von Infraleichtbeton (nicht geregeltes Bauprodukt) in tragenden und/oder wärmedämmenden Bauteilen als Verwendbarkeitsnachweis eine allgemeine bauaufsichtliche Zulassung (abZ) oder eine Zustimmung im Einzelfall (ZiE) erforderlich.

Tafel 12.21 Zusammensetzung von Infraleichtbeton (ILB) und in Laboruntersuchungen ermittelte Eigenschaften (aus [12.8])

Parameter	ILB600	ILB650	ILB700	ILB750	ILB800
CEM III/A 32,5 N – LH/NA	190	225	260	296	333
Silicastaub	74	72	70	68	66
GK (Liapor 0/2;1/4;2/6)	25;139;243	42;132;227	59;126;212	76;120;196	93;114;180
Wasser	144	154	164	175	185
w/z_{eq}	0,55	0,52	0,50	0,48	0,46
Rohdichte ρ (frisch/trocken) [kg/m³]	872/619	906/674	947/711	1009/766	1075/809
$f_{c,cube}/f_{c,zyl}$ [MPa]	6,5/5,3	7,5/7,4	9,6/9,4	11,4/11,3	13,4/13,0
λ [W/(mK)]	0,141	0,153	0,166	0,178	0,193

Als Orientierungswerte für die Eigenschaften von Infraleichtbeton können einerseits die Ergebnisse aus Laboruntersuchungen (vgl. Tafel 12.21) herangezogen werden. Dabei ist zu beachten, dass die Gesteinskörnung zur Verringerung des Saugens vorgenässt worden ist und die Verarbeitbarkeitseigenschaften durch Zugabe von Fließmittel und Stabilisierer eingestellt worden sind. Andererseits zeigen Erfahrungen aus der Anwendung von Infraleichtbeton im Rahmen von Referenzprojekten, dass die Eigenschaften von Infraleichtbeton von den Werten der Tafel 12.21 abweichen können. Nach [12.10] erreicht ILB mit einer Rohdichte von ca. 1200 kg/m³ Wärmeleitfähigkeiten von ca. $0{,}40\ \text{W/(mK)} \leq \lambda \leq 0{,}55$ W/(mK) und Druckfestigkeiten, die einem LC16/18 entsprechen. Für ILB mit geringerer Rohdichte reduziert sich die Druckfestigkeit auf Werte von ca.7 bis 12 MPa und die Wärmeleitfähigkeit auf etwa 0,2 bis 0,3 W/(mK).

Herstellung und Verarbeitung von Infraleichtbeton sind mit besonderen Herausforderungen verbunden. Aufgrund der geringen Kornrohdichte können die leichten Gesteinskörnungen beim Mischvorgang zerkleinert werden und neigen zum Aufschwimmen bei Transport und Einbau (Entmischung). Für das Einbringen in die Schalung, das vorzugsweise mit dem Krankübel oder über die Schurre des Fahrmischers geschieht, sind weiche bis fließfähige Konsistenzen vorteilhaft. Pumpen ist i. d. R. wegen der Porosität der leichten Gesteinskörnung nicht möglich. Ein Verdichten durch Innenrüttler ist wegen der Gefahr, die Körnung zu zertrümmern, nicht empfehlenswert. Für die Nachbehandlung sind gegenüber den Werten für Normal- und Leichtbeton nach DIN 1045-2 regelmäßig höhere Werte einzuplanen, z. B. durch Belassen in der Schalung für vier bis sechs Tage. Infraleichtbeton weist einen geringeren Widerstand gegen Carbonatisierung als normgerechter Beton auf, so dass Bewehrung – sofern nicht aus rostfreiem Stahl oder Kunststoff – durch Beschichtung gegen Korrosion zu schützen ist. Bei Schlagregenbeanspruchung ist – z. B. durch geeignete Hydrophobierung – sicherzustellen, dass Querschnitte von Außenbauteilen nicht dauerhaft durchfeuchten.

Sofern der Anteil an homogen verteilten organischen Bestandteilen nicht mehr als 1 % (Massen- oder Volumenanteil, der größere Wert ist maßgebend) beträgt, kann Infraleichtbeton in die Baustoffklasse A 1 (nicht brennbar) eingestuft werden.

In Analogie zur Systematik der Betonbauqualitätsklassen nach DIN 1045 bestehen für Planung, Betonherstellung und Ausführung besondere Anforderungen, die mit den Klassen PK-S, BK-S, AK-S und BBQ-S vergleichbar sind.

12 R-Beton (Beton mit rezyklierter Gesteinskörnung)

Als R-Beton bezeichnet man Beton, für dessen Herstellung neben Gesteinskörnungen aus primären Rohstoffvorkommen auch aufbereitetes anorganisches oder mineralisches Material verwendet wird, das beim Abbruch von Bauwerken gewonnen wurde.

Im Jahr 2022 wurden von insgesamt 55,2 Mio. Tonnen verfügbarem mineralischen Bauschutt[12] 81,7 %, d. h. 45,1 Mio. Tonnen, recycelt. Je nach stofflicher Zusammensetzung werden vier Typen rezyklierter Gesteinskörnungen nach DIN 4226-101 unterschieden. Nur rezyklierte Gesteinskörnungen die mindestens 90 M.-% (Typ 1) bzw. 70 M.-% (Typ 2) Betonbruch bzw. gebrochene Gesteinskörnungen enthalten sind für die Verwendung in Beton nach DIN 1045-2 geeignet. Zudem dürfen in rezyklierter Gesteinskörnung vom Typ 1 nicht mehr als 10 M.-% gebrochene Mauersteine (nicht aufschwimmend), jeweils 1 M.-% bituminöse Stoffe und Glas / sonstige Materialien sowie 2 Vol.-% aufschwimmendes Material enthalten sein. Bei rezyklierter Gesteinskörnung vom Typ 2 erhöht sich der zulässige Anteil an gebrochenen Mauersteinen auf 30 M.-%, der Anteil an Betonbruch verringert sich entsprechend.

Angesichts des derzeitigen Bedarfs an Gesteinskörnungen im Bauwesen (Kies, Sand, gebrochener Naturstein) von ca. 425 Mio. Tonnen im Jahr 2023 sind rezyklierte Gesteinskörnungen vom Typ 1 oder 2 (noch) ein knapper Rohstoff. Bei der Planung von Betonbauwerken sollte abgewogen werden, ob der Einsatz von R-Beton im Vergleich zu anderen Verwertungen, bei denen primäre Rohstoffe sogar vollständig durch rezyklierte Baustoffe ersetzt werden, vorteilhaft ist. Die folgende Tafel 12.22 gibt einen Überblick, bis zu welchem Anteil rezyklierte Gesteinskörnungen in Beton nach DIN 1045-2 eingesetzt werden können.

Tafel 12.22 Verwendung grober rezyklierter Gesteinskörnung[13] (GK), nicht für Spannbeton und Leichtbeton

<table>
<tr><td>Anteil[1)]</td><td>Typ 1</td><td>Typ 2</td></tr>
<tr><td>≤ 20 %</td><td colspan="2">In Feuchtigkeitsklasse WA mit nachgewiesener Alkaliempfindlichkeitsklasse E I-S bis C30/37 XD2/XS2, XF2, XF4</td></tr>
<tr><td rowspan="2">≤ 25 %[2)]</td><td colspan="2">bis einschl. C50/60 in den Feuchtigkeitsklassen W0 und WF</td></tr>
<tr><td>Auch als feine GK aus der Produktion grober rezyklierter GK mit stofflicher Zusammensetzung nach DIN EN 933-11 Anteil proportional zu dem der primären GK</td><td rowspan="3">In den Feuchtigkeitsklassen W0 und WF bis C30/37 XC4, XF1, XF3, XA1 und WU-Beton</td></tr>
<tr><td>≤ 30 %[3)]</td><td>Wie Zeile 1</td></tr>
<tr><td>≤ 35 %[3)]</td><td rowspan="2">In den Feuchtigkeitsklassen W0 und WF bis C30/37 XC4, XF1, XF3, XA1 und WU-Beton</td></tr>
<tr><td>≤ 45 %[3)]</td><td>Nicht verwendbar</td></tr>
<tr><td colspan="3">1) Volumenanteil, bezogen auf die gesamte Gesteinskörnung
2) Bei Austausch der groben Gesteinskörnung nach DIN 1045-2 Abschnitt 5.2.3.4: BBQ-N
3) Bei Austausch der groben Gesteinskörnung nach DIN 1045-2 Abschnitt 5.2.3.4: PK-N, BK-E, AK-E, BBQ-E</td></tr>
</table>

13 Stampfbeton

Als Stampfbeton bezeichnet man Beton mit steifer oder sehr steifer (erdfeuchter) Konsistenz, der nicht durch Rütteln, sondern durch Stampfen verdichtet wird. Er weist im Vergleich zu Rüttelbeton mehrere Besonderheiten auf.

Wegen der geringen Wirkung des Verdichtungsverfahrens wird Stampfbeton lagenweise und – je nachdem, ob die Verdichtung händisch oder mit elektrischen Werkzeugen erfolgt – in einer Schichtdicke von ca. 15 bis 25 cm eingebaut. Wandschalungen eilen dem bereits erhärteten Beton daher nur bis zu einer Höhe von etwa zwei Schüttlagen voraus. Sofern die Schalung mit der Wand „klettert", sollte der Nachbehandlung des bereits erhärteten Betons ausreichende Aufmerksamkeit gewidmet werden, um eine möglichst vollständige Hydratation des Zements zu gewährleisten und das Schwinden gering zu halten.

Stampfbeton wird i. d. R. unbewehrt ausgeführt, weil wegen der Konsistenz und des Verdichtungsverfahrens ohne besondere Maßnahmen der Verbund zwischen Beton und Bewehrungsstahl sowie infolgedessen der Korrosionsschutz der Bewehrung nicht zuverlässig erreicht werden können. Vorwiegend im Wohnungsbau können Innenbauteile ohne Bewehrung – in Räumen mit planmäßig weniger als 30 % relativer Luftfeuchte auch bewehrte Bauteile, sofern der Verbund gewährleistet ist – sowie unbewehrte, frostfreie Fundamente regelmäßig in die Expositionsklasse X0 eingestuft werden und sind für die Ausführung in Stampfbeton geeignet. Der Beton muss mindestens die Druckfestigkeitsklasse C 8/10 erreichen. Neben einer durch Vorgaben der Tragwerksplanung möglicherweise geforderten höheren Druckfestigkeitsklasse beschränken sich die Anforderungen an Stampfbeton dann auf gestalterische und baubetriebliche Vorgaben, z. B. aufgrund der gewünschten Oberflächentextur, der Schalung oder des gewählten Einbauverfahrens. DIN EN 1992-1-1 enthält

12 Darunter versteht man die unter den Abfallschlüsseln 17 01 01 (Beton), 17 01 02 (Ziegel), 17 01 03 (Fliesen, Ziegel und Keramik, 17 01 07 (Gemische aus Beton, Ziegeln, Fliesen und Keramik) erfassten Mengen.

13 Bei Abweichung von DIN 1045-2 Abschnitt 5.2.3.4: PK-S, BK-S, AK-E, BBQ-S

Bemessungsregeln für unbewehrte Bauteile aus Beton, die auch für Stampfbeton herangezogen werden können.

Die Zusammensetzung von Stampfbeton ist i. d. R. durch Versuche zu ermitteln. Anforderungen an die Konsistenz und die Druckfestigkeit sind durch eine Erstprüfung nachzuweisen. Im Ergebnis kann Stampfbeton einen Zementgehalt von weniger als 240 kg/m³ aufweisen. Soweit Anforderungen an den Mehlkorn- bzw. Leimgehalt bestehen, können Gesteinsmehle oder Zusatzstoffe zugegeben werden. Die Zugabe von Zusatzmitteln ist möglich und in vielen Fällen sinnvoll.

14 Mörtel[14]

Mörtel ist ein Gemisch aus Gesteinskörnungen, Bindemittel, Wasser und ggf. Zusatzstoffen und / oder Zusatzmitteln, das sich von Beton durch den maximalen Größtkorndurchmesser $D \leq 8$ mm, eine geringere Druckfestigkeit und die Verwendbarkeit der Bindemittel Kalk (auch zusammen mit Zement) oder Putz- und Mauerbinder unterscheidet. Nach dem Ort der Herstellung unterscheidet man Werk- und Baustellenmörtel, nach Art der Verwendung Putz-, Mauer- und Estrichmörtel. Sofern die Wasserzugabe im Werk erfolgt, spricht man von Nass- oder Frischmörtel, ansonsten von Trockenmörtel. Erfolgt auch die Bindemittelzugabe auf der Baustelle, handelt es sich um Vormörtel.

14.1 Putz- und Mauermörtel

Putzmörtel werden als Werkmörtel nach DIN EN 998-1 oder als Baustellenmörtel nach DIN EN 13914-1 i. V. m. DIN 18550-1 hergestellt. Planung, Zubereitung und Ausführung von Außen- und Innenputzen sind in DIN EN13914 geregelt.

Als Hauptbindemittel[15] können Kalk nach DIN EN 459-1, Zement nach DIN EN 197-1 sowie Putz- und Mauerbinder nach DIN EN 413-1 verwendet werden. Je nach Verwendung sind Gesteinskörnungen nach DIN EN 13139 oder DIN EN 13055 geeignet. Weiterhin können Zusatzmittel und/ oder Zusatzstoffe sowie Fasern zugegeben werden. Wasser muss DIN EN 1008 entsprechen.

Tafel 12.23 gibt das Mischungsverhältnis von Baustellenputzmörtel nach DIN 18550-1 bei Verwendung der o. g. Hauptbindemittel an.

Tafel 12.23 Mischungsverhältnis von Baustellenputzmörtel (in Raumteilen)

	Baukalke, Luftkalk, Weißkalkhydrat, Kalkhydrat nach DIN EN 459-1	Hydraulischer Kalk, natürlich hydraulischer Kalk nach DIN EN 459-1	Putz- & Mauerbinder nach DIN EN 413-1	Zement nach DIN EN 197-1 i. d. R. CEM II/32,5	Sand nach DIN EN 12620
Luftkalkmörtel[1)4)]	1,0				3,5 – 4,0
Mörtel mit hydraulischem Kalk[1)2)5)]		1,0			3,0 – 4,0
Mörtel mit Putz- & Mauerbinder			1,0		3,0 – 4,0
Kalkzementmörtel[2)6)]	1,5 – 2,0			1,0	9,0 – 11,0
Zementmörtel mit Kalkhydrat[3)7)]	≤ 0,5			2,0	6,0 – 8,0
Zementmörtel[3)7)]				1,0	3,0 – 4,0

[1)] Nach DIN 18550:1985/2005 Putzmörtelgruppe P Ia (Luftkalk), P I (Wasserkalk), P Ic (hydraulischer Kalk) / P I
[2)] Nach DIN 18550:1985/2005 P IIa (hochhydraulischer Kalk), P IIb (Kalk-Zement) / P II
[3)] Nach DIN 18550:1985/2005 P IIIa (Zement und Kalkhydrat), P IIIb (Zement ohne Kalkhydrat) / P III
[4)] Typische Kategorie der Druckfestigkeit nach DIN EN 998-1: max. CS I
[5)] Typische Kategorie der Druckfestigkeit nach DIN EN 998-1: CS I/CS II
[6)] Typische Kategorie der Druckfestigkeit nach DIN EN 998-1: CS II/CS III
[7)] Typische Kategorie der Druckfestigkeit nach DIN EN 998-1: CS III/CS IV

Für Werkmörtel sind vom Hersteller mindestens die Druckfestigkeit, die kapillare Wasseraufnahme und die Wärmeleitfähigkeit zu deklarieren. Darüber hinaus können für den Verwendungszweck bzw. die Produktart relevante Parameter, z. B. Trockenrohdichte, Haftzugfestigkeit, Wasserdampf-

[14] In diesem Abschnitt werden nur Kalk-, Kalkzement- und Zementmörtel behandelt.
[15] Innenputze mit Lehm und Gips als Bindemittel sowie Putze mit organischen Bindemitteln werden hier nicht beschrieben, siehe DIN 18947, DIN EN 13279 und DIN EN 15824.

diffusionskoeffizient deklariert werden. Beträgt der Gehalt an homogen verteilten organischen Stoffen nicht mehr als 1 % (Massen- oder Volumenanteil, der größere Wert ist maßgebend), wird der Mörtel in die Brandverhaltensklasse A1 eingestuft, ansonsten ist die Brandverhaltensklasse nach DIN EN 13501-1 anzugeben.

Tafel 12.24a Klassifizierung und Eigenschaften von Festmörtel nach DIN EN 998-1

Eigenschaften	Kategorien	Werte
Druckfestigkeit nach 28 Tagen	CS I	0,4 MPa bis 2,5 MPa
	CS II	1,5 MPa bis 5,0 MPa
	CS III	3,5 MPa bis 7,5 MPa
	CS IV	≥ 6 MPa
Kapillare Wasseraufnahme	W_c 0	Nicht festgelegt
	W_c 1	≤ 0,40 kg/(m² min^{0,5})
	W_c 2	≤ 0,20 kg/(m² min^{0,5})
Wärmeleitfähigkeit	T 1	≤ 0,1 W/(mK)
	T 2	≤ 0,2 W/(mK)

Mauermörtel wird als Werkmörtel nach DIN EN 998-2 oder als Baustellenmörtel nach DIN 18580 i. V. m. DIN 20000-412 hergestellt. Die Gesteinskörnungen nach DIN EN 13139, DIN EN 12620 oder DIN EN 13055 müssen einen Größtkorndurchmesser D ≤ 4 mm aufweisen und dürfen nicht mehr als 8 M.-% Feinanteile[16] haben. Bei Verwendung von Zement nach DIN EN 197-1 muss dieser mindestens für die Expositionsklassen X0 und XF1 geeignet sein oder DIN 1164-10/-11/-12 entsprechen. Geeignete Zusatzstoffe sind Baukalk nach DIN EN 459-1, Gesteinsmehl nach DIN EN 12620, Trass nach DIN 51043 und Flugasche nach DIN EN 450-1. Zusatzmittel nach DIN EN 934-3 dürfen verwendet werden.

Tafel 12.24b Mörtelklassen nach DIN EN 998-2

Klasse	M 1	M 2,5	M 5	M 10	M 15	M 20	M d[1)]
Druckfestigkeit [MPa]	1	2,5	5	10	15	20	D

[1)] d bedeutet eine vom Hersteller in Stufen von 5 MPa angegebene Druckfestigkeit, die höher als 20 MPa ist.

Für Mauermörtel nach Eignungsprüfung müssen vom Hersteller mindestens die Verarbeitbarkeitszeit, die Druckfestigkeit (siehe Tafel 12.24b) und das Brandverhalten angegeben werden. Je nach Verwendungszweck sind zusätzliche Parameter nach DIN EN 998-2, Abschnitt 5 anzugeben, z. B. Verbundfestigkeit, Dichte, Wasseraufnahme, Wasserdampfdurchlässigkeit, Wärmeleitfähigkeit. Bei Verwendung für Mauerwerk nach DIN EN 1996 (alle Teile) sind die in den zugehörigen Nationalen Anhängen enthaltenen Festlegungen zu Mauermörtel zusätzlich zu erfüllen.

Für Mauermörtel nach Rezept sowie Baustellenmauermörtel, der ordnungsgemäß hergestellt wird und das Mischungsverhältnis in Tafel 12.24c einhält, gelten die Anforderungen der DIN 18580 als nachgewiesen.

Tafel 12.24c Zusammensetzung[17] und Mischungsverhältnis von Normalmauermörtel

Mörtel-gruppe	Mörtel-klasse	Luftkalk		Hydraulischer Kalk		Zement	Sand
		-teig	-hydrat	HL 2	HL 5		
I	M 1	1	-	-	-	-	4
		-	1	-	-	-	3
		-	-	1	-	-	3
		-	-	-	1	-	4,5
II	M 2,5	1,5	-	-	-	1	8
		-	2	-	-	1	8
		-	-	2	-	1	8
		-	-	-	1	-	3
IIa	M 5	-	1	-	-	1	6
		-	-	-	2	1	8
III	M 10	-	-	-	-	1	4

[16] Ab einem Feinanteilgehalt von mehr als 3 % sollte – sofern kein Nachweis einer zufriedenstellenden Verwendung vorliegt – durch weitere Prüfungen nach DIN EN 933-8 oder DIN EN 933-9 dessen Unschädlichkeit bestätigt werden

[17] Angaben in Raumteilen. Bei Verwendung von Zusatzmitteln oder Zusatzstoffen sowie für Mörtelgruppe IIIa / Mörtelklasse M20 ist eine Eignungsprüfung (Erstprüfung) durchzuführen und es gelten die Anforderungen der DIN EN 998-2 sowie der nationalen Anhänge zu DIN EN 1996.

14.2 Estrichmörtel

Mörtel für die Herstellung von Zementestrichen (CT) werden als Werkmörtel nach DIN EN 13813 oder Baustellenmörtel[18] mit Zement als Bindemittel und Gesteinskörnungen – i. d. R. 0/8 mm – sowie ggf. Zusatzmitteln und Zusatzstoffen unter Wasserzugabe hergestellt.

Zementgebundene Estrichmörtel müssen Anforderungen an die Druck- und Biegezugfestigkeit sowie – bei Verwendung als Nutzfläche – auch an den Verschleißwiderstand erfüllen. Weitere Eigenschaften – Verschleißwiderstand gegen Rollbeanspruchung, Oberflächenhärte, Schwinden und Quellen, Konsistenz[19], pH-Wert und Haftzugfestigkeit – können vom Hersteller deklariert werden. Diese Eigenschaften sind durch Prüfung nach DIN EN 13892 zu ermitteln.

Auch bei Baustellenestrichen müssen die deklarierten Eigenschaften durch eine Erstprüfung nachgewiesen werden. Im Rahmen der Produktionskontrolle sind die deklarierten Eigenschaften – Druck- und Biegezugfestigkeit mindestens einmal jährlich – zu prüfen und die Ergebnisse zu dokumentieren.

Estriche aus Zementmörtel können ohne weitere Prüfung der Baustoffklasse A1 zugeordnet werden, wenn ihr Gehalt an organischen Substanzen nicht mehr als 1 % (Massen- oder Volumenanteil, der größere Wert ist maßgebend) beträgt. Andernfalls ist die Einhaltung der bauordnungsrechtlichen Anforderungen durch Prüfung nach DIN EN 13051-1 nachzuweisen.

Als besondere Eigenschaften von zementgebundenen Estrichmörteln können

- der nach DIN EN 1081 bestimmte elektrische Widerstand
- die nach DIN EN 13529 geprüfte chemische Beständigkeit
- die nach DIN EN 12086 bestimmte Wasserdampdurchlässigkeit
- die nach DIN EN 12664 geprüfte Wärmeleitfähigkeit
- die nach dem in EN 1062-3 beschriebenen Prüfverfahren bestimmte Wasserdurchlässigkeit
- die nach DIN EN 12354-6 prognostizierte oder nach DIN EN ISO 354 gemessene Schallabsorption

angegeben werden.

Tafel 12.25 Klasseneinteilung von Estrichmörteln

Druckfestigkeit[1)]	C5	C7	C12	C16	C20	C25	C30	C35	C40	C50	C60	C70	C80
Biegezugfestigkeit[2)]	F1	F2	F3	F4	F5	F6	F7	F10	F15	F20	F30	F40	F50
Abrieb (Böhme)[3)]	A22	A15	A12	A9	A6	A3	A1,5		n/a				
Abrieb (BCA)[4)]	AR6	AR4	AR2	AR1	AP0,5				n/a				
Rollbeanspruchung[5)]	RWA300		RWA100		RWA20		RWA10		RWA1		n/a		
Oberflächenhärte[6)]	SH30	SH40		SH50		SH70		SH100		SH150		SH200	
Last[7)]	RWFC150		RWFC250		RWFC350		RWFC450		RWFC550		n/a		
Biegezug E-Modul[8)]	E1	E2	E5	E10	E20	E25	E30	E35	E40	E45	n/a		
Haftzugfestigkeit[9)]	B0,2	B0,5	B1,0	B1,5	B2,0	n/a							
Schwinden/Quellen	darf für Spachtelmassen (d ≤ 10 mm) gem. DIN EN 13782 in mm/m deklariert werden,												

1) Druckfestigkeit C in MPa
2) Biegezugfestigkeit F in MPa
3) Abriebmenge A in $cm^3/(50\ cm^2)$
4) Abriebtiefe AR in µm
5) Abriebmenge RWA in cm^3
6) Oberflächenhärte SH in MPa
7) Widerstand gegen Rollbeanspruchung, Last RWFC in N
8) Biegezug E-Modul E in kN/mm^2 nach DIN EN ISO 178
9) Haftzugfestigkeit B in N/mm^2 nach DIN EN 12892-8

Zur Herstellung der oberen, als Vorsatzbeton bezeichneten Schicht von Terrazzo nach DIN 18500 werden i. d. R. Mischungen verwendet, deren Größtkorn, Sieblinie und Bindemittel sich von Estrichmörteln nach DIN EN 13813 unterscheiden. Typischerweise kommen hierfür gebrochene Körnungen aus Weichgestein, deren Größtkorndurchmesser bis zu 16 mm betragen kann, und Weißzement – ggf. in Kombination mit Pigmenten – zur Anwendung. Terrazzo, der nicht durch Walzen verdichtet wird (Gussterrazzo), erfordert die Zugabe von Fließmittel und eine Konsistenz ähnlich derjenigen von SVB. Eine sorgfältig abgestufte Korngrößenverteilung ist notwendige Voraussetzung dafür, dass durch intensive Verdichtung (Walzterrazzo) und eine anschließende, auf das Größtkorn und die Sieblinie abgestimmte Oberflächenbearbeitung mit abschließendem Feinschleifen der Oberfläche eine Ansichtsfläche mit gleichmäßigem Kornbild erzielt wird.

---

18 Für Baustellenmörtel, die vom Estrichleger auf der Baustelle hergestellt werden, kann DIN EN 13813 ebenfalls angewandt werden.

19 Für Fließestrich wird mit Hilfe der sog. Konsistenzprüfdose (nicht genormt) das Fließmaß bestimmt.

12 B Betonstahl

Prof. Dr.-Ing. Alfons Goris, Prof. Dr.-Ing. Andrej Albert, Prof. Dr.-Ing. Michél Bender

Nach EC2-1-1/NA ist Betonstahl nach DIN 488 oder nach allg. bauaufsichtlicher Zulassung zu verwenden; die Regelungen des EC2-1-1 gelten nach NA nur für eine Streckgrenze f_{yk} = 500 N/mm². Es ist zu unterscheiden nach

- Lieferform: gerade Stäbe (Betonstabstahl); Betonstahlmatten; Betonstahl im Ring; Gitterträger; Bewehrungsdraht
- Duktilität: Klasse A mit R_m/R_e [1] ≥ 1,05 und A_{gt} [2] ≥ 2,5 % (vgl. Kap. 12 C, 2.2.2)
  Klasse B mit R_m/R_e [1] ≥ 1,08 und A_{gt} [2] ≥ 5,0 % (vgl. Kap. 12 C, 2.2.2)
- Oberflächengestaltung: Betonstabstahl gerippt
  Betonstahlmatte gerippt
  Bewehrungsdraht glatt oder profiliert (für Sonderzwecke)
- Herstellverfahren: warmgewalzt (ohne oder mit Nachbehandlung); warmgewalzt und kaltgereckt; kaltverformt.
- Kennzeichnung: Betonstahl B500A durch drei Rippenreihen (s. Abb. 12.26a)
  Betonstahl B500B durch zwei oder vier Rippenreihen (s. Abb. 12.26b)

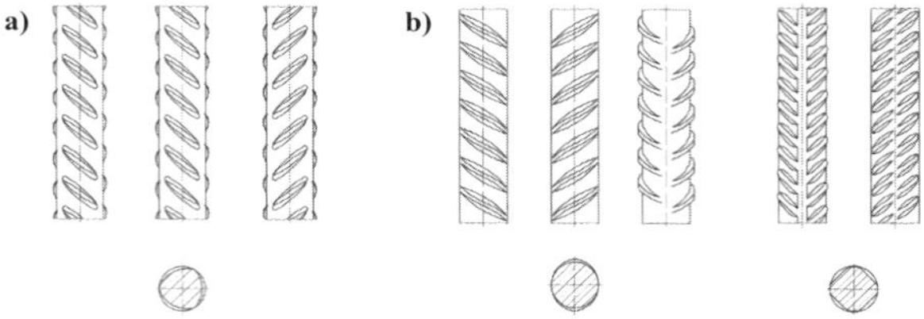

Abb. 12.26 Kennzeichnung von Betonstahl: a) B500A, b) B500B

1 Lieferformen

1.1 Betonstabstahl

Betonstabstahl B500 wird als gerader Stab geliefert. Es sind folgende Durchmesser genormt:

- Durchmesser: 6, 8, 10, 12, 14, 16, 20, 25, 28, 32, 40 mm
- Lieferlängen: 12 m oder 14 m (bis 18 m).

Die Normbezeichnung für Erzeugnisse nach DIN 488 erfolgt in folgender Reihenfolge:
Benennung – DIN-Norm – Kurzname (oder Werkstoffnummer) – Nenndurchmesser

Beispiel: Bezeichnung von geripptem Betonstabstahl der Stahlsorte B500B mit einem Nenndurchmesser von 20 mm: *Betonstabstahl DIN 488 – B500B – 20,0*

1.2 Betonstahl im Ring

Betonstahl im Ring wird für eine Anwendung nach EC2-1-1/NA als B500A oder B500B im Durchmesserbereich von 6 mm bis 16 mm (∅ 14 und ∅ 16 nur als B500B) geliefert. Der Betonstahl wird vor dem Einbau gerichtet (Richtanlage).

Beispiel: Bezeichnung von geripptem Betonstahl in Ringen der Stahlsorte B500B mit einem Nenndurchmesser von 12 mm: *Betonstahl in Ringen DIN 488 – B500B – 12,0*

1.3 Geschweißte Betonstahlmatten

Geschweißte Betonstahlmatten sind werksmäßig vorgefertigte Bewehrungen aus sich kreuzenden Stäben, die an den Kreuzungsstellen durch Widerstandspunktschweißung scherfest miteinander verbunden sind. Betonstahlmatten werden als B500A und B500B mit Durchmessern von 6 mm bis 14 mm (∅ 14 mm nur für B500B) ausgeführt. Sie werden als Lagermatten und Nichtlagermatten angeboten.

---

[1] Streckgrenzenverhältnis R_m/R_e; Bezeichnung in Eurocode 2: $(f_t/f_y)_k$.

[2] Gesamtdehnung unter Höchstkraft A_{gt}; Bezeichnung in Eurocode 2: ε_{uk}.

Lagermatten werden nach festgelegten Lieferbedingungen hergestellt und sind ab Lager erhältlich. Zurzeit sind die Matten 2,30 m bzw. 2,35 m breit, haben eine Länge von 6,0 m und Bewehrungsquerschnitte zwischen 1,88 cm²/m und 5,24 cm²/m (sog. R-Matten) bzw. 6,36 cm²/m (sog. Q-Matten).

Die Matten werden durch Kurzzeichen charakterisiert. Die Kennzeichnung gibt an:

- Art der Lagermatte:
  R-Matten, die bei einachsiger Lastabtragung eingesetzt werden. Die Haupttragrichtung verläuft in Richtung der längeren Richtung, in Querrichtung sind ≥ 20 % der Längsrichtung vorhanden;
  Q-Matten, die in Längs- und Querrichtung näherungsweise den gleichen Querschnitt aufweisen und eingesetzt werden, wenn die Beanspruchung in beiden Richtungen etwa gleich groß ist;
- Stahlquerschnitt in mm²/m: Nach dem Kurzzeichen „R“ bzw. „Q“ erfolgt die Angabe des Bewehrungsquerschnitts der Längsrichtung in mm²/m;
- Duktilitätsklasse: Die Duktilität wird durch den nachgestellten Buchstaben A oder B gekennzeichnet.

Beispiel: „Q524A“ bezeichnet eine Matte der Duktilitätsklasse A, die in Längs- und Querrichtung einen Betonstahlquerschnitt von 5,24 cm²/m aufweist.

Das vollständige Lagermattenprogramm ist auf S. 12.90 wiedergegeben.

Bei **Nichtlagermatten** kann der Mattenaufbau weitgehend frei gewählt und die Bewehrung der jeweiligen Aufgabe angepasst werden. *Listenmatten* sind Matten, deren Stababstände, Stabdurchmesser und Mattenabmessungen vom Besteller festgelegt werden. Für den Mattenaufbau sind jedoch bestimmte Vorgaben zu beachten. Zurzeit gilt:

- Abmessungen: Mattenlänge von 3,00 m bis 12,00 m; Mattenbreite von 1,85 m bis 3,00 m
- Längsstäbe: Einzel- oder Doppelstäbe, max. zwei unterschiedliche Durchmesser, Längsstäbe sind staffelbar (Feldspareffekt)
- Querstäbe: Einzelstäbe, Querstäbe nicht staffelbar
- Überstände: minimale Mattenüberstände 25 mm, maximale Mattenüberstände 100 mm.

Die Beschreibung von Matten erfolgt in einer nach Längs- und Querrichtung achsengetrennten Schreibweise nach folgendem Muster (vgl. DIN 488-4:2009; s. nachfolgende Abb. 12.27 und Erläuterung):

	Mattenaufbau	Anzahl Randstäbe	Umriss	Überstände	weitere Angaben
Längsrichtung	$P_L \times d_{L1} / d_{L2}$	links/rechts	L	u_1 / u_2	...
Querrichtung	$P_C \times d_{C3} / d_{C4}$	Anfang/Ende	B	u_3 / u_4	...

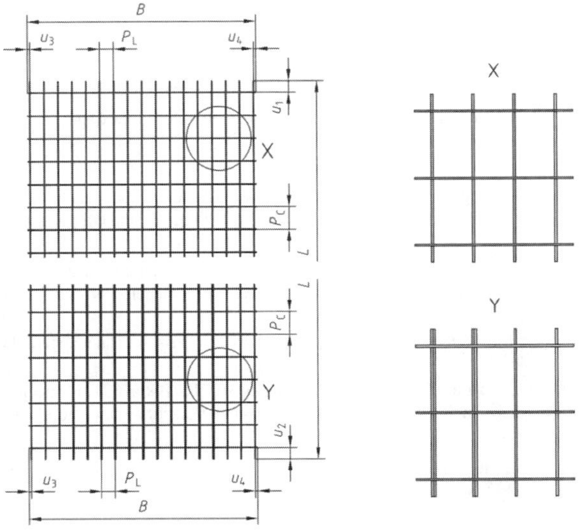

- P_L Abstand der Längsstäbe
- P_C Abstand der Querstäbe
- d_{L1} Nenndurchmesser der Längsstäbe, Innenbereich
- d_{L2} Nenndurchmesser der Längsstäbe, Randbereich
- d_{C3} Nenndurchmesser der Querstäbe, Innenbereich
- d_{C4} Nenndurchmesser der Querstäbe, Randbereich
- L Länge der Längsstäbe
- B Länge der Querstäbe
- u_1 Überstand der Längsstäbe
- u_2 Überstand der Längsstäbe
- u_3 Überstand der Querstäbe
- u_4 Überstand der Querstäbe

Abb. 12.27 Geometrische Merkmale von geschweißten Betonstahlmatten nach DIN 488-4:2009

Beispiel

Betonstahlmatte B500A mit $L \times B$ = 5,50 m × 2,45 m, $u_1 = u_2$ = 125 mm, $u_3 = u_4$ = 25 mm, Längsstab 8,0 mm doppelt (d), P_L = 150 mm, links und rechts je 3 Randstäbe 8,0 mm mit P_L = 150 mm, Querstab 8,0 mm, P_C = 250 mm, Betonstahlmattenanfang und -ende je 4 Stäbe 6 mm mit P_C = 250 mm.

Bestellung

$$\text{Betonstahlmatte – DIN 488-4 – B500A –} \frac{150 \times 8{,}0\text{d} / 8{,}0 - 3/3 - 5{,}50 - 125/125}{250 \times 8{,}0 \;\; / 6{,}0 - 4/4 - 2{,}45 - \;\; 25/25}$$

Verschweißbarkeit

Für die wählbaren Längs- und Querstabdurchmesser sind vorgeschriebene Verschweißungsverhältnisse zu beachten. Für den Nenndurchmesser des kreuzenden Stabes d_{min} gilt in Abhängigkeit vom Nenndurchmesser des dicksten Stabes d_{max} bzw. des Doppelstabes d_r

- Betonstahlmatten mit Einzelstäben: $d_{min} \geq 0{,}57\, d_{max}$ bei $\varnothing \leq 8{,}5$ mm
  $d_{min} \geq 0{,}70\, d_{max}$ bei $\varnothing > 8{,}5$ mm
- Betonstahlmatten mit Doppelstäben: $d_{min} \geq 0{,}70\, d_r$
  $\leq 1{,}25\, d_r$

Weitere Hinweise siehe z. B. [12.8], [12.9].

1.4 Besondere Mattenformen – Bamtec-Verfahren

Beim Bamtec-Verfahren werden einzelne Stäbe an Stahlblechbänder angeschweißt (Heftschweißung) und so miteinander verbunden. Die Stäbe können so aufgerollt werden; nach dem Transport können diese „Rollmatten" – getrennt für die Längs- und Querrichtung – abgerollt werden.

1.5 Gitterträger

DIN 488-5:2009 legt technische Lieferbedingungen sowie mechanische und geometrische Eigenschaften fest, die Anwendungsbedingungen für Gitterträger sind jedoch den allgemeinen bauaufsichtlichen Zulassungen zu entnehmen. Gitterträger bestehen aus einem Obergurt, einem oder mehreren Untergurten und Diagonalen, die mit den Gurten verbunden sind (Widerstandspunktschweißen); vgl. Abb. 12.28.

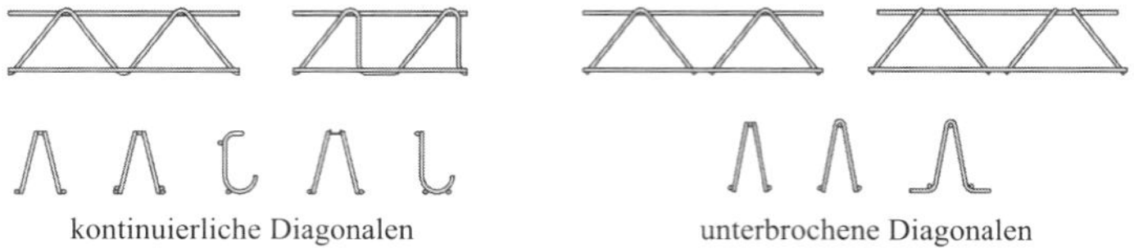

Abb. 12.28 Beispiele für die Gestaltung von Gitterträgern

Als Variante kann der Obergurt auch aus profiliertem Stahlband hergestellt werden (MQ-Gitterträger).

1.6 Betonstahlverbindungen

Üblicherweise werden Betonstähle durch Übergreifen gestoßen. Betonstähle können jedoch auch durch Verschweißen (zulässige Schweißverfahren s. Abschn. 2) oder auf mechanischem Wege miteinander verbunden werden.

Mechanische Verbindungen werden angewendet, wenn z. B. wegen zu enger Bauteilgeometrie Übergreifungsstöße nicht ausgeführt werden können oder wenn aus rationellen Gründen Schweißarbeiten auszuschließen sind. Zu den mechanischen Verbindungen gehören beispielsweise

- *Schraubmuffen*: Gewindestäbe werden mit Muffen, die zum Gewindestab das passende Innengewinde haben, verschraubt.
- *Pressmuffen*: Muffen werden im kalten Zustand mit geeigneten Maschinen auf das Betonstabende aufgepresst; die Muffen weisen am freien Ende ein Innengewinde auf, sodass eine Verschraubung mit einem Anschlussstab möglich ist.
- *Muffen mit Schwerbolzen*: Betonstäbe werden in Muffen eingeschoben und durch Schrauben, die in der Muffenwandung angeordnet sind, eingeklemmt.

2 Eigenschaften und zulässige Schweißverfahren

Die Festlegungen und konstruktiven Regelungen von EC2-1-1 beziehen sich auf schweißgeeignete, gerippte Betonstähle mit einer charakteristischen Streckgrenze von f_{yk} = 500 N/mm² und den weiteren in den Tafeln 12.29a und 12.29b angegebenen Eigenschaften; sie gelten für Betonstahl im fertigen Tragwerk bei Temperaturen zwischen –40 °C und +100 °C.

Tafel 12.29a Eigenschaften von Betonstählen (DIN 488 und EC2-1-1, Tab. C.2DE)

Benennung		B500A	B500B	B500A	B500B	Art der Anforderung / Quantilwert in %
Erzeugnisform		Betonstabstahl		Betonstahlmatte		
Duktilität		normal	hoch	normal	hoch	
Streckgrenze f_{yk} in N/mm²		500				5,0
Verhältnis $k = (f_t / f_y)_k$		≥ 1,05	≥ 1,08	≥ 1,05	≥ 1,08	10,0
Stahldehnung unter Höchstlast ε_{uk} in ‰		25	50	25	50	10,0
Kennwert für die Ermüdungsfestigkeit $N = 1 \cdot 10^6$ in N/mm² (mit einer oberen Spannung von nicht mehr als 0,6 f_y)	Ø ≤ 28	≥ 175		≥ 100		5,0
	Ø > 28	–	≥ 145	–	–	
Bezogene Rippenfläche f_R für Nenndurchmesser Ø (in mm)	5,0–6,0	0,039				5,0
	6,5–8,5	0,045				
	9,0–10,5	0,052				
	11–40	0,056				

Tafel 12.29b Zulässige Schweißverfahren bei Betonstählen (EC2-1-1, Tab. 3.4 mit NCI)

Belastungsart	Schweißverfahren mit Kurzzeichen und Ordnungsnummer nach DIN EN ISO 4063			Zugstäbe[a]	Druckstäbe[a]
vorwiegend ruhend	Abbrennstumpfschweißen	(RA)	24	Stumpfstoß	
	Lichtbogenhandschweißen Metall-Lichtbogenschweißen	(E) (MF)	111 114	Stumpfstoß mit Ø ≥ 20 mm, Laschenstoß, Überlappungsstoß, Kreuzungsstoß[c], Verbindungen mit anderen Stahlteilen	
	Metall-Aktivgasschweißen[b]	(MAG)	135 136	Laschenstoß, Überlappungsstoß, Kreuzungsstoß[c], Verbindung mit anderen Stahlteilen	
				–	Stumpfstoß mit Ø ≥ 20 mm
	Reibschweißen	(FR)	42	Stumpfstoß, Verbindung mit anderen Stahlteilen	
	Widerstandspunktschweißen	(RP)	21	Überlappungsstoß[d] Kreuzungsstoß[b)d)]	
nicht vorwiegend ruhend	Abbrennstumpfschweißen	(RA)	24	Stumpfstoß	
	Lichtbogenhandschweißen	(E)	111	–	Stumpfstoß mit Ø ≥ 14 mm
	Metall-Aktivgasschweißen	(MAG)	135 136	–	Stumpfstoß mit Ø ≥ 14 mm
	Widerstandspunktschweißen	(RP)	21	Überlappungsstoß[d] Kreuzungsstoß[b)d)]	

[a] Es dürfen nur Stäbe mit näherungsweise gleichem Durchmesser zusammengeschweißt werden; als näherungsweise gelten benachbarte Stabdurchmesser, die sich nur durch eine Durchmessergröße unterscheiden.
[b] Zulässiges Verhältnis der Stabnenndurchmesser sich kreuzender Stäbe ≥ 0,57.
[c] Für tragende Verbindungen Ø ≤ 16 mm.
[d] Für tragende Verbindungen Ø ≤ 28 mm.

12 C Stahlbetonbau nach Eurocode 2[1]

Prof. Dr.-Ing. Alfons Goris, Prof. Dr.-Ing. Andrej Albert, Prof. Dr.-Ing. Michél Bender

1 Formelzeichen, Begriffe, Geltungsbereich

1.1 Formelzeichen (Auswahl)

Lateinische Großbuchstaben

E	Elastizitätsmodul	(modulus of elasticity)
E	Auswirkung der Einwirkung	(internal forces and moments)
G	ständige Einwirkung	(permanent action)
I	Flächenmoment 2. Grades	(second moment of area)
M	Biegemoment	(bending moment)
N	Normalkraft	(normal force)
Q	veränderliche Last	(variable action)
P	Vorspannkraft	(prestressing force)
R	Widerstand, Tragfähigkeit	(resistance)
T	Torsionsmoment	(torsional moment)
V	Querkraft	(shear force)

Lateinische Kleinbuchstaben

c	Betondeckung	(concrete cover)
d	Nutzhöhe	(effective depth)
f	Materialfestigkeit	(strength of a material)
g	verteilte ständige Last	(distributed perm. load)
h	Querschnittshöhe	(overall depth)
i	Trägheitsradius	(radius of gyration)
q	verteilte veränderliche Last	(distributed variable load)
t	Dicke	(thickness)
w	Rissbreite	(crack width)
x	Druckzonenhöhe	(neutral axis depth)
z	Hebelarm der inneren Kräfte	(lever arm of internal forces)

Griechische Kleinbuchstaben

γ	Teilsicherheitsbeiwert	(partial safety factor)
ε	Dehnung	(strain)
λ	Schlankheit	(slenderness ratio)
μ	bezogenes Biegemoment	(reduced bending moment)
ν	bezogene Längskraft	(reduced axial force)
ν	Querdehnzahl	(Poisson's ratio)
ρ	geometrischer Bewehrungsgrad	(geometrical reinforcement ratio)
ρ	Trockenrohdichte	(oven-dry density)
σ	Längsspannung	(axial stress)
τ	Schubspannung	(shear stress)
ω	mech. Bewehrungsgrad	(mechanical rf. r.)

Fußzeiger

c	Beton	(concrete)
c	Druck	(compression)
d	Bemessungswert	(design value)
eff	wirksam	(effective)
fat	Ermüdung	(fatigue)
inf	unterer, niedriger	(inferior)
k	charakteristischer Wert	(charact. value)
p	Vorspannung	(prestressing force)
s	Betonstahl	(reinforcing steel)
sup	oberer, höherer	(superior)
t	Zug	(tension)
v	Querkraft	(shear)
y	Streckgrenze	(yield strength)

Zusammengesetzte Formelzeichen

G_k	charakteristischer Wert einer ständigen Last
Q_k	charak. Wert einer veränderlichen Einwirkung
M_{Ed}	einwirkendes Bemessungsmoment
N_{Ed}	einwirkende Bemessungslängskraft
V_{Ed}	einwirkende Bemessungsquerkraft
V_{Rd}	aufnehmbare Querkraft
f_{ck}	charakt. Wert der Betondruckfestigkeit
f_{cd}	Bemessungswert der Betondruckfestigkeit
f_{ct}	Zugfestigkeit des Betons
f_{yk}	charakt. Wert der Stahlstreckgrenze
f_{yd}	Bemessungswert der Stahlstreckgrenze
μ_{Ed}	bezogenes Bemessungsmoment
ν_{Ed}	bezogene Bemessungsnormalkraft

[1] Der Beitrag berücksichtigt DIN EN 1992-1-1:2011-01 mit DIN EN 1992-1-1/A1:2015-03 und den nationalen Anhang DIN EN 1992-1-1/NA:2013-04 mit DIN EN 1992-1-1/NA/A1:2015-12. DIN EN 1992-1-1 wird in diesem Beitrag mit EC 2-1-1, DIN EN 1992-1-1/NA mit EC 2-1-1/NA bezeichnet. Es gilt der Wortlaut der Norm, die Erlasse der Bundesländer sind zu beachten.

Im Aug. 2023 sind DIN 1045-1000, DIN 1045-1, DIN 1045-2, DIN 1045-3 und DIN 1045-4 (mit Teil 40 und 41) „Tragwerke aus Beton, Stahlbeton und Spannbeton" erschienen, die die Abstimmung zwischen Planung, Baustoffen und Bauausführung regeln (Konzept der „BetonBauQualitätsklassen" (BBQ)). Teil 1000 stellt die BBQ-Zusammenhänge her, es werden für Planungsklassen (PK), Betonklassen (BK) und Ausführungsklassen (AK) *normale (N)*, *erhöhte (E)* oder *speziell festzulegende (S)* Anforderungen an Kommunikation, Planung, Bauausführung und Baustoffe formuliert.

In DIN 1045-1 sind Planungsklassen festgelegt. Für Tragwerke des ‚normalen' Hochbaus nach EC 2-1-1 gilt i. Allg. die Planungsklasse PK-N ohne bes. Anforderungen. Wenn Bauteile auf Betoneigenschaften empfindlich reagieren (z. B. Entwicklung der Zugfestigkeit) oder für besondere Bauteile (z. B. WU-Bauwerke) ist jedoch von Planungsklasse PK-E auszugehen (Fachgespräche im Zuge von Planung und Ausführung erforderlich). Auf das BBQ-Konzept und die Anforderungen an die Koordination zwischen Planung und Ausführung wird in diesem Beitrag jedoch nicht eingegangen.

1.2 Begriffe

Prinzip Eine Angabe und Festlegung, von der keine Abweichung zulässig ist. (Prinzipien sind in EC2-1-1 durch ein „P" nach der Absatznummer gekennzeichnet.)

Anwendungsregel Allgemein anerkannte Regel, die dem Prinzip folgt und dessen Anforderungen erfüllt. Alternativen sind auf der Basis der Prinzipien zulässig (in EC2-1-1 ohne besondere Kennzeichnung).

Grenzzustand Ein Zustand, bei dem ein Tragwerk die Entwurfsanforderungen gerade noch erfüllt; es werden Grenzzustände der Tragfähigkeit und der Gebrauchstauglichkeit sowie Anforderungen an die Dauerhaftigkeit unterschieden.

Einwirkung *E* Auf ein Tragwerk einwirkende Kräfte, Lasten etc. als direkte Einwirkung, eingeprägte Verformungen (Temperatur, Setzung) als indirekte Einwirkung. Einteilung in

- ständige Einwirkung (G): z. B. Eigenlast der Konstruktion
- veränderliche Einwirkung (Q): z. B. Nutzlast, Wind, Schnee, Temperatur
- außergewöhnliche Einwirkungen (A): z. B. Explosion, Anprall von Fahrzeugen
- vorübergehende Einwirkungen: z. B. Bauzustände, Montagelasten

Charakteristische Werte der Einwirkungen (F_k) werden i. Allg. in Lastnormen festgelegt:

- ständige Einwirkung i.d.R. als ein einzelner Wert (G_k), ggf. jedoch auch als oberer ($G_{k,sup}$) und unterer ($G_{k,inf}$) Grenzwert
- veränderliche Einwirkung (Q_k) als oberer/unterer Wert oder als festgelegter Sollwert
- außergewöhnliche Einwirkung (A_k) i. Allg. als festgelegter (deterministischer) Wert

Kombinationen von veränderlichen Einwirkungen ergeben sich unter Berücksichtigung von Kombinationsbeiwerten ψ_i (s. Abschn. 2.1.2 und 2.1.3)

Bemessungswerte der Einwirkung (F_d) ergeben sich aus $F_d = \gamma_F \cdot F_k$ mit γ_F als Teilsicherheitsbeiwert für die betrachtete Einwirkung; der Beiwert γ_F kann mit einem oberen ($\gamma_{F,sup}$) und einem unteren Wert ($\gamma_{F,inf}$) angegeben werden (s. Abschn. 2.1.2).

Widerstand *R* Durch Materialeigenschaften (Beton, Betonstahl, Spannstahl) und geometrische Größen sich ergebende aufnehmbare Beanspruchungen.

Charakteristische Werte der Baustoffe (X_k) werden in Baustoff- und Bemessungsnormen als Quantile einer statistischen Verteilung festgelegt, ggf. mit oberen und unteren Werten.

Bemessungswert einer Baustoffeigenschaft ergibt sich aus $X_d = X_k/\gamma_M$ mit γ_M als Teilsicherheitsbeiwert für die Baustoffeigenschaften (Beiwerte γ_M s. Abschn. 2.1.2).

Üblicher Hochbau Hochbau, der für vorwiegend ruhende, gleichmäßig verteilte Nutzlasten bis 5,0 kN/m^2, ggf. für Einzellasten bis 7,0 kN und für Personenkraftwagen bemessen ist.

1.3 Geltungsbereich

EC2-1-1 gilt für die Bemessung und Konstruktion von Tragwerken des Hoch- und Ingenieurbaus aus unbewehrtem Beton, Stahlbeton und Spannbeton mit Normal- und Leichtzuschlägen:

- C12/15 bis C100/115[1)] (Normalbeton)
- LC12/13 bis LC60/66 (Leichtbeton).

In diesem Beitrag wird überwiegend die Bemessung und Konstruktion mit *Normalbeton C12/15 bis C50/60* behandelt. In einigen Abschnitten wird zusätzlich auf die besonderen Anforderungen für *Hochfesten Normalbeton C55/67 bis C100/115* eingegangen; Leichtbeton wird nur im Abschn. 2 angesprochen, für konkretere Bemessungs- und Konstruktionsfragen wird auf EC2-1-1, Kap. 11 verwiesen.

EC2-1-1 behandelt ausschließlich Anforderungen an die Tragfähigkeit, die Gebrauchstauglichkeit und die Dauerhaftigkeit von Tragwerken. Gebrauchstauglichkeitsnachweise sichern zum einen die Nutzung, zum anderen die Dauerhaftigkeit der Konstruktion. Grenzwerte zur Sicherung der Dauerhaftigkeit sind verbindlich formuliert, Grenzwerte zur Sicherung der Nutzung sind als Richtwerte angegeben.

Die Norm behandelt nicht

- bauphysikalische Anforderungen (Wärme- und Schallschutz)
- Bemessung im Brandfall (s. EC2-1-2)
- Bauteile aus Beton mit haufwerksporigem Gefüge und Porenbeton sowie Bauteile aus Schwerzuschlägen oder mit mittragendem Baustahl
- besondere Bauformen (z. B. Schächte im Bergbau).

Für die Bemessung von bestimmten Bauteilen (z. B. Brücken, Dämme, Druckbehälter, Flüssigkeitsbehälter, Offshore-Plattformen) sind i.d.R. zusätzliche Anforderungen zu berücksichtigen.

[1)] Normalbeton der Festigkeitsklassen C55/67 bis C100/115 wird als hochfester Normalbeton bezeichnet. Die Anwendung von C90/105 und C100/115 bedarf weiterer, auf den Verwendungszweck abgestimmter Nachweise.

2 Bemessungsgrundlagen

2.1 Nachweisform und Sicherheitsbeiwerte [1)]

2.1.1 Bemessungskonzept und Bemessungssituation

Das *Bemessungskonzept* beruht auf dem Nachweis, dass *Grenzzustände* nicht überschritten werden. Man unterscheidet Grenzzustände der Tragfähigkeit (Bruch, Verlust des Gleichgewichts, Ermüdung) und der Gebrauchstauglichkeit (unzulässige Verformungen, Schwingungen, Rissbreiten); zudem muss die *Dauerhaftigkeit* gewährleistet werden.

Es werden drei *Bemessungssituationen* unterschieden:

- ständige Bemessungssituation (normale Nutzungsbedingungen des Tragwerks)
- vorübergehende Bemessungssituation (z. B. Bauzustand, Instandsetzungsarbeiten)
- außergewöhnliche Bemessungssituation (z. B. Anprall, Erschütterungen).

2.1.2 Grenzzustände der Tragfähigkeit

Nachweis der Lagesicherheit

Es ist nachzuweisen, dass die Bemessungswerte der destabilisierenden Einwirkungen $E_{d,dst}$ die der stabilisierenden Einwirkungen $R_{d,stb}$ nicht überschreiten (s. Bsp. S. 12.37).

$$\boxed{\boldsymbol{E_{d,dst} \leq R_{d,stb}}} \qquad (32.1)$$

$E_{d,dst}{}^* - E_{d,stb}{}^* \leq R_d$, falls die Lagesicherheit durch eine Verankerung bewirkt wird. Es sind:

$E_{d,dst}{}^*$, $E_{d,stb}{}^*$ Einwirkung nach Kap. 9.I, Abschn. 4

R_d Bemessungswert der Verankerung (s. Gl. (32.3)).

Ermüdung

Tragwerke und Tragwerksteile, die regelmäßigen Lastwechseln unterworfen sind, sind gegen Ermüdung zu bemessen (z. B. Kranbahnen, Brücken). Für Tragwerke des üblichen Hochbaus braucht jedoch im Allg. kein Nachweis gegen Ermüdung geführt zu werden. In diesem Beitrag wird hierauf nicht weiter eingegangen.

Versagen ohne Vorankündigung / Sicherstellung eines duktilen Bauteilverhaltens

Ein Versagen ohne Vorankündigung bei Erstrissbildung muss vermieden werden. Für Stahlbetonbauteile ist dies erfüllt, wenn eine Mindestbewehrung angeordnet wird, die für das Rissmoment mit der mittleren Zugfestigkeit f_{ctm} und mit der Stahlspannung $\sigma_s = f_{yk}$ berechnet wird (s. S. 12.57 und 12.66). Für stabförmige unbewehrte Bauteile mit Rechteckquerschnitt ist die maßg. Lastausmitte auf $\boldsymbol{e_d/h < 0{,}4}$ zu begrenzen (s. S. 12.74).

Grenzzustand der Tragfähigkeit infolge von Bruch oder übermäßiger Verformung

Der Bemessungswert der Beanspruchung E_d darf den des Tragwiderstands R_d nicht überschreiten

$$\boxed{\boldsymbol{E_d \leq R_d}} \qquad (32.2)$$

Bemessungswert der Beanspruchungen $\boldsymbol{E_d}$ (ohne Vorspannung, in symbolischer Form)

Grundkombination $$\boldsymbol{E_d = E\left[\sum_{j\geq 1} \gamma_{G,j} \cdot G_{k,j} \text{ „+“ } \gamma_{Q,1} \cdot Q_{k,1} \text{ „+“ } \sum_{i>1} \gamma_{Q,i} \cdot \psi_{0,i} \cdot Q_{k,i}\right]} \qquad (32.2a)$$

Außergew. Situation: $$E_{dA} = E\left[\sum_{j\geq 1} \gamma_{GA,j} \cdot G_{k,j} \text{ „+“ } A_d \text{ „+“ } \psi_{1,1} \cdot Q_{k,1} \text{ „+“ } \sum_{i>1} \psi_{2,i} \cdot Q_{k,i}\right] \qquad (32.2b)$$

$\gamma_{G,j}$ Teilsicherheitsbeiwert für ständige Einwirkungen (s. Tafel 12.33a)
γ_Q Teilsicherheitsbeiwert für veränderliche Einwirkungen (s. Tafel 12.33a)
$\gamma_{GA,j}$ Beiwerte der ständigen Einwirkung in der außergewöhnlichen Kombination (i. Allg.: 1,0)
$G_{k,j}$ charakteristische Werte der ständigen Einwirkungen
$Q_{k,1}$; $Q_{k,i}$ charakt. Werte der ersten veränderlichen Einwirkung, weiterer veränderlicher Einwirkungen
A_d Bemessungswert einer außergewöhnlichen Einwirkung (z. B. Anpralllast)
ψ_0, ψ_1, ψ_2 Kombinationsbeiwerte für seltene, häufige und quasi-ständige Einwirkungen (s. Tafel 12.33c)
„+“ „ist zu kombinieren“

Bemessungswerte des Widerstands (der Tragfähigkeit) $\boldsymbol{R_d}$ (ohne Vorspannung, in symbolischer Form)

$$\boldsymbol{R_d = R\,(\alpha_{cc} \cdot f_{ck}/\gamma_C;\, f_{yk}/\gamma_S;\, f_{tk,cal}/\gamma_S)} \qquad (32.3)$$

α_{cc} Abminderungsbeiwert zur Berücksichtigung von Langzeiteinwirkungen u. a. (s. S. 12.35)
f_{ck}, f_{yk} charakteristischer Wert der Betondruckfestigkeit, der Betonstahlfestigkeit (s. S. 12.35 f.)
$f_{tk,cal}$ charakteristischer Wert der Zugfestigkeit des Betonstahls (s. S. 12.36)
γ_C, γ_S Teilsicherheitsbeiwert für den Beton bzw. den Betonstahl oder Spannstahl nach Tafel 12.33c

[1)] Für die Anwendung von EC2-1-1 gilt das in EC0 festgelegte Sicherheitskonzept; in EC2-1-1 sind nur einige zusätzliche bauartspezifische Festlegungen getroffen.

Tafel 12.33a Teilsicherheitsbeiwerte γ_F für Einwirkungen im Grenzzustand der Tragfähigkeit (EC0/NA, Tab. 1.2B und EC2-1-1/NA, 2.3.1)

	ständige Einwirkung (G_k) γ_G [1) 4)]	veränderliche Einwirkung (Q_k) γ_Q [2) 4)]
günstige Auswirkung	1,00	0
ungünstige Auswirkung	1,35	1,50

[1)] Sind günstige und ungünstige Anteile einer ständigen Einwirkung als eigenständige Anteile zu betrachten (z. B. beim Nachweis der Lagesicherheit), gilt $\gamma_{G,sup} = 1{,}1$ (ungünstig) und $\gamma_{G,inf} = 0{,}9$ (günstig): s. Kap. 3 Abschn. I.
[2)] Für Zwang darf $\gamma_Q = 1{,}0$ gesetzt werden, wenn die Schnittgrößenermittlung linear-elastisch mit der Steifigkeit nach Zustand I und mit dem mittleren E-Modul E_{cm} erfolgt.
[3)] Bei Fertigteilen dürfen in den Bauzuständen für Biegung und Längskraft $\gamma_G = 1{,}15$ und $\gamma_Q = 1{,}15$ angesetzt werden; Einwirkungen aus Krantransport und Schalungshaftung sind zu berücksichtigen (EC2-1-1/NA, 10.2).

Tafel 12.33b Teilsicherheitsbeiwert γ_M für Baustoffeigenschaften (EC2-1-1/NA, Tab. 2.1 DE)

Kombination	Beton (γ_C)	Betonstahl (γ_S)
Grundkombination	1,50[1)]	1,15
Außergewöhnliche Kombination	1,30	1,00

[1)] Bei Fertigteilen (werksmäßige Herstellung, ständige Überwachung) gilt $\gamma_{C,red} = 1{,}35$ (EC2-1-1/NA, A.2.3)

Tafel 12.33c Kombinationsbeiwerte ψ für Hochbauten (EC0/NA, Tab. A.1.1; s. a. Kap. 9, Abschn. I)

Einwirkung			Kombinationsbeiwerte ψ_0	ψ_1	ψ_2
Nutzlast:	Kategorie A, B:	Wohn-, Aufenthalts-, Büroräume	0,7	0,5	0,3
	Kategorie C, D:	Versammlungsräume; Verkaufsräume	0,7	0,7	0,6
	Kategorie E:	Lagerräume	1,0	0,9	0,8
Windlasten			0,6	0,2	0
Schneelasten		Orte bis zu NN +1000	0,5	0,2	0
		Orte über NN +1000	0,7	0,5	0,2
Temperatureinwirkungen		(nicht für Brand!)	0,6	0,5	0
Baugrundsetzungen			1,0	1,0	1,0
Sonstige veränderliche Einwirkungen			0,8	0,7	0,5

Beispiel (wird unter Abschn. 2.1.3 „Grenzzustände der Gebrauchstauglichkeit“ fortgesetzt)

gegeben: Stütze mit Eigenlast (G_k), Schnee (S_k; Ortslage bis zu NN +1000) und Wind (W_k)

gesucht: Bemessungswert der Schnittgrößen an der Einspannstelle für den Grenzzustand der Tragfähigkeit (ohne Einflüsse aus ungewollter Ausmitte und Theorie II. Ordnung)

Mit der Kombinationsregel in Gl. (32.2a) und den Kombinationsfaktoren $\psi_{0,W} = 0{,}6$ und $\psi_{0,S} = 0{,}5$ ergeben sich für N_{Ed} und M_{Ed} im Grenzzustand der Tragfähigkeit (Längsdruckkräfte absolut):

Komb. 1 $E_d = E\,(\gamma_G \cdot G_k \text{ „+“ } \gamma_Q \cdot S_k \text{ „+“ } \gamma_Q \cdot \psi_0 \cdot W_k)$
$N_{Ed} = 1{,}35 \cdot 200 + 1{,}5 \cdot 100 + 1{,}5 \cdot 0{,}6 \cdot 0 = 420{,}0$ kN
$M_{Ed} = 1{,}35 \cdot 200 \cdot 0{,}10 + 1{,}5 \cdot 100 \cdot 0{,}10 + 1{,}5 \cdot 0{,}6 \cdot 5 \cdot 5{,}0 = 64{,}5$ kNm

Komb. 2 $E_d = E\,(\gamma_G \cdot G_k \text{ „+“ } \gamma_Q \cdot W_k \text{ „+“ } \gamma_Q \cdot \psi_0 \cdot S_k)$
$N_{Ed} = 1{,}35 \cdot 200 + 1{,}50 \cdot 0 + 1{,}50 \cdot 0{,}5 \cdot 100 = 345{,}0$ kN
$M_{Ed} = 1{,}35 \cdot 200 \cdot 0{,}10 + 1{,}5 \cdot 5 \cdot 5{,}00 + 1{,}5 \cdot 0{,}5 \cdot 100 \cdot 0{,}10 = 72{,}0$ kNm

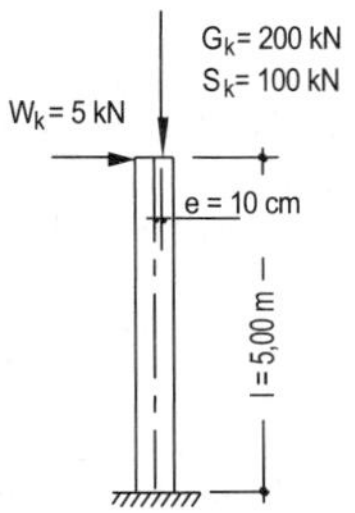

Bei günstiger Wirkung von geringfügig exzentrischen Druckkräften (hier ggf. für G_k und S_k) ist zusätzlich zu untersuchen:

Komb. 3 $E_d = E\,(\gamma_{G,inf} \cdot G_k \text{ „+“ } \gamma_Q \cdot W_k \text{ „+“ } \gamma_{Q,inf} \cdot \psi_0 \cdot S_k)$
$N_{Ed} = 1{,}00 \cdot 200 + 1{,}50 \cdot 0 + 0 \cdot 0{,}5 \cdot 100 = 200{,}0$ kN
$M_{Ed} = 1{,}00 \cdot 200 \cdot 0{,}10 + 1{,}5 \cdot 5 \cdot 5{,}00 + 0 \cdot 0{,}5 \cdot 100 \cdot 0{,}10 = 57{,}5$ kNm

2.1.3 Grenzzustände der Gebrauchstauglichkeit

Der Bemessungswert der Auswirkungen von Einwirkungen E_d (s. Gleichungen (34.2a) bis (34.2c)) darf den Nennwert des Gebrauchstauglichkeitskriteriums C_d nicht überschreiten (EC0, 6.5):

$$\boldsymbol{E_d \le C_d} \qquad (34.1)$$

Kombinationsregeln für Einwirkungen E_d (in symbolischer Form, ohne Vorspannung):

charakt. (seltene) Kombination $E_{d,char} = E\left[\sum_{j\ge1} G_{k,j} \text{ „+" } Q_{k,1} \text{ „+" } \sum_{i>1} \psi_{0,i} \cdot Q_{k,i}\right]$ (34.2a)

häufige Kombination $E_{d,frequ} = E\left[\sum_{j\ge1} G_{k,j} \text{ „+" } \psi_{1,1} \cdot Q_{k,1} \text{ „+" } \sum_{i>1} \psi_{2,i} \cdot Q_{k,i}\right]$ (34.2b)

quasi-ständige Kombination $E_{d,perm} = E\left[\sum_{j\ge1} G_{k,j} \text{ „+" } \sum_{i\ge1} \psi_{2,i} \cdot Q_{k,i}\right]$ (34.2c)

Erläuterungen der Formelzeichen s. Hinweise zu Gl. (32.2).

Bemessungswert des Gebrauchstauglichkeitskriteriums C_d

Als Gebrauchstauglichkeitskriterien sind in EC2-1-1 beispielsweise zulässige Spannungen, Rissbreiten und Verformungen definiert (s. hierzu Abschn. 4.2).

Für Gebrauchstauglichkeitsnachweise sind die **Teilsicherheitsbeiwerte γ_M** für die Baustoffe mit $\gamma_M = 1{,}0$ anzunehmen.

Beispiel

Stütze mit Belastungen aus Eigenlast (G_k), Schnee (S_k) und Wind (W_k), wie im Beispiel S. 12.33 dargestellt. Gesucht sind die Schnittgrößen M und N im Grenzzustand der Gebrauchstauglichkeit für die seltene, häufige und quasi-ständige Kombination an der Einspannstelle (die Längsdruckkräfte werden nachfolgend mit absoluten Werten dargestellt).

Mit den Gln. (34.2a) bis (34.2c) und den Kombinationsbeiwerten nach Tafel 12.33c erhält man

charakteristische (= seltene) Kombination (Index char)

Lf. 1: $E_{d,char} = E\,(G_k \text{ „+" } S_k \text{ „+" } \psi_0 \cdot W_k)$; mit $\psi_{0,W} = 0{,}6 \rightarrow$
$N_{char} = 200 + 100 + 0{,}6 \cdot 0 = 300$ kN $M_{char} = 200 \cdot 0{,}10 + 100 \cdot 0{,}10 + 0{,}6 \cdot 5 \cdot 5{,}0 = 45$ kNm

Lf. 2: $E_{d,char} = E\,(G_k \text{ „+" } W_k \text{ „+" } \psi_0 \cdot S_k)$; mit $\psi_{0,S} = 0{,}5 \rightarrow$
$N_{char} = 200 + 0 + 0{,}5 \cdot 100 = 250$ kN $M_{char} = 200 \cdot 0{,}10 + 5 \cdot 5{,}0 + 0{,}5 \cdot 100 \cdot 0{,}10 = 50$ kNm

Lf. 3: $E_{d,char} = E\,(G_k \text{ „+" } W_k)$
$N_{char} = 200 + 0 = 200$ kN $M_{char} = 200 \cdot 0{,}10 + 5 \cdot 5{,}0 = 45$ kNm

häufige Kombination (Index frequ)

Lf. 1: $E_{frequ} = E\,(G_k \text{ „+" } \psi_1 \cdot S_k \text{ „+" } \psi_2 \cdot W_k)$; mit $\psi_{1,S} = 0{,}2$ und $\psi_{2,W} = 0 \rightarrow$
$N_{frequ} = 200 + 0{,}2 \cdot 100 + 0 = 220$ kN $M_{frequ} = 200 \cdot 0{,}10 + 0{,}2 \cdot 100 \cdot 0{,}10 + 0 = 22$ kNm

Lf. 2: $E_{frequ} = E\,(G_k \text{ „+" } \psi_1 \cdot W_k \text{ „+" } \psi_2 \cdot S_k)$; mit $\psi_{1,W} = 0{,}5$ und $\psi_{2,S} = 0 \rightarrow$
$N_{frequ} = 200 + 0 + 0 \cdot 100 = 200$ kN $M_{frequ} = 200 \cdot 0{,}10 + 0{,}5 \cdot 5{,}0 \cdot 5{,}0 + 0 \approx 33$ kNm

quasi-ständige Kombination (Index perm)

Lf. 1: $E_{perm} = E\,(G_k \text{ „+" } \psi_2 \cdot S_k \text{ „+" } \psi_2 \cdot W_k)$ mit $\psi_{2,S} = 0$ und $\psi_{2,W} = 0 \rightarrow$
$N_{perm} = 200$ kN $M_{perm} = 200 \cdot 0{,}10 = 20$ kNm

2.1.4 Dauerhaftigkeit

Die Forderung einer angemessenen Dauerhaftigkeit eines Tragwerks gilt als sichergestellt, wenn folgende Regeln nach EC2-1-1 eingehalten werden:

- eine Mindestbetonfestigkeit je nach Expositionsklasse (s. Abschn. 4.1.1)
- eine Mindestbetondeckung c_{min} und ein Vorhaltemaß Δc_{dev} (s. Abschn. 4.1.2)
- die konstruktiven Regeln (s. Abschn. 5)
- die Grenzzustände der Tragfähigkeit und der Gebrauchstauglichkeit (s. Abschn. 5)
- Zusammensetzung und Eigenschaften des Betons nach DIN EN 206-1 und DIN 1045-2
- Bauausführung nach DIN EN 13670 und DIN 1045-3.

2.1.5 Anforderungen an Befestigungsmittel (EC2-1-1, 2.7)

Lokal begrenzte Auswirkungen von Befestigungsmitteln, wie Kopfbolzen und Ankerschienen (einbetoniert) oder Dübel (nachträglich eingebaut), sind i. d. R. zu berücksichtigen.

2.2 Ausgangswerte für die Bemessung

2.2.1 Beton

EC2-1-1 gilt für Beton nach DIN EN 206-1 und DIN 1045-2, d. h. für Beton mit geschlossenem Gefüge, der aus festgelegten Betonzuschlägen hergestellt und so zusammengesetzt und verdichtet wird, dass er außer künstlich erzeugten Luftporen keinen nennenswerten Anteil an eingeschlossener Luft enthält.

2.2.1.1 Betonfestigkeitsklassen und mechanische Eigenschaften (nur normalfester Normalbeton) @

Druckfestigkeit charakt. Wert f_{ck}
Mittelwert $f_{cm} = f_{ck} + 8$
Zugfestigkeit Mittelwert $f_{ctm} = 0{,}30 \cdot f_{ck}^{2/3}$ unterer Fraktilwert $f_{ctk;0,05} = 0{,}7 \cdot f_{ctm}$
oberer Fraktilwert $f_{ctk;0,95} = 1{,}3 \cdot f_{ctm}$
E-Modul Mittelwert[1] $E_{cm} = 22\,000 \cdot (f_{cm}/10)^{0,3}$

Festigkeitsklasse		C12/15	C16/20	C20/25	C25/30	C30/37	C35/45	C40/50	C45/55	C50/60
@Druck-	f_{ck}	12	16	20	25	30	35	40	45	50
festigkeit	f_{cm}	20	24	28	33	38	43	48	53	58
Zug-	f_{ctm}	1,6	1,9	2,2	2,6	2,9	3,2	3,5	3,8	4,1
festig-	$f_{ctk;0,05}$	1,1	1,3	1,5	1,8	2,0	2,2	2,5	2,7	2,9
keit	$f_{ctk;0,95}$	2,0	2,5	2,9	3,3	3,8	4,2	4,6	4,9	5,3
E-Modul	E_{cm}	27 000	29 000	30 000	31 000	33 000	34 000	35 000	36 000	37 000

Spannungs-Dehnungs-Linien

Für nichtlineare Schnittgrößenermittlung und Verformungsberechnungen: s. Bautabellen für Ingenieure

Für die Querschnittsbemessung

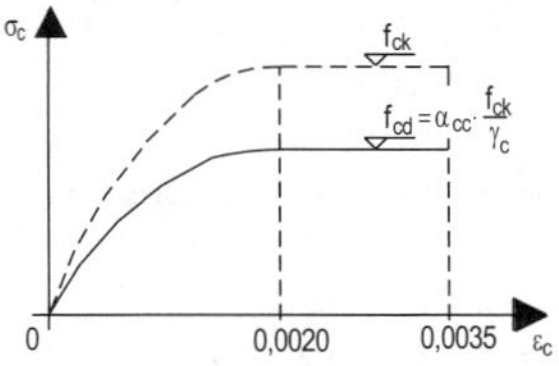

- Spannungs-Dehnungs-Linie (gilt bis zum **C50/60**)

  Gleichung der Parabel (im Bereich $0 < |\varepsilon_c| < |\varepsilon_{c2}| = 0{,}002$) für die Bemessungswerte der Betondruckspannungen

  $$\sigma_c = 1000 \cdot (\varepsilon_c - 250 \cdot \varepsilon_c^2) \cdot f_{cd}$$

  $f_{cd} = \alpha_{cc} \cdot f_{ck} / \gamma_C$ mit $\alpha_{cc} = 0{,}85$ für Normalbeton

- Rechteckiger Spannungsblock

  Andere idealisierte Spannungs-Dehnungs-Linien sind zulässig, wenn sie dem Parabel-Rechteck-Diagramm gleichwertig sind, wie z. B. der rechteckige Spannungsblock, falls die Nulllinie im Querschnitt liegt; falls die Querschnittsbreite zum gedrückten Rand hin abnimmt, ist f_{cd} zusätzlich mit dem Faktor 0,9 abzumindern.

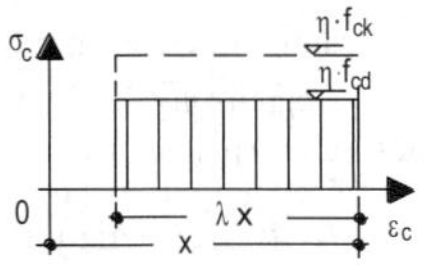

$\eta = 1{,}00$
$\lambda = 0{,}80$

2.2.1.2 Kriechen und Schwinden; Querdehn- und Wärmedehnzahl @

Mit *Kriechen* wird die zeitabhängige Zunahme der Verformungen unter andauernden Spannungen bezeichnet, mit *Schwinden* die Verkürzung des unbelasteten Betons während der Austrocknung.

Endkriechzahl φ_∞ Die Kriechzahl hängt u. a. vom Betonalter bei Belastungsbeginn, den Umgebungsbedinungen, der Bauteildicke und der Betonzusammensetzung ab. Die Kriechzahl liegt etwa zwischen 2,0 (Belastungsbeginn nach 28 Tagen; Außenbauteil) und 4,0 (Belastunsgbegionn nach 7 Tagen; Innenbauteil), kann aber deutlich größere Werte bei sehr frühem Belastungsbeginn erreichen. Genauere Werte s. *Bautabellen für Ingenieure*.

Endschwindmaß $\varepsilon_{cs,\infty}$ Das Schwindmaß hängt u. a. von der Umgebung, der Bauteildicke und der Betonzusammensetzung ab. Das Schwindmaß liegt etwa zwischen $-25 \cdot 10^{-5}$ (Außenbauteil) und $-50 \cdot 10^{-5}$ (Innenbauteil). Genauere Werte s. *Bautabellen für Ingenieure*.

Querdehnzahl: Die Querdehnzahl darf i. Allg. zu 0 angenommen werden.

Wärmedehnung α_T*:* Die Wärmedehnzahl für Normalbeton beträgt i. Allg. $\alpha_T = 10 \cdot 10^{-6} \cdot K^{-1}$; der Wert ist genauer zu bestimmen, wenn ein Tragwerk empfindlich auf Abweichungen reagiert.

[1] Mittlerer E-Modul für Beton im Alter von 28 Tagen mit quarzitischen Zuschlägen (je nach Gesteinskörnung liegt der tatsächliche E-Modul um bis zu 20 % höher oder bis zu 30 % niedriger; s. DAfStb-H. 600 [12.20])

2.2.2 Betonstahl

Allgemeines

Die nachfolgenden Festlegungen gelten für Betonstabstahl, für Betonstahl vom Ring (nach dem Richten), für Betonstahlmatten und Gitterträger. Betonstahl ist nach Stahlsorte, Duktilitätsklasse, Maßen, Oberflächeneigenschaften und Schweißbarkeit eingeteilt. Betonstahlsorten und ihre Eigenschaften werden in der Reihe DIN 488 oder in bauaufsichtlichen Zulassungsbescheiden beschrieben. Betonstahl nach Zulassung darf für Beton ab C70/85 nur verwendet werden, wenn dies in der Zulassung geregelt ist (EC2-l-l/NA, Abschn. 3.2.1).

Schweißgeeignete Betonstähle und Einordnung in Duktilitätsklassen

Die Oberflächengestaltung, die Nennstreckgrenze f_{yk} und die Duktilitätsklassen können nachfolgender Tafel entnommen werden. Bezüglich weiterer Eigenschaften (Schweißverfahren etc.) wird auf EC2-1-1, Abschn. 3.2.5 bzw. Kap. 12 B, Abschn. 2 verwiesen.

Kurzzeichen	Lieferform	Oberfläche	Nennstreckgrenze f_{yk} N/mm²	Duktilität[1)]
1	2	3	4	5
B500A B500B	Stab Stab	gerippt gerippt	500 500	normal hoch
B500A B500B	Matte Matte	gerippt gerippt	500 500	normal hoch

[1)] Für Betonstähle nach bauaufsichtlichen Zulassungsbescheiden sind die Duktilitätsmerkmale in der Zulassung geregelt (andernfalls gelten sie als normalduktil).

Duktilitätsklassen

Betonstähle müssen eine angemessene Dehnfähigkeit (Duktilität) aufweisen. Das darf angenommen werden, wenn folgende Duktilitätsanforderungen erfüllt sind:

- normale Duktilität (Kurzzeichen A): $\varepsilon_{uk} \geq 25$ ‰; $(f_t / f_y)_k \geq 1{,}05$
- hohe Duktilität (Kurzzeichen B): $\varepsilon_{uk} \geq 50$ ‰; $(f_t / f_y)_k \geq 1{,}08$; $f_{y,ist} / f_{yk} \leq 1{,}30$

Hierin ist ε_{uk} der charakteristische Wert der Dehnung bei Höchstlast, f_t bezeichnet die Zugfestigkeit, f_y die Streckgrenze und $f_{y,ist}$ die im Zugversuch ermittelte Streckgrenze.

Spannungs-Dehnungs-Linie

Für nichtlineare *Verfahren der Schnittgrößenermittlung* ist eine wirklichkeitsnahe Spannungs-Dehnungs-Linie anzusetzen; es wird auf EC2-1-1/NA, 3.2.7 (Bild NA.3.8.1) verwiesen.

Für die Bemessung im Querschnitt sind zwei unterschiedliche Annahmen zugelassen:

- *Linie I:* Begrenzung der Stahlspannung auf f_{yk} bzw. $f_{yd} = f_{yk} / \gamma_S$ und der Dehnung ε_s auf $\varepsilon_{ud} \leq 25$ ‰.
- *Linie II:* Der Anstieg der Stahlspannung zur Zugfestigkeit f_{tk} bzw. f_{tk} / γ_S hin wird berücksichtigt; die Dehnung darf dann maximal $\varepsilon_{ud} = 25$ ‰ betragen, der Rechenwert der Zugfestigkeit ist mit $f_{tk,cal} = 525$ N/mm² (bzw. $f_{tk,cal} / \gamma_S$) festgelegt.

Physikalische Eigenschaften

Es dürfen folgende physikalische Werte angenommen werden:

- Elastizitätsmodul: $E_s = 200\,000$ N/mm²
- Wärmedehnzahl: $\alpha_T = 10 \cdot 10^{-6}$ K^{-1}

Spannungs-Dehnungs-Linie für die Querschnittsbemessung

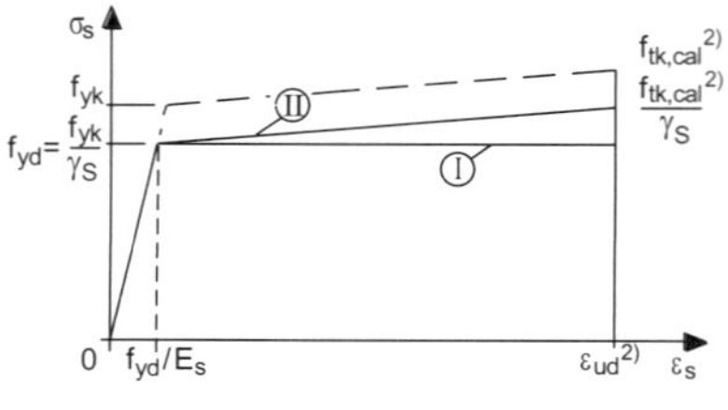

[2)] Für die Querschnittsbemessung gilt:
$f_{tk} = f_{tk,cal} = 525$ N/mm²
$\varepsilon_{ud} = 25$ ‰

3 Schnittgrößenermittlung

3.1 Allgemeine Grundlagen

3.1.1 Grundsätzliches

Tragwerke oder Tragwerksteile müssen für die ungünstigsten Beanspruchungen im Grenzzustand der Tragfähigkeit und der Gebrauchstauglichkeit bemessen werden. Bei Ermittlung der Beanspruchungen werden Idealisierungen vorgenommen, und zwar bei der Geometrie und beim Tragverhalten.

Idealisierung der Geometrie	*Idealisierung des Trag- und Materialverhaltens*
stabförmige Bauteile	elastisches Verhalten
ebene Flächentragwerke	elastisches Verhalten mit begrenzter Umlagerung
Schalen	plastisches Verhalten und Anwendung von Stabwerkmodellen
(seltener) dreidimensionale Tragwerke	nichtlineares Verhalten

Zusätzliche Untersuchungen können in Bereichen nichtlinearer Verzerrungen erforderlich sein, z. B. an Auflagern, Lasteinleitungsbereichen, bei sprunghaften Querschnittsänderungen, bei Kreuzungspunkten von Trägern und Stützen, in Verankerungszonen.

3.1.2 Einwirkungsgrößen (Lastgrößen) und Belastungsanordnung

Die Größen der Einwirkungen werden i. Allg. durch ihre Bemessungswerte dargestellt. Im Grenzzustand der Tragfähigkeit gelten die Kombinationsregeln nach Abschn. 2.1.2, Gl. (32.2), im Grenzzustand der Gebrauchstauglichkeit nach Abschn. 2.1.3, Gl. (34.2). Die für eine Bemessung „ungünstigen" Einwirkungen sind mit ihrem oberen, die „günstig wirkenden" mit ihrem unteren Bemessungswert zu berücksichtigen. Einwirkungen sind „ungünstigst" anzuordnen, es dürfen jedoch vereinfachende Belastungsanordnungen verwendet werden, sofern sie das Tragverhalten sinnvoll wiedergeben.

Für die *ständige Einwirkung* muss im Regelfall der obere oder untere Grenzwert im gesamten Tragwerk berücksichtigt werden. Bei einer linear-elastischen Berechnung braucht der untere Grenzwert der ständigen Einwirkung („Bemessungssituationen mit günstigen ständigen Einwirkungen") nicht berücksichtigt zu werden, wenn die Konstruktionsregeln für die Mindestbewehrung eingehalten sind (EC2-1-1/NA, 5.1.3). Sind jedoch die Ergebnisse eines Nachweises im hohen Maß anfällig gegen Schwankungen in der Größe einer ständigen Einwirkung, müssen die günstigen und ungünstigen Anteile der Einwirkung als eigenständige Einwirkung betrachtet werden (z. B. beim Nachweis der Lagesicherheit; s. Kap. 9, Abschn. I).

Veränderliche Einwirkungen (Verkehrslasten) werden mit dem oberen Bemessungswert berücksichtigt, wenn sie ungünstig wirken; bei günstiger Wirkung dürfen sie nicht berücksichtigt werden.

Die maßgebenden *Querkräfte* dürfen bei Tragwerken des üblichen Hochbaus für Vollbelastung aller Felder ermittelt werden, wenn das Stützweitenverhältnis benachbarter Felder mit annähernd gleicher Steifigkeit zwischen $0{,}5 < l_1 / l_2 < 2{,}0$ liegt (EC2-1-1/NA, 5.1.3).

Beispiel

Für den dargestellten Zweifeldträger ist die maßgebende Belastungsanordnung für das maximale Bemessungsfeldmoment im Grenzzustand der Tragfähigkeit gesucht. Als Belastung seien eine ständige Einwirkung g_k = 20 kN/m und eine veränderliche Einwirkung q_k = 10 kN/m vorhanden.

Es ergibt sich die dargestellte Belastungsanordnung. Eine feldweise ungünstige Anordnung der Eigenlast als eigenständige Einwirkung ist nicht erforderlich.

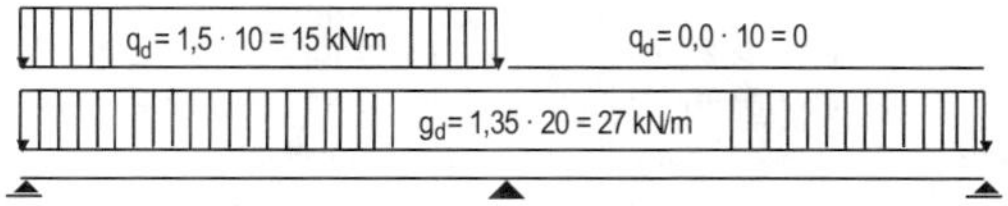

3.1.3 Längs- und Querkraftverformung; Auswirkung nach Theorie II. Ordnung

Bei der Schnittgrößenermittlung von Stabtragwerken und Platten dürfen die *Längskraft- und Querkraftverformungen* vernachlässigt werden, sofern der Einfluss geringer als 10 % ist (EC2-1-1, 5.1.1).

Auswirkungen nach *Theorie II. Ordnung* dürfen unberücksichtigt bleiben, wenn sie die Gesamtstabilität oder die Tragfähigkeit in kritischen Querschnitten nicht nennenswert beeinflussen. Hiervon ist auszugehen, wenn diese Auswirkungen die Tragfähigkeit um weniger als 10 % verringern (EC2-1-1, 5.8.2).

3.2 Imperfektionen

Imperfektionen sind im Grenzzustand der Tragfähigkeit in der ständigen, vorübergehenden und außergewöhnlichen Bemessungssituation zu berücksichtigen, im Grenzzustand der Gebrauchstauglichkeit dürfen sie vernachlässigt werden. Imperfektionen dürfen als Schiefstellung θ_i wie folgt erfasst werden:

$\boxed{\theta_i = \theta_0 \cdot \alpha_h \cdot \alpha_m}$ (im Bogenmaß) (38.1)

mit θ_0 als Grundwert und α_h als Beiwert für die Höhe bzw. α_m für die Anzahl der Bauteile.

Allgemein gilt (z. B. für die lotrecht aussteifenden Bauteile)

$\theta_0 = 1/200$

$\alpha_h = 2/\sqrt{l} \begin{smallmatrix} \leq 1{,}0 \\ \geq 0{,}0 \end{smallmatrix}$ und $\alpha_m = \sqrt{0{,}5 \cdot (1 + 1/m)}$ mit m als Anzahl der vertikalen Bauteile[1].

Die Schiefstellung nach Gl. (38.1) darf durch die Wirkung äquivalenter Horizontalkräfte ersetzt werden (s. nachf. Abb.; es sind Schiefstellung und Ersatzhorizontalkräfte gleichzeitig dargestellt):

$$\Delta H_j = \sum_{i=1}^{n} V_{ji} \cdot \theta_i \qquad (38.2)$$

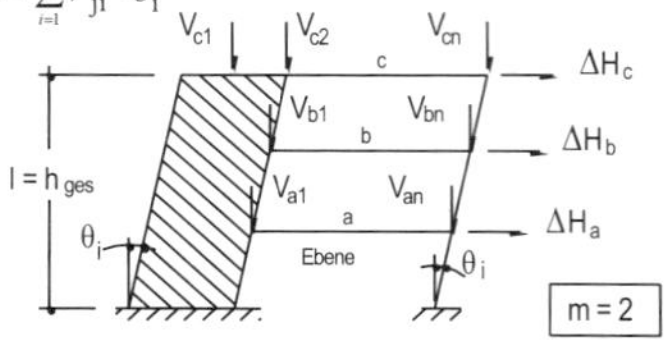

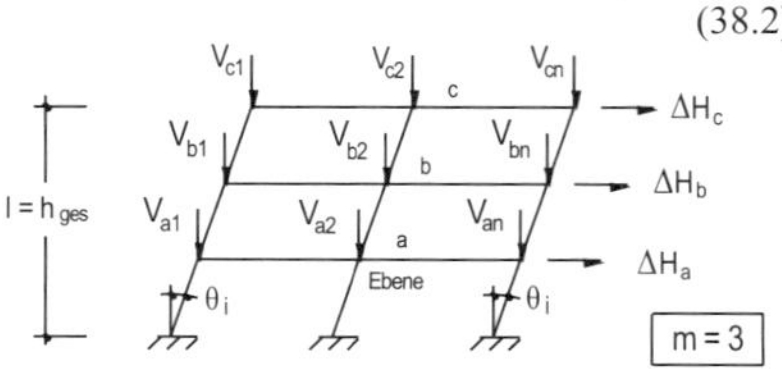

Waagerecht aussteifende Bauteile

Für die Auswirkungen auf Decken- und Dachscheiben wird θ_i ermittelt

$\theta_i = \theta_0 = 0{,}008/\sqrt{m}$ (Dachscheiben) (38.3a)

$\theta_i = \theta_0 = 0{,}008/\sqrt{2m}$ (Deckenscheiben) (38.3b)

mit $\alpha_h = \alpha_m = 1$ und m als Anzahl der auszusteifenden Tragwerksteile im Geschoss.[1]

Als Ersatz-Horizontalkraft ergibt sich:

Dachscheibe: $H_{fd} = N_{bc} \cdot \theta_i$ (θ_i nach Gl. (38.3a))

Deckenscheibe: $H_{fd} = (N_{bc} + N_{ba}) \cdot \theta_i$ (θ_i nach Gl. (38.3b))

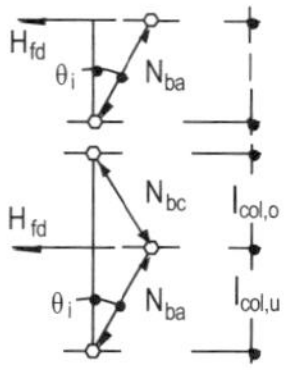

Die Ersatzhorizontalkräfte H_{fd} sind als eigenständige Einwirkungen zu betrachten und dürfen nicht durch Kombinationsfaktoren abgemindert werden, da diese bereits in den vertikalen Längskräften enthalten sind. (Hinweis: H_{fd} wird nicht für die Bemessung der vertikalen aussteifenden Bauteile berücksichtigt.)

Beispiel

Tragwerk nach Abb. mit Bemessungslasten bzw. -kräften

Lotrecht aussteifendes Bauteil

Abminderung[2]: $\alpha_h \cdot \alpha_m = (2/\sqrt{10}) \cdot \sqrt{0{,}5 \cdot (1 + 1/3)}$

$= 0{,}632 \cdot 0{,}82 = 0{,}519$

Ersatzhorizontalkräfte :

$\Delta H_c = (\ 800 + 1500 + 1000) \cdot 0{,}519 / 200 = 8{,}6$ kN

$\Delta H_b = (1600 + 3000 + 2000) \cdot 0{,}519 / 200 = 17{,}1$ kN

$\Delta H_a = (1600 + 3000 + 2000) \cdot 0{,}519 / 200 = 17{,}1$ kN

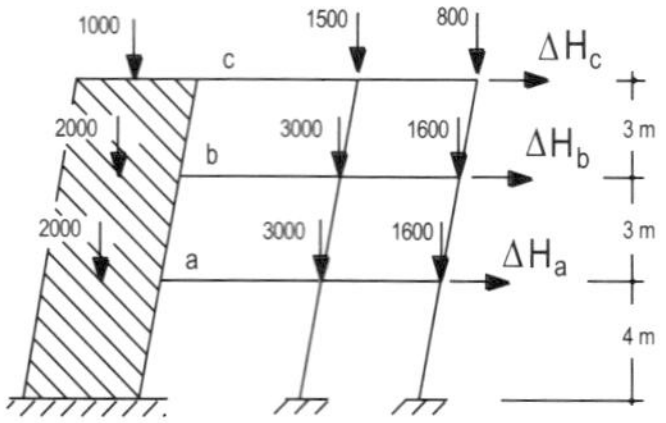

Waagerecht aussteifendes Bauteil (z. B. Decke a):

Schiefstellung: $\theta_{i,k=1} = 0{,}008/\sqrt{2 \cdot 1} = 0{,}0056$

$\theta_{i,k=2} = 0{,}008/\sqrt{2 \cdot 2} = 0{,}0040$

Ersatzhorizontalkräfte:

$H_{a2} = (2400 + 4000) \cdot 0{,}0056 = 36{,}2$ kN

$H_{a1} = (2400 + 4000 + 4500 + 7500) \cdot 0{,}0040 = 73{,}6$ kN

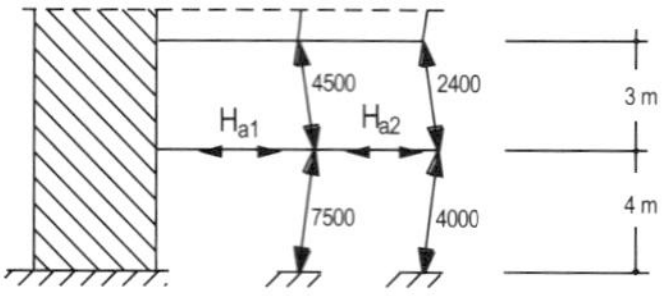

[1] Für den Abminderungswert α_m dürfen nur die lotrechten Bauteile m berücksichtigt werden, die mindestens 70 % einer mittleren Längskraft $N_{Ed,m} = F_{Ed}/m$ aufnehmen (F_{Ed} Summe der Vertikalkräfte im betrachteten Geschoss).

[2] Es dürfen alle 3 „Stützen"reihen berücksichtigt werden, da die in Fußnote [1] genannte Bedingung erfüllt ist. Beispielsweise gilt für Ebene a: $0{,}7 \cdot N_{Ed,m} = 0{,}7 \cdot (2000 + 3000 + 1600) / 3 = 1540 \text{ kN} < N_{Ed,min} = 1600$ kN.

3.3 Räumliche Steifigkeit und Stabilität

Die Beurteilung, ob ein Tragwerk oder ein Tragwerksteil ausreichend ausgesteift ist und damit Nachweise nach Theorie II. Ordnung am Gesamtsystem entfallen dürfen, erfolgt mit EC2-1-1, 5.8.3. Es wird auf die *Bautabellen für Ingenieure* verwiesen.

3.4 Tragwerksidealisierung

3.4.1 Definition, Vereinfachungen

Tragelemente und Bauteile werden nach ihrer Eigenschaft und Funktion unterteilt und gelten als

– *Balken, Platte* bei	$l / h \geq 3$	l, l_{min}	Stützweite, kürzere Stützweite
– *wandartiger Träger* bei	$l / h < 3$	h	Bauhöhe
– *Platte* bei	$b / h \geq 5$	b	Querschnittsbreite
– *Balken* bei	$b / h < 5$	h	Bauhöhe
– *Stützen*	$b / h \leq 4$		
– *Wände*	$b / h > 4$	b, h	Querschnittsseiten ($b \geq h$)

– *Einachsig gespannte Platten* dürfen bei gleichmäßig verteilten Lasten unterstellt werden
- bei zwei freien ungelagerten, gegenüberliegenden und parallelen Rändern *oder*
- bei einem Verhältnis der größeren Stützweite zur kleineren $l_{max} / l_{min} \geq 2$.

– *Rippen- und Kassettendecken* dürfen bei einer linear-elast. Schnittgrößenermittlung (ohne oder mit begrenzter Umlagerung) als Vollplatten betrachtet werden, falls die nebenstehenden Bedingungen erfüllt sind.

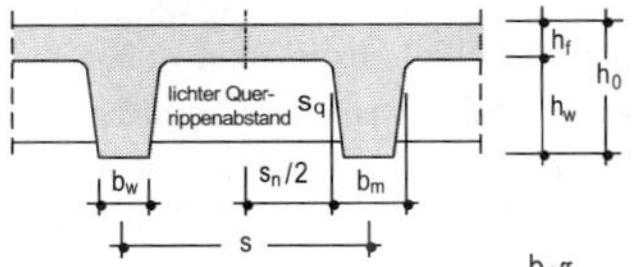

$s \leq 150$ cm
$h_f \geq s_n/10$
≥ 5 cm
$h_w \leq 4\, b_m$
$s_q \leq 10\, h_0$

3.4.2 Mitwirkende Plattenbreite

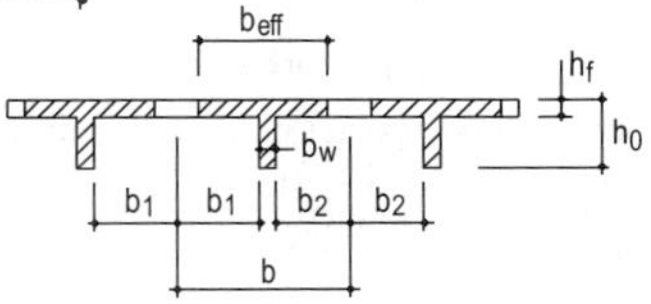

Die mitwirkende Breite b_{eff} darf für *Biegebeanspruchung* infolge annähernd gleichmäßig verteilter Einwirkungen für die Nachweise in den Grenzzuständen der Tragfähigkeit und der Gebrauchstauglichkeit nach EC2-1-1, 5.3.2.1 (s. jedoch auch [12.40]) angenommen werden zu:

$$b_{eff} = b_w + \Sigma b_{eff,i} \leq b \quad (39)$$

$$\text{mit } b_{eff,i} = 0{,}2 \cdot b_i + 0{,}1 \cdot l_0 \leq 0{,}2 \cdot l_0 \quad (39a)$$

$$\leq b_i \quad (39b)$$

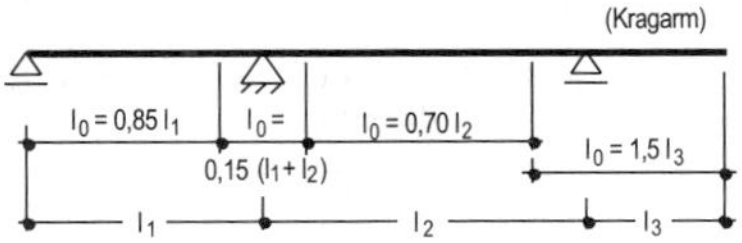

Der Abstand der Momentennullpunkte l_0 darf bei etwa gleichen Steifigkeitsverhältnissen wie nebenstehend dargestellt abgeschätzt werden.

Bei durchlaufenden Plattenbalken unter überwiegender Gleichlast ist es für die Schnittgrößenermittlung im Allg. ausreichend, die mitwirkende Breite konstant über die Feldlänge anzusetzen [12.17], [12.20].

3.4.3 Stützweite

Die Stützweite wird wie folgt berechnet (EC2-1-1, 5.3.2.2):

$$l_{eff} = l_n + a_1 + a_2$$

mit l_n als lichter Abstand zwischen den Auflagerrändern.

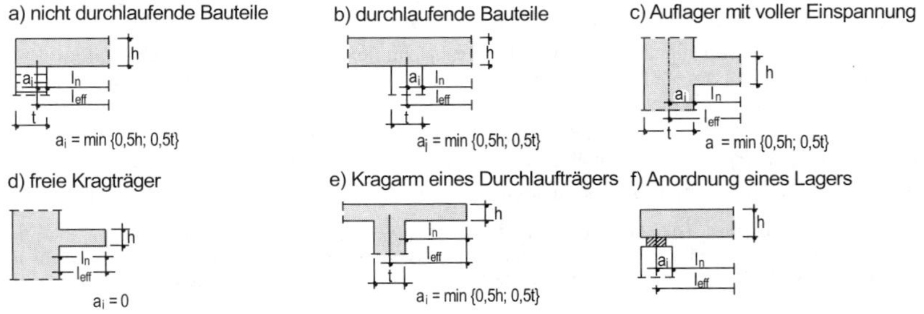

3.5 Berechnungsverfahren

3.5.1 Verfahren zur Schnittgrößenermittlung

Für die Schnittgrößenermittlung sind in den Grenzzuständen folgende Verfahren zulässig:

Gebrauchstauglichkeit
- linear-elastische Verfahren
  (Eine Rissbildung muss berücksichtigt werden bei deutlich ungünstigem Einfluss, sie darf berücksichtigt werden bei günstigem Einfluss unter Berücksichtigung der Verträglichkeit.)
- nichtlineare Schnittgrößenermittlung.

Tragfähigkeit
- linear-elastische Schnittgrößenermittlung ohne Umlagerung
- linear-elastische Schnittgrößenermittlung mit begrenzter Umlagerung
- plastische Schnittgrößenermittlung
- nichtlineare Schnittgrößenermittlung.

3.5.2 Vereinfachungen

Bei nicht vorgespannten Durchlaufträgern und -platten des üblichen Hochbaus brauchen Bemessungssituationen mit günstigen ständigen Einwirkungen ($\gamma_G = 1{,}0$) nicht berücksichtigt zu werden, wenn die konstruktiven Regeln für die Mindestbewehrung eingehalten werden. (Für den Nachweis der Lagesicherheit gilt jedoch S. 12.33 bzw. Tafel 12.33a.)

Durchlaufende Platten und Balken werden i. Allg. unter der Annahme frei drehbarer Lagerung berechnet.

Querkräfte dürfen bei Tragwerken des üblichen Hochbaus für eine Vollbelastung aller Felder ermittelt werden, wenn das Stützweitenverhältnis benachbarter Felder bei annähernd gleicher Steifigkeit zwischen $0{,}5 < l_1 / l_2 < 2{,}0$ liegt.

Die Querdehnzahl ν darf für gerissenen Beton gleich 0 gesetzt werden, für ungerissenen Beton gilt $\nu = 0{,}2$.

Der Bemessungswert des Stützmomentes durchlaufender Platten und Balken darf bei *frei drehbarer Lagerung* über die Breite der Unterstützung ausgerundet werden; das Bemessungsmoment ergibt sich zu

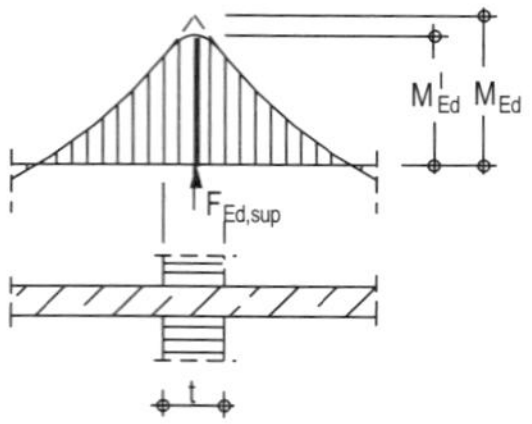

$$|M'_{\mathrm{Ed}}| = |M_{\mathrm{Ed}}| - |F_{\mathrm{Ed,sup}}| \cdot t/8$$

$F_{\mathrm{Ed,sup}}$ Bemessungswert der Auflagerreaktion
t Auflagerbreite

Als effektive Stützweite gilt der Abstand der Auflagermitten.

Bei *monolithischem Anschluss* einer Platte oder eines Balkens darf nach EC2-1-1, 5.3.2.2 der Bemessungswert des Stützmoments am Rand der Unterstützung zugrunde gelegt werden[1]; dabei muss das stützende Bauteil eine Vergrößerung der statischen Nutzhöhe von mind. 1:3 zulassen. Mindestmomente sind zu beachten (s. u.). Als Bemessungsmoment erhält man

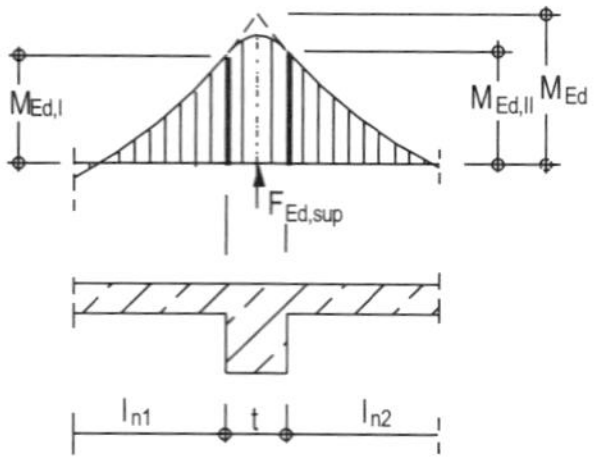

$$|M_{\mathrm{I}}| = |M_{\mathrm{Ed}}| - |V_{\mathrm{Ed,li}}| \cdot t/2$$

$$|M_{\mathrm{II}}| = |M_{\mathrm{Ed}}| - |V_{\mathrm{Ed,re}}| \cdot t/2$$

$V_{\mathrm{Ed,li}}$ Bemessungsquerkraft links von der Unterstützung
$V_{\mathrm{Ed,re}}$ Bemessungsquerkraft rechts von der Unterstützung

Zur Berücksichtigung von Idealisierungen und unbeabsichtigten Abweichungen ist als *Mindestbemessungsmoment* min $|M_{\mathrm{Ed}}|$ am Auflagerrand mindestens 65 % des Moments bei Annahme einer vollen Randeinspannung zu berücksichtigen. Für eine gleichmäßig verteilte, konstante Streckenlast erhält man

min $|M_{\mathrm{Ed}}| \approx (1/12) \cdot F_{\mathrm{d}} \cdot l_{\mathrm{n}}^2$ an der ersten Innenstütze im Randfeld (einseitige Einspannung)
min $|M_{\mathrm{Ed}}| \approx (1/18) \cdot F_{\mathrm{d}} \cdot l_{\mathrm{n}}^2$ an den übrigen Innenstützen in Innenfeldern (beidseitige Einspannung)

mit F_{d} als gleichmäßig verteilter Bemessungslast und l_{n} als lichter Weite zwischen den Auflagern.

[1] In [12.14] wird ausgeführt, dass eine Bemessung für das Mittenmoment unter Berücksichtigung einer Momentenausrundung und Nutzhöhenvergrößerung unter 1:3 im Bereich der Unterstützung in vielen Fällen nicht maßgebend ist. Lediglich bei sehr kleinen Schlankheiten (etwa ab $l/d \leq 10$) kann das Mittenmoment ungünstiger sein. Weitere Hinweise s. a. [12.45].

3.5.3 Lineare Berechnung ohne oder mit begrenzter Umlagerung

Die linear-elastisch ermittelten Momente dürfen unter Einhaltung der Gleichgewichtsbedingungen (Mindestmomente nach Abschn. 3.5.2 sind zu beachten!) umgelagert werden. Eine Umlagerung darf jedoch nicht vorgenommen werden, falls das Rotationsvermögen nicht mit Sicherheit vorausgesetzt werden kann (z. B. bei verschieblichen Rahmen, in den Ecken vorgespannter Rahmen, bei großer Zwangbeanspruchung).

Für Durchlaufträger (in Querrichtung kontinuierlich gestützte Platten, Balken, Riegel in unverschieblichen Rahmen und andere überwiegend auf Biegung beanspruchte Bauteile) mit einem Stützweitenverhältnis der benachbarten Felder $0,5 < l_1 / l_2 < 2,0$ darf der Umlagerungsfaktor $\delta (= M_u / M_{el})$ betragen:

– Betonfestigkeitsklassen	≤ C50/60:	$\delta \geq 0,64 + 0,80 \cdot x_u/d$	(41.1)
– Duktilität des Stahls	hochduktil:	$\delta \geq 0,70$	(41.2a)
	normalduktil:	$\delta \geq 0,85$	(41.2b)

mit x_u/d als Verhältnis der Druckzonenhöhe x zur Nutzhöhe d *nach* Umlagerung im GZT. Für die Eckknoten unverschieblicher Rahmen sollte die Umlagerung auf $\delta = 0,9$ begrenzt werden (vgl. DIN 1045-1).

Für Beton ≤ C50/60[1)] ist eine Umlagerung nur für $x_u/d < 0,45$ zulässig (vgl. Gl. (41.1)). Sofern keine geeigneten konstruktiven Maßnahmen (z. B. enge Verbügelung) getroffen werden, ist der Wert x_u/d generell auf 0,45[1)] zu begrenzen.

Die Einhaltung der Bedingungen nach Gln. (41.1) und (41.2) erfordert im Regelfall eine Iteration, da der Faktor δ mit der bezogenen Druckzonenhöhe x_u /d nach Umlagerung zu ermitteln ist. In nebenstehendem Diagramm ist diese Iteration bereits durchgeführt, sodass mit dem auf die Bewehrung bezogenen Moment M_{Eds} *vor* Umlagerung der zulässige Anwendungsbereich von δ direkt abgelesen werden kann. Für den Beton wurde das Parabel-Rechteck-Diagramm der Querschnittsbemessung (s. Abschn. 2.2.1) berücksichtigt.

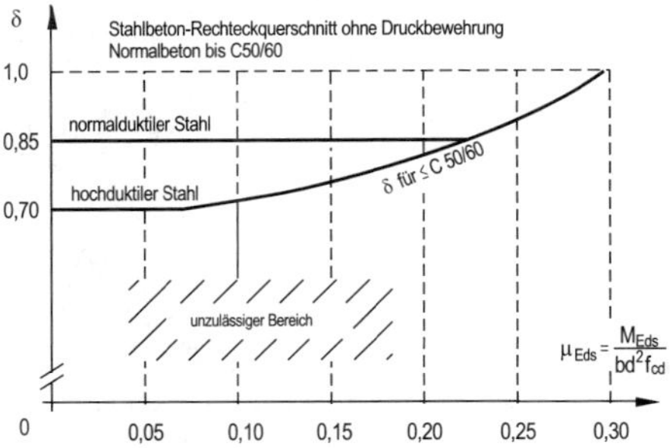

Beispiel

Für einen Zweifeldträger mit den Querschnittsabmessungen $b/h/d$ = 30/70/65 cm soll das Stützmoment unter Ausnutzung der maximal zulässigen Umlagerung bestimmt werden.

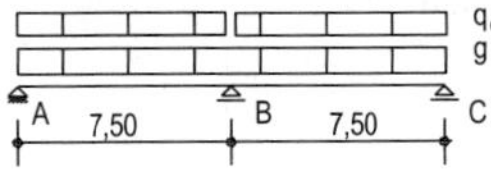

Bemessungslasten: $g_d = \gamma_G \cdot g_k = 1,35 \cdot 20 = 27$ kN/m

$q_d = \gamma_Q \cdot q_k = 1,50 \cdot 36 = 54$ kN/m

Baustoffe: Beton C30/37; Stahl B 500 B (hochduktil)

lineare Berechnung

$M_{Ed,b} = -0,125 \cdot (27 + 54) \cdot 7,50^2$
$= -570$ kNm (q_d im Feld 1 u. 2)

max $M_{Ed,1} \approx (0,070 \cdot 27 + 0,096 \cdot 54) \cdot 7,50^2$
$=$ **398** kNm (q_d im Feld 1)

zug $M_{Ed,b} = -(0,125 \cdot 27 + 0,063 \cdot 54) \cdot 7,50^2$
$= -381$ kNm (q_d im Feld 1)

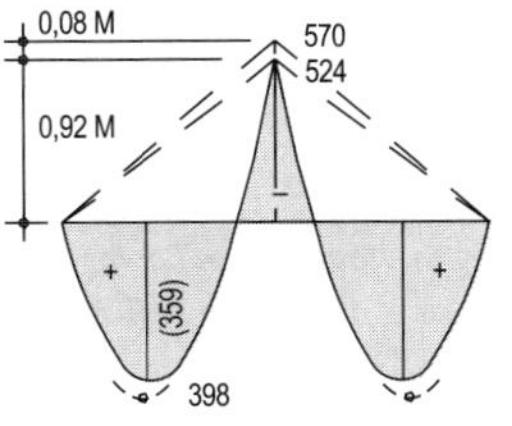

lineare Berechnung mit begrenzter Umlagerung

$\mu_{Eds} = 0,570 / [0,30 \cdot 0,65^2 \cdot (0,85 \cdot 30/1,5)] = 0,265$

⇒ zul $\delta = 0,92$ („Beton" wird maßgebend)

$M_{Ed,b;\,\delta=0,92} = 0,92 \cdot (-570) = \mathbf{-524}$ kNm < -381 kNm

Das Stützmoment $|M_{Ed,b;\,\delta=0,92}| = 524$ kNm nach Umlagerung in der Lastfallkombination „Volllast" (g_d und q_d in beiden Feldern) ist noch größer als das zugehörige Stützmoment |zug $M_{Ed,b}$| = 381 kNm in der Lastfallkombination „einseitige Verkehrslast" (g_d in beiden Feldern, q_d nur im Feld 1). Für die Bemessung an der Stütze bleibt daher der Lastfall „Volllast" maßgebend, ebenso gilt für das maximale Feldmoment unverändert max $M_{Ed,1}$ = 398 kNm.

Kontrollen: Faktor δ mit Gl. (41.1): $\mu_{Eds} = 0,524 / (0,3 \cdot 0,652 \cdot (0,85 \cdot 30/1,5)) = 0,243$

⇒ $x/d = 0,35$ (Tafel 1 [12.82]); zul $\delta = 0,64 + 0,80 \cdot 0,35 = 0,92$

4 Konstruktionsgrundlagen

4.1 Expostionsklassen; Betondeckung und Stababstände

4.1.1 Expositionsklassen und Mindestbetonfestigkeit

Die *Umgebungsbedingungen* eines Bauteils sind durch chemische und physikalische Einflüsse gekennzeichnet, denen es ausgesetzt ist. Es wird unterschieden nach Bewehrungskorrosion und Betonangriff. Für beide Angriffsarten sind die Expositionsklassen und die Mindestbetonfestigkeitsklasse zu bestimmen, die jeweils ungünstigere bzw. höhere ist maßgebend.

4.1.2 Mindestmaß c_{min} und Nennmaß c_{nom} der Betondeckung

Mindestmaß c_{min} Betondeckung, die an keiner Stelle unterschritten werden darf; sie wird bestimmt aus
- Korrosionsschutz der Bewehrung *und* Sicherung des Verbundes
- Brandschutz (s. gesonderte Festlegungen in den Brandschutzbestimmungen).

Nennmaß c_{nom} Verlegemaß unter Berücksichtigung von Maßabweichungen (s. u.)

Auch rechnerisch nicht berücksichtigte Bewehrung muss den Anforderungen an die Betondeckung genügen.

Tafel 12.42 Mindestmaß c_{min} der Betondeckung (EC2-1-1,4.4.1.2)

	Mindestbetondeckung c_{min} in mm									
	karbonatisierungsinduzierte Korrosion				chloridinduzierte Korrosion			chloridinduzierte Korrosion aus Meerwasser		
Expositionsklasse	XC 1	XC 2	XC 3	XC 4	XD 1	XD 2	XD 3	XS 1	XS 2	XS 3
Korrosionsschutz[1) 2) 3)]	10	20		25	40			40		
Verbundbedingung[4)]	$c_{min} \geq \varnothing_s$ bzw. $\varnothing_n$ ($\varnothing_s$, $\varnothing_n$: Stab-, Vergleichsdurchmesser)									

1) Die Mindestbetondeckung darf bei Bauteilen, deren Festigkeitsklasse um 2 Klassen höher liegt als nach Tafel 12.43 erforderlich, um 5 mm vermindert werden (gilt nicht für Umweltklasse XC 1).
2) Zusätzlich sind 5 mm für die Expositionsklasse XM 1, 10 mm für XM 2 und 15 mm für XM 3 vorzusehen, sofern nicht zusätzliche Anforderungen an die Betonzuschläge nach DIN 1045-2 berücksichtigt werden.
3) Bei kraftschlüssiger Verbindung zw. Ortbeton und Fertigteil darf die Mindestbetondeckung an den der Fuge zugewandten Rändern auf 5 mm im Fertigteil und 10 mm im Ortbeton verringert werden. Die Verbundbedingungen müssen jedoch eingehalten werden, wenn die Bewehrung im Bauzustand berücksichtigt wird. Bei mind. rauen Fugen darf die Bewehrung direkt auf die Fugenoberfläche verlegt werden, für diese Stäbe sind dann mäßige Verbundbedingungen anzusetzen. Am Spalt zwischen den FT-Elementplatten muss jedoch c_{nom} eingehalten werden.
4) c_{min} muss um 5 mm vergrößert werden, wenn das Größtkorn der Gesteinskörung 32 mm überschreitet.

Nennmaß der Betondeckung c_{nom}

Das Nennmaß c_{nom} bzw. das Verlegemaß c_v ist der statischen Berechnung zugrunde zu legen. Das Nennmaß ergibt sich durch Vergrößerung der Mindestbetondeckung c_{min} um ein Vorhaltemaß Δc_{dev}:

$$c_{nom} = c_{min} + \Delta c_{dev}$$

Vorhaltemaß Δc_{dev} falls Korrosionsschutz maßg. $\Delta c_{dev} = 15$ mm (Ausnahme für XC 1: 10 mm)
falls Verbundbedingung maßg. $\Delta c_{dev} = 10$ mm (vgl. [12.45])

Eine *Vergrößerung des Vorhaltemaßes* Δc_{dev} ist erforderlich, wenn gegen unebene Oberflächen betoniert wird, und zwar um das Differenzmaß der Unebenheit, mind. jedoch um 20 mm, bei Schüttung gegen Erdreich um 50 mm. Bei strukturierten Oberflächen, Waschbeton u. a. ist eine angemessene Vergrößerung erforderlich.

Eine *Verminderung von* Δc_{dev} ist nur in Ausnahmefällen zulässig (s. *Bautabellen für Ingenieure*).

Auf der Konstruktionszeichnung sind das für die Abstandhalter maßgebende Verlegemaß c_v und das Vorhaltemaß Δc_{dev} anzugeben, und zwar für die Stäbe, die unterstützt werden sollen (im Allgemeinen die der Betonoberfläche am nächsten liegenden Stäbe).

In Abb. rechts gilt: $c_v \geq c_{nom,bü}$ und $c_v \geq c_{nom,l} - \varnothing_{bü}$

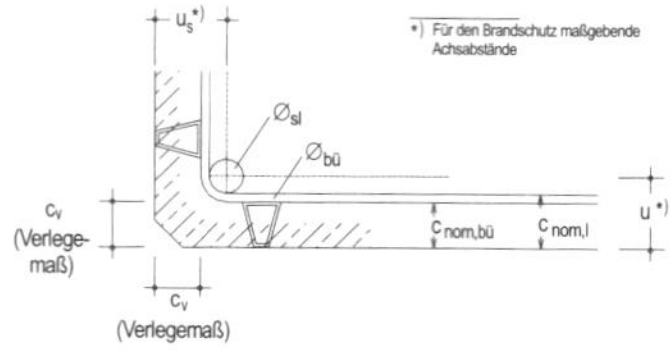

4.1.3 Stababstände

Mindestwert des gegenseitigen lichten Stababstands s_n paralleler Einzelstäbe (EC2-1-1, 8.2 und 8.10).

allgemein	$s_n \geq \varnothing_s$ und $s_n \geq 20$ mm
Größtkorndurchmesser $d_g > 16$ mm	$s_n \geq d_g + 5$ mm

Doppelstäbe bei Matten und Stäbe in Stabbündeln dürfen sich berühren. Für übergreifende Stäbe s. Abschn. 4.2.4.

Tafel 12.43 Expositionsklasse (s. a. nächste Seite)

		Klasse	Beschreibung der Umgebung	Beispiele für Umgebungsbedingungen (weitere Beispiele/Erläuterungen s. EC 2-1-1,4.2; vgl. auch EN 206 und DIN 1045-2)	Mindest-festigkeits-klasse
1	Kein Korrosions- oder Angriffsrisiko	X 0	Unbewehrter Beton außer XF, XA, XM Bewehrter Beton: sehr trocken	Fundamente ohne Bewehrung ohne Frost; Innenbauteile ohne Bewehrung Beton in Gebäuden mit sehr geringer Luftfeuchte (RH ≤ 30 %)	C12/15
2	Bewehrungskorrosion, ausgelöst durch Karbonatisierung[1]	XC 1	Trocken oder ständig nass	Beton in Gebäuden mit üblicher Luftfeuchte; Beton, der ständig in Wasser getaucht ist	C16/20
		XC 2	Nass, selten trocken	Teile von Wasserbehältern; Gründungsbauteile	C16/20
		XC 3	Mäßige Feuchte	Bauteile, zu denen die Außenluft häufig oder ständig Zugang hat, z. B. offene Hallen, Innenräume mit hoher Luftfeuchte, z. B. in gewerblichen Küchen, Bädern, Wäschereien, in Feuchträumen von Hallenbädern, in Viehställen; Dachflächen mit flächiger Abdichtung; Verkehrsflächen mit flächiger unterlaufsicherer Abdichtung[2]	C20/25
		XC 4	Wechs. nass u. trocken	Außenbauteile mit direkter Beregnung	C25/30
3	Bewehrungskorrosion, ausgelöst durch Chloride	XD 1	Mäßige Feuchte	Bauteile im Sprühnebelbereich von Verkehrsflächen; Einzelgaragen; befahrene Verkehrsflächen mit vollflächigem Oberflächenschutz[2]	C30/37[3]
		XD 2	Nass, selten trocken	Solebäder; Bauteile, die chloridhaltigen Industriewässern ausgesetzt sind	C35/45[3) od. 8)]
		XD 3	Wechselnd nass und trocken	Teile von Brücken mit häufiger Spritzwasserbeanspruchung; Fahrbahndecken; befahrene Verkehrsflächen mit rissvermeidenden Bauweisen ohne Oberflächenschutz oder Abdichtung[2]; befahrene Verkehrsflächen mit dauerhaftem lokalen Schutz von Rissen[2), 9)]	C35/45[3]
4	Bewehrungskorrosion, ausgelöst durch Chloride aus Meerwasser	XS 1	Salzhaltige Luft (ohne Meerwasserkontakt)	Außenbauteile in Küstennähe	C30/37[3]
		XS 2	Unter Wasser	Bauteile in Hafenanlagen, die ständig unter Wasser liegen	C35/45[3) od. 8)]
		XS 3	Tidebereiche, Spritzwasser- und Sprühnebelbereiche	Kaimauern in Hafenanlagen	C35/45[3]
5	Betonangriff durch Frost mit und ohne Taumittel	XF 1	Mäßige Wassersättigung ohne Taumittel	Außenbauteile	C25/30
		XF 2	Mäßige Wassersättigung mit Taumittel oder Meerwasser	Bauteile im Sprühnebel-/Spritzwasserbereich von taumittelbehandelten Verkehrsflächen, soweit nicht XF 4; Bauteile im Sprühnebelbereich von Meerwasser	C25/30(LP)[5] C35/45[8]
		XF 3	Hohe Wassersättigung ohne Taumittel	Offene Wasserbehälter; Bauteile in der Wasserwechselzone von Süßwasser	C25/30(LP)[5] C35/45[8]
		XF 4	Hohe Wassersättigung mit Taumittel oder Meerwasser	Taumittelbehandelte Verkehrsflächen; überwiegend horiz. Bauteile im Spritzwasserbereich von taumittelbehandelten Verkehrkehrsflächen; Räumerlaufbahnen von Kläranlagen; Meeresbauwerke in Wasserwechselzonen	C30/37(LP)[5) 6)]
6	Betonangriff durch chemischen Angriff der Umgebung[4]	XA 1	Chemisch schwach angreifende Umgeb.	Behälter von Kläranlagen; Güllebehälter	C25/30
		XA 2	Chemisch mäßig angreifende Umgebung	Betonbauteile, die mit Meerwasser in Berührung kommen; Bauteile in betonangreifenden Böden	C35/45[3) od. 8)]
		XA 3	Chemisch stark angreifende Umgebung	Industrieabwasseranlagen mit chem. angreifenden Abwässern; Futtertische der Landwirtschaft; Kühltürme mit Rauchgasableitungen	C35/45[3]
7	Betonangriff durch Verschleißbeanspruchung	XM 1	Mäßige Verschleißbeanspruchung	Industrieböden mit Beanspruchung durch luftbereifte Fahrzeuge	C30/37[3]
		XM 2	Schwere Verschleißbeanspruchung	Industrieböden mit Beanspruchung durch luft- oder vollgummibereifte Gabelstapler	C30/37[3) 7)] C35/45[3]
		XM 3	Extreme Verschleißbeanspruchung	Beanspruchung durch elastomer- oder stahlrollenbereifte Gabelstapler, Kettenfahrzeuge; Tosbecken	C35/45[3]

[1] Feuchteangabe für den Zustand innerhalb der Betondeckung der Bewehrung, die i. Allg. gleich den Umgebungsbedingungen ist; dies braucht jedoch nicht der Fall zu sein, wenn sich zwischen dem Beton und seiner Umgebung eine Sperrschicht befindet.
[2] Nur mit bauwerksspezifischem Instandhaltungsplan nach DAfStb-Ri „Schutz und Instandsetzung von Betonbauteilen".
[3] Bei Verwendung von Luftporenbeton, z. B. wegen gleichzeitiger Anforderungen aus XF, eine Betonfestigkeitsklasse niedriger.
[4] Grenzwerte für die Expositionsklassen bei chemischem Angriff siehe DIN EN 206-1 und DIN 1045-2.
[5] Bei Luftporenbeton mit Mindestanforderungen nach DIN 1045-2 an den Luftgehalt im Frischbeton unmittelbar vor dem Einbau.
[6] Erdfeuchter Beton mit $w/z \leq 0{,}40$ auch ohne Luftporen. Bei Räumerlaufbahnen ohne Luftporen ≥ C40/50 (s. DIN 1045-2).
[7] Oberflächenbehandlung des Betons nach DIN 1045-2, z. B. Vakuumieren und Flügelglätten.
[8] Bei langsam und sehr langsam erhärtenden Betonen eine Festigkeitsklasse im Alter von 28 Tagen niedriger (s. EC 2-1-1, Anhang E).
[9] Für Planung und Ausführung des dauerhaften lokalen Schutzes gilt DAfStb-Ri. „Schutz und Instandsetzung von Betonbauteilen".

Tafel 12.43 (Fortsetzung)

		Klasse	Beschreibung der Umgebung	Beispiele für die Zuordnung der Bauteile (weitere Erläuterungen s. EC2-1-1/NA, Tab. 4.1)
8	Betonkorrosion inf. Alkali-Kieselsäurereaktion (Zuordnung des Betons anhand der zu erwartenden Umgebungsbedingungen)	W0	Beton, der nach Nachbehandlung und Austrocknung während der Nutzung weitgehend trocken bleibt	a) Innenbauteile des Hochbaus b) Außenlufteinwirkung, nicht jedoch z. B. Niederschläge, Oberflächenwasser, Bodenfeuchte und/oder ständige Einwirkung einer rel. Luftfeuchte > 80 %
		WF	Beton, der während der Nutzung häufig oder längere Zeit feucht ist	a) Ungeschützte Außenbauteile, die z. B. Niederschlägen, Oberflächenwasser oder Bodenfeuchte ausgesetzt sind b) Feuchträume, wie z. B. Hallenbäder, Wäschereien u. andere gewerbliche Feuchträume mit rel. Luftfeuchte > 80 % c) Häufige Taupunktunterschreitung, wie z. B. bei Schornsteinen, Wärmeübertragungsstationen, Filterkammern, Viehställen d) Bauteile gem. DAfStb-Richtlinie „Massige Bauteile aus B.“, mit Abmessungen > 0,80 m (unabhängig vom Feuchtezutritt)
		WA	Beton, der zusätzlich zur WF häufiger oder langzeitiger Alkalizufuhr ausgesetzt ist	a) Meerwassereinwirkung b) Tausalzeinwirkung ohne hohe dynam. Beanspruchung, z. B. Spritzwasserbereiche, Fahr- u. Stellflächen in Parkh. c) Industriebauten u. landwirtschaftliche Bauwerke (z. B. Güllebehälter) mit Alkalizufuhr
		WS	Beton unter hoher dyn. Beanspr. und direktem Alkalieintrag	Bauteile unter Tausalzeinwirkung mit zusätzlicher hoher dynamischer Beanspruchung (z. B. Betonfahrbahnen)

4.2 Betonstahl[1)]

4.2.1 Krümmungen

Mindestwerte der Biegerollendurchmesser D_{min}; Betonstahlstäbe

Betonstahl	Haken, Winkelh., Schlaufen, Bügel		Schrägstäbe und andere gebogene Stäbe		
	Stabdurchmesser		Mindestmaße der Betondeckung min c rechtwinklig zur Krümmungsebene		
	∅ < 20 mm	∅ ≥ 20 mm	> 100 mm und > 7 ∅	> 50 mm und > 3 ∅	≤ 50 mm oder ≤ 3 ∅
Rippenstäbe B500	4,0 ∅	7,0 ∅	10 ∅	15 ∅	20 ∅

Mindestwerte der Biegerollendurchmesser D_{min}; geschweißte Bewehrung und Betonstahlmatten

- Abstand Krümmungsbeginn bis Schweißstelle ≥ 4 ∅ ⇒ D_{min} s. o.
- Abstand Krümmungsbeginn bis Schweißstelle < 4 ∅; Schweißung in der Krümmung ⇒ D_{min} ≥ 20 ∅

Bei nicht vorwiegend ruhender Belastung sowie Hin- und Zurückbiegen s. EC2-1-1/NA, 8.3

4.2.2 Verbund und Bemessungswert der Verbundspannungen

Verbundbedingungen

Gute Verbundbedingungen gelten für Stäbe
- mit Neigungen 45° ≤ α ≤ 90°
- mit Neigungen 0° ≤ α < 45°
  - in Bauteilen mit h ≤ 300 mm
  - in Bauteilen mit h > 300 mm *entweder* ≤ 300 mm von Unterkante *oder* ≥ 300 mm von Oberkante
- in liegend gefertigten stabförmigen Bauteilen mit h ≤ 500 mm, die mit Außenrüttlern verdichtet werden.

Mäßige Verbundbedingungen gelten für alle anderen Stäbe und für Stäbe in Bauteilen, die im Gleitbauverfahren hergestellt werden.

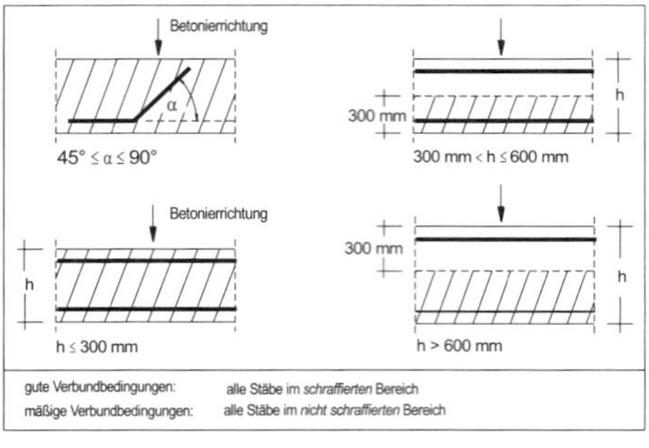

Bemessungswert der Verbundspannung f_{bd} in N/mm² für Rippenstähle mit ∅ ≤ 32 mm

	charakteristische Werte der Betonfestigkeit f_{ck}								
	12	16	20	25	30	35	40	45	50
guter Verbund	1,65	2,00	2,32	2,69	3,04	3,37	3,68	3,99	4,28
mäßiger Verbund	70 % der Werte des guten Verbunds								

[1)] Nachfolgend werden nur Einzelstäbe mit ∅ ≤ 32 mm sowie Einzel- bzw. Doppelstäbe von Betonstahlmatten behandelt.

4.2.3 Verankerungen

Grundwert der Verankerungslänge $l_{b,rqd}$

$$l_{b,rqd} = (\varnothing / 4) \cdot (\sigma_{sd} / f_{bd}) \qquad (45.1)$$

f_{bd} Bemessungswert der Verbundspannung (s. oben)

σ_{sd} Bemessungswert der Stahlspannung am Verankerungsbeginn

$\varnothing$ Stabdurchmesser (bei Doppelstäben $\varnothing_n = \varnothing \cdot \sqrt{2}$)

Bemessungswert der Verankerungslänge

Der Bemessungswert der Verankerungslänge $l_{b,eq}$ darf vereinfachend ermittelt werden aus[1]:

$$l_{b,eq} = \alpha_1 \cdot \alpha_4 \cdot l_{b,rqd} \geq l_{b,min} \qquad (45.2)$$

α_1 Beiwert zur Berücksichtigung der Verankerungsart; s. nachfolgende Tafel, Zeile 1 u. 2

α_4 Beiwert zur Berücksichtigung angeschweißter Querstäbe; s. nachfolgende Tafel, Zeile 3

$\alpha_1 \alpha_4$ Kombination der Beiwerte; s. Tafel, Zeile 4 und 5

$l_{b,rqd}$ Grundwert der Verankerungslänge nach Gl. (45.1)

$l_{b,min}$ Mindestmaß der Verankerungslänge; es gilt:
- für Verankerungen von Zugstäben $l_{b,min} = \max\{0{,}3 \cdot l_{b,eq};\ 10\ \varnothing\}$
- für Verankerungen von Druckstäben $l_{b,min} = \max\{0{,}6 \cdot l_{b,eq};\ 10\ \varnothing\}$

Für die Ermittlung von $l_{b,min}$ ist $l_{b,eq}$ bzw. $l_{b,rqd}$ für $\sigma_{sd} = 435$ MN/m² zu bestimmen

Beiwerte α_1 und α_4:

	1	2[1]	3
	Art und Ausbildung der Verankerung	Beiwert α_i Zug-stäbe	Druck-stäbe
1	a) Gerade Stabenden 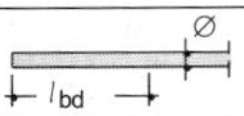	1,0	1,0
2	b) Haken c) Winkelhaken d) Schlaufe 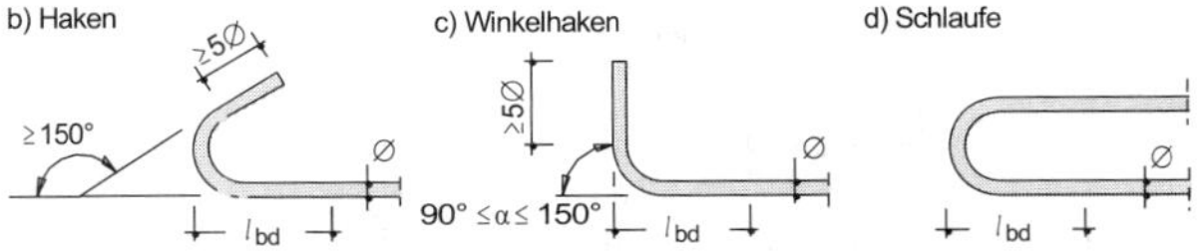	0,7[2] (1,0)	- (nicht zulässig)
3	e) Gerade Stabenden mit mindestens einem angeschweißten Stab innerhalb von l_{bd} 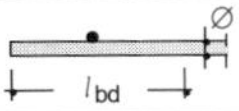	0,7	0,7
4	f) Haken g) Winkelhaken h) Schlaufe mit jeweils mindestens einem angeschweißten Stab innerhalb von l_{bd} vor dem Krümmungsbeginn 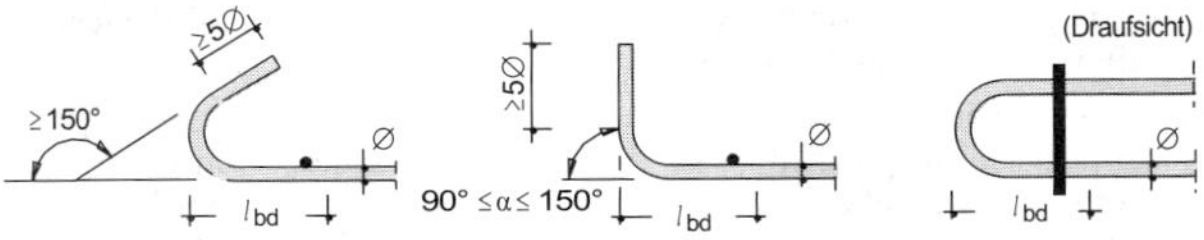	0,5 (0,7)	- (nicht zulässig)
5	i) Gerade Stabenden mit mindestens zwei angeschweißten Stäben innerhalb von l_{bd} (nur zulässig bei Einzelstäben mit $\varnothing \leq 16$ mm bzw. bei Doppelstäben mit $\varnothing \leq 12$ mm) 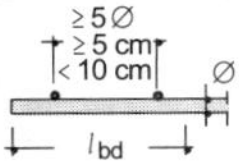	0,5	0,5

1) Die in Spalte 2 in Klammern angegebenen Werte gelten, wenn im Krümmungsbereich rechtwinklig zur Krümmungsebene die Betondeckung weniger als 3 ∅ beträgt bzw. wenn kein Querdruck oder keine enge Verbügelung vorhanden ist.

2) Bei Schlaufenverankerung mit D ≥ 15∅ darf α_1 auf 0,5 reduziert werden.

3) Für angeschweißte Querstäbe gilt $\varnothing_t/\varnothing \geq 0{,}6$.

Querbewehrung im Verankerungsbereich:

Im Verankerungsbereich ist eine Querbewehrung anzuordnen. Dies ist erfüllt, wenn die erforderliche Bügelbewehrung (Balken, Stützen) oder Querbewehrung (Platte, Wand) gemäß Abschn. 5 eingelegt wird oder andere geeignete konstr. Maßnahmen vorhanden sind, die ein Spalten des Betons verhindern.

1) Weitere Einflussfaktoren bzw. α_1-Werte s. Bautabellen für Ingenieure.

4.2.4 Übergreifungsstöße von Stäben

Anordnung der Übergreifungsstöße

- Stöße sollten versetzt und im Bereich mit geringer Beanspruchung angeordnet werden.
- Stöße sollten parallel zur Bauteilaußenfläche und im Querschnitt symmetrisch ausgebildet werden.
- Für die Ausbildung der Stöße gelten die Ausführungen über die Verankerungsarten (s. vorher).
- Für die lichten Stababstände und den Längsversatz sind die Werte gemäß Abb. 12.46 einzuhalten.

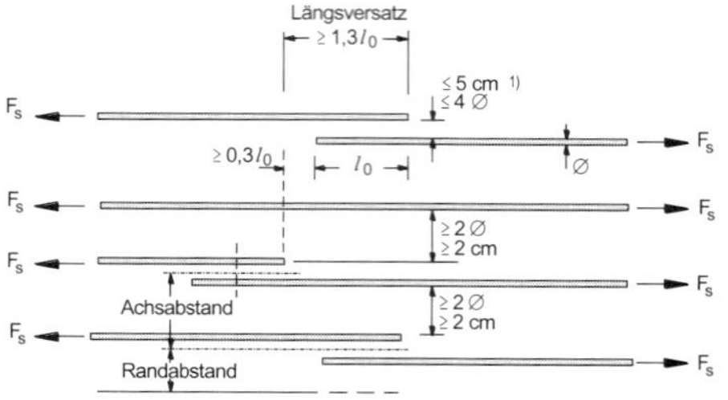

Abb. 12.46

[1] Für einen lichten Abstand größer als 4∅ oder 5 cm muss die Übergreifungslänge um den Betrag erhöht werden, um den der Abstand von 4∅ bzw. 5 cm überschritten wird.

Übergreifungslänge

Die erforderliche Übergreifungslänge l_0 ergibt sich aus:

$$l_0 = \alpha_6 \cdot l_{bd} \geq l_{0,min} \tag{46}$$

l_{bd} Verankerungslänge nach Gl. (45.1) bzw. $l_{b,eq}$ nach Gl. (45.2), jedoch mit $\alpha_4 = 1$

$l_{0,min}$ Mindestmaß der Übergreifungslänge; es ist

$l_{0,min} \geq 0{,}3 \cdot \alpha_1 \cdot \alpha_6 \cdot l_{b,rqd} \geq 15\varnothing$ ($l_{b,rqd}$ ist mit $\sigma_{sd} = 435$ MN/m² zu bestimmen)
≥ 200 mm

α_6 Beiwert für die Wirksamkeit von Bewehrungsstößen nach folgender Tafel:

Stoßanteil			≤ 33 %	> 33 %
Zugstöße	∅ < 16 mm	$a \geq 8\varnothing$; $c_1 \geq 4\varnothing$	1,0	1,0
		$a < 8\varnothing$; $c_1 < 4\varnothing$	1,2	1,4
	∅ ≥ 16 mm	$a \geq 8\varnothing$; $c_1 \geq 4\varnothing$	1,0	1,4
		$a < 8\varnothing$; $c_1 < 4\varnothing$	1,4	2,0
Druckstöße			1,0	

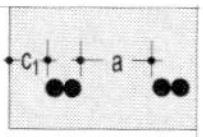

Abstände a und c_1

Querbewehrung

Im Bereich von Übergreifungsstößen ist eine Querbewehrung vorzusehen. Für Stäbe mit ∅ < 20 mm oder für einen Stoßanteil ≤ 25 % genügt eine konstruktive Querbewehrung. Bei Platten und Wänden mit innen liegender Querbewehrung, gilt ∅ < 16 mm und ein Stoßanteil ≤ 20 % (DAfStb-H. 600).

Wenn der Durchmesser des gestoßenen Stabes ∅ ≥ 20 mm ist, muss die Querbewehrung A_{st} mindestens der Fläche *eines* gestoßenen Stabes entsprechen ($\Sigma A_{st} \geq 1{,}0\ A_s$). Die Querbewehrung ist zwischen Längsbewehrung und Betonoberfläche („außen") anzuordnen. Bei einem Abstand $a \leq 10\ \varnothing$ und einem Stoßanteil > 50 % ist die Querbewehrung bügelartig*) auszubilden. Werden bei mehrlagiger Bewehrung mehr als 50 % des Querschnitts der einzelnen Lage in einem Schnitt gestoßen, sind die Übergreifungsstöße generell durch Bügel zu umschließen, die für die Kraft aller gestoßenen Stäbe zu bemessen sind.

In vorwiegend biegebeanspruchten Bauteilen ab C70/85 ist die Querbewehrung bügelartig auszubilden, die Querschnittsfläche der orthogonalen Schenkel ist für die Kraft aller gestoßenen Stäbe zu bestimmen.

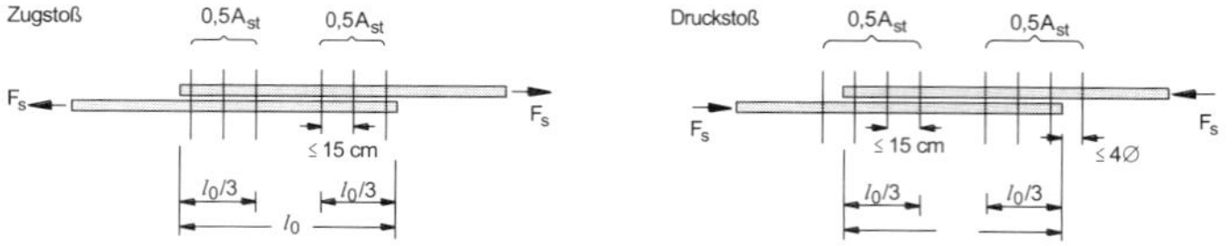

Verteilung der Querbewehrung

*) Auf eine bügelartige Ausbildung darf verzichtet werden, falls
- der Abstand der Stoßmitten benachbarter Stöße mit geraden Stabenden in Längsrichtung ca. 0,5 l_0 beträgt;
- bei *flächenartigen Bauteilen* die Übergreifungslänge um 30 % erhöht wird (andernfalls ist eine bügelartige Ausbildung für $a \leq 5\ \varnothing$ erforderlich).

4.2.5 Übergreifungsstöße von Betonstahlmatten aus Rippenstäben

Hauptbewehrung

Ausbildung und Anordnung

- Nachfolgende Ausführungen beziehen sich nur auf den häufigen Fall des „Zwei-Ebenen-Stoßes"; (der Ein-Ebenen-Stoß wird nach Abschn. 5.2.4 bemessen)

Zwei-Ebenen-Stoß (Stäbe liegen übereinander) Ein-Ebenen-Stoß (Stäbe liegen nebeneinander)

- Die Stöße sollten im Bereich geringerer Beanspruchung liegen. Bei $a_s \leq 6$ cm²/m ist ein Zwei-Ebenen-Stoß ohne bügelartiges Umfassen zulässig. Wenn die Stahlspannung zu mehr als 80 % ausgenutzt ist, sind die Biegebemessung mit der kleineren Nutzhöhe und die Rissbreitenbegrenzung mit einer um 25 % erhöhten Stahlspannung zu führen.
- Der zulässige Stoßanteil in einem Schnitt beträgt
  100 % bei Matten mit einem Bewehrungsquerschnitt $a_s \leq 12$ cm²/m
  60 % bei Matten mit $a_s > 12$ cm²/m; Stoß nur in innerer Lage mehrlagiger Bewehrung zulässig.
  Stöße von mehreren Bewehrungslagen sind um $1{,}3 \cdot l_0$ (s. u.) in Längsrichtung zu versetzen.
- Eine zusätzliche Querbewehrung ist im Übergreifungsbereich nicht erforderlich.

Übergreifungslänge:

Die erforderliche Übergreifungslänge von Betonstahlmatten wird ermittelt aus

$$l_0 = \alpha_7 \cdot l_{b,rqd} \geq l_{0,min} \qquad (47)$$

α_7 Beiwert für die Übergreifungslänge von Betonstahlmatten

$$\alpha_7 = 0{,}4 + (a_{s,vorh} / 8) \geq 1{,}0$$
$$\leq 2{,}0$$

$a_{s,vorh}$ vorhandene Querschnittsfläche der Bewehrung im betrachteten Schnitt (in cm²/m)

$l_{b,rqd}$ Grundmaß der Verankerungslänge nach Gl. (45.1)

$l_{0,min}$ Mindestmaß der Übergreifungslänge; es ist

$$l_{0,min} = 0{,}3 \cdot \alpha_7 \cdot l_{b,rqd} \geq 200 \text{ mm}$$
$$\geq s_q$$

Querbewehrung

Die gesamte Querbewehrung darf in einem Schnitt gestoßen werden.

Übergreifungslänge:

Erforderliche Übergreifungslängen der Querbewehrung nach folgender Tafel (EC2-1-1, 8.7.5.2). Mindestens zwei Querstäbe (eine Masche bzw. zwei sich abstützende Querstäbe der Längsbewehrung mit einem Abstand ≥ 5∅ bzw. 5 cm) müssen innerhalb der Übergreifungslänge vorhanden sein.

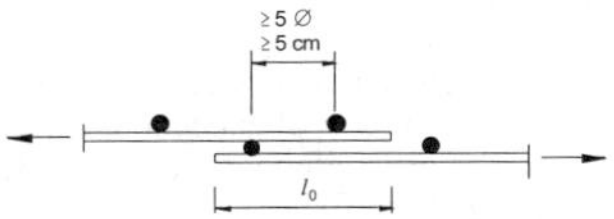

Stabdurchmesser der Querbewehrung ∅ in mm	≤ 6,0	> 6,0 ≤ 8,5	> 8,5 ≤ 12	> 12,0
Übergreifungslänge l_0	≥ 1 Masche ≥ 150 mm	≥ 2 Maschen ≥ 250 mm	≥ 2 Maschen ≥ 350 mm	≥ 2 Maschen ≥ 500

4.2.6 Verankerungen von Bügeln und Querkraftbewehrung

Bügel und Schubbewehrung werden mit Haken, Winkelhaken oder angeschweißten Querstäben verankert. Die Verankerung muss in der Druckzone zwischen dem Schwerpunkt der Druckzonenfläche und dem Druckrand erfolgen; Bügel müssen die Zugbewehrung umfassen. Mögliche Verankerungselemente bzw. -arten sind in nachfolgender Abb. 12.47 dargestellt. Eine Verankerung mit angeschweißten Querstäben ist nur zulässig, wenn eine seitliche Betondeckung $c_{min} \geq 3\varnothing$ und mindestens 5 cm vorhanden ist.

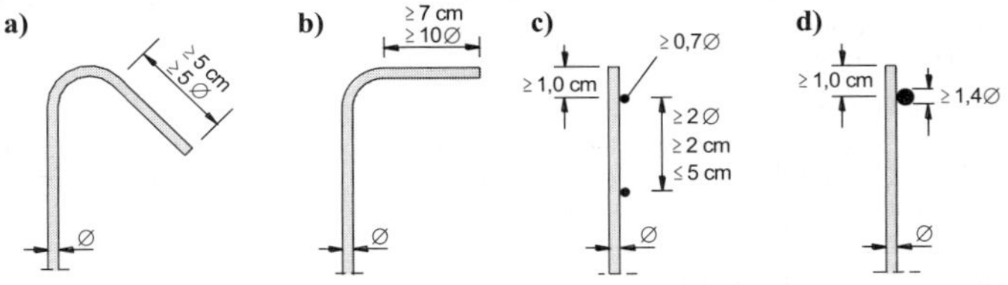

Abb. 12.47

5 Bemessung und Konstruktion von Bauteilen[1)]

5.1 Platten

5.1.1 Schnittgrößenermittlung

5.1.1.1 Grundsätzliches

Platten sind flächenartige Bauteile, die senkrecht zu ihrer Mittelfläche beansprucht sind, Scheiben und wandartige Träger werden dagegen in Richtung ihrer Mittelfläche beansprucht; s. nebenstehende Abbildung. (Weitere Unterscheidung zwischen Balken und Scheiben s. Abschn. 3.4.1.)

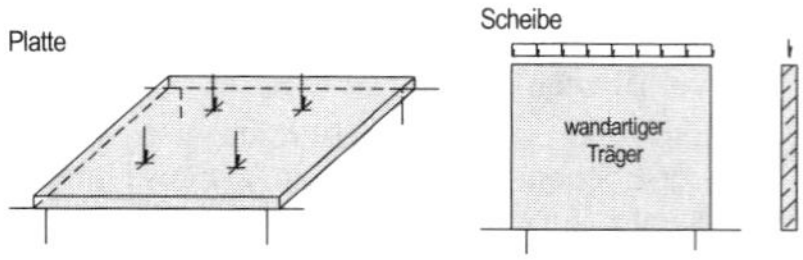

Platten tragen ihre Lasten in der Regel in zwei Richtungen ab. Wenn jedoch bei Rechteckplatten zwei freie ungelagerte, gegenüberliegende Ränder vorhanden sind oder wenn das Verhältnis der größeren zur kleineren Stützweite ≥ 2 ist, dürfen Platten unter gleichmäßig verteilten Lasten als einachsig gespannte Platten berechnet werden. Alle anderen Platten werden im Allgemeinen zweiachsig gespannt berechnet.

Einachsig gespannte Platte

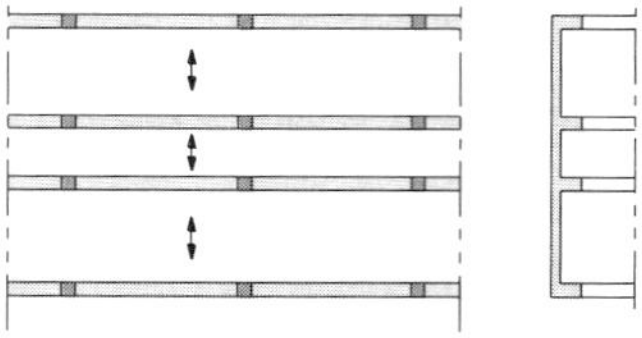

Zweiachsig gespannte Platte

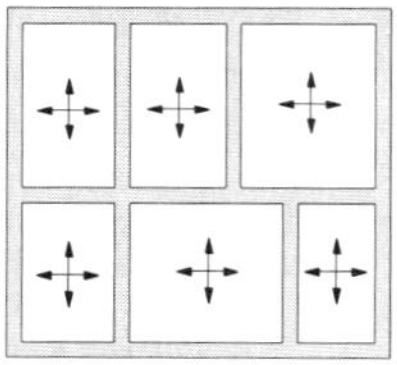

Besonderheiten bei vorgefertigten Deckensystemen

Für die Bemessung vorgefertigter Deckensysteme sind – soweit relevant – Zulassungen zu beachten. Außerdem gilt (weitere Hinweise s. EC2-1-1, 10.9.3):

a) Die *Querverteilung* von Lasten zwischen nebeneinander liegenden Deckenteilen muss durch geeignete Verbindungen zur Querkraftübertragung gesichert werden, wie z. B. durch ausbetonierte bzw. ausgegossene Fugen, Schweiß- oder Bolzenverbindung, bewehrten Aufbeton. Die Querverteilung von Punkt- bzw. Linienlasten darf rechnerisch oder durch Versuche nachgewiesen werden.
   Bei Vollplatten mit $b \leq 1{,}20$ m darf die Querbewehrung entfallen (EC2-1-1/NA, 10.9.8).

b) Die *Scheibenwirkung* vorgefertigter Decken zur Übertragung von horizontalen Kräften ist durch ein wirklichkeitsnahes Modell zu erfassen, das auch die Verträglichkeit berücksichtigt; Zugkräfte sind durch Bewehrung abzudecken. Bereiche mit Spannungskonzentrationen (z. B. Öffnungen, Verbindungen zu aussteifenden Bauteilen) sind zu berücksichtigen.
   Bei Berücksichtigung der Scheibenwirkung ist eine Querbewehrung anzuordnen; sie darf konzentriert werden, wenn die Fertigteile so miteinander verbunden sind, dass eine Übertragung der Horizontalkräfte durch Bogen- oder Fachwerkwirkung möglich ist. Die Bewehrung darf im Aufbeton liegen, sofern vorhanden. Fugen, die von Druckstreben gekreuzt werden, müssen nachgewiesen werden.

c) Fertigteile mit einer mindestens 40 mm dicken und statisch mitwirkenden *Ortbetonergänzung* dürfen als Verbundbauteile bemessen werden, wenn die Aufnahme des Schubes zwischen Ortbeton und Fertigteil gewährleistet ist. Die Querbewehrung darf vollständig im Fertigteil oder im Ortbeton liegen.
   Bei zweiachsig gespannten Platten wird nur die Querbewehrung angerechnet, die durchläuft oder kraftschlüssig gestoßen ist. Voraussetzung für die gestoßene Bewehrung ist außerdem, dass der Durchmesser der Bewehrungsstäbe $\varnothing \leq 14$ mm, der Bewehrungsquerschnitt $a_s \leq 10$ cm²/m und die Querkraft $V_{Ed} \leq 0{,}3 \cdot V_{Rd,max}$ ist. Der Stoß ist durch Bewehrung (z. B. Bügel gem. Abschn. 5.2.4, die für die Kraft aller gestoßenen Längsstäbe zu bemessen sind) im Abstand $s \leq 2 \cdot h$ zu sichern.
   Die Drillsteifigkeit darf bei der Schnittgrößenermittlung berücksichtigt werden, falls innerhalb des Bereichs von $0{,}3 \cdot l$ ab der Ecke keine Stoßfuge vorhanden ist oder die Fuge durch Verbundbewehrung im Abstand $s \leq 10$ cm gesichert wird. Die Aufnahme der Drillmomente ist nachzuweisen.
   Bei Endauflagern ohne Wandauflasten ist eine Verbundsicherung von mindestens 6 cm²/m entlang der Auflagerlinie auf einer Breite von 0,75 m anzuordnen.

5.1.1.2 Einachsig gespannte Platten

Für einachsig gespannte Platten unter Gleichflächenlast gelten die Regelungen für Balken bzw. Rahmen (Abschn. 3.5 und 5.2). Für die Tragwirkung einachsig gespannter Platten unter Punkt-, Linien- und Rechtecklasten wird auf die Bautabellen für Ingenieure verwiesen.

[1] Eine detaillierte Darstellung der Bemessung und Konstruktion von Bauteilen findet sich in [12.46].

4.2.5 Übergreifungsstöße von Betonstahlmatten aus Rippenstäben

Hauptbewehrung

Ausbildung und Anordnung

- Nachfolgende Ausführungen beziehen sich nur auf den häufigen Fall des „Zwei-Ebenen-Stoßes"; (der Ein-Ebenen-Stoß wird nach Abschn. 5.2.4 bemessen)

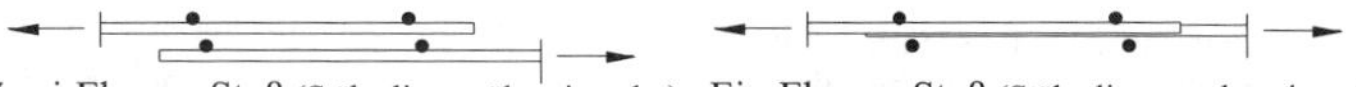

Zwei-Ebenen-Stoß (Stäbe liegen übereinander) Ein-Ebenen-Stoß (Stäbe liegen nebeneinander)

- Die Stöße sollten im Bereich geringerer Beanspruchung liegen. Bei $a_s \leq 6$ cm²/m ist ein Zwei-Ebenen-Stoß ohne bügelartiges Umfassen zulässig. Wenn die Stahlspannung zu mehr als 80 % ausgenutzt ist, sind die Biegebemessung mit der kleineren Nutzhöhe und die Rissbreitenbegrenzung mit einer um 25 % erhöhten Stahlspannung zu führen.
- Der zulässige Stoßanteil in einem Schnitt beträgt
  100 % bei Matten mit einem Bewehrungsquerschnitt $a_s \leq 12$ cm²/m
  60 % bei Matten mit $a_s > 12$ cm²/m; Stoß nur in innerer Lage mehrlagiger Bewehrung zulässig.
  Stöße von mehreren Bewehrungslagen sind um $1{,}3 \cdot l_0$ (s. u.) in Längsrichtung zu versetzen.
- Eine zusätzliche Querbewehrung ist im Übergreifungsbereich nicht erforderlich.

Übergreifungslänge:

Die erforderliche Übergreifungslänge von Betonstahlmatten wird ermittelt aus

$$l_0 = \alpha_7 \cdot l_{b,rqd} \geq l_{0,min} \qquad (47)$$

α_7 Beiwert für die Übergreifungslänge von Betonstahlmatten

$$\alpha_7 = 0{,}4 + (a_{s,vorh} / 8) \geq 1{,}0 \\ \leq 2{,}0$$

$a_{s,vorh}$ vorhandene Querschnittsfläche der Bewehrung im betrachteten Schnitt (in cm²/m)
$l_{b,rqd}$ Grundmaß der Verankerungslänge nach Gl. (45.1)
$l_{0,min}$ Mindestmaß der Übergreifungslänge; es ist

$$l_{0,min} = 0{,}3 \cdot \alpha_7 \cdot l_{b,rqd} \geq 200 \text{ mm} \\ \geq s_q$$

Querbewehrung

Die gesamte Querbewehrung darf in einem Schnitt gestoßen werden.

Übergreifungslänge:

Erforderliche Übergreifungslängen der Querbewehrung nach folgender Tafel (EC2-1-1, 8.7.5.2). Mindestens zwei Querstäbe (eine Masche bzw. zwei sich abstützende Querstäbe der Längsbewehrung mit einem Abstand ≥ 5∅ bzw. 5 cm) müssen innerhalb der Übergreifungslänge vorhanden sein.

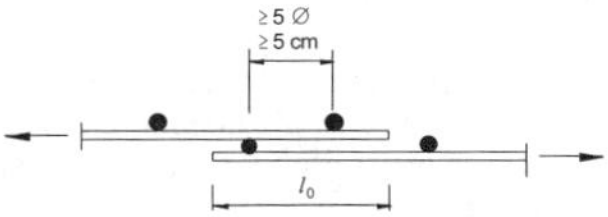

Stabdurchmesser der Querbewehrung ∅ in mm	≤ 6,0	> 6,0 ≤ 8,5	> 8,5 ≤ 12	> 12,0
Übergreifungslänge l_0	≥ 1 Masche ≥ 150 mm	≥ 2 Maschen ≥ 250 mm	≥ 2 Maschen ≥ 350 mm	≥ 2 Maschen ≥ 500

4.2.6 Verankerungen von Bügeln und Querkraftbewehrung

Bügel und Schubbewehrung werden mit Haken, Winkelhaken oder angeschweißten Querstäben verankert. Die Verankerung muss in der Druckzone zwischen dem Schwerpunkt der Druckzonenfläche und dem Druckrand erfolgen; Bügel müssen die Zugbewehrung umfassen. Mögliche Verankerungselemente bzw. -arten sind in nachfolgender Abb. 12.47 dargestellt. Eine Verankerung mit angeschweißten Querstäben ist nur zulässig, wenn eine seitliche Betondeckung $c_{min} \geq 3\varnothing$ und mindestens 5 cm vorhanden ist.

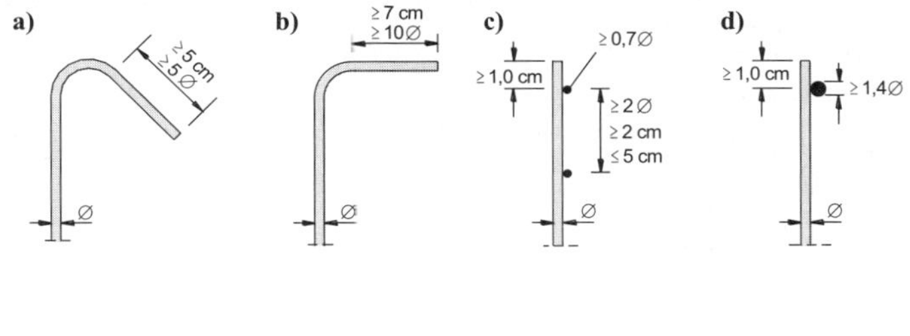

Abb. 12.47

5 Bemessung und Konstruktion von Bauteilen[1)]

5.1 Platten

5.1.1 Schnittgrößenermittlung

5.1.1.1 Grundsätzliches

Platten sind flächenartige Bauteile, die senkrecht zu ihrer Mittelfläche beansprucht sind, Scheiben und wandartige Träger werden dagegen in Richtung ihrer Mittelfläche beansprucht; s. nebenstehende Abbildung. (Weitere Unterscheidung zwischen Balken und Scheiben s. Abschn. 3.4.1.)

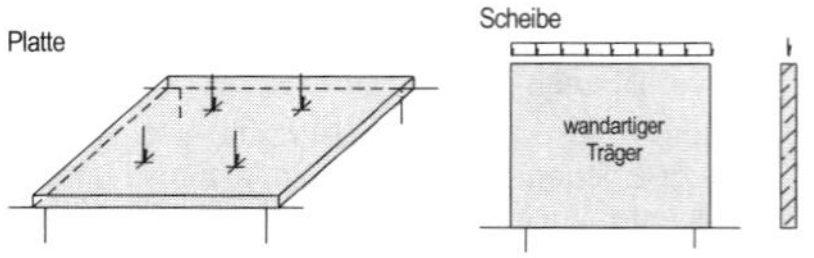

Platten tragen ihre Lasten in der Regel in zwei Richtungen ab. Wenn jedoch bei Rechteckplatten zwei freie ungelagerte, gegenüberliegende Ränder vorhanden sind oder wenn das Verhältnis der größeren zur kleineren Stützweite ≥ 2 ist, dürfen Platten unter gleichmäßig verteilten Lasten als einachsig gespannte Platten berechnet werden. Alle anderen Platten werden im Allgemeinen zweiachsig gespannt berechnet.

Einachsig gespannte Platte

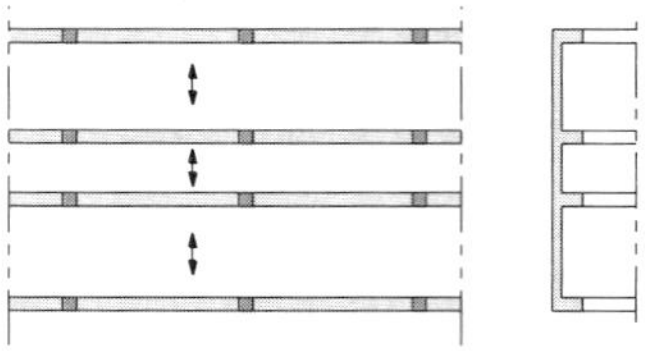

Zweiachsig gespannte Platte

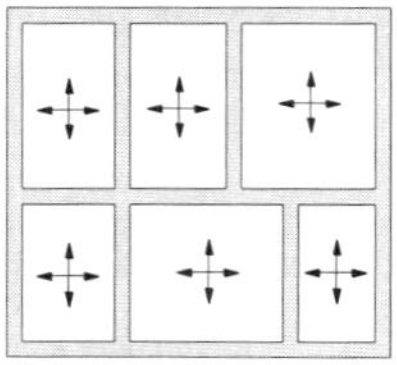

Besonderheiten bei vorgefertigten Deckensystemen

Für die Bemessung vorgefertigter Deckensysteme sind – soweit relevant – Zulassungen zu beachten. Außerdem gilt (weitere Hinweise s. EC2-1-1, 10.9.3):

a) Die *Querverteilung* von Lasten zwischen nebeneinander liegenden Deckenteilen muss durch geeignete Verbindungen zur Querkraftübertragung gesichert werden, wie z. B. durch ausbetonierte bzw. ausgegossene Fugen, Schweiß- oder Bolzenverbindung, bewehrten Aufbeton. Die Querverteilung von Punkt- bzw. Linienlasten darf rechnerisch oder durch Versuche nachgewiesen werden.
Bei Vollplatten mit $b \leq 1{,}20$ m darf die Querbewehrung entfallen (EC2-1-1/NA, 10.9.8).

b) Die *Scheibenwirkung* vorgefertigter Decken zur Übertragung von horizontalen Kräften ist durch ein wirklichkeitsnahes Modell zu erfassen, das auch die Verträglichkeit berücksichtigt; Zugkräfte sind durch Bewehrung abzudecken. Bereiche mit Spannungskonzentrationen (z. B. Öffnungen, Verbindungen zu aussteifenden Bauteilen) sind zu berücksichtigen.
Bei Berücksichtigung der Scheibenwirkung ist eine Querbewehrung anzuordnen; sie darf konzentriert werden, wenn die Fertigteile so miteinander verbunden sind, dass eine Übertragung der Horizontalkräfte durch Bogen- oder Fachwerkwirkung möglich ist. Die Bewehrung darf im Aufbeton liegen, sofern vorhanden. Fugen, die von Druckstreben gekreuzt werden, müssen nachgewiesen werden.

c) Fertigteile mit einer mindestens 40 mm dicken und statisch mitwirkenden *Ortbetonergänzung* dürfen als Verbundbauteile bemessen werden, wenn die Aufnahme des Schubes zwischen Ortbeton und Fertigteil gewährleistet ist. Die Querbewehrung darf vollständig im Fertigteil oder im Ortbeton liegen. Bei zweiachsig gespannten Platten wird nur die Querbewehrung angerechnet, die durchläuft oder kraftschlüssig gestoßen ist. Voraussetzung für die gestoßene Bewehrung ist außerdem, dass der Durchmesser der Bewehrungsstäbe $\varnothing \leq 14$ mm, der Bewehrungsquerschnitt $a_s \leq 10$ cm²/m und die Querkraft $V_{Ed} \leq 0{,}3 \cdot V_{Rd,max}$ ist. Der Stoß ist durch Bewehrung (z. B. Bügel gem. Abschn. 5.2.4, die für die Kraft aller gestoßenen Längsstäbe zu bemessen sind) im Abstand $s \leq 2 \cdot h$ zu sichern.
Die Drillsteifigkeit darf bei der Schnittgrößenermittlung berücksichtigt werden, falls innerhalb des Bereichs von $0{,}3 \cdot l$ ab der Ecke keine Stoßfuge vorhanden ist oder die Fuge durch Verbundbewehrung im Abstand $s \leq 10$ cm gesichert wird. Die Aufnahme der Drillmomente ist nachzuweisen.
Bei Endauflagern ohne Wandauflasten ist eine Verbundsicherung von mindestens 6 cm²/m entlang der Auflagerlinie auf einer Breite von 0,75 m anzuordnen.

5.1.1.2 Einachsig gespannte Platten

Für einachsig gespannte Platten unter Gleichflächenlast gelten die Regelungen für Balken bzw. Rahmen (Abschn. 3.5 und 5.2). Für die Tragwirkung einachsig gespannter Platten unter Punkt-, Linien- und Rechtecklasten wird auf die Bautabellen für Ingenieure verwiesen.

---

[1] Eine detaillierte Darstellung der Bemessung und Konstruktion von Bauteilen findet sich in [12.46].

5.1.1.3 Schnittgrößenermittlung bei zweiachsig gespannten Platten

Für die Berechnung von zweiachsig gespannten Platten ohne und mit begrenzter Umlagerung gelten die Grundsätze nach Abschn. 3.5. Die Schnittgrößenermittlung kann z. B. nach [12.33] erfolgen; eine Näherung auf der Basis der linear-elastischen Theorie ist das Verfahren nach *Pieper/Martens* [12.39].

Vierseitig gestützte Platten – Berechnung nach Pieper/Martens

Bedingungen für die Anwendung: $q \leq 2 \cdot (g + q) / 3$; $q \leq 2 \cdot g$

- **Feldmomente** (Sonderfälle s. S. 12.50)

Fall 1: Platten mit voller Drilltragfähigkeit

$m_{fx} = (g+q) \cdot l_x^2 / f_x$	$m_{fy} = (g+q) \cdot l_x^2 / f_y$

Fall 2: Platten ohne volle Drilltragfähigkeit

$m_{fx} = (g+q) \cdot l_x^2 / f_x^0$	$m_{fy} = (g+q) \cdot l_x^2 / f_y^0$

- **Stützmomente**

$m_{s0,x} = -(g+q) \cdot l_x^2 / s_x$	$m_{s0,y} = -(g+q) \cdot l_x^2 / s_y$

Bei unterschiedlichen Einspannmomenten von zusammenstoßenden Plattenrändern werden die Momente m_{s0} wie folgt gemittelt (Kragmomente und Einspannmomente in sehr steife Bauteile sind *nicht* zu mitteln):

Stützweitenverhältnis $l_1 : l_2 < 5 : 1$ $\rightarrow$ $m_s \geq 0{,}5 \cdot (m_{s0,1} + m_{s0,2})$ und $m_s \geq 0{,}75 \cdot \max(|m_{s0,1}|; |m_{s0,2}|)$

Stützweitenverhältnis $l_1 : l_2 > 5 : 1$ $\rightarrow$ $m_s \geq \max(|m_{s0,1}|; |m_{s0,2}|)$

Die so gemittelten Stützmomente gelten unmittelbar als Bemessungswerte (s. a. DAfStb-H. 240, [12.11]).

Stützungs-art	Bei-wert	Stützweitenverhältnis l_y / l_x bzw. l_y' / l_x' (l_x bzw. $l_x' = l_{min}$)											
		1,0	1,1	1,2	1,3	1,4	1,5	1,6	1,7	1,8	1,9	2,0	$\rightarrow \infty$
1 (x, y)	f_x	27,2	22,4	19,1	16,8	15,0	13,7	12,7	11,9	11,3	10,8	10,4	8,0
	f_y	27,2	27,9	29,1	30,9	32,8	34,7	36,1	37,3	38,5	39,4	40,3	*
	f_x^0	20,0	16,6	14,5	13,0	11,9	11,1	10,6	10,2	9,8	9,5	9,3	8,0
	f_y^0	20,0	20,7	22,1	24,0	26,2	28,3	30,2	31,9	33,4	34,7	35,9	*
2.1	f_x	32,8	26,3	22,0	18,9	16,7	15,0	13,7	12,8	12,0	11,4	10,9	8,0
	f_y	29,1	29,2	29,8	30,6	31,8	33,5	34,8	36,1	37,3	38,4	39,5	*
	s_y	11,9	10,9	10,1	9,6	9,2	8,9	8,7	8,5	8,4	8,3	8,2	8,0
	f_x^0	26,4	21,4	18,2	15,9	14,3	13,0	12,1	11,5	10,9	10,4	10,1	8,0
	f_y^0	22,4	22,8	23,9	25,1	26,7	28,6	30,4	32,0	33,4	34,8	36,2	*
2.2	f_x	29,1	24,6	21,5	19,2	17,5	16,2	15,2	14,4	13,8	13,3	12,9	10,2
	f_y	32,8	34,5	36,8	38,8	40,9	42,7	44,1	45,3	46,5	47,2	47,9	*
	s_x	11,9	10,9	10,2	9,7	9,3	9,0	8,8	8,6	8,4	8,3	8,3	8,0
	f_x^0	22,4	19,2	17,2	15,7	14,7	13,9	13,2	12,7	12,3	12,0	11,8	10,2
	f_y^0	26,4	28,1	30,3	32,7	35,1	37,3	39,1	40,7	42,2	43,3	44,8	*
3.1	f_x	38,0	30,2	24,8	21,1	18,4	16,4	14,8	13,6	12,7	12,0	11,4	8,0
	f_y	30,6	30,2	30,3	31,0	32,2	33,8	35,9	38,3	41,1	44,9	46,3	*
	s_y	14,3	12,7	11,5	10,7	10,0	9,5	9,2	8,9	8,7	8,5	8,4	8,0
3.2	f_x	30,6	26,3	23,2	20,9	19,2	17,9	16,9	16,1	15,4	14,9	14,5	12,0
	f_y	38,0	39,5	41,4	43,5	45,6	47,6	49,1	50,3	51,3	52,1	52,9	*
	s_x	14,3	13,5	13,0	12,6	12,3	12,2	12,0	12,0	12,0	12,0	12,0	12,0
4	f_x	33,2	27,3	23,3	20,6	18,5	16,9	15,8	14,9	14,2	13,6	13,1	10,2
	f_y	33,2	34,1	35,5	37,7	39,9	41,9	43,5	44,9	46,2	47,2	48,3	*
	s_x	14,3	12,7	11,5	10,7	10,0	9,6	9,2	8,9	8,7	8,5	8,4	8,0
	s_y	14,3	13,6	13,1	12,8	12,6	12,4	12,3	12,2	12,2	12,2	12,2	11,2
	f_x^0	26,7	22,1	19,2	17,2	15,7	14,6	13,8	13,2	12,7	12,3	12,0	10,2
	f_y^0	26,7	27,6	29,2	31,4	33,8	36,2	38,1	39,8	41,4	42,8	44,2	*
5.1	f_x	33,6	28,2	24,4	21,8	19,8	18,3	17,2	16,3	15,6	15,0	14,6	12,0
	f_y	37,3	38,7	40,4	42,7	45,1	47,5	49,5	51,4	53,3	55,1	58,9	*
	s_x	16,2	14,8	13,9	13,2	12,7	12,5	12,3	12,2	12,1	12,0	12,0	12,0
	s_y	18,3	17,7	17,5	17,5	17,5	17,5	17,5	17,5	17,5	17,5	17,5	17,5
5.2	f_x	37,3	30,3	25,3	22,0	19,5	17,7	16,4	15,4	14,6	13,9	13,4	10,2
	f_y	33,6	34,1	35,1	37,3	39,8	43,1	46,6	52,3	55,5	60,5	66,1	*
	s_x	18,3	15,4	13,5	12,2	11,2	10,6	10,1	9,7	9,4	9,0	8,9	8,0
	s_y	16,2	14,8	13,9	13,3	13,0	12,7	12,6	12,5	12,4	12,3	12,3	11,2
6	f_x	36,8	30,2	25,7	22,7	20,4	18,7	17,5	16,5	15,7	15,1	14,7	12,0
	f_y	36,8	38,1	40,4	43,5	47,1	50,6	52,8	54,5	56,1	57,3	58,3	*
	s_x	19,4	17,1	15,5	14,5	13,7	13,2	12,8	12,5	12,3	12,1	12,0	12,0
	s_y	19,4	18,4	17,9	17,6	17,5	17,5	17,5	17,5	17,5	17,5	17,5	17,5

Den Tafelwerten liegt für die Feldmomente eine 50%ige, für die Stützmomente eine volle Einspannung zugrunde.

- **Sonderfälle**

  Kragarme können als einspannend angesetzt werden, wenn das Kragmoment aus Eigenlast größer ist als das halbe Volleinspannmoment des Feldes bei Belastung durch (g+q). Bei angrenzenden anderen einspannenden Systemen, z. B. dreiseitig gelagerten Platten, ist sinngemäß ebenso zu verfahren.

  Wenn auf *zwei kleine Felder ein großes Feld* folgt, sind weitere Betrachtungen erforderlich (s. *Bautabellen für Ingenieure*).

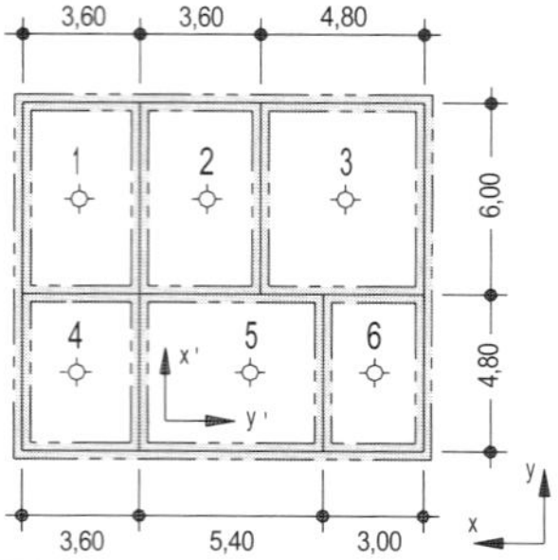

Beispiel – Momentenberechnung nach Pieper/Martens

Es empfiehlt sich eine Rechnung mit
- globalen Koordinaten (x/y) für das gesamte Plattensystem
- lokalen Koordinaten (x'/y') für das einzelne Plattenfeld.

Baustoffe: Beton C25/30; Betonstahl B500 (Matte)

Belastung: g_k = 6,00 kN/m² [1)]
q_k = 1,50+1,25 = 2,75 kN/m² (inkl. Trennwandzuschlag)
→ (g_d+q_d) = 1,35 · 6,00 + 1.5 · 2,75 = 12,23 kN/m²

Tafel 12.50a: Momente in kNm/m

Platten-Nr.	Stützung	l_x l'_y	l_y l'_x	$\varepsilon = l_y/l_x$ $\varepsilon' = l'_y/l'_x$	f_x	f_y	s_x	s_y	Feldmomente m_{fx}	m_{fy}	Stützmomente m_{s0x}	m_{s0y}
1	4	3,60 -	6,00 -	1,67 -	15,2	44,4	9,0	12,2	10,43	3,57	−17,61	−12,99
2	5.1	3,60 -	6,00 -	1,67 -	16,6	50,8	12,2	17,5	9,55	3,12	−12,99	−9,06
3	4	4,80 -	6,00 -	1,25 -	22,0	36,6	11,1	13,0	12,81	7,70	−25,39	−21,68
4	4	3,60 -	4,80 -	1,33 -	19,9	38,4	10,5	12,7	7,96	4,13	−15,10	−12,48
5	5.2	- 5,40	- 4,80	- 1,13	34,4	29,0	14,6	14,9	8,19	9,71	−19,30	−18,91
6	4	3,00 -	4,80	1,60 -	15,8	43,5	9,2	12,3	6,97	2,53	−11,96	−8,95

In der Tabelle sind mit der Plattennummer, der Stützungsart nach S. 12.49 und den beiden Spannweiten die Felder eindeutig beschrieben. Ob für das einzelne Feld das Verhältnis $\varepsilon = l_y/l_x$ oder $\varepsilon' = l'_y/l'_x$ zu bilden ist, hängt von der Lage der eingespannten Ränder im Koordinatensystem ab. Die Beiwerte f und s werden in der Berechnungstabelle unmittelbar auf globale Koordinaten bezogen.

Tafel 12.50b: Stützmomente in kNm/m

Rand i - k / M	x-Richtung 1 - 2	2 - 5	4 - 5	5 - 6	y-Richtung 1 - 4	2 - 5	3 - 5	3 - 6
m_{s0} [1)] = m_{ik}	−17,61	−12,99	−15,10	−19,30	−12,99	−9,06	−21,68	−21,68
m_{s0} [1)] = m_{ki}	−12,99	−25,39	−19,30	−11,96	−12,48	−18,91	−18,91	−8,95
$0{,}5 \cdot (m_{ik} + m_{ki})$	−15,30	−19,19	−17,20	−15,63	Bemessung für Volleinspannmomente wegen durchgehender Mittellängswand			
$0{,}75 \cdot \min m_{s0}$	−13,21	−19,04	−14,48	−14,48				
min m_{sik}	−15,30	−19,19	−17,20	−15,63	−12,99	−18,91	−21,68	−21,68

1) Aus Tafel 12.50a.

Die Ränder werden durch die Nummern der beiden benachbarten Felder bezeichnet. Das maßgebende Stützmoment min m_{sik} wird aus dem Mittelwert $0{,}5 \cdot (m_{ik} + m_{ki})$ bzw. $0{,}75 \cdot \min m_{s0}$ gebildet, soweit nicht ingenieurmäßige Überlegungen für die Bemessung nach dem Volleinspannmoment sprechen. Über der ganzen Mittellängswand werden die Volleinspannmomente der Bemessung zugrunde gelegt. Die Drillmomente in den Ecken sind konstruktiv nach Abschn. 5.1.4 abzudecken.

Bemessung

Die Bemessung kann z. B. mit den Tafeln 12.57 erfolgen. Für die untere Bewehrung gelten die Feldmomente nach Tafel 12.50a, für die obere Bewehrung die Stützmomente nach 12.50b (letzte Zeile).

- **Vereinfachte Momentengrenzlinien für Einfeldplatten nach Czerny [12.38]** (für $l_y/l_x = 1{,}5$)
  (a_{sx} wird aus m_x und a_{sy} aus m_y berechnet.)

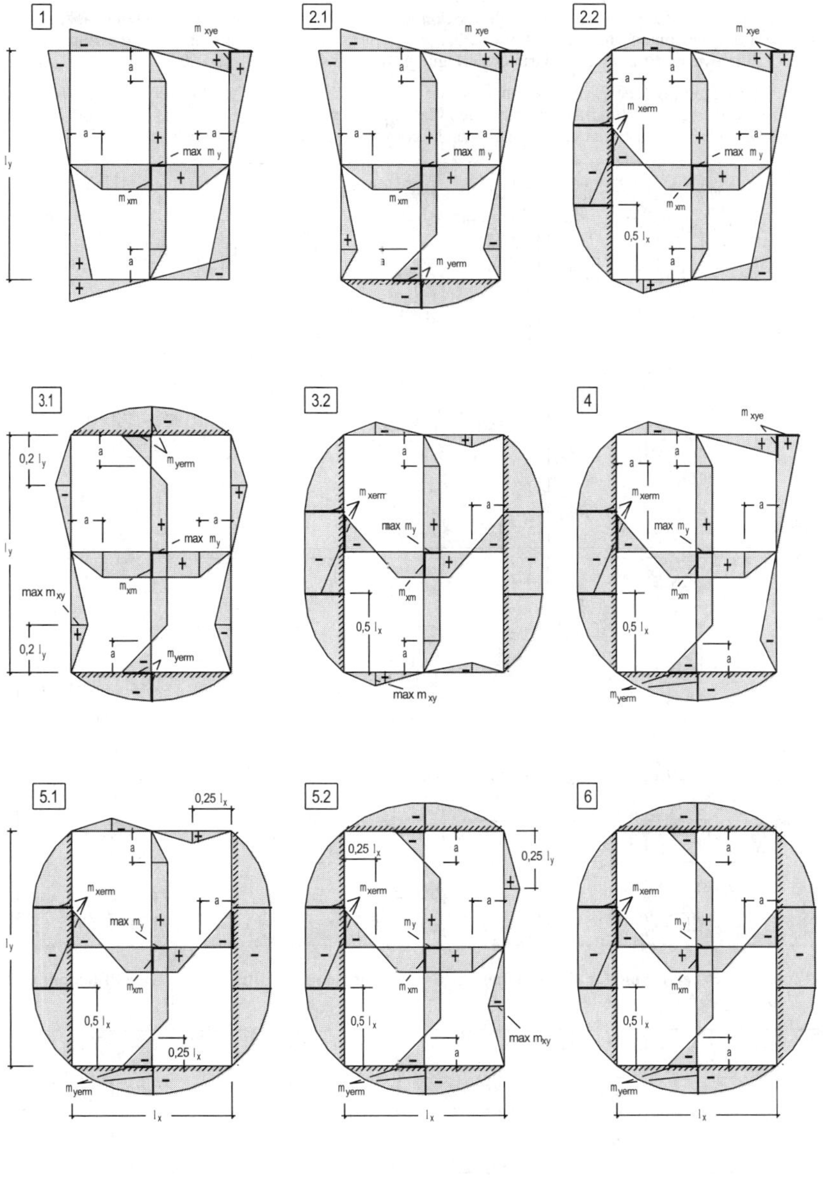

$l_y \geq l_x$ $\qquad$ $a = 0{,}2 \cdot l_x$

• **Auflager- und Eckkräfte vierseitig gelagerter Platten**

Ersatzlastbilder zur Berechnung der Randunterzüge bei Gleichflächenlast F_d

Für Balken (Unterzüge) als Auflager von zweiachsig gespannten, gleichmäßig belasteten Platten werden die Lastbilder näherungsweise berechnet aus der Zerlegung der Grundrissfläche der Platte in Trapeze und Dreiecke [12.11]. Für den Zerlegungswinkel gilt in Ecken mit zwei Rändern gleichartiger Stützung 45°, in Ecken mit einem eingespannten und einem frei drehbar gelagerten Rand 60° zum eingespannten Rand hin. Bei Platten mit teilweiser Einspannung darf der Zerlegungswinkel zwischen 45° und 60° angenommen werden.

Aus der Zerlegung der Last F_d unter 45° und 60° ergeben sich die dargestellten Ersatzlastbilder. Werden die Eckabhebekräfte R (Berechnung s. unten) in den Plattenecken nicht gesondert erfasst, wird empfohlen, eine *rechteckförmige* Ersatzlast mit dem angegebenen Maximalwert als Lastordinate anzusetzen [12.11].

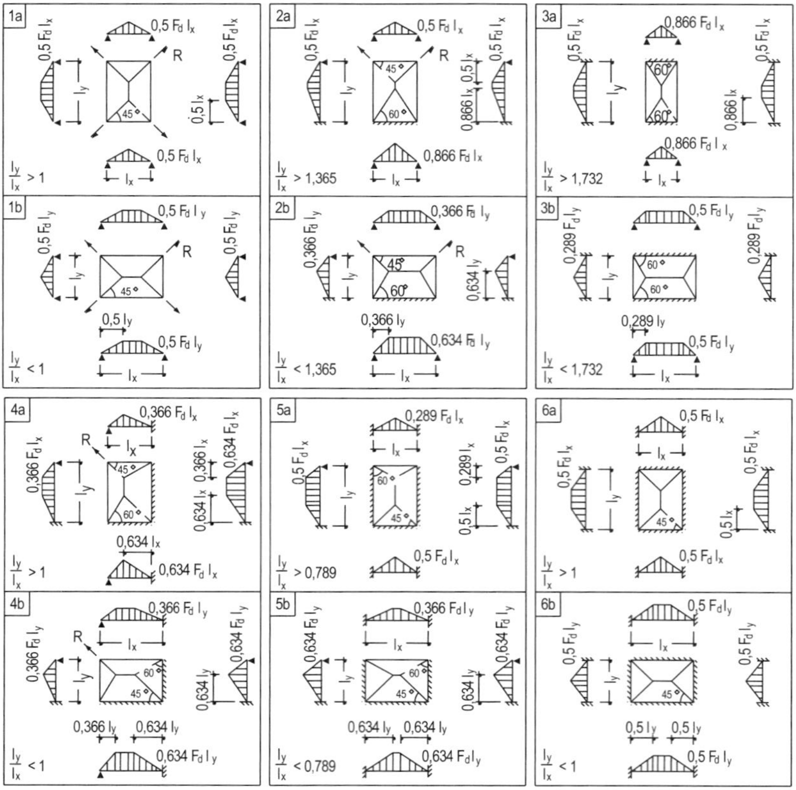

κ-Werte zur Berechnung der Eckabhebekräfte vierseitig gelagerter Platten bei Gleichflächenlast F_d

$$R = F_d \cdot l_x^2 / \kappa$$

Stützung \ $\varepsilon = l_y / l_x$	1,00	1,10	1,20	1,30	1,40	1,50	1,60	1,70	1,80	1,90	2,00
1	10,8	9,85	9,20	8,75	8,40	8,15	7,95	7,80	7,70	7,65	7,55
2a	13,1	11,6	10,5	9,70	9,10	8,70	8,40	8,10	7,90	7,80	7,70
2b	13,1	12,4	12,0	11,7	11,5	11,4	11,3	11,2	11,2	11,2	11,2
4	13,9	13,0	12,4	12,0	11,7	11,5	11,4	11,3	11,2	11,2	11,2

5.1.2 Tragfähigkeitsnachweise für Platten

5.1.2.1 Biegung (mit Längskraft)

Für die Biegetragfähigkeit von Platten gelten die Annahmen und Voraussetzungen nach Abschn. 5.2.2.1. Für Querschnitte mit rechteckiger Druckzone (bei Vollplatten Druckzonenbreite 1,0 m/m) sind Bemessungshilfen vorhanden ([12.43], [12.44]; s. S. 12.81 ff.). Zur direkten Bemessung von Platten können auch die Tafeln 12.57 (aus [12.44]) benutzt werden. Die genannten Annahmen und Voraussetzungen sind zu beachten. Auf die erforderliche Mindestbewehrung (s. Abschn. 5.1.4 und 5.2.4) wird hingewiesen.

Beispiel (wird unter Abschn. 5.1.2.2 „Querkraft" fortgesetzt) @

Einachsig gespannte Platte mit $g_k = 6{,}5$ kN/m² und $q_k = 5{,}0$ kN/m²; gesucht: Biegebemessung in Feldmitte.

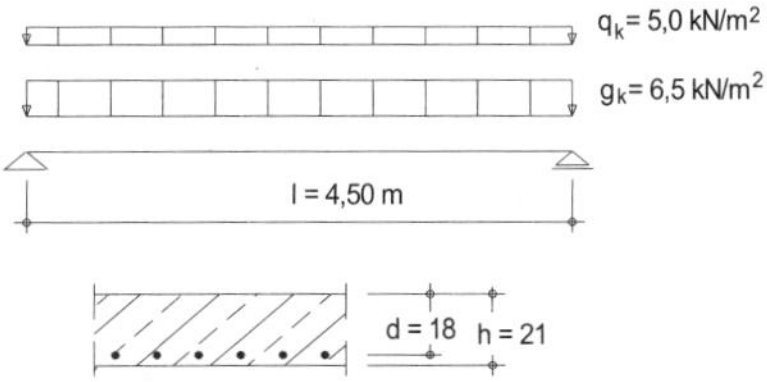

Baustoffe:

C20/25: $f_{ck} = 20$ MN/m²

$f_{cd} = \alpha_{cc} f_{ck}/\gamma_C = 0{,}85 \cdot 20/1{,}5 = 11{,}3$ MN/m²

B500: $f_{yk} = 500$ MN/m²

$f_{yd} = f_{yk}/\gamma_S = 500/1{,}15 = 435$ MN/m²

Bemessungsmoment:

$$M_{Ed} = 0{,}125 \cdot (\gamma_G \cdot g_k + \gamma_Q \cdot q_k) \cdot l^2 = 0{,}125 \cdot (1{,}35 \cdot 6{,}50 + 1{,}50 \cdot 5{,}00) \cdot 4{,}5^2 = 41{,}2 \text{ kNm/m}$$

Bemessung:

$M_{Eds} = M_{Ed} = 41{,}2$ kNm/m (wegen $N_{Ed} = 0$)

$k_d = d / (M_{Eds} / b)^{0,5} = 18 / (41{,}2 / 1{,}0)^{0,5} = 2{,}80 \Rightarrow k_s = 2{,}45$ (s. S. 12.83, Tafel 2a)

$a_s = k_s \cdot M_{Eds} / d + N_{Ed} / 43{,}5 = 2{,}45 \cdot 41{,}2 / 18 + 0 = 5{,}61$ cm²/m

Alternativ ist auch eine direkte Bemessung mit Tafel 12.57a möglich:

$M_{Ed} = 41{,}2$ kNm/m

$d = 18$ cm (bzw. $h = 18 + 3 = 21$ cm) $\rightarrow a_s = 5{,}61$ cm²/m (interpoliert)

5.1.2.2 Querkraft

Platten ohne Schubbewehrung

Auf Schubbewehrung darf i. Allg. nur bei Platten verzichtet werden[1]; dabei darf die einwirkende Querkraft V_{Ed} die Bemessungswiderstände $V_{Rd,c}$ und $V_{Rd,max}$ nicht überschreiten.

Bemessungswiderstand $V_{Rd,c}$

$$V_{Rd,c} = [(0{,}15/\gamma_C) \cdot k \cdot (100 \cdot \rho_l \cdot f_{ck})^{1/3} + 0{,}12 \cdot \sigma_{cp}] \cdot b_w \cdot d \geq (v_{min} + 0{,}12 \cdot \sigma_{cp}) \cdot b_w \cdot d \quad (53)$$

$v_{min} = (\kappa_1/\gamma_C) \cdot (k^3 \cdot f_{ck})^{0,5}$ (in N/mm²)

mit $\kappa_1 = 0{,}0525$ für $d \leq 60$ cm und $\kappa_1 = 0{,}0375$ für $d \geq 80$ cm (Zwischenwerte interpolieren)

$k = 1 + (200/d)^{0,5} \leq 2$, Beiwert für den Einfluss der Nutzhöhe d (mit d in mm)

b_w kleinste Querschnittsbreite innerhalb der Zugzone in mm (s. a. Abschn. 4.1.2.3)

$\sigma_{cp} = N_{Ed}/A_c < 0{,}2 f_{cd}$ (in N/mm²) mit N_{Ed} als Längskraft inf. Last oder Vorspannung (Druck positiv!)

$\rho_l = A_{sl} / (b_w \cdot d) \leq 0{,}02$; A_{sl} muss mindestens mit d über den betrachteten Querschnitt hinausgeführt und verankert werden (s. Skizze).

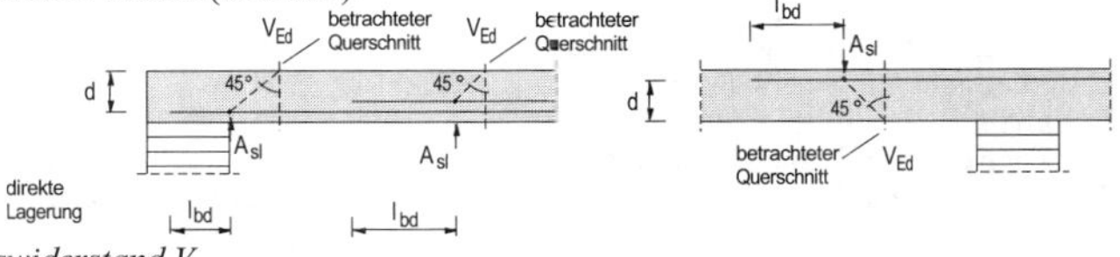

Bemessungswiderstand $V_{Rd,max}$

Der Nachweis der Druckstrebentragfähigkeit ist bei Stahlbetonplatten häufig entbehrlich; es wird auf Abschn. 5.2.2.2 verwiesen.

Platten mit Schubbewehrung

Platten sollten i.d.R. so ausgebildet werden, dass keine Schubbewehrung erforderlich ist ($V_{Ed} \leq V_{Rd,c}$). Bei einer ggf. erforderlichen Schubbewehrung wird auf Abschn. 5.2.2.2 verwiesen.

---

[1] Für Platten mit $5 \geq b/h \geq 4$ ist eine Mindestschubbewehrung zu beachten, auch wenn rechnerisch keine Schubbewehrung erforderlich ist (s. S. 12.56), Platten mit $b/h < 4$ sind wie Balken zu behandeln (S. 12.68 f).

@ **Beispiel** (wird unter Abschn. 5.1.3.2 „Begrenzung der Verformungen" fortgesetzt)

Platte wie dargestellt bewehrt (s. Abschn. 5.1.2.1); gesucht ist der Tragfähigkeitsnachweis für Querkraft.

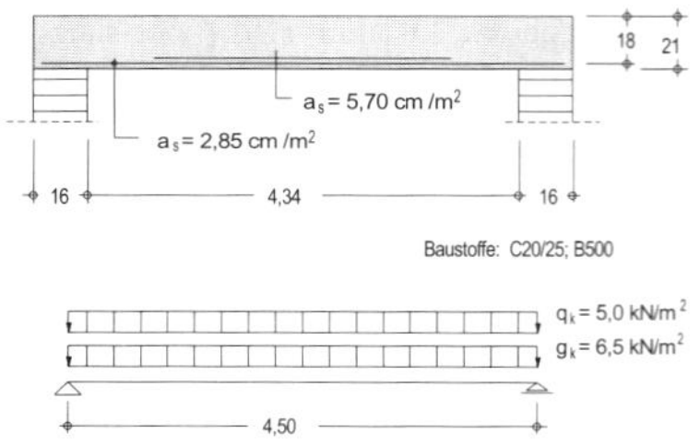

Bemessungsquerkraft:

$V_{d,li} = (1{,}35 \cdot 6{,}5 + 1{,}5 \cdot 5{,}0) \cdot 4{,}5 / 2 = 36{,}6$ kN/m

$V_{Ed} = 36{,}6 - (0{,}08 + 0{,}18) \cdot 16{,}3 = 32{,}4$ kN/m

↑ Bemessungslast

Bemessung:

Mit $\rho_l = 2{,}85 / (100 \cdot 18) = 0{,}0016$ und $k = 2$ (für $d \leq 200$ mm) erhält man (s. o.)

$V_{Rd,c} = 0{,}10 \cdot 2 \cdot (0{,}16 \cdot 20)^{1/3} \cdot 1{,}0 \cdot 0{,}18 = 0{,}053$ MN/m

$= 53$ kN/m $> V_{Ed} = 32{,}4$ kN/m

alternativ (hier günstiger)

$V_{Rd,c,min} = (\kappa_1/\gamma_C) \cdot (k^3 \cdot f_{ck})^{0,5} \cdot b_w \cdot d$

$= (0{,}0525/1{,}5) \cdot (2{,}0^3 \cdot 20)^{0,5} \cdot 1{,}0 \cdot 0{,}18$

$= 0{,}0797$ MN/m $= 79{,}7$ kN/m $> V_{Ed}$

5.1.3 Gebrauchstauglichkeit

5.1.3.1 Allgemeines

Im Gebrauchszustand sind Rissbreiten, Verformungen (ggf. auch Spannungen) zu begrenzen. Bei Platten der Expositionsklasse XC 1 mit Bauhöhen bis zu 20 cm ohne wesentliche Zwangbeanspruchung ist i. d. R. ein Nachweis zur Rissbreitenbegrenzung nicht erforderlich (für den Nachweis wird auf Abschn. 5.2.3.2 verwiesen). Nachfolgend wird daher nur der Nachweis der Verformungsbegrenzung dargestellt.

5.1.3.2 Begrenzung der Verformungen

Die Verformungen müssen so begrenzt werden, dass sie das Erscheinungsbild und die ordnungsgemäße Funktion nicht beeinträchtigen. In Abhängigkeit von der Stützweite l (bei Kragarmen mit $l = 2{,}5 \cdot l_k$) gilt für den Durchhang f bzw. für die Durchbiegung w unter der quasi-ständigen Last:

allgemein $\quad f \leq l / 250 \quad$ (54.1a)

in Hinblick auf Ausbauten (z. B. Trennwände) $\quad w \leq l / 500 \quad$ (54.1b)

mit f als vertikale Bauteilverformung, bezogen auf die Verbindungslinie der Unterstützungspunkte, und w als vertikale Bauteilverformung, bezogen auf die Systemlinie des Bauteils, bei Schalungsüberhöhung bezogen auf die überhöhte Lage (es gilt die nach dem Einbau der Ausbauten auftretende Verformung). Eine angemessene Überhöhung der Schalung (Überhöhung $\leq l_i/250$) kann vorgesehen werden.

Ein Nachweis kann über eine Begrenzung der Biegeschlankheit erfolgen:

$$\frac{l}{d} \leq K \cdot \left[11 + 1{,}5\sqrt{f_{ck}} \cdot \frac{\rho_0}{\rho} + 3{,}2\sqrt{f_{ck}} \cdot \left(\frac{\rho_0}{\rho} - 1 \right)^{3/2} \right] \leq (l/d)_{max} \quad \text{wenn } \rho \leq \rho_0 \qquad (54.2a)$$

$$\frac{l}{d} \leq K \cdot \left[11 + 1{,}5\sqrt{f_{ck}} \cdot \frac{\rho_0}{\rho - \rho'} + \frac{1}{12}\sqrt{f_{ck}} \cdot \left(\frac{\rho'}{\rho_0} \right)^{1/2} \right] \leq (l/d)_{max} \quad \text{wenn } \rho > \rho_0 \qquad (54.2b)$$

Es sind

l/d Grenzwert der Biegeschlankheit (Verhältnis von Stützweite zu Nutzhöhe)
K Beiwert zur Berücksichtigung des statischen Systems; s. Tafel 12.55a
ρ_0 $= f_{ck}^{0,5} \cdot 10^{-3}$ Referenzbewehrungsgrad
ρ erforderlicher Zugbewehrungsgrad in Feldmitte (bei Kragträgern an der Einspannstelle)
ρ' erforderlicher Druckbewehrungsgrad in Feldmitte (bei Kragträgern an der Einspannstelle)
f_{ck} charakteristische Druckfestigkeit in N/mm²
$(l/d)_{max} \leq K \cdot 35$ allgemein
$\leq K^2 \cdot 150/l$ zusätzlich für Bauteile mit erhöhten Anforderungen (l in m) zur Vermeidung von Schäden an angrenzenden Bauteilen (54.3)

Die Auswertung von Gl. (54.2) ist für hoch beanspruchten ($\rho = 1{,}5$ %) und gering beanspruchten Beton ($\rho = 0{,}5$ %) in Tafel 12.55a enthalten (weitere Annahmen: $\sigma_s = 310$ N/mm², C30/37).

Die Werte der Gl. (54.2a) und (54.2b) dürfen bzw. müssen mit den nachfolgenden Faktoren k_i korrigiert werden (die Mindestwerte $(l / d)_{max}$ nach Gl. 54.3 sind davon unberührt):

$k_1 = 310/\sigma_s$, falls die Stahlspannung unter der Bemessungslast im GZG $\neq 310$ N/mm²; näherungsweise:
$k_1 = 500 / (f_{yk} \cdot A_{s,req}/A_{s,prov})$ mit $A_{s,req}$ als erforderliche und $A_{s,prov}$ als vorhandene Bewehrung
$k_2 = 0{,}8$ bei gegliederten Querschnitten (Plattenbalken u. Ä.) mit $b_{eff}/b_w > 3$
$k_3 = 7{,}0 / l_{eff}$ bei $l \geq 7{,}0$ m für erhöhte Anforderungen (bei Flachdecken gilt $k_3 = 8{,}5 / l_{eff}$ bei $l > 8{,}5$ m)

Tafel 12.55a
Grundwerte der Biegeschlankheit von Stahlbetonbauteilen

Statisches System	K	Beton hoch beansprucht ρ = 1,5 %	Beton gering beansprucht ρ = 0,5 %
(Einfeldträger)	1,0	14	20
Endfeld (min ℓ ≥ 0,8 max ℓ)	1,3	18	26
Innenfelder (min ℓ ≥ 0,8 max ℓ)	1,5	20	30
Flachdecken (auf der Grundlage der größeren Stützweite)	1,2	17	24
(ℓ = ℓ$_k$)	0,4	6	8

Werte gelten für regelmäßige Systeme (Durchlaufträger mit min $l \geq 0{,}8 \cdot \max l$, Kragarme mit annähernd starrer Einspannung)

Für l ist bei liniengestützten Platten die kleinere Stützweite, bei punktgestützten die größere maßgebend; bei 3-seitig gelagerten Platten gilt die Länge parallel zum freien Rand (ggf. auch Nachweis als Kragarm).

Beispiel

Einfeldplatte mit leichten Trennwänden (erhöhte Anforderungen an die Durchbiegung) bei einer Stützweite $l = 4{,}50$ m und einer Nutzhöhe $d = 18$ cm; $A_{s,erf} = 5{,}61$ cm²/m → $\rho = 5{,}61/(18 \cdot 100) = 0{,}0031$; C20/25; (Fortsetzung des Beispiels von Abschn. 5.1.2.1 u. 5.1.2.2).

Mit $\rho_0 = 20^{0,5} \cdot 10^{-3} = 0{,}0045$ ist Gl. (105.2a) maßgebend:

$$\frac{l}{d} \leq 1{,}0 \cdot \left[11 + 1{,}5 \cdot \sqrt{20} \cdot \frac{0{,}0045}{0{,}0031} + 3{,}2 \cdot \sqrt{20} \cdot \left(\frac{0{,}0045}{0{,}0031} - 1 \right)^{3/2} \right] = \mathbf{25} < 1{,}0^2 \cdot (150/4{,}5) = 33$$

$l/d = 4{,}50 / 0{,}18 = 25 \leq 25$ → Nachweis erfüllt.

Alternativ ergibt sich mit Tafel 12.58c für $\rho = 0{,}0031$ und C20/25 als Basiswert $B_{l/d} = 25$ und damit $l/d = 1{,}0 \cdot 25 = 25$ $(< 1{,}0^2 \cdot 150/4{,}5)$

Vordimensionierung der Biegeschlankheit

Für Vordimensionierungen eignet sich auch das nachfolgend dargestellte Verfahren (s. [12.35]).

Nachweis für Platten (nicht für Flachdecken)

Voraussetzung: $q \leq 5{,}0$ kN/m²; Kriechzahl $\varphi \leq 2{,}50$ (weitere Hinweise s. [12.35])

$d \geq k_c \cdot l_i / \lambda_i$ mit $l_i = \eta_i \cdot l_{eff}$ und $l_{eff} = l_{min} = L_y$ und η_i gemäß Tafel 12.55b
λ_i nach Tafel 12.55c und $k_c = (f_{ck0}/f_{ck})^{1/6}$ und $f_{ck0} = 20$ N/mm²

Tafel 12.55b η_i-Beiwerte

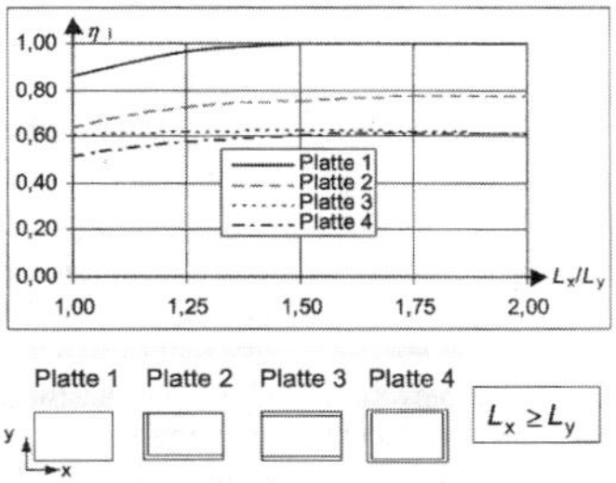

Tafel 12.55c λ_i-Werte bei Platten

zul. Durchbiegung	l_i	λ_i
$l/250$	≤ 4,0 m	29
	6,0 m	26
	8,0 m	23
	10,0 m	21
	12,0 m	19
$l/500$	≤ 4,0 m	23
	6,0 m	19
	8,0 m	16
	10,0 m	14
	12,0 m	13

Nachweis für Flachdecken

Für Flachdecken erfolgt der Nachweis wie bei Platten, jedoch mit $l_i = \alpha_l \cdot l_{eff}$, dabei ist $\alpha_l = 0{,}85$ und $l_{eff} = L_{max}$, d. h., der Nachweis erfolgt auf der Basis der größeren Stützweite.

Beispiel

Einfeldplatte mit leichten Trennwänden, Stützweite $l = 4{,}50$ m, Beton C20/25 (wie oben).

$d \geq (4{,}50/22) \cdot 1 = 0{,}20$ m

Die Nutzhöhe konnte hier wegen der geringen Beanspruchung (s. vorher) etwas kleiner gewählt werden.

5.1.4 Konstruktive Durchbildung

Geltungsbereich

Die nachfolgenden Festlegungen beziehen sich auf ein- und zweiachsig gespannte Ortbeton-Vollplatten mit $l_{eff} \geq 5\ h$ und $b \geq 5\ h$ (s. Abschn. 3.4.1); sie dürfen auch für $l_{eff} \geq 3\ h$ angewendet werden.

Mindestabmessung

Die Mindestdicke von Vollplatten beträgt i. Allg. 70 mm, für Platten mit aufgebogener Querkraftbewehrung 160 mm, bei Platten mit Bügeln oder Durchstanzbewehrung 200 mm (EC2-1-1/NA, 9.3.2).

Biegezugbewehrung

Hauptbewehrung – Für die Ausbildung der Hauptbewehrung (Mindest- und Höchstbewehrungsgrade; Verankerungslängen usw.) gilt Abschnitt 5.4.2, soweit nachfolgend nichts anderes festgelegt ist; als Versatzmaß a_l gilt für Platten ohne Schubbewehrung: $a_l = d$.

Querbewehrung – Bei Platten ist eine Querbewehrung mit einem Querschnitt von mindestens 20 % der Hauptbewehrung vorzusehen; bei Betonstahlmatten muss $\varnothing \geq 5$ mm sein.

Stababstände – Für die Hauptbewehrung $s_l = 150$ mm für $h \leq 150$ mm | Zwischenwerte
$s_l = 250$ mm für $h \geq 250$ mm | interpolieren
Für die Querbewehrung $s_q \leq 250$ mm

Auflagerbewehrung – Es sind mindestens 50 % der maximalen Feldbewehrung am Auflager zu verankern.

Konstruktive Einspannbewehrung – Eine teilweise, rechnerisch nicht berücksichtigte Endeinspannung sollte mindestens für 25 % des max. Feldmoments bemessen werden; Bewehrung auf der 0,2fachen Feldlänge (vom Auflageranschnitt) anordnen.

Randbewehrung – Am freien ungestützten Rand ist eine Bewehrung anzuordnen (s. Abb.). Bei Fundamenten und innen liegenden Bauteilen des üblichen Hochbaus darf hierauf verzichtet werden.

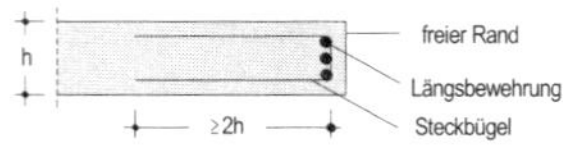

Drillbewehrung (EC2-1-1/NA, 9.3.1.3)

Bei drillsteifen Platten ist für die Bemessung der Eckbewehrung das Drillmoment zu berücksichtigen, in anderen Fällen sollte sie konstruktiv angeordnet werden.

Als Drillbewehrung sollten bei vierseitig gelagerten Platten unter Berücksichtigung der vorhandenen Bewehrung angeordnet werden

- Ecken mit zwei frei aufliegenden Rändern: a_{sx} in beiden Richtungen oben und unten
- Ecken mit einem frei aufliegenden und einem eingespannten Rand: $0{,}5 \cdot a_{sx}$ rechtwinklig zum freien Rand mit $a_{sx} = \max a_{s,Feld}$.

Bei anderen Platten, z. B. bei dreiseitig gelagerten Platten, ist ein rechnerischer Nachweis der Drillbewehrung erforderlich.

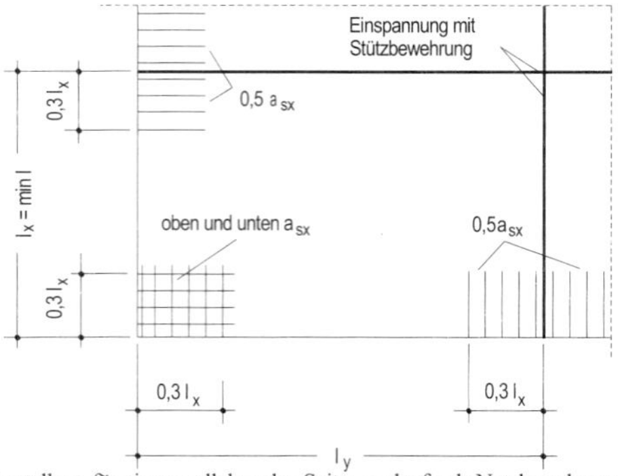

(Darstellung für eine parallel zu den Seiten verlaufende Netzbewehrung)

Querkraftbewehrung

Für die bauliche Durchbildung schubbewehrter Platten gilt Abschn. 5.2.4 mit nachfolgenden Ergänzungen.

- Bei Platten mit $b/h > 5$ darf auf Querkraftbewehrung verzichtet werden, falls rechnerisch nicht erforderlich. Falls Querkraftbewehrung erforderlich ist, ist mind. der 0,6fache Wert nach Abschn. 5.2.4.2 einzuhalten.
- Bauteile mit $b/h < 4$ sind als Balken nach Abschn. 5.2.4 zu betrachten.
- Bei Platten mit $5 \geq b/h \geq 4$ ohne rechnerisch erforderliche Schubbewehrung gilt als Mindestschubbewehrungsgrad der 0,0fache bis 1,0fache Wert nach Tafel 12.68a (Zwischenwerte interpolieren).
- Bei Platten mit $5 \geq b/h \geq 4$ mit rechnerisch erforderlicher Schubbewehrung ist der 0,6fache bis 1,0fache Wert nach Tafel 12.68a maßgebend.
- Schubbewehrung darf bei $V_{Ed} \leq (1/3) \cdot V_{Rd,max}$ vollständig aus Schrägstäben oder Schubzulagen bestehen, andernfalls gilt Abschn. 5.2.4.
- Für den größten Längs- und Querabstand der Bügel gilt Tafel 12.68b (ohne Berücksichtigung der Absolutwerte in mm).
- Der größte Längsabstand von Aufbiegungen beträgt $s_{max} \leq h$.

5.1.5 Bemessungshilfen für Platten

(weitere Tafeln und Werte s. [12.44]) @

Voraussetzungen für die Tafeln 12.57a und 12.57b:

Für die Mindestbewehrung (grau unterlegter Bereich) wird angenommen, dass der Randabstand der Bewehrung d_1 = 3 cm und der Hebelarm z nach Rissbildung ≈ 0,9 · d beträgt.

Tafel 12.57a Bemessung für Biegung von Platten ohne Druckbewehrung B 500; C20/25

M_{Ed} kNm/m	erf a_s in cm²/m für *d* in cm								
	10	12	14	16	18	20	22	24	26
≤ 6	1,42	1,54	1,69	1,85	2,01	2,17	2,33	2,49	2,65
8	1,91	1,58	1,69	1,85	2,01	2,17	2,33	2,49	2,65
10	2,42	1,98	1,69	1,85	2,01	2,17	2,33	2,49	2,65
12	2,93	2,40	2,03	1,85	2,01	2,17	2,33	2,49	2,65
14	3,46	2,81	2,38	2,07	2,01	2,17	2,33	2,49	2,65
16	3,99	3,24	2,74	2,37	2,10	2,17	2,33	2,49	2,65
18	4,55	3,67	3,09	2,68	2,37	2,17	2,33	2,49	2,65
20	5,12	4,11	3,45	2,99	2,64	2,36	2,33	2,49	2,65
22	5,70	4,56	3,82	3,30	2,91	2,60	2,36	2,49	2,65
24	6,30	5,01	4,19	3,61	3,18	2,85	2,58	2,49	2,65
26	6,93	5,48	4,57	3,93	3,46	3,09	2,80	2,55	2,65
28	7,57	5,95	4,94	4,25	3,73	3,33	3,02	2,75	2,65
30	8,24	6,43	5,33	4,57	4,01	3,58	3,24	2,96	2,72
32	8,93	6,92	5,72	4,90	4,29	3,83	3,46	3,16	2,90
34	9,66	7,42	6,11	5,22	4,57	4,08	3,68	3,36	3,09
36	10,4	7,93	6,51	5,56	4,86	4,33	3,91	3,56	3,27
38	11,2	8,46	6,92	5,89	5,15	4,58	4,13	3,76	3,46
40	12,1	9,00	7,33	6,23	5,43	4,83	4,36	3,97	3,65
42	13,1	9,55	7,74	6,57	5,73	5,09	4,58	4,17	3,84
44		10,1	8,17	6,91	6,02	5,34	4,81	4,38	4,02
46		10,7	8,60	7,26	6,32	5,60	5,04	4,59	4,21
48		11,3	9,04	7,62	6,61	5,86	5,27	4,79	4,40
50		11,9	9,48	7,97	6,91	6,12	5,50	5,00	4,59

M_{Ed} kNm/m	erf a_s in cm²/m für *d* in cm							
	14	16	18	20	22	24	26	28
55	10,6	8,88	7,67	6,78	6,08	5,52	5,07	4,68
60	11,8	9,81	8,45	7,45	6,67	6,05	5,54	5,12
65	13,1	10,8	9,24	8,13	7,27	6,59	6,03	5,56
70	14,4	11,8	10,1	8,82	7,87	7,13	6,52	6,01
75	15,9	12,8	10,9	9,52	8,49	7,67	7,01	6,46
80	17,4	13,9	11,7	10,2	9,11	8,22	7,51	6,91
85		15,0	12,6	11,0	9,74	8,78	8,01	7,37
90		16,2	13,5	11,7	10,4	9,34	8,51	7,82
95		17,4	14,4	12,5	11,0	9,91	9,02	8,29
100		18,7	15,4	13,2	11,7	10,5	9,54	8,75
110			17,4	14,8	13,0	11,7	10,6	9,70
120			19,5	16,5	14,4	12,9	11,6	10,7
130			21, 8	18,2	15,8	14,1	12,7	11,6
140				20,1	17,3	15,4	13,8	12,6
150				22,0	18,9	16,7	15,0	13,6
160				24,1	20,5	18,0	16,1	14,7
170					22,2	19,4	17,3	15,7
180					24,0	20,8	18,5	16,8
190					25,9	22,3	19,8	17,9
200					27,9	23,8	21,1	19,0
220						27,1	23,7	21,3
240						30,8	26,6	23,7
260							29,7	26,2

Erläuterungen s. u. (Tafel 12.57b)

Tafel 12.57b Bemessung für Biegung von Platten ohne Druckbewehrung B 500; C30/37

M_{Ed} kNm/m	erf a_s in cm²/m für *d* in cm								
	10	12	14	16	18	20	22	24	26
≤ 5	1,81	2,01	2,21	2,42	2,63	2,84	3,05	3,26	3,47
10	2,38	2,01	2,21	2,42	2,63	2,84	3,05	3,26	3,47
15	3,62	2, 98	2,53	2,42	2,63	2,84	3,05	3,26	3,47
20	4,92	4,01	3,40	2,96	2,63	2,84	3,05	3,26	3,47
25	6,27	5,07	4,28	3,71	3,28	2,94	3,05	3,26	3,47
30	7,67	6,17	5,18	4,48	3,96	3,54	3,21	3,26	3,47
35	9,15	7,29	6,10	5,26	4,64	4,15	3,76	3,43	3,47
40	10,7	8,45	7,04	6,05	5,32	4,76	4,30	3,93	3,62
45	12,4	9,64	7,99	6,86	6,02	5,37	4,86	4,43	4,08
50	14,1	10,9	8,97	7,67	6,72	5,99	5,41	4,94	4,54
55	16,0	12,2	9,97	8,50	7,43	6,62	5,97	5,44	5,00
60	18,1	13,5	11,0	9,34	8,15	7,25	6,53	5,95	5,47
65		14,9	12,0	10,2	8,88	7,89	7,10	6,47	5,94
70		16,3	13,1	11,1	9,62	8,53	7,67	6,98	6,41
75		17,9	14,2	12,0	10,4	9,18	8,25	7,50	6,88
80		19,5	15,4	12,9	11,1	9,84	8,83	8,02	7,36
85		21,2	16,5	13,8	11,9	10,5	9,42	8,55	7,84
90		23,1	17,7	14,7	12,7	11,2	10,0	9,08	8,32
95			19,0	15,7	13,5	11,9	10,6	9,61	8,80
100			20,3	16,7	14,3	12,5	11,2	10,2	9,29
110			23,1	18,7	15,9	13,9	12,4	11,2	10 3
120			26,1	20,8	17,6	15,4	13,7	12,3	11 3

M_{Ed} kNm/m	erf a_s in cm²/m für *d* in cm							
	14	16	18	20	22	24	26	28
130		23,1	19,4	16,8	14,9	13,5	12,3	11,3
140		25,4	21,2	18,3	16,2	14,6	13,3	12,2
150		28,0	23,1	19,8	17,5	15,7	14,3	13,1
160		30,8	25,0	21,4	18,9	16,9	15,3	14,1
170			27,1	23,0	20,2	18,1	16,4	15,0
180			29,3	24,7	21,6	19,3	17,5	16,0
190			31,6	26,5	23,0	20,5	18,6	17,0
200			34,0	28,2	24,5	21,8	19,6	17,9
220				32,1	27,5	24,3	21,9	19,9
240				36,2	30,7	27,0	24,2	22,0
260					34,2	29,8	26,6	24,1
280					37,8	32,7	29,0	26,2
300					41,8	35,8	31,6	28,4
320						39,0	34,2	30,7
340						42,5	37,0	33,1
360						46,2	39,9	35,5
380							42,9	38,0
400							46,2	40,6
420							49,6	43,3
440								46,1
460								49,1
480								52,2

Stahlspannung begrenzt auf ≤ f_{yk} bzw. ≤ f_{yk}/γ_s

Unterhalb der gestrichelten Linie ist die Druckzonenhöhe x/d > 0,45 (s. S. 12.41)

Tafel 12.58a Aufnehmbare Querkraft $V_{Rd,c}$ für Platten ohne Querkraftbewehrung

B 500; C20/25

$a_{sl,vorh}$ cm²/m	$V_{Rd,c}$ [kN/m] für eine Nutzhöhe *d* in cm									
	10	12	14	16	18	20	22	24	26	28
4,0	44,3	53,1	62,0	70,8	79,7	88,5	94,0	99,4	104,7	109,8
6,0	45,8	53,1	62,0	70,8	79,7	88,5	94,0	99,4	104,7	109,8
8,0	50,4	56,9	63,1	70,8	79,7	88,5	94,0	99,4	104,7	109,8
10,0	54,3	61,3	67,9	74,3	80,3	88,5	94,0	99,4	104,7	109,8
12,0	57,7	65,1	72,2	78,9	85,4	91,6	95,3	99,4	104,7	109,8
14,0	60,7	68,6	76,0	83,1	89,9	96,4	100,3	104,1	107,8	111,3
16,0		71,7	79,5	86,9	94,0	100,8	104,9	108,9	112,7	116,4
18,0			82,6	90,3	97,7	104,8	109,1	113,2	117,2	121,0
20,0			85,6	93,6	101,2	108,6	113,0	117,3	121,4	125,4
22,0					104,5	112,1	116,7	121,1	125,3	129,4
24,0						115,4	120,1	124,6	129,0	133,2
26,0							123,3	128,0	132,5	136,8
28,0							126,4	131,2	135,8	140,2
30,0								134,2	138,9	143,5

Tafel 12.58b Aufnehmbare Querkraft $V_{Rd,c}$ für Platten ohne Querkraftbewehrung

B 500; C30/37

$a_{sl,vorh}$ cm²/m	$V_{Rd,c}$ [kN/m] für eine Nutzhöhe *d* in cm									
	10	12	14	16	18	20	22	24	26	28
6,0	54,2	65,0	75,9	86,7	97,6	108,4	111,2	114,2	117,3	120,5
8,0	57,7	65,1	75,9	86,7	97,6	108,4	111,2	114,2	117,3	120,5
10,0	62,1	70,2	77,8	86,7	97,6	108,4	111,2	114,2	117,3	120,5
12,0	66,0	74,6	82,6	90,3	97,7	108,4	111,2	114,2	117,3	121,0
14,0	69,5	78,5	87,0	95,1	102,9	110,4	114,9	119,2	123,4	127,4
16,0	72,7	82,1	91,0	99,4	107,6	115,4	120,1	124,6	129,0	133,2
18,0		85,4	94,6	103,4	111,9	120,0	124,9	129,6	134,2	138,5
20,0			98,0	107,1	115,9	124,3	129,4	134,2	138,9	143,5
22,0			101,1	110,6	119,6	128,3	133,5	138,6	143,4	148,1
24,0				113,8	123,1	132,1	137,5	142,6	147,7	152,5
26,0					126,4	135,6	141,2	146,5	151,6	156,6
28,0							144,7	150,2	155,4	160,5
30,0							148,1	153,7	159,1	164,3

Tafel 12.58c Erforderliche Nutzhöhe *d* für die Begrenzung der Biegeschlankheit
(Voraussetzungen und Erläuterungen s. S. 12.54)

Nachweis durch Begrenzung der Biegeschlankheit

$$l/d \;\leq K \cdot k_i \cdot B_{l/d} \;\leq (l/d)_{min}$$

mit $B_{l/d}$ als Basiswert gem. Tafel unten und $(l/d)_{min}$ als Mindestwert (s.u.). Für l ist bei liniengelagerten Platten die kleinere Stützweite, bei punktförmig gestützten die größere maßgebend; bei 3-seitig gelagerten Platten gilt die Länge parallel zum freien Rand

Systembeiwert K

Einfeldträger	Endfeld	Innenfeld (Durchlaufträger)	Kragträger	Flachdecke
$K = 1{,}0$	$K = 1{,}3$	$K = 1{,}5$	$K = 0{,}4$	$K = 1{,}2$

Korrekturwerte
$k_1 = 310/\sigma_s$ für Stahlspannung $\sigma_s \neq 310$ N/mm² unter maßg. Bemessungslast im GZG
$k_2 = 0{,}8$ bei gegliederten Querschnitten (Plattenbalken u. Ä.) mit $b_{eff}/b_w > 3$
$k_3 = 7{,}0/l_{eff}$ bei $l > 7{,}0$ m für erhöhte Anforderungen (Flachdecke: $k_3 = 8{,}5/l_{eff}$ bei $l > 8{,}5$ m)

Basiswerte der Biegeschlankheit $B_{l/d}$ (für Bauteile ohne Druckbewehrung)

ρ (in %)	0,1	0,2	0,3	0,4	0,5	0,6	0,7	0,8	0,9	1,0	1,5	2,0
C20/25	Mindestwerte maßgebend		25,9	19,1	17,0	16,0	15,3	14,8	14,3	14,0	13,0	12,5
C30/37				26,2	20,5	18,5	17,4	16,6	16,0	15,5	14,0	13,3
C40/50					25,8	21,3	19,6	18,5	17,7	17,0	15,0	14,0

Mindestwert a) generell: $(l/d)_{min} \leq K \cdot 35$
b) bei erhöhten Anforderungen $(l/d)_{min} \leq K^2 \cdot 150/l$

5.2 Balken, Plattenbalken

5.2.1 Schnittgrößen

Für die Kombination der Einwirkungen gelten die Abschn. 3.1.2 bis 3.1.4. Die Tragwerksidealisierung und die Berechnungsverfahren sind in den Abschn. 3.4 und 3.5 dargestellt; weitere Hinweise siehe dort.

5.2.2 Tragfähigkeit

5.2.2.1 Biegung und Längskraft

Allgemeine Grundlagen

Annahmen und Voraussetzungen (s. auch Bautabellen für Ingenieure)

Für die Bestimmung der Grenztragfähigkeit von Querschnitten gelten folgende Annahmen:

- Ebenbleiben der Querschnitte (d. h. geradlinige Dehnungsverteilung)
- vollkommener Verbund (Dehnungen der Bewehrung und des Betons sind in einer Faser gleich)
- Die Zugfestigkeit des Betons darf im Grenzzustand der Tragfähigkeit nicht berücksichtigt werden.
- Für die (Druck-)Spannungen des Betons gilt die σ-ε-Linie der Querschnittsbemessung nach Abschn. 2.2.1, für die Spannungen im Betonstahl die nach Abschn. 2.2.2.
- Die Dehnungen im Beton sind bei einer dreieckförmigen Verteilung auf –3,5 ‰ zu begrenzen, bei zentrischem Druck (rechteckförmige Verteilung) auf – 2,0 ‰, zwischen diesen Grenzen darf interpoliert werden (Ausnahmen s. *Bautabellen für Ingenieure*).
- Für Betonstahl gilt eine Dehnungsbegrenzung auf $\varepsilon_s \leq 25$ ‰.

Versagen ohne Vorankündigung

Ein Querschnittsversagen ohne Vorankündigung bei Erstrissbildung muss vermieden werden. Hierfür ist eine Mindestbewehrung nach Abschn. 5.2.4 anzuordnen.

Schnittgrößen in der Schwerachse und „versetzte" Schnittgrößen

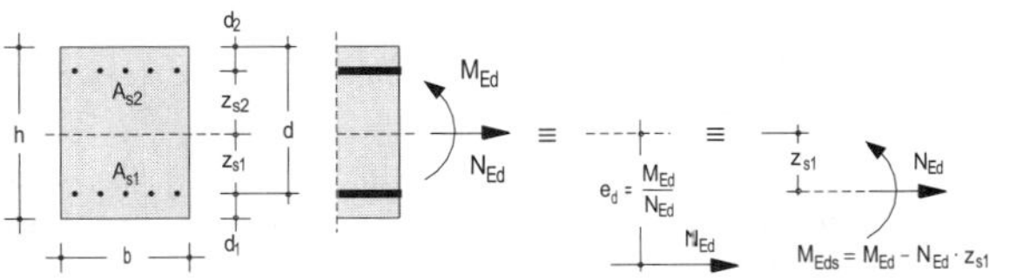

Für die Bemessung müssen häufig die auf die Schwerachse bezogenen Schnittgrößen in ausgewählte, „versetzte" Schnittgrößen (im Allg. auf die Zugbewehrung) umgewandelt werden.

Bemessung für mittigen Zug oder Zugkraft mit kleiner Ausmitte @

Die Kraft greift innerhalb der Bewehrungslagen an (d. h. $e_d = M_{Ed}/N_{Ed} \leq z_{s1}$). Sie muss ausschließlich durch Bewehrung aufgenommen werden. Unter der Annahme, dass in beiden Bewehrungslagen die Streckgrenze erreicht wird, erhält man

$$A_{s1} = \frac{N_{Ed}}{f_{yd}} \cdot \frac{z_{s2} + e_d}{z_{s1} + z_{s2}} \qquad (59.1a)$$

$$A_{s2} = \frac{N_{Ed}}{f_{yd}} \cdot \frac{z_{s1} - e_d}{z_{s1} + z_{s2}} \qquad (59.1b)$$

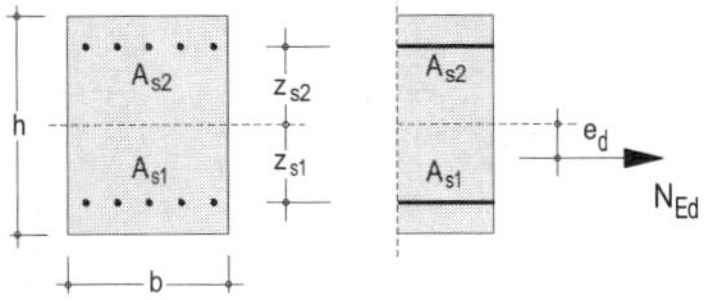

Beispiel 1

Zugstab mit Bemessungsschnittgrößen infolge von Biegung und Längskraft nach Abb., Betonstahl B500:

$$f_{yd} = f_{yk} / \gamma_S = 500/1{,}15 = 435 \text{ MN/m}^2$$

$$e_d = M_{Ed} / N_{Ed} = 40/800 = 0{,}05 \text{ m} < 0{,}20 \text{ m}$$

$$A_{s1} = \frac{0{,}800}{435} \cdot \frac{0{,}20 + 0{,}05}{0{,}20 + 0{,}20} \cdot 10^4 = 11{,}5 \text{ cm}^2$$

$$A_{s2} = \frac{0{,}800}{435} \cdot \frac{0{,}20 - 0{,}05}{0{,}20 + 0{,}20} \cdot 10^4 = 6{,}9 \text{ cm}^2$$

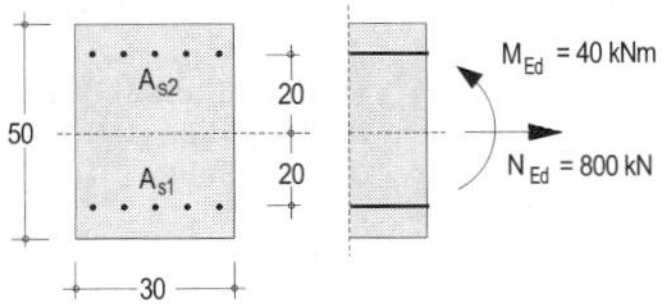

(Hinweis: Bei Zuggliedern ist stets ein Nachweis zur Begrenzung der Rissbreite zu führen; hierfür ist es häufig erforderlich, $\sigma_s \leq f_{yd}$ zu wählen.)

Biegung (mit Längskraft)

Der Nachweis der Tragfähigkeit erfolgt i. d. R. mit Bemessungshilfen. Für Querschnitte mit rechteckiger Druckzone sind Bemessungstabellen im Abschn. 6 abgedruckt.

@ **Beispiel 2** (wird unter Abschn. 5.2.2.2 „Querkraft" fortgesetzt.)

Ein einfeldriger Plattenbalken ist für die größte Biegebeanspruchung in Feldmitte zu bemessen.

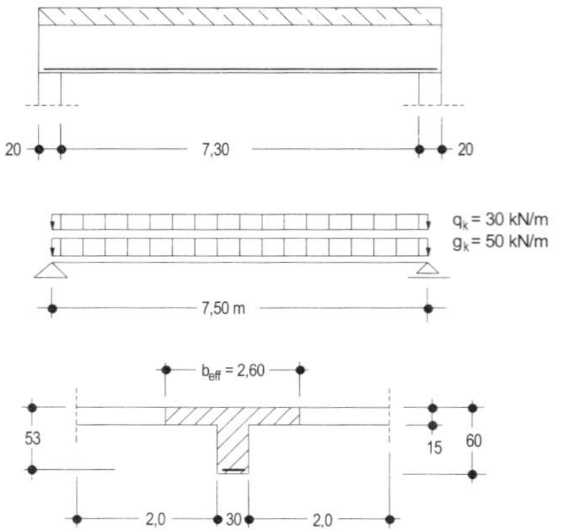

Baustoffe:

C30/37: $f_{cd} = \alpha_{cc} \cdot f_{ck} / \gamma_C$
$= 0{,}85 \cdot 30/1{,}5 = 17$ MN/m²

B500: $f_{yd} = f_{yk}/\gamma_S = 500/1{,}15 = 435$ MN/m²

Bemessungsmoment:

max $M_{Ed} = 0{,}125 \cdot (1{,}35 \cdot 50 + 1{,}50 \cdot 30) \cdot 7{,}5^2$
$= 791$ kNm

mitwirkende Plattenbreite:
(s. Abschn. 3.4.2)

$b_{eff} = b_w + 2 \cdot (0{,}2 \cdot b_i + l_0 / 10)$
$= 0{,}30 + 2 \cdot (0{,}2 \cdot 2{,}0 + 7{,}50 / 10) = 2{,}60$ m

Bemessung:

$M_{Eds} = M_{Ed} = 791$ kNm
$\mu_{Eds} = M_{Eds} / (b_{eff} \cdot d^2 \cdot f_{cd})$
$= 0{,}791 / (2{,}60 \cdot 0{,}53^2 \cdot 17{,}0) = 0{,}064$
$\rightarrow$ $\xi = 0{,}09$ (s. Abschn. 6, Tafel 1)
$x = \xi \cdot d = 0{,}09 \cdot 53 \approx 5$ cm < 15 cm
d. h., Druckzone innerhalb der rechteckigen Platte, Bemessung als Rechteckquerschnitt
$\Rightarrow$ $\omega = 0{,}0664$ (s. Abschn. 6, Tafel 1)
$A_s = \omega \cdot b_{eff} \cdot d / (f_{yd} / f_{cd})$
$= 0{,}0664 \cdot 260 \cdot 53 / (435/17{,}0) = 35{,}8$ cm²

Alternativ ist auch eine Bemessung mit Tabellen für Plattenbalken möglich (s. *Bautabellen für Ingenieure*).

@ **Beispiel 3**

Für den dargestellten Trapezquerschnitt ist im Grenzzustand der Tragfähigkeit die erforderliche Bewehrung zu bestimmen. In der Betondruckzone wird näherungsweise eine rechteckförmige Spannungsverteilung entsprechend Abschn. 2.2.1 (S. 12.35) angenommen.

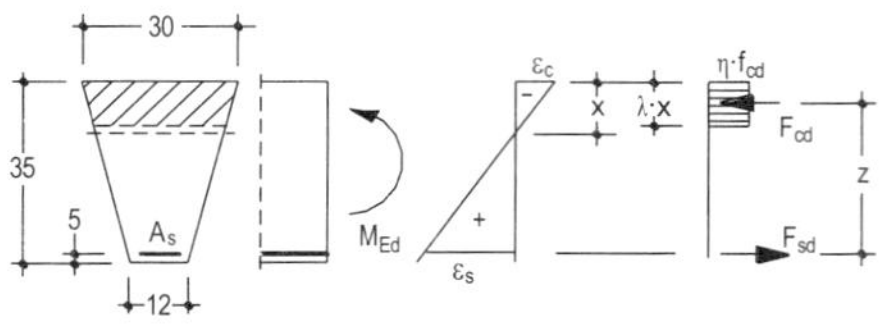

Beanspruchung:

$M_{Ed} = 70$ kNm

Baustoffe:

C20/25: $\eta \cdot f_{cd} = 1{,}00 \cdot (0{,}85 \cdot 20/1{,}5)$
$= 11{,}3$ MN/m²

(Eine weitere Abminderung mit dem Faktor 0,9 entfällt, da der Querschnitt zum Druckrand hin *breiter* wird.)

B500: $f_{yd} = 435$ MN/m²

Bemessung:

Dehnungsverteilung $\varepsilon_c / \varepsilon_s = -3{,}5/6{,}2$ in ‰ (Annahme; s. unten)
$\Rightarrow x = d \cdot |\varepsilon_c| / (|\varepsilon_c| + \varepsilon_s) = 0{,}30 \cdot 3{,}5 / (3{,}5 + 6{,}2) = 0{,}108$ m

Betondruckkraft $F_{cd} = A_{cc,red} \cdot (\eta \cdot f_{cd})$
$A_{cc,red} = 0{,}5 \cdot (b_0 + b_{\lambda \cdot x}) \cdot (\lambda \cdot x) = 0{,}5 \cdot (0{,}30 + 0{,}256) \cdot 0{,}8 \cdot 0{,}108 = 0{,}0240$ m²
$\uparrow \lambda = 0{,}8$ (s. S. 12.35)
$F_{cd} = 0{,}0240 \cdot 11{,}3 = 0{,}272$ MN

Hebelarm z $z = d - a = 0{,}30 - 0{,}043 = 0{,}257$ m (a Schwerpunktabstand der trapezförmigen reduzierten Druckzone vom oberen Rand)

Identitätsbedingung $M_{Ed} \equiv F_{cd} \cdot z$
$0{,}070 \equiv 0{,}272 \cdot 0{,}257 = 0{,}070$ MNm $\Rightarrow$ Dehnungsverteilung richtig geschätzt

Stahlzugkraft $F_{sd} = F_{cd} = 0{,}272$ MN (Gleichgewicht im Querschnitt bei reiner Biegung)

Bewehrung $\varepsilon_s = 6{,}2$ ‰ $\Rightarrow$ $\sigma_{sd} = f_{yd} = 435$ MN/m²
$A_s = F_{sd} / f_{yd} = 0{,}272/435 = 6{,}3 \cdot 10^{-4}$ m² $= 6{,}3$ cm²

5.2.2.2 Querkraft

Nachweisform

Es ist nachzuweisen, dass der Bemessungswert der einwirkenden Querkraft V_{Ed} den Bemessungswert des Widerstandes V_{Rd} nicht überschreitet.

$$\boxed{V_{Ed} \leq V_{Rd}} \tag{61.1}$$

Bemessungswert V_{Ed} der einwirkenden Querkraft

Der Druckstrebennachweis ist für die ungünstigste Querkraft V_{Ed} im Tragwerk zu führen. Für die Ermittlung der Querkraftbewehrung gilt als Querkraft V_{Ed} im Auflagerbereich bei gleichmäßig verteilter Belastung

- unmittelbare (direkte) Stützung ⇒ V_{Ed} im Abstand $1{,}0 \cdot d$ vom Auflagerrand
- mittelbare (indirekte) Stützung ⇒ V_{Ed} in der Auflagerachse

(Bei Bauteilen mit veränderlicher Bauhöhe sind zusätzlich die Querkraftkomponenten der geneigten Gurtkräfte F_{cd} und F_{sd} zu berücksichtigen; s. *Bautabellen für Ingenieure*.)

Bemessungswert V_{Rd} der aufnehmbaren Querkraft

Der Bemessungswert der aufnehmbaren Querkraft V_{Rd} bei Bauteilen mit Querkraftbewehrung wird durch einen der beiden nachfolgend genannten Werte bestimmt:

- $V_{Rd,max}$ Bemessungswert der Querkraft, die ohne Versagen des Balkenstegs („Betondruckstrebe") aufnehmbar ist
- $V_{Rd,s}$ Bemessungswert der aufnehmbaren Querkraft eines Bauteils mit Querkraftbewehrung (ohne Versagen der „Zugstrebe" aufnehmbare Querkraft)

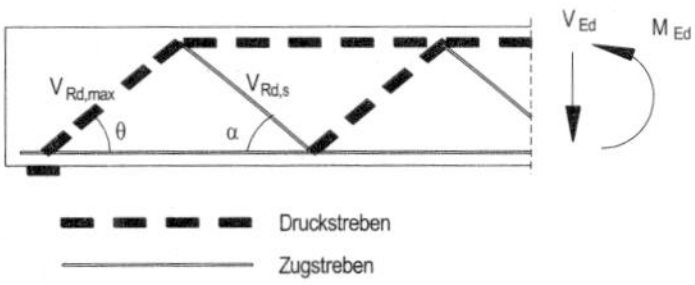

Das dargestellte, stark vereinfachte Fachwerkmodell erläutert das Tragverhalten eines Stahlbetonträgers. Druck- und Zuggurt sind durch Fachwerkstäbe verbunden, wobei die Druckstrebenkraft $V_{Rd,max}$ durch die Betontragfähigkeit und die Zugstrebentragfähigkeit $V_{Rd,s}$ durch die Querkraftbewehrung begrenzt ist.

Bemessung von Bauteilen mit Querkraftbewehrung

In Balken, Plattenbalken sowie bei Platten mit $b / h < 5$ ist stets eine Querkraftbewehrung anzuordnen, auch wenn rechnerisch keine Querkraftbewehrung erforderlich ist (Mindestquerkraftbewehrung). Bei $V_{Ed} > V_{Rd,c}$ ist die Tragfähigkeit der Druckstrebe $V_{Ed,max}$ und der Querkraftbewehrung $V_{Rd,s}$ nachzuweisen:

$V_{Ed} \leq V_{Rd,max}$ (Nachweis der „Druckstrebe") und $V_{Ed} \leq V_{Rd,s}$ (Nachweis der „Zugstrebe")

Bemessungswiderstand $V_{Rd,max}$

$$\boxed{V_{Rd,max} = \alpha_{cw} \cdot \nu_1 \cdot f_{cd} \cdot b_w \cdot z \cdot \frac{(\cot\theta + \cot\alpha)}{(1 + \cot^2\theta)}} \tag{61.2}$$

mit
- $\alpha_{cw} = 1{,}0$ (EC2-1-1/NA, 6.2.3)
- $\nu_1 = 0{,}75 \cdot (1{,}1 - f_{ck}/500) \leq 0{,}75$
- b_w kleinste Stegbreite innerhalb der Zugzonenhöhe
- z Hebelarm der inneren Kräfte, i. Allg. $z \approx 0{,}9d$, ein ggf. ungünstigerer Wert ist zu berücksichtigen; zudem gilt $z \leq d - 2c_{v,l}$ bzw. $z \leq d - c_{v,l} - 3{,}0$ cm (größerer Wert maßgebend) mit $c_{v,l}$ als Verlegemaß der Längsbewehrung in der Druckzone. Bei vollständig unter Zug stehenden Querschnitten wird für z der Abstand der Zugbewehrung angesetzt, wenn Bügel diese umfassen.
- θ Neigungswinkel der Druckstrebe (s. u.)
- α Winkel zwischen Querkraftbewehrung und Bauteilachse

Bemessungswiderstand $V_{Rd,s}$

$$\boxed{V_{Rd,s} = a_{sw} \cdot f_{ywd} \cdot z \cdot (\cot\theta + \cot\alpha) \cdot \sin\alpha} \tag{61.3}$$

mit $a_{sw} = A_{sw} / s_w$ (Querschnitt der Querkraftbewehrung je Längeneinheit)

θ Neigungswinkel der Druckstrebe; hierfür gilt

$$1{,}00 \leq \cot\theta \leq \frac{(1{,}2 + 1{,}4 \cdot \sigma_{cp} / f_{cd})}{(1 - V_{Rd,cc} / V_{Ed})} \leq 3{,}0$$

mit $\sigma_{cp} = N_{Ed}/A_c$

$V_{Rd,cc} = [c \cdot 0{,}48 \cdot f_{ck}^{1/3} \cdot (1 - 1{,}2 \cdot \sigma_{cp}/f_{cd})] \cdot b_w \cdot z$

Bei geneigter Querkraftbewehrung ist $0{,}58 \leq \cot\theta \leq 3$ zulässig.

σ_{cp} als Druck positiv
mit $c = 0{,}5$

Näherungsweise gilt: $\cot\theta = 1{,}2$ bei „reiner" Biegung sowie Biegung und Längsdruck
$\cot\theta = 1{,}0$ bei Biegung und Längszug

Bauteile aus Normalbeton mit lotrechter Querkraftbewehrung ($\alpha = 90°$) und ohne Längskraft ($\sigma_{cp} = 0$)

Bemessungswiderstand $V_{Rd,max}$

$$V_{Rd,max} = \nu_1 \cdot f_{cd} \cdot b_w \cdot z \,/\, (\tan\theta + \cot\theta) \qquad (62.1)$$

Querkraftbewehrung a_{sw}

$$a_{sw} = V_{Ed} \,/\, (f_{ywd} \cdot z \cdot \cot\theta) \qquad (62.2)$$

Neigungswinkel θ $\quad 1{,}00 \leq \cot\theta \leq 1{,}2 \,/(1 - 0{,}24 \cdot f_{ck}^{1/3} \cdot b_w \cdot z \,/\, V_{Ed}) \leq 3{,}0$ (Normalbeton, $\sigma_{cp} = 0$)

Werte $\nu_1 \cdot f_{cd}$ *und* $0{,}24 \cdot f_{ck}^{1/3}$ *für Normalbeton bis C50/60*

Betonfestigkeitsklasse C	12/15	16/20	20/25	25/30	30/37	35/45	40/50	45/55	50/60
$\nu_1 \cdot f_{cd}$ in MN/m²	5,10	6,80	8,50	10,6	12,8	14,9	17,0	19,1	21,2
$0{,}24 \cdot f_{ck}^{1/3}$ in MN/m²	0,55	0,60	0,65	0,70	0,75	0,79	0,82	0,85	0,88

@ **Beispiel** (wird auf S. 12.63 fortgesetzt)

Nachweis der Querkrafttragfähigkeit für lotrechte Querkraftbewehrung

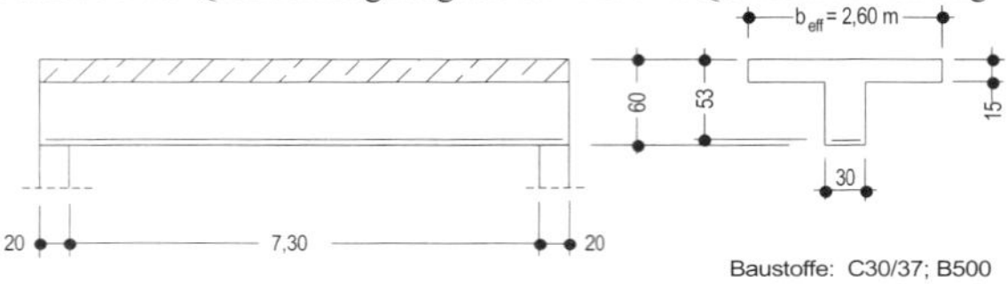

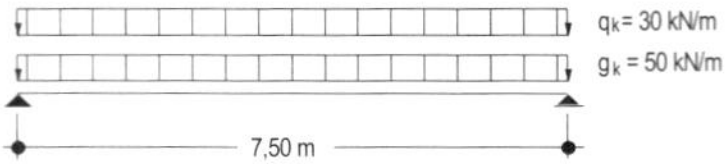

Bemessungsquerkraft:

$V_{Ed,A} = (1{,}35 \cdot 50 + 1{,}50 \cdot 30) \cdot 7{,}50/2 \quad = 422$ kN

$V_{Ed} \;\; = 422 - (0{,}10 + 0{,}53) \cdot 112{,}5 \quad = 351$ kN

↑ Bemessungslast

Querkraftbewehrung a_{sw} *und Bemessungswiderstand* $V_{Rd,max}$

$a_{sw} = V_{Ed} \,/\, (f_{yd} \cdot z \cdot \cot\theta)$

$z \approx 0{,}9 \cdot d = 0{,}9 \cdot 0{,}53 = 0{,}48$ m ($< d - 2c_{v,l}$; Annahme)

$\cot\theta \leq 1{,}2 \,/\, (1 - 0{,}24 \cdot f_{ck}^{1/3} \cdot b_w \cdot z \,/\, V_{Ed}) = 1{,}2 \,/\, (1 - 0{,}75 \cdot 0{,}30 \cdot 0{,}48 \,/\, 0{,}351) = 1{,}733$

$a_{sw} = 0{,}351 \,/(435 \cdot 0{,}48 \cdot 1{,}733) = 9{,}70 \cdot 10^{-4}$ m²/m $= 9{,}70$ cm²/m

$V_{Rd,max} = \nu_1 \cdot f_{cd} \cdot b_w \cdot z \,/\, (\tan\theta + \cot\theta)$

$\nu_1 \cdot f_{cd} = 12{,}8$ MN/m²; $\cot\theta = 1{,}733$ (Winkel θ aus dem Nachweis der Zugstrebe, s. o.)

$V_{Rd,max} = 12{,}8 \cdot 0{,}30 \cdot 0{,}48 \,/\, (0{,}577 + 1{,}733) = 0{,}798$ MN $> V_{Ed} = 0{,}422$ MN

Alternativ mit Tafel 12.70

$v_{Ed} = V_{Ed} \,/\, (b_w \cdot z) = 0{,}351/(0{,}3 \cdot 0{,}48) = 2{,}44$ MN/m² $\rightarrow \rho_w = 0{,}324$; $a_{sw} = 0{,}324 \cdot 30 = 9{,}73$ cm²/m

Auflagernahe Einzellasten

Bei Einzellasten im Abstand $0{,}5d \leq a_v \leq 2{,}0d$ vom Auflagerrand darf bei *direkter* Lagerung für die Ermittlung der Querkraftbewehrung und der Querkrafttragfähigkeit von Bauteilen ohne Querkraftbewehrung der Querkraftanteil aus der auflagernahen Einzellast mit dem Beiwert β abgemindert werden:

$$\beta = a_v \,/(2{,}0 \cdot d)$$

Die *Druckstrebe* ist jedoch mit der vollen Querkraft V_{Ed} (ohne Abminderung) nachzuweisen; es gilt:

– Bauteile ohne Querkraftbewehrung: $\quad V_{Ed} \leq 0{,}5 \cdot b_w \cdot d \cdot \nu \cdot f_{cd}$ mit $\nu = 0{,}675 \cdot (1{,}1 - f_{ck}/500) \leq 0{,}675$

– Bauteile mit Querkraftbewehrung: $\quad V_{Ed} \leq V_{Rd,max}$ mit $V_{Rd,max}$ nach S. 12.61

Die *Querkraftbewehrung* muss mindestens

$$A_{sw} \geq V_{Ed} \,/(f_{ywd} \cdot \sin\alpha)$$

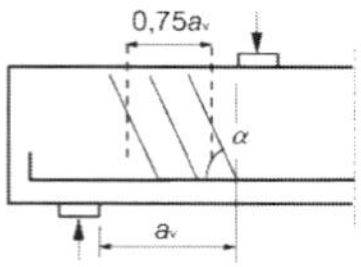

betragen; sie ist auf einen mittleren Bereich von $0{,}75a_v$ anzuordnen (s. Skizze). Die Längsbewehrung ist vollständig am Auflager zu verankern. Eine Bemessung kann auch mit Stabwerkmodellen erfolgen; siehe z. B. [12.36], [12.45].

Schubfugen

Die Übertragung von Schubkräften zwischen nebeneinander liegenden Fertigteilen oder zwischen Ortbeton und einem vorgefertigten Bauteil (ggf. auch zwischen Betonierabschnitten) ist nachzuweisen (s. hierzu *Bautabellen für Ingenieure*).

Anschluss von Druck- und Zuggurten

Die Schubkraft V_{Ed} darf die Tragfähigkeiten $V_{Rd,max}$ und $V_{Rd,s}$ nicht überschreiten.

$$V_{Ed} \leq V_{Rd,max} \text{ und } V_{Ed} \leq V_{Rd,s} \qquad (63.1)$$

Einwirkende Schubkraft V_{Ed}

$$V_{Ed} = \Delta F_d \qquad (63.2)$$

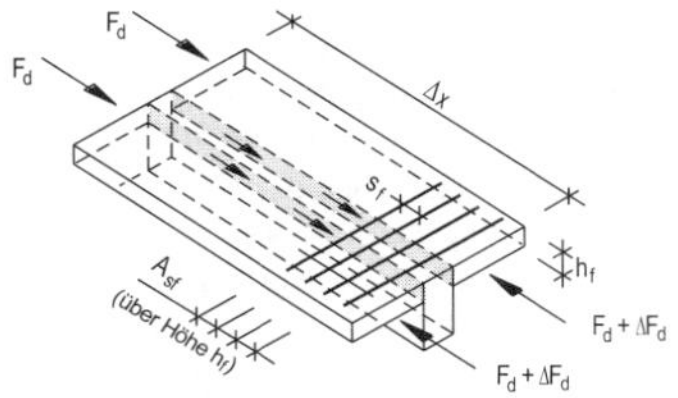

ΔF_d Längskraftdifferenz in einem einseitigen Gurtabschnitt auf der Länge Δx

Δx betrachtete Länge (höchstens der halbe Abstand zwischen Momentennullpunkt und -höchstwert, bei Einzellasten nicht über die Querkraftsprünge hinausreichend).

Tragfähigkeit $V_{Rd,max}$ und $V_{Rd,s}$

Nachweis nach Gl. (62.1) und (62.2) mit $b_w = h_f$ und $z = \Delta x$. Für eine lotrecht zur Fuge angeordnete Anschlussbewehrung und mit – näherungsweise – cot $\theta = 1$ (Zuggurt) bzw. cot $\theta = 1{,}2$ (Druckgurt) ergibt sich

– Druckgurt $\quad V_{Rd,max} = 0{,}492\ \nu_1 \cdot f_{cd} \cdot h_f \cdot \Delta x$; $\quad a_{sf} = V_{Ed} / (f_{yd} \cdot 1{,}2 \cdot \Delta x)$ (63.3)

– Zuggurt $\quad V_{Rd,max} = 0{,}500\ \nu_1 \cdot f_{cd} \cdot h_f \cdot \Delta x$; $\quad a_{sf} = V_{Ed} / (f_{yd} \cdot 1{,}0 \cdot \Delta x)$ (63.4)

Kombinierte Beanspruchungen

Bei *„Längs"schub und Querbiegung* ist der größere erforderliche Stahlquerschnitt anzuordnen, der sich entweder aus der Querkraftbewehrung nach Gl. (63.3) bzw. (63.4) oder aus der Biegebewehrung für Querbiegung und der Hälfte der Querkraftbewehrung nach Gl. (63.3) bzw. (63.4) ergibt (EC2-1-1, 6.2.4).

Wenn *Querkraftbewehrung in der Gurtplatte* erforderlich wird, sollte der Druckstrebennachweis für beide Beanspruchungsrichtungen in einer linearen Interaktion geführt werden:

$$(V_{Ed}/V_{Rd,max})_{Platte} + (V_{Ed}/V_{Rd,max})_{Scheibe} \leq 1{,}0 \qquad (63.5)$$

Beispiel

Nachweis der Querkrafttragfähigkeit für den Druckgurtanschluss (Fortsetzung des Beispiels von S. 12.62)

@

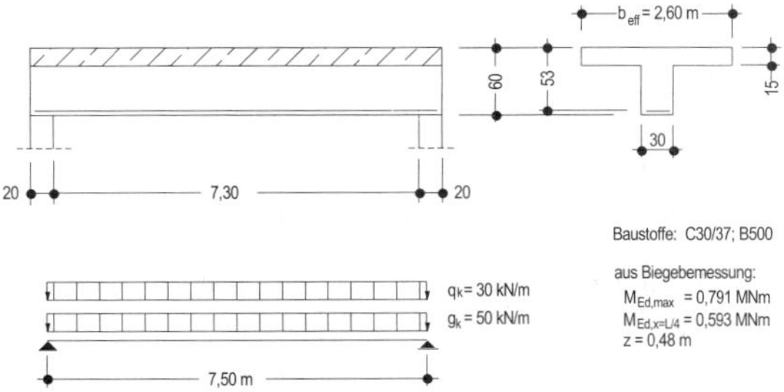

Nachweis für den Anschluss des Druckgurts

$V_{Ed} = \Delta F_d \qquad \Delta F_d \approx F_{cd} \cdot A_{ca} / A_{cc} \approx F_{cd} \cdot b_a / b_f = 1{,}235 \cdot 1{,}15 / 2{,}60 = 0{,}546$ MN

$F_{cd} = M_{Ed} / z = 0{,}593 / 0{,}48 = 1{,}235$ MN $\quad$ (M_{Ed} bei $x = L/4 = 1{,}88$ m)

$b_a = (2{,}60 - 0{,}30) / 2 = 1{,}15$m

$\Delta x = 1{,}88$ m $\quad$ halber Abstand zwischen $M = 0$ und $M = M_{max}$

$V_{Rd,max} = 0{,}492 \cdot \nu_1 \cdot f_{cd} \cdot h_f \cdot \Delta x = 0{,}492 \cdot 12{,}8 \cdot 0{,}15 \cdot 1{,}88 = 1{,}778 \text{ MN} > \Delta F_d$

$a_{sw} = V_{Ed} / (f_{yd} \cdot \Delta x \cdot 1{,}2) = 0{,}546 / (435 \cdot 1{,}88 \cdot 1{,}2) = 5{,}56 \cdot 10^{-4}\ \text{m}^2/\text{m} = 5{,}56\ \text{cm}^2/\text{m}$

Die Bewehrung ist zur Hälfte auf Plattenober- und -unterseite anzuordnen, eine Mindestschubbewehrung ist zu beachten (Querbiegung ist zusätzlich nachzuweisen, s. o.).

5.2.2.3 Torsion

Ein rechnerischer Nachweis der Torsionsbeanspruchung ist i. Allg. nur erforderlich, wenn das statische Gleichgewicht von der Torsionstragfähigkeit abhängt („Gleichgewichtstorsion"). Wenn Torsion aus Verträglichkeitsbedingungen auftritt („Verträglichkeitstorsion"), ist ein rechnerischer Nachweis im Grenzzustand der Tragfähigkeit nicht erforderlich; es ist jedoch eine konstruktive Torsionsbewehrung anzuordnen.

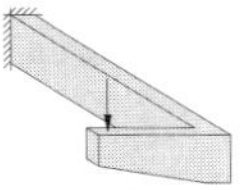

Gleichgewichtstorsion
(ohne Torsion kein Gleichgewicht möglich)

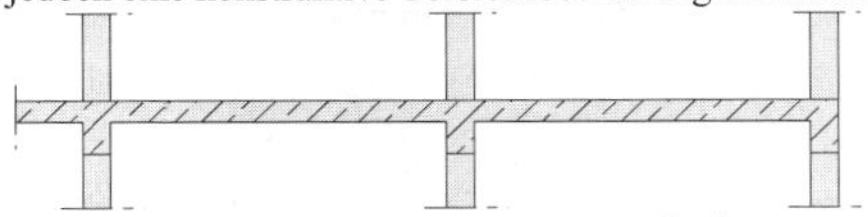

Verträglichkeitstorsion beim rechten Randbalken
durch „unbeabsichtigte" Einspannung der Decke

5.2.3 Gebrauchstauglichkeit

5.2.3.1 Begrenzung der Spannungen

Für ein nutzungsgerechtes Verhalten und eine ausreichende Dauerhaftigkeit eines Bauwerks müssen übermäßige Schädigungen des Betongefüges sowie nichtelastische Verformungen des Betonstahls (und des Spannstahls) durch Einhaltung von zulässigen Spannungen im Gebrauchszustand vermieden werden.

Auf einen Nachweis der Spannungen darf jedoch für nicht vorgespannte Tragwerke des üblichen Hochbaus verzichtet werden, falls folgende Bedingungen eingehalten sind (EC2-1-1/NA, 7.1):

- Die Schnittgrößen werden nach der Elastizitätstheorie ermittelt und im Grenzzustand der Tragfähigkeit um nicht mehr als 15 % umgelagert.
- Die Bemessung und bauliche Durchbildung sind nach EC2-1-1, 6 und EC2-1-1, 9 erfolgt (s. Abschn. 5) und die Mindestbewehrung nach EC2-1-1, 9 ist eingehalten.

5.2.3.2 Begrenzung der Rissbreiten

Grundsätzliches

Rissbildung ist in der Betonzugzone nahezu unvermeidbar. Die Rissbreite ist jedoch so zu beschränken, dass die ordnungsgemäße Nutzung des Tragwerks, das Erscheinungsbild und die Dauerhaftigkeit als Folge von Rissen nicht beeinträchtigt werden.

Für Stahlbetonbauteile werden die Anforderungen an die Dauerhaftigkeit und das Erscheinungsbild eines Bauteils im Sinne der Norm als erfüllt angesehen, wenn in Abhängigkeit von den Expositionsklassen (s. Abschn. 4.1.1, Tafel 12.43) folgende Rissbreiten eingehalten werden

- Expositionsklassen X 0, XC 1: $w_{max} = 0{,}4$ mm
- Expositionsklassen XC 2 bis XC 4, XD 1 bis XD 3, XS 1 bis XS 3: $w_{max} = 0{,}3$ mm

Bei der Expositionsklasse XD 3 sind weitere Maßnahmen erforderlich. In besonderen Fällen kann zudem eine weitergehende Beschränkung der Rissbreiten erforderlich sein (z. B. bei wasserundurchlässigen Bauwerken).

Die Begrenzung der Rissbreite auf zulässige Werte wird erreicht durch Anordnung einer *Mindestbewehrung* und einen *Nachweis* für eine Zwang- und Lastbeanspruchung.

Mindestbewehrung

Zur Aufnahme von Zwangseinwirkungen und Eigenspannungen ist eine Mindestbewehrung anzuordnen, die für die Rissschnittgrößen zu bemessen ist.

Bei Stahlbetonbauteilen wird die erforderliche Mindestbewehrung $A_{s,min}$ mit Gl. (64.1) bestimmt:

$$A_{s,min} = k_c \cdot k \cdot f_{ct,eff} \cdot A_{ct} / \sigma_s \tag{64.1}$$

A_{ct} Betonquerschnitt oder -teilquerschnitt in der Zugzone unmittelbar vor der Rissbildung

σ_s zulässige Spannung in der Bewehrung zur Begrenzung der Rissbreite in Abhängigkeit vom Grenzdurchmesser $\varnothing_s$* nach Tafel 12.65a

$f_{ct,eff}$ Mittelwert der Zugfestigkeit f_{ctm}. Es gilt $f_{ct,eff} = f_{ctm} \geq 3$ N/mm² (f_{ctm} s. Tafel 5.34, BT Ing., [5.34]) Bei früher Rissbildung innerhalb den ersten 28 Tage darf ein niedrigerer Wert $f_{ctm}(t)$ angesetzt werden.[1)] Dies ist in der Baubeschreibung, der Ausschreibung und den Ausführungsunterlagen anzugeben und bei der Festlegung des Betons zu berücksichtigen.[2)]

k_c Faktor zur Berücksichtigung der Spannungsverteilung in der Zugzone A_{ct} vor Rissbildung sowie der Änderung des inneren Hebelarms beim Übergang in den Zustand II:
- reiner Zug $k_c = 1{,}0$
- reine Biegung $k_c = 0{,}4$

(k_c-Werte bei Biegung mit Längskraft, bei Zuggurten u. a. s. *Bautabellen für Ingenieure*)

k Faktor zur Berücksichtigung einer nichtlinearen Spannungsverteilung (EC2-1-1/NA, 7.3.2(2))
- $k = 1{,}0$ bei Zugspannungen infolge äußerer Zwangsverformung (z. B. Setzung)
- $k = 0{,}8$ bei Zugspannungen infolge inneren Zwangs, $h \leq 30$ cm
- $k = 0{,}5$ bei Zugspannungen infolge inneren Zwangs, $h \geq 80$ cm

(Für h gilt der kleinere Wert von Höhe oder Breite des Querschnitts/Teilquerschnitts.)

Weitere Hinweise („dicke" Bauteile, verminderte Mindestbewehrung u.a.m.) s. *Bautabellen für Ingenieure*.

1) Anhaltswerte für die Betonzugfestigkeit für Zwang aus Abfließen der Hydratationswärme bei mittlerer Festigkeitsentwicklung des Betons ($r < 0{,}5$), s. [12.23].

Bauteildicke h	$\leq 0{,}30$ m	$\leq 0{,}80$ m	$\leq 2{,}00$ m	$> 2{,}00$ m
Betonzugfestigkeit $f_{ct,eff}$ =	$0{,}65\, f_{ctm}$	$0{,}75\, f_{ctm}$	$0{,}85\, f_{ctm}$	$0{,}95\, f_{ctm}$

2) Textvorschlag (vgl. [12.31]): „Bei der Begrenzung der Rissbreite wurde ein Beton mit mittlerer Festigkeitsentwicklung ($r < 0{,}50$) angenommen. Dies ist bei der Festlegung des Betons und der Bauausführung zu berücksichtigen."

Rissbreitenbegrenzung durch Einhaltung von Konstruktionsregeln

Der Nachweis der Rissbreite erfolgt bei Zwangsbeanspruchung nach Gl. (65.1) und bei Lastbeanspruchung entweder nach Gl. (65.2a) oder nach Gl. (65.2b) (Gl. (65.2b) jedoch nur bei einlagiger Bewehrung):

– Zwangsbeanspruchung: $$\varnothing_s = \varnothing_s^* \cdot \frac{k_c \cdot k \cdot h_{cr}}{4 \cdot (h-d)} \cdot \frac{f_{ct,eff}}{f_{ct0}} \geq \varnothing_s^* \cdot \frac{f_{ct,eff}}{f_{ct0}} \qquad (65.1)$$

– Lastbeanspruchung: $$\varnothing_s = \varnothing_s^* \cdot \frac{\sigma_s \cdot A_s}{4 \cdot (h-d) \cdot b \cdot f_{ct0}} \geq \varnothing_s^* \cdot \frac{f_{ct,eff}}{f_{ct0}} \qquad (65.2a)$$

oder

$$s_l = \lim s_l \qquad (65.2b)$$

$\varnothing_s$* Grenzdurchmesser nach Tafel 12.65a
$\lim s_l$ Höchstwerte der Stababstände nach Tafel 12.65b
k_c, k s. S. 12.64
h, d Bauteilhöhe, Nutzhöhe
h_{cr} Höhe der Zugzone im Querschnitt bzw. Teilquerschnitt vor Rissbildung (bei zentr. Zug gilt $0{,}5 \cdot h_{cr}$)
f_{ct0} = 2,9 N/mm² (Bezugswert der Betonzugfestigkeit in Tafel 12.65a)
$f_{ct,eff}$ Zugfestigkeit des Betons beim Auftreten der Risse (s. o.)

Bei Betonzugfestigkeiten $f_{ct,eff} < f_{ct0} = 2{,}9$ N/mm², auf die die Werte nach Tafel 12.65a bezogen sind, wird der Grenzdurchmesser im Verhältnis $f_{ct,eff}/f_{ct0}$ herabgesetzt (s. Gl. (65.1) und Gl. (65.2a)); eine Erhöhung für $f_{ct,eff} > f_{ct0}$ sollte jedoch nur bei einem genaueren Nachweis erfolgen.

Für die Ermittlung der *Stahlspannungen* σ_s gilt als maßgebende Lastkombination
– bei überwiegender Lastbeanspruchung → die quasi-ständige Lastkombination
– bei überwiegendem Zwang → die in Gl. (64.1) gewählte Stahlspannung

Tafel 12.65a Grenzdurchmesser $\varnothing_s$* in mm für Betonrippenstähle

Stahlspannung	σ_s in N/mm²	160	200	240	280	320	360	400	450
w_k = 0,2 mm	$\varnothing_s$* in mm	27	17	12	9	7	5	4	3
w_k = 0,3 mm	$\varnothing_s$* in mm	41	26	18	13	10	8	7	5
w_k = 0,4 mm	$\varnothing_s$* in mm	54	35	24	18	14	11	9	7

Tafel 12.65b Höchstwerte der Stababstände lim s_l in mm für Betonrippenstähle

Stahlspannung	σ_s in N/mm²	160	200	240	280	320	360
w_k = 0,2 mm	lim s_l in mm	200	150	100	50	-	-
w_k = 0,3 mm	lim s_l in mm	300	250	200	150	100	50
w_k = 0,4 mm	lim s_l in mm	300	300	250	200	150	100

Bei unterschiedlichen Durchmessern darf ein mittlerer Durchmesser $\varnothing_{sm} = (\Sigma\varnothing_{s,i}^2)/(\Sigma\,\varnothing_{s,i})$ angesetzt werden. Bei Stabbündeln muss der Vergleichsdurchmesser $\varnothing_{sV} = \varnothing_s \cdot n^{0,5}$ (*n* Anzahl der Einzelstäbe), bei Betonstahlmatten mit Doppelstäben darf jedoch der Durchmesser des Einzelstabes nachgewiesen werden.

Beispiel

Für den dargestellten Plattenbalken (vgl. S. 12.60) soll der Nachweis zur Rissbreitenbegrenzung geführt werden. Annahme: Bauteil im Freien (Umweltklasse XC 4), Verkehrslast als „Sonstige Einwirkung".

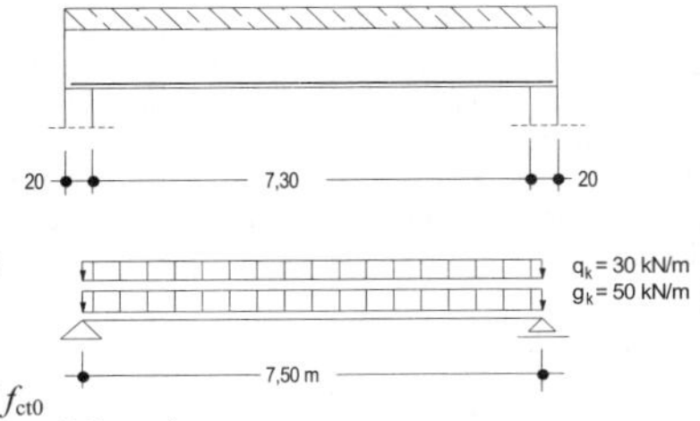

Quasi-ständiger Lastanteil ($\psi_2 = 0{,}5$)

$M_{perm} = 1{,}0 \cdot M_{g,k} + 0{,}5 \cdot M_{q,k}$
$= (1{,}0 \cdot 50 + 0{,}5 \cdot 30) \cdot 7{,}50^2/8 = 457$ kNm

Stahlspannung

$\sigma_s = M_{perm} / (z \cdot A_s)$
$z \approx 0{,}9 \cdot d = 0{,}9 \cdot 0{,}53 = 0{,}48$ m
$A_s = 35{,}8$ cm² (vgl. S. 12.60, Bsp. 2)
$\sigma_s = 0{,}457 / (0{,}48 \cdot 0{,}00358) = 266$ MN/m²

Nachweis

$\varnothing_s = \varnothing_s^* \cdot \sigma_s \cdot A_s / [4 \cdot (h-d) \cdot b \cdot f_{ct0}] \geq \varnothing_s^* \cdot f_{ct,eff} / f_{ct0}$
$\sigma_s = 266$ MN/m² ⇒ $\varnothing_s^* = 15$ mm (XC 4 → $w_k = 0{,}3$ mm)
$\sigma_s \cdot A_s / [4 \cdot (h-d) \cdot b \cdot f_{ct0}] = 266 \cdot 0{,}00358 / [4 \cdot (0{,}60–0{,}53) \cdot 0{,}30 \cdot 2{,}9] = 3{,}9$
$\varnothing_s = 15 \cdot 3{,}9 = 59$ mm ⇒ keine Stabdurchmesserbegrenzung im Bereich der Zugbewehrung

5.2.4 Konstruktion und Bewehrung

5.2.4.1 Längsbewehrung

Mindestbewehrung

Die Mindestbewehrung zur Sicherstellung eines duktilen Bauteilverhaltens ist für das Rissmoment M_{cr} mit dem Mittelwert der Zugfestigkeit des Betons f_{ctm} und einer Stahlspannung $\sigma_s = f_{yk}$ zu berechnen.

$A_{s,min} = M_{cr} / (z_{II} \cdot f_{yk})$ mit $M_{cr} = f_{ctm} \cdot I_I / z_{I,c1}$

z_{II} Hebelarm der inneren Kräfte nach Rissbildung (Zustand II)

I_I Flächenmoment 2. Grades vor Rissbildung (Zustand I)

$z_{I,c1}$ Schwerachsenabstand bis zum Zugrand im Zustand I

Eine ggf. vorhandene Längskraft N ist zusätzlich zu berücksichtigen.

Anordnung der Mindestbewehrung

Die Mindestbewehrung ist gleichmäßig über die Zugzonenbreite sowie anteilmäßig über die Höhe der Zugzone zu verteilen. Stöße sind für die volle Zugkraft auszubilden. Für die Bewehrungsführung gilt:

- Feldbewehrung: Die untere Mindestbewehrung muss zwischen den Auflagern durchlaufen und ist an den Auflagern zu verankern.
- Stützbewehrung: Über den Innenauflagern ist die obere Mindestbewehrung in beiden anschließenden Feldern über eine Länge von mindestens einem Viertel der Stützweite einzulegen.
- Kragarme: Bei Kragarmen muss die Mindestbewehrung über die gesamte Kraglänge durchlaufen.

Auf eine Mindestbewehrung darf bei *Platten* für die Nebenspannrichtung und bei *Gründungsbauteilen*, wenn das duktile Verhalten durch Umlagerung des Erddrucks sichergestellt werden kann, verzichtet werden.

Beispiel: Für eine einfeldrige Platte (d/h = 18/21 cm; C20/25, B500) wird die Mindestbewehrung gesucht.

$A_{s,min} = M_{cr} / (z_{II} \cdot f_{yk})$

$M_{cr} = f_{ctm} \cdot I_I / z_{I,c1}$

$f_{ctm} = 2{,}2$ MN/m²; $I_I = 1{,}0 \cdot 0{,}21^3/12 = 0{,}000772$ m⁴; $z_{I,c1} = 0{,}21 / 2 = 0{,}105$ m

$M_{cr} = 2{,}2 \cdot 0{,}000772 / 0{,}105 = 0{,}0162$ MNm

$z_{II} \approx 0{,}9 \cdot d = 0{,}9 \cdot 0{,}18 = 0{,}162$ m

$A_{s,min} = 0{,}0162 / (0{,}162 \cdot 500) = 2{,}0 \cdot 10^{-4}$ m²/m = 2,0 cm²/m

Höchstbewehrung

Die Höchstbewehrung im Querschnitt darf maximal betragen (auch im Bereich von Übergreifungsstößen):

$A_{s,max} = 0{,}08 \cdot A_c$

Zugkraftdeckung

Konstruktive Einspannbewehrung

Zur Aufnahme einer rechnerisch nicht berücksichtigten Einspannung ist eine Bewehrung anzuordnen. Die Querschnitte der Endauflager sind für ein Stützmoment zu bemessen, das mindestens 25 % des benachbarten Feldmoments entspricht. Die Bewehrung muss, vom Auflageranschnitt gemessen, mindestens über $0{,}25 \cdot l$ des Endfeldes eingelegt werden.

Ausgelagerte Bewehrung

Die Zugbewehrung darf bei Plattenbalken- und bei Hohlkastenquerschnitten in der Platte neben den Stegen höchstens auf einer Breite entsprechend der halben rechnerischen Breite $b_{eff,i}$ des jeweils anschließenden Gurtes nach Gl. (46a) (s. Abschn. 3.4.2) angeordnet werden; s. Abb. Die tatsächlich vorhandene Gurtbreite b_i darf dafür ausgenutzt werden.

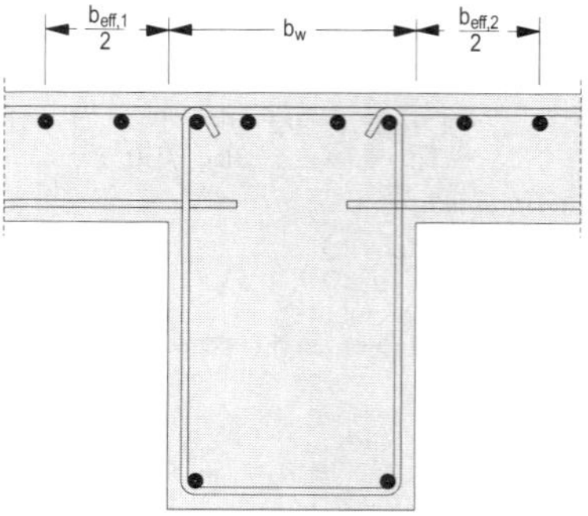

Zugkraftdeckung

Die Zugkraftlinie der Längsbewehrung erhält man durch Verschiebung der F_{sd}-Linie um das Versatzmaß a_l in Richtung der Bauteilachse; F_{sd} ist die Zugkraft in der Längsbewehrung, die sich aus

$$F_{sd} = M_{Eds} / z + N_{Ed}$$

ergibt. Beispiele zur Zugkraftdeckung sind in [12.43], [12.45], [12.46] u.a. enthalten.

Bei einer Schnittgrößenermittlung nach dem linear-elastischen Verfahren ohne oder mit Umlagerung $\leq$ 15 % genügt der Nachweis der Zugkraftdeckung für den Grenzzustand der Tragfähigkeit; andernfalls muss zusätzlich auch der Grenzzustand der Gebrauchstauglichkeit nachgewiesen werden.

Versatzmaß:

$$a_l = z \cdot (\cot \theta - \cot \alpha) / 2 \geq 0$$ [1)]

- θ Neigung der Betondruckstrebe
- z Hebelarm der inneren Kräfte (i.Allg. $z \approx 0{,}9d$, s. a. Abschn. 4.1.2.3)
- α Neigung der Schubbewehrung (bez. auf die Längsachse)

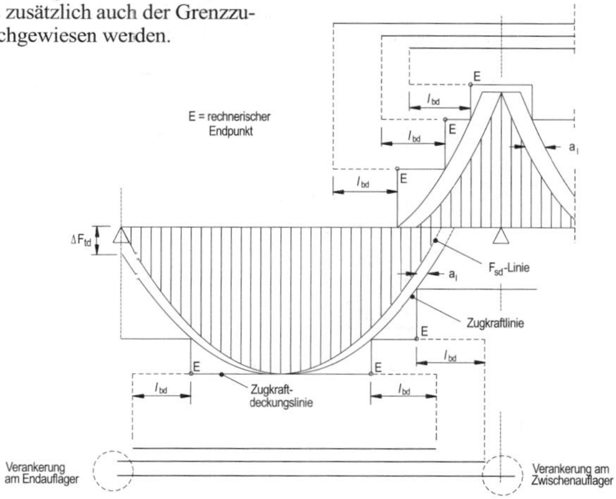

1) Wird bei Plattenbalken ein Teil der Biegezugbewehrung außerhalb des Steges angeordnet (s. vorher), muss das Versatzmaß a_l um den Abstand x der Stäbe vom Stegrand vergrößert werden

Verankerung am Endauflager

- Am frei drehbaren oder schwach eingespannten Endauflager muss eine Bewehrung zur Aufnahme der Randzugkraft

  $$F_{Ed} = V_{Ed} \cdot (a_l / z) + N_{Ed} \geq V_{Ed} / 2$$

  ausreichend verankert sein (N_{Ed} als Zugkraft positiv, als Druckkraft negativ).
- Bis zum Endauflager sind mindestens 25 % der Feldbewehrung zu führen und dort zu verankern.
- Erforderliche Verankerungslängen (s. Abb. rechts):
  direkte Auflagerung $l_{bd,dir} = 0{,}67 \cdot l_{b,eq} \geq 6{,}7\varnothing$
  indirekte Auflagerung $l_{bd,ind} = 1{,}00 \cdot l_{b,eq} \geq 10\,\varnothing$
  mit $l_{b,eq}$ nach Gl. (45.2).

  Die Verankerung beginnt an der *Innen*kante des Auflagers. Die Bewehrung ist jedoch in allen Fällen mindestens über die rechnerische Auflagerlinie zu führen.

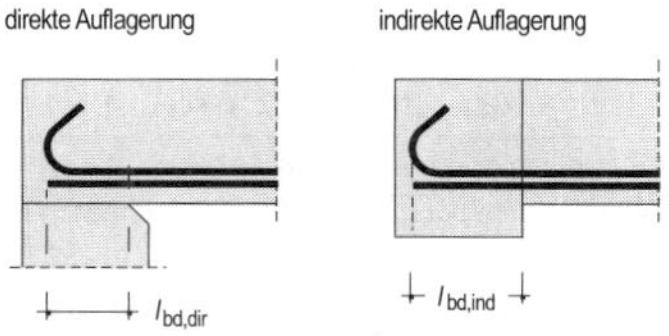

Verankerung am Zwischenauflager

- Mind. 25 % der Feldbewehrung sind über das Auflager zu führen (s.o.).
- Die erforderliche Bewehrung ist mindestens mit $6\varnothing$ bis hinter den Auflagerrand zu führen (s. Abb.).
- Zur Aufnahme positiver Momente infolge außergewöhnlicher Beanspruchungen (Auflagersetzungen, Explosion u. a.) sollte die Bewehrung durchlaufend ausgeführt werden (ggf. kraftschlüssig gestoßen).

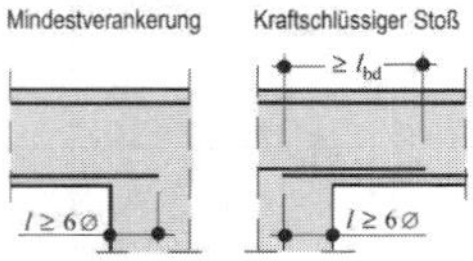

Verankerungen außerhalb von Auflagern

- Verankerungslänge der Biegezugbewehrung
  ab dem rechnerischen Endpunkt E: $l \geq l_{bd}$ [2)]
- Verankerungslängen von Schrägstäben zur Aufnahme von Schubkräften (EC2-1-1, 9.2.1.3)
  im Zugbereich: $l \geq 1{,}3\ l_{bd}$
  im Druckbereich: $l \geq 0{,}7\ l_{bd}$

2) In DAfStb-H. 600 [12.20] wird auf die erforderliche Verlängerung der gestaffelten Bewehrung bei Ausnutzung von Stahlspannungen $\sigma_{su} > f_{yd}$ und bei Umlagerungen hingewiesen.

5.2.4.2 Schubbewehrung

Ausbildung der Schubbewehrung

Die Neigung der Schubbewehrung zur Bauteilachse sollte zwischen 45° und 90° liegen. Die Schubbewehrung kann aus einer Kombination folgender Bewehrungen bestehen (s. a. Abb. unten):

- Bügel, die die Längszugbewehrung und die Druckzone umfassen
- Schrägstäbe
- Schubzulagen als Körbe, Leitern usw., die die Längsbewehrung nicht umfassen, aber ausreichend im Zug- und Druckbereich verankert sind.

Mindestens 50 % der erforderlichen Querkraftbewehrung muss aus Bügeln bestehen.

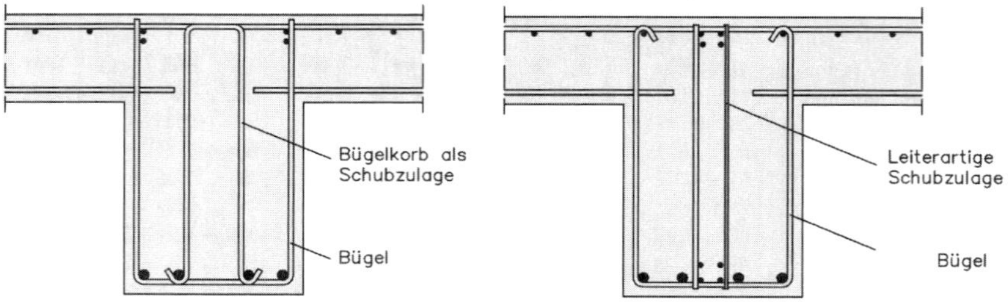

Die Querkaftbewehrung ist längs der Bauteilachse so zu verteilen, dass an jeder Stelle die Bemessungsquerkraft abgedeckt ist (Schubkraftdeckung).

Mindestschubbewehrung

Für balkenartige Tragwerke ist eine Mindestschubbewehrung vorgeschrieben; es gilt:

$$A_{sw}/s \geq \rho_{w,min} \cdot (b_w \cdot \sin\alpha)$$

A_{sw}/s Querschnitt der Schubbewehrung je Längeneinheit
$\rho_{w,min}$ Mindestbewehrungsgrad nach Tafel 12.68a
b_w maßgebende Stegbreite
α Neigungswinkel der Schubbewehrung

Tafel 12.68a Mindestschubbewehrungsgrad $\rho_{w,min}$

f_{ck}		12	16	20	25	30	35	40	45	50	55	60	70	80	90	100
$\rho_{w,min}$ (‰)	*allg.* [1]	0,51	0,61	0,70	0,83	0,93	1,02	1,12	1,21	1,31	1,34	1,41	1,47	1,54	1,60	1,66
	Sonderfall [2]	0,82	0,98	1,12	1,33	1,49	1,63	1,79	1,94	2,10	2,14	2,26	2,35	2,46	2,56	2,66

[1] Werte werden ermittelt aus $\rho_{w,min} = 0{,}16 \cdot f_{ctm} / f_{yk}$.
[2] Werte gelten bei gegliederten Querschnitten mit vorgespannten Zuggurten, ermittelt aus $\rho_{w,min} = 0{,}256 \cdot f_{ctm} / f_{yk}$

Tafel 12.68b Höchstabstände der Schubbewehrung

Schubbeanspruchung [1]	Bügelabstände s_{max}				Schrägstäbe Längsabstand (Querabstand s. Bügel)
	Längsabstand		Querabstand		
	≤ C50/60	> C50/60	≤ C50/60	> C50/60	
$0 \leq V_{Ed} / V_{Rd,max} \leq 0{,}30$	$0{,}7\,h$ [2] ≤ 30 cm	$0{,}7\,h \leq 20$ cm	$1{,}0\,h \leq 80$ cm	$1{,}0\,h \leq 60$ cm	$s_{max} \leq$
$0{,}30 < V_{Ed} / V_{Rd,max} \leq 0{,}60$	$0{,}5\,h \leq 30$ cm	$0{,}5\,h \leq 20$ cm	$1{,}0\,h \leq 60$ cm	$1{,}0\,h \leq 40$ cm	$0{,}5h\,(1+\cot\alpha)$
$0{,}60 < V_{Ed} / V_{Rd,max} \leq 1{,}00$	$0{,}25\,h \leq 20$ cm	$0{,}25h \leq 20$ cm	$1{,}0\,h \leq 60$ cm	$1{,}0\,h \leq 40$ cm	

[1] $V_{Rd,max}$ darf hierfür näherungsweise mit $\theta = 40$ ° bestimmt werden.
[2] Bei Balken mit $h \leq 20$ cm und $V_{Ed} \leq V_{Rd,c}$ braucht der Abstand nicht kleiner als 15 cm gewählt zu werden.

Begrenzung der Schubrissbreite

Die Begrenzung der Schubrissbreite gilt als sichergestellt, wenn die Mindestschubbewehrung und der größte zulässige Längs- und Querabstand von Bügeln und Schrägstäben eingehalten sind.

Querkraftdeckung

Entlang der Bauteilachse ist die Querkraftbewehrung so anzuordnen, dass sie an jeder Stelle die Bemessungsquerkraft abdeckt.

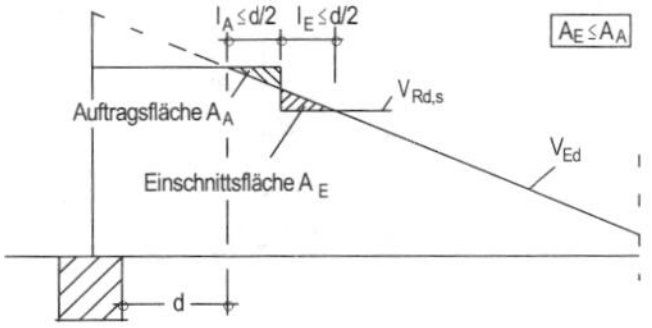

Bei der Verteilung der Querkraftbewehrung kann die Linie der durch die Bewehrung aufzunehmenden Querkraft V_{Ed} eingeschnitten werden. Es muss jedoch gewährleistet sein, dass die Auftragsfläche mindestens gleich der Einschnittsfläche ist; im Abstand d vom Auflager ist mit einer Auftragsfläche zu beginnen [12.31]. Als größte Einschnitts- bzw. Auftragslänge ist dabei der Wert $d/2$ einzuhalten; s. nebenstehende Abbildung (nach DIN 1045-1; EC2-1-1 enthält hierzu keine direkten Aussagen, die Vorgehensweise folgt jedoch aus dem Fachwerkmodell für die Querkraftbemessung).

5.2.4.3 Torsionsbewehrung

Für die Ausbildung der Torsionsbewehrung sind die nachfolgenden Ausführungen zu beachten (vgl. EC2-1-1, 9.2.3):

Ausbildung	Für die Torsionsbewehrung ist ein rechtwinkliges Bewehrungsnetz aus Bügeln und Längsstäben zu verwenden. Die Torsionsbügel sind zu schließen und durch Übergreifen zu verankern.
Mindestbügelbew.	Es gelten die im Abschnitt 5.2.4.2 angegebenen Mindestbewehrungsgrade.
Bügelabstände	Sie sollten das Maß $u/8$ und die kleinere Querschnittsabmesssung nicht überschreiten (u Umfang des Torsionsquerschnitts); die Abstände nach Abschn. 5.2.4.2 sind zusätzlich zu beachten.
Abstände der Längsbewehrung	Sie sollten keinen größeren Abstand als 35 cm haben, wobei in jeder Querschnittsecke mindestens ein Stab angeordnet werden sollte.

5.2.4.4 Oberflächen-/Hautbewehrung

Zur Vermeidung von Betonabplatzungen und zur Begrenzung der Rissbreite ist unter bestimmten Voraussetzungen die Anordnung einer Hautbewehrung erforderlich (EC2-1-1, Anhang J):

- Bei Anordnung von Stabbündeln oder Stäben mit $\varnothing$ bzw. $\varnothing_V > 32$ mm (und ggf. aus Brandschutzgründen) sollte eine Hautbewehrung angeordnet werden.
- Die Hautbewehrung sollte aus Betonstahlmatten oder Rippenstäben mit $\varnothing \leq 10$ mm bestehen und außerhalb der Bügel angeordnet werden; der Stababstand in Längs- (s_l) und Querrichtung (s_t) sollte 15 cm nicht überschreiten (s. Abb. unten).
- Es gilt die Betondeckung nach Abschnitt 4.1.2.
- Die Querschnittsfläche der Hautbewehrung $A_{s,surf}$ sollte betragen (s. Abb. unten):

  $$A_{s,surf} \geq 0{,}02 \cdot A_{ct,ext}$$

  mit $A_{ct,ext}$ als Querschnittsfläche der Zugzone außerhalb der Bügel.
- Die Längsstäbe der Hautbewehrung dürfen als Biegezugbewehrung und die Querstäbe als Schubbewehrung angerechnet werden (entsprechende bauliche Durchbildung vorausgesetzt).

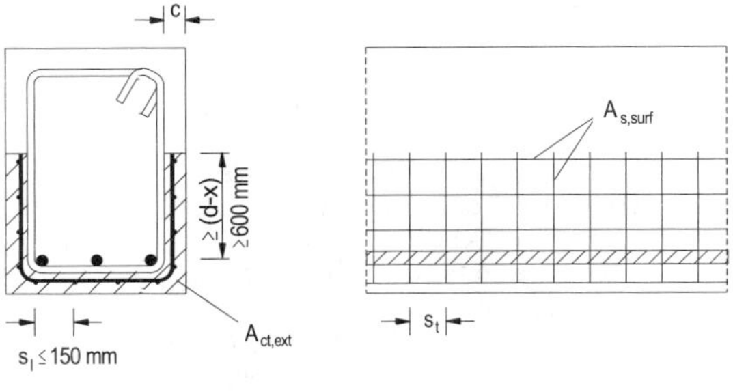

@ **Tafel 12.70 Querkraftbewehrung $\rho_w = A_{sw}/(s_w \cdot b_w)$** (für $\alpha = 90°$, B500, Normalbeton ≤ C50/60, $\sigma_{cp} = 0$) ([12.32], [12.45])

Bezogene Querkraft	$v_{Ed} = V_{Ed} / (b_w \cdot z)$
Querkraftbewehrung	$A_{sw} = \rho_w \cdot s_w \cdot b_w$
	$a_{sw} = A_{sw} / s_w = \rho_w \cdot b_w$
Neigungswinkel θ	$\cot\theta = v_{Ed} / (f_{yd} \cdot \rho_w)$

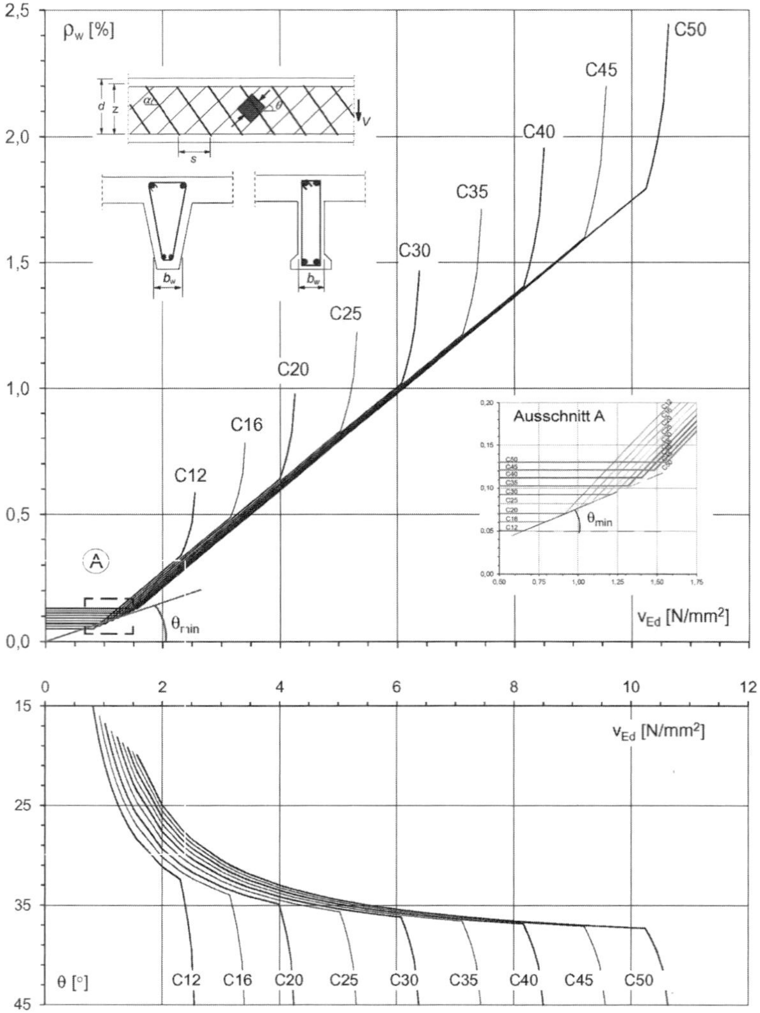

Ablesebeispiel (vgl. Rechenbeispiel auf S. 12.62)

Gegeben $V_{Ed} = 351$ kN; C30/37, B500; $b_w = 30$ cm, $z = 0{,}48$ m (vgl. S. 12.62)

Eingangswert $v_{Ed} = 0{,}351/(0{,}30 \cdot 0{,}48) = 2{,}44$ MN/m² (= 2,44 N/mm²)

Ablesewert $\rho_w = 0{,}33$ % (s. Ablesegerade obere Bildhälfte)

$\theta = 30°$ bzw. $\cot\theta = 1{,}73$ (s. Ablesegerade untere Bildhälfte)

⇒ $a_{sw} = \rho_w \cdot b_w = 0{,}33 \cdot 30 = 9{,}90$ cm²/m

5.3 Stützen

5.3.1 Schnittgrößenermittlung

5.3.1.1 Einführung

Bei Stützen ist i. Allg. ein Nachweis am verformten System (Theorie II. Ordnung) erforderlich. Hierauf darf jedoch verzichtet werden, wenn der Einfluss der Verformungen gering ist (Auswirkungen ≤ 10 %). Zur Nachweisführung wird unterschieden nach unverschieblichen und verschieblichen Bauteilen. Als unverschieblich gelten Bauteile, die durch lotrechte und horizontale Bauteile, wie Scheiben, Wände, Kerne in Verbindung mit Deckenscheiben, ausgesteift sind (zur rechn. Beurteilung s. *Bautabellen für Ingenieure*) oder die nur wenig schlank sind.

Die Schlankheit eines Druckglieds ergibt sich zu

$\lambda = l_0 / i$ $\qquad i = (I/A)^{0,5}$ Flächenträgheitsradius (71.1)

$\qquad l_0 = \beta \cdot l_{col}$ Ersatzlänge (auch „Knick"-Länge)

mit β als Verhältnis der Ersatzlänge zur Stützenlänge l_{col}. In einfachen Fällen gelten für β folgende Werte:

	unverschieblich				verschieblich		
	gelenkig	gelenkig	starr eingespannt	elastisch eingespannt	frei	starr eingespannt	elastisch eingespannt
System	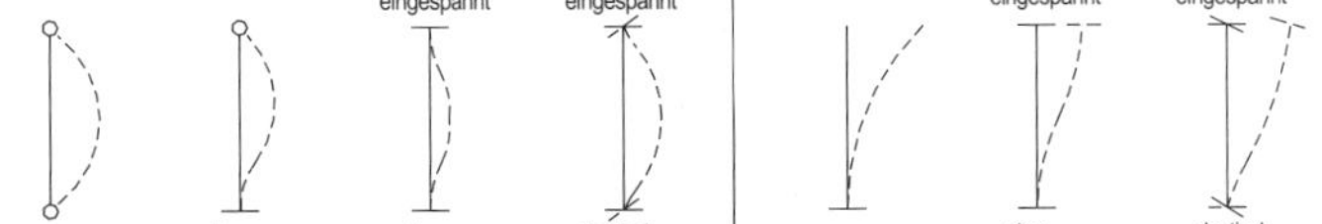						
	gelenkig	starr eingespannt	starr eingespannt	elastisch eingespannt		starr eingespannt	elastisch eingespannt
β (theoretisch)	1,0	0,7	0,5	0,5 bis 1,0	2,0	1,0	1,0 bis ∞
β (realistisch)	1,0	0,76	0,59	0,59 bis 1,0	2,2	1,2	1,2 bis ∞

Die „realistischen" Beiwerte β berücksichtigen eine begrenzte, i.d.R. vorhandene Nachgiebigkeit der Einspannung. Für eine genauere Ermittlung wird auf die Bautabellen für Ingenieure verwiesen (s. a. [12.28]).

5.3.1.2 Abgrenzung zwischen schlanken und gedrungenen Druckgliedern

Verzicht auf eine Untersuchung am verformten System (kein Nachweis der Knicksicherheit), falls eine der nachfolgenden Bedingungen erfüllt ist (EC2-1-1/NA, 5.8.3.1):

$$\lambda \leq \lambda_{lim} \qquad (71.2a)$$

$$\text{mit: } \lambda_{lim} = \begin{cases} 16/\sqrt{|n_{Ed}|} & \text{für } |n_{Ed}| < 0{,}41 \\ 25 & \text{für } |n_{Ed}| \geq 0{,}41 \end{cases} \quad \text{und} \quad n_{Ed} = \frac{N_{Ed}}{A_c \cdot f_{cd}} \qquad (71.2b)$$

Bei *zweiachsiger* Lastausmitte darf das Schlankheitskriterium für jede Richtung einzeln überprüft werden. Je nach Anwendungsfall sind dann die Auswirkungen nach Theorie II. Ordnung für beide Richtungen, für eine oder in keiner Richtung zu berücksichtigen.

5.3.1.3 Vereinfachtes Bemessungsverfahren für Einzeldruckglieder

Einzeldruckglieder können sein

- einzelstehende Stützen (z. B. Kragstützen),
- schlanke, aussteifende Bauteile, die als Einzeldruckglieder betrachtet werden,
- gelenkig oder biegesteif angeschlossene Stützen in einem unverschieblichen Tragwerk.

In EC2-1-1 werden zwei Verfahren zur Ermittlung der Schnittgrößen nach Theorie II. Ordnung genannt

- *Verfahren mit Nennsteifigkeiten*
  Hierbei werden Nennwerte der Biegesteifigkeit berücksichtigt, wobei Effekte aus Rissbildung, aus nichtlinearem Baustoffverhalten und aus dem Einfluss des Kriechens zu berücksichtigen sind. (Das gilt auch für angrenzende Bauteile, für Boden-Bauwerk-Interaktionen usw.)
- *Verfahren mit Nennkrümmungen*
  Es eignet sich besonders für Einzelstützen mit konstanter Normalkraftbeanspruchung und einer definierten Knicklänge.

Nachfolgend wird ausschließlich das Verfahren mit Nennkrümmungen, auch als Modellstützenverfahren bezeichnet, behandelt.

Modellstützenverfahren (Verfahren mit Nennkrümmungen)

Die Modellstütze ist eine Kragstütze unter der Wirkung von Längskräften und Momenten, wobei am Stützenfuß das maximale Moment auftritt. Es ist anwendbar bei

- rechteck- oder kreisförmigen konstanten Querschnitten (Beton und Bewehrung)
- planmäßigen Lastausmitten $e_0 \geq 0{,}1 \cdot h$ (für $e_0 < 0{,}1 \cdot h$ liegt das Verfahren auf der sicheren Seite).

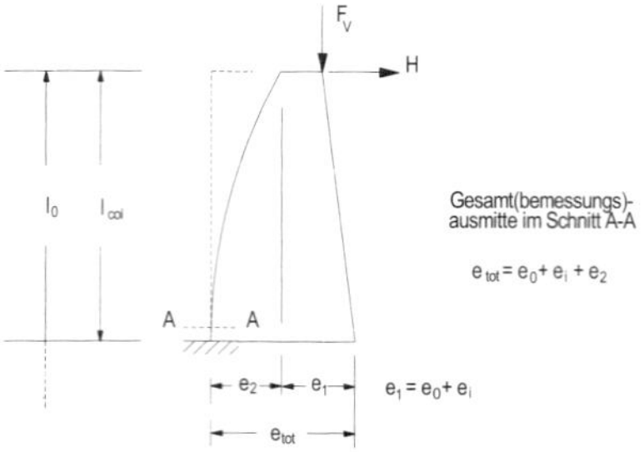

Die für die Bemessung zu berücksichtigende Gesamtausmitte (vgl. auch nebenstehende Skizze) beträgt:

$$\boxed{e_{tot} = e_0 + e_i + e_2} \qquad (72.1)$$

e_0 Lastausmitte nach Theorie I. Ordnung; $e_0 = M_{Ed}/N_{Ed}$ (s. a. Gl. (72.2a) bis (72.2c))
e_i ungewollte zusätzliche Ausmitte nach Gl. (72.3)
e_2 Lastausmitte nach Theorie II. Ordnung; näherungsweise nach Gl. (72.4)

Lastausmitte e_0 allgemein: $\Rightarrow$ $e_0 = M_{Ed,0}/N_{Ed}$ (72.2a)
für unverschieblich gehaltene Stützen ohne Querlasten (s. nachf. Skizze):
bei $e_{01} = e_{02}$ (Fall a nach Abb.) $\Rightarrow$ $e_0 = e_{01} = e_{02}$ (72.2b)
bei $|e_{01}| \leq |e_{02}|$ (Fall b u. c nach Abb.) $\Rightarrow$ $e_0 \geq \begin{matrix} 0{,}6 \cdot e_{02} + 0{,}4 \cdot e_{01} \\ 0{,}4 \cdot e_{02} \end{matrix}$ (72.2c)

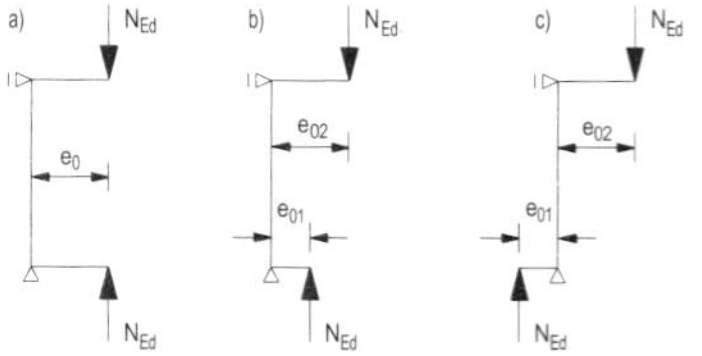

(e_{01}, e_{02} mit Vorzeichen)

Imperfektionen e_i zusätzliche Lastausmitte $\Rightarrow$ $e_i = \theta_i \cdot l_0 / 2$ (72.3)
mit $\theta_i = 1/200 \cdot \alpha_h$ mit $0 \leq \alpha_h = 2/l_{col}^{0,5} \leq 1{,}0$ (l_{col} in m).

Lastausmitte e_2 Ausmitte nach Theorie II. Ordnung $\Rightarrow$ $e_2 = K_1 \cdot 0{,}1 l_0^2 \cdot (1/r)$ (72.4)
$K_1 = (\lambda/10) - 2{,}5$ für $25 \leq \lambda \leq 35$
$K_1 = 1$ für $\lambda > 35$
$(1/r) \approx 1/200 \cdot d$ Stabkrümmung; näherungsweise, falls Kriechen vernachlässigt werden kann (z. B. bei unverschieblichen Systemen)
Genauere Nachweisführung: s. *Bautabellen für Ingenieure*

Beispiel Unverschieblich gehaltene Stütze (ohne Knickgefahr senkrecht zur dargestellten Ebene) mit Bemessungsschnittgrößen

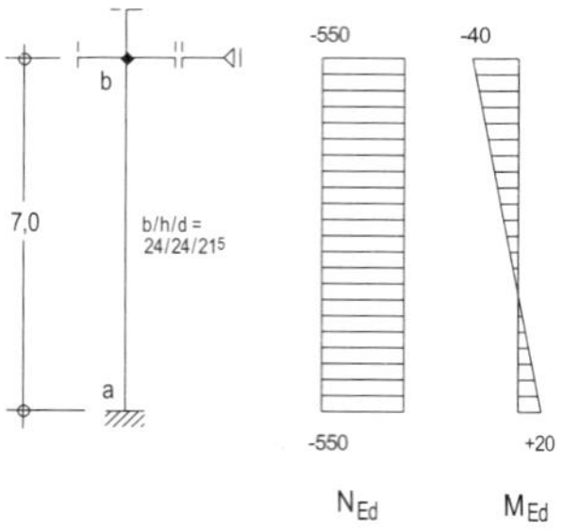

Schlankheit $l_0 = \beta \cdot l_{col} \approx 0{,}7 \cdot 7{,}0 = 4{,}90$ m [1)]
$\lambda = l_0 / i = 490 / (0{,}289 \cdot 24) = 71$
$\lambda_{lim} = 25 < 71 \Rightarrow$ KSNW erforderlich

Gesamtausmitte

$e_{tot} = e_0 + e_i + e_2$

$e_0 = 0{,}60 \cdot e_{02} + 0{,}4 \cdot e_{01} \geq 0{,}4 \cdot e_{02}$
$= (-0{,}60 \cdot 40 + 0{,}40 \cdot 20) / (-550) = 0{,}029$ m
$\geq (-0{,}4 \cdot 40) / (-550) = 0{,}029$ m

$e_i = (\alpha_h / 200) \cdot (l_0 / 2)$
$= ((2 / 7{,}00^{0,5}) / 200) \cdot (4{,}76/2) = 0{,}009$ m

$e_2 \approx 1 \cdot 0{,}1 \cdot 4{,}90^2 \cdot 1/(200 \cdot 0{,}215) = 0{,}056$ m

$e_{tot} = 0{,}029 + 0{,}009 + 0{,}056 = 0{,}094$ m

Bemessungsschnittgrößen:

im kritischen Schnitt: $N_{Ed} = -550$ kN; $M_{Ed} = 0{,}094 \cdot 550 = 52$ kNm
am Stützenkopf/-fuß: Schnittgrößen nach Theorie I. Ord. (hier nicht maßgebend).

1) β wird näherungsweise zu 0,7 angenommen (s. S. 12.71)

5.3.2 Bemessung von Stützen

5.3.2.1 Zentrisch belastete Stahlbetonstützen (ohne Knickgefahr)

Die Tragfähigkeit ergibt sich aus der Addition der Traganteile des Betons und Betonstahls. Bei *zentrischem* Druck gilt $|\varepsilon_{c2}| = 2{,}2$ ‰ (siehe EC2-1-1/NA, 6.1), die Stahlspannung ist dann $\sigma_{sd} = f_{yd}$.

Bei Druckgliedern ist eine Mindestausmitte von $e_0 = h/30 \geq 20$ mm zu berücksichtigen.

Beispiel 1

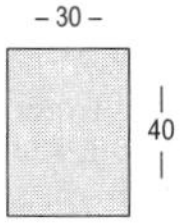

Zentrisch auf Druck beanspruchter Querschnitt mit $b/h = 30/40$ [cm]

Beanspruchung: $N_{Ed} = 1{,}908$ MN
Ausmitte $e_0 = 0{,}40/30 = 0{,}013$ m < **0,02 m** (Mindestausmitte; s. o.)
Bemessungsschnittgrößen: $N_{Ed} = 1{,}908$ MN; $M_{Ed} = 0{,}02 \cdot 1{,}908 = 0{,}038$ MNm

Weiterer Rechengang und Bemessung z. B. analog Beispiel 2 und 3.

5.3.2.2 Exzentrisch belastete Stahlbetonstützen

Die Bemessung für Längsdruck mit kleiner Ausmitte erfolgt häufig – insbesondere im Zusammenhang mit Stabilitätsnachweisen – mit Interaktionsdiagrammen für symmetrische Bewehrung. Der Anwendungsbereich dieser Diagramme geht allerdings über den Bereich „Längsdruckkraft mit kleiner Ausmitte" hinaus und erstreckt sich vom zentrischen Zug bis zum zentrischen Druck (s. S. 12.85, Tafel 3).

Beispiel 2

@

Die dargestellte Stütze wird durch eine zentrische Druckkraft aus Eigenlasten und durch eine horizontal gerichtete veränderliche Einwirkung beansprucht. Gesucht ist die Bemessung am Stützenfuß, wobei die Stütze nur in der dargestellten Ebene ausweichen kann.

Baustoffe C20/25; B500
Belastungen $G_{k,v} = 900$ kN; $Q_{k,h} = 100$ kN

Bemessungsschnittgrößen

Wegen $\lambda = 2 \cdot 1{,}75 / (0{,}289 \cdot 0{,}50) = 24 < 25$ kann auf eine Untersuchung am verformten System verzichtet werden; es gelten also die „Regel"-Bemessungsschnittgrößen.

$N_{Ed} = \gamma_G \cdot G_{k,v} = \mathbf{1{,}35}^{*)} \cdot (-900) = -1215$ kN
$M_{Ed} = \gamma_Q \cdot Q_{k,h} \cdot l = 1{,}50 \cdot 100 \cdot 1{,}75 \approx 263$ kNm

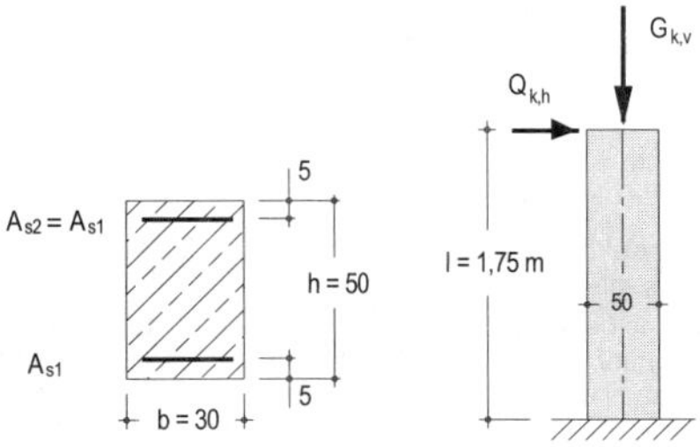

Bemessung

$d_1/h = d_2/h = 5/50 = 0{,}10$; B500 ⇒ S. 12.85, Tafel 3

$\nu_{Ed} = N_{Ed} / (b \cdot h \cdot f_{cd}) = -1{,}215 / (0{,}30 \cdot 0{,}50 \cdot 11{,}3) = -0{,}715$
$\mu_{Ed} = M_{Ed} / (b \cdot h^2 \cdot f_{cd}) = 0{,}263 / (0{,}30 \cdot 0{,}50^2 \cdot 11{,}3) = 0{,}310$
} $\omega_{tot} = 0{,}65$
$A_{s,tot} = \omega_{tot} \cdot b \cdot h / (f_{yd} / f_{cd}) = 0{,}65 \cdot 0{,}30 \cdot 0{,}50 /(435/11{,}3) = 25{,}3 \cdot 10^{-4}$ m^2 = 25,3 cm^2
$A_{s1} = A_{s2} = 12{,}7$ cm^2

Beispiel 3

Die im Beispiel 2 berechnete Stütze wird für eine geänderte Belastung aus Eigenlast bemessen. Im Übrigen gelten die zuvor gemachten Angaben.

Belastung $G_{k,v} = 400$kN; $Q_{k,h} = 100$ kN
Bemessungsschnittgrößen $N_{Ed} = \gamma_G \cdot G_{k,v} = \mathbf{1{,}00}^{*)} \cdot (-400) = -400$ kN
$M_{Ed} = \gamma_Q \cdot Q_{k,h} \cdot l = 1{,}50 \cdot 100 \cdot 1{,}75 \approx 263$ kNm

Bemessung $\nu_{Ed} = N_{Ed} / (b \cdot h \cdot f_{cd}) = -0{,}400 / (0{,}30 \cdot 0{,}50 \cdot 11{,}3) = -0{,}235$
$\mu_{Ed} = M_{Ed} / (b \cdot h^2 \cdot f_{cd}) = 0{,}263 / (0{,}30 \cdot 0{,}50^2 \cdot 11{,}3) = 0{,}310$
} $\omega_{tot} = 0{,}55$
$A_{s,tot} = \omega_{tot} \cdot b \cdot h / (f_{yd} / f_{cd}) = 0{,}55 \cdot 0{,}30 \cdot 0{,}50 /(435/11{,}3) \cdot 10^4 = 21{,}4$ cm^2
$A_{s1} = A_{s2} = 10{,}7$ cm^2

*) Im Beispiel 3 wirkt im Gegensatz zum Beispiel 2 die Eigenlast günstig und darf daher nur mit $\gamma_{G,inf} = 1{,}0$ multipliziert werden (vgl. Abschn. 2.1.2).

@ **5.3.2.3 Unbewehrte Betonstützen**

Für stabförmige unbewehrte Bauteile mit Rechteckquerschnitt ist die Ausmitte der Längskraft in der maßgebenden Einwirkungskombination des Grenzzustandes der Tragfähigkeit auf $e_d/h < 0{,}4$ zu begrenzen (Duktilitätskriterium). Bei der Bemessungsausmitte gilt $e_d = e_{tot}$. Es sind also die ungewollte Ausmitte und die Ausmitte nach Th. II. Ordnung zu berücksichtigen [12.31].

Wegen der geringen Verformungsfähigkeit gilt als Bemessungswert der Betondruckfestigkeit

$f_{cd,pl} = \alpha_{cc,pl} \cdot f_{ck}/\gamma_C$ mit $\alpha_{cc,pl} = 0{,}70$ (EC2-1-1/NA, 12.3.1) und $\gamma_C = 1{,}5$

Rechnerisch darf keine höhere Festigkeitsklasse als C35/45 ausgenutzt werden (EC2-1 -l/NA, 12.6).

Die äußeren Lasten und/oder Zwängungen müssen vom Querschnitt aufgenommen werden können. Dabei müssen mögliche Unsicherheiten bezüglich der Lage der Spannungsresultierenden, Öffnungen, Schlitze oder Aussparungen berücksichtigt werden.

Allgemeine Nachweisbedingung:

$$N_{Ed} \leq N_{Rd}$$

Grenzschlankheiten λ

Nach EC2-1-1, 12.6.5 sind Druckglieder aus unbewehrtem Beton stets als schlanke Bauteile zu betrachten. Ein *Verzicht auf eine Untersuchung am verformten System* (d. h. Vernachlässigung des Einflusses der Zusatzausmitte nach Theorie II. Ordnung) ist jedoch gestattet bei Schlankheiten

$$\lambda \leq 8{,}6 \text{ bzw. } l_0/h_w \leq 2{,}5 \qquad (74.1)$$

Die *größte zulässige Schlankheit* für unbewehrte Ortbetonwände und -einzeldruckglieder beträgt:

$$\lambda \leq 86 \text{ bzw. } l_0/h_w \leq 25 \qquad (74.2)$$

Vereinfachtes Bemessungsverfahren für unbewehrte Wände und Einzeldruckglieder

Die aufnehmbare Längskraft $N_{Rd,\lambda}$ von schlanken Stützen oder Wänden in *unverschieblichen* Tragwerken kann ermittelt werden aus

$$N_{Rd,\lambda} = b \cdot h_w \cdot f_{cd,pl} \cdot \Phi \qquad (74.3)$$

$$\Phi = 1{,}14 \cdot (1 - 2 \cdot e_{tot} / h_w) - 0{,}020 \cdot l_0 / h_w \leq 1 - 2 \cdot e_{tot} / h_w$$

$$e_{tot} = e_0 + e_i + e_\varphi$$

$$f_{cd,pl} = \alpha_{cc,pl} \cdot f_{ck}/\gamma_C \text{ mit } \alpha_{cc,pl} = 0{,}70.$$

Φ Funktion zur Berücksichtigung der Auswirkungen nach Theorie II. Ordnung auf die Tragfähigkeit (s. nachfolgendes Diagramm)

e_0 Lastausmitte nach Theorie I. Ordnung unter Berücksichtigung von Momenten infolge einer Einspannung in anschließende Decken, infolge von Wind etc.

e_i ungewollte Lastausmitte nach Gl. (72.3); näherungsweise darf auch $e_i = l_0/400$ angenommen werden

e_φ Exzentrizität aufgrund Kriechens (darf nach EC2-1-1/NA im Allg. vernachlässigt werden)

Traglastfunktion Φ

(für Rechteckquerschnitte)

Die ungewollte Ausmitte e_i ist von $\lambda = 0$ bis $\lambda = 86$ mit $e_i = l_0/400$ berücksichtigt (e_φ darf vernachlässigt werden).

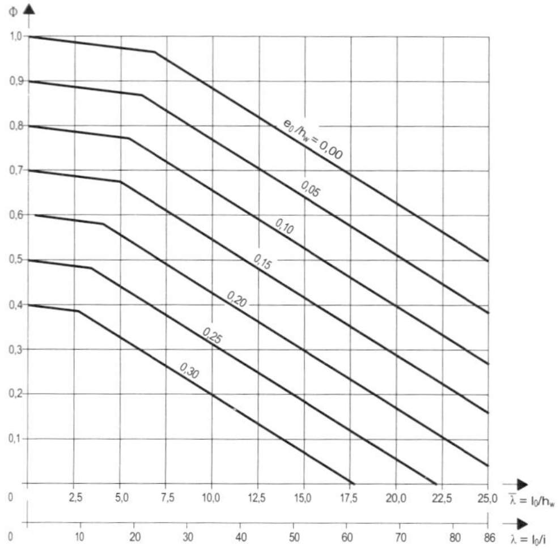

Beispiel

Zweiseitig gehaltene Stütze mit b/h = 30/40 cm und exzentrischer Belastung aus Eigenlast N_{Gk} = 300 kN und Verkehrslast N_{Qk}= 150 kN. Die Stütze soll nur in der dargestellten Ebene ausweichen können.

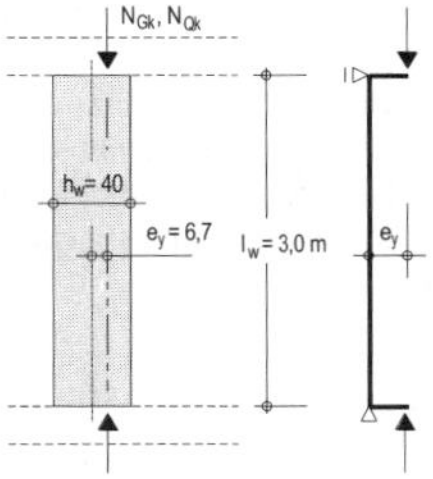

Baustoffe: Beton C20/25

Einwirkende Schnittgrößen nach Theorie I. Ordnung

$N_{Ed} = 1{,}35 \cdot 0{,}300 + 1{,}50 \cdot 0{,}150 \quad = +0{,}630$ MN

$M_{Ed} = 0{,}630 \cdot 0{,}067 \quad = 0{,}042$ MNm

Schlankheit

$\lambda = l_0 / i = \beta \cdot l_w / i = 1{,}0 \cdot 3{,}00 / (0{,}289 \cdot 0{,}40) = 26 < \lambda_{lim} = 86$

Wegen $\lambda > 8{,}6$ sind Ausmitten nach Th. II. O. zu berücksichtigen.

Aufnehmbare Längsdruckkraft $N_{Rd,\lambda}$

$N_{Rd,\lambda} = b \cdot h_w \cdot f_{cd,pl} \cdot \Phi$

$\Phi \approx 0{,}56$ (s. Abb. oben für $\lambda = 26$ bzw. $l_0/h_w = 7{,}5$ und $e_0/h_w = 0{,}167$)

$N_{Rd,\lambda} = 0{,}30 \cdot 0{,}40 \cdot (0{,}70 \cdot 20/1{,}5) \cdot 0{,}56 = 0{,}627$ MN

Nachweis der Tragfähigkeit

$N_{Ed} = 630$ kN $\approx N_{Rd,\lambda} = 627$kN $\rightarrow$ Tragfähigkeit (knapp) gegeben.

5.3.3 Konstruktive Durchbildung von Stützen

Geltungsbereich — Verhältnis der größeren zur kleineren Querschnittsseite $b/h < 4$

Mindestabmessung — stehend hergestellte Ortbetonstützen h_{min} = 20 cm
liegend hergestellte Fertigteilstützen h_{min} = 12 cm

Längsbewehrung
- Mindestdurchmesser $\varnothing_l \geq 12$ mm
- Mindestbewehrung $A_{s,min} \geq 0{,}15 \cdot |N_{Ed}| / f_{yd}$
- Höchstbewehrung $A_{s,max} \leq 0{,}09 \cdot A_c$ (auch im Bereich von Stößen)
  (A_c Fläche des Betonquerschnitts; N_{Ed} Bemessungslängsdruckkraft)
- Mindestanzahl: polygonaler Querschnitt: 1 Stab je Ecke; Kreisquerschnitt: 6 Stäbe
- Höchstabstand $s_l \leq 30$ cm
  (bei $b \leq 40$ cm – mit $h \leq b$ – genügt 1 Stab je Ecke)

Bügelbewehrung — Bügel sind durch Haken[2)] zu schließen. Durch Bügel können max. 5 Stäbe in oder in der Nähe der Ecke (s. Skizze) gegen Ausknicken gesichert werden; für weitere Stäbe sind Zusatzbügel – mit höchstens doppeltem Abstand – erforderlich.

Durchmesser $\varnothing_{bü} \geq$ { 6 mm (Stabstahl); 5 mm (Matte); $\varnothing_l / 4$ }

Bügelabstand[1)] $s_{bü} \leq$ { $12\,\varnothing_l$; min h; 30 cm }

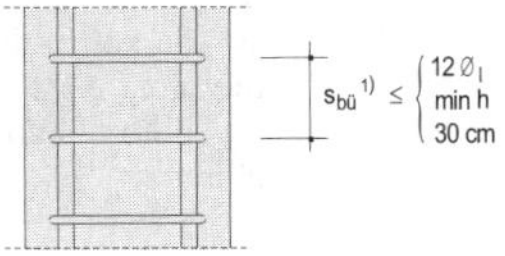

Für $\varnothing_n > 28$ mm und $\varnothing > 32$ mm s. EC2-1-1, 13.5.3.

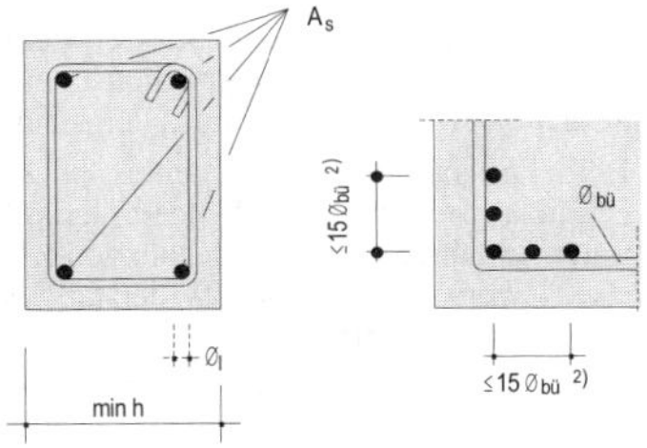

1) Der Bügelabstand ist mit 0,6 zu multiplizieren:
- im Bereich unmittelbar unter und über Platten oder Balken auf einer Höhe gleich der größeren Stützenabmessung;
- bei Übergreifungsstößen der Längsbewehrung mit $\varnothing_l > 14$ mm

Bei Richtungsänderung der Längsbewehrung (z. B. Änderung der Stützenabmessung) sollte der Abstand der Querbewehrung unter Berücksichtigung der Umlenkkräfte ermittelt werden.

Wenn im Bereich eines Übergreifungsstoßes im GZT überwiegend Biegebeanspruchung vorliegt, ist eine Querbewehrung anzuordnen.

2) Statt zwei 150°-Haken sind nach [12.31] zwei 135°-Haken akzeptabel. Bei 90°-Winkelhaken ist mind. eine der nachfolgenden Maßnahmen zusätzlich zu ergreifen (Bügelschlösser sind längs der Stütze zu versetzen):
- $\varnothing_{bü}$ um 2 mm vergrößern
- $s_{bü}$ halbieren
- Anordnung von angeschweißten Querstäben (Bügelmatten)
- Winkelhakenlänge $\geq 15\,\varnothing$

5.4 Fundamente

5.4.1 Bewehrte Einzelfundamente

In Fundamentplatten verlaufen die Hauptmomente in Stützennähe radial und tangential. Anstelle dieser Hauptmomente darf man jedoch näherungsweise die Momente M_x und M_y parallel zu den Kanten der Fundamentplatte berücksichtigen [12.11]. Das größte *Gesamt*biegemoment je Richtung einer Fundamentplatte mit rechteckigem Grundriss, die durch eine mittig und lotrecht angreifende Stützenlast beansprucht wird, beträgt unter der Annahme gleichmäßig verteilter Bodenpressungen (die nachfolgenden Gleichungen sind für die x-Richtung aufgestellt, für die y-Richtung gelten sie analog):

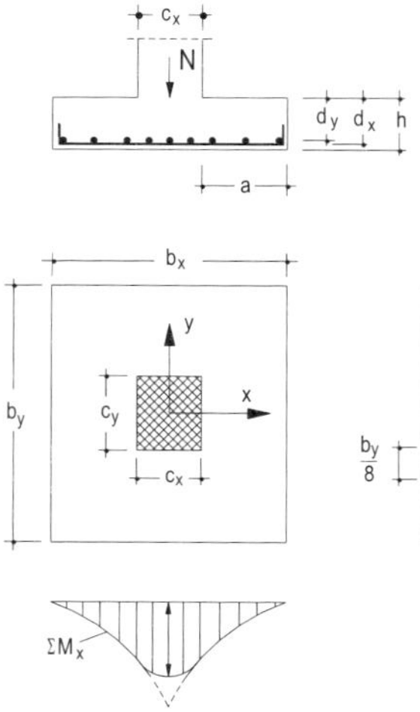

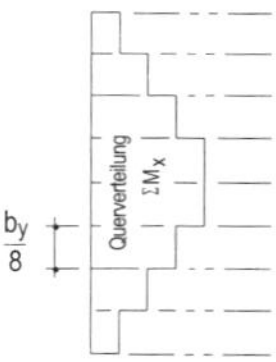

Verteilung von ΣM_x (Anteil am Gesamtmoment in %)

c_y/b_y = 0,1	0,2	0,3
7	8	9
10	10	11
14	14	14
19	18	16
19	18	16
14	14	14
10	10	11
7	8	9

$$\Sigma M_x = N \cdot \frac{b_x}{8}$$

Unter Berücksichtigung einer ggf. zulässigen Momentenausrundung (s. Abschn. 3.5.2; vgl. auch Abschn. 4.1.4.2, Beispiel) erhält man als

Ausgerundetes Moment

$$\Sigma M'_x = N \cdot \frac{b_x}{8} \cdot \left(1 - \frac{c_x}{b_x}\right)$$

*Anschnitt*moment

$$\Sigma M_{x,1} = N \cdot \frac{b_x}{8} \cdot \left(1 - \frac{c_x}{b_x}\right)^2$$

Die Verteilung der Plattenmomente rechtwinklig zur betrachteten Richtung darf näherungsweise nach nebenstehender Tabelle erfolgen. Bei gedrungenen Fundamenten (etwa bei $c_y / b_y > 0{,}3$, $h / a > 1{,}0$) darf das Gesamtmoment gleichmäßig über die Breite verteilt werden.

Wird durch die Stütze gleichzeitig ein Biegemoment eingeleitet bzw. die Stütze exzentrisch angeordnet, ist das Plattenmoment aus der trapez- oder dreieckförmig verteilten Bodenpressung zu berechnen.

Für Fundamentplatten sind die konstruktiven Anforderungen von Platten zu beachten (s. Abschn. 5.1). Die Biegebewehrung sollte ohne Abstufung bis zum Rand geführt und dort z. B. mit Haken verankert werden, die Betondeckung sollte reichlich gewählt werden. Bei Fundamenten ist i. d. R. zusätzlich ein Durchstanznachweis zu führen.

Durchstanzen

Durchstanzen resultiert aus konzentrierten Lasten oder Auflagerreaktionen, die auf einer relativ kleinen Fläche (i. Allg. Fläche einer Stütze oder Lasteinleitungsfläche einer Einzellast) wirken. Der Nachweis der aufnehmbaren Querkraft muss längs eines festgelegten Rundschnitts erfolgen ([12.19], [12.20]).

Beim Durchstanznachweis gelten die Grundsätze des Tragfähigkeitsnachweises für Querkraft, jedoch mit Ergänzungen. Die einwirkende Querkraft v_{Ed} wird längs eines kritischen Rundschnitts ermittelt, der sich unter Annahme eines Durchstanzwinkels ergibt (s. Abb. unten). Die Querkraft v_{Ed} darf den Widerstand v_{Rd} nicht überschreiten. Der Widerstand wird differenziert nach Bauteilen ohne und mit Durchstanzbewehrung geführt.

Bei Fundamenten dürfen die Sohlpressungen innerhalb der kritischen Fläche abgezogen werden, sodass nur eine reduzierte Querkraft $v_{Ed,red}$ nachgewiesen werden muss. Die Fundamentdicke wird i. d. R. so gewählt, dass keine Durchstanzbewehrung erforderlich wird.

Bezüglich des rechnerischen Nachweises wird auf die *Bautabellen für Ingenieure* (s. a. [12.45]) verwiesen.

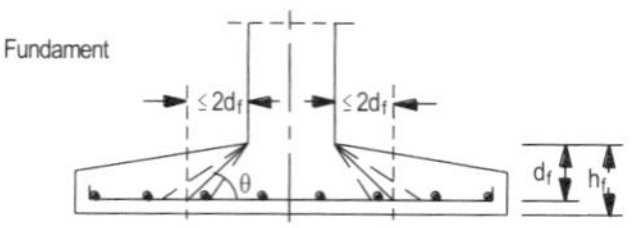

Köcherfundamente (vgl. EC2-1-1, 10.9.6)

Betonköcher müssen in der Lage sein, vertikale Lasten, Biegemomente und Horizontalkräfte aus den Stützen in den Baugrund zu übertragen. Der Köcher muss groß genug sein, um ein einwandfreies Verfüllen unter und seitlich der Stütze zu ermöglichen.

Beispiele

Blockfundamente mit profilierter Oberfläche (li.) und Köcherfundamente mit glatter Oberfläche (re.)

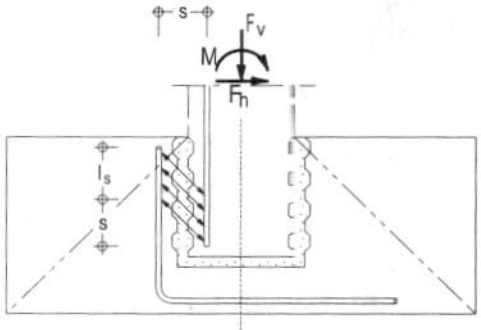

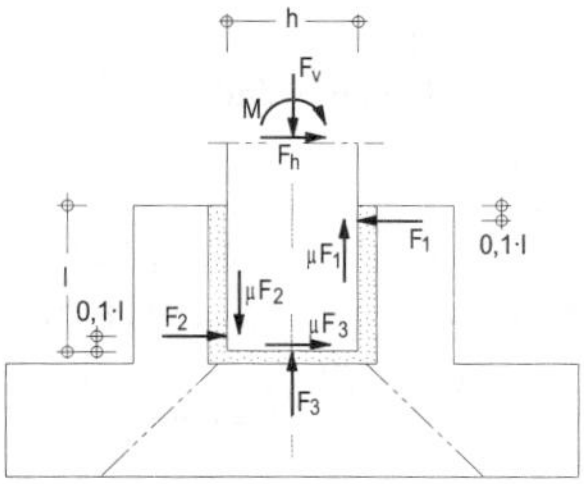

5.4.2 Unbewehrte Fundamente (EC2-1-1, 12.9.3 mit NA)

Annähernd zentrisch belastete streifenförmige und flache Einzelfundamente dürfen dann unbewehrt ausgeführt werden, wenn das Verhältnis h_F/a folgende Bedingung erfüllt (s. hierzu Diagramm unten):

$$0,85 \cdot \frac{h_F}{a} \geq \sqrt{\frac{3 \cdot \sigma_{gd}}{f_{ctd}}} \qquad (12.77)$$

Zusätzlich ist eine Begrenzung auf $h_F/a \geq 1$ einzuhalten.

In Gl. (12.77) ist σ_{gd} der Bemessungswert der Bodenpressungen und f_{ctd} der Bemessungswert der Betonzugfestigkeit ($f_{ctd} = \alpha_{ct} \cdot f_{ctk;0,05} / \gamma_C$ mit $\alpha_{ct} = 0,85$; s. a. Abschn. 2)

Ohne weiteren Nachweis darf das Verhältnis $h_F/a \geq 2$ verwendet werden.

Zulässige Fundamentschlankheit h_F/a (unter Berücksichtigung von $h_F/a \geq 1$)

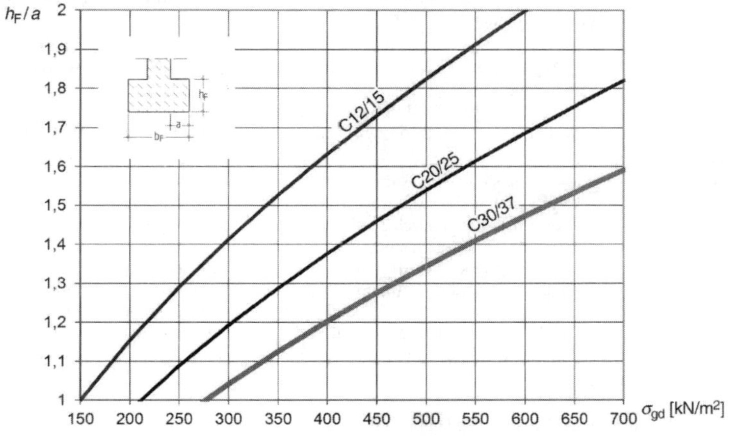

Beispiel

Streifenfundament mit Belastung aus Eigenlasten N_{Gk} und Verkehrslasten N_{Qk}
Zur Erfüllung der bodenmechanischen Nachweise wurde eine Fundamentbreite b_F = 0,90 m festgelegt. Gesucht ist die Fundamenthöhe h_F.

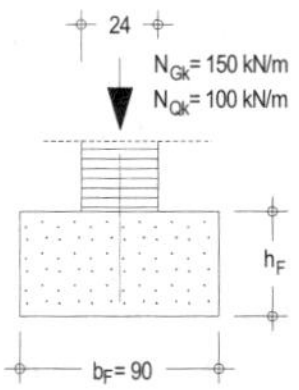

Baustoffe: Beton C12/15

Bodenpressungen: $\sigma_{gd} = N_{Ed}/b_F = (1,35 \cdot 150 + 1,50 \cdot 100) / 0,90 = 392$ kN/m²

→ $(h_F/a)_{erf} \geq 1,62$ (aus Diagramm für σ_{gd} = 392 kN/m² und C12/15)

$h_{F,req} \geq 1,62 \cdot a = 1,62 \cdot (0,90 - 0,24) / 2 = 0,53$ m

gew.: $h_{F,prov} = 0,60$ m (Für eine frostfreie Gründung sind ggf. größere Fundamentdicken erforderlich.)

5.5 Wände, Scheiben, Konsolen

5.5.1 Wände

5.5.1.1 Stahlbetonwände

Bei Wänden ist die waagerechte Länge größer als die 4fache Dicke, andernfalls s. Stützen. Die folgenden Angaben gelten für Ortbetonwände (für Wände aus Halbfertigteilen zusätzlich die jeweiligen Zulassungen).

Für die *Mindestwanddicken* gelten die Angaben in nachfolgender Tafel 12.78.

Tafel 12.78 Mindestwanddicke für tragende Wände

Betonfestigkeitsklasse	Herstellung	Mindestwanddicke (in cm) für Wände aus unbewehrtem Beton, Decken über Wände: nicht durchlaufend	unbewehrtem Beton, Decken über Wände: durchlaufend	Stahlbeton, Decken über Wände: nicht durchlaufend	Stahlbeton, Decken über Wände: durchlaufend
< C12/15	Ortbeton	20	14	-	-
≥ C16/20	Ortbeton	14	12	12	10
	Fertigteil	12	10	10	8

Bewehrung

Lotr. Bewehrung

Mindestbewehrung i. Allg: $A_{s,min} = 0{,}15 \cdot |N_{Ed}|/f_{yd} \quad \geq 0{,}0015\,A_c$

bei $|N_{Ed}| \geq 0{,}3 f_{cd} \cdot A_c$ oder schlanken Wänden: $A_{s,min} \geq 0{,}0030\,A_c$

Die Hälfte dieser Bewehrung sollte an jeder Außenseite liegen.

Höchstbewehrung $A_{s,max} \leq 0{,}04\,A_c$

(im Bereich von Übergreifungsstößen darf der Wert verdoppelt werden)

Stababstand $s \leq 300$ mm und $\leq 2\,h$ mit h als Wanddicke

Der Bewehrungsgehalt sollte an beiden Wandseiten i. Allg. gleich groß sein.

Waagerechte Beweh.

Mindestbewehrung

i. Allg.: 20 % der lotr. Bewehrung

bei $|N_{Ed}| \geq 0{,}3 \cdot f_{cd} \cdot A_c$ oder bei schlanken Wänden: 50 % der lotr. Bewehrung

Stababstand $s \leq 350$ mm

Stabdurchmesser ≥ 1/4 des Durchmessers der Längsbewehrung

Anordnung außen (zwischen der lotr. Bewehrung und der Wandoberfläche)

S-Haken, Steckbügel, Bügelbewehrung

Wenn die Querschnittsfläche der lastabtragenden lotrechten Bewehrung 0,02 A_c übersteigt, sollte sie wie bei Stützen verbügelt werden. Andernfalls gilt:

- Außenliegende Bewehrung ist durch 4 S-Haken je m² zu sichern (alternativ bei dicken Wänden durch Steckbügel, die mindestens mit 0,5 l_b im Inneren der Wand zu verankern sind).
- Bei Tragstäben ∅ ≤ 16 mm und bei einer Betondeckung ≥ 2 ∅ sind keine Maßnahmen erforderlich (in diesem Fall und stets bei Betonstahlmatten dürfen die druckbeanspruchten Stäbe außen liegen). An freien Rändern von Wänden mit $A_s \geq 0{,}003 \cdot A_c$ sind die Eckstäbe durch Steckbügel zu sichern.

Bzgl. *vorgefertigter Wände und Sandwichtafeln* wird auf die Zulassungen und erg. Literatur verwiesen.

5.5.1.2 Unbewehrte Wände

Für die Mindestdicke von unbewehrten Wänden gilt Tafel 12.78.

Aussparungen, Schlitze, Durchbrüche und Hohlräume sind i. Allg. zu berücksichtigen. Ausgenommen hiervon sind lediglich lotrechte Schlitze mit einer Tiefe bis zu 30 mm, wenn die Tiefe höchstens 1/6 der Wanddicke, die Breite höchstens gleich der Wanddicke und der gegenseitige Abstand mindestens 2 m beträgt; die Wand muss dann außerdem mindestens 12 cm dick sein.

5.5.2 Wandartige Träger

Die Berechnung erfolgt bevorzugt mit Stabwerkmodellen. Die Bewehrung ist sorgfältig außerhalb der Knotenpunkte zu verankern (durch Aufbiegungen, durch U-Bügel oder durch Ankerkörper, wenn eine ausreichende Verankerungslänge $l_{b,net}$ für gerade Stabenden nicht vorhanden ist).

Für die *Mindestdicken* gelten die Regelungen für Wände (s. Tafel 12.78). Als *Mindestbewehrung* ist an beiden Außenflächen ein rechtwinkliges Bewehrungsnetz vorzusehen, das je Außenfläche und Richtung den Wert $a_s = 1{,}5$ cm²/m bzw. 0,075 % des Betonquerschnitts A_c nicht unterschreiten darf. Die Maschenweite des Bewehrungsnetzes darf maximal gleich der doppelten Wanddicke und höchstens 30 cm sein.

5.5.3 Konsolen, ausgeklinkte Trägerenden

Konsolen sind Bauteile mit einem Verhältnis $a_c \leq h_c$ ($a_c > h_c \rightarrow$ Kragträger), sie werden mit Stabwerkmodellen berechnet. Lage und Richtung der Druck- und Zugstreben sollten sich an der Schnittgrößenverteilung der Elastizitätstheorie orientieren, die Zugkräfte F_t sind durch Bewehrung abzudecken; die Betondruckspannung σ_{cd} in der Druckstrebe sollte folgende Werte nicht überschreiten [12.19].

$$0{,}65\, f_{cd} \leq \sigma_{Rd,max} = (0{,}55 + 0{,}4 \cdot (a_c/h_c)) \cdot f_{cd} \leq 0{,}95\, f_{cd}$$

Konsolen sind für die Vertikallast F_{Ed} und zusätzlich für eine Horizontallast $H_{Ed} \geq 0{,}2 \cdot F_{Ed}$ zu bemessen. Nachfolgende Ausführungen stammen aus [12.19], weitere Hinweise s. a. [12.36].

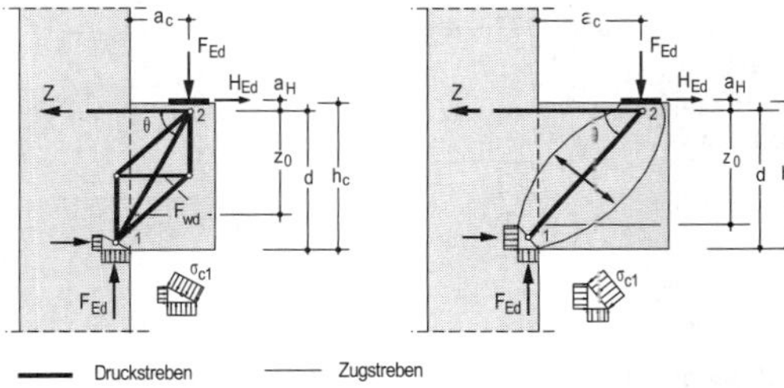

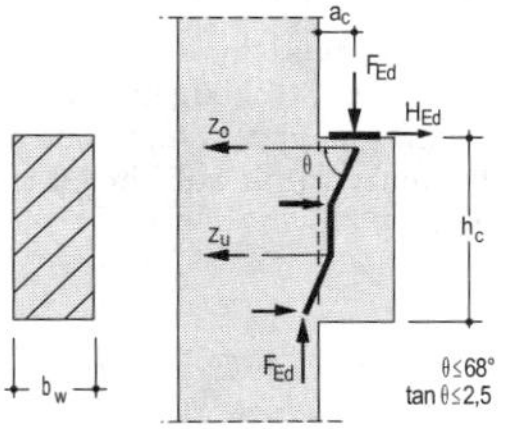

Sehr kurze Konsolen ($a_c \leq 0{,}2\,h_c$; [12.36])

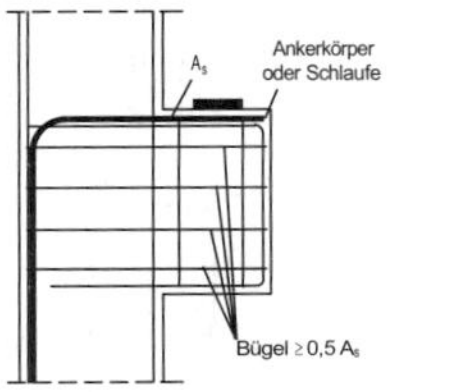

Kurze Konsolen
mit $a_c \leq 0{,}5\ h_c$

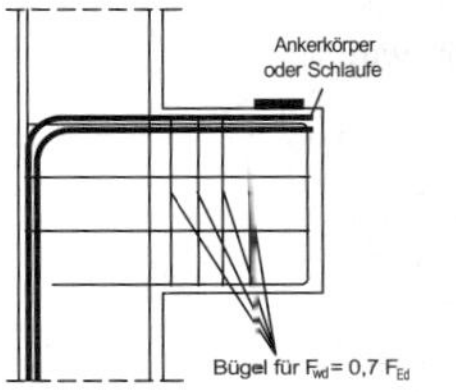

Konsolen
$0{,}5\ h_c \leq a_c \leq h_c$

Nachweis nach [12.19]:

- Betondruckkraft
  $F_{Ed} \leq V_{Rd,max} = 0{,}5 \cdot \nu \cdot b \cdot z \cdot f_{ck}/\gamma_C$
  mit $\nu = (0{,}7 - f_{ck}/200)$
- Zuggurtkraft
  $Z_{Ed} = F_{Ed} \cdot (a_c/z_0) + H_{Ed} \cdot (a_h + z_0)/z_0$
  mit $a_c/z_0 \geq 0{,}4$
  und $z_0 = d \cdot (1 - 0{,}4 \cdot V_{Ed}/V_{Rd,max})$

Die Verankerung des Zuggurtes erfolgt durch Schlaufen und ist ab Innenkante Lagerplatte nachzuweisen. Zusätzlich sind geschlossene Bügel erforderlich, die bei $a_c \leq 0{,}5\ h_c$ horizontal angeordnet werden (bei $F_{Ed} > 0{,}3\ V_{Rd,max}$ mit einem Querschnitt von mindestens 50 % der Gurtbewehrung). Für Konsolen mit $a_c > 0{,}5\ h_c$ sind vertikale Bügel erforderlich mit einem Querschnitt von 70 % der Vertikallast F_{Ed}, falls $V_{Ed} \geq V_{Rd,c}$.

Weitere Hinweise und ausführliches Bemessungsbeispiel s. [12.45].

Ausgeklinkte Trägerenden können mit Stabwerkmodellen nach Abb. a) oder einer Kombination nach a) und b) bemessen werden. Die gesamte Bewehrung ist kraftschlüssig zu verankern. Eine Bewehrungsführung ausschließl. nach Modell b) ist wegen starker Rissbildung in der einspringenden Ecke nicht zulässig. vgl. [12.14].

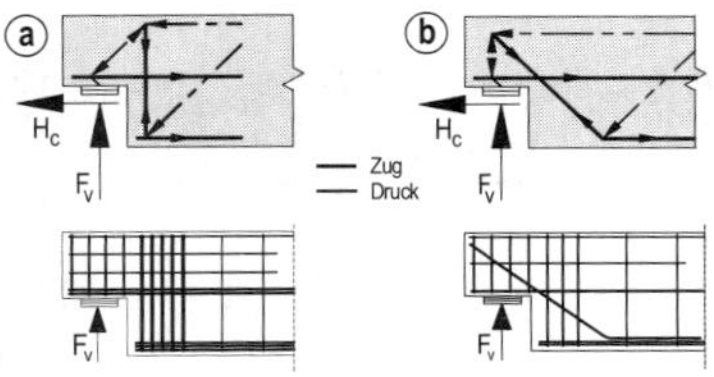

Im Modell a) wird das ausgeklinkte Ende wie bei Konsolen mit liegenden Schlaufen ausgebildet. Im ungeschwächten Balkensteg ist eine vertikale Rückhängebewehrung (geschlossene Bügel) erforderlich.

Bei einer Bewehrungsführung für eine Kombination aus den Stabwerkmodellen a) und b) wird ein Anteil der Auflagerkraft F_v durch die schräge Bewehrung aufgenommen.

5.6 Andere Bauteile und besondere Bestimmungen

Rahmenecken und Rahmenknoten

Wegen zusätzlicher Zug- und Druckkräfte, die sich aus der Umlenkung der inneren Kräfte ergeben, sollte Beton ≥ C25/30 gewählt werden (vgl. [12.14]). Die Bewehrung wird mit großen Biegeradien ausgeführt, um die Umlenkpressungen klein zu halten. Bei Stößen ist eine ausreichende Verankerungs- und Übergreifungslänge zu beachten. Zur Begrenzung der Rissbreite sollte eine Zusatzbewehrung an den Seitenflächen angeordnet werden.

Für die Bewehrungsführung ist zu unterscheiden nach der Lage des Knotens (Rahmenecke, Rahmenendknoten/-innenknoten) und nach der Beanspruchung (positives oder negatives Moment, wechselnde Momentenbeanspruchung). Nachfolgend sind beispielhaft für zwei Standardfälle Konstruktionsregeln angegeben; weitere detaillierte Angaben enthalten [12.19], [12.14]; vgl. a. [12.45].

Für die Bewehrungsführung bei einer **Rahmenecke mit negativem Moment** (Biegezug außen) gilt:

- Stoß der Biegezugbewehrung mit Übergreifungslänge l_0:
  $l_0 = \alpha_6 \cdot \alpha_1 \cdot l_{b,rqd} \geq l_{0,min}$
  (bevorzugt nach Abb. links wegen günstigerer Verbundbedingungen kürzere Übergreifung)
- Querbewehrung im Übergreifungsstoß aus Bügeln oder Steckbügeln, die Bügelabstände im Riegel und in der Stütze sind auf $s_w \leq 10$ cm zu begrenzen (gilt auf einer Länge von etwa 0,9 h_2 bzw. 0,9 h_1; s. Abb.).

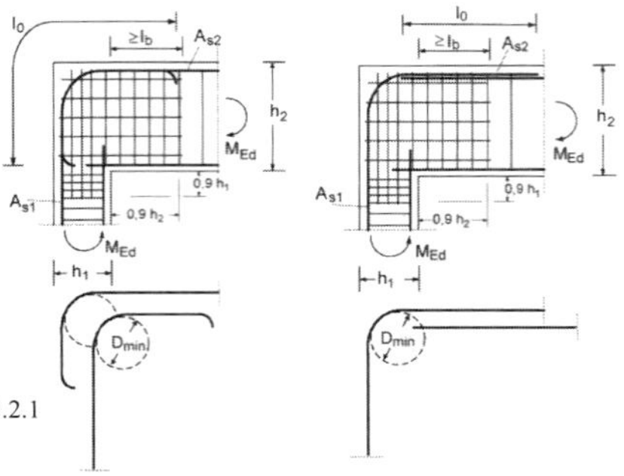

Biegrollendurchmesser nach Abschn. 5.2.1
D_{min} für gebogene Stäbe

Bei der **Rahmenecke mit positivem Moment** ist die Umlenkung der Biegezugkraft durch Bügel und/oder Schrägbewehrung abzudecken (s. Abb.). Bzgl. der rechnerischen Nachweise (sowie der Nachweisführung bei Rahmenend-/-innenknoten) wird auf weiterführende Literatur verwiesen (z. B. [12.45]).

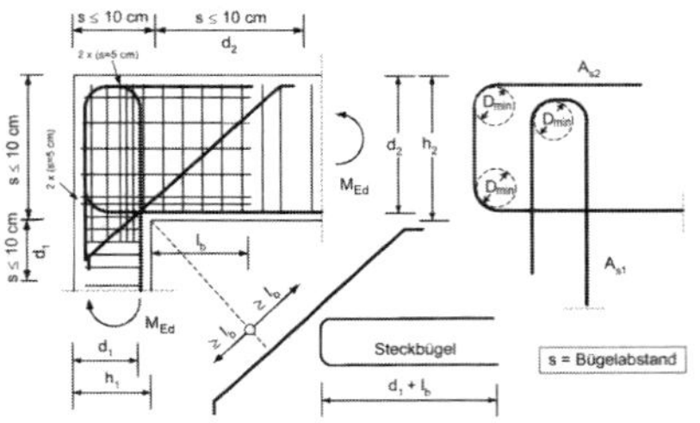

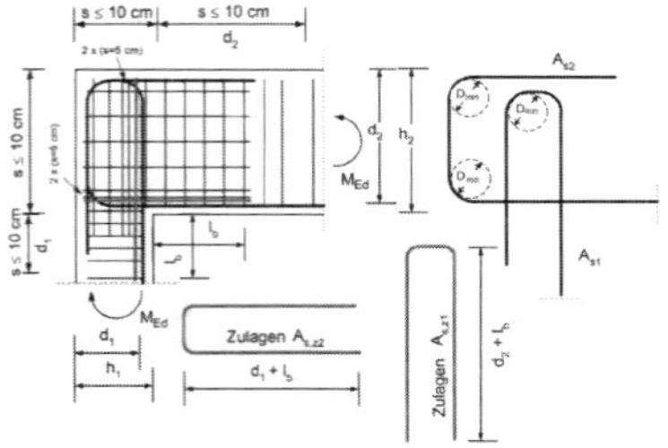

Umlenkkräfte

Bei Richtungsänderungen müssen die zugehörigen Umlenkkräfte i. Allg. durch eine Zusatzbewehrung aufgenommen werden. Bei geringer Beanspruchung ($\rho \leq 0{,}4$ %) und Richtungsänderung $\alpha < 45°$ (z. B. bei Treppen) wird eine Bewehrungsführung mit sich kreuzender Biegezugbewehrung gewählt; die Biegezugbewehrung wird mit l_b in der Druckzone verankert.

Größere Umlenkkräfte sind durch eine Zusatzbewehrung aufzunehmen. Im dargestellten Beispiel eines Satteldachbinders sind Zusatzbügel für die Umlenkung der Betondruckkraft F_{cd} erforderlich (s. Abb.), die für die Umlenkkraft $U = 2 \cdot F_{cd} \cdot \sin(\alpha/2)$ zu bemessen sind.

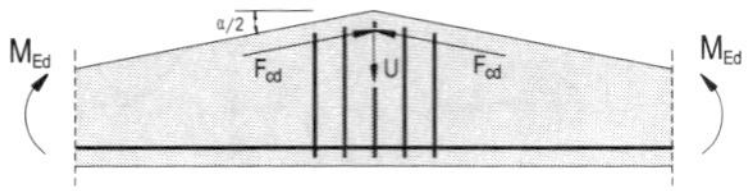

Anschluss von Nebenträgern

Im Kreuzungsbereich von Haupt- und Nebenträgern muss eine Aufhängebewehrung für die volle aufzunehmende Auflagerkraft des Nebenträgers vorgesehen werden. Die Aufhängebewehrung sollte vorzugsweise aus Bügeln bestehen, die die Hauptbewehrung des unterstützenden Bauteils (Hauptträger) umfassen, der größtmögliche Kreuzungsbereich für die Anordnung der Aufhängebewehrung ist nebenstehend dargestellt.

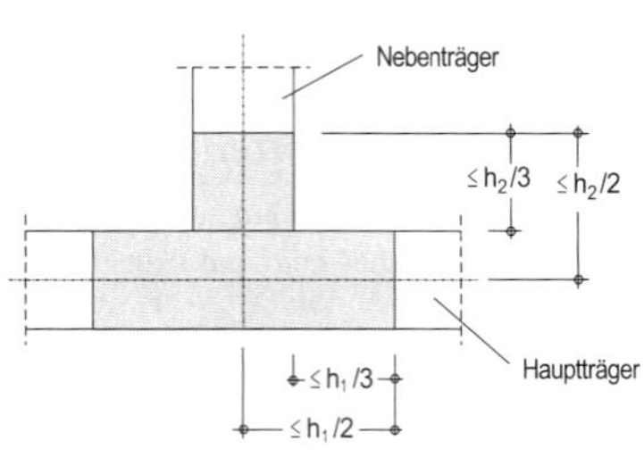

h_1 Höhe des Hauptträgers (stützendes Bauteil)
h_2 Konstruktionshöhe des Nebenträgers ($h_2 \leq h_1$)

6 Bemessungstafeln

Den nachfolgenden Bemessungstafeln liegt für den Beton das Parabel-Rechteck-Diagramm der Querschnittsbemessung zugrunde (s. Abschn. 2.2.1). Die Tafeln gelten für Normalbeton (bis C50/60).

In EC2-1-1 werden Längskräfte i. d. R. als Druck- und Zugkräfte ohne Vorzeichen (d. h. positiv) angegeben. In den nachfolgenden Bemessungstafeln ist jedoch einheitlich, um Verwechselungen zu vermeiden, eine *Zugkraft positiv* und eine *Druckkraft negativ* definiert.

In den Bemessungstafeln werden die auf die Zugbewehrung A_{s1} bezogenen Schnittgrößen M_{Eds} und N_{Ed} benötigt. Der Zusammenhang zwischen diesen Größen ist der nachfolgenden Darstellung zu entnehmen.

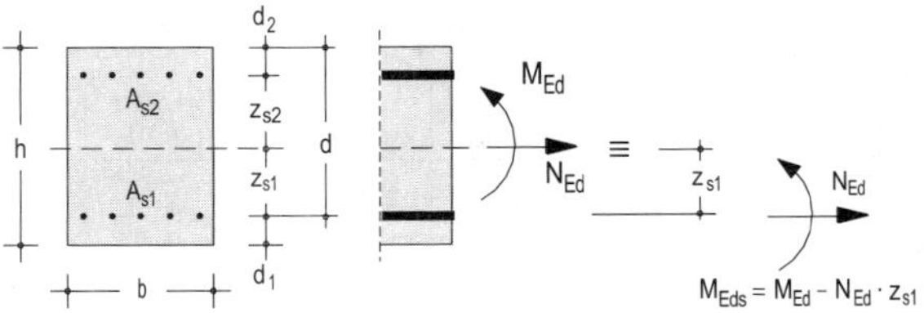

Tafel 1

Eingangswert für Tafel 1 (aus [12.44]) ist das auf die Biegezugbewehrung bezogene Moment:

$$\mu_{Eds} = M_{Eds} / (b \cdot d^2 \cdot f_{cd}) \quad \text{mit } M_{Eds} = M_{Ed} - N_{Ed} \cdot z_{s1}$$

Die Ermittlung der Biegezugbewehrung erfolgt mit den in der Tafel angegebenen Gleichungen. Die bezogene Druckzonenhöhe $\xi = x/d$ darf zur Sicherstellung einer ausreichenden Rotationsfähigkeit, sofern keine anderen Maßnahmen getroffen werden, folgende Grenzwerte nicht überschreiten (s. Abschn. 3.5.3):

$\xi_{lim} = 0{,}25$ oder $\mu_{Eds,lim} = 0{,}181$ bei Anwendung der Plastizitätstheorie bei Platten
$\xi_{lim} = 0{,}45$ oder $\mu_{Eds,lim} = 0{,}296$ für Beton der Festigkeitsklasse bis C50/60

Aus wirtschaftlichen Gründen – Ausnutzung der Streckgrenze der Bewehrung – gilt für Betonstahl B500 außerdem als Grenze (konstruktive Maßnahmen sind dann ggf. zu beachten):

$\xi_{lim} = 0{,}617$ oder $\mu_{Eds,lim} = 0{,}372$

Falls die angegebenen Grenzwerte überschritten werden, ist Druckbewehrung anzuordnen (Tafeln mit Druckbewehrung s. nachfolgend).

Tafeln 2a und 2b

Das k_d-Verfahren (vergleichbar mit dem aus DAfStb-H. 220 für eine Bemessung auf der Grundlage von DIN 1045 bekannten k_h-Verfahren) kann alternativ zu der Tafel 1 angewendet werden. Der k_d-Wert ist dimensionsgebunden und mit den angegebenen Dimensionen als Eingangswert zu verwenden:

$$k_d = \frac{d\,[\text{cm}]}{\sqrt{M_{Eds}[\text{kNm}]/b[\text{m}]}} \quad \text{mit } M_{Eds} = M_{Ed} - N_{Ed} \cdot z_{s1}$$

Für die bezogenen Druckzonenhöhen ξ gelten dieselben Grenzen wie in Tafel 1.

Für eine Bemessung ohne Druckbewehrung gilt Tafel 2a. Falls Druckbewehrung angeordnet werden muss, ist Tafel 2b maßgebend. Die Ermittlung der Bewehrung erfolgt mit den in den Tafeln angegebenen – dimensionsgebundenen (!) – Gleichungen.

Tafel 3

Die Tafel 3 (Bemessungsdiagramme für Rechteckquerschnitte mit symmetrischer Bewehrung („Interaktionsdiagramme"; s. [12.44])) hat als Eingangswerte die auf die Schwerachse des Querschnitts bezogenen Momente und Längskräfte

$$\mu_{Ed} = M_{Ed} / (b \cdot h^2 \cdot f_{cd}) \quad \text{und} \quad \nu_{Ed} = N_{Ed} / (b \cdot h \cdot f_{cd}).$$

Die Ermittlung der Bewehrung erfolgt mit den in dem Diagramm angegebenen Gleichungen. Die abgedruckte Tafel gilt für Betonstahl B500 und für ein Verhältnis $d_1/h = 0{,}10$.

Es ist zu beachten, dass die Momente und Längskräfte auf die Bauhöhe h – und nicht auf die Nutzhöhe d wie bei den Tafeln 1 bis 2 – bezogen sind.

Weitere Tafeln s. Bautabellen für Ingenieure und insbesondere [12.44] mit zahlreichen weiteren und zusätzlichen Bemessungstafeln und -diagrammen.

@ **Tafel 1**

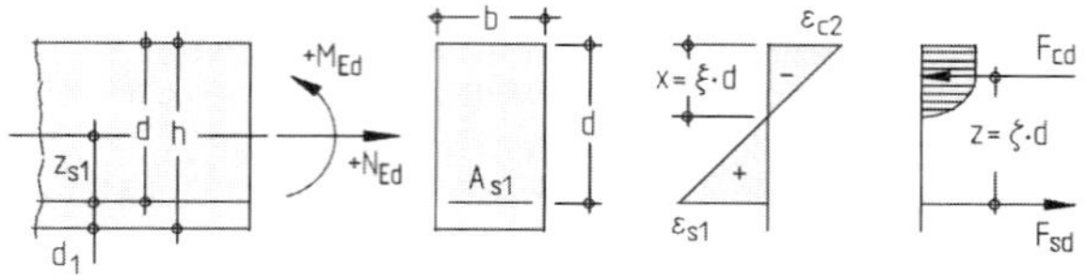

$$\mu_{\mathrm{Eds}} = \frac{M_{\mathrm{Eds}}}{b \cdot d^2 \cdot f_{\mathrm{cd}}} \quad \text{mit} \quad M_{\mathrm{Eds}} = M_{\mathrm{Ed}} - N_{\mathrm{Ed}} \cdot z_{\mathrm{s1}}$$

$$f_{\mathrm{cd}} = \alpha_{\mathrm{cc}} \cdot f_{\mathrm{ck}} / \gamma_{\mathrm{C}}$$ (i. Allg. gilt $\alpha_{\mathrm{cc}} = 0{,}85$)

μ_{Eds}	ω	$\xi = x/d$	$\zeta = z/d$	ε_{c2} in ‰	ε_{s1} in ‰	σ_{sd} [1] in MPa B500	σ_{sd}* [2] in MPa B500
0,01	0,0101	0,030	0,990	–0,77	25,00	435	457
0,02	0,0203	0,044	0,985	–1,15	25,00	435	457
0,03	0,0306	0,055	0,980	–1,46	25,00	435	457
0,04	0,0410	0,066	0,976	–1,76	25,00	435	457
0,05	0,0515	0,076	0,971	–2,06	25,00	435	457
0,06	0,0621	0,086	0,967	–2,37	25,00	435	457
0,07	0,0728	0,097	0,962	–2,68	25,00	435	457
0,08	0,0836	0,107	0,956	–3,01	25,00	435	457
0,09	0,0946	0,118	0,951	–3,35	25,00	435	457
0,10	0,1057	0,131	0,946	–3,50	23,29	435	455
0,11	0,1170	0,145	0,940	–3,50	20,71	435	452
0,12	0,1285	0,159	0,934	–3,50	18,55	435	450
0,13	0,1401	0,173	0,928	–3,50	16,73	435	449
0,14	0,1518	0,188	0,922	–3,50	15,16	435	447
0,15	0,1638	0,202	0,916	–3,50	13,80	435	446
0,16	0,1759	0,217	0,910	–3,50	12,61	435	445
0,17	0,1882	0,232	0,903	–3,50	11,56	435	444
0,18	0,2007	0,248	0,897	–3,50	10,62	435	443
0,19	0,2134	0,264	0,890	–3,50	9,78	435	442
0,20	0,2263	0,280	0,884	–3,50	9,02	435	441
0,21	0,2395	0,296	0,877	–3,50	8,33	435	441
0,22	0,2528	0,312	0,870	–3,50	7,71	435	440
0,23	0,2665	0,329	0,863	–3,50	7,13	435	440
0,24	0,2804	0,346	0,856	–3,50	6,60	435	439
0,25	0,2946	0,364	0,849	–3,50	6,12	435	439
0,26	0,3091	0,382	0,841	–3,50	5,67	435	438
0,27	0,3239	0,400	0,834	–3,50	5,25	435	438
0,28	0,3391	0,419	0,826	–3,50	4,86	435	437
0,29	0,3546	0,438	0,818	–3,50	4,49	435	437
0,30	0,3706	0,458	0,810	–3,50	4,15	435	437
0,31	0,3869	0,478	0,801	–3,50	3,82	435	436
0,32	0,4038	0,499	0,793	–3,50	3,52	435	436
0,33	0,4211	0,520	0,784	–3,50	3,23	435	436
0,34	0,4391	0,542	0,774	–3,50	2,95	435	436
0,35	0,4576	0,565	0,765	–3,50	2,69	435	435
0,36	0,4768	0,589	0,755	–3,50	2,44	435	435
0,37	0,4968	0,614	0,745	–3,50	2,20	435	435
0,38	0,5177	0,640	0,734	–3,50	1,97	395	395
0,39	0,5396	0,667	0,723	–3,50	1,75	350	350
0,40	0,5627	0,695	0,711	–3,50	1,54	307	307

unwirtschaftlicher Bereich (0,38 – 0,40)

[1] Begrenzung der Stahlspannung auf $f_{\mathrm{yd}} = f_{\mathrm{yk}} / \gamma_{\mathrm{S}}$ (horizontaler Ast der σ-ε-Linie).
[2] Begrenzung der Stahlspannung auf $f_{\mathrm{td,cal}} = f_{\mathrm{tk,cal}} / \gamma_{\mathrm{S}}$ (geneigter Ast der σ-ε-Linie).

$$A_{\mathrm{s1}} = \frac{1}{\sigma_{\mathrm{sd}}} \cdot \left(\omega \cdot b \cdot d \cdot f_{\mathrm{cd}} + N_{\mathrm{Ed}}\right)$$

Bemessungstafeln mit dimensionslosen Beiwerten für den Rechteckquerschnitt **ohne** Druckbewehrung für Biegung mit Längskraft (Betonstahl B500 und $\gamma_{\mathrm{S}} = 1{,}15$; Normalbeton $\leq$ C50/60)

Tafel 2a

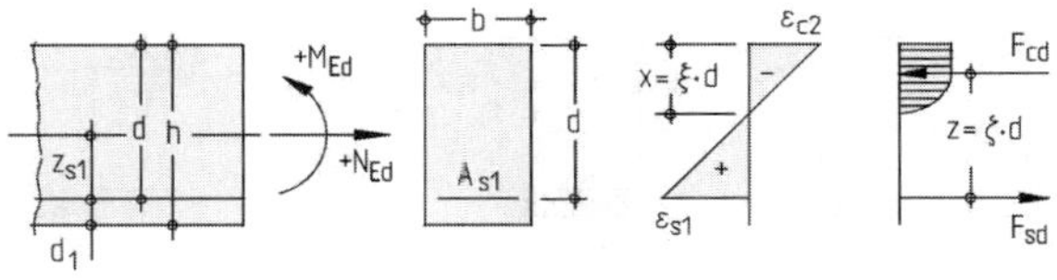

$$k_d = \frac{d\,[\text{cm}]}{\sqrt{M_{Eds}\,[\text{kNm}]\,/\,b\,[\text{m}]}} \qquad \text{mit} \qquad M_{Eds} = M_{Ed} - N_{Ed} \cdot z_{s1}$$

k_d für Betonfestigkeitsklasse C 12/15	16/20	20/25	25/30	30/37	35/45	40/50	45/55	50/60	k_s	ξ	ζ	ε_{c2} ‰	ε_{s1} ‰
14,37	12,44	11,13	9,95	9,09	8,41	7,87	7,42	7,04	2,32	0,025	0,991	– 0,64	25,00
7,90	6,84	6,12	5,47	5,00	4,63	4,33	4,08	3,87	2,34	0,048	0,983	– 1,26	25,00
5,87	5,08	4,55	4,07	3,71	3,44	3,22	3,03	2,88	2,36	0,069	0,975	– 1,84	25,00
4,94	4,27	3,82	3,42	3,12	2,89	2,70	2,55	2,42	2,38	0,087	0,966	– 2,38	25,00
4,38	3,80	3,40	3,04	2,77	2,57	2,40	2,26	2,15	2,40	0,104	0,958	– 2,89	25,00
4,00	3,47	3,10	2,78	2,53	2,35	2,20	2,07	1,96	2,42	0,120	0,950	– 3,40	25,00
3,63	3,14	2,81	2,51	2,29	2,12	1,99	1,87	1,78	2,45	0,147	0,939	– 3,50	20,29
3,35	2,90	2,60	2,32	2,12	1,96	1,84	1,73	1,64	2,48	0,174	0,927	– 3,50	16,56
3,14	2,72	2,43	2,18	1,99	1,84	1,72	1,62	1,54	2,51	0,201	0,916	– 3,50	13,90
2,97	2,57	2,30	2,06	1,88	1,74	1,63	1,53	1,46	2,54	0,227	0,906	– 3,50	11,91
2,85	2,47	2,21	1,97	1,80	1,67	1,56	1,47	1,40	2,57	0,250	0,896	– 3,50	10,52
2,72	2,36	2,11	1,89	1,72	1,59	1,49	1,41	1,33	2,60	0,277	0,885	– 3,50	9,12
2,62	2,27	2,03	1,82	1,66	1,54	1,44	1,36	1,29	2,63	0,302	0,875	– 3,50	8,10
2,54	2,20	1,97	1,76	1,61	1,49	1,39	1,31	1,24	2,66	0,325	0,865	– 3,50	7,26
2,47	2,14	1,91	1,71	1,56	1,44	1,35	1,27	1,21	2,69	0,350	0,854	– 3,50	6,50
2,41	2,08	1,86	1,67	1,52	1,41	1,32	1,24	1,18	2,72	0,371	0,846	– 3,50	5,93
2,35	2,03	1,82	1,63	1,49	1,38	1,29	1,21	1,15	2,75	0,393	0,836	– 3,50	5,40
2,28	1,98	1,77	1,58	1,44	1,34	1,25	1,18	1,12	2,79	0,422	0,824	– 3,50	4,79
2,23	1,93	1,73	1,54	1,41	1,30	1,22	1,15	1,09	2,83	0,450	0,813	– 3,50	4,27
2,18	1,89	1,69	1,51	1,38	1,28	1,19	1,13	1,07	2,87	0,477	0,801	– 3,50	3,83
2,14	1,85	1,65	1,48	1,35	1,25	1,17	1,10	1,05	2,91	0,504	0,790	– 3,50	3,44
2,10	1,82	1,62	1,45	1,33	1,23	1,15	1,08	1,03	2,95	0,530	0,780	– 3,50	3,11
2,06	1,79	1,60	1,43	1,30	1,21	1,13	1,07	1,01	2,99	0,555	0,769	– 3,50	2,81
2,03	1,75	1,57	1,40	1,28	1,19	1,11	1,05	0,99	3,04	0,585	0,757	– 3,50	2,48
1,99	1,72	1,54	1,38	1,26	1,17	1,09	1,03	0,98	3,09	0,617	0,743	– 3,50	2,17

$$A_s\,[\text{cm}^2] = k_s \cdot \frac{M_{Eds}\,[\text{kNm}]}{d\,[\text{cm}]} + \frac{N_{Ed}\,[\text{kN}]}{43{,}5}$$

Dimensionsgebundene Bemessungstafel (k_d-Verfahren) für den Rechteckquerschnitt **ohne** Druckbewehrung für Biegung mit Längskraft (Betonstahl B500 und $\gamma_S = 1{,}15$; Normalbeton ≤ C50/60)

Tafel 2b

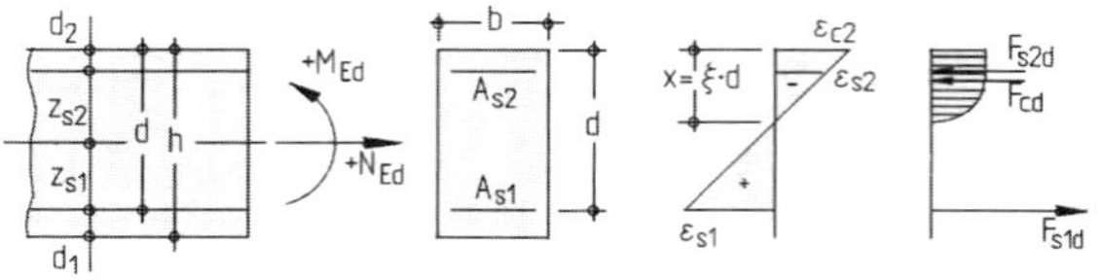

$$k_d = \frac{d\,[\text{cm}]}{\sqrt{M_{Eds}\,[\text{kNm}]\,/\,b\,[\text{m}]}} \qquad \text{mit} \qquad M_{Eds} = M_{Ed} - N_{Ed} \cdot z_{s1}$$

Beiwerte k_{s1} und k_{s2}

$\xi = 0{,}45$										$\xi = 0{,}617$										$\xi = 0{,}45$ $\xi = 0{,}617$
k_d für f_{ck}									k_{s1}	k_d für f_{ck}									k_{s1}	k_{s2}
12	16	20	25	30	35	40	45	50		12	16	20	25	30	35	40	45	50		
2,23	1,93	1,73	1,54	1,41	1,30	1,22	1,15	1,09	2,83	1,99	1,72	1,54	1,38	1,26	1,17	1,09	1,03	0,98	3,09	0
2,18	1,89	1,69	1,51	1,38	1,28	1,19	1,13	1,07	2,82	1,95	1,69	1,51	1,35	1,23	1,14	1,07	1,01	0,96	3,07	0,10
2,14	1,85	1,65	1,48	1,35	1,25	1,17	1,10	1,05	2,80	1,91	1,65	1,48	1,32	1,21	1,12	1,05	0,99	0,93	3,04	0,20
2,09	1,81	1,62	1,45	1,32	1,22	1,14	1,07	1,02	2,79	1,87	1,62	1,45	1,29	1,18	1,09	1,02	0,96	0,91	3,02	0,30
2,04	1,77	1,58	1,41	1,29	1,19	1,11	1,05	1,00	2,77	1,82	1,58	1,41	1,26	1,15	1,07	1,00	0,94	0,89	2,99	0,40
1,99	1,72	1,54	1,38	1,26	1,17	1,09	1,03	0,98	2,76	1,78	1,54	1,38	1,23	1,12	1,04	0,97	0,92	0,87	2,97	0,50
1,94	1,68	1,50	1,34	1,23	1,14	1,07	1,01	0,96	2,74	1,73	1,50	1,34	1,20	1,10	1,01	0,95	0,89	0,85	2,94	0,60
1,89	1,63	1,46	1,31	1,19	1,10	1,03	0,97	0,92	2,73	1,69	1,46	1,31	1,17	1,07	0,99	0,92	0,87	0,83	2,92	0,70
1,83	1,59	1,42	1,27	1,16	1,07	1,00	0,94	0,89	2,71	1,64	1,42	1,27	1,13	1,04	0,96	0,90	0,85	0,80	2,89	0,80
1,78	1,54	1,38	1,23	1,12	1,04	0,97	0,92	0,87	2,70	1,59	1,37	1,23	1,10	1,00	0,93	0,87	0,82	0,78	2,87	0,90
1,72	1,49	1,33	1,19	1,09	1,01	0,95	0,89	0,85	2,69	1,54	1,33	1,19	1,06	0,97	0,90	0,84	0,79	0,75	2,84	1,00
1,66	1,44	1,29	1,15	1,05	0,97	0,91	0,86	0,81	2,67	1,48	1,28	1,15	1,03	0,94	0,87	0,81	0,77	0,73	2,82	1,10
1,60	1,38	1,24	1,11	1,01	0,94	0,88	0,83	0,79	2,66	1,43	1,24	1,11	0,99	0,90	0,84	0,78	0,74	0,70	2,79	1,20
1,53	1,33	1,19	1,06	0,97	0,90	0,84	0,79	0,75	2,64	1,37	1,19	1,06	0,95	0,87	0,80	0,75	0,71	0,67	2,77	1,30
1,47	1,27	1,14	1,02	0,93	0,86	0,80	0,76	0,72	2,63	1,31	1,14	1,02	0,91	0,83	0,77	0,72	0,68	0,64	2,74	1,40

Beiwerte ρ_1 und ρ_2

d_2/d	$\xi = 0{,}45$					$\xi = 0{,}617$				
	ρ_1 für k_{s1} =				ρ_2	ρ_1 für k_{s1} =				ρ_2
	2,83	2,74	2,68	2,63		3,09	2,97	2,85	2,74	
≤ 0,07	1,00	1,00	1,00	1,00	1,00	1,00	1,00	1,00	1,00	1,00
0,08	1,00	1,00	1,00	1,01	1,01	1,00	1,00	1,00	1,01	1,01
0,10	1,00	1,01	1,01	1,02	1,03	1,00	1,01	1,01	1,02	1,03
0,12	1,00	1,01	1,02	1,03	1,06	1,00	1,01	1,02	1,03	1,06
0,14	1,00	1,02	1,03	1,04	1,08	1,00	1,01	1,03	1,04	1,08
0,16	1,00	1,02	1,04	1,06	1,11	1,00	1,02	1,04	1,06	1,11
0,18	1,00	1,03	1,05	1,07	1,17	1,00	1,02	1,05	1,07	1,13
0,20	1,00	1,04	1,06	1,09	1,30	1,00	1,03	1,06	1,08	1,16
0,22	1,00	1,04	1,07	1,10	1,45	1,00	1,03	1,07	1,10	1,19
0,24	1,00	1,05	1,09	1,12	1,63	1,00	1,04	1,08	1,12	1,24

$$A_{s1}\,[\text{cm}^2] = \rho_1 \cdot k_{s1} \cdot \frac{M_{Eds}\,[\text{kNm}]}{d\,[\text{cm}]} + \frac{N_{Ed}\,[\text{kN}]}{43{,}5}$$

$$A_{s2}\,[\text{cm}^2] = \rho_2 \cdot k_{s2} \cdot \frac{M_{Eds}\,[\text{kNm}]}{d\,[\text{cm}]}$$

Dimensionsgebundene Bemessungstafel (k_d-Verfahren) für den Rechteckquerschnitt **mit** Druckbewehrung für Biegung mit Längskraft (Betonstahl B500 und $\gamma_S = 1{,}15$; Normalbeton ≤ C50/60)

Tafel 3 @

C 12/15 - C 50/60
d_1/h = 0,10

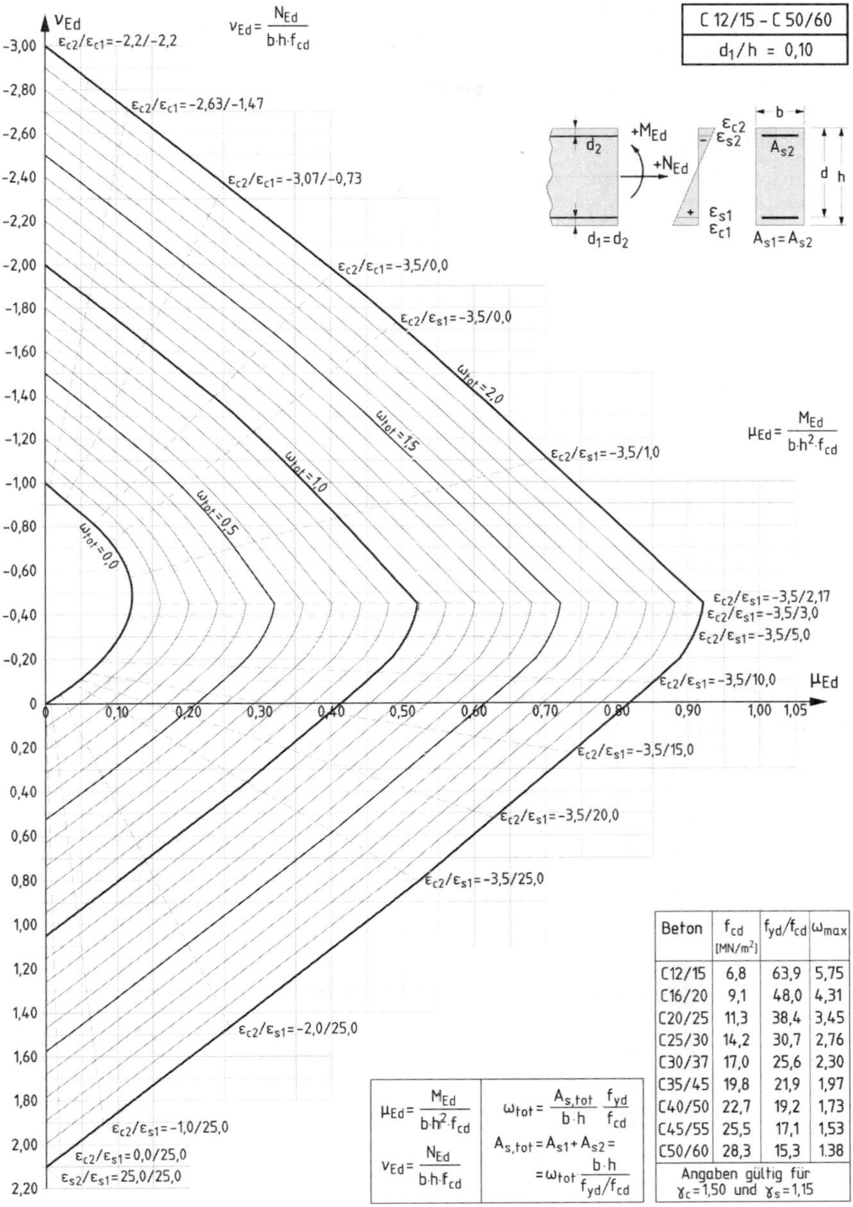

$$\mu_{Ed} = \frac{M_{Ed}}{b \cdot h^2 \cdot f_{cd}} \qquad \nu_{Ed} = \frac{N_{Ed}}{b \cdot h \cdot f_{cd}}$$

$$\omega_{tot} = \frac{A_{s,tot}}{b \cdot h} \cdot \frac{f_{yd}}{f_{cd}} \qquad A_{s,tot} = A_{s1} + A_{s2} = \omega_{tot} \cdot \frac{b \cdot h}{f_{yd}/f_{cd}}$$

Beton	f_{cd} [MN/m²]	f_{yd}/f_{cd}	ω_{max}
C12/15	6,8	63,9	5,75
C16/20	9,1	48,0	4,31
C20/25	11,3	38,4	3,45
C25/30	14,2	30,7	2,76
C30/37	17,0	25,6	2,30
C35/45	19,8	21,9	1,97
C40/50	22,7	19,2	1,73
C45/55	25,5	17,1	1,53
C50/60	28,3	15,3	1.38
Angaben gültig für γ_c = 1,50 und γ_s = 1,15			

Interaktionsdiagramm für den Rechteckquerschnitt mit Bewehrungsanordnung nach obiger Skizze (B500 mit γ_S = 1,15; Beton ≤ C50/60); d_1/h = 0,10 (aus [12.44])

7 Bewehrungszeichnungen; Konstruktionstafeln

(s. a. Kapitel 14 C „Bauzeichnungen“)

7.1 Bewehrungszeichnungen

7.1.1 Darstellung von Stabstahlbewehrung

- **Stahlbetonbalken**

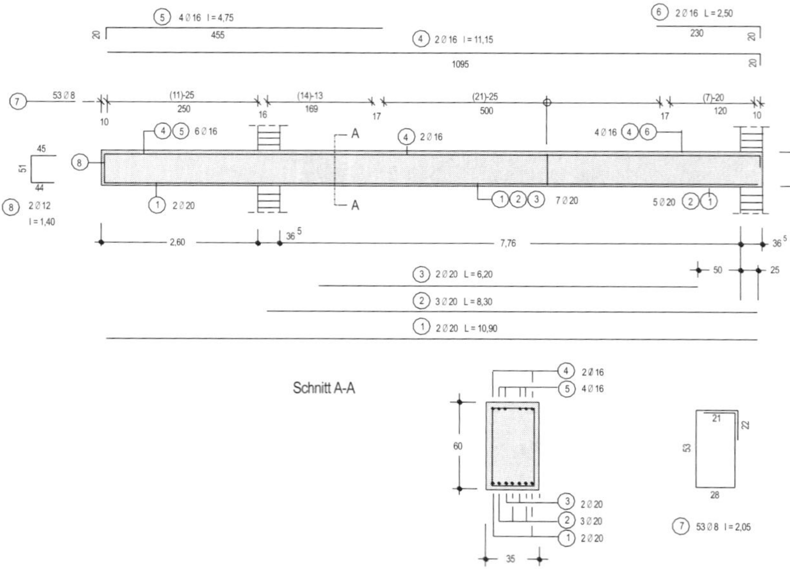

- **Stahlbetonplatten**

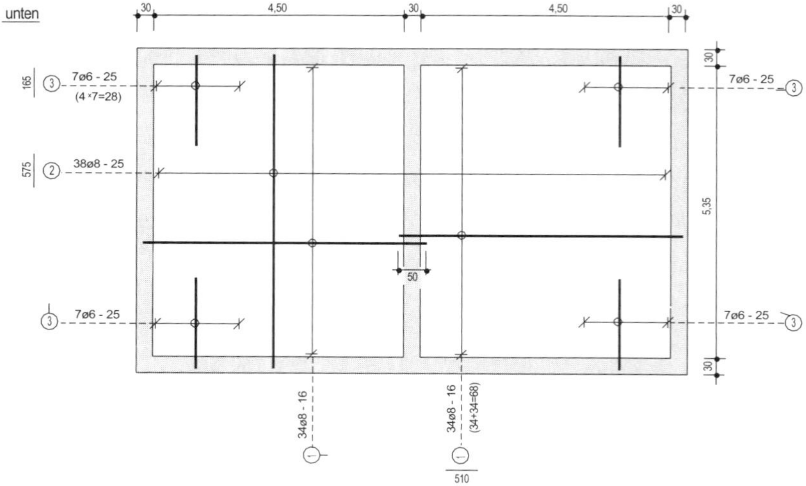

(Weitere und ergänzende Maße in – hier nicht dargestellten – Schnitten)

7.1.2 Darstellung von Mattenbewehrung

- **Darstellung einzelner Matten**

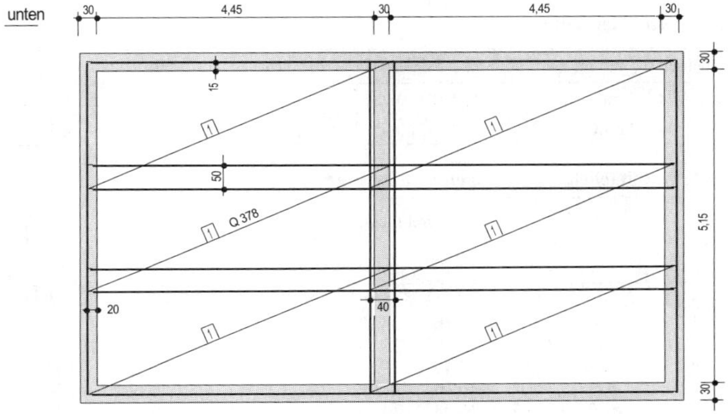

- **Zusammengefasste Darstellung von gleichen Einzelmatten**

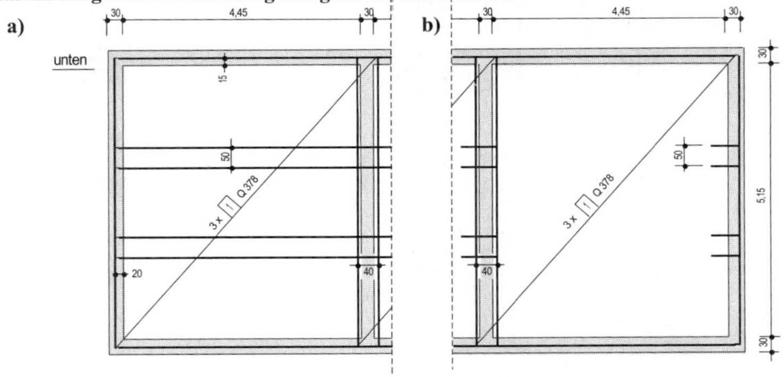

- **Achsenbezogene Darstellung**

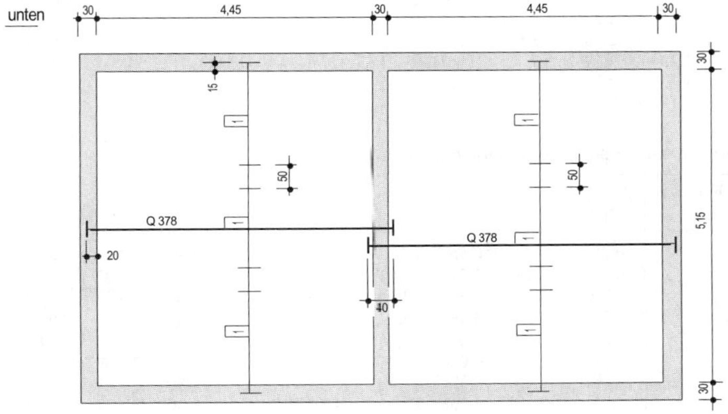

7.2 Konstruktionstafeln

7.2.1 Betonstabstahl B500

Abmessungen und Gewichte

Nenndurchmesser $\varnothing_s$ in mm	6	8	10	12	14	16	20	25	28	32	40
Nennquerschnitt A_s in cm²	0,283	0,503	0,785	1,13	1,54	2,01	3,14	4,91	6,16	8,04	12,57
Nenngewicht G in kg/m	0,222	0,395	0,617	0,888	1,21	1,58	2,47	3,85	4,83	6,31	9,87

Querschnitte von Flächenbewehrungen a_s in cm²/m

Stababstand s in cm	Durchmesser $\varnothing_s$ in mm									Stäbe pro m
	6	8	10	12	14	16	20	25	28	
5,0	5,65	10,05	15,71	22,62	30,79	40,21	62,83	98,17		20,00
5,5	5,14	9,14	14,28	20,56	27,99	36,56	57,12	89,25		18,18
6,0	4,71	8,38	13,09	18,85	25,66	33,51	52,36	81,81	102,63	16,67
6,5	4,35	7,73	12,08	17,40	23,68	30,93	48,33	75,52	94,73	15,38
7,0	4,04	7,18	11,22	16,16	21,99	28,72	44,88	70,12	87,96	14,29
7,5	3,77	6,70	10,47	15,08	20,53	26,81	41,89	65,45	82,10	13,33
8,0	3,53	6,28	9,82	14,14	19,24	25,13	39,27	61,36	76,97	12,50
8,5	3,33	5,91	9,24	13,31	18,11	23,65	36,96	57,75	72,44	11,76
9,0	3,14	5,59	8,73	12,57	17,10	22,34	34,91	54,54	68,42	11,11
9,5	2,98	5,29	8,27	11,90	16,20	21,16	33,07	51,67	64,82	10,53
10,0	2,83	5,03	7,85	11,31	15,39	20,11	31,42	49,09	61,58	10,00
10,5	2,69	4,79	7,48	10,77	14,66	19,15	29,92	46,75	58,64	9,52
11,0	2,57	4,57	7,14	10,28	13,99	18,28	28,56	44,62	55,98	9,09
11,5	2,46	4,37	6,83	9,83	13,39	17,48	27,32	42,68	53,54	8,70
12,0	2,36	4,19	6,54	9,42	12,83	16,76	26,18	40,91	51,31	8,33
12,5	2,26	4,02	6,28	9,05	12,32	16,08	25,13	39,27	49,26	8,00
13,0	2,17	3,87	6,04	8,70	11,84	15,47	24,17	37,76	47,37	7,69
13,5	2,09	3,72	5,82	8,38	11,40	14,89	23,27	36,36	45,61	7,41
14,0	2,02	3,59	5,61	8,08	11,00	14,36	22,44	35,06	43,98	7,14
14,5	1,95	3,47	5,42	7,80	10,62	13,87	21,67	33,85	42,47	6,90
15,0	1,88	3,35	5,24	7,54	10,26	13,40	20,94	32,72	41,05	6,67
16,0	1,77	3,14	4,91	7,07	9,62	12,57	19,63	30,68	38,48	6,25
17,0	1,66	2,96	4,62	6,65	9,06	11,83	18,48	28,87	36,22	5,88
18,0	1,57	2,79	4,36	6,28	8,55	11,17	17,45	27,27	34,21	5,56
19,0	1,49	2,65	4,13	5,95	8,10	10,58	16,53	25,84	32,41	5,26
20,0	1,41	2,51	3,93	5,65	7,70	10,05	15,71	24,54	30,79	5,00
21,0	1,35	2,39	3,74	5,39	7,33	9,57	14,96	23,37	29,32	4,76
22,0	1,29	2,28	3,57	5,14	7,00	9,14	14,28	22,31	27,99	4,55
23,0	1,23	2,19	3,41	4,92	6,69	8,74	13,66	21,34	26,77	4,35
24,0	1,18	2,09	3,27	4,71	6,41	8,38	13,09	20,45	25,66	4,17
25,0	1,13	2,01	3,14	4,52	6,16	8,04	12,57	19,63	24,63	4,00

Querschnitte von Balkenbewehrungen A_s in cm²

Stabdurchmesser $\varnothing_s$ in mm	Anzahl der Stäbe									
	1	2	3	4	5	6	7	8	9	10
6	0,28	0,57	0,85	1,13	1,41	1,70	1,98	2,26	2,54	2,83
8	0,50	1,01	1,51	2,01	2,51	3,02	3,52	4,02	4,52	5,03
10	0,79	1,57	2,36	3,14	3,93	4,71	5,50	6,28	7,07	7,85
12	1,13	2,26	3,39	4,52	5,65	6,79	7,92	9,05	10,18	11,31
14	1,54	3,08	4,62	6,16	7,70	9,24	10,78	12,32	13,85	15,39
16	2,01	4,02	6,03	8,04	10,05	12,06	14,07	16,09	18,10	20,11
20	3,14	6,28	9,42	12,57	15,71	18,85	21,99	25,13	28,27	31,42
25	4,91	9,82	14,73	19,64	24,54	29,45	34,36	39,27	44,18	49,09
28	6,16	12,32	18,47	24,63	30,79	36,95	43,10	49,26	55,42	61,58

Größte Anzahl von Stäben in einer Lage bei Balken

Nachfolgende Werte gelten für ein Nennmaß der Betondeckung c_{nom} = 2,5 cm (bezogen auf den Bügel) ohne Berücksichtigung von Rüttellücken. Bei den Werten in ( ) werden die geforderten Abstände geringfügig unterschritten.

Balkenbreite *b* in cm	Durchmesser $\varnothing_s$ in mm						
	10	12	14	16	20	25	28
10	1	1	1	1	1	1	–
15	3	3	3	(3)	2	2	1
20	5	4	4	4	3	3	2
25	6	6	6	5	5	4	3
30	8	(8)	7	7	6	5	4
35	10	9	(9)	8	7	6	5
40	11	11	10	9	8	7	6
45	13	12	(12)	11	10	8	7
50	15	14	13	12	11	9	(8)
55	16	15	14	14	12	10	8
60	18	17	16	15	13	11	9
Bügeldurchmesser $\varnothing_{sbü}$	≤ 8 mm				≤ 10 mm	≤ 12 mm	≤ 16 mm

Verbundbedingungen (s. auch S. 12.44)

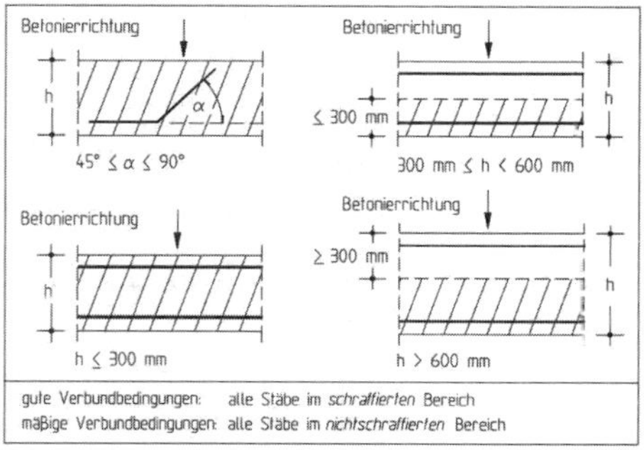

Verbundspannungen f_{bd} in N/mm²
(für Rippenstäbe mit $\varnothing_s \leq 32$ mm; s. S. 12.44)

Beton-festigkeits-klasse	Verbundspannung f_{bd} in N/mm² guter Verbund	mäßiger Verbund
C12/15	1,6	1,1
C16/20	2,0	1,4
C20/25	2,3	1,6
C25/30	2,7	1,9
C30/37	3,0	2,1
C35/45	3,4	2,4
C40/50	3,7	2,6
C45/55	4,0	2,8
C50/60	4,3	3,0

Grundwert der Verankerungslänge $l_{b,rqd}$ in cm (für $\sigma_{sd} = f_{yd}$ = 435 N/mm²)

Beton-festigkeits-klasse	Verbund-bedingung	Stabdurchmesser $\varnothing_s$ in mm								
		6	8	10	12	14	16	20	25	28
C12/15	gut	40	53	66	79	92	105	132	165	184
	mäßig	56	75	94	113	132	150	188	235	263
C16/20	gut	33	43	54	65	76	87	109	136	152
	mäßig	47	62	78	93	109	124	155	194	217
C20/25	gut	28	37	47	56	66	75	94	117	131
	mäßig	40	54	67	80	94	107	134	167	187
C25/30	gut	24	32	40	48	57	65	81	101	113
	mäßig	35	46	58	69	81	92	115	144	161
C30/37	gut	21	29	36	43	50	57	71	89	100
	mäßig	31	41	51	61	71	82	102	128	143
C35/45	gut	19	26	32	39	45	52	64	81	90
	mäßig	28	37	46	55	64	74	92	115	129
C40/50	gut	18	24	30	35	41	47	59	74	83
	mäßig	25	34	42	51	59	67	84	105	118
C45/55	gut	16	22	27	33	38	44	55	68	76
	mäßig	23	31	39	47	55	62	78	97	109
C50/60	gut	15	20	25	31	36	41	51	64	71
	mäßig	22	29	36	44	51	58	73	91	102

7.2.2 Betonstahlmatten B500A

Lagermatten Lieferprogramm

Länge / Breite		Matten-bezeichnung	Mattenaufbau in Längsrichtung / Querrichtung: Stababstände	Stabdurchmesser: Innenbereich	Stabdurchmesser: Randbereich	Anzahl der Längsrandstäbe: links	Anzahl der Längsrandstäbe: rechts	Querschnitte längs / quer	Gewicht je Matte	Gewicht je m²
m			mm	mm	mm			cm² / m	kg	kg
6,00 / 2,30	ohne	**Q188 A**	150 · 150 ·	6,0 6,0				1,88 1,88	41,7	3,02
		Q257 A	150 · 150 ·	7,0 7,0				2,57 2,57	56,8	4,12
		Q335 A	150 · 150 ·	8,0 8,0				3,35 3,35	74,3	5,38
	mit	**Q424 A**	150 · 150 ·	9,0 9,0	/ 7,0	– 4	/ 4	4,24 4,24	84,4	6,12
		Q524 A	150 · 150 ·	10,0 10,0	/ 7,0	– 4	/ 4	5,24 5,24	100,9	7,31
6,00 / 2,35		**Q636 A**	100 · 125 ·	9,0 10,0	/ 7,0	– 4	/ 4	6,36 6,28	132,0	9,36
6,00 / 2,30	ohne	**R188 A**	150 · 250 ·	6,0 6,0				1,88 1,13	33,6	2,43
		R257 A	150 · 250 ·	7,0 6,0				2,57 1,13	41,2	2,99
		R335 A	150 · 250 ·	8,0 6,0				3,35 1,13	50,2	3,64
	mit	**R424 A**	150 · 250 ·	9,0 8,0	/ 8,0	– 2	/ 2	4,24 2,01	67,2	4,87
		R524 A	150 · 250 ·	10,0 8,0	/ 8,0	– 2	/ 2	5,24 2,01	75,7	5,49

Der Gewichtsermittlung der Lagermatten liegen folgende Überstände zugrunde:

Q188 A bis Q524 A:	Überstände längs: 75,0/75,0 mm	Überstände quer: 25/25 mm
Q636 A:	Überstände längs: 62,5/62,5 mm	Überstände quer: 25/25 mm
R188 A bis R524 A:	Überstände längs: 125/125 mm	Überstände quer: 25/25 mm

Randausbildung der Lagermatten „dick“ / „dünn“

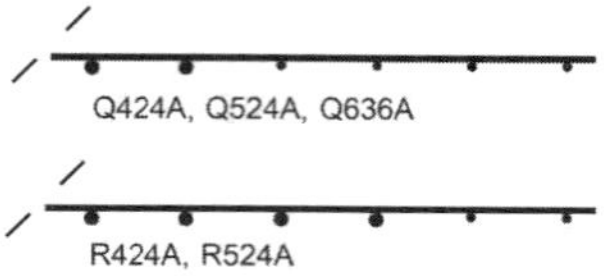

13 A Stahlbau nach Eurocode 3
13 B Trapezprofile und Sandwichbauteile
13 C Glasbau
13 D Stahlbauprofile

A **STAHLBAU NACH EUROCODE 3** . . 13.2
1 **Grundlagen der Bemessung** 13.2
1.1 Regelwerke 13.2
1.2 Begriffe und Definitionen 13.3
1.3 Werkstoffe 13.3
1.4 Erforderliche Nachweise 13.3
1.5 Berechnungsmethoden 13.4
1.6 Teilsicherheitsbeiwerte 13.4
2 **Bemessung nicht stabilitätsgefährdeter Bauteile** 13.5
2.1 Klassifizierung von Querschnitten 13.5
2.1.1 Querschnittsklassen 13.5
2.1.2 Querschnittswerte für Querschnitte der QK 1 bis QK 3 . . . . 13.9
2.2 Tragsicherheit – Querschnittsnachweise. 13.9
2.2.1 Allgemeines 13.9
2.2.2 Zugbeanspruchung 13.10
2.2.3 Druckbeanspruchung (ohne Stabilität) . . 13.11
2.2.4 Einaxiale Biegebeanspruchung 13.11
2.2.5 Querkraftbeanspruchung Vz oder Vy ohne Torsion 13.11
2.2.6 Interaktion: einachsige Biegung, zugehörige Querkraft und Normalkraft 13.12
2.2.7 Interaktion: zweiachsige Biegung, Querkräfte und Normalkraft 13.14
2.3 Gebrauchstauglichkeit 13.15
3 **Bemessung stabilitätsgefährdeter Bauteile** 13.16
3.1 Begriffe und Abgrenzungskriterien 13.16
3.2 Nachweisverfahren 13.16
3.3 Ersatzstabverfahren 13.17
3.3.1 Stäbe mit zentrischem Druck 13.17
3.3.2 Stäbe mit einachsiger Biegung ohne Normalkraft 13.24
3.3.3 Auf Biegung und Druck beanspruchte gleichförmige Bauteile 13.27
4 **Verbindungen** 13.29
4.1 Allgemeines 13.29
4.2 Verbindungen mit Schrauben 13.29
4.2.1 Allgemeine Regeln 13.29
4.2.2 Beanspruchbarkeit auf Abscheren 13.31
4.2.3 Beanspruchbarkeit auf Zug 13.32
4.2.4 Beanspruchbarkeit auf Zug und Abscheren 13.32
4.2.5 Grenzdurchstanzkraft 13.32
4.2.6 Beanspruchbarkeit auf Lochleibung 13.33
4.2.7 Schraubentafeln 13.36
4.3 Verbindungen mit Schweißnähten 13.38
4.3.1 Allgemeine Regeln – Voraussetzungen . 13.38
4.3.2 Stoßarten, Nahtarten, Nahtvorbereitungen, Maße, Nahtsymbole 13.39
4.3.3 Kehlnähte – Mindestdicken und -längen 13.42
4.3.4 Tragfähigkeit von Kehlnähten – Vereinfachtes Verfahren 13.42
4.3.5 Tragfähigkeit von Stumpfnähten 13.44
4.3.6 Schweißen von Hohlprofilen 13.44
4.4 Biegesteife Stirnplattenverbindungen . . . 13.44

B **TRAPEZPROFILE UND SANDWICHBAUTEILE** 13.45
1 **Stahltrapezprofile für Dach und Wand** 13.45
2 **Sandwichbauteile für Dach und Wand** 13.48
2.1 Formale Grundlagen 13.49
2.2 Tragverhalten und Bemessungskonzept . 13.50
2.3 Einzelnachweise und Stützweitentabellen 13.52
2.4 Stabilisierung von Dachpfetten und Wandriegeln durch Sandwichelemente . . 13.53
3 **Verbund- und Additivdecken** 13.54
3.1 Allgemeines zu Verbunddecken 13.54
3.2 Tragverhalten des Verbundsystems 13.54
3.3 Bestimmung der Bemessungswerte und Nachweise 13.55
3.4 Nachweise für den Brandfall 13.56
3.5 Additivdecken 13.56

C **GLASBAU** 13.57
1 **Glasprodukte im Bauwesen** 13.57
2 **Basisgläser und Basis-Produkte** 13.59
2.1 Übersicht 13.59
2.2 Flachgläser 13.60
2.3 Profilbauglas 13.61
3 **Veredelungsprodukte** 13.63
3.1 Allgemeines 13.63
3.2 Einscheiben-Sicherheitsglas ESG 13.63
3.3 Teilvorgespanntes Glas TVG 13.64
3.4 Verbund-Sicherheitsglas VSG 13.64
3.5 Verbundglas VG 13.64
3.6 Isoliergläser 13.64
3.7 Brandschutzverglasungen 13.64
3.8 Sonstige Veredelungsprodukte 13.64
4 **Ermittlung von Spannungen und Verformungen** 13.65
5 **DIN 18 008 – Glas im Bauwesen** 13.65
5.1 DIN 18 008-1:2020-05 – Teil 1: Begriffe und allgemeine Grundlagen . . . 13.65
5.2 DIN 18 008-2:2020-05 – Teil 2: Linienförmig gelagerte Verglasungen . . 13.70
5.3 DIN 18 008-3:2024-12 – Teil 3: Punktförmig gelagerte Verglasungen . . . 13.82
5.4 DIN 18 008-4:2024-12 – Teil 4: Zusatzanforderungen an absturzsichernde Verglasungen 13.90
5.5 DIN 18 008-5:2024-12 – Teil 5: Zusatzanforderungen an begehbare Verglasungen 13.97
5.6 DIN 18 008-6:2018-02 – Teil 6: Zusatzanforderungen an zu Instandhaltungsmaßnahmen betretbare und an durchsturzsichere Verglasungen 13.98

D **STAHLBAUPROFILE** 13.100

13 A Stahlbau nach Eurocode 3

Prof. Dr.-Ing. Christof Hausser, Prof. Dr.-Ing. Christoph Seeßelberg

1 Grundlagen der Bemessung

1.1 Regelwerke

Die Normenreihe des Eurocode 3, Bemessung und Konstruktion von Stahlbauten, besteht aus den Teilen:

EN 1993-1		Teil 1: Allgemeine Bemessungsregeln und Regeln für den Hochbau
EN 1993-2	(12.10)	Teil 2: Stahlbrücken
EN 1993-3	(12.10)	Teil 3: Türme, Maste und Schornsteine
EN 1993-4	(09.17)	Teil 4: Tank- und Silobauwerke und Rohrleitungen
EN 1993-5	(12.10)	Teil 5: Spundwände und Pfähle aus Stahl
EN 1993-6	(12.10)	Teil 6: Kranbahnträger

Teil 1 des Eurocode 3 setzt sich aus folgenden Teilnormen zusammen:

Teil 1-1	(12.10)	Allgemeine Bemessungsregeln und Regeln für den Hochbau
Teil 1-2	(12.10)	Baulicher Brandschutz
Teil 1-3	(12.10)	Kaltgeformte dünnwandige Bauteile und Bleche
Teil 1-4	(10.15)	Nichtrostender Stahl
Teil 1-5	(10.19)	Bauteile aus ebenen Blechen mit Beanspruchungen in der Blechebene
Teil 1-6	(07.17)	Festigkeit und Stabilität von Schalentragwerken
Teil 1-7	(12.10)	Ergänzende Regeln zu ebenen Blechfeldern mit Querbelastung
Teil 1-8	(12.10)	Bemessung und Konstruktion von Anschlüssen und Verbindungen
Teil 1-9	(12.10)	Ermüdung
Teil 1-10	(12.10)	Auswahl der Stahlsorten im Hinblick auf Bruchzähigkeit und Eigenschaften in Dickenrichtung
Teil 1-11	(12.10)	Bemessung und Konstruktion von Tragwerken mit stählernen Zugelementen
Teil 1-12	(12.10)	Zusätzliche Regeln zur Erweiterung von EN 1993 auf Stahlgüten bis S700

Zu jedem Teil des Eurocode 3 regelt ein Nationaler Anhang die länderspezifischen Besonderheiten. Es wird darauf hingewiesen, dass die Nationalen Anhänge anderer Länder abweichen können.

Weitere, für den Stahlbau wichtige Normen sind:

DIN EN 1090-2 (09.18)	Ausführung von Stahltragwerken und Aluminiumtragwerken, Teil 2: Technische Regeln für die Ausführung von Stahltragwerken
DIN EN 10 025	Warmgewalzte Erzeugnisse aus Baustählen, Teile 1 bis 6

Um das Auffinden von Regelungen in der Norm zu erleichtern, werden in diesem Kapitel zusätzliche Literaturhinweise im folgenden Format angegeben:

[-1-1/5.2.2]	EC 3 Teil 1-1, Kapitel 5.2.2
[-1-8/Tab.3.1]	EC 3 Teil 1-8, Tabelle 3.1
[-3-2/Bild2.1]	EC 3 Teil 3-2, Bild 2.1
[-1-1NA/Tab.1]	Nationaler Anhang zu EC 3, Teil 1-1, Tabelle 1

1.2 Begriffe und Definitionen

Für Schnittgrößen und Verformungen werden folgende Bezeichnungen verwendet:

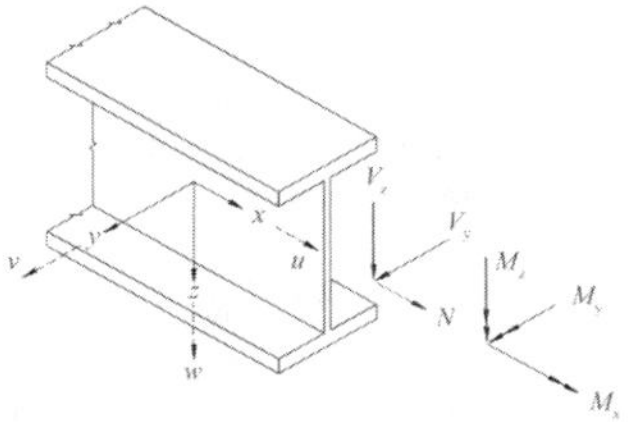

M_x, M_y, M_z	Momente um die x-, y- oder z-Achse
V_z, V_y	Querkräfte in z- oder y-Richtung
N	Normalkraft
u, v, w	Verformung in x-, y- oder z-Richtung
Index k	charakteristische Werte
Index d	Bemessungswerte

1.3 Werkstoffe

Tafel 13.3a Charakteristische Festigkeiten in N/mm² für Walzstahl [-1-1/Tab.3.1]

Werkstoffnorm	Stahlsorte	Erzeugnisdicke t [1)] in mm			
		$t \leq 40$ mm		$40\text{ mm} < t \leq 80$ mm	
		f_y	f_u	f_y	f_u
DIN EN 10 025-2	S235	235	360	215	360
	S275	275	430	255	410
	S355	355	490	335	490
DIN EN 10 025-3	S420 N/NL	420	520	390	520
	S460 N/NL	460	540	430	540

1) Für Erzeugnisse mit größeren, hier nicht aufgeführten Dicken sind die Nennwerte den entsprechenden Werkstoffnormen zu entnehmen.

Tafel 13.3b Werkstoffkennwerte von Stahl [-1-1/3.2.6]

Elastizitätsmodul	E = 210 000 N/mm²	Dichte	ρ = 7850 kg/m³
Schubmodul	G = 81 000 N/mm²	Temperaturausdehnungskoeffizient	α_T = 0,000012 K⁻¹ für $T \leq$ 100 °C
Querdehnzahl	ν = 0,30		

Bei der Auswahl einer Stahlsorte ist zu gewährleisten, dass auch bei niedrigen Temperaturen kein Sprödbruch auftreten kann. Dies kann nach [-1-10/2.4] durch die Begrenzung der maximalen Blechstärken erfolgen.

Tafel 13.3c Charakteristische Festigkeiten von Schraubenwerkstoffen [-1-8/Tab.3.1]

Schraubenfestigkeitsklasse	4.6	5.6	8.8	10.9
f_{yb} [N/mm²]	240	300	640	900
f_{ub} [N/mm²]	400	500	800	1000

Die Festigkeitsklassen 4.8, 5.8 und 6.8 sind nach [-1-1NA/3.3] in Deutschland nicht zugelassen.

1.4 Erforderliche Nachweise

Für ein Tragwerk, seine Teile und seine Verbindungen sind die Tragsicherheit, die Gebrauchstauglichkeit sowie die Dauerhaftigkeit nachzuweisen.

Im **Grenzzustand der Tragfähigkeit** sind folgende Nachweise zu führen [-1-1/6]:
- Beanspruchbarkeit der Querschnitte (s. Abschnitt 2.2)
- Stabilitätsnachweis des Tragwerks und seiner Bauteile (s. Abschnitt 3)
- Beulnachweise von Querschnittsteilen, Nachweis nach EC 3, Teil 1-5
- Anschlüsse und Verbindungen (s. Abschnitt 4)
- Lagesicherheit, Nachweis nach DIN EN 1990, Abschnitt 6.4.2.

Im **Grenzzustand der Gebrauchstauglichkeit** sind zu gewährleisten [-1-1/7]:
- Grenzwerte der Verformungen (s. Abschnitt 2.3)
- Begrenzung von Vibrationen bei dynamischen Einwirkungen (s. EN 1990, A1.4.4).

Zur Sicherung der **Dauerhaftigkeit** müssen für die Nutzungsdauer des Bauwerks folgende Punkte gewährleistet sein [-1-1/4]:
- Korrosionsgerechte Gestaltung nach EN 1090

- Möglichkeit zur Durchführung von Inspektions-, Wartungs- und Instandsetzungsmaßnahmen
- Berücksichtigung der Auswirkungen von Verschleiß
- Nachweis der Ermüdungssicherheit nach EC 3, Teil 1-9

1.5 Berechnungsmethoden

Grundsätzlich ist für eine statische Berechnung ein Berechnungsmodell zu wählen, welches das Tragwerksverhalten der Querschnitte, Bauteile und Anschlüsse im betrachteten Grenzzustand mit ausreichender Genauigkeit wiedergeben kann.

Die Schnittkräfte können nach Theorie I. Ordnung ermittelt werden, falls die in Abschnitt 3.1 angegebenen Kriterien erfüllt sind. Im anderen Fall müssen die Schnittkräfte unter Berücksichtigung von Imperfektionen sowie der Einflüsse der Tragwerksverformungen nach Theorie II. Ordnung berechnet werden [-1-1/5.2.1].

Eine **elastische Tragwerksberechnung** darf in allen Fällen angewendet werden. Dies gilt auch für den Fall, dass die Querschnittswiderstände plastisch ermittelt werden. Bei Durchlaufträgern aus Querschnitten der Klasse 1 oder 2 dürfen die Stützmomente um 15 % abgemindert werden, wenn die Schnittgrößen des Trägers mit den äußeren Einwirkungen im Gleichgewicht stehen und kein Biegedrillknicken auftreten kann [-1-1/5.4.1]. Die Auflagerkräfte von Durchlaufträgern unter Gleichlast dürfen für die Lastweiterleitung wie für Einfeldträger berechnet werden, wenn ihre Stützweiten die Bedingung $l_{min} \geq 0{,}8\ l_{max}$ erfüllen [-1-1NA/5.1]. Dies gilt nicht für Zweifeldträger.

Um die plastischen Reserven eines Tragwerks nutzen zu können, darf die Schnittkraftermittlung auch mit einer **plastischen Tragwerksberechnung** durchgeführt werden [-1-1/5.4.3]. Dazu kommen die folgenden Berechnungsmethoden in Frage:
- Elastisch-plastisches Fließgelenkverfahren mit voll plastifizierten Querschnitten in den Fließgelenken
- Fließzonenverfahren mit teilplastifizierten Querschnitten
- Starr-plastisches Fließgelenkverfahren ohne Berücksichtigung der elastischen Verformungen zwischen den Fließgelenken.

An den Fließgelenken müssen Querschnitte der Klasse 1 mit ausreichender Rotationskapazität vorliegen. Weitere Regelungen s. [-1-1/5.6].

1.6 Teilsicherheitsbeiwerte

Auf der Einwirkungsseite gelten die in EC 0 angegebenen Teilsicherheitsbeiwerte, Kombinationsfaktoren und Kombinationsregeln. Auf der Widerstandsseite sind für die verschiedenen Nachweise die folgenden Teilsicherheitsbeiwerte festgelegt:

Tafel 13.4a Teilsicherheitsbeiwerte für den Nachweis der Tragsicherheit [-1-1/6.1]

Beanspruchbarkeit von Querschnitten (unabhängig von der Querschnittsklasse)	γ_{M0}	1,00
Beanspruchbarkeit von Bauteilen bei Stabilitätsversagen [-1-1NA/Seite 7] (bei Anwendung von Bauteilnachweisen)	γ_{M1}	1,10
Beanspruchbarkeit von Querschnitten bei Bruchversagen infolge Zugbeanspruchung	γ_{M2}	1,25

Tafel 13.4b Teilsicherheitsbeiwerte für Anschlüsse [-1-8/Tab.2.1]

Beanspruchbarkeit von Schrauben, Nieten, Bolzen, Schweißnähten und Blechen auf Lochleibung	γ_{M2}	1,25
Gleitfestigkeit im Grenzzustand der Tragfähigkeit (Kategorie C nach Tafel 13.29)	γ_{M3}	1,25
Gleitfestigkeit im Grenzzustand der Gebrauchstauglichkeit (Kategorie B)	$\gamma_{M3,ser}$	1,10
Lochleibungsbeanspruchbarkeit von Injektionsschrauben	γ_{M4}	1,00
Knotenanschlüsse in Fachwerken mit Hohlprofilen	γ_{M5}	1,00
Bolzen im Grenzzustand der Gebrauchstauglichkeit	$\gamma_{M6,ser}$	1,00
Vorspannung hochfester Schrauben	γ_{M7}	1,10

Der Sicherheitsbeiwert bei Stabilitätsproblemen wird im Nationalen Anhang (12.10) des EC 3-1-1 mit $\gamma_{M1} = 1{,}10$ festgelegt. Frühere Fassungen des NA gaben den Wert $\gamma_{M1} = 1{,}0$ an. Es wird darauf hingewiesen, dass die Nationalen Anhänge anderer Länder davon abweichen können.

2 Bemessung *nicht* stabilitätsgefährdeter Bauteile

2.1 Klassifizierung von Querschnitten

2.1.1 Querschnittsklassen

Die Querschnitte von Stahlprofilen werden ihrem Tragverhalten entsprechend in die Querschnittsklassen (QK) 1 bis 4 eingeteilt, siehe Tafel 13.5a. Die *c*/*t*-Verhältnisse der einzelnen Querschnittsteile und die Spannungsverläufe sind maßgebend für die Zuordnung eines Querschnitts zu einer QK. Die nachfolgend dargestellte Zuordnung eines Profils zu einer QK gilt sowohl für nicht stabilitätsgefährdete als auch für stabilitätsgefährdete Bauteile.

Tafel 13.5a Querschnittsklassen [-1-1/5.5.2]

Querschnittsklasse	Momenten-Rotations-Verhalten	σ-Verlauf über den Querschnitt	Rotations-vermögen	Verfahren zur Bestimmung der Beanspruchungen	Verfahren zur Bestimmung der Beanspruchbarkeit	Anmerkungen
1	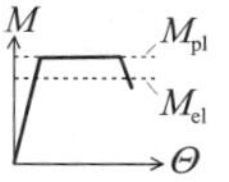	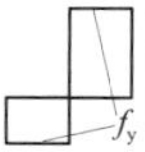	hoch	plas-tisch	plas-tisch	Querschnitte der QK 1 erreichen das volle plastische Moment und verfügen über ein ausgeprägtes Rotationsvermögen, sodass sich Fließgelenke einstellen können.
2	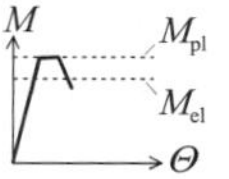	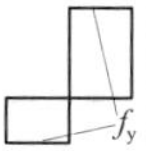	gering	elas-tisch	plas-tisch	Querschnitte der QK 2 erreichen das volle plastische Moment, verfügen nur über ein geringes Rotationsvermögen, sodass Fließgelenke nicht unterstellt werden dürfen.
3	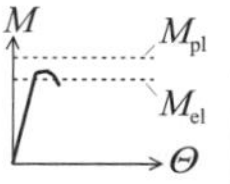	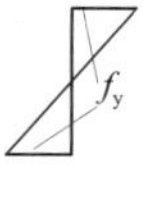	keines	elas-tisch	elas-tisch	Querschnitte der QK 3 ermöglichen die Ausnutzung des elastischen Moments ohne Beulen der Querschnittsteile, das plastische Moment wird jedoch nicht erreicht.
4	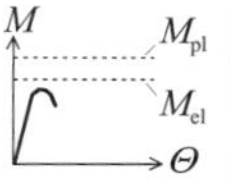	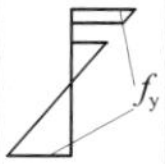	keines	elas-tisch	elastisch, am effektiven Querschnitt	Querschnitte der QK 4 versagen durch lokales Beulen bereits vor Erreichen des elastischen Moments. Effektive Breiten nach [-1-5/5.2.2] verwenden.

Tafel 13.5b Materialparameter ε für den Gebrauch in den Tafeln 13.6 bis 13.7c [-1-1/Tab. 5.2]

$\varepsilon = \sqrt{235 / f_y}$	f_y in N/mm²	235	275	355	420	460
	ε	1,00	0,92	0,81	0,75	0,71

Bei der Bestimmung der Querschnittsklasse (QK) ist zu beachten:

- Die QK hängt stets von der Querschnittsform und dem Belastungszustand des Querschnitts ab. Mit der QK für reine Druckbeanspruchung liegt man für alle anderen möglichen Schnittgrößenkombinationen auf der sicheren Seite. Diese Annahme kann jedoch unwirtschaftlich sein.
- Rein zugbeanspruchte Querschnitte oder Querschnittsteile werden nicht einer QK zugeordnet, da kein lokales Ausbeulen zu befürchten ist.

Tafel 13.6 QK für *beidseitig* (!) gestützte, druckbeanspruchte Querschnittsteile [-1-1/Tab.5.2]

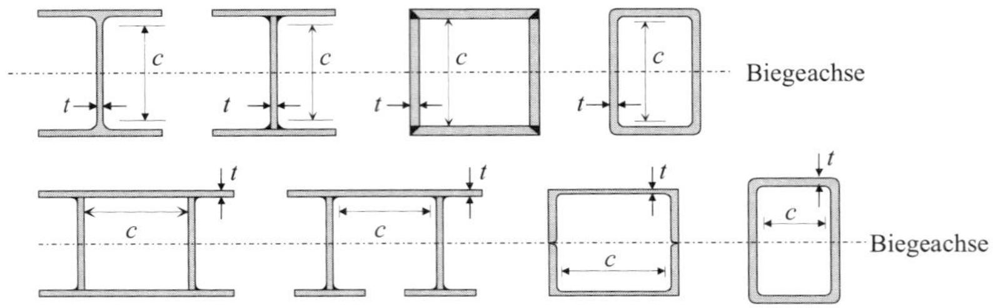

Querschnittsklasse	auf Biegung beanspruchte Querschnittsteile	auf Druck beanspruchte Querschnittsteile	auf Druck und Biegung beanspruchte Querschnittsteile
Spannungsverteilung über das Querschnittsteil (Druck positiv)	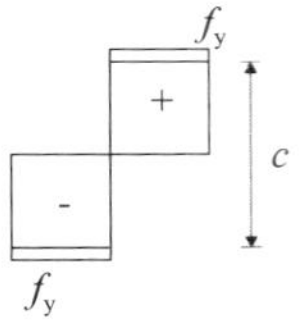	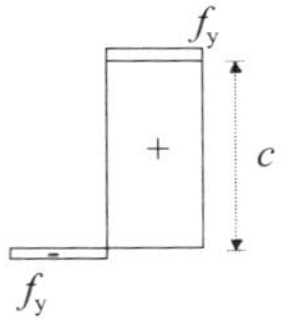	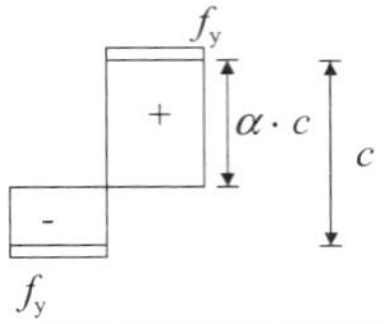
1	$c/t \leq 72 \cdot \varepsilon$	$c/t \leq 33 \cdot \varepsilon$	$\alpha > 0{,}5: c/t \leq \frac{396 \cdot \varepsilon}{13 \cdot \alpha - 1}$ $\alpha \leq 0{,}5: c/t \leq \frac{36 \cdot \varepsilon}{\alpha}$
2	$c/t \leq 83 \cdot \varepsilon$	$c/t \leq 38 \cdot \varepsilon$	$\alpha > 0{,}5: c/t \leq \frac{456 \cdot \varepsilon}{13 \cdot \alpha - 1}$ $\alpha \leq 0{,}5: c/t \leq \frac{41{,}5 \cdot \varepsilon}{\alpha}$
Spannungsverteilung über das Querschnittsteil (Druck positiv)	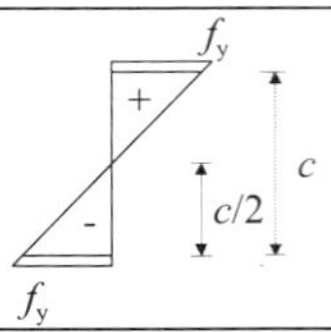	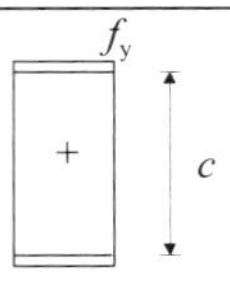	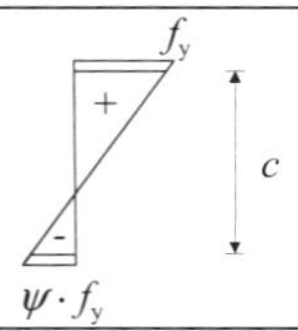
3	$c/t \leq 124 \cdot \varepsilon$	$c/t \leq 42 \cdot \varepsilon$	$\psi > -1: c/t \leq \frac{42 \cdot \varepsilon}{0{,}67 + 0{,}33 \cdot \psi}$ $\psi \leq -1$[1]$: c/t \leq 62 \cdot \varepsilon \cdot (1-\psi)\sqrt{-\psi}$

[1] Es gilt $\psi \leq -1$, falls entweder die Druckspannungen $\sigma \leq f_y$ oder die Dehnungen infolge Zug $\varepsilon_y > f_y / E$ sind.

Tafel 13.7a QK für *einseitig* (!) gestützte, druckbeanspruchte Bleche [-1-1/Tab.5.2]

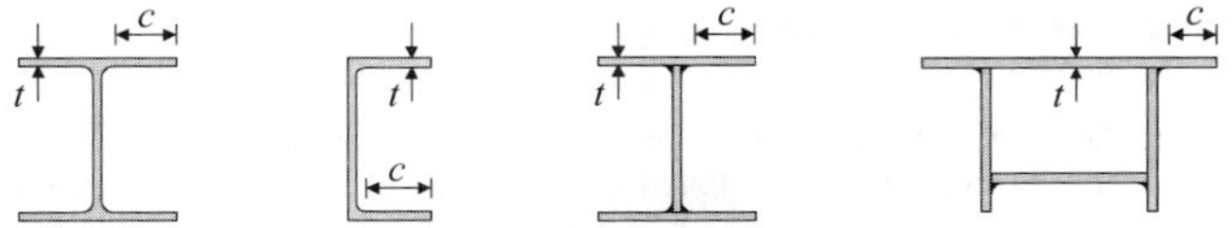

gewalzte Querschnitte und geschweißte Querschnitte

Querschnittsklasse	auf Druck beanspruchte Querschnittsteile	auf Druck und Biegung beanspruchte Querschnittsteile	
		freier Rand im Druckbereich	freier Rand im Zugbereich
Spannungsverteilung über das Querschnittsteil (Druck positiv)	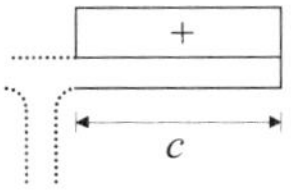	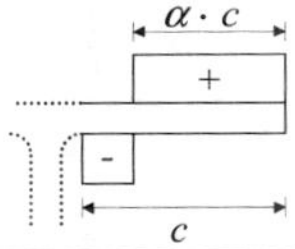	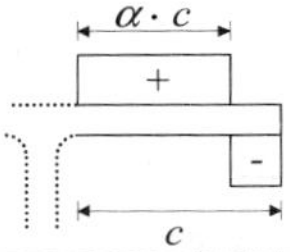
1	$c/t \leq 9 \cdot \varepsilon$	$c/t \leq \frac{9 \cdot \varepsilon}{\alpha}$	$c/t \leq \frac{9 \cdot \varepsilon}{\alpha \cdot \sqrt{\alpha}}$
2	$c/t \leq 10 \cdot \varepsilon$	$c/t \leq \frac{10 \cdot \varepsilon}{\alpha}$	$c/t \leq \frac{10 \cdot \varepsilon}{\alpha \cdot \sqrt{\alpha}}$
Spannungsverteilung über das Querschnittsteil (Druck positiv)	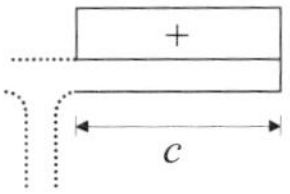	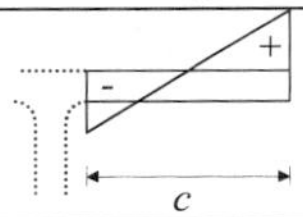	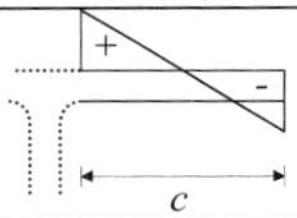
3	$c/t \leq 14 \cdot \varepsilon$	$c/t \leq 21 \cdot \varepsilon \cdot \sqrt{k_\sigma}$ k_σ nach [-1-5]	

Tafel 13.7b QK von druckbeanspruchten Winkelprofilen [-1-1/Tab.5.2]

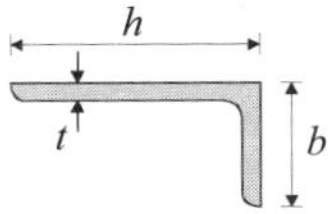	• Siehe auch „einseitig gestützte Bleche" nach Tafel 13.7a. • Diese Tabelle gilt nicht für Winkel mit über die Länge durchgehender Verbindung zu anderen Bauteilen.
Querschnittsklasse	Auf Druck beanspruchte Winkelschenkel
Spannungsverteilung über das Querschnittsteil (Druck positiv)	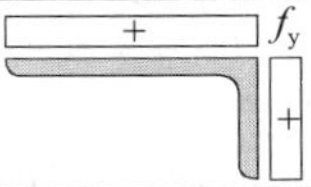
3	$h/t \leq 15 \cdot \varepsilon$ und gleichzeitig $\frac{b+h}{2 \cdot t} \leq 11{,}5 \cdot \varepsilon$

Tafel 13.7c QK von druckbeanspruchten, runden Hohlprofilen [-1-1/Tab.5.2]

Querschnittsklasse	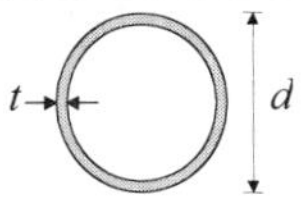	Auf Druck beanspruchte, runde Hohlprofile
1	$d/t \leq 50 \cdot \varepsilon^2$	
2	$d/t \leq 70 \cdot \varepsilon^2$	
3	$d/t \leq 90 \cdot \varepsilon^2$ (Für $d/t > 90 \cdot \varepsilon^2$ siehe [-1-6].)	

Vorgehensweise bei der Einstufung eines Querschnitts:

a) I-Walzprofile unter reiner Biegebeanspruchung oder reiner Druckbeanspruchung: Die QK kann Kap. 13D entnommen werden.

b) Beliebige, auf Druck und Biegung beanspruchte Querschnitte: Mit Hilfe der Tafeln 13.6 bis 13.7c wird jedem einzelnen Querschnittsteil eine QK zugeordnet. Querschnittsteile, die nicht mindestens die Grenzwerte der QK 3 nach Tafeln 13.6 bis 13.7c erfüllen, sind in QK 4 einzustufen. Die QK des Gesamtquerschnitts ergibt sich als die höchste QK seiner Querschnittsteile.

Beispiel: Dreiblechquerschnitt S355 unter Biegebeanspruchung; Schweißnahtdicke $a_w = 4$ mm

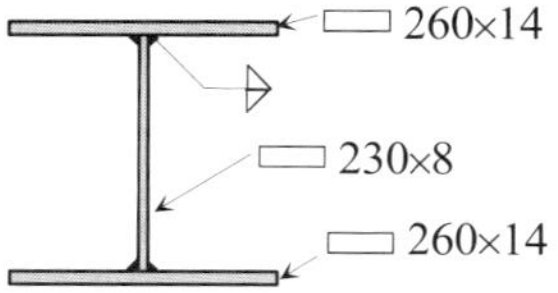

Materialparameter nach Tafel 13.5b:

$$\varepsilon = \sqrt{\frac{235}{f_y}} = \sqrt{\frac{235}{355}} = 0{,}81$$

Einstufung des Stegs: $c/t = (230 - 2 \cdot 4) / 8 = 27{,}8$

Nach Tafel 13.6: $c/t = 27{,}8 < 72 \cdot \varepsilon = 72 \cdot 0{,}81 = 58{,}3 \Rightarrow QK_{Steg} = QK\ 1$

Einstufung des Flanschs: $c/t = (b - t_w - 2 \cdot a_w) / (2 \cdot t_f) = (260 - 8 - 2 \cdot 4) / (2 \cdot 14) = 8{,}7$

Nach Tafel 13.7a: $c/t = 8{,}7 < 14 \cdot \varepsilon = 14 \cdot 0{,}81 = 11{,}3$

$> 10 \cdot \varepsilon = 10 \cdot 0{,}81 = 8{,}1 \Rightarrow QK_{Flansch} = QK\ 3$

Einstufung des Gesamtquerschnitts: $\max \{QK_{Steg}; QK_{Flansch}\} = \max \{QK\ 1; QK\ 3\} = QK\ 3$

Beispiel: Walzprofil unter gemischter Beanspruchung

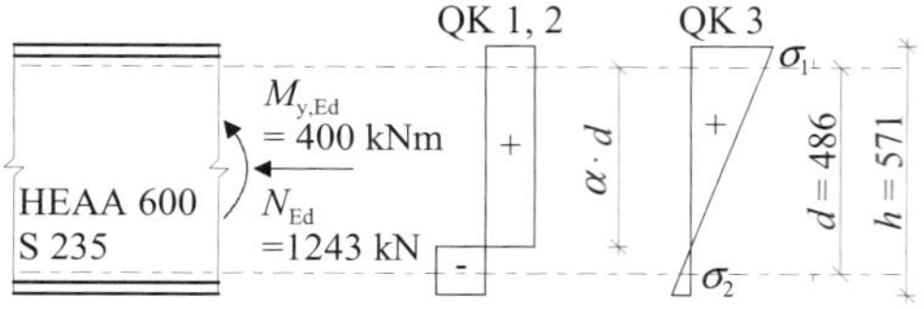

$c = d = h - 2 \cdot (t_f + r) = 486$ mm

$t_w = 12$ mm ; $t_f = 15{,}5$ mm; $r = 27$ mm

$\alpha = 0{,}5 - N_{Ed} \cdot \gamma_{M0} / (2 \cdot d \cdot t_w \cdot f_y)$

$\sigma_1 = N_{Ed} / A - M_{y,Ed} / (I_y \cdot 2/d)$

$\sigma_2 = N_{Ed} / A + M_{y,Ed} / (I_y \cdot 2/d)$

$\psi = \sigma_1 / \sigma_2$

a) Steg, Tafel 13.6: Überprüfung, ob QK 2 zutrifft; $\varepsilon = 1{,}0$ nach Tafel 13.5b; plastischer Zustand

$\alpha = 0{,}5 - (-1243) \cdot 1{,}0 / (2 \cdot 48{,}6 \cdot 1{,}2 \cdot 23{,}5) = 0{,}953 > 0{,}5$

$c / t_w = d / t_w = 48{,}6 / 1{,}2 = 40{,}5 > 456 \cdot \varepsilon / (13 \cdot \alpha - 1) = 456 \cdot 1{,}0 / (13 \cdot 0{,}953 - 1) = 40{,}0$

$\Rightarrow$ eine Einstufung in QK 2 ist nicht mehr möglich

b) Steg, Tafel 13.6: Überprüfung, ob QK 3 in Frage kommt; elastische Spannungsverteilung

$\sigma_1 = -1243 / 164 - 40\,000 / (91\,870 \cdot 2 / 48{,}6) = -18{,}2$ kN/cm^2 (Druckspannung)

$\sigma_2 = -1243 / 164 + 40\,000 / (91\,870 \cdot 2 / 48{,}6) = +3{,}0$ kN/cm^2 (Zugspannung)

$\psi = 3{,}0 / -18{,}2 = -0{,}165$

$c / t_w = 48{,}6 / 1{,}2 = 40{,}5 < 42 \cdot \varepsilon / (0{,}67 + 0{,}33 \cdot \psi) = 42 \cdot 1{,}0 / (0{,}67 - 0{,}33 \cdot 0{,}165) = 68{,}2 \Rightarrow$ QK 3

c) Flansch, Tafel 13.7a

$c / t_f = (b/2 - r - t_w / 2) / t_f = (15 - 2{,}7 - 1{,}2/2) / 1{,}55 = 7{,}5 < 9 \cdot \varepsilon = 9{,}0 \Rightarrow$ QK 1

d) Der Gesamtquerschnitt ist damit in QK 3 einzuordnen.

2.1.2 Querschnittswerte für Querschnitte der QK 1 bis QK 3 [-1-1/6.2.2]

Bruttoquerschnitt *A*
Die Bruttoquerschnittswerte sind in der Regel mit den Nennwerten der Abmessungen zu ermitteln. Löcher für Verbindungsmittel brauchen nicht abgezogen zu werden, jedoch sind andere größere Öffnungen in der Regel zu berücksichtigen. Lose Futterbleche dürfen in der Regel rechnerisch nicht berücksichtigt werden.

Nettoquerschnitt A_{net} von Bauteilen ohne Schraubenlöcher $A_{net} = A$

Nettoquerschnitt A_{net} geschraubter Bauteile [-1-1/6.2.2.2]
Die Nettofläche eines Querschnitts ist in der Regel aus der Bruttoquerschnittsfläche durch geeigneten Abzug aller Löcher und anderer Öffnungen zu bestimmen.
Bei der Berechnung der Nettofläche wird ein einzelnes Loch berücksichtigt, indem die Bruttoquerschnittsfläche des Loches an der Stelle der Lochachse abgezogen wird. Bei Löchern für Senkschrauben ist die Fase entsprechend zu berücksichtigen.
Bei durch Schraubenlöcher geschwächten Querschnitten ist ggf. der Querschnitt längs der kritischen Risslinie zu verwenden, siehe nachstehende Abbildungen.

- mit nicht versetzten Lochreihen

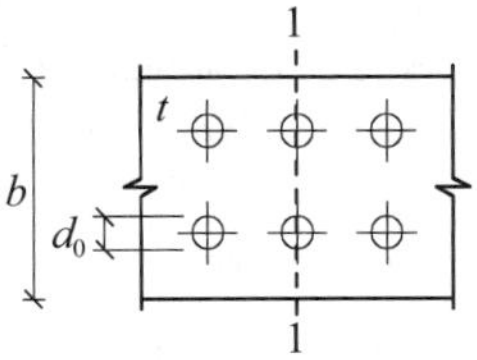

- mit versetzten Lochreihen

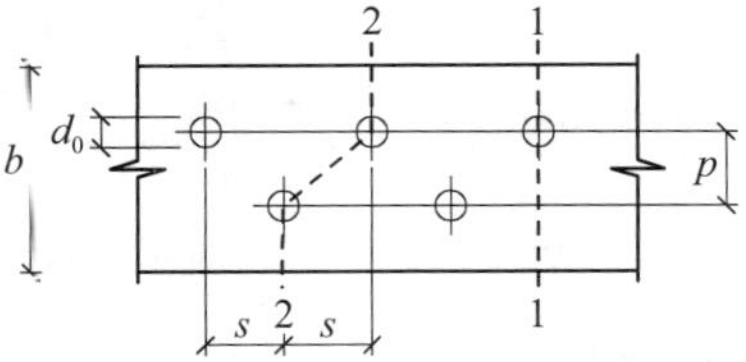

$A_{net} = A - n \cdot d_0 \cdot t$

$A = b \cdot t$

$$A_{net} = \min \begin{cases} A - n \cdot d_0 \cdot t & \text{Schnitt 1-1} \\ A - \left(n \cdot d_0 \cdot t - \sum \frac{s^2 \cdot t}{4 \cdot p} \right) & \text{Schnitt 2-2} \end{cases}$$

n Lochanzahl im kritischen Schnitt
s der versetzte Lochabstand; siehe Abbildung
p Lochabstand rechtwinklig zur Kraftrichtung. Bei Winkeln oder anderen Profilen mit Löchern in mehreren Ebenen ist dieser entlang der Profilmittellinie zu messen.

2.2 Tragsicherheit – Querschnittsnachweise

2.2.1 Allgemeines [-1-1/6.2.1]

Die beiden folgenden Methoden für Querschnittsnachweise sind einfach und grundsätzlich zulässig, aber in einigen Fällen (z.B. bei Querschnitten der QK 1 oder QK 2) konservativ und damit weniger wirtschaftlich:

a) Für Querschnitte der QK 1, 2 und 3 darf bei Beanspruchung durch N, M_y und M_z folgendes Kriterium verwendet werden, wenn für die Querkräfte gilt: $V_{Ed} < 0{,}5\ V_{pl,Rd}$ und Schubbeulen [-1-5] nicht maßgeblich ist:

$$\frac{N_{Ed}}{N_{Rd}} + \frac{M_{y,Ed}}{M_{y,Rd}} + \frac{M_{z,Ed}}{M_{z,Rd}} \le 1$$

Das Kriterium darf auch für Querschnitte der QK 4 verwendet werden, wenn die Beanspruchbarkeiten mit den effektiven Querschnittswerten bestimmt und die exzentrischen Momente aus der Verschiebung der Hauptachse berücksichtigt werden [-1-1/6.2.9.3 (2)].

b) Nach der Elastizitätstheorie (ohne Ausnutzung plastischer Querschnittsreserven, d.h. konservativ für QK 1 und 2) muss die folgende Gleichung für alle Querschnittspunkte erfüllt sein:

$$\left(\frac{\sigma_{x,Ed}}{f_y/\gamma_{M0}}\right)^2+\left(\frac{\sigma_{z,Ed}}{f_y/\gamma_{M0}}\right)^2-\left(\frac{\sigma_{x,Ed}}{f_y/\gamma_{M0}}\right)\cdot\left(\frac{\sigma_{z,Ed}}{f_y/\gamma_{M0}}\right)+3\left(\frac{\tau_{Ed}}{f_y/\gamma_{M0}}\right)^2\leq 1{,}0$$

Darin sind $\sigma_{x,Ed}$ die Normalspannungen in Längsrichtung, $\sigma_{z,Ed}$ die Normalspannungen in Querrichtung, τ_{Ed} die Schubspannungen. Dieses Nachweiskriterium ist für Querschnitte der QK 1 bis 3 anwendbar.

2.2.2 Zugbeanspruchung [-1-1/6.2.3]

Beim Nachweis der Zugbeanspruchung spielt die Querschnittsklasse keine Rolle!

a) Nachweis allgemeiner Querschnitte
In jedem Querschnitt muss die folgende Bedingung erfüllt sein:

$$\frac{N_{t,Ed}}{N_{t,Rd}}\leq 1{,}0$$

$$N_{t,Rd}=\min\begin{cases}N_{pl,Rd}=\dfrac{A\cdot f_y}{\gamma_{M0}}\\ N_{u,Rd}=\dfrac{0{,}9\cdot A_{net}\cdot f_u}{\gamma_{M2}}\end{cases}$$

$N_{t,Ed}$ Bemessungskraft der Zugkraft
$N_{t,Rd}$ Grenzzugkraft
$N_{pl,Rd}$ Grenzzugkraft des Bruttoquerschnitts
A Bruttoquerschnittsfläche
A_{net} Nettofläche siehe Abschnitt 2.1.2
$N_{u,Rd}$ Grenzzugkraft des Nettoquerschnitts im kritischen Schnitt durch die Schraubenlöcher

b) Nachweis von Winkelprofilen mit einschenkligem Anschluss siehe Tafel 13.10a.

Tafel 13.10a Nachweis von Winkelprofilen mit einschenkligem Anschluss [-1-8/3.10.3(2)]

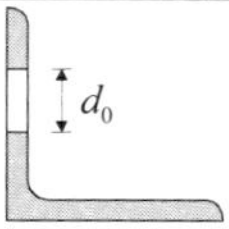

A_{net} Nettoquerschnittsfläche des Winkelprofils. Bei ungleichschenkligen Winkeln mit Anschluss des kleineren Schenkels ist für A_{net} die Nettofläche eines entsprechenden gleichschenkligen Winkelprofils mit einer Schenkellänge gleich der kleineren Schenkellänge anzunehmen.

1 Schraube	2 Schrauben	3 und mehr Schrauben
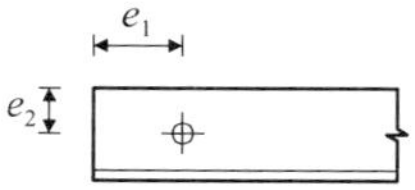	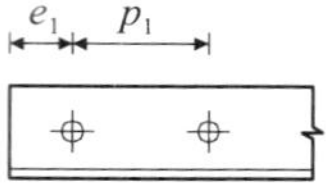	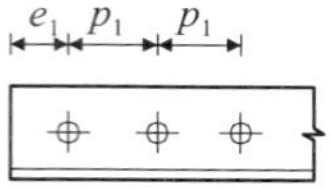
$N_{u,Rd}=\dfrac{2{,}0\cdot(e_2-0{,}5\cdot d_0)\cdot t\cdot f_u}{\gamma_{M2}}$	$N_{u,Rd}=\dfrac{\beta_2\cdot A_{net}\cdot f_u}{\gamma_{M2}}$	$N_{u,Rd}=\dfrac{\beta_3\cdot A_{net}\cdot f_u}{\gamma_{M2}}$

Tafel 13.10b Abminderungsbeiwerte β_2 und β_3 für Tafel 13.10a [-1-8/Tab. 3.8]

Lochabstand	$p_1\leq 2{,}5\cdot d_0$	$2{,}5\cdot d_0<p_1<5{,}0\cdot d_0$	$p_1\geq 5{,}0\cdot d_0$
2 Schrauben β_2	0,4	$0{,}4+\dfrac{0{,}3}{2{,}5\cdot d_0}\cdot(p_1-2{,}5\cdot d_0)$	0,7
3 Schrauben oder mehr β_3	0,5	$0{,}5+\dfrac{0{,}2}{2{,}5\cdot d_0}\cdot(p_1-2{,}5\cdot d_0)$	0,7

2.2.3 Druckbeanspruchung (ohne Stabilität) [-1-1/6.2.4]

$\frac{N_{Ed}}{N_{c,Rd}} \leq 1{,}0$

$N_{c,Rd} = \frac{A \cdot f_y}{\gamma_{M0}}$	QK 1, 2, 3

$N_{c,Rd}$ Grenzdruckkraft

Außer bei übergroßen Löchern oder Langlöchern nach EN 1090-2 müssen Löcher für Verbindungsmittel bei druckbeanspruchten Bauteilen nicht abgezogen werden, wenn sie mit den Verbindungsmitteln gefüllt sind. Nach EN 1090-2, Tab. 10 ist ein Loch normal und nicht übergroß, wenn das Lochspiel bei Schrauben M12 und M14 bis zu 1 mm, bei M16 bis M24 bis zu 2 mm und ab M27 bis zu 3 mm beträgt.

2.2.4 Einaxiale Biegebeanspruchung [-1-1/6.2.5]

$\frac{M_{Ed}}{M_{c,Rd}} \leq 1{,}0$

$M_{c,Rd} = M_{pl,Rd} = \frac{W_{pl} \cdot f_y}{\gamma_{M0}}$	QK 1, 2
$M_{c,Rd} = M_{el,Rd} = \frac{W_{el,min} \cdot f_y}{\gamma_{M0}}$	QK 3

$W_{el,min}$ bezieht sich auf die Querschnittsfaser mit der maximalen Normalspannung.

Löcher für Verbindungsmittel dürfen im zugbeanspruchten Flansch vernachlässigt werden, wenn folgende Gleichung für den Flansch eingehalten ist:

$$\frac{A_{f,net} \cdot 0{,}9 \cdot f_u}{\gamma_{M2}} \geq \frac{A_f \cdot f_y}{\gamma_{M0}}$$

$A_{f,net}$ Nettofläche des Zugflansches

A_f Fläche des zugbeanspruchten Flansches

Ein Lochabzug im Zugbereich von Stegblechen ist nicht notwendig, wenn die genannte Bedingung für die gesamte Zugzone, die sich aus Zugflansch und Zugbereich des Stegbleches zusammensetzt, sinngemäß erfüllt wird.

2.2.5 Querkraftbeanspruchung V_z oder V_y ohne Torsion [-1-1/6.2.6]

$\frac{V_{Ed}}{V_{c,Rd}} \leq 1{,}0$ mit $V_{c,Rd} = V_{pl,Rd} = A_v \cdot \frac{f_y}{\sqrt{3}} \cdot \frac{1}{\gamma_{M0}}$

$V_{pl,Rd}$ plastische Grenzquerkraft, für I-Walzprofile siehe Kap. 13D

A_v nach Tafel 13.12

$\frac{h_w}{t_w} \leq 72 \cdot \frac{\varepsilon}{\eta}$ $\varepsilon = \sqrt{235/f_y}$; f_y in N/mm²;

$\eta = 1{,}2$ für Anwendungen im Hochbau und Baustähle bis S460 [-1-5/5.1(2) / NA]

$\eta = 1{,}0$ für Anwendungen im Brückenbau oder Baustähle höher als S460

Wenn diese Bedingung nicht erfüllt ist, ist zusätzlich ein Nachweis gegen Schubbeulen für unausgesteifte Stegbleche nach [-1-5/5] zu führen.

Bei Verbindungen nach [-1-8] sind Löcher für Verbindungsmittel bei der Berechnung der aufnehmbaren Querkraftbeanspruchung zu berücksichtigen.

Bei I-Querschnitten darf τ_{Ed} im Steg wie folgt angenommen werden:

$\tau_{Ed} = V_{Ed} / A_w$, falls $A_f / A_w \geq 0{,}6$ mit A_f Fläche eines Flansches, $A_w = h_w \cdot t_w$ Fläche Stegblech

Für sämtliche Walzprofile IPE, IPEa, IPEo, IPEv, HEA, HEB, HEM ist die Bedingung $A_f / A_w \geq 0{,}6$ erfüllt, außerdem für HEAA-Profile mit Ausnahme HEAA 800 bis HEAA 1000.

Tafel 13.12 Wirksame Schubflächen A_v für plastische Schubtragfähigkeit [-1-1/6.2.6 (3)]

Querschnittsform	Herstellung	Lastrichtung	A_v
I und H	gewalzt	‖ zum Steg	$A-2\cdot b\cdot t_f+(t_w+2\cdot r)\cdot t_f$ $\geq h_w\cdot t_w$
U	gewalzt	‖ zum Steg	$A-2\cdot b\cdot t_f+(t_w+r)\cdot t_f$
T	gewalzt	‖ zum Steg	$A-b\cdot t_f+(t_w+2\cdot r)\cdot t_f/2$
I, H und Kasten	geschweißt	‖ zum Steg	$\sum(h_w\cdot t_w)$
I	gewalzt	‖ zum Flansch	$2\cdot b\cdot t_f$
I, H, U und Kasten	geschweißt	‖ zum Flansch	$A-\sum(h_w\cdot t_w)$
Rechteckhohlquerschnitte mit gleichförmiger Blechdicke	gewalzt	‖ zur Trägerhöhe	$\frac{A\cdot h}{(b+h)}$
		‖ zur Trägerbreite	$\frac{A\cdot b}{(b+h)}$
Rundhohlquerschnitte und Rohre mit gleichförmiger Blechdicke	alle	alle	$\frac{2A}{\pi}$

A Gesamtquerschnittsfläche b Gesamtbreite h Gesamthöhe $h_w = (h - 2\cdot t_f)$ Stegblechhöhe r Ausrundungsradius t_f Flanschdicke	t_w Stegdicke (bei veränderlicher Stegdicke sollte der kleinste Wert eingesetzt werden) Für hier nicht aufgeführte Querschnittsformen sollte A_v sinngemäß bestimmt werden. Lastrichtung z: $A_{vz} = A_v$ Lastrichtung y: $A_{vy} = A_v$

Der folgende, alternativ mögliche Nachweis auf Spannungsebene ist sinnvoll, wenn ein Nachweis auf der Basis der plastischen Querkraft (siehe oben) nicht möglich ist:

$$\frac{\tau_{Ed}}{f_y/(\sqrt{3}\cdot\gamma_{M0})}\leq 1{,}0 \quad \text{mit } \tau_{Ed}=\frac{V_{z,Ed}\cdot S_y}{I_y\cdot t} \quad \text{bzw. } \tau_{Ed}=\frac{V_{y,Ed}\cdot S_z}{I_z\cdot t}$$

S_y, S_z statische Flächenmomente

I_y, I_z Flächenträgheitsmomente des Gesamtquerschnitts

t Blechdicke am Nachweispunkt

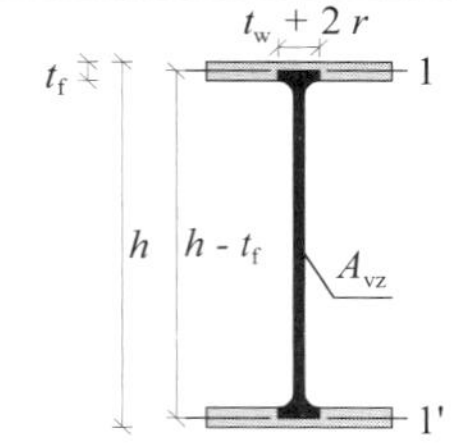

2.2.6 Interaktion: einachsige Biegung, zugehörige Querkraft und Normalkraft

a) Berücksichtigung der Querkraft im Rahmen der Interaktion

Bei $V_{Ed} > 0{,}5\cdot V_{pl,Rd}$ ist eine Reduktion der Momententragfähigkeit zu berücksichtigen, indem (nur) für die schubbeanspruchte Fläche (i.d.R. Steg) eine abgeminderte Streckgrenze angesetzt wird: $f_{y,red} = (1-\rho)\cdot f_y$. Die Streckgrenze für die nicht schubbeanspruchten Querschnittsteile (i.d.R. Flansche) bleibt unverändert.

Ohne gleichzeitig wirkende Torsionsbeanspruchung	$V_{Ed} > 0{,}5\cdot V_{pl,Rd}$	$\rho=\left(\frac{2\cdot V_{Ed}}{V_{pl,Rd}}-1\right)^2$	$V_{pl,Rd}$ nach Abschn. 2.2.5
	$V_{Ed} \leq 0{,}5\cdot V_{pl,Rd}$	$\rho = 0$	

b) Doppeltsymmetrische I-Profile der QK 1 oder 2 mit M_y, V_z und N

Tafel 13.13 Doppeltsymmetrische I-Profile der QK 1 oder 2 mit M_y, V_z und N

$V_{z,Ed} \le V_{pl,z,Rd}$ **und** $N_{Ed} \le N_{pl,Rd}$ **und** $M_{y,Ed} \le M_{pl,y,Rd}$?

- **nein:** Nachweis nicht erfüllt
- **ja:**

$V_{z,Ed} \le 0{,}5 \cdot V_{pl,z,Rd}$?

ja:

$N_{Ed} > \min \begin{cases} 0{,}25 \cdot N_{pl,Rd} \\ 0{,}5 \cdot h_w \cdot t_w \cdot f_y / \gamma_{M0} \end{cases}$?

- ja:

$n = N_{Ed} / N_{pl,Rd}$

$a = \min \begin{cases} \dfrac{A - 2 \cdot b \cdot t_f}{A} \\ 0{,}5 \end{cases}$

$a^* = a$

- nein:

$n = 0$

$a^* = 0$

$M_{N,y,Rd} = \min \begin{cases} M_{pl,y,Rd} \cdot \dfrac{1-n}{1-0{,}5 \cdot a^*} \\ M_{pl,y,Rd} \end{cases}$

$M_{y,Ed} \le M_{N,y,Rd}$?

ja	nein
Nachweis erfüllt	nicht erfüllt

nein:

$\rho = \left(\dfrac{2 \cdot V_{z,Ed}}{V_{pl,z,Rd}} - 1 \right)^2 \qquad 0 \le \rho \le 1{,}0$

a) Walzprofile IPE, HEA, HEB, HEM

$k_{My} = W_{V,pl,y} / W_{pl,y}$ (k_{My} siehe auch Kap. 13D)

$M_{V,y,Rd} = (1 - \rho \cdot k_{My}) \cdot M_{pl,y,Rd}$

Walzprofile können auch wie unten in b) dargestellt berechnet werden. Durch die genauere Berücksichtigung der Schubflächenform (Ausrundungen!) ergeben sich nach a) jedoch genauere, etwas wirtschaftlichere Zahlenwerte.

b) Doppeltsymmetrische I-Profile

$M_{V,y,Rd} = \left(W_{pl,y} - \dfrac{\rho \cdot A_{Vz}^2}{4 \cdot t_w} \right) \cdot \dfrac{f_y}{\gamma_{M0}}$

A_{Vz} vollplastische Schubfläche s. Tafel 13.12

$a_{Vz} = A_{Vz} / A$

$N_{V,Rd} = N_{pl,Rd} \cdot (1 - a_{Vz} \cdot \rho)$

$N_{Ed} \le N_{V,Rd}$

- nein: Nachweis nicht erfüllt
- ja:

$N_{Ed} > \min \begin{cases} 0{,}25 \cdot N_{V,Rd} \\ \dfrac{h_w t_w f_y (1-\rho)}{2 \cdot \gamma_{M0}} \end{cases}$?

- ja:

$n_V = N_{Ed} / N_{V,Rd}$

$A_{red} = A - A_{V,z} \cdot \rho$

$a_{red} = \min \begin{cases} \dfrac{A_{red} - 2 \cdot b \cdot t_f}{A_{red}} \\ 0{,}5 \end{cases}$

$a^* = a_{red}$

- nein:

$n_V = 0$

$a^* = 0$

$M_{NV,y,Rd} = \min \begin{cases} M_{V,y,Rd} \cdot \dfrac{1-n_V}{1-0{,}5 \cdot a^*} \\ M_{V,y,Rd} \end{cases}$

$M_{y,Ed} \le M_{NV,y,Rd}$?

ja	nein
Nachweis erfüllt	nicht erfüllt

Für Walzprofile können die Parameter k_{My}, a_{Vz}, $M_{pl,y,Rd}$, $V_{pl,z,Rd}$ Kapitel 13D entnommen werden.

2.2.7 Interaktion: zweiachsige Biegung, Querkräfte und Normalkraft [-1-1/6.2.10]

a) QK 1 oder 2

Die Interaktionsbeziehungen sind [-1-1/6.2.9] oder der Literatur zu entnehmen, z.B. Reduktionsmethode (siehe [13.2], dort Kap. 2.5.3).

Alternativ kann auch – unter Verzicht auf die Ausnutzung plastischer Querschnittsreserven – ein Nachweis auf elastischer Basis geführt werden, siehe unter b) oder c).

b) QK 3; $V_{y,Ed} \leq 0{,}5 \cdot V_{pl,y,Rd}$ und $V_{z,Ed} \leq 0{,}5 \cdot V_{pl,z,Rd}$ [-1-1/6.2.9.2(1)]

Wenn die Querkräfte unberücksichtigt bleiben dürfen, wird der Bemessungswert der einwirkenden Normalspannungen aus Biegung und Normalkraft $\sigma_{x,Ed}$ gegebenenfalls unter Berücksichtigung von Schraubenlöchern nachgewiesen:

$$\sigma_{x,Ed} = \frac{N_{Ed}}{A} + \frac{M_{y,Ed}}{W_{el,y}} + \frac{M_{z,Ed}}{W_{el,z}} \leq \frac{f_y}{\gamma_{M0}}$$

c) QK 3; $V_{y,Ed} > 0{,}5 \cdot V_{pl,y,Rd}$ und/oder $V_{z,Ed} > 0{,}5 \cdot V_{pl,z,Rd}$ [-1-1/6.2.1(5)]

Wenn andere Spannungskomponenten, z.B. Schubspannungen, zu berücksichtigen sind, kann nach *v. Mises* für den ungünstigsten Querschnittspunkt nachgewiesen werden:

$$\left(\frac{\sigma_{x,Ed}}{f_y / \gamma_{M0}}\right)^2 + \left(\frac{\sigma_{z,Ed}}{f_y / \gamma_{M0}}\right)^2 - \left(\frac{\sigma_{x,Ed}}{f_y / \gamma_{M0}}\right) \cdot \left(\frac{\sigma_{z,Ed}}{f_y / \gamma_{M0}}\right) + 3\left(\frac{\tau_{Ed}}{f_y / \gamma_{M0}}\right)^2 \leq 1{,}0$$

Beispiel: Tragfähigkeit eines Querschnitts der QK 3 unter M_y und V_z

Gegeben: HEA 260, S355; $M_{y,Ed} = 250$ kNm; $V_{z,Ed} = 400$ kN, QK 3 (siehe Kap. 13D)

⇒ Nachweis der elastischen Querschnittstragfähigkeit nach Abschnitt 2.2.1 b und 2.2.6 a:

- Prüfen, ob die Querkraft berücksichtigt werden muss (Abschnitt 2.2.6 a):
  $V_{pl,z,Ed} = (V_{pl,z,Ed}$ für S235 nach Kap. 13D$) \cdot 355 / 235 = 389{,}9 \cdot 355 / 235 = 589$ kN
  $V_{z,Ed} = 400$ kN $> 0{,}5 \cdot V_{pl,z,Ed} = 294$ kN ⇒ Querkraft $V_{z,Ed}$ bei der Interaktion berücksichtigen.
- $$\rho = \left(\frac{2 \cdot V_{y,Ed}}{V_{pl,y,Rd}} - 1\right)^2 = \left(\frac{2 \cdot 400}{589} - 1\right)^2 = 0{,}128$$
- Reduzierte Fließgrenze in der Schubfläche, die durch die Biegenormalspannungen ausgenutzt werden kann [-1-1/6.2.8(3)]:
  $$f_{y,red} = (1-\rho) \cdot f_y = (1-0{,}128) \cdot 35{,}5 = 30{,}9 \text{ kN/cm}^2$$
- Spannungsnachweis in der Randfaser analog zu Abschnitt 2.2.1 b:
  $$\sigma_{x,Ed} = \frac{M_{y,Ed}}{W_{el,y}} = \frac{25\,000 \text{ kNcm}}{836 \text{ cm}^3} = 29{,}9 \text{ kN/cm}^2 \quad ; \quad \left(\frac{\sigma_{x,Ed}}{f_y / \gamma_{M0}}\right)^2 = \left(\frac{29{,}9}{35{,}5}\right)^2 = 0{,}71 < 1$$
- Spannungsnachweis in der schubbeanspruchten Faser 1 bzw. 1′ mit reduzierter Fließgrenze.
  $$\sigma_{x,Ed} = \frac{M_{y,Ed}}{I_y} \cdot \frac{h - t_f}{2} = \frac{25\,000}{10\,450} \cdot \frac{23{,}75}{2} = 28{,}4 \text{ kN/cm}^2$$
  $$\left(\frac{\sigma_{x,Ed}}{f_{y,red} / \gamma_{M0}}\right)^2 = \left(\frac{28{,}4}{30{,}9}\right)^2 = 0{,}84 < 1$$

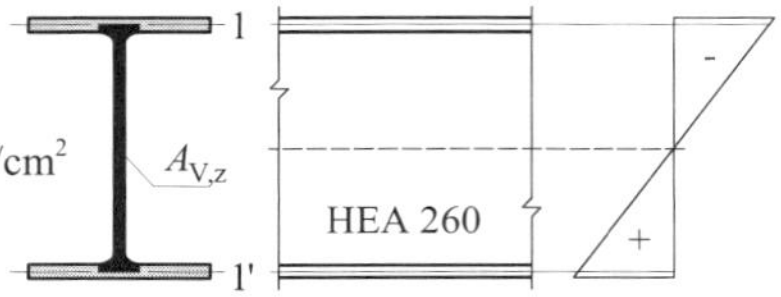

Beispiel: Nachweis eines HEB 300 mit M_y, V_z, N
Gegeben: HEB 300, S235; $M_{y,Ed} = 150$ kNm; $V_{z,Ed} = 500$ kN; $N_{Ed} = 2000$ kN

Aus Kap. 13D lässt sich für HEB 300 entnehmen:

- QK infolge N oder M: QK 1
- Querschnittsmaße: $A = 149$ cm²; $b = 30$ cm; $h = 30$ cm; $t_w = 1{,}1$ cm; $t_f = 1{,}9$ cm; $h_w = h - 2 \cdot t_f = 26{,}2$ cm
- Hilfswerte $a_{vz} = 0{,}3181$; $k_{My} = 0{,}2326$
- Vollplastische Schnittgrößen: $M_{pl,y,Rd} = 439$ kNm; $V_{pl,z,Rd} = 642$ kN; $N_{pl,Rd} = 3502$ kN

Querschnittsnachweis nach Tafel 13.13:

- $V_{z,Ed} = 500$ kN $> 0{,}5 \cdot V_{pl,z,Ed} = 321$ kN $\Rightarrow$ Querkraft bei der Interaktion berücksichtigen.
- $\rho = \left(\frac{2 \cdot V_{z,Ed}}{V_{pl,z,Rd}} - 1\right)^2 = \left(\frac{2 \cdot 500}{642} - 1\right)^2 = 0{,}310$
- $M_{V,y,Rd} = (1 - \rho \cdot k_{My}) \cdot M_{pl,y,Rd} = (1 - 0{,}310 \cdot 0{,}2326) \cdot 439 = 407{,}4 \text{ kNm}$
- $N_{V,Rd} = N_{pl,Rd} \cdot (1 - a_{vz} \cdot \rho) = 3502 \cdot (1 - 0{,}3181 \cdot 0{,}310) = 3157 \text{ kN}$
- $N_{Ed} = 2000 \text{ kN} \le N_{V,Rd} = 3157 \text{ kN}$
- $N_{Ed} = 2000\text{kN} > min\begin{Bmatrix} 0{,}25 \cdot N_{V,Rd} \\ h_w \cdot t_w \cdot f_y (1-\rho)/(2\gamma_{M0}) \end{Bmatrix} = min\begin{Bmatrix} 0{,}25 \cdot 3157 = 789 \\ 26{,}2 \cdot 1{,}1 \cdot 23{,}5 \cdot 0{,}69 / 2{,}0 = 234 \end{Bmatrix} = 234\text{kN}$

  $\Rightarrow$ Normalkraft bei der Interaktion berücksichtigen.
- $n_v = N_{Ed} / N_{V,Rd} = 2000 / 3157 = 0{,}634$
- $A_{red} = A - A_{vz} \cdot \rho = A - A \cdot a_{vz} \cdot \rho = 149 - 149 \cdot 0{,}3181 \cdot 0{,}31 = 134\text{cm}^2$
- $a_{red} = a^* = min\begin{Bmatrix} \frac{A_{red} - 2 \cdot b \cdot t_f}{A_{red}} \\ 0{,}5 \end{Bmatrix} = min\begin{Bmatrix} \frac{134{,}3 - 2 \cdot 30 \cdot 1{,}9}{134{,}3} = 0{,}151 \\ 0{,}5 \end{Bmatrix} = 0{,}151$
- $M_{NV,y,Rd} = min\begin{Bmatrix} M_{V,y,Rd} \cdot \frac{1 - n_v}{1 - 0{,}5 \cdot a^*} \\ M_{V,y,Rd} \end{Bmatrix} = min\begin{Bmatrix} 407{,}4 \cdot \frac{1 - 0{,}634}{1 - 0{,}5 \cdot 0{,}151} = 161 \\ 407{,}4 \end{Bmatrix} = 161\,\text{kNm}$
- Nachweis: $M_{y,Ed} = 150\,\text{kNm} \le M_{NV,y,Rd} = 161\,\text{kNm}$ ✓

2.3 Gebrauchstauglichkeit

Ein Stahltragwerk muss so entworfen und ausgeführt werden, dass es alle maßgebenden Anforderungen an die Gebrauchstauglichkeit erfüllt. Die Gebrauchstauglichkeitsanforderungen betreffen die Funktion des Bauwerks, das Wohlbefinden von Personen und das optische Erscheinungsbild.

Gemäß [-1-1/7.2] sind für jedes Projekt die Grenzwerte der in DIN EN 1990 („EC 0"), Anhang A1.4 eingeführten vertikalen und horizontalen Verformungsgrößen und der Eigenfrequenzen festzulegen und mit dem Auftraggeber abzustimmen. Dabei sollten Herstellerangaben und technische Zulassungen berücksichtigt werden.

Weder in [-1-1] noch im zugehörigen NA sind Grenzwerte zahlenmäßig angegeben.

Bei der Berechnung der Verformungen sollten Auswirkungen nach Theorie II. Ordnung, Rotationssteifigkeiten verformbarer Verbindungen und mögliche plastische Verformungen im Grenzzustand der Gebrauchstauglichkeit berücksichtigt werden.

3 Bemessung stabilitätsgefährdeter Bauteile

3.1 Begriffe und Abgrenzungskriterien

Schlanke Tragwerke des Stahlbaus können durch Stabilitätsversagen ihre Standsicherheit verlieren, lange bevor die Fließspannung in den Bauteilen erreicht wird. Folgende Arten von Stabilitätsversagen werden unterschieden:

- Knicken: seitliches Ausweichen druckbelasteter Stäbe oder Stabwerke
- Drillknicken: Torsionsverformung druckbelasteter Stäbe
- Biegedrillknicken: seitliches Ausweichen biegebelasteter Stäbe oder Stabwerke
- Beulen: flächiges Ausweichen von dünnen Platten oder Schalen unter Druckbelastung.

Zum Nachweis der Sicherheit gegen Stabilitätsversagen sind in der Regel die Einflüsse von Imperfektionen und Tragwerksverformungen auf die Schnittkräfte zu berücksichtigen [-1-1/5.2]. Dies kann wahlweise durch eine Schnittkraftermittlung nach Theorie II. Ordnung oder durch Stabilitätsnachweise nach dem Ersatzstabverfahren erfolgen. Falls ein Tragwerk oder ein Bauteil folgende Bedingungen erfüllt, sind keine Stabilitätsnachweise erforderlich und die Schnittkräfte können nach Theorie I. Ordnung ermittelt werden [-1-1/5.2.1]:

- Tragwerke allgemein:

$\alpha_{cr} = F_{cr}/F_{Ed} \geq 10$ elastische Berechnung

$\alpha_{cr} = F_{cr}/F_{Ed} \geq 15$ plastische Berechnung

F_{cr} ideale Verzweigungslast des Gesamttragwerks auf Grundlage elastischer Anfangssteifigkeiten

α_{cr} Faktor, mit dem die Bemessungswerte der Belastung erhöht werden müssten, um die ideale Verzweigungslast des Gesamttragwerks zu erreichen

F_{Ed} Bemessungswert der Einwirkung

- Für Hallenrahmen mit einer Dachneigung $\leq$ 26° und Rahmentragwerke des Geschossbaus gilt für das Versagen in seitlicher Richtung:

$$\alpha_{cr} = \left(\frac{H_{Ed}}{V_{Ed}}\right) \cdot \left(\frac{h}{\delta_{H,Ed}}\right)$$

H_{Ed} Bemessungswert der gesamten Horizontalschubkraft an den unteren Stockwerksknoten infolge horizontaler Bemessungslasten einschließlich der horizontalen Ersatzlasten aus Imperfektionen

V_{Ed} gesamte vertikale Bemessungslast des Tragwerks an den unteren Stockwerksknoten

N_{Ed} Bemessungswert der einwirkenden Normalkraft

$\delta_{H,Ed}$ Horizontalverschiebung der oberen Stockwerksknoten gegenüber den unteren Stockwerksknoten infolge horizontaler Lasten (z.B. Wind) und horizontaler Ersatzlasten, die am Gesamtrahmentragwerk angreifen

h Stockwerkshöhe

Dabei werden die Auswirkungen der Druckkraft berücksichtigt, wenn für den Schlankheitsgrad der Träger oder Riegel unter Annahme gelenkiger Lagerung an den Enden gilt:

$$\bar{\lambda} \geq 0{,}3 \cdot \sqrt{\frac{A \cdot f_y}{N_{Ed}}}$$

3.2 Nachweisverfahren [-1-1/5.2.2(3)]

Die Stabilität von Tragwerken kann mit folgenden Verfahren nachgewiesen werden:

a) Nachweis mit Schnittgrößen nach Th.II.O. unter Ansatz globaler und lokaler Imperfektionen
b) Nachweis mit Schnittgrößen nach Th.II.O. unter Ansatz globaler Imperfektionen, zusätzlich Einzelstabnachweis nach dem Ersatzstabverfahren mit den nach Th.II.O. ermittelten Schnittgrößen
c) Nachweis mit dem Ersatzstabverfahren unter Verwendung der Knickfigur des Gesamtsystems
d) allgemeines Nachweisverfahren nach [-1-1/6.3.4]

Nachweise nach Theorie II. Ordnung können unter Zugrundelegung eines linear-elastischen Materialgesetzes geführt werden, wobei Imperfektionen gemäß Abschnitt 1.6 zu berücksichtigen sind. Mit diesen Schnittkräften erfolgt der Spannungsnachweis gemäß Abschnitt 2.2 mit einem Sicherheitsbeiwert von $\gamma_{M1} = 1{,}10$ [-1-1NA/6.1(1)]. Bei Nachweisen nach dem Ersatzstabverfahren sind biegesteife Anschlüsse auf das vollplastische Moment $M_{pl,Rd}$ zu bemessen [-1-1NA/5.2.2].

3.3 Ersatzstabverfahren

3.3.1 Stäbe mit zentrischem Druck [-1-1/6.3.1.1]

a) Biegeknicken

Der Nachweis ist für einen Einzelstab bzw. für den gedanklich aus einem Stabwerk herausgelösten Stab mit den realen Randbedingungen getrennt für die Querschnittshauptachsen zu führen. Zur Berücksichtigung von Imperfektionen und Einflüssen aus Theorie II. Ordnung wird die Tragfähigkeit der Querschnitte durch Abminderungsfaktoren χ in Abhängigkeit von der Knicklänge des Stabes und der Querschnittsform bestimmt.

Ermittlung der Knicklänge:

$L_{cr} = \beta \cdot l$ (frühere Bezeichnung: s_k)

β ... Knicklängenbeiwert

l ... Stablänge

Die Ermittlung der Knicklänge bei unverschieblichen und verschieblichen Stabwerken wird in den Bautabellen für Ingenieure [13.4], Kapitel 4 A, Abschnitt 8 behandelt.

Knicklängenbeiwerte einfacher Stäbe mit konstantem Querschnitt nach *Euler*:

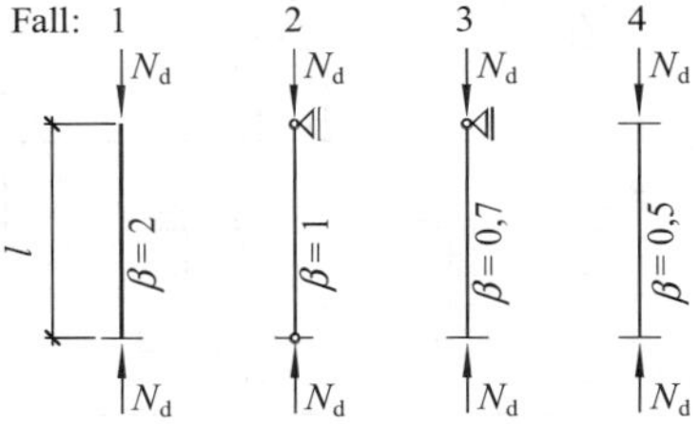

Ermittlung des bezogenen Schlankheitsgrades:

$$\bar{\lambda} = \sqrt{\frac{A f_y}{N_{cr}}} = \frac{L_{cr}}{i \cdot \lambda_1} = \frac{\lambda}{\lambda_1} \quad \text{QK 1, 2 und 3}$$

$$\lambda_1 = \pi \sqrt{\frac{E}{f_y}} = 93{,}9\,\varepsilon \quad \text{s. Tafel 13.17a}$$

$$\varepsilon = \sqrt{235/f_y}$$

Tafel 13.17a Materialbeiwert λ_1

Stahlgüte	S235	S275	S355	S420	S460
λ_1	93,9	86,8	76,4	70,2	67,1

Tafel 13.17b Imperfektionsbeiwerte

Knicklinie	a_0	a	b	c	d
Beiwert α	0,13	0,21	0,34	0,49	0,76

Ermittlung des Abminderungsfaktors χ [-1-1/6.3.1.2]:

$$\bar{\lambda} \le 0{,}2: \quad \chi = 1{,}0$$

$$\bar{\lambda} > 0{,}2: \quad \chi = \frac{1}{\Phi + \sqrt{\Phi^2 - \bar{\lambda}^2}} \le 1 \qquad \text{mit: } \Phi = 0{,}5 \cdot \left[1 + \alpha \cdot \left(\bar{\lambda} - 0{,}2\right) + \bar{\lambda}^2\right]$$

Zur Auswahl des Beiwertes α in Tafel 13.17b ist die maßgebende Knicklinie gemäß Tafel 13.18 zu wählen. In Tafel 13.19 sind Werte für den Abminderungsfaktor χ angegeben.

Nachweis der Knicksicherheit:

$$\frac{N_{Ed}}{N_{b,Rd}} \le 1{,}0 \qquad N_{b,Rd} = \chi \cdot N_{pl,Rd} = \chi \cdot A \cdot f_y / \gamma_{M1} \quad \text{QK 1, 2, 3}$$

Der Sicherheitsbeiwert bei Stabilitätsproblemen wird in DIN EN 1993-1-1/NA in der Fassung vom Dezember 2010 mit

$$\gamma_{M1} = 1{,}10$$

festgelegt. Frühere Entwurfsfassungen des NA gaben den Wert $\gamma_{M1} = 1{,}0$ an. Im vorliegenden Kapitel wird mit $\gamma_{M1} = 1{,}10$ gerechnet. Es wird darauf hingewiesen, dass die Nationalen Anhänge anderer Länder davon abweichen können.

Tafel 13.18 Zuordnung der Querschnitte zu Knicklinien [-1-1/Tab.6.2]

Querschnitt		Begrenzungen		Ausweichen rechtwinklig zur Achse	Knicklinie S235 S275 S355 S420	Knicklinie S460
Gewalzte I-Querschnitte	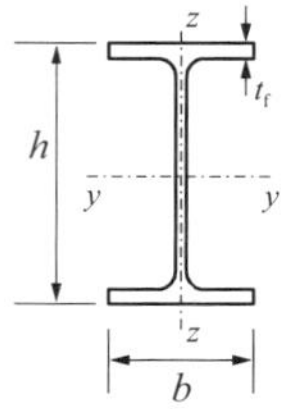	$h/b > 1{,}2$	$t_f \leq 40$ mm	y-y z-z	a b	a_0 a_0
			40 mm $< t_f \leq 100$	y-y z-z	b c	a a
		$h/b \leq 1{,}2$	$t_f \leq 100$ mm	y-y z-z	b c	a a
			$t_f > 100$ mm	y-y z-z	d d	c c
Geschweißte I-Querschnitte	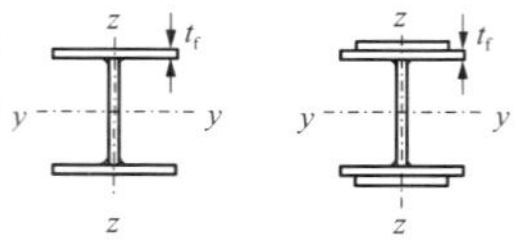	$t_f \leq 40$ mm		y-y z-z	b c	b c
		$t_f > 40$ mm		y-y z-z	c d	c d
Hohlquerschnitte	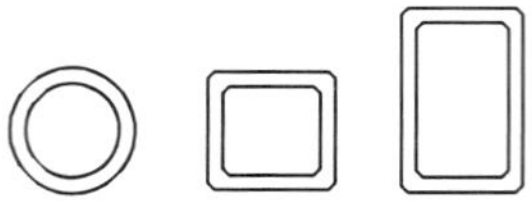	warmgefertigte		jede	a	a_0
		kaltgefertigte		jede	c	c
Geschweißte Kastenquerschnitte	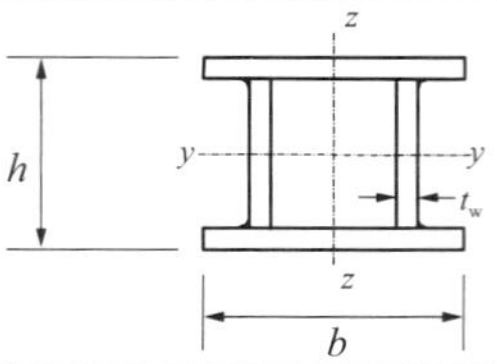	allgemein (außer den Fällen der nächsten Zeile)		jede	b	b
		dicke Schweißnähte: $a > 0{,}5 \cdot t_f$ $b/t_f < 30$ $h/t_w < 30$		jede	c	c
U-, T- und Vollquerschnitte	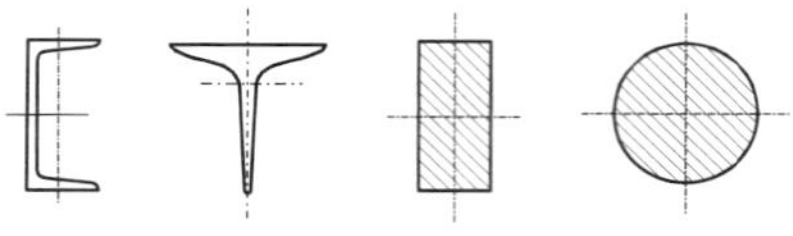			jede	c	c
L-Querschnitt				jede	b	b

Beispiel: Pendelstütze

Profil HEB 360, QK 1, Material S235, Beanspruchung $N_{Ed} = 2500$ kN

Knicklänge $L_{cr} = 4{,}50$ m, $\varepsilon = 1{,}0$

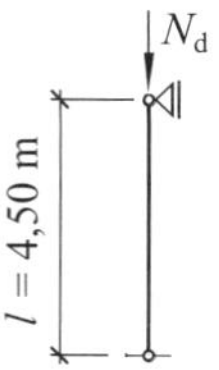

- Knicken um die z-Achse:

$$\overline{\lambda}_z = 450/(7{,}49 \cdot 93{,}9) = 0{,}64 \xrightarrow{\text{KL c}} \chi_z = 0{,}76$$

$$N_{bz,Rd} = 0{,}76 \cdot 4253{,}5/1{,}1 = 2939 \text{ kN}, \text{ Nachweis: } 2500/2939 = 0{,}85 \leq 1{,}0 \checkmark$$

Tafel 13.19 Abminderungsfaktoren χ für Biegeknicken

Bezogener Schlankheitsgrad $\bar{\lambda}$ für Knicklinie:						Bezogener Schlankheitsgrad $\bar{\lambda}$ für Knicklinie:					
a_0	a	b	c	d	χ	a_0	a	b	c	d	χ
0,20	0,20	0,20	0,20	0,20	**1,00**	1,24	1,17	1,08	0,99	0,85	**0,55**
0,28	0,25	0,23	0,22	0,22	**0,99**	1,25	1,19	1,10	1,00	0,87	**0,54**
0,34	0,29	0,26	0,24	0,23	**0,98**	1,27	1,20	1,11	1,02	0,89	**0,53**
0,41	0,34	0,29	0,26	0,24	**0,97**	1,28	1,22	1,13	1,04	0,91	**0,52**
0,46	0,38	0,32	0,28	0,26	**0,96**	1,30	1,24	1,15	1,06	0,92	**0,51**
0,51	0,42	0,34	0,30	0,27	**0,95**	1,31	1,25	1,17	1,08	0,94	**0,50**
0,56	0,45	0,37	0,32	0,28	**0,94**	1,33	1,27	1,18	1,09	0,96	**0,49**
0,60	0,49	0,40	0,34	0,30	**0,93**	1,35	1,29	1,20	1,11	0,98	**0,48**
0,63	0,52	0,42	0,36	0,31	**0,92**	1,36	1,31	1,22	1,13	1,00	**0,47**
0,66	0,55	0,44	0,38	0,32	**0,91**	1,38	1,32	1,24	1,15	1,02	**0,46**
0,69	0,58	0,47	0,40	0,34	**0,90**	1,40	1,34	1,26	1,17	1,04	**0,45**
0,72	0,60	0,49	0,42	0,35	**0,89**	1,42	1,36	1,28	1,19	1,06	**0,44**
0,75	0,63	0,51	0,44	0,36	**0,88**	1,44	1,38	1,30	1,21	1,08	**0,43**
0,77	0,66	0,54	0,46	0,38	**0,87**	1,45	1,40	1,32	1,23	1,10	**0,42**
0,79	0,68	0,56	0,47	0,39	**0,86**	1,47	1,42	1,34	1,26	1,12	**0,41**
0,81	0,70	0,58	0,49	0,41	**0,85**	1,50	1,44	1,36	1,28	1,15	**0,40**
0,83	0,72	0,60	0,51	0,42	**0,84**	1,52	1,46	1,39	1,30	1,17	**0,39**
0,85	0,74	0,62	0,53	0,43	**0,83**	1,54	1,49	1,41	1,33	1,20	**0,38**
0,87	0,76	0,64	0,55	0,45	**0,82**	1,56	1,51	1,43	1,35	1,22	**0,37**
0,88	0,78	0,66	0,56	0,46	**0,81**	1,59	1,54	1,46	1,38	1,25	**0,36**
0,90	0,80	0,68	0,58	0,48	**0,80**	1,61	1,56	1,48	1,40	1,27	**0,35**
0,91	0,81	0,69	0,60	0,49	**0,79**	1,64	1,59	1,51	1,43	1,30	**0,34**
0,93	0,83	0,71	0,61	0,50	**0,78**	1,66	1,61	1,54	1,46	1,33	**0,33**
0,94	0,85	0,73	0,63	0,52	**0,77**	1,69	1,64	1,57	1,49	1,36	**0,32**
0,96	0,86	0,75	0,65	0,53	**0,76**	1,72	1,67	1,60	1,52	1,39	**0,31**
0,97	0,88	0,76	0,66	0,55	**0,75**	1,75	1,70	1,63	1,55	1,42	**0,30**
0,99	0,90	0,78	0,68	0,56	**0,74**	1,78	1,74	1,66	1,58	1,46	**0,29**
1,00	0,91	0,80	0,70	0,58	**0,73**	1,82	1,77	1,70	1,62	1,49	**0,28**
1,01	0,93	0,81	0,71	0,59	**0,72**	1,85	1,81	1,73	1,66	1,53	**0,27**
1,03	0,94	0,83	0,73	0,61	**0,71**	1,89	1,84	1,77	1,70	1,57	**0,26**
1,04	0,96	0,84	0,74	0,62	**0,70**	1,93	1,88	1,81	1,74	1,61	**0,25**
1,05	0,97	0,86	0,76	0,63	**0,69**	1,97	1,93	1,86	1,78	1,65	**0,24**
1,06	0,98	0,88	0,78	0,65	**0,68**	2,02	1,97	1,90	1,83	1,70	**0,23**
1,08	1,00	0,89	0,79	0,66	**0,67**	2,06	2,02	1,95	1,87	1,75	**0,22**
1,09	1,01	0,91	0,81	0,68	**0,66**	2,11	2,07	2,00	1,93	1,80	**0,21**
1,10	1,03	0,92	0,82	0,69	**0,65**	2,17	2,13	2,06	1,98	1,86	**0,20**
1,12	1,04	0,94	0,84	0,71	**0,64**	2,23	2,18	2,12	2,04	1,92	**0,19**
1,13	1,06	0,95	0,86	0,73	**0,63**	2,29	2,25	2,18	2,11	1,98	**0,18**
1,14	1,07	0,97	0,87	0,74	**0,62**	2,36	2,32	2,25	2,18	2,05	**0,17**
1,16	1,08	0,98	0,89	0,76	**0,61**	2,43	2,39	2,33	2,25	2,13	**0,16**
1,17	1,10	1,00	0,90	0,77	**0,60**	2,52	2,48	2,41	2,34	2,21	**0,15**
1,18	1,11	1,02	0,92	0,79	**0,59**	2,61	2,57	2,50	2,43	2,30	**0,14**
1,20	1,13	1,03	0,94	0,80	**0,58**	2,71	2,67	2,60	2,53	2,41	**0,13**
1,21	1,14	1,05	0,95	0,82	**0,57**	2,82	2,78	2,72	2,65	2,52	**0,12**
1,22	1,16	1,06	0,97	0,84	**0,56**	2,95	2,91	2,85	2,78	2,65	**0,11**
						3,10	3,06	3,00	2,92	2,80	**0,10**

Die aufnehmbare Normalkraft $N_{b,Rd}$ von zentrisch gedrückten Stäben aus Walzprofilen kann den Tafeln 13.20 bis 13.23 entnommen werden.

Tafel 13.20 Beanspruchbarkeiten $N_{b,Rd}$ von Druckstäben der IPE-Reihe in kN, S235, $\gamma_{M1} = 1,10$ (oberer Wert $N_{bz,Rd}$, unterer Wert $N_{by,Rd}$, keine Angaben für Schlankheiten $\lambda > 300$[1])

IPE	Knicklänge L_{cr} [m]													
	3,00	**3,50**	**4,00**	**4,50**	**5,00**	**6,00**	**7,00**	**8,00**	**9,00**	**10,0**	**12,0**	**14,0**	**16,0**	**18,0**
80	16	-	-	-	-	-	-	-	-	-	-	-	-	-
	110	92	75	62	52	37	28	22	17	-	-	-	-	-
100	29	22	-	-	-	-	-	-	-	-	-	-	-	-
	177	159	139	120	102	76	58	45	36	30	21	-	-	-
120	50	37	29	-	-	-	-	-	-	-	-	-	-	-
	245	231	213	192	171	132	103	81	66	54	38	29	-	-
140	78	59	46	37	-	-	-	-	-	-	-	-	-	-
	317	305	290	272	251	206	165	133	108	90	64	48	37	-
160	115	88	69	56	46	-	-	-	-	-	-	-	-	-
	399	387	374	358	339	295	246	203	168	140	101	76	59	47
180	166	128	101	81	67	48	-	-	-	-	-	-	-	-
	482	472	459	445	429	388	339	288	243	205	150	113	88	71
200	224	174	138	112	93	66	-	-	-	-	-	-	-	-
	582	571	560	546	531	493	445	391	338	290	215	163	128	103
220	309	243	195	159	132	94	71	-	-	-	-	-	-	-
	689	678	666	654	639	604	560	507	449	392	297	229	180	145
240	407	326	263	216	179	129	97	76	-	-	-	-	-	-
	812	802	790	777	763	730	689	637	579	516	402	313	248	200
270	550	451	370	306	256	186	140	109	88	-	-	-	-	-
	962	951	939	927	914	883	847	802	748	686	557	444	357	290
300	720	607	507	424	358	262	199	156	125	102	-	-	-	-
	1135	1124	1112	1100	1087	1058	1025	984	936	879	747	615	502	412
330	884	757	640	540	458	337	257	201	162	133	-	-	-	-
	1328	1316	1304	1291	1278	1250	1217	1179	1134	1081	952	808	673	560
360	1081	941	807	688	587	436	334	262	211	174	-	-	-	-
	1549	1536	1524	1511	1498	1469	1437	1401	1358	1309	1188	1040	888	750
400	1298	1143	990	850	730	546	419	330	266	219	-	-	-	-
	1805	1795	1782	1769	1755	1726	1694	1659	1620	1574	1462	1321	1160	1001
450	1561	1389	1215	1052	909	684	527	417	337	277	197	-	-	-
	2111	2110	2097	2083	2069	2040	2009	1976	1939	1898	1798	1672	1520	1352
500	1881	1691	1494	1305	1135	861	667	528	427	352	251	-	-	-
	2478	2478	2473	2459	2445	2415	2383	2350	2313	2273	2180	2064	1921	1753
550	2185	1985	1773	1564	1370	1050	817	649	526	435	310	-	-	-
	2806	2806	2806	2799	2784	2755	2724	2691	2656	2619	2534	2431	2305	2154
600	2590	2376	2144	1909	1686	1306	1022	815	662	548	392	-	-	-
	3253	3253	3253	3253	3241	3209	3177	3143	3108	3070	2986	2887	2769	2626

[1] Die Schlankheit von Knickstäben wird durch den Eurocode 3 nicht begrenzt. In den Tabellen 13.20 bis 13.23 werden Werte für Schlankheiten von $\lambda \leq 300$ angegeben, die in der Regel für die Praxis relevant sind.

Tafel 13.21 Beanspruchbarkeiten $N_{b,Rd}$ von Druckstäben der HEA-Reihe in kN, S235, $\gamma_{M1} = 1{,}10$ (oberer Wert $N_{bz,Rd}$, unterer Wert $N_{by,Rd}$, keine Angaben für Schlankheiten $\lambda > 300$)

HEA	Knicklänge L_{cr} [m]													
	3,00	3,50	4,00	4,50	5,00	6,00	7,00	8,00	9,00	10,0	12,0	14,0	16,0	18,0
100	181	145	117	96	80	58	44	-	-	-	-	-	-	-
	332	294	256	221	191	143	110	87	70	58	41	-	-	-
120	274	226	187	156	131	96	73	58	46	-	-	-	-	-
	437	404	367	330	293	229	180	144	117	97	70	52	-	-
140	399	340	288	244	208	155	119	94	76	63	-	-	-	-
	575	544	509	471	431	353	286	233	192	160	116	87	68	-
160	547	479	415	358	309	234	182	145	117	97	-	-	-	-
	738	707	673	635	595	509	426	354	296	249	182	138	108	87
180	697	626	556	490	430	333	262	210	172	143	103	-	-	-
	885	855	823	788	750	665	577	492	419	357	264	202	159	128
200	875	799	722	647	577	457	364	294	242	202	146	110	-	-
	1071	1041	1009	974	937	853	760	665	577	498	376	290	229	185
220	1095	1015	933	850	769	623	505	412	341	286	208	158	124	-
	1300	1269	1236	1201	1163	1079	984	883	781	686	528	412	328	266
240	1354	1269	1180	1089	998	827	681	563	469	395	290	220	173	139
	1572	1539	1505	1469	1431	1346	1250	1144	1033	924	729	576	462	377
260	1572	1485	1395	1301	1206	1020	853	713	599	508	375	286	226	182
	1794	1761	1727	1691	1653	1570	1476	1372	1260	1145	926	744	602	494
280	1802	1713	1621	1525	1426	1229	1044	883	749	638	475	365	288	233
	2028	1994	1959	1923	1885	1803	1712	1610	1499	1381	1145	936	766	633
300	2131	2037	1938	1836	1730	1515	1307	1118	956	821	616	475	377	305
	2370	2333	2296	2257	2217	2131	2036	1931	1815	1691	1432	1189	984	818
320	2341	2239	2132	2020	1905	1670	1442	1235	1057	908	682	526	417	338
	2616	2579	2541	2502	2462	2377	2284	2182	2069	1947	1684	1424	1193	1001
340	2509	2398	2283	2162	2038	1785	1540	1318	1128	968	726	561	444	360
	2819	2782	2744	2705	2665	2581	2490	2390	2281	2162	1902	1633	1385	1171
360	2693	2573	2447	2317	2183	1908	1644	1406	1201	1030	773	596	472	382
	3044	3006	2967	2928	2888	2804	2714	2616	2510	2393	2136	1861	1597	1363
400	3097	2992	2877	2750	2613	2310	1995	1698	1441	1226	907	692	544	438
	3397	3381	3357	3332	3307	3254	3196	3132	3060	2978	2777	2521	2227	1931
450	3463	3343	3213	3070	2914	2572	2216	1884	1597	1358	1004	766	601	484
	3803	3803	3782	3758	3733	3683	3629	3570	3506	3435	3265	3050	2787	2494
500	3847	3712	3565	3404	3229	2844	2447	2077	1758	1494	1103	841	660	531
	4230	4230	4227	4204	4180	4131	4079	4024	3965	3900	3751	3566	3338	3069
550	4107	3960	3799	3622	3430	3010	2579	2183	1844	1565	1153	878	689	554
	4529	4529	4529	4521	4498	4450	4401	4350	4295	4236	4104	3944	3749	3515
600	4368	4208	4033	3841	3632	3177	2714	2291	1932	1638	1205	918	720	579
	4828	4828	4828	4828	4814	4769	4722	4673	4621	4567	4446	4304	4134	3931
650	4663	4488	4296	4085	3856	3359	2858	2406	2025	1714	1259	958	751	604
	5170	5170	5170	5170	5170	5127	5081	5033	4984	4932	4818	4687	4534	4352
700	4991	4798	4585	4351	4098	3551	3007	2522	2118	1789	1312	997	781	628
	5555	5555	5555	5555	5555	5528	5482	5435	5386	5336	5226	5103	4961	4796
800	5306	5096	4864	4609	4333	3740	3157	2642	2214	1869	1369	1039	814	654
	5921	5921	5921	5921	5921	5921	5888	5846	5802	5758	5663	5560	5446	5316
900	5829	5592	5331	5043	4731	4068	3421	2854	2388	2013	1473	1117	874	702
	6526	6526	6526	6526	6526	6526	6525	6484	6442	6400	6311	6216	6114	6000
1000	6124	5870	5590	5281	4948	4240	3556	2962	2475	2084	1523	1155	904	725
	6872	6872	6872	6872	6872	6872	6872	6864	6825	6786	6704	6619	6528	6429

Tafel 13.22 Beanspruchbarkeiten $N_{b,Rd}$ von Druckstäben der HEB-Reihe in kN, S235, $\gamma_{M1} = 1{,}10$ (oberer Wert $N_{bz,Rd}$, unterer Wert $N_{by,Rd}$, keine Angaben für Schlankheiten $\lambda > 300$)

HEB	Knicklänge L_{cr} [m]													
	3,00	3,50	4,00	4,50	5,00	6,00	7,00	8,00	9,00	10,0	12,0	14,0	16,0	18,0
100	225	180	145	120	100	72	55	-	-	-	-	-	-	-
	413	369	323	280	243	183	141	112	90	74	53	-	-	-
120	374	309	256	214	180	132	101	79	64	-	-	-	-	-
	595	553	506	457	408	322	254	204	166	138	99	74	-	-
140	555	474	403	343	293	219	168	133	108	89	-	-	-	-
	796	756	710	661	609	504	412	337	278	233	168	127	99	-
160	776	681	592	513	444	337	262	209	170	140	101	-	-	-
	1040	999	954	904	850	734	620	519	435	367	269	204	160	129
180	1011	909	808	713	627	487	383	307	251	209	150	-	-	-
	1282	1242	1198	1150	1097	981	857	737	629	538	401	307	241	195
200	1279	1171	1061	953	851	676	540	437	359	300	217	164	-	-
	1562	1521	1476	1428	1377	1261	1132	999	871	756	573	443	351	284
220	1559	1449	1334	1218	1104	898	729	597	494	414	302	229	180	-
	1846	1804	1759	1712	1661	1548	1420	1281	111	1007	780	611	487	396
240	1877	1761	1640	1516	1392	1157	955	790	659	556	408	311	244	197
	2175	2131	2085	2037	1985	1872	1744	1602	1453	1304	1034	821	660	539
260	2147	2031	1910	1784	1657	1406	1180	988	831	705	522	399	314	254
	2444	2400	2354	2306	2256	2147	2024	1887	1738	1584	1289	1039	843	693
280	2435	2319	2197	2070	1939	1677	1429	1212	1029	879	655	504	398	322
	2735	2690	2644	2596	2546	2439	2320	2187	2041	1886	1573	1290	1059	876
300	2820	2698	2571	2439	2302	2022	1750	1502	1287	1106	832	643	510	413
	3131	3084	3036	2987	2936	2827	2706	2573	2427	2268	1935	1617	1343	1120
320	3047	2915	2778	2635	2488	2185	1891	1623	1390	1195	899	695	551	446
	3401	3354	3305	3256	3205	3097	2979	2849	2706	2551	2217	1882	1581	1329
340	3231	3090	2943	2790	2631	2308	1994	1709	1463	1257	944	729	578	469
	3629	3581	3533	3484	3433	3328	3213	3088	2951	2802	2474	2132	1813	1537
360	3414	3263	3106	2943	2774	2429	2096	1794	1535	1317	989	763	605	490
	3857	3809	3761	3712	3662	3558	3446	3325	3193	3049	2730	2387	2055	1758
400	3862	3732	3590	3435	3266	2893	2502	2134	1812	1544	1143	873	686	552
	4230	4213	4184	4154	4124	4059	3989	3912	3826	3727	3487	3182	2826	2461
450	4246	4101	3942	3769	3580	3164	2731	2324	1972	1678	1241	947	744	599
	4657	4657	4634	4605	4575	4514	4449	4379	4302	4217	4014	3757	3443	3089
500	4647	4486	4310	4117	3907	3445	2967	2521	2135	1815	1341	1023	803	646
	5106	5106	5105	5077	5048	4989	4928	4862	4792	4716	4539	4321	4052	3734
550	4926	4752	4561	4351	4123	3623	3109	2635	2228	1891	1395	1063	834	671
	5426	5426	5426	5419	5391	5335	5277	5216	5151	5082	4926	4738	4509	4235
600	5221	5032	4824	4595	4347	3805	3253	2748	2318	1966	1447	1102	864	695
	5768	5768	5768	5768	5754	5700	5644	5586	5525	5461	5319	5152	4953	4715
650	5516	5311	5086	4838	4569	3985	3395	2860	2408	2039	1499	1141	894	719
	6110	6110	6110	6110	6110	6062	6008	5952	5894	5833	5700	5548	5369	5159
700	5880	5654	5406	5133	4836	4196	3558	2987	2509	2121	1556	1183	927	745
	6537	6537	6537	6537	6537	6508	6455	6400	6343	6284	6157	6013	5849	5657
800	6377	6120	5835	5522	5182	4459	3752	3133	2622	2211	1617	1227	961	771
	7135	7135	7135	7135	7135	7135	7093	7041	6988	6933	6818	6692	6551	6392
900	7046	6749	6420	6058	5667	4841	4049	3366	2809	2364	1726	1308	1023	821
	7926	7926	7926	7926	7926	7926	7919	7868	7816	7763	7652	7534	7405	7262
1000	7289	6979	6637	6260	5854	4996	4176	3470	2895	2436	1777	1347	1053	845
	8205	8205	8205	8205	8205	8205	8205	8190	8143	8095	7996	7892	7782	7662

Tafel 13.23 Beanspruchbarkeiten $N_{b,Rd}$ von Druckstäben der HEM-Reihe in kN, S235, $\gamma_{M1} = 1{,}10$ (oberer Wert $N_{bz,Rd}$, unterer Wert $N_{by,Rd}$, keine Angaben für Schlankheiten $\lambda > 300$)

HEM	Knicklänge L_{cr} [m]													
	3,00	**3,50**	**4,00**	**4,50**	**5,00**	**6,00**	**7,00**	**8,00**	**9,00**	**10,0**	**12,0**	**14,0**	**16,0**	**18,0**
100	512	414	338	280	234	171	129	101	-	-	-	-	-	-
	897	820	737	654	575	444	346	276	224	185	132	-	-	-
120	780	653	545	458	388	287	219	173	139	-	-	-	-	-
	1202	1131	1052	967	879	712	572	464	381	317	228	172	134	-
140	1087	939	804	688	591	444	343	272	220	182	-	-	-	-
	1523	1456	1381	1300	1212	1028	855	708	589	495	361	273	213	171
160	1439	1277	1120	977	852	653	510	407	332	275	197	-	-	-
	1887	1821	1749	1671	1585	1397	1202	1020	864	734	542	414	325	261
180	1797	1629	1461	1300	1151	902	715	576	472	393	283	214	-	-
	2243	2179	2109	2034	1953	1771	1572	1371	1184	1021	767	590	466	376
200	2190	2018	1841	1666	1498	1201	965	785	647	541	393	297	-	-
	2641	2577	2508	2434	2355	2179	1980	1769	1560	1366	1047	815	647	525
220	2592	2419	2239	2056	1874	1539	1258	1034	859	722	528	401	315	-
	3042	2977	2909	2837	2760	2590	2397	2185	1965	1751	1373	1083	867	706
240	3600	3396	3182	2960	2737	2304	1919	1599	1341	1135	836	639	503	405
	4134	4058	3978	3895	3808	3617	3402	3162	2904	2638	2134	1714	1388	1139
260	4057	3853	3640	3419	3193	2741	2322	1959	1657	1411	1048	804	635	513
	4585	4508	4430	4348	4262	4077	3871	3641	3389	3123	2590	2117	1732	1431
280	4514	4312	4101	3881	3654	3192	2747	2347	2004	1718	1288	993	787	637
	5037	4960	4881	4800	4716	4536	4337	4116	3874	3613	3067	2552	2114	1760
300	5811	5579	5338	5088	4828	4292	3758	3258	2814	2434	1845	1432	1139	925
	6408	6320	6231	6139	6045	5846	5629	5391	5129	4845	4227	3602	3036	2557
320	5975	5734	5484	5224	4955	4398	3846	3330	2874	2484	1881	1459	1160	942
	6628	6543	6456	6368	6277	6088	5883	5660	5416	5150	4563	3949	3368	2861
340	6240	6052	5849	5629	5389	4854	4275	3702	3180	2731	2041	1567	1235	997
	6742	6691	6638	6584	6529	6410	6279	6131	5961	5764	5276	4673	4027	3425
360	6288	6096	5887	5661	5414	4865	4273	3691	3165	2715	2026	1554	1224	987
	6815	6772	6722	6671	6619	6508	6386	6250	6096	5920	5484	4936	4320	3717
400	6408	6207	5989	5751	5492	4917	4300	3701	3166	2709	2017	1545	1217	981
	6965	6952	6906	6860	6812	6712	6605	6488	6358	6212	5858	5407	4869	4291
450	6569	6359	6129	5879	5607	5003	4361	3742	3193	2729	2028	1552	1221	984
	7157	7157	7133	7090	7047	6957	6863	6761	6650	6528	6240	5879	5435	4923
500	6722	6500	6257	5991	5702	5064	4392	3753	3192	2722	2017	1542	1212	976
	7349	7349	7349	7315	7275	7193	7107	7016	6919	6814	6571	6274	5909	5474
550	6900	6666	6410	6130	5826	5155	4454	3795	3221	2742	2029	1549	1217	980
	7563	7563	7563	7558	7520	7444	7364	7281	7194	7100	6889	6637	6332	5965
600	7068	6820	6548	6251	5927	5217	4484	3804	3219	2735	2018	1539	1208	972
	7776	7776	7776	7776	7761	7689	7615	7538	7458	7373	7185	6966	6705	6393
650	7241	6981	6695	6382	6041	5297	4535	3836	3239	2748	2024	1542	1210	973
	7990	7990	7990	7990	7990	7932	7862	7790	7715	7636	7466	7271	7044	6775
700	7743	7439	7104	6736	6337	5479	4631	3879	3253	2747	2013	1529	1198	962
	8182	8182	8182	8182	8182	8150	8084	8016	7946	7873	7716	7540	7339	7104
800	7730	7422	7083	6711	6306	5440	4589	3838	3216	2714	1987	1509	1181	949
	8631	8631	8631	8631	8631	8631	8583	8521	8458	8392	8255	8105	7937	7748
900	8073	7739	7370	6964	6525	5593	4691	3908	3265	2751	2010	1524	1193	957
	9058	9058	9058	9058	9058	9058	9052	8994	8935	8875	8750	8616	8470	8308
1000	8407	8044	7642	7199	6722	5720	4769	3956	3296	2772	2021	1530	1197	960
	9485	9485	9485	9485	9485	9485	9485	9462	9406	9350	9234	9111	8980	8837

b) Drillknicken und Biegedrillknicken [-1-1/6.3.1.4]

Bei offenen Querschnitten mit geringer Torsionssteifigkeit kann der Nachweis gegen Drillknicken oder Biegedrillknicken auch bei zentrischer Belastung maßgebend werden. Nähere Ausführungen siehe Bautabellen für Ingenieure [13.4], Kapitel 8 A, Abschnitt 3.

3.3.2 Stäbe mit einachsiger Biegung ohne Normalkraft

Bei biegebeanspruchten Stäben kann Stabilitätsversagen auftreten, wobei der Druckgurt des Trägers ausknickt und zusätzlich zu einer Verdrillung des Trägers eine seitliche Verformung stattfindet. Dieses Stabilitätsversagen wird als Biegedrillknicken (BDK, frühere Bezeichung Kippen) bezeichnet. In folgenden Fällen braucht kein BDK-Nachweis geführt zu werden:

- wenn der Druckgurt seitlich gehalten ist (z.B. bei Verbundträgern),
- wenn Biegung um die schwache Achse vorliegt,
- bei Stäben aus Hohlprofilen,
- falls gilt: $\bar{\lambda}_{LT} < 0{,}4$ oder $M_{Ed}/M_{cr} \leq 0{,}16$.

Der EC 3 bietet drei Alternativen zum Nachweis der Sicherheit gegen Biegedrillknicken:

- Nachweis nach dem Ersatzstabverfahren [-1-1/6.3.2.1]
- Vereinfachter Nachweis des Druckgurtes auf Knicken [-1-1/6.3.2.4]
- Nachweis einer ausreichenden seitlichen Stützung [-1-1/BB.2.2].

a) Nachweis gegen Biegedrillknicken [-1-1/6.3.2.1]

Der BDK-Nachweis nach dem Ersatzstabverfahren lautet:

$$\frac{M_{Ed}}{M_{b,Rd}} \leq 1{,}0$$

Das aufnehmbare BDK-Moment $M_{b,Rd}$ ist neben den Querschnittswerten vor allem von der Kipplänge des Trägers (Abstand der seitlichen Festhaltungen), dem Momentenverlauf (z.B. konstant, parabelförmig etc.) und der Lage des Lastangriffpunktes (z.B. in der Trägermitte, am oberen oder unteren Flansch) abhängig. Die Berechnung von $M_{b,Rd}$ wird in den Bautabellen für Ingenieure [13.4], Kapitel 8A erläutert. Den Tafeln 13.25a bis 13.26b kann $M_{b,Rd}$ für Walzprofile der Reihen IPE, HEA, HEB und HEM und der Stahlgüte S235 direkt entnommen werden. Die Tafelwerte sind auf der sicheren Seite liegend für konstanten Momentenverlauf ($\zeta = 1{,}0$) sowie Lastangriff mit ***nicht***-rückdrehender Wirkung (z.B. $z_P = -h/2$ beim Einfeldträger) angegeben.

Beispiel: Einfeldträger

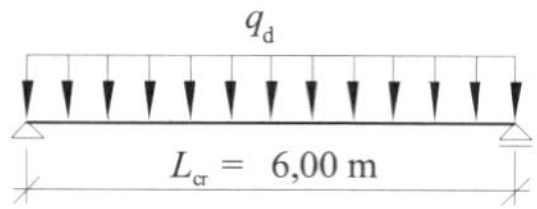

Profil IPE 400 (QK1)
Material S235
Kipplänge: $L_{cr} = 6{,}00$ m
Beanspruchung: $q_{Ed} = 25{,}0$ kN/m
Biegemoment: $M_{y,Ed} = 25{,}0 \cdot 6{,}0^2 / 8 = 112{,}5\,\text{kNm}$
BDK-Moment nach Tafel 13.25a: $L_{cr} = 6{,}00$ m $\Rightarrow$ $M_{b,Rd} = 125$ kNm
Nachweis: $112{,}5 / 125 = 0{,}90 \leq 1{,}0$ ✓

Tafel 13.25a $M_{b,Rd}$ **für Biegeträger der IPE-Reihe in kNm, S235,** $z_p = -h/2$, $\zeta = 1{,}0$, $\gamma_{M1} = 1{,}10$

IPE	Abstand der Gabellager in [m]												
	3,00	4,00	5,00	6,00	7,00	8,00	10,00	12,00	14,00	16,00	18,00	20,00	22,00
80	2,5	2,0	1,7	1,4	1,2	1,1	0,9	0,7	0,6	0,6	-	-	-
100	4,3	3,6	3,0	2,5	2,2	1,9	1,6	1,3	1,1	1,0	-	-	-
120	6,8	5,6	4,7	4,0	3,4	3,0	2,4	2,1	1,8	1,6	-	-	-
140	10,1	8,3	7,0	5,9	5,1	4,5	3,7	3,1	2,7	2,3	-	-	-
160	14,8	12,1	10,3	8,8	7,6	6,7	5,4	4,6	3,9	3,5	3,1	-	-
180	20,5	16,8	14,2	12,2	10,5	9,3	7,5	6,3	5,5	4,8	4,3	-	-
200	28,7	23,5	20,0	17,4	15,0	13,2	10,7	9,0	7,8	6,9	6,2	5,6	-
220	38,9	31,9	27,0	23,5	20,4	18,0	14,6	12,3	10,6	9,4	8,4	7,6	6,9
240	52,6	43,6	37,1	32,3	28,6	25,1	20,3	17,1	14,8	13,1	11,7	10,6	9,7
270	72,7	59,8	50,4	43,6	38,6	33,8	27,2	22,9	19,8	17,5	15,6	14,2	12,9
300	98,9	81,6	68,5	58,9	51,8	45,5	36,5	30,6	26,4	23,3	20,9	18,9	17,3
330	120	98,8	83,1	71,7	63,3	56,9	47,5	41,1	35,6	31,4	28,1	25,4	23,2
360	158	131	110	94,7	83,4	74,8	62,4	53,8	46,9	41,3	37,0	33,5	30,6
400	208	172	145	125	110	98,3	81,8	70,5	61,6	54,2	48,5	43,9	40,2
450	276	229	192	164	144	128	106	91,1	79,3	69,7	62,3	56,4	51,5
500	365	304	255	218	190	169	139	119	103	90,6	80,9	73,2	66,9
550	471	395	333	285	248	220	181	155	135	119	106	95,9	87,6
600	609	515	435	373	325	288	236	202	177	155	138	125	114

Die BDK-Schlankheit von Biegeträgern wird durch den Eurocode 3 nicht begrenzt. In den Tafeln 13.25a bis 13.26b werden Werte für bezogene Schlankheiten von $\bar{\lambda}_{LT} \leq 3{,}0$ angegeben, die in der Regel für die Praxis relevant sind.

Tafel 13.25b $M_{b,Rd}$ **für Biegeträger der HEA-Reihe in kNm, S235,** $z_p = -h/2$, $\zeta = 1{,}0$, $\gamma_{M1} = 1{,}10$

HEA	Abstand der Gabellager in [m]												
	3,00	4,00	5,00	6,00	7,00	8,00	10,00	12,00	14,00	16,00	18,00	20,00	22,00
100	14,7	13,5	12,5	11,5	10,6	9,9	8,6	7,5	6,7	5,9	5,3	4,8	4,4
120	21,0	19,2	17,6	16,2	14,9	13,8	12,0	10,5	9,3	8,2	7,4	6,6	6,1
140	31,0	28,3	25,9	23,8	21,9	20,3	17,7	15,6	13,9	12,3	11,0	9,9	9,1
160	45,1	41,4	38,0	35,1	32,5	30,2	26,4	23,3	20,9	18,8	16,8	15,2	13,9
180	60,6	55,5	50,9	46,8	43,3	40,2	35,0	31,0	27,8	25,0	22,4	20,3	18,5
200	82,3	75,8	69,8	64,5	59,8	55,7	48,7	43,3	38,9	35,3	31,9	28,9	26,4
220	111	103	95,0	88,0	81,7	76,2	66,8	59,4	53,5	48,6	44,4	40,2	36,8
240	148	138	129	120	112	105	92,7	82,9	74,9	68,2	62,7	57,6	52,7
260	186	174	162	152	142	133	118	105	95,2	86,8	79,8	73,8	67,7
280	227	213	200	187	175	164	145	129	117	107	97,9	90,6	83,3
300	287	270	255	239	225	212	188	169	153	140	129	120	112
320	337	318	300	282	265	250	222	200	181	166	153	142	132
340	383	361	340	320	300	282	251	225	204	186	172	159	148
360	430	406	382	359	337	316	281	252	228	208	192	177	165
400	528	497	467	437	409	383	338	301	272	247	227	210	194
450	663	623	583	544	507	472	414	367	330	299	274	253	231
500	811	761	710	661	614	570	496	438	393	356	326	297	272
550	948	887	825	763	704	650	560	491	437	394	358	323	295
600	1097	1023	948	872	800	735	627	545	483	434	388	350	320
650	1230	1116	1008	909	821	747	631	547	484	436	397	366	339
700	1404	1271	1143	1027	924	838	703	607	536	481	438	402	373
800	1722	1549	1382	1229	1096	984	813	694	608	543	492	451	413
900	2130	1907	1692	1495	1324	1182	967	820	715	636	574	522	475
1000	2508	2235	1969	1726	1517	1343	1085	912	789	698	626	561	510

Tafel 13.26a $M_{b,Rd}$ für Biegeträger der HEB-Reihe in kNm, S235, $z_p = -h/2$, $\zeta = 1,0$, $\gamma_{M1} = 1,10$

HEB	Abstand der Gabellager in [m]												
	3,00	4,00	5,00	6,00	7,00	8,00	10,00	12,00	14,00	16,00	18,00	20,00	22,00
100	19,2	17,9	16,8	15,7	14,7	13,7	12,1	10,7	9,6	8,7	7,9	7,1	6,5
120	30,7	28,8	27,0	25,3	23,8	22,3	19,8	17,6	15,9	14,4	13,2	11,9	10,9
140	46,3	43,4	40,8	38,4	36,1	34,0	30,3	27,1	24,5	22,3	20,5	18,7	17,1
160	67,9	64,0	60,5	57,1	54,0	51,1	45,9	41,4	37,6	34,4	31,6	29,2	26,9
180	93,7	88,4	83,5	79,1	74,9	71,0	64,0	57,9	52,7	48,3	44,5	41,3	38,4
200	127	120	114	108	103	97,5	88,3	80,4	73,5	67,6	62,4	58,0	54,1
220	166	157	149	141	134	128	116	106	97,3	89,6	82,9	77,1	72,0
240	214	203	193	184	175	167	153	140	129	119	110	103	96,1
260	263	249	237	226	215	206	188	172	159	147	136	127	119
280	317	301	286	273	260	248	227	208	191	177	165	154	144
300	390	371	354	338	323	309	283	261	241	223	208	195	182
320	447	426	406	387	370	354	325	299	276	256	238	223	209
340	501	476	454	432	413	394	360	331	305	283	263	245	230
360	558	531	505	481	458	437	398	365	336	311	289	269	252
400	673	638	605	574	545	518	469	427	392	361	334	311	291
450	825	780	738	697	659	624	561	508	463	425	393	365	341
500	997	941	887	835	787	741	662	596	541	496	457	424	395
550	1154	1086	1019	955	894	837	740	661	597	544	500	463	427
600	1320	1239	1158	1079	1005	936	820	727	653	593	544	500	457
650	1475	1347	1229	1123	1029	948	819	722	647	587	539	498	463
700	1669	1521	1382	1257	1147	1053	903	793	708	641	587	542	504
800	2033	1840	1658	1492	1348	1225	1034	897	795	716	653	601	557
900	2488	2241	2006	1792	1607	1451	1212	1044	920	825	750	689	638
1000	2919	2615	2323	2058	1829	1638	1350	1151	1008	899	814	746	680

Tafel 13.26b $M_{b,Rd}$ für Biegeträger der HEM-Reihe in kNm, S235, $z_p = -h/2$, $\zeta = 1,0$, $\gamma_{M1} = 1,10$

HEM	Abstand der Gabellager in [m]												
	3,00	4,00	5,00	6,00	7,00	8,00	10,0	12,0	14,0	16,0	18,0	20,0	22,0
100	48,0	46,3	44,8	43,3	41,8	40,4	37,7	35,0	32,6	30,4	28,4	26,6	25,0
120	71,3	68,9	66,6	64,5	62,4	60,3	56,4	52,6	49,1	45,9	42,9	40,2	37,8
140	101	97,4	94,3	91,3	88,5	85,6	80,2	75,0	70,1	65,6	61,5	57,7	54,3
160	138	134	130	126	122	118	111	104	98,0	92,0	86,4	81,4	76,8
180	182	176	171	166	161	156	147	138	130	122	115	108	102
200	235	227	221	214	208	202	191	180	170	160	151	143	135
220	295	286	277	269	261	254	240	227	214	202	191	181	171
240	448	435	424	414	404	395	377	360	344	328	313	298	285
260	535	519	506	493	482	471	450	430	410	392	374	357	341
280	631	611	595	580	567	554	529	505	483	461	440	420	402
300	872	855	834	816	800	784	754	726	698	671	645	620	596
320	949	927	904	883	864	846	813	780	749	719	690	662	635
340	1008	981	955	932	910	890	852	816	781	747	715	684	655
360	1064	1030	1001	975	951	929	886	846	807	770	735	701	670
400	1185	1143	1107	1074	1044	1015	962	911	864	819	777	738	701
450	1338	1285	1239	1197	1158	1121	1052	988	929	874	824	778	736
500	1490	1425	1367	1314	1264	1218	1131	1053	982	918	860	808	761
550	1658	1580	1508	1441	1379	1320	1214	1119	1035	961	896	838	787
600	1804	1677	1565	1467	1380	1302	1172	1065	976	901	837	782	733
650	1973	1826	1695	1578	1475	1384	1233	1112	1014	932	863	803	752
700	2140	1971	1819	1683	1563	1458	1286	1151	1044	955	881	819	765
800	2506	2288	2088	1908	1750	1614	1396	1232	1106	1005	922	853	794
900	2874	2605	2353	2126	1928	1759	1496	1304	1160	1048	957	882	819
1000	3271	2945	2636	2356	2114	1909	1597	1376	1213	1089	990	909	842

b) Vereinfachtes Bemessungsverfahren im Hochbau [-1-1/6.3.2.4]
Stäbe, die in regelmäßigen Abständen L_c seitlich gehalten sind, dürfen als nicht biegedrillknickgefährdet angesehen werden, wenn die daraus resultierende Schlankheit $\overline{\lambda}_F$ folgende Bedingung erfüllt:

$$\overline{\lambda}_F = \frac{k_c \cdot L_c}{i_{f,z} \cdot \lambda_1} \leq \overline{\lambda}_{c0} \cdot \frac{M_{y,Rk} / \gamma_{M1}}{M_{y,Ed}}$$

$i_{f,z}$ Trägheitsradius um die z-Achse der aus Druckgurt und 1/3 der druckbeanspruchten Stegfläche gebildeten Querschnittsfläche (siehe Kap. 13D), für QK 4 siehe [-1-1/6.3.2.4]

$M_{y,Ed}$ größtes einwirkendes Biegemoment
$M_{y,Rk}$ maßgebende Momententragfähigkeit nach Tafel 13.27
L_c Abstand der seitlichen Festhaltungen
k_c Beiwert, auf der sicheren Seite $k_c = 1{,}0$
λ_1 s. Tafel 13.17a
$\overline{\lambda}_{c0} = \overline{\lambda}_{LT,0} + 0{,}1 = 0{,}4 + 0{,}1 = 0{,}5$

c) Nachweis durch ausreichende Behinderung der Verformung [-1-1/BB.2.2]
Ein Träger kann als ausreichend gegen Verdrehen gestützt betrachtet werden, wenn eine ausreichende Verdrehsteifigkeit durch stabilisierende Bauteile, wie z.B. die Dachkonstruktion, vorliegt.

3.3.3 Auf Biegung und Druck beanspruchte gleichförmige Bauteile [-1-1/6.3.3]

Stäbe, die auf Druck und Biegung beansprucht werden, sind wie folgt nachzuweisen:

$$\frac{N_{Ed}}{\chi_y \cdot N_{Rk}/\gamma_{M1}} + k_{yy} \cdot \frac{M_{y,Ed}}{M_{b,Rd}} + k_{yz} \cdot \frac{M_{z,Ed} + \Delta M_{z,Ed}}{M_{z,Rk}/\gamma_{M1}} \leq 1{,}0$$

$$\frac{N_{Ed}}{\chi_z \cdot N_{Rk}/\gamma_{M1}} + k_{zy} \cdot \frac{M_{y,Ed}}{M_{b,Rd}} + k_{zz} \cdot \frac{M_{z,Ed} + \Delta M_{z,Ed}}{M_{z,Rk}/\gamma_{M1}} \leq 1{,}0$$

$N_{Rk}, M_{y,Rk}, M_{z,Rk}$ Querschnittswerte nach Tafel 13.27

χ_y, χ_z Abminderungsbeiwerte für Biegeknicken, siehe Abschnitt 3.3.1

$M_{b,Rd}$ aufnehmbares Biegedrillknickmoment, siehe Tafeln 13.25a bis 13.26b

$\Delta M_{y,Ed}$, $\Delta M_{z,Ed}$ Zusatzmomente infolge Verschiebung der Querschnittsachsen von Querschnitten der Klasse 4, siehe Tafel 13.27

k_{yy}, k_{yz}, k_{zy}, k_{zz} Interaktionsbeiwerte nach Tafel [-1-1/Tab.B.1], vereinfachte Beiwerte können Tafel 13.28 entnommen werden

Tafel 13.27 Werte für N_{Rk}, $M_{i,Rk}$ und $\Delta M_{i,Ed}$ [-1-1/Tab.6.7]

	QK 1	QK 2	QK 3	QK 4
N_{Rk}	$f_y \cdot A$	$f_y \cdot A$	$f_y \cdot A$	$f_y \cdot A_{eff}$
$M_{y,Rk}$	$f_y \cdot W_{pl,y}$	$f_y \cdot W_{pl,y}$	$f_y \cdot W_{el,y}$	$f_y \cdot W_{eff}$
$M_{z,Rk}$	$f_y \cdot W_{pl,z}$	$f_y \cdot W_{pl,z}$	$f_y \cdot W_{el,z}$	$f_y \cdot W_{eff}$
$\Delta M_{y,Ed}$	0	0	0	$f_y \cdot e_{N,y} \cdot N_{Ed}$
$\Delta M_{z,Ed}$	0	0	0	$f_y \cdot e_{N,z} \cdot N_{Ed}$

Auf der sicheren Seite liegend können für ***verdrehweiche*** Stäbe vereinfachte Interaktionsbeiwerte k_{ij} der Tafel 13.28 entnommen werden.

Für ***verdrehsteife*** Stäbe, die z.B. gegen Verdrehen gesichert sind oder aus Hohlprofilen bestehen, sind für I-Querschnitte und Rechteckhohlprofile die Werte aus [-1-1/Tab.B.1] anzuwenden.

Für Bauteile aus Trägern mit veränderlicher Bauhöhe, die mit den in den Abschnitten 3.3.1 bis 3.3.3 genannten Verfahren nicht bemessen werden können, sieht der EC 3 ein allgemeines Nachweisverfahren vor, siehe [-1-1/6.3.4].

Tafel 13.28 Vereinfachte Interaktionsbeiwerte k_{ij} für *verdrehweiche* Stäbe

$\frac{N_{Ed}}{\chi_{y/z} \cdot N_{Rk}/\gamma_{M1}}$ [1)]	QK 1 und 2			
	k_{yy}	k_{yz}	k_{zy} [2)]	k_{zz}
0,0	1,000	0,600	1,000	1,000
0,1	1,080	0,684	0,987	1,140
0,2	1,160	0,768	0,973	1,280
0,3	1,240	0,852	0,960	1,420
0,4	1,320	0,936	0,947	1,560
0,5	1,400	1,020	0,933	1,700
0,6	1,480	1,104	0,920	1,840
0,7	1,560	1,188	0,907	1,980
0,8	1,640	1,272	0,893	2,120
0,9	1,720	1,356	0,880	2,260
1,0	1,800	1,440	0,867	2,400

1) Für die Ermittlung von k_{yy} ist χ_y einzusetzen, sonst χ_z.

2) Gilt nur für $\bar{\lambda}_z \geq 1{,}0$, sonst $k_{zy} = 1{,}0$.

Beispiel: Fassadenstütze mit Biegebeanspruchung

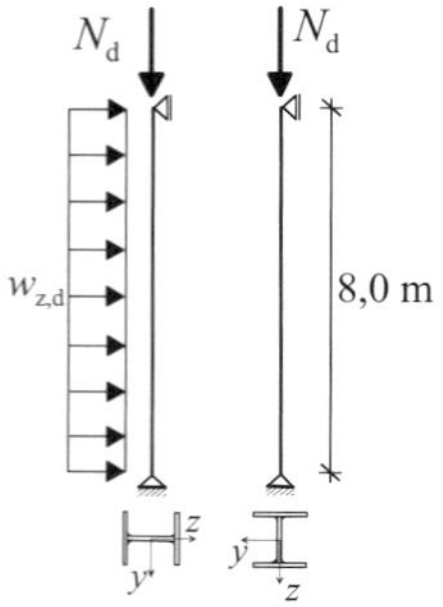

Kopf- und Fußpunkt mit seitlicher Festhaltung sowie Gabellagerung.
Profil HEA 240 (QK 1), Material S235, $\varepsilon = 1{,}0$

Beanspruchung: $N_d = 300$ kN $\quad w_{z,d} = 4{,}0$ kN/m

Biegemoment: $M_{y,d} = 4{,}0 \cdot 8{,}0^2 / 8 = 32\,\text{kNm}$

Knicklängen: $L_{cr,y} = 8{,}00$ m $\quad L_{cr,z} = 8{,}00$ m

- Vorwerte:
  $N_{Rk} = N_{pl,Rd} = 1805$ kN $\quad M_{y,Rk} = M_{pl,y,Rd} = 175$ kNm
  $i_y = 10{,}1$ cm $\quad i_z = 6{,}0$ cm
- Knicken:
  um die y-Achse $L_{cr,y} = 8{,}00$ m $\Rightarrow$ $N_{by,Rd} = 1144$ kN
  um die z-Achse $L_{cr,z} = 8{,}00$ m $\Rightarrow$ $N_{bz,Rd} = 563$ kN
- Biegedrillknicken:
  $L_{cr} = 8{,}00$ m $\Rightarrow$ $M_{b,Rd} = 105$ kNm
- Interaktionsbeiwerte:
  $N_{Ed}/N_{by,Rd} = 300/1144 = 0{,}26$ $\Rightarrow$ $k_{yy} = 1{,}24$
  $N_{Ed}/N_{bz,Rd} = 300/563 = 0{,}53$ $\Rightarrow$ $k_{zy} = 0{,}933$
  für: $\bar{\lambda}_z = 800/(6{,}0 \cdot 93{,}9) = 1{,}42 > 1{,}0$
- Nachweis:

$$\frac{300}{1144} + 1{,}24 \cdot \frac{32{,}0 + 0}{105} + 0{,}0 = 0{,}64 \leq 1{,}0 \; ✓$$

$$\frac{300}{563} + 0{,}933 \cdot \frac{32{,}0 + 0{,}0}{105} + 0{,}0 = 0{,}82 \leq 1{,}0 \; ✓$$

4 Verbindungen

4.1 Allgemeines

EN 1993-1-8 enthält Regeln für Entwurf, Berechnung und Bemessung von Anschlüssen aus Stahl unter vorwiegend ruhender Belastung. Folgende Dokumente werden für die Anwendung dieses Abschnitts vorausgesetzt:

Bezugsnormengruppe 1: Schweißgeeignete Baustähle

Bezugsnormengruppe 2: Toleranzen, Maße und technische Lieferbedingungen

Bezugsnormengruppe 4: Schrauben, Muttern und Unterlegscheiben

Bezugsnormengruppe 5: Schweißzusatzmittel und Schweißen

Bezugsnormengruppe 7: Bauausführung von Stahlbauten

Biegesteife Verbindungen von stabilitätsgefährdeten Stäben, die nach dem Ersatzstabverfahren nachgewiesen werden, sind für das vollplastische Moment $M_{pl,Rd}$ statt für das vorhandene Biegemoment M_{Ed} zu bemessen, sofern kein genauerer Nachweis geführt wird [-1-1NA/5.2.2(8)].

4.2 Verbindungen mit Schrauben

4.2.1 Allgemeine Regeln

- Alle Schrauben, Muttern und Unterlegscheiben müssen die Anforderungen der Bezugsnormengruppe 4 erfüllen.
- Fällt der Schwerpunkt der Verbindungsmittel nicht mit der Schwerachse des anzuschließenden Querschnittsteils zusammen, ist in der Regel die Exzentrizität zu berücksichtigen.
- Die charakteristischen Werte der Streckgrenze f_{yb} und der Zugfestigkeit f_{ub} von Schrauben sind für die verschiedenen Schraubenfestigkeitsklassen (SFK) in Tafel 13.3c angegeben.
- Vorgespannte Schrauben müssen der Festigkeitsklasse 8.8 oder 10.9 entsprechen.

Schraubenverbindungen werden in die Kategorien A, B und C als Scherverbindungen und in die Kategorien D und E als Zugverbindungen eingeteilt.

Tafel 13.29 Kategorien von Schraubenverbindungen [-1-8/Tab. 3.2]

Kategorie		SFK	Nachweiskriterium	Merkmale
Scherverbindungen	**A** Scher-/Lochleibungsverbindung	4.6-10.9	$F_{v,Ed} \leq F_{v,Rd}$ $F_{v,Ed} \leq F_{b,Rd}$	- keine Vorspannung - Nachweis der Scher- und Lochleibungsfestigkeit im GZT
Scherverbindungen	**B** Gleitfeste Verbindung im Grenzzustand der Gebrauchstauglichkeit	8.8-10.9	$F_{v,Ed,ser} \leq F_{s,Rd,ser}$ $F_{v,Ed} \leq F_{v,Rd}$ $F_{v,Ed} \leq F_{b,Rd}$	- vorgespannte Verbindung - kein Gleiten im GZG - Nachweis der Scher- und Lochleibungsfestigkeit im GZT
Scherverbindungen	**C** Gleitfeste Verbindung im Grenzzustand der Tragfähigkeit	8.8-10.9	$F_{v,Ed} \leq F_{s,Rd}$ $F_{v,Ed} \leq F_{b,Rd}$ $F_{v,Ed} \leq N_{net,Rd}$	- vorgespannte Verbindung - kein Gleiten im GZT - Nachweis der Scher- und Lochleibungsfestigkeit im GZT
Zugverbindungen	**D** Nicht vorgespannt	4.6-10.9	$F_{t,Ed} \leq F_{t,Rd}$ $F_{t,Ed} \leq B_{p,Rd}$	- Nachweis Zugfestigkeit und Durchstanzen im GZT - nicht bei häufig veränderlichen Zugkräften, jedoch bei Wind
Zugverbindungen	**E** Vorgespannt	8.8-10.9	$F_{t,Ed} \leq F_{t,Rd}$ $F_{t,Ed} \leq B_{p,Rd}$	- Nachweis Zugfestigkeit und Durchstanzen im GZT
Begriffe und Bezeichnungen siehe nächste Seite.				

Begriffe und Bezeichnungen:

d	Schaftdurchmesser	$F_{v,Rd}$	Grenzabscherkraft
d_0	Lochdurchmesser	$F_{b,Rd}$	Grenzlochleibungskraft
Δd	Nennlochspiel	$F_{t,Rd}$	Grenzzugkraft
$F_{v,Ed}$	Abscherkraft	$B_{p,Rd}$	Grenzdurchstanzkraft
$F_{t,Ed}$	Zugkraft	$F_{s,Rd}$	Grenzgleitkraft

$N_{net,Rd} = 0{,}9 \cdot A_{net} \cdot f_u / \gamma_{M2}$ Grenzzugkraft des Nettoquerschnitts (A_{net} s. Abschn. 2.1.2)

Tafel 13.30 Rand- und Lochabstände von Verbindungsmitteln [-1-8/Tab. 3.3]

Lochabstände

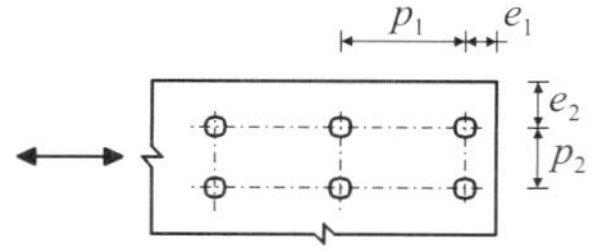

Versetzte Lochanordnung

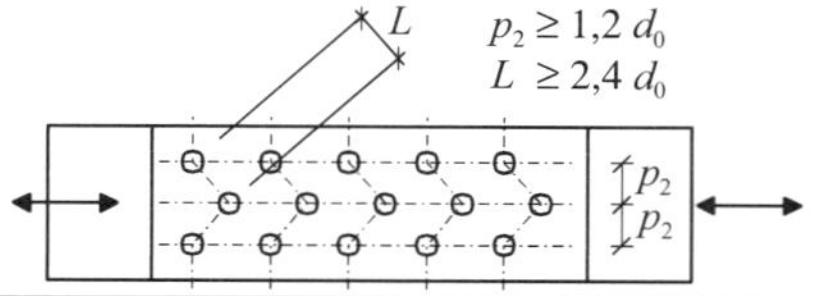

Versetzte Lochanordnung bei Druck

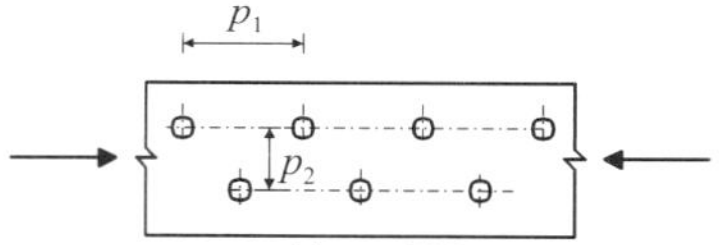

$p_{1/2} \leq 14 \cdot t \leq 200$ mm

Versetzte Lochanordnung bei Zug

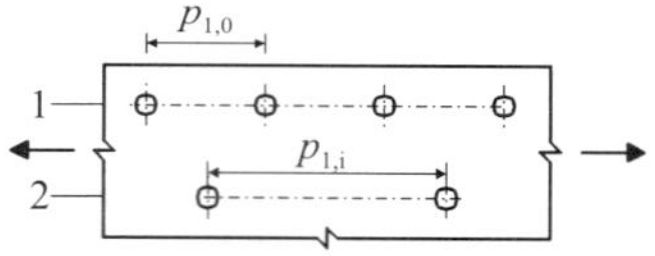

$p_{1,0} \leq 14 \cdot t \leq 200$ mm $p_{1,i} \leq 28 \cdot t \leq 400$ mm

Rand- und Lochabstände	Minimum (red. Tragkraft)	Minimum (volle Tragkraft)	Maximum [1), 3)]
Randabstand e_1	$\geq 1{,}2 \cdot d_0$	$\geq 3{,}0 \cdot d_0$	$\leq 4 \cdot t + 40$ mm
Randabstand e_2	$\geq 1{,}2 \cdot d_0$	$\geq 1{,}5 \cdot d_0$	$\leq 4 \cdot t + 40$ mm
Randabstand e_3 bei Langlöchern	$\geq 1{,}5 \cdot d_0$ [4)]		
Randabstand e_4 bei Langlöchern	$\geq 1{,}5 \cdot d_0$ [4)]		
Lochabstand p_1	$\geq 2{,}2 \cdot d_0$	$\geq 3{,}75 \cdot d_0$	$\leq \min\{14 \cdot t; 200\text{ mm}\}$ [2)]
Lochabstand $p_{1,0}$			$\leq \min\{14 \cdot t; 200\text{ mm}\}$
Lochabstand $p_{1,i}$			$\leq \min\{28 \cdot t; 400\text{ mm}\}$
Lochabstand p_2	$\geq 2{,}4 \cdot d_0$	$\geq 3{,}0 \cdot d_0$	$\leq \min\{14 \cdot t; 200\text{ mm}\}$ [2),5)]

1) Eine Beschränkung der Maximalwerte für Rand- und Lochabstände gilt nur:
- bei Bauteilen, die dem Wetter oder anderen korrosiven Einflüssen ausgesetzt sind,
- für p_1 und p_2 bei druckbeanspruchten Bauteilen zur Verhinderung des lokalen Beulens,
- bei zugbeanspruchten Bauteilen zur Vermeidung von Korrosion.

2) Der Widerstand druckbeanspruchter Bleche gegen lokales Beulen zwischen den Verbindungsmitteln ist in der Regel nach EN 1993-1-1 für eine Knicklänge von $L_{cr} = 0{,}6 \cdot p_1$ zu berechnen. Für $p_1/t < 9\varepsilon$ braucht lokales Beulen nicht nachgewiesen zu werden. Der Randabstand quer zur Kraftrichtung darf die Anforderungen gegen lokales Beulen von druckbeanspruchten einseitig gestützten Flanschen nicht überschreiten, siehe EN 1993-1-1. Der Randabstand in Kraftrichtung wird von dieser Anforderung nicht betroffen.

3) t ist die Dicke des dünnsten außen liegenden Blechs.

4) Die Grenzwerte für Langlochabmessungen sind in der Bezugsnormengruppe 7 angegeben.

5) Bei versetzt angeordneten Schraubenreihen kann der minimale Lochabstand auf $p_2 = 1{,}2 \cdot d_0$ reduziert werden, sofern der Minimalabstand L zwischen zwei Verbindungsmitteln größer oder gleich als $2{,}4 \cdot d_0$ ist.

Tafel 13.31a Nennlochspiel $\Delta d = d_0 - d$ von Schrauben in mm nach DIN EN 1090-2, Tab. 11

Lochart	Schraubengröße							
	M12	**M16**	**M20**	**M22**	**M24**	**M27**	**M30**	**M36**
normal [1]	1 [2]	2				3		
übergroß	3	4			6	8		
kurzes Langloch [3]	4	6			8	10		
langes Langloch [3]	$1{,}5 \cdot d$							

[1] Bei Türmen und Masten muss das Nennlochspiel um 0,5 mm reduziert werden.
[2] Bei beschichteten Verbindungsmitteln kann das Lochspiel von 1 mm um die Stärke der Beschichtung erhöht werden.
[3] Bei Langlöchern entspricht das Nennlochspiel in Querrichtung dem für normale runde Löcher.
Bei Passschrauben muss der Nennlochdurchmesser gleich dem Schaftdurchmesser sein ($d_0 = d$).

4.2.2 Beanspruchbarkeit auf Abscheren [-1-8/3.6.1]

Die Tragsicherheit auf Abscheren ist nachgewiesen, wenn die vorhandene Abscherkraft $F_{v,Ed}$ je Scherfuge und Schraube die Grenzabscherkraft $F_{v,Rd}$ nicht überschreitet.

$$F_{v,Ed} \leq F_{v,Rd}$$
$$F_{v,Rd} = \alpha_v \cdot f_{ub} \cdot A_{(S)} / \gamma_{M2}$$
$$\gamma_{M2} = 1{,}25$$

f_{ub} Zugfestigkeit des Schraubenwerkstoffes nach Tafel 13.3c
$A_{(S)}$ Schaftquerschnittsfläche A bzw. Spannungsquerschnittsfläche A_S nach Tafel 13.37b
α_v Parameter siehe Tafel 13.31b

Falls die Scherfuge im Gewinde liegt, ist statt der Schaftquerschnittsfläche A die Spannungsquerschnittsfläche A_S nach Tafel 13.37b anzusetzen. Bei Passschrauben muss in der Regel die Scherfuge im Schaft liegen [-1-8/3.6.1(7)].

Tafel 13.31b Grenzabscherkräfte

Scherfuge	Schraubenfestigkeitsklasse (SFK)	Grenzabscherkraft
im Schaft	4.6 / 5.6 / 8.8 / 10.9	$F_{v,Rd} = 0{,}6 \cdot f_{ub} \cdot A / \gamma_{M2}$
im Gewinde	4.6 / 5.6 / 8.8	$F_{v,Rd} = 0{,}6 \cdot f_{ub} \cdot A_S / \gamma_{M2}$
im Gewinde	10.9	$F_{v,Rd} = 0{,}5 \cdot f_{ub} \cdot A_S / \gamma_{M2}$

Tafel 13.31c Grenzabscherkräfte $F_{v,Rd}$ in kN je Scherfuge

Lage der Scherfuge	SFK	Schraubengröße							
		M12	**M16**	**M20**	**M22**	**M24**	**M27**	**M30**	**M36**
im Schaft	4.6	21,7	38,6	60,3	73,0	86,8	110,0	135,7	195,5
	5.6	27,1	48,2	75,4	91,2	108,5	137,5	169,7	244,3
	8.8	43,4	77,2	120,6	145,9	173,6	220,0	271,5	390,9
	10.9	54,2	96,5	150,7	182,4	217,0	275,0	339,4	488,6
im Gewinde	4.6	16,2	30,1	47,0	58,2	67,8	88,1	107,7	156,9
	5.6	20,2	37,7	58,8	72,7	84,7	110,2	134,6	196,1
	8.8	32,4	60,3	94,1	116,4	135,6	176,3	215,4	313,7
	10.9	33,7	62,8	98,0	121,2	141,2	183,6	224,4	326,8
im Schaft (Passschrauben)	4.6	25,5	43,6	66,4	79,7	94,3	118,3	145,0	206,4
	5.6	31,9	54,5	83,0	99,6	117,8	147,8	181,2	258,0
	8.8	51,1	87,2	132,9	159,4	188,5	236,5	289,9	412,8
	10.9	63,8	109,0	166,1	199,2	235,7	295,7	362,4	516,0

4.2.3 Beanspruchbarkeit auf Zug [-1-8/3.6.1]

Die Tragsicherheit auf Zug ist nachgewiesen, wenn die vorhandene Zugkraft $F_{t,Ed}$ je Schraube die Grenzzugkraft $F_{t,Rd}$ nicht überschreitet.

$$F_{t,Ed} \leq F_{t,Rd}$$

$$F_{t,Rd} = \frac{k_2 \cdot f_{ub} \cdot A_S}{\gamma_{M2}}$$

$$\gamma_{M2} = 1{,}25$$

$k_2 = 0{,}63$ für Senkschrauben

$k_2 = 0{,}9$ für alle anderen Schraubenarten

f_{ub} Zugfestigkeit des Schraubenwerkstoffes nach Tafel 13.3c

A_S Spannungsquerschnittsfläche nach Tafel 13.37b

Tafel 13.32a Grenzzugkräfte $F_{t,Rd}$ in kN je Schraube

Schraubenfestigkeit		Schraubengröße M12	M16	M20	M22	M24	M27	M30	M36
Senkschrauben	4.6	17,0	31,7	49,4	61,1	71,2	92,5	113,1	164,7
	5.6	21,2	39,6	61,7	76,4	89,0	115,7	141,4	205,9
	8.8	34,0	63,3	98,8	122,2	142,3	185,1	226,2	329,4
	10.9	42,5	79,1	123,5	152,7	177,9	231,3	282,7	411,8
alle Schrauben (außer Senkschrauben)	4.6	24,3	45,2	70,6	87,3	101,7	132,2	161,6	235,3
	5.6	30,3	56,5	88,2	109,1	127,1	165,2	202,0	294,1
	8.8	48,6	90,4	141,1	174,5	203,3	264,4	323,1	470,6
	10.9	60,7	113,0	176,4	218,2	254,2	330,5	403,9	588,2

4.2.4 Beanspruchbarkeit auf Zug und Abscheren [-1-8/3.6.1]

Bei gleichzeitiger Beanspruchung auf Zug und Abscheren ist zusätzlich zu den Einzelnachweisen nach den Abschnitten 4.2.2 und 4.2.3 folgender Interaktionsnachweis zu führen:

$$\frac{F_{v,Ed}}{F_{v,Rd}} + \frac{F_{t,Ed}}{1{,}4 \cdot F_{t,Rd}} \leq 1{,}0$$

4.2.5 Grenzdurchstanzkraft [-1-8/3.6.1]

Die Tragsicherheit gegen Durchstanzen ist nachgewiesen, wenn die vorhandene Zugkraft $F_{t,Ed}$ je Schraube die Grenzdurchstanzkraft $B_{p,Rd}$ nicht überschreitet.

$$F_{t,Ed} \leq B_{p,Rd}$$

$$B_{p,Rd} = 0{,}6 \cdot \pi \cdot d_m \cdot t_p \cdot f_u / \gamma_{M2}$$

$$\gamma_{M2} = 1{,}25$$

d_m Mittelwert aus Eckenmaß min e und Schlüsselweite s des Schraubenkopfes oder der Mutter nach Tafel 13.36b/13.37a

t_p Blechdicke unter dem Schraubenkopf oder der Mutter

f_u Zugfestigkeit des Bauteils nach Tafel 13.3a

Tafel 13.32b Grenzdurchstanzkraft $B_{p,Rd}$ in kN je Schraube bezogen auf 10 mm Blechdicke

Schraubentyp und Stahlgüte		Schraubengröße M12	M16	M20	M22	M24	M27	M30	M36
Sechskantschrauben nach DIN 7990 und DIN 7968	S235	102,7	136,2	170,9	193,5	205,1	234,0	262,9	314,3
	S275	122,7	162,7	204,1	231,1	244,9	279,5	314,0	375,4
	S355	139,8	185,4	232,6	263,4	279,1	318,5	357,8	427,8
HV-Schrauben nach DIN EN 14 399-4 und -8	S235	124,6	153,5	181,9	205,1	234,0	262,9	286,0	343,2
	S275	148,8	183,4	217,3	244,9	279,5	314,0	341,6	409,9
	S355	169,6	209,0	247,6	279,1	318,5	357,8	389,3	467,1

Für andere Blechdicken t_p gilt: $B_{p,Rd}$ = Tafelwert · t_p, t_p in [cm].

4.2.6 Beanspruchbarkeit auf Lochleibung [-1-8/3.6.1]

Die Tragsicherheit auf Lochleibung ist nachgewiesen, wenn die vorhandene Abscherkraft $F_{v,Ed}$ je Bauteil und je Schraube die Grenzlochleibungskraft $F_{b,Rd}$ nicht überschreitet.

$$F_{v,Ed} \le F_{b,Rd}$$

$$F_{b,Rd} = \frac{k_1 \cdot \alpha_b \cdot f_u \cdot d \cdot t}{\gamma_{M2}}$$

$$\gamma_{M2} = 1{,}25$$

d Schaftdurchmesser der Schraube

t Bauteildicke

d_0 Lochdurchmesser

f_u Zugfestigkeit der Stahlsorte nach Tafel 13.3a

f_{ub} Zugfestigkeit des Schraubenwerkstoffes nach Tafel 13.3c

k_1 nach Tafel 13.33a

α_b nach Tafel 13.33a

Tafel 13.33a Beiwerte zur Lochleibungskraft

	in Kraftrichtung	quer zur Kraftrichtung
am Rand liegende Schrauben	$\alpha_b = \min\left\{\left(\frac{e_1}{3 \cdot d_0}\right); \left(\frac{f_{ub}}{f_u}\right); (1{,}0)\right\}$	$k_1 = \min\begin{cases} 2{,}8 \cdot e_2 / d_0 - 1{,}7 \\ 1{,}4 \cdot p_2 / d_0 - 1{,}7 \\ 2{,}5 \end{cases}$
innen liegende Schrauben	$\alpha_b = \min\left\{\left(\frac{p_1}{3 \cdot d_0} - \frac{1}{4}\right); \left(\frac{f_{ub}}{f_u}\right); (1{,}0)\right\}$	$k_1 = \min\begin{cases} 1{,}4 \cdot p_2 / d_0 - 1{,}7 \\ 2{,}5 \end{cases}$

Die maximal aufnehmbare Lochleibungskraft kann für die Stahlgüte S235 und eine Blechstärke von $t = 10$ mm den Tafeln 13.34 und 13.35 entnommen werden. Bei Verbindungen mit anderen Stahlgüten können die Tafelwerte mit Hilfe der Werte aus Tafel 13.33b umgerechnet werden. Für andere Bauteildicken sind die Tafelwerte mit der maßgebenden Bauteildicke Σt (in cm) zu multiplizieren.

Die Tafelwerte gelten für die angegebenen Abstände e_2 und p_2 senkrecht zur Kraftrichtung. Zusätzlich sind in Kraftrichtung die Bedingungen $e_1 \ge p_1 - 0{,}75 \cdot d_0$ bzw. $p_1 \ge e_1 + 0{,}75 \cdot d_0$ einzuhalten, die aus Tafel 13.33a abgeleitet werden können. Das Symbol ↓ bedeutet, dass es sich bei dem darüber angegebenen Wert um die maximale Kraft handelt, die auch bei größeren Abständen angesetzt werden kann.

Tafel 13.33b Umrechnungstabelle für Lochleibungskräfte

Stahlsorte ($t \le 40$ mm)	f_u [kN/cm²]	SFK	$F_{b,Rd}$ mit t in [cm]
S235	36	4.6 / 5.6 / 8.8 / 10.9	$1{,}000 \cdot$ Tafelwert $\cdot t$
S275	43	5.6 / 8.8 / 10.9	$1{,}194 \cdot$ Tafelwert $\cdot t$
S355	49	8.8 / 10.9	$1{,}361 \cdot$ Tafelwert $\cdot t$
S420	52	8.8 / 10.9	$1{,}444 \cdot$ Tafelwert $\cdot t$
S460	54	8.8 / 10.9	$1{,}500 \cdot$ Tafelwert $\cdot t$

Bei einschnittigen Anschlüssen mit nur einer Schraubenreihe beträgt die aufnehmbare Lochleibungskraft:

$$F_{b,Rd} \le 1{,}5 \cdot f_u \cdot d \cdot t / \gamma_{M2}$$

Tafel 13.34 Grenzlochleibungskräfte $F_{b,Rd}$ in kN je Schraube mit normalem Lochspiel bezogen auf 10 mm Bauteildicke der Stahlgüte S235 mit 3 mm $\leq t \leq$ 40 mm

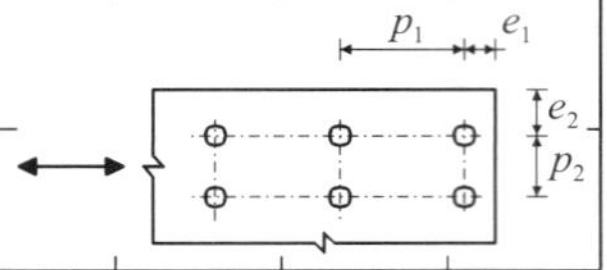

Schraubengröße	M12	M16	M20	M22	M24	M27	M30	M36
Lochdurchmesser d_0	13	18	22	24	26	30	33	39
$e_2 \geq 1{,}5 \cdot d_0 =$	20	27	33	36	39	45	50	59
$p_2 \geq 3{,}0 \cdot d_0 =$	39	54	66	72	78	90	99	117
Lochabstand p_1 in Kraftrichtung in mm								
$e_1 \geq$	$p_1 - 9$	$p_1 - 13$	$p_1 - 16$	$p_1 - 18$	$p_1 - 19$	$p_1 - 22$	$p_1 - 24$	$p_1 - 29$
$p_1 = 30$	44,86							
35	55,94							
40	67,02	56,53						
45	78,09	67,20						
50	86,40	77,87	73,09					
55	86,40	88,53	84,00	81,40				
60	↓	99,20	94,91	92,40	89,72			
65		109,9	105,8	103,4	100,8			
70		115,2	116,7	114,4	111,9	102,6		
75		115,2	127,6	125,4	123,0	113,4	109,6	
80		↓	138,5	136,4	134,0	124,2	120,5	
85			144,0	147,4	145,1	135,0	131,5	
90			144,0	158,4	156,2	145,8	142,4	134,6
95			↓	158,4	167,3	156,6	153,3	145,7
100				↓	172,8	167,4	164,2	156,7
105					172,8	178,2	175,1	167,8
110					↓	189,0	186,0	178,9
115						194,4	196,9	190,0
120						194,4	207,8	201,0
125						↓	216,0	212,1
130							216,0	223,2
135							↓	234,3
140								245,4
145								256,4
150								259,2
Randabstand e_1 in Kraftrichtung in mm								
$p_1 \geq$	e_1+10	e_1+14	e_1+17	e_1+18	e_1+20	e_1+23	e_1+25	e_1+30
$e_1 = 20$	44,31							
25	55,38	53,33						
30	66,46	64,00	65,45	66,00				
35	77,54	74,67	76,36	77,00	77,54			
40	86,40	85,33	87,27	88,00	88,62	86,40	87,27	
45	86,40	96,00	98,18	99,00	99,69	97,20	98,18	
50	↓	106,7	109,1	110,0	110,8	108,0	109,1	110,8
55		115,2	120,0	121,0	121,8	118,8	120,0	121,8
60		115,2	130,9	132,0	132,9	129,6	130,9	132,9
65		↓	141,8	143,0	144,0	140,4	141,8	144,0
70			144,0	154,0	155,1	151,2	152,7	155,1
75			144,0	158,4	166,2	162,0	163,6	166,2
80			↓	158,4	172,8	172,8	174,5	177,2
85				↓	172,8	183,6	185,5	188,3
90					↓	194,4	196,4	199,4
95						194,4	207,3	210,5
100						↓	216,0	221,5
105							216,0	232,6
110							↓	243,7
115								254,8
120								259,2

Erläuterungen zur Anwendung der Tafel s. Seite 13.33.

Tafel 13.35 Grenzlochleibungskräfte $F_{b,Rd}$ in kN je Passschraube bezogen auf 10 mm Bauteildicke der Stahlgüte S235 mit 3 mm ≤ t ≤ 40 mm

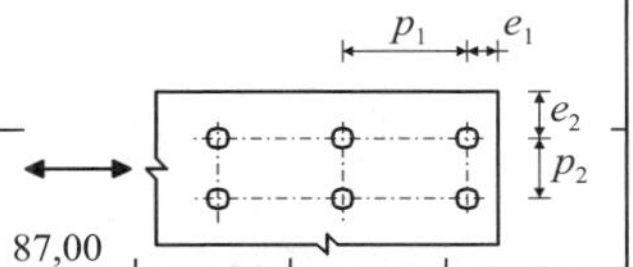

Schraubengröße	M12	M16	M20	M22	M24	M27	M30	M36
Lochdurchmesser d_0	13	17	21	23	25	28	31	37
$e_2 \geq 1{,}5 \cdot d_0 =$	20	26	32	35	38	42	47	56
$p_2 \geq 3{,}0 \cdot d_0 =$	39	51	63	69	75	84	93	111
Lochabstand p_1 in Kraftrichtung in mm								
$e_1 \geq$	$p_1 - 9$	$p_1 - 12$	$p_1 - 15$	$p_1 - 17$	$p_1 - 18$	$p_1 - 21$	$p_1 - 23$	$p_1 - 27$
p_1=30	48,60							
35	60,60							
40	72,60	65,40						
45	84,60	77,40						
50	93,60	89,40	82,20					
55	93,60	101,4	94,20	90,60	87,00			
60	↓	113,4	106,2	102,6	99,00			
65		122,4	118,2	114,6	111,0	105,6		
70		122,4	130,2	126,6	123,0	117,6	112,2	
75		↓	142,2	138,6	135,0	129,6	124,2	
80			151,2	150,6	147,0	141,6	136,2	
85			151,2	162,6	159,0	153,6	148,2	137,4
90			↓	165,6	171,0	165,6	160,2	149,4
95				165,6	180,0	177,6	172,2	161,4
100				↓	180,0	189,6	184,2	173,4
105					↓	201,6	196,2	185,4
110						201,6	208,2	197,4
115						↓	220,2	209,4
120							223,2	221,4
125							223,2	233,4
130							↓	245,4
135								257,4
140								266,4
145								266,4
150								266,4
Randabstand e_1 in Kraftrichtung in mm								
$p_1 \geq$	e_1 +10	e_1 +13	e_1 +16	e_1 +18	e_1 +19	e_1 +21	e_1 +24	e_1 +28
e_1=20	48,00							
25	60,00	60,00						
30	72,00	72,00	72,00	72,00	72,00			
35	84,00	84,00	84,00	84,00	84,00	84,00		
40	93,60	96,00	96,00	96,00	96,00	96,00	96,00	
45	93,60	108,0	108,0	108,0	108,0	108,0	108,0	108,0
50	↓	120,0	120,0	120,0	120,0	120,0	120,0	120,0
55		122,4	132,0	132,0	132,0	132,0	132,0	132,0
60		122,4	144,0	144,0	144,0	144,0	144,0	144,0
65		↓	151,2	156,0	156,0	156,0	156,0	156,0
70			151,2	165,6	168,0	168,0	168,0	168,0
75			↓	165,6	180,0	180,0	180,0	180,0
80				↓	180,0	192,0	192,0	192,0
85					↓	201,6	204,0	204,0
90						201,6	216,0	216,0
95						↓	223,2	228,0
100							223,2	240,0
105							↓	252,0
110								264,0
115								266,4
120								266,4

Erläuterungen zur Anwendung der Tafel s. Seite 13.33.

4.2.7 Schraubentafeln

Tafel 13.36a Produktnormen von Schrauben, Muttern und Scheiben

Kategorie [1]	Schraube	Festigkeitsklasse	Mutter	Festigkeitsklasse	Scheibe	Härteklasse
A	DIN 7990 DIN 7969	4.6	DIN EN ISO 4034 DIN EN ISO 4032	> M 16: 4,5 ≤ M 16: 5	DIN 7989-1 DIN 7989-2 DIN 434 DIN 435	100
A	DIN 7990	5.6		5		
A [2]	DIN 7968					
A	DIN EN ISO4014 DIN EN ISO4017	8.8	DIN EN ISO 4034 DIN EN ISO 4032	8	DIN EN ISO 7089 DIN EN ISO 7090 DIN EN ISO 7091 DIN 434; DIN 435	200; 300 200; 300 100 100
B, C [3]					DIN 34820	300
A B [3] C [2) 3)]	DIN EN 14 399-4 [4) 5)]	10.9	DIN EN 14 399-4 [4) 5)]	10	DIN EN 14 399-6 [4)]	300
A [2] B [2) 3)] C [2) 3)]	DIN EN 14 399-8 [4) 5)]					

[1] Bei allen Ausführungsformen ist vorwiegend ruhende Zugbeanspruchung zulässig.
[2] Auch nicht vorwiegend ruhende Scherbeanspruchung zulässig.
[3] Auch nicht vorwiegend ruhende Zugbeanspruchung zulässig.
[4] Die Garnituren nach den alten deutschen Normen können weiter eingesetzt werden
[5] k-Klasse K1

Tafel 13.36b Schraubenmaße in mm für Sechskantschrauben nach DIN 7990 und DIN 7968

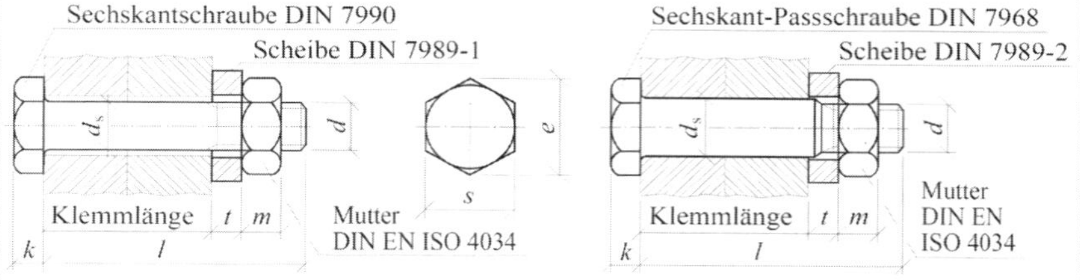

Schraubengröße	→	M 12	M 16	M 20	M 22	M 24	M 27	M 30	M 36
Gewinde-∅	d	12	16	20	22	24	27	30	36
Schaft-∅	d_s	= Gewinde-∅ d							
dto. Passschraube	d_s	13	17	21	23	25	28	31	37
Kopfhöhe	k	8	10	13	14	15	17	19	23
Mutterhöhe	max m	12,2	15,9	19	20,2	22,3	24,7	26,4	31,5
Schlüsselweite	s	18	24	30	34	36	41	46	55
Eckenmaß	min e	19,85	26,17	32,95	37,29	39,55	45,20	50,85	60,79
Scheiben-∅		24	30	37	39	44	50	56	60
Scheibendicke	t	8	8	8	8	8	8	8	8

Tafel 13.37a Schraubenmaße in mm für Sechskantschrauben mit großen Schlüsselweiten (HV-Schrauben) nach DIN EN 14 399-4 und DIN EN 14 399-8

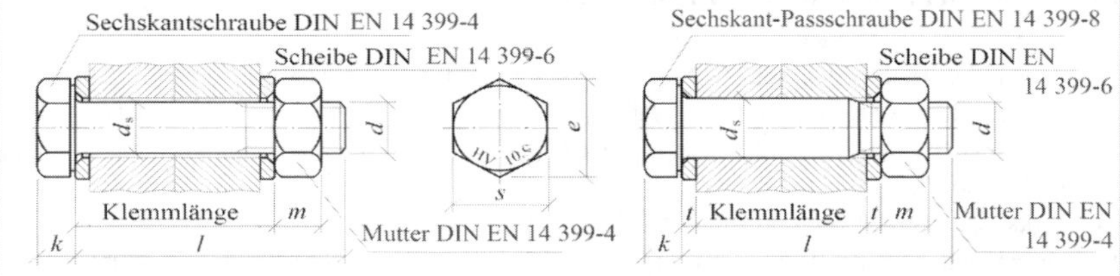

Schraubengröße →	M 12	M 16	M 20	M 22	M 24	M 27	M 30	M 36
Gewinde-∅ d	12	16	20	22	24	27	30	36
Schaft-∅ d_s	= Gewinde-∅ d							
dto. Passschraube d_s	13	17	21	23	25	28	31	37
Kopfhöhe k	8	10	13	14	15	17	19	23
Mutterhöhe max m	10	13	16	18	20	22	24	29
Schlüsselweite s	22	27	32	36	41	46	50	60
Eckenmaß min e	23,91	29,56	35,03	39,55	45,20	50,85	55,37	66,44
Scheiben-∅	24	30	37	39	44	50	56	66
Scheibendicke t	3	4	4	4	4	5	5	6

Tafel 13.37b Schaftquerschnittsfläche A und Spannungsquerschnittsfläche A_S in cm²

Schraubengröße →	M 12	M 16	M 20	M 22	M 24	M 27	M 30	M 36
Schaftquerschnitt A	1,13	2,01	3,14	3,80	4,52	5,73	7,07	10,18
dto. Passschraube A	1,33	2,27	3,46	4,15	4,91	6,16	7,55	10,75
Spannungsquerschnitt A_S	0,843	1,57	2,45	3,03	3,53	4,59	5,61	8,17

Tafel 13.37c Symbole für Schrauben in Zeichnungen nach DIN ISO 5845-1 (04.97)

Zeichenebene →	senkrecht zur Achse			parallel zur Achse		
Bedeutung des Symbols	nicht gesenkt	Senkung auf der Vorderseite	Senkung auf der Rückseite	Mutterseite freigestellt	Mutterseite rechts	Senkung rechts
in der Werkstatt gebohrt und eingebaut					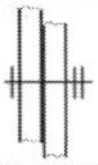	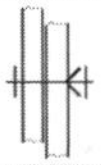
in der Werkstatt gebohrt und auf der Baustelle eingebaut				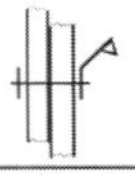	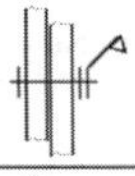	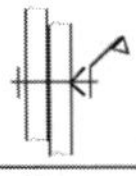
auf der Baustelle gebohrt und eingebaut				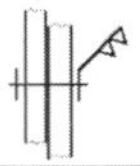	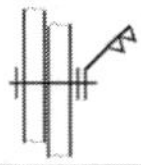	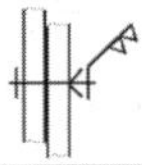

Bei den Sinnbildern für Löcher entfallen in der Ansicht parallel zur Achse die senkrechten Striche. Zusätzlich ist der Loch-∅ in mm anzugeben.

Bezeichnung einer Schraube bzw. Schraubengruppe:

4 × ISO ... M 20 × (Länge in mm)

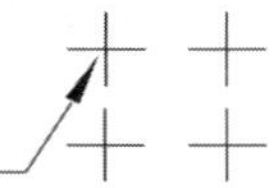

4.3 Verbindungen mit Schweißnähten [-1-8/4]

4.3.1 Allgemeine Regeln – Voraussetzungen

- Schweißbare Baustähle nach EN 10 025
- Schweißnahtarten und Anschlussformen nach DIN EN ISO 17 659 (Ausgabe 09/2005)
- Werkstoffdicken $t \geq 4$ mm [-1-8/4.1(1)]
- Nachweise bei Blechen $t < 4$ mm siehe DIN EN 1993-1-3: Kaltgeformte dünnwandige Bauteile und Bleche
- Werkstoffdicken bei Hohlprofilen $t \geq 2{,}5$ mm [-1-8/7.1.1(5)]
- Vorwiegend ruhende Beanspruchung. Bei auf Ermüdung beanspruchten Schweißnähten siehe EC 3-1-9.
- Im Allgemeinen ist der Qualitätsstandard C nach DIN EN ISO 5817 (Ausgabe 06/2014) erforderlich [-1-8/4.1(3)].
- Schweißzusatzwerkstoffe gemäß Bezugsnormengruppe 5, siehe [-1-8/1.2.5]
- Im Bereich von $5 \cdot t$ beidseits kaltverformter Bereiche darf geschweißt werden, wenn (a) die kaltverformten Bereiche nach der Umformung (Dehnung ε) und vor dem Schweißen normalisiert wurden oder (b) die Verhältnisse r/t aus Tafel 13.38 eingehalten werden.
- Die Terrassenbruchgefahr ist i.d.R. zu beachten.
  Hinweise dazu finden sich in EC 3-1-10.
  Die Verteilung der Schnittgrößen darf unter Annahme eines elastischen oder plastischen Verhaltens erfolgen. In der Regel darf eine Verteilung der Schnittgrößen auf die einzelnen Schweißnähte einer Verbindung vorgenommen werden. [-1-8/2.4f]

Tafel 13.38 Grenzwerte min (r/t) für das Schweißen in kaltverformten Bereichen [-1-8/Tab. 4.2]

max t [mm]	min $\frac{r}{t}$	maxε [%]
jede	25	2
jede	10	5
24	3	14
12	2	20
8	1,5	25
4	1	33

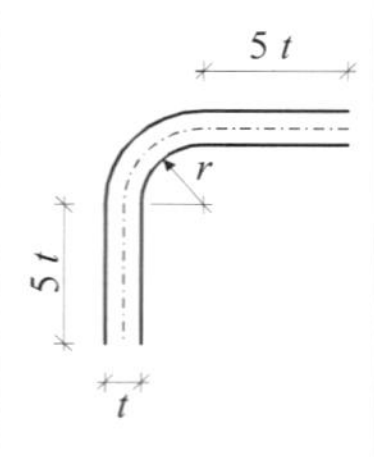

Beispiel: Verteilung der Schnittgrößen beim Anschluss eines I-Profils
Es soll angenommen werden, dass die Aufnahme der Querkraft durch die Stegkehlnähte und die Aufnahme des Biegemoments und der Längskräfte durch die Flanschkehlnähte erfolgt. Die Grenzkräfte der angeschlossenen Querschnittsteile dürfen dabei nicht überschritten werden.

Die Beanspruchung der Nähte ergibt sich zu:

- Nähte am Zugflansch $F_{\perp,\mathrm{Ed}} = N_{\mathrm{Ed}}/2 + M_{\mathrm{y,Ed}}/(h - t_{\mathrm{f}}) \leq N_{\mathrm{pl,f,Rd}} = A_{\mathrm{f}} \cdot f_{\mathrm{y}}/\gamma_{\mathrm{M0}}$
- Nähte am Druckflansch $F_{\perp,\mathrm{Ed}} = N_{\mathrm{Ed}}/2 - M_{\mathrm{y,Ed}}/(h - t_{\mathrm{f}}) \leq N_{\mathrm{pl,f,Rd}} = A_{\mathrm{f}} \cdot f_{\mathrm{y}}/\gamma_{\mathrm{M0}}$
- Nähte am Steg $F_{\parallel,\mathrm{Ed}} = V_{\mathrm{z,Ed}}$

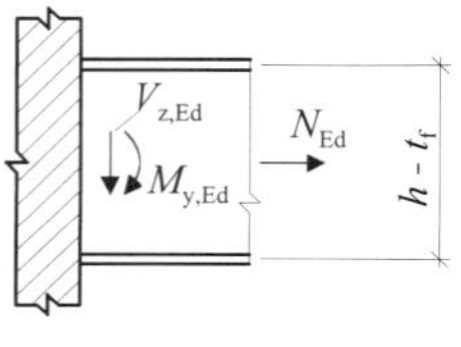

4.3.2 Stoßarten, Nahtarten, Nahtvorbereitungen, Maße, Nahtsymbole

Tafel 13.39a Stoßarten nach DIN EN ISO 17 659

Stumpfstoß 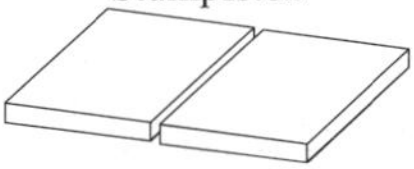	Parallelstoß 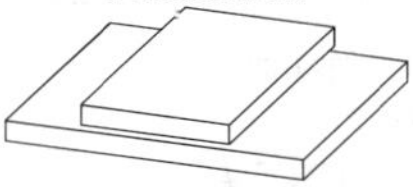	Überlappstoß 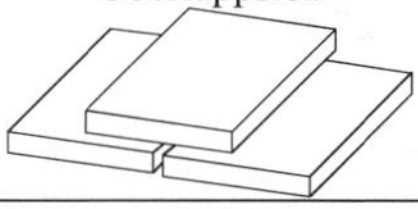
T-Stoß 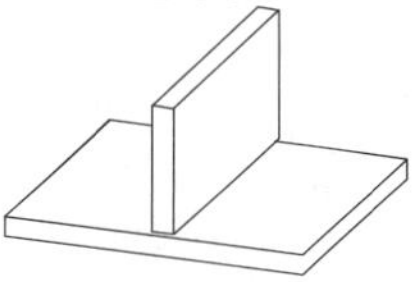	Doppel-T-Stoß 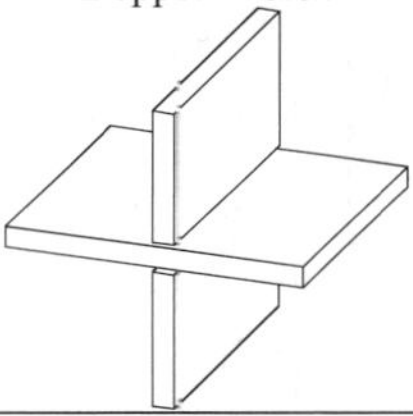	Schrägstoß 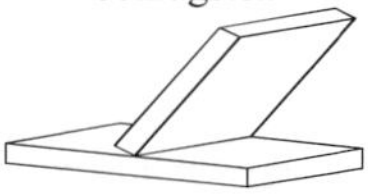
Eckstoß 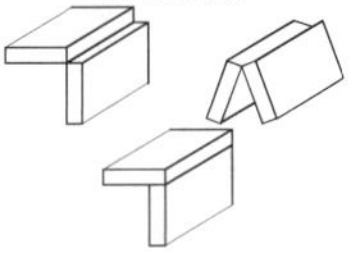	Stirnstoß 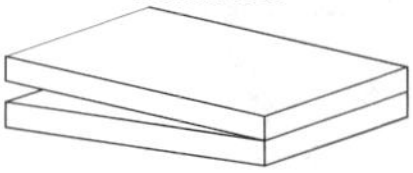	Mehrfachstoß 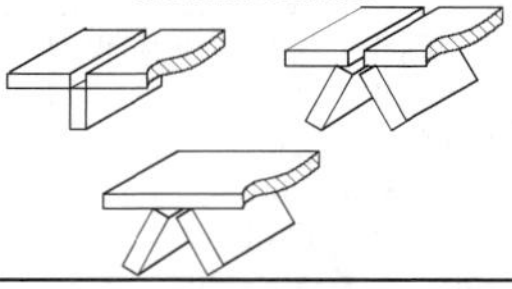

Tafel 13.39b Beispiele von Stoßarten, Nahtarten und Nahtvorbereitungen

Nahtart – Stoßart – Nahtvorbereitung	Bild	Anmerkungen
Doppelkehlnaht, nicht durchgeschweißt – T-Stoß $60° < a < 120°$: $a < 60°$ nicht durchgeschweißte Stumpfnaht, $a > 120°$ nichttragende Naht [-1-8/4.3.2.1]	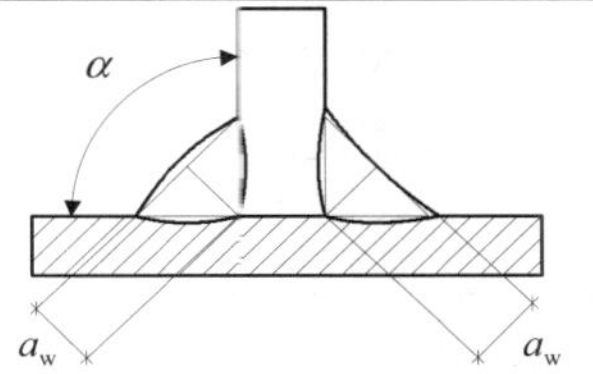	Die wirksame Schweißnahtdicke a_w ist gleich der bis zum theoretischen Wurzelpunkt gemessenen Höhe des einschreibbaren, gleichseitigen Dreiecks. [-1-8/4.5.2]
Kehlnaht mit tiefem Einbrand – Eckstoß	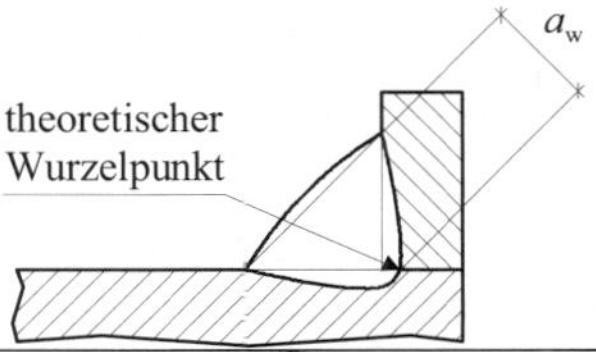	Der über den theoretischen Wurzelpunkt hinausgehende Einbrand ist durch eine Verfahrensprüfung sicherzustellen. *) [-1-8/4.5.3]
Hohlkehlnaht an Vollquerschnitten	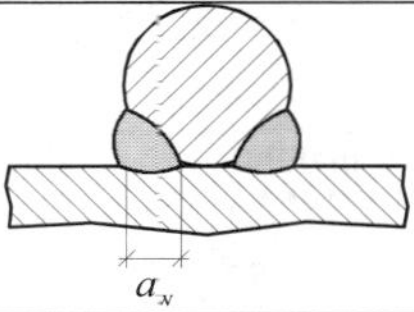	
Fortsetzung und Fußnote siehe nächste Seite.		

Tafel 13.39b (Fortsetzung)

Hohlkehlnaht an Rechteckhohlprofilen	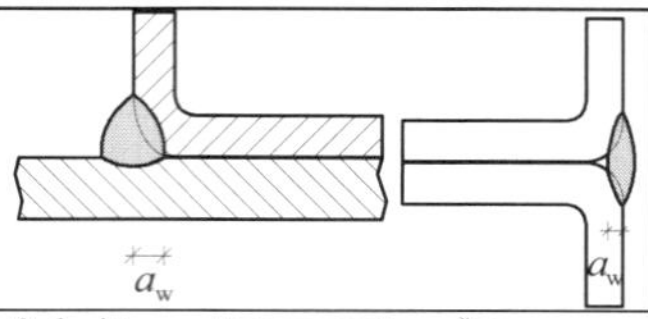	
Schlitznaht – Parallelstoß oder Überlappstoß	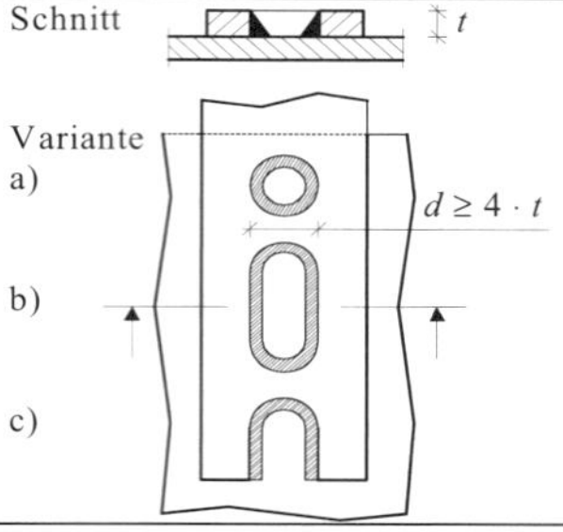	Bestimmung von a_w siehe Kehlnaht. Lochdurchmesser mindestens 4-fache Blechdicke.
Durchgeschweißte Stumpfnaht – Stumpfstoß – V-Fuge; „V-Naht“	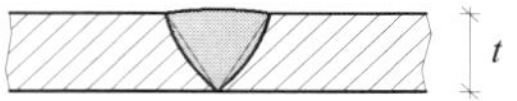	$a_w = t$
Durchgeschweißte Stumpfnaht – Stumpfstoß – V-Fuge; „DHV-Naht“	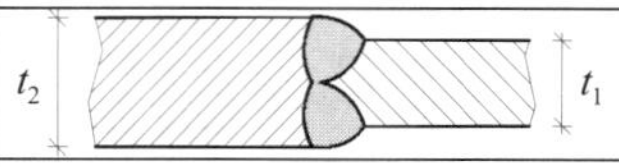	$a_w = t_1$
Beidseitig durchgeschweißte Stumpfnaht – T-Stoß – Doppel-HV-Fuge; „DHV-Naht“	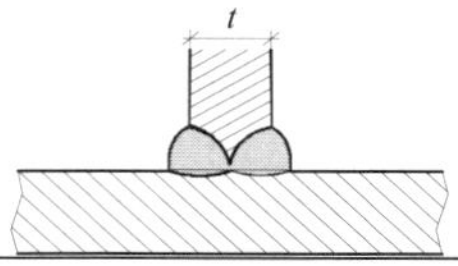	$a_w = t$
Nicht durchgeschweißter Stumpfstoß – Doppel-Y-Fuge; „DHY-Naht“	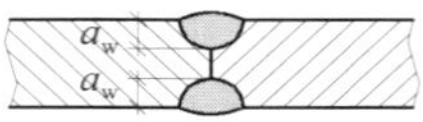	Der über den theoretischen Wurzelpunkt hinausgehende Einbrand ist durch eine Verfahrensprüfung sicherzustellen *) [-1-8/4.7.2].
Nicht durchgeschweißte Stumpfnaht – Eckstoß – HY-Fuge	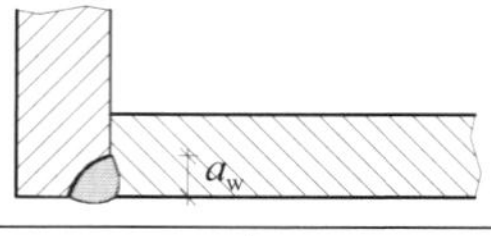	Der über den theoretischen Wurzelpunkt hinausgehende Einbrand ist durch eine Verfahrensprüfung sicherzustellen *) [-1-8/4.7.2].
Beidseitig geschweißte, nicht durchgeschweißte Stumpfnaht mit Kehlnaht – T-Stoß **) – Doppel-HY-Fuge mit Steg; „DHY-Naht“	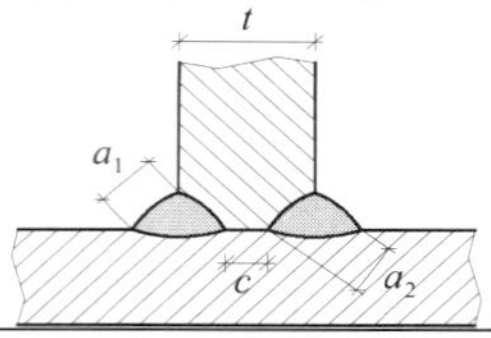	Der über den theoretischen Wurzelpunkt hinausgehende Einbrand ist durch eine Verfahrensprüfung sicherzustellen *) [-1-8/4.7.2].

*) Wenn keine Verfahrensprüfung durchgeführt wird, sind je Naht von der nominellen Schweißnahtdicke 2 mm abzuziehen (siehe EN V 1993-1-1, 6.6.6.2; in [-1-8] nicht mehr enthalten).
**) Diese Schweißnaht darf wie eine durchgeschweißte Stumpfnaht nachgewiesen werden, wenn die Summe der Nahtdicken ($a_1 + a_2$) mindestens der Blechdicke t entspricht und zusätzlich für den ungeschweißten Spalt gilt: $c \leq min\{t/5;\ 3\text{ mm}\}$. [-1-8/4.7.3(1)]

Tafel 13.41 Symbole für Schweißverbindungen nach DIN EN ISO 2553 (12.19)

Grundsymbole			Kombinierte Grundsymbole beidseitiger Nähte		
Kennzeichnung	Darstellung der Naht	Symbol	Kennzeichnung	Darstellung der Naht	Symbol
Kehlnaht	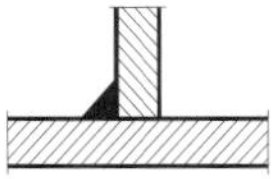		Doppelkehlnaht	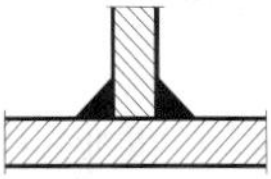	
V-Naht			Doppel-V-Naht		
HV-Naht			Doppel-HV-Naht		
Y-Naht			Doppel-Y-Naht		
HY-Naht			Doppel-HY-Naht		
U-Naht	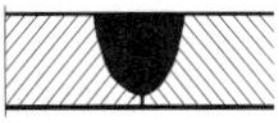		V-Naht mit Gegenlage		
I-Naht		||	Grundschweißsymbol mit Nahtdicke a_w, -länge l_w	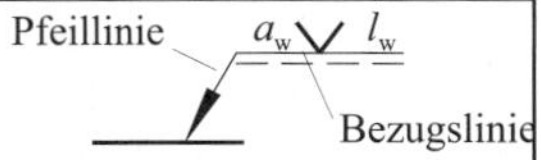	

Zusatzsymbole

Schweißbadsicherung		Gegenlage, Kapplage		ringsum verlaufende Naht	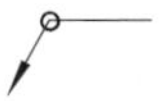
konkav (hohl)		Wurzelüberhöhung			
flach nachbearbeitet	—	kerbfreie Nahtübergänge		Baustellennaht	
konvex (gewölbt)					

Kombinationen

V-Naht mit flach nachbearbeiteter Oberfläche, Wurzel überhöht	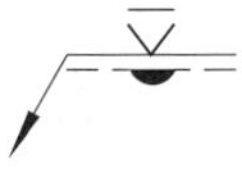	Ringsum verlaufende Kehlnaht mit konkaver Oberflächenform, auf der Baustelle geschweißt	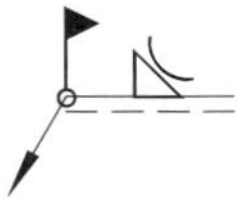

Bezugslinien und Lage der Naht (System A)	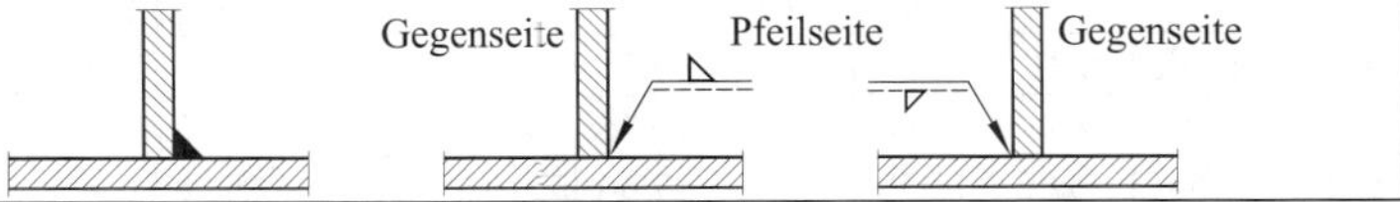 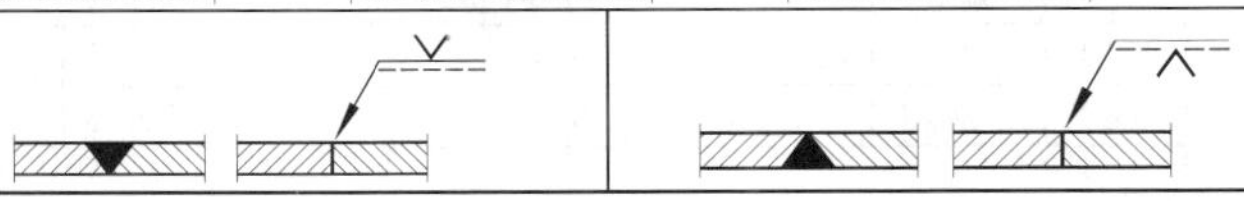

4.3.3 Kehlnähte – Mindestdicken und -längen

- Mindestmaße von tragenden Kehlnähten

  Schweißnahtdicke a_w: $\min a_w = 3\,\text{mm}$ [-1-8/4.5.2]

  (a_w und t in mm) für offene Profile und Flacherzeugnisse gilt zusätzlich

  $\min a_w \geq \sqrt{\max t} - 0{,}5$ für $t \geq 3\,\text{mm}$ [-1-8NA/4.5.2]

  Schweißnahtlänge l_w: $\min l_w \geq \max\begin{cases} 30\,\text{mm} \\ 6 \cdot a_w \end{cases}$ [-1-8/4.5.1]

- Maximale wirksame Kehlnahtlänge bei überlappten Stößen ohne Abminderung der Tragfähigkeit, $l_w \leq 150 \cdot a_w$; siehe [-1-8/4.11]
- Wirksame Kehlnahtfläche $A_w = \sum a_w \cdot l_{eff}$ [-1-8/4.5.3.2(2)]

  Die Lage der wirksamen Kehlnahtfläche A_w wird im Wurzelpunkt konzentriert angenommen.
- An den Enden von Bauteilen sollten Kehlnähte durchgehend mit voller Abmessung und einer Mindestlänge $2 \cdot \sqrt{2} \cdot a_w$ um die Ecken der Bauteile herumgeführt werden, wo immer eine solche Umschweißung möglich ist.

4.3.4 Tragfähigkeit von Kehlnähten – Vereinfachtes Verfahren [-1-8/4.5.3.3]

$F_{w,Ed} \leq F_{w,Rd}$

mit

$F_{w,Rd} = f_{vw,d} \cdot a_w$

$$f_{vw,d} = \frac{f_u}{\sqrt{3} \cdot \beta_w \cdot \gamma_{M2}}$$

$F_{w,Ed}$ der Bemessungswert der auf die wirksame Kehlnahtfläche einwirkenden Kräfte (Resultierenden) je Längeneinheit

$F_{w,Rd}$ der Bemessungswert der Tragfähigkeit der Schweißnaht je Längeneinheit, siehe Tafel 13.42b

f_u Zugfestigkeit des schwächeren der angeschlossenen Bauteile, siehe Tafel 13.3a

$f_{vw,d}$ Grenzscherfestigkeit der Schweißnaht

β_w Korrelationsbeiwert nach Tafel 13.42a

Alternativ kann das hier nicht wiedergegebene richtungsbezogene Verfahren [-1-8/4.5.3.2] angewendet werden, das aufwendiger ist, jedoch in einigen Fällen zu geringeren Schweißnahtdicken führen kann.

Tafel 13.42a Korrelationsbeiwert β_w und Zugfestigkeit f_u [-1-8/Tab. 4.1 und -1-1/Tab. 3.1]

Stahlsorte	Korrelationsbeiwert β_w	f_u in N/mm² für Blechdicken $t \leq 40$ mm
S235	0,8	360
S275	0,85	430
S355	0,9	490
S420	0,88 [-1-8NA/2.2.(2)]	520
S460	0,85 [-1-8NA/2.2.(2)]	540

Tafel 13.42b Grenzkräfte $F_{w,Rd}$ einer Kehlnaht in kN/cm für Blechdicken $t \leq 40$ mm für beliebig gerichtete Kraftresultierende $F_{w,Ed}$ beim vereinfachten Verfahren

Stahl	Nahtdicke a_w in mm										
	3	4	5	6	7	8	9	10	12	14	16
S235	6,24	8,31	10,39	12,47	14,55	16,63	18,71	20,78	24,94	29,10	33,26
S275	7,01	9,35	11,68	14,02	16,36	18,69	21,03	23,37	28,04	32,71	37,39
S355	7,54	10,06	12,58	15,08	17,60	20,12	22,64	25,14	30,18	35,20	40,24
S420	8,19	10,92	13,65	16,38	19,10	21,83	24,57	27,30	32,75	38,20	43,67
S460	8,80	11,74	14,67	17,60	20,54	23,47	26,41	29,34	35,21	41,08	46,95

Tafel 13.43 Ermittlung der Kraftresultierenden auf einen rechtwinkligen Kehlnahtanschluss

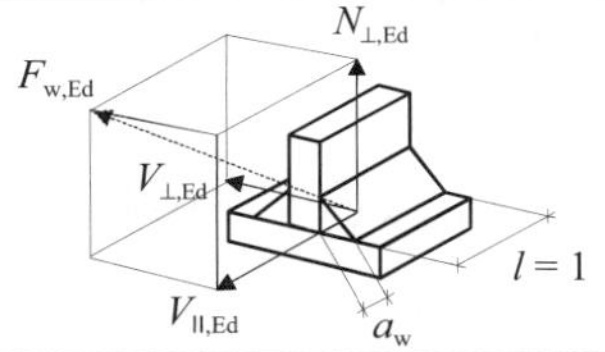	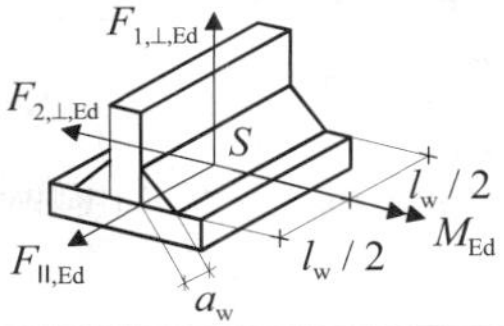
mittiger Kraftangriff ($M_{Ed} = 0$); Beanspruchungen bezogen auf eine beliebige Stelle der Naht mit $l = 1$ angegeben	außermittiger Kraftangriff ($M_{Ed} \neq 0$); bezogen auf Anfangs- bzw. Endpunkt der Naht; auf eine Längeneinheit bezogen angegeben
$N_{\perp,Ed} = \dfrac{F_{1\perp,Ed}}{l_w}$	$N_{\perp,Ed} = \dfrac{F_{1\perp,Ed}}{l_w} \pm \dfrac{M_{Ed}}{l_w^2/6}$
$V_{\perp,Ed} = \dfrac{F_{2\perp,Ed}}{l_w}$	$V_{\perp,Ed} = \dfrac{F_{2\perp,Ed}}{l_w}$
$V_{\parallel,Ed} = \dfrac{F_{\parallel,Ed}}{l_w}$	$V_{\parallel,Ed} = \dfrac{F_{\parallel,Ed}}{l_w}$
$F_{w,Ed} = \sqrt{N_{\perp,Ed}^2 + V_{\perp,Ed}^2 + V_{\parallel,Ed}^2}$	

Beispiel: Kehlnahtnachweis nach dem vereinfachten Verfahren

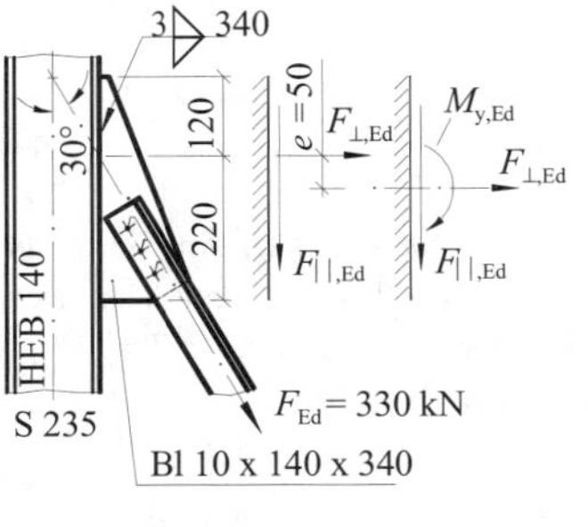

Schnittgrößen in der Anschlussebene:

$F_{\parallel,Ed} = 330 \cdot \cos 30° = 286$ kN

$F_{\perp,Ed} = 330 \cdot \sin 30° = 165$ kN

$M_{y,Ed} = 165 \cdot 5{,}0 = 825$ kNcm

Beanspruchungen pro Längeneinheit am oberen Endpunkt der Naht:

$V_{\parallel,Ed} = F_{\parallel,Ed} / l_w = 286/34 = 8{,}41$ kN/cm

$$N_{\perp,Ed} = \frac{F_{\perp,Ed}}{l_w} + \frac{M_{y,Ed}}{l_w^2/6} = \frac{165}{34} + \frac{825}{34^2/6} = 9{,}13 \text{ kN/cm}$$

$$F_{w,Ed} = \sqrt{V_{\parallel,Ed}^2 + N_{\perp,Ed}^2} = \sqrt{8{,}41^2 + 9{,}13^2} = 12{,}41 \text{ kN/cm}$$

Grenzkraft pro Längeneinheit (2 Kehlnähte):

$$F_{w,Rd} = \frac{f_u \cdot 2 \cdot a}{\sqrt{3} \cdot \beta_w \cdot \gamma_{M2}} = \frac{36 \cdot 2 \cdot 0{,}3}{\sqrt{3} \cdot 0{,}8 \cdot 1{,}25} = 12{,}47 \text{ kN/cm}$$

Nachweis: $F_{w,Ed} = 12{,}41$ kN/cm $< F_{w,Rd} = 12{,}47$ kN/cm

Ausnutzung: 99,5 %

Beispiel: Überlappanschluss eines Zugstabs an ein Knotenblech mit Kehlnähten

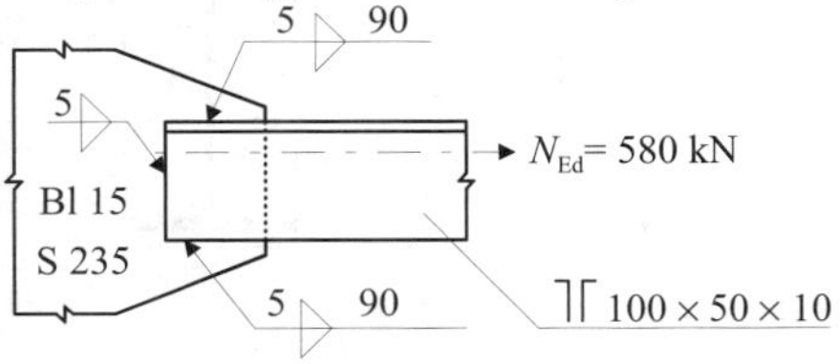

Tragfähigkeit des Knotenblechs

$N_{Rd} = (2 \cdot A_{\parallel} / \sqrt{3} + A_{\perp}) \cdot f_y / \gamma_{M0}$

$= (2 \cdot 9 \cdot 1{,}5 / \sqrt{3} + 10 \cdot 1{,}5) \cdot 23{,}5$

$= 719 \text{ kN} > N_{Ed} = 580 \text{ kN}$

Einhaltung der Mindestmaße:

$l_{w\parallel} = 90 \text{ mm} > 30 \text{ mm bzw. } 6 \cdot a_w = 30 \text{ mm}$

$< 150 \cdot a_w = 750 \text{ mm}$

Vereinfachtes Verfahren:

$\sum l_w = 4 \cdot 9 + 2 \cdot 10 = 56$ cm; $F_{w,Ed} = N_{Ed} / \sum l_w = 580/56 = 10{,}4$ kN/cm

$$F_{w,Rd} = \frac{f_u \cdot a_w}{\sqrt{3} \cdot \beta_w \cdot \gamma_{M2}} = \frac{36 \cdot 0{,}5}{\sqrt{3} \cdot 0{,}8 \cdot 1{,}25} = 10{,}4 \text{ kN/cm}$$

Nachweis: $F_{w,Ed} = 10{,}4$ kN/cm $\leq F_{w,Rd} = 10{,}4$ kN/cm (Auslastung: 100 %)

4.3.5 Tragfähigkeit von Stumpfnähten [-1-8/4.7]

Durchgeschweißte Stumpfnähte: Die Tragfähigkeit durchgeschweißter Stumpfnähte ist i.d.R. mit der Tragfähigkeit des schwächeren der verbundenen Bauteile gleichzusetzen.

Nicht durchgeschweißte Stumpfnähte: Die Tragfähigkeit von nicht durchgeschweißten Stumpfnähten ist wie für Kehlnähte zu ermitteln.

4.3.6 Schweißen von Hohlprofilen [-1-8/7]

- Beim Schweißen von Hohlprofilen sind zusätzlich auch [-1-8/7] und DIN EN 1090-2, Anhang E zu beachten.
- Die erforderliche Schweißnahtdicke ist i.d.R. wie oben in Abschnitt 4.3.3 bis 4.3.5 beschrieben zu bestimmen.
- Die Tragfähigkeit geschweißter Anschlüsse an Kreishohlprofile (KHP) ist nach [-1-8/7.4] zu berechnen.
- Die Tragfähigkeit geschweißter Anschlüsse von KHP- oder RHP-Streben an RHP Gurtstäbe ist nach [-1-8/7.5] zu bestimmen.
- Die Tragfähigkeit geschweißter Anschlüsse von KHP- oder RHP-Streben an I- oder U-Profil-Gurtstäben ist nach [-1-8/7.6 und 7.7] zu bestimmen.

4.4 Biegesteife Stirnplattenverbindungen

Biegesteife Stirnplattenstöße werden in der Regel als bündiger oder überstehender Anschluss mit zwei oder vier vertikalen Schraubenreihen ausgeführt. Der Nachweis der Tragsicherheit kann nach [-1-8/6.2.7] geführt werden. In „Typisierte Anschlüsse im Stahlhochbau" [13.3] werden Tragfähigkeiten und Abmessungen der Anschlusstypen IH1 bis IH4 angegeben.

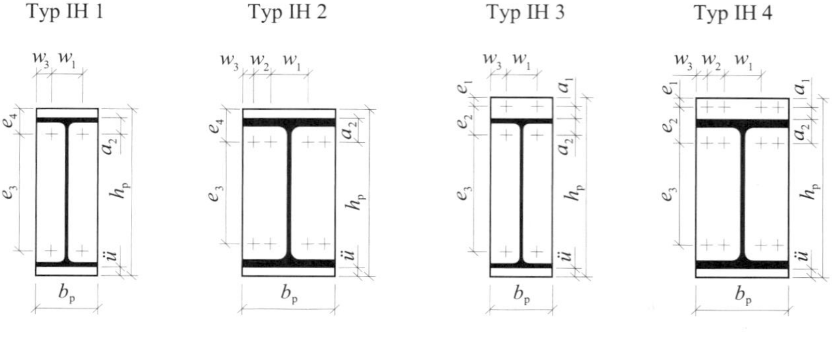

13 B Trapezprofile und Sandwichbauteile

Prof. Dr.-Ing. Bernd Naujoks

1 Stahltrapezprofile für Dach und Wand

Stahltrapezprofile sind tragende Bauteile für Dächer, Decken, Wände und Wandverkleidungen. Sie werden aus dünnen, ebenen Stahlblechen durch Kaltumformung (Profilierung) so hergestellt, dass in Tragrichtung Rippen (Trapeze) mit Gurten und Stegen entstehen, die durch Sicken oder Ähnliches versteift sein können. Die Nennblechdicken liegen zwischen 0,5 mm und 1,5 mm. Die Profiltafeln sind durch Bandverzinkung und durch eine zusätzliche Beschichtung vor Korrosion geschützt und entsprechen den für die verschiedenen Bausysteme vorgeschriebenen Korrosionsschutzklassen (z.B. nach EN 10169 mit EN 10346).

Das Herstellen der Stahltrapezprofile unterliegt einer laufenden Eigen- und Fremdüberwachung und ggf. zusätzlichen Güte- und Prüfbestimmungen (z.B. nach EPAQ, s. auch Fußnote[1)] auf der n. Seite).

Eine Auswahl von Stahltrapezprofilen mit unterschiedlicher Querschnittsgeometrie ist nachfolgend zusammengestellt. Neben diesen üblichen Stahltrapezprofilen werden auch Kassetten, wellenförmige Querschnittsgeometrien und entsprechende Bauteile aus Aluminium, Edelstahl oder anderen metallischen Werkstoffen hergestellt.

Der praxisgerechte Einsatz der Stahltrapezprofile ist nach EN 1993-1-3 in Verbindung mit EN 1090-4 bzw. -5 geregelt. Für die erforderlichen Nachweise zur Gebrauchstauglichkeit und Standsicherheit sind die effektiven Querschnittswerte und die aufnehmbaren Tragfähigkeitswerte dieser dünnwandigen Elemente zu bestimmen. Für die meisten Trapezprofil-Typen liegen typengeprüfte Tabellen mit den genannten Werten vor. Zusätzlich ist die CE-Kennzeichnung in EN 1090-1 geregelt.

Beispielhaft sind für einen Profiltyp und eine Blechstärke in Abb. 13.46 die Tragfähigkeitswerte dargestellt. In den Tabellen der Typenprüfung werden die charakteristischen Tragfähigkeitswerte aufgeführt. Diese werden entweder rechnerisch oder über Versuche ermittelt. Letzteres gilt insbesondere für die Interaktion von Stützmoment mit der Auflagerkraft [13.24]. Es ist deshalb darauf zu achten, welche Interaktionsbeziehung für die jeweilige Typenprüfung anzuwenden ist. Im nachfolgenden Beispiel ist es die lineare Interaktion mit M_0 und R_0, siehe entsprechender Hinweis in Abb. 13.46.

Die entsprechenden Nachweise, einschließlich Beispiele, sind in der Literatur (z.B. [13.20] bis [13.25]) dargestellt.

Nachfolgend werden beispielhaft für ein Trapezprofil als Dreifeldträger die wesentlichen Nachweise mit den Tragfähigkeitswerten nach Abb. 13.46 dargestellt:

System: Dreifeldträger $l_1 = l_2 = l_3 = l = 3{,}65$ m; Zwischenauflagerbreite $l_B = 60$ mm
Endauflagerbreite $l_A = 40$ mm

vorhandene Belastung Eigenlast $g_k = 0{,}35$ kN/m²; Schneelast $\mu \cdot s_k = 0{,}90$ kN/m²

Tragsicherheitsnachweise nach DIN EN 1993-1-3

$g_{Ed} + q_{Ed} = 1{,}35 \cdot 0{,}35 + 1{,}5 \cdot 0{,}90 = 1{,}82$ kN/m²

Schnittgrößen nach der Elastizitätstheorie:

$F_{A,E,d} = 0{,}40 \cdot 1{,}82 \cdot 3{,}65 = 2{,}66$ kN/m $\quad M_{F,E,d} = 0{,}08 \cdot 1{,}82 \cdot 3{,}65^2 = 1{,}94$ kNm/m

$F_{B,E,d} = 1{,}10 \cdot 1{,}82 \cdot 3{,}65 = 7{,}31$ kN/m $\quad M_{B,E,d} = 0{,}10 \cdot 1{,}82 \cdot 3{,}65^2 = 2{,}42$ kNm/m

Bemessungswerte der Widerstandsgrößen gemäß Typenprüfung:

$R_{w,Rk,A}/\gamma_M = 18{,}20/1{,}1 = 16{,}55$ kN/m $\quad M_{c,Rk,F}/\gamma_M = 3{,}07/1{,}1 = 2{,}79$ kNm/m

$R_{w,Rk,B}/\gamma_M = 22{,}63/1{,}1 = 20{,}57$ kN/m $\quad M_{c,Rk,B}/\gamma_M = 3{,}33/1{,}1 =$ **3,03 kNm/m**

$R_{0,Rk,B}/\gamma_M = 33{,}12/1{,}1 = 30{,}11$ kN/m $\quad M_{0,Rk,B}/\gamma_M = 4{,}13/1{,}1 =$ **3,75 kNm/m**

Nachweise:

$F_{A,E,d} / R_{w,Rd,A} = 2{,}66/16{,}55 = 0{,}16 < 1{,}0 \quad M_{F,E,d} / M_{c,Rd,F} = 1{,}94/2{,}79 = 0{,}70 < 1{,}0$

$F_{B,E,d} / R_{w,Rd,B} = 7{,}31/20{,}57 = 0{,}36 < 1{,}0 \quad M_{B,E,d} / M_{c,Rd,B} = 2{,}42/3{,}03 = 0{,}80 < 1{,}0$

Lineare Interaktion an der Zwischenstütze:

$M_{B,E,d} / M_{0,Rd,B} + F_{B,E,d} / R_{0,Rd,B} = 2{,}42/3{,}75 + 7{,}31/30{,}11 = 0{,}89 < 1{,}0$

Stahltrapezprofil Typ M 50/250 **Querschnitts- und Bemessungswerte** EN 1993-1-3	Als Typenentwurf In bautechnischer Hinsicht geprüft Prüfbescheid-Nr.
Profiltafel in **Positivlage**	

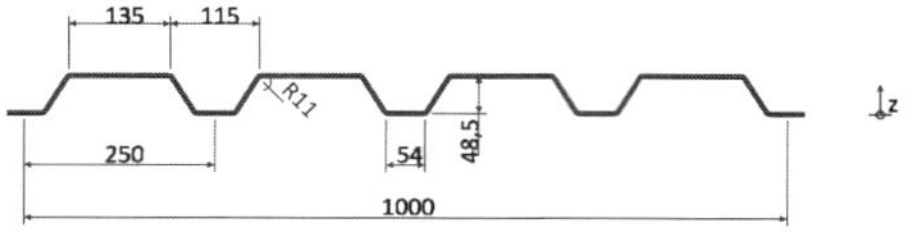

Nennstreckgrenze des Stahlkerns $f_{y,k} = 320\ \mathrm{N/mm^2}$

Charakteristische Tragfähigkeitsnachweise für andrückende Flächenbelastung 3)

Nenn-blech-dicke	Feld-moment	Endauflager-kraft 6)		Quer-kraft	Elastisch aufnehmbare Schnittgrößen an Zwischenauflagern 1) 2) 4) 5) — **Lineare Interaktion**											
					Stützmomente						Zwischenauflagerkräfte					
		$l_{a,A1}$ = 10 mm	$l_{a,A2}$ = 40 mm		$l_{a,B}$ = 0 mm		$l_{a,B}$ = 60 mm		$l_{a,B}$ = -		$l_{a,B}$ = 0 mm		$l_{a,B}$ = 60 mm		$l_{a,B}$ = -	
t_N	$M_{c,Rk,F}$	$R_{w,Rk,A}$		$V_{w,Rk}$	$M_{0,Rk,B}$	$M_{c,Rk,B}$	$M_{0,Rk,B}$	$M_{c,Rk,B}$	$M_{0,Rk,B}$	$M_{c,Rk,B}$	$R_{0,Rk,B}$	$R_{w,Rk,B}$	$R_{0,Rk,B}$	$R_{w,Rk,B}$	$R_{0,Rk,B}$	$R_{w,Rk,B}$
mm	kNm/m	kN/m			kNm/m						kN/m					
0,88	3,07	6,15	18,20	54,34	3,33	2,45	4,13	3,33	-	-	15,78	9,11	33,12	22,63	-	-

1) **Interaktionsbeziehung für M und V (elastisch-elastisch)**

$$\frac{M_{Ed}}{M_{c,Rk,B}/\gamma_M} \le 1 \quad \text{wenn} \quad \frac{V_{Ed}}{V_{w,Rk}/\gamma_M} \le 0{,}5$$

Für $\frac{V_{Ed}}{V_{w,Rk}/\gamma_M} > 0{,}5$ gilt Gleichung 6.27 (EN 1993-1-3), die im Sinne der Sicherheit vereinfacht werden kann:

$$\frac{M_{Ed}}{M_{c,Rk,b}/\gamma_M} + \left(2 \cdot \frac{V_{Ed}}{V_{w,Rk}/\gamma_M} - 1\right)^2 \le 1$$

2) **Interaktionsbeziehung für M und R (elastisch-elastisch)**

Lineare Interaktionsbeziehung für M und R:

$$\frac{M_{Ed}}{M_{c,Rk,B}/\gamma_M} \le 1 \quad \text{und} \quad \frac{F_{Ed}}{R_{w,Rk,B}/\gamma_M} \le 1$$

$$\frac{M_{Ed}}{M_{0,Rk,B}/\gamma_M} + \frac{F_{Ed}}{R_{0,Rk,B}/\gamma_M} \le 1$$

3) Werden quer zur Spannrichtung und rechtwinklig zur Profilebene Linienlasten in das Trapezprofil eingeleitet, so ist der Nachweis der Tragfähigkeit aus der umgekehrten Profillage als Interaktionsnachweis durchzuführen.

4) Für kleinere Zwischenauflagerlängen $l_{a,B}$ als angegeben, müssen die aufnehmbaren Tragfähigkeitswerte linear im entsprechenden Verhältnis reduziert werden. Für $l_{a,B}$ < 10 mm, z.B. bei Rohren, darf maximal der Wert für $l_{a,B}$ = 10 mm eingesetzt werden.

5) Bei Auflagerlängen, die zwischen den aufgeführten Auflagerlängen liegen, dürfen die aufnehmbaren Tragfähigkeitswerte jeweils linear interpoliert werden.

6) Der Profilüberstand für die wirksame Auflagerlänge $l_{a,A1}$ ist mit c ≥ 40 mm einzuhalten. Die Auflagerkräfte $R_{w,Rk,A}$ dürfen verdoppelt werden, wenn für $l_{a,A1}$ der Profilüberstand c ≥ 1,5 * h_w ausgeführt wird. Die Auflagerlänge $l_{a,A2}$ entspricht der wirksamen Auflagerlänge einschließlich des Profilüberstandes c. Die hier angegebenen Auflagerkräfte $R_{w,Rk,A}$ sind experimentell bestätigte oder von diesen abgeleitete Werte.

Abb. 13.46 Tragfähigkeitswerte für ein Trapezprofil (Musterbeispiel)

Falls der Nachweis des Stützmomentes nicht erfüllt ist, kann im Nachweisverfahren Plastisch-Plastisch bei höheren Profilen mit ausreichend großer Auflagerbreite ein Reststützmoment angesetzt werden. Für den Nachweis der Gebrauchstauglichkeit ist die Durchbiegung nach Anhang B.2 der EN 1090-4 zu begrenzen. Weitere noch zu führende erforderliche Nachweise: Windsogverankerung und ggf. Schubfeldnachweise[1], wenn das Trapezblech zur Aussteifung oder Stabilisierung der Pfetten genutzt wird.

Die Tafel 13.47 enthält für eine Vorbemessung zulässige Stützweiten für Einfeldträger und für Mehrfeldträger mit gleichen Stützweiten für Dächer. Die angegebenen Werte für gleichmäßig verteilte Belastung in den Spalten 5–10 sind für reine Biegebeanspruchung auf der Grundlage der aufnehmbaren Tragfähigkeitswerte nach der Elastizitätstheorie bzw. dem Traglastverfahren berechnet. (Die angegebenen Stützweiten für charakteristische Lasten liegen geringfügig auf der sicheren Seite und sind somit für eine Vorbemessung gut geeignet.)

Es wird jedoch ausdrücklich darauf hingewiesen, dass ohne typengeprüfte Stützweitentabellen, bei unterschiedlichen Spannweiten oder besonderer Belastung (z.B. Einzellasten oder Schubfeldbeanspruchung) stets projektbezogene Nachweise zu führen sind. In jedem Fall ist vor allem auch die Windsogverankerung (Befestigungen) nachzuweisen [13.29].

[1] Weitere Einzelheiten und technische Beratung im Stahlleichtbau durch den IFBS e.V. (www.ifbs.de) oder EPAQ – European Association for Panels and Profiles (www.epaq.eu) und ihre Mitgliedsfirmen.

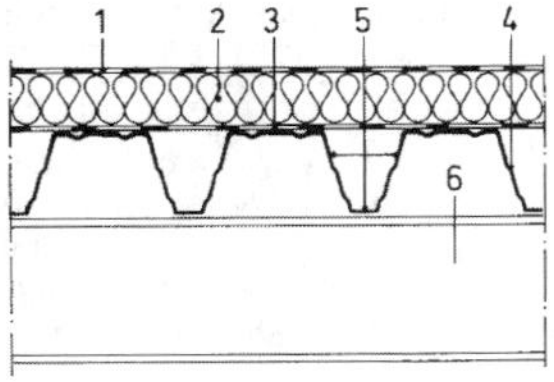

1 Dachabdichtung
2 Wärmedämmung
3 Dampfsperre (falls erforderlich)
4 Stahltrapezprofil
5 Werkseitige Kunststoffbeschichtung
6 Pfette oder Rahmenriegel

Warmdachaufbau, Vertikalschnitt

Abb. 13.47 Beispiel Dachaufbau

Tafel 13.47 Zulässige Stützweiten für Stahltrapezdachprofile mit charakteristischen Lasten in m
(Die zulässige Grenzstützweite für die Begehbarkeit ist berücksichtigt.)

	Abmessungen h_e/b_R [mm/mm]	Profilquerschnitt Maße in mm	Nennblechdicke t_N mm	Eigenlast g kN/m²	Statische Systeme Einfeldträger q = 1,20 kN/m²	 Einfeldträger q = 2,20 kN/m²	 Zweifeldträger q = 1,20 kN/m²	 Zweifeldträger q = 2,20 kN/m²	 Dreifeldträger q = 1,20 kN/m²	 Dreifeldträger q = 2,20 kN/m²	Zwischenauflagerbreite b_B mm
	1	2	3	4	5	6	7	8	9	10	11
1	35/ 207	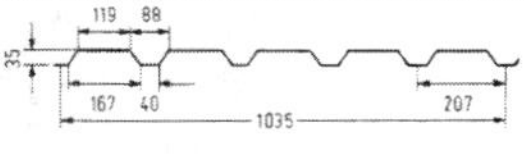	0,75 0,88 1,00 1,25	0,073 0,085 0,097 0,121	0,88 1,36 1,78 2,20	0,88 1,36 1,63 1,80	1,10 1,70 2,22 2,98	1,10 1,70 2,21 2,44	1,10 1,70 2,22 2,73	1,10 1,70 2,02 2,23	60
2	40/ 183	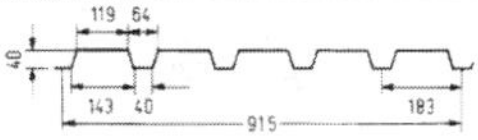	0,75 0,88 1,00 1,25	0,082 0,096 0,109 0,137	1,20 2,31 2,50 2,70	1,20 1,89 2,04 2,20	1,50 3,10 3,36 3,62	1,50 2,53 2,74 2,96	1,50 2,86 3,09 3,34	1 50 2,33 2,53 2,72	60
3	48,5/ 250	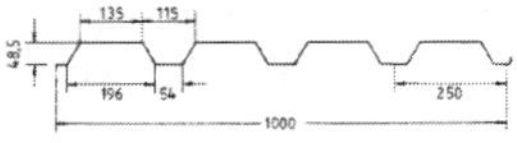	0,75 0,88 1,00 1,25	0,075 0,088 0,100 0,125	1,77 2,50 2,77 2,99	1,77 2,16 2,26 2,44	2,21 3,13 3,58 4,01	2,21 2,56 2,83 3,27	2,21 3,13 3,42 3,69	2,21 2,67 2,79 3,02	60
4	111/ 275	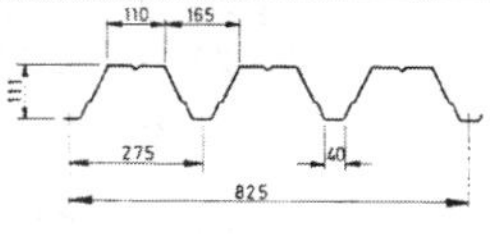	0,75 0,88 1,00 1,25	0,090 0,106 0,121 0,151	4,23 4,39 4,54 4,87	3,45 3,59 3,71 3,98	5,67 5,89 6,08 6,53	4,44 4,81 4,97 5,34	5,25 5,46 5,63 6,05	4,29 4,46 4,60 4,94	160
5	126/ 326	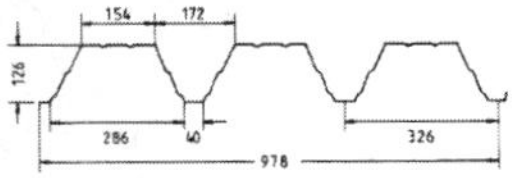	0,75 0,88 100 1,25	0,092 0,108 0,123 0,153	4,66 4,93 5,16 5,57	3,81 4,03 4,21 4,55	5,31 6,70 7,00 7,56	3,92 4,73 5,21 6,09	5,79 6,14 6,41 6,93	3,92 4,73 5,24 5,66	160
6	135/ 310	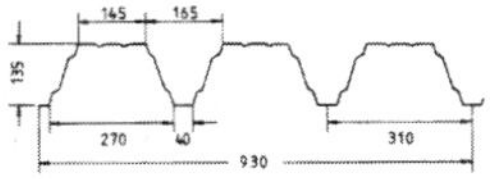	0,75 0,88 1,00 1,25	0,097 0,114 0,129 0,161	4,96 5,25 5,48 5,93	4,05 4,28 4,48 4,84	6,10 6,97 7,35 7,95	3,90 5,19 5,91 6,49	6,16 6,51 6,81 7,36	3,93 5,34 5,56 6,01	160
7	137/ 310 137,8/ 308	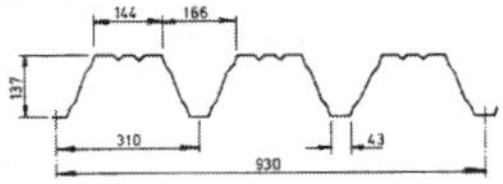	0,75 0,88 1,00 1,25	0,097 0,114 0,130 0,162	5,10 5,36 5,57 6,03	3,82 4,38 4,55 4,93	6,32 7,18 7,47 8,09	3,82 5,19 5,95 6,61	6,30 6,62 6,89 7,46	4,28 5,19 5,63 6,09	160

Tafel 13.48 Zulässige Stützweiten für Stahltrapezdachprofile mit charakteristischen Lasten in m

	Abmessungen h_c/b_R [mm/mm]	Profilquerschnitt Maße in mm	Nennblechdicke t_N mm	Eigenlast g kN/m²	Statische Systeme Einfeldträger $q=$ 1,20 kN/m²	Einfeldträger $q=$ 2,20 kN/m²	Zweifeldträger $q=$ 1,20 kN/m²	Zweifeldträger $q=$ 2,20 kN/m²	Dreifeldträger $q=$ 1,20 kN/m²	Dreifeldträger $q=$ 2,20 kN/m²	Zwischenauflagerbreite b_B mm
	1	2	3	4	5	6	7	8	9	10	11
8	144/ 287	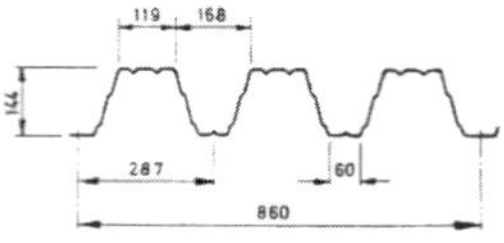	0,75 0,88 1,00 1,25	0,105 0,123 0,139 0,174	5,44 5,66 5,85 6,35	4,44 4,62 4,78 5,20	7,27 7,58 7,83 8,55	5,13 6,04 6,43 7,00	6,76 7,04 7,28 7,92	5,35 5,75 5,95 6,46	160
9	153/ 280	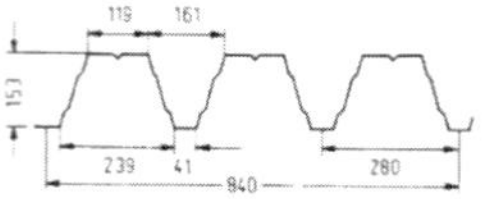	0,75 0,88 1,00 1,25	0,107 0,126 0,143 0,179	5,52 5,84 6,11 6,60	4,51 4,77 4,99 5,39	7,19 7,83 8,19 8,84	5,18 6,34 6,69 7,22	6,83 7,22 7,55 8,15	5,18 5,90 6,17 6,66	160
10	158/ 250 158/ 280	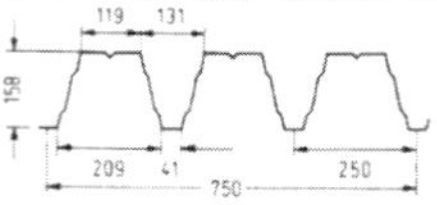	0,75 0,88 1,00 1,25	0,121 0,142 0,161 0,201	5,89 6,23 6,52 7,04	4,81 5,09 5,32 5,75	7,63 8,36 8,74 9,44	5,40 6,41 7,14 7,71	7,28 7,71 8,05 8,70	5,40 6,30 6,58 7,11	160
11	165/ 250	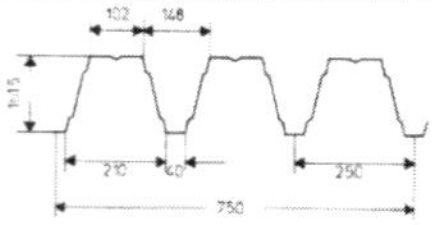	0,75 0,88 1,00 1,25	0,120 0,141 0,160 0,200	6,00 6,33 6,61 7,20	4,90 5,17 5,43 5,86	7,60 8,40 9,00 9,75	5,60 6,40 7,25 7,95	7,45 7,86 8,21 8,90	5,65 6,40 6,75 7,30	160

2 Sandwichbauteile für Dach und Wand

(Querschnitte und Stützweitentabellen)

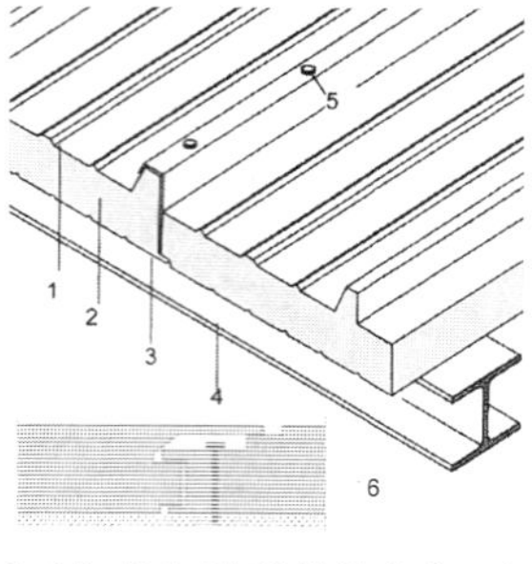

1 = äußere Deckschicht (Stahl, Alu, Kupfer etc.)
2 = Kernschicht (PUR, Mineralwolle, PS)
3 = innere Deckschicht (Stahl, Alu, Kupfer etc.)
4 = Unterkonstruktion
5 = Befestigungsmittel (Bohrschrauben etc.) „Durch-und-durch"-Verschraubung
6 = Prinzipskizze: verdeckte Befestigung

Sandwichbauteile werden hauptsächlich als raumbildende und tragende Wand- und Dachbauteile eingesetzt. Sie bestehen in der Regel aus zwei dünnen Deckblechen (profiliert, gesickt oder glatt), die durch eine Kernschicht aus Hartschaum (z.B. Polyurethan (PUR), Polyisocyanurat (PIR) in seltenen Fällen Polystyrol) oder Mineralwolle schubfest miteinander verbunden sind, sodass ein tragender Verbundquerschnitt entsteht. Anders als die beim additiven Aufbau von z.B. oberseitig wärmegedämmten Trapezblechen (s. Abb. 13.47) ausschließlich zur Dämmung vorgesehene Schicht wird diese hier zusätzlich als schubsteifer Kern im Sandwichquerschnitt bei der Tragfähigkeit integriert. Durch die Mitwirkung der Dämmschicht und die damit erreichte Verbundwirkung können große Stützweiten erreicht werden. Gleichzeitig ist eine hohe Wärmedämmung gewährleistet.

Die schubfeste Verbindung der Deckbleche mit dem Kern wird automatisch durch Selbsthaftung (bei PUR) oder Verklebung (bei Mineralwolle oder Polystyrol) bei der fabrikmäßigen Herstellung der Bauteile in großen, kontinuierlichen Fertigungsstraßen erreicht. Das Herstellen der Sandwichbauteile unterliegt einer laufenden Eigen- und ggf. einer Fremdüberwachung. Die Bauteile werden als Fertigteile auf die Baustelle angeliefert und auf der Unterkonstruktion in **einem** Arbeitsgang befestigt. Die Befestigung kann mit einer „Durch-und-durch-Verschraubung" oder verdeckt in den Längsfugen erfolgen [13.23] und [13.29].

2.1 Formale Grundlagen

Sandwichbauteile für Dach und Wand, bei denen die Verbundtragwirkung durch Verbindung der Deckbleche mit einem schubsteifen Kern angesetzt und genutzt wird, werden weitgehend auf der Grundlage der harmonisierten Europäischen Norm EN 14509:2013-12 für „Selbsttragende Sandwichelemente mit beidseitigen Metalldeckschichten" verwendet. In dieser Norm sind alle erforderlichen Untersuchungen zur Festlegung der Angaben, die in der Leistungserklärung erfasst sein müssen, eindeutig vorgegeben. Mit diesen Angaben können die statischen Nachweise nach dem unten angegebenen Bemessungskonzept durchgeführt werden. Die EN 14509 ist nur gültig für gleichmäßig verteilte Belastung (z.B. aus Wind oder Schnee). Nicht verpflichtend vorgegeben sind die Material-Sicherheitsfaktoren, die national festgelegt werden. Befestigungen sind ebenfalls nicht Gegenstand der Norm. Zurzeit wird eine Bemessungsnorm EN 1993-7 sowie ein Teil 2 der EN 14509 für „Tragende Sandwichelemente" mit erweiterten Anwendungsgrenzen im Normenausschuss bearbeitet. Mit der Einführung von EN 1993-7 wird der Anhang E der EN 14509 als Bemessungsteil in einer Produktnorm zurückgezogen werden.

In Deutschland können die Sandwichbauteile aufgrund von folgenden offiziellen Unterlagen verwendet werden:

a) Teil B der MVV TB: Teil B der Verwaltungsvorschrift Technische Baubestimmungen des jeweiligen Bundeslandes, lfd. Nr. B 2.2.1.4 unter Beachtung von Anlage B 2.2.1/5 auf der Grundlage von CE-Zeichen nach EN 14509. Auf dieser Grundlage werden in Deutschland selten Sandwichbauteile eingesetzt, da sehr hohe, global festgelegte Material-Sicherheitsfaktoren angesetzt werden müssen und z.B. für verdeckte Befestigungen keine Bemessungswerte erfasst sind.

b) Zulassungstyp A: Bauartgenehmigung oder für eine Übergangszeit noch die Allgemeine bauaufsichtliche Zulassung (Z-10.49-…), die sich auf die Verwendung der Sandwichbauteile nach EN 14509 mit CE-Zeichen erstreckt (sog. Verwendungszulassung). In den Bauartgenehmigungen oder Verwendungszulassungen sind vor allem individuelle Material-Sicherheitsfaktoren angegeben, die auf der Grundlage der Streuung der produktspezifischen Versuchsergebnisse bestimmt wurden. Die Faktoren sind deutlich günstiger als die global festgelegten Werte, die ohne Verwendungszulassung angesetzt werden müssen, siehe a). Außerdem können hier Bemessungswerte für verdeckte Befestigungen angegeben werden.

c) Zulassungstyp B: Allgemeine bauaufsichtliche Zulassung (Z-10.4-…) mit Übereinstimmungsnachweis durch Zertifikat (Ü-Zeichen) für sogenannte „tragende Sandwichbauteile", die zur Aussteifung der Unterkonstruktion (Drehbettung und seitliche Stützung) herangezogen oder die durch spezielle Lasten (z.B. Einzel- oder Linienlasten aus Photovoltaik-Elementen oder vorgehängten Fassaden) beansprucht werden. Für Sandwichbauteile mit Deck- oder Kernschichten, die nicht in der EN 14509 erfasst sind (z.B. Deckschichten aus plattenförmigen Holzwerkstoffen oder GFK), sind ebenfalls Zulassungen in dieser Art erforderlich.

Weitere offizielle Unterlagen sind:

d) Leistungserklärung (DoP = Declaration of Performance): Seit 01.07.2013 ist aufgrund der Europäischen Bauproduktenverordnung Nr. 305/2011 jeder Lieferung von Bauprodukten eine Leistungserklärung (DoP) beizulegen, die genauere Angaben über das Produkt, hier das Sandwichpaneel, und über die Herstellerfirma enthält.

e) Bei der Bauartgenehmigung ist für jedes Bauvorhaben eine zusätzliche Übereinstimmungsbestätigung des Unternehmers erforderlich.

Freiwillige Herstellerangaben:

f) Eine Erweiterung der Anwendungsmöglichkeiten, z.B. Sandwichelemente mit Mineralwollkern zur Herstellung einer Brandwand, kann ebenfalls in Form einer Bauartgenehmigung als freiwillige Herstellerangabe erfolgen.

g) EPAQ Qualitätszertifikat: Der Verband „European Association for Panels and Profils" wurde gegründet, um u.a. die Qualität der Sandwichbauteile europaweit zu sichern. Wesentlicher Bestandteil der Qualitätssicherung ist die regelmäßige Kontrolle der Eigenschaften der Produkte von unabhängigen Dritten (Fremdüberwachung). Die Mitgliedschaft der Herstellerfirmen ist freiwillig. Werden alle Anforderungen an die Qualität erfüllt, wird ein „EPAQ-Label" erteilt.

2.2 Tragverhalten und Bemessungskonzept

Das Tragverhalten von Sandwichelementen wird sehr stark von den mechanischen Eigenschaften des Kernmaterials beeinflusst. Bei der Ermittlung der Teilschnittgrößen und Spannungen müssen die Schubverformungen der Kernschicht berücksichtigt werden. Weiterhin hat die Größe von Schub- und Elastizitätsmodul des Kernmaterials einen starken Einfluss auf die Knitterspannung der dünnwandigen Deckschichten. Durch den extremen Temperaturunterschied zwischen innerer und äußerer Deckschicht ist insbesondere bei dunkleren Farben an der sonnenbeschienenen Außenschicht der Lastfall ΔT_M maßgebend [13.26] und [13.27].

Beanspruchungen

Abweichend von EN 1990 werden die Kombinationsbeiwerte ψ in EN 14509 gesondert geregelt.

Die charakteristischen Beanspruchungen wie Normalspannungen in den Deckblechen oder Schubspannungen in der Kernschicht sind aus den äußeren Belastungen infolge Eigenlast, Schnee, Wind und abgehängten oder aufliegenden ständigen Lasten, aber auch aus den Einwirkungen bei unterschiedlichen Deckblechtemperaturen sowie Spannungsumlagerungen infolge Schubkriechen der Kernschicht zu bestimmen.

Die genauen Angaben über die anzusetzenden Temperaturen (in Abhängigkeit von der Farbe des äußeren Deckblechs) sind in der EN 14 509 bzw. in o.g. formalen Unterlagen jeweils angegeben. Es werden für die Bemessung der Bauteile drei Farbgruppen (Gruppe I: sehr hell, Gruppe II: hell, Gruppe III: dunkel) definiert. Für den Lastfall Kriechen sind die Kriechfaktoren in den jeweiligen Leistungserklärungen oder dem Zulassungsbescheid angegeben.

Beanspruchbarkeit

Im **Grenzzustand der Tragfähigkeit** (GZT) wird ein Knittern im Stützbereich akzeptiert und ein Durchlaufträger als Kette von Einfeldträgern nachgewiesen. Folgende Nachweise müssen geführt werden:

- Fließen einer Deckschicht des Elements,
- Knittern (örtliches kurzwelliges Beulen) einer Deckschicht des Elements,
- Schubversagen des Kerns,
- Druckversagen des Kerns an einem Auflager,
- Schubversagen einer profilierten Deckschicht,
- Versagen der Elemente an den Punkten, an denen sie an der Unterkonstruktion befestigt sind,
- Versagen der Befestigungsmittel.

Die charakteristischen Werte, wie z.B. Fließ- und Knitterspannung der Deckbleche oder Schub- und Druckfestigkeit der Kernschicht, sind in den Leistungserklärungen bzw. Zulassungen aufgrund von experimentellen Untersuchungen angegeben. **Die Materialsicherheitsfaktoren, die von der Streuung der Versuchsergebnisse abhängen, sind ebenfalls produktbezogen erfasst.**

Der Nachweis des **Grenzzustandes der Gebrauchstauglichkeit** (GZG) muss die ordnungsgemäße Funktion der Elemente unter Gebrauchslasten sicherstellen. Maßgebend ist häufig das Knittern einer Deckschicht im Stützbereich. Folgende Nachweise müssen im GZG geführt werden:

- Fließen einer Deckschicht im Stützbereich,
- Knittern einer Deckschicht, insbesondere im Stützbereich in der Kombination mit ΔT_M ,
- Schubversagen des Kerns,
- Druckversagen des Kerns an einem Auflager,
- Erreichen einer festgelegten Durchbiegungsgrenze für

• Dächer und Unterdecken:	Kurzzeit-Belastung:	Stützweite/200
	Langzeit-Belastung:	Stützweite/100
• Wände:		Stützweite/100

Beidseitig ebene bzw. quasi-ebene (gesickte, linierte etc.) Deckschichten

System und Belastung	k	M_S 1)	R_E 2)	R_M 2)	w_{max} 3)
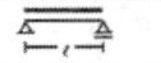	$\frac{9{,}6 \cdot B_S}{\ell^2 \cdot G_S \cdot A_S}$	$\frac{q \cdot \ell^2}{8}$	$\frac{q \cdot \ell}{2}$	--	$\frac{5 \cdot q \cdot \ell^4}{384 \cdot B_S} \cdot (1+k)$
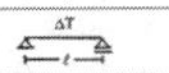	--	0	0	--	$\frac{\Delta T' \cdot \ell^2}{8 \cdot e}$
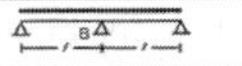	$\frac{3 \cdot B_S}{\ell^2 \cdot G_S \cdot A_S}$	$-\frac{q \cdot \ell^2}{8} \cdot \frac{1}{1+k}$	$\frac{q \cdot \ell}{2} \cdot \left(1 - \frac{1}{4+4\,k}\right)$	$q \cdot \ell \cdot \left(1 + \frac{1}{4+4\,k}\right)$	$\approx \frac{q \cdot \ell^4}{48 \cdot B_S} \cdot \frac{1}{1+k} \cdot (0{,}26+2{,}6\,k+2\,k^2)$
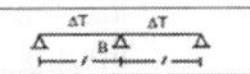		$-\frac{3 \cdot B_S \cdot \Delta T'}{2 \cdot e} \cdot \frac{1}{1+k}$	$-\frac{3 \cdot B_S \cdot \Delta T'}{2 \cdot e \cdot \ell} \cdot \frac{1}{1+k}$	$\frac{3 \cdot B_S \cdot \Delta T'}{e \cdot \ell} \cdot \frac{1}{1+k}$	$\approx \frac{\Delta T' \cdot \ell^2}{32 \cdot e} \cdot \frac{1{,}1+4\,k}{1+k}$
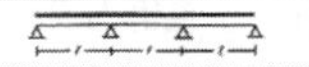		$-\frac{q \cdot \ell^2}{10+4\,k}$	$\frac{q \cdot \ell}{2} \cdot \left(1 - \frac{1}{5+2\,k}\right)$	$q \cdot \ell \cdot \left(1 + \frac{1}{10+4\,k}\right)$	$\approx \frac{q \cdot \ell^4}{24 \cdot B_S} \cdot \frac{1}{5+2\,k} \cdot (0{,}83+5{,}6\,k+2\,k^2)$
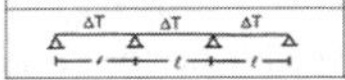		$-\frac{6 \cdot B_S \cdot \Delta T'}{e} \cdot \frac{1}{5+2\,k}$	$-\frac{6 \cdot B_S \cdot \Delta T'}{e \cdot \ell} \cdot \frac{1}{5+2\,k}$	$\frac{6 \cdot B_S \cdot \Delta T'}{e \cdot \ell} \cdot \frac{1}{5+2\,k}$	$\approx \frac{\Delta T' \cdot \ell^2}{4 \cdot e} \cdot \frac{1{,}06+k}{5+2\,k}$

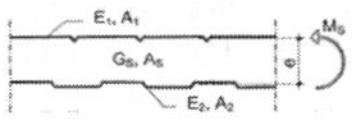

E_1, A_1, E_2, A_2 = E-Modul und Fläche der oberen (1) und unteren (2) Deckschicht
G_S, A_S = Schubmodul und Fläche der Kernschicht
e = Schwerlinienabstand der Deckschichten

$$B_S = \frac{E_1 \cdot A_1 \cdot E_2 \cdot A_2 \cdot e^2}{E_1 \cdot A_1 + E_2 \cdot A_2} \qquad \Delta T' = (\alpha_2 \cdot T_2 - \alpha_1 \cdot T_1) \qquad \sigma_1 = -\frac{M_S}{A_1 \cdot e} \qquad \sigma_2 = \frac{M_S}{A_2 \cdot e}$$

α_i; T_i = Temperatur-Ausdehnungskoeffizient und Temperatur der Deckschichten
1) M_S = bei Einfeldplatten in Feldmitte; bei Zweifeldplatten über der Mittelstütze
2) R_E = Endauflagerreaktionen; R_M = bei Mehrfeldplatten Mittelauflagerkräfte
3) w_{max} = maximale Durchbiegung

Abb. 13.51a Momente, Auflagerkräfte und Verformungen bei Sandwichelementen mit „quasi-ebener" Deckschicht

Ein- bzw. beidseitig profilierte Deckschichten

Systeme	k	β	M_S 1)	M_D 1)	R_E 2)	R_M 2)	w_{max} 3)
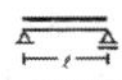	$\frac{9{,}6 \cdot B_S}{\ell^2 \cdot G_S \cdot A_S}$	$\frac{B_D}{B_D + \frac{B_S}{1+k}}$	$(1-\beta) \cdot \frac{q \cdot \ell^2}{\varepsilon}$	$\beta \cdot \frac{q \cdot \ell^2}{8}$	$\frac{q \cdot \ell}{2}$	--	$\frac{5 \cdot q \cdot \ell^4}{384 \cdot B_S} \cdot (1+k) \cdot (1-\beta)$
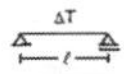	$\frac{8 \cdot B_S}{\ell^2 \cdot G_S \cdot A_S}$	$\frac{B_D}{B_D + \frac{B_S}{1+k}}$	$\frac{B_D}{e} \cdot \Delta T' \cdot (1-\beta)$	$M_D = -M_S$	0	--	$\frac{\ell^2 \cdot \Delta T'}{8 \cdot e} \cdot (1-\beta)$
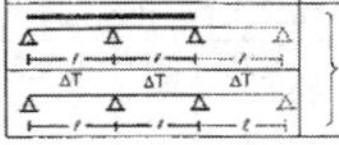	Mehrfeldplatten nur mit EDV- Programm oder Diagrammen						

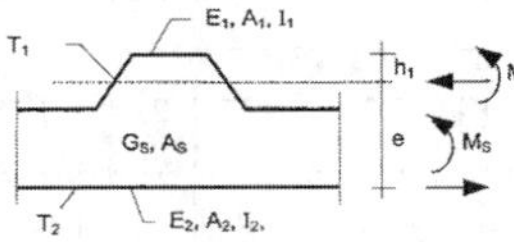

$E_1, A_1, I_1, E_2, A_2; I_2$ = E-Modul, Fläche und Trägheitsmoment der oberen (1) und unteren (2) Deckschicht
G_S, A_S = Schubmodul und Fläche der Kernschicht
e = Schwerlinienabstand der Deckschichten

$$B_S = \frac{E_1 \cdot A_1 \cdot E_2 \cdot A_2 \cdot e^2}{E_1 \cdot A_1 + E_2 \cdot A_2} \qquad B_D = E_1 \cdot I_1 + E_2 \cdot I_2$$

$$\Delta T' = (\alpha_2 \cdot T_2 - \alpha_1 \cdot T_1) \qquad \sigma_1 = -\frac{M_S}{e} \cdot \frac{1}{A_1} + \frac{M_D}{I_1} \cdot h_1 \qquad \sigma_2 = -\frac{M_S}{A_2 \cdot e}$$

α_i; T_i = Temperatur-Ausdehnungskoeffizient und Temperatur der Deckschichten
1) M_S; M_D = bei Einfeldplatten in Feldmitte; bei Zweifeldplatten über der Mittelstütze
2) R_E = Endauflagerreaktionen; R_M = bei Mehrfeldplatten Mittelauflagerkräfte
3) w_{max} = maximale Durchbiegung

Abb. 13.51b Momente, Auflagerkräfte und Verformungen bei Sandwichelementen mit profilierter Deckschicht

Für einfache Systeme unter Gleichstreckenlast und Temperatur können die Formeln in Abb. 13.51a bzw. 13.51b verwendet werden, um die Spannungen in ebenen bzw. profilierten Deckschichten zu ermitteln. Eine Alternative dazu, mit der auch komplexere Systeme und Laststellungen untersucht werden können, ist die Modellierung eines Fachwerkträgermodells in einem Stabstatikprogramm. Dabei simuliert man die Schubsteifigkeit des Kernmaterials über die Dehnsteifigkeit der Streben. Falls häufig Sandwichbauteile berechnet werden sollen, bietet sich die Anwendung spezieller EDV-Programme an.

Zusatznachweise

Ergänzend zu den vorangehenden Nachweisen des Sandwichelementes müssen die Befestigungen nachgewiesen werden, siehe hierzu auch die Erläuterungen in [13.29]. Spezifische Nachweise sind zu führen für:

a) Abhebende Beanspruchungen infolge Windsog und auch Temperaturdifferenzen
b) Die *Schraubenkopfauslenkung* infolge unterschiedlicher Deckblech-Temperaturen.

2.3 Einzelnachweise und Stützweitentabellen

Für die praxisgerechte Vordimensionierung der Bauteile werden in den meisten Fällen von den Herstellern Tabellen mit zulässigen Stützweiten zur Verfügung gestellt. Da der Lastfall Temperaturunterschied ΔT_M großen Einfluss hat, wird zwischen den drei Farbgruppen unterschieden. In diesen Tabellen können nur die Standardfälle, d.h. durchlaufende Platten mit gleichen Stützweiten und üblichen Lastfällen, erfasst werden. Ohne Typenprüfung sowie bei statischen Systemen, die nicht in den Tabellen erfasst sind (z.B. ungleiche Stützweiten oder bei besonderen Beanspruchungen wie Kühllager mit Innentemperaturen von 0 bis –30 °C), muss vom Tragwerksplaner eine statische Berechnung für die Sandwichelemente und deren Befestigung angefertigt werden. Bei der stichprobenhaften Kontrolle der Bauausführung müssen Leistungserklärung und Übereinstimmungsbestätigung mit den Festlegungen in der statischen Berechnung abgeglichen werden.

Die nachfolgend dargestellten Stützweitentabellen sind beispielhaft für einige wenige Elementtypen angegeben, um einen Eindruck zu geben, welche Stützweiten erreichbar sind. Für Stützweitentabellen unter Windsogbelastung sind getrennte Tabellen erforderlich. Ähnliche Tabellen für weitere Bauteiltypen können direkt von den Liefer-/Herstellfirmen angefordert werden.

Allgemeine Randbedingungen:

- Farbgruppen I (sehr hell), II (hell) und III (dunkel) siehe Zulassungen.
- Die Stützweitentabelle gilt in der Regel nur für Gebäude mit normalem Innenklima.
- Zulässige Stützweiten sind in Metern (m) angegeben und gelten bei den Wandelementen für direkte Befestigungen mit maximal 3 Schrauben pro Meter und Zwischenauflagerlinie.
- Für jeden Einzelfall sind noch die Nachweise der Befestigungen (Schraubenkopfauslenkung und Windsogbefestigungen) sowie der Nachweis der Auflagerpressungen zu erbringen.

Tafel 13.52a Dachbauteile, charakteristische Lasten und mögliche Stützweiten in m (beispielhaft)

Elementbeschreibung	Statisches System	Farbgruppe	Schneelast q_k [kN/m²]			
			0,75	1,25	1,75	2,25
Dachbauteil  äußere Deckschicht: t_{N1} = 0,60 mm, β_S = 350 N/mm² A = 6,43 cm²/m, I = 8,53 cm^4/m h_{1o} = 31,8 mm, h_{1u} = 6,2 mm PUR-Kernschicht: d = 60 mm, G_S = 3,02 N/mm² innere Deckschicht: t_{N2} = 0,45 mm, β_S = 350 N/mm² A = 3,95 cm²/m, I = 0 cm^4/m h_{2o} = 1,9 mm, h_{2u} = 0,2 mm	1-Feld	I, II, III	4,12	3,04	2,31	1,89
	2-Feld	I, II, III	3,28	2,47	2,04	1,78
	3-Feld	I, II, III	3,77	2,81	2,31	1,89

Tafel 13.52b Wandbauteile, charakteristische Lasten und mögliche Stützweiten in m (beispielhaft)

Elementbeschreibung	Statisches System	Farbgruppe	Winddrucklast q_k [kN/m²]			
			0,50	1,00	1,50	2,00
Wandbauteil  äußere Deckschicht: t_{N1} = 0,60 mm, β_S = 320 N/mm² A = 5,64 cm²/m, I = 0 cm^4/m h_{1o} = 0,8 mm, h_{1u} = 0,8 mm PUR-Kernschicht: d = 120 mm, G_S = 3,4 N/mm² innere Deckschicht: t_{N2} = 0,50 mm, β_S = 320 N/mm² A = 4,63 cm²/m, I = 0 cm^4/m h_{2o} = 1,8 mm, h_{2u} = 0,8 mm	1-Feld	I, II, III	8,08	6,21	5,54	3,92
	2-Feld	I, II, III	7,24	5,39	4,70	3,33
	3-Feld	I, II, III	8,47	6,11	5,33	3,76

Tafel 13.53 Wandbauteile mit Mineralwoll-Kernschicht, charakteristische Lasten und mögliche Stützweiten in m (beispielhaft)

Elementbeschreibung	Statisches System	Farbgruppe	Winddrucklast q_k [kN/m²] 0,50	1,00	1,50	2,00
Wandbauteil  äußere Deckschicht: $t_{N1} = 0{,}60$ mm, $\beta_S = 350$ N/mm², $A = 5{,}61$ cm²/m, $I = 0$ cm⁴/m, $h_{1o} = 0{,}2$ mm, $h_{1u} = 0{,}2$ mm Mineralwollschicht: $s = 80$ mm, $G_S = 9{,}5$ N/mm² innere Deckschicht: $t_{N1} = 0{,}60$ mm, $\beta_S = 350$ N/mm², $A = 5{,}63$ cm²/m, $I = 0$ cm⁴/m, $h_{2o} = 0{,}2$ mm, $h_{2u} = 0{,}2$ mm	1-Feld	I, II, III	6,39	4,52	3,69	2,96
	2-Feld	I	5,35	4,02	3,44	2,95
		II	3,28	3,28	3,28	2,95
		III	2,00	1,95	1,91	1,87
	3-Feld	I, II	6,39	4,52	3,69	2,95
		III	1,72	1,65	1,58	1,51

2.4 Stabilisierung von Dachpfetten und Wandriegeln durch Sandwichelemente

Dachpfetten und Wandriegel, insbesondere aus dünnwandigen Kaltprofilen nach DIN EN 1993-1-3 können sehr wirksam durch Trapezbleche oder Sandwichelemente stabilisiert werden. Analog zum bekannten Ansatz einer Drehbettung und einer kontinuierlichen seitlichen Stützung durch Trapezbleche kann mit tragenden Sandwichelementen (in Deutschland mit einer Bauartgenehmigung) in ähnlicher Art die Stahlunterkonstruktion nachgewiesen werden, siehe DIN EN 1993-1-3/NA:2017-05. Für Kaltprofile mit planmäßiger Torsion wie Wandriegel aus C- oder Sigma-Profilen sowie Z-Profilpfetten ist damit ein wirtschaftlicher Spannungsnachweis nach Theorie II. Ordnung möglich.
Die Berücksichtigung der Stabilisierung durch Sandwichelemente soll an dem folgenden Beispiel geschildert werden.

System:

Sandwichdachelement mit PUR-Kernschicht (E_S=3,3 N/mm²) und trapezprofilierter äußerer Deckschicht (S320 GD) mit Nennblechdicke t_{F1}=0,60 mm und Kernblechdicke t_k=0,54 mm, Rasterbreite der Trapezprofilrippen C_{k1}=333 mm - entspr. Abstand der Verbindungsschrauben, Nennblechdicke der inneren Deckschicht t_{F2}=0,50 mm

Unterkonstruktion: Z-Profil mit einer Gurtbreite von 70 mm

Kontrolle der Randbedingungen:

Elastizitätsmodul der Kernschicht: 2,0 N/mm² $\leq E_S$=3,3 N/mm² $\leq$ 6,0 N/mm²

Kernblechdicke der oberen Deckschicht: 0,42 mm $\leq t_k$= 0,54 mm $\leq$ 0,67 mm

Gurtbreite des Z-Profils: 60 mm $\leq$ vorh b=7 mm $\leq$ 80 mm

Anteil $C_{D,a}$ der Drehbettung:

$C_{\theta,1} = C_1 \cdot E_c = 1{,}44 \cdot 3{,}3\ N/mm^2 = 4{,}75\ kN$

(C_1 enthält einen Umrechnungsfaktor, das Ergebnis hat daher die Einheit [kN] bzw. [kNm/m])

$C_{\theta,2} = 0$

$C_{D,A} = 3/2 \cdot C_{\theta,1}/[C_{\theta,1}/(C_{\theta,1} + C_{\theta,2})+1)] = 3/2 \cdot C_{\theta,1}/2 = 0{,}75 \cdot C_{\theta,1} = 3{,}56\ kNm/m$

Schubsteifigkeit zur Stabilisierung einer Pfette:

k_v = 2,5 kN/mm - Federsteifigkeit jeder Schraube

B = 1000 mm - Breite des Sandwichelementes

C_{k1}=333,3 mm, C_{k2}=B=1000 mm

$S_i = 2{,}5\ kN/mm\ /\ (2 \cdot 1000\ mm) \cdot [(1000\ mm)^2 \cdot (333{,}3\ mm)^2] = 1389\ kNm/m$

3 Verbund- und Additivdecken

3.1 Allgemeines zu Verbunddecken

Verbunddecken bestehen aus Stahlprofilblechen (mit Dicken zwischen 0,75 mm und 1,5 mm) und Aufbeton (siehe Abb. 13.54). Das multifunktionale Prinzip dieser Deckenkonstruktion für den Hoch- und Industriebau liegt auf der Hand, da die Profilbleche gleichzeitig mehrere wesentliche Aufgaben erfüllen [13.28]:

a) Tragende Schalung: Die Stahlprofilbleche, die in ähnlicher Form bereits seit Jahrzehnten als tragende Dacheindeckungen eingesetzt werden, können im Bauzustand sofort nach der Befestigung auf der Unterkonstruktion, z.B. mit Setzbolzen als tragende Deckenschalung, Schubfeld und begehbare Arbeitsfläche genutzt werden.

b) Aufnahme der Zugkräfte im Verbundquerschnitt: Nach dem Erhärten des Betons nehmen die untenliegenden Stahlbleche (bei positiven Biegemomenten) im Verbundquerschnitt die Zugkräfte auf und ersetzen ganz oder teilweise die herkömmliche Bewehrung. Die dauerhafte Übertragung der Längsschubkräfte, die im Verbundquerschnitt in der Fuge Beton/Profilblech auftreten, kann durch verschiedene Verbundwirkungen (siehe Abb. 13.54) sichergestellt werden.

c) Ausreichender Feuerwiderstand: Durch die besondere Geometrie der Profilbleche bleiben bei Brandtemperaturen Teilbereiche des Querschnitts tragfähig. Durch eine gezielte Branddimensionierung kann, entsprechend den Anforderungen, jeweils eine ausreichende Feuerwiderstandsfähigkeit der Decken nachgewiesen werden.

d) Vorteilhaft ist die Möglichkeit, die leichten Profiltafeln per Hand zu verlegen. Die hinterschnittene Profilblechgeometrie bietet einfache Möglichkeiten für Abhängungen der Haustechnik. Die Beschichtung auf der Blechunterseite ermöglicht eine individuelle Farbgestaltung der unteren Deckenansicht.

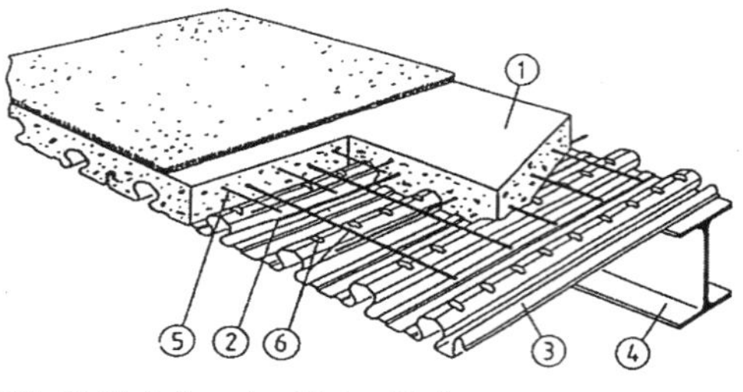

Abb. 13.54 Aufbau einer Verbunddecke

3.2 Tragverhalten des Verbundsystems

Für das Tragverhalten der biegebeanspruchten Decken ist das Verbundsystem Beton-Stahlprofilblech durch den werkstoffadäquaten Einsatz der Verbundpartner (Beton in der Druckzone, Stahl in der Zugzone) besonders geeignet.

Zur genaueren Beurteilung des Tragverhaltens sind drei Versagensarten zu beachten:

Biegemomententragfähigkeit

Bei vollständiger Verdübelung darf die Momententragfähigkeit plastisch ermittelt werden. Die Beanspruchbarkeit ist begrenzt durch die Betondruckfestigkeit oder durch die Fließgrenze des Stahls.

Querkrafttragfähigkeit

Die Aufnahme der Querkräfte wird vorwiegend durch den Betonquerschnitt übernommen und kann nach den üblichen Methoden für Stahlbetondecken (EN 1992-1-1) beurteilt werden (bei Verbunddecken ist in der Regel keine Schubbewehrung erforderlich).

Längsschubtragfähigkeit

Die Übertragung der Längsschubkräfte kann durch folgende spezielle konstruktive Maßnahmen (siehe Abb. 13.54) erreicht werden:

a) Verbund durch eine spezielle hinterschnittene Profilgeometrie, wobei Schubkräfte ohne zusätzliche mechanische Verdübelung durch Klemm- und Keilwirkung (Reibungsverbund) übertragen werden können.

b) Mechanischer Verbund durch eingeprägte Rippen oder Noppen (quer oder schräg) im Obergurt und/oder in den Stegen des Stahlprofilblechs.

c) Verzahnung durch eingestanzte Löcher und Dorne oder durch Bewehrungsstäbe, die quer zu den Rippen verlaufend angeschweißt werden.

d) Endverankerung durch Blechverformungsanker oder Kopfbolzendübel.

Die Biegetragfähigkeit der Decke wird durch die Übertragung der Längsschubkräfte begrenzt, wodurch der Nachweis der ausreichenden Längsschubtragfähigkeit maßgebendes Bemessungskriterium ist.

Durch Kombination der verschiedenen Verbundarten (z.B. Endverankerungen mit hinterschnittener Geometrie) kann jedoch die Tragfähigkeit gesteigert werden.

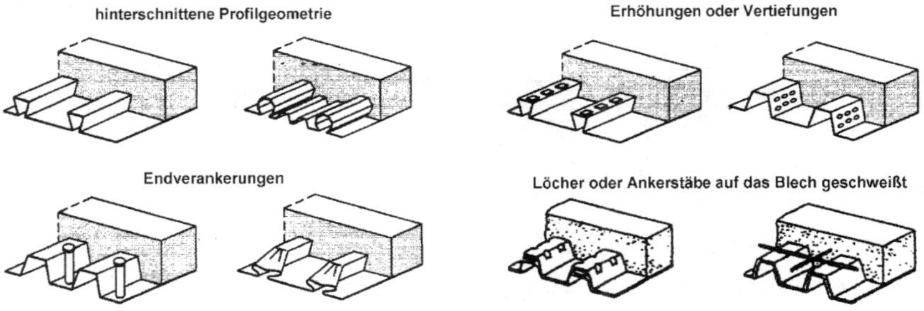

Abb. 13.55 Typische Ausführungen von Verbundarten

3.3 Bestimmung der Bemessungswerte und Nachweise

Die Längsschubtragfähigkeit kann bei Verbunddecken mit Profilblechen nur experimentell bestimmt werden. Die hierfür erforderlichen Versuche sind in EN 1994-1-1 geregelt.

Aus den Versuchsergebnissen wird im Prinzip die Schubtragfähigkeit in der Verbundfuge ermittelt und als Bemessungswert festgelegt. In Deutschland müssen die Bemessungswerte in einer allgemeinen bauaufsichtlichen Zulassung erfasst werden. Für die Auswertung von Versuchen zur Bestimmung der Längsschubtragfähigkeit sowie zur Bemessung können zwei Verfahren angewendet werden:

***m*+*k*-Methode**

Die *m*+*k*-Methode ist ein halbempirisches Verfahren, das nicht auf einem mechanischen Modell basiert. Durch Auswertung von Versuchen werden zwei Koeffizienten *m* und *k* ermittelt, mit denen die Querkrafttragfähigkeit unter Berücksichtigung der Längsschubtragfähigkeit bestimmt werden kann. Diese Methode wird seltener angewandt, da sie keine Rückschlüsse auf das Tragverhalten ermöglicht.

Teilverbundtheorie

Bei Decken mit duktilem Verbundverhalten darf der Nachweis der Längsschubtragfähigkeit nach der Teilverbundtheorie erfolgen. Mit Hilfe des im Versuch ermittelten Bemessungswertes der Verbundfestigkeit $\tau_{u,Rd}$ wird ein Teilverbunddiagramm erstellt. Aus diesem kann abgelesen werden, dass der Bemessungswert der Momententragfähigkeit $M_{Rd}(x)$ in jedem Schnitt über die Spannweite L oberhalb der Momentenlinie $M_{Ed}(x)$ liegt. Die Tragfähigkeit kann durch eine Endverankerung wirksam gesteigert werden und ist wegen der grafischen Lösung sehr anschaulich.

3.4 Nachweise für den Brandfall

Der Nachweis von Verbunddecken im Brandfall kann nach EN 1994-1-2 / Anhang D erfolgen. Weitere ergänzende Angaben enthalten die bauaufsichtlichen Zulassungen. Damit ist eine vereinfachte Ermittlung der positiven Momententragfähigkeit unter Berücksichtigung der reduzierten Streckgrenze und Längsschubtragfähigkeit unter erhöhten Temperaturen möglich. Mit zusätzlicher Bewehrung kann die bauaufsichtliche Anforderung an eine feuerbeständige Decke erreicht werden.

3.5 Additivdecken

Additivdecken, ebenfalls bestehend aus Stahlprofilblechen und Aufbeton, sind hinsichtlich des Tragverhaltens keine echten Verbunddecken, da die Tragfähigkeit lediglich durch das Aufsummieren der Einzeltragfähigkeiten vom Stahlprofilblech und Betonquerschnitt (Stahlbetonrippendecke) bestimmt wird. Additivdecken werden vor allem beim Parkhausbau verwendet. Die Bemessung ist in allgemeinen bauaufsichtlichen Zulassungen geregelt. Zum prinzipiellen Aufbau siehe Abb. 13.56a und 13.56b.

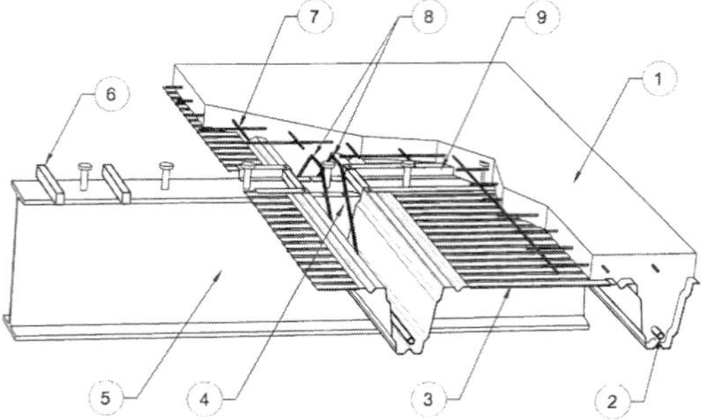

① Aufbeton
② Zulagebewehrung
③ Stahl-Profiltafel
④ Abdeckkappe
⑤ Stahlverbundträger
⑥ Auflagerknaggen (Stahl)
⑦ Deckenbewehrung
⑧ Konstruktive Auflagebewehrung
⑨ Z-Profil

Abb. 13.56a Aufbau von Additivdecken, Auflagerung auf Knaggen

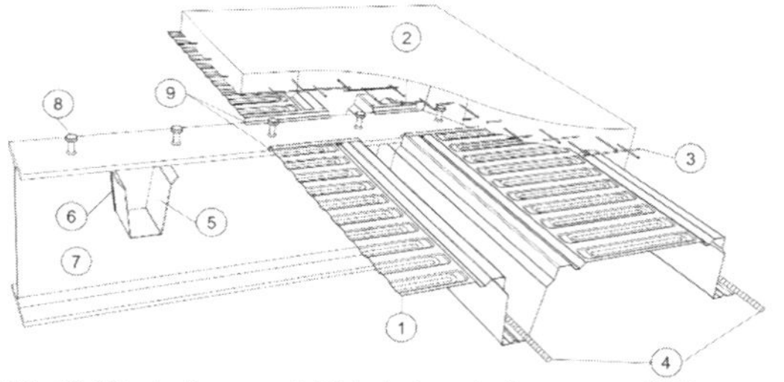

① Stahl-Trapezprofil
② Aufbeton
③ Deckenbewehrung
④ Rippenbewehrung
⑤ Trapezprofilauflager „Wing“
⑥ Schweißnaht
⑦ Stahl- bzw. Verbundträger
⑧ Kopfbolzendübel, wenn erf.
⑨ konstruktives Abdeckprofil

Abb. 13.56b Aufbau von Additivdecken, Auflagerung auf Wings

13 C Glasbau

Prof. Dr.-Ing. Kirsten Pieplow

Bezeichnungen und Abkürzungen

aBG	allgemeine Bauartgenehmigung des Deutschen Instituts für Bautechnik
abZ	allgemeine bauaufsichtliche Zulassung des Deutschen Instituts für Bautechnik
Basisglas	direkt aus der Glasschmelze hergestelltes Glas
CVG	Chemisch vorgespanntes Kalknatronglas nach DIN EN 12337
Einfachglas	Glasaufbau aus einer einzelnen (monolithischen) Glasscheibe oder aus mehreren zu Verbundglas oder Verbund-Sicherheitsglas verbundenen Scheiben
ESG	Einscheiben-Sicherheitsglas nach DIN EN 12150
ESG-H	heißgelagertes Einscheiben-Sicherheitsglas nach DIN EN 14179
ETA	Europäische Technische Bewertung
Flachglas	Glas mit planparallelen ebenen Außenflächen
Float, FG	Floatglas nach DIN EN 572-2
MIG	Mehrscheiben-Isolierglas, Glasaufbau aus mehreren Einfachgläsern, die durch Scheibenzwischenräume getrennt sind
MVV TB	Muster-Verwaltungsvorschrift Technische Baubestimmungen
NiS	Nickelsulfid
PVB	Polyvinylbutyral
Randklemmhalter	Halter, die den Randbereich einer Verglasung U-förmig umschließen
Senkkopfhalter	Halter, der durch teilweise konische Glasbohrungen geführt wird und die gesamte Glasdicke umfasst
SZR	Scheibenzwischenraum
Tellerhalter	Halter mit Tellern, die über einen Bolzen durch eine durchgehend zylindrische Glasbohrung miteinander verbunden sind.
TVG	Teilvorgespanntes Kalknatronglas nach DIN EN 1863
Verglasung	Einfachglas oder Mehrscheiben-Isolierglas zusammen mit allen für die Befestigung und Abdichtung erforderlichen Komponenten
VG	Verbundglas
VSG	Verbund-Sicherheitsglas
ZiE	Zustimmung im Einzelfall

1 Glasprodukte im Bauwesen

- *Glas* ist ein anorganisches Schmelzprodukt, das im Wesentlichen ohne Kristallisation erstarrt.
- Charakteristisch für Glas ist sein Sprödbruchverhalten. Das Versagen tritt schlagartig und ohne Vorankündigung auf.
- Unter dem Begriff *Glasarten* werden Gläser zusammengefasst, die sich durch ihre chemische Zusammensetzung oder Herstellungsart unterscheiden.
- Als *Basis-Gläser* werden die direkt aus der Glasschmelze hergestellten Gläser bezeichnet. *Veredelungsprodukte* ist der Sammelbegriff für Basis-Gläser, die einen weiteren Schritt in der Verarbeitung durchlaufen.

Im konstruktiven Ingenieurbau werden fast ausschließlich *Silicatgläser* verwendet, wobei im Wesentlichen die Glasarten *Kalk-Natronsilicatglas* und *Borosilicatglas* zum Einsatz kommen. Die Schmelztemperatur der Gläser beträgt je nach Zusammensetzung ca. 1300 °C bis 1600 °C.

Tafel 13.58a Hauptbestandteile von Kalk-Natronsilicatglas[1)] und Borosilicatglas[2)]

	Kalk-Natronsilicatglas	Borosilicatglas
Siliciumdioxid (Quarzsand) SiO_2	69 – 74 %	70 – 87 %
Calciumoxid CaO	5 – 14 %	–
Bortrioxid B_2O_3	–	7 – 15 %
Natriumoxid/Kaliumoxid Na_2O/K_2O	10 – 16 %	0 – 16 %
Magnesiumoxid MgO	0 – 6 %	–
Aluminiumoxid Al_2O_3	0 – 3 %	0 – 8 %

[1)] nach DIN EN 572-1:2016-06. Mengenmäßig größte Bedeutung im Bauwesen. Größere thermische Ausdehnung und geringere Beständigkeit gegen Temperaturwechsel und Temperaturunterschiede als Borosilicatgläser.
[2)] nach DIN EN 1748-1-1:2004-12. Glas mit hoher chemischer und guter Temperaturwechselbeständigkeit. Vornehmliche Verwendung im Bauwesen für Brandschutzverglasungen.

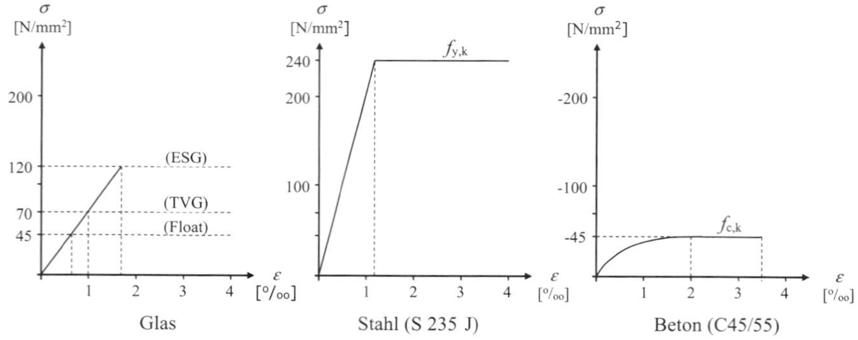

Abb. 13.58 Gegenüberstellung des rechnerischen Spannungs-Dehnungs-Diagramms von Glas (Zugspannungen) im Vergleich zu Stahl (Zugspannungen) und Beton (Druckspannungen) (aus [13.43])

Tafel 13.58b Mechanische und physikalische Eigenschaften von Kalk-Natronsilicatglas und Borosilicatglas nach DIN EN 572-1:2016-06 und DIN EN 1748-1-1:2004-12

	Kalk-Natronsilicatglas	Borosilicatglas
Dichte ρ	2500 kg/m³	2200 – 2500 kg/m³
Elastizitätsmodul E	ca. 70 000 – 75 000 N/mm²	ca. 60 000 – 70 000 N/mm²
Querdehnzahl (Poisson-Zahl) ν	0,20	0,20
Spezifische Wärmekapazität C_p	$0{,}72 \cdot 10^3$ J/(kg·K)	$0{,}8 \cdot 10^3$ J/(kg·K)
Mittlerer thermischer Längenausdehnungskoeffizient (20 bis 300 °C)	$9 \cdot 10^{-6}\ K^{-1}$	Klasse 1: $3{,}1 - 4{,}0 \cdot 10^{-6}\ K^{-1}$ Klasse 2: $4{,}1 - 5{,}0 \cdot 10^{-6}\ K^{-1}$ Klasse 3: $5{,}1 - 6{,}0 \cdot 10^{-6}\ K^{-1}$
Wärmeleitfähigkeit λ	1,05 W/(m·K)	1,0 W/(m·K)
Mittlerer Brechungsindex bei 589,3 nm	1,50	1,50
Härte (Knoop)	6 GPa	4,5 – 6 GPa

Tafel 13.58c Chemische Beständigkeit von Kalk-Natronsilicatglas

Reagenzen	Beständigkeit	Reagenzen	Beständigkeit
Aliphatische Kohlenwasserstoffe	0/–	Nicht oxidierende Basen	+
Alkohole	+	Nicht oxidierende Säuren	+
Aromatische Kohlenwasserstoffe	+	Öle und Fette	+
Chlorkohlenwasserstoffe	+	Oxidierende Basen	0/–
Ester	+	Oxidierende Säuren	+
Ketone	+	Salze	+
		SiO_2 lösende Säuren	0/–

+ = beständig; 0 = bedingt beständig; – = nicht beständig

2 Basisgläser und Basis-Produkte

2.1 Übersicht

- **Betongläser** Glaskörper nach DIN EN 1051-1 für die Herstellung von Glasstahlbetonplatten
  Aus einem Stück im Pressverfahren oder aus zwei durch Verschmelzung fest verbundenen Teilen hergestellte Glaskörper für begehbare und befahrbare Glasflächen. Anforderungen an Betongläser sind in DIN EN 1051-1 geregelt.
- **Drahtglas** Spezielle Form des *Gussglases* mit Drahteinlage nach DIN EN 572-3
  Die durch die Drahteinlagen bedingte Festigkeitsminderung lässt Drahtgläser in kleine, durch das Drahtnetz zusammengehaltene Teile zersplittern, wodurch Verletzungen nach Glasbruch verhindert werden. Drahtglas zählt nach heutigen Anforderungen nicht mehr zu den Sicherheitsgläsern.
- **Fensterglas** Alte Bezeichnung für im Ziehverfahren hergestelltes gezogenes Flachglas (Kalk-Natronsilicatglas) nach DIN EN 572-4
  Früher auch als *Tafelglas* bezeichnet, weist beiderseits feuerblanke, ebene und gleichmäßig dicke Oberflächen auf.
- **Floatglas**[1)] Am häufigsten verwendetes Bauglas nach DIN EN 572-2
  Hochwertiges Flachglas mit ebenen planparallelen Oberflächen. Die Glasschmelze schwimmt unter Schutzgasatmosphäre auf einer flüssigen Zinnbadoberfläche. Die Glasdickenregulierung erfolgt über die Geschwindigkeit der Rollen im Kühlbereich.
- **Gefärbtes Glas** Durch chemische Zusätze in der Schmelze eingefärbte Gläser, deren farbliches Erscheinungsbild und physikalische Eigenschaften durch Färbung verändert und beeinflusst wurden.
- **Glassteine** Durch Verschmelzen von zwei im Pressverfahren hergestellten Glaskörpern gefertigte Glassteine nach DIN EN 1051-1 zur Anwendung in senkrechten Anordnungen. Beim Abkühlen entsteht in dem luftdicht abgeschlossenen Hohlraum ein Unterdruck.
- **Gussglas** Herstellung häufig als Ornamentglas mit Ornamentierung und Drahtornamentglas mit Drahtnetzeinlage nach DIN EN 572-5 bzw. DIN EN 572-6
  Glas, das aus der Schmelze entweder diskontinuierlich auf eine Platte ausgegossen und ausgewalzt oder das nach kontinuierlichem Auslaufen aus der Schmelzwanne zwischen zwei Walzen zu einem Band geformt wird. Die Glasdickenregulierung erfolgt über die Zulaufmenge der Glasschmelze und durch die Spaltbreite zwischen den Formwalzen. Durch entsprechende Walzen lassen sich Ornamentglas und Drahtornamentglas herstellen. Gussglas ist durchscheinend und lichtstreuend, aber nicht völlig klar durchsichtig. Für die Herstellung von durchsichtigem *Spiegelglas*[1)] muss die Oberfläche von Gussglas zusätzlich mechanisch bearbeitet werden. Spiegelglas aus Gussglas weist die gleichen Qualitätsmerkmale wie Floatglas auf.
- **Profilbauglas** Spezielle Form des Gussglases in Form von U-Profilen nach DIN EN 572-7 oder abZ
  Profilbauglas wird im *Walzverfahren* immer mit Ornamentierung, mit und ohne Drahteinlage, hergestellt. Durch die statisch günstige U-Form eignen sich Profilbaugläser zur Überbrückung größerer Spannweiten.
- **Tafelglas** Im Ziehverfahren hergestelltes durchsichtiges Flachglas (Kalk-Natronsilicatglas)
  Tafelglas weist beiderseits feuerblanke, ebene und gleichmäßig dicke Oberflächen auf. Tafelglas wird in die Arten Dünn-, Fenster- und Dickglas eingeteilt. Da die Herstellungsverfahren dem Floatglasverfahren unterlegen sind, hat Tafelglas seine frühere Bedeutung verloren. In der DIN EN 572-4 wird der Begriff „Tafelglas“ nicht mehr verwendet, im Ziehverfahren hergestelltes Glas wird als *gezogenes Flachglas* bezeichnet.

---

1) Wegen der gleichen Qualitätseigenschaften von **Spiegelglas** aus *Gussglas* und *Floatglas* wird in verschiedenen Normen und in der Literatur für *Floatglas* auch der Begriff *Spiegelglas* verwendet.

2.2 Flachgläser

Mit dem Begriff *Flachglas* werden alle Gläser bezeichnet, die in Form flacher Tafeln hergestellt werden und deren Oberflächen sowohl glatt und planparallel als auch strukturiert sein können.

2.2.1 Verfügbare Abmessungen

Tafel 13.60a Verfügbare Dicken[1] *d* und zul. Abweichungen Δ*d* von Basis-Gläsern

Nenndicke d in mm	Floatglas Kalk-Natronsilicatglas	Floatglas Borosilicatglas	Profilbauglas [2]
	± Δ*d* in mm	± Δ*d* in mm	± Δ*d* in mm
2	0,2		
3, 4, 5	0,2	-0,4 /+0,5	
6	0,2	-0,4/+0,5	0,2
7		-0,4/+0,5	0,2
8, 10, 12	0,3	-0,4/+0,5	
15	0,5	-0,9/+1,0	
19, 25	1,0		

[1] Andere Standarddicken können verfügbar sein. Einzelheiten hierzu sind den Herstellerangaben zu entnehmen.
[2] aus [7.42]. Profilbauglas stellt nach Definition kein Flachglas dar und ist der Vollständigkeit halber aufgenommen.

Tafel 13.60b Verfügbare Dicken[1] *d* und zul. Abweichungen Δ*d* von Basis-Gläsern

Nenndicke d in mm	poliertes Drahtglas	Draht-Ornamentglas	Ornamentglas	gezogenes Flachglas
	± Δ*d* in mm	± Δ*d* in mm	± Δ*d* in mm	± Δ*d* in mm
2				0,2
3, 4			0,5	0,2
5			0,5	0,3
6		0,6	0,5	0,3
7	+0,4 / -0,8	0,7		
8		0,8	0,8	0,4
9		+1,5 / -1,0		
10	0,9		1,0	0,5
12			1,5	0,6
15			1,5	
19			2,0	

[1] Andere Standarddicken können verfügbar sein. Einzelheiten hierzu sind den Herstellerangaben zu entnehmen.

Tafel 13.60c Liefermaße für Basis-Gläser nach DIN EN 572-8:2016-06

Glasart	Länge in mm	Breite in mm
Floatglas	alle	< 3210
poliertes Drahtglas	alle	< 1980
	< 1650	1980 – 2540
gezogenes Flachglas	alle	< 2440
	< 1600	2440 – 2880
Ornamentglas	alle	< 1260
	< 2100	1260 – 2520
Drahtornamentglas	alle	< 1500
	< 1380	1500 – 2520

[1] Bezeichnung von klarem Floatglas nach DIN EN 572-2 mit Nenndicke 6 mm, Länge 6000 mm und Breite 3210 mm: „Floatglas – EN 572-2 – klar 6 mm, 6000 mm × 3210 mm".
[2] Bezeichnung von Drahtornamentglas nach DIN EN 572-6 mit einer Nenndicke 7 mm, Breite 2520 mm und Länge 4500 mm: „Drahtornamentglas (7 mm) – EN 572-6 – klar „MUSTER", 7 mm, 2520 mm × 4500 mm".
[3] Bezeichnung von gezogenem Flachglas nach DIN EN 572-4 mit einer Nenndicke 5 mm, Breite 3180 mm und Länge 3620 mm: „Gezogenes Flachglas – EN 572-4 – klar, 5 mm, 3180 mm x 3620 mm".

2.2.2 Bohrungen

Bohrungen können für die Befestigung von Scheiben innerhalb der Glasfläche herangezogen werden und sollten wegen der hohen lokalen Beanspruchungen nur in thermisch vorgespannten Gläsern (ESG, TVG) vor dem Vorspannprozess ausgeführt werden.

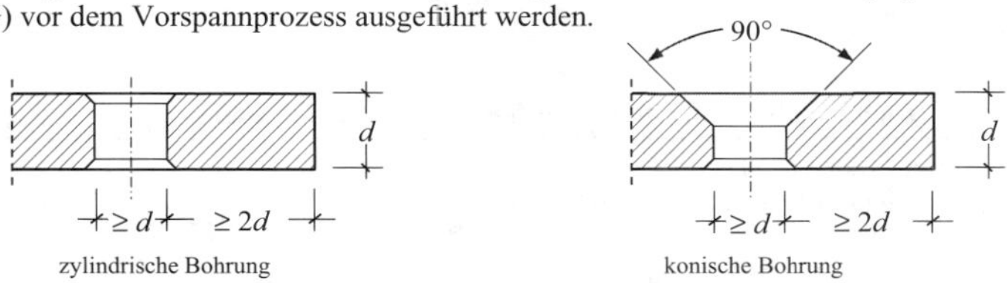

Abb. 13.61 Empfohlene Ausbildung von Bohrungen in thermisch vorgespannten Gläsern

2.2.3 Kantenbearbeitung

Bei thermisch vorgespannten Gläsern (ESG, TVG) ist die Kantenbearbeitung vor dem Vorspannprozess durchzuführen, da eine nachträgliche Bearbeitung nur bedingt möglich ist. Ein fehlender Kantenschliff ist häufig Ursache von Glasbruch während des Vorspannprozesses.

Tafel 13.61 Ausführung der Glaskante nach DIN 1249-11:2017-05, DIN EN 1863-1:2012-02

Benennung	Kurzzeichen	Beschreibung	Skizze
geschnitten	KG	Geschnittene, unbearbeitete Glaskante mit scharfkantigen Rändern. Quer zu den Rändern weist die Kante leichte Wellenlinien (Wallnerlinien) auf.	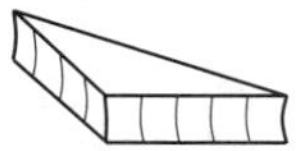
gesäumt	KGS	Schnittkante, deren Ränder mit einem Schleifwerkzeug gebrochen bzw. gefast sind.	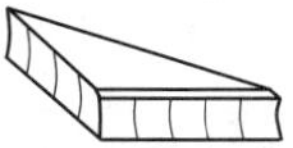
maßgeschliffen (justiert)	KMG	Die Glasscheibe wird durch Schleifen der Kantenoberfläche auf das erforderliche Maß gebracht. Die Kante kann sowohl geschnitten als auch gesäumt sein.	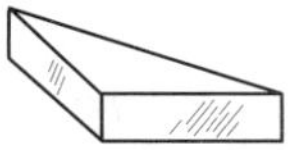
geschliffen (feinjustiert)	KGN	Die Kantenoberfläche ist durch Schleifen ganzflächig bearbeitet. Die Kante kann sowohl geschnitten als auch gesäumt sein.	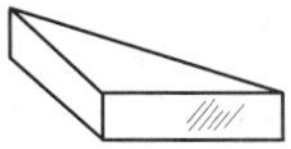
poliert	KPO	Die polierte Kante ist eine durch Überpolieren verfeinerte geschliffene Kante. Polierspuren sind in gewissem Umfang zulässig.	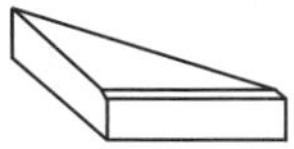

2.3 Profilbauglas

2.3.1 Hinweise

- Die Verwendbarkeit von Profilbauglas ist in *allgemeinen bauaufsichtlichen Zulassungen* geregelt.
- *Profilbauglas* darf stehend und/oder liegend nur für nichttragende Außenwände und nichttragende Innenwände verwendet werden, sofern keine Anforderungen an die Stoßsicherheit gestellt sind.
- Die Verglasung darf nur durch ihr Eigengewicht und Wind beansprucht werden. Zulässige Beanspruchbarkeiten sowie die Ausbildung der Lager und Fugen sind den allgemeinen bauaufsichtlichen Zulassungen zu entnehmen.
- Die Verglasung darf nicht zur Absturzsicherung oder zur Aussteifung anderer Bauteile verwendet werden.

- *Bohrungen, Ausschnitte* und *Ausklinkungen* sowie eine nachträgliche Oberflächenbehandlung (z. B. durch Sandstrahlen) sind nur im Rahmen eines gesonderten Verwendbarkeitsnachweises (z. B. Zustimmung im Einzelfall) zulässig.

2.3.2 Querschnittswerte

Tafel 13.62a Liefermaße[1] und Querschnittswerte von Profilbauglas

- Lieferlängen: 100 bis 700 cm
- Elastizitätsmodul: $E = 60\,000$ bis $70\,000$ N/mm^2
- Härte nach Mohs: 6 bis 7
- Spezifisches Gewicht: 2500 kg/m^3
- Linearer Ausdehnungskoeffizient bei Erwärmung um 1 °C: 75 bis 85 · 10^{-7}

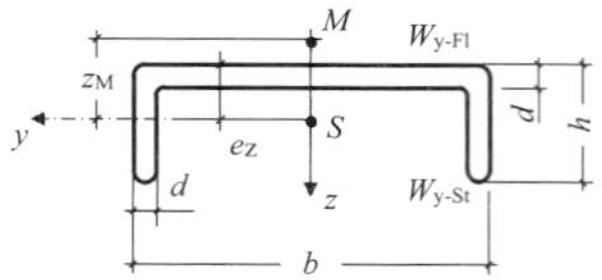

Profilmaße[2]			Statische Werte[3]						
b mm	h mm	d mm	A cm^2	I_y cm^4	$W_{y\text{-St}}$ cm^3	$W_{y\text{-Fl}}$ cm^3	e_z cm	z_M cm	g[3] kg/m
232	41	6	18,0	17,4	22,9	5,2	0,76	1,29	4,5
232	60	7	23,6	61,5	48,4	13,0	1,27	2,44	5,9
262	41	6	19,8	17,8	24,7	5,3	0,72	1,19	5,0
262	60	7	25,7	63,3	52,9	13,2	1,12	2,28	6,4
331	41	6	24,0	18,6	28,6	5,4	0,65	1,02	6,0
331	60	7	30,5	66,4	62,5	13,4	1,06	2,00	7,6
498	41	6	34,0	19,7	36,0	5,5	0,55	0,76	8,5

[1] Andere Liefermaße und Abmessungen können verfügbar sein. Einzelheiten hierzu sind den Herstellerangaben zu entnehmen.

[2] Grenzabweichungen Δd: für die gesamte Profilbreite b: ± 2 mm; für die gesamte Flanschhöhe h: ± 2 mm; für die gesamte Glasdicke t: ± 0,2 mm.

[3] Die angegebenen statischen Werte und Profilgewichte können in Abhängigkeit von den Radien und der Oberflächenbeschaffenheit variieren. Einzelheiten hierzu sind den Herstellerangaben (abZ, aBG) zu entnehmen.

2.3.3 Wärmeschutz

In Bereichen, in denen Anforderungen an den Wärmeschutz gestellt werden, sind die Werte für den Wärmedurchgangskoeffizienten U_g und den Bemessungswert g des Gesamtenergiedurchlassgrades nach Tafel 13.62b einzusetzen.

Tafel 13.62b Richtwerte[1] für Bemessungswert U_g des Wärmedurchgangskoeffizienten und g des Gesamtenergiedurchlassgrades für Profilbauglas nach [13.42]

Profilbauglas	U_g-Wert in W/(m^{2}K)	g-Wert
Einschalig, ohne Beschichtung	5,7	0,79
Doppelschalig, ohne Beschichtung	2,8	0,68
Doppelschalig, mit Wärmeschutzbeschichtung	1,8	0,63
Doppelschalig, mit Sonnenschutzbeschichtung	2,8	0,49
Doppelschalig, mit Sonnen- und Wärmeschutzbeschichtung	1,8	0,45
Doppelschalig, mit blauer Farbbeschichtung	2,8	0,46
Doppelschalig, mit blauer Farb- und Wärmeschutzbeschichtung	1,8	0,49

[1] Andere Werte sind möglich. Einzelheiten hierzu sind den allgemeinen bauaufsichtlichen Zulassungen zu entnehmen.

3 Veredelungsprodukte

3.1 Allgemeines

Im Vergleich zu anderen Baustoffen lässt sich für Glas keine absolute Festigkeit angeben. Dies liegt im Wesentlichen an Schädigungen der Oberflächen infolge Herstellung und Gebrauch sowie an mechanischen Witterungs- und Alterungseinflüssen durch Mikro- und Makrorisse, während das Glasinnere weitestgehend aus fehlerfreiem Material besteht. Infolge Zugspannungen kommt es am Rissgrund durch Kerbwirkung zu Spannungsspitzen, die bei Überschreitung der spezifischen Bruchzähigkeit zum Versagen führen. Weil Glas keine plastischen Tragreserven und Resttragfähigkeit (vgl. Abb. 13.58) besitzt, tritt das Versagen schlagartig ohne Vorankündigung ein. Art, Form und Tiefe der auftretenden Schädigungen bleiben beim praktischen Einsatz von Glas unbekannt, da die Rissbildung durch ständige, gegenläufig wirkende *rissheilende* Prozesse beeinflusst wird [13.43] [13.46]. Die Bemessungswerte der Beanspruchbarkeiten werden nach DIN 18 008 deshalb in Abhängigkeit von der Wahrscheinlichkeit signifikanter Oberflächenschädigungen für eine bestimmte Nutzung bestimmt.

Die Druckfestigkeit ist für die Bemessung von Flachgläsern i.d.R. nicht maßgebend, weil erstens Oberflächenschädigungen durch Druckspannungen kompensiert werden und zweitens die Druckfestigkeit mit ≥ 800 N/mm² weit über der Zugfestigkeit von ≈ 120 N/mm² liegt (die angegebenen Werte gelten für „Reinglas", d.h. für Glas ohne Schädigungen).

Erst durch die ***Veredelung*** der Basisprodukte zu *vorgespannten* Gläsern, Verbundgläsern und Isoliergläsern wird die Verwendung von Glas im konstruktiven Bereich ermöglicht. Hierfür stehen im Wesentlichen zwei Verfahren zur Verfügung:

- **Thermische Vorspannung**
  Durch Erhitzen und anschließendes schnelles Abkühlen werden Oberflächendruckspannungen erzeugt. Durch die Vorspannung zerspringt das Glas beim Bruch in kleine würfelförmige Teile, wodurch das Verletzungsrisiko gesenkt wird. Der Großteil der Gläser für baupraktische Anwendungen ist thermisch vorgespannt; als Ausgangsmaterial dient meist Floatglas.
- **Chemische Vorspannung**
  Der Vorspannprozess erfolgt in einer Kaliumsalzlösung knapp unterhalb der Transformationstemperatur. In chemisch vorgespannten Gläsern lassen sich sehr hohe Werte für die Vorspannung bei geringen Druckzonentiefen erreichen, wodurch sie sich Spezialanwendungen erschließen. Da die Materialfestigkeit von der Dauer des Vorspannprozesses abhängt, ist die Herstellung hochvorgespannter Gläser sehr teuer. Die geringeren Druckzonentiefen vergrößern die Anfälligkeit für Oberflächenschädigungen, welche die Biegefestigkeit stark herabsetzen können.

  Bei allen vorgespannten Gläsern müssen Kantenbearbeitung, Bohrungen etc. vor dem Vorspannprozess erfolgen. Zusätzlich ist wegen der thermischen Behandlung der Gläser mit Maßtoleranzen und Vorkrümmungen zu rechnen.

3.2 Einscheiben-Sicherheitsglas ESG

Vorgespanntes Flachglas. ESG im Bauwesen ist i.d.R. thermisch vorgespannt.

Mindestbiegefestigkeit von ESG (DIN 12150-1): $f_k = 120$ N/mm² (5 %-Fraktil)
Grad der Oberflächendruckspannung: $-100 \text{ N/mm}^2 \leq \sigma_O \leq -150 \text{ N/mm}^2$

ESG zerspringt beim Bruch in kleine würfelförmige Teile, wodurch das Verletzungsrisiko gesenkt wird.

Unvermeidbare Verunreinigungen der Glasschmelze beim Herstellungsprozess führen zu ***Nickelsulfid-Einschlüssen***, die sich durch chemische Prozesse und durch Temperaturänderungen im Volumen vergrößern. Eine Überlagerung der daraus resultierenden Spannungskonzentrationen mit den Zugspannungen aus Vorspannung im Scheibeninneren kann zu einer Überschreitung der Glasfestigkeit und zu einem sog. ***Spontanbruch*** der Glasscheibe führen.

Zur Vermeidung von Spontanbruch wird ESG vor dem Einbau einer Wärmebehandlung, dem sog. ***Heißlagerungstest*** (*Heat-Soak-Test*), unterzogen, bei dem der Spontanbruch bei Vorhandensein von NiS künstlich erzeugt wird. ESG, das den Heißlagerungstest nach DIN EN 14179 bestanden hat, wird als ***ESG-H*** bezeichnet.

3.3 Teilvorgespanntes Glas TVG

Vorgespanntes Flachglas. TVG im Bauwesen ist i.d.R. thermisch vorgespannt (DIN EN 1863-1).

Charakteristische Biegefestigkeit von TVG [13.50]: f_k = 70 N/mm² (5 %-Fraktil)

Der Herstellungsprozess von TVG entspricht dem von ESG, wobei durch langsamere Abkühlung eine geringere Vorspannung erzeugt wird. TVG hat folglich eine geringere Biegefestigkeit als ESG. Größere Bruchstücke führen bei VSG aus TVG zu einer besseren Verzahnung und damit zu einer Verbesserung der Resttragfähigkeit.

3.4 Verbund-Sicherheitsglas VSG

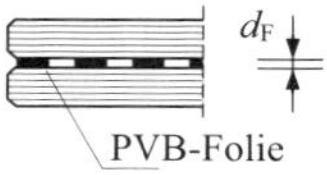

$0{,}38\,\text{mm} \le d_F \le 2{,}28\,\text{mm}$

Mit einer elastischen, reißfesten Folie, meist Polyvinylbutyral (PVB), aus mindestens zwei Flachgläsern verbundene Glaseinheit.

Bei Versagen der Scheibe haften die Bruchstücke an der Folie, wodurch die Verletzungsgefahr herabgesetzt und durch den Folienverbund eine Resttragfähigkeit der VSG-Einheit gewährleistet wird. Die PVB-Folien der Dicke 0,38 mm werden unter Druck und Erwärmung ein- oder mehrlagig bis zu einer Dicke von 2,28 mm eingebaut.

3.5 Verbundglas VG

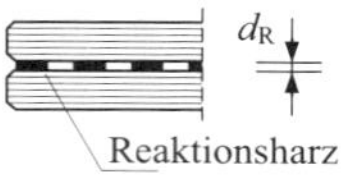

$1{,}0\text{ mm} \le d_R \le 4{,}0\text{ mm}$

Mit Reaktionsharzen der Dicke 1 bis 4 mm aus mindestens zwei Flachgläsern verbundene Glaseinheit.

Gläser aus Verbundglas eignen sich in besonderem Maß für Spezialanwendungen (z.B. Verglasungen mit innenliegenden Solarzellen oder Schallschutzgläser), da die Gießharze in ihrer Zusammensetzung auf spezielle Anwendungen angepasst werden können.

3.6 Isoliergläser

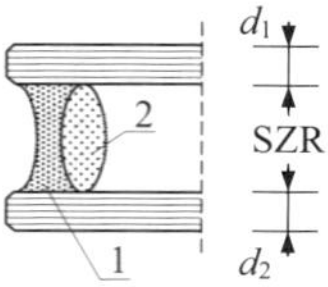

1 Dichtmaterial
2 Randverbund

Verglasungseinheit aus mind. zwei Gläsern, die durch einen Scheibenzwischenraum mit eingeschlossenem Luft-/Gasvolumen (SZR, meist 8 bis 16 mm) voneinander getrennt u. nur durch einen Randverbund miteinander verbunden sind.

Isoliergläser werden zur Wärme- und Schalldämmung oder zum Sonnenschutz eingesetzt. Zur Verbesserung von Wärmedämmeigenschaften und zur Verbesserung des Schallschutzes erfolgt eine Füllung des SZR mit Spezialgasen. Innere und äußere Scheibenaufbauten können aus unterschiedlichen Gläsern bestehen, wobei der Einsatz von VSG und/oder VG erforderlich werden kann.

3.7 Brandschutzverglasungen

Vorgespannte Gläser mit hohem Widerstand gegen Hitzeeinwirkungen

Gläser, die allein oder im System (Rahmen, Dichtungen und Befestigungsmittel) den Flammen- und den Brandgasdurchtritt für einen bestimmten Zeitraum verhindern, können in die Klassen E30 bis E120 eingestuft werden. Verhindern die Gläser zusätzlich den Durchtritt von Hitzestrahlung, gehören sie den Feuerwiderstandsklassen EI30 bis EI120 an, vgl. DIN EN 13501-2. Die feuerhemmende Wirkung bei Brandschutzgläsern wird über Verdampfen oder Aufschäumen von speziellen Zwischenschichten erzielt. Brandschutzverglasungen werden in allgemeinen bauaufsichtlichen Zulassungen geregelt.

3.8 Sonstige Veredelungsprodukte

- Sicherheitssonderverglasungen
  - Widerstand gegen manuellen Angriff DIN EN 356
  - Widerstand gegen Beschuss DIN EN 1063
  - Widerstand gegen Sprengwirkung DIN EN 13541
- Ballwurfsichere Gläser, DIN 18032-3
- Alarmgläser, Heizscheiben, Gebogenes Glas, Photovoltaik-Module

4 Ermittlung von Spannungen und Verformungen

Für praxisrelevante Abmessungen von Glasscheiben ergeben sich i.d.R. Durchbiegungen, die größer sind als die Glasscheibendicke. Werden diese bei vierseitiger Lagerung zugelassen, so überschätzen die nach der linearen Plattentheorie ermittelten Beanspruchungen die auftretenden Beanspruchungen teilweise erheblich. In diesen Fällen kann eine nichtlineare Berechnungsmethode zur Ermittlung der Schnittgrößen und Verformungen gewählt werden. Versagensbestimmend sind immer die Hauptzugspannungen an der Scheibenoberfläche.

Die Berechnungen der maximalen Biegespannungen und der maximalen Durchbiegungen von allseitig linienförmig gelagerten rechteckigen Glasplatten lassen sich näherungsweise abhängig von einem Korrekturbeiwert zur Berücksichtigung großer Verformungen aus Tabellen ermitteln, vgl. hierzu *Bautabellen für Ingenieure*, Kapitel 7B, Abschnitt 4.

5 DIN 18 008 – Glas im Bauwesen – Bemessungs- und Konstruktionsregeln

Die Bemessungs- und Konstruktionsregeln für Anwendungen von Glas im Bauwesen, die in die Schadensfolgeklassen nach DIN EN 1990 einzuordnen sind, werden in der Normenreihe DIN 18008 geregelt.

Die Normenreihe DIN 18008 gliedert sich in folgende Teile:

- Teil 1: Begriffe und allgemeine Grundlagen
- Teil 2: Linienförmig gelagerte Verglasungen
- Teil 3: Punktförmig gelagerte Verglasungen
- Teil 4: Zusatzanforderungen an absturzsichernde Verglasungen
- Teil 5: Zusatzanforderungen an begehbare Verglasungen
- Teil 6: Zusatzanforderungen an zu Instandhaltungsmaßnahmen betretbare Verglasungen und an durchsturzsichere Verglasungen

Der Bemessungswert der Biegefestigkeit von allseitig linienförmig gelagerten Gläsern in Anwendungen unterhalb der Schadensfolgeklassen nach DIN EN 1990, die nur ausfachend wirken und nur durch senkrecht zur Glasebene gerichtete Flächenlasten beansprucht werden, sind in DIN EN 16612 geregelt. Zur Definition der Schadensfolgeklassen vgl. DIN EN 1990:2021-10, Tabelle B.1.

5.1 DIN 18 008-1:2020-05 – Teil 1: Begriffe und allgemeine Grundlagen

Im Teil 1 werden die allgemeinen Grundlagen der Bemessung und Konstruktion geregelt. Die Norm gilt für Glasprodukte mit Nennglasdicken einzelner Glasscheiben zwischen **2 mm** und **25 mm**.

Anforderungen an Glashalteleisten, Unterkonstruktionen und Befestigungen an Gebäuden sind nicht Bestandteil dieser Norm, sofern keine speziellen Regelungen angegeben werden. DIN 18 008 ist auch für nichttragende innere Glastrennwände und bewegliche Trennwände anwendbar.

In Abhängigkeit von der Neigung der Verglasung zur Vertikalen wird in **Vertikalverglasungen** und **Horizontalverglasungen** unterschieden. Eine Horizontalverglasung mit Verkehrsfläche bzw. Zugänglichkeit für Personen unterhalb der Verglasung wird als **Überkopfverglasung** bezeichnet.

Abb. 13.65 Unterscheidung von Vertikal- und Horizontalverglasungen

5.1.1 Begriffe, Symbole

- **ausfachendes Einfachglas**
  Glasscheibe, die planmäßig nur Beanspruchungen aus ihrem Eigengewicht und auf sie entfallenden Querlasten (Wind, Schnee, …), ggf. Eislasten und Klimalasten, abträgt.
- **Resttragfähigkeit**
  Fähigkeit einer Verglasung, im Fall der Zerstörung unter definierten Last- und Temperatureinflüssen über einen gegebenen Zeitraum standsicher zu bleiben.
- **sicheres Bruchverhalten**
  Im Zerstörungszustand werden die Bruchstücke ohne Zerfall zusammengehalten oder zerfallen in eine große Anzahl kleiner Bruchstücke.

Tafel 13.66 Symbole, Bezeichnungen und Einheiten nach DIN 18 008-1:2020-05, Tabelle 1

Symbol	Bezeichnung	Einheit
C_d	Bemessungswert des Gebrauchstauglichkeitskriteriums	mm
E_d	Bemessungswert einer Auswirkung (Beanspruchung, Durchbiegung)	N/mm², mm
E_G	E-Modul Glas	N/mm²
R_d	Bemessungswert eines Tragwiderstands	N/mm²
f_k	charakteristischer Wert der Biegezugfestigkeit	N/mm²
k_{mod}	Beiwert zur Berücksichtigung der Lasteinwirkungsdauer	-
k_c	Beiwert zur Berücksichtigung der Konstruktionsart	-
α_T	Temperaturausdehnungskoeffizient	10^{-6}/K
ΔH	Ortshöhendifferenz	m
ΔT	Temperaturdifferenz	K
ΔT_{add}	Erhöhte Temperaturdifferenz aufgrund besonderer Bedingungen am Einbauort	K
Δp_{met}	Änderung des atmosphärischen Drucks	kN/m²
γ_M	Teilsicherheitsbeiwert für Materialeigenschaften	-
ν_G	Querdehnzahl Glas	-
ψ	Kombinationsbeiwert	-

5.1.2 Sicherheitskonzept

- Verglasungskonstruktionen müssen mit angemessener Zuverlässigkeit allen Einwirkungen, die planmäßig während ihrer vorgesehenen Nutzung auftreten, standhalten und gebrauchstauglich bleiben.
- Aufgrund des spröden Bruchverhaltens von Glas kann für bestimmte Konstruktionen und Einbausituationen eine ausreichende Resttragfähigkeit gefordert werden. Beschädigte Verglasungen sind innerhalb eines angemessenen Zeitraumes auszutauschen.
- Die Restragfähigkeit einer Verglasungskonstruktion hängt von der Art der Konstruktion, dem Schädigungsgrad und den zu berücksichtigenden äußeren Einflüssen ab.
- Sind aufgrund gesetzlicher Forderungen zur Verkehrssicherheit Schutzmaßnahmen für Verglasungen erforderlich, können diese in einer Beschränkung der Zugänglichkeit (Abschrankung) oder in der Verwendung von Gläsern mit sicherem Bruchverhalten bestehen.
- Anstelle von rechnerischen Nachweisen gemäß den Vorgaben der Normenreihe dürfen auch versuchstechnische Nachweise geführt werden, wenn deren Durchführung sowie die Auswertung der Versuche in dieser Normenreihe geregelt sind.

5.1.3 Materialkenngrößen

Für Berechnungen nach DIN 18 008 gelten die in Tafel 13.67a angegebenen Materialkenngrößen.

Tafel 13.67a Materialkenngrößen für verschiedene Glasarten

Glasart	E-Modul E_G in N/mm²	Querdehnzahl ν_G -	Temperaturausdehnungskoeffizient α_T in 1/K
Kalk-Natronsilicatglas	70 000	0,23	$0{,}9 \cdot 10^{-5}$
Borosilicatglas	60 000	0,20	$0{,}6 \cdot 10^{-5}$

5.1.4 Festigkeitseigenschaften und Bruchbild

- In DIN 18008 wird davon ausgegangen, dass durch die einschlägigen Regelungen zu Produkteigenschaften der Mindestwert der charakteristischen Biegezugfestigkeit (5%-Quantilwert bei 95% Aussagewahrscheinlichkeit) und das typische Bruchbild für Scheiben in Bauteilgröße gewährleistet sind.
- Thermisch vorgespannte Gläser mit Kantenverletzungen, die tiefer als 15 % der Scheibendicke in das Glasvolumen eingreifen, dürfen nicht eingebaut werden.
- Alle zur Anwendung kommenden Materialien müssen dauerhaft beständig gegen die zu berücksichtigenden Einflüsse (z. B. UV-Bestrahlung, Temperaturschwankungen, Kontakt etc.) sein.

Tafel 13.67b Richtwerte der charakteristischen Biegezugfestigkeit[1] f_k

Glasprodukt	Charakteristische Biegezugfestigkeit[1] in N/mm²
Ornamentglas, Drahtornamentglas	25
poliertes Drahtglas	25
Float	45
Emailliertes TVG aus Float	45
TVG aus Float	70
Emailliertes ESG aus Float	75
ESG aus Float	120

[1] Unabhängig von den angegebenen Werten gelten die Werte der entsprechenden Produktnorm bzw. der abZ.

5.1.5 Einwirkungen

- Die anzusetzenden charakteristischen Werte der Einwirkungen (Eigengewicht, Wind, Schnee, Nutzlasten usw.), ggf. Eis- und Klimalasten, sind den entsprechenden Normen zu entnehmen.
- Bei Mehrscheiben-Isolierglas nach DIN EN 1279-1 ist bei Nachweisen die Wirkung von Druckdifferenzen aus Temperaturänderungen des Füllgases und aus Änderungen des Drucks der umgebenden Atmosphäre, z. B. bedingt durch unterschiedliche Höhenlagen des Ortes der Herstellung und des Einbaus, zu berücksichtigen.
- Liegen keine genauen Daten zur Änderung der atmosphärischen Bedingungen zwischen Herstellung und Einbauort vor, so kann der isochore Druck mit den Einwirkungskombinationen für den Regelfall ermittelt werden.

Tafel 13.67c Einwirkungskombinationen für den Regelfall

Einwirkungskombination	Temperaturdifferenz ΔT[1] in K	Änderung des atmosphärischen Drucks Δp_{met} in kN/m²	Ortshöhendifferenz ΔH[2] in m
„Sommer“	+ 20	− 2,0	+ 600
„Winter“	− 25	+ 4,0	− 300

[1] Temperaturdifferenzen bei normalen Bedingungen für Isolierverglasungen mit einem Gesamtabsorptionsgrad kleiner 30 %. Zu- oder Abschläge ΔT_{add} für besondere Bedingungen (z.B. innenliegender Sonnenschutz, unbeheizte Gebäude) sind nach Tafel 13.68a zu berücksichtigen.

[2] Ist die tatsächliche Differenz der Ortshöhen größer als die angegebenen Werte, so ist der tatsächliche Wert anzusetzen. Liegen kleinere Ortshöhendifferenzen vor, dürfen die tatsächlichen Werte verwendet werden.

Die Randbedingungen für die Festlegung der Klimawerte nach dieser Tafel sind in DIN 18008-1, Anhang C angegeben.

Tafel 13.68a Berücksichtigung besonderer Temperaturbedingungen am Einbauort

Einwirkungs-kombination	Ursache für erhöhte Temperaturdifferenz	ΔT_{add} in K
„Sommer“	Absorption zwischen 30 % und 50 %	+ 9
	innenliegender Sonnenschutz (ventiliert)	+ 9
	Absorption größer 50 %	+ 18
	innenliegender Sonnenschutz (nicht ventiliert)	+ 18
	dahinterliegende Wärmedämmung (Paneel)	+ 35
„Winter“	unbeheiztes Gebäude	− 12

5.1.6 Ermittlung von Spannungen und Verformungen

- Bei der Spannungs- und Verformungsermittlung ist für Glas linear-elastisches Materialverhalten anzunehmen.
- Für Glasdicken sind die Nennwerte der entsprechenden Produktnormen einzusetzen.
- Günstig wirkendes, geometrisch nichtlineares Verhalten (z.B. Membraneffekt) darf, ungünstig wirkende nichtlineare Effekte müssen berücksichtigt werden.
- Lokale Spannungskonzentrationen, z.B. bei Bohrungen und einspringenden Ecken, sind zu erfassen.
- Ungünstig wirkende Einflüsse aus Imperfektionen und Verformungen der Stützkonstruktion sind zu berücksichtigen.
- Günstig wirkender Schub- und Randverbund darf bei der Spannungs- und Verformungsermittlung nicht angesetzt werden.
- Ungünstig wirkender Schubverbund, z.B. bei Zwangbeanspruchungen, ist zu berücksichtigen.
- Beim Nachweis von Mehrscheiben-Isolierglas darf die günstige Wirkung der Kopplung der Scheiben über das eingeschlossene Gasvolumen berücksichtigt werden. Ungünstige Wirkungen der Kopplung müssen berücksichtigt werden.

5.1.7 Nachweise zur Tragfähigkeit und Gebrauchstauglichkeit

- Befestigung und Unterkonstruktion sind nach den einschlägigen technischen Regeln nachzuweisen.
- Für Verglasungen sind die Nachweise nach dem Konzept der Teilsicherheitsbeiwerte analog zu DIN EN 1990:2021-10 und DIN EN 1990/NA:2010-12 zu führen.
- Werden Bemessungswerte der Auswirkungen durch nichtlineare Verfahren ermittelt, so ist entsprechend DIN EN 1990/NA:2010-12, NCI 6.3.2(4) vorzugehen.
- Spannweiten und Abmessungen sind mit ihrem Nennwert anzusetzen.
- Es sind die Nachweise für Grenzzustände der Tragfähigkeit und der Gebrauchstauglichkeit zu führen.

5.1.8 Grenzzustände der Tragfähigkeit

Die Lagesicherheit und die Sicherheit gegen Versagen der Konstruktion durch Bruch sind nach DIN EN 1990:2021-10, 6.4.2 nachzuweisen. Die ausreichende Tragfähigkeit wird über die maximalen Hauptzugspannungen an der Glasoberfläche nachgewiesen. Eigenspannungszustände aus thermischer Vorspannung werden auf der Widerstandsseite berücksichtigt.

Nachweis: $E_d \leq R_d$ E_d: Bemessungswert der Auswirkungen/Spannungen
R_d: Bemessungswert des Tragwiderstandes

- Der Bemessungswert E_d der Auswirkung ergibt sich aus den Gleichungen (6.10) bis (6.12) der DIN EN 1990:2021-10 in Verbindung mit DIN EN 1990/NA:2010-12. Vereinfachend darf davon ausgegangen werden, dass die Einwirkungen voneinander unabhängig sind, sodass die Kombinationsbeiwerte der Tafel 13.68b entnommen werden können.

Tafel 13.68b Kombinationsbeiwerte ψ zur Ermittlung des Bemessungswertes E_d

	ψ_0	ψ_1	ψ_2
Einwirkungen aus Klima (Änderung der Temperatur und Änderung des meteorologischen Luftdrucks) sowie temperaturinduzierte Zwängungen	0,6	0,5	0
Montagezwängungen	1,0	1,0	1,0
Holm- und Personenlasten	0,7	0,5	0,3

- Die Einwirkungen aus Temperaturänderung ΔT und Änderung des atmosphärischen Drucks Δp_{met} dürfen als eine gemeinsame veränderliche Einwirkung zusammengefasst werden. Die Änderung der geodätischen Höhe ΔH stellt eine ständige Einwirkung dar (vgl. Tafel 13.67c).

Tafel 13.69 Bemessungswert des Tragwiderstandes R_d

Thermisch vorgespannte Gläser $R_d = \frac{k_c \cdot f_k}{\gamma_M} \cdot k_{VSG}$	k_c …. Beiwert zur Berücksichtigung der Konstruktionsart. Sofern nicht anders angegeben: – $k_c = 1{,}0$. Für linienförmig gelagerte Verglasungen gilt (DIN 18 008-2:2020-05, 6.1.2): – $k_c = 1{,}0$: für thermisch vorgespannte Gläser – $k_c = 1{,}8$: Gläser ohne planmäßige Vorspannung f_k …. Charakteristischer Wert der Biegezugfestigkeit. γ_M … Materialbeiwert: – $\gamma_M = 1{,}5$: thermisch vorgespannte Gläser d ≥ 3 mm – $\gamma_M = 1{,}6$: thermisch vorgespannte Gläser d = 2 mm – $\gamma_M = 1{,}8$: Gläser ohne planmäßige Vorspannung d ≥ 3 mm – $\gamma_M = 1{,}9$: Gläser ohne planmäßige Vorspannung d = 2 mm
Gläser ohne planmäßige thermische Vorspannung (z.B. normal gekühltes Floatglas) $R_d = \frac{k_{mod} \cdot k_c \cdot f_k}{\gamma_M} \cdot k_K \cdot k_{VSG}$	k_{mod} .. Beiwert zur Berücksichtigung der Lasteinwirkungsdauer: – $k_{mod} = 0{,}25$: ständig (Eigengewicht, Ortshöhendifferenz) – $k_{mod} = 0{,}40$: mittel (Schnee, Änderung der Temperatur und des meteorologischen Luftdrucks) – $k_{mod} = 0{,}70$: kurz (Wind, Holmlast, Treppen- u. Treppenpodeste nach DIN 18 008-5) Abweichende k_{mod}-Werte können in Allgemeinen Bauartgenehmigungen geregelt sein. Bei Kombinationen von Einwirkungen mit unterschiedlicher Einwirkungsdauer ist diejenige Einwirkung mit der kürzesten Dauer für die Bestimmung von k_{mod} maßgebend. k_K .. Beiwert zur Berücksichtigung zugbeanspruchter Kanten: – $k_K = 0{,}8$: Bei zweiseitiger linienförmiger Lagerung und bei planmäßig unter Zug stehenden Kanten dürfen bei Scheiben **ohne** thermische Vorspannung nur 80 % der charakteristischen Biegezugfestigkeit angesetzt werden (DIN 18 008-1, 8.3.8). k_{VSG} .. Beiwert zur Berücksichtigung der Glasart VSG und VG: – $k_{VSG} = 1{,}1$: Bei Verwendung von VSG und VG dürfen die Bemessungswerte des Tragwiderstandes R_d um 10 % erhöht werden (DIN 18 008-1, 8.3.9).

Beispiel:
Bemessungswerte des Tragwiderstandes einer zweiseitig linienförmig gelagerten Vertikalverglasung aus Verbundsicherheitsglas unter Windeinwirkungen

VSG aus Floatglas (FG), 2 x 4 mm

$k_{mod} = 0{,}7$
$k_K = 0{,}8$
$k_{VSG} = 1{,}1$ $\quad k_c = 1{,}8$
$f_k = 45\ \text{N/mm}^2$
$\gamma_M = 1{,}8$

$$R_d = \frac{0{,}7 \cdot 1{,}8 \cdot 45}{1{,}8} \cdot 0{,}8 \cdot 1{,}1 = 27{,}7\ \text{N/mm}^2$$

VSG aus TVG, 2 x 4 mm

k_{mod} = – (s. hierzu Tafel 13.69)
k_K = – (s. hierzu Tafel 13.69)
$k_{VSG} = 1{,}1$ $\quad k_c = 1{,}0$
$f_k = 70\ \text{N/mm}^2$
$\gamma_M = 1{,}5$

$$R_d = \frac{1{,}0 \cdot 70}{1{,}5} \cdot 1{,}1 = 51{,}3\ \text{N/mm}^2$$

5.1.9 Grenzzustände der Gebrauchstauglichkeit

Nachweis: $E_d \leq C_d$

E_d Bemessungswert der Auswirkungen / Durchbiegungen
C_d Bemessungswert des Gebrauchstauglichkeitskriteriums

Der Bemessungswert der Auswirkung E_d ergibt sich nach DIN EN 1990:2021-10, 6.5.3 und DIN EN 1990/NA:2010-12, NCI zu 6.5.3. Angaben zu den Gebrauchstauglichkeitskriterien C_d siehe Folgeteile der DIN 18 008.

5.1.10 Nachweis der Resttragfähigkeit

- Anforderungen an die Resttragfähigkeit von Verglasungen werden entweder durch Einhaltung konstruktiver Vorgaben, durch rechnerische Nachweise oder durch versuchstechnische Nachweise erfüllt. Der Nachweis darf experimentell nach DIN 18 008-1, Anhang B.1 oder für Teilzerstörungszustände mit hinreichend vielen intakten Glasscheiben auch rechnerisch – ohne Ansatz der gebrochenen Glasscheiben – geführt werden. Konstruktive Vorgaben, bei deren Einhaltung die Resttragfähigkeit von Verglasungen als erfüllt gilt, sind in den Folgeteilen der DIN 18 008 angegeben.
- Die in der Normenreihe DIN 18 008 genannten konstruktiven Bedingungen und rechnerischen Nachweismethoden setzen bei Verbundsicherheitsglas eine ausreichende Haftung und Zähigkeit der Zwischenschicht im gebrochenen Zustand voraus. Dies kann bei nachfolgend genannten Eigenschaften angenommen werden:
    - Verbund-Sicherheitsglas nach DIN EN 14449 mit Polyvinylbutyral als Zwischenschichtmaterial, dessen Probekörper aus 4 mm FG / 0,76 mm PVB / 4 mm FG im Test nach DIN EN 12600 die Klasse 1(B)1 bzw. im Test nach DIN EN 356 die Klasse P1A erreichen;
    - Gläser mit zur Folienseite orientierten Beschichtungen nach DIN EN 1096-4, die die zuvor genannten Einstufungen erreichen, sind zulässig;
    - TVG und ESG dürfen einseitig teil- oder vollflächig emailliert sein. Die Orientierung der emaillierten Glasoberfläche zur PVB-Folie bei der Laminierung zu VSG ist zulässig.

5.1.11 Konstruktionsvorgaben

- Bemessungsrelevante Zwangbeanspruchungen (z. B. aus Temperatur oder Einbau) sind entweder durch konstruktive Maßnahmen dauerhaft auszuschließen oder bei der Bemessung zu berücksichtigen.
- Lagerungsbedingte unplanmäßige lokale Spannungsspitzen sind zu vermeiden. Die Anschlüsse an die Unterkonstruktion sind so auszubilden, dass die Toleranzen aus der Glasherstellung und der Unterkonstruktion ausgeschlossen werden können.
- Ecken von Ausschnitten sind ausgerundet herzustellen.
- Glasbohrungen und Ausschnitte sind nur bei Gläsern zulässig, die thermisch vorgespannt werden. Sie sind – bezogen auf die monolithische Einzelscheibe – durchgehend auszuführen.
- Die zwischen benachbarten Bohrungen und/oder Ausschnitten verbleibende Glasbreite muss mindestens 80 mm betragen. Anderenfalls darf bei der Bemessung am Bohrungsrand nur der Bemessungswert des Tragwiderstandes des Basisglases zugrunde gelegt werden.

5.2 DIN 18 008-2:2020-05 – Teil 2: Linienförmig gelagerte Verglasungen

Anwendungsbereich

- Verglasungen, die entweder an mindestens zwei Seiten mit mechanischen Verbindungsmitteln (z.B. verschraubte Pressleisten, Glasleisten) gelagert sind (vgl. Abb. 13.70), oder Vertikalverglasungen, die an mindestens einer Seite mit ausreichender Einspanntiefe zur Sicherstellung einer Einspannung durchgehend linienförmig gelagert sind.
- Für Verglasungen, die betreten, begangen oder befahren werden, die als Absturzsicherung oder Abschrankungen dienen oder unter planmäßiger Flüssigkeitslast stehen, sind weitere Anforderungen zu beachten.

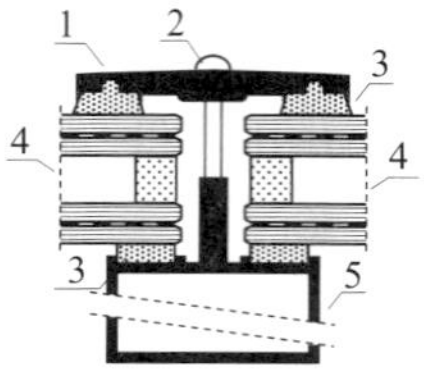

1 Abdeckleiste
2 Befestigungselement
3 Silikonprofil
4 z.B. Isolierglas
5 Auflagerprofil (tragend)

Abb. 13.70 Prinzipdarstellung eines linienförmig gelagerten Scheibenrandes

5.2.1 Allgemeine Anwendungsbedingungen

- Der Glaseinstand ist so zu wählen, dass die Standsicherheit der Verglasung langfristig sichergestellt ist. Der Mindestglaseinstand beträgt 10 mm, sofern keine anderen Festlegungen bestehen.
- Die linienförmige Lagerung muss druck- und zugfest normal zur Scheibenebene wirksam sein. Bei mehrscheibigem Aufbau muss die linienförmige Lagerung für alle Scheiben wirksam sein. Für begehbare Verglasungen darf eine nur einseitig (Druck) wirksame linienförmige Lagerung

ausgeführt werden, wenn der Nachweis der Lagesicherheit geführt wird. Verglasungen sind fachgerecht zu klotzen.

- Von linienförmiger Lagerung darf ausgegangen werden, wenn der Bemessungswert der Durchbiegung der Unterkonstruktion nach DIN EN 1990/NA:2010-12, Gleichung (6.14c), nicht größer als 1/200 der Scheibenlänge ist.
- Kanten von Drahtglas dürfen nicht ständig der Feuchtigkeit ausgesetzt sein. Freie Kanten dürfen der Bewitterung ausgesetzt werden, wenn ihre Abtrocknung nicht behindert wird.

5.2.2 Zusätzliche Regelungen für Überkopfverglasungen

- Zum Schutz von Verkehrsflächen sind Einfachgläser bzw. das untere Einfachglas von Mehrscheiben-Isoliergläsern aus Verbundsicherheitsglas (VSG) aus Float oder VSG aus TVG oder Drahtglas auszubilden.
- Bei VSG aus mehr als zwei Glasscheiben müssen die beiden unteren Glasscheiben aus grobbrechenden Glasarten bestehen.
- Bei Einhaltung folgender Randbedingungen gelten linienförmig gelagerte Überkopfverglasungen als resttragfähig im Sinne dieser Norm:
  - Die Verglasung ist an mindestens zwei sich gegenüberliegenden Rändern gelagert.
  - Es handelt sich um VSG mit Eigenschaften nach DIN 18 008-1:2020-05, B.2.
  - VSG-Scheiben aus TVG dürfen Bohrungen für die Befestigung von Klemmleisten haben.
  - VSG-Scheiben mit Stützweiten von mehr als 1,2 m sind allseitig zu lagern.
  - Unter Berücksichtigung aller Toleranzen beträgt der minimal verbleibende Glaseinstand 10 mm.
  - Die Nenndicke der Zwischenfolie von VSG muss mindestens 0,76 mm betragen. Bei allseitiger Lagerung und maximaler Stützweite in Haupttragrichtung von 0,8 m darf die Nenndicke der Zwischenfolie 0,38 mm betragen.
  - Der freie Rand von VSG darf parallel und senkrecht zur Lagerung maximal 30 % der Auflagerlänge bzw. höchstens 300 mm über den von den linienförmigen Lagern aufgespannten Bereich auskragen.
  - Die Verwendung von Drahtglas ist nur bis zu einer maximalen Stützweite in Haupttragrichtung von 0,7 m zulässig, wobei der Glaseinstand mindestens 15 mm betragen muss.

5.2.3 Zusätzliche Regelungen für Vertikalverglasungen

- Monolithische Einfachgläser aus grob brechenden Glasarten (z. B. Floatglas, TVG, gezogenem Flachglas, Ornamentglas) und aus Verbundglas, deren Oberkante mehr als 4 m über der Verkehrsfläche liegt, dürfen nur bei allseitiger Lagerung verwendet werden. Monolithische Glasscheiben in MIG gelten als durch den Randverbund gelagert.
- Monolithische Einfachgläser oder äußere monolithische Scheiben in MIG aus ESG und heißgelagertem ESG dürfen nur eingebaut werden, wenn deren Oberkante höchstens 4 m über Verkehrsflächen liegt. Abweichend davon darf heißgelagertes ESG als monolithisches Einfachglas oder als äußere monolithische Scheibe in MIG ohne Begrenzung der Einbauhöhe verwendet werden, wenn durch geeignete Maßnahmen die Versagenswahrscheinlichkeit durch Nickelsulfid-Einschlüsse (NiS) so reduziert wird, dass die Verglasungskonstruktionen ausreichend sicher errichtet werden. Als ausreichend sicher gilt ein Mindestwert des Zuverlässigkeitsindex $\beta = 4{,}7$ (Bezugszeitraum 1 Jahr) bzw. $\beta = 3{,}8$ (Bezugszeitraum 50 Jahre) nach DIN EN 1990. Maßnahmen zur Sicherstellung der erforderlichen Zuverlässigkeit sind in DIN 18 008-2:2020-05, Anhang C, beschrieben.
- Bei Einhaltung folgender Randbedingungen gelten linienförmig gelagerte Vertikalverglasungen als resttragfähig im Sinne dieser Norm:
  - Verglasungen sind an mindestens zwei sich gegenüberliegenden Rändern bei rechteckigen bzw. trapezförmigen Geometrien und ansonsten allseitig linienförmig zu lagern.
  - Bohrungen und Ausschnitte dürfen eine ausreichende Resttragfähigkeit nicht beeinträchtigen.
  - Es handelt sich um VSG mit Eigenschaften nach DIN 18 008-1:2020-05, B.2.

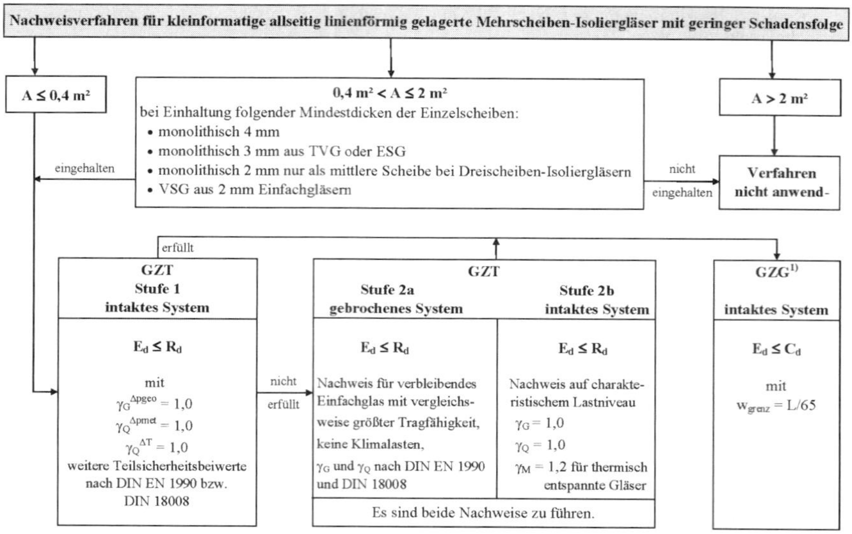

[1] Verzicht auf Nachweis für Vertikalverglasungen möglich bei Einhaltung der Mindestauflagerbreite von 5 mm bei Ansatz der gesamten Sehnenverkürzung auf nur ein Auflager.

HINWEIS: Bei Kantenlängen unter 500 mm (Zweischeiben-Isolierglas) bzw. 700 mm (Dreischeiben-Isolierglas) erhöht sich bei Scheiben aus thermisch nicht vorgespanntem Floatglas das Bruchrisiko infolge von Klimaeinwirkungen.

Abb. 13.72 Nachweisverfahren für kleinformatige allseitig linienförmig gelagerte Mehrscheiben-Isoliergläser mit geringer Schadensfolge nach DIN 18 008-2:2020-05, Abschnitt 6.1.4

5.2.4 Einwirkungen und Nachweise

- Die Nachweise im Grenzzustand der Tragfähigkeit und der Gebrauchstauglichkeit sind nach DIN 18008-1 zu führen, vgl. hierzu Abschn. 5.1.8 und 5.1.9.
- Beiwert für die Berücksichtigung der Konstruktionsart:
  – thermisch vorgespannte Gläser: $\boldsymbol{k_c = 1{,}0}$,
  – Gläser ohne thermische Vorspannung: $\boldsymbol{k_c = 1{,}8}$.
- Der Bemessungswert der Verformung darf nach DIN EN 1990/NA:2010-12, Gleichung (6.14c), ermittelt werden. Als Bemessungswert des Gebrauchstauglichkeitskriteriums (Durchbiegung) ist allgemein 1/100 der Stützweite anzusetzen. Ggf. sind höhere Anforderungen der Isolierglashersteller zu berücksichtigen. Bei Vertikalverglasungen darf auf die Einhaltung des Gebrauchstauglichkeitskriteriums verzichtet werden, wenn infolge Sehnenverkürzung eine Mindestauflagerbreite von 5 mm auch dann nicht unterschritten wird, wenn die gesamte Sehnenverkürzung auf nur ein Auflager angesetzt wird. Bei einseitig eingespannten Brüstungen ist kein Nachweis erforderlich.
- Für allseitig linienförmig gelagerte Mehrscheiben-Isoliergläser bis 2 m² mit geringer Schadensfolge können die Nachweise der Tragfähigkeit und der Gebrauchstauglichkeit alternativ nach DIN 18 008-2:2020-05, Abschn. 6.1.4, geführt werden. Die Regelungen sind in Abb. 13.72 zusammengefasst.
- Die Resttragfähigkeit der Glaskonstruktion ist – sofern die konstruktiven Randbedingungen gemäß Abschn. 5.2.2 bzw. Abschn. 5.2.3 nicht eingehalten werden – versuchstechnisch nach DIN 18008-1:2020-05, Anhang B, nachzuweisen. Alternativ kann durch geeignete konstruktive Maßnahmen (z. B. ausreichend dauerhaft tragfähige kleinmaschige Netze mit höchstens 40 mm Maschenweite) sichergestellt werden, dass Verkehrsflächen nicht durch herabfallende Glasteile gefährdet werden.

- Zusätzlich ist für Horizontalverglasungen aus MIG die außergewöhnliche Bemessungssituation „Versagen der obersten Einzelscheibe" für den verbleibenden Glasaufbau nachzuweisen. Es gilt DIN EN 1990, 6.4.3.3, in Verbindung mit DIN EN 1990, NCI zu 6.4.3.3. Klimalasten sind hierbei nicht zu berücksichtigen.

5.2.5 Näherungsverfahren zur Ermittlung von Klimalasten und zur Verteilung von Einwirkungen einer Zweischeiben-Isolierverglasung

Für allseitig linienförmig gelagerte ebene rechteckige Zweischeiben-Isoliergläser können die aus den Einwirkungen auf die äußeren und inneren Scheiben entfallenden Lastanteile nach DIN 18 008-2:2020-05, Anhang A, wie folgt ermittelt werden:

- Steifigkeitsfaktoren der Einzelscheiben einer Zweischeiben-Isolierverglasung und charakteristische Kantenlänge a^*

A.1[1)]: $$\delta_a = \frac{d_a^3}{d_a^3 + d_i^3}$$

A.2[1)]: $$\delta_i = \frac{d_i^3}{d_a^3 + d_i^3} = 1 - \delta_a$$

A.3[1)]: $$a^* = 28{,}9 \cdot \sqrt[4]{\frac{d_{SZR} \cdot d_a^3 \cdot d_i^3}{\left(d_a^3 + d_i^3\right) \cdot B_V}}$$

δ_a, δ_i Steifigkeitsfaktor der Außen- bzw. der Innenscheibe in %
d_a, d_i Dicke der äußeren bzw. der inneren Glasscheibe in mm
a^{*}[2)] charakteristische Kantenlänge in mm
d_{SZR} Scheibenzwischenraum in mm
B_V Beiwert nach Tafel 13.73

Bei VSG und VG mit den Einzelscheiben (1, 2, …) ist als Glasdicke die Ersatzdicke d^* wie folgt zu berücksichtigen:

– voller Verbund: $d^* = d_1 + d_2 + \cdots$

– ohne Verbund: $d^* = \sqrt[3]{d_1^3 + d_2^3 + \cdots}$

d_1, d_2 Dicke der Einzelscheiben in mm

[1)] Gleichungsnummer nach DIN 18 008-2:2020-05, Anhang A.

Tafel 13.73 Beiwerte B_V

a/b	1,0	0,9	0,8	0,7	0,6	0,5	0,4	0,3	0,2	0,1
B_V	0,0194	0,0237	0,0288	0,0350	0,0421	0,0501	0,0587	0,0676	0,0767	0,0857

Die Werte wurden auf Basis der Plattentheorie nach Kirchhoff für $\nu_G = 0{,}23$ berechnet. Näherungsweise dürfen auch Werte für $\nu_G = 0{,}20$ verwendet werden. Zwischenwerte können linear interpoliert werden.
B_V .... Beiwert
a .... kleinere Kantenlänge des Isolierglases in mm
b .... größere Kantenlänge des Isolierglases in mm
ν_G .... Querdehnzahl Glas

- Berechnung des Faktors φ und Ermittlung des isochoren Drucks p_0

A.4[1)]: $$\varphi = \frac{1}{1 + (a/a^*)^4}$$

A.5[1)]: $$p_0 = \Delta p_{geo} - \Delta p_{met} + 0{,}34\ \text{kN}/\left(\text{K} \cdot \text{m}^2\right) \cdot \Delta T$$

$$\Delta p_{geo} = 0{,}012\ \text{kN}/\text{m}^3 \cdot \Delta H$$

φ .... Faktor bei der Ermittlung von Klimalasten bei Isoliergläsern
a^* ...... charakteristische Kantenlänge in mm
a .... kleinere Kantenlänge in mm
p_0 .... isochorer Druck in kN/m²
Δp_{geo} .. Änderung des atmosphärischen Drucks infolge Ortshöhenänderung in kN/m²
Δp_{met} .... Änderung des atmosphärischen Drucks in kN/m²
ΔT ..... Temperaturdifferenz in K
ΔH ..... Ortshöhendifferenz in m

[1)] Gleichungsnummer nach DIN 18 008-2:2020-05, Anhang A.

Tafel 13.74a Verteilung der Einwirkungen des isochoren Drucks auf die äußere und die innere Scheibe einer Zweischeiben-Isolierverglasung

Lastangriff auf	Einwirkung	Lastanteil auf äußere Scheibe	Lastanteil auf innere Scheibe
äußere Scheibe	Wind w_a	$(\delta_a + \varphi \cdot \delta_i) \cdot w_a$	$(1 - \varphi)\ \delta_i \cdot w_a$
	Schnee s	$(\delta_a + \varphi \cdot \delta_i) \cdot s$	$(1 - \varphi)\ \delta_i \cdot s$
innere Scheibe	Wind w_i	$(1 - \varphi)\ \delta_a \cdot w_i$	$(\varphi \cdot \delta_a + \delta_i) \cdot w_i$
beide Scheiben	isochorer Druck p_0	$-\ \varphi p_0$	$+\ \varphi p_0$

Als positive Richtung wird der Richtungspfeil von „außen" nach „innen" definiert, vgl. Abb. 13.74

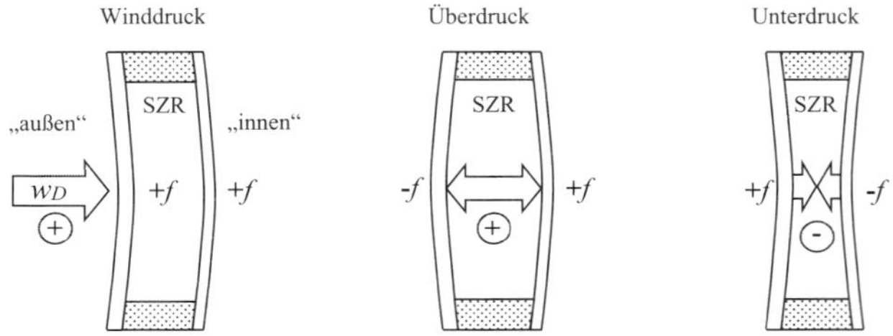

Abb. 13.74 Vorzeichen der Einwirkungen und Verformungen „f" bei einer Vertikalverglasung

Tafel 13.74b Bemessungsrichtwerte für den Nachweis der Tragfähigkeit für linienförmig gelagerte Verglasungen

Glasprodukt	Charakteristische Biegezugfestigkeit[1] in N/mm²	Bemessungswerte der Tragfähigkeit in N/mm² [2]					
		Verglasungen ohne VSG			Verglasungen aus VSG		
		Einwirkungsdauer			Einwirkungsdauer		
		ständig	mittel	kurz	lang	mittel	kurz
Ornamentglas	25,0	3,5	5,6	9,7	3,8	6,1	10,7
poliertes Drahtglas	25,0	3,5	5,6	9,7	3,8	6,1	10,7
Float	45,0	6,3	10,0	17,5	6,9	11,0	19,3
TVG	70,0	46,7	46,7	46,7	51,3	51,3	51,3
Emailliertes ESG	75,0	50,0	50,0	50,0	55,0	55,0	55,0
ESG	120,0	80,0	80,0	80,0	88,0	88,0	88,0

[1] Unabhängig von den angegebenen Werten gelten immer die Werte der entsprechenden Produktnorm bzw. der AbZ.
[2] Hinweis: Die angegebenen Bemessungswerte gelten für k_c =1,0 und ohne Berücksichtigung des Kanteneinflusses bei Gläsern ohne thermische Vorspannung (vgl. hierzu Abschn. 5.2.4 und Tafel 13.69).

Zahlenbeispiel

Berechnung eines vierseitig linienförmig gelagerten vertikalen Dreischeiben-Isolierglases aus Float

Allgemeine Angaben

- Das vertikal angeordnete Isolierglas dient nicht der Absturzsicherung. Die Bemessung erfolgt für die maßgebenden Einwirkungskombinationen aus Wind- und Klimalasten.
- Die Bemessung erfolgt nach DIN 18 008-1:2020-05 und DIN 18 008-2:2020-05 sowie etwaigen Produktnormen.
- Die Glasscheiben sind allseitig linienförmig gelagert.

Schematische Darstellung der Isolierglasscheiben und des statischen Systems

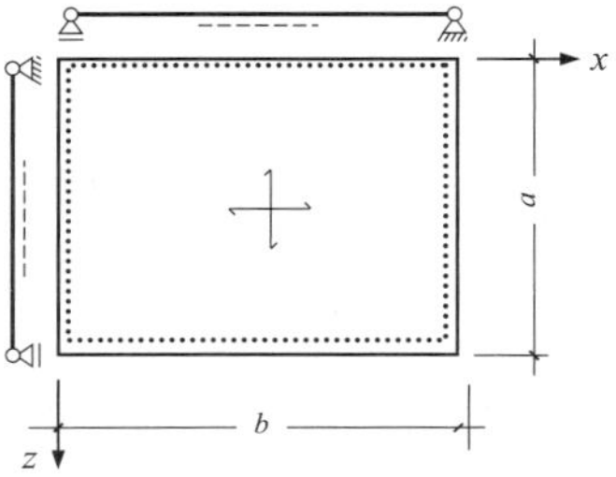

Abmessungen der Isolierglasscheiben:

a = 600 mm
b = 750 mm
A = 0,45 m²

Scheibendicken:
d_a = 4 mm
d_m = 4 mm
d_i = 4 mm

SZR = 12 mm

Scheibenaufbau des Isolierglases

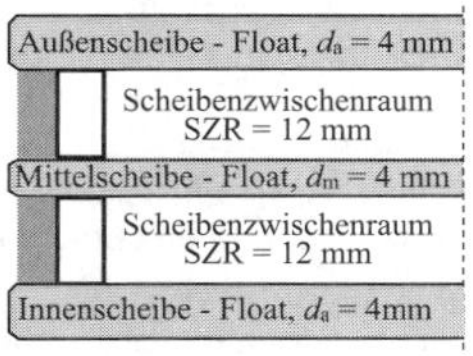

- Die Lagesicherung der Scheiben erfolgt über Distanzklötze.
- Die Auflagerung der Glasscheiben wird als frei drehbar angenommen.
- Die Durchbiegung der Auflagerprofile ist auf maximal 1/200 der aufgelagerten Scheibenlänge zu beschränken. *DIN 18 008-2, 5.3, vgl. 5.2.1*
- Für Verglasungen mit A ≤ 2 m² und geringer Schadensfolge kann ggf. ein vereinfachter Nachweis nach DIN 18 008-2, 6.1.4 geführt werden. Unterschreitet die Länge der kürzeren Kante den Wert von 500 mm (Zweischeiben-Isolierglas) bzw. 700 mm (Dreischeiben-Isolierglas), erhöht sich bei Scheiben aus thermisch nicht vorgespanntem Floatglas das Bruchrisiko infolge Klimalasten. *vgl. Abb. 13.72*
- Der Glaseinstand beträgt bei allseitig linienförmiger Lagerung mindestens 10 mm, sein Einfluss auf die Rotationsfähigkeit der Scheiben ist zu vernachlässigen. *DIN 18 008-2, 5.1, vgl. 5.2.1*
- Liegt die Oberkante des Mehrscheiben-Isolierglases mehr als 4,0 m über OK Gelände, wäre beim Einsatz von monolithischem ESG heißgelagertes ESG nach DIN 18008-2, Anhang C, zu verwenden. *DIN 18 008-2, 4.3, vgl. 5.2.3*

Werkstoffkenngrößen

DIN 18 008-1, Tab. 2, vgl. Tafel 13.67a, Tafel 13.67b

- E-Modul: E = 70 000 N/mm²
- Querkontraktionszahl: ν = 0,23
- Charakteristische Biegezugfestigkeit: f_k = 45 N/mm²

Einwirkungen

Aus den äußeren Lasten und den Klimalasten ergeben sich Druckdifferenzen im Scheibenzwischenraum, welche die einzelnen Glasscheiben beanspruchen. Für die Bemessung von Dreischeiben-Isoliergläsern gelten folgende Definitionen.

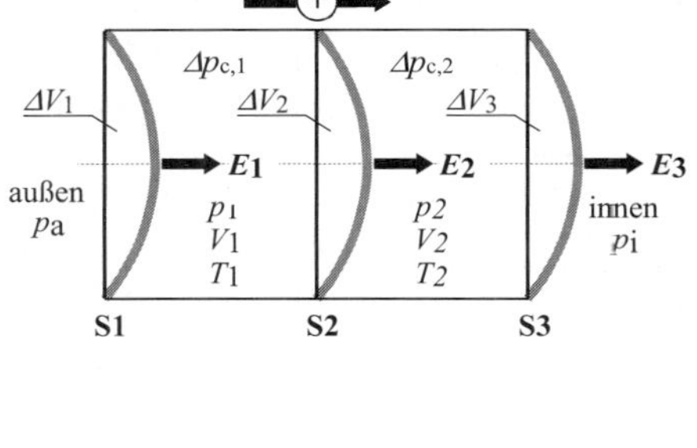

E_1, E_2, E_3 ...... Einwirkungen auf die Glasscheiben S1, S2 und S3
ΔV_1, ΔV_2, ΔV_3 .. Volumenänderung
p_a, p_i .... Luftdruck
$\Delta p_{c,1}$, $\Delta p_{c,2}$ ..... Änderung des isochoren Drucks
p_1, p_2 .... Druck im SZR
V_1, V_2 .... Volumen
T_1, T_2 .... Temperatur
ΔV_1, ΔV_2, ΔV_3 ... Volumenänderung

Windlasten

Die anzusetzenden Windlasten ergeben sich nach DIN EN 1991-1-4.

Für das Beispiel gilt

- Winddruck: $w_{k,D} = 0{,}80$ kN/m²
- Windsog: $w_{k,S} = -1{,}12$ kN/m²

Klimalasten

Die Klimalasten entstehen durch Druckdifferenz zwischen dem Scheibenzwischenraum und der umgebenden Atmosphäre infolge *DIN 18 008-1, 6.2, vgl. 5.1.5*

- Temperaturdifferenz,
- Änderung des atmosphärischen Luftdrucks,
- Ortshöhendifferenz zwischen Herstellungs- und Einbauort.

Die Änderung der Temperatur ΔT und des meteorologischen Luftdrucks Δp_{met} gegenüber dem Herstellungsort darf als Einwirkung mit mittlerer Einwirkungsdauer, die Ortshöhendifferenz Δp_{geo} als ständige Einwirkung betrachtet werden.

Isochorer Druck im Scheibenzwischenraum

$$p_0 = \Delta p_{\text{geo}} - \Delta p_{\text{met}} + 0{,}34 \cdot \Delta T$$
$$= 0{,}012 \cdot \Delta H - \Delta p_{\text{met}} + 0{,}34 \cdot \Delta T$$

DIN 18 008-2, A.5, vgl. 5.2.5 mit Tafel 13.67c und Tafel 13.68a

- Die Verteilung der Einwirkungen auf die einzelnen Glasscheiben ist abhängig von der Steifigkeit und den geometrischen Randbedingungen. Ungünstig wirkende Werte sind bei der Berechnung des isochoren Drucks zu berücksichtigen.
- Unter der vereinfachten Annahme gleicher Temperaturen in den Scheibenzwischenräumen bleibt bei symmetrischem Verglasungsaufbau die mittlere Scheibe infolge Klimalasten verformungsfrei.
- Liegen keine genauen Daten zur Änderung der atmosphärischen Bedingungen zwischen Herstellungs- und Einbauort vor, so kann der isochore Druck mit den Werten nach DIN 18 008-1, Tabelle 3 (vgl. Tafel. 13.67b), ermittelt werden. *DIN 18 008-1, 6.2.2, vgl. 5.1.5*

Isochorer Druck für die Einwirkungskombinationen „Sommer" und „Winter"

„Sommer": $\Delta p_{0,\Delta \text{H}} = 0{,}012 \cdot 600 = +7{,}2\ kN/m^2$

$$\Delta p_{0,\Delta \text{T}+\Delta \text{pmet}} = +2{,}0 + 0{,}34 \cdot 20 = +8{,}8\ kN/m^2$$

„Winter": $\Delta p_{0,\Delta \text{H}} = -0{,}012 \cdot 300 = -3{,}6\ kN/m^2$

$$\Delta p_{0,\Delta \text{T}+\Delta \text{pmet}} = -4{,}0 - 0{,}34 \cdot 25 = -12{,}5\ kN/m^2$$

Verteilung der Einwirkungen

Die Verteilung der Einwirkungen erfolgt nach [13.53] mit den *relativen Volumenänderungen* α_i in den einzelnen Scheibenzwischenräumen infolge einer ungehinderten Verformung der jeweiligen Glasscheiben. *[13.53]*

$$\alpha_i = \frac{a^4 \cdot p_{\text{E0}}}{\text{E} \cdot d_\text{i}^3 \cdot s_{\text{Pro,i}}} \cdot B_\text{v}$$

a .... kurze Glaskante
p_{EO} .... Luftdruck am Einbauort (Annahme: $p_{\text{EO}} = 0{,}10$ N/mm²)
E .... Elastizitätsmodul
$s_{\text{Pro,i}}$ ... Scheibenabstand bei Produktion
B_v ..... Beiwert in Abhängigkeit von a/b

$$\frac{a}{b} = \frac{600}{750} = 0{,}8 \quad \Rightarrow \quad B_\text{v} = 0{,}0288$$

DIN 18 008-2, Tab. A.1, vgl. 5.2.5, Tafel 13.73

Relative Volumenänderung

- Scheibenzwischenraum 1
  - Einzelscheibe 1

$$\alpha_1 = \frac{a^4 \cdot p_{\mathrm{E0}}}{E \cdot {d_1}^3 \cdot s_{\mathrm{Pro,1}}} \cdot B_v = \frac{600^4 \cdot 0{,}10}{70.000 \cdot 4^3 \cdot 12} \cdot 0{,}0288 = 6{,}9$$

  - Einzelscheibe 2

$${\alpha_1}^+ = \frac{a^4 \cdot p_{\mathrm{E0}}}{E \cdot {d_2}^3 \cdot s_{\mathrm{Pro,1}}} \cdot B_v = \frac{600^4 \cdot 0{,}10}{70.000 \cdot 4^3 \cdot 12} \cdot 0{,}0288 = 6{,}9$$

- Scheibenzwischenraum 2
  - Einzelscheibe 2

$$\alpha_2 = \frac{a^4 \cdot p_{\mathrm{E0}}}{E \cdot {d_2}^3 \cdot s_{\mathrm{Pro,2}}} \cdot B_v = \frac{600^4 \cdot 0{,}10}{70.000 \cdot 4^3 \cdot 12} \cdot 0{,}0288 = 6{,}9$$

  - Einzelscheibe 3

$${\alpha_2}^+ = \frac{a^4 \cdot p_{\mathrm{E0}}}{E \cdot {d_2}^3 \cdot s_{\mathrm{Pro,2}}} \cdot B_v = \frac{600^4 \cdot 0{,}10}{70.000 \cdot 4^3 \cdot 12} \cdot 0{,}0288 = 6{,}9$$

Tafel 13.77 Lastanteile auf die Einzelscheiben eines Dreischeiben-Isolierglases nach [13.53]

	„Sommer“	„Winter“
Scheibe 1	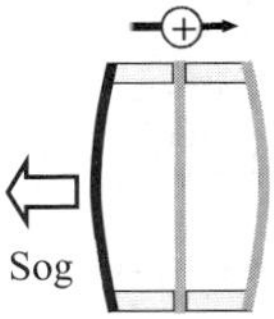	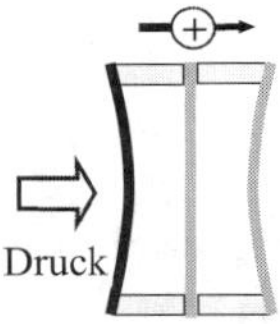
Lastanteile aus Wind	$\phi \cdot \left((1 + {\alpha_1}^+) \cdot (1 + {\alpha_2}^+) + \alpha_2\right) \cdot w_{\mathrm{k}}$	
Lastanteile aus Klimalasten	$-\phi \cdot (1 + {\alpha_1}^+ + \alpha_2 + {\alpha_2}^+) \cdot \Delta p_0$	
Scheibe 2	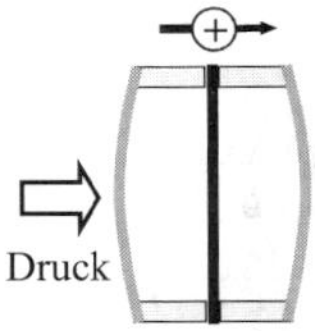	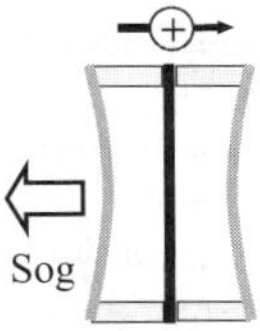
Lastanteile aus Wind	$\phi \cdot \alpha_1 \cdot (1 + {\alpha_2}^+) \cdot w_{\mathrm{k}}$	
Lastanteile aus Klimalasten	$\phi \cdot ({\alpha_2}^+ - \alpha_1) \cdot \Delta p_0$	
Scheibe 3	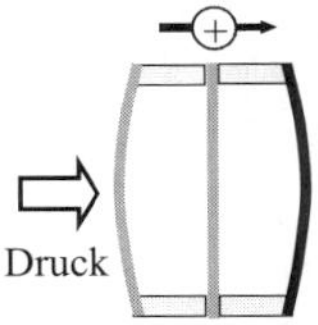	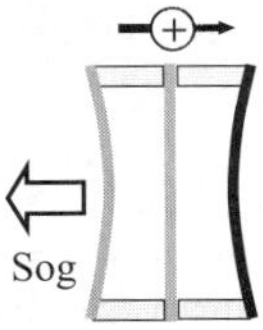
Lastanteile aus Wind	$\phi \cdot \alpha_1 \cdot \alpha_2 \cdot w_{\mathrm{k}}$	
Lastanteile aus Klimalasten	$\phi \cdot (1 + \alpha_1 + {\alpha_1}^+ + \alpha_2) \cdot \Delta p_0$	
Beiwert	$\phi = \left((1 + \alpha_1 + {\alpha_1}^+) \cdot (1 + \alpha_2 + {\alpha_2}^+) - {\alpha_1}^+ \cdot \alpha_2\right)^{-1}$	

Beiwert ϕ

$$\phi = \left((1 + \alpha_1 + \alpha_1^+) \cdot (1 + \alpha_2 + \alpha_2^+) - \alpha_1^+ \cdot \alpha_2\right)^{-1}$$
$$= \left((1 + 6{,}9 + 6{,}9) \cdot (1 + 6{,}9 + 6{,}9) - 6{,}9 \cdot 6{,}9\right)^{-1} = 5{,}77 \cdot 10^{-3}$$

Einwirkungen auf die Außenscheibe 1

LF 1.1: Windsog

$$p_{\mathrm{wS,1}} = \phi \cdot \left((1 + \alpha_1^+) \cdot (1 + \alpha_2^+) + \alpha_2\right) \cdot w_{\mathrm{S,k}}$$
$$= 5{,}77 \cdot 10^{-3} \cdot \left((1 + 6{,}9) \cdot (1 + 6{,}9) + 6{,}9\right) \cdot (-1{,}12) = -0{,}45\ kN/m^2$$

LF 2.1: Winddruck

$$p_{\mathrm{wD,1}} = \phi \cdot \left((1 + \alpha_1^+) \cdot (1 + \alpha_2^+) + \alpha_2\right) \cdot w_{\mathrm{D,k}}$$
$$= 5{,}77 \cdot 10^{-3} \cdot \left((1 + 6{,}9) \cdot (1 + 6{,}9) + 6{,}9\right) \cdot 0{,}80 = 0{,}32\ kN/m^2$$

LF 3.1: Klimalast Sommer, Anteil ΔH

$$p_{\mathrm{So,\Delta H,1}} = -\phi \cdot (1 + \alpha_1^+ + \alpha_2 + \alpha_2^+) \cdot \Delta p_{0,\Delta\mathrm{H}}$$
$$= -5{,}77 \cdot 10^{-3} \cdot (1 + 6{,}9 + 6{,}9 + 6{,}9) \cdot 7{,}2 = -0{,}91\ kN/m^2$$

LF 4.1: Klimalast Sommer, Anteil ΔT und Δp_{met}

$$p_{\mathrm{So,\Delta T+\Delta pmet,1}} = -\phi \cdot (1 + \alpha_1^+ + \alpha_2 + \alpha_2^+) \cdot \Delta p_{0,\Delta\mathrm{T+\Delta pmet}}$$
$$= -5{,}77 \cdot 10^{-3} \cdot (1 + 6{,}9 + 6{,}9 + 6{,}9) \cdot 8{,}8 = -1{,}11\ N/m^2$$

LF 5.1: Klimalast Winter, Anteil ΔH

$$p_{\mathrm{Wi,\Delta H,1}} = -\phi \cdot (1 + \alpha_1^+ + \alpha_2 + \alpha_2^+) \cdot \Delta p_{0,\Delta\mathrm{H}}$$
$$= -5{,}77 \cdot 10^{-3} \cdot (1 + 6{,}9 + 6{,}9 + 6{,}9) \cdot (-3{,}6) = 0{,}45\ kN/m^2$$

LF 6.1: Klimalast Winter, Anteil ΔT und Δp_{met}

$$p_{\mathrm{Wi,\Delta T+\Delta pmet,1}} = -\phi \cdot (1 + \alpha_1^+ + \alpha_2 + \alpha_2^+) \cdot \Delta p_{0,\Delta\mathrm{T+\Delta pmet}}$$
$$= -5{,}77 \cdot 10^{-3} \cdot (1 + 6{,}9 + 6{,}9 + 6{,}9) \cdot (-12{,}5) = 1{,}57\ N/m^2$$

Einwirkungen auf die Mittelscheibe 2

LF 1.2: Windsog

$$p_{\mathrm{wS,2}} = \phi \cdot \alpha_1 \cdot (1 + \alpha_2^+) \cdot w_{\mathrm{S,k}} = -0{,}36\ kN/m^2$$

LF 2.2: Winddruck

$$p_{\mathrm{wD,2}} = \phi \cdot \alpha_1 \cdot (1 + \alpha_2^+) \cdot w_{\mathrm{D,k}} = 0{,}25\ kN/m^2$$

LF 3.2: Klimalast Sommer, Anteil ΔH

$$p_{\mathrm{So,\Delta H,2}} = \phi \cdot (\alpha_2^+ - \alpha_1) \cdot \Delta p_{0,\Delta\mathrm{H}} = 0$$

LF 4.2: Klimalast Sommer, Anteil ΔT und Δp_{met}

$$p_{\mathrm{So,\Delta T+\Delta pmet,2}} = \phi \cdot (\alpha_2^+ - \alpha_1) \cdot \Delta p_{0,\Delta\mathrm{T+\Delta pmet}} = 0$$

LF 5.2: Klimalast Winter, Anteil ΔH

$$p_{\mathrm{Wi,\Delta H,2}} = \phi \cdot (\alpha_2^+ - \alpha_1) \cdot \Delta p_{0,\Delta\mathrm{H}} = 0$$

LF 6.2: Klimalast Winter, Anteil ΔT und Δp_{met}

$$p_{\mathrm{Wi,\Delta T+\Delta pmet,2}} = \phi \cdot (\alpha_2^+ - \alpha_1) \cdot \Delta p_{0,\Delta\mathrm{T+\Delta pmet}} = 0$$

Einwirkungen auf die Innenscheibe 3

LF 1.3: Windsog

$$p_{\mathrm{wS,3}} = \phi \cdot \alpha_1 \cdot \alpha_2 \cdot w_{\mathrm{S,k}} = -0{,}31\ kN/m^2$$

LF 2.3: Winddruck

$$p_{\mathrm{wD,3}} = \phi \cdot \alpha_1 \cdot \alpha_2 \cdot w_{\mathrm{D,k}} = 0{,}22\ kN/m^2$$

LF 3.3: Klimalast Sommer, Anteil ΔH

$$p_{\mathrm{So,\Delta H,3}} = \phi \cdot (1 + \alpha_1 + \alpha_1^+ + \alpha_2) \cdot \Delta p_{0,\Delta\mathrm{H}} = 0{,}91\ kN/m^2$$

LF 4.3: Klimalast Sommer, Anteil ΔT und Δp_{met}

$$p_{\mathrm{So,\Delta T+\Delta pmet,3}} = \phi \cdot (1 + \alpha_1 + \alpha_1^+ + \alpha_2) \cdot \Delta p_{0,\Delta\mathrm{T+\Delta pmet}} = 1{,}11\ kN/m^2$$

LF 5.3: Klimalast Winter, Anteil ΔH

$$p_{\mathrm{Wi,\Delta H,3}} = \phi \cdot (1 + \alpha_1 + \alpha_1^+ + \alpha_2) \cdot \Delta p_{0,\Delta\mathrm{H}} = -0{,}45\ kN/m^2$$

LF 6.3: Klimalast Winter, Anteil ΔT und Δp_{met}

$p_{Wi,\Delta T+\Delta pmet,3} = \phi \cdot (1 + \alpha_1 + \alpha_1{}^+ + \alpha_2) \cdot \Delta p_{0,\Delta T+\Delta pmet} = -1{,}57\ kN/m^2$

Einwirkungskombinationen

- Die maßgebenden Einwirkungskombinationen für die Bemessung der Einzelscheiben folgen aus der ungünstigsten Überlagerung klimabedingter Belastungen im SZR und den Einwirkungen aus Wind auf die äußere Scheibe unter Berücksichtigung der unterschiedlichen Modifikationsbeiwerte k_{mod} in Abhängigkeit von der Einwirkungskombination.
- Bei der Überlagerung der Einwirkungen wird der Winddruck auf die Außenscheibe als positiv definiert, vgl. Tafel 13.77.
- Es werden nur gleichgerichtete Einwirkungen überlagert. Hieraus ergeben sich sechs mögliche Einwirkungskombinationen je Scheibe infolge Winddruck/-sog und der Klimalasten aus den Sommer- bzw. Winterbedingungen, vgl. Tafel 13.77.

DIN 18 008-2, Bild A.1, vgl. Abb. 13.74

Lastfallkombinationen

Für den Grenzzustand der Tragfähigkeit im vorliegenden Fall

$$E_d = E\{\gamma_{Q,1} \cdot Q_{k,1} \oplus \gamma_{Q,2} \cdot \psi_{0,2} \cdot Q_{k,2}\}$$

DIN EN 1990/NA, Gl.6.10c

Für den Grenzzustand der Gebrauchstauglichkeit

$$E_{d,rare} = E\{Q_{k,1} \oplus \psi_{0,2} \cdot Q_{k,2}\}$$

DIN EN 1990/NA, Gl.6.14c

$Q_{k,1}$ vorherrschende veränderliche Einwirkung
$Q_{k,2}$ andere veränderliche Einwirkung
$\gamma_{Q,1}$ Teilsicherheitsbeiwert für $Q_{k,1}$: hier 1,5
$\gamma_{Q,2}$ Teilsicherheitsbeiwert für $Q_{k,2}$: hier 1,5
$\psi_{0,2}$ Kombinationsbeiwert: hier 0,6 für Wind- und Klimalasten

DIN EN 1990/NA, Tab. NA.A.1.2(A) sowie Tab. NA.A.1.1 DIN 18008-1, Tab. 5, vgl. Tafel 13.68b

Grenzzustand der Tragfähigkeit

Aufgrund der Verwendung von Floatglas hängt der Bemessungswert der Tragfähigkeit von k_{mod} ab. Die maßgebende Lastfallkombination ist diejenige Kombination mit dem betragsmäßig größten Quotienten $|p_d/k_{mod}|$.

Außenscheibe 1

LK1: $p_{d,1}$ = 1,35 · LF3.1 + 1,5 · LF4.1 = -2,89 kN/m²
$k_{mod} = 0{,}4$ $|p_{d,1}/k_{mod}| = 7{,}2$

LK2: $p_{d,1}$ = 1,35 · LF3.1 + 1,5 · LF4.1 + 1,5 · 0,6 · LF1.1 = -3,29 kN/m²
$k_{mod} = 0{,}7$ $|p_{d,1}/k_{mod}| = 4{,}7$

LK3: $p_{d,1}$ = 1,35 · LF3.1 + 1,5 · 0,6 · LF4.1 + 1,5 · LF1.1 = -2,90 kN/m²
$k_{mod} = 0{,}7$ $|p_{d,1}/k_{mod}| = 4{,}1$

LK4: $p_{d,1}$ = 1,35 · LF5.1 + 1,5 · LF6.1 = **2,97 kN/m²**
$k_{mod} = 0{,}4$ $|p_{d,1}/k_{mod}| = \underline{7{,}4}$

LK5: $p_{d,1}$ = 1,35 · LF5.1 + 1,5 · LF6.1 + 1,5 · 0,6 · LF2.1 = 3,26 kN/m²
$k_{mod} = 0{,}7$ $|p_{d,1}/k_{mod}| = 4{,}7$

LK6: $p_{d,1}$ = 1,35 · LF5.1 + 1,5 · 0,6 · LF6.1 + 1,5 · LF2.1 = 2,51 kN/m²
$k_{mod} = 0{,}7$ $|p_{d,1}/k_{mod}| = 3{,}6$

Mittelscheibe 2

LK7: $p_{d,2}$ = 1,35 · LF3.2 + 1,5 · LF4.2 = 1,35 · 0 + 1,5 · 0 = 0

LK8: $p_{d,2}$ = 1,35 · LF3.2 + 1,5 · LF4.2 + 1,5 · 0,6 · LF2.2 = 0,23 kN/m²

LK9: $p_{d,2} = 1{,}35 \cdot LF3.2 + 1{,}5 \cdot 0{,}6 \cdot LF4.2 + 1{,}5 \cdot LF2.2 = 0{,}38$ kN/m²

LK10: $p_{d,2} = 1{,}35 \cdot LF5.2 + 1{,}5 \cdot LF6.2 = 1{,}35 \cdot 0 + 1{,}5 \cdot 0 = 0$

LK11: $p_{d,2} = 1{,}35 \cdot LF5.2 + 1{,}5 \cdot LF6.2 + 1{,}5 \cdot 0{,}6 \cdot LF1.2 = -0{,}32$ kN/m²

LK12: $p_{d,2} = 1{,}35 \cdot LF5.2 + 1{,}5 \cdot 0{,}6 \cdot LF6.2 + 1{,}5 \cdot LF1.2 =$ **-0,54 kN/m²**

Für die LK7 und LK10 ist $k_{mod} = 0{,}4$ anzusetzen. Für die LK8, LK9, LK11 und LK12 gilt $k_{mod} = 0{,}7$. Mit dem größten Verhältniswert $|p_{d,2}/k_{mod}| = \underline{0{,}77}$ ist LK12 bemessungsmaßgebend.

Innenscheibe 3

LK13: $p_{d,3} = 1{,}35 \cdot LF3.3 + 1{,}5 \cdot LF4.3 = 2{,}89$ kN/m²

LK14: $p_{d,3} = 1{,}35 \cdot LF3.3 + 1{,}5 \cdot LF4.3 + 1{,}5 \cdot 0{,}6 \cdot LF2.3 = 3{,}09$ kN/m²

LK15: $p_{d,3} = 1{,}35 \cdot LF3.3 + 1{,}5 \cdot 0{,}6 \cdot LF4.3 + 1{,}5 \cdot LF2.3 = 2{,}55$ kN/m²

LK16: $p_{d,3} = 1{,}35 \cdot LF5.3 + 1{,}5 \cdot LF6.3 =$ **-2,97 kN/m²**

LK17: $p_{d,3} = 1{,}35 \cdot LF5.3 + 1{,}5 \cdot LF6.3 + 1{,}5 \cdot 0{,}6 \cdot LF1.3 = -3{,}25$ kN/m²

LK18: $p_{d,3} = 1{,}35 \cdot LF5.3 + 1{,}5 \cdot 0{,}6 \cdot LF6.3 + 1{,}5 \cdot LF1.3 = -2{,}50$ kN/m²

Für die LK13 und LK16 ist $k_{mod} = 0{,}4$ anzusetzen. Für die LK14, LK15, LK17 und LK18 gilt $k_{mod} = 0{,}7$. Mit dem größten Verhältniswert $|p_{d,3}/k_{mod}| = \underline{7{,}4}$ ist LK16 bemessungsmaßgebend.

maßgebende Belastung im GZT für
– die Außen- und die Innenscheibe: $|p_{d,1}| = |p_{d,3}| =$ **2,97 kN/m²**
– die Mittelscheibe: $|p_{d,2}| = 0{,}54$ kN/m²

Grenzzustand der Gebrauchstauglichkeit

Außenscheibe 1

LK19: $p_{d,1} = 1{,}0 \cdot LF3.1 + 1{,}0 \cdot LF4.1 + 0{,}6 \cdot LF1.1 = -2{,}29$ kN/m²

LK20: $p_{d,1} = 1{,}0 \cdot LF3.1 + 0{,}6 \cdot LF4.1 + 1{,}0 \cdot LF1.1 = -2{,}02$ kN/m²

LK21: $p_{d,1} = 1{,}0 \cdot LF5.1 + 1{,}0 \cdot LF6.1 + 0{,}6 \cdot LF2.1 = 2{,}21$ kN/m²

LK22: $p_{d,1} = 1{,}0 \cdot LF5.1 + 0{,}6 \cdot LF6.1 + 1{,}0 \cdot LF2.1 = 1{,}71$ kN/m²

Mittelscheibe 2

LK23: $p_{d,2} = 1{,}0 \cdot LF3.2 + 1{,}0 \cdot LF4.2 + 0{,}6 \cdot LF2.2 = 0{,}15$ kN/m²

LK24: $p_{d,2} = 1{,}0 \cdot LF3.2 + 0{,}6 \cdot LF4.2 + 1{,}0 \cdot LF2.2 = 0{,}25$ kN/m²

LK25: $p_{d,2} = 1{,}0 \cdot LF5.2 + 1{,}0 \cdot LF6.2 + 0{,}6 \cdot LF1.2 = -0{,}22$ kN/m²

LK26: $p_{d,2} = 1{,}0 \cdot LF5.2 + 0{,}6 \cdot LF6.2 + 1{,}0 \cdot LF1.2 = \underline{-0{,}36 \text{ kN/m}^2}$

Innenscheibe 3

LK27: $p_{d,3} = 1{,}0 \cdot LF3.3 + 1{,}0 \cdot LF4.3 + 0{,}6 \cdot LF2.3 = 2{,}15$ kN/m²

LK28: $p_{d,3} = 1{,}0 \cdot LF3.3 + 0{,}6 \cdot LF4.3 + 1{,}0 \cdot LF2.3 = 1{,}80$ kN/m²

LK29: $p_{d,3} = 1{,}0 \cdot LF5.3 + 1{,}0 \cdot LF6.3 + 0{,}6 \cdot LF1.3 = \underline{-2{,}21 \text{ kN/m}^2}$

LK30: $p_{d,3} = 1{,}0 \cdot LF5.3 + 0{,}6 \cdot LF6.3 + 1{,}0 \cdot LF1.3 = -1{,}70$ kN/m²

maßgebende Belastung im GZG für
– die Außenscheibe 1: $|p_{d,1}| =$ **2,29 kN/m²** maßgebend
– die Mittelscheibe 2: $|p_{d,2}| = 0{,}36$ kN/m²
– die Innenscheibe 3: $|p_{d,3}| = 2{,}21$ kN/m²

Nachweise

$E = 70\,000$ N/mm², $\nu = 0{,}23$, $\varepsilon = 750/600 = 1{,}25$

DIN 18 008-1, Tab. 2, vgl. Tafel 13.67b

Da alle Scheiben die gleiche Dicke haben, werden die Nachweise nur für die Scheibe mit der größten Belastung geführt (lineare Berechnung).

- **Nachweis im Grenzzustand der Tragfähigkeit**

$p^* = 0 \Rightarrow k_1 = 0{,}383$

vgl. BTI, Kap.7B, 4

$$\sigma_{\text{max,d}} = k_1 \cdot p_\text{d} \cdot \left(\frac{l_\text{min}}{d}\right)^2 = 0{,}383 \cdot 2{,}97 \cdot 10^{-3} \cdot \left(\frac{600}{4}\right)^2 = 25{,}6\ N/mm^2$$

$$R_\text{d} = \frac{\text{k}_\text{mod} \cdot k_\text{c} \cdot f_\text{k}}{\gamma_\text{M}} = \frac{0{,}4 \cdot 1{,}8 \cdot 45}{1{,}8} = 18\ N/mm^2$$

DIN 18 008-1, 8.3.7, vgl. Tafel 13.69: $k_\text{mod} = 0{,}4$, $k_\text{c} = 1{,}8$, $\gamma_\text{M} = 1{,}8$; vgl. Tafel 13.67b: $f_\text{k} = 45$ N/mm²

$$\sigma_{\text{max,d}} = 25{,}6\ N/mm^2 > R_\text{d} = 18\ N/mm^2 \quad \times$$

Der Nachweis im Grenzzustand der Tragfähigkeit wird für die Außen- und die Innenscheibe NICHT erfüllt! Es ist zu prüfen, ob die Anwendung von DIN 18008-2, Abschnitt 6.1.4, möglich ist.

Anwendung von DIN 18008-2, 6.1.4

Die Voraussetzungen zur Anwendung sind erfüllt:

DIN 18008-2, 6.1.4, vgl. 5.2.4 sowie Abb. 13.72

- allseitig linienförmig gelagert ✓
- MIG bis 2 m² ✓
- Mindestdicken von 4 mm bei monolithischen Einfachgläsern ✓
- geringe Schadensfolge ✓

Nachweis mit 1,0-fachen Klimaeinwirkungen (GZT) für Außenscheibe 1:

LK31: $p_{\text{d},1}$ = 1,0 · LF3.1 + 1,0 · LF4.1 = -2,02 kN/m²
LK32: $p_{\text{d},1}$ = 1,0 · LF3.1 + 1,0 · LF4.1 + 1,5 · 0,6 · LF1.1 = -2,43 kN/m²
LK33: $p_{\text{d},1}$ = 1,0 · LF3.1 + 1,0 · 0,6 · LF4.1 + 1,5 · LF1.1 = -2,25 kN/m²
LK34: $p_{\text{d},1}$ = 1,0 · LF5.1 + 1,0 · LF6.1 = **2,02 kN/m²**
LK35: $p_{\text{d},1}$ = 1,0 · LF5.1 + 1,0 · LF6.1 + 1,5 · 0,6 · LF2.1 = 2,31 kN/m²
LK36: $p_{\text{d},1}$ = 1,0 · LF5.1 + 1,0 · 0,6 · LF6.1 + 1,5 · LF2.1 = 1,87 kN/m²

Der größte Verhältniswert $|p_{\text{d},1}/k_\text{mod}|$ = 5,1 ergibt sich für LK34.

$$\sigma_{\text{max,d}} = k_1 \cdot p_\text{d} \cdot \left(\frac{l_\text{min}}{d}\right)^2 = 0{,}383 \cdot 2{,}02 \cdot 10^{-3} \cdot \left(\frac{600}{4}\right)^2 = 17{,}4\ N/mm^2$$

vgl. BTI, Kap. 7B, 4

$$\sigma_{\text{max,d}} = 17{,}4\ N/mm^2 < R_\text{d} = 18\ N/mm^2 \quad ✓$$

Nachweis erfüllt für die Scheibe 1 und damit auch für alle Scheiben. Es besteht ein erhöhtes Bruchrisiko infolge Klimalasten, da l_min = 600 mm.

- **Nachweis im Grenzzustand der Gebrauchstauglichkeit**

$p^* = 0 \Rightarrow k_2 = 0{,}0685$

vgl. BTI, Kap. 7B, 4

$$f_{\text{max,d}} = k_2 \cdot p_\text{d} \cdot \frac{l_\text{min}^4}{E \cdot d^3} = 0{,}0685 \cdot 2{,}29 \cdot 10^{-3} \cdot \frac{600^4}{70.000 \cdot 4^3} = 4{,}5\ mm$$

$$C_\text{d} = \frac{L}{100} = \frac{600}{100} = 6\ mm$$

DIN 18 008-1, 8.4.1, DIN 18 008-2, 6.1.3, vgl. 5.2.4

$$f_{\text{max,d}} = 4{,}5\ mm < C_\text{d} = 6\ mm \quad ✓$$

Nachweis erfüllt für die Scheibe mit der größten Belastung (= Scheibe 1)

5.3 DIN 18 008-3:2024-12 – Teil 3: Punktförmig gelagerte Verglasungen

Anwendungsbereich

Punktförmig gelagerte ausfachende Verglasungen mit Punkthaltern, die unterschieden werden in:

1. *Tellerhalter*, die durch zylindrische Glasbohrungen geführt werden und die gesamte Glasdicke umgreifen.
2. *Senkkopfhalter*, die durch teilweise konische Glasbohrungen geführt werden und die gesamte Glasdicke umgreifen.
3. *Klemmhalter*, die ohne Bohrungen am Rand oder an den Ecken der Verglasung angeordnet werden.

5.3.1 Bauprodukte, Anwendungsbedingungen und Konstruktion

- Es dürfen die Glaserzeugnisse nach DIN 18 008-1 verwendet werden, sofern nicht für bestimmte Anwendungen im Folgenden Einschränkungen angegeben werden.
  - Überkopfverglasungen: nur Einfachverglasungen aus VSG aus TVG.
  - Vertikalverglasungen allgemein: VSG aus ESG oder VSG aus heißgelagertem ESG oder VSG aus TVG.
  - Für Vertikalverglasungen in Klemmhaltern sind außerdem verwendbar:
    - heißgelagertes ESG nach DIN 18 008-2:2020-05, 4.3, 3. Spiegelstrich, mit minimaler Dicke von 6 mm.
    - VSG aus FG.
    - MIG aus Einfachglas aus ESG (bis 4 m Einbauhöhe) oder TVG oder FG oder VSG oder heißgelagertem ESG nach DIN 18 008-2:2020-05, 4.3, 3. Spiegelstrich.
- Verhältnis der Glasscheibendicken bei Verwendung von VSG: max t / min $t \leq 1{,}7$.
- Bohrungen im Glas müssen in der Qualität „geschliffene Kante" oder entsprechend den Produktnormen höherwertig ausgeführt werden. Bei zweiseitiger Bearbeitung darf der Kantenversatz nicht größer als 0,5 mm sein.
- Die Ränder von zylindrischen Bohrungen müssen unter einem Winkel von $(45 \pm 3)°$ mit einer Fase von 0,5 mm bis 1,0 mm auf beiden Seiten gesäumt werden.
- Die Kanten der Einzelscheiben müssen mindestens gesäumt bzw. bei Floatglas mindestens geschliffen sein.
- Punkthalter müssen aus Stahl, Aluminium oder nichtrostendem Stahl bestehen und bauaufsichtlich verwendbar sein und müssen vor Korrosion geschützt werden.
- Eine Punkthalterung muss in beiden Richtungen senkrecht zur Scheibenebene wirksam sein. Ausschließlich punktgelagerte Verglasungen müssen durch mindestens drei Punkthalter gelagert werden.
- Bei einer nur durch drei Punkthalter gelagerten Verglasung darf der größte eingeschlossene Winkel des von Punkthaltern aufgespannten Dreiecks 120° nicht überschreiten, vgl. Abb. 13.82 a).
- Bohrlöcher für Senkkopfhalter sind so anzuordnen, dass zum freien Rand und zu benachbarten Bohrungen eine Glasbreite von mindestens 80 mm erhalten bleibt. Bei zylindrischen Bohrungen dürfen die minimalen Rand- und Bohrlochabstände von 80 mm auf das Fünffache der Glasdicke t reduziert werden, ohne dass die Festigkeit des Glases nach DIN 18 008-1:2020-05, 10.2.3, reduziert werden muss, vgl. Abb. 13.82 b).

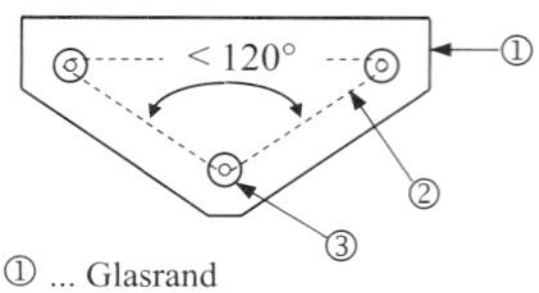

① ... Glasrand
② ... Begrenzung der Innenfläche
③ ... Tellerhalter mit Bohrloch

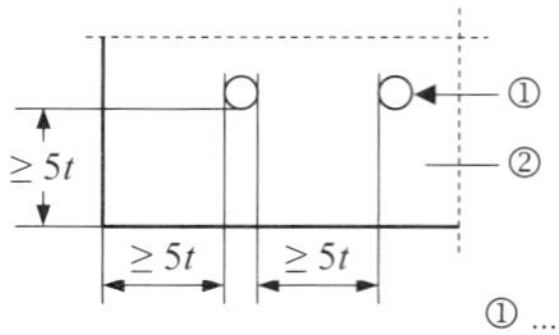

① ... Bohrloch
② ... Glas

Abb. 13.82 a) Prinzipdarstellung der Winkeldefinition b) Rand- und Bohrlochabstände bei zylindrischen Bohrungen

- Eine Kombination von linien- und punktförmigen Lagerungen ist zulässig (z.B. bei einer linienförmig aufgelagerten Verglasung mit punktförmiger Sogverankerung).
- Die Dicke der Zwischenlage ist so zu wählen, dass es zu keinem Kontakt des Glases mit den Metallteilen des Halters kommt.
- Die Glasscheiben müssen zwängungsarm montierbar sein und es darf unter Betriebsbedingungen (Lasteinwirkung, Temperatur, Nachgiebigkeit der tragenden Konstruktion) nicht zu einem Kontakt der Glasscheiben mit anderen Glasscheiben oder sonstigen harten Bauteilen kommen.
- Zur Befestigung dienende Schraubverbindungen müssen gegen unbeabsichtigtes Lösen gesichert werden.

Tafel 13.83a Prinzipdarstellung Tellerhalter und Klemmhalter

Tellerhalter	Klemmhalter
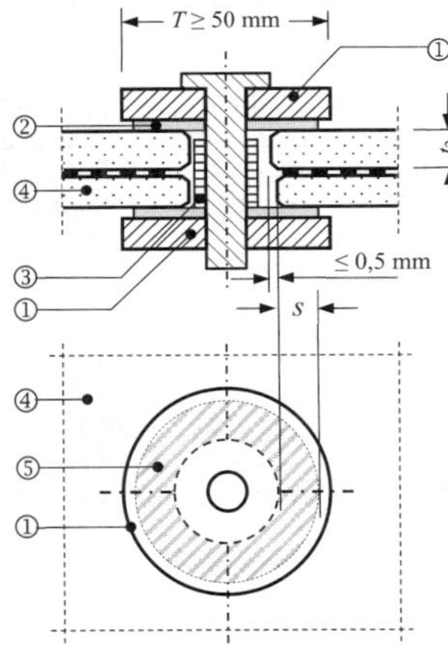	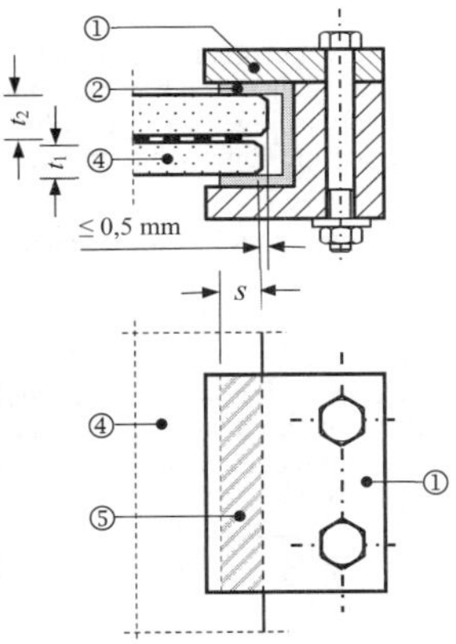
① ... Klemmteller ② ... Zwischenlage ③... Hülse ④ ... Glas ⑤... Klemmfläche T .... Tellerdurchmesser ≥ 50 mm s ..... Glaseinstand ≥ 12 mm (auch im verformten Zustand)	① ... Klemmhalter ② ... Zwischenlage ④ ... Glas ⑤... Klemmfläche ≥ 1000 mm s ..... Glaseinstand ≥ 25 mm (ggf. geringerer Glaseinstand und kleinere Klemmfläche nach DIN 18 008-3, 5.7, möglich)

Tafel 13.83b Prinzipdarstellung Senkkopfhalter

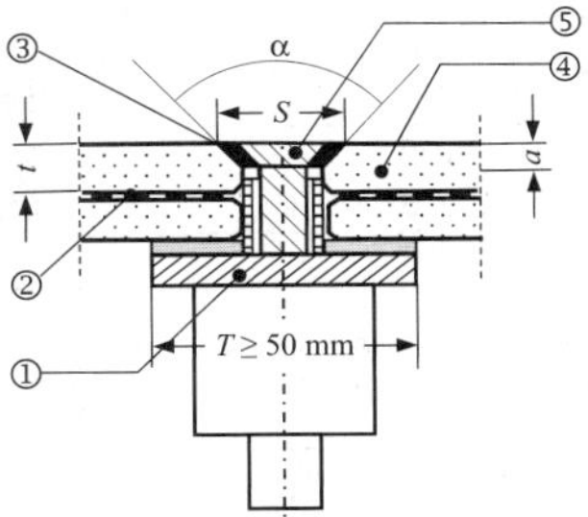	① Klemmteller ② Zwischenschicht, Zwischenfolie ③ Senkhülse ④ Glas ⑤ Senkkopf α Senkwinkel a Senktiefe t Scheibendicke S Durchmesser Senkkopf inkl. Senkhülse T Durchmesser Klemmteller

Weitere Regelungen für Senkkopfhalter

- Der Senkwinkel und die Senktiefe des konischen Bohrungsteils müssen entsprechend der Geometrie des Senkkopfhalters ausgeführt werden. Der Senkwinkel α beträgt $(90 \pm 0{,}5)°$.
- Der Senkkopf (inklusive Senkhülse) muss einen Mindestdurchmesser *S* von 40 mm aufweisen.
- Der Durchmesser *T* des Klemmtellers muss mindestens 50 mm betragen und darf nicht kleiner als der Durchmesser *S* des Senkkopfes einschließlich der Senkhülse sein.
- Das Verhältnis der Senktiefe *a* zur Scheibendicke *t* muss zwischen 0,2 und 0,8 liegen. Die Senktiefe *a* muss mindestens 4 mm betragen. Der verbleibende zylindrische Bohrungsanteil *t-a* muss mindestens 3 mm betragen.

5.3.2 Nachweis der Resttragfähigkeit

- Der Nachweis der Resttragfähigkeit der Glaskonstruktion ist versuchstechnisch nach DIN 18 008-1:2020-05, Anhang B, zu führen.
- Der Nachweis der Resttragfähigkeit kann auch durch Einhaltung der zusätzlichen Randbedingungen nach DIN 18 008-3:2024-12, Anhang E, bzw. nach Abschnitt 5.3.2.1 und 5.3.2.2 geführt werden.
- Alternativ dürfen geeignete konstruktive Maßnahmen ergriffen werden, die sicherstellen, dass Verkehrsflächen nicht durch herabfallende Glasteile gefährdet werden (z. B. ausreichend dauerhaft tragfähige kleinmaschige Netze mit höchstens 40 mm Maschenweite).
- Für VSG werden die Eigenschaften nach DIN 18 008-1:2020-05, Abschnitt B.2, vorausgesetzt.

5.3.2.1 Zusätzliche Regelungen für Überkopfverglasungen nach DIN 18 008-3:2024-12, Anhang E

- Es muss VSG mit einer Zwischenfolie aus PVB und einer Nenndicke von mindestens 1,52 mm verwendet werden.
- Der von äußeren Tellerhaltern eingeschlossene Innenbereich darf, außer durch Bohrungen für Tellerhalter, nicht durch sonstige Bohrungen, Ausschnitte oder Öffnungen geschwächt sein.
- Die freie Glaskante darf über die von den Glashalterungen begrenzte Innenfläche bis zu 300 mm auskragen, vgl. Abb. 13.84.

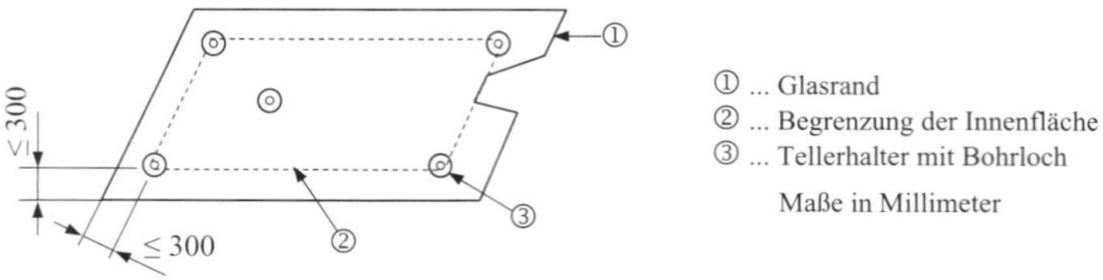

Abb. 13.84 Innenfläche bei Horizontalverglasungen

Tafel 13.84 Glasaufbauten mit nachgewiesener Resttragfähigkeit bei Lagerung durch Tellerhalter und rechtwinkligem Stützenraster

Tellerdurchmesser in mm	Glasdicke TVG in mm	Maximale Stützweite in Richtung 1 in mm	Maximale Stützweite in Richtung 2 in mm
70	2 × 6	900	750
60	2 × 8	950	750
70	2 × 8	1 100	750
60	2 × 10	1 000	900
70	2 × 10	1 400	1 000

Hinweise:
1. Die statischen Nachweise zur Tragfähigkeit und zur Gebrauchstauglichkeit bleiben unberücksichtigt.
2. Bei von Rechteckformen abweichender Telleranordnung ist das umschließende Rechteck bei Bezugnahme auf die hier angegebenen Stützweiten maßgebend.

- Bei Lagerung durch Tellerhalter gilt der Nachweis der Resttragfähigkeit für Verglasungen nach Tafel 13.84 als erbracht.

- Bei Kombination der Lagerung der Verglasung durch Linienlager und Tellerhalter darf der Abstand von Linienlager zu Tellerhalter höchstens 1200 mm betragen. Der durch Linien- und Tellerhalter aufgespannte Innenwinkel darf höchstens 120° betragen, vgl. Abb. 13.85. Außerdem müssen die Punkthalterabstände und Glasdicken nach Tafel 13.84 eingehalten werden.

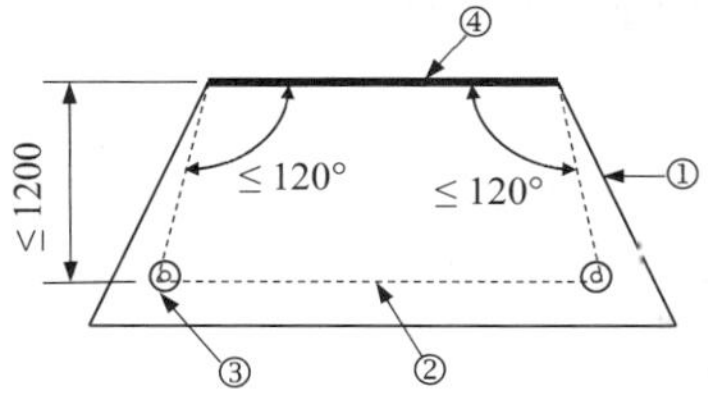

① ... Glasrand
② ... Begrenzung der Innenfläche
③ ... Tellerhalter mit Bohrloch
④ ... Linienlager

Maße in Millimeter

Abb. 13.85 Prinzipdarstellung der Kombination Linienlager und Tellerhalter

- Wird das Eigengewicht der Scheibe durch eine linienförmige Lagerung abgetragen, darf die linienförmige Lagerung in abhebender Richtung (Sogbelastung) durch eine punktförmige Randklemmung oder Tellerhalter mit Bohrloch nach Tafel 13.83a (Klemmteller ①) ersetzt werden. Die lichten Abstände der Klemmhalter dürfen nicht größer als 300 mm, die Klemmfläche jeweils nicht kleiner als 1000 mm² und die Glaseinstandstiefe *s* nicht kleiner als 25 mm sein. Für Tellerhalter mit Bohrloch müssen die Abstände und Glasdicken nach Tafel 13.84 eingehalten werden.

5.3.2.2 Zusätzliche Regelungen für Vertikalverglasungen nach DIN 18 008-3:2024-12, Anhang E

Die Resttragfähigkeit ist nachgewiesen für Vertikalverglasungen nach 5.3.1, die durch Tellerhalter mit Bohrung, durch Klemmhalter oder durch kombinierte Lagerung gelagert sind. Für VSG muss eine Zwischenfolie aus PVB mit einer Nenndicke von mindestens 0,76 mm verwendet werden.

5.3.3 Einwirkungen und Nachweise

- Es sind die Nachweise der Tragfähigkeit und der Gebrauchstauglichkeit nach DIN 18008-1 zu führen.
- Die Durchbiegung der Glasscheiben ist auf 1/100 der maßgebenden Stützweite zu begrenzen.
- Ein geeignetes Berechnungsverfahren ist die Finite-Elemente-Methode (FEM). Alternativ ist eine vereinfachte Berechnung nach DIN 18008-3, Anhang C, möglich.
- Für die Berechnung mit der FEM ist für gebohrte, punktgestützte Gläser ein detailliertes Rechenmodell notwendig, welches den Mindestanforderungen nach DIN 18008-3, Anhang B, genügt. Kennwerte für Werkstoffe können DIN 18008-3, Anhang A, entnommen werden. Punkthaltersteifigkeiten dürfen nach DIN 18008-3, Anhang D, ermittelt werden.
- Günstig wirkende Zugnormal- und Schubkräfte aus Reibung dürfen im Rechenmodell zwischen Glas und Zwischenlagen nicht angesetzt werden.
- Sofern keine besonderen konstruktiven Vorkehrungen getroffen werden, darf der Übergang zwischen Verglasung und Unterkonstruktion nicht als frei verschieblich angesetzt werden.

5.3.4 Finite-Elemente-Modelle

Finite-Elemente-Berechnungen sind grundsätzlich zu verifizieren und mit Referenzlösungen der DIN 18008-3:2013-07 zu vergleichen. Nur FE-Modelle und FE-Netze, welche die in der Norm angegebenen Bedingungen und Kriterien erfüllen, dürfen für die weiteren Berechnungen verwendet werden, vgl. hierzu *Bautabellen für Ingenieure*, Kapitel 7B, Abschnitt 5.3.4.

5.3.5 Vereinfachtes Verfahren für den Nachweis der Tragfähigkeit und der Gebrauchstauglichkeit von punktgestützten Verglasungen

Tafel 13.86 Formelzeichen, Symbole, Bedeutungen und Einheiten

Symbol	Bedeutung	Einheit
F_i	Auflagerkraft in Koordinatenrichtung i	N
M_i	Auflagermoment um die Koordinatenachse i	Nmm
F_{res}	Resultierende Auflagerkraft in Plattenebene aus den Kräften F_x und F_y	N
M_{res}	Resultierendes Auflagermoment aus den Momenten M_x und M_y	Nmm
r	Radius des lokalen Bereichs	mm
d	Durchmesser zylindrische Bohrung	mm
t_i	Glasdicke der Scheibe i	mm
a	Senktiefe einer 90°-Senkung für Senkkopfhalter	mm
t_i	Glasdicke der Scheibe i	mm
t_e	Ersatzscheibendicke (für monolitische Scheiben entspricht $t_e = t_i$)	mm
t_{ref}	Referenzglasdicke (= 10 mm)	mm
n	Anzahl der Einzelscheiben bei VSG	-
L	Achsabstand zweier benachbarter Punkthalter	mm
K	Abstand vom Bohrungsrand zur Plattenkante	mm
b_{Fz}	Spannungsfaktor für die Komponente F_z	-
b_{Fres}	Spannungsfaktor für die Komponente F_{res}	-
b_M	Spannungsfaktor für die Komponente M_{res}	-
σ_{Fz}	Lokale Spannungskomponente für die korrespondierende Auflagerreaktion F_z	N/mm²
σ_{Fres}	Lokale Spannungskomponente für die korrespondierende Auflagerkraft F_{res}	N/mm²
σ_{Mres}	Lokale Spannungskomponente für das korrespondierende Moment M_{res}	N/mm²
σ_g	Globale Spannungskomponente	N/mm²
max σ_1	Maximale Hauptzugspannung an der Glasoberfläche	N/mm²
k	Spannungskonzentrationsfaktor	-
k_{zyl}	Spannungskonzentrationsfaktor für zylindrische Bohrung	-
$k_{senk,k}$	Spannungskonzentrationsfaktor für Senkbohrung mit Zug am konischen Rand	-
$k_{senk,z}$	Spannungskonzentrationsfaktor für Senkbohrung mit Zug am zylindr. Rand	-
$\eta_{bFz,z,k}$	Erhöhungs- / Abminderungsfaktor für b_{Fz}	-
$\eta_{bFz,z}$	Erhöhungs- / Abminderungsfaktor für b_{Fz} für Zug am zylindr. Bohrungsrand	-
$\eta_{bFz,k}$	Erhöhungs- / Abminderungsfaktor für b_{Fz} für Zug am konischen Bohrungsrand	-
η_{bFres}	Erhöhungs- / Abminderungsfaktor für b_{Fres}	-
η_{bM}	Erhöhungs- / Abminderungsfaktor für b_M	-
T	Tellerdurchmesser	mm
δ_z	Verteilungsfaktor für die Komponente F_z	-
δ_{Fres}	Verteilungsfaktor für die Komponente F_{res}	-
δ_M	Verteilungsfaktor für die Komponente M	-
δ_g	Verteilungsfaktor für die globale Spannungskomponente σ_g	-

Anwendungsbedingungen:

- Punktförmig gelagerte Einfachverglasungen mit Tellerhaltern und Senkkopfhaltern.
- Spannungskonzentrationen an nicht zur Lastabtragung dienenden Bohrungen werden durch das Verfahren nicht abgedeckt.
- Das Lochspiel der Tellerhalter muss mindestens 1 mm betragen. Bei Senkkopfhaltern erfolgt der Kontakt zwischen dem Halter und der Bohrungsleibung ausschließlich über den Konus.

5.3.5.1 Nachweis im Grenzzustand der Tragfähigkeit

- **Nachweis im Punkthalterbereich**

Der Nachweis erfolgt für eine punktförmig, elastisch gelagerte Platte beispielsweise mit der FE-Methode. Teller- und Senkkopfhalter werden durch Balkenelemente mit Ersatzfedern (Wegfedern und Drehfedern) abgebildet, um Exzentrizitäten und Haltersteifigkeiten zu berücksichtigen. Der Nachweis im Grenzzustand der Tragfähigkeit ist nach DIN 18008-1:2020-05, 8.3, vgl. Abschnitt 5.1.9, zu führen. Die Bemessungswerte der Beanspruchung E_d sind nach Tafel 13.87a zu ermitteln.

Tafel 13.87a Nachweis im Grenzzustand der Tragfähigkeit – Punkthalterbereich

Bemessungswert der Beanspruchung E_d an der Bohrung

$$E_\mathrm{d} = \sigma_\mathrm{Fz,d} + \sigma_\mathrm{Fres,d} + \sigma_\mathrm{Mres,d} + k \cdot \sigma_\mathrm{g,d} \qquad \text{(C.1)}^{1)}$$

Lokale Spannungskomponenten

$$\sigma_\mathrm{Fz} = \frac{b_\mathrm{Fz}}{d^2} \cdot \frac{t_\mathrm{ref}^2}{t_\mathrm{i}^2} \cdot F_\mathrm{z} \cdot \eta_\mathrm{bFz,z} \qquad \text{(C.2)}^{1)}$$

$$\sigma_{Fz} = \frac{\mathrm{b_{Fz}}}{d^2} \cdot \frac{t_\mathrm{ref}^2}{t_i^2} \cdot F_\mathrm{z} \cdot \eta_\mathrm{bFz,k} \qquad \text{(C.3)}^{1)}$$

$$\sigma_{Fres} = \frac{b_\mathrm{Fres}}{d^2} \cdot \frac{t_\mathrm{ref}}{t_\mathrm{i}} \cdot F_\mathrm{res} \cdot \eta_\mathrm{bFres} \qquad \text{(C.4)}^{1)}$$

$$\sigma_{Mres} = \frac{b_\mathrm{M}}{d^3} \cdot \frac{t_\mathrm{ref}^2}{t_\mathrm{i}^2} \cdot M_\mathrm{res} \cdot \eta_\mathrm{bM} \qquad \text{(C.5)}^{1)}$$

Für Tellerhalter mit Trennmaterialien mit Steifigkeiten nach DIN 18 008-3:2024-12, Tabelle A.1, können die Spannungsfaktoren b_{Fz}, $\mathrm{b_{Fres}}$ und b_Mres Tafel 13.87b verwendet werden.

$$\eta_\mathrm{bFz,z} = \left[-0{,}010 \cdot \frac{a}{t} + 0{,}002\right] \cdot d + \left[0{,}70 \cdot \frac{a}{t} + 0{,}89\right] \qquad \text{(C.6)}^{1)}$$

$$\eta_\mathrm{bFz,k} = \left[0{,}0025 \cdot \frac{a}{t} + 0{,}002\right] \cdot d + \left[-0{,}24 \cdot \frac{a}{t} + 0{,}89\right] \qquad \text{(C.7)}^{1)}$$

$$\eta_{\mathrm{bFres:}\ 0,2 \le \frac{a}{t} \le 0,5} = \left[0{,}08 \cdot \frac{a}{t} - 0{,}014\right] \cdot d + \left[0{,}30 \cdot \frac{a}{t} + 0{,}60\right] \qquad \text{(C.8)}^{1)}$$

$$\eta_{\mathrm{bFres:}\ 0,5 < \frac{a}{t} \le 0,8} = \left[0{,}04 \cdot \frac{a}{t} + 0{,}02\right] \cdot d + \left[10 \cdot \frac{a}{t} - 3{,}5\right] \qquad \text{(C.9)}^{1)}$$

$$\eta_{\mathrm{bM:}\ 0,2 \le \frac{a}{t} \le 0,4} = \left[-0{,}024 \cdot \frac{a}{t} + 0{,}015\right] \cdot d + \left[1{,}5 \cdot \frac{a}{t} + 0{,}15\right] \qquad \text{(C.10)}^{1)}$$

$$\eta_{\mathrm{bM:}\ 0,4 < \frac{a}{t} \le 0,8} = \left[-0{,}024 \cdot \frac{a}{t} + 0{,}015\right] \cdot d + \left[1{,}8 \cdot \frac{a}{t} - 0{,}015\right] \qquad \text{(C.11)}^{1)}$$

1) Gleichungsnummer DIN 18 008-3:2024-12, Anhang C

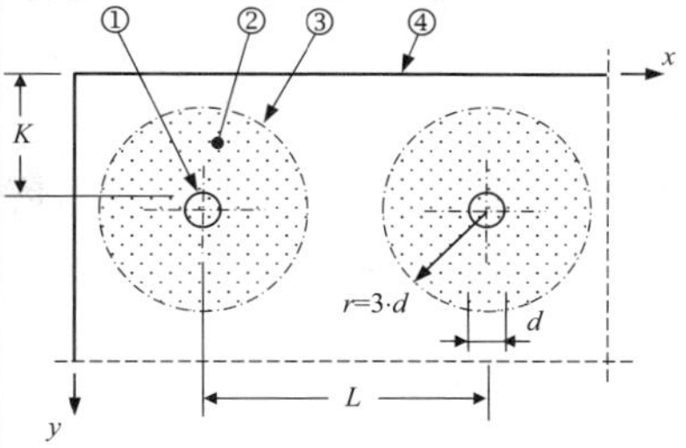

① ... Bohrung
② ... Lokaler Bereich
③ ... Begrenzung des lokalen Bereichs
④ ... Plattenrand/Glasrand

Abb. 13.87 Definition des „lokalen Bereichs“

Globaler Spannungsanteil

$$\sigma_\mathrm{g} = \max \sigma_1 \, (r = 3 \cdot d) \qquad \text{(C.12)}^{1)}$$

Der globale Spannungsanteil folgt aus der Plattenberechnung infolge der Belastung als maximale Hauptzugspannung auf der kreisförmigen Begrenzung des lokalen Bereichs, vgl. Abb. 13.87, nach (C.12).

Der Spannungskonzentrationsfaktor k ergib sich in Abhängigkeit von der Tellerhalter- bzw. Senkkopfhalterposition.

- Halter im Eckbereich
  $K < 0{,}1 \cdot L \quad \Rightarrow \quad k = 1{,}0$
  $K \ge 0{,}1 \cdot L \quad \Rightarrow \quad k$ nach Tafel 13.88a
- Halter im Durchlaufbereich
  $\Rightarrow \quad k$ nach Tafel 13.88a

Tafel 13.87b Spannungsfaktoren für eine Referenzscheibendicke t_ref = 10 mm

Bohrungsdurchmesser d in mm		**20**	**25**	**30**	**35**	**40**	**45**	**50**	**55**
b_Fz (für $T \ge d + 25$ mm)		10,10	15,80	22,75	30,98	40,47	51,22	63,24	76,53
b_Fres (für $T \ge d + 25$ mm)		3,13	3,92	4,70	5,48	6,26	7,05	7,83	8,61
Tellerdurchmesser T in mm									
50	b_M	2,77	6,17	-	-	-	-	-	-
55	b_M	2,36	5,32	10,10	-	-	-	-	-
60	b_M	2,02	4,63	8,88	15,12	-	-	-	-
65	b_M	1,75	4,06	7,85	13,47	21,26	-	-	-
70	b_M	1,52	3,57	6,98	12,09	19,18	28,54	-	-
75	b_M	1,35	3,16	6,24	10,90	17,37	25,99	36,97	-
80	b_M	1,23	2,81	5,59	9,85	15,78	23,74	33,93	46,56

Tafel 13.88a Spannungskonzentrationsfaktoren k_{zyl}, $k_{senk,k}$ und $k_{senk,z}$

Spannungskonzentrationsfaktoren k_{zyl} / $k_{senk,k} \mid k_{senk,z}$								
	Bohrungsdurchmesser d in mm							
Glasdicke t in mm	**20**	**25**	**30**	**35**	**40**	**45**	**50**	**55**
6	1,6 1,6 | 1,8	1,6 1,6 | 1,8	1,6 1,7 | 1,8	1,5 1,7 | 1,7	1,5 1,7 | 1,7	- 1,7 | 1,7	- 1,7 | 1,7	- 1,7 | 1,7
8	1,6 1,6 | 1,8	1,6 1,6 | 1,8	1,6 1,6 | 1,8	1,6 1,6 | 1,8	1,6 1,6 | 1,8	- 1,6 | 1,7	- 1,6 | 1,7	- 1,6 | 1,7
10	1,6 1,6 | 1,9	1,6 1,6 | 1,8	1,6 1,6 | 1,8	1,6 1,6 | 1,8	1,6 1,6 | 1,8	- 1,6 | 1,8	- 1,6 | 1,7	- 1,6 | 1,7
12	1,7 1,6 | 1,9	1,7 1,6 | 1,9	1,7 1,6 | 1,8	1,6 1,6 | 1,8	1,6 1,6 | 1,8	- 1,6 | 1,8	- 1,6 | 1,8	- 1,6 | 1,7
15	1,8 1,6 | 1,9	1,7 1,6 | 1,9	1,7 1,6 | 1,9	1,7 1,6 | 1,8	1,7 1,6 | 1,8	- 1,6 | 1,8	- 1,6 | 1,8	- 1,6 | 1,8

- **Nachweis im Feldbereich**

Für die Ermittlung der Beanspruchungen im Feldbereich ist von einer in Scheibenebene gelenkigen und statisch bestimmten Lagerung auszugehen. Der Bemessungswert der Beanspruchung E_d im Feldbereich der Platte folgt aus Gleichung (C.13).

C.13 [1]: $E_d = \max \sigma_{1,d}$ — $\max \sigma_{1,d}$ … maximale Hauptzugspannung an der Glasoberfläche.

- **Berechnung von VSG**

Zur Ermittlung der Auflagerreaktionen und Verformungen einer Verbundsicherheitsglasscheibe ohne Berücksichtigung der Verbundwirkung ist die Ersatzdicke t_e nach (C.14) anzusetzen.

C.14 [1]: $t_e = \sqrt[3]{\sum t_i^3}$ — t_i … Glasdicke der Scheibe i.

Der Bemessungswert der Beanspruchung E_d für den Nachweis der Tragfähigkeit der Glasschicht i im Punkthalterbereich ergibt sich für VSG nach Gleichung (C.15) mit den zugehörigen Verteilungsfaktoren δ entsprechend Tafel 13.88b.

C.15 [1]: $E_d = \delta_z \cdot \sigma_{Fz,d} + \delta_{Fres} \cdot \sigma_{Fres,d} + \delta_M \cdot \sigma_{Mres,d} + k \cdot \delta_g \cdot \sigma_{g,d}$

Tafel 13.88b Verteilungsfaktoren δ

δ_z	δ_{Fres}	δ_{Mres}	δ_g
$\frac{t_i^3}{\sum_{i=1}^n t_i^3}$	$\frac{t_i}{\sum_{i=1}^n t_i}$	$\frac{t_i^3}{\sum_{i=1}^n t_i^3}$	$\frac{t_i}{t_e}$

5.3.5.2 Nachweis im Grenzzustand der Gebrauchstauglichkeit

Der Nachweis ist nach Abschnitt 5.3.3 zu führen. Für die Ermittlung der Verformungen ist von einer in Scheibenebene gelenkigen und statisch bestimmten Lagerung auszugehen.

[1] Gleichungsnummer DIN 18008-3:2013-07, Anhang C.

5.3.6 Ganzglasanlagen

Ganzglasanlagen nach DIN 18 008-3:2024, Anhang F, sind vertikale raumtrennende, mit Rahmen versehene oder rahmenlose Glaskonstruktionen aus Einfachglas, die Türelemente mit Dreh- und/oder Schiebefunktionen enthalten. Sie befinden sich im Innenraum oder übernehmen raumabschließende Funktion nach außen. Die Glasscheiben der Ganzglasanlagen übernehmen ausfachende Funktionen. Die Scheiben dürfen Lasten in Scheibenebene abtragen. Sie wirken weder gegen Absturz noch gegen Durchsturz sichernd. Beispiele für in DIN 18 008-3:2024, Anhang F, geregelte Konstruktionen sind schematisch in Abb. 13.89 dargestellt.

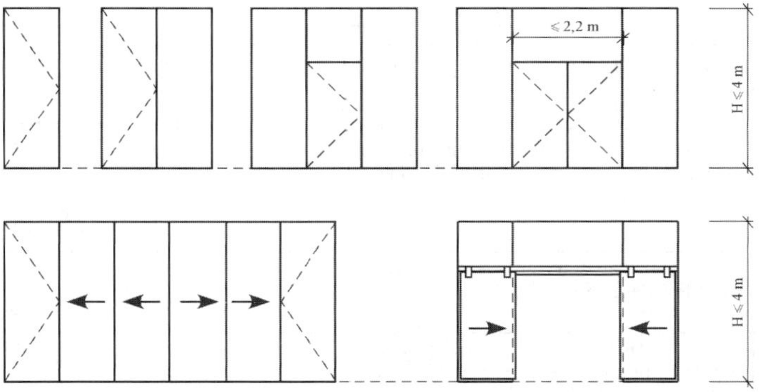

Abb. 13.89 Beispiele für Ganzglasanlagen nach DIN 18008-3:2024-12, Anhang F

Einbauhöhe, Glasmaße und Glasdicken

Die Oberkante von in der DIN 18 008-3:2024-12, Anhang F, geregelten Ganzglasanlagen ist auf eine Höhe H ≤ 4 m über der angrenzenden Verkehrsfläche begrenzt. Die maximale Fläche der einzelnen Glasscheiben beträgt 4 m². Die Glasfläche der Scheiben eines Oberlichtes ist auf maximal 2,5 m² begrenzt. Die maximalen Breiten einzelner Oberlichter betragen 2,20 m. Der Abstand zwischen Glasbohrungsrand und Scheibenkante darf das Doppelte der Einzelscheibendicke nicht unterschreiten.

In Abhängigkeit von den verwendeten Glasprodukten enthält Tafel 13.89 Angaben zu maximalen Flächen und Mindestglasdicken der Einzelscheiben der Ganzglasanlagen.

Tafel 13.89 Glasmaße und Mindestdicken der Einzelscheiben in Ganzglasanlagen

Glasprodukte	maximale Flächen und Mindestglasdicken der Einzelscheiben
ESG nach DIN EN 12150 Heißgelagertes ESG nach DIN 14179	bis 2,1 m²: 8 mm
	bis 4 m²: 10 mm
VSG nach DIN EN 14449 aus TVG nach DIN EN 1863 VSG nach DIN EN 14449 aus ESG nach DIN EN 12150 VSG nach DIN EN 14449 aus heißgelagertem ESG nach DIN EN 14179	bis 2,1 m²: 2 x 4 mm mit PVB ≥ 0,76 mm
	bis 4 m²: 2 x 5 mm mit PVB ≥ 0,76 mm

Die Nachweise der Tragfähigkeit und der Gebrauchstauglichkeit sind nach DIN 18 008-1 und DIN 18 008-2 unter Berücksichtigung von DIN 18 008-3:2024-12 zu führen. Die Nachweise dürfen experimentell, rechnerisch oder durch Einhaltung konstruktiver Randbedingungen geführt werden. Näheres dazu sowie die Randbedingungen für einen Nachweisverzicht sind den Abschnitten F.3 und F.4 der DIN 18008-3:2024-12 zu entnehmen. Für Angaben zur Lagerung und Wartung vgl. DIN 18 008-3:2024-12, Abschnitt F.2.4 bzw. Abschnitt F.5.

5.4 DIN 18 008-4:2024-12 – Teil 4: Zusatzanforderungen an absturzsichernde Verglasungen

Anwendungsbereich

- Die Norm gilt für Vertikalverglasungen und zur Angriffsseite geneigte Horizontalverglasungen mit absturzsichernder Funktion.
- Sie ist anwendbar für die Kategorien von Verglasungen gemäß Tafel 13.90.

Tafel 13.90 Kategorien absturzsichernder Verglasungen

Kategorie		Beispiele
A	Verglasungen nach DIN 18 008-2 und DIN 18 008-3, die horizontale Nutzlasten abtragen und einer der folgenden Gruppen zuzuordnen sind:	
A1	mindestens an drei Rändern linienförmig gelagert oder durch Tellerhalter oder kombiniert linienförmig und mit Tellerhaltern gelagertes Glaselement, das nicht A2 oder A3 entspricht	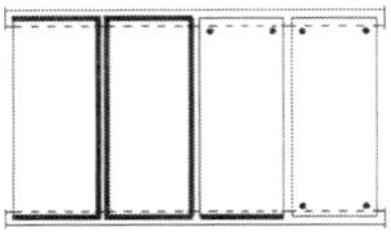
A2	nur am unteren Rand mittels Klemmung oder Tellerhaltern eingespanntes Glaselement	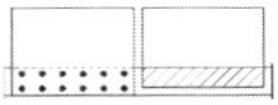
A3	an mindestens zwei gegenüberliegenden Rändern entweder linienförmig oder mittels Senkkopfhaltern oder mittels Randklemmhaltern oder mittels Kombinationen vorgenannter Lagerungsarten, auch mit Tellerhaltern gehaltenes Glaselement	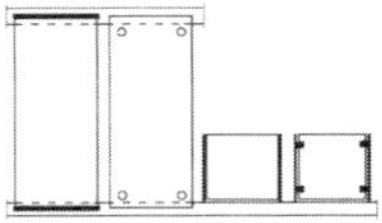
B	Verglasungen nach DIN 18 008-2 und DIN 18 008-3, die horizontale Nutzlasten indirekt abtragen. Die einzelnen Scheiben sind durch einen durchgehenden Handlauf in erforderlicher Höhe verbunden. Der Handlauf kann auf der oberen Scheibenkante oder durch Teller- oder Senkkopfhalter nach DIN 18 008-3 befestigt sein.	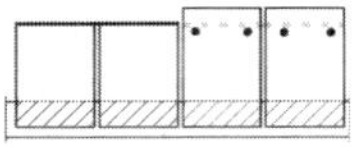
C	Verglasungen nach DIN 18 008-2 und DIN 18 008-3, die keine horizontalen Nutzlasten in erforderlicher Höhe abtragen. Die Verglasung ist nur Füllelement und der Handlauf ist an die angrenzende Baukonstruktion (z.B. Stahlpfosten, Betonwand) angeschlossen. Die Verglasungen entsprechen einer der folgenden Gruppen:	
C1	Geländerausfachungen	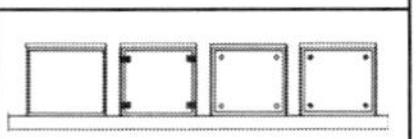
C2	Verglasungen unterhalb eines in erforderlicher Höhe angeordneten lastabtragenden Querriegels	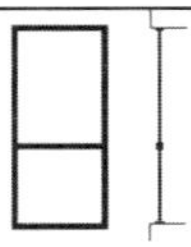
C3	Verglasungen mit in erforderlicher Höhe vorgesetztem, lastabtragendem Holm	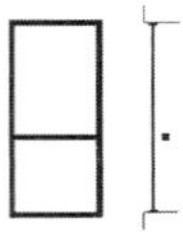
Anmerkung: Die erforderliche Höhe des Handlaufs kann von der Höhe ggf. erforderlicher lastabtragender Querriegel oder von der Höhenlage einer zu berücksichtigenden horizontalen Einwirkung abweichen. Die Mindesthöhe der Umwehrung ergibt sich aus den bauordnungsrechtlichen Vorschriften oder aus Sondervorschriften.		

5.4.1 Bauprodukte, Anwendungsbedingungen und Konstruktion

- Sofern DIN 18 008-1, DIN 18 008-2 und DIN 18 008-3 die Verwendung von heißgelagertem Einscheiben-Sicherheitsglas nach DIN 18 008-2:2020-05, 4.3, 3. Spiegelstrich, vorsehen, ist dies auch für absturzsichernde Verglasungen vorzusehen, auch wenn nachfolgend einheitlich der Begriff Einscheiben-Sicherheitsglas (ESG) verwendet wird.
- Die Dicken der für die Herstellung von Verbundsicherheitsglas (VSG) verwendeten Glasscheiben dürfen maximal um den Faktor 1,7 voneinander abweichen.
- Verwendbare Glasarten für die Kategorien A, B und C siehe Tafel 13.91

Tafel 13.91 Verwendbare Glasarten

Kategorie	Verwendbare Glasarten
A, B und C	• Einfachverglasungen müssen aus VSG bestehen. • Für die stoßzugewandte Seite (Angriffsseite) von Mehrscheiben-Isolierglas (MIG) darf nur VSG, ESG oder Verbundglas (VG) aus ESG verwendet werden. • Mindestens ein Einfachglas eines MIG muss aus VSG bestehen. • MIG mit ESG auf der Angriffsseite dürfen unmittelbar hinter dieser Scheibe grob brechende Glasarten (z. B. Floatglas, TVG) enthalten, wenn beim Pendelschlagversuch kein Glasbruch der angriffsseitigen ESG-Scheibe auftritt.
abweichend davon nur für C1 und C2	• Allseitig linienförmig gelagerte Einfachverglasungen dürfen auch in ESG ausgeführt werden. • Für MIG darf für die stoßzugewandte Seite auch ESG oder VG aus ESG verwendet werden. Für die anderen Scheiben können alle nach DIN 18 008-2 und DIN 18 008- 3 zulässigen Glaserzeugnisse verwendet werden.

- Bei Mehrscheiben-Isolierverglasungen der Kategorie B muss der Handlauf mindestens im VSG befestigt sein.
- Die Notwendigkeit eines Kantenschutzes ergibt sich aus den Nachweisen nach Abschnitt 5.4.2.
- Der Kantenschutznachweis gilt als erfüllt, wenn alle zugänglichen Kanten der Verglasung entweder durch die Lagerung (z.B. Pfosten, Riegel) oder durch dauerhaft ausreichend widerstandsfähige Kantenschutzprofile nach Abb. 13.91 oder durch direkt angrenzende Bauteile (z.B. benachbarte Wände, Decken oder Glasscheiben) geschützt sind. Der Abstand der ungeschützten Glaskante vom angrenzenden Bauteil darf nicht mehr als 30 mm betragen.
- Der Nachweis eines dauerhaft ausreichend widerstandsfähigen Kantenschutzes — abweichend von Profilen gemäß Abb. 13.91 — muss nach DIN 18 008-4:2024-12, Anhang E, geführt werden.
- Der Kantenschutznachweis gilt für Kategorie A1 und Kategorie C als erfüllt, wenn VSG-Gläser durch Tellerhalter nach DIN 18 008- 3 auch bei Glasbruch sicher in ihrer Lage gehalten werden.

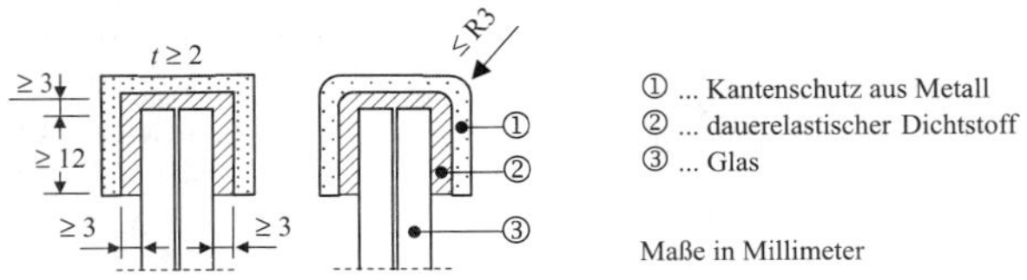

Abb. 13.91 Wirksamer Kantenschutz, nachgewiesen durch Versuche

5.4.2 Einwirkungen und Nachweise

Es sind die Nachweise für statische Einwirkungen und die Nachweise für stoßartige Einwirkungen zu führen. Abhängig von der Kategorie der absturzsichernden Verglasung und der Erfüllung des Kantenschutznachweises müssen jeweils unterschiedliche Szenarien nachgewiesen werden.

5.4.2.1 Grenzzustand der Tragfähigkeit für statische Einwirkungen

- Die ausreichende Tragfähigkeit von Glas unter planmäßigen Lasten ist nach DIN 18 008-1, 8.3, vgl. Abschnitt 5.1.9, nachzuweisen. Für den Nachweis der Haltekonstruktion unter planmäßigen Lasten gelten die einschlägigen Regelwerke.

- Außer dem Nachweis für die ständige / vorübergehende Bemessungssituation (GZT-P) ist der Nachweis für die außergewöhnliche Bemessungssituation (GZT-A) zu führen. Die Nachweisführung hängt von der Wirksamkeit des Kantenschutzes ab.
- Die Nachweisführung für Kategorie A enthält Abb. 13.92a. Für Kategorie B ist die Nachweisführung in Abb. 13.92b und für Kategorie C in Abb. 13.93 dargestellt. Das Führen der Nachweise der Stoßsicherheit durch Berechnung ist hierbei nur für linienförmig gelagerte Verglasungen nach DIN 18 008- 4:2024-12, Anhang C, unter Einhaltung der konstruktiven Bedingungen möglich.

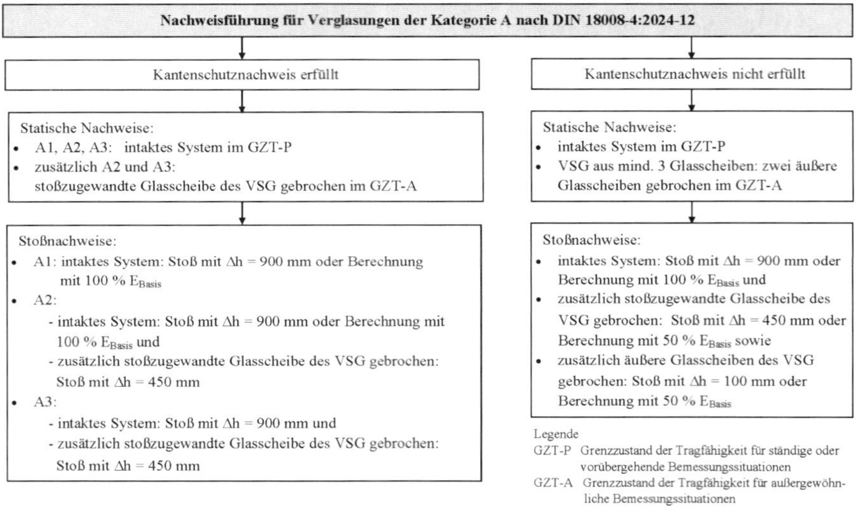

Abb. 13.92a Nachweisführung für Kategorie A

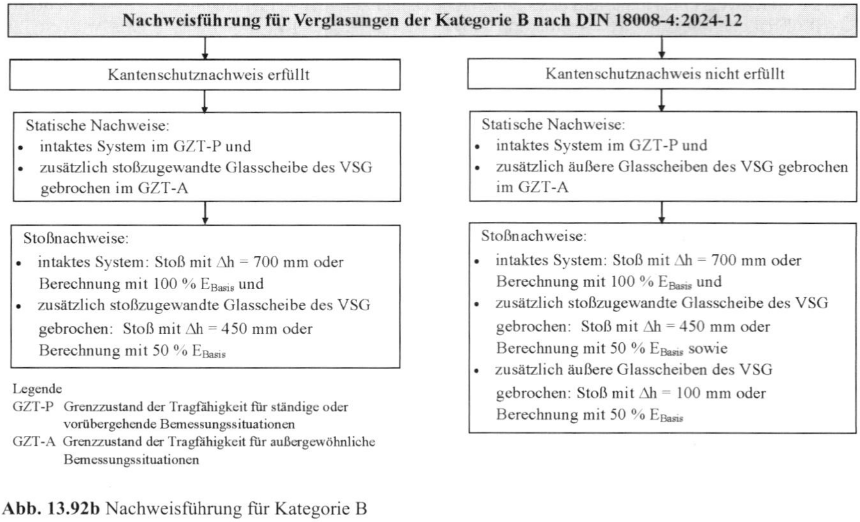

Abb. 13.92b Nachweisführung für Kategorie B

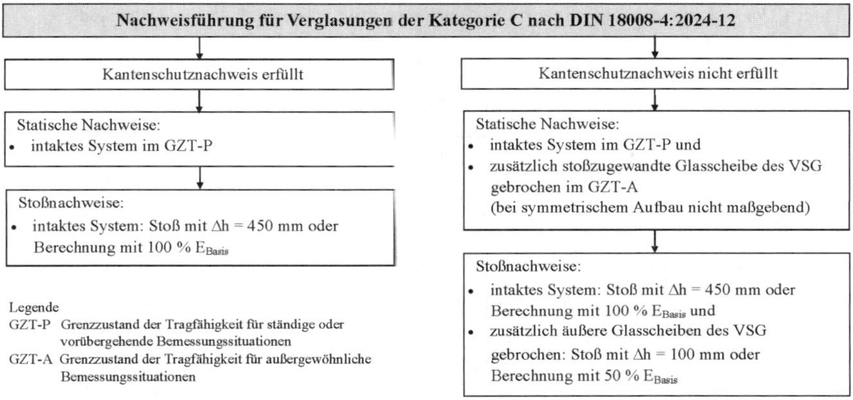

Abb. 13.93 Nachweisführung für Kategorie C

5.4.2.2 Grenzzustand der Tragfähigkeit für stoßartige Einwirkungen

- Für absturzsichernde Verglasungen ist stets der Nachweis der ausreichenden Tragfähigkeit unter stoßartigen Einwirkungen zu führen. Dieser Nachweis darf für Verglasungskonstruktionen (Glasaufbau und unmittelbare Befestigungen) experimentell mittels Pendelschlagversuch nach DIN 18 008-4:2024-12, Anhang A, geführt werden. Hierbei sind die Pendelfallhöhen nach Tafel 13.93 anzusetzen.
- Die Auftreffstellen und weitere Bedingungen für den Nachweis der Stoßsicherheit durch Bauteilversuche sind DIN 18 008-4:2024-12, Anhang A, zu entnehmen.

Tafel 13.93 Pendelfallhöhen *h* für die Kategorien für unterschiedliche Szenarien

Kategorien	A mm	B mm	C mm
Intakte Glasscheiben	900	700	450
Stoßzugewandte Scheibe gebrochen	450	450	-
Beide äußeren Glasscheiben gebrochen	100	100	100

- Alternativ darf der Nachweis durch Einhaltung konstruktiver Bedingungen (siehe Abschnitt 5.4.3) oder rechnerisch (siehe Abschnitt 5.4.4 ff.) geführt werden. Für den Nachweis der Glasbefestigungen (z.B. Klemmleisten, Verschraubung, Halter) gelten die Abschnitte 5.4.3.1 und 5.4.3.2.
- Größenbeschränkung: Für Verglasungen mit kleinster lichter Öffnungsweite zwischen tragfähigen Bauteilen (z.B. massive Gebäudeteile, Pfosten, Riegel, vorgesetzte Kniestäbe) für Kategorie A von höchstens 300 mm und für die Kategorien B und C von höchstens 500 mm braucht die Stoßsicherheit nicht nachgewiesen zu werden

5.4.3 Konstruktionen, deren Stoßsicherheit durch Versuche erbracht ist

5.4.3.1 Linienförmig gelagerte Verglasungen der Kategorien A und C

Die in Tafel 13.94 aufgeführten linienförmig gelagerten Verglasungen gelten unter den nachfolgend aufgeführten Bedingungen als stoßsicher im Sinne dieser Norm:

- Glaseinstand: allseitige Lagerung ≥ 12 mm; zweiseitige Lagerung ≥ 18 mm.
- Scheibenzwischenraum (SZR) von Isoliergläsern: 12 mm ≤ SZR ≤ 20 mm.
- Die Verglasungen dürfen nicht durch Bohrungen oder Ausnehmungen geschwächt sein.
- Glasscheiben dürfen keine die Festigkeit reduzierende Oberflächenbehandlung (z.B. Emaillierung) besitzen.
- Die Verglasungen müssen eben sein. Zulässige Abweichungen von der Rechteckform nach Abb. 13.95a..

Tafel 13.94 Linienförmig gelagerte Verglasungen mit nachgewiesener Stoßsicherheit

Kat.	Typ	Lagerung	Breite min.	Breite max.	Höhe min.	Höhe max.	Glasaufbau von Angriff- nach Absturzseite	
1	2	3	4	5	6	7	8	
A	MIG	Allseitig	500	1300	1000	2500	8 ESG/ SZR/ 4 FG/ 0,76 PVB/ 4 FG	1[1)]
			1000	2000	500	1300	8 ESG/ SZR/ 4 FG/ 0,76 PVB/ 4 FG	2[1)]
			900	2000	1000	3000	8 ESG/ SZR/ 5 FG/ 0,76 PVB/ 5 FG	3[1)]
			1000	2500	900	2000	8 ESG/ SZR/ 5 FG/ 0,76 PVB/ 5 FG	4[1)]
			1100	1500	2100	2500	5 FG/ 0,76 PVB/ 5 FG/ SZR/ 8 ESG	5
			2100	2500	1100	1500	5 FG/ 0,76 PVB/ 5 FG/ SZR/ 8 ESG	6
			900	2500	1000	4000	8 ESG/ SZR/ 6 FG/ 0,76 PVB/ 6 FG	7[1)]
			1000	4000	900	2500	8 ESG/ SZR/ 6 FG/ 0,76 PVB/ 6 FG	8[1)]
			300	500	1000	4000	4 ESG/ SZR/ 4 FG/ 0,76 PVB/ 4 FG	9[1)]
			300	500	1000	4000	4 FG/ 0,76 PVB/ 4 FG/ SZR/ 4 ESG	10
	Einfach	Allseitig	500	1200	1000	2000	6 FG/ 0,76 PVB/ 6 FG	11
			500	2000	1000	1200	6 FG/ 0,76 PVB/ 6 FG	12
			500	1500	1000	2500	8 FG/ 0,76 PVB/ 8 FG	13
			500	2500	1000	1500	8 FG/ 0,76 PVB/ 8 FG	14
			1000	2100	1000	3000	10 FG/ 0,76 PVB/ 10 FG	15
			1000	3000	1000	2100	10 FG/ 0,76 PVB/ 10 FG	16
			300	500	500	3000	6 FG/ 0,76 PVB/ 6 FG	17
C1 und C2	MIG	Allseitig	500	2000	500	1100	6 ESG/ SZR/ 4 FG/ 0,76 PVB/ 4 FG	18[1)]
			500	1500	500	1100	4 FG/ 0,76 PVB/ 4 FG/ SZR/ 6 ESG	19
		Zweiseitig, oben u. unten	1000	bel.	500	1100	6 ESG/ SZR/ 5 FG/ 0,76 PVB/ 5 FG	20[1)]
	Einfach	Allseitig	500	2000	500	1100	5 FG/ 0,76 PVB/ 5 FG	21
		Zweiseitig, oben u. unten	1000	bel.	500	800	6 FG/ 0,76 PVB/ 6 FG	22
			800	bel.	500	1100	5 ESG/ 0,76 PVB/ 5 ESG	23
			800	bel.	500	1100	8 FG/ 1,52 PVB/ 8 FG	24
		Zweiseitig, links u. rechts	500	800	1000	1100	6 FG/ 0,76 PVB/ 6 FG	25
			500	1100	800	1100	6 ESG/ 0,76 PVB/ 6 ESG	26
			500	1100	800	1100	8 FG/ 1,52 PVB/ 8 FG	27
C3	MIG	Allseitig	500	1500	1000	3000	6 ESG/ SZR/ 4 FG/ 0,76 PVB/ 4 FG	28[1)]
			500	1300	1000	3000	4 FG/ 0,76 PVB/ 4 FG/ SZR/ 12 ESG	29
	Einfach	Allseitig	500	1500	1000	3000	5 FG/ 0,76 PVB/ 5 FG	30

Alle Maße in Millimeter.

Bezeichnungen:

MIG	Mehrscheiben-Isolierverglasung
einfach	Einfachverglasung
SZR	Scheibenzwischenraum, mindestens 12 mm, höchstens 20 mm
FG	Floatglas
ESG	Einscheibensicherheitsglas
PVB	Polyvinylbutyral-Folie
bel.	beliebig

Die genannten Glas- und Foliendicken dürfen überschritten werden. Anstelle von VSG aus Floatglas (FG) darf VSG aus teilvorgespanntem Glas (TVG) mindestens gleicher Dicke verwendet werden.

[1)] Die in den Zeilen 1, 2, 3, 4, 7, 8, 9, 18, 20 und 28 aufgeführten Mehrscheibenisoliergläser dürfen ohne weitere Prüfung als ausreichend stoßsicher angesehen werden, wenn sie um eine oder mehrere ESG- oder ESG-H-Scheiben im Scheibenzwischenraum ergänzt werden.

- Wird die Verglasung in Stoßrichtung durch Klemmleisten gelagert, müssen diese hinreichend steif sein und aus Metall bestehen. Die Klemmleisten sind in einem Abstand von höchstens 300 mm mit metallischer Verschraubung an der Tragkonstruktion zu befestigen. Die charakteristische Auszugskraft der Verschraubung muss mindestens 3 kN betragen. Bei kleineren Schraubenabständen dürfen Verschraubungen geringerer Auszugskraft verwendet werden, wenn die resultierende Auszugskraft der Verschraubung 10 kN/m nicht unterschreitet.
- Die anderen Rahmensysteme dürfen als ausreichend tragfähig angesehen werden, wenn der stoßbeanspruchte Glasfalzanschlag einer statischen Ersatzlast von $q_d = 10$ kN/m standhält.

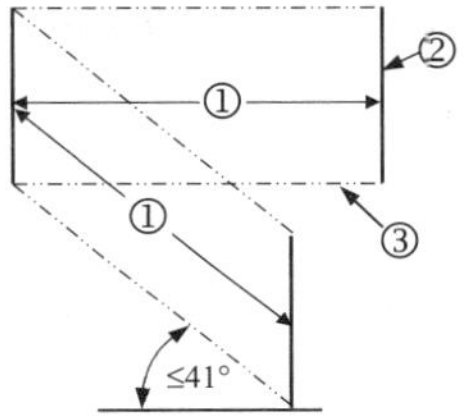

Abb. 13.95a Zulässige Abweichung von der Rechteckform am Beispiel einer zweiseitig gelagerten Verglasung

5.4.3.2 Punktförmig gelagerte Verglasungen der Kategorien A und C

Die in Tafel 13.96 aufgeführten, durch Tellerhalter gelagerten Verglasungen gelten unter den nachfolgend aufgeführten Bedingungen als stoßsicher im Sinne dieser Norm:

- Es dürfen nur ebene VSG-Einfachverglasungen mit 1,52 mm PVB-Folie verwendet werden.
- Scheiben von VSG dürfen keine festigkeitsreduzierende Oberflächenbehandlung (z.B. Emaillierung) besitzen.
- Außer Bohrungen für die Tellerhalter dürfen die Scheiben keine Bohrungen und Ausnehmungen enthalten.
- Das in Tafel 13.96 vorgegebene Stützenraster und die Bedingungen nach Abb. 13.95b sind einzuhalten; die Größe der Verglasungen ist nicht beschränkt.
- Die Verglasungen müssen durch Tellerhalter nach Teil 3 dieser Norm mit einem beidseitigen Tellerdurchmesser von mindesten 50 mm gehalten werden. Sind die horizontalen und vertikalen Abstände der Tellerhalter größer als 1200 mm, so müssen Teller mindestens einen Durchmesser von 70 mm aufweisen.
- Die charakteristische Tragkraft jeder Glashalterung muss mindestens 2,8 kN betragen.

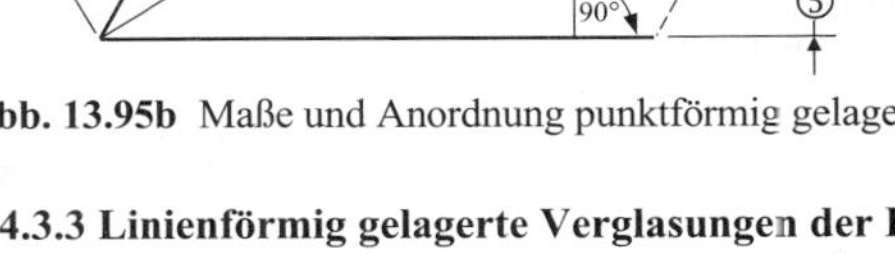

Abb. 13.95b Maße und Anordnung punktförmig gelagerter Verglasungen

5.4.3.3 Linienförmig gelagerte Verglasungen der Kategorie B

Glasbrüstungen der Kategorie B gelten bei Einhaltung der nachfolgend genannten Bedingungen als stoßsicher im Sinne der DIN 18 008-4:

- Die Verglasungen müssen eben sein und dürfen außer durch Bohrungen für die Befestigung am Boden und Handlauf keine zusätzlichen Bohrungen oder Ausnehmungen aufweisen.

- Es darf nur VSG aus mindestens 2 × 10 mm ESG oder TVG ohne festigkeitsreduzierende Oberflächenbehandlung mit einer mindestens 1,52 mm dicken PVB-Folie verwendet werden.
- Für die Breite der VSG-Scheiben gilt: 500 mm ≤ b ≤ 2000 mm. Die freie Kragarmlänge darf 1100 mm nicht überschreiten.
- Die zulässigen Abweichungen von der Rechteckform nach Abb. 13.96a sind einzuhalten.

Tafel 13.96 Punktförmig gelagerte Verglasung mit nachgewiesener Stoßsicherheit

Kategorie	Glasaufbau VSG	Maximaler Abstand benachbarter Punkthalter in mm	
		x-Richtung	y-Richtung
A	2 × 10 mm TVG	1200	1600
	2 × 8 mm ESG	1200	1600
	2 × 10 mm ESG	1600	1800
	2 × 10 mm ESG	800	2000
C	2 × 6 mm TVG	1200	700
	2 × 8 mm TVG	1600	800
	2 × 6 mm ESG	1200	700
	2 × 8 mm ESG	1600	800

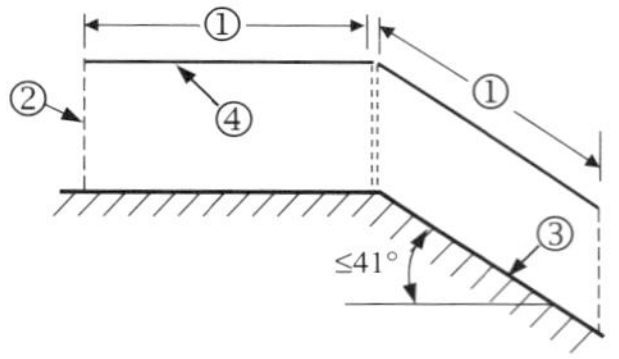

① ... Breite der VSG-Verglasung
② ... freie Kante
③ ... gelagerte Kante
④ ... Holm

Abb. 13.96a Zulässige Abweichungen von der Rechteckform

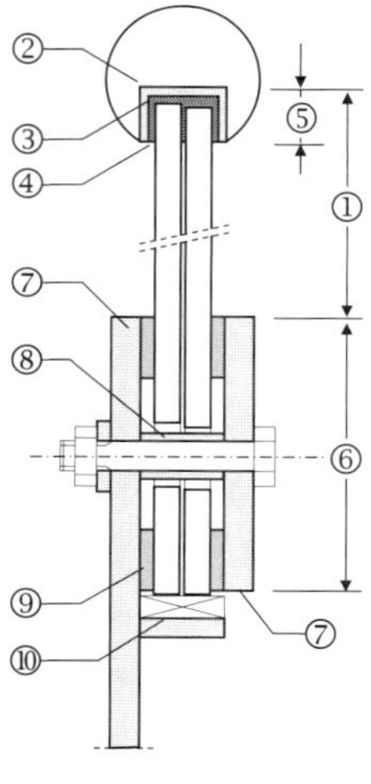

Legende

① ... freie Kragarmlänge ≤ 1100 mm

Konstruktionsmerkmale Handlauf

② ... Tragendes U-Profil mit beliebigem nichttragendem Aufsatz oder tragendem metallischem Handlauf mit integriertem U-Profil;
③ ... Verhinderung von Glas-Metall-Kontakt durch in das U-Profil eingelegten druckfesten Elastomerstreifen (Abstand maximal 300 mm);
④ ... Verbindung des Handlaufs mit den Scheiben durch Verfüllung des verbleibenden Hohlraums im U-Profil mit Dichtstoffen der Gruppe E nach DIN 18 545-2;
⑤ ... Glaseinstand im U-Profil ≥ 15 mm

Konstruktionsmerkmale Einspannung

⑥ ... Einspannhöhe ≥ 100 mm;
⑦ ... Klemmblech aus Stahl (Dicke ≥ 12 mm), Verschraubungsabstand in Längsrichtung ≤ 300 mm, Glasbohrung mittig zum Klemmblech (25 mm ≤ d ≤ 35 mm);
⑧ ... Kunststoffhülse über Verschraubung;
⑨ ... in Längsrichtung durchgehende Zwischenlagen aus druckfestem Elastomer;
⑩ ... Klotzung am unteren Ende der Scheibe.

Die Konstruktionsmerkmale sind ein Beispiel, die Klemmung der Glasscheiben darf auch über andere hinreichend steife Haltekonstruktionen realisiert werden.

Abb. 13.96b Prinzipdarstellung für Glasbrüstung Kategorie B

5.4.4 Nachweis der Stoßsicherheit von Glasaufbauten durch Berechnung

Die DIN 18 008-4 lässt den rechnerischen Nachweis ausreichender Tragfähigkeit unter stoßartigen Einwirkungen (weicher Stoß) für Kalk-Natronsilicatgläser für zwei-, drei- und vierseitig linienförmig gelagerte, rechteckige ebene Verglasungen zu. Der Nachweis kann mit einem vereinfachten Verfahren oder einer volldynamischen transienten Simulation des Stoßvorganges rechnerisch geführt werden. Für zweiseitig linienförmig gelagerte Einfachverglasungen ist der rechnerische Nachweis auf Kategorie C beschränkt.

Einzelheiten zu den Nachweisen sind in DIN 18 008-4, Anhang C, geregelt, vgl. hierzu *Bautabellen für Ingenieure*, Kapitel 7B, Abschnitt 5.4.4 bis Abschnitt 5.4.6.

5.5 DIN 18 008-5:2024-12 – Teil 5: Zusatzanforderungen an begehbare Verglasungen

Anwendungsbereich

- *Begehbare Verglasungen* mit ausschließlich planmäßigem Personenverkehr bei üblicher Nutzung und einer lotrechten Nutzlast von höchstens 5 kN/m² nach DIN EN 1991-1:2021-10, 6.3 und DIN EN 1991-1-1/NA:2010-12, 6.3 wie z. B. für Treppen, Podeste, Stege und Abdeckungen von Lichtschächten.
- Für Verglasungen, die befahren werden sollen, hohen Dauerlasten ausgesetzt sind oder die aufgrund der Nutzungsbedingungen einer erhöhten Stoßgefahr ausgesetzt sind, gelten weitergehende Anforderungen.

5.5.1 Bauprodukte, Anwendungsbedingungen und Konstruktion

- Es darf nur Verbundsicherheitsglas (VSG) aus mindestens drei Scheiben verwendet werden.
- Die Verglasung muss abhängig von den örtlichen Gegebenheiten ausreichend rutschsicher sein. Weitergehende Anforderungen Dritter (z.B. Arbeitsschutz) bleiben unberührt.
- Die Verglasungen sind in ihrer Lage zu halten und sofern erforderlich gegen Abheben zu sichern.
- Die Haltekonstruktionen müssen unter Beachtung baupraktischer Toleranzen eine zwängungsfreie Montage der Scheiben mit ausreichendem Glaseinstand sicherstellen.

5.5.2 Einwirkungen und Nachweise

5.5.2.1 Grenzzustand für statische Einwirkungen

- Die Tragfähigkeit und Gebrauchstauglichkeit der begehbaren Verglasungen und deren Stützkonstruktionen sind für die Einwirkungen rechnerisch nachzuweisen. Die anzusetzenden Flächen- und Einzellasten richten sich nach der jeweiligen Nutzungskategorie und sind DIN EN 1991-1-1 und DIN EN 1991-1-1/NA zu entnehmen.
- Die Verglasung ist statisch nach DIN 18 008-1, DIN 18 008-2 und DIN 18 008-3 dieser Norm nachzuweisen. Für Treppen und Treppenpodeste (Personenverkehr) gilt $k_{mod} = 0{,}7$ (vgl. Tafel 13.69). Davon abweichende Beanspruchungsdauern sind durch entsprechende k_{mod} zu berücksichtigen.
- Zusätzlich ist die Lastfallkombination „Eigengewicht + Einzellast“ (Aufstandsfläche 50 mm × 50 mm) in ungünstigster Laststellung zu untersuchen.
- Der Tragfähigkeitsnachweis nach DIN 18 008-1 ist unter der Annahme zu führen, dass alle Scheiben intakt sind.
- Zusätzlich ist der Nachweis auch für die außergewöhnlichen Bemessungssituationen nach DIN EN 1990:2021-10, 6.4.3.3, und DIN EN 1990/NA:2012-12, 6.4.3.3, zu führen. Dabei wird angenommen, dass die obere Scheibe gebrochen ist und nicht mitträgt.
- Als Gebrauchstauglichkeitsnachweis ist eine Durchbiegung von 1/200 der maßgebenden Stützweite anzusetzen.

5.5.2.2 Grenzzustände für stoßartige Einwirkungen und Resttragfähigkeit

- Die ausreichende Stoßsicherheit und die Resttragfähigkeit sind in der Regel durch Bauteilversuche zu belegen. Das Vorgehen bei experimentellem Nachweis ist im Anhang A der DIN 18 008-5 angegeben.
- Glasaufbauten und Abmessungen, für die der Nachweis der Resttragfähigkeit erbracht ist, sind in Tafel 13.98 aufgeführt.
- Bei Konstruktionen mit einem lichten Abstand zu darunterliegenden flächenhaften tragenden Bauteilen von höchstens 50 cm kann auf Bauteilversuche zum Nachweis der Resttragfähigkeit verzichtet werden.
- Alternativ darf die Verkehrssicherheit bei Glasbruch durch nachgewiesene Maßnahmen, die ein Herabfallen von Glassplittern auf die Verkehrsflächen verhindern, sichergestellt werden.

5.5.3 Konstruktionen, deren Stoßsicherheit und Resttragfähigkeit durch Versuche bereits erbracht ist

- Bei Einhaltung der Anwendungsbedingungen nach Abschnitt 5.5.1 und der Nachweise nach Abschnitt 5.5.2 gilt der Nachweis der Stoßsicherheit und Resttragfähigkeit für die in Tafel 13.98 aufgeführten Konstruktionen für eine rechnerische Nutzlast von 5,0 kN/m² als erbracht.
- Für Verglasungen, die von einer Rechteckform abweichen, gelten die Maße des umschließenden Rechtecks.
- Abweichend von Tafel 13.98 dürfen auch größere Scheiben verwendet werden, wenn diese durch kontinuierliche linienförmige Zwischenstützungen so unterteilt werden, dass die für den jeweiligen Glasaufbau geltenden Abmessungsbegrenzungen von jedem Feld eingehalten werden.
- Die Verglasungen sind entlang der Ränder durchgehend linienförmig zu lagern. Die Kanten müssen durch Stützkonstruktionen oder angrenzende Scheiben vor Stößen geschützt sein.

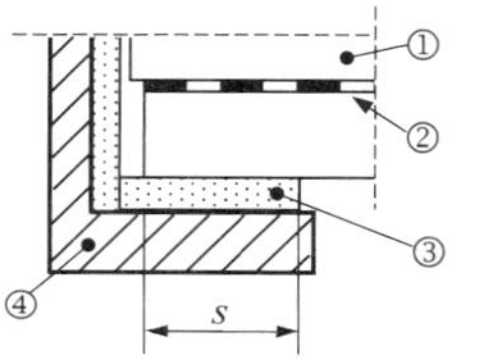

① ... Verglasung
② ... PVB-Folie, 1,52 mm
③ ... Auflagerzwischenlagen aus Elastomeren, z.B. Silikon oder EPDM, 5 mm bis 10 mm dick
④ ... Linienlager
s ... Auflagertiefe, 30 mm bis 35 mm

Abb. 13.98 Darstellung der Auflagertiefe

- Bei Glasaufbauten nach Tafel 13.98 darf für die tragenden Glasscheiben an Stelle von Floatglas (FG) auch TVG verwendet werden.
- Für die oberste Scheibe des VSG-Aufbaus der in Tafel 13.98 angegebenen Verglasungen darf an Stelle von TVG auch ESG bzw. ESG-H verwendet werden. Mit Ausnahme der obersten Oberfläche dürfen die einzelnen Glasscheiben keine die Festigkeit reduzierende Oberflächenbehandlung (z.B. Emaillierung) aufweisen.
- Die Auflagerzwischenlagen müssen zwischen 5 mm und 10 mm dick sein und aus Elastomeren (z.B. Silikon, EPDM) bestehen.

Tafel 13.98 **Allseitig linienförmig gelagerte planmäßig begehbare Verglasungen mit nachgewiesener Stoßsicherheit und Resttragfähigkeit**

max. Länge in mm	**max. Breite** in mm	**VSG-Aufbau** von oben nach unten in mm	**Auflagertiefe *s*** in mm mind.
1500	400	8 TVG / 1,52 PVB / 10 FG / 1,52 PVB / 10 FG	30
1500	750	8 TVG / 1,52 PVB / /12 FG / 1,52 PVB / 12 FG	30
1250	1250	8 TVG / 1,52 PVB / 10 TVG / 1,52 PVB / 10 TVG	35
1500	1500	8 TVG / 1,52 PVB / 12 TVG / 1,52 PVB / 12 TVG	35
2000	1400	8 TVG / 1,52 PVB / 15 FG / 1,52 PVB / 15 FG	35

5.5.4 Nachweis der Stoßsicherheit und Resttragfähigkeit durch Bauteilversuche

- Experimentelle Nachweise der Stoßsicherheit und Resttragfähigkeit regelt DIN 18008-5:2024-12, Anhang A, vgl. hierzu *Bautabellen für Ingenieure*, Kapitel 7B, Abschnitt 5.5.4.

5.6 DIN 18 008-6:2018-02 – Teil 6: Zusatzanforderungen an zu Instandhaltungsmaßnahmen betretbare und an durchsturzsichere Verglasungen

Anwendungsbereich

- Anforderungen an Verglasungen, die zu Instandhaltungsmaßnahmen betreten werden oder durchsturzsicher sind.

- Linienförmig oder punktförmig gelagerte betretbare Verglasungen mit den konstruktiven Randbedingungen nach DIN 18 008-2 und DIN 18 008-3.

5.6.1 Begriffe, Bauprodukte und Anwendungsbedingungen

- *Betretbare Verglasungen* sind Verglasungen, die für Reinigungs- und Instandhaltungsmaßnahmen zeitweise betreten werden können und nicht öffentlich zugänglich sind.
- *Durchsturzsichere Verglasungen* sind Verglasungen, die bestimmungsgemäß nicht betreten werden, die jedoch in der Nähe von Flächen liegen, welche für Reinigungs- und Instandhaltungsmaßnahmen betreten werden können.
- Hinsichtlich der verwendbaren Bauprodukte gelten die Regelungen der DIN 18 008-2 und DIN 18 008-3 für Horizontalverglasungen. Abweichend von diesen Bedingungen ist die Verwendung von Drahtglas ausgeschlossen.
- Bei Isolierverglasungen ist das oberste Einfachglas entweder in ESG oder in VSG auszuführen.
- Für die Durchführung von Instandhaltungsmaßnahmen dürfen betretbare Verglasungen nur durch **eine** einzelne Person begangen werden. Der Transport schwererer Gegenstände mit einer Masse größer als 4,0 kg (Ausnahme: wassergefüllter 10-l-Kunststoffeimer) mit direkter Betretung der ungeschützten Verglasung ist unzulässig.

Tafel 13.99 Abgrenzung durchsturzsicher – betretbar nach DIN 18008-6:2018-02

Verglasung auf dem gleichen Niveau wie Arbeitsfläche oder Verkehrsweg	Verglasung auf anderem Niveau als Arbeitsfläche oder Verkehrsweg	Geneigte Verglasung neben Arbeitsfläche oder Verkehrsweg
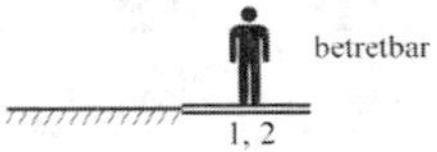 a < 2,0 m: durchsturzsicher a ≥ 2,0 m: keine Anforderung 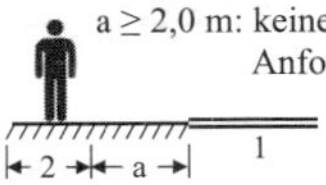	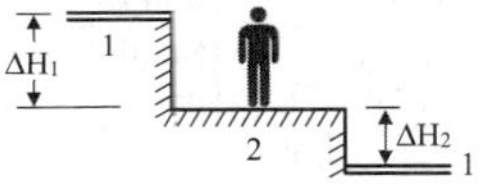 $\Delta H_1 < 0{,}9$ m: durchsturzsicher $\Delta H_1 \geq 0{,}9$ m: keine Anforderung $\Delta H_2 \leq 0{,}3$ m: durchsturzsicher $\Delta H_2 > 0{,}3$ m: nicht Teil der Norm	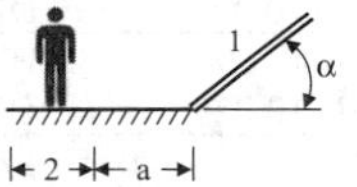 a < 2,0 m: durchsturzsicher für $0° < \alpha \leq 100°$ a ≥ 2,0 m: keine Anforderung
Legende: 1 ... Verglasung 2 ... Arbeitsfläche oder Verkehrsweg a, ΔH ... Abstand zwischen Verglasung und Arbeitsfläche		

5.6.2 Einwirkungen und Nachweise

An betretbare und durchsturzsichere Verglasungen werden Anforderungen an die Tragfähigkeit, die Stoßsicherheit und die Resttragfähigkeit gestellt.

5.6.2.1 Grenzzustand der Tragfähigkeit für statische Einwirkungen

- Die Tragfähigkeit begehbarer Verglasungen und deren Haltekonstruktionen sind für planmäßige statische Einwirkungen nach DIN 18 008-1 unter Berücksichtigung von DIN 18 008-2 bzw. DIN 18008-3 nachzuweisen. Zusätzlich zu den Einwirkungen aus Wind, Schnee und Eigengewicht ist eine Nutzlast als Einzellast von $Q_k = 1{,}5$ kN, verteilt auf 10 cm x 10 cm, an ungünstigster Stelle anzusetzen.
- Einwirkungen aus Wind und Schnee müssen allgemein nicht mit denen aus Nutzlast überlagert werden. Sofern kein genauer Nachweis geführt wird, ist bei Verglasungen, die auch bei Schnee betreten werden, ein Kombinationsbeiwert von $\psi_0 = 1{,}0$ anzusetzen.

5.6.2.2 Nachweise der Stoßsicherheit und der Resttragfähigkeit

Ausreichende Stoßsicherheit und die Resttragfähigkeit sind durch Bauteilversuche nach Anhang A der DIN 18008-6 zu belegen. Alternativ kann der Nachweis auch rechnerisch nach Anhang B der DIN 18008-6 geführt werden. Die Durchsturzsicherheit und das Vermeiden des Herabfallens von Glassplittern auf Verkehrsflächen dürfen alternativ auch durch konstruktive Maßnahmen sichergestellt werden, deren Eignung und Tragfähigkeit nachzuweisen sind. Ggf. sind dynamische Effekte zu berücksichtigen.

13 D Stahlbauprofile

Prof. Dr.-Ing. Christoph Seeßelberg, Prof. Dr.-Ing. Christof Hausser

Kurzzeichen für Walzmaterial (Beispiele)

Kurzbezeichnung		Bedeutung
zeichnerisch	schreibbar	
IPE 240 – 4600 DIN EN 10 365	IPE 240 × 4600 DIN EN 10 365	Mittelbreiter I-Träger mit h = 240 mm und l = 4600 mm nach DIN EN 10 365
HD 320 × 97,6 – 8000 DIN EN 10 365	HD 320 × 97,6 × 8000 DIN EN 10 365	Breitflansch-Stützenprofil mit h = 310 mm und l = 8000 mm nach DIN EN 10 365
⊏ 200 – 800 DIN EN 10 365	UPE 200 × 800 DIN EN 10365	UPE-Profil mit parallelen Flanschflächen h = 200 mm, l = 800 mm nach DIN EN 10 365
∟ 100 × 10 – 2500 DIN EN 10 056	L 100 × 10 × 2500 DIN EN 10 056	Gleichschenkliger Winkelstahl mit 100 mm Schenkelbreite, 10 mm Dicke und 2500 mm Länge nach DIN EN 10 056
∟ 120 × 80 × 12 – 2500 DIN EN 10 056	L 120 × 80 × 12 × 2500 DIN EN 10 056	Ungleichschenkliger Winkelstahl mit 120 und 80 mm Schenkelbreite, 12 mm Dicke und 2500 mm Länge nach DIN EN 10 056
▭ 80 × 10 – 800 DIN EN 10 058	Fl 80 × 10 × 800 DIN EN 10 058	Flachstahl mit b = 80 mm, t = 10 mm und l = 800 mm nach DIN EN 10 058
Bl 8 × 600 – 900 DIN EN 10 029	Bl 8 × 600 × 900 DIN EN 10 029	Stahlblech mit t = 8 mm, b = 600 mm und l = 900 mm nach DIN EN 10 029
Rohr 88,9 × 4 – 500 DIN EN 10 210	Rohr 88,9 × 4 × 500 DIN EN 10 210	Warmgefertigtes Stahlrohr mit 88,9 mm Außendurchmesser, 4 mm Wanddicke und 500 mm Länge nach DIN EN 10 210

Bezeichnungen für Querschnittswerte [-1-1/1.6]

a Verhältniswert für I-Profile $a = (A - 2 \cdot b \cdot t_f)/A$

A Querschnittsfläche

A_w $= (h - 2 \cdot t_f) \cdot t_w$ Stegfläche von I-Profilen

A_{vy} wirksame Schubfläche maßgebend für $V_{pl,y,Rd}$ gemäß Tafel 13.12

a_{vy} $= A_{vy} / A$ Anteil der wirksamen Schubfläche am Gesamtquerschnitt

A_{vz} wirksame Schubfläche maßgebend für $V_{pl,z,Rd}$ gemäß Tafel 13.12

a_{vz} $= A_{vz} / A$

c/t_f ; d/t_w Verhältniswerte zur Bestimmung der Querschnittsklasse
Für I-Profile gilt: $c = (b - 2 \cdot r - t_w)/2$ und $d = h - 2 \cdot t_f - 2 \cdot r$

d Höhe des geraden Stegteils; früher als h_1 bezeichnet. Auch: Lochdurchmesser

g charakteristischer Wert der Eigenlast

h_w $= h - 2 \cdot t_f$ Steghöhe, entspricht der lichten Höhe zwischen den Flanschen von I-Profilen

$i_{f,z}$ Trägheitsradius des Druckflansches plus 1/3 der druckbeanspruchten Stegfläche um die z-Achse

i_y ; i_z Trägheitsradien, bezogen auf die y- bzw. die z-Achse

I_y ; I_z Flächenträgheitsmomente um die y- bzw. die z-Achse

I_T St. Venantsche Torsionssteifigkeit

I_w Wölbflächenmoment, bezogen auf den Schubmittelpunkt

KL Knicklinie nach [-1-1/Tab.6.2]

k_{My} $= W_{pl,y,V} / W_{pl,y}$ mit $W_{pl,y,V}$ Widerstandsmoment der wirksamen Schubfläche A_{vz}
$= (W_{pl,y} - b \cdot t_f \cdot (h/2 - t_f/4) - (b - t_w - 2 \cdot r) \cdot t_f \cdot (h/2 - 0{,}75 \cdot t_f))/W_{pl,y}$ [13.2]
Hilfswert zur Ermittlung des infolge $V_{z,Ed}$ abgeminderten pl. Grenzmoments bei I-Walzprofilen

QK N Querschnittsklasse bei reiner Druckbeanspruchung

QK M_y; M_z Querschnittsklasse bei reiner Biegebeanspruchung. Für die im Folgenden tabellierten IPE-, HEA-, HEB- und HEM-Profile sind die QK infolge M_y und M_z identisch. Für andere Profile sind die QK für M_y und für M_z getrennt zu ermitteln, sie könnten auch unterschiedlich sein.

S_y Statisches Moment des halben Querschnitts, bezogen auf die y-Achse

U Mantelfläche pro Längeneinheit

$W_{el,y}$ Widerstandsmoment im elastischen Zustand, bezogen auf die y-Achse; $W_{el,y} = I_y / (h/2)$

$W_{pl,y}$ Widerstandsmoment im plastischen Zustand, bezogen auf die y-Achse; $W_{pl,y} = 2 \cdot S_y$

$W_{el,z}$ Widerstandsmoment im elastischen Zustand, bezogen auf die z-Achse; $W_{el,z} = I_y / (b/2)$

$W_{pl,z}$ Widerstandsmoment im plastischen Zustand, bezogen auf die z-Achse; $W_{pl,z} = 2 \cdot S_z$

y_M Abstand des Schubmittelpunktes M von der z-Schwerpunktsachse. Bei doppelt- und punktsymmetrischen Querschnitten fallen Schubmittelpunkt und Schwerpunkt zusammen. Bei Winkel- und T-Profilen ergibt sich der Schubmittelpunkt als Schnittpunkt der Mittellinien der beiden Teilquerschnittsflächen.

Beanspruchbarkeiten (Grenzschnittgrößen) für $\gamma_{M0} = 1{,}0$

$M_{pl,y,Rd}$, $M_{pl,z,Rd}$	plastisches Grenzmoment, bezogen auf die y- bzw. z-Achse, für QK 1 und 2
$M_{el,y,Rd}$, $M_{el,z,Rd}$	elastisches Grenzmoment, bezogen auf die y- bzw. z-Achse, für QK 3
$M_{pl,w,Rd}$	aufnehmbares plastisches Wölbbimoment
$N_{pl,Rd}$	plastische Grenzzugkraft, nur bei QK 1 und 2 auch plastische Grenzdruckkraft
$V_{pl,y,Rd}$, $V_{pl,z,Rd}$	plastische Grenzquerkraft in Richtung der y- bzw. der z-Achse

Profilmaße für I-Träger nach DIN EN 1993-1-1

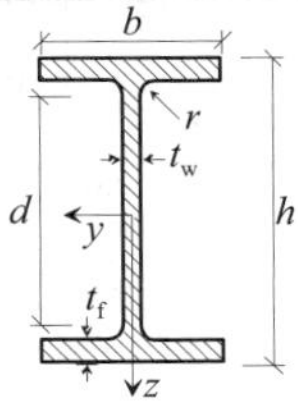	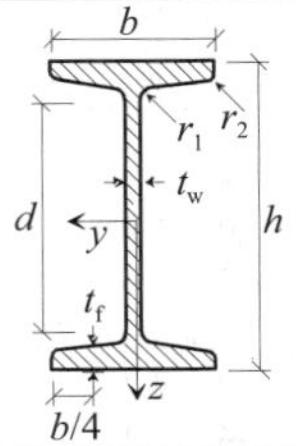
mittelbreite I-Träger (IPE) und breite I-Träger (HEA, HEB, HEM) Breitflansch-Stützenprofile (HD)	Schmale I-Träger mit geneigten Flanschen

Schmale I-Träger: IPN
mit geneigten Flanschen
nach DIN EN 10 365
(5.2017)

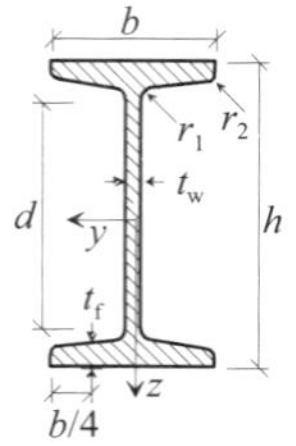

Mittelbreite I-Träger
nach DIN EN 10 365
(5.2017)
IPEa
IPE

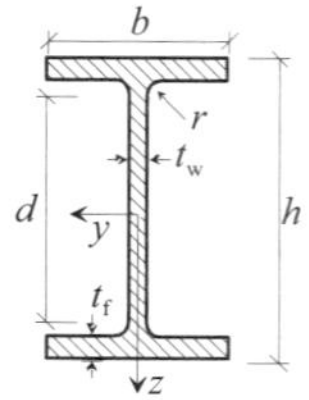

IPN nach DIN EN 10 365, Tab. 9, statische Werte nach DIN 1025-1, [13.70], [13.71]

Nenn-höhe	Profilmaße						Statische Werte								g
	h mm	b mm	$t_w=r_1$ mm	t_f mm	r_2 mm	d mm	A cm²	I_y cm⁴	$W_{el,y}$ cm³	i_y cm	I_z cm⁴	$W_{el,z}$ cm³	i_z cm	S_y cm³	kN/m
80	80	42	3,9	5,9	2,3	59	7,57	77,8	19,5	3,20	6,29	3,00	0,91	11,4	0,059
100	100	50	4,5	6,8	2,7	75	10,6	171	34,2	4,01	12,2	4,88	1,07	19,9	0,083
120	120	58	5,1	7,7	3,1	92	14,2	328	54,7	4,81	21,5	7,41	1,23	31,8	0,111
140	140	66	5,7	8,6	3,4	109	18,2	573	81,9	5,61	35,2	10,7	1,40	47,7	0,143
160	160	74	6,3	9,5	3,8	125	22,8	935	117	6,40	54,7	14,8	1,55	68,0	0,179
180	180	82	6,9	10,4	4,1	142	27,9	1450	161	7,20	81,3	19,8	1,71	93,4	0,219
200	200	90	7,5	11,3	4,5	159	33,4	2140	214	8,00	117	26,0	1,87	125	0,262
220	220	98	8,1	12,2	4,9	176	39,5	3060	278	8,80	162	33,1	2,02	162	0,311
240	240	106	8,7	13,1	5,2	192	46,1	4250	354	9,59	221	41,7	2,20	206	0,362
260	260	113	9,4	14,1	5,6	208	53,3	5740	442	10,4	288	51,0	2,32	257	0,419
280	280	119	10,1	15,2	6,1	225	61,0	7590	542	11,1	364	61,2	2,45	316	0,479
300	300	125	10,8	16,2	6,5	241	69,0	9800	653	11,9	451	72,2	2,56	381	0,542
320	320	131	11,5	17,3	6,9	258	77,7	12510	782	12,7	555	84,7	2,67	457	0,610
340	340	137	12,2	18,3	7,3	274	86,7	15700	923	13,5	674	98,4	2,80	540	0,680
360	360	143	13,0	19,5	7,8	290	97,0	19610	1090	14,2	818	114	2,90	638	0,761
400	400	155	14,4	21,6	8,6	323	118	29210	1460	15,7	1160	149	3,13	857	0,924
450	450	170	16,2	24,3	9,7	363	147	45850	2040	17,7	1730	203	3,43	1200	1,15
500	500	185	18,0	27,0	10,8	404	179	68740	2750	19,6	2480	268	3,72	1620	1,41
550	550	200	19,0	30,0	11,9	445	212	99180	3610	21,6	3490	349	4,02	2120	1,66
600	600	215	21,6	32,4	13,0	485	254	139000	4630	23,4	4670	434	4,30	2730	1,99

IPEa nach DIN EN 10 365, Tab. 1

Nenn-höhe	h mm	b mm	t_w mm	t_f mm	r mm	d mm	A cm²	I_y cm⁴	$W_{el,y}$ cm³	i_y cm	I_z cm⁴	$W_{el,z}$ cm³	i_z cm	S_y cm³	g kN/m
120	118	64	3,8	5,1	7	93	11,0	257	43,8	4,83	22,4	7,00	1,42	24,9	0,087
140	137	73	3,8	5,6	7	112	13,4	435	63,3	5,70	36,4	10,0	1,65	35,8	0,105
160	157	82	4,0	5,9	9	127	16,2	689	87,8	6,53	54,4	13,3	1,83	49,5	0,127
180	177	91	4,3	6,5	9	146	19,6	1060	120	7,37	81,9	18,0	2,05	67,7	0,154
200	197	100	4,5	7,0	12	159	23,5	1590	162	8,23	117	23,4	2,23	90,8	0,184
220	217	110	5,0	7,7	12	177	28,3	2320	214	9,05	171	31,2	2,46	120	0,222
240	237	120	5,2	8,3	15	190	33,3	3290	278	9,94	240	40,0	2,68	156	0,262
270	267	135	5,5	8,7	15	219	39,1	4920	368	11,2	358	53,0	3,02	206	0,307
300	297	150	6,1	9,2	15	248	46,5	7170	483	12,4	519	69,2	3,34	271	0,365
330	327	160	6,5	10,0	18	271	54,7	10230	626	13,7	685	85,6	3,54	351	0,43
360	358	170	6,6	11,5	18	298	64,0	14520	812	15,1	944	111	3,84	453	0,502
400	397	180	7,0	12,0	21	331	73,1	20290	1020	16,7	1170	130	4,00	572	0,574
450	447	190	7,6	13,1	21	378	85,5	29760	1330	18,7	1500	158	4,19	747	0,672
500	497	200	8,4	14,5	21	426	101	42930	1730	20,6	1940	194	4,38	973	0,794
550	547	210	9,0	15,7	24	467	117	59980	2190	22,6	2430	232	4,55	1240	0,921
600	597	220	9,8	17,5	24	514	137	82920	2780	24,6	3120	283	4,77	1570	1,08

IPE nach DIN EN 10 365, Tab. 1; statische Werte nach DIN 1025-5, siehe [13.70], [13.71]															
	Profilmaße						Statische Werte								
Nenn-	h	b	t_w	t_f	r	d	A	I_y	$W_{el,y}$	i_y	I_z	$W_{el,z}$	i_z	S_y	g
höhe	mm	mm	mm	mm	mm	mm	cm^2	cm^4	cm^3	cm	cm^4	cm^3	cm	cm^3	kN/m
80	80	46	3,8	5,2	5	59	7,64	80,1	20,0	3,24	8,49	3,69	1,05	11,6	0,060
100	100	55	4,1	5,7	7	74	10,3	171	34,2	4,07	15,9	5,79	1,24	19,7	0,081
120	120	64	4,4	6,3	7	93	13,2	318	53,0	4,90	27,7	8,65	1,45	30,4	0,104
140	140	73	4,7	6,9	7	112	16,4	541	77,3	5,74	44,9	12,3	1,65	44,2	0,129
160	160	82	5,0	7,4	9	127	20,1	869	109	6,58	68,3	16,7	1,84	61,9	0,158
180	180	91	5,3	8,0	9	146	23,9	1320	146	7,42	101	22,2	2,05	83,2	0,188
200	200	100	5,6	8,5	12	159	28,5	1940	194	8,26	142	28,5	2,24	110	0,224
220	220	110	5,9	9,2	12	177	33,4	2770	252	9,11	205	37,3	2,48	143	0,262
240	240	120	6,2	9,8	15	190	39,1	3890	324	9,97	284	47,3	2,69	183	0,307
270	270	135	6,6	10,2	15	219	45,9	5790	429	11,2	420	62,2	3,02	242	0,361
300	300	150	7,1	10,7	15	248	53,8	8360	557	12,5	604	80,5	3,35	314	0,422
330	330	160	7,5	11,5	18	271	62,6	11770	713	13,7	788	98,5	3,55	402	0,491
360	360	170	8,0	12,7	18	298	72,7	16270	904	15,0	1040	123	3,79	510	0,571
400	400	180	8,6	13,5	21	331	84,5	23130	1160	16,5	1320	146	3,95	654	0,663
450	450	190	9,4	14,6	21	378	98,8	33740	1500	18,5	1680	176	4,12	851	0,776
500	500	200	10,2	16,0	21	426	116	48200	1930	20,4	2140	214	4,31	1100	0,907
550	550	210	11,1	17,2	24	467	134	67120	2440	22,3	2670	254	4,45	1390	1,06
600	600	220	12,0	19,0	24	514	156	92080	3070	24,3	3390	308	4,66	1760	1,22

IPE, weitere Querschnittswerte für Nachweise nach DIN EN 1993													
Nenn-höhe	QK N ***)	QK M ***)	N_{pl} **)	$M_{pl,y}$ **)	$M_{el,y}$ **)	$M_{pl,z}$ **)	$M_{el,z}$ **)	$V_{pl,y}$ **)	$V_{pl,z}$ **)	k_{My}	KL ⊥ yy	KL ⊥ zz	U
			kN	kNm	kNm	kNm	kNm	kN	kN	-	*)	*)	m^2/m
80	1/1/1/1	1/1/1/1	180	5,5	4,7	1,4	0,9	65	49	0,3409	a	b	0,328
100	1/1/1/1	1/1/1/1	242	9,3	8,0	2,1	1,4	85	69	0,3695	a	b	0,400
120	1/1/1/1	1/1/1/1	310	14,3	12,5	3,2	2,0	109	85	0,3506	a	b	0,475
140	1/1/1/2	1/1/1/1	385	20,8	18,2	4,5	2,9	137	103	0,3358	a	b	0,550
160	1/1/1/2	1/1/1/1	472	29,1	25,6	6,1	3,9	165	131	0,3547	a	b	0,622
180	1/1/2/3	1/1/1/1	562	39,1	34,3	8,1	5,2	198	152	0,3417	a	b	0,698
200	1/1/2/3	1/1/1/1	670	51,8	45,6	10,5	6,7	231	190	0,3690	a	b	0,768
220	1/1/2/4	1/1/1/1	785	67,1	59,2	13,7	8,8	275	216	0,3519	a	b	0,848
240	1/2/2/4	1/1/1/1	919	86,2	76,1	17,4	11,1	319	260	0,3706	a	b	0,921
270	2/2/3/4	1/1/1/1	1079	113,7	100,8	22,8	14,6	374	300	0,3591	a	b	1,042
300	2/2/4/4	1/1/1/1	1264	147,7	130,9	29,4	18,9	436	348	0,3507	a	b	1,161
330	2/3/4/4	1/1/1/1	1471	189,0	167,6	36,1	23,1	499	418	0,3687	a	b	1,254
360	2/3/4/4	1/1/1/1	1709	239,5	212,4	44,9	28,8	586	476	0,3577	a	b	1,354
400	3/3/4/4	1/1/1/1	1986	307,1	272,6	53,8	34,5	659	580	0,3807	a	b	1,467
450	3/4/4/4	1/1/1/1	2322	400,0	352,5	65,0	41,6	753	690	0,3847	a	b	1,606
500	3/4/4/4	1/1/1/1	2726	515,6	453,6	78,9	50,3	868	819	0,3847	a	b	1,744
550	4/4/4/4	1/1/1/1	3149	654,9	573,4	94,1	59,8	980	976	0,4051	a	b	1,877
600	4/4/4/4	1/1/1/1	3666	825,3	721,5	114,1	72,4	1134	1137	0,4013	a	b	2,015

*) Knicklinien (KL) nur für Stahlgüten S 235 / S 275 / S 355 / S 420; KL für S 460 siehe Tafel 13.18

**) Grenzschnittgröße = Tafelwert × (f_y / 235) mit f_y in N/mm²; γ_{M0} = 1,0

***) Querschnittsklassen für Stahlgüten S 235 / S 275 / S 355 / S 460

Breite I-Träger (siehe Folgeseiten)
HEA
HEB
HEM
nach DIN EN 10 365 (5.2017), Tab. 2

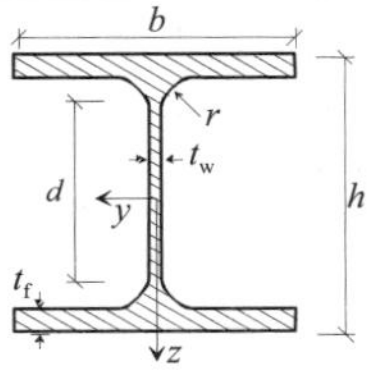

HEA nach DIN EN 10 365 (5.2017), Tab. 2

	Profilmaße						Statische Werte nach DIN 1025-3								
Nennhöhe	h mm	b mm	t_w mm	t_f mm	r mm	d mm	A cm^2	I_y cm^4	$W_{el,y}$ cm^3	i_y cm	I_z cm^4	$W_{el,z}$ cm^3	i_z cm	S_y cm^3	g kN/m
100	96	100	5	8	12	56	21,2	349	72,8	4,06	134	26,8	2,51	41,5	0,167
120	114	120	5	8	12	74	25,3	606	106	4,89	231	38,5	3,02	59,7	0,199
140	133	140	5,5	8,5	12	92	31,4	1030	155	5,73	389	55,6	3,52	86,7	0,247
160	152	160	6	9	15	104	38,8	1670	220	6,57	616	76,9	3,98	123	0,304
180	171	180	6	9,5	15	122	45,3	2510	294	7,45	925	103	4,52	162	0,355
200	190	200	6,5	10	18	134	53,8	3690	389	8,28	1340	134	4,98	215	0,423
220	210	220	7	11	18	152	64,3	5410	515	9,17	1950	178	5,51	284	0,505
240	230	240	7,5	12	21	164	76,8	7760	675	10,1	2770	231	6,00	372	0,603
260	250	260	7,5	12,5	24	177	86,8	10450	836	11,0	3670	282	6,50	460	0,682
280	270	280	8	13	24	196	97,3	13670	1010	11,9	4760	340	7,00	556	0,764
300	290	300	8,5	14	27	208	112	18260	1260	12,7	6310	421	7,49	692	0,883
320	310	300	9	15,5	27	225	124	22930	1480	13,6	6990	466	7,49	814	0,976
340	330	300	9,5	16,5	27	243	133	27690	1680	14,4	7440	496	7,46	925	1,050
360	350	300	10	17,5	27	261	143	33090	1890	15,2	7890	526	7,43	1040	1,120
400	390	300	11	19	27	298	159	45070	2310	16,8	8560	571	7,34	1280	1,250
450	440	300	11,5	21	27	344	178	63720	2900	18,9	9470	631	7,29	1610	1,400
500	490	300	12	23	27	390	198	86970	3550	21,0	10370	691	7,24	1970	1,550
550	540	300	12,5	24	27	438	212	111900	4150	23,0	10820	721	7,15	2310	1,660
600	590	300	13	25	27	486	226	141200	4790	25,0	11270	751	7,05	2680	1,780
650	640	300	13,5	26	27	534	242	175200	5470	26,9	11720	782	6,97	3070	1,900
700	690	300	14,5	27	27	582	260	215300	6240	28,7	12180	812	6,84	3520	2,040
800	790	300	15	28	30	674	286	303400	7680	32,6	12640	843	6,65	4350	2,240
900	890	300	16	30	30	770	321	422100	9480	36,3	13550	903	6,50	5410	2,520
1000	990	300	16,5	31	30	868	347	553800	11190	40,0	14000	934	6,35	6410	2,720

HEA, Werte für Nachweise nach DIN EN 1993

Nennhöhe	QK N ***)	QK M ***)	N_{pl} **) kN	$M_{pl,y}$ **) kNm	$M_{el,y}$ **) kNm	$M_{pl,z}$ **) kNm	$M_{el,z}$ **) kNm	$V_{pl,y}$ **) kN	$V_{pl,z}$ **) kN	k_{My} -	KL ⊥ yy *)	KL ⊥ zz *)	U m^2/m
100	1/1/1/1	1/1/1/1	498	19,5	17,1	9,70	6,3	217	102	0,2693	b	c	0,561
120	1/1/1/1	1/1/1/1	595	28,1	24,9	13,8	9,0	261	114	0,2474	b	c	0,677
140	1/1/1/2	1/1/1/2	738	40,8	36,4	19,9	13,1	323	137	0,2330	b	c	0,794
160	1/1/1/2	1/1/1/2	912	57,6	51,7	27,6	18,1	391	180	0,2515	b	c	0,906
180	1/1/2/3	1/1/2/3	1063	76,3	69,1	36,8	24,2	464	197	0,2324	b	c	1,024
200	1/1/2/3	1/1/2/3	1265	100,9	91,4	47,9	31,5	543	245	0,2484	b	c	1,136
220	1/1/2/3	1/1/2/3	1512	133,6	121,0	63,6	41,8	657	280	0,2333	b	c	1,255
240	1/1/2/3	1/1/2/3	1806	175,0	158,6	82,6	54,3	782	341	0,2414	b	c	1,369
260	1/1/3/3	1/1/3/3	2040	216,2	196,5	101,1	66,3	882	390	0,2480	b	c	1,484
280	1/2/3/3	1/2/3/3	2286	261,4	237,4	121,8	79,9	988	431	0,2409	b	c	1,603
300	1/2/3/3	1/2/3/3	2644	325,0	296,1	150,7	98,9	1140	512	0,2471	b	c	1,717
320	1/1/2/3	1/1/2/3	2923	382,6	347,8	166,8	109,5	1262	553	0,2449	b	c	1,756
340	1/1/1/3	1/1/1/3	3137	434,9	394,8	177,6	116,6	1343	604	0,2478	b	c	1,795
360	1/1/1/2	1/1/1/2	3355	490,8	444,2	188,5	123,6	1425	668	0,2510	b	c	1,834
400	1/1/2/2	1/1/1/1	3736	602,0	542,9	205,1	134,2	1547	778	0,2617	a	b	1,912
450	1/1/2/3	1/1/1/1	4184	755,7	681,5	226,9	148,3	1710	892	0,2665	a	b	2,011
500	1/2/3/4	1/1/1/1	4642	928,0	834,3	248,8	162,4	1872	1020	0,2715	a	b	2,110
550	2/2/4/4	1/1/1/1	4976	1086	975,3	260,1	169,4	1954	1139	0,2832	a	b	2,209
600	2/3/4/4	1/1/1/1	5322	1257	1126	271,7	176,5	2035	1258	0,2945	a	b	2,308
650	3/4/4/4	1/1/1/1	5678	1442	1286	283,2	183,8	2117	1405	0,3055	a	b	2,407
700	3/4/4/4	1/1/1/1	6121	1653	1466	295,4	190,8	2198	1581	0,3217	a	b	2,505
800	4/4/4/4	1/1/1/1	6717	2044	1805	308,3	198,1	2279	1886	0,3545	a	b	2,698
900	4/4/4/4	1/1/1/1	7532	2540	2228	332,3	212,2	2442	2222	0,3732	a	b	2,896
1000	4/4/4/4	1/1/1/1	8151	3013	2630	345,5	219,5	2524	2506	0,3918	a	b	3,095

*) Knicklinien (KL) nur für Stahlgüten S 235 / S 275 / S 355 / S 420; KL für S 460 siehe Tafel 13.18

**) Grenzschnittgröße = Tafelwert × (f_y / 235) mit f_y in N/mm²; γ_{M0} = 1,0

***) Querschnittsklassen für Stahlgüten S 235 / S 275 / S 355 / S 460

HEB nach DIN EN 10 365 (5.2017), Tab. 2															
	Profilmaße						Statische Werte nach DIN 1025-2								
Nenn-höhe	h mm	b mm	t_w mm	t_f mm	r mm	d mm	A cm^2	I_y cm^4	$W_{el,y}$ cm^3	i_y cm	I_z cm^4	$W_{el,z}$ cm^3	i_z cm	S_y cm^3	g kN/m
100	100	100	6	10	12	56	26,0	450	89,9	4,16	167	33,5	2,53	52,1	0,204
120	120	120	6,5	11	12	74	34,0	864	144	5,04	318	52,9	3,06	82,6	0,267
140	140	140	7	12	12	92	43,0	1510	216	5,93	550	78,5	3,58	123	0,337
160	160	160	8	13	15	104	54,3	2490	311	6,78	889	111	4,05	177	0,426
180	180	180	8,5	14	15	122	65,3	3830	426	7,66	1360	151	4,57	241	0,512
200	200	200	9	15	18	134	78,1	5700	570	8,54	2000	200	5,07	321	0,613
220	220	220	9,5	16	18	152	91,0	8090	736	9,43	2840	258	5,59	414	0,715
240	240	240	10	17	21	164	106	11260	938	10,3	3920	327	6,08	527	0,832
260	260	260	10	17,5	24	177	118	14920	1150	11,2	5130	395	6,58	641	0,930
280	280	280	10,5	18	24	196	131	19270	1380	12,1	6590	471	7,09	767	1,03
300	300	300	11	19	27	208	149	25170	1680	13,0	8560	571	7,58	934	1,17
320	320	300	11,5	20,5	27	225	161	30820	1930	13,8	9240	616	7,57	1070	1,27
340	340	300	12	21,5	27	243	171	36660	2160	14,6	9690	646	7,53	1200	1,34
360	360	300	12,5	22,5	27	261	181	43190	2400	15,5	10140	676	7,49	1340	1,42
400	400	300	13,5	24	27	298	198	57680	2880	17,1	10820	721	7,4	1620	1,55
450	450	300	14	26	27	344	218	79890	3550	19,1	11720	781	7,33	1990	1,71
500	500	300	14,5	28	27	390	239	107200	4290	21,2	12620	842	7,27	2410	1,87
550	550	300	15	29	27	438	254	136700	4970	23,2	13080	872	7,17	2800	1,99
600	600	300	15,5	30	27	486	270	171000	5700	25,2	13530	902	7,08	3210	2,12
650	650	300	16	31	27	534	286	210600	6480	27,1	13980	932	6,99	3660	2,25
700	700	300	17	32	27	582	306	256900	7340	29,0	14440	963	6,87	4160	2,41
800	800	300	17,5	33	30	674	334	359100	8980	32,8	14900	994	6,68	5110	2,62
900	900	300	18,5	35	30	770	371	494100	10980	36,5	15820	1050	6,53	6290	2,91
1000	1000	300	19	36	30	868	400	644700	12890	40,1	16280	1090	6,38	7430	3,14

HEB, Werte für Nachweise nach DIN EN 1993												
Nenn-höhe	QK N ***)	QK M ***)	N_{pl} **) kN	$M_{pl,y}$ **) kNm	$M_{el,y}$ **) kNm	$M_{pl,z}$ **) kNm	$M_{el,z}$ **) kNm	$V_{pl,y}$ **) kN	$V_{pl,z}$ **) kN	k_{My} -	KL ⊥ yy *)	KL ⊥ zz *)	U m^2/m
100	1/1/1/1	1/1/1/1	611	24,5	21,1	12,10	7,9	271	122	0,2587	b	c	0,567
120	1/1/1/1	1/1/1/1	799	38,8	33,8	19,0	12,4	358	149	0,2342	b	c	0,686
140	1/1/1/1	1/1/1/1	1011	57,7	50,8	28,2	18,4	456	178	0,2163	b	c	0,805
160	1/1/1/1	1/1/1/1	1276	83,2	73,1	40,0	26,1	564	239	0,2342	b	c	0,918
180	1/1/1/1	1/1/1/1	1535	113,1	100,1	54,3	35,5	684	275	0,2201	b	c	1,037
200	1/1/1/1	1/1/1/1	1835	151,0	134	71,9	47,0	814	337	0,2295	b	c	1,151
220	1/1/1/1	1/1/1/1	2139	194,3	173,0	92,6	60,6	955	378	0,2180	b	c	1,270
240	1/1/1/1	1/1/1/1	2491	247,5	220,4	117,1	76,8	1107	451	0,2261	b	c	1,384
260	1/1/1/1	1/1/1/1	2782	301,5	270,3	141,5	92,8	1235	504	0,2324	b	c	1,499
280	1/1/1/1	1/1/1/1	3087	360,5	324,3	168,5	110,7	1368	553	0,2262	b	c	1,618
300	1/1/1/1	1/1/1/1	3502	439,2	394,8	204,5	134,2	1547	642	0,2326	b	c	1,732
320	1/1/1/1	1/1/1/1	3791	505,0	453,6	220,7	144,8	1669	698	0,2333	b	c	1,771
340	1/1/1/1	1/1/1/1	4016	565,9	507,6	231,6	151,8	1750	762	0,2376	b	c	1,810
360	1/1/1/1	1/1/1/1	4245	630,5	564,0	242,5	158,9	1832	827	0,2419	b	c	1,849
400	1/1/1/1	1/1/1/1	4653	759,5	676,8	259,4	169,4	1954	953	0,2535	a	b	1,927
450	1/1/1/2	1/1/1/1	5123	935,8	834,3	281,5	183,5	2117	1081	0,2608	a	b	2,026
500	1/1/2/2	1/1/1/1	5608	1132	1008	303,6	197,9	2279	1224	0,2677	a	b	2,125
550	1/1/2/3	1/1/1/1	5969	1314	1168	315,1	204,9	2361	1357	0,2799	a	b	2,224
600	1/2/3/4	1/1/1/1	6345	1510	1340	326,9	212,0	2442	1504	0,2916	a	b	2,323
650	2/2/3/4	1/1/1/1	6729	1720	1523	338,6	219,0	2524	1651	0,3030	a	b	2,422
700	2/2/4/4	1/1/1/1	7200	1957	1725	351,3	226,3	2605	1855	0,3188	a	b	2,520
800	3/3/4/4	1/1/1/1	7853	2404	2110	365,0	233,6	2686	2192	0,3515	a	b	2,713
900	3/4/4/4	1/1/1/1	8725	2956	2580	389,6	246,8	2849	2557	0,3708	a	b	2,911
1000	4/4/4/4	1/1/1/1	9400	3492	3029	403,3	256,2	2931	2882	0,3897	a	b	3,110

*) Knicklinien (KL) nur für Stahlgüten S 235 / S 275 / S 355 / S 420; KL für S 460 siehe Tafel 13.18

**) Grenzschnittgröße = Tafelwert × (f_y / 235) mit f_y in N/mm^2; $\gamma_{M0} = 1{,}0$

***) Querschnittsklassen für Stahlgüten S 235 / S 275 / S 355 / S 460

HEM nach DIN EN 10 365 (5.2017), Tab. 2															
	Profilmaße						Statische Werte nach DIN 1025-4								
Nenn-höhe	h mm	b mm	t_w mm	t_f mm	r mm	d mm	A cm²	I_y cm⁴	$W_{el,y}$ cm³	i_y cm	I_z cm⁴	$W_{el,z}$ cm³	i_z cm	S_y cm³	g kN/m
100	120	106	12	20	12	56	53,2	1140	190	4,63	399	75,3	2,74	118	0,418
120	140	126	12,5	21	12	74	66,4	2020	288	5,51	703	112	3,25	175	0,521
140	160	146	13	22	12	92	80,6	3290	411	6,39	1140	157	3,77	247	0,632
160	180	166	14	23	15	104	97,1	5100	566	7,25	1760	212	4,26	337	0,762
180	200	186	14,5	24	15	122	113	7480	748	8,13	2580	277	4,77	442	0,889
200	220	206	15	25	18	134	131	10640	967	9,00	3650	354	5,27	568	1,03
220	240	226	15,5	26	18	152	149	14600	1220	9,89	5010	444	5,79	710	1,17
240	270	248	18	32	21	164	200	24290	1800	11,0	8150	657	6,39	1060	1,57
260	290	268	18	32,5	24	177	220	31310	2160	11,9	10450	780	6,90	1260	1,72
280	310	288	18,5	33	24	196	240	39550	2550	12,8	13160	914	7,40	1480	1,89
300	340	310	21	39	27	208	303	59200	3480	14,0	19400	1250	8,00	2040	2,38
320	359	309	21	40	27	225	312	68130	3800	14,8	19710	1280	7,95	2220	2,45
340	377	309	21	40	27	243	316	76370	4050	15,6	19710	1280	7,90	2360	2,48
360	395	308	21	40	27	261	319	84870	4300	16,3	19520	1270	7,83	2490	2,50
400	432	307	21	40	27	298	326	104100	4820	17,9	19340	1260	7,70	2790	2,56
450	478	307	21	40	27	344	335	131500	5500	19,8	19340	1260	7,59	3170	2,63
500	524	306	21	40	27	390	344	161900	6180	21,7	19150	1250	7,46	3550	2,70
550	572	306	21	40	27	438	354	198000	6920	23,6	19160	1250	7,35	3970	2,78
600	620	305	21	40	27	486	364	237400	7660	25,6	18980	1240	7,22	4390	2,85
650	668	305	21	40	27	534	374	281700	8430	27,5	18980	1240	7,13	4830	2,93
700	716	304	21	40	27	582	383	329300	9200	29,3	18800	1240	7,01	5270	3,01
800	814	303	21	40	30	674	404	442600	10870	33,1	18630	1230	6,79	6240	3,17
900	910	302	21	40	30	770	424	570400	12540	36,7	18450	1220	6,60	7220	3,33
1000	1008	302	21	40	30	868	444	722300	14330	40,3	18460	1220	6,45	8280	3,49

HEM, Werte für Nachweise nach DIN EN 1993													
Nenn-höhe	QK N ***)	QK M ***)	N_{pl} **) kN	$M_{pl,y}$ **) kNm	$M_{el,y}$ **) kNm	$M_{pl,z}$ **) kNm	$M_{el,z}$ **) kNm	$V_{pl,y}$ **) kN	$V_{pl,z}$ **) kN	k_{My} -	KL ⊥ yy *)	KL ⊥ zz *)	U m²/m
100	1/1/1/1	1/1/1/1	1250	55,4	44,7	27,3	17,7	575	244	0,2384	b	c	0,619
120	1/1/1/1	1/1/1/1	1560	82,4	67,7	40,3	26,3	718	287	0,2205	b	c	0,738
140	1/1/1/1	1/1/1/1	1894	116,0	96,6	56,5	36,9	872	332	0,2071	b	c	0,857
160	1/1/1/1	1/1/1/1	2282	158,5	133,0	76,5	49,8	1036	419	0,2205	b	c	0,970
180	1/1/1/1	1/1/1/1	2661	207,6	175,8	99,9	65,1	1211	467	0,2098	b	c	1,089
200	1/1/1/1	1/1/1/1	3085	266,7	227,2	127,7	83,2	1397	553	0,2178	b	c	1,203
220	1/1/1/1	1/1/1/1	3512	333,5	286,7	159,5	104,3	1594	609	0,2089	b	c	1,322
240	1/1/1/1	1/1/1/1	4690	497,5	423,0	236,4	154,4	2153	821	0,2085	b	c	1,460
260	1/1/1/1	1/1/1/1	5162	593,1	507,6	280,1	183,3	2363	912	0,2138	b	c	1,575
280	1/1/1/1	1/1/1/1	5644	697,0	599,3	328,3	214,8	2579	975	0,2087	b	c	1,694
300	1/1/1/1	1/1/1/1	7121	958,3	817,8	449,6	293,8	3281	1227	0,2085	b	c	1,832
320	1/1/1/1	1/1/1/1	7332	1042	893,0	458,5	300,8	3354	1286	0,2121	b	c	1,866
340	1/1/1/1	1/1/1/1	7422	1109	951,8	459,0	300,8	3354	1341	0,2179	a	b	1,902
360	1/1/1/1	1/1/1/1	7492	1172	1011	456,4	298,5	3343	1392	0,2241	a	b	1,934
400	1/1/1/1	1/1/1/1	7656	1309	1133	454,5	296,1	3332	1498	0,2360	a	b	2,004
450	1/1/1/1	1/1/1/1	7883	1488	1293	455,7	296,1	3332	1620	0,2495	a	b	2,096
500	1/1/1/1	1/1/1/1	8091	1667	1452	454,0	293,8	3321	1753	0,2630	a	b	2,184
550	1/1/1/1	1/1/1/1	8328	1864	1626	455,2	293,8	3321	1889	0,2759	a	b	2,280
600	1/1/1/1	1/1/1/1	8546	2061	1800	453,6	291,4	3311	2035	0,2891	a	b	2,372
650	1/1/1/2	1/1/1/1	8783	2269	1981	455,0	291,4	3311	2171	0,3011	a	b	2,468
700	1/1/2/3	1/1/1/1	9001	2477	2162	453,3	291,4	3300	2304	0,3134	a	b	2,560
800	1/2/3/4	1/1/1/1	9500	2935	2555	453,6	289,1	3289	2632	0,3466	a	b	2,746
900	2/3/4/4	1/1/1/1	9955	3393	2947	453,3	286,7	3278	2914	0,3676	a	b	2,934
1000	3/4/4/4	1/1/1/1	10439	3894	3368	455,9	286,7	3278	3186	0,3869	a	b	3,130

*) Knicklinien (KL) nur für Stahlgüten S 235 / S 275 / S 355 / S 420; KL für S 460 siehe Tafel 13.18

**) Grenzschnittgröße = Tafelwert × (f_y / 235) mit f_y in N/mm²; γ_{M0} = 1,0

***) Querschnittsklassen für Stahlgüten S 235 / S 275 / S 355 / S 460

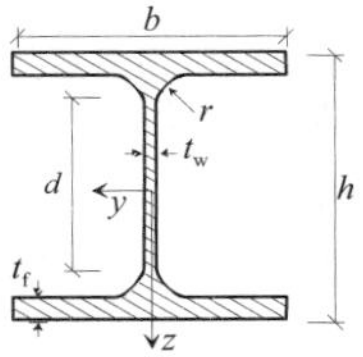

Breitflansch-Stützenprofile
HD nach DIN EN 10 365 (5.2017), Tab. 4
Statische Werte nach [13.71]
Die zweite Zahl der Profilbezeichnung gibt das Metergewicht *m* in kg/m an.
Die charakteristische Eigenlast *g* ergibt sich zu $g = m \cdot 10$ m/s²
z.B. HD 260 × 54,1: m = 54,1 kg/m; g = 0,0541 t/m • 10 m/s² = 0,541 kN/m

HD	h mm	b mm	t_w mm	t_f mm	r mm	A cm²	I_y cm⁴	$W_{el,y}$ cm³	$W_{pl,y}$ cm³	I_z cm⁴	$W_{el,z}$ cm³	$W_{pl,z}$ cm³	I_T cm⁴
260 × 54,1	244	260	6,5	9,5	24	69,0	7980	654	714	2790	214	328	30,1
× 68,2	250	260	7,5	12,5	24	86,8	10400	836	920	3670	282	430	54,2
× 93,0	260	260	10,0	17,5	24	118	14900	1150	1280	5140	395	602	127
× 114	268	262	12,5	21,5	24	146	18900	1410	1600	6460	493	752	225
× 142	278	265	15,5	26,5	24	180	24300	1750	2020	8240	622	950	407
× 172	290	268	18,0	32,5	24	220	31300	2160	2520	10400	780	1190	720
× 225	309	271	24,0	42,0	24	287	43800	2830	3400	14000	1030	1580	1530
× 299	335	278	31,0	55,0	24	380	64200	3830	4730	19800	1420	2190	3390
320 × 74,2	301	300	8,0	11,0	27	94,6	16400	1090	1200	4960	331	506	53,6
× 97,6	310	300	9,0	15,5	27	124	22900	1480	1630	6980	466	710	112
× 127	320	300	11,5	20,5	27	161	30800	1930	2150	9240	616	939	230
× 158	330	303	14,5	25,5	27	201	39600	2400	2720	11800	782	1190	425
× 198	343	306	18,0	32,0	27	252	51900	3030	3480	15300	1000	1530	809
× 245	359	309	21,0	40,0	27	312	68100	3800	4440	19700	1280	1950	1510
× 300	375	313	27,0	48,0	27	382	86900	4640	5520	24600	1570	2410	2630
360 × 134	356	369	11,2	18,0	15	171	41500	2330	2560	15100	817	1240	168
× 147	360	370	12,3	19,8	15	188	46300	2570	2840	16700	904	1370	223
× 162	364	371	13,3	21,8	15	206	51500	2830	3140	18600	1000	1520	294
× 179	368	373	15,0	23,9	15	228	57400	3120	3480	20700	1110	1680	391
× 196	372	374	16,4	26,2	15	250	63600	3420	3840	22900	1220	1860	513
400 × 187	368	391	15,0	24,0	15	238	60200	3270	3640	23900	1220	1860	412
× 216	375	394	17,3	27,7	15	276	71100	3790	4260	28200	1430	2180	632
× 237	380	395	18,9	30,2	15	301	78800	4150	4690	31000	1570	2390	818
× 262	387	398	21,1	33,3	15	335	89400	4620	5260	35000	1760	2680	1100
× 287	393	399	22,6	36,6	15	366	99700	5070	5810	38800	1940	2960	1450
× 314	399	401	24,9	39,6	15	399	110000	5520	6370	42600	2120	3240	1850
× 347	407	404	27,2	43,7	15	442	125000	6140	7140	48100	2380	3630	2480
× 382	416	406	29,8	48,0	15	487	141000	6790	7960	53600	2640	4030	3280
× 421	425	409	32,8	52,6	15	537	160000	7510	8880	60100	2940	4490	4340
× 463	435	412	35,8	57,4	15	590	180000	8280	9880	67000	3250	4980	5650
× 509	446	416	39,1	62,7	15	649	204000	9170	11000	75400	3620	5550	7390
× 551	455	418	42,0	67,6	15	701	226000	9940	12000	82500	3950	6050	9250
× 592	465	421	45,0	72,3	15	755	250000	10800	13100	90200	4280	6570	11400
× 634	474	424	47,6	77,1	15	808	274000	11600	14200	98200	4630	7120	13800
× 677	483	428	51,2	81,5	15	863	300000	12400	15400	107000	4990	7680	16400
× 744	498	432	55,6	88,9	15	948	342000	13700	17200	120000	5550	8550	21400
× 818	514	437	60,5	97,0	15	1043	392000	15300	19300	136000	6200	9560	27800
× 900	531	442	65,9	106	15	1149	450000	17000	21600	153000	6940	10700	36400
× 990	550	448	71,9	115	15	1262	519000	18900	24300	173000	7740	12000	46900
× 1086	569	454	78,0	125	15	1386	596000	20900	27200	196000	8640	13400	60500
× 1202	580	471	95,0	130	15	1530	664000	22900	30000	229000	9710	15200	76200
× 1299	600	476	100	140	15	1655	755000	25200	33200	254000	10700	16700	94400

U-Profile mit geneigten inneren Flanschflächen:
UPN
nach DIN EN 10 365 (5.2017), Tab. 13

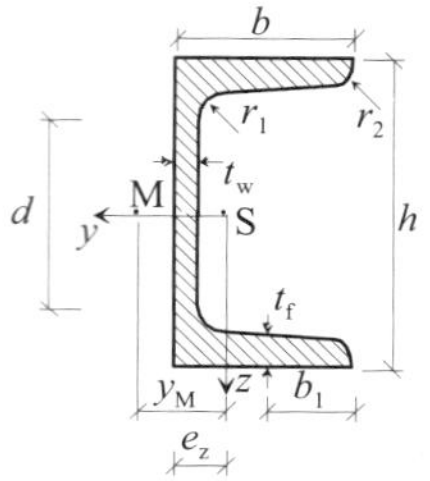

h	b_1	Flansch-neigung
$h \leq 300$	$b / 2$	8 %
$h > 300$	$(b - t_w) / 2$	5 %

UPN	Profilmaße in mm						Statische Werte (DIN 1026-1)										
	h	b	t_w	$t_f = r_1$	r_2	d	A cm²	I_y cm⁴	$W_{el,y}$ cm³	i_y cm	I_z cm⁴	$W_{el,z}$ cm³	i_z cm	S_y cm³	e_z cm	y_M cm	g kN/m
50	50	38	5	7	3,5	20	7,12	26,4	10,6	1,92	9,12	3,75	1,13	-	1,37	2,47	0,056
65	65	42	5,5	7,5	4	33	9,03	57,5	17,7	2,52	14,1	5,07	1,25	-	1,42	2,60	0,071
80	80	45	6	8	4	47	11,0	106	26,5	3,1	19,4	6,36	1,33	15,9	1,45	2,67	0,086
100	100	50	6	8,5	4,5	64	13,5	206	41,2	3,91	29,3	8,49	1,47	24,5	1,55	2,93	0,106
120	120	55	7	9	4,5	82	17,0	364	60,7	4,62	43,2	11,1	1,59	36,3	1,60	3,03	0,134
140	140	60	7	10	5	97	20,4	605	86,4	5,45	62,7	14,8	1,75	51,4	1,75	3,37	0,160
160	160	65	7,5	10,5	5,5	116	24,0	925	116	6,21	85,3	18,3	1,89	68,8	1,84	3,56	0,188
180	180	70	8	11	5,5	133	28,0	1350	150	6,95	114	22,4	2,02	89,6	1,92	3,75	0,220
200	200	75	8,5	11,5	6	151	32,2	1910	191	7,7	148	27,0	2,14	114	2,01	3,94	0,253
220	220	80	9	12,5	6,5	166	37,4	2690	245	8,48	197	33,6	2,30	146	2,14	4,20	0,294
240	240	85	9,5	13	6,5	185	42,3	3600	300	9,22	248	39,6	2,42	179	2,23	4,39	0,332
260	260	90	10	14	7	201	48,3	4820	371	9,99	317	47,7	2,56	221	2,36	4,66	0,379
280	280	95	10	15	7,5	216	53,3	6280	448	10,9	399	57,2	2,74	266	2,53	5,02	0,418
300	300	100	10	16	8	232	58,8	8030	535	11,7	495	67,8	2,90	316	2,70	5,41	0,462
320	320	100	14	17,5	8,75	247	75,8	10870	679	12,1	597	80,6	2,81	413	2,60	4,82	0,595
350	350	100	14	16	8	283	77,3	12840	734	12,9	570	75,0	2,72	459	2,40	4,45	0,606
380	380	102	13,5	16	8	313	80,4	15760	829	14	615	78,7	2,77	507	2,38	4,58	0,631
400	400	110	14	18	9	325	91,5	20350	1020	14,9	846	102	3,04	618	2,65	5,11	0,718

Statische Werte für Torsion [13.70] und Querschnittsklassen S235/S355/S420 [13.71]									
UPN	I_T cm⁴	I_w cm⁶	QK – N	QK – M	**UPN**	I_T cm⁴	I_w cm⁶	QK – N	QK – M_y
50	1,10	29,1	1/1/-	1/1/-	**220**	16,2	14425	1/1/1	1/1/1
65	1,57	78,4	1/1/-	1/1/-	**240**	19,8	21864	1/1/1	1/1/1
80	2,16	169	1/1/1	1/1/1	**260**	25,8	32937	1/1/1	1/1/1
100	2,82	413	1/1/1	1/1/1	**280**	31,4	47984	1/1/1	1/1/1
120	4,15	897	1/1/1	1/1/1	**300**	38,0	68288	1/1/1	1/1/1
140	5,72	1792	1/1/1	1/1/1	**320**	68,1	94232	1/1/-	1/1/-
160	7,44	3232	1/1/1	1/1/1	**350**	62,0	111550	1/1/-	1/1/-
180	9,52	5527	1/1/1	1/1/1	**380**	61,7	143500	1/1/-	1/1/-
200	12,0	8972	1/1/1	1/1/1	**400**	83,0	216980	1/1/-	1/1/-

Gleichschenkliger T-Stahl
nach DIN EN 10 055 (12.1995)

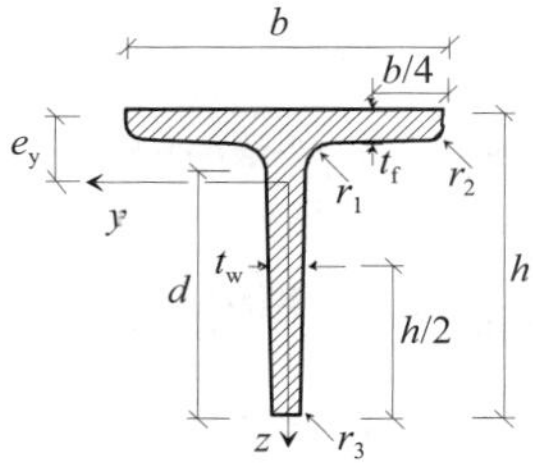

Neigung der Flanschinnenflächen und der Stegflächen 2 %

T	Profilmaße in mm							Statische Werte								
	h	b	t_w;t_f	r_1	r_2	r_3	d	A cm²	I_y cm⁴	$W_{el,y}$ cm³	i_y cm	I_z cm⁴	$W_{el,z}$ cm³	i_z cm	e_y cm	g kN/m
30	30	30	4	4	2	1	21	2,26	1,72	0,80	0,87	0,87	0,58	0,62	0,85	0,018
35	35	35	4,5	4,5	2,5	1	25	2,97	3,10	1,23	1,04	1,57	0,90	0,73	0,99	0,023
40	40	40	5	5	2,5	1	29	3,77	5,28	1,84	1,18	2,58	1,29	0,83	1,12	0,03
50	50	50	6	6	3	1,5	37	5,66	12,1	3,36	1,46	6,06	2,42	1,03	1,39	0,044
60	60	60	7	7	3,5	2	45	7,94	23,8	5,48	1,73	12,2	4,07	1,24	1,66	0,062
70	70	70	8	8	4	2	53	10,6	44,5	8,79	2,05	22,1	6,32	1,44	1,94	0,083
80	80	80	9	9	4,5	2	61	13,6	73,7	12,8	2,33	37,0	9,25	1,65	2,22	0,107
100	100	100	11	11	5,5	3	77	20,9	179	24,6	2,92	88,3	17,7	2,05	2,74	0,164
120	120	120	13	13	6,5	3	93	29,6	366	42,0	3,51	178	29,7	2,45	3,28	0,232
140	140	140	15	15	7,5	4	109	39,9	660	64,7	4,07	330	47,2	2,88	3,80	0,313

Z-Stahl
nach DIN 1027 (4.2004)

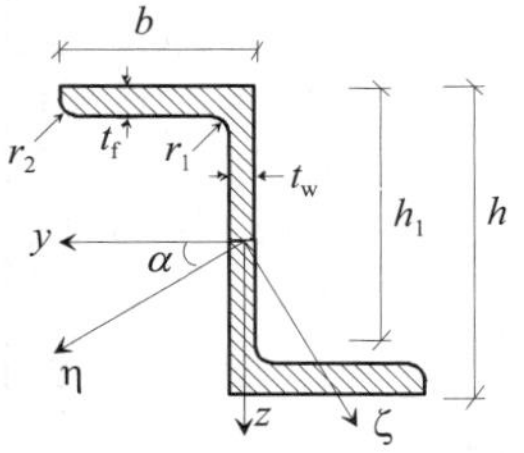

Z	Profilmaße in mm						g
	h	h_1	b	t_w	$t_f = r_1$	r_2	kN/m
30	30	21	38	4	4,5	2,5	0,034
40	40	30	40	4,5	5	2,5	0,043
50	50	39	43	5	5,5	3	0,053
60	60	48	45	5	6	3	0,062
80	80	66	50	6	7	3,5	0,087
100	100	84	55	6,5	8	4	0,114
120	120	102	60	7	9	4,5	0,143
140	140	120	65	8	10	5	0,180
160	160	138	70	8,5	11	5,5	0,216

Z	Statische Werte													
	A cm²	I_y cm⁴	W_y cm³	i_y cm	I_z cm⁴	W_z cm³	i_z cm	I_η cm⁴	W_η cm³	i_η cm	I_ζ cm⁴	W_ζ cm³	i_ζ cm	tan α
30	4,32	5,96	3,97	1,17	13,7	3,80	1,78	18,1	4,69	2,04	1,54	1,11	0,60	1,655
40	5,43	13,5	6,75	1,58	17,6	4,66	1,80	28,0	6,72	2,27	3,05	1,83	0,75	1,181
50	6,77	26,3	10,5	1,97	23,8	5,88	1,88	44,9	9,76	2,57	5,23	2,76	0,88	0,939
60	7,91	44,7	14,9	2,38	30,1	7,09	1,95	67,2	13,5	2,81	7,6	3,73	0,98	0,779
80	11,1	109	27,3	3,13	47,4	10,1	2,07	142	24,4	3,58	14,7	6,44	1,15	0,588
100	14,5	222	44,4	3,91	72,5	14,0	2,24	270	39,8	4,31	24,6	9,26	1,30	0,492
120	18,2	402	67,0	4,70	106	18,8	2,42	470	60,6	5,08	37,7	12,5	1,44	0,433
140	22,9	676	96,6	5,43	148	24,3	2,54	768	88,0	5,79	56,4	16,6	1,57	0,385
160	27,5	1060	132	6,20	204	31,0	2,72	1180	121	6,57	79,5	21,4	1,70	0,357

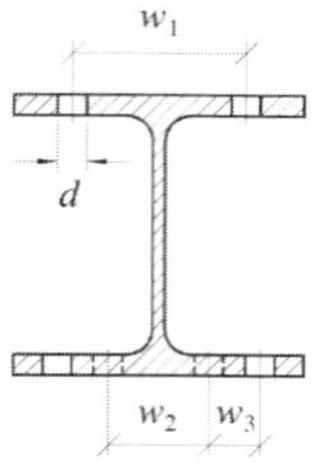

Größtmögliche Schrauben und Anordnung von Schrauben in den Flanschen doppeltsymmetrischer I-Querschnitte aus Stahl
nach DIN SPEC 18 085 (8.2014)
Maße in mm

DIN 997 „Anreißmaße (Wurzelmaße) für Formstahl und Stabstahl“ wurde zurückgezogen, da die dort angegebenen Werte die Forderungen der heutigen Stahlbaugrundnormen nicht mehr erfüllten. Aus dem gleichen Grund wurden auch DIN 998 und DIN 999, in denen die Lochabstände in Winkelprofilen geregelt wurden, zurückgezogen. Stattdessen wurde Fachbericht DIN SPEC 18 085 (8.2014) eingeführt. Darin sind jedoch nur Empfehlungen zur Anordnung von Schrauben in Walzprofilen mit doppelt-symmetrischen I-Querschnitten aus Stahl enthalten.
In Zusammenhang mit den Maßen w_1, w_2, w_3 ist auch eine Verwendung kleinerer Schrauben (bis M12) möglich.

Nennhöhe	IPE			HEAA, HEA, HEB, HEM								
	Zwei Reihen			Zwei Schraubenreihen					Vier Reihen			
	Schraube c)	w_1		Schraube c)	w_1 für				Schraube c)	w_2 für		w_3
					HEAA, HEA, HEB		HEM			HEAA, HEA, HEB	HEM	
		A-E a)	D,E a)		A-E a)	D,E a)	A-E a)	D,E a)		A-E a)	A-E a)	A-E a)
80	-	-										
100	-	-		M12	60		66		-	-	-	-
120	-	-		M16	70		76		-	-	-	-
140	-	-		M22	80		86		-	-	-	-
160	-	-		M24	90		96		-	-	-	-
180	M12	56		M27	100	94	106		M12	72	78	35
200	M12	60		M30	110	104	116	110	M12	78	84	35
220	M16	66		M36	118	114	126	120	M12	80	86	45
240	M16	74		M36	126	118	136	126	M16	92	100	45
260				M36	132	124	142	132	M16	100	106	45
270	M16	78										
280				M36	138	126	150	134	M20	112	112	55
300	M22	86		M36	144	132 b)	160	142	M20	122	122	55
320				M36	150	132 b)	160	142	M20	126	126	55
330	M24	94										
340				M36	160	132	160	142	M20	126	126	55
360	M24	96	92	M36	160	132	160	142	M20	126	126	55
400	M24	106	96	M36	160	134	160	142	M20	126	126	55
450	M27	110	104	M36	160	134	160	142	M20	126	126	55
500	M30	118	110	M36	160	134	160	142	M20	126	126	55
550	M30	124	116	M36	160	136	160	142	M20	126	126	55
600	M30	124	116	M36	160	136	160	142	M20	126	126	55
650				M36	160	136	160	142	M20	126	126	55
700				M36	160	138	160	142	M20	126	126	55
800				M36	160	144	160	148	M20	130	130	55
900				M36	160	146	160	148	M20	130	130	55
1000				M36	160	146	160	148	M20	130	130	55

a) Kategorien von Schraubenverbindungen nach DIN EN 1993-1-8, Tab. 3.2: Scherverbindungen A, B, C und Zugverbindungen D, E. Spalte A-E wird gewählt, wenn der Verbindungstyp unbekannt ist.

b) Der Wert erfüllt nicht die in DIN EN 1993-1-8 festgelegten Grenzwerte und gilt nur für Stahl, der dem Wetter oder anderen korrosiven Einflüssen nicht ausgesetzt ist.

c) Die maximalen Nennlochdurchmesser sind für M12 Schrauben 1,5 mm, für M16 – M24 Schrauben 2 mm und für M27 – M30 Schrauben 3 mm größer als der Gewindedurchmesser.

Gleichschenklige Winkel
nach DIN EN 10 056-1 (6.2017), Tab. 1
1) $I = I_y = I_z$
2) $W = W_{el,y} = W_{el,z} = I / (a - e)$
3) $i = i_y = i_z$
4) $c = c_y = c_z$

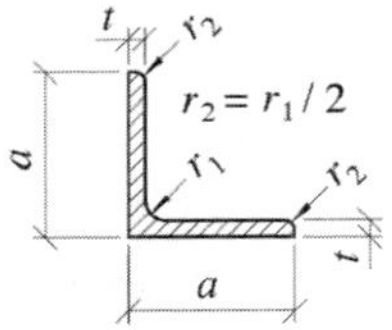

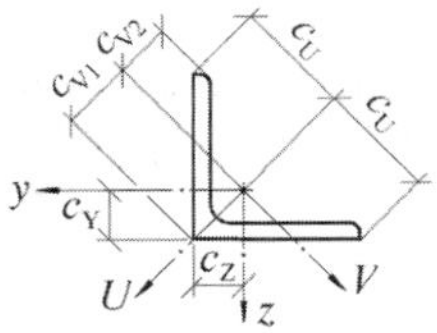

Profilmaße		Abstände der Achsen				Statische Werte								
$a \times t$ mm	r_1 mm	c [4] cm	c_U cm	c_{V1} cm	c_{V2} cm	A cm²	I [1] cm⁴	W [2] cm³	i [3] cm	I_U cm⁴	i_U cm	I_V cm⁴	i_V cm	g kN/m
40 × 4	6	1,12	2,83	1,58	1,40	3,08	4,47	1,55	1,21	7,09	1,52	1,86	0,777	0,0242
40 × 5	6	1,16	2,83	1,64	1,41	3,79	5,43	1,91	1,20	8,60	1,51	2,26	0,773	0,0297
45 × 4,5	7	1,25	3,18	1,78	1,58	3,90	7,14	2,20	1,35	11,4	1,71	2,94	0,870	0,0306
50 × 4	7	1,36	3,54	1,92	1,75	3,89	8,97	2,46	1,52	14,2	1,91	3,73	0,979	0,0306
50 × 5	7	1,40	3,54	1,99	1,76	4,80	11,0	3,05	1,51	17,4	1,90	4,55	0,973	0,0377
50 × 6	7	1,45	3,54	2,04	1,77	5,69	12,8	3,61	1,50	20,3	1,89	5,34	0,968	0,0447
60 × 5	8	1,64	4,24	2,32	2,11	5,82	19,4	4,45	1,82	30,7	2,30	8,03	1,17	0,0457
60 × 6	8	1,69	4,24	2,39	2,11	6,91	22,8	5,29	1,82	36,1	2,29	9,44	1,17	0,0542
60 × 8	8	1,77	4,24	2,50	2,14	9,03	29,2	6,89	1,80	46,1	2,26	12,2	1,16	0,0709
65 × 7	9	1,85	4,60	2,62	2,29	8,70	33,4	7,18	1,96	53,0	2,47	13,8	1,26	0,0683
70 × 6	9	1,93	4,95	2,73	2,46	8,13	36,9	7,27	2,13	58,5	2,68	15,3	1,37	0,0638
70 × 7	9	1,97	4,95	2,79	2,47	9,40	42,3	8,41	2,12	67,1	2,67	17,5	1,36	0,0738
75 × 6	9	2,05	5,30	2,90	2,64	8,73	45,8	8,41	2,29	72,7	2,89	18,9	1,47	0,0685
75 × 8	9	2,14	5,30	3,02	2,66	11,4	59,1	11,0	2,27	93,8	2,86	24,5	1,46	0,0899
80 × 8	10	2,26	5,66	3,19	2,83	12,3	72,2	12,6	2,43	115	3,06	29,9	1,56	0,0963
80 × 10	10	2,34	5,66	3,30	2,85	15,1	87,5	15,4	2,41	139	3,03	36,4	1,55	0,1190
90 × 7	11	2,45	6,36	3,47	3,16	12,2	92,6	14,1	2,75	147	3,46	38,3	1,77	0,0961
90 × 8	11	2,50	6,36	3,53	3,17	13,9	104	16,1	2,74	166	3,45	43,1	1,76	0,109
90 × 9	11	2,54	6,36	3,59	3,18	15,5	116	17,9	2,73	184	3,44	47,9	1,76	0,122
90 × 10	11	2,58	6,36	3,65	3,19	17,1	127	19,8	2,72	201	3,42	52,6	1,75	0,134
100 × 8	12	2,74	7,07	3,87	3,52	15,5	145	19,9	3,06	230	3,85	59,9	1,96	0,122
100 × 10	12	2,82	7,07	3,99	3,54	19,2	177	24,6	3,04	280	3,83	73,0	1,95	0,150
100 × 12	12	2,90	7,07	4,11	3,57	22,7	207	29,1	3,02	328	3,80	85,7	1,94	0,178
120 × 10	13	3,31	8,49	4,69	4,24	23,2	313	36,0	3,67	497	4,63	129	2,36	0,182
120 × 12	13	3,40	8,49	4,80	4,26	27,5	368	42,7	3,65	584	4,60	152	2,35	0,216
130 × 12	14	3,64	9,19	5,15	4,60	30,0	472	50,4	3,97	750	5,00	194	2,54	0,236
150 × 10	16	4,03	10,6	5,71	5,28	29,3	624	56,9	4,62	990	5,82	258	2,97	0,230
150 × 12	16	4,12	10,6	5,83	5,29	34,8	737	67,7	4,60	1170	5,80	303	2,95	0,273
150 × 15	16	4,25	10,6	6,01	5,33	43,0	898	83,5	4,57	1430	5,76	370	2,93	0,338
160 × 15	17	4,49	11,3	6,35	5,67	46,1	1100	95,6	4,88	1750	6,15	453	3,14	0,362
180 × 16	18	5,02	12,7	7,11	6,38	55,4	1680	130	5,51	2690	6,96	679	3,50	0,435
180 × 18	18	5,10	12,7	7,22	6,41	61,9	1870	145	5,49	2960	6,92	768	3,52	0,486
200 × 16	18	5,52	14,1	7,81	7,09	61,8	2340	162	6,16	3720	7,76	960	3,94	0,485
200 × 18	18	5,60	14,1	7,92	7,12	69,1	2600	181	6,13	4150	7,75	1050	3,90	0,543
200 × 20	18	5,68	14,1	8,04	7,15	76,3	2850	199	6,11	4530	7,70	1170	3,92	0,599
200 × 24	18	5,84	14,1	8,26	7,21	90,6	3330	235	6,06	5280	7,64	1380	3,90	0,711
250 × 17	18	6,79	17,7	9,60	9,28	82,1	4893	269	7,72	7789	9,74	1997	4,93	0,644
250 × 20	18	6,91	17,7	9,78	9,31	96,0	5674	314	7,69	9031	9,70	2318	4,91	0,753
250 × 28	18	7,24	17,7	10,2	9,44	133	7700	433	7,62	12200	9,61	3170	4,89	1,04
250 × 35	18	7,50	17,7	10,6	9,56	163	9260	529	7,54	14700	9,48	3860	4,87	1,28
300 × 25	18	8,35	21,2	11,8	11,2	143	12150	561	9,23	19370	11,7	4930	5,88	1,12
300 × 28	18	8,47	21,2	12,0	11,2	159	13450	625	9,09	21420	11,6	5475	5,87	1,25
300 × 31	18	8,58	21,2	12,1	11,3	175	14700	686	9,16	23400	11,6	5999	5,85	1,38
300 × 35	18	8,73	21,2	12,4	11,3	197	16320	767	9,11	25950	11,5	6696	5,83	1,54

DIN EN 10 056-1, Tab. 1 enthält weitere Profile mit anderen Kantenlängen und Schenkeldicken.

Ungleichschenklige Winkel
nach DIN EN 10 056-1 (6.2017), Tab. 2

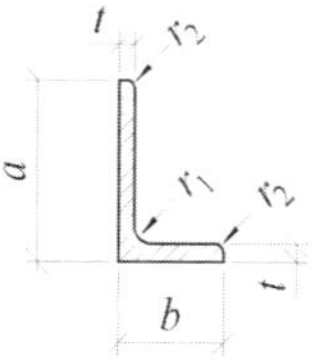

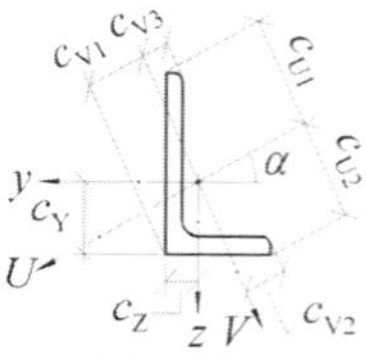

Profilmaße			Abstände der Achsen								
$a \times b \times t$ mm	r_1 mm	r_2 mm	c_y cm	c_z cm	c_{U1} cm	c_{U2} cm	c_{V1} cm	c_{V2} cm	c_{V3} cm	tan α	g kN/m
40 × 20 × 4	4,0	2,0	1,47	0,480	2,58	1,79	0,824	1,17	0,498	0,252	0,0177
40 × 25 × 4	4,0	2,0	1,36	0,623	2,69	1,94	1,07	1,35	0,671	0,380	0,0193
45 × 30 × 4	4,5	2,25	1,48	0,740	3,07	2,25	1,26	1,58	0,819	0,436	0,0225
50 × 30 × 5	5,0	2,5	1,73	0,741	3,33	2,38	1,27	1,65	0,791	0,352	0,0296
60 × 30 × 5	5,0	2,5	2,17	0,684	3,88	2,67	1,20	1,77	0,722	0,257	0,0336
60 × 40 × 5	6,0	3,0	1,96	0,972	4,10	3,00	1,67	2,11	1,08	0,434	0,0376
60 × 40 × 6	6,0	3,0	2,00	1,01	4,08	3,02	1,72	2,10	1,11	0,431	0,0446
65 × 50 × 5	6,0	3,0	1,99	1,25	4,53	3,6	2,08	2,39	1,49	0,577	0,0435
70 × 50 × 6	7,0	3,5	2,23	1,25	4,83	3,67	2,11	2,52	1,42	0,500	0,0541
75 × 50 × 6	7,0	3,5	2,44	1,21	5,12	3,75	2,08	2,64	1,35	0,435	0,0565
75 × 50 × 8	7,0	3,5	2,52	1,29	5,08	3,78	2,18	2,62	1,41	0,430	0,0739
80 × 40 × 6	7,0	3,5	2,85	0,884	5,20	3,54	1,57	2,38	0,935	0,258	0,0541
80 × 40 × 8	7,0	3,5	2,94	0,963	5,14	3,59	1,65	2,34	1,01	0,253	0,0707
80 × 60 × 7	8,0	4,0	2,51	1,52	5,55	4,35	2,54	2,92	1,77	0,546	0,0736
100 × 50 × 6	8,0	4,0	3,51	1,05	6,55	4,39	1,90	3,00	1,12	0,262	0,0684
100 × 50 × 8	8,0	4,0	3,60	1,13	6,48	4,45	1,99	2,96	1,20	0,258	0,0897
100 × 65 × 7	10	5,0	3,23	1,51	6,83	4,89	2,63	3,49	1,69	0,415	0,0877
100 × 65 × 8	10	5,0	3,27	1,55	6,81	4,92	2,69	3,47	1,72	0,413	0,0994
100 × 65 × 10	10	5,0	3,36	1,63	6,76	4,95	2,79	3,45	1,78	0,41	0,123
100 × 75 × 8	10	5,0	3,10	1,87	6,95	5,42	3,13	3,65	2,19	0,547	0,106
100 × 75 × 10	10	5,0	3,19	1,95	6,92	5,45	3,24	3,65	2,24	0,544	0,130
100 × 75 × 12	10	5,0	3,27	2,03	6,89	5,47	3,34	3,65	2,29	0,540	0,154
120 × 80 × 8	11	5,5	3,83	1,87	8,23	5,97	3,24	4,23	2,12	0,437	0,122
120 × 80 × 10	11	5,5	3,92	1,95	8,19	6,01	3,35	4,21	2,18	0,435	0,150
120 × 80 × 12	11	5,5	4,00	2,03	8,15	6,04	3,45	4,20	2,24	0,431	0,178
125 × 75 × 8	11	5,5	4,14	1,68	8,44	5,86	2,98	4,20	1,85	0,360	0,122
125 × 75 × 10	11	5,5	4,23	1,76	8,39	5,91	3,08	4,17	1,92	0,357	0,150
125 × 75 × 12	11	5,5	4,31	1,84	8,33	5,95	3,17	4,15	1,98	0,354	0,178
135 × 65 × 8	11	5,5	4,78	1,34	8,79	5,87	2,44	3,95	1,43	0,245	0,122
135 × 65 × 10	11	5,5	4,88	1,42	8,72	5,93	2,53	3,91	1,51	0,243	0,150
150 × 75 × 9	12	6,0	5,26	1,57	9,82	6,59	2,85	4,50	1,68	0,261	0,154
150 × 75 × 10	12	6,0	5,31	1,61	9,79	6,62	2,9	4,48	1,72	0,261	0,170
150 × 75 × 12	12	6,0	5,40	1,69	9,72	6,68	2,99	4,44	1,79	0,258	0,202
150 × 75 × 15	12	6,0	5,52	1,81	9,63	6,75	3,11	4,40	1,90	0,253	0,248
150 × 90 × 10	12	6,0	5,00	2,04	10,1	7,06	3,61	5,03	2,25	0,360	0,182
150 × 90 × 12	12	6,0	5,08	2,12	10,1	7,11	3,71	5,00	2,31	0,358	0,216
150 × 90 × 15	12	6,0	5,21	2,23	9,98	7,16	3,84	4,98	2,41	0,354	0,266
150 × 100 × 10	12	6,0	4,81	2,34	10,3	7,48	4,08	5,29	2,67	0,438	0,190
150 × 100 × 12	12	6,0	4,89	2,42	10,2	7,52	4,18	5,28	2,73	0,436	0,225
200 × 100 × 10	15	7,5	6,93	2,01	13,2	8,74	3,71	6,05	2,18	0,263	0,230
200 × 100 × 12	15	7,5	7,03	2,10	13,1	8,8	3,81	6,00	2,26	0,262	0,273
200 × 100 × 15	15	7,5	7,16	2,22	13,0	8,89	3,95	5,84	2,37	0,260	0,338
200 × 150 × 12	15	7,5	6,08	3,61	13,9	10,8	6,10	7,34	4,35	0,552	0,320
200 × 150 × 15	15	7,5	6,21	3,73	13,9	10,9	6,27	7,33	4,43	0,551	0,396
DIN EN 10 056-1, Tab. 2 enthält weitere Profile mit anderen Kantenlängen und Schenkeldicken.											

Ungleichschenkliger Winkelstahl (Fortsetzung)
nach DIN EN 10 056-1 (6.2017), Tab. 2

Profilmaße	Statische Werte									
$a \times b \times t$ mm	A cm^2	I_y cm^4	$W_{el,y}$ cm^3	i_y cm	I_z cm^4	$W_{el,z}$ cm^3	i_z cm	I_U cm^4	i_U cm	I_V cm^4	i_V cm
40 × 20 × 4	2,26	3,59	1,42	1,26	0,60	0,393	0,514	3,80	1,30	0,393	0,417
40 × 25 × 4	2,46	3,89	1,47	1,26	1,16	0,619	0,687	4,35	1,33	0,700	0,534
45 × 30 × 4	2,87	5,78	1,91	1,42	2,05	0,910	0,850	6,65	1,52	1,18	0,640
50 × 30 × 5	3,78	9,36	2,86	1,57	2,51	1,11	0,816	10,3	1,65	1,54	0,639
60 × 30 × 5	4,28	15,6	4,07	1,91	2,63	1,14	0,784	16,5	1,97	1,71	0,633
60 × 40 × 5	4,79	17,2	4,25	1,89	6,11	2,02	1,13	19,7	2,03	3,54	0,860
60 × 40 × 6	5,68	20,1	5,03	1,88	7,12	2,38	1,12	23,1	2,02	4,16	0,855
65 × 50 × 5	5,54	23,2	5,14	2,05	11,9	3,19	1,47	28,8	2,28	6,32	1,07
70 × 50 × 6	6,89	33,4	7,01	2,2	14,2	3,78	1,43	39,7	2,40	7,92	1,07
75 × 50 × 6	7,19	40,5	8,01	2,37	14,4	3,81	1,42	46,6	2,55	8,36	1,08
75 × 50 × 8	9,41	52,0	10,4	2,35	18,4	4,95	1,40	59,6	2,52	10,8	1,07
80 × 40 × 6	6,89	44,9	8,73	2,55	7,59	2,44	1,05	47,6	2,63	4,93	0,85
80 × 40 × 8	9,01	57,6	11,4	2,53	9,61	3,16	1,03	60,9	2,60	6,34	0,84
80 × 60 × 7	9,38	59,0	10,7	2,51	28,4	6,34	1,74	72,0	2,77	15,4	1,28
100 × 50 × 6	8,71	89,9	13,8	3,21	15,4	3,89	1,33	95,4	3,31	9,92	1,07
100 × 50 × 8	11,4	116	18,2	3,19	19,7	5,08	1,31	123	3,28	12,8	1,06
100 × 65 × 7	11,2	113	16,6	3,17	37,6	7,53	1,83	128	3,39	22,0	1,40
100 × 65 × 8	12,7	127	18,9	3,16	42,2	8,54	1,83	144	3,37	24,8	1,40
100 × 65 × 10	15,6	154	23,2	3,14	51,0	10,5	1,81	175	3,35	30,1	1,39
100 × 75 × 8	13,5	133	19,3	3,14	54,1	11,4	2,18	162	3,47	34,6	1,60
100 × 75 × 10	16,6	162	23,8	3,12	77,6	14	2,16	197	3,45	42,2	1,59
100 × 75 × 12	19,7	189	28	3,10	90,2	16,5	2,14	230	3,42	49,5	1,59
120 × 80 × 8	15,5	226	27,6	3,82	80,8	13,2	2,28	260	4,1	46,6	1,74
120 × 80 × 10	19,1	276	34,1	3,8	98,1	16,2	2,26	317	4,07	56,8	1,72
120 × 80 × 12	22,7	323	40,4	3,77	114	19,1	2,24	371	4,04	66,7	1,71
125 × 75 × 8	15,5	247	29,6	4,00	67,6	11,6	2,09	274	4,21	40,9	1,63
125 × 75 × 10	19,1	302	36,5	3,97	82,1	14,3	2,07	334	4,18	49,9	1,61
125 × 75 × 12	22,7	354	43,2	3,95	95,5	16,9	2,05	391	4,15	58,5	1,61
135 × 65 × 8	15,5	291	33,4	4,34	45,2	8,75	1,71	307	4,45	29,4	1,38
135 × 65 × 10	19,1	356	41,3	4,31	54,7	10,8	1,69	375	4,43	35,9	1,37
150 × 75 × 9	19,6	455	46,7	4,82	77,9	13,1	1,99	483	4,96	50,2	1,60
150 × 75 × 10	21,7	501	51,6	4,81	85,6	14,5	1,99	531	4,95	55,1	1,60
150 × 75 × 12	25,7	588	61,3	4,78	99,6	17,1	1,97	623	4,92	64,7	1,59
150 × 75 × 15	31,7	713	75,2	4,75	119	21	1,94	753	4,88	78,6	1,58
150 × 90 × 10	23,2	533	53,3	4,80	146	21	2,51	591	5,05	88,3	1,95
150 × 90 × 12	27,5	627	63,3	4,77	171	24,8	2,49	694	5,02	104	1,94
150 × 90 × 15	33,9	761	77,7	4,74	205	30,4	2,46	841	4,98	126	1,93
150 × 100 × 10	24,2	553	54,2	4,79	199	25,9	2,87	637	5,13	114	2,17
150 × 100 × 12	28,7	651	64,4	4,76	233	30,7	2,85	749	5,11	134	2,16
200 × 100 × 10	29,2	1220	93,2	6,46	210	26,3	2,68	1290	6,65	135	2,15
200 × 100 × 12	34,8	1440	111	6,43	247	31,3	2,67	1530	6,63	159	2,14
200 × 100 × 15	43,0	1758	137	6,40	299	38,5	2,64	1864	6,59	193	2,12
200 × 150 × 12	40,8	1650	119	6,36	803	70,5	4,44	2030	7,04	430	3,25
200 × 150 × 15	50,5	2022	147	6,33	979	86,9	4,40	2476	7,00	526	3,23

DIN EN 10 056-1, Tab. 2 enthält weitere Profile mit anderen Kantenlängen und Schenkeldicken.

Hohlprofile mit kreisförmigem Querschnitt
Warmgefertigt: DIN EN 10 210-2 (7.2019), Tab. B.1
Kaltgefertigt: DIN EN 10 219-2 (7.2019), Tab. B.1
Die Querschnittsklasse ergibt sich aus D/T nach Tafel 13.7c.

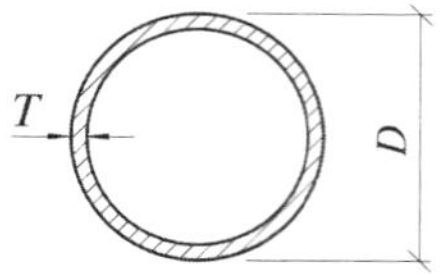

Nennmaße	Statische Werte						Nennmaße	Statische Werte					
$D \times T$ mm	A cm²	$I = I_T/2$ cm⁴	i cm	W_{el} cm³	W_{pl} cm³	g kN/m	**$D \times T$** mm	A cm²	$I = I_T/2$ cm⁴	i cm	W_{el} cm³	W_{pl} cm³	g kN/m
33,7 × 2,5[1]	2,45	3,00	1,11	1,78	2,44	0,019	**244,5 × 6,3**	47,1	3346	8,42	274	358	0,370
× 4[2]	3,73	4,19	1,06	2,49	3,55	0,029	**× 10**	73,7	5073	8,30	415	550	0,578
42,4 × 2,5[1]	3,13	6,26	1,41	2,95	3,99	0,025	**× 12,5**	91,1	6147	8,21	503	673	0,715
× 4	4,83	8,99	1,36	4,24	5,92	0,038	**× 25**[2]	172	10520	7,81	860	1210	1,35
48,3 × 2,5[1]	3,60	9,46	1,62	3,92	5,25	0,028	**273,0 × 6,3**	52,8	4696	9,43	344	448	0,414
× 4	5,57	13,8	1,57	5,70	7,87	0,044	**× 10**	82,6	7154	9,31	524	692	0,649
× 5	6,80	16,2	1,54	6,69	9,42	0,053	**× 12,5**	102	8697	9,22	637	849	0,803
60,3 × 2,5[1]	4,54	19,0	2,05	6,30	8,36	0,036	**× 25**[2]	195	15130	8,81	1108	1543	1,53
× 4	7,07	28,2	2,00	9,34	12,7	0,056	**323,9 × 6,3**	62,9	7929	11,2	490	636	0,494
× 5	8,69	33,5	1,96	11,1	15,3	0,068	**× 10**	98,6	12160	11,1	751	986	0,774
76,1 × 2,5[1]	5,78	39,2	2,6	10,3	13,5	0,045	**× 12,5**	122	14850	11,0	917	1213	0,960
× 4	9,06	59,1	2,55	15,5	20,8	0,071	**× 25**[2]	235	26400	10,6	1630	2239	1,84
× 5	11,2	70,9	2,52	18,6	25,3	0,088	**355,6 × 8**	87,4	13200	12,3	742	967	0,686
88,9 × 3[1]	8,10	74,8	3,04	16,8	22,1	0,064	**× 12,5**	135	19850	12,1	1117	1472	1,06
× 5	13,2	116	2,97	26,2	35,2	0,103	**× 20**	211	29790	11,9	1676	2255	1,66
× 6,3	16,3	140	2,93	31,5	43,1	0,128	**× 25**[2]	260	35680	11,7	2007	2738	2,04
101,6 × 4	12,3	146	3,45	28,8	38,1	0,096	**406,4 × 8**	100	19870	14,1	978	1270	0,786
× 6,3	18,9	215	3,38	42,3	57,3	0,148	**× 16**	196	37450	13,8	1843	2440	1,54
× 8[2]	23,5	260	3,32	51,1	70,3	0,185	**× 25**	300	54700	13,5	2692	3642	2,35
× 10[2]	28,8	305	3,26	60,1	84,2	0,226	**× 40**[2]	460	78190	13,0	3848	5391	3,61
114,3 × 4	13,9	211	3,90	36,9	48,7	0,109	**457,0 × 8**	113	28450	15,9	1245	1613	0,886
× 6,3	21,4	313	3,82	54,7	73,6	0,168	**× 16**	222	53960	15,6	2361	3113	1,74
× 8	26,7	379	3,77	66,4	90,6	0,210	**× 30**	402	92170	15,1	4034	5479	3,16
× 10[2]	32,8	450	3,70	78,7	109	0,257	**× 40**[2]	524	115000	14,8	5031	6977	4,11
139,7 × 4	17,1	393	4,80	56,2	73,7	0,134	**508,0 × 8**	126	39280	17,7	1546	2000	0,986
× 6,3	26,4	589	4,72	84,3	112	0,207	**× 16**	247	74910	17,4	2949	3874	1,94
× 8	33,1	720	4,66	103	139	0,260	**× 30**	451	129200	16,9	5086	6864	3,54
× 12,5[2]	50	1020	4,52	146	203	0,392	**× 50**[2]	719	190900	16,3	7515	10530	5,65
168,3 × 4	20,6	697	5,81	82,8	108	0,162	**610,0 × 8**	151	68550	21,3	2248	2899	1,19
× 8	40,3	1297	5,67	154	206	0,316	**× 16**	299	131800	21,0	4321	5647	2,34
× 10	49,7	1564	5,61	186	251	0,390	**× 30**	547	230500	20,5	7557	10100	4,29
× 12,5[2]	61,2	1868	5,53	222	304	0,480	**× 50**[2]	880	347600	19,9	11400	15720	6,91
177,8 × 5	27,1	1014	6,11	114	149	0,213	**711,0 × 8**	177	109200	24,9	3071	3954	1,39
× 8	42,7	1541	6,01	173	231	0,335	**× 16**	349	211000	24,6	5936	7730	2,74
× 10	52,7	1862	5,94	209	282	0,414	**× 30**	642	372800	24,1	10490	13920	5,04
× 12,5	64,9	2230	5,86	251	342	0,510	**× 60**[2]	1227	655600	23,1	18440	25500	9,63
193,7 × 6,3	37,1	1630	6,63	168	221	0,291	**813,0 × 8**	202	163900	28,5	4032	5184	1,59
× 10	57,7	2442	6,50	252	338	0,453	**× 16**	401	318200	28,2	7828	10170	3,14
× 16[2]	89,3	3554	6,31	367	507	0,701	**× 30**	738	566400	27,7	13930	18400	5,79
219,1 × 6,3	42,1	2386	7,53	218	285	0,331	**1016 × 8**	253	321800	35,6	6334	8129	1,99
× 10	65,7	3598	7,40	328	438	0,516	**× 16**	503	628480	35,4	12370	16000	3,95
× 12,5	81,1	4345	7,32	397	534	0,637	**× 30**	929	1130000	34,9	22250	29180	7,29
× 20[2]	125	6261	7,07	572	795	0,982	**1219 × 25**	938	1672000	42,2	27430	35650	7,36

Die Tabelle enthält u.a. die Rohre mit der größten in den Normen aufgelisteten Wandstärke je Durchmesser. Weitere Rohre mit anderen Wandstärken sind genormt, T kann je nach Durchmesser u.a. folgende Werte in mm annehmen: 2,5[1]; 2,6[2]; 3,0[1]; 3,2[2]; 4,0; 5,0; 6,0[1]; 6,3; 8,0; 10,0; 12,0[1]; 12,5; 14,2[2]; 16,0; 20,0; 25,0; 30,0; 40,0[2]; 50,0[2]. Die Querschnittswerte dieser Rohre lassen sich nach den Formeln auf Seite 10.62 f. ermitteln. Weitere Profile mit folgenden Außendurchmessern D in mm sind verfügbar: 21,3; 26,9; 762; 914; 1067 und 1168.

$I_T = 2 \cdot I$; $W_T = 2 \cdot W_{el}$ [1] Kaltgefertigt lieferbar. [2] Warmgefertigt lieferbar.

Warmgefertigte Hohlprofile
mit quadratischem Querschnitt
nach DIN EN 10 210-2 (7.2019), Tab. B.2
Die Querschnittsklasse ergibt sich mit dem Wert $c = (B - 4 \cdot T)$ gemäß Tafel 13.6.
$I_T \approx (B - T)^3 \cdot T$

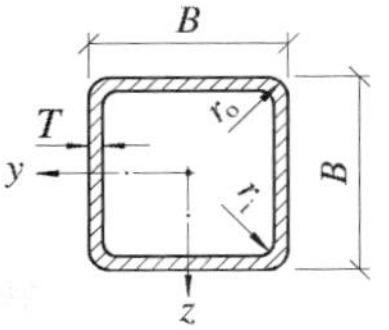

Radien für Berechnungen:
$r_o = 1{,}5 \cdot T$
$r_i = 1{,}0 \cdot T$

Nennmaße		Statische Werte					
B mm	**T** mm	A cm²	I cm⁴	i cm	W_{el} cm³	W_{pl} cm³	g kN/m
40	**2,6**	3,82	8,80	1,52	4,40	5,31	0,0300
	3,2	4,60	10,2	1,49	5,11	6,28	0,0361
	4	5,59	11,8	1,45	5,91	7,44	0,0439
	5	6,73	13,4	1,41	6,68	8,66	0,0528
50	**2,6**	4,86	18,0	1,93	7,21	8,58	0,0381
	4	7,19	25,0	1,86	9,99	12,3	0,0564
	5	8,73	28,9	1,82	11,6	14,5	0,0685
60	**2,6**	5,90	32,2	2,34	10,7	12,6	0,0463
	4	8,79	45,4	2,27	15,1	18,3	0,069
	5	10,7	53,3	2,23	17,8	21,9	0,0842
	6,3	13,1	61,6	2,17	20,5	26,0	0,103
70	**3,2**	8,40	62,3	2,72	17,8	21,0	0,0663
	4	10,4	74,7	2,68	21,3	25,5	0,0815
	5	12,7	88,5	2,64	25,3	30,8	0,0999
	6,3	15,6	104	2,58	29,7	36,9	0,123
80	**3,2**	9,72	95	3,13	23,7	27,9	0,0763
	4	12,0	114	3,09	28,6	34,0	0,0941
	5	14,7	137	3,05	34,2	41,1	0,116
	6,3	18,1	162	2,99	40,5	49,7	0,143
	8	22,4	189	2,91	47,3	59,5	0,175
90	**4**	13,6	166	3,50	37,0	43,6	0,107
	5	16,7	200	3,45	44,4	53,0	0,131
	6,3	20,7	238	3,40	53,0	64,3	0,162
	8	25,6	281	3,32	62,6	77,6	0,201
100	**4**	15,2	232	3,91	46,4	54,4	0,119
	5	18,7	279	3,86	55,9	66,4	0,147
	6,3	23,2	336	3,80	67,1	80,9	0,182
	8	28,8	400	3,73	79,9	98,2	0,226
	10	34,9	462	3,64	92,4	116	0,274
120	**5**	22,7	498	4,68	83	97,6	0,178
	6,3	28,2	603	4,62	100	120	0,222
	8	35,2	726	4,55	121	146	0,276
	10	42,9	852	4,46	142	175	0,337
	12,5	52,1	982	4,34	164	207	0,409
140	**5**	26,7	807	5,50	115	135	0,210
	6,3	33,3	984	5,44	141	166	0,261
	8	41,6	1195	5,36	171	204	0,326
	10	50,9	1416	5,27	202	246	0,400
	12,5	62,1	1653	5,16	236	293	0,487
150	**5**	28,7	1002	5,90	134	156	0,226
	6,3	35,8	1223	5,85	163	192	0,281
	8	44,8	1491	5,77	199	237	0,351
	10	54,9	1773	5,68	236	286	0,431
	12,5	67,1	2080	5,57	277	342	0,527

Nennmaße		Statische Werte					
B mm	**T** mm	A cm²	I cm⁴	i cm	W_{el} cm³	W_{pl} cm³	g kN/m
160	**5**	30,7	1 225	6,31	153	178	0,241
	6,3	38,3	1 499	6,26	187	220	0,301
	8	48,0	1 831	6,18	229	272	0,376
	10	58,9	2 186	6,09	273	329	0,463
	12,5	72,1	2 576	5,98	322	395	0,566
180	**5**	34,7	1765	7,13	196	227	0,273
	6,3	43,3	2186	7,07	241	281	0,340
	8	54,4	2661	7,00	296	349	0,427
	10	66,9	3193	6,91	355	424	0,525
	12,5	82,1	3790	6,80	421	511	0,644
200	**5**	38,7	2445	7,95	245	283	0,304
	6,3	48,4	3011	7,89	301	350	0,38
	8	60,8	3709	7,81	371	436	0,477
	10	74,9	4471	7,72	447	531	0,588
	12,5	92,1	5336	7,61	534	643	0,723
	16	115	6394	7,46	639	785	0,903
220	**6,3**	53,4	4049	8,71	368	427	0,419
	8	67,2	5002	8,63	455	532	0,527
	10	82,9	6050	8,54	550	650	0,651
	12,5	102	7254	8,43	659	789	0,801
	16	128	8749	8,27	795	969	1,00
250	**6,3**	61,0	6014	9,93	481	556	0,479
	8	76,8	7455	9,86	596	694	0,603
	10	94,9	9055	9,77	724	851	0,745
	12,5	117	10915	9,66	873	1037	0,919
	16	147	13267	9,5	1061	1280	1,15
260	**6,3**	63,5	6788	10,3	522	603	0,500
	8	80,0	8423	10,3	648	753	0,628
	10	98,9	10242	10,2	788	924	0,777
	12,5	122	12365	10,1	951	1127	0,958
	16	153	15061	9,91	1159	1394	1,2
300	**6,3**	73,6	10547	12	703	809	0,579
	8	92,8	13128	11,9	875	1013	0,728
	10	115	16026	11,8	1068	1246	0,902
	12,5	142	19442	11,7	1296	1525	1,12
	16	179	23850	11,5	1590	1895	1,41
350	**8**	109	21129	13,9	1207	1392	0,854
	10	135	25884	13,9	1479	1715	1,06
	12,5	167	31541	13,7	1802	2107	1,31
	16	211	38942	13,6	2225	2630	1,66
400	**10**	155	39128	15,9	1956	2260	1,22
	12,5	192	47839	15,8	2392	2782	1,51
	16	243	59344	15,6	2967	3484	1,91
	20	300	71535	15,4	3577	4247	2,35

Kaltgefertigte Hohlprofile mit quadratischem Querschnitt
nach DIN EN 10 219-2 (7.2019), Tab. B.2
Die Querschnittsklasse ergibt sich mit dem Wert $c = (B - 2 \cdot T - 2 \cdot r_i)$ gemäß Tafel 13.6.
$I_T \approx (B - T)^3 \cdot T$

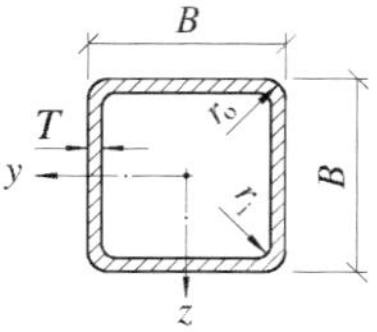

Radien für Berechnungen:

r	$T \leq 6$	$6 < T \leq 10$	$T > 10$
r_o	$2 \cdot T$	$2{,}5 \cdot T$	$3 \cdot T$
r_i	$1 \cdot T$	$1{,}5 \cdot T$	$2 \cdot T$

Nennmaße		Statische Werte						Nennmaße		Statische Werte					
B mm	T mm	A cm²	I cm⁴	i cm	W_{el} cm³	W_{pl} cm³	g kN/m	B mm	T mm	A cm²	I cm⁴	i cm	W_{el} cm³	W_{pl} cm³	g kN/m
30	**2,5**	2,59	3,16	1,10	2,10	2,61	0,0203	**160**	**5**	30,4	1202	6,29	150	175	0,238
40	**3**	4,21	9,32	1,49	4,66	5,72	0,0330		**6,3**	37,4	1442	6,21	180	213	0,283
	4	5,35	11,1	1,44	5,54	7,01	0,0420		**8**	46,4	1741	6,12	218	260	0,365
50	**3**	5,41	19,5	1,90	7,79	9,39	0,0425		**10**	56,6	2048	6,02	256	311	0,444
	4	6,95	23,7	1,85	9,49	11,7	0,0545		**12,5**	67,0	2275	5,83	284	356	0,526
	5	8,36	27,0	1,80	10,8	13,7	0,0656		**16**	81,2	2546	5,60	318	413	0,637
60	**3**	6,61	35,1	2,31	11,7	14,0	0,0519	**180**	**6,3**	42,4	2096	7,03	233	273	0,333
	4	8,55	43,6	2,26	14,5	17,6	0,0671		**8**	52,8	2546	6,94	283	336	0,415
	5	10,4	50,5	2,21	16,8	20,9	0,0813		**10**	64,6	3017	6,84	335	404	0,507
	6,3	12,2	54,4	2,11	18,1	23,4	0,0960		**12,5**	77,0	3406	6,65	378	467	0,605
70	**3**	7,81	57,5	2,71	16,4	19,4	0,0613		**16**	94,0	3887	6,43	432	550	0,738
	4	10,1	72,1	2,67	20,6	24,8	0,0797	**200**	**6,3**	47,4	2922	7,85	292	341	0,372
	5	12,4	84,6	2,62	24,2	29,6	0,0970		**8**	59,2	3566	7,76	357	421	0,465
	6,3	14,7	93,8	2,53	26,8	33,8	0,115		**10**	72,6	4251	7,65	425	508	0,570
80	**4**	11,7	111	3,07	27,8	33,1	0,0922		**12,5**	87,0	4859	7,47	486	594	0,683
	5	14,4	131	3,03	32,9	39,7	0,113		**16**	107	5625	7,26	562	706	0,838
	6,3	17,2	149	2,94	37,1	46,1	0,135	**220**	**6,3**	52,5	3940	8,66	358	417	0,412
	8	20,8	168	2,84	42,1	53,9	0,164		**8**	65,6	4828	8,58	439	516	0,515
90	**4**	13,3	162	3,48	36,0	42,6	0,105		**10**	80,6	5782	8,47	526	625	0,632
	5	16,4	193	3,43	42,9	51,4	0,128		**12,5**	97,0	6674	8,29	607	735	0,762
	6,3	19,7	221	3,35	49,1	60,3	0,155		**16**	120	7812	8,08	710	881	0,939
	8	24,0	255	3,25	56,6	71,3	0,189	**250**	**6,3**	60,0	5873	9,89	470	544	0,471
100	**5**	18,4	271	3,84	54,2	64,6	0,144		**8**	75,2	7229	9,80	578	676	0,591
	6,3	22,2	314	3,76	62,8	76,4	0,175		**10**	92,6	8707	9,70	697	822	0,727
	8	27,2	366	3,67	73,2	91,1	0,214		**12,5**	112	10161	9,52	813	975	0,880
	10	32,6	411	3,55	82,2	105	0,256		**16**	139	12047	9,32	964	1180	1,09
	12,5	37,0	410	3,33	82,1	111	0,291	**260**	**6,3**	62,6	6635	10,3	510	591	0,491
120	**5**	22,4	485	4,66	80,9	95,4	0,175		**8**	78,4	8178	10,2	629	734	0,616
	6,3	27,3	572	4,58	95,3	114	0,214		**10**	96,6	9865	10,1	759	894	0,758
	8	33,6	677	4,49	113	138	0,264		**12,5**	117	11548	9,93	888	1063	0,919
	10	40,6	777	4,38	129	162	0,318		**16**	145	13739	9,73	1057	1289	1,14
	12,5	47,0	817	4,17	136	178	0,369	**300**	**6,3**	72,6	10342	11,9	689	795	0,570
140	**5**	26,4	791	5,48	113	132	0,207		**8**	91,2	12801	11,8	853	991	0,716
	6,3	32,3	941	5,39	134	160	0,254		**10**	113	15519	11,7	1035	1211	0,884
	8	40,0	1127	5,30	161	194	0,314		**12,5**	137	18348	11,6	1223	1451	1,08
	10	48,6	1312	5,20	187	230	0,381		**16**	171	22076	11,4	1472	1774	1,34
	12,5	57,0	1425	5,00	204	259	0,448	**350**	**8**	107	20681	13,9	1182	1366	0,842
150	**5**	28,4	982	5,89	131	153	0,223		**10**	133	25189	13,8	1439	1675	1,04
	6,3	34,8	1174	5,80	156	185	0,274		**12,5**	162	30045	13,6	1717	2020	1,25
	8	43,2	1412	5,71	188	226	0,339		**16**	203	36511	13,4	2086	2488	1,59
	10	52,6	1653	5,61	220	269	0,413	**400**	**10**	153	38216	15,8	1911	2214	1,20
	12,5	62,0	1817	5,41	242	306	0,487		**12,5**	187	45877	15,7	2294	2683	1,47
	16	74,8	2009	5,18	268	351	0,587		**16**	235	56154	15,5	2808	3322	1,84

Die Norm enthält zusätzlich Profile $B = 20$ mm und $B = 25$ mm. Einzelne Hersteller können auch quadratische Hohlprofile mit weiteren Wandstärken liefern.

Warmgefertigte Hohlprofile
mit rechteckigem Querschnitt
nach DIN EN 10 210-2 (7.2019), Tab. B.3
Die Querschnittsklasse ergibt sich gemäß Tafel 13.6 mit
$c = (B - 4 \cdot T)$ bzw. $c = (H - 4 \cdot T)$.

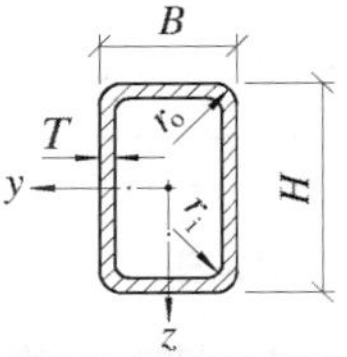

Radien für Berechnungen:
$r_o = 1{,}5 \cdot T$
$r_i = 1{,}0 \cdot T$

Nennmaße		Statische Werte										
$H \times B$ mm	T mm	A cm²	I_y cm⁴	i_y cm	$W_{el,y}$ cm³	$W_{pl,y}$ cm³	I_z cm⁴	i_z cm	$W_{el,z}$ cm³	$W_{pl,z}$ cm³	I_T cm⁴	g kN/m
50 × 30	**3,2**	4,60	14,2	1,76	5,68	7,25	6,20	1,16	4,13	5,00	14,2	0,0361
	4	5,59	16,5	1,72	6,60	8,59	7,08	1,13	4,72	5,88	16,6	0,0439
	5	6,73	18,7	1,67	7,49	10,0	7,89	1,08	5,26	6,80	19,0	0,0528
60 × 40	**3,2**	5,88	27,8	2,18	9,27	11,5	14,6	1,57	7,29	8,64	30,8	0,0462
	4	7,19	32,8	2,14	10,9	13,8	17,0	1,54	8,52	10,3	36,7	0,0564
	5	8,73	38,1	2,09	12,7	16,4	19,5	1,50	9,77	12,2	43,0	0,0685
	6,3	10,6	43,4	2,02	14,5	19,2	21,9	1,44	11,0	14,2	49,5	0,0831
80 × 40	**4**	8,79	68,2	2,79	17,1	21,8	22,2	1,59	11,1	13,2	55,2	0,069
	5	10,7	80,3	2,74	20,1	26,1	25,7	1,55	12,9	15,7	65,1	0,0842
	6,3	13,1	93,3	2,67	23,3	31,1	29,2	1,49	14,6	18,4	75,6	0,103
	8	16,0	106	2,58	26,5	36,5	32,1	1,42	16,1	21,2	85,8	0,125
90 × 50	**4**	10,4	107	3,21	23,8	29,8	41,9	2,01	16,8	19,6	97,5	0,0815
	5	12,7	127	3,16	28,3	36,0	49,2	1,97	19,7	23,5	116	0,0999
	6,3	15,6	150	3,10	33,3	43,2	57,0	1,91	22,8	28,0	138	0,123
	8	19,2	174	3,01	38,6	51,4	64,6	1,84	25,8	32,9	160	0,150
100 × 50	**4**	11,2	140	3,53	27,9	35,2	46,2	2,03	18,5	21,5	113	0,0878
	5	13,7	167	3,48	33,3	42,6	54,3	1,99	21,7	25,8	135	0,108
	6,3	16,9	197	3,42	39,4	51,3	63,0	1,93	25,2	30,8	160	0,133
	8	20,8	230	3,33	46,0	61,4	71,7	1,86	28,7	36,3	186	0,163
100 × 60	**4**	12,0	158	3,63	31,6	39,1	70,5	2,43	23,5	27,3	156	0,0941
	5	14,7	189	3,58	37,8	47,4	83,6	2,38	27,9	32,9	188	0,116
	6,3	18,1	225	3,52	45,0	57,3	98,1	2,33	32,7	39,5	224	0,142
	8	22,4	264	3,44	52,8	68,7	113	2,25	37,8	47,1	265	0,175
120 × 60	**4**	13,6	249	4,28	41,5	51,9	83,1	2,47	27,7	31,7	201	0,107
	5	16,7	299	4,23	49,9	63,1	98,8	2,43	32,9	38,4	242	0,131
	6,3	20,7	358	4,16	59,7	76,7	116	2,37	38,8	46,3	290	0,162
	8	25,6	425	4,08	70,8	92,7	135	2,30	45,0	55,4	344	0,201
	10	30,9	488	3,97	81,4	109	152	2,21	50,5	64,4	396	0,243
120 × 80	**4**	15,2	303	4,46	50,4	61,2	161	3,25	40,2	46,1	330	0,119
	5	18,7	365	4,42	60,9	74,6	193	3,21	48,2	56,1	401	0,147
	6,3	23,2	440	4,36	73,3	91,0	230	3,15	57,6	68,2	487	0,182
	8	28,8	525	4,27	87,5	111	273	3,08	68,1	82,6	587	0,226
	10	34,9	609	4,18	102	131	313	2,99	78,1	97,3	688	0,274
140 × 80	**4**	16,8	441	5,12	62,9	77,1	184	3,31	46,0	52,2	411	0,132
	5	20,7	534	5,08	76,3	94,3	221	3,27	55,3	63,6	499	0,163
	6,3	25,7	646	5,01	92,3	115	265	3,21	66,2	77,5	607	0,202
	8	32,0	776	4,93	111	141	314	3,14	78,5	94,1	733	0,251
	10	38,9	908	4,83	130	163	362	3,05	90,5	111	862	0,306
150 × 100	**6,3**	29,5	898	5,52	120	147	474	4,01	94,8	110	986	0,231
	8	36,8	1087	5,44	145	180	569	3,94	114	135	1203	0,289
	12,5	54,6	1488	5,22	198	256	763	3,74	153	190	1679	0,428
160 × 80	**5**	22,7	744	5,72	93,0	116	249	3,31	62,3	71,1	600	0,178
	6,3	28,2	903	5,66	113	142	299	3,26	74,8	86,8	701	0,212
	8	35,2	1091	5,57	136	175	356	3,18	89,0	106	883	0,276
	12,5	52,1	1485	5,34	186	247	465	2,99	116	146	1204	0,409

Warmgefertigte Hohlprofile mit rechteckigem Querschnitt (Fortsetzung)

Nennmaße		Statische Werte										
$H \times B$ mm	T mm	A cm²	I_y cm⁴	i_y cm	$W_{el,y}$ cm³	$W_{pl,y}$ cm³	I_z cm⁴	i_z cm	$W_{el,z}$ cm³	$W_{pl,z}$ cm³	I_T cm⁴	g kN/m
180 × 100	**5**	26,7	1153	6,57	128	157	460	4,15	92,0	104	1042	0,210
	6,3	33,3	1407	6,50	156	194	557	4,09	111	128	1277	0,261
	8	41,6	1713	6,42	190	239	671	4,02	134	157	1560	0,326
	10	50,9	2036	6,32	226	288	787	3,93	157	188	1862	0,400
	12,5	62,1	2385	6,20	265	344	908	3,82	182	223	2191	0,487
200 × 100	**6,3**	35,8	1829	7,15	183	228	613	4,14	123	140	1475	0,281
	8	44,8	2234	7,06	223	282	739	4,06	148	172	1804	0,351
	10	54,9	2664	6,96	266	341	869	3,98	174	206	2156	0,431
	12,5	67,1	3136	6,84	314	408	1004	3,87	201	245	2541	0,527
	16	83,0	3678	6,66	368	491	1147	3,72	229	290	2982	0,652
200 × 120	**6,3**	38,3	2065	7,34	207	253	929	4,92	155	177	2028	0,301
	8	48,0	2529	7,26	253	313	1128	4,85	188	218	2495	0,376
	10	58,9	3026	7,17	303	379	1337	4,76	223	263	3001	0,463
	12,5	72,1	3576	7,04	358	455	1562	4,66	260	314	3569	0,566
250 × 150	**6,3**	48,4	4143	9,25	331	402	1874	6,22	250	283	4054	0,380
	8	60,8	5111	9,17	409	501	2298	6,15	306	350	5021	0,477
	10	74,9	6174	9,08	494	611	2755	6,06	367	426	6090	0,588
	12,5	92,1	7387	8,96	591	740	3265	5,96	435	514	7326	0,723
	16	115	8879	8,79	710	906	3873	5,80	516	625	8868	0,903
260 × 180	**6,3**	53,4	5166	9,83	397	475	2929	7,40	325	369	5810	0,419
	8	67,2	6390	9,75	492	592	3608	7,33	401	459	7221	0,527
	10	82,9	7741	9,66	595	724	4351	7,24	483	560	8798	0,651
	12,5	102	9299	9,54	715	879	5196	7,13	577	679	10640	0,801
	16	128	11250	9,38	865	1081	6231	6,98	692	831	12990	1,00
300 × 200	**6,3**	61,0	7829	11,3	522	624	4193	8,29	419	472	8476	0,479
	8	76,8	9717	11,3	648	779	5184	8,22	518	589	10560	0,603
	10	94,9	11820	11,2	788	956	6278	8,13	628	721	12910	0,745
	12,5	117	14270	11,0	952	1165	7537	8,02	754	877	15680	0,919
	16	147	17390	10,9	1159	1441	9109	7,87	911	1080	19250	1,15
350 × 250	**6,3**	73,6	13200	13,4	754	892	7885	10,4	631	709	15220	0,578
	8	92,8	16450	13,3	940	1118	9798	10,3	784	888	19030	0,728
	10	115	20100	13,2	1149	1375	11937	10,2	955	1091	23350	0,902
	12,5	142	24420	13,1	1395	1685	14444	10,1	1156	1334	28530	1,12
	16	179	30010	12,9	1715	2095	17654	9,93	1412	1655	35330	1,41
400 × 200	**8**	92,8	19560	14,5	978	1203	6660	8,47	666	743	15740	0,728
	10	115	23910	14,4	1196	1480	8084	8,39	808	911	19260	0,902
	12,5	142	29060	14,3	1453	1813	9738	8,28	974	1111	23440	1,12
	16	179	35740	14,1	1787	2256	11824	8,13	1182	1374	28870	1,41
450 × 250	**8**	109	30080	16,6	1337	1622	12142	10,6	971	1081	27080	0,854
	10	135	36900	16,5	1640	2000	14819	10,5	1185	1331	33280	1,06
	12,5	167	45030	16,4	2001	2458	17973	10,4	1438	1631	40720	1,31
	16	211	55710	16,2	2476	3070	22041	10,2	1763	2029	50550	1,66
500 × 300	**10**	155	53760	18,6	2150	2595	24439	12,6	1629	1826	52450	1,22
	12,5	192	65810	18,5	2633	3196	29780	12,5	1985	2244	64390	1,51
	16	243	81780	18,3	3271	4005	36768	12,3	2451	2804	80330	1,91
	20	300	98780	18,2	3951	4885	44078	12,1	2939	3408	97450	2,35

Die Tabelle enthält u.a. die Profile mit der größten in der Norm aufgelisteten Wandstärke je Nenngröße. Die Norm enthält zu einzelnen Nenngrößen weitere Profile mit anderen Wandstärken.
Einzelne Hersteller können auch rechteckige Hohlprofile mit anderen Nennmaßen liefern oder andere Wandstärken anbieten, die kleiner oder größer sind als in der Tabelle oben angegeben.

Kaltgefertigte Hohlprofile
mit rechteckigem Querschnitt
nach DIN EN 10 219-2 (7.2019), Tab. B.3
Die Querschnittsklasse ergibt sich gemäß Tafel 13.6 mit $c = (H - 2 \cdot T - 2 \cdot r_i)$ bzw. $c = (B - 2 \cdot T - 2 \cdot r_i)$.

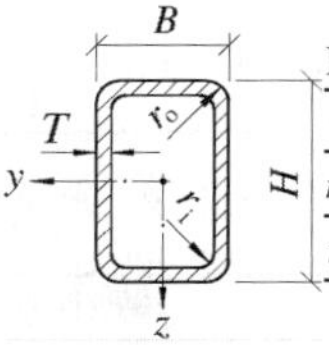

Radien für Berechnungen:

r	$T \leq 6$	$6 < T \leq 10$	$T > 10$
r_o	$2 \cdot T$	$2{,}5 \cdot T$	$3 \cdot T$
r_i	$1 \cdot T$	$1{,}5 \cdot T$	$2 \cdot T$

Nennmaße		Statische Werte										
$H \times B$ mm	**T** mm	A cm^2	I_y cm^4	i_y cm	$W_{el,y}$ cm^3	$W_{pl,y}$ cm^3	I_z cm^4	i_z cm	$W_{el,z}$ cm^3	$W_{pl,z}$ cm^3	I_T cm^4	g kN/m
50 × 30	**3**	4,21	12,8	1,75	5,13	6,57	5,70	1,16	3,80	4,58	13,5	0,0330
	4	5,35	15,3	1,69	6,10	8,05	6,69	1,12	4,46	5,58	16,5	0,0420
60 × 40	**3**	5,41	25,4	2,17	8,46	10,5	13,4	1,58	6,72	7,94	29,3	0,0425
	4	6,95	31,0	2,11	10,3	13,2	16,3	1,53	8,14	9,89	36,7	0,0545
	5	8,36	35,3	2,06	11,8	15,4	18,4	1,48	9,21	11,5	42,8	0,0656
80 × 40	**3**	6,61	52,3	2,81	13,1	16,5	17,6	1,63	8,78	10,2	43,9	0,0519
	4	8,55	64,8	2,75	16,2	20,9	21,5	1,59	10,7	12,8	55,2	0,0671
	5	10,4	75,1	2,69	18,8	24,7	24,6	1,54	12,3	15	65,0	0,0813
90 × 50	**4**	10,1	103	3,18	22,8	28,8	40,7	2,00	16,3	19,1	97,7	0,0797
	5	12,4	121	3,12	26,8	34,4	47,4	1,96	18,9	22,7	116	0,0970
100 × 50	**4**	10,9	134	3,50	26,8	34,1	44,9	2,03	18,0	20,9	113	0,0859
	5	13,4	158	3,44	31,6	40,8	52,5	1,98	21,0	25,0	135	0,105
	6,3	15,9	176	3,32	35,1	46,9	58,2	1,91	23,3	28,6	158	0,125
100 × 60	**4**	11,7	153	3,60	30,5	37,9	68,7	2,42	22,9	26,6	156	0,0922
	5	14,4	181	3,55	36,2	45,6	80,8	2,37	26,9	31,9	188	0,113
	6,3	17,2	203	3,44	40,7	52,8	90,9	2,30	30,3	36,9	223	0,135
100 × 80	**4**	13,3	189	3,77	37,9	45,6	134	3,17	33,5	39,2	254	0,105
	5	16,4	226	3,72	45,2	55,1	160	3,12	39,9	47,2	308	0,128
	6,3	19,7	259	3,62	51,8	64,6	183	3,04	45,7	55,4	371	0,155
120 × 60	**4**	13,3	241	4,25	40,1	50,5	81,2	2,47	27,1	31,1	201	0,105
	5	16,4	287	4,19	47,8	60,9	96,0	2,42	32,0	37,4	242	0,128
	6,3	19,7	327	4,07	54,5	71,2	109	2,35	36,4	43,7	289	0,155
	8	24	375	3,95	62,6	84,1	124	2,27	41,3	51,3	340	0,189
120 × 80	**4**	14,9	295	4,44	49,1	59,8	157	3,24	39,3	45,2	331	0,117
	5	18,4	353	4,39	58,9	72,4	188	3,20	46,9	54,7	402	0,144
	6,3	22,2	408	4,28	68,1	85,6	217	3,12	54,3	64,7	488	0,175
	8	27,2	476	4,18	79,3	102	252	3,04	62,9	76,9	584	0,214
140 × 80	**4**	16,5	430	5,10	61,4	75,5	180	3,30	45,1	51,3	412	0,130
	5	20,4	517	5,04	73,9	91,8	216	3,26	54,0	62,2	501	0,160
	6,3	24,8	603	4,93	86,1	109	251	3,19	62,9	74,0	609	0,194
	8	30,4	708	4,82	101	131	293	3,10	73,3	88,4	731	0,239
150 × 100	**5**	23,4	719	5,55	95,9	117	384	4,05	76,8	88,3	809	0,183
	6,3	28,5	848	545	113	140	453	3,98	90,5	106	992	0,224
	8	35,2	1008	5,35	134	169	536	3,90	107	128	1206	0,277
	10	42,6	1162	5,22	155	199	614	3,80	123	150	1426	0,334
	12,5	49,5	1225	4,97	163	220	651	3,63	130	166	1606	0,389
160 × 80	**5**	22,4	722	5,68	90,2	113	244	3,30	61,0	69,7	601	0,175
	6,3	27,3	846	5,57	106	135	286	3,24	71,4	83,3	732	0,214
	8	33,6	1001	5,46	125	163	335	3,16	83,7	100	882	0,264
	10	40,6	1146	5,32	143	191	380	3,06	95,0	117	1031	0,318
	12,5	47,0	1185	5,02	148	208	396	2,90	98,9	127	1129	0,369
180 × 100	**6,3**	32,3	1335	6,43	148	185	536	4,07	107	124	1283	0,254
	8	40,0	1598	6,32	178	225	637	3,99	127	150	1565	0,314

Kaltgefertigte Hohlprofile mit rechteckigem Querschnitt (Fortsetzung)

Nennmaße		Statische Werte										
$H \times B$ mm	T mm	A cm²	I_y cm⁴	i_y cm	$W_{el,y}$ cm³	$W_{pl,y}$ cm³	I_z cm⁴	i_z cm	$W_{el,z}$ cm³	$W_{pl,z}$ cm³	I_T cm⁴	g kN/m
180 × 100	**10**	48,6	1859	6,19	207	268	736	3,89	147	177	1859	0,381
	12,5	57,0	2001	5,92	222	300	796	3,74	159	199	2122	0,448
200 × 100	**6,3**	34,8	1739	7,06	174	219	591	4,12	118	135	1483	0,274
	8	43,2	2091	6,95	209	267	705	4,04	141	165	1811	0,339
	10	52,6	2444	6,82	244	318	818	3,94	164	195	2154	0,413
	12,5	62,0	2659	6,55	266	359	892	3,79	178	221	2474	0,487
200 × 120	**6,3**	37,4	1976	7,27	198	244	898	4,90	150	172	2040	0,293
	8	46,4	2386	7,17	239	298	1079	4,82	180	209	2507	0,365
	10	56,6	2806	7,04	281	356	1262	4,72	210	250	3007	0,444
	12,5	67,0	3099	6,80	310	406	1397	4,57	233	285	3514	0,526
250 × 150	**6,3**	47,4	4001	9,18	320	391	1825	6,20	243	276	4078	0,372
	8	59,2	4886	9,08	391	482	2219	6,12	296	340	5050	0,465
	10	72,6	5825	8,96	466	582	2634	6,02	351	409	6121	0,570
	12,5	87,0	6633	8,73	531	678	3002	5,87	400	477	7315	0,683
	16	107	7660	8,47	613	805	3453	5,69	460	566	8713	0,838
260 × 180	**6,3**	52,5	5013	9,77	386	463	2856	7,38	317	361	5844	0,412
	8	65,6	6145	9,68	473	573	3493	7,29	388	446	7267	0,515
	10	80,6	7363	9,56	566	694	4174	7,20	464	540	8850	0,632
	12	93,7	8245	9,38	634	790	4679	7,07	520	615	10328	0,735
	16	120	9923	9,11	763	977	5614	6,85	624	759	12890	0,939
300 × 100	**6,3**	47,4	4907	10,2	327	425	868	4,28	174	194	2515	0,372
	8	59,2	5978	10,0	399	523	1045	4,20	209	238	3080	0,465
	10	72,6	7106	9,90	474	631	1224	4,11	245	285	3681	0,570
	12	84,1	7808	9,64	521	710	1343	4,00	269	321	4177	0,660
	16	107	9157	9,26	610	865	1543	3,80	309	386	4939	0,838
300 × 150	**6,3**	53,7	6266	10,8	418	517	2150	6,32	287	321	5234	0,422
	8	67,2	7684	10,7	512	640	2623	6,25	350	396	6491	0,528
	10	82,6	9209	10,6	614	776	3125	6,15	417	479	7879	0,648
	12	96,1	10298	10,4	687	883	3498	6,03	466	546	9153	0,754
	16	123	12387	10,0	826	1092	4174	5,83	557	673	11328	0,964
300 × 200	**6,3**	60,0	7624	11,3	508	610	4104	8,27	410	463	8524	0,471
	8	75,2	9389	11,2	626	757	5042	8,19	504	574	10627	0,591
	10	92,6	11313	11,1	754	921	6058	8,09	606	698	12987	0,727
	12	108	12788	10,9	853	1056	6854	7,96	685	801	15236	0,848
	16	139	15617	10,6	1041	1319	8340	7,75	834	1000	19223	1,09
350 × 250	**8**	91,2	16001	13,2	914	1092	9573	10,2	766	869	19136	0,716
	10	113	19407	13,1	1109	1335	11588	10,1	927	1062	23500	0,884
	12	132	22197	13,0	1268	1544	13261	10,0	1061	1229	27749	1,04
	16	171	27580	12,7	1576	1954	16434	9,81	1315	1554	35497	1,34
400 × 200	**10**	113	23003	14,3	1150	1434	7864	8,36	786	888	19368	0,884
	12	132	26248	14,1	1312	1656	8977	8,24	898	1027	22782	1,04
	16	171	32547	13,8	1627	2093	11056	8,05	1106	1294	28928	1,34
400 × 300	**10**	133	30609	15,2	1530	1824	19726	12,2	1315	1501	38407	1,04
	12	156	35284	15,0	1764	2122	22747	12,1	1516	1747	45527	1,23
	16	203	44350	14,8	2218	2708	28535	11,9	1902	2228	58730	1,59

Die Tafel enthält u.a. die Profile mit der größten in der Norm aufgelisteten Wandstärke je Nenngröße.
Die Norm enthält zu einzelnen Nenngrößen weitere Profile mit anderen Wandstärken.
Einzelne Hersteller können auch kaltgefertigte rechteckige Hohlprofile mit anderen Nennmaßen liefern oder andere Wandstärken anbieten, die kleiner oder größer sind als in der Tabelle oben angegeben.

14 A Mathematik
14 B Bauvermessung
14 C Bauzeichnungen
14 D Darstellende Geometrie und Planlayout
14 E Allgemeine Tafeln

A **MATHEMATIK** 14.2
1 **Elementares Rechnen** 14.2
2 **Geometrie** 14.3
2.1 Planimetrie 14.3
2.2 Stereometrie 14.4
2.3 Strahlensätze 14.5
2.4 Trigonometrie 14.5
3 **Elementare Funktionen** 14.6
4 **Vektorrechnung und Analytische Geometrie** 14.8
4.1 Vektorrechnung 14.8
4.2 Koordinatensysteme 14.9
4.3 Analytische Geometrie der Ebene 14.10
4.4 Kegelschnitte (Kurven zweiter Ordnung) 14.11
4.5 Analytische Geometrie im Raum 14.12
5 **Lineare Algebra** 14.13
5.1 Vektoren 14.13
5.2 Matrizen 14.13
6 **Zins- und Zinseszinsrechnung** 14.14

B **BAUVERMESSUNG** 14.16
1 **Grundlagen** 14.16
1.1 Maßeinheiten, Genauigkeiten und Toleranzen 14.16
1.2 Geodätische Lage- und Höhenbezugssysteme 14.16
2 **Entfernungsmessung** 14.17
2.1 Mechanische Distanzmessung 14.17
2.2 Optische Distanzmessung 14.18
2.3 Elektronische Distanzmessung 14.18
3 **Winkelmessung** 14.18
3.1 Horizontalwinkelmessung 14.19
3.2 Vertikalwinkelmessung 14.20
4 **Höhenmessung** 14.20
4.1 Geometrisches Nivellement 14.20
4.2 Trigonometrische Höhenbestimmung 14.22
4.3 Lasernivellement 14.23
5 **Koordinatenberechnung** 14.23
5.1 Richtungswinkel und Entfernung aus Koordinaten 14.23
5.2 Kleinpunktberechnung 14.24
5.3 Vorwärts- und Rückwärtsschnitt 14.24
5.4 Bogenschlag 14.25
5.5 Polygonzug 14.25
5.6 Koordinatentransformation 14.27
5.7 Geradenschnitt 14.28
5.8 Flächenberechnung 14.28
6 **Absteckung** 14.29
6.1 Absteckung von Trassen 14.29
6.2 Absteckung von Bauwerken 14.31
7 **Vermessung mit dem Global Positioning System (GPS)** 14.32
7.1 Bezugs- und Koordinatensystem 14.34
7.2 Datumstransformation und Ellipsoidübergang 14.34
7.3 GPS-Anwendungen in der Bauvermessung 14.35
8 **Geographische Informationssysteme (GIS)** 14.36

C **BAUZEICHNUNGEN** 14.37
1 **Linien in Zeichnungen des Bauwesens** 14.37
2 **Kennzeichnung von geschnittenen Stoffen und Darstellung für Bauteile** 14.38
3 **Arten und Inhalte von Bauzeichnungen für die Objekt- und Tragwerksplanung** 14.40
4 **Bauaufnahmezeichnungen nach DIN 1356-6** 14.45
5 **Projektionsarten für Bauzeichnungen nach DIN 1356-1 und ISO 2594** 14.47
6 **Projektionsarten nach DIN ISO 5456-3** 14.48
7 **Allgemeine Zeichen und Begriffe nach DIN 1356-1 und DIN ISO 4157-1** 14.49
8 **Darstellung von Treppen und Rampen mit Steigungsrichtung im Grundriss** 14.50
9 **Darstellung von Aussparungen** 14.51
10 **Öffnungsarten von Türen im Grundriss und von Türen und Fenstern in der Ansicht** 14.52
11 **Symbole, Markierungen und vereinfachte Darstellungen von Abriss und Wiederaufbau** 14.53
12 **ISO-Normkörper Haus am See** 14.54
13 **Entwässerungszeichnungen** 14.58
14 **Bewehrungszeichnungen nach DIN EN ISO 3766** 14.59
15 **Darstellung von Planzeichen für Bauleitpläne gemäß Planzeichenverordnung** 14.62

D **DARSTELLENDE GEOMETRIE UND PLANLAYOUT** 14.66
1 **Darstellende Geometrie** 14.66
2 **Planlayout** 14.88

E **ALLGEMEINE TAFELN** 14.95
1 **Formate für Zeichnungen nach DIN EN ISO 5457** 14.95
2 **Faltung nach DIN 824** 14.95
3 **Römische Zahlen** 14.95
4 **Griechisches Alphabet** 14.95
5 **Druck- und Spannungseinheiten – Vergleich** 14.96
6 **Einheitenbeispiele** 14.96
7 **Arbeit, Leistung, Wärme – Umrechnung** .. 14.97
8 **Formeln und Kurzzeichen** 14.97

Mathematik

Prof. Dr.-Ing. Matthias Baitsch, Dr.-Ing. Denis Busch

1 Elementares Rechnen

Grundrechenarten	**Rechenregeln**	
Addition: Summand + Summand = Summe	Kommutativität	$a + b = b + a; a \cdot b = b \cdot a$
Subtraktion: Minuend – Subtrahend = Differenz	Assoziativität	$a + (b + c) = (a + b) + c$
Multiplikation: Faktor · Faktor = Produkt		$a \cdot (b \cdot c) = (a \cdot b) \cdot c$
Division: Dividend / Divisor = Quotient	Distributivität	$a(b + c) = ab + ac$

Neutrale Elemente: $0 + a = a$ und $1 \cdot a = a$

Inverse Elemente: $a + (-a) = 0$ und $a \cdot a^{-1} = 1$ für $a \neq 0$

Binomische Formeln	**Rechnen mit Brüchen** $(b, d, e \neq 0)$
$(a \pm b)^2 = a^2 \pm 2ab + b^2$	$\frac{a}{b} \pm \frac{c}{d} = \frac{a \cdot d}{b \cdot d} \pm \frac{c \cdot b}{d \cdot b} = \frac{a \cdot d \pm c \cdot b}{b \cdot d}$
$(a + b)(a - b) = a^2 - b^2$	$\frac{a}{b} \cdot \frac{e}{d} = \frac{a \cdot e}{b \cdot d}$ $\quad$ $\frac{a}{b} : \frac{e}{d} = \frac{a \cdot d}{b \cdot e}$
$(a \pm b)^3 = a^3 \pm 3a^2b + 3ab^2 \pm b^3$	
$(a \pm b)^4 = a^4 \pm 4a^3b + 6a^2b^2 \pm 4ab^3 + b^4$	Kürzen: $\frac{a \cdot e}{b \cdot e} = \frac{a}{b}$ $\quad$ Erweitern: $\frac{a}{b} = \frac{a \cdot e}{b \cdot e}$

Potenzen: $a^n := \underbrace{a \cdot a \cdot \ldots \cdot a}_{n \text{ Faktoren}}, \; a^0 = 1$ mit: $a \in \mathbb{R}$ - Basis und $n \in \mathbb{N}$ - Exponent	**Logarithmen:** $x = \log_b a \Leftrightarrow b^x = a$ a: Numerus $a > 0$ b: Basis $(b > 0, b \neq 1)$ Es gilt: $u > 0, v > 0$
$a^m \cdot a^n = a^{m+n}$	$\log_b(u \cdot v) = \log_b u + \log_b v$
$a^m : a^n = a^{m-n}$ $(a \neq 0)$	$\log_b(u/v) = \log_b u - \log_b v$
$(a^m)^n = (a^n)^m = a^{m \cdot n}$	$\log_b(u^v) = v \cdot \log_b u$
$a^n \cdot b^n = (a \cdot b)^n$	$\log_b b^x = x$ und $b^{\log_b x} = x$
$a^n / b^n = (a/b)^n$ $(b \neq 0)$	Umrechnung: $\log_b u = \log_k u \,/ \log_k b$
Erweiterungen: $a^{-n} = 1/a^n$; $a^{1/n} = \sqrt[n]{a}$	Wichtige Logarithmen: $\ln := \log_e$ und $\lg := \log_{10}$

Summen- und Produktzeichen $(k, n \in \mathbb{Z}, k \leq n)$

$\sum_{k=1}^{n} a_k := a_1 + a_2 + a_3 + \cdots + a_n$	$\prod_{k=1}^{n} a_k := a_1 \cdot a_2 \cdot a_3 \cdot \ldots \cdot a_n$
$1 + 2 + 3 + \cdots + n = \sum_{k=1}^{n} k = \frac{n(n+1)}{2}$	$1 + 3 + 5 + \cdots + (2n - 1) = \sum_{k=1}^{n}(2k - 1) = n^2$
$2 + 4 + 6 + \cdots + 2n = \sum_{k=1}^{n} 2k = n(n + 1)$	$1^2 + 2^2 + 3^2 + \cdots + n^2 = \sum_{k=1}^{n} k^2 = \frac{n(n+1)(2n+1)}{6}$
$1^3 + 2^3 + 3^3 + \cdots + n^3 = \sum_{k=1}^{n} k^3 = \frac{n^2(n+1)^2}{4}$	$1^2 + \cdots + (2n - 1)^2 = \sum_{k=1}^{n}(2k - 1)^2 = \frac{n(2n-1)(2n+1)}{3}$

Arithmetische Summe	$a + (a + d) + (a + 2d) + \cdots + (a + (n - 1)d) = \sum_{k=1}^{n}(a + (k - 1)d) = \frac{n(2a+(n-1)d)}{2}$
Geometrische Summe	$a + aq + aq^2 + \cdots + aq^{n-1} = \sum_{k=1}^{n} aq^{k-1} = \frac{a(q^n - 1)}{q - 1}$ $\quad (q \neq 1)$
Fakultät	$n! = \prod_{k=1}^{n} k := 1 \cdot 2 \cdot 3 \cdot \ldots \cdot n \quad n \in \mathbb{N} \quad 0! = 1$
Binomialkoeffizienten	$\binom{n}{k} = \frac{n \cdot (n - 1) \cdot \ldots \cdot (n - k + 1)}{1 \cdot 2 \cdot \ldots \cdot k} = \frac{n!}{k!\,(n - k)!} \quad \binom{n}{0} = 1$

2 Geometrie

2.1 Planimetrie

A: Flächeninhalt, U: Umfang, S: Schwerpunkt, h: Höhe, α, β, γ: Winkel; r: Radius, M: Mittelpunkt

Beliebiges Dreieck

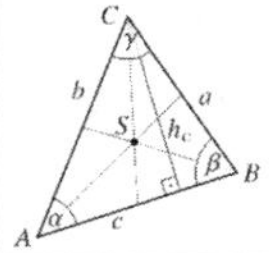

$A = \frac{1}{2} c h_c = \frac{1}{2} bc \sin\alpha = \sqrt{s(s-a)(s-b)(s-c)}$ mit $s = U/2$

$U = a + b + c$ S: Schnittpunkt der Seitenhalbierenden

Inkreis: $r = \sqrt{\frac{s(s-a)(s-b)(s-c)}{s}}$ M: Schnittpunkt der Winkelhalbierenden

Umkreis: $r = \frac{abc}{4\sqrt{s(s-a)(s-b)(s-c)}}$ M: Schnittpunkt der Mittelsenkrechten

Rechtwinkliges Dreieck

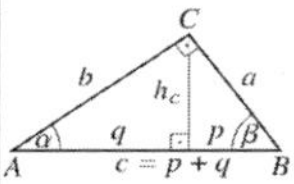

p, q: Hypothenusenabschnitte

$A = \frac{1}{2} ab = \frac{1}{2} c h_c$

$\gamma = 90°, \alpha + \beta = 90°$

$c^2 = a^2 + b^2$ $h^2 = p \cdot q$

$a^2 = c \cdot p$ $b^2 = c \cdot q$

Gleichschenkliges Dreieck

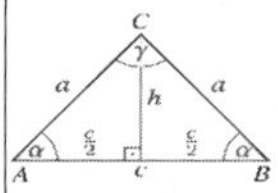

$a = b$ und $\alpha = \beta$

$A = \frac{1}{2} ch = \frac{1}{4} c\sqrt{4a^2 - c^2}$

$U = 2a + c$

$h = \frac{1}{2}\sqrt{4a^2 - c^2}$

Gleichseitiges Dreieck

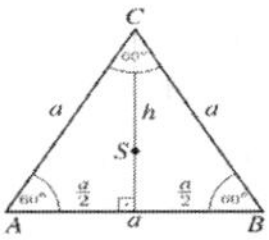

$\alpha = \beta = \gamma = 60°$

$A = \frac{1}{2} ah = \frac{1}{4} a^2\sqrt{3}$

$U = 3a$ $h = \frac{1}{2} a\sqrt{3}$

Rechteck

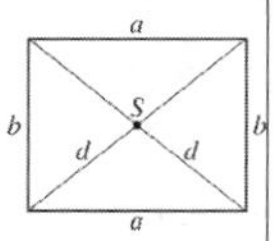

$A = ab$ $U = 2a + 2b$

$d = \sqrt{a^2 + b^2}$

S: Schnittpunkt der Diagonalen

Parallelogramm

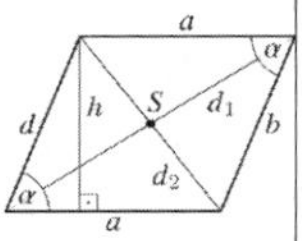

$A = ah = ab \cdot \sin\alpha$

$U = 2a + 2b$

$h = b \cdot \sin\alpha$

$d_{1,2} = \sqrt{a^2 + b^2 \pm 2a\sqrt{b^2 - h^2}}$

Quadrat

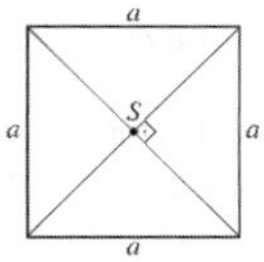

$A = a^2$ $U = 4a$

$d = \sqrt{2} \cdot a$

S: Schnittpunkt der Diagonalen

Trapez

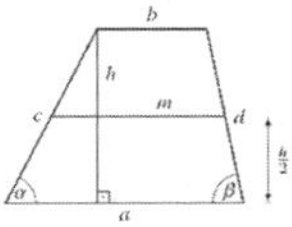

$m = \frac{1}{2}(a + b)$

$A = mh = \frac{1}{2}(a + b)h$

$U = a + b + c + d$

$h = c \cdot \sin\alpha = d \cdot \sin\beta$

Rhombus / Raute

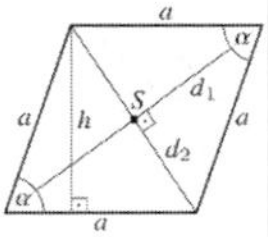

$A = ah = a^2 \sin\alpha = \frac{1}{2} d_1 d_2$

$U = 4a$ $h = a \cdot \sin\alpha$

$d_1 = 2a \cdot \cos(\alpha/2)$

$d_2 = 2a \cdot \sin(\alpha/2)$

Kreis

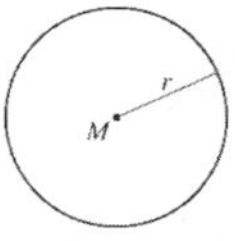

$A = \pi r^2$ $U = 2\pi r = \pi d$

Schwerpunkt: Kreismittelpunkt

Regelmäßiges n-Eck

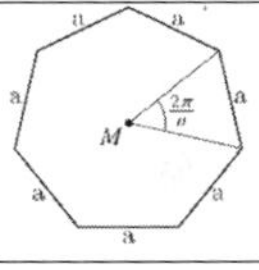

$A = \frac{1}{4} n a^2 \cot(\pi/n)$

$U = na$

S: Mittelpunkt des Umkreises

Kreisring

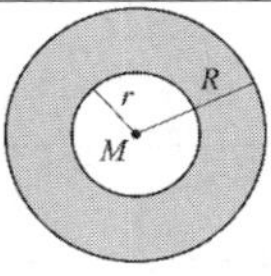

$A = \pi(R^2 - r^2)$

Schwerpunkt: Mittelpunkt der beiden Kreise

Kreisabschnitt

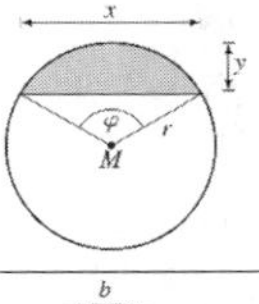

$A = \frac{1}{2} r^2(\varphi - \sin\varphi)$ φ in rad

$x = 2r \cdot \sin(\varphi/2)$

$y = 2r \cdot \sin^2(\varphi/4)$

Ellipse

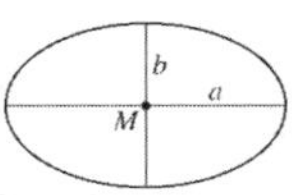

$A = \pi ab$

$U \approx \pi[1{,}5(a + b) - \sqrt{ab}]$

S: Mittelpunkt der Ellipse

Kreissektor

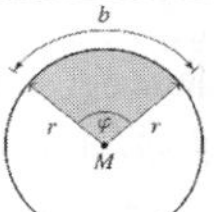

$A = \frac{1}{2} r^2 \varphi = \frac{1}{2} rb$ φ in rad

$U = b + 2r$

$b = r\varphi$ (b: Bogenlänge)

2.2 Stereometrie

V: Volumen, A_u: Grundfläche, A_o: Deckfläche, M: Mantelfläche, O: Oberfläche, S: Schwerpunkt

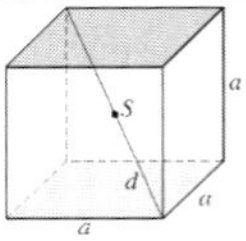	Würfel $V = a^3 \quad O = 6a^2 \quad d = \sqrt{3}a$ Schwerpunkt: Mittelpunkt der Raumdiagonalen	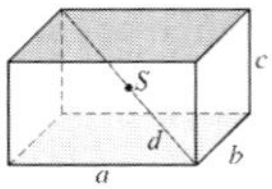	Quader $V = abc$ $O = 2(ab + ac + bc)$ $d = \sqrt{a^2 + b^2 + c^2}$
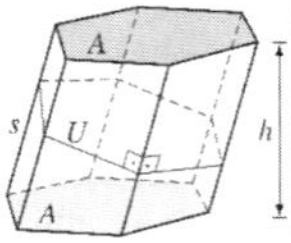	Prisma $V = A_u h$ und $A_u = A_o$ gerade: $M = Uh$ schief: $M = Us$ mit U: Umfang	Pyramide 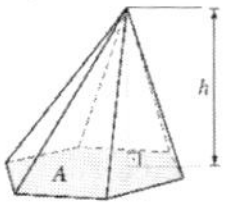 $V = \frac{1}{3} A_u h$	Pyramidenstumpf 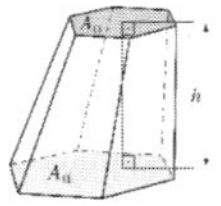 $V = \frac{h}{3}(A_u + \sqrt{A_u A_o} + A_o)$
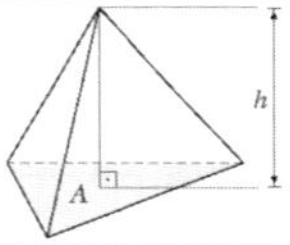	Reguläres Tetraeder $V = \frac{1}{12} a^3 \sqrt{2} \quad O = a^2 \sqrt{3}$ Seitenflächen: Gleichseitige Dreiecke	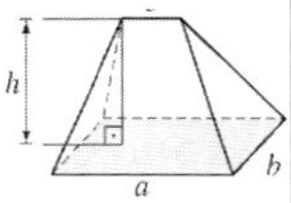	Keil $V = \frac{1}{6} bh(2a + c)$
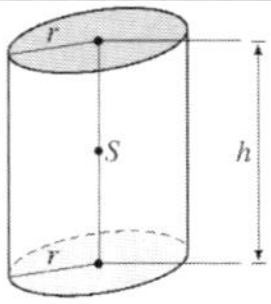	Kreiszylinder $V = \pi r^2 h$ $M = 2\pi rh$ (gerade) $O = 2\pi r(r + h)$ Schwerpunkt: bei $h/2$	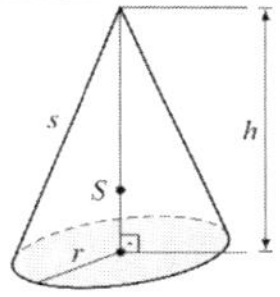	Gerader Kreiskegel $V = \frac{1}{3} \pi r^2 h \quad M = \pi rs$ $O = \pi r(r + s)$ $s = \sqrt{r^2 + h^2}$ S: Abstand von $h/4$ zu A_u
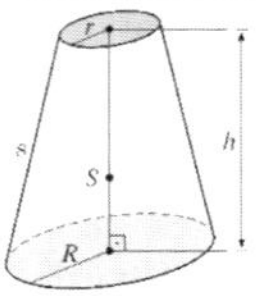	Gerader Kreiskegelstumpf $V = \frac{1}{3} \pi h(R^2 + Rr + r^2)$ $M = \pi(R + r)s$ $O = \pi[R^2 + r^2 + (R + r)s]$ $s = \sqrt{h^2 + (R - r)^2}$	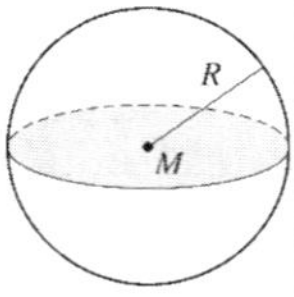	Kugel $V = \frac{4}{3} \pi R^3 = \frac{1}{6} \pi d^3$ $O = 4\pi R^2 = \pi d^2$ Schwerpunkt: Kugelmittelpunkt
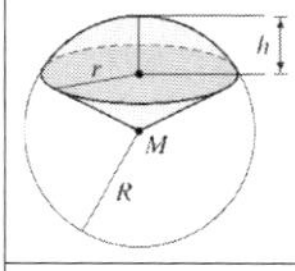	Kugelausschnitt $V = \frac{2}{3} \pi R^2 h$ $O = \pi R(2h + r)$ $r = \sqrt{h(2R - h)}$	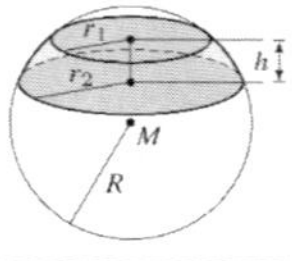	Kugelschicht $V = \frac{1}{6} \pi h(3r_1^2 + 3r_2^2 + h^2)$ $M = 2\pi Rh$ $O = \pi(2Rh + r_1^2 + r_2^2)$
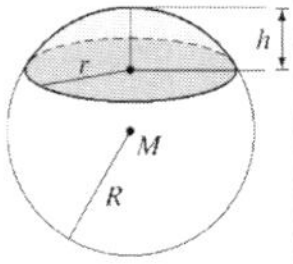	Kugelabschnitt $V = \frac{1}{3} \pi h^2 (3R - h)$ $M = 2\pi Rh$ $O = \pi h(4R - h)$ $r = \sqrt{h(2R - h)}$	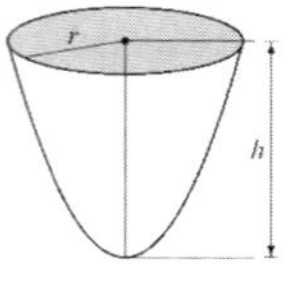	Rotationsparaboloid $V = \frac{1}{2} \pi r^2 h$ $M = \frac{\pi}{6} r(\sqrt{r^2 + 4h^2}^3 - r^3)/h^2$
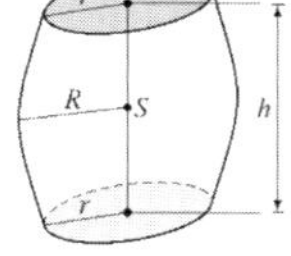	Tonne / Fass Elliptische Krümmung: $V = \frac{1}{3} \pi h(2R^2 + r^2)$ Parabolische Krümmung: $V = \frac{1}{15} \pi h(8R^2 + 4Rr + 3r^2)$	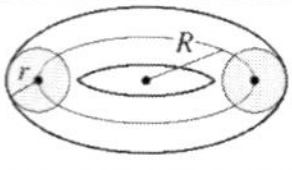 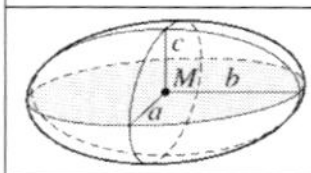	Torus $V = 2\pi^2 r^2 R$ $O = 4\pi^2 rR$ Ellipsoid $V = \frac{4}{3} \pi abc$

2.3 Strahlensätze

Strahlensatz 1

Es verhalten sich je zwei Abschnitte auf der einen Geraden so zueinander, wie die entsprechenden Abschnitte auf der anderen Geraden:

$$\frac{a}{b}=\frac{c}{d}$$

$$\frac{a}{a+b}=\frac{c}{c+d}$$

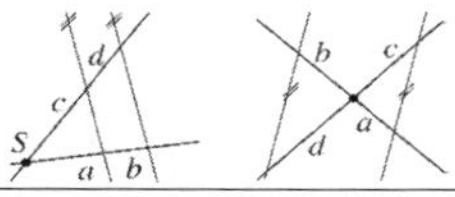

Strahlensatz 2

Es verhalten sich die Abschnitte auf den Parallelen wie die ihnen entsprechenden, vom Scheitel aus gemessenen Strecken auf den Geraden:

$$\frac{e}{e+f}=\frac{g}{h}$$

$$\frac{e}{g}=\frac{e+f}{h}$$

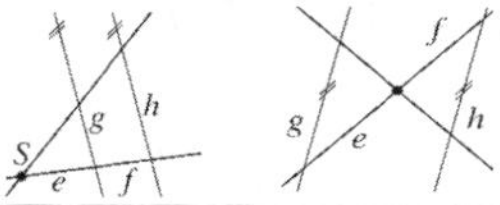

2.4 Trigonometrie

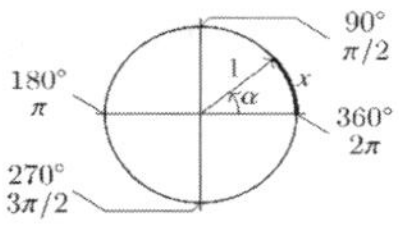

Winkelmaße	Einheit	Vollwinkel	Rechter Winkel
Gradmaß	Grad (°)	360°	90°
Bogenmaß	Radiant (rad)	2π	$\pi/2$
Umrechnung	Grad α und Bogenmaß x: $x=\frac{\pi}{180°}\cdot\alpha$ und $\alpha=\frac{180°}{\pi}\cdot x$		

Die Winkelfunktionen

Sinus: $\sin\alpha=\frac{a}{c}=\frac{\text{Gegenkathete}}{\text{Hypothenuse}}$

Kosinus: $\cos\alpha=\frac{b}{c}=\frac{\text{Ankathete}}{\text{Hypothenuse}}$

Tangens: $\tan\alpha=\frac{a}{b}=\frac{\text{Gegenkathete}}{\text{Ankathete}}$

Kotangens: $\cot\alpha=\frac{b}{a}=\frac{\text{Ankathete}}{\text{Gegenkathete}}$

Definition am rechtwinkligen Dreieck und Einheitskreis

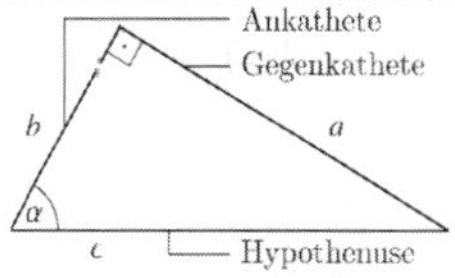

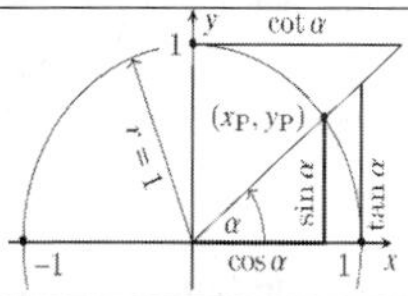

Zusammenhänge zwischen den Winkelfunktionen (mit $r=\sqrt{x^2+y^2}$)		
$\tan x=\frac{\sin x}{\cos x}=\frac{1}{\cot x}$	$\cot x=\frac{\cos x}{\sin x}=\frac{1}{\tan x}$	$\cos x=\sin(x+\pi/2)$
$\sin x=\cos(x-\pi/2)$	$\sin(\pi\pm x)=\mp\sin x$	$\cos(\pi\pm x)=-\cos x$
$\operatorname{arctan2}(y,x)=\begin{cases}\arccos(x/r) & y\geq 0\\ -\arccos(x/r) & y<0\end{cases}$	Trigonometrischer Pythagoras: $\sin^2 x+\cos^2 x=1$	

Spezielle Funktionswerte

α in Gradmaß	0°	30°	45°	60°	90°	180°	270°
x in Bogenmaß	0	$\pi/6$	$\pi/4$	$\pi/3$	$\pi/2$	π	$3\pi/2$
Sinus	0	$1/2$	$\sqrt{2}/2$	$\sqrt{3}/2$	1	0	-1
Kosinus	1	$\sqrt{3}/2$	$\sqrt{2}/2$	$1/2$	0	-1	0
Tangens	0	$\sqrt{3}/3$	1	$\sqrt{3}$	–	0	–
Kotangens	–	$\sqrt{3}$	1	$\sqrt{3}/3$	0	–	0

Sinussatz und Kosinussatz

$\frac{a}{\sin\alpha}=\frac{b}{\sin\beta}=\frac{c}{\sin\gamma}$

$a^2=b^2+c^2-2bc\cdot\cos\alpha$

$b^2=a^2+c^2-2ac\cdot\cos\beta$

$c^2=a^2+b^2-2ab\cdot\cos\gamma$

Additionstheoreme

$\sin(x_1\pm x_2)=\sin x_1\cdot\cos x_2\pm\cos x_1\cdot\sin x_2$

$\cos(x_1\pm x_2)=\cos x_1\cdot\cos x_2\mp\sin x_1\cdot\sin x_2$

$\tan(x_1\pm x_2)=(\tan x_1\pm\tan x_2)/(1\mp\tan x_1\cdot\tan x_2)$

$\cot(x_1\pm x_2)=(\cot x_1\cdot\cot x_2\mp 1)/(\cot x_2\pm\cot x_1)$

Formeln für doppelte Winkel

$\sin(2x)=2\cdot\sin x\cdot\cos x$

$\cos(2x)=\cos^2 x-\sin^2 x$

$\quad=1-2\cdot\sin^2 x=2\cos^2 x-1$

$\tan(2x)=(2\cdot\tan x)/(1-\tan^2 x)$

Formeln für Potenzen

$\sin^2 x=1/2\cdot(1-\cos(2x))$

$\cos^2 x=1/2\cdot(1+\cos(2x))$

$\tan^2 x=\sin^2 x/(1-\sin^2 x)$

$\quad=(1-\cos^2 x)/\cos^2 x$

3 Elementare Funktionen

Lineare Funktion $f: \mathbb{R} \to \mathbb{R},\ f(x) = ax + b$

Steigung: $a \in \mathbb{R},\ a \neq 0$

y-Achsenabschnitt: $b \in \mathbb{R}$

Nullstelle: $x_N = -b/a$

für $b = 0$ gilt:

Proportionalitätsfaktor a

Allgemeine Form: $Ax + By + C = 0$

Punkt-Steigungsform: $\frac{y-y_1}{x-x_1} = a$

Zwei-Punkte-Form: $\frac{y-y_1}{x-x_1} = \frac{y_2-y_1}{x_2-x_1}$

Achsenabschnittsform: $\frac{x}{a} + \frac{y}{b} = 1$

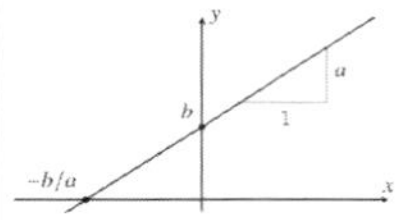

Potenzfunktion $f: \mathbb{R} \to \mathbb{R}, f(x) = x^n \quad (n \in \mathbb{N}, n > 1)$ Nullstelle: $x_N = 0$

Eigenschaften für gerades n:

$f(D) = \mathbb{R}_0^+$

Funktion ist gerade

Graph läuft für alle n durch:
$(0,0); (1,1); (-1,1)$

Eigenschaften für ungerades n:

$f(D) = \mathbb{R}$

Funktion ist ungerade

Graph ist für alle n bijektiv und läuft durch die Punkte:
$(0,0); (1,1); (-1,-1)$

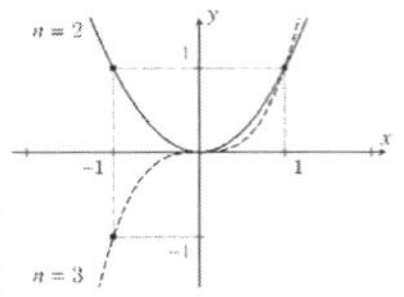

Potenzfunktion mit negativem $\boldsymbol{n}$ $f: \mathbb{R}\backslash\{0\} \to \mathbb{R}, f(x) = x^{-n} = 1/x^n \quad (n \in \mathbb{N})$

Polstelle bei $x = 0$ (y-Achse)

Asymptote im Unendlichen: $y = 0$ (x-Achse)

Symmetrieeigenschaften: Wie Potenzfunktion.

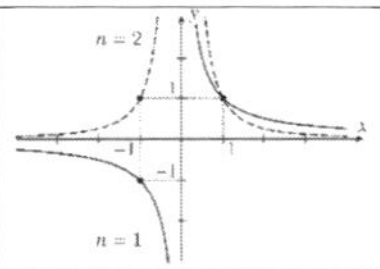

Wurzelfunktion Nullstellen: $x_N = 0$

$f: \mathbb{R}_0^+ \to \mathbb{R}_0^+, f(x) = \sqrt[n]{x} = x^{1/n}\ (n = 2, 3, 4 \ldots)$

Streng monoton steigend

Graph läuft für alle n durch die Punkte: $(0,0); (1,1)$

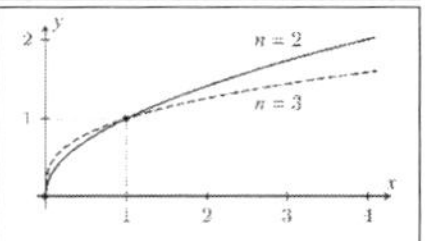

Exponentialfunktion $f: \mathbb{R} \to \mathbb{R}^+, f(x) = a^x \quad a \in \mathbb{R}, a > 0, a \neq 1$

Für $a = e$ ergibt sich die e-Funktion $f: \mathbb{R} \to \mathbb{R}^+, f(x) = e^x$

Mit der Eulerschen Zahl: $e = \lim_{n\to\infty} \left(1 + \frac{1}{n}\right)^n = 2{,}7182818284 \ldots$

$a > 1$: Streng monoton steigend; $0 < a < 1$: Streng monoton fallend

Asymptote: $y = 0$ (x-Achse) y-Achsenabschnitt: $f(0) = 1$

a^{-x} entsteht durch Spiegelung von a^x an der y-Achse.

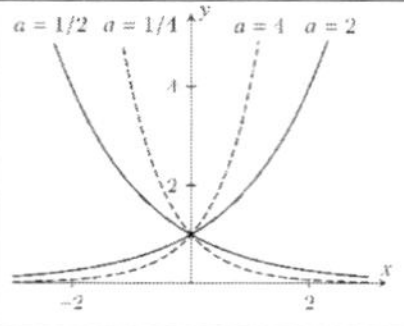

Logarithmusfunktion $f: \mathbb{R}^+ \to \mathbb{R}, f(x) = \log_a x$ mit $a \in \mathbb{R}, a > 0, a \neq 1$

Definition: $y = \log_a x \Leftrightarrow x = a^y$ Nullstelle: $x_N = 1$, da $\log_a 1 = 0$

$a > 1$: Streng monoton steigend; $0 < a < 1$: Streng monoton fallend

Asymptote: $x = 0$ (y-Achse) Es gilt: $\log_a x = \ln x / \ln a$

Spezielle Logarithmusfunktionen: $y = \log_e x = \ln x$; $y = \log_{10} x = \lg x$

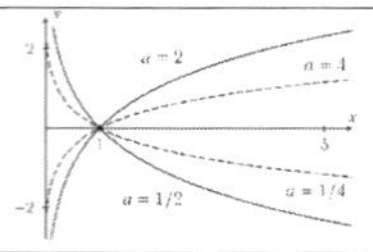

Quadratische Funktion $f: \mathbb{R} \to \mathbb{R},\ f(x) = ax^2 + bx + c$

pq-Form der Parabel:

$f(x) = a(x^2 + px + q)$

Nullstellen abhängig von der Diskriminante $D = p^2/4 - q$

$D > 0$: $x_{1,2} = -p/2 \pm \sqrt{D}$

$D = 0$: $x_{1,2} = -p/2$

$D < 0$: keine reelle Nullstelle

Scheitelpunktsform mit $S(x_0, y_0)$:

$f(x) = a(x - x_0)^2 + y_0$

Scheitelpunkt: $S\left(-\frac{b}{2a}, \frac{4ac-b^2}{4a}\right)$

Produktform (Nullstellen x_1, x_2):

$f(x) = a(x - x_1)(x - x_2)$

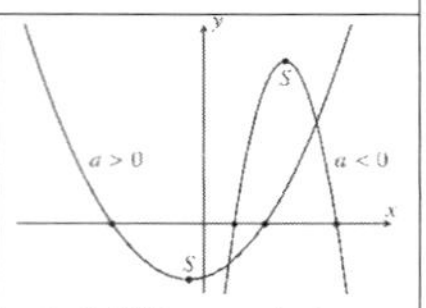

$a > 0$: Öffnung nach oben

$a < 0$: Öffnung nach unten

Sinus und Kosinus sin: $\mathbb{R} \to [-1,1], f(x) = \sin x$ und cos: $\mathbb{R} \to [-1,1], f(x) = \cos x$
Arcusfunktionen $f: [-1,1] \to [-\pi/2, \pi/2], f(x) = \arcsin x$ / $f: [-1,1] \to [0, \pi], f(x) = \arccos x$

mit $k \in \mathbb{Z}$	$\sin x$	$\cos x$
Periode	$\sin x = \sin(x + 2k\pi)$	$\cos x = \cos(x + 2k\pi)$
Nullstellen	$k \cdot \pi$	$\pi/2 + k \cdot \pi$
Symmetrie	$\sin(-x) = -\sin x$	$\cos(-x) = \cos x$
Relative Maxima	$\pi/2 + 2k\pi$	$2k\pi$
Relative Minima	$3/2 \cdot \pi + 2k\pi$	$\pi + 2k\pi$
	$\arcsin x$	$\arccos x$
Nullstellen	0	1
Symmetrie	$\arcsin(-x) = -\arcsin x$	$\arccos(-x) = \pi - \arccos x$
Monotonie	streng monoton steigend	streng monoton fallend

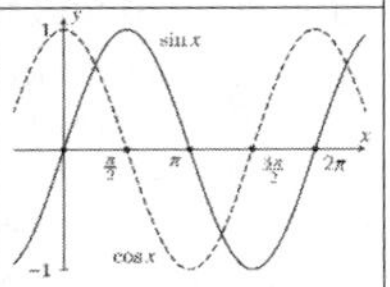

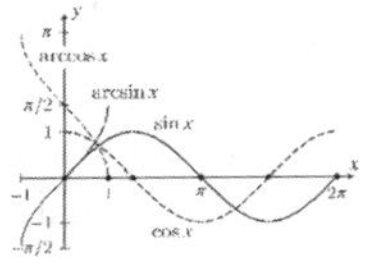

Tangens und Kotangens tan: D $\to \mathbb{R}, f(x) = \tan x$ und cot: D $\to \mathbb{R}, f(x) = \cot x$
Arcusfunktionen $f: \mathbb{R} \to (-\pi/2, \pi/2), f(x) = \arctan x$ und $f: \mathbb{R} \to (0, \pi), f(x) = \operatorname{arccot} x$

mit $k \in \mathbb{Z}$	$\tan x$	$\cot x$
Definitionsmenge	$D = \mathbb{R}\backslash\{\pi/2 + k\pi\}$	$D = \mathbb{R}\backslash\{k\pi\}$
Periode	$\tan x = \tan(x + k\pi)$	$\cot x = \cot(x + k\pi)$
Nullstellen	$k\pi$	$\pi/2 + k\pi$
Symmetrie	$\tan(-x) = -\tan x$	$\cot(-x) = -\cot x$
Polstellen	$\pi/2 + k\pi$	$k\pi$
	$\arctan x$	$\operatorname{arccot} x$
Nullstellen	0	keine
Symmetrie	$\arctan(-x) = -\arctan x$	$\operatorname{arccot}(-x) = \pi - \operatorname{arccot} x$
Monotonie	streng monoton steigend	streng monoton fallend
Asymptoten	$y = \pm\pi/2$	$y = 0$ und $y = \pi$

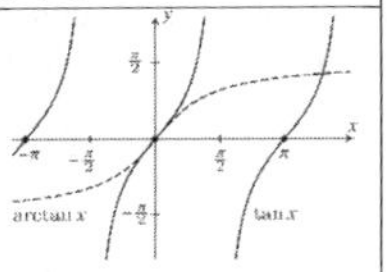

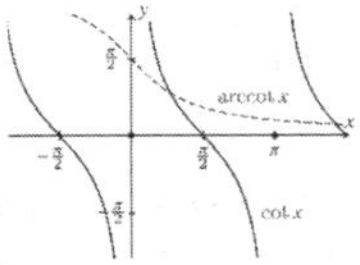

Hyperbolische Funktionen $f: \mathbb{R} \to \mathbb{R}, f(x) = \sinh x$ und $f: \mathbb{R} \to [1, \infty), f(x) = \cosh x$
Areafunktionen $f: \mathbb{R} \to \mathbb{R}, f(x) = \operatorname{arsinh} x$ und $f: [1, \infty) \to [0, \infty), f(x) = \operatorname{arcosh} x$

	$\sinh x$	$\cosh x$
Definition	$(e^x - e^{-x})/2$	$(e^x + e^{-x})/2$
Nullstellen	0	keine
Symmetrie	$\sinh(-x) = -\sinh x$	$\cosh(-x) = \cosh x$
Extremwerte	keine	$x_k = 0$ (Minimum)
Monotonie	streng monoton steigend	–
	$\operatorname{arsinh} x$	$\operatorname{arcosh} x$
Definition	$\ln\left(x + \sqrt{x^2 + 1}\right)$	$\ln\left(x + \sqrt{x^2 - 1}\right)$
Nullstellen	0	1
Symmetrie	$\operatorname{arsinh}(-x) = -\operatorname{arsinh} x$	–
Monotonie	streng monoton steigend	streng monoton steigend

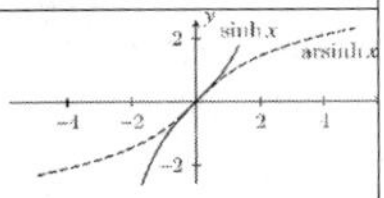

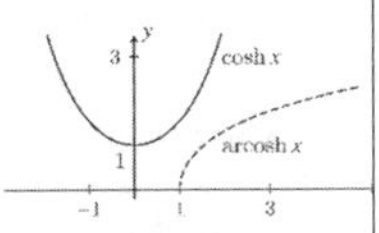

Identitäten:
$\cosh^2 x - \sinh^2 x = 1$
$\cosh x + \sinh x = e^x$

Betragsfunktion $f: \mathbb{R} \to [0, \infty), f(x) = |x| = \begin{cases} x, x \geq 0 \\ -x, x < 0 \end{cases}$

Dreiecksungleichung: $|x + y| \leq |x| + |y|$ und $|x| = \sqrt{x^2}$

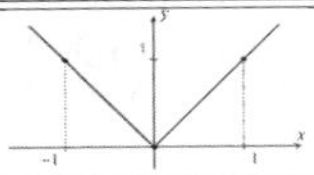

Vorzeichenfunktion sgn: $\mathbb{R} \to \{-1, 0, 1\}, \operatorname{sgn}(x) = \begin{cases} 1 & \text{falls } x > 0 \\ 0 & \text{falls } x = 0 \\ -1 & \text{falls } x < 0 \end{cases}$

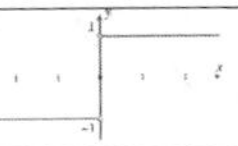

4 Vektorrechnung und Analytische Geometrie

4.1 Vektorrechnung

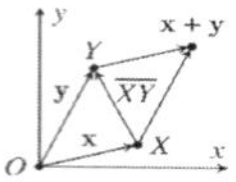

In der analytischen Geometrie ist ein Vektor ein Tupel von zwei (in der Ebene) oder drei (im Raum) Zahlen, dem geometrisch ein Pfeil entspricht. Der Verbindungsvektor vom Ursprung O zum Punkt X heißt Ortsvektor $\boldsymbol{x}$ des Punktes X, der Verbindungsvektor von X nach Y ist die gerichtete Strecke $\overline{XY} = \boldsymbol{y} - \boldsymbol{x}$.

Begriff und Eigenschaften	In der Ebene, $\boldsymbol{x}, \boldsymbol{y} \in \mathbb{R}^2$	Im Raum, $\boldsymbol{x}, \boldsymbol{y} \in \mathbb{R}^3$
Addition: $\boldsymbol{x} + \boldsymbol{y}$ $\boldsymbol{x} + \boldsymbol{y} = \boldsymbol{y} + \boldsymbol{x}$ $(\boldsymbol{x} + \boldsymbol{y}) + \boldsymbol{z} = \boldsymbol{x} + (\boldsymbol{y} + \boldsymbol{z})$	$\begin{pmatrix} x_1 \\ x_2 \end{pmatrix} + \begin{pmatrix} y_1 \\ y_2 \end{pmatrix} = \begin{pmatrix} x_1 + y_1 \\ x_2 + y_2 \end{pmatrix}$	$\begin{pmatrix} x_1 \\ x_2 \\ x_3 \end{pmatrix} + \begin{pmatrix} y_1 \\ y_2 \\ y_3 \end{pmatrix} = \begin{pmatrix} x_1 + y_1 \\ x_2 + y_2 \\ x_3 + y_3 \end{pmatrix}$
Multiplikation mit Zahl: $r \cdot \boldsymbol{x}$ $r \cdot (\boldsymbol{x} + \boldsymbol{y}) = r \cdot \boldsymbol{x} + r \cdot \boldsymbol{y}$ $\boldsymbol{x} - \boldsymbol{y} = \boldsymbol{x} + (-1) \cdot \boldsymbol{y}$	$r \cdot \begin{pmatrix} x_1 \\ x_2 \end{pmatrix} = \begin{pmatrix} r \cdot x_1 \\ r \cdot x_2 \end{pmatrix}$	$r \cdot \begin{pmatrix} x_1 \\ x_2 \\ x_3 \end{pmatrix} = \begin{pmatrix} r \cdot x_1 \\ r \cdot x_2 \\ r \cdot x_3 \end{pmatrix}$
Skalarprodukt: $\boldsymbol{x} \cdot \boldsymbol{y}$ $\boldsymbol{x} \cdot \boldsymbol{y} = \lvert\boldsymbol{x}\rvert\lvert\boldsymbol{y}\rvert \cos\varphi$ $\boldsymbol{x} \cdot \boldsymbol{x} > 0$ für $\boldsymbol{x} \neq \boldsymbol{0}$ $\boldsymbol{x} \cdot \boldsymbol{y} = \boldsymbol{y} \cdot \boldsymbol{x}$	$\begin{pmatrix} x_1 \\ x_2 \end{pmatrix} \cdot \begin{pmatrix} y_1 \\ y_2 \end{pmatrix} = x_1 y_1 + x_2 y_2$	$\begin{pmatrix} x_1 \\ x_2 \\ x_3 \end{pmatrix} \cdot \begin{pmatrix} y_1 \\ y_2 \\ y_3 \end{pmatrix} = x_1 y_1 + x_2 y_2 + x_3 y_3$
Länge: $\lvert\boldsymbol{x}\rvert = \sqrt{\boldsymbol{x} \cdot \boldsymbol{x}}$ $\lvert r \cdot \boldsymbol{x}\rvert = \lvert r\rvert \cdot \lvert\boldsymbol{x}\rvert$ $\lvert\boldsymbol{x} + \boldsymbol{y}\rvert \leq \lvert\boldsymbol{x}\rvert + \lvert\boldsymbol{y}\rvert$	$\left\lvert\begin{pmatrix} x_1 \\ x_2 \end{pmatrix}\right\rvert = \sqrt{x_1^2 + x_2^2}$	$\left\lvert\begin{pmatrix} x_1 \\ x_2 \\ x_3 \end{pmatrix}\right\rvert = \sqrt{x_1^2 + x_2^2 + x_3^2}$
Kanonische Basisvektoren: $\lvert\boldsymbol{e}_i\rvert = 1$ $\boldsymbol{e}_i \cdot \boldsymbol{e}_j = 0$ falls $i \neq j$	$\boldsymbol{e}_1 = \begin{pmatrix} 1 \\ 0 \end{pmatrix}, \boldsymbol{e}_2 = \begin{pmatrix} 0 \\ 1 \end{pmatrix}$	$\boldsymbol{e}_1 = \begin{pmatrix} 1 \\ 0 \\ 0 \end{pmatrix}, \boldsymbol{e}_2 = \begin{pmatrix} 0 \\ 1 \\ 0 \end{pmatrix}, \boldsymbol{e}_3 = \begin{pmatrix} 0 \\ 0 \\ 1 \end{pmatrix}$

Einheitsvektor: Zu jedem Vektor $\boldsymbol{x} \neq \boldsymbol{0}$ gibt es den Einheitsvektor $\hat{\boldsymbol{x}} = \frac{1}{\lvert\boldsymbol{x}\rvert}\boldsymbol{x}$ mit $\lvert\hat{\boldsymbol{x}}\rvert = 1$ und $\boldsymbol{x} \parallel \hat{\boldsymbol{x}}$.

Richtungswinkel in der Ebene: Sei α der Winkel, den der Vektor $\boldsymbol{x} \in \mathbb{R}^2$ mit der x-Achse einschließt. Dann gilt $\cos\alpha = \frac{x_1}{\lvert\boldsymbol{x}\rvert} = \hat{x}_1$ und $\sin\alpha = \frac{x_2}{\lvert\boldsymbol{x}\rvert} = \hat{x}_2$.

Richtungswinkel im Raum: Für die Winkel α, β, γ, die der Vektor $\boldsymbol{x} \in \mathbb{R}^3$ mit den drei Koordinatenachsen einschließt gilt $\cos\alpha = \hat{x}_1$, $\cos\beta = \hat{x}_2$ und $\cos\gamma = \hat{x}_3$ mit $\cos^2\alpha + \cos^2\beta + \cos^2\gamma = 1$.

Lage von Vektoren: Vektoren $\boldsymbol{x}, \boldsymbol{y} \neq \boldsymbol{0}$ sind

– Kollinear $\boldsymbol{x} \parallel \boldsymbol{y} \Leftrightarrow \exists r \in \mathbb{R}: r \cdot \boldsymbol{x} = \boldsymbol{y}$
– Parallel $\boldsymbol{x} \uparrow\uparrow \boldsymbol{y} \Leftrightarrow$ Kollinear $r > 0$
– Antiparallel $\boldsymbol{x} \uparrow\downarrow \boldsymbol{y} \Leftrightarrow$ Kollinear $r < 0$
– Orthogonal $\boldsymbol{x} \perp \boldsymbol{y} \Leftrightarrow \boldsymbol{x} \cdot \boldsymbol{y} = 0$

Projektionsvektor: Projektion von $\boldsymbol{x}$ auf $\boldsymbol{y}$

$$\boldsymbol{x}_y = \frac{\boldsymbol{x} \cdot \boldsymbol{y}}{\boldsymbol{y} \cdot \boldsymbol{y}} \cdot \boldsymbol{y}$$

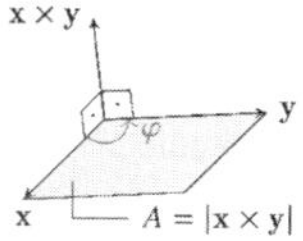

Kreuzprodukt: Für $\boldsymbol{x}, \boldsymbol{y} \in \mathbb{R}^3$ ist das Kreuzprodukt $\boldsymbol{x} \times \boldsymbol{y}$ ein Vektor mit den Eigenschaften: (i) $\boldsymbol{x} \times \boldsymbol{y}$ ist orthogonal zu $\boldsymbol{x}$ und $\boldsymbol{y}$, (ii) $\boldsymbol{x}$, $\boldsymbol{y}$ und $\boldsymbol{x} \times \boldsymbol{y}$ bilden ein Rechtssystem und (iii) die Länge $\lvert\boldsymbol{x} \times \boldsymbol{y}\rvert = \lvert\boldsymbol{x}\rvert\lvert\boldsymbol{y}\rvert\sin\varphi$ ist gleich der Fläche des von $\boldsymbol{x}$ und $\boldsymbol{y}$ eingeschlossenen Parallelogramms.

$$\boldsymbol{x} \times \boldsymbol{y} = -\boldsymbol{y} \times \boldsymbol{x}$$
$$(\boldsymbol{x} + \boldsymbol{y}) \times \boldsymbol{z} = \boldsymbol{x} \times \boldsymbol{z} + \boldsymbol{y} \times \boldsymbol{z}$$
$$(r \cdot \boldsymbol{x}) \times \boldsymbol{y} = \boldsymbol{x} \times (r \cdot \boldsymbol{y}) = r(\boldsymbol{x} \times \boldsymbol{y})$$
$$\boldsymbol{x} \times \boldsymbol{y} = \boldsymbol{0} \Leftrightarrow \boldsymbol{x} \parallel \boldsymbol{y} \vee \boldsymbol{x} = \boldsymbol{0} \vee \boldsymbol{y} = \boldsymbol{0}$$

$$\boldsymbol{x} \times \boldsymbol{y} = \begin{vmatrix} \boldsymbol{e}_1 & \boldsymbol{e}_2 & \boldsymbol{e}_3 \\ x_1 & x_2 & x_3 \\ y_1 & y_2 & y_3 \end{vmatrix} = \begin{pmatrix} x_2 y_3 - x_3 y_2 \\ x_3 y_1 - x_1 y_3 \\ x_1 y_2 - x_2 y_1 \end{pmatrix}$$

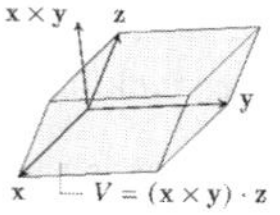

Spatprodukt: Für $\boldsymbol{x}, \boldsymbol{y}, \boldsymbol{z} \in \mathbb{R}^3$ entspricht das Spatprodukt $(\boldsymbol{x} \times \boldsymbol{y}) \cdot \boldsymbol{z}$ dem Volumen des von $\boldsymbol{x}, \boldsymbol{y}, \boldsymbol{z}$ aufgespannten Parallelepipeds. Das Spatprodukt ist null, falls einer der Vektoren null ist oder die Vektoren in einer Ebene liegen.

$$(\boldsymbol{x} \times \boldsymbol{y}) \cdot \boldsymbol{z} = (\boldsymbol{y} \times \boldsymbol{z}) \cdot \boldsymbol{x} = (\boldsymbol{z} \times \boldsymbol{x}) \cdot \boldsymbol{y}$$
$$(\boldsymbol{x} \times \boldsymbol{y}) \cdot \boldsymbol{z} = -(\boldsymbol{z} \times \boldsymbol{y}) \cdot \boldsymbol{x} = -(\boldsymbol{x} \times \boldsymbol{z}) \cdot \boldsymbol{y}$$

$$(\boldsymbol{x} \times \boldsymbol{y}) \cdot \boldsymbol{z} = \begin{vmatrix} x_1 & x_2 & x_3 \\ y_1 & y_2 & y_3 \\ z_1 & z_2 & z_3 \end{vmatrix}$$

4.2 Koordinatensysteme

Ebene Koordinatensysteme

Kartesische Koordinaten x, y bezogen auf $(O, \boldsymbol{e}_1, \boldsymbol{e}_2)$ O Ursprung $\boldsymbol{e}_1, \boldsymbol{e}_2$ Basisvektoren x, y Abszisse, Ordinate $x, y \in \mathbb{R}$	Punkt $P(x, y)$: Komponentenform $\boldsymbol{p} = x \cdot \boldsymbol{e}_1 + y \cdot \boldsymbol{e}_2$ des Ortsvektors $\boldsymbol{p} = \overline{OP}$	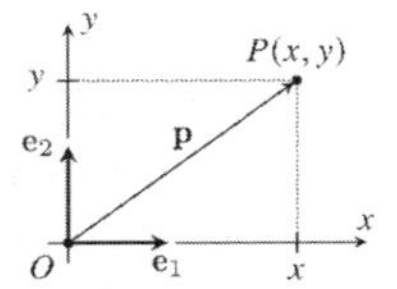
Polarkoordinaten r, φ r Abstand von O nach P $r \geq 0$ φ Winkel x-Achse zu $\overline{OP}$ $0 \leq \varphi < 2\pi$	$x = r \cdot \cos\varphi$ $y = r \cdot \sin\varphi$ $r = \sqrt{x^2 + y^2}$ $\varphi = \pi + \operatorname{arctan2}(y, x)$	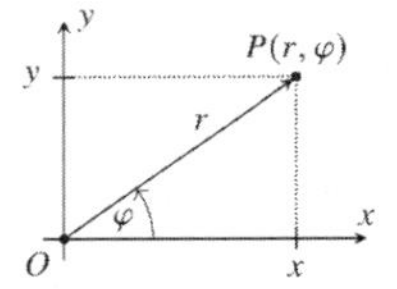
Koordinatentransformation x', y' mit $\boldsymbol{p} = (x, y)^T$ und $\boldsymbol{p}' = (x', y')^T$ Neues Koordinatensystem $(O', \boldsymbol{e}_{1'}, \boldsymbol{e}_{2'})$ $\overline{OO'}$ Verschiebung $\boldsymbol{o}'$ φ Drehung $\angle(\boldsymbol{e}_1, \boldsymbol{e}_{1'})$ gegenüber $(O, \boldsymbol{e}_1, \boldsymbol{e}_2)$	$\boldsymbol{p} = \boldsymbol{o}' + \boldsymbol{D}\boldsymbol{p}'$ $\boldsymbol{p}' = \boldsymbol{D}^T(\boldsymbol{p} - \boldsymbol{o}')$ $\boldsymbol{D} = \begin{pmatrix} \cos\varphi & -\sin\varphi \\ \sin\varphi & \cos\varphi \end{pmatrix}$	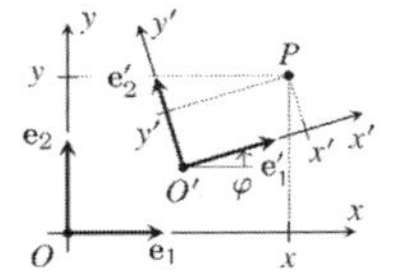

Räumliche Koordinatensysteme

Kartesische Koordinaten x, y, z bezogen auf $(O, \boldsymbol{e}_1, \boldsymbol{e}_2, \boldsymbol{e}_3)$ O Ursprung $\boldsymbol{e}_1, \boldsymbol{e}_2, \boldsymbol{e}_3$ Basisvektoren x, y, z Koordinaten $x, y, z \in \mathbb{R}$	Punkt $P(x, y, z)$: Komponentenform $\boldsymbol{p} = x \cdot \boldsymbol{e}_1 + y \cdot \boldsymbol{e}_2 + z \cdot \boldsymbol{e}_3$ des Ortsvektors $\boldsymbol{p} = \overline{OP}$	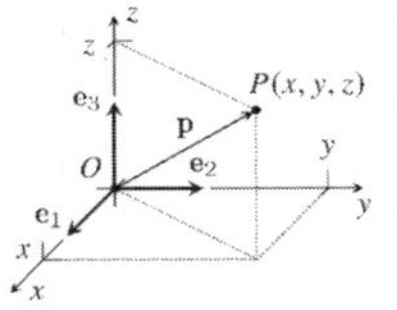
Zylinderkoordinaten r, φ, z r Abstand von P zur z-Achse φ Winkel x-Achse zu $\overline{OP_0}$ z Abstand zur xy-Ebene $r \geq 0,\ 0 < \varphi \leq 2\pi,\ z \in \mathbb{R}$	$x = r \cdot \cos\varphi$ $y = r \cdot \sin\varphi$ $z = z$ $r = \sqrt{x^2 + y^2}$ $\varphi = \pi + \operatorname{arctan2}(y, x)$	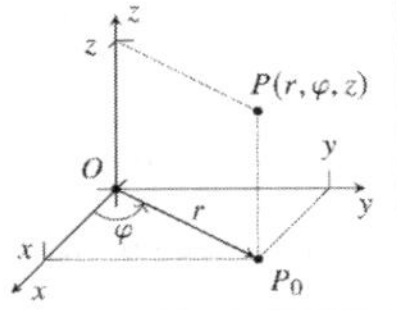
Kugelkoordinaten r, φ, ϑ r Abstand von O nach P φ Winkel x-Achse zu $\overline{OP_0}$ ϑ Winkel z-Achse zu $\overline{OP}$ $r \geq 0, 0 < \varphi \leq 2\pi, 0 \leq \vartheta \leq \pi$	$x = r \cdot \sin\vartheta \cdot \cos\varphi$ $y = r \cdot \sin\vartheta \cdot \sin\varphi$ $z = r \cdot \cos\vartheta$ $r = \sqrt{x^2 + y^2 + z^2}$ $\varphi = \pi + \operatorname{arctan2}(y, x)$ $\vartheta = \arccos(z/r)$	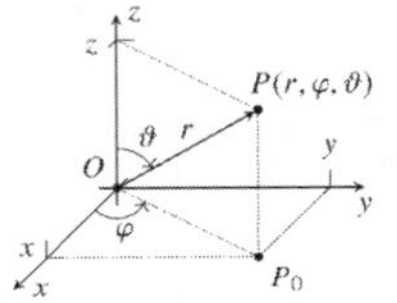
Koordinatentransformation $x', y', z', \boldsymbol{p} = (x, y, z)^T, \boldsymbol{p}' = (x', y', z')^T$ Neues Koordinatensystem $(O', \boldsymbol{e}_{1'}, \boldsymbol{e}_{2'}, \boldsymbol{e}_{3'})$ $\overline{OO'}$ Verschiebung $\boldsymbol{o}'$ $\alpha_i, \beta_i, \gamma_i$ Winkel Achse zu $\boldsymbol{e}_i$ gegenüber $(O, \boldsymbol{e}_1, \boldsymbol{e}_2, \boldsymbol{e}_3)$	$\boldsymbol{p} = \boldsymbol{o}' + \boldsymbol{D}\boldsymbol{p}'$ $\boldsymbol{p}' = \boldsymbol{D}^T(\boldsymbol{p} - \boldsymbol{o}')$ $\boldsymbol{D} = \begin{pmatrix} \cos\alpha_1 & \cos\alpha_2 & \cos\alpha_3 \\ \cos\beta_1 & \cos\beta_2 & \cos\beta_3 \\ \cos\gamma_1 & \cos\gamma_2 & \cos\gamma_3 \end{pmatrix}$	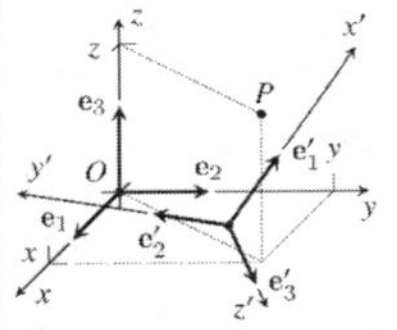

Spalten der orthogonalen Rotationsmatrix $\boldsymbol{D}$ sind die Basisvektoren $\boldsymbol{e}_i{}'$. Siehe Abschnitt 2.4 für Winkelfunktion arctan2. Winkel nur definiert, falls entsprechende Abstände größer null.

4.3 Analytische Geometrie der Ebene

Die Gerade

g -	Gerade	$\boldsymbol{n}$ -	Beliebiger Normalenvektor $\boldsymbol{n} \perp g$
P, Q -	Geradenpunkte	$\hat{\boldsymbol{n}}$ -	Normalenvektor $\hat{\boldsymbol{n}} \perp g$, $\quad \|\hat{\boldsymbol{n}}\| = 1$
X -	Bel. Geradenpunkt		weist von O in Richtung g, $\hat{\boldsymbol{n}} = \pm \frac{1}{\|\boldsymbol{n}\|} \boldsymbol{n}$
$\boldsymbol{u}$ -	Richtungsvektor	d_0 -	Abstand von O zu g mit $d_0 \geq 0$

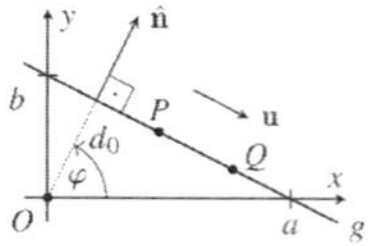

Bezeichnung	Definition
Parameterform	$\boldsymbol{x} = \boldsymbol{p} + t \cdot \boldsymbol{u}$
Zwei-Punkte-Form	$\boldsymbol{x} = \boldsymbol{p} + t \cdot (\boldsymbol{q} - \boldsymbol{p})$
Koordinatengleichung	$ax_1 + bx_2 + c = 0$
Zweipunktegleichung	$\frac{x_1 - q_1}{p_1 - q_1} = \frac{x_2 - q_2}{p_2 - q_2}$
Abschnittsgleichung	$\frac{x_1}{a} + \frac{x_2}{b} = 1$
Normalengleichung	$(\boldsymbol{x} - \boldsymbol{p}) \cdot \boldsymbol{n} = 0$
Hesse-Normalform	$(\boldsymbol{x} - \boldsymbol{p}) \cdot \hat{\boldsymbol{n}} = 0$ oder $\hat{n}_1 x_1 + \hat{n}_2 x_2 - d = 0$

Umrechnung
Parameterform zu Koordinatengleichung $-u_2 x_1 + u_1 x_2 - u_1 p_2 + u_2 p_1 = 0$
Koordinatengleichung zu Hesse-Normalform $\pm \frac{1}{\sqrt{a^2 + b^2}} \cdot (ax_1 + bx_2 + c) = 0$ Vorzeichen negativ, falls $c > 0$
Koordinatengleichung zu Parameterform $x = \begin{pmatrix} -c/a \\ 0 \end{pmatrix} + t \cdot \begin{pmatrix} -b \\ a \end{pmatrix}, a \neq 0$ oder $x = \begin{pmatrix} 0 \\ -c/b \end{pmatrix} + t \cdot \begin{pmatrix} -b \\ a \end{pmatrix}, b \neq 0$

Zweipunktegleichung und Abschnittsgleichung nicht für horizontal oder vertikal verlaufende Geraden. Abschnittsgl. nicht, wenn Gerade durch den Ursprung verläuft. Es gilt $\hat{n}_1 = \cos \varphi$ und $\hat{n}_2 = \sin \varphi$.

Aufgaben der ebenen Geometrie

Zwei Punkte $P(p_1, p_2)$ und $Q(q_1, q_2)$	
Abstand	$d = \sqrt{(p_1 - q_1)^2 + (p_2 - q_2)^2}$

Gerade $g: ax_1 + bx_2 + c = 0$	
Spurpunkte	$S_1(-c/a, 0)$ und $S_2(0, -c/b)$
Steigung	$m = -a/b$

Gerade g und Punkt P mit $r = \sqrt{a^2 + b^2}$	
Abstand	$d = \frac{1}{r} \cdot \|ap_1 + bp_2 + c\|$ oder $d = \|\hat{n}_1 p_1 + \hat{n}_2 p_2 - d\|$
Lotfußpunkt $F(f_1, f_2)$	$f_1 = -(ac + b(ap_2 - bp_1))/r^2$ $f_2 = -(bc + a(bp_1 - ap_2))/r^2$

Zwei Geraden $g_1: a_1 x_1 + b_1 x_2 + c_1 = 0$ und $g_2: a_2 x_1 + b_2 x_2 + c_2 = 0$ mit

$$D = \begin{vmatrix} a_1 & b_1 \\ a_2 & b_2 \end{vmatrix}, \quad G_1 = \begin{vmatrix} c_1 & b_1 \\ c_2 & b_2 \end{vmatrix}, \quad G_2 = \begin{vmatrix} a_1 & c_1 \\ a_2 & c_2 \end{vmatrix}, \quad r_1 = \sqrt{a_1^2 + b_1^2}, \quad s = a_1 a_2 + b_1 b_2$$

$D = 0$: Geraden sind parallel		$D \neq 0$: Geraden schneiden sich in Punkt S	
Abstand	$d = \left\| \frac{G_2}{r_1 \cdot a_2} \right\|$ oder $d = \left\| \frac{G_1}{r_1 \cdot b_2} \right\|$	Schnittwinkel	$\varphi = \arctan D/s$
$d = 0$	Geraden fallen zusammen	Schnittpunkt	$S(-G_1/D, -G_2/D)$

Beispiel: Gegeben sind die Punkte $P_1(2, 3)$ und $P_2(6, 1)$ einer Geraden g_1 und der Punkt $Q(1, -3)$.

Parameterform: $\boldsymbol{x} = \begin{pmatrix} 2 \\ 3 \end{pmatrix} + t_1 \cdot \begin{pmatrix} 6 - 2 \\ 1 - 3 \end{pmatrix} = \begin{pmatrix} 2 \\ 3 \end{pmatrix} + t_1 \cdot \begin{pmatrix} 4 \\ -2 \end{pmatrix}$

Normalform: $(\boldsymbol{x} - \boldsymbol{p}) \cdot \boldsymbol{n} = 0 \Leftrightarrow \begin{pmatrix} x_1 - 2 \\ x_2 - 3 \end{pmatrix} \cdot \begin{pmatrix} 2 \\ 4 \end{pmatrix} = 0 \Leftrightarrow 2x_1 + 4x_2 - 16 = 0$

Hesse-Normalform: $\frac{1}{\sqrt{20}}(2x_1 + 4x_2 - 16) = 0$

Abstand Q zur Geraden: $d_Q = \left| \frac{1}{\sqrt{20}}(2 \cdot 1 + 4 \cdot (-3) - 16) \right| = \frac{26}{\sqrt{20}}$

4.4 Kegelschnitte (Kurven zweiter Ordnung)

Wenn eine Ebene mit einem Kreiskegel zum Schnitt gebracht wird, entstehen sogenannte Kegelschnitte. Zu diesen gehören Kreis (1), Ellipse (2), Hyperbel (3) und Parabel (4).

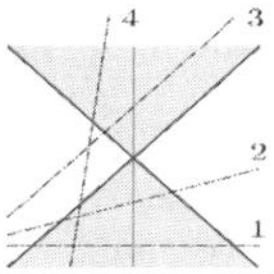

In achsenparalleler Lage ergibt sich der Kegelschnitt in allgemeiner Form zu

$ax^2 + by^2 + cx + dy + e = 0$ mit $a^2 + b^2 \neq 0$.

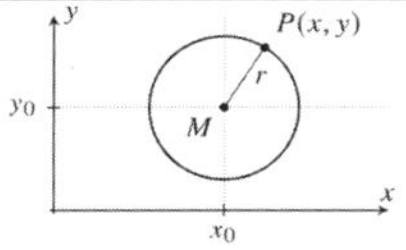	Kreis (allgemein) Hauptform: $(x - x_0)^2 + (y - y_0)^2 = r^2$ mit Mittelpunkt (x_0, y_0) Parameterdarstellung: $x = x_0 + r \cdot \cos t$ Parameterdarstellung: $y = y_0 + r \cdot \sin t \quad (0 \leq t < 2\pi)$
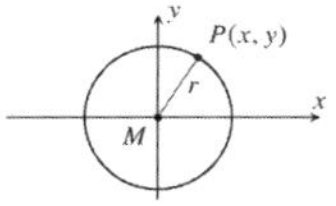	Kreis (Mittelpunkt im Ursprung) Hauptform: $x^2 + y^2 = r^2$ Parameterdarstellung: $x = r \cdot \cos t$ und $y = r \cdot \sin t$ $(0 \leq t < 2\pi)$
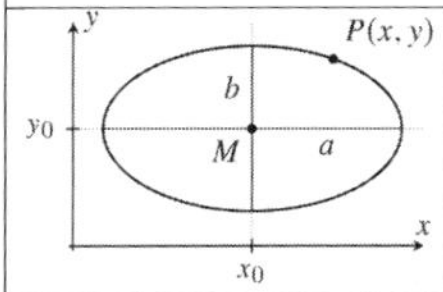	Ellipse (allgemein) Hauptform: $\frac{(x-x_0)^2}{a^2} + \frac{(y-y_0)^2}{b^2} = 1$ mit Mittelpunkt (x_0, y_0) Parameterdarstellung: $x = x_0 + a \cdot \cos t$ Parameterdarstellung: $y = y_0 + b \cdot \sin t \quad (0 \leq t < 2\pi)$
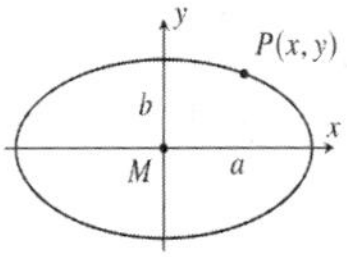	Ellipse (Mittelpunkt im Ursprung) Hauptform: $\frac{x^2}{a^2} + \frac{y^2}{b^2} = 1$ Polarform: $r = \frac{b}{\sqrt{1-\varepsilon^2 \cdot \cos^2 \varphi}}$ mit $\varepsilon = \frac{\sqrt{a^2-b^2}}{a} < 1$ Parameterdarstellung: $x = a \cdot \cos t$ und $y = b \cdot \sin t$ $(0 \leq t < 2\pi)$
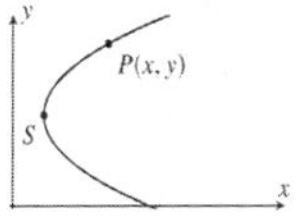	Parabel (allgemein) Hauptform: $(y - y_0)^2 = 2p(x - x_0)$ mit Scheitelpunkt (x_0, y_0) Parameterdarstellung: $x = x_0 + ct^2$ und $y = y_0 + t$ $(t \in \mathbb{R})$
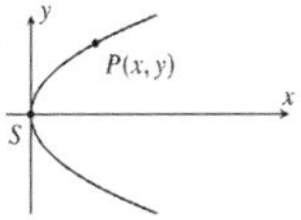	Parabel (Scheitelpunkt im Ursprung) Hauptform: $y^2 = 2px$ Polarform: $r = 2p \cdot \cos \varphi \, (1 + \cot^2 \varphi)$ Parameterdarstellung: $x = ct^2$ und $y = t$ $(t \in \mathbb{R})$
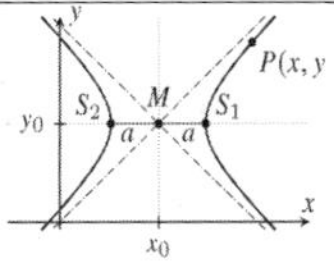	Hyperbel (allgemein) Hauptform: $\frac{(x-x_0)^2}{a^2} - \frac{(y-y_0)^2}{b^2} = 1$ mit Mittelpunkt (x_0, y_0) Parameterdarstellung: $x = x_0 \pm a \cdot \cosh t$, $y = y_0 + b \cdot \sinh t$, $t \in \mathbb{R}$
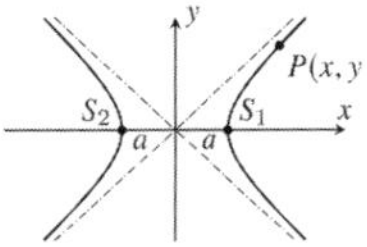	Hyperbel (Mittelpunkt im Ursprung) Hauptform: $\frac{x^2}{a^2} - \frac{y^2}{b^2} = 1$ Polarform: $r = \frac{b}{\sqrt{\varepsilon^2 \cdot \cos^2 \varphi - 1}}$ mit $\varepsilon = \frac{\sqrt{a^2+b^2}}{a} > 1$ Parameterdarstellung: $x = a \cdot \cosh t$ und $y = b \cdot \sinh t$ $(t \in \mathbb{R})$

4.5 Analytische Geometrie im Raum

Die Gerade

g - Gerade	P, Q - Geradenpunkte	X - Beliebiger Geradenpunkt	$\boldsymbol{u}$ - Richtungsvektor $\boldsymbol{u} \parallel g$

Bezeichnung	Definition
Parameterform	$\boldsymbol{x} = \boldsymbol{p} + t \cdot \boldsymbol{u}$
Zwei-Punkte-Form	$\boldsymbol{x} = \boldsymbol{p} + t \cdot (\boldsymbol{q} - \boldsymbol{p})$
Punktrichtungsgleichung	$(\boldsymbol{x} - \boldsymbol{p}) \times \boldsymbol{u} = \boldsymbol{0}$
Zweipunktegleichung	$(\boldsymbol{x} - \boldsymbol{p}) \times (\boldsymbol{p} - \boldsymbol{q}) = \boldsymbol{0}$

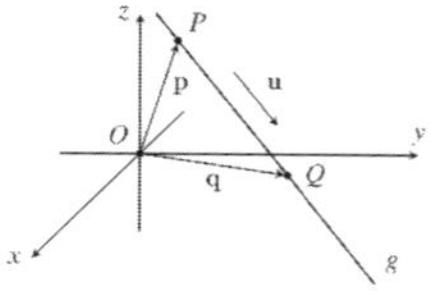

Die Ebene

E -	Ebene	$\boldsymbol{n}$ -	Beliebiger Normalenvektor $\boldsymbol{n} \perp E$
P, Q, R -	Ebenenepunkte	$\hat{\boldsymbol{n}}$ -	Normalenvektor $\hat{\boldsymbol{n}} \perp E$, $\Vert\hat{\boldsymbol{n}}\Vert = 1$
X -	Beliebiger Ebenenpunkt		weist von O in Richtung E, $\hat{\boldsymbol{n}} = \pm \frac{1}{\Vert\boldsymbol{n}\Vert} \cdot \boldsymbol{n}$
$\boldsymbol{u}, \boldsymbol{v}$ -	Richtungsvektoren $\boldsymbol{u}, \boldsymbol{v} \parallel E$	d_0 -	Abstand von O zu E mit $d_0 \geq 0$

Bezeichnung	Definition
Parameterform	$\boldsymbol{x} = \boldsymbol{p} + r \cdot \boldsymbol{u} + s \cdot \boldsymbol{v}$
Drei-Punkte-Form	$\boldsymbol{x} = \boldsymbol{p} + r \cdot (\boldsymbol{q} - \boldsymbol{p}) + s \cdot (\boldsymbol{r} - \boldsymbol{p})$
Koordinatengleichung	$ax_1 + bx_2 + cx_3 + d = 0$
Abschnittsgleichung	$\frac{x_1}{a} + \frac{x_2}{b} + \frac{x_3}{c} = 1$
Normalengleichung	$(\boldsymbol{x} - \boldsymbol{p}) \cdot \boldsymbol{n} = 0$
Hesse-Normalform	$(\boldsymbol{x} - \boldsymbol{p}) \cdot \hat{\boldsymbol{n}} = 0$ oder $\hat{n}_1 x_1 + \hat{n}_2 x_2 + \hat{n}_3 x_3 - d_0 = 0$

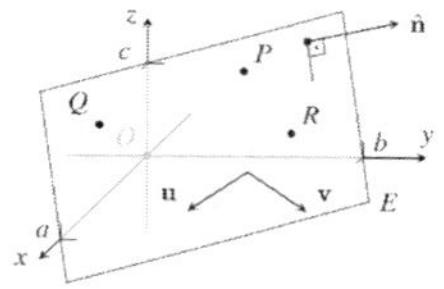

Für die Komponenten von $\hat{\boldsymbol{n}}$ gilt $\hat{n}_i = \cos \alpha_i$ wobei α_i, die Winkel sind, die $\hat{\boldsymbol{n}}$ mit den Koordinatenachsen einschließt.

Umrechnung	
Koordinatengleichung zu Normalengleichung $(\boldsymbol{x} - \boldsymbol{p}_s) \cdot (a \;\; b \;\; c)^T = 0$ $\boldsymbol{p}_s = (-d/a, 0, 0)$, $a \neq 0$ oder $\boldsymbol{p}_s = (0, -d/b, 0)$, $b \neq 0$ oder $\boldsymbol{p}_s = (0, 0, -d/c)$, $c \neq 0$	Koordinatengleichung zu Parameterform $\boldsymbol{x} = \begin{pmatrix} -\frac{d}{a} \\ 0 \\ 0 \end{pmatrix} + r \cdot \begin{pmatrix} -\frac{b}{a} \\ 1 \\ 0 \end{pmatrix} + s \cdot \begin{pmatrix} -\frac{c}{a} \\ 0 \\ 1 \end{pmatrix}, \quad a \neq 0$ 1
Parameterform zu Normalengleichung $(\boldsymbol{x} - \boldsymbol{p}) \cdot (\boldsymbol{u} \times \boldsymbol{v}) = 0$	$\boldsymbol{x} = \begin{pmatrix} 0 \\ -\frac{d}{b} \\ 0 \end{pmatrix} + r \cdot \begin{pmatrix} 1 \\ -\frac{a}{b} \\ 0 \end{pmatrix} + s \cdot \begin{pmatrix} 0 \\ -\frac{c}{b} \\ 1 \end{pmatrix}, \quad b \neq 0$ 1
Koordinatengleichung zu Hesse-Normalform $\pm \frac{1}{\sqrt{a^2 + b^2 + c^2}} \cdot (ax_1 + bx_2 + cx_3 + d) = 0$ Vorzeichen negativ falls $d > 0$	$\boldsymbol{x} = \begin{pmatrix} 0 \\ 0 \\ -\frac{d}{c} \end{pmatrix} + r \cdot \begin{pmatrix} 1 \\ 0 \\ -\frac{a}{c} \end{pmatrix} + s \cdot \begin{pmatrix} 0 \\ 1 \\ -\frac{b}{c} \end{pmatrix}, \quad c \neq 0$

Beispiel: Gegeben sind die Punkte $P_1(3, 2, 0)$, $P_2(4, 1, -2)$ und $P_3(-2, 1, -3)$ einer Ebene E. Gesucht sind eine Parameterform, eine Normalengleichung und die Hesse-Normalform.

Parameterform: $\boldsymbol{x} = \begin{pmatrix} 3 \\ 2 \\ 0 \end{pmatrix} + r \cdot \begin{pmatrix} 4-3 \\ 1-2 \\ -2-0 \end{pmatrix} + s \cdot \begin{pmatrix} -2-3 \\ 1-2 \\ -3-0 \end{pmatrix} = \begin{pmatrix} 3 \\ 2 \\ 0 \end{pmatrix} + r \cdot \begin{pmatrix} 1 \\ -1 \\ -2 \end{pmatrix} + s \cdot \begin{pmatrix} -5 \\ -1 \\ -3 \end{pmatrix}$

Normalengl.: $(\boldsymbol{x} - \boldsymbol{p}) \cdot \boldsymbol{n} = 0 \Leftrightarrow \begin{pmatrix} x_1 - 3 \\ x_2 - 2 \\ x_3 - 0 \end{pmatrix} \cdot \left(\begin{pmatrix} 1 \\ -1 \\ -2 \end{pmatrix} \times \begin{pmatrix} -5 \\ -1 \\ -3 \end{pmatrix} \right) = 0 \Leftrightarrow x_1 + 13x_2 - 6x_3 - 29 = 0$

Hesse-Normalform: $\frac{1}{\sqrt{206}} \cdot (x_1 + 13x_2 - 6x_3 - 29) = 0$

5 Lineare Algebra

5.1 Vektoren

Es werden die in Abschnitt 5.1 eingeführten Regeln auf n Komponenten erweitert. Ein Vektor aus dem $\mathbb{R}^n$ ist ein Tupel von n Zahlen $x_i \in \mathbb{R}, i = 1,\dots,n$.

$$\boldsymbol{x} = \begin{pmatrix} x_1 \\ x_2 \\ \dots \\ x_n \end{pmatrix} = (x_1 \ x_2 \ \dots \ x_n)^T$$

Grundlagen	
Gleichheit	$\boldsymbol{x} = \boldsymbol{y} \Leftrightarrow n_x = n_y$ und $x_i = y_i, \ i = 1, \dots, n_x$
Summe/Differenz	$\boldsymbol{x} \pm \boldsymbol{y} = (x_1 \pm y_1 \ \ x_2 \pm y_2 \ \dots \ x_n \pm y_n)^T$, falls $n_x = n_y$
Reelles Vielfaches	$r \cdot \boldsymbol{x} = (r \cdot x_1 \ \ r \cdot x_2 \ \dots \ r \cdot x_n)^T$
Euklidische Norm	$\lVert (x_1 \ x_2 \ \dots \ x_n)^T \rVert = \sqrt{{x_1}^2 + {x_2}^2 + \dots + {x_n}^2}$

Rechenregeln	
Kommutativgesetz	$\boldsymbol{x} + \boldsymbol{y} = \boldsymbol{y} + \boldsymbol{x}$
Assoziativgesetze	$(\boldsymbol{x} + \boldsymbol{y}) + \boldsymbol{z} = \boldsymbol{x} + (\boldsymbol{y} + \boldsymbol{z})$ und $r_1(r_2 \cdot \boldsymbol{x}) = (r_1 \cdot r_2) \cdot \boldsymbol{x}$
Distributivgesetze	$(r_1 + r_2) \cdot \boldsymbol{x} = r_1 \cdot \boldsymbol{x} + r_2 \cdot \boldsymbol{x}$ und $r(\boldsymbol{x} + \boldsymbol{y}) = r\boldsymbol{x} + r\boldsymbol{y}$

Spezielle Vektoren	
Nullvektor	$\boldsymbol{0} = (0 \ 0 \ \dots \ 0)^T$
Kanonischer Basisvektor	$\boldsymbol{e}_i = (0 \dots 0 \ 1 \ 0 \dots \ 0)^T$ i-te Komponente 1, alle anderen 0

5.2 Matrizen

Eine Matrix $\boldsymbol{A} \in \mathbb{R}^{m \times n}$ ist ein in m Zeilen und n Spalten angeordnetes Schema von Zahlen

$$\boldsymbol{A} = \begin{pmatrix} a_{11} & a_{12} & \dots & a_{1n} \\ a_{21} & a_{22} & \dots & a_{2n} \\ \cdot & \cdot & \dots & \cdot \\ a_{m1} & a_{m2} & \dots & a_{mn} \end{pmatrix}$$

mit den Elementen $a_{ij} \in \mathbb{R}$. Der erste Index i bezeichnet die Zeile, der zweite Index j die Spalte.

Grundlagen	
Gleichheit	$\boldsymbol{A} = \boldsymbol{B} \Leftrightarrow a_{ij} = b_{ij}, i = 1, \dots, m$ und $j = 1, \dots, n$
Summe/Differenz	$\boldsymbol{C} = \boldsymbol{A} \pm \boldsymbol{B}, \ \ c_{ij} = a_{ij} \pm b_{ij}, \boldsymbol{A}, \boldsymbol{B} \in \mathbb{R}^{m \times n}$
Reelles Vielfaches	$\boldsymbol{C} = r \cdot \boldsymbol{A}, \ \ c_{ij} = r \cdot a_{ij}$

Rechenregeln $\boldsymbol{A}, \boldsymbol{B}, \boldsymbol{C} \in \mathbb{R}^{m \times n}$	
Kommutativgesetz	$\boldsymbol{A} + \boldsymbol{B} = \boldsymbol{B} + \boldsymbol{A}$
Assoziativgesetze	$(\boldsymbol{A} + \boldsymbol{B}) + \boldsymbol{C} = \boldsymbol{A} + (\boldsymbol{B} + \boldsymbol{C})$ und $r_1(r_2\boldsymbol{A}) = (r_1 \cdot r_2)\boldsymbol{A}$
Distributivgesetze	$(r_1 + r_2)\boldsymbol{A} = r_1\boldsymbol{A} + r_2\boldsymbol{A}$ und $r(\boldsymbol{A} + \boldsymbol{B}) = r\boldsymbol{A} + r\boldsymbol{B}$

Spezielle Matrizen	
Nullmatrix **0**	Alle Elemente der Matrix sind Null.
Spaltenvektor	Matrix mit nur einer Spalte
Zeilenvektor	Matrix mit nur einer Zeile
Transponierte Matrix	$\boldsymbol{A}^T \in \mathbb{R}^{n \times m}$ von $\boldsymbol{A} \in \mathbb{R}^{m \times n}$ durch Vertauschen von Zeilen und Spalten. Es gilt $a_{kj}^T = a_{jk}, j = 1, \dots, m$ und $k = 1, \dots, n$; $(\boldsymbol{A}^T)^T = \boldsymbol{A}$ $(\boldsymbol{A} + \boldsymbol{B})^T = \boldsymbol{A}^T + \boldsymbol{B}^T$ und $(\boldsymbol{AB})^T = \boldsymbol{B}^T\boldsymbol{A}^T$ mit $\boldsymbol{A} \in \mathbb{R}^{m \times k}, \boldsymbol{B} \in \mathbb{R}^{k \times n}$
Quadratische Matrix	Matrix mit gleicher Anzahl von Spalten und Zeilen $\boldsymbol{A} \in \mathbb{R}^{n \times n}$

6 Zins- und Zinseszinsrechnung

Zinsrechnung

K_0: Anfangskapital, K_t: Kapital Zeitpunkt t, p: Zinsfuß, z: Zins, t: Laufzeit in Tagen, n: Anzahl Jahre

Zinsbetrag z	$z = \frac{K_0 \cdot p \cdot t}{100 \cdot 360}$	Laufzeit t	$t = \frac{z \cdot 100 \cdot 360}{K_0 \cdot p}$
Anfangskapital K_0	$K_0 = \frac{z \cdot 100 \cdot 360}{p \cdot t}$	Zinsfuß p	$p = \frac{z \cdot 100 \cdot 360}{K_0 \cdot t}$

Beispiele:

1. Ein Kapital in Höhe von 50.000 € wird zu 3,2 % verzinst. Wie hoch ist der Zinsbetrag und wie hoch das Kapital nach 200 Tagen?

$$z = \frac{50.000 \cdot 3{,}2 \cdot 200}{100 \cdot 360} = 888{,}89\ € \qquad K_t = K_0 + z = 50.000 + 888{,}89 = 50.888{,}89\ €$$

2. Wie lang muss ein Kapital von 50.000 € bei 3,2 % verzinst werden um 2.000 € Zinsen zu erhalten?

$$t = \frac{z \cdot 100 \cdot 360}{K_0 \cdot p} = \frac{2.000 \cdot 100 \cdot 360}{50.000 \cdot 3{,}2} = 450 \text{ Tage}$$

3. Welches Kapital muss angelegt werden, um in 500 Tagen bei einem Zinsfuß von 3,2 % 2000 € Zinsen zu erhalten?

$$K_0 = \frac{z \cdot 100 \cdot 360}{p \cdot t} = \frac{2.000 \cdot 100 \cdot 360}{3{,}2 \cdot 500} = 45.000\ €$$

4. Wie hoch muss ein Kapital von 50.000 € verzinst werden, damit es in 300 Tagen 2000 € Zinsen erträgt?

$$p = \frac{z \cdot 100 \cdot 360}{K_0 \cdot t} = \frac{2.000 \cdot 100 \cdot 360}{50.000 \cdot 300} = 4{,}8\ \%$$

Zinseszinsrechnung

Kapital K_t	$K_t = K_0 \cdot \left(1 + \frac{p}{100}\right)^n$	Laufzeit n	$n = \frac{\ln K_t - \ln K_0}{\ln(1 + p/100)}$
Anfangskapital K_0	$K_0 = K_t \cdot \left(1 + \frac{p}{100}\right)^{-n}$	Zinsfuß p	$p = \left(\sqrt[n]{\frac{K_t}{K_0}} - 1\right) \cdot 100$

Beispiele:

1. Ein Kapital in Höhe von 50.000 € wird zu 3,2% verzinst. Wie hoch ist das Kapital nach 20 Jahren?

$$K_t = 50.000 \cdot \left(1 + \frac{3{,}2}{100}\right)^{20} = 50.000 \cdot (1{,}032)^{20} = 93.878{,}03\ €$$

2. Wie lang muss ein Kapital von 10.000 € bei 3,0 % verzinst werden, um ein Endkapital von 50.000 € zu erhalten?

$$n = \frac{\ln K_t - \ln K_0}{\ln(1 + p/100)} = \frac{\ln 50.000 - \ln 10.000}{\ln(1 + 3{,}0/100)} = \frac{\ln 50.000 - \ln 10.000}{\ln(1{,}03)} = 54{,}45 \text{ Jahre}$$

3. Welches Kapital muss angelegt werden, um in 10 Jahren bei einem Zinsfuß von 2,8 % ein Endkapital von 50.000 € zu erhalten?

$$K_0 = 50.000 \cdot \left(1 + \frac{2{,}8}{100}\right)^{-10} = 50.000 \cdot (1{,}028)^{-10} = 37.934{,}89\ €$$

4. Wie hoch muss ein Kapital von 10.000 € verzinst werden, damit es in 30 Jahren ein Endkapital von 50.000 € erträgt?

$$p = \left(\sqrt[30]{\frac{50.000}{10.000}} - 1\right) \cdot 100 = \left(5^{1/30} - 1\right) \cdot 100 = 5{,}51\ \%$$

Aufzinsung bei jährlichen konstanten Zahlungen (mit $q = 1 + p/100$)

P: jähr. Einzahlung; R: jähr. Auszahlung; $K_{t,V}$: Kapital vorschüssig; $K_{t,N}$: Kapital nachschüssig

Kapital $K_{t,V}$	$K_{t,V} = P \cdot \left(\frac{q^n - 1}{q - 1}\right) \cdot q$	Kapital $K_{t,N}$	$K_{t,N} = P \cdot \left(\frac{q^n - 1}{q - 1}\right)$
Jährl. Einzahlung P	$P = \frac{K_t}{q} \cdot \left(\frac{q - 1}{q^n - 1}\right)$	Anzahl Jahre n	$n = \frac{\ln\left(\frac{K_t}{q} \cdot \left(\frac{q-1}{P}\right) + 1\right)}{\ln q}$

Beispiele:

1. Eine jährliche Prämie in Höhe von 1.000 € wird zu Beginn (zum Ende) jedes Jahres, zu 4,0 % verzinst, angelegt. Wie hoch ist das Kapital nach 25 Jahren?

$$K_{t,V} = 1.000 \cdot \left(\frac{1{,}04^{25} - 1}{1{,}04 - 1}\right) \cdot 1{,}04 = 43.311{,}74\ €$$

$$K_{t,N} = 1.000 \cdot \left(\frac{1{,}04^{25} - 1}{1{,}04 - 1}\right) = 41.645{,}91\ €$$

2. Wie lange muss eine Prämie von 800 € bei einer Verzinsung von 5,0 % geleistet werden, um ein Endkapital von 20.000 € zu erzielen?

$$n = \frac{\ln\left(\frac{20.000}{1{,}05} \cdot \left(\frac{1{,}05 - 1}{800}\right) + 1\right)}{\ln 1{,}05} = 16{,}07 \text{ Jahre}$$

3. Wie hoch muss die jährliche Prämie sein, um nach 10 Jahren bei einer Verzinsung von 3,5 % ein Endkapital von 30.000 € zu erhalten?

$$P = \frac{30.000}{1{,}035} \cdot \left(\frac{1{,}035 - 1}{1{,}035^{10} - 1}\right) = 2.470{,}76\ €$$

Aufzinsung bei jährlichen konstanten Zahlungen mit Grundkapital (mit $q = 1 + p/100$)

Kapital $K^*_{t,V}$	$K^*_{t,V} = K_0 \cdot q^n + K_{t,V}$	Kapital $K^*_{t,N}$	$K^*_{t,N} = K_0 \cdot q^n + K_{t,N}$

Beispiele:

1. Zu einem Grundkapital von 25.000 € werden jährliche Prämien in Höhe von 500 € zu Beginn (zum Ende) jedes Jahres geleistet. Die Verzinsung beträgt 3,0 %. Wie hoch ist das Kapital nach 20 Jahren?

$$K^*_{t,V} = 25.000 \cdot 1{,}03^{20} + 500 \cdot \left(\frac{1{,}03^{20} - 1}{1{,}03 - 1}\right) \cdot 1{,}03 = 58.991{,}02\ €$$

$$K^*_{t,N} = 25.000 \cdot 1{,}03^{20} + 500 \cdot \left(\frac{1{,}03^{20} - 1}{1{,}03 - 1}\right) = 58.587{,}97\ €$$

Abzinsung bei jährlicher konstanter Entnahme mit Grundkapital (mit $q = 1 + p/100$)

Kapital $K^-_{t,V}$	$K^-_{t,V} = K_0 \cdot q^n - R \cdot \left(\frac{q^n - 1}{q - 1}\right) \cdot q$	Kapital $K^-_{t,N}$	$K^-_{t,N} = K_0 \cdot q^n - R \cdot \left(\frac{q^n - 1}{q - 1}\right)$

Beispiel:

Von einem Grundkapital in Höhe von 400.000 €, welches zu 5 % verzinst wird, wird jährlich ein Betrag in Höhe von 20.000 € zu Beginn (zum Ende) jedes Jahres entnommen. Wie hoch ist das Kapital nach 30 Jahren?

$$K^-_{t,V} = 400.000 \cdot 1{,}05^{30} - 20.000 \cdot \left(\frac{1{,}05^{30} - 1}{1{,}05 - 1}\right) \cdot 1{,}05 = 333.561{,}15\ €$$

$$K^-_{t,N} = 400.000 \cdot 1{,}05^{30} - 20.000 \cdot \left(\frac{1{,}05^{30} - 1}{1{,}05 - 1}\right) = 400.000\ €$$

14 B Bauvermessung

Prof. Dr.-Ing. Knud Sauermann

1 Grundlagen

Die Vermessungskunde oder Geodäsie (griechisch: geo = Erde, dasei = teilen) befasst sich mit der Ausmessung und Abbildung von kleineren oder größeren Teilen der Erdoberfläche. Die Bauvermessung stellt dabei ein Teilgebiet der Vermessungskunde dar und bezieht sich auf lokale, kleinräumige Gebiete, in denen die Einflüsse von z.B. Erdkrümmung und Verteilung der Schwerebeschleunigung vernachlässigt werden können. Fundamentale geometrische Größen der Bauvermessung sind Längen und Winkel, aus denen sich abgeleitete Größen wie Flächen, Volumen und Koordinaten berechnen lassen. Die Bauvermessung stellt somit die Verbindung zwischen der Planung, der Absteckung und der Überwachung von Bauvorhaben her.

1.1 Maßeinheiten, Genauigkeiten und Toleranzen

In Deutschland gilt seit 1970 das SI-Einheitensystem (**S**ystème **I**nternational d'Unites). Im Folgenden werden die für die Vermessungskunde wesentlichen SI-Einheiten zusammengefasst:

SI-Einheit	Basiseinheit / abgeleitete Basiseinheit
Masse	Kilogramm (kg)
Zeit	Sekunde (s)
Längenmaße	Meter (m)
Flächenmaße	Quadratmeter (m^2)
Volumenmaße	Kubikmeter (m^3)
Winkelmaße	– Sexagesimalteilung, d.h. 1 Vollkreis = 360° Altgrad – Zentesimalteilung, d.h. 1 Vollkreis = 400^g Neugrad mit g = Gon und $1^g = 100^c$ (= Neuminuten) und $1^c = 100^{cc}$ (= Neusekunden), wobei $1^{cc} = 1 \cdot 10^{-4}$ gon = 0,1 mgon.

Seit 1937 wird im Vermessungswesen einheitlich die Zentesimalteilung verwendet. Alle Winkelberechnungen werden somit in Gon vorgenommen. Diese Einteilung kann bei den heutigen Taschenrechnern problemlos berücksichtigt werden, indem die Winkeleinheit „GRAD“ eingestellt wird.

Die Genauigkeit von geodätischen Messungen wird durch die Beobachtung von überschüssigen Bestimmungsmaßen und entsprechender Mittelbildung gesteigert. Insofern folgt jeder geodätischen Messung eine Fehlerrechnung mit dem Ziel:

- aus den geodätischen Messungen den Mittel- oder Erwartungswert zu selektieren,
- eine Maßzahl für die Genauigkeit einer einzelnen Messung oder ihre „Streuung“ anzugeben,
- die Genauigkeit oder Streuung des Mittelwertes und seinen „Vertrauensbereich“ abzuschätzen.

Feldverfahren zur Genauigkeitsuntersuchung geodätischer Instrumente werden in der DIN ISO 17 123 beschrieben. Diese Norm soll einheitliche Präzisionsangaben der Hersteller sicherstellen und dem Anwender ein Urteil ermöglichen, ob eine im Einzelfall geforderte Präzision der Messung erreicht werden kann. Die Toleranz T bezeichnet die Differenz zwischen dem größten zulässigen Maß G_o und dem kleinsten zulässigen Maß G_u, also $T = G_o - G_u$, siehe auch DIN 18 202. Durch diese Toleranzdefinition ist gewährleistet, dass ein Messergebnis nur dann akzeptiert wird, wenn das Kleinst- und Größtmaß nicht unter- bzw. überschritten wird. Bei einem Bauvorhaben setzt sich die Gesamttoleranz T_{Ges} aus den Toleranzen T_B der Bauteilfertigung, T_M der Montage und T_V der Vermessung zusammen. Der Zusammenhang zwischen einer vorgegebenen Toleranz T und der Wahl des geeigneten Messverfahrens mit einer zugehörigen Standardabweichung ist in der DIN 18 710-1 beschrieben.

1.2 Geodätische Lage- und Höhenbezugssysteme

Die geodätischen Lage- und Höhenbezugssysteme wurden aus historischen und instrumententechnischen Gründen getrennt voneinander aufgebaut und fortgeführt.

Das geodätische Lagebezugssystem

Die mathematische Figur, die sich der tatsächlichen Erdoberfläche am besten anschmiegt, ist das Rotationsellipsoid, das durch mindestens zwei Parameter (z.B. große und kleine Halbachse) definiert ist. Für Deutschland wurde in der Vergangenheit das Besselellipsoid eingeführt. Im Bereich von kleinräumigen und eng begrenzten Gebieten kann die Ebene als Bezugsfläche verwendet werden. Der Übergang von ellipsoidischen Besselkoordinaten zu „ebenen" Koordinaten wird mittels der transversalen Mercatorprojektion und längentreuer Abbildung des Hauptmeridians vorgenommen. Dieser Hauptmeridian stellt eine Hauptachse des Koordinatensystems dar, die zweite Hauptachse ist der orthogonal zum Hauptmeridian verlaufende Äquator. Damit die Verzerrungen bei der Abbildung in die Ebene vorgegebene Grenzwerte nicht überschreiten, beschränkt man in Deutschland die Abbildungssysteme auf 3°-breite Meridianstreifensysteme. Als Haupt- und Mittelmeridian werden die durch drei teilbaren Meridiane östlich von Greenwich gewählt. Der Nullpunkt der nach Norden positiv zählenden und längentreu abgebildeten Abszisse (Hochwert *X*) ist der Schnittpunkt des Hauptmeridians mit dem Äquator. Die Ordinaten (Rechtswerte *Y*) zählen vom Hauptmeridian nach Osten positiv. Zur Vermeidung negativer Werte nach Westen erhält der Hauptmeridian den Zuschlag von 500 000 m. Außerdem erhält der Rechtswert eine Kennziffer ($\lambda_0/3$), die den Meridianstreifen angibt. Das hier beschriebene Gauß-Krüger-Koordinatensystem wird heute noch in einigen Bundesländern als amtliches Lagebezugssystem angewendet.

Im Zuge der Realisierung von europaweit einheitlichen Bezugssystemen wurde die schrittweise Einführung des **European Terrestrial Reference System 1989** (ETRS89) auf der Grundlage des **Geodetic Reference System 1980** (GRS80) beschlossen. Somit ersetzt das ETRS89 auf der Basis der **Universalen Transversalen Mercator**-Abbildung (UTM) mit 6°-breiten Meridianstreifen zukünftig die Gauß-Krüger-Koordinaten des **Deutschen Hauptdreiecksnetzes** (DHDN) und repräsentiert damit das amtliche Lagebezugssystem. Die Bundesrepublik Deutschland kann auf dieser Basis mit drei Mittelmeridianen abgebildet werden: 3° (Zone 31), 9° (Zone 32) und 15° (Zone 33). Der Maßstabsfaktor des Mittelmeridians beträgt 0,9996.

Das geodätische Höhenbezugssystem

Zur Festlegung der Höhe ist man viele Jahre von mittleren Meeresoberflächen ausgegangen. Die physikalisch definierte Bezugsfläche, die die ruhende und von den Gezeiten bereinigte, unter den Kontinenten fortgesetzt gedachte Meeresoberfläche darstellt, ist das Geoid. Mathematisch lässt sich das Geoid nicht approximieren, sodass sich daraus die Abkopplung von den Lagebezugssystemen ergab. Nach der Festlegung eines mittleren Meereswasserpegels wurden Höhenunterschiede bzgl. des Pegels gemessen und für ganz Deutschland linien- und netzweise verdichtet. Nach der Wiedervereinigung wurde als das heute amtliche Höhenbezugssystem das **Deutsche Haupthöhennetz 2016** (DHHN2016) eingeführt. Die amtlichen Höhen des DHHN2016 basieren auf den Normalhöhen (NHN) mit dem Quasigeoid als Höhenbezugsfläche. Das DHHN2016 wurde zum 30.6.2017 in allen Landesvermessungsbehörden eingeführt. Die großräumigen Unterschiede zu dem vorher gültigen Höhensystem DHHN92 liegen im Bereich von ca. +/- 3 Zentimeter.

2 Entfernungsmessung

Die verschiedenen Arten der Entfernungsmessung führen im Ergebnis zu der Horizontalentfernung zwischen zwei Punkten als Grundlage für die weiteren Berechnungen. Moderne Totalstationen, sog. Tachymeter, berechnen aus den gemessenen Vertikalwinkeln und Schrägstrecken sowie den entsprechenden trigonometrischen Funktionen die Horizontalentfernungen oder Höhenunterschiede zwischen der Kippachse des Tachymeters und dem angezielten Prisma/Reflektor.

2.1 Mechanische Distanzmessung

Die mechanische Distanzmessung wird mittels mechanischer Längenmaßstäbe (Messstab, Messband, Messlatte o.Ä.) derart durchgeführt, dass durch Aneinanderreihung von n ganzen Maßstabslagen l und Ausmessung des Reststückes R die Gesamtstrecke L erhalten wird: $L = n \cdot l + R$. Im Fall von geneigten Geländeoberflächen ist die „Staffelmessung" anzuwenden. Die Genauigkeit einer Distanzmessung mit Hilfe eines Messbandes kann unter Berücksichtigung von Bezugstemperatur und Bezugsspannung sowie der vorherrschenden Gebrauchstemperatur gesteigert werden (siehe auch OIML R35).

2.2 Optische Distanzmessung

Bei der optischen Distanzmessung wird die Gesamtstrecke L zwischen zwei Punkten indirekt bestimmt, indem man aus einer gegebenen Basis b und dem ihr gegenüberliegenden Winkel γ im sogenannten parallaktischen Dreieck die Gesamtstrecke L zwischen dem Scheitel des Winkels γ und der Basis b ableitet.

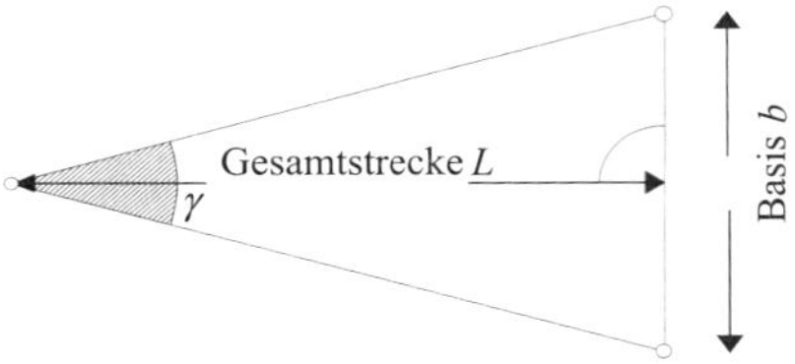

Die Gesamtstrecke L lautet demnach:

$$L = b/2 \cdot \cot \gamma/2.$$

In der Praxis werden heute zwei Verfahren der optischen Distanzmessung angewendet:

- die Reichenbach´sche Distanzmessung (vertikale Basis)
- die Distanzmessung mittels Basislatte (horizontale Basis).

2.3 Elektronische Distanzmessung

Die elektronische Distanzmessung basiert auf der Aussendung von elektromagnetischen Wellen aus dem Bereich des infraroten bis sichtbaren Lichts, der Reflektion des Signals an z.B. einem Prisma/Reflektor und dem abschließenden Empfang der reflektierten Welle in der Empfangseinheit. In der heutigen Praxis wird das Impulsverfahren angewendet, bei dem die Laufzeit eines Lichtimpulses Δt bei bekannter Ausbreitungsgeschwindigkeit (Lichtgeschwindigkeit c) gemessen wird und anschließend aus der Zeitmessung die gesuchte, einfache Gesamtstrecke L ermittelt wird:

$2 \cdot L = c \cdot \Delta t$ und $L = 0{,}5 \cdot c \cdot \Delta t$, mit $c = c_0 / n$ und $c_0 = 299\,792\,458$ m/s, n = Brechungsindex.

Der aktuell vorherrschende Brechungsindex n ist eine Funktion der Temperatur, des Luftdrucks und der Luftfeuchtigkeit und kann bei modernen Instrumenten automatisch registriert und zur Korrektur der Distanzmessung herangezogen werden.

Neben dem Impulsverfahren existiert das Phasenvergleichsverfahren, bei dem eine sinusförmige Messwelle bei bekannter Modulationsfrequenz f und Wellenlänge λ verwendet wird. Die Gesamtstrecke L ergibt sich somit aus:

$$L = n \cdot \lambda + R,$$

wobei R dem Restphasenstück der letzten angebrochenen Wellenlänge entspricht und messtechnisch ermittelt werden kann. Zur Bestimmung der unbekannten Anzahl von n Wellenlängen λ wird die Gesamtstrecke in mehreren Einzelmessungen bei unterschiedlicher Wellenlänge ausgemessen und somit aus dem jeweiligen Reststück R die Gesamtstrecke abgeleitet. Fehlerquellen der elektronischen Distanzmessung liegen in der Bestimmung des Brechungsindex, bei fehlerhaften Modulationsfrequenzen, bei Nullpunktsfehlern, Phaseninhomogenitäten sowie zyklischen Phasenfehlern. Regelmäßige, laborgestützte Instrumentenüberprüfungen reduzieren die Fehlereinflüsse.

Die Genauigkeit der elektronischen Distanzmessung lässt sich mit folgender Formel angeben:

$m_L = \pm (a + b \cdot \text{ppm})$, mit $a \approx 3...10$ mm und $b \approx 2...10$ mm, ppm = parts per million = 10^{-6}.

Für jede Instrumenten- und Prismen-/Reflektorkombination ist die aktuelle Additionskonstante k_0 im Labor oder auf Eichstrecken zu ermitteln und bei jeder Distanzmessung zur Erlangung des Endergebnisses anzubringen. Ein einfaches Feldverfahren zur Berechnung der Additionskonstante kann durch Messen der Teilstrecken zwischen drei in einer Flucht liegenden Punkten P_1, P_2 und P_3 erfolgen. Die Additionskonstante k_0 ergibt sich aus:

$$k_0 = S_{P_1P_3} - S_{P_1P_2} - S_{P_2P_3}.$$

3 Winkelmessung

Einfache Verfahren der Winkelmessung mit Genauigkeiten im Bereich von 0,02 gon werden mit Hilfe von Winkelprismen durchgeführt. Weit verbreitet sind Pentagon- oder Doppelpentagonprismen, die mittels Fluchtstäben das Absetzen von rechten Winkeln ermöglichen.

Ein Instrument zur Messung von horizontalen Richtungen und Vertikalwinkeln ist der THEODOLIT. Der Horizontalwinkel ergibt sich aus der Projektion der horizontalen Richtungen zu zwei Zielpunkten in die Horizontalebene. Aus diesem Grund wird vor jeder Winkelmessung der Theodolit horizontiert. Die Grobhorizontierung erfolgt durch das Einspielen der Dosenlibelle über die Dreifußschrauben. Die Feinhorizontierung des Theodolites geschieht, indem man die Längsachse der Röhrenlibelle parallel zu zwei Fußschrauben stellt und auf die Mittelmarke einspielt; anschließend die Röhrenlibelle samt dem Oberbau des Theodolites um 100 gon drehen und die dritte Fußschraube auf die Mittelmarke einspielen lassen. Nun sollte die Röhrenlibelle in jeder Ausrichtung des Theodolites in der Mittelposition der Libelle einspielen. Andernfalls liegt der sogenannte Spielpunkt der Röhrenlibelle an der Stelle des halben Blasenausschlages und die Horizontierung muss an der Stelle des Spielpunktes wiederholt werden.

Soll nun neben der Horizontierung eine Zentrierung des Theodolites über einem z.B. Bodenpunkt erfolgen, so ist der Theodolit auf dem Stativteller nach Lösen der Anzugsschraube in das Zentrum des Bodenpunktes zu verschieben und die Feinhorizontierung ggf. zu wiederholen. Zur Durchführung von fehlerfreien Winkelmessungen müssen Steh-, Kipp- und Zielachse des Theodolites die folgenden Kriterien erfüllen:

- Stehachse lotrecht
- Kippachse orthogonal zur Stehachse
- Zielachse orthogonal zur Kippachse.

Restfehler aufgrund von fehlenden Orthogonalitäten zwischen den Achsen führen zu den Kipp- und Zielachsfehlern, die durch Messung in zwei Lagen und anschließende Mittelbildung eliminiert werden können. Der Stehachsfehler ist ein Aufbaufehler, der messtechnisch nicht eliminiert werden kann. Moderne Theodolite verfügen über elektronische Kompensatoren, die nach einer Grobhorizontierung die Feinhorizontierung automatisch vornehmen.

3.1 Horizontalwinkelmessung

Horizontale Richtungsmessungen werden von dem Instrumentenstandpunkt in Form einer Satzmessung durchgeführt. Der Theodolit wird horizontiert und ggf. über einem Bodenpunkt zentriert. Anschließend werden die Richtungen zu den Zielpunkten im Uhrzeigersinn der Lage I eingestellt und in ein sogenanntes Winkelfeldbuch eingetragen. Zur Reduzierung der Ziel- und Kippachsfehler wird die Richtungsmessung nach dem Durchschlagen des Zielfernrohrs in der Lage II durchgeführt. Dabei wird in umgekehrter Reihenfolge gemessen, um Fehlereinflüsse aus Stativ- und Pfeilerdrehung zu reduzieren. Ein Vollsatz besteht aus den kompletten Zielungen der Lage I und Lage II.

Zur Erhöhung der Genauigkeit werden mehrere Vollsätze gemessen und der Teilkreis vor jeder Satzmessung um $200^g/s$ (s = Anzahl der Sätze) weitergedreht, um Teilungsfehler der Kreisteilung zu reduzieren.

Eine zugehörige Fehlerrechnung erlaubt die Berechnung der Standardabweichung einer in einem Satz beobachteten Richtung m_r und einer aus s Sätzen gemittelten Richtung μ_r:

$$m_r = \sqrt{\frac{\sum vv}{(n-1)\cdot(s-1)}},\quad \mu_r = \frac{m_r}{\sqrt{s}}$$

mit n = Anzahl der Ziele

s = Anzahl der Sätze

$\sum vv$ = Quadratsumme der Verbesserungen v.

	Beobachter:	Mustermann		Ort:	Köln
	Feldbuch:	Mustermann		Datum:	11.07.2017
	Instrument:	Hersteller xy		Sicht:	10 km
Zielpunkt	Horizontalkreis			Reduzierte	Mittel aus
	Lage I	Lage II	Mittel	Richtung	den Sätzen
	gon	gon	gon	gon	gon
	Standpkt.	TP 12			
TP 5	0,0236	200,0245	0,0240	0,0000	0,0000
TP 7	39,4987	239,5012	39,5000	39,4760	39,4756
TP 15	152,3826	352,3847	152,3836	152,3596	152,3591
TP 2	221,9762	21,9788	221,9775	221,9535	221,9530
TP 4	374,6375	174,6400	374,6388	374,6148	374,6142
TP 5	50,0176	250,0200	50,0188	0,0000	
TP 7	89,4928	289,4951	89,4940	39,4752	
TP 15	202,3760	2,3785	202,3772	152,3584	
TP 2	271,9702	71,9730	271,9716	221,9528	
TP 4	24,6314	224,6331	24,6322	374,6134	
TP 5	100,0305	300,0332	100,0318	0,0000	
TP 7	139,5055	339,5081	139,5068	39,4750	
TP 15	252,3893	52,3921	252,3907	152,3589	
TP 2	321,9832	121,9860	321,9846	221,9528	
TP 4	74,6448	274,6472	74,6460	374,6142	
TP 5	150,1204	350,1230	150,1217	0,0000	
TP 7	189,5964	389,5992	189,5978	39,4761	
TP 15	302,4800	102,4824	302,4812	152,3595	
TP 2	372,0739	172,0753	372,0746	221,9529	
TP 4	124,7350	324,7374	124,7362	374,6145	

3.2 Vertikalwinkelmessung

Bei der Vertikalwinkelmessung werden direkt mit einer Anzielung Vertikalwinkel gemessen, d.h., bei einer horizontalen Zielung sollte die Ablesung am Vertikalkreis 100^g betragen. Im Gegensatz zu dem Horizontalkreis dreht sich der Vertikalkreis bei jeder Fernrohrzielung mit und die Ablesung erfolgt an einer festen Ablesestelle. Ein fehlerfrei arbeitender Theodolit liefert als Summe für die Ablesungen in Lage I (AI) und Lage II (AII) zu einem Zielpunkt den Wert 400^g, d.h. $AI + AII = 400^g + 2 \cdot v_z$.

Die mit v_z bezeichnete Indexabweichung kann in der Vermessungspraxis durch die Messung in zwei Fernrohrlagen eliminiert oder nach vorheriger Bestimmung auch rechnerisch berücksichtigt werden.

4 Höhenmessung

Die Verfahren der Höhenmessung basieren auf der Bestimmung von relativen Höhenunterschieden oder absoluten Höhen. Grundsätzlich ist bei jeder Höhenmessung der Anschluss an das geodätische Höhenbezugssystem zu definieren. In der Praxis findet man je nach Aufgabenstellung die unterschiedlichsten Verfahren der Höhenmessung, deren Grundlagen hier kurz vorgestellt werden.

Schlauchwaagenmessung

Die Höhenübertragung mit Hilfe der Schlauchwaage basiert auf dem physikalischen Prinzip der kommunizierenden Röhren. Ein mit Wasser gefüllter Schlauch, an dessen Enden vertikale Glaszylinder mit einer mm-Teilung angebracht sind, erlaubt die Ablesung der Wasseroberfläche an einer Teilung. Entscheidend sind eine luftblasenfreie Füllung des Schlauches sowie eine ggf. notwendige Nullpunktkorrektur, die durch Nebeneinanderhalten der Glaszylinder vorgenommen werden kann. Die Übertragung von Höhen oder Meterrissen innerhalb von Geschossen eines Gebäudes lässt sich mit diesen Verfahren in mm-Genauigkeit durchführen.

Nivellierinstrumente

Die heutigen Nivellierinstrumente bestehen aus Dreifuß und Messfernrohr, welche mit Fadenkreuz mit Okular, Fokussiereinrichtung, Objektiv und Horizontierungseinrichtung ausgestattet sind. Im Gegensatz zu den Libellennivellieren, deren Horizontierung der Ziellinie über eine Dosenlibelle in Kombination mit einer Röhrenlibelle und zugehöriger Kippschraube realisiert wird, verfügen die Kompensatornivelliere über eingebaute Kompensatoren, die eine Feinhorizontierung der Ziellinie automatisch über z.B. optisch-mechanische Pendelsysteme vornehmen. Diese weit verbreiteten Kompensatornivelliere erlauben komfortable und vor allem schnelle Ablesungen.

Rotationslaser

Die Horizontierung eines Rotationslasers basiert auf eingebauten Kompensatoren, die über z.B. pendelnd aufgehängte Spiegel/Prismen einen horizontalen und rotierenden Laserstrahl aussenden. Mittels geeigneter Nivellierlatten wird der Laserstrahl empfangen und die eingestellte Höhe angezeigt bzw. abgelesen.

Digitalnivelliere

Die Realisierung einer horizontalen Ziellinie basiert auf den Prinzipien der Kompensatornivelliere. Nivellierlatten mit codierter Lattenteilung erlauben mittels Codescanner im Nivellierinstrument eine digitale Ablesung, automatische Registrierung und letztlich digitale Datenübertragung zum Auswertecomputer. Digitalnivelliere reduzieren Ablesefehler, erlauben eine digitale Auswertung und ermöglichen somit eine schnelle und effiziente Durchführung des Nivellements bei höchstem Genauigkeitsniveau.

4.1 Geometrisches Nivellement

Vor der Durchführung eines geometrischen Nivellements ist das Nivellierinstrument durch eine Nivellierprobe zu überprüfen und ggf. zu justieren.

Nivellierprobe

Im Folgenden wird die Nivellierprobe nach *Kukkamäki* erläutert, die von zwei unabhängigen Instrumentenstandpunkten ausgeht. Im ersten Schritt wird das Nivellierinstrument in die Mitte zwischen zwei ca. 20 m voneinander entfernte Nivellierlatten aufgebaut und horizontiert. Die Lattenablesung a_1 an der Latte A ist bei einer Dejustierung des Instrumentes um den gleichen Betrag verfälscht wie die Lattenablesung b_1 an der Latte B aufgrund des mittigen Geräteaufbaues und der daraus resultierenden gleichen Zielweiten. Für den zweiten Instrumentenpunkt wird das Nivellierinstrument in der Flucht der Nivellierlatte A-B im Abstand von 20 m von der Latte B aufgebaut. Mit den Ablesungen a_1, b_1, a_2 und b_2 errechnet sich die Sollablesung für a_2' wie folgt:

$$a_2' = a_2 + 2 \cdot [(a_1 - b_1) - (a_2 - b_2)].$$

Bei einer signifikanten Abweichung kann die Sollablesung a_2' mit Hilfe einer Verschiebung des Strichkreuzes eingestellt werden, sodass sich anschließend die fehlerfreien Ablesungen ergeben.

4.1.1 Liniennivellement

Bei einem Linien- oder Festpunktnivellement wird durch die horizontierte Ziellinie eines Nivellierinstrumentes und die zugehörigen Ablesungen an vertikalen Maßstäben (Nivellierlatten o.Ä.) der Höhenunterschied zwischen den Aufsetzpunkten der Nivellierlatten durch die Vorschrift

$$\Delta h = r - v$$

mit r = Rückblick- und v = Vorblickablesung gebildet. Bei gleichen Rückblick- und Vorblickzielweiten erhält man einen Höhenunterschied, der von Restfehlern der Justierung und Erdkrümmung bereinigt ist.

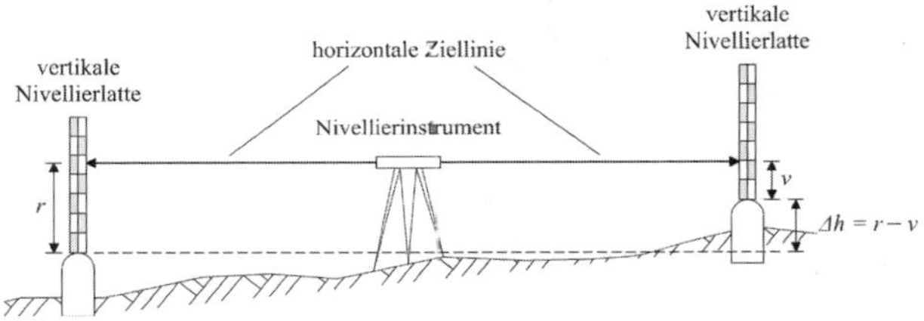

Ausgehend von einem höhenmäßig bekannten Punkt A kann durch Aufsummieren der Höhenunterschiede die Höhe des Neupunktes N bestimmt werden. Sinnvollerweise wird die Höhenübertragung durch Messung des Hin- und des Rückweges kontrolliert und an zwei Höhenfestpunkten angeschlossen. Mehrfachmessungen eliminieren grobe Fehler und ermöglichen eine Genauigkeitssteigerung.

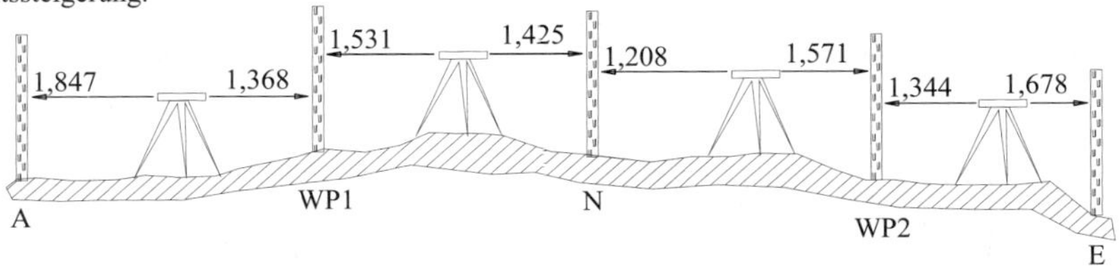

Die Auswertung eines Nivellementfeldbuches wird in der folgenden Tabelle exemplarisch aufgeführt. Dabei berechnet sich die Höhenabweichung w_H aus:

$$w_H = H_E - H_A - \sum \Delta h.$$

Für ein Festpunktnivellement im amtlichen Höhennetz der 4. Ordnung werden zulässige Abweichungen zwischen den nivellierten Höhenfestpunkten nach folgender Formel berechnet:

$$Z_H = 0{,}002 + 0{,}006 \cdot (s/1000)^{1/2} \text{ mit } s \text{ in [m]}.$$

Zulässige Abweichungen werden proportional auf die Standpunkte oder streckenproportional verteilt.

Pkt.	z	$s_i = \Sigma z$	R	V	$\Delta h = r - v$	$H_{vorläufig}$	k	$H_{korrigiert}$	Bemerkungen
A	40		1,847			56,394	$0{,}000_0$	56,394	Höhenfestpunkt A
	40	80		1,368	+0,479				
WP1	40		1,531			56,873	$0{,}001_2$	56,874	Wechselpunkt 1
	40	160		1,425	+0,106				
N	40		1,208			56,979	$0{,}002_4$	56,981	Neupunkt N
	40	240		1,571	–0,363				
WP2	45		1,344			56,616	$0{,}003_6$	56,620	Wechselpunkt 2
	45	330		1,678	–0,334				
E						56,282	$0{,}005_0$	56,287	Höhenfestpunkt E
Σ		S = 330	5,930	6,042	–0,112				

Höhenabweichung w_H: $w_H = H_E - H_A - \sum\Delta h = 56{,}287\ \text{m} - 56{,}394\ \text{m} - (-0{,}112\ \text{m}) = 0{,}005\ \text{m}$
Zulässige Abweichung: $Z_H = 0{,}002 + 0{,}006 \cdot (s/1000)^{1/2} = 0{,}002 + 0{,}006 \cdot (0{,}330)^{1/2} \approx 0{,}006\ \text{m}$.

Bei zulässiger Abweichung wird w_H proportional zum Nivellementsweg verteilt:

$k = w_H \cdot s_i / S$.

Die Vermarkung von übertragenen Höhen kann mittels Holzpflock, Steh-/Setzungsbolzen oder Höhenmarke erfolgen. Höhenmarken werden mit geeignetem Klebemittel an Stützen, Wänden oder anderen konstruktiven Bauteilen fixiert.

4.1.2 Längs- und Querprofile

Zur Erstellung von Planunterlagen für langgezogene Bauvorhaben (z.B. Straßenbau, Gleistrassen, Dammanlagen) sowie für Mengenberechnungen wird die Topographie mit Hilfe von Längs- und Querprofilen beschrieben. Das Längsprofil wird als Vertikalschnitt durch die Erdoberfläche längs der Trasse konstruiert und gibt somit Auskunft über die Gefälleverhältnisse längs der Leitlinie. Die Stationierung der Stationspunkte ist der Geländetopographie anzupassen, sodass alle Geländeknickpunkte im Trassenverlauf erfasst werden. Der Maßstab der Längsprofile entspricht dem Lageplan. Geländeneigungen links und rechts der Trasse werden durch Querprofile beschrieben, die orthogonal zu den Längsprofilen erstellt werden. Die Höhen der Querprofile werden meist im Verhältnis 1:10, 1:50 oder größer dargestellt.

4.1.3 Flächennivellement

Das Flächennivellement ist die Höhenbestimmung von flächenhaft verteilten Punkten mit einem Nivellierinstrument. Das Verfahren eignet sich besonders bei mäßig geneigtem Gelände zur Herstellung von Lageplänen mit Höhenlinien und zur Massenberechnung. In diesen Fällen lässt sich von einem Instrumentenstandpunkt eine Großzahl der Aufnahmepunkte, die rasterförmig hergestellt werden, höhenmäßig bestimmen. Die Rasterweite ist der Geländetopographie anzupassen, und der Höhenanschluss erfolgt über mindestens zwei Höhenfestpunkte. Im Fall von Geschossflächen werden auch Schlauchwaagen zur höhenmäßigen Bestimmung der Rasterpunkte verwendet.

4.2 Trigonometrische Höhenbestimmung

Auf der Grundlage von gemessenen Vertikalwinkeln z und Schrägstrecken d lassen sich auf einfache Weise reduzierte Horizontalstrecken e sowie Höhen und Höhenunterschiede bestimmen:

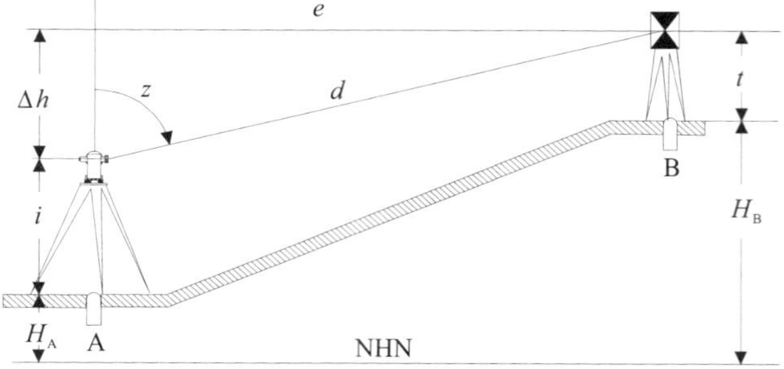

In dem vertikalen Dreieck durch den Instrumentenstandpunkt A und den Zielpunkt B sind die gemessenen Beobachtungen, die gegebenen Höhenunterschiede i (= Instrumentenhöhe) und t (= Zieltafelhöhe) sowie die gesuchte Höhe H_B eingetragen. Über die trigonometrischen Funktionen erhält man:

$\Delta h = e \cdot \cot z = d \cdot \cos z$.

Die Höhe des gesuchten Neupunktes B ergibt sich somit aus:

$H_B = H_A + e \cdot \cot z + i - t$.

Aufgrund von Fehlereinflüssen aus Erdkrümmung und Refraktion ist die trigonometrische Höhenbestimmung mit cm-Genauigkeit bis ca. 250 m möglich. Auf der Grundlage der trigonometrischen Höhenbestimmung sind das trigonometrische Nivellement und die Turmhöhenbestimmung mit horizontalem oder vertikalem Hilfsdreieck entstanden.

4.3 Lasernivellement

Im Gegensatz zu den Nivellierinstrumenten wird die Horizontalebene der Rotationslaser durch einen rotierenden Laserstrahl realisiert. Diese horizontale Bezugsebene kann an beliebiger Stelle mittels geeigneter Nivellierlatten detektiert werden. Die hierfür erforderlichen Nivellierlatten verwenden vertikal verschiebbare Photodioden, die in die horizontale Laserebene eingerichtet werden. Über die Abstandsmessung zu dem Fuß- oder Bodenpunkt wird der Höhenunterschied zu der Horizontalebene des Rotationslasers ermittelt. Lasernivellements eignen sich für mäßig geneigtes Gelände und für flächenhafte Höhenübertragungen (z.B. Pflasterflächen, Planumsschichten) und können von einer Person durchgeführt werden.

5 Koordinatenberechnung

Die folgenden Koordinatenberechnungen beziehen sich auf die Ebene als Bezugsfläche. Für die Berechnungen wird davon ausgegangen, dass alle gemessenen Strecken auf Meeresniveau reduziert sind. Dafür ist zuerst aus der gemessenen Schrägstrecke und dem Vertikalwinkel die Horizontalstrecke zu berechnen. Die Horizontalstrecke ist über die Höhenreduktion auf Meeresniveau zu projizieren und abschließend die Projektionsverzerrung anzubringen. Für die Berechnung von Absteckungselementen in der Bauvermessung wird für jedes Bauvorhaben ein entsprechend günstig liegendes, lokales Koordinatensystem eingerichtet. Die Transformation von lokalen oder örtlichen Koordinatensystemen in das amtliche geodätische Lagebezugssystem geschieht mit Hilfe der mathematischen Formeln der Koordinatentransformation (s. Abschnitt 5.6).

5.1 Richtungswinkel und Entfernung aus Koordinaten

Basierend auf zwei koordinatenmäßig bekannten Punkten sind der Richtungswinkel $t_{1,2}$ und die Entfernung $s_{1,2}$ zwischen den beiden Punkten P_1 und P_2 zu berechnen:

gegeben: Punkt P_1 (Y_1; X_1) und Punkt P_2 (Y_2; X_2)
gesucht: Richtungswinkel $t_{1,2}$ und Strecke $s_{1,2}$

Lösung:

$$t_{1,2} = \arctan((Y_2 - Y_1)/(X_2 - X_1))$$

$$s_{1,2} = \sqrt{(Y_2 - Y_1)^2 + (X_2 - X_1)^2}$$

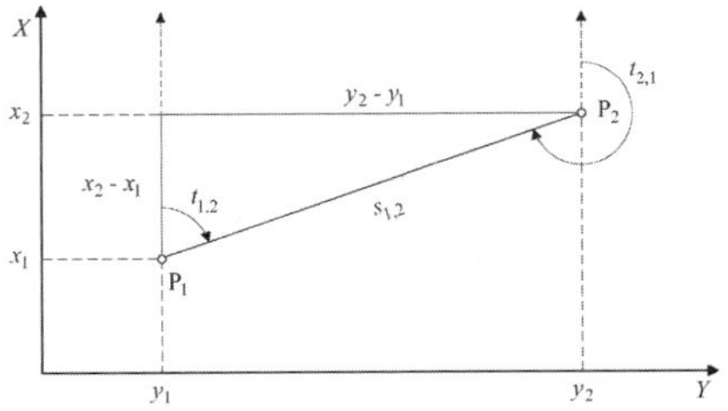

Der Quadrant des Richtungswinkels wird durch die Vorzeichen der Koordinatenunterschiede eindeutig bestimmt:

Quadrant	Richtungswinkel	ΔY	ΔX
I.	0 … 100 gon	+	+
II.	100 … 200 gon	+	–
III.	200 … 300 gon	–	–
IV.	300 … 400 gon	–	+

Beispiel:

Gegeben: Punkt P_1 (31 151,81; 8 359,65) und Punkt P_2 (30 792,27; 7 833,09)

Lösung:
$\Delta Y_{1,2} = Y_2 - Y_1 = -359{,}54$ m
$\Delta X_{1,2} = X_2 - X_1 = -526{,}56$ m
$t_{1,2} = \arctan(\Delta Y_{1,2}/\Delta X_{1,2}) = \arctan(-359{,}54/-526{,}56) = 238{,}1396$ gon (III. Quadrant)

$$s_{1,2} = \sqrt{(Y_2 - Y_1)^2 + (X_2 - X_1)^2} = \sqrt{(-359{,}54)^2 + (-526{,}56)^2} = 637{,}60\text{ m}$$

5.2 Kleinpunktberechnung

Bei der Kleinpunktberechnung sind die Koordinaten von Anfangs- und Endpunkt einer Messungslinie bekannt. Gesucht werden die Koordinaten von Punkten P_N auf und seitwärts der Messungslinie AE:

gegeben: Punkt P_A (Y_A; X_A) und P_E (Y_E; X_E)
gemessen: Strecken $s_{A,N}$ zu den Neupunkten P_N
gesucht: Koordinaten von Punkt P_N (Y_N; X_N)
Lösung: – Berechnung der Transformationskonstanten o und a:

$o = \Delta Y_{A,E}/s_{A,E}$ (Ordinatenkonstante)
$a = \Delta X_{A,E}/s_{A,E}$ (Abszissenkonstante)

– Berechnung der Koordinaten von Punkten P_N auf der Messungslinie AE:

$Y_N = Y_A + o \cdot s_{A,N}$
$X_N = X_A + a \cdot s_{A,N}$

– Berechnung der Koordinaten von seitwärts liegenden Punkten P_N:

$Y_N = Y_A + o \cdot s_{A,N} + a \cdot h_i$
$X_N = X_A + a \cdot s_{A,N} - o \cdot h_i$

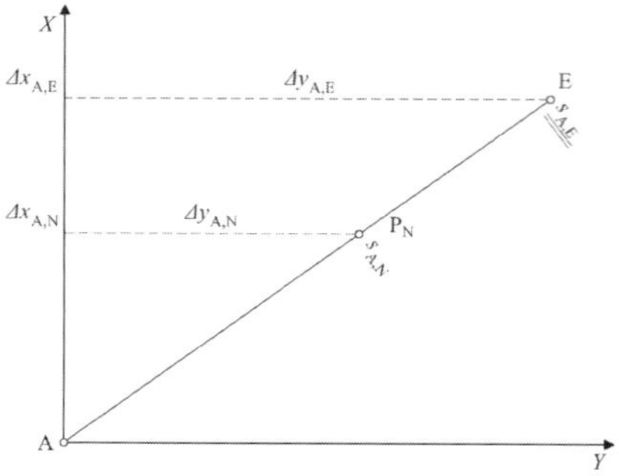

Wichtig: liegt h_i links der Messungslinie AE, muss ein negatives Vorzeichen für h_i eingeführt werden.

5.3 Vorwärts- und Rückwärtsschnitt

Bei dem Vorwärtseinschneiden von Neupunkten werden die Beobachtungen von mindestens zwei koordinatenmäßig bekannten Punkten zu dem Neupunkt P_N durchgeführt:

gegeben: Punkt P_A (Y_A; X_A) und Punkt P_B (Y_B; X_B)
gemessen: Horizontalwinkel α und β, dann ist $\gamma = 200^g - (\alpha + \beta)$
gesucht: Koordinaten Punkt P_N (Y_N; X_N)
Lösung: – Richtungswinkel und Entfernung:

$t_{A,B} = \arctan(\Delta Y/\Delta X)$
$= \arctan((Y_B - Y_A)/(X_B - X_A))$
$s_{A,B} = \sqrt{(Y_B - Y_A)^2 + (X_B - X_A)^2}$

– Strecke zum Neupunkt P_N:

$s_{A,N} = s_{A,B} \cdot (\sin\beta)/(\sin\gamma)$
$s_{B,N} = s_{A,B} \cdot (\sin\alpha)/(\sin\gamma)$

– Richtungswinkel zum Neupunkt P_N:

$t_{A,N} = t_{A,B} + \alpha$
$t_{B,N} = t_{B,A} - \beta$

– Koordinaten von P_N durch „polares Anhängen“:

$Y_N = Y_A + s_{A,N} \cdot \sin t_{A,N}$
$X_N = X_A + s_{A,N} \cdot \cos t_{A,N}$

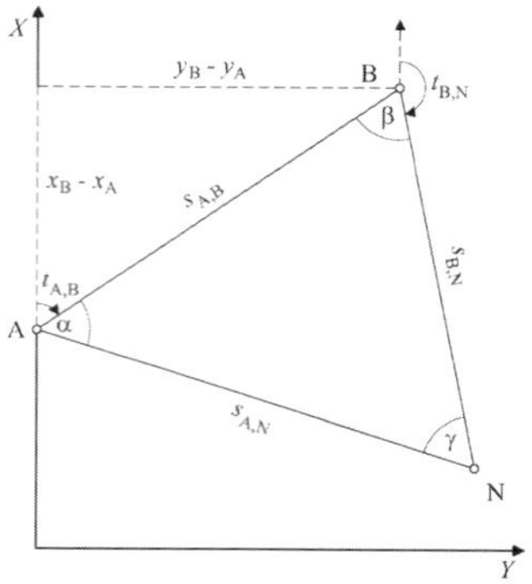

Beispiel:

gegeben: Punkt P_A (48 835,11; 96 340,90) und Punkt P_B (48 740,00; 96 310,00)
gemessen: Horizontalwinkel α = 57,358 gon und β = 75,942 gon
gesucht: Koordinaten Punkt P_N (Y_N; X_N)
Lösung:

$t_{A,B} = \arctan(-95{,}11/-30{,}90) = 280{,}002$ gon $s_{A,B} = \sqrt{(-95{,}11)^2 + (-30{,}90)^2} = 100{,}00$ m
$s_{A,N} = s_{A,B} \cdot (\sin\beta)/(\sin\gamma) = 107{,}29$ m $s_{B,N} = s_{A,B} \cdot (\sin\alpha)/(\sin\gamma) = 90{,}49$ m
$t_{A,N} = t_{A,B} + \alpha = 337{,}360$ gon $t_{B,N} = t_{B,A} - \beta = 4{,}060$ gon
$Y_N = Y_A + s_{A,N} \cdot \sin t_{A,N} = 48\,745{,}77$ m $X_N = X_A + s_{A,N} \cdot \cos t_{A,N} = 96\,400{,}31$ m

Beim Rückwärtseinschneiden werden von dem unbekannten Punkt P_N mindestens drei Richtungen zu drei koordinatenmäßig bekannten Festpunkten gemessen. Die Berechnung der unbekannten Standpunktkoordinaten erfolgt über die Schnittberechnung dreier Geraden oder das Verfahren nach *Collins*.

5.4 Bogenschlag

Für den Bogenschlag werden von zwei koordinatenmäßig bekannten Punkten P_A und P_B die Horizontalentfernungen $s_{A,N}$ und $s_{B,N}$ zu dem Neupunkt P_N gemessen:

gegeben: Punkt P_A (Y_A; X_A) und Punkt P_B (Y_B; X_B)
gemessen: $s_{A,N} = b$ und $s_{B,N} = a$
gesucht: Koordinaten Punkt P_N (Y_N; X_N)
Lösung: – Richtungswinkel und Entfernung:

$$t_{A,B} = \arctan(\Delta Y/\Delta X) = \arctan((Y_B - Y_A)/(X_B - X_A))$$

$$s_{A,B} = \sqrt{(Y_B - Y_A)^2 + (X_B - X_A)^2} = c$$

– Berechnung von p, q und h_c:

$$p = (c^2 + a^2 - b^2)/(2 \cdot c)$$
$$q = (c^2 + b^2 - a^2)/(2 \cdot c)$$
$$h_c = \sqrt{a^2 - p^2} = \sqrt{b^2 - q^2}$$

– Koordinaten des Neupunktes P_N durch „polares Anhängen“:

$$Y_N = Y_A + q \cdot \sin t_{A,B} + h_c \cdot \sin(t_{A,B} + 100^g)$$
$$X_N = X_A + q \cdot \cos t_{A,B} + h_c \cdot \cos(t_{A,B} + 100^g)$$

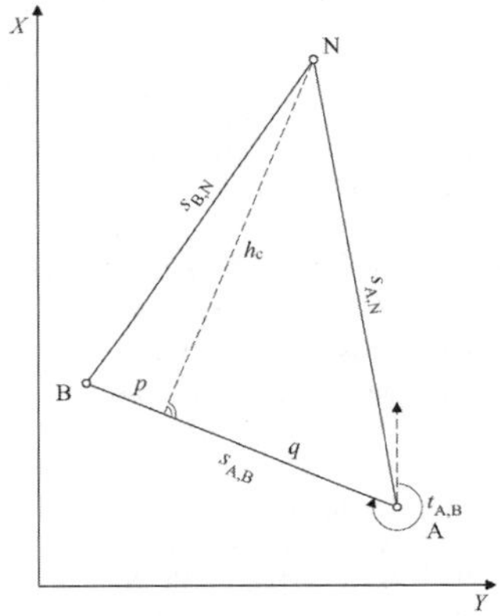

Beispiel:

Gegeben: Punkt P_A (5 781,94; 27 797,27) und Punkt P_B (5 724,87; 27 845,11)
Gemessen: Horizontalstrecken a = 51,17 m und b = 55,74 m
Gesucht: Koordinaten Punkt P_N (Y_N; X_N)
Lösung: $t_{A,B} = \arctan(-57{,}07/47{,}84) = 344{,}4134$ gon $\quad s_{A,B} = \sqrt{(-57{,}07)^2 + (47{,}84)^2} = 74{,}47$ m

$p = 33{,}95$ m $\quad q = 40{,}52$ m $\quad h_c = 38{,}285$ m

$Y_N = Y_A + q \cdot \sin t_{A,B} + h_c \cdot \sin(t_{A,B} + 100^g) =$ 5 775,48 m

$X_N = X_A + q \cdot \cos t_{A,B} + h_c \cdot \cos(t_{A,B} + 100^g) =$ 27 852,64 m

5.5 Polygonzug

Der Polygonzug ist ein Verfahren der Lagepunktbestimmung und wird zur Verdichtung von Lagenetzen herangezogen. Es werden Winkel- und Streckenmessungen zwischen den Brechpunkten des Polygonzuges durchgeführt. Im Folgenden wird der beidseitig angeschlossene Polygonzug erläutert:

gegeben: Punkt P_0 (Y_0; X_0) und Punkt P_1 (Y_1; X_1)
Punkt P_N (Y_N; X_N) und Punkt P_{N+1} (Y_{N+1}; X_{N+1})
gemessen: Brechungswinkel β_1, β_2, β_3, β_4, β_N und Strecken $s_{1,2}$, $s_{2,3}$, $s_{3,4}$, $s_{4,N}$
gesucht: Koordinaten Punkt P_2 (Y_2; X_2), Punkt P_3 (Y_3; X_3), Punkt P_4 (Y_4; X_4)

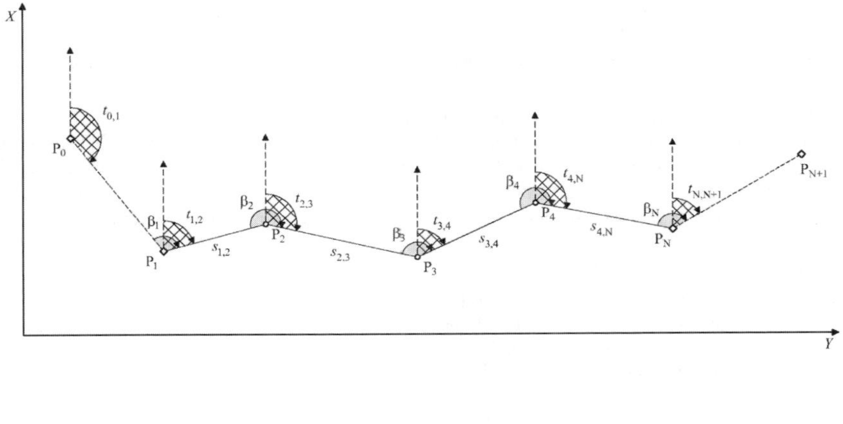

Lösung:

– Berechnung der Anschlussrichtungswinkel:

$t_{0,1} = \arctan(\Delta Y/\Delta X) = \arctan((Y_1 - Y_0)/(X_1 - X_0))$
$t_{N,N+1} = \arctan(\Delta Y/\Delta X) = \arctan((Y_{N+1} - Y_N)/(X_{N+1} - X_N))$

– Berechnung der vorläufigen Richtungswinkel:

$t'_{1,2} = t_{0,1} + \beta_1 \pm 200$ gon $t'_{2,3} = t'_{1,2} + \beta_2 \pm 200$ gon
$t'_{3,4} = t'_{2,3} + \beta_3 \pm 200$ gon $t'_{4,N} = t'_{3,4} + \beta_4 \pm 200$ gon
$t'_{N,N+1} = t'_{4,N} + \beta_N \pm 200$ gon $\Rightarrow \sum t'_{N,N+1} = t_{0,1} + \sum \beta \pm n \cdot 200$ gon

– Berechnung des Winkelabschlussfehlers f_β für Polygonzüge bis zu 2 km Länge:

$f_\beta = t_{N,N+1} - t'_{N,N+1} = \arctan((Y_{N+1} - Y_N)/(X_{N+1} - X_N)) - (t_{0,1} + \sum \beta \pm n \cdot 200 \text{ gon})$

Die zulässige Fehlergrenzformel lautet: FW [gon] $= 0{,}01 + (1{,}1 / [s]) \cdot (n - 1) \cdot \sqrt{n}$ mgon, mit $[s]$ = Summe der Polygonseitenlängen und n = Anzahl der Brechpunkte einschließlich Anfangs- und Endpunkt. Falls $f_\beta < FW$, wird f_β gleichmäßig verteilt nach $v_\beta = f_\beta/n$.

– Berechnung der endgültigen Richtungswinkel:

$t_{1,2} = t_{0,1} + \beta_1 + v_\beta \pm 200$ gon $t_{2,3} = t_{1,2} + \beta_2 + v_\beta \pm 200$ gon $t_{3,4} = t_{2,3} + \beta_3 + v_\beta \pm 200$ gon
$t_{4,N} = t_{3,4} + \beta_4 + v_\beta \pm 200$ gon $t_{N,N+1} = t_{4,N} + \beta_N + v_\beta \pm 200$ gon

Probe: $t_{N,N+1}$ muss mit dem aus den gegebenen Koordinaten errechneten Anschlussrichtungswinkel übereinstimmen.

– Berechnung der vorläufigen Koordinatenunterschiede:

$\Delta Y'_{1,2} = s_{1,2} \cdot \sin t_{1,2}$ und $\Delta X'_{1,2} = s_{1,2} \cdot \cos t_{1,2}$ $\Delta Y'_{2,3} = s_{2,3} \cdot \sin t_{2,3}$ und $\Delta X'_{2,3} = s_{2,3} \cdot \cos t_{2,3}$
$\Delta Y'_{3,4} = s_{3,4} \cdot \sin t_{3,4}$ und $\Delta X'_{3,4} = s_{3,4} \cdot \cos t_{3,4}$ $\Delta Y'_{4,N} = s_{4,N} \cdot \sin t_{4,N}$ und $\Delta X'_{4,N} = s_{4,N} \cdot \cos t_{4,N}$
$\Rightarrow \sum \Delta Y'_{1,N} = \sum (s_{1,N} \cdot \sin t_{1,N})$ und $\Rightarrow \sum \Delta X'_{1,N} = \sum (s_{1,N} \cdot \cos t_{1,N})$

– Berechnung der Koordinatenabschlussfehler f_y und f_x :

$f_y = (Y_N - Y_1) - \sum \Delta Y'_{1,N}$ $f_x = (X_N - X_1) - \sum \Delta X'_{1,N}$

wenn f_y und f_x innerhalb der zulässigen Fehlergrenzen liegen, werden sie nach dem Verhältnis der Streckenlängen auf die einzelnen Koordinatenunterschiede verteilt:

$v(\Delta y)_{i,i+1} = (s_{i,i+1} / \sum s) \cdot f_y$ $v(\Delta x)_{i,i+1} = (s_{i,i+1} / \sum s) \cdot f_x$

– Berechnung der endgültigen Koordinaten:

$Y_2 = Y_1 + \Delta Y'_{1,2} + v(\Delta y)_{1,2}$ $X_2 = X_1 + \Delta X'_{1,2} + v(\Delta x)_{1,2}$
$Y_3 = Y_2 + \Delta Y'_{2,3} + v(\Delta y)_{2,3}$ $X_3 = X_2 + \Delta X'_{2,3} + v(\Delta x)_{2,3}$
$Y_4 = Y_3 + \Delta Y'_{3,4} + v(\Delta y)_{3,4}$ $X_4 = X_3 + \Delta X'_{3,4} + v(\Delta x)_{3,4}$
$Y_N = Y_4 + \Delta Y'_{4,N} + v(\Delta y)_{4,N}$ $X_N = X_4 + \Delta X'_{4,N} + v(\Delta x)_{4,N}$

Probe: X_N und Y_N müssen mit den gegebenen Koordinaten von Punkt P_N übereinstimmen.

– Berechnung von Längs- und Querfehler f_L und f_Q:

Zur Angabe eines koordinateninvarianten Gütekriteriums für einen Polygonzug werden die Koordinatenabschlussfehler auf die Verbindungslinie von Zuganfang bis Zugende transformiert. Dazu wird der Richtungswinkel $t_{1,N} = \varphi$ herangezogen:

$f_L = f_x \cdot \cos \varphi + f_y \cdot \sin \varphi$ (Längsfehler) $f_Q = f_y \cdot \cos \varphi - f_x \cdot \sin \varphi$ (Querfehler).

Beispiel:

gegeben: Punkt P_0 (14 214,72; 57 224,12) und Punkt P_1 (14 296,48; 56 428,31)
Punkt P_4 (14 423,31; 55 970,87) und Punkt P_5 (14 573,87; 55 834,18)
gemessen: Alle Brechungswinkel β und Horizontalstrecken s
gesucht: Koordinaten der Punkte P_2 (Y_2; X_2) und P_3 (Y_3; X_3)

Lösung:

Pkt. Nr.		t / β	s	y / $\Delta Y = s \cdot \sin t$	x / $\Delta X = s \cdot \cos t$
P_0				14214,72	57224,12
	t	193,482			
P_1	β	240,912		14296,48	56428,31
	t	234,388	89,55	– 46,05	– 76,80
P_2	β	162,190		*14250,43*	*56351,51*
	t	196,572	269,67	*14,51*	*– 269,28*
P_3	β	142,447		*14264,94*	*56082,22*
	t	139,013	193,60	*158,37*	*– 111,35*
P_4	β	207,921		14423,31	55970,87
	t	146,928			
P_5				14573,87	55834,18

– Berechnung des Winkelabschlussfehlers f_β:
$f_\beta = t_{4,5} - t'_{4,5} = t_{4,5} - (t_{0,1} + \sum \beta \pm n \cdot 200 \text{ gon}) = 146{,}928 \text{ gon} - 146{,}952 \text{ gon} = -0{,}024 \text{ gon}$
$v_\beta = f_\beta / n = -0{,}024 \text{ gon} / 4 = -0{,}006 \text{ gon}$

– Berechnung der Koordinatenabschlussfehler f_y und f_x:
$f_y = (Y_4 - Y_1) - \sum \Delta Y'_{1,4} = 126{,}83 - 126{,}83 = 0{,}00 \text{ m}$
$f_x = (X_4 - X_1) - \sum \Delta X'_{1,4} = (-457{,}44) - (-457{,}43) = -0{,}01 \text{ m}$

5.6 Koordinatentransformation

Mit Hilfe der Koordinatentransformation lassen sich Koordinaten, die in einem orthogonalen Y'/X'-Koordinatensystem („Alt-System“) gegeben sind, über mindestens zwei identische Punkte, deren Koordinaten in dem Y'/X'- und Y/X-Koordinatensystem („Neu-System“) gegeben sind, in das orthogonale Y/X-Koordinatensystem („Neu-System“) transformieren:

gegeben: Punkt P'_1 (Y'_1; X'_1) und Punkt P_1 (Y_1; X_1)
Punkt P'_2 (Y'_2; X'_2) und Punkt P_2 (Y_2; X_2)
Punkt P'_i (Y'_i; X'_i)

gesucht: Koordinaten Punkt P_i (Y_i; X_i) im „Neu-System“

Lösung: – Berechnung der Entfernungen:

$$s'_{1,2} = \sqrt{(Y'_2 - Y'_1)^2 + (X'_2 - X'_1)^2}$$

$$s_{1,2} = \sqrt{(Y_2 - Y_1)^2 + (X_2 - X_1)^2}$$

– Berechnung des Maßstabsfaktors:
$m = s_{1,2} / s'_{1,2}$

– Berechnung des Drehwinkels φ:
$t'_{1,2} = \arctan((Y'_2 - Y'_1)/(X'_2 - X'_1))$
$t_{1,2} = \arctan((Y_2 - Y_1)/(X_2 - X_1))$
$\varphi = t_{1,2} - t'_{1,2}$

– Berechnung der Transformationsparameter o und a:
$o = m \cdot \sin \varphi$ und $a = m \cdot \cos \varphi$

– Berechnung der gesuchten Koordinaten P_i:
$Y_i = Y_1 + a \cdot (Y'_i - Y'_1) + o \cdot (X'_i - X'_1)$
$X_i = X_1 - o \cdot (Y'_i - Y'_1) + a \cdot (X'_i - X'_1)$.

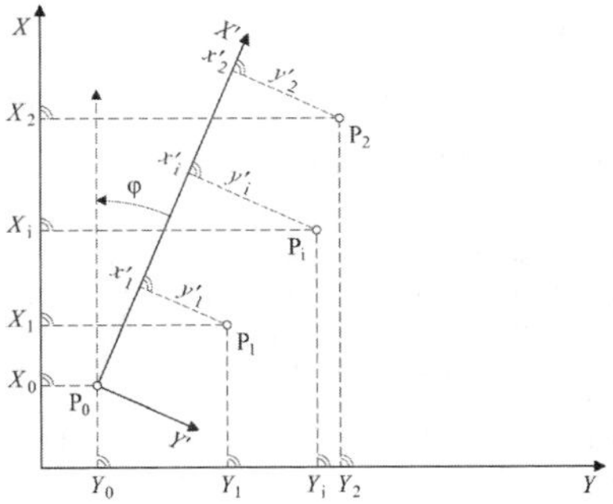

Beispiel:

Gegeben: Punkt P'_1 (20,00; 20,00) und Punkt P_1 (60,00; 80,00)
Punkt P'_2 (120,00; 120,00) und Punkt P_2 (180,00; 155,00), Punkt P'_i (80,00; 60,00)

Gesucht: Koordinaten Punkt P_i (Y_i; X_i) im Neu-System

Lösung:
- Berechnung der Entfernungen: $s'_{1,2} = 141{,}42$ m $s_{1,2} = 141{,}51$ m
- Berechnung des Maßstabsfaktors: $m = 1{,}000636$
- Berechnung des Drehwinkels φ: $\varphi = 64{,}44$ gon – 50,00 gon = 14,44 gon
- Transformationsparameter o und a: $o = 0{,}225025$ $a = 0{,}9749996$
- Berechnung der ges. Koordinaten P_i: $Y_i = 127{,}50$ m $X_i = 105{,}50$ m

In der praktischen Umsetzung wird man versuchen, mehr als nur zwei identische Punkte für die Berechnung der Transformationsparameter heranzuziehen. In diesem Fall werden die Transformationsparameter aufgrund der Überbestimmungen mit Hilfe der Ausgleichungsrechnung ermittelt (sog. Helmerttransformation).

5.7 Geradenschnitt

Zwei Geraden sind durch die Koordinaten von jeweils zwei Punkten gegeben. Gesucht werden die Koordinaten des Schnittpunktes P_S der beiden Geraden:

gegeben: Gerade 1 durch die Punkte P_A (Y_A; X_A) und Punkt P_B (Y_B; X_B)
Gerade 2 durch die Punkte P_C (Y_C; X_C) und Punkt P_D (Y_D; X_D)

gesucht: Koordinaten Schnittpunkt P_S (Y_S; X_S)

Lösung: Geradengleichung $y = a \cdot x + b$
- Gerade 1:
  $a_1 = ((Y_B - Y_A)/(X_B - X_A))$
  $b_1 = Y_A - X_A \cdot a_1$
- Gerade 2:
  $a_2 = ((Y_D - Y_C)/(X_D - X_C))$
  $b_2 = Y_C - X_C \cdot a_2$
- Berechnung Schnittpunktkoordinaten P_S:
  $X_S = ((b_2 - b_1)/(a_1 - a_2))$
  $Y_S = a_1 \cdot X_S + b_1$

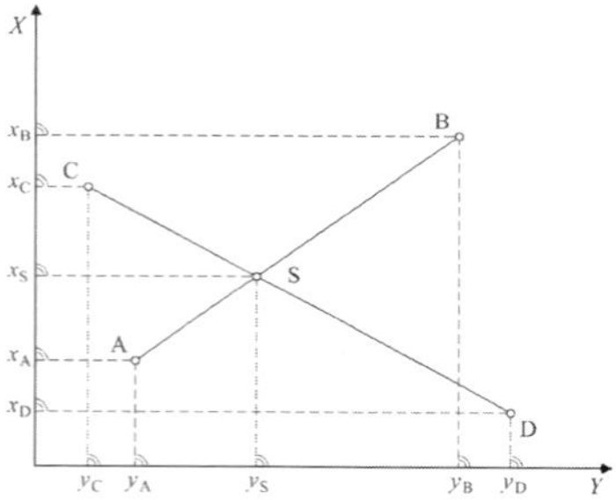

Beispiel:

gegeben: Gerade 1 durch die Punkte P_A (173,948; 142,463) und P_B (473,324; 502,978)
Gerade 2 durch die Punkte P_C (194,834; 442,323) und P_D (362,456; 118,635)

gesucht: Koordinaten des Schnittpunktes P_S (Y_S; X_S)

Lösung:
- Gerade 1: $a_1 = 0{,}83041$ $b_1 = 55{,}645$ m
- Gerade 2: $a_2 = -0{,}51785$ $b_2 = 423{,}891$ m
- Berechnung der Schnittpunktkoordinaten P_S: $X_S = 273{,}127$ m $Y_S = 282{,}452$ m

5.8 Flächenberechnung

Flächen lassen sich aus Maßzahlen, halbgraphisch oder auf graphische Weise ermitteln. Die halbgraphische Flächenermittlung basiert auf gemessenen Geländemaßen in Kombination mit aus Plan-/Kartenunterlagen entnommenen Maßangaben. Die graphische Flächenberechnung verwendet mechanische Hilfsmittel (z.B. Polarplanimeter), um die Flächeninhalte aus der Umfahrung der geometrischen Figur abzuleiten. Ist eine Fläche durch örtliche, rechtwinklige Koordinaten bezogen auf eine Messungslinie festgelegt, kann die Fläche unmittelbar berechnet werden, wenn die Begrenzungspunkte rechtssinnig beziffert werden.

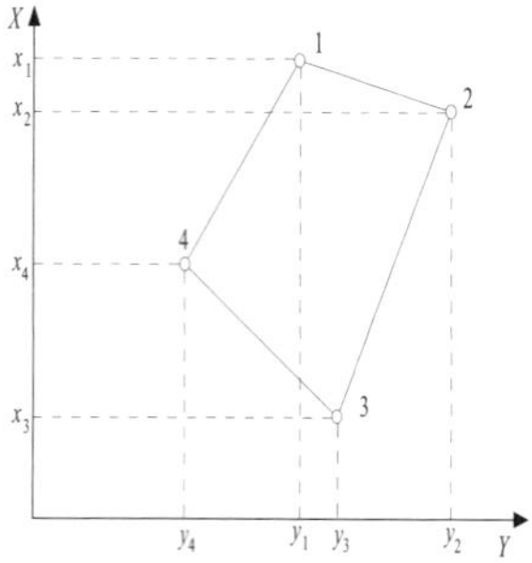

Die Gesamtfläche A erhält man mit Hilfe der Gauß'schen Flächenformel:

$$A = 0{,}5 \cdot \sum X_i \cdot (Y_{i+1} - Y_{i-1}),$$

wobei der Laufindex i von $i = 1$ bis $i = n + 1$ mit n = Anzahl der Begrenzungspunkte läuft. Bei der Flächenberechnung ist für den Punkt P_{n+1} der Punkt P_1 zu verwenden.

Beispiel:

gegeben: Punkt P_1 (1080,75; 1511,38), Punkt P_2 (1068,84; 1546,53)
Punkt P_3 (1120,43; 1555,12), Punkt P_4 (1122,08; 1509,64)

Gesucht: Gesamtfläche A

Lösung: $A = 0{,}5 \cdot [(1511{,}38 \cdot (1068{,}84 - 1122{,}08)) + (1546{,}53 \cdot (1120{,}43 - 1080{,}75)) + (1555{,}12 \cdot (1122{,}08 - 1068{,}84)) + (1509{,}64 \cdot (1080{,}75 - 1120{,}43))]$

$A = 0{,}5 \cdot 3792{,}5128 = 1896{,}26\ \text{m}^2$

6 Absteckung

6.1 Absteckung von Trassen

Trassen werden im Allgemeinen auf der Grundlage von Geraden, Kreisbögen und Übergangsbögen eingerechnet und anschließend in der Örtlichkeit abgesteckt.

6.1.1 Gerade

Die Gerade besitzt die mathematische Krümmung $\kappa = 0$ und wird im Verkehrswesen oft zwischen zwei Kreisbögen eingesetzt. Eine Gerade wird durch Anfangs- und Endpunkt vermarkt. Der Abstand weiterer Zwischenpunkte hängt von der Art des Verkehrsweges und von der Bauweise ab und liegt zwischen 50 m und bis zu alle 10 m für drahtgesteuerte Fertiger.

6.1.2 Kreisbogen

Der Kreisbogen besitzt die mathematische Krümmung $\kappa = 1/r$ und ist die bautechnisch einfachste Kurve, mit der man zwei sich schneidende Geraden verbinden kann. Die geometrischen Zusammenhänge sind der folgenden Abbildung zu entnehmen:

$\alpha = 200\ \text{gon} - \beta$
$\overline{BAF} = \overline{BAH} = r \cdot \sin \alpha/2 = s/2$
$t = r \cdot \tan \alpha/2$
$\overline{BABE} = s = 2 \cdot r \cdot \sin \alpha/2$
$m = r \cdot \tan \alpha/2 \cdot \tan \alpha/4$
$h = r \cdot (1 - \cos \alpha/2)$
$b = r \cdot \alpha/\rho = r \cdot \alpha \cdot \pi/200$

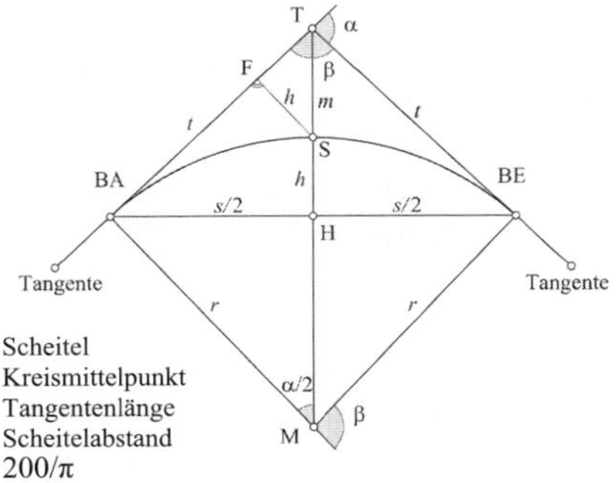

BA	Bogenanfang	r	Radius des Kreisbogens	S	Scheitel
BE	Bogenende	T	Tangentenschnittpunkt	M	Kreismittelpunkt
H	Sehnenmittelpunkt	h	Pfeilhöhe	t	Tangentenlänge
s	Sehne	β	Tangentenschnittwinkel	m	Scheitelabstand
α	Zentriwinkel	b	Bogenlänge	ρ	200/π

Je nach Anwendung sind für die Absteckung der Bogenpunkte P_i die zugehörigen Abszissen X_i vorgegeben, dann gilt:

$$Y_i = r - (r^2 - X_i^2)^{1/2}$$

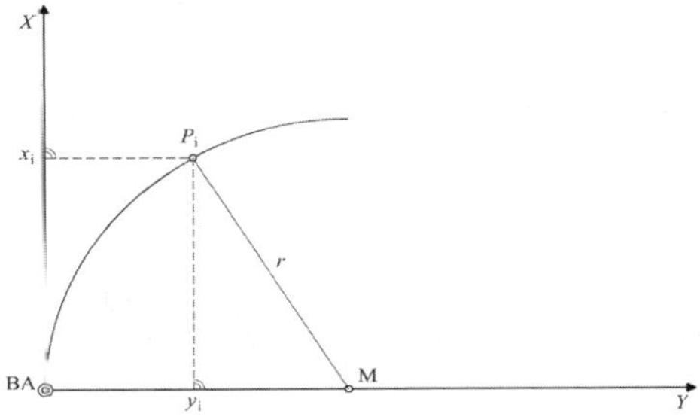

Bei gegebenen, runden Bogenlängen b ergibt sich der Umfangswinkel ω zu:

$$\omega = b/(2 \cdot r) \cdot (200/\pi)$$

und die gesuchten Koordinaten der Bogenpunkte P_i lauten:

$$X_i = r \cdot \sin(2\omega)$$
$$Y_i = 2 \cdot r \cdot \sin^2(\omega)$$

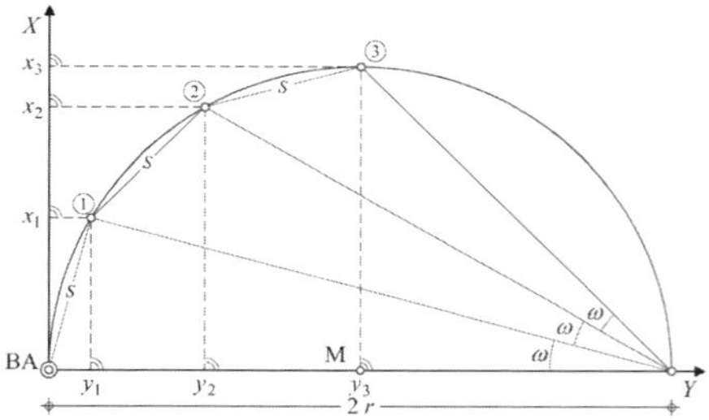

Beispiel:

gegeben: Radius $r = 125$ m
Bogenlänge $b = 19{,}214$ m

gesucht: Koordinaten von P_1 (Y_1; X_1)

Lösung: – Berechnung des Umfangswinkels:
$\omega = b/(2 \cdot r) \cdot (200/\pi) = 4{,}8928$ gon

– Berechnung der Koordinaten von P_1:
$X_1 = r \cdot \sin(2\omega) = 19{,}138$ m
$Y_1 = 2 \cdot r \cdot \sin^2(\omega) = 1{,}474$ m

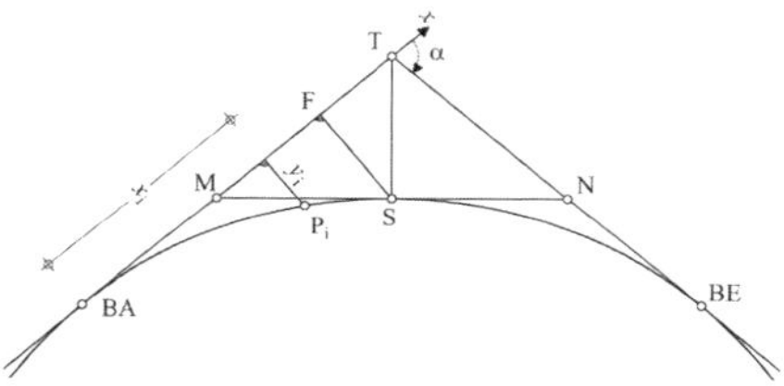

6.1.3 Übergangsbogen

Einer der wichtigsten Übergangsbögen ist die Klothoide, die mit zunehmender Weglänge L eine lineare Zunahme der Krümmung κ besitzt. Klothoiden werden zur Vermeidung von sprunghaften Krümmungsänderungen zwischen einer Geraden und einem Kreis oder zwischen zwei Kreisbögen mit unterschiedlichen Radien eingeschaltet. Die Krümmung berechnet sich wie folgt:

$$\kappa = 1/r = c \cdot L \quad \text{oder} \quad r \cdot L = 1/c = A^2,$$

wobei A den sogenannten Klothoidenparameter darstellt. In nebenstehender Abbildung werden die geometrischen Bestimmungsstücke (Hauptwerte) einer Klothoide dargestellt:

$A^2 = r \cdot L$,

r = Radius Krümmungskreis in P = UE

L = Bogenlänge bis zum Punkt P

$l = L/A$

$X_{UE} = A \cdot X_{KL}(l)$

$Y_{UE} = A \cdot Y_{KL}(l)$

$X_M = X_{UE} - r \cdot \sin\tau$

$Y_M = Y_{UE} + r \cdot \cos\tau$,

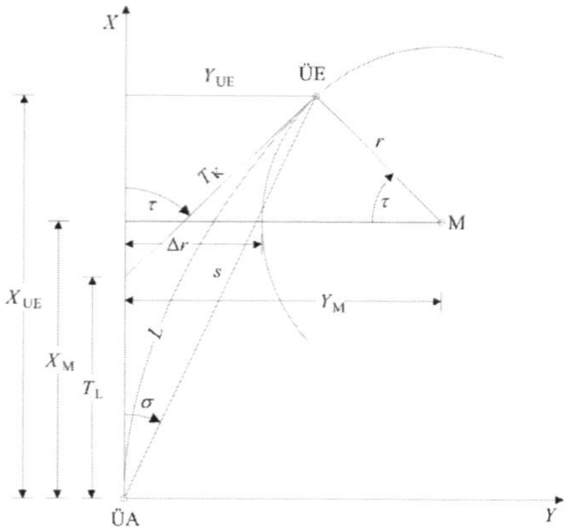

wobei X_{UE}, Y_{UE} die Koordinaten von P bezogen auf die Tangente im Wendepunkt und X_M, Y_M die Koordinaten des Krümmungsmittelpunktes M darstellen.

Folgende Formelzusammenhänge gelten für die Klothoide:

$\Delta r = Y_M - r$ (Tangentenabrückung)

$\tau = l^2/2 \cdot 200/\pi$ (Tangentenrichtungswinkel)

$T_K = Y_{UE}/\sin\tau$

$s = (X^2_{UE} + Y^2_{UE})^{1/2}$ (Klothoidensehne)

$\sigma = \arctan(Y_{UE}/X_{UE})$ (Sehnenrichtungswinkel)

$T_L = X_{UE} - (Y_{UE}/\tan\tau)$.

Die Berechnung von $X_{KL}(l)$ und $Y_{KL}(l)$ geschieht nach Tabellen von Einheitsklothoiden mit dem Parameter $A = 1$ oder kann über folgende Reihenentwicklung hergeleitet werden:

$X_{KL}(l) = l - l^5/40 + l^9/3\,456 - \ldots$

$Y_{KL}(l) = l^3/6 - l^7/336 + l^{11}/42\,240 - \ldots$

Beispiel:

gegeben: Radius des Krümmungskreises $r = 125$ m und $A = 65$

gesucht: Hauptwerte der Klothoide

Lösung: $L = A^2/r = 65^2/125 = 33{,}80$ m $\quad l = L/A = 33{,}80/65 = 0{,}52$ m

$\tau = l^2/2 \cdot 200/\pi = 8{,}6071$ gon

$X_{KL}(0{,}52) = 0{,}52 - 0{,}52^5/40 + 0{,}52^9/3456 = 0{,}51905$ m

$Y_{KL}(0{,}52) = 0{,}52^3/6 - 0{,}52^7/336 + 0{,}52^{11}/42\,240 = 0{,}023404$ m

$X_{UE} = A \cdot X_{KL}(0{,}52) = 33{,}738$ m $\quad Y_{UE} = A \cdot Y_{KL}(0{,}52) = 1{,}521$ m

$X_M = X_{UE} - r \cdot \sin\tau = 16{,}889$ m $\quad Y_M = Y_{UE} + r \cdot \cos\tau = 125{,}380$ m

$\Delta r = Y_M - r = 0{,}380$ m

$s = (X^2_{UE} + Y^2_{UE})^{1/2} = 33{,}772$ m $\quad \sigma = \arctan(Y_{UE}/X_{UE}) = 2{,}8681$ gon

$T_K = Y_{UE}/\sin\tau = 11{,}284$ m $\quad T_L = X_{UE} - (Y_{UE}/\tan\tau) = 22{,}557$ m

6.2 Absteckung von Bauwerken

Die Absteckung von Bauwerken wird in der Vermessungspraxis mit Hilfe der Orthogonal-, Einbinde-, Polarverfahren oder nach der Methode der freien Standpunktwahl durchgeführt.

6.2.1 Orthogonal- und Einbindeverfahren

Diese Verfahren werden bei einfachen Bauabsteckungen, wie z.B. bei Wohnhäusern, deren Grenzabstand eingehalten werden muss, angewendet. Die Absteckung erfolgt ausgehend von einer Bezugslinie mit Rechtwinkelprismen, Messband und Fluchtstäben. Die rechtwinkligen Koordinaten bezogen auf die Messungslinie sind vorab häuslich zu berechnen. Rechtwinklig auf die Bezugslinie werden alle Zwangs-/Gebäudepunkte in der Örtlichkeit mit z.B. Holzpfählen vermarkt. Als Kontrolle dienen Gebäudeumringsmaße sowie Pythagorasproben über die Gebäudediagonalen.

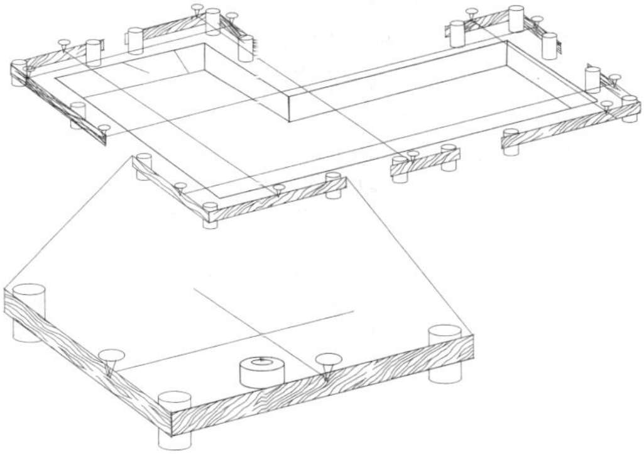

Für die Ausschachtung einer Baugrube genügt zunächst die Grobabsteckung der Gebäudeeckpunkte. Notwendige Arbeitsräume werden in der Regel von dem beauftragten Erdbauunternehmen selbstständig zugeschlagen.

Die Feinabsteckung erfolgt nach dem Aushub auf Schnurgerüsten, indem die Verlängerungen von Gebäudeseiten mit Nägeln auf Schnurgerüsten aufgebracht werden.

6.2.2 Polarverfahren

Für die örtliche Absteckung werden die polaren Absteckelemente (Horizontalwinkel, Horizontalstrecken) benötigt. Voraussetzung für das Polarverfahren ist der Aufbau des Tachymeters auf einem koordinatenmäßig bekannten Punkt, von dem mindestens eine oder besser mehrere Anschlussrichtungen zu weiteren koordinatenmäßig bekannten Punkten sichtbar sind. Hierdurch wird die Orientierung des Teilkreises in dem vorliegenden Koordinatensystem erreicht. Heutige elektronische Tachymeter können nach Eingabe der Koordinaten der abzusteckenden Punkte die erforderlichen Horizontalwinkel und Horizontalstrecken selbstständig berechnen. Die Horizontalwinkel der abzusteckenden Punkte werden mit dem Tachymeter eingestellt und anschließend die Horizontalstrecke auf ein Prisma oder eine Reflexfolie gemessen. Sobald die gemessene Strecke mit der Sollstrecke übereinstimmt, wird der gemessene Polarpunkt mit Holzpfählen, Stahlnägeln oder Messmarken vermarkt. Zur Kontrolle werden die abgesteckten Punkte von einem zweiten Standpunkt nochmals abgesteckt und überprüft.

6.2.3 Freie Standpunktwahl

Moderne Methoden der Absteckung von Bauwerken basieren auf dem Verfahren der freien Standpunktwahl, da hier der Instrumentenstandpunkt frei wählbar ist und somit der Geländetopographie und den Bauwerksverhältnissen angepasst werden kann. Voraussetzung für die freie Stationierung ist die freie Sicht zu mindestens zwei, besser mehreren räumlich verteilten Anschlusspunkten, die von dem koordinatenmäßig unbekannten Instrumentenstandpunkt in Richtung und Strecke angemessen werden. Aus diesen Beobachtungen können über die Formeln der Koordinatentransformation die Koordinaten des Standpunktes berechnet werden. Eine Kontrolle der abgesteckten Punkte ist durch eine wiederholte Absteckung von einem zweiten Standpunkt sinnvoll. Moderne Tachymeter verfügen über die nötigen Softwareprogramme zur Berechnung der Standpunktkoordinaten einschließlich der Ausgabe der Restklaffungen der Anschlusspunkte und Standardabweichungen der Standpunktkoordinaten.

Das folgende Berechnungsbeispiel basiert auf der vereinfachten Annahme von zwei Anschlusspunkten. Bei der Existenz von mehr als zwei Anschlusspunkten können die unbekannten Standpunktkoordinaten mit Hilfe eines überbestimmten Ausgleichungsansatzes bestimmt und damit eine Genauigkeitssteigerung erzielt werden.

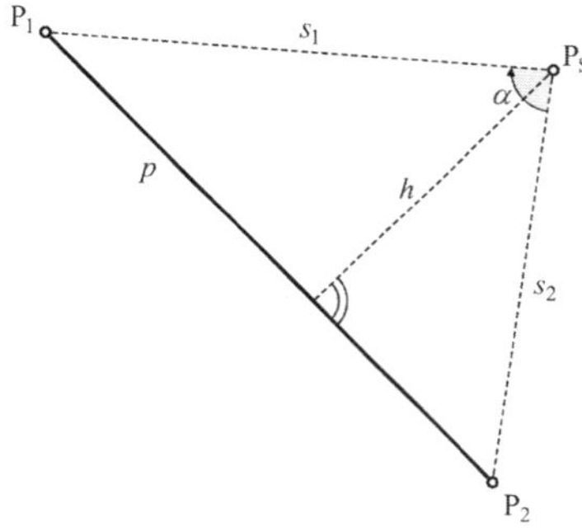

Beispiel:

gegeben: Punkt P_1 (1 015,443; 1 150,161) und
Punkt P_2 (1 031,411; 1 116,290)

gemessen: Alle Horizontalrichtungen r und Horizontalstrecken s von dem frei gewählten Standpunkt P_S zu den beiden Anschlusspunkten P_1 und P_2

$s_1 = 26{,}560$ m, $r_1 = 0{,}0000$ gon und $s_2 = 29{,}520$ m, $r_2 = 307{,}1903$ gon

gesucht: Koordinaten des Standpunktes P_S (Y_S; X_S)

Lösung:

– Berechnung der Strecke zwischen den Anschlusspunkten aus den Beobachtungen:

$s_{1,2} = (s_1^2 + s_2^2 - 2\, s_1\, s_2 \cos \alpha)^{1/2} = 37{,}418$ m,

mit $\alpha = 0{,}0000$ gon $-$ $307{,}1903$ gon $= 92{,}8097$ gon

– Berechnung von Höhe und Höhenfußpunkt im örtlichen System:

$p = (s_1^2 - s_2^2 + s_{1,2}^2)/(2\, s_{1,2}) = 16{,}492$ m

$h = (s_1^2 - p^2)^{1/2} = 20{,}821$ m

– Kleinpunktberechnung in der Linie von Anschlusspunkt P_1 zu Anschlusspunkt P_2:

$s'_{1,2} = ((Y_2 - Y_1)^2 + (X_2 - X_1)^2)^{1/2} = 37{,}450$ m aus Koordinaten gerechnet

$f_s = s'_{1,2} - s_{1,2} = 0{,}03$ m muss innerhalb der erlaubten Fehlergrenzen liegen

$o = (Y_2 - Y_1)/\, s_{1,2} = 0{,}426724$

$a = (X_2 - X_1)/\, s_{1,2} = -\,0{,}905158$

$\Delta Y = o \cdot p + a \cdot (-)h = 25{,}882$ m

$\Delta X = a \cdot p - o \cdot (-)h = -\,6{,}042$ m

– Koordinatenberechnung des Standpunktes P_S:

$Y_S = Y_1 + \Delta Y = 1\,041{,}325$ m

$X_S = X_1 + \Delta X = 1\,144{,}119$ m

7 Vermessung mit dem Global Positioning System (GPS)

Das von dem amerikanischen Verteidigungsministerium eingeführte NAVSTAR/Gobal Positioning System (GPS) ist ein weltweites und 24 Std./Tag verfügbares Messsystem für die Positionierung und Navigation von beliebigen Objekten. Die Signalstruktur der GPS-Satelliten basiert auf den zwei Trägerfrequenzen L1 (1575,42 MHz) und L2 (1227,60 MHz), auf die weitere Signale (z.B. C/A-Code, P/Y-Code, Datencode) aufmoduliert sind. Die Satelliten umkreisen die Erde in sechs nahezu kreisförmigen Bahnen in einer Höhe von ca. 20 000 km bei einer Umlaufzeit von ca. 12 Stunden.

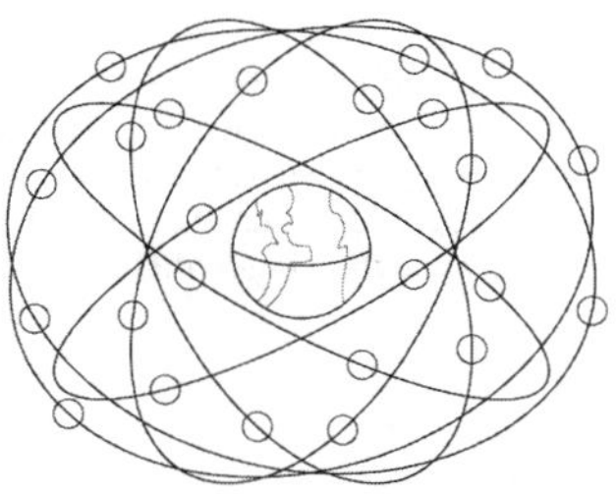

Überwacht wird das GPS-System durch eine Masterstation in Colorado Springs und global verteilte Kontrollstationen, die Bahndaten und weitere Korrekturterme (z.B. Uhrenfehler, atmosphärische Parameter) an die Satelliten senden. Jedem Nutzer werden die Bahndaten und somit die Koordinaten der GPS-Satelliten zum Zeitpunkt der Messung automatisch zur Verfügung gestellt.

Die Bestimmung von Koordinaten auf der Erdoberfläche lässt sich auf eine Laufzeitmessung auf den beiden Trägerfrequenzen L1 und L2 zurückführen. Dabei gestattet der Einsatz von Zweifrequenz-GPS-Receivern, die sowohl die L1- als auch L2-Trägerphase empfangen können, die Berücksichtigung von ionosphärischen Laufzeitunterschieden und führt damit zu einer Genauigkeitssteigerung in der Koordinatenbestimmung über große Distanzen. Grundsätzlich ist bei jeder Positionsbestimmung zwischen der absoluten und relativen Positionsbestimmung zu unterscheiden:

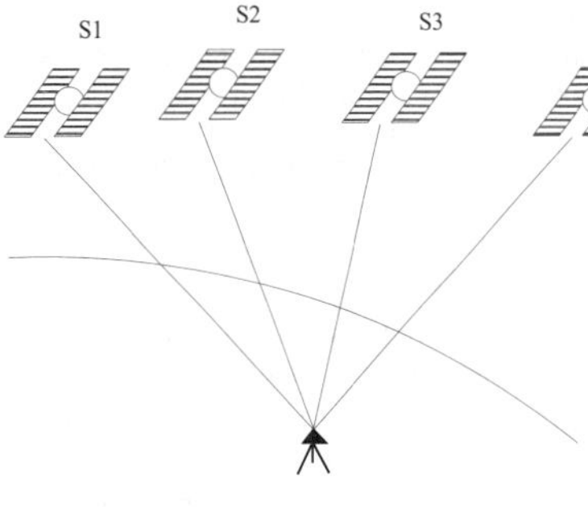

Absolute Positionsbestimmung

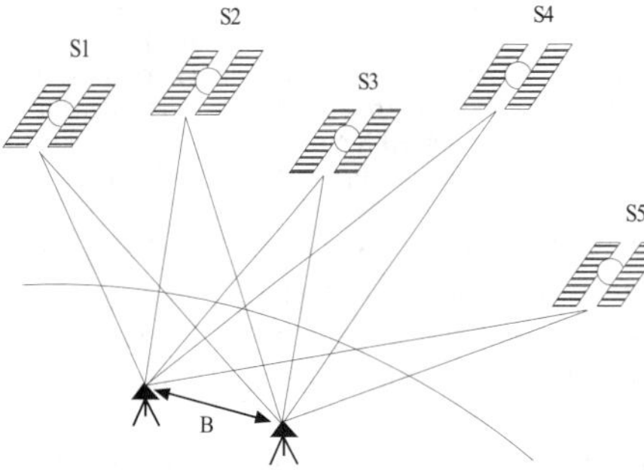

Relative Positionsbestimmung

Da die absolute Positionsbestimmung keine Elimination von Fehlereinflüssen ermöglicht, werden heute Genauigkeiten im Meterbereich in Echtzeit erreicht, die für Navigationszwecke völlig ausreichend sind. Im Gegensatz zu den Navigationsanwendungen werden in der Geodäsie und der Bauvermessung Genauigkeiten im Subzentimeterbereich benötigt, die sich nur mit den Verfahren der relativen Positionsbestimmung unter Verwendung der Trägerphasen erreichen lassen. Durch die Simultanbeobachtungen zu denselben Satelliten von mindestens zwei oder mehr Bodenstationen lassen sich gemeinsame Fehlereinflüsse (z.B. Satellitenbahnfehler, Uhrenfehler, atmosphärische Fehler) reduzieren. Hierzu werden die entsprechenden Beobachtungsgleichungen (single-, double- und triple-differences) aufgestellt und im Rahmen einer überbestimmten Ausgleichung die gesuchten Koordinatendifferenzen zwischen den Bodenstationen berechnet. Wesentliche Voraussetzung ist die eindeutige Bestimmung der Phasenmehrdeutigkeiten der Trägerwellen (engl. ambiguity) zur Startepoche eines jeden Satelliten, die durch mathematische Algorithmen und statistische Testverfahren fixiert werden.

Für höchste Genauigkeiten verwendet man das statische Messverfahren, bei dem die GPS-Receiver bei Beobachtungszeiten von einer Stunde und mehr auf den Neupunkten verbleiben und die Auswertung der gesammelten Daten im „postprocessing“ erfolgt. Die modernen Kurzzeit-Beobachtungstechniken basieren auf statistischen Suchverfahren zur schnellen Bestimmung der Phasenmehrdeutigkeiten. Diese Verfahren sind auf kürzere Basislinien B (bis ca. 10 km) beschränkt und liefern bei Beobachtungszeiten von fünf bis zu 15 Minuten je nach Empfängertyp Genauigkeiten von etwa (5–10 mm) + 1 ppm. Beide Verfahren erfordern eine häusliche Auswertung (Postprocessing) und liefern keine Echtzeit-Ergebnisse im Feld.

Die präzise Echtzeitpositionierung basiert auf den GPS-Referenzstationsnetzen, die beispielsweise von den Landesvermessungsämtern betrieben werden (SAPOS) und in jedem Bundesland eine flächendeckende Vernetzung realisieren. Für diese Anwendungen haben sich in der Praxis mit den **Flächenkorrekturparametern** (FKP) und der **Virtuellen Referenzstation** (VRS) zwei Verfahren durchgesetzt. Die FKP basieren auf der Auswertung der GPS-Beobachtungen mehrerer Referenzstationen und approximieren die Residuen mit Hilfe von Polynomflächen, die dem Nutzer in standardisierten Datenformaten übermittelt werden. Die VRS stützen sich auf generierte Beobachtungsdaten, die aus den realen GPS-Beobachtungen in einem Referenzstationsnetz berechnet werden. Dazu wird die Näherungsposition des Feldreceivers in der Regel per Mobilfunk an eine Netzzentrale übermittelt, die ihrerseits die generierten GPS-Beobachtungen der VRS zurücksendet. Abschließend kann der Nutzer für seine Position über die nahegelegene VRS aufgrund der kurzen Basislinie eine schnelle und präzise Trägerphasenlösung berechnen.

7.1 Bezugs- und Koordinatensystem

Die dreidimensionalen Koordinaten der Satellitenpositionen sind zu jedem Messzeitpunkt in dem **W**orld **G**eodetic Coordinate **S**ystem 19**84** (WGS 84) berechenbar. Demnach liegen die Ergebnisse einer GPS-Auswertung ebenfalls in dem WGS-84-Koordinatensystem vor. Das WGS 84 ist ein geozentrisches und globales Koordinatensystem, dessen Ursprung im Massenmittelpunkt der Erde liegt. Die Ergebnisse einer differentiellen GPS-Auswertung sind die Basislinien B von der Referenzstation zu jeder weiteren Bodenstation, die sich durch die dreidimensionalen Koordinatendifferenzen ΔX, ΔY und ΔZ ausdrücken lassen. In den Koordinatendifferenzen sind die geometrischen Informationen wie z.B. die Schrägstrecke, der Höhenunterschied und die Orientierung der Basislinien enthalten. Darüber hinaus liefert die GPS-Auswertung eine voll besetzte Varianz-Kovarianzmatrix, aus der sich z.B. Genauigkeiten sowie Korrelationen zwischen den unbekannten Parametern berechnen lassen. Für die weitere Nutzung der GPS-Ergebnisse ist eine Transformation der WGS-84-Koordinatendifferenzen in das geodätische Lagebezugssystem erforderlich.

7.2 Datumstransformation und Ellipsoidübergang

Im Gegensatz zu dem WGS 84 basieren amtliche Lagebezugssysteme oftmals auf einem exzentrisch gelagerten Ellipsoid, z.B. dem Besselellipsoid im Fall der Gauß-Krüger Koordinaten.

Beide Ellipsoide stimmen im Ursprung und in den Richtungen der Koordinatenachsen nicht überein und besitzen somit ein unterschiedliches geodätisches Datum (Lagerung, Orientierung, Maßstab).

Zur Überführung der WGS-84-Koordinatendifferenzen in das amtliche Koordinatensystem bietet sich eine 7-Parameter-Helmerttransformation an, die über eine überbestimmte Ausgleichung die unbekannten sieben Transformationsparameter (3 × Translation, 3 × Rotation, 1 × Maßstab) liefert. Mindestens drei identische Festpunkte aus dem amtlichen Landesnetz sind zur Lösung der Transformationsparameter notwendig. Die dabei ermittelten Restklaffungen auf den identischen Punkten (Passpunkte) gestatten eine Aussage über die Güte der durchgeführten Transformation. Im Idealfall umschließen die Passpunkte das Messgebiet mit den zu transformierenden Neupunkten (GPS-Netz). Die 7-Parameter-Helmerttransformation ermöglicht eine optimale, lokale Einpassung des GPS-Netzes in das amtliche Lagebezugssystem, bei der die Nachbarschaft nahezu unverändert erhalten bleibt. Nachteilig ist der hohe Zeitaufwand, da der Anwender die identischen Punkte ebenfalls beobachten muss.

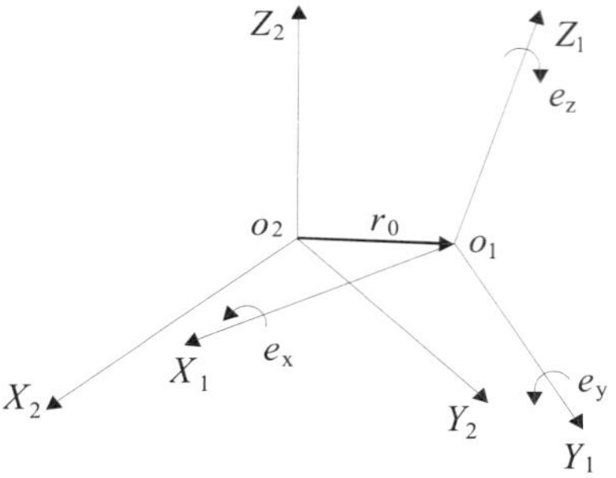

Eine Alternative stellen flächenhafte Transformationsansätze dar, die für Regionen oder auch ganze Landesgebiete Gültigkeit besitzen. Die Transformationsparameter werden aus allen identischen Festpunkten abgeleitet und mit Hilfe von geeigneten mathematischen Ansätzen (z.B. Flächenpolynome, Finite-Elemente-Methode, Kovarianzfunktionen) modelliert. Anschließend werden die Transformationsmodelle in der Anwendersoftware integriert oder in Form von Korrekturdaten versendet.

Bei der Überführung der aus GPS ermittelten Höhen in das Landeshöhensystem ist zu beachten, dass GPS-gestützte Höhen ellipsoidische Höhen sind, die entlang der Ellipsoidnormalen gemessen werden. Gebrauchshöhen basieren auf physikalisch definierten Bezugsflächen, die gegenüber dem Ellipsoid um die sogenannte Quasi-/Geoidundulation N differieren. Im globalen Rahmen kann die Quasi-/Geoidundulation N Größenordnungen von bis zu ± 100 m annehmen. Ursache hierfür sind unregelmäßige Massenverteilungen im Erdinneren. Hochauflösende Schwerefeldmodelle unter Berücksichtigung seiner zeitlichen Variation ermöglichen heute die Berechnung von N, sodass für die meisten Bereiche Deutschlands die Transformation ellipsoidischer Höhen in Höhen des DHHN2016 mit einer Genauigkeit von 1 cm bis 2 cm gewährleistet werden kann.

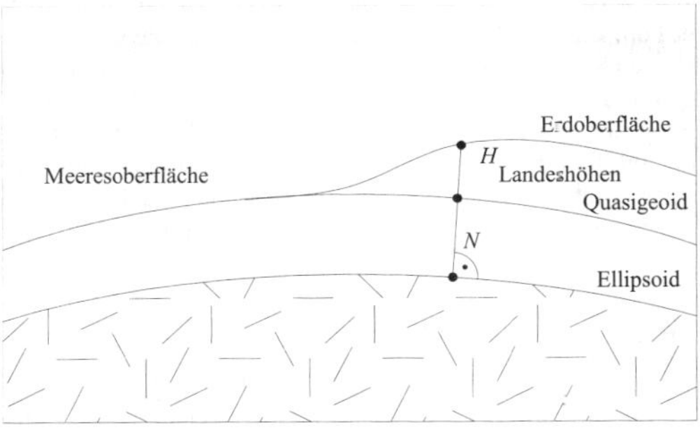

Der mathematische Zusammenhang ergibt sich somit aus:

$$H_{\text{GPS}} = H_{\text{Landeshöhen}} + N$$

7.3 GPS-Anwendungen in der Bauvermessung

Die heutigen Anwendungen der GPS-Technologie in der Bauvermessung sind äußerst vielfältig. Eine große Zeitersparnis und Genauigkeitssteigerung liefert die GPS-Technologie bei der Einrichtung und Verdichtung von Lagefestpunktfeldern. Differentielle Beobachtungstechniken auf simultan besetzten Bodenstationen sind heutzutage bei der Bestimmung von Lagefestpunkten im Bereich von z.B. Neubaustrecken nicht mehr wegzudenken. Insbesondere der Wegfall der gegenseitigen Sichtverbindung und die resultierenden Genauigkeiten von mittleren Punktfehlern < 5 mm lassen sich mit den klassischen Vermessungsverfahren nicht oder nur mit sehr großem Aufwand erreichen. Wesentliche Voraussetzung ist die simultane Besetzung einer Referenzstation und mindestens einer weiteren Bodenstation, um die Prinzipien der relativen Positionsbestimmung zu erfüllen.

Geländeaufnahmen oder Punktbestimmungen unter Verwendung von Satellitenpositionierungsdiensten nehmen immer weiter an Bedeutung zu. So existieren neben dem deutschlandweiten und von den Landesvermessungsämtern eingerichteten Satellitenpositionierungsdienst (SAPOS) auch aus dem Bereich der Privatunternehmen eigene Positionierungsdienste, z.B. das ascos-Referenzsystem der AXIO-NET GmbH. Ein entscheidender Vorteil für den Anwender ist der Wegfall der eigenen Referenzstation, da sich nun jeder Nutzer mit geeigneten Telekommunikationseinrichtungen in das vorliegende Netz der Referenzstationen einbinden kann. Die zusätzliche Berechnung von virtuellen Referenzstationen in Verbindung mit Online-Datenübertragungen ermöglicht Echtzeit-Koordinatenberechnungen unmittelbar im Gelände. Genauigkeiten im Bereich von ca. 2 Zentimetern in den Lagekoordinaten und ca. 2 bis 4 Zentimetern in der Höhenkoordinate sind für die in Echtzeit berechneten Koordinaten heute durchaus realistisch.

Kinematische GPS-Beobachtungen im offenen Gelände (z.B. Deponien, Autobahntrassen), d.h. die Berechnung von Lage- und Höhenkoordinaten in der Bewegung, stellen eine weitere Anwendung in der Bauvermessung dar, die Genauigkeiten im cm-Bereich bei hohen Messraten ermöglichen. Voraussetzung ist ein ungestörter Empfang der GPS-Signale von mindestens fünf GPS-Satelliten. Auch bei dem kinematischen Verfahren werden mindestens eine Referenzstation und eine zweite bewegte GPS-Antenne (engl. rover), deren Position durch dreidimensionales polares Anhängen an die Referenzstation bestimmt wird, benötigt. Neben der temporären Referenzstation lassen sich die kinematischen Verfahren auch mit den o.g. Satellitenpositionierungsdiensten kombinieren und eine Echtzeit-Positionsbestimmung mit einer Lagegenauigkeit im cm-Bereich erreichen (RTK-Vermessung).

Die Kombination von GPS-Receivern auf Baufahrzeugen wie Raupen, Gradern etc. mit digitalen Geländemodellen erlaubt eine automatisierte, dreidimensionale Steuerung der Baufahrzeuge bei der Erstellung von Planumsschichten o.Ä. Werden diese Systeme durch zusätzliche Sensoren, z.B. Digitalnivelliere, Rotationslaser oder Neigungssensoren, erweitert, so sind Genauigkeiten im Subzentimeterbereich insbesondere für die Höhengenauigkeit realisierbar.

Aktuelle Systeme kombinieren GPS mit GLONASS, dem russischen Satellitennavigationssystem und mit BEIDOU, dem chinesischen Satellitennavigationssystem. Die Nutzung weiterer Satellitennavigationssysteme verspricht eine höhere Redundanz und damit eine höhere Zuverlässigkeit. Insbesondere in Gelände mit starken Sichtbehinderungen und Abschattungen wird durch die Erhöhung der Anzahl der verfügbaren Satelliten eine Genauigkeitssteigerung in der Positionsbestimmung realisiert.

Die Verfügbarkeit der europäischen GALILEO-Satellitendienste sowie die weitere Modernisierung der bestehenden Satellitensysteme führen zu dem **G**LOBAL **N**AVIGATION **S**ATELLITE **S**YSTEM (GNSS). Neben einer Steigerung der verfügbaren Satelliten werden auch die Signalstrukturen überarbeitet, sodass GPS und GALILEO zukünftig mindestens fünf Messsignale jeweils mit Code und Trägerphase zur Verfügung stellen. Die Erhöhung der Positionsgenauigkeiten insbesondere der Höhenkomponente um den Faktor 10 bei Entfernungen bis 20 km unter Verwendung der Galileo-Satelliten wird heute bereits prognostiziert. Maßgeblicher Grund dafür ist die Verteilung von nahezu 40 europäischen Master- und Kontrollstationen, die für die Genauigkeitssteigerung der Bahnparameter der Galileosatelliten verantwortlich sind.

8 Geographische Informationssysteme (GIS)

Geographische Informationssysteme (GIS) haben mit der Entwicklung und Ausbreitung der graphischen Datenverarbeitung in den letzten Jahren enorm an Bedeutung zugenommen. Generell versteht man unter einem GIS ein rechnergestütztes System aus Hardware, Software, Daten und Anwendungen. Ziel ist die digitale Erfassung von dreidimensionalen, raumbezogenen Daten, die gespeichert, reorganisiert, modelliert, analysiert sowie alphanumerisch und graphisch präsentiert werden. Demzufolge werden die Anwendungen nach Land-, Raum-, Umwelt-, Netz- und Fachinformationssystemen unterschieden. Im Folgenden werden die Landinformationssysteme (LIS), die von den amtlichen Vermessungsverwaltungen der Länder und des Bundes aufgebaut und zur Verfügung und Nutzung bereitgestellt werden, näher erläutert.

Das **Amtliche Topographisch-Kartographische Informationssystem** (ATKIS) stellt einen bundeseinheitlich digitalen Datenbestand zusammen, der allen Interessenten eine einfache und zuverlässige Beschaffung digitaler, topographischer Daten der Erdoberfläche ermöglicht. Grundlage ist eine strukturierte, dreidimensionale Erfassung der Erdoberfläche, der unter Berücksichtigung von kartographischen Generalisierungsprozessen Signaturen zugeordnet werden. Entsprechende Objektarten- und Signaturenkataloge wurden hierfür definiert und standardisiert. Der Datenaustausch, der zunächst noch über eine definierte Austauschschnittstelle (EDBS) erfolgte, ist nunmehr im Nutzerbasierten Austauschformat (NAS) in einheitlichem Datenstandard als XML-Format verfügbar. Das automatisierte Liegenschaftskataster (ALKIS) sieht in Deutschland die Einführung der **Automatisierten Liegenschaftskarte** (ALK) und des **Automatisierten Liegenschaftsbuches** (ALB) vor. Hier werden flächendeckend die Geobasisdaten geführt, d.h. alle Grundstücke und Gebäude mit ihren Maßen und Koordinaten, die örtlichen Nutzungen, die Flächengrößen, die Lagebezeichnungen und die Eigentumsverhältnisse. Die ALK ist der vermessungs- und kartentechnische Teil, während das ALB den beschreibenden oder Buchteil des Liegenschaftskatasters darstellt. Der Datenstandard und der Datenaustausch entsprechen mit der NAS und dem XML-Format dem ATKIS-Standard und unterliegen der Verantwortung der Vermessungsverwaltungen der Bundesländer sowie den Vermessungs- und Katasterverwaltungen. Die Umstellung auf das ALKIS erfolgt einheitlich für das gesamte Bundesgebiet.

Länderübergreifend werden intensive Anstrengungen zur Vereinheitlichung von Geoinformationen umgesetzt. So entsteht durch INSPIRE (engl. **In**frastructure for **Sp**atial **I**nformation in **E**urope) ein europäischer Dienst zur Bereitstellung von Geoinformationen mit dem Ziel einer einheitlichen Geodateninfrastruktur auf der Basis der nationalen Geodateninfrastrukturen. Damit sollen u.a. die Voraussetzungen für eine vorausschauende und grenzüberschreitende Gestaltung des Umwelt- und Naturschutzes sowie des Monitorings der ergriffenen Maßnahmen realisiert werden. Gesetzliche Grundlage ist die Richtlinie 2007/2/EU vom 15.5.2007 des Europäischen Parlaments zur Schaffung einer Geodateninfrastruktur in der Europäischen Union. In dieser Richtlinie wird der zeitliche Rahmen definiert, in dem die nationalen, regionalen und lokalen Behörden in Deutschland den Aufbau der Geodateninfrastruktur für Deutschland (GDI-DE) umsetzen müssen.

Abschließend sei auf den Einsatz von Laserscannern in der täglichen Praxis hingewiesen, mit deren Hilfe eine berührungslose, dreidimensionale Erfassung von Bauwerks-/Geländeoberflächen ermöglicht wird. Die aus diesen Scans entstandenen Punktwolken lassen sich nach vorheriger Registrierung in CAD-Programmsysteme importieren und dort benutzergeführt zur Planherstellung oder 3D-Modellierung aufbereiten. Die Messdauer liegt heute im Bereich von wenigen Minuten/Standpunkt.

14 C Bauzeichnungen

Prof. Dr.-Ing. Rudolf Bertig, Prof. Dr.-Ing. Joachim Vorbrüggen

1 Linien in Zeichnungen des Bauwesens

1.1 Allgemeines

Die Bauzeichnungen sind die graphische Darstellung aller zu erbringenden Bauleistungen und sind die Visitenkarte des verantwortlichen Planungsbüros. Sie müssen deutlich sein und sollen allen am Bau Beteiligten ein schnelles Einfinden in die Aufgabe ermöglichen. Um einen spontanen Wiedererkennungswert zu erreichen, finden Linienbreiten (Linienstärken) und Linienarten im Konstruktionsalltag Anwendung. Die DIN EN ISO 128-2 legt je nach Anwendung Breiten und Arten fest, so dass eine spontane Wiedererkennung ermöglicht wird.

Der andauernde Harmonisierungsprozess auf europäischer Ebene im Bauzeichnen formuliert Vorgaben, die von den nationalen abweichen. Hinsichtlich der verpflichtenden Anwendung wird man wohl der Auffassung sein dürfen, dass es Sinn macht, mit dem Auftraggeber im Vorfeld der Beauftragung diesbezüglich eine Vereinbarung zu treffen.

1.2 Linienbreiten

Die DIN EN ISO 128-2 definiert für Zeichnungen im Bauwesen in der Regel drei Linienbreiten schmal, breit und extrabreit. Das Verhältnis zwischen den Linienbreiten ist 1:2:4, so dass die Linienbreiten nicht absolut festgelegt sind, sondern nach Art, den Maßen und dem Maßstab der Zeichnung auszuwählen sind. Hierzu werden Liniengruppen festgelegt. Den Anforderungen für die Mikroverfilmung und die Datenspeicherung muss entsprochen werden.

Liniengruppe	schmale Linie	breite Linie	extrabreite Linie	Linienbreite für graphische Symbole[1)]
0,25	0,13	0,25	0,5	0,18
0,35	0,18	0,35	0,7	0,25
0,5	0,25	0,5	1	0,35
0,7	0,35	0,7	1,4	0,5
1	0,5	1	2	0,7

[1)] Eine spezielle Linienbreite wird für die Darstellung und Beschriftung graphischer Symbole angewendet. Diese Linienbreite liegt zwischen den Breiten der schmalen und der breiten Linie.

1.3 Linienarten und ihre Anwendung

Folgende Linienarten sind zu unterscheiden, die in Kombination mit der jeweiligen Linienbreite für das erfahrene Auge erkennen lässt, ob es ein Schnitt, eine Ansicht oder verdeckte Bauteile sind:

Nr.	DIN EN ISO 128-2
01.1	Volllinie schmal
	Begrenzung unterschiedlicher Werkstoffe in Ansichten und Schnitten; Schraffuren; Diagonallinien für die Angabe von Öffnungen, Durchbrüchen und Aussparungen; Pfeillinien in Treppen, Rampen und geneigten Ebenen; Rasterlinien 1. Ordnung; kurze Mittellinien; Maßhilfslinien; Maßlinien und Maßlinienbegrenzungen; Hinweislinien; vorhandene Höhenlinien in Zeichnungen für Außenanlagen; sichtbare Umrisse von Teilen in der Ansicht; vereinfachte Darstellung von Türen, Fenstern, Treppen, Armaturen usw.; Umrahmung von Einzelheiten
	Zickzacklinie schmal (Linienkonfiguration: DIN EN ISO 128-2 A.11.2)
	Begrenzungen von Teilansichten oder unterbrochenen Ansichten und Schnitten, wenn die Begrenzung nicht eine Linie 4.1 ist
01.2	Volllinie breit
	sichtbare Umrisse von Teilen in Schnitten mit Schraffur; Begrenzungen unterschiedlicher Werkstoffe in Ansichten und Schnitten; sichtbare Umrisse von Teilen in der Ansicht; vereinfachte Darstellung von Türen, Fenstern, Treppen, Armaturen usw.; Rasterlinien 2. Ordnung; Pfeillinien zur Kennzeichnung von Ansichten und Schnitten; projektierte Höhenlinien in Zeichnungen für Außenanlagen
01.3	Volllinie extrabreit
	sichtbare Umrisse von Teilen in Schnitten ohne Schraffur; Bewehrungsstähle; Linien mit besonderer Bedeutung

02.1	Strichlinie schmal	- - - - - - - - - - - - - - - -
	vorhandene Höhenlinien in Zeichnungen für Außenanlagen; Unterteilung von Pflanzflächen/ Rasen; nicht sichtbare/ verdeckte Umrisse	
02.2	Strichlinie breit	- - - - - - - - - - - - -
	verdeckte Umrisse	
02.3	Strichlinie extrabreit	▬ ▬ ▬ ▬ ▬ ▬ ▪
	Bewehrungsstähle in der unteren Lage einer Draufsicht bzw. hinteren Lage einer Seitenansicht, wenn untere und obere bzw. vordere und hintere Bewehrungslagen in derselben Zeichnung dargestellt werden.	
04.1	Strichpunktlinie schmal	- · - · - · - · - · - · -
	Schnittebenen; Mittellinien; Symmetrielinien; Rahmen für vergrößerte Einzelheiten; Bezugslinien; Begrenzungen von Teilansichten oder unterbrochenen Ansichten und Schnitten	
04.2	Strichpunktlinie breit	— · — · — · — · — · —
	Schnittebenen; Umrisse von sichtbaren Teilen vor der Schnittebene	
04.3	Strichpunktlinie extrabreit	▬ · ▬ · ▬ · ▬ ·
	zweitrangige Linie für Lagebezeichnungen und beliebige Bezugslinie; Kennzeichnung von Bedeckungen einer Oberfläche; Grenzlinien für Verträge, Phasen, Bereiche usw.	
05.1	Strich-Zweipunktlinie schmal	- ·· - ·· - ·· - ·· -
	Alternativ- und Grenzstellungen beweglicher Teile; Schwerlinie; Umrisse angrenzender Teile, vereinfachte Darstellung einer abgehängten Decke	
05.2	Strich-Zweipunktlinie breit	— ·· — ·· — ·· — ·· —
	Umrisslinie nicht sichtbarer Teile vor der Schnittebene	
	Strich-Zweipunktlinie extrabreit	▬ · · ▬ · · ▬
	vorgespannte Bewehrungsstähle und -seile	
7	Punktlinie schmal	· · · · · · · · · · · · · · · (DIN 1356-1: Bauteile über der Schnittebene)
	Umrisse von nicht zum Projekt gehörenden Teilen (in der Praxis etabliert: Linien die im Rücken des Betrachters liegen)	
8	graphische Symbole	
	Beschriftung und Darstellung graphischer Symbole (z. B.: Höhenkoten, Schnittsymbole etc., vgl. Abschnitt 7)	

Es erfolgt beispielhaft für die Liniengruppe 0,5 die Gegenüberstellung der aktuellen Norm auf europäischer Ebene und der vertrauten Darstellung nach der zurückgezogenen Norm (vgl. Punkt 1.1). Dabei sind die Linienarten der Tabelle unter 2.2 und die Linienbreiten der Tabelle unter 2.1 entnommen.

DIN EN ISO 128-2 mit Verweis auf DIN EN ISO 7519	DIN 1356-1 (zurückgezogen)
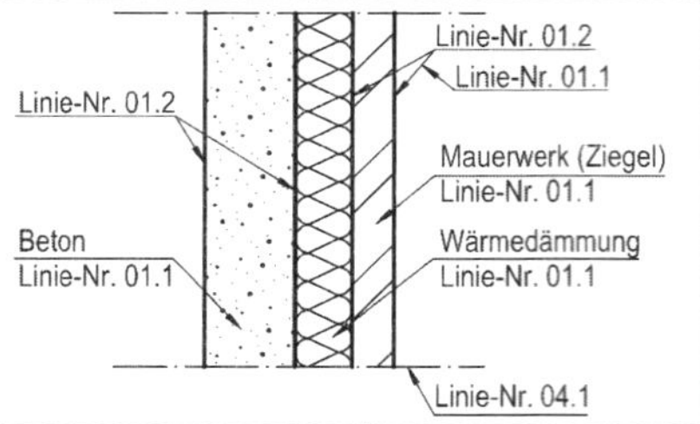	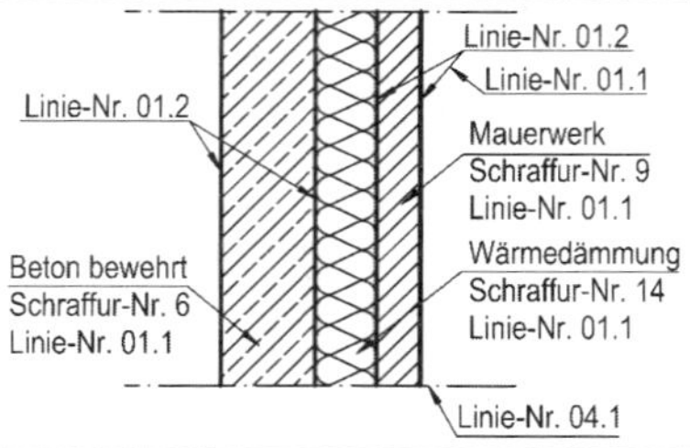

2 Kennzeichnung von geschnittenen Stoffen und Darstellung für Bauteile

DIN EN ISO 128-2 mit Verweis auf DIN EN ISO 7519 und DIN 1356-1

Die nachfolgend aufgeführten Schraffuren als Gegenüberstellung der neuen Norm und der zurückgezogenen sollen den aktuell inhaltlichen Unterschied verdeutlichen. Der Verfasser richtet seine Aufmerksamkeit auf die nächste Ausgabe, bis zu deren Erscheinen die vollständige und zufriedenstellende nationale Umsetzung abgeschlossen ist.

Grundsätzlich können die Schraffuren durch graphische Symbole, Werkstoffkurzzeichen, Normbezeichnungen in Verbindung mit Maßangaben sowie Wortangaben ergänzt werden, die in die Schnittflächen eingetragen oder durch Hinweislinien herausgezogen werden.

	DIN 1356-1 (zurückgezogen)			DIN EN ISO 7519	
	Baustoff	Schraffur	Hintergrundfarbe [1)]	Baustoff	Schraffur
1	Boden unverändert	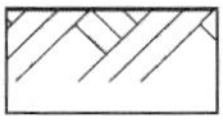	schwarz/weiß	Feste Verfüllung	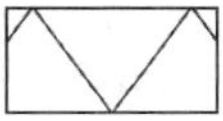
2	Boden verändert		schwarz/weiß		
3	Kies	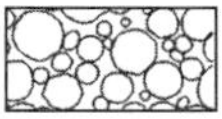	schwarz/weiß	Körniges Einbaumaterial	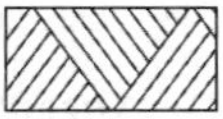
4	Sand		schwarz/weiß		
5	Beton - unbewehrt	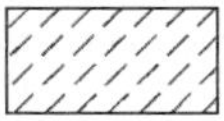	olivgrün	Beton	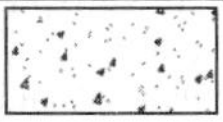
6	Beton - bewehrt	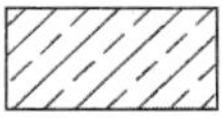	blaugrün	Betonstein (Mauer)	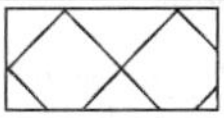
7	WU-Beton	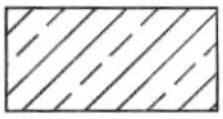	leuchtgrün		
8	Textilbeton		blaulila	Mauerwerk (Ziegel)	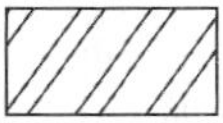
9	Mauerwerk	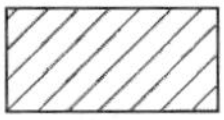	verkehrsrot	Mauerwerk (Stein)	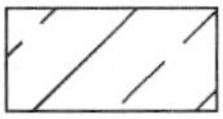
10	Vollholz, quer	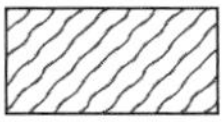	braunbeige	Holz (behandelt)	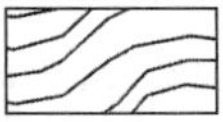
11	Vollholz, längs	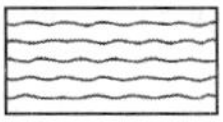	braunbeige		
12	Metall	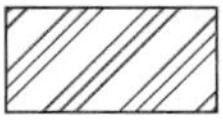	lichtblau		
13	Putz	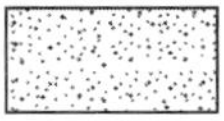	seidengrau	Mörtel, Putz, Estrich	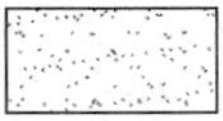
14	Dämmstoff	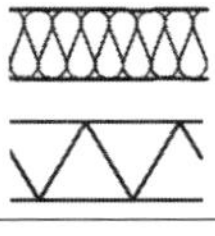	gelborange	Isolierung	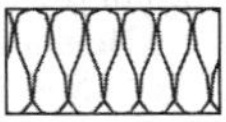
15	Abdichtungen	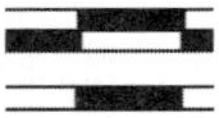	schwarzweiß		
16	Dichtstoff		fenstergrau		
17	Glas	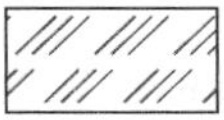	----		

1) Die Auswahl der Farbtöne für die Hintergrundfarbe muss transparent erscheinen, so dass die Schraffur deutlich bleibt.

3 Arten und Inhalte von Bauzeichnungen für die Objekt- und Tragwerksplanung

3.1 Anforderungen an die Zeichnungen der Objektplanung

In dieser Checkliste werden Regeln und Mindestanforderungen für Zeichnungen in den einzelnen Entwurfs- und Ausführungsphasen zusammengestellt. In der HOAI (Honorarordnung für Architekten und Ingenieure) sind komplexe Leistungsbilder der Objektplanung genau beschrieben, diese Checkliste behandelt jedoch nur die Leistungen der *zeichnerischen* Darstellung.

3.1.1 Vorentwurfszeichnungen

Vorentwurfszeichnungen sind zeichnerische Darstellungen – gegebenenfalls in skizzenhafter Form – eines Entwurfskonzeptes für eine geplante bauliche Anlage. Sie dienen im Rahmen der Vorentwurfsplanung der Erläuterung des Entwurfskonzeptes unter Berücksichtigung der Leistungen anderer an der Planung fachlich Beteiligter, soweit notwendig. Vorentwurfszeichnungen können auch als Grundlage zur Beurteilung der baurechtlichen Genehmigungsfähigkeit verwendet werden.

Vorentwurfszeichnungen sind nach Art und Umfang der Bauaufgabe im Maßstab 1 : 500 bzw. 1 : 200 darzustellen und *sollen mindestens* enthalten:

a) die Einbindung der baulichen Anlagen in ihrer Umgebung, z. B. Darstellung des Bauwerks auf dem Baugrundstück mit Angabe der Haupterschließung und der Nordrichtung,
b) die Zuordnung der im Raumprogramm genannten Räume zueinander,
c) die angenäherten Maße der Baukörper und Räume, auch als Grundlage für die Berechnung nach DIN 276 und DIN 277,
d) konstruktive Angaben, soweit notwendig,
e) Darstellung der Baumassen, Gebäudeformen und Bauteile in Grundrissen, Schnitten und wesentlichen Ansichten mit Verdeutlichung der räumlichen Wirkung, soweit notwendig.

3.1.2 Entwurfszeichnungen

Entwurfszeichnungen sind zeichnerische Darstellungen des durchgearbeiteten Entwurfskonzeptes der geplanten baulichen Anlage und müssen die Beiträge anderer an der Planung fachlich Beteiligter berücksichtigen sowie Gestaltung und Konstruktion erkennen lassen. Sie dienen der abschließenden Beurteilung durch den Bauherrn und sind Grundlage für die Genehmigungsplanung. Entwurfszeichnungen sind in der Regel im Maßstab 1 : 100, ggf. 1 : 200 darzustellen und *sollen mindestens* enthalten:

in den Grundrissen

a) Angabe der Nordrichtung, die Bemaßung der Lage des Bauwerks im Baugrundstück, Hinweise auf die Erschließung,
b) die Bemaßung der Baukörper und Bauteile,
c) die lichten Raummaße des Rohbaues und Höhenlage des Bauwerks über NN,
d) Lage der vertikalen Schnittebenen,
e) Raumfläche in m²,
f) Angabe der Bauart und der wesentlichen Baustoffe,
g) Bauwerksfugen,
h) Türöffnungen mit Bewegungsrichtung der Türen, Fensteröffnungen und besondere Kennzeichnung der Gebäudezugänge und ggf. Wohnungszugänge o.ä.,
i) Rampen und Treppen mit Angaben der Steigungsverhältnisse, Anzahl der Steigungen und Lauflinien,
j) Schornsteine, Kanäle und Schächte,
k) Einrichtungen des technischen Ausbaus,
l) betriebliche Einbauten und Möblierungen,
m) Bezeichnung der Raumnutzung und ggf. die Raumnummern gem. DIN ISO 4157,
n) bei Änderung baulicher Anlagen die zu erhaltenden, zu beseitigenden und die neuen Bauteile gem. DIN ISO 7518,

o) den zu erhaltenden Baumbestand und die geplante Gestaltung der Freiflächen auf dem Baugrundstück (Verkehrsflächen, Grünflächen),
p) die bestehenden und zu berücksichtigenden baulichen Anlagen, soweit notwendig;

in den Schnitten
a) Geschosshöhen (Stockwerkshöhen), ggf. auch lichte Raumhöhen,
b) Höhenlage der baulichen Anlage über NN,
c) konstruktive Angaben zur Gründung und zum Dachaufbau,
d) Rampen und Treppen mit Angabe der Steigungsverhältnisse und Anzahl der Steigungen,
e) den vorhandenen und den geplanten Geländeverlauf (Geländeanschnitt);

in den Ansichten
a) die Gliederung der Fassade, einschl. Gebäudefugen,
b) die Fenster- und Türteilungen,
c) die Dachrinnen und Regenfallleitungen,
d) die Schornsteine und sonstige technische Aufbauten,
e) die Dachüberstände,
f) den vorhandenen und den geplanten Geländeverlauf,
g) die ggf. zu berücksichtigende anschließende Bebauung.

3.1.3 Bauvorlagezeichnungen

Bauvorlagezeichnungen sind Entwurfszeichnungen (in der Regel im Maßstab 1:100), die durch alle Angaben ergänzt sind, die gemäß den jeweiligen Bauvorlagenverordnungen der Länder oder nach den Vorschriften für andere öffentlich-rechtliche Verfahren gefordert werden.

Zu den Bauvorlagezeichnungen gehören die Entwässerungszeichnungen, die mit den in DIN 1986-1 festgelegten Symbolen zu zeichnen und bei der zuständigen Baubehörde zur Genehmigung einzureichen sind (Sinnbilder siehe Abschn. 13.2).

Zu den Entwässerungszeichnungen gehören mindestens:
- Lageplan i. M. 1 : 500 mit der vorhandenen/geplanten Regen-Schmutzwasserkanalisation
- Stockwerksgrundrisse mit der Angabe aller Zapfstellen und Abläufe i. M. 1:100
- Kellergrundriss mit allen Fallrohren und Grundleitungen mit den jeweiligen Nennweitenangaben
- Schnitt i. M. 1:100 mit Grund- und Anschlussleitungen, Revisionsschacht, Fall- und Entlüftungsleitungen. Des Weiteren sind anzugeben und höhenmäßig, bezogen auf NN, festzulegen: die Rückstauebene, das Gefälle und die Nennweiten der verschiedenen Rohrleitungen.

Die Rechtsverordnungen der Länder enthalten konkrete Forderungen hinsichtlich der Maßstäbe, der Mindestinhalte sowie der zu verwendenden Symbole und ggf. Tönungen. Bauvorlagezeichnungen dürfen keine farbigen Darstellungen enthalten und müssen sich wegen der Schwarzweiß-Mikroverfilmbarkeit gleichmäßig kontrastreich vom Zeichenträger abheben. Grautöne für Flächen sind in ihrer Wertigkeit so zu wählen, dass sie in diesen vorhandene Eintragungen nicht überdecken.

3.1.4 Ausführungszeichnungen

Ausführungszeichnungen sind Bauzeichnungen mit zeichnerischen Darstellungen des geplanten Objekts mit allen für die Ausführung notwendigen Einzelangaben. Sie enthalten alle für die Ausführung bestimmten Einzelangaben in
1. Werkzeichnungen,
2. Teilzeichnungen/Detailzeichnungen,
3. Sonderzeichnungen

und dienen als Grundlage der Leistungsbeschreibung und Ausführung der baulichen Leistungen.

3.1.4.1 Werkzeichnungen (Werkpläne)

Werkzeichnungen werden vorzugsweise im Maßstab 1 : 50, ggf. 1 : 20 dargestellt und sollen in jeweils einer Zeichnung oder – aus Gründen der Übersicht entsprechend der geplanten Baudurchführung – in schrittweise aufeinander abgestimmten und sich ergänzenden Zeichnungen *mindestens* enthalten:

in den Grundrissen

a) alle Maße zum Nachweis der Raumflächen und des Rauminhaltes (lichte Raummaße des Rohbaues),
b) Quadratmeterangaben für die Raumflächen, bezogen auf den Rohbau,
c) Höhenangaben, Lage des Bauwerkes über NN,
d) Maße aller Bauteile,
e) Türöffnungen mit Bewegungsrichtungen der Türen, Fensteröffnungen,
f) Treppen und Rampen mit Angabe der Steigungsrichtung (Lauflinie), Anzahl der Steigungen und Steigungsverhältnisse, bei Rampen nur Steigungsverhältnis,
g) Angaben der Bauart und der Baustoffe, soweit diese nicht den Tragwerksausführungszeichnungen zu entnehmen sind,
h) Lage und Verlauf der Abdichtungen,
i) konstruktive Fugen,
j) die Anordnung der betriebstechnischen Anlagen mit Querschnitten der Kanäle, Schächte und Schornsteine,
k) alle Angaben über Aussparungen und Einbauteile,
l) die Geländeanschnitte, die die vorhandenen und künftigen Höhen erkennen lassen,
m) bei Änderung baulicher Anlagen: alle Angaben über zu erhaltende, zu beseitigende und neu zu errichtende Bauteile, Darstellung gem. DIN ISO 7518,
n) Hinweise auf weitere Zeichnungen,
o) die Raumnummern und die Bezeichnung der Raumnutzung,
p) Angaben über die Oberflächenbeschaffenheit verwendeter Baustoffe bei besonderen Anforderungen an die Oberfläche,
q) die Anordnung der Einrichtungen des technischen Ausbaus,
r) die Anordnung der betrieblichen Einbauten, ggf. in schematischer Darstellung,
s) Einbauschränke, Kücheneinrichtungen,
t) Verlauf der Grundleitung, Darstellung gem. DIN 1986-1
u) Angaben über die Dränung,
v) Hinweise auf weitere Zeichnungen,
w) bei Verwendung von Fertigteilen Angaben der Maßtoleranzen;

in den Schnitten

a) Geschosshöhen (Stockwerkshöhen), ggf. auch lichte Raumhöhen,
b) Höhenangaben für Decken und Fußböden (Rohbau- und Fertigmaß), Podeste, Brüstungen, Unterzüge, Vouten,
c) Maße aller Bauteile,
d) Angabe der Bauart und Baustoffe, soweit diese nicht den Tragwerksausführungszeichnungen zu entnehmen sind,
e) Angaben über die Oberflächenbeschaffenheit der verwendeten Baustoffe, bei besonderen Anforderungen an die Oberfläche,
f) Treppen mit Angabe der Anzahl der Steigungen und Steigungsverhältnisse, bei Rampen Steigungsverhältnis,
g) Lage und Verlauf der Abdichtungen,
h) Angaben über Aussparungen und Einbauteile, soweit notwendig,
i) die Geländeanschnitte, die die vorhandenen und die künftigen Höhen erkennen lassen,
j) Angaben über die Dränung,
k) bei Änderung bestehender Anlagen Angaben über zu beseitigende oder neu zu errichtende Bauteile,
l) Einbauschränke und Kücheneinrichtungen,
m) Hinweise auf weitere Zeichnungen;

in den Ansichten

a) Gliederung der Fassade, einschließlich Fugen,
b) Bemaßung und Höhenangaben, soweit nicht aus Grundriss und Schnitt ersichtlich,
c) hinter der Fassade liegende verdeckte Geschossdecken und verdeckte Fundamente,
d) Fenster und Türen mit Angabe der Teilung und Öffnungsart,
e) Dachrinnen und Regenfallleitungen,
f) Schornsteine und sonstige technische Aufbauten,
g) die ggf. zu berücksichtigende anschließende Bebauung.

3.1.4.2 Detailzeichnungen (Einzelheiten)

Detailzeichnungen ergänzen die Werkzeichnungen in bestimmten Ausschnitten in jeweils notwendigem Umfang durch zusätzliche Angaben. Sie werden im Maßstab 1:20, 1:10, 1:5 oder 1:1 dargestellt.

3.1.4.3 Sonderzeichnungen

Sonderzeichnungen enthalten zusätzliche Angaben über die Ausführung bestimmter Gewerke, der Maßstab ist nach den Erfordernissen zu wählen.

3.1.5 Abrechnungszeichnungen

Abrechnungszeichnungen dienen als Grundlage für die Abrechnung und Rechnungsprüfung. Hierfür werden in der Regel die während der Objektplanung fortgeschriebenen Ausführungszeichnungen angewendet. Jedoch ist auch eine unmaßstäbliche skizzenhafte Darstellung möglich.

3.1.6 Baubestandszeichnungen

Baubestandszeichnungen enthalten als fortgeschriebene Entwurfs- bzw. Ausführungszeichnungen alle für den jeweiligen Zweck notwendigen Angaben über die fertiggestellte bauliche Anlage. Maßstab 1:100, 1:50.

3.1.7 Bauaufnahmezeichnungen

Bauaufnahmen sind nachträgliche Maßaufnahmen bestehender Objekte im erforderlichen Umfang und Maßstab. Sie sind nach DIN 1356-6 anzufertigen.

3.1.8 Benutzungspläne

Benutzungspläne sind Baubestandszeichnungen oder Bauaufnahmen, die durch zusätzliche Angaben für bestimmte baurechtlich, konstruktiv oder funktionell zulässige Nutzungen ergänzt sind (z.B. zulässige Verkehrslasten, Rettungswege im Filmtheater, Bestuhlungspläne im Theater usw.).

3.2 Anforderungen an die Zeichnungen der Tragwerksplanung im Massivbau (Mauerwerks-, Beton-, Stahlbeton- und Spannbetonbau)

In dieser Checkliste werden Regeln und Mindestanforderungen für die Zeichnungen der Tragwerksplanung zusammengestellt. In der HOAI ist der für die Honorierung der Ingenieurleistungen gesteckte Rahmen genau beschrieben. Da entsprechend den Festlegungen in der HOAI ein Schalplan nicht alle Maße und Angaben enthalten muss, die auf der Baustelle für die Ausführung des Objekts benötigt werden, wurde in die DIN 1356 der zusätzliche Begriff der *Rohbauzeichnung* neu aufgenommen. Schalpläne sind danach lediglich Ergänzungen zu den Ausführungszeichnungen des Objektplaners. Bei Rohbauzeichnungen und Schalplänen ist die Grundrissdarstellungsart nach DIN ISO 2594 bzw. DIN 1356 Grundriss Typ B (gespiegelte Projektion) als „Blick in die leere Schalung“ anzuwenden.

3.2.1 Positionspläne

Positionspläne sind Bauzeichnungen des Tragwerks – ggf. in skizzenhafter Darstellung – zur Erläuterung der statischen Berechnungen mit Angabe der einzelnen Positionen. Sie werden auf der Grundlage der Entwurfszeichnungen des Objektplaners nach den gleichen Projektionsregeln wie Schalpläne und Rohbauzeichnungen erstellt, im Regelfall als Grundrisse im Maßstab 1:100, durch Ergänzungen der Transparentpausen der Entwurfszeichnungen des Objektplaners.

Positionspläne dienen der Erläuterung der statischen Berechnung und *sollen mindestens* enthalten:

a) Hauptmaße des Tragwerks und der tragenden Bauteile,
b) Spannrichtungen plattenartiger Bauteile,
c) Kennzeichnung der Bauteile mit den Positionen der statischen Berechnung, erforderlichenfalls mit ihren Bereichsgrenzen (z.B. bei Platten),
d) Angaben über Festigkeitsklassen der Baustoffe tragender Bauteile.

3.2.2 Tragwerksausführungszeichnungen

3.2.2.1 Rohbauzeichnungen

Rohbauzeichnungen sind Bauzeichnungen mit allen für die Ausführung des Rohbaues erforderlichen Angaben im Maßstab 1 : 50 (erweiterte Schalpläne). Sie werden auf der Grundlage der Ausführungszeichnungen des Objektplaners angefertigt und sollen außer den für Schalpläne geforderten Mindestinhalten alle Angaben für die Herstellung des Tragwerks, auch des Mauerwerks, enthalten, insbesondere:

a) in den Beton oder das Mauerwerk einbindende Bauteile, die selbst Bestandteile des Tragwerks sind oder zur späteren Befestigung oder Anbindung von nicht selbst zum Tragwerk gehörenden Teilen dienen, z.B. Ankerschienen, Ankerplatten, Fassadenverankerungen, Rohrhülsen, Sperr- und Gleitschichten, Dämmschichten, Fugenbänder. Dazu gehört auch die genaue Lage beim Einbau einschließlich Bemaßung.
b) Lager- und Übergangskonstruktionen, soweit nicht in besonderen Zeichnungen dargestellt,
c) Aussparungen (Durchbrüche und Schlitze),
d) Arbeitsfugen, soweit sie für die Konstruktion erforderlich sind,
e) Oberflächenbeschaffenheit, z.B. Sichtmauerwerk, Strukturbeton, Waschbeton, Abfasungen.

3.2.2.2 Schalpläne

Schalpläne sind Bauzeichnungen des Beton-, Stahlbeton- und Spannbetonbaus im Maßstab 1 : 50 mit Darstellung der einzuschalenden Bauteile. Sie werden auf der Grundlage der Ausführungszeichnungen des Objektplaners als Grundrisse und Schnitte unter Berücksichtigung der Ergebnisse der statischen Berechnung angefertigt. Dabei werden für raumbildende Konstruktionen des Ingenieurhochbaus die Grundrisse im Regelfall als Grundrisse Typ B entsprechend DIN 1356-1 dargestellt. Fundamentzeichnungen werden ebenso wie Zeichnungen des Ingenieurtiefbaus im Regelfall als Grundrisse Typ A nach DIN 1356-1 dargestellt.

Schalpläne *sollen mindestens* enthalten:

a) Maße des Bauwerks und der Bauteile, auch Höhenkoten und ggf. Bauwerksachsen,
b) Aussparungen innerhalb dieser Bauteile, soweit sie für das Tragverhalten von Bedeutung sind,
c) Auflager der einzuschalenden Bauteile, wie z.B. Umrisse der tragenden Mauerwerkswände oder Kopfplatten von Stahlstützen, sowie tragende Einbauteile, die in die Schalung verlegt werden,
d) Arten und Festigkeitsklassen der Baustoffe, ggf. besondere Zuschläge, Zusatzmittel und Zusatzstoffe.

3.2.2.3 Bewehrungszeichnungen

Bewehrungszeichnungen sind Bauzeichnungen des Stahlbeton- und Spannbetonbaus mit allen zum Biegen und Verlegen der Bewehrung erforderlichen Angaben. Sie sind nach DIN EN ISO 3766 anzufertigen (vgl. S. 14.45, Abschnitt 14).

3.2.2.4 Fertigteilzeichnungen

Fertigteilzeichnungen sind Bauzeichnungen im Maßstab 1 : 25 bzw. 1 : 20 zur Herstellung von Fertigteilen aus Beton, Stahlbeton, Spannbeton (s. DIN 1045 und 4227) oder Mauerwerk (s. DIN 1053-4) im Fertigteilwerk oder auf der Baustelle.

Für Fertigteilzeichnungen gelten die Anforderungen an Tragwerksausführungszeichnungen nach 3.2.2.1–3.2.2.3. Außerdem *sollen* sie *mindestens* folgende Angaben enthalten:

a) erforderliche Festigkeit des Fertigteilbaustoffs zur Zeit des Transports bzw. des Einbaus,
b) Eigenlasten der einzelnen Fertigteile,
c) zulässige Maßtoleranzen der Fertigteile,
d) Aufhängung bzw. Auflagerung für Transport, ggf. Zwischenlagerung und Einbau,
e) ggf. Stückzahl und Fertigteilbezeichnung,
f) Angaben zur Oberflächenbeschaffenheit.

3.2.2.5 Verlegezeichnungen

Verlegezeichnungen sind Bauzeichnungen für die Verwendung von Fertigteilen. Sie enthalten alle für Einbau und Anschluss der Fertigteile erforderlichen Angaben, ggf. in skizzenhafter Darstellung. Diese richtet sich nach der Art der Fertigteilkonstruktion. Grundrisse als Typ A bzw. Typ B sowie Maßstäbe für Schalpläne (Vorzugsmaßstab 1 : 50).

Nach Verlegezeichnungen werden Fertigteile auf der Baustelle zusammengebaut bzw. eingebaut. Sie *sollen mindestens* außer der Bemaßung enthalten:

a) Positionsbezeichnungen der einzelnen Fertigteile,
b) Lage der Fertigteile im Gesamttragwerk,
c) Einbauablauf, soweit erforderlich,
d) Einbaumaße und Einbautoleranzen, Auflagertiefen,
e) Anschlüsse, Fertigteilauflager,
f) ggf. erforderliche Hilfsstützen (Montagestützen),
g) auf der Baustelle zusätzlich zu verlegende Bewehrung,
h) Festigkeitsklassen und ggf. besondere Eigenschaften von zur Verbindung oder zur Ergänzung erforderlichen Baustoffen (Ortbeton, Mörtel, Kleber, Laschen, Konsolen usw.).

4 Bauaufnahmezeichnungen nach DIN 1356-6

4.1 Allgemeines und Anwendungsbereich

Bauen im Bestand ist eines der zentralen Themen, mit denen sich die Immobilienwirtschaft verstärkt auseinander setzen muss, denn im Jahre 2020 wird voraussichtlich 85 % im Bestand und nur noch 15 % neu gebaut. Schon heute greifen ca. 60 % aller durchgeführten Baumaßnahmen in den Baubestand ein. Die Prüfung der Erhaltungswürdigkeit eines historischen Bauwerkes setzt aber eine fundierte Bauzustandsuntersuchung bzw. Analyse, Erfassung und Dokumentation voraus und bildet somit eine wichtige Voraussetzung für die Planung von wirtschaftlich vertretbaren und fachgerechten Sanierungs- bzw. Modernisierungsmaßnahmen. Bei der immer größer werdenden Technisierung beim Gebäudeaufmaß, bei dem Bestreben berührungsfrei zu messen, um dadurch nicht zugängliche Stellen erfassen zu können und um die Effizienz zu steigern, müssen erhebliche Investitionen in Messwerkzeuge und Computer getätigt werden. Ein neuer Berufszweig aus der Verknüpfung aus Architektur und Vermessungswesen in die Fachrichtung Gebäudeaufmaß ist entstanden. Der Teil 6 der DIN 1356 wurde erstellt, um einheitliche Anforderungen an Bauaufnahmezeichnungen festzulegen, insbesondere auch für die digitale Erfassung und Dokumentation des Baubestandes.
Die Norm legt außerdem Anforderungen an die Darstellung, sowie an die erforderliche Genauigkeit in Bezug auf den Verwendungszweck von Bauaufnahmezeichnungen fest. Bauaufnahmezeichnungen werden durch textliche und grafische Angaben ergänzt (z. B. Raumbuch). Die Festlegungen gelten auch als Grundlage einer Kostenermittlung für die Bauaufnahme.
Bauaufnahmezeichnungen werden benötigt für:
Baubestandsbewertung, Dokumentation von Kulturdenkmälern, Orts- und Stadtbildänderungen, Renovierungen, Sanierungsmaßnahmen, Umbaumaßnahmen, Umnutzungen, etc.

4.2 Informationsdichten

Die Informationsdichten leiten sich aus der Aufgabenstellung an eine Bauaufnahme ab. Die Art und Weise der Aufmaßmethode ist zu dokumentieren. Je nach dem Verwendungszweck der Bauaufnahmezeichnung ist festzulegen, welche Informationsdichte erforderlich ist: Informationsdichte I (4.2.1) bzw. Informationsdichte II (4.2.2). Je größer die Informationsdichte, umso höher sind die Anforderungen an Qualität und Quantität der Messpunkte und Merkmale und umso größer ist auch die Exaktheit und Aussagekraft der Bauaufnahmezeichnung.

4.2.1 Informationsdichte I

Anwendung: Die Bauaufnahmezeichnung dient als Grundlage für die Darstellung des Bestandes und wird aufgrund eines zerstörungsfreien Aufmaßes erstellt. In der Bauaufnahmezeichnung werden nicht alle Maße dokumentiert, die zur genauen Darstellung erfasst werden müssen. *Mindestens* müssen aber die Außenabmessungen und lichten Raummaße angegeben werden. In Abhängigkeit von der Aufgabenstellung können weitere Angaben als Zusatzleistung vereinbart werden: Wand- und Deckenstärken, lichte Wand- und Deckenöffnungen, Stockwerkshöhen, Dachstuhl-, Trauf-, First- und Kaminhöhen, Geländehöhe an den Bauwerksbegrenzungen.
Die Bauaufnahmezeichnung der Informationsdichte I umfasst zeichnerische Darstellungen sowie textliche Inhalte. Bauschäden werden nicht aufgenommen und dargestellt!

4.2.2 Informationsdichte II

Die Informationsdichte II unterscheidet sich durch eine vermehrte Messpunktdichte, durch die Anzahl der grafischen und textlichen Informationen und durch den Maßstab (vorzugsweise 1 : 50) von der Informationsdichte I. Ein Aufbau auf die Aufmaßdaten der Informationsdichte I ist anzustreben.

Anwendung: Die Bauaufnahmezeichnung, die ein wirklichkeitsgetreues Aufmaß wiedergibt, dient bei Genehmigungsplanungen und Sanierungsmaßnahmen als Grundlage. Weiterhin bildet sie die Grundlage für Orts- und Stadtbildanalysen und die daraus abgeleiteten Gestaltungssatzungen. Die Bauaufnahmezeichnung der Informationsdichte II umfasst zeichnerische Darstellungen sowie textliche Inhalte.
In Abhängigkeit von der Aufgabenstellung sind als Zusatzleistung zu vereinbaren: Bauschadenerfassung, Darstellung von Bauschäden, fotografische Dokumentation.
Die Bauschadenerfassung in der zeichnerischen Dokumentation muss Angaben über Art und Größe des Schadens, das so genannte Schadenbild enthalten. Die Schäden sind in der Zeichnung mit fortlaufenden Positionsnummern, Schadenschlüsselnummern gemäß Tabelle und der Bezeichnung **BS** (z. B. 14 – **BS** 15 Gr) anzuwenden (mehrfaches Auftreten gleicher Schäden an einem Ort wird zusammengefasst und mit der Ergänzung Gr gekennzeichnet).

Tabelle – Schadenschlüssel

01	Löcher	13	Auswaschung	25	Fäulnis
02	Druckstellen	14	Abnutzung	26	Insektenbefall
03	Leckage	15	Salze/Ausblühungen	27	Blitz/elektr. Spannung
04	Kratzspuren	16	Oxydation/Lochfraß	28	Funktion
05	Risse/Spalten	17	chemische Schäden	29	technischer Ausbau
06	Brüche	18	Farbveränderung	30	Reparatur
07	Hohlräume/Blasen	19	Versottung	31	Vermutung
08	Abplatzungen	20	Frost	32	Lärm/Geruch
09	Ablösungen	21	Wasser/Feuchtigkeit	33	Altlasten/Kontaminierung[b]
10	Verformung/Durchbiegung	22	Brand/Hitze	34	besondere Schäden[a]
11	Erosion	23	Sturm	35	Umweltschäden[b]
12	Versandung	24	Schimmel/Pilze	36	...

[a] z. B. bewusst herbeigeführte Schäden, wie Erkundungsschachtung/-bohrung, Bergsenkung, Kriegsschäden, Grabräuberei usw.; Brandfolgeschäden, z. B. Beaufschlagung durch Ruße und Rauchkondensate, chemische Schäden
[b] Angabe in Verbindung mit anderen Schadenschlüsseln

Die Darstellung von Bauschäden ist in folgende Kategorien einzuteilen: punktuelle Schäden, lineare Schäden, flächige/räumliche Schäden, temporäre Schäden (Zusatz T), mehrfach auftretende Schäden (Gr). In der Bauaufnahmezeichnung nicht aufgeführte Schadenbilder und textliche Ergänzungen sind in einer Legende zur Zeichnung und in den textlichen Inhalten im Abschnitt Bauschadenerfassung aufzuführen.
Die textlichen Inhalte der Bauschadenerfassung enthalten die Angaben der grafischen Darstellung in schriftlicher Form: Positionsnummerierung mit Schadenschlüssel und ausführlicher Beschreibung über Art und Größe des Schadens (Schadenbild) und weitere Daten zum Schaden, z. B. in Form von datiertem Bildmaterial usw.

4.2.3 Fotografie in der Bauaufnahme

Die Bauaufnahme ist durch eine aussagekräftige Fotodokumentation zu ergänzen. In allen Fotos ist eine Messtafel mit Bauteilbezeichnung nach DIN EN ISO 4157, Messskala, Datum, Name des Bearbeiters abzubilden. In der Informationsdichte I dient die Fotografie zur Ergänzung der textlichen Inhalte. In der Informationsdichte II ist die Fotodokumentation ein wesentlicher Bestandteil

der Bauaufnahme. Sie verdeutlicht z. B. Farben, Strukturen, Oberflächen, Veränderungen, örtliche Zusammenhänge, Größenverhältnisse und Details aufgemessener Objekte.
Weitere Informationsdichten erfordern ein noch exakteres Aufmaß, das die Grundlage für schwierige Umbau-, Rekonstruktions- und Sanierungsmaßnahmen bildet und nur durch entsprechende photogrammetrische Vermessung (Auswertung von Stereoaufnahmen) oder mit elektronischen Theodoliten (dreidimensionale Bauaufnahme) erfolgt. Ein Normentwurf für Teil 6 und 7 der DIN 1356 ist in Vorbereitung.

5 Projektionsarten für Bauzeichnungen nach DIN 1356-1 und ISO 2594

Darstellungsart bei der Objektplanung	Darstellungsart bei der Tragwerksplanung
Grundrissdarstellung – „Grundriss Typ A“ Diese Darstellungsart nach DIN 1356-1 wird bei der Objektplanung angewendet und stellt die Draufsicht auf den unteren Teil eines waagerecht geschnittenen Bauobjektes dar. Die horizontale Schnittebene liegt – auch verspringend – so im Bauwerk bzw. Bauteil, dass die wesentlichen Einzelheiten, z. B. Treppen, Öffnungen für Fenster und Türen, Stützen oder andere Tragglieder, geschnitten werden. Von oben sichtbare Begrenzungen und Knickkanten der Bauteiloberseiten werden als sichtbare Kanten durch Volllinien dargestellt. Darunter liegende Kanten werden ggf. als verdeckte Kanten durch Strichlinien dargestellt. Bauteilkanten, die oberhalb der Schnittlinie liegen (Deckenöffnungen, Unterzüge, Vorsprünge etc.), werden ggf. durch Punktlinien dargestellt.	Grundrissdarstellung – „Grundriss Typ B“ Diese Darstellungsart nach DIN 1356-1 und ISO 2594 wird bei der Tragwerksplanung angewendet. Der Grundriss stellt die gespiegelte Untersicht unter dem oberen Teil eines waagerecht geschnittenen Bauobjektes dar. Die Schnitte sind so zu führen, dass die Gliederung und der konstruktive Aufbau des Tragwerks deutlich werden. Alle tragenden Bauteile werden im jeweiligen Stockwerk (vgl. DIN ISO 4157) zusammen mit der Spiegelung der Decke über diesem Stockwerk dargestellt, sozusagen als „Blick in die leere Schalung“. Kanten und Begrenzungen der Untersichten werden in der Zeichnung als sichtbare Kanten durch Volllinien dargestellt. Darüber liegende Bauteile (Unterzüge, Schlitze, Aufkantungen, Brüstungen etc.) werden als verdeckte Kanten durch Strichlinien dargestellt.
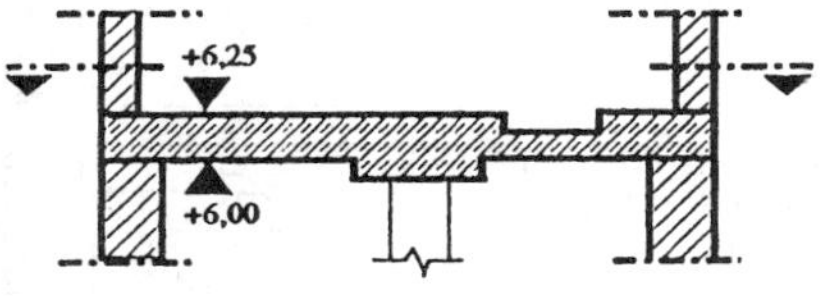 Schnitt	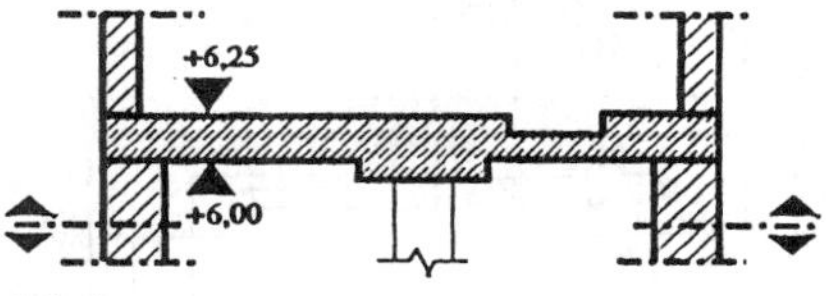 Schnitt
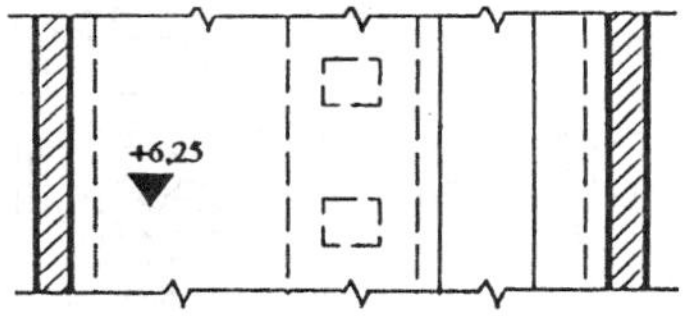 Grundriss	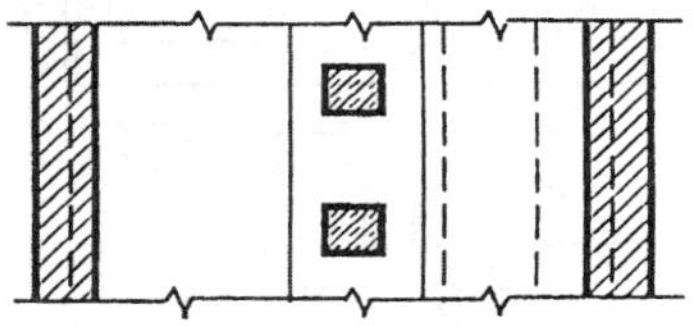 Grundriss

6 Projektionsarten nach DIN ISO 5456-3

Parallelprojektionen (vgl. auch ISO 128)

Die Darstellungen der Parallelprojektionen sind „doppeldeutig“, d.h., der abzubildende Körper kann von oben (Vogelperspektive) oder von unten (Froschperspektive) betrachtet werden.

Der ISO-Normkörper als Volumenmodell im Drahtmodell eines Würfels:

	Aufsicht	Untersicht		Rundformen
Rechtwink. axonometr. Projektion	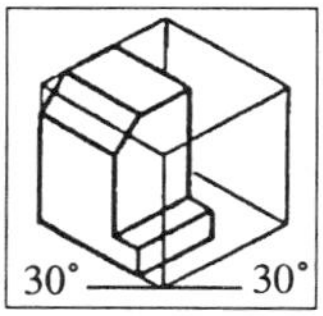	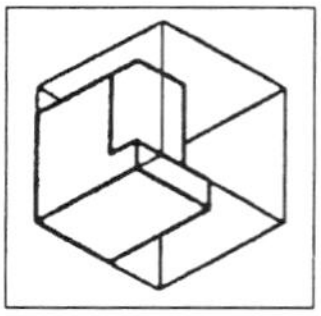	Isometrische Projektion – Seitenverhältnis 1 : 1 : 1 Winkel der Tiefenlinie, gemessen zur Horizontalen 30° / 30°	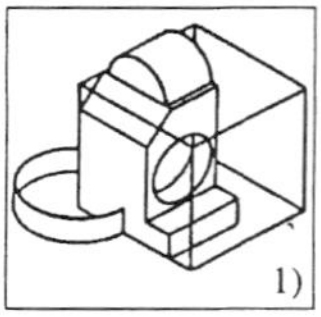
	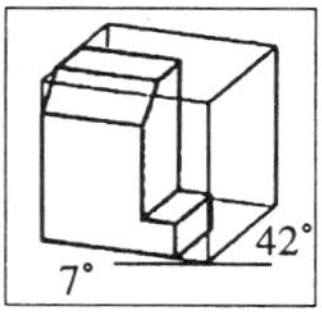	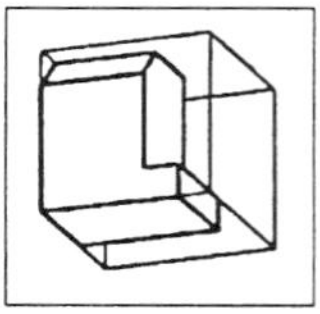	Dimetrische Projektion – Seitenverhältnis 1 : 0,5 : 1 Winkel der Tiefenlinie, gemessen zur Horizontalen 7° / 42°	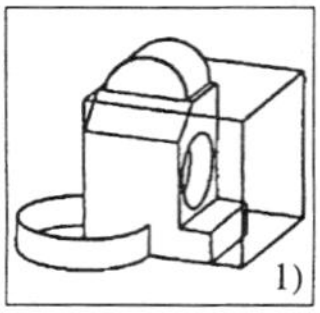
Schiefwinklige axonometrische Projektion	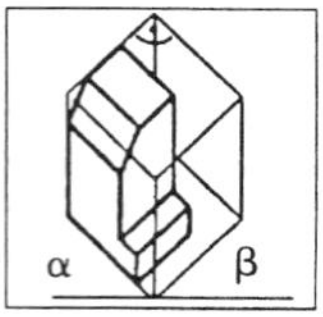	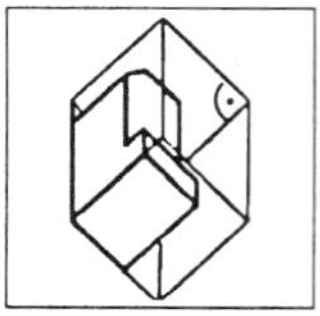	normale planometrische Projektion – Seitenverhältnis 1 : 1 : 1 Winkel der Tiefenlinie, gemessen zur Horizontalen $\alpha = 0-180°$, $\beta = 90° - \alpha$	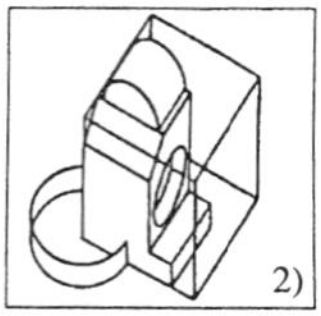
	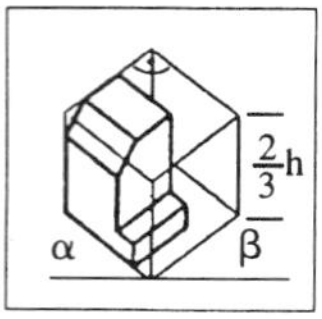	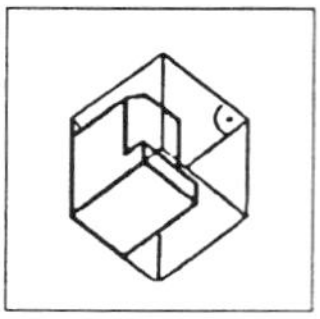	verkürzte planometrische Projektion – Seitenverhältnis 1 : 1 : 2/3 *h* Winkel der Tiefenlinie, gemessen zur Horizontalen $\alpha = 0-180°$, $\beta = 90° - \alpha$	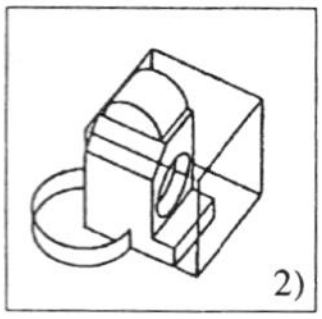
	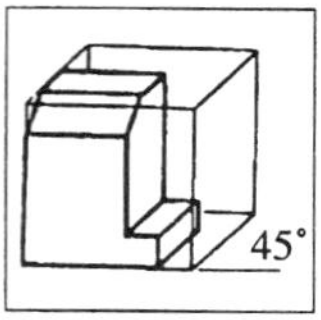	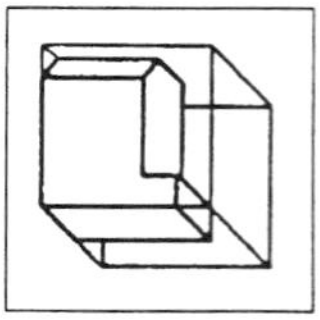	Kabinett-Projektion Seitenverhältnis 1 : 0,5 : 1 Winkel der Tiefenlinie, gemessen zur Horizontalen 0° / 45°	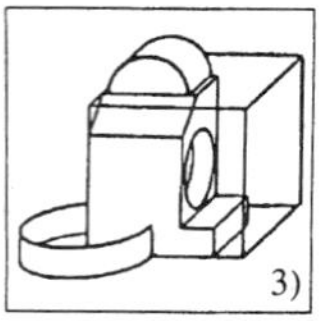
	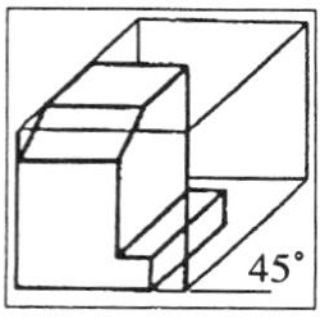	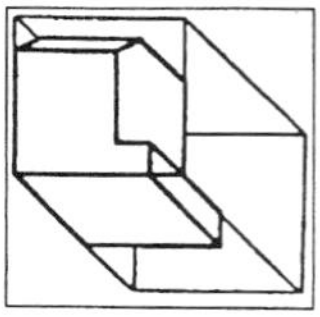	Kavalier-Projektion Seitenverhältnis 1 : 1 : 1 Winkel der Tiefenlinie, gemessen zur Horizontalen 0° / 45°	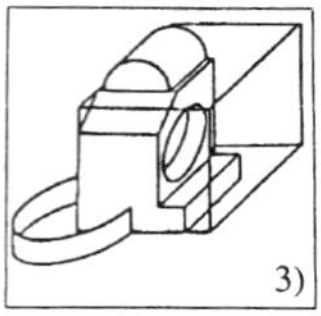

Kreisdarstellungen bei Parallelprojektionen / axonometrischen Abbildungsmethoden

[1] Kreise in allen drei Koordinatenebenen erscheinen als Ellipsen.

[2] Kreise in einer Koordinatenebene erscheinen als Kreise (Grundriss, Aufsicht), sonst erscheinen Kreise als Ellipsen.

[3] Wie [2], jedoch in Aufriss/Ansicht.

Nur in der isometrischen und der dimetrischen Projektion erscheinen Kugelumrisse als Kreise, sonst bildet sich die Kugel elliptisch ab.

7 Allgemeine Zeichen und Begriffe nach DIN 1356-1 und DIN ISO 4157-1

Nr.	Begriff	Zeichen
1	Richtung	
2	Höhenangabe Oberfläche Fertigkonstruktion Rohkonstruktion	
3	Höhenangabe Unterfläche Fertigkonstruktion Rohkonstruktion	
4	Angabe der Schnitt-führung in Blickrichtung	
5	Angabe der horizontalen Schnittführung im Grundriss Typ B	
6	Radius	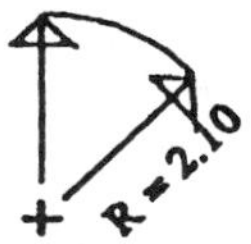
7	abgehängte Decke im Grundriss	
8	Tragrichtung von Platten zweiseitig getragen dreiseitig gelagert vierseitig gelagert auskragend	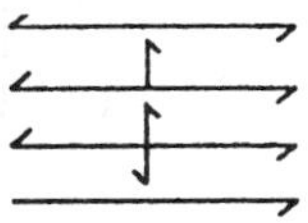

Stützen, Platten, Wände, Balken etc. werden mit Abkürzungen versehen:

Stützen (Colums)
= C 301

Platten (Slaps)
= S 301; 302

Wände (Walls)
= W 202

Balken (Beams)
= B 301

Die erste Ziffer gibt die Stockwerkszahl an, die zwei letzten Ziffern sind laufende Nummern.

Beispiel: Höhenbemaßung:

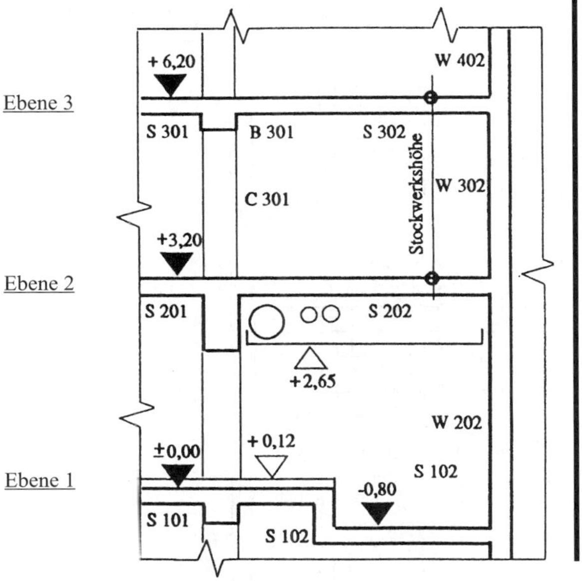

8 Darstellung von Treppen und Rampen mit Steigungsrichtung im Grundriss nach DIN 1356-1 (vgl. auch DIN 18 064)

Spalte 1		2	3	4
Zeile		vereinfachte Darstellung		
1	einläufige Treppe	Treppenlauf 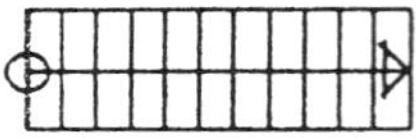	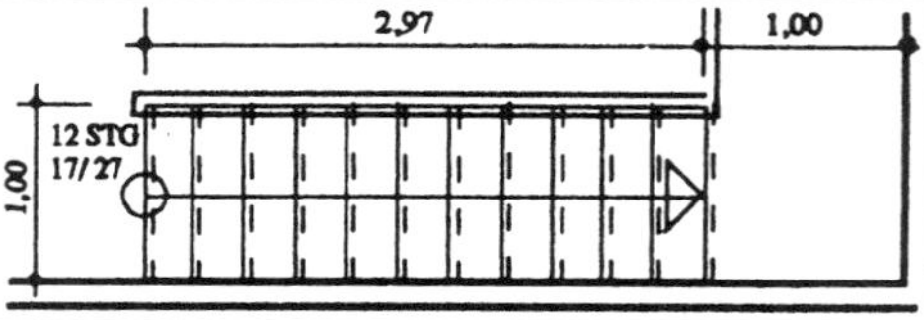	oberstes Geschoss
		Treppenlauf horizontal geschnitten mit darunterliegendem Lauf 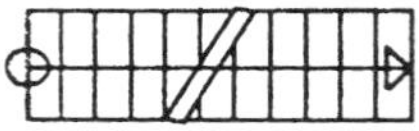	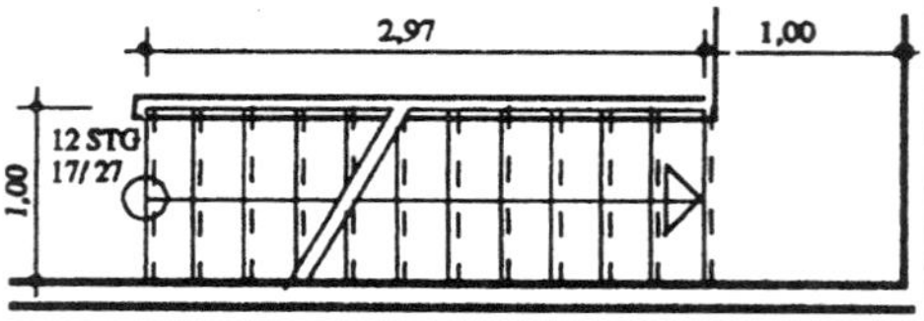	Normalgeschoss
		Treppenlauf horizontal geschnitten mit Darstellung oberhalb der Schnittebene 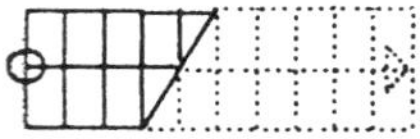	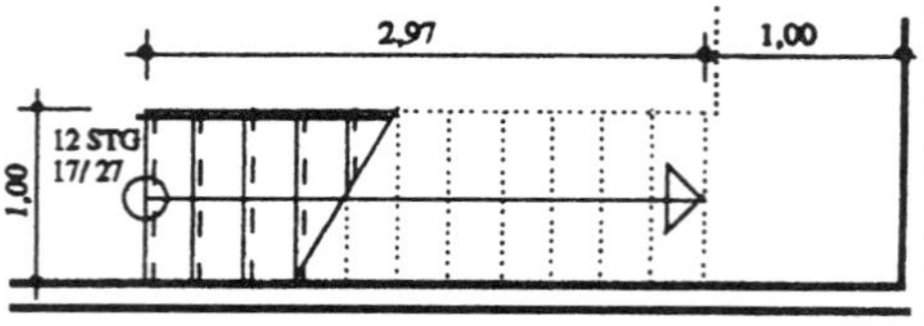	unterstes Geschoss
2	zweiläufige Treppe	Treppenlauf 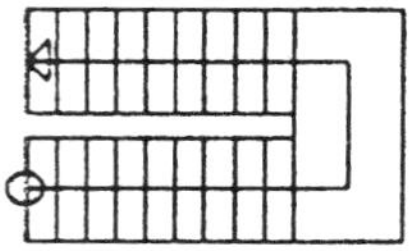	Darstellung wie Zeile 1	oberstes Geschoss
		Treppenlauf horizontal geschnitten mit darunterliegendem Lauf 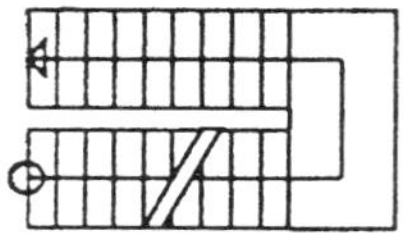		Normalgeschoss
		Treppenlauf horizontal geschnitten mit Darstellung oberhalb der Schnittebene 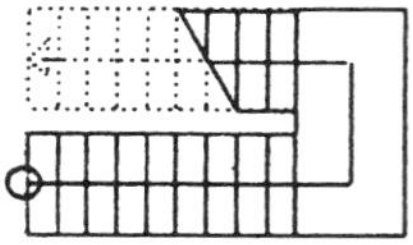		unterstes Geschoss

Darstellung von Treppen und Rampen mit Steigungsrichtung im Grundriss (Fortsetzung)

Spalte 1	2	3		
Zeile	Bezeichnung	vereinfachte Darstellung		
3	dreiläufige Treppe[1)]	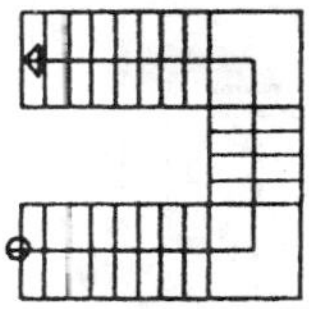	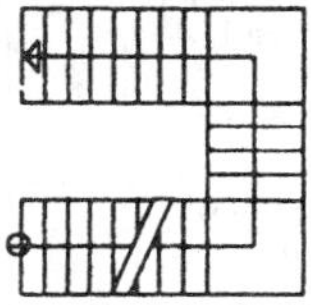	
4	gewendelte Treppe[1)]	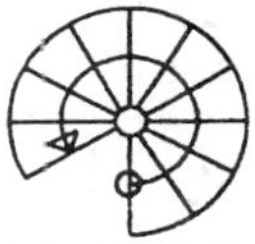	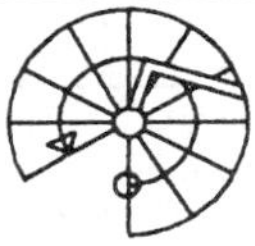	
5	Rampe[1)]	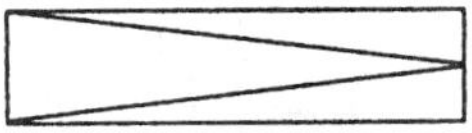		

[1)] Darstellung wie Zeile 1.

9 Darstellung von Aussparungen nach DIN 1356-1

Aussparungen, deren Tiefe		
gleich der Bauteiltiefe ist (Durchbrüche)	kleiner als die Bauteiltiefe ist (Schlitze)	
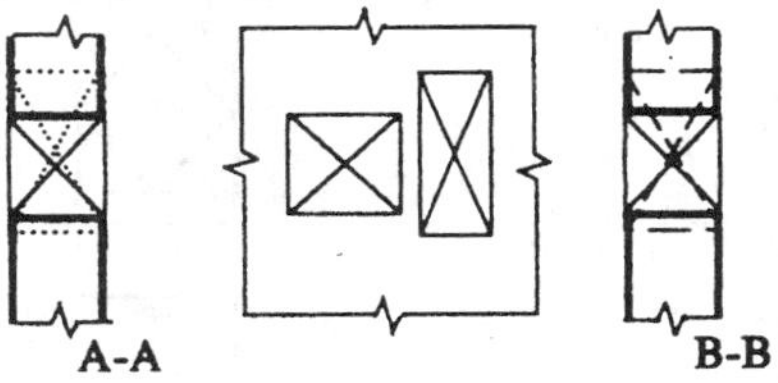	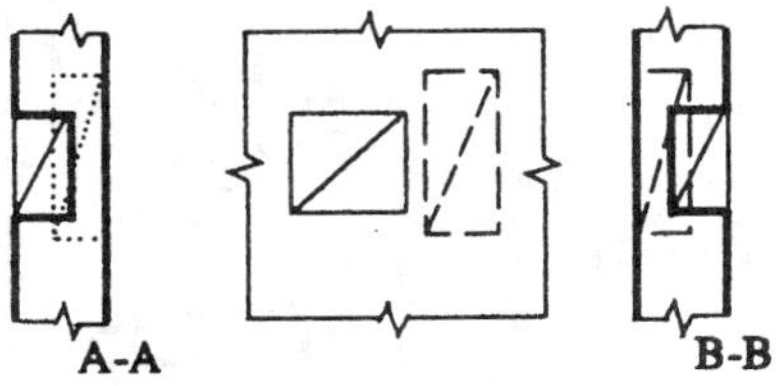	Ansicht / Schnitt
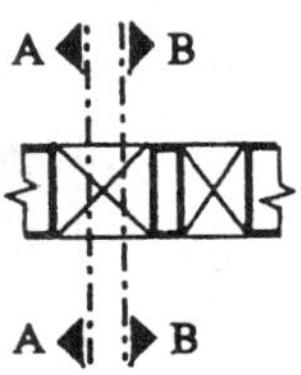	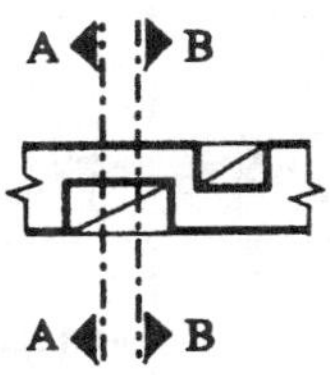	Grundriss

Die Aussparungen sind nur mit ihren Symbolen und Maßangaben (Breite, Tiefe, Höhe) in Grundriss, Schnitt oder Ansicht einzutragen. Weitere Kennzeichen wie Deckendurchbruch (DD), Deckenschlitz, Bodendurchbruch, Bodenkanal, Wanddurchbruch oder Wandschlitz sind nicht erforderlich.

10 Öffnungsarten von Türen im Grundriss und von Türen und Fenstern in der Ansicht nach DIN 1356-1

1	Drehflügel, einflügelig	
2	Drehflügel, zweiflügelig	
3	Drehflügel, zweiflüg., gegeneinander schlagend	
4	Pendelflügel, einflügelig	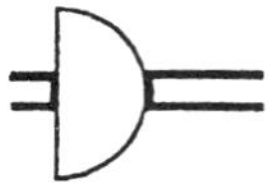
5	Pendelflügel, zweiflügelig	
6	Hebe-Dreh-Flügel	
7	Drehtür	
8	Schiebeflügel	
9	Hebe-Schiebe-Flügel	
10	Falttür, Faltwand	
11	Schwingflügel	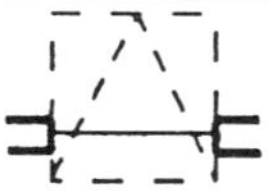

12	Drehflügel	
13	Kippflügel	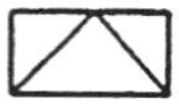
14	Klappflügel	
15	Dreh-Kipp-Flügel	
16	Hebe-Dreh-Flügel	
17	Schwingflügel	
18	Wendeflügel	
19	Schiebeflügel, vertikal	
20	Schiebeflügel, horizontal	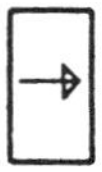
21	Hebe-Schiebe-Flügel	
22	Festverglasung	

11 Symbole, Markierungen und vereinfachte Darstellungen von Abriss und Wiederaufbau nach DIN 1356 bzw. DIN ISO 7518

	beabsichtigte Änderung	Darstellung und Angaben in der bestehenden Zeichnung[1)] (Grundriss, Schnitt, Ansicht)	Darstellung und Angaben in der neuen Zeichnung[1)] (Grundriss, Schnitt, Ansicht)
1	Umrisse bestehender Teile, die erhalten bleiben sollen	(keine Vereinbarung)	3)
2	Umrisse bestehender Teile, die abgerissen werden sollen	—×——×——×—	—×——×——×— 3)
3	Umrisse neuer Teile	neue Linien stärker als die alten	gemäß DIN 1356
4	Maße und Informationen zu bestehenden, abzureißenden Bauteilen	~~12,38~~ feine Linie durch die Maßzahl oder den Text[2)]	~~Ber T 16,2~~
5	bestehender, zu erhaltender Teil des Gebäudes	(keine Vereinbarung)	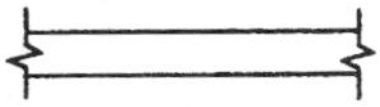 3) 4)
6	bestehender, abzureißender Teil eines Gebäudes	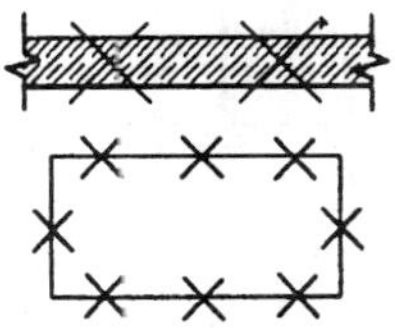	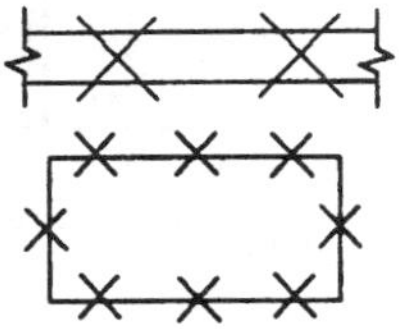 3) 4) 3)
7	neue Bauteile	gem. DIN 1356	gem. DIN 1356
8	Schließung von Öffnungen im bestehenden Mauerwerk		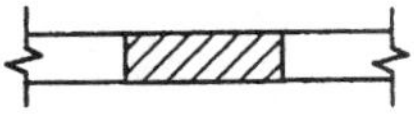 3) 4)
9	neue Öffnungen im bestehenden Mauerwerk	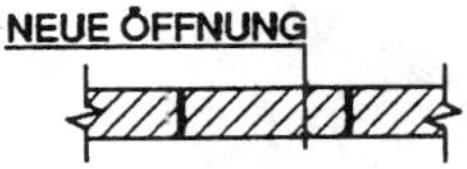	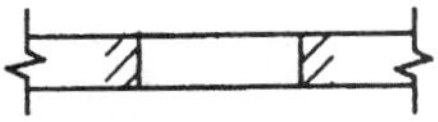 3) 4)
10	Wiederherstellung eines bestehenden Bauwerkes nach Abriss eines damit verbundenen Bauwerkes		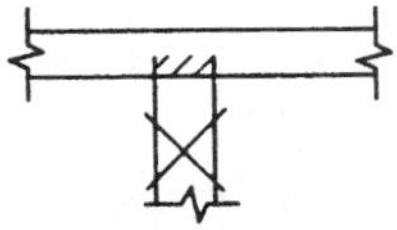 3) 4)
11	Änderung der Oberflächenbeschichtung	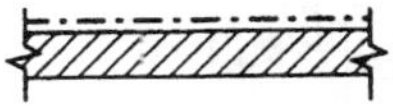	 3) 4)

1) Um die geplante Änderung zu erklären, soll der ursprüngliche (bestehende) Zustand des Gebäudes in einer Zeichnung zusammen mit den Angaben der geplanten Änderungen sowie eine neue Zeichnung des geänderten Gebäudes angefertigt werden.

2) Es wird empfohlen, zwischen ursprünglichen und neuen Maßen und Textinformationen zu unterscheiden. Dies soll durch verschiedene Schriftgrößen oder durch die Schreibweise der Ziffern und des Textes geschehen.

3) Linienarten und Linienbreiten siehe Tabelle gem. DIN 1356; DIN 15-2.

4) Schraffur in Übereinstimmung mit DIN 1356/DIN 201; ISO 4069 siehe Tabelle.

12 ISO-Normkörper Haus am See[1)]

12.1 Beispiele für die Darstellung von Entwurfszeichnungen nach DIN 1356-1

12.1.1 Ansicht von Süden (Bemaßung)

Der vorhandene und geplante Geländeverlauf einschließlich Höhenangaben und der Höhenlage der baulichen Anlage über NN ist anzugeben.

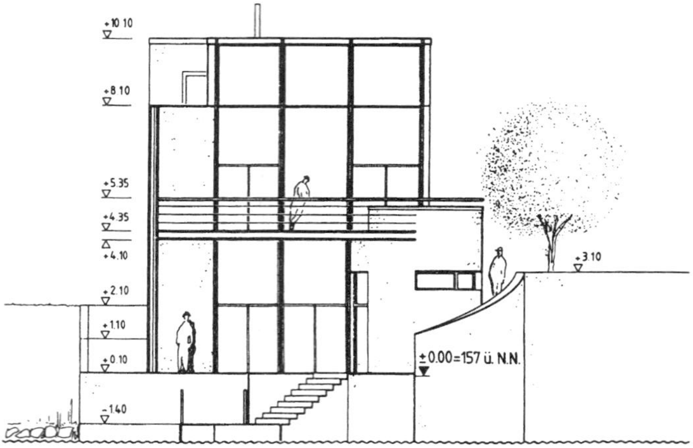

12.1.2 Räumliche Entwurfsdarstellung (Präsentationszeichnung)

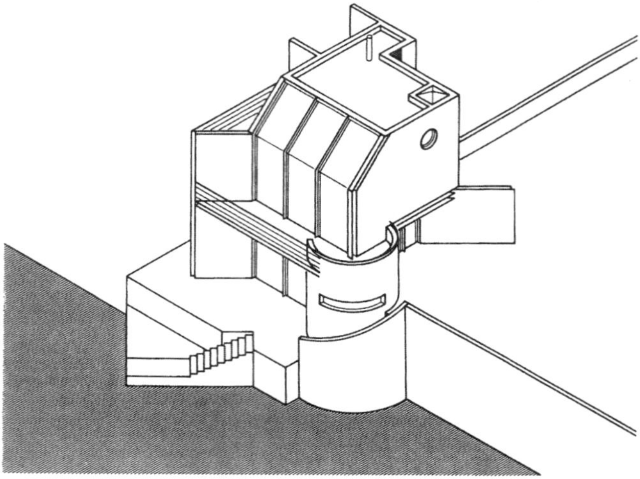

Die Isometrie zeigt gleichwertig betont drei Seiten des Baukörpers – Südfassade, Ostfassade, Dachaufsicht – und die Einpassung der baulichen Anlage im Gelände.

1) Entwurf: cand. arch. G. Kersten.

12.1.3 Grundriss (Bemaßung)

Die Bemaßung besteht aus Maßzahl, Maßlinie, Maßhilfslinie und Maßlinienbegrenzung. Maßzahlen sind über der durchgezogenen Maßlinie so anzuordnen, dass sie in der Gebrauchslage der Zeichnung von unten bzw. von rechts leserlich sind.

Bei Wandöffnungen (Türen, Fenster) wird die Maßzahl für die Breite über der Maßlinie und die Maßzahl für die Höhe direkt darunter unter der Maßlinie angeordnet.

Die Lage der vertikalen Schnittebenen (z.B. A-A, B-B) ist mit starken Strichpunktlinien anzugeben, ebenfalls die Blickrichtung.

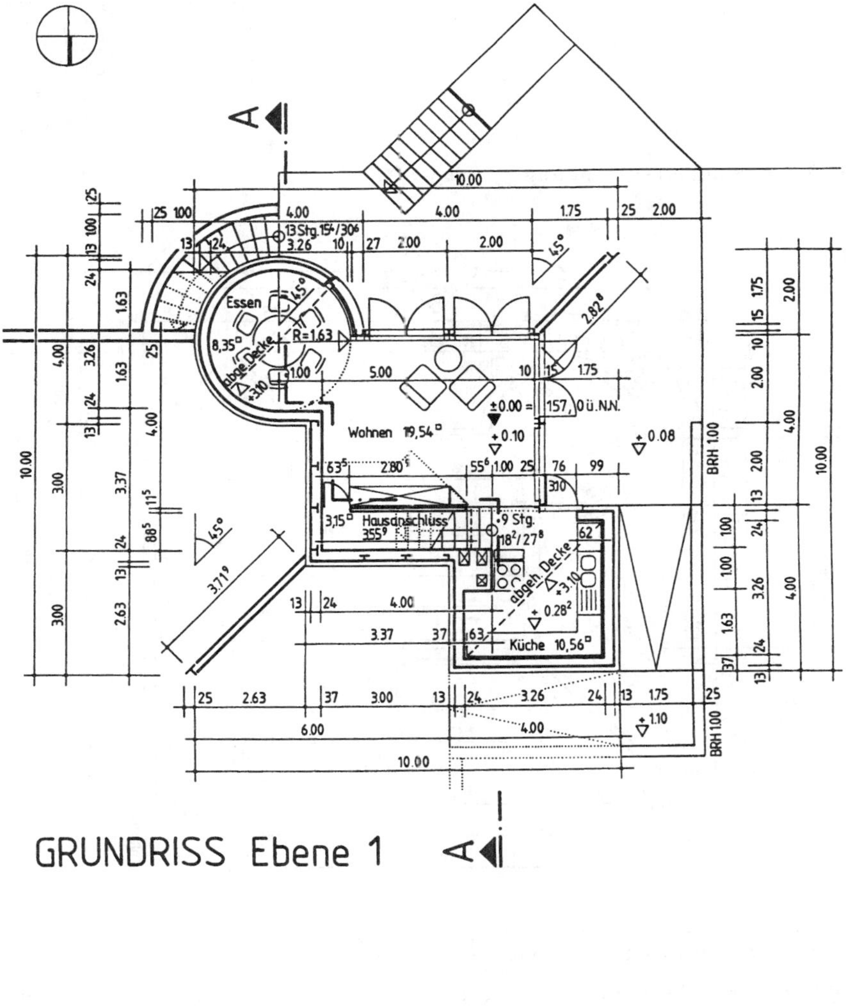

GRUNDRISS Ebene 1

12.2 Beispiele für die Darstellung von Werkzeichnungen

nach DIN 1356-1
(vgl. auch Abschn. 3.1.4.1)

12.2.1 Draufsicht/Dachaufsicht

(Grundrissdarstellung der Ebene 5 ohne Bemaßung)

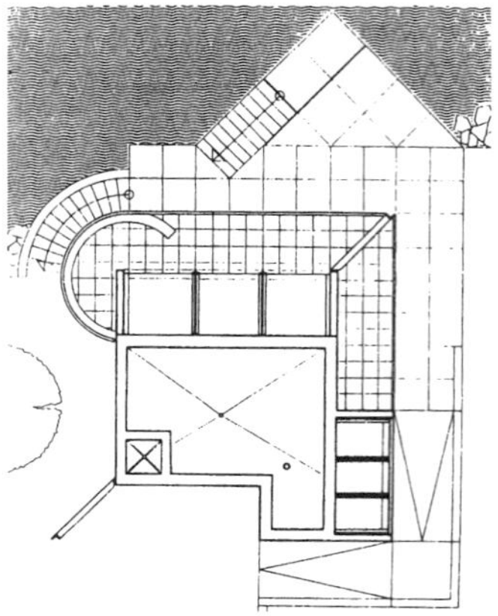

12.2.2 Grundriss (Bemaßung)

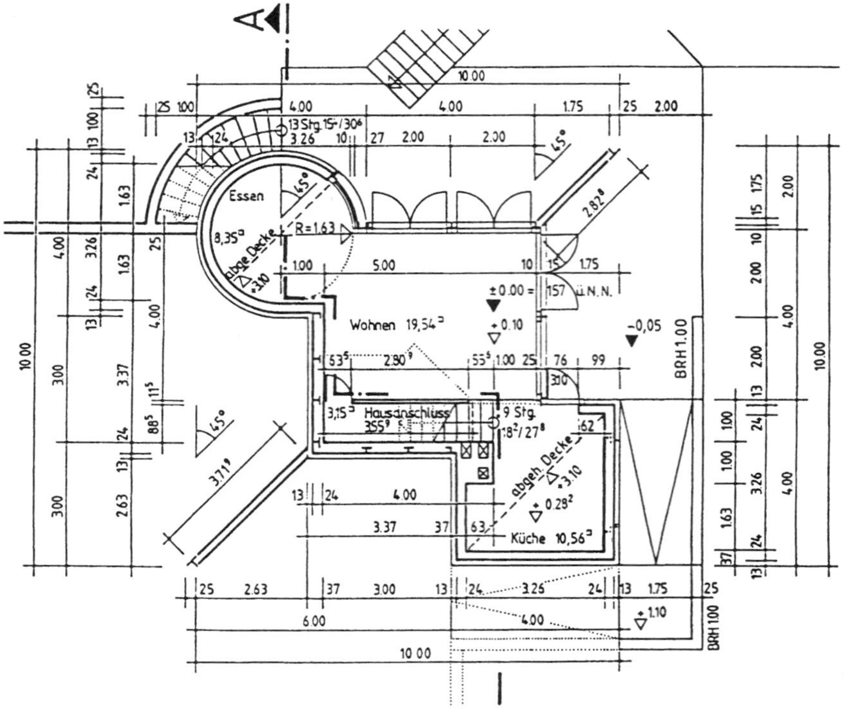

GRUNDRISS Ebene 1

In Grundrissen sind Höhenangaben (Höhenkoten), bezogen auf die Höhenlage ± 0,00 (= Rohfußboden), erforderlich. Bei Brüstungen soll die Rohbauhöhe über Oberfläche Rohfußboden angegeben werden.

12.2.3 Schnitt (Höhenangaben und Bemaßung)

Die Höhenbemaßung ist durch zwei Bemaßungsangaben vorzunehmen:

a) Durch vertikale Maßketten sind Stockwerks-/Geschosshöhen, lichte Raumhöhen, Brüstungs-, Fenster- und Sturzhöhen anzugeben.

b) Durch Höhenkoten ist die Höhenlage der Ebenen bzw. der Deckenoberflächen in Bezug zu ± 0,00 anzugeben.

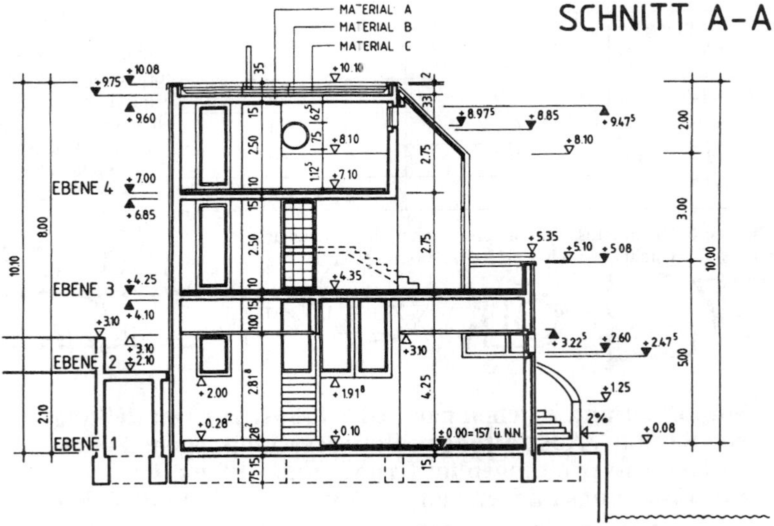

12.2.4 Ansicht der Westfassade (Höhenangaben und Bemaßung)

Werkzeichnung mit Bemaßung und Höhenangaben; mit Angabe der Teilung und Öffnungsart der Türen und Fenster, mit Angabe der hinter der Fassade liegenden verdeckten Geschossdecken und Fundamente.

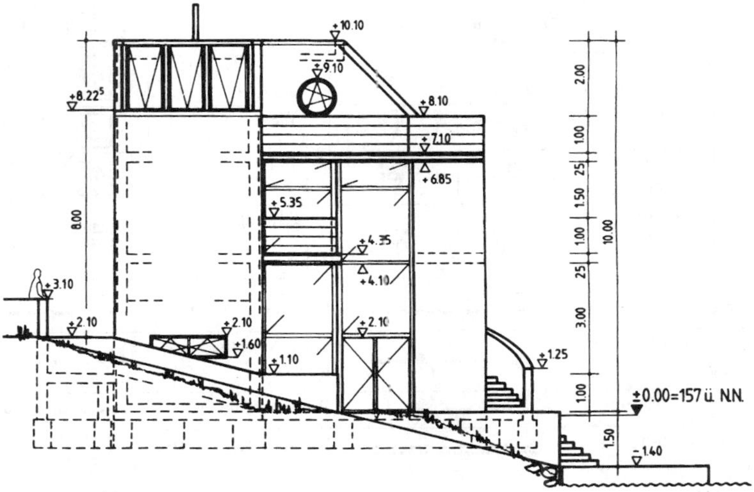

13 Entwässerungszeichnungen

13.1 Linienbreiten für die Darstellung von Sinnbildern und Zeichen in Entwässerungszeichnungen nach DIN 1986-1

Je nach gewähltem Maßstab sind folgende Linienbreiten und Schrifthöhen vorgeschrieben:

	Linienbreiten in mm	Darstellung im Maßstab	
Sanitärausstattungs-gegenstände	0,5	1 : 50	Weitere Vorschriften für die Darstellung von Sinnbildern und Zeichen im Bereich Bad, WC und Küche siehe DIN 18 022 (11.89)
	0,25	1 : 100	
Rohrleitungen	1,0	1 : 50	
	0,5	1 : 100	
Schriftgröße (Schriftform B, gerade)	0,5	1 : 50	
	0,25	1 : 100	

(Schablonen für Sanitärausstattung vereinfachen die Zeichenarbeit.)
Beispiel: WC Ansicht / Grundriss 1:50 / 1:100 mit Rohrleitung

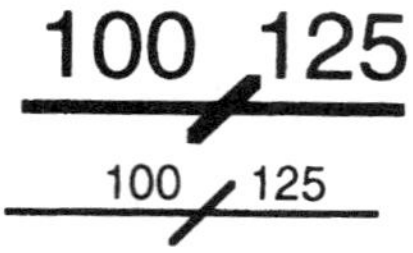

13.2 Sinnbilder und Zeichen nach DIN 1986-1 zur Darstellung von Sanitär-, Ausstattungs-, Entwässerungsgegenständen und Abwasserleitungen im Grund- und Aufriss für Entwässerungsanlagen von Gebäuden und Grundstücken

	Benennung	Grundriss	Aufriss
Sanitär-Ausstattungsgegenstände	Badewanne		
	Duschwanne	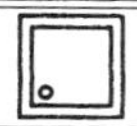	
	Waschtisch Einbau-Waschtisch		
	Sitzwaschbecken/Bidet		
	Urinalbecken		
	Urinal mit automatischer Spülung		
	WC-Becken m. Spülkasten/m. Einbauspülkasten		

Benennung	Grundriss	Aufriss
Ausgussbecken		
Spülbecken einfach	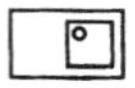	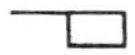
Spülbecken doppelt	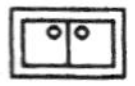	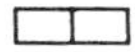
Geschirrspülmaschine		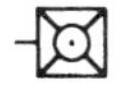
Waschmaschine		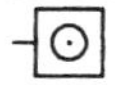
Wäschetrockner	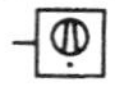	
Klimagerät		

Abwasserleitungen	Schmutzwasserleitung	
	vorh. Schmutzwasserleitung	
	Regenwasserleitung	
	Lüftungsleitung	

Mischwasserleitung	
vorh. Mischwasserleitung	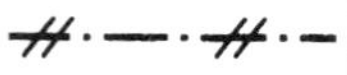
Werkstoffwechsel	
Nennweitenänderung	

14 Bewehrungszeichnungen nach DIN EN ISO 3766

14.1 Anforderungen an Bewehrungszeichnungen

Die Bauteile müssen mit den Hauptmaßen versehen sein, die Bewehrung ist einzuzeichnen und alle Teile müssen eindeutig und klar in maßstäblichen Grundrissen, Ansichten und Schnitten dargestellt werden. Die Darstellungen müssen mit den Bezeichnungen in den statischen Berechnungen übereinstimmen und sollten, falls anwendbar, alle Größen, die für die Konstruktion der Bauteile und für die Nachprüfung der Berechnungen notwendig sind, beinhalten.

Zeichnungen für Werks- und Serienfertigung sind von dieser Regelung ausgenommen.

Auf zugehörige Zeichnungen muss verwiesen werden. Falls Zeichnungen später geändert werden, müssen alle betroffenen Zeichnungen auch modifiziert werden.

Folgende Merkmale der Bewehrungsstäbe (allgemeine und Lageinformationen) müssen in der Zeichnung angegeben werden:

- geforderte Betonfestigkeitsklasse, die Expositionsklassen sowie weitere Anforderungen gemäß nationaler Normen;
- Sorte des Betonstahls und des Spannstahls gemäß Referenznormen;
- Positionsnummern (Formnummern), Anzahl, Durchmesser, Form und Lage der Bewehrungsstäbe, gegenseitiger Abstand zwischen den Stäben und Übergreifungslängen an Stößen und Verankerungslängen, Anordnung, Maße und Ausbildung von Schweißstellen mit Angabe der Schweißzusatzwerkstoffe; Typ und Lage der mechanischen Verbindungsmittel; Rüttelgassen, Lage von Betonieröffnungen;
- das Herstellungsverfahren der Vorspannung; Anzahl, Typ und Lage der Spannglieder, Anzahl, Typ und Lage der Spanngliedverankerungen und Spanngliedkopplungen sowie Anzahl, Durchmesser, Form und Lagen der zugehörigen Betonstahlbewehrung; Typ und Durchmesser der Hüllrohre; Angaben zum Einpressmörtel;
- Maßnahmen zur Lagesicherung der Betonstahlbewehrung und der Spannglieder (z. B. Art und Anordnung der Abstandhalter sowie Anordnung, Maße und Ausführung der Unterstützungen der oberen Betonstahlbewehrungslage und der Spannglieder);
- das Verlegemaß c_V der Bewehrung, das sich aus dem Nennmaß c_{nom} der Betondeckung ableitet, sowie das Vorhaltemaß Δc der Betondeckung;
- die Fugenausbildung.

Die folgenden Biegeinformationen der Bewehrungsstäbe müssen in der Zeichnung oder in separaten Unterlagen wie z. B. der Stahlliste angegeben werden:

Bei Anwendung der Kennzeichnungssystematik, müssen die Biegeformen der Bewehrungsstäbe eindeutig auf die Positionsnummern verweisen. Dabei darf die grafische Darstellung unmaßstäblich sein.

Einzellängen, Teilllängen und gegebenenfalls Biegewinkel der Bewehrungsstäbe müssen angegeben werden. Um die Biegeform zu typisieren, muss die entsprechende Tabelle beachtet werden; die Biegerollendurchmesser oder -radien.

14.2 Kennzeichnung

Angaben zur Stabstahlbewehrung werden in Längsrichtung der Bewehrungsstäbe oder entlang der Bezugslinien eingetragen. Angaben für geschweißte Betonstahlmatten werden entlang der Diagonale eingetragen. Die Mattennummer muss zusammen mit der Anzahl der Matten angegeben werden. Für jede Positionsnummer (Formnummer) müssen die Angaben für die Bewehrungsstäbe in der Zeichnung, wie in folgender Tabelle gezeigt, enthalten sein.

Angabe	Beispiel
alphanumerische Positionsnummer (in z. B. einem Kreis oder einem Oval)	②[1]
Anzahl der Bewehrungsstäbe	19
Stabdurchmesser in mm	∅18
Abstand in mm	250
Lage im Bauteil (optional)	T
Formschlüssel des Bewehrungsstabes (optional)	13
[1] Eine auf das Beispiel bezogene Angabe lautet: ②19 ∅20—200—T—13 oder ②19 ∅20—200.	

14.3 Beispiele

14.3.1 Positionskennzeichnung (ohne optionale Angaben)

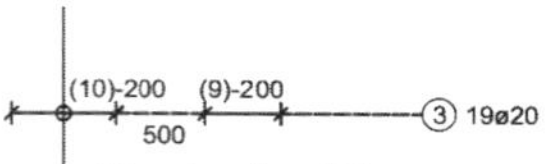

Der in den Klammern angegebene Zahlenwert gibt die Anzahl der Stäbe im jeweils betrachteten Abschnitt an.

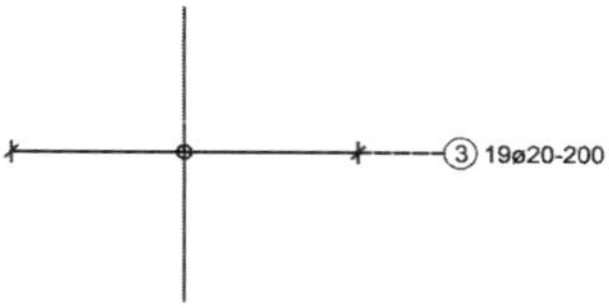

14.3.2 Maßangaben

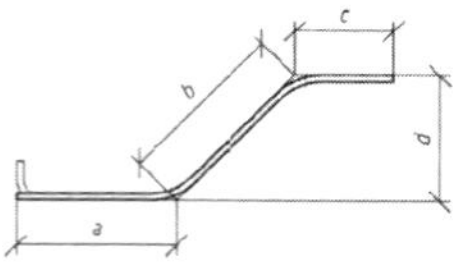	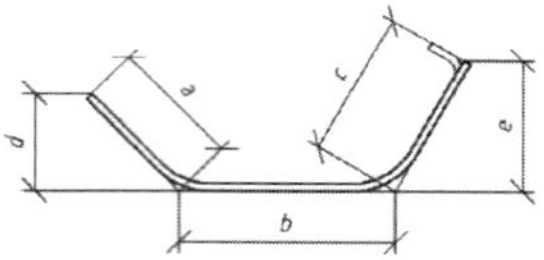	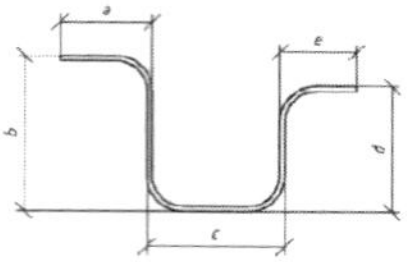
Maßangaben Formschlüssel 26	Maßangaben Formschlüssel 25	Maßangaben Formschlüssel 44

14.3.3 Darstellung und Symbole für Stabstahlbewehrung

Nr.	**Darstellung**		**Bedeutung**
	Grundriss	Schnitt/Ansicht (sofern abweichend)	
1	a) b) c) 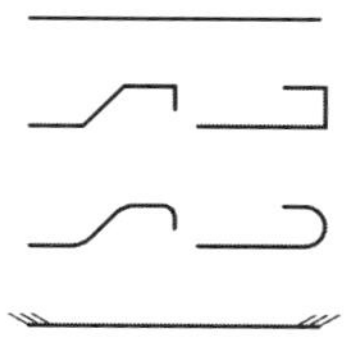		**Allgemeine Darstellung eines Bewehrungsstabes** Gebogener Bewehrungsstab b): 1) Geknickter Linienzug 2) Linienzug aus Geraden und Bögen c) Stabbündel, Endmarkierung gibt Anzahl der Stäbe im Bündel an (hier: drei)
2		a)  b) 	**Schnitt** a) durch einen Bewehrungsstab, b) durch ein Stabbündel aus drei Bewehrungsstäben

Nr.	Darstellung		Bedeutung
	Grundriss	Schnitt/Ansicht (sofern abweichend)	
3		a) b) c) 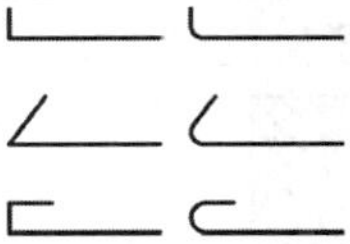	**Bewehrungsstab mit Endhaken-Verankerung** a) 90°-Bogen (Winkelhaken) b) Bogen zwischen 90° und 180° c) 180°-Bogen
4			Gerade Stäbe in einer Lage (Ebene) hintereinander mit Positionsnummern an den Enden
5			Endverankerung mit Platte/Scheibe
6			Rechtwinklig aus der Zeichnungsebene nach hinten gebogener Bewehrungsstab
7			Rechtwinklig aus der Zeichnungsebene nach vorne gebogener Bewehrungsstab
8	a) 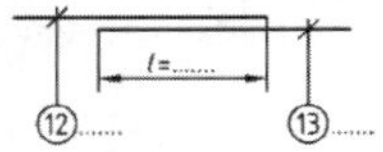 b) 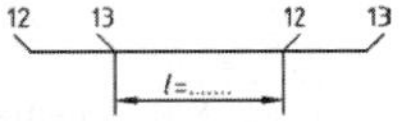		**Übergreifungsstoß** ohne Markierung der Stabenden durch Schrägstrich und Positionsnummer (Formnummer) mit Markierung
9	a)  b) 		**Mechanische Verbindungen** Muffenverbindung (Zugbeanspruchung) Kontaktstoß (Druckbeanspr.)
10		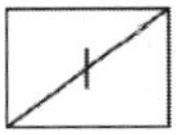	**Matte** Ggf. zeigt schräger Strich in der Diagonalen die Richtung der Hauptbewehrung.
11		a) 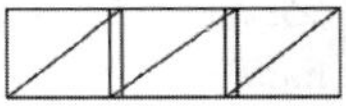 b) 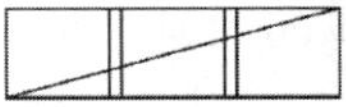	**Gleiche Matten in einer Reihe** a) Darstellung der einzelnen Matten b) Zusammengefasste Darstellung (Übergreifungslänge muss auf der Zeichnung angegeben werden.)
12		a) b) 	**Schnitt durch eine geschweißte Matte** a) vereinfachte Darstellung b) ausführliche Darstellung

15 Darstellung von Planzeichen für Bauleitpläne gemäß Planzeichenverordnung Stand 1991

	Darstellung sw / farbig	Inhalt	Bedeutung
1 Art der baulichen Nutzung	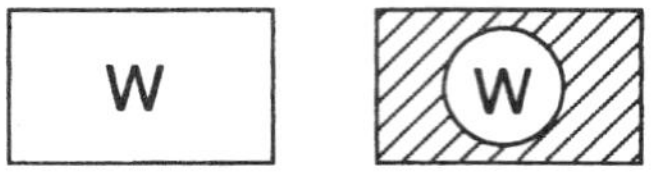 (bei farbiger Darstellung rot mittel)	W WS WR WA WB	Wohnbauflächen Kleinsiedlungsgebiete reine Wohngebiete allgemeine Wohngebiete besondere Wohngebiete
	 (bei farbiger Darstellung braun mittel)	M MD MI MK	gemischte Bauflächen Dorfgebiete Mischgebiete Kerngebiete
	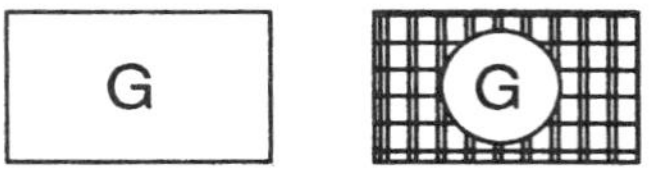 (bei farbiger Darstellung grau mittel)	G GE GI	gewerbliche Bauflächen Gewerbegebiete Industriegebiete
	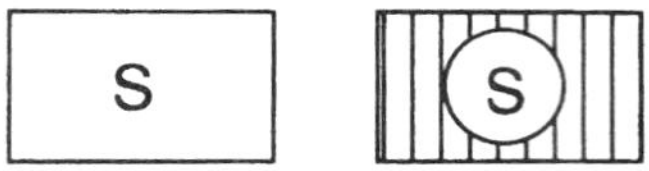 (bei farbiger Darstellung orange mittel)	S	Sonderbauflächen
	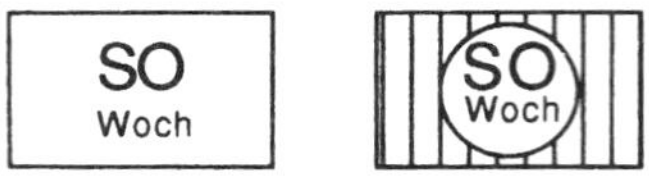 (bei farbiger Darstellung orange mittel)	SO	sonstige Sondergebiete, z. B. solche, die der Erholung dienen; Wochenendhausgebiet
	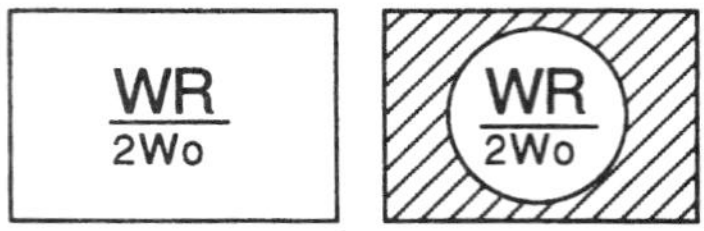 (bei farbiger Darstellung orange mittel)	Beschränkung der Zahl der Wohnungen Aus besonderen städtebaulichen Gründen kann die höchstzulässige Zahl der Wohnungen in Wohngebäuden durch Ergänzungen der Planzeichen festgesetzt werden.	

Die Planzeichen sollen in Farbton, Strichstärke und Dichte den Planunterlagen so angepasst werden, dass deren Inhalt erkennbar bleibt.

Die verwendeten Planzeichen müssen im Bauleitplan erklärt werden.

Zur weiteren Unterscheidung der Baugebiete sind Farbabstufungen zulässig.

Im Bebauungsplan können die farbigen Flächensignaturen auch als Randsignaturen verwendet werden.

Im Flächennutzungsplan kann bei den Planzeichen für die Bauflächen bei farbiger Darstellung der Buchstabe entfallen.

Soweit Darstellungen des Planinhalts erforderlich sind, für die keine wie oben aufgeführten Planzeichen enthalten sind, können Planzeichen verwendet werden, die **sinngemäß** aus den angegebenen Planzeichen entwickelt worden sind.

Darstellung von Planzeichen für Bauleitpläne gemäß Planzeichenverordnung Stand 1991

	Maß	Beschreibung	Beispiele
2 Maß der baulichen Nutzung	Geschossflächenzahl	Dezimalzahl im Kreis oder **GFZ** mit Dezimalzahl	(0,8) GFZ 0,8
	Geschossfläche	**GF** mit Flächenangabe	GF 300 m²
	Baumassenzahl	Dezimalzahl im Rechteck oder **BMZ** mit Dezimalzahl	[2,8] BMZ 2,8
	Baumasse	**BM** mit Volumenangabe	BM 3500 m³
	Grundflächenzahl	Dezimalzahl oder **GRZ** mit Dezimalzahl	0,4 GRZ 0,4
	Grundfläche	**GR** mit Flächenangabe	GR 125 m²
	Zahl der Vollgeschosse	römische Ziffer als Höchstmaß; zwingend: im Kreis	IV (IV)
	Höhe baulicher Anlagen	in … m über einem Bezugspunkt	
		Traufhöhe **TH**	**TH** 10,51 m ü. GOK
		Firsthöhe **FH**	**FH** 97,55 m ü. NN
		Oberkante (OK)	(OK) 78,79 m ü. NN
		zwingend: im Kreis	(OK) 95,00 m ü. NN

	Beschreibung	Beispiel
3 Bauweise, Baulinien, Baugrenzen	offene Bauweise[1]	o
	geschlossene Bauweise[1]	g
	nur Einzelhäuser zulässig	
	nur Doppelhäuser zulässig	
	nur Hausgruppen zulässig	
	nur Einzel- und Doppelhäuser zulässig	
	Baulinie[2] (bei farbiger Darstellung rot)	
	Baugrenze[2] (bei farbiger Darstellung blau)	

[1] Abweichende Bauweisen sind näher zu bestimmen.
[2] Die Bestimmungslinien von Baulinien und Baugrenzen können bei farbiger Darstellung auch in durchgezogenen Linien ausgeführt werden.

Darstellung von Planzeichen für Bauleitpläne gemäß Planzeichenverordnung Stand 1991

	Darstellung	Bedeutung
4 Einrichtungen und Anlagen zur Versorgung mit Gütern und Dienstleistungen des öffentlichen und privaten Bereichs, Flächen für den Gemeinbedarf, Sport und Spielanlagen	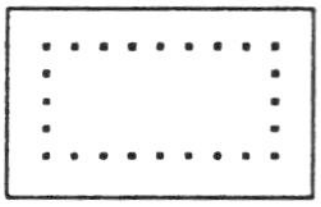 (bei farbiger Darstellung karminrot mittel)	Flächen für den Gemeinbedarf (Im Bebauungsplan kann die farbige Flächensignatur auch als Randsignatur verwendet werden.)
	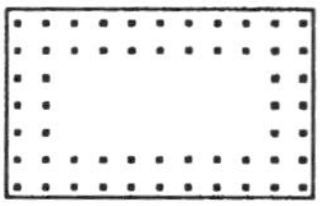	Flächen für Sport und Spielanlagen
	1) 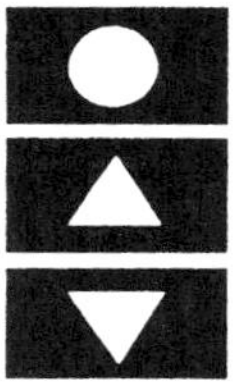	Öffentliche Verwaltungen Schule Kulturellen Zwecken dienende Gebäude
5 Flächen für den überörtlichen Verkehr und für die örtlichen Hauptverkehrszüge	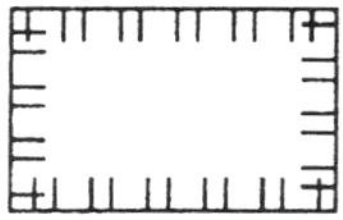 (bei farbiger Darstellung violett dunkel)	Umgrenzung der Flächen für den Luftverkehr
	 (bei farbiger Darstellung violett mittel)	Bahnanlagen
6 Verkehrsflächen	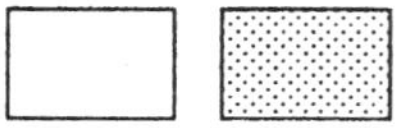 (bei farbiger Darstellung goldocker)	Straßenverkehrsflächen
	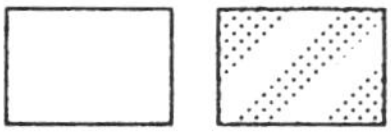 (bei farbiger Darstellung goldocker)	Verkehrsflächen besonderer Zweckbestimmung
	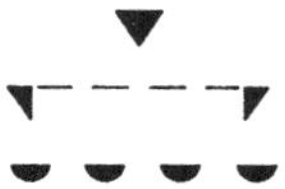	Einfahrt Einfahrtbereich Bereich ohne Ein- und Ausfahrt

1) Die Zeichen können bei Bedarf durch Buchstaben ergänzt werden. Im Flächennutzungsplan können die Zeichen zur Kennzeichnung der Lage auch ohne obige Flächendarstellung verwendet werden.

Darstellung von Planzeichen für Bauleitpläne gemäß Planzeichenverordnung Stand 1991

	Darstellung	Bedeutung	Beispiele der Zweckbestimmung
7	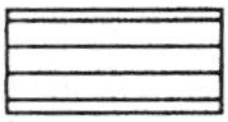 (bei farbiger Darstellung gelb hell)	Flächen für Versorgungsanlagen, Abfallentsorgung, Abwasserbeseitigung und Ablagerungen	 Fernwärme[1]
8	 oberirdisch  unterirdisch	Hauptversorgungs- und Hauptabwasserleitungen	(Die Art der Leitung soll näher bezeichnet werden.)
9	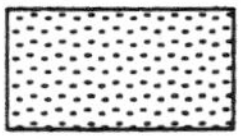 (bei farbiger Darstellung grün mittel)	Grünflächen[2]	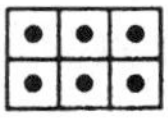 Dauerkleingärten
10	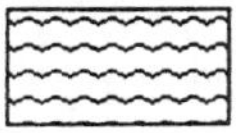 (bei farbiger Darstellung blau mittel)	Wasserflächen,[1] Flächen für Wasserwirtschaft, Hochwasserschutz, Regelung des Wasserabflusses	 Hafen
11	 Aufschüttung  Abgrabung	Flächen für Aufschüttungen, Abgrabungen oder für die Gewinnung von Bodenschätzen	
12	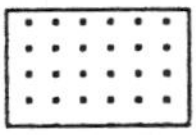 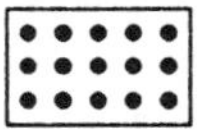 (bei farbiger Darstellung gelbgrün bzw. blaugrün)	Flächen für Landwirtschaft und Wald	 Erholungswald
13	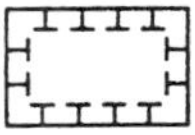 (bei farbiger Darstellung Rand grün dunkel)	Planungen, Nutzungsregelungen, Maßnahmen u. Flächen für Maßnahmen zwecks Schutz, Pflege und Entwicklung von Natur und Landschaft	◎ Anpflanzen ⦿ Erhaltung Landschaftsschutzgebiet Ⓛ
14	 (bei farbiger Darstellung Rand rot)	Regelungen für die Stadterhaltung und für den Denkmalschutz	Ⓔ Erhaltungsbereich Ⓓ Denkmalbereich Ⓓ Einzeldenkmal
15	 [3]  (farb. Darstg.: Rand grau dunkel)	Sonstige weitere Planzeichen[1] Flächen, die von Bebauung freizuhalten sind Grenze des räumlichen Geltungsbereiches des Bebauungsplans	St Stellplätze Ga Garagen GGa Gemeinschaftsgaragen

[1] Weitere Symbole sind in der vollständigen Ausgabe der Planzeichenverordnung enthalten.
[2] Im Bebauungsplan sind Grünflächen als öffentlich oder privat besonders zu bezeichnen.
[3] Im Bebauungsplan sind die Maßnahmen innerhalb der Flächen näher zu bestimmen.

14 D Darstellende Geometrie und Planlayout

Prof. Dipl.-Ing. Siegfried Bucher, Prof. Dipl.-Des. Lisa Bucher

1 Darstellende Geometrie

1.1 Allgemeine Grundlagen

Man unterscheidet folgende Darstellungsarten:

Senkrechte Projektionen

Eintafelprojektion oder kotierte Projektion und Senkrechte Zwei- oder Dreitafelprojektion.

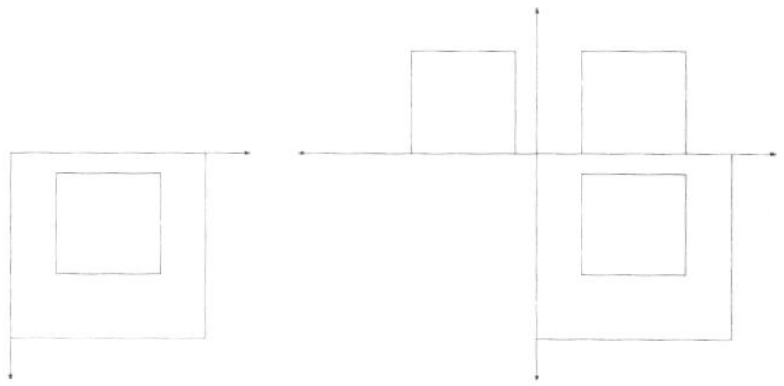

Schräge Projektionen oder Axonometrien

Grundrissaxonometrie oder Militärprojektion, Aufrissaxonometrie oder Kavalierprojektion, DIN-5 oder Ingenieurprojektion, Isometrie und senkrechte Axonometrie.

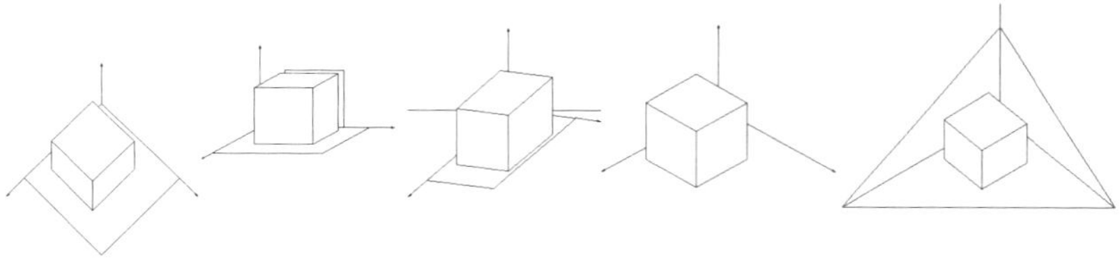

Zentrale Projektionen oder Perspektiven

Zentral- oder Frontalperspektive, Übereckperspektive und Perspektive bei geneigter Bildebene.

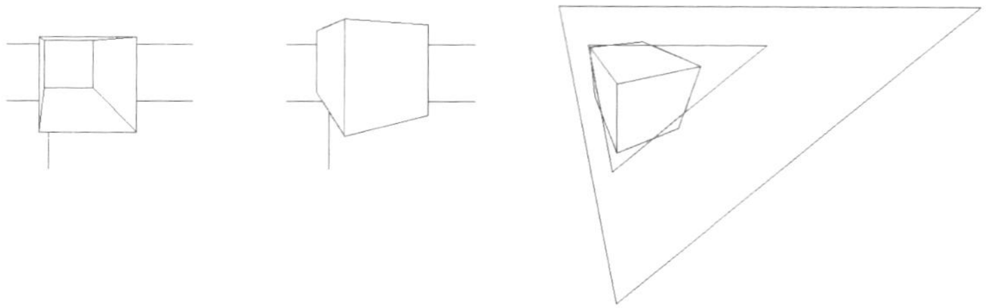

Die Darstellungsarten lassen sich beurteilen nach Maßstäblichkeit und Anschaulichkeit. Während die senkrechten Projektionen ein hohes Maß an Maßstäblichkeit besitzen, verlieren die Axonometrien diese zum Teil zu Gunsten einer besseren Anschaulichkeit, die eine gute Vorstellung der räumlichen Situation ermöglicht.

Die perspektiven Darstellungsarten erzeugen ein räumliches Bild, das unserem Sehbild am nächsten kommt. Das perspektive Bild hat ein hohes Maß an suggestiver Aussagekraft, verliert aber gegenüber dem Original fast jede Maßstäblichkeit.

Die Darstellungsarten lassen sich außerdem nach Art der Verwendung beurteilen.

Die senkrechten Projektionen können als Vorlage für die Bauausführung verwendet werden, da die Maße unmittelbar dem Bild zu entnehmen sind.

Die Axonometrien sind leicht zu konstruieren und ermöglichen einen guten Eindruck der räumlichen Situation. Da das axonometrische Bild mit dem Bild des Achsenkreuzes überlagert ist, kann eindeutig auf die Geometrie des Gegenstandes geschlossen werden. Axonometrien finden Verwendung im Entwurf, der Detailzeichnung, beim Thema der Variation eines Objektes und im Städtebau.

Perspektive Darstellungen ermöglichen eine Vielzahl von Präsentationsformen einer räumlichen Situation. Da das perspektive Bild immer den Betrachter mit einbezieht, steht im Vordergrund der Gedanke der Illusion oder der Täuschung. Dieser Effekt kann durch entsprechende Staffagen, Licht- und Schattengebungen, Hintergründe, Spiegelungen und farbige Ausgestaltung verstärkt werden.

Die Darstellungsarten lassen sich unterscheiden nach Art der Projektion.

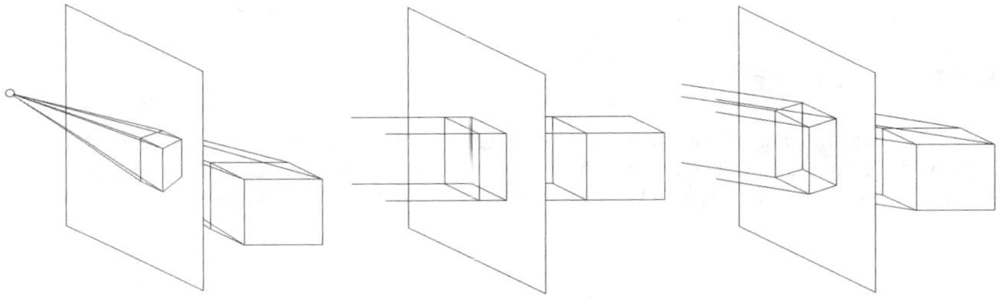

Zentralprojektion — senkrechte Parallelprojektion — schräge Parallelprojektion

Die darstellende Geometrie vereinbart die Regeln der Beziehung vom räumlichen Objekt und der Zeichenebene. Das Mittel der Beziehung ist die Projektion. Beim Vorgang der Projektion werden Projektionsstrahlen durch Punkte des räumlichen Objektes gelegt, die dann eine Bildtafel treffen und dort als Bildpunkte des Objektes erscheinen.

Wir unterscheiden die Lage des Projektionszentrums und die Richtung der Projektionsstrahlen zur Bildebene. Gehen die projizierenden Strahlen von einem Punkt aus, dem Projektionszentrum, sprechen wir von einer Zentralprojektion.

Sind die Projektionsstrahlen zueinander parallel, sprechen wir von einer Parallelprojektion. Bei der Parallelprojektion kann zudem unterschieden werden, ob die Projektionsstrahlen senkrecht auf die Bildebene treffen, dann erhalten wir eine senkrechte oder orthogonale Parallelprojektion oder ob die Projektionsstrahlen in einem Winkel die Bildebene treffen, dann erhalten wir eine schräge Parallelprojektion.

1.2 Eintafelprojektion oder Kotierte Projektion

Bei der Eintafelprojektion oder kotierten Projektion wird die Darstellung einer räumlichen Situation auf die Darstellung in einer Bildebene beschränkt. Meist ist dies die Grundrissebene, die auch der Zeichenebene entspricht.

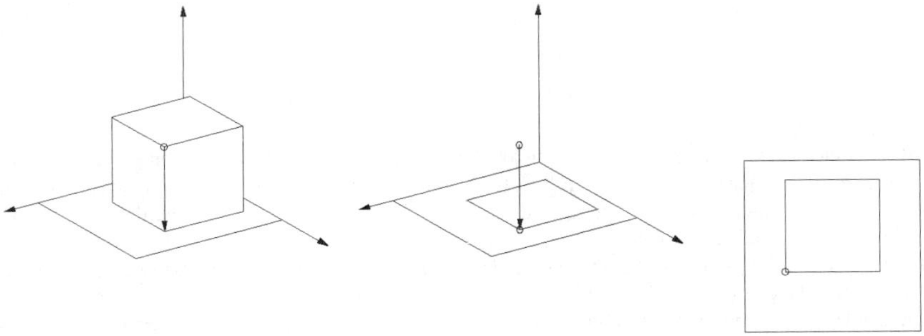

Ein einfaches, räumliches Objekt, am Bsp. der Würfel, kann auch in einer Bildebene eindeutig beschrieben werden. Die Abbildung auf diese Ebene erfolgt durch die senkrechte Parallelprojektion. Die Breite und die Tiefe sind bildlich dargestellt und die Höhe ist numerisch, dem entsprechenden Punkt zugeordnet, beschrieben. Die Grundrisslage eines Punktes ist also dem Bild und die Höhenangabe dem Text bzw. der Angabe in einem Höhenmaßstab (Kote) zu entnehmen.
Jedem Raumpunkt ist eindeutig seine Projektion zugeordnet. Umgekehrt aber sind einem projizierten Punkt unendlich viele Raumpunkte zugeordnet, die alle auf dem gleichen Projektionsstrahl liegen.
Die kotierte Projektion ist hier nur in Bezug auf das Thema: Dachausmittelung beschrieben, da sie sonst eher im Ingenieurwesen, wie im Straßenbau oder der Kartographie, angewandt wird. In der Architekturdarstellung spielt die kotierte Projektion auf Grund ihrer geringen Anschaulichkeit eine eher untergeordnete Rolle.

Dachausmittelung

Bei der Dachausmittelung ist meist der Grundriss gegeben und eine geeignete Dachform gesucht. Da die Beantwortung der Frage nicht eindeutig zu lösen ist, weil gestalterische und technische Gesichtspunkte die Formfindung beeinflussen, beschränken wir uns auf die Darstellung weniger, ausgewählter Beispiele:

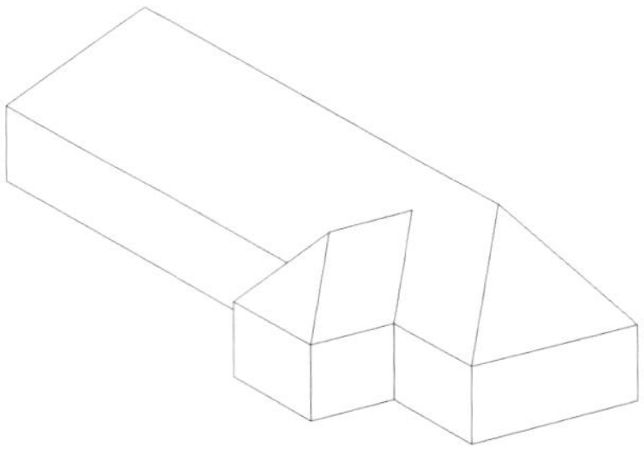

Die untere Begrenzung (Traufe) und die obere Begrenzung (First) einer Dachfläche, die zugleich die Schnittgerade zwischen den gegenüber liegenden Dachflächen darstellt, verlaufen waagerecht. Die anderen Schnittgeraden, die von den Schnittpunkten der Traufen ausgehen, verlaufen schräg. Bilden die Traufen im Schnittpunkt eine Außenecke bezeichnen wir die schräge Schnittgerade als Grat. Bilden die Traufen im Schnittpunkt eine Innenecke bezeichnen wir die schräge Schnittgerade als Kehle.
Bei den folgenden Beispielen unterscheiden wir Dachflächen mit gleicher und Dachflächen mit ungleicher Neigung. Bei dem ersten Beispiel haben alle Dachflächen die gleiche Neigung. Die Projektionen der Schnittgeraden der Dachflächen, der Grate und Kehlen, halbieren den, von den Höhenlinien der

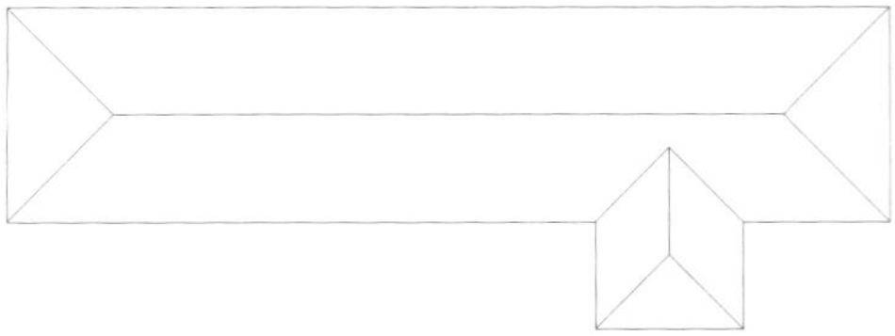

Ebenen gleicher Neigung, eingeschlossenen Winkel. Dazu sind in allen Eckpunkten des Grundrisses die Winkelhalbierenden zu zeichnen. Die Traufen sind paarweise parallel und die Firste wiederum sind parallel zu den Traufen. Je drei Schnittgerade treffen sich in einem Punkt, der auch der Schnittpunkt der drei entsprechenden Ebenen ist.
Bei dem zweiten Beispiel mit komplexerem Grundriss gilt der gleiche Lösungsansatz. Dabei ist es hilfreich sich Höhenschnitte, d.h. das Dach in bestimmten Höhen parallel zur Bildebene geschnitten, vorzustellen. Die Schnittgeraden sind Höhenlinien der Dachebenen. Man beginnt wieder mit den Win-

kelhalbierenden in allen Eckpunkten. In dem Schnittpunkt zweier Winkelhalbierenden, der zu den Traufen den kleinsten Abstand (= die niedrigste Höhe) hat, legt man die erste Höhenebene. Die Höhenlinien haben von den Traufen den gleichen Abstand, da die Neigung der Dachebenen gleich ist. Das Vieleck der nun entstehenden Höhenlinien ist geschlossen und hat eine Ecke weniger als das Vieleck aller Trauflinien. Die gleiche Konstruktion wird solange wiederholt bis die Dachflächen sich schließen.

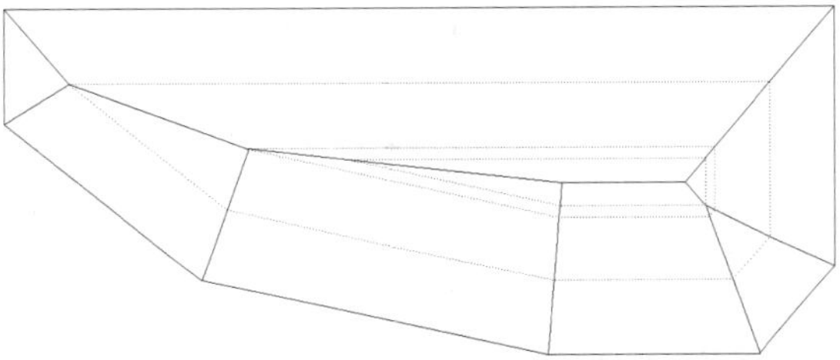

Bei dem dritten Beispiel gehen wir davon aus, dass die Dachflächen unterschiedliche Neigungen haben. Zur Festlegung der Schnittgeraden der Dachflächen beginnen wir mit einem Höhenschnitt in beliebiger Höhe. Die unterschiedlichen Abstände der, zu den Traufen parallelen Höhenlinien sind den Stützdreiecken, aus denen die unterschiedlichen Winkel der Dachneigungen gegeben sind, zu entnehmen. Die Schnittpunkte der Höhenlinien verbunden mit den Schnittpunkten der entsprechenden Traufen ergeben die Schnittgeraden der Dachflächen. Ausgehend vom niedrigsten Schnittpunkt zweier Grate ist nun in gleicher Weise, wie das zweite Beispiel zeigt, zu konstruieren.

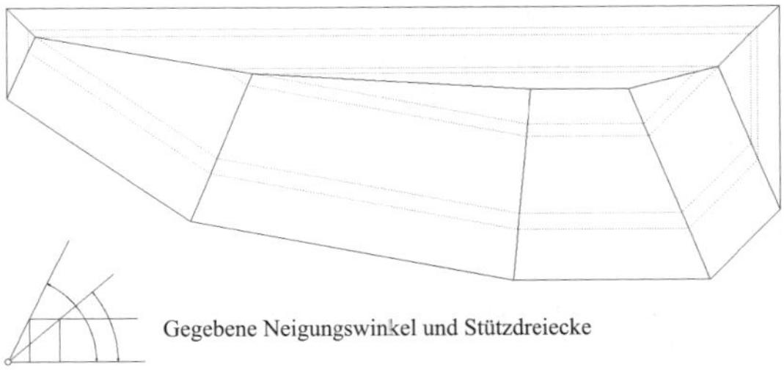

Gegebene Neigungswinkel und Stützdreiecke

1.3 Senkrechte Projektionen

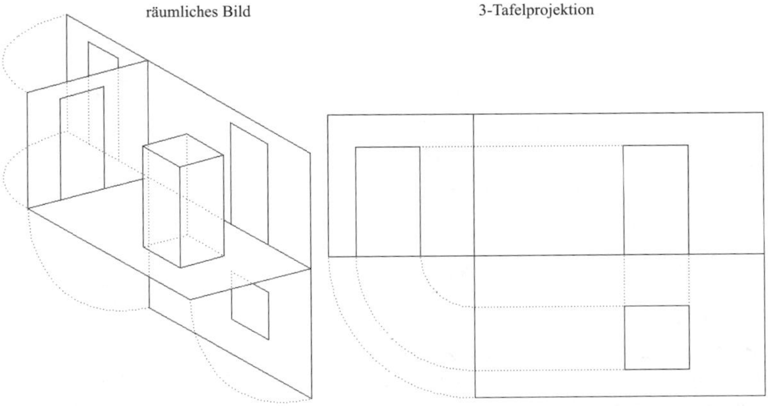

Die Bilder räumlicher Objekte, die mit Hilfe senkrechter Projektionen entstehen, also Grundrisse, Aufrisse, Seitenrisse oder Schnitte gelten als Bilder mit hohem Wahrheitsgrad. Sie werden als unmissverständliche Sprache von Entwerfendem und Ausführendem benützt. Sie sind immer noch das am häufigsten verwendete Medium der Architekturpräsentation.
Die Zwei- oder Dreitafelprojektion entsteht durch senkrechte Projektion des Objektes auf zwei bzw. drei senkrecht aufeinander stehenden Bildebenen. Das Bild (bzw. die Projektion auf die Innenflächen eines Quaders) auf der horizontalen Ebene wird als Grundriss, auf der senkrechten Bildebene, von vorn betrachtet, als Aufriss und von rechts betrachtet als Seitenriss bezeichnet. Das entspricht der europäischen Sicht der Hauptrisse im Unterschied zur amerikanischen Tradition. Um alle Bilder in der Zeichenebene, die der Aufrissebene entspricht, zeigen zu können, muss die Grundrissebene und die Seitenrissebene um 90° in die Zeichenebene eingeklappt werden. Dadurch erscheinen alle Bilder einander senkrecht zugeordnet. Die Richtung, Lage bzw. Höhe der Betrachtung wird, insbesondere bei Schnitten, durch Pfeile gekennzeichnet. Bei räumlich komplizierten Objekten werden Bildebenen gewählt, die parallel zu vorhandenen Objektebenen liegen, um diese eindeutig zu beschreiben. Die Zweitafelprojektion ist die in der Architektur am häufigsten verwendete Art der Plandarstellung und findet Verwendung von der Handskizze bis zur Ausführungsdarstellung.

Affinität

Mit der Affinität ist die Beziehung zweier Ebenen beschrieben, die sich schneiden. Die konstruktive Beziehung beider Ebenen, die einem geraden Prisma oder Zylinder zugeordnet sind, beschreibt auch die generelle, konstruktive Beziehung von Objekt und Bild in der Parallelprojektion. Die Mantellinien des Prismas oder des Zylinders entsprechen dabei der Vorstellung der parallelen Projektionsstrahlen, die in der Schräge liegende Schnittebene dem Objekt, und die in der Grundrissebene, die der Bildebene entspricht, liegende Fläche dem Bild.

Die geometrischen Beziehungen beider Flächen werden so definiert:

Die Affinität ist gegeben durch die Richtung der Projektionsstrahlen und durch mindestens ein entsprechendes Punktepaar des Objektes und des Bildes.

Jedem Punkt des Objektes ist auf dem Projektionsstrahl ein Bildpunkt zugeordnet.

Die Verbindungslinien Originalpunkte und Bildpunkte sind zueinander parallel.

Einander entsprechende Gerade sind sich affin zugeordnet, d. h. sie schneiden sich auf der Affinitäsachse. Alle Teilverhältnisse einer Strecke bleiben erhalten.

In der 2-Tafelprojektion kann mit Hilfe der Affinität der Zusammenhang von Objekt, Bild und wahrer Größe des Objektes erläutert werden.

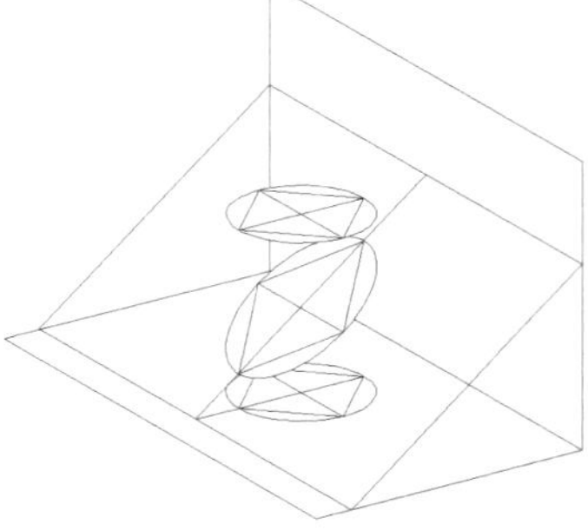

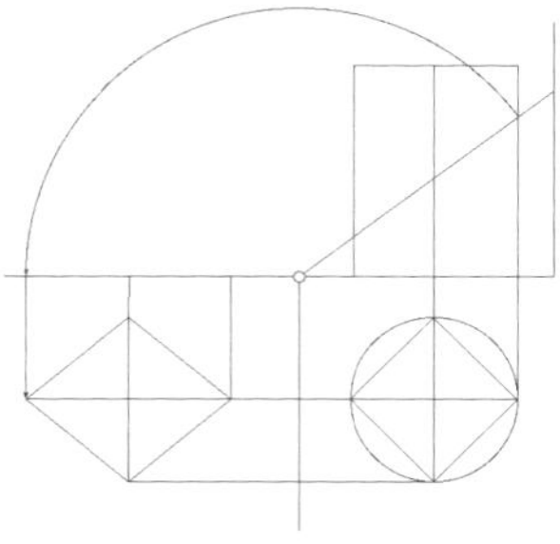

Wahre Größe des Objektes der Schnittebene durch Grundrissklappung

Kollineation

Mit der Kollineation ist die Beziehung zweier Ebenen beschrieben, die sich schneiden. Die konstruktive Beziehung beider Ebenen, die einem geraden Kegel zugeordnet sind, beschreibt auch die generelle, konstruktive Beziehung von Objekt und Bild in der Perspektive.

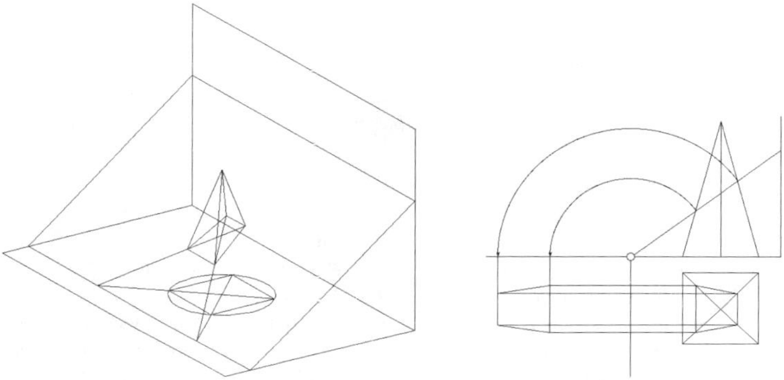

Wahre Größe des Objektes der Schnittebene durch Grundrissklappung

Der Kegel entspricht dabei der Vorstellung des Sehkegels, die in der Schräge liegende Schnittebene dem Objekt, und die in der Grundrissebene, die der Bildebene entspricht, liegende Fläche dem Bild.

Die geometrischen Beziehungen beider Flächen werden so beschrieben:

Die perspektive Kollineation ist gegeben durch das Kollineationszentrum, die Kollineationsachse und durch mindestens ein entsprechendes Punktepaar.

Jedem Punkt des Objektes ist auf dem Kollineationsstrahl ein Bildpunkt zugeordnet.

Einander entsprechende Geraden schneiden sich in der Kollineationsachse.

Das Teilverhältnis einer Strecke durch einen Punkt verändert sich im Allgemeinen.

Durchdringungen

Wir unterscheiden drei Arten der Durchdringung zweier Körper (am Bsp. die Durchdringung zweier Prismen). Bei der *Berührung* schneiden sich die Achsen der Körper. Es entstehen zwei sich schneidende Schnittflächen. Bei der *Verzapfung* schneiden sich die Achsen der Körper nicht. Es entsteht eine geschlossene Schnittfläche. Bei der *Durchbohrung* können sich die Achsen der Körper schneiden. Es entstehen zwei Schnittflächen.

Die Durchdringungen werden in den Tafelprojektionen mit Hilfe des Höhenebenenverfahrens, des Mantelebenenverfahrens oder des Pendelebenenverfahrens konstruiert.

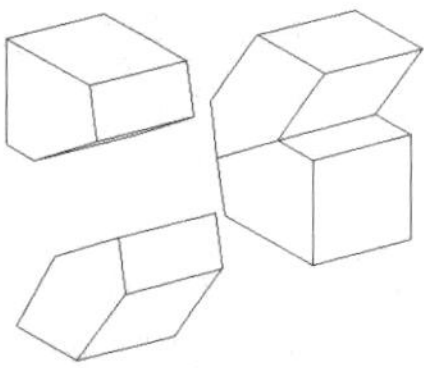

Berührung

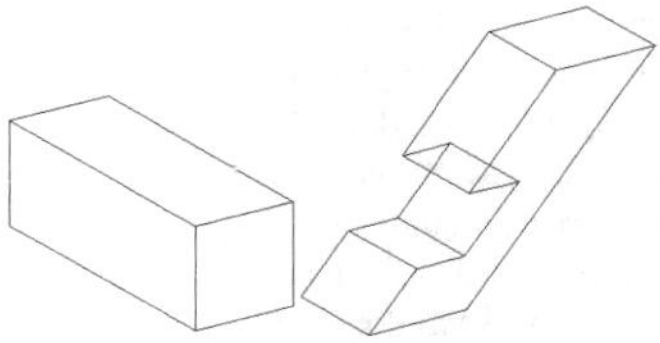

Verzapfung

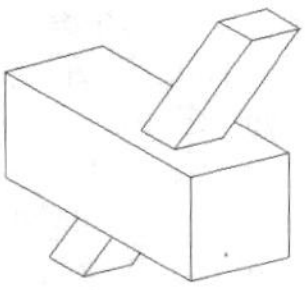

Durchbohrung

Abwicklungen

Die Abwicklungen von ebenflächigen Körpern mit mehrfach geknickten oder gefalteten Flächen werden in der Architektur für die Herstellung von Dächern, Faltwerken und vielen Einzelelementen verwendet. Vor allem im Modellbau sind Abwicklungen von großem Interesse, weil der in der Fläche abgewickelte Körper (gegenüber der Konstruktionszeichnung eventuell vergrößert) dort ausgeschnitten und in den Raum gefaltet werden kann. Um die Abwicklung eines Körpers zeichnen zu können, sind die wahren Größen der Teilflächen des Körpers zu definieren.

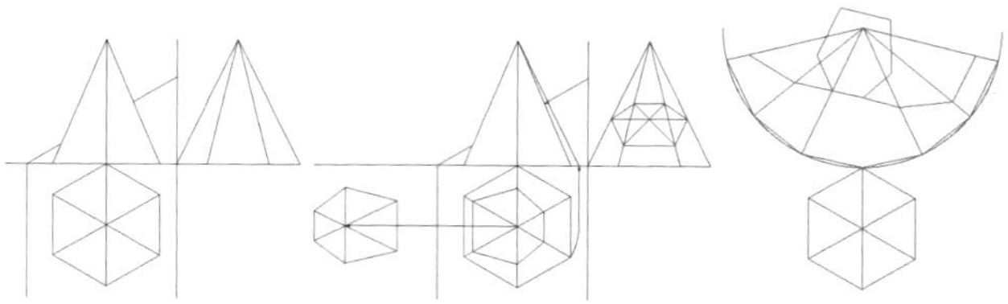

3-Tafelprojektion   Ermittlung der wahren Größen   Abwicklung

Im Beispiel ist eine regelmäßige Pyramide in den Tafeln und eine schräge, zweitprojizierende Fläche gegeben. Gesucht ist die Schnittfläche und die Abwicklung des Pyramidenstumpfes.

Die Schnittfläche im Grundriss ist aus der Darstellung im Aufriss und im Seitenriss gegeben. Die wahre Größe der Schnittfläche ist durch Grundrissdrehung gegeben. Die wahren Größen der Körperkanten des Prismas sind im Aufriss durch die Mongsche-Drehung gegeben. Zur Abwicklung werden ausgehend von der Pyramidenspitze die wahren Längen der Pyramidenkanten auf einem Kreisbogen dargestellt, die Grundrissfigur wird übertragen. Damit sind die Deckflächen der Pyramide in wahrer Größe gegeben.

Von der Spitze aus sind dann die wahren Längen bis zu dem Pyramidenstumpf darzustellen, die Grundrissfläche und die Schnittfläche wird in wahrer Größe an die entsprechenden Punkte übertragen.

1.4 Schräge Projektionen oder Axonometrien

Axonometrische Darstellungen prägen die Architekturzeichnung des 20. Jahrhunderts. Das Bauhaus beschränkt sich fast ausschließlich auf diese Art der Darstellung. Die getuschte Bürozeichnung und die axonometrischen Darstellungsarten gehören zum Programm der Bauhauslehre.

Durch die parallele Projektion ist ein Verfahren gegeben, das die Zeichnung unabhängig vom Betrachter in einem selbst bestimmten, virtuellen System erscheinen lässt und die theoretische Konzeption der Architektur betont. Die Zeichnung hat in diesem Sinne meta-architektonische Funktion. Oft wird die axonometrische Darstellung als eine Art Denkwerkzeug benutzt, die, systematisch abgewandelt, Einzelfragen der Formerscheinung in möglichst vielen Variationen zeigt und vergleichend beurteilt.

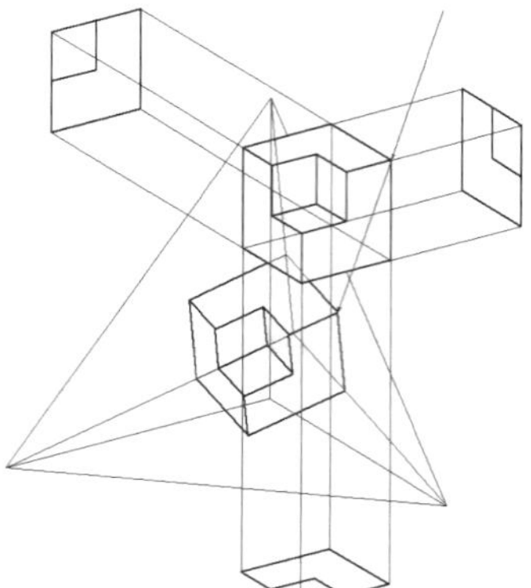

Bezug von Objektpunkt und Bildpunkt

Das axonometrische Bild eines räumlichen Objektes entsteht durch schräge Parallelprojektion in eine schräge Bildebene. Der Winkel der einfallenden Projektionsstrahlen und die Lage des Objektes zur Bildebene können frei gewählt werden. Die Richtung der Projektionsstrahlen sollte dabei zu keiner Objektfläche senkrecht verlaufen, da sonst kein räumliches Bild entsteht. Nach der Festlegung ist jedem Objektpunkt ein Bildpunkt eindeutig zugeordnet und das axonometrische Bild ist geraden- und parallelentreu, d. h. Geraden von Objekt und Bild entsprechen sich und parallele Objektgeraden bleiben parallele Bildgeraden. In der Bildebene, die der frei gewählten, schrägen Ebene entspricht und in der die Projektion des Objektes, auf Grund oben genannter Bedingungen erscheint, erscheint die Veränderung des Winkels der einfallenden Projektionsstrahlen und die Veränderung der Lage des Objektes zur Bildebene als Veränderung der Winkel der Koordinatenachsen zueinander und als Veränderung der Objektlängen im Verhältnis zu den Bildlängen (= Verkürzungsverhältnisse). Die Winkel der Koordinatenachsen und die Verkürzungsverhältnisse werden unabhängig voneinander in der Bildebene festgelegt. Sie bestimmen im ursprünglichen Koordinatenraum die Drehung der Bildebene und die Richtung der Projektionsstrahlen. Sie bestimmen auch die Art der Axonometrie.

Wir unterscheiden die allgemeine Axonometrie, die die Wahl der Variablen freistellt und die Axonometrien, die durch Konventionen festgelegt sind, wie die Grundrissaxonometrie, die Aufrissaxonometrie, die Isometrie und die DIN 5.

Welche Art der Axonometrie verwendet werden soll, kann nur im Zusammenhang von Anschaulichkeit der Zeichnung und Verwendungszweck entschieden werden.

Einschneideverfahren

Mit dem Einschneideverfahren können schräge Projektionen oder Axonometrien auf der Grundlage gegebener Risse konstruiert werden. Zunächst werden die Winkel der Koordinatenachsen zur Horizontalen festgelegt. Die z-Achse bleibt senkrecht, die Drehung von x- und y-Achse oder die Winkel zu der horizontalen Linie sind frei wählbar. Dadurch sind die Spuren und die in die Zeichenebene geklappten Bilder der Koordinatenflächen gegeben (Konstruktion mit Hilfe des Thaleskreises). Die zugeordneten Risse sind so in die Zeichenebene zu legen, dass der Nullpunkt des Risses in der Flucht der Achse liegt, die im entsprechenden Riss senkrecht steht. Die Bilder der Rissachsen sind den gewählten Koordinatenachsen zugeordnet. Das axonometrische Bild eines Punktes entsteht, wenn die Bilder des Punktes, wie sie in den Rissen gegeben sind, durch Ordner, die jeweils parallel zu den Fluchten sind, einander zugeordnet werden. Das axonometrische Bild des Objektes ist durch Zuordnung aller Punkte gegeben.

Durch die Drehung eines Risses sind die Verkürzungsverhältnisse zweier Koordinatenrichtungen und die Drehung des zweiten Risses gegeben, was wiederum die Verkürzung der dritten Koordinatenachse bestimmt.

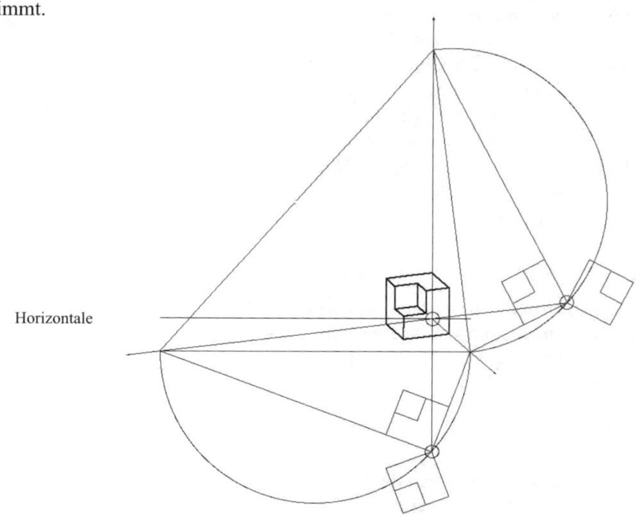

Die Koordinatenachsen und die Verkürzungsverhältnisse entsprechen im Bildbeispiel der Trimetrie, die meist wegen ihrer hohen Anschaulichkeit verwendet wird.

Winkel der Koordinatenachsen zur Horizontalen:
x-Achse 31° und y-Achse 17°

Verkürzungsverhältnisse: $x : y : z = 0{,}91 : 0{,}71 : 0{,}81$

Wir unterscheiden trimetrische Darstellungen mit 3 verschiedenen Verkürzungsverhältnissen, dimetrische Darstellungen mit 2 verschiedenen Verkürzungsverhältnissen und isometrische Darstellungen mit gleichen Verkürzungsverhältnissen.

1.4.1 Grundrissaxonometrie

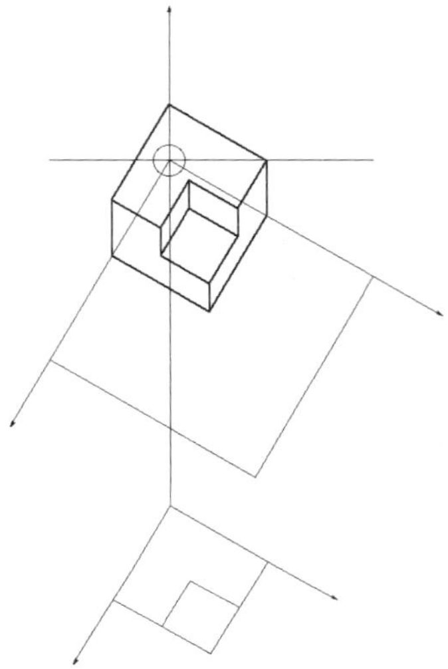

Bei der Grundrissaxonometrie liegt die Bildebene parallel zur Grundrissebene des Objektes, dadurch bleiben die Maße und Winkel des Objektgrundrisses oder aller dazu parallelen Ebenen bei der Abbildung erhalten. Die Projektionsstrahlen werden meist so gewählt, dass die Höhen um die Hälfte verkürzt erscheinen.

Winkel der Koordinatenachsen:

x-Achse 30° zur Horizontalen

Verkürzungsverhältnisse: $x : y : z = 1 : 1 : 0{,}5$

Die Grundrissaxonometrie ergibt eine starke Aufsicht des Objektes. Sie ist geeignet für größere und im Grundriss komplizierte Objekte. Stadtgrundrisse können zum Beispiel mit Hilfe der Grundrissaxonometrie sehr schnell verräumlicht werden.

1.4.2 Aufrissaxonometrie

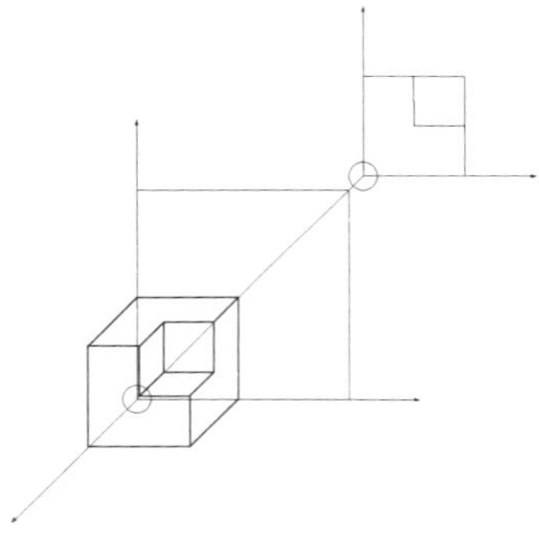

Bei der Aufrissaxonometrie liegt die Bildebene parallel zur Aufrissebene des Objektes, dadurch bleiben die Maße und Winkel der Aufrissebene des Objektes, oder die dazu parallelen Ebenen, bei der Abbildung erhalten. Alle anderen Ebenen erscheinen durch die schräge Projektion, je nach Richtung der Projektionsstrahlen, verzerrt. Die Projektionsstrahlen werden meist so gewählt, dass die Tiefen um die Hälfte verkürzt erscheinen.

Winkel der Koordinatenachsen:
y-Achse 45° zur Horizontalen

Verkürzungsverhältnisse: $x : y : z = 1 : 0{,}5 : 1$

Die Aufrissaxonometrie ist eine einfache Darstellung mit guter Anschaulichkeit, allerdings mit geringer Tiefenwirkung. Sie ist zur Darstellung innenräumlicher Situationen geeignet.

1.4.3 DIN 5

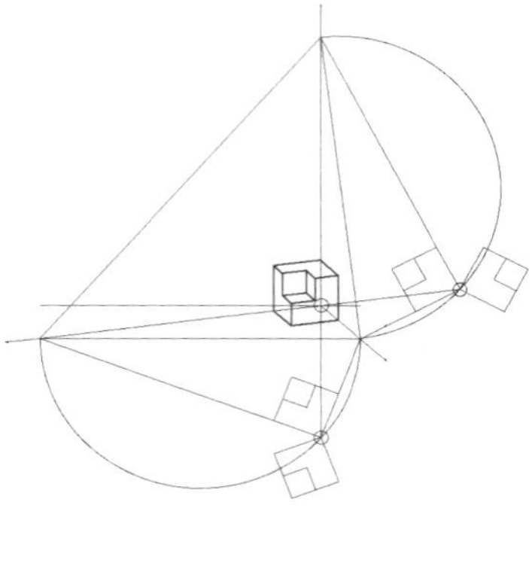

Anschauliche Bilder entstehen, wenn die Bildebene und die Drehung der Rissachsen so gewählt werden, dass nur zwei verschiedene Verkürzungen entstehen, also bei dimetrischen Axonometrien. Das ist der Fall, wenn die Öffnungswinkel der Koordinatenachsen in der Bildebene 131,5°, 97° und 131,5° und die damit gegebenen Verkürzungen 0,94 : 0,47 : 0,94 betragen. Die in der DIN angegebenen Winkel und Verkürzungen sind Näherungswerte.

Winkel der Koordinatenachsen:
y-Achse 7° zur Horizontalen und
x-Achse 42° zur Horizontalen

Verkürzungsverhältnisse: $x : y : z = 1 : 0{,}5 : 1$

1.4.4 Isometrie

Die Bildebene und die Drehung der Rissachsen werden so gewählt, dass alle Achsen in gleichem Maße verkürzt werden. Das ist der Fall, wenn alle von den Achsen eingeschlossenen Winkel gleich groß sind, also 120° betragen. Das Spurendreieck der Bildebene wird gleichseitig.

Die Verkürzung beträgt jeweils 2/3 oder 0,8165. In der Regel werden die achsenparallelen Kanten jedoch unverkürzt dargestellt.

Winkel der Koordinatenachsen zur Horizontalen:

x-Achse 30°
y-Achse 30°
Verkürzungen: $x : y : z = 1 : 1 : 1$

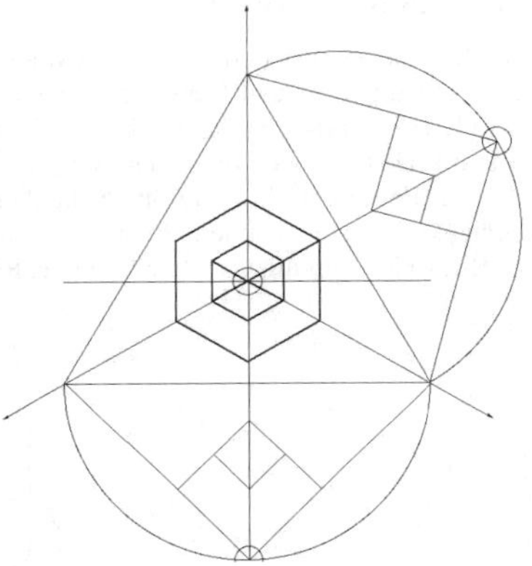

1.4.5 Senkrechte Axonometrie

Die senkrechte oder orthogonale Axonometrie ermöglicht eine sehr gute Anschaulichkeit. Die Konstruktion ist im Verhältnis zu den anderen Axonometrien allerdings aufwendig.

In dem von den x-, y- und z-Achsen gebildeten Raum, liegt eine beliebige Ebene. Die Achsen werden in senkrechter Richtung auf diese Ebene projiziert. Man erhält innerhalb des Spurendreiecks die x-, y- und z-Achsen der senkrechten Axonometrie. Um einen Körper abbilden zu können, werden die Bildtafeln des gefundenen Spurendreiecks in die Bildebenen eingedreht. Die Bildebenen liegen dabei in der durch das Spurendreieck gebildeten Ebene. Dabei wandern die Punkte auf einem Kreisbogen, der senkrecht zur Drehachse steht. Drehachse ist die jeweilige Spur. Der geometrische Ort ist der Thaleskreis über der Spur in der Fläche des Spurendreiecks. Bei der Eindrehung der Bildtafel wandern die, in ihr enthaltenen Punkte und Strecken ebenfalls in die eingedrehte Bildtafel. Das Bild der einzudrehenden Bildtafel ist affin zu dem Bild der eingedrehten Bildtafel. Die Affinitätsrichtung ist durch die Zuordnung von Nullpunkt und eingedrehtem Nullpunkt gegeben. Die im Raum erläuterten Zusammenhänge der konstruktiven Bedingungen der senkrechten Axonometrie, werden bei der Anwendung in der, dem Spurendreieck entsprechenden, projizierten Ansicht sichtbar.

Konstruktionsschritte:

Zunächst wird ein beliebiges Dreieck festgelegt. Die Achsen innerhalb des gegebenen Dreieckes, die zu den Koordinatenachsen der senkrechten Axonometrie werden, stehen senkrecht auf der jeweils gegenüberliegenden Seite. Der Nullpunkt der ausgedrehten Bildtafel ist durch die Senkrechte zur jeweiligen Spur und durch den Thaleskreis über dieser bestimmt. Der in den Bildtafeln gegebene Grund- und Aufriss ist dann mit Hilfe der zu den Spuren senkrechten Zuordnung in das Bild der senkrechten Axonometrie zu übertragen. Dabei geht man vom Grundriss in das Bild, vom Bild zum Aufriss, wo die gegebenen Höhen ergänzt werden und vom Aufriss zurück in das Bild. Die Zuordnungsrichtung steht senkrecht auf der jeweiligen Spur.

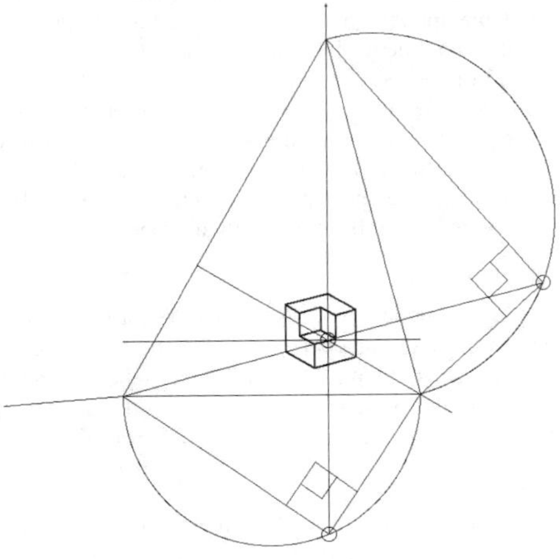

Freie senkrechte Axonometrie am Beispiel des Würfels

1.5 Perspektive

Die Perspektive spricht das Auge direkt an. Die Perspektive ist schön und erreicht das höchste Maß an Anschaulichkeit und Gegenstandsnähe. Die Aufgabe der Perspektive ist erfüllt, wenn das Bild den gleichen optischen Eindruck, wie die Betrachtung des Originals hervorrufen würde. Aus der Kenntnis aber weniger Tatsachen, wie, dass sich die Vorstellung des Raumes hinter dem Betrachter schließt, Raum entscheidend durch die Augenbewegung und die Eigenbewegung des Betrachters, durch akustische und andere Phänomene bestimmt ist, wird deutlich, wie grundsätzlich verschieden die Bildwahrnehmung von Raum und die Raumwahrnehmung tatsächlich sind.

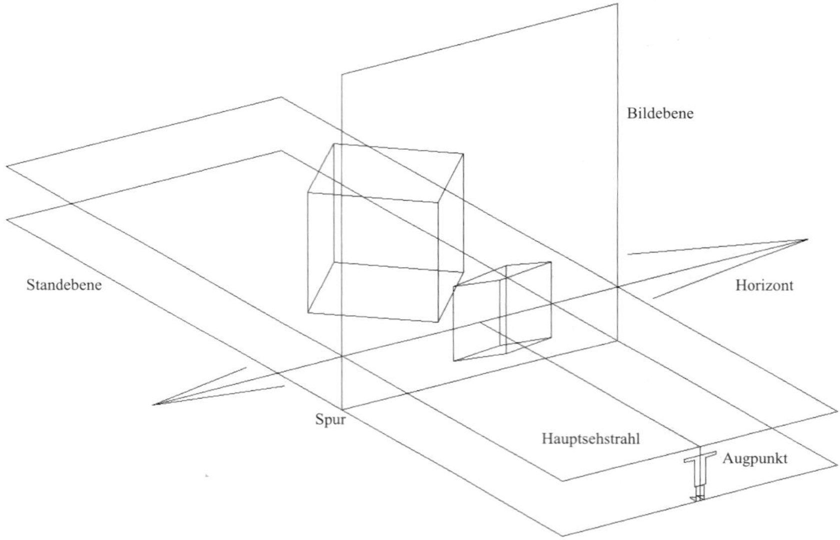

In der Konstruktion der Perspektive gehen wir von einem fixierten, einäugigen Augpunkt aus und stellen uns zwischen Betrachter und Objekt eine Ebene, die sog. Bildebene vor. Fixiert der Betrachter einen Objektpunkt, so durchstößt der Sehstrahl die Bildebene an dem Punkt, der aus der Sicht des Betrachters mit dem Objektpunkt zusammenfällt. Werden nun nach und nach alle Punkte des Gegenstandes mit dem Sehstrahl abgetastet, so entsteht auf der Bildebene ein Bild, dessen Form mit dem Gegenstand identisch erscheint. Der beschriebene Vorgang entspricht einer Projektion. Die Sehstrahlen entsprechen den Projektionsstrahlen die ausgehend vom Augpunkt, dem Projektionszentrum, auf der Bildebene die Bildpunkte erzeugen. Perspektive Bilder entstehen durch Zentralprojektion. In der zeichnerischen Perspektive ist es sinnvoll Objekte darzustellen, die selbst linear einfach begrenzt sind, weil jede räumliche Richtung die Definition eines eigenen Fluchtpunktes notwendig macht.

Augpunkt

Der Augpunkt oder das Projektionszentrum liegt auf einer Senkrechten (Distanz) über dem Standpunkt in der Horizontebene. Seine Lage ist entscheidend für das perspektive Bild. Der Augpunkt bestimmt die Richtung des von ihm ausgehenden Sehstrahlenbündels. Durch die Veränderung des Abstandes vom Augpunkt zur Bildebene, der durch den Hauptsehstrahl gegeben ist, verändert sich die Größe des perspektiven Bildes (Skalierung).

Hauptsehstrahl

Der Hauptsehstrahl steht senkrecht zur Bildebene und durchstößt diese im Hauptpunkt H. Durch die Veränderung der Distanz von Augpunkt zu Standebene entstehen verschiedene Objektansichten im perspektiven Bild, wie die sog. Froschperspektive, Normalperspektive oder Vogelperspektive.

Standebene

Die Standebene entspricht der Grundrissebene, in der die räumliche Lage des Objektes beschrieben ist. Die Schnittspur mit der Bildebene ist die Spur. In ihr fallen Objektpunkte und Bildpunkte zusammen.

Horizontebene

Die Horizontebene liegt parallel zur Standebene, enthält den Augpunkt und beschreibt als Schnittspur mit der Bildebene den Horizont.

Die Standebene und die Horizontebene stehen senkrecht auf der Bildebene. Beim Zeichnen entspricht das Zeichenblatt der Bildebene. Voraussetzung ist, dass die Horizontebene und die Standebene in die Bildebene (= Zeichenebene) eingeklappt werden. Klappachse für beide Ebenen ist die jeweilige Spur mit der Bildebene. Die Verschwindungsebene geht durch den Augpunkt und steht senkrecht auf der Standebene. Sie liegt parallel zur Bildebene. Bei der Klappung erscheint die Verschwindungsebene als Spur mit der Bildebene (= Verschwindungsgerade). Objektpunkte die dahinter liegen, können nicht gesehen werden.

Bildebene

Die Bildebene wird im Allgemeinen senkrecht zur Standebene angenommen. Auf ihr entsteht das perspektive Bild als Durchdringung der Projektionsstrahlen zwischen Projektionszentrum und den Objektpunkten. Die zur Grundrissebene und zur Bildebene parallele Ebene, in der die Distanz, der Augpunkt und der Hauptpunkt liegen, heißt Sagittalebene. Die zur Bildebene parallele Ebene, in der Augpunkt und die Distanz liegen, heißt Verschwindungsebene. In ihr liegende Objektpunkte haben ihr Bild im Unendlichen. Um die räumliche Vorstellung in der perspektiven Anlage aus dem Grundriss zeichnen zu können, werden der Augpunkt und der Horizont in die Standebene, die der Zeichenebene entspricht, eingeklappt.

Verzerrung

Die Verschiedenheit des Sehens von der perspektiven Konstruktion, am Bsp. die Abweichung der gekrümmten Netzhaut zur ebenen Projektionsfläche der Bildebene, führt dazu, dass perspektive Bilder verzerrt erscheinen. Dabei nimmt die Verzerrung der abgebildeten Objektelemente mit dem Abstand zum Hauptpunkt zu. Die Verzerrung entspricht dem Tangensquadrat der Winkelabweichung vom Hauptsehstrahl. Um bei der Perspektive anschauliche Bilder zu bekommen, sollte der Sehwinkel bei Außenraumperspektiven nicht größer als 60°, bei Innenraumperspektiven nicht größer als 90° sein, d. h. ein abzubildendes Objekt sollte innerhalb eines Sehkegels liegen, der sich 60° bzw. 90° öffnet. Die Kegelachse entspricht dem Hauptsehstrahl.

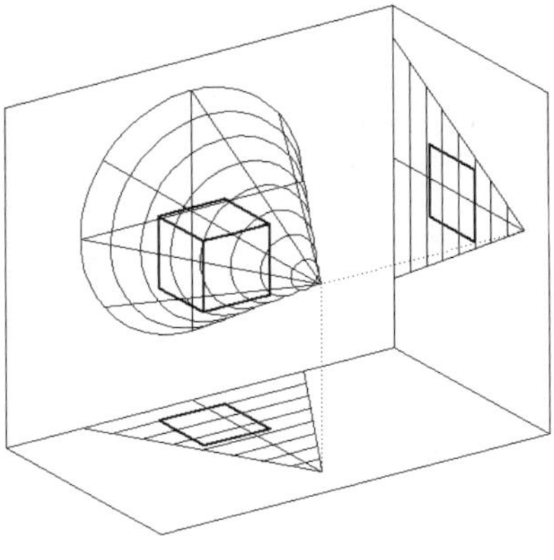

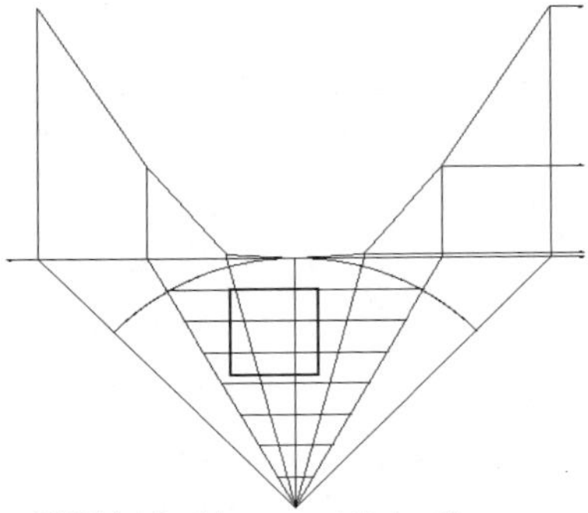

45° Winkelabweichung entspricht einer Verzerrung von 100%
30° Winkelabweichung entspricht einer Verzerrung von 33%
15° Winkelabweichung entspricht einer Verzerrung von 7%
Die Bildkugel entspricht der kugelförmig gekrümmten Netzhaut.

Wir unterscheiden drei Arten der Perspektive. Die Zentralperspektive, die Übereckperspektive und die Perspektive bei geneigter Bildebene.

Zentralperspektive

Bei der Zentralperspektive verlaufen zwei Richtungen des abzubildenden orthogonalen Körpers parallel zur Bildebene, die Kanten dieser Richtung haben ihren Fluchtpunkt im Unendlichen, d. h. die Bilder dieser Kanten bleiben parallel. Für die dritte Richtung ergibt sich ein im Endlichen liegender Fluchtpunkt, der zentrale Fluchtpunkt.

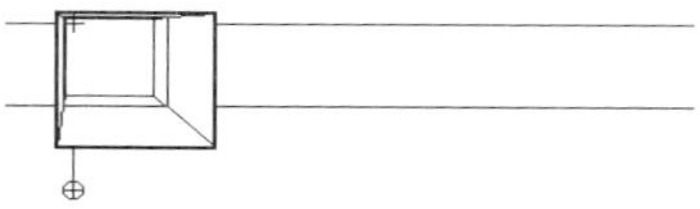

Übereckperspektive

Bei der Übereckperspektive verläuft eine Richtung des abzubildenden orthogonalen Körpers parallel zur Bildebene, die Bilder dieser Kanten bleiben parallel. Für die anderen zwei rechtwinklig aufeinander stehenden Richtungen ergeben sich zwei Fluchtpunkte, die wir Perspektive mit zwei Fluchtpunkten oder Übereckperspektive nennen.

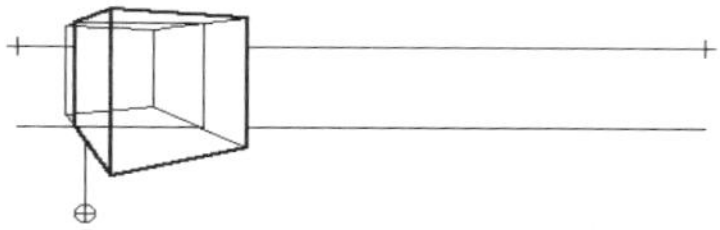

Perspektive bei geneigter Bildebene

Bei der Perspektive bei geneigter Bildebene verlaufen die Kanten des Würfels in drei rechtwinklig aufeinander stehenden Richtungen. Alle Kanten einer Richtung verlaufen parallel und haben einen gemeinsamen Fluchtpunkt. Die drei Richtungen definieren drei verschiedene Fluchtpunkte bei allgemeiner Lage eines orthogonalen Körpers in der Perspektive.

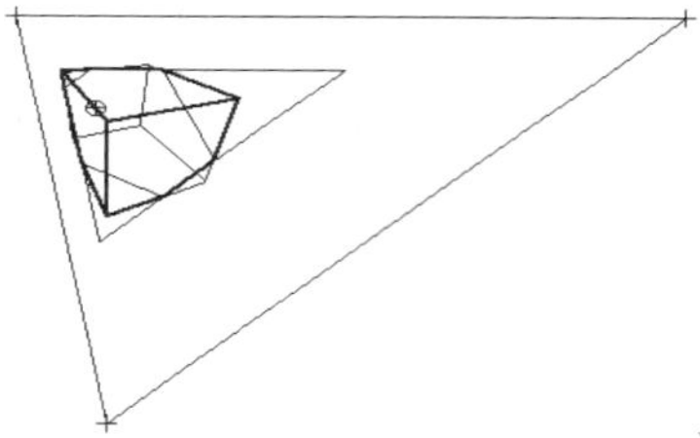

1.5.1 Die perspektive Anlage

Grundrissanlage

Die Anlage des Objektgrundrisses zur perspektiven Anlage, die durch Augpunkt, Bildebene, Spur und Horizont gegeben ist, bedingt die Art des perspektiven Bildes.

Zwei Hauptgrundrissrichtungen liegen parallel zur Bildebene (= Zentralperspektive). Fluchtpunkt F entspricht dem Hauptpunkt H.

Die Hauptgrundrissrichtungen des Objektes liegen in beliebigem Winkel zur Bildebene (= Übereckperspektive). Die Hauptgrundrissrichtungen bestimmen die Fluchtpunkte F1 und F2 am Beispiel. Allgemein ist jeder Grundrissrichtung ein entsprechender Fluchtpunkt zugeordnet.

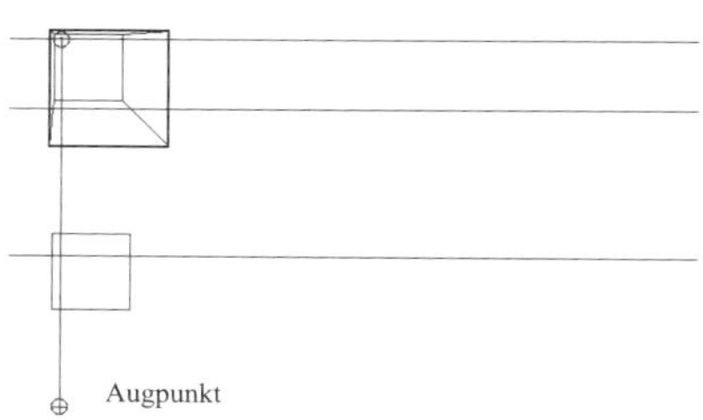

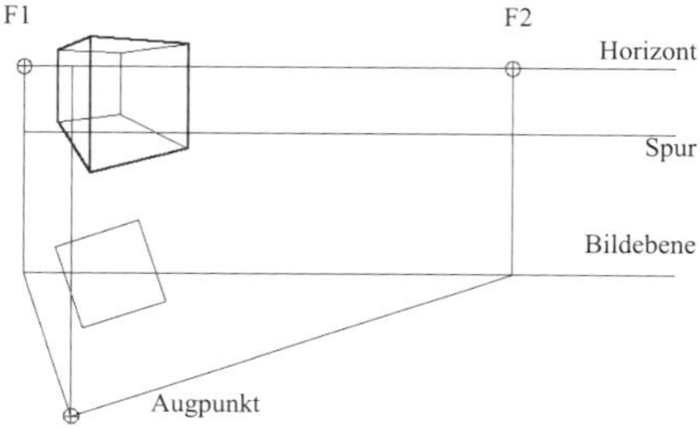

Bildebene und Augpunkt; Skalierung

Je weiter sich die Bildebene vom Augpunkt entfernt, desto größer wird die Schnittfläche der Bildebene mit dem Sehkegel und entsprechend das perspektive Bild des Objektes bei gleichem Abstand von Augpunkt zu Objektgrundriss. Bildskalierung = Verkleinerung oder Vergrößerung des Bildes.

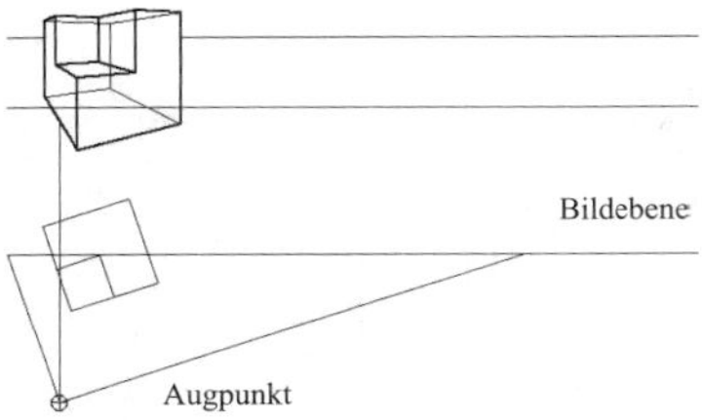

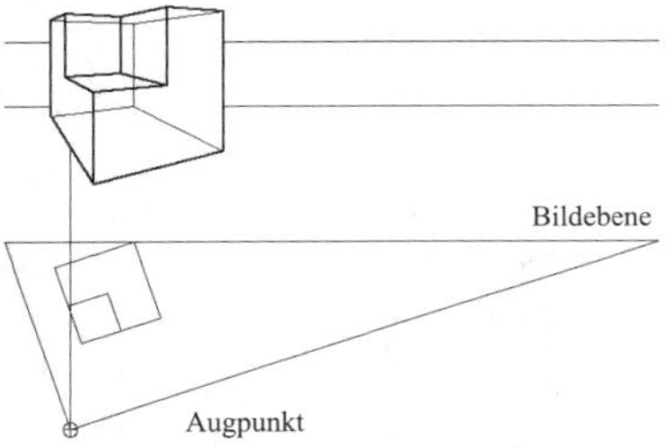

Spur und Bildebene

Im Allgemeinen wird, wie in den vorhergehenden Darstellungen, der Grundriss vom perspektiven Bild getrennt, d. h. die Bildebene in einer freien Distanz zur Spur gewählt. Dies gilt insbesondere für komplizierte, perspektive Bilder, weil dadurch eine gewisse Übersichtlichkeit gewährleistet ist. Bei einfachen, räumlichen Vorgaben, kann der Grundriss sich aber auch mit dem perspektiven Bild überlagern, d. h. die Bildebene mit der Spur zusammenfallen.

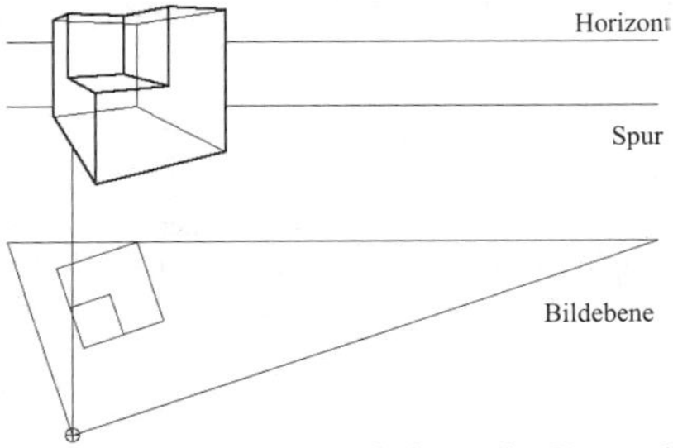

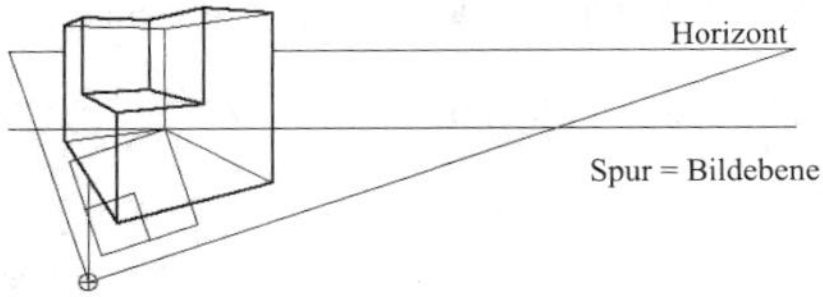

Dies bedeutet eine Vereinfachung der Konstruktion, weil der Zusammenhang von Grundriss und perspektiven Bild direkt dargestellt werden kann und nicht durch eine senkrechte Zuordnung über die Bildebene. Bei gleichem perspektiven Bild bedeutet dies aber eine andere Entfernung des Augpunktes zum Grundriss.

Horizont und Spur

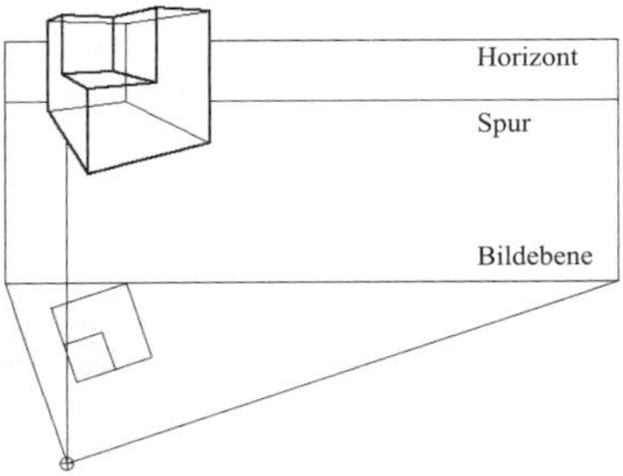

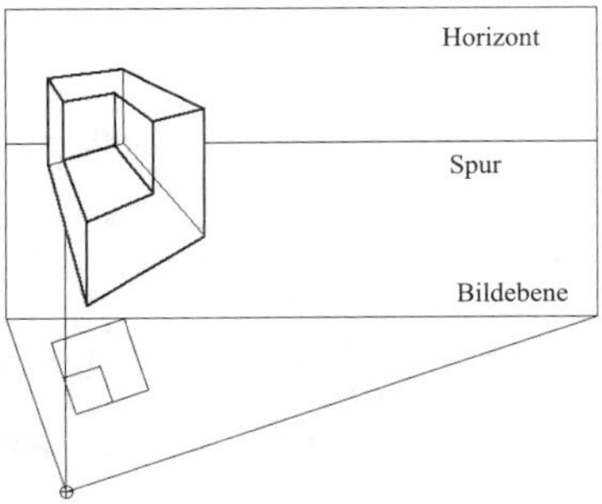

Die Lage des Horizontes zur Spur oder die Lage der Aughöhe zur Standebene bedingt die Art der Ansicht des Objektes. Wir unterscheiden Normal-, Vogel-, oder Froschperspektive.

Bei einer Normalperspektive wird maßstäblich eine Aughöhe von etwa 1,5-1,7 m über der Standebene angenommen. Bei Frosch- oder Vogelperspektive kommt das perspektive Bild schnell an den Rand des Sehkreises. Um Verzerrungen zu vermeiden kann die Bildebene gekippt werden.

Objektgrundriss und Augpunkt

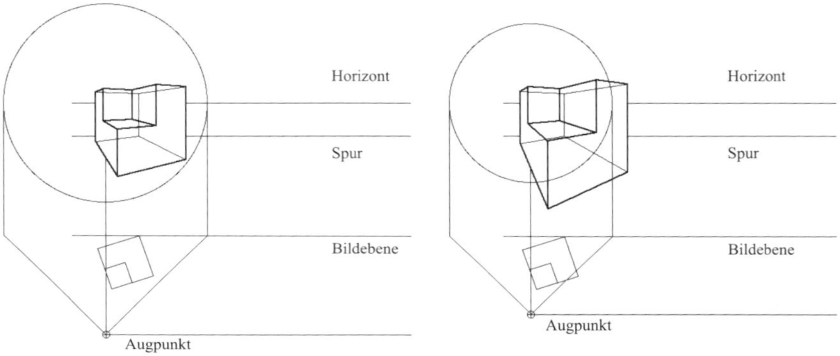

Der Abstand des Augpunktes zum Objekt bestimmt den Bildausschnitt des perspektiven Bildes. Dabei ist bei freier Wahl des Abstandes auf mögliche Verzerrungen zu achten.

1.5.2 Konstruktionsverfahren

Perspektive aus zwei Rissen

Perspektive Bilder werden meistens ohne Seitenriss konstruiert, wenn die Bildebene den Grundriss schneidet und ausreichend Höhenangaben bekannt sind. Die Höhenangaben erscheinen in der Bildebene in wahrer Größe und können direkt ins perspektive Bild übernommen werden.

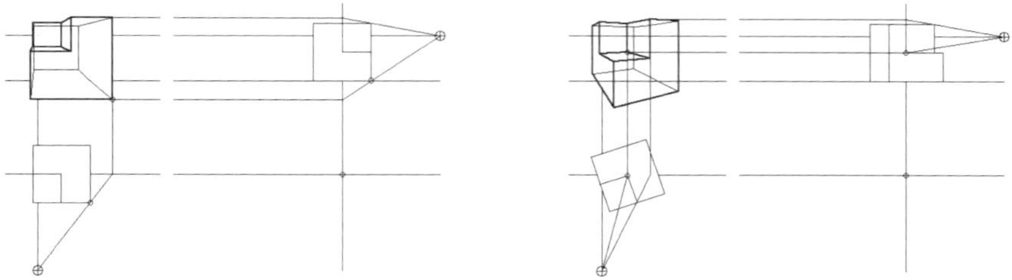

Grundrissanlage zugeordnet die Seitenrissanlage Grundrissanlage zugeordnet die Seitenrissanlage

Perspektive Bilder können außerdem konstruiert werden, wenn die perspektive Anlage, d. h. die Zusammenschau von Augpunkt, Bildebene, Horizont, Spur und Objekt im Grundriss und zugeordnet im Aufriss oder Seitenriss gegeben ist.

Die perspektiven Bilder der Punkte ergeben sich, wenn die Grundrisspunkte vom Augpunkt im Grundriss in die Bildebene projiziert, den Seitenrisspunkten vom Augpunkt im Seitenriss in die entsprechende Bildebene projiziert, einander senkrecht zugeordnet werden.

Zentralperspektive mit Distanzpunkten

Bei diesem Verfahren kann das perspektive Bild ohne Vorgabe von Rissen konstruiert werden.

Zuerst wird der Distanzkreis um den gewählten Hauptpunkt gezeichnet. Der Radius entspricht dem Abstand Augpunkt zu Bildebene. Der Distanzkreis entspricht der Schnittfläche eines 90°-Sehkegels mit der Bildebene, die Mittelachse dem Hauptsehstrahl.

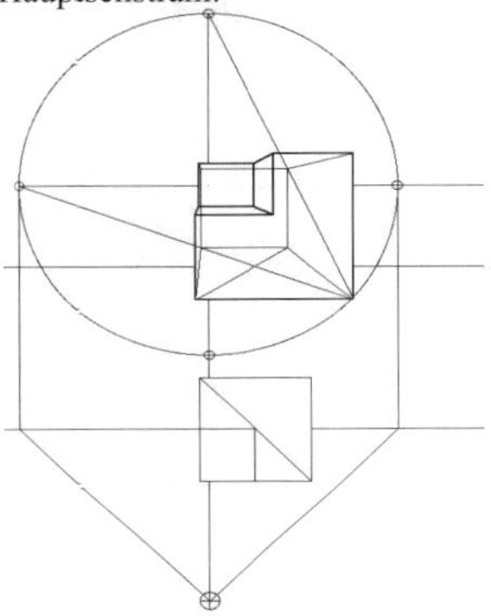

Alle Mantellinien des Sehkegels treffen im 45°-Winkel die Bildebene, d. h. der Distanzkreis ist auch der Ort der Fluchtpunkte aller Geraden, die im 45°-Winkel die Bildebene treffen.

Bei der Bestimmung einer Größe des Quadrates, in wahrer Größe in der Bildebene oder nach freier Wahl vor oder hinter der Bildebene parallel oder senkrecht zu ihr, ist das perspektive Bild des Quadrates durch die horizontalen oder vertikalen Distanzpunkte gegeben.

Übereckperspektive mit Messpunkten

Im Grundriss: Gesucht ist das perspektive Bild eines Punktes P, der auf einer bereits dargestellten Tiefenlinie liegt. Der Abstand zur Bildebene ist gegeben. Durch horizontale Drehung um den Durchstoßpunkt mit der Bildebene erscheint der Abstand in der Bildebene.

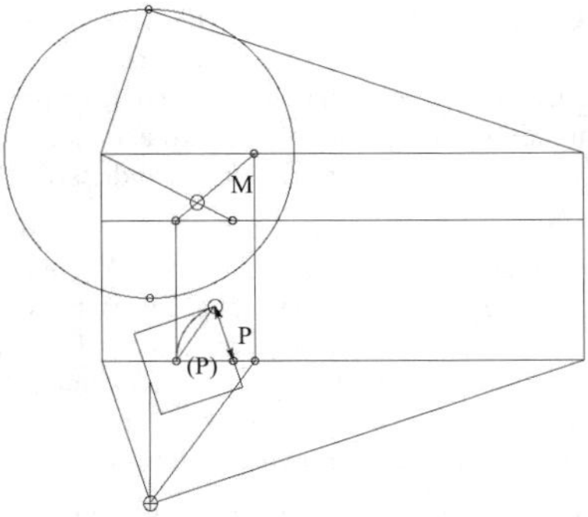

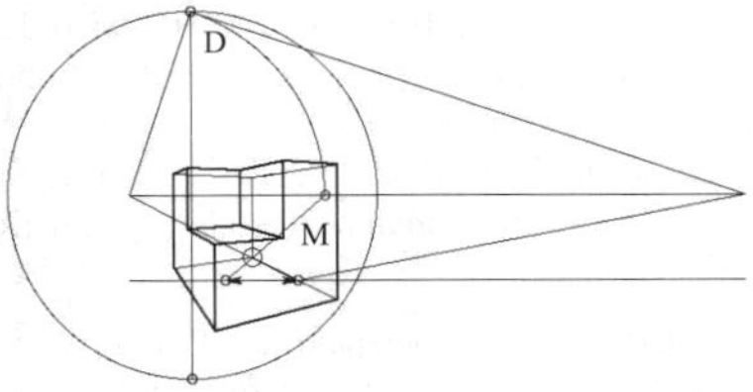

Der Richtung dieser Zuordnung (= Verbindung Punkt P und dem eingedrehten Punkt P) ist ein Fluchtpunkt M auf dem Horizont zugeordnet, dem sogenannten Messpunkt. Der Fluchtpunkt M ist durch Parallelverschiebung der Richtung der Zuordnung durch den Augpunkt als Schnitt mit der Bildebene gegeben.

Im perspektiven Bild: Ohne Zuhilfenahme des Grundrisses ist der Messpunkt M im perspektiven Bild durch die Eindrehung des vertikalen Distanzpunktes D um den Fluchtpunkt links auf den Horizont gegeben. Entsprechend wird für die Tiefenlinien, die nach rechts laufen, der Distanzpunkt D um den Fluchtpunkt rechts auf den Horizont eingedreht.

Anwendungsbereich ist die Rekonstruktion der perspektiven Anlage in der Fotografie.

Konstruktionsbeispiel. Perspektive aus zwei Rissen

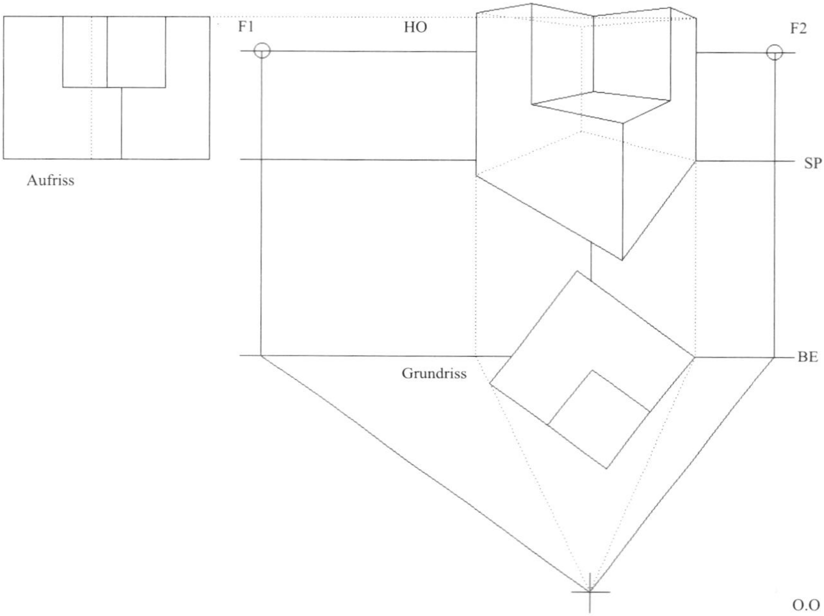

Konstruktionsschritte:

Nach der Festlegung der perspektiven Anlage mit der Zuordnung von Augpunkt O.O, der Bildebene BE, der Spur SP und dem Horizont HO wird der Objektgrundriss festgelegt. Bei der Festlegung ist darauf zu achten, dass der Objektgrundriss innerhalb eines Öffnungswinkels von ca. 60° von O.O ausgehend liegt, um Verzerrungen zu vermeiden. Danach werden, indem die Hauptgrundrissrichtungen des Objektes parallel durch O.O verschoben, mit der BE geschnitten, senkrecht dem Horizont zugeordnet, die Fluchtpunkte festgelegt. Am Beispiel entsprechen zwei Hauptgrundrissrichtungen zwei Fluchtpunkten.

Die Konstruktion des perspektiven Grundrissbildes beginnen wir am Beispiel im Eckpunkt rechts, weil der Grundrisspunkt auch dem Punkt des perspektiven Bildes auf der Spur entspricht. Von dort aus ist die Richtung im perspektiven Bild durch den Eckpunkt und den entsprechenden Fluchtpunkt bestimmt, der für diese Richtung bestimmt wurde. Ein beliebiger Punkt auf der Richtung, der die Länge festlegt, kann über die Konstruktionsidee (Verbindung von Augpunkt und Grundrisspunkt auf die Bildebene verlängert und senkrecht dem perspektiven Bild zugeordnet) bestimmt werden.

Die Höhenzuordnung kann aus dem Aufriss auf eine Senkrechte über dem Grundrisspunkt in wahrer Höhe erfolgen, den die Bildebene und entsprechend im perspektiven Bild die Spur schneidet. Diese Höhe ist dann auf alle Senkrechten mit Hilfe der entsprechenden Fluchtpunkte zu übertragen. Dabei gilt, dass alle Parallelen den gleichen Fluchtpunkt haben.

1.5.3 Die Spiegelung in der Perspektive

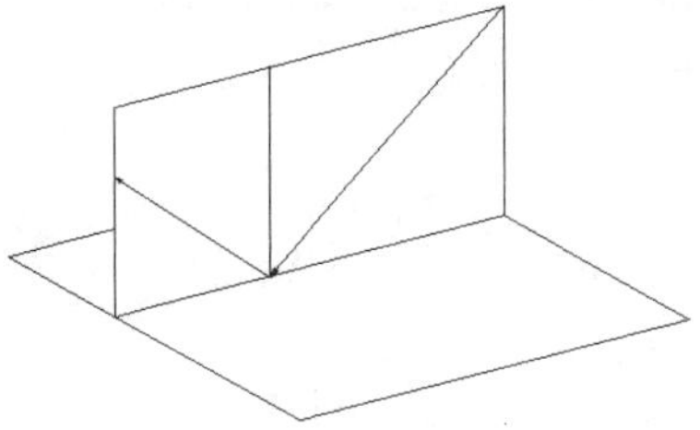

Die konstruktiven Bedingungen der Spiegelung.

Wir unterscheiden waagerechte, senkrechte, schräge oder gekrümmte Spiegelflächen.
In Architekturdarstellungen finden wir meist die senkrechte Fensterfläche oder die waagerechte Wasserfläche als Spiegelebene (siehe folgende Beispiele).

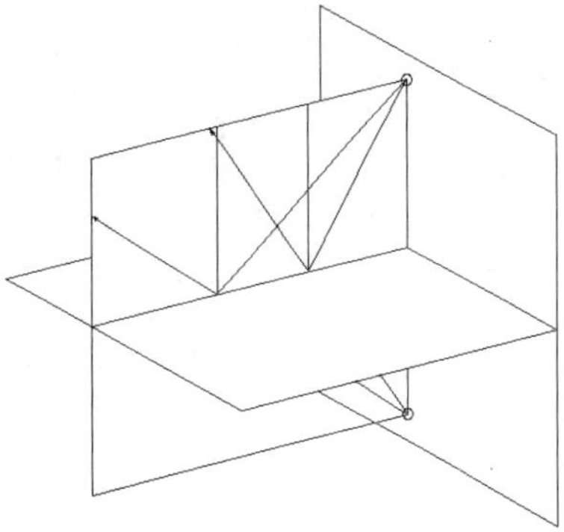

Der einfallende Lichtstrahl und der auf der Spiegelebene reflektierte Lichtstrahl liegen in einer zu der Spiegelebene senkrechten Ebene. Einfallswinkel = Ausfallswinkel. Der Winkel zwischen Lot und einfallendem Lichtstrahl und der Winkel zwischen Lot und reflektiertem Lichtstrahl sind gleich.

Alle durch Punkt P einfallenden Strahlen werden so reflektiert, dass sich die rückwärtigen Verlängerungen der reflektierten Strahlen in einem Punkt = Spiegelpunkt schneiden.

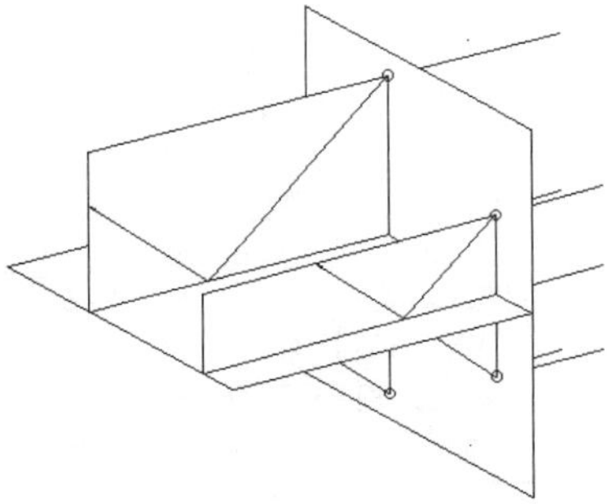

Die Distanz der Punkte zur Spiegelebene entspricht der Distanz der Spiegelpunkte zur Spiegelebene.

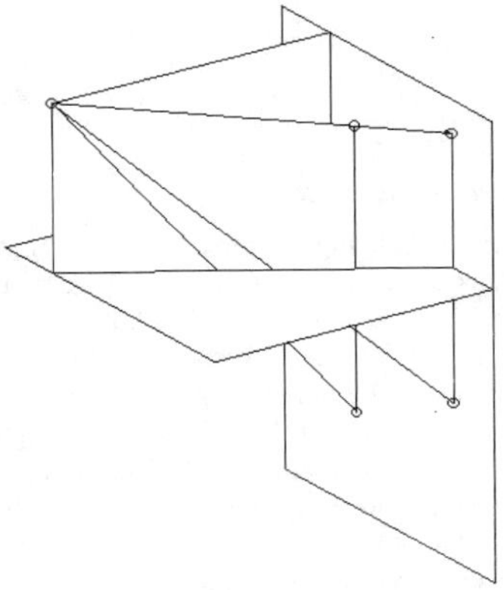

Das vom Auge erkannte Spiegelbild ist nicht symmetrisch dem Original. Das Spiegelbild ist abhängig von der Lage des Objektes zum Augpunkt. Am Beispiel liegen die Punkte optisch hintereinander auf einem Sehstrahl, dies gilt aber nicht für die Spiegelpunkte.

Konstruktionsbeispiel. Haus am Pool

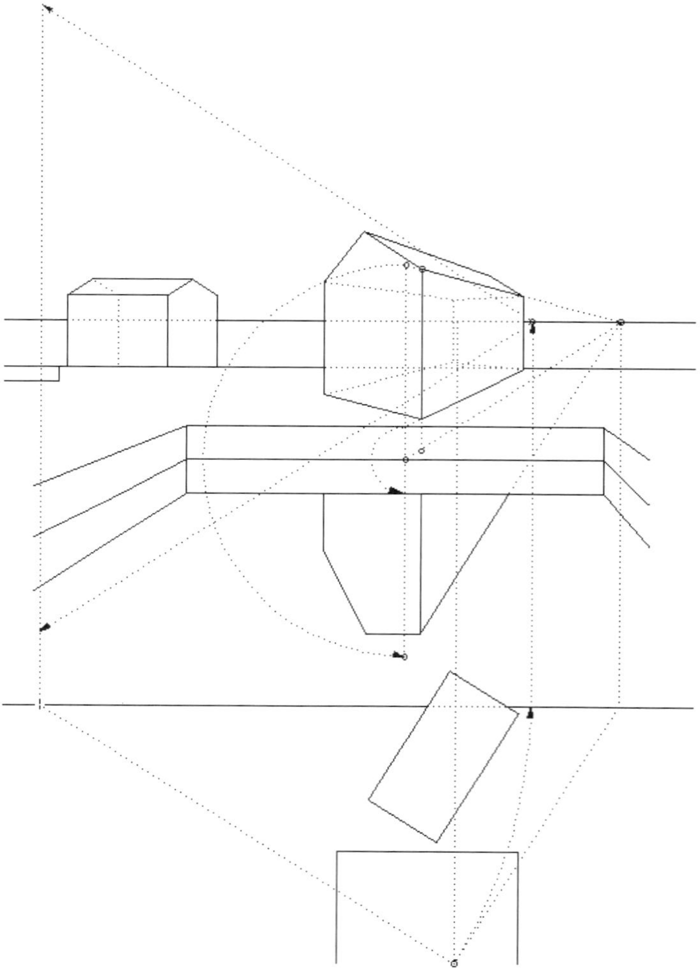

Konstruktionsschritte:

Von einem beliebigen Punkt P, in diesem Beispiel der Fluchtpunkt rechts, auf dem Horizont, sind die Punkte A und B der Geraden (B = der Fußpunkt der Geraden in der Nullebene) auf die Spur der Spiegelebene zu verlängern. Die Länge der Geraden ist dann in der Spiegelspur zu spiegeln und mit dem Punkt P wieder zu verbinden. Diese Verbindung begrenzt die Spiegelung senkrecht unterhalb der Geraden. Die Spiegelung des Hauses wird außerdem begrenzt durch die gespiegelte Uferkante. Die wahre Größe des Winkels der Dachneigung ist über die, in den Grundriss geklappte Giebelwand gegeben. Über den auf den Horizont eingedrehten Augpunkt (O.O), in dem der wahre Winkel der Dachneigung angetragen wird, ergibt sich als Schnitt mit der Senkrechten über dem entsprechenden Horizontalfluchtpunkt der Rampenfluchtpunkt. Geneigte Richtungen fluchten im Spiegelbild zu den entgegengesetzten (= gespiegelten) Höhenfluchtpunkten.

1.5.4 Schatten in der Perspektive

Beleuchtungsarten

Parallelbeleuchtung

Bei der Annahme einer Lichtquelle im Unendlichen sprechen wir von Parallelbeleuchtung. Dies gilt insbesondere für das Sonnenlicht, da die Entfernung Sonne zu Objekt im Verhältnis der Entfernung von Objekt zu Schattenbild als unendlich groß angenommen werden kann. Die konstruktiven Zusammenhänge von Objekt und Schattenbild sind durch die affine Beziehung von Objekt, als Körperschnitt eines Zylinders und Schattenbild, als Grundfläche des Zylinders erläutert. Die einfallenden Lichtstrahlen bestimmen die Mantellinien des Zylinders (s. Affinität, Abschn. 1.3).
Die konstruktiven Parameter des Schattenbilds sind die Grundriss- und Raumrichtung des Lichtes und die Bestimmung des Betrachters.

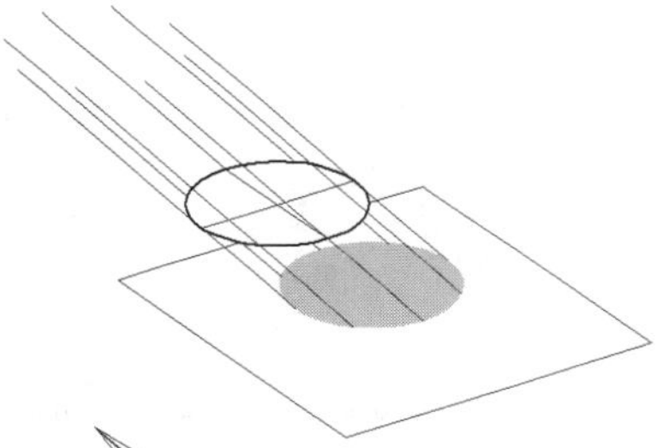

Zentralbeleuchtung

Bei einer punktförmigen Lichtquelle in endlicher Entfernung, was einer künstlichen Lichtsituation entspricht, sprechen wir von Zentralbeleuchtung. Dies gilt für alle künstlichen Lichtquellen. Die konstruktiven Zusammenhänge von Objekt und Schattenbild sind durch die kollineale Beziehung von Objekt, als Körperschnitt eines Kegels und Schattenbild, als Grundfläche des Kegels erläutert. Die einfallenden Lichtstrahlen bestimmen die Mantellinien des Kegels (s. Kollineation, Abschn. 1.3).

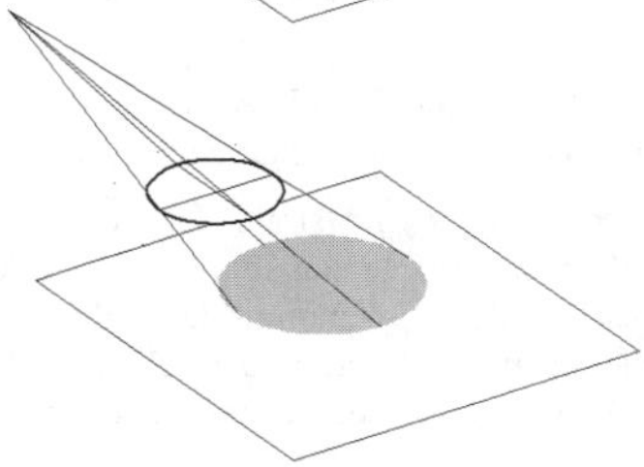

Die Lichtsituation bei der Zentralbeleuchtung wird konstruktiv beschrieben durch eine Gerade, deren Endpunkt die Lichtquelle und deren Fußpunkt, meist in der Standebene, den Fußpunkt der Lichtquelle im Endlichen darstellt.

Mehrfachzentralbeleuchtung

Bei der Mehrfachzentralbeleuchtung ergeben sich je nach Lage des Objektes zu den Lichtquellen mehrere unterschiedliche Schattenbilder. Beispiele sind Schattenbilder im Theater oder bei Flutlicht im Stadion.

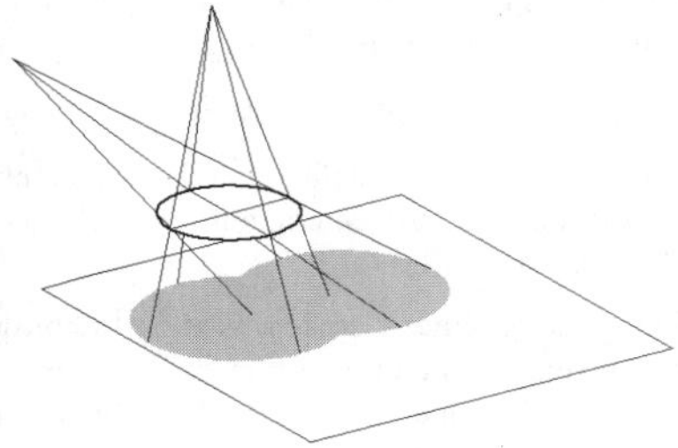

Diffuse Beleuchtung

Von einer diffusen Beleuchtung spricht man, wenn sich kein Schattenbild entwickelt. Man kann sich auch vorstellen, dass das Objekt von unendlich vielen Lichtquellen z. B. bei Nebel beleuchtet wird. Wir unterscheiden den Schlagschatten (= das Schattenbild) eines Objektes auf einer beliebigen Schatten-

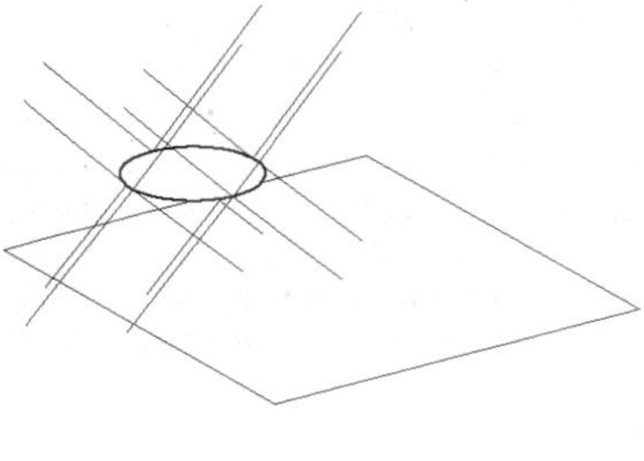

auffangfläche und den Körperschatten (= der Schatten der sich am Objekt selbst entwickelt). Konstruktiv wird zunächst der Schlagschatten entwickelt und in Abhängigkeit dazu der Körperschatten gezeichnet.

Lichtdiagramm

Eine Lichtsituation (Rückenlicht von links, technischer Lichtstrahl) ist in einem Würfel dargestellt. Für die Konstruktion der wahren Größe des Winkels zwischen Grundrissfläche und räumlichem Lichtstrahl, wird das Lichtdreieck in die Ebene geklappt. Die Lichtsituation muss in mindestens zwei Tafeln gegeben sein.

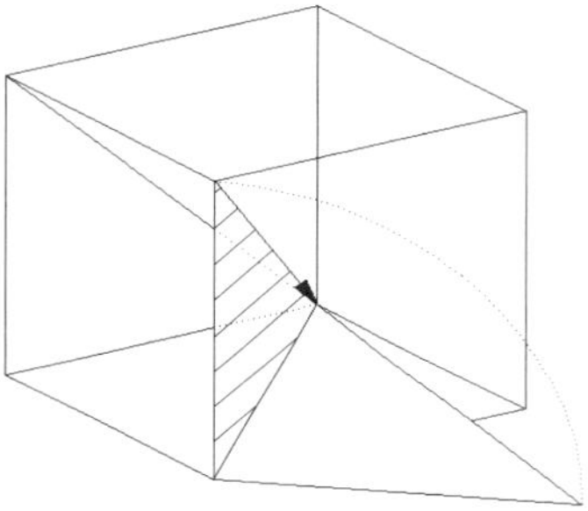

Technischer Lichtstrahl in trimetrischer Darstellung

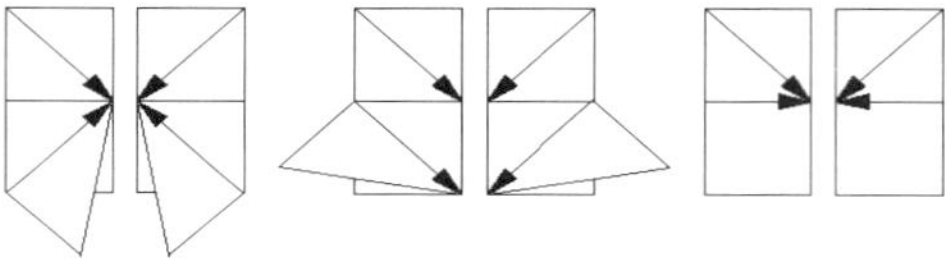

Lichtsituationen dargestellt in der 2-Tafelprojektion

Wir unterscheiden die Lichtsituation bei technischem Lichtstrahl, d. h. die Lichtrichtungen in den Tafeln sind jeweils 45° zur Horizontalen geneigt bzw. die räumliche Lichtrichtung beträgt 35° und eine beliebige Lichtsituation bei allgemeinem Lichtstrahl.

Der räumliche Lichtstrahl, das Grundrissbild des Lichtstrahls und die Gerade, die den Schatten wirft, bilden eine Ebene, das sog. Lichtdreieck, das senkrecht auf dem Grundriss steht. Der Schlagschatten der Geraden ist bestimmt durch die Grundrissrichtung oder Grundrissabweichung des Lichtes, die die Schattenrichtung in der Schattenauffangebene, und durch die räumliche Lichtrichtung oder Höhenabweichung des Lichtes, die die Schattenlänge bestimmt.

Als Konstruktionsvorgaben benutzt man in der 2-Tafelprojektion die Grund- und Aufrissrichtung des Lichtes, in der Axonometrie die Grundrissrichtung des Lichtes und die räumliche Lichtrichtung und in der Perspektive die Grundrissrichtung des Lichtes, dargestellt im Fußpunkt der Lichtquelle und den räumlichen Lichtstrahl, dargestellt in der Lichtquelle.

Konstruktionsidee für die Schattendarstellung in der Perspektive

Das Problem der Darstellbarkeit des Schattenbildes eines komplexen Körpers wird zunächst, um die Konstruktion zu erleichtern, auf die Frage nach dem Schattenbild einer, meist senkrecht stehenden, Geraden reduziert.

Der Schatten einer Geraden wird bestimmt durch den Winkel der einfallenden Lichtstrahlen (Höhenabweichung) und die Grundrissrichtung der einfallenden Lichtstrahlen (seitliche Abweichung). Die Koordinaten des Bildes der Lichtquelle zum Augpunkt machen diese Abweichungen erkennbar.

Der Schatten einer Geraden ist die Schnittgerade, die sich aus der Durchdringung zweier Ebenen, der Lichtebene, die durch die Lichtquelle und die Gerade aufgespannt wird, und der Schattenauffangebene, ergibt.

Die Lichtebene ist durch einen Punkt und eine Gerade definiert (Lichtquelle, Endpunkt und Fußpunkt der Geraden in der Schattenauffangebene). Die Schattenrichtung der Geraden in der Schattenauffangebene ist definiert durch die Fluchtgerade der Ebene, in der der Schatten zu erwarten sein wird, und die Ausbreitungsrichtung der Geraden. Die Schattenlänge definiert der Abstand der Geraden zur Lichtquelle und die Länge der Geraden selbst.

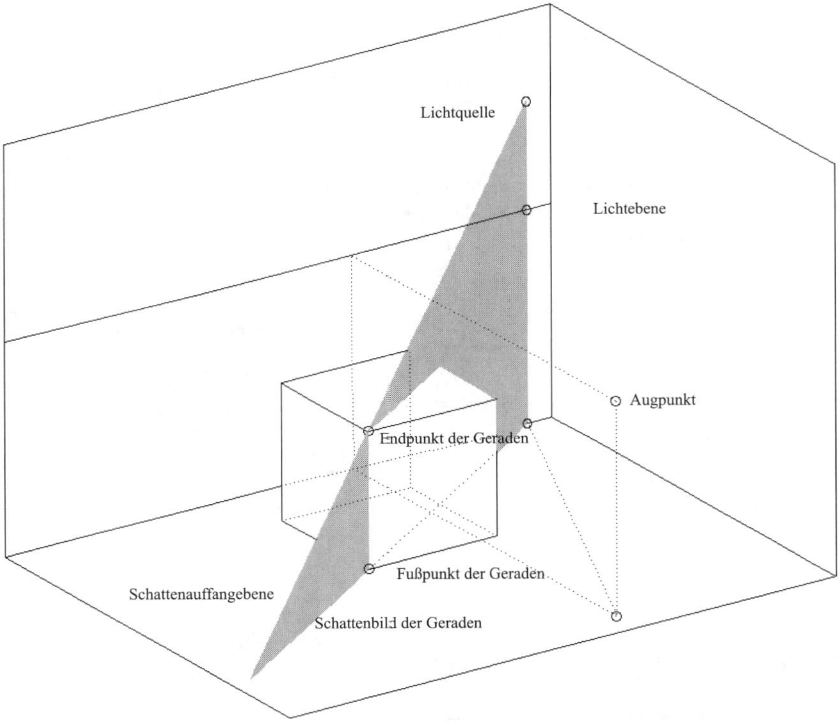

Für die Festlegung der Lichtquelle im perspektiven Bild sind drei Bestimmungen notwendig. Erstens die Lichtart (Seitenlicht, Rückenlicht oder Gegenlicht), zweitens die Winkelabweichung der Grundrissrichtung des Lichtes zum Hauptsehstrahl (seitliche Abweichung, die den Fußpunkt der Lichtquelle definiert) und der Winkel der einfallenden Lichtstrahlen zum Grundriss (Höhenabweichung, die sichtbar in der geklappten Ebene, die Lichtquelle definiert). Alle Bestimmungen erscheinen in dem geklappten Lichtdreieck.

In Ausbreitungsrichtung der Geraden durch die Lichtquelle, finden wir als Schnittpunkt mit der Fluchtgeraden der Schattenauffangebene den Fußpunkt der Lichtquelle. Die Verbindung von Fußpunkt Lichtquelle mit Fußpunkt Gerade ergibt die Schattenrichtung und die Verbindung von Lichtquelle und Endpunkt Gerade ergibt die Schattenlänge.

Geradenrichtung

Alle Richtungen einer Geraden in der waagerechten Fläche, also auch die Schattenrichtungen der Geraden in der waagerechten Fläche haben ihren Fluchtpunkt auf dem Horizont. Der Fußpunkt der Lichtquelle oder der Fluchtpunkt der Schattenrichtung ist je nach Ausbreitungsrichtung der Geraden auf dem Horizont zu bestimmen. Wir unterscheiden, wenn die Gerade senkrecht auf der Standebene, gekippt zur Bildebene, oder in allgemeiner Richtung, die durch einen Fluchtpunkt definiert ist, steht. In Ausbreitungsrichtung der Geraden bedeutet in dem Fall durch den entsprechenden Fluchtpunkt.

Seitenlicht

Die Lichtrichtung ist parallel zur Bildebene und hat deshalb keinen endlichen Bildpunkt. Zur Konstruktion genügt die Angabe der Neigung des Lichtstrahles zum Horizont.

Gegenlicht

Der Bildpunkt Sonne oder die Lichtquelle ist oberhalb des Horizontes. Direktes Gegenlicht heißt, die Lichtquelle liegt auf dem Hauptsehstrahl. Gegenlicht von rechts heißt, die Lichtquelle liegt rechts vom Hauptsehstrahl und Gegenlicht von links heißt, die Lichtquelle liegt links vom Hauptsehstrahl.

Rückenlicht

Der Bildpunkt Sonne oder die Lichtquelle ist unterhalb des Horizontes. Direktes Rückenlicht heißt, die Lichtquelle liegt auf dem Hauptsehstrahl. Rückenlicht von rechts (Konstruktionsbeispiel) heißt, die Lichtquelle liegt links vom Hauptsehstrahl und Rückenlicht von links heißt, die Lichtquelle liegt rechts vom Hauptsehstrahl.

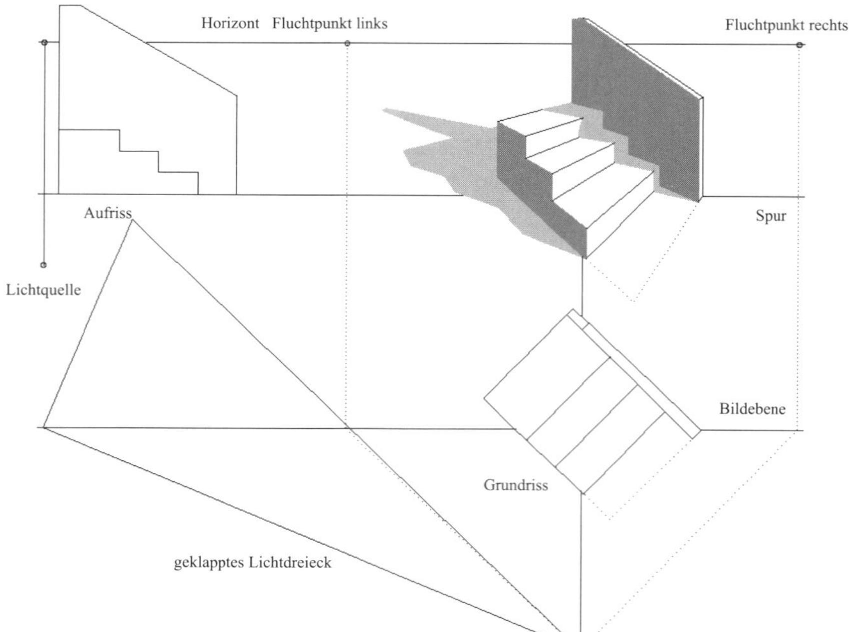

Konstruktionsbeispiel bei Rückenlicht von rechts

2 Planlayout

Alle Fotos und Pläne zeigen Informationen zum Dominikuszentrum, Subzentrum mit Diözesanjugendstelle und Caritaszentrum, Hildegard von-Bingen-Anger 1 und 3, 80937 München.
Architekt: meck architekten, Prof. Andreas Meck, München. Projektleitung: Wolfgang Amann, Peter Fretschner. Mitarbeit: Susanne Frank, Johannes Dörle, Alexander Sälzle, Werner Schad (Ausschreibung), Wolfgang Kusterer (Bauleitung). Büroanschrift: meck architekten Kellerstraße 39, 81667 München. Bauherr: Katholische Kirchenstiftung St. Gertrud, Caritaszentrum München-Nord, Erzbischöfliches Jugendamt. Maßnahmeträger: Erzbischöfliches Ordinariat München, Baureferat. Freiraumgestaltung: Burger Landschaftsarchitekten, München. Tragwerksplanung: Statoplan, Dipl.-Ing. Wolf Eglinger, München. Bauphysik: Müller BBM, Planegg. Wettbewerb: Januar 2003. Planungsbeginn: November 2003. Baubeginn: September 2005. Fertigstellung: Juli 2008. Hauptnutzfläche gesamt: 1856,71 m^2. Nebennutzfläche gesamt 493,75 m^2. Wohnfläche Hausmeister: 141,10 m^2.

230496

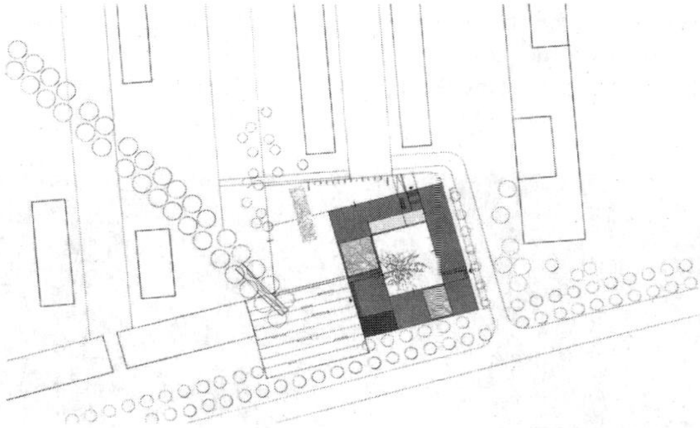

Form

Ruhig und gelassen markiert das Gemeindezentrum St. Gertrud den Auftakt des neuen Wohngebietes. Um eine gemeinsame Mitte angeordnet bilden die aus Ziegel geschnittenen Volumen der religiösen, sozialen und kulturellen Einrichtungen eine kraftvolle Skulptur, die dem Stadtteilzentrum am U-Bahnausgang ein würdiges, der Aufgabe angemessenes Gegenüber bieten kann.

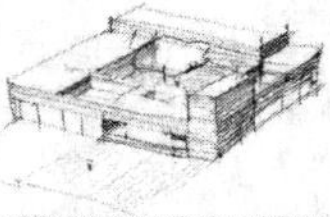

Eine wichtige Rolle erhält als sinnstiftendes, geistliches Zentrum der Andachtsraum.
Sowohl aus der Gründiagonale als auch in der Perspektive der Neuherbergstraße ist er als prägendes, die Basis der anderen Einrichtungen überragender und den Kirchplatz dominierender Körper erlebbar.

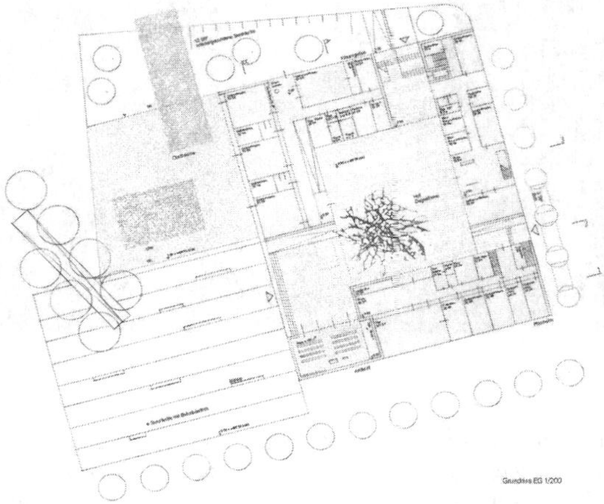

Grundriss EG 1/200

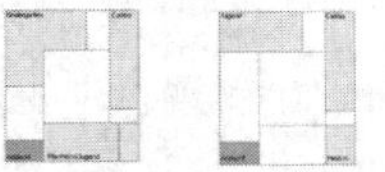

Funktionsschema

Andachtsraum
Längsorientierung - Querorientierung - Erweiterung

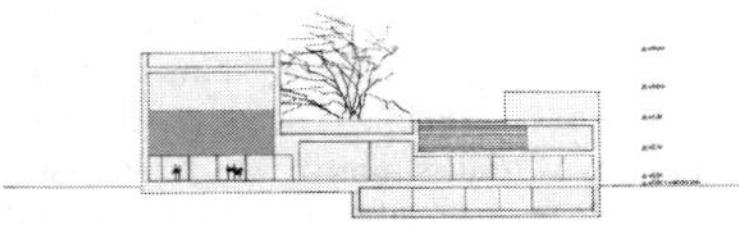

Schnitt 1 Andachtsraum M 1/200

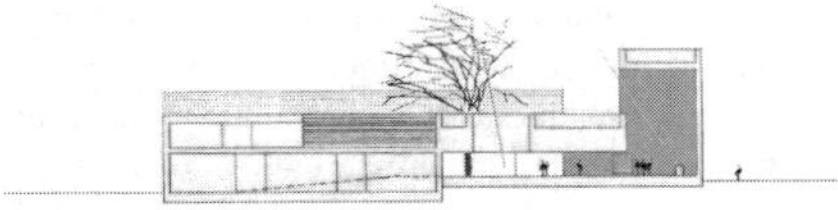

Schnitt B Andachtsraum

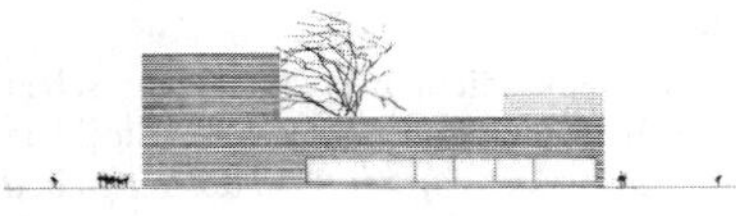

Ansicht Süd

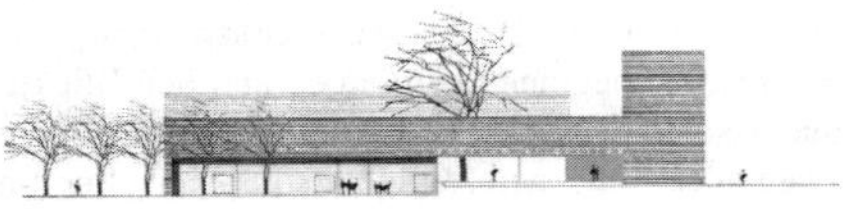

Ansicht West

Die gute Lesbarkeit des Planes ist die formale Voraussetzung alle inhaltlichen und konzeptionellen Aspekte des Entwurfes angemessen zu vermitteln. Dazu gehören eine nicht zu hohe Informationsdichte, eine ansprechende Bildatmosphäre des Planes und die Prägnanz der Plangestaltung.

Die möglichst eingeschränkte Wahl der Farben (Hintergrundton, Bildfarben und Schriftfarben) sollte von einem Farbkonzept inspiriert sein, das den konzeptionellen Entwurfsansatz unterstreicht. Eine eher zurückhaltende Farbigkeit des Planes betont die Wirkung der Form. Dabei kann es hilfreich sein sich von einer z. B. in der abstrakten Malerei gefundenen Farbkomposition inspirieren zu lassen.

Foto der Ausführung: Michael Heinrich

Bei der Wahl der Schriften ist eine Vielfalt in Schriftart und Schriftgröße in jedem Fall zu vermeiden. Meist werden in der Planpräsentation Groteskschriften, wie die FF Din oder die Arial, den Serifenschriften, wie die Times oder die Garamond, wegen der schnelleren Erfassbarkeit vorgezogen.

Um mehrere Pläne zu verbinden sollte es einen durchgängigen Horizont geben, der als Streifen, Linie oder Bildleiste ausgebildet sein kann. Titel, Projektbezeichnung, gegebenenfalls Name oder Firmenlogos erscheinen am Anfang und werden nicht als wiederholendes Element verwendet. Ähnliche Dinge sind naheliegenden Bereichen zuzuordnen. Die technischen Informationen, wie Grundrisse, Schnitte und Details und die visuellen Informationen wie Ansichten, Perspektiven oder Fotos sind zueinander zu gruppieren. Wichtig ist die Choreografie der Abfolge, die mit einem interessanten Intro, z. B. einer Grafik, dem Lageplan als Übersicht, einer Darstellung des Objektes im Schwarzplan, um dessen besondere garfische Bildwirkung hervorzuheben, oder einer mit Staffagen bebilderten Perspektive beginnen kann und dann den Blick des Betrachters über die notwendigen technischen und visuellen Informationen zu einem prägnanten Ende, z. B. den Fassadenansichten, leitet. Die Wahl aller grafischen Mittel und die Wahl aller 2-dimensionalen Darstellungsmittel unterstreicht den konzeptuellen Entwurfsgedanken und die Imagination des 3-dimensionalen Sachverhaltes.

2.1 Lageplan

Im Lageplan wird der städtebauliche Zusammenhang vermittelt. Die Darstellung des Schlagschattens erläutert in der Fläche die räumliche Dimension der Höhe und lässt den Baukörper plastisch erscheinen.

2.2 Grundriss

Der Grundriss ist nach der Vereinbarung ein horizontaler Schnitt des Baukörpers in 1 m Höhe.

Oberhalb der Schnittebene, also im Grundriss darüber, sind die Bauteile gepunktet und die darunter liegenden, verdeckten Bauteile gestrichelt dargestellt.

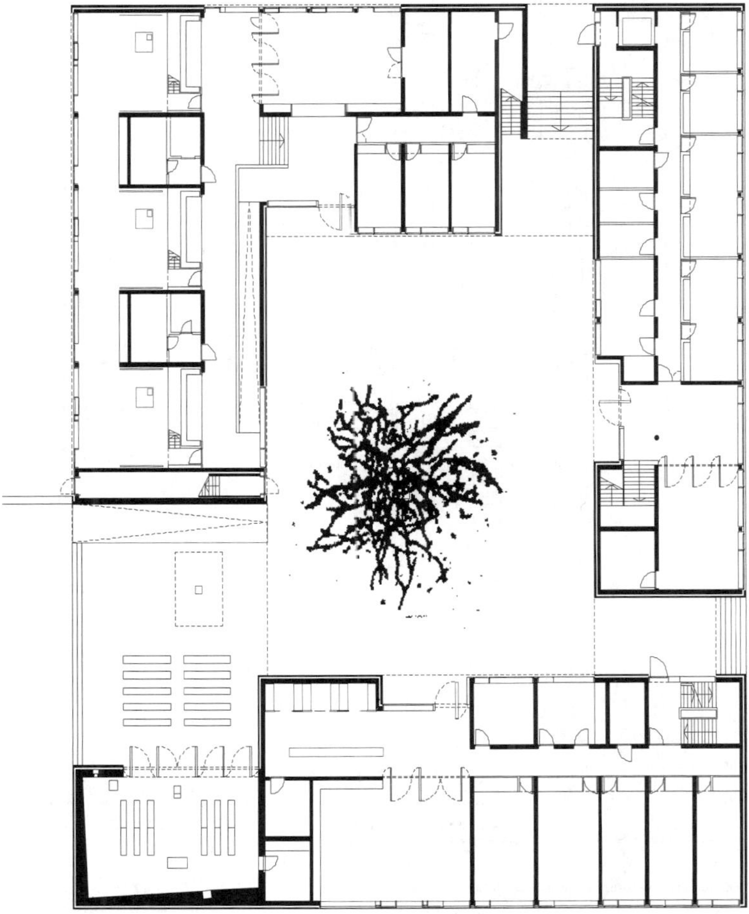

Grundriss Ebene 0

2.3 Detail

Die Detailplanung erläutert besondere Bauanschlüsse, wie Fenster, Dachrand oder Brüstung im Maßstab 1: 20 bis zum Maßstab 1: 1. Die Darstellung der Details mit Schraffuren kennzeichnet die verwendeten Materialien. Besonderes Augenmerk ist dabei auf die genaue Beschriftung und textliche Erläuterung und Vermaßung der einzelnen Bauteile und verwendeten Materialien zu legen.

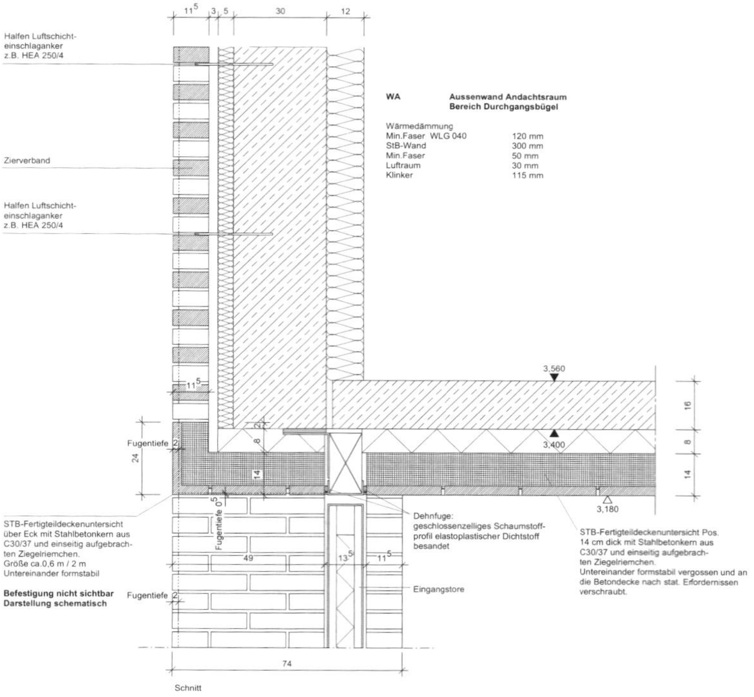

	dominikuszentrum	gez.	Maßstab	Datum	Plan-Nr.
kellerstraße 39 81667 münchen tel 089/6145890 fax 61458979	Deckenuntersicht Tore Eingangsbereich Schnitt	ejs/wa	1 :10	10.09.07	D 5.7a

Detail Deckenuntersicht Tore. Eingangsbereich Schnitt

2.4 Werkplan

Der Werkplan dient als Ausführungsplan auf der Baustelle. In ihm sind alle zum Bau notwendigen Informationen enthalten. Meist als Grundriss im Maßstab 1: 50 ausgeführt, zeigt der Plan die Funktionen und Größe der Räume, alle Maße, wie die Öffnungsmaße, die Fußböden- und Brüstungshöhen, die geschnittenen Treppen- und Rampenverläufe und die Maße der Wandaufbauten. Die Maßketten sind immer entsprechenden Bauteilen zugeordnet und von innen nach außen aufgeführt.

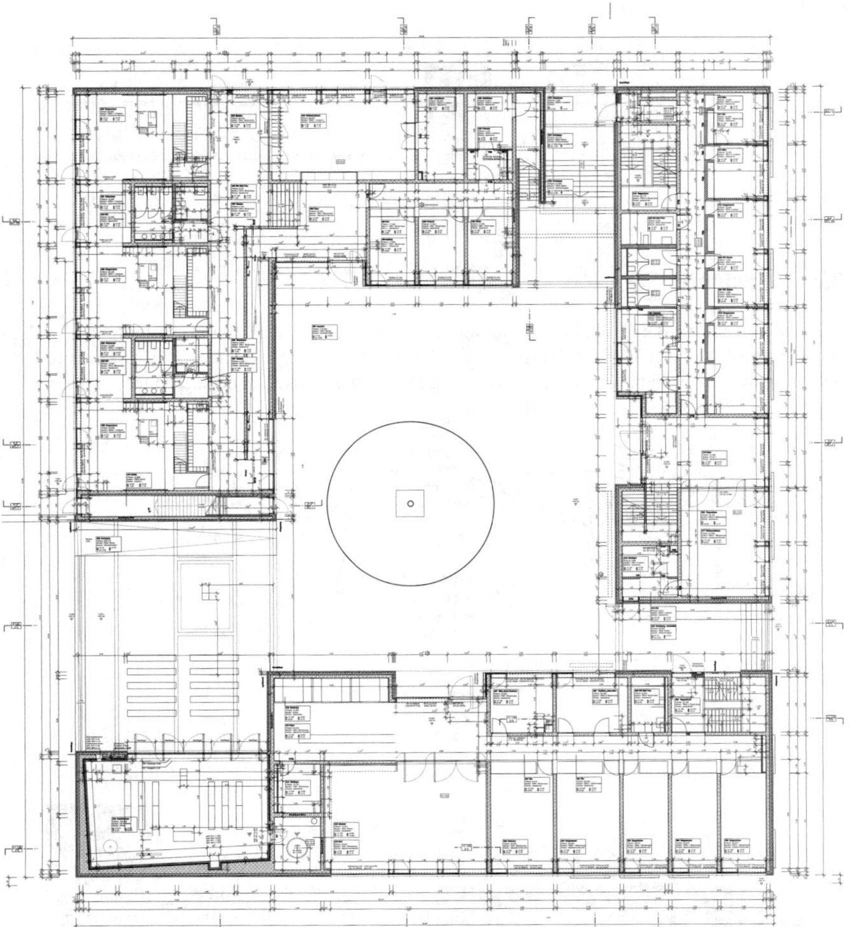

2.5 Schnitt

Die geschnittenen Linien werden in der Regel dicker als die Linien in der Ansicht dargestellt. Die in der Ansicht verdeckten Teile werden, analog dem Grundriss, gestrichelt dargestellt. Der Schnitt erläutert meist schwierige und im Grundriss schwer zu erkennende Punkte der räumlichen Situation, wie Treppenläufe oder Höhensprünge.

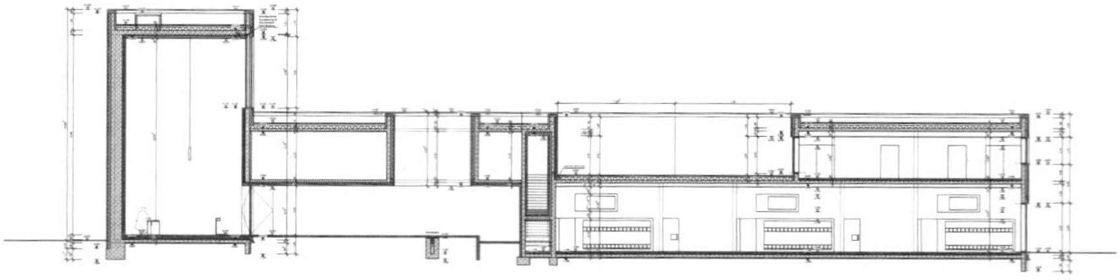

Werkplan Schnitt

2.6 Ansichten

Ansichten geben Auskunft über die Materialität des Entwurfes. Durch die Darstellung des Schlagschattens auskragender Bauteile lässt sich die räumliche Wirkung unterstreichen. Die Darstellung der Ansichten im städtebaulichen Kontext kann den Informationsgehalt noch erhöhen.

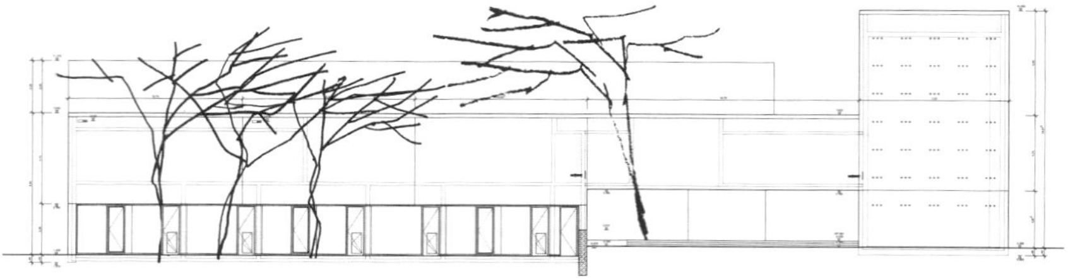

Werkplan Ansicht West

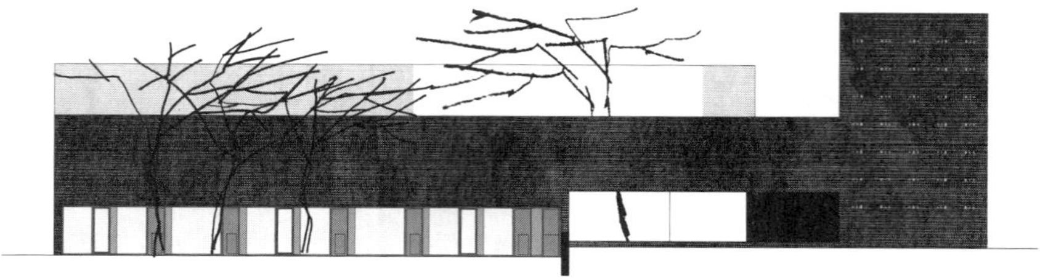

Ansicht West

14 E Allgemeine Tafeln

1 Formate für Zeichnungen nach DIN EN ISO 5457 (2017-10)

Format	Maße	Format	Maße
A0	841 × 1189	A5	148 × 210
A1	594 × 841	A6	105 × 148
A2	420 × 594	A7	74 × 105
A3	297 × 420	A8	52 × 74
A4[1)]	210 × 297	A9	37 × 52

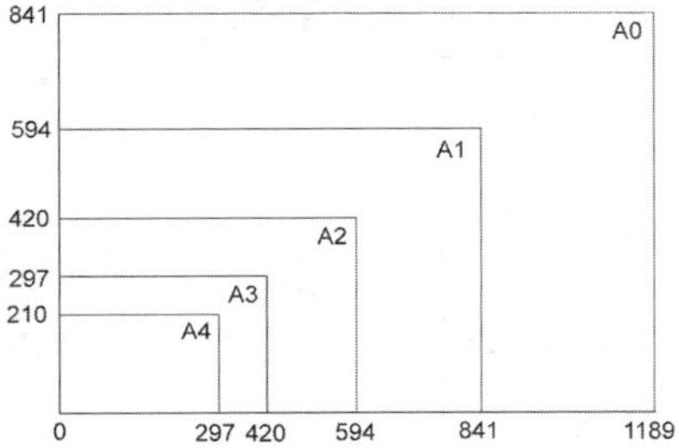

2 Faltung nach DIN 824 (3.81)

Blattgröße	Faltungsschema	Blattgröße	Faltungsschema
A0 841 × 1189 1 m²	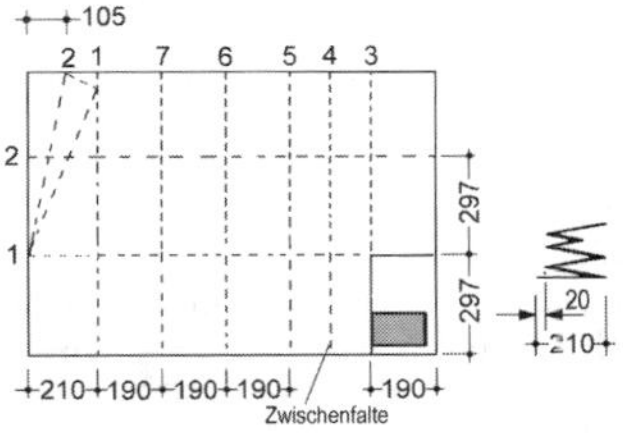	A2 420 × 594 0,25 m²	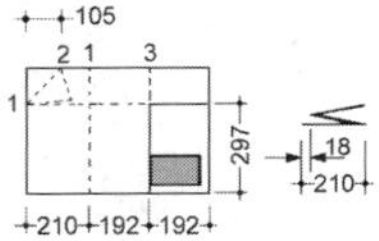
		A3 297 × 420 0,125 m²	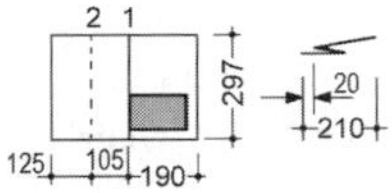
A1 594 × 841 0,5 m²	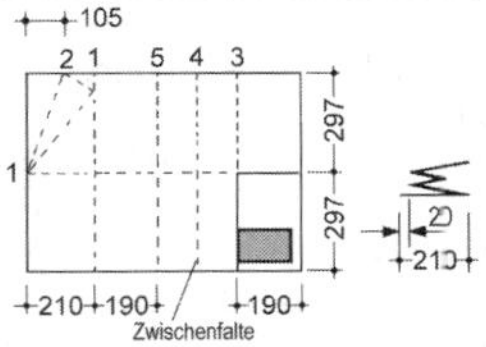	A4 210 × 297 0,0624 m²	

3 Römische Zahlen

I = 1	VI = 6	XX = 20	LXX = 70	CC = 200	DCC = 700
II = 2	VII = 7	XXX = 30	LXXX = 80	CCC = 300	DCCC = 800
III = 3	VIII = 8	XL = 40	XC = 90	CD = 400	CM = 900
IV = 4	IX = 9	L = 50	IC = 99	D = 500	M = 1000
V = 5	X = 10	LX = 60	C = 100	DC = 600	MMX = 2010

4 Griechisches Alphabet

$A\ \alpha$ Alpha	$B\ \beta$ Beta	$\Gamma\ \gamma$ Gamma	$\Delta\ \delta$ Delta	$E\ \varepsilon$ Epsilon	$Z\ \zeta$ Zeta	$H\ \eta$ Eta	$\Theta\ \vartheta\ (\theta)$ Theta
$I\ \iota$ Jota	$K\ \kappa$ Kappa	$\Lambda\ \lambda$ Lambda	$M\ \mu$ My	$N\ \nu$ Ny	$\Xi\ \xi$ Xi	$O\ o$ Omikron	$\Pi\ \pi$ Pi
$P\ \rho$ Rho	$\Sigma\ \sigma$ Sigma	$T\ \tau$ Tau	$Y\ \upsilon$ Ypsilon	$\Phi\ \varphi$ Phi	$X\ \chi$ Chi	$\Psi\ \psi$ Psi	$\Omega\ \omega$ Omega

1) Sowohl im Quer- als auch im Hochformat

5 Druck- und Spannungseinheiten – Vergleich

international				international ungebräuchlich		
SI-Einheit	Einheiten außerhalb des SI-Systems (nur für Fluide)	Einheit je m^2	Einheit je mm^2	Einheit je cm^2 a)	entspricht etwa den nicht mehr zulässigen bisherigen Einheiten	
10^0 Pa = Pa b)		**N/m^2**				
10^1 Pa					kp/m^2	mmWS
10^2 Pa	mbar c)					
10^3 Pa = kPa		**kN/m^2**				
10^4 Pa				N/cm^2	Mp/m^2	mWS
10^5 Pa	bar				kp/cm^2	at
10^6 Pa = MPa		**MN/m^2**	**N/mm^2**			
10^7 Pa				kN/cm^2	kp/mm^2	
10^8 Pa						
10^9 Pa = GPa		GN/m^2	kN/mm^2			

a) Diese Einheiten sollten nur in Sonderfällen, z. B. in statischen Berechnungen, angewandt werden.
b) Pascal. c) 1 bar = 10,2 m (ca. 10,0 m) Wassersäule.

6 Einheitenbeispiele nach DIN 1301-1 bis -3 (2.78 bis 10.10)

	Einheiten				Größe
1	m a)	mm	cm	µm	Länge
2	m^2	mm^2	cm^2		Fläche
3	m^3	mm^3	cm^3	l	Volumen
4	m^4	mm^4	cm^4		Flächenmoment 2. Grades (früher: Trägheitsmoment)
5	°	′	″	rad	Winkel: 1° = 60′ = 3600″; 1° = (π/180) rad
				gon	1 gon = (π/200) rad; 1 rad = 1 m/m
6	t	kg	g	mg	Masse, Gewicht (1 kg wirkt mit der Eigenlast 10 N)
7	t/m^3	g/cm^3	kg/m^3	g/l	Dichte (Masse/Volumen); 1 t/m^3 = 1 g/cm^3, 1 kg/m^3 = 1 g/l
8	s	min	h	d	Zeit (1 d = 24 h; 1 h = 60 min; 1 min = 60 s)
9	Hz				Frequenz (1 Hz = 1/s)
10	l/s; rad/s	l/min			Kreisfrequenz, Winkelgeschwindigkeit, Drehzahl
11	m/s	km/h	m/min	cm/s	Geschwindigkeit
12	m/s^2	cm/s^2			Beschleunigung
13	rad/s^2				Winkelbeschleunigung
14	m^3/s	L/s			Durchfluss, Volumenstrom
15	kN	MN	N b)		Kraft; Einzellast; Schnittkraft (1 MN = 10^3 kN = 10^6 N)
16	kN/m				Streckenlast
17	kN/m^2				Flächenlast; Bodenscherfestigkeit (1 kN/m^2 = 1 kPa)
18	MN/m^2	N/mm^2			Spannung; Festigkeit (1 MN/m^2 = 1 N/mm^2 = 1 MPa)
19	kN/m^3				Wichte (= Eigenlast/Volumen)
20	MN/m^2	kN/m^2	MPa	kPa	Druck c) (1 kN/m^2 = 1 kPa = 10^3 N/m^2)
21	MPa	kPa	Pa	bar	Druck c) d) (1 bar = 10^5 N/m^2)
22	kNm	MNm	Nm		Moment; Arbeit
23	Ws	kWh	J		Energie; Wärmemenge (1 J = 1 Nm = 1 Ws)
24	Ns				Impuls
25	kW	W			Leistung; Energiestrom; Wärmestrom (1 W = 1 Nm/s)
26	°C	K			Temperatur (0 °C = 273,15 K); Temperaturdifferenz
27	$W/(m^2K)$				Wärmeübergangs-, Wärmedurchlasskoeffizient
28	W/(mK)				Wärmeleitfähigkeit
29	dB e)				Schallpegel

a) 1 m ist die Strecke, die das Licht im Vakuum in 1/299792458 Sekunden zurücklegt.
b) 1 N ist die Kraft, die einem Körper der Masse 1 kg die Beschleunigung 1 m/s^2 erteilt.
c) Zusätzlich ist anzugeben, ob es sich um barometrischen Überdruck oder um Absolutdruck handelt.
d) Bei Messungen mit Druckgeräten (Manometer).
e) Dezibel ist keine Einheit nach DIN 1301, sondern kennzeichnet ein logarithmiertes Größenverhältnis.

7 Arbeit, Leistung, Wärme – Umrechnung

Arbeit, Energie- oder Wärmemenge		kpm	kcal
	Nm = J = Ws	0,102	$2{,}39 \cdot 10^{-4}$
	kNm = kJ = kWs	102	0,239
	kWh	$367 \cdot 10^3$	860
Leistung, Energie- oder Wärmestrom		**kpm/s**	**kcal/h**
	Nm/s = J/s = W	0,102	0,860
	kNm/s = kJ/s = kW	102	860
	kJ/h	0,0283	0,239

8 Formel- und Kurzzeichen

8.1 Gegenüberstellung der Hauptzeichen nach DIN 1080 (6.76)[1] und ISO 3898 (3.13)[2]

Hauptzeichen ISO 3898	Bedeutung		Hauptzeichen DIN 1080
A	Fläche	area	A
a	Abstand	distance	a
b	Breite	width	b
$\boldsymbol{d}$	**Nutzhöhe**[a]	**effective depth**	$\boldsymbol{h}$
E	Elastizitätsmodul	modulus of elasticity	E
F	Kraft (Last, Schnittkraft)	action, force	F
$\boldsymbol{f}$	**Festigkeit eines Materials**	**strength of a material**	$\boldsymbol{\beta}$
G	Eigenlast	permanent action	G
G	Schubmodul	shear modulus	G
g	Eigenlast je Länge oder Fläche	distributed permanent action	g
$\boldsymbol{h}$	**Querschnittshöhe**[a]	**overall depth**	$\boldsymbol{d}$[a]
I	Flächenmoment 2. Grades	second moment of a plane area	I
i	Trägheitsradius	radius of gyration	i
L, l	Stützweite	span	l, L
M	Biegemoment	bending moment	M
N	Längskraft	axial force	N
$\boldsymbol{P}$	**Vorspannkraft**	**prestressing force**	$\boldsymbol{V}$
$\boldsymbol{Q}$	**Verkehrslast**	**variable action**	$\boldsymbol{P}$
$\boldsymbol{q}$	**Verkehrslast je Länge oder Fläche**	**distributed variable load**	$\boldsymbol{p}$
R	resultierende Kraft	resultant force	R
r	Radius	radius	r
S	Flächenmoment 1. Grades	first moment of a plane area	S
$\boldsymbol{T}$	**Torsionsmoment**	**torsional moment**	$\boldsymbol{M_T}$
t	Dicke	thickness	t
$\boldsymbol{V}$	**Querkraft**	**shear force**	$\boldsymbol{Q}$
V	Volumen	volumen	V
γ	(Teil-)Sicherheitsbeiwert	(partial) safety factor	γ
ε	Dehnung	strain	ε
λ	Schlankheitsgrad	slenderness ratio	λ
ρ	Dichte (Masse je Volumen)	density	ρ
σ	Längsspannung	axial stress	σ
τ	Schubspannung	shear stress	τ

a) Unterscheidung zwischen *d* und *h* ist insbesondere im Stahlbetonbau von Bedeutung.

1) Informativ; DIN 1080 wurde zurückgezogen. Es wird darauf hingewiesen, dass in einigen Normen andere Vorzeichenregelungen gelten (z. B. ist im EC 2 eine Längskraft $N_{Ed} < 0$ (Druck) i. d. R. positiv definiert); es wird auf die Angaben in den jeweiligen Beiträgen verwiesen.

2) In neueren Normen werden (überwiegend) die in der ersten Spalte genannten internationalen Kurzzeichen verwendet; Abweichungen zu DIN 1080 sind fett gedruckt gekennzeichnet.

15 Verzeichnisse

1 **Regelwerke** 15.2

2 **Stichwortverzeichnis** 15.58

3 **Literaturverzeichnis***

* siehe online unter www.schneider-bautabellen.de

1 Regelwerke

Nachfolgend sind Normen, Richtlinien u. a. m. zusammengestellt, die für die entsprechenden Kapitel und Abschnitte von Bedeutung sind (der Vollständigkeit halber teilweise auch Normen, die in den Beiträgen nicht behandelt werden). Hierbei sind neben den sog. „Weißdrucken" auch bereits zurückgezogene Normen, Normenentwürfe oder Vornormen aufgeführt.
Es wird jedoch hingewiesen, dass Normen – auch als Weißdruck veröffentlichte endgültige Normen – nur dann verbindlich angewendet werden dürfen, wenn sie in der „Muster-Verwaltungsvorschrift Technische Baubestimmungen" der jeweiligen Bundesländer aufgeführt bzw. aufgenommen worden sind. Im Zweifelsfall empfiehlt sich eine Nachfrage bei der zuständigen Bauaufsichtsbehörde.

Zu Kapitel 1 Objektentwurf

DIN	Teil	Ausgabe	Titel
4102	1–22	1977 ff.	Brandverhalten von Baustoffen und Bauteilen
4109			Schallschutz im Hochbau
	1	2018-01	Mindestanforderungen
	2	2018-01	Rechnerische Nachweise der Erfüllung der Anforderungen
	Bbl. 2	1989-11	Hinweise für Planung und Ausführung; Vorschläge für einen erhöhten Schallschutz; Empfehlungen für den Schallschutz im eigenen Wohn- oder Arbeitsbereich
10 506		2023-03	Lebensmittelhygiene. Gemeinschaftsverpflegung
14 090		2024-00	Flächen für die Feuerwehr auf Grundstücken (Entwurf: 2022-11)
18 012		2018-04	Anschlusseinrichtungen für Gebäude – Allgemeine Planungsgrundlagen
18 017	3	2022-05	Lüftung von Bädern und Toilettenräumen ohne Außenfenster – Teil 3: Lüftung mit Ventilatoren
18 032	1	2014-11	Sporthallen. Hallen und Räume für Sport und Mehrzwecknutzung. Grundsätze für die Planung (Entwurf: 2025-04)
18 034	1	2020-10	Spielplätze und Freiräume zum Spielen. Anforderungen für Planung, Bau und Betrieb
18 035	1	2018-09	Sportplätze. Freianlagen für Spiele und Leichtathletik; Planung und Maße
18 036		2017-10	Eissportanlagen. Anlagen für den Eissport mit Kunsteisflächen; Grundlagen für Planung und Bau
18 038			Squashhallen *(zurückgezogen)* (Österreich: OENORM B2610)
18 040			Barrierefreies Bauen – Planungsgrundlagen
	1	2010-10	Öffentlich zugängliche Gebäude (Entwurf: 2023-02)
	2	2011-09	Wohnungen (Entwurf: 2023-02)
	3	2014-12	Öffentlicher Verkehrs- und Freiraum (Entwurf: 2023-01)
18 065		2020-08	Gebäudetreppen – Begriffe, Messregeln, Hauptmaße
18 225		1988-06	Industriebau – Verkehrswege in Industriebauten
18 230	1	2010-09	Baulicher Brandschutz im Industriebau; Rechnerisch erforderliche Feuerwiderstandsdauer
18 232			Rauch- und Wärmefreihaltung
	1	2002-02	Begriffe, Aufgabenstellung
	2	2007-11	Natürliche Rauchabzugsanlagen (NRA)
	4	2003-04	Wärmeabzüge (WA); Prüfverfahren
	5	2012-11	Maschinelle Rauchabzugsanlagen (MRA)
32 975		2009-12	Gestaltung visueller Informationen im öffentlichen Raum zur barrierefreien Nutzung

DIN	Teil	Ausgabe	Titel
32 984		2023-04	Bodenindikatoren im öffentlichen Raum
33 942		2016-04	Barrierefreie Spielplatzgeräte – Sicherheitstechnische Anforderungen und Prüfverfahren
58 125		2002-07	Schulbau – Bautechnische Anforderungen zur Verhütung von Unfällen (Entwurf: 2023-11)
67 526	3	2018-03	Sportstättenbeleuchtung; Beleuchtung mit Tageslicht
68 935		2009-10	Koordinationsmaße für Badmöbel, Geräte und Sanitärobjekte

DIN EN	Teil	Ausgabe	Titel
115	1	2018-01	Sicherheit von Fahrtreppen und Fahrsteigen – Konstruktion und Einbau
527	1	2011-08	Büromöbel – Büro-Arbeitstische – Maße
1116		2018-03	Küchenmöbel – Koordinationsmaße für Küchenmöbel und Küchengeräte
1176	1	2024-05	Spielplatzgeräte und Spielplatzböden – Allgemeine sicherheitstechnische Anforderungen und Prüfverfahren
13 200			Zuschaueranlagen
	1	2019-05	Allgemeine Merkmale für Zuschauerplätze
	2	2017-07	Kriterien für die Anordnung der Versorgungsbereiche *(zurückgezogen)*
	3	2018-12	Abschrankungen – Anforderungen
	4	2024-02	Sitze – Produktmerkmale
	5	2006-10	Ausfahrbare (ausziehbare) Tribünen
	6	2020-11	Demontierbare Tribünen
	7	2014-06	Eingangs- und Ausgangslagen und Wege
	8	2017-07	Sicherheitsmanagement
17 037		2022-05	Tageslicht in den Gebäuden

DIN ISO	Teil	Ausgabe	Titel
8100	30	2022-08	Aufzüge für den Personen- und Gütertransport

DGUV	Ausgabe	Titel
I 202-019	2006	Unfallverhütungsinformation: Naturnahe Spielräume *(zurückgezogen)*
I 202-022	2020	Unfallverhütungsinformation: Außenspielflächen und Spielplatzgeräte
I 202-023	2006	Unfallverhütungsinformation: Giftpflanzen
I 207-006	2020	Unfallverhütungsinformation: Bodenbeläge für nassbelastete Barfußbereiche
I 215-410	2019	Unfallverhütungsinformation: Bildschirm- und Büroarbeitsplätze. Leitfaden zur Gestaltung
R 102-602	2019	Unfallverhütungsregeln: Kindertageseinrichtungen
R 108-003	2003	Unfallverhütungsregeln: Fußböden in Arbeitsräumen und Arbeitsbereichen mit Rutschgefahr *(zurückgezogen)*
V 81	2001	Unfallverhütungvorschriften: Schulen
V 82	2007	Unfallverhütungvorschriften: Kindertageseinrichtungen

VDI	Teil	Ausgabe	Titel
2050			Anforderungen an Technikzentralen
	1	2013-11	Technische Grundlagen für Planung und Ausführung
	2	2021-08	Sanitärtechnik
	3	2018-11	Wärme-/Heiztechnik (Entwurf)
	4	2011-11	Raumlufttechnik (Entwurf: 2019-05)
	5	2018-11	Elektrotechnik
3818		2008-02	Öffentliche Sanitärräume *(zurückgezogen)*
4100		2012-10	Schallschutz im Hochbau. Wohnungen; Beurteilung und Vorschläge für erhöhten Schallschutz
6000			Ausstattung von und mit Sanitärräumen
	1	2024-07	Wohnungen
	2	2024-07	Arbeitsstätten und Arbeitsplätze
	3	2024-07	Versammlungsstätten und Versammlungsräume
	4	2024-07	Hotelzimmer
	5	2024-07	Seniorenwohnungen, -heime und -pflegeheime
	6	2024-07	Kindergärten, Kindertagesstätten und Schulen

Rechtliche Regelwerke

Bundesrecht

Arbeitsstättenverordnung (ArbStättV)
Bundesimmissionsschutzgesetz (BImSchG)
Bundesnaturschutzgesetz (BNatSchG)
Heimmindestbauverordnung (HeimMindBauV)
Sportanlagenlärmschutzverordnung (18. BImSchV)
Technische Regel für Arbeitsstätten (ASR-A)
ASR V3 Gefährdungsbeurteilung
ASR A1.2 Raumabmessungen und Bewegungsflächen
ASR A2.3 Fluchtwege und Notausgänge, Flucht- und Rettungswegplan
ASR A3.4 Beleuchtung
ASR A3.5 Raumtemperatur
ASR A3.6 Lüftung
ASR A4.1 Sanitärräume
ASR A4.2 Pausen- und Bereitsschaftsräume
ASR A4.3 Erste-Hilfe-Räume
Wasserhaushaltsgesetz (WHG)

Länderrecht

Beherbergungsstättenverordnung (BeVO)
Elektroanlagenbauverordnung (EltBauVO)
Feuerungsverordnung (FeuVO)
Garagenverordnung (GarVO)
Hochhausrichtlinien (HHR)
Industriebaurichtlinie (IndBauRl)
Landesbauordnung (LBO)
Landesnaturschutzgesetz (LNatSchG)
Leitungsanlagenrichtlinie (LAR)
Lüftungsanlagenrichtlinie (LüAR)
Musterbauordnung (MBO)
Schulbaurichtlinie (SchBauRl)
Verkaufsstättenverordnung (VkVO)
Versammlungsstättenverordnung (VStättVO)

Zu Kapitel 2 B Freiraumplanung

DIN	Teil	Ausgabe	Titel
18 034		2020-10	Spielplätze und Freiräume zum Spielen – Anforderungen für Planung, Bau und Betrieb

DIN EN	Teil	Ausgabe	Titel
1176	1	2024-05	Spielplatzgeräte und Spielplatzböden – Allgemeine sicherheitstechnische Anforderungen und Prüfverfahren

Zu Kapitel 2 C Straßen- und Verkehrswesen

DIN	Teil	Ausgabe	Titel
482		2002-04	Straßenbordsteine aus Naturstein
483		2005-10	Bordsteine aus Beton
1996	15-16	1975-12	Prüfung bituminöser Massen für den Straßenbau und verwandte Gebiete
18 196		2023-02	Erd- und Grundbau; Bodenklassifikation für bautechnische Zwecke
18 299		2023-09	ATV VOB, Teil C: Allgemeine Regelungen für Bauarbeiten jeder Art
18 300		2019-09	ATV VOB, Teil C: Erdarbeiten
18 315		2023-09	ATV VOB, Teil C: Verkehrswegebauarbeiten – Oberbauschichten ohne Bindemittel
18 316		2019-09	ATV VOB, Teil C: Verkehrswegebauarbeiten – Oberbauschichten mit hydraulischen Bindemitteln
18 317		2019-09	ATV VOB, Teil C: Verkehrswegebauarbeiten – Oberbauschichten aus Asphalt
18 318		2019-09	ATV VOB, Teil C: Verkehrswegebauarbeiten – Pflasterdecken und Plattenbeläge, Einfassungen
18 500	1	2022-10	Betonwerkstein; Begriffe, Anforderungen, Prüfung
18 503		2003-12	Pflasterklinker – Anforderungen und Prüfverfahren
18 915 bis 18 920		2014-07 bis 2021-08	Vegetationstechnik im Landschaftsbau

DIN EN	Teil	Ausgabe	Titel
932	1–6	1996-11 bis 2022-08	Prüfverfahren für allgemeine Eigenschaften von Gesteinskörnungen
933	1–11	1998-05 bis 2023-02	Prüfverfahren für geometrische Eigenschaften von Gesteinskörnungen
1097	1–11	1998-06 bis 2024-02	Prüfverfahren für mechanische und physikalische Eigenschaften von Gesteinskörnungen
1317	1–5	2011-1 bis 2013-09	Rückhaltesysteme an Straßen
1338 bis 1340		2003-08 bis 2006-11	Pflastersteine, Pflasterplatten und Bordsteine aus Beton
1341 bis 1343		2013-03 bis 2014-07	Platten aus Naturstein für Außenbereiche
1343/A20		2014-07	Bordsteine aus Naturstein für Außenbereiche – Anforderungen und Prüfverfahren; Änderung A20
1367	1–8	2001-06 bis 2014-07	Prüfverfahren für thermische Eigenschaften und Verwitterungsbeständigkeit von Gesteinskörnungen
1425 bis 1431		2009-07 bis 2025-01	Prüfverfahren für Bitumen und bitumenhaltige Bindemittel

DIN EN	Teil	Ausgabe	Titel
1433		2005-09	Entwässerungsrinnen für Verkehrsflächen – Klassifizierung, Baugrund, Prüfgrundsätze, Kennzeichnung und Beurteilung der Konformität
1744	1–7	2002-11 bis 2022-03	Prüfverfahren für chemische Eigenschaften von Gesteinskörnungen
1793	1–6	1997-11 bis 2023-08	Lärmschutzvorrichtungen an Straßen – Prüfverfahren zur Bestimmung der akustischen Eigenschaften
1794	1-3	2016-12 bis 2024-12	Lärmschutzvorrichtungen an Straßen – Nichtakustische Eigenschaften
12 271		2007-03	Straßenbaustoffe – Oberflächenbehandlung
12 274	1–8	2005-08 bis 2018-05	Straßenbaustoffe – Dünne Asphaltdeckschichten in Kaltbauweise
12 591 bis 12 596		2009-08 bis 2024-12	Bitumen und bitumenhaltige Bindemittel – Straßenbaubitumen, Anforderungen an Straßenbaubitumen
12 697	1–49	2016-10 bis 2025-02	Asphalt – Prüfverfahren für Heißasphalt
13 108	1–9, 20, 21	2016-12 bis 2018-05	Asphaltmischgut – Mischgutanforderungen

Technisches Regelwerk der FGSV

Empfehlungen zur Straßenraumgestaltung innerhalb bebauter Gebiete (ESG) [2011]
Empfehlungen für Radverkehrsanlagen (ERA) [2010]
Empfehlungen für Anlagen des ruhenden Verkehrs (EAR) [2023]
Empfehlungen für Rastanlagen an Straßen (ERS) [2011]
Empfehlungen zur Straßenbepflanzung in bebauten Gebieten [2006]
Empfehlungen für die landschaftspflegerische Ausführung im Straßenbau (ELA) [2013]
Merkblatt zur Umweltverträglichkeitsstudie in der Straßenplanung (MUVS) [2001]
Richtlinien zur Ermittlung der Luftqualität an Straßen ohne oder mit lockerer Randbebauung (RLuS) [2023]
Merkblatt für die Anlage von Kreisverkehren [2006]
Merkblatt über Bodenbehandlung mit Bindemitteln (M BmB) [2021]
Merkblatt für die Erhaltung ländlicher Wege (M ELW) [2009]
Merkblatt für die bauliche Erhaltung von Verkehrsflächen aus Beton (M BEB) [2009]
Merkblatt für Flächenbefestigungen mit Pflasterdecken und Plattenbelägen in ungebundener Ausführung sowie für Einfassungen (M FP) [2015]
Handbuch für die Bemessung von Straßenverkehrsanlagen (HBS) [2015]
Richtlinien für die Entwässerung von Straßen (REwS) [2021]
Richtlinien für integrierte Netzgestaltung (RIN) [2008]
Richtlinien für die Anlage von Autobahnen (RAA) [2008]
Richtlinien für die Anlage von Landstraßen (RAL) [2012]
Richtlinien für die Anlage von Stadtstraßen (RASt 06) [2006]
Richtlinien für das Sicherheitsaudit von Straßen (RSAS) [2019]
Richtlinien für den Lärmschutz an Straßen (RLS-19) [2019]
Richtlinien für passiven Schutz an Straßen durch Fahrzeugrückhaltesysteme (RPS) [2009]

Richtlinien für die Markierung von Straßen (RMS)
Teil A: Autobahnen [2019]
Teil 1: Abmessungen und geometrische Anordnung von Markierungszeichen (RMS-1) [1993]
Teil 2: Anwendung von Fahrbahnmarkierungen (RMS-2) [1980/1995]
Richtlinien für Lichtsignalanlagen an Straßen (RiLSA) – Lichtzeichenanlagen für den Straßenverkehr [2015]
Richtlinien für bautechnische Maßnahmen an Straßen in Wasserschutzgebieten (RiStWag) [2016]
Richtlinien für die landschaftspflegerische Begleitplanung im Straßenbau (RLBP) [2012]
Richtlinien für die Standardisierung des Oberbaues von Verkehrsflächen (RStO 12) [2012/2024]
Technische Lieferbedingungen für Gesteinskörnungen im Straßenbau (TL Gestein-StB 04) [2004/2023]
Technische Lieferbedingungen für Asphaltmischgut für den Bau von Verkehrsflächenbefestigungen (TL Asphalt-StB 07/13) [2007/2013]
Technische Lieferbedingungen für Baustoffgemische zur Herstellung von Schichten ohne Bindemittel im Straßenbau (TL SoB-StB 20) [2020]
Technische Lieferbedingungen für Bauprodukte zur Herstellung von Pflasterdecken, Plattenbelägen und Einfassungen (TL Pflaster-StB 06) [2006/2015]
Technische Lieferbedingungen für Baustoffgemische zur Herstellung von Schichten ohne Bindemittel im Straßenbau, Teil: Güteüberwachung (TL G SoB-StB 20) [2020/2023]
Technische Lieferbedingungen für Straßenbitumen und gebrauchsfertige polymermodifizierte Bitumen (TL Bitumen-StB 25) [2025]
Technische Lieferbedingungen für Baustoffe und Baustoffgemische für Tragschichten mit hydraulischen Bindemitteln und Fahrbahndecken aus Beton (TL Beton-StB 07) [2007]
Zusätzliche Technische Vertragsbedingungen und Richtlinien für den Bau von Verkehrsflächenbefestigungen aus Asphalt (ZTV Asphalt-StB 07/13) [2007/2013]
Zusätzliche Technische Vertragsbedingungen und Richtlinien für die Bauliche Erhaltung von Verkehrsflächenbefestigungen – Betonbauweisen (ZTV BEB-StB) [2015]
Zusätzliche Technische Vertragsbedingungen und Richtlinien für den Bau von Entwässerungseinrichtungen im Straßenbau (ZTV Ew-StB 25) [2025]
Zusätzliche Technische Vertragsbedingungen und Richtlinien für Erdarbeiten im Straßenbau (ZTVE-StB 17) [2017]
Zusätzliche Technische Vertragsbedingungen und Richtlinien für den Bau von Fahrbahndecken aus Beton (ZTV Beton-StB 07) [2007]
Zusätzliche Technische Vertragsbedingungen und Richtlinien für die Befestigung ländlicher Wege (ZTV-LW) [2016]
Zusätzliche Technische Vertragsbedingungen und Richtlinien für den Bau von Schichten ohne Bindemittel im Straßenbau (ZTV SoB-StB 20) [2020]
Zusätzliche Technische Vertragsbedingungen und Richtlinien zur Herstellung von Verkehrsflächen mit Pflasterdecken, Plattenbelägen sowie von Einfassungen (ZTV Pflaster-StB 20) [2020]
Standardleistungskatalog für den Straßen- und Brückenbau StLK-StB [2015 ff.]

Weitere Angaben sind in „Der Elsner" sowie in den „Veröffentlichungen der Forschungsgesellschaft für Straßen- und Verkehrswesen", die regelmäßig im FGSV Verlag erscheinen, zu finden. Siehe auch www.fgsv-verlag.de.

Zu Kapitel 3 A Baukonstruktion

DIN	Teil	Ausgabe	Titel
1986			Entwässerungsanlagen für Gebäude und Grundstücke
18533			Abdichtung von erdberührten Bauteilen
1053	1	1996-11	Mauerwerk – Teil 1: Berechnung und Ausführung *(zurückgezogen)*
4102	1	1998-05	Brandverhalten von Baustoffen und Bauteilen – Teil 1: Baustoffe; Begriffe, Anforderungen und Prüfungen
4108			Wärmeschutz und Energie-Einsparung in Gebäuden

DIN	Teil	Ausgabe	Titel
4109			Schallschutz im Hochbau
4172		2015-09	Maßordnung im Hochbau
18100		1983-10	Türen; Wandöffnungen für Türen; Maße entsprechend DIN 4172
18516	1	2010-06	Außenwandbekleidungen, hinterlüftet – Teil 1: Anforderungen, Prüfgrundsätze
	3	2018-03	Außenwandbekleidungen, hinterlüftet – Teil 3: Naturwerkstein – Anforderungen, Bemessung
	5	2013-09	Außenwandbekleidungen, hinterlüftet – Teil 5: Betonwerkstein; Anforderungen, Bemessung
18158		2017-08	Bodenklinkerplatten
18234			Baulicher Brandschutz großflächiger Dächer
18531			Dachabdichtungen – Abdichtungen für nicht genutzte Dächer
18560			Estriche im Bauwesen
18807			*siehe: Kap. Stahlbau/Trapezprofile*
68800	1	2019-06	Holzschutz – Teil 1: Allgemeines
	2	2012-02	Holzschutz – Teil 2: Vorbeugende bauliche Maßnahmen im Hochbau

DIN EN	Teil	Ausgabe	Titel
650		2012-12	Elastische Bodenbeläge – Bodenbeläge aus Polyvinylchlorid mit einem Rücken aus Jute oder Polyestervlies oder auf Polyestervlies mit einem Rücken aus Polyvinylchlorid – Spezifikation
1024		2012-06	Tondachziegel für überlappende Verlegung – Bestimmung der geometrischen Kennwerte
1304		2013-08	Dach- und Formziegel – Begriffe und Produktspezifikationen
1307		2019-06	Textile Bodenbeläge – Einstufung
1536		2015-10	Ausführung von Arbeiten im Spezialtiefbau – Bohrpfähle
1996			*siehe: Kap. Mauerwerksbau*
12467		2018-07	Faserzement-Tafeln – Produktspezifikation und Prüfverfahren
12825		2002-04	Doppelböden
13213		2001-12	Hohlböden
13369		2018-09	Allgemeine Regeln für Betonfertigteile
13501	1	2019-05	Klassifizierung von Bauprodukten und Bauarten zu ihrem Brandverhalten
13707		2013-12	Abdichtungsbahnen – Bitumenbahnen mit Trägereinlage für Dachabdichtungen – Definitionen und Eigenschaften
13914	1	2016-09	Planung, Zubereitung und Ausführung von Außen- und Innenputzen – Teil 1: Außenputze
14199		2015-07	Ausführung von Arbeiten im Spezialtiefbau – Mikropfähle

DIN EN ISO	Teil	Ausgabe	Titel
10874		2012-04	Elastische, textile und Laminat-Bodenbeläge – Klassifizierung

Zu Kapitel 3 B Befestigungen

DIN EN	Teil	Ausgabe	Titel
1992	4	2019-04	Bemessung der Verankerung von Befestigungen in Beton

Zu Kapitel 3 C Bauwerksabdichtung

DIN	Teil	Ausgabe	Titel
1045	2	2023-08	Tragwerke aus Beton, Stahlbeton und Spannbeton – Beton
1986	100	2016-12	Entwässerungsanlagen für Gebäude und Grundstücke – Bestimmungen in Verbindung mit DIN EN 752 und DIN EN 12056
4030	1	2024-07	Beurteilung betonangreifender Wässer, Böden und Gase; Grundlagen und Grenzwerte
4095		1990-06	Dränung zum Schutz baulicher Anlagen; Bemessung und Ausführung
18130	2	2015-08	Baugrund – Untersuchung von Bodenproben; Bestimmung des Wasserdurchlässigkeitsbeiwerts – Feldversuche
18195		2017-07	Abdichtung von Bauwerken – Begriffe
	Beiblatt 2	2017-07	Abdichtung von Bauwerken – Hinweise zur Kontrolle und Prüfung der Schichtdicken von flüssig verarbeiteten Abdichtungsstoffen
18531	1	2025-08	Abdichtung von Dächern sowie von Balkonen, Loggien und Laubengängen – Nicht genutzte und genutzte Dächer – Anforderungen, Planungs- und Ausführungsgrundsätze
	2	2025-08	Abdichtung von Dächern sowie von Balkonen, Loggien und Laubengängen – Nicht genutzte und genutzte Dächer – Stoffe, Juli 2017
	3	2025-08	Abdichtung von Dächern sowie von Balkonen, Loggien und Laubengängen – Nicht genutzte und genutzte Dächer – Auswahl, Ausführung und Details
	4	2025-08	Abdichtung von Dächern sowie von Balkonen, Loggien und Laubengängen – Nicht genutzte und genutzte Dächer – Instandhaltung
	5	2025-08	Abdichtung von Dächern sowie von Balkonen, Loggien und Laubengängen – Balkone, Loggien und Laubengänge
18532	1	2025-06	Abdichtung von befahrbaren Verkehrsflächen aus Beton: Anforderungen, Planungs- und Ausführungsgrundsätze
	2	2025-06	Abdichtung von befahrbaren Verkehrsflächen aus Beton: Abdichtung mit einer Lage Polymerbitumen-Schweißbahn und einer Lage Gussasphalt
	3	2025-06	Abdichtung von befahrbaren Verkehrsflächen aus Beton: Abdichtung mit zwei Lagen Polymerbitumenbahnen
	4	2025-06	Abdichtung von befahrbaren Verkehrsflächen aus Beton: Abdichtung mit einer Lage Kunststoff- oder Elastomerbahn
	5	2025-06	Abdichtung von befahrbaren Verkehrsflächen aus Beton: Abdichtung mit einer Lage Polymerbitumenbahn und einer Lage Kunststoff- oder Elastomerbahn
	6	2025-06	Abdichtung von befahrbaren Verkehrsflächen aus Beton: Abdichtung mit flüssig zu verarbeitenden Abdichtungsstoffen

DIN	Teil	Ausgabe	Titel
18533	1	2017-07	Abdichtung von erdberührten Bauteilen – Anforderungen, Planungs- und Ausführungsgrundsätze
	1/A1	2018-09	Abdichtung von erdberührten Bauteilen – Anforderungen, Planungs- und Ausführungsgrundsätze; Änderung 1
	2	2017-07	Abdichtung von erdberührten Bauteilen – Abdichtung mit bahnenförmigen Abdichtungsstoffen
	2/A1	2020-11	Abdichtung von erdberührten Bauteilen – Abdichtung mit bahnenförmigen Abdichtungsstoffen; Änderung 1
	3	2017-07	Abdichtung von erdberührten Bauteilen – Abdichtung mit flüssig zu verarbeitenden Abdichtungsstoffen
	3/A1	2018-09	Abdichtung von erdberührten Bauteilen – Abdichtung mit flüssig zu verarbeitenden Abdichtungsstoffen; Ändeung 1
18534	1	2017-07	Abdichtung von Innenräumen – Anforderungen, Planungs- und Ausführungsgrundsätze
	2	2017-07	Abdichtung von Innenräumen – Abdichtung mit bahnenförmigen Abdichtungsstoffen
	3	2017-07	Abdichtung von Innenräumen – Abdichtung mit flüssig zu verarbeitenden Abdichtungsstoffen im Verbund mit Fliesen und Platten (AIV-F)
	4	2017-07	Abdichtung von Innenräumen – Abdichtung mit Gussasphalt oder Asphaltmastix
	5	2017-08	Abdichtung von Innenräumen – Abdichtung mit bahnenförmigen Abdichtungsstoffen im Verbund mit Fliesen und Platten (AIV-B)
	5/A1	2018-09	Abdichtung von Innenräumen – Abdichtung mit bahnenförmigen Abdichtungsstoffen im Verbund mit Fliesen und Platten (AIV-B); Änderung 1
	6	2017-08	Abdichtung von Innenräumen – Abdichtung mit plattenförmigen Abdichtungsstoffen im Verbund mit Fliesen und Platten (AIV-P)
18535	1	2017-07	Abdichtung von Behältern und Becken – Anforderungen, Planungs- und Ausführungsgrundsätze
	2	2017-07	Abdichtung von Behältern und Becken – Abdichtung mit bahnenförmigen Abdichtungsstoffen
	2/A1	2019-09	Abdichtung von Behältern und Becken – Abdichtung mit bahnenförmigen Abdichtungsstoffen; Änderung 1
	3	2017-07	Abdichtung von Behältern und Becken – Abdichtung mit flüssig zu verarbeitenden Abdichtungsstoffen
18540		2014-09	Abdichten von Außenwandfugen im Hochbau mit Fugendichtstoffen
18560	1	2021-02	Estriche im Bauwesen: Allgemeine Anforderungen, Prüfung und Ausführung
TS 20000	201	2025-02	Anwendung von Bauprodukten in Bauwerken – Anwendungsnorm für Abdichtungsbahnen nach Europäischen Produktnormen zur Verwendung in Dachabdichtungen
	202	2020-11	Anwendung von Bauprodukten in Bauwerken – Anwendungsdokument für Abdichtungsbahnen nach europäischen Produktnormen zur Verwendung als Abdichtung von erdberührten Bauteilen, von Innenräumen und von Behältern und Becken

DIN	Teil	Ausgabe	Titel
	203	2021-03	Anwendung von Bauprodukten in Bauwerken – Anwendungsdokument für Abdichtungsbahnen nach europäischen Produktnormen zur Verwendung für Abdichtungen von Betonbrücken und anderen Verkehrsbauwerken aus Beton

DIN EN	Teil	Ausgabe	Titel
206	1	2021-06	Beton – Festlegung, Eigenschaften, Herstellung und Konformität
752		2017-07	Entwässerungssysteme außerhalb von Gebäuden – Kanalmanagement
1427		2015-09	Bitumen und bitumenhaltige Bindemittel – Bestimmung des Erweichungspunktes – Ring- und Kugel-Verfahren
1652		1998-03	Kupfer- und Kupferlegierungen – Platten, Bleche, Bänder, Streifen und Ronden zur allgemeinen Verwendung
1928		2000-07	Abdichtungsbahnen Bitumen-, Kunststoff- und Elastomerbahnen für Dachabdichtungen
1997	2	2010-10	Entwurf, Berechnung und Bemessung in der Geotechnik – Erkundung und Untersuchung des Baugrunds;
10088	2	2025-01	Nichtrostende Stähle – Technische Lieferbedingungen für Blech und Band aus korrosionsbeständigen Stählen für allgemeine Verwendung
12591		2009-08	Bitumen und bitumenhaltige Bindemittel – Anforderungen an Straßenbaubitumen
13305		2009-07	Bitumen und bitumenhaltige Bindemittel – Spezifikationsrahmen für Hartbitumen für industrielle Anwendungen
13707		2013-12	Abdichtungsbahnen – Bitumenbahnen mit Trägereinlage für Dachabdichtungen – Definitionen und Eigenschaften
13956		2013-03	Abdichtungsbahnen – Kunststoff- und Elastomerbahnen für Dachabdichtungen – Definitionen und Eigenschaften
13967		2017-08	Abdichtungsbahnen – Kunststoff- und Elastomerbahnen für die Bauwerksabdichtung gegen Bodenfeuchte und Wasser
14023		2013-04	Bitumen und bitumenhaltige Bindemittel – Rahmenwerk für die Spezifikation von polymermodifizierten Bitumen
14909		2012-07	Abdichtungsbahnen – Kunststoff- und Elastomer-Mauersperrbahnen – Definitionen und Eigenschaften
14967		2006-08	Abdichtungsbahnen – Bitumen-Mauersperrbahnen – Definitionen und Eigenschaften

Zu Kapitel 4 A/B Bauphysik/Brandsicherheit in Gebäuden

DIN	Teil	Ausgabe	Titel
105	5	2013-06	Mauerziegel – Teil 5: Leichtlanglochziegel und Leichtlangloch-Ziegelplatten
	6	2013-06	Mauerziegel – Teil 6: Planziegel
1045	2	2023-08	Tragwerke aus Beton, Stahlbeton und Spannbeton – Teil 2: Beton
	100	2017-09	Tragwerke aus Beton, Stahlbeton und Spannbeton – Teil 100: Ziegeldecken

DIN	Teil	Ausgabe	Titel
1052	10	2024-12	Herstellung und Ausführung von Holzbauwerken – Teil 10: Ergänzende Bestimmungen zu Verbindungsmitteln und nicht europäisch geregelten geklebten Produkten und Bauarten
1053	4	2018-05	Mauerwerk – Teil 4: Fertigbauteile
4102			Brandverhalten von Baustoffen und Bauteilen
	1	1998-05	Teil 1: Baustoffe – Begriffe, Anforderungen und Prüfungen
	2	1977-09	Teil 2: Bauteile – Begriffe, Anforderungen und Prüfungen
	3	1977-09	Teil 3: Brandwände und nichttragende Außenwände – Begriffe, Anforderungen und Prüfungen
	4	2025-06	Teil 4: Zusammenstellung und Anwendung klassifizierter Baustoffe, Bauteile und Sonderbauteile
4103			Nichttragende innere Trennwände
	1	2015-06	Teil 1: Anforderungen und Nachweise
	2	2017-09	Teil 2: Trennwände aus Gips-Wandbauplatten
	4	1988-11	Teil 4: Unterkonstruktion in Holzbauart
4108			Wärmeschutz und Energie-Einsparung in Gebäuden
	2	2013-02	Teil 2: Mindestanforderungen an den Wärmeschutz
	3	2024-03	Teil 3: Klimabedingter Feuchteschutz – Anforderungen, Berechnungsverfahren und Hinweise für Planung und Ausführung
	4	2020-11	Teil 4: Wärme- und feuchteschutztechnische Bemessungswerte
	7	2011-01	Teil 7: Luftdichtheit von Gebäuden, Anforderungen, Planungs- und Ausführungsempfehlungen sowie -beispiele
	8	2022-09	DIN/TS 4108 Teil 8: Vermeidung von Schimmelwachstum in Wohngebäuden
	10	2021-11	Teil 10: Anwendungsbezogene Anforderungen an Wärmedämmstoffe – Werkmäßig hergestellte Wärmedämmstoffe
	11	2018-11	Teil 11: Mindestanforderungen an die Dauerhaftigkeit von Klebeverbindungen mit Klebebändern und Klebemassen zur Herstellung von luftdichten Schichten
	Bbl. 2	2019-06	Beiblatt 2: Wärmebrücken – Planungs- und Ausführungsbeispiele, einschl. Berichtigung 1
4109		1989-11	Schallschutz im Hochbau – Anforderungen und Nachweise, einschl. Berichtigung 1 und A1 *(zurückgezogen)*
	1	2018-01	Schallschutz im Hochbau – Teil 1: Mindestanforderungen
	2	2018-01	Schallschutz im Hochbau – Teil 2: Rechnerische Nachweise der Erfüllung der Anforderungen, einschl. Änderung A1
	4	2016-07	Schallschutz im Hochbau – Teil 4: Bauakustische Prüfungen
	5	2020-08	Schallschutz im Hochbau – Teil 5: Erhöhte Anforderungen
	31	2016-07	Schallschutz im Hochbau – Teil 31: Daten für die rechnerischen Nachweise des Schallschutzes (Bauteilkatalog) – Rahmendokument
	32	2016-07	Schallschutz im Hochbau – Teil 32: Daten für die rechnerischen Nachweise des Schallschutzes (Bauteilkatalog) – Massivbau
	33	2016-07	Schallschutz im Hochbau – Teil 33: Daten für die rechnerischen Nachweise des Schallschutzes (Bauteilkatalog) – Holz-, Leicht- und Trockenbau

DIN	Teil	Ausgabe	Titel
4109	34	2016-07	Schallschutz im Hochbau – Teil 34: Daten für die rechnerischen Nachweise des Schallschutzes (Bauteilkatalog) – Vorsatzkonstruktionen vor massiven Bauteilen, einschl. Änderung A1
	35	2016-07	Schallschutz im Hochbau – Teil 35: Daten für die rechnerischen Nachweise des Schallschutzes (Bauteilkatalog) – Elemente, Fenster, Türen, Vorhangfassaden, einschl. Änderung A1
	36	2016-07	Schallschutz im Hochbau – Teil 36: Daten für die rechnerischen Nachweise des Schallschutzes (Bauteilkatalog) – Gebäudetechnische Anlagen
4166		1997-10	Porenbeton-Bauplatten und Porenbeton-Planbauplatten
18 005	1	2023-07	Schallschutz im Städtebau – Grundlagen und Hinweise für die Planung
	Bbl. 1	2023-07	Beiblatt 1: Schalltechnische Orientierungswerte für die städtebauliche Planung
18 041		2016-03	Hörsamkeit in Räumen – Anforderungen, Empfehlungen und Hinweise für die Planung
18 148		2000-10	Hohlwandplatten aus Leichtbeton
18 162		2000-10	Wandbauplatten aus Leichtbeton – unbewehrt
18 180		2014-09	Gipsplatten – Arten und Anforderungen
18 515	1	2023-06	Außenwandbekleidungen – Teil 1: Angemörtelte Fliesen oder Platten
	2	2024-10	Außenwandbekleidungen – Teil 2: Anmauerung auf Aufstandsflächen
18 516	1	2024-10	Außenwandbekleidungen, hinterlüftet – Teil 1: Anforderungen, Prüfgrundsätze
V 18 599		2012-06 bis 2021-09	Energetische Bewertung von Gebäuden – Berechnung des Nutz-, End- und Primärenergiebedarfs für Heizung, Kühlung, Lüftung, Trinkwarmwasser und Beleuchtung, Teile 1 bis 13, einschl. Berichtigungen, Beiblätter 1 bis 3
20 000			Anwendung von Bauprodukten in Bauwerken
	401	2017-01	Teil 401: Regeln für die Verwendung von Mauerziegeln nach DIN EN 771-1
	402	2017-01	Teil 402: Regeln für die Verwendung von Kalksandsteinen nach DIN EN 771-2, einschließl. Änderung A1
	403	2019-11	Teil 403: Regeln für die Verwendung von Mauersteinen aus Beton (mit dichten und porigen Zuschlägen) nach DIN EN 771-3
	404	2018-04	Teil 404: Regeln für die Verwendung von Porenbetonsteinen nach DIN EN 771-4, einschl. A1
52 129		2014-11	Nackte Bitumenbahnen – Begriff, Bezeichnung, Anforderungen
68 800	2	2022-02	Holzschutz – Teil 2: Vorbeugende bauliche Maßnahmen im Hochbau

DIN EN	Teil	Ausgabe	Titel
206		2021-06	Beton – Festlegung, Eigenschaften, Herstellung und Konformität
410		2011-04	Glas im Bauwesen – Bestimmung der lichttechnischen und strahlungsphysikalischen Kenngrößen von Verglasungen
520		2009-12	Gipsplatten – Begriffe, Anforderungen und Prüfverfahren

DIN EN	Teil	Ausgabe	Titel
771		2015-11	Festlegungen für Mauersteine, Teile 1 bis 6
992		1995-09	Bestimmung der Trockenrohdichte von haufwerksporigem Leichtbeton
998	1	2017-02	Festlegungen für Mörtel im Mauerwerksbau – Teil 1: Putzmörtel
1520		2011-06	Vorgefertigte Bauteile aus haufwerksporigem Leichtbeton und mit statisch anrechenbarer oder nicht anrechenbarer Bewehrung
1991	1-1	2010-12	Eurocode 1: Einwirkungen auf Tragwerke – Teil 1-1: Allgemeine Einwirkungen auf Tragwerke – Wichten, Eigengewicht und Nutzlasten im Hochbau
	1-1/NA	2010-12	Eurocode 1: Nationaler Anhang – National festgelegte Parameter
1996	1-1	2013-02	Eurocode 6: Bemessung und Konstruktion von Mauerwerksbauten – Teil 1-1: Allgemeine Regeln für bewehrtes und unbewehrtes Mauerwerk
	1-1/NA	2019-12	Eurocode 6: Nationaler Anhang – National festgelegte Parameter
1996	2	2010-12	Eurocode 6: Bemessung und Konstruktion von Mauerwerksbauten – Teil 2: Planung, Auswahl der Baustoffe und Ausführung von Mauerwerk
12 086		2013-06	Wärmedämmstoffe für das Bauwesen – Bestimmung der Wasserdampfdurchlässigkeit
12 354			Bauakustik – Berechnung der akustischen Eigenschaften von Gebäuden aus den Bauteileigenschaften
	5	2023-08	Teil 5: Installationsgeräusche
	6	2004-04	Teil 6: Schallabsorption in Räumen
12 433	1	2000-02	Tore: Terminologie – Teil 1: Bauarten von Toren
12 602		2016-12	Vorgefertigte bewehrte Bauteile aus dampfgehärtetem Porenbeton
12 620		2008-07	Gesteinskörnungen für Beton
12 859		2011-05	Gips-Wandbauplatten – Begriffe, Anforderungen und Prüfverfahren
13 055		2021-06	Entwurf: Leichte Gesteinskörnungen
13 162		2015-04	Wärmedämmstoffe für Gebäude – Werkmäßig hergestellte Produkte aus Mineralwolle (MW) – Spezifikation
13 163		2017-02	Wärmedämmstoffe für Gebäude – Werkmäßig hergestellte Produkte aus expandiertem Polystyrol (EPS) – Spezifikation
13 164		2015-04	Wärmedämmstoffe für Gebäude – Werkmäßig hergestellte Produkte aus extrudiertem Polystyrolschaum (XPS) – Spezifikation
13 165		2016-09	Wärmedämmstoffe für Gebäude – Werkmäßig hergestellte Produkte aus Polyurethan-Hartschaum (PU) – Spezifikation
13 166		2016-09	Wärmedämmstoffe für Gebäude – Werkmäßig hergestellte Produkte aus Phenolharzschaum (PF) – Spezifikation
13 167		2015-04	Wärmedämmstoffe für Gebäude – Werkmäßig hergestellte Produkte aus Schaumglas (CG) – Spezifikation
13 168		2015-04	Wärmedämmstoffe für Gebäude – Werkmäßig hergestellte Produkte aus Holzwolle (WW) – Spezifikation
13 169		2015-04	Wärmedämmstoffe für Gebäude – Werkmäßig hergestellte Produkte aus Blähperlit (EPB) – Spezifikation

DIN EN	Teil	Ausgabe	Titel
13 170		2015-04	Wärmedämmstoffe für Gebäude – Werkmäßig hergestellte Produkte aus expandiertem Kork (ICB) – Spezifikation
13 171		2015-04	Wärmedämmstoffe für Gebäude – Werkmäßig hergestellte Produkte aus Holzfasern (WF) – Spezifikation
13 172		2025-07	Wärmedämmstoffe – Gemeinsame Bewertungsregeln
13 279	1	2008-11	Gipsbinder und Gips-Trockenmörtel – Teil 1: Begriffe und Anforderungen
13 499		2003-12	Wärmedämmstoffe für Gebäude – Außenseitige Wärmedämm-Verbundsysteme (WDVS) aus expandiertem Polystyrol – Spezifikation
13 500		2003-12	Wärmedämmstoffe für Gebäude – Außenseitige Wärmedämm-Verbundsysteme (WDVS) aus Mineralwolle – Spezifikation
13 501			Klassifizierung von Bauprodukten und Bauarten zu ihrem Brandverhalten
	1	2019-05	Teil 1: Klassifizierung mit den Ergebnissen aus den Prüfungen zum Brandverhalten von Bauprodukten
	2	2023-12	Teil 2: Klassifizierung mit den Ergebnissen aus den Feuerwiderstandsprüfungen, mit Ausnahme von Lüftungsanlagen
	3	2010-02	Teil 3: Klassifizierung mit den Ergebnissen aus den Feuerwiderstandsprüfungen an Bauteilen von haustechnischen Anlagen: Feuerwiderstandsfähige Leitungen und Brandschutzklappen
	5	2016-12	Teil 5: Klassifizierung mit den Ergebnissen aus Prüfungen von Bedachungen bei Beanspruchung durch Feuer von außen
13 707		2013-12	Abdichtungsbahnen – Bitumenbahnen mit Trägereinlage für Dachabdichtungen – Definitionen und Eigenschaften
13 823		2023-04	Prüfungen zum Brandverhalten von Bauprodukten – Thermische Beanspruchung durch einen einzelnen brennenden Gegenstand für Bauprodukte mit Ausnahme von Bodenbelägen
14 063	1	2004-11	Wärmedämmstoffe für Gebäude – An der Verwendungsstelle hergestellte Wärmedämmung aus Blähton-Leichtzuschlagstoffen – Teil 1: Spezifikation für die Schüttdämmstoffe vor dem Einbau
14 064	1	2019-04	Wärmedämmstoffe für Gebäude – An der Verwendungsstelle hergestellte Wärmedämmung aus Mineralwolle (MW) – Teil 1: Spezifikation für die Schüttdämmstoffe vor dem Einbau
14 315	1	2013-04	Wärmedämmstoffe für das Bauwesen – An der Verwendungsstelle hergestellter Wärmedämmstoff aus Polyurethan (PUR) und Polyisocyanurat (PIR)-Spritzschaum – Teil 1: Spezifikation für das Schaumsystem vor dem Einbau
14 316	1	2004-11	Wärmedämmstoffe für Gebäude – An der Verwendungsstelle hergestellte Wärmedämmung aus Produkten mit expandiertem Perlite (EP) – Teil 1: Spezifikation für gebundene und Schüttdämmstoffe vor dem Einbau
14 317	1	2004-11	Wärmedämmstoffe für Gebäude – An der Verwendungsstelle hergestellte Wärmedämmung aus Produkten mit expandiertem Vermiculite (EV) – Teil 1: Spezifikation für gebundene und Schüttdämmstoffe vor dem Einbau

DIN EN	Teil	Ausgabe	Titel
14 318	1	2013-04	Wärmedämmstoffe für das Bauwesen – An der Verwendungsstelle hergestellter Wärmedämmstoff aus Polyurethan (PUR) und Polyisocyanurat (PIR)-Hartschaum – Teil 1: Spezifikation für das Schaumsystem vor dem Einbau
14 509		2013-12	Selbsttragende Sandwich-Elemente mit beidseitigen Metalldeckschichten – Werkmäßig hergestellte Produkte – Spezifikationen
15 283	1	2009-12	Faserverstärkte Gipsplatten – Begriffe, Anforderungen und Prüfverfahren – Teil 1: Gipsplatten mit Vliesarmierung
16 069		2015-04	Wärmedämmstoffe für Gebäude – Werkmäßig hergestellte Produkte aus Polyethylenschaum (PEF) – Teil 1: Spezifikation

DIN EN ISO	Teil	Ausgabe	Titel
717	1	2021-05	Akustik – Bewertung der Schalldämmung in Gebäuden und von Bauteilen – Teil 1: Luftschalldämmung
	2	2021-05	Akustik – Bewertung der Schalldämmung in Gebäuden und von Bauteilen – Teil 2: Trittschalldämmung
1716		2018-10	Prüfungen zum Brandverhalten von Bauprodukten – Bestimmung der Verbrennungswärme
6946		2018-03	Bauteile: Wärmedurchlasswiderstand und Wärmedurchgangskoeffizient – Berechnungsverfahren, einschließlich Berichtigung 1
9972		2018-12	Wärmetechnisches Verhalten von Gebäuden – Bestimmung der Luftdurchlässigkeit von Gebäuden – Differenzdruckverfahren
10 052		2021-11	Akustik – Messung der Luftschalldämmung und Trittschalldämmung und des Schalls von haustechnischen Anlagen in Gebäuden – Kurzverfahren
10 140	5	2021-09	Akustik – Messung der Schalldämmung von Bauteilen im Prüfstand – Teil 5: Anforderungen an Prüfstände und Prüfeinrichtungen
10 211		2018-03	Wärmebrücken im Hochbau: Wärmeströme und Oberflächentemperaturen – Detaillierte Berechnungen
10 456		2010-05	Baustoffe und Bauprodukte: Wärme- und feuchtetechnische Eigenschaften – Tabellierte Bemessungswerte und Verfahren zur Bestimmung der wärmeschutztechnischen Nenn- und Bemessungswerte
11 925	2	2020-07	Prüfungen zum Brandverhalten von Bauprodukten: Entzündbarkeit bei direkter Flammeneinwirkung – Teil 2: Einzelflammentest
12 354			Bauakustik – Berechnung der akustischen Eigenschaften von Gebäuden aus den Bauteileigenschaften
	1	2017-11	Teil 1: Luftschalldämmung zwischen Räumen
	2	2017-11	Teil 2: Trittschalldämmung zwischen Räumen
	3	2017-11	Teil 3: Luftschalldämmung gegen Außenlärm
	4	2017-11	Teil 4: Schallübertragung von Räumen ins Freie
12 572		2025-03	Wärme- und feuchtetechnisches Verhalten von Baustoffen und Bauprodukten – Bestimmung der Wasserdampfdurchlässigkeit – Verfahren mit einem Prüfgefäß
12 631		2018-01	Wärmetechnisches Verhalten von Vorhangfassaden – Berechnung des Wärmedurchgangskoeffizienten

DIN EN ISO	Teil	Ausgabe	Titel
13 786		2018-04	Wärmetechnisches Verhalten von Bauteilen – Dynamisch-thermische Kenngrößen – Berechnungsverfahren
13 788		2013-05	Wärme- und feuchtetechnisches Verhalten von Bauteilen und Bauelementen: Raumseitige Oberflächentemperatur zur Vermeidung kritischer Oberflächenfeuchte und Tauwasserbildung im inneren Bauteil – Berechnungsverfahren

VDI	Teil	Ausgabe	Titel
2569		2019-10	Schallschutz und akustische Gestaltung in Büros
4100		2007-08	Schallschutz von Wohnungen – Beurteilung und Vorschläge für erhöhten Schallschutz *(zurückgezogen)*
		2012-10	Schallschutz von Wohnungen – Beurteilung und Vorschläge für erhöhten Schallschutz

ArbStättV	2004-08	Verordnung über Arbeitsstätten (Arbeitsstättenverordnung)
BauPVO	2024-11	EU-Bauproduktenverordnung – Verordnung (EU) Nr. 305/2011 des Europäischen Parlaments und des Rates vom 27. November 2024 zur Festlegung harmonisierter Vorschriften für die Vermarktung von Bauprodukten und zur Aufhebung der Verordnung (EU) Nr. 305/2011
BRL A	2015-10	Bauregelliste A, Ausgabe 2015/2, Deutsches Institut für Bautechnik, Mitteilungen, Teile 1 bis 3 und Bezugsquellennachweis, einschl. Änderungsmitteilungen (aufgehoben → MVV TB)
BRL B	2015-10	Bauregelliste B, Ausgabe 2015/2, Deutsches Institut für Bautechnik, Mitteilungen, Teile 1 bis 2 und Bezugsquellennachweis (aufgehoben → MVV TB)
BRL C	2015-10	Bauregelliste C, Ausgabe 2015/2, Deutsches Institut für Bautechnik, Mitteilungen (aufgehoben → MVV TB)
DEGA 103	2024-09	Schallschutz im Wohnungsbau – Teil 1: Schallschutzklassen und erhöhter Schallschutz
DEGA 104	2015-02	Memorandum zum Schallschutz im eigenen Wohnbereich
GEG	2024-10	Gesetz zur Einsparung von Energie und zur Nutzung erneuerbarer Energien zur Wärme- und Kälteerzeugung in Gebäuden (Gebäudeenergiegesetz)
MBO	2023-11	Musterbauordnung
LBO		Landesbauordnungen
MVV TB	2025/1	Muster-Verwaltungsvorschrift Technische Baubestimmungen
MIndBauRL	2019-05	Muster-Richtlinie über den baulichen Brandschutz im Industriebau (Muster-Industriebaurichtlinie)
MGarVO	2022-07	Verordnung über den Bau und Betrieb von Garagen (Muster-Garagenverordnung)
MBeVO	2014-05	Verordnung über den Bau und Betrieb von Beherbergungsstätten (Muster-Beherbergungsstätten)
MVKVO	2014-07	Verordnung über den Bau und Betrieb von Verkaufsstätten (Muster-Verkaufsstättenverordnung)
MVStättV	2014-07	Verordnung über den Bau und Betrieb von Verkaufsstätten (Muster-Verkaufsstättenverordnung – MVKVO)
MSchulBauR	2009-04	Muster-Richtlinie über bauaufsichtliche Anforderungen an Schulen (Muster-Schulbau-Richtlinie)
MHochhausRL	2012-02	Muster-Richtlinie über den Bau und Betrieb von Hochhäusern (Muster-Hochhaus-Richtlinie)

MKhBauVO	1976-12	Muster-Verordnung über den Bau und Betrieb von Krankenhäusern (Krankenhausbauverordnung)
M-FliegBauRL	2010-06	Muster-Richtlinie über den Bau und Betrieb Fliegender Bauten
MSysBöR	2005-09	Muster-Richtlinie über brandschutztechnische Anforderungen an Systemböden Muster-Systembödenrichtlinie
M-LüAR	2020-09	Muster-Richtlinie über brandschutztechnische Anforderungen an Lüftungsanlagen (Muster-Lüftungsanlagen-Richtlinie)
MLAR	2020-09	Muster-Richtlinie über brandschutztechnische Anforderungen an Leitungsanlagen (Muster-Leitungsanlagen-Richtlinie)
MHolzBauRL	2025-05	Muster-Richtlinie über brandschutztechnische Anforderungen an Bauteile und Außenwandbekleidungen in Holzbauweise
MKLR	1996-06	Muster-Richtlinie über den Brandschutz bei der Lagerung von Sekundärstoffen aus Kunststoff (Muster-Kunststofflager-Richtlinie)
MTBauBestVV	2025-05	Muster-Verwaltungsvorschrift Technische Baubestimmungen
FluLärmG	2007-10	Gesetz zum Schutz gegen Fluglärm
TA Lärm	1998-08	Technische Anleitung zum Schutz gegen Lärm – TA Lärm
Richtlinie 2002/49/EG	2021-07	Richtlinie 2002/49/EG des Europäischen Parlaments und des Rates über die Bewertung und Bekämpfung von Umgebungslärm
16. BImSchV	2020-11	Verkehrslärmschutzverordnung – Sechzehnte Verordnung zur Durchführung des Bundes-Immissionsschutzgesetzes

Zu Kapitel 5 A Technische Gebäudeausrüstung

DIN	Teil	Ausgabe	Titel
1946			Raumlufttechnik
	6	2019-12	Lüftung von Wohnungen – Allgemeine Anforderungen, Anforderungen an die Auslegung, Ausführung, Inbetriebnahme und Übergabe sowie Instandhaltung
1986			Entwässerungsanlagen für Gebäude und Grundstücke
	3	2024-05	Regeln für Betrieb und Wartung
	4	2019-08	Verwendungsbereiche von Abwasserrohren und -formstücken verschiedener Werkstoffe
	30	2012-02	Instandhaltung
	100	2016-12	Bestimmungen in Verbindung mit DIN EN 752 und DIN EN 12 056
1988			Technische Regeln für Trinkwasser-Installationen (TRWI)
		2012	Sonderdruck – Technische Regel des DVGW: DIN 1988 – Technische Regeln für Trinkwasser-Installationen (TRWI)
1989			Regenwassernutzungsanlagen
	1	2002-04	Planung, Ausführung, Betrieb und Wartung
	2	2004-08	Filter
	3	2003-08	Regenwasserspeicher
	4	2005-08	Bauteile zur Steuerung und Nachspeisung
1999			Abscheideranlagen für Leichtflüssigkeiten
	100	2016-12	Anwendungsbestimmungen für Abscheideranlagen für Leichtflüssigkeiten nach DIN EN 858-1 und DIN EN 858-2
4040			Abscheideranlagen für Fette
	100	2016-12	Anwendungsbestimmungen für Abscheideranlagen für Fette nach DIN EN 1825-1 und DIN EN 1825-2

DIN	Teil	Ausgabe	Titel
V 18599			Energetische Bewertung von Gebäuden
18 015			Elektrische Anlagen in Wohngebäuden
	1	2020-05	Planungsgrundlagen
	2	2021-10	Art und Umfang der Mindestausstattung
	3	2016-09	Leitungsführung und Anordnung der Betriebsmittel
18 017			Lüftung von Bädern und Toilettenräumen ohne Außenfenster
	3	2022-05	Lüftung mit Ventilatoren

DIN EN	Teil	Ausgabe	Titel
806			Technische Regeln für Trinkwasser-Installationen
	2	2005-06	Planung
1825			Abscheideranlagen für Fette
	1	2004-12	Bau-, Funktions- und Prüfgrundsätze, Kennzeichnung und Güteüberwachung
	2	2002-05	Wahl der Nenngröße, Einbau, Betrieb und Wartung
12 056			Schwerkraftentwässerungsanlagen innerhalb von Gebäuden
	1	2001-01	Allgemeine und Ausführungsanforderungen
	2	2001-01	Schmutzwasseranlagen, Planung und Berechnung
	3	2001-01	Dachentwässerung, Planung und Bemessung
	4	2001-01	Abwasserhebeanlagen, Planung und Bemessung
	5	2001-01	Installation und Prüfung, Anleitung für Betrieb, Wartung und Gebrauch
12 792		2004-01	Lüftung von Gebäuden – Symbole, Terminologie und graphische Symbole
12 831	1	2017-09	Energetische Bewertung von Gebäuden – Verfahren zur Berechnung der Norm-Heizlast – Teil 1: Raumheizlast, Modul M3-3
	3	2017-09	Energetische Bewertung von Gebäuden – Verfahren zur Berechnung der Norm-Heizlast – Teil 3: Trinkwassererwärmungsanlagen, Heizlast und Bedarfsbestimmung, Module M8-2, M8-3
16 798	1	2022-03	Energetische Bewertung von Gebäuden – Lüftung von Gebäuden – Teil 1: Eingangsparameter für das Innenraumklima zur Auslegung und Bewertung der Energieeffizienz von Gebäuden bezüglich Raumluftqualität, Temperatur, Licht und Akustik – Modul M1-6
	3	2017-11	Energetische Bewertung von Gebäuden – Lüftung von Gebäuden – Teil 3: Lüftung von Nichtwohngebäuden – Leistungsanforderungen an Lüftungs- und Klimaanlagen und Raumkühlsysteme
	5	2017-11	Energetische Bewertung von Gebäuden – Lüftung von Gebäuden – Teil 5-1: Berechnungsmethoden für den Energiebedarf von Lüftungs- und Klimaanlagen (Module M5-6, M5-8, M6-5, M6-8, M7-5, M7-8) – Methode 1:

DIN VDE	Teil	Ausgabe	Titel
100			Errichten von Niederspannungsanlagen, T. 100 bis T. 444

Auswahl von Richtlinien des DVGW
(Deutscher Verein des Gas- und Wasserfaches e. V. (DVGW), Josef-Wirmer-Str. 1–3, 53123 Bonn, www.dvgw.de)

Nr.	Ausgabe	Titel
GW 303-1	2006-10	Berechnung von Gas- und Wasserrohrnetzen – Teil 1: Hydraulische Grundlagen, Netzmodellierung und Berechnung
W 336	2013-10	Wasseranbohrarmaturen – Anforderungen und Prüfungen
W 410	2008-12	Wasserbedarf – Kennwerte und Einflussgrößen
W 555	2002-03	Nutzung von Regenwasser (Dachablaufwasser) im häuslichen Bereich

Zu Kapitel 5 B Wasserversorgung/Abwasserableitung

DIN	Teil	Ausgabe	Titel
1986	100	2016-12	Entwässerungsanlagen für Gebäude und Grundstücke – Teil 100: Bestimmungen in Verbindung mit DIN EN 752 und DIN EN 12056
	3	2024-05	Entwässerungsanlagen für Gebäude und Grundstücke – Teil 3: Regeln für Betrieb und Wartung
	4	2019-08	Entwässerungsanlagen für Gebäude und Grundstücke – Teil 4: Verwendungsbereiche von Abwasserrohren und -formstücken verschiedener Werkstoffe
	30	2012-02	Entwässerungsanlagen für Gebäude und Grundstücke – Teil 30: Instandhaltung
1988	200	2012-05	Technische Regeln für Trinkwasser-Installationen – Installation Typ A (geschlossenes System) – Planung, Bauteile, Apparate, Werkstoffe
	300	2012-05	Technische Regeln für Trinkwasser-Installationen – Ermittlung der Rohrdurchmesser
1989	100	2022-07	Regenwassernutzungsanlagen
1999	100	2016-12	Abscheideranlagen für Leichtflüssigkeiten – Anwendungsbestimmungen für Abscheideranlagen für Leichtflüssigkeiten nach DIN EN 858-1 und DIN EN 858-2
2000		2017-02	Zentrale Trinkwasserversorgung – Leitsätze für Anforderungen an Trinkwasser, Planung, Bau, Betrieb und Instandhaltung der Versorgungsanlagen
4045		2016-11	Abwassertechnik – Grundbegriffe
4109	36	2016-07	Schallschutz im Hochbau – Teil 36: Daten für die rechnerischen Nachweise des Schallschutzes (Bauteilkatalog) – Gebäudetechnische Anlagen
4261	1	2010-10	Kleinkläranlagen; Anlagen zur Schmutzwasservorbehandlung
4263		2011-06	Kennzahlen von Abwasserkanälen und -leitungen für die hydraulische Berechnung im Wasserwesen
4924		2014-07	Sande und Kiese für den Brunnenbau – Anforderungen und Prüfverfahren
19 557		2004-01	Kläranlagen – Mineralische Füllstoffe und Füllstoffe aus Kunststoff für Tropfkörper – Anforderungen, Prüfung, Lieferung, Einbringen

DIN EN	Teil	Ausgabe	Titel
752		2017-07	Entwässerungssysteme außerhalb von Gebäuden – Kanalmanagement

DIN EN	Teil	Ausgabe	Titel
806	1	2001-12	Technische Regeln für Trinkwasser-Installationen – Teil 1: Allgemeines
858	1	2005-02	Abscheideranlagen für Leichtflüssigkeiten – Bau-, Funktions- und Prüfungsgrundsätze, Kennzeichnung und Güteüberwachung mit Änderung A1
	2	2003-10	Abscheideranlagen für Leichtflüssigkeiten – Wahl der Nenngröße, Einbau, Betrieb und Wartung
1610		2015-12	Einbau und Prüfung von Abwasserleitungen und -kanälen, Gemeinschaftspublikation mit DWA-A 139, Berichtigung 2016-09
1825	1	2004-12	Abscheideranlagen für Fette; Bau- Funktions- und Prüfgrundsätze, Kennzeichnung und Güteüberwachung
	2	2002-05	Abscheideranlagen für Fette; Wahl der Nenngröße, Einbau, Betrieb und Wartung
12 056	1 bis 5	2001-01	Schwerkraftentwässerungsanlagen innerhalb von Gebäuden
12 255	1 bis 15	neueste Fassungen	Kläranlagen; verschiedene Herausgabezeitpunkte
12 845	1 bis 3	neueste Fassungen	Ortsfeste Brandbekämpfungsanlagen; verschiedene Herausgabezeitpunkte
12 566	1 bis 4	neueste Fassungen	Kleinkläranlagen bis zu 50 Einwohnerwerten (EW); verschiedene Herausgabezeitpunkte
16 323		2014-07	Wörterbuch für Begriffe der Abwassertechnik; Dreisprachige Fassung
16 941	1	2024-05	Vor-Ort-Anlagen für Nicht-Trinkwasser – Teil 1: Anlagen für die Verwendung von Regenwasser

Auswahl von Richtlinien (Arbeits- und Merkblätter des DWA)
(Deutsche Vereinigung für Wasserwirtschaft, Abwasser und Abfall e. V. (DWA), Theodor-Heuss-Allee 17, 53773 Hennef, www.dwa.de)

DWA	Teil	Ausgabe	Titel
A 102	2	2020-12	Grundsätze zur Bewirtschaftung und Behandlung von Regenwetterabflüssen zur Einleitung in Oberflächengewässer – Teil 2: Emissionsbezogene Bewertungen und Regelungen für Regenwetterabflüsse in Siedlungen
A 110		2006-08	Hydraulische Dimensionierung und Leistungsnachweis von Abwasserleitungen und -kanälen (korrigierte Fassung 2022)
A 117		2013-12	Bemessung von Regenrückhalteräumen (korrigierte Fassung 2014)
A 118		2024-01	Bewertung der hydraulischen Leistungsfähigkeit von Entwässerungssystemen
A 138	1	2024-10	Anlagen zur Versickerung von Niederschlagswasser – Teil 1: Planung, Bau, Betrieb

Auswahl von Richtlinien des DVGW
(Deutscher Verein des Gas- und Wasserfaches e. V. (DVGW), Josef-Wirmer-Str. 1–3, 53123 Bonn, www.dvgw.de)

DVGW		Ausgabe	Titel
GW 303	1	2006-10	Berechnung von Gas- und Wasserrohrnetzen – Teil 1: Hydraulische Grundlagen, Netzmodellierung und Berechnung

DVGW		Ausgabe	Titel
W 392		2017-09	Wasserverlust in Rohrnetzen; Ermittlung, Wasserbilanz, Kennzahlen, Überwachung
W 400	1	2015-02	Technische Regeln Wasserverteilungsanlagen (TRMV) Teil 1: Planung
W 405		2008-02	Bereitstellung von Löschwasser durch die öffentliche Trinkwasserversorgung
W 410		2008-12	Wasserbedarf – Kennwerte und Einflussgrößen
W 551	1-8	neueste Fassungen	Hygiene in der Trinkwasser-Installation

Zu Kapitel 6 A Baudenkmalpflege

Denkmalschutzgesetze der Bundesländer

Baden-Württemberg	Gesetz zum Schutz der Kulturdenkmale (Denkmalschutzgesetz – DschG), erstmalige Fassung vom 6. Dezember 1983, letzte Änderung vom 07.Februar 2023
Bayern	Gesetz zum Schutz und zur Pflege der Denkmäler (Bayerisches Denkmalschutzgesetz – BayDschG), erstmalige Fassung vom 25. Juni 1973, letzte Änderung vom 23.Dezember 2024
Berlin	Gesetz zum Schutz von Denkmalen in Berlin (Denkmalschutzgesetz Berlin – DschGBln), erstmalige Fassung vom 24. April 1995, letzte Änderung vom 11. Dezember 2024
Brandenburg	Gesetz über den Schutz und die Pflege der Denkmale im Land Brandenburg (Brandenburgisches Denkmalschutzgesetz – BbgDSchG), letzte Änderung vom 05.März 2024
Bremen	Bremisches Gesetz zur Pflege und zum Schutz der Kulturdenkmäler, (Bremisches Denkmalschutzgesetz – BremDSchG), vom 18. Dezember 2018
Hamburg	Denkmalschutzgesetz (DschG), in der Fassung vom 05. April 2013, letzte Änderung vom 05. März 2025
Hessen	Hessisches Denkmalschutzgesetz (HDSchG) vom 28. November 2016
Mecklenburg-Vorpommern	Gesetz zum Schutz und zur Pflege der Denkmale im Lande Mecklenburg-Vorpommern (DSchG M-V), erstmalige Fassung vom 6. Januar 1998, letzte Änderung vom 12. Juli 2010
Niedersachsen	Niedersächsisches Denkmalschutzgesetz (NDSchG), Fassung vom 30. Mai 1978, letzte Änderung vom 22. September 2022
Nordrhein-Westfalen	Nordrhein-westfälisches Denkmalschutzgesetz (Denkmalschutzgesetz – DSchG NRW), vom 13. April 2022
Rheinland-Pfalz	Denkmalschutzgesetz (DSchG), erstmalige Fassung vom 23. März 1978, letzte Änderung vom 20. Dezember 2024
Saarland	Saarländisches Denkmalschutzgesetz (DschG SL), vom 13. Juni 2018, letzte Änderung vom 08. Dezember 2021
Sachsen	Gesetz zum Schutz und zur Pflege der Kulturdenkmale im Freistaat Sachsen (Sächsisches Denkmalschutzgesetz – SächsDSchG), erstmalige Fassung vom 3. März 1993, letzte Änderung vom 20. Dezember 2022
Sachsen-Anhalt	Denkmalschutzgesetz des Landes Sachsen-Anhalt (DSchG ST), erstmalige Fassung vom 21. Oktober 1991, letzte Änderung vom 20. Dezember 2005
Schleswig-Holstein	Gesetz zum Schutze der Kulturdenkmale (Denkmalschutzgesetz – DschG), erstmalige Fassung vom 21. November 1996, letzte Änderung vom 01. April 2023
Thüringen	Thüringer Gesetz zur Pflege und zum Schutz der Kulturdenkmale (Thüringer Denkmalschutzgesetz – ThürDSchG) in der Fassung der Neubekanntmachung vom 14. April 2004, letzte Änderung vom 18. Dezember 2018

Zu Kapitel 6 B Bauwerksüberwachung, Bauwerksprüfung

DIN	Teil	Ausgabe	Titel
1076		1999-11	Ingenieurbauwerke im Zuge von Straßen und Wegen – Überwachung und Prüfung
RBBau		2022-10	Richtlinien für die Durchführung von Bauaufgaben des Bundes (RBBau)
RÜV		2008-09	Richtlinie für die Überwachung der Verkehrssicherheit von baulichen Anlagen des Bundes
RI-EBW-PRÜF		2017	Richtlinie zur einheitlichen Erfassung, Bewertung, Aufzeichnung und Auswertung von Ergebnissen der Bauwerksprüfungen nach DIN 1076
RSA		2021	Richtlinien für die Sicherung von Arbeitsstellen an Straßen (RSA). Forschungsgesellschaft für Straßen- und Verkehrswesen (FGSV)
VDI-Richtlinie 6200		2010-02	Standsicherheit von Bauwerken – Regelmäßige Überprüfung, VDI Verein Deutscher Ingenieure e.V.
VDI-Richtlinie 6199		2021-11	Bauwerksinspektionen, VDI Verein Deutscher Ingenieure e.V.
RPE-ING		2021-02	Richtlinien für die strategische Planung von Erhaltungsmaßnahmen an Ingenieurbauwerken (RPE-ING), Bundesministerium für Verkehr und digitale Infrastruktur

Zu Kapitel 6 C (Abschn. I + II) Erhaltung von Bauwerken/Schutz und Instandsetzung von Mauerwerk

DIN	Teil	Ausgabe	Titel
1045	2	2023-08	Tragwerke aus Beton, Stahlbeton und Spannbeton – Teil 2: Beton
18 550	1	2018-01	Planung, Zubereitung und Ausführung von Außen- und Innenputzen – Teil 1: Ergänzende Festlegungen zu DIN EN 13914-1:2016-09 für Außenputze
18 551		2014-08	Spritzbeton – Nationale Anwendungsregeln zur Reihe DIN EN 14487 und Regeln für die Bemessung von Spritzbetonkonstruktionen
18 555			Prüfung von Mörteln mit mineralischen Bindemitteln
	4	2019-04	Bestimmung der Längs- und Querdehnung sowie von Verformungskenngrößen von Mauermörteln (Festmörtel) im statischen Druckversuch
	9	2019-04	Bestimmung der Fugendruckfestigkeit von Festmörteln
19 573		2016-03	Mörtel für Neubau und Sanierung von Entwässerungssystemen außerhalb von Gebäuden
32 539		2013-06	Flammstrahlen von Stahl- und Betonoberflächen
51 131		2014-02	Prüfung von Bodenbelägen – Bestimmung der rutschhemmenden Eigenschaft – Verfahren zur Messung des Gleitreibungskoeffizient *(zurückgezogen)*
52 008		2006-03	Prüfverfahren für Naturstein – Beurteilung der Verwitterungsbeständigkeit
52 170			Bestimmung der Zusammensetzung von erhärtetem Beton
	1	2023-02	Allgemeines, Begriffe, Probenahme, Trockenrohdichte
	2	2023-02	Salzsäureunlöslicher und kalkstein- und/oder dolomithaltiger Zuschlag, Ausgangsstoffe nicht verfügbar
	3	2023-02	Salzsäureunlöslicher Zuschlag, Ausgangsstoffe nicht verfügbar

DIN	Teil	Ausgabe	Titel
52 170	4	2023-02	Salzsäurelöslicher und/oder -unlöslicher Zuschlag, Ausgangsstoffe vollständig oder teilweise verfügbar
52 252			Prüfung der Frostwiderstandsfähigkeit von Vormauerziegeln und Klinkern
	1	1986-12	Allseitige Befrostung von Einzelziegeln
	2	1986-12	Befrostung von Ziegeln in Prüfblöcken *(zurückgezogen)*
52 253		1990-04	Beiblatt 1– Prüfung der Frostwiderstandsfähigkeit; Dachziegel, Vormauerziegel und Klinker; Hinweise für die Durchführung der Prüfungen

DIN EN	Teil	Ausgabe	Titel
206	1	2021-06	Beton – Teil 1: Festlegung, Eigenschaften, Herstellung und Konformität
772			Prüfverfahren für Mauersteine
	1	2016-05	Bestimmung der Druckfestigkeit
	4	1998-10	Bestimmung der Dichte und der Rohdichte sowie der Gesamtporosität und der offenen Porosität von Mauersteinen aus Naturstein
	7	1998-10	Bestimmung der Wasseraufnahme von Mauerziegeln für Feuchteisolierschichten durch Lagerung in siedendem Wasser
	11	2011-07	Bestimmung der kapillaren Wasseraufnahme von Mauersteinen aus Beton, Porenbetonsteinen, Betonwerksteinen und Natursteinen sowie der anfänglichen Wasseraufnahme von Mauerziegeln
	13	2000-09	Bestimmung der Netto- und Brutto-Trockenrohdichte von Mauersteinen (außer Natursteinen)
	18	2011-07	Bestimmung des Frostwiderstandes von Kalksandsteinen
	21	2011-07	Bestimmung der Kaltwasseraufnahme von Mauerziegeln und Kalksandsteinen
	22	2019-02	Bestimmung des Frost-Tau-Widerstandes von Mauerziegeln
998	1	2017-02	Festlegungen für Mörtel im Mauerwerksbau – Putzmörtel
1015			Prüfverfahren für Mörtel für Mauerwerk
	10	2007-05	Bestimmung der Trockenrohdichte von Festmörtel
	18	2003-03	Bestimmung der kapillaren Wasseraufnahme von erhärtetem Mörtel (Festmörtel)
1052			Prüfverfahren für Mauerwerk
	1	1998-12	Bestimmung der Druckfestigkeit
1062			Beschichtungsstoffe – Beschichtungsstoffe und Beschichtungssysteme für mineralische Untergründe und Beton im Außenbereich
	7	2004-08	Teil 7: Bestimmung der rissüberbrückenden Eigenschaften
	11	2002-10	Teil 11: Verfahren für die Konditionierung vor der Prüfung
1504	9	2008-11	Produkte und Systeme für den Schutz und die Instandsetzung von Betontragwerken – Definitionen, Anforderungen, Qualitätsüberwachung und Beurteilung der Konformität – Teil 9: Allgemeine Grundsätze für die Anwendung von Produkten und Systemen
1542		1997-07	Produkte und Systeme für den Schutz und die Instandsetzung von Betontragwerken – Prüfverfahren – Messung der Haftfestigkeit im Abreißversuch

DIN EN	Teil	Ausgabe	Titel
1925		1999-05	Prüfverfahren für Naturstein – Bestimmung des Wasseraufnahmekoeffizienten infolge Kapillarwirkung
1926		2007-03	Prüfverfahren für Naturstein – Bestimmung der einachsigen Druckfestigkeit
1936		2007-02	Prüfverfahren für Naturstein – Bestimmung der Reindichte, der Rohdichte, der offenen Porosität und der Gesamtporosität
1992	1-1	2011-01	Eurocode 2: Bemessung und Konstruktion von Stahlbeton- und Spannbetontragwerken – Teil 1-1: Allgemeine Regeln – Regeln für Hochbauten, Brücken und Ingenieurbauwerke 2025-09 – VORAB BEREITGESTELLT
	1-1/NA	2013-04	Nationaler Anhang – National festgelegte Parameter – Eurocode 2: Bemessung und Konstruktion von Stahlbeton- und Spannbetontragwerken – Teil 1-1: Allgemeine Bemessungsregeln und Regeln für den Hochbau
1996	1-1	2013-02	Bemessung und Konstruktion von Mauerwerksbauten – Allgemeine Regeln für bewehrtes und unbewehrtes Mauerwerk (Nationaler Anhang – National festgelegte Parameter)
12 370		2020-05	Prüfverfahren für Naturstein – Bestimmung des Widerstandes gegen Kristallisation von Salzen
12 371		2010-07	Prüfverfahren für Naturstein – Bestimmung des Frostwiderstandes
12 372		2022-05	Prüfverfahren für Naturstein – Bestimmung der Biegefestigkeit unter Mittellinienlast
12 390	6	2024-05	Prüfung von Festbeton – Spaltzugfestigkeit von Probekörpern
12 504			Prüfung von Beton in Bauwerken
	1	2021-02	Bohrkernproben – Herstellung, Untersuchung und Prüfung der Druckfestigkeit
	2	2021-10	Zerstörungsfreie Prüfung – Bestimmung der Rückprallzahl
13 036	4	2011-12	Oberflächeneigenschaften von Straßen und Flugplätzen – Prüfverfahren – Teil 4: Verfahren zur Messung der Griffigkeit von Oberflächen: Der Pendeltest
13 161		2008-08	Prüfverfahren für Naturstein – Bestimmung der Biegefestigkeit unter Drittellinienlast
13 580		2002-12	Spritzbeton – Nationale Anwendungsregeln zur Reihe 14487 und Regeln für die Bemessung von Spritzbetonkonstruktionen
13 755		2008-08	Prüfverfahren für Naturstein – Bestimmung der Wasseraufnahme unter atmosphärischem Druck
13 791	A20	2022-04	Bewertung der Druckfestigkeit von Beton in Bauwerken und in Bauwerksteilen; Änderung A20
13 813		2003-01	Estrichmörtel, Estrichmassen und Estriche – Estrichmörtel und Estrichmassen – Eigenschaften und Anforderungen
13 892	3	2015-03	Prüfverfahren für Estrichmörtel und Estrichmassen – Teil 3: Bestimmung des Verschleißwiderstandes nach Böhme
14 487			Spritzbeton
	1	2023-03	Begriffe, Festlegungen und Konformität
	2	2007-01	Ausführung
14 580		2005-07	Prüfverfahren für Naturstein – Bestimmung des statischen Elastizitätsmoduls

DIN ISO	Teil	Ausgabe	Titel
13 473	3	2004-07	Charakterisierung der Textur von Fahrbahnbelägen unter Verwendung von Oberflächenprofilen – Teil 3: Anforderungen an und Einteilung von Profilometern
15 901	1	2019-03	Bewertung der Porengrößenverteilung und Porosität von Feststoffen mittels Quecksilberporosimetrie und Gasadsorption – Quecksilberporosimetrie

DIN EN ISO	Teil	Ausgabe	Titel
7500	1	2018-06	Beschichtungsstoffe – Korrosionsschutz von Stahlbauten durch Beschichtungssysteme – Arten von Oberflächen und Oberflächenvorbereitung (Entwurf)
13 473	1	2021-11	Kathodischer Korrosionsschutz von Stahl in Beton

Zu Kapitel 6 C (Abschn. III) Schutz von Stahlbauten

DIN	Teil	Ausgabe	Titel
50 960	2	2006-01	Galvanische Überzüge – Zeichnungsangaben

DIN EN	Teil	Ausgabe	Titel
10 088			Nichtrostende Stähle
	1	2024-04	Verzeichnis der nichtrostenden Stähle
	2	2025-01	Technische Lieferbedingungen für Blech und Band aus korrosionsbeständigen Stählen für allgemeine Verwendung
	3	2024-04	Technische Lieferbedingungen für Halbzeug, Stäbe, Walzdraht, gezogenen Draht, Profile und Blankstahlerzeugnissen aus korrosionsbeständigen Stählen für allgemeine Verwendung

DIN EN ISO	Teil	Ausgabe	Titel
1461		2022-12	Durch Feuerverzinken auf Stahl aufgebrachte Zinküberzüge
2063			Thermisches Spritzen – Zink, Aluminium und ihre Legierungen
	1	2019-07	Bauteilgestaltung und Qualitätsanforderungen für Korrosionsschutzsysteme
	2	2018-02	Ausführung von Korrosionsschutzsystemen
8044		2025-05	Korrosion von Metallen und Legierungen – Grundbegriffe
12 944			Korrosionsschutz von Stahlbauten durch Beschichtungssysteme
	1	2019-01	Allgemeine Einleitung
	2	2018-04	Einteilung der Umgebungsbedingungen
	3	2018-04	Grundregeln zur Gestaltung
	4	2018-04	Arten von Oberflächen und Oberflächenvorbereitung
	5	2020-03	Beschichtungssysteme
	6	2018-06	Laborprüfungen zur Bewertung von Beschichtungssystemen
	7	2018-04	Ausführung und Überwachung der Beschichtungsarbeiten

DIN EN ISO	Teil	Ausgabe	Titel
	8	2018-04	Erarbeiten von Spezifikationen für Erstschutz und Instandhaltung
14 713			Zinküberzüge – Leitfäden und Empfehlungen zum Schutz von Eisen- und Stahlkonstruktionen vor Korrosion
	1	2017-08	Allgemeine Konstruktionsgrundsätze und Korrosionsbeständigkeit
	2	2020-05	Feuerverzinken
	3	2017-08	Sherardisieren
27 830		2018-03	Metallische und andere anorganische Überzüge – Anforderungen für die Bezeichnung von metallischen und anderen anorganischen Überzügen

DASt-Ri. 007		2023	Richtlinien für die Lieferung, Verarbeitung und Anwendung wetterfester Baustähle, 2023, Deutscher Ausschuss für Stahlbau, Stahlbau-Verlagsgesellschaft, Köln
DASt-Ri. 022		2016	Feuerverzinken von tragenden Stahlbauteilen, 2016, Deutscher Ausschuss für Stahlbau, Stahlbau-Verlagsgesellschaft, Köln

Zu Kapitel 6 C (Abschn. IV) Schutz von Holzbauteilen

DIN	Teil	Ausgabe	Titel
4108	3	2024-03	Wärmeschutz und Energie-Einsparung in Gebäuden – Klimabedingter Feuchteschutz; Anforderungen, Berechnungsverfahren und Hinweise für Planung und Ausführung
18 334		2023-09	VOB Vergabe- und Vertragsordnung für Bauleistungen – Teil C: Allgemeine Technische Vertragsbedingungen für Bauleistungen (ATV) – Zimmer- und Holzbauarbeiten
68 800			Holzschutz
	1	2019-06	Allgemeines
	2	2022-02	Vorbeugende bauliche Maßnahmen im Hochbau
	3	2020-03	Vorbeugender Schutz von Holz mit Holzschutzmitteln

DIN EN	Teil	Ausgabe	Titel
1995	1-1	2010-12	Bemessung und Konstruktion von Holzbauten – Teil 1-1: Allgemeine Regeln und Regeln für den Hochbau

Zu Kapitel 7 C Sicherheits- und Gesundheitsschutz gemäß Baustellenverordnung

RAB	Ausgabe	Titel
RAB = Regeln zum Arbeitsschutz auf Baustellen Herausgeber: Ausschuss für Sicherheit und Gesundheitsschutz auf Baustellen (ASGB).		
01	2000-12	Gegenstand, Zustandekommen, Aufbau, Anwendung und Wirksamwerden der RAB
10	2003-11	Begriffsbestimmungen (Konkretisierung von Begriffen der BaustellV)
25	2003-11	Arbeiten in Druckluft (Konkretisierungen zur Druckluftverordnung)
30	2003-03	Geeigneter Koordinator (Konkretisierung zu § 3 BaustellV)

RAB	Ausgabe	Titel
31	2003-11	Sicherheits- und Gesundheitsschutzplan – SiGe-Plan
32	2003-03	Unterlage für spätere Arbeiten (Konkretisierung zu § 3 Abs. 2 Nr. 3 BaustellV)
33	2003-11	Allgemeine Grundsätze nach § 4 des ArbSchG bei Anwendung der Baustellenverordnung

Gesetze und Verordnungen
Herausgeber: Bundesrepublik Deutschland

2024-07	Gesetz über die Durchführung von Maßnahmen des Arbeitsschutzes zur Verbesserung der Sicherheit und des Gesundheitsschutzes der Beschäftigten bei der Arbeit (Arbeitsschutzgesetz – ArbSchG)
2022-12	Verordnung über Sicherheit und Gesundheitsschutz auf Baustellen (Baustellenverordnung – BaustellV)

Zu Kapitel 8 A Baubetrieb – Bauprozessmanagement

DIN	Teil	Ausgabe	Titel
276		2018-12	Kosten im Bauwesen
1960		2019-09	VOB Vergabe- und Vertragsordnung für Bauleistungen – Teil A: Allgemeine Bestimmungen für die Vergabe von Bauleistungen
1961		2016-09	VOB Vergabe- und Vertragsordnung für Bauleistungen – Teil B: Allgemeine Vertragsbedingungen für die Ausführung von Bauleistungen
15 804		2022-03	Nachhaltigkeit von Bauwerken – Umweltproduktdeklarationen – Grundregeln für die Produktkategorie Bauprodukte
18 299		2023-09	VOB Vergabe- und Vertragsordnung für Bauleistungen – Teil C: Allgemeine Technische Vertragsbedingungen für Bauleistungen (ATV) – Allgemeine Regelungen für Bauarbeiten jeder Art
18 960		2020-11	Nutzungskosten im Hochbau
69 901	1	2009-01	Projektmanagement –Projektmanagementsysteme –Teil 1: Grundlagen
	2	2009-02	Projektmanagement –Projektmanagementsysteme –Teil 2: Prozesse, Prozessmodell
	3	2009-01	Projektmanagement –Projektmanagementsysteme –Teil 3: Methoden
	4	2009-01	Projektmanagement –Projektmanagementsysteme –Teil 4: Daten, Datenmodell
	5	2009-01	Projektmanagement –Projektmanagementsysteme –Teil 5: Begriffe

DIN EN	Teil	Ausgabe	Titel
15 643		2021-12	Nachhaltigkeit von Bauwerken – Bewertung der Nachhaltigkeit von Gebäuden Teil 1: Allgemeine Rahmenbedingungen

DIN EN ISO	Teil	Ausgabe	Titel
9000		2025-05	Qualitätsmanagementsysteme – Grundlagen und Begriffe

DIN V	Teil	Ausgabe	Titel
18 599	1	2018-09	Energetische Bewertung von Gebäuden – Berechnung des Nutz-, End- und Primärenergiebedarfs für Heizung, Kühlung, Lüftung, Trinkwarmwasser und Beleuchtung

Gesetz zur Einsparung von Energie und zur Nutzung erneuerbarer Energien zur Wärme- und Kälteerzeugung in Gebäuden, 2022
Verordnung über Sicherheit und Gesundheitsschutz auf Baustellen (Baustellenverordnung – BaustellV), 2023
Gesetz zum Schutz vor schädlichen Umwelteinwirkungen durch Luftverunreinigungen, Geräusche, Erschütterungen und ähnliche Vorgänge (Bundes-Immissionsschutzgesetz – BImSchG), 2022
Verordnung über die Vergabe öffentlicher Aufträge (Vergabeverordnung – VgV), 2021
BGB – Bürgerliches Gesetzbuch, Walhalla-Fachverl., Regensburg, 2025

Zu Kapitel 8 B Building Information Modeling (BIM)

DIN	Teil	Ausgabe	Titel
18 290	1	2023	Verlinkter BIM-Datenaustausch von Bauwerksinformationsmodellen mit weiteren Fachmodellen – Teil 1: Verlinkter Datenaustausch mehrerer Fachmodelle beim Building Information Modeling (Multimodell-Container)
	2	2023	Verlinkter BIM-Datenaustausch von Bauwerksinformationsmodellen mit weiteren Fachmodellen – Teil 2: Verlinkter BIM-Datenaustausch von Bauwerksinformationsmodellen und Leistungsverzeichnissen (BIM-LV-Container)
	3	2023	Verlinkter BIM-Datenaustausch von Bauwerksinformationsmodellen mit weiteren Fachmodellen – Teil 3: Verlinkter BIM-Datenaustausch von Bauwerksinformationsmodellen und Kostenermittlungen (BIM-Kosten-Container)
	4	2023	Verlinkter BIM-Datenaustausch von Bauwerksinformationsmodellen mit weiteren Fachmodellen – Teil 4: Verlinkter BIM-Datenaustausch von Bauwerksinformationsmodellen und rechnungsbegründenden Unterlagen (BIM-Abrechnungs-Container)

DIN EN	Teil	Ausgabe	Titel
17 632	1	2023	Building Information Modeling (BIM) – Semantischer Modellierungs- und Verknüpfungsstandard (SMLS) – Teil 1: Generische Modellierungsmuster
	2	2025	Building Information Modeling (BIM) – Semantischer Modellierungs- und Verknüpfungsstandard (SMLS) – Teil 2: Domänenspezifische Modellierungsmuster
17 412	1	2021	Bauwerksinformationsmodellierung – Informationsbedarfstiefe – Teil 1: Konzepte und Grundsätze
17 549	2	2023	Building Information Modeling – Datenstruktur für den Austausch von Produktdatenvorlagen und Produktdatenblättern nach EN ISO 16739-1 – Teil 2: Anforderungen und konfigurierbare Produkte

DIN EN ISO	Teil	Ausgabe	Titel
7817-1	1	2024	Bauwerksinformationsmodellierung – Informationsbedarfstiefe – Teil 1: Konzepte und Grundsätze
12006	2	2020	Hochbau – Organisation des Austausches von Informationen über die Durchführung von Hoch- und Tiefbauten – Teil 2: Struktur für die Klassifizierung
	3	2022	Bauwesen – Organisation von Daten zu Bauwerken – Teil 3: Struktur für den objektorientierten Informationsaustausch
16739	1	2024	Industry Foundation Classes (IFC) für den Datenaustausch in der Bauwirtschaft und im Anlagenmanagement – Teil 1: Datenschema
16757	1	2019	Datenstrukturen für elektronische Produktkataloge der Technischen Gebäudeausrüstung – Teil 1: Konzepte, Architektur und Modelle
	2	2019	Datenstrukturen für elektronische Produktkataloge der Technischen Gebäudeausrüstung – Teil 2: Geometrie
	4	2024	Datenstrukturen für elektronische Produktkataloge der Technischen Gebäudeausrüstung – Teil 4: Datenwörterbücher für Produktkataloge (Entwurf)
	5	2024	Datenstrukturen für elektronische Produktkataloge der Technischen Gebäudeausrüstung – Teil 5: Austauschformat für Produktkataloge (Entwurf)
19650	1	2019	Organisation und Digitalisierung von Informationen zu Bauwerken und Ingenieurleistungen, einschließlich Bauwerksinformationsmodellierung (BIM) – Informationsmanagement mit BIM – Teil 1: Begriffe und Grundsätze
	2	2019	Organisation und Digitalisierung von Informationen zu Bauwerken und Ingenieurleistungen, einschließlich Bauwerksinformationsmodellierung (BIM) – Informationsmanagement mit BIM – Teil 2: Planungs-, Bau- und Inbetriebnahmephase
	3	2021	Organisation und Digitalisierung von Informationen zu Bauwerken und Ingenieurleistungen, einschließlich Bauwerksinformationsmodellierung (BIM) – Informationsmanagement mit BIM – Teil 3: Betriebsphase der Assets
	4	2023	Organisation und Digitalisierung von Informationen zu Bauwerken und Ingenieurleistungen, einschließlich Bauwerksinformationsmodellierung (BIM) – Informationsmanagement mit BIM – Teil 4: Informationsaustausch
	5	2021	Organisation und Digitalisierung von Informationen zu Bauwerken und Ingenieurleistungen, einschließlich Bauwerksinformationsmodellierung (BIM) – Informationsmanagement mit BIM – Teil 5: Spezifikation für Sicherheitsbelange von BIM, der digitalisierten Bauwerke und des smarten Assetmanagements
	6	2024	Organisation und Digitalisierung von Informationen zu Bauwerken und Ingenieurleistungen, einschließlich Bauwerksinformationsmodellierung (BIM) – Informationsmanagement mit BIM – Teil 6: Gesundheit und Sicherheit (Entwurf)
21597	1	2021	Informationscontainer zur Datenübergabe – Austausch-Spezifikation – Teil 1: Container
	2	2021	Informationscontainer zur Datenübergabe – Austausch-Spezifikation – Teil 2: Dynamische Semantik

DIN EN ISO	Teil	Ausgabe	Titel
23386		2020	Bauwerksinformationsmodellierung und andere digitale Prozesse im Bauwesen – Methodik zur Beschreibung, Erstellung und Pflege von Merkmalen in miteinander verbundenen Datenkatalogen
23387		2020	Bauwerksinformationsmodellierung (BIM) – Datenvorlagen für Bauobjekte während des Lebenszyklus eines baulichen Vermögensgegenstandes – Konzepte und Grundsätze
29481	1	2018	Bauwerksinformationsmodelle – Handbuch der Informationslieferungen – Teil 1: Methodik und Format
	2	2017	Bauwerksinformationsmodelle – Handbuch der Informationslieferungen – Teil 2: Interaktionsframework
	3	2024	Bauwerksinformationsmodelle – Handbuch der Informationslieferungen – Teil 3: Datenschema

VDI	Teil	Ausgabe	Titel
2552	1	2020	BIM-Grundlagen
	2	2022	BIM-Begriffe
	3	2018	BIM-Modellbasierte mengenermittlung zur Kostenplanung, Terminplanung, Vergabe und Abrechnung
	4	2020	BIM-Anforderungen an den Datenaustausch
	4	2026	Building Information Modeling; Datenaustausch und Modellierungsvorgaben (Projekt)
	5	2018	BIM-Datenmanagement
	6	2023	BIM-Betrieb (Entwurf)
	7	2020	BIM-Prozesse
BS-MT 2552	8.1	2019	BIM-Qualifikationen – Basiskenntnisse
	8.2	2022	BIM-Qualifikationen – Vertiefende Kenntnisse
	8.3	2022	BIM-Qualifikationen – Fertigkeiten
2552	9	2022	BIM-Klassifikationen
	10	2021	BIM-Auftraggeber-Informations-Anforderungen (AIA) und BIM-Abwicklungspläne (BAP)
	11.10	2025	BIM-Informationsaustauschanforderungen – Gebäudeautomation (Projekt)
	11.13	2027	BIM-Informationsaustauschanforderungen – Bauen im Bestand, Schadstoffbelastete bauliche und technische Anlagen (Projekt)
bS 2552	11.1	2021	BIM-Informationsaustauschanforderungen zu BIM-Anwendungsfällen
	11.2	2022	BIM-Informationsaustauschanforderungen – Schlitz und Durchbruchsplanung
	11.3	2020	BIM-Informationsaustauschanforderungen – Schalungs- und Gerüsstechnik (Ortbetonbauweise)
	11.4	2026	BIM-Informationsaustauschanforderungen – Ökobilanzierung (Projekt)
	11.5	2023	BIM-Informationsaustauschanforderungen – Aufzugstechnik
	11.7	2024	BIM-Informationsaustauschanforderungen – Türplanung (Entwurf)
	11.9	2026	BIM-Informationsaustauschanforderungen – Bauphysik (Projekt)
bS-EE 2552	11.6	2026	BIM-Informationsaustauschanforderungen – Brandschutz (Projekt)

VDI	Teil	Ausgabe	Titel
bS-EE 2552	11.8	2023	BIM-Informationsaustauschanforderungen – Fabrikplanung
	12.1	2022	BIM-Struktur zur Beschreibung von BIM-Anwendungsfällen
	12.2	2024	BIM-Metadaten zur Identifikation von BIM-Anwendungsfällen

Zu Kapitel 8 C Kostenplanung; Wertermittlung; Honorarordnung

DIN	Teil	Ausgabe	Titel
276	1	2018-12	Kosten im Bauwesen
	1	2008-12	Kosten im Bauwesen
	4	2009-08	Kosten im Bauwesen – Ingenieurbau *(zurückgezogen)*
277	3	2005-04	Grundflächen und Rauminhalte von Bauwerken im Hochbau – Teil 3: Mengen und Bezugseinheiten *(zurückgezogen)*
	1	2021-08	Grundflächen und Rauminhalte im Bauwesen – Teil 1: Hochbau
	1	2016-12	Grundflächen und Rauminhalte im Bauwesen – Teil 1: Hochbau
18205		2018-11	Bedarfsplanung im Bauwesen

Zu Kapitel 8 D Facility Management; Wertermittlung

DIN	Teil	Ausgabe	Titel
276	1	2018-12	Kosten im Bauwesen
277	1	2016-01	Grundflächen und Rauminhalte im Bauwesen – Hochbau
18 960		2020-11	Nutzungskosten im Hochbau
32 736		2000-08	Gebäudemanagement – Begriffe und Leistungen

DIN EN	Teil	Ausgabe	Titel
15 221	1	2007-01	Facility Management – Begriffe *(zurückgezogen)*

DIN EN ISO	Teil	Ausgabe	Titel
41011		2019-04	Facility Management – Begriffe (ersetzt DIN EN 15 221)

Sonstige Verordnungen		
HOAI	2021	Honorarordnung für Architekten und Ingenieure
ImmowertV	2021	Immobilienwertermittlungsverordnung
WertR		Wertermittlungsrichtlinie (aufgehoben 2010)
SW-RL	2012-10	Sachwertrichtlinie

Zu Kapitel 9 A Grundlagen der Tragwerksplanung, B Eigenlasten von Baustoffen, Bauteilen und Lagerstoffen, C Nutzlasten im Hochbau, D Anpralllasten im Hochbau

DIN	Teil	Ausgabe	Titel
1055			Einwirkungen auf Tragwerke
	1	2002-06	Wichten und Flächenlasten von Baustoffen, Bauteilen und Lagerstoffen *(zurückgezogen)*
1072		1985-12	Straßen- und Wegbrücken – Lastannahmen *(zurückgezogen)*

DIN EN	Teil	Ausgabe	Titel
206		2021-06	Beton – Festlegung, Eigenschaften, Herstellung und Konformität
1990		2021-10	Eurocode 0: Grundlagen der Tragwerksplanung
	NA	2010-12	Nationaler Anhang – National festgelegte Parameter zu DIN EN 1990
	NA/A1	2024-05	A1-Änderung zu DIN EN 1990/NA
1991			Eurocode 1: Einwirkungen auf Tragwerke
	1-1	2010-12	Allgemeine Einwirkungen auf Tragwerke; Wichten, Eigengewicht und Nutzlasten im Hochbau
	1-1/NA	2010-12	Nationaler Anhang – National festgelegte Parameter zu DIN EN 1991-1-1
	1-1/NA/ A1	2015-05	A1-Änderung zu DIN EN 1991-1-1/NA
	1-7	2010-12	Allgemeine Einwirkungen; Außergewöhnliche Einwirkungen
	1-7/A1	2014-08	A1-Änderung zu DIN EN 1991-1-7
	1-7/NA	2019-09	Nationaler Anhang – National festgelegte Parameter zu DIN EN 1991-1-7

Zu Kapitel 9 E Windlasten, F Schneelasten

DIN	Teil	Ausgabe	Titel
1055	Teil 2	2010-11	Einwirkungen auf Tragwerke – Teil 2: Bodenkenngrößen
1072		1985-12	Straßen- und Wegbrücken; Lastannahmen (Hinweis: zurückgezogen; Anwendung der Norm bei der Nachrechnung von bestehenden Brücken; Nachfolgedokument: DIN EN 1991-2)
	Bbl.	1985-12	Straßen- und Wegbrücken; Lastannahmen; Erläuterungen *(zurückgezogen)*

DIN EN	Teil	Ausgabe	Titel
1990		2021-10	Eurocode 0: Grundlagen der Tragwerksplanung
	NA	2010-12	Nationaler Anhang – National festgelegte Parameter zu DIN EN 1990
	NA/A1	2024-05	Änderung A1 zu DIN EN 1990/NA
1991			Eurocode 1: Einwirkungen auf Tragwerke
	1-1	2010-12	Allgemeine Einwirkungen auf Tragwerke; Wichten, Eigengewicht und Nutzlasten im Hochbau
	1-1/NA	2010-12	Nationaler Anhang – National festgelegte Parameter zu DIN EN 1991-1-1

DIN EN	Teil	Ausgabe	Titel
	1-1/NA/ A1	2015-05	Änderung A1 zu DIN EN 1991-1-1/NA
	1-2	2010-12	Allgemeine Einwirkungen auf Tragwerke; Brandeinwirkungen auf Tragwerke
	1-2 Ber 1	2013-08	Berichtigung 1 zu DIN EN 1991-1-2
	1-2/NA	2015-09	Nationaler Anhang – National festgelegte Parameter zu DIN EN 1991-1-2
	1-3	2010-12	Allgemeine Einwirkungen; Schneelasten
	1-3/A1	2015-12	Änderung A1 zu DIN EN 1991-1-3
	1-3/NA	2019-04	Nationaler Anhang – National festgelegte Parameter zu DIN EN 1991-1-3
	1-4	2010-12	Allgemeine Einwirkungen; Windlasten
	1-4/NA	2024-08	Nationaler Anhang – National festgelegte Parameter zu DIN EN 1991-1-4
	1-5	2010-12	Allgemeine Einwirkungen; Temperatureinwirkungen
	1-5/NA	2010-12	Nationaler Anhang – National festgelegte Parameter zu DIN EN 1991-1-5
	1-6	2010-12	Allgemeine Einwirkungen; Einwirkungen während der Bauausführung
	1-6 Ber 1	2013-08	Berichtigung zu DIN EN 1991-1-6
	1-6/NA	2010-12	Nationaler Anhang – National festgelegte Parameter zu DIN EN 1991-1-6
	1-7	2010-12	Allgemeine Einwirkungen; Außergewöhnliche Einwirkungen
	1-7/A1	2014-08	Änderung A1 zu DIN EN 1991-1-7
	1-7/NA	2019-09	Nationaler Anhang – National festgelegte Parameter zu DIN EN 1991-1-7
	2	2010-12	Verkehrslasten auf Brücken
	2/NA	2012-08	Nationaler Anhang – National festgelegte Parameter zu DIN EN 1991-2
	3	2010-12	Einwirkungen infolge von Kranen und Maschinen
	3 Ber 1	2013-08	Berichtigung 1 zu DIN EN 1991-3
	3/NA	2019-02	Nationaler Anhang – National festgelegte Parameter zu DIN EN 1991-3
	4	2010-12	Einwirkungen auf Silos und Flüssigkeitsbehälter
	4 Ber 1	2013-08	Berichtigung zu DIN EN 1991-4
	4/NA	2010-12	Nationaler Anhang – National festgelegte Parameter zu DIN EN 1991-4
1998	1	2010-12	Eurocode 8: Auslegung von Bauwerken gegen Erdbeben – Grundlagen, Erdbebeneinwirkungen und Regeln für den Hochbau
	1/A1	2013-05	Änderung A1 zu DIN EN 1998-1
	1/NA	2023-11	Nationaler Anhang – National festgelegte Parameter zu DIN EN 1998-1

STANAG	2021	2006-09	Nato-Standardisierungsübereinkommen (Military Load Classification of Bridges, Ferries, Rafts and Vehicles)
ARS 22/ 2012	Anlage 2	2012	Bundesministerium für Verkehr, Bau und Stadtentwicklung, Abteilung Straßenbau: Hinweise zur Anwendung des Eurocode 0 im Brückenbau

Zu Kapitel 9G Bauten in deutschen Erdbebengebieten

DIN	Teil	Ausgabe	Titel
1055			Einwirkungen auf Tragwerke
	1	2002-06	Wichten und Flächenlasten von Baustoffen, Bauteilen und Lagerstoffen *(zurückgezogen)*
	2	2010-11	Bodenkenngrößen
	3	2006-03	Eigen- und Nutzlasten für Hochbauten *(zurückgezogen)*
	4	2005-03	Windlasten *(zurückgezogen)*
	4 Ber. 1	2006-03	Berichtigung 1 zu DIN 1055-4:2005 *(zurückgezogen)*
	5	2005-07	Schnee- und Eislasten *(zurückgezogen)*
	100	2001-03	Grundlagen der Tragwerksplanung – Sicherheitskonzept und Bemessungsregeln *(zurückgezogen)*
1072			Straßen- und Wegbrücken
		1985-12	Lastannahmen *(zurückgezogen)*
	Bbl.	1988-05	Lastannahmen – Erläuterungen *(zurückgezogen)*
4149		2005-04	Bauten in Deutschen Erdbebengebieten – Lastannahmen, Bemessung und Ausführung üblicher Hochbauten *(zurückgezogen)*

DIN EN	Teil	Ausgabe	Titel
1990		2010-12	Eurocode 0: Grundlagen der Tragwerksplanung
	NA	2010-12	Nationaler Anhang – National festgelegte Parameter zu DIN EN 1990
	NA/A1	2012-08	A1-Änderung zu DIN EN 1990/NA
1991			Eurocode 1: Einwirkungen auf Tragwerke
	1-1	2010-12	Allgemeine Einwirkungen auf Tragwerke – Wichten, Eigengewicht und Nutzlasten im Hochbau
	1-1/NA	2010-12	Nationaler Anhang – National festgelegte Parameter zu DIN EN 1991-1-1
	1-1/NA/ A1	2015-05	A1-Änderung zu DIN EN 1991-1-1/NA
	1-2	2010-12	Allgemeine Einwirkungen – Brandeinwirkungen auf Tragwerke
	1-2/NA	2015-09	Nationaler Anhang – National festgelegte Parameter zu DIN EN 1991-1-2
	1-3	2010-12	Allgemeine Einwirkungen – Schneelasten
	1-3/NA	2019-04	Nationaler Anhang – National festgelegte Parameter zu DIN EN 1991-1-3
	1-3/A1	2015-12	Änderung zu DIN EN 1991-1-3: Allgemeine Einwirkungen – Schneelasten
	1-4	2010-12	Allgemeine Einwirkungen – Windlasten
	1-4/NA	2010-12	Nationaler Anhang – National festgelegte Parameter zu DIN EN 1991-1-4
	1-5	2010-12	Allgemeine Einwirkungen – Temperatureinwirkungen
	1-5/NA	2010-12	Nationaler Anhang – National festgelegte Parameter zu DIN EN 1991-1-5
	1-6	2010-12	Allgemeine Einwirkungen – Einwirkungen während der Bauausführung
	1-6/NA	2010-12	Nationaler Anhang – National festgelegte Parameter zu DIN EN 1991-1-6
	1-7	2010-12	Allgemeine Einwirkungen – Außergewöhnliche Einwirkungen

DIN EN	Teil	Ausgabe	Titel
	1-7/NA	2019-09	Nationaler Anhang – National festgelegte Parameter zu DIN EN 1991-1-7
	1-7/A1	2014-08	Allgemeine Einwirkungen – Außergewöhnliche Einwirkungen
	2	2010-12	Verkehrslasten auf Brücken
	2/NA	2012-08	Nationaler Anhang – National festgelegte Parameter zu DIN EN 1991-2
	3	2010-12	Einwirkungen infolge von Kranen und Maschinen
	3/NA	2019-02	Nationaler Anhang – National festgelegte Parameter zu DIN EN 1991-3
	4	2010-12	Einwirkungen auf Silos und Flüssigkeitsbehälter
	4/NA	2010-12	Nationaler Anhang – National festgelegte Parameter zu DIN EN 1991-4
1998	1	2010-12	Eurocode 8: Auslegung von Bauwerken gegen Erdbeben – Grundlagen, Erdbebeneinwirkungen und Regeln für den Hochbau
	1/NA	2023-11	Nationaler Anhang – National festgelegte Parameter zu DIN EN 1998-1
	1/A1	2013-05	Eurocode 8: Auslegung von Bauwerken gegen Erdbeben – Grundlagen, Erdbebeneinwirkungen und Regeln für den Hochbau

DIN-Fachbericht	101	2009-03	Einwirkungen auf Brücken *(zurückgezogen)*

Zu Kapitel 11 A Geotechnik

DIN	Teil	Ausgabe	Titel
1054		2021-04	Baugrund – Sicherheitsnachweise im Erd- und Grundbau – Ergänzende Regelungen zu DIN EN 1997-1
1055	2	2010-11	Einwirkungen auf Tragwerke – Bodenkenngrößen
4017		2006-03	Baugrund – Berechnung des Grundbruchwiderstandes von Flachgründungen
4019	1	2015-05	Baugrund – Setzungsberechnungen
4020		2010-12	Geotechnische Untersuchungen für bautechnische Zwecke – Ergänzende Regelungen zu DIN EN 1997-2
4023		2023-02	Geotechnische Erkundung und Untersuchung – Zeichnerische Darstellung der Ergebnisse von Bohrungen und sonstigen direkten Aufschlüssen
4030	1	2024-07	Beurteilung betonangreifender Wässer, Böden und Gase – Grundlagen und Grenzwerte
	2	2024-07	Beurteilung betonangreifender Wässer, Böden und Gase – Entnahme und Analyse von Wasser- und Bodenproben
4084		2021-11	Baugrund – Geländebruchberechnungen
4085		2017-08	Baugrund – Berechnung des Erddrucks
4093		2015-11	Bemessung von verfestigten Bodenkörpern – Hergestellt mit Düsenstrahl-, Deep-Mixing- oder Injektions-Verfahren
4095		1990-06	Dränung zum Schutz baulicher Anlagen
4123		2013-04	Ausschachtungen, Gründungen und Unterfangungen im Bereich bestehender Gebäude

DIN	Teil	Ausgabe	Titel
4124		2012-01	Baugruben und Gräben – Böschungen, Verbau, Arbeitsraumbreiten
4126		2013-09	Nachweis der Standsicherheit von Schlitzwänden
4127		2014-02	Erd- und Grundbau – Prüfverfahren für Stützflüssigkeiten im Schlitzwandbau und für deren Ausgangsstoffe
4150	1	2022-12	Erschütterungen im Bauwesen – Vorermittlung von Schwingungsgrößen
	2	2025-08	Erschütterungen im Bauwesen – Einwirkungen auf Menschen in Gebäuden
	3	2016-12	Erschütterungen im Bauwesen – Einwirkungen auf bauliche Anlagen
18 121	2	2020-11	Baugrund, Untersuchungen von Bodenproben – Wassergehalt – Bestimmung durch Schnellverfahren
18 122	2	2020-11	Baugrund, Untersuchungen von Bodenproben – Zustandsgrenzen (Konsistenzgrenzen) – Bestimmung der Schrumpfgrenze
18 125	2	2020-11	Baugrund, Untersuchung von Bodenproben – Bestimmung der Dichte des Bodens – Feldversuche
18 126		2022-10	Baugrund, Untersuchung von Bodenproben – Bestimmung der Dichte nichtbindiger Böden bei lockerster und dichtester Lagerung
18 127		2012-09	Baugrund, Untersuchung von Bodenproben – Proctorversuch
18 128		2002-12	Baugrund, Untersuchung von Bodenproben – Bestimmung des Glühverlustes
18 129		2011-07	Baugrund, Untersuchung von Bodenproben – Kalkgehaltsbestimmung
18 130	2	2015-08	Baugrund, Untersuchung von Bodenproben – Bestimmung des Wasserdurchlässigkeitsbeiwerts – Feldversuche
18 132		2012-04	Baugrund, Versuche und Versuchsgeräte – Bestimmung des Wasseraufnahmevermögens
18 134		2012-04	Baugrund, Versuche und Versuchsgeräte – Plattendruckversuch
18 137	1	2010-07	Baugrund, Versuche und Versuchsgeräte – Bestimmung der Scherfestigkeit – Teil 1: Begriffe und grundsätzliche Versuchsbedingungen
18 141	1	2014-05	Baugrund – Untersuchung von Gesteinsproben – Teil 1: Bestimmung der einaxialen Druckfestigkeit
18 196		2023-02	Erd- und Grundbau – Bodenklassifikation für bautechnische Zwecke
18 300		2019-09	VOB Vergabe- und Vertragsordnung für Bauleistungen – Teil C: Erdarbeiten
18 301		2023-09	VOB Vergabe- und Vertragsordnung für Bauleistungen – Teil C: Bohrarbeiten
18 302		2023-09	VOB Vergabe- und Vertragsordnung für Bauleistungen – Teil C: Arbeiten zum Ausbau von Bohrungen
18 303		2016-09	VOB Vergabe- und Vertragsordnung für Bauleistungen – Teil C: Verbauarbeiten
18 304		2019-09	VOB Vergabe- und Vertragsordnung für Bauleistungen – Teil C: Ramm-, Rüttel- und Pressarbeiten
18 305		2019-09	VOB Vergabe- und Vertragsordnung für Bauleistungen – Teil C: Wasserhaltungsarbeiten

DIN	Teil	Ausgabe	Titel
18 309		2019-09	VOB Vergabe- und Vertragsordnung für Bauleistungen – Teil C: Einpressarbeiten
18 311		2019-09	VOB Vergabe- und Vertragsordnung für Bauleistungen – Teil C: Nassbaggerarbeiten
18 312		2019-09	VOB Vergabe- und Vertragsordnung für Bauleistungen – Teil C: Untertagearbeiten
18 313		2019-09	VOB Vergabe- und Vertragsordnung für Bauleistungen – Teil C: Schlitzwandarbeiten mit stützenden Flüssigkeiten
18 319		2019-09	VOB Vergabe- und Vertragsordnung für Bauleistungen – Teil C: Rohrvortriebsarbeiten
18 321		2019-09	VOB Vergabe- und Vertragsordnung für Bauleistungen – Teil C: Düsenstrahlarbeiten

DIN EN	Teil	Ausgabe	Titel
1536		2015-10	Ausführung von Arbeiten im Spezialtiefbau – Bohrpfähle
1537		2014-07	Ausführung von Arbeiten im Spezialtiefbau – Verpressanker
1538		2015-10	Ausführung von Arbeiten im Spezialtiefbau – Schlitzwände
1991	1-1	2010-12	Allgemeine Einwirkungen auf Tragwerke – Wichten, Eigengewicht und Nutzlasten im Hochbau
	1-1/NA	2010-12	Nationaler Anhang – National festgelegte Parameter, einschließlich DIN EN 1991-1-1/NA/A1 (2015-05)
	1-2	2010-12	Allgemeine Einwirkungen – Brandeinwirkungen auf Tragwerke auf Tragwerke
	1-2/NA	2015-09	Nationaler Anhang – National festgelegte Parameter, einschließlich DIN EN 1991-1-2/NA/A1 (2015-05)
	1-3	2010-12	Allgemeine Einwirkungen, Schneelasten
	1-3/NA	2019-04	Nationaler Anhang – National festgelegte Parameter
	1-4	2010-12	Allgemeine Einwirkungen – Windlasten
	1-4/NA	2024-08	Nationaler Anhang – National festgelegte Parameter
	1-5	2010-12	Allgemeine Einwirkungen – Temperatureinwirkungen
	1-5/NA	2010-12	Nationaler Anhang – National festgelegte Parameter
	1-6	2010-12	Allgemeine Einwirkungen, Einwirkungen während der Bauausführung
	1-6/NA	2010-12	Nationaler Anhang – National festgelegte Parameter
	1-7	2010-12	Allgemeine Einwirkungen – Außergewöhnliche Einwirkungen
	1-7/NA	2019-09	Nationaler Anhang – National festgelegte Parameter
1997	1	2014-03	Eurocode 7: Entwurf, Berechnung und Bemessung in der Geotechnik – Teil 1: Allgemeine Regeln
	1/NA	2010-12	Nationaler Anhang – National festgelegte Parameter
	2	2010-10	Eurocode 7: Entwurf, Berechnung und Bemessung in der Geotechnik – Teil 2: Erkundung und Untersuchung des Baugrunds:2007+AC:2010
1998	1	2010-12	Eurocode 8: Auslegung von Bauwerken gegen Erdbeben – Teil 1: Grundlagen, Erdbebeneinwirkungen und Regeln für Hochbauten
12 063		2024-09	Ausführung von besonderen geotechnischen Arbeiten (Spezialtiefbau) – Spundwandkonstruktionen
12 699		2015-07	Ausführung spezieller geotechnischer Arbeiten (Spezialtiefbau) – Verdrängungspfähle

DIN EN	Teil	Ausgabe	Titel
12 715		2021-01	Ausführung von Arbeiten im Spezialtiefbau – Injektionen
12 716		2019-03	Ausführung von besonderen geotechnischen Arbeiten (Spezialtiefbau) – Düsenstrahlverfahren (Hochdruckinjektion, Hochdruckbodenvermörtelung, Jetting)
12 794		2007-08	Betonfertigteile – Gründungspfähle
13 331	1	2002-11	Grabenverbaugeräte – Teil 1: Produktfestlegungen
14 199		2015-07	Ausführung spezieller geotechnischer Arbeiten (Spezialtiefbau) – Pfähle mit kleinen Durchmessern (Mikropfähle)
14 475		2006-04	Ausführung spezieller geotechnischer Arbeiten (Spezialtiefbau) – Bewehrte Schüttkörper
14 490		2010-11	Ausführung spezieller geotechnischer Arbeiten (Spezialtiefbau) – Bodenvernagelung
14 679		2005-07	Ausführung spezieller geotechnischer Arbeiten (Spezialtiefbau) – Tiefreichende Bodenstabilisierung (mit Berichtigung 1 (2006-09))
14 731		2005-12	Ausführung spezieller geotechnischer Arbeiten (Spezialtiefbau) – Baugrundverbesserung durch Tiefenrüttelverfahren
15 237		2007-06	Ausführung von besonderen geotechnischen Arbeiten (Spezialtiefbau) – Vertikaldräns

DIN EN ISO	Teil	Ausgabe	Titel
17892	1	2022-08	Geotechnische Erkundung und Untersuchung – Laborversuche an Bodenproben – Teil 1: Bestimmung des Wassergehalts
	2	2015-03	Geotechnische Erkundung und Untersuchung – Laborversuche an Bodenproben – Teil 2: Bestimmung der Dichte des Bodens
	3	2016-07	Geotechnische Erkundung und Untersuchung – Laborversuche an Bodenproben – Teil 3: Bestimmung der Korndichte
	4	2017-04	Geotechnische Erkundung und Untersuchung – Laborversuche an Bodenproben – Teil 4: Bestimmung der Korngrößenverteilung
	5	2017-08	Geotechnische Erkundung und Untersuchung – Laborversuche an Bodenproben – Teil 5: Ödometerversuch mit stufenweiser Belastung
	6	2017-07	Geotechnische Erkundung und Untersuchung – Laborversuche an Bodenproben – Teil 6: Fallkegelversuch
	7	2018-05	Geotechnische Erkundung und Untersuchung – Laborversuche an Bodenproben – Teil 7: Einaxialer Druckversuch
	8	2018-07	Geotechnische Erkundung und Untersuchung – Laborversuche an Bodenproben – Teil 8: Unkonsolidierter undränierter Triaxialversuch
	9	2018-07	Geotechnische Erkundung und Untersuchung – Laborversuche an Bodenproben – Teil 9: Konsolidierte triaxiale Kompressionsversuche an wassergesättigten Böden
	10	2019-04	Geotechnische Erkundung und Untersuchung – Laborversuche an Bodenproben – Teil 10: Direkte Scherversuche
	11	2021-03	Geotechnische Erkundung und Untersuchung – Laborversuche an Bodenproben – Teil 11: Bestimmung der Wasserdurchlässigkeit

DIN EN ISO	Teil	Ausgabe	Titel
17 892	12	2022-08	Geotechnische Erkundung und Untersuchung – Laborversuche an Bodenproben – Teil 12: Bestimmung der Fließ- und Ausrollgrenzen
14 688	1	2020-11	Geotechnische Erkundung und Untersuchung – Benennung, Beschreibung und Klassifizierung von Boden – Teil 1: Benennung und Beschreibung
	2	2020-11	Geotechnische Erkundung und Untersuchung – Benennung, Beschreibung und Klassifizierung von Boden – Teil 2: Grundlagen für Bodenklassifizierung
14 689		2018-05	Geotechnische Erkundung und Untersuchung – Benennung, Beschreibung und Klassifizierung von Fels
22 475	1	2022-02	Geotechnische Erkundung und Untersuchung – Probenentnahmeverfahren und Grundwassermessungen
22 476	1	2023-04	Geotechnische Erkundung und Untersuchung – Felduntersuchungen – Teil 1: Drucksondierungen mit elektrischen Messwertaufnehmern und Messeinrichtungen für den Porenwasserdruck
	2	2012-03	Geotechnische Erkundung und Untersuchung – Felduntersuchungen – Teil 2: Rammsondierungen
	3	2012-03	Geotechnische Erkundung und Untersuchung – Felduntersuchungen – Teil 3: Standard Penetration Test
	4	2021-12	Geotechnische Erkundung und Untersuchung – Felduntersuchungen – Teil 4: Pressiometerversuch nach Ménard
	5	2023-10	Geotechnische Erkundung und Untersuchung – Felduntersuchungen – Teil 5: Pressiometerversuch in Vorbohrungen
	6	2018-12	Geotechnische Erkundung und Untersuchung – Felduntersuchungen – Teil 6: Versuch mit selbstbohrendem Pressiometer
	7	2013-03	Geotechnische Erkundung und Untersuchung – Felduntersuchungen – Teil 7: Seitendruckversuch
	8	2019-03	Geotechnische Erkundung und Untersuchung – Felduntersuchungen – Teil 8: Versuch mit dem Verdrängungspressiometer
	9	2021-01	Geotechnische Erkundung und Untersuchung – Felduntersuchungen – Teil 9: Flügelscherversuche
	10	2018-03	Geotechnische Erkundung und Untersuchung – Felduntersuchungen – Teil 10: Gewichtssondierungen
	11	2017-08	Geotechnische Erkundung und Untersuchung – Felduntersuchungen – Teil 11: Flachdilatometerversuch
	12	2009-10	Geotechnische Erkundung und Untersuchung – Felduntersuchungen – Teil 12: Drucksondierungen mit mechanischen Messwertaufnehmern
	14	2020-08	Geotechnische Erkundung und Untersuchung – Felduntersuchungen – Teil 14: Bohrlochrammsondierung
	15	2016-12	Geotechnische Erkundung und Untersuchung – Felduntersuchungen – Teil 15: Aufzeichnung der Bohrparameter
22 477	1	2019-12	Geotechnische Erkundung und Untersuchung – Prüfung von geotechnischen Bauwerken und Bauwerksteilen – Teil 1: Statische axiale Pfahlprobebelastungen auf Druck
	4	2018-07	Geotechnische Erkundung und Untersuchung – Prüfung von geotechnischen Bauwerken und Bauwerksteilen – Teil 4: Pfahlprüfungen: Dynamische Pfahlprobebelastung

DIN EN ISO	Teil	Ausgabe	Titel
22 477	5	2019-05	Geotechnische Erkundung und Untersuchung – Prüfung von geotechnischen Bauwerken und Bauwerksteilen – Teil 5: Prüfung von Verpressankern
	10	2017-01	Geotechnische Erkundung und Untersuchung – Prüfung von geotechnischen Bauwerken und Bauwerksteilen – Teil 10: Pfahlprüfungen: Schnellprüfung mit axialer Druckbelastung

DIN SPEC	Teil	Ausgabe	Titel
18 140		2012-02	Ergänzende Festlegungen zu DIN EN 1536:2010-12, Ausführung von Arbeiten im Spezialtiefbau – Bohrpfähle
18 187		2022-04	Ergänzende Festlegungen zu DIN EN 12715:2021-01, Ausführung von Arbeiten im Spezialtiefbau – Injektionen
18 538		2012-02	Ergänzende Festlegungen zu DIN EN 12699:2001-05, Ausführung spezieller geotechnischer Arbeiten (Spezialtiefbau) – Verdrängungspfähle
18 539		2012-02	Ergänzende Festlegungen zu DIN EN 14199:2012-01, Ausführung von besonderen geotechnischen Arbeiten (Spezialtiefbau) – Mikropfähle

DIN/TS	Teil	Ausgabe	Titel
18 187		2022-04	Ergänzende Festlegungen zu DIN EN 1537:2014-07, Ausführung von Arbeiten im Spezialtiefbau – Injektionen
18 537		2021-05	Ergänzende Festlegungen zu DIN EN 1537:2014-07, Ausführung von Arbeiten im Spezialtiefbau – Verpressanker

Zu Kapitel 11 B Mauerwerksbau (DIN EN 1996)

DIN	Teil	Ausgabe	Titel
1053			Mauerwerk
	1	1996-11	Berechnung und Ausführung *(zurückgezogen)*
	3	1990-02	Bewehrtes Mauerwerk – Berechnung und Ausführung *(zurückgezogen)*
	4	2018-05	Fertigbauteile
	100	2007-09	Berechnung auf der Grundlage des semiprobalistischen Sicherheitskonzepts *(zurückgezogen)*
4103	1	2015-06	Nichttragende innere Trennwände – Teil 1: Anforderungen und Nachweise
4172		2015-09	Maßordnung im Hochbau
4242		1979-01	Glasbausteinwände – Ausführung und Bemessung *(zurückgezogen)*
20 000			Anwendung von Bauprodukten in Bauwerken
	401	2017-01	Regeln für die Verwendung von Mauerziegeln nach DIN EN 771-1
	402	2017-01	Regeln für die Verwendung von Kalksandsteinen nach DIN EN 771-2
	403	2019-11	Regeln für die Verwendung von Mauersteinen aus Beton nach DIN EN 771-3
	404	2018-04	Regeln für die Verwendung von Porenbetonsteinen nach DIN EN 771-4

DIN EN	Teil	Ausgabe	Titel
771			Festlegung für Mauersteine
	1	2015-11	Mauerziegel
	2	2015-11	Kalksandsteine
	3	2015-11	Mauersteine aus Beton
	4	2015-11	Porenbetonsteine
1996			Eurocode 6: Bemessung und Konstruktion von Mauerwerksbauten
	1-1	2013-02	Allgemeine Regeln für bewehrtes und unbewehrtes Mauerwerk
	1-1/NA	2019-12	Nationaler Anhang – National festgelegte Parameter
	2	2010-12	Planung, Auswahl der Baustoffe und Ausführung von Mauerwerk
	2/NA	2012-01	Nationaler Anhang – National festgelegte Parameter
	2/NA/A1	2021-06	Nationaler Anhang – National festgelegte Parameter
	3	2010-12	Vereinfachte Berechnungsmethoden für unbewehrte Mauerwerksbauten
	3/NA	2019-12	Nationaler Anhang – National festgelegte Parameter

Zu Kapitel 11 C Holzbau (mehrgeschossig)

DIN	Teil	Ausgabe	Titel
1052	10	2024-12	Herstellung und Ausführung von Holzbauwerken – Teil 10: Ergänzende Bestimmungen zu Verbindungsmitteln und nicht europäisch geregelten geklebten Produkten und Bauarten
	11	2022-12	Herstellung und Ausführung von Holzbauwerken – Teil 11: Vorgefertigte Wand-, Decken- und Dachelemente – Anforderungen an die Herstellung
4074	1	2012-06	Sortierung von Holz nach der Tragfähigkeit – Teil 1: Nadelschnittholz
	5	2008-12	Sortierung von Holz nach der Tragfähigkeit – Teil 5: Laubschnittholz
4102	4	2025-06	Brandverhalten von Baustoffen und Bauteilen – Teil 4: Zusammenstellung und Anwendung klassifizierter Baustoffe, Bauteile und Sonderbauteile
4108	3	2024-03	Wärmeschutz und Energie-Einsparung in Gebäuden – Teil 3: Klimabedingter Feuchteschutz – Anforderungen, Berechnungsverfahren und Hinweise für Planung und Ausführung
4109	1	2018-01	Schallschutz im Hochbau – Teil 1: Mindestanforderungen
18 180		2014-09	Gipsplatten – Arten und Anforderungen
18 195		2017-07	Abdichtung von Bauwerken – Begriffe
18 202		2019-07	Toleranzen im Hochbau – Bauwerke
18 203	3	2008-08	Toleranzen im Hochbau – Teil 3: Bauteile aus Holz und Holzwerkstoffen
20 000			Anwendung von Bauprodukten in Bauwerken
	1	2025-04	Holzwerkstoffe nach DIN EN 13986
	3	2022-02	Brettschichtholz und Balkenschichtholz nach DIN EN 14080
	5	2024-01	Nach Festigkeit sortiertes Bauholz für tragende Zwecke mit rechteckigem Querschnitt

DIN	Teil	Ausgabe	Titel
20 000	6	2015-02	Stiftförmige und nicht stiftförmige Verbindungsmittel nach EN 14 592 und EN 14 545
	7	2022-02	Keilgezinktes Vollholz für tragende Zwecke nach DIN EN 15497
68 800	2	2022-02	Vorbeugende bauliche Maßnahmen im Hochbau

DIN EN	Teil	Ausgabe	Titel
300		2006-09	Platten aus langen, flachen, ausgerichteten Spänen (OSB) – Definitionen, Klassifizierung und Anforderungen
301		2023-05	Klebstoffe, Phenoplaste und Aminoplaste für tragende Holzbauteile – Klassifizierung und Leistungsanforderungen
312		2010-12	Spanplatten – Anforderungen
338		2016-07	Bauholz für tragende Zwecke – Festigkeitsklassen
622			Faserplatten – Anforderungen
	1	2003-09	Allgemeine Anforderungen
	2	2004-07	Anforderungen an harte Platten (mit Berichtigung (2006-06))
	3	2004-07	Anforderungen an mittelharte Platten
	5	2010-03	Anforderungen an Platten nach dem Trockenverfahren (MDF)
634	2	2007-05	Zementgebundene Spanplatten – Anforderungen, Teil 2: Anforderungen an Portlandzement (PZ) gebundene Spanplatten zur Verwendung im Trocken-, Feucht- und Außenbereich
636		2015-05	Sperrholz – Anforderungen
1912		2024-07	Bauholz für tragende Zwecke – Festigkeitsklassen – Zuordnung von visuellen Sortierklassen und Holzarten
1995			Bemessung und Konstruktion von Holzbauten
	1-1	2010-12	Allgemeine Regeln und Regeln für den Hochbau inkl. Änderung A1 und A2
	1-1/NA	2013-08	Nationaler Anhang zur DIN EN 1995-1-1 inkl. Änderung NA/A1
	1-2	2010-12	Allgemeine Regeln – Tragwerksbemessung für den Brandfall
12 369			Holzwerkstoffe – Charakteristische Werte für die Berechnung und Bemessung von Holzbauwerken
	1	2001-04	OSB, Spanplatten und Faserplatten
	2	2011-09	Sperrholz
	3	2022-09	Massivholzplatten
13 168		2015-04	Wärmedämmstoffe für Gebäude – Werksmäßig hergestellte Produkte aus Holzwolle (HW)
13 353		2022-09	Massivholzplatten (SWP) – Anforderungen
13 501			Klassifizierung von Bauprodukten und Bauarten zu ihrem Brandverhalten
	1	2019-05	Klassifizierung mit den Ergebnissen aus den Prüfungen zum Brandverhalten von Bauprodukten
	2	2023-12	Klassifizierung mit den Ergebnissen aus den Feuerwiderstandsprüfungen
13 986		2015-06	Holzwerkstoffe zur Verwendung im Bauwesen – Eigenschaften, Bewertung der Konformität und Kennzeichnung
14 080		2013-09	Holzbauwerke – Brettschichtholz und Balkenschichtholz – Anforderungen

DIN EN	Teil	Ausgabe	Titel
14 081	1	2019-10	Holzbauwerke – Nach Festigkeit sortiertes Bauholz für tragende Zwecke mit rechteckigem Querschnitt, Teil 1: Allgemeine Anforderungen
	2	2022-08	Holzbauwerke – Nach Festigkeit sortiertes Bauholz für tragende Zwecke mit rechteckigem Querschnitt – Teil 2: Maschinelle Sortierung; zusätzliche Anforderungen an die Erstprüfung
	3	2022-06	Holzbauwerke – Nach Festigkeit sortiertes Bauholz für tragende Zwecke mit rechteckigem Querschnitt – Teil 3: Maschinelle Sortierung, zusätzliche Anforderungen an die werkseigene Produktionskontrolle
14 279		2009-07	Furnierschichtholz (LVL) – Definitionen, Klassifizierung und Spezifikationen
14 374		2005-02	Holzbauwerke – Furnierschichtholz für tragende Zwecke: Anforderungen
14 545		2009-02	Holzbauwerke – Nicht stiftförmige Verbindungselemente – Anforderungen
14 592		2022-08	Holzbauwerke – Stiftförmige Verbindungsmittel – Anforderungen
15 026		2023-12	Wärme- und feuchtetechnisches Verhalten von Bauteilen und Bauelementen – Bewertung der Feuchteübertragung durch numerische Simulation
15 283	2	2009-12	Faserverstärkte Gipsplatten – Begriffe, Anforderungen und Prüfverfahren, Teil 2: Gipsfaserplatten
15 497		2014-07	Keilgezinktes Vollholz für tragende Zwecke – Leistungsanforderungen und Mindestanforderungen an die Herstellung
15 978		2012-10	Nachhaltigkeit von Bauwerken – Bewertung der umweltbezogenen Qualität von Gebäuden – Berechnungsmethode
16 351		2025-07	Holzbauwerke. Brettsperrholz – Anforderungen

Zu Kapitel 12A Beton und Mörtel

DIN	Teil	Ausgabe	Titel
1045			Tragwerke aus Beton, Stahlbeton und Spannbeton
	1	2023-08	Planung, Bemessung und Konstruktion
	2	2023-08	Beton
	3	2023-08	Bauausführung
	1000	2023-08	Grundlagen und Betonbauqualitätsklassen (BBQ)
1100			Hartstoffe für Estrichmörtel und Estrichmassen nach DIN EN 13813
	1	2023-09	Anforderungen und Prüfverfahren
1164			Zement mit besonderen Eigenschaften
	10	2023-02	Zement mit niedrigem wirksamen Alkaligehalt – Zusammensetzung und Anforderungen
	11	2024-04	Zement mit verkürztem Erstarren – Zusammensetzung und Anforderungen
4030			Beurteilung betonangreifender Wässer, Böden und Gase
	1	2024-07	Grundlagen und Grenzwerte
	2	2024-07	Entnahme und Analyse von Wasser- und Bodenproben

DIN	Teil	Ausgabe	Titel
4226			Rezyklierte Gesteinskörnungen für Beton nach DIN EN 12620
	101	2017-08	Typen und geregelte gefährliche Substanzen
18 500			Betonwerkstein
	1	2022-10	Begriffe, Anforderungen, Prüfungen
18 550			Planung, Zubereitung und Ausführung von Außen- und Innenputzen
	1	2018-01	Ergänzende Festlegungen zu DIN EN 13914-1:2016-09 für Außenputze
	1/A1	2022-11	Ergänzende Festlegungen zu DIN EN 13914-1:2016-09 für Außenputze / Änderung A1
	2	2018-01	Ergänzende Festlegungen zu DIN EN 13914-1:2016-09 für Innenputze
	2/A1	2022-11	Ergänzende Festlegungen zu DIN EN 13914-1:2016-09 für Innenputze / Änderung A1
18 580		2019-06	Baustellenmauermörtel
20 000			Anwendung von Bauprodukten in Bauwerken
	412	2019-02	Regeln für die Verwendung von Mauermörtel nach DIN EN 998-2:2017-02
51 043		2023-02	Trass – Anforderungen, Prüfung

DIN EN	Teil	Ausgabe	Titel
196			Prüfverfahren für Zement
	1	2016-11	Bestimmung der Festigkeit
197			Zement
	1	2011-11	Zusammensetzung, Anforderungen und Konformitätskriterien von Normalzement (hEN)
	5	2021-07	Portlandkompositzement CEM II/C-M und Kompositzement CEM VI
	6	2023-12	Zement mit rezyklierten Baustoffen
413			Putz- und Mauerbinder
	1	2011-07	Zusammensetzung, Anforderungen und Konformitätskriterien
450			Flugasche für Beton
	1	2012-10	Definition, Anforderungen und Konformitätskriterien
934			Zusatzmittel für Beton, Mörtel und Einpressmörtel
	1	2008-04	Gemeinsame Anforderungen
	2	2012-08	Betonzusatzmittel – Definitionen, Anforderungen, Konformität, Kennzeichnung und Beschriftung (hEN)
	3	2012-09	Zusatzmittel für Mauermörtel – Definitionen, Anforderungen, Konformität, Kennzeichnung und Beschriftung
	4	2009-09	Zusatzmittel für Einpressmörtel für Spannglieder – Definitionen, Anforderungen, Konformität, Kennzeichnung und Beschriftung (hEN)
	5	2008-02	Zusatzmittel für Spritzbeton – Begriffe, Anforderungen, Konformität, Kennzeichnung und Beschriftung (hEN)
998			Festlegungen für Mörtel im Mauerwerksbau
	1	2017-02	Putzmörtel
	2	2017-02	Mauermörtel

DIN EN	Teil	Ausgabe	Titel
1008		2002-10	Zugabewasser für Beton – Festlegung für die Probenahme, Prüfung und Beurteilung der Eignung von Wasser, einschließlich bei der Betonherstellung anfallendem Wasser, als Zugabewasser für Beton
12 350			Prüfung von Frischbeton
	1	2019-09	Probenahme und Prüfgeräte
	4	2019-09	Verdichtungsmaß
	5	2019-09	Ausbreitmaß
	6	2019-09	Frischbetonrohdichte
	7	2022-05	Luftgehalt – Druckverfahren
	8	2019-09	Selbstverdichtender Beton – Setzfließversuch
	9	2010-12	Selbstverdichtender Beton – Auslauftrichterversuch
12 390			Prüfung von Festbeton
	1	2021-09	Form, Maße und andere Anforderungen für Probekörper und Formen
	2	2019-10	Herstellung und Lagerung von Probekörpern für Festigkeitsprüfungen
	3	2019-10	Druckfestigkeit von Probekörpern
	4	2025-05	Bestimmung der Druckfestigkeit; Anforderungen an Prüfmaschinen
	5	2019-10	Biegezugfestigkeit von Probekörpern
	6	2024-05	Spaltzugfestigkeit von Probekörpern
	7	2021-01	Rohdichte von Festbeton
	8	2019-10	Wassereindringtiefe unter Druck
	10	2019-08	Bestimmung des Karbonatisierungswiderstandes von Beton bei atmosphärischer Konzentration von Kohlenstoffdioxid
	13	2021-09	Bestimmung des Elastizitätsmoduls unter Druckbelastung (Sekantenmodul)
12 504			Prüfung von Beton in Bauwerken
	1	2021-02	Bohrkernproben – Herstellung, Untersuchung und Prüfung der Druckfestigkeit
	2	2021-10	Zerstörungsfreie Prüfung – Bestimmung der Rückprallzahl
12 620		2008-07	Gesteinskörnungen für Beton
12 878		2014-07	Pigmente zum Einfärben von zement- und/oder kalkgebundenen Baustoffen – Anforderungen und Prüfverfahren
13 055		2016-11	Leichte Gesteinskörnungen (hEN)
13 139		2002-08	Gesteinskörnungen für Mörtel
13 318		2000-12	Estrichmörtel und Estriche – Begriffe
13 263			Silikastaub für Beton
	1	2009-07	Definitionen, Anforderungen und Konformitätskriterien
13 670		2011-03	Ausführung von Tragwerken aus Beton
13 791		2020-02	Bewertung der Druckfestigkeit von Beton in Bauwerken oder in Bauwerksteilen
	A20	2022-04	Bewertung der Druckfestigkeit von Beton in Bauwerken oder in Bauwerksteilen; Änderung A20
13 914			Planung, Zubereitung und Ausführung von Außen- und Innenputzen
	1	2016-09	Außenputze
	2	2016-09	Innenputze

DIN EN	Teil	Ausgabe	Titel
14 216		2015-09	Zement – Zusammensetzung, Anforderung und Konformitätskriterien von Sonderzementen mit sehr niedriger Hydratationswärme (hEN)
14 889			Fasern für Beton
	1	2006-11	Stahlfasern – Begriffe, Festlegungen und Konformität (hEN)
	2	2006-11	Polymerfasern – Begriffe, Festlegungen und Konformität (hEN)
15 167	1	2006-12	Hüttensandmehl zur Verwendung in Beton, Mörtel und Einpressmörtel – Definitionen, Anforderungen und Konformitätskriterien (hEN)

DAfStb-Richtlinien
Richtlinie für Beton mit verlängerter Verarbeitbarkeitszeit (Verzögerter Beton) (2006-11)
Richtlinie für Stahlfaserbeton (2021-06)
Vorbeugende Maßnahmen gegen schädigende Alkalireaktion im Beton (Alkali-Richtlinie) (2013-10)
Betonbau beim Umgang mit wassergefährdenden Stoffen (2011-03)
Wasserundurchlässige Bauwerke aus Beton (WU-Richtlinie) (2017-12)
Massige Bauteile aus Beton (2010-04)

Zu Kapitel 12B/C Betonstahl/Stahlbetonbau nach Eurocode 2

DIN	Teil	Ausgabe	Titel
488			Betonstahl
	1	2009-08	Stahlsorten, Eigenschaften, Kennzeichnung
	2	2009-08	Betonstabstahl
	3	2009-08	Betonstahl in Ringen, Bewehrungsdraht
	4	2009-08	Betonstahlmatten
	5	2009-08	Gitterträger
	6	2024-09	Übereinstimmungsnachweis
1045			Tragwerke aus Beton, Stahlbeton und Spannbeton
	1	2008-08	Bemessung und Konstruktion *(zurückgezogen)*
	2	2008-08	Beton – Festlegung, Eigenschaften, Herstellung und Konformität – Anwendungsregeln zu DIN EN 206-1 *(zurückgezogen)*
	3	2012-03	Bauausführung – Anwendungsregeln zu DIN EN 13 670 (incl. Berichtigung 2013-06) *(zurückgezogen)*
	4	2012-02	Ergänzende Regeln für die Herstellung und Konformität von Fertigteilen *(zurückgezogen)*
	1000	2023-08	Tragwerke aus Beton, Stahlbeton und Spannbeton – Teil 1000: Grundlagen und Betonbauqualitätsklassen (BBQ)
	1	2023-08	Tragwerke aus Beton, Stahlbeton und Spannbeton – Teil 1: Planung, Bemessung und Konstruktion
	2	2023-08	Tragwerke aus Beton, Stahlbeton und Spannbeton – Teil 2: Beton
	3	2023-08	Tragwerke aus Beton, Stahlbeton und Spannbeton – Teil 3: Bauasuführung
	4	2023-08	Tragwerke aus Beton, Stahlbeton und Spannbeton – Teil 4: Betonfertigteile – Allgemeine Regeln

DIN EN	Teil	Ausgabe	Titel
206		2021-06	Beton – Festlegung, Eigenschaften, Herstellung und Konformität; Deutsche Fassung EN 206:2013 + A1:2016
1992			Eurocode 2: Bemessung und Konstruktion von Stahlbeton- und Spannbetonbauwerken
	1-1	2011-01	Allgemeine Bemessungsregeln und Regeln für den Hochbau
	1-1/A1	2015-03	w.v. Änderung A1
	1-1/NA	2013-04	Nationaler Anhang zu DIN EN 1992-1-1
	1-1/NA/A1	2015-12	w.v. Änderung A1
	1-2	2010-12	Tragwerksbemessung für den Brandfall
	1-2/A1	2019-11	w.v. Änderung A2
	1-2/NA	2010-12	Nationaler Anhang zu DIN EN 1992-1-2
	1-2/NA/A1	2015-09	w.v. Änderung A1
	1-2/NA/A2	2021-04	w.v. Änderung A2
	2	2010-12	Betonbrücken, Bemessungs- und Konstruktionsregeln
	2/NA	2013-04	Nationaler Anhang zu DIN EN 1992-2
	3	2011-01	Silos und Behälterbauwerke aus Beton
	3/NA	2011-01	Nationaler Anhang zu DIN EN 1992-3
	4	2019-04	Bemessung der Verankerung von Befestigungen in Beton (Entwurf)
	4/NA	2019-04	Nationaler Anhang zu DIN EN 1992-4

DAfStb-Richtlinien
Richtlinie für Stahlfaserbeton (2012-11)
Vorbeugende Maßnahmen gegen schädigende Alkalireaktion im Beton (Alkali-Richtlinie) (2013-10)
Wasserundurchlässige Bauwerke aus Beton (WU-Richtlinie) (2017)
Massige Bauteile aus Beton (2010-04)

Zu Kapitel 13 A Stahlbau nach Eurocode 3

DIN EN	Teil	Ausgabe	Titel
1090	2	2024-09	Ausführung von Stahltragwerken und Aluminiumtragwerken – Teil 2: Technische Regeln für die Ausführung von Stahltragwerken
1993			Eurocode 3: Bemessung und Konstruktion von Stahlbauten
	1-1	2010-12	Allgemeine Bemessungsregeln und Regeln für den Hochbau
	1-1/A1	2014-07	Allgemeine Bemessungsregeln und Regeln für den Hochbau
	1-1/NA	2022-10	Nationaler Anhang zu EC 3 Teil 1-1
	1-2	2010-12	Tragwerksbemessung für den Brandfall
	1-2/NA	2010-12	Nationaler Anhang zu EC 3 Teil 1-2
	1-3	2010-12	Ergänzende Regeln für kaltgeformte Bauteile und Bleche
	1-3/NA	2017-05	Nationaler Anhang zu EC 3 Teil 1-3
	1-4	2015-10	Ergänzende Regeln zur Anwendung von nichtrostenden Stählen

DIN EN	Teil	Ausgabe	Titel
	1-4/A2	2021-02	Ergänzende Regeln zur Anwendung von nichtrostenden Stählen
	1-4/NA	2020-11	Nationaler Anhang zu EC 3 Teil 1-4
	1-5	2019-10	Plattenförmige Bauteile
	1-5 Berichtigung 1	2020-07	Plattenförmige Bauteile
	1-5/NA	2018-11	Nationaler Anhang zu EC 3 Teil 1-5
	1-6	2017-07	Festigkeit und Stabilität von Schalen
	1-6/NA	2021-06	Nationaler Anhang zu EC 3 Teil 1-6
	1-7	2010-12	Plattenförmige Bauteile mit Querbelastung
	1-7/NA	2010-12	Nationaler Anhang zu EC 3 Teil 1-7
	1-8	2010-12	Bemessung von Anschlüssen
	1-8/NA	2020-11	Nationaler Anhang zu EC 3 Teil 1-8
	1-9	2010-12	Ermüdung
	1-9/NA	2010-12	Nationaler Anhang zu EC 3 Teil 1-9
	1-10	2010-12	Stahlsortenauswahl im Hinblick auf Bruchzähigkeit und Eigenschaften in Dickenrichtung
	1-10/NA	2016-04	Nationaler Anhang zu EC 3 Teil 1-10
	1-11	2010-12	Bemessung und Konstruktion von Tragwerken mit Zuggliedern aus Stahl
	1-11/NA	2010-12	Nationaler Anhang zu EC 3 Teil 1-11
	1-12	2010-12	Zusätzliche Regeln zur Erweiterung von EN 1993 auf Stahlgüten bis S700
	1-12/NA	2011-08	Nationaler Anhang zu EC 3 Teil 1-12
	2	2010-12	Stahlbrücken
	2/NA	2022-02	Nationaler Anhang zu EC 3 Teil 2
	3-1	2010-12	Türme, Maste und Schornsteine – Türme und Maste
	3-1/NA	2024-09	Nationaler Anhang zu EC 3 Teil 3-1
	3-2	2010-12	Türme, Maste und Schornsteine – Schornsteine
	3-2/NA	2017-01	Nationaler Anhang zu EC 3 Teil 3-2
	4-1	2017-09	Silos
	4-1/NA	2018-11	Nationaler Anhang zu EC 3 Teil 4-1
	4-2	2017-09	Tankbauwerke
	4-2/NA	2018-12	Nationaler Anhang zu EC 3 Teil 4-2
	5	2010-12	Pfähle und Spundwände
	5/NA	2010-12	Nationaler Anhang zu EC 3 Teil 5
10 025			Warmgewalzte Erzeugnisse aus Baustählen
	1	2005-02	Allgemeine Technische Lieferbedingungen
	1	2011-04 E	Allgemeine Technische Lieferbedingungen (Entwurf)
	2	2019-10	Technische Lieferbedingungen für unlegierte Baustähle
	3	2019-10	Technische Lieferbedingungen für normalgeglühte/normalisierend gewalzte schweißgeeignete Feinkornbaustähle
	4	2023-02	Technische Lieferbedingungen für thermomechanisch gewalzte schweißgeeignete Feinkornbaustähle
	5	2019-10	Technische Lieferbedingungen für wetterfeste Baustähle
	6	2023-06	Technische Lieferbedingungen für Flacherzeugnisse aus Stählen mit höherer Streckgrenze im vergüteten Zustand
10 027			Bezeichnungssysteme für Stähle
	1	2017-01	Kurznamen
	2	2015-07	Nummernsystem

DIN EN	Teil	Ausgabe	Titel
10 088			Nichtrostende Stähle
	1	2024-04	Verzeichnis der nichtrostenden Stähle
	2	2025-01	Technische Lieferbedingungen für Blech und Band aus korrosionsbeständigen Stählen für allgemeine Verwendung
	3	2024-04	Technische Lieferbedingungen für Halbzeug, Stäbe, Walzdraht, gezogenen Draht, Profile und Blankstahlerzeugnisse aus korrosionsbeständigen Stählen für allgemeine Verwendung
	4	2010-01	Technische Lieferbedingungen für Blech und Band aus korrosionsbeständigen Stählen für das Bauwesen
10 143		2006-09	Kontinuierlich schmelztauchveredeltes Blech und Band aus Stahl; Grenzabmaße und Formtoleranzen
		2008-11	Berichtigung zu DIN EN 10043
10 149	2	2013-12	Warmgewalzte Flacherzeugnisse aus Stählen mit hoher Streckgrenze zum Kaltumformen, Lieferbedingungen für thermomechanisch gewalzte Stähle
10 164		2018-12	Stahlerzeugnisse mit verbesserten Verformungseigenschaften senkrecht zur Erzeugnisoberfläche
10 210	1	2006-07	Warmgefertigte Hohlprofile für den Stahlbau aus unlegierten Baustählen und aus Feinkornbaustählen, Technische Lieferbedingungen
	1	2016-01 E	Warmgefertigte Hohlprofile für den Stahlbau – Allgemeines (Entwurf)
10 219	1	2006-07	Kaltgefertigte geschweißte Hohlprofile für den Stahlbau aus unlegierten Baustählen und aus Feinkornbaustählen, Technische Lieferbedingungen
	1	2016-01 E	Kaltgeformte geschweißte Hohlprofile für den Stahlbau – Allgemeines (Entwurf)
14 782		2006-03	Selbsttragende Dachdeckungs- und Wandbekleidungselemente für die Innen- und Außenanwendung aus Metallblech – Produktionsspezifikation und Anforderungen
		2015-09 E	Selbsttragende Dachdeckungs- und Wandbekleidungselemente für die Innen- und Außenanwendung aus Metallblech – Produktionsspezifikation und Anforderungen (Entwurf)

DIN EN ISO	Teil	Ausgabe	Titel
898	1	2013-05	Mechanische Eigenschaften von Verbindungselementen aus Kohlenstoffstahl und legiertem Stahl – Schrauben mit festgelegten Festigkeitsklassen; Regelgewinde und Feingewinde
13 918		2021-12	Schweißen – Bolzen und Keramikringe für das Lichtbogenbolzenschweißen
14 555		2017-10	Schweißen – Lichtbogenbolzenschweißen von metallischen Werkstoffen
		2024-08 E	Schweißen – Lichtbogenbolzenschweißen von metallischen Werkstoffen (Entwurf)

DASt-Richtlinien

009 Stahlsortenauswahl für geschweißte Stahlbauten (2008)

014 Empfehlungen zum Vermeiden von Terrassenbrüchen in geschweißten Konstruktionen aus Baustahl (1981)

DVS-Merkblatt
0902 Lichtbogenbolzenschweißen mit Hubzündung (Werkstoffe, Verfahren, Anwendungsbereich, Geräte) (2019-06)

Zu Kapitel 13 B Trapezprofile und Sandwichbauteile

DIN	Teil	Ausgabe	Titel
18 807			Trapezprofile im Hochbau
	3	1987-06	Stahltrapezprofile – Festigkeitsnachweis und konstruktive Ausbildung *(zurückgezogen)*
	3/A1	2001-05	Änderung A1 für Stahlkassettenprofile *(zurückgezogen)*
	9	1998-06	Aluminium-Trapezprofile und ihre Verbindungen – Anwendung und Konstruktion *(zurückgezogen)*

DIN EN	Teil	Ausgabe	Titel
1090			Ausführung von Stahltragwerken und Aluminiumtragwerken
	1	2012-02	Teil 1: Konformitätsnachweisverfahren für tragende Bauteile
	4	2020-06	Teil 4: Technische Anforderungen an kaltgeformte Bauelemente aus Stahl und tragende Bauteile für Dach-, Decken-, Boden- und Wandanwendungen
	5	2020-06	Teil 5: Technische Anforderungen an tragende, kaltgeformte Bauelemente aus Aluminium und tragende, kaltgeformte Bauteile für Dach-, Decken-,Boden- und Wandanwendungen
1993			Eurocode 3: Bemessung und Konstruktion von Stahlbauten
	1-3	2025-04	Allgemeine Regeln – Ergänzende Regeln für kaltgeformte dünnwandige Bauteile und Bleche
	1-3/NA	2017-05	Nationaler Anhang zu EC 3 Teil 1-3
1994			Eurocode 4: Bemessung und Konstruktion von Verbundtragwerken aus Stahl und Beton
	1-1	2010-12	Allgemeine Bemessungsregeln und Anwendungsregeln für den Hochbau
	1-1/NA	2010-12	Nationaler Anhang zu EC 4 Teil 1-1
	1-2	2010-12	Allgemeine Regeln – Tragwerksbemessung für den Brandfall
	1-2/NA	2010-12	Nationaler Anhang zu EC 4 Teil 1-2
1999			Eurocode 9: Bemessung und Konstruktion von Aluminiumtragwerken
	1-4	2024-11	Kaltgeformte Profiltafeln
	1-4/A1	2011-11	Kaltgeformte Profiltafeln – Änderung A1 eventuell aufgehoben
	1-4/NA	2017-10	Nationaler Anhang zu EC 9 Teil 1-4
10 169		2012-06	Kontinuierlich organisch beschichtete (bandbeschichtete) Flacherzeugnisse aus Stahl – Technische Lieferbedingungen
10 346		2015-10	Kontinuierlich schmelztauchveredelte Flacherzeugnisse aus Stahl zum Kaltumformen – Technische Lieferbedingungen
14 509		2013-12	Selbsttragende Sandwich-Elemente mit beidseitigen Metalldeckschichten – Werkmäßig hergestellte Produkte – Spezifikationen

Zu Kapitel 13 C Glasbau

DIN	Teil	Ausgabe	Titel
1249	11	2025-02	Flachglas im Bauwesen –Teil 11: Glaskanten – Begriffe, Kantenformen und Ausführung
7863	1	2022-02	Elastomer-Dichtprofile für Fenster und Fassade – Werkstoffanforderungen – Teil 1: Nichtzellige Elastomer-Dichtprofile im Fenster- und Fassadenbau
18 008			Glas im Bauwesen – Bemessungs- und Konstruktionsregeln –
	1	2020-05	Teil 1: Begriffe und allgemeine Grundlagen
	2	2020-05	Teil 2: Linienförmig gelagerte Verglasungen
	3	2024-12	Teil 3: Punktförmig gelagerte Verglasungen
	4	2024-12	Teil 4: Zusatzanforderungen an absturzsichernde Verglasungen
	5	2024-12	Teil 5: Zusatzanforderungen an begehbare Verglasungen
	6	2018-02	Teil 6: Zusatzanforderungen an zu Instandhaltungsmaßnahmen betretbare Verglasungen und an durchsturzsichere Verglasungen
18 545		2022-01	Abdichten von Verglasungen mit Dichtstoffen – Anforderungen an Glasfalze und Verglasungssysteme
52 338		2016-10	Prüfverfahren für Flachglas im Bauwesen – Kugelfallversuch für Verbundglas
52 460		2015-12	Fugen- und Glasabdichtungen – Begriffe

DIN EN	Teil	Ausgabe	Titel
356		2000-02	Glas im Bauwesen – Sicherheitssonderverglasung – Prüfverfahren und Klasseneinteilung des Widerstandes gegen manuellen Angriff; Deutsche Fassung EN 356:1999
572			Glas im Bauwesen – Basiserzeugnisse aus Kalk-Natronsilicatglas –
	1	2016-06	Teil 1: Definitionen und allgemeine physikalische und mechanische Eigenschaften; Deutsche Fassung EN 572-1:2012+A1:2016
	2	2012-11	Teil 2: Floatglas; Deutsche Fassung EN 572-2:2012
	3	2012-11	Teil 3: Poliertes Drahtglas; Deutsche Fassung EN 572-3:2012
	4	2012-11	Teil 4: Gezogenes Flachglas; Deutsche Fassung EN 572-4:2012
	5	2012-11	Teil 5: Ornamentglas; Deutsche Fassung EN 572-5:2012
	6	2012-11	Teil 6: Drahtornamentglas; Deutsche Fassung EN 572-6:2012
	7	2012-11	Teil 7: Profilbauglas mit oder ohne Drahteinlage; Deutsche Fassung EN 572-7:2012
	8	2016-06	Teil 8: Liefermaße und Festmaße, Deutsche Fassung EN 572-8:2012+A1:2016
	9	2005-01	Teil 9: Konformitätsbewertung/Produktnorm; Deutsche Fassung EN 572-9:2004
1036			Glas im Bauwesen – Spiegel aus silberbeschichtetem Floatglas für den Innenbereich –
	1	2008-03	Teil 1: Begriffe, Anforderungen und Prüfverfahren; Deutsche Fassung EN 1036:2007

DIN EN	Teil	Ausgabe	Titel
1036	2	2008-05	Teil 2: Konformitätsbewertung – Produktnorm, Deutsche Fassung EN 1036-2:2008
1051			Glas im Bauwesen – Glassteine und Betongläser –
	1	2003-04	Teil 1: Begriffe und Beschreibungen; Deutsche Fassung EN 1051-1:2003
	2	2007-12	Teil 2: Konformitätsbewertung/Produktnorm; Deutsche Fassung EN 1051-2:2007
1063		2000-01	Glas im Bauwesen – Sicherheitssonderverglasung – Prüfverfahren und Klasseneinteilung für den Widerstand gegen Beschuß; Deutsche Fassung EN 1063:1999
1096			Glas im Bauwesen – Beschichtetes Glas –
	1	2012-04	Teil 1: Definitionen und Klasseneinteilung; Deutsche Fassung EN 1096-1:2012
	4	2018-11	Teil 4: Produktnorm; Deutsche Fassung EN 1096-4:2018
1279			Glas im Bauwesen – Mehrscheiben-Isolierglas –
	1	2018-10	Teil 1: Allgemeines, Systembeschreibung, Austauschregeln, Toleranzen und visuelle Qualität; Deutsche Fassung EN 1279-1:2018
	2	2018-10	Teil 2: Langzeitprüfverfahren und Anforderungen bezüglich Feuchtigkeitsaufnahme; Deutsche Fassung EN 1279-2:2018
	3	2018-10	Teil 3: Langzeitprüfverfahren und Anforderungen bezüglich Gasverlustrate und Grenzabweichungen für die Gaskonzentration; Deutsche Fassung EN 1279-3:2018
	4	2018-10	Teil 4: Verfahren zur Prüfung der physikalischen Eigenschaften der Komponenten des Randverbundes und der Einbauten; Deutsche Fassung EN 1279-4:2018
	5	2018-10	Teil 5: Produktnorm; Deutsche Fassung EN 1279-5:2018
1288			Glas im Bauwesen – Bestimmung der Biegefestigkeit von Glas –
	1	2000-09	Teil 1: Grundlagen; Deutsche Fassung EN 1288-1:2000
	2	2000-09	Teil 2: Doppelring-Biegeversuch an plattenförmigen Proben mit großen Prüfflächen; Deutsche Fassung EN 1288-2:2000
	3	2000-09	Teil 3: Prüfung von Proben bei zweiseitiger Auflagerung (Vierschneiden-Verfahren); Deutsche Fassung EN 1288-3:2000
	4	2000-09	Teil 4: Prüfung von Profilbauglas; Deutsche Fassung EN 1288-4:2000
	5	2000-09	Teil 5: Doppelring-Biegeversuch an plattenförmigen Proben mit kleinen Prüfflächen; Deutsche Fassung EN 1288-5:2000
1748			Glas im Bauwesen – Spezielle Basiserzeugnisse –
	1-1	2004-12	Borosilicatgläser – Teil 1-1: Definitionen und allgemeine physikalische und mechanische Eigenschaften; Deutsche Fassung EN 1748-1-1:2004
	1-2	2005-01	Borosilicatgläser – Teil 1-2: Konformitätsbewertung/Produktnorm; Deutsche Fassung EN 1748-1-2:2004
	2-1	2004-12	Glaskeramik – Teil 2-1: Definitionen und allgemeine physikalische und mechanische Eigenschaften; Deutsche Fassung EN 1748-2-1:2004
	2-2	2005-01	Glaskeramik – Teil 2-2: Konformitätsbewertung/Produktnorm; Deutsche Fassung EN 1748-2-2:2004

DIN EN	Teil	Ausgabe	Titel
1863			Glas im Bauwesen – Teilvorgespanntes Kalknatronglas –
	1	2012-02	Teil 1: Definition und Beschreibung; Deutsche Fassung EN 1863-1:2011
	2	2005-01	Teil 2: Konformitätsbewertung/Produktnorm; Deutsche Fassung EN 1863-2:2004
1990		2021-10	Eurocode: Grundlagen der Tragwerksplanung; Deutsche Fassung EN 1990:2002 + A1:2005 + A1:2005/AC:2010
1990/NA		2010-12	Nationaler Anhang – National festgelegte Parameter – Eurocode: Grundlagen der Tragwerksplanung
1991	1-1	2010-12	Eurocode 1: Einwirkungen auf Tragwerke – Teil 1-1: Allgemeine Einwirkungen auf Tragwerke – Wichten, Eigengewicht und Nutzlasten im Hochbau; Deutsche Fassung EN 1991-1-1:2002 + AC:2009
1991/NA	1-1	2010-12	Nationaler Anhang – National festgelegte Parameter – Eurocode 1: Einwirkungen auf Tragwerke – Teil 1-1: Allgemeine Einwirkungen auf Tragwerke – Wichten, Eigengewicht und Nutzlasten im Hochbau
10 204		2005-01	Metallische Erzeugnisse – Arten von Prüfbescheinigungen; Deutsche Fassung EN 10204:2004
12 150			Glas im Bauwesen – Thermisch vorgespanntes Kalknatron-Einscheiben-Sicherheitsglas –
	1	2020-07	Teil 1: Definition und Beschreibung; Deutsche Fassung EN 12150-1:2015+A1:2019
	2	2005-01	Teil 2: Konformitätsbewertung/Produktnorm; Deutsche Fassung EN 12150-2:2004
12 337			Glas im Bauwesen – Chemisch vorgespanntes Kalknatronglas –
	1	2000-11	Teil 1: Definition und Beschreibung; Deutsche Fassung EN 12337-1:2000
	2	2005-01	Teil 2: Konformitätsbewertung/Produktnorm; Deutsche Fassung EN 12337-2:2004
12 488		2016-11	Glas im Bauwesen – Empfehlungen für die Verglasung – Verglasungsgrundlagen für vertikale und geneigte Verglasung; Deutsche Fassung EN 12488:2016
12 600		2003-04	Glas im Bauwesen – Pendelschlagversuch – Verfahren für die Stoßprüfung und Klassifizierung von Flachglas; Deutsche Fassung EN 12600:2002
12 758		2023-07	Glas im Bauwesen – Glas und Luftschalldämmung – Produktbeschreibungen, Bestimmung der Eigenschaften und Erweiterungsregeln; Deutsche Fassung EN 12758:2019
13 022			Glas im Bauwesen – Geklebte Verglasungen –
	1	2014-08	Teil 1: Glasprodukte für Structural-Sealant-Glazing (SSG-) Glaskonstruktionen für Einfachverglasungen und Mehrfachverglasungen mit oder ohne Abtragung des Eigengewichtes; Deutsche Fassung EN 13022-1:2014
	2	2014-08	Teil 2: Verglasungsvorschriften für Structural-Sealant-Glazing (SSG-) Glaskonstruktionen; Deutsche Fassung EN 13022-2:2014
13 024			Glas im Bauwesen – Thermisch vorgespanntes Borosilicat–Einscheibensicherheitsglas –
	1	2012-02	Teil 1: Definition und Beschreibung; Deutsche Fassung EN 13024-1:2011

DIN EN	Teil	Ausgabe	Titel
13 024	2	2005-01	Teil 2: Konformitätsbewertung/Produktnorm; Deutsche Fassung EN 13024-2:2004
13 541		2012-06	Glas im Bauwesen – Sicherheitssonderverglasung – Prüfverfahren und Klasseneinteilung des Widerstandes gegen Sprengwirkung; Deutsche Fassung EN 13541:2012
14 178			Glas im Bauwesen – Basiserzeugnisse aus Erdalkali-Silicatglas –
	1	2005-01	Teil 1: Floatglas; Deutsche Fassung EN 14178-1:2004
	2	2005-01	Teil 2: Konformitätsbewertung/Produktnorm; Deutsche Fassung EN 14178-2:2004
14 179			Glas im Bauwesen – Heißgelagertes thermisch vorgespanntes Kalknatron–Einscheibensicherheitsglas –
	1	2016-12	Teil 1: Definition und Beschreibung; Deutsche Fassung EN 14179-1:2016
	2	2005-08	Teil 2: Konformitätsbewertung/Produktnorm; Deutsche Fassung EN 14179-2:2005
14 321			Glas im Bauwesen – Thermisch vorgespanntes Erdalkali-Silicat-Einscheibensicherheitsglas –
	1	2005-09	Teil 1: Definition und Beschreibung; Deutsche Fassung EN 14321-1:2005
	2	2005-10	Teil 2: Konformitätsbewertung/Produktnorm; Deutsche Fassung EN 14321-2:2005
14 449		2005-07	Glas im Bauwesen: Verbundglas und Verbund-Sicherheitsglas – Konformitätsbewertung/Produktnorm; Deutsche Fassung EN 14449:2005
16 612		2019-12	Glas im Bauwesen – Bestimmung des Belastungswiderstandes von Glasscheiben durch Berechnung; Deutsche Fassung EN 16612:2019

DIN EN ISO	Teil	Ausgabe	Titel
527			Kunststoffe – Bestimmung der Zugeigenschaften –
	1	2019-12	Teil 1: Allgemeine Grundsätze (ISO 527-1:2019); Deutsche Fassung EN ISO 527-1:2019
	2	2012-06	Teil 2: Prüfbedingungen für Form- und Extrusionsmassen (ISO 527-2:2012); Deutsche Fassung EN ISO 527-2:2012
	3	2019-02	Teil 3: Prüfbedingungen für Folien und Tafeln (ISO 527-3:2018); Deutsche Fassung EN ISO 527-3:2018
12 543			Glas im Bauwesen – Verbundglas und Verbund-Sicherheitsglas –
	1	2022-03	Teil 1: Definitionen und Beschreibung von Bestandteilen (ISO 12543-1:2021); Deutsche Fassung EN ISO 12543-1:2021
	2	2022-03	Teil 2: Verbund-Sicherheitsglas (ISO 12543-2:2021); Deutsche Fassung EN ISO 12543-2:2021
	3	2022-03	Teil 3: Verbundglas (ISO 12543-3:2021); Deutsche Fassung EN ISO 12543-3:2021
	4	2022-03	Teil 4: Verfahren zur Prüfung der Beständigkeit (ISO 12543-4:2021); Deutsche Fassung EN ISO 12543-4:2021
	5	2023-12	Teil 5: Maße und Kantenbearbeitung (ISO 12543-5:2021); Deutsche Fassung EN ISO 12543-5:2021

Zu Kapitel 13 D Stahlbauprofile

DIN ISO	Teil	Ausgabe	Titel
1025			Warmgewalzte I-Träger
	1	2009-04	Schmale I-Träger, I-Reihe
	2	1995-11	I-Träger, IPB-Reihe (Diese Norm wurde zurückgezogen)
	3	1994-03	Breite I-Träger, leichte Ausführung, IPBl Reihe
	4	1994-03	Breite I-Träger, verstärkte Ausführung, IPBv-Reihe
	5	1994-03	Mittelbreite I-Träger, IPE-Reihe
1026	1	2009-09	U-Profilstahl mit geneigten Flanschflächen
1027		2004-04	Stabstahl; Warmgewalzter rundkantiger Z-Stahl – Maße, Masse, Toleranzen, statische Werte

DIN EN	Teil	Ausgabe	Titel
10 055		1995-12	Warmgewalzter gleichschenkliger T-Stahl mit gerundeten Kanten und Übergängen – Maße, Grenzabmaße und Formtoleranzen
10 056	1	2017-06	Gleichschenklige und ungleichschenklige Winkel aus Stahl – Teil 1: Maße
10 210	2	2019-07	Warmgefertigte Hohlprofile für den Stahlbau aus unlegierten Baustählen und aus Feinkornbaustählen, Grenzabmaße, Maße und statische Werte
10 219	2	2019-07	Kaltgefertigte geschweißte Hohlprofile aus unlegierten Baustählen und aus Feinkornbaustählen – Grenzabmaße, Maße und statische Werte
10 365		2017-05	Warmgewalzter U-Profilstahl, I- und H-Träger – Maße und Masse

DIN SPEC	Teil	Ausgabe	Titel
18 085		2014-08	Anordnung von Schrauben in warmgewalzten Stahlprofilen

Zu Kapitel 14 B Bauvermessung

DIN	Teil	Ausgabe	Titel
18 202		2019-07	Toleranzen im Hochbau – Bauwerke
18 710			Ingenieurvermessung
	1	2025-08	Allgemeine Anforderungen, Berichtigung 1
	3	2025-08	Absteckung
	4	2025-08	Überwachung

DIN ISO	Teil	Ausgabe	Titel
17 123	1	2017-09	Optik und optische Instrumente: Feldprüfverfahren geodätischer Instrumente

OIML R35-1		Edition 2007	Material measures of length for general use

Zu Kapitel 14 C Bauzeichnungen

DIN	Teil	Ausgabe	Titel
919	1	2014-08	Technische Zeichnungen – Holzverarbeitung – Grundlagen
1356	1	1995-02	Bauzeichnungen – Arten, Inhalte und Grundregeln der Darstellung (wird zzt. überarbeitet)

DIN EN	Teil	Ausgabe	Titel
60 617	11	1997-08	Graphische Symbole für Schaltpläne, gebäudebezogene und topographische Installationspläne und Schaltpläne

DIN EN ISO	Teil	Ausgabe	Titel
128			Technische Zeichnungen – Allgemeine Grundlagen der Darstellung
	20	2002-12	Linien, Grundregeln
	24	1999-12	Linien in Zeichnungen der mechanischen Technik *(zurückgezogen)*
3766		2004-05	Zeichnungen für das Bauwesen – Vereinfachte Darstellung von Bewehrungen
5456	4	2002-12	Zentralprojektion

Zu Kapitel 14 E Allgemeine Tafeln

DIN	Teil	Ausgabe	Titel
824		1981-03	Technische Zeichnungen; Faltung auf Ablageformat
1080	1	1976-06	Begriffe, Formelzeichen und Einheiten im Bauingenieurwesen; Grundlagen. Hinweis: Die Norm wurde zurückgezogen.
1301			Einheiten
	1	2010-10	Einheitennamen, Einheitenzeichen
	1 (Bbl. 1)	1982-04	Einheitenähnliche Namen und Zeichen
	2	1978-02	Allgemein angewendete Teile und Vielfache
18 202		2019-07	Toleranzen im Hochbau – Bauwerke

DIN EN ISO	Teil	Ausgabe	Titel
5457		2017-10	Formate und Gestaltung von Zeichnungsvordrucken

ISO	Teil	Ausgabe	Titel
3898		2013-03	Berechnungsgrundlagen für Bauten – Namen und Symbole der physikalischen Größen und deren Einheiten

2 Stichwortverzeichnis

§ 33 BauGB 7.15

Abbildungsmethoden 14.45
Abbrandrate 11.92
Abbruch 7.3
Abbruchplan 7.74
Abdichtstoffe
– Materialkennwerte 4.43
Abdichtungsmaßnahmen 3.85
Abdichtungsmaterialien 3.77
Abflussbeiwert 5.114
Abgasanlagen 3.59 ff., 5.6
Abgasleitungen 3.59 f.
Abhebekräfte 12.50, 12.52
Abhebenachweis 12.35
Ablaufplanung 8.11
– Anordnungsbeziehung 8.12
– Kritischer Weg 8.11
– Puffer 8.11
Abminderung, Stützmomente 12.38, 12.40
Abminderungsfaktor
– Sonnenschutzeinrichtung 4.11
Abnahme 8.26
– ausdrückliche 8.26
– fiktive 8.26
– förmliche 8.26
– stillschweigende 8.26
Abrechnungszeichnung 14.43
Abreißbewehrung 12.54, 12.65, 12.67
Abriss 14.53
Absetzbecken 2.68
Absorber
– technische 4.89
Absorbtionskälteprozess 5.22
Absorptionsfläche 4.84
– Verteilung 4.96
Absorptionsgrad 4.84, 4.91
Abstand 14.10
Abstandhalter
– Beton 12.22
Abstandsflächen 2.32
Absteckung 14.29
– Einbindeverfahren 14.30
– Freie Standpunktwahl 14.32
– Geraden 14.29
– Klothoide 14.30
– Kreisbogen 14.29
– Orthogonalverfahren 14.30
– Polarverfahren 14.30
– Schnurgerüste 14.31
– Trassen 14.29
– Übergangsbogen 14.30
Absteifungen
– Baugrubenverbau 11.20
Abstellflächen 1.19, 1.27
Abstellräume 1.19, 1.27
Absturz 7.70
Absturzhöhen 1.11
Absturzsichernde Verglasungen 13.90
– Anwendungsbereich 13.90
– Bauprodukte, Anwendungsbedingungen und Konstruktion 13.91
– Kantenschutz 13.91
– Kategorien 13.90
– Linienförmig gelagerte Verglasung mit nachgewiesener Stoßsicherheit 13.93
– Nachweis der Stoßsicherheit durch Berechnung 13.96
– Pendelfallhöhen 13.93
– Punktförmig gelagerte Verglasung mit nachgewiesener Stoßsicherheit 13.95
– Verwendbare Glasarten 13.91
Abwägung 7.15
Abwägungsgebot 2.4
Abwasseranfall 5.112
Abwasserleitungen 14.58
– Symbole 14.58
Abwasserreinigung 5.111
Abweichende Bauweise 7.12
Abwicklungen 14.57
Abzinsung 14.15
Achsabstand 12.44
– Befestigungen 3.73, 3.75
Achsenabschnittsform 14.6
Additionstheoreme 14.5
Additivdecken 13.55
Affinität 14.56
AIA 8.39
Akquisition 7.63
Alkaligehalt
– Beton 12.6
Alkali-Kieselsäure-Reaktion
– Beton 12.12
Alkalireaktion
– Beton 12.7
Allgemeine Geschäftskosten 8.21
Allgemeines Wohngebiet 7.6
Altbausanierung 3.52
Altbetonklassen 6.23
Altenheime 1.34
Altenpflegeheime 1.34
Altenwohnheime 1.34
Altgrad 14.16
Aluminiumlegierungen 6.69
Aluminiumverbundträgereinlage 3.78
Analyse
– Diagnose 6.11
Analytische Geometrie 14.10, 14.11, 14.12
Änderung 7.3
Anfangskapital 14.14
Anforderungen
– Brandschutz 4.104
– Raumakustik 4.85
– Schallschutz 4.52
Anforderungsklassen 8.69
Angebotsbearbeitung 8.33
Angriffe auf Stahlbeton 6.18
Anisotropie
– Holzbau 11.69
Ankathete 14.5
Ankergrund
– Befestigungen 3.72 ff.
Ankerplatte 11.26
Ankerschienen
– Befestigungen 3.73 f., 3.76
Anlagen außerhalb des Baufensters 7.11
Anlagenkennlinie 5.95
Anordnung von Aussteifungselementen 10.59
Anpralllasten 9.26
– Gabelstapler 9.27
– Helikopter, Hubschrauber 9.27
– Schienenfahrzeuge 9.27
– Schiffe 9.27
– Straßenfahrzeuge 9.26
– stützende Unterbauten 9.26
– Überbauungen 9.27
anrechenbare Kosten 8.5
Anschaulichkeit 14.52
Anschlussleitung 5.111
Ansicht 14.54
– Türen u. Fenster 14.52
Ansichten 14.80
Anstriche
– historische 6.81 f.
Anwendungsbereich
– persönlicher Anwendungsbereich 8.72
– räumlicher Anwendungsbereich 8.72
Anwendungsfall 8.35
Arbeitsfugen 10.36
Arbeitsräume 11.20
Arbeitsschutzfachliche Kenntnisse 7.72
Arbeitsschutzgesetz (ArbSchG) 7.67

Arbeitsstätten 1.60 ff.
Architektenvertrag (Muster) 7.41
Architektenverträge 7.37
Architekten-Wettbewerb 7.59
Areafunktionen 14.7
Arkusfunktionen 14.7
Art der baulichen Nutzung 7.6
– Stadtplanung 2.30
Arten der baulichen Nutzung 14.63
Asphalt 6.73
Asphaltbauweise 2.65
Asphaltmastix 3.83
Asymptote 14.6, 14.7
Atriumhaus 1.18
Attika 3.37
Attikagully 3.38
Attribut 8.49
Aufbau eines Fachwerks 10.56
Aufenthaltsräume 1.4 f.
Aufhängebewehrung 12.78 f.
Auflagerkräfte
– Durchlaufträger 12.38, 12.40
– Platten 12.50, 12.52
– Stahlbeton 12.38, 12.40
– Statik 12.37, 12.39
Auflagerreaktionen, Schnitt- und Verschiebungsgrößen 10.40
Aufrissaxonometrie 14.60
Aufschüttungen
– Darstellung 14.39
Aufschwimmen
– Sicherheitsnachweis 11.36
Aufstellung eines Bebauungsplanes 7.14
Aufstellungsbeschluss 7.16
Auftraggeberinformationsanforderungen 8.39
Auftragnehmer 7.47
Auftragserteilung 7.63
Auftrittsbreite 1.8
Aufzinsung 14.15
Aufzüge
– altengerecht 1.13, 1.39 ff.
– barrierefrei 1.13, 1.39 ff.
– barrierefreie 1.39
– Betten 1.14
– Hochhäuser 1.14
– rollstuhlgerecht 1.13, 1.39 ff.
Augenscheinprüfung
– Beton 12.23
Augpunkt 14.62
Aula
– Schulen 1.74
Ausbauraster
– Verwaltungsbauten 1.56
Ausblühungen
– Sichtbeton 12.22
Ausbreitmaß
– Beton 12.22
Ausbreitprüfung
– Beton 12.9
Ausfallkörnung
– Beton 12.7 f.
Ausführungsart 8.69
Ausführungszeichnung 14.41
Ausgleichsfeuchte
– Holzbau 11.89
Auslegung von KWK-Anlagen 5.45
Ausmittiger Druck 10.64
Ausmittigkeit 11.37
Ausnahme 7.13
Ausnahmen 7.11
Ausnahmen und Befreiungen 7.13
Ausschreibung 8.35
Außenbereich 7.18
Außendispersion 6.64
Außenhautabdichtung 3.91
Außenlärm
– Außenbauteile 4.56
– erhöhte Anforderungen 4.57
– Mindestanforderungen 4.54
Außenlärmpegel
– maßgeblicher 4.54
Außenputz 3.17
Außenschalen 10.38
Außenwandbekleidung 3.16
Außenwände
– Holzbau 11.95
Äußere statische Bestimmtheit 10.56
Aussparung 14.51
Aussparungen
– Mauerwerk 11.51
aussteifende Bauteile 12.37, 12.39
– Wände, Stahlbeton 12.77 f.
aussteifende Wände 12.77 f.
Aussteifung 10.32, 10.59
Aussteifungselemente 10.35
Axonometrische Projektion 14.48

Bäder
– altengerecht 1.35
– regulär 1.28
– rollstuhlgerecht 1.43 f.
Balken 12.37, 12.39, 12.57, 12.59
Balkendecke 10.18
Balkenplan 8.12
Balkenquerschnitte
– Holzbau 11.103
Balkenschichtholz 11.71
Balkone 1.25, 1.34, 3.29
Ballwurfsichere Gläser 13.64
BAP 8.39
Barrierefreies Bauen 1.36 ff.
Basisgeschwindigkeitsdruck 9.28
Basis-Gläser
– Betongläser 13.59
– Drahtglas 13.59
– Fensterglas 13.59
– Floatglas 13.59
– Gefärbtes Glas 13.59
– Glassteine 13.59
– Gussglas 13.59
– Profilbauglas 13.59
– Tafelglas 13.59
Basiswindgeschwindigkeit 9.28
Bauablauf 8.36
Bauakustik 4.51
Bauaufnahmezeichnungen 14.45
Baudenkmäler 6.4
Baudenkmalpflege
– Entstehung 6.2
Bauelemente 8.68 f.
Bauen im Bestand 14.45
Baufachliche Kenntnisse 7.72
Baugenehmigung 7.3
Baugeräteliste 8.20
Baugruben 7.70, 11.20
– Grabenverbau 11.22
Baugrunderkundung 11.6
Baugrunduntersuchung 11.12
Bauhohlglas 6.67
Baukonstruktion 3.2
Baulasten 7.5
Bauleiter 8.22
Bauleitplan 2.5
Bauleitpläne
– Symbole 14.62 ff.
Baulicher Holzschutz 11.89
Baumassenzahl 2.31, 14.63
Baumeister 6.2
Baumwolledämmstoff 6.71
Baunormzahlen 11.41
Bauordnungsrecht 7.2
Bauplanungsrecht 7.2, 7.6
Bauplatten
– Materialkennwerte 4.39
Baupreisindex 8.70
Bauprodukte, Brandverhalten 4.101
Bauschäden
– Darstellung 14.46
Bauschadenserfassung 14.45
Baustahl
– Allgemeiner 6.68
– Bruttoquerschnitt 13.9
– Werkstoffkennwerte 13.3
Baustelleneinrichtung 7.71
Baustellengemeinkosten 8.21
Baustellenverordnung (BaustellV) 7.67
Baustoffe

– historische 6.77 f.
– Kennzeichnung 14.39
Baustoffeigenschaften 9.4
Bausubstanz 8.76
bautechnische Unterlagen 9.7 f.
Bauteildicke
– Befestigungen 3.75
Bauteile
– Brandschutz Beherberungsstätten 4.116
– Brandschutz Schulbauten 4.117
– Darstellung 14.53
– Feuerwiderstand 1.4
– Feuerwiderstandsklassen 4.100
– neue u. zu beseitigende 14.53
Bauteile U-Wert 4.4
Bauteile, aussteifende 10.35
Bautenschutzmatten 3.84
Bauüberwachung 6.15 f., 8.23
– Preis 8.25
– Qualität 8.24
– Termin 8.24
Bauverfahren 8.27
Bauvorbescheid 7.4
– Inhalt 7.4
Bauvorlagenzeichnung 14.41
– Bestandszeichnung 14.43
Bauweise 7.11
– abweichende 2.30
– geschlossene 2.30
– offene 2.30
Bauwerksabdichtungen 3.77
Bauwerksprüfung 6.16
Bauwerksunterfangung 11.25
Bauzustandsuntersuchung 14.45
BCF 8.45
Beanspruchung
– Straßenoberbau 2.64
Bebauungsplan 2.5 f., 7.22
Bebauungszusammenhang 7.17
Bedarfslüftung 5.13
Bedingte Festsetzungen 7.12
Bedürfnis 7.13
Befestigungselement U-Wert 4.6
Befreiung 7.13
Begegnungsfläche
– barrierefreie 1.36
Begehbare Verglasungen 13.97
– Bauprodukte, Anwendungsbedingungen und Konstruktion 13.97
– Einwirkungen und Nachweise 13.97
– Verglasungen mit nachgewiesener Stoßsicherheit und Resttragfähigkeit 13.98
Begründung 7.15
Beherbergungsstättenverordnung 1.50, 5.115
Behindertengerechtes Bauen 1.36 ff.
Bekiesung 3.106
belastender Erddruck 11.4
Belastungsanordnung 12.36 f.
Belastungsklasse 2.64
Beleuchtungsarten 14.71
Beleuchtungsstärke 5.76
Belichtung 1.3
– Arbeitsstätten 1.60
Belichtungsstärke 1.3
Bemaßung in der Bauzeichnung 14.43, 14.55
Bemessung
– Erdbebengebiete 9.50
Bemessung (Stahlbeton) Biegung 12.51, 12.53, 12.57, 12.59
– Druck 12.71, 12.73
– Durchstanzen 12.75 f.
– Knicken 12.69, 12.71
– Längskraft 12.71, 12.73
– Querkraft 12.51, 12.53, 12.59, 12.61
– Schub 12.51, 12.53, 12.59, 12.61
– Tafeln 12.80, 12.82
Bemessung auf Abbrand 11.92
Bemessung, Beton (unbewehrt) Bauteile 12.72, 12.74, 12.76
Bemessungshäufigkeit 5.115, 5.124, 5.125
Bemessungshilfen, Balken
– Querkraft 12.68, 12.70
Bemessungshilfen, Platten
– Biegeschlankheit 12.56, 12.58
– Biegung 12.55, 12.57
– Querkraft 12.56, 12.58
Bemessungshilfen, Stützen
– Durckkraft 12.74
Bemessungsregenspende 5.115, 5.134
Bemessungssituation 11.3
Bemessungstabellen für Rechteckquerschnitte 12.80, 12.82
Bemessungstafeln
– Mauerwerk 11.59, 11.60, 11.61
– Stahlbeton 12.79, 12.81
Bemessungswasserstand 3.85
Bemessungswerte 9.3 ff., 11.4, 12.30, 12.32
Beratungsleistungen 8.71, 8.75
Berechnung der Geltungsdauer 7.16
Bereitschaftsräume 1.61
Berufserfahrung 7.73
Berufsgenossenschaft 7.77
Berührung 14.57
Beschichtung
– organische 6.48
Beschichtungssystem 6.48
Beschleuniger
– Beton 12.8
Besondere bauliche Maßnahmen
– Holzschutz 6.55
Besondere Leistungen 8.65, 8.72, 8.75, 8.80
Besonderes Wohngebiet 7.7
Besonders gefährliche Arbeiten 7.70
Besonnung 1.3
Besselellipsoid 14.17
Bestandsaufnahme 8.36
– Baudenkmäler 6.10 f.
Bestandsschutz 7.5
Bestandteile 7.13
Bestätigungskriterium
– Beton 12.22
Bestuhlung, Gaststätten 1.45
Beton
– Dauerhaftigkeit 12.32, 12.34
– Druckfestigkeit 12.33, 12.35
– Expositionsklassen 12.41, 12.43
– Festigkeitsklassen 12.33, 12.35
– mit hohem Wassereindringwiderstand 12.17
– nach Eigenschaften 12.14, 12.16, 12.20
– nach Zusammensetzung 12.18, 12.19 f.
– Nachbehandlung 12.18 f.
– -oberfläche 12.23
– Prüfung 12.20
– -randzone 12.22
– Schutz 12.18
– Sulfatangriff 12.16
– Unterwasserbeton 12.17
– Widerstand gegen chemische Angriffe 12.16
Beton nach Eigenschaften
– Prüfung 12.23
Betonausbruch
– Befestigungen 3.73, 3.76
Betonausbruchkörper
– Befestigungen 3.73
Betonausbruchslast
– Befestigungen 3.76
Beton-Bauteile
– Materialkennwerte 4.37
Betondachstein 6.64
Betondeckung 12.40, 12.42
– Mindestmaße 12.40, 12.42
– Nennmaße 12.40, 12.42
– Verlegemaß 12.42
Betondruckfestigkeit

– Konformität 12.21
Betondruckspannung 12.33, 12.35
Betonersatz 6.33 f.
Betongläser 13.59
Betonherstellung 12.18
Betoningenieur 12.19
Betonkantenbruch
– Befestigungen 3.73
Betonkorrosion
– Expositionsklassen 12.10 ff.
Betonspachtel 6.64
Betonstababstände 12.42, 12.44, 12.46
Betonstahl 12.24, 12.26, 12.34, 12.36, 12.86, 12.88
Betonstahlmatten 6.68, 12.24, 12.26, 12.34, 12.36, 12.88, 12.90
Betonverflüssiger 12.8
Betonversagen
– Befestigungen 3.76
Betonwände 12.77 f.
Betonzusammensetzung 12.14 f., 12.18, 12.20
Betonzusatzmittel 12.8, 12.14
Betonzusatzstoffe 12.9, 12.14
Betreiberverantwortung im FM 8.94
Betretbare Verglasungen 13.98
Bettungsmodul 11.18
Bewegliche Denkmäler 6.4
Bewegungsflächen 1.37
Bewegungsräume
– Kindertagesstätten 1.70
Bewehrtes Mauerwerk 3.22
Bewehrung
– Anforderungen 14.59
– Beispiele 14.60
– Darstellung 12.84, 12.86, 14.59 f.
– Führung der 12.42
– Fundamente 12.75 f.
– Platten 12.46, 12.48
– Plattenbalken 12.64, 12.66
– Stabformen 14.60
– Stöße 12.44, 12.46
– Verankerung 12.43, 12.45
– Wände 12.77 f.
– Zeichnung 14.60
Bewehrung von Platten 12.54, 12.56, 12. 84, 12.86
Bewehrungsdarstellungsarten 14.61
Bewehrungselemente 14.61
Bewehrungskorrosion
– Expositionsklassen 12.10 f., 12.14
Bewehrungsrichtlinien 12.40, 12.42
Bewehrungsstäbe
– Kennzeichnungen 14.59
Bewehrungsstahl 6.68
Bewehrungsstöße 12.44, 12.46
Bewehrungszeichnungen 9.7, 12.84, 12.86
– Darstellung 14.60
– Symbole 14.60
Bewertungsmerkmale 8.77 f.
Bezugsgröße 8.56, 8.63, 8.66
Bibliotheken 1.73
biegefester Anschluss 12.38
Biegeformen 12.43, 12.45
– geometrische Beschreibung 14.60
Biegeradien für Betonstähle 12.42
Biegerollendurchmesser für Betonstähle 12.44
Biegezugfestigkeit
– Beton 12.9
Bildebene 14.63
Bildschirmarbeitsplatz 1.2, 1.51
Bildungsgesetz 10.56
BIM 8.31
– Abwicklungsplan 8.36
– Anwendungsfall 8.35
– Einführen 8.50
– international 8.32
– Koordinator 8.38
– Manager 8.38
– Masterplan 8.33
– Standards 8.32
– Überblick 8.31
Bimskies 6.71
bindige Böden 3.91
Bindungswirkung 7.5
Binomialkoeffizienten 14.2
Binomische Formeln 14.2
Biodiversität 2.39
Bitumen 6.73
Bitumenbahnen 3.79
Bitumendachbahn 6.73
Bitumendichtungsbahnen 6.73
Bitumenschweißbahnen 6.73
bitumenverträgliche Materialien 3.89
Bitumenvoranstrich 3.92
Blähton 6.71
Blähtonbeton
– dicht 6.62
– haufwerksporig 6.62
Blendschutz 1.3
Block-Heizkraftwerke 5.8
BMZ 7.10
Bodenbeläge 3.31
– Elastische Bodenbeläge 3.31
– Steinbeläge 3.32
– Textile Bodenbeläge 3.32
Bodendenkmäler 6.4
Bodendränagen 3.100
Bodenfeuchigkeit 3.88
Bodenkenngrößen 11.19
Bodenklassen 11.16
Bodenklassifizierung 11.15
Bodenplatten 3.90
Bodenrauigkeit, genauere Erfassung 9.31
Bodenrichtwert 8.97
Bodentreppen 1.11
Bodenvernagelung 11.28
Böengeschwindigkeitsdruck
– höhenabhängiger 9.31
– vereinfachter 9.31
Bogenbinder 10.27
Bogenmaß 14.5
Bohlen
– Holzbau 11.104
Bohrpfähle 11.38
Bohrpfahlwände 11.24
Bohrungen 13.61
Bolzen 10.6
– Holzbau 11.77
Bordrinnen 2.69
Böschungen 11.29
Böschungsbruch 11.30
Böschungsneigungen 11.30
– Baugrubenböschungen 11.21
Brandabschnitte 4.110
Brandriegel 3.18
Brandschutz
– Befestigungen 3.76
– Gebäudeklassen 4.103
– Holzbau 11.91
– Industriebau 1.58 f.
– Kindertagesstätten 1.70
– Klassifizierungssystem 4.100
– technische Anforderungen 4.97
Brandschutzanforderungen
– an Bauteile 4.97
Brandschutzmaßnahmen 5.23
Brandschutzverglasungen 13.64
Brandsicherheit 4.97
Brandverhalten
– Bauprodukte 4.101
– Baustoffe 4.99
Brandverlauf 4.99
Brandwände 1.5, 4.104
Brauchwasser 3.84
Brennstofflagerräume 1.32
Brennwertkessel 5.5
Bretter
– Holzbau 11.104
Brettschichtholz 11.72
Brettschichtholzträger 10.28
Brettsperrholz 6.67, 11.73, 11.84
Brettstapel 11.82
Brettstapeldecke 3.28
Brettstapelholz 11.72

Bruchrechnung 14.2
Bruchzustand 12.30
Brunnen 11.31
Brunnenbau 7.70
Brüstungen 1.7, 1.9, 1.60
Buchenfurnierschichtholz 11.73
Bügel
– Balken, Plattenbalken 12.66
– Größtabstände 12.66, 12.68
– Mindestbewehrung 12.66, 12.68
– Stützen 12.72, 12.74
Bügelabstände 12.66, 12.68, 12.73, 12.75
– bügelbew. Druckglieder 12.73
Building Information Modeling 8.31
– international 8.32
– Reifegrade 8.34
– Standards 8.32
– Überblick 8.31
Bundesraumordnung 2.2
Büroarbeitsplätze 1.51
Bürogebäude
– Schallschutz 4.61
Büroräume 1.51
Bushaltebuchten 2.62

CAFM 8.86
Calziumsulfatestrich 6.58
Carbonatisierung 6.29
Carrier-Diagramm 4.22
CDE 8.31
Cellulosedämmplatten 6.71
Change Management 8.35
charakteristische Werte 9.3 f.
charakteristischer Wert 11.4
Chloridgehalt
– kritischer Chloridgehalt 6.19 f., 6.30 f.
Common Data Environment 8.46
Cremonaplan 10.58

Dachabdichtung 3.37, 3.103, 3.106
Dachabläufe 3.106
Dachaufsicht 14.56
Dachausmittelung 14.54
Dachdichtungsbahn 3.78
Dacheindeckung 3.35
– Trapezprofile 10.27
Dacheindeckungen
– Sandwichbauteile 13.48
– Trapezbleche 13.45
Dächer 3.33, 10.8
– Brandschutz 4.106
– Brandschutz Versammlungsstätten 4.113
Dachfenster 3.34
Dachfenster, liegend 1.7
Dachformen 3.33
Dachlatten 10.8
Dachlattenquerschnitte
– Holzbau 11.104
Dachlichter 1.3
Dachneigung 3.35
Dachplatten 6.64
Dachrand 3.106
Dachtafeln 11.81
Dachtragwerke 10.28, 10.52
Dachziegel 6.58
Dämmputz
– mit Perliten 6.60
Dämmstoffe
– historische 6.79 f.
– Materialkennwerte 4.47
Dämpfungskonstante der Luft 4.91
Datenmanagement 8.45
Dauerhaftigkeit
– Bauwerksprüfung 6.14
– Beton 12.10
Dauerstufe 5.115, 5.124
Deckaufstrichmittel 3.83, 3.84
Decken
– Balkendecken 10.18
– Brandschutz 4.106
– Brandschutz Versammlungsstätten 4.113
– Flach- und Pilzdecken 10.17
– Plattenbalkendecken 10.15
– Rippendecken 10.15
– Scheibenwirkung von 10.32
– Vorbemessung 10.13
Deckenbaustoffe
– historische 6.77 f.
Deckenfüllstoffe
– historische 6.77 f.
deckengleicher Unterzug 10.20
Deckenhohlkörpersteine
– historische 6.77 f.
Deckenplatte
– Halbfertigteil 10.30
Deckenplatte (P-Profil) 10.31
Deckenspiegel 10.31
Deckentafeln 11.81
Definitionsmenge 14.6, 14.7
DEGA-Empfehlung 4.65
Dehnfugen 10.36
Dehnfugenabstände 10.37
Dehnungsdiagramm 12.57
Dehnungsverteilung
– Stahlbetonbau 12.59
Denkmalarten 6.4
Denkmalbehörden 6.5
– Denkmalfachbehörde 6.5
– Denkmalschutzbehörde 6.5
Denkmalschutzgesetz 6.6
Detailzeichnung 14.43
Deutsches Hauptdreiecksnetz 14.17
Deutsches Haupthöhennetz 1992 14.17
Dichtungsbahn 3.78
Dichtungsmittel
– Beton 12.8
Diele 1.24
Dielenboden 3.32
Dienstvertrag 7.25
Diffuse Beleuchtung 14.71
Diffusionsdiagramme
– Glaser-Verfahren 4.33
diffusionstechnische Größen 4.22
Digitale Bauwerksmodelle 8.31
Digitaler Zwilling 8.0
– Anwendungen 8.47
– Definition 8.33
– Reifegrade 8.48
Dimetrie 14.48
Dimetrische Axonometrien 14.60
DIN 5 14.60
Distanzmessung
– Additionskonstante 14.18
– Elektronische Distanzmessung 14.18
– Impulsverfahren 14.18
– Mechanische Distanzmessung 14.17
– Optische Distanzmessung 14.18
– Phasenvergleichsverfahren 14.18
Dolomite 6.57
Doppelhäuser 1.15
Dorfgebiet 7.7
Drahtglas 13.59
Dränagen 3.85, 3.100
Dränelemente 3.102
Dränleitungen 3.100
Dränmatten 3.84
Dränrohr 3.102
Dränschicht 3.100, 3.102
Draufsicht 14.56
Dreieck
– beliebiges 14.3
– gleichschenklig 14.3
– gleichseitiges 14.3
– rechtwinklig 14.3
Dreiecksbinder 10.11
Dreigelenkrahmen 10.49
Drei-Punkte-Form 14.12
Dreischeiben-Isolierverglasung 13.74
Dreischichtplatte 11.75
Drossel 5.123
Druckabfalltafel 5.97
Druckbeiwerte

– Außen-/Innendruck 9.33
– Flachdächer 9.35
– Freistehende Pultdächer 9.39
– Freistehende Wände 9.41
– Innendruck 9.40
– Pultdächer 9.37
– Satteldächer 9.37
– Seitlich offene Baukörper 9.40
– Trogdächer 9.37
– Vertikale Wände 9.34
– Vordächer 9.38
– Walmdächer 9.38
– Windlasten 9.33
drückendes Wasser 3.77, 3.85, 3.90
Druckfestigkeit
– Mauerwerk 11.54, 11.55
Druckfestigkeit (Beton) 12.33, 12.35
Druckfestigkeit von Beton
– Prüfung 12.23
Druckfestigkeitsklassen
– Beton 12.13
Druckfestigkeitsprüfung
– Beton 12.21 ff.
Druckluft 7.70
Druckplatte bei Rippendecken 12.37
Druckstäbe
– Stahlbeton 12.69, 12.71
Druckzonenhöhe 12.39, 12.41
Dübel 10.6
Dübel besonderer Bauart
– Holzbau 11.78
Düker 5.119
Duktilität 12.39, 12.41
Duplexsystem 6.50
Durchbiegung, zulässige
– Stahlbetonbau 12.52, 12.54
Durchbiegungsnachweis
– Holzbau 11.88
Durchbohrung 14.57
Durchbrüche 14.51
Durchdringungen 14.57
Durchfeuchtung 3.77
Durchlässigkeit 11.18
– Wasserhaltung 11.31
Durchlässigkeitsbeiwert 5.125
durchlaufende Balken 12.38, 12.40
durchlaufende Platten 12.47, 12.49
Durchlaufträger 10.44
Durchlaufträger mit gleichen Stützweiten über 2 und 3 Felder 10.44
Durchstanznachweis 12.75 f.
Durchsturzsichere Verglasungen 13.98
Duschkabinen
– barrierefreie 1.40
dynamischer E-Modul
– Dämmstoffe 4.73

Ebene 14.8, 14.12
Ebenheit
– Beton 12.22
Eckabhebekräfte bei Platten 12.50, 12.52
Eckbewehrung bei Platten 12.54, 12.56
Eigenlasten 9.9
Eigenschaften
– Frischbeton 12.9
Eigenstromversorgungsanlagen 5.74
Eigenverbrauch 5.93
Eignung verschiedener Aussteifungselemente 10.59
Eilverfahren 7.22
Einfamilienhäuser 1.17
Einfügen 7.18
Einfügen in die Eigenart der näheren Umgebung 7.17
Eingespannter Rahmen 10.51
Einheiten
– Beispiele 14.96
Einheitsarchitektenvertrag 7.37
Einheitstemperaturzeitkurve (ETK) 4.99
einschalige Bauteile
– Schalldämm-Maß 4.71
Einscheiben-Sicherheitsglas (ESG) 13.63
Einschneideverfahren 14.59
Eintafelprojektion oder Kotierte Projektion 14.53
Einvernehmen 7.20
Einwertverfahren 8.67
Einwirkung
– charakteristischer Wert 12.29, 12.31
– ständige 12.29, 12.31
Einwirkungen 11.4
– außergewöhnliche 6.17
– Befestigungen 3.72, 3.75
– veränderliche 12.29, 12.31, 12.35, 12.37
Einwirkungsgrößen 12.39, 12.41
Einwirkungskombination 9.4, 9.6, 12.30, 12.32, 12.34
Einzelfundamente 10.23
Einzelkosten 8.18
Elastizitätsmodul
– Beton 12.33
– Betonstahl 12.34, 12.36
Elastizitätsmodule
– Mauerwerk 11.45
Elastomerbahnen 3.80
Elastomerbitumen 3.78
Elektrolyt 6.46
Elektroosmose 11.32
Elementwand 3.11
Elementwandplatten 10.31
Ellipse 14.3, 14.11
– Projektionsarten 14.48
Ellipsoid 14.4
Emissionsklassen
– Holzbau 11.77
Energieeffiziente Systeme 5.30
Energiegesetzgebung 5.30
Energiekennwerte Gebäude 5.31
Energiepfähle 5.8, 5.50
Entfallen 7.5
Entwässerung
– Verkehrsflächen 2.67
Entwässerungsanlagen 5.128
Entwässerungseinrichtungen
– Bemessung 2.67
– Mulden, Borde, Rinnen 2.68
Entwässerungsverfahren 5.111
Entwicklungsprozesse 2.36
Entwurfsplanung 7.32, 7.35 f.
Entwurfsspannung 10.5
Entwurfszeichnungen 14.40
– Anforderungen in Grundrissen 14.40
Epoxidharz 6.75
EPS 6.71
Erdbau 11.16
Erdbebengebiete
– Bemessung 9.50
– Erdbebenauslegungen 9.50
– Erdbebenzonen 9.52
– Standsicherheit 9.52
– Vereinfachte Auslegungsregeln 9.52
Erdbebenzonen 9.52
erdberührte Bauteile 3.85
Erdfeuchte
– Holzbau 11.90
Erdkrümmung 14.16
Erdoberfläche 14.16
Erdsonden 5.7
Erdsonden, Entzugsleistungen 5.43
erdüberschüttete Decken 3.86, 3.94
Erhalt
– Denkmalpflege 6.5
erhöhte Anforderungen
– Luft- und Trittschall 4.62
Erkundungstiefen 11.7
Ersatzimperfektion 12.36, 12.38
Ersatzlasten aus Schiefstellung 12.36, 12.38
Ersatzstablänge 12.69, 12.71
Ersatzstabverfahren 12.70, 13.17

Erschließungsstraßen 2.60
Erstarren
– frühes 12.6
– schnelles 12.6
Erstprüfung 12.23
Ertragswertverfahren 8.98
Ertrinken 7.70
Erweiterter Bestandsschutz 7.19
Essplätze 1.25
Estrich
– historischer 6.79 f.
Estriche 3.30 f
– Materialkennwerte 4.37
Ethylencopolymerisat-Bitumen 3.78
Ethylen-Propylen-Dien-Terpolymer 3.78
Ethylen-Vinylacetat-Terpolymer 3.78
EuGH 8.73 f.
Euklidische Norm 14.13
Eulersche Zahl 14.6
European Terrestrial Reference System 1989 14.17
Expositionsklassen 6.22
– Beton 12.10 ff., 12.14 ff., 12.19
Expositionsklassen (Beton) 12.41, 12.43
extensive Begrünung 3.39 f.
Extremwerte 14.7

Fachmodell 8.45
Fachwerk 10.56
Fachwerke 10.12
Fachwerkträger 10.12
Fachwerkwand 3.13 f.
Facility Management 8.36, 8.81
Fahrbahnbreite 2.49
Fahrgassen 2.60
Fahrradabstellanlagen 2.63
Fahrsteige 1.12
Fahrstühle
– s. Aufzüge
Fahrtreppen 1.12
Fakultät 14.2
Fallleitung 5.129, 5.131
Faltung
– Zeichnungen 14.95
Faltwerk 14.57
Farben
– historische 6.81 f.
Farbtemperatur 5.78
Farbtongleichmäßigkeit
– Beton 12.22
Farbwiedergabeindex 5.78
Fassade 3.41 ff.
– Anprallasten 3.41, 3.43
– Biegung 3.42
– Eckausbildung 3.43
– Fassadenkonstruktion 3.41
– Gebäudehülle 3.41
– Längenausdehnung 3.42
– Montagefall 3.43
– Skelettbauweise 3.41
– Sprossenkonstruktion 3.43f.
– Staudruck 3.41
– Tafelkonstruktion 3.43f.
– Vorhangfassade 3.41
– Wärmedehnzahl 3.42
– Warmfassade 3.41
– Windlasten 3.41
Fassadenbegrünung 3.18
Fassadenbekleidung
– Holzbau 11.93
Fassadenkonstruktion 3.41
Fassadenlüftungsgeräte 5.26
Feder-Masse-System 4.90
Feingliederungsmöglichkeiten 7.9
Feinkornbaustähle 6.68
Feinsteinzeugfliesen 6.58
Fenster 3.45 ff.
– Anordnung 1.3
– Brüstungshöhen 1.7, 1.60
– Dachfenster, liegend 1.7
– Eigenschaften 3.45
– Einbauart 3.45
– Einfachfenster 3.45
– Fensterarten 3.45
– Funktionsbereich 3.46
– Kastenfenster 3.45
– Kindertagesstätten 1.7, 1.70
– Maße 1.3, 1.7
– Öffnungsart 3.45
– Rettungsweg 1.7
– Schalldämm-Maß 4.69
– Schulen 1.75
– Verbundfenster 3.45
– Verglasung 3.45, 3.50, 3.51
– Wetterschutz 3.46
Fensterglas 13.59
Fensteröffnungen
– Darstellung von Öffnungsarten 14.52
Fernwärmeleitungsnetz 5.8
Fertigkonstruktion 14.49
Fertigpfähle 11.38
Fertigteile 10.30
Fertigteilestrich 3.31
Fertigteilstützen 3.5
– Pfahlgründung 3.6
– Tiefgründung 3.6
Fertigteilzeichnung 14.44
Festbeton 12.9 ff.
Festigkeitsklasse
– Beton 12.33, 12.35
Festigkeitsklassen
– Zement 12.6
Festigkeitslehre 10.60
Festsetzungen 7.13
Festsetzungsarten 7.11
Feuchte
– Holzschutz 6.53
– relative 4.21
Feuchtebrücke 3.96
Feuchteschutz 4.21
– nachweisfreie Konstruktionen 4.25
feuchteschutztechnische Bemessungswerte 4.37
feuchtetechnische Unbedenklichkeit 4.25
Feuchtezustand 6.22
Feuerstätten 1.32
Feuerverzinken 6.49
Feuerwehr
– Flächen für 4.118
Feuerwehrzufahrt 1.6
Feuerwehrzugang 1.6
Feuerwiderstandsklassen 4.100
Filterschicht 3.102
Finanzierung
– Baudenkmäler 6.8
Finanzplan, vollständiger (VoFi) 8.91
First 3.35 f.
Flachbauten 1.58
Flachdach 3.33 ff., 3.37 f., 10.11
– Druckbeiwerte 9.35
– Holzbau 11.90
– Schneelast 9.46
Flachdachpfanne 3.36
Flachdachrichtlinie 3.37
Flachdämmstoffe 6.71
Flachdecken 10.17
Fläche
– Außenanlagenfläche 8.57, 8.61
– Bebaute Fläche 8.57, 8.61
– Brutto-Grundfläche 8.56 ff., 8.59, 8.61, 8.63
– Grund- 14.4
– Konstruktions-Grundfläche 8.57, 8.59 f.
– Mantel- 14.4
– Netto-Raumfläche 8.57 ff.
– Nutzungsfläche 8.57, 8.59, 8.68
– Ober- 14.4
– Technikfläche 8.57 ff.
– unbebaute Fläche 8.57, 8.61
– Verkehrsfläche 8.57 ff.
– Wohnfläche 8.61 f.
Flächen 14.16
– Geschossfläche, Planzeichen 14.63
– Geschossflächenzahl 14.63
– Grundfläche, Planzeichen 14.63

Flächen für die Feuerwehr 1.6, 4.118
Flächeninhalt 14.3
Flächenkorrosion 6.47
Flächenmanagement 8.85
Flächennutzungsplan 2.5
Flächenversickerung 5.124, 5.125
Flachglas 6.67, 13.60
– Bohrungen 13.61
– Kantenbearbeitung 13.61
– Liefermaße 13.60
– Verfügbare Dicken 13.60
Flachgründungen 11.33
Flankenschallübertragung 4.68
Flatterecho 4.96
Flexibles Polyolefin 3.78
Fliesen 3.32
Fliesen in Zementmörtel/Dünnbettmörtel 6.58
Fließestriche 3.31
Fließmittel
– Beton 12.8
Fluchtpunkt 14.68
Fluchtpunkt der Schattenrichtung 14.73
Flugasche 12.9, 12.14
Flur, notwendiger 1.6
Flure
– behindertengerecht 1.11 , 1.22, 1.41
– Kindertagesstätten 1.69
– notwendige 1.11
– Schulen 1.75
Flurerschließung 1.23
Flüssigkunststoffe 3.82
Formänderungswerte
– Mauerwerk 11.45
Formbeiwerte
– aneinandergereihte Satteldächer 9.47
– Flachdächer 9.46
– Pultdächer 9.46
– Satteldächer 9.46
– Schneelast 9.46 ff
– Tonnendächer 9.47
Formelzeichen 14.97
Formschluss
– Befestigungen 3.73
Fotodokumentation
– Bauaufnahme 14.46
Freie Berufe 7.8
Freiraumplanung 2.36
– Freiräume 2.36
– landschaftsarchitektonischer Raum 2.43
– Proportion 2.43
– Raumwirkung 2.44
Freiraumtypen 2.37
Fremdleistungen 8.20
Fremdwasser 5.113
Fremdwasseranteil 5.113
Fremdwasserzuschlag 5.113
Frischbeton 12.9 f., 12.23
– Konsistenz 12.9 f., 12.21
– Luftgehalt 12.9
– Mehlkorngehalt 12.9 f.
– Rohdichte 12.10
– Temperatur 12.10
– Wasseranspruch 12.8
Frischbetonrecycling 12.8
Frischbetonrohdichte 12.10
– Prüfung 12.23
Frischbetontemperatur 12.10, 12.19
Frischbetonverbundfolien 3.99
Froschperspektive 14.48, 14.62
Frostangriff
– Bewehrungskorrosion 12.11
Frosteinwirkungszonen 2.65
Frostempfindlichkeit 11.16
Frostschürze 3.7
Frostschutzschicht 2.65
Frost-Tausalz-Widerstand
– von Gesteinskörnungen 12.7
frostunempfindliches Material 2.66
Frostwände 11.26
Frühzeitige Beteiligung 7.14
Fugen 10.36
Fugenabdichtung 3.51 f.
– Abdichtungssysteme 3.52
Fugenabstände 10.37
Fugenausbildung
– Beton 12.22
Fugendichtstoffe 3.84
fugenlose Bauwerke 10.37
Füllen von Rissen und Hohlräumen
– Rissfüllstoffe 6.32 f.
Füller
– Beton 12.7
Fundament 3.3 f., 3.19
– Einzelfundament 3.4 f.
– Streifenfundament 3.4
Fundamente 10.23, 11.33, 12.75 f.
Fundamentplatte 3.5 f., 10.23
Funktion
– Betrags- 14.7
– Exponential- 14.6
– Lineare 14.6
– Logarithmus- 14.6
– Potenz- 14.6
– Quadratische 14.6
– Vorzeichen- 14.7
– Wurzel- 14.6
Funktionen 14.6, 14.7
Furnierschichtholz 11.74
Furnierschichtholz (LVL) 6.65
Furnierstreifenholz 6.67
Fußböden
– historische 6.79 f.
Fußgänger 2.49, 2.63

Ganghäuser 1.19, 1.23
Ganzheitliches Bauen 8.86
Garagen 7.9
– barrierefreie 1.37
Garderobe 1.24
Gärten 1.15
Gartenhofhäuser 1.15, 1.18
Gaststätten 1.45
Gas-Umlaufwasserheizer 5.5
Gauben 1.7
Gauß-Krüger-Koordinatensystem 14.17
Gebäudeenergiegesetz (GEG) 4.14
Gebäudeklassen 1.4
– Holzbau 11.91
Gebäudeklassen Brandschutz 4.103
Gebäudekühlung 5.21
Gebäudemanagement 8.84
Gebäudeplanung, FM-gerechte 8.86
Gebäudetrennwand
– Schalldämm-Maß 4.77
Gebrauchsklassen
– Holzbau 11.89
– Holzschutz 6.54
Gebrauchstauglichkeit 11.2, 12.32, 12.34
– Stahlbetonbau 12.54
Gebrauchstauglickeit
– Holzbau 11.88
Gefahrstoffe 7.70
GEFMA 8.81
GEG
– Anforderungen an Bauteile 4.19
– Anforderungen an Heizungsanlage 4.19
– Anwendungsbereich 4.14
– bestehende Gebäude 4.16
– maximale U-Werte 4.16
– Nachweismethodik 4.17
– vereinfachtes Nachweisverfahren 4.18
– zentrale Anforderungen 4.15
Gegenkathete 14.5
Gegenlicht 14.74
Gehwege
– barrierefreie 1.36
– Bauweisen 2.66
Geländeanschnitt
– Boden gewachsen, geschüttet 14.39
Geländebruch 11.29
Geländekategorie
– Windlasten 9.29

Geländer 1.8 f, 1.11, 1.70, 1.75, 3.58
– Absturzhöhe 3.58
– Kindergartenrichtlinie 3.58
Geländesprung 11.29
Geländeverlauf 14.54
Geltungsbereich 7.12
Gemeinbedarf 7.8
Gemeinkosten 8.18
Genehmigungspflichtige Vorhaben 7.3
Genehmigungsverfahren
– Denkmalschutzbehörde 6.6 f.
Geneigte Träger 10.53
Geneigtes Dach 3.33 ff.
Generalplanervertrag 7.52
genutzte Dächer 3.103, 3.107
Geodäsie 14.16
Geodätische Lage- und Höhenbezugssysteme 14.16
Geographische Informationssysteme 14.36
– ATKIS 14.36
– Automatisierte Liegenschaftskarte 14.36
– Automatisiertes Liegenschaftsbuch 14.36
– Landinformationssysteme 14.36
– Objektschlüsselkatalog 14.36
Geometrie 14.3, 14.4, 14.5
Geometrische Größen 9.4
Geometrisches Nivellement 14.20
– Festpunktnivellement 14.21
– Flächennivellement 14.22
– Längs- und Querprofile 14.22
– Liniennivellement 14.21
– Nivellierprobe 14.20
geotechnische Kategorien 11.6
geotechnischer Bericht 11.5
Geotextilien 3.84
Gerade 14.10, 14.12
Gerätekosten 8.20
– Abschreibung 8.20
– Reparatur 8.20
– Verzinsung 8.20
Geräuschemissionen 4.53
Gerberträger/Gelenkträger 10.46
Gesamtenergiedurchlassgrad
– Verglasungen 4.50
Gesamtstabilität 10.32
Geschäftshäuser
– Fahrtreppen 1.12
– Flure 1.11
Geschäftsstraße 2.54
Geschlossene Bauweise 7.12
– Planzeichendarstellung 14.63
Geschoss, oberirdisches 1.5
Geschossdecken 10.13
– Holzbau 11.94
Geschossflächenzahl 2.31, 14.63
Geschosswohnungsbau 1.20 ff.
Geschweißte Matten 6.68
Geschwindigkeitsdruck
– Abminderung 9.31
Gesicherte Erschließung 7.20
gestaffelte Bewehrung 12.64, 12.66
Gestaltung 7.12
Gesteinskörnung
– Sichtbeton 12.23
– Wassergehalt 12.20
– Widerstand gegen Frost bzw. Frost und Taumittel 12.15
Gesteinskörnungen
– Beton 12.7
Gesteinsmehl 12.9, 12.22
Gewährleistung 7.25
Gewerbebauten 1.8, 1.57 ff.
Gewerbegebiet 7.8
Gewerbestraße 2.56
Gewinn 8.21
GFZ 7.10
Giebelanker 3.27
Gipsbauplatten 6.64
Gipsdielenwand 3.23
Gipsfaserestrichplatten 6.58
Gipsfaserplatten 6.64
– Holzbau 11.75
Gips-Kalkputz 6.60
Gipskarton-Bauplatten
– Holzbau 11.75
Gipskartonplatten 6.64
Gipsmörtel, mit Sand 6.60
Gipsputz 6.60
Gitterträger 10.30
Glas
– Biegezugfestigkeit 13.67
– Chemische Vorspannung 13.63
– Dichte 13.58
– Elastizitätsmodul 13.67
– Ermittlung von Spannungen und Verformungen 13.65
– Klemmhalter 13.82, 13.83
– Längenausdehnungskoeffizient 13.67
– Nachweis der Stoßsicherheit durch Berechnung 13.96
– Querdehnzahl 13.67
– Senkkopfhalter 13.82, 13.83
– Tellerhalter 13.82, 13.83
– Thermische Vorspannung 13.63
– Wärmeleitfähigkeit 13.58
– Wärmeschutz Profilbauglas 13.62
Glas im Bauwesen (DIN 18 008) Anwendungsbedingungen 13.65, 13.70, 13.82, 13.91, 13.97, 13.99
– Begriffe und allgemeine Grundlagen 13.65
– Begriffe, Symbole 13.66
– Biegzugfestigkeit 13.67
– Festigkeitseigenschaften und Bruchbild 13.67
– Gebrauchstauglichkeit 13.69, 13.72, 13.85, 13.97
– Klimalasten 13.65
– Linienförmig gelagerte Verglasungen 13.70
– Materialkenngrößen 13.67
– Punktförming gelagerte Verglasungen 13.82
– Tragfähigkeit 13.68, 13.72, 13.85, 13.97, 13.99
Glasbrüstungen 13.95
Glaser-Verfahren 4.31
– Klimarandbedingungen 4.32
Glaskeramik 6.67
Glasprodukte im konstruktiven Ingenieurbau 13.57
Glassteine 13.59
Glasvlies 3.78
Glaswolle 6.69
Gleichung
– Abschnitts- 14.10, 14.12
– Koordinaten- 14.10, 14.12
– Normalen- 14.10, 14.12
– Zweipunkte- 14.10
Gleiten 11.36
Gleitfuge, tiefe 11.20
Gleitlager 3.22
Global Positioning System 14.32
– ascos 14.35
– Datumstransformation 14.34
– Echtzeitpositionierung 14.33
– Ellipsoidübergang 14.34
– Flächenkorrekturparameter 14.33
– Galileo 14.36
– Geodätisches Datum 14.34
– Geoidundulation 14.34
– GLONASS 14.35
– Helmerttransformation 14.34
– Laufzeitmessung 14.33
– Phasenmehrdeutigkeiten 14.33
– Positionsbestimmung 14.33
– SAPOS 14.35
– Schwerefeldmodelle 14.35
– Virtuelle Referenzstationen 14.33

– World Geodetic Coordinate System (WGS 84) 14.34
Glühlampen 5.79
Goldener Schnitt 1.2
Gon 14.16
Gräben 7.70
Grabenverbau 11.22
Gradmaß 14.5
Granit 6.57
Grauwasser 5.138
Grenzzustand 12.31
Grenzzustand der Gebrauchstauglichkeit 9.6 f.
– Einwirkungskombinationen 9.6
Grenzzustand der Tragfähigkeit 9.4 ff.
– Baugrund 9.5
– Baulicher Brandschutz 9.5
– Einwirkungskombinationen 9.4
– Ermüdung 9.5
– Lagesicherheit 9.4, 9.6
– Tragsicherheit 9.4 ff.
Grenzzustände 11.3
griechisches Alphabet 14.95
Grobelemente 8.68 f.
Großraumbüro 1.53
Größtkorn
– Beton 12.10
Grünanlagen
– barrierefreie 1.36
Gründach 3.38
Grundbruch 11.35
Grundfläche
– Planzeichendarstellung 14.63
Grundflächenzahl 2.31, 14.63
Grundierungen 3.83
Grundlagen 7.2
Grundleistungen 8.66, 8.71 ff.
Grundleitung 5.129, 5.134
Grundlüftung 5.13
Grundrechenarten 14.2
Grundriss 14.77
– Bemaßung 14.55
Grundrissanlage 14.64
Grundrissaxonometrie 14.60
Grundstücksbedarf 2.34
Grundstücksentwässerung 5.128
Grundstücksentwässerungszeichnungen
– Symbole 14.58
Gründung 3.3, 3.4, 3.6
– Flachgründung 3.4
Gründungsschäden
– Baudenkmäler 6.12
Grundwasser 3.77, 3.84, 5.7
– Absenkung 11.31
Grüne Infrastruktur 2.39
– grün-blaue Infrastruktur 2.42
Grünordnerische Festsetzungen 7.12
Gruppenbüro 1.53
GRZ 7.10
Gurtanschlussbewehrung 12.63
Gussasphalt 3.83
Gussasphaltestrich 3.31, 6.58, 6.73
Gussglas 13.59

Hackgutheizungen 5.5
Haftpflichtversicherung 7.51
Haftung 7.55 ff.
Halbfertigteil 10.31
Hallen 1.57, 10.26
Hallradius 4.83
Haltestellen
– barrierefreie 1.37
Handläufe 1.9 f., 1.35, 1.39
Hanf 3.17
Hanfdämmstoff 6.71
Hängewerk 10.11
Harnstoffformaldehydharz (UF) 6.75
Harnstoffharz (Ortschaum) 6.75
Hauptbewehrung 12.54, 12.66
Hauptgeschäftsstraße 2.55
Hauptgrundrissrichtungen 14.64
Hauptprüfung 6.16
Hauptpunkt 14.64
Hauptsehstrahl 14.62
Hauptstraßen
– Dörfliche 2.53
Hausanschlussräume 1.32
Hauswirtschaftsräume 1.27
Hautbewehrung 12.69
HD-Profil 13.107
HEA-Profil 13.104
Hebelarm der inneren Kräfte 10.5
Heben von Lasten 7.70
HEB-Profil 13.105
Heizestrich 3.31
Heizkessel 5.5
Heizlast 5.2
Heizöllagerung 5.4
Heizräume 1.32
Heizungsanlagen
– Anforderungen nach GEG 4.19
Helmholtz-Resonatoren 4.90
HEM-Profil 13.106
Herausziehen des Dübels 3.73, 3.76
Hesse-Normalform 14.10, 14.12
Hinterschnittdübel 3.73 f., 3.76
HOAI 8.63, 8.65 f., 8.71 ff., 14.43
Hobelspäne 6.71
Hochduktil 12.36, 12.41
Hochhäuser
– Aufzüge 1.13 f.
– Definition 1.4 f.
– Rettungswege 1,6
– Treppen 1.8
– Treppenräume 1.10
Hochhydraulischer Kalkputz 6.60
Hochspannungsanlagen 5.71
Höchstbewehrung
– Balken 12.66
– Betonwände 12.78
– Stütze 12.75
Höchstsätze 8.72 ff., 8.79
hochwertige Nutzung 3.98
Höhe baulicher Anlagen 7.11
Höhen baulicher Anlagen
– Planzeichendarstellung 14.57
Höhenangaben 14.57
Höhenbemaßung
– in der Schnittzeichnung 14.57
Höhenkoten 14.49
Höhenlage 14.54, 14.57
Höhenmaßstab 14.54
Höhenmessung 14.20
– Digitalnivelliere 14.20
– Geometrisches Nivellement 14.20
– Kompensatornivelliere 14.20
– Lasernivellement 14.23
– Libellennivelliere 14.20
– Meterrisse 14.20
– Nivellierinstrumente 14.20
– Rotationslaser 14.20
– Schlauchwaagenmessung 14.20
– Trigonometrische Höhenbestimmung 14.22
Höhenschnitte 14.54
Hohldecken 10.16
Hohlkehlen 3.88
Hohlplatte 10.31
Hohlprofile
– kreisförmig 13.114
– quadratisch, kaltgefertigt 13.116
– quadratisch, warmgefertigt 13.115
– rechteckig, kaltgefertigt 13.119
– rechteckig, warmgefertigt 13.117
Hohlraumboden 3.33
Hohlsteindecken 10.17
Holz

– Kennzeichnung 14.39
– Materialkennwerte 4.43
Holzbalken 3.27, 3.37
Holzbalkendecke 3.26 f., 11.81
Holzbalkendecken 10.18
Holzbau 3.12
– Holzrahmenbau 3.14
– Massivholzbau 3.12
– Schalldämm-Maß 4.79
Holzbauelemente 11.80
Holzbauteile
– Baudenkmäler 6.13
Holz-Beton-Verbunddecke 3.28
Holz-Beton-Verbunddecken 11.85
Holzdielen 3.29
Holzfaserdämmplatte 6.71
Holzfaserdämmplatten 3.17
Holzfaserplatte 6.65, 11.76
Holzkessel 5.5
Holzpflaster 3.32
Holzschutz 6.53
– baulicher 6.55
– Bewitterte Bauteile 6.55
– chemischer 6.56
– Natürliche Resistenz des Holzes 6.55
Holzschutzmittel 6.56
Holzspanbeton 6.62
Holzstützen 10.21
Holztafeln 11.81
Holzvorrat 11.65
Holzwerkstoffe
– Darstellung 14.39
Holzwolleleichtbauplatte 6.65, 6.71
Holzwolle-Leichtbauplatte 11.76
Honorar 7.27, 8.63, 8.65 f., 8.72 ff.
Honorarmanagement 7.23, 7.63 ff.
Honorarordnung 8.51, 8.71 f.
Honorarschlussrechnung 7.65
Honorarsicherung 7.25
Honorartafel 8.73, 8.75, 8.77 ff.
Honorarvereinbarung 8.72 f.
Honorarzone 8.75, 8.77 f.
Horizont und Spur 14.65
Horizontale Einzelstäbe 10.40
Horizontalentfernungen 14.17
Horizontalverglasungen 13.65
Horizontalwinkelmessung
– Satzmessung 14.19
– Standardabweichung 14.19
Horizontebene 14.63
Hörsamkeit 4.85
Hospize 1.34
Hotels 1.49 f.
HP-Schalenshed 3.34
Hüttenbimsbeton 6.62
hydraulischer Grundbruch 11.32
hygrothermische Simulation 4.35
Hyperbel 14.11
Hyperbolische Funktion 14.7
Hypotenuse 14.5

IFC 8.44
Im Zusammenhang bebauter Ortsteil 7.16
Imperfektionen 12.38
Individualräume 1.26
Industriebaurichtlinie 1.58
Industriebau-Richtlinie 4.109
Industriebauten 1.57
Industriegebiet 7.8
Industriestraße 2.57
Industry Foundation Classes 8.46
Informationsdichten
– in der Bauaufnahme 14.45
Ingenieurvertrag (Muster) 7.41
Inhalt 7.5
inhomogene Bauteile U-Wert 4.4
Injektionsverfahren 11.25
Injektionswände 11.25
Inkreis 14.3
Innenhautabdichtung 3.91
Innere statische Bestimmtheit 10.56
Insekten
– Holzschutz 6.53
Inspektionsöffnungen 5.129, 5.138
Instandhaltung 8.55, 8.75, 8.80
Instandsetzung 8.60, 8.75, 8.80
Instandsetzungsmörtel/-beton
– PRM/PRC 6.33 f.
– RM/RC 6.33 f.
– SRM/SRC 6.33 f.
Integrierte Projektabwicklung 8.48
Interaktionsdiagramme 12.85
Investitionskosten bei Bauwerken 8.89
Ionisierende Strahlung 7.70
IPA 8.48
IPEa-Profil 13.102
IPE-Profil 13.103
I-Profil
– schmal, IPN 13.102
ISO-Korb 3.29
Isoliergläser 13.64
Isometrie 14.48, 14.61

Jahresbedarf 5.4
Jahresdauerlinie 5.46

Kabinett-Projektion 14.48
Kalkputz 6.60
Kalksandstein 6.62
Kalksteine 6.57
Kalk-Zementputz 6.60
Kalottengeriffelte Metallbänder 3.82
Kälteerzeugungsanlagen 5.47
– Kompression 5.47
– natürliche Wärmesenken 5.48
– Sorptionsverfahren 5.50
Kaltselbstklebende Bitumen-Dichtungsbahn 3.78
Kanalisation 5.111, 5.113, 5.124, 5.129
Kanalnetzberechnung 5.119
Kantenbearbeitung 13.61
Kapillarwasser 3.84, 3.86
Kapital 14.14, 14.15
– nachschüssig 14.15
– vorschüssig 14.15
Kapselung 11.91
Kaskadennutzung
– Holzbau 11.65
Kastendecke
– Holzbau 11.83
Kastenrinnen 2.69
Kategoriengruppe
– Straße 2.46
Kathode 6.46
Kathodischer Schutz 6.50
Kavalier-Projektion 14.48
kd-Tafeln 12.83
Kegelschnitte 14.11
Kehlbalkendach 10.9, 10.55
Kehlsparren 10.10
Kehlstoß 3.92
Keil 14.4
Keller 3.8
Kelleraußenwände
– Mauerwerk 11.64
Kellergeschoss 1.5
Kenngrößen Raumakustik 4.82
Kennwerte
– Schallschutz 4.68
Kennzeichnungen
– Baustoffe 14.39
– Boden 14.39
– Holzwerkstoffe 14.39
Kerne 10.33
Kerngebiet 7.7
Kerngebiete
– Planzeichendarstellung 14.62
Kernprozess 8.81
Kettenhäuser 1.15, 1.18
Key performence indicator 8.82
Kieselglas 6.67
Kiestragschicht 2.66

Kindergarten 1.11, 1.68
Kinderhorte 1.68
Kindertagesstätten 1.68 ff.
Kinderzimmer 1.26
Kippen 11.36
klaffende Fuge 11.36
Klammern
– Holzbau 11.79
Klassifizierungssystem, Brandschutz 4.100
Klebemassen 3.83, 3.84
Klebeverbindungen
– Holzbau 11.79
Klebstoffe
– Holzbau 11.77
Kleinkläranlagen 5.138
Kleinsiedlungsgebiete
– Planzeichendarstellung 14.62
Klemmhalter 13.82, 13.83
Klimarandbedingungen
– Glaser-Verfahren 4.32
Klimaregion Sommer 4.13
Klimazone 3.108
Klinkerziegel 6.57
Knicklänge
– Stahlbetonbau 12.71
Knicklängen
– Mauerwerk 11.57
Knicklinie 13.18
Knicksicherheitsnachweise
– Stahlbetonbau 12.72
Kohäsion 11.17
– undrainierte 11.17
Kokosfaserdämmstoff 6.71
Kollaboration 8.35
Kollinearität 14.8
Kollineation 14.56
Kombinationsbeiwert 12.33
Kombinationsbeiwerte
– Hochbau 9.5
Kombinationsträgereinlage 3.78
Komponentenform 14.9
Konflikt 8.9
Konsistenz 11.13
Konsistenzgrenzen 11.13
Konsistenzzahl 11.13
Konsolen 12.79
Konstruktionsvollholz 11.71
Kontaktkorrosion 6.47
Koordinaten 14.16
– Kartesische 14.9
– Kugel- 14.9
– Polar- 14.9
– -transformation 14.9
– Zylinder- 14.9
Koordinatenberechnung 14.23
– Bezugsfläche 14.23
– Bogenschlag 14.25
– Flächenberechnung 14.28
– Geradenschnitt 14.28
– Kleinpunktberechnung 14.24
– Koordinatentransformation 14.23, 14.27
– Polygonzug 14.25
– Richtungswinkel 14.23
– Rückwärtsschnitt 14.24
– Vorwärtsschnitt 14.24
Koordinatensysteme
– Ebene 14.9
– Räumliche 14.9
Koordinatentransformation
– Drehwinkel 14.27
– Transformationsparameter 14.27
Kopfbolzen
– Befestigungen 3.73 f., 3.76
Kopplungsverbot 7.28 ff.
Kork 3.17, 6 71
Korngrößenverteilung 11.12
Korrekturwerte
– Trittschall 4.81
Korrosion 6.46
– Befestigungen 3.72, 3.76
Korrosion von Baustoffen 3.77
Korrosionsschutz 6.48
Kosinus 14.5, 14.7
Kosinussatz 14.5
Kosten 8.35
– anrechenbare Kosten 8.73, 8.75 ff.
– für Außenanlagen und Freiflächen 8.53
– für Ausstattung und Kunstwerke 8.52 f.
– für Baunebenkosten 8.52, 8.54, 8.64
– für das Grundstück 8.52, 8.64
– für die Baukonstruktionen des Bauwerkes 8.52
– für die technischen Anlagen des Bauwerkes 8.52
– für Finazierung 8.52, 8.54
– für vorbereitende Maßnahmen 8.52
– Gesamtkosten 8.52, 8.55, 8.63 ff.
– Kosten im Bauwesen 8.52
– Kostenänderung 8.70
– Kostenanschlag 8.54 ff., 8.63 f., 8.66, 8.69
– Kostenberechnung 8.51, 8.54 f., 8.63 ff., 8.66 f., 8.70, 8.76 f.
– Kostenermittlung 8.51 f., 8.54 ff., 8.63 ff., 8.76
– Kostenermittlungsverfahren 8.57, 8.69 f., 8.73
– Kostenfeststellung 8.54, 8.63 ff., 8.69
– Kostengliederung 8.51 f., 8.55 f., 8.63 ff., 8.67, 8.69
– Kostengruppen 8.51 f., 8.55 f., 8.63 ff., 8.68, 8.70
– Kostenkennwerte 8.56, 8.63, 8.66 ff.
– Kostenkontrolle 8.54 ff., 8.64 ff., 8.70
– Kostenkontrolle Stufen der Kostenermittlung 8.55 ff., 8.67 ff., 8.74
– Kostenplanung 8.51 ff., 8.54 ff., 8.67, 8.70 f., 8.74
– Kostenrahmen 8.54 ff., 8.63 f.
– Kostenschätzung 8.54 f., 8.63 ff.
– Kostensicherheit 8.54 f., 8.63 ff.
– Kostensteuerung 8.54, 8.66, 8.70
– Kostenvoranschlag 8.51, 8.55 f., 8.63 f.
– Kostenvorgaben 8.54 f., 8.63 f., 8.70
– Stufen der Kostenermittlung 8.51, 8.54 ff., 8.63, 8.66 f., 8.70
Kosten (Budget) 7.43
Kostenarten 8.19
Kostenflächenarten 8.68
KOSTRA 5.115
Kotangens 14.5, 14.7
Kotierte Projektion 14.53
Kraftbeiwerte, Bauteile mit rechteckigem Querschnitt 9.42
Kraftfluss 10.57
Kraft-Wärme-Kopplungsanlagen 5.43
Kran 7.70
Kratzspachtelungen 3.83
Kreis 14.3, 14.11
– Darstellung bei Projektionen 14.48
Kreisabbildung
– bei Projektionen 14.48
Kreisabschnitt 14.3
Kreiskegel 14.4
Kreiskegelstumpf 14.4
Kreisring 14.3
Kreissektor 14.3
Kreiszylinder 14.4
Kreuzprodukt 14.8
Kriechen des Betons 12.35
Küchen
– altengerecht 1.34 f.
– barrierefreie 1.43 f.
– Gaststätten 1.45 ff.
– Schulen 1.73
– Wohnungen 1.30

Kugel 14.4
Kugelabschnitt 14.4
Kugelausschnitt 14.4
Kugelschicht 14.4
Kugelumriss 14.48
Kühldecken 5.20
Kühllast 5.27
Kühlung mit Umgebungsenergie 5.22
Kündigung (Vertrag) 7.50, 7.58 f.
Kündigung durch den AG 7.60 f.
Kündigung durch den AN 7.60 f.
Kündigungsfolgen 7.61
Kunstharzestrich 3.31, 6.58
Kunstharzputz 6.60
Kunststoffbahnen 3.80
Kunststoffdübel 3.72 ff.
Kunststoffmodifizierte Bitumendickbeschichtungen 3.83
Kupfer 6.69
Kupferbandträgereinlage 3.78
Kupfer-Zink-Legierungen
– Messing 6.69
– Zinnbronze 6.69
Kurzzeichen
– Entwässerung 14.58

Ladesicherheit 12.37
Lageplan 14.77
Lager 1.58
Lagermatten 12.27, 12.90
– Darstellung 14.61
Lagerräume 1.27, 1.34, 3.98
Lagerungsarten 10.37
Lagerungsdichte 11.13
Lampen 5.78
Landesplanung 2.3
Längen 14.16
Längsbewehrung in Stützen 12.75
Längskraftverformung 12.38
Lärmpegelbereich 4.56
Lärmpegelminderung 4.84
Lastannahmen
– Abdichtungen 9.14
– Anpralllasten 9.26
– Beton 9.9
– Dachbegrünungen 9.12
– Dachdeckungen 9.13
– Dächer 10.8
– Dämmstoffe 9.11
– Füllstoffe 9.12
– Fußbodenbeläge 9.14
– Gips-Wandbauplatten, Gipskartonplatten 9.10
– Glas 9.10
– Holz, Holzwerkstoffe 9.11
– Kies- und Bodenschüttungen 9.19
– Kunststoffe 9.10
– Lagerstoffe, Lagergüter 9.15
– Leichtbeton 9.9
– leichte Trennwände 9.19
– Mauerwerk 9.9
– Metalle 9.10
– Mörtel 9.9
– Nutzlasten 9.19
– Photovoltaikanlagen 9.13
– Porenbetonplatten 9.9
– Putze 9.10
– Solarthermieanlagen 9.13
– Sperrstoffe 9.12
– Wandbeläge 9.14
Lastaufteilung bei Platten 12.52
Lasten 3.2, 3.5, 3.25, 10.37
Lastfälle 12.37
Lastfallkombinationen 12.37
Laststellung, ungünstige 12.38
Laubengänge 1.23
Lauflinie 14.50
Laufwegsdifferenzen-Ellipse 4.85
Laufzeit 14.14
Laufzeitdifferenz eines Schallsignals 4.83
Lebensqualität 2.37
– Erholungsflächen 2.37
Lebenszyklus von Gebäuden 8.87
Lebenszykluskosten von Gebäuden 8.89
LED 5.80
Lehmestrich 6.58
Lehmsteine 6.57
Leichtathletik-Kampfbahnen 1.63
Leichtbau
– Schalldämm-Maß 4.79
– Trittschallschutz 4.81
Leichte Trennwand 3.23 f.
Leichtputz 6.60
Leistungsbereich 8.69
Leistungsbild 8.4, 8.71 f., 8.75 f., 8.79 f.
Leistungsphasen 8.75, 8.79 f.
Leistungsverzeichnis 8.18
Leuchten 5.78
Level of Detail 8.42
Level of Development 8.42
Lichtausbeute 5.76
Lichtdiagramm 14.72
Lichtdreieck 14.73
lichte Stababstände 12.42
Lichter Raum
– Straße 2.48
Lichtkuppeln
– Materialkennwerte 4.50
Lichtmenge 5.76
Lichtplanung 5.76 ff.
– Wartungsfaktor 5.77
Lichtstrom 5.76
Lichtszene 5.87
Lichttechnische Grundgrößen 5.76
Liegeräume 1.61
Lineare Algebra 14.13
Linien
– Baulinie 14.63
– Lauflinien 14.50
– Linienarten 14.37
– Linienbreiten 14.37
– Liniengruppe 14.37
– Maßhilfslinien 14.37, 14.55
– Maßhilfslinienbegrenzung 14.37
– Maßlinien 14.37
– Mittellinien 14.37
– Projektionslinien 14.48
– Rasterlinien 14.37
– Systemlinien 14.38
– Tiefenlinie 14.48
Linienförmig gelagerte Verglasungen 13.70
Listenmatten 12.27
Lochkorrosion 6.47
Lochziegel 6.57
LOD 8.42
Logarithmen 14.2
Loggien 1.25
Lohnkosten 8.19
– Mittellohn 8.19
LOIN 8.37
Löschwasserbedarf 4.110, 5.92
lose Schüttungen
– Materialkennwerte 4.44
Lotfußpunkt 14.10
Luft- und Trittschall
– erhöhte Anforderungen 4.62
Luft- und Trittschalldämmung
– Mindestanforderungen 4.57
Luftdichtheit
– Bauprodukte 4.10
– Bauteile 4.10
– nach DIN 4108-3 4.36
Luft-Kältemittel-Anlagen 5.25
Luftschall
– Holz-, Leicht- und Trockenbau 4.79
– Massivbau 4.71
– Mischbauweise 4.79
Lüftungsanlagen 5.18
Lüftungsheizlast 5.2
Lüftungsleitung 5.129, 5.131
Luftvolumenstrom 4.10
Luftwasseranlagen 5.20

Magnesiaestrich 3.31, 6.58
Maisonette 1.16, 1.22

Mangel 8.26
Mansarddach 3.34
Marmor 6.57
Maschinen/Geräte 8.27
Maß der baulichen Nutzung 7.10
– Baumassenzahl 2.31
– Geschossflächenzahl 2.31
– Grundflächenzahl 2.31
Maße
– Außenmaße 14.56
– Innenmaße 14.55 f.
Maße des Menschen 1.2
Maßgebliche Umgebung 7.17
Massivbau
– Schallschutz 4.71
– Trittschallschutz 4.79
Massivbauweise 3.23
Massivholz 6.65
Massivholzdecke 3.28
Massivlehm 6.57
Maßnahmenkonzept
– Therapie 6.12
Maßnahmenschritte
– Baudenkmal 6.13
Maßordnung im Hochbau 11.41
Maßstäblichkeit 14.52
Maßtoleranzen 3.51
Maßverhältnisse 1.2
Masterplan 8.33
Materialkennwerte
– Abdichtstoffe 4.43
– Bauplatten 4.39
– Beton-Bauteile 4.37
– Estriche 4.37
– Feuchteschutz 4.37
– Holz 4.43
– Lichtkuppeln 4.47
– lose Schüttungen 4.44
– Mauerwerk 4.40
– Natursteine 4.43
– Putze 4.37
– Verglasungen 4.50
– Wärmedämmstoffe 4.47
– Wärmeschutz 4.37
Matrix
– Null- 14.13
– Quadratische 14.13
– Transponierte 14.13
Matrizen 14.13
Matten
– Darstellung 14.61
Mauersperre 3.95
Mauerwerk 11.41
– Baustoffbedarf 11.43
– Baustoffe 11.44
– Festigkeitsklassen 11.42
– Materialkennwerte 4.40
– Mauersteine 11.44
– Rohdichteklassen 11.42
– Standsicherheit 11.46
– Vereinfachte Berechnung
– Vermaßung 11.41
– Windnachweis 11.46
Mauerwerk im Bestand
– Ermittlung des Istzustandes 6.39 ff.
– hygrische Eigenschaften von Stein und Mörtel 6.39 f.
– mechanische Eigenschaften von Stein und Mörtel 6.39 f.
– Tragfähigkeit 6.40 f.
Maxima
– Relative 14.7
Mediatheken
– Schulen 1.73
Mehrfachzentralbeleuchtung 14.71
Mehrwertverfahren 8.67
Melaminformaldehyharz (MF) 6.75
Mercatorprojektion 14.17
Mikroverfilmung 14.38
Mindestabmessungen
– Platten 12.56
– Rippendecken 12.39
– Stützen 12.75
– Wände 12.78
Mindestanforderungen
– Luft- und Trittschall 4.57
Mindestauflast
– Mauerwerk 11.63
Mindestbemessungsmoment 12.40
Mindestbewehrung
– Balken 12.66
– Bügel 12.68
– Platten 12.55
– Stützen 12.75
– Wände 12.78
Mindestbügelbewehrung 12.68
Mindestgefälle 5.130, 5.133, 5.135
Mindestsätze 8.73 f.
Mineralfarbe 6.64
Mineralfaserplatten 6.64
Mineralische Abdichtungen 3.83
Mineralschaum 3.17
Mineralwolle 3.17
Minima
– Relative 14.7
Mischgebiet 7.7
Mischlüftung 5.24
Mischverfahren 5.111
Mischwasserkanal 5.119, 5.123
Mitteldichte Faserplatte (MDF) 6.65
Mittelspannungsanlagen 5.71
mitwirkende Breite 12.39
– Plattenbreite 12.39
Modelchecker 8.47
Modellstützenverfahren (Nennkrümmungen) 12.72
Modelviewer 8.31
Moderfäule
– Holzschutz 6.54
Modul 1.2
Modulor 1.2
Momentengrenzlinien bei Einfeldplatten 12.51
Momentennullpunkt 12.39
monolithischer Anschluss 12.40
Monotonie 14.6, 14.7
Montageanweisung 7.74
Montageunterstützung 10.31
Mörtel
– historischer 6.79 f.
Mulden 2.68
Muldenversickerung 5.124, 5.125, 5.126
Musterbauordnung (MBO) 4.103

Nachhallzeit 4.85
– Sollwerte 4.87
Nachhaltigkeit 8.28
– Ökologie 8.28
– Ökonomie 8.28
– Soziokulturelles 8.28
Nachhaltigkeitsmodelle 8.28
– schwache Nachhaltigkeit 8.29
– starke Nachhaltigkeit 8.29
Nachhaltigkeitsstrategien 8.29
– Effizienz 8.29
– Konsistenz 8.29
– Suffizienz 8.29
Nachkalkulation 8.18
Nachweis der Gebrauchstauglichkeit, Glas 13.69, 13.72, 13.85, 13.97
Nachweis der Tragfähigkeit, Glas 13.68, 13.72, 13.85, 13.97, 13.99
nachweisfreie Konstruktionen
– Feuchteschutz 4.25
Nachweisführung
– Schallschutz nach DIN 4109 4.66
Nachweismethodik GEG 4.17
Nachweisverfahren GEG vereinfacht 4.18
Nackte Bitumenbahn 6.73
Nägel 11.78
Nagelverbindungen 10.6
Nahwärmekonzepte 5.8
Nässe
– Holzschutz 6.53
Natursteine
– Materialkennwerte 4.45

Natursteininstandsetzung
- Reinigung 6.45
- Steinaustausch 6.45
- Steinergänzung 6.45
Nebenanlagen 7.9
Nebenträger 12.79
Nettoquerschnitt 13.9
Netzplan 8.14
- Vorgangsknotennetzplan 8.14
- Vorgangspfeilnetzplan 8.14
Netzwerk 2.37
Neubauten 8.76
Neugrad 14.16
nicht drückendes Wasser 3.86
nicht genutzte Dächer 3.103, 3.107
Nicht privilegierte Vorhaben 7.19
nichtbindige Böden 3.91
Nichtrostende Stähle
- Korrosionsschutz 6.51
Nichttragende Wände
- Mauerwerk 11.49
Niederschläge 3.84, 3.104
Niederschlagswasserversickerung 5.124
Niederspannungsanlagen 5.61
Niedertemperaturkessel 5.5
NN-Höhen 14.56 f.
nom c 12.42
Nomogramm
- Straßenverkehr 4.55
Noppenbahnen 3.84
Norddeutsches Tiefland 9.45
Normalbeton 6.62
normalduktil 12.36, 12.41
Normalhöhen 14.17, 14.57
Normalperspektive 14.62
Normenstruktur 9.2
Normkörper 14.48
Notablauf 3.38
Notstromversorgungsanlagen 5.74
Nullstäbe 10.57
Nullstelle 14.6, 14.7
Nur-Luft-Anlagen 5.18
Nutzeinheiten 8.68
Nutzlasten 9.19
- Abminderungen 9.22
- Absturzsicherungen 9.25
- Dächer 9.23
- Fahrzeuge 9.23, 9.24
- Gabelstapler 9.24, 9.25
- Gerüste 9.25
- Hofkellerdecken 9.24
- horizontale 9.25
- Hubschrauberlandeplätze 9.25
- Lagerflächen 9.24
- lotrechte quasi-statische 9.24
- lotrechte statische 9.20
- Parkhäuser 9.23
- Schwingbeiwerte 9.24
- Tribünen 9.20, 9.25
- Zwischenwände 9.25
Nutzung
- Baudenkmäler 6.4
Nutzungen
- Art der baulichen Nutzung 14.62
Nutzungsänderung 7.3
Nutzungsansprüche
- Straßenraum 2.46
Nutzungseinheit (NE) 1.4
Nutzungskategorien 9.19
Nutzungsklassen 3.98, 3.99
- Holzbau 11.89
Nutzungskosten bei Bauwerken 8.91

Oberbau
- Verkehrsflächen 2.64
Oberflächenbewehrung 12.69
Oberflächenentwässerung 2.67
Oberflächenschutz von Mauerwerk
- Hydrophobierungen 6.44 f.
- Schlämmen und Putzmörtel 6.44
Oberflächenschutzsysteme 6.35 ff.
Oberflächentauwasser 4.23
Oberflächenwasser 3.85
Oberflächenzugfestigkeit 6.23, 6.27
Oberkante
- Planzeichen 14.63
Objekt 8.45
Objekte 8.66, 8.76, 8.78, 8.80
Objektgrundriss und Augpunkt 14.66
Objektliste 8.78
Objektplanung 7.52
Offene Bauweise 7.11
Öffnungsarten
- Darstellung 14.52
Ökobilanz 3.2
Öltanks 1.32
opake Bauteile U-Wert 4.4
Ortbetonpfähle 11.38
Ortgang 3.35 f.
Örtliche Planung 2.4
Ortsteil 7.16
OSB-Platte 6.67
OSB-Platten 11.74

Parabel 14.11
Parabel-Rechteck-Diagramm 12.35
Parallelbeleuchtung 14.71
Parallelepiped 14.8
Parallelogramm 14.3
Parameter 8.49
Parameterform 14.10, 14.11, 14.12
Parkbauten 2.62
Parkett 3.32
Parkflächen 2.61
Passbolzen 10.6
- Holzbau 11.77
Passivhäuser 3.63 ff.
- Behaglichkeit 3.64
- Belüftung 3.71
- Blower-Door-Test 3.68
- Entlüftung 3.71
- Erdreichwärmetauscher 3.70
- Ernergieeinpargesetz 3.63
- Erneuerbare Energien 3.63
- Fenster 3.68
- Gebäudehülle 3.65
- Gebäudelüftung 3.69 f.
- Kaminofen 3.71
- kompakte Gebäudehülle 3.65
- Konvektoren 3.71
- Luftdichte 3.67
- Luftdichtigkeit 3.67
- Ofenheizung 3.71
- Raumheizung 3.70 f.
- Restwärmeerzeugung 3.70
- Wärmebrücken 3.67
- Wärmedurchgangskoeffizient 3.65
- Wärmeschutz 3.65
- Warmwasserzubereitung 3.71
- Winddichtigkeit 3.67
- Wirkungsgrad 3.70
- Zuglufttheizung 3.70
- Zuglufttemperatur, minimal 3.70
Pausenräume 1.61
Pegeladdition 4.54
Pelletsfeuerungen 5.5
Pendelflügel
- Darstellung 14.52
Perimeterdämmplatten 3.84
Periodenbilanzverfahren
- Glaser-Verfahren 4.31
Periodizität 14.7
Perlite 3.17, 6.69
Perspektive 14.62
Perspektive Anlage 14.66
Perspektive aus zwei Rissen 14.66
Perspektive bei geneigter Bildebene 14.64
Pfahlgründungen 11.38
Pfettendach 10.10
Pflasterbauweise 2.65
Pflichten des Arbeitgebers 7.69
Pflichten des Bauherrn 7.67

Phenolformaldehydharz (PF) 6.75
Phenolharz, blockgeschäumt 6.75
Photovoltaikanlagen 5.52
– Ertragsbeeinflussende Faktoren 5.54
– Globalstrahlung 5.59
Pieper-Martens-Verfahren 12.49
Pilotprojekt 8.31
Pilotvorhaben BIM 8.47
Pilze
– Holzschutz 6.53
PKW-Parkflächen 2.61
Planimetrie 14.3
Planlayout 14.75
Planometrie 14.48
Planpräsentation 14.76
Planung
– Fachplanung 8.66, 8.71, 8.75 f.
– Flächenplanung 8.71, 8.76, 8.78
– Objektplanung 8.54, 8.66, 8.71, 8.76 f., 8.79
Planung der Ausführung 7.68, 7.70
Planung und Ausschreibung 7.77, 8.35
Planung von Beleuchtungsanlagen 5.81
Planungsinstrumente 2.36
– Bedarfsermittlung 2.38
– Orientierungswerte 2.38
Planungsparameter
– Raumakustik 4.95
Planzeichen
– Farben in Bauplänen 14.63
Planzeichenverordnung 14.62
Plastizitätszahl 11.13
Plastomerbitumen 3.78
Platten 12.48
– Berechnung 12.48
– einachsig gespannt 12.48
– historische 6.79 f.
– Mindestdicke 12.56
– vierseitig gestützt 12.49
– zweiachsig gespannt 12.49
Plattenbalken 12.59
Plattenbalkendecken 10.15
Plattendruckversuch 11.16
Plattenfundamente 10.23
Plattenresonatoren 4.90
Polonceaubinder 10.13
Polstelle 14.6, 14.7
Polurethan (PU) 6.76
– Gießharz 6.76
– Hartschaum 6.76
– Ortschaum 6.76
Polyamid (PA) dampfbremsend 6.75
Polyehtylen (PE) 6.74
Polyesterharze 3.79
Polyestervlies 3.78
Polyethylenterephtalat (PET) wasserabstoßend 6.75
Polygonzug
– Koordinatenabschlussfehler 14.26
– Längsfehler 14.26
– Querfehler 14.26
– Winkelabschlussfehler 14.26
Polyisobuten 3.78
Polymerbitumenbahnen 3.80
Polymer-Bitumendachdichtungsbahnen 6.73
Polymer-Bitumenschweißbahnen 6.73
Polymethylmethacrylatharze 3.79
Polyolefine 3.84
Polypropylen (PP) 6.74
Polystyrol 3.17
Polystyrol (EPS) expandiert 6.75
Polystyrol (PS) 6.75
Polystyrol (XPS) extrudiert 6.75
Polystyrolbeton 6.62
Polyurethan-Hartschaum 3.17
Polyurethanharze 3.79
Polyvinylchlorid 3.78
Polyvinylchlorid (PVC) 6.74
Porenbeton 6.62
poröse Absorber 4.90
Positionskennzeichnung
– Bewehrungszeichnung 14.61
Positionsnummerierung
– Bauaufnahme 14.46
Positionspläne 9.8, 14.43
Potenzregeln 14.2
pq-Formel 14.6
Präsentationszeichnung 14.54
Primärenergiefaktoren Fernwärme 5.34
Prinzipien und Verfahren 6.23 ff.
Prisma 14.4
Privilegierte Vorhaben 7.19
Proctorkennwerte 11.13
Produktform 14.6
Produktionsstätten 1.57
Produktnormen
– Holzbau 11.68
Produktzeichen 14.2
Profilbauglas 13.61
Projekt 8.2
Projektionsarten 14.47 f.
– Axonometrien 14.48
– Parallelprojektionen 14.48
Projektionszentrum 14.62
Projektmanagement 8.2
– Projektmanagementphasen 8.2
– Projektmanagementprozesse 8.2
Projektmanagementziele 8.7
Projektorganisation 8.7
Projektplattform 8.46
Projektstufen 8.3
Proportionen 1.2
Prozess 8.81
Prüfungsumfang/Verhältnis zu anderen Genehmigungen 7.4
PU 6.73
Pultdach 3.34
Pumpen 5.95
Pumpenkennlinie 5.95
Punktförmig gelagerte Verglasungen 13.82, 13.95
Punktrichtungsgleichung 14.12
Punkt-Steigungsform 14.6
Putze
– Materialkennwerte 4.37
PV-Panel 3.17
Pyramide 14.4
Pyramidenstumpf 14.4

Quader 14.4
Quadrat 14.3
Quasigeoid 14.17
Quelllüftung 5.24
Querbewehrung 12.56
Querdehnzahl 12.40
Querkraft
– Stahlbeton 12.61
Querkraftbewehrung 12.61 f., 12.68
Querkräfte
– Stahlbetonbau 12.40
Querlast
– Befestigungen 3.72 ff.
Querneigung
– Straße 2.68
Querrippen 12.39
Querschnitte
– Holzbau 11.103
– Typische Entwurfssituationen 2.50
Querschnittsklassen 13.5
Querschnittswerte 10.62
– Betonstabstahl 12.88
– Betonstahlmatten 12.90

Radius
– Darstellung 14.49
Radverkehr 2.48
Radwege
– Bauweisen 2.66
Rahmen 10.48
Rahmenecken 12.79

Rammpfähle 11.38
Rampen 1.11, 1.36, 14.51
Rampenneigung 2.62
Randabstand
– Befestigungen 3.72 ff.
Randbewehrung 12.56, 12.66
Rasenmulden 2.68
Rauchabzug
– Industriebau 1.58
Rauchentwicklung 4.101
Rauheit, betriebliche Rauheit 5.96, 5.119
Raum 14.8
Raumakustik 4.82
– Anforderungen 4.85
– Planungsparameter 4.95
Raumbedarf
– Verkehr 2.48
Raumbenummerung 14.40
Raumheizflächen 5.11
Raumhöhen
– Arbeitsstätten 1.60
– Kindertagesstätten 1.68
– Schulen 1.71
– Stockwerkshöhe 14.49, 14.57
– Verwaltungsbauten 1.53
Rauminhalt
– Brutto-Rauminhalt 8.58, 8.60 f., 8.68
– Konstruktions-Rauminhalt 8.58, 8.61
– Netto-Rauminhalt 8.58, 8.60 f.
Raumklima 3.99
räumliche Entwurfsdarstellung 14.54
räumliche Steifigkeit 10.33
Raumluftqualität 5.15
Raumlufttechnik 5.13
Raumnutzungsklassen 3.87
Raumordnungsrecht 7.3
Raumplanung
– Struktur 2.3
Raumströmung 5.24
Raumtemperaturen
– Arbeitsstätten 1.60
Raumtiefe 1.3
Rechenalgorithmen
– Schallschutz 4.71
Rechnungswesen 8.18
– extern 8.18
– intern 8.18
Rechteck 14.3
Rechtsbehelfe 7.21
Rechtsschutz 7.20
Rechtsschutz des Bauherrn 7.20
Rechtsschutz des Nachbarn 7.21
rechtwinklige axonometrische Projektion 14.48
Regelbreite
– Seitenraum 2.49
regelmäßiges n-Eck 14.3
Regeln zum Arbeitsschutz auf Baustellen (RAB) 7.71
– RAB 10 7.70
– RAB 30 7.71
– RAB 31 7.73
– RAB 32 7.74
Regenabfluss 5.111, 5.114, 5.123, 5.134, 5.135
Regendauer 5.114, 5.115, 5.134
Regenfallleitung 5.129
Regenhäufigkeit 5.115
Regenrückhaltebecken 5.123
Regenschutz von Putzen 4.36
Regenspende 5.115
Regenwasser 3.77
Regenwasserableitung 5.134
Regenwasserkanal 5.111, 5.123
Regionalfaktoren 8.70
Regionalplanung 2.3 f.
Reguläres Tetraeder 14.4
Reibkorrosion 6.48
Reibschluss
– Befestigungen 3.73
Reibungswinkel 11.17
– mittlere Werte 11.19
Reihenhäuser 1.15, 1.19
Reines Wohngebiet 7.6
Reinigungsöffnungen 5.129
Rekonstruktion 6.3
relative Feuchte 4.21
Relaxation 12.35
Residualwertverfahren 8.97
Resistenz des Holzes
– Holzschutz 6.55
Resonanzfrequenz 4.73
Resonatoren 4.90
Ressourcenplanung 8.16
Rettungsweg 1.6, 1.8
Rettungswege 1.8, 4.108
– Arbeitsstätten 1.60
– Beherberungsstätten 4.115
– Gewerbebauten 1.8 ff., 1.60
– Hochhäuser 1.8
– Industriebauten 4.110
– Schulbauten 4.117
– Schulen 1.75
– Sportbauten 1.66
– Versammlungsstätten 1.8, 4.114
– Verwaltungsbauten 1.55
Revisionsschacht 5.129
Rhombus 14.3
Richtung 14.49
Richtungswinkel 14.8
Rigolenversickerung 5.126
Ringanker 3.22 f., 10.34, 11.47
Ringbalken 3.22, 10.34, 11.47
Rinnenaufsatz 2.69
Rippenabstand 12.39
Rippendecken 10.15, 12.39
Rissbreitenbegrenzung 12.64
Rissüberbrückungsklasse 3.87
Ritterschnitt 10.57
Rohbauzeichnung 14.44
Rohdichte
– für den Schallschutz 4.71
– von Baustoffen 4.37
Rohfilz 3.78
Rohfußboden 14.55
Rohkonstruktion
– Darstellung 14.49
Röhre 10.33
Rohrhydraulik 5.96
Rohrleitungen 5.10
– Darstellung 14.58
Rohrleitungsführung 5.10
Rohrversickerung 5.126
Rollstuhlabstellplätze 1.35, 1.40
Rollstühle 1.36
römische Zahlen 14.95
Rotationsellipsoid 14.17
Rotationsmatrix 14.9
Rotationsparaboloid 14.4
Rückenlicht 14.74
Rückhaltebecken 2.68
Rückläufiger Stoß 3.92
Rückstauebene 5.138
ruhender Verkehr 2.60
Rundformen
– Darstellung 14.48
Rundholzquerschnitte
– Holzbau 11.104
Rutschhemmung 3.32 f

Sachwertverfahren 8.101
Sammelstraße 2.52
Sandstein 6.57
Sandwichbauteile 13.48
Sandwichfassaden 3.11
Sanierputz 6.60
Sanierputze 6.43 f.
Sanitärausstattungsgegenstände
– Darstellung 14.58
Sanitärobjekte 1.28, 1.35, 1.43
Sanitärräume
– barrierefreie 1.40
Sanitätsräume 1.61
Satteldach 3.34
Satzungsbeschluss 7.15
Saugleitung 5.95
Schachtversickerung 5.127
Schadensbilder
– Baudenkmäler 6.12
Schafwolledämmstoffe 6.71
Schallabsorptionsfläche 4.84

Schalldämm-Maß
– einschalige Bauteile 4.71
– Fenster 4.69
– Vorsatzkonstruktionen 4.73
– Wärmedämmverbundsystem 4.74
– zweischalige massive Bauteile 4.77
Schalldruckpegelminderung 4.84
Schallschutz
– Anforderungen 4.52
– besonders laute Räume 4.59
– Bürogebäude 4.61
– eigene Wohnung 4.60
– Holzbau 11.93
– Kennwerte 4.68
– Mindestanforderungen 4.57
– nach DEGA-Empfehlung 4.65
– nach DIN 4109 4.57
– nach VDI 4100 4.53
– Rechenalgorithmen 4.71
Schallschutz gegen Außenlärm
– erhöhte Anforderungen 4.57
– Mindestanforderungen 4.54
– zusammengesetzte Bauteile 4.67
Schallschutz nach DIN 4109 Nachweisführung 4.66
Schalpläne 14.44
Schankräume 1.45
Schatten in der Perspektive 14.72
Schattenauffangebene 14.72
Schattenlänge 14.72
Schattenrichtung 14.72
Schattenwurf 1.3
Schaumglas (Foamglas) 6.69
Scheiben 12.78
Scheinfugen 10.36
Scheitelpunkt 14.6
Scheitelpunktsform 14.6
Schichtenaufbau
– Verkehrsflächen 2.65
Schichtenwasser 3.84
Schichtplatten 6.67
schiefwinklige axonometrische Projektion 14.48
Schilfbauplatten 6.71
Schimmelpilzbildung 4.23
Schimmelpilzschwelle 4.24
Schindeldeckung 3.36
Schlackenwolle 6.69
Schlafräume 1.26
Schlagregenbeanspruchungsgruppen 4.35
Schlagregenschutz 4.35
Schlankheitsgrad 13.17
– Stahlbetonbau 12.71
Schleppgaube 3.34
Schleppstreifen 3.105
Schlitze
– Darstellungsweise 14.51
– Mauerwerk 11.51
Schlitzwände 11.23
Schlussrechnung 7.65
Schmutzwasser 5.111, 5.112, 5.113, 5.130, 5.136
Schmutzwasserkanal 5.111, 5.113, 5.119, 5.123
Schneefanggitter 9.49
Schneelast 9.44 ff
– an Höhensprüngen 9.49
– auf Dächern 9.46
– auf dem Boden 9.45
– außergewöhnliche 9.45
– Bemessungssituationen 9.44
– Formbeiwerte 9.46
– Norddt. Tiefland 9.45
Schneelastzonen 9.45
Schneeüberhang 9.49
Schnitt 14.80
Schnittebene 14.49
Schnittflächen 14.39
Schnittführung 14.49
Schnittgrößen 10.38
– Durchlaufträger 12.40
– Platten 12.48
– Stahlbetonbau 12.40
Schnittpunkt 14.10
Schnittwinkel 14.10
Schornsteine 3.59 ff., 5.6
– Abgasleitungen 3.59 f.
– Brennwertkessel 3.60
– Feuerstätte 3.59 ff.
– Luft-Abgas-System 3.59
– Reinigungsöffnungen 3.61
– Schachtöffnungen 3.61
– Schornsteinanordnung 3.61
– Windströmung 3.62
Schottenbauweise 1.21
Schottertragschicht 2.65
Schraffen 14.39
Schraffuren 14.39
Schräge Projektionen oder Axonometrien 14.52
Schrägstrecken 14.17
Schrauben 10.7
– Anordnung in Walzprofilen 13.110
– Beanspruchbarkeit auf Zug 13.32
– Grenzabscherkräfte 13.31
– Grenzdurchstanzkraft 13.32
– Kategorien 13.29
– Lochleibung 13.33
– Nennlochspiel 13.31
– Produktnormen 13.36
– Rand- und Lochabstände 13.30
– Schaftquerschnittsfläche 13.37
– Schraubenmaße 13.36
– Schraubenwerkstoffe 13.3
– Spannungsquerschnittsfläche 13.37
– Symbole 13.37
Schraubenverbindungen 10.7
Schreibtische 1.2, 1.51
Schrifthöhen 14.58
Schubbemessung
– Stahlbeton 12.53
Schubbewehrung 12.61 f., 12.68
Schubfugen 12.62
Schulbau-Richtlinie 4.117
Schulen 1.8, 1.11, 1.71
Schutzschicht 3.84, 3.86
Schweißbahn 3.78
Schweißnähte 13.38
Schweißverbindungen 10.7
– Kehlnähte 13.42
– Nahtarten 13.39
– Nahtvorbereitung 13.39
– Stoßarten 13.39
– Symbole 13.41
Schwelle 3.109
Schwerebeschleunigung 14.16
Schwimmender Estrich 3.31
Schwinden des Betons 12.35
Schwinden, Quellen 11.69
Schwindfugen 10.36
Schwingbeiwerte 9.24
Schwingflügel
– Darstellung 14.52
Schwingungen
– Holzbau 11.88
Schwingungsrisskorrosion 6.48
Sehstrahl 14.62
Seil 10.5
Seiteneinlauf 2.69
Seitenlicht 14.73
Senkkopfhalter 13.82, 13,83, 13.86
Senkrechte Axonometrie 14.61
Senkrechte Projektionen 14.52
Service Level Agreement 8.82
Setzfugen 10.36
Setzungen 11.37
– zulässige 11.37
Sheddach 3.34
Sicherheitsbeiwert Schallschutz 4.66
Sicherheitsbeiwerte 11.3
– Glas 13.69
– Konzept 11.3
– Mauerwerk 11.53
– Stahlbetonbau 12.33
Sicherheitskonzept 9.2, 11.3
Sicherheitssonderverglasungen 13.64

Sicherheitstechnik
– Brandschutz Beherberungsstätten 4.116
Sicherheitstreppenräume 1.8
Sickerschicht 3.102
Sickerwasser 3.77, 3.84, 3.85
SiGe-Koordinator 7.72
SiGe-Plan 7.73
– Leitfaden 7.76, 7.78
Silikatfarbe 6.64
Silikatputz 6.60
Silikonharzfarbe 6.64
Single Source of Truth 8.41
Sinnbilder
– Entwässerungszeichnungen u. Sanitärgegenstände 14.58
Sinus 14.5, 14.7
Sinussatz 14.5
Sitzreihenüberhöhung 4.95
Skalarprodukt 14.8
Skalierung 14.62, 14.65
Skelettbau 3.5, 3.13, 3.16, 10.30
Skelettbauweise 1.21, 1.55
Sohlbefestigung 2.69
Sohldruck 11.34
Sohldruckverteilung 11.34
Sohlspannungsnachweis
– Geotechnik 11.34
Sohlwiderstand 11.34
Solardach 3.36
Solare Kühlung 5.51
Solare Wärmeerzeugung 5.37
Solarmodule 3.36
Solarziegel 3.36
Solitär 2.23
Sommerklimaregion 4.13
Sommerlicher Wärmeschutz 4.10
Sonderbauflächen
– Planzeichen 14.62
Sondergebiete 7.8
Sonderzeichnung 14.43
Sondierungen 11.9
Sonneneintragskennwert 4.12
Sonnenschutzeinrichtungen 4.11
Sonnenstand 1.3
Sonstige Festsetzungen 7.12
Sonstige Kosten 8.21
Sorptionswärmepumpen 5.39
Sozialräume 1.61
Sozialräumliche Zonierung 2.14
Spalt- u. Klinkerplatten 6.58
Spalten
– Befestigungen 3.73, 3.75
Spaltkorrosion 6.47
Spännertypen 1.22
Spannrichtungen
– Tragrichtung von Platten 14.49
Spannstahl 6.69
Spannungen
– Beton 12.35
– Betonstahl 12.36
– Entwurfsspannung 10.5
Spannungen infolge M, Q und N 10.62
Spannungsblock 12.35
Spannungs-Dehnungs-Linie
– Beton 12.35
– Betonstahl 12.36
Spannungsfaktoren
– Glas 13.87
Spannungskonzentrationsfaktoren
– Glas 13.88
Spannungsrisskorrosion 6.48
Spanplatte 6.65, 11.75
– gipsgebunden 6.65
– zementgebunden 6.65
Sparrendach 10.9, 10.54
Spätere Arbeiten 7.71
Spatprodukt 14.8
Speicherfähigkeit, wirksame 4.13
Speichervolumen 5.100, 5.123, 5.127, 5.128
Speiseausgaben 1.46
Speisekammern 1.27
Speiseplätze
– Gaststätten 1.45
– Wohnungen 1.25
Speiseräume
– Schulen 1.75
Spektrum-Anpassungswerte 4.65
Sperrholz 11.74
Sperrholz (Birke) 6.65
Spezielle Koordinatorenkenntnisse 7.72
Spiegelspur 14.70
Spiegelung
– gespiegelte Untersicht 14.47
Spielplätze 1.36, 1.67
Spindeltreppen 1.9
Spitzenabflussbeiwert 5.114, 5.134
Spitzrinnen 2.69
Split-Level 1.16, 1.19, 1.19
Sportbauten 1.63 ff.
Sporteinrichtungen
– Schulen 1.72
Sportfelder 1.63
Sporthallen
– Schulen 1.63, 1.72
Sprachlabore 1.71
Sprengstoff 7.70
Sprengwerk 10.11
Spritzwasser 3.86
– Holzschutz 6.56
Spritzwasserschutz 3.97
Spur und Bildebene 14.65
Spurendreieck 14.61
Spurpunkte 14.10
Squashhallen 1.63
SSOT 8.41
Stabdübel
– Holzbau 11.77
Stabformen
– Bewehrungszeichnungen 14.62
Stabilität
– Stahlbetonbau 12.39
Stabilitätsnachweis
– Stahlbeton 12.71
Stabstahlbewehrung
– Betonstahlmatten 14.61
– Kennzeichnung 14.61
– Symbole 14.61
Städtebauliche Begriffe 2.34
Städtebauliche Planung
– Bestandsaufnahme 2.10 ff.
– Methoden 2.10
– Öffentliche Räume 2.12
Städtebauliche Typologien
– Baublock 2.17
– Hof 2.22
– Reihe 2.19
– Solitär 2.23
– Zeile 2.21
Stadtentwicklungsplan 2.6
Stadterneuerung
– Handlungsfelder 2.9
– Phasen 2.8
– Sanierungsmaßnahmen 2.9
Stadtklima 2.39
– Kleinklima 2.39
Stadtplanung 2.2
– Begriffe 2.34
– Formelle Planung 2.5
– Informelle Planung 2.6
– Rahmenplan 2.7
Stadtstraßen 2.47
Staffelmessung 14.17
Stahlbau
– Berechnungsmethoden 13.4
– Erforderliche Nachweise 13.3
– Gebrauchstauglichkeit 13.15
– Querschnittsnachweise 13.9
– Teilsicherheitsbeiwerte 13.4
Stahlbauprofile 13.100
Stahlbeton 6.62
Stahlbetonfertigteile
– Verbindungen 3.10
Stahlbetonplattendecken 10.13
Stahlbetonstützen 10.20
– Druckglieder, Berechnung 12.71

– Druckglieder, Konstruktion 12.75
Stahlbetonwände 12.78
Stähle
– hochfeste u. schweißgeeignete 6.68
– hochlegierte 6.68
Stahlguss 6.68
Stahlstützen 10.21
Stahlträgerverbunddecken 10.18
Stahltrapezprofile 13.45
Stahlverbunddecken 10.17
Stahlversagen
– Befestigungen 3.76
Standebene 14.65
ständige Einwirkung 12.33
Standsicherheit 11.3, 12.37
– Bauwerksprüfung 6.14 ff.
– Erdbebengebiete 9.52
– Holzbau 11.88
– Mauerwerk 11.46
Stark vereinfachte Traglastbeiwerte
– Mauerwerk 11.62
statische Berechnung
– Aufbau 9.8
Statische Bestimmtheit 10.39
stehendes Wasser 3.104
Steifemodul 11.18
Steigleitung 5.95
Steigungsverhältnis
– allgemein 1.8 f.
– Treppen 14.50
Steinwolle 3.17, 6.69
Stellplatzanordnung 2.35
Stellplatzbedarf 2.35
Stellplätze 7.9
– barrierefreie 1.38 ff.
Stereometrie 14.4
Stirnplattenverbindungen 13.44
Stockwerkshöhe 14.49
Stockwerkszahl
– Zahl der Vollgeschosse 14.63
Stoßstellendämm-Maß 4.75
Strahlensätze 14.5
Straßen, anbaufreie 2.46
Straßen, angebaute 2.46
Straßenablauf 2.69
Straßenbäume 2.45
Straßenräume
– barrierefreie 1.37
Straßenverkehr
– Korrekturwerte 4.56
– Nomogramm 4.55
Strategische Bauteile 8.88
Strecke 14.8
Streifenfundamente 10.23
Strohlehm 6.57
Strohschüttung 6.71
Stromzuführung 5.60
Stufenplan 8.35
Stundenprozentwert 5.94
Stundenspitzenfaktor 5.94
Sturz 3.21 f.
Stützbauwerke 11.22
Stützdreieck 14.55
Stützen 10.20, 12.71
– Brandschutz 4.105
– Brandschutz Versammlungsstätten 4.112
– Holzbau 11.80
Stützkonstruktion 11.22
Stützkräfte 12.37
Stützmauer 11.27
Stützmomente
– Abminderung 12.40
– Umlagerung 12.41
Stützmomentenausrundung 12.40
Stützwände 11.22
Stützweiten 12.39
– Stahlbeton 12.39
Summe
– Arithmetische- 14.2
– Geometrische- 14.2
Summenzeichen 14.2
Syenit 6.57
Symbole
– Abriss und Wiederaufbau 14.53
– Aussparungen 14.51
– Baustoffe 14.39
– Entwässerung 14.58
– Öffnungsarten von Fenstern und Türen 14.52
– Planzeichen für Bauleitpläne 14.62
– Sanitärausstattungs- u. Entwässerungsgegenstände 14.58
– Stabstahlbewehrung 14.60
Symmetrie 14.7
Systembödenrichtlinie 4.120

Tafelglas 13.59
Tafelwert 8.73, 8.75, 8.79
Tageslichtabhängige Regelung 5.81
Tageslichtabhängige Steuerung 5.84
Tageslichtquotient 1.3
Tagesspitzenfaktor 5.94
Tangens 14.5, 14.7
Taupunkttemperatur 4.24
Tauwasser
– Oberflächen 4.23
– Wärmebrücken 4.24
Tauwasserbildung
– im Bauteilinneren 4.25
Tauwassernachweis
– Ablauf 4.31
– Bauteile ohne Erfordernis 4.26
– Klimarandbedingungen 4.32
Technikräume 1.32
Technischer Lichtstrahl 14.72
Teilfüllung 5.114, 5.120
Teilfüllungstabellen 5.120, 5.135
Teilklimaanlagen 5.18
Teilmodell 8.41
Teilsicherheitsbeiwerte
– Einwirkungen 9.5
Teilvorgespanntes Glas (TVG) 13.64
Teilzeichnung 14.43
Tellerhalter 13.82, 13.83, 13.86
Temperaturdehnzahl (Wärmedehnzahl) Stahlbeton 12.35
Temperaturverlauf im Bauteil 4.7
Tennisplätze 1.63
Termine 8.35
Terrassenablauf 3.109
Textinformation
– Bauaufnahme 14.45
Thermoplastische Elastomere 3.78
Tiefgaragen 1.20 f.
Tische
– Höhen 1.2
– Schulen 1.72
– Verwaltungsbauten 1.51
– Wohnungen 1.24
Toilettenräume
– Arbeitsstätten 1.61
– barrierefreie 1.40
– Gaststätten 1.45, 1.48
– Kindertagesstätten 1.70
– Schulen 1.74
– Sportstätten 1.64
– Wohnungen 1.28
Tonne 14.4
Tonschiefer 6.57
Torsion 10.62
– Stahlbetonbau 12.63
– Torsionsbewehrung 12.69
Torus 14.4
Trafokammern 5.73
tragende Wände 12.78
Tragende Wände und Pfeiler
– Mauerwerk 11.48
Träger, unterspannte 10.29
Trägerbohlwände 11.22
Trägerrost 10.15
Tragfähigkeit 11.3, 12.32, 12.59
Traglastbeiwerte
– Mauerwerk 11.58
Tragrichtung 14.49
Tragwerke
– Gewerbebau 1.57

– Verwaltungsbauten 1.55
Tragwerksausführungszeichnung 14.44
Tragwerksentwurf 10.2
Tragwerksidealisierung 12.39
Tragwerksplanung
– Grundlagen 9.2 ff.
Transmissionsheizlast 5.2
Transmissionswärmeverluste 3.2, 3.3
Trapez 14.3
Trapezprofile 13.45
Traufe 3.35 f.
Trennschichten 3.83
Trennverfahren 5.111, 5.113
Trennwände
– Holzbau 11.94
Trennwände (TW) 1.5
Treppe, notwendige 1.6
Treppen 3.51 ff., 14.50
– altengerecht 1.8, 1.36 ff.
– barrierefreie 1.37, 1.39
– Bauart 1.10
– Bequemlichkeitsregel 3.54
– Blocktreppen 3.55
– Bodentreppen 1.11
– Brandschutz 3.55, 3.56, 4.107
– Brandschutz Versammlungsstätten 4.115
– Elastomerlager 3.57 f.
– Fertigteil 3.55
– Fertigtreppe 3.56
– Formen 1.9
– Gitterrost 3.56
– Holztreppen 3.55
– Holzwangentreppe 3.55
– Kindertagesstätten 1.69
– Maße 1.9
– Mindestmaße 3.54
– nicht notwendige 1.11
– notwendige 1.8 f.
– Ortbeton 3.55
– Podeste 1.9, 1.35
– Schallschutz 3.55, 3.57
– Schrittmaßregel 3.54
– Schulen 1.75
– Sicherheitsregel 3.54
– Sportstätten 1.66
– Stahlbetontreppe 3.55 f.
– Stahltreppe 3.56
– Steigungsverhältnis 3.54
– Toleranzen 3.54
– Treppenauftritt 3.55
– Treppenbelag 3.56
– Treppendurchgangshöhe 3.54
– Treppenlauf 3.54, 3.57
– Treppenlaufbreite 3.54, 3.55
– Treppenpodesttiefe 3.54
– Treppensteigung 3.55
– Treppenwangen 3.55
– Trittschallpegel 3.57 f.
– Trittstufe 3.55 f.
– Versammlungsstätten 1.9
Treppenraum, notwendiger 1.6
Treppenräume 1.10
Tresen 1.45 ff.
Tribünen 1.66
Trigonometrie 14.5
Trigonometrische Höhenbestimmung
– Erdkrümmung 14.22
– Refraktion 14.22
Trigonometrischer Pythagoras 14.5
Trittschallminderung 4.80
Trittschallschutz 3.24
– Leichtbau 4.81
– Massivbau 4.79
Trockenestrich 3.31
Trockenlegung von Mauerwerk
– Schleierinjektion 6.43
– Vertikal- und Horizontalsperren 6.42 ff.
Trockenräume 1.19, 1.27
Trockenwetterabfluss 5.112, 5.114, 5.123
T-Stahl 13.109
Tuffstein 6.57
Tunnelbau 7.70
Tupel 14.8
Türen 3.47 ff.
– Abdichtungsmaßnahmen 3.46
– altengerecht 1.38
– Außentüren 3.47, 3.48, 3.49, 3.52
– barrierefreie 1.38
– Bauphysik 3.49
– Bewegungsrichtung 3.47
– Blendrahmen 3.47
– Brandschutz 1.7, 3.50
– Durchbiegung 3.50
– Einbruchschutz 3.49, 3.51
– Innentür 3.47, 3.38
– Kindertagesstätten 1.70
– Klimaklasse 3.49
– Rauchschutz 1.7
– Rohbaurichtmaße 3.48
– Schallschutz 3.46, 3.50
– Schulen 1.75
– Türblattausbildung 3.47
– Türrahmenausbildung 3.47
– Verwendungszweck 3.47
– Wohnungen 1.7
Türen und Tore
– U-Werte 4.50
Türöffnungen 14.52
Überbaubare Grundstücksflächen 7.11
Übereckperspektive 14.64
Übereckperspektive mit Messpunkten 14.67
Übergreifungslängen 12.46
– bei Betonstahlmatten 12.47
Übergreifungsstoß
– Darstellung 14.59
Überkopfverglasungen 13.65
Umfang 14.3
Umkehrdach U-Wert 4.6
Umkleiden
– Sportstätten 1.64
Umkleideräume
– Arbeitsstätten 1.61
Umkreis 14.3
Umlagekalkulation 8.18
Umlagerung, begrenzte 12.41
Umlenkkräfte 12.80
Umwehrungen 1.11
– Arbeitsstätten 1.60
– Kindertagesstätten 1.70
– Schulen 1.75
Umweltbericht 7.15
Umweltverträglichkeitsstudien 8.75
Unbeplanter Innenbereich 7.16
unbewehrte Fundamente 12.77
Ungleichförmigkeitszahl 11.12
ungünstige Laststellungen 12.38
Untergrundvorbereitung 6.27
Unterlage für spätere Arbeiten 7.74
– Beispiel 7.77
– Leitfaden 7.77
Unterrichtsräume 1.71
Unterspannte Träger 10.12
Unterstützungsprozess 8.82
Untersuchungen am Baudenkmal 6.10
Unterzüge 10.18
Unzulässigkeit im Einzelfall 7.9
U-Profile, UPN 13.108
Urheber- und Nutzungsrecht 7.49
U-Schale 3.22
U-Wert 4.4
U-Werte
– Türen und Tore 4.50

Vakuumdämmplatten 3.17
Vakuumentwässerung 11.31
Vektor
– -addition 14.8
– Einheits- 14.8
– Länge 14.8
– Multiplikation 14.8
– Normalen- 14.10, 14.12

– Null- 14.13
– Orts- 14.8
– Projektions- 14.8
– Richtungs- 14.10, 14.12
– Spalten- 14.13
– Verbindungs- 14.8
– Zeilen- 14.13
Vektoren 14.13
– Basis- 14.8, 14.9, 14.13
Vektorrechnung 14.8
Veränderungssperre 7.16
Veränderungssperre/Zurückstellung 7.15
Verankerung 10.7, 12.67
– Bewehrung 12.45
Verankerungen
– Baugrubenverbau 11.26
Verankerungslängen 12.45, 12.89
Verankerungstiefe
– Befestigungen 3.73 f., 3.76
Verbau 11.22
Verbindungen 10.6
Verbindungsmittel
– Holzbau 11.77
Verbindungsstraße 2.58
Verbundbereich 12.44
Verbunddecken 13.53
Verbunddübel 3.73 f., 3.76
Verbundestrich 3.31
Verbundglas (VG) 13.64
Verbund-Sicherheitsglas (VSG) 13.64
Verbundspannung, Bemessungswerte 12.44
Verdichtung
– Boden 11.13
Verdrängungslüftung 5.24
Veredelungsprodukte, Glas 13.63
Vereinfachte Berechnung
– Anwendungsgrenzen 11.52
– Mauerwerk 11.52
Vereinfachte Berechnung Mauerwerk
– Tragfähigkeitsnachweis 11.56
Verfahren 7.4
Verformungsbegrenzung
– Stahlbetonbau 12.54
Verformungsmodul
– Boden 11.17
Vergabe 8.35
Vergabeeinheit 8.55, 8.64, 8.66, 8.69 f.
Vergabemodelle 8.8
Verglasungen
– absturzsichernde 13.90
– begehbare 13.97
– Bemessungswert der Gebrauchstauglichkeit 13.69
– Bemessungswert des Tragwiderstandes 13.69
– betretbare 13.98
– charakteristische Biegezugfestigkeit 13.67
– durchsturzsichere 13.98
– linienförmig gelagerte 13.70
– Materialkennwerte 4.50
– punktförmig gelagerte 13.82
Vergleich Einfeld-, Durchlauf- und Gerberträger 10.47
Vergleich Vierendeelträger und Fachwerkträger 10.58
Vergussmassen 3.84
Vergütung 7.25, 7.44, 7.54
Verjährung 7.57
Verkehrsanlagen
– barrierefreie 1.36
Verkehrsflächen 7.12
Verkehrsraum 2.48
Verkehrssicherheit
– Bauwerksprüfung 6.14, 6.16
Verkehrssicherungspflicht 7.74
Verkehrswert 8.103
Verkürzungsverhältnisse 14.58
Verlegezeichnungen 14.44
Verletzung von Nachbarrechten 7.21
Vermaßung 14.78
Vermiculite 5.71
Vermiculiteplatten 6.64
Verpressanker 11.26
Verpresspfähle 11.38
Versammlungsstätten
– Definition 1.8
– Gaststätten 1.45
– Handläufe 1.10
– Rettungswege 1,6
– Schulen 1.74
– Sportstätten 1.66
– Treppen 1.8
– Treppenräume 1.10
Versammlungsstättenverordnung 4.112
Versätze
– Straße 2.60
Versatzmaß 12.67
Versicherung 7.55
Versickerungsfläche 5.127, 5.128
Versiegelungen 3.83
Versinken 7.70
Verständlichkeit eines Schallsignals 4.83
Verständlichkeit im Raum 4.85
Verstärken von Mauerwerk 6.44
Verteilungsfaktoren
– Glas 13.88
Vertikalverglasungen 13.65
Vertikalwinkel 14.17
Vertikalwinkelmessung
– Indexabweichung 14.20
Vertragsgestaltung 7.23 f.
Vertragskündigung 7.23
Verwaltungsbauten
– Aufzüge 1.14, 1.55
Verwaltungsvorschrift Technische Baubestimmungen 3.78
Verwehungen, an Wänden und Aufbauten 9.48
Verzapfung 14.57
Verzerrung 14.63
Vogelperspektive 14.48, 14.62
Vollbenutzungsstunden 5.5
Vollfüllungstabelle 5.121
Vollgeschosse 1.5, 7.11
Vollgewindeschrauben 11.79
Vollholz 11.69
Vollplanung 7.32
Vollziegel 6.57
Volumen 14.4, 14.16
Volumenkennzahl 4.95
Vorankündigung 7.70
Voranstriche 3.83
Vorbemessung
– Dächer 10.8
– Dachlatten 10.8
– Dachtragwerk 10.12
– Decken 10.13 ff.
– deckengleicher Unterzug 10.20
– Einzelfundamente 10.23
– Flachdach 10.11
– Flachdecken 10.17
– Fundamente 10.23
– Fundamentplatte 10.23
– Geschossdecken 10.13 ff.
– Hängewerk 10.11
– Holzbalkendecken 10.18
– Holzbau 11.96
– Holzstützen 10.20
– Kassettendecken 10.15
– Kehlbalkendach 10.9
– Pfettendach 10.10
– Pilzdecken 10.17
– Plattenbalkendecken 10.15
– Plattenfundamente 10.23
– Rippendecken 10.15
– Sparrendach 10.9
– Sprengwerk 10.11
– Stahlbetonplattendecken 10.13
– Stahlbetonrippendecken 10.15
– Stahlbetonstützen 10.20
– Stahlstützen 10.21
– Stützen 10.20
– Überzüge 10.18
– Unterzüge 10.18
– Vollbetondecken 10.13 ff.
– Wannengründung 10.23

– weitgespannte Dachtragwerke 10.12
Vorentwurfszeichnungen 14.40
Vorgehängte hinterlüftete Fassaden 3.20
Vorhaben im Geltungsbereich eines Bebauungsplanes 7.6
Vorhabenbegriff 7.13
Vorhabenbezogener Bebauungsplan 7.13
Vorkalkulation 8.18
Vormauerschale 3.16, 3.19
Vormauerziegel 6.57
Vorplanung 7.32, 7.35 f.
Vorratsräume 1.27
Vorsatzkonstruktionen
– Schalldämm-Maß 4.73
Voruntersuchung
– Anamnese 6.10

Waagerechte Abdichtungen 3.95
Wahrnehmung von Geräuschen 4.53
Walmdach 3.34
wandartige Träger 12.78
Wandbaustoffe
– historische 6.77 f.
Wanddränagen 3.100
Wände 3.9
– Brandschutz 4.105
– Brandschutz Versammlungsstätten 4.112
– Stahlbeton 12.78
Wandfliesen, innen 6.58
Wandkonstruktion
– Baudenkmäler 6.12
Wandsockel 3.86, 3.95
Wandsteine
– historische 6.77 f.
Wandtafeln 11.81
Wandverkleidungen
– Sandwichbauteile 13.48
– Trapezbleche 13.45
Wärmebrücken 4.9
– Tauwasser 4.24
Wärmedämmputz 6.60
Wärmedämmstoffe
– Materialkennwerte 4.47
Wärmedämmung auf Mauerwerk
– Wärmedämmputzsystem 6.45
– Wärmedämmverbundsystem 6.45
Wärmedämmverbundsystem
– Luftschalldämm-Maß 4.74
Wärmedämmverbundsystem (WDVS) 3.17
Wärmeduchgangskoeffizienten
– maximale nach GEG 4.16
Wärmedurchgangskoeffizient 4.4
– Durchdringungen 4.6
– keilförmige Schichten 4.5
– Luftspalte 4.5
– Umkehrdach 4.6
– von Türen 4.50
Wärmedurchgangskoeffizienten
– Anforderungen nach GEG 4.19
Wärmedurchgangswiderstand
– oberer, unterer Grenzwert 4.3
Wärmedurchlasswiderstand
– homogenes Bauteil 4.3
– inhomogenes Bauteil 4.4
– leichte Bauteile 4.9
– Luftschicht 4.3
– Mindestwerte 4.7 f.
– opake Bauteile 4.4
Wärmeerzeuger 5.5
Wärmeerzeugerleistung 5.4
Wärmeerzeugungsanlagen 5.4
Wärmeleitfähigkeit
– von Baustoffen 4.37
– von Dämmstoffen 4.47
Wärmepumpen 5.7
– Betriebsweisen 5.40
Wärmepumpenanlagen 5.38
Wärmequelle
– Erdreich, Erdsonden 5.7
– Wasser, Grundwasser 5.7
Wärmerückgewinnung 5.22
Wärmeschutz 8.65, 8.75
– Mindestanforderungen 4.7
– sommerlicher 4.10
– winterlicher 4.7
wärmeschutztechnische Bemessungswerte 4.37
Wärmeschutztechnische Größen 4.2
Wärmespeicherfähigkeit
– von Dämmstoffen 4.47
Wärmespeicherkapazität
– von Baustoffen 4.37
Wärmestrom 4.2
Wärmestrombilanz 4.6
Wärmestromdichte 4.2
Wärmeübergangswiderstand
– innen, außen 4.4
Wärmeübertragung 4.2
Wärmeversorgungsanlagen 5.2
Wärmeverteilnetze 5.9
Wartungsfaktor 5.89
Waschräume 1.27
– Arbeitsstätten 1.62
– in Wohnanlagen 1.19, 1.27
– Sportstätten 1.64
Wasser 2.42
– Regenwasser 2.42
– Regenwassermanagement 2.42
– Retention 2.42
– Verdunstung 2.42
– Verdunstungsleistung 2.42
– Wasserversorgung 2.42
Wasseraufnahmekoeffizient 4.36
Wasserbedarf 5.92, 5.113
Wasserdampf in der Luft 4.21
wasserdampfdiffusionsäquivalente Luftschichtdicke 4.22
– für Folien 4.44
– nicht belüftete Dächer 4.30
Wasserdampf-Diffusionsdurchlasswiderstand 4.23
Wasserdampf-Diffusionsleitkoeffizient 4.23
Wasserdampf-Diffusionsstromdichte 4.23
Wasserdampf-Diffusionswiderstandszahl
– von Baustoffen 4.37
– von Dämmstoffen 4.47
Wasserdampfkonzentration 4.21
Wasserdampf-Partialdruck 4.22
Wasserdampf-Sättigungsdruck 4.32
Wasserdampf-Sättigungskonzentration
– der Luft 4.22
wasserdichte Schichten 3.77
Wassereinwirkungsklassen 3.86
Wasserförderung 5.95
Wasserhaltung 11.31
Wasserspeicherung 5.100
wasserundurchlässige Schichten 3.77
Wasserverluste 5.93
Wasserversorgung 5.92
Wasserverteilung 5.96
Wege, ländliche 2.66
Weg-Zeit-Diagramm 8.13
Weiße Wanne 3.8
Wellprofile 13.45
Wendeanlagen 2.59
Wendeltreppen 1.9
Werkplan 14.41, 14.79
Werkstätten 1.57
Werkstoffdarstellung 14.39
Werkvertrag 7.25
Werkzeichnung 14.41
Wertermittlung 8.51 ff., 8.96
Wetterfeste Baustähle 6.68
Wetterfeste Stähle
– Korrosionsschutz 6.51
Wichte
– Boden 11.12
Wichtekorrektur

– Durchströmung 11.32
Widerstände 11.3
Wiederaufbau 14.53
Wiederaufbauten 8.76
Wiederherstellung 14.53
Wiederkehrzeit 5.115, 5.123, 5.134
Winddruck 9.32 ff
Windeinwirkungen 9.28, 9.32
Windfang 1.24
Windkräfte 9.41
Windlasten 9.28
Windnachweis
– Mauerwerk 11.46
Windrispen 10.8
Windzone 9.29
Winkel 14.16
Winkelfunktionen 14.5
Winkelmessung 14.18
– Feinhorizontierung 14.19
– Grobhorizontierung 14.19
– Horizontalwinkelmessung 14.19
– Kippachsfehler 14.19
– Stehachsfehler 14.19
– Theodolit 14.18
– Vertikalwinkelmessung 14.20
– Winkelprisma 14.18
– Zielachsfehler 14.19
Winkelstahl
– gleichschenkliger 13.111
– ungleichschenkliger 13.112
Winkelstützmauer 11.27
Winkelstützmauern 10.29
Wirksame Schubflächen 13.12
Wirkungsgradverfahren 5.90
Wirkungsprinzipien
– Befestigungen 3.73
Wirtschaftsräume 1.27
Wohnflächenverordnung 8.61
Wohnhäuser
– Aufzüge 1.13 ff.
– Schallschutz 1.17, 1.20
– Typen 1.15, 1.19
Wohnstraße 2.51
Wohnungen
– altengerecht 1.33, 1.35
– barrierefreie 1.41 ff.
– betreute 1.33
– Türen 1.7, 1.24, 1.33
Wohnungslüftung, kontrollierte 5.13
Wohnweg 2.50
WU-Beton 3.5, 3.8, 3.91, 3.97
Würfel 14.4
Wurzelwachstum 3.104

XPS 6.73

Zähleranlagen 5.62
Zeichnungsformate 14.95
Zellenbüro 1.51
Zeltdach 3.34
Zementestrich 3.28, 3.31, 6.60
Zementgebundene Spanplatte
– Holzbau 11.76
Zementputz 6.60
Zentralbeleuchtung 14.71
Zentrale Projektionen oder Perspektiven 14.52
Zentralörtliche Gliederung 2.3
Zentralperspektive 14.64
Zentralperspektive mit Distanzpunkten 14.67
Zentralprojektion 14.53
Zertifizierungssysteme 8.29
– BREEAM 8.30
– DGNB 8.30
– HQE 8.30
– LEED 8.30
Ziegelsplittbeton 6.62
Zink
– gegossen 6.69
– gewalzt 6.69
Zinsbetrag 14.14
Zinseszinsrechnung 14.14, 14.15
Zinsfuß 14.14
Zinsrechnung 14.14, 14.15
Zisternen 5.101
Z-Stahl 13.109
Zufahrten
– Brandschutz 4.108
Zugänglichkeit von Stahlbauteilen 6.51
Zugkraftdeckung 12.67
Zuglast
– Befestigungen 3.72 f., 3.75
Zurückstellung 7.16
zusammengesetzte Bauteile
– Schalldämm-Maß 4.67
Zuschlagfaktor 5.123
Zustandserfassung
– Ermittlung des Ist-Zustandes 6.20 f.
Zustandsformen
– Böden 11.12
Zustandsüberwachung 6.14
Zweifeldträger mit verschiedenen Stützweiten und Gleichstreckenlast 10.45
Zweigelenkrahmen 10.50
Zwei-Punkte-Form 14.6, 14.10, 14.12
Zweipunktegleichung 14.12
Zweirohrsysteme 5.10
Zweischalige Außenwände
– Mauerwerk 11.49
zweischalige massive Bauteile
– Schalldämm-Maß 4.77

Bautabellen für Architekten, 27. Auflage – Tools

Ergänzend zu der gedruckten Fassung des Buches stellen wir nützliche EDV-Tools kostenfrei zur Verfügung:

Excel-Tools

Zu ausgewählten, in den Bautabellen behandelten Themenbereichen werden Excel-Bemessungshilfen angeboten. Sie umfassen die Bereiche:

- **Mathematik**

  Flächeninhalt, Umfang, Schwerpunkt, Volumen, Oberfläche, Skalarprodukt, Vektorprodukt

- **Statik**

  Einfeldträger, Durchlaufträger, Rahmen, Spannungsermittlung, Eulerknickstäbe

- **Stahlbeton**

  Kriechen und Schwinden; Gesamtstabilität; Bemessung für Biegung, Querkraft, Torsion; Spannungsermittlung im Gebrauchszustand

- **Stahlbau**

  I-förmige Profile, kreisförmige Hohlprofile und Rechteckprofile

- **Verbundbau**

  Plastische Biegetragfähigkeit von Verbundträgern, Tragfähigkeitsnachweise von Verbundstützen

- **Holzbau**

  Spannungsnachweise, Stabilitätsnachweise, Verbindungsmittel (Fachwerkknoten, Stöße, Queranschlüsse)

Zusätzliche Tools

- **Durchlaufträgerprogramm**

  zur sekundenschnellen Ermittlung von Schnittgrößen beliebiger Durchlaufträger mit Einzel- und Streckenlasten

- **Mischungsberechnung von Normalbeton**